The Illustrated Encyclopedia of Chairs

经典座椅设计

[日]织田宪嗣 著
潘小多 译

北京出版集团公司
北京美术摄影出版社

目录

The Illustrated Encyclopedia of Chairs

经 典 座 椅 设 计

创作者索引(中)

创作者索引（英）

座椅分类

A 拐杖椅　seat stick

B 高凳　high stool

C 凳子　stool

D 椅子　chair
E 高背椅　high back chair
F 悬臂椅　cantilever chair
G 摇椅　rocking chair
H 半扶手椅　armchair
I 扶手椅　armchair
J 安乐椅　easy chair
K 休闲椅　lounge chair

L 带搁脚凳的休闲椅
lounge chair with ottoman
M 带扶手长椅　long chair
N 活动靠背扶手椅　reclining chair
O 躺椅　chaise longue
P 坐卧两用长椅　daybed
Q 地面椅　zaisu

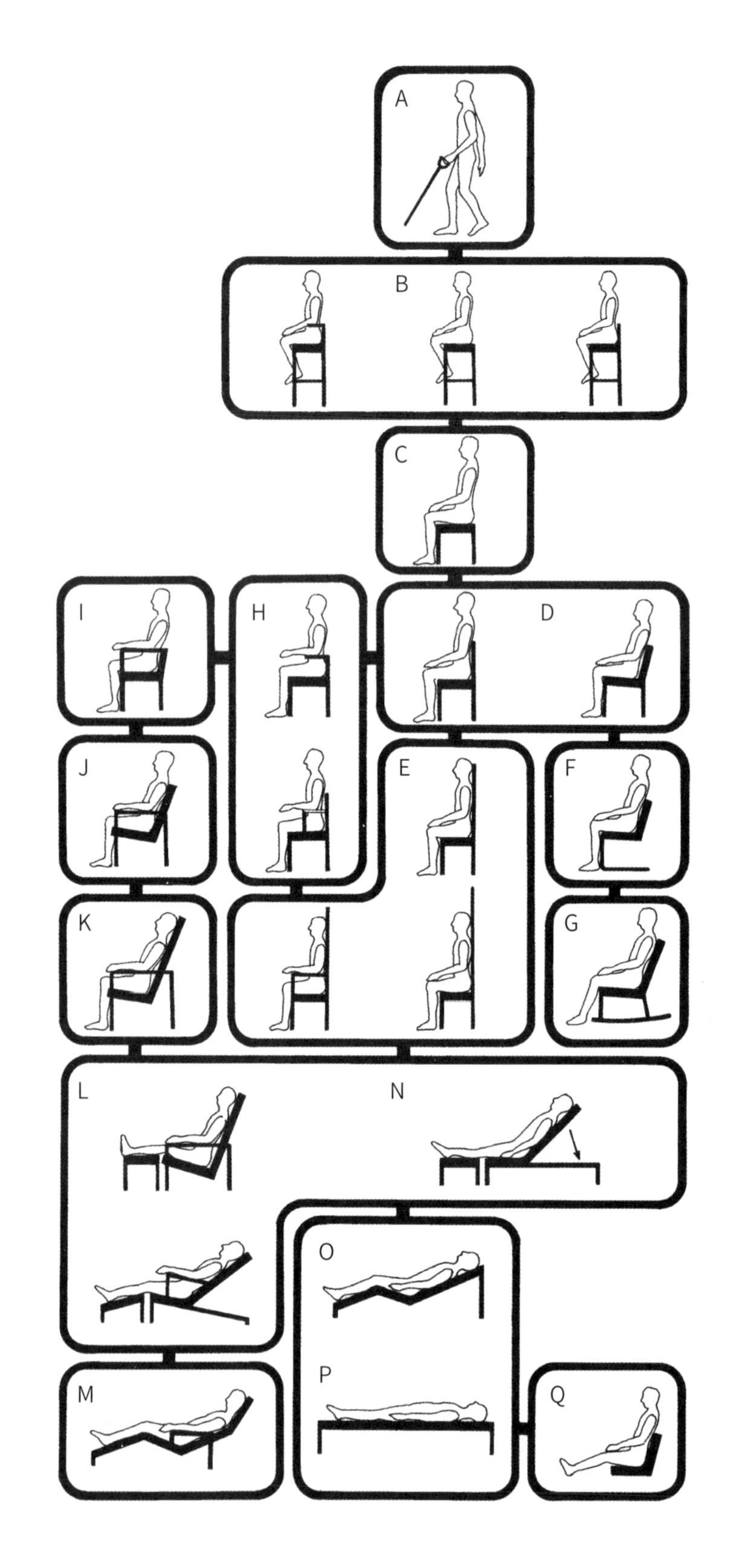

凡例

每页上方还会介绍与该页作品相关的其他作品，以及其他设计者的作品。

每页第一行图纸中的序号均以 A 开头，且按照 A~Z 的顺序介绍。同一幅图在不同位置的比例等可能会有所不同。

资料照片中难以确认的部分用虚线表示。

生卒年，原则上按出生年月顺序介绍设计者。

设计者生平等

设计者姓名
中文 / 外文

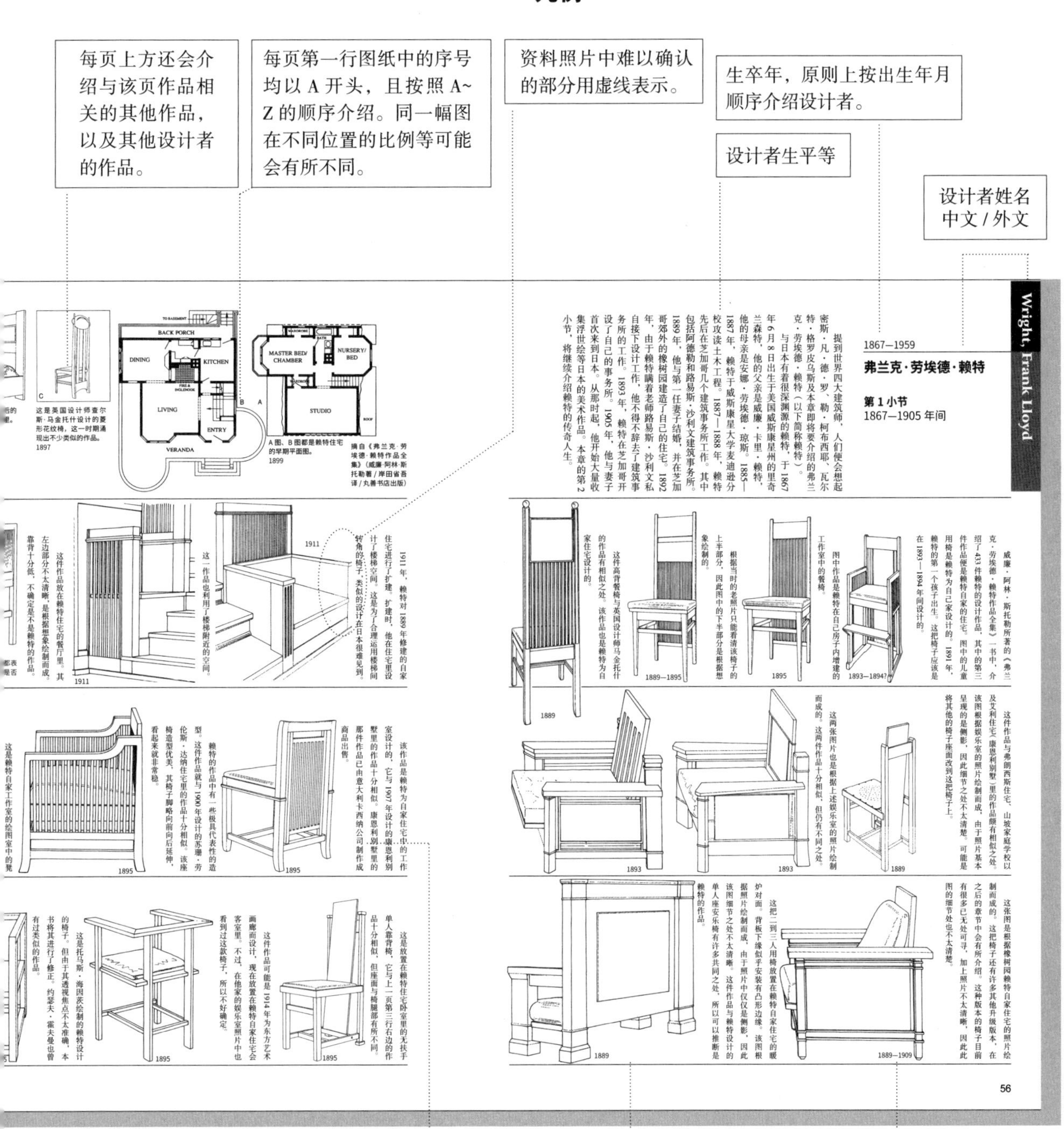

本书中的插图基本是根据照片绘制而成的。由于一些照片使用了广角镜头，其设计图及其透视图可能会有一些怪异，但所有插图都是依照照片绘制而成的。

由于参考文献太多，同一作品的创作年份可能会有所出入。

有的作品曾投入生产，也有一些后来停止了生产。此外，由于有些作品更换了生产商，因此名称上也发生了改变。

1796—1871

迈克尔·索耐特

提到弯曲木家具，就一定不能不提迈克尔·索耐特（以下简称索耐特），他被视为弯曲木家具的创始人。索耐特于1796年出生在一个叫作博帕德的德国小城，在木工工匠行会学习技术之后不久便自立门户。他发明了一种新方法，可称得上是现代成型胶合板的雏形。索耐特将薄板放在胶里煮热使其变弯，然后再将这些薄板拼接起来。虽然这项技术在当时并未获得广泛认可，但维也纳圆桌会议议长梅特涅对此赞不绝口，由此这项技术开始大受欢迎。此后不久，索耐特来到维也纳，成为家具大亨卡尔·雷斯特的承包商，并在此期间发明了利用水蒸气弯曲实木的方法。曲木技术不会切断木材纤维组织，反而会使木材更加纤细、轻便、结实。这项技术发明的伟大之处还在于它为家具降低制作成本开辟了很多崭新的途径。例如，由于采取组装结构，十分轻便，能降低运输成本；可以使用价格低廉的山毛榉木材；为了进一步节省成本，干脆直接将工厂建在山毛榉林旁边，等等。同时，弯曲木结构可以和各种零件组装，使得椅子设计更加多元化。这一系列的构思洋溢着现代社会的工业设计感。

这是索耐特在博帕德时期的作品，这些作品可以称得上是现代成型胶合板椅子的雏形，虽然还多少保留有比德迈式样，但其后部由实木制成的弯曲木带给人轻便、优雅的感觉。

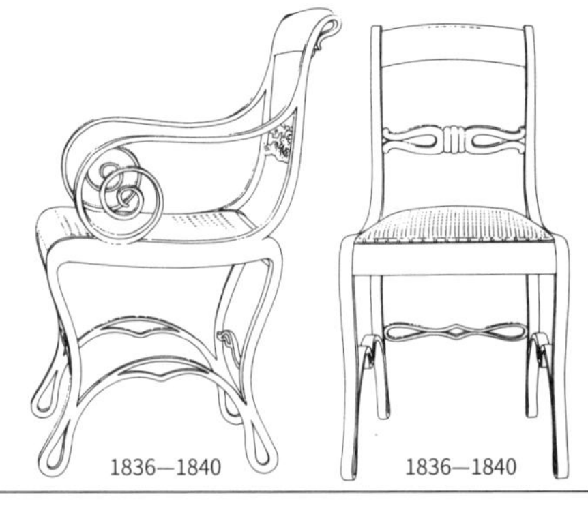

1836—1840　1836—1840

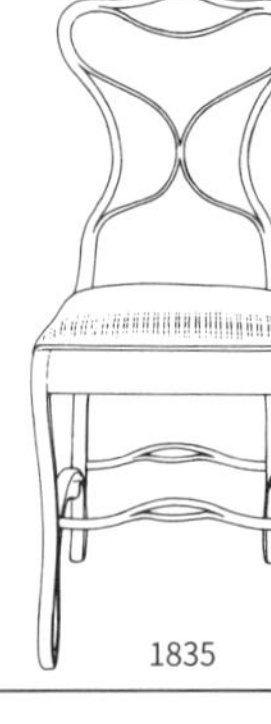

1835

这件作品有胶合板和实木板两种类型。资料显示，胶合板制成的椅子是由索耐特设计的，实木板制成的椅子是由他儿子（1900）设计的。

1860

这是索耐特为维也纳的列支敦士登宫设计的椅子，是由卡尔·雷斯特委派他设计的。椅子的设计极富装饰性，即便如此，仍可以看出它的曲线十分简单。

1843—1846

1843—1846

1843—1846

这把名叫「博帕德椅」的椅子于1867年在巴黎世博会上展出，它的设计结合了索耐特在博帕德时期制作的椅子的风格以及为列支敦士登宫设计的椅子的风格。

1867

1号椅以施瓦岑贝格宫的椅子为原型。而此图中的椅子正是为施瓦岑贝格宫设计的。

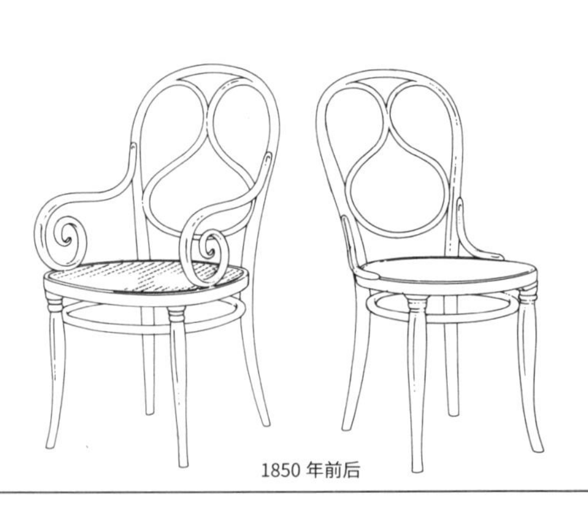

1850年前后

这是2号椅。椅子靠背正中的设计富于变化，双螺旋的设计让靠背更加舒适。

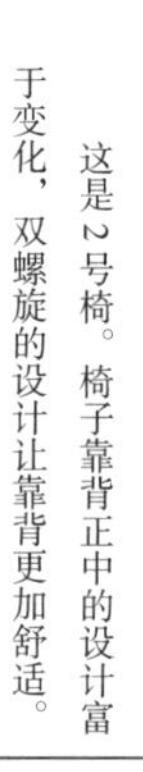

设计年份不详

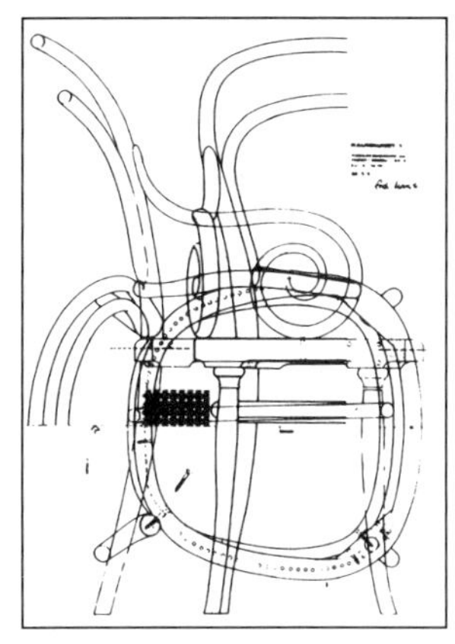

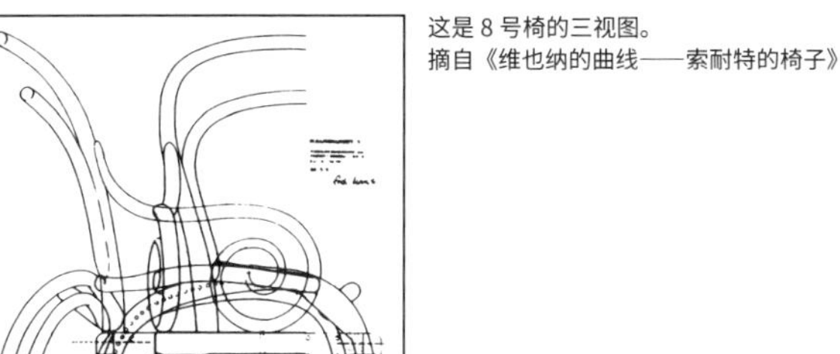

这是8号椅的三视图。
摘自《维也纳的曲线——索耐特的椅子》

3号椅，此款椅子靠背内侧的设计样式也极具特色。为使靠背更加柔软，采用了藤编设计。此外，还有一些款式采用了软垫设计，也十分舒适柔软。

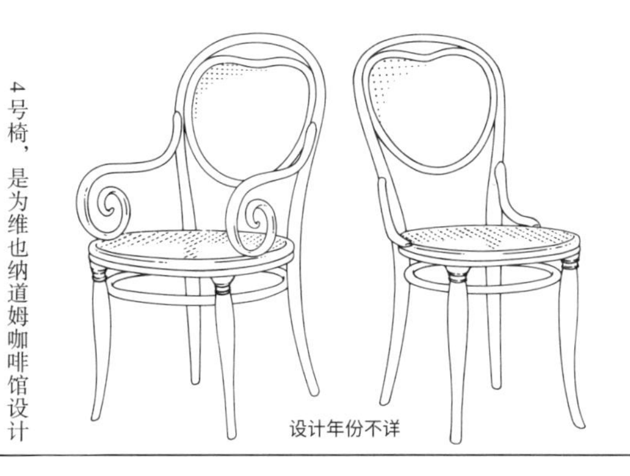

设计年份不详

4号椅，是为维也纳道姆咖啡馆设计的，此时靠背处S形部分的制作采用的还是成型胶合板技术。后来，实木可以被弯曲成S形后，就取代了胶合板，其制作成本更加低廉。该作品收录于椅子目录中。

1850

5号椅，它以参展第一届伦敦世博会并获得了铜牌的设计模型为基础制成。批量化生产时，椅子腿部被制作得更加简洁。

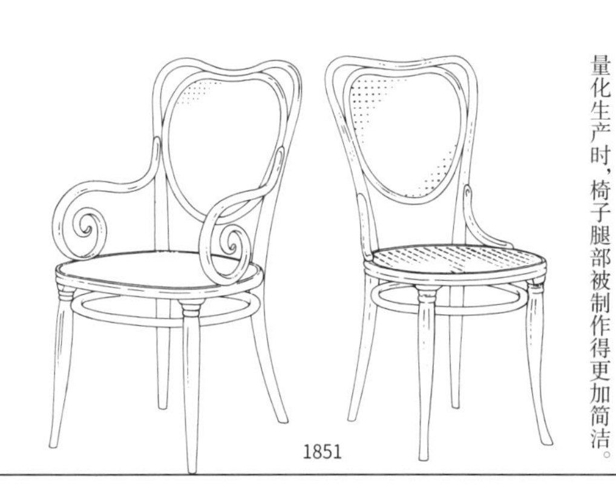

1851

6号椅。它的设计以5号椅为基础，但靠背更富装饰性。其腿部的设计与索耐特早期的作品十分相似。

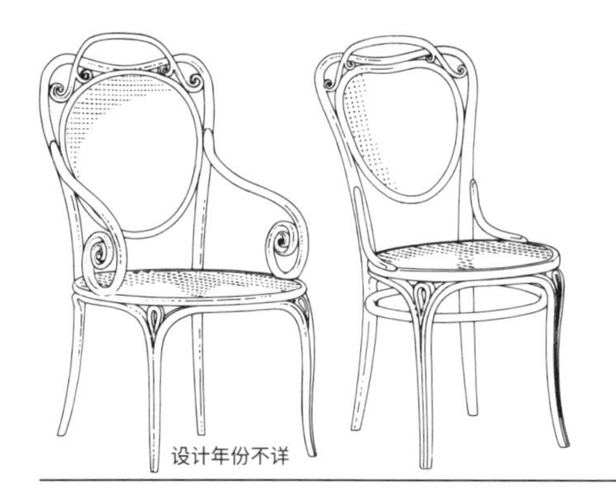

设计年份不详

7号椅，它是以1号椅的框架设计为基础制作而成的椅子。

设计年份不详

8号椅，曾经是最畅销的一款椅子，称得上是14号椅的原型。椅子腿部的接合部位十分考究。发展到14号椅时，腿部的设计明显更加简洁。

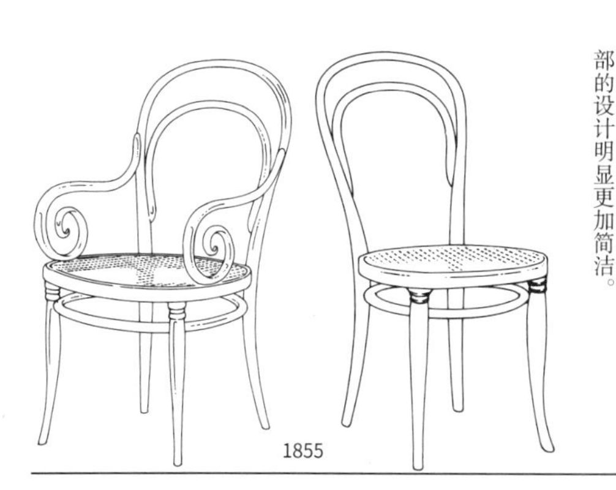

1855

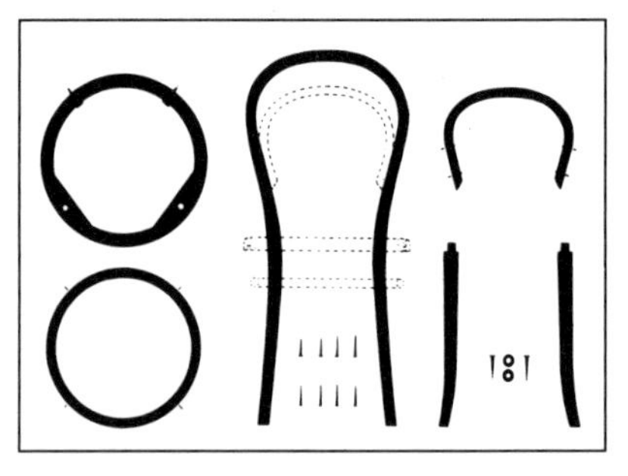

这是 14 号椅的六个零部件及螺钉。
椅子可以由这些简单的零部件组装而成，大大降低了运输成本。
1859

这是9号椅。在1873年索耐特公司的商品目录中，先前设计的5号椅被记录成了9号椅。这一模型的后腿与横木不是一体结构。尚未找到它的带扶手版本。

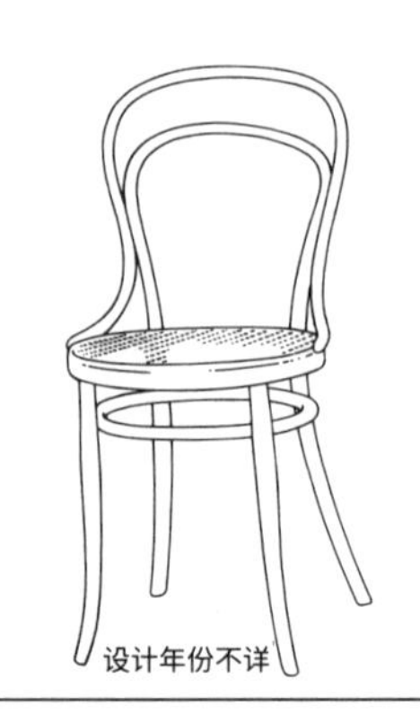

设计年份不详

这是10号椅和11号椅。其基本框架与之前的作品没有区别，但它有10、11两个类型，10号椅只有座位部分绷有藤条。11号椅的靠背部分和座位部分都绷有藤条。

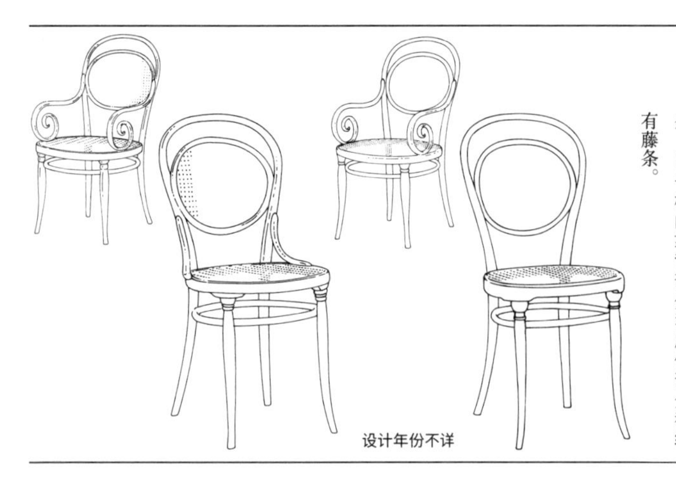

设计年份不详

这是12号椅，它与7号椅十分相似，但其靠背部分略大于7号椅。

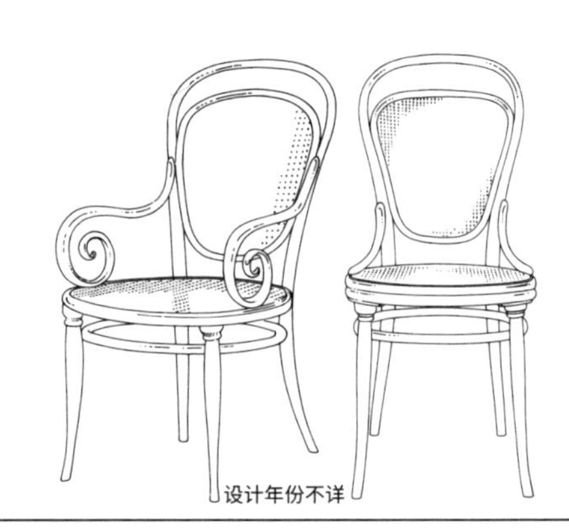

设计年份不详

这是13号椅，是运用早期技术制作而成的。靠背处的制作运用了成型胶合板技术，其流线型的设计极富装饰效果。仔细观察其靠背部的曲线图案，可以发现它结合了1号椅及2号椅靠背处的图案。大概只有用弯曲木才能制造出这样造型各异，丰富多彩的椅子吧。

设计年份不详

这是14号椅，是索耐特大量作品中最受欢迎的一款椅子。问世后的40年里，共卖出超过5000万把。即便是160多年后的今天，也仍在继续销售。

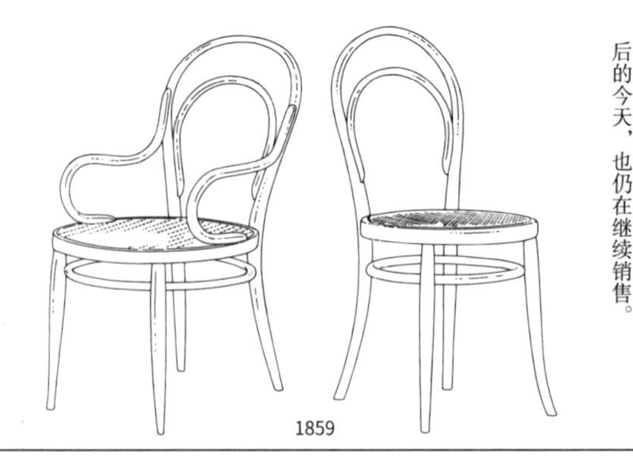

1859

这是15号椅，与10号椅、11号椅很相似。但其前腿接合部位的设计更加简单，更容易生产。

设计年份不详

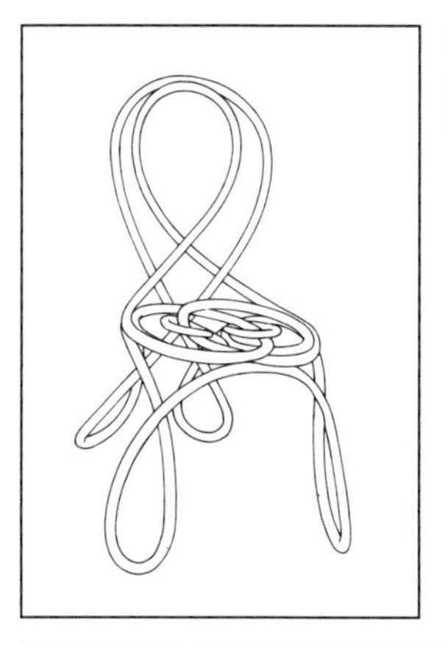

这把编织木椅曾在 1867 年巴黎世博会上展出，并一度引起热议。
这把用来向大众展示的作品无疑证明了弯曲木强大的可塑性。

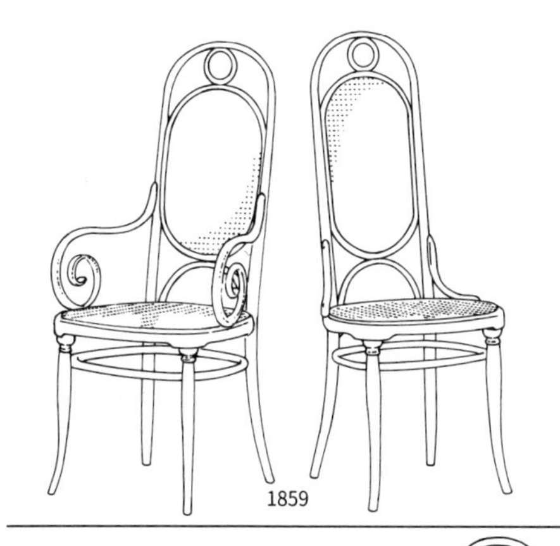

1859

这是17号椅，是16号椅的升级版。在所有类型的众多椅子中，只有16号椅、17号椅是高背椅。这款椅子曾一度停产，但因深受好评，后来又再次投入生产。

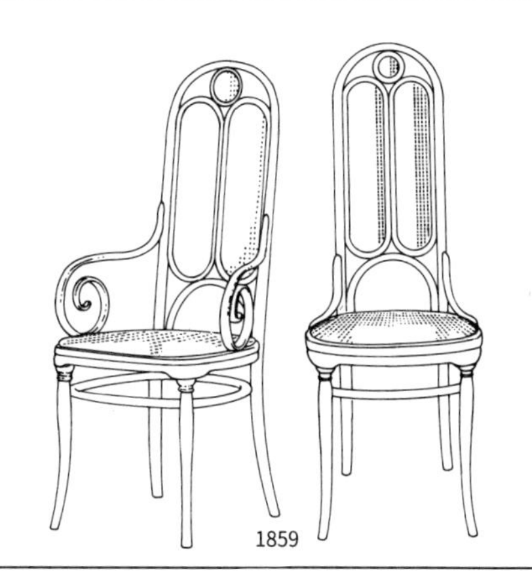

1859

这是16号椅，它的设计灵感来自第一届伦敦世博会时约瑟夫·帕克斯顿设计的水晶宫的窗子。在那次世博会上，5号椅参展并获得了铜奖。

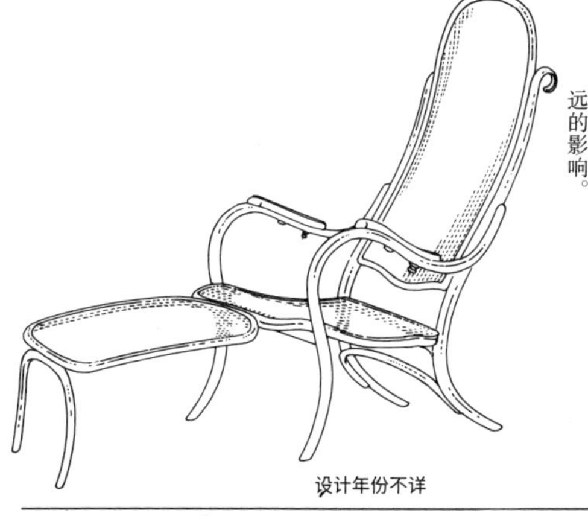

设计年份不详

这是一把放在壁炉旁使用的扶手椅，可折叠。它的整个造型设计对之后瑞典著名设计大师布鲁诺·马松的创作产生了深远的影响。

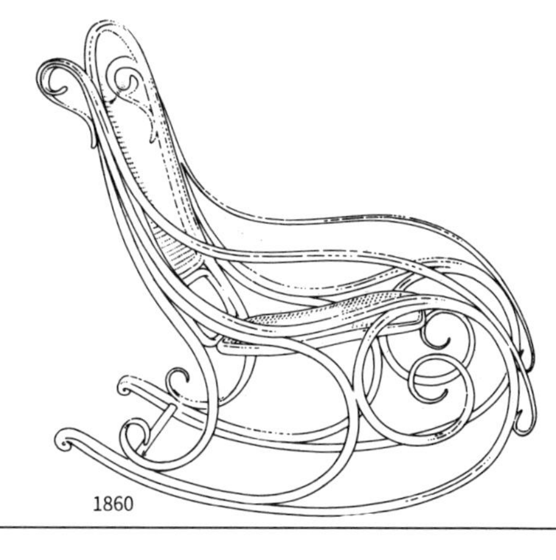

1860

这是索耐特设计的首款安乐椅，它将弯曲木的美展现得淋漓尽致。同款椅子还有一系列细节部分略有不同的产品，每一款都是令人叹为观止的杰作。

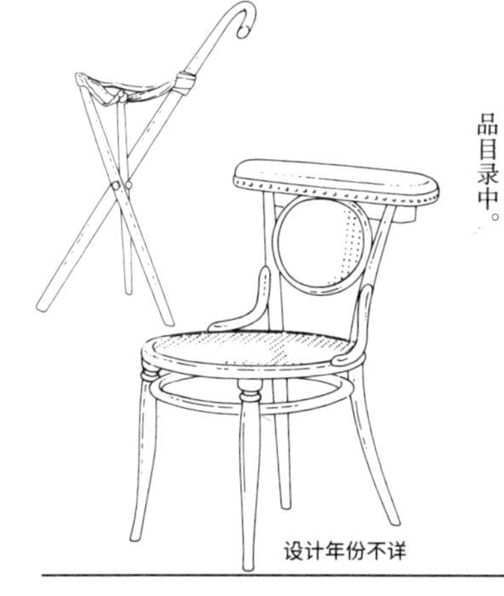

设计年份不详

这是一系列小椅子。在此之前，索耐特设计的一系列日臻完善的椅子受到民众的普遍喜爱，走进了千家万户。在此基础上，一些并非生活必需品的诸如拐杖椅、吸烟椅等小件家具也越来越多地出现在商品目录中。

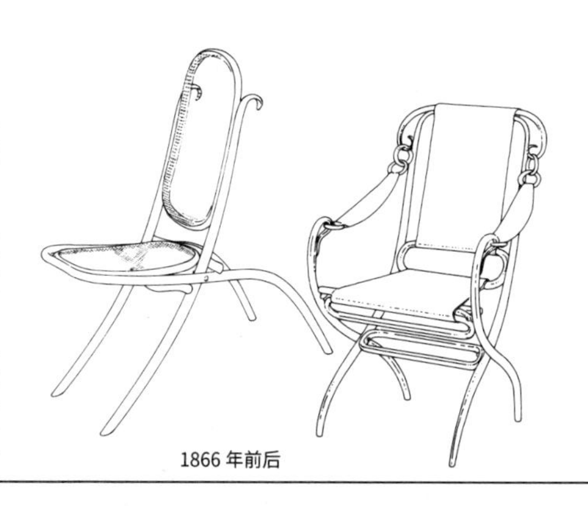

1866 年前后

折叠椅。这一系列的椅子也对后来的设计者们产生了深远的影响。座位处的延长部分与椅子的后腿浑然一体，能增加舒适度。丹麦著名设计师汉斯·瓦格纳也采用了这一设计方法。

1841—1918

奥托·瓦格纳

奥托·瓦格纳于1841年出生于维也纳。1857年进入维也纳工科大学学习，1860年进入柏林建筑大学学习，1861年进入维也纳美术学院学习建筑学。1894年，瓦格纳成为该学院的教授，并担任建筑特训班的管理教师。

这个建筑特训班里诞生了诸如阿道夫·路斯、约瑟夫·马利亚·奥尔布里奇、约瑟夫·霍夫曼等一大批优秀人才。奥托·瓦格纳的教学方法开放自由，前所未有，他与学生有着超乎师生的信赖关系。正因为如此，这里才能培养出一大批优秀人才。

奥托·瓦格纳被称为现代理性主义建筑的先驱。这种建筑风格与以往古典风格的建筑不同，是一种融入了社会变化及技术进步的实用风格。

他做了很多设计，然而大多都只停留于图纸阶段，真正制作建成的并不多。原因是他不断受到建设部门及同行的诽谤。幸运的是，由他亲手绘制的精美绝伦的建筑图纸大多都被保留了下来。这些图纸和由瓦格纳设计的雄伟建筑一样，令人叹为观止。这些图纸不仅可以被看作建筑作品集，也可以被视为极具价值的画册。

这件作品应该是瓦格纳所有作品中最古老的一件，它与奥托·瓦格纳自家住宅餐厅里的餐椅属于同款设计。不过，他家中的餐椅座位部分绷紧有带装饰图案的纺织品，座椅框架的前部和扶手处镶嵌有珍珠贝。这件作品曾在1900年维也纳分离派展览会上展出。此外，这一作品的草图还被用作瓦格纳自己的信头。

1898—1900

这件作品不太广为人知，它曾经被登载在1980年于慕尼黑出版的《现代家居设计经典之作》上。该书显示这件作品的设计者是奥托·瓦格纳。不过，与其说这是他个人的设计，不如说这件作品是由奥托·瓦格纳事务所（或研究室）设计的。

1900

这件作品也不太为人所知，也被登载在《现代家居设计经典之作》上。它的整个框架全部由金属制成。座位、靠背以及侧面部分均使用了类似灯芯绒的纺织品。它可以看作是左边作品的雏形。

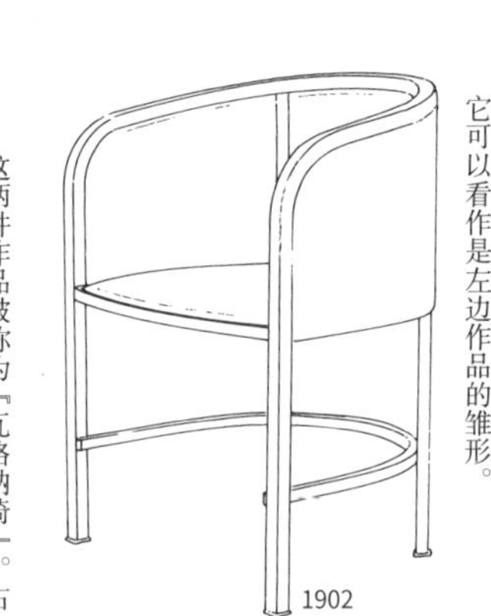

1902

这两件作品被称为『瓦格纳椅』。右图作品的腿部前端以及扶手处的制作未使用金属。左图中的作品由索耐特公司生产，其制作中使用了金属。此外，右图作品的座位部分设计有软垫，而左图作品的座位部分是中央微微下凹的木板。这两件作品靠背处的设计相同。

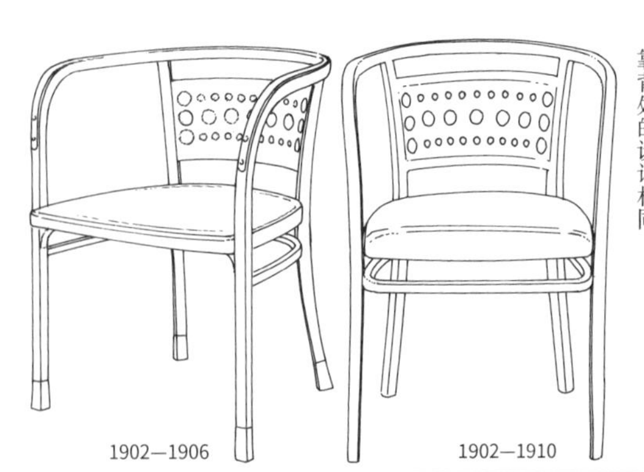

1902—1910

1902—1906

这把椅子框架结构的设计融合了上一行左边两把椅子的设计。椅子扶手及腿部的制作使用了金属。横木呈环状，无背板。

1902

图中所示两把凳子，右边的一把由雅各布＆约瑟夫·科恩公司制作发售，是为电报局设计的，其扶手处以及腿部前端都使用了金属。左边这件作品也是由雅各布＆约瑟夫·科恩公司制作发售，使用了一对金属横木。这件作品以及第13页第二行的作品都曾在都灵举办的第一届当代艺术国际博览会（以下简称都灵展）上展出。

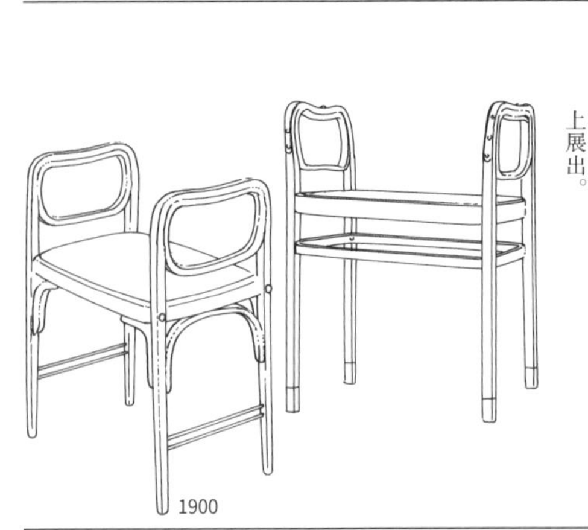

1900

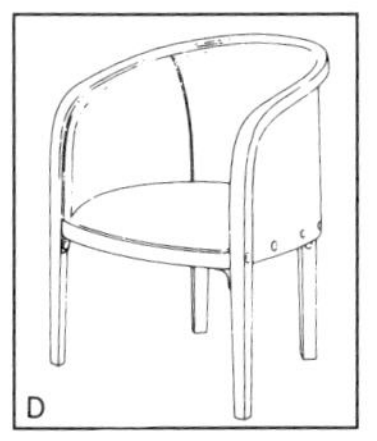

D

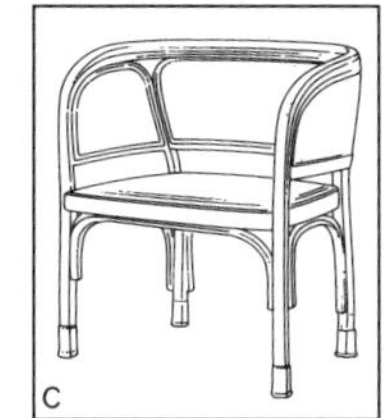

C

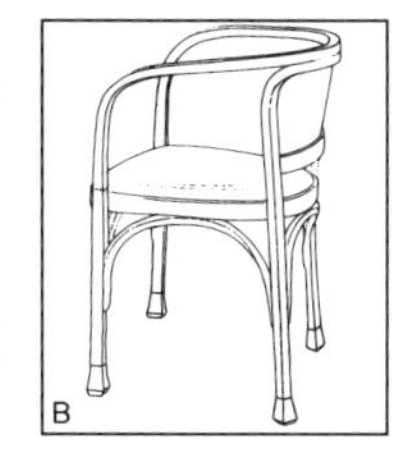

B

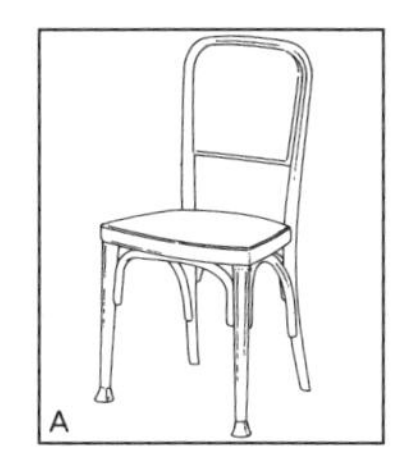

A

这是约瑟夫·霍夫曼的作品。它在弯曲木框架上安装上了桃木板。
1902

A～C 图三个作品均由古斯塔夫·西格尔设计，且由雅各布＆约瑟夫·科恩公司制作发售。普遍认为其设计灵感来自于奥托·瓦格纳设计的维也纳邮政储蓄银行的椅子。
1900

这件作品与12页左下方的凳子为一套。据芝加哥艺术学院的《逆流而行》刊载，有人认为这是古斯塔夫·西格尔的作品。然而，有更多资料显示这是瓦格纳的作品。

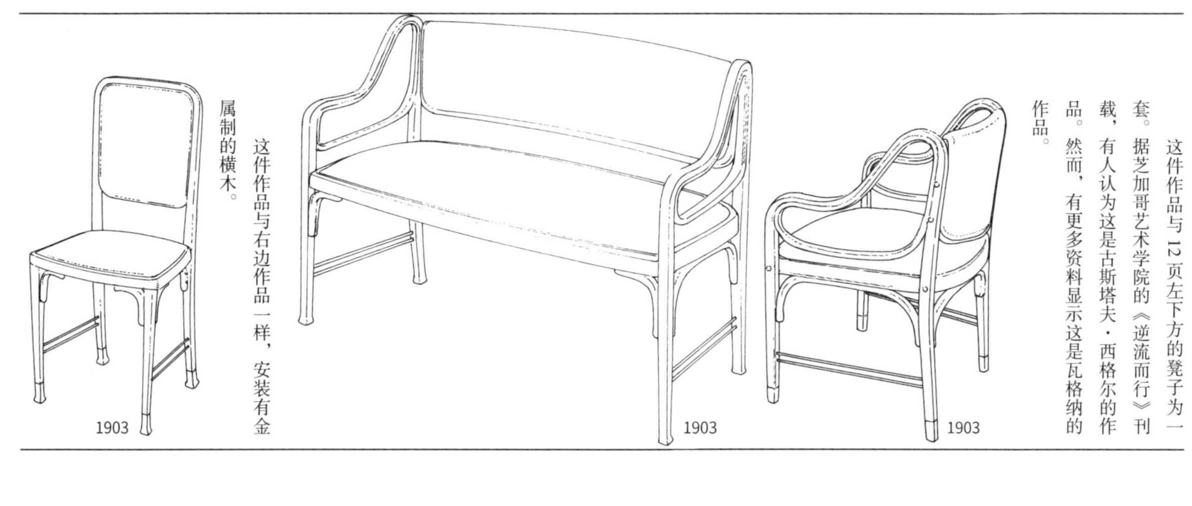

1903　1903　1903

这件作品与右边作品一样，安装有金属制的横木。

这是为德国《时代周报》报社设计的作品。曾登载在1903年的《室内装潢》杂志上。其靠背部分为布面。

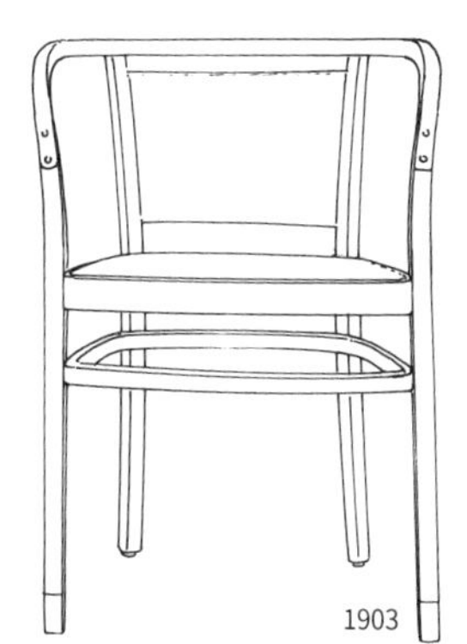

1903

这是奥托·瓦格纳的代表作——为维也纳邮政储蓄银行设计的椅子及其升级版。

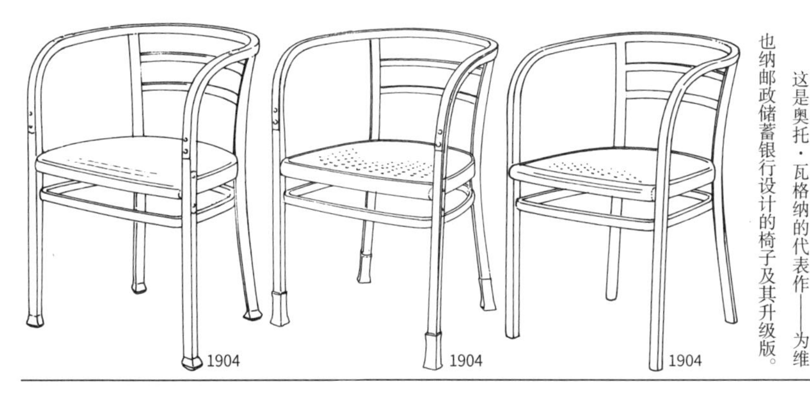

1904　1904　1904

这件作品也不太为人所知。由于整个作品未使用任何金属部件，应该是瓦格纳较早期的作品。有可能也是为维也纳邮政储蓄银行所设计的。

1904—1906

这件作品也是为维也纳邮政储蓄银行设计的。在维也纳邮政储蓄银行的椅子中，本页中间部分的扶手椅以及本行左侧的四角方凳比较有名。

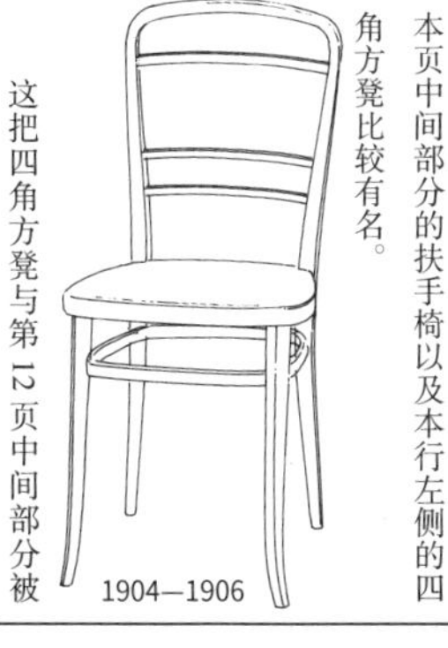

1904—1906

这把四角方凳与第12页中间部分被称为『瓦格纳椅』的椅子一样，都是瓦格纳的代表作。这把方凳也是为维也纳邮政储蓄银行设计的，和『瓦格纳椅』使用了相同的弯曲木框架，并利用螺栓进行固定，其侧面的承重能力也很强。索耐特公司的弯曲木截面是圆形，而这款凳子的截面是矩形。

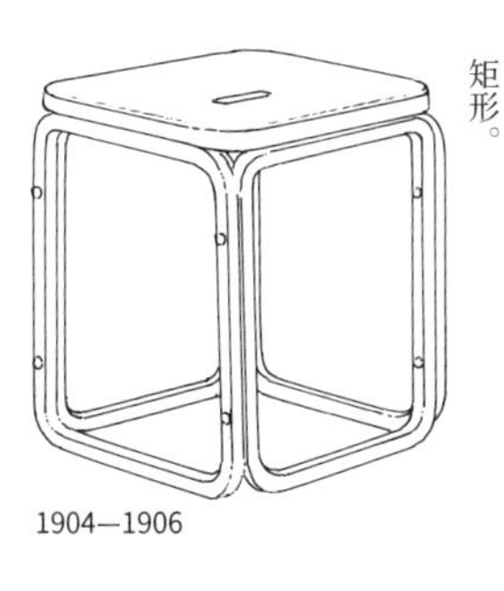

1904—1906

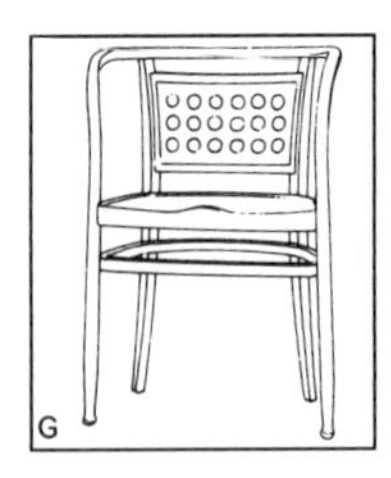

这一作品与瓦格纳为维也纳邮政储蓄银行设计的椅子十分相似。弯曲木的截面不是矩形，而是圆形。
1905

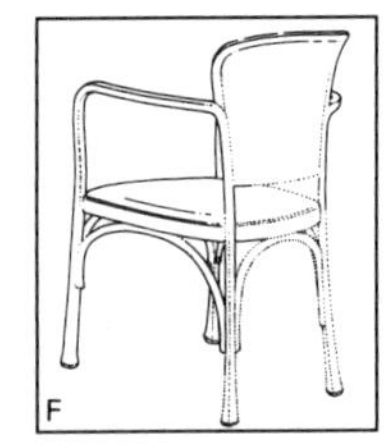

有资料显示这一作品是霍夫曼设计的，也有资料显示这是科罗曼·穆塞尔或者古斯塔夫·西格尔设计的。
1904

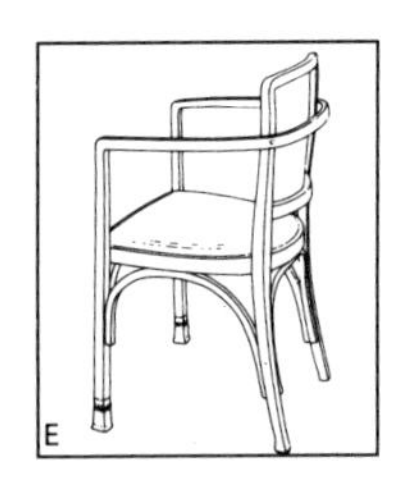

这件作品与本页最下列的作品非常相似，有资料显示是约瑟夫·霍夫曼所设计，也有资料显示这是科罗曼·穆塞尔或者古斯塔夫·西格尔的作品。
1901—1902

与前一页的作品一样，这一作品也是为维也纳邮政储蓄银行设计的。与其他被漆成黑色或深色的作品不同，这一椅子被漆成了全白色。

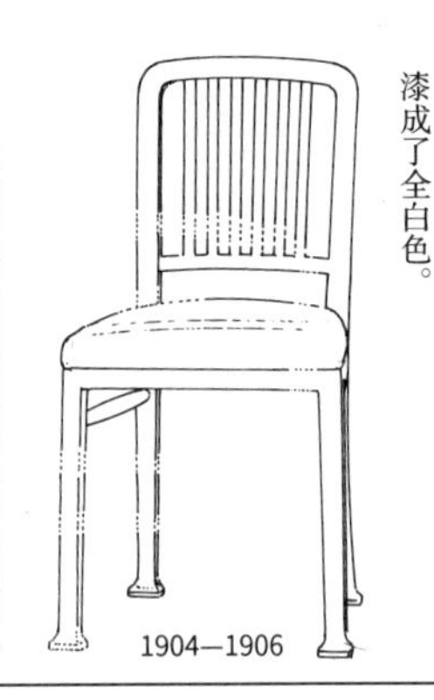

1904—1906

这是在维也纳邮政储蓄银行的主任办公室里使用的椅子。通过资料还可以查找到与此作品为一套的坐卧两用长椅，但详情不明。

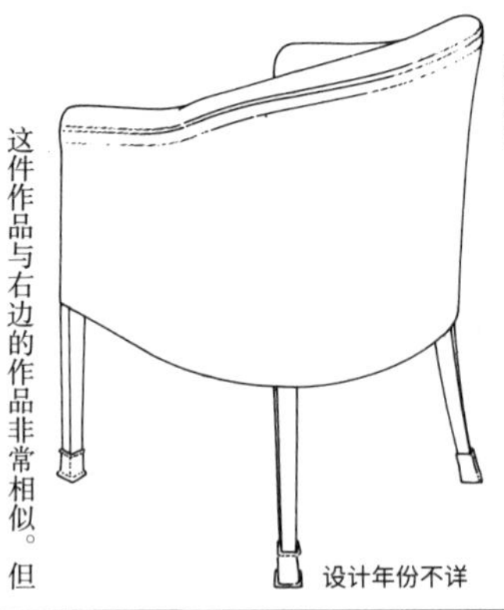

设计年份不详

这件作品与右边的作品非常相似。但在扶手的处理上有所不同。它也是为维也纳邮政储蓄银行设计的。

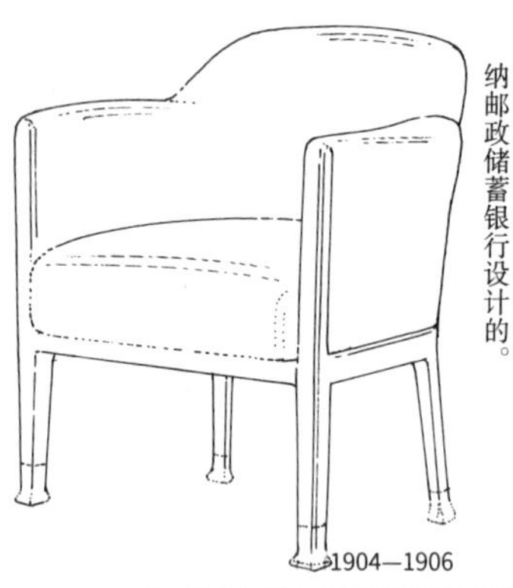

1904—1906

这也是为维也纳邮政储蓄银行设计的作品。它被固定安装在楼梯旁，名为大理石长凳。正如它的名字一样，它的基座是由大理石制成的，基座上的侧板也同样是由大理石制成。由于大理石板太凉，所以它的座位部分以及扶手前部还设置有软垫。

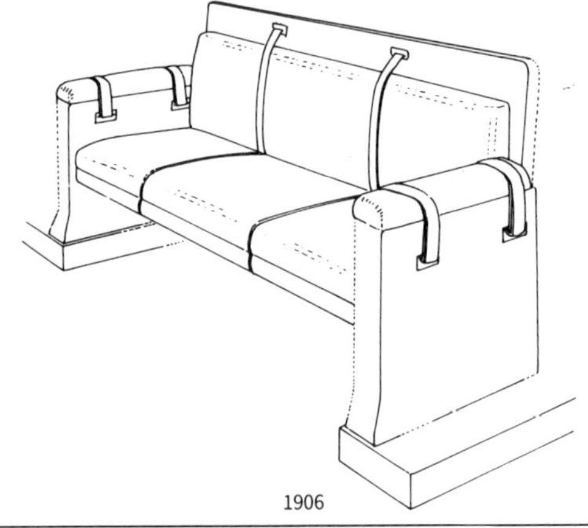

1906

这件作品由雅各布&约瑟夫·科恩公司制作发售。索耐特公司的商品目录里有与之十分相似的作品，但两者靠背处的镂空图案稍有不同。

1906

在这一时期，一些设计师设计的作品十分相似，因此有时很难判断到底是谁的作品。比如左边三件作品就曾被冠上奥托·瓦格纳、马塞尔·卡梅拉、古斯塔夫·西格尔等设计师的名字。

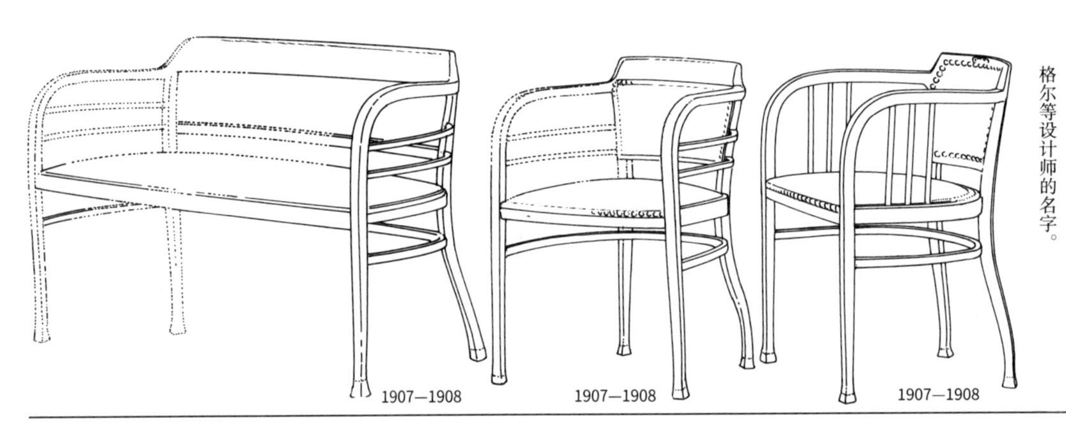

1907—1908　1907—1908　1907—1908

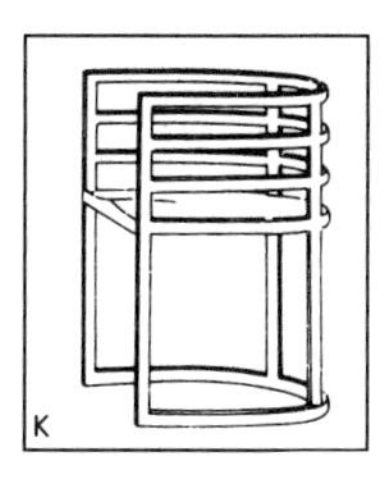

这一作品明显受到约瑟夫·霍夫曼以及奥托·瓦格纳的影响，但实际上它是美国设计师理查德·迈耶的作品，由美国的诺尔家具公司制作。
1962

这是约瑟夫·霍夫曼的作品，除横木及靠背下部以外，它与第三行中间的作品十分相似，连靠背部分圆孔的数量也相同。
1929—1930

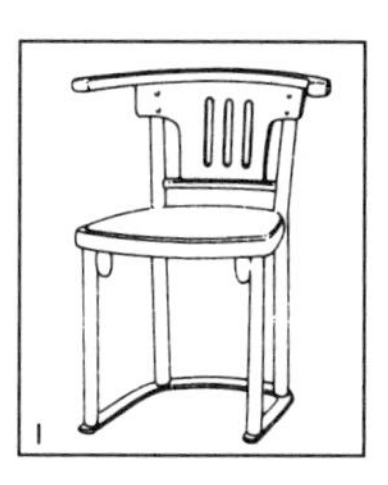

这是马塞尔·卡梅拉设计的扶手椅，它与约瑟夫·霍夫曼的作品以及本页下方左边瓦格纳的作品感觉上十分相像。
1908

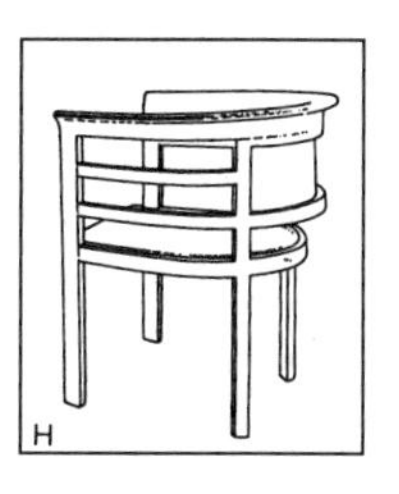

这是约瑟夫·霍夫曼的作品，由雅各布＆约瑟夫·科恩公司制作，与本页下方右边的作品很相似。
1906

这两件作品看上去和维也纳邮政储蓄银行里的作品相差无几，它们均来自索耐特公司的商品目录。座椅的扶手以及腿部前端的制作未使用金属。这也有可能并不是奥托·瓦格纳设计的作品。

1910

1910

这一作品是在1900年设计的凳子的基础上进行了简化处理，同样登载在索耐特公司的商品目录中。

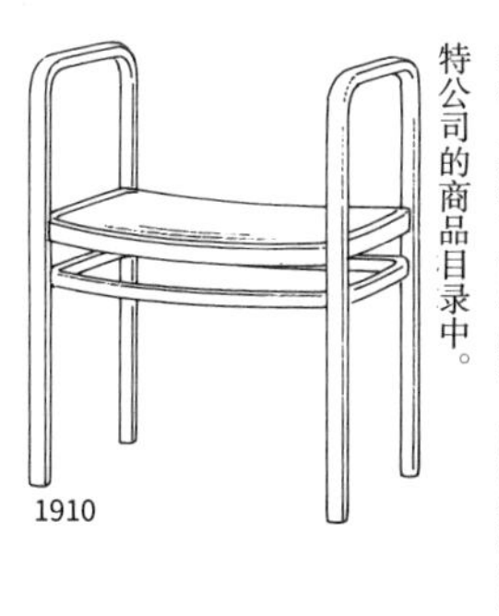

1910

这一作品作为同一系列的产品，也登载在索耐特公司的商品目录中。这一系列的弯曲木的截面都是矩形，这也是瓦格纳作品的共同之处。

1910

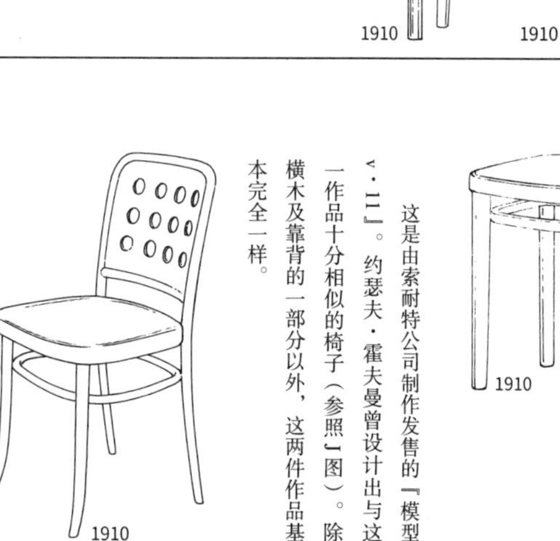

这是由索耐特公司制作发售的『模型v·11』。约瑟夫·霍夫曼曾设计出与这一作品十分相似的椅子（参照J图）。除横木及靠背的一部分以外，这两件作品基本完全一样。

1910

这一作品曾放置于瓦格纳维也纳家中的餐厅里。靠背及座位部分设计有向日葵的图案。该房间里的地毯上也设计有这种图案。目前尚未找到这件作品的无扶手版本。

1912

这把椅子以及左边的椅子都曾摆放在瓦格纳自家餐厅旁边的房间里。虚线部分是不清楚的部分。

1912

这把椅子曾在瓦格纳位于维也纳的另外一处住所的大厅里使用，也有资料介绍这是马塞尔·卡梅拉的作品。

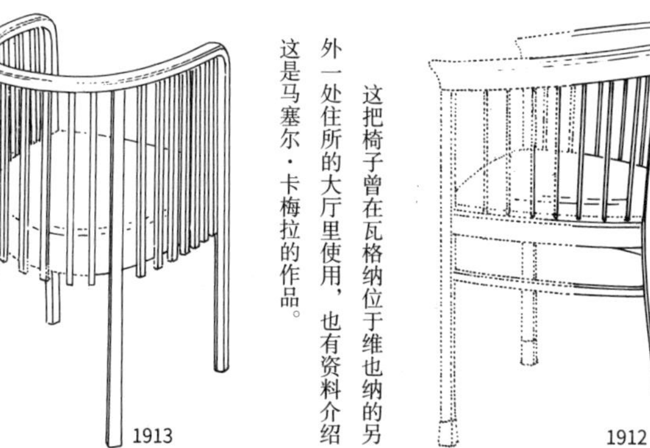

1913

这把椅子曾在瓦格纳维也纳住所的餐厅里使用。约瑟夫·霍夫曼以及马塞尔·卡梅拉也曾设计出与之类似的作品。和维也纳邮政储蓄银行里一系列的作品一样，这把餐椅也拥有很高的知名度。

1912—1913

1852—1926

安东尼·高迪

第 1 小节
1852—1990 年间

安东尼·高迪（以下简称高迪）于1852年出生在加泰罗尼亚小城雷乌斯。父亲是弗朗西斯科·高迪·伊·萨热，母亲是安东尼娅·高内·伊·伯特朗。1863—1868年，他在当地的一所教会学校学习，1868年起到巴塞罗那生活。为考入巴塞罗那建筑学校，他进入巴塞罗那大学理工部学习。1873—1877年于巴塞罗那建筑学校就读，1878年获得建筑师的称号。此时，他已经设计出多个作品，并引起关注。同一年，他为桑坦德省的科米利亚斯侯爵家的修道院设计了家具。同时，他也为自己设计了一些家具（斜面桌子和椅子等）。1881年，在巴塞罗那国家劝业协会举办的艺术博览会上发表论文，这篇论文被刊登在《重生》杂志上，据说，这是他一生中发表过的唯一一篇文章。1898—1900年，他着手设计『卡尔维特之家』。本书为了排版需要，还将一些设计年份相近的作品一并介绍。

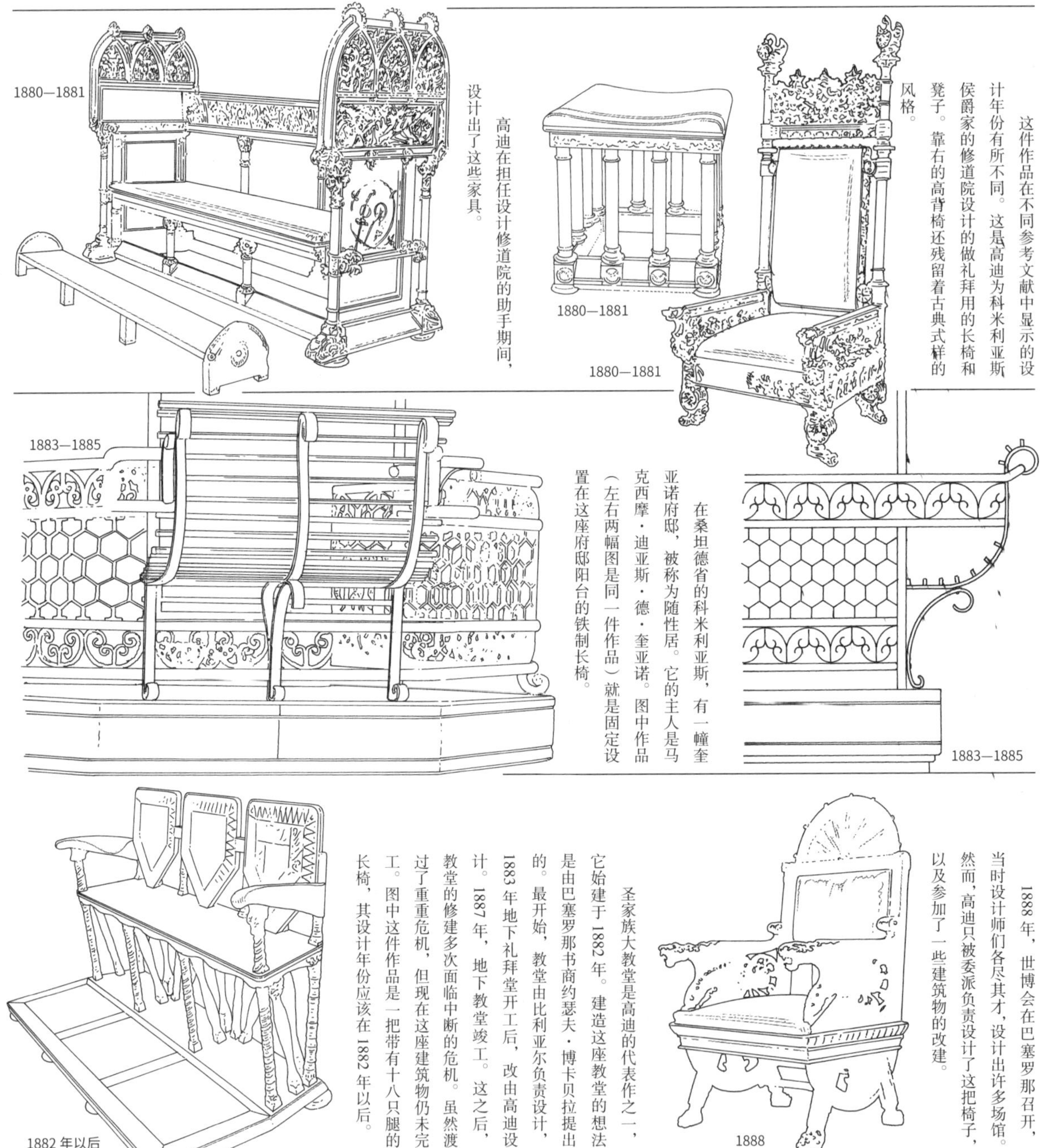

这件作品在不同参考文献中显示的设计年份有所不同。这是高迪为科米利亚斯侯爵家的修道院设计的做礼拜用的长椅和凳子。靠右的高背椅还残留着古典式样的风格。

高迪在担任设计修道院的助手期间，设计出了这些家具。

1880—1881

1880—1881

1880—1881

在桑坦德省的科米利亚斯，有一幢奎亚诺府邸，被称为随性居。它的主人是马克西摩·迪亚斯·德·奎亚诺。图中作品（左右两幅图是同一件作品）就是固定设置在这座府邸阳台的铁制长椅。

1883—1885

1883—1885

1888年，世博会在巴塞罗那召开，当时设计师们各尽其才，设计出许多场馆。然而，高迪只被委派负责设计了这把椅子，以及参加了一些建筑物的改建。

1888

圣家族大教堂是高迪的代表作之一，它始建于1882年。建造这座教堂的想法是由巴塞罗那书商约瑟夫·博卡贝拉提出的。最开始，教堂由比利亚尔负责设计，1883年地下礼拜堂开工后，改由高迪设计。1887年，地下教堂竣工。这之后，教堂的修建多次面临中断的危机。虽然渡过了重重危机，但现在这座建筑物仍未完工。图中这件作品是一把带有十八只腿的长椅，其设计年份应该在1882年以后。

1882 年以后

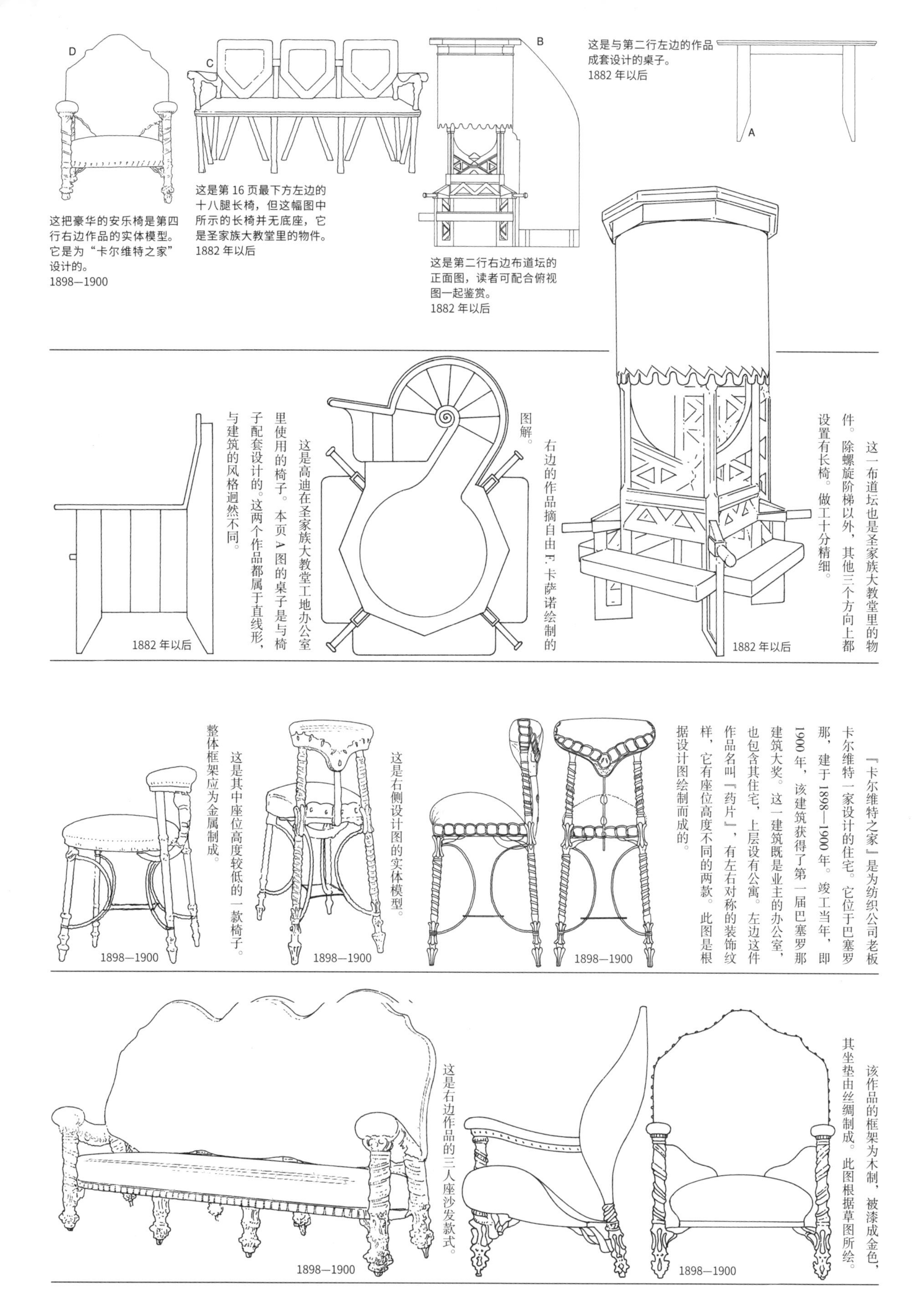

这把豪华的安乐椅是第四行右边作品的实体模型。它是为“卡尔维特之家”设计的。
1898—1900

这是第 16 页最下方左边的十八腿长椅，但这幅图中所示的长椅并无底座，它是圣家族大教堂里的物件。
1882 年以后

这是第二行右边布道坛的正面图，读者可配合俯视图一起鉴赏。
1882 年以后

这是与第二行左边的作品成套设计的桌子。
1882 年以后

这一布道坛也是圣家族大教堂里的物件。除螺旋阶梯以外，其他三个方向上都设置有长椅。做工十分精细。
1882 年以后

右边的作品摘自由F. 卡萨诺绘制的图解。

这是高迪在圣家族大教堂工地办公室里使用的椅子。本页A图的桌子是与椅子配套设计的。这两个作品都属于直线形，与建筑的风格迥然不同。
1882 年以后

『卡尔维特之家』是为纺织公司老板卡尔维特一家设计的住宅。它位于巴塞罗那，建于1898—1900年。竣工当年，即1900年，该建筑获得了第一届巴塞罗那建筑大奖。这一建筑既是业主的办公室，也包含其住宅，上层设有公寓。左边这件作品名叫『药片』，有左右对称的装饰纹样，它有座位高度不同的两款。此图是根据设计图绘制而成的。
1898—1900

这是右侧设计图的实体模型。
1898—1900

这是其中座位高度较低的一款椅子。整体框架应为金属制成。
1898—1900

该作品的框架为木制，被漆成金色，其坐垫由丝绸制成。此图根据草图所绘。
1898—1900

这是右边作品的三人座沙发款式。
1898—1900

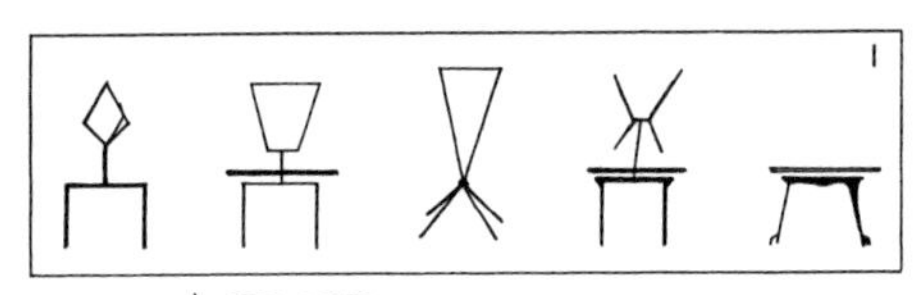

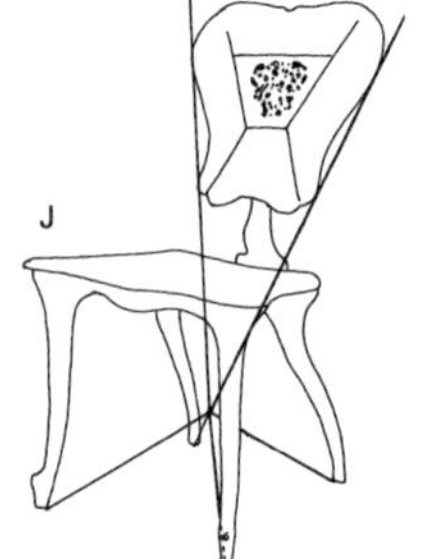

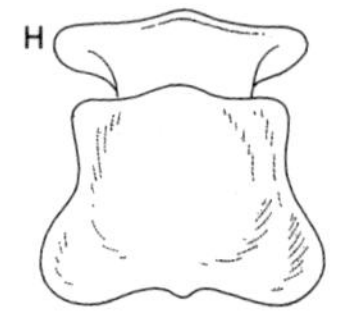

此图作品与右边作品绘制在同一张图纸里，为平面图。
1898—1900

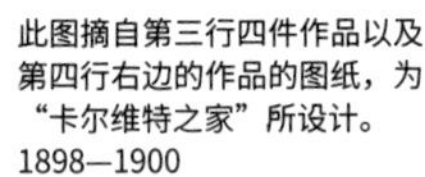

此图摘自第三行四件作品以及第四行右边的作品的图纸，为“卡尔维特之家”所设计。
1898—1900

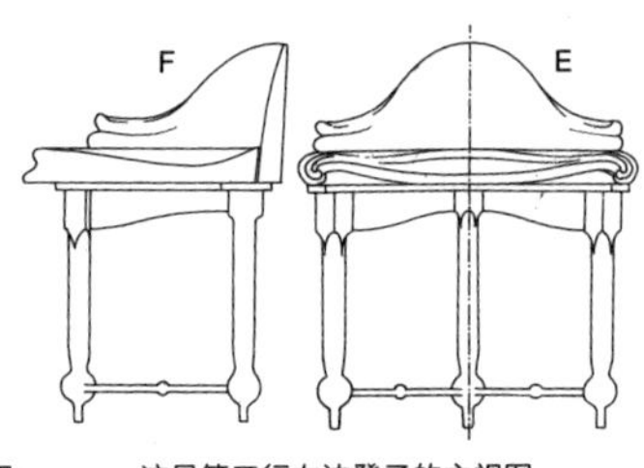

这是第三行右边凳子的主视图及剖视图，为“卡尔维特之家”所设计。
1898—1900

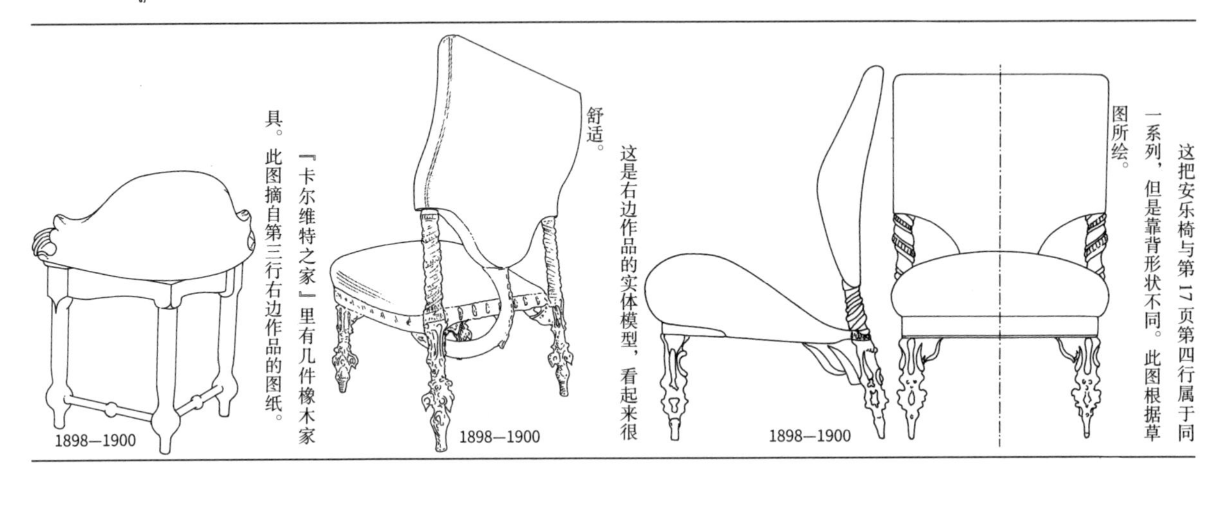

这把安乐椅与第17页第四行属于同一系列，但是靠背形状不同。此图根据草图所绘。

这是右边作品的实体模型，看起来很舒适。

此图摘自第三行右边作品的图纸。『卡尔维特之家』里有几件橡木家具。

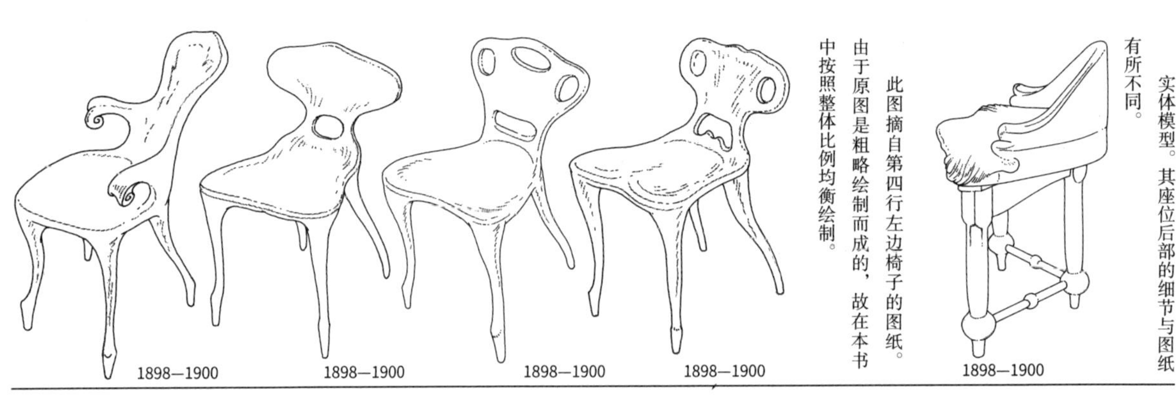

实体模型。其座位后部的细节与图纸有所不同。

此图摘自第四行左边椅子的图纸。由于原图是粗略绘制而成的，故在本书中按照整体比例均衡绘制。

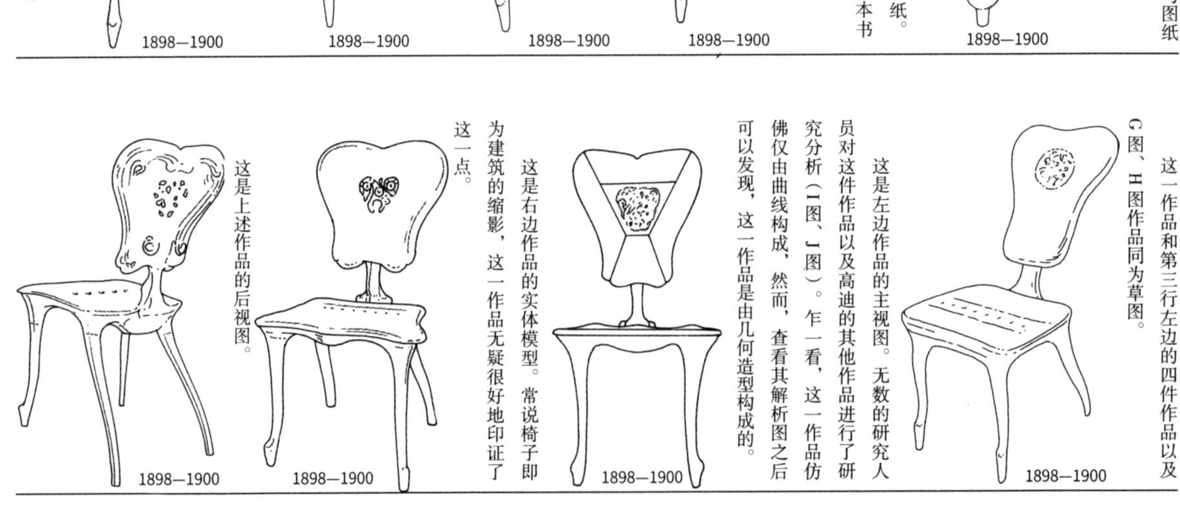

这一作品和第三行左边的四件作品以及G图、H图作品同为草图。

这是左边作品的主视图。无数的研究人员对这件作品以及高迪的其他作品进行了研究分析（I图、J图）。乍一看，这一作品仿佛仅由曲线构成，然而，查看其解析图之后可以发现，这一作品是由几何造型构成的。

这是右边作品的实体模型。常说椅子即为建筑的缩影，这一作品无疑很好地印证了这一点。

这是上述作品的后视图。

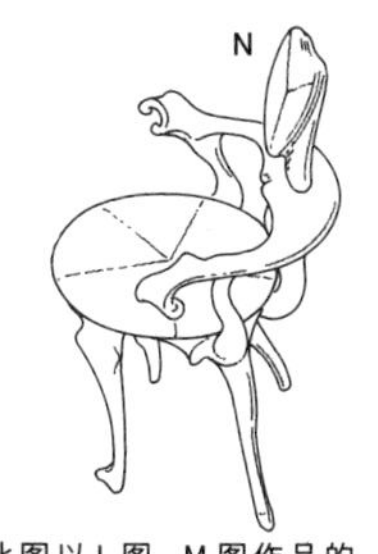

此图以L图、M图作品的简图为基础绘制而成，绘制年份不详。

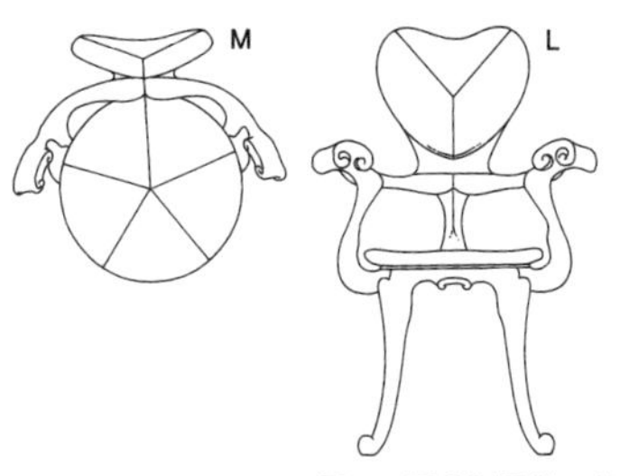

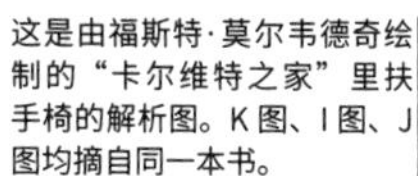

L图、M图分别是第三行中部扶手椅的主视图及俯视图。
1898—1900

这是由福斯特·莫尔韦德奇绘制的"卡尔维特之家"里扶手椅的解析图。K图、I图、J图均摘自同一本书。

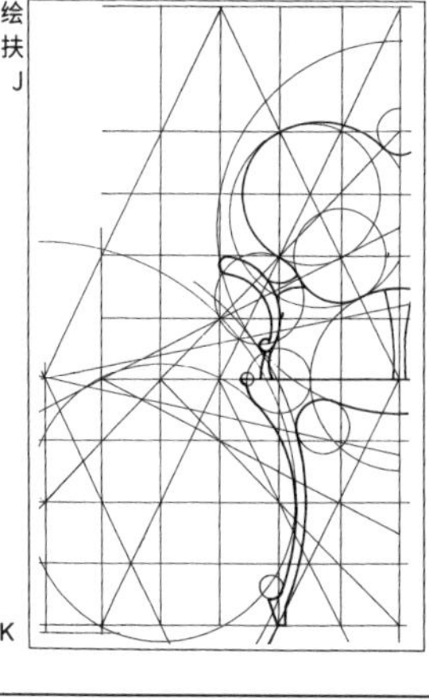

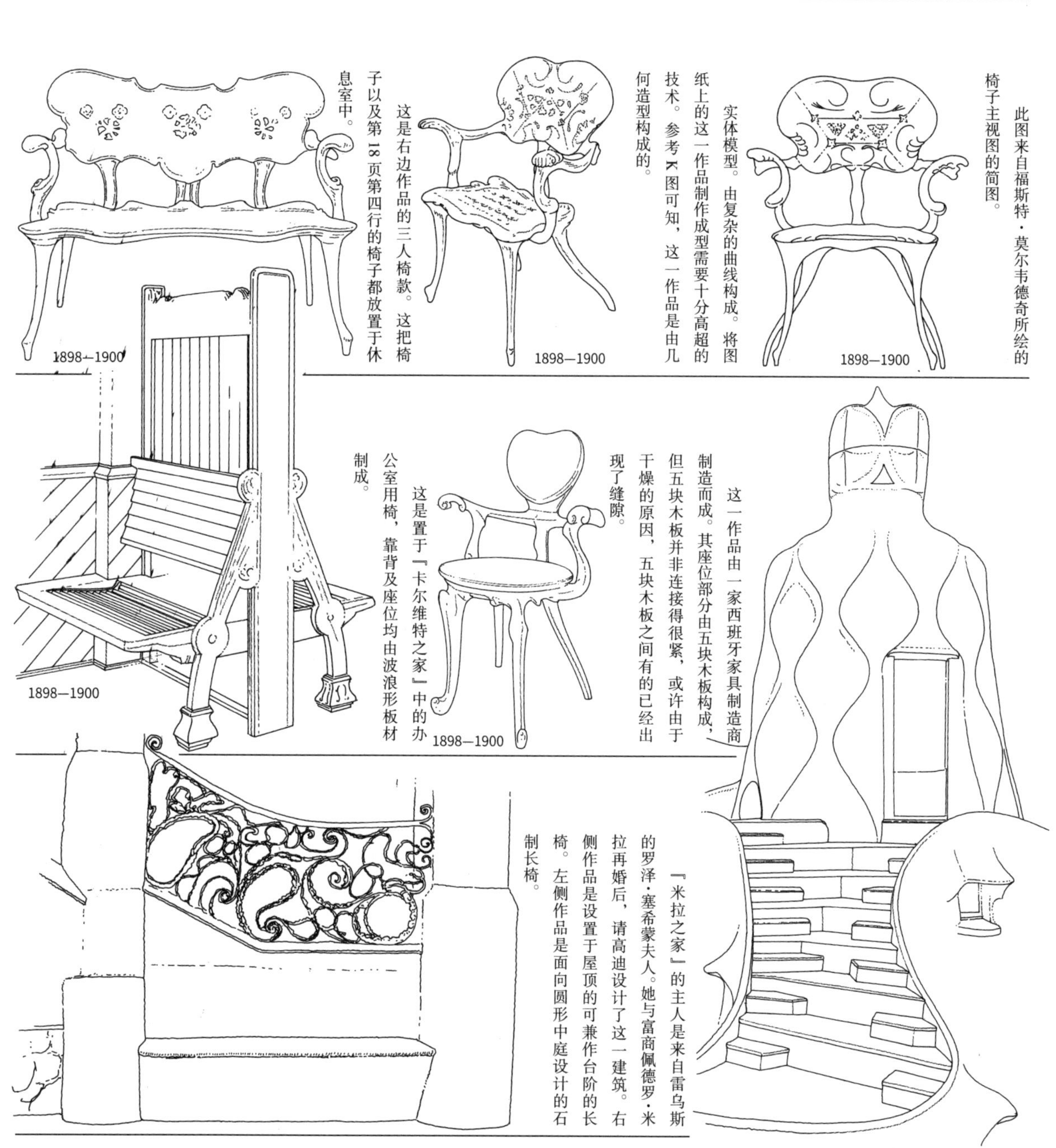

此图来自福斯特·莫尔韦德奇所绘的椅子主视图的简图。
1898—1900

实体模型。由复杂的曲线构成。将图纸上的这一作品制作成型需要十分高超的技术。参考K图可知，这一作品是由几何造型构成的。
1898—1900

这是右边作品的三人椅款。这把椅子以及第18页第四行的椅子都放置于休息室中。
1898—1900

这一作品由一家西班牙家具制造商制造而成。其座位部分由五块木板构成，但五块木板并非连接得很紧，或许由于干燥的原因，五块木板之间有的已经出现了缝隙。
1898—1900

这是置于『卡尔维特之家』中的办公室用椅，靠背及座位均由波浪形板材制成。
1898—1900

『米拉之家』的主人是来自雷乌斯的罗泽·塞希蒙夫人。她与富商佩德罗·米拉再婚后，请高迪设计了这一建筑。右侧作品是设置于屋顶的可兼作台阶的长椅。左侧作品是面向圆形中庭设计的石制长椅。

1852—1926

安东尼·高迪

第 2 小节
1900—1926 年间

进入 20 世纪以后，高迪又亲手设计了古埃尔公园（1900—1914）、贝列斯夸尔德（1900—1916）等作品。1903—1914 年，高迪对马略卡岛帕尔马大教堂进行了修复。此教堂是西班牙加泰罗尼亚区哥特式建筑的代表性建筑。据说正是这一教堂，使得高迪形成了自己独特的建筑艺术理念。1904 年，高迪又负责修建了圣家族学校。1904—1906 年，高迪对巴特洛公寓进行了修复。1908—1910 年，高迪设计了一座纽约大型酒店。1918 年，高迪为巴塞罗那的『法国站』计划提出了一系列独特的设计方法。然而，当时这些构想被认为太大胆，因此一个也没有成型。当时，高迪的构想是将『法国站』的一边 200 米的空间设计成无柱空间。半个世纪之后，德国设计师弗雷·奥托在设计慕尼黑奥林匹克体育场时运用了这一设计方法。谈到高迪，人们往往只会关注他作品的独特风格，而忽视了其作品内部的几何结构以及高迪本人的先进理念。1926 年 6 月 7 日，高迪被一辆电车撞倒，三天后不幸去世。

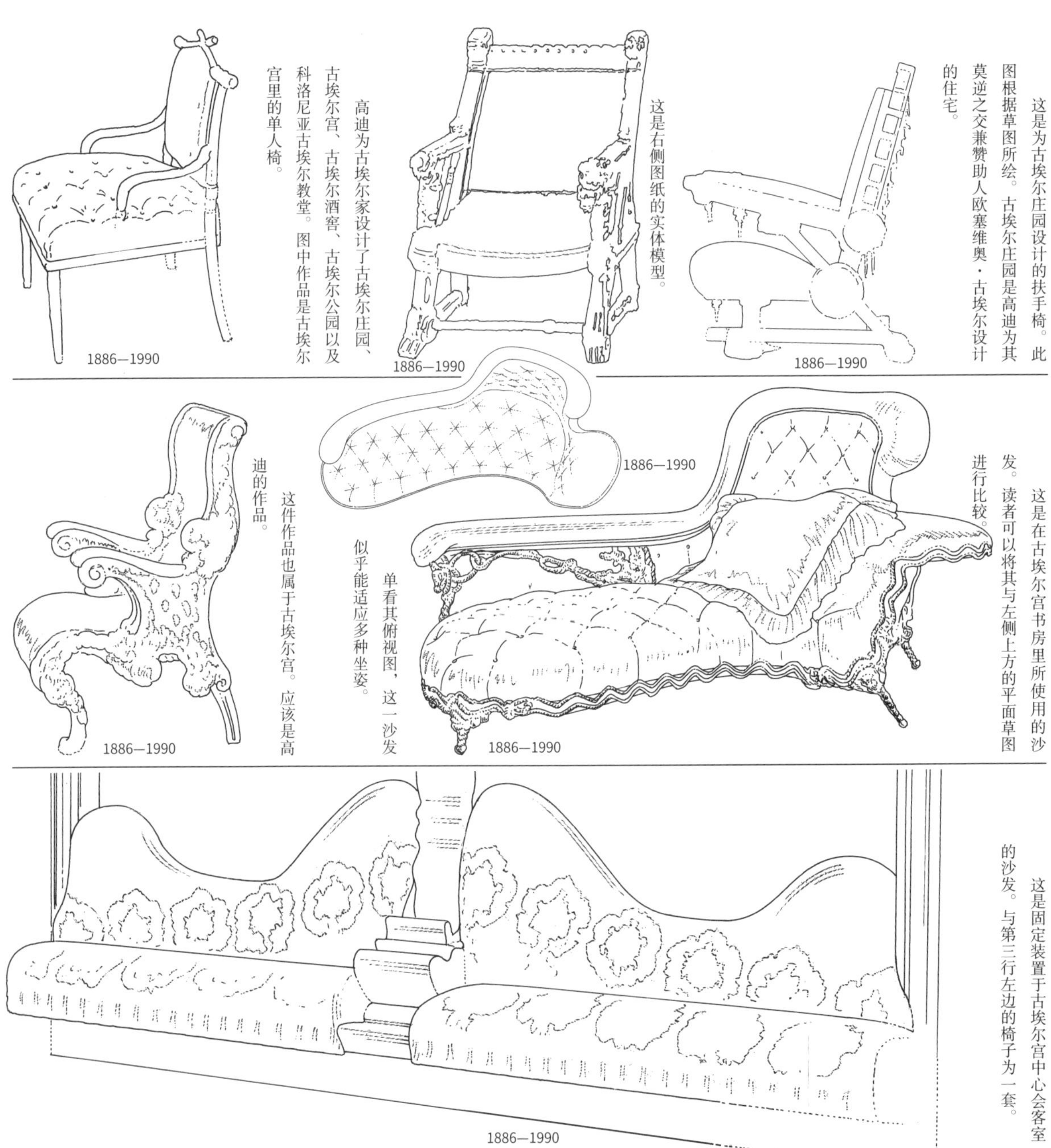

这是为古埃尔庄园设计的扶手椅。此图根据草图所绘。古埃尔庄园是高迪为其莫逆之交兼赞助人欧塞维奥·古埃尔设计的住宅。

这是右侧图纸的实体模型。

高迪为古埃尔家设计了古埃尔庄园、古埃尔宫、古埃尔酒窖、古埃尔公园以及科洛尼亚古埃尔教堂。图中作品是古埃尔宫里的单人椅。

这是在古埃尔宫书房里所使用的沙发。读者可以将其与左侧上方的平面草图进行比较。

单看其俯视图，这一沙发似乎能适应多种坐姿。

这件作品也属于古埃尔宫。应该是高迪的作品。

这是固定装置于古埃尔宫中心会客室的沙发。与第三行左边的椅子为一套。

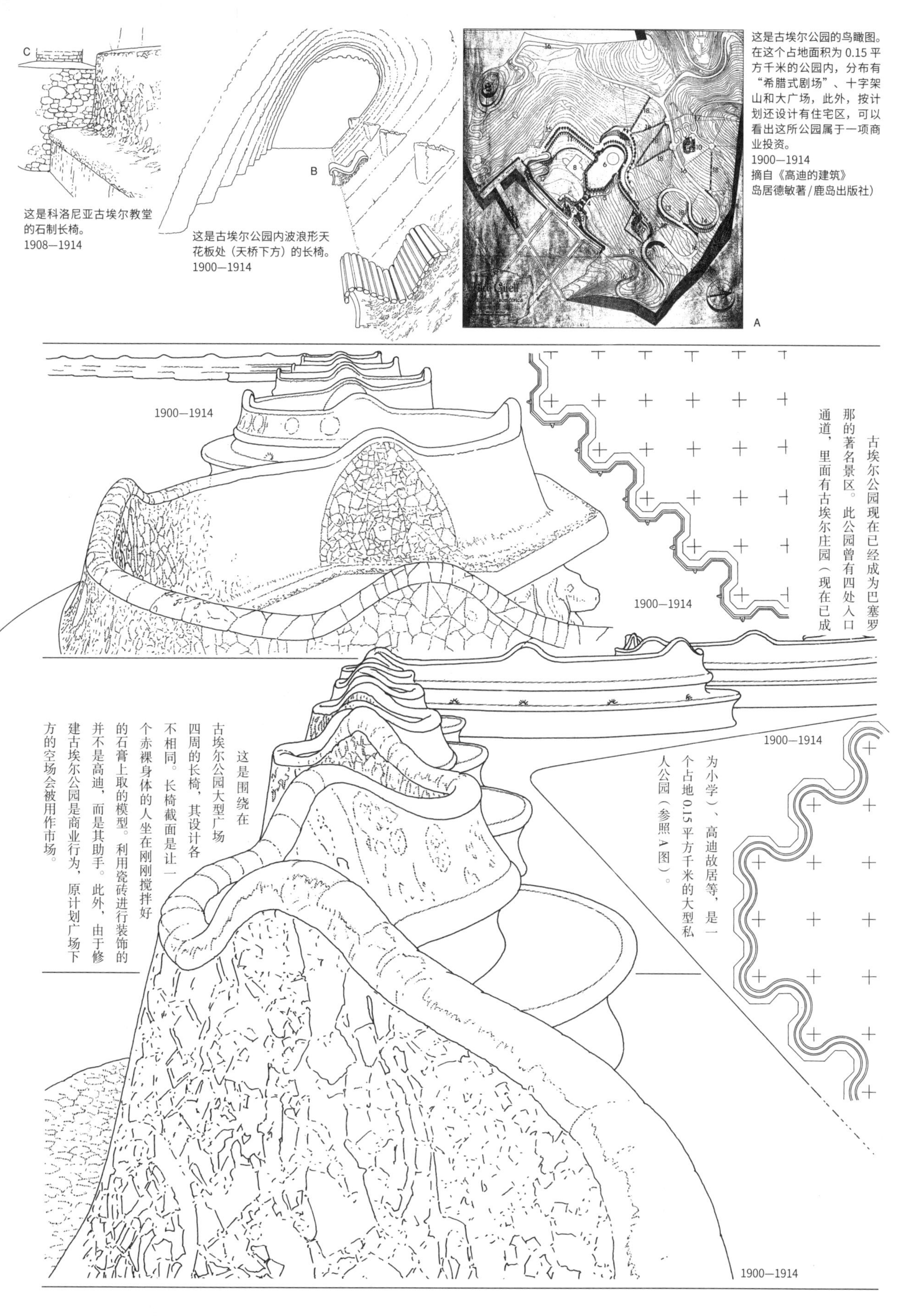

这是科洛尼亚古埃尔教堂的石制长椅。
1908—1914

这是古埃尔公园内波浪形天花板处（天桥下方）的长椅。
1900—1914

这是古埃尔公园的鸟瞰图。在这个占地面积为 0.15 平方千米的公园内，分布有“希腊式剧场”、十字架山和大广场，此外，按计划还设计有住宅区，可以看出这所公园属于一项商业投资。
1900—1914
摘自《高迪的建筑》
岛居德敏著/鹿岛出版社）

古埃尔公园现在已经成为巴塞罗那的著名景区。此公园曾有四处入口通道，里面有古埃尔庄园（现在已成为小学）、高迪故居等，是一个占地 0.15 平方千米的大型私人公园（参照 A 图）。

这是围绕在古埃尔公园大型广场四周的长椅，其设计各不相同。长椅截面是让一个赤裸身体的人坐在刚刚搅拌好的石膏上取的模型。利用瓷砖进行装饰的并不是高迪，而是其助手。此外，由于修建古埃尔公园是商业行为，原计划广场下方的空场会被用作市场。

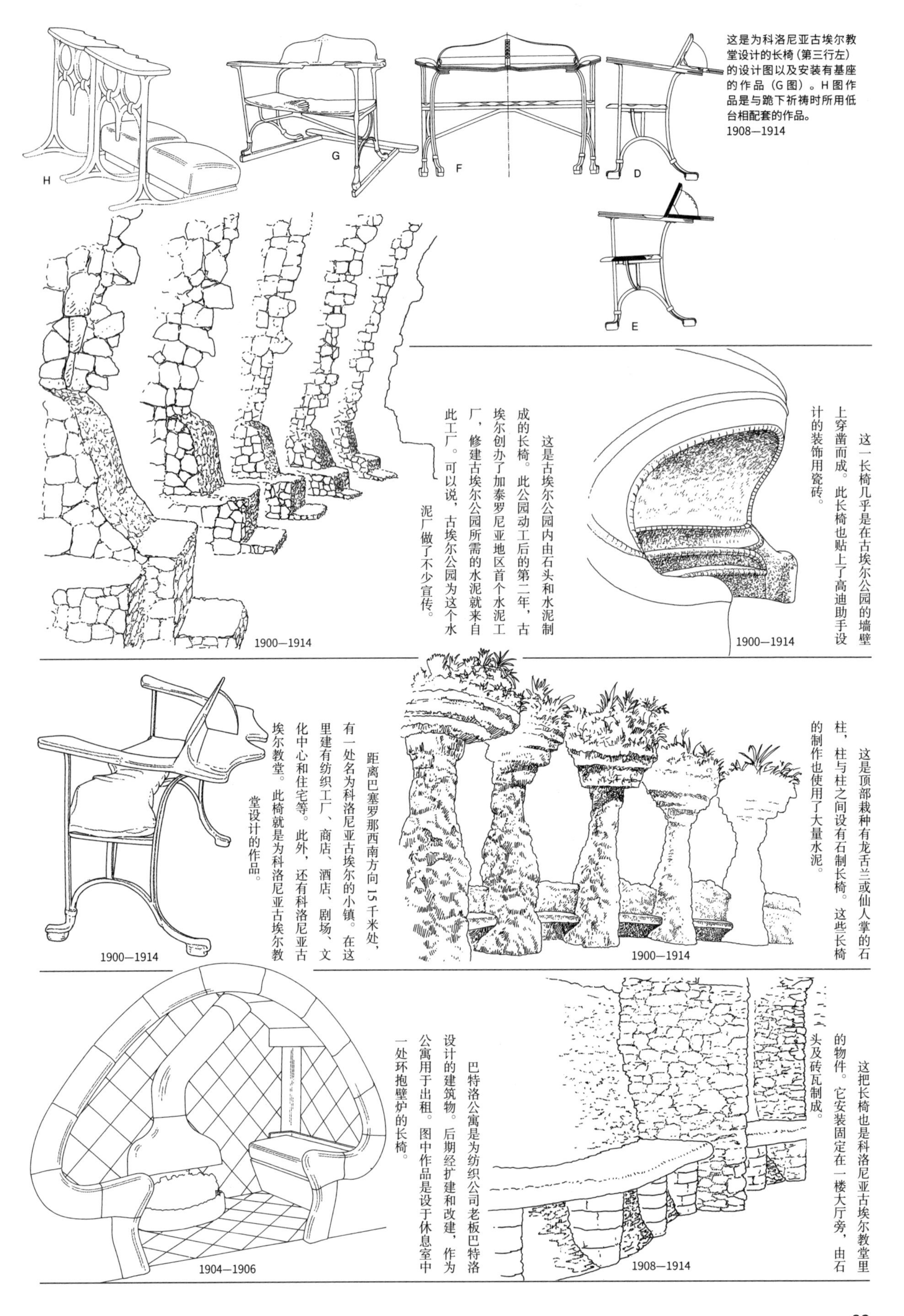

这是为科洛尼亚古埃尔教堂设计的长椅（第三行左）的设计图以及安装有基座的作品（G图）。H图作品是与跪下祈祷时所用低台相配套的作品。
1908—1914

这是古埃尔公园内由石头和水泥制成的长椅。此公园动工后的第二年，古埃尔创办了加泰罗尼亚地区首个水泥工厂，修建古埃尔公园所需的水泥就来自此工厂。可以说，古埃尔公园为这个水泥厂做了不少宣传。
1900—1914

这一长椅几乎是在古埃尔公园的墙壁上穿凿而成。此长椅也贴上了高迪助手设计的装饰用瓷砖。
1900—1914

距离巴塞罗那西南方向15千米处，有一处名为科洛尼亚古埃尔的小镇。在这里建有纺织工厂、商店、酒店、剧场、文化中心和住宅等。此外，还有科洛尼亚古埃尔教堂。此椅就是为科洛尼亚古埃尔教堂设计的作品。
1900—1914

这是顶部栽种有龙舌兰或仙人掌的石柱，柱与柱之间设有石制长椅。这些长椅的制作也使用了大量水泥。
1900—1914

巴特洛公寓是为纺织公司老板巴特洛设计的建筑物。后期经扩建和改建，作为公寓用于出租。图中作品是设于休息室中一处环抱壁炉的长椅。
1904—1906

这把长椅也是科洛尼亚古埃尔教堂里的物件。它安装固定在一楼大厅旁，由石头及砖瓦制成。
1908—1914

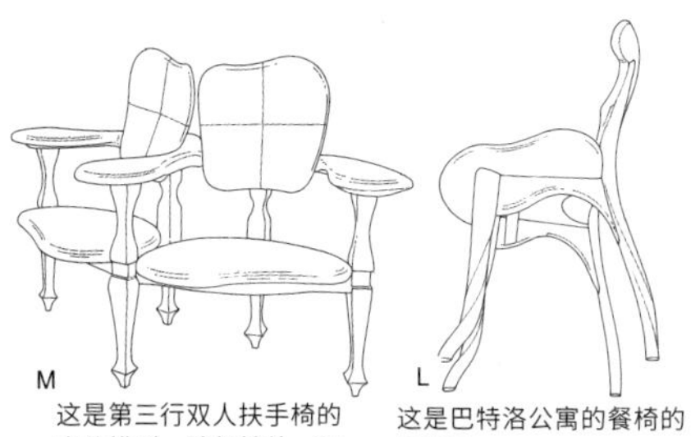

M

这是第三行双人扶手椅的实体模型。除长椅外，很少有双人座椅在各个座位分别设计有扶手。
1904—1906

L

这是巴特洛公寓的餐椅的仰视图。
1904—1906

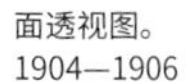

K

图中作品和第二行中间作品是同一件。此图是主视图。
1904—1906

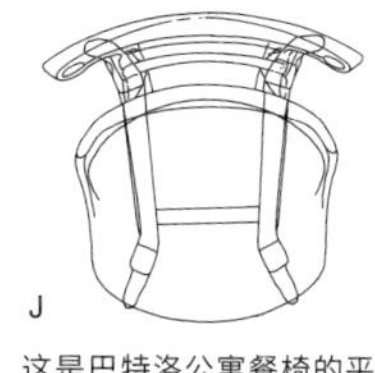

J

这是巴特洛公寓餐椅的平面透视图。
1904—1906

I

这是巴特洛公寓的椅子。此图根据草图所绘。
1904—1906

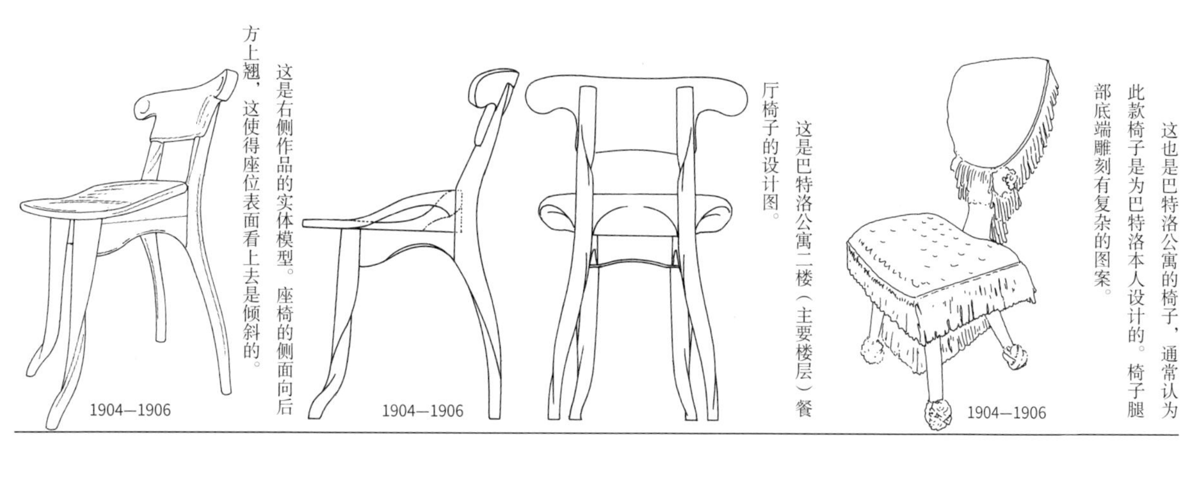

这也是巴特洛公寓的椅子，通常认为此款椅子是为巴特洛本人设计的。椅子腿部底端雕刻有复杂的图案。
1904—1906

这是巴特洛公寓二楼（主要楼层）餐厅椅子的设计图。
1904—1906

这是右侧作品的实体模型。座椅的侧面向后方上翘，这使得座位表面看上去是倾斜的。
1904—1906

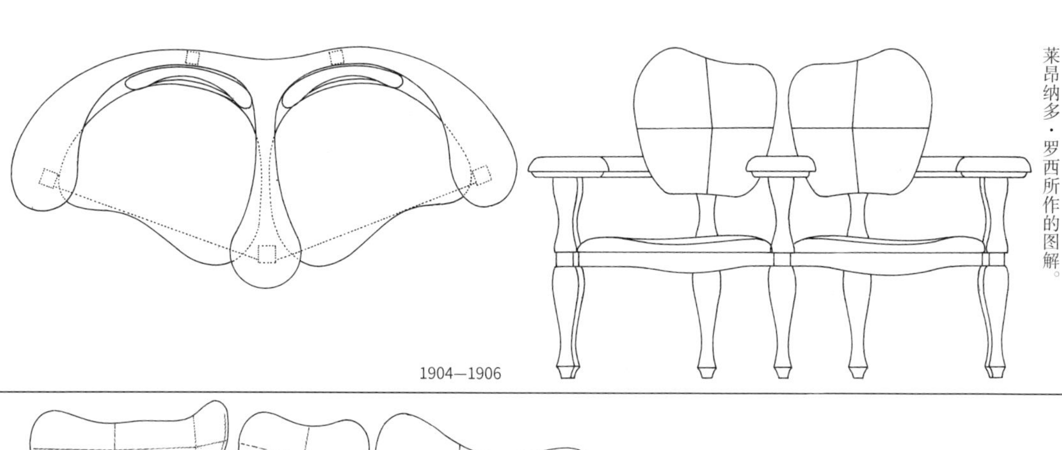

全世界有很多关于高迪本人的研究者，但令人意外的是，专门研究高迪家具设计的人却很少。这里所介绍的作品摘自莱昂纳多·罗西所作的图解。

1904—1906

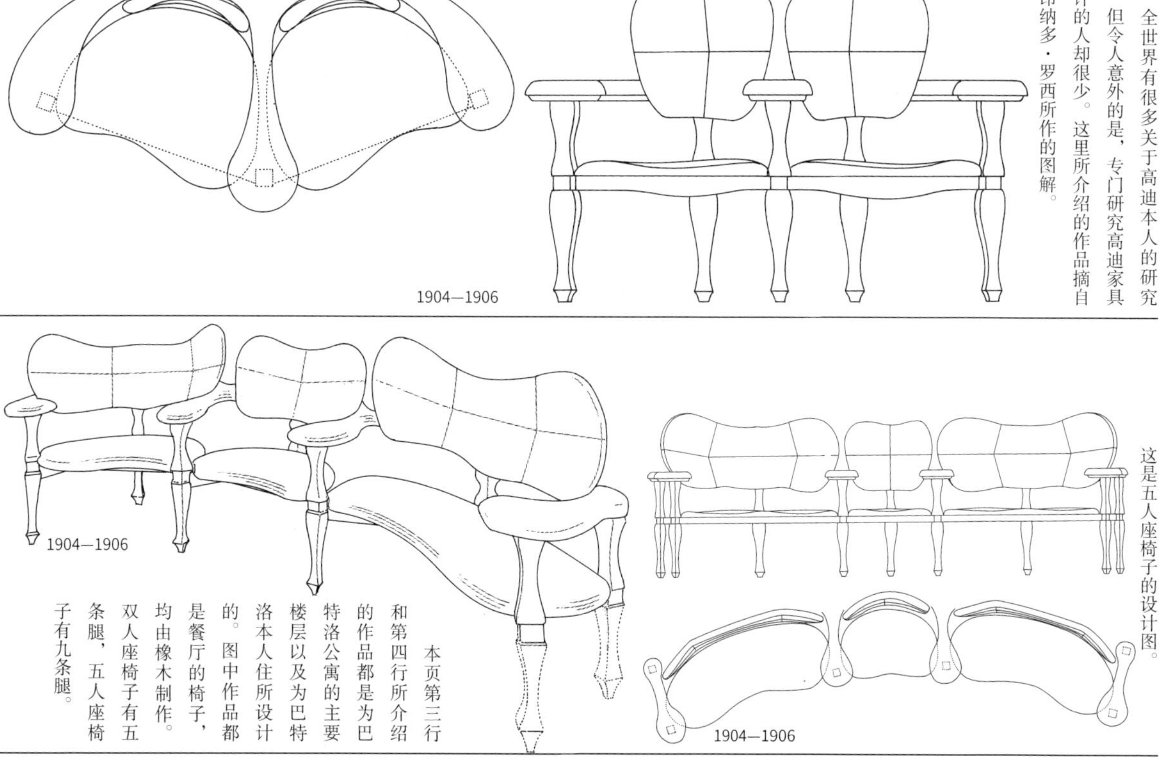

这是五人座椅子的设计图。
1904—1906

本页第三行和第四行所介绍的作品都是为巴特洛公寓的主要楼层以及为巴特洛本人住所设计的。图中作品都是餐厅的椅子，均由橡木制作。双人座椅子有五条腿，五人座椅子有九条腿。
1904—1906

1856—1940

卡罗·布加迪

第 1 小节
旧式家具的影响

卡罗·布加迪于1856年2月12日出生在米兰的一个艺术之家，他的父亲是一名雕塑家（也有资料显示他的父亲是制作壁炉的工匠）。卡罗·布加迪的长子埃托里·布加迪以及埃托里的儿子简·布加迪是有名的汽车设计师，而卡罗的次子伦勃朗·布加迪则是青铜雕塑家。

卡罗·布加迪曾于布雷拉美术学院和巴黎国立高等美术学院学习建筑，最后他却选择了家具设计的道路。他最早的作品是一套床及橱柜，用于庆祝妹妹露西娅和他的同学、画家塞冈蒂尼结婚。以此为开端，他设计了一系列前所未有的具有独创风格的家具。

卡罗·布加迪的作品多属于新艺术派，在这一点上，笔者倒有一点不同的看法。人们通常认为他的设计风格很大程度上受到阿拉伯及东亚文明的影响，但实际上，笔者却认为他的设计风格很大程度上受到了尼泊尔家具的影响（请参考A图）。特别是椅子的框架设计，以及以圆形为创作灵感这两点，与尼泊尔以及巴基斯坦的椅子有许多共同点。自古至今，不少设计师从异域风格的家具中汲取设计灵感，而将尼泊尔家具作为原型的，卡罗·布加迪应

图中扶手凳的细节之处让人联想到汉斯·鲁道夫·吉格（曾为电影《异形》设计人物形象）的作品。椅子扶手上让人毛骨悚然的青铜制变异昆虫，凳子腿的最下角也似乎有昆虫蠕动。

设计年份不详

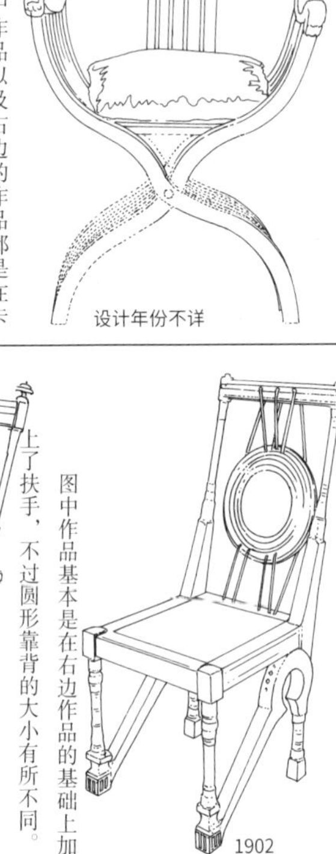

很久很久以前，在意大利就有一种被称作『萨沃纳罗拉』的椅子。这种椅子是折叠椅，交叉的椅子腿多达十条。此图中的作品也属于『萨沃纳罗拉』椅的一种。因为椅子靠背及扶手处的设计，让人感觉此作品为卡罗·布加迪所设计。

设计年份不详

图中作品以及右边的作品都是在卡罗·布加迪工作室的椅子。这件作品的靠背也使用了圆形设计，因此被认为是他的作品。此款椅子也是比较古老的式样。

设计年份不详

与第二行中间的椅子相同，这把椅子也是工作室里的，属于非常典型的布加迪风格。此款椅子还有一个配套的桌子。椅子腿部及座椅框架都是木质结构，表面漆有油漆。椅子上镶嵌有金属以及动物骨头。靠背及座位处绷有羊皮纸，靠背的圆形部分由绳索固定。

设计年份不详

1880

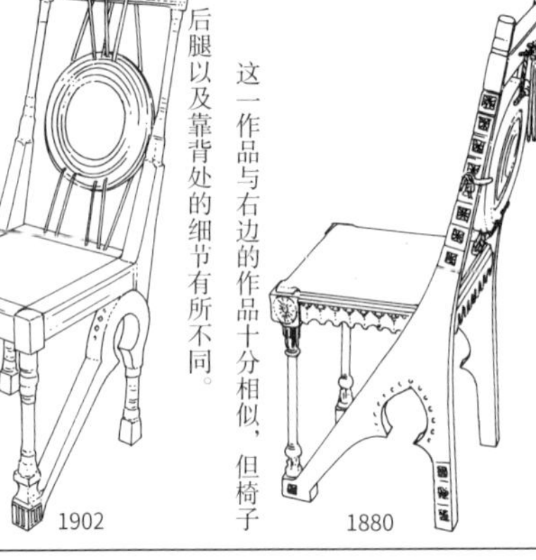

这一作品与右边的作品十分相似，但椅子后腿以及靠背处的细节有所不同。

1902

图中作品基本是在右边作品的基础上加上了扶手，不过圆形靠背的大小有所不同。

设计年份不详

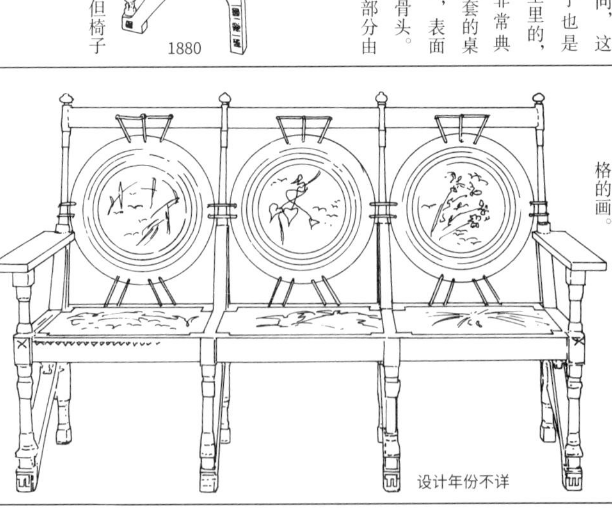

这是第三行左边作品的三人座椅款。靠背及座位处的羊皮纸上绘制有东方风格的画。

设计年份不详

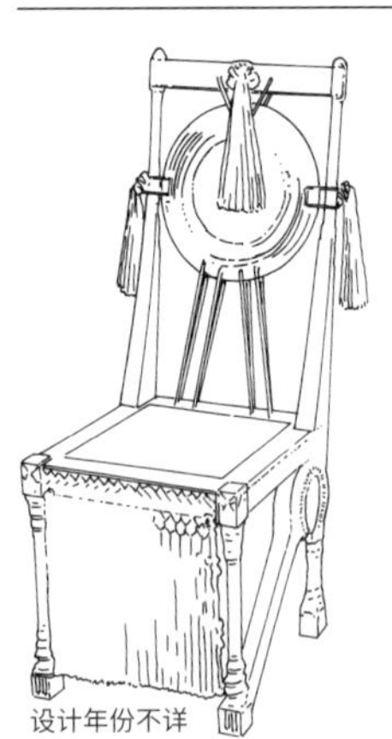

图中作品的设计与第三行从左往右数第二个作品的设计几乎相同，不过其流苏设计给人留下格外深刻的印象。这种流苏多见于宗教活动中，在祈祷以及巫术的仪式中也会见到类似流苏。或许是这个原因，让布加迪的作品看上去带有几分神秘色彩。

设计年份不详

该算是第一人，这也使其设计的作品看上去有些神奇和充满魔力。

这也是由埃托里·布加迪设计的椅子。它与右边作品一样都放置在花园里。1935 年前后

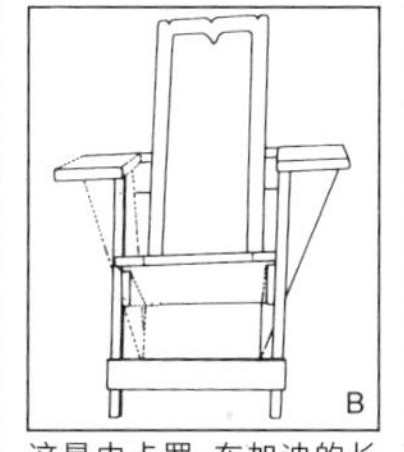

这是由卡罗·布加迪的长子，即汽车设计师埃托里·布加迪设计的椅子。图中有多处不能确认的地方，如椅子后腿的结构等。1935 年前后

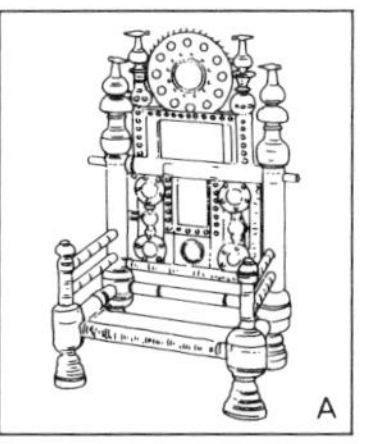

这是尼泊尔的椅子，很有可能是部落族长及其氏族使用的物品。有些巴基斯坦的椅子与此十分相似。设计年份不详

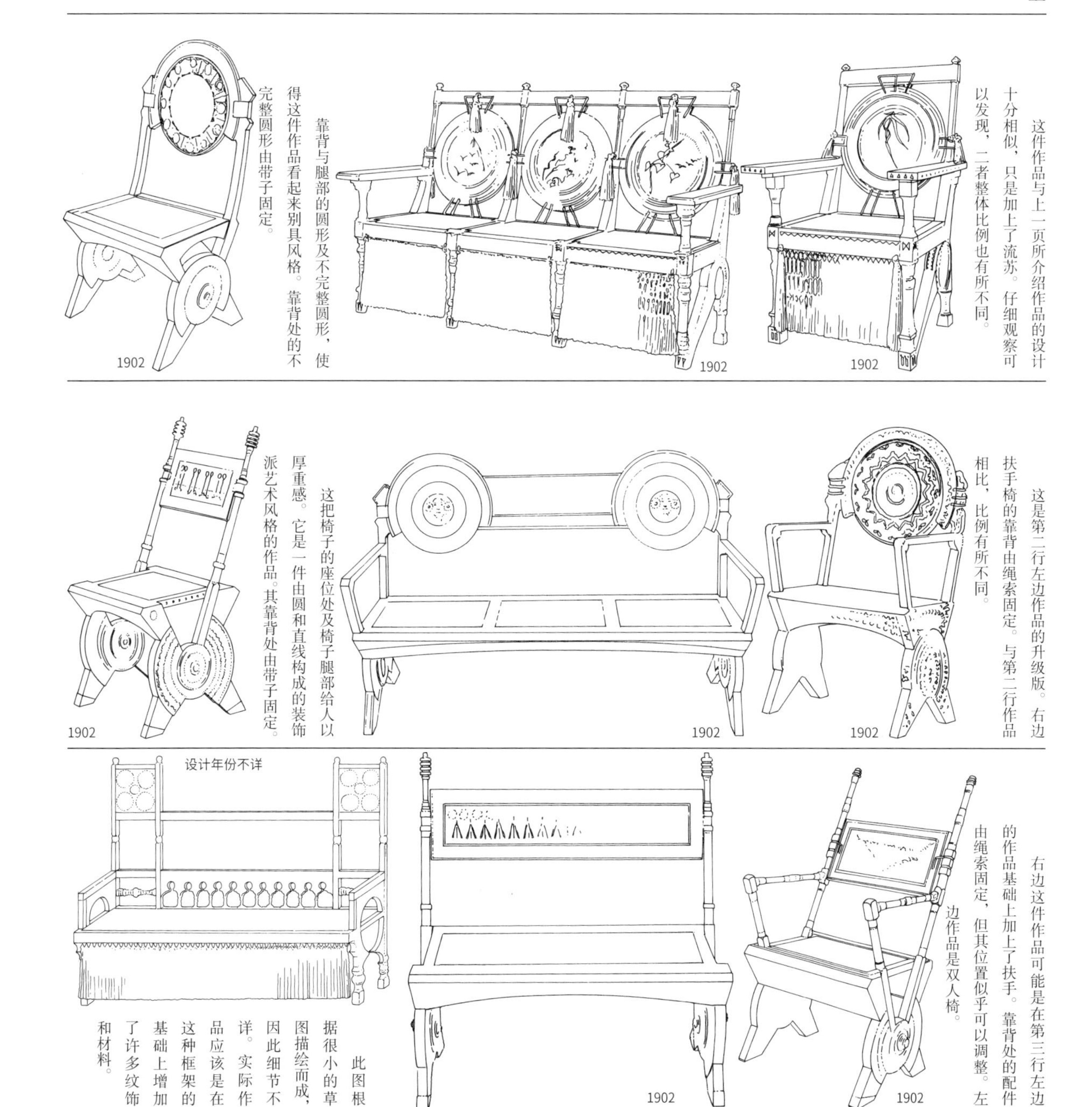

这件作品与上一页所介绍作品的设计十分相似，只是加上了流苏。仔细观察可以发现，二者整体比例也有所不同。

1902

1902

靠背与腿部的圆形及不完整圆形，使得这件作品看起来别具风格。靠背处的不完整圆形由带子固定。

1902

这是第二行左边作品的升级版。右边扶手椅的靠背由绳索固定。与第二行作品相比，比例有所不同。

1902

1902

这把椅子的座位处及椅子腿部给人以厚重感。它是一件由圆和直线构成的装饰派艺术风格的作品。其靠背处由带子固定。

1902

右边这件作品可能是在第三行左边的作品基础上加上了扶手。靠背处的配件由绳索固定，但其位置似乎可以调整。左边作品是双人椅。

1902

1902

设计年份不详

此图根据很小的草图描绘而成，因此细节不详。实际作品应该是在这种框架的基础上增加了许多纹饰和材料。

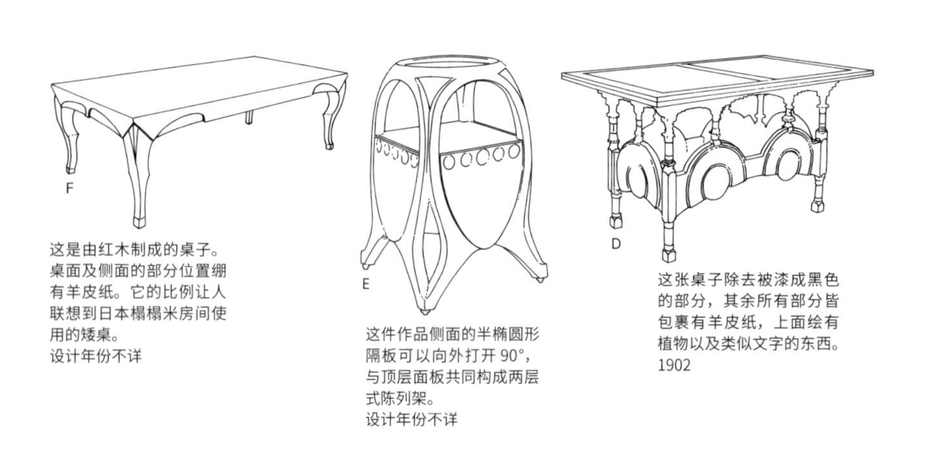

这是由红木制成的桌子。桌面及侧面的部分位置绷有羊皮纸。它的比例让人联想到日本榻榻米房间使用的矮桌。
设计年份不详

这件作品侧面的半椭圆形隔板可以向外打开 90°，与顶层面板共同构成两层式陈列架。
设计年份不详

这张桌子除去被漆成黑色的部分，其余所有部分皆包裹有羊皮纸，上面绘有植物以及类似文字的东西。
1902

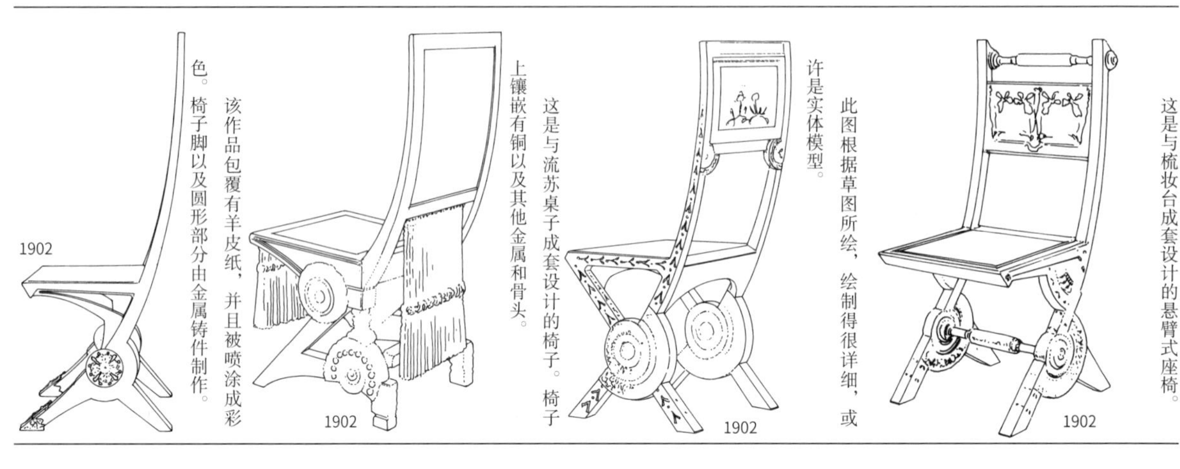

这是与梳妆台成套设计的悬臂式座椅。
1902

此图根据草图所绘，绘制得很详细，或许是实体模型。
1902

这是与流苏桌子成套设计的椅子。椅子上镶嵌有铜以及其他金属和骨头。
1902

该作品包覆有羊皮纸，并且被喷涂成彩色。椅子脚以及圆形部分由金属铸件制作。
1902

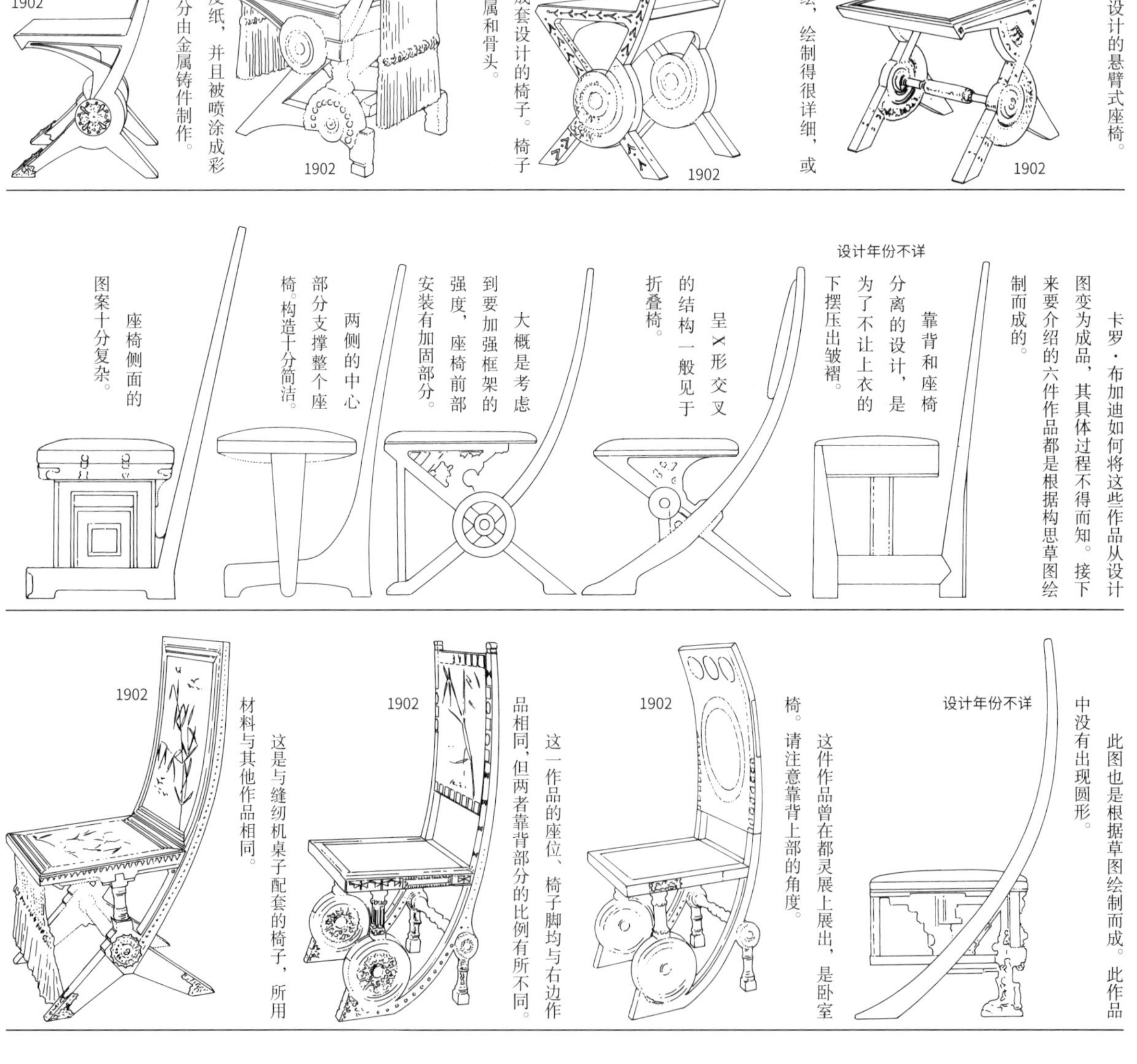

卡罗·布加迪如何将这些作品从设计图变为成品，其具体过程不得而知。接下来要介绍的六件作品都是根据构思草图绘制而成的。

设计年份不详

靠背和座椅分离的设计，是为了不让上衣的下摆压出皱褶。

呈X形交叉的结构一般见于折叠椅。

大概是考虑到要加强框架的强度，座椅前部安装有加固部分。

两侧的中心部分支撑整个座椅。构造十分简洁。

座椅侧面的图案十分复杂。

此图也是根据草图绘制而成。此作品中没有出现圆形。
设计年份不详

这件作品曾在都灵展上展出，是卧室椅。请注意靠背上部的角度。
1902

这一作品的座位、椅子脚均与右边作品相同，但两者靠背部分的比例有所不同。
1902

这是与缝纫机桌子配套的椅子，所用材料与其他作品相同。
1902

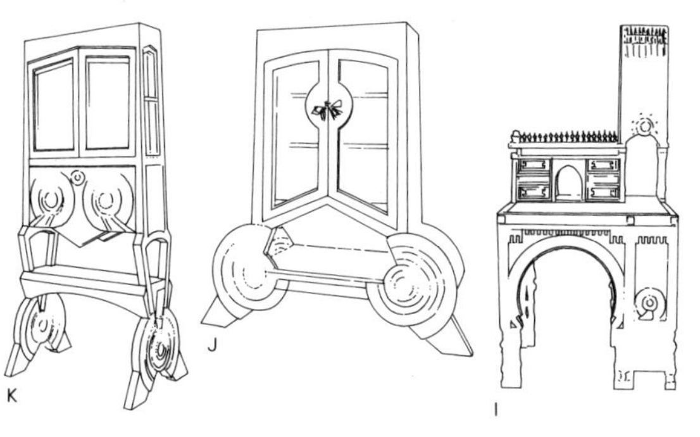

G～K图的作品都曾在都灵展上展出。和椅子相同，这几件作品均是木质结构，并涂漆，包裹有羊皮纸，镶嵌有骨头或者金属，并使用了精炼铜。
（这几件作品均为1902年设计）

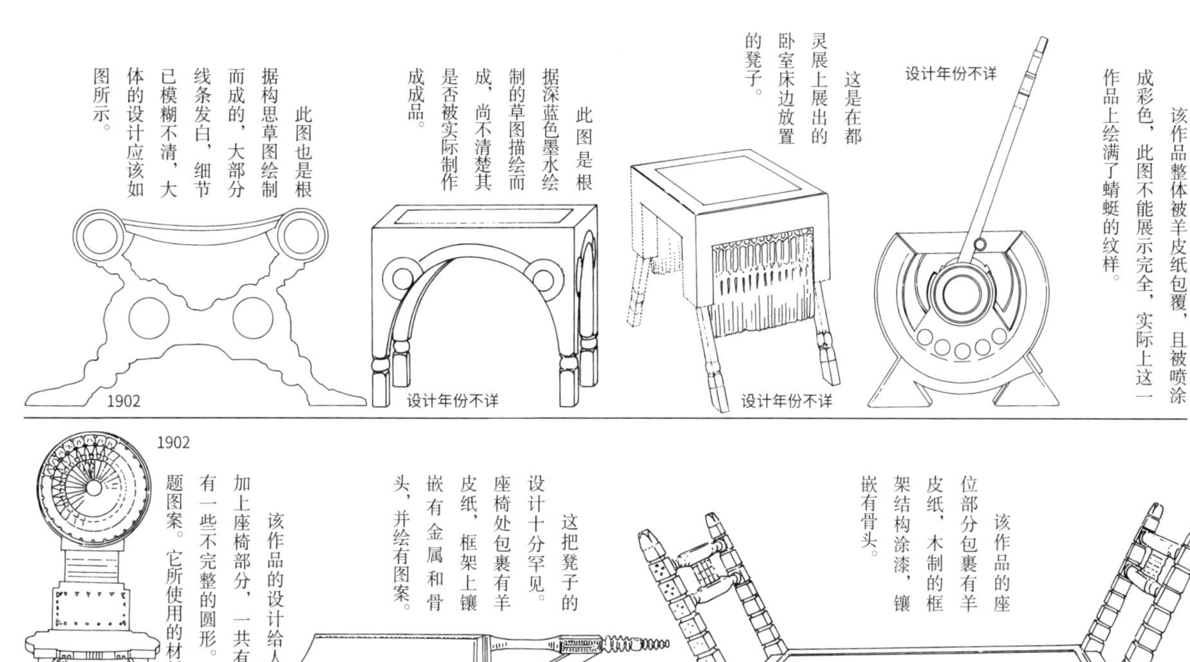

该作品整体被羊皮纸包覆，且被喷涂成彩色，此图不能展示完全，实际上这一作品上绘满了蜻蜓的纹样。

设计年份不详

这是在都灵展上展出的卧室床边放置的凳子。

设计年份不详

此图是根据深蓝色墨水绘制的草图描绘而成，尚不清楚其是否被实际制作成成品。

设计年份不详

此图也是根据构思草图绘制而成的，大部分线条发白，细节已模糊不清，大体的设计应该如图所示。

1902

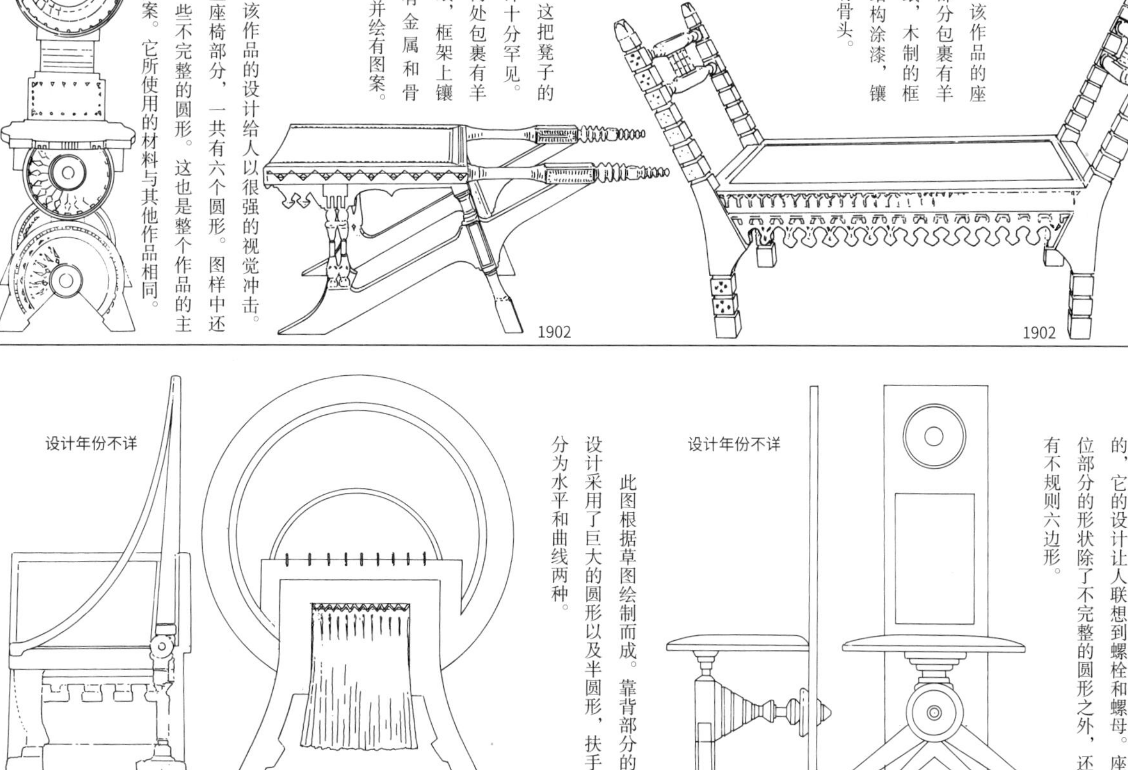

该作品的座位部分包裹有羊皮纸，木制的框架结构涂漆，镶嵌有骨头。

1902

这把凳子的设计十分罕见。座椅处包裹有羊皮纸，框架上镶嵌有金属和骨头，并绘有图案。

1902

该作品的设计给人以很强的视觉冲击。加上座椅部分，一共有六个圆形。图样中还有一些不完整的圆形。这也是整个作品的主题图案。它所使用的材料与其他作品相同。

1902

该作品也是根据构思草图绘制而成的，它的设计让人联想到螺栓和螺母。座位部分的形状除了不完整的圆形之外，还有不规则六边形。

设计年份不详

此图根据草图绘制而成。靠背部分的设计采用了巨大的圆形以及半圆形，扶手分为水平和曲线两种。

设计年份不详

1856—1940

卡罗·布加迪

第2小节
魔法般的设计

在前一小节中已经介绍过，卡罗·布加迪设计家具的灵感很有可能是来自尼泊尔的家具。而羊皮纸的使用则更加凸显了他的这种风格，使其作品呈现出既独一无二，又丰富多彩的特点。他在家具上绷上羊皮纸，并在上面细密地绘满以昆虫或花草为主题的图案。这种在家具上使用羊皮纸的方法技术（与在大鼓上绷羊皮纸的方法完全不同）当时并不被人们所知晓，属于商业机密。

此外，和羊皮纸一样，流苏设计也让他的作品别具一格。此外，圆形以及半圆形的设计也成为整个作品结构的亮点。这些圆形以及半圆形通常由铜、木材、羊皮纸、羚羊皮以及象牙等装饰。除了这些家具之外，卡罗·布加迪还设计了许多银制餐具以及青铜制餐具。这些餐具的细节处以青蛙、蜻蜓或者人脸作为主题图案。在这里笔者想提出的是，这些图案大都有一些令人生畏的地方，宛如电影『异形』中的形象。透过这些设计细节，人们仿佛也能看见其设计者的特立独行之处。卡罗·布加迪的这些设计实在是别具一格，非同一般，因此对这些作品的评价也是毁誉参半。在1902年的都灵展上，卡罗·布加迪获

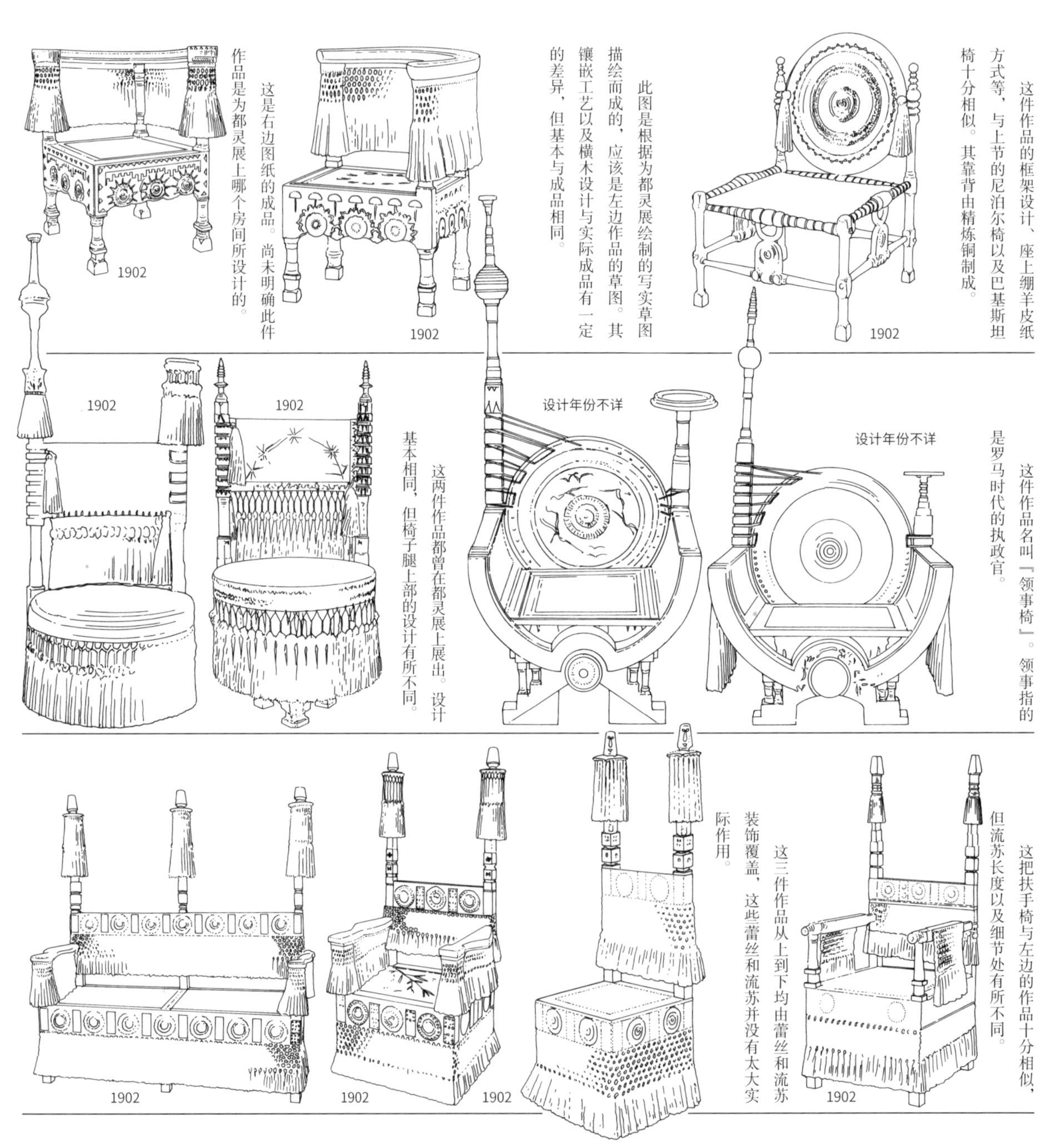

这件作品的框架设计、座上绷羊皮纸方式等，与上节的尼泊尔椅以及巴基斯坦椅十分相似。其靠背由精炼铜制成。

此图是根据为都灵展绘制的写实草图描绘而成的，应该是左边作品的草图。其镶嵌工艺以及横木设计与实际成品有一定的差异，但基本与成品相同。

这是右边图纸的成品。尚未明确此件作品是为都灵展上哪个房间所设计的。

这件作品名叫『领事椅』。领事指的是罗马时代的执政官。

这两件作品都曾在都灵展上展出。设计基本相同，但椅子腿上部的设计有所不同。

这把扶手椅与左边的作品十分相似，但流苏长度以及细节处有所不同。

这三件作品从上到下均由蕾丝和流苏装饰覆盖，这些蕾丝和流苏并没有太大实际作用。

得最高奖，并且和彼得·贝伦斯共同获得『特别荣誉奖』。这些都足以说明卡罗·布加迪是20世纪初意大利家具设计师的代表性人物。

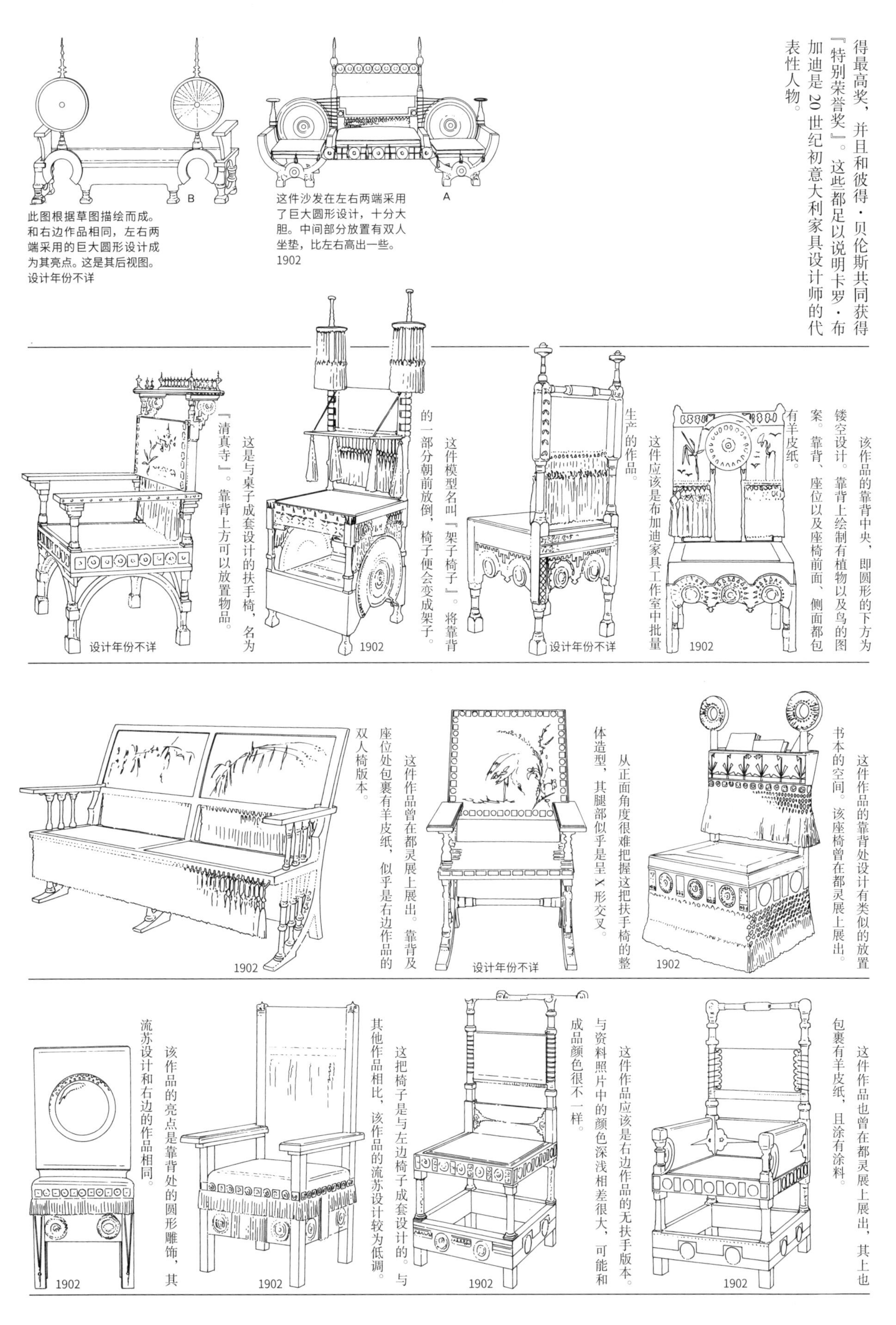

此图根据草图描绘而成。和右边作品相同，左右两端采用的巨大圆形设计成为其亮点。这是其后视图。设计年份不详

这件沙发在左右两端采用了巨大圆形设计，十分大胆。中间部分放置有双人坐垫，比左右高出一些。1902

该作品的靠背中央，即圆形的下方为镂空设计。靠背上绘制有植物以及鸟的图案。靠背、座位以及座椅前面、侧面都包有羊皮纸。

1902

这件应该是布加迪家具工作室中批量生产的作品。

设计年份不详

这件模型名叫『架子椅子』。将靠背的一部分朝前放倒，椅子便会变成架子。

1902

这是与桌子成套设计的扶手椅，名为『清真寺』。靠背上方可以放置物品。

设计年份不详

这件作品的靠背处设计有类似的放置书本的空间。该座椅曾在都灵展上展出。

1902

从正面角度很难把握这把扶手椅的整体造型，其腿部似乎是呈X形交叉。

设计年份不详

这件作品曾在都灵展上展出。靠背及座位处包裹有羊皮纸，似乎是右边作品的双人椅版本。

1902

这件作品也曾在都灵展上展出，其上也包裹有羊皮纸，且涂有涂料。

1902

这件作品应该是右边作品的无扶手版本。与资料照片中的颜色深浅相差很大，可能和成品颜色很不一样。

1902

这把椅子是与左边椅子成套设计的。与其他作品相比，该作品的流苏设计较为低调。

1902

该作品的亮点是靠背处的圆形雕饰，其流苏设计和右边的作品相同。

1902

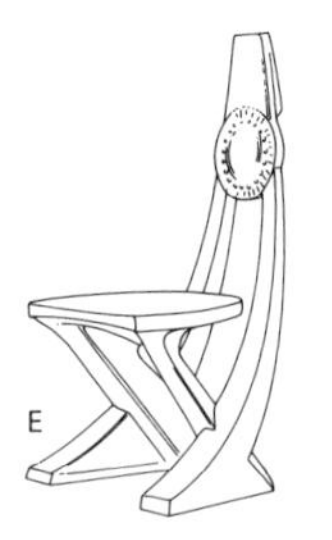

这件作品曾在都灵展的大厅里展出。是与第三行左边的作品成套设计的。
1902

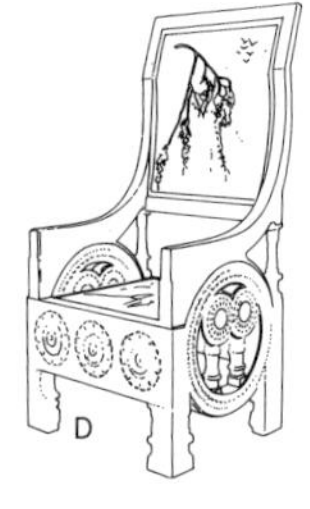

这件沙发在左右采用了巨大圆形设计，十分大胆。曾在都灵展上展出。
1902

类似这样侧面被垫得又软又厚的作品并不多见。其材料的使用方式和其他作品相同。
1902

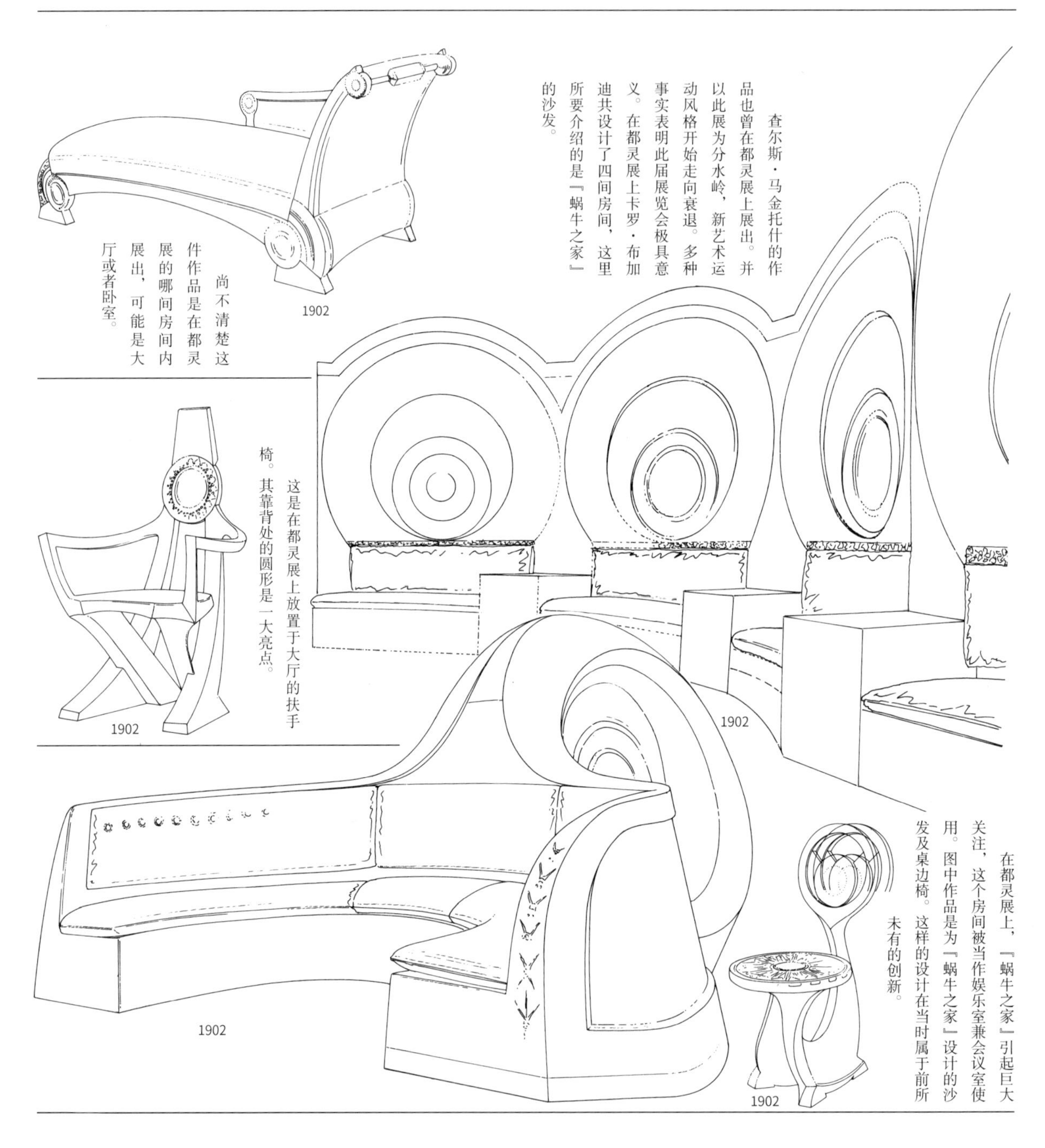

查尔斯·马金托什的作品也曾在都灵展上展出。并以此展为分水岭，新艺术运动风格开始走向衰退。多种事实表明此届展览会极具意义。在都灵展上卡罗·布加迪共设计了四间房间，这里所要介绍的是『蜗牛之家』的沙发。

尚不清楚这件作品是在都灵展的哪间房间内展出，可能是大厅或者卧室。

1902

这是在都灵展上放置于大厅的扶手椅。其靠背处的圆形是一大亮点。

1902

1902

在都灵展上，『蜗牛之家』引起巨大关注，这个房间被当作娱乐室兼会议室使用。图中作品是为『蜗牛之家』设计的沙发及桌边椅。这样的设计在当时属于前所未有的创新。

1902

1902

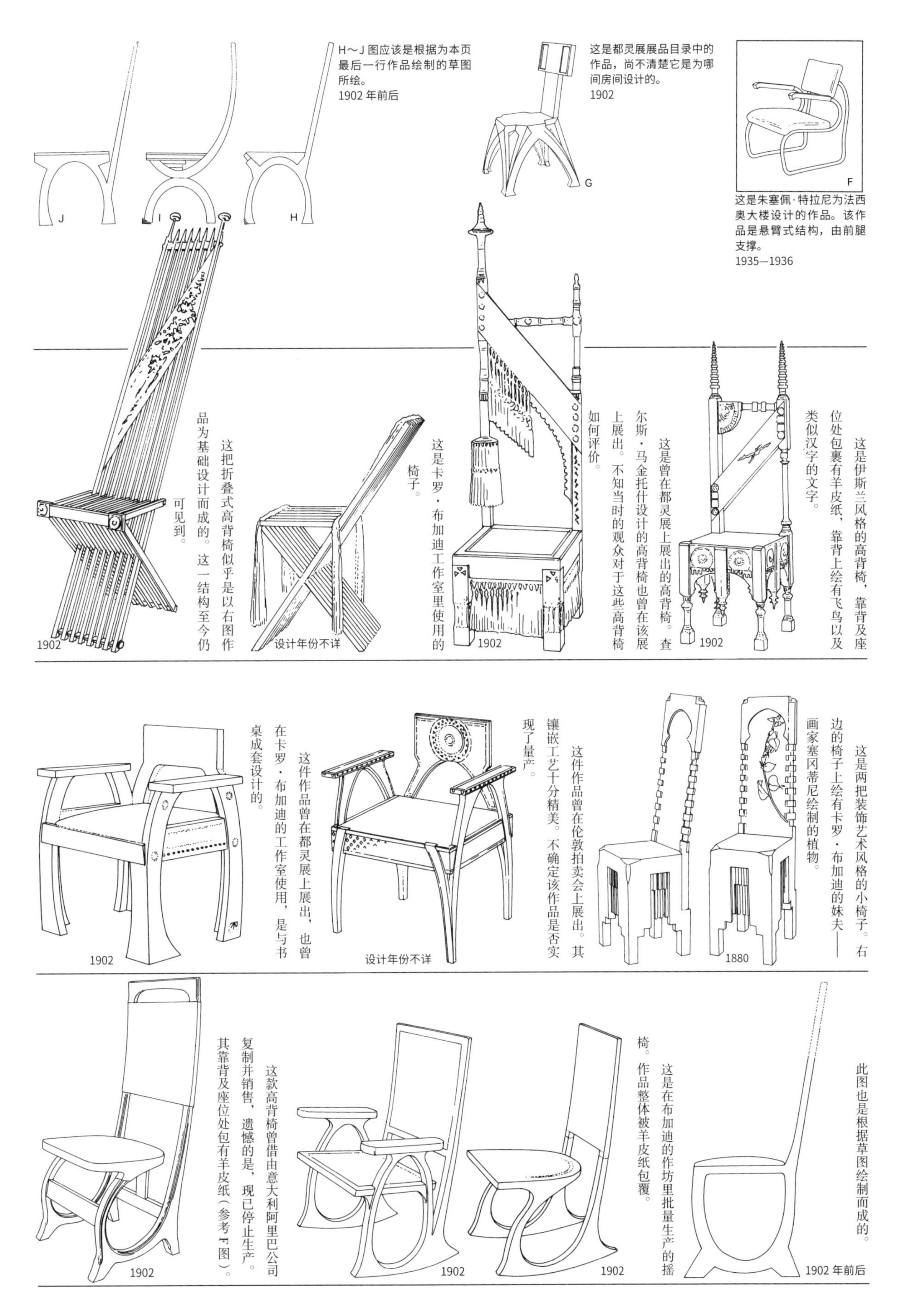

H～J图应该是根据为本页最后一行作品绘制的草图所绘。
1902 年前后

这是都灵展展品目录中的作品，尚不清楚它是为哪间房间设计的。
1902

这是朱塞佩·特拉尼为法西奥大楼设计的作品。该作品是悬臂式结构，由前腿支撑。
1935—1936

这是伊斯兰风格的高背椅，靠背及座位处包裹有羊皮纸，靠背上绘有飞鸟以及类似汉字的文字。
1902

这是曾在都灵展上展出的高背椅。查尔斯·马金托什设计的高背椅也曾在该展上展出。不知当时的观众对于这些高背椅如何评价。
1902

这是卡罗·布加迪工作室里使用的椅子。
设计年份不详

这把折叠式高背椅似乎是以右图作品为基础设计而成的。这一结构至今仍可见到。
1902

这是两把装饰艺术风格的小椅子。右边的椅子上绘有卡罗·布加迪的妹夫——画家塞冈蒂尼绘制的植物。
1880

这件作品曾在伦敦拍卖会上展出。其镶嵌工艺十分精美。不确定该作品是否实现了量产。
设计年份不详

这件作品曾在都灵展上展出，也曾在卡罗·布加迪的工作室使用，是与书桌成套设计的。
1902

此图也是根据草图绘制而成的。
1902 年前后

这是在布加迪的作坊里批量生产的摇椅。作品整体被羊皮纸包覆。
1902
1902

这款高背椅曾借由意大利阿里巴公司复制并销售，遗憾的是，现已停止生产。其靠背及座位处包有羊皮纸（参考F图）。
1902

1858—1942

古斯塔夫·斯蒂克利

第 1 小节
威廉·莫里斯和工艺美术运动

古斯塔夫·斯蒂克利（以下简称斯蒂克利）是美国工艺美术运动的代表人物。在介绍他之前，我们必须先要了解和他有千丝万缕联系的英国设计师威廉·莫里斯，以及工艺美术运动本身。

18 世纪 60 年代至 19 世纪 40 年代是英国近代资本主义最为繁荣的一段时期。奠定这段繁荣岁月的基础则是工业革命。工业革命使得大机器生产开始代替手工业生产，实现了工业上的巨大飞跃。在 1851 年的第一届伦敦世博会上，展馆水晶宫是一个以钢铁为骨架，玻璃、混凝土为主要建材的建筑，可以说集中反映了当时英国工业高速发展的成果。然而，这座宫殿过度吸收了以往建筑模式的各种元素，使得人们对其过度的装饰和缺乏品位的设计颇多微词。此外，当时由机械批量生产的产品，品质方面也较为低劣。对于诸如此类现象，英国建筑师奥古斯塔斯·普金向人们敲响了警钟。他主张『我们应该尊重材料的特质，对于装饰，应该仅仅止于表面的纹饰，更应该将装饰当作产品不可或缺的一个构成要素来进行处理』。这一理念得到了约翰·拉斯金的支持，并借由他进行了推广。此后，在威廉·莫里斯的推动下，

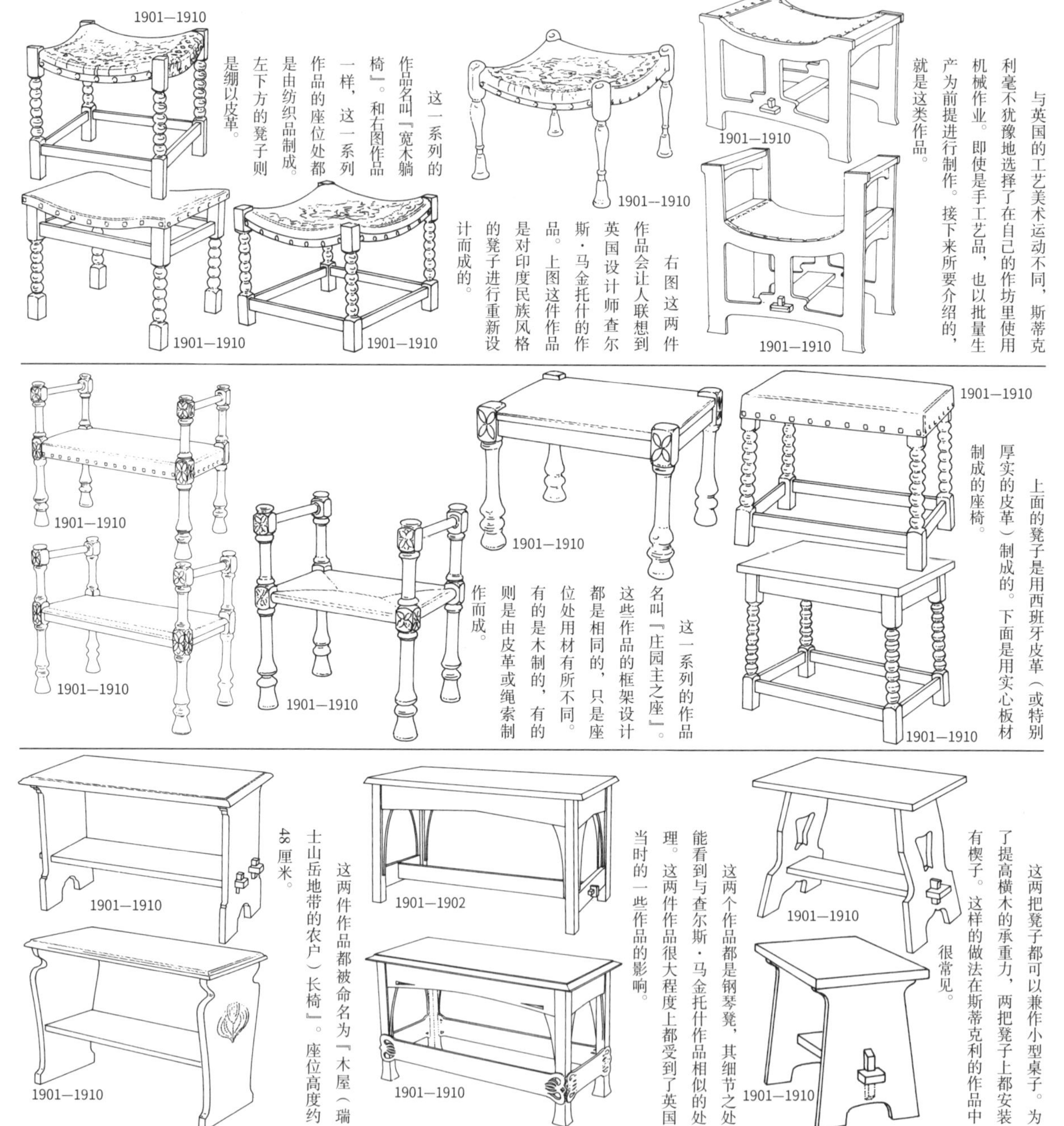

与英国的工艺美术运动不同，斯蒂克利毫不犹豫地选择了在自己的作坊里使用机械作业。即使是手工艺品，也以批量生产为前提进行制作。接下来所要介绍的，就是这类作品。

右图这两件作品会让人联想到英国设计师查尔斯·马金托什的作品。上图这件作品是对印度民族风格的凳子进行重新设计而成的。

这一系列的作品名叫『宽木躺椅』。和右图作品一样，这一系列作品的座位处都是由纺织品制成。左下方的凳子则是绷以皮革。

上面的凳子是用西班牙皮革（或特别厚实的皮革）制成的。下面是用实心板材制成的座椅。

这一系列的作品名叫『庄园主之座』。这些作品的框架设计都是相同的，只是座位处用材有所不同。有的是木制的，有的则是由皮革或绳索制作而成。

这两把凳子都可以兼作小型桌子。为了提高横木的承重力，两把凳子上都安装有楔子。这样的做法在斯蒂克利的作品中很常见。

这两个作品都是钢琴凳，其细节之处能看到与查尔斯·马金托什作品相似的处理。这两件作品很大程度上都受到了英国当时的一些作品的影响。

这两件作品都被命名为『木屋（瑞士山岳地带的农户）长椅』。座位高度约 48 厘米。

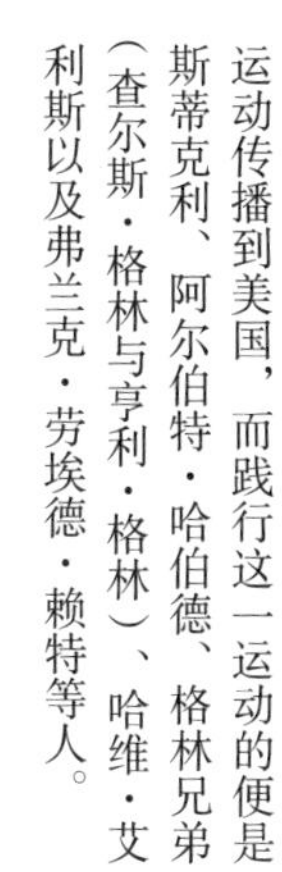

发展成为工艺美术运动。不久之后，这项运动传播到美国，而践行这一运动的便是斯蒂克利、阿尔伯特·哈伯德、格林兄弟（查尔斯·格林与亨利·格林）、哈维·艾利斯以及弗兰克·劳埃德·赖特等人。

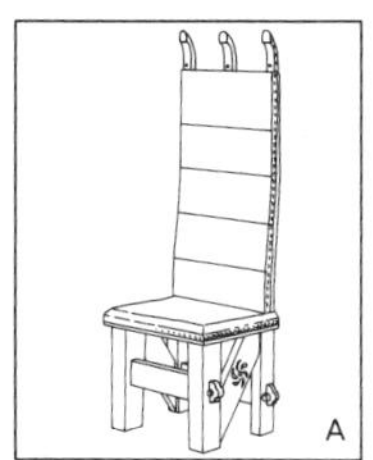

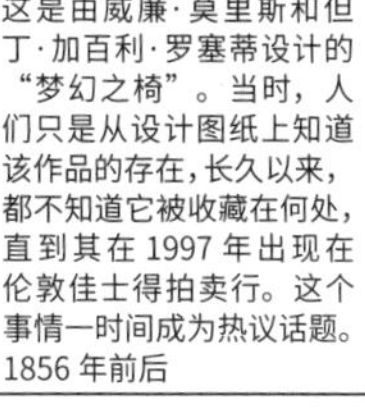

这是由威廉·莫里斯和但丁·加百利·罗塞蒂设计的“梦幻之椅”。当时，人们只是从设计图纸上知道该作品的存在，长久以来，都不知道它被收藏在何处，直到其在 1997 年出现在伦敦佳士得拍卖行。这个事情一时间成为热议话题。
1856 年前后

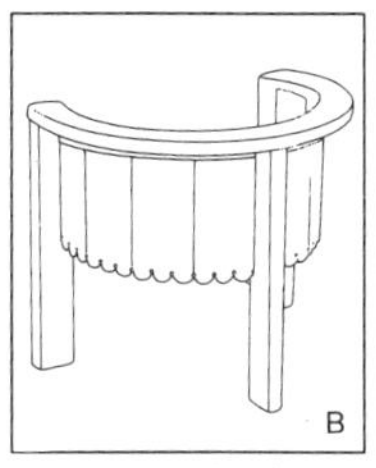

这也是威廉·莫里斯的作品。英国工艺美术运动时期的家具作品竟出乎意料的少。
1858 年前后

这件作品由罗塞蒂设计，由莫里斯·马歇尔·福克纳公司（以下简称莫里斯公司）制成商品出售。
1864—1865

这是由福特·马多克斯·布朗设计的萨塞克斯椅。后由莫里斯公司制成商品出售。
1864—1865

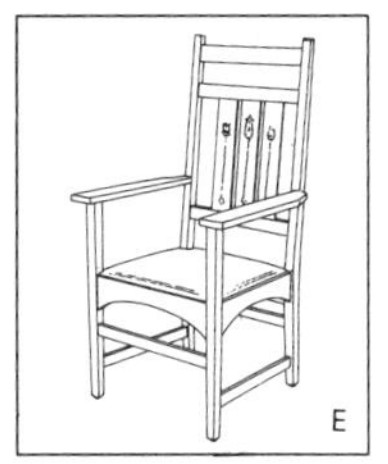

这是哈维·艾利斯的作品。艾利斯同斯蒂克利一样，推动了美国工艺美术运动的发展。
1903—1904

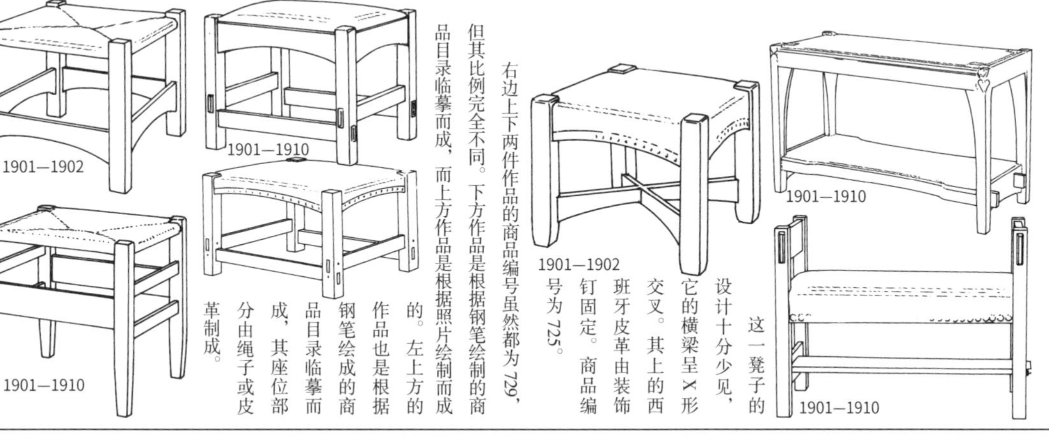

下图是名为『窗座』的带扶手的凳子。座位处绷有皮革，且由较大的装饰钉固定。

这一凳子的设计十分少见，它的横梁呈X形交叉。其上的西班牙皮革由装饰钉固定。商品编号为725。

右边上下两件作品的商品编号虽然都为729，但其比例完全不同。下方作品是根据钢笔绘制的商品目录临摹而成，而上方作品是根据照片绘制而成的。左上方的作品也是根据钢笔绘成的商品目录临摹而成，其座位部分由绳子或皮革制成。

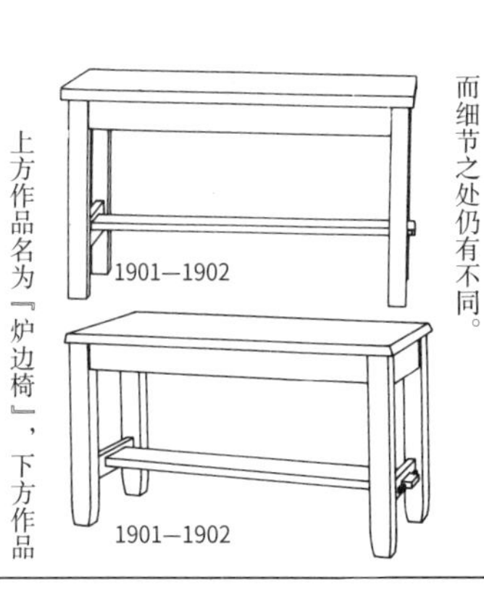

这两件作品的商品编号都为175。然而细节之处仍有不同。

1901—1902

1901—1902

上方作品名为『炉边椅』，下方作品名为『窗座』。

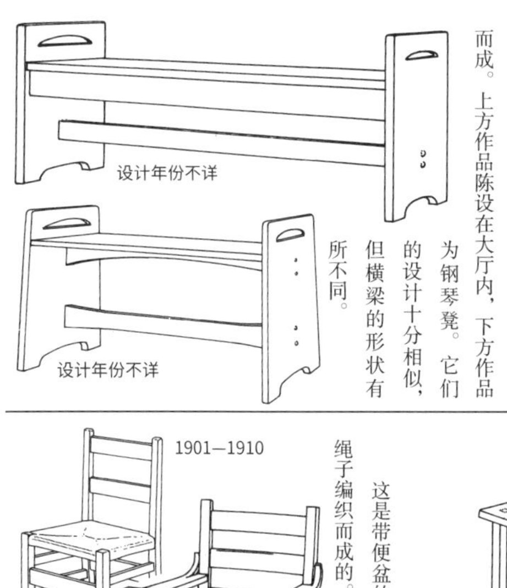

这两把长椅都是根据钢笔设计图临摹而成。上方作品陈设在大厅内，下方作品为钢琴凳。它们的设计十分相似，但横梁的形状有所不同。

设计年份不详

上面作品是根据商品手册绘制的，下面作品是根据内部透视图绘制的。由于有一点透视效果，因此视觉上和素描有所不同。

1905

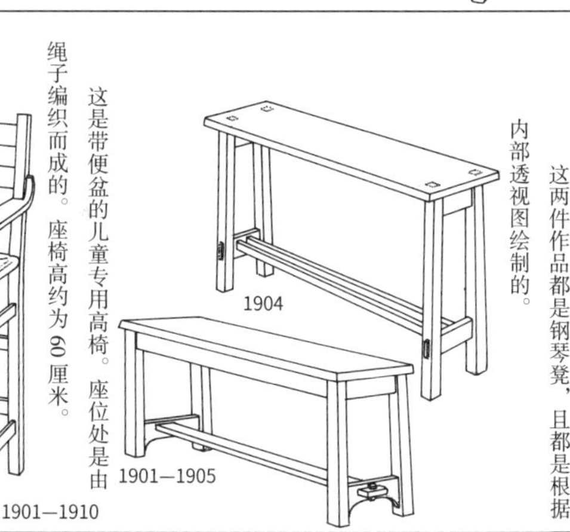

这两件作品都是钢琴凳，且都是根据内部透视图绘制的。

1901—1910

1901—1910

这是带便盆的儿童专用高椅。座位处是由绳子编织而成的。座椅高约为60厘米。

这也是儿童专用椅，容易让人联想到日本小学的木制椅。

靠背横梁上的小孔是这件作品的亮点。其座位处绷上皮革的方式也十分特别。
1901 年前后

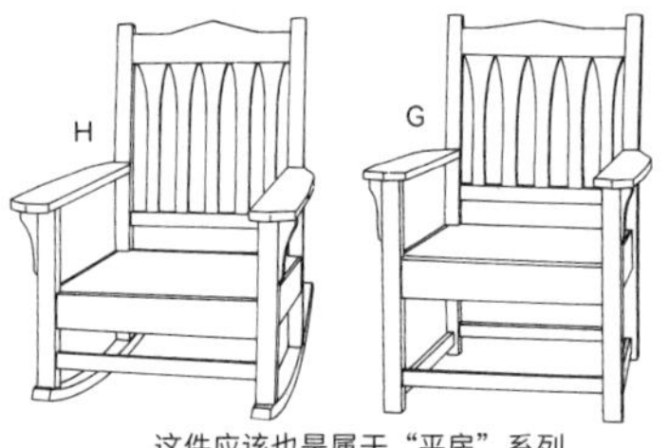

这件应该也是属于“平房”系列的作品。其座位部分由木板制成。与第二行、第三行的作品相比，G 图和 H 图的作品中横梁的弧线略尖。
1901 年前后

这件作品以及第二行、第三行右边的作品都属于“平房”系列。其座位部分由绳子编织而成。
1901—1910

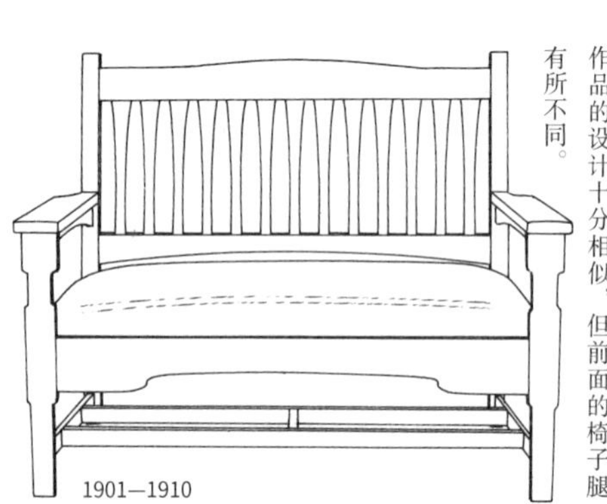
1901—1910

这件作品名叫『平房套房』，与右边作品属于同一系列。它和上边一系列作品的设计十分相似，但前面的椅子腿有所不同。

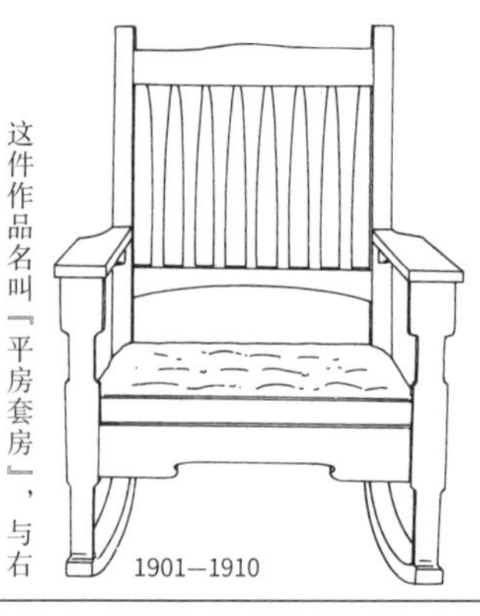
1901—1910

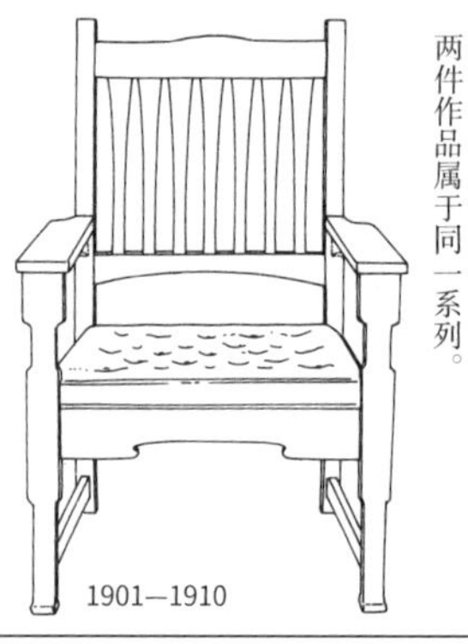
1901—1910

右图作品名叫『平房图书馆椅』，其座位部分绷有皮革。左边作品名叫『平房摇椅』，其座位部分绷有带花纹的纺织品。两件作品属于同一系列。

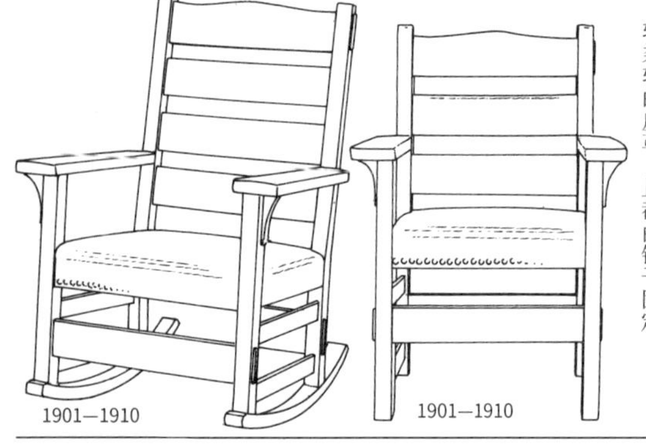
1901—1910
1901—1910

右边扶手椅的商品编号为 2632。左边摇椅的商品编号为 2631。两件作品的框架设计相同。而且其座位部分都配以比较柔软的皮革，且都由钉子固定。

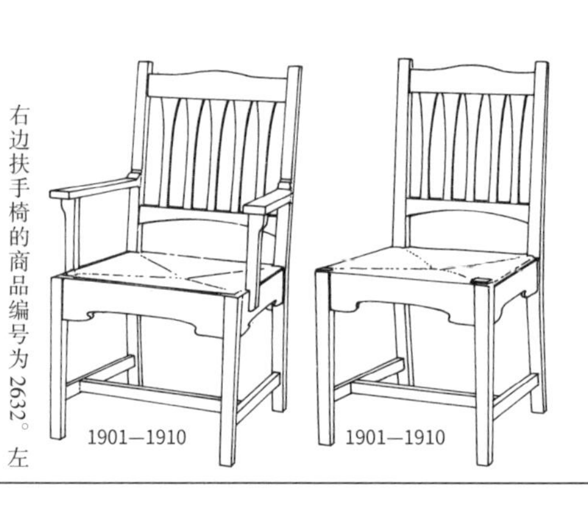
1901—1910
1901—1910

这两件作品同属于『平房』系列，其座位部分都是由绳子编织而成的。

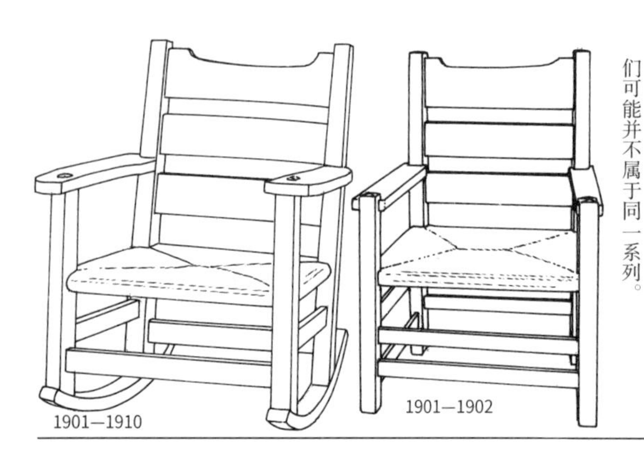
1901—1910
1901—1902

这两件作品靠背处的设计相同，但椅子前腿以及扶手接合处有所不同，因此它们可能并不属于同一系列。

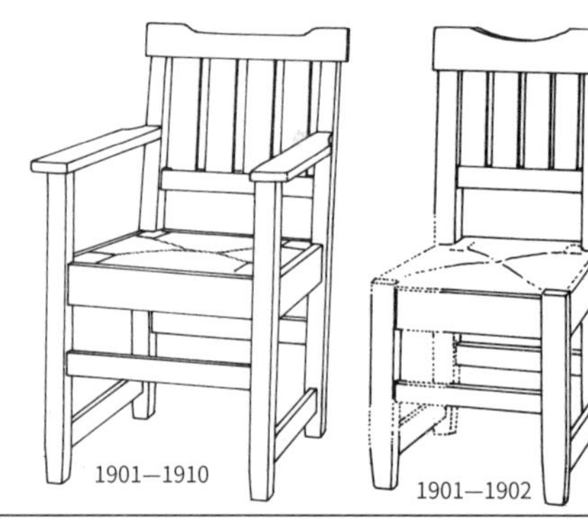
1901—1910
1901—1902

这两件作品都是根据钢笔画的商品目录临摹而成。虽然一个有扶手，一个没有扶手，但其商品编号都为 1292。

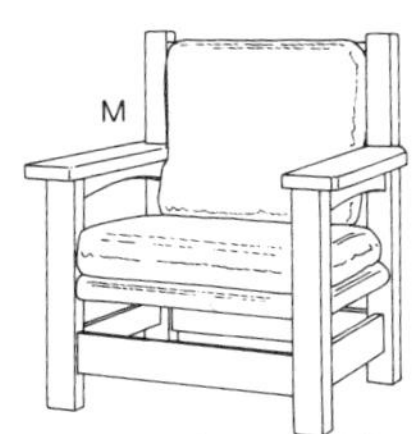

这件作品与第二行左边的安乐椅基本相同，但座位部分的结构有所不同。
1902

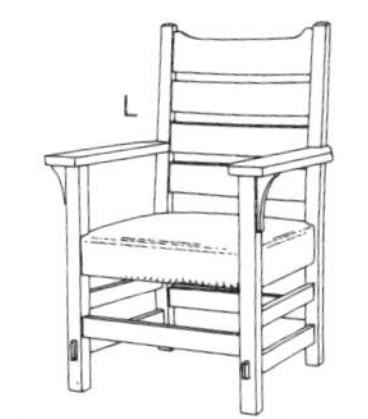

这件作品与上一页第三行从左往右数第二件作品属于同一系列。背板的形状与数量有所不同。
1901 年前后

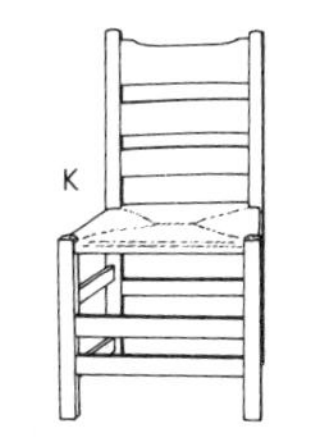

这件作品与上一页第四行从左往右数第二件作品属于同一系列。其座位部分由绳子编织而成。
1901 年前后

这件作品名叫“木屋（瑞士山岳地带的农户）书桌椅”，其亮点也是靠背横梁上的小孔。其座位部分由绳子编织而成。
1901 年前后

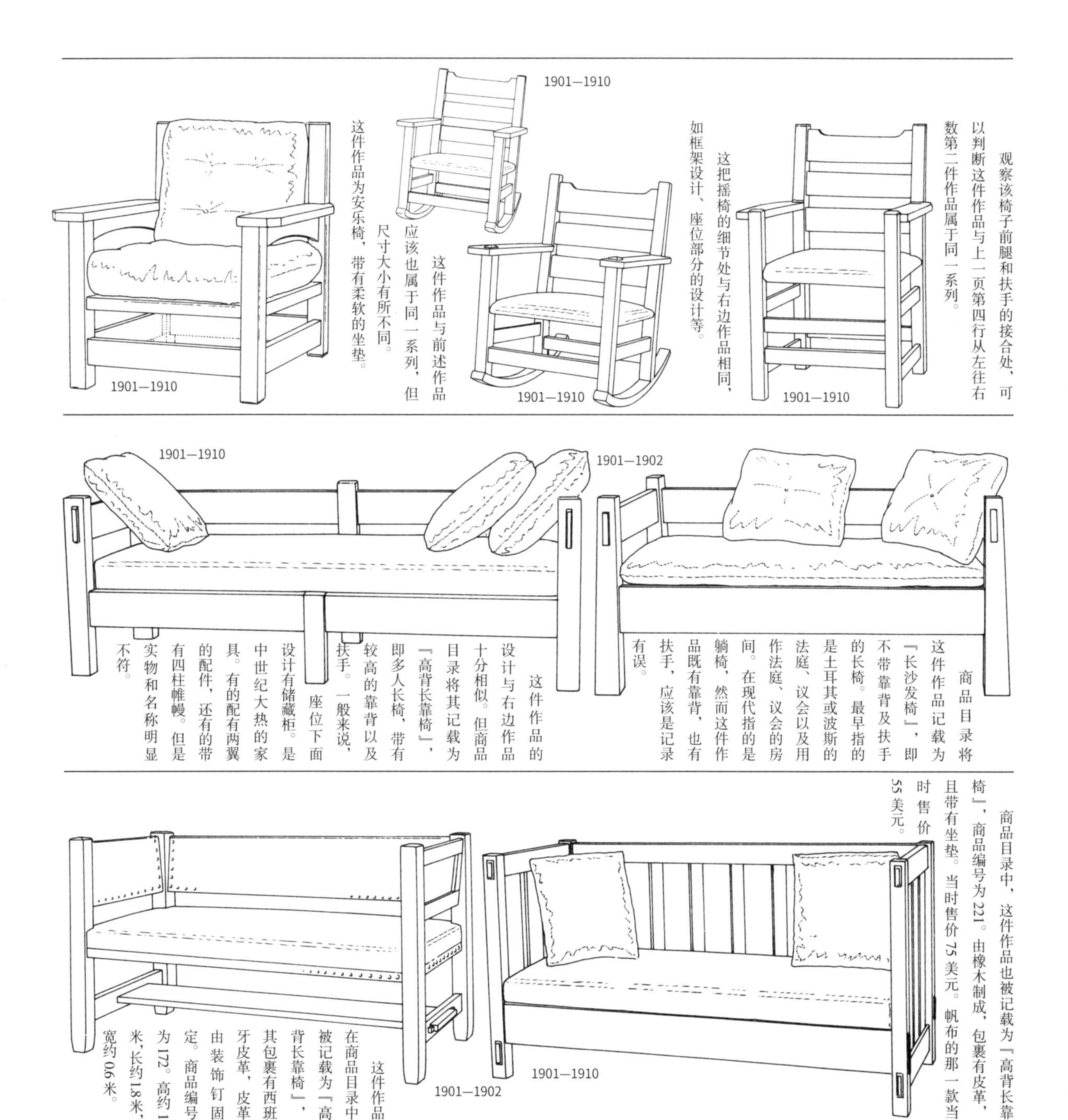

1901—1910

观察该椅子前腿和扶手的接合处，可以判断这件作品与上一页第四行从左往右数第二件作品属于同一系列。

1901—1910

这把摇椅的细节处与右边作品相同，如框架设计、座位部分的设计等。

1901—1910

这件作品与前述作品应该也属于同一系列，但尺寸大小有所不同。

1901—1910

这件作品为安乐椅，带有柔软的坐垫。

1901—1910

1901—1902

商品目录将这件作品记载为『长沙发椅』，即不带靠背及扶手的长椅。最早指的是土耳其或波斯的法庭、议会以及用作法庭、议会的房间。在现代指的是躺椅，然而这件作品既有靠背，也有扶手，应该是记录有误。

1901—1910

这件作品的设计与右边作品十分相似。但商品目录将其记载为『高背长靠椅』，即多人长椅，带有较高的靠背以及扶手。一般来说，座位下面设计有储藏柜。是中世纪大热的家具。有的配有两翼的配件，还有的带有四柱帷幔。但是实物和名称明显不符。

1901—1910

商品目录中，这件作品也被记载为『高背长靠椅』，商品编号为221。由橡木制成，包裹有皮革，且带有坐垫。当时售价75美元。帆布的那一款当时售价55美元。

1901—1902

这件作品在商品目录中被记载为『高背长靠椅』，其包裹有西班牙皮革，皮革由装饰钉固定。商品编号为172。高约1米，长约1.8米，宽约0.6米。

1858—1942

古斯塔夫·斯蒂克利

第 2 小节
美国工艺美术运动

进入 20 世纪以后，美国开始批量生产汽车，向工业化社会迈进。与此同时，其经济也取得了巨大飞跃。然而，经济的高速发展也伴随着人性的迷失。在这样的背景下，建筑师弗兰克·劳埃德·赖特等人于1898年创立了芝加哥工艺美术协会，此外，还在芝加哥成立了由约瑟夫·怀特曼创办的威廉·莫里斯协会，旨在普及工艺美术运动理念的相关团体、工艺美术工会等。一时间，芝加哥成为工艺美术运动的中心。这些运动旨在找回对人的尊重。此外，这些运动也与意在表达美国审美观的斯蒂克利等设计师的家具领域有着密切关系。由此，美国工艺美术运动不仅限于建筑及家具领域，它已经成为一项声势浩大的艺术运动，并取得了巨大成功。

在这一期间，诞生了大量优秀作品。现在，这些作品又重新得到美国社会的关注，辗转于各个拍卖会上。由理性而高尚的灵魂所设计的艺术品，或许才真正符合这个时代的需求。

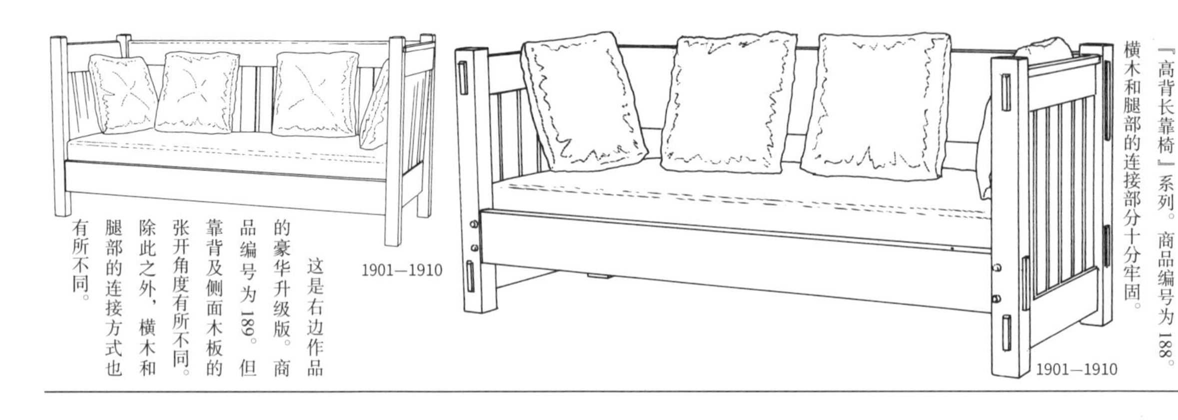

这件作品也属于上一个小节中介绍的『高背长靠椅』系列。商品编号为188。横木和腿部的连接部分十分牢固。

1901—1910

这是右边作品的豪华升级版。商品编号为189。但靠背及侧面木板的张开角度有所不同。除此之外，横木和腿部的连接方式也有所不同。

1901—1910

这件作品与上面两件作品十分相似。最大的不同是该作品每个椅子腿的上方都设计成凸起的样子。

1901—1910

右图作品属于『高背长靠椅』系列，商品编号为169。而这件作品属于『长沙发椅』系列，商品编号为165。

1901—1902

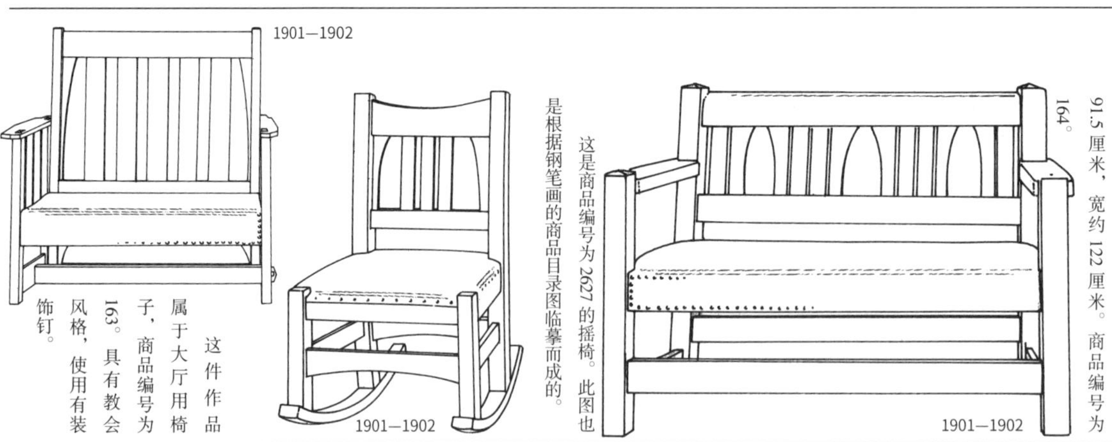

此图根据钢笔画的商品目录图临摹而成。该作品属于『大厅长椅』系列。高约91.5厘米，宽约122厘米。商品编号为164。

1901—1902

这是商品编号为2627的摇椅。此图也是根据钢笔画的商品目录图临摹而成的。

1901—1902

这件作品属于大厅用椅子，商品编号为163。具有教会风格，使用有装饰钉。

1901—1902

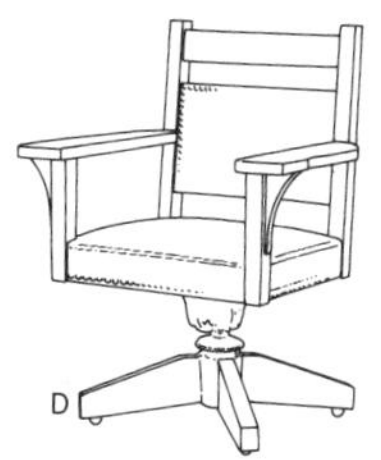

这件作品与第四行左边的作品十分相似。但两件作品靠背处横木的安装位置正好上下相反。此外，这件作品的扶手处设计有加固条。
1901—1910

这件作品的靠背与第四行从左往右数第二件作品十分相似。但它的横木安装在上方。安装于扶手上的加固条成为该作品的最大亮点。
1901—1910

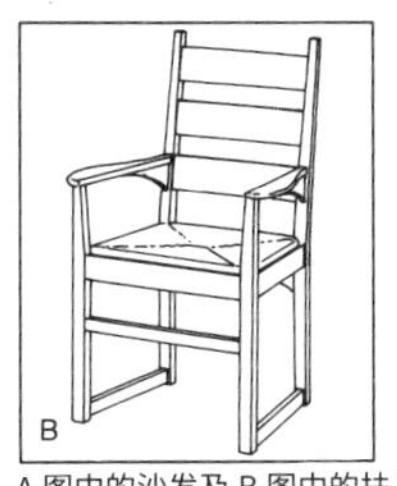

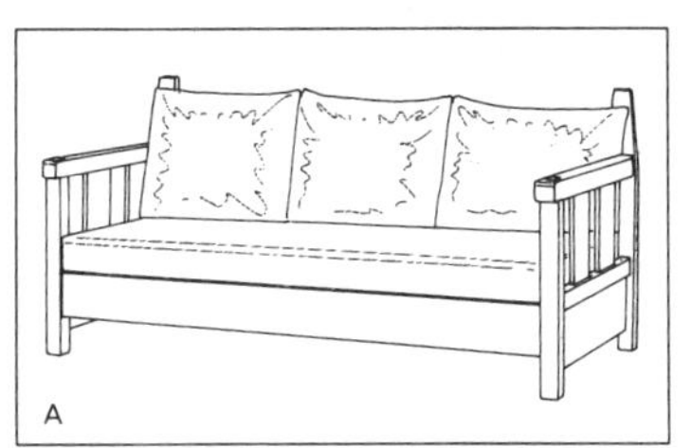

A 图中的沙发及 B 图中的扶手椅都是由日本设计师岩仓荣利设计，其风格明显受到了斯蒂克利的影响。
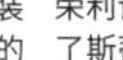
1997

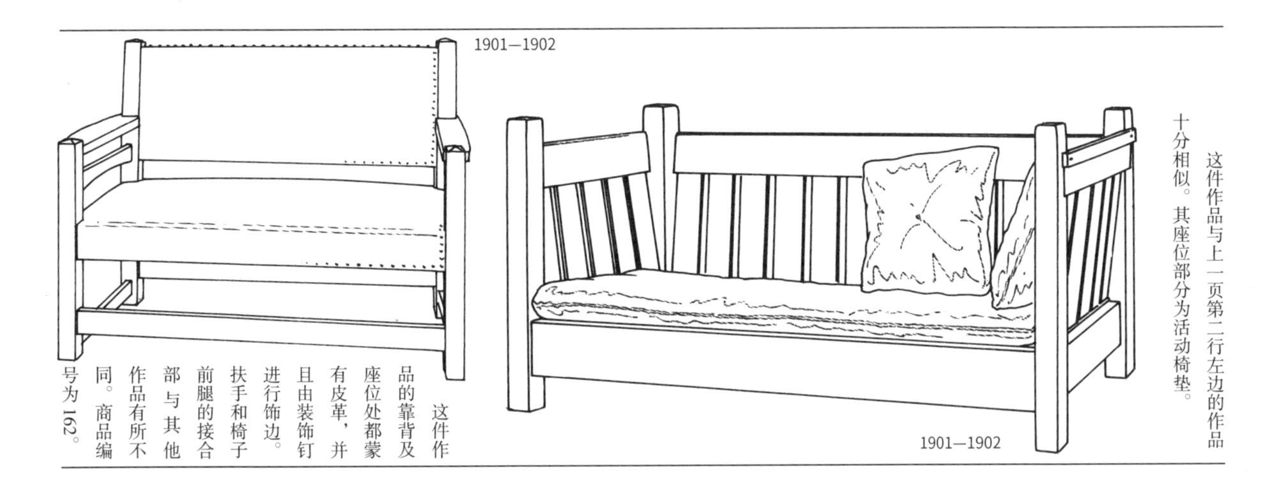

1901—1902

这件作品的靠背及座位处都蒙有皮革，并且由装饰钉进行饰边。扶手和椅子前腿的接合部与其他作品有所不同。商品编号为162。

1901—1902

这件作品与上一页第二行左边的作品十分相似。其座位部分为活动椅垫。

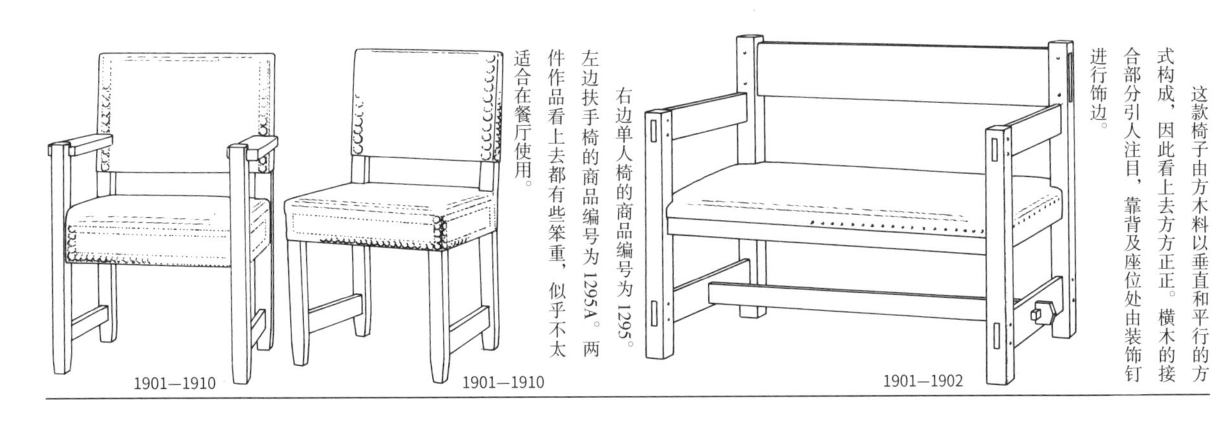

1901—1910

1901—1910

右边单人椅的商品编号为1295。

左边扶手椅的商品编号为1295A。两件作品看上去都有些笨重，似乎不太适合在餐厅使用。

1901—1902

这款椅子由方木料以垂直和平行的方式构成，因此看上去方方正正。横木的接合部分引人注目，靠背及座位处由装饰钉进行饰边。

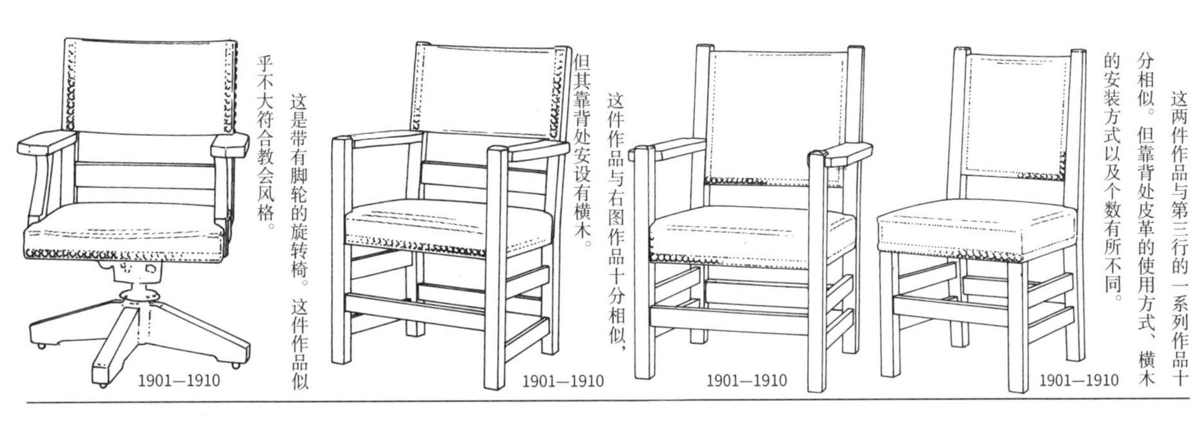

1901—1910

这是带有脚轮的旋转椅。这件作品似乎不大符合教会风格。

1901—1910

这件作品与右图作品十分相似，但其靠背处安设有横木。

1901—1910

1901—1910

这两件作品与第三行的一系列作品十分相似。但靠背处皮革的使用方式、横木的安装方式以及个数有所不同。

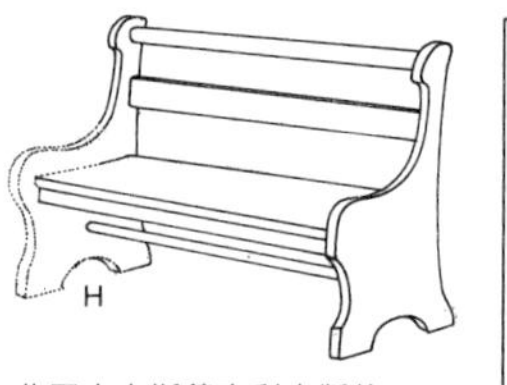

此图来自斯蒂克利出版的杂志《工匠》1905 年 8 月号上的草图，应该是斯蒂克利的作品。
1905

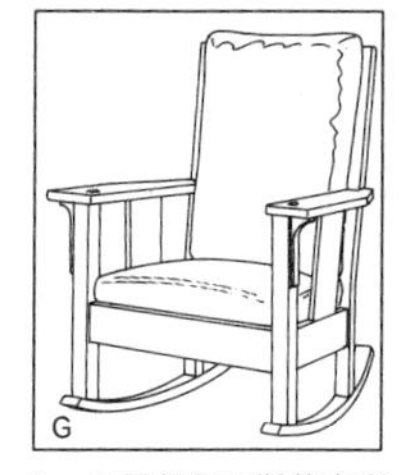

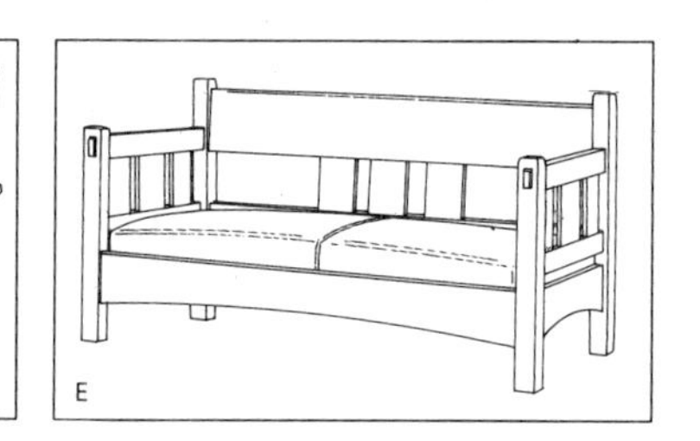

E ～ G 图都属于斯蒂克利的“教会风格”的作品。当时，这一风格的椅子十分受追捧。
设计年份不详

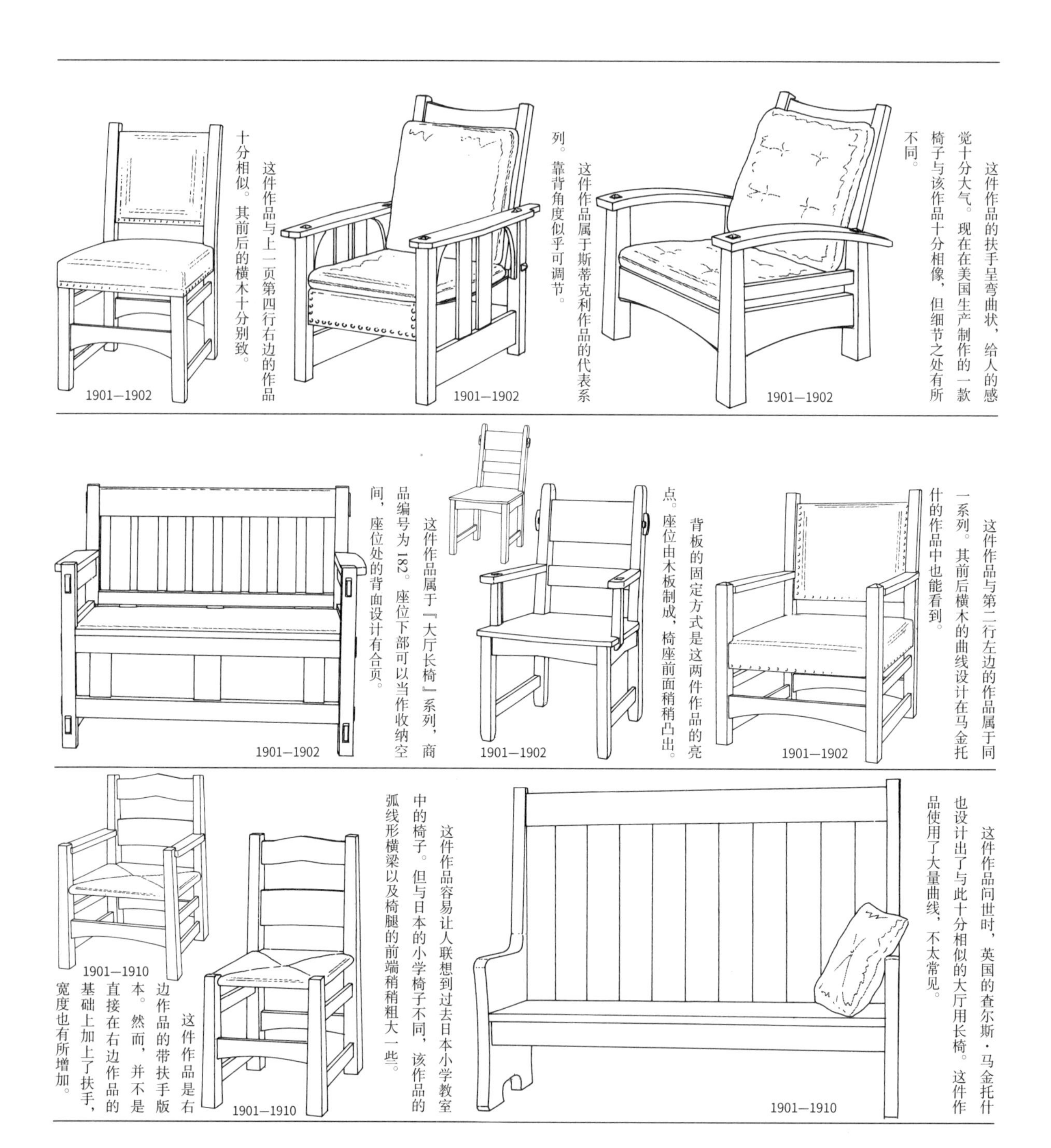

这件作品的扶手呈弯曲状，给人的感觉十分大气。现在在美国生产制作的一款椅子与该作品十分相像，但细节之处有所不同。

这件作品属于斯蒂克利作品的代表系列。靠背角度似乎可调节。

这件作品与上一页第四行右边的作品十分相似。其前后的横木十分别致。

这件作品与第二行左边的作品属于同一系列。其前后横木的曲线设计在马金托什的作品中也能看到。

背板的固定方式是这两件作品的亮点。座位由木板制成，椅座前面稍稍凸出。

这件作品属于『大厅长椅』系列，商品编号为182。座位下部可以当作收纳空间，座位处的背曲设计有合页。

这件作品问世时，英国的查尔斯·马金托什也设计出了与此十分相似的大厅用长椅。这件作品使用了大量曲线，不太常见。

这件作品容易让人联想到过去日本小学教室中的椅子。但与日本的小学椅子不同，该作品的弧线形横梁以及椅腿的前端稍稍粗大一些。

这件作品是右边作品的带扶手版本。然而，并不是直接在右边作品的基础上加上了扶手，宽度也有所增加。

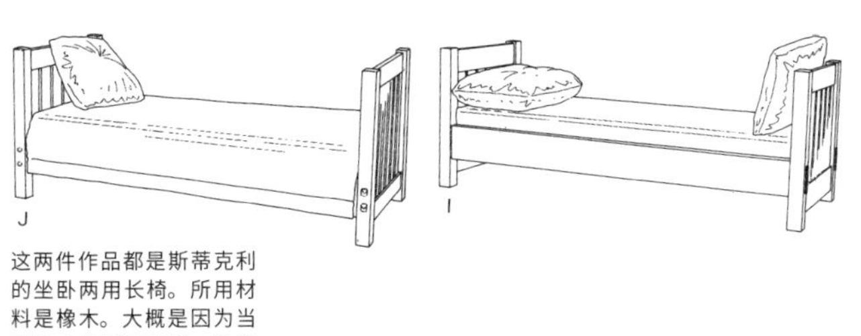

这两件作品都是斯蒂克利的坐卧两用长椅。所用材料是橡木。大概是因为当时橡木的储量丰富，这件作品使用了大量橡木，现在看来真是不惜工本。
1901—1910

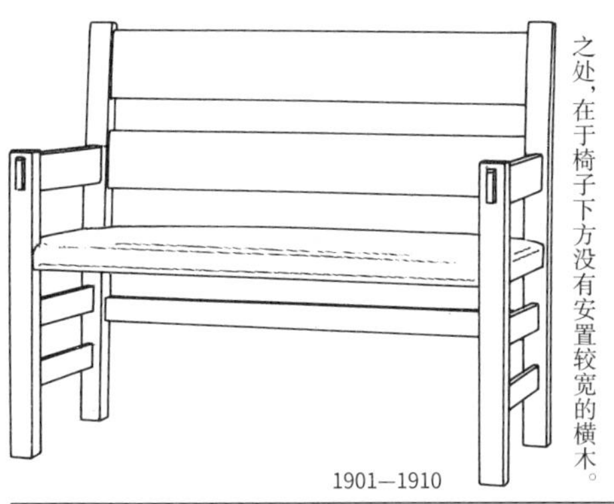

1901—1910

这应该也是同一系列的作品，商品编号为186。这件作品与前两件作品的不同之处，在于椅子下方没有安置较宽的横木。

1901—1910

这把扶手椅与右边的摇椅属于同一系列。扶手处的木板是竖着放置的，且很窄。

1901—1910

这是商品编号为2635的小型摇椅。其靠背向后方稍稍倾斜。

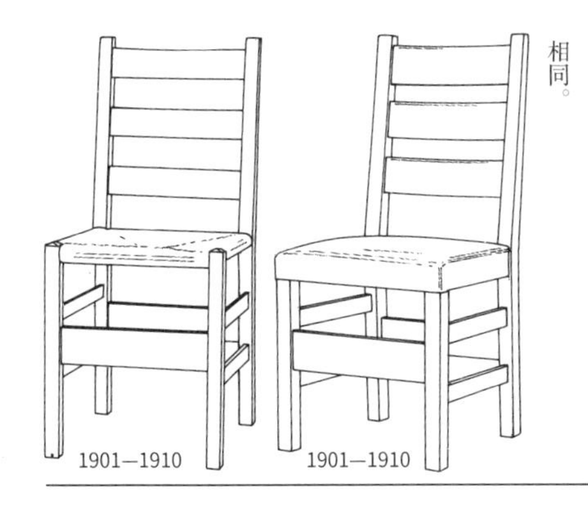

1901—1910　1901—1910

右图作品的商品编号为370，左图是2618。两件作品除座位处以外十分相似。背板的宽度略有不同，并且整体大小也不相同。

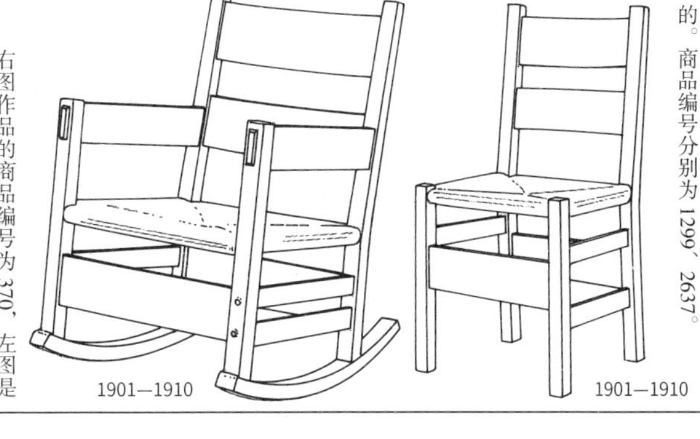

1901—1910　1901—1910

这两件作品与第二行的作品也属于同一系列。其座位部分都是由绳索编织而成的。商品编号分别为1299、2637。

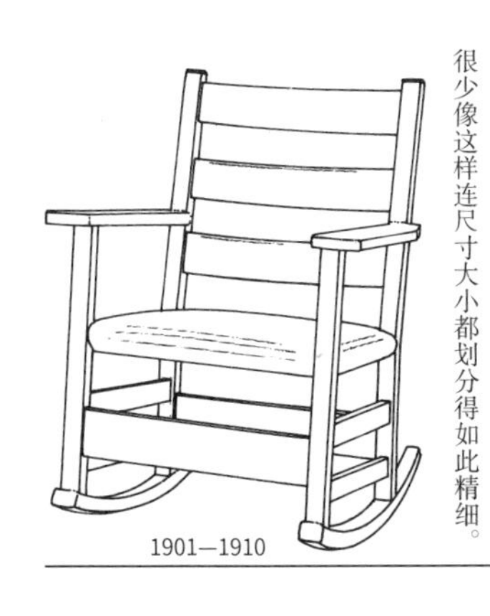

1901—1910

这是右边作品的大号版。日本的椅子很少像这样连尺寸大小都划分得如此精细。

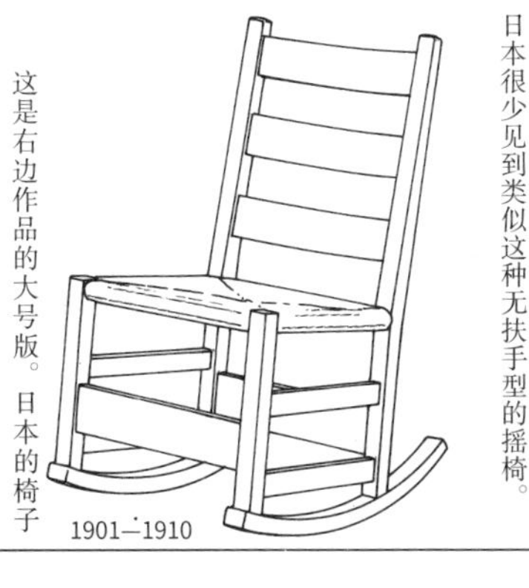

1901—1910

这把小型摇椅的商品编号为2617。在日本很少见到类似这种无扶手型的摇椅。

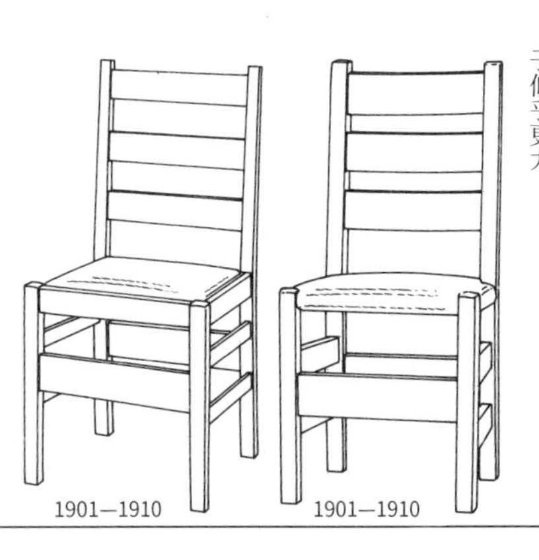

1901—1910　1901—1910

这两件作品也十分相似。但左边的椅子似乎更大。

1858—1942

古斯塔夫·斯蒂克利

第 3 小节
教会风格

1858 年，古斯塔夫·斯蒂克利出生在美国威斯康星州一个贫穷的农民家庭。12 岁时即成为瓦匠，并成为维持整个家庭生计的顶梁柱。16 岁，在伯父家的家具工厂，斯蒂克利开始走上家具工匠的道路。回想过往，斯蒂克利说：『正是从那时起，我开始着迷于打造一根根木头，而且形成了一些我个人对美的认识，开始对木材本身的色彩、触感以及木纹产生了极大的兴趣』。

除了一个比他小 12 岁的弟弟莱昂波特，斯蒂克利还有不少兄弟。他的这些兄弟在日后都对斯蒂克利家具的继承和发扬做出了贡献。

当时，以美国西南部为中心，形成了一种由西班牙天主教会传教组织推广的家具风格，颜色偏深，比较厚重。这种家具一般是通过在橡木的表面绷上皮革，用装饰钉固定而成，被称作『教会风格』。从这些家具中，斯蒂克利找到了美国家具的本源，并对这些家具进行了重新设计，由此确立了美国工艺美术运动中的基本风格。

这几件作品座位框架的纵向宽度被设计得较大。整个框架设计比较坚固。与之前介绍的作品的不同之处在于，这几件作品坐垫部分的皮革上绣有刺绣。

1901—1910

1901—1910

1901—1910

这把摇椅与右边的作品属于同一系列。其座位部分设计得较低。商品编号是 424。

1901—1910

这两件作品与第二行作品属于同一系列。右边作品的商品编号为 2603，左边的为 2625。两件作品扶手的设计有所不同。它们都属于基本款的升级版。

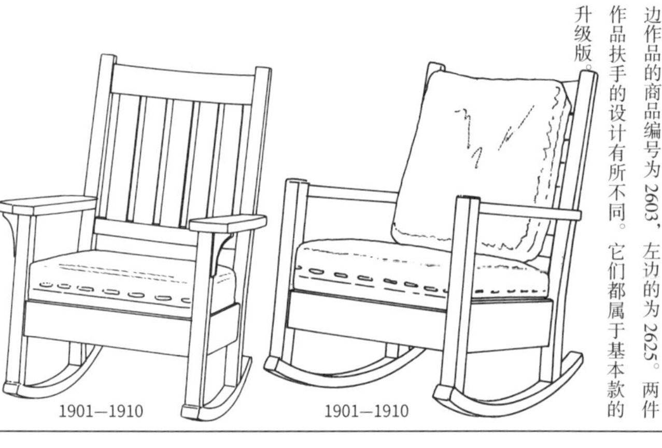

1901—1910

1901—1910

单凭资料照片不能完全确定，但可以推测这两件作品的座位处由木板制成，且绷有皮革。

1901—1910

1901—1910

这件作品是在前一小节中介绍的基本款作品的基础上，将其座位处增加了软垫。它也属于基本款的升级版。

1901—1910

这件作品与右边作品的设计几乎相同。但细节处有所区别。

1901—1910

这件作品可以看作是第二行从左往右数第二件作品的双人座版本。商品编号是 161。此图是根据钢笔绘制的商品目录图临摹而成，与实物的比例多少有些差异。

1901—1902

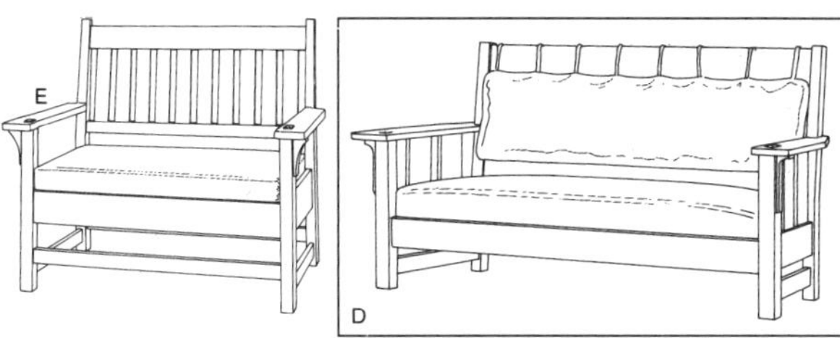

这是第四行左边作品的升级版，商品编号是 218。
1901—1910

本章第 2 小节中已经有所介绍，斯蒂克利设计的作品中，还有一种与教会风格的家具相对应的家具，这就是修道院风格的家具。A～D 图的家具就属于该风格。大急流城公司（公司名）曾经售卖过与修道院风格家具极其相似的家具。
设计年份不详

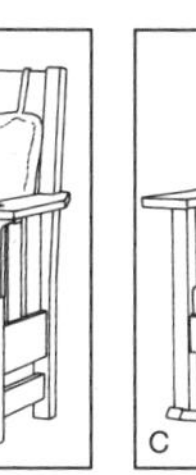

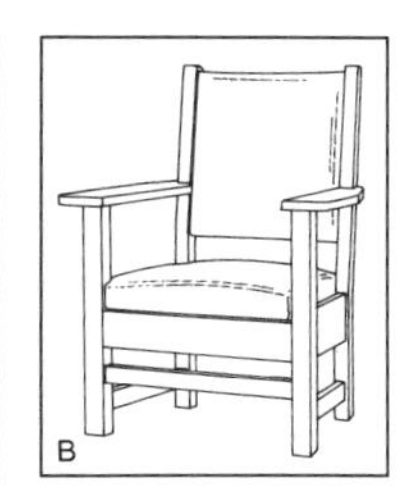

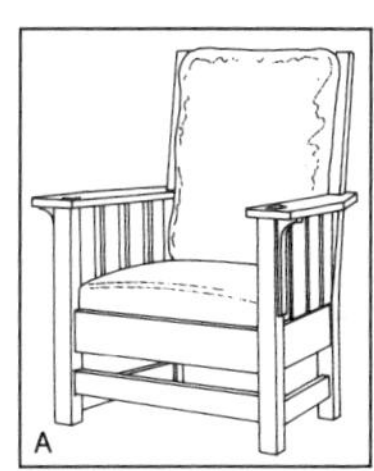

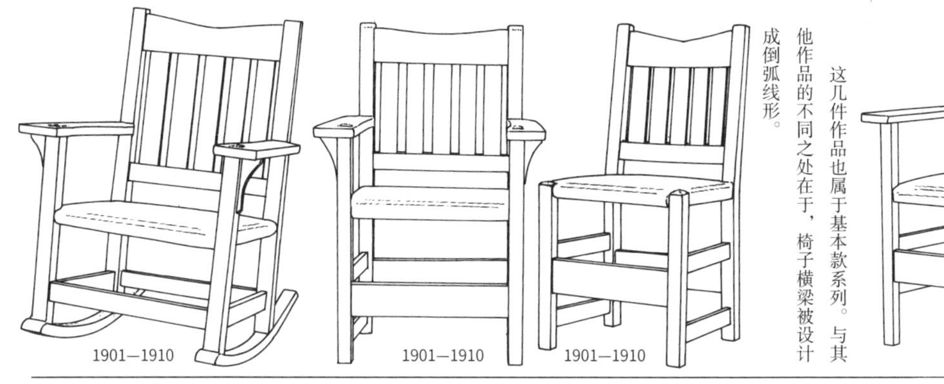

1901—1910　1901—1910　1901—1910

这几件作品也属于基本款系列。与其他作品的不同之处在于，椅子横梁被设计成倒弧线形。

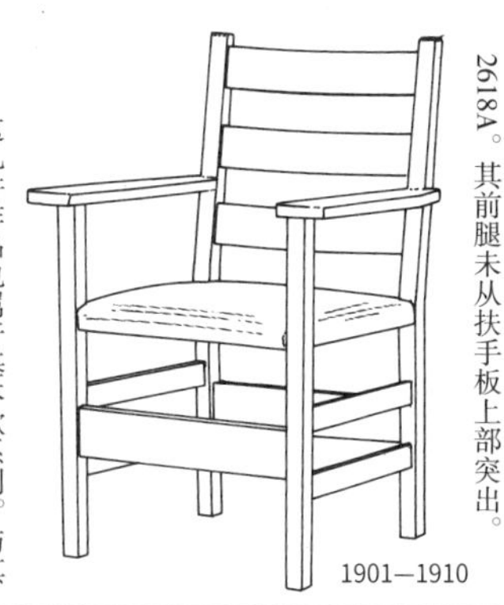

1901—1910

这件作品也属于基本款，商品编号是 2618A。其前腿未从扶手板上部突出。

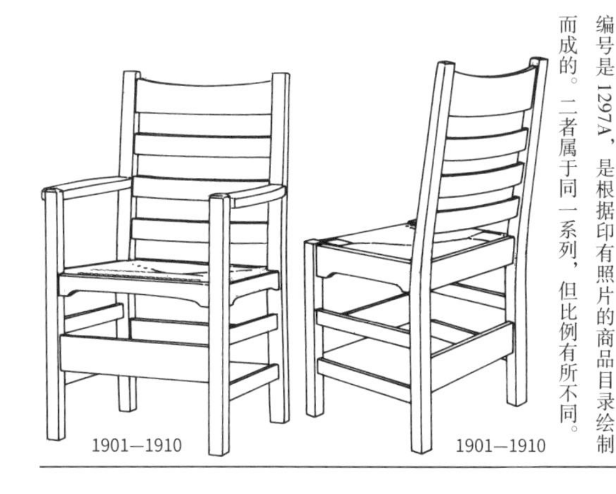

1901—1910　1901—1910

右图作品的商品编号是 1297，它是根据钢笔绘制的商品目录图临摹而成的。左图作品的商品编号是 1297A，是根据印有照片的商品目录绘制而成的。二者属于同一系列，但比例有所不同。

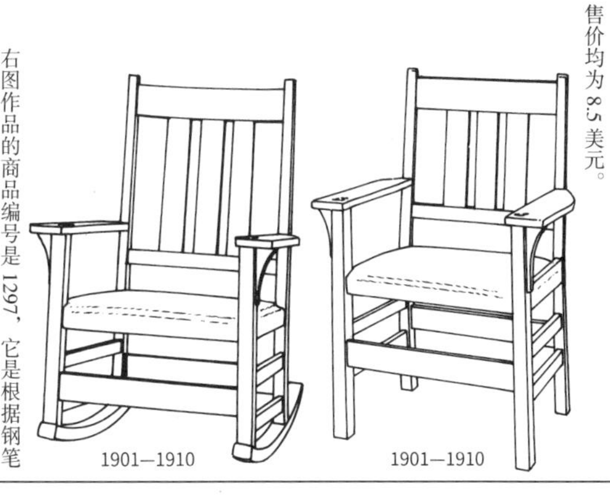

1901—1910　1901—1910

这一系列作品的背板均为纵向设计。右边作品的商品编号为 366，左边的为 365。当时二者的售价均为 8.5 美元。

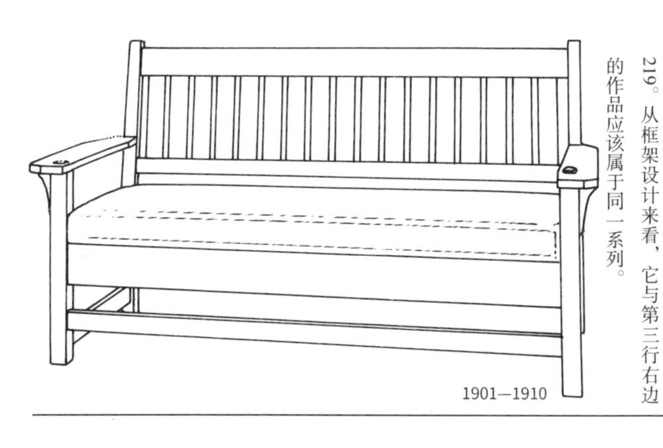

1901—1910

这是三人座大号沙发，商品编号是 219。从框架设计来看，它与第三行右边的作品应该属于同一系列。

1901—1910

从框架设计来看，这件作品与第二行左边的三件作品应该属于同一系列，但座位处的绷紧方式以及所使用的装饰钉有所区别。

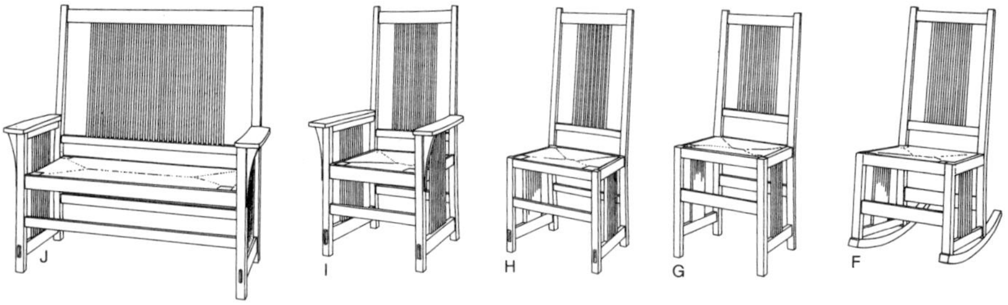

F～J图的五件作品均属于同一系列。弗兰克·劳埃德·赖特的一些作品中也使用有这种棂条。
1901—1910

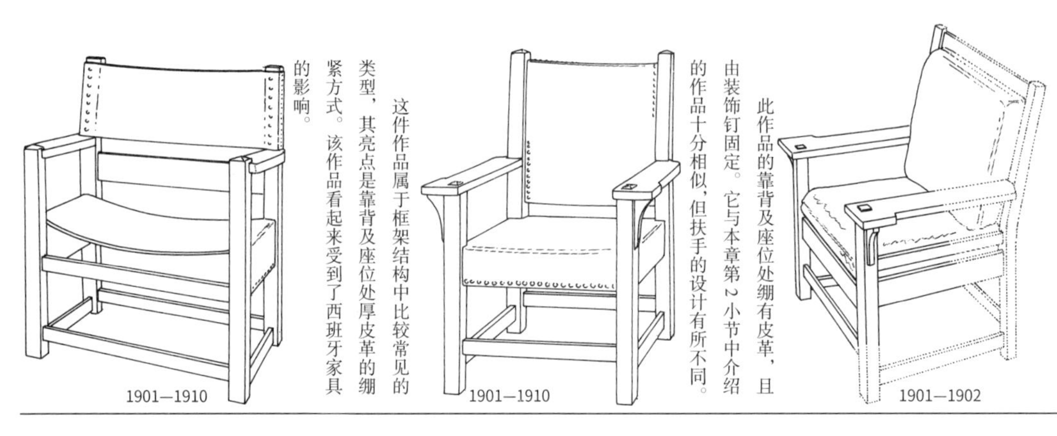

此图是根据为《车间的芯片》所绘的钢笔画临摹而成，虚线部分为不确定。此图曾被登载在1902年发行的《工匠》杂志上。

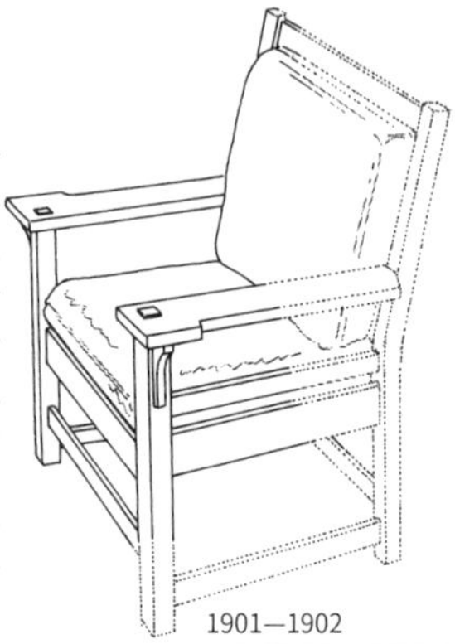

1901—1902

此作品的靠背及座位处绷有皮革，且由装饰钉固定。它与本章第2小节中介绍的作品十分相似，但扶手的设计有所不同。

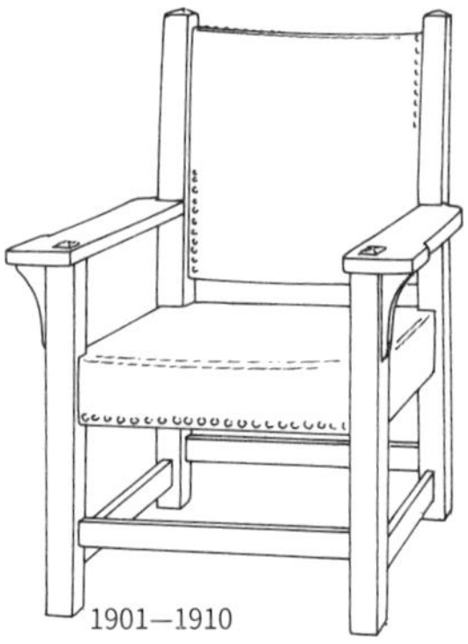

1901—1910

这件作品属于框架结构中比较常见的类型，其亮点是靠背及座位处厚皮革的绷紧方式。该作品看起来受到了西班牙家具的影响。

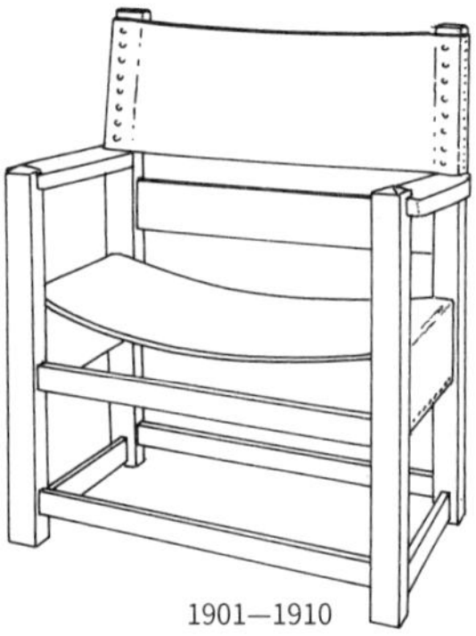

1901—1910

腿部、扶手及横木接合处的加强筋俨然已是斯蒂克利设计风格的特征之一。这件作品就较多地使用了加强筋。

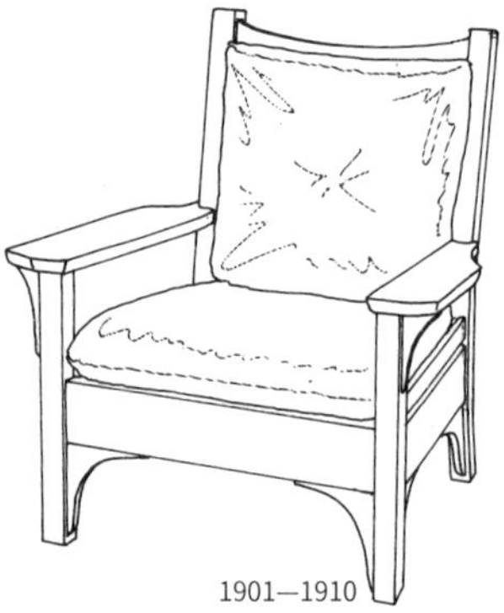

1901—1910

类似的小型摇椅之前已经介绍过多次。横梁以外的设计与其他作品相同。

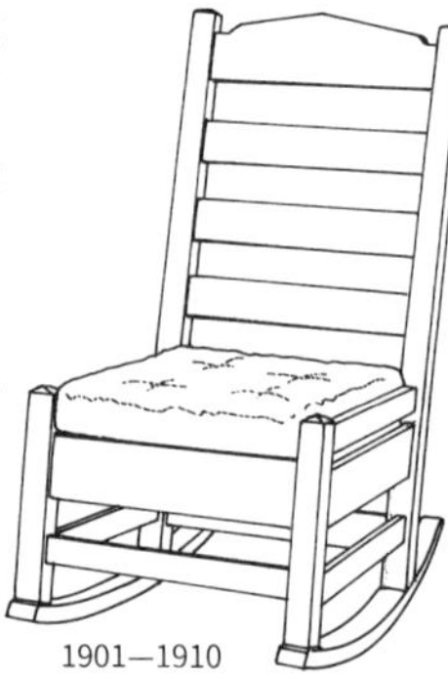

1901—1910

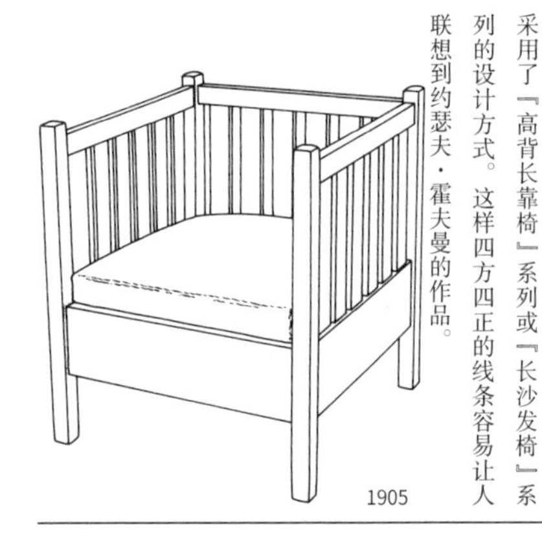

本章第2小节中介绍了『高背长靠椅』系列和『长沙发椅』系列的作品。这把单人椅就采用了『高背长靠椅』系列或『长沙发椅』系列的设计方式。这样四方四正的线条容易让人联想到约瑟夫·霍夫曼的作品。

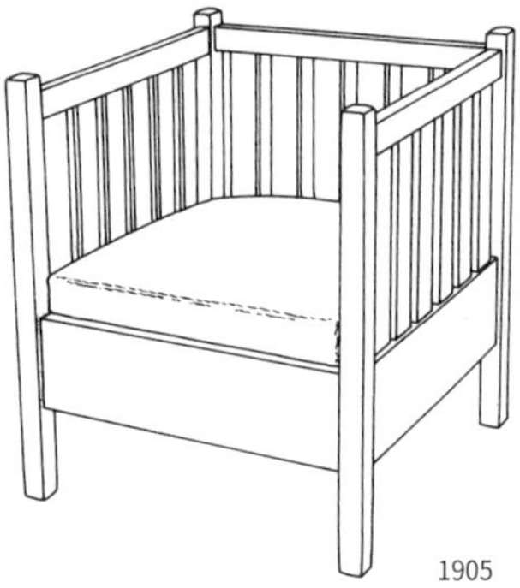

1905

这件作品座位框架的曲线容易让人联想到查尔斯·马金托什的作品。而其细窄的框架容易让人联想到约瑟夫·霍夫曼的作品。总之，那个时代出现了很多相似的设计。

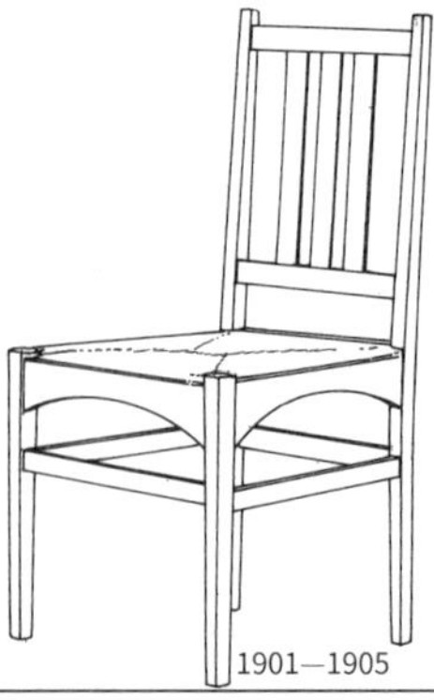

1901—1905

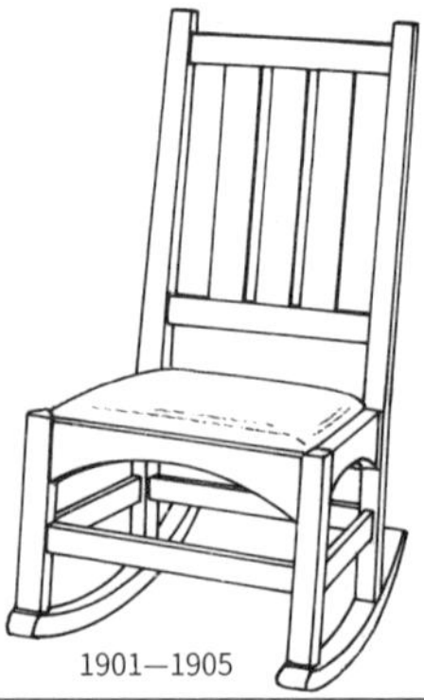

1901—1905

此图是根据1905年发行的《工匠》杂志上登载的图纸绘制而成的。它与约瑟夫·霍夫曼的作品有些相似。

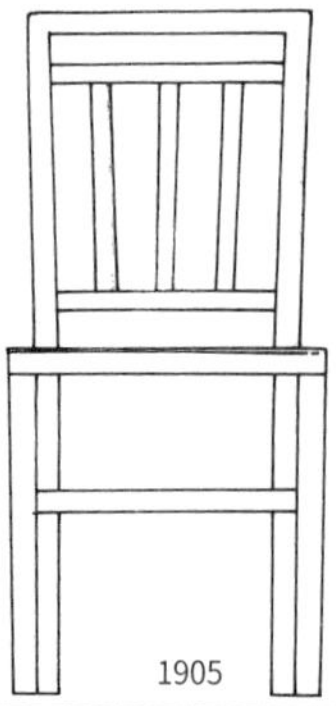

1905

此图来自《工匠》杂志6月刊，是根据大厅里所用椅子的草图绘制而成的。

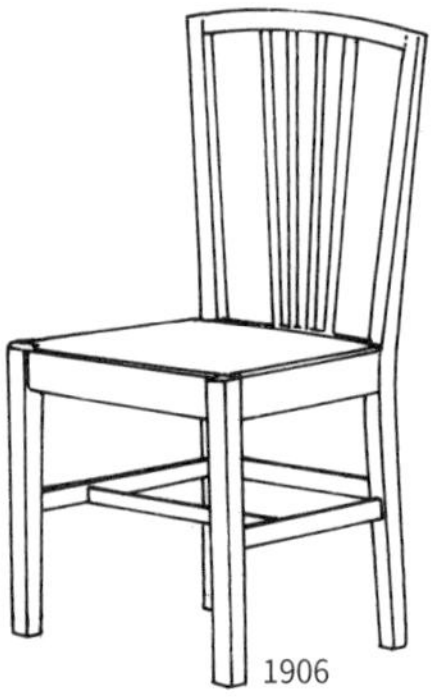

1906

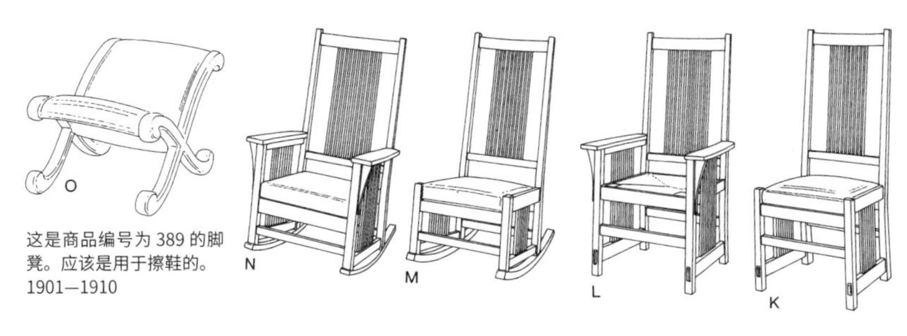

这是商品编号为 389 的脚凳。应该是用于擦鞋的。
1901—1910

K～N 图的四件作品属于同一系列。其框架设计与图 F～J 图中作品的框架设计相同。座位处绷有皮革。
1901—1910

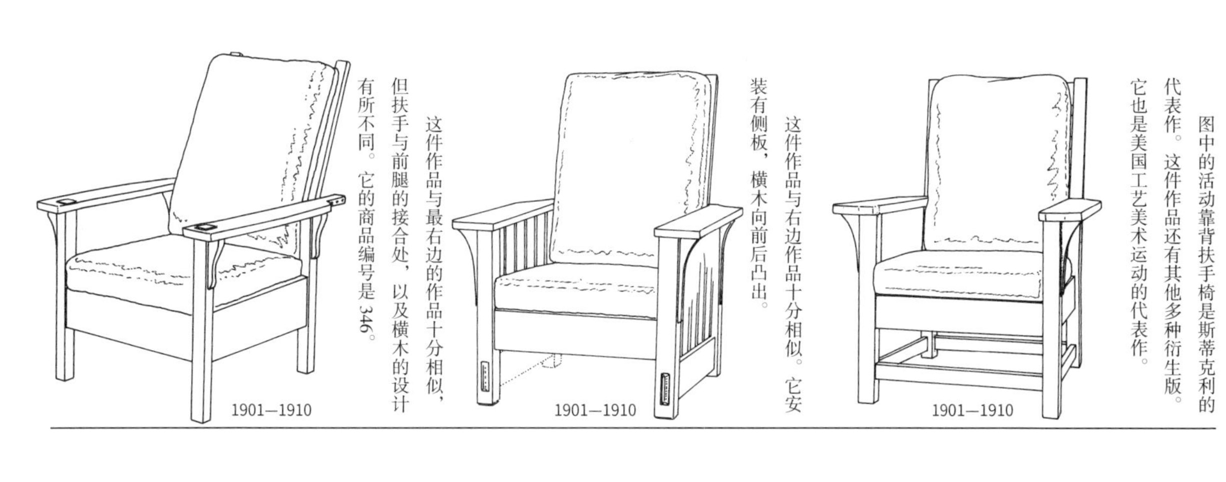

图中的活动靠背扶手椅是斯蒂克利的代表作。这件作品还有其他多种衍生版。它也是美国工艺美术运动的代表作。

这件作品与右边作品十分相似。它安装有侧板，横木向前后凸出。

这件作品与最右边的作品十分相似，但扶手与前腿的接合处，以及横木的设计有所不同。它的商品编号是346。

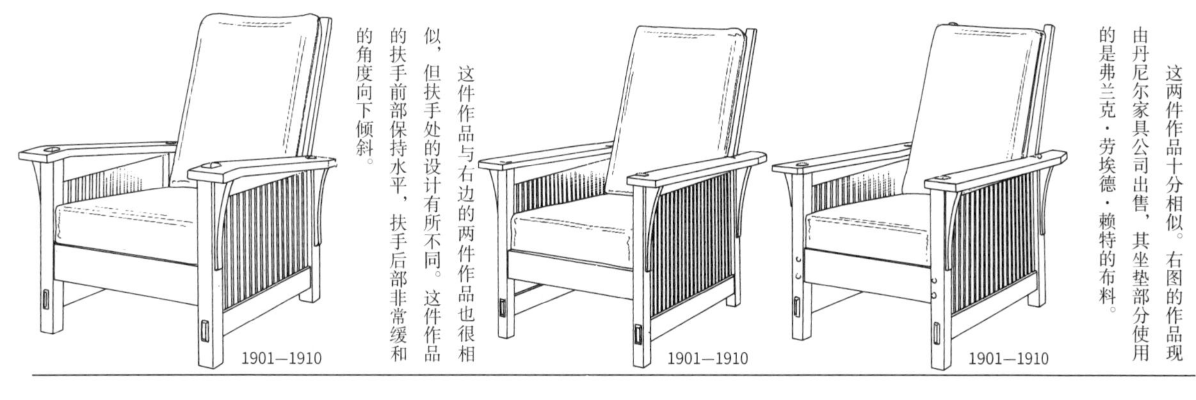

这两件作品十分相似。右图的作品现由丹尼尔家具公司出售，其坐垫部分使用的是弗兰克·劳埃德·赖特的布料。

这件作品与右边的两件作品也很相似，但扶手处的设计有所不同。这件作品的扶手前部保持水平，扶手后部非常缓和的角度向下倾斜。

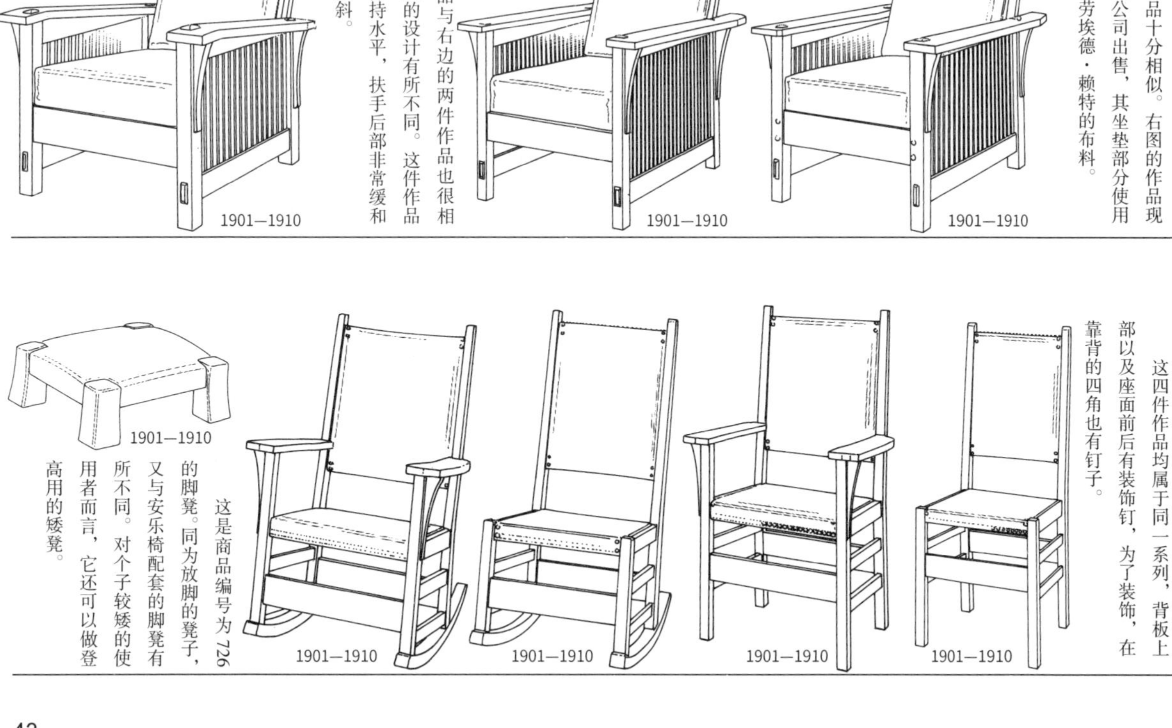

这四件作品均属于同一系列，背板上部以及座面前后有装饰钉，为了装饰，在靠背的四角也有钉子。

这是商品编号为726的脚凳。同为放脚的凳子，又与安乐椅配套的脚凳有所不同。对个子较矮的使用者而言，它还可以做登高用的矮凳。

1858—1942

古斯塔夫·斯蒂克利

第 4 小节
《工匠》杂志

由于工艺美术运动的代表人物——英国设计师威廉·莫里斯对工业革命带来的机械化大生产有所顾虑，因此倡导以手工作业生产商品。然而，其结果却由于过分拘泥于手工生产而导致商品成本过高，使得他这种过于理想化的观点并未得到普遍支持。

在工艺美术运动的感召下，斯蒂克利留学英国。回国后，他创办发行了《工匠》杂志，志在传播工艺美术运动的思想。然而，威廉·莫里斯和斯蒂克利所选择的道路却有很大不同。斯蒂克利并不像威廉·莫里斯那样执着于手工作业，他在家具生产线中引进了机器作业，如电动刨、钻床、电动锯、拼接机、雕刻机等。这些机器使得机械化在生产过程中控制到了最低限度，既不会损害手工艺的精髓，又可以使量产成为可能，从而大大降低了生产成本。斯蒂克利的功绩就在于对这种木工技艺进行了创新。

在日本，有很多类似的被称为『手工艺人』的木工工匠，他们过度拘泥于木头本身的形状，过度依赖纯手工作业。在这一点上，斯蒂克利的经验或许能给他们带来启迪。

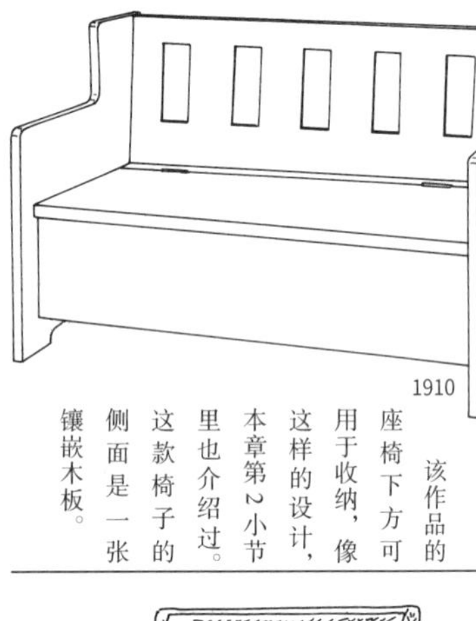

1910

该作品的座椅下方可用于收纳，像这样的设计，本章第 2 小节里也介绍过。这款椅子的侧面是一张镶嵌木板。

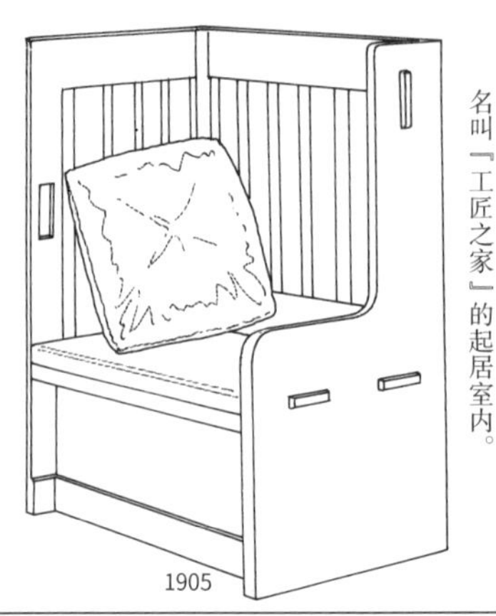

1905

1905

此图来自 1905 年《工匠》杂志上钢笔绘成的内部透视图。该作品固定安装在名叫『工匠之家』的起居室内。

1901—1910

这把安乐椅与下页第三行的沙发应该属于同一系列，商品编号是 91。

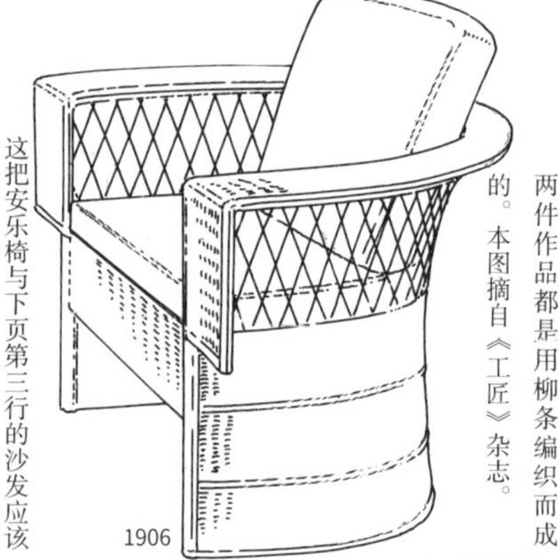

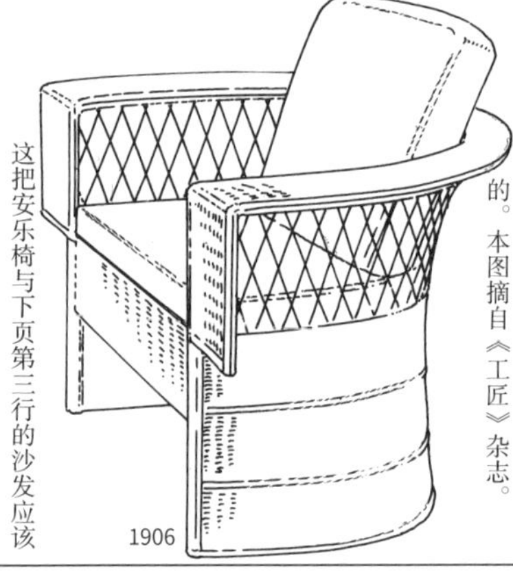

1906

这也是为阳台设计的作品。两件作品都是用柳条编织而成的。本图摘自《工匠》杂志。

1906

这是为阳台设计的作品。此图根据草图临摹而成。

1901—1910

这件作品的商品编号是 84，售价 17 美元。它的靠背比右边作品稍高。

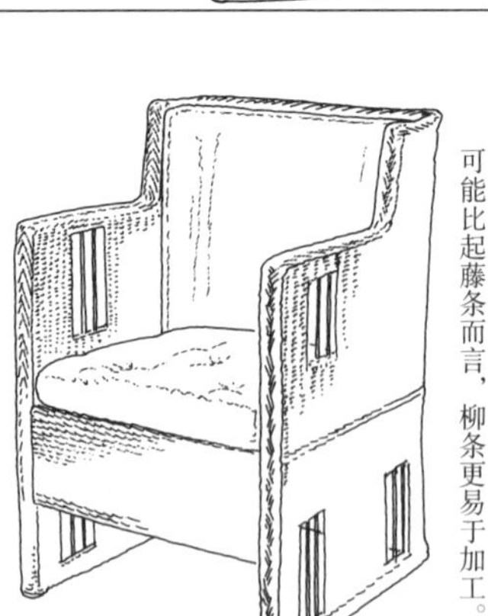

1901—1910

这件作品的商品编号是 85。高 91.5 厘米，深 67 厘米，宽 57 厘米，售价 19 美元。可能比起藤条而言，柳条更易于加工。

1901—1910

这是批量生产的一款座椅，商品编号是 92。靠背及座位处设计有软垫，十分舒适，是由柳条编织而成的。

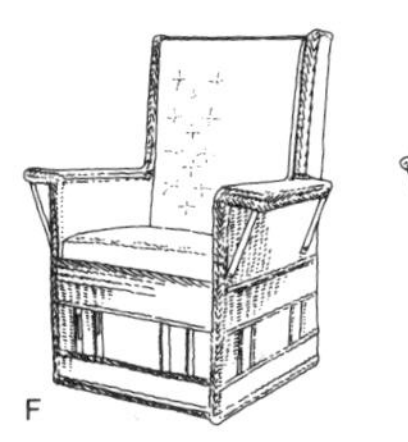
F

这件作品与上一页第三行左边的作品十分相似。商品编号是88。
1901—1910

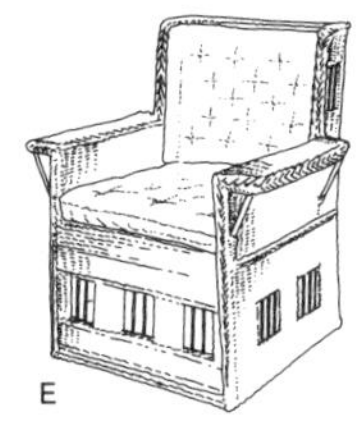
E

这是第三行右边沙发的安乐椅版本。
1901—1910

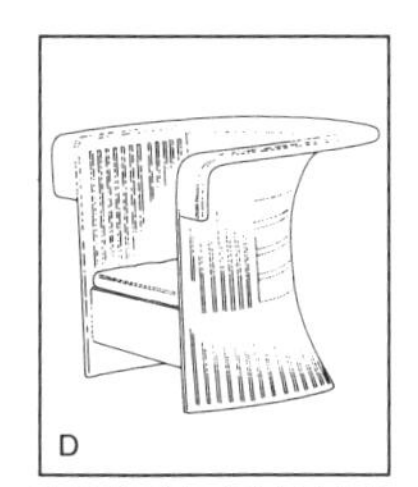
D

这是约瑟夫·霍夫曼的作品，其扶手处设计得很宽。类似的设计在斯蒂克利的作品中也能见到，但约瑟夫·霍夫曼的作品更为典雅。
1903

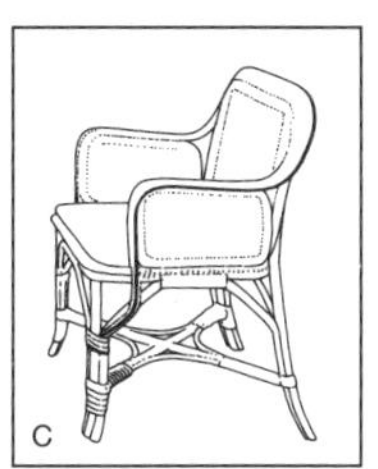
C

这是阿道夫·路斯的作品，由藤条制成。欧洲艺术家的作品似乎更加优美。
1929

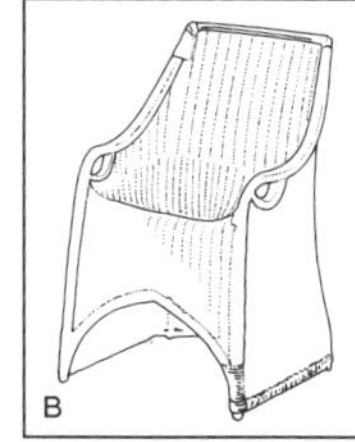
B

这是由理查德·雷曼施米特设计的藤制作品。在加工处理一些细节时，使用藤条要比使用柳条更容易。
1904—1905

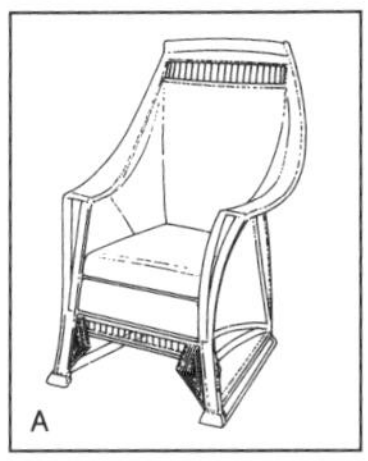
A

这是同时期的藤制高背椅，是亨利·凡·德·威尔德的作品，曾于德累斯顿工艺展上展出。
1905

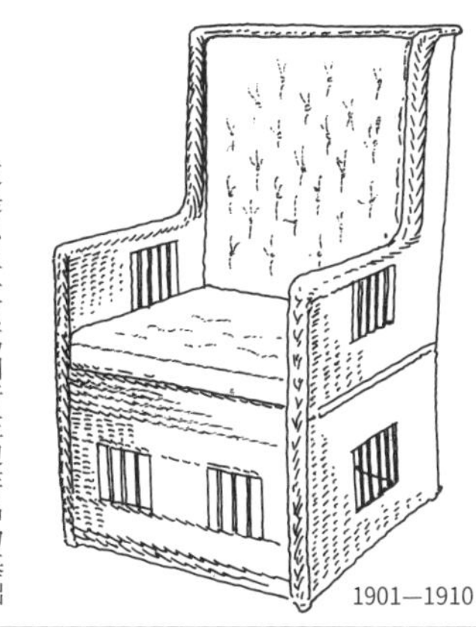
1901—1910

此件作品的商品编号是86，靠背及座位处安装的软垫十分精致。所用纺织品似乎是类似天鹅绒的材质。售价26美元。

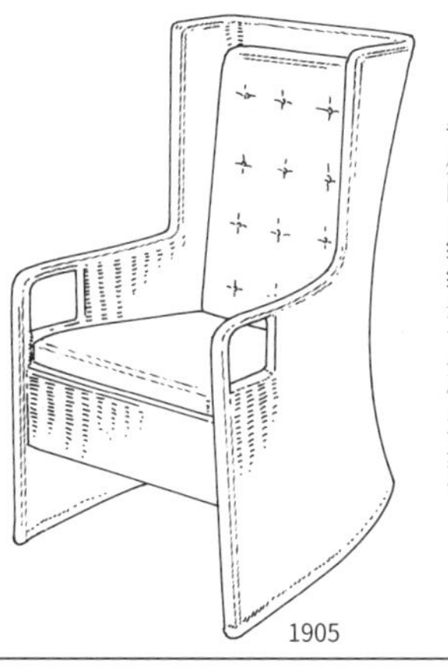
1905

这是以上一页第四行左边作品为基础设计而成的高背椅，见于住宅草图中。靠背处的曲线条十分优美典雅。

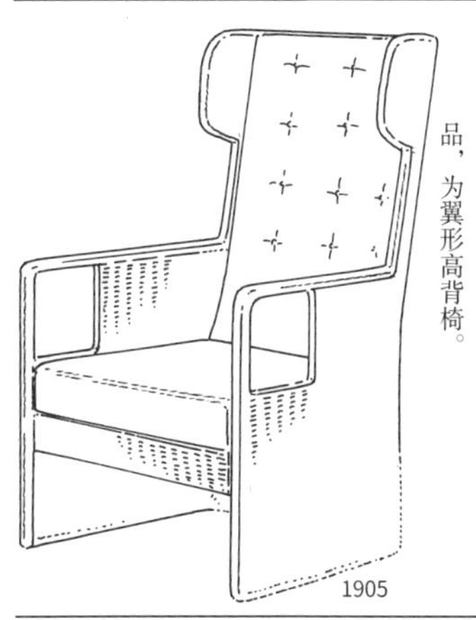
1905

这是以右边两件作品为基础设计的作品，为翼形高背椅。

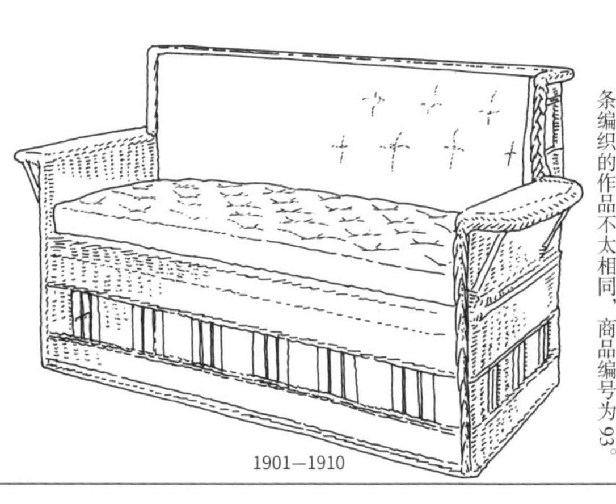
1901—1910

从照片来看，该作品的编织设计与藤条编织的作品不太相同，商品编号为93。

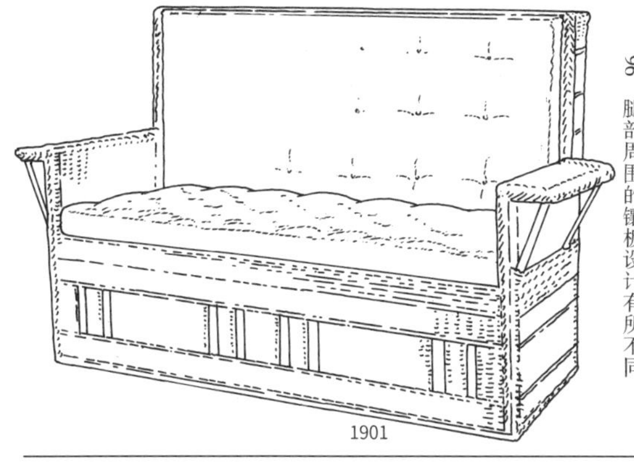
1901

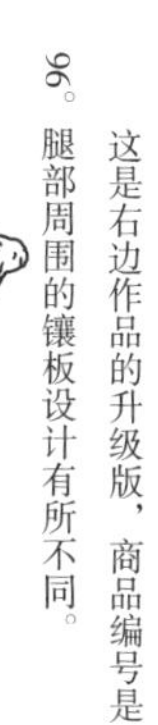
这是右边作品的升级版，商品编号是96。腿部周围的镶板设计有所不同。

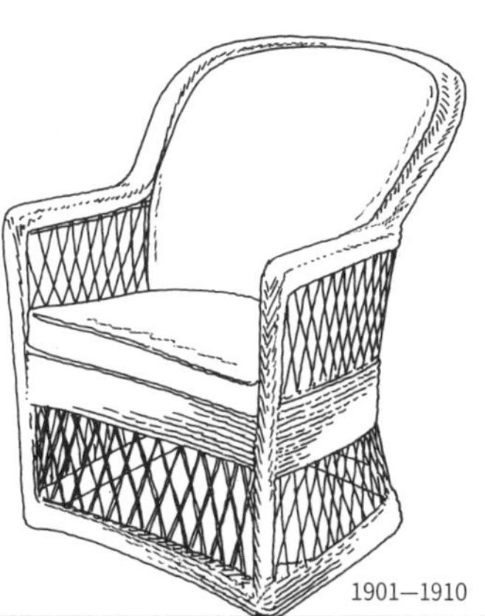
1901—1910

之前介绍过的柳条系列作品有很多都棱角分明。该作品着重强调椅子的背部曲线。商品编号是50。

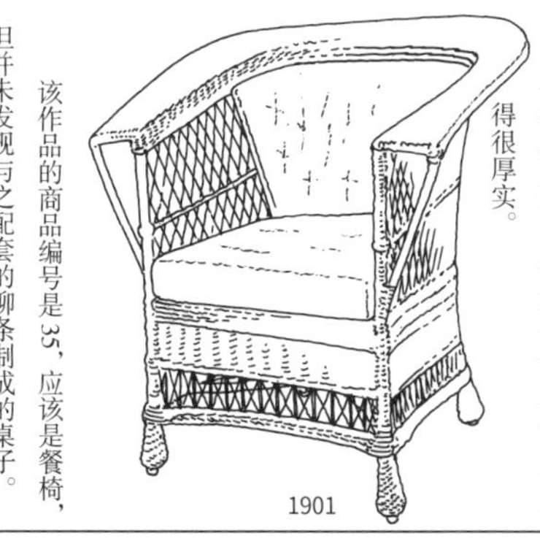
1901

该作品扶手部位设计得很宽，柳条所包裹的椅子框架结构所用材质不详。该作品的设计亮点在于其腿部下方用柳条包裹得很厚实。

1901—1910

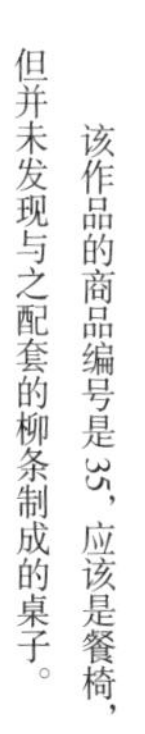
该作品的商品编号是35，应该是餐椅，但并未发现与之配套的柳条制成的桌子。

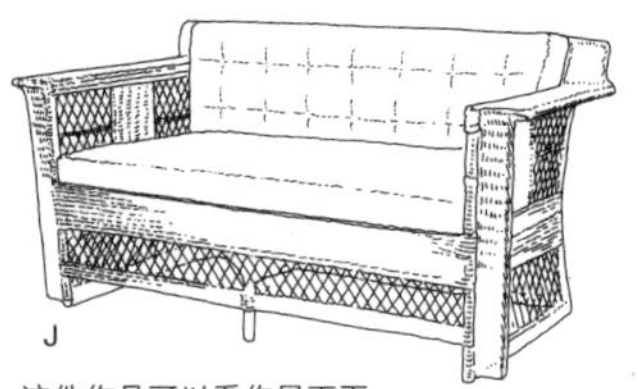

这件作品可以看作是下页第二行右边作品的沙发版本。商品编号是 72，售价 43 美元。
1901—1910

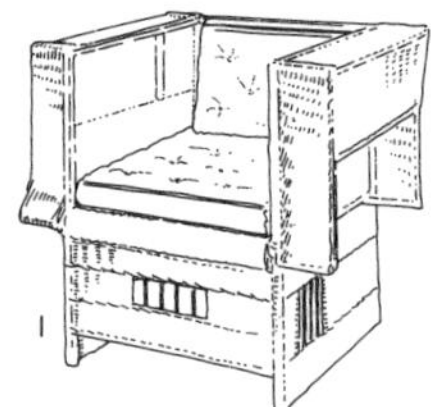

这件作品给人的印象是棱角分明，方方正正。它应该是第四行左边作品的衍生作。
1901—1910

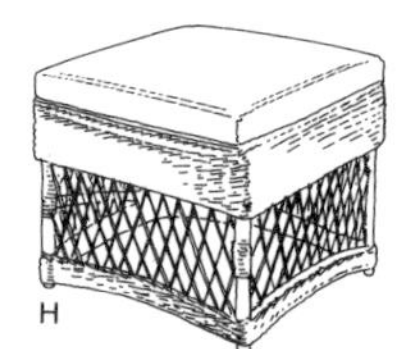

图中的凳子在柳条系列作品中很罕见。商品编号是 66，售价 7.5 美元。
1901—1910

这件作品与第二行右边的作品十分相似。商品编号是 68。
1901—1910

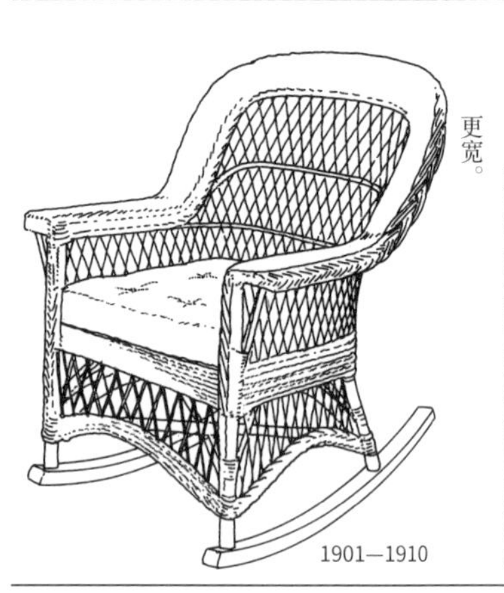
1901—1910

这件作品的扶手处设计得比右边作品更宽。

1901—1910

这是右边作品的摇椅版本。也有较小尺寸的其他版本。

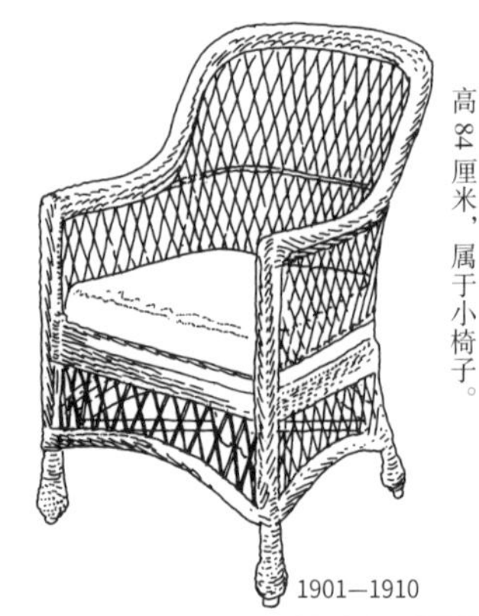
1901—1910

很多椅子都和柳条编的样式很相似。这是商品编号为523的安乐椅。宽45厘米，高84厘米，属于小椅子。

1901—1910

这件作品是以右边的作品为基础设计的，但略微加强了硬度。商品编号是58，售价17美元。

1901—1910

这一大型安乐椅的扶手较宽，且宽度一直延伸向椅子腿部。商品编号是52，售价15美元。

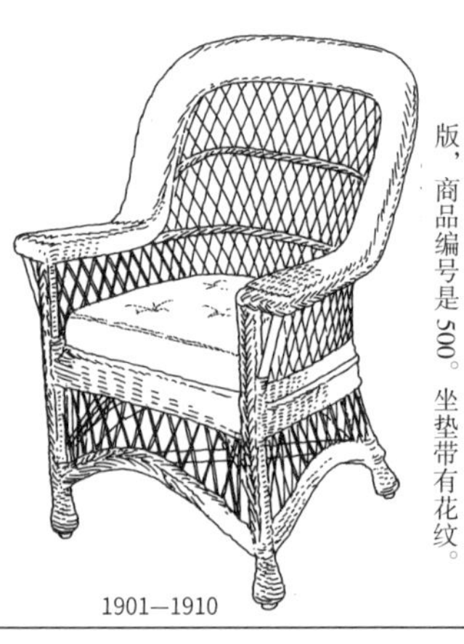
1901—1910

这可以看作上一行左边作品的安乐椅版，商品编号是500。坐垫带有花纹。

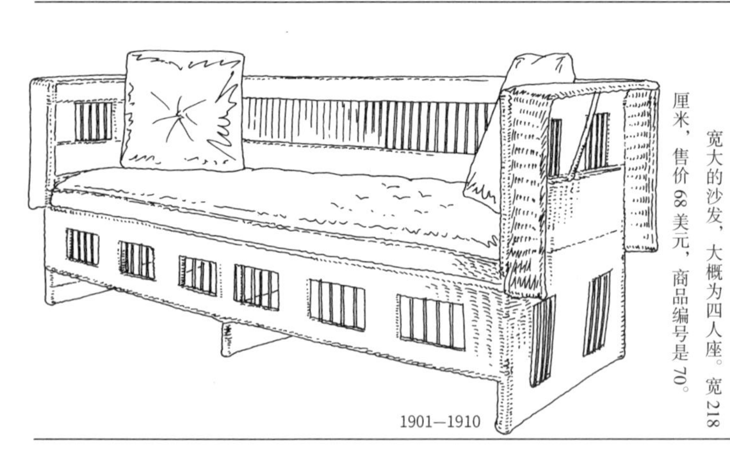
1901—1910

宽大的沙发，大概为四人座。宽218厘米，售价68美元，商品编号是70。

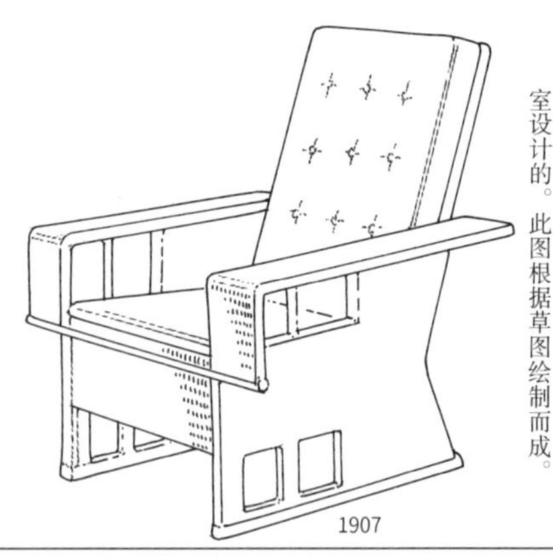
1907

该作品是为名叫『工匠之家』的起居室设计的。此图根据草图绘制而成。

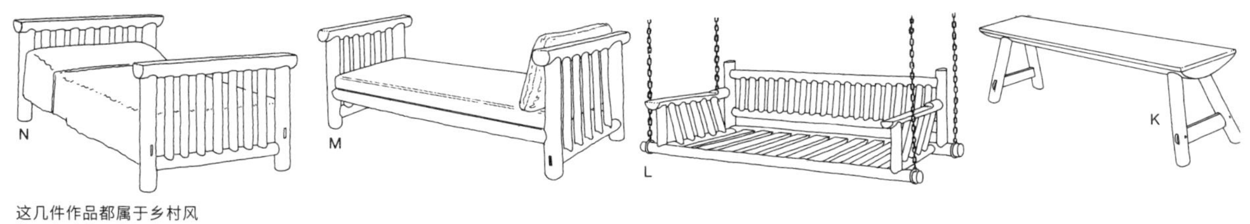

这几件作品都属于乡村风格。当时十分流行小屋风格、农家风格的住宅，这些作品都是应运而生的。
1901—1910

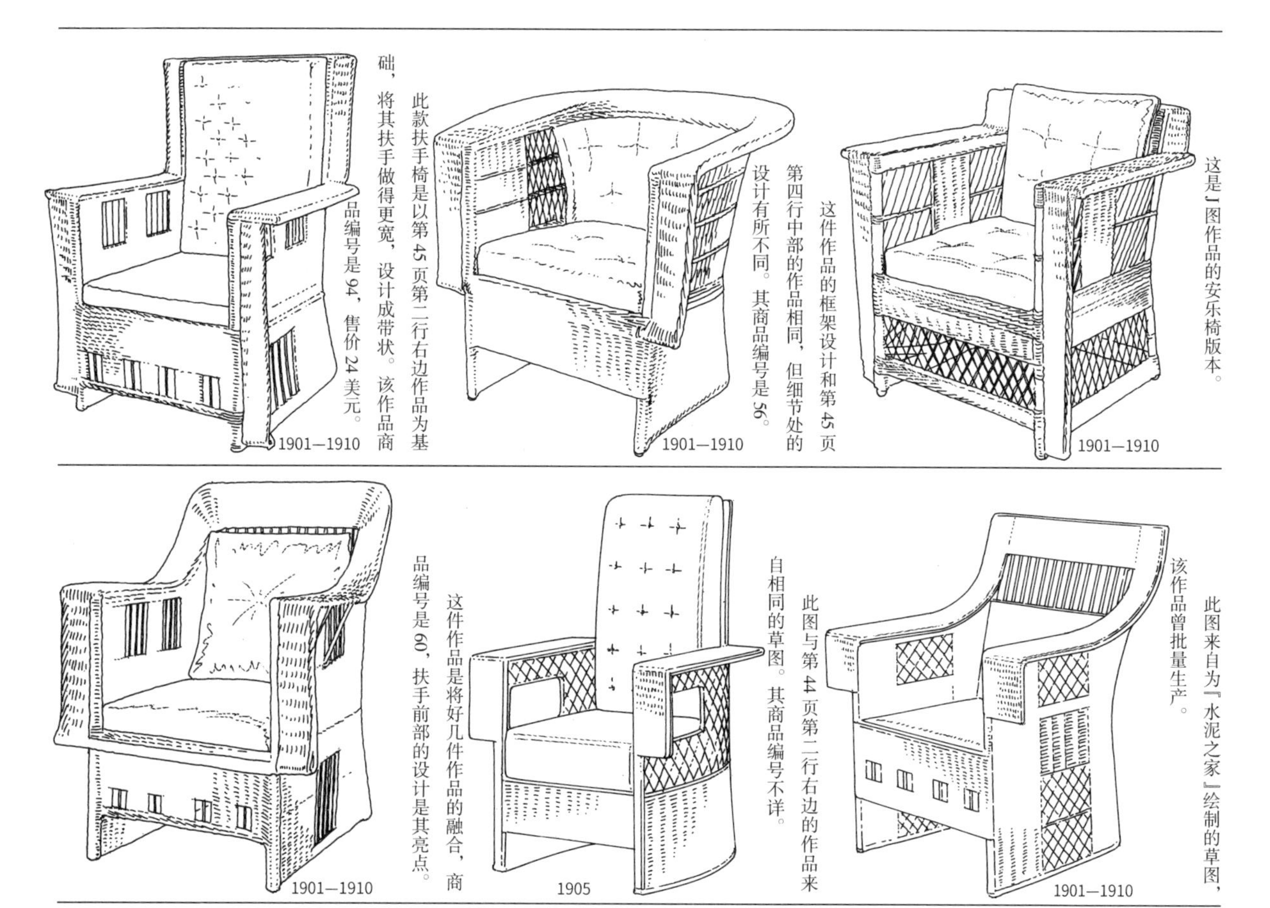

此款扶手椅是以第45页第二行右边作品为基础，将其扶手做得更宽，设计成带状。该作品商品编号是94，售价24美元。

这件作品的框架设计和第45页第四行中部的作品相同，但细节处的设计有所不同。其商品编号是56。

这是J图作品的安乐椅版本。

这件作品是将好几件作品的融合，商品编号是60，扶手前部的设计是其亮点。

此图与第44页第二行右边的作品来自相同的草图。其商品编号不详。

此图来自为『水泥之家』绘制的草图，该作品曾批量生产。

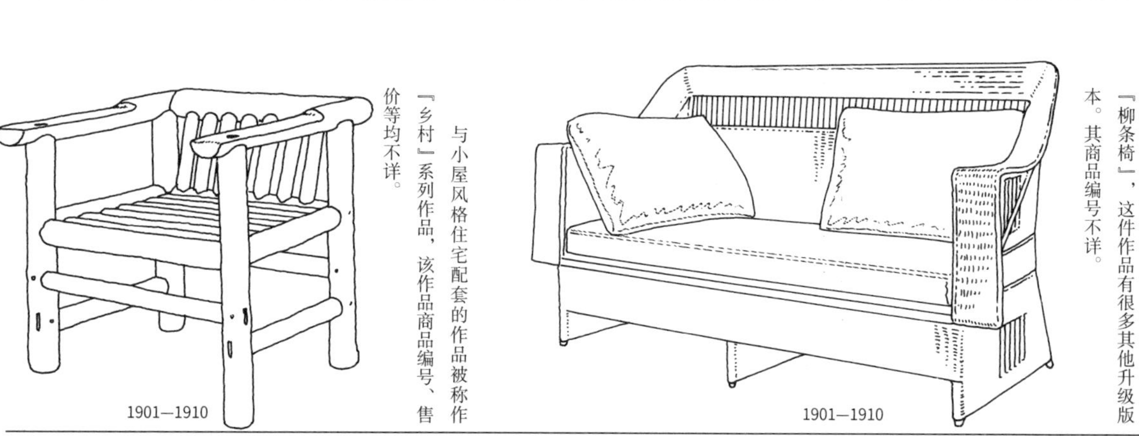

与小屋风格住宅配套的作品被称作『乡村』系列作品，该作品商品编号、售价等均不详。

一般将由柳条编织而成的椅子称作『柳条椅』，这件作品有很多其他升级版本。其商品编号不详。

1863—1957

亨利·凡·德·威尔德

第 1 小节
亨利·凡·德·威尔德的宅邸

亨利·凡·德·威尔德（以下简称威尔德）出生在比利时安特卫普的一个多子女家庭，兄弟八人中他排行第七。从小时候开始，威尔德就在多方面表现出自己的才能。1880年，他进入皇家艺术学院学习，走上了学习美术的道路。第二年，他获得了该艺术学院竞赛的银牌以及优秀奖。1883年，他离开学校，前往巴黎学习绘画。1888年，威尔德与罗丹一起，成为布鲁塞尔『二十人社』（保罗·高更、凡·高、修拉也是该社的成员）的一员，开始了自己画家的生涯。1892年，威尔德的作品首次在『二十人社』展出。从那时起，他的作品风格开始受到英国设计师威廉·莫里斯以及约翰·拉斯金的影响。渐渐地，他的兴趣由绘画转向工艺，并且开始在安特卫普的艺术中心教授工艺史课程。从平面到立体，他的才能在绘画和工艺领域得到了不断的展现。1894年，在岳母的资助下，威尔德开始着手设计自家宅邸——布卢门韦夫住宅。他不仅设计了这座建筑，还设计了此建筑内部的家具。他所设计的建筑以及家具中的装饰性线条和造型不仅有装饰作用，还具有功能性，是『建筑物不可分割的一部分』，这一点得到了业界的关注。

1895　1895

1895

这是为布卢门韦夫住宅设计的椅子。布卢门韦夫住宅是威尔德最早设计的建筑，该建筑里的家具也是他最早设计的家具。与同时代装饰过于繁复的家具相比，这些作品的设计可谓十分简单。当时，人们对这种设计风格褒贬不一，但国外的评价总体要比国内高。这些作品也曾在巴黎、德累斯顿、慕尼黑的美术展上展出。其框架结构虽然较为纤细，但结构强度经过了缜密的计算。

左边三件作品都是为布卢门韦夫住宅设计的。最左边是儿童用椅，其灵感来自巴黎的埃菲尔铁塔。

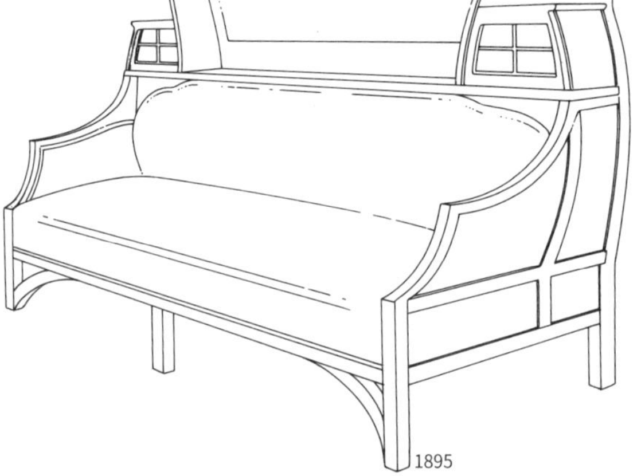

这是威尔德为巴黎一家名叫『新艺术』的画廊设计的固定沙发。这家画廊是由最理解威尔德理念的知己好友齐格弗里宾开的。

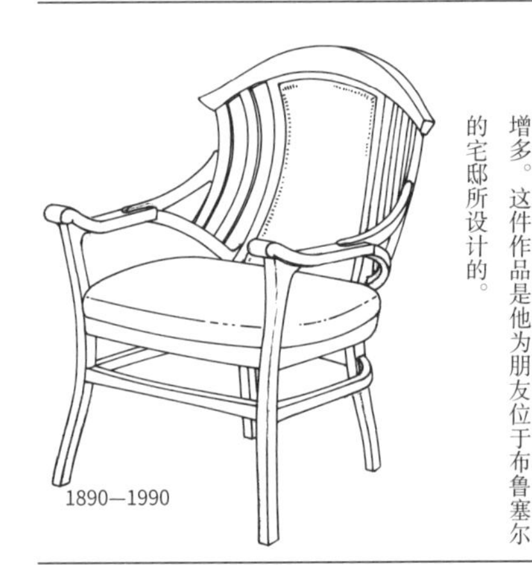

因为布卢门韦夫住宅以及『新艺术』画廊的成功，威尔德的建筑设计工作逐渐增多。这件作品是他为朋友位于布鲁塞尔的宅邸所设计的。

1897

1897年，德国美术杂志《PAN》登载了威尔德的论文——《现代家具设计及制作》，此图就是根据这篇文章里的草图绘制而成的。

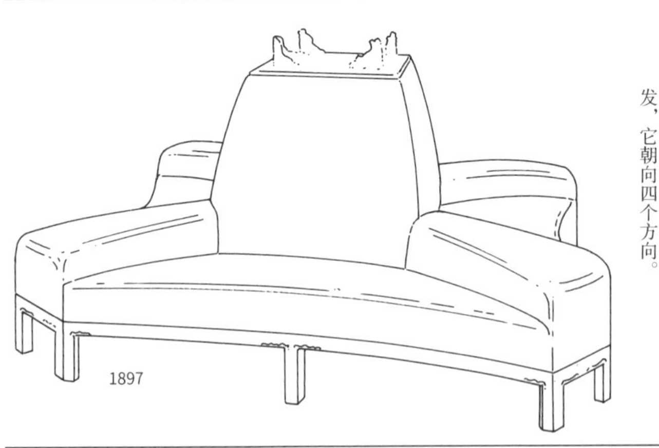

『新艺术』画廊的室内设计曾于德累斯顿工艺展上展出。这便是那时参展的沙发，它朝向四个方向。

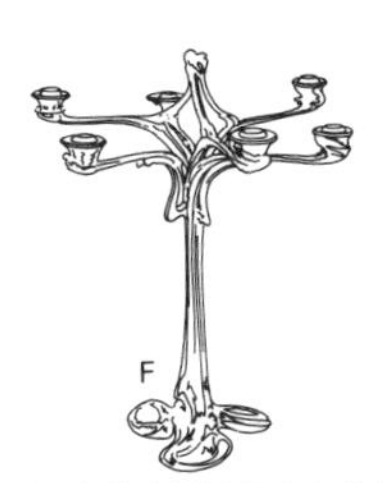

图中的青铜镀银烛台也曾在日本的威尔德展览会上展出，是新艺术风格的著名艺术品。
1990

这是由橡木制成的小桌，带有两个小抽屉，曲线与直线配合得十分和谐美丽。该作品的特点是腿部为桁架结构。
1898—1899

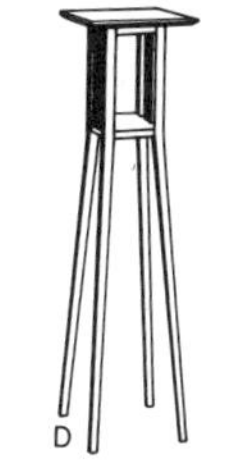

装饰台，曾在日本的威尔德展览会上展出过。
1896

这把小型椅应该出自布卢门韦夫住宅。
1895

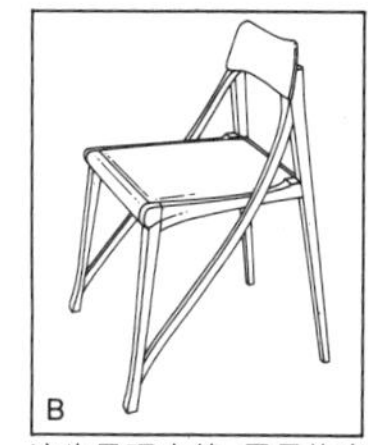

这也是理查德·雷曼施米特的作品，是“新风格”作品中的代表作。各位读者可以将这件作品与同时代的其他作品进行比较。
1900

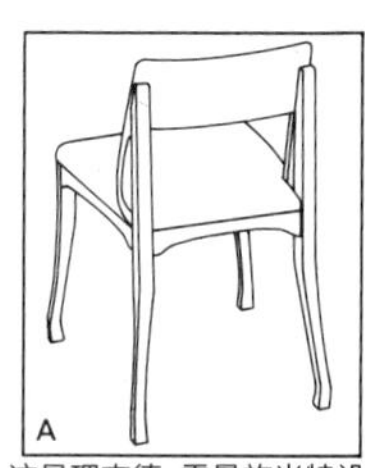

这是理查德·雷曼施米特设计的小椅子。其细节处与威尔德的作品有共同之处。
1898

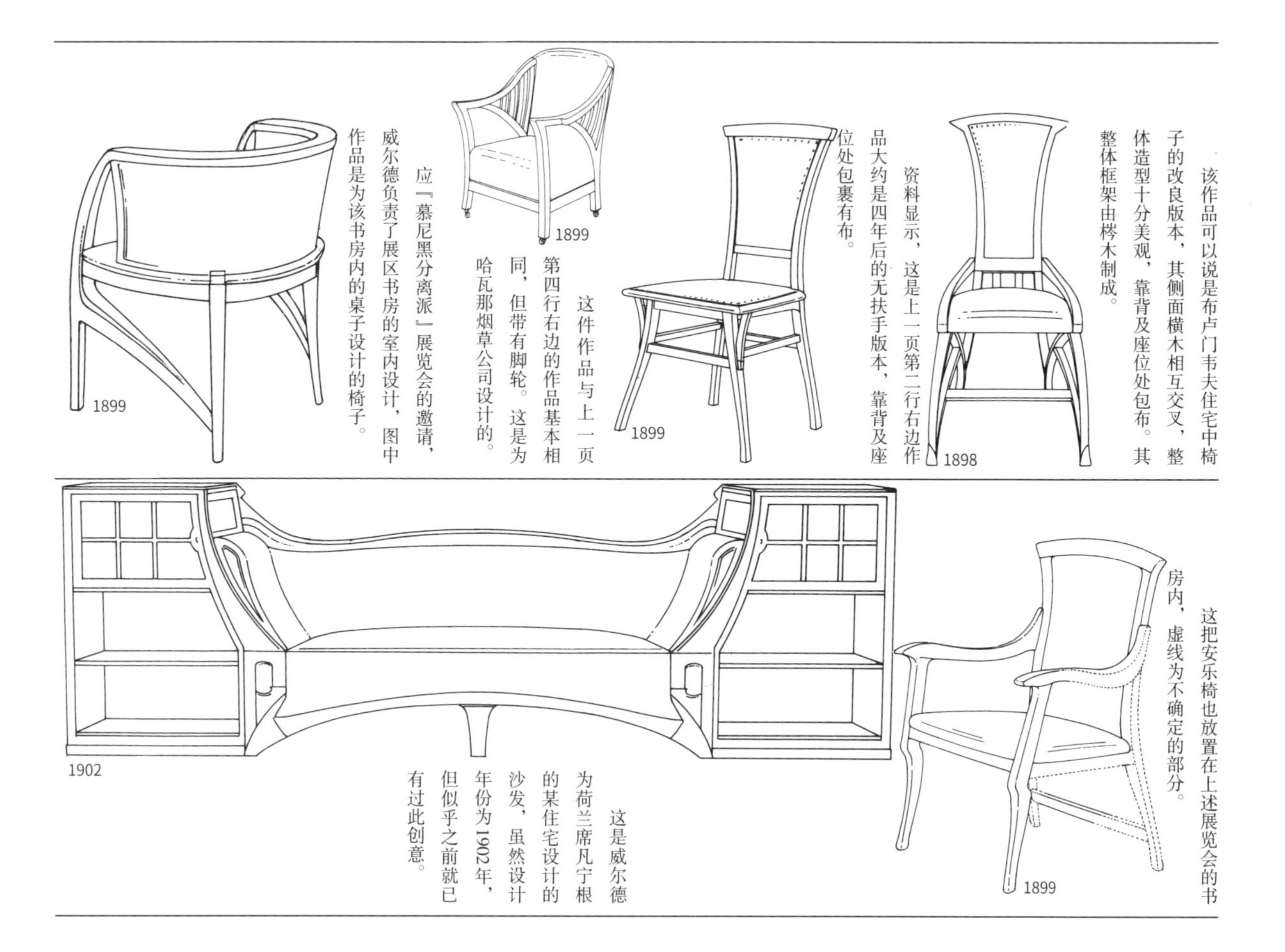

该作品可以说是布卢门韦夫住宅中椅子的改良版本，其侧面横木相互交叉，整体造型十分美观，靠背及座位处包布。其整体框架由梣木制成。

资料显示，这是上一页第二行右边作品大约是四年后的无扶手版本，靠背及座位处包裹有布。

这件作品与上一页第四行右边的作品基本相同，但带有脚轮。这是为哈瓦那烟草公司设计的。

应『慕尼黑分离派』展览会的邀请，威尔德负责了展区书房的室内设计，图中作品是为该书房内的桌子设计的椅子。

这把安乐椅也放置在上述展览会的书房内，虚线为不确定的部分。

这是威尔德为荷兰席凡宁根的某住宅设计的沙发，虽然设计年份为1902年，但似乎之前就已有过此创意。

图中的高凳放置在布卢门韦夫住宅的工作室里。不确定是否为威尔德作品，特此刊载。

1900

这件作品也放置在上述工作室里，应该是威尔德的作品。

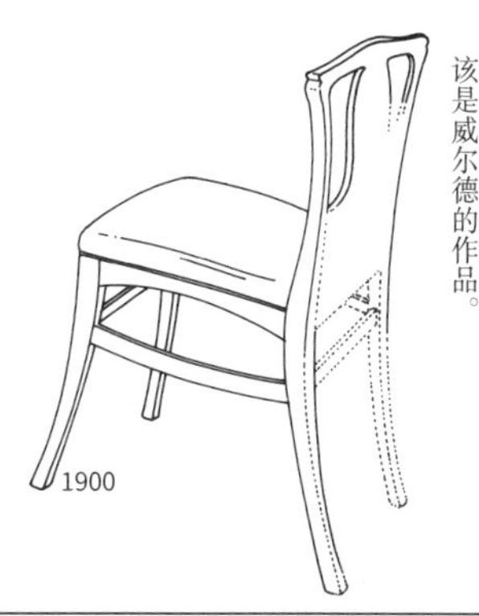

威尔德曾负责为位于柏林的皇室御用美发沙龙的室内装修设计，这件事一度备受关注。图中便是那时设计的两种椅子。右边是非理发用椅，左边带扶手的椅子是理发用椅，其头部似乎可以调节，细节处不详。

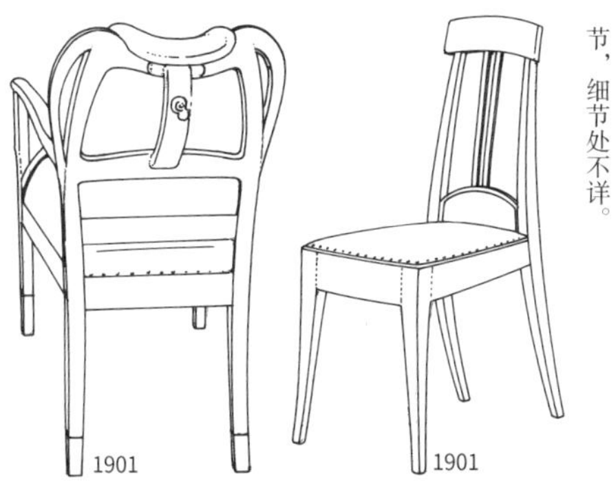

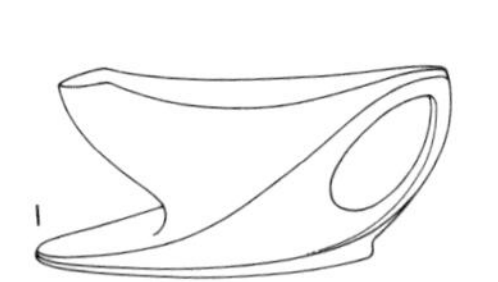

这是由迈森皇家瓷厂制作的调味汁杯。
1903—1904

这几件餐具均是银制的。威尔德曾设计了很多餐具，这大概是其中最雅致的。
1902

图中的小型桌子与赫伯特·埃舍住宅里的作品十分相似。
1902

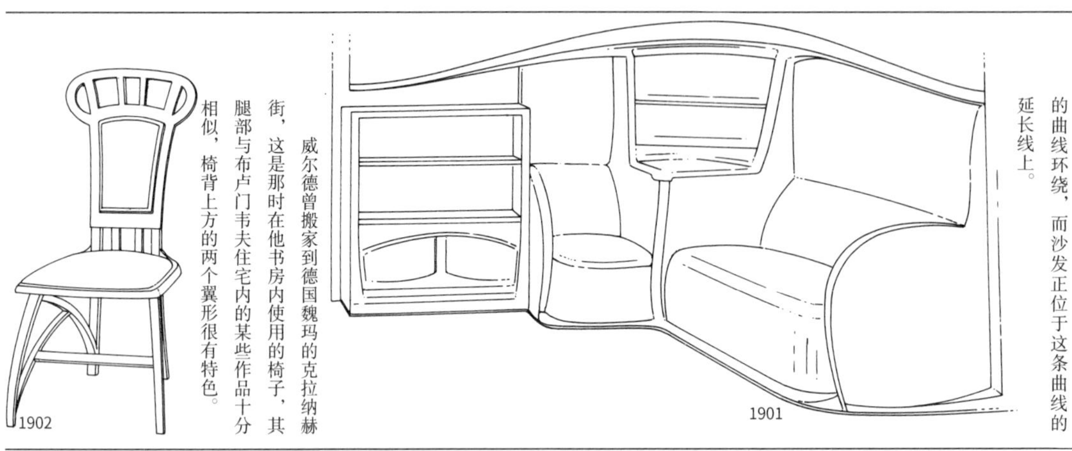

这是为弗柯望博物馆（即现在的卡尔·恩斯特·奥斯特豪斯博物馆）音乐室设计的固定沙发。音乐室内部由连续的曲线环绕，而沙发正位于这条曲线的延长线上。

威尔德曾搬家到德国魏玛的克拉纳赫街，这是那时在他书房内使用的椅子，其腿部与布卢门韦夫住宅内的某些作品十分相似，椅背上方的两个翼形很有特色。

这是威尔德在德国开姆尼茨为赫伯特·埃舍住宅设计的沙发和脚凳。这款脚凳除在这座宅邸内使用外，还出现在多所房子内。

1902

1902

这是为某位律师设计的拐角沙发。

1902

这是为德国奥格斯堡市的德国银行设计的扶手椅。

1902

威尔德曾在德国魏玛对尼采·阿鲁西夫（建筑名）进行改装，这便是那时设计的椅子。椅子腿略向内弯曲。

1902—1903

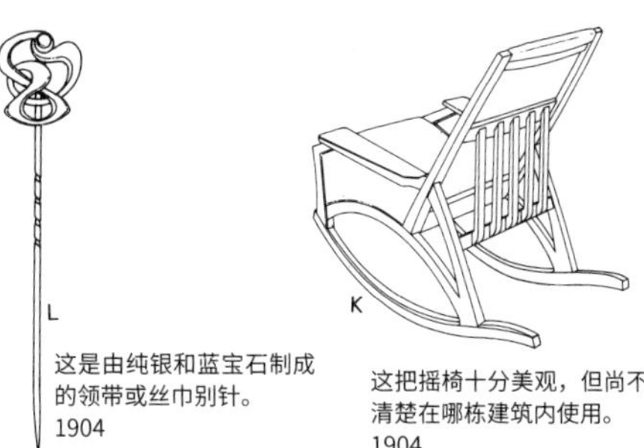

这是由纯银和蓝宝石制成的领带或丝巾别针。
1904

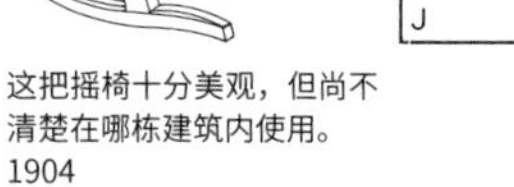

这把摇椅十分美观，但尚不清楚在哪栋建筑内使用。
1904

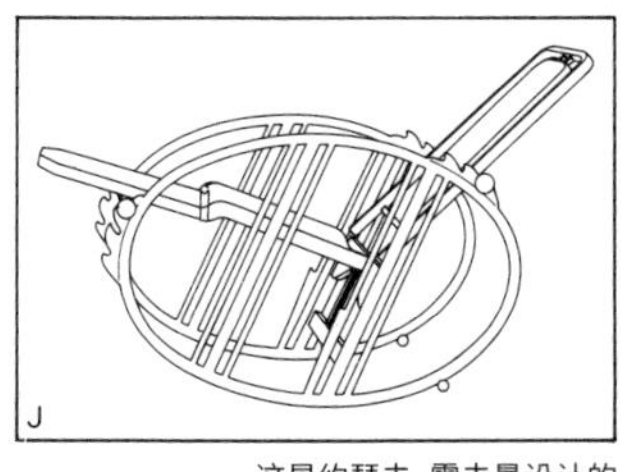

这是约瑟夫·霍夫曼设计的摇椅。
1905

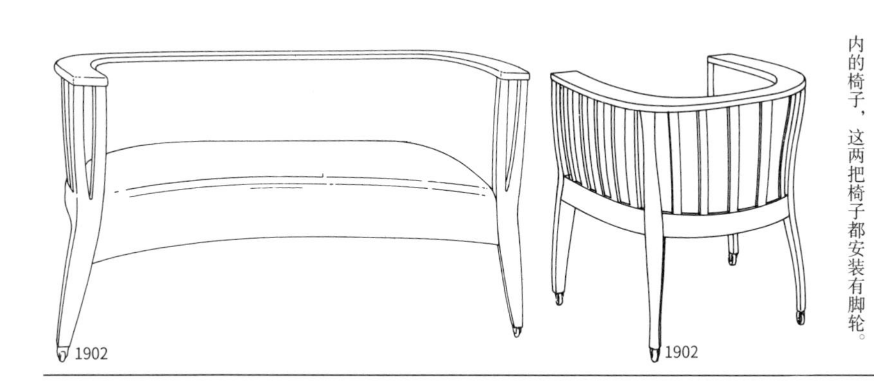

1902　1902　1902

威尔德曾为魏玛的古朗芬·凯夫拉住宅设计了一些家具，这便是在其住宅餐厅内使用的椅子。

左边两件是古朗芬·凯夫拉住宅卧室内的椅子，这两把椅子都安装有脚轮。

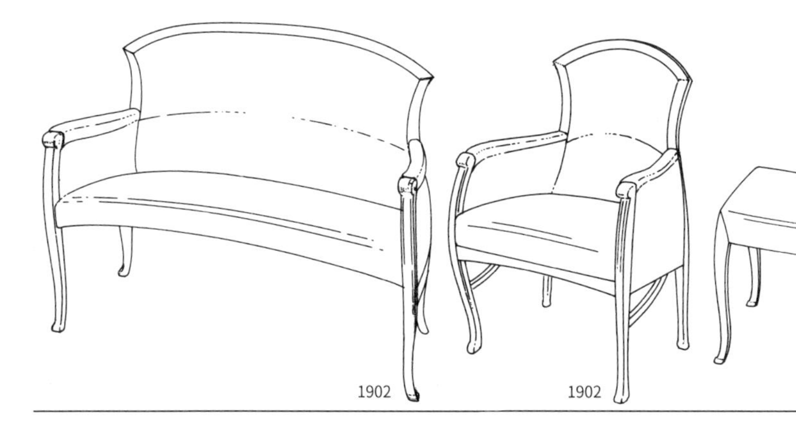

1902　1902　1902

左边三件是古朗芬·凯夫拉住宅休息室内的椅子。这三把椅子都包裹相同的布料。安乐椅以及沙发全部由布料包裹，因此给人一种古典的感觉。还有与之成套设计的桌子。在同一间屋子里还有藤条制作的家具，但由于资料显示不清楚，因此只能忍痛割爱，无法将其收录于本书中。

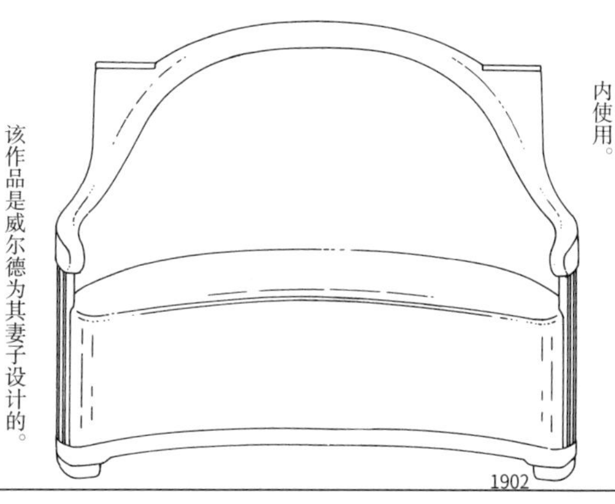

1902

这张被垫得又软又厚的沙发也是为古朗芬·凯夫拉的住宅而设计，放在图书馆内使用。

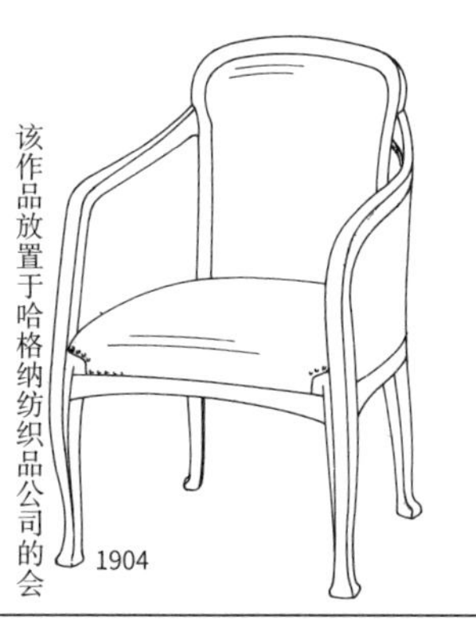

1904

该作品是威尔德为其妻子设计的。

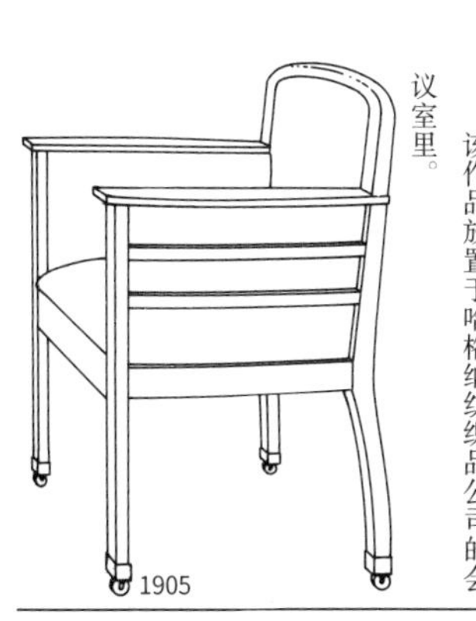

1905

该作品放置于哈格纳纺织品公司的会议室里。

1863—1957

亨利·凡·德·威尔德

第 2 小节
德意志制造联盟

虽然威尔德是比利时人，但人们谈到他的时候，总会提起『德意志制造联盟』。『德意志制造联盟』是 1907 年成立于慕尼黑的一个设计组织，其主要创始人有赫尔曼·穆特修斯等，其基本思想来源于工艺美术运动。而继承和发扬了这种思想并将这项运动不断推进的，便是亨利·凡·德·威尔德。

赫尔曼·穆特修斯和威尔德都是『德意志制造联盟』的中心人物，他们为工业产品质量的提高做出了巨大贡献。他们的目的是『将艺术、工业、手工业融会贯通，不断对这些领域进行宣传和推广，并且清楚地表明自己的态度，以此来提高工业产品的质量』。『德意志制造联盟』的其他成员还有彼得·贝伦斯、格罗佩斯、约瑟夫·霍夫曼、约瑟夫·马利亚·奥尔布里奇、理查德·雷曼施米特、布鲁诺·保罗、布鲁诺·陶德等。赫尔曼·穆特修斯主张『使设计标准化，以适应大量生产』，威尔德则主张『推崇艺术家的个性和设计师的创作自由』。1914 年，『德意志制造联盟』分成两派。也正是在这一年，第一次世界大战爆发，该联盟的展示会场被军队接管。1934 年，该联盟停止活动。

1896

这把小型椅的靠背及座位处包有布料，是巴德·沃克夫妇向巴黎奥赛博物馆捐赠的作品。这件作品与设计师维克多·霍塔的作品有共同之处。

1897—1898

这件由私人珍藏的作品曾在第 1 小节中介绍过，名叫『卡西雷尔』。据后来发现的资料可知，其侧面的横木呈向上的斜度，可与扶手的延长线相交。

1902

这是在弗柯望博物馆音乐室内的安乐椅。座位部分很长。它是一件强调立体感的作品。

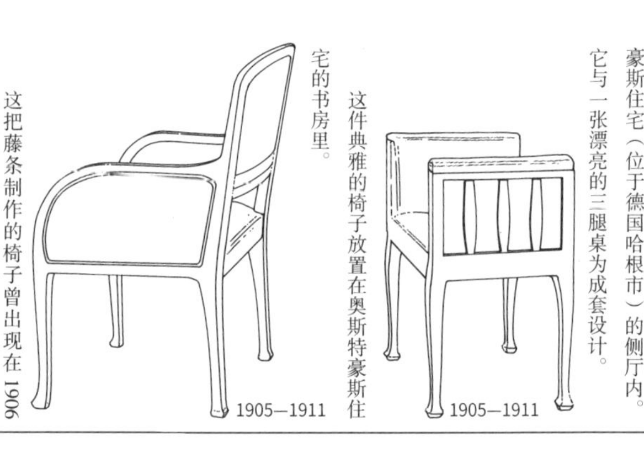

1905—1911

图中这把带扶手的凳子放置在奥斯特豪斯住宅（位于德国哈根市）的侧厅内。它与一张漂亮的三腿桌为成套设计。

1905—1911

这件典雅的椅子放置在奥斯特豪斯住宅的书房里。

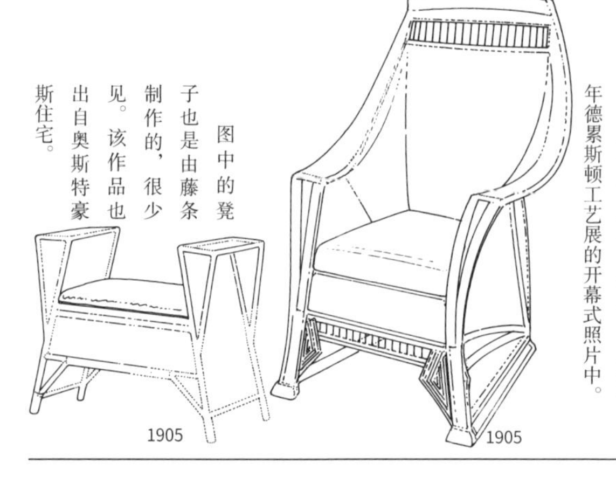

1905

这把藤条制作的椅子曾出现在 1906 年德累斯顿工艺展的开幕式照片中。

1905

图中的凳子也是由藤条制作的，很少见。该作品也出自奥斯特豪斯住宅。

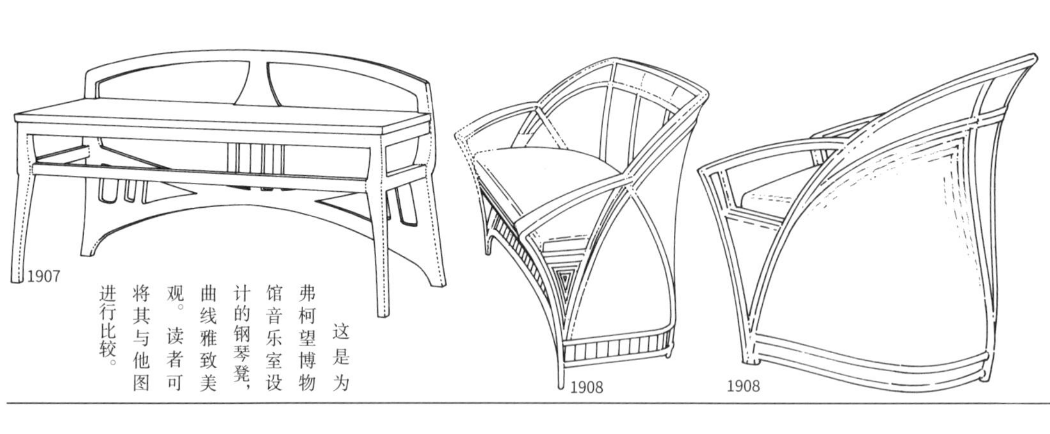

1908　1908

左边两件作品曾放置在奥斯特豪斯住宅书房外面的房间内。据推测，这一系列的藤制作品均出自同一家篮筐工厂。

1907

这是为弗柯望博物馆音乐室设计的钢琴凳，曲线雅致美观。读者可将其与他图进行比较。

A

这是维克多·霍塔为布鲁塞尔的霍塔旅馆设计的作品，它和上一页第二行右边的作品有共同之处。
1894

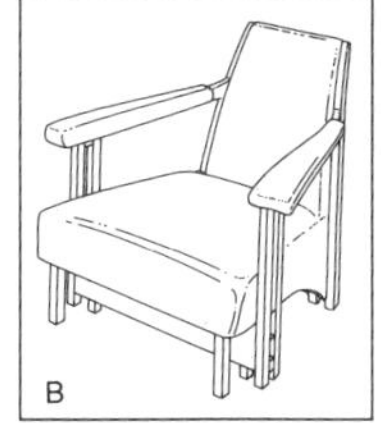

B

这是查尔斯·马金托什的作品，后部透视感很强。
1905

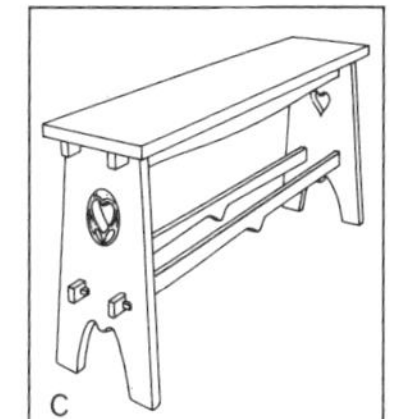

C

这也是查尔斯·马金托什的作品。是为克雷吉大厅音乐室设计的管风琴琴凳。
1897

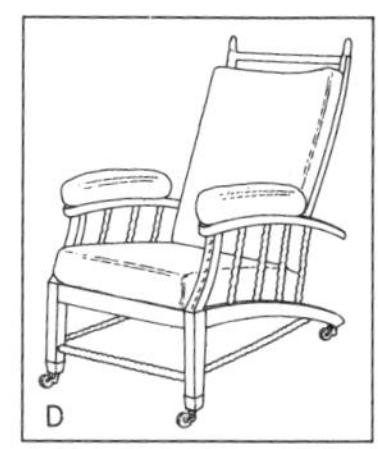

D

这是由莫里斯公司承接制作的安乐椅，在美国及欧洲有大量该作品的复制品。
1861

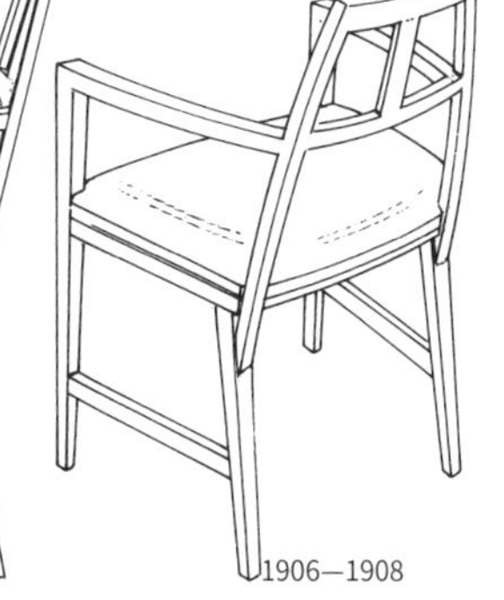

1906—1908

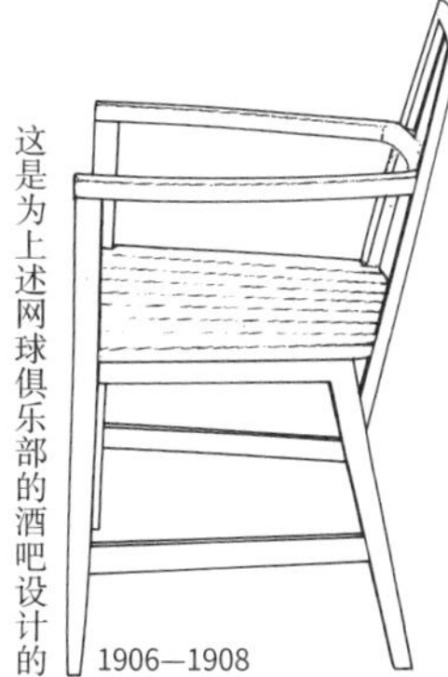

1906—1908

这是放置在开姆尼茨的某网球俱乐部的两把椅子。右边这把椅子放置在俱乐部一楼，左边这把放置在三楼阳台。除座位部分外，两把椅子的设计完全相同。

这是为上述网球俱乐部的酒吧设计的高凳。

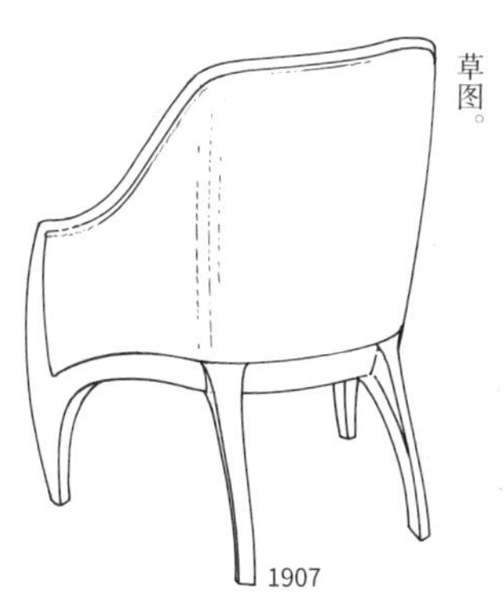

1907

此图临摹自为魏玛某博物馆绘制的草图。

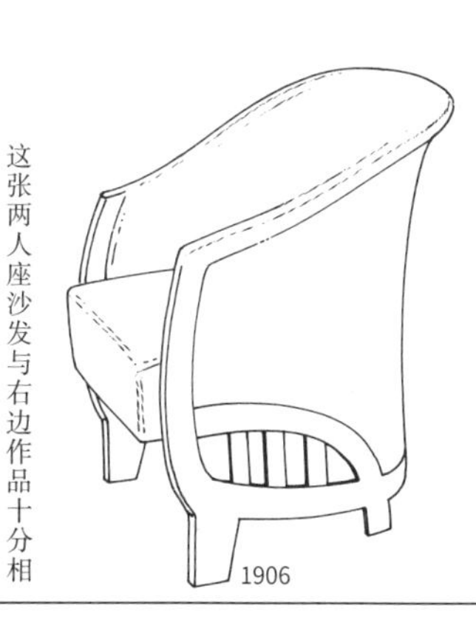

1906

这件作品曾在德累斯顿工艺展展出，放置在美术馆大厅内。资料显示此设计仅有单人座椅，但似乎同时还设计有沙发款。

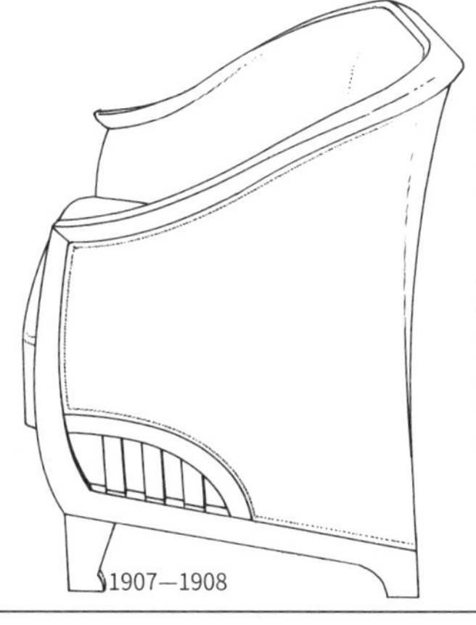

1907—1908

这张两人座沙发与右边作品十分相似，但细节处有所不同。它是为魏玛的高·巴布兰（住宅名）设计的。

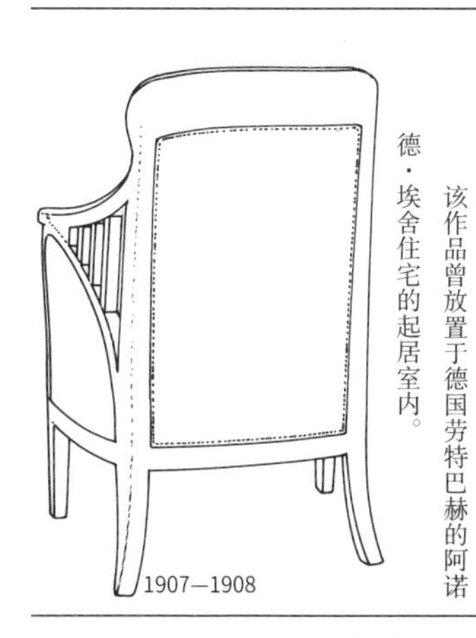

1907—1908

该作品曾放置于德国劳特巴赫的阿诺德·埃舍住宅的起居室内。

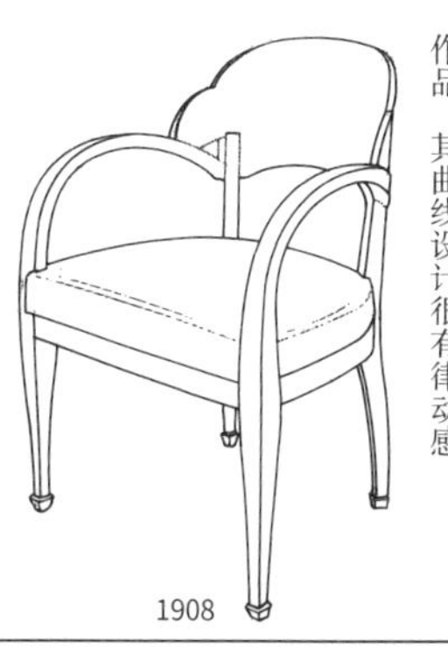

1908

这是为阿诺德·埃舍住宅卧室设计的作品。其曲线设计很有律动感。

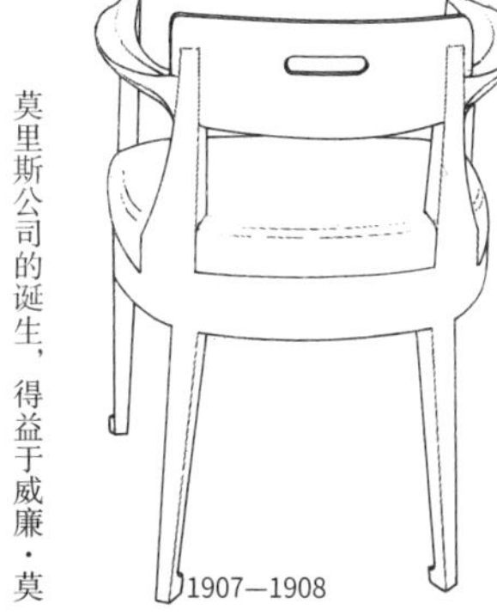

1907—1908

这件作品与下页第二行左边的作品十分相似，但座位部分的细节处、椅腿下方部分有所不同。它也是为阿诺德·埃舍住宅设计的。

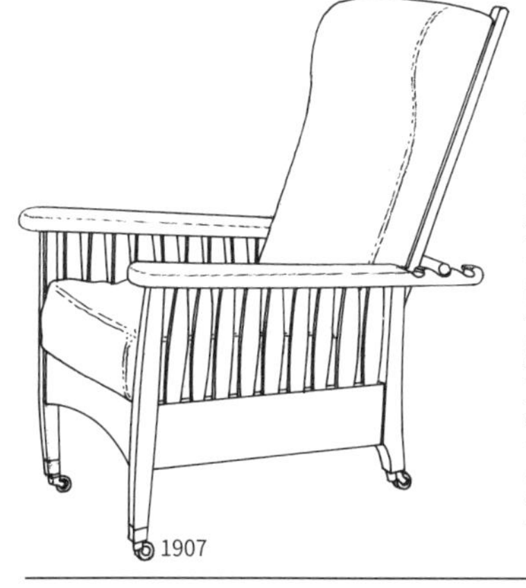

1907

莫里斯公司的诞生，得益于威廉·莫里斯所引导的工艺美术运动。图中的安乐椅与莫里斯公司制作的安乐椅十分相似。

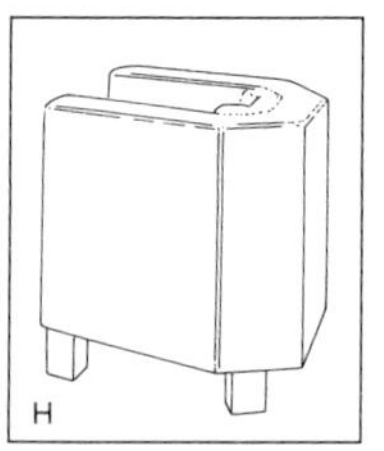

这是约瑟夫·霍夫曼的作品，它与斯托克雷特宫里的作品十分相似。
1912—1914

这是约瑟夫·霍夫曼的作品，是为斯托克雷特宫设计的。
1905

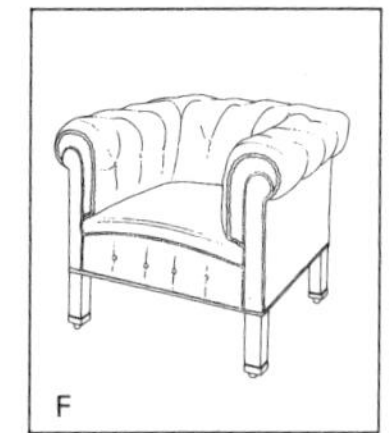

这是约瑟夫·霍夫曼设计的安乐椅，它与第四行作品有异曲同工之妙。该作品似乎是为普克斯多特疗养院设计的。
1904—1905

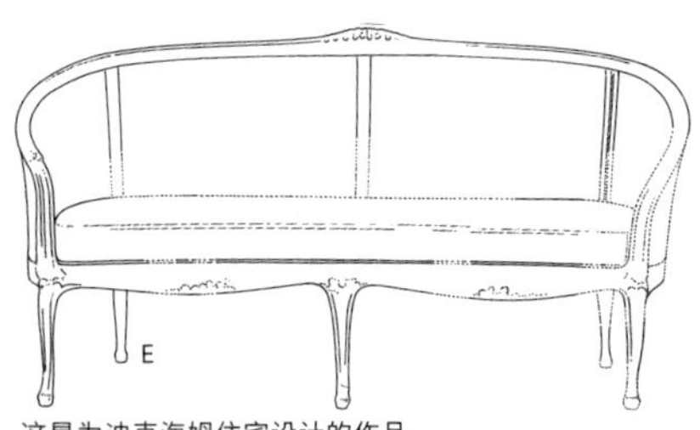

这是为迪克海姆住宅设计的作品，它与第三行右边的作品属于同一组家具。
1912

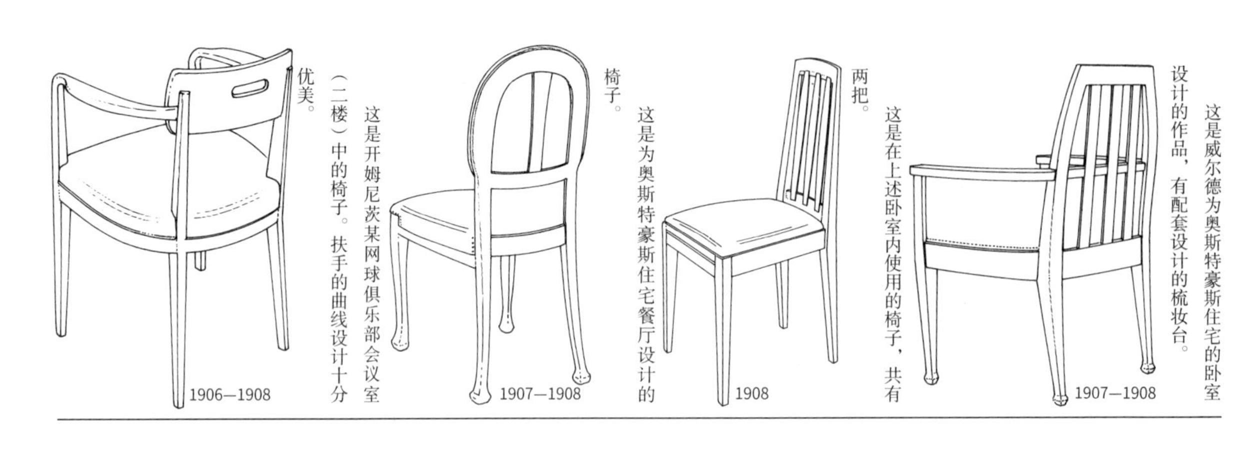

这是威尔德为奥斯特豪斯住宅的卧室设计的作品，有配套设计的梳妆台。

这是在上述卧室内使用的椅子，共有两把。

这是为奥斯特豪斯住宅餐厅设计的椅子。

这是开姆尼茨某网球俱乐部会议室（二楼）中的椅子。扶手的曲线设计十分优美。

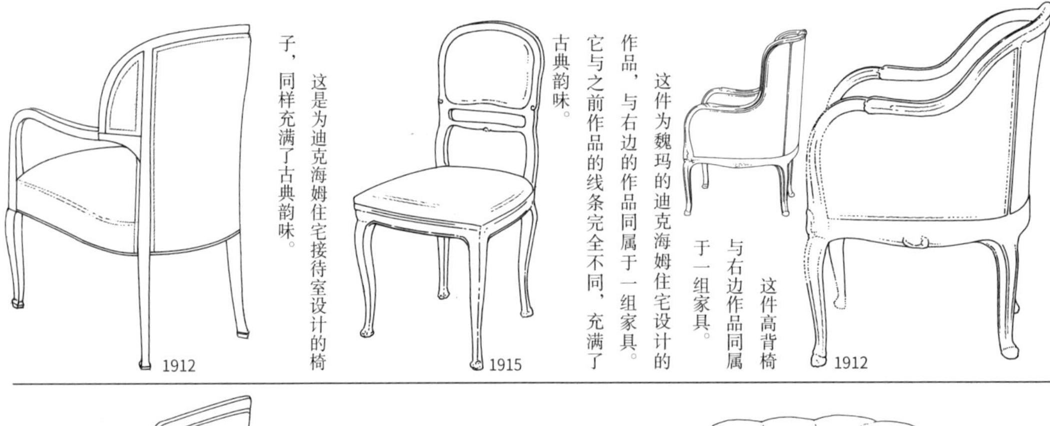

这件作品与之前作品的造型有所不同，是一件古典的比德迈式样的装饰性设计作品，其侧面绷有藤条。

这件高背椅与右边作品同属于一组家具。

这件为魏玛的迪克海姆住宅设计的作品，与右边的作品同属于一组家具。它与之前作品的线条完全不同，充满了古典韵味。

这是为迪克海姆住宅接待室设计的椅子，同样充满了古典韵味。

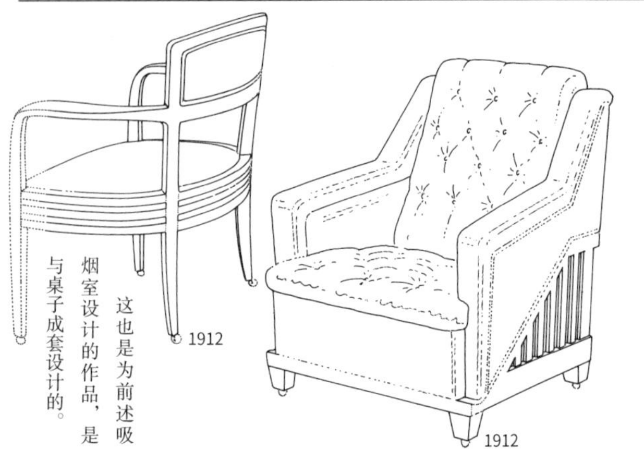

1912

图中的沙发与上一行左边的作品放置在同一角落。这件沙发与迪克海姆住宅内其他古典风格的作品不同，可以说是对以往作品的发展。它与约瑟夫·霍夫曼的作品有相似之处。

这件作品是为迪克海姆住宅的吸烟室设计的，略显正式。

这也是为前述吸烟室设计的作品，是与桌子成套设计的。

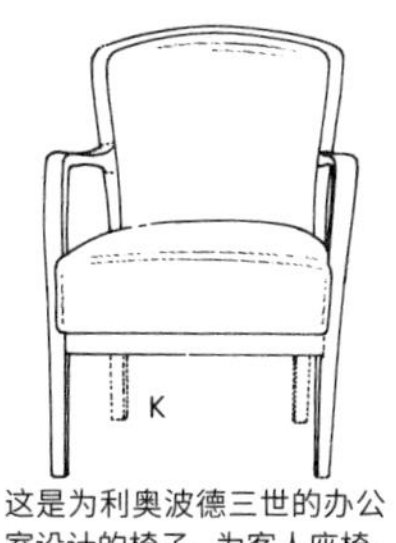

这是为利奥波德三世的办公室设计的椅子，为客人座椅。
1935

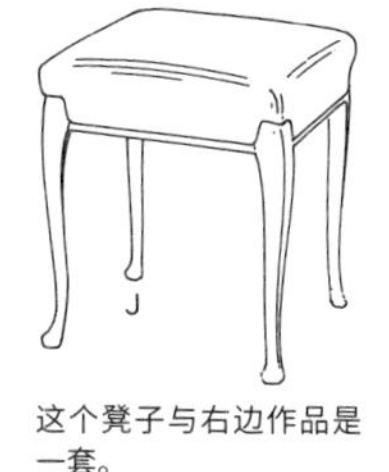

这个凳子与右边作品是一套。
1913—1914

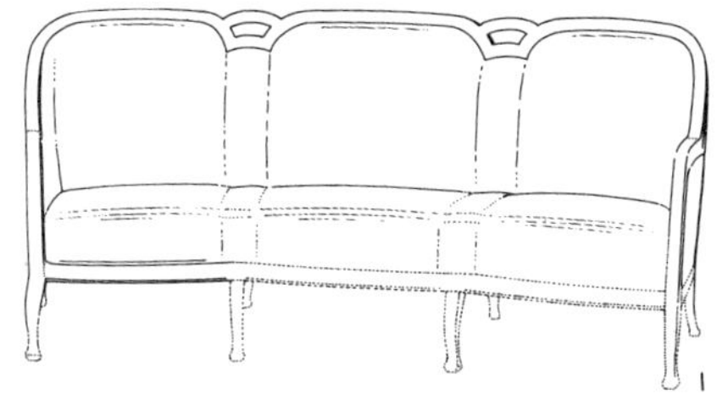

这是为舒伦堡住宅设计的沙发，与第三行右边的家具为一套。
1913—1914

这是放置在开姆尼茨凯尔纳住宅中央大厅里的沙发。
1913

威尔德曾为迪克海姆住宅设计出充满古典韵味的作品。同样，在格拉（德国东部城市）的舒伦堡住宅里，他也留下了如图中所示的古典式样的作品。
1913—1914

这是与右边作品成套设计的沙发，放置在音乐沙龙里。除框架以外，沙发整体包裹有布料和软垫。
1913—1914

这件作品放置在舒伦堡住宅一楼的中央大厅里，属于比德迈式样，但装饰设计得比较低调。
1913—1914

这是为比利时国王利奥波德三世位于布鲁塞尔的城堡设计的作品，放置于办公室中。
1917

这是为鹿特丹的某旅行社设计的作品。
1924

该作品属于布鲁塞尔的某位个人收藏家。
1929—1932

这是由根特美术博物馆收藏的椅子，尚不清楚是为哪座建筑物设计的。
1929

这是为比利时铁道部门所属邮船的休息室设计的作品。因为是放在邮船上，所以桌椅都是固定安装的。
1932—1933

1867—1959

弗兰克·劳埃德·赖特

第1小节
1867—1905年间

提到世界四大建筑师，人们便会想起密斯·凡·德·罗、勒·柯布西耶、瓦尔特·格罗皮乌斯及本章即将要介绍的弗兰克·劳埃德·赖特（以下简称赖特）。

与日本有着很深渊源的赖特，于1867年6月8日出生于美国威斯康星州的里奇兰森特，他的父亲是威廉·卡里·赖特，他的母亲是安娜·劳埃德·琼斯。1885—1887年，赖特于威斯康星大学麦迪逊分校攻读土木工程。1887—1888年，赖特先后在芝加哥几个建筑事务所工作。其中包括阿德勒和路易斯·沙利文建筑事务所。1889年，他与第一任妻子结婚，并在芝加哥郊外的橡树园建造了自己的住宅。1892年，由于赖特瞒着老师路易斯·沙利文私自接下设计工作，他不得不辞去了建筑事务所的工作。1893年，赖特在芝加哥开设了自己的事务所。1905年，他与妻子首次来到日本。从那时起，他开始大量收集浮世绘等日本的美术作品。本章的第2小节，将继续介绍赖特的传奇人生。

威廉·阿林·斯托勒所著的《弗兰克·劳埃德·赖特作品全集》一书中，介绍了433件赖特的设计作品，其中的第三件作品便是赖特自家的住宅。图中的儿童用椅是赖特为自己家设计的。1891年，赖特的第一个孩子出生。这把椅子应该是在1893—1894年间设计的。

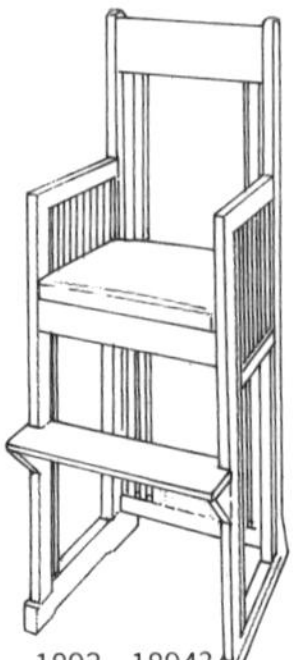

1893—1894?

图中作品是赖特在自己房子内增建的工作室中的餐椅。

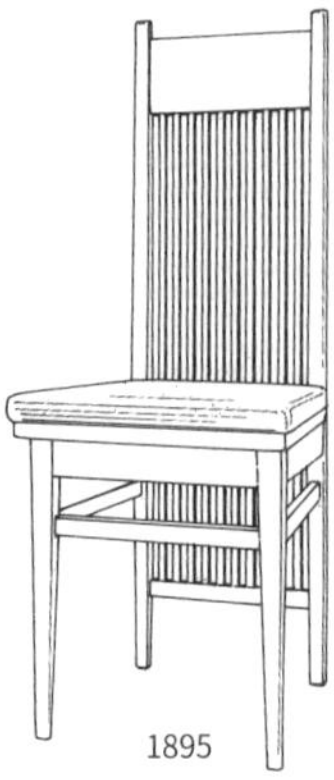

1895

根据当时的老照片只能看清该椅子的上半部分，因此图中的下半部分是根据想象绘制的。

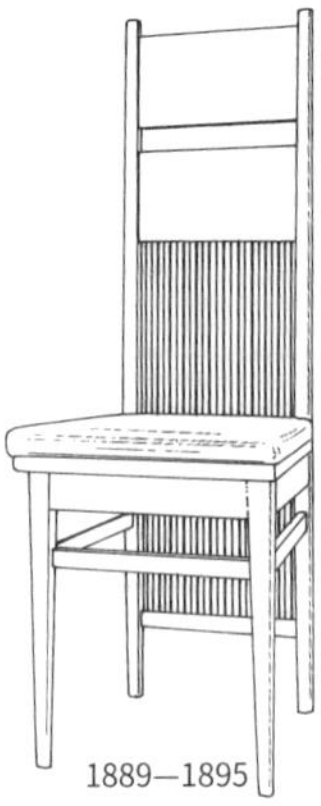

1889—1895

这件高背餐椅与英国设计师马金托什的作品有相似之处。该作品也是赖特为自家住宅设计的。

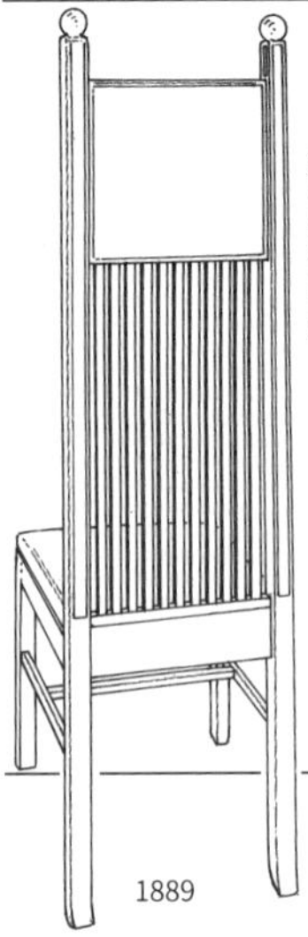

1889

这件作品与弗朗西斯住宅、山坡家庭学校以及艾利住宅（康恩利别墅）里的作品颇有相似之处。该图根据娱乐室的照片绘制而成，由于照片基本呈现的是侧影，因此细节之处不太清楚。可能是将其他的椅子座面改到这把椅子上。

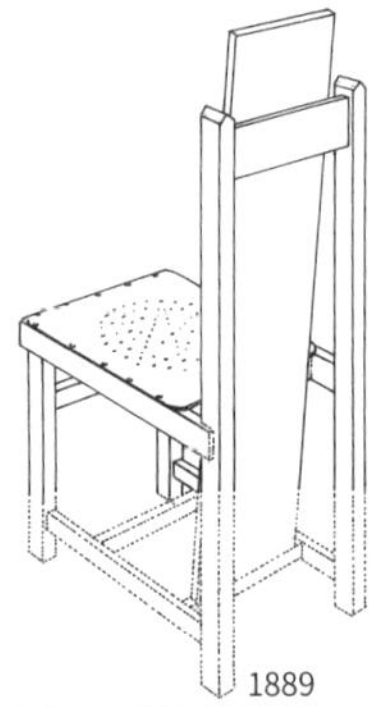

1889

这两张图片也是根据上述娱乐室的照片绘制而成的。这两件作品十分相似，但仍有不同之处。

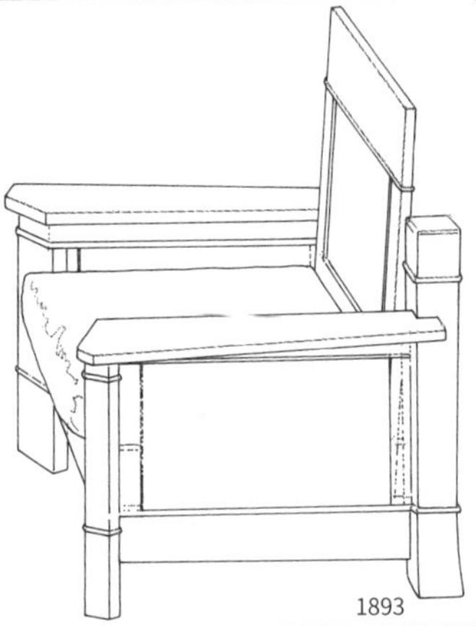

1893

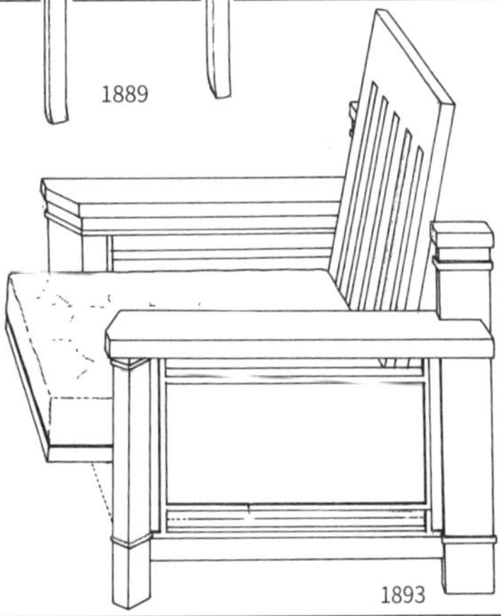

1893

这张图是根据橡树园赖特自家住宅的照片绘制而成的。这把椅子还有许多其他升级版本，在之后的章节中会有所介绍。这种版本的椅子目前有很多已无处可寻，加上照片不太清晰，因此此图的细节处也不太清楚。

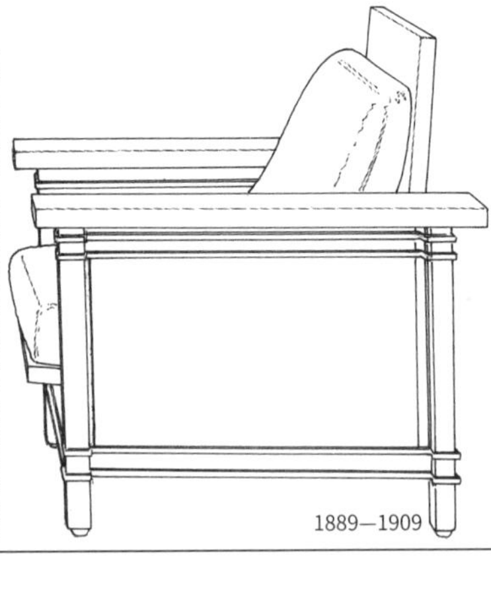

1889—1909

这把二到三人用椅放置在赖特自家住宅的暖炉对面。背板下缘似乎安装有凸形边缘。该图根据照片绘制而成，由于照片中仅仅是侧影，因此该图细节之处不太清晰。这件作品与赖特设计的单人座安乐椅有许多共同之处，所以可以推断是赖特的作品。

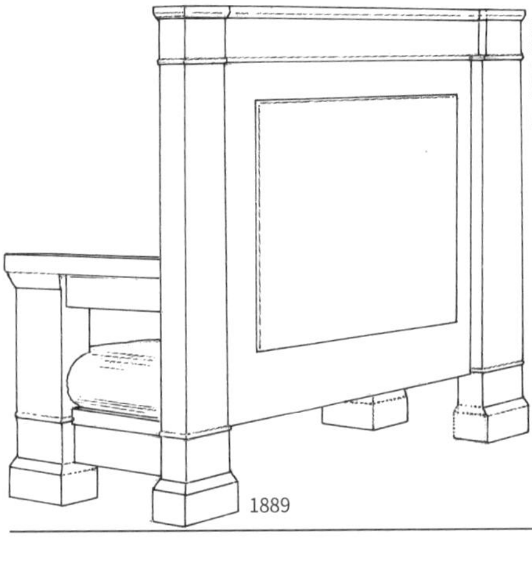

1889

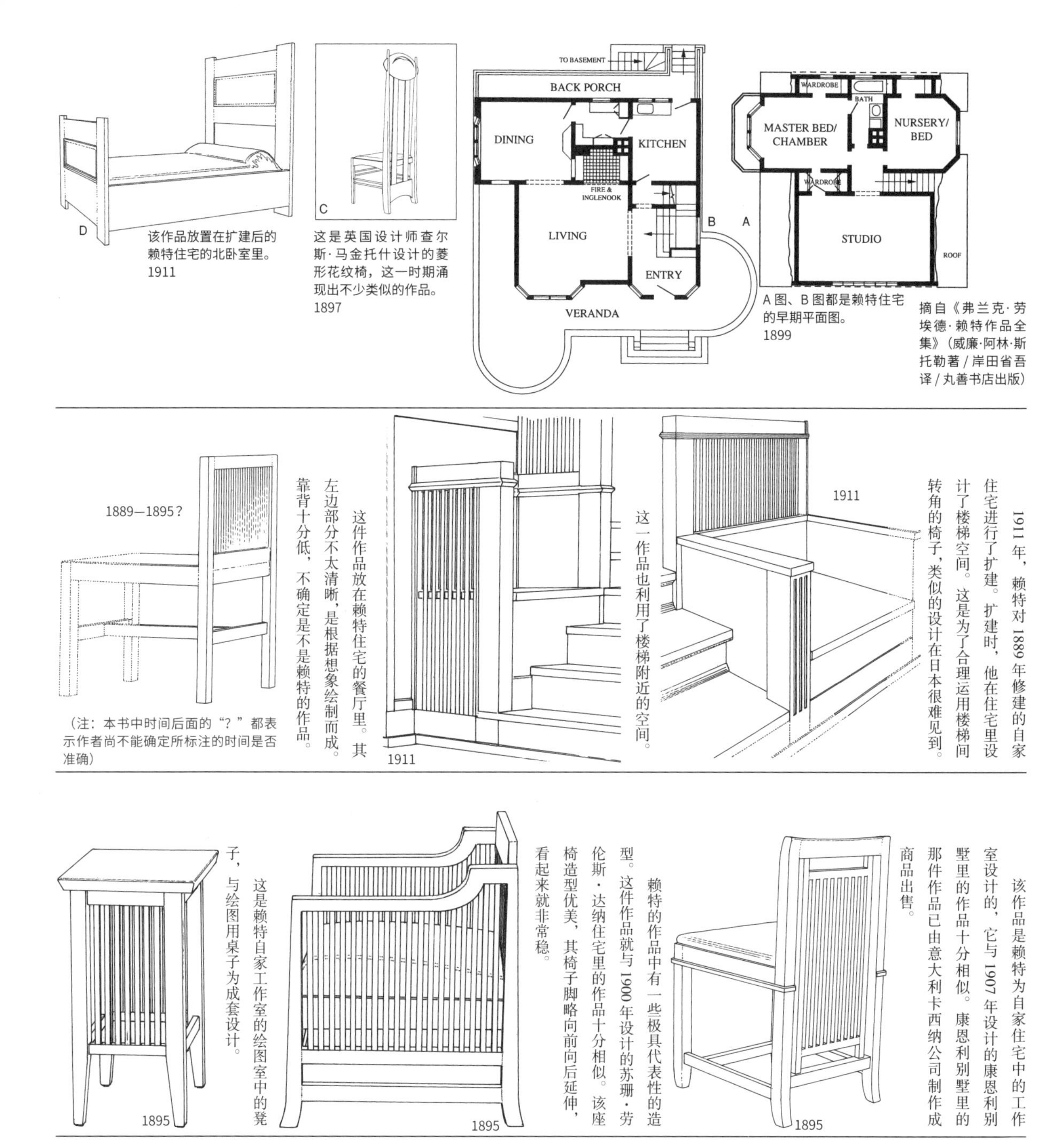

该作品放置在扩建后的赖特住宅的北卧室里。
1911

这是英国设计师查尔斯·马金托什设计的菱形花纹椅，这一时期涌现出不少类似的作品。
1897

A 图、B 图都是赖特住宅的早期平面图。
1899

摘自《弗兰克·劳埃德·赖特作品全集》（威廉·阿林·斯托勒著／岸田省吾译／丸善书店出版）

1911 年，赖特对 1889 年修建的自家住宅进行了扩建。扩建时，他在住宅里设计了楼梯空间。这是为了合理运用楼梯间转角的椅子，类似的设计在日本很难见到。

1911

这一作品也利用了楼梯附近的空间。

1911

这件作品放在赖特住宅的餐厅里。其左边部分不太清晰，是根据想象绘制而成。靠背十分低，不确定是不是赖特的作品。

1889—1895？

（注：本书中时间后面的“？”都表示作者尚不能确定所标注的时间是否准确）

该作品是赖特为自家住宅中的工作室设计的，它与 1907 年设计的康恩利别墅里的作品十分相似。康恩利别墅里的那件作品已由意大利卡西纳公司制作成商品出售。

1895

赖特的作品中有一些极具代表性的造型。这件作品就与 1900 年设计的苏珊·劳伦斯·达纳住宅里的作品十分相似。该座椅造型优美，其椅子脚略向前向后延伸，看起来就非常稳。

1895

这是赖特自家工作室的绘图室中的凳子，与绘图用桌子为成套设计。

1895

这是放置在赖特住宅卧室里的无扶手单人靠背椅，它与上一页第三行右边的作品十分相似，但座面与椅腿部有所不同。

1895

这件作品可能是 1914 年为东方艺术画廊而设计，现在放置在赖特自家住宅会客室里。不过，在他家的娱乐室照片中也看到过这款椅子，所以不好确定。

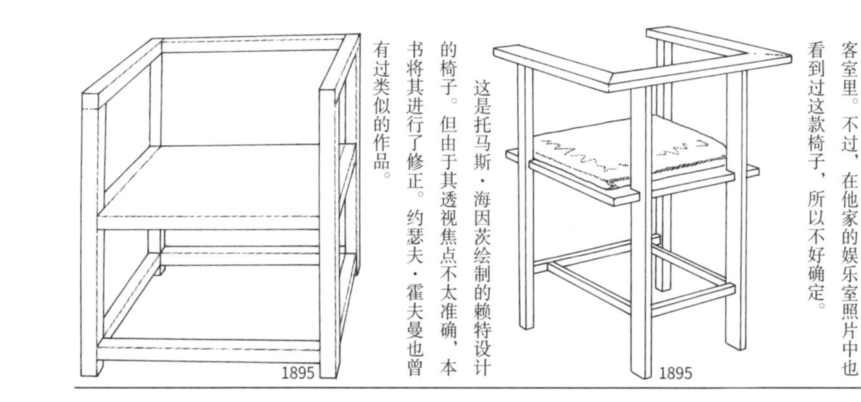

1895

这是托马斯·海因茨绘制的赖特设计的椅子。但由于其透视焦点不太准确，本书将其进行了修正。约瑟夫·霍夫曼也曾有过类似的作品。

1895

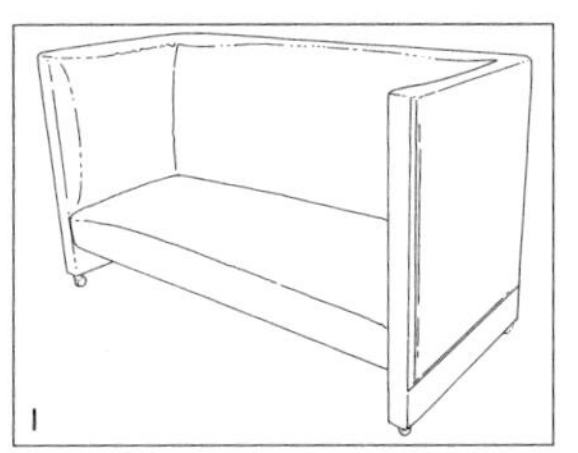

I

该作品放置在查尔斯·马金托什的希尔住宅的客厅里。
1904

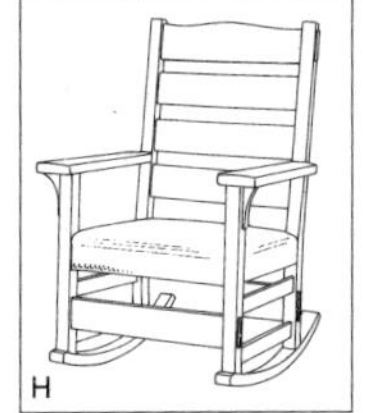

H

这是美国设计师斯蒂克利设计的摇椅。这种风格的设计在赖特的作品中也能见到。
1901—1910

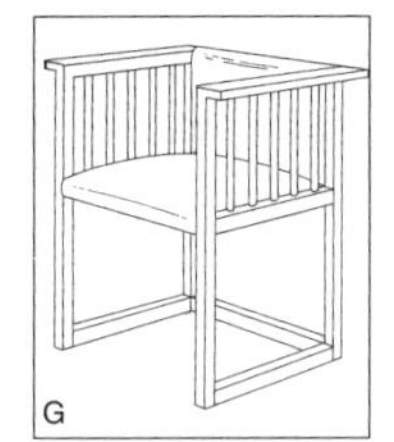

G

这是约瑟夫·霍夫曼的作品，读者可将之与上一页最后一行中间的作品进行比较。两件作品的扶手设计有异曲同工之妙。
1901

F

该作品应该是由约瑟夫·霍夫曼和科罗曼·穆塞尔共同设计的，读者可将之与下一行右边的作品进行比较。
1903

E

该作品放置在赖特自家住宅的工作室里，它与温斯洛住宅里的椅子（最后一行）十分相似。
1895

这是右边作品的安乐椅版，放于赖特自家住宅的工作室里。
1889—1895

这是放置在赖特自家住宅工作室里的摇椅。
1895

图中作品应该是上一页第四行左边作品的实体模型，细节不详。
1895

这是赖特1894年为高级铁器公司总经理威廉·温斯洛设计的作品，成对放置在入口大厅的门两侧。查尔斯·马金托什也曾设计过数件类似的长椅。
1884

这是放置在卧室暖炉两侧的两人座沙发。
1889—1895

这是温斯洛住宅起居室里的扶手椅。与赖特住宅里的椅子只有两点不同，其侧面竖条的数量要少一根，且前腿设置有脚轮。
1893

这件躺椅也是为温斯洛住宅设计的，放置在正门接待大厅暖炉的两侧。其椅脚设计与入口大厅处的长椅相同。这件躺椅靠背处的靠垫曾多次更换（J图、K图）。
1893—1894

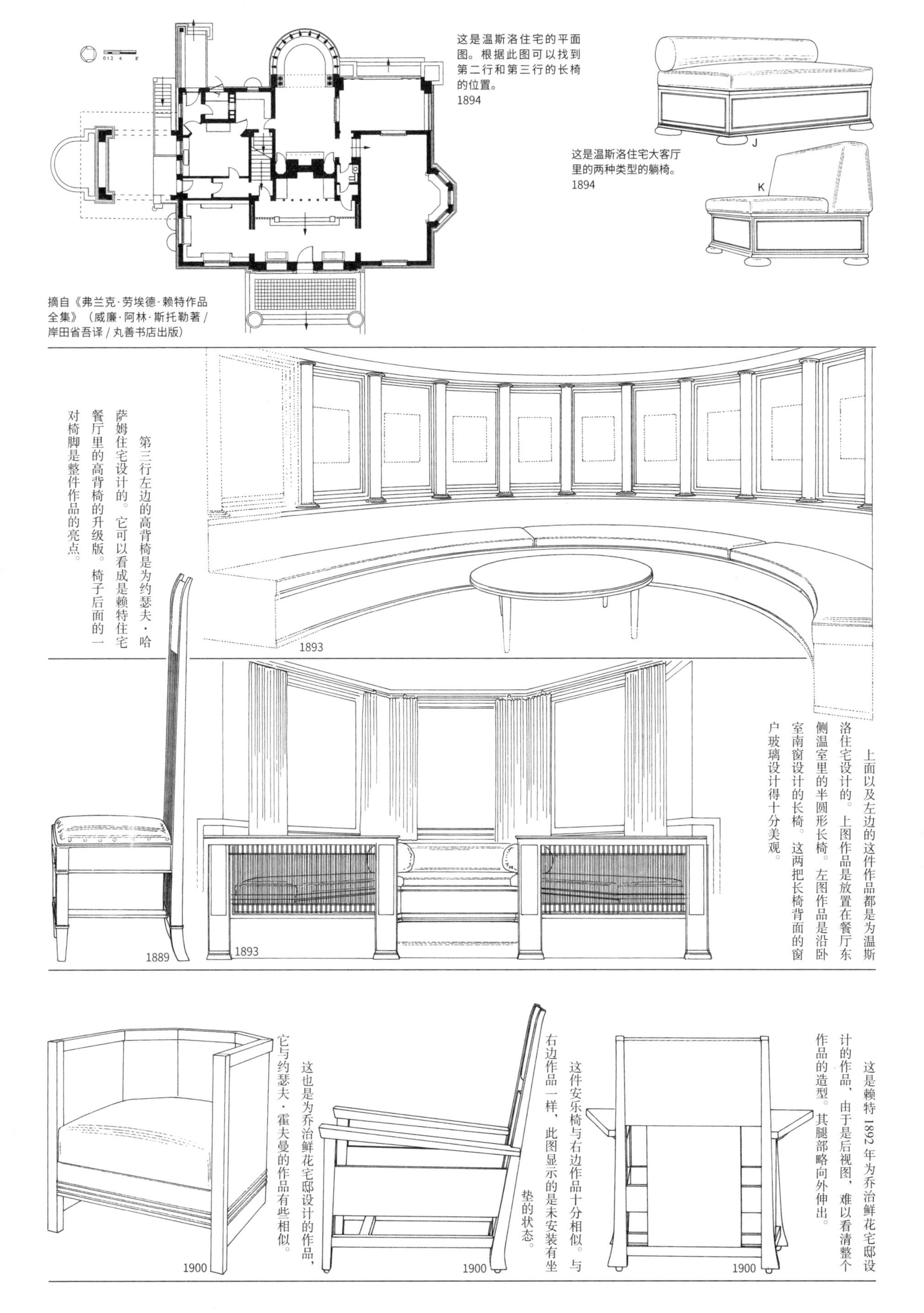

这是温斯洛住宅的平面图。根据此图可以找到第二行和第三行的长椅的位置。
1894

这是温斯洛住宅大客厅里的两种类型的躺椅。
1894

摘自《弗兰克·劳埃德·赖特作品全集》（威廉·阿林·斯托勒著／岸田省吾译／丸善书店出版）

第三行左边的高背椅是为约瑟夫·哈萨姆住宅设计的。它可以看成是赖特住宅餐厅里的高背椅的升级版。椅子后面的一对椅脚是整件作品的亮点。

上面以及左边的这件作品都是为温斯洛住宅设计的。上图作品是放置在餐厅东侧温室里的半圆形长椅。左图作品是沿卧室南窗设计的长椅。这两把长椅背面的窗户玻璃设计得十分美观。

这也是为乔治鲜花宅邸设计的作品，它与约瑟夫·霍夫曼的作品有些相似。

这件安乐椅与右边作品十分相似。与右边作品一样，此图显示的是未安装有坐垫的状态。

这是赖特1892年为乔治鲜花宅邸设计的作品，由于是后视图，难以看清整个作品的造型。其腿部略向外伸出。

1867—1959

弗兰克·劳埃德·赖特

第2小节
1905—1914年间

这一小节将主要介绍赖特1905年以后的经历。

赖特是20世纪极具代表性的建筑设计师，同时，他在东方美术的收藏以及研究方面也颇具影响力，尤其在日本屏风绘及浮世绘方面造诣很深。并且，他自己的创作风格在很大程度上也受到了这些画风的影响。1906年，他与别人合作，在芝加哥美术馆举办了浮世绘展，同时负责编写了该展览的图鉴。此次画展的展品是他从日本带回的213件浮世绘作品。同样的浮世绘展，芝加哥美术馆于1908年又举办了一次。1909年，赖特爱上了一位顾客的妻子，一度跑到欧洲以躲避社会各界的指责。1911年，赖特由欧洲回到美国，并在威斯康星州的斯普林格林附近开始计划为自己建造一栋房子。这座名叫塔里埃森（意为光辉的山顶）的住宅是他的代表作之一，兼作他的住宅以及工作室。1913年，为设计东京帝国饭店，赖特再次来到日本，这一时期，赖特为其美国顾客搜集了许多浮世绘作品。1914年，有人放火烧了塔里埃森，赖特的第二任妻子及其他六人葬身火海。

这件作品与乔治鲜花宅邸里的作品十分相似。实际上它是为布拉德利之家设计的，其背面细节不详。

1900

这是放置在布拉德利之家卧室南侧的沙发。由于其是根据当时的老照片绘制，故细节处不太清晰。

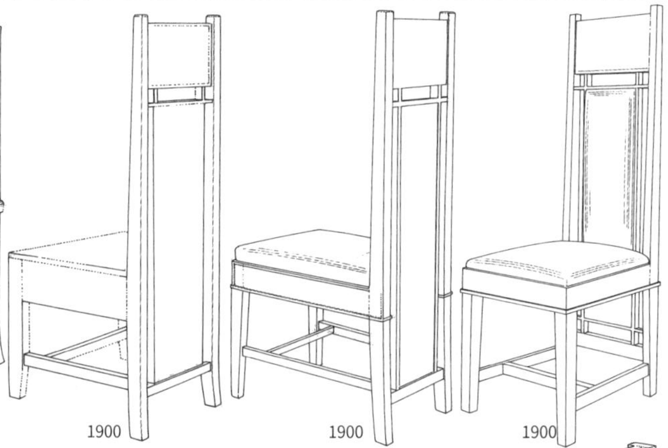

1900

这三件作品都是布拉德利之家餐厅里的高背椅，它们十分相似，但细节处有所不同。

1900

1900

1900

这是布拉德利之家卧室里的椅子，细节不详。

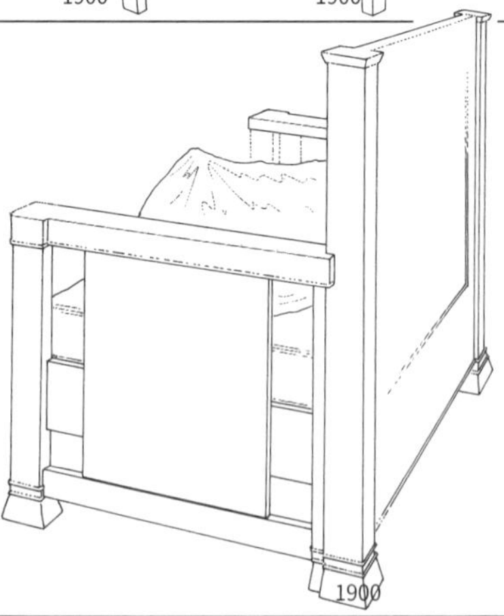

1900

这是成对放置在布拉德利之家卧室暖炉前的椅子。在其他住宅中能看到与这件作品十分相似的可供二到三人坐的沙发。

1900

在弗兰克·托马斯住宅里，除了固定设计的沙发，未能见到赖特设计的单人座椅。

1901

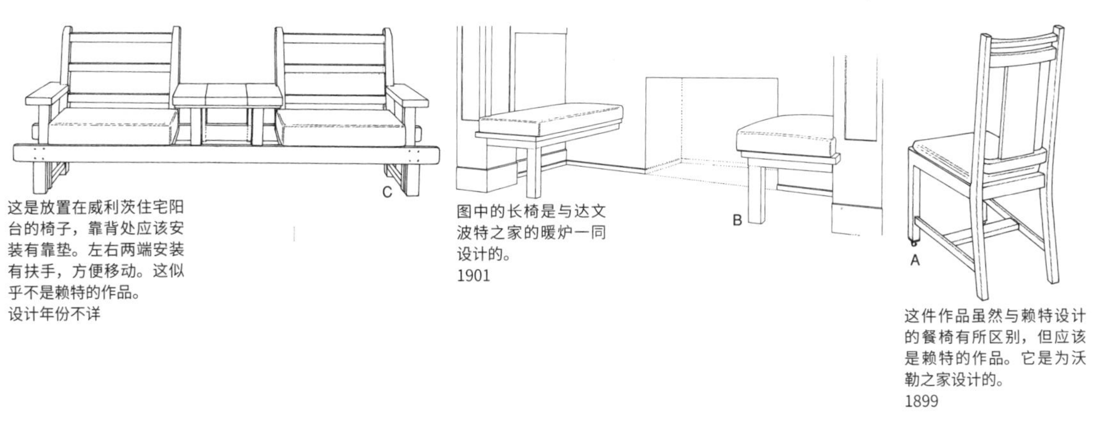

这是放置在威利茨住宅阳台的椅子，靠背处应该安装有靠垫。左右两端安装有扶手，方便移动。这似乎不是赖特的作品。
设计年份不详

图中的长椅是与达文波特之家的暖炉一同设计的。
1901

这件作品虽然与赖特设计的餐椅有所区别，但应该是赖特的作品。它是为沃勒之家设计的。
1899

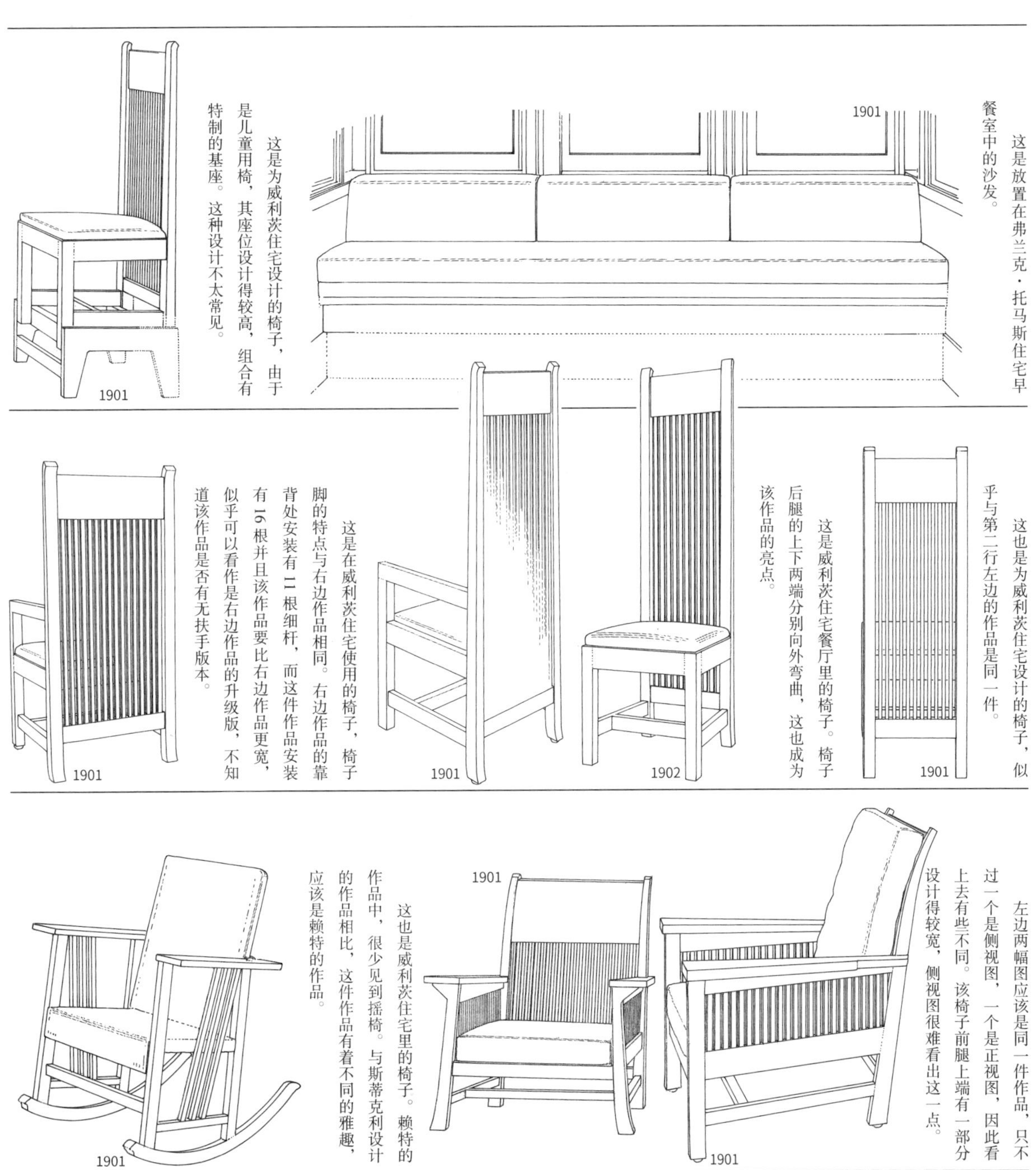

这是放置在弗兰克·托马斯住宅早餐室中的沙发。
1901

这是为威利茨住宅设计的椅子，由于是儿童用椅，其座位设计得较高，组合有特制的基座。这种设计不太常见。
1901

这也是为威利茨住宅设计的椅子，似乎与第二行左边的作品是同一件。
1901

这是威利茨住宅餐厅里的椅子。椅子后腿的上下两端分别向外弯曲，这也成为该作品的亮点。
1902

这是在威利茨住宅使用的椅子，椅子脚的特点与右边作品相同。右边作品的靠背处安装有11根细杆，而这件作品安装有16根并且该作品要比右边作品更宽，似乎可以看作是右边作品的升级版，不知道该作品是否有无扶手版本。
1901
1901

左边两幅图应该是同一件作品，只不过一个是侧视图，一个是正视图，因此看上去有些不同。该椅子前腿上端有一部分设计得较宽，侧视图很难看出这一点。
1901
1901

这也是威利茨住宅里的椅子。赖特的作品中，很少见到摇椅。与斯蒂克利设计的作品相比，这件作品有着不同的雅趣，应该是赖特的作品。
1901

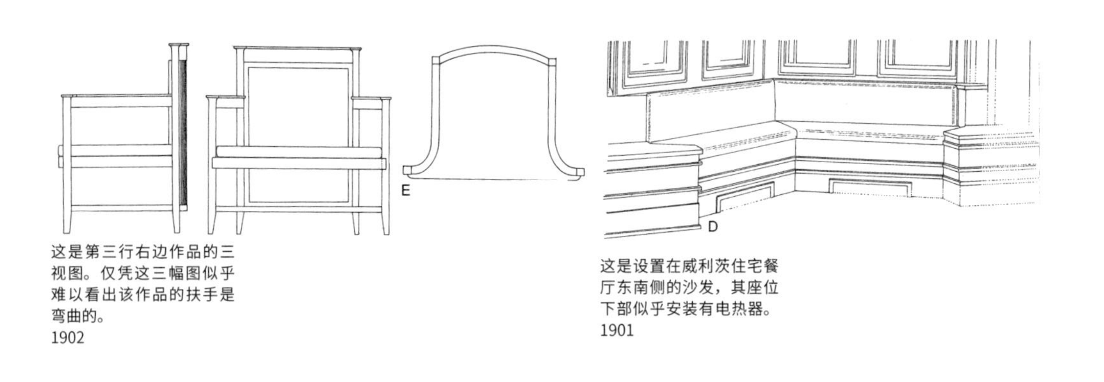

这是第三行右边作品的三视图。仅凭这三幅图似乎难以看出该作品的扶手是弯曲的。
1902

这是设置在威利茨住宅餐厅东南侧的沙发，其座位下部似乎安装有电热器。
1901

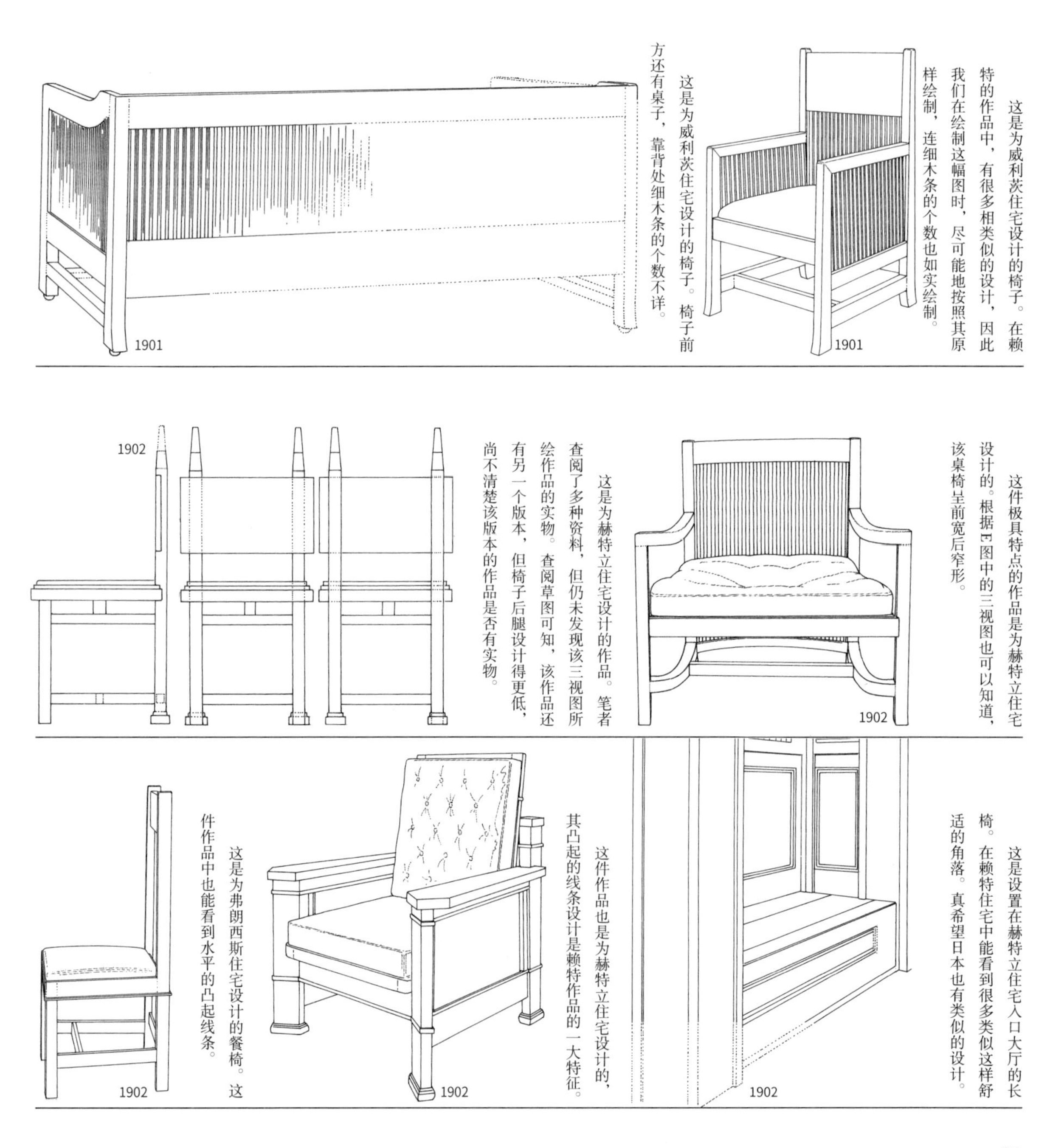

这是为威利茨住宅设计的椅子。在赖特的作品中，有很多相类似的设计，因此我们在绘制这幅图时，尽可能地按照其原样绘制，连细木条的个数也如实绘制。
1901

这是为威利茨住宅设计的椅子。椅子前方还有桌子，靠背处细木条的个数不详。
1901

这件极具特点的作品是为赫特立住宅设计的。根据E图中的三视图也可以知道，该桌椅呈前宽后窄形。
1902

这是为赫特立住宅设计的作品。笔者查阅了多种资料，但仍未发现该三视图所绘作品的实物。查阅草图可知，该作品还有另一个版本，但椅子后腿设计得更低，尚不清楚该版本的作品是否有实物。
1902

这是设置在赫特立住宅入口大厅的长椅。在赖特住宅中能看到很多类似这样舒适的角落。真希望日本也有类似的设计。
1902

这件作品也是为赫特立住宅设计的，其凸起的线条设计是赖特作品的一大特征。
1902

这是为弗朗西斯住宅设计的餐椅。这件作品中也能看到水平的凸起线条。
1902

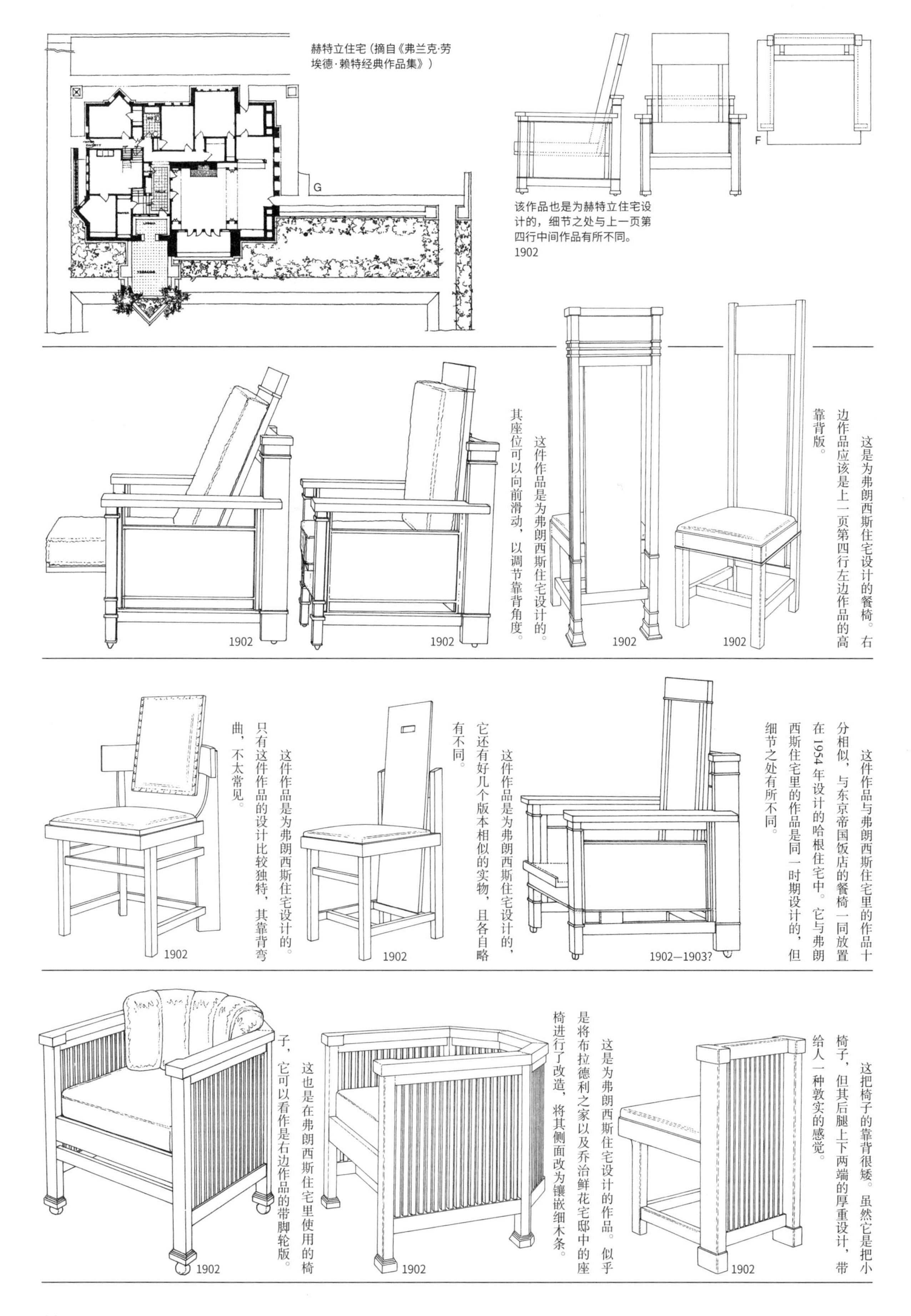

赫特立住宅（摘自《弗兰克·劳埃德·赖特经典作品集》）
G
F
该作品也是为赫特立住宅设计的，细节之处与上一页第四行中间作品有所不同。
1902
这是为弗朗西斯住宅设计的餐椅。右边作品应该是上一页第四行左边作品的高靠背版。
1902
1902
这件作品是为弗朗西斯住宅设计的。其座位可以向前滑动，以调节靠背角度。
1902
1902
这件作品与弗朗西斯住宅里的作品十分相似，与东京帝国饭店的餐椅一同放置在1954年设计的哈根住宅中。它与弗朗西斯住宅里的作品是同一时期设计的，但细节之处有所不同。
1902—1903?
这件作品是为弗朗西斯住宅设计的，它还有好几个版本相似的实物，且各自略有不同。
1902
这件作品是为弗朗西斯住宅设计的。只有这件作品的设计比较独特，其靠背弯曲，不太常见。
1902
这把椅子的靠背很矮。虽然它是把小椅子，但其后腿上下两端的厚重设计，带给人一种敦实的感觉。
1902
这是为弗朗西斯住宅设计的作品。似乎是将布拉德利之家以及乔治鲜花宅邸中的座椅进行了改造，将其侧面改为镶嵌细木条。
1902
这也是在弗朗西斯住宅里使用的椅子，它可以看作是右边作品的带脚轮版。
1902

1867—1959

弗兰克·劳埃德·赖特

第3小节
1914—1923年间

1914年，塔里埃森在大火中被烧毁。此后，赖特对其进行重建，开始设计第二代塔里埃森。也正是在此时，赖特着手设计东京帝国饭店。因为收集浮世绘的关系，赖特与东京帝国饭店的负责人林爱作建立了深厚的友谊。也是在1914年，赖特在芝加哥建成了米德韦花园，芝加哥美术馆举办了弗兰克·劳埃德·赖特作品展。1915年，赖特与他的新女友一起来到日本，并在东京修建了事务所以及住宅。这一时期，赖特更加积极地为自己及顾客收集浮世绘。在赖特狂热收集浮世绘以及日本美术作品行为的背后，有着对物品的占有欲以及对财富的追求。1919年，他被日本天皇授予建筑大奖。同年，东京帝国饭店开工。1923年9月1日，在东京帝国饭店的竣工庆典上，发生了关东大地震，地震震感很强，但仍未摧毁这座饭店。以此为经验，赖特写成了论文《尊重生命的建筑》，后由洛杉矶美术协会出版。也是在同一年，赖特正式与米里亚姆·诺埃尔结婚。

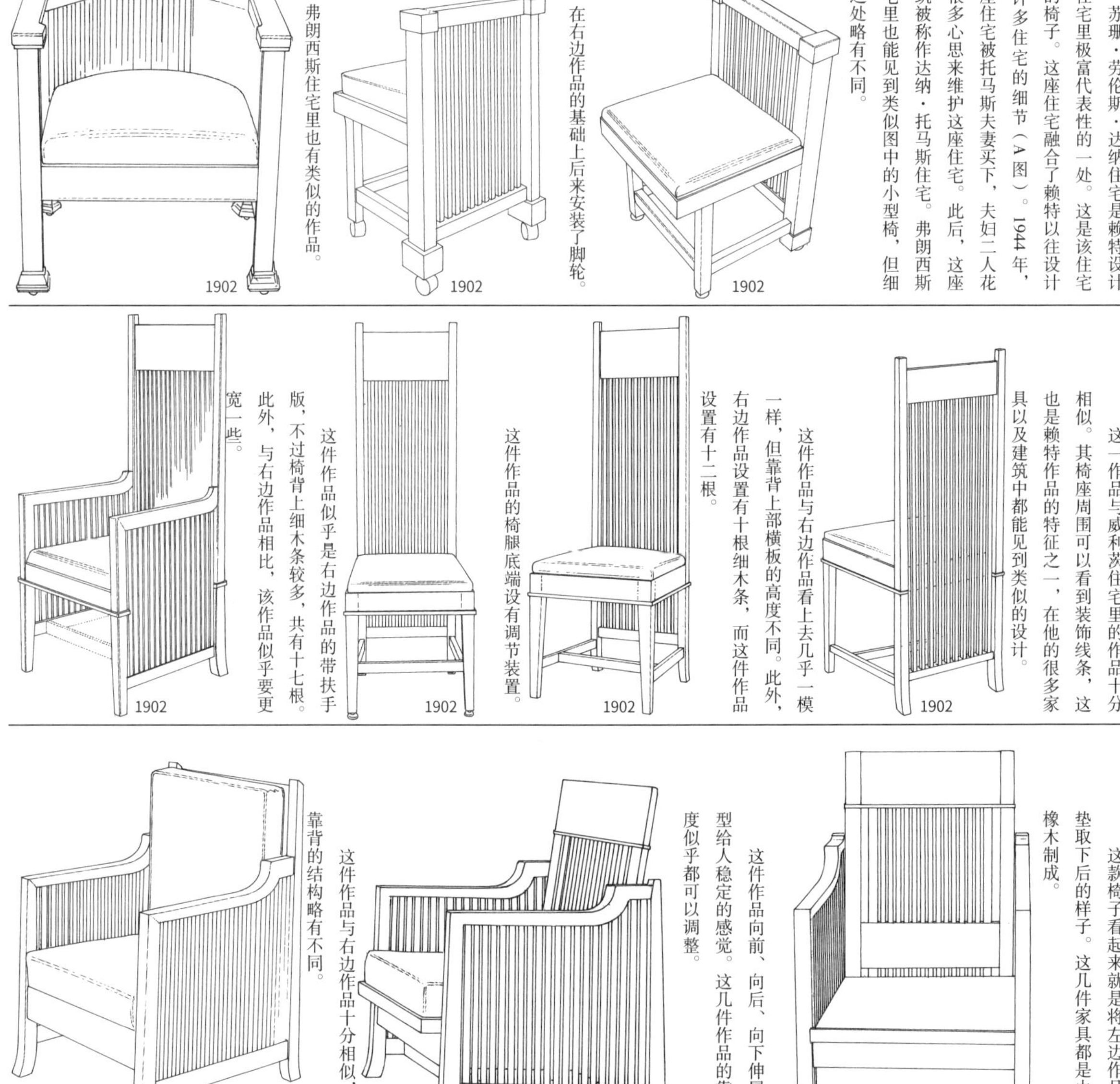

苏珊·劳伦斯·达纳住宅是赖特设计的住宅里极富代表性的一处。这是该住宅里的椅子。这座住宅融合了赖特以往设计的许多住宅的细节（A图）。1944年，这座住宅被托马斯夫妻买下，夫妇二人花了很多心思来维护这座住宅。此后，这座建筑被称作达纳·托马斯住宅。弗朗西斯住宅里也能见到类似图中的小型椅，但细节之处略有不同。

在右边作品的基础上后来安装了脚轮。

弗朗西斯住宅里也有类似的作品。

这一作品与威利茨住宅里的作品十分相似。其椅座周围可以看到装饰线条，这也是赖特作品的特征之一，在他的很多家具以及建筑中都能见到类似的设计。

这件作品与右边作品看上去几乎一模一样，但靠背上部横板的高度不同。此外，右边作品设置有十根细木条，而这件作品设置有十二根。

这件作品的椅腿底端设有调节装置。

这件作品似乎是右边作品的带扶手版，不过椅背上细木条较多，共有十七根。此外，与右边作品相比，该作品似乎要更宽一些。

这款椅子看起来就是将左边作品的坐垫取下后的样子。这几件家具都是由优质橡木制成。

这件作品向前、向后、向下伸展的造型给人稳定的感觉。这几件作品的靠背角度似乎都可以调整。

这件作品与右边作品十分相似，只是靠背的结构略有不同。

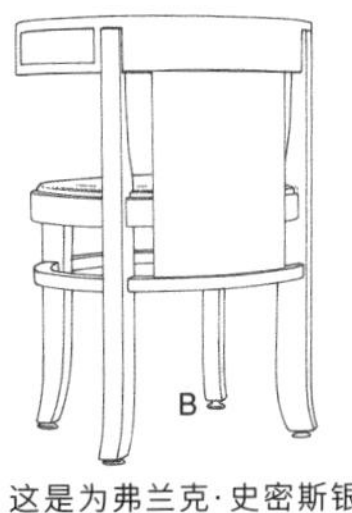

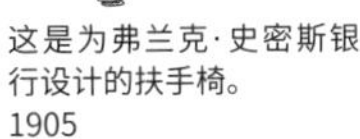

这是为弗兰克·史密斯银行设计的扶手椅。
1905

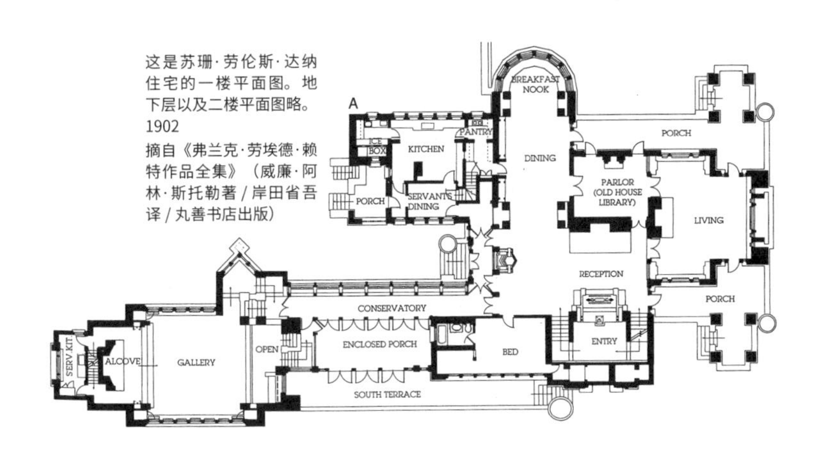

这是苏珊·劳伦斯·达纳住宅的一楼平面图。地下层以及二楼平面图略。
1902
摘自《弗兰克·劳埃德·赖特作品全集》（威廉·阿林·斯托勒著／岸田省吾译／丸善书店出版）

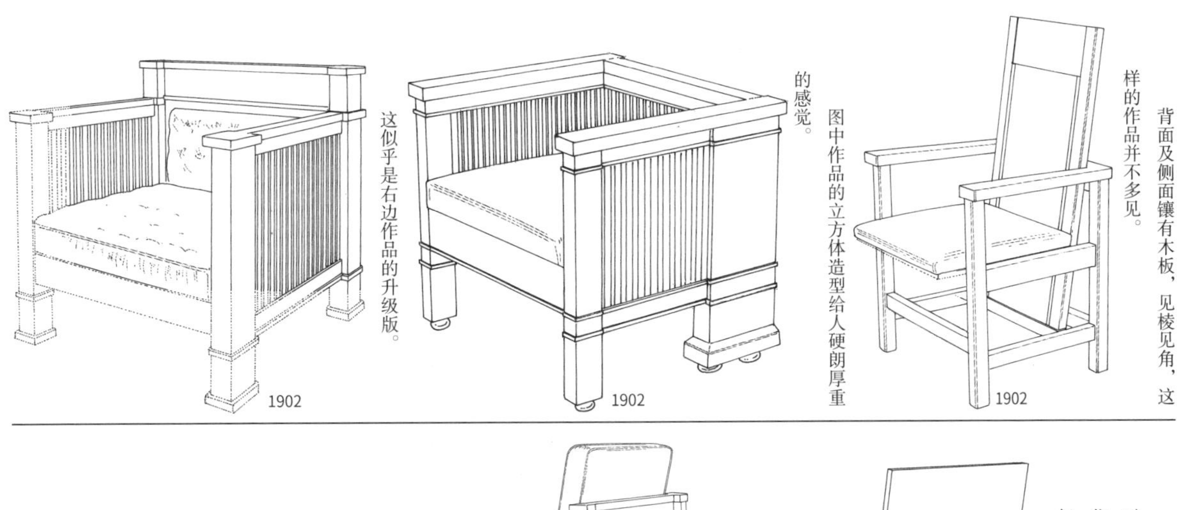

背面及侧面镶有木板，见棱见角，这样的作品并不多见。

图中作品的立方体造型给人硬朗厚重的感觉。

这似乎是右边作品的升级版。

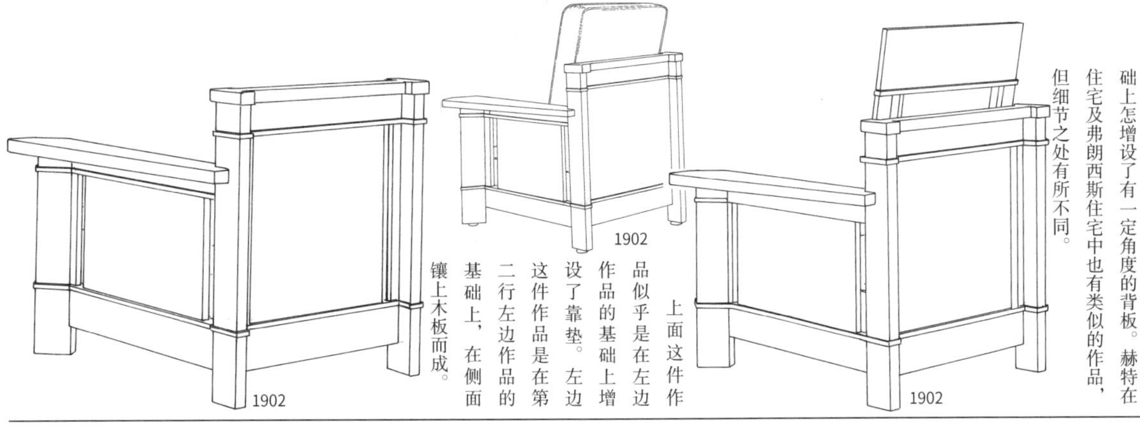

这件作品是在上一行最右边作品的基础上怎增设了有一定角度的背板。赫特在住宅及弗朗西斯住宅中也有类似的作品，但细节之处有所不同。

上面这件作品似乎是在左边作品的基础上增设了靠垫。左边这件作品是在第二行左边作品的基础上，在侧面镶上木板而成。

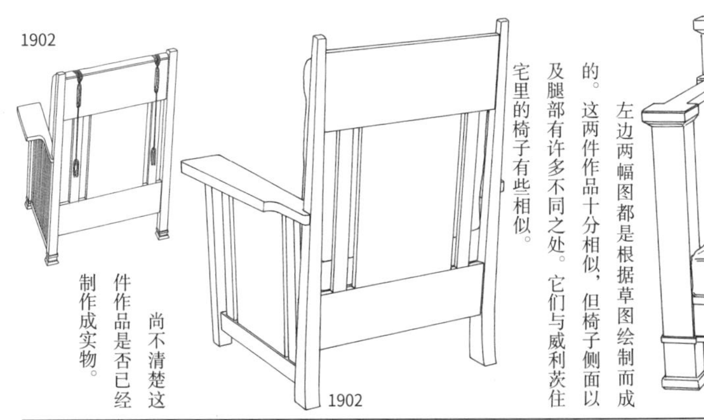

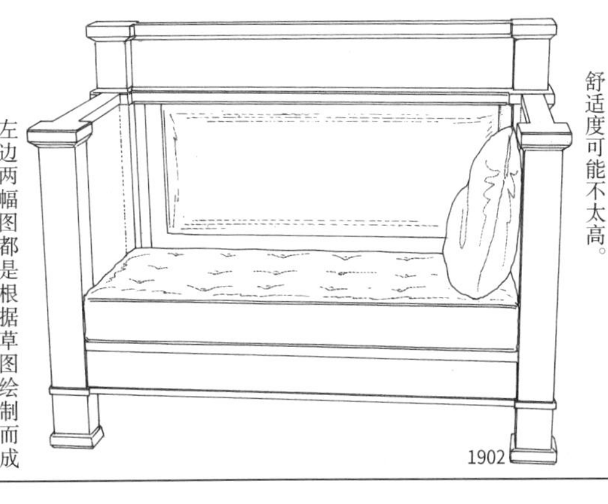

这是第三行左边作品的双人座沙发版本。由于靠背没有一定的倾角，因此它的舒适度可能不太高。

左边两幅图都是根据草图绘制而成的。这两件作品十分相似，但椅子侧面以及腿部有许多不同之处。它们与威利茨住宅里的椅子有些相似。

尚不清楚这件作品是否已经制作成实物。

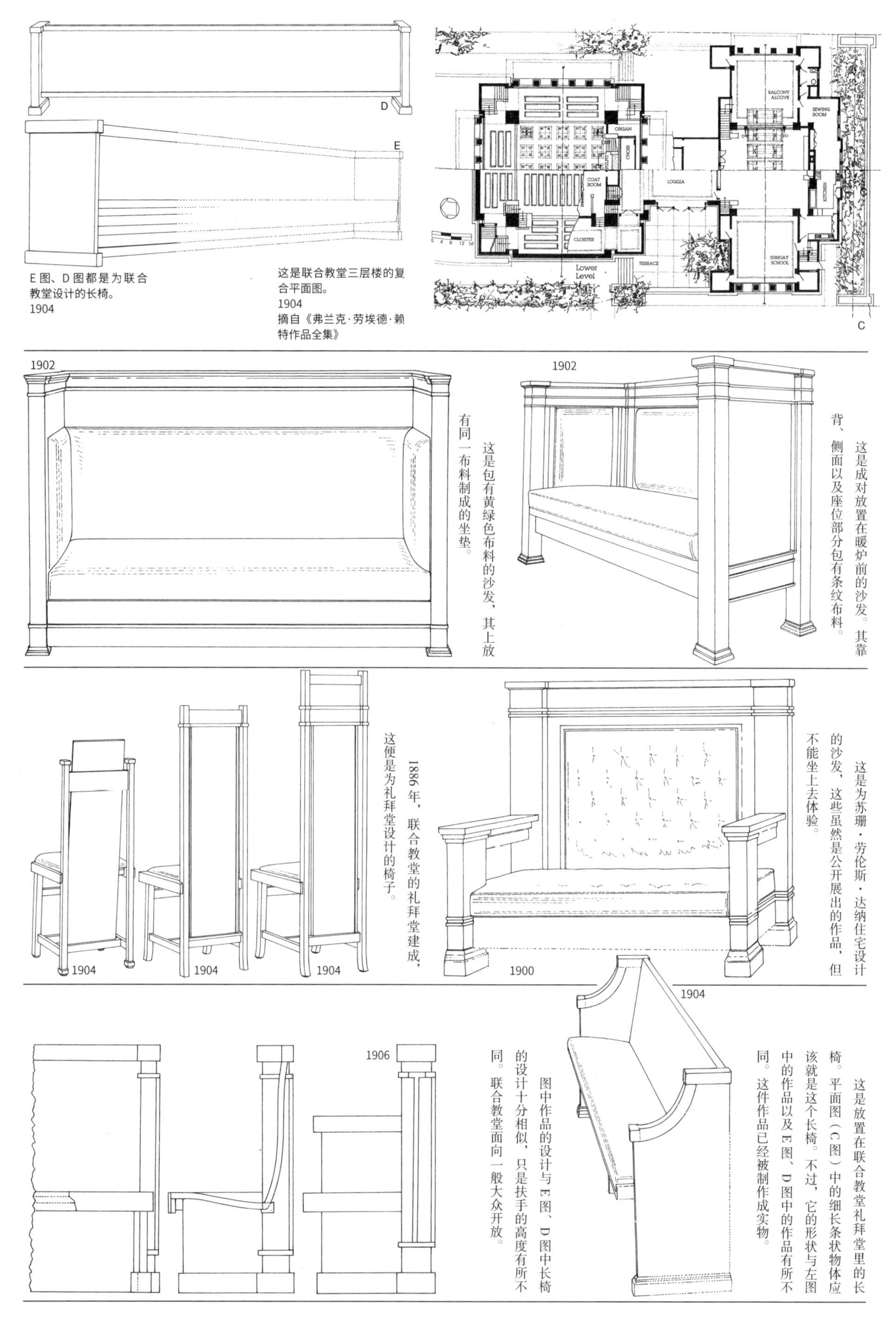

E图、D图都是为联合教堂设计的长椅。
1904

这是联合教堂三层楼的复合平面图。
1904
摘自《弗兰克·劳埃德·赖特作品全集》

这是包有黄绿色布料的沙发，其上放有同一布料制成的坐垫。

这是成对放置在暖炉前的沙发。其靠背、侧面以及座位部分包有条纹布料。

1886年，联合教堂的礼拜堂建成，这便是为礼拜堂设计的椅子。

这是为苏珊·劳伦斯·达纳住宅设计的沙发，这些虽然是公开展出的作品，但不能坐上去体验。

这是放置在联合教堂礼拜堂里的长椅。平面图（C图）中的细长条状物体应该就是这个长椅。不过，它的形状与左图中的作品以及E图、D图中的作品有所不同。这件作品已经被制作成实物。

图中作品的设计与E图、D图中长椅的设计十分相似，只是扶手的高度有所不同。联合教堂面向一般大众开放。

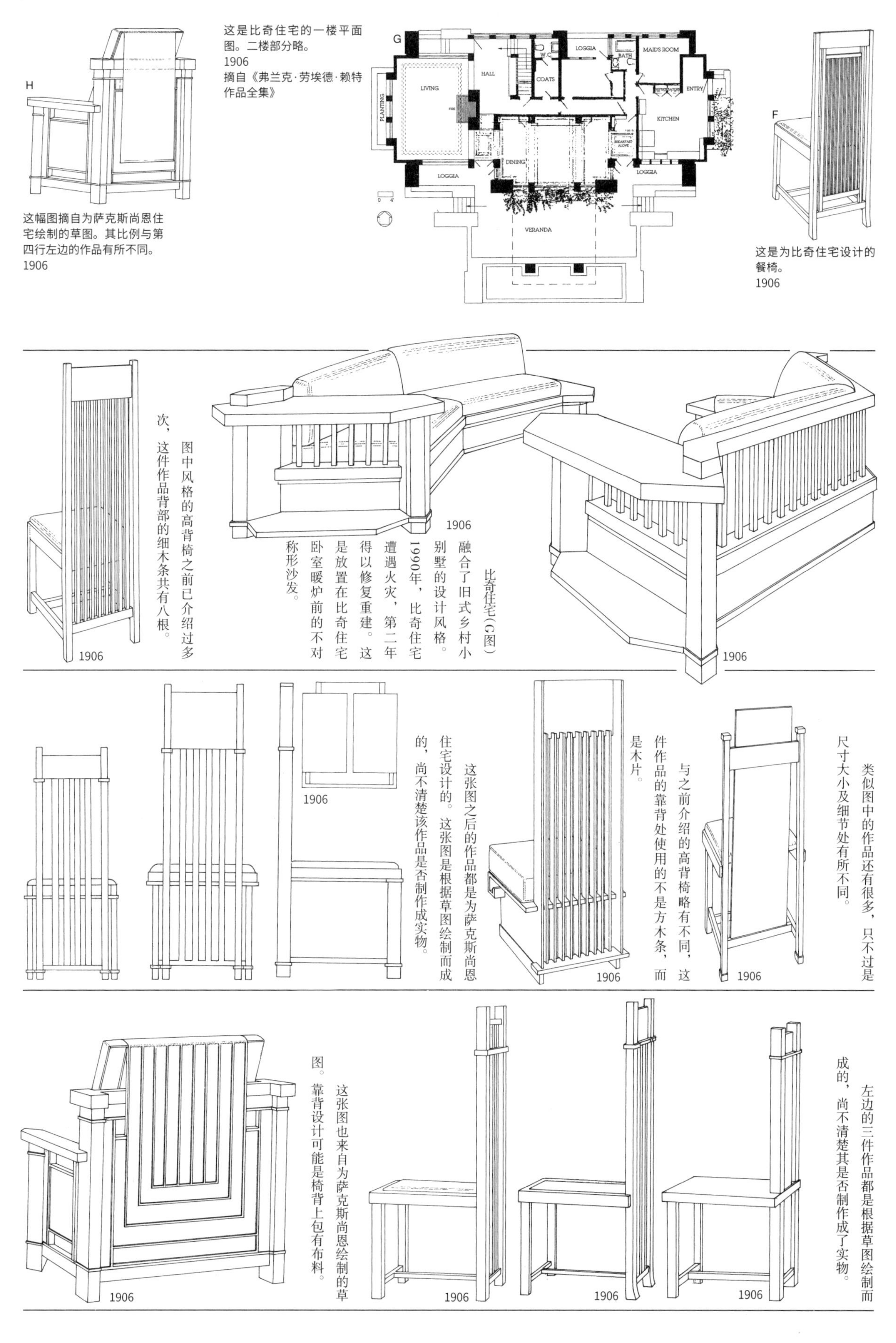

这幅图摘自为萨克斯尚恩住宅绘制的草图。其比例与第四行左边的作品有所不同。
1906

这是比奇住宅的一楼平面图。二楼部分略。
1906
摘自《弗兰克·劳埃德·赖特作品全集》

这是为比奇住宅设计的餐椅。
1906

1906

图中风格的高背椅之前已介绍过多次，这件作品背部的细木条共有八根。

比奇住宅（G图）融合了旧式乡村小别墅的设计风格。1990年，比奇住宅遭遇火灾，第二年得以修复重建。这是放置在比奇住宅卧室暖炉前的不对称形沙发。

1906

1906

1906

这张图之后的作品都是为萨克斯尚恩住宅设计的。这张图是根据草图绘制而成的，尚不清楚该作品是否制作成实物。

1906

与之前介绍的高背椅略有不同，这件作品的靠背处使用的不是方木条，而是木片。

1906

类似图中的作品还有很多，只不过是尺寸大小及细节处有所不同。

1906

这张图也来自为萨克斯尚恩绘制的草图。靠背设计可能是椅背上包有布料。

1906

1906

1906

左边的三件作品都是根据草图绘制而成的，尚不清楚其是否制作成了实物。

1867—1959

弗兰克·劳埃德·赖特

第 4 小节
1924—1932 年间

1924 年，赖特的老师路易斯·沙利文逝世，赖特也与刚结婚一年的第三任妻子分居，并遇到了他的最后一任妻子——奥莉加·拉佐维奇。1925 年，第二代塔里埃森也遭遇了火灾，赖特再次着手修建第三代塔里埃森。没想到在 1926 年，塔里埃森被威斯康星银行查封，赖特及奥莉加·拉佐维奇也被拘传。仅过了一年，即 1927 年，赖特又成为比利时皇室美术协会的名誉会员。由此可以看出，赖特的人生可谓是跌宕起伏。1928 年，赖特与奥莉加·拉佐维奇结婚。1932 年，赖特的作品在美国及阿姆斯特丹、柏林、法兰克福、布鲁塞尔等地进行了巡回展出。1932 年，赖特夫妇对威斯康星州的一所山坡家庭学校进行了改建，并设立了塔里埃森设计团体，现在，这一设计团体仍在正常运营。同年，赖特成为巴西国家科学院的名誉会员。

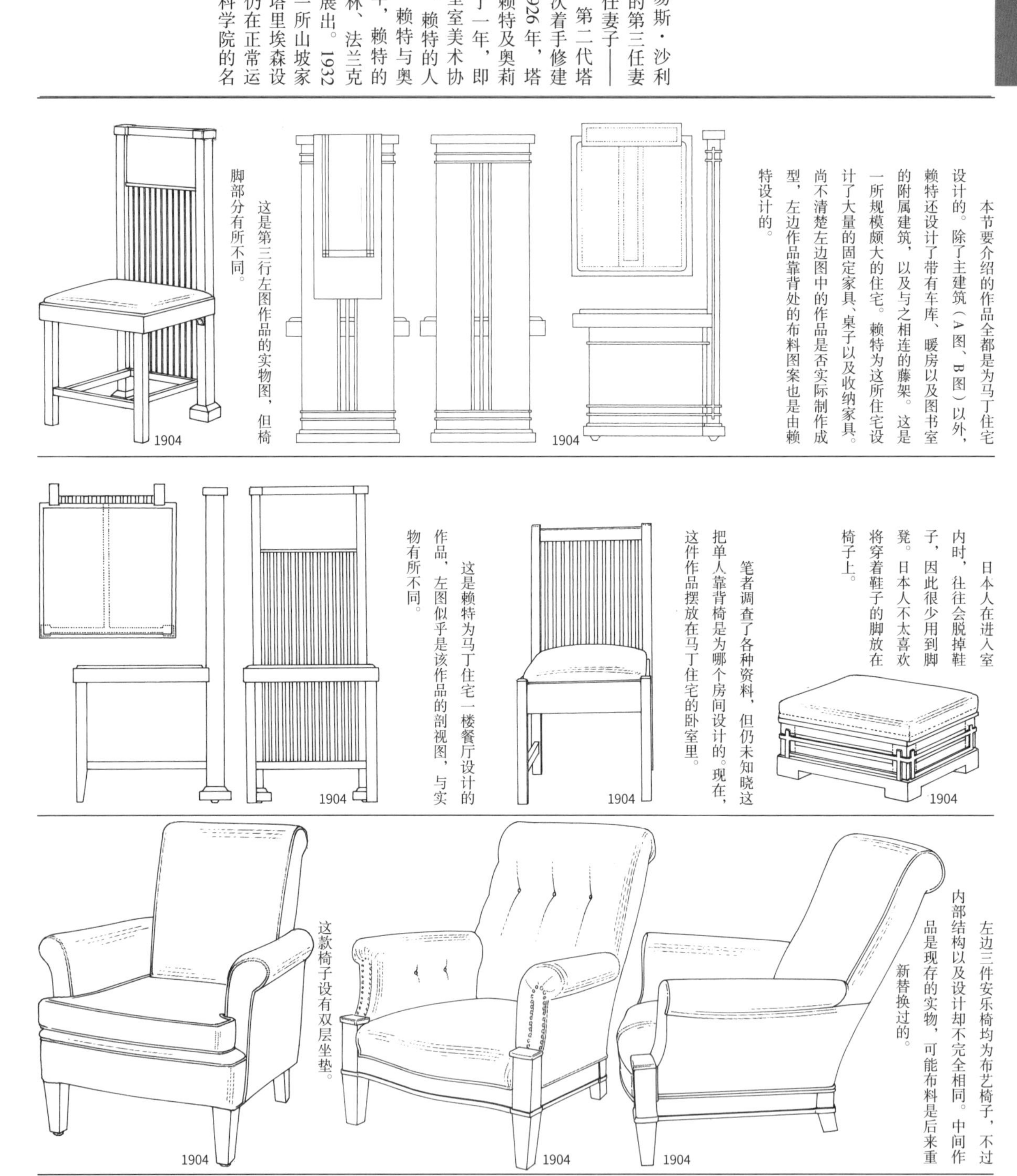

本节要介绍的作品全都是为马丁住宅设计的。除了主建筑（A 图、B 图）以外，赖特还设计了带有车库、暖房以及图书室的附属建筑，以及与之相连的藤架。这是一所规模颇大的住宅。赖特为这所住宅设计了大量的固定家具、桌子以及收纳家具。尚不清楚左边图中的作品是否实际制作成型，左边作品靠背处的布料图案也是由赖特设计的。

这是第三行左图作品的实物图，但椅脚部分有所不同。

日本人在进入室内时，往往会脱掉鞋子，因此很少用到脚凳。日本人不太喜欢将穿着鞋子的脚放在椅子上。

笔者调查了各种资料，但仍未知晓这把单人靠背椅是为哪个房间设计的。现在，这件作品摆放在马丁住宅的卧室里。

这是赖特为马丁住宅一楼餐厅设计的作品，左图似乎是该作品的剖视图，与实物有所不同。

左边三件安乐椅均为布艺椅子，不过内部结构以及设计却不完全相同。中间作品是现存的实物，可能布料是后来重新替换过的。

这款椅子设有双层坐垫。

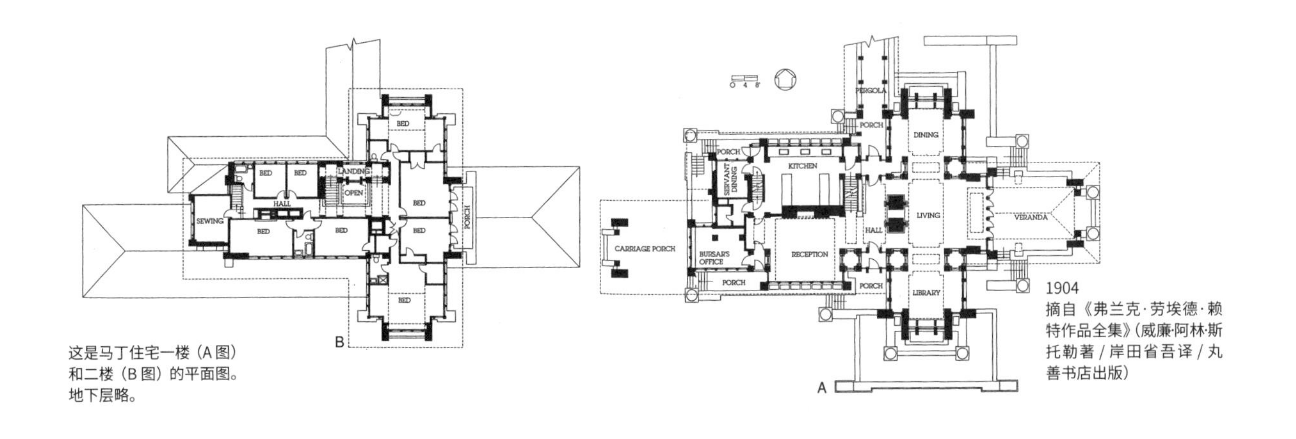

这是马丁住宅一楼（A图）和二楼（B图）的平面图。地下层略。

1904
摘自《弗兰克·劳埃德·赖特作品全集》（威廉·阿林·斯托勒著／岸田省吾译／丸善书店出版）

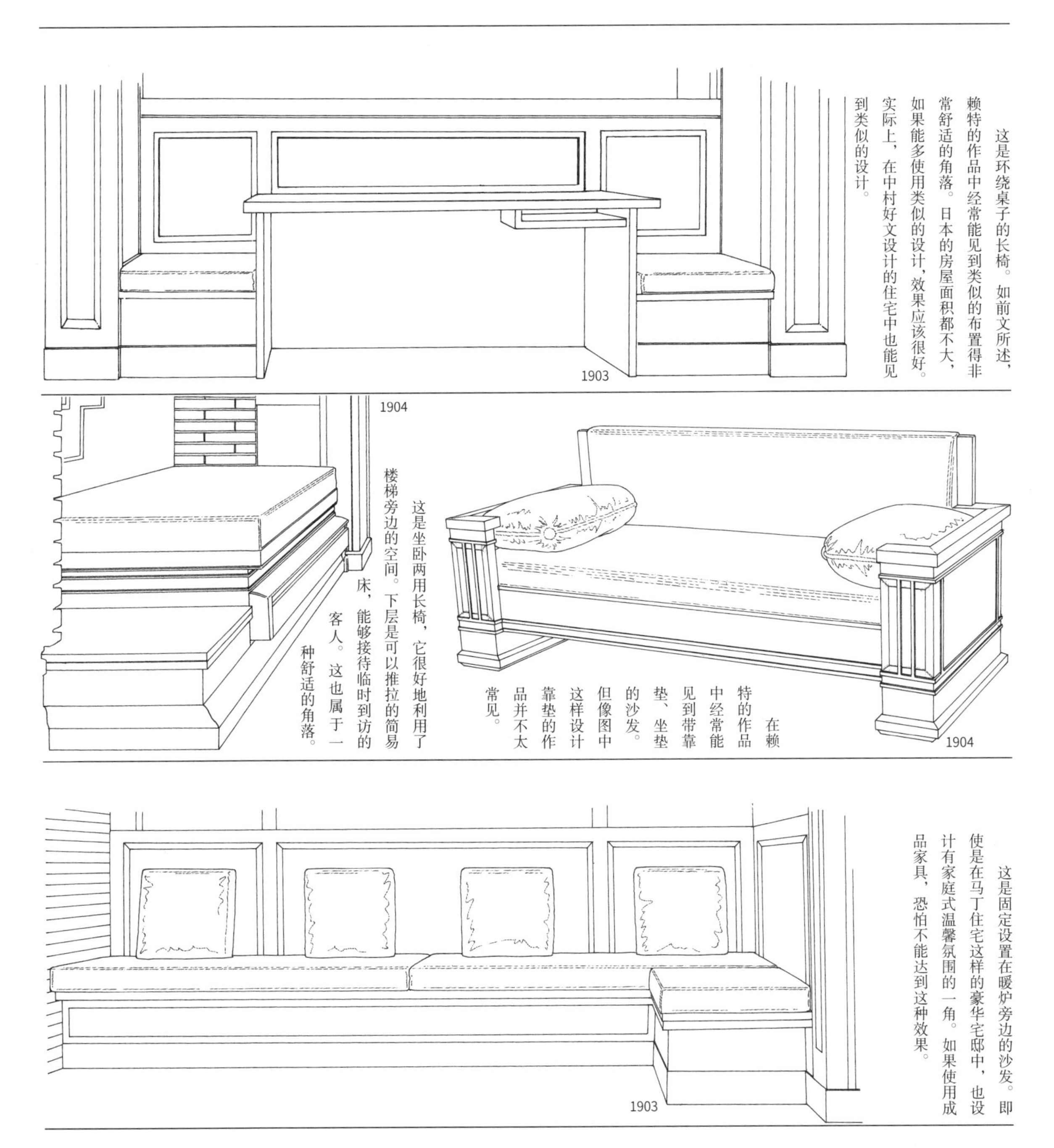

这是环绕桌子的长椅。如前文所述，赖特的作品中经常能见到类似的布置得非常舒适的角落。日本的房屋面积都不大，如果能多使用类似的设计，效果应该很好。实际上，在中村好文设计的住宅中也能见到类似的设计。

这是坐卧两用长椅，它很好地利用了楼梯旁边的空间。下层是可以推拉的简易床，能够接待临时到访的客人。这也属于一种舒适的角落。

在赖特的作品中经常能见到带靠垫、坐垫的沙发。但像图中这样设计靠垫的作品并不太常见。

这是固定设置在暖炉旁边的沙发。即使是在马丁住宅这样的豪华宅邸中，也设计有家庭式温馨氛围的一角。如果使用成品家具，恐怕不能达到这种效果。

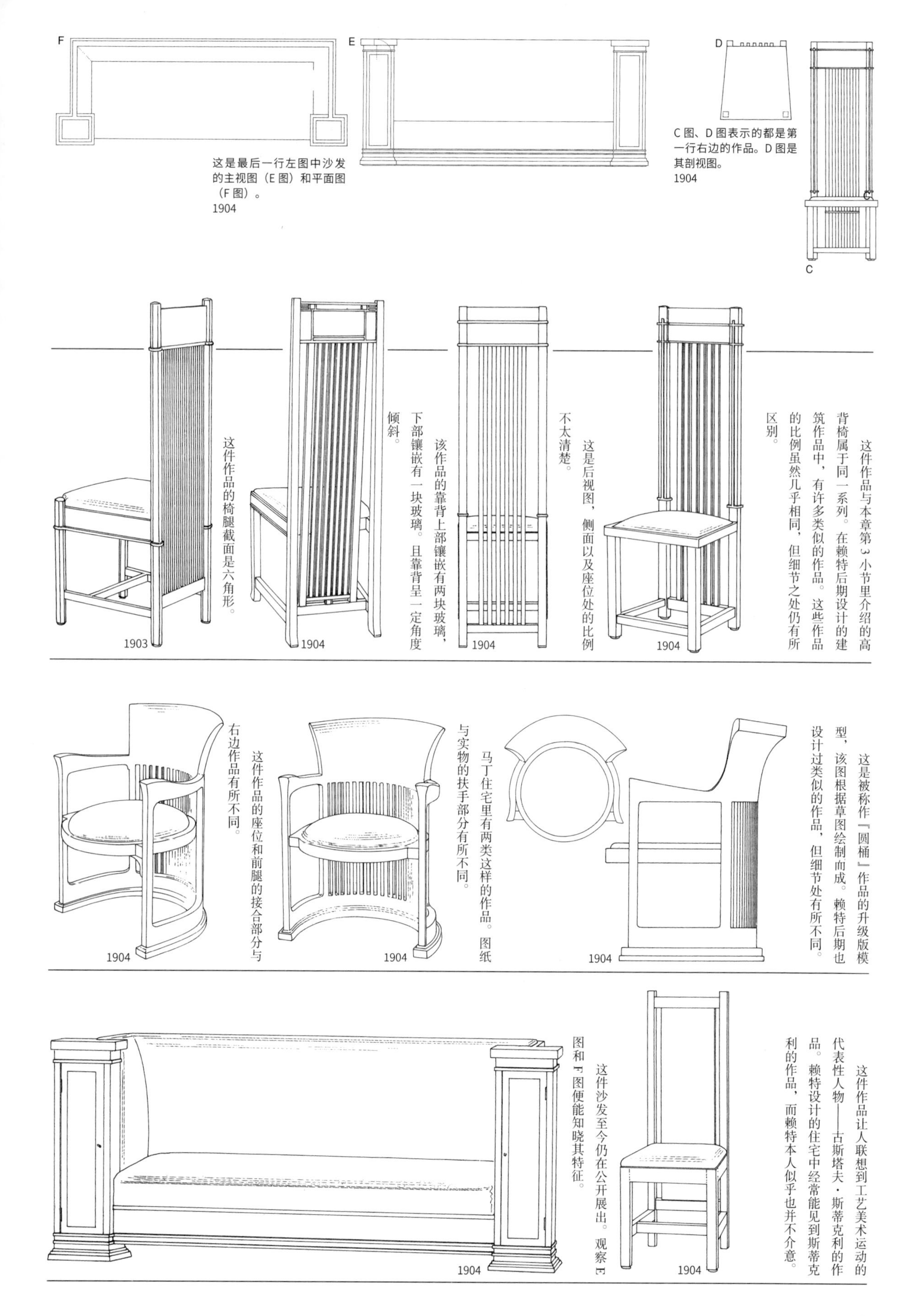

这是最后一行左图中沙发的主视图（E 图）和平面图（F 图）。
1904

C 图、D 图表示的都是第一行右边的作品。D 图是其剖视图。
1904

这件作品与本章第3小节里介绍的高背椅属于同一系列。在赖特后期设计的建筑作品中，有许多类似的作品。这些作品的比例虽然几乎相同，但细节之处仍有所区别

这是后视图，侧面以及座位处的比例不太清楚。

该作品的靠背上部镶嵌有两块玻璃，下部镶嵌有一块玻璃。且靠背呈一定角度倾斜。

这件作品的椅腿截面是六角形。

这是被称作『圆桶』作品的升级版模型，该图根据草图绘制而成。赖特后期也设计过类似的作品，但细节处有所不同。

马丁住宅里有两类这样的作品。图纸与实物的扶手部分有所不同。

这件作品的座位和前腿的接合部分与右边作品有所不同。

这件作品让人联想到工艺美术运动的代表性人物——古斯塔夫·斯蒂克利的作品。赖特设计的住宅中经常能见到斯蒂克利的作品，而赖特本人似乎也并不介意。

这件沙发至今仍在公开展出。观察E图和F图便能知晓其特征。

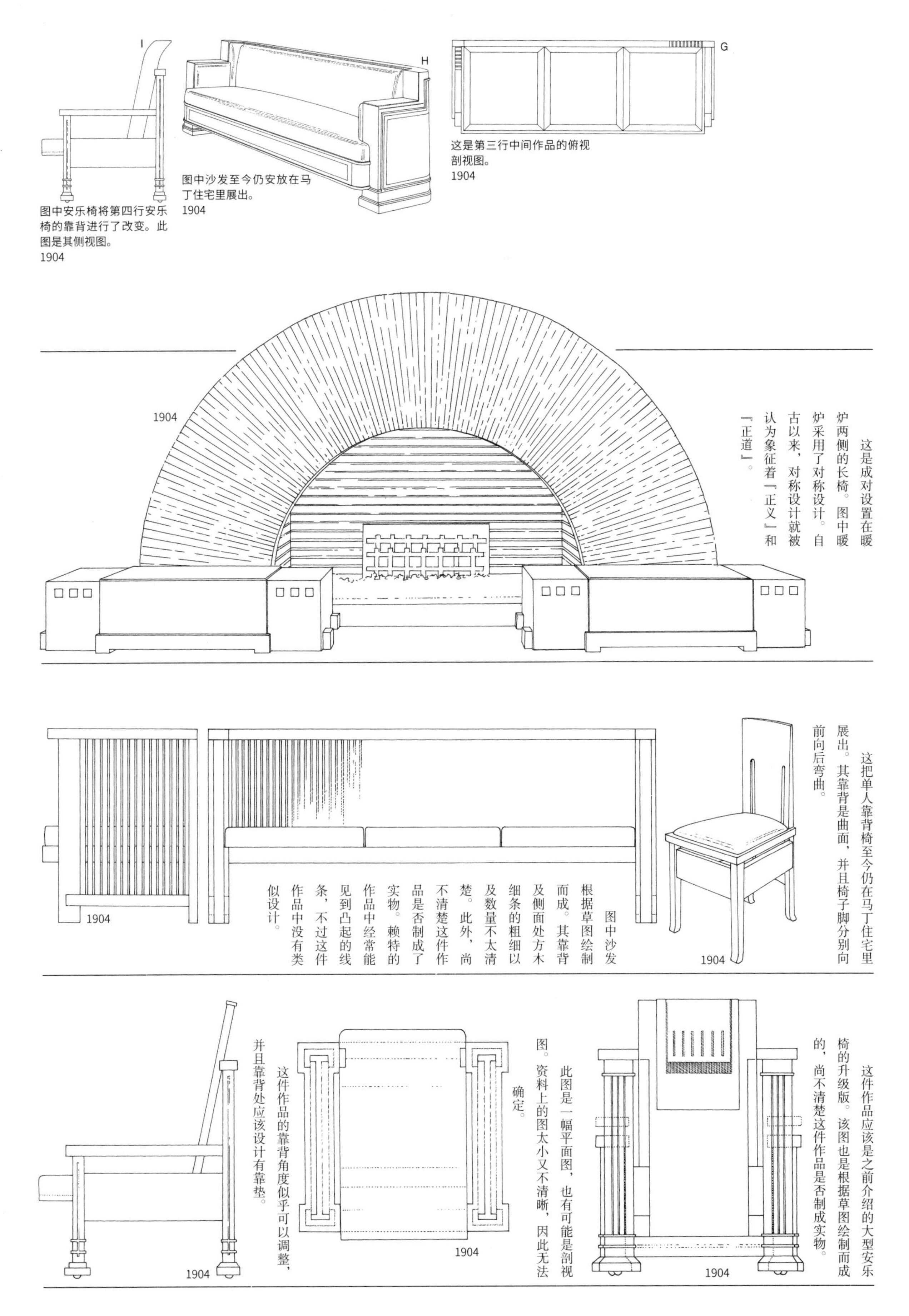

图中安乐椅将第四行安乐椅的靠背进行了改变。此图是其侧视图。
1904

图中沙发至今仍安放在马丁住宅里展出。
1904

这是第三行中间作品的俯视剖视图。
1904

这是成对设置在暖炉两侧的长椅。图中暖炉采用了对称设计。自古以来，对称设计就被认为象征着『正义』和『正道』。

这把单人靠背椅至今仍在马丁住宅里展出。其靠背是曲面，并且椅子脚分别向前向后弯曲。

图中沙发根据草图绘制而成。其靠背及侧面处方木细条的粗细以及数量不太清楚。此外，尚不清楚这件作品是否制成了实物。赖特的作品中经常能见到凸起的线条，不过这件作品中没有类似设计。

这件作品应该是之前介绍的大型安乐椅的升级版。该图也是根据草图绘制而成的，尚不清楚这件作品是否制成实物。

此图是一幅平面图，也有可能是剖视图。资料上的图太小又不清晰，因此无法确定。

这件作品的靠背角度似乎可以调整，并且靠背处应该设计有靠垫。

1867—1959

弗兰克·劳埃德·赖特

第5小节
1933—1945年间

1934年，赖特与埃德加·考夫曼相识。埃德加·考夫曼正是赖特的代表作——流水别墅的主人，是赖特非常重要的一位客户。1936年，赖特与赫伯特·约翰逊（约翰逊制蜡公司总经理）相识，并在这一年建成了流水别墅，赫伯特·约翰逊后来也成为他的客户。1937年，赖特开始建设西塔里埃森。1938年，赖特荣登《时代》杂志封面。1939年，赖特完成约翰逊制蜡公司主楼的建设。1940年，赖特作品回顾展于纽约现代美术馆举行，同年，弗兰克·劳埃德·赖特财团成立。1941年，赖特成为英国皇家建筑师协会名誉会员，被乔治六世授予皇家金质奖章。1942年，赖特成为乌拉圭皇家建筑师协会名誉会员。1943年，他成为墨西哥皇家建筑师协会名誉会员。应所罗门·R.古根海姆博物馆的邀请，赖特答应接下纽约古根海姆博物馆的设计工作。这就是第二次世界大战结束前赖特的简介。

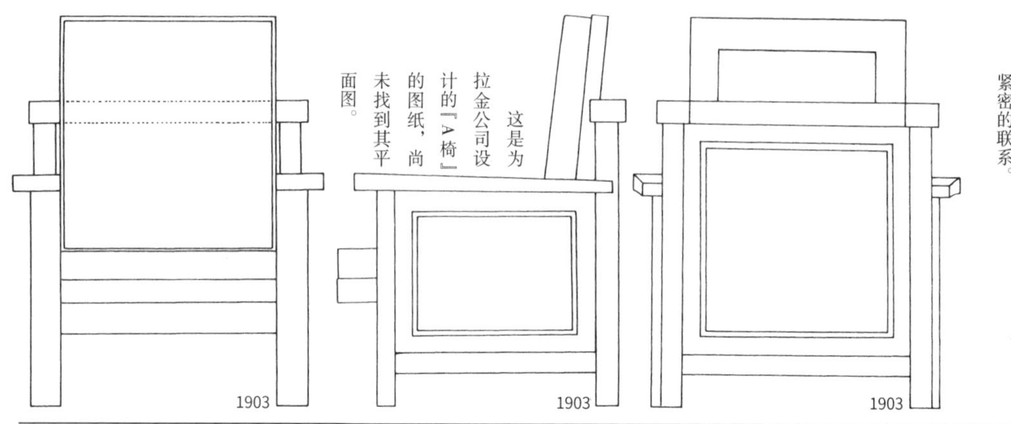

赖特于1903年设计了拉金大楼，但也有资料显示，赖特是在1904—1906年设计的这座大楼。拉金公司是一家设立在纽约州布法罗的通信公司。赖特在布法罗的大多数的客户，都与这家公司有着十分紧密的联系。

这是为拉金公司设计的『A椅』的图纸，尚未找到其平面图。

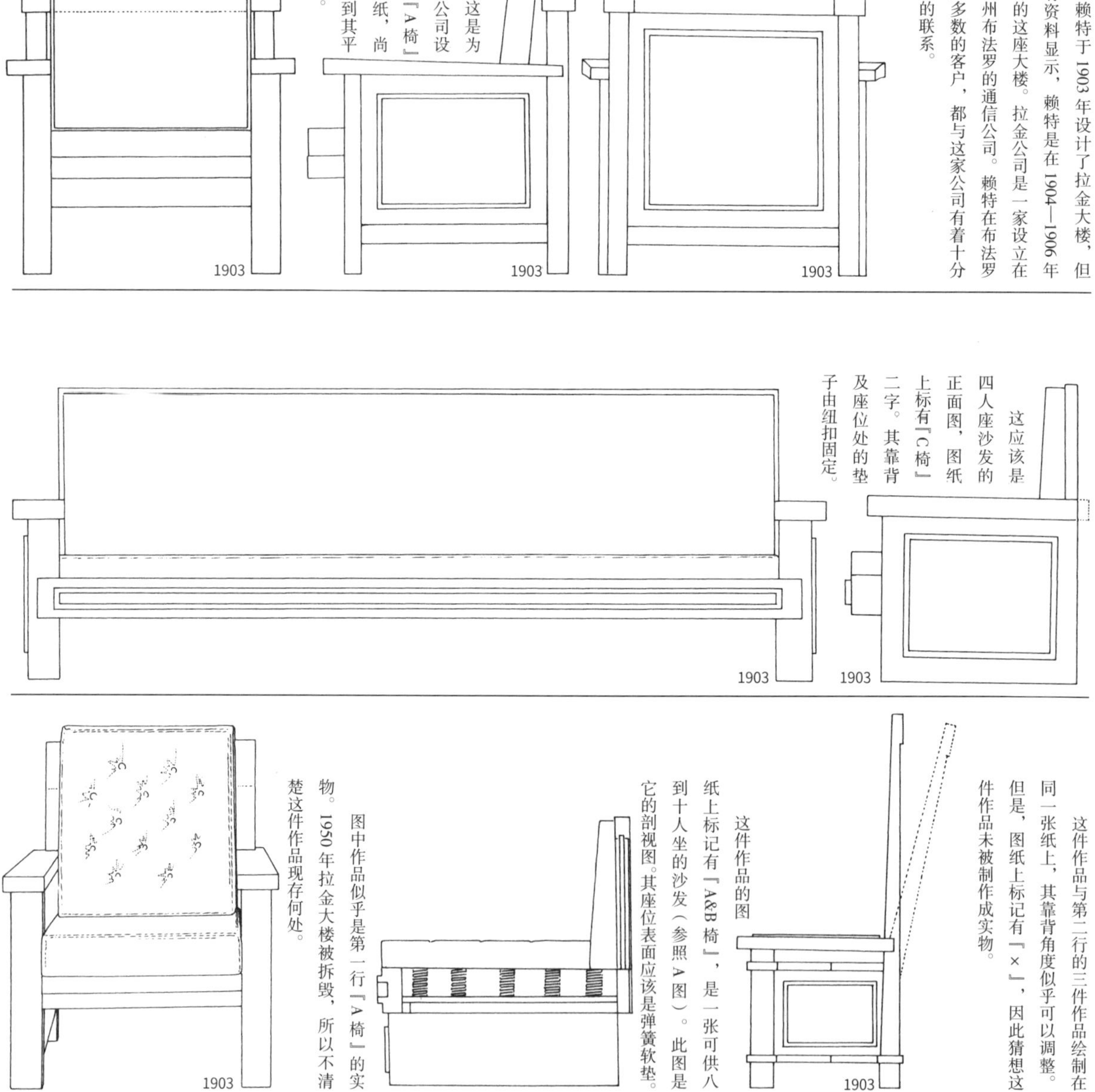

这应该是四人座沙发的正面图，图纸上标有『C椅』二字。其靠背及座位处的垫子由纽扣固定。

这件作品与第二行的三件作品绘制在同一张纸上，其靠背角度似乎可以调整。但是，图纸上标有『×』，因此猜想这件作品未被制作成实物。

这件作品的图纸上标记有『A&B椅』，是一张可供八到十人坐的沙发（参照A图）。此图是它的剖视图。其座位表面应该是弹簧软垫。

图中作品似乎是第一行『A椅』的实物。1950年拉金大楼被拆毁，所以不清楚这件作品现存何处。

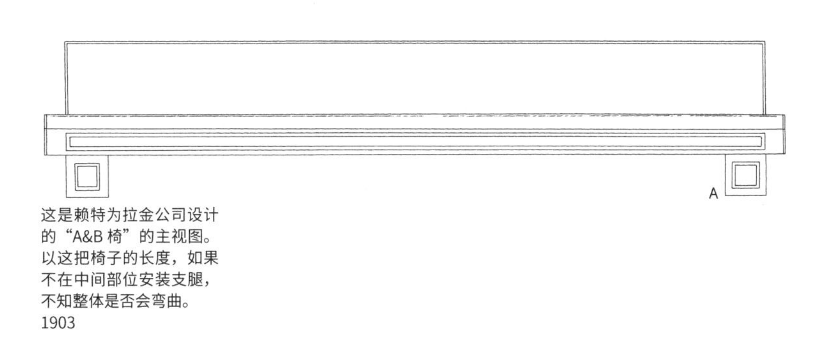

这是赖特为拉金公司设计的“A&B 椅”的主视图。以这把椅子的长度，如果不在中间部位安装支腿，不知整体是否会弯曲。
1903

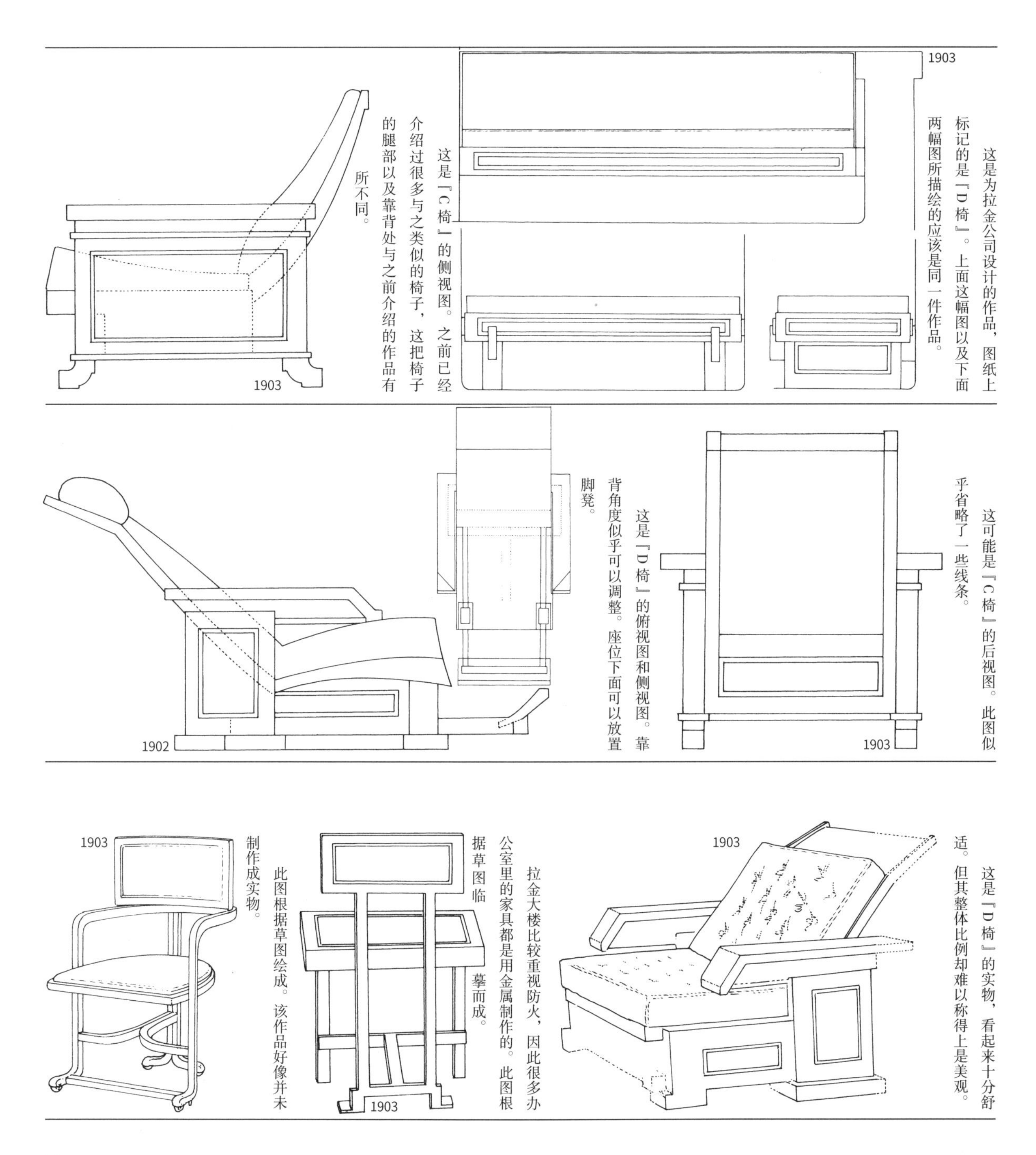

这是为拉金公司设计的作品，图纸上标记的是「D 椅」。上面这幅图以及下面两幅图所描绘的应该是同一件作品。

这是「C 椅」的侧视图。之前已经介绍过很多与之类似的椅子，这把椅子的腿部以及靠背处与之前介绍的作品有所不同。

这可能是「C 椅」的后视图。此图似乎省略了一些线条。

这是「D 椅」的俯视图和侧视图。靠背角度似乎可以调整。座位下面可以放置脚凳。

这是「D 椅」的实物，看起来十分舒适。但其整体比例却难以称得上是美观。

拉金大楼比较重视防火，因此很多办公室里的家具都是用金属制作的。此图根据草图临摹而成。

此图根据草图绘成。该作品好像并未制作成实物。

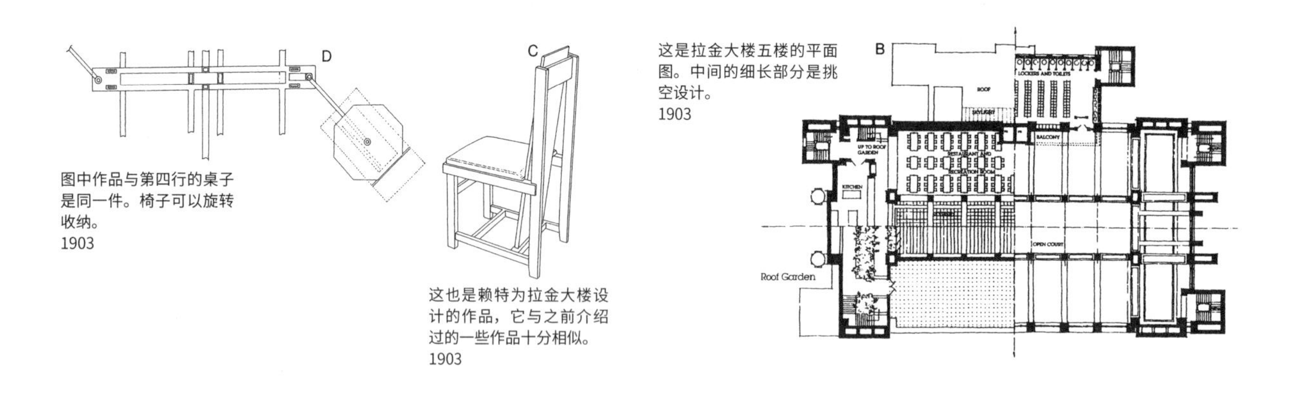

图中作品与第四行的桌子是同一件。椅子可以旋转收纳。
1903

这也是赖特为拉金大楼设计的作品，它与之前介绍过的一些作品十分相似。
1903

这是拉金大楼五楼的平面图。中间的细长部分是挑空设计。
1903

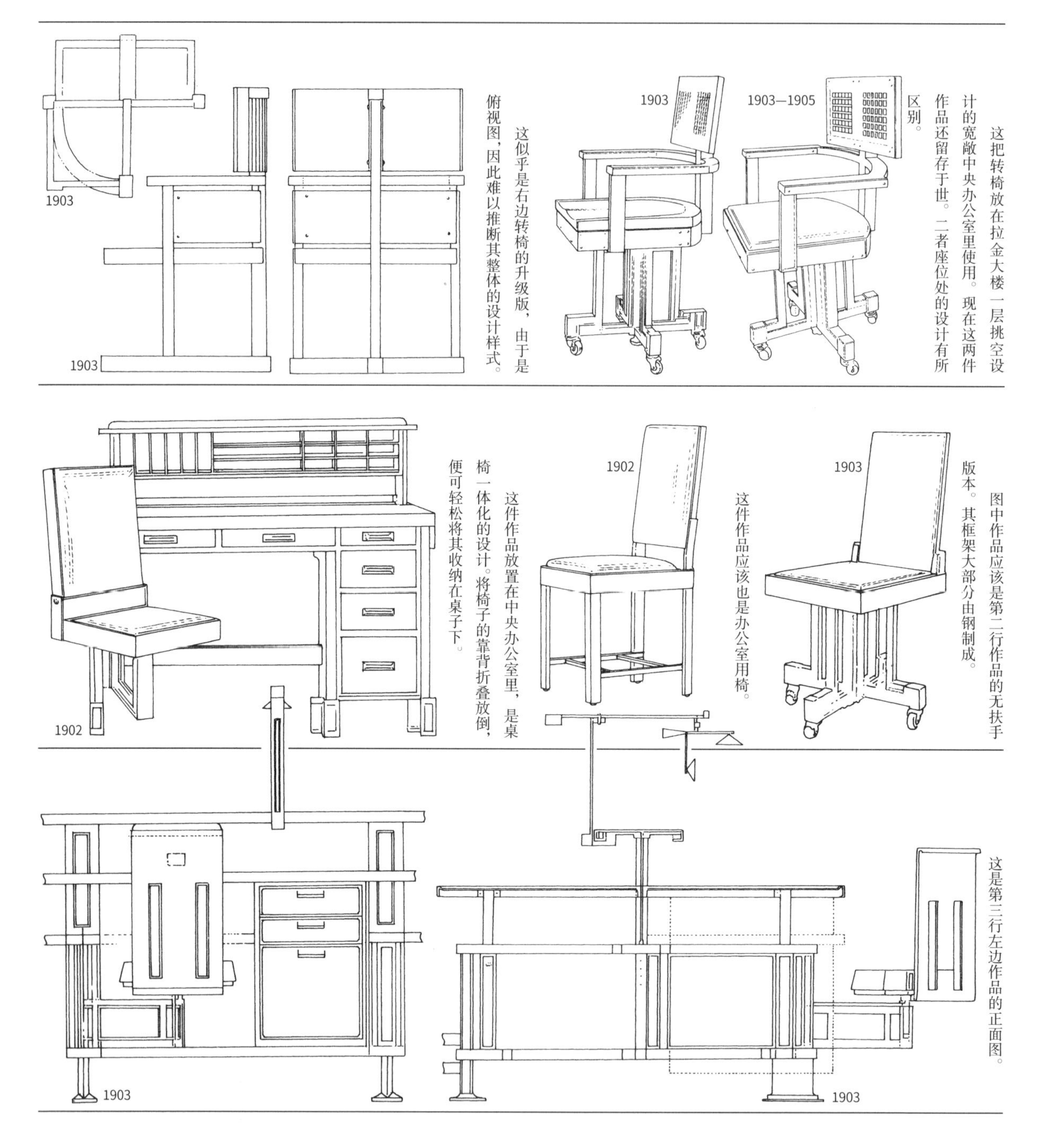

这把转椅放在拉金大楼一层挑空设计的宽敞中央办公室里使用。现在这两件作品还留存于世。二者座位处的设计有所区别。

这似乎是右边转椅的升级版，由于是俯视图，因此难以推断其整体的设计样式。

图中作品应该是第二行作品的无扶手版本。其框架大部分由钢制成。

这件作品应该也是办公室用椅。

这件作品放置在中央办公室里，是桌椅一体化的设计。将椅子的靠背折叠放倒，便可轻松将其收纳在桌子下。

这是第三行左边作品的正面图。

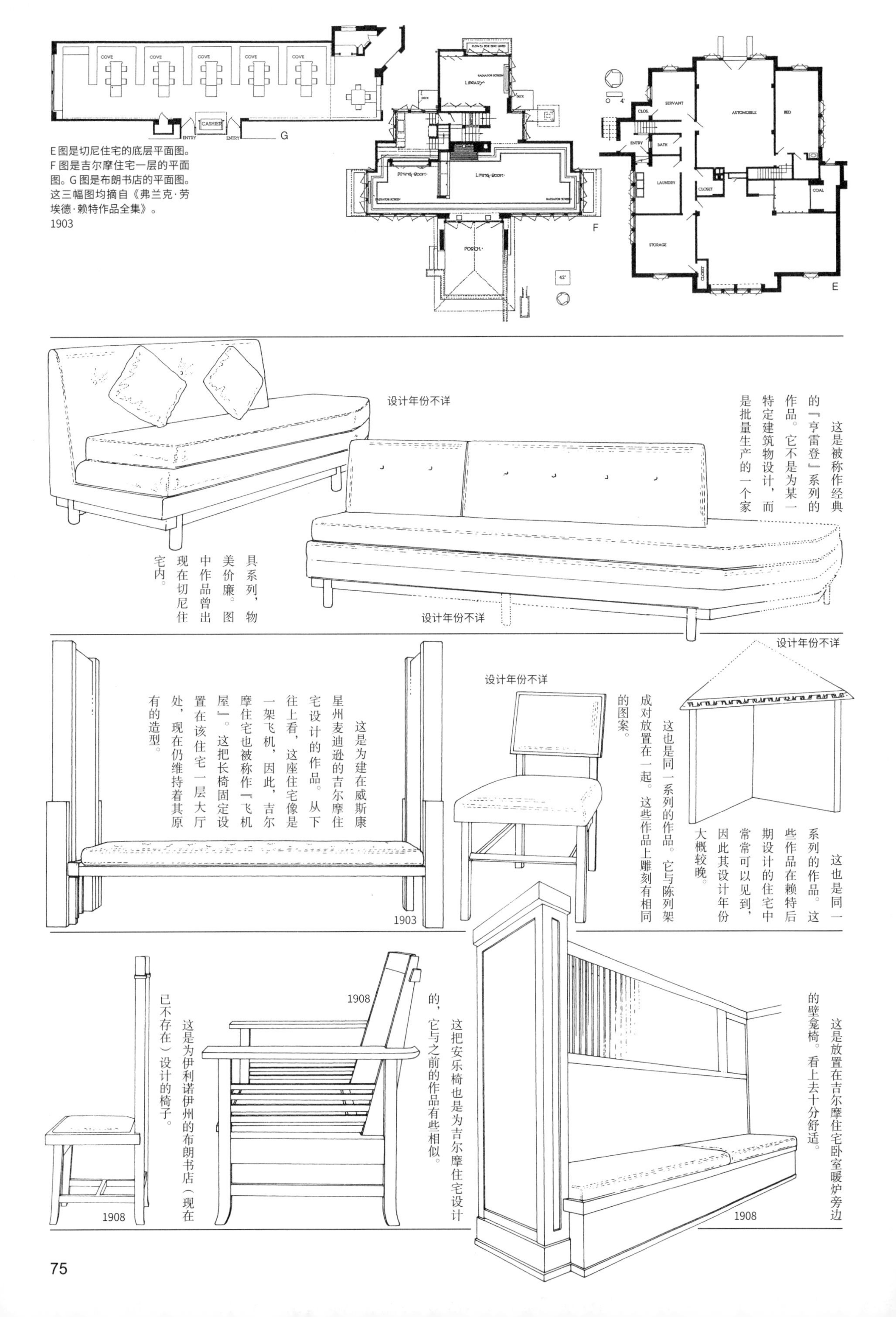

E图是切尼住宅的底层平面图。F图是吉尔摩住宅一层的平面图。G图是布朗书店的平面图。这三幅图均摘自《弗兰克·劳埃德·赖特作品全集》。
1903

设计年份不详

设计年份不详

这是被称作经典的『亨雷登』系列的作品。它不是为某一特定建筑物设计，而是批量生产的一个家具系列，物美价廉。图中作品曾出现在切尼住宅内。

1903

这是为建在威斯康星州麦迪逊的吉尔摩住宅设计的作品。从下往上看，这座住宅像是一架飞机，因此，吉尔摩住宅也被称作『飞机屋』。这把长椅固定设置在该住宅一层大厅处，现在仍维持着其原有的造型。

设计年份不详

这也是同一系列的作品。它与陈列架成对放置在一起。这些作品上雕刻有相同的图案。

设计年份不详

这也是同一系列的作品。这些作品在赖特后期设计的住宅中常常可以见到，因此其设计年份大概较晚。

1908

这是为伊利诺伊州的布朗书店（现在已不存在）设计的椅子。

1908

这把安乐椅也是为吉尔摩住宅设计的，它与之前的作品有些相似。

1908

这是放置在吉尔摩住宅卧室暖炉旁边的壁龛椅。看上去十分舒适。

1867—1959

弗兰克·劳埃德·赖特

第6小节
1946—1952年间

第二次世界大战结束后不久的1946年，赖特成为芬兰国家科学院的名誉会员。第二年，赖特被授予新泽西州普林斯顿大学的艺术名誉博士学位。1949年，赖特被美国建筑师协会（AIA）授予金质奖章，并且同时被该协会所属的费城协会授予金质奖章，此外还获得彼得库珀艺术振兴奖，同时成为美国国家艺术文学院的名誉会员。他发表了文章《天才和暴民政治》（有关路易斯·沙利文）。1950年，赖特获得佛罗里达南方学院的名誉博士学位。1951年，赖特作品展『有生命建筑的六十年』在欧美巡回展出，首站便是费城。这次巡回展取得了巨大的成功。同年，赖特获得佛罗伦萨梅迪奇大奖，并与亚伦·格林合作在圣弗朗西斯科开设了西海岸事务所。1952年，第三代塔里埃森再次遭遇火灾，部分被烧毁。

1906

此图来自为『5000美元的防火住宅』绘制的草图。由于资料图较小，细节不详。

1906

此图也来自上述草图。其右侧被窗帘的阴影遮蔽，不太清晰。

1906

赖特1906年设计的大部分小型住宅都是为《妇女家庭杂志》设计的。这些住宅有一个共同点，那就是其中心位置都设置有暖炉，且卧室、食堂、厨房都分布在暖炉的周围。此图来自为这些住宅设计的草图。

1906

图中作品是放置在罗比住宅一楼娱乐室里的单人靠背椅。这座住宅位于伊利诺伊州的芝加哥，是赖特的代表作之一。罗比住宅被美国建筑师协会选为『最应被保护的17座赖特设计的建筑物』之一。这座建筑由天然材料砌筑而成，它无疑是建筑史上的最佳杰作之一。

1906

类似图中的椅子之前已介绍过多次。不过，赖特的这些设计乍一看十分相似，但细节处以及尺寸大小都有所不同。

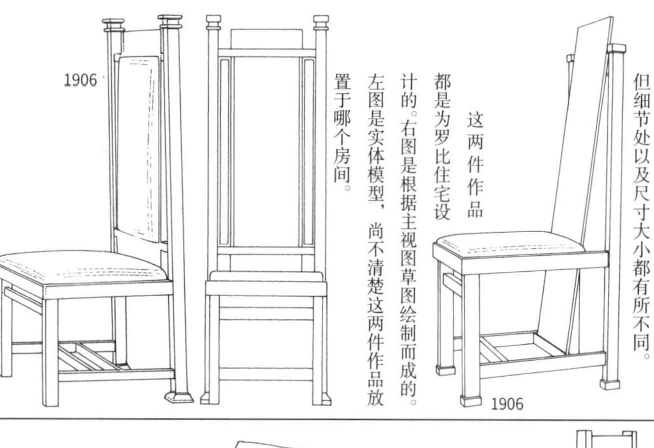

1906

这两件作品都是为罗比住宅设计的。右图是根据主视图草图绘制而成的。左图是实体模型，尚不清楚这两件作品放置于哪个房间。

1906

罗比住宅里的很多作品后来都由卡西纳公司制作成商品出售。此图就是来自于卡西纳公司的商品目录。

1906

这是在罗比住宅里实际使用过的一款椅子。与右图作品相比，座位处的设计以及细节处有所区别。

1906

这把安乐椅能在早期的照片中见到。它曾放置在卧室，并且还有许多其他的版本。

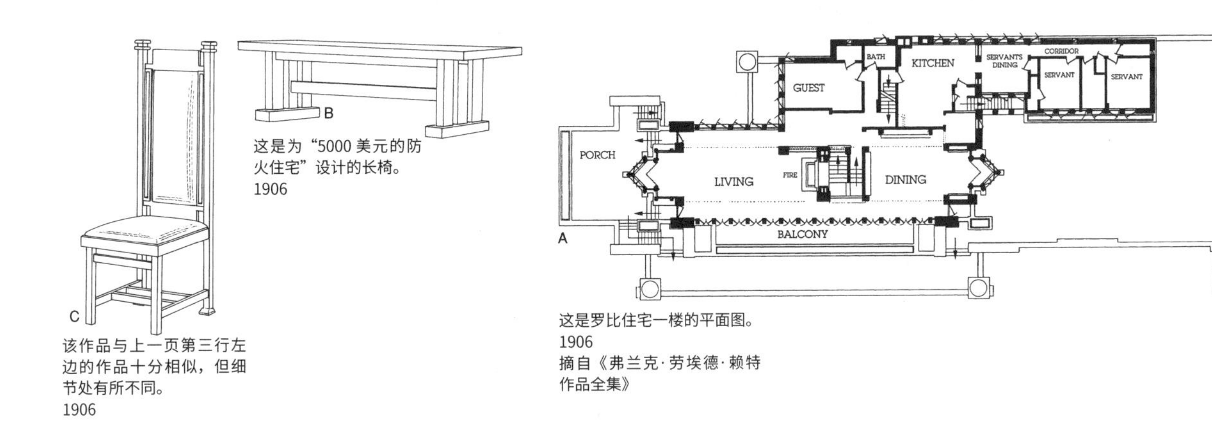

这是为“5000美元的防火住宅”设计的长椅。
1906

该作品与上一页第三行左边的作品十分相似，但细节处有所不同。
1906

这是罗比住宅一楼的平面图。
1906
摘自《弗兰克·劳埃德·赖特作品全集》

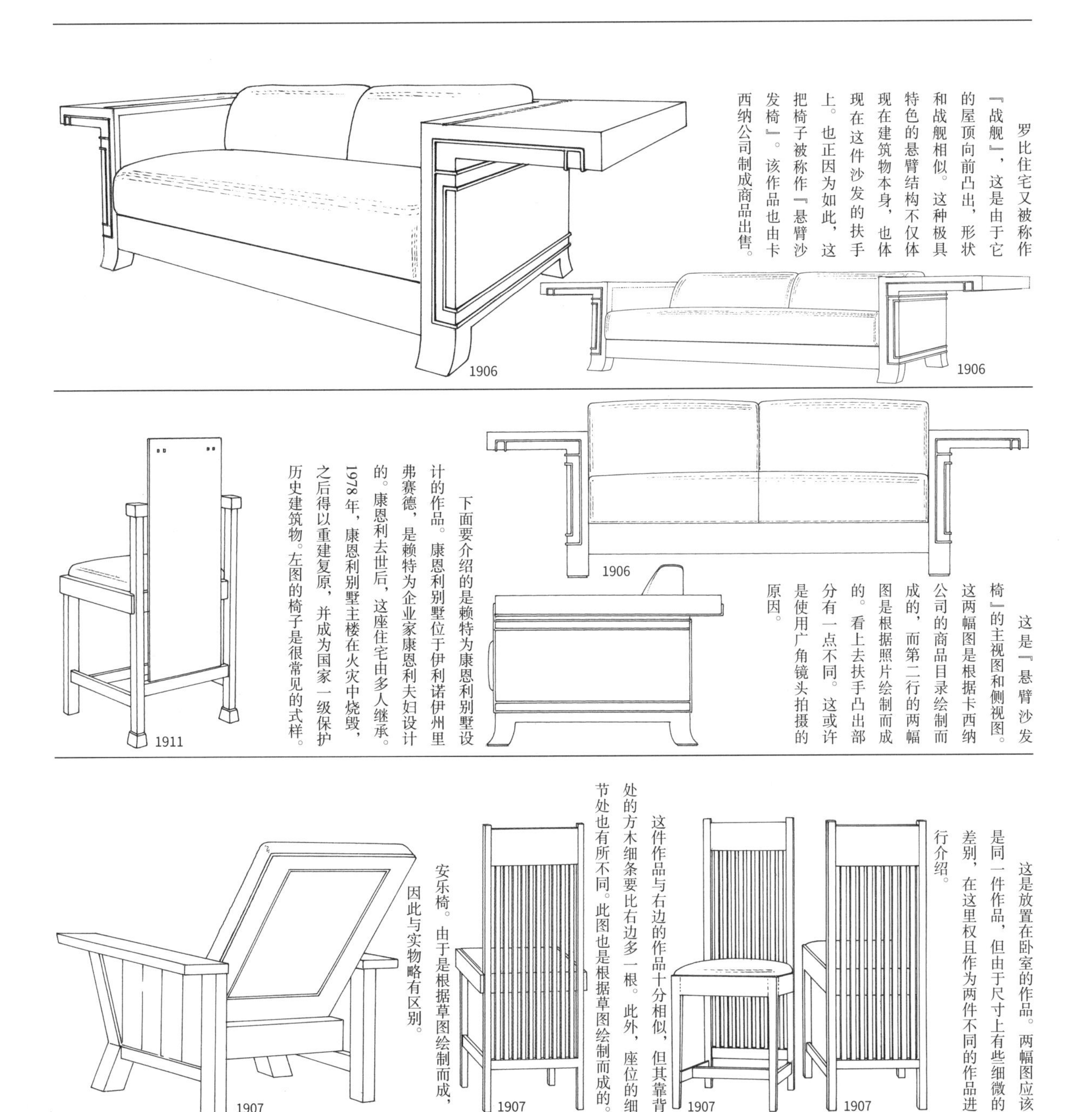

罗比住宅又被称作『战舰』，这是由于它的屋顶向前凸出，形状和战舰相似。这种极具特色的悬臂结构不仅体现在建筑物本身，也体现在这件沙发的扶手上。也正因为如此，这把椅子被称作『悬臂沙发椅』。该作品也由卡西纳公司制成商品出售。

这是『悬臂沙发椅』的主视图和侧视图。这两幅图是根据卡西纳公司的商品目录绘制而成的，而第二行的两幅图是根据照片绘制而成的。看上去扶手凸出部分有一点不同。这或许是使用广角镜头拍摄的原因。

下面要介绍的是赖特为康恩利别墅设计的作品。康恩利别墅位于伊利诺伊州里弗赛德，是赖特为企业家康恩利夫妇设计的。康恩利去世后，这座住宅由多人继承。1978年，康恩利别墅主楼在火灾中烧毁，之后得以重建复原，并成为国家一级保护历史建筑物。左图的椅子是很常见的式样。

这是放置在卧室的作品。两幅图应该是同一件作品，但由于尺寸上有些细微的差别，在这里权且作为两件不同的作品进行介绍。

这件作品与右边的作品十分相似，但其靠背处的方木细条要比右边多一根。此外，座位的细节处也有所不同。此图也是根据草图绘制而成的。

安乐椅。由于是根据草图绘制而成，因此与实物略有区别。

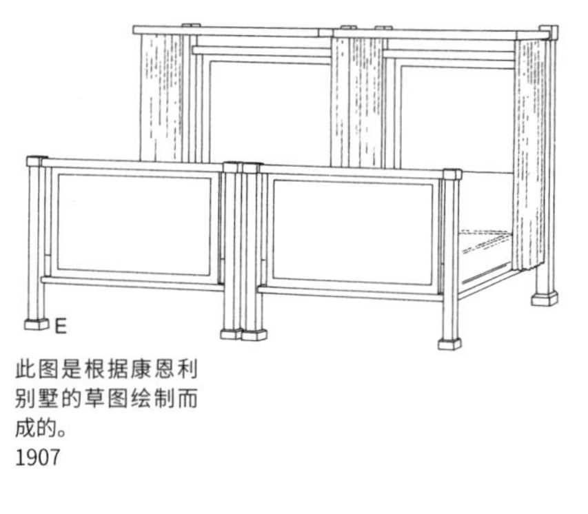

此图是根据康恩利别墅的草图绘制而成的。
1907

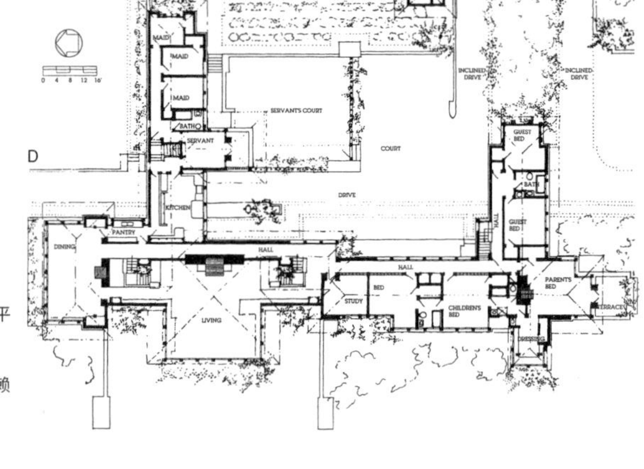

这是康恩利别墅二层的平面图。
1907
摘自《弗兰克·劳埃德·赖特作品全集》

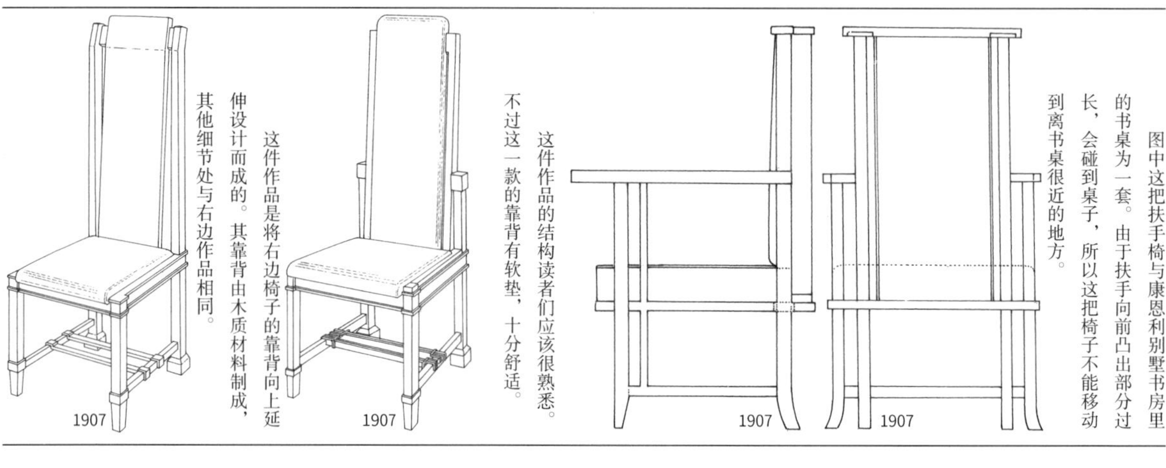

图中这把扶手椅与康恩利别墅书房里的书桌为一套。由于扶手向前凸出部分过长，会碰到桌子，所以这把椅子不能移动到离书桌很近的地方。

这件作品的结构读者们应该很熟悉。不过这一款的靠背有软垫，十分舒适。

这件作品是将右边椅子的靠背向上延伸设计而成的。其靠背由木质材料制成，其他细节处与右边作品相同。

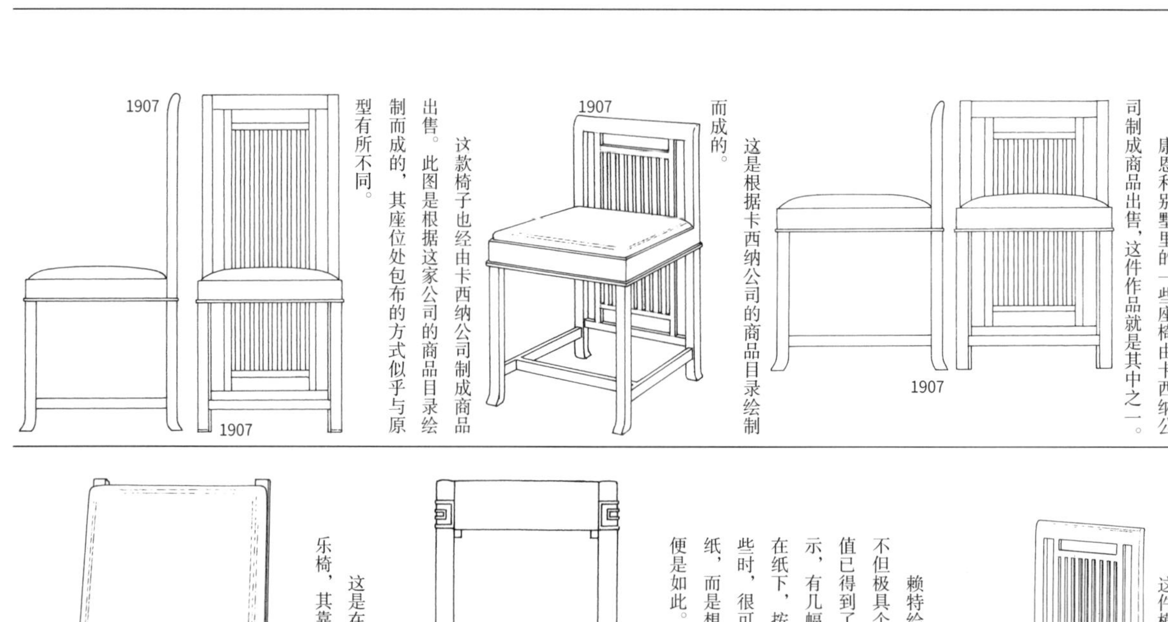

康恩利别墅里的一些座椅由卡西纳公司制成商品出售，这件作品就是其中之一。

这是根据卡西纳公司的商品目录绘制而成的。

这款椅子也经由卡西纳公司制成商品出售。此图是根据这家公司的商品目录绘制而成的，其座位处包布的方式似乎与原型有所不同。

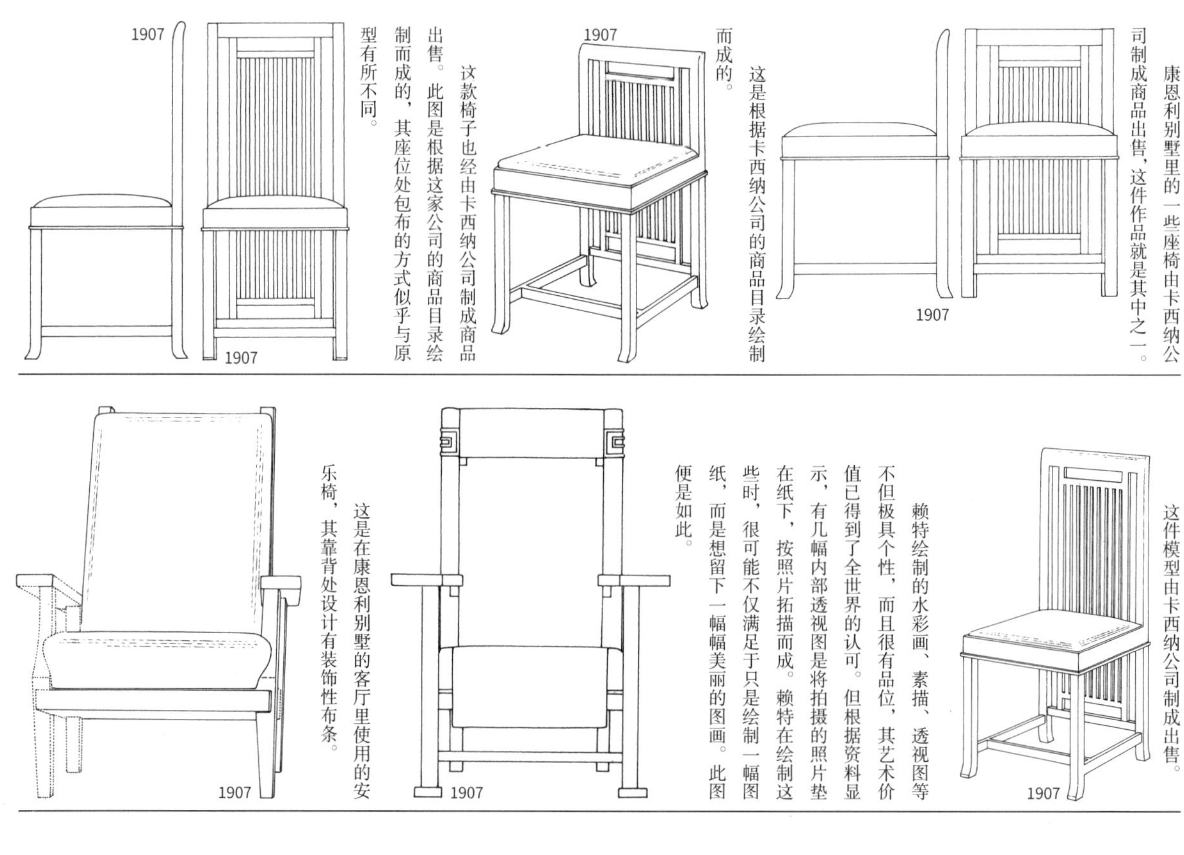

这件模型由卡西纳公司制成出售。

赖特绘制的水彩画、素描、透视图等不但极具个性，而且很有品位，其艺术价值已得到了全世界的认可。但根据资料显示，有几幅内部透视图是将拍摄的照片垫在纸下，按照片拓描而成。赖特在绘制这些时，很可能不仅满足于只是绘制一幅图纸，而是想留下一幅幅美丽的图画。此图便是如此。

这是在康恩利别墅的客厅里使用的安乐椅，其靠背处设计有装饰性布条。

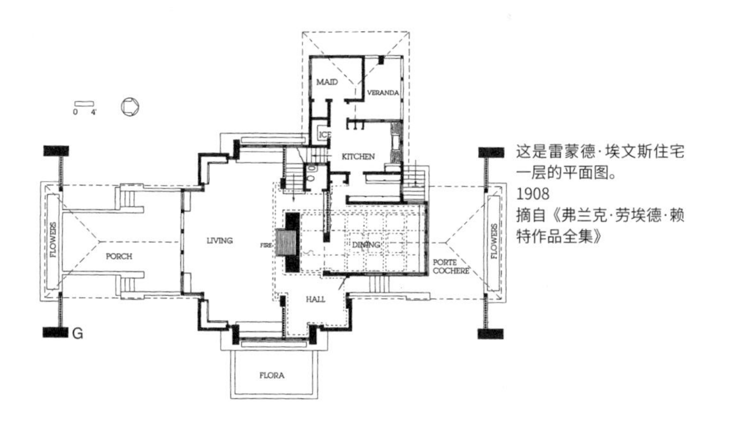

这是雷蒙德·埃文斯住宅一层的平面图。
1908
摘自《弗兰克·劳埃德·赖特作品全集》

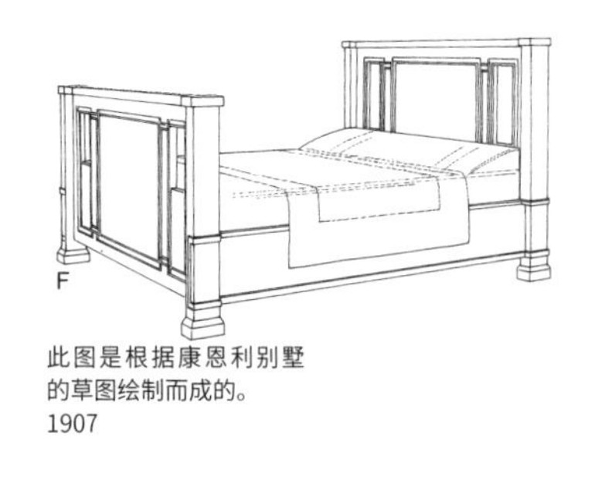

此图是根据康恩利别墅的草图绘制而成的。
1907

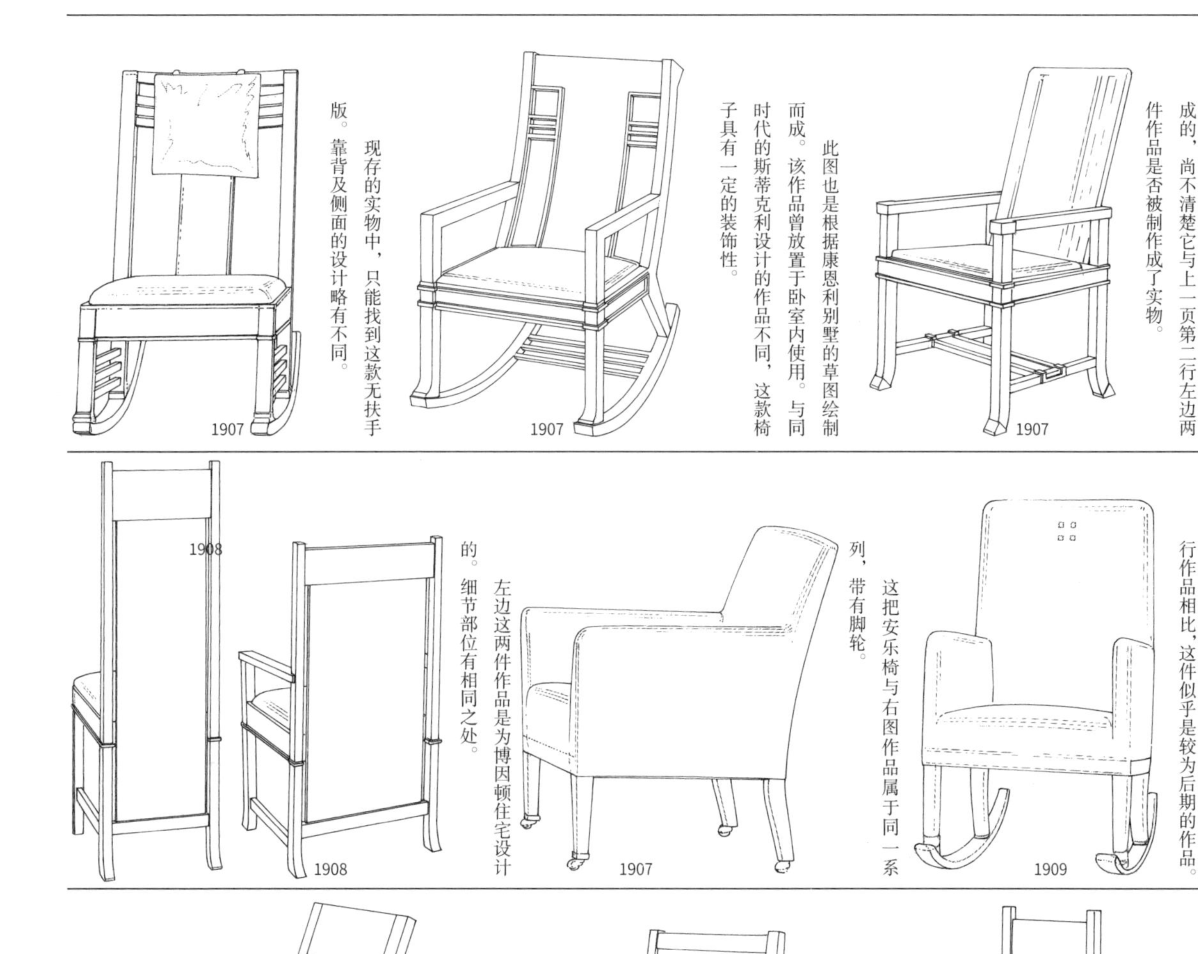

现存的实物中，只能找到这款无扶手版。靠背及侧面的设计略有不同。

此图也是根据康恩利别墅的草图绘制而成。该作品曾放置于卧室内使用。与同时代的斯蒂克利设计的作品不同，这款椅子具有一定的装饰性。

此图是根据康恩利别墅的草图绘制而成的，尚不清楚它与上一页第二行左边两件作品是否被制作成了实物。

左边这两件作品是为博因顿住宅设计的。细节部位有相同之处。

这把安乐椅与右图作品属于同一系列，带有脚轮。

这是康恩利别墅里的布艺摇椅。与上行作品相比，这件似乎是较为后期的作品。

1908

这件作品是为雷蒙德·埃文斯住宅设计的，它是过去一些作品的升级版。

1908

这是为雷蒙德·埃文斯住宅设计的作品。这些作品在早前的记录中表明是为罗伯特·埃文斯设计的作品，后被修改为雷蒙德·埃文斯。

1908

这是为雷蒙德·埃文斯住宅设计的作品，它与之前介绍过的一些作品很相似，但细节处有所不同。

1867—1959

弗兰克·劳埃德·赖特

第 7 小节
1953—1959 年间

1953 年，赖特于纽约和墨西哥城举办了名叫『有生命建筑的六十年』的作品展。同年，赖特被斯德哥尔摩皇家艺术学院授予名誉会员称号。1954 年，赖特获得由费城富兰克林科学研究所授予的奖章，并获得耶鲁大学美术专业名誉博士学位。同年，他在纽约修建了『东塔里埃森』。1955 年，赖特被威斯康星大学授予美术专业名誉博士学位，同时，分别被达姆施塔特技术协会（瑞士）和苏黎世技术协会授予名誉博士学位。1956 年，赖特同妻子前往英国旅游，并被威尔士大学授予哲学专业名誉博士学位。芝加哥市市长宣布将 10 月 17 日定为『弗兰克·劳埃德·赖特日』。也正是在这一年，纽约古根海姆博物馆开工。1957 年，赖特受邀为巴格达市设计了歌剧院、文化中心、博物馆、大学、邮电通信大楼等建筑。然而这些作品并未被收入赖特作品集中。1959 年，纽约古根海姆博物馆建成。同年 4 月 9 日，赖特逝世，享年 92 岁。

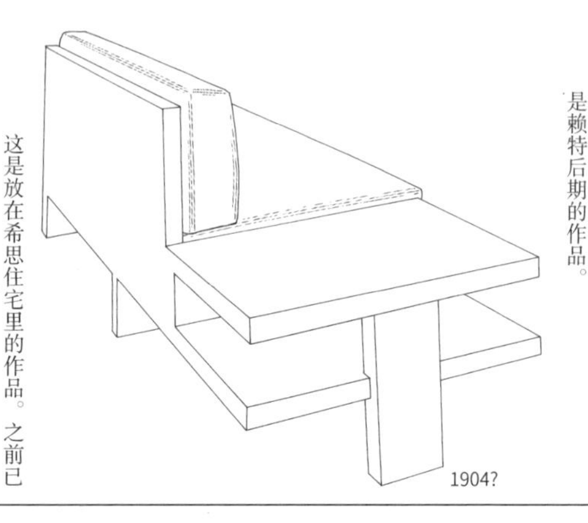

1904?

这是托梅克住宅里的家具，很明显这是赖特后期的作品。

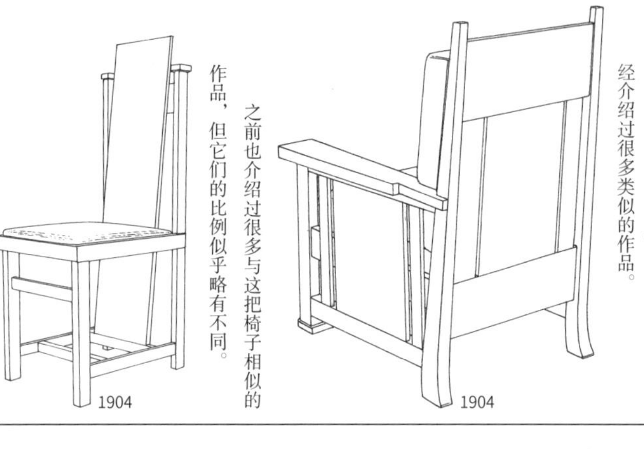

1904

这是放在希思住宅里的作品。之前已经介绍过很多类似的作品。

1904

之前也介绍过很多与这把椅子相似的作品，但它们的比例似乎略有不同。

1908

这是赖特为伊莎贝尔·罗伯茨设计的住宅里的家具，伊莎贝尔·罗伯茨曾在赖特位于橡树园里的工作室里担任五年会计工作。赖特为她设计的这座住宅有着典型的赖特式风格，其平面图是十字形。

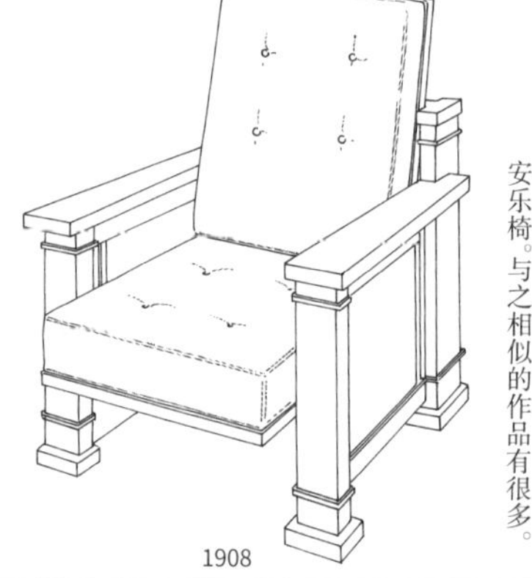

1908

安乐椅。与之相似的作品有很多。

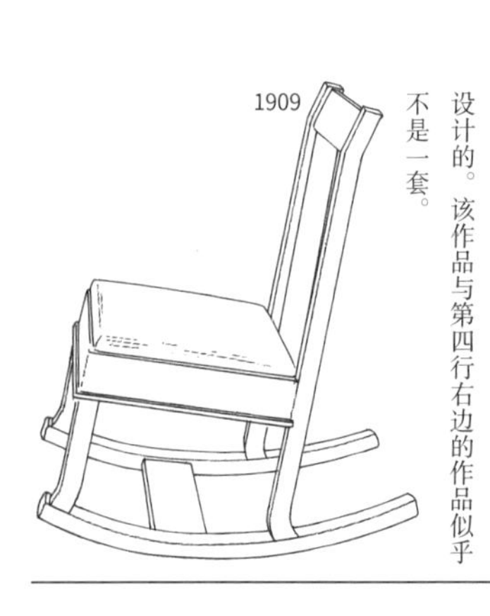

1909

这是位于密歇根州大急流市迈耶梅住宅里的家具。该住宅是为服装商人迈耶梅设计的。该作品与第四行右边的作品似乎不是一套。

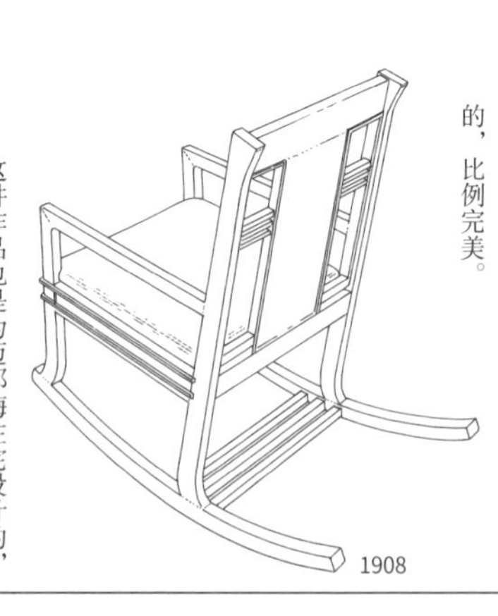

1908

这把扶手椅也是为迈耶梅住宅设计的，比例完美。

1908

这件作品也是为迈耶梅住宅设计的，它与康恩利别墅里的作品很相似。

1908

这是为迈耶梅住宅电话间设计的椅子。

1909

此图后面的椅子腿不太清楚，有一部分是根据想象描绘的。椅子靠背完全垂直于坐垫，估计坐着不会太舒服。

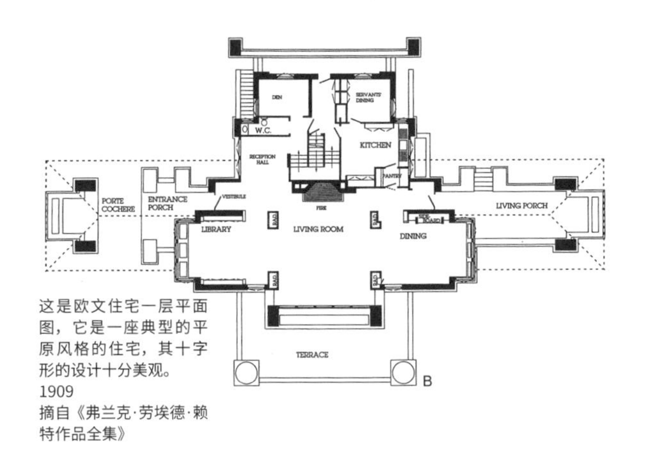

这是欧文住宅一层平面图，它是一座典型的平原风格的住宅，其十字形的设计十分美观。
1909
摘自《弗兰克·劳埃德·赖特作品全集》

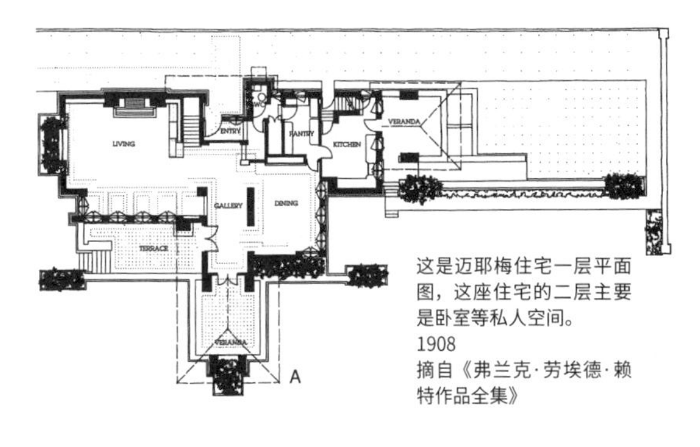

这是迈耶梅住宅一层平面图，这座住宅的二层主要是卧室等私人空间。
1908
摘自《弗兰克·劳埃德·赖特作品全集》

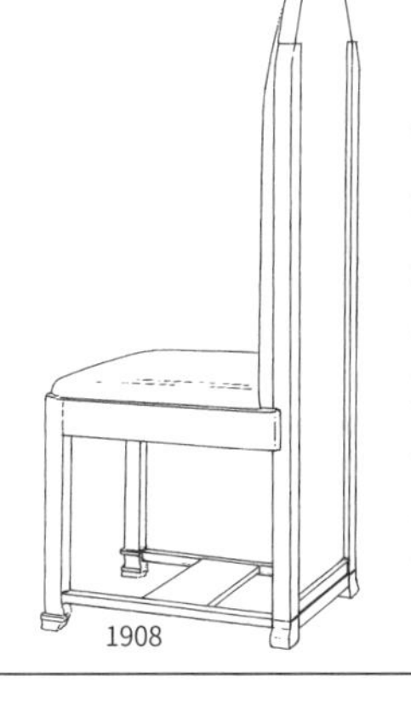
1908

这也是迈耶梅住宅里的家具。它的靠背处与上一页第四行左边的作品有所不同。

1908

这件作品相当于过去曾多次介绍的作品的升级版，放置在迈耶梅住宅的卧室里。

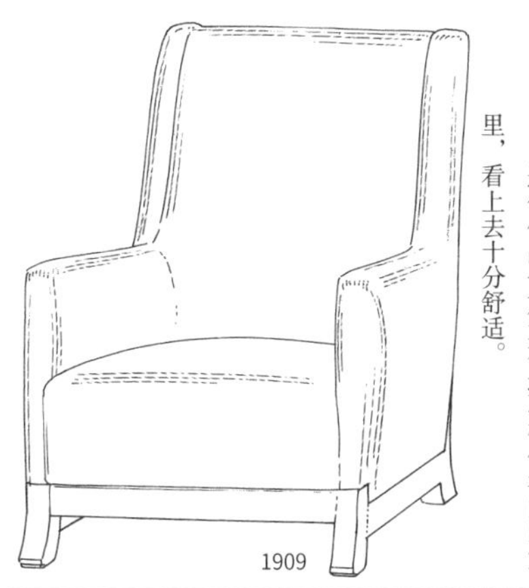
1909

这件作品也放置在迈耶梅住宅的卧室里，看上去十分舒适。

1909

这张图有许多地方不太清楚，以虚线标明。尽管如此，也能想象出它的舒适性。其扶手向外展开。这类椅子与搭配脚凳的设计并不多见。

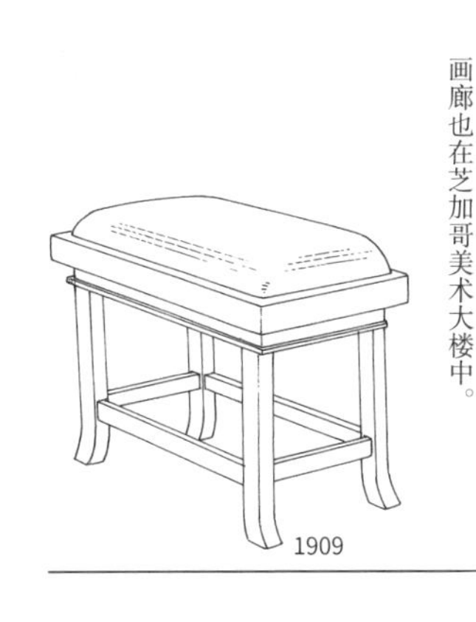
1909

这是为伊利诺伊州芝加哥某艺术画廊设计的凳子。在笔者查找的资料中，除这件作品外还有单人椅。但由于资料照片太小，无法仔细临摹出样式。与赖特设计的布朗书店、东方艺术画廊一样，这家艺术画廊也在芝加哥美术大楼中。

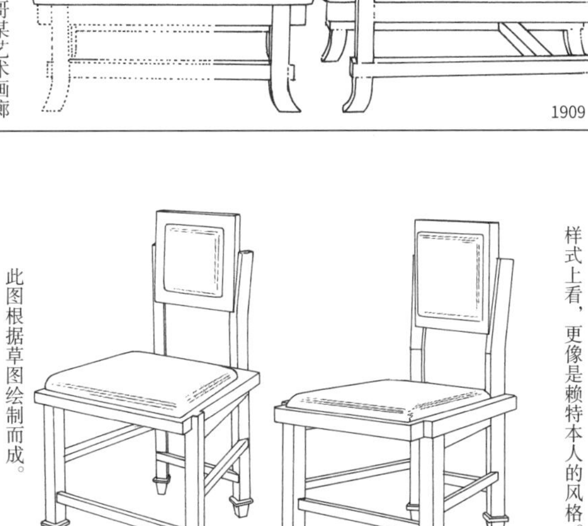

左边介绍的这几件作品都是为欧文住宅设计的。从女仆制服到银器，再到陶器，赖特为这座住宅设计了一系列的作品。也有人说家具是由当时赖特的设计师乔治·尼肯设计的，不过从这些家具设计样式上看，更像是赖特本人的风格。

1910

1910

此图根据草图绘制而成。

1910

这件作品曾在1986年被拍卖。

1910

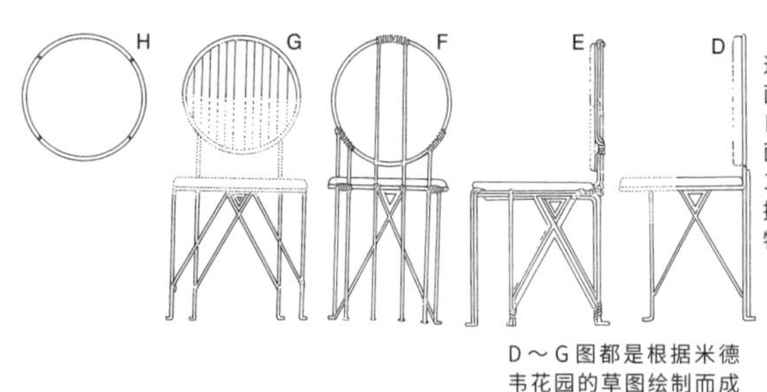

D～G图都是根据米德韦花园的草图绘制而成的。这几件作品的细节处各不相同。H图表示的是椅座部分。
1913

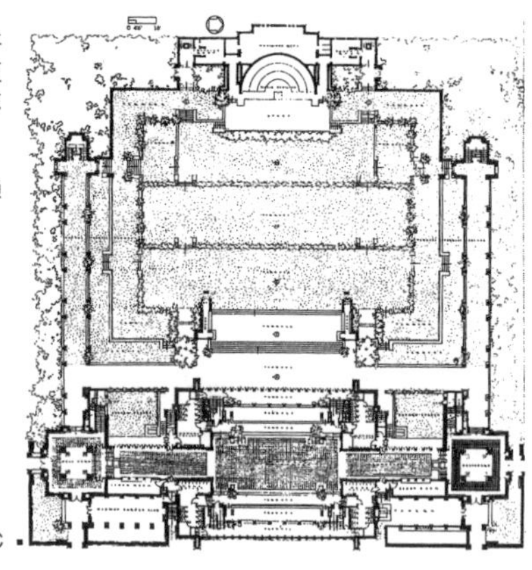

这是米德韦花园的整体平面图。上面（西侧）是夏日花园，设计有舞台。东面是冬日花园。
1913
摘自《弗兰克·劳埃德·赖特作品全集》

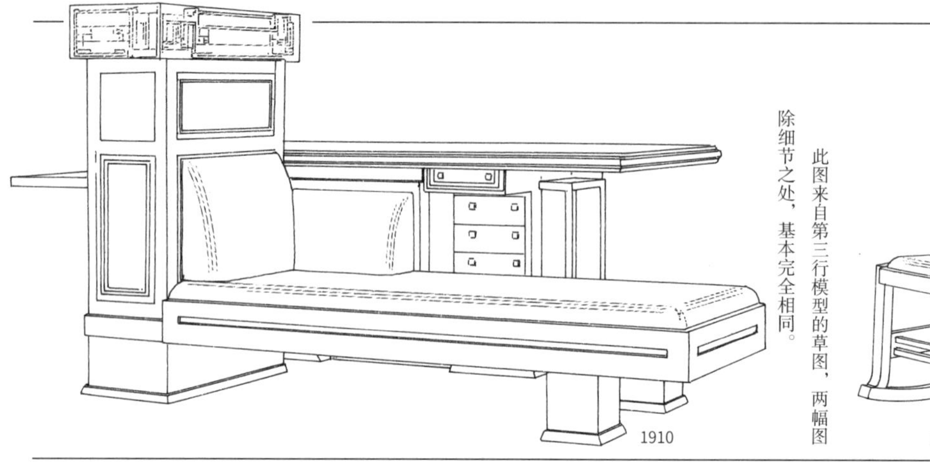

此图来自第三行模型的草图，两幅图除细节之处，基本完全相同。

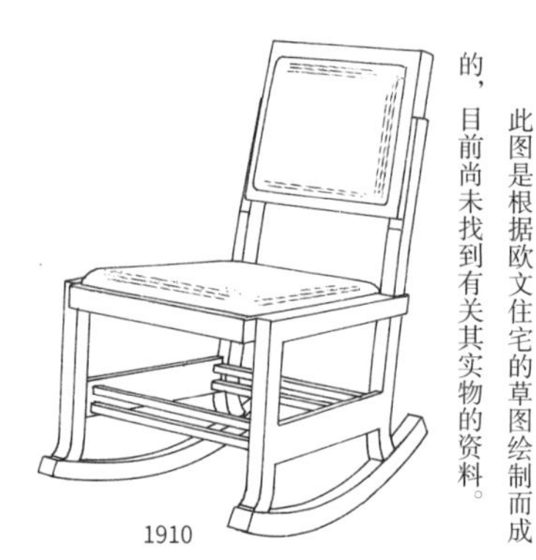

此图是根据欧文住宅的草图绘制而成的，目前尚未找到有关其实物的资料。

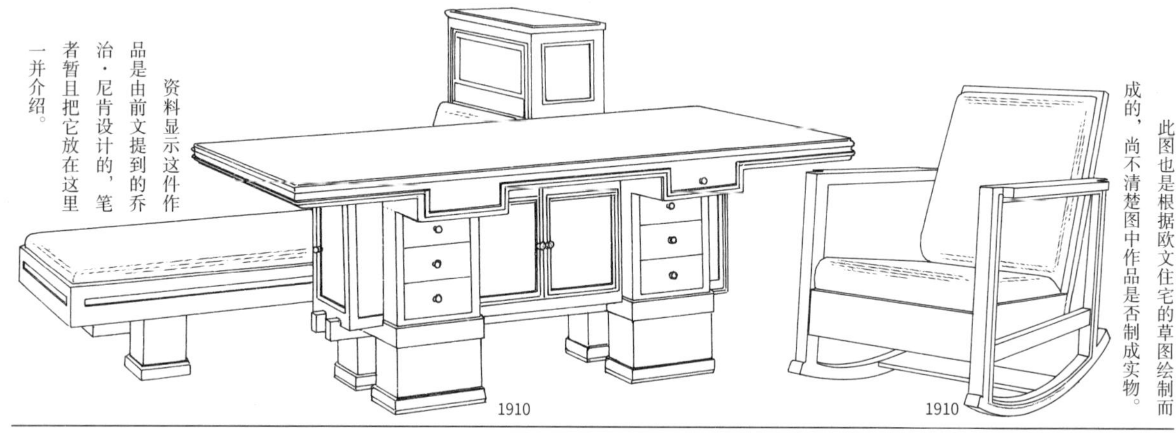

资料显示这件作品是由前文提到的乔治·尼肯设计的，笔者暂且把它放在这里一并介绍。

此图也是根据欧文住宅的草图绘制而成的，尚不清楚图中作品是否制成实物。

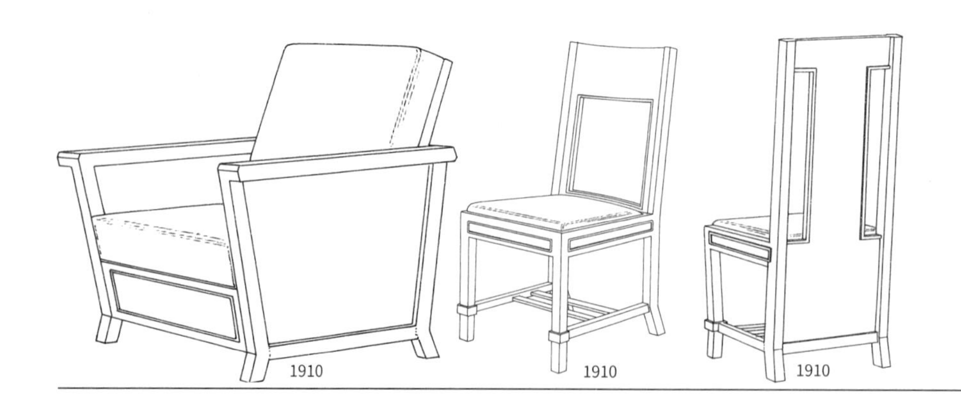

这是为密歇根大急流市的安伯格住宅设计的作品。然而，在我们多次提到的《弗兰克·劳埃德·赖特作品全集》一书中，我们并未找到这件作品。左边这三幅图是根据密尔沃基艺术博物馆收藏的草图绘制而成的。笔者曾翻阅大约七十册有关赖特的资料，但仍未找到安伯格住宅的图片资料。

这也是在“夏日花园”使用的家具。细节不详。
1913

这是在“夏日花园”使用的餐椅，看上去是由曲木或者藤条制成的。
1913

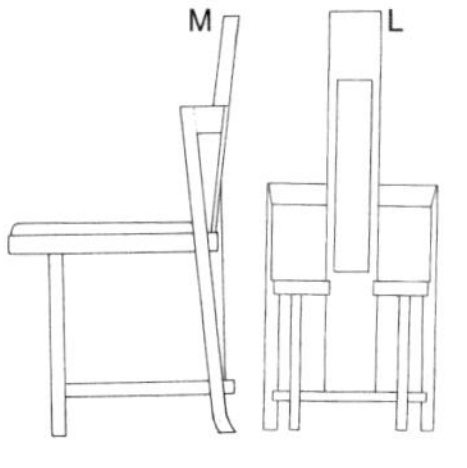

图中的高背椅可以看作是第四行右边两件作品的升级版模型。
1913—1914

此图是根据卡西纳公司商品目录里的图样绘制而成的。
1914

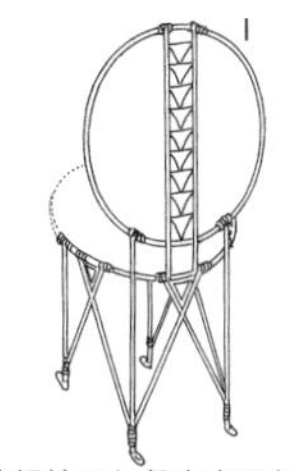

这把椅子与餐桌出现在同一幅草图中。
1913

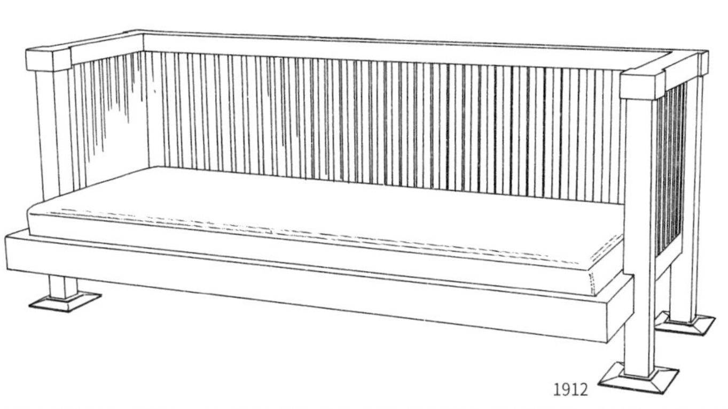

这是在威廉·格林住宅里使用的沙发。这张沙发很宽，当家里突然有客人来访时，也可以把它当作沙发床。靠背处应该有靠垫。沙发腿设计是它的亮点。

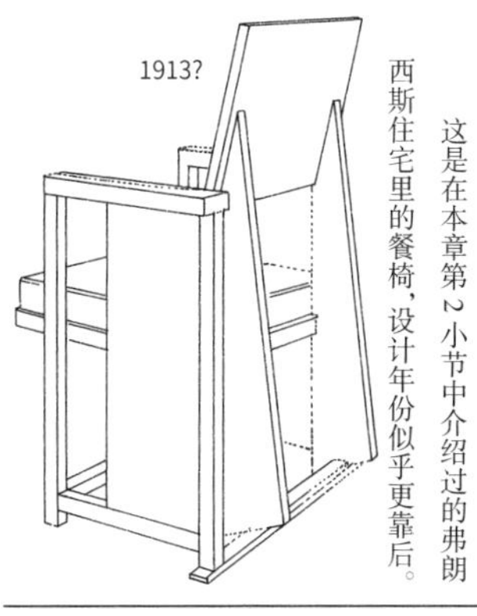

这是在本章第2小节中介绍过的弗朗西斯住宅里的餐椅，设计年份似乎更靠后。

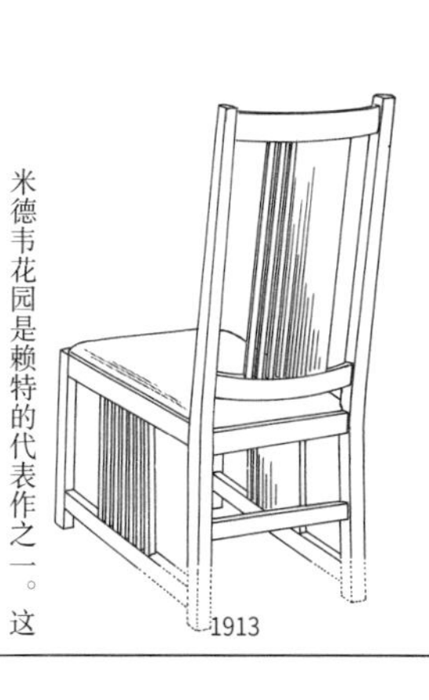

这是赖特为亚当斯住宅设计的餐椅。

米德韦花园是赖特的代表作之一。这座花园占地面积非常大（C图），足足跨了两个街区。它的中央是『夏日花园』，很大，可作为舞会以及宴会场所使用。『夏日花园』的一侧设计有乐队舞台，另一侧设计有室内的『冬日花园』。这座『冬日花园』为暖房结构，全年都可以使用。然而，受到禁酒令以及战争的影响，这座花园最终转手他人。左边的这两件作品均由卡西纳公司承接制作成商品出售。

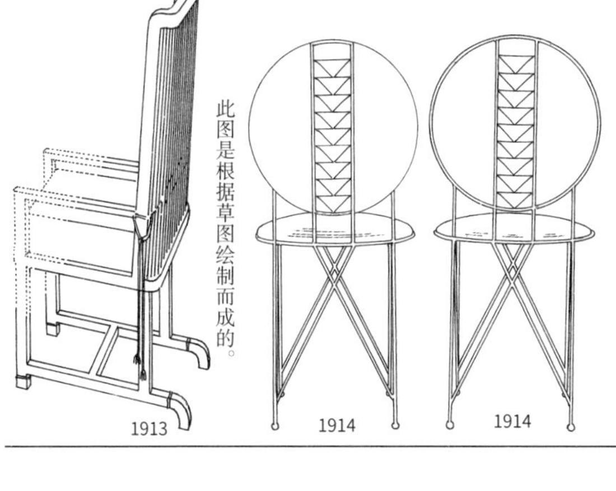

此图是根据草图绘制而成的。

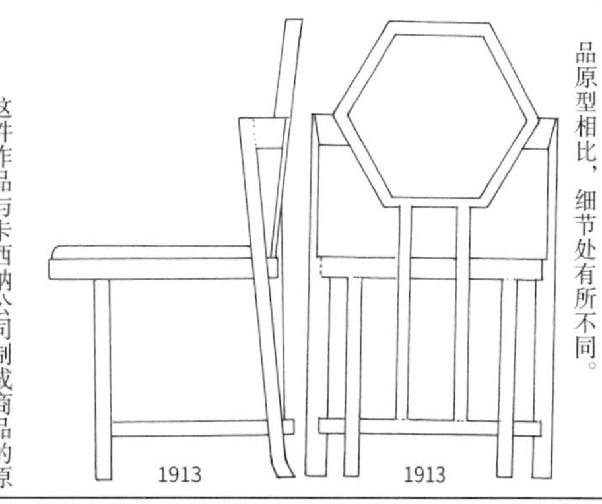

这也是根据草图所绘制的。与制成商品原型相比，细节处有所不同。

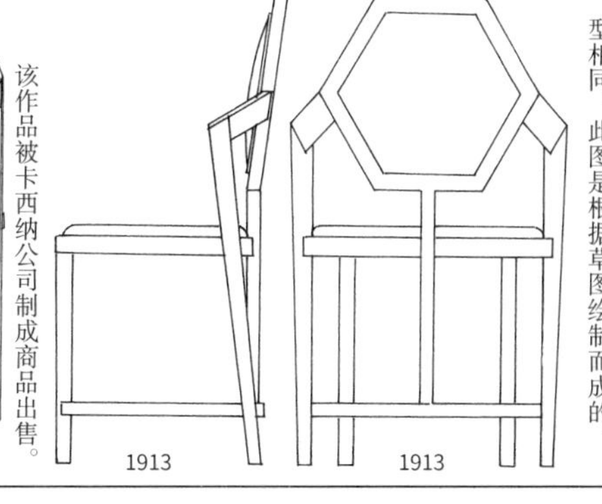

这件作品与卡西纳公司制成商品的原型相同。此图是根据草图绘制而成的。

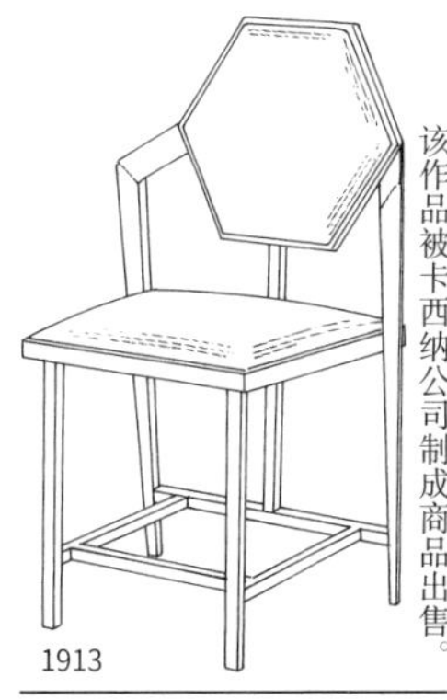

该作品被卡西纳公司制成商品出售。

1867—1959

弗兰克·劳埃德·赖特

第 8 小节
美式整体房屋

在前几小节中，主要介绍了赖特的生平，从这节开始，将着重介绍赖特在建筑方面的成就。虽然涉及独立设计的家具，能够介绍的并不多。但赖特的建筑设计都是非常宏大的工程。接下来将为读者介绍美式整体建筑（英文缩写为 ASBH，以下简称 ASBH）这一建筑风格。本书多次援引了《弗兰克·劳埃德·赖特作品全集》的内容，本书中也收录有许多赖特的设计图纸，奇怪的是，与美式整体房屋相关的图纸却未登载于其中。这一项目的设计开始于 1911 年，结束于 1917 年，期间产生了超过 900 张的图纸，在塔里埃森资料库中数量排名第一。该项目的核心就是将各零部件在工厂预先进行机械加工，希望可以建造出能在全美范围内普及推广的高质量高标准建筑。而且，这里说的推广并不是将雷同的建筑简单复制，而是希望通过利用各种机器，完成各种组合，实现住宅的多样性，同时也能实现低成本。赖特原计划从 1917 年开始正式实施该项目，甚至还在报纸上刊登了广告。然而遗憾的是，这一计划最终未能真正得以实现。

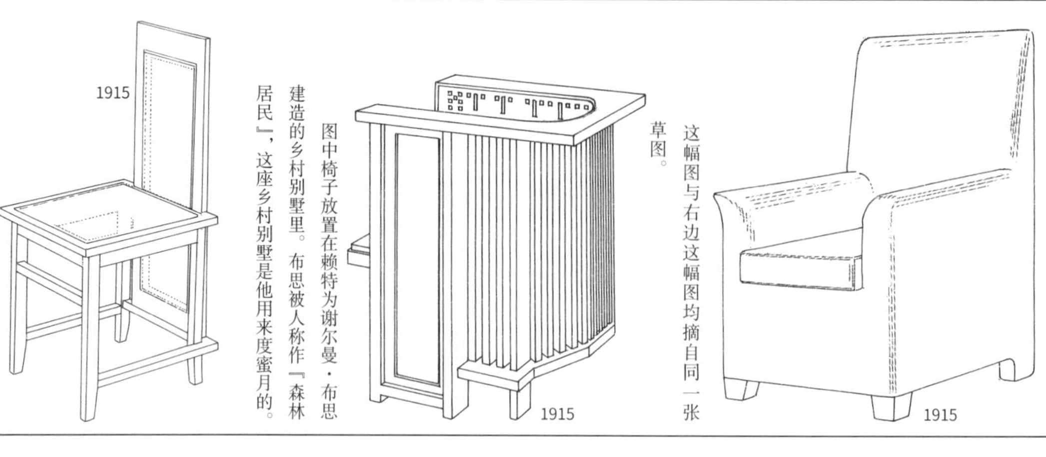

ASBH 项目所用的材料均在工厂预先进行机械加工，以保证低廉的成本。此图是根据草图绘制而成的。

这幅图与右边这幅图均摘自同一张草图。

图中椅子放置在赖特为谢尔曼·布思建造的乡村别墅里。布思被人称作『森林居民』，这座乡村别墅是他用来度蜜月的。

这是赖特为博克住宅设计的凳子。

1916

这两件作品也是为博克住宅设计的，此后赖特设计的建筑中经常能见到与它们相似的作品。

1916

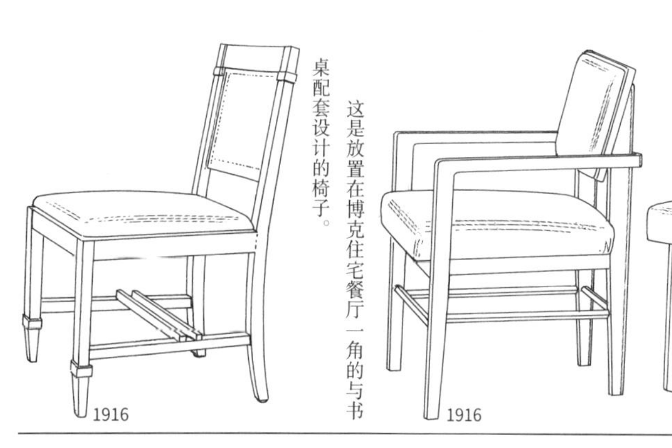

这是放置在博克住宅餐厅一角的与书桌配套设计的椅子。

这是为博克住宅设计的餐椅。一套共有八把。靠背处绷有藤条，座位处蒙有皮革。据悉，时至今日，这套餐椅仍完好如初，在日常生活中使用。

1916

这是博克住宅的卧室里的安乐椅。

1916

这幅图来自赖特为博克住宅的卧室家具设计的草图。1991 年，这件作品的草图在日本举行的赖特作品回顾展上展出。笔者翻阅了许多资料，发现这件作品似乎并未真正制作成实物。

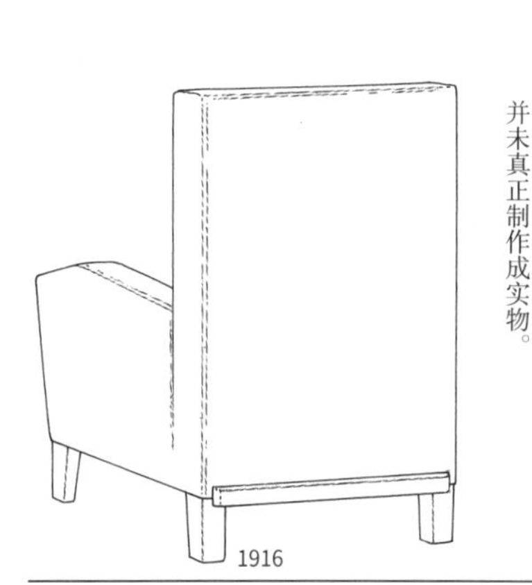

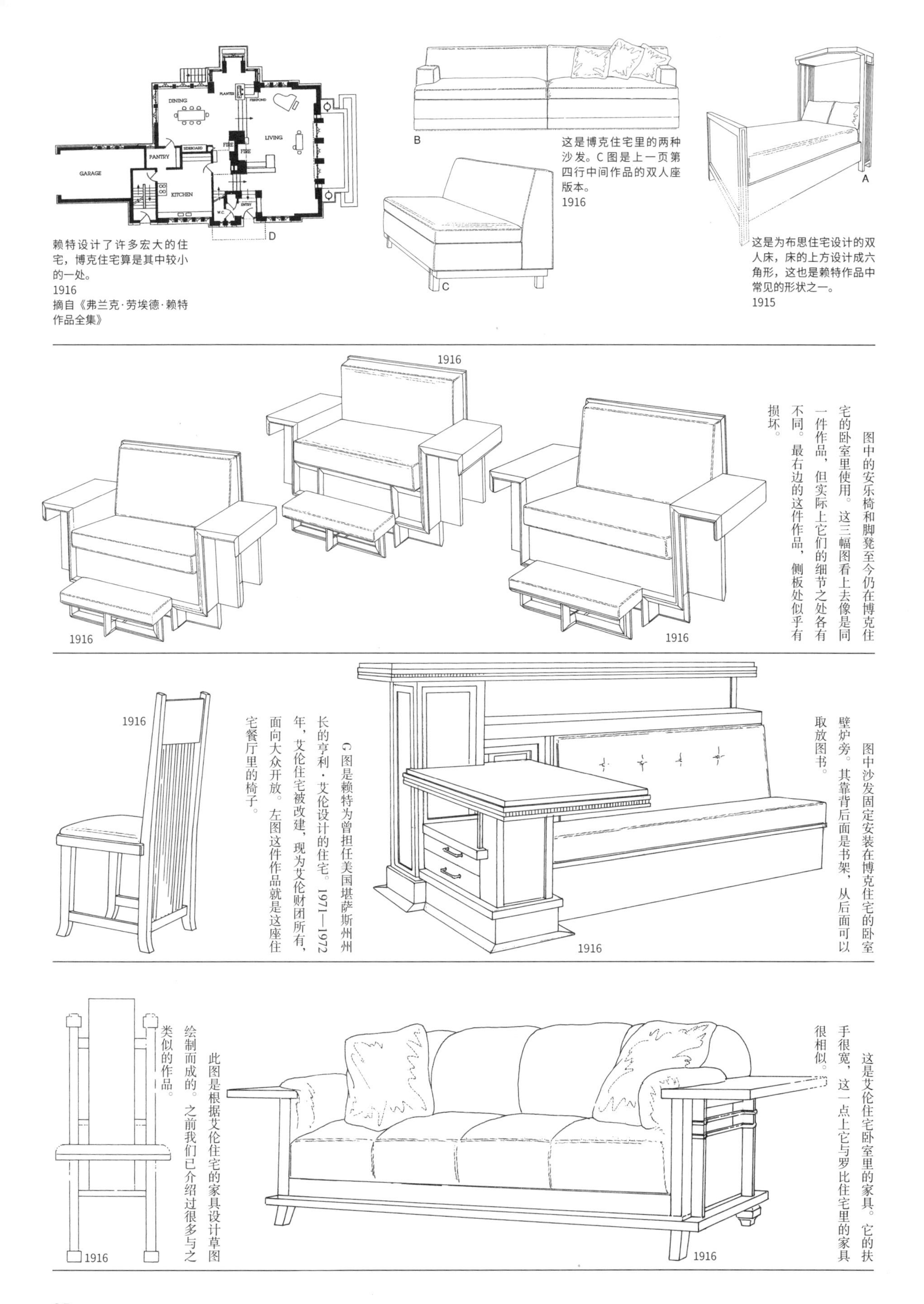

赖特设计了许多宏大的住宅，博克住宅算是其中较小的一处。
1916
摘自《弗兰克·劳埃德·赖特作品全集》

这是博克住宅里的两种沙发。C图是上一页第四行中间作品的双人座版本。
1916

这是为布思住宅设计的双人床，床的上方设计成六角形，这也是赖特作品中常见的形状之一。
1915

1916　1916　1916

图中的安乐椅和脚凳至今仍在博克住宅的卧室里使用。这三幅图看上去像是同一件作品，但实际上它们的细节之处各有不同。最右边的这件作品，侧板处似乎有损坏。

1916

G图是赖特为曾担任美国堪萨斯州长的亨利·艾伦设计的住宅。1971—1972年，艾伦住宅被改建，现为艾伦财团所有，面向大众开放。左图这件作品就是这座住宅餐厅里的椅子。

1916

图中沙发固定安装在博克住宅的卧室壁炉旁。其靠背后面是书架，从后面可以取放图书。

1916

此图是根据艾伦住宅的家具设计草图绘制而成的。之前我们已介绍过很多与之类似的作品。

1916

这是艾伦住宅卧室里的家具。它的扶手很宽，这一点上它与罗比住宅里的家具很相似。

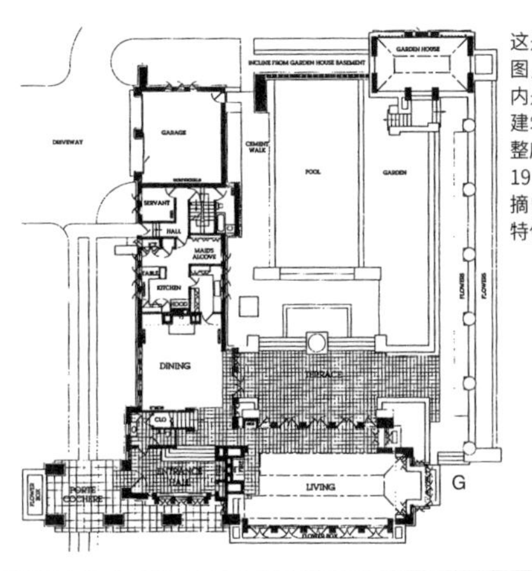

这是艾伦住宅一楼的平面图，上方是行车道，围墙内是庭院及游泳池。整块建筑用地大致呈正方形，整座建筑呈 L 形。
1916—1917
摘自《弗兰克·劳埃德·赖特作品全集》

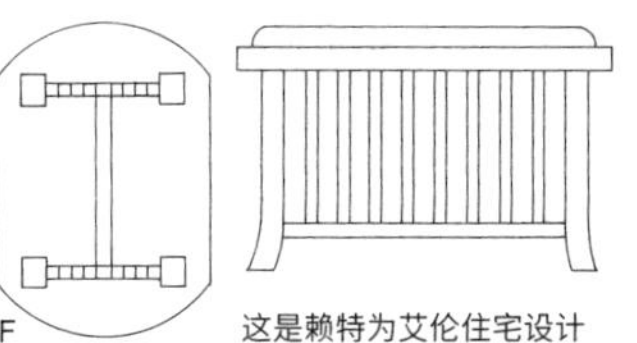

这是赖特为艾伦住宅设计的凳子。草图绘制得比较粗略，所以辐条的数量不太准确。
1916—1917

这是第二行左边作品的俯视图。其靠背处的辐条略呈拱形。
1916—1917

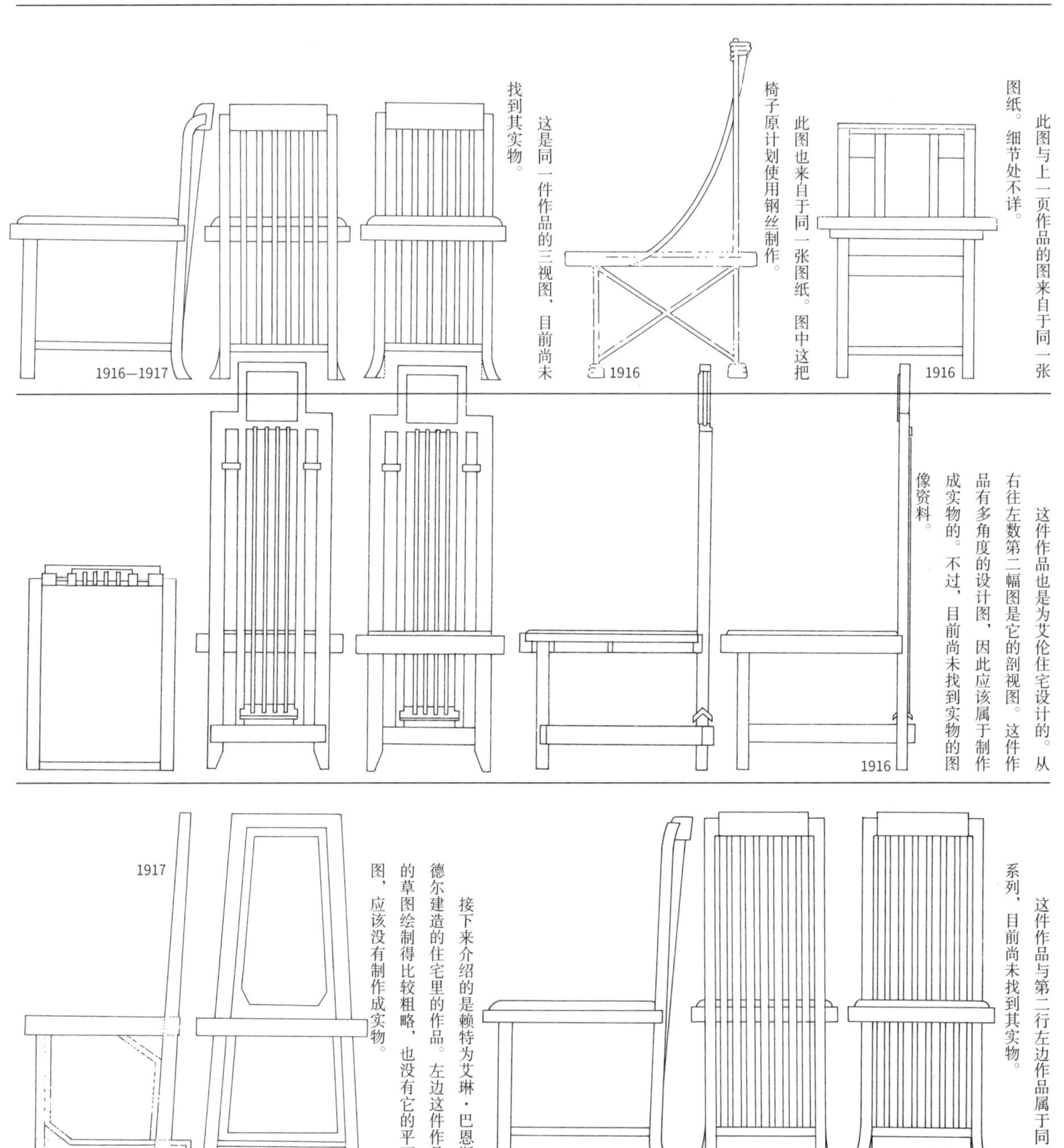

此图与上一页作品的图来自于同一张图纸。细节处不详。
1916

此图也来自于同一张图纸。图中这把椅子原计划使用钢丝制作。
1916

这是同一件作品的三视图，目前尚未找到其实物。
1916—1917

这件作品也是为艾伦住宅设计的。从右往左数第二幅图是它的剖视图。这件作品有多角度的设计图，因此应该属于制作成实物的。不过，目前尚未找到实物的图像资料。
1916

这件作品与第二行左边作品属于同一系列，目前尚未找到其实物。
1916

接下来介绍的是赖特为艾琳·巴恩斯德尔建造的住宅里的作品。左边这件作品的草图绘制得比较粗略，也没有它的平面图，应该没有制作成实物。
1917

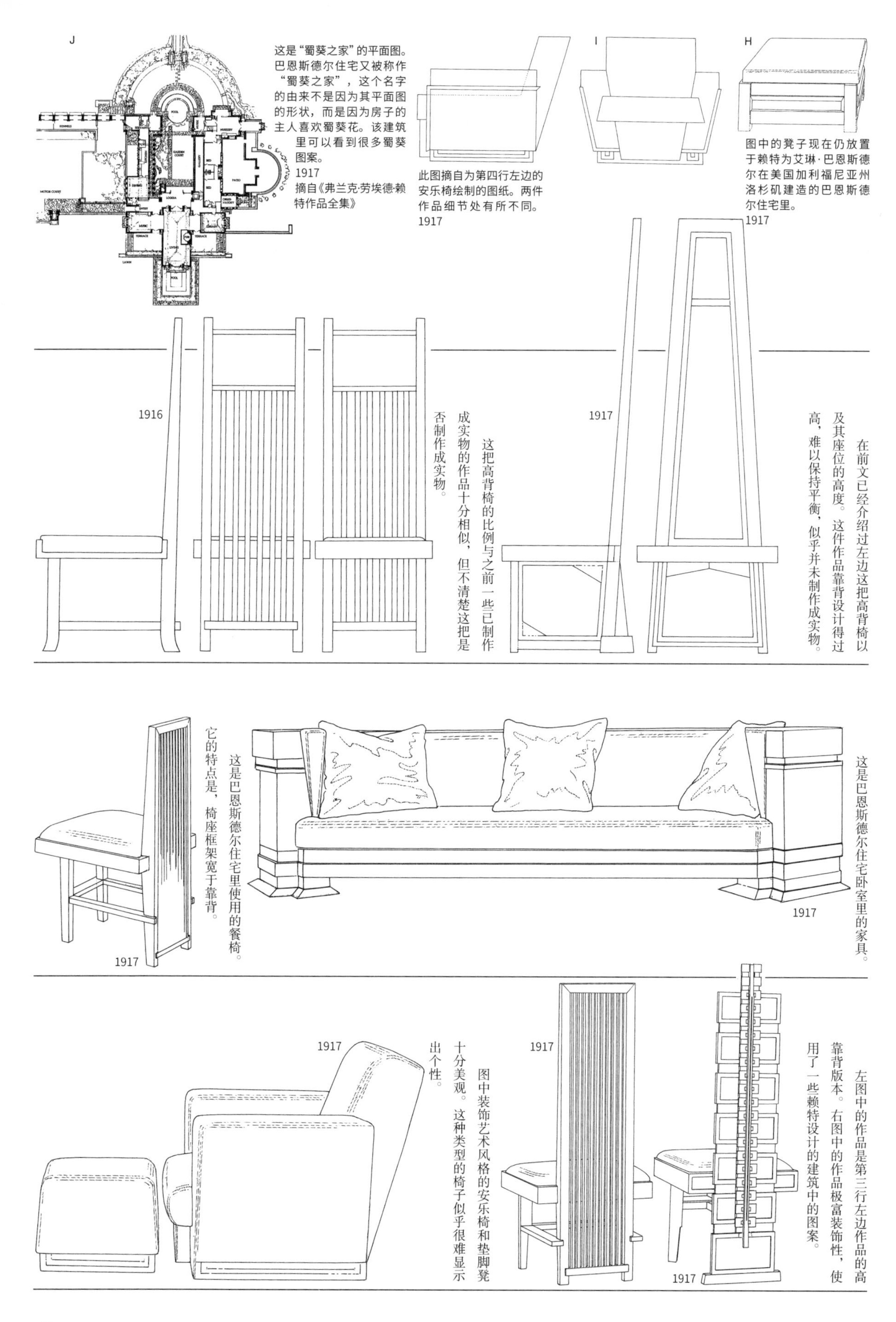

这是“蜀葵之家”的平面图。巴恩斯德尔住宅又被称作“蜀葵之家”，这个名字的由来不是因为其平面图的形状，而是因为房子的主人喜欢蜀葵花。该建筑里可以看到很多蜀葵图案。
1917
摘自《弗兰克·劳埃德·赖特作品全集》

此图摘自为第四行左边的安乐椅绘制的图纸。两件作品细节处有所不同。
1917

图中的凳子现在仍放置于赖特为艾琳·巴恩斯德尔在美国加利福尼亚州洛杉矶建造的巴恩斯德尔住宅里。
1917

1916

这把高背椅的比例与之前一些已制作成实物的作品十分相似，但不清楚这把是否制作成实物。

1917

在前文已经介绍过左边这把高背椅以及其座位的高度。这件作品靠背设计得过高，难以保持平衡，似乎并未制作成实物。

1917

这是巴恩斯德尔住宅里使用的餐椅。它的特点是，椅座框架宽于靠背。

1917

这是巴恩斯德尔住宅卧室里的家具。

1917

图中装饰艺术风格的安乐椅和垫脚凳十分美观。这种类型的椅子似乎很难显示出个性。

1917

1917

左图中的作品是第三行左边作品的高靠背版本。右图中的作品极富装饰性，使用了一些赖特设计的建筑中的图案。

1867—1959

弗兰克·劳埃德·赖特

第 9 小节
无法超越的“塔里埃森”

赖特的代表作『塔里埃森』在威尔士语里的意思是『闪耀的巅峰』，他用这个词命名了自己的宅邸。这里所说的宅邸，指的是 1911 年他在威斯康星州斯普林格林建造的住宅，而不是本章第 1 小节中介绍的位于伊利诺伊州橡树园（1889）里的住宅。1914 年 8 月，一个精神病人放火烧了塔里埃森，七人葬身火海，其中包括赖特的第二任妻子以及两个孩子，而塔里埃森也在这场大火中被付之一炬。同年，赖特对塔里埃森进行修复重建，并将这座新的建筑命名为『第二代塔里埃森』。1925 年，第二代塔里埃森也遭遇了火灾，同年，赖特再次着手修建『第三代塔里埃森』，并保存至今。

1932 年，塔里埃森设计团体设计的的临山建筑群在斯普林格林建成。这一建筑群又被不断扩充，相继增加了绘图大楼（1932）、游乐场（1933）、剧院（1952）等。此外，1937—1956 年，在亚利桑那州斯科茨代尔的沙漠中，又建成了名为『西塔里埃森』的建筑群。

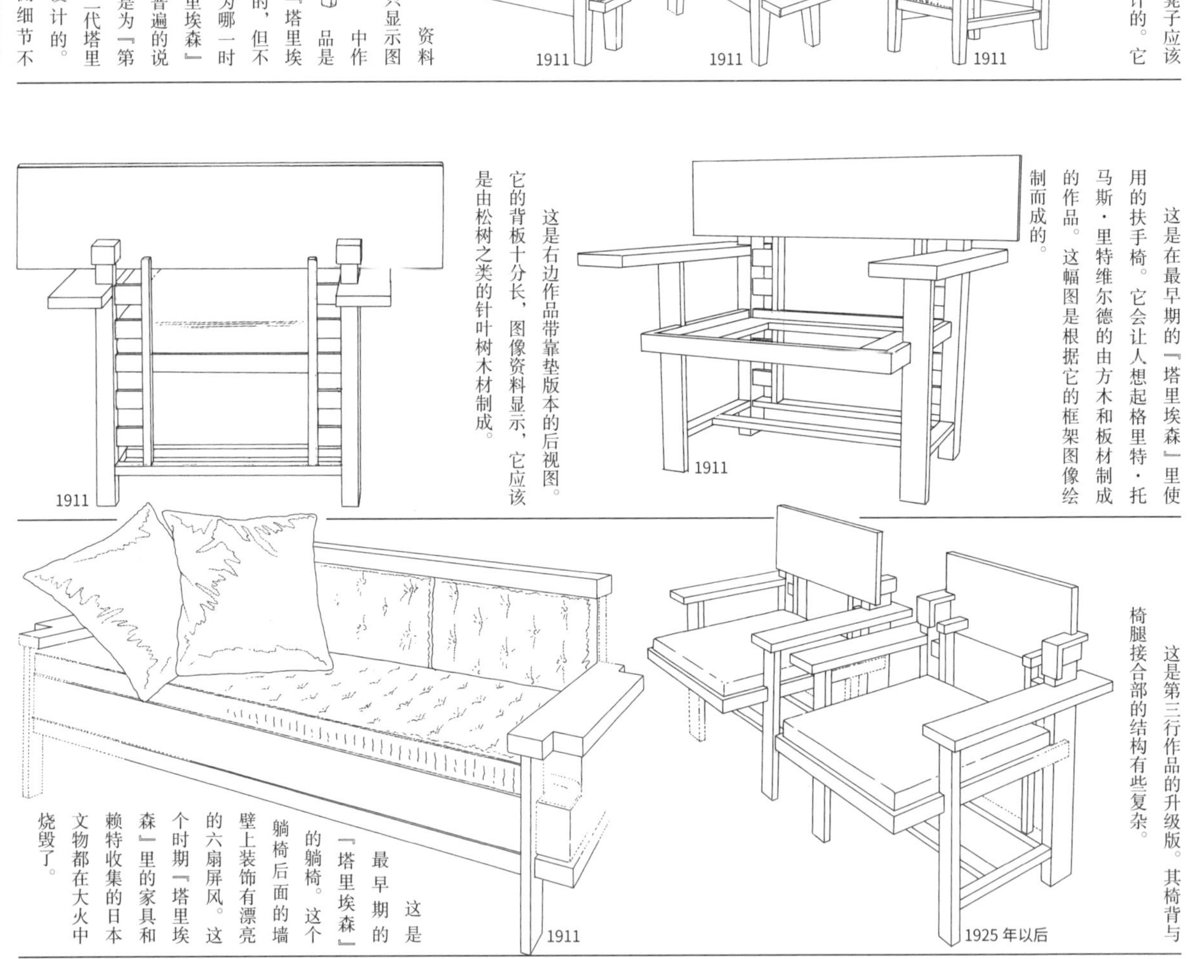

从设计上来看，左边这三把凳子应该是为最早建成的『塔里埃森』设计的。它们的座位处都设计得很高。

资料只显示图中作品是为『塔里埃森』设计的，但不清楚它是为哪一时期的『塔里埃森』设计的。普遍的说法是，这是为『第一代或第二代塔里埃森』设计的。腿部左侧细节不详，凭想象绘制。

这是在最早期的『塔里埃森』里使用的扶手椅。它会让人想起格里特·托马斯·里特维尔德的由方木和板材制成的作品。这幅图是根据它的框架图像绘制而成的。

这是右边作品带靠垫版本的后视图。它的背板十分长，图像资料显示，它应该是由松树之类的针叶树木材制成。

这是第三行作品的升级版。其椅背与椅腿接合部的结构有些复杂。

这是最早期的『塔里埃森』的躺椅。这个躺椅后面的墙壁上装饰有漂亮的六扇屏风。这个时期『塔里埃森』里的家具和赖特收集的日本文物都在大火中烧毁了。

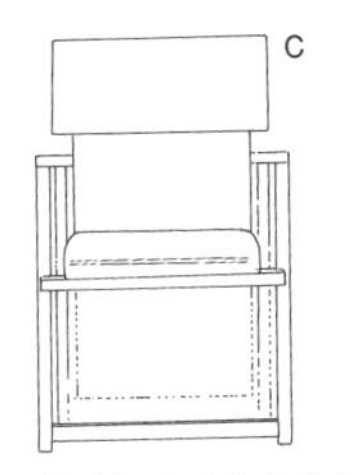

这把椅子配有细长的六角形桌子，曾放置于面朝花园的房间。
1925 年以后

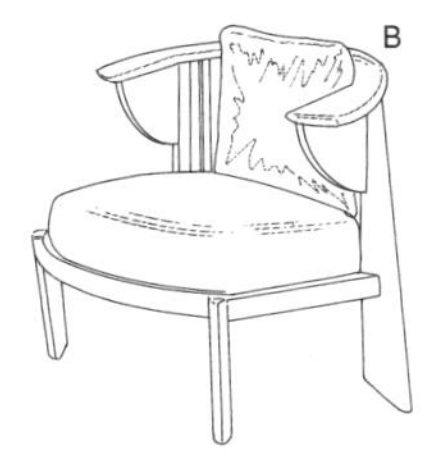

这是在“第三代塔里埃森”里使用的扶手椅，曾放置于赖特卧室阅读角。
1925

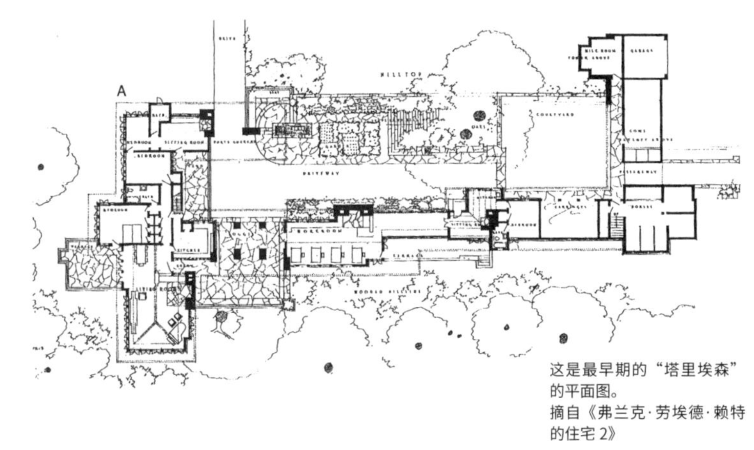

这是最早期的“塔里埃森”的平面图。
摘自《弗兰克·劳埃德·赖特的住宅 2》

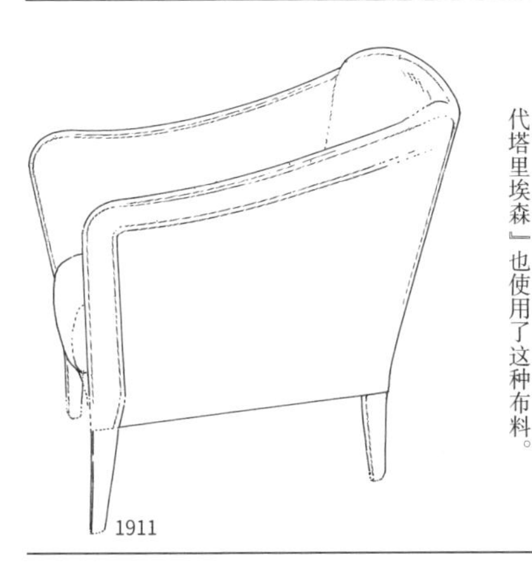

1911

这是放置在『塔里埃森』主卧里的安乐椅。椅子包裹有大圆点图案的布料。床的靠垫等位置也包上了同款布料。『第三代塔里埃森』也使用了这种布料。

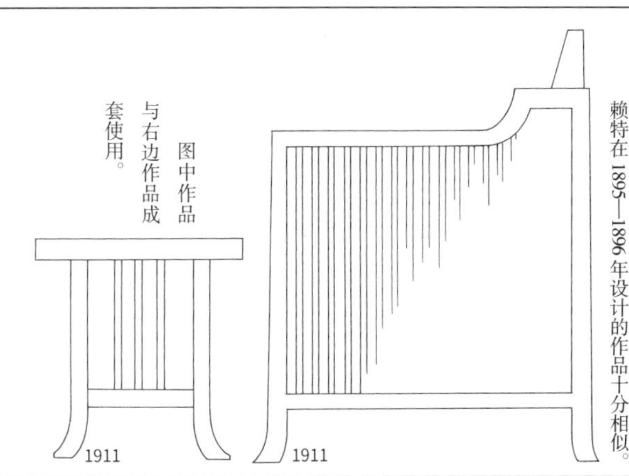

1911　1911

图中作品与右边作品成套使用。

此图是根据『塔里埃森』或『第二代塔里埃森』的家具草图绘制而成的。它与赖特在1895—1896年设计的作品十分相似。

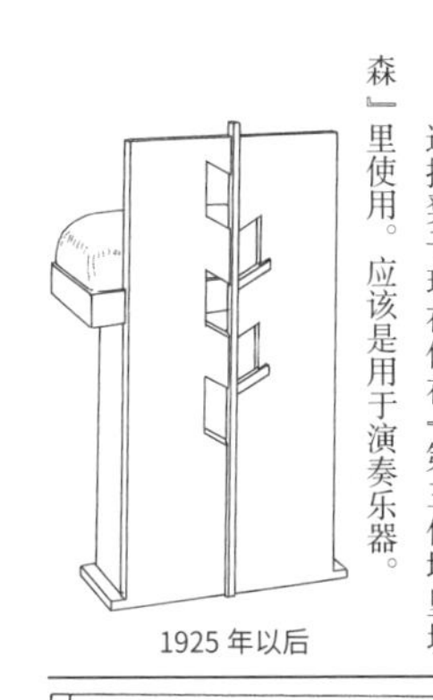

1925 年以后

这把凳子现在仍在『第三代塔里埃森』里使用。应该是用于演奏乐器。

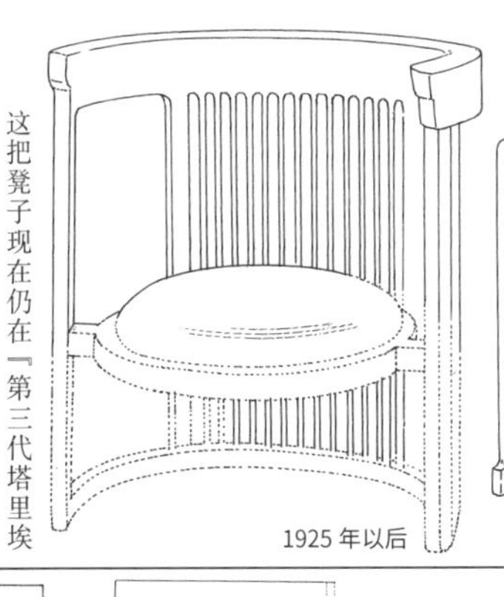

1925 年以后

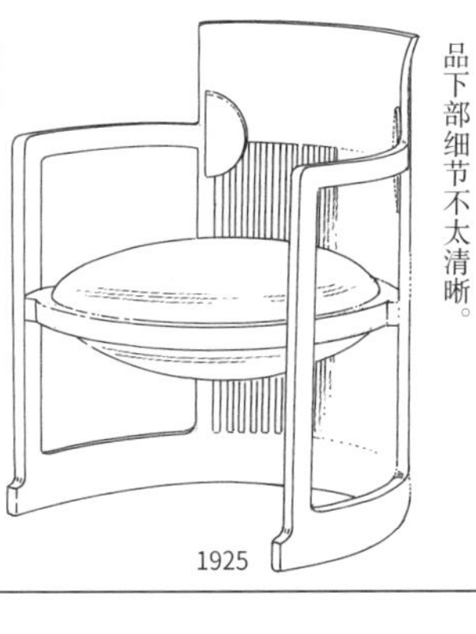

1925

这件作品属于『桶背椅』系列。在1904年建造的马丁住宅里有两件这一系列作品的升级版。左边这幅图中的作品即使是在桶背椅中也属于罕见的类型。该作品下部细节不太清晰。

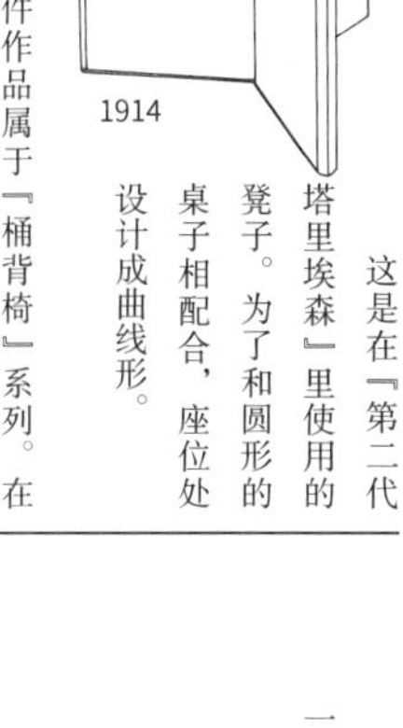

1914

这是在『第二代塔里埃森』里使用的凳子。为了和圆形的桌子相配合，座位处设计成曲线形。

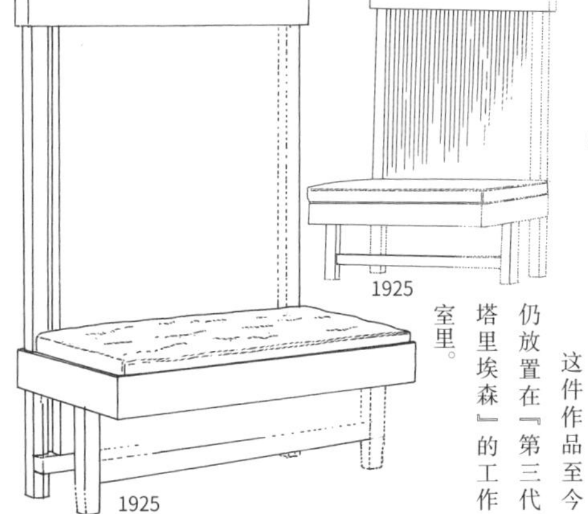

1925　1925

这件作品至今仍放置在『第三代塔里埃森』的工作室里。

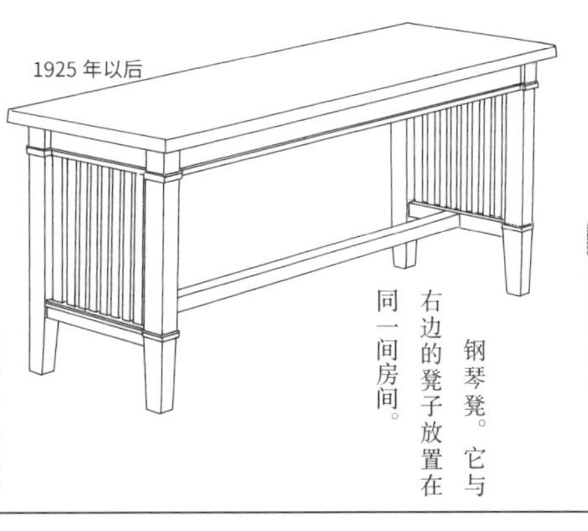

1925 年以后

钢琴凳。它与右边的凳子放置在同一间房间。

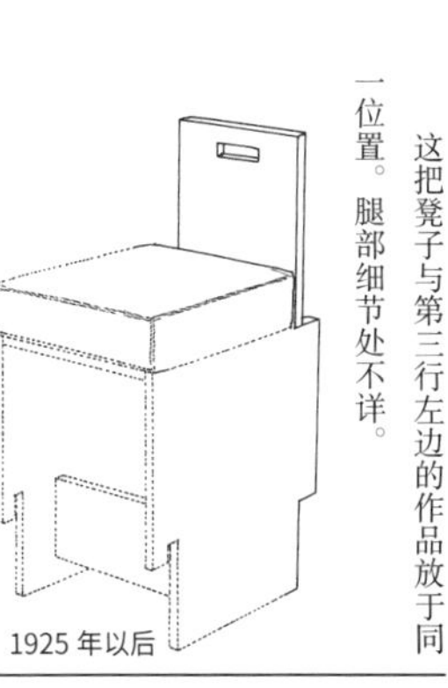

1925 年以后

这把凳子与第三行左边的作品放于同一位置。腿部细节处不详。

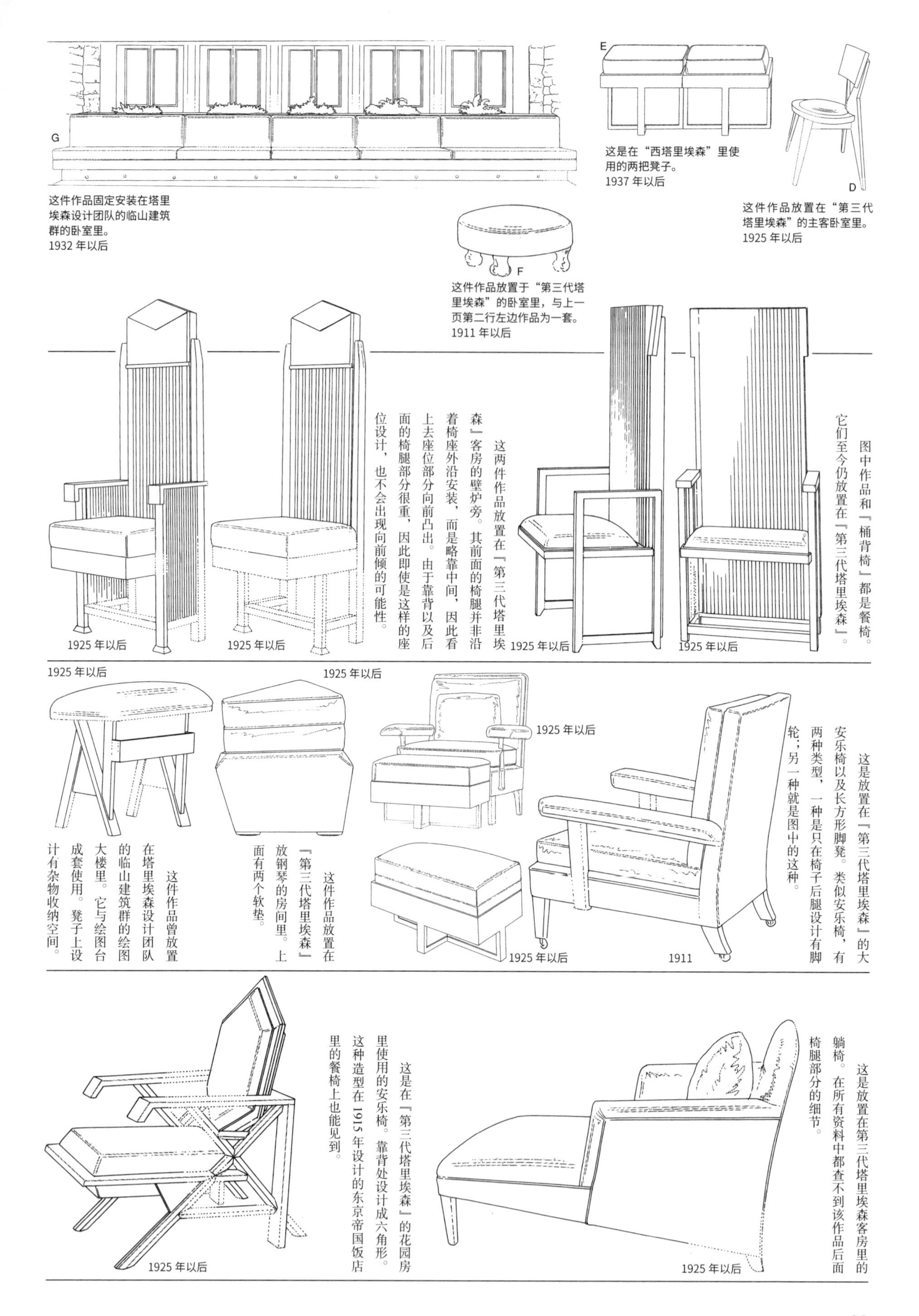

这件作品固定安装在塔里埃森设计团队的临山建筑群的卧室里。
1932 年以后

这是在“西塔里埃森”里使用的两把凳子。
1937 年以后

这件作品放置在“第三代塔里埃森”的主客卧室里。
1925 年以后

这件作品放置于“第三代塔里埃森”的卧室里，与上一页第二行左边作品为一套。
1911 年以后

图中作品和『桶背椅』都是餐椅。它们至今仍放置在『第三代塔里埃森』。

这两件作品放置在『第三代塔里埃森』客房的壁炉旁。其前面的椅腿并非沿着椅座外沿安装，而是略靠中间，因此看上去座位部分向前凸出。由于靠背以及后面的椅腿部分很重，因此即使是这样的座位设计，也不会出现向前倾的可能性。

1925 年以后　1925 年以后　1925 年以后　1925 年以后

这是放置在『第三代塔里埃森』的大安乐椅以及长方形脚凳。类似安乐椅，有两种类型，一种是只在椅子后腿设计有脚轮；另一种就是图中的这种。

1925 年以后　1925 年以后　1911

这件作品放置在『第三代塔里埃森』放钢琴的房间里。上面有两个软垫。

1925 年以后

这件作品曾放置在塔里埃森设计团队的临山建筑群的绘图大楼里。它与绘图台成套使用。凳子上设计有杂物收纳空间。

1925 年以后

这是放置在第三代塔里埃森客房里的躺椅。在所有资料中都查不到该作品后面椅腿部分的细节。

1925 年以后

这是在『第三代塔里埃森』的花园房里使用的安乐椅。靠背处设计成六角形。这种造型在 1915 年设计的东京帝国饭店里的餐椅上也能见到。

1925 年以后

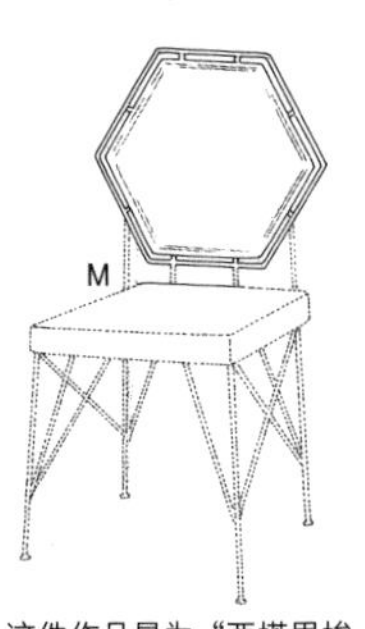

这件作品是为“西塔里埃森”的歌舞剧院设计的。座位的形状不清楚，有可能是六角形。
1949 年以后

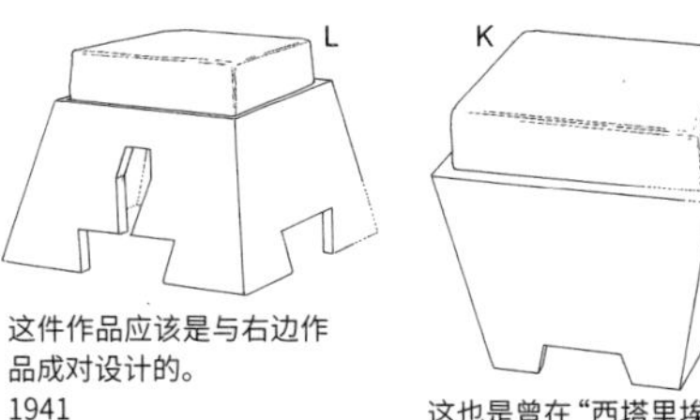

这件作品应该是与右边作品成对设计的。
1941

这也是曾在“西塔里埃森”里使用的凳子。
1941

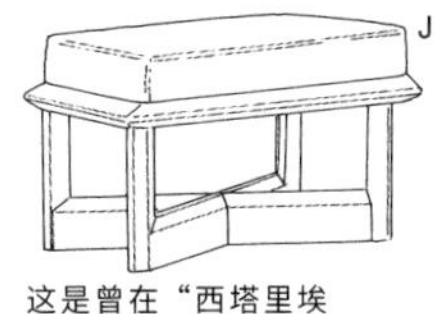

这是曾在“西塔里埃森”里使用的凳子。
1937 年以后

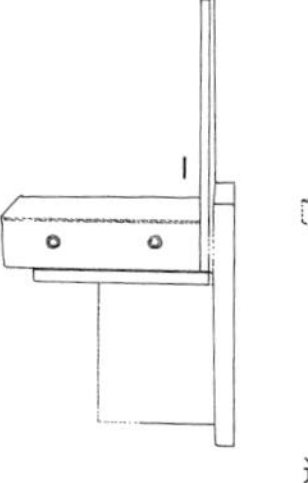

这是放置在塔里埃森设计团队的临山建筑群餐厅里的作品。
1932 年以后

这件作品放置在塔里埃森设计团队的临山建筑群的剧院里，至今仍在使用。从设计上来看，并不是很漂亮。

1952

这是放置在塔里埃森设计团队的临山建筑群里的安乐椅。

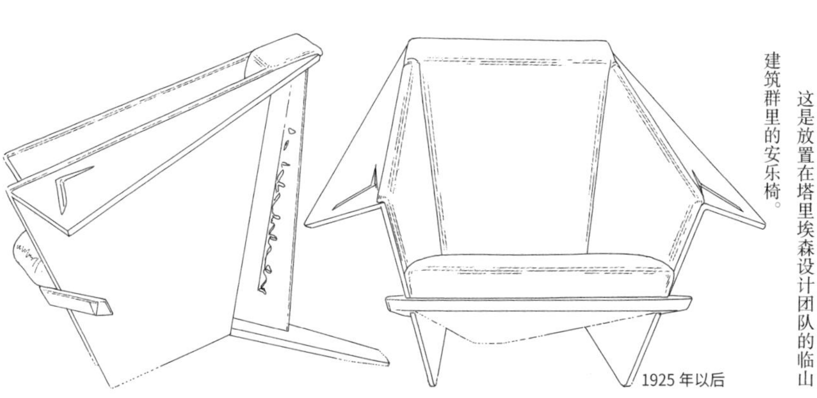

1925 年以后

这是在塔里埃森设计团队的临山建筑群的剧院及大厅里使用的椅子。它与米德韦花园里的椅子很相似。

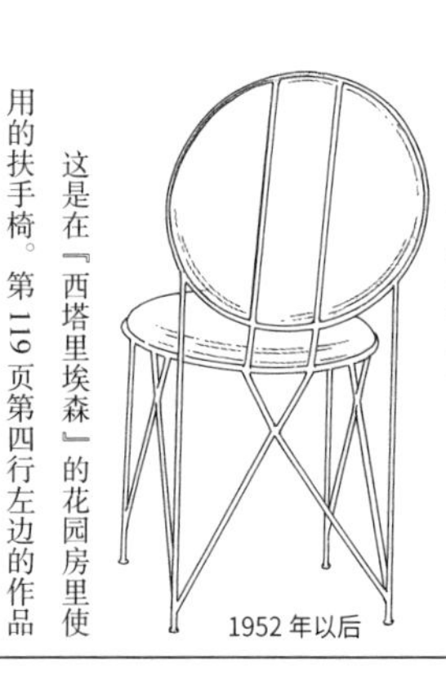

1952 年以后

这是在『西塔里埃森』的花园房里使用的扶手椅。第 119 页第四行左边的作品可以看作是它的无扶手版本。

1937 年以后

这是在塔里埃森设计团队的临山建筑群餐厅里的椅子，连同上面的 H 图、I 图里的作品，餐厅里的椅子一共有四种造型。

1932 年以后

1932 年以后

这是『西塔里埃森』的音乐馆里的凳子。还有比这件作品更矮的一款凳子，此处不作介绍。

1956 年以后

这是放置在『西塔里埃森』花园房里的安乐椅。

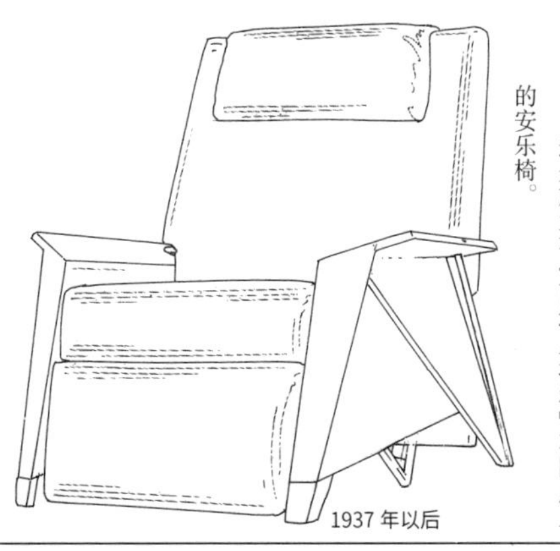

1937 年以后

这件作品也是为『西塔里埃森』设计的。可以看到，椅子使用了较薄的板材，充分利用空间，有一种见缝插针的感觉。

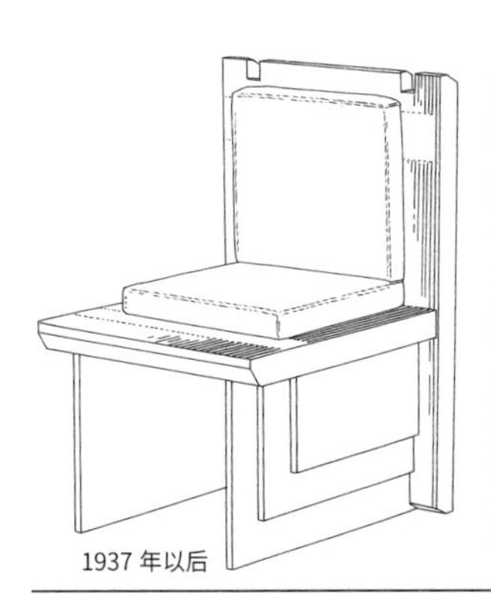

1937 年以后

1867—1959

弗兰克·劳埃德·赖特

第10小节
东京帝国饭店

赖特在设计不同的建筑物时，分别为它们设计了专属的家具。之前笔者一直认为丹麦设计师瓦格纳设计的椅子最多，但现在看来，赖特设计的椅子数量似乎超过了瓦格纳。

本小节将介绍日本的代表性建筑作品——东京帝国饭店里的家具。东京帝国饭店是赖特设计的第一座酒店建筑。实现这个建筑计划的关键人物，是饭店的常务董事总经理林爱作以及总经理犬丸彻三。林爱作在经营古玩的山中商会纽约分公司工作时，被邀请到东京帝国饭店做负责人。他与赖特在纽约相识，之后便将东京帝国饭店的设计工作交付给了赖特。这家饭店原计划由下田菊太郎设计，但由于一再延迟，最终不了了之。这座建筑的外观设计过程中，作为助手的安东尼·雷蒙也参与了工作。东京帝国饭店于1923年8月竣工，在同年的9月1日的竣工庆典时，发生了关东大地震。幸运的是，这座建筑由于全部使用电力，并没有像其他建筑一样遇到地震而引发的火灾。遗憾的是，东京帝国饭店于1967年开始拆除。在那之前，它一直是日本饭店的象征。

本小节介绍的均是为东京帝国饭店专门设计的作品。左图这三件作品在该饭店三楼的大宴会厅里大量使用。该宴会厅装饰有彩色壁画和雕塑，屋角共计有八个柱子，上面是浮雕的孔雀图案，因此这个宴会厅被称为『孔雀厅』。会场里的椅子有几种不同的类型：有的椅子靠背、椅座以及侧面绷有藤条；有的椅子是在板材上直接包裹布料。不过，靠背处撑杆的设计好像有些问题，曾经修理过很多次。东京帝国饭店被拆除后，里面的备用物资、家具、日常用品等都经由百货商店卖了出去。但这些椅子的数量实在太多，很多都被当作废品丢弃，其中的一部分椅子一度在建筑工地堆积如山。这在欧美国家都是难以想象的。

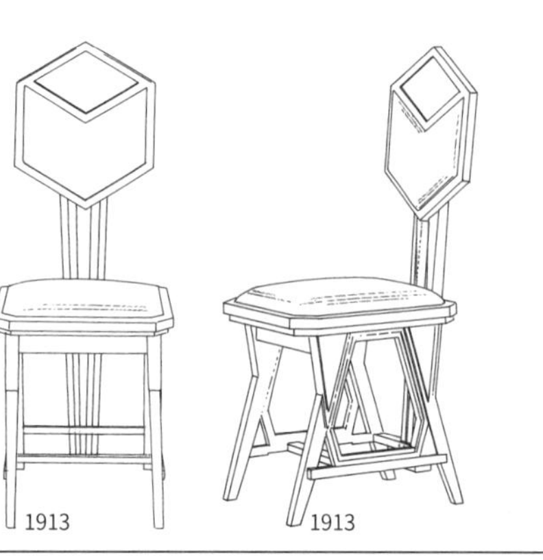

此作品应该是第二行作品的升级版。此图是根据草图绘制而成的，靠背处的撑杆从外侧安装在座位后方。这种设计很不稳定。

1914

此图是右边作品的斜视图，根据草图绘制而成。它的侧面似乎绷有藤条。

1914

这把凳子放置在通向『孔雀厅』的通道上。赖特在美国设计的住宅里也能见到类似的凳子。

1914

这件作品的草图绘制得十分粗略，此处用素描笔对其进行了一定的修正。这件作品应该并未实际制作成型。

1914

这似乎是右边作品较为详细的图。以图中竖直的虚线为分界线，右边是主视图，左边是后视图、侧视图。目前未找到图中作品的实物。

1914

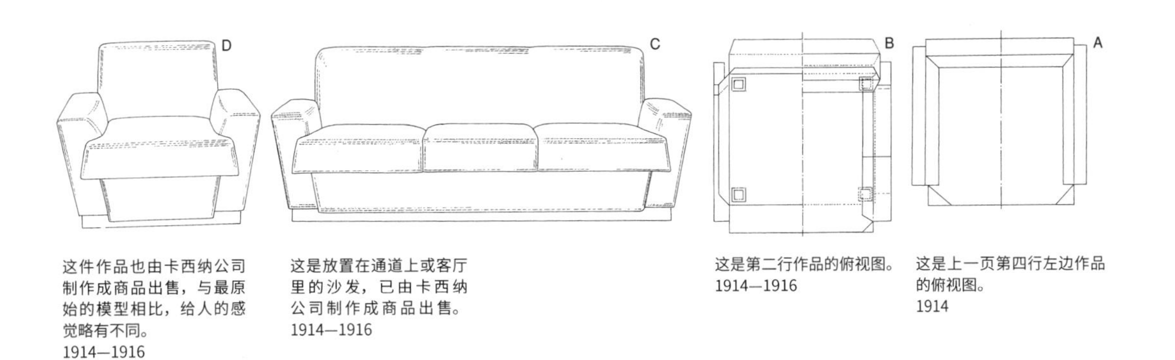

这件作品也由卡西纳公司制作成商品出售，与最原始的模型相比，给人的感觉略有不同。
1914—1916

这是放置在通道上或客厅里的沙发，已由卡西纳公司制作成商品出售。
1914—1916

这是第二行作品的俯视图。
1914—1916

这是上一页第四行左边作品的俯视图。
1914

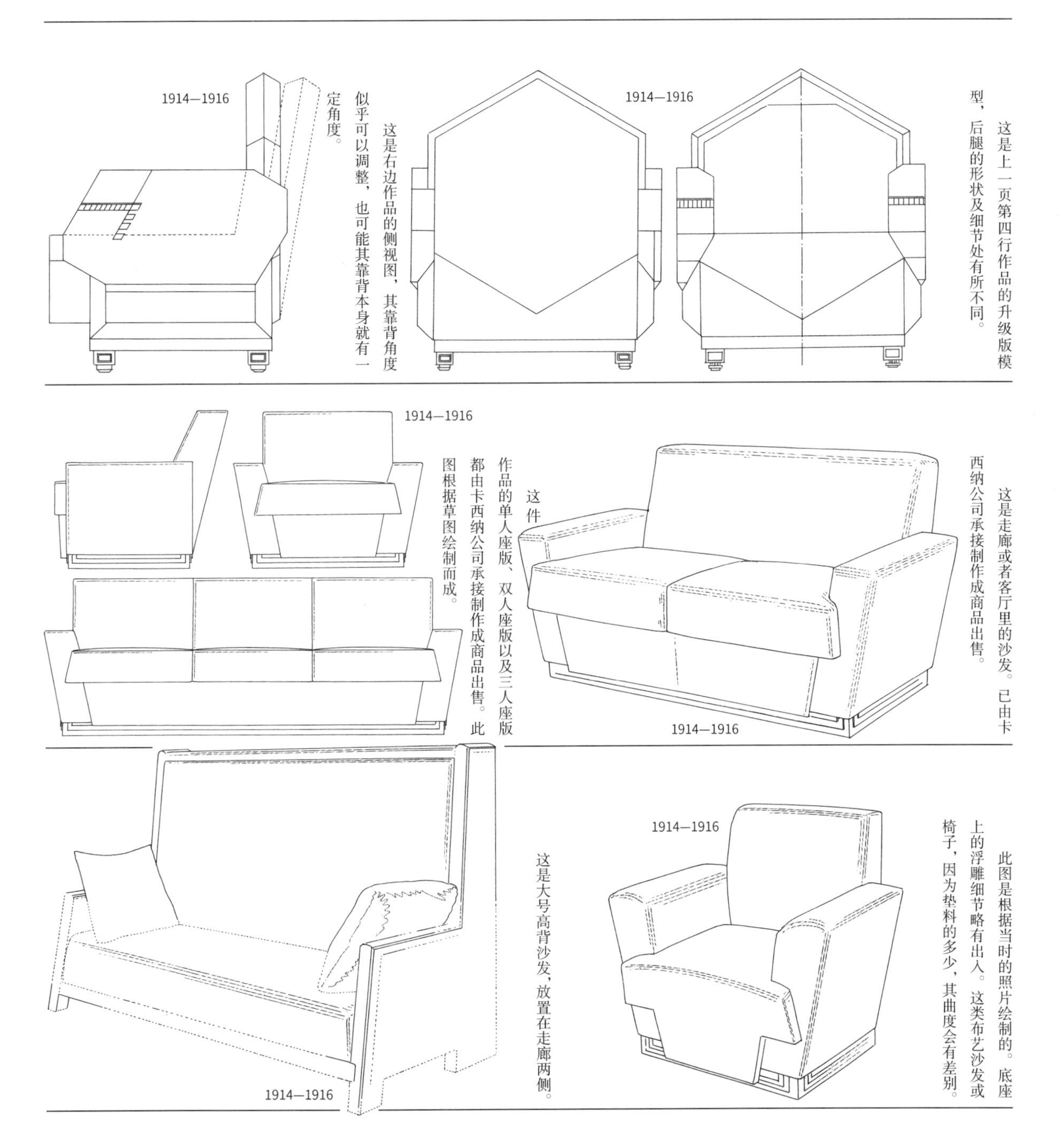

这是上一页第四行作品的升级版模型，后腿的形状及细节处有所不同。

这是右边作品的侧视图，其靠背角度似乎可以调整，也可能其靠背本身就有一定角度。

这是走廊或者客厅里的沙发。已由卡西纳公司承接制作成商品出售。

这件作品的单人座版、双人座版以及三人座版都由卡西纳公司承接制作成商品出售。此图根据草图绘制而成。

此图是根据当时的照片绘制的。底座上的浮雕细节略有出入。这类布艺沙发或椅子，因为垫料的多少，其曲度会有差别。

这是大号高背沙发，放置在走廊两侧。

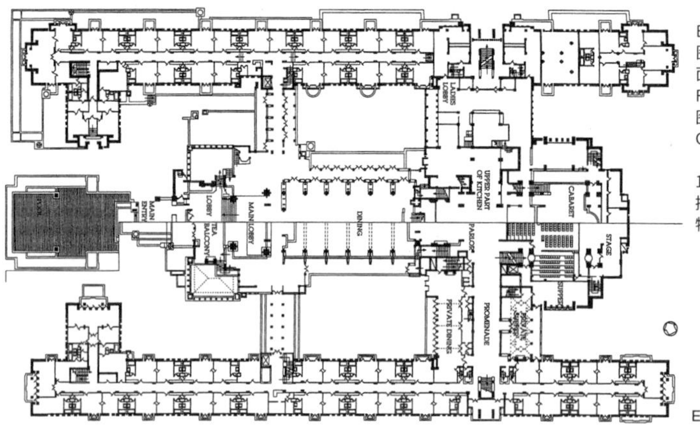

E图上半部分是一楼平面图，下半部分是二楼平面图。
F图上半部分是三楼平面图，下半部分是顶楼平面图。
G图是配楼的一楼平面图。
（图见下一页）
1913
摘自《弗兰克·劳埃德·赖特作品全集》

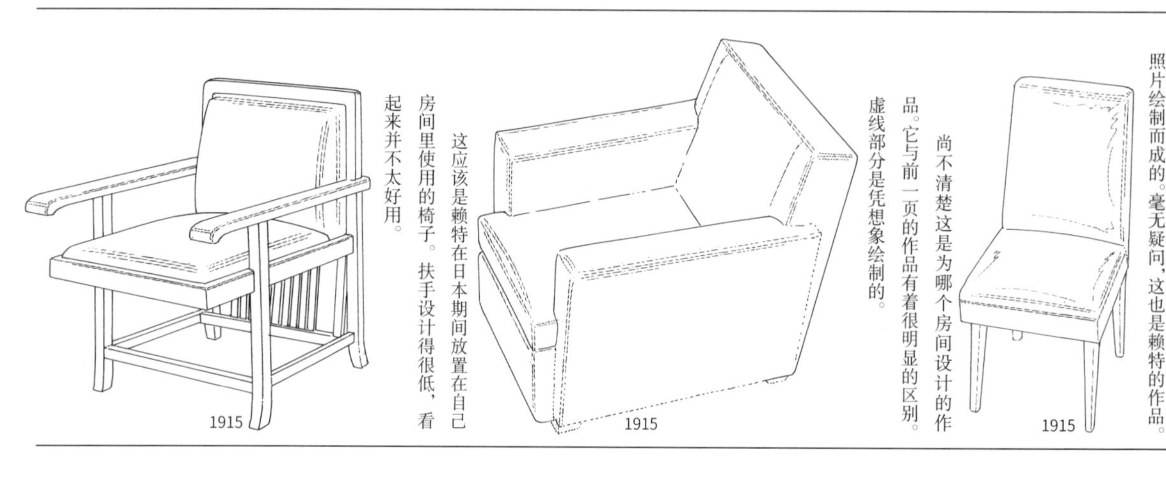

此图以及左边安乐椅的图都是根据同一张照片绘制而成的。毫无疑问，这也是赖特的作品。

1915

尚不清楚这是为哪个房间设计的作品。它与前一页的作品有着很明显的区别。虚线部分是凭想象绘制的。

1915

这应该是赖特在日本期间放置在自己房间里使用的椅子。扶手设计得很低，看起来并不太好用。

1915

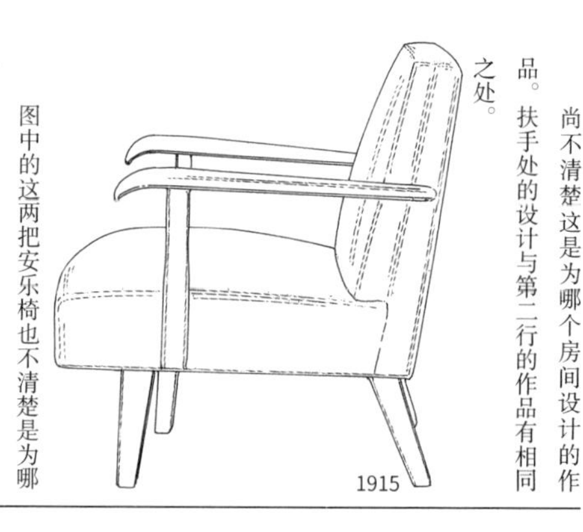

尚不清楚这是为哪个房间设计的作品。扶手处的设计与第二行的作品有相同之处。

1915

图中的这两把安乐椅也不清楚是为哪个房间设计的作品。它们的整体比例很相似，但扶手的高度以及一些细节之处有所不同。

1914

1915

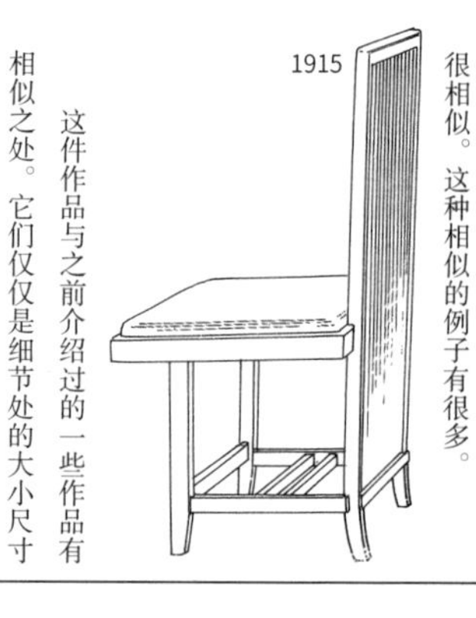

1915

这件作品与巴恩斯德尔住宅里的作品很相似。这种相似的例子有很多。

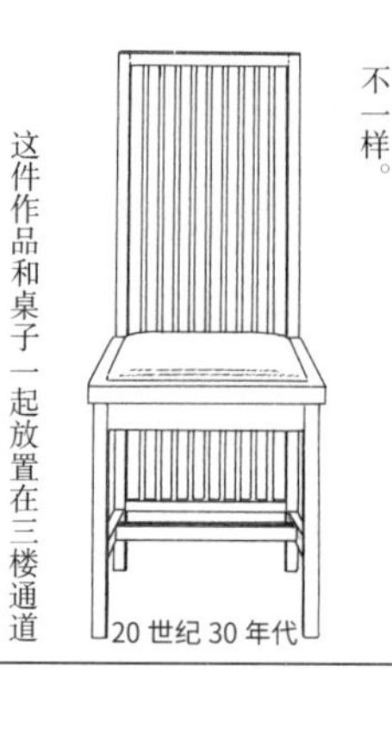

20 世纪 30 年代

这件作品与之前介绍过的一些作品有相似之处。它们仅仅是细节处的大小尺寸不一样。

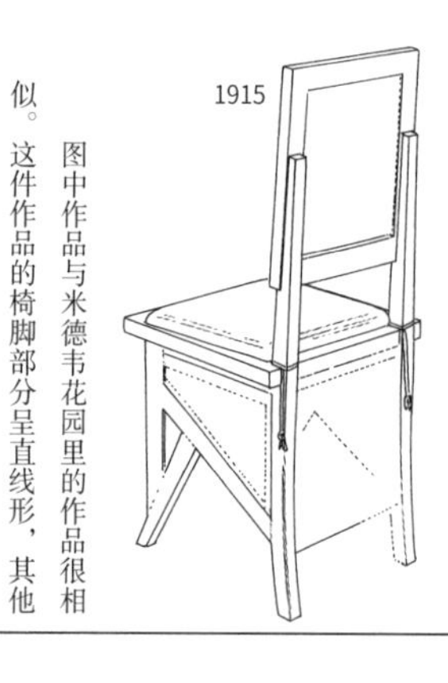

1915

这件作品和桌子一起放置在三楼通道的高背沙发的前面。

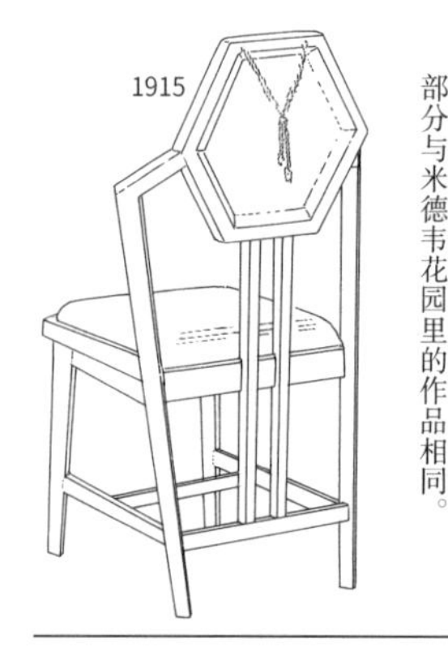

1915

图中作品与米德韦花园里的作品很相似。这件作品的椅脚部分呈直线形，其他部分与米德韦花园里的作品相同。

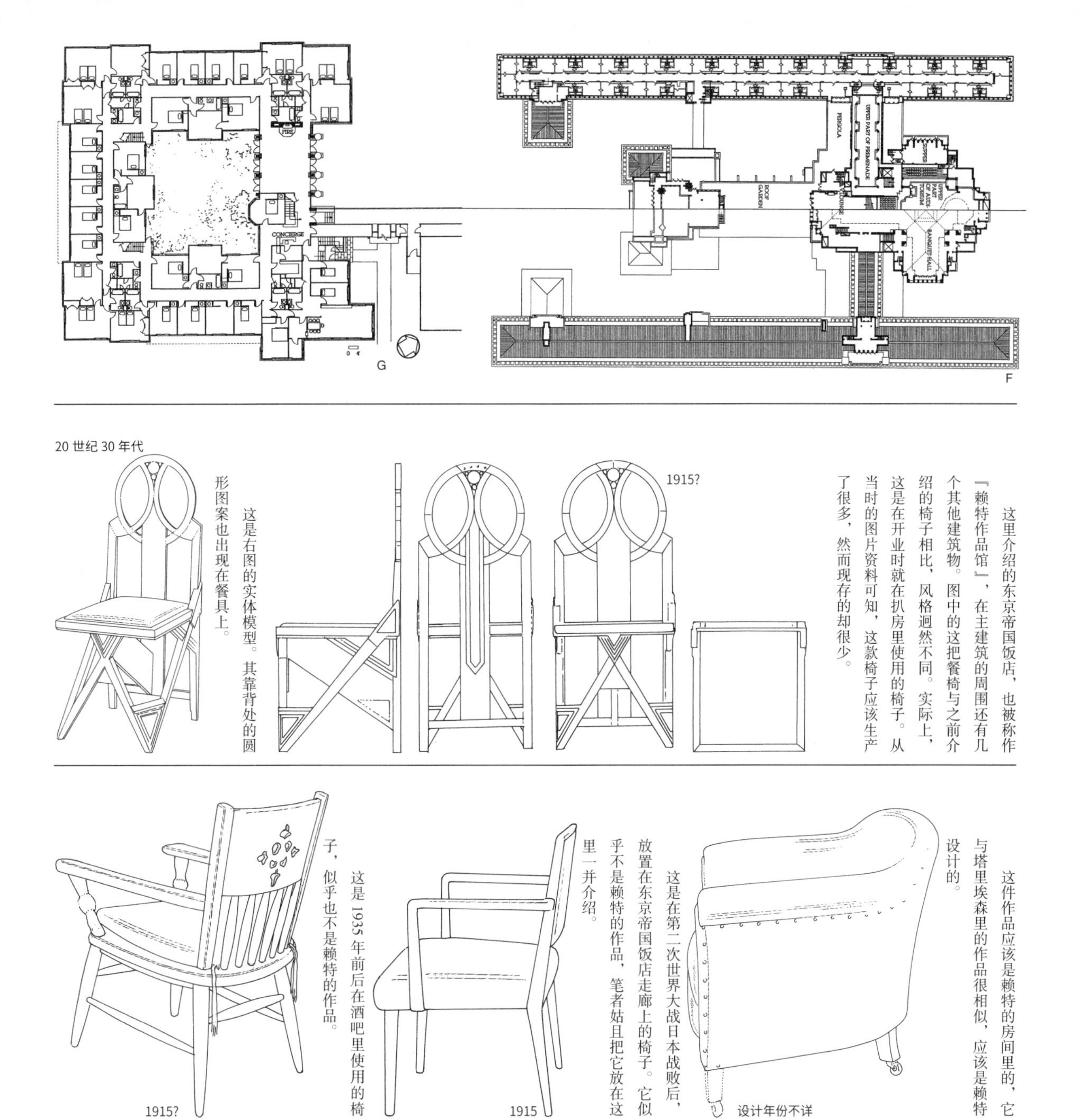

这里介绍的东京帝国饭店，也被称作『赖特作品馆』，在主建筑的周围还有几个其他建筑物。图中的这把餐椅与之前介绍的椅子相比，风格迥然不同。实际上，这是在开业时就在扒房里使用的椅子。从当时的图片资料可知，这款椅子应该生产了很多，然而现存的却很少。

这是右图的实体模型。其靠背处的圆形图案也出现在餐具上。

这件作品应该是赖特的房间里的，它与塔里埃森里的作品很相似，应该是赖特设计的。

这是在第二次世界大战日本战败后，放置在东京帝国饭店走廊上的椅子。它似乎不是赖特的作品，笔者姑且把它放在这里一并介绍。

这是 1935 年前后在酒吧里使用的椅子，似乎也不是赖特的作品。

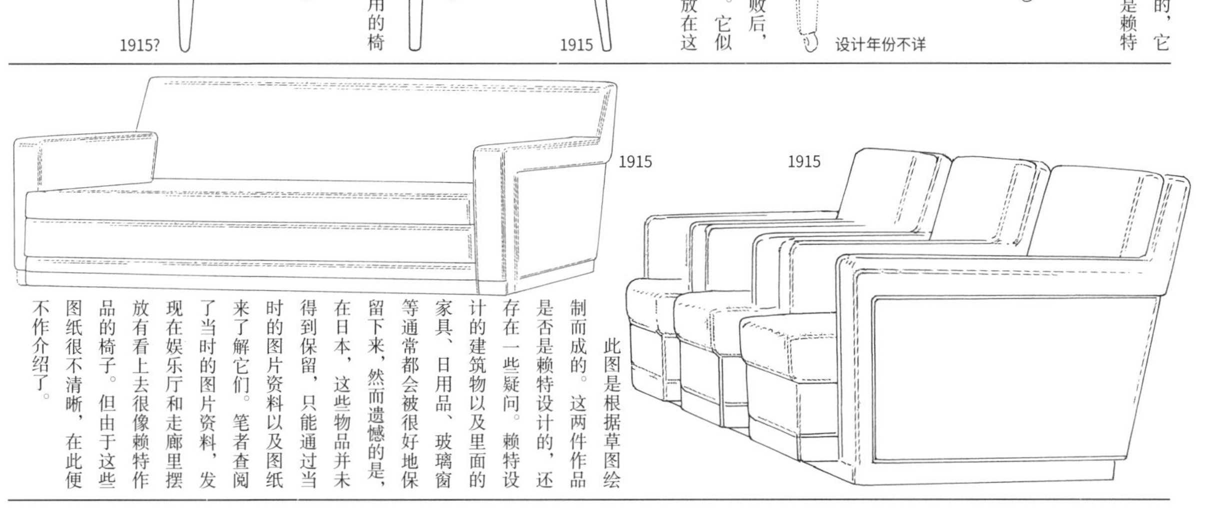

此图是根据草图绘制而成的。这两件作品是否是赖特设计的，还存在一些疑问。赖特设计的建筑物以及里面的家具、日用品、玻璃窗等通常都会被很好地保留下来，然而遗憾的是，在日本，这些物品并未得到保留，只能通过当时的图片资料以及图纸来了解它们。笔者查阅了当时的图片资料，发现在娱乐厅和走廊里摆放有看上去很像赖特作品的椅子。但由于这些图纸很不清晰，在此便不作介绍了。

1867-1959

弗兰克·劳埃德·赖特

第 11 小节
旧山邑家宅邸

本小节将继续介绍赖特在日本的建筑作品。除了东京帝国饭店，现存于日本兵库县芦屋市的旧山邑家宅邸（国家一级重要文化财产）也是赖特的作品。现在，这座建筑物被用作淀川炼钢厂的迎宾馆。

旧山邑家宅邸是1918年赖特为日本酒酿造商山邑太佐卫门府（卫门府是日本律令制时的官名，六卫府之一）设计的别墅。它建在芦屋川左岸的高地处，从这里可以眺望到大阪湾。这座住宅共有四层，第一层是停车廊以及玄关，第二层是客厅以及储物间，第三层是卧室、女佣房间、日式房间以及露台花园，第四层是餐厅、厨房以及露台花园等。三楼的三间日式房间及其外间格外引人注意。实际上，这些房间最早并未列入赖特的设计计划之内。后来在帮助东京帝国饭店建筑设计的远藤新以及南信等人（他们也负责执行旧山邑家宅邸的设计工作以及监理施工工程）的帮助下才得以实施成型。1935年，这座建筑物被山邑家转手他人。1947年，淀川炼钢厂买下了它。1985年，淀川炼钢厂以2.27亿日元的预算修复了这座建筑物，使得现在的山邑家宅邸尽可能地接近建成初期的样子。

旧山邑家宅邸家具样式不多，除了这个环抱形的沙发（两侧有收纳空间）外，还有配套的桌子（三角形的桌子，桌角略作圆弧处理，六个拼在一起可以组合成一个六角形大桌），剩下的也就是几个架子和打造在房间墙壁上的收纳家具了。

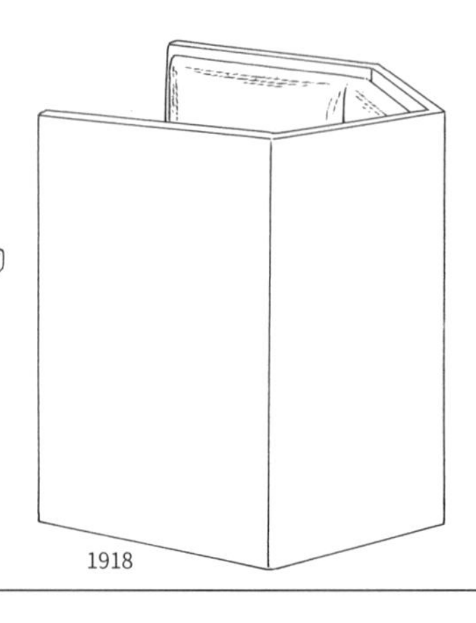

1918

20 世纪 20 年代

尚不清楚这是为哪个建筑量身定做的。下面的横木可以兼做置物板，设计比较独特。凳面左侧呈斜边，可能是为了放置在房间里的某个角落。虚线部分是根据推测画出的。

尚不清楚该作品是为哪个房间设计的。

1921

赖特的一生参与了超过800座建筑物的设计。实际建成的大约400座。赖特参与设计的建筑物一大半都在美国国内，除此之外，加拿大有三处，埃及有一处，日本有十二处（其中有六处已建成）。在日本的作品中，有一处便是自由学园明日馆。和山邑家宅邸一样，自由学园明日馆也是由赖特设计平面图，由远藤新负责执行的设计工作以及监理施工工程。左边这件作品是由赖特和远藤新共同为该学园的大厅设计的，它跟东京帝国饭店的『孔雀厅』里的作品很相似。

1922

这件作品是为米勒德住宅设计的，它与1904年建造的马丁住宅里的作品极其相似。

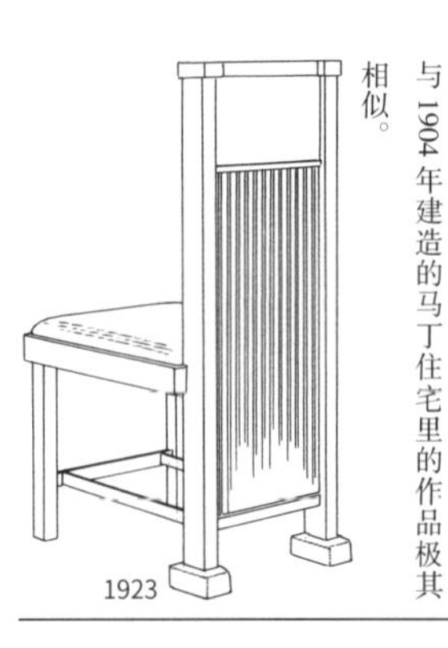

1923

这是在米勒德住宅里使用的凳子。可以看到它的主题图案是六角形。从米德韦花园开始，就已经可以看到这种六角形的设计了。

1923

这是为1917年设计的米勒德住宅设计的作品。这个凳子好像是后期设计的。坐垫设计得非常矮。

1923

这也是米勒德住宅里的椅子。不知道是不是赖特的设计。它的形状容易让人联想到桶背椅。

1923

这件作品也是为米勒德住宅设计的。靠背上镂空之处是它的亮点。

1923

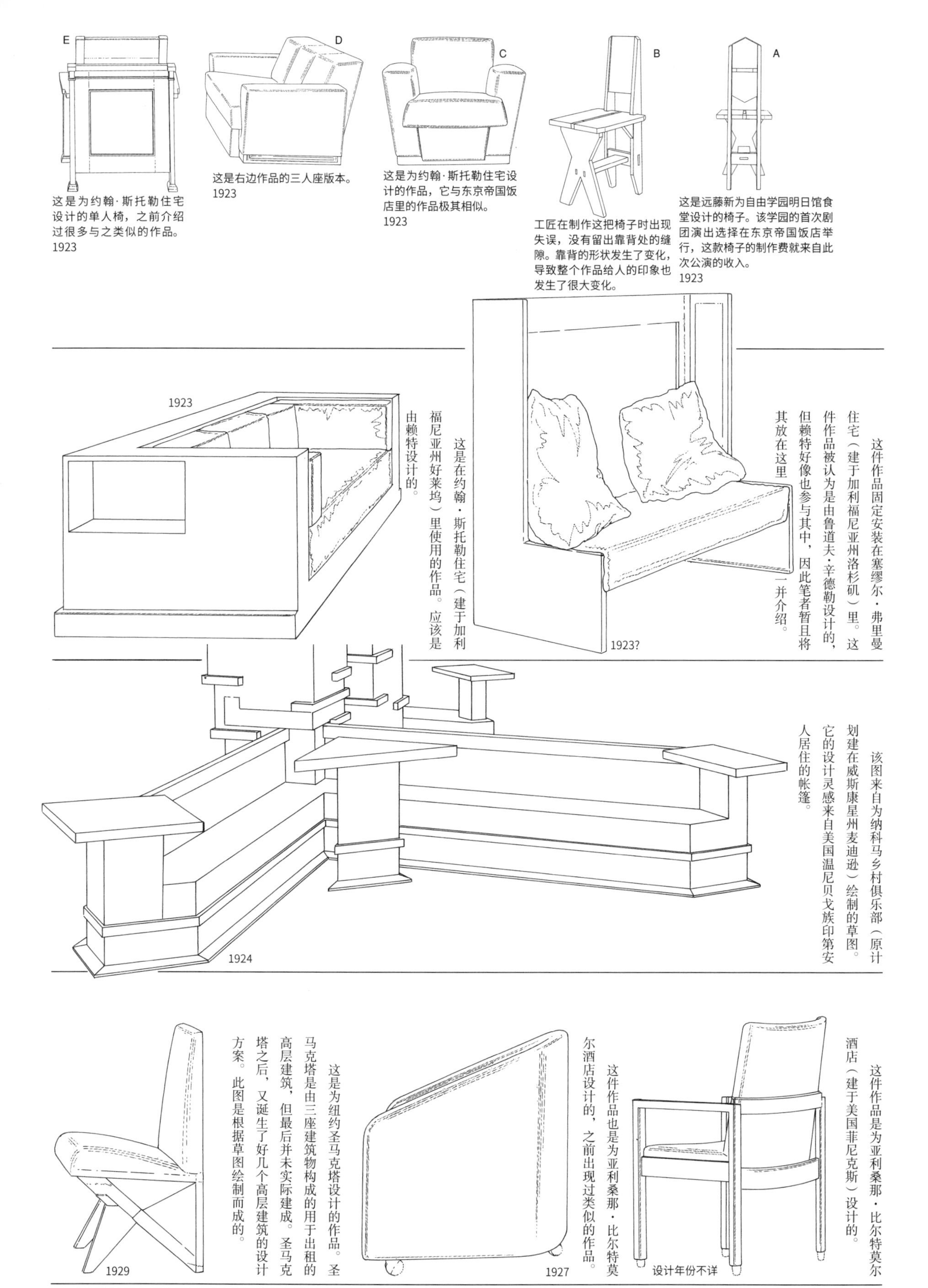

这是为约翰·斯托勒住宅设计的单人椅，之前介绍过很多与之类似的作品。
1923

这是右边作品的三人座版本。
1923

这是为约翰·斯托勒住宅设计的作品，它与东京帝国饭店里的作品极其相似。
1923

工匠在制作这把椅子时出现失误，没有留出靠背处的缝隙。靠背的形状发生了变化，导致整个作品给人的印象也发生了很大变化。

这是远藤新为自由学园明日馆食堂设计的椅子。该学园的首次剧团演出选择在东京帝国饭店举行，这款椅子的制作费就来自此次公演的收入。
1923

这件作品固定安装在塞缪尔·弗里曼住宅（建于加利福尼亚州洛杉矶）里。这件作品被认为是由鲁道夫·辛德勒设计的，但赖特好像也参与其中，因此笔者暂且将其放在这里一并介绍。
1923?

这是在约翰·斯托勒住宅（建于加利福尼亚州好莱坞）里使用的作品。应该是由赖特设计的。
1923

该图来自为纳科马乡村俱乐部（原计划建在威斯康星州麦迪逊）绘制的草图。它的设计灵感来自美国温尼贝戈族印第安人居住的帐篷。
1924

这件作品是为亚利桑那·比尔特莫尔酒店（建于美国菲尼克斯）设计的。
设计年份不详

这件作品也是为亚利桑那·比尔特莫尔酒店设计的，之前出现过类似的作品。
1927

这是为纽约圣马克塔设计的作品。圣马克塔是由三座建筑物构成的用于出租的高层建筑，但最后并未实际建成。圣马克塔之后，又诞生了好几个高层建筑的设计方案。此图是根据草图绘制而成的。
1929

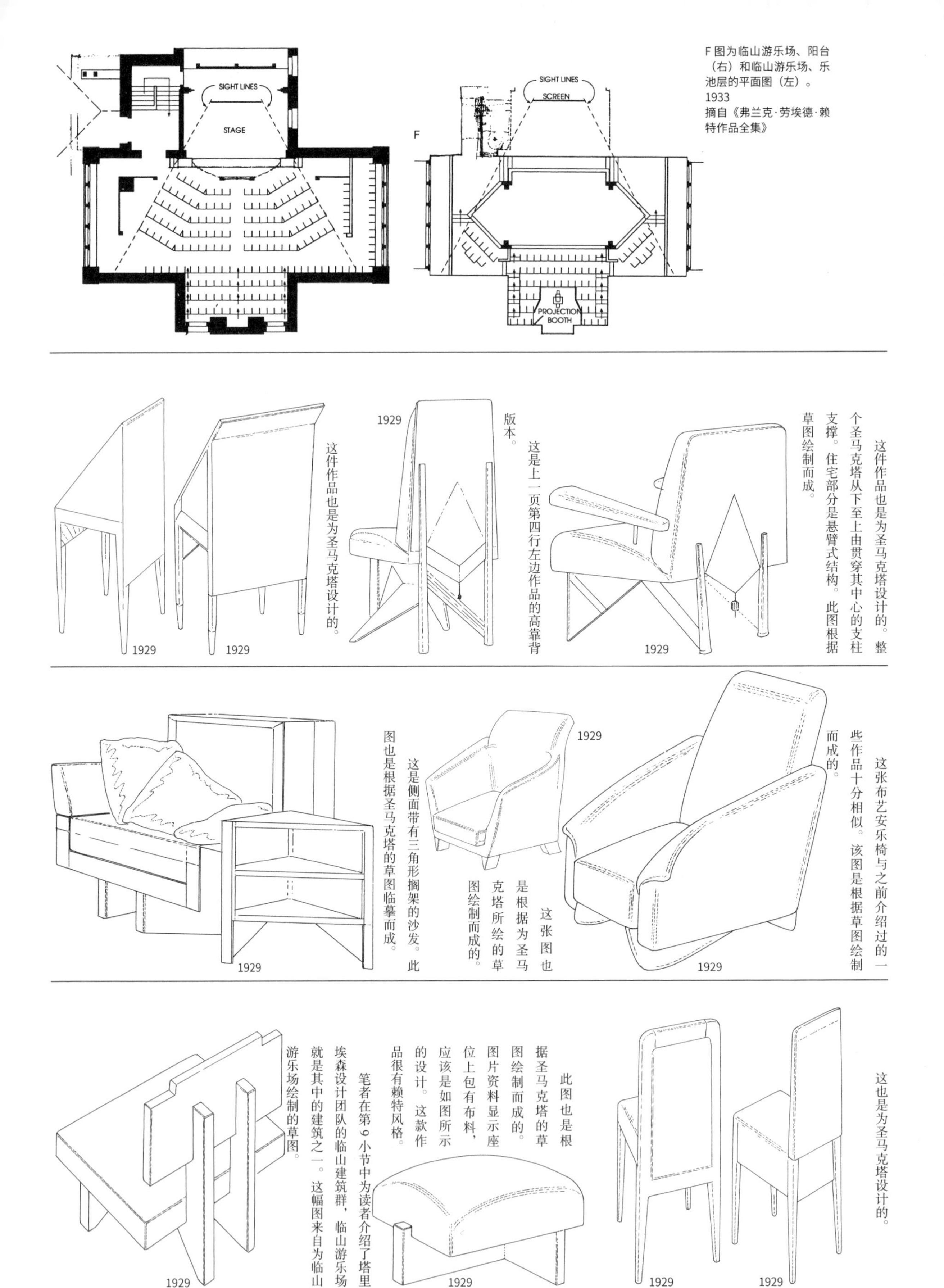

F图为临山游乐场、阳台（右）和临山游乐场、乐池层的平面图（左）。
1933
摘自《弗兰克·劳埃德·赖特作品全集》

这件作品也是为圣马克塔设计的。整个圣马克塔从下至上由贯穿其中心的支柱支撑。住宅部分是悬臂式结构。此图根据草图绘制而成。

这是上一页第四行左边作品的高靠背版本。

这件作品也是为圣马克塔设计的。

这张布艺安乐椅与之前介绍过的一些作品十分相似。该图是根据草图绘制而成的。

这张图也是根据为圣马克塔所绘的草图绘制而成的。

这是侧面带有三角形搁架的沙发。此图也是根据圣马克塔的草图临摹而成。

这也是为圣马克塔设计的。

此图也是根据圣马克塔的草图绘制而成的。图片资料显示座位上包有布料，应该是如图所示的设计。这款作品很有赖特风格。

笔者在第9小节中为读者介绍了塔里埃森设计团队的临山建筑群，临山游乐场就是其中的建筑之一。这幅图来自为临山游乐场绘制的草图。

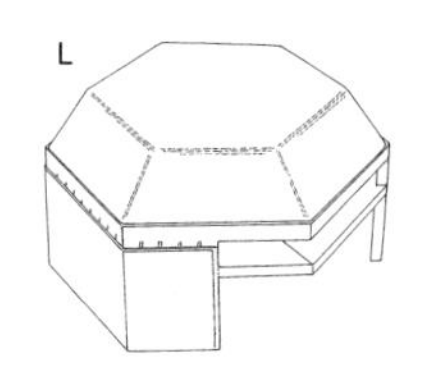

这也是在赫伯特·约翰逊住宅里使用的凳子。
1936

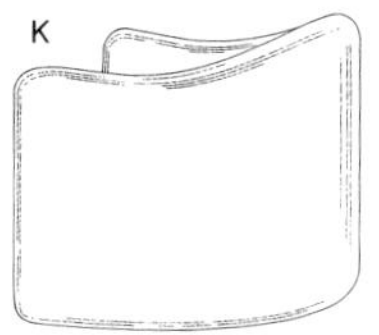

这是赫伯特·约翰逊住宅里的安乐椅，应该是赖特的作品。
1936

这把凳子与第三行左边为威利住宅设计的餐椅为一套。
1933

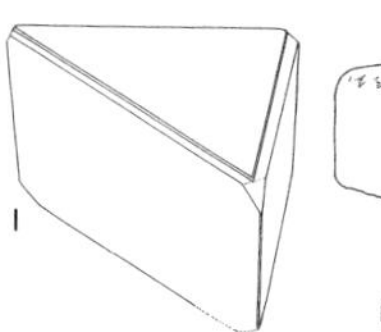

这是在临山游乐场舞台上使用的凳子，与之类似的作品有很多。
1933

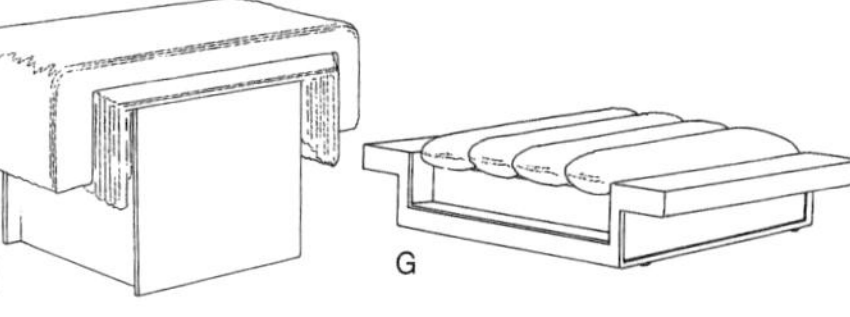

G图、H图的作品都是由鲁道夫·辛德勒为弗里曼住宅设计的。
1927

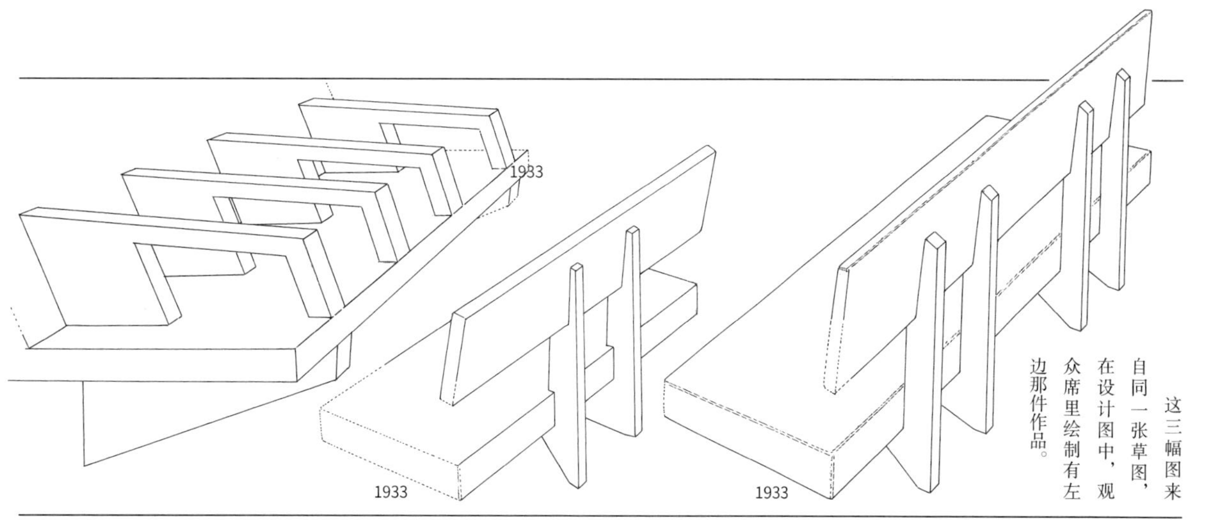

这三幅图来自同一张草图，在设计图中，观众席里绘制有左边那件作品。

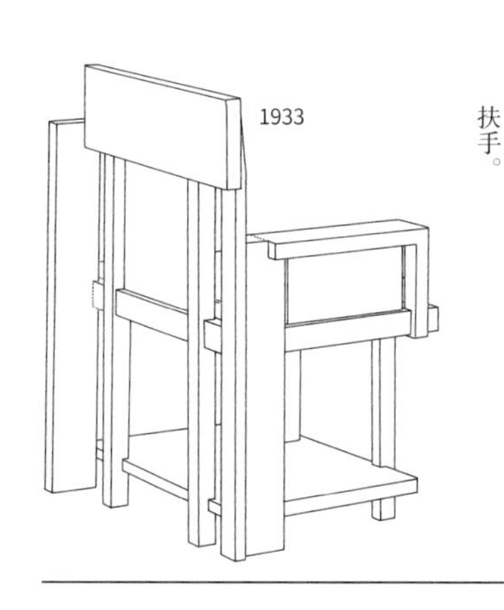

这件作品是为威利住宅（位于明尼苏达州明尼阿波利斯）设计的，它与J图的凳子为一套。它与第7小节中介绍的弗朗西斯住宅里的作品很相似。只有右侧有扶手。

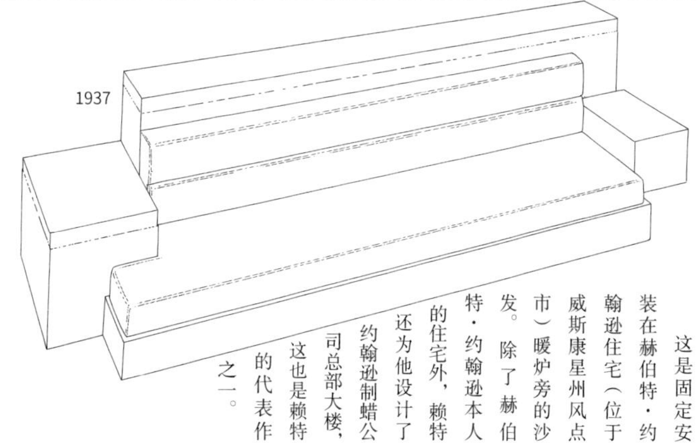

这是固定安装在赫伯特·约翰逊住宅（位于威斯康星州风点市）暖炉旁的沙发。除了赫伯特·约翰逊本人的住宅外，赖特还为他设计了约翰逊制蜡公司总部大楼，这也是赖特的代表作之一。

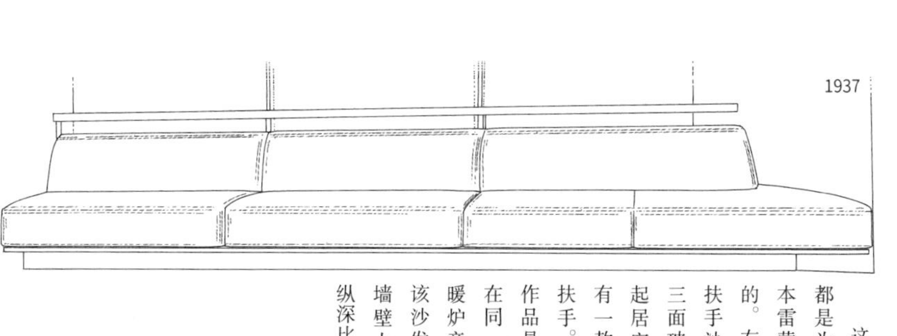

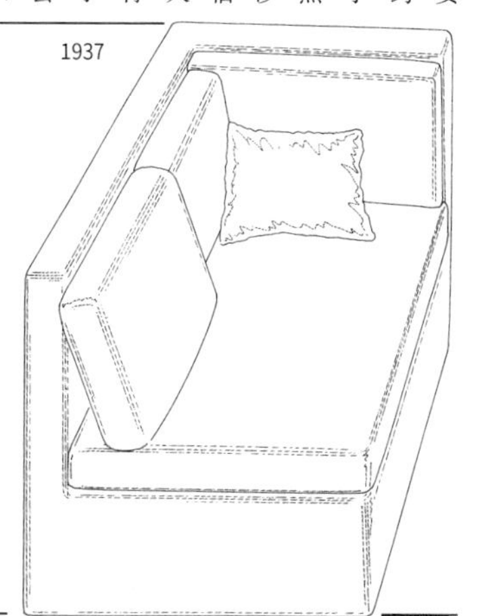

这两件作品都是为纽约州的本雷蒙宅邸设计的。右边这件单扶手沙发放置在三面玻璃幕墙的起居室中。它还有一款是右侧有扶手。上面这件作品是固定安装在同一间起居室暖炉旁的沙发，该沙发背安装在墙壁上，实物的纵深比图纸更宽。

1867—1959

弗兰克·劳埃德·赖特

第12小节
流水别墅

在世界建筑史上，有很多著名的建筑，这里我们将要介绍的由赖特设计的流水别墅令人叹为观止，可以说是世界上著名的建筑之一。

流水别墅建在美国宾夕法尼亚州的一个叫作『熊跑』的幽静峡谷中，在熊跑川的瀑布之上。流水别墅的周边都是层状的岩浆岩，仿佛是受到了周围环境的影响，这座建筑的设计非常强调水平直线。混凝土制成的阳台是这座建筑的重要元素，也是它的设计亮点之一。

该建筑物所使用的材料主要是波茨维尔砂岩，室内的家具及装修材料主要用的是北卡罗来纳州生产的黑胡桃木。

1963年，流水别墅的所有人——埃德加·考夫曼（以下简称考夫曼）将这座住宅连同6.24平方千米的土地一起捐赠给了宾夕法尼亚州西部保护协会。笔者和朋友筹办丹麦设计师芬·居尔纪念展时，考夫曼先生还为他们寄去了一些图鉴。芬·居尔是考夫曼的好友，他生前曾应考夫曼的邀请在流水别墅小住数月。

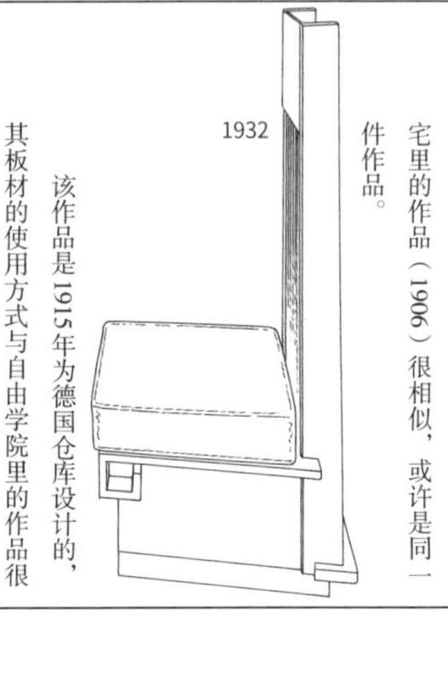

这件作品与第3小节中介绍的比奇住宅里的作品（1906）很相似，或许是同一件作品。

1935

该作品是1915年为德国仓库设计的，其板材的使用方式与自由学院里的作品很相似。

这是同一作品的平面图。

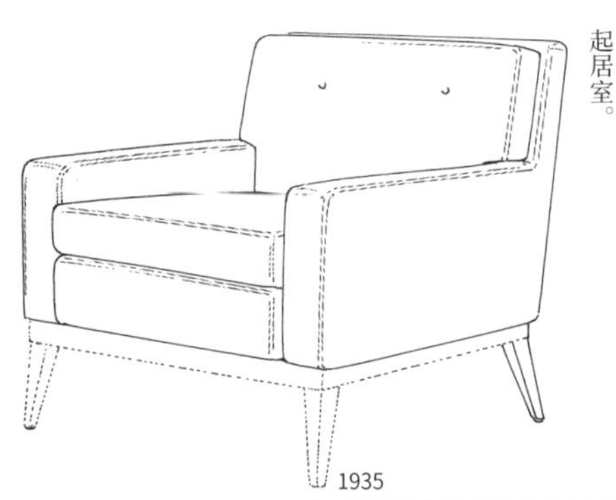

下一小节将要介绍的皮尤住宅里也有与图中作品相似的作品。这款椅子放置在起居室。

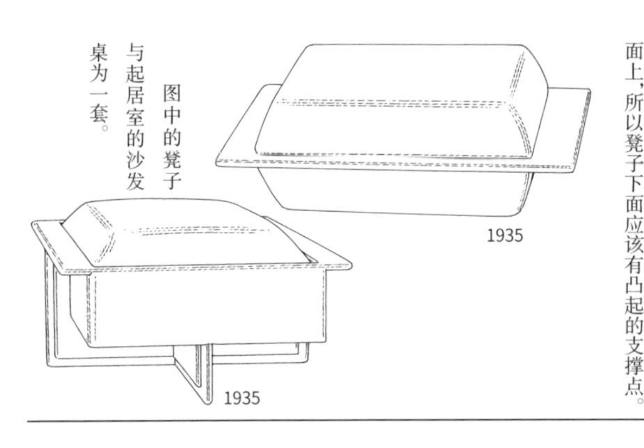

这两把凳子是在起居室或者客房里使用的，因为是将布艺凳直接放置在石材地面上，所以凳子下面应该有凸起的支撑点。

图中的凳子与起居室的沙发桌为一套。

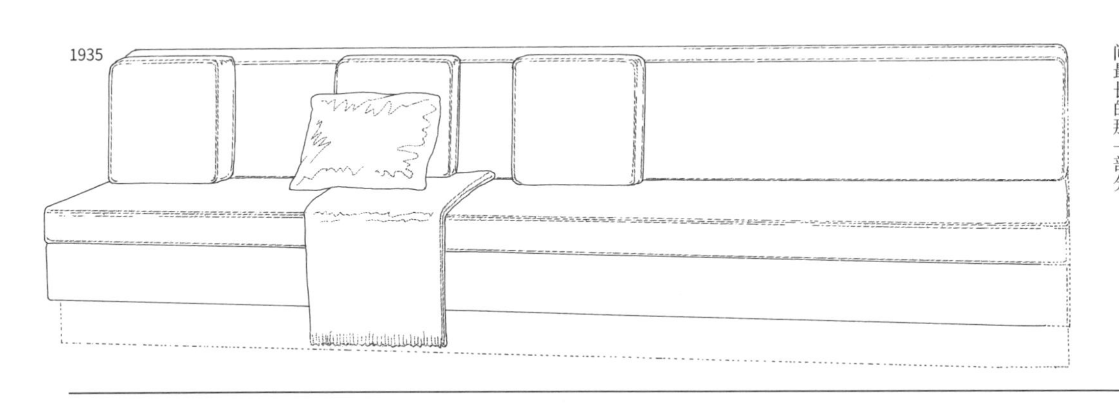

在流水别墅一楼卧室的南侧、东侧和西侧，分别固定安装有沙发。图中作品是南侧的沙发，共计由三部分构成，这是中间最长的那一部分。

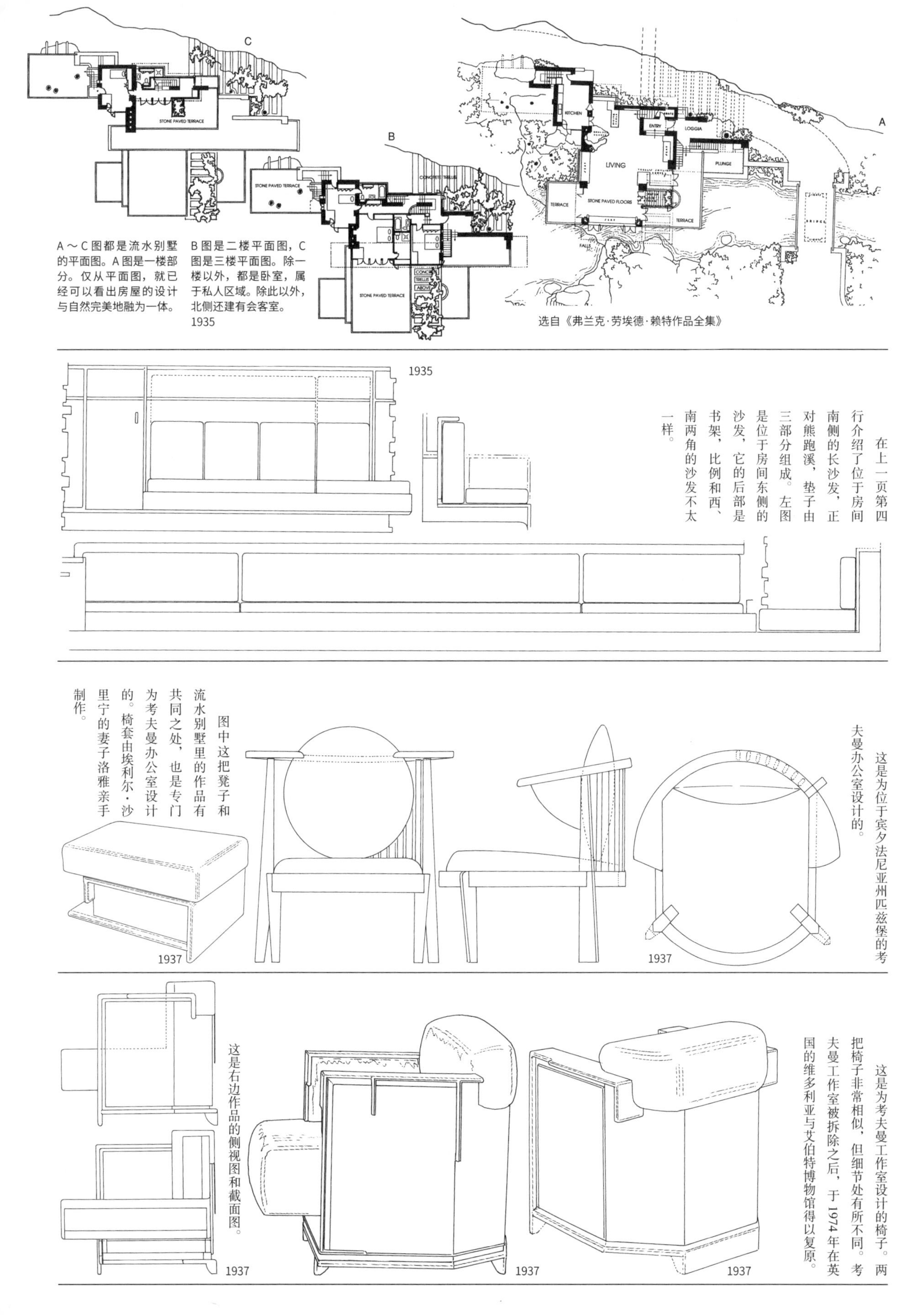

A～C图都是流水别墅的平面图。A图是一楼部分。仅从平面图，就已经可以看出房屋的设计与自然完美地融为一体。

B图是二楼平面图，C图是三楼平面图。除一楼以外，都是卧室，属于私人区域。除此以外，北侧还建有会客室。
1935

选自《弗兰克·劳埃德·赖特作品全集》

1935

在上一页第四行介绍了位于房间南侧的长沙发，正对熊跑溪，垫子由三部分组成。左图是位于房间东侧的沙发，它的后部是书架，比例和西、南两角的沙发不太一样。

这是为位于宾夕法尼亚州匹兹堡的考夫曼办公室设计的。

图中这把凳子和流水别墅里的作品有共同之处，也是专门为考夫曼办公室设计的。椅套由埃利尔·沙里宁的妻子洛雅亲手制作。

1937

1937

这是为考夫曼工作室设计的椅子。两把椅子非常相似，但细节处有所不同。考夫曼工作室被拆除之后，于1974年在英国的维多利亚与艾伯特博物馆得以复原。

这是右边作品的侧视图和截面图。

1937

1937

1937

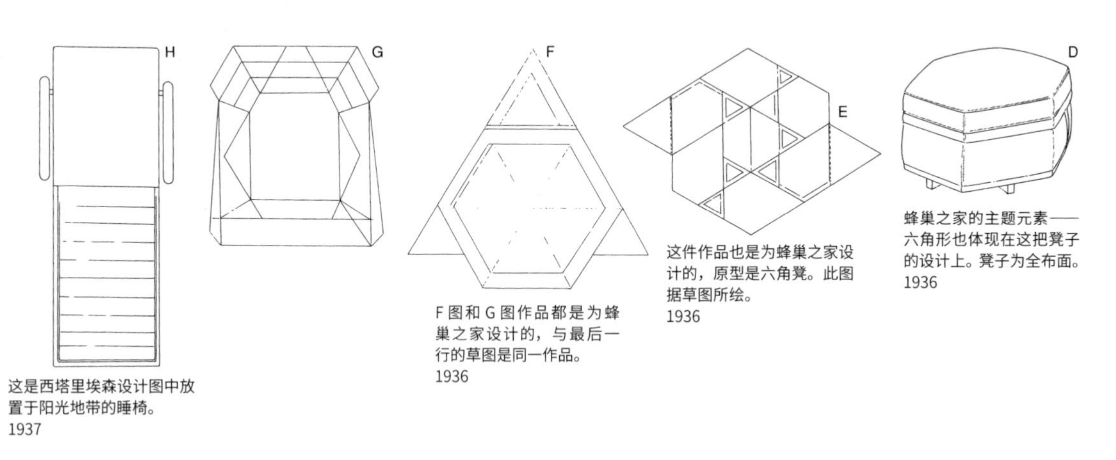

这是西塔里埃森设计图中放置于阳光地带的睡椅。
1937

F 图和 G 图作品都是为蜂巢之家设计的，与最后一行的草图是同一作品。
1936

这件作品也是为蜂巢之家设计的，原型是六角凳。此图据草图所绘。
1936

蜂巢之家的主题元素——六角形也体现在这把凳子的设计上。凳子为全布面。
1936

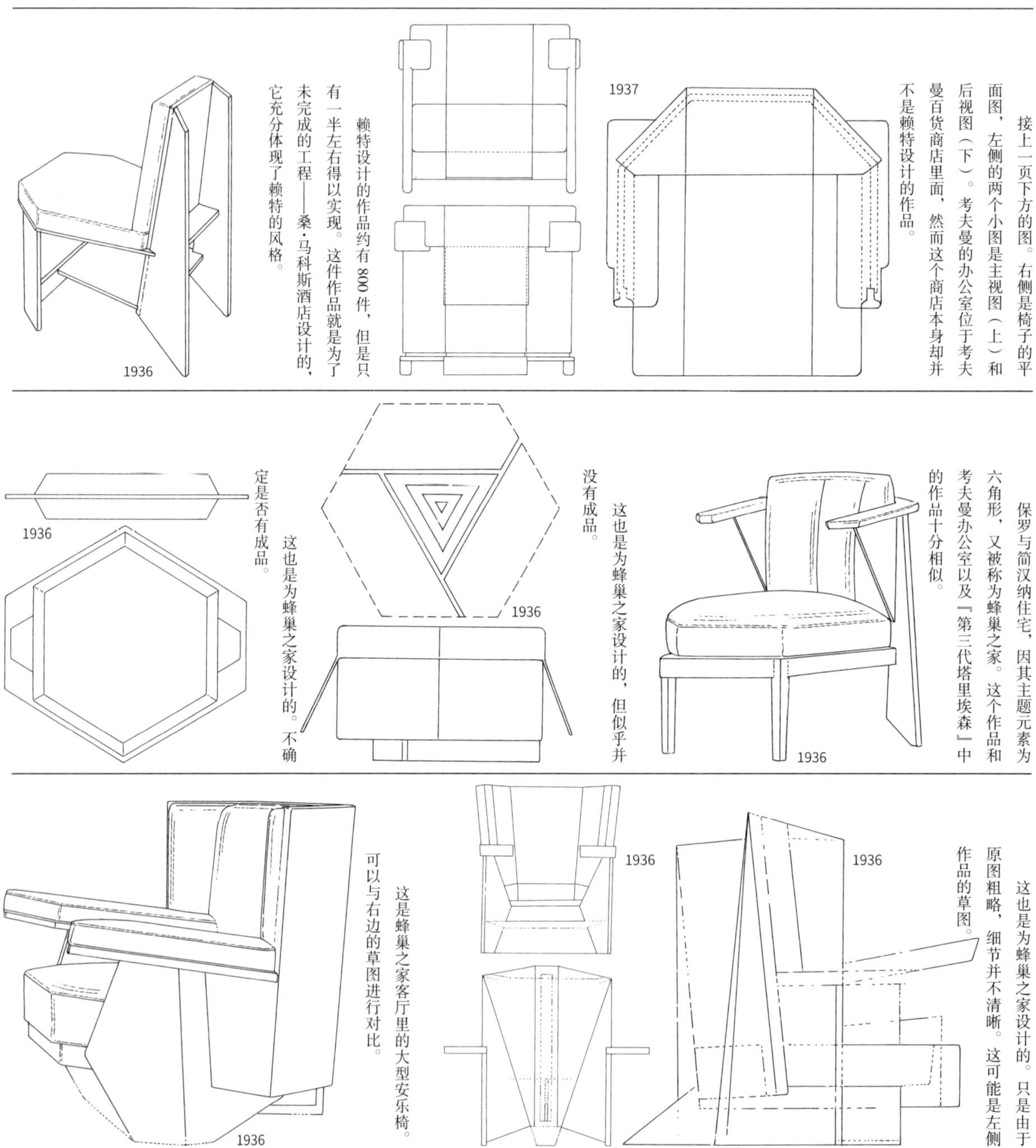

接上一页下方的图。右侧是椅子的平面图，左侧的两个小图是主视图（上）和后视图（下）。考夫曼的办公室位于考夫曼百货商店里面，然而这个商店本身却并不是赖特设计的作品。

赖特设计的作品约有800件，但是只有一半左右得以实现。这件作品就是为了未完成的工程——桑·马科斯酒店设计的，它充分体现了赖特的风格。

保罗与简汉纳住宅，因其主题元素为六角形，又被称为蜂巢之家。这个作品和考夫曼办公室以及『第三代塔里埃森』中的作品十分相似。

这也是为蜂巢之家设计的，但似乎并没有成品。

这也是为蜂巢之家设计的。不确定是否有成品。

这也是为蜂巢之家设计的。只是由于原图粗略，细节并不清晰。这可能是左侧作品的草图。

这是蜂巢之家客厅里的大型安乐椅。可以与右边的草图进行对比。

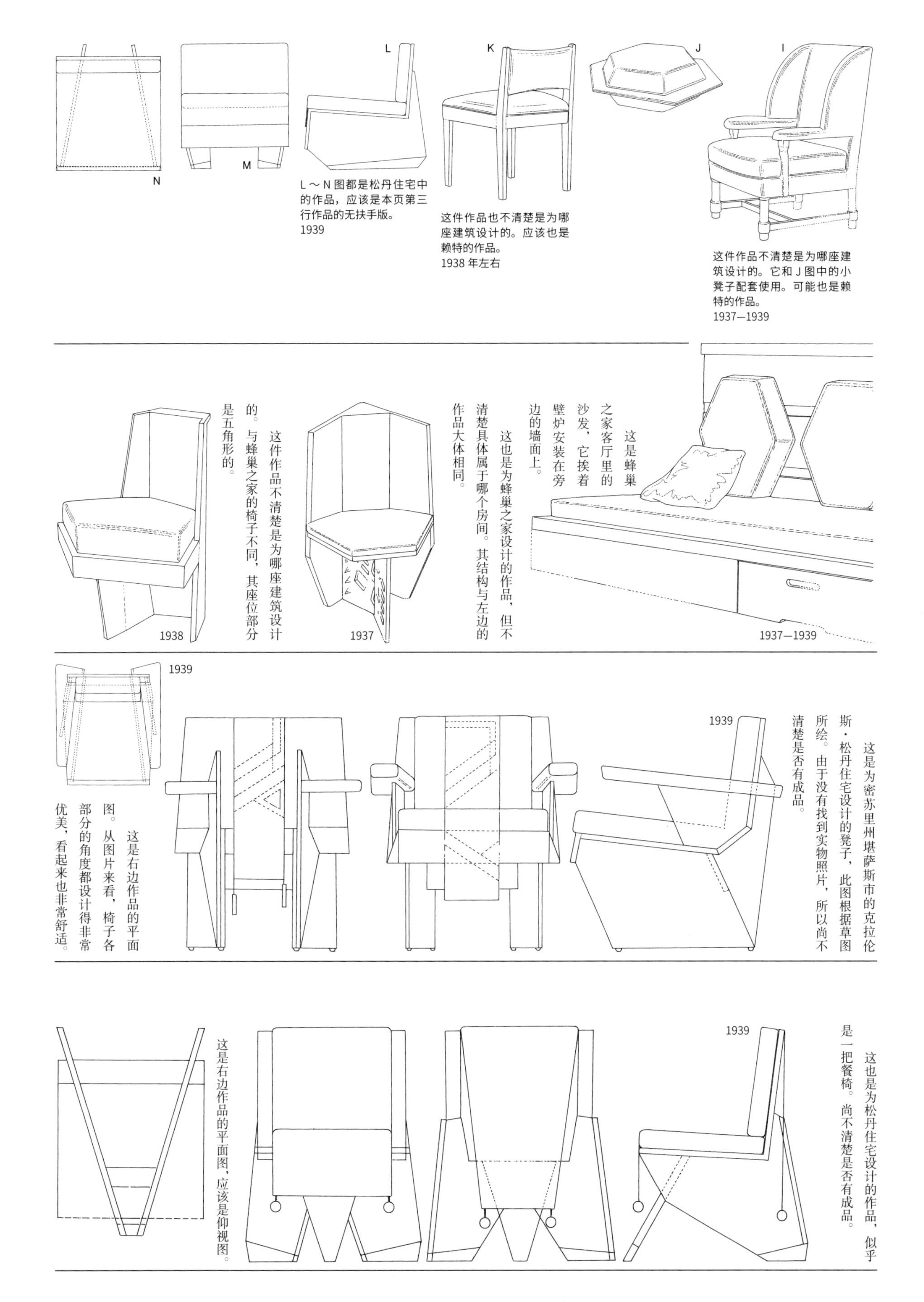

L～N图都是松丹住宅中的作品，应该是本页第三行作品的无扶手版。
1939

这件作品也不清楚是为哪座建筑设计的。应该也是赖特的作品。
1938 年左右

这件作品不清楚是为哪座建筑设计的。它和J图中的小凳子配套使用。可能也是赖特的作品。
1937—1939

这是蜂巢之家客厅里的沙发，它挨着壁炉安装在旁边的墙面上。
1937—1939

这也是为蜂巢之家设计的作品，但不清楚具体属于哪个房间。其结构与左边的作品大体相同。
1937

这件作品不清楚是为哪座建筑设计的。与蜂巢之家的椅子不同，其座位部分是五角形的。
1938

这是为密苏里州堪萨斯市的克拉伦斯·松丹住宅设计的凳子，此图根据草图所绘。由于没有找到实物照片，所以尚不清楚是否有成品。
1939

这是右边作品的平面图。从图片来看，椅子各部分的角度都设计得非常优美，看起来也非常舒适。
1939

这也是为松丹住宅设计的作品，似乎是一把餐椅。尚不清楚是否有成品。
1939

这是右边作品的平面图，应该是仰视图。

1867—1959

弗兰克·劳埃德·赖特

第13小节
“西塔里埃森”

在『塔里埃森』建成二十五年之后，赖特在亚利桑那州斯科茨代尔的沙漠中又建了『西塔里埃森』，以作为塔里埃森设计团队在冬天的家。『西塔里埃森』还有另外一个名字——『沙漠中的塔里埃森』。这座建筑使用的材料就是沙漠毛石。其施工方法如下：在大型的模板里放入石材，然后浇筑混凝土。将毛石的一面朝向外侧，之后再用酸进行清洗。在『西塔里埃森』里面有大型的图纸室，还有为工作人员设计的厨房、餐厅、客厅以及游泳池、阳台和花园等。1948年，这片土地上的阳光地带被改造成了太阳别墅，1949年建成了卡巴莱歌舞剧院，1956年建成了音乐亭。后来，这些都被美国建筑师协会指定为『赖特的十七座应被保护的建筑物』。现在依然有赖特纪念财团的工作人员常驻那里。

这件作品来自塔里埃森基金会的实习生房间的设计草图。另有一张绘图桌与这把凳子配套，但看上去似乎不太实用。

这是同一房间里放在床边的凳子。左图应该是这两把凳子的侧面图。

这件作品和右边的作品是同一件。只不过它画在另一张立面图里。

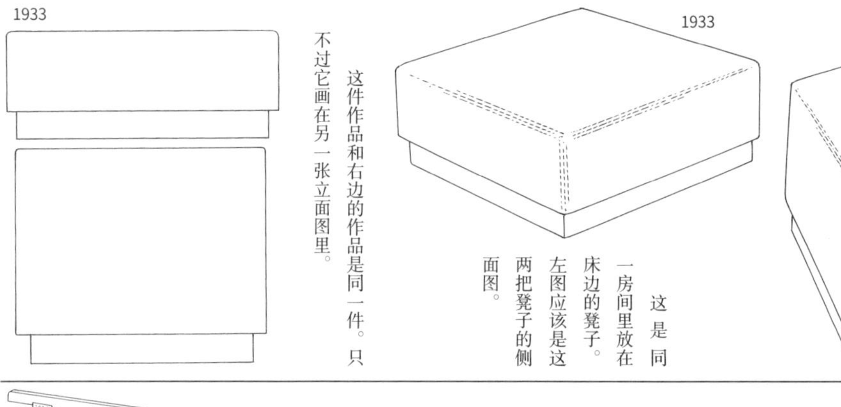

这两个作品和第二行作品是同一系列。这里的内部透视图只绘出了两种类型，但实际上这一系列的作品应该有四种。

1933

该作品和第90页第三行左侧的塔里埃森设计团队绘图大楼里的凳子很像。由于此图来自草图，所以其成品模型应该不是之前所介绍的那个。它在结构上似乎有一些不合理之处。

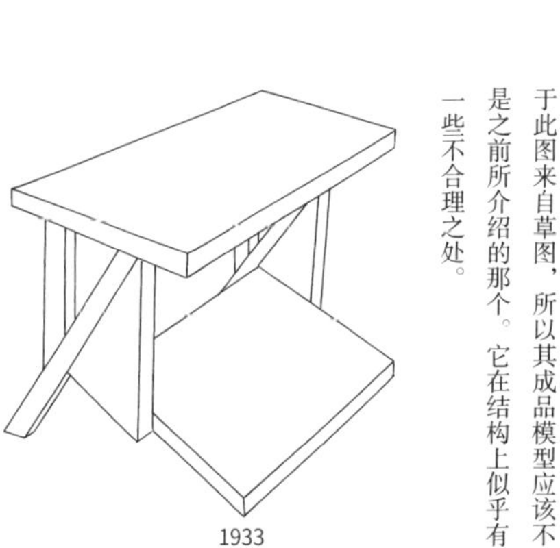

与右边作品相比，这个更接近于成品模型。此图应该是右视图。前腿的设计似乎有些多余。

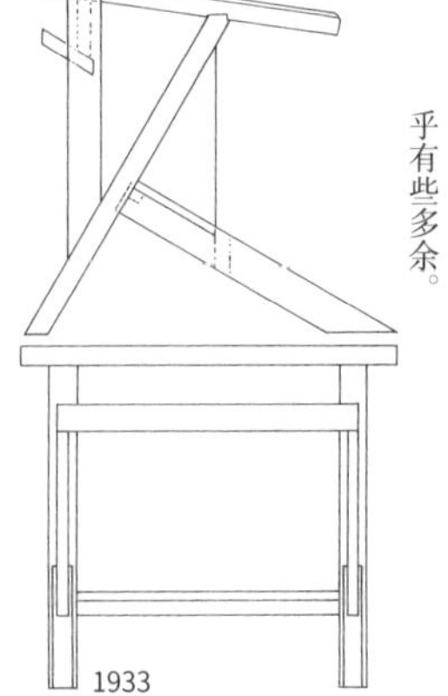

此图根据塔里埃森的设计草图绘制而成。由于细节处是根据想象添加上去的，因此关于横木的安装方法等还存在很多疑问。

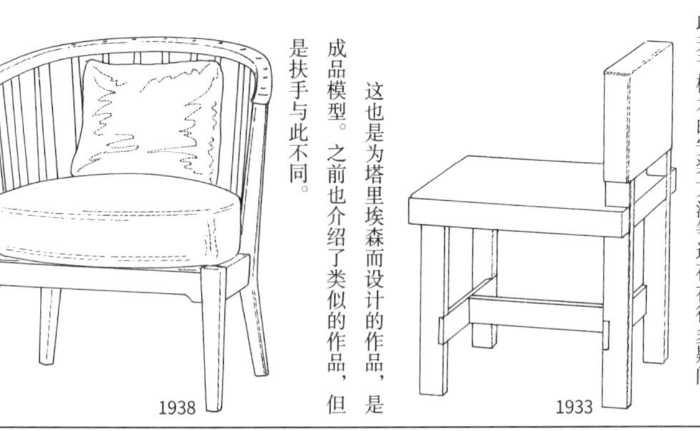

这也是为塔里埃森而设计的作品，是成品模型。之前也介绍了类似的作品，但是扶手与此不同。

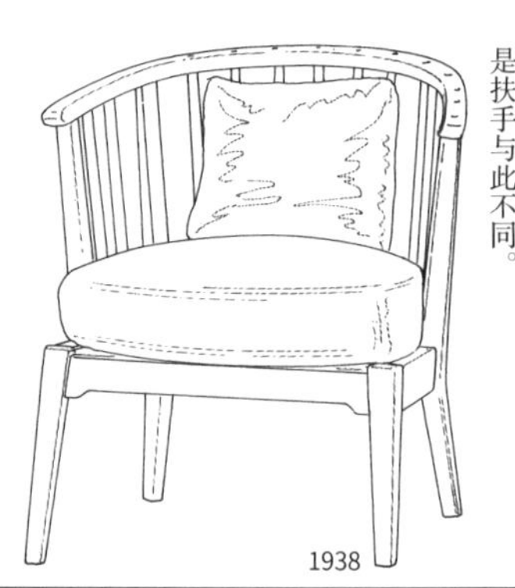

这是第91页左下角介绍的作品，是为西塔里埃森设计的，从图片可以看出，它巧妙地使用了一些精细的零部件。

1937

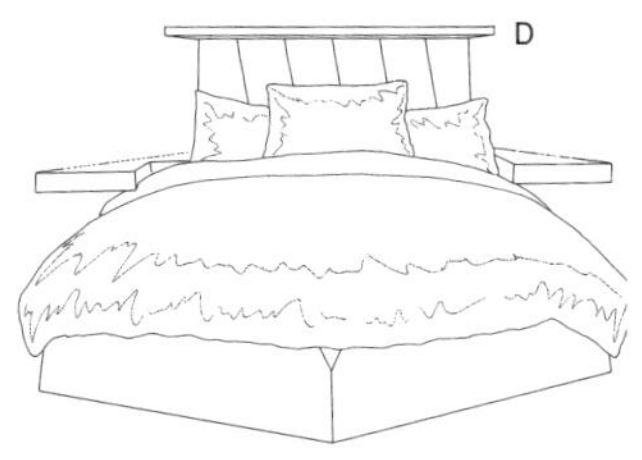

这件作品放在史蒂文斯住宅的主卧里。六角形的主题元素也应用在这张床的设计上。
1939

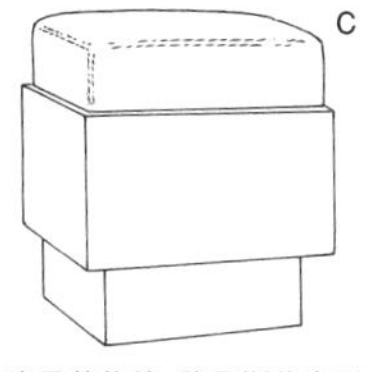

这是劳依德·路易斯住宅里的凳子。它和塔里埃森设计团队的作品很像。
1939

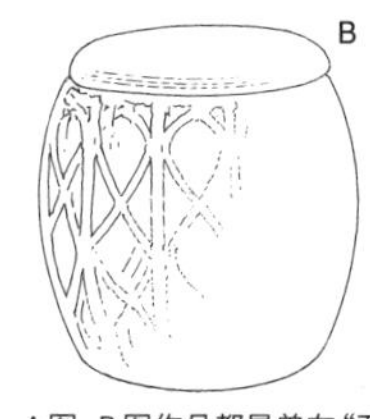

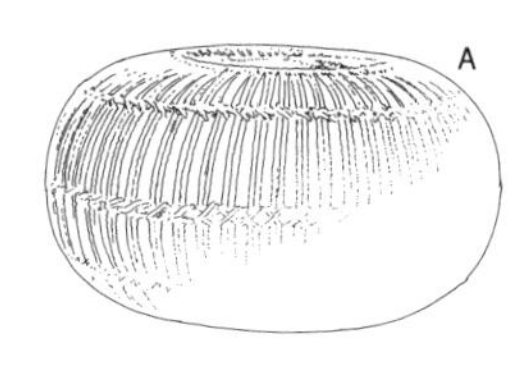

A图、B图作品都是曾在“西塔里埃森”中赖特的客厅里使用的藤条凳。尚不清楚是谁的设计。
1937 年以后

这件作品曾在『第三代塔里埃森』里使用，它和米勒德住宅里的作品很像。

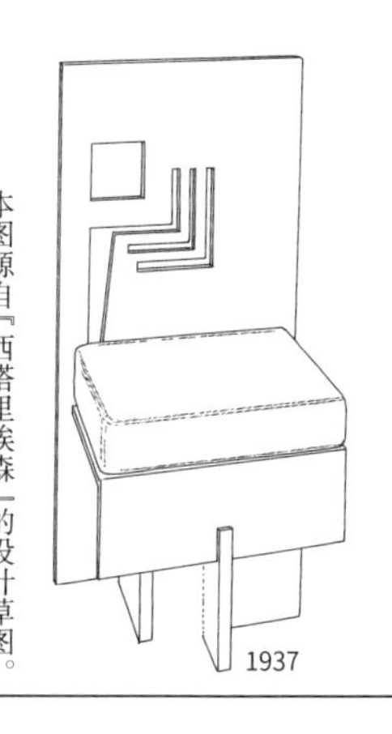

本图源自『西塔里埃森』的设计草图。遗憾的是平面图找不到了，因此其整体比例不详。笔者推测它的形状应该不止图中这样简单。

1937

这件作品和左上角作品是同一系列。左边的这幅主视图应该也是根据同一草图画出来的。

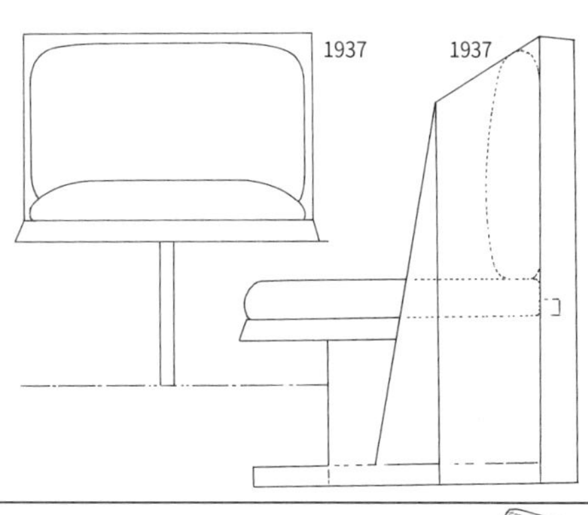

这件作品曾在『西塔里埃森』里使用。前腿部分只有轮廓，细节不详。

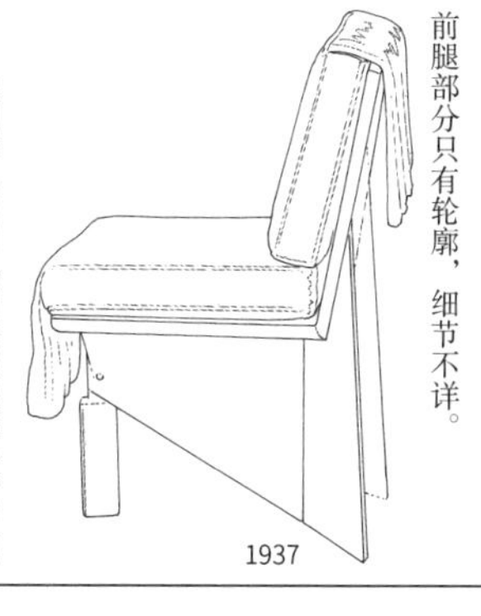

上图作品出自『西塔里埃森』。下图作品出自『第三代塔里埃森』。

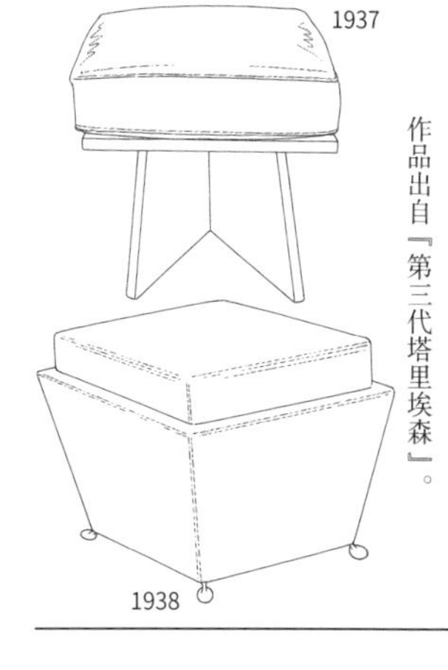

这件作品现在似乎仍放置在西塔里埃森里。其前端设计非常开阔。

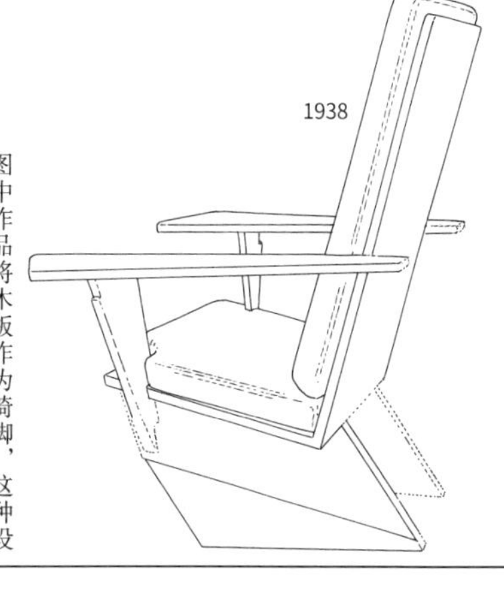

图中作品将木板作为椅脚，这种设计还被其他很多作品所采用，并有许多衍生版。

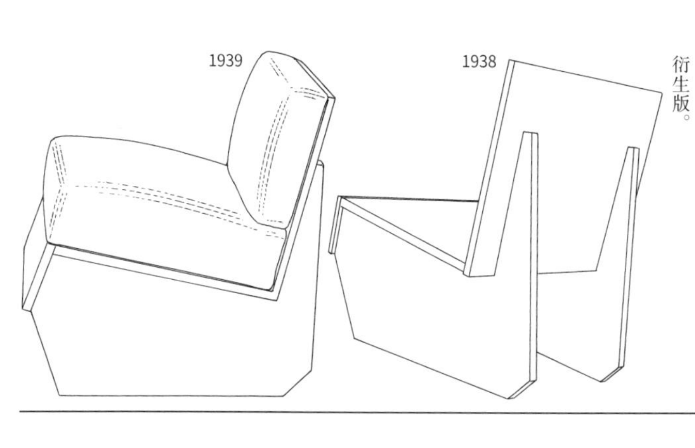

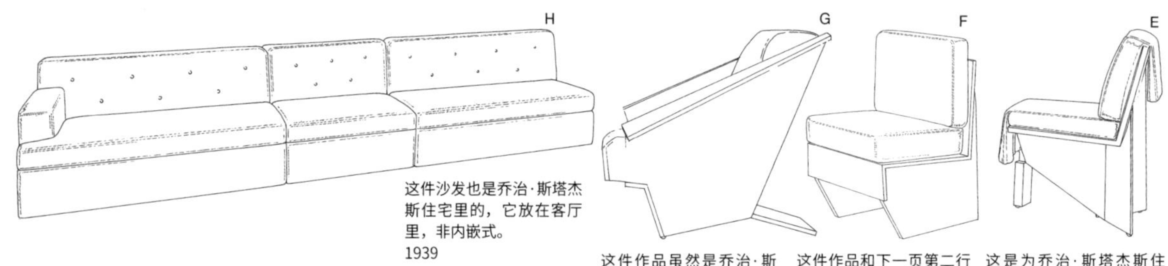

这件沙发也是乔治·斯塔杰斯住宅里的，它放在客厅里，非内嵌式。
1939

这件作品虽然是乔治·斯塔杰斯住宅里的，但它和塔里埃森设计团队里的作品很像。
1939

这件作品和下一页第二行中间的劳埃德·路易斯住宅里的作品很像。但它是为乔治·斯塔杰斯住宅设计的。
1939

这是为乔治·斯塔杰斯住宅设计的作品。它和上一页第三行中间的作品极为相似。
1939

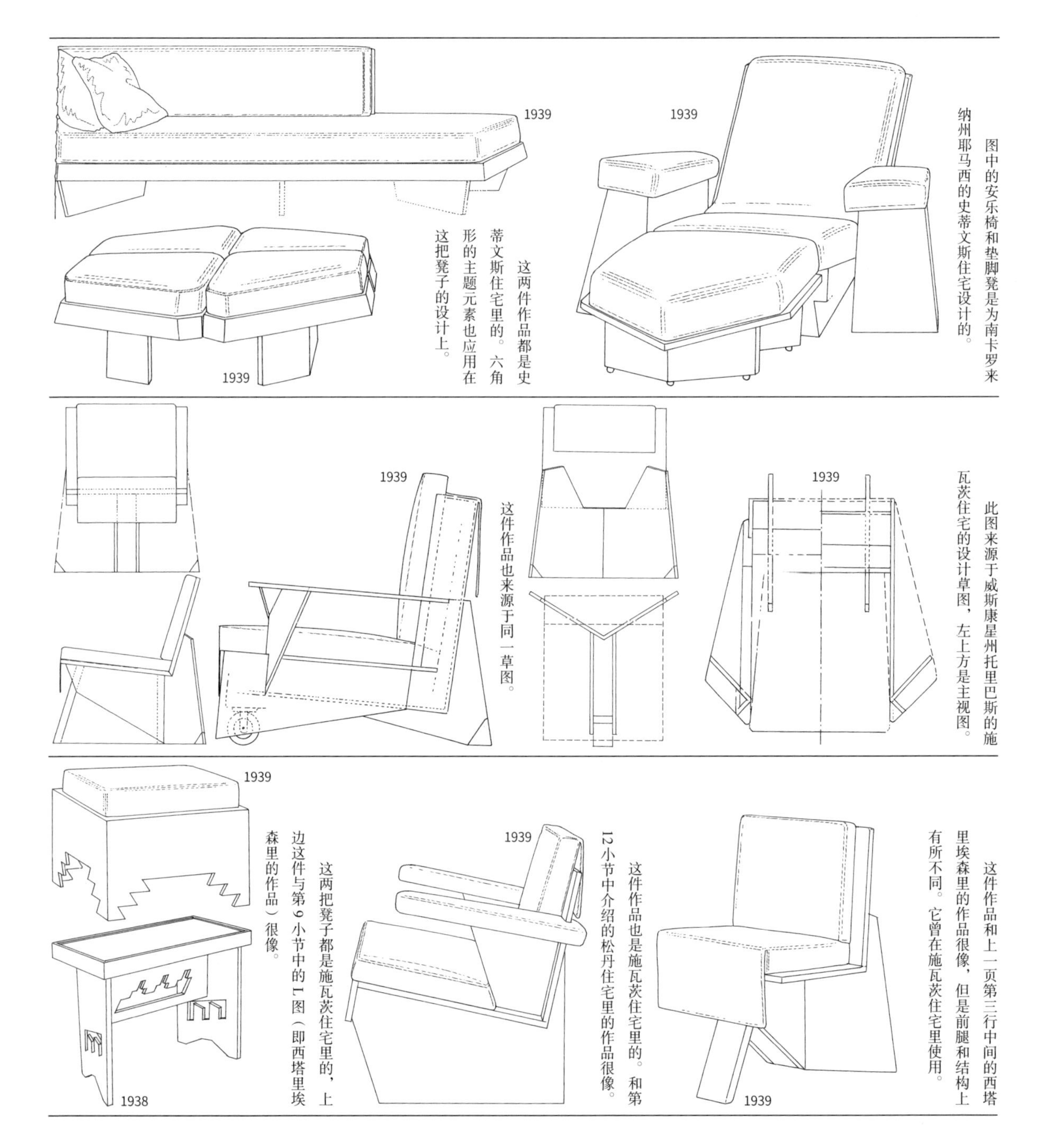

图中的安乐椅和垫脚凳是为南卡罗来纳州耶马西的史蒂文斯住宅设计的。

这两件作品都是史蒂文斯住宅里的。六角形的主题元素也应用在这把凳子的设计上。

此图来源于威斯康星州托里巴斯的施瓦茨住宅的设计草图，左上方是主视图。

这件作品也来源于同一草图。

这件作品和上一页第三行中间的西塔里埃森里的作品很像，但是前腿和结构上有所不同。它曾在施瓦茨住宅里使用。

这件作品也是施瓦茨住宅里的。和第12小节中介绍的松丹住宅里的作品很像。

这两把凳子都是施瓦茨住宅里的，上边这件与第9小节中的1图（即西塔里埃森里的作品）很像。

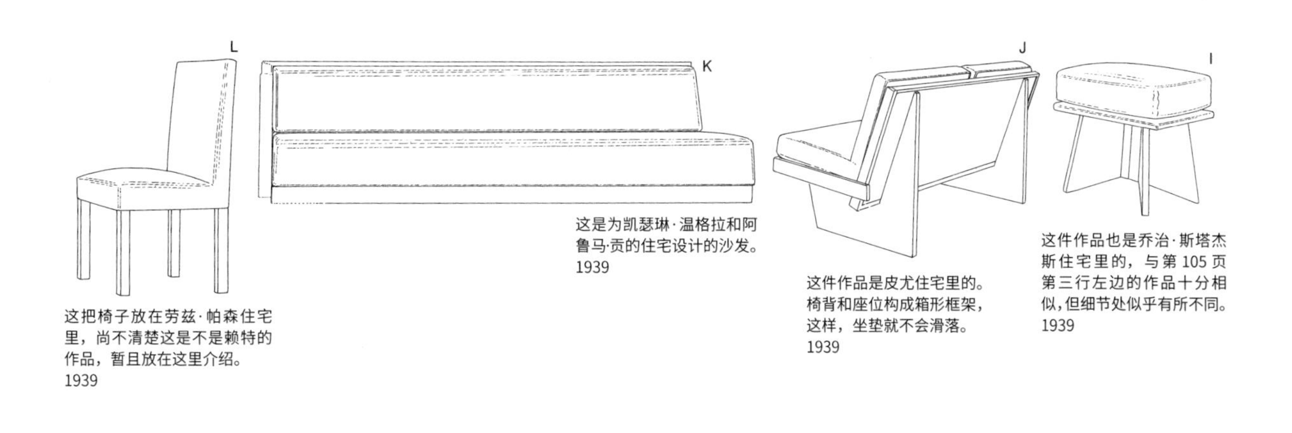

这把椅子放在劳兹·帕森住宅里，尚不清楚这是不是赖特的作品，暂且放在这里介绍。
1939

这是为凯瑟琳·温格拉和阿鲁马·贡的住宅设计的沙发。
1939

这件作品是皮尤住宅里的。椅背和座位构成箱形框架，这样，坐垫就不会滑落。
1939

这件作品也是乔治·斯塔杰斯住宅里的，与第105页第三行左边的作品十分相似，但细节处似乎有所不同。
1939

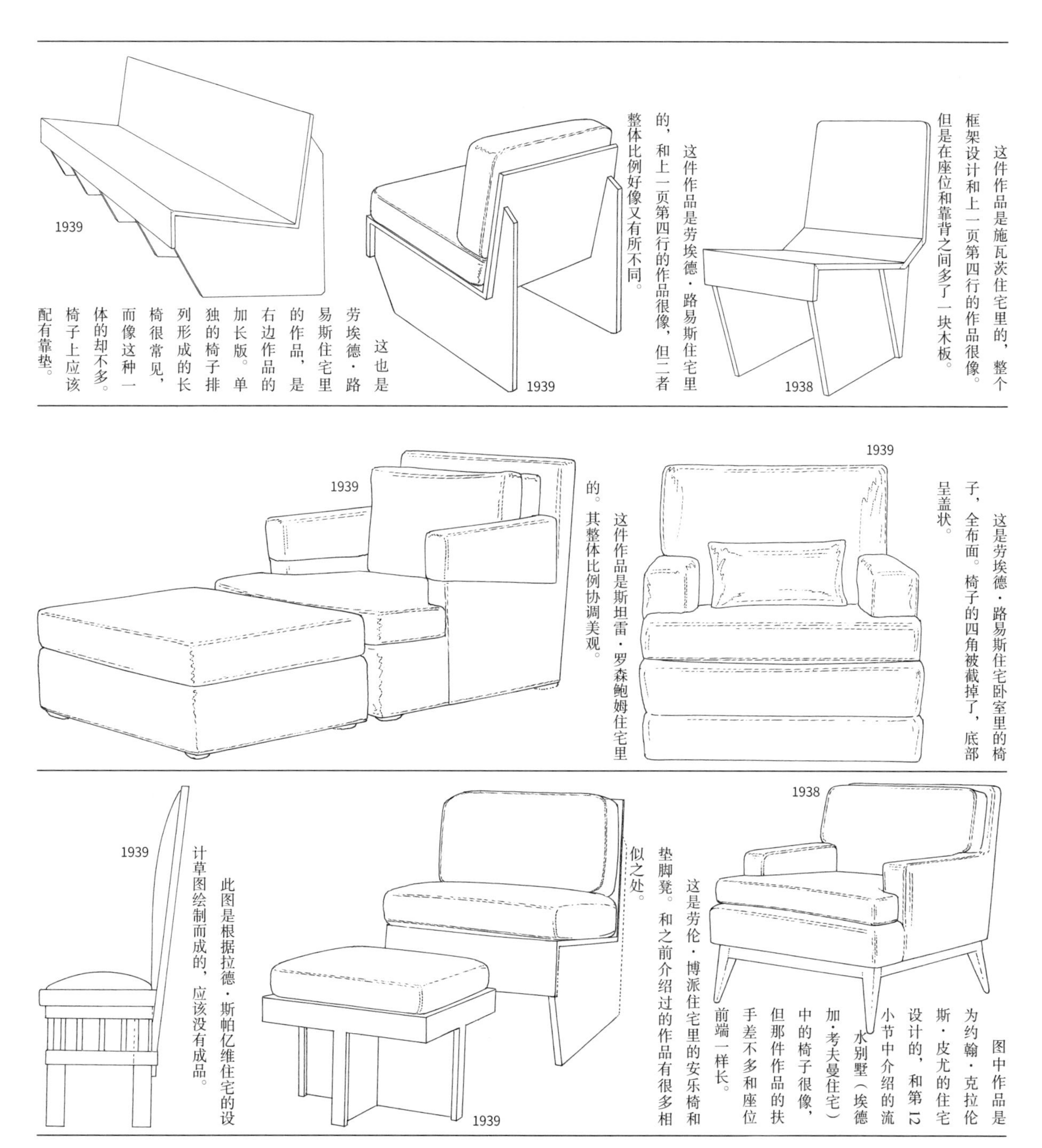

这件作品是施瓦茨住宅里的，整个框架设计和上一页第四行的作品很像。但是在座位和靠背之间多了一块木板。
1938

这件作品是劳埃德·路易斯住宅里的，和上一页第四行的作品很像，但二者整体比例好像又有所不同。
1939

这也是劳埃德·路易斯住宅里的作品，是右边作品的加长版。单独的椅子排列形成的长椅很常见，而像这种一体的却不多。椅子上应该配有靠垫。
1939

这是劳埃德·路易斯住宅卧室里的椅子，全布面。椅子的四角被截掉了，底部呈盖状。
1939

这件作品是斯坦雷·罗森鲍姆住宅里的。其整体比例协调美观。
1939

图中作品是为约翰·克拉伦斯·皮尤的住宅设计的，和第12小节中介绍的流水别墅（埃德加·考夫曼住宅）中的椅子很像，但那件作品的扶手差不多和座位前端一样长。
1938

这是劳伦·博派住宅里的安乐椅和垫脚凳。和之前介绍过的作品有很多相似之处。
1939

此图是根据拉德·斯帕亿维住宅的设计草图绘制而成的，应该没有成品。
1939

1867—1959

弗兰克·劳埃德·赖特

第14小节
约翰逊制蜡公司大楼

约翰逊制蜡公司大楼于1936年建于美国威斯康星州拉辛市。1944年，其附属设施约翰逊研究大楼建成，1951年，主楼进行了扩建。约翰逊制蜡公司由塞缪尔·柯蒂斯·约翰逊于1886年创立，之前主要生产实木复合地板，之后开始销售熟蜡。这种蜡可用作地板保护剂。后来，塞缪尔的孙子赫伯特·约翰逊进一步推出了一种名为『发光外套』的蜡，可使地板色泽鲜艳光亮，借此公司成功渡过了经济危机。1917年，约翰逊制蜡公司成为美国首家实行经营者与员工共同分配利益制度的公司，足可见其富有进取精神。制蜡公司大楼也被美国建筑师协会列为『赖特的十七座应被保护的建筑物』。现在在营业时间内，游客也可以前往参观。

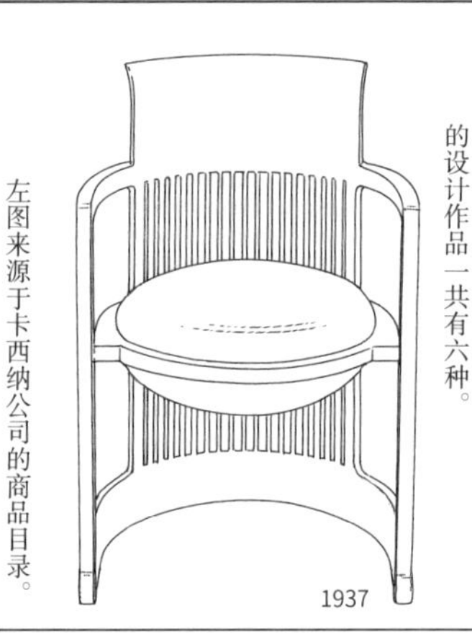

第4小节中介绍的马丁住宅里的『桶背椅』在1925年经由塔里埃森进行改动后重新派上用场，左图即是它的成品模型。它是为约翰逊制蜡公司设计的，这一系列的设计作品一共有六种。

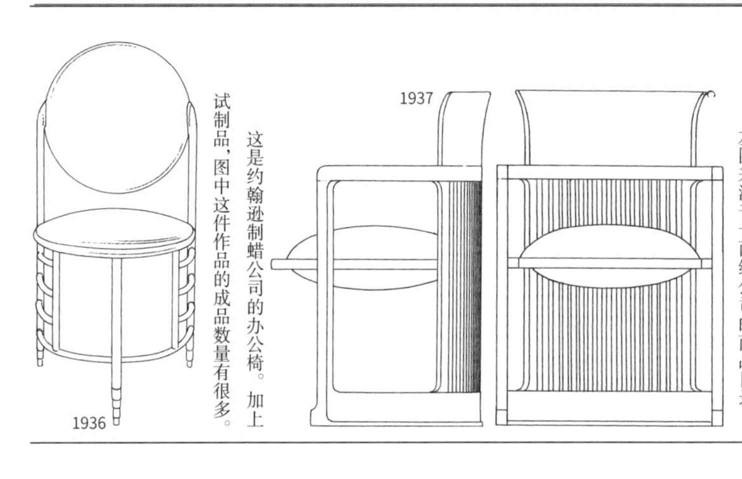

左图来源于卡西纳公司的商品目录。

这是约翰逊制蜡公司的办公椅。加上试制品，图中这件作品的成品数量有很多。

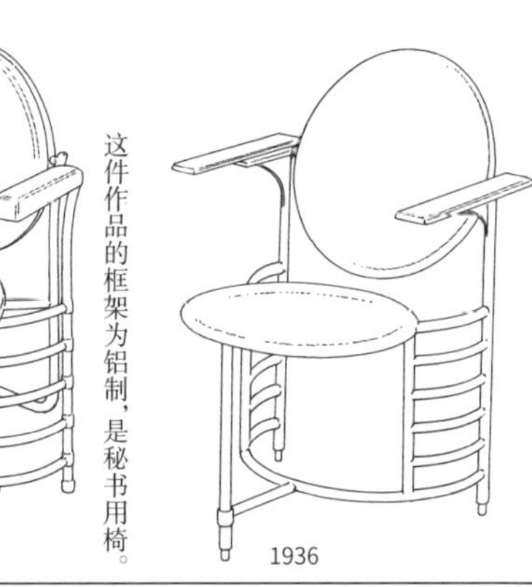

可将该作与这一行最左侧作品进行对比。该作框架为镀铬，表面为藤制，是一个特制模型。

这件作品的框架为铝制，是秘书用椅。

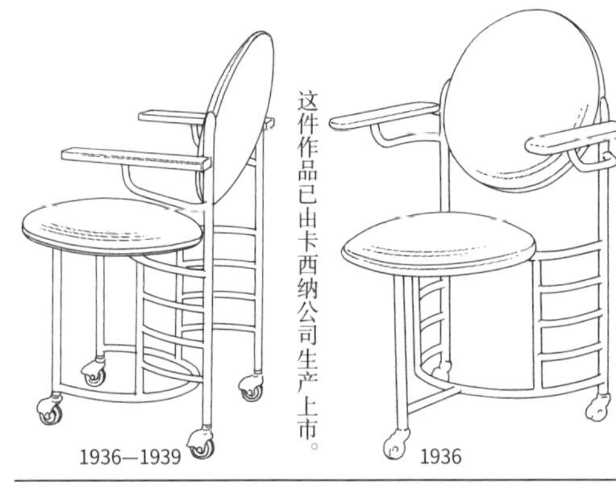

这件作品的框架进行了涂饰，也是秘书用椅。

这件作品已由卡西纳公司生产上市。

1936

此图是根据卡西纳公司的商品目录绘制而成的。正在批量生产。

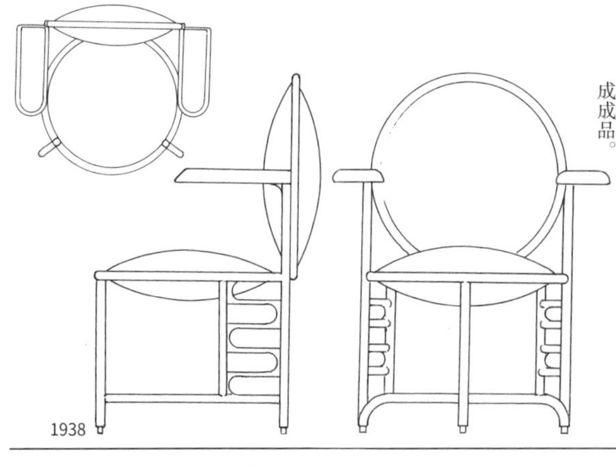

此图是根据草图绘制而成的，特点在其侧面框架的焊接部分。该作品没有被制成成品。

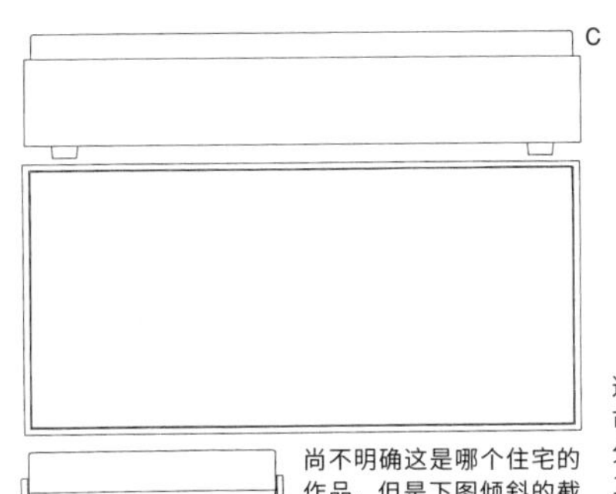

尚不明确这是哪个住宅的作品。但是下图倾斜的截面部分充分体现了赖特作品的特点。
1940

这是由卡西纳公司生产上市的无扶手椅，其横木部分的设计非常独特。
1936

这是约翰逊制蜡公司大楼格雷特办公室的平面图，这个建筑最大的特点就是支撑整个建筑的、从天花板的圆盘贯穿到地面的纺锤形柱子。（图中以圆形虚线表示）
1936
摘自《弗兰克·劳埃德·赖特作品全集》第五卷

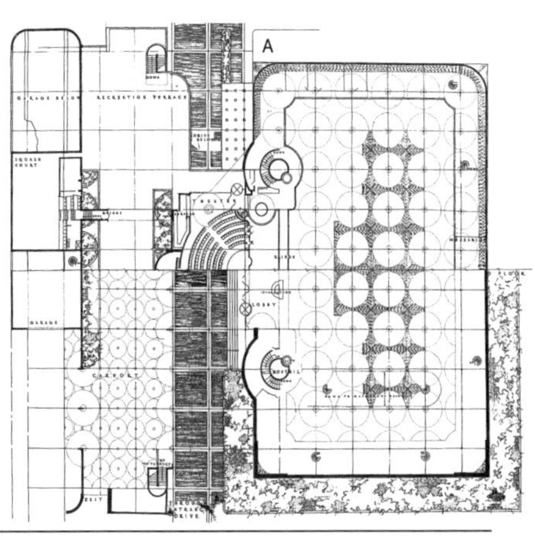

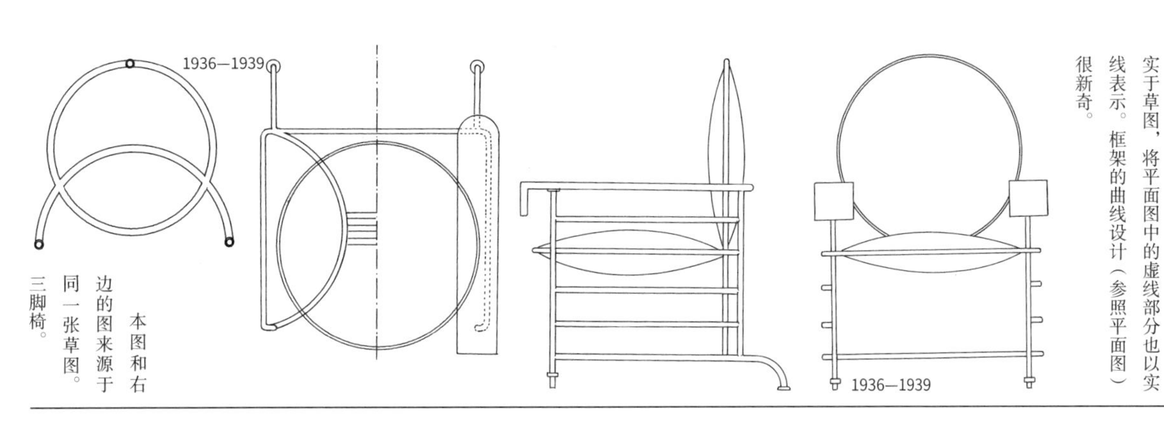

本图和右边的图来源于同一张草图。三脚椅。

这件作品的模型没有成品。此处为忠实于草图，将平面图中的虚线部分也以实线表示。框架的曲线设计（参照平面图）很新奇。

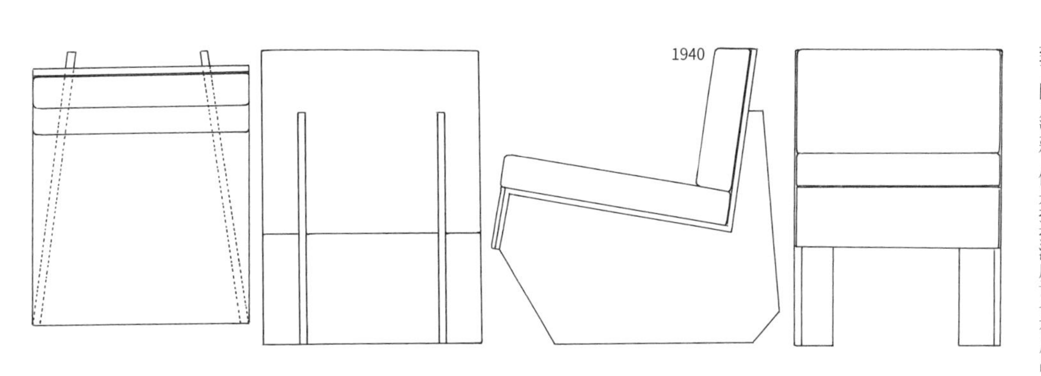

如图所示，这个作品在框架中镶嵌了木板，形成一个平面，类似的设计在1925年以后大量出现，之前一直采用的是穿插的细木条。有关这件作品虽然只找到了图片资料，但是据推测应该也有成品。

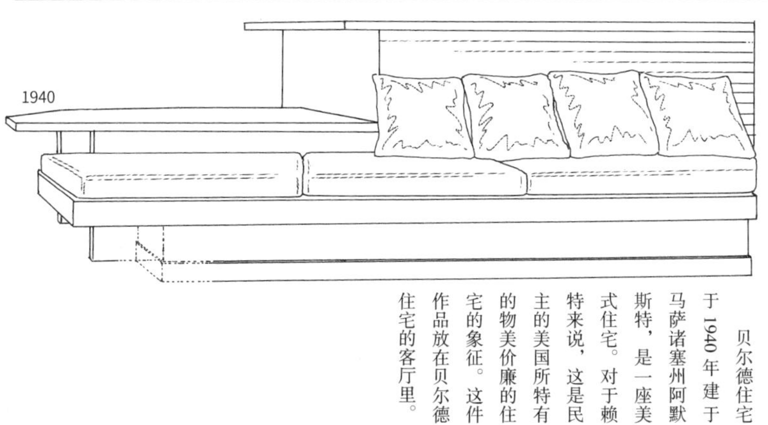

贝尔德住宅于1940年建于马萨诸塞州阿默斯特，是一座美式住宅。对于赖特来说，这是民主的美国所特有的物美价廉的住宅的象征。这件作品放在贝尔德住宅的客厅里。

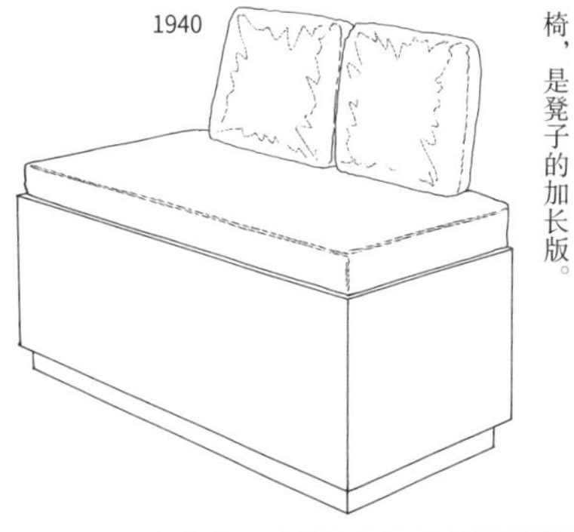

这是在贝尔德住宅中使用过的箱形长椅，是凳子的加长版。

这件作品放在沃尔特住宅里。与阿弗莱克住宅中的方形座椅不同，这把椅子的前端是圆的。
1945

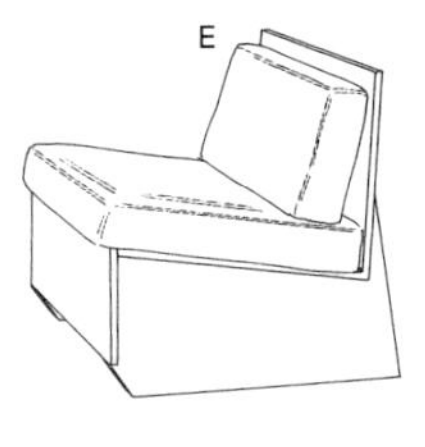

这把座椅放在阿弗莱克住宅里。类似的作品还有很多。
1940

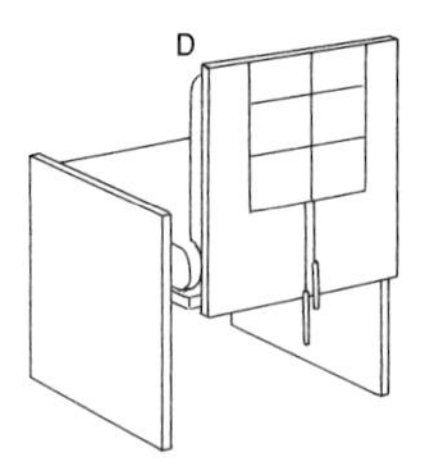

这是根据奈斯比特的要求改造艾尼斯住宅时设计的作品。
1941

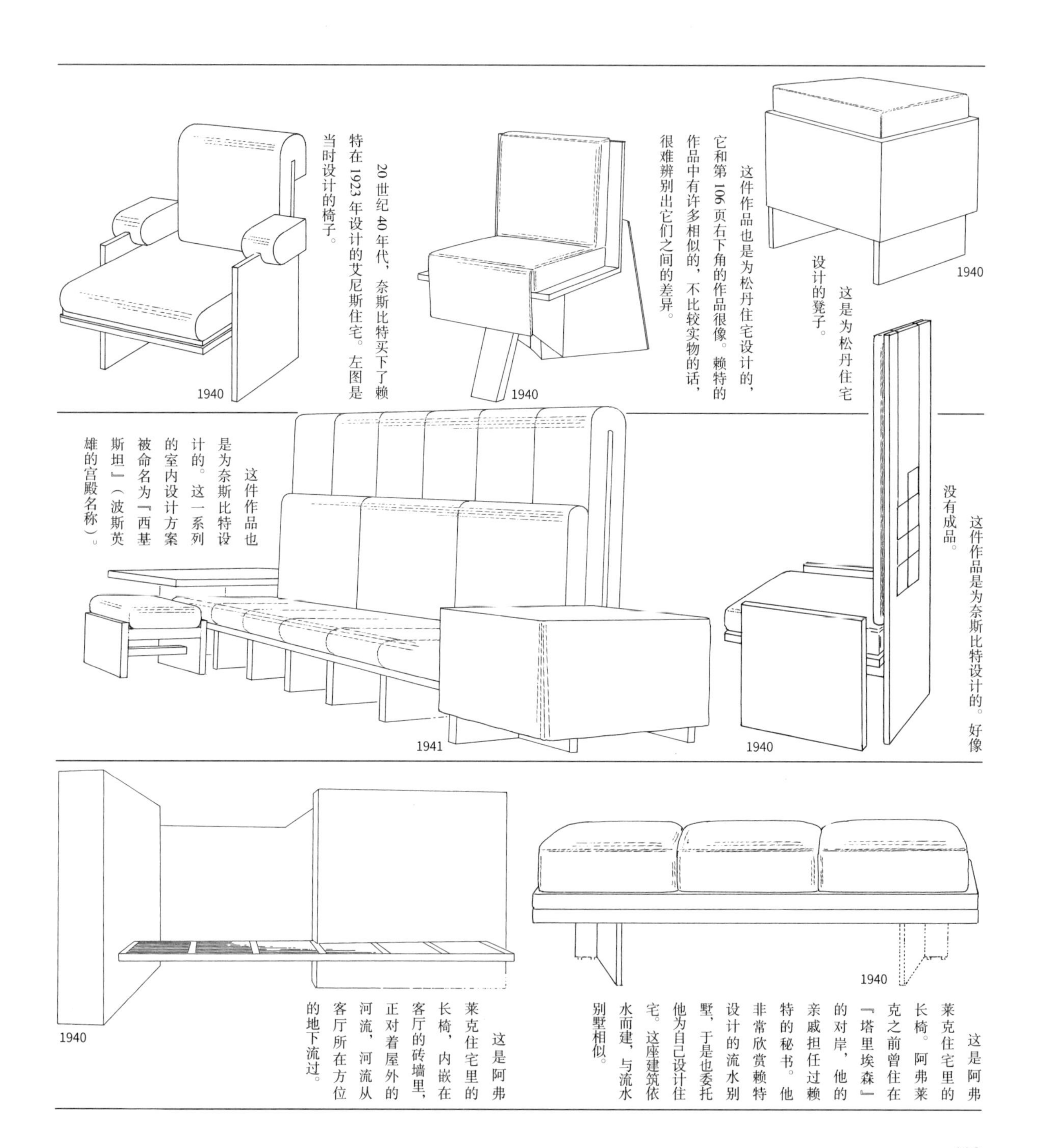

这是为松丹住宅设计的凳子。
1940

这件作品也是为松丹住宅设计的，它和第106页右下角的作品很像。赖特的作品中有许多相似的，不比较实物的话，很难辨别出它们之间的差异。
1940

20世纪40年代，奈斯比特买下了赖特在1923年设计的艾尼斯住宅。左图是当时设计的椅子。
1940

这件作品是为奈斯比特设计的。好像没有成品。
1940

这件作品也是为奈斯比特设计的。这一系列的室内设计方案被命名为『西基斯坦』（波斯英雄的宫殿名称）。
1941

这是阿弗莱克住宅里的长椅。阿弗莱克之前曾住在『塔里埃森』的对岸，他的亲戚担任过赖特的秘书。他非常欣赏赖特设计的流水别墅，于是也委托他为自己设计住宅。这座建筑依水而建，与流水别墅相似。
1940

这是阿弗莱克住宅里的长椅，内嵌在客厅的砖墙里，正对着屋外的河流，河流从客厅所在方位的地下流过。
1940

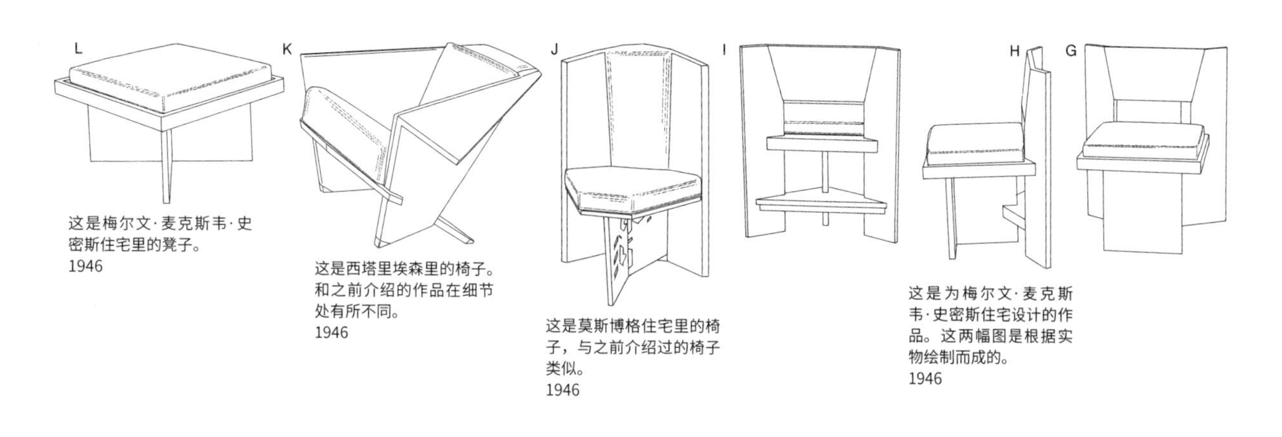

这是梅尔文·麦克斯韦·史密斯住宅里的凳子。
1946

这是西塔里埃森里的椅子。和之前介绍的作品在细节处有所不同。
1946

这是莫斯博格住宅里的椅子，与之前介绍过的椅子类似。
1946

这是为梅尔文·麦克斯韦·史密斯住宅设计的作品。这两幅图是根据实物绘制而成的。
1946

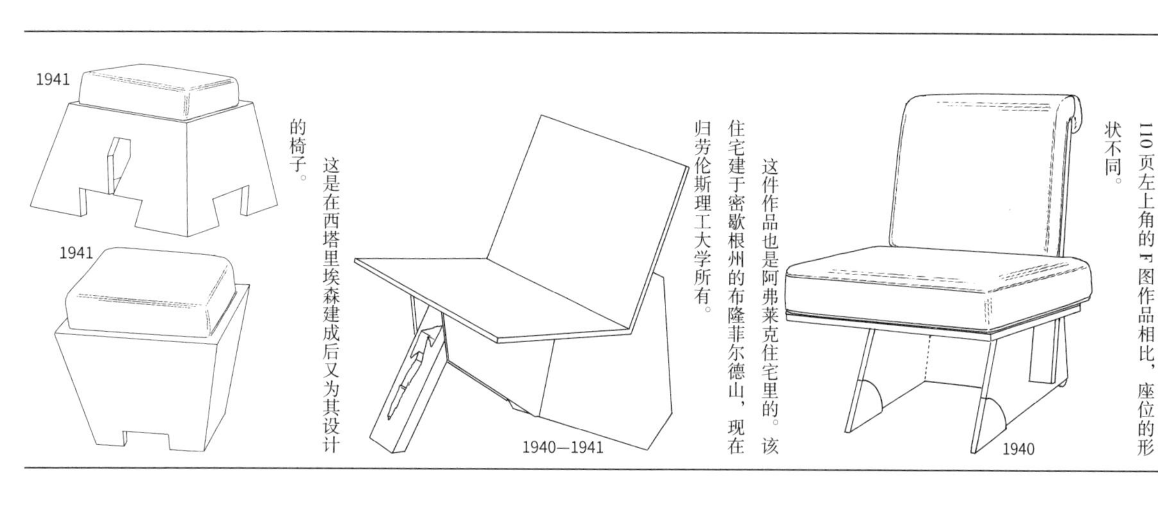

这是为阿弗莱克住宅设计的。与第110页左上角的F图作品相比，座位的形状不同。

这件作品也是阿弗莱克住宅里的。该住宅建于密歇根州的布隆菲尔德山，现在归劳伦斯理工大学所有。

这是在西塔里埃森建成后又为其设计的椅子。

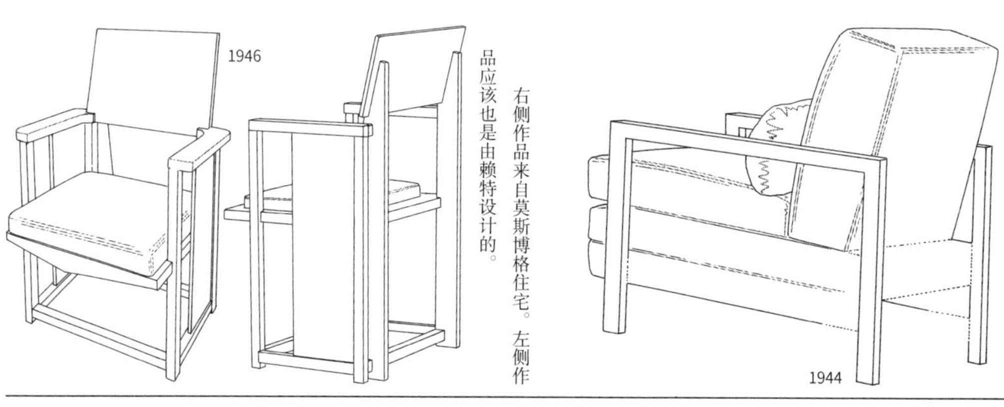

这把安乐椅是为赫伯特·雅各布住宅设计的。椅子的两个后腿间应该有横木，但是从图片资料上并没有看到；另外，靠垫的支撑部分也并不清楚，可能就是靠两侧扶手固定住的。

右侧作品来自莫斯博格住宅。左侧作品应该也是由赖特设计的。

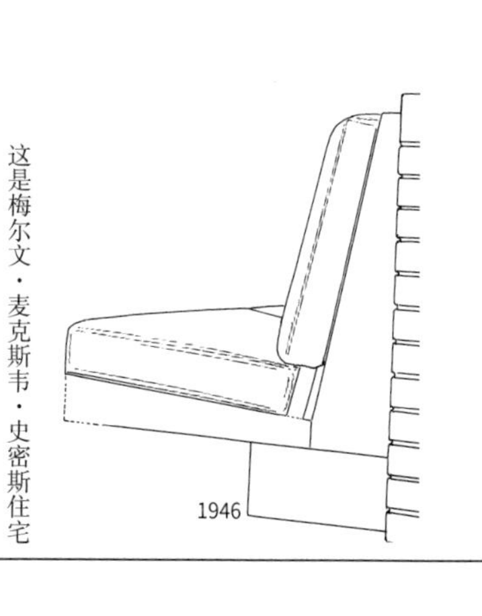

这是莫斯博格住宅餐厅里的内嵌式沙发。在客厅里也有类似的设计。

这是梅尔文·麦克斯韦·史密斯住宅客厅里的内嵌式沙发。靠背上方是书架。

1867—1959

弗兰克·劳埃德·赖特

第 15 小节
一神教堂

本小节将介绍建于威斯康星州肖尔伍德山上的一神教堂。赖特的父母都是该教会的第一代教徒，因此赖特在青年时期也加入其中。教堂于 1947 年设计，在塔里埃森设计团队的大力支持以及教区的人们的自发参与下，于 1951 年建成。如第 113 页 A 图所示，该建筑由边长 121.9 厘米的菱形连接而成，总占地面积为 1070 平方米，可容纳 252 人。设有单人椅和双人椅，椅背可放倒，方便搬运。教堂还可以用于举办音乐会或其他活动，是一个多功能文化厅。

一神教堂在美国建筑文化领域意义非凡，被美国建筑师协会列为『赖特的 17 座应被保护的建筑物』之一。平日面向大众开放，夏季时还会有导游带领参观。

这是一神教堂里的长椅。资料显示这是双人座，但是从图中来看可以坐三个人。座椅和靠背由链子连接而成，折叠处共有三处合页。

1947

这件作品是在右图的基础上加了坐垫。和下一行作品的区别在于椅腿接触地面的部分。

1947

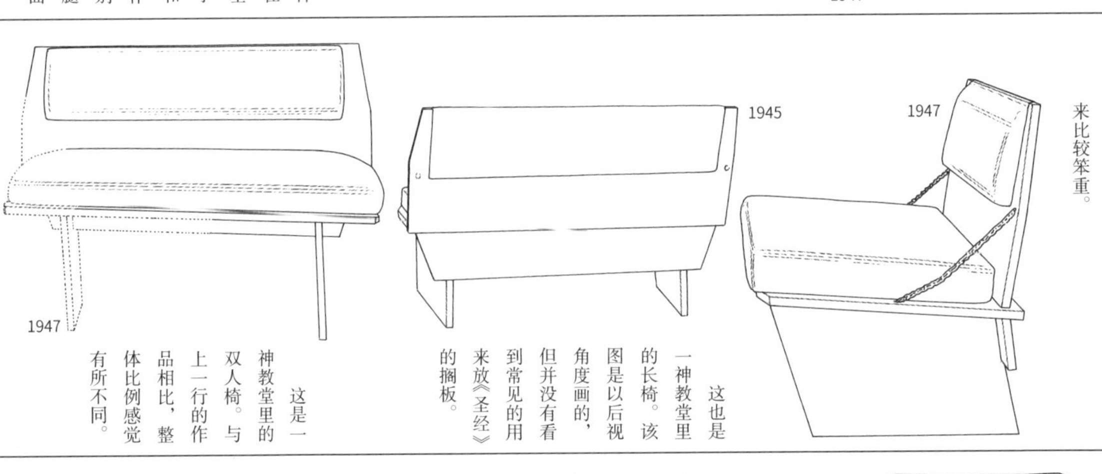

资料显示这是单人椅。与上一行作品相比，椅脚部分看不见。两边的链子看起来比较笨重。

这也是一神教堂里的长椅。该图是以后视角度画的，但并没有看到常见的用来放《圣经》的搁板。

这是一神教堂里的双人椅。与上一行的作品相比，整体比例感觉有所不同。

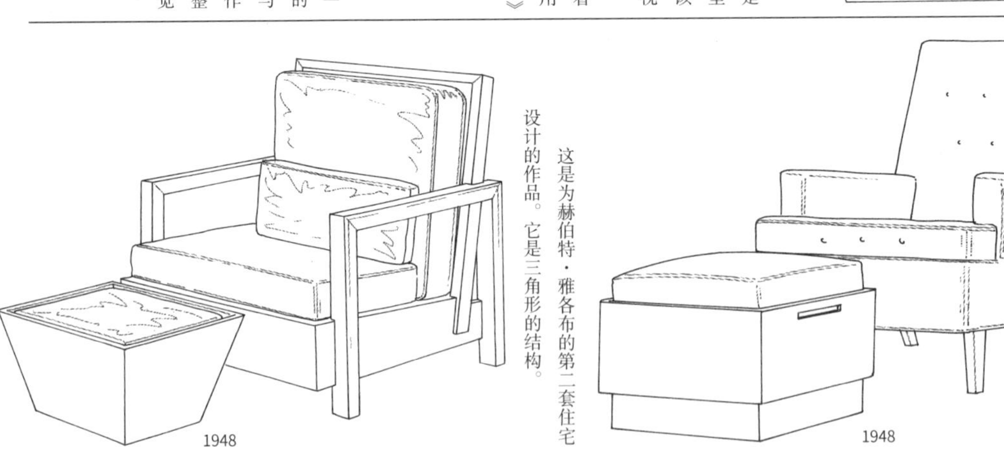

这是莫斯伯格住宅里的家具，但椅子和凳子似乎不是一套。

这是为赫伯特·雅各布的第二套住宅设计的作品。它是三角形的结构。

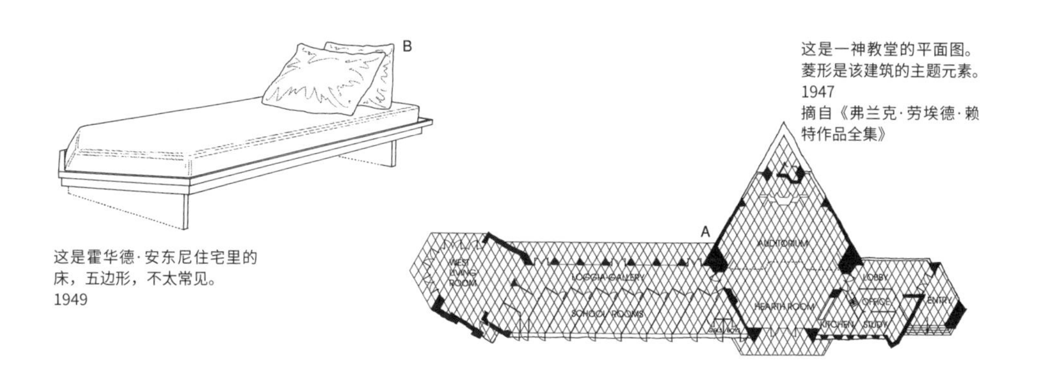

这是霍华德·安东尼住宅里的床，五边形，不太常见。
1949

这是一神教堂的平面图。菱形是该建筑的主题元素。
1947
摘自《弗兰克·劳埃德·赖特作品全集》

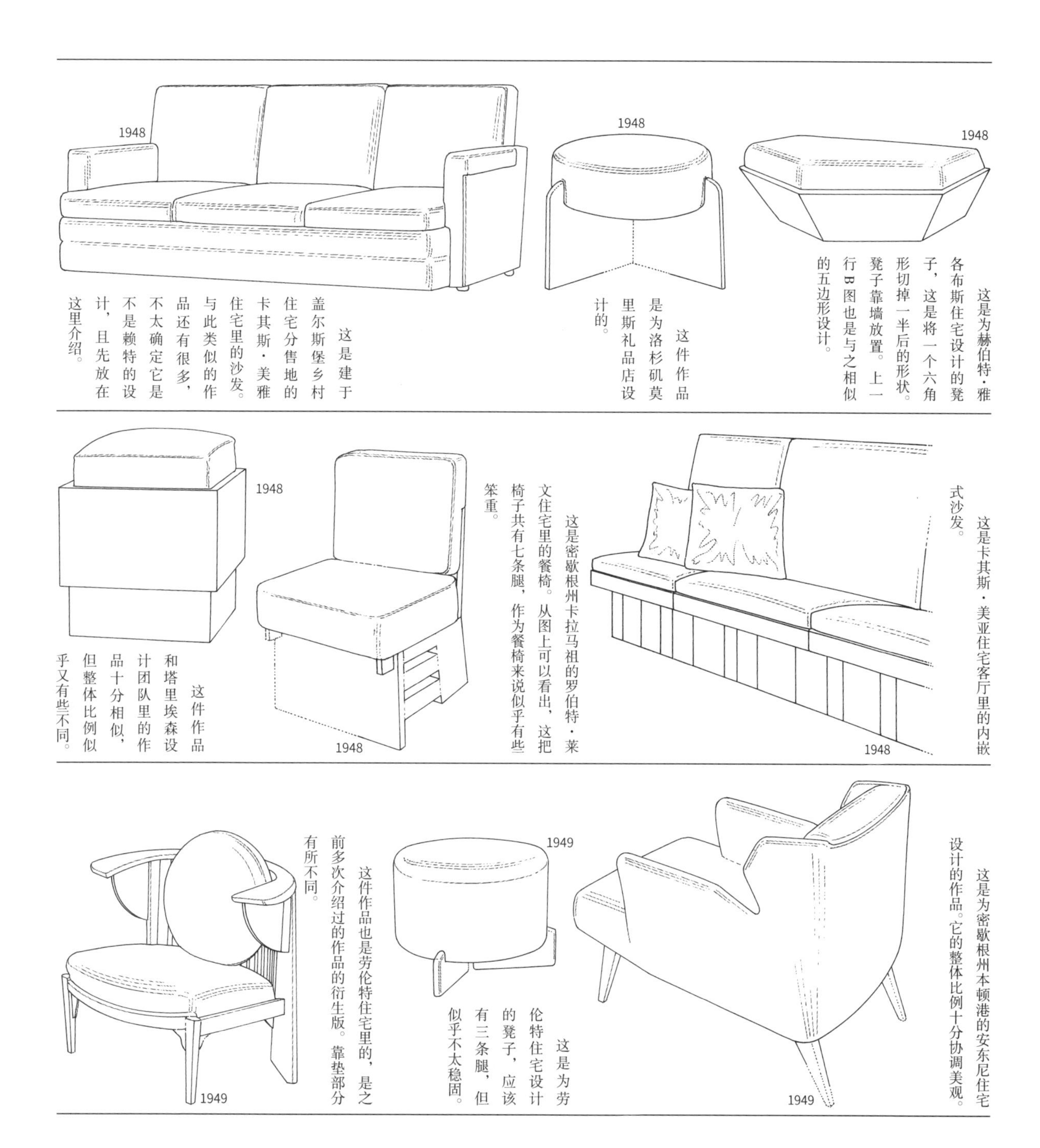

这是为赫伯特·雅各布斯住宅设计的凳子，这是将一个六角形切掉一半后的形状。凳子靠墙放置。上一行B图也是与之相似的五边形设计。

这件作品是为洛杉矶莫里斯礼品店设计的。

这是建于盖尔斯堡乡村住宅分售地的卡其斯·美雅住宅里的沙发。与此类似的作品还有很多，不太确定它是不是赖特的设计，且先放在这里介绍。

这是卡其斯·美亚住宅客厅里的内嵌式沙发。

这是密歇根州卡拉马祖的罗伯特·莱文住宅里的餐椅。从图上可以看出，这把椅子共有七条腿，作为餐椅来说似乎有些笨重。

这件作品和塔里埃森设计团队里的作品十分相似，但整体比例似乎又有些不同。

这是为密歇根州本顿港的安东尼住宅设计的作品。它的整体比例十分协调美观。

这是为劳伦特住宅设计的凳子，应该有三条腿，但似乎不太稳固。

这件作品也是劳伦特住宅里的，是之前多次介绍过的作品的衍生版。靠垫部分有所不同。

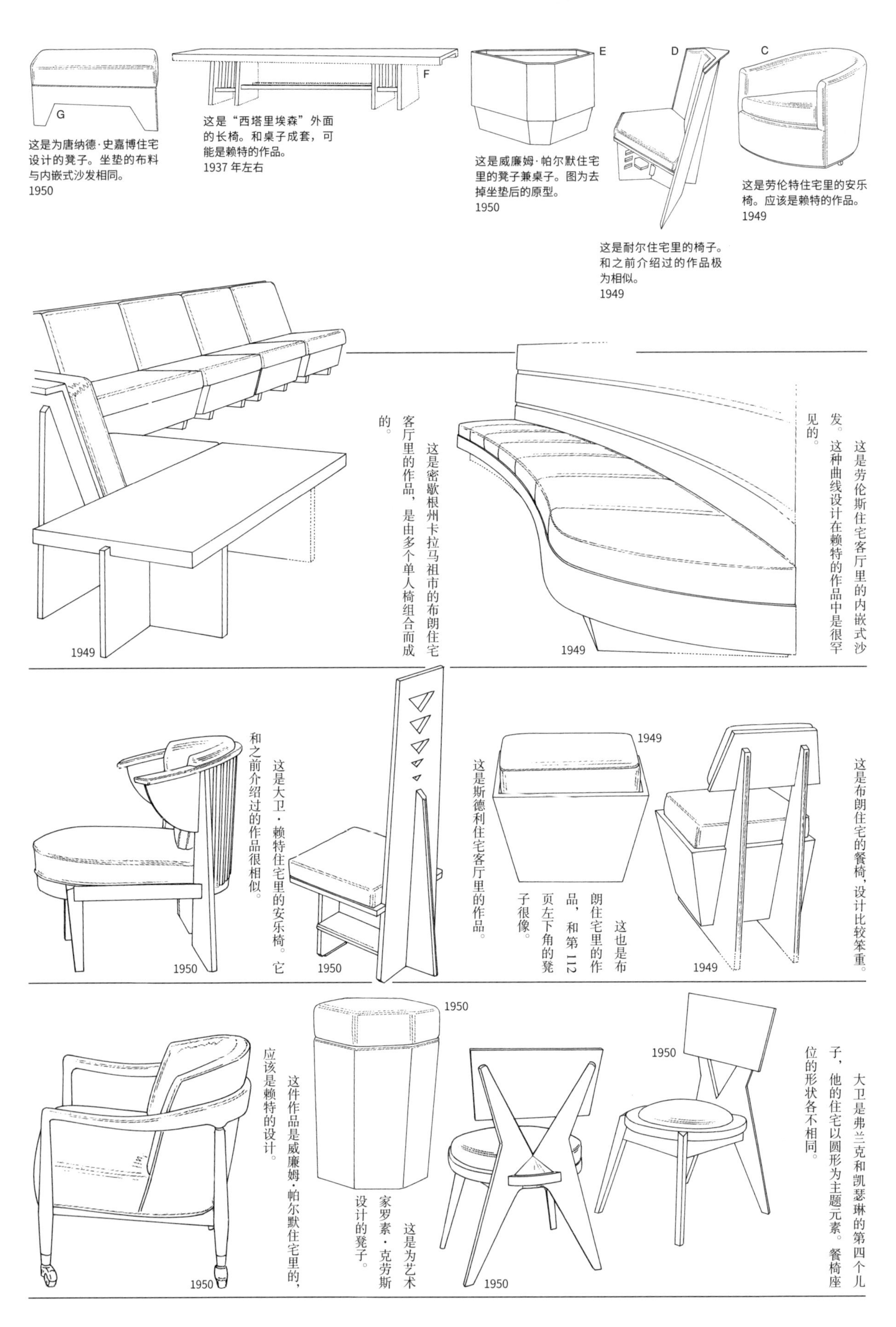

这是为唐纳德·史嘉博住宅设计的凳子。坐垫的布料与内嵌式沙发相同。
1950

这是"西塔里埃森"外面的长椅。和桌子成套，可能是赖特的作品。
1937年左右

这是威廉姆·帕尔默住宅里的凳子兼桌子。图为去掉坐垫后的原型。
1950

这是耐尔住宅里的椅子。和之前介绍过的作品极为相似。
1949

这是劳伦特住宅里的安乐椅。应该是赖特的作品。
1949

这是密歇根州卡拉马祖市的布朗住宅客厅里的作品，是由多个单人椅组合而成的。

这是劳伦斯住宅客厅里的内嵌式沙发。这种曲线设计在赖特的作品中是很罕见的。

这是大卫·赖特住宅里的安乐椅。它和之前介绍过的作品很相似。

这是斯德利住宅客厅里的作品。

这也是布朗住宅里的作品，和第112页左下角的凳子很像。

这是布朗住宅的餐椅，设计比较笨重。

这件作品是威廉姆·帕尔默住宅里的，应该是赖特的设计。

这是为艺术家罗素·克劳斯设计的凳子。

大卫是弗兰克和凯瑟琳的第四个儿子，他的住宅以圆形为主题元素。餐椅座位的形状各不相同。

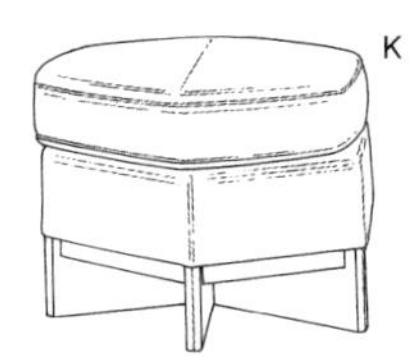

K

这是罗兰·莱斯利住宅里的凳子。与六角形的座位相呼应，凳子腿也是由六块木板构成的。
1951

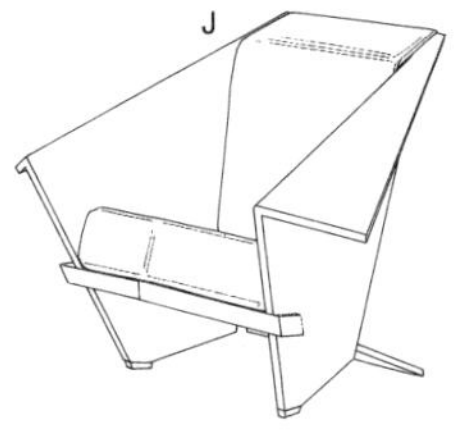

J

这种安乐椅之前介绍过很多次。单从图片无法看出与之前的作品有何不同。它是为罗素·克劳斯住宅设计的。
1951

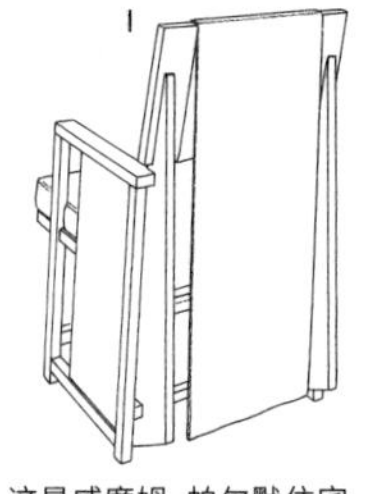

I

这是威廉姆·帕尔默住宅里的扶手椅。靠背上的垂布应该也是赖特的独特设计。
1950

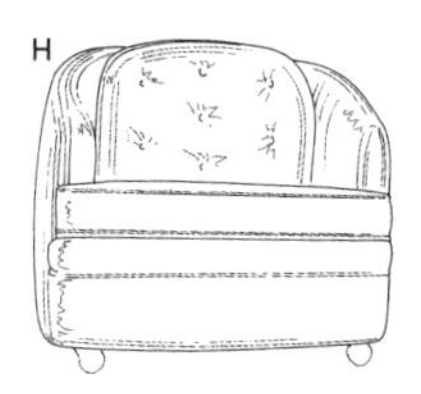

H

这是大卫·赖特住宅里的安乐椅。应该也是赖特的作品。
1950

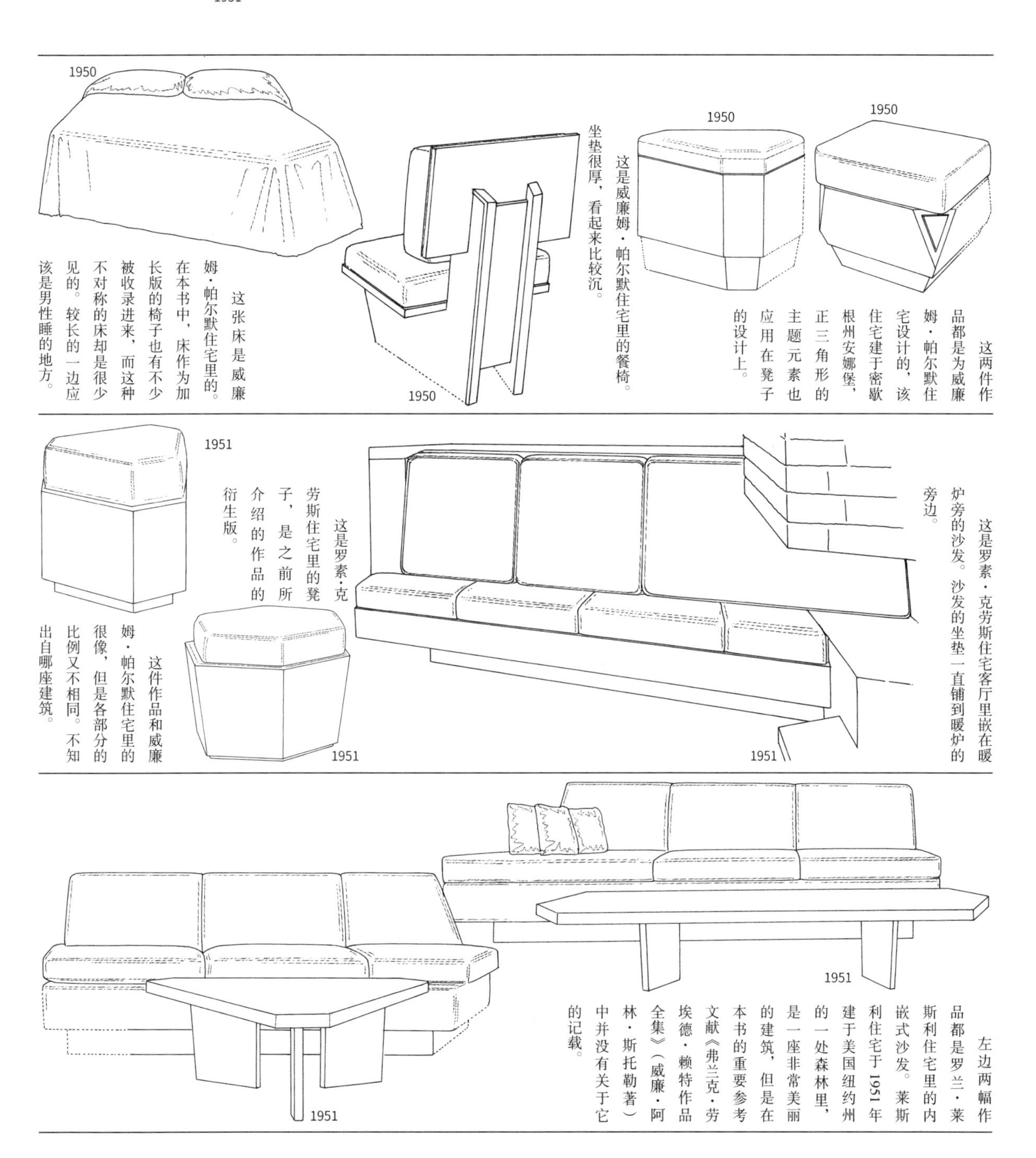

1950

这张床是威廉姆·帕尔默住宅里的。在本书中，床作为加长版的椅子也有不少被收录进来，而这种不对称的床却是很少见的。较长的一边应该是男性睡的地方。

1950

这是威廉姆·帕尔默住宅里的餐椅。坐垫很厚，看起来比较沉。

1950　1950

这两件作品都是为威廉姆·帕尔默住宅设计的，该住宅建于密歇根州安娜堡，正三角形的主题元素也应用在凳子的设计上。

1951　1951

这件作品和威廉姆·帕尔默住宅里的很像，但是各部分的比例又不相同。不知出自哪座建筑。

这是罗素·克劳斯住宅里的凳子，是之前所介绍的作品的衍生版。

1951

这是罗素·克劳斯住宅客厅里嵌在暖炉旁的沙发。沙发的坐垫一直铺到暖炉的旁边。

1951　1951

左边两幅作品都是罗兰·莱斯利住宅里的内嵌式沙发。莱斯利住宅于1951年建于美国纽约州的一处森林里，是一座非常美丽的建筑，但是在本书的重要参考文献《弗兰克·劳埃德·赖特作品全集》（威廉·阿林·斯托勒著）中并没有关于它的记载。

1867—1959

弗兰克·劳埃德·赖特

第16小节
普莱斯大楼

普莱斯大楼位于美国俄克拉何马州巴特尔斯维尔市，于1952年设计，次年11月10日开工，1956年2月9日竣工。除了这栋大楼以外，哈罗德·普莱斯还另外将两座住宅的设计工作也委托给了赖特。其中一座是1953年的哈罗德·普莱斯普通住宅；另一座是被称为『格拉曼之家』的哈罗德·普莱斯高级住宅。这三座建筑都是集中在这三年设计而成的（在此顺便提一下，以收藏伊藤若冲等人的作品而闻名的约翰·普莱斯就是哈罗德·普莱斯的儿子）。

普莱斯大楼建于丘陵地带，有19层，是一座居住办公一体的建筑。卧室是跃层式设计，一共8间。16层设有简易餐厅和厨房。从下一页的A图可以看到，四座电梯贯穿整座大楼中心，地板是混凝土材质的悬臂结构。顶层是普莱斯自己的办公室和天台花园。大楼于1981年被出售给菲利普斯石油公司，后由美国建筑师协会指定为『赖特的17座应被保护的建筑物』之一。

1950

这个内嵌式沙发是为位于伊利诺伊州普莱顿中心的穆尔黑德住宅设计的。沙发将暖炉夹在中间，呈L状设置，两边分别可以坐八人和三人。

1950

穆尔黑德住宅里种有大豆、玉米，除此之外还养猪，是一个家族经营的大型农场。住宅的四周即是北美大草原。遗憾的是，后来，天然草原被牧草代替，住宅也在罗伯特退休后无人打理。这两幅图都是根据图纸绘制而成的。

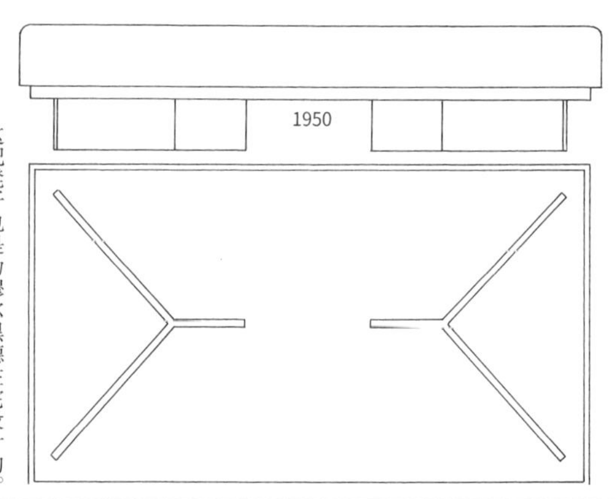

这是为穆尔黑德住宅设计的床。床腿的设计很有趣。尚不清楚是否有成品。

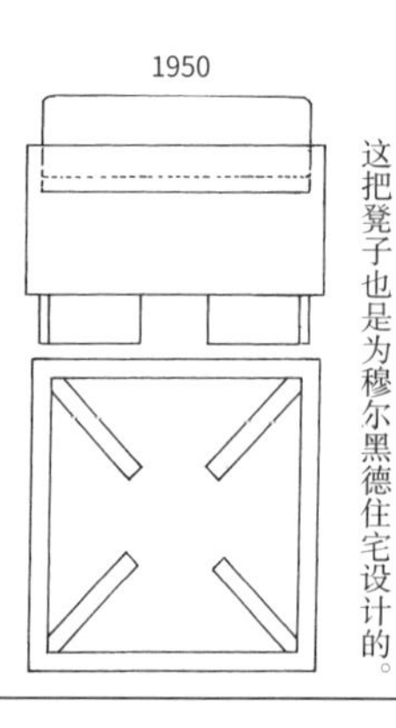

这把凳子也是为穆尔黑德住宅设计的。

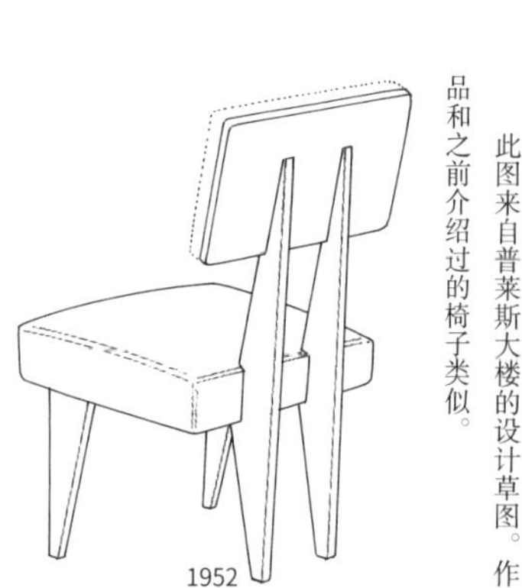

此图来自普莱斯大楼的设计草图。作品和之前介绍过的椅子类似。

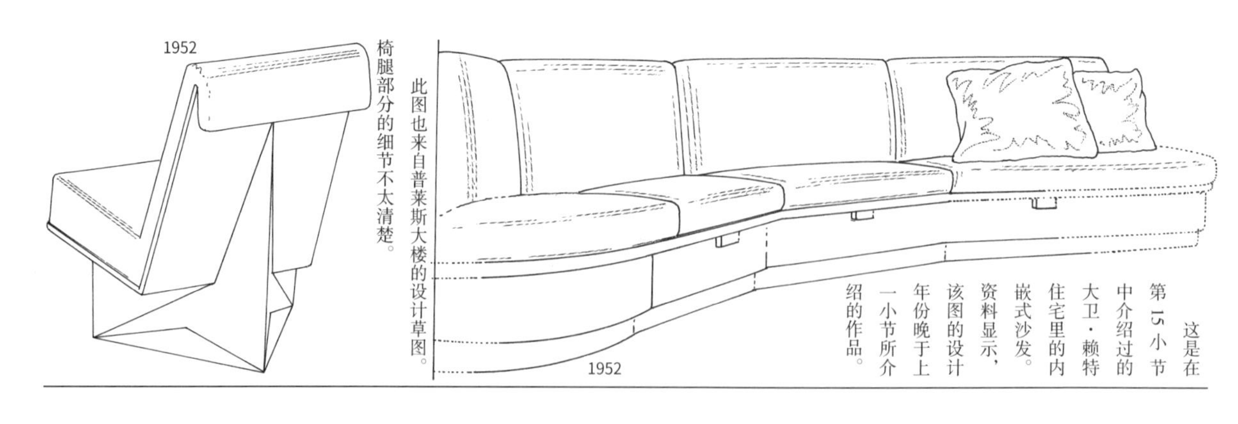

椅腿部分的细节不太清楚。

此图也来自普莱斯大楼的设计草图。

这是在第15小节中介绍过的大卫·赖特住宅里的内嵌式沙发。该资料显示，该图的设计年份晚于上一小节所介绍的作品。

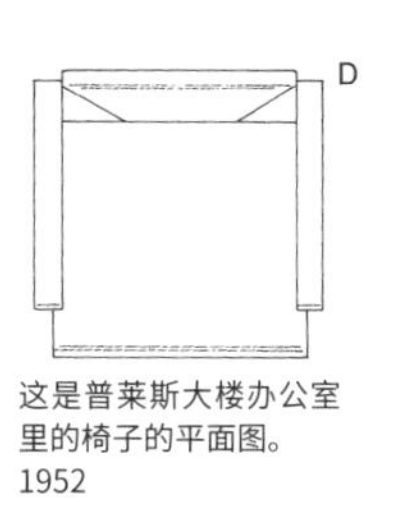

这是普莱斯大楼办公室里的椅子的平面图。
1952

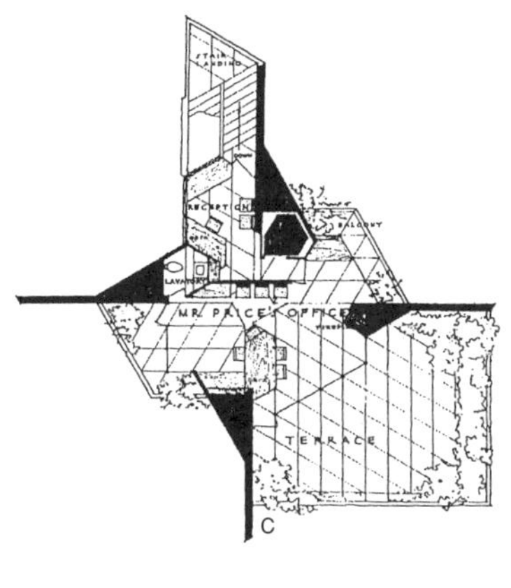

A～C图都是普莱斯大楼的平面图。A图是标准层的办公室和居住房间。B图是住房上层。C图是顶层房间。
1952
摘自《弗兰克·劳埃德·赖特作品全集》

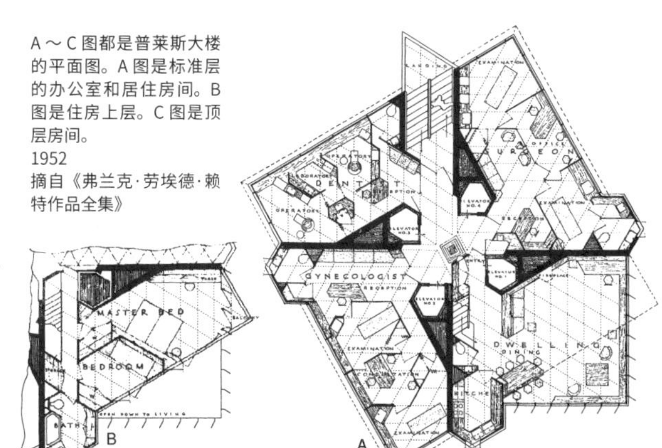

本页介绍的作品全部是为普莱斯大楼设计的。图中这把椅子的靠垫虽然分成了两部分，但它其实是单人座。

1952

此图是根据普莱斯大楼办公区的草图绘制而成的。看起来不像赖特的风格。尚不清楚是否有成品。在草图中，这些椅子有多处修改的地方，因此推断草图和实际成品或许有很大的区别。

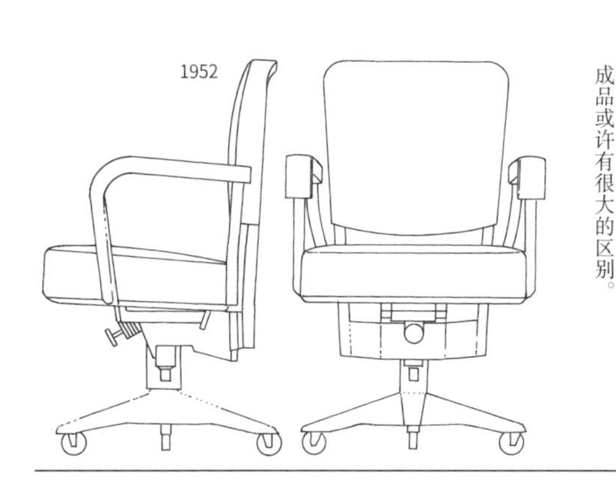
1952

这一作品中加入了赖特经典的主题元素——六角形。它和最左边那把椅子的设计相似，应该是构思初期的草图。

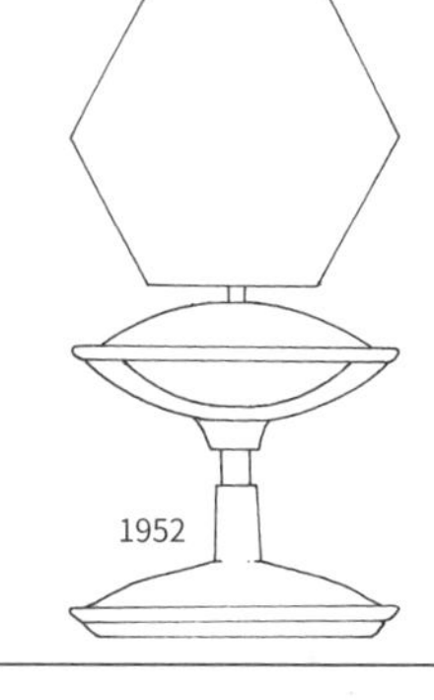
1952

这把餐椅和右边作品似乎不是同一件。椅子靠背上有垂布作为装饰。

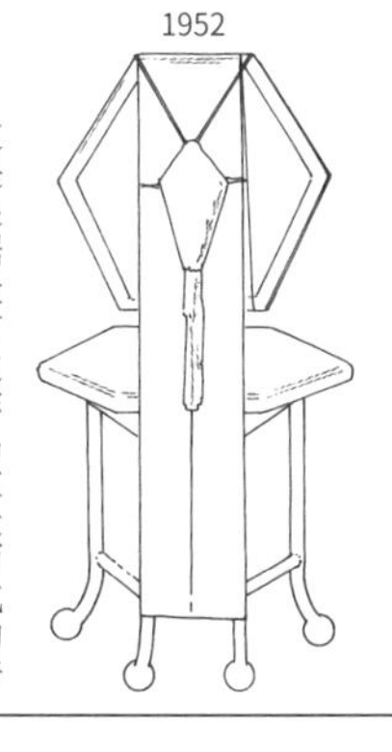
1952

这是根据最右边作品改造而成的椅子。应该是为顶层的哈罗德·普莱斯办公室设计的，座位下方还有大写字母H、P，即哈罗德·普莱斯的名字缩写。

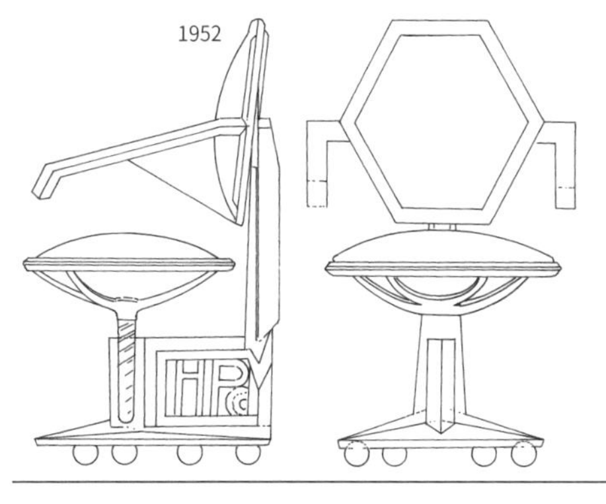
1952

这件作品和上一行左侧的作品是同一件。这是它的后视图。

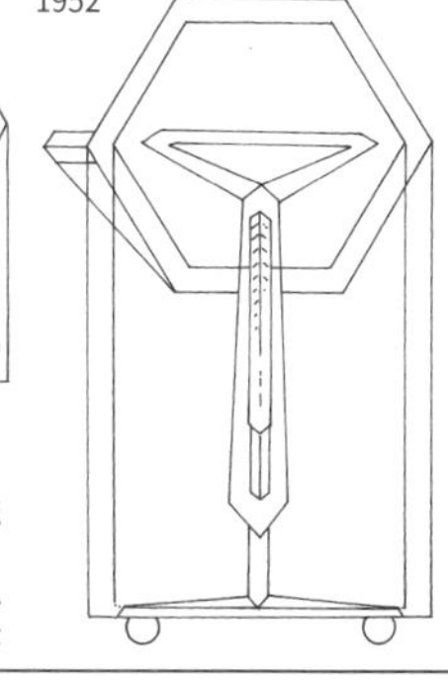
1952

此图也是根据同一作品的平面图绘制而成。是构思阶段的草图。

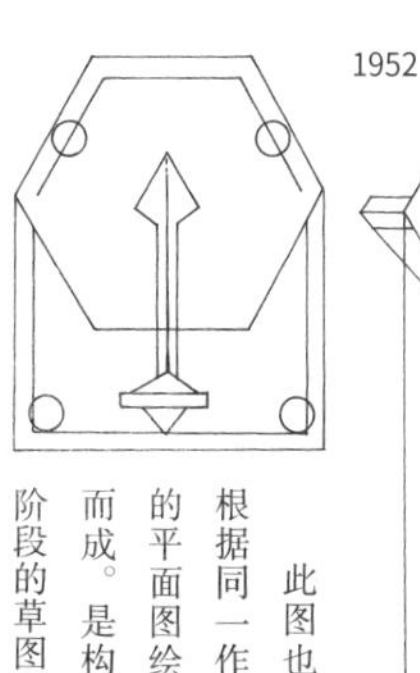

这是实体化了的模型，两件作品的主要结构都是铝制的。20世纪80年代，纽约一家经营中世纪商品的商店曾向笔者推销这把椅子，只是由于太贵没有买成。据说后来以极低的价格拍卖掉了。

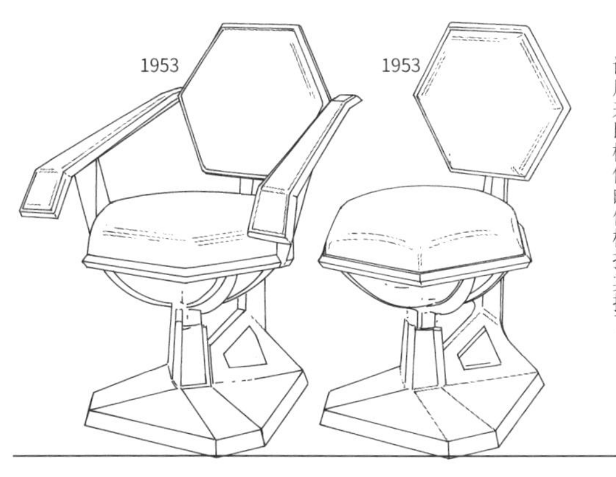
1953　1953

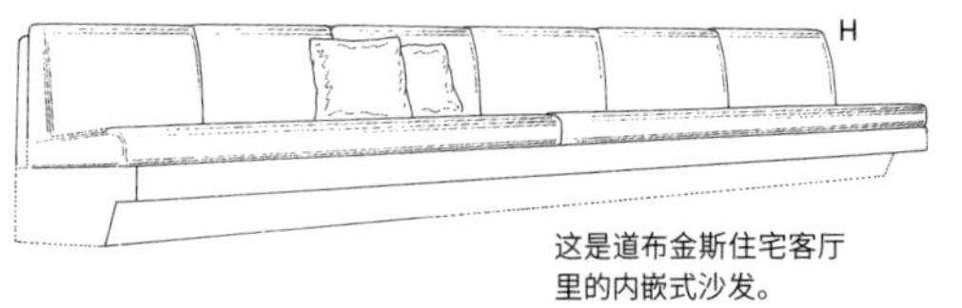

这是道布金斯住宅客厅里的内嵌式沙发。
1953

这是在明尼苏达州林霍尔姆住宅里使用过的椅子，之前介绍过很多次。
1952

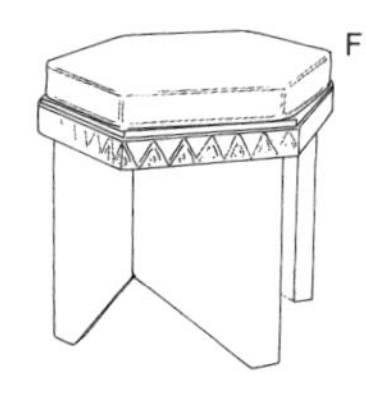

这是普莱斯大楼里的凳子。
1952

这是普莱斯大楼里的办公椅，由于是粗略图，所以细节不明。
1952

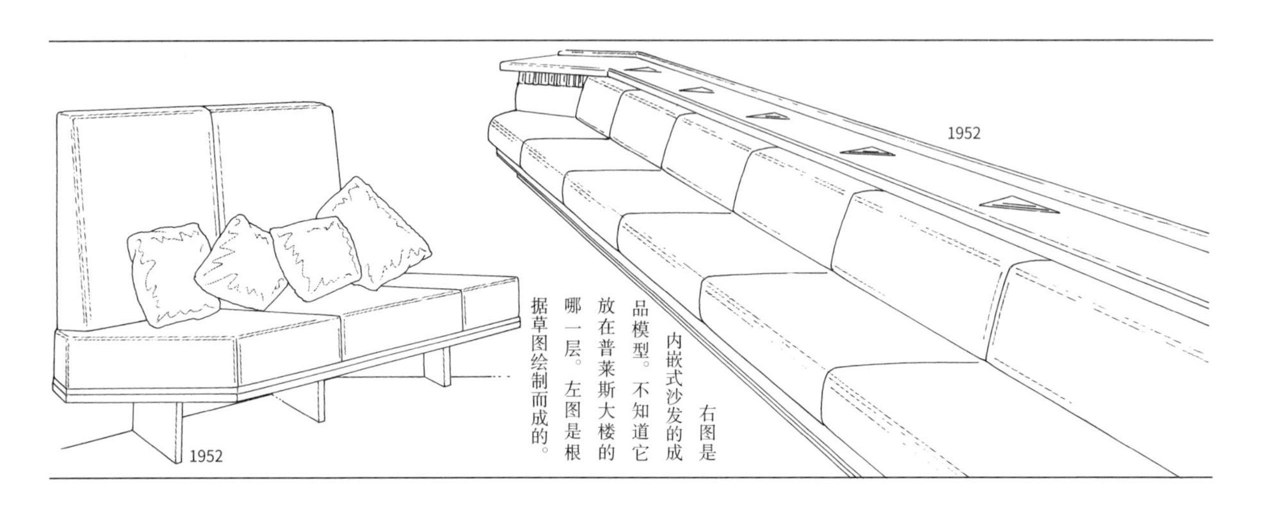

右图是内嵌式沙发的成品模型。不知道它放在普莱斯大楼的哪一层。左图是根据草图绘制而成的。

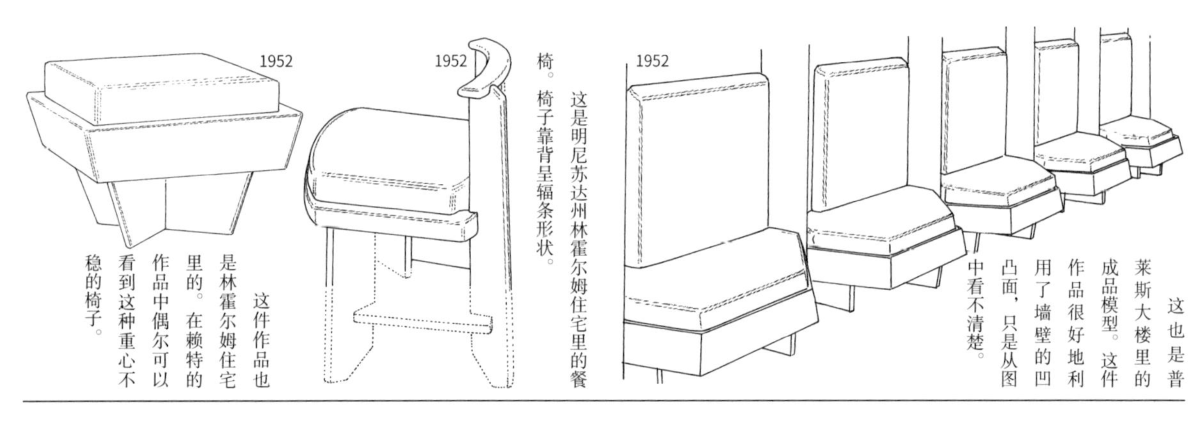

这也是普莱斯大楼里的成品模型。这件作品很好地利用了墙壁的凹凸面，只是从图中看不清楚。

这是明尼苏达州林霍尔姆住宅里的餐椅。椅子靠背呈辐条形状。

这件作品也是林霍尔姆住宅里的。在赖特的作品中偶尔可以看到这种重心不稳的椅子。

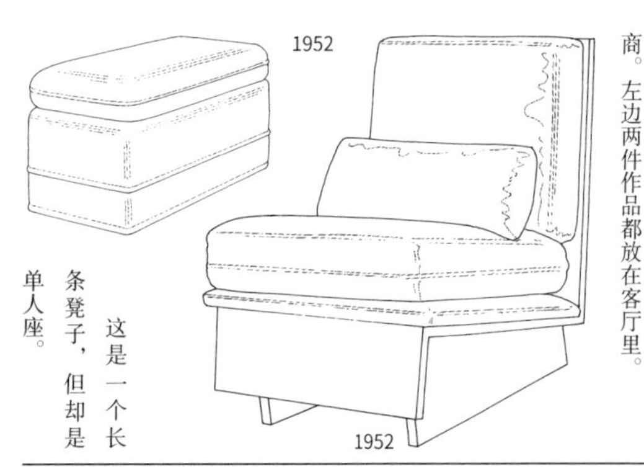

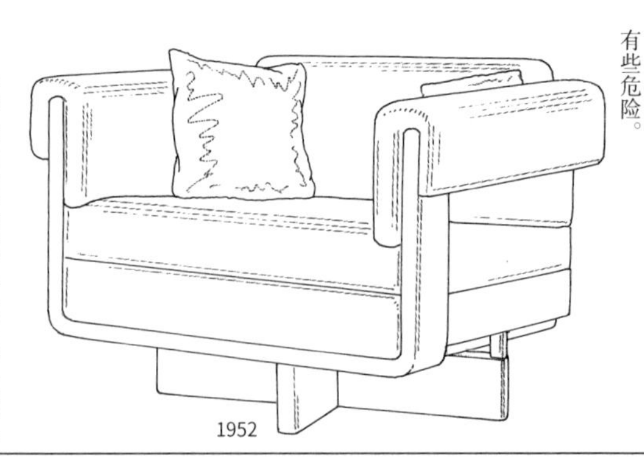

这件作品是亚瑟·派柏住宅里的。好像如果不坐在正中间，椅子就会不稳固，有些危险。

这件作品是华盛顿州布朗迪斯住宅里的。布朗迪斯也是赖特设计的建筑的承包商。左边两件作品都放在客厅里。

这是一个长条凳子，但却是单人座。

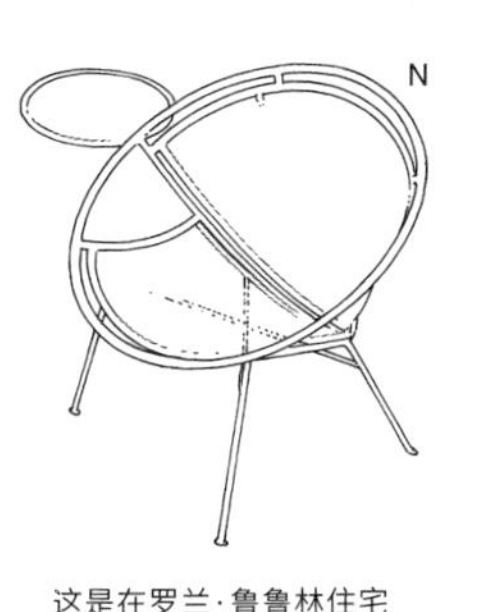

这是在罗兰·鲁鲁林住宅的室外用椅子。不知是否是赖特的作品。
1953

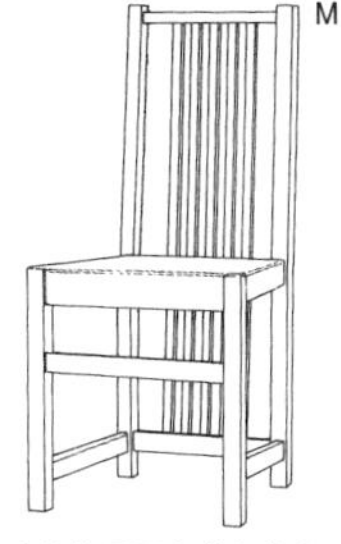

这件作品是布莱尔住宅里的，虽然应该是赖特的作品，但看起来很像古斯塔夫·斯蒂克利的设计。
1952

这也是阿尔基剧院里的椅子。之前已介绍过很多与此类似的作品。
1952

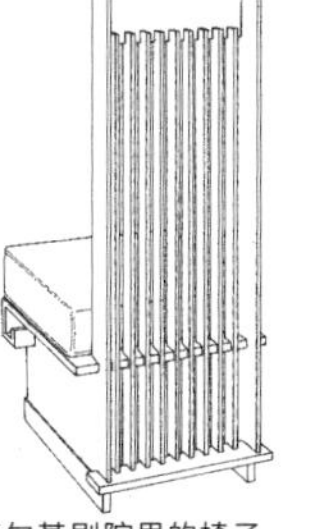

这是阿尔基剧院里的椅子。它和第 3 小节中介绍的 1906 年的那把椅子似乎相同。
1952

这是第 5 小节中介绍过的“亨雷登”系列的座椅。J 图好像是左右相反的设计。
20 世纪 50 年代?

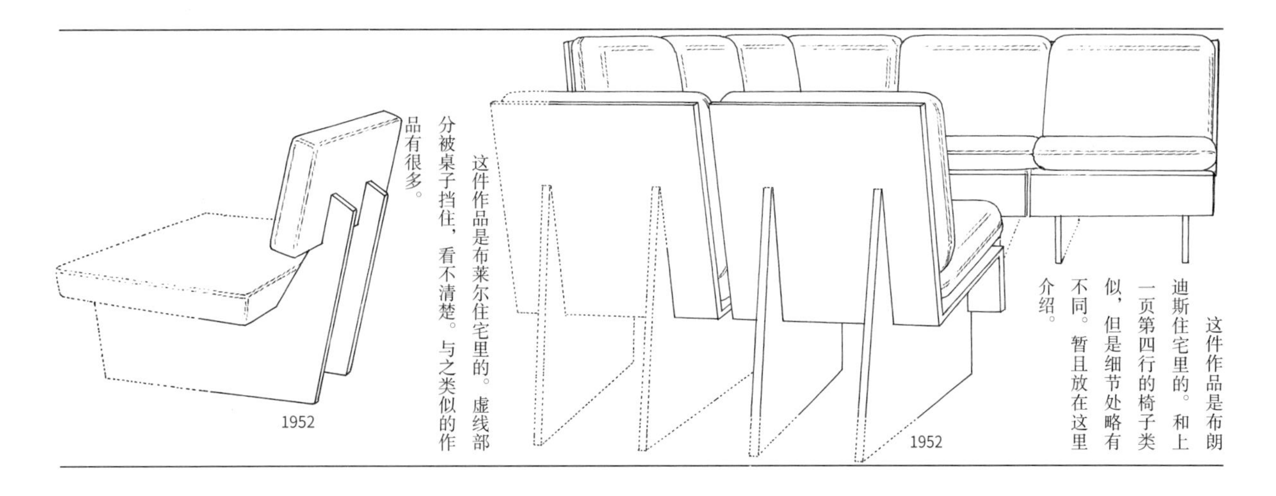

1952

这件作品是布莱尔住宅里的。虚线部分被桌子挡住，看不清楚。与之类似的作品有很多。

1952

这件作品是布朗迪斯住宅里的。和上一页第四行的椅子类似，但是细节处略有不同。暂且放在这里介绍。

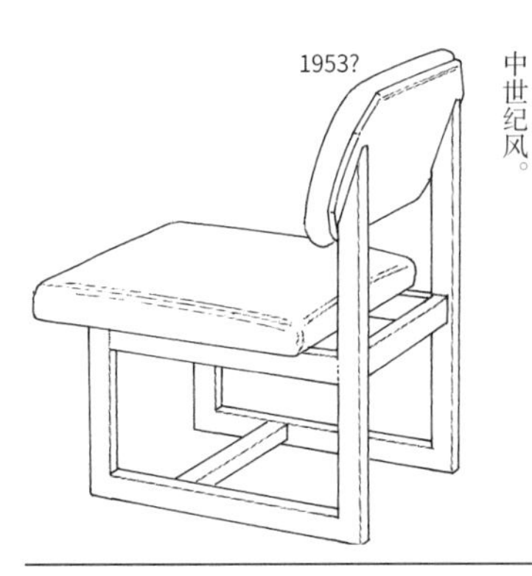

1953?

这也是同一系列的椅子。设计上有些中世纪风。

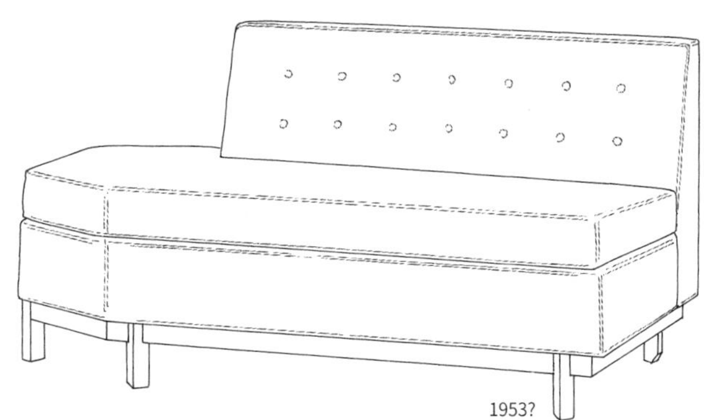

1953?

这是第 75 页第二行所介绍的『亨雷登』系列的椅子。虽然写着『设计年份不详』，但看起来像是 20 世纪 50 年代设计的。

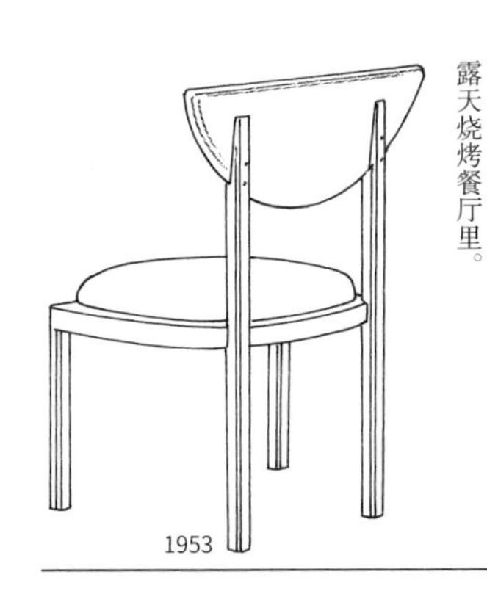

1953

这件作品是第 9 小节中介绍的西塔里埃森花园房里的椅子的无扶手版，放置在露天烧烤餐厅里。

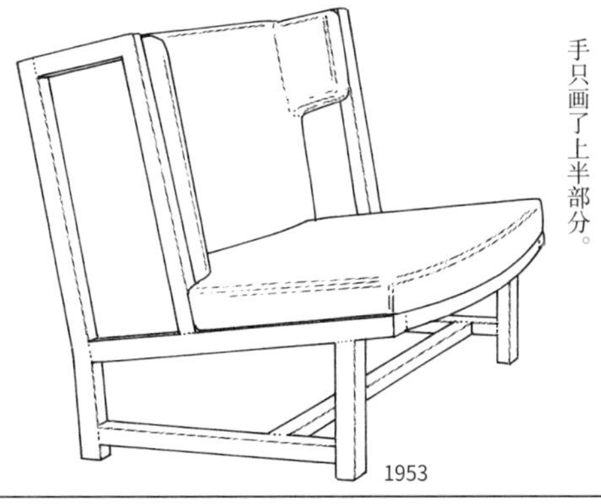

1953

这是俄亥俄州道布金斯住宅里的椅子。和其他作品相比风格迥异。内侧的扶手只画了上半部分。

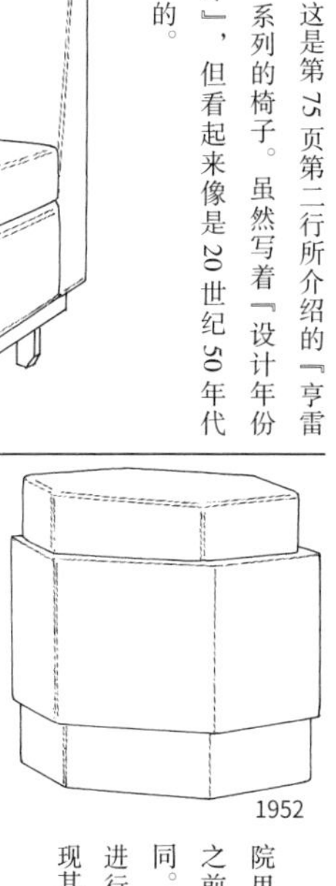

1952

这是阿尔基剧院里的凳子。它和之前的一些设计相同。如果不将实物进行对比，很难发现其不同之处。

1867—1959

弗兰克·劳埃德·赖特

第 17 小节
霍夫曼、赖特、瓦格纳

本书共花了 68 页介绍了赖特设计的 800 多把椅子，这一数字超过了丹麦设计师汉斯·瓦格纳，但是严格来说，这其中有很多相似的作品，不算各种内嵌式沙发的话，其样式种类还要再减少一些。但不管怎么说，约瑟夫·霍夫曼、赖特和瓦格纳这三人的设计作品有很多都是非常惊人的。尤其是约瑟夫·霍夫曼和赖特。这两人都是建筑师，而家具只是建筑的一个构成要素，他们的产品和设计并非以追求批量生产为目的，因此，他们的作品并非都能达到专业椅子设计上的要求，比如构造上的强度、性能（舒适性）、经济性（批量生产性）等。如果严格追求家具与建筑设计的统一，设计师在设计时就会首先考虑作品的外形，其次才会考虑到其性能，这样的例子有很多，而在这一点上，确实没有符合赖特的老师路易斯·沙利文的名言——『形式追随功能』。尤其是餐椅，有很多都存在问题。

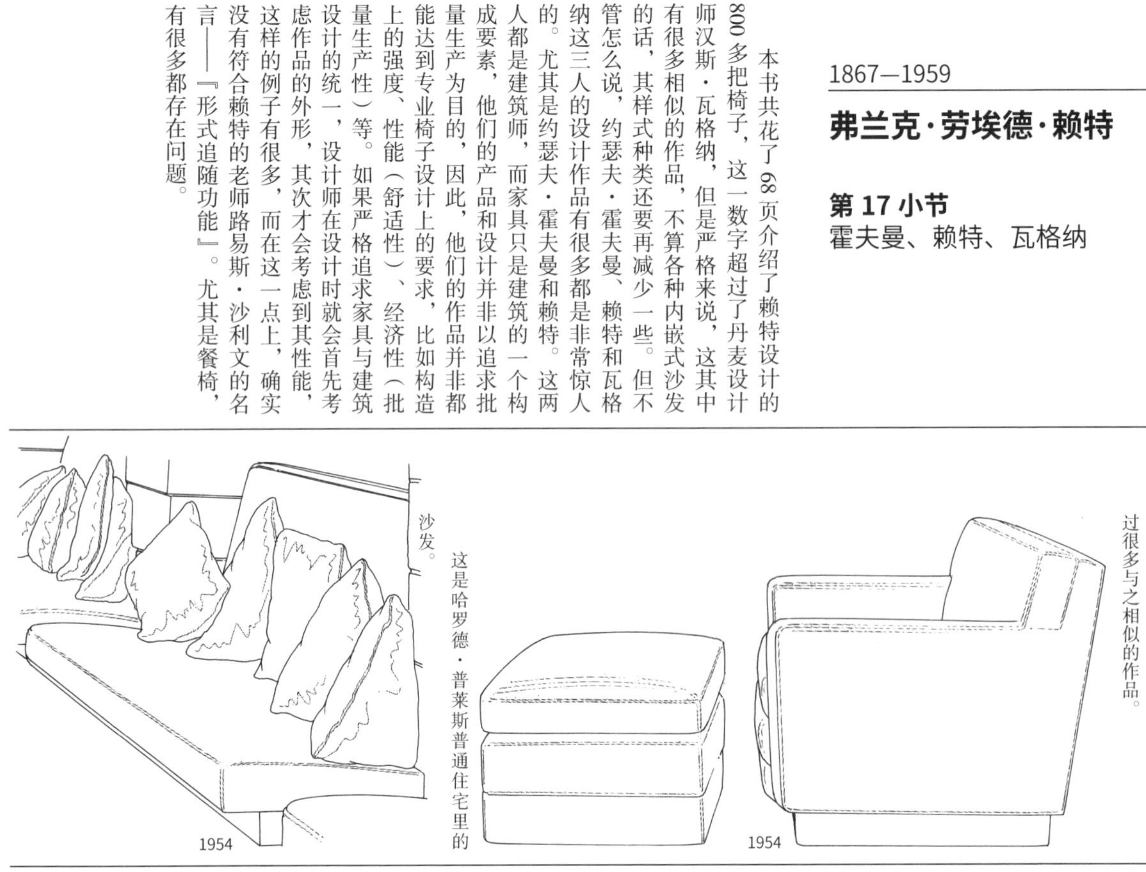

这是哈罗德·普莱斯普通住宅里的沙发。

这是普莱斯大楼里的椅子，之前介绍过很多与之相似的作品。

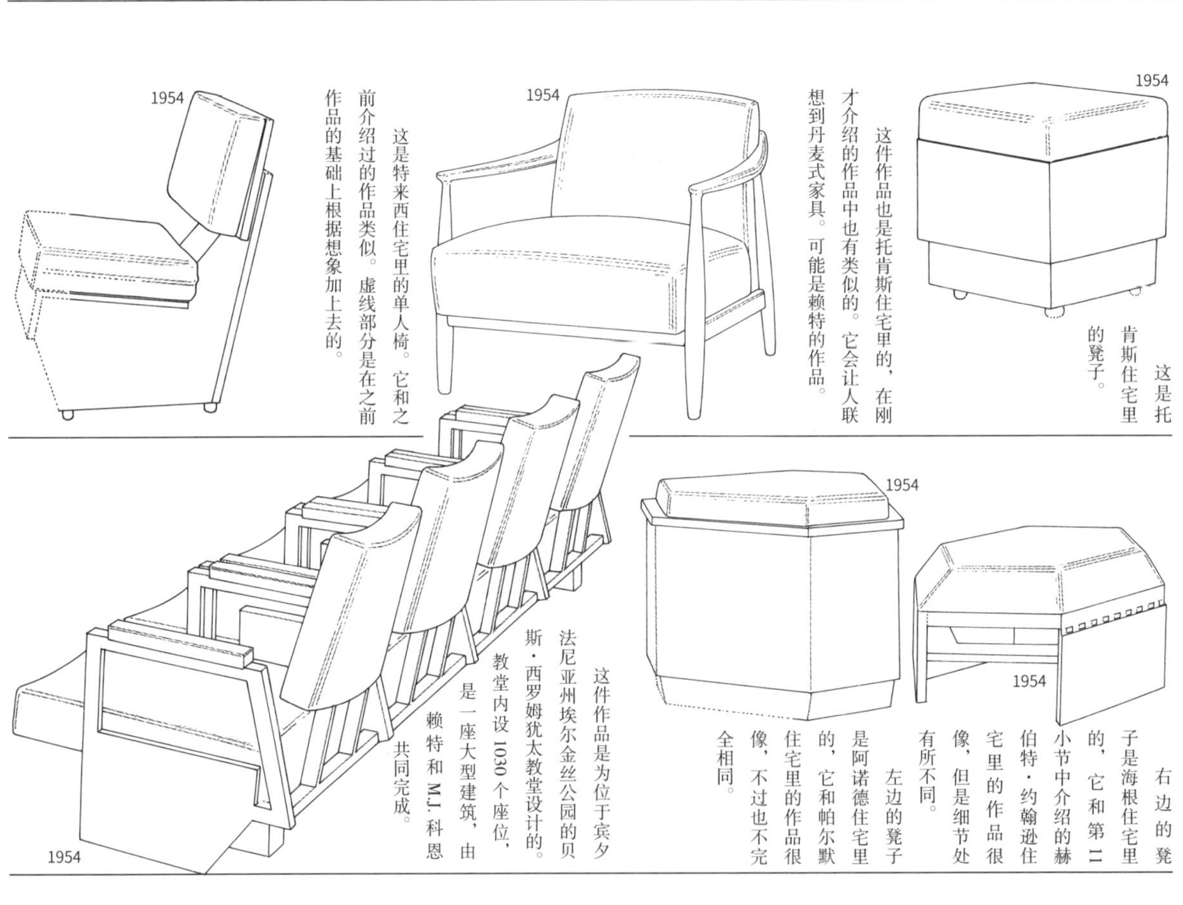

这是托肯斯住宅里的凳子。

这件作品也是托肯斯住宅里的，在刚才介绍的作品中也有类似的。它会让人联想到丹麦式家具。可能是赖特的作品。

这是特来西住宅里的单人椅。它和之前介绍过的作品类似。虚线部分是在之前作品的基础上根据想象加上去的。

右边的凳子是海根住宅里的，它和第二小节中介绍的赫伯特·约翰逊住宅里的作品很像，但是细节处有所不同。

左边的凳子是阿诺德住宅里的，它和帕尔默住宅里的作品很像，不过也不完全相同。

这件作品是为位于宾夕法尼亚州埃尔金丝公园的贝斯·西罗姆犹太教堂设计的。教堂内设 1030 个座位，是一座大型建筑，由赖特和 M.J. 科恩共同完成。

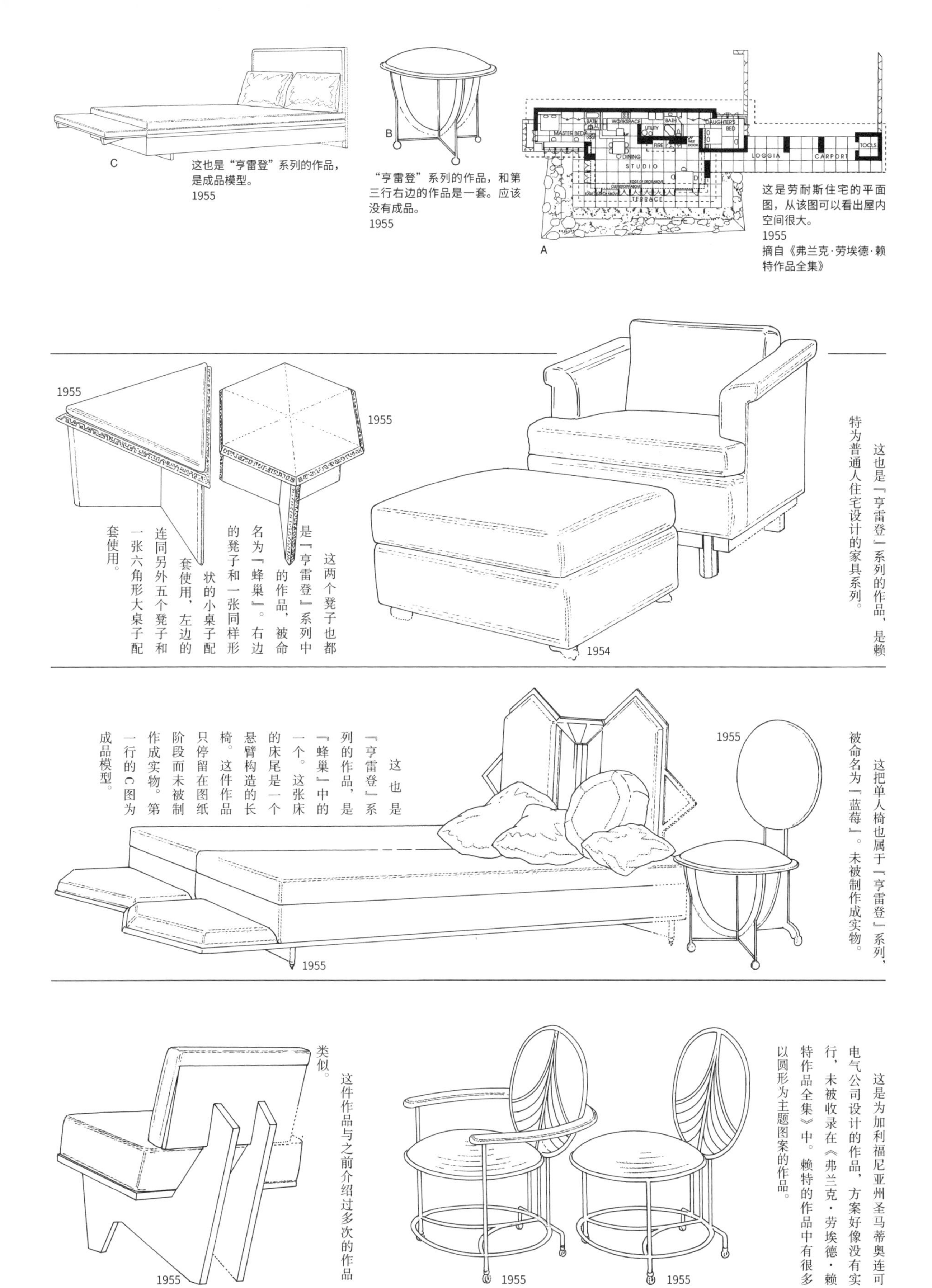

这也是“亨雷登”系列的作品，是成品模型。
1955

“亨雷登”系列的作品，和第三行右边的作品是一套。应该没有成品。
1955

这是劳耐斯住宅的平面图，从该图可以看出屋内空间很大。
1955
摘自《弗兰克·劳埃德·赖特作品全集》

这也是『亨雷登』系列的作品，是赖特为普通人住宅设计的家具系列。

1954

这两个凳子也都是『亨雷登』系列中的作品，被命名为『蜂巢』。右边的凳子和一张同样形状的小桌子配套使用，左边的连同另外五个凳子和一张六角形大桌子配套使用。

1955

1955

这把单人椅也属于『亨雷登』系列，被命名为『蓝莓』。未被制作成实物。

1955

这也是『亨雷登』系列的作品，是『蜂巢』中的一个。这张床的床尾是一个悬臂构造的长椅。这件作品只停留在图纸阶段而未被制作成实物。第一行的C图为成品模型。

1955

这是为加利福尼亚州圣马蒂奥连可电气公司设计的作品，方案好像没有实行，未被收录在《弗兰克·劳埃德·赖特作品全集》中。赖特的作品中有很多以圆形为主题图案的作品。

1955　1955

这件作品与之前介绍过多次的作品类似。

1955

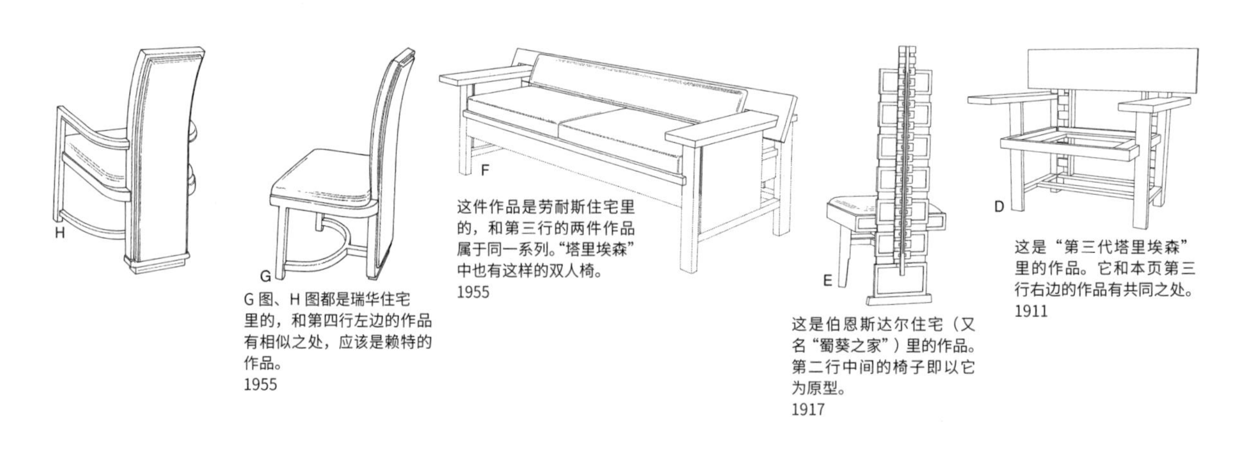

G 图、H 图都是瑞华住宅里的，和第四行左边的作品有相似之处，应该是赖特的作品。
1955

这件作品是劳耐斯住宅里的，和第三行的两件作品属于同一系列。“塔里埃森”中也有这样的双人椅。
1955

这是伯恩斯达尔住宅（又名“蜀葵之家”）里的作品。第二行中间的椅子即以它为原型。
1917

这是“第三代塔里埃森”里的作品。它和本页第三行右边的作品有共同之处。
1911

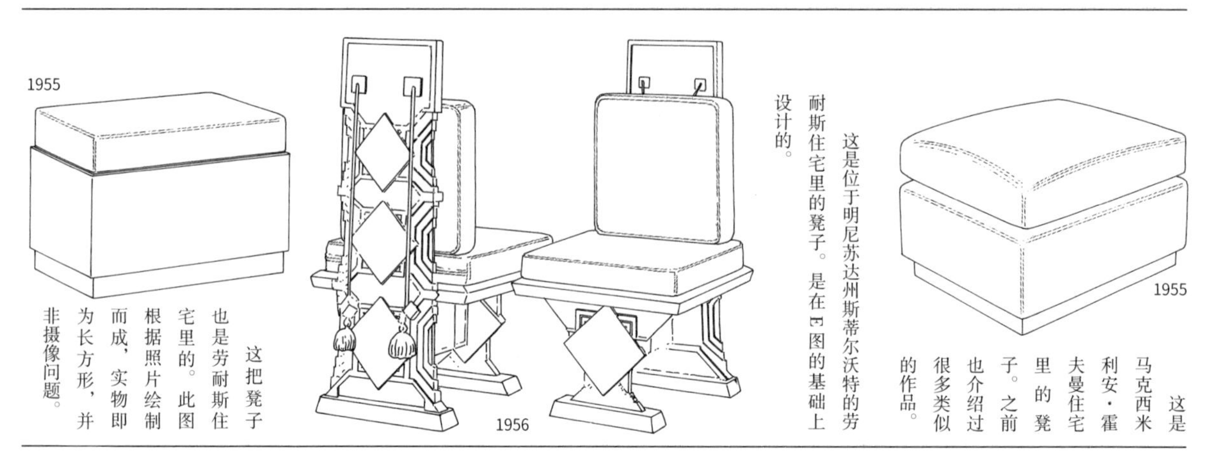

1955

这把凳子也是劳耐斯住宅里的。此图根据照片绘制而成，实物即为长方形，并非摄像问题。

1956

这是位于明尼苏达州斯蒂尔沃特的劳耐斯住宅里的凳子。是在E图的基础上设计的。

1955

这是马克西米利安·霍夫曼住宅里的凳子。之前也介绍过很多类似的作品。

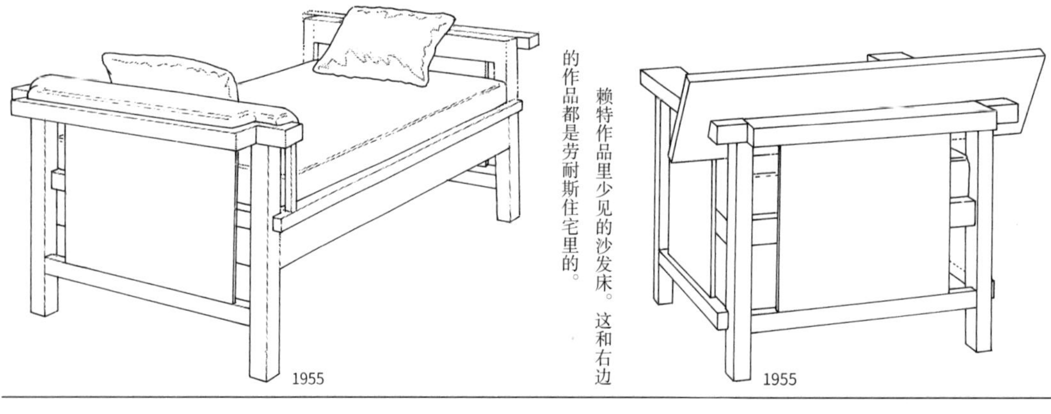

1955

赖特作品里少见的沙发床。这和右边的作品都是劳耐斯住宅里的。

1955

赖特有时会回顾和反思以前的设计。这件作品就是将D图的单人椅进行重新设计并简化后的作品。

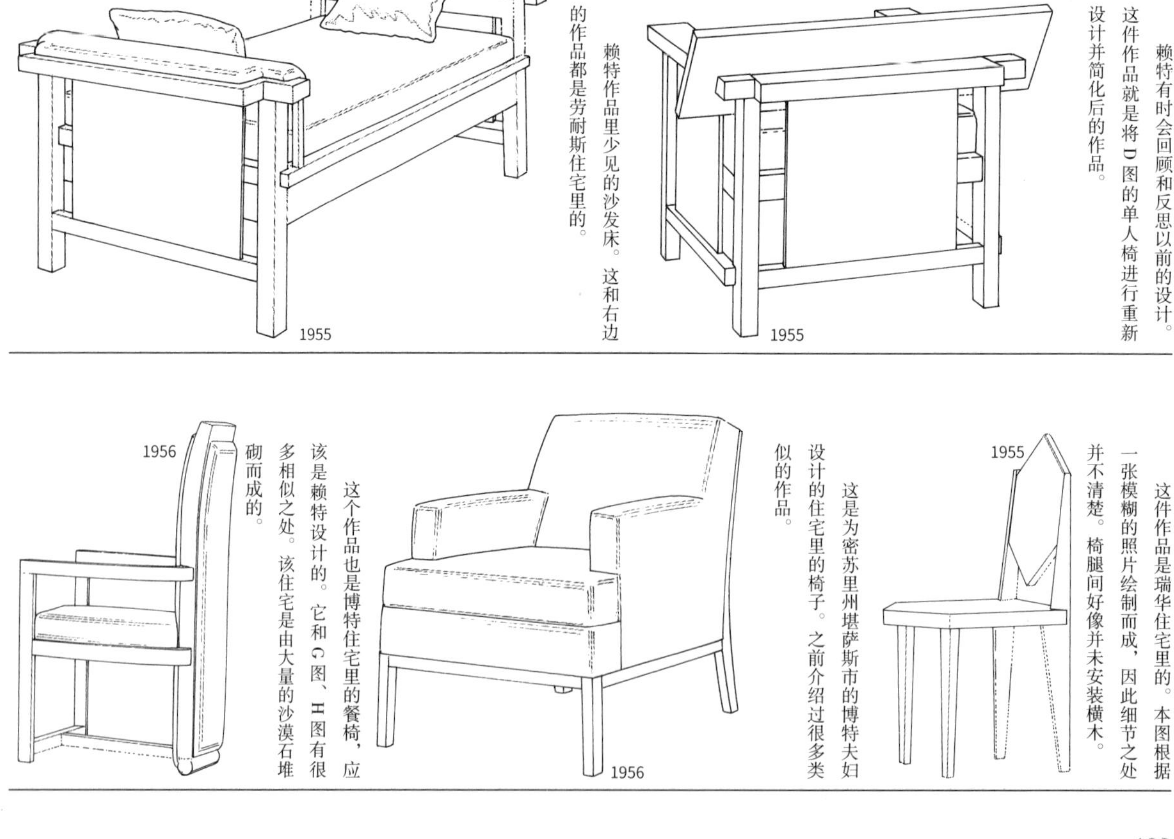

1956

这个作品也是博特住宅里的餐椅，应该是赖特设计的。它和G图、H图有很多相似之处。该住宅是由大量的沙漠石堆砌而成的。

1956

这是为密苏里州堪萨斯市的博特夫妇设计的住宅里的椅子。之前介绍过很多类似的作品。

1955

这件作品是瑞华住宅里的。本图根据一张模糊的照片绘制而成，因此细节之处并不清楚。椅腿间好像并未安装横木。

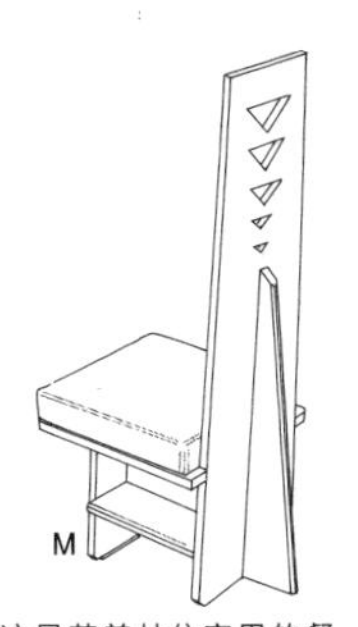

M

这是艾普林住宅里的餐椅。之前介绍过很多类似的作品。
1958

L

这是诺曼·莱克斯住宅里的凳子。应该是赖特的设计。
1957

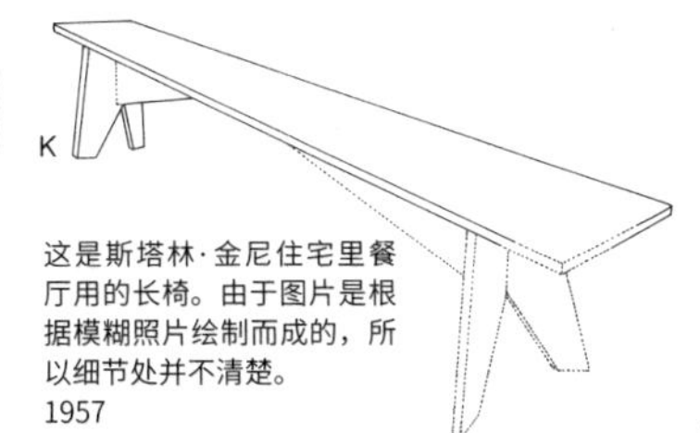

K

这是斯塔林·金尼住宅里餐厅用的长椅。由于图片是根据模糊照片绘制而成的，所以细节处并不清楚。
1957

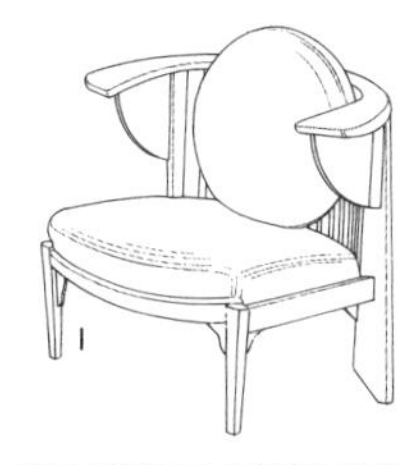

J

这把餐椅应该是第四行左边作品的低背型。它放在林霍尔姆住宅里。
1952

I

这是本章第 15 小节中介绍的劳伦特住宅里的椅子。它和弗里德曼住宅里的作品很像。
1949

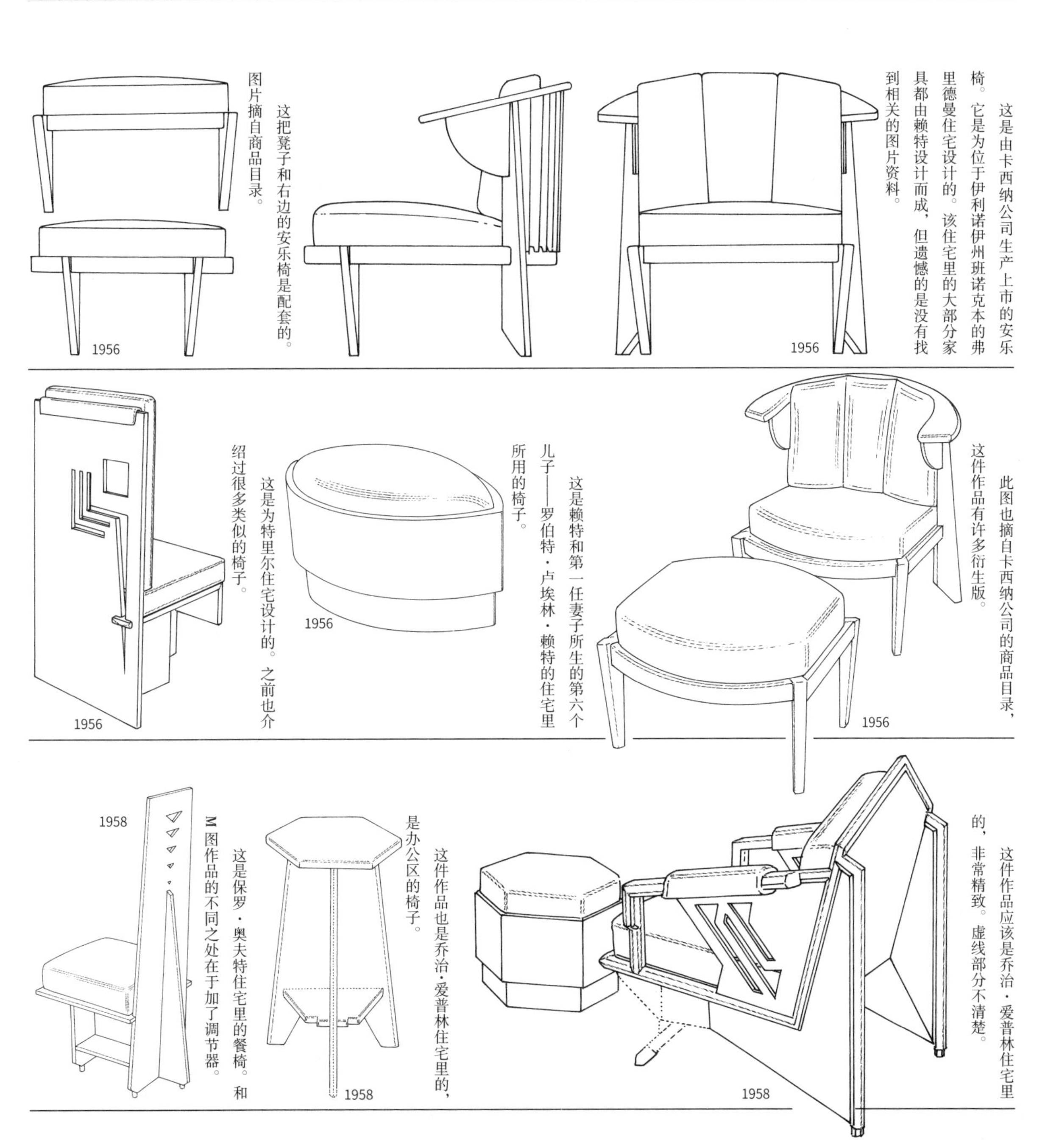

这是由卡西纳公司生产上市的安乐椅。它是为位于伊利诺伊州班诺克本的弗里德曼住宅设计的。该住宅里的大部分家具都由赖特设计而成，但遗憾的是没有找到相关的图片资料。
1956

这把凳子和右边的安乐椅是配套的。图片摘自商品目录。
1956

此图也摘自卡西纳公司的商品目录，这件作品有许多衍生版。
1956

这是赖特和第一任妻子所生的第六个儿子——罗伯特·卢埃林·赖特的住宅里所用的椅子。
1956

这是为特里尔住宅设计的。之前也介绍过很多类似的椅子。
1956

这件作品应该是乔治·爱普林住宅里的，非常精致。虚线部分不清楚。
1958

这件作品也是乔治·爱普林住宅里的，是办公区的椅子。
1958

这是保罗·奥夫特住宅里的餐椅。和M图作品的不同之处在于加了调节器。
1958

1867—1908

约瑟夫·马利亚·奥尔布里奇

第 1 小节
某艺术爱好者的夏季别墅

约瑟夫·马利亚·奥尔布里奇（以下简称奥尔布里奇）是与约瑟夫·霍夫曼齐名的著名奥地利建筑师、设计师。但是奥尔布里奇在日本的知名度却没有那么高。

奥尔布里奇，1867 年出生于奥帕瓦，1882—1883 年在国立职业学校学习，1890—1893 年在维也纳美术学院学习，之后在老师——建筑大师奥托·瓦格纳的事务所里工作了四年。在此期间，曾参与设计维也纳市营铁路路线和火车站。离开事务所的第二年，即 1898 年，开始其代表作——分离派会馆的设计，这也一时成为维也纳人民热烈讨论的话题。该作品将在第 2 小节里详细介绍。1899 年，他应黑森大公恩斯特·路德维希的邀请，在达姆施塔特设计了玛蒂尔德霍尔艺术家村（根据文献记载，是在 1899—1900 年或者 1900—1908 年）。与此同时，他设计的『某艺术爱好者的夏季别墅』参加了 1904 年的圣路易斯世博会，并且一经展出立刻好评如潮。他在 1906—1908 年设计的杜塞尔多夫的百货商场也非常出色。此外，他还设计了很多建筑和工艺品。

同时期英国的查尔斯·马金托什也发表了类似的作品。此图据草图所绘。

1898

这种类型的椅子在游戏用椅中有很多。约瑟夫·霍夫曼也设计过类似的作品（A 图）。不过图中的这把设计得更雅致。

1898

不知道这件作品是为哪座住宅设计的。它和约瑟夫·霍夫曼的作品很像。

1899

这是 1900 年巴黎世博会上的展品。由红木制成。

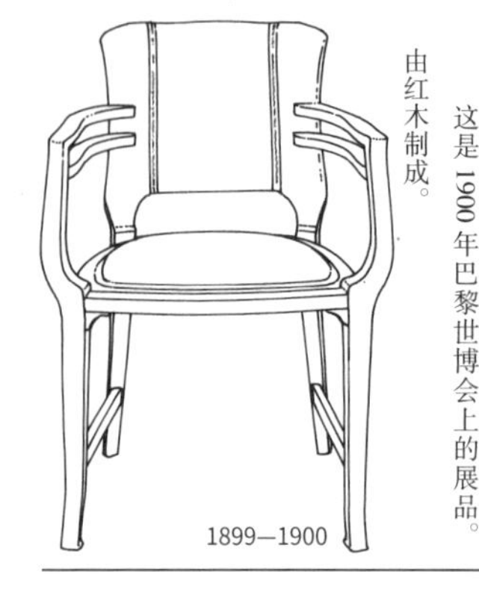

1899—1900

这件作品被放在奥尔布里奇的工作室里。它和第二行左边的椅子很像，或许是同一件作品。此图根据一张 2 厘米左右的照片绘制而成，因此细节处并不清楚。第二行的那件作品可能是正确的，只是整体比例稍有不同。

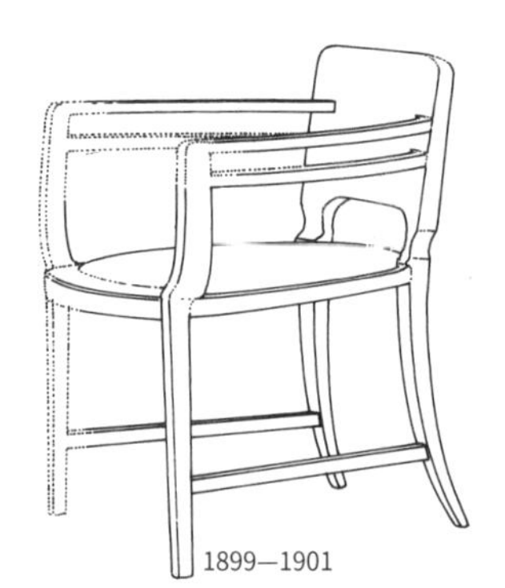

1899—1901

这是左边作品的无扶手版本，且在椅脚上五金的处理等细节有所不同。

1900

这件作品是弗里德曼住宅的儿童房间里的。椅背的装饰和右边相同。

1898

不知道这件作品是为哪座建筑设计的。椅腿的上部有棱角，下部是圆的。

1900

这是在 1900 年巴黎世博会上参展的作品——『豪华帆船的沙龙』里的一件沙发。除此之外还展出了全玻璃的收纳家具等。这些家具皆为红木制，表面漆染成了绿色（载于《室内装饰》第 11 卷）。

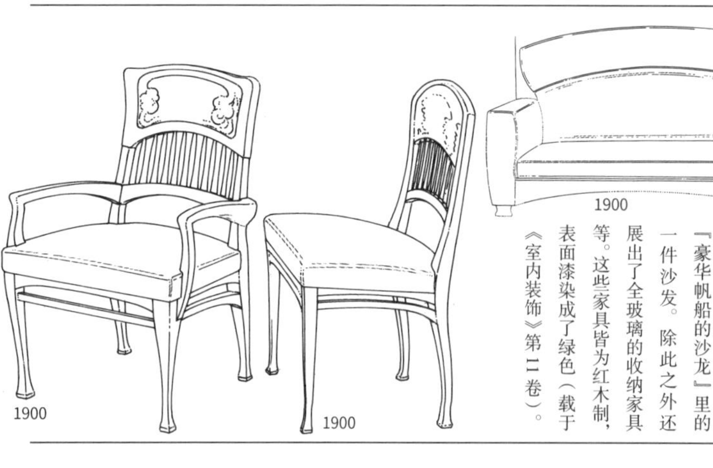

1900

1900

1900

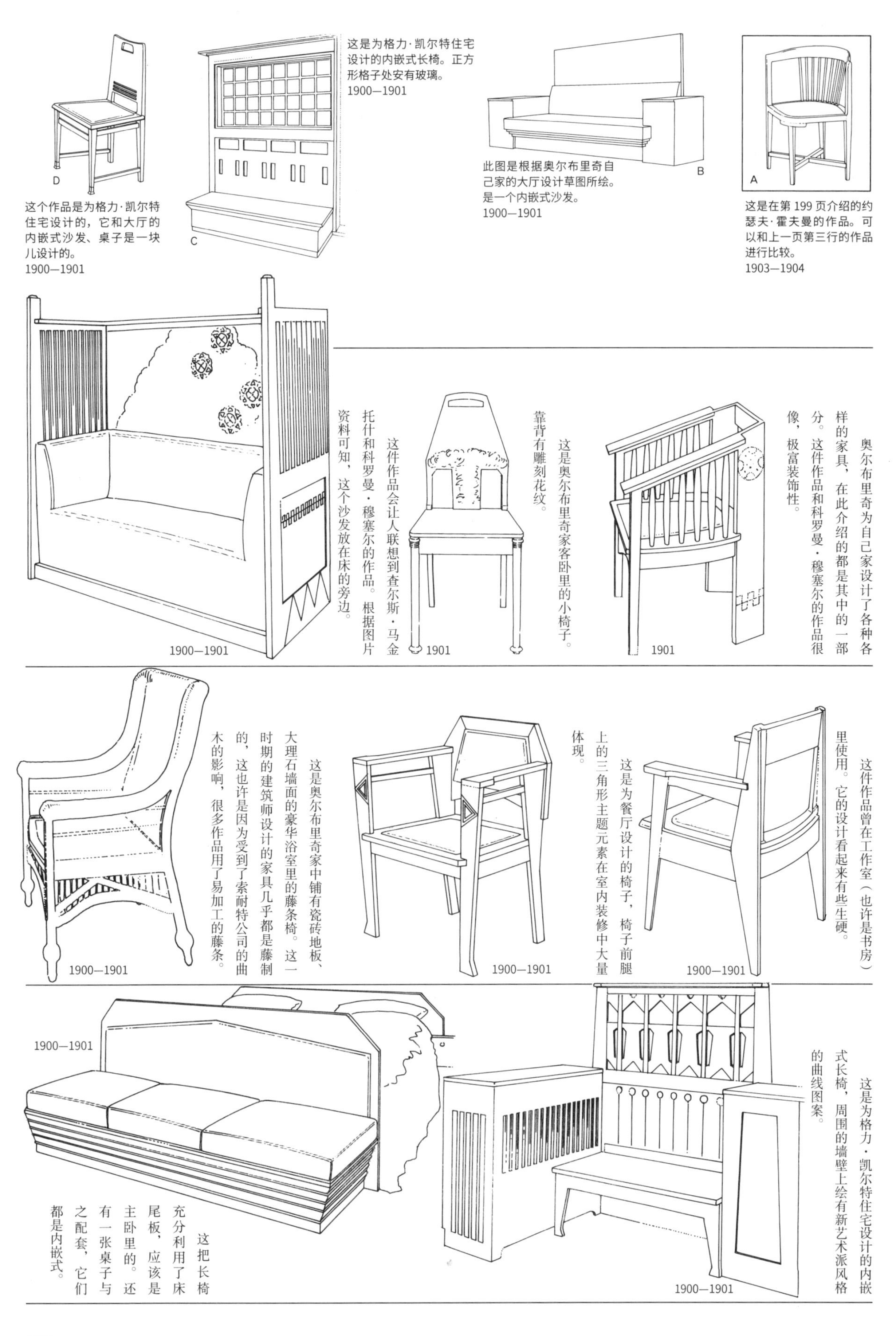

这个作品是为格力·凯尔特住宅设计的，它和大厅的内嵌式沙发、桌子是一块儿设计的。
1900—1901

这是为格力·凯尔特住宅设计的内嵌式长椅。正方形格子处安有玻璃。
1900—1901

此图是根据奥尔布里奇自己家的大厅设计草图所绘。是一个内嵌式沙发。
1900—1901

这是在第199页介绍的约瑟夫·霍夫曼的作品。可以和上一页第三行的作品进行比较。
1903—1904

奥尔布里奇为自己家设计了各种各样的家具，在此介绍的都是其中的一部分。这件作品和科罗曼·穆塞尔的作品很像，极富装饰性。
1901

这是奥尔布里奇家客卧里的小椅子。靠背有雕刻花纹。
1901

这件作品会让人联想到查尔斯·马金托什和科罗曼·穆塞尔的作品。根据图片资料可知，这个沙发放在床的旁边。
1900—1901

这件作品曾在工作室（也许是书房）里使用。它的设计看起来有些生硬。
1900—1901

这是为餐厅设计的椅子，椅子前腿上的三角形主题元素在室内装修中大量体现。
1900—1901

这是奥尔布里奇家中铺有瓷砖地板、大理石墙面的豪华浴室里的藤条椅。这一时期的建筑师设计的家具几乎都是藤制的，这也许是因为受到了索耐特公司的曲木的影响，很多作品用了易加工的藤条。
1900—1901

这是为格力·凯尔特住宅设计的内嵌式长椅，周围的墙壁上绘有新艺术派风格的曲线图案。
1900—1901

这把长椅充分利用了床尾板，应该是主卧里的。还有一张桌子与之配套，它们都是内嵌式。
1900—1901

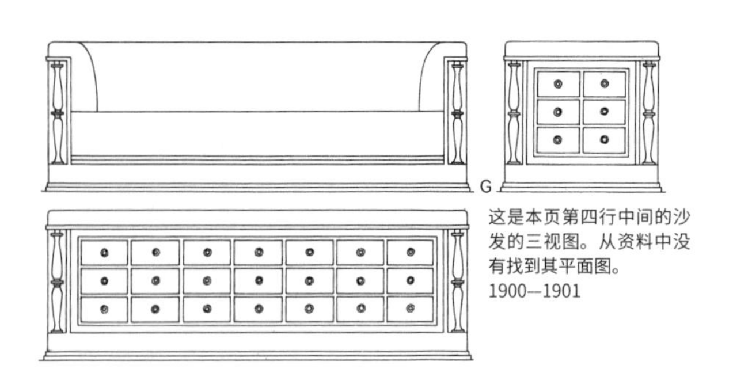

这是本页第四行中间的沙发的三视图。从资料中没有找到其平面图。
1900—1901

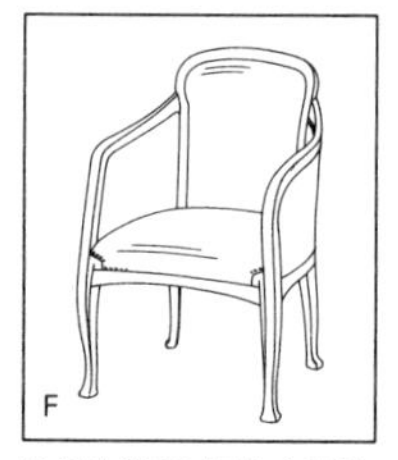

这是在第 51 页中介绍过的威尔德的作品。本页第三行左边的作品运用了很多与此类似的曲线。
1904

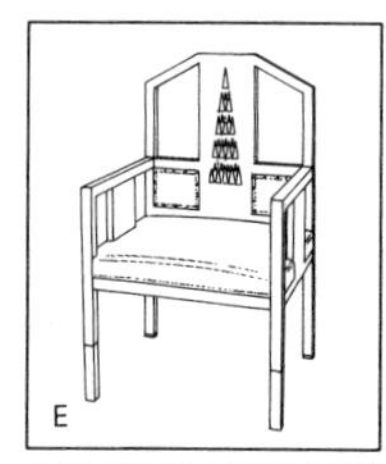

这是将在第 139 页介绍的科罗曼·穆塞尔的作品。其整体结构和细节装饰等都与奥尔布里奇的作品有相似之处。
1905

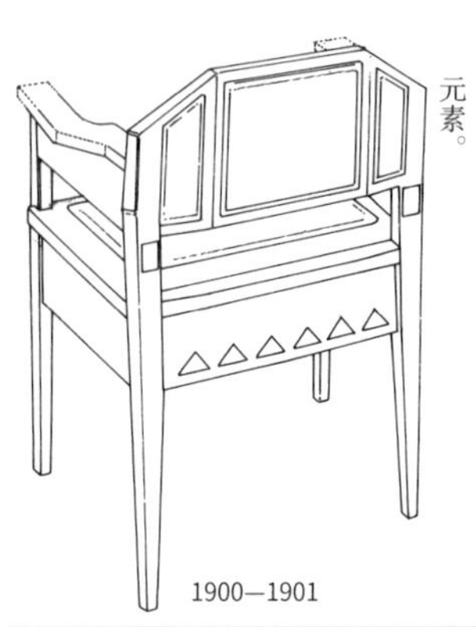

1900—1901

这是为餐厅设计的椅子。靠背处的三角形图案是奥尔布里奇作品中常见的主题元素。

1900—1901

这是男士房间里的椅子，座位面是八边形，其他的很多收纳家具也都设计成这个图案，甚至连地毯上的花纹都是八边形。

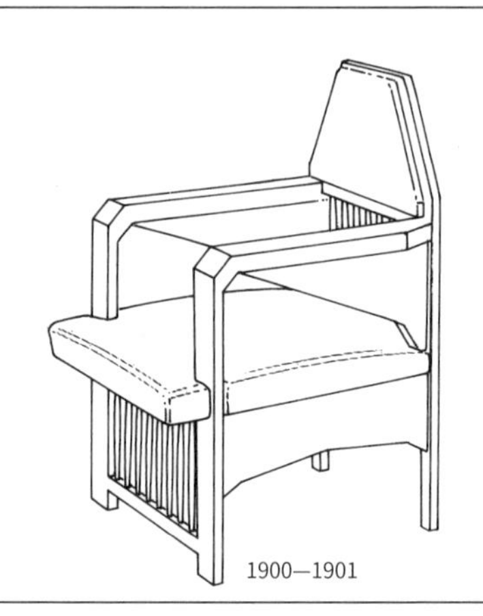

1900—1901

本图作品也是为格力·凯尔特住宅设计的。这把椅子放在大厅的壁炉旁边。

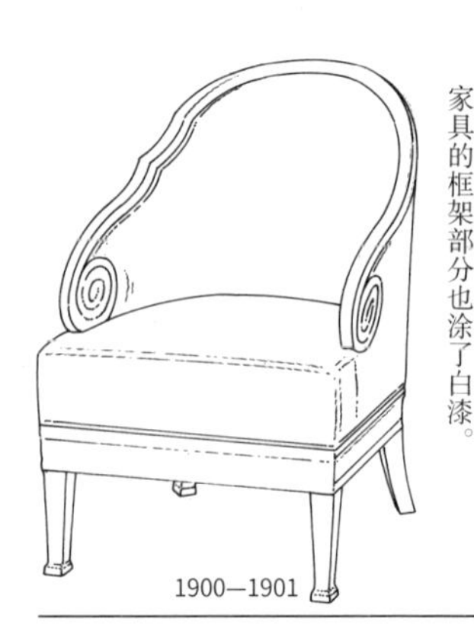

1900—1901

这件作品是大厅（也许是客厅）里的。大厅与其他房间不同，整体装修成白色，家具的框架部分也涂了白漆。

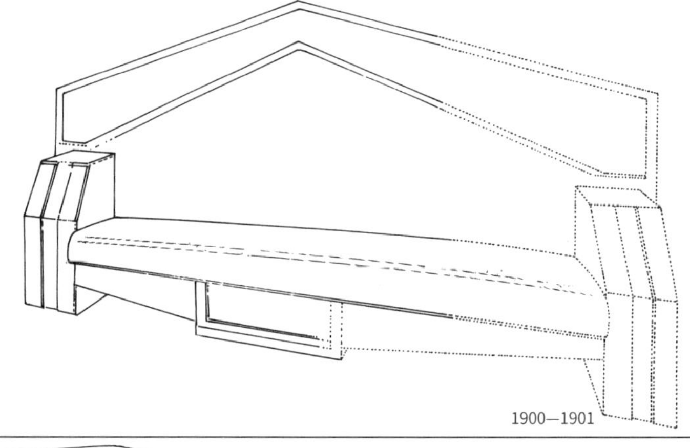

1900—1901

这是女士房间里的内嵌式沙发。在这个房间里，还有带三角形压顶木的收纳家具和巨大的三角形钟。类似的细节之处还有很多三角形的元素。

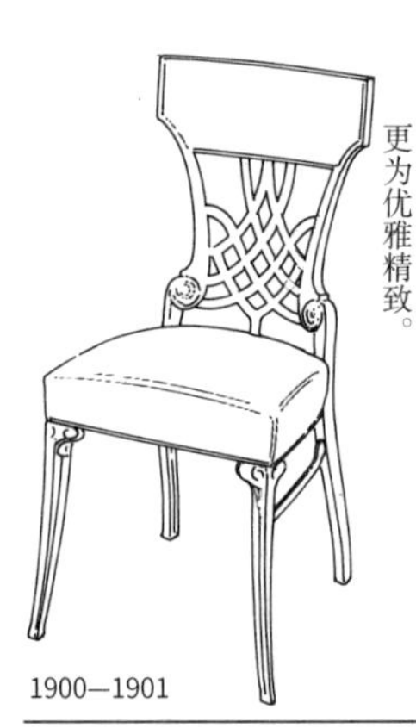

1900—1901

这件作品和第二行左边的作品分别放在不同的餐厅里。和那件作品相比，这个更为优雅精致。

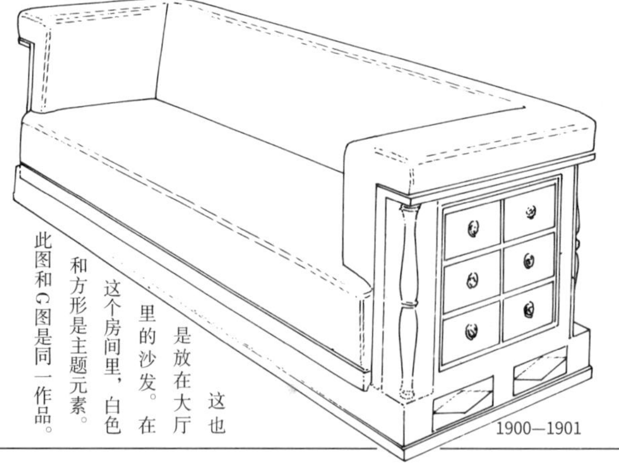

1900—1901

这也是放在大厅里的沙发。在这个房间里，白色和方形是主题元素。此图和G图是同一作品。

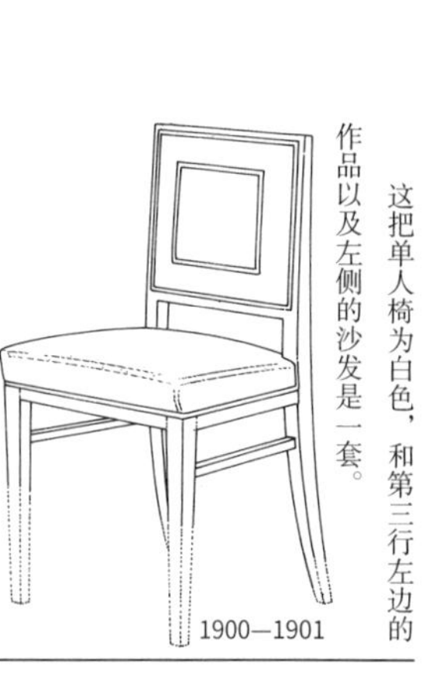

1900—1901

这把单人椅为白色，和第三行左边的作品以及左侧的沙发是一套。

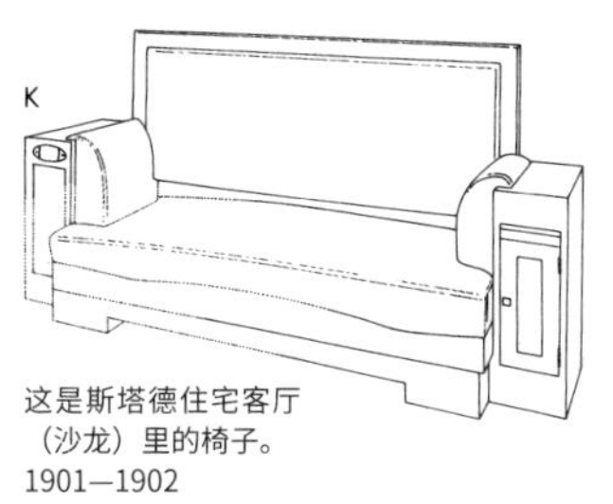

这是斯塔德住宅客厅（沙龙）里的椅子。
1901—1902

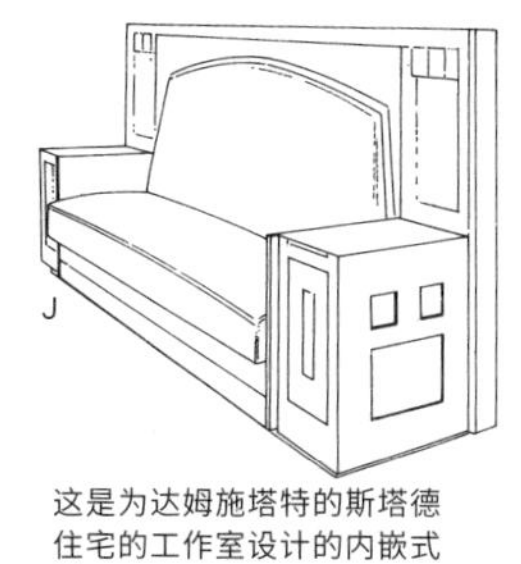

这是为达姆施塔特的斯塔德住宅的工作室设计的内嵌式椅子。
1901—1902

I

这是格力·凯尔特住宅中的男士房间里的内嵌式沙发。
1900—1901

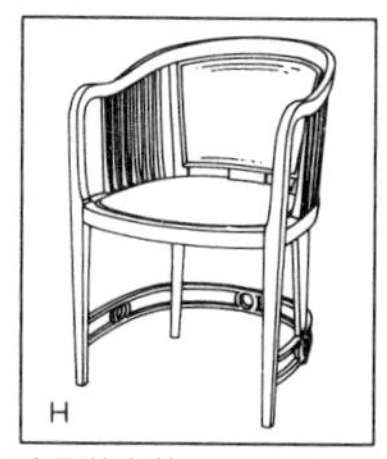

这是将在第205页介绍的阿道夫·路斯的作品。它和本页第三行左边的作品惊人地相似。
1902

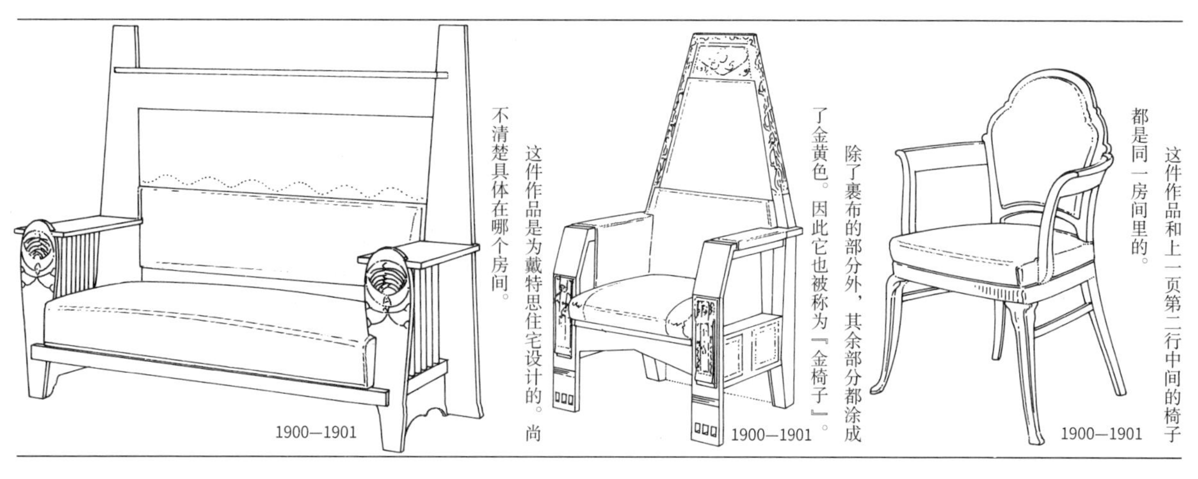

1900—1901
这件作品是为戴特思住宅设计的。尚不清楚具体在哪个房间。

1900—1901
除了裹布的部分外，其余部分都涂成了金黄色。因此它也被称为『金椅子』。

1900—1901
这件作品和上一页第二行中间的椅子都是同一房间里的。

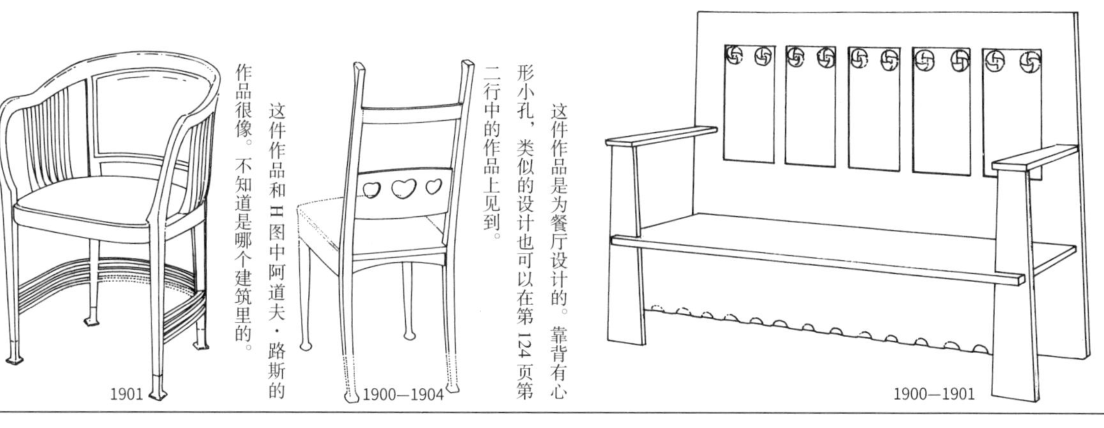

1901
这件作品和H图中阿道夫·路斯的作品很像。不知道是哪个建筑里的。

1900—1904
这件作品是为餐厅设计的。靠背有心形小孔，类似的设计也可以在第124页第二行中的作品上见到。

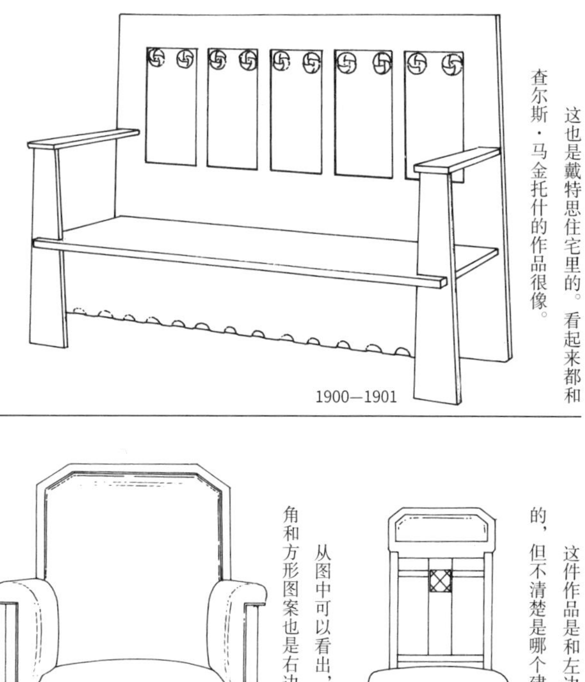

1900—1901
这也是戴特思住宅里的。看起来都和查尔斯·马金托什的作品很像。

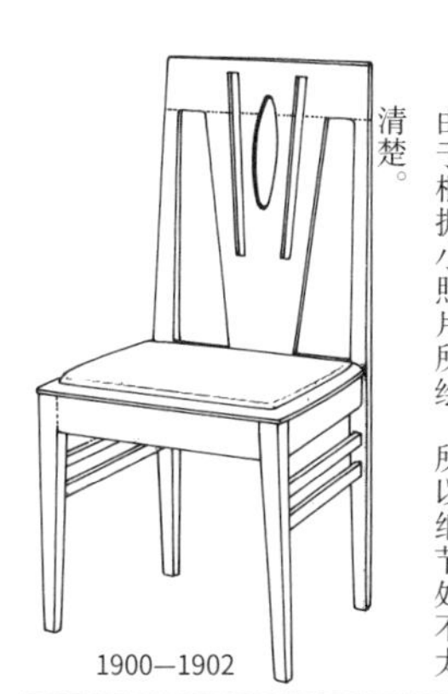

1900—1902
这件作品是为斯塔德住宅设计的。由于根据小照片所绘，所以细节处不太清楚。

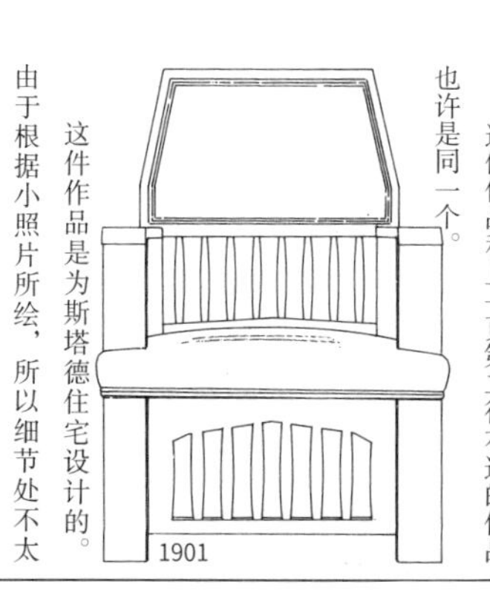

1901
这件作品和上一页第二行右边的作品也许是同一个。

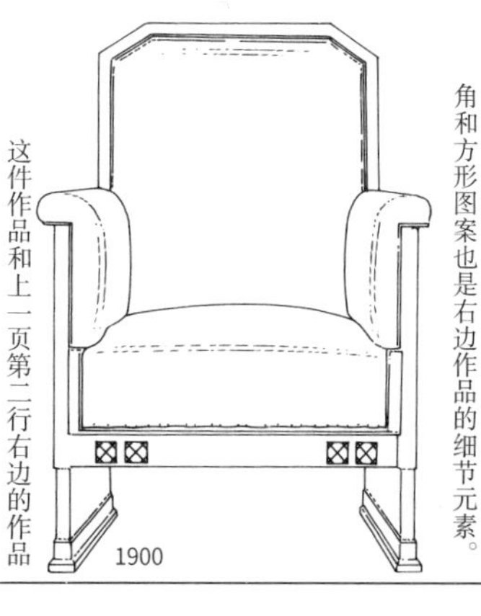

1900
从图中可以看出，这件作品的椅背棱角和方形图案也是右边作品的细节元素。

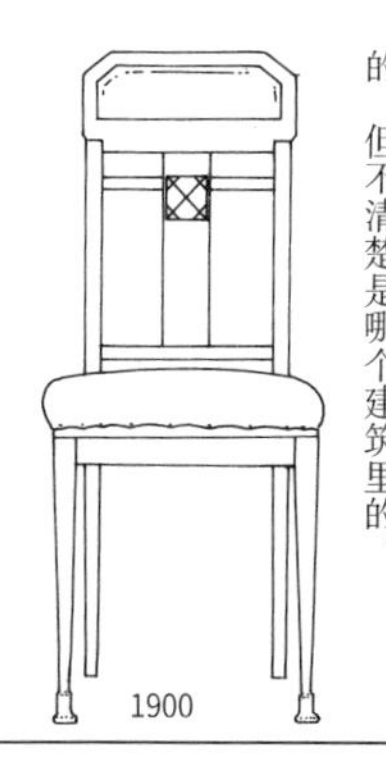

1900
这件作品是和左边的作品是一起设计的，但不清楚是哪个建筑里的。

1867—1908

约瑟夫·马利亚·奥尔布里奇

第2小节
“分离派会馆”

1897年春天，画家古斯塔夫·克里姆特、卡尔·莫尔、科罗曼·穆塞尔、马克西米利安·伦次、建筑师奥托·瓦格纳（他是从1899年开始参加的）、约瑟夫·霍夫曼，再加上奥尔布里奇，脱离保守派创建了『分离派』，并为展示成员们的作品而创建了『分离派会馆』。这座会馆是分离派成立的第二年由奥尔布里奇设计的，一时轰动维也纳。由于其外观是白色墙壁、金色圆屋顶，因此也被称为『金色白菜头』。该建筑位于维也纳市内，（讽刺的是，它的旁边就是保守派的代表性建筑——美术学会），现在也作为展厅使用。在会馆入口处写着：『一个时代有一个时代的艺术，一种艺术追求一种自由』，这反映了他们主张脱离当时体制的热情。地下有克里姆特的壁画，要想参观需要得到许可。值得一提的是，分离派会馆的第一任馆长由克里姆特当选。后来，直到鲁道夫·封·阿尔托去世之前，他一直担任名誉馆长。

在上一小节我们介绍了格力·凯尔特的住宅，这把内嵌式椅子就是从该住宅的相关资料中新发现的。它是为男士房间设计的，左右并不对称。

这是为之前介绍的斯塔德住宅客厅设计的，侧面的横木是其亮点。

这把椅子也放在这间客厅里，其设计强调垂直感和水平感。霍夫曼和穆塞尔也发表过类似的作品。

这件作品是为特蕾莎乡间别墅的餐厅设计的。它和奥尔布里奇住宅里的作品几乎完全相同。

这件作品也放在这间餐厅中，其颜色和布料与右边椅子完全相同。

奥尔布里奇为伊丽莎白公主设计了很多家具，这把椅子是其中一个，放在她的卧室里。

这把凳子和右边的椅子一同使用。

这把椅子和第三行左边的两把椅子是配套的。中间高，且中心部分为圆形。英国的查尔斯·沃伊齐也发表过类似的作品。

此图根据柏林昆泽住宅的餐厅设计草图所绘，靠背的设计比较粗略，细节不清楚。

此图和右图都是根据同一草图所绘。其设计的初衷是想放在窗边使用。查尔斯·马金托什也发表过类似的作品。

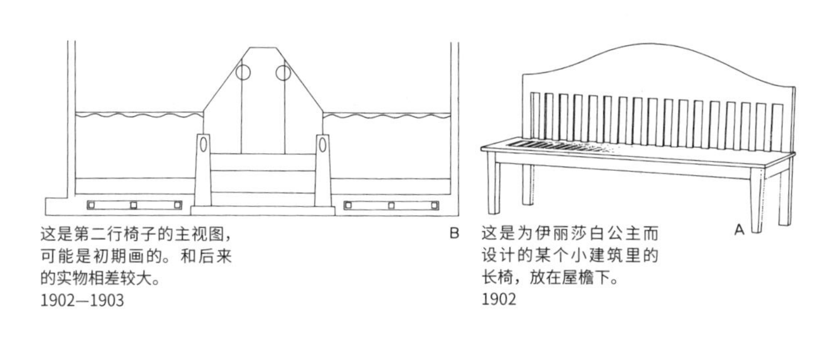

这是第二行椅子的主视图，可能是初期画的。和后来的实物相差较大。
1902—1903

这是为伊丽莎白公主而设计的某个小建筑里的长椅，放在屋檐下。
1902

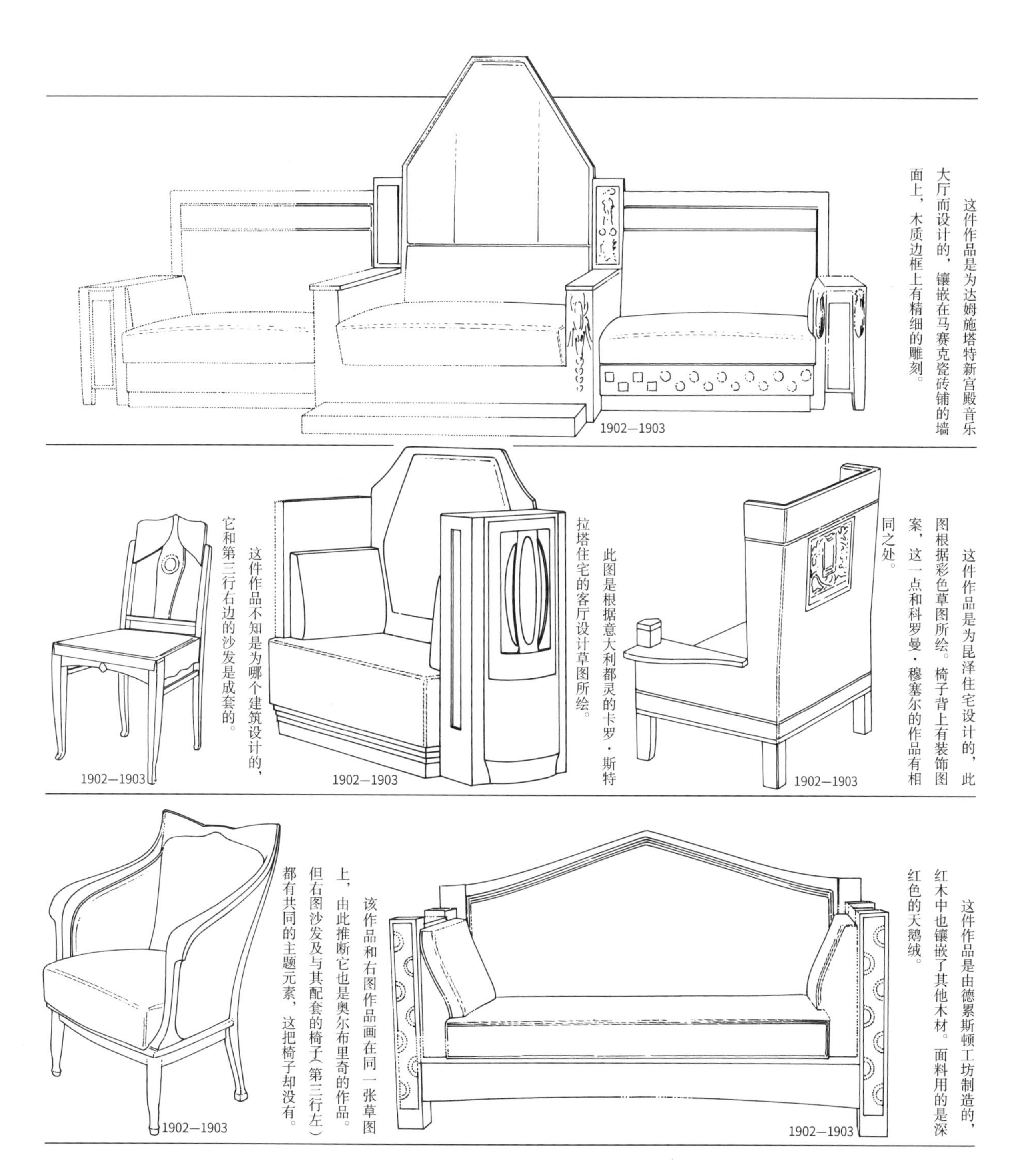

这件作品是为达姆施塔特新宫殿音乐大厅而设计的，镶嵌在马赛克瓷砖铺的墙面上，木质边框上有精细的雕刻。

1902—1903

这件作品是为昆泽住宅设计的，此图根据彩色草图所绘。椅子背上有装饰图案，这一点和科罗曼·穆塞尔的作品有相同之处。

1902—1903

此图是根据意大利都灵的卡罗·斯特拉塔住宅的客厅设计草图所绘。

1902—1903

这件作品不知是为哪个建筑设计的，它和第三行右边的沙发是成套的。

1902—1903

这件作品是由德累斯顿工坊制造的，红木中也镶嵌了其他木材。面料用的是深红色的天鹅绒。

1902—1903

该作品和右图作品画在同一张草图上，由此推断它也是奥尔布里奇的作品。但右图沙发及与其配套的椅子(第三行左)都有共同的主题元素，这把椅子却没有。

1902—1903

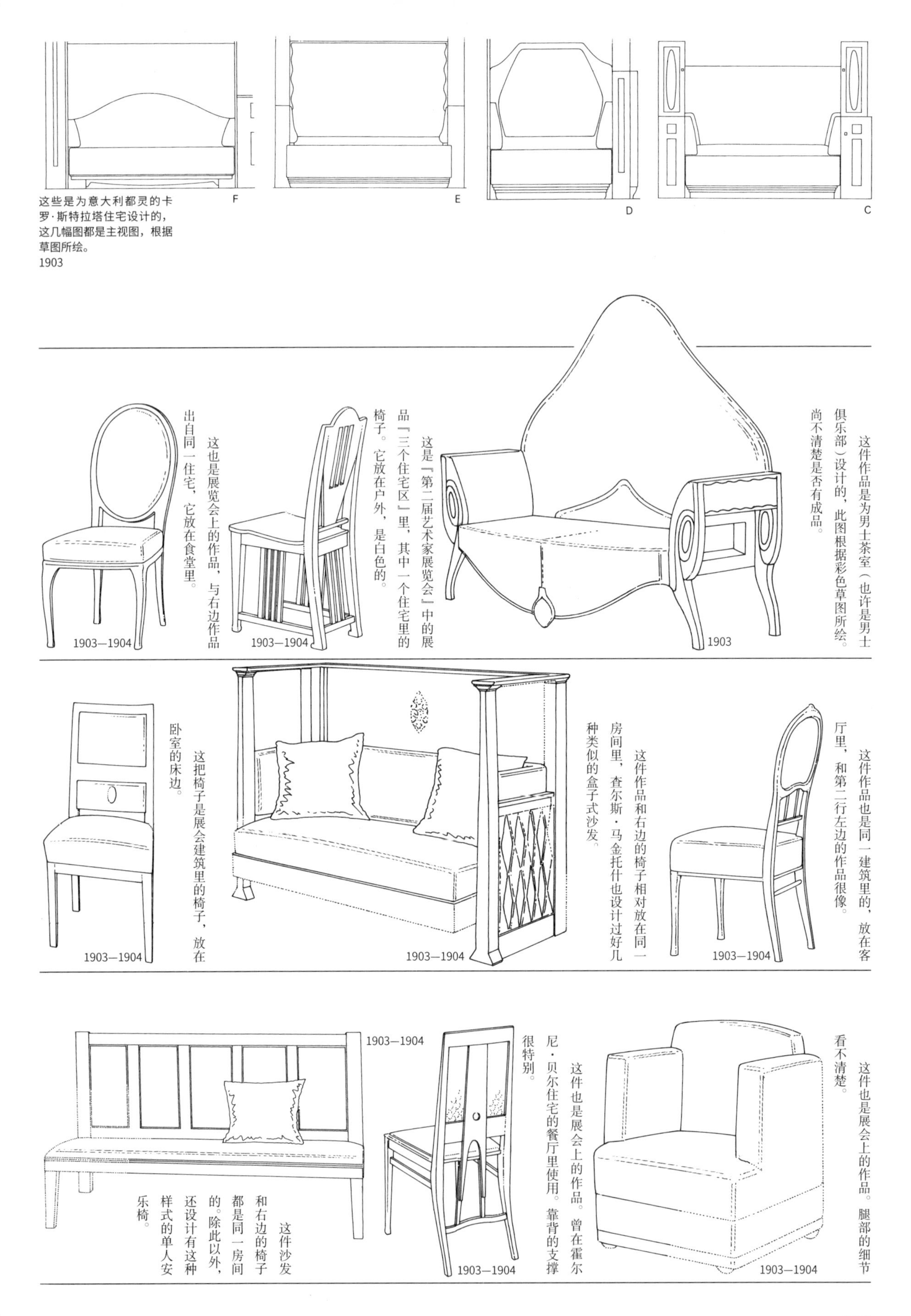

这些是为意大利都灵的卡罗·斯特拉塔住宅设计的，这几幅图都是主视图，根据草图所绘。
1903

这件作品是为男士茶室（也许是男士俱乐部）设计的，此图根据彩色草图所绘。尚不清楚是否有成品。
1903

这是『第二届艺术家展览会』中的展品『三个住宅区』里，其中一个住宅里的椅子。它放在户外，是白色的。
1903—1904

这也是展览会上的作品，与右边作品出自同一住宅，它放在食堂里。
1903—1904

这件作品也是同一建筑里的，放在客厅里，和第二行左边的作品很像。
1903—1904

这件作品和右边的椅子相对放在同一房间里，查尔斯·马金托什也设计过好几种类似的盒子式沙发。
1903—1904

这把椅子是展会建筑里的椅子，放在卧室的床边。
1903—1904

这件也是展会上的作品。腿部的细节看不清楚。
1903—1904

这件也是展会上的作品。曾在霍尔尼·贝尔住宅的餐厅里使用。靠背的支撑很特别。
1903—1904

这件沙发和右边的椅子都是同一房间的。除此以外，还设计有这种样式的单人安乐椅。
1903—1904

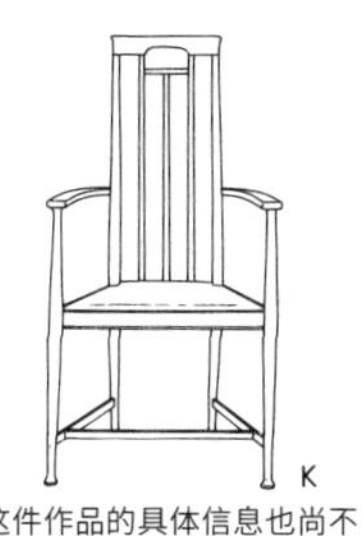

这件作品的具体信息也尚不明确。框架纤细而且优美。

这把椅子也不知道是为哪座建筑设计的，设计年份不详。

这把凳子和右边的椅子应该是一套。

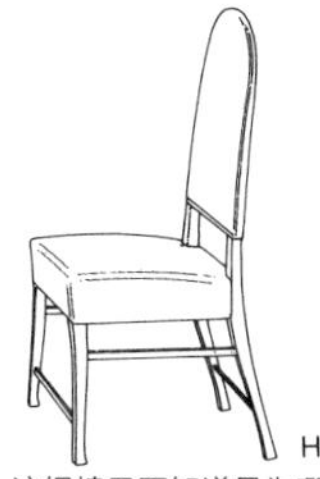

这把椅子不知道是为哪座建筑设计的，设计年份不详。

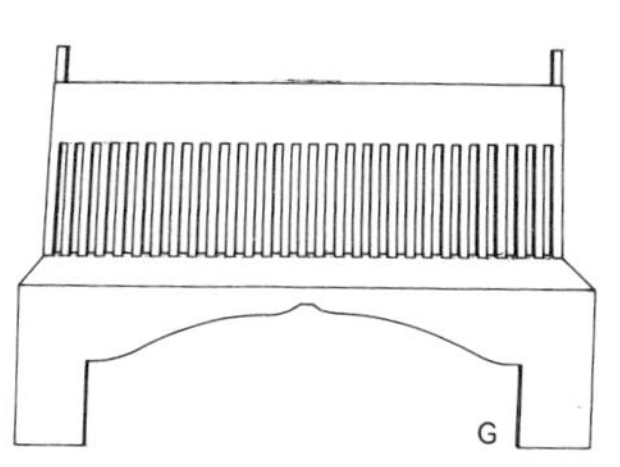

这是为艺术家村设计的长椅，它被漆成白色，设计美观。位于室内。

1903—1904

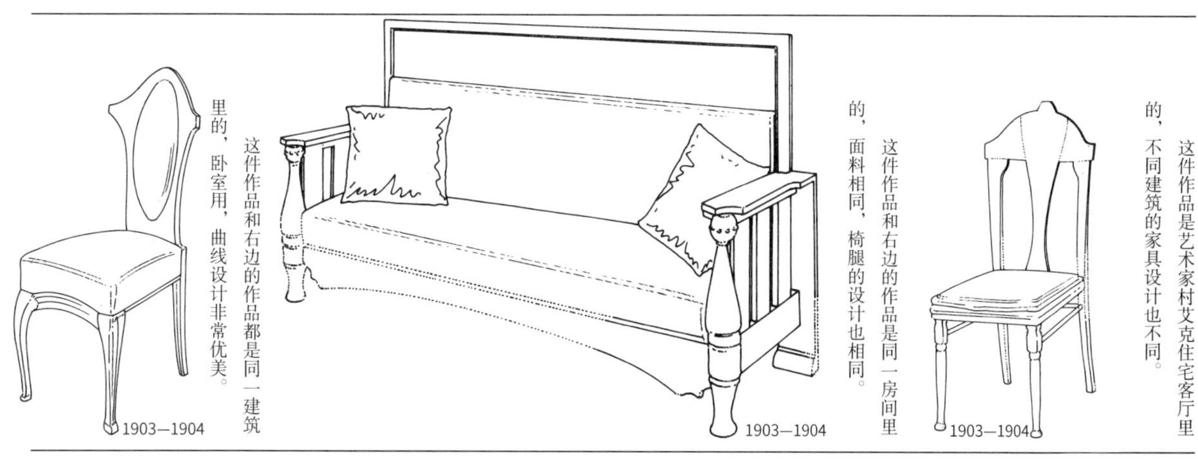

这件作品和右边的作品都是同一建筑里的，卧室用，曲线设计非常优美。

1903—1904

这件作品和右边的作品是同一房间里的，面料相同，椅腿的设计也相同。

1903—1904

这件作品是艺术家村艾克住宅客厅里的，不同建筑的家具设计也不同。

1903—1904

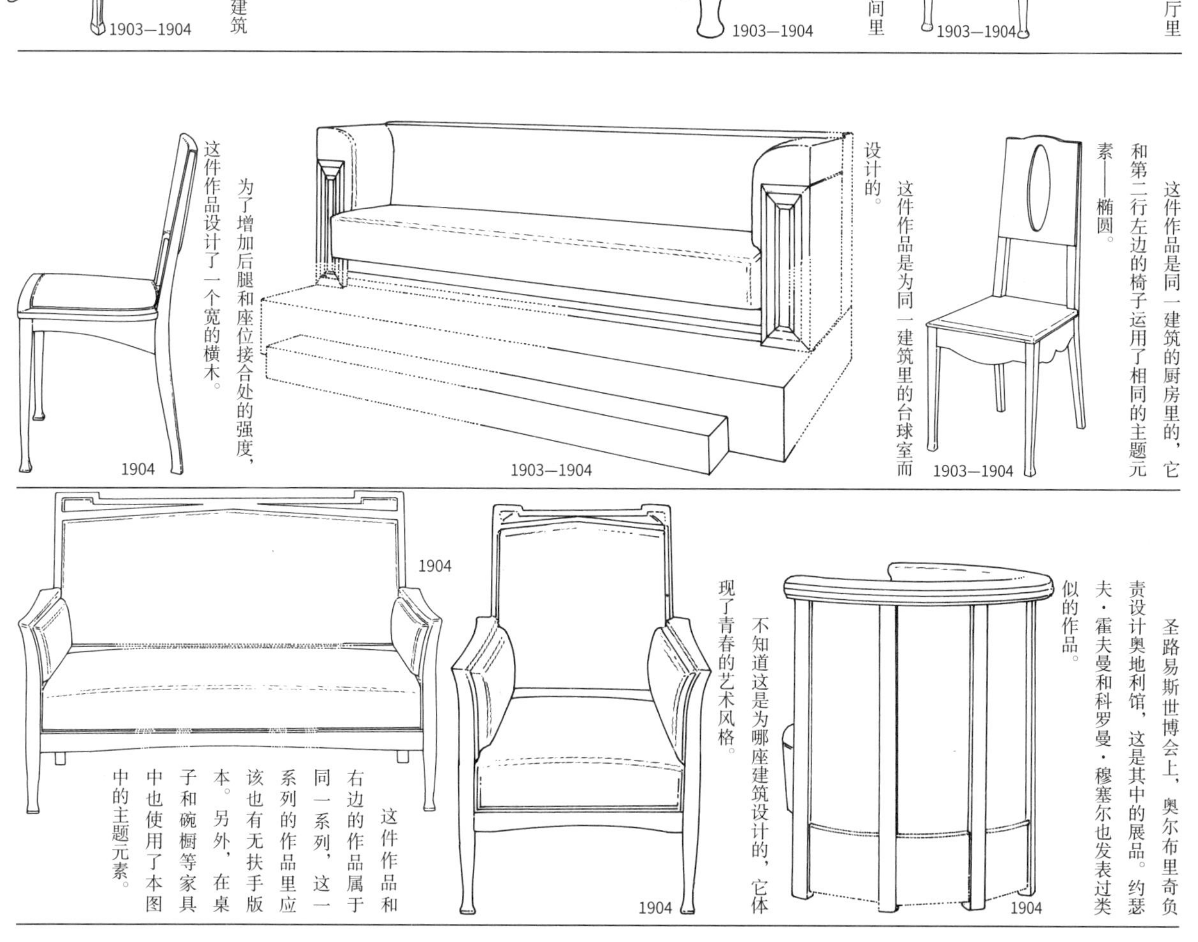

为了增加后腿和座位接合处的强度，这件作品设计了一个宽的横木。

1904

这件作品是为同一建筑里的台球室而设计的。

1903—1904

这件作品是同一建筑的厨房里的，它和第二行左边的椅子运用了相同的主题元素——椭圆。

1903—1904

这件作品和右边的作品属于同一系列，这一系列的作品里应该也有无扶手版本。另外，在桌子和碗橱等家具中也使用了本图中的主题元素。

1904

不知道这是为哪座建筑设计的，它体现了青春的艺术风格。

1904

圣路易斯世博会上，奥尔布里奇负责设计奥地利馆，这是其中的展品。约瑟夫·霍夫曼和科罗曼·穆塞尔也发表过类似的作品。

1904

1867—1908

约瑟夫·马利亚·奥尔布里奇

第 3 小节
脱离“艺术家协会”

科罗曼・穆塞尔、奥托・瓦格纳、约瑟夫・霍夫曼等人在本书中出现的频率很高，在此，笔者将会介绍他们所属的『分离派』诞生的意义。

分离派成立于 1897 年 4 月，在此之前，维也纳美术界一直由 1861 年创办的『艺术家协会』所操纵，该派在各个领域，尤其是美术、工艺、建筑等，都极其重视传统保守的样式，对外来的任何意见都持否定态度。他们这种自我封闭的观点在很长一段时间内压制了自由和创新的艺术思潮。

在这种背景下，以古斯塔夫・克里姆特为首的众多画家、雕刻家、建筑家宣布与正统的学院派艺术分道扬镳，并由此创立了『分离派』。在这其中就有奥尔布里奇，他设计了分离派会馆（在第 2 小节中已有介绍）。继艺术家协会和分离派之后，还出现了第三个艺术家团体，虽然他们的名气远远不如分离派，但是也很重要。

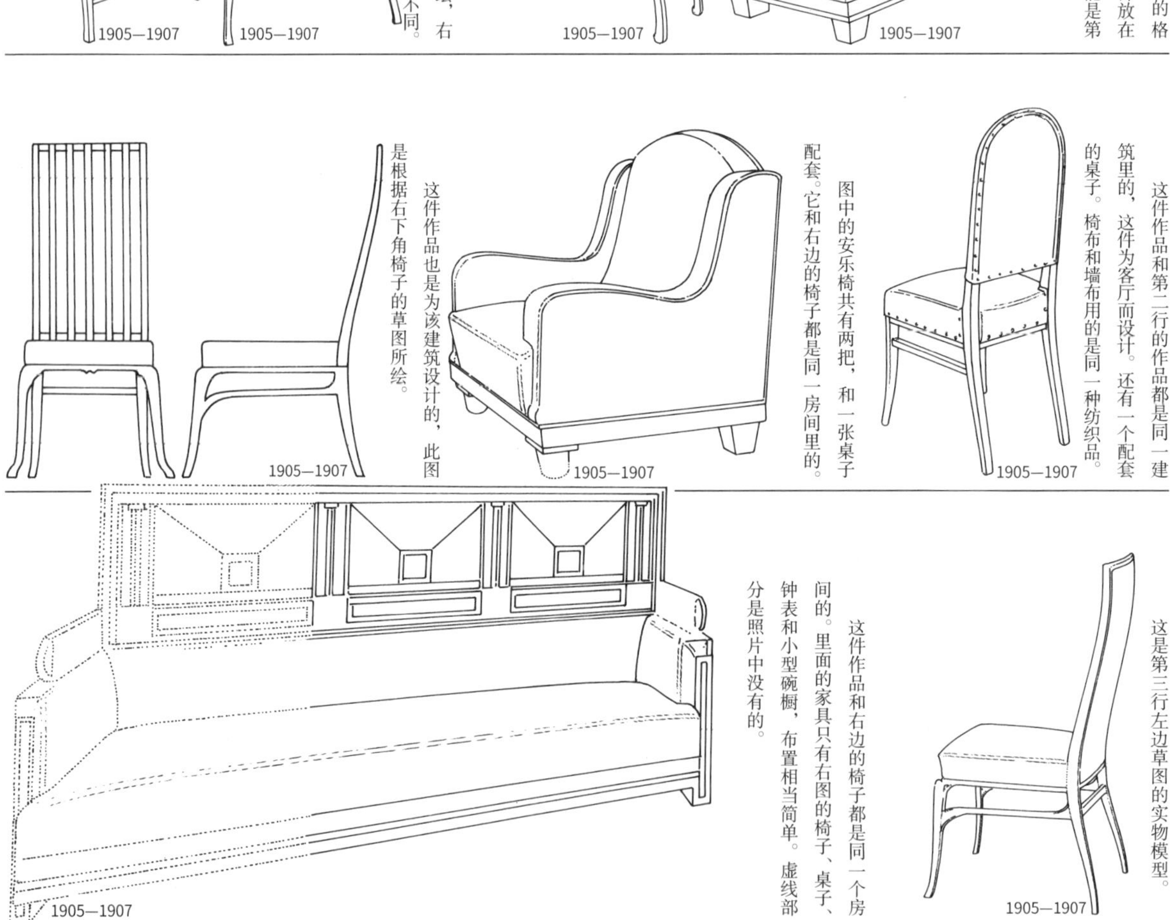

这件作品是为位于哥森古城的格朗・杜卡尔公寓设计的，两把椅子都放在接待室的窗边。它们的实物模型可能是第三行中的作品。

这两把椅子左边是根据草图所绘，右边是实物模型，二者之间在细节处有所不同。

这件作品和第二行的作品都是同一建筑里的，这件为客厅而设计。还有一个配套的桌子。椅布和墙布用的是同一种纺织品。

图中的安乐椅共有两把，和一张桌子配套。它和右边的椅子都是同一房间里的。

这件作品也是为该建筑设计的，此图是根据右下角椅子的草图所绘。

这是第三行左边草图的实物模型。

这件作品和右边的椅子都是同一个房间的。里面的家具只有右图的椅子、桌子、钟表和小型碗橱，布置相当简单。虚线部分是照片中没有的。

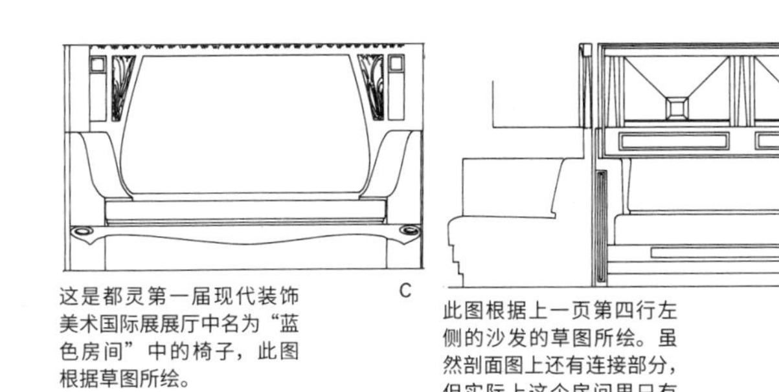

C

这是都灵第一届现代装饰美术国际展展厅中名为“蓝色房间”中的椅子，此图根据草图所绘。
1905—1907

B

此图根据上一页第四行左侧的沙发的草图所绘。虽然剖面图上还有连接部分，但实际上这个房间里只有这一个沙发。
1905—1907

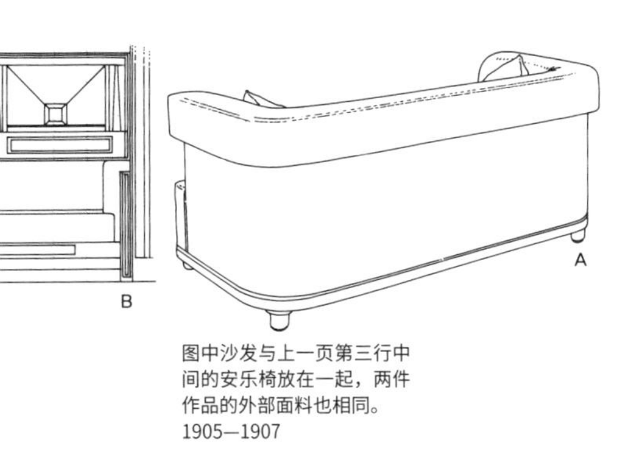

A

图中沙发与上一页第三行中间的安乐椅放在一起，两件作品的外部面料也相同。
1905—1907

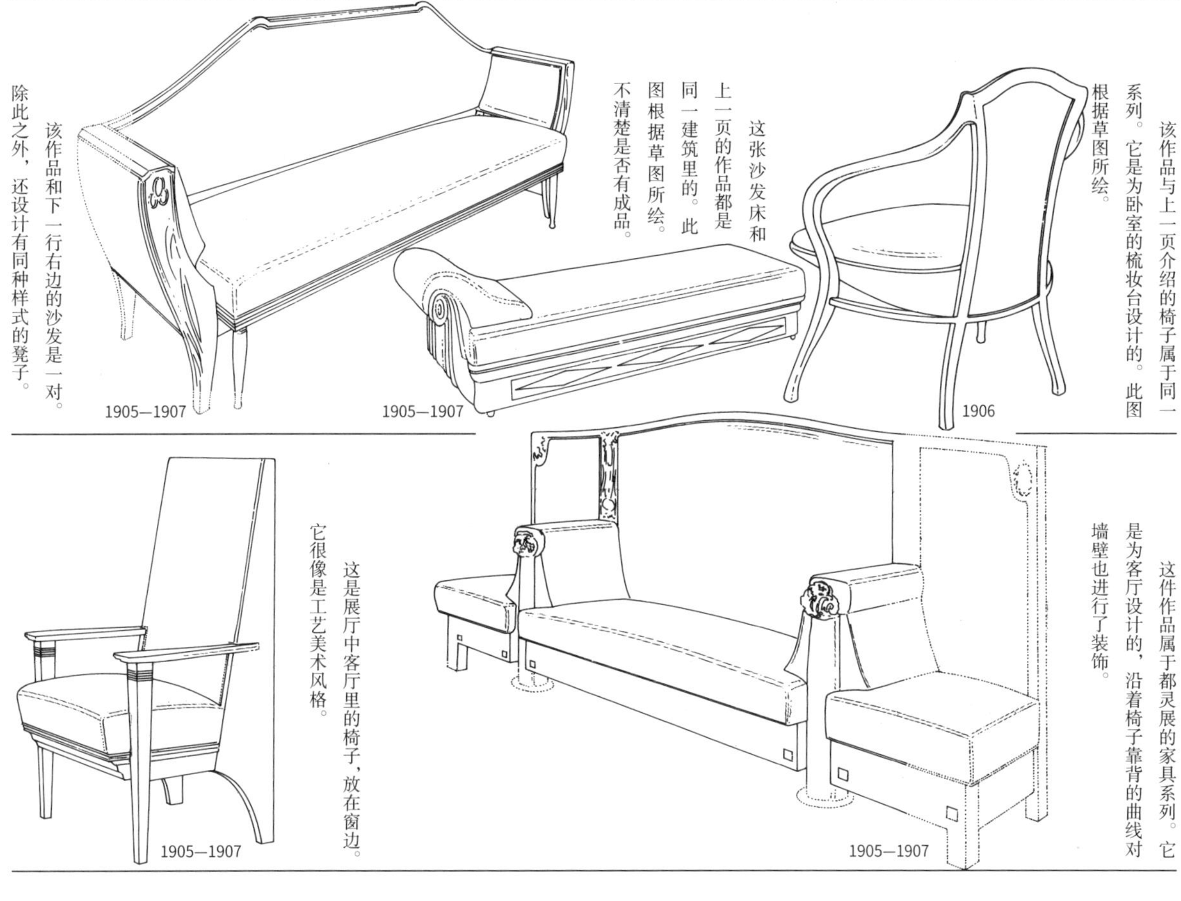

该作品与上一页介绍的椅子属于同一系列。它是为卧室的梳妆台设计的。此图根据草图所绘。
1906

这张沙发床和上一页的作品都是同一建筑里的。此图根据草图所绘。不清楚是否有成品。
1905—1907

该作品和下一行右边的沙发是一对。除此之外，还设计有同种样式的凳子。
1905—1907

这件作品属于都灵展的家具系列。它是为客厅设计的，沿着椅子靠背的曲线对墙壁也进行了装饰。
1905—1907

这是展厅中客厅里的椅子，放在窗边。它很像是工艺美术风格。
1905—1907

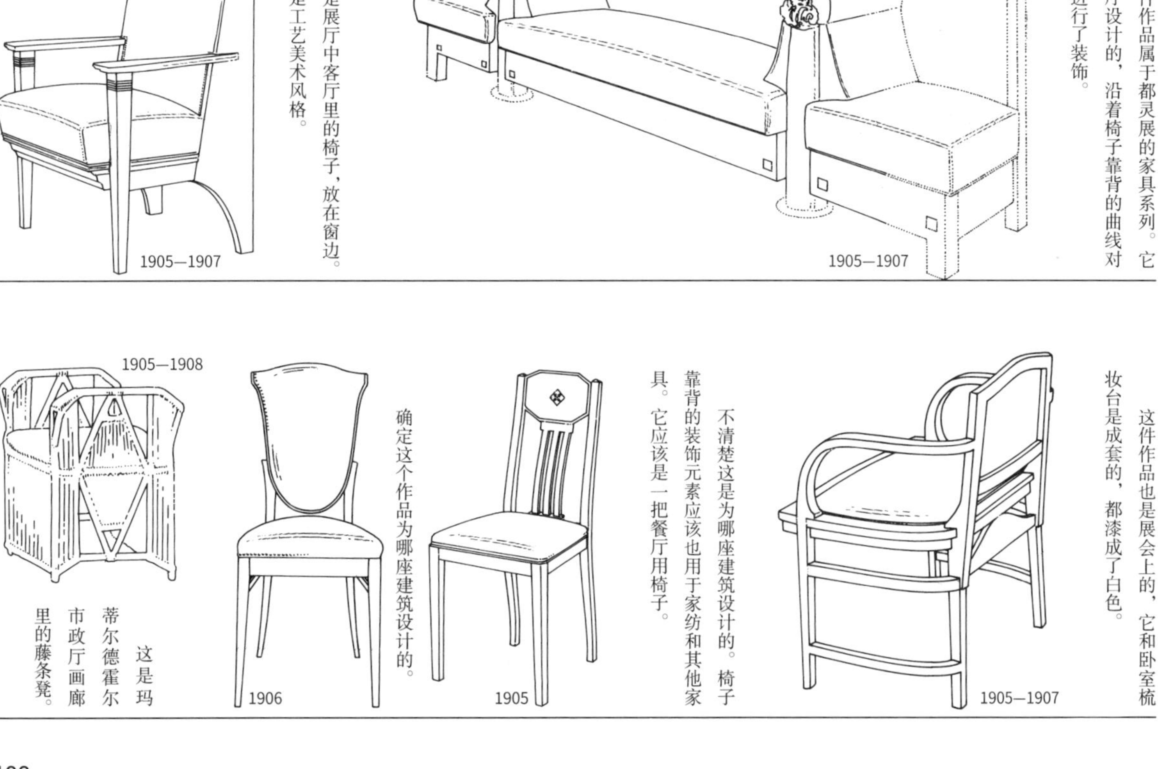

这件作品也是展会上的，它和卧室梳妆台是成套的，都漆成了白色。
1905—1907

不清楚这是为哪座建筑设计的。椅子靠背的装饰元素应该也用于家纺和其他家具。它应该是一把餐厅用椅子。
1905

确定这个作品为哪座建筑设计的。
1906

这是玛蒂尔德霍尔市政厅画廊里的藤条凳。
1905—1908

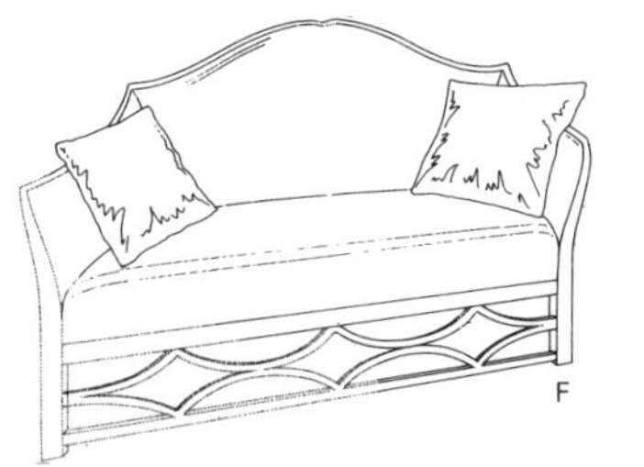

这件作品和第四行右边第二个作品放在同一间音乐室。
1907—1908

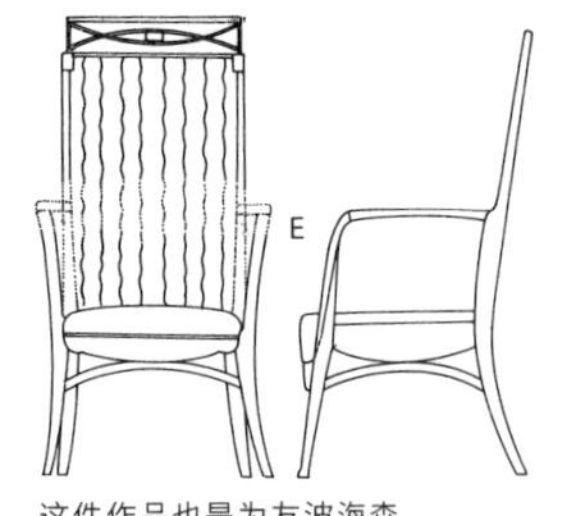

这件作品也是为友波海森住宅设计的，不清楚是否有成品。
1907—1908

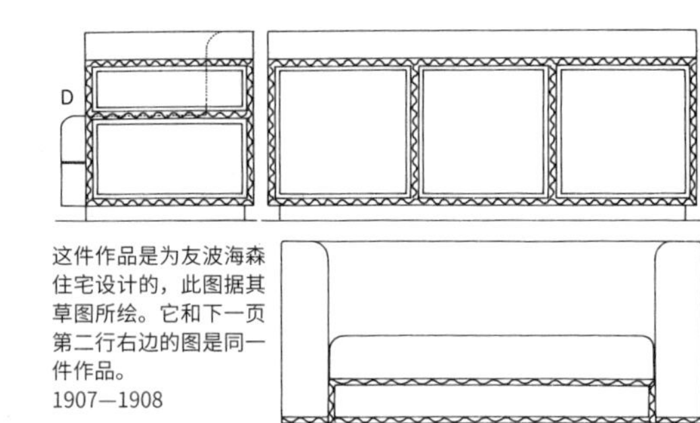

这件作品是为友波海森住宅设计的，此图据其草图所绘。它和下一页第二行右边的图是同一件作品。
1907—1908

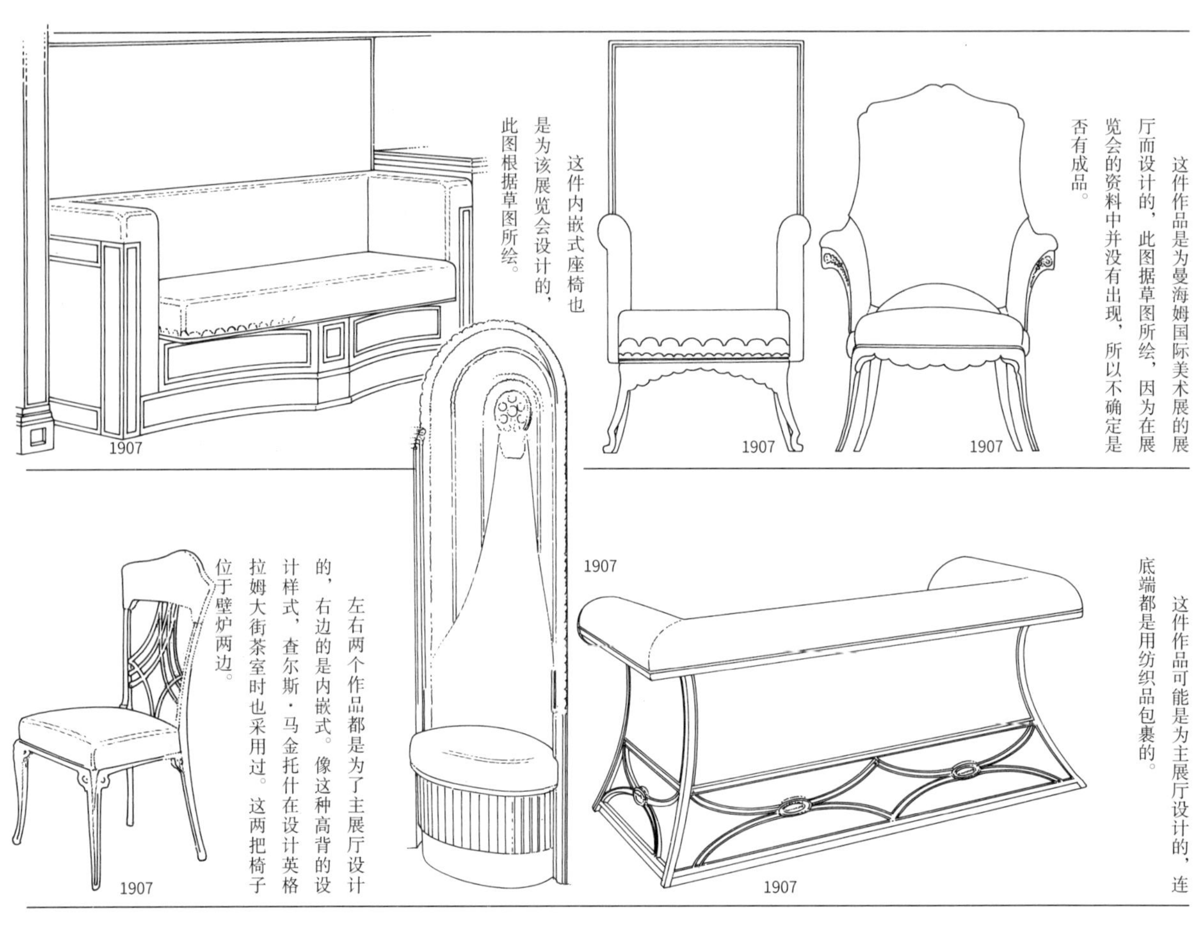

这件内嵌式座椅也是为该展览会设计的，此图根据草图所绘。

这件作品是为曼海姆国际美术展的展厅而设计的，此图据草图所绘，因为在展览会的资料中并没有出现，所以不确定是否有成品。

左右两个作品都是为了主展厅设计的，右边的是内嵌式。像这种高背的设计样式，查尔斯·马金托什在设计英格拉姆大街茶室时也采用过。这两把椅子位于壁炉两边。

这件作品可能是为主展厅设计的，连底端都是用纺织品包裹的。

1907—1908

这件作品是为友波海森住宅的男士房间设计的，应该是G图的成品模型。

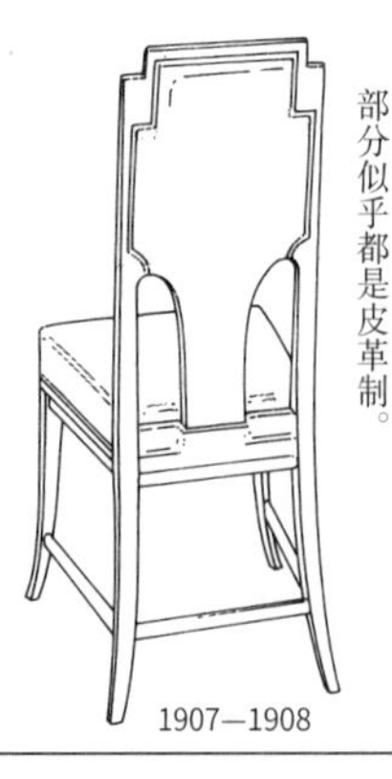

1907—1908

这件作品是友波海森住宅的食堂里的。整体比例很协调。椅子的靠背和座位部分似乎都是皮革制。

1907—1908

这件作品是为友波海森住宅设计的，它和F图中的沙发都是音乐室里的。

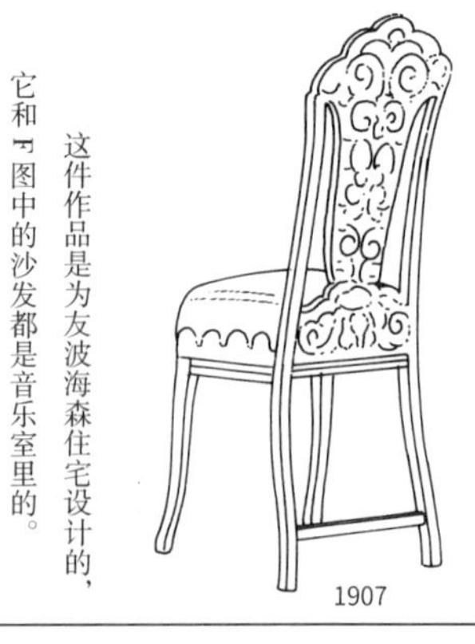
1907

这件作品也是为展会设计的，此图根据草图所绘，不清楚是否有成品。

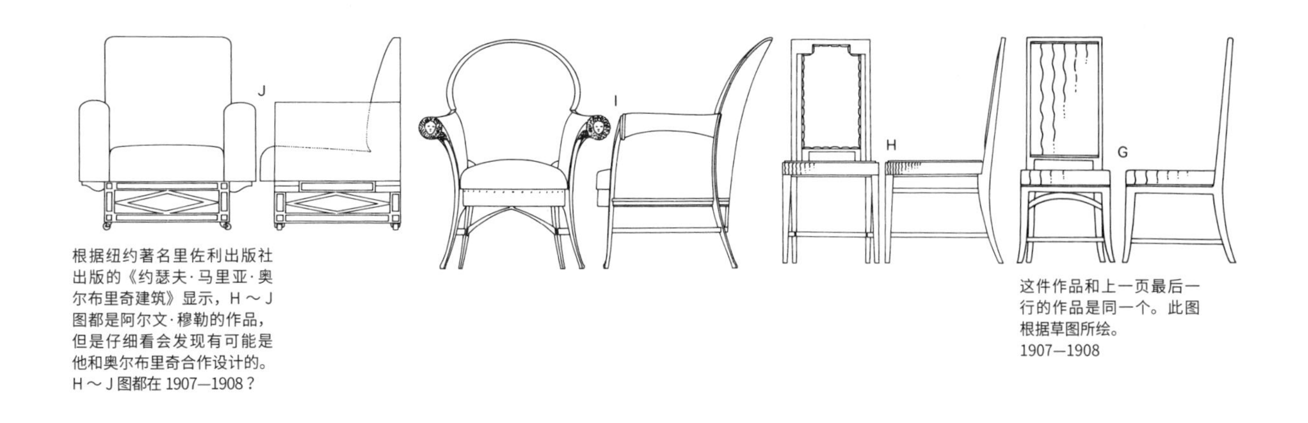

根据纽约著名里佐利出版社出版的《约瑟夫·马里亚·奥尔布里奇建筑》显示，H～J图都是阿尔文·穆勒的作品，但是仔细看会发现有可能是他和奥尔布里奇合作设计的。H～J图都在1907—1908？

这件作品和上一页最后一行的作品是同一个。此图根据草图所绘。
1907—1908

这件沙发和上一页左下角的作品放在同一房间。
1907—1908

这是杜塞尔多夫的百货店地毯卖场中的椅子。
1907—1908

这是班兹霍夫住宅一层大厅里的椅子，从椅子靠背的设计来看它应该是奥尔布里奇的作品。
1908

这也是班兹霍夫住宅里的，和前者一样都是奥尔布里奇的作品。
1908

这是费因哈尔斯住宅阳台上的长椅，白色。
1908
1908

这是为欧宝公司员工住宅设计的椅子系列。和之前介绍的作品相比，装饰元素较少，风格简单。
1907—1908

这是克拉伦巴赫住宅书房里的椅子。是工艺美术风格。
1907—1908
1907—1908

1868—1918

科罗曼·穆塞尔

科罗曼·穆塞尔（以下简称穆塞尔），1868年3月30日出生于维也纳，父母想让他经商，而他却展现出了超人的艺术天赋，并私下接受了相关的教育。

1885年，他进入美术学院，跟随格林本盖尔、伦普勒、特雷克瓦尔特等人学习。1892年转学到了艺术产业博物馆工艺学校。在这期间，他和苏瓦尔咖啡馆的常客——约瑟夫·霍夫曼、奥尔布里奇一起创立了『7人俱乐部』，之后古斯塔夫·克里姆特也加入其中，之后在1897年4月，他们创立了分离派。

第二年，穆塞尔协助奥尔布里奇设计了分离派会馆，开始了彩画玻璃和建筑雕刻的工程。1899年担任工艺学校的讲师，第二年被任命为教授，负责教授装饰绘画。1900年他代表维也纳分离派参加巴黎世博会。

1903年，由弗里茨·韦恩多夫出资，穆塞尔和约瑟夫·霍夫曼共同创立了『维也纳工坊』，之后他又协助约瑟夫·霍夫曼设计了其代表作——普克斯多夫疗养院和斯托克雷特宫等等，也协助瓦格纳设计了斯坦因霍夫教堂，发挥了重要作用。

该作品设计年份不详。只看框架的话，可能会认为是理查德·雷曼施米特或贝利·斯科特的作品。这种椅子在穆塞尔的作品中是非常罕见的。

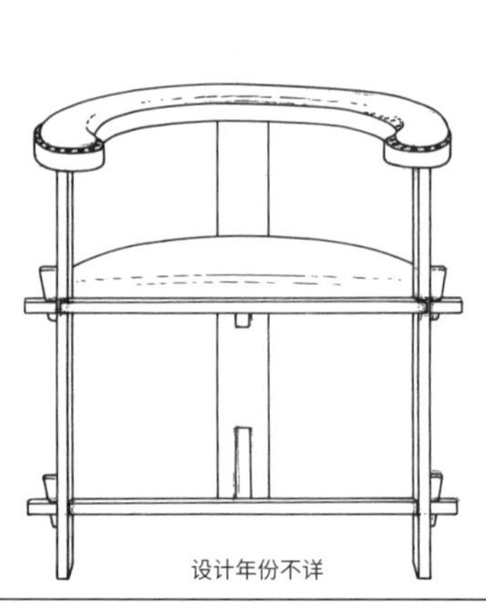

设计年份不详

该作品是根据儿童房间的内部设计草图所绘，可以看出它受了马金托什的影响。

1900

这是穆塞尔家卧室里的沙发床，放在大床的旁边。框架为白色。

1901

这个椅子也是穆塞尔为自己家设计的。强调的是垂直和水平感，风格硬朗。这应该是书桌前的椅子。

1901

这也是穆塞尔住宅里的。他的家中几乎所有家具和室内装饰都是白色的，唯独这一个是深色。

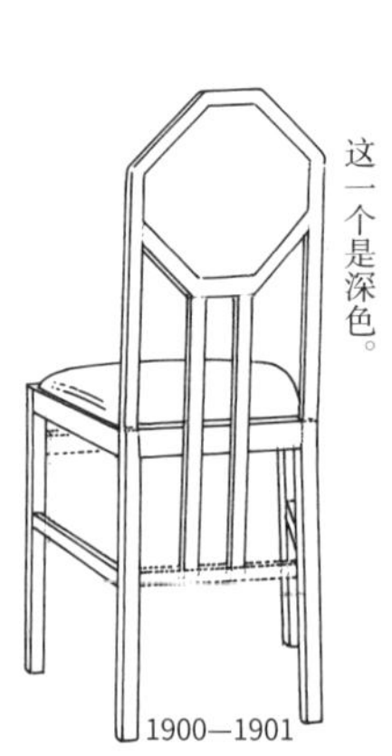

1900—1901

这是卧室床边的椅子，其后腿与靠背形成了一种美观的平衡。白色。

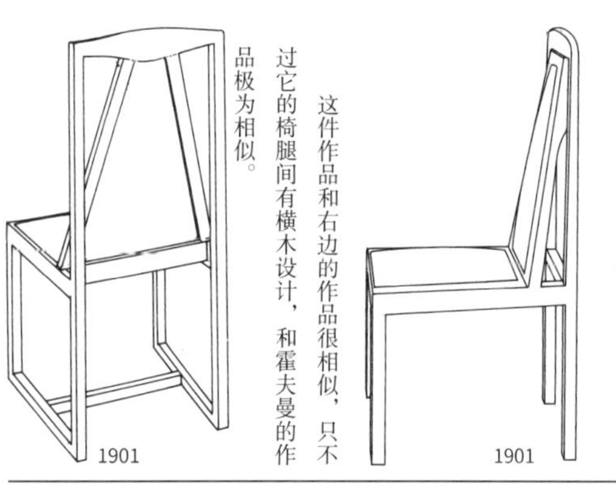

1901

这件作品和右边的作品很相似，只不过它的椅腿间有横木设计，和霍夫曼的作品极为相似。

1901

这件作品也和霍夫曼的作品很像。穆塞尔和霍夫曼二人经常一起工作，这个作品或许就是他们合作设计的。

设计年份不详

这把餐椅的靠背和座位都用铆钉装饰和固定，这一设计有些复古的感觉。

设计年份不详

这件作品是为雅各布&约瑟夫·科恩公司设计的，是一个量产模型。这一时期出现了很多相似的作品，很容易混淆。

1902—1903

这把扶手椅和右边作品属于同一系列。

1901

这把凳子和右图作品放在同一房间里。如果左右方向也加上横木就更结实了。
1905

这是弗雷格姐妹经营的时尚沙龙里的椅子，可能是由穆塞尔和约瑟夫·霍夫曼共同设计的。
1904

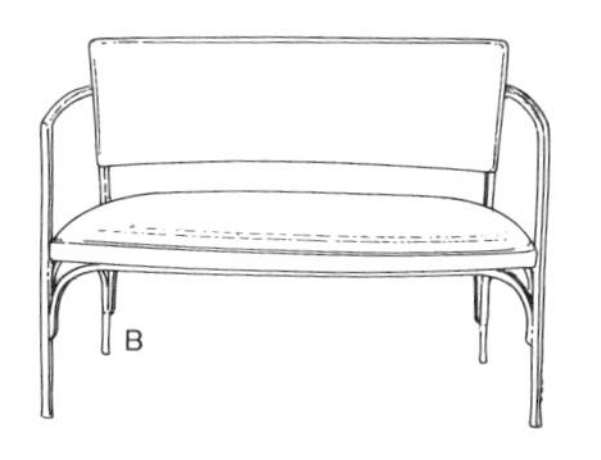

这件作品和上一页最后一行左边的作品属于同一系列。由雅各布＆约瑟夫·科恩公司制造。
1901

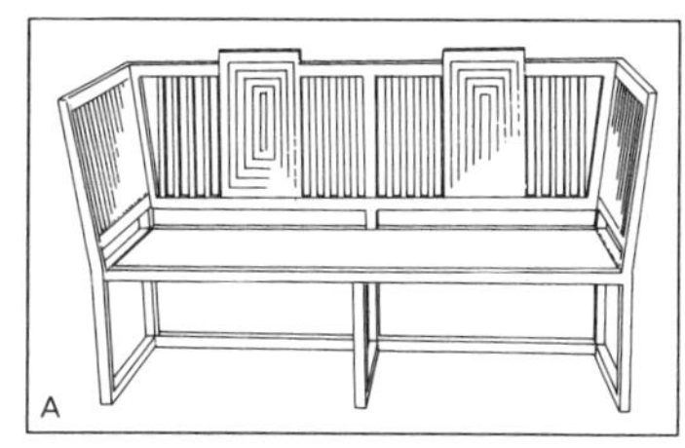

这件作品是约瑟夫·霍夫曼为赫尔曼·维特根斯坦住宅设计的。可以和第三行左边的作品比较来看。
1904

这是1903年的分离派展览或是同年的克里姆特展览中展示的扶手椅，靠背由细绳编织而成。

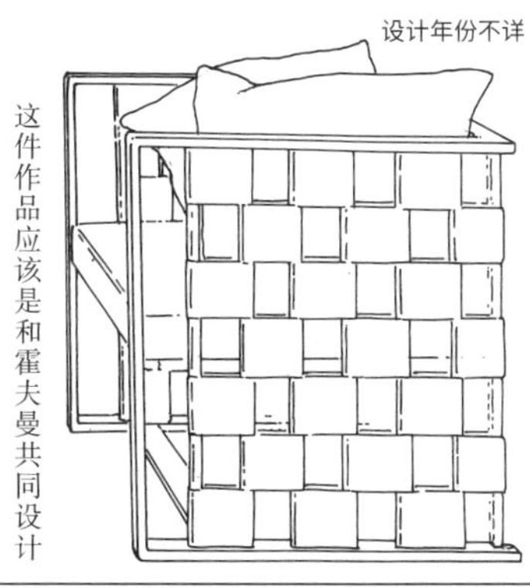

这是为普克斯多夫疗养院设计的，是左边名作的衍生版，十分罕见，用于座位的编织法用在了这件作品的侧面。

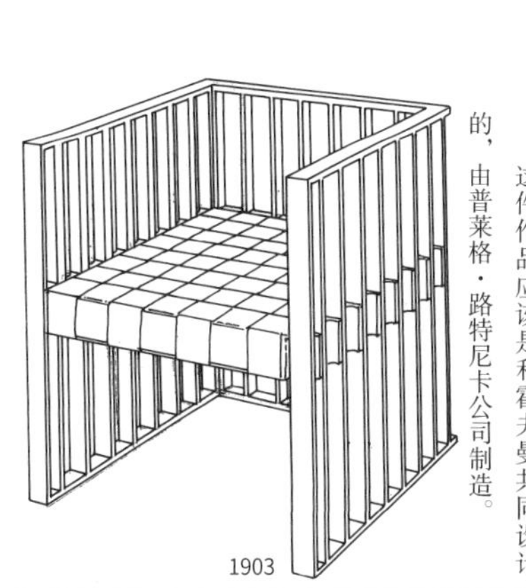

这件作品应该是和霍夫曼共同设计的，由普莱格·路特尼卡公司制造。

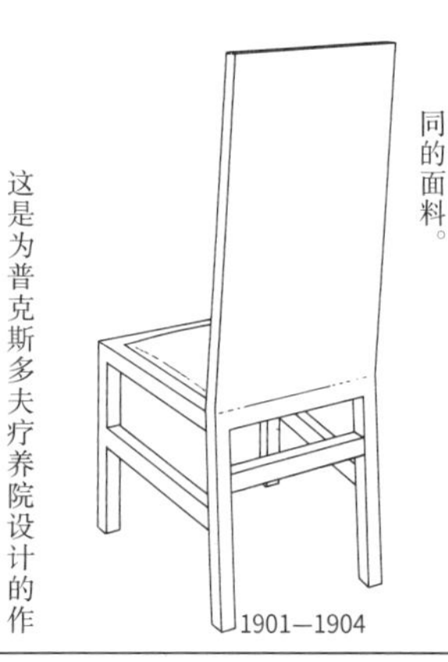

这是普克斯多夫疗养院三楼客室里的椅子。和白色的床、装饰架、桌子等放在一起。虽然这里只有椅背的图片，但可以看出椅背和座位应该使用的是相同的面料。

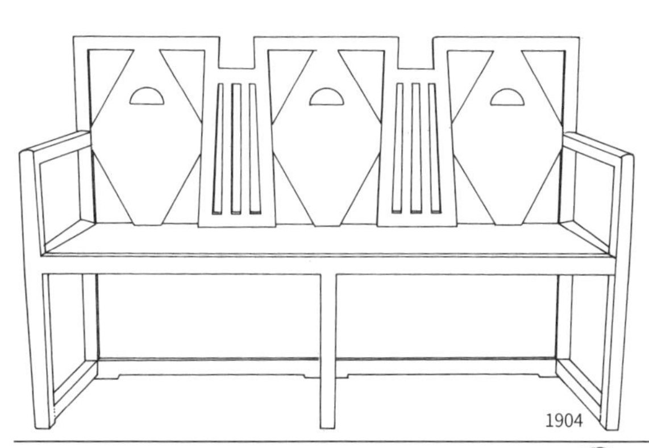

这是为普克斯多夫疗养院设计的作品。这时期的约瑟夫·霍夫曼也设计过长椅，观察A图的赫尔曼·维特根斯坦住宅的作品，我们可以发现它们之间有很多惊人的相似之处。穆塞尔和约瑟夫·霍夫曼二人之间应该有许多相互借鉴的地方。

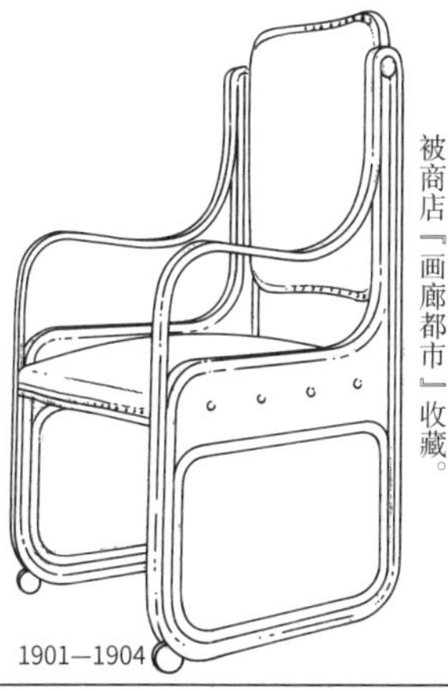

这是由雅各布＆约瑟夫·科恩公司生产上市的椅子。该公司是索耐特公司的劲敌，也是曲木家具的生产商。这把椅子被商店『画廊都市』收藏。

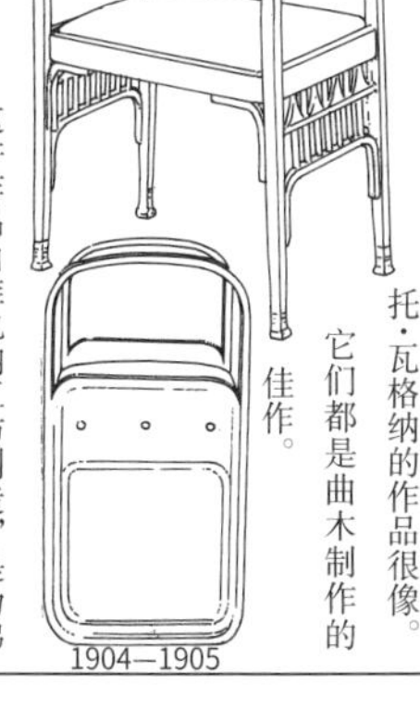

这两把凳子都是雅各布＆约瑟夫·科恩公司制造的。上边的那把可能是和古斯塔夫·西格尔共同设计的。下边这把和奥托·瓦格纳的作品很像。它们都是曲木制作的佳作。

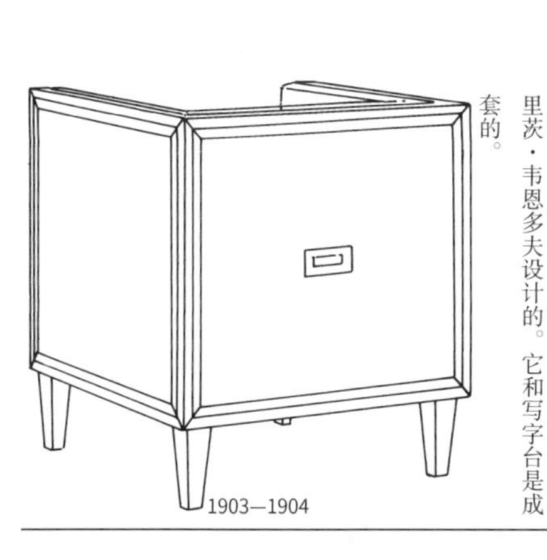

这件作品由维也纳工坊制造，是为弗里茨·韦恩多夫设计的。它和写字台是成套的。

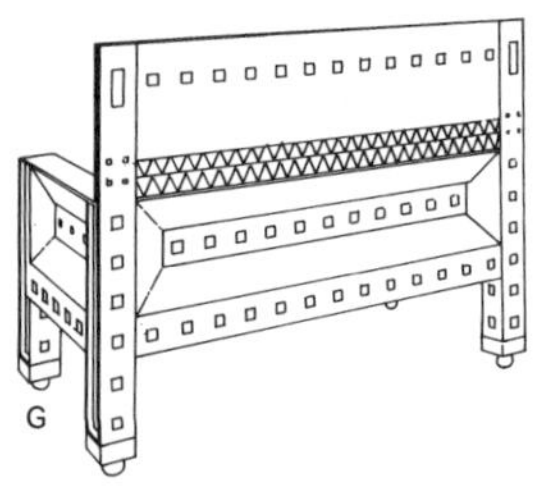

这件作品是本页第二行左侧作品的衍生版。椅子上小几何图形的镶嵌设计非常美观。
1904

这是约瑟夫·霍夫曼为帕雷·斯特克雷设计的椅子。
1905

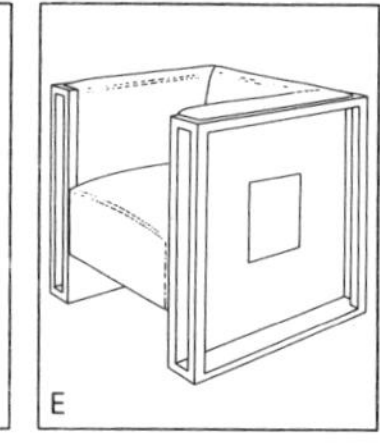

这是约瑟夫·霍夫曼为亚历山大·布朗纳住宅设计的安乐椅，专门设计成这种无腿型。
1906—1907

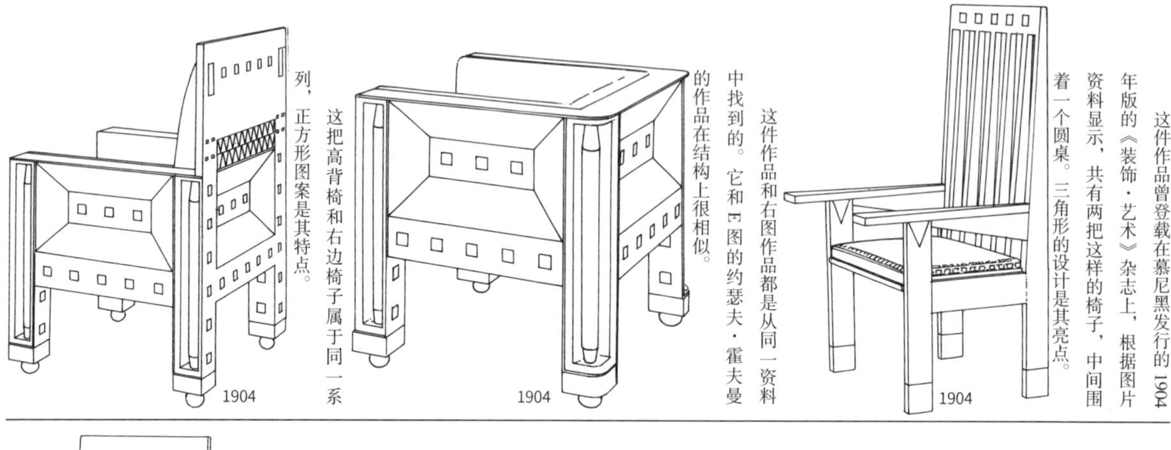

这件作品曾登载在慕尼黑发行的1904年版的《装饰·艺术》杂志上，根据图片资料显示，共有两把这样的椅子，中间围着一个圆桌。三角形的设计是其亮点。
1904

这件作品和右图作品都是从同一资料中找到的。它和E图的约瑟夫·霍夫曼的作品在结构上很相似。
1904

这把高背椅和右边椅子属于同一系列，正方形图案是其特点。
1904

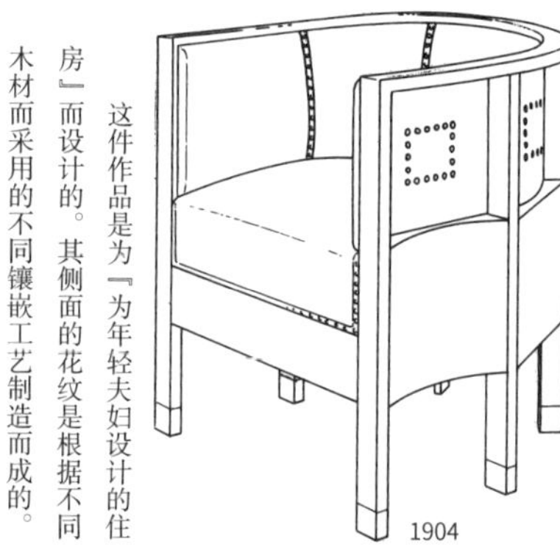

这件作品和约瑟夫·霍夫曼的作品也有相似之处。其内侧采用了曲面，设计优美。此外，还有同种样式的床和桌子。
1904

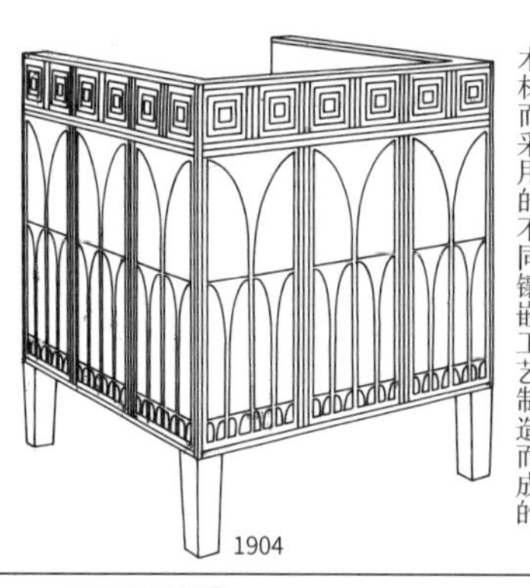

这件作品是为『为年轻夫妇设计的住房』而设计的。其侧面的花纹是根据不同木材而采用的不同镶嵌工艺制造而成的。
1904

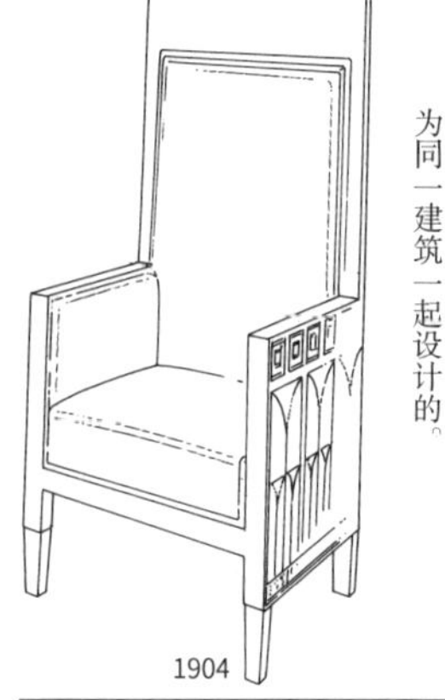

这件作品和右边作品的图案一样，是为同一建筑一起设计的。
1904

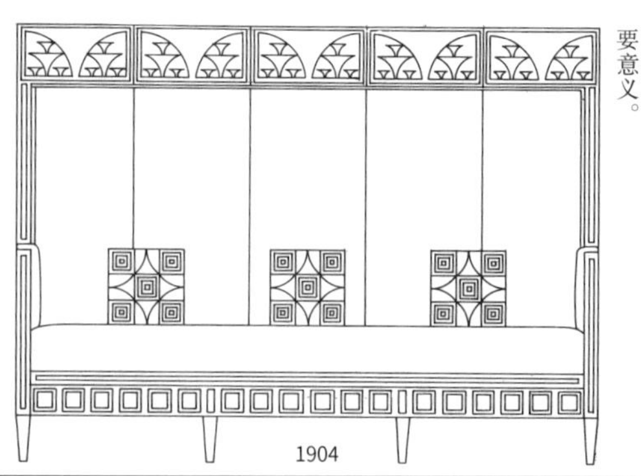

有关人体比例的研究图在过去达·芬奇的素描里有过体现，但是与家具相关的却很少。左图根据G图所绘的，是一个按照人体尺寸而设计的作品，具有重要意义。
1904

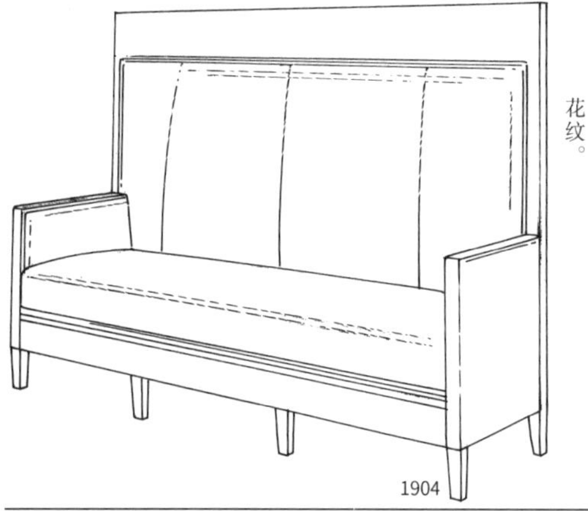

这是右图的成品模型。图中省略了花纹。
1904

这把无扶手椅和本页第四行的作品属于同一系列。
1905

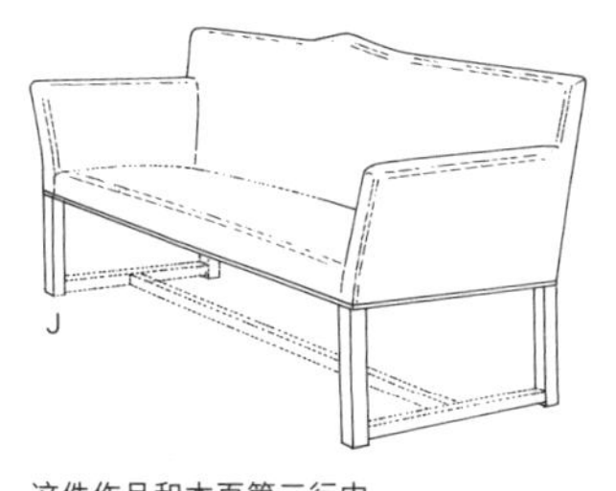

这件作品和本页第三行中间的椅子是一起设计的，这个沙发和三把单人椅是一套。放在弗莱格姐妹的客厅里。
1905

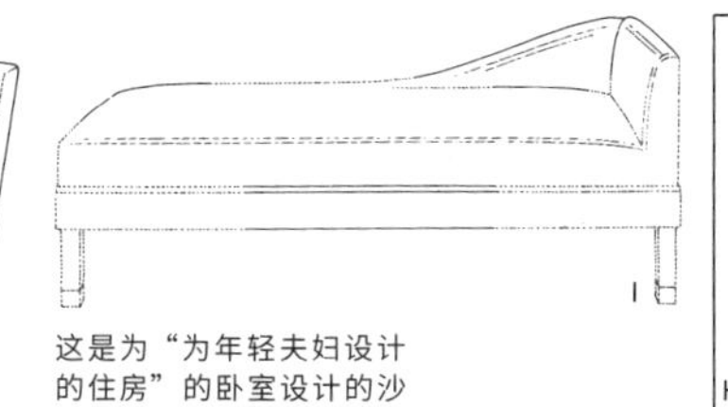

这是为“为年轻夫妇设计的住房”的卧室设计的沙发床。它和本页第三行右边的椅子是配套设计的。
1904

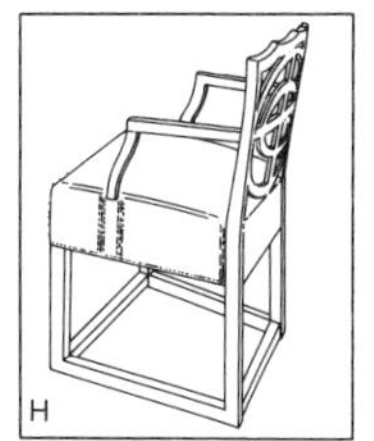

这件作品是约瑟夫·霍夫曼为海琳·赫好修泰塔住宅的餐厅设计的。它和本页第四行中间的作品很像。
1907

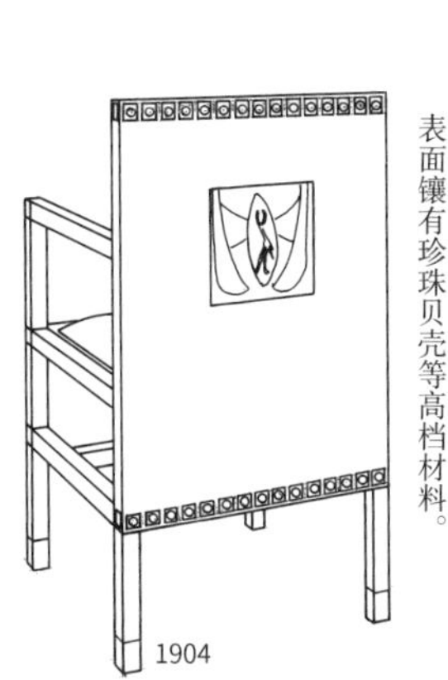

1904

这件作品是由维也纳工坊制造的。表面镶有珍珠贝壳等高档材料。

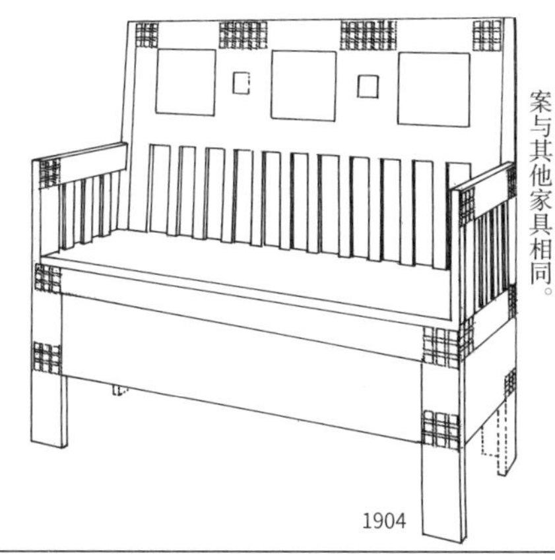

1904

这件作品和右边作品属于同一系列。椅脚部位板材的运用相同，正方形的图案与其他家具相同。

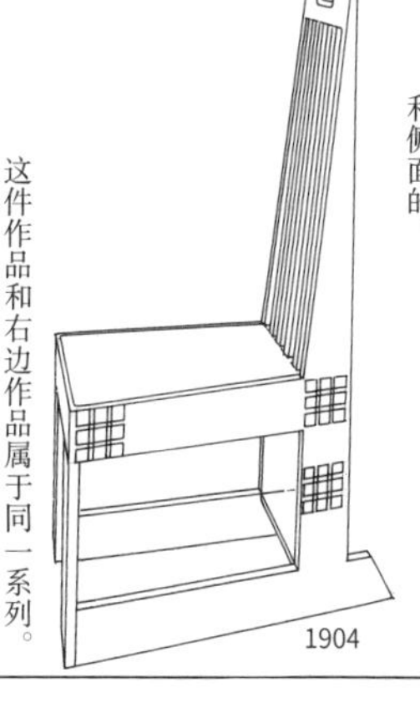

1904

穆塞尔曾负责设计美术大学的一系列家具，这一作品是为其中一个使用者（可能是美术大学的职员）的房间设计的。其特点在于椅脚的板材是分别朝向正面和侧面的。

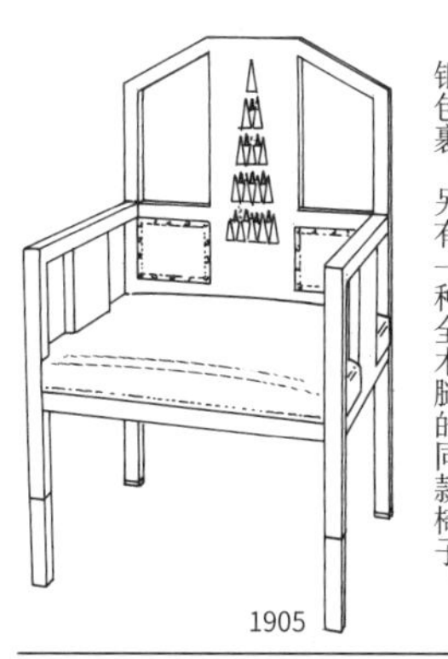

1905

这件作品的靠背和侧面的镶板上嵌有珍珠贝壳等作为装饰，前腿的下半部分用银包裹。另有一种全木腿的同款椅子。

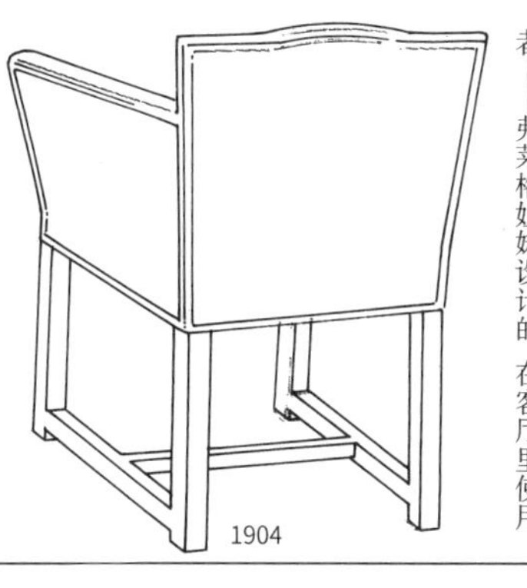

1904

这件作品是为维也纳工坊的支持者——弗莱格姐妹设计的。在客厅里使用。

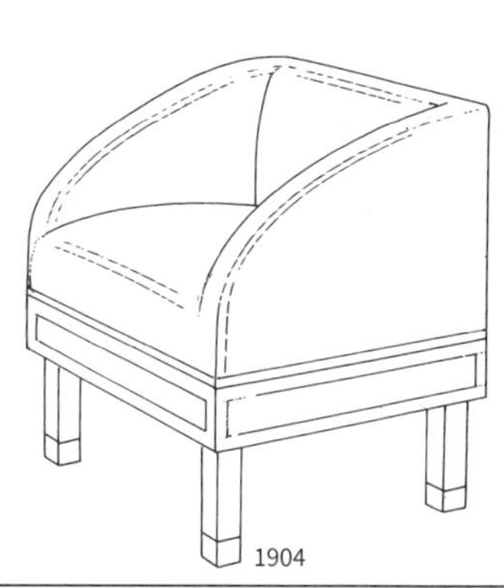

1904

这件作品是『为年轻夫妇设计的住房』卧室里的。外部面料是丝织品。

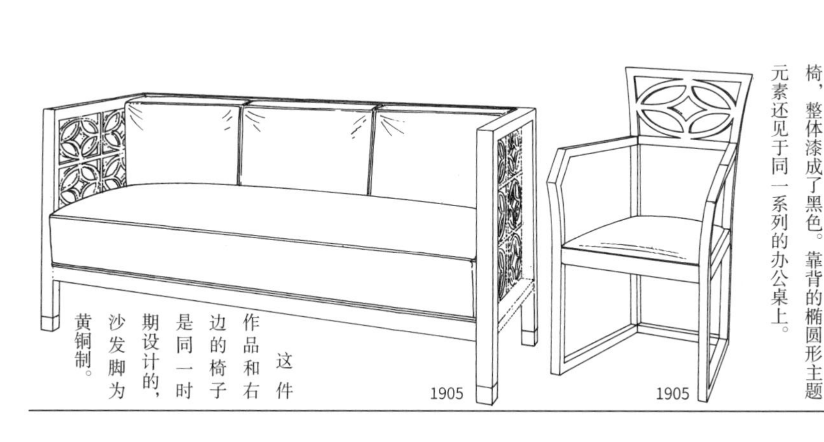

1905

这件作品和右边的椅子是同一时期设计的，沙发脚为黄铜制。

1905

这件作品是由维也纳工坊制造的枫木椅，整体漆成了黑色。靠背的椭圆形主题元素还见于同一系列的办公桌上。

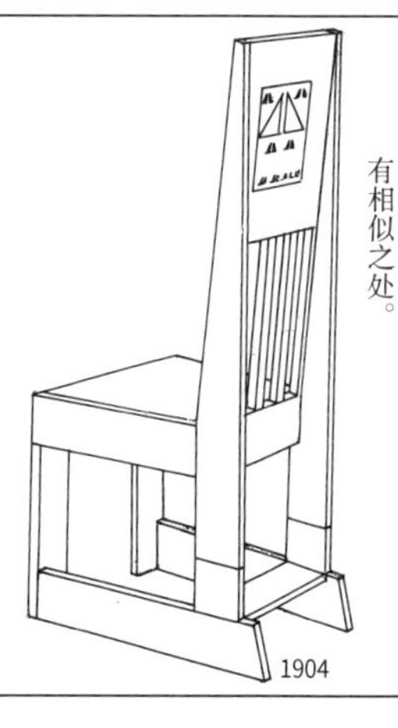

1904

不知道这是为哪座建筑的餐厅设计的。它和第二行右边的椅子在椅腿设计上有相似之处。

1868—1957

理查德·雷曼施米特

第 1 小节
1868—1899 年间

在德语圈中，『新艺术派风格』被称为『青春艺术风格』，这其中的代表人物就是理查德·雷曼施米特（以下简称雷曼施米特）。在日本有关他的介绍很少，人们都不大了解他，但是他和同时代的约瑟夫·霍夫曼（1870—1956）、威尔德（1863—1957）以及同是1868年出生的查尔斯·马金托什等一样，都是家具设计领域的重要人物。

雷曼施米特于1868年出生于慕尼黑，1886年从威廉文科高中毕业，1888—1990年在艺术设计大学学习，1895年和演员伊达·霍夫曼结婚，育有四个孩子。他于1886年入伍，到1897年退伍时，已晋升为国土防卫队的中尉。1897年雷曼施米特着手负责慕尼黑的格拉斯宫殿展览会的装修。同年，他以『画家』的身份发布了代表作——『伊甸园』，这一作品后被德累斯顿的美术馆收购。同时，他还在慕尼黑开设了美术工艺的工坊（应该和约瑟夫·霍夫曼的维也纳工坊差不多）。1898年，他在格拉斯宫殿展出了作品『红木沙龙』，1899年在德累斯顿的德国美术展中展出了作品『音乐沙龙』。之后，他也不断活跃在家具设计领域。

雷曼施米特和许多艺术家都有一个共同点，就是会对初期设计的作品不断进行修改，在这一过程中逐渐形成了自己独特的风格。他的作品中也加入过哥特式的设计。

1895

这件作品和右边的椅子都是同一住宅中的。它和桌子是成套的。

1895

这把椅子是为柏林的奥特住宅设计的。雷曼施米特对家具腿的独特设计在这件作品和之后的很多件作品上都有所体现。

1897

这两把椅子都是红木材质的。右边的椅子面为藤编。从腿部的设计可以看出二者属于同一系列。这两件作品都曾在多所住宅中有所使用。

1897　1897

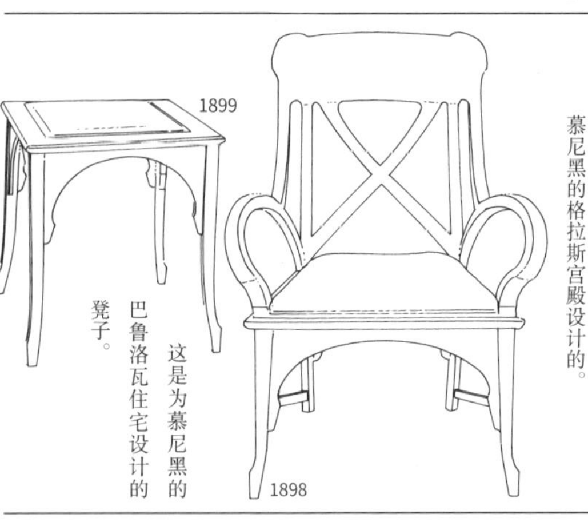

这件作品和右边属于同一系列，是为慕尼黑的格拉斯宫殿设计的。

1898

这是为慕尼黑的巴鲁洛瓦住宅设计的凳子。

1899

这件作品是格拉斯宫殿中客厅里的，和上一行的扶手椅放在一起，可以看出它们都属于同一系列。

1897

这张沙发床和右边的椅子是同一建筑中的。它还有相似的衍生版。

1897

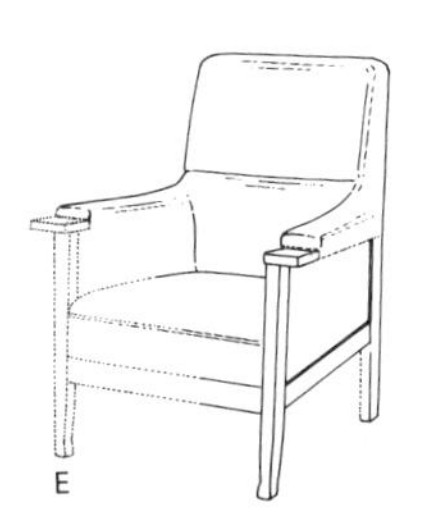

E

该作品和第三行中间的扶手椅是放在同一房间的，具体细节处看不清楚。
1898—1899

D

这是第二行中间椅子的衍生版，在椅子靠背的设计方式上有所不同。
1897

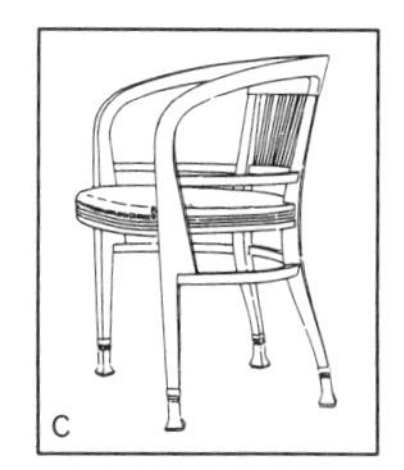

C

这是约瑟夫·霍夫曼的作品，细节处也可以看出与雷曼施米特作品的共同之处。
1899

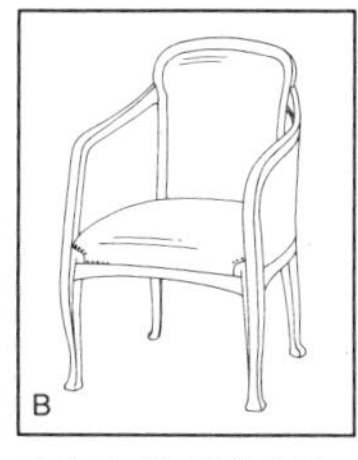

B

这也是威尔德的作品。椅子腿底部与雷曼施米特的作品有共同点。
1904

A

这是威尔德的代表作，是为不来梅维尔福设计的。但可能因为处于同一时代，感觉它和理查德·雷曼施米特的作品很像。
1895

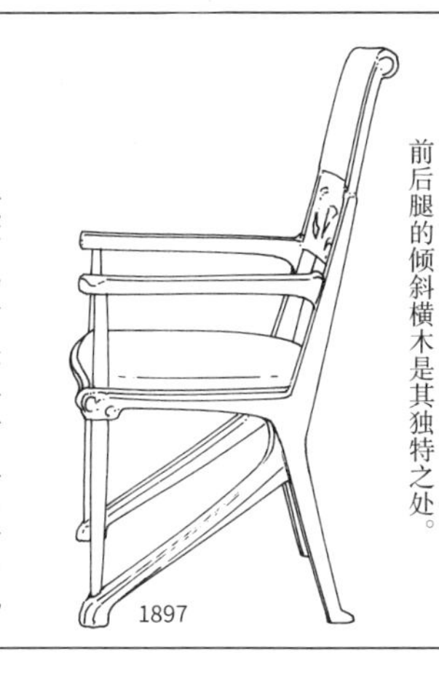

1897

该作品不知道是为哪个住宅设计的。除了左边的椅子外，还有别的版本。连接前后腿的倾斜横木是其独特之处。

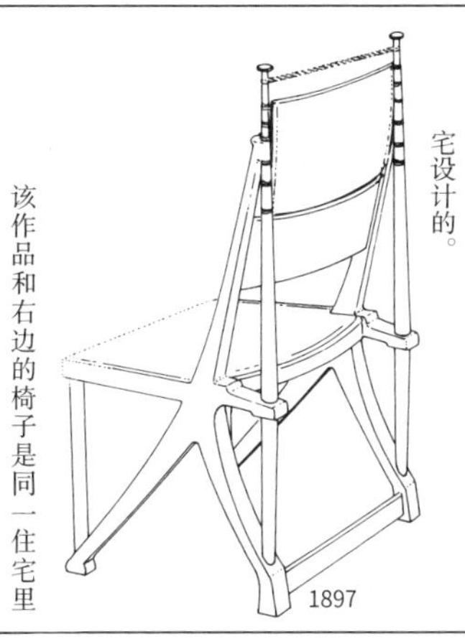

1897

该作品和右边的椅子属于同一系列，但靠背设计不同。它是为慕尼黑的提买住宅设计的。

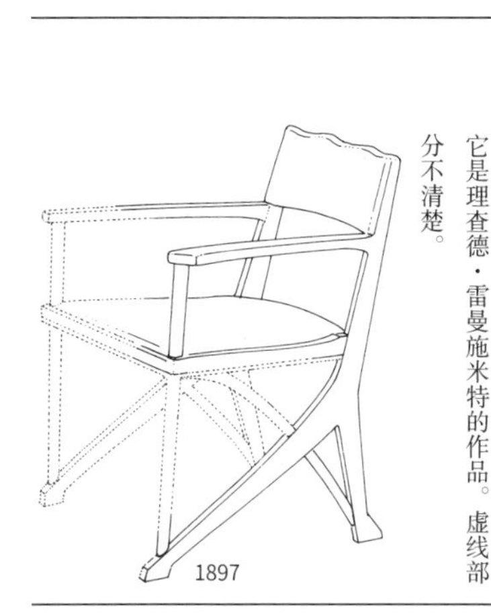

1897

该作品和右边的椅子是同一住宅里的，由于照片只有15毫米大小，所以细节处看不清楚，但从椅腿的设计可以肯定它是理查德·雷曼施米特的作品。虚线部分不清楚。

1898

和上一页第二行左边的椅子一样，这件作品也是为奥特住宅设计的。该作品曾在1901年慕尼黑展览会上参展。

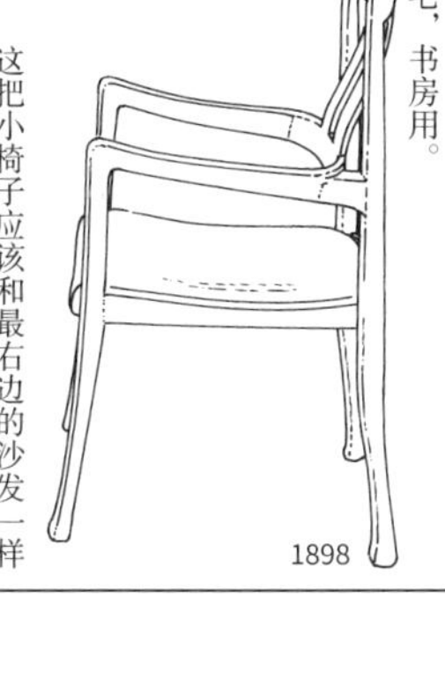

1898

该作品和右边的沙发属于同一个住宅，书房用。

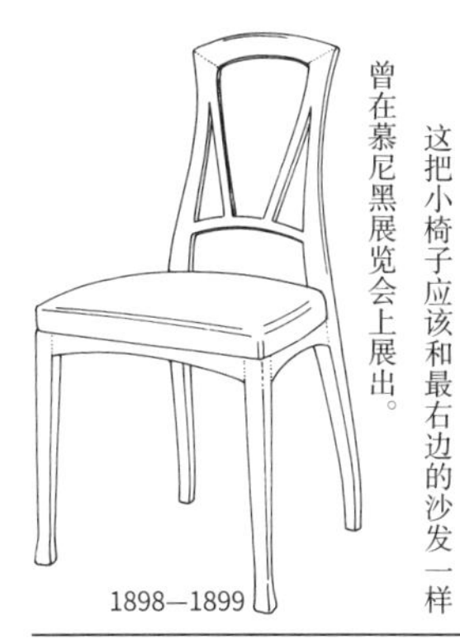

1898—1899

这把小椅子应该和最右边的沙发一样曾在慕尼黑展览会上展出。

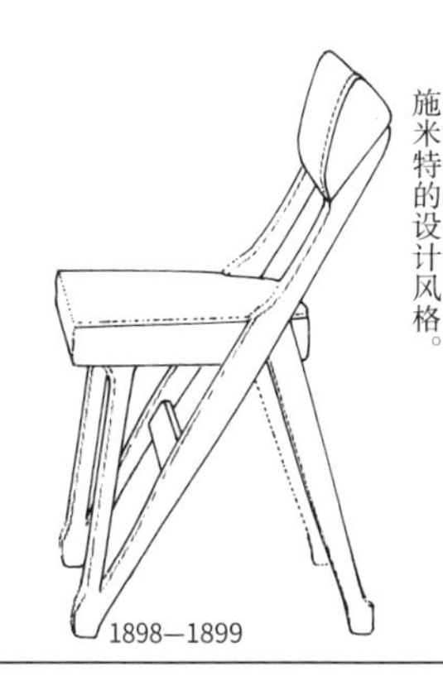

1898—1899

不知道该作品是为哪个住宅设计的。它是一把厨房用椅。小巧玲珑，符合雷曼施米特的设计风格。

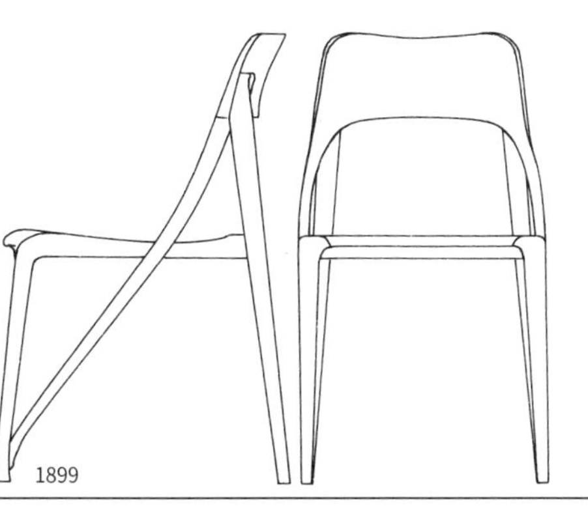

1899

这件作品使雷曼施米特一跃成名，也是青春艺术风格的代表作。它是为音乐沙龙设计的。倾斜的曲线是其亮点。

1898—1899

这是椅子的成品模型，设计优美。

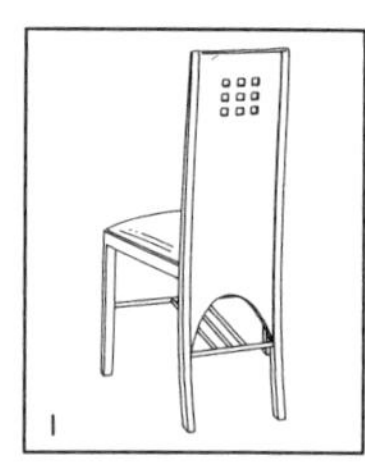

该作品是查尔斯·马金托什为威罗茶室设计的。在腿部的设计上，它和下一页第三行右边的作品有共同之处。
1905

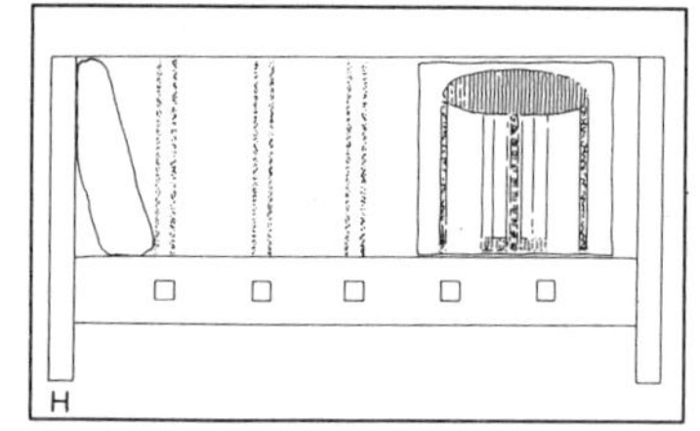

这也是查尔斯·马金托什的作品。该作品使用了正方形镶板，这一点和雷曼施米特的作品相同。
1904

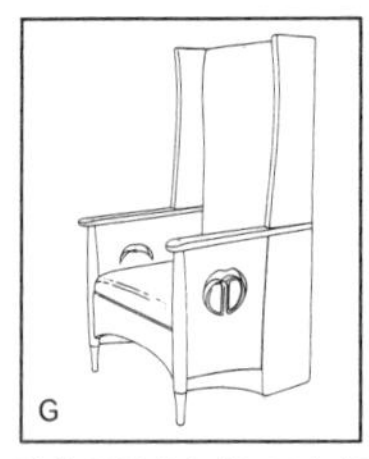

该作品是查尔斯·马金托什为阿盖尔·斯特里特茶室设计的。它和下一页第二行右边的作品很像。
1897

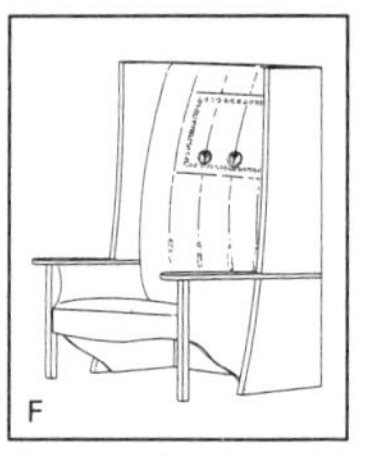

该作品是查尔斯·马金托什为希尔住宅设计的，此图根据草图所绘。
1903

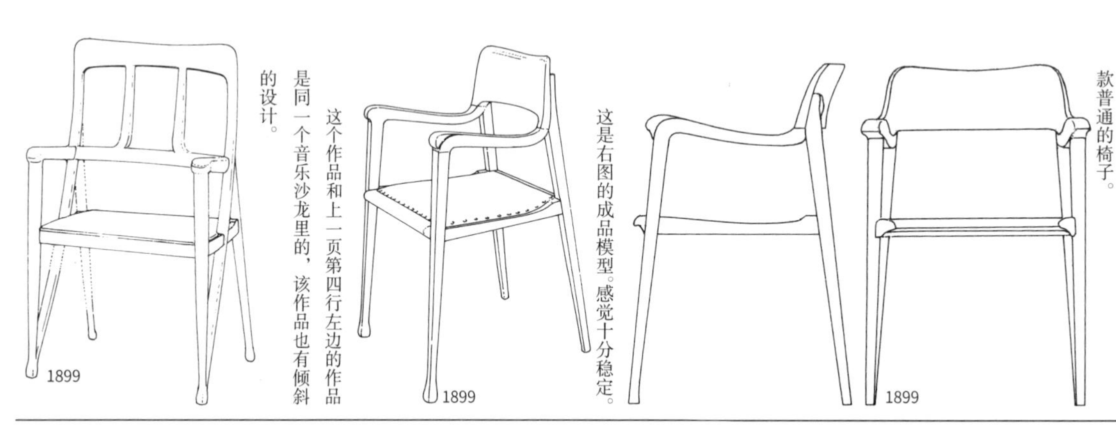

这个作品和上一页第四行左边的作品是同一个音乐沙龙里的，该作品也有倾斜的设计。

这是右图的成品模型。感觉十分稳定。

这应该是上一页左下角椅子的有扶手版。去掉了前者的倾斜部分，就变成了一款普通的椅子。

1899

这是右边作品的成品模型。它和第二行左边的椅子是一套。由图可看出座位设计得较深，倾斜角度也较大，舒适度应该很高。但是对体形较小的人则另当别论了。

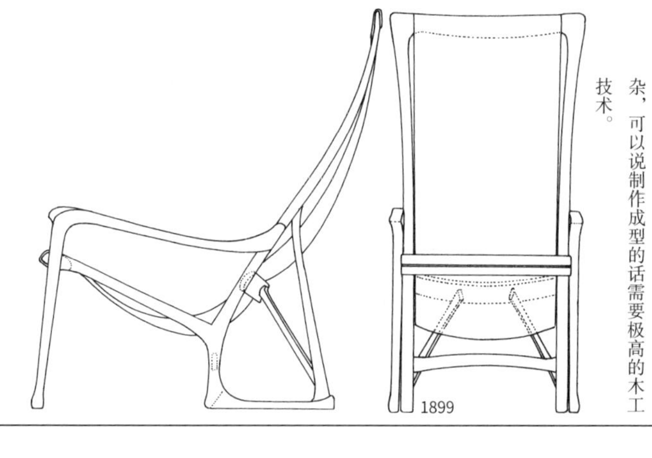

此图根据图纸所绘，在构造上相当复杂，可以说制作成型的话需要极高的木工技术。

1899

这可能是雷曼施米特和奥布里斯特二人合作设计的。有些资料将该作品与奥布里斯特的其他作品一同介绍。

1899

该作品是为奥布里斯特设计的。座位是藤制的。

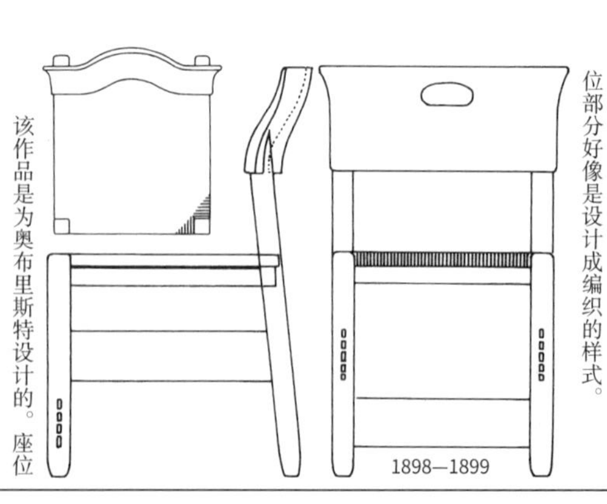

此图根据图纸所绘。笔者查找了很多资料也未找到这把餐椅的成品模型。其座位部分好像是设计成编织的样式。

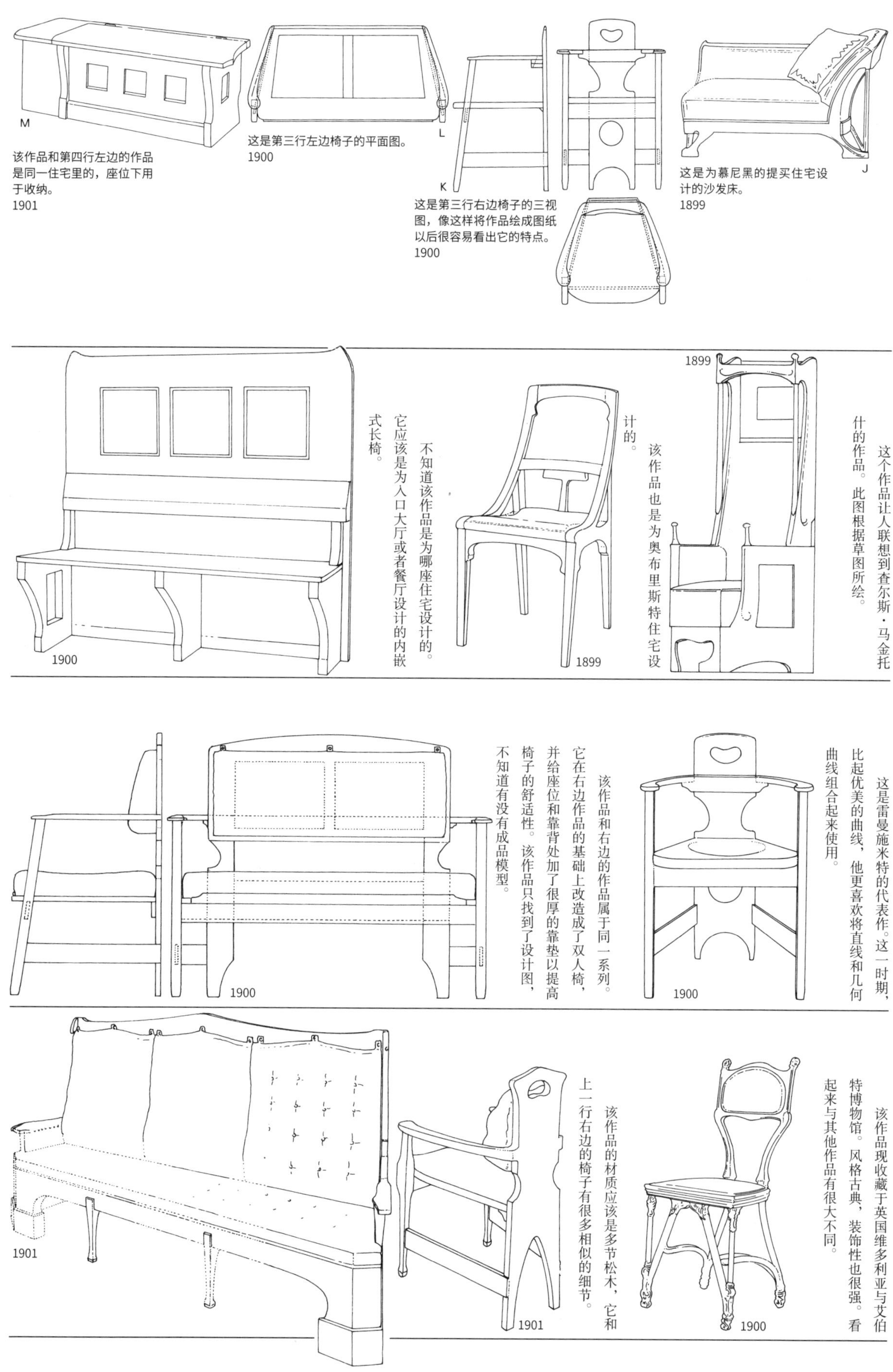

该作品和第四行左边的作品是同一住宅里的，座位下用于收纳。
1901

这是第三行左边椅子的平面图。
1900

这是第三行右边椅子的三视图，像这样将作品绘成图纸以后很容易看出它的特点。
1900

这是为慕尼黑的提买住宅设计的沙发床。
1899

这个作品让人联想到查尔斯·马金托什的作品。此图根据草图所绘。
1899

该作品也是为奥布里斯特住宅设计的。
1899

不知道该作品是为哪座住宅设计的。它应该是为入口大厅或者餐厅设计的内嵌式长椅。
1900

这是雷曼施米特的代表作。这一时期，比起优美的曲线，他更喜欢将直线和几何曲线组合起来使用。
1900

该作品和右边的作品属于同一系列。它在右边作品的基础上改造成了双人椅，并给座位和靠背处加了很厚的靠垫以提高椅子的舒适性。该作品只找到了设计图，不知道有没有成品模型。
1900

该作品现收藏于英国维多利亚与艾伯特博物馆。风格古典，装饰性也很强。看起来与其他作品有很大不同。
1900

该作品的材质应该是多节松木，它和上一行右边的椅子有很多相似的细节。
1901

1901

1868—1957

理查德·雷曼施米特

第2小节
1900—1948年间

雷曼施米特在1900年在『艺术爱好者的房间展』（巴黎）中获得金奖，同年，又在『简约室内家具设计大赛』（纽伦堡）中获得第一名。1900—1901年，他参与了慕尼黑剧院的设计；1902年，创立了德国田园城市公司；1903年，参加了德累斯顿工坊的展览会；1904年，参加了圣路易斯世博会；1904—1905年，参与了柏林的餐厅的设计，为托拉尔巴赫进行室内装修设计；1906年，参与设计『克朗公主』号邮轮上的总统套房；1907年与其他成员一同创立德意志制造联盟；1908年，担任慕尼黑工艺学校应用美术系（或许是设计系）主任；1909—1910年担任巴黎秋季艺术沙龙委员；1909—1913年参与慕尼黑田园都市建设；1910年参加布鲁塞尔世博会，在俾斯麦纪念馆设计大赛中获得第三名；1912年，担任拜恩艺术家委员会会长；1912—1924年，担任慕尼黑美术工艺学校理事长；1914—1918年的第一次世界大战期间参军；1917年，在伊斯坦布尔『友情之家』设计大赛中获得第三名；1918年，参加哥本哈根和斯德哥尔摩的『德意志制造联盟展』；1918—1919年，成为慕尼黑艺术家成员；

左边三把椅子属于同一系列。尤其是右边两把，除了座位部分和整体比例稍有不同外，其余几乎完全相同。它们都是为巴登巴登的费舍住宅设计的。

1902—1903

1902

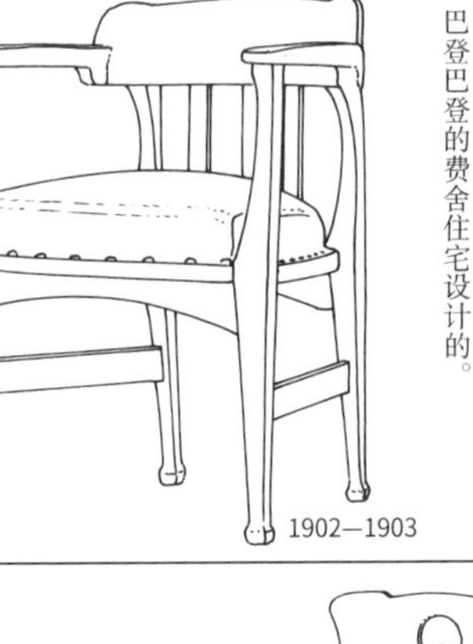

1902—1903

这是上一行作品的高椅背版。它是为提买住宅设计的。

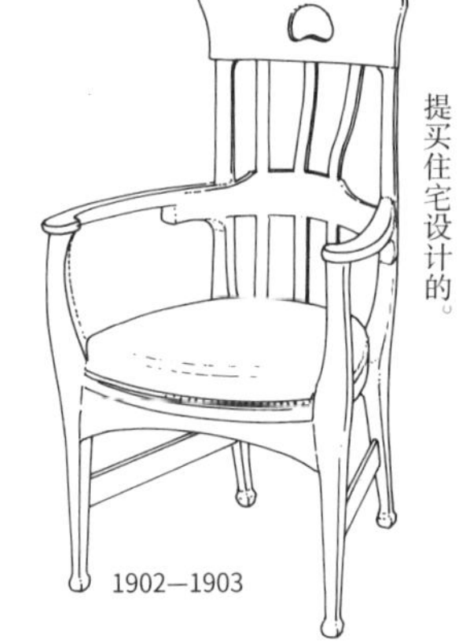

1902—1903

右边的椅子和上一行中间的扶手椅一样，也是为费舍住宅设计的。这两把椅子看起来极为相似，只是左边椅子的扶手侧面被包起来了，而右边的椅子却没有。左边的椅子曾在1903年德累斯顿工坊的展览会上展出。当时参展的除了这把安乐椅之外，还有书架、茶几和餐厅桌椅等。

1903

1902

左边的两把椅子应该是为某家具厂设计的。这种设计也出现在一些住宅的餐厅里。

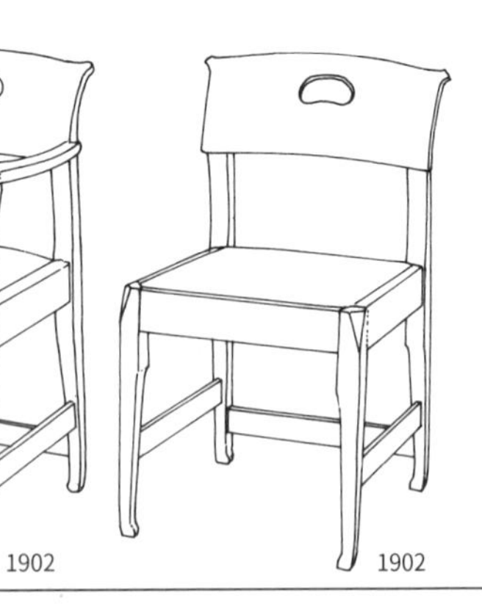

1902　1902

这个安乐椅和上一行右边的椅子一样，都是提买住宅里的，被放置于客厅。扶手的处理和整体比例都非常独特。

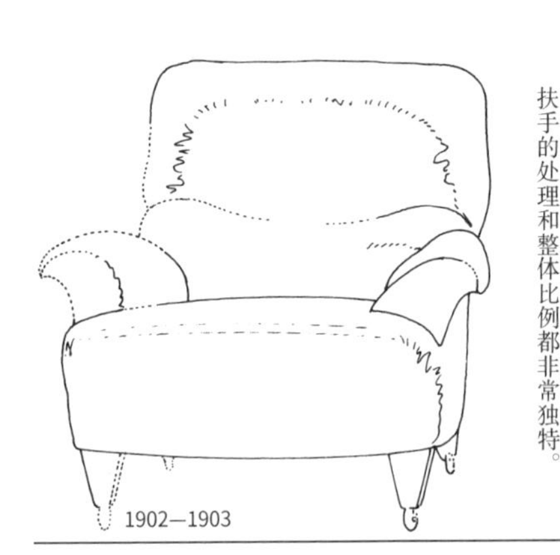

1902—1903

1921—1926年，担任德国工作联盟会长；1921—1929年，参与木质预制装配建筑的开发工作；1922年，在慕尼黑举办的『德国展』中获得第一名，同年，成为慕尼黑艺术家委员会会长；1924年，他辞掉美术工艺学校理事长一职后，成为机密顾问；1925年，负责『德国交通展』航空馆的设计工作；1926—1931年，成为科隆威尔克修雷学校（职业学校？）的校长；1928年，设计了慕尼黑电台大楼，同年开始做科隆『新闻展』；1933年，参与德意志制造联盟和慕尼黑工作联盟的合并工作。1948年，在慕尼黑举办了『雷曼施米特作品展』。

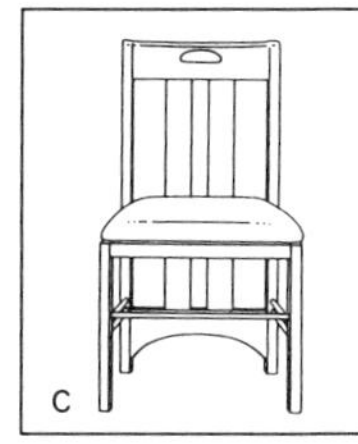

该作品是查尔斯·马金托什（1868—1928）为因格拉姆·苏特利特的茶室设计的。雷曼施米特似乎受他的影响很大。
1900

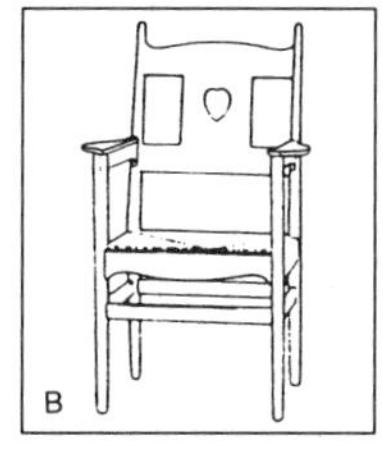

这是英国建筑师查尔斯·沃伊齐（1857—1941）设计的扶手椅。他对霍夫曼和马金托什都曾产生过一定的影响，而由图可知雷曼施米特也受到了他的影响。
1896

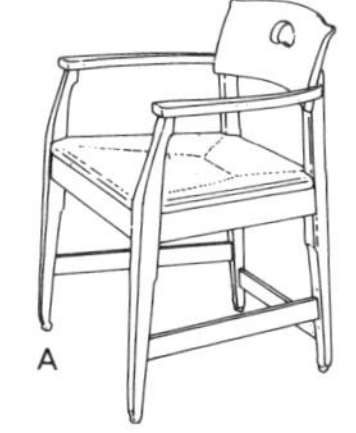

该作品是上一页最后一行中间作品的衍生版。座位由细绳编织而成。
1902—1903

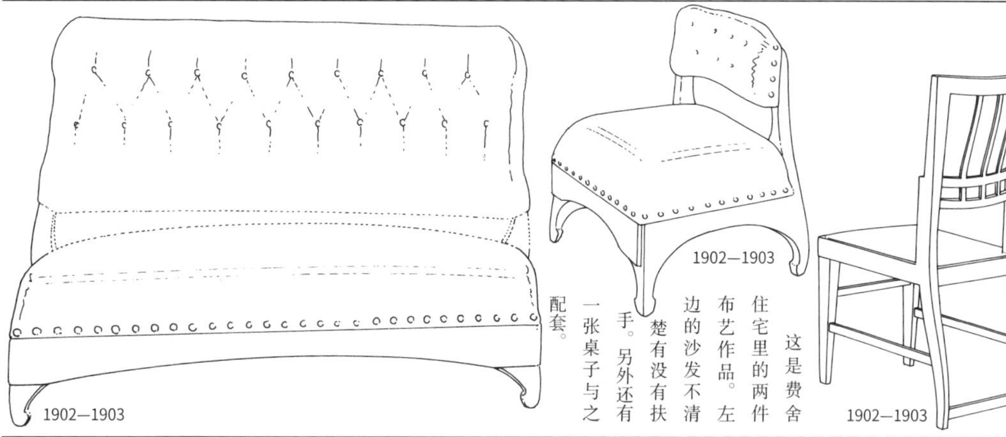

这把椅子也曾在1903年德累斯顿工坊的展览上展出。它和上一页左边的作品在不同的房间（或许是客厅）里展出。
1902—1903

这是费舍住宅里的两件布艺作品。左边的沙发不清楚有没有扶手。另外还有一张桌子与之配套。
1902—1903

1902—1903

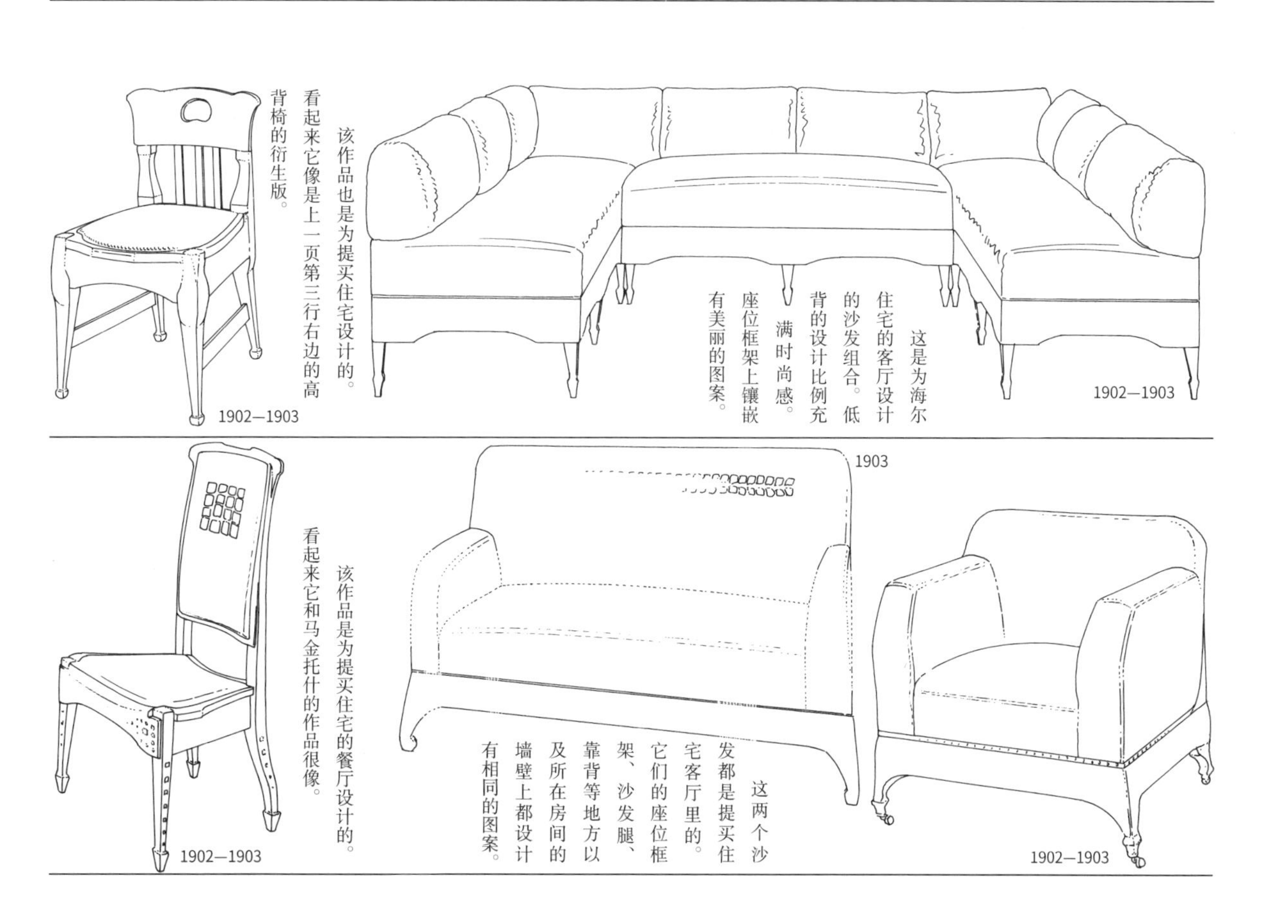

这是为海尔住宅的客厅设计的沙发组合。低背的设计比例充满时尚感。座位框架上镶嵌有美丽的图案。
1902—1903

该作品也是为提买住宅设计的。看起来它像是上一页第三行右边的高背椅的衍生版。
1902—1903

这两个沙发都是提买住宅客厅里的。它们的座位框架、沙发腿、靠背等地方以及所在房间的墙壁上都设计有相同的图案。
1903
1902—1903

该作品是为提买住宅的餐厅设计的。看起来它和马金托什的作品很像。
1902—1903

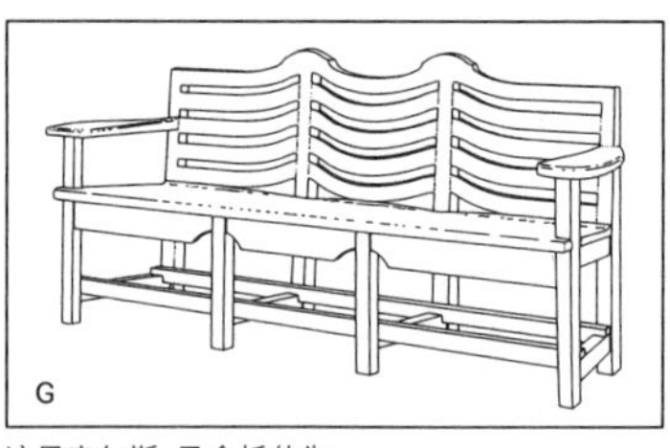

这是查尔斯·马金托什为海伦斯堡的希尔住宅设计的花园长椅。
1912

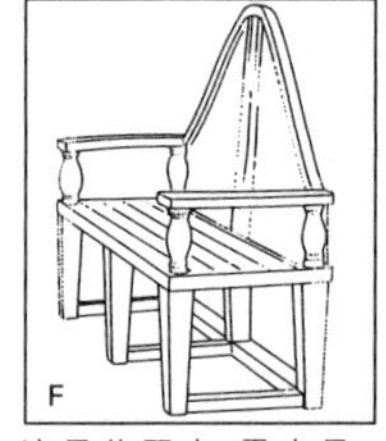

这是约瑟夫·霍夫曼（1870—1956）为斯托克雷特宫设计的花园里的长椅。
1905

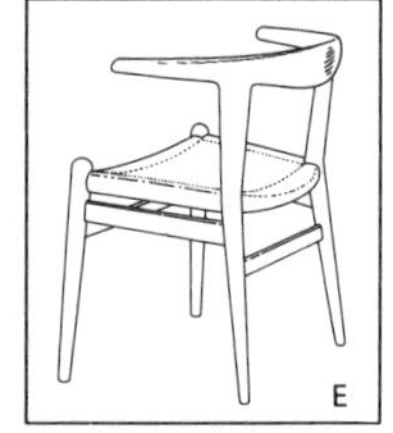

这是公牛角椅，和右图作品一样是瓦格纳的代表作。两把椅子构造相同，都将扶手比作了牛角。
1960

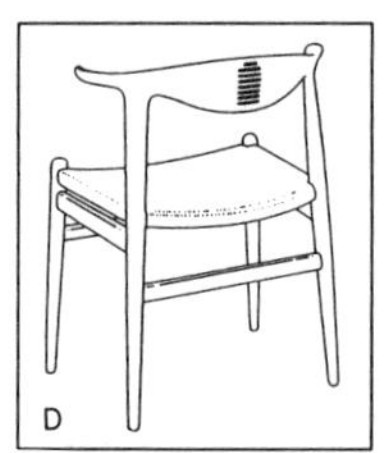

这是瓦格纳的名作——母牛角椅，是仅由后腿支撑压顶木类型中的代表作。
1952

该作品也是提买住宅中的，放在书房。它和嵌在房间角落里的桌子是一套，这种用后腿来支撑扶手的构造在瓦格纳的作品（D图、E图）中也很常见。

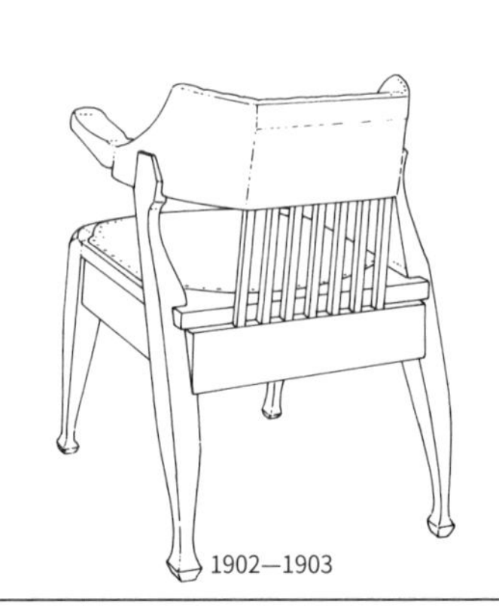

右边的作品是某别墅客厅里的椅子。左边的作品也是为这座别墅设计的，但不知道放在哪个房间。左边作品的表面为软垫材质。

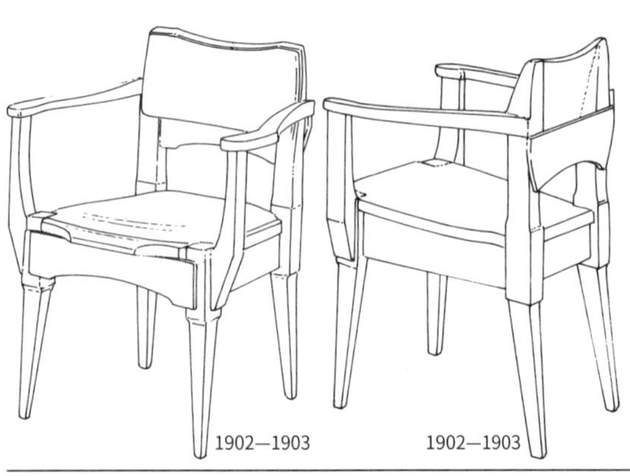

这两件作品刊载于1903—1904年出版的美术工艺书上，它和上一行左边的作品放在同一住宅的拱廊里。设计非常朴素，比较罕见。

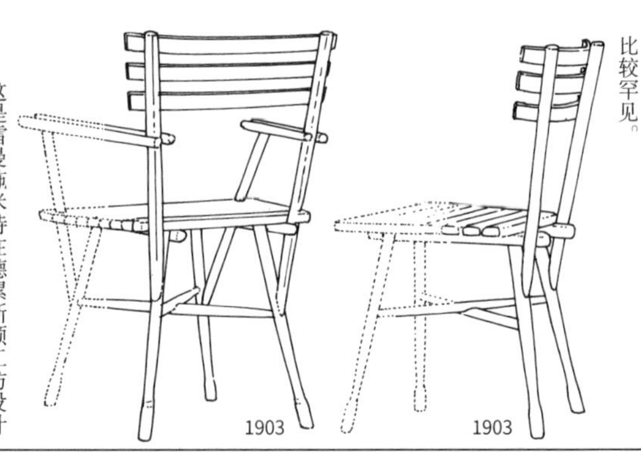

这是雷曼施米特在德累斯顿工坊设计的作品。这一系列使用德国云杉（针叶树的一种）制作，价格相对便宜。左边椅子的椅背上开有圆孔。

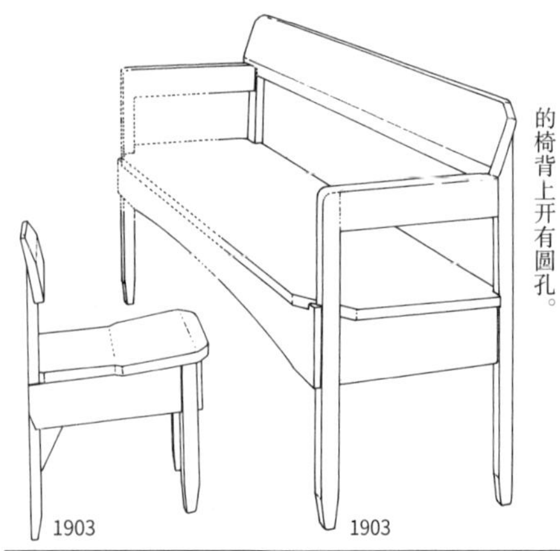

不知道该作品是为哪个住宅设计的，有可能是上一行左边作品的无扶手版本。

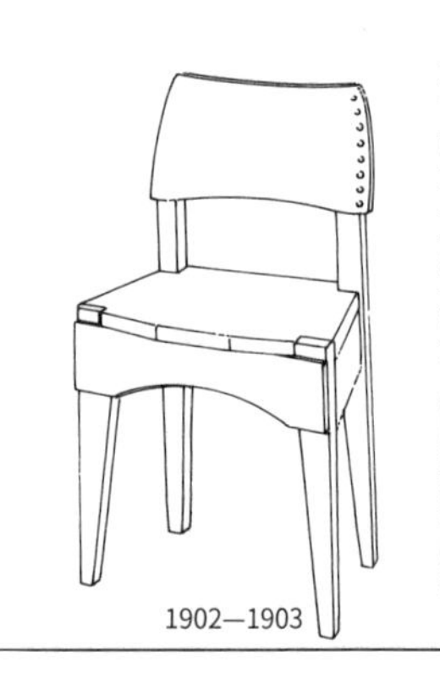

该作品和上一行右边的椅子刊载于同一本书中。它是为费舍住宅的花园设计的。马金托什、约瑟夫·霍夫曼等也都设计过这样的椅子，他们的作品都漆成了白色。

1903

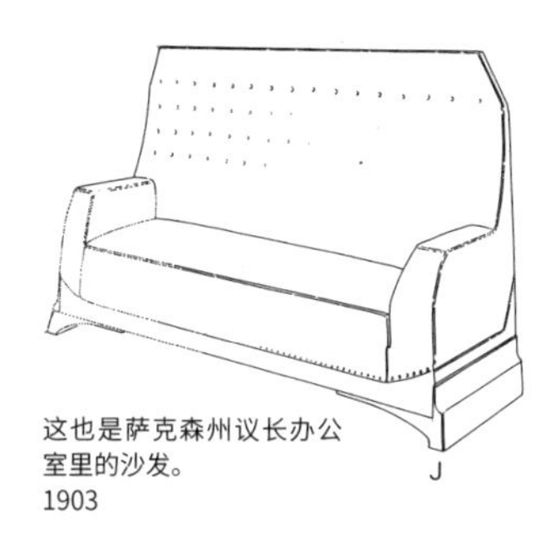

这也是萨克森州议长办公室里的沙发。
1903

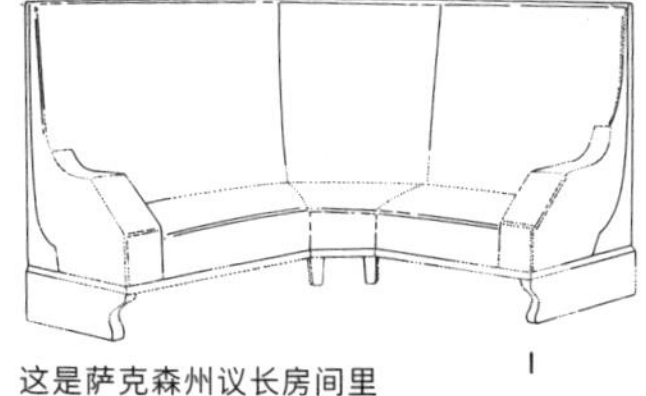

这是萨克森州议长房间里的内嵌式沙发，雷曼施米特设计了很多类似的放置于角落的沙发。
1903

这件作品是查尔斯·马金托什设计的客厅用内嵌式座椅。该作品曾在工艺美术协会展览上展出。
1895

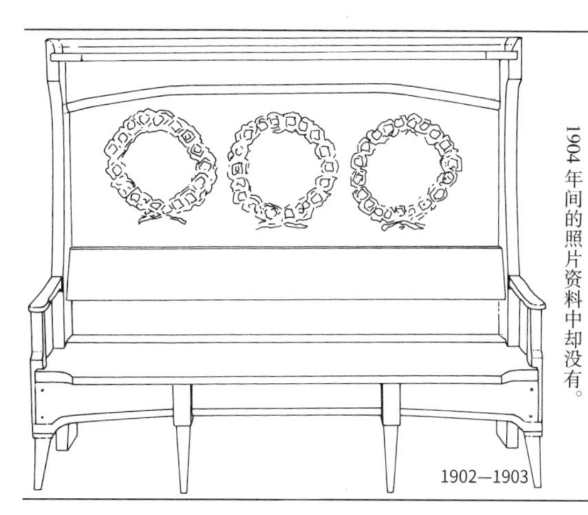

1902—1903

这把长椅和上一页第二行左边的作品都是为同一个住宅设计的。现存成品模型的椅背上有花环图案，但是在1903—1904年间的照片资料中却没有。

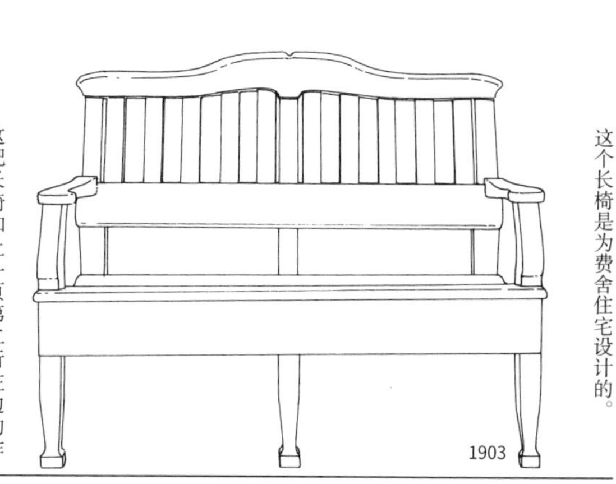

1903

这个长椅是为费舍住宅设计的。

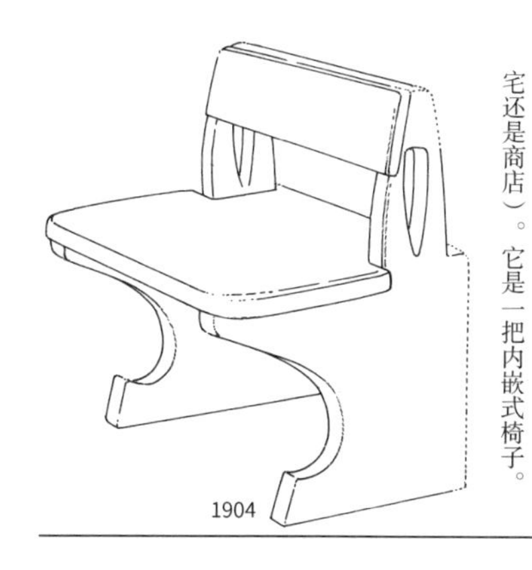

1904

该作品曾登载于1904年版的《工艺美术》杂志上。根据资料记载，它用于慕尼黑的约翰·施耐德建筑里（不知道是住宅还是商店）。它是一把内嵌式椅子。

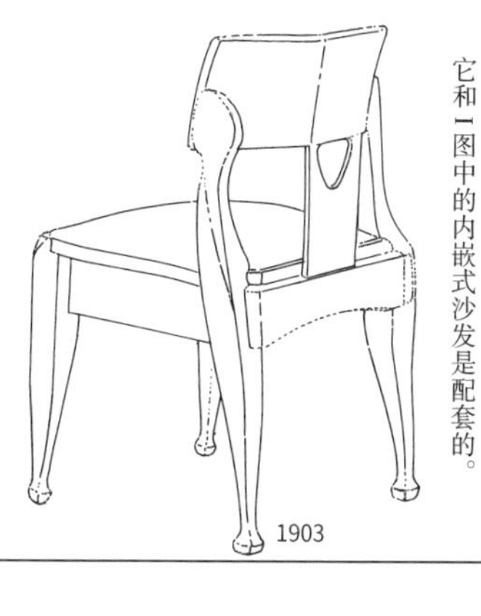

1903

这是萨克森州议长房间里的单人椅。它和I图中的内嵌式沙发是配套的。

1903

该作品曾在德累斯顿工坊的展览会上展出，当时是和沙发、衣柜等一起参展的。

1903

这是慕尼黑的卡尔·布罗收藏的餐椅。它和上一行中间的椅子是同一座建筑里的。

1904

这是在德累斯顿工坊制作的凳子，也是用挪威云杉制造的。

1902—1903

从各部分配件和整体构造来看，这应该是一把儿童座椅。照片显示它的材质可能是德国云杉。

1903

这是曾在1904年的圣路易斯世博会上参展的作品。根据资料记载，它是和餐厅的全套家具一起参展的。

1868—1957

理查德·雷曼施米特

第 3 小节
青春艺术风格

1896—1940 年，《青年》杂志在慕尼黑发行。威尔德在 1896 年版中介绍了『新艺术风格』，后来在该杂志中被命名为『青春艺术风格』。在造型艺术中有很多样式，青春艺术风格就是其中一种。该风格流入德语圈的各个国家后迅速流行。但是它并非照搬法国的新艺术风格，而是在德语圈这一独特的文化圈中孕育出的造型艺术，具有着自己独特的优美曲线和表现张力。

也有人将这种样式和同时代的维也纳『分离派』，意大利『自由风格』『花样式』，法国的『维克多·奥鲁特样式』等相等同。

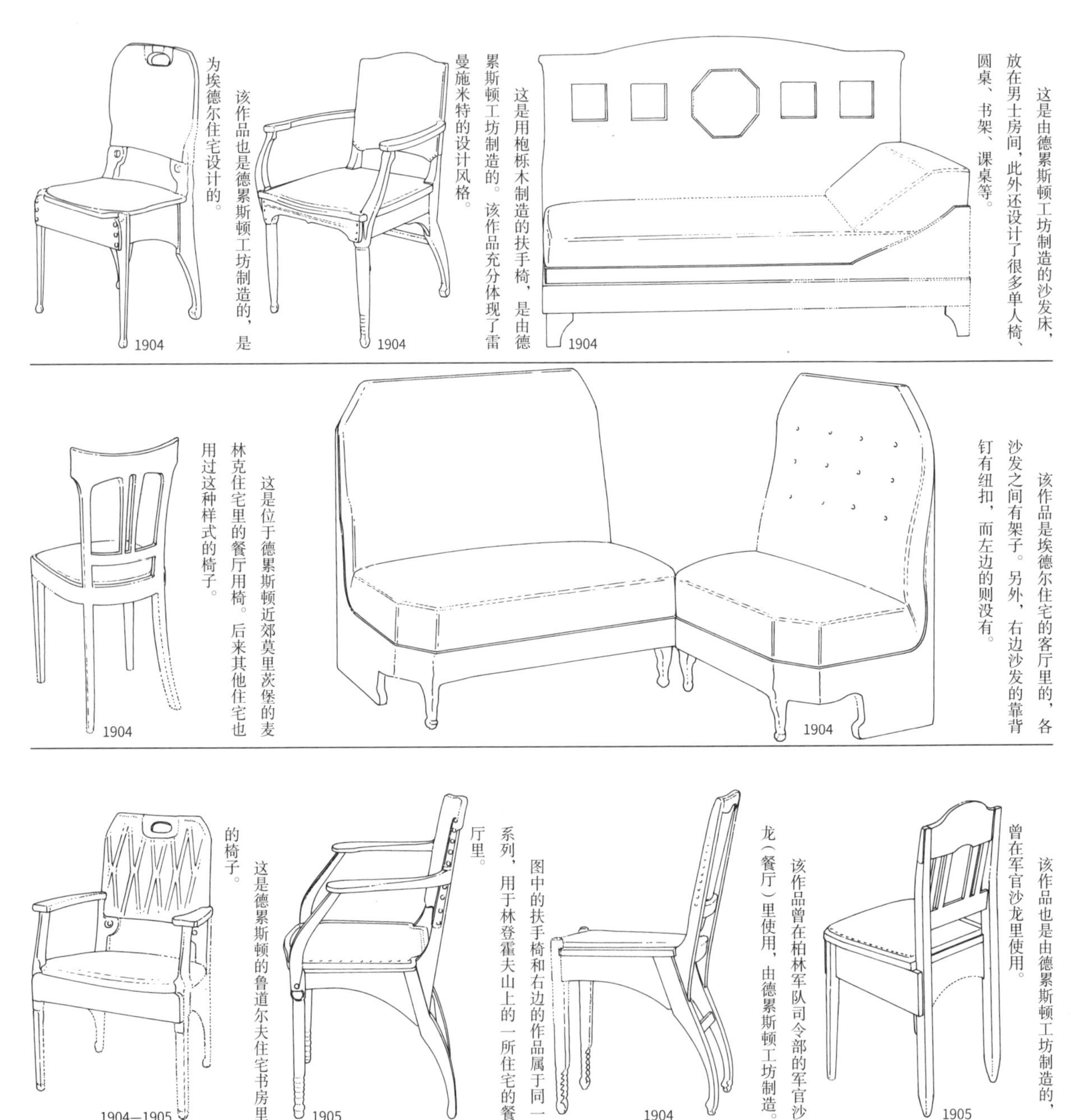

这是由德累斯顿工坊制造的沙发床，放在男士房间，此外还设计了很多单人椅、圆桌、书架、课桌等。 1904

这是用枹栎木制造的扶手椅，是由德累斯顿工坊制造的。该作品充分体现了雷曼施米特的设计风格。 1904

该作品也是德累斯顿工坊制造的，是为埃德尔住宅设计的。 1904

该作品是埃德尔住宅的客厅里的，各沙发之间有架子。另外，右边沙发的靠背钉有纽扣，而左边的则没有。 1904

这是位于德累斯顿近郊莫里茨堡的麦林克住宅里的餐厅用椅。后来其他住宅也用过这种样式的椅子。 1904

该作品也是由德累斯顿工坊制造的，曾在军官沙龙里使用。 1905

该作品曾在柏林军队司令部的军官沙龙（餐厅）里使用，由德累斯顿工坊制造。 1904

图中的扶手椅和右边的作品属于同一系列，用于林登霍夫山上的一所住宅的餐厅里。 1905

这是德累斯顿的鲁道尔夫住宅书房里的椅子。 1904—1905

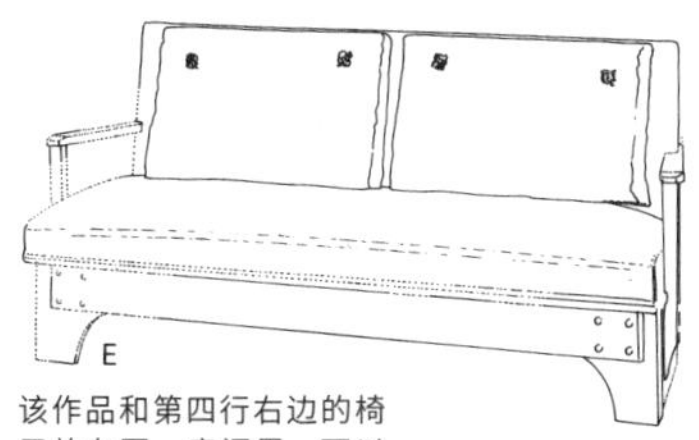

该作品和第四行右边的椅子放在同一房间里。可以看出它们是同一系列。
1905

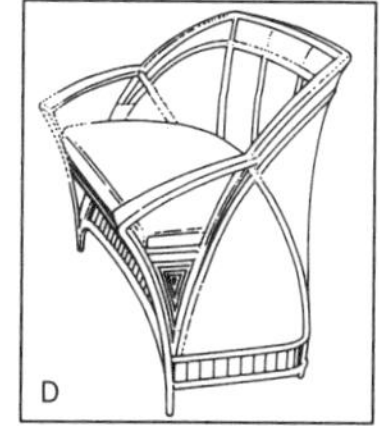

这也是威尔德的作品，是为霍恩霍夫住宅设计的藤椅。
1908

这是威尔德的作品，曾在德累斯顿工艺展上展出。藤制。
1903

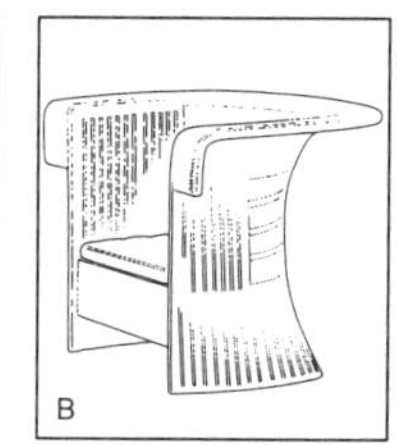

这是约瑟夫·霍夫曼为格瓦尔夫沙夫酒店设计的藤椅。
1903

这是威尔德的作品。它和第三行右边的作品有相似之处。
1899

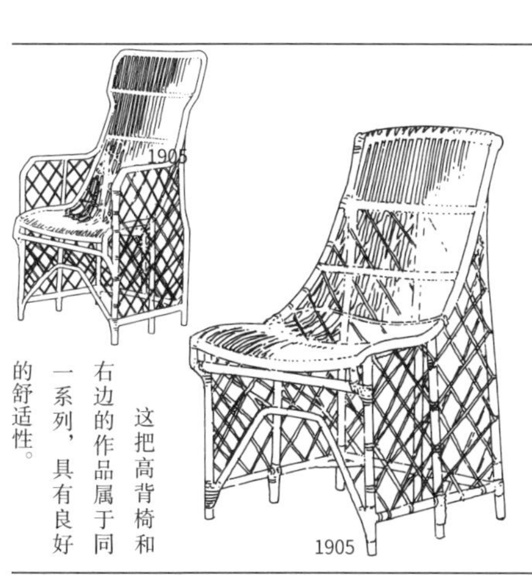

1905

这把高背椅和右边的作品属于同一系列，具有良好的舒适性。

1905

这是鲁道尔夫住宅阳台上的作品，还设计了同样的藤条桌子。

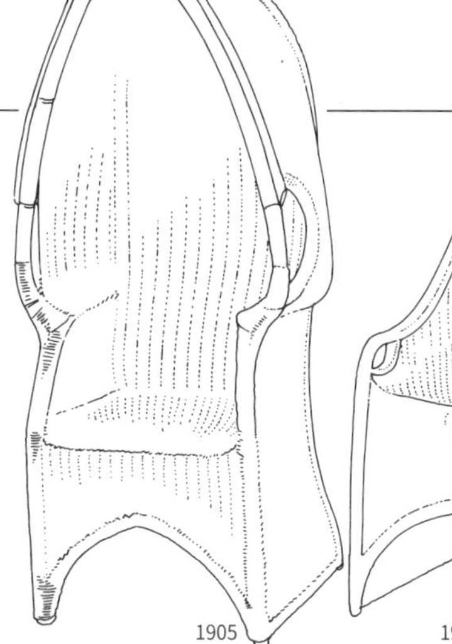

1905

1904—1905

右边的椅子是为鲁道尔夫住宅设计的，左边作品的细节处和右边作品差不多，应该也是为该住宅设计的。

1905

该作品和右边的作品一样，在椅背和座位上都使用了曲面，因此形成了三维曲面。

1905

该作品是为林登霍夫的住宅设计的。这把椅子的特别之处在于椅子靠背和座位上使用的弯曲的薄板，尤其是座位部分，看上去形成了三维曲面。查尔斯·伊姆斯也设计了完全相同的作品，不过比雷曼施米特晚了四十年。可以肯定的是这件作品并非是机器打磨而成的。

1905

该作品曾在纽伦堡产业博物馆的博览会上展出。其材质是霜降五叶松（五叶松的一种）。

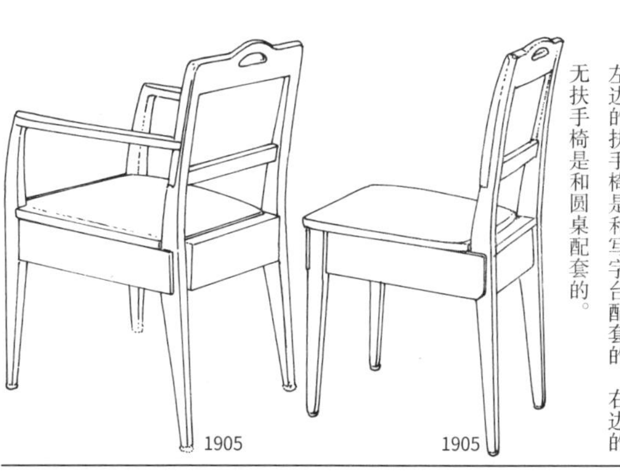

1905

1905

该作品是在展览会模型室里使用的。左边的扶手椅是和写字台配套的。右边的无扶手椅是和圆桌配套的。

1905

该作品细节处不清楚，但是资料显示，它是和餐具柜以及圆桌等一起设计的。白色。

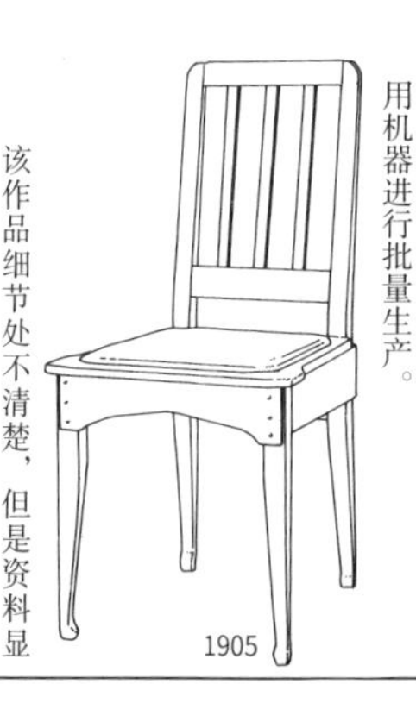

1905

这是由德累斯顿工坊制作的椅子，并用机器进行批量生产。

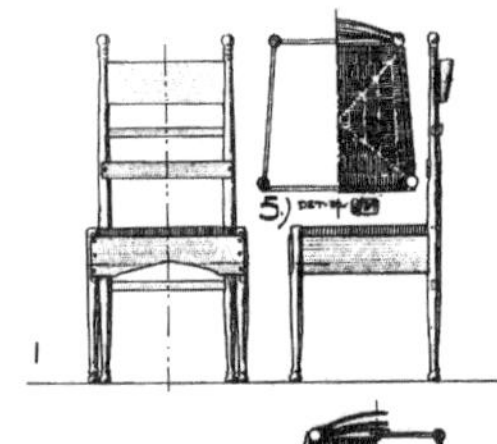

J

这是第四行左边两把椅子的图样。是雷曼施米特的手稿。
1905
摘自《理查德·雷曼施米特：从艺术到德意制造联盟》(1983年版)

这是为施泰纳斯住宅设计的椅子，它是第三行右起第二个椅子的有扶手版。
1906

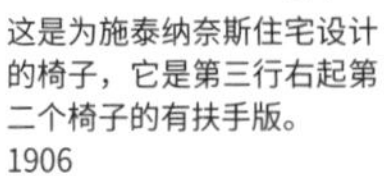

G

这是柏林的苏丹之家的音乐室里的钢琴凳。
1906

F

该作品和E图属于同一类椅子。它和上一页第四行左边的椅子是成套的。
1905

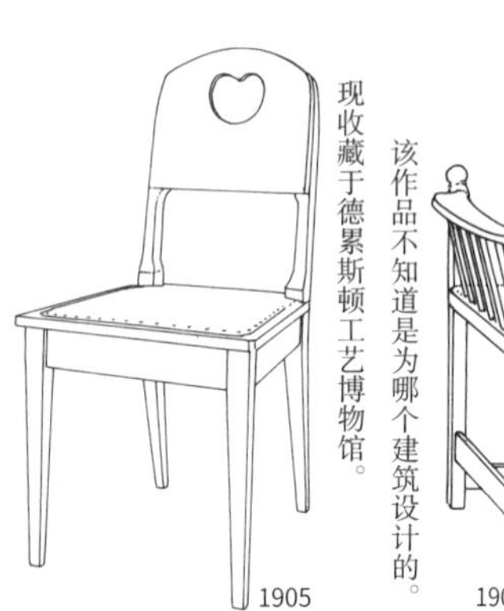

1905

该作品不知道是为哪个建筑设计的。现收藏于德累斯顿工艺博物馆。

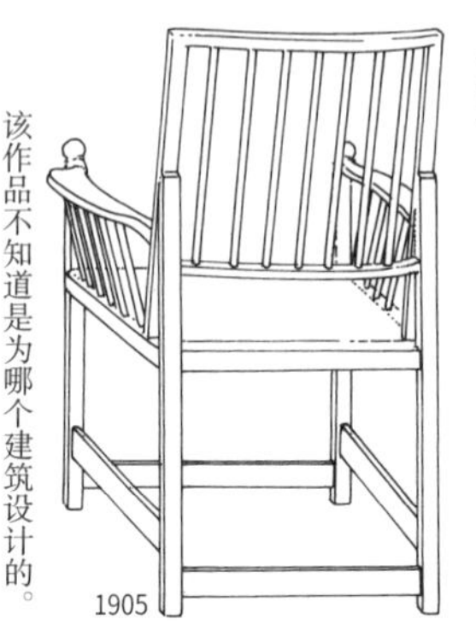

1905

该作品和右边的作品属于同一风格，因此也放在了同一房间。现收藏于包豪斯档案馆。

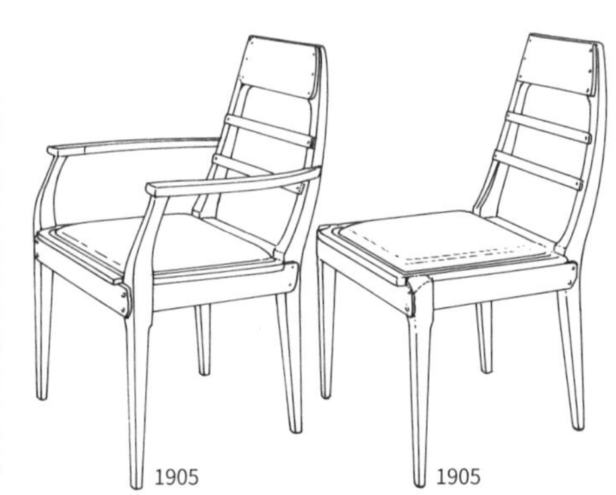

1905　1905

该作品和上一页左下角的作品放在同一间房里，但是它们并不是一个系列，推测可能是按风格分到一起的。

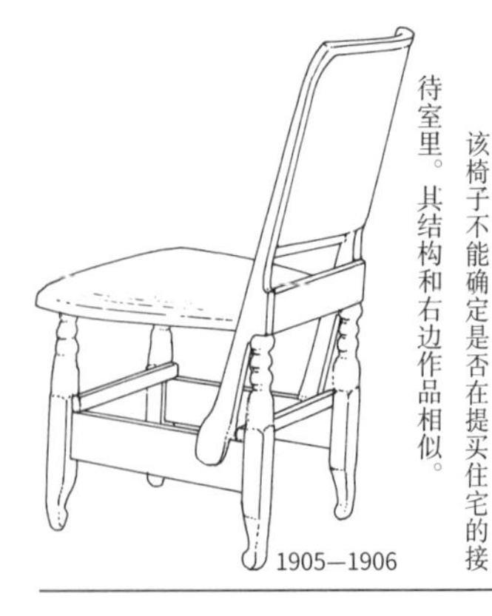

1905—1906

该椅子不能确定是否在提买住宅的接待室里。其结构和右边作品相似。

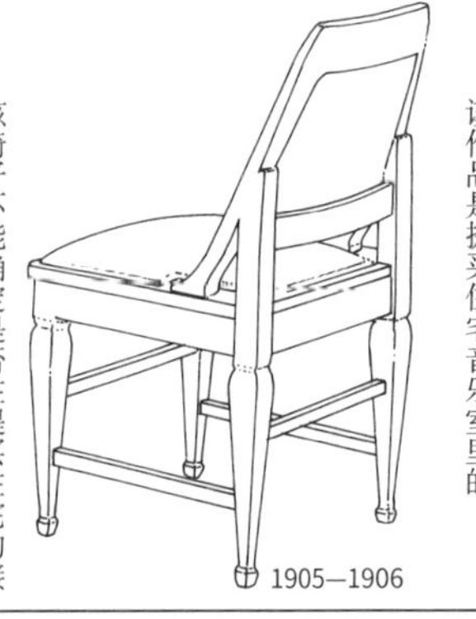

1905—1906

该作品是提买住宅音乐室里的。

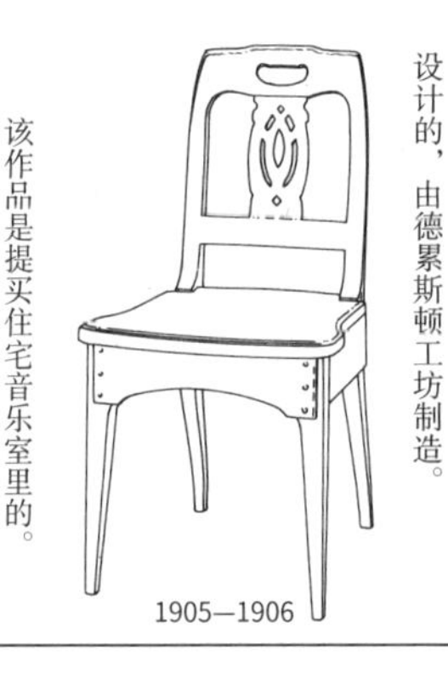

1905—1906

该作品为白色，是为施泰纳斯住宅设计的，由德累斯顿工坊制造。

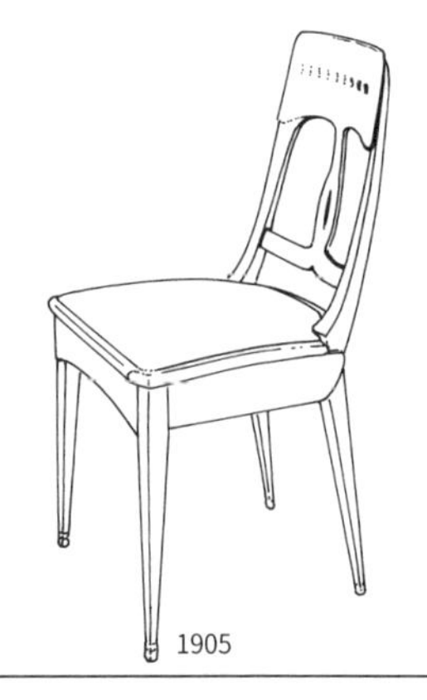

1905

该作品是提买住宅音乐室里的。

1905　1905

这是收藏于包豪斯档案馆的椅子。它是为海军司令员的房间设计的。可参照I图、J图。

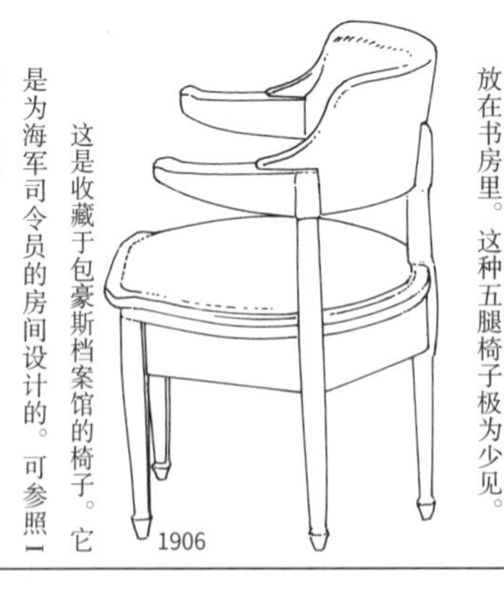

1906

该作品是为柏林的苏丹住宅设计的，放在书房里。这种五腿椅子极为少见。

1906

该作品是太子妃随从房间里的椅子。它和第二行右边的椅子很像，但是靠背上的横木数、靠背和椅腿的连接处等地方都有明显不同。

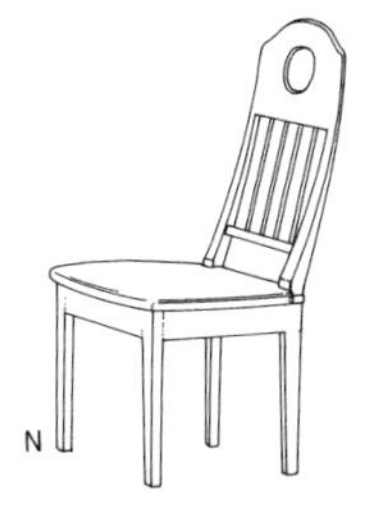

该作品和右边的作品放在同一住宅里，在餐厅使用。靠背上有圆孔。
1908

该作品和雷曼施米特自己家的一些家具很像。
1908

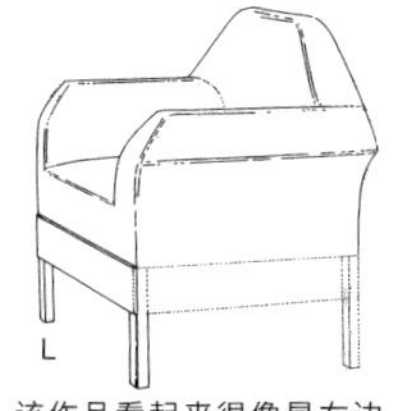

该作品看起来很像是右边作品的单人版，但是座位框架又好像有所不同。
1908

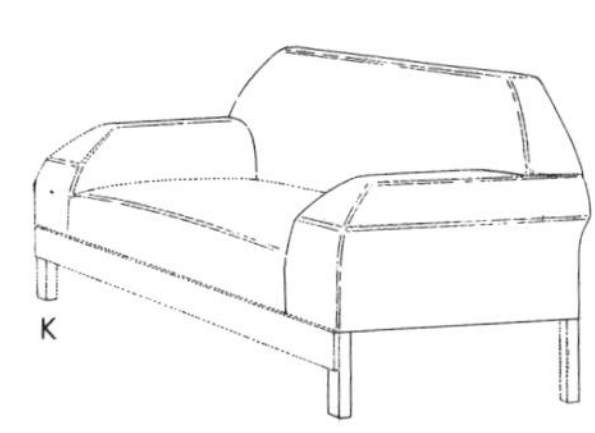

K～M图的作品都放在同一房间。它们都是工人住宅里的。
1908

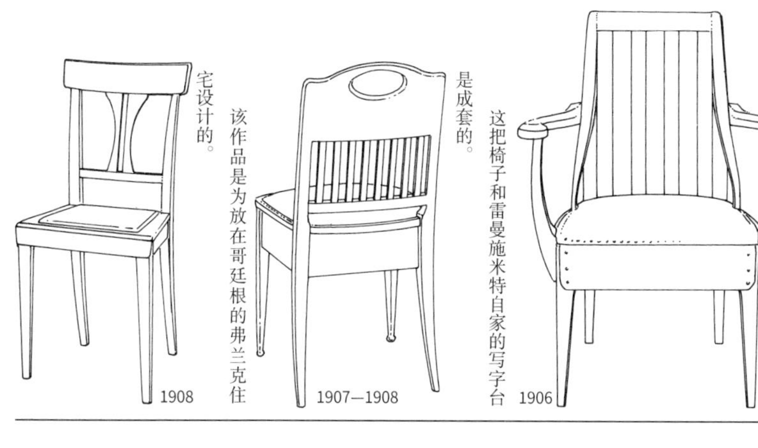

1908

该作品是为放在哥廷根的弗兰克住宅设计的。

1907—1908

这把椅子和雷曼施米特自家的写字台是成套的。

1906

不知道该作品是为哪个住宅设计的。根据其他资料显示，它的靠背和后腿的连接处的构造与上一页第四行右边的椅子很相似。

1906

该作品和第154页第三行右起第二个作品类似。不过细节处略有不同。

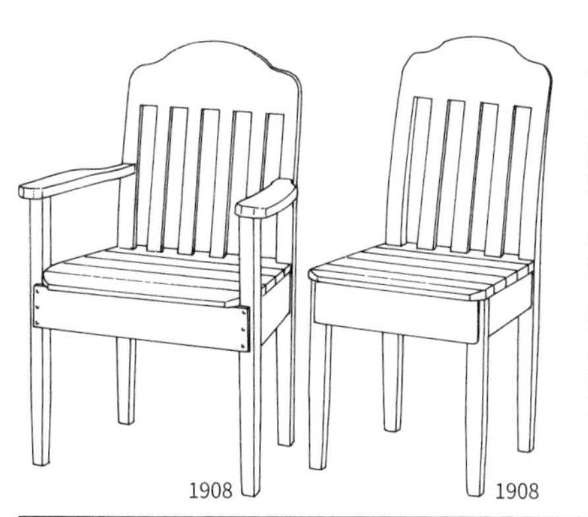

1908 1908

花园椅。资料中虽然没有看到与之配套的桌子，但实际上应该是有的。马金托什、威尔德等也设计过类似的作品。

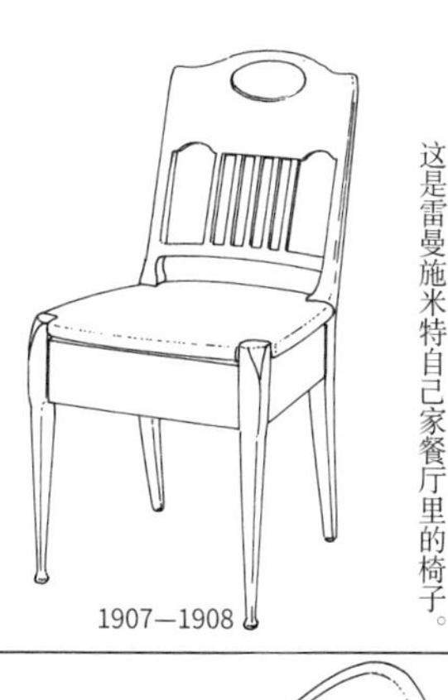

1907—1908

这是雷曼施米特自己家餐厅里的椅子。

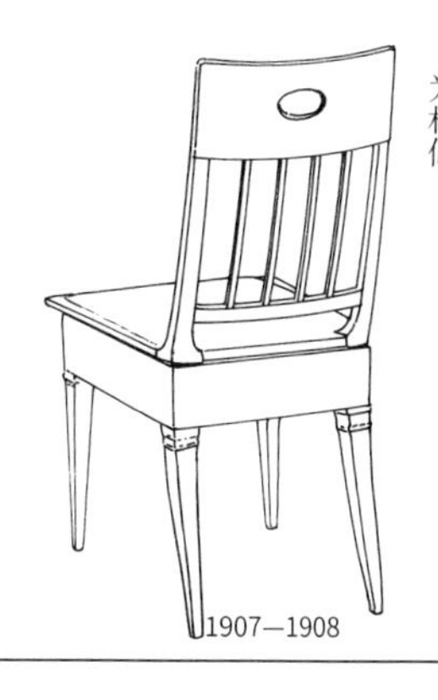

1907—1908

这是雷曼施米特自己家女士房间里的椅子。它和上一行左数第二把椅子极为相似。

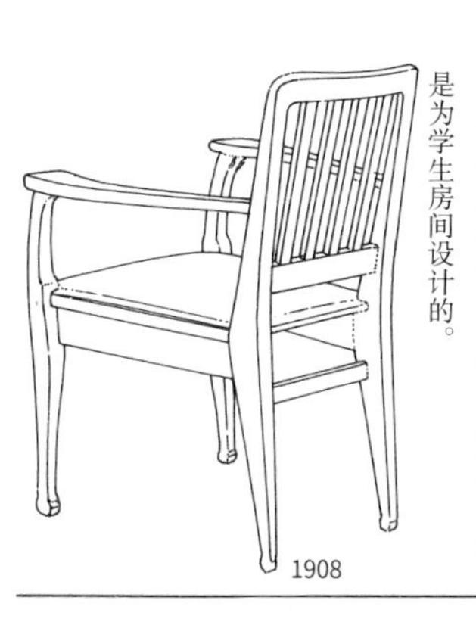

1908

该作品和上一行左边的花园椅相似，是为学生房间设计的。

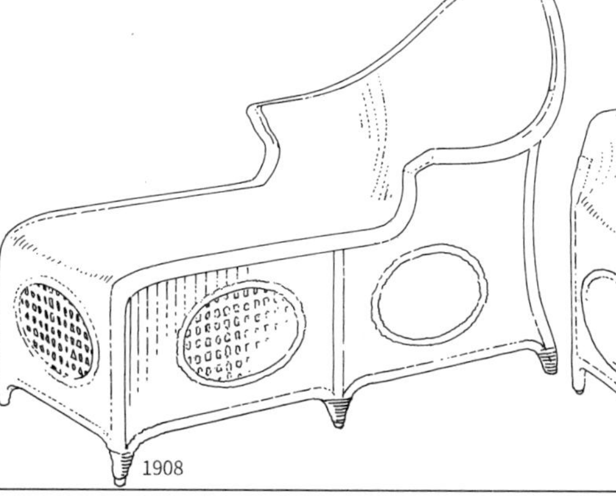

1908 1908

这两把藤椅曾在慕尼黑举办的德意志制造联盟展上展出。类似左边的那种躺椅相当少见。

1868—1957

理查德·雷曼施米特

第 4 小节
艺术和手工业的共同工坊

当时，和德国的其他城市比起来，慕尼黑是比较发达的，艺术家们是这个城市的核心。他们由独立的活动转变为创建利益共同体，来共同宣传他们的作品和设计等。1898 年奥布里斯特、布鲁诺·保罗、伯恩哈德·潘科克等人和雷曼施米特在莫里斯的影响下创立了『手工艺品联合工作坊』，并受邀参加了 1900 年的巴黎世博会。在那以后，雷曼施米特开始思考如何通过『制定一定的标准，找出标准的答案』，来实现能够批量生产且有质量保障的作品。

于是，他为工坊的产品制定了适当的价格，他的想法也得到了大家的鼎力支持，最终，『德累斯顿工坊』成立。1906 年，名为『机器制造家具项目』的可拆卸型木制家具上市，其中螺丝钉和接口作为作品设计中的重点进行了精心的处理。1907 年，『德意志制造联盟』诞生，之后，这一联盟也见证了魏玛的包豪斯学校的诞生。

该作品充分体现了青春艺术风格的特点，即『优美的线条和张力』，收藏于德累斯顿工艺博物馆。

1908

1908

这是曾在布鲁塞尔世博会上参展的作品，置于餐厅里。这个餐厅的地板、墙壁和天花板都是用木板制造的。

1910

该作品也曾在布鲁塞尔世博会上展出。它和右图、E 图的作品很相似，但是它的靠背没有椭圆形孔。

1910

这把无扶手椅应该是和左边的椅子配套的，但是二者的椅脚略有不同。

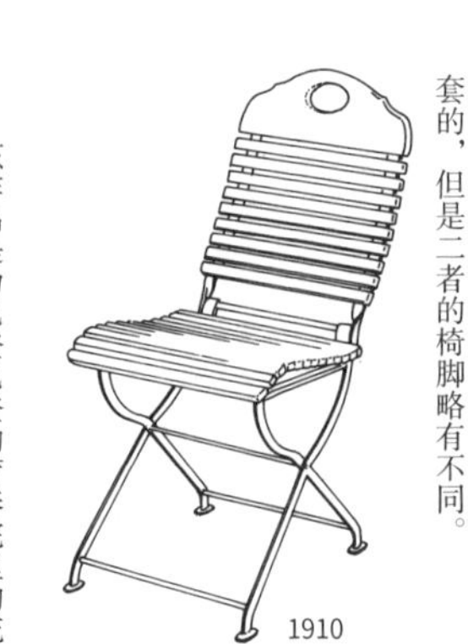

1910

该作品是为巴登巴登的疗养院里的花园设计的。

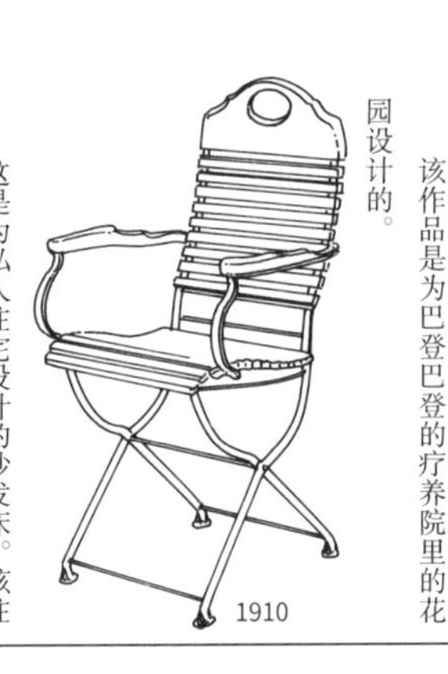

1910

这是为私人住宅设计的沙发床。该住宅是 1910—1911 年设计的，沙发椅可能在它之后完成。

1910—1911

该作品为白色，曾在巴黎秋季艺术沙龙上展出。

1910

左边的扶手椅和上一行左边的作品放在同一房间。右边是其无扶手版本。

设计年份不详

1910—1911

这是乌尔姆的汉斯·维朗德住宅的女士房间里的椅子。

1911

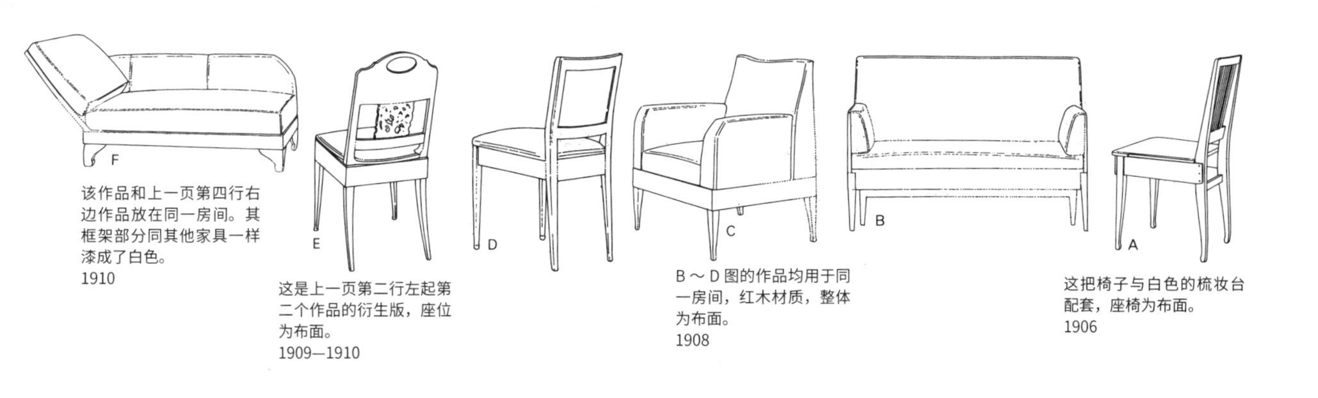

F 该作品和上一页第四行右边作品放在同一房间。其框架部分同其他家具一样漆成了白色。
1910

E 这是上一页第二行左起第二个作品的衍生版，座位为布面。
1909—1910

B～D图的作品均用于同一房间，红木材质，整体为布面。
1908

A 这把椅子与白色的梳妆台配套，座椅为布面。
1906

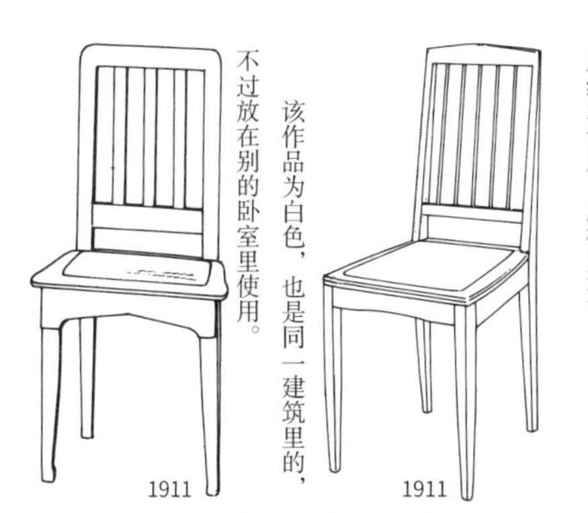

1911

该作品为白色，也是同一建筑里的，不过放在别的卧室里使用。

1911

该作品也是同一建筑的主卧室里的，用红木制成，座椅为布面。

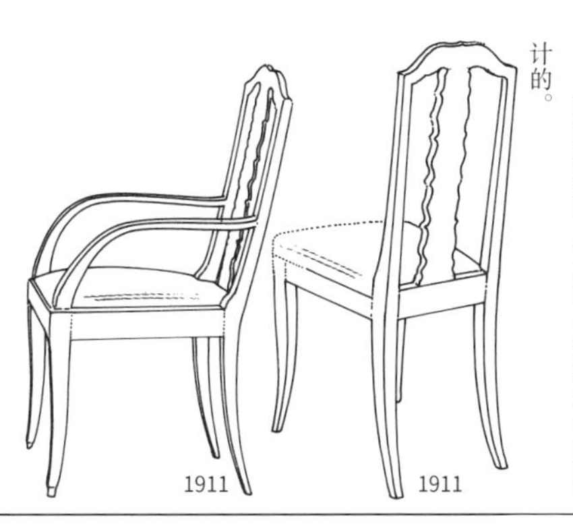

1911

1911

这两把椅子是为同一建筑的书房设计的。

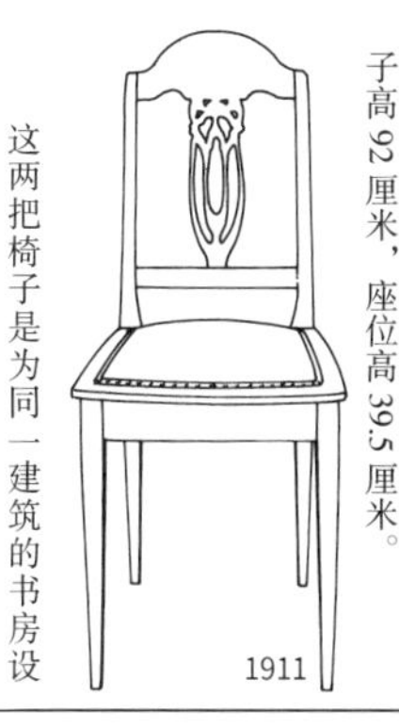

1911

该作品和上一页第四行左边的椅子用于同一建筑里，不过它放在餐厅使用。椅子高92厘米，座位高39.5厘米。

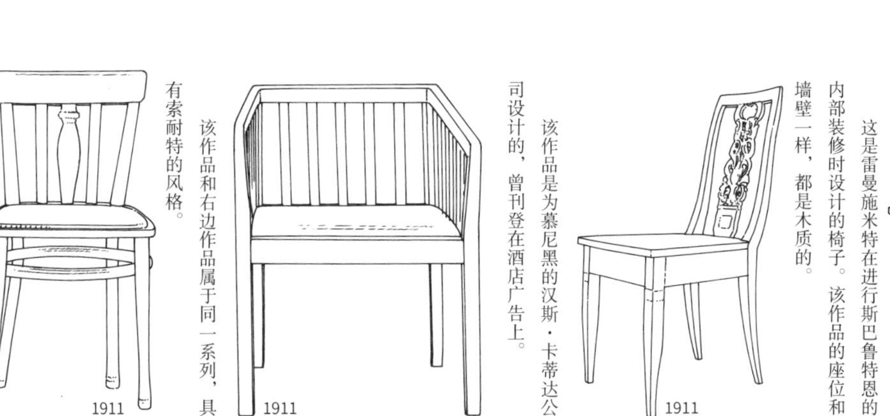

1911

该作品和右边作品属于同一系列，具有索耐特的风格。

1911

该作品是为慕尼黑的汉斯·卡蒂达公司设计的，曾刊登在酒店广告上。

1911

这是雷曼施米特在进行斯巴鲁特恩的内部装修时设计的椅子。该作品的座位和墙壁一样，都是木质的。

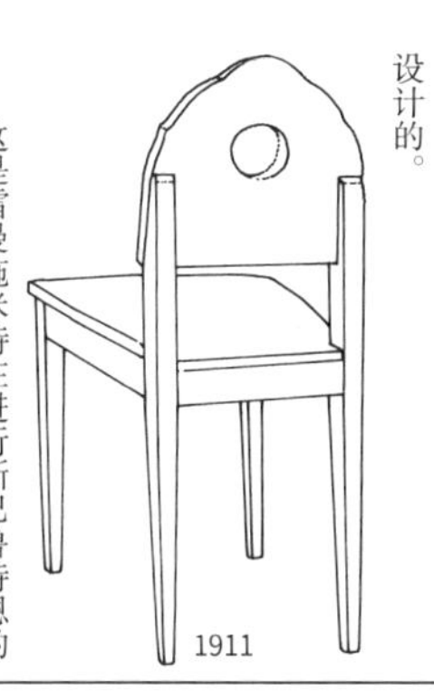

1911

该作品也是为同一建筑里的某个卧室设计的。

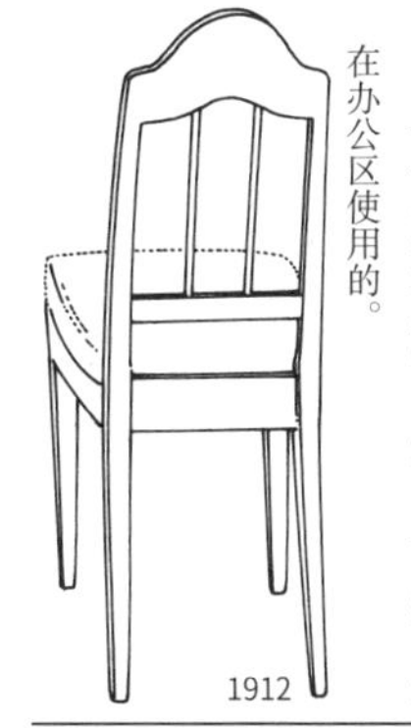

1912

该作品和右边作品属于同一系列，是在办公区使用的。

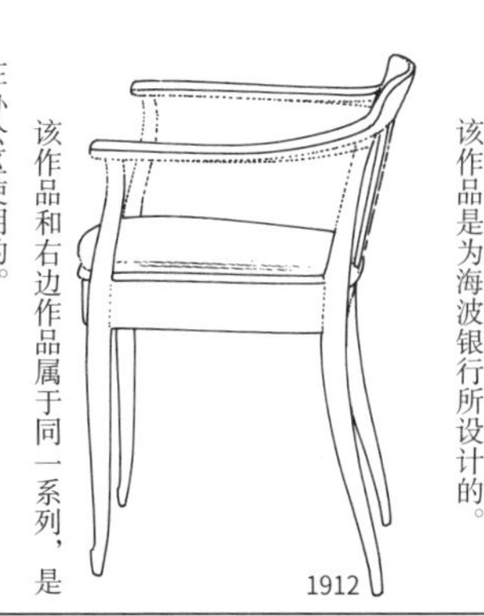

1912

该作品是为海波银行所设计的。

1912

该作品为餐厅用椅，也曾在德累斯顿美术展上展出。

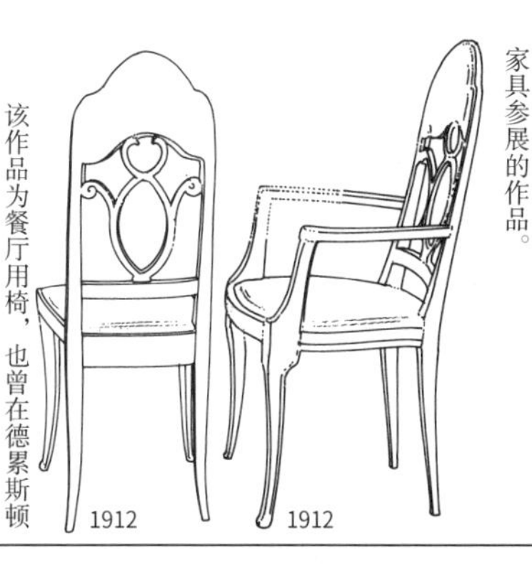

1912

1912

这是曾在德累斯顿美术展中作为客厅家具参展的作品。

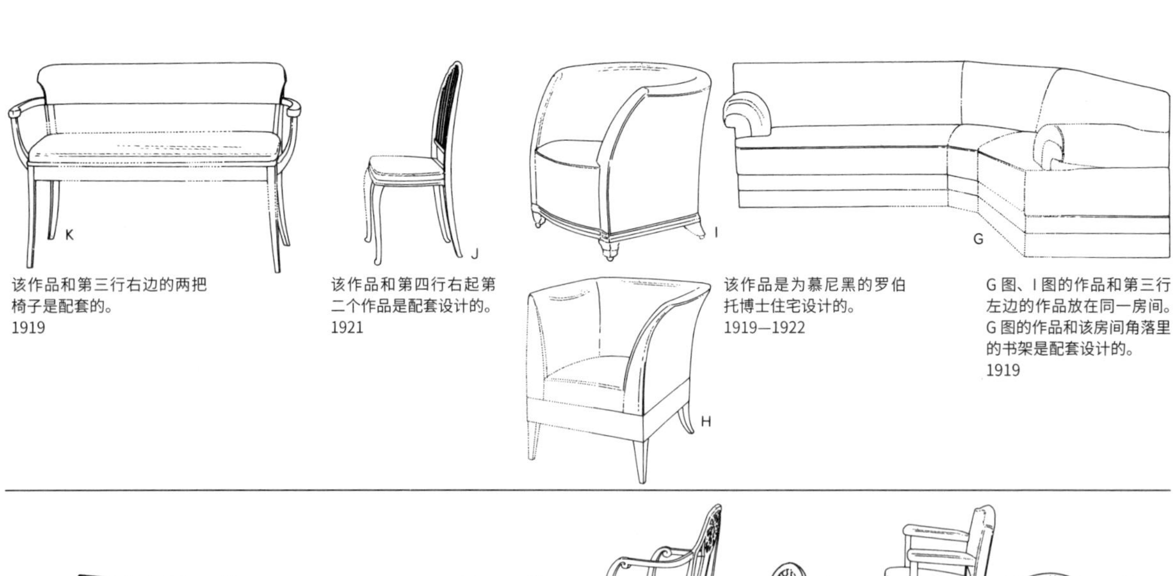

该作品和第三行右边的两把椅子是配套的。
1919

该作品和第四行右起第二个作品是配套设计的。
1921

该作品是为慕尼黑的罗伯托博士住宅设计的。
1919—1922

G 图、I 图的作品和第三行左边的作品放在同一房间。G 图的作品和该房间角落里的书架是配套设计的。
1919

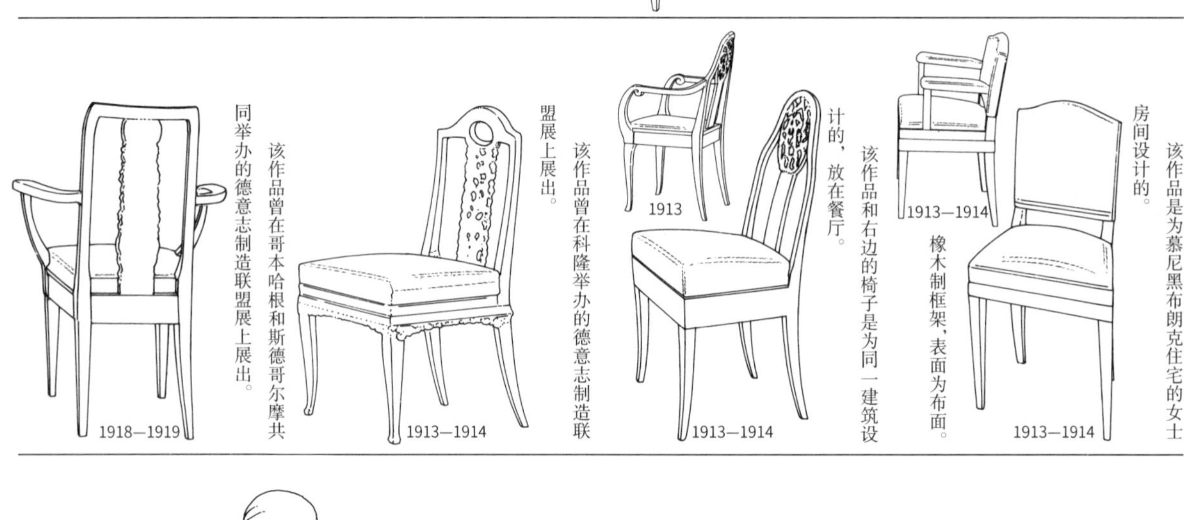

1918—1919
该作品曾在哥本哈根和斯德哥尔摩共同举办的德意志制造联盟展上展出。

1913—1914
该作品曾在科隆举办的德意志制造联盟展上展出。

1913
1913—1914
该作品和右边的椅子是为同一建筑设计的，放在餐厅。

1913—1914
橡木制框架，表面为布面。

1913—1914
该作品是为慕尼黑布朗克住宅的女士房间设计的。

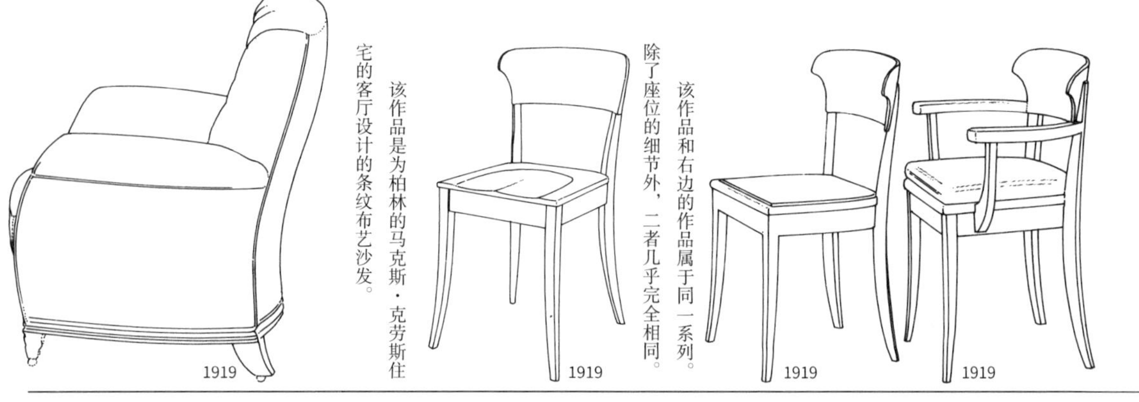

1919
该作品是为柏林的马克斯·克劳斯住宅的客厅设计的条纹布艺沙发。

1919
1919
该作品和右边的作品属于同一系列。除了座位的细节外，二者几乎完全相同。

1919
该作品是为慕尼黑的罗伯托博士的住宅设计的，橡木材质，在表面进行了喷漆。

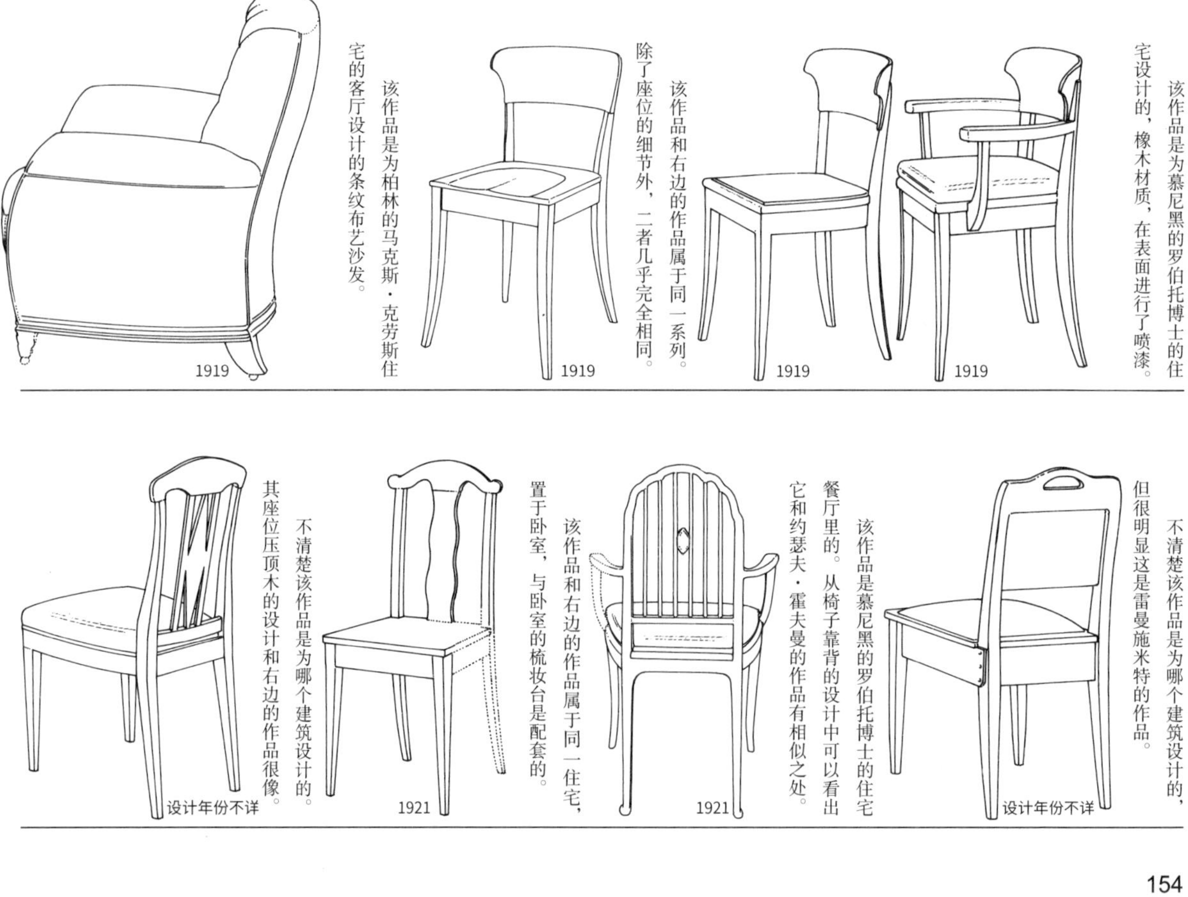

设计年份不详
不清楚该作品是为哪个建筑设计的。其座位压顶木的设计和右边的作品很像。

1921
该作品和右边的作品属于同一住宅，置于卧室，与卧室的梳妆台是配套的。

1921
该作品是慕尼黑的罗伯托博士的住宅餐厅里的。从椅子靠背的设计中可以看出它和约瑟夫·霍夫曼的作品有相似之处。

设计年份不详
不清楚该作品是为哪个建筑设计的，但很明显这是雷曼施米特的作品。

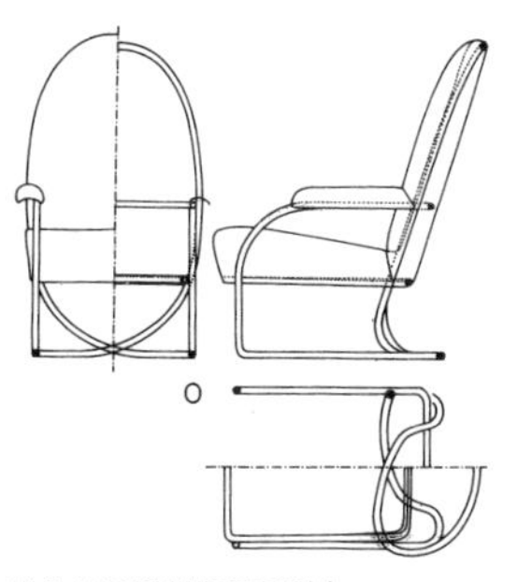

该作品是铝制家具系列中的一个。此图据草图所绘，尚不清楚是否制成了实物。
1929 年左右

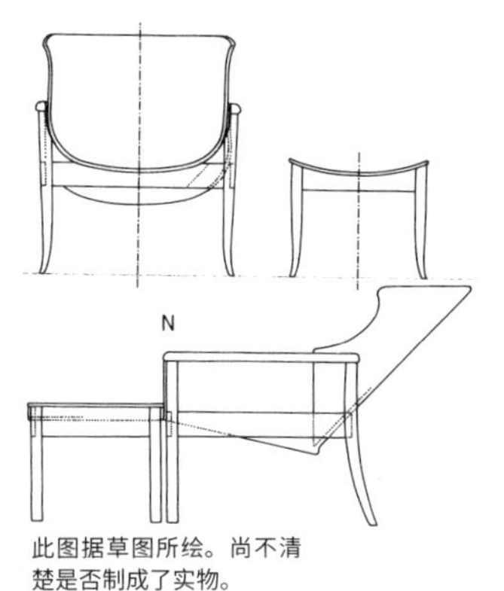

此图据草图所绘。尚不清楚是否制成了实物。
1929 年左右

M

该作品和第三行中间的作品几乎完全相同，其内侧没有铺设软垫，外侧是胶合板制造的。
1929

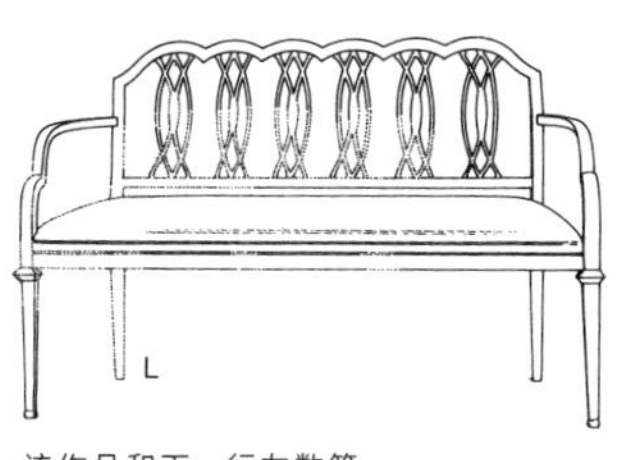

该作品和下一行左数第二件作品是配套的。它是一把可容纳三人的长椅。
1922

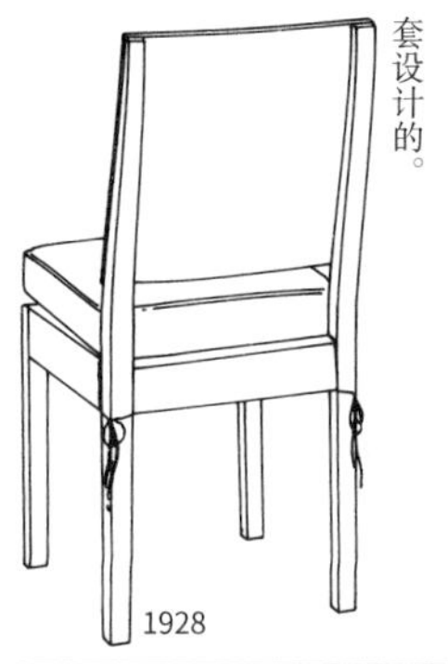

1928

这一时期，开始出现装饰艺术风格的作品。图中作品与同款的橱柜、圆桌是成套设计的。

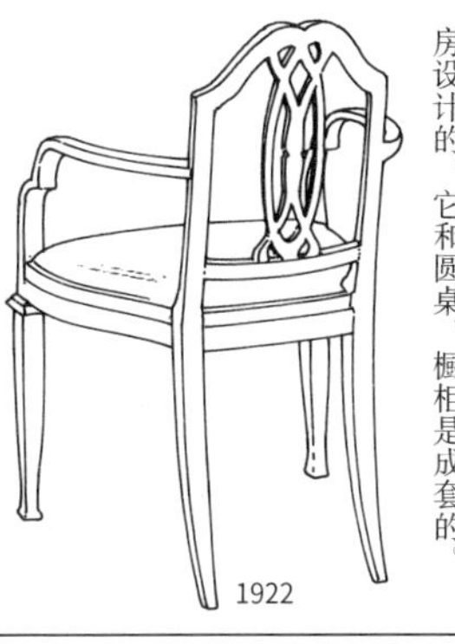

1922

该作品是为施塔特·维也纳酒店的客房设计的，它和圆桌、橱柜是成套的。

1922

该作品和右边的作品是一套。椅面为木板制。

1922

该作品为餐厅用椅，曾在慕尼黑德国工艺作品展上展出，其座位是绳编的。

1936—1938

这是用于柏林的马克斯·克劳斯住宅的椅子，放在日光浴室里的半圆台上。靠背也因此设计成了曲面。

1929

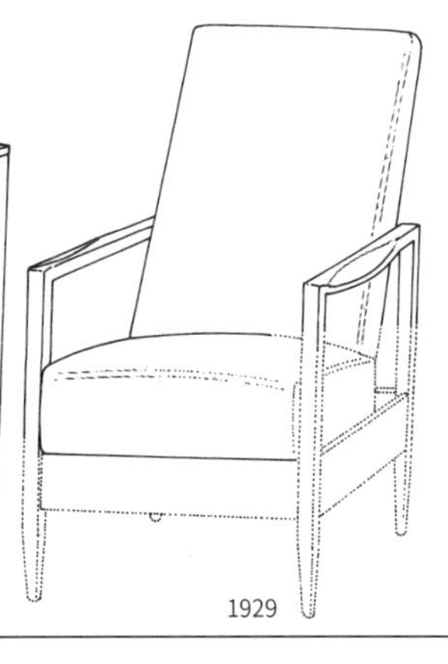

1929

尚不清楚左图作品出自哪个建筑，但可以确定它们是为办公区设计的系列家具中的一部分。座椅表面采用的是类似于丝绸的光滑布料，条纹图案。

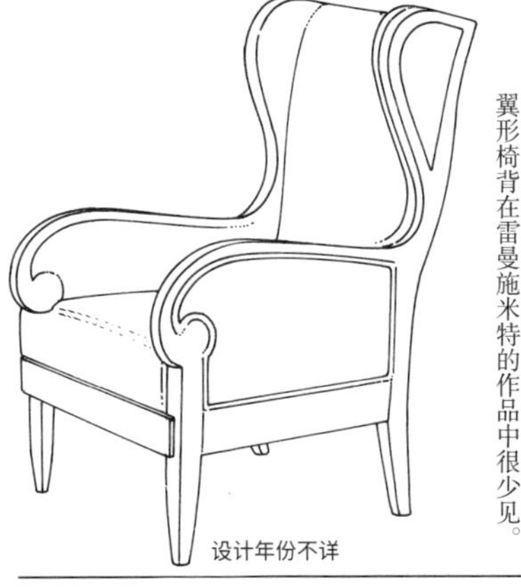

设计年份不详

这是同一房间里的凳子，与桌子配套。尚不清楚该作品是为哪栋建筑设计的，而这种翼形椅背在雷曼施米特的作品中很少见。

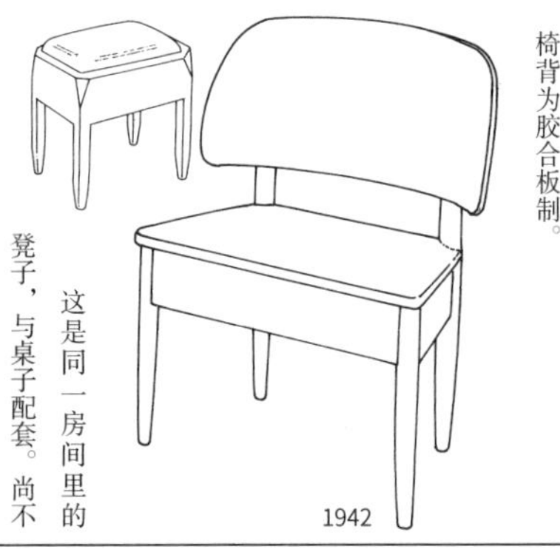

1942

这是费舍住宅中儿童房间里的椅子。椅背为胶合板制。

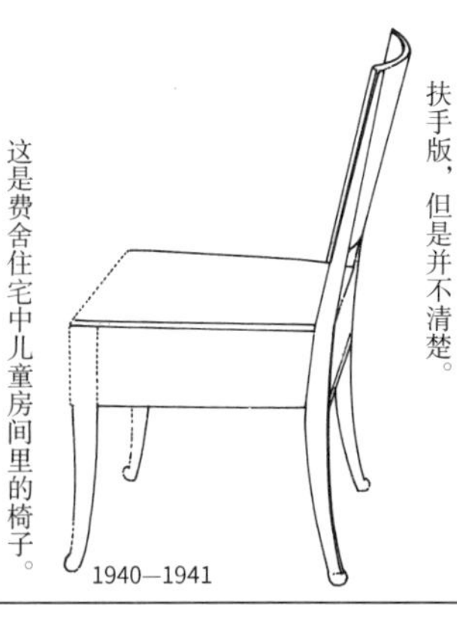

1940—1941

这是德累斯顿德意志制造联盟事务所里的椅子。查找资料时也看到了部分的带扶手版，但是并不清楚。

1868—1928

查尔斯·雷尼·马金托什

第 1 小节
格拉斯哥风格

查尔斯·雷尼·马金托什（以下简称马金托什），1868年出生于苏格兰的格拉斯哥。16岁时就进入建筑师约翰·哈奇逊的事务所学习绘图，与此同时，还在格拉斯哥美术学校的夜校进行学习。在此期间，他曾多次获奖，由此开始展现出建筑方面的才华。23岁时，他利用亚历山大·汤姆逊奖学金（60英镑）到意大利旅游。当时，英国莫里斯发起的『工艺美术运动』如火如荼，他也受到了很大影响。此次旅行可以说为他以后成为一名建筑师和设计师奠定了坚实的基础。回国后，他和未婚妻玛格丽特·麦当娜以及玛格丽特的妹妹弗朗西斯·麦当娜，还有赫伯特·麦克奈尔组成了『格拉斯哥四人组』，他们的设计风格被人们称为『格拉斯哥风格』，并受到了当时欧洲的设计活动中心——维也纳的高度关注。

格拉斯哥风格受到了新艺术派和工艺美术运动的影响，与此同时日本建筑对其的影响也是不容忽视的。

马金托什一生设计的家具超过400件，其中大部分的代表作都集中出现在1897—1906年间。

马金托什从21岁开始在约翰·哥拜事务所担任助手，这是他当时的初期作品，是在大厅里使用的长椅，该作品曾在1896年的工艺美术协会展上展出。

这是为格拉兹米尔的书房设计的长椅，它和以花为主题图案的圆桌是配套的作品。

这是柯雷吉礼堂音乐室里管风琴演奏者用的长凳。

这是被称为『阿盖尔』的椅子，在日本很常见。椅子靠背上的镂空雕刻图案为飞鸟。这件作品是很多高背椅的原型。

这把扶手椅的侧面有镂空雕刻的飞鸟图案。

这是为阿盖尔大街茶室的吸烟室和台球室设计的椅子。后腿上方处是其设计亮点。

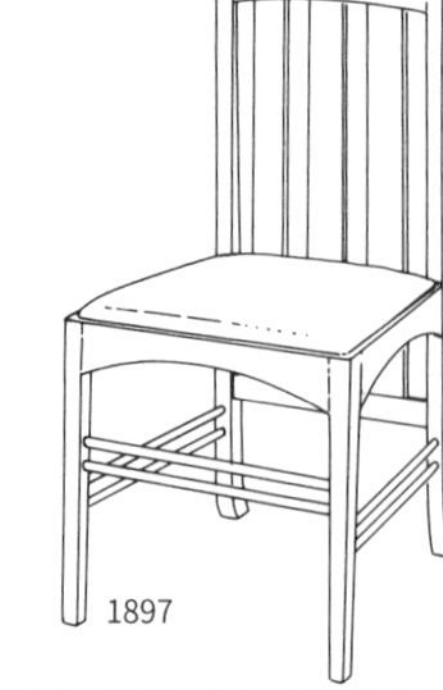

该作品是为英格拉姆大街茶室的白色房间设计的一系列餐椅（158页）的原型。

这也是为阿盖尔大街茶室的吸烟室设计的凳子。其座位面是正方形，但是从上面的凹陷来看，它的座位是有前后之分的。

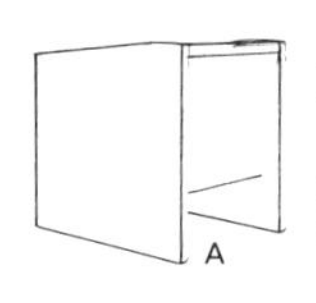

A～C三图依次是单人沙发、双人沙发和三人沙发。

它们都被意大利的卡西纳公司制成商品。和原始模型相比，其使用的木板更薄，并且没有心形的镂空雕刻，沙发套上的图案也变成了玫瑰。

1897

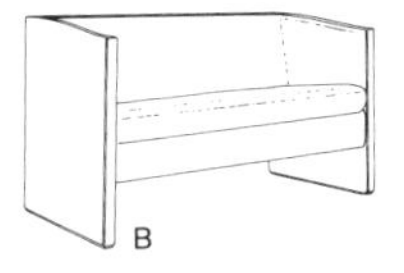

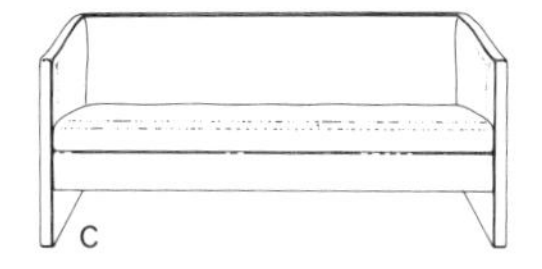

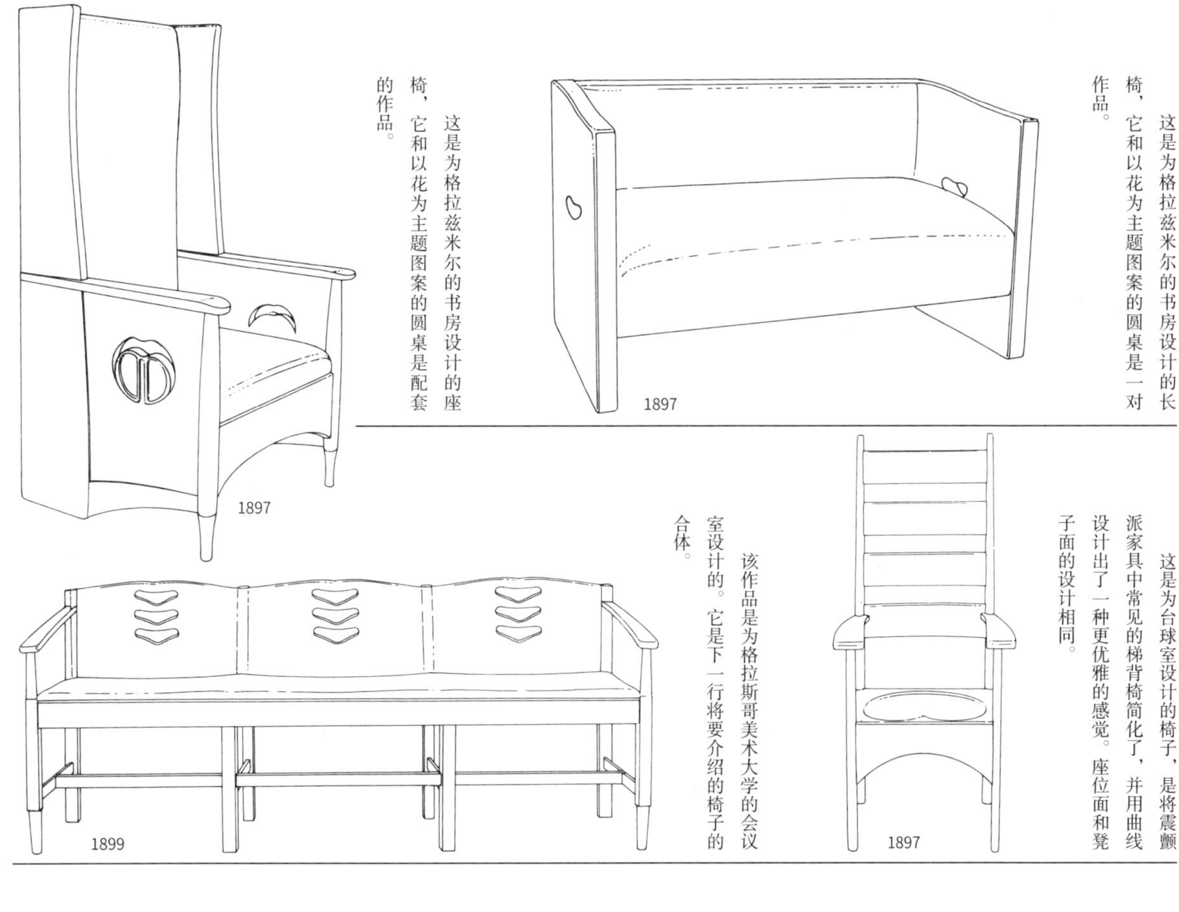

这是为格拉兹米尔的书房设计的长椅，它和以花为主题图案的圆桌是一对作品。

这是为格拉兹米尔的书房设计的座椅，它和以花为主题图案的圆桌是配套的作品。

这是为台球室设计的椅子，是将震颤派家具中常见的梯背椅简化了，并用曲线设计出了一种更优雅的感觉。座位面和凳子面的设计相同。

该作品是为格拉斯哥美术大学的会议室设计的。它是下一行将要介绍的椅子的合体。

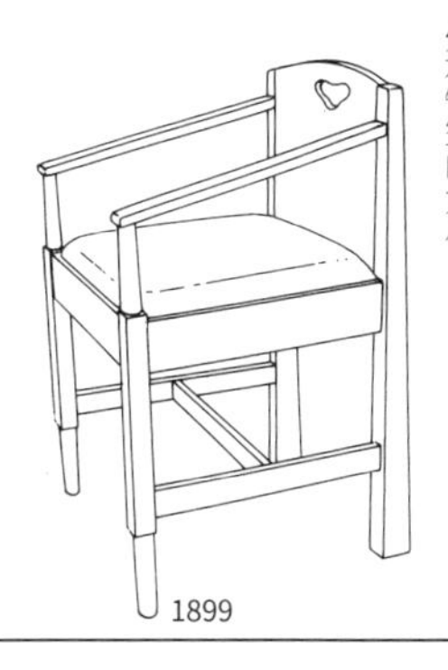

该作品是为格拉斯哥美术大学的会议室设计的。它和上一行的长椅的区别在于心形镂空的大小。

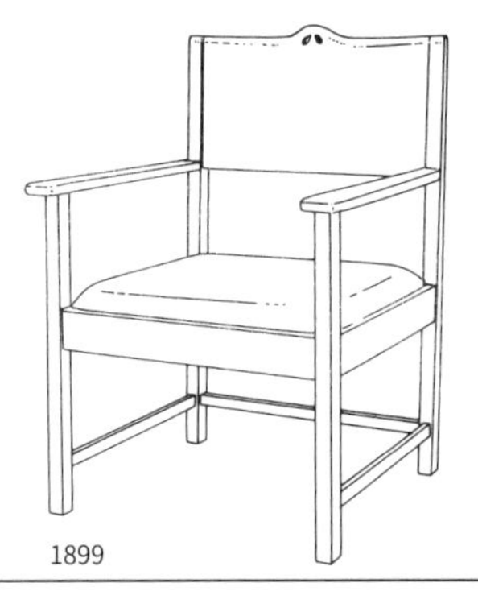

该作品是皇后十字教堂内的椅子。本来是打算放在格拉斯哥美术大学里使用的。椅子靠背上有小圆孔设计。

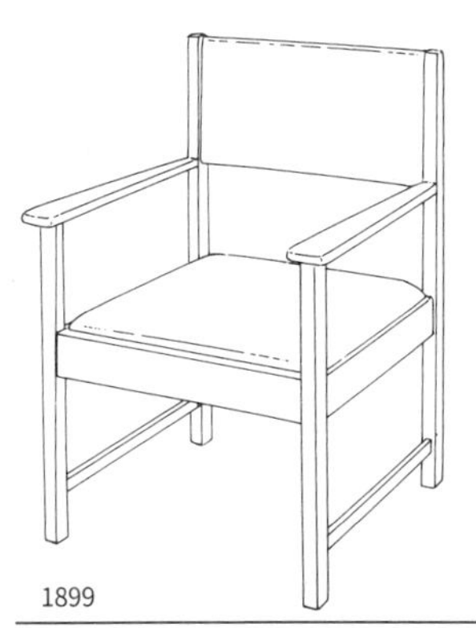

这件作品也是皇后十字教堂内的椅子，设计非常简单，然而从扶手的渐宽设计以及座位面的设置等方面依然可以看出马金托什的风格。

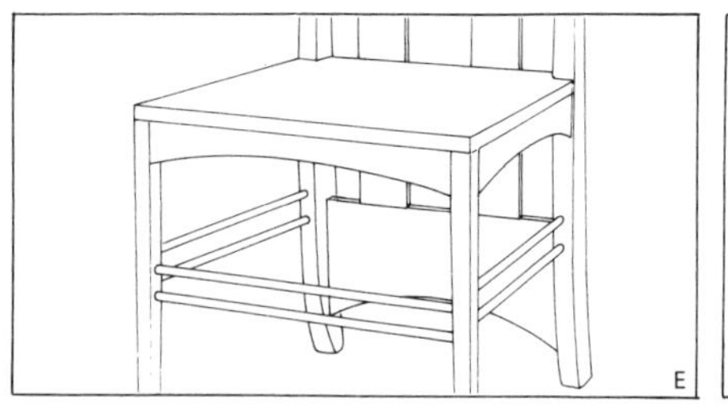

这是马金托什自己房间里的高背椅的椅面。仔细观察就会发现，就连横档的位置也和普通的高背椅有所不同。
1899

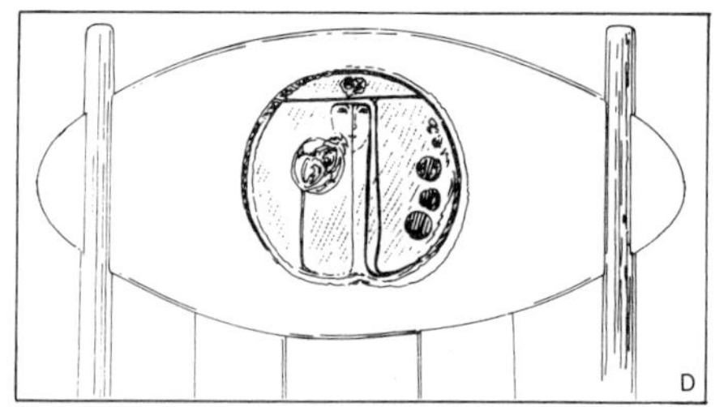

玛格丽特·麦当娜的作品，将镶板嵌在椭圆形横梁的设计。
1897

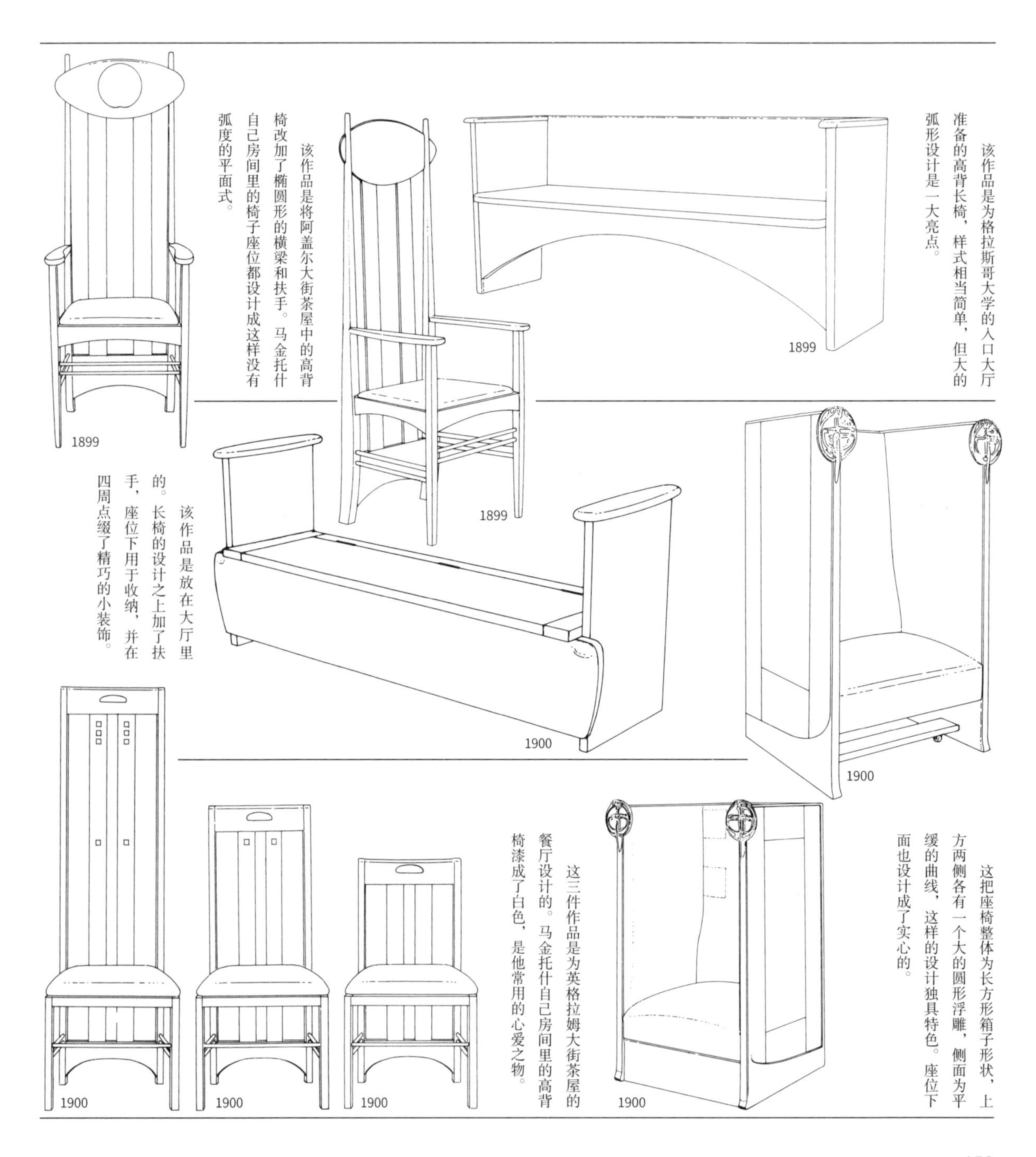

该作品是将阿盖尔大街茶屋中的高背椅改加了椭圆形的横梁和扶手。马金托什自己房间里的椅子座位都设计成这样没有弧度的平面式。

该作品是为格拉斯哥大学的入口大厅准备的高背长椅，样式相当简单，但大的弧形设计是一大亮点。

该作品是放在大厅里的。长椅的设计之上加了扶手，座位下用于收纳，并在四周点缀了精巧的小装饰。

这三件作品是为英格拉姆大街茶屋的餐厅设计的。马金托什自己房间里的高背椅漆成了白色，是他常用的心爱之物。

这把座椅整体为长方形箱子形状，上方两侧各有一个大的圆形浮雕，侧面为平缓的曲线，这样的设计独具特色。座位下面也设计成了实心的。

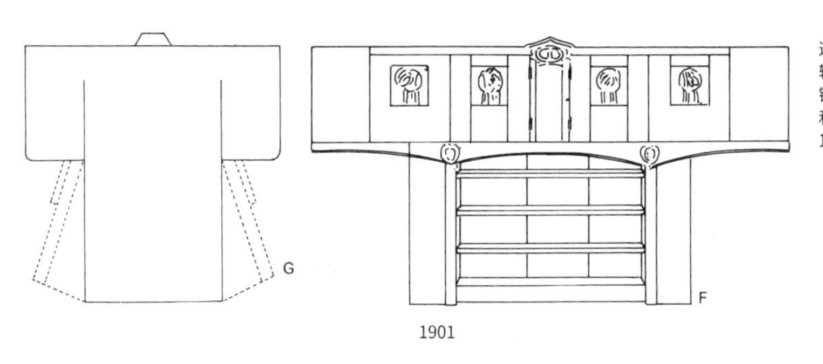

这是“微风山丘”的制图室里的书架。整个轮廓和日本和服展开后的形状相同。另外，镶嵌在铅框中的玫瑰花图案也正是和服上的家徽。
1901

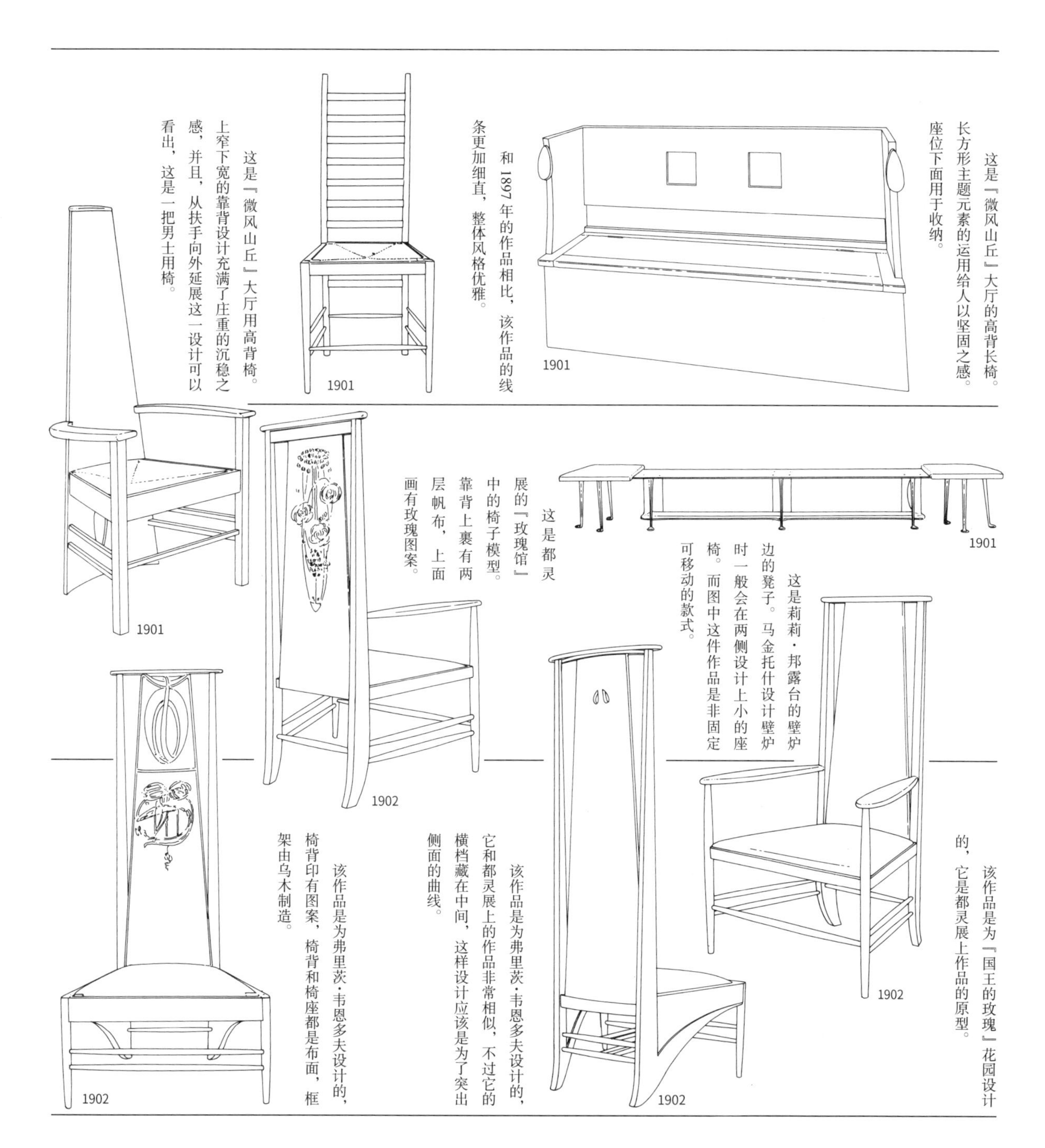

这是『微风山丘』大厅的高背长椅。长方形主题元素的运用给人以坚固之感。座位下面用于收纳。

和1897年的作品相比，该作品的线条更加细直，整体风格优雅。

这是『微风山丘』大厅用高背椅。上窄下宽的靠背设计充满了庄重的沉稳之感，并且，从扶手向外延展这一设计可以看出，这是一把男士用椅。

这是莉莉·邦露台的壁炉边的凳子。马金托什设计壁炉时一般会在两侧设计上小的座椅。而图中这件作品是非固定可移动的款式。

这是都灵展的『玫瑰馆』中的椅子模型。靠背上裹有两层帆布，上面画有玫瑰图案。

该作品是为『国王的玫瑰』花园设计的，它是都灵展上作品的原型。

该作品是为弗里茨·韦恩多夫设计的，它和都灵展上的作品非常相似，不过它的横档藏在中间，这样设计应该是为了突出侧面的曲线。

该作品是为弗里茨·韦恩多夫设计的，椅背印有图案，椅背和椅座都是布面，框架由乌木制造。

1868—1928

查尔斯·雷尼·马金托什

第 2 小节
威罗大街茶室和希尔住宅

威罗大街茶室（以下简称威罗茶室），于 1903 年春设计，次年 10 月在肖金赫尔大街开张。该建筑的委托人是克朗斯顿小姐，她还将阿盖尔大街、英格拉姆大街的所有茶室的设计工作都委托给了马金托什，并在之后请他设计她自己的房子希尔住宅。这个威罗茶室的主题是『年轻的柳树』，在整体建筑、室内装修，甚至家具上都有充分的体现。之后他开始设计户外。这里的家具大都是 1903 年 7—11 月设计的，还有一部分是 1905 年又增加的。

希尔住宅虽然和前面的希尔住宅有着相似的名字，但其实不是一个建筑，它是马金托什为在格拉斯哥经营出版业的沃尔特·布莱奇设计的，建于朝向克莱德河的一座山丘上，是建筑史上极为重要的一座住宅建筑，从其中的各个细节上都可以感受到他的设计用心。该希尔住宅是从单纯追求舒适的住所到一个艺术作品的升华。

虽然该作与之前的作品属于同时期作品，但在这里将从它最初的设计草图开始介绍。它是阿盖尔大街茶室的吸烟室里用的沙发。这幅手绘图用铅笔和水彩绘制，现收藏于格拉斯哥大学。

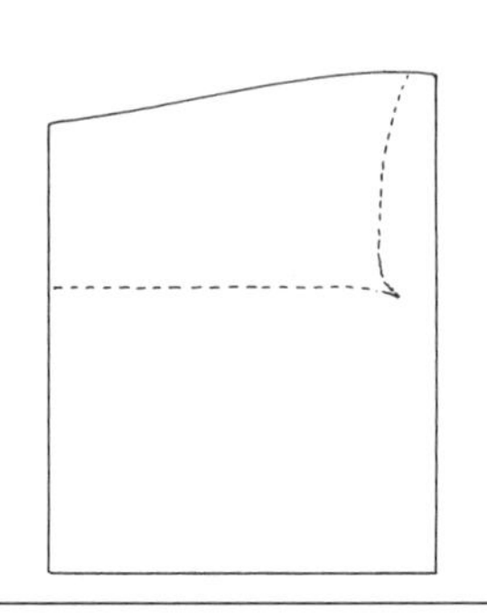

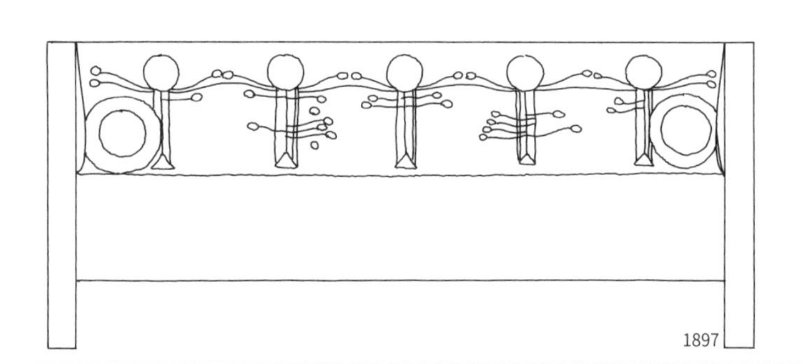

图中的三人座带扶手长椅是为阿盖尔大街茶室的客厅设计的。客厅里还有一把单人椅（D 图），不过是梯背款。

1897

该作品是为格拉斯哥韦斯特德尔的卧室设计的，它和右图作品很相似。

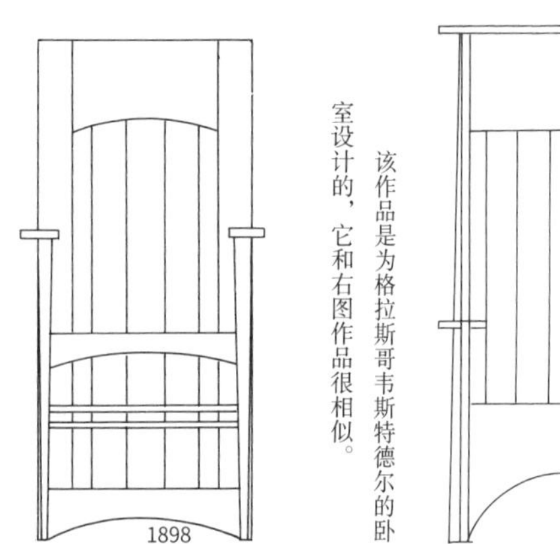

该作品是从马金托什的草图笔记本中找到的铅笔绘手稿。是为『微风山丘』大厅绘制的。

1901

制图室兼音乐室的透视图中所画的钢琴凳。该作品曾参加设计大赛。

1904

图中的高背椅是为放在克玛科姆的『微风山丘』大厅设计的。它没有被制作成型，实际用于大厅的是本章第 1 小节中介绍的那件作品。

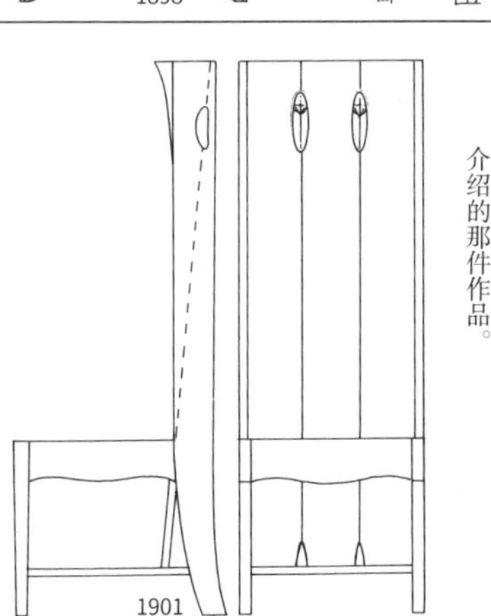

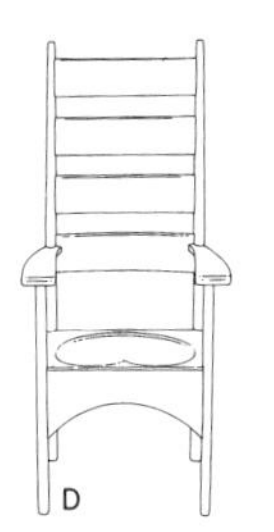

D

该作品是第 1 小节中介绍的阿盖尔大街茶室的台球室里使用的椅子。它和上一页第三行左边的作品很像。
1897

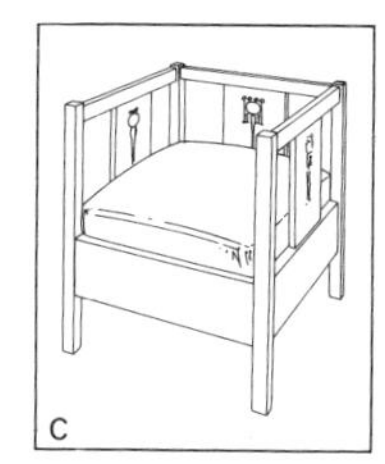

C

该作品是哈维·艾丽丝设计的安乐椅。是美国工艺美术运动的产物。它和马金托什的作品有相似之处。
1903

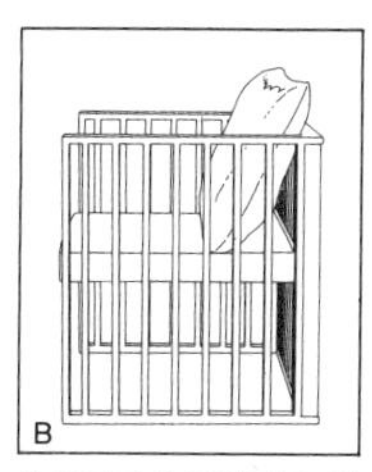

B

这把扶手椅是科罗曼·穆塞尔的作品。他可能也受到了马金托什的影响。可以看出二人作品在细节上存在共同之处。
1902

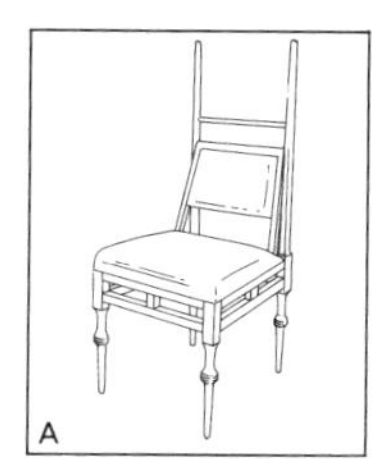

A

该作品是爱德华·威廉·戈德温设计的。从细节上可以看出，马金托什应该也受到了他的影响。
1885 年左右

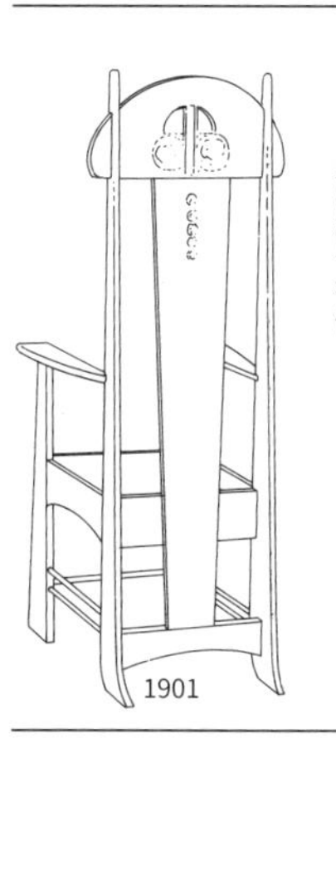

1901

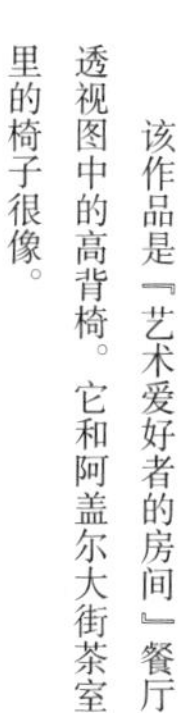

该作品是『艺术爱好者的房间』餐厅透视图中的高背椅。它和阿盖尔大街茶室里的椅子很像。

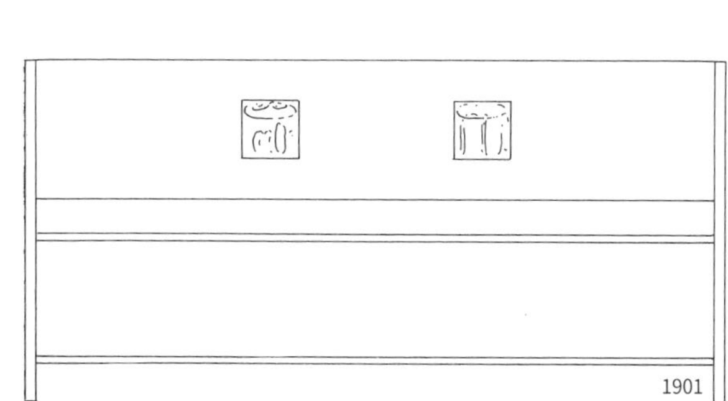

1901

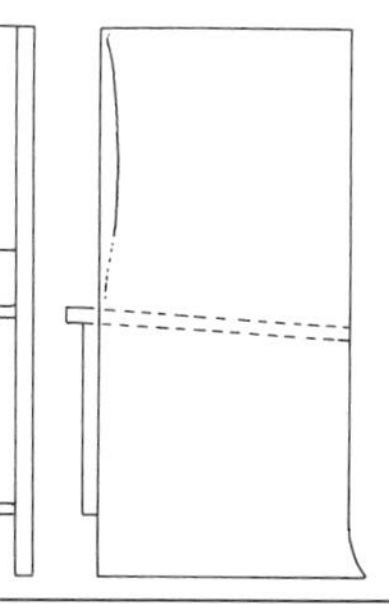

这是为『微风山丘』大厅设计的。座位下面是收纳空间。该作品应该也没有被实际制作成型。

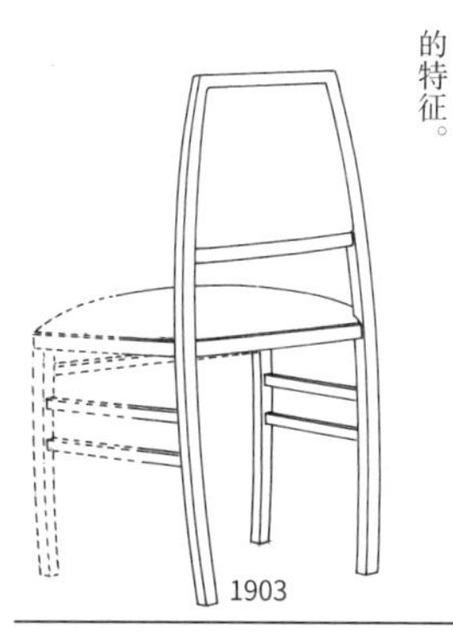

1903

这把餐椅曾在莫斯科展中展出。这一时期的作品都是别人委托马金托什设计的，然而有关这件作品没有任何资料记载。餐椅两侧各有两条横档，不清楚前面是不是也有。椅腿的大幅弯曲设计是这把椅子的特征。

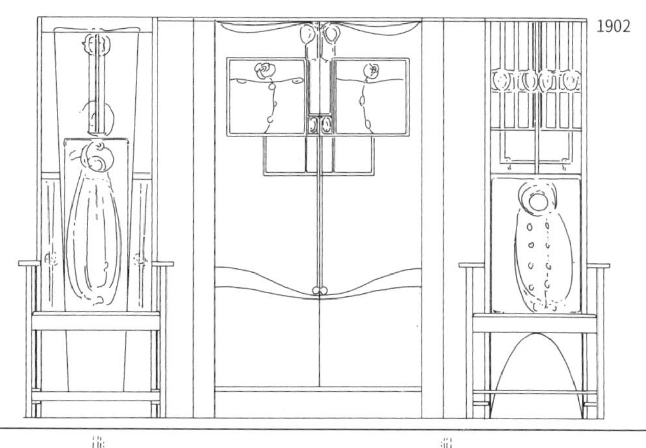

1902

这把高背椅和书柜是配套的，设计成左右不对称的样式。手稿现存于格拉斯哥大学。

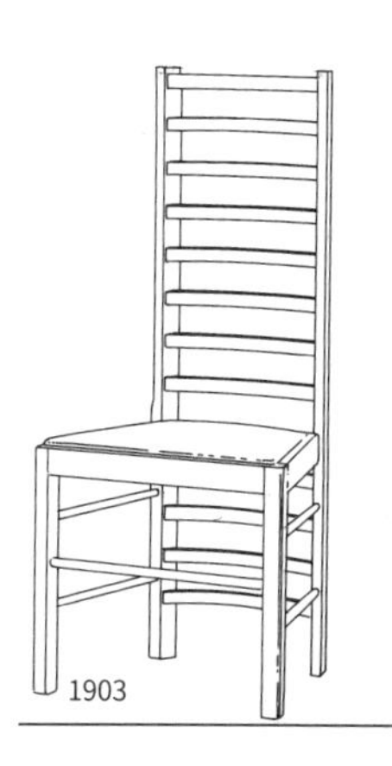

1903

这是威罗茶室前厅使用的梯背椅。意大利卡西纳公司在生产时为了进一步加强其坚固性，在横木条的最上端增加了横梁。而阿里巴公司采用的则是初期样式。

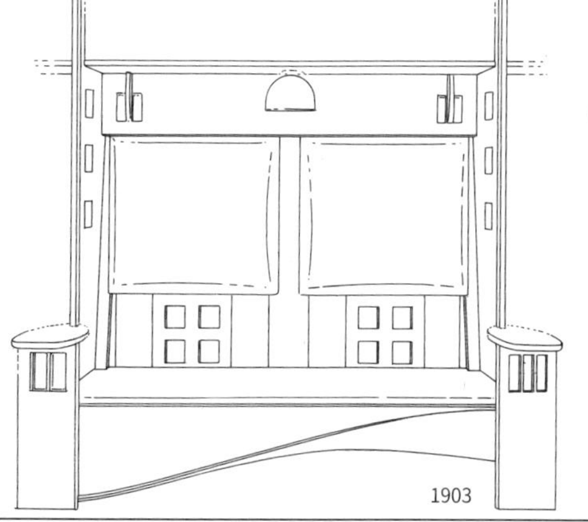

1903

该作品是为威罗茶室中的台球室设计的，马金托什一共设计了五套这样嵌在墙壁上的座椅，座位为灯芯草制，靠背为皮革制。扶手的安装方式不详。两侧装饰设计为左右不对称。尤其是前面大幅弯曲的设计应该是借鉴了过去高背椅的侧面设计细节。

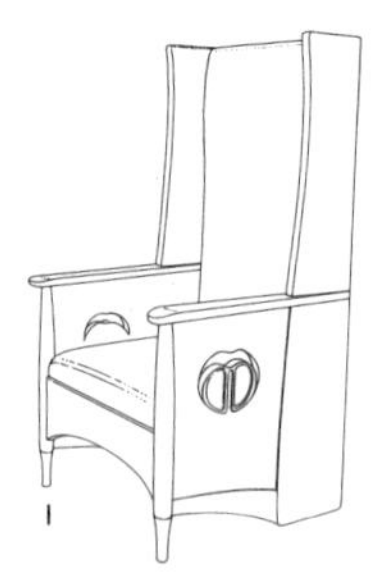

I

图中的安乐椅是为阿盖尔大街茶室的女士阅读室设计的。在第 1 小节中曾介绍过。
1897

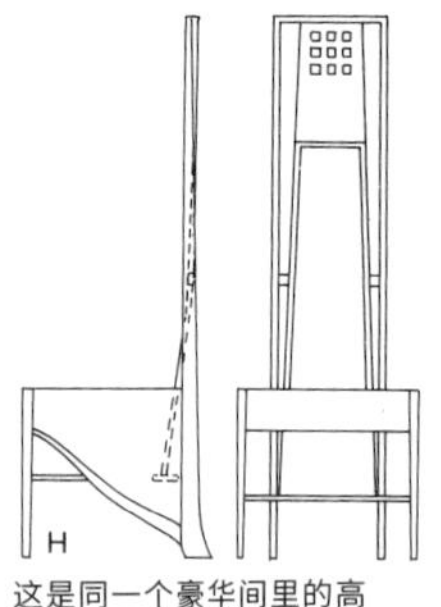

H

这是同一个豪华间里的高背椅的草图。在后来实施时，在椅子上加了坐垫。
1903

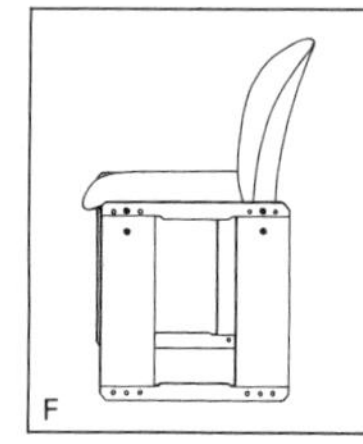

G

威罗茶室豪华间里的椅子的草图，设计时似乎并没有设置靠垫和坐垫。靠背的曲线设计比较合理，舒适度很高。
1903

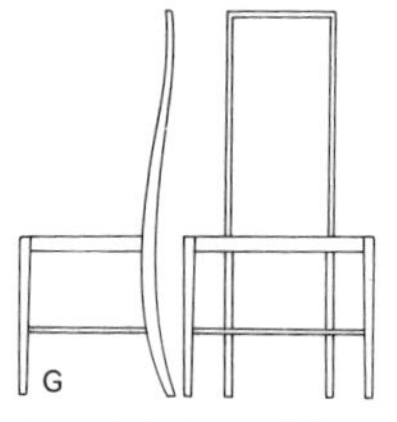

F

这是意大利的斯卡帕夫妇设计的椅子。他们发表过很多类似的作品。其特征是：从前面看椅子腿很细；从侧面看则很粗。
1973

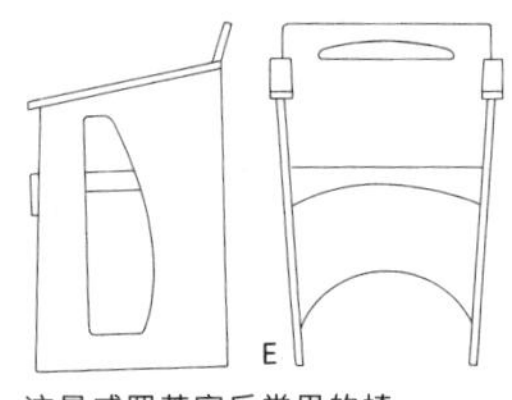

E

这是威罗茶室后堂里的椅子的草图。侧面的设计和后来呈现的实物有所不同。
1903

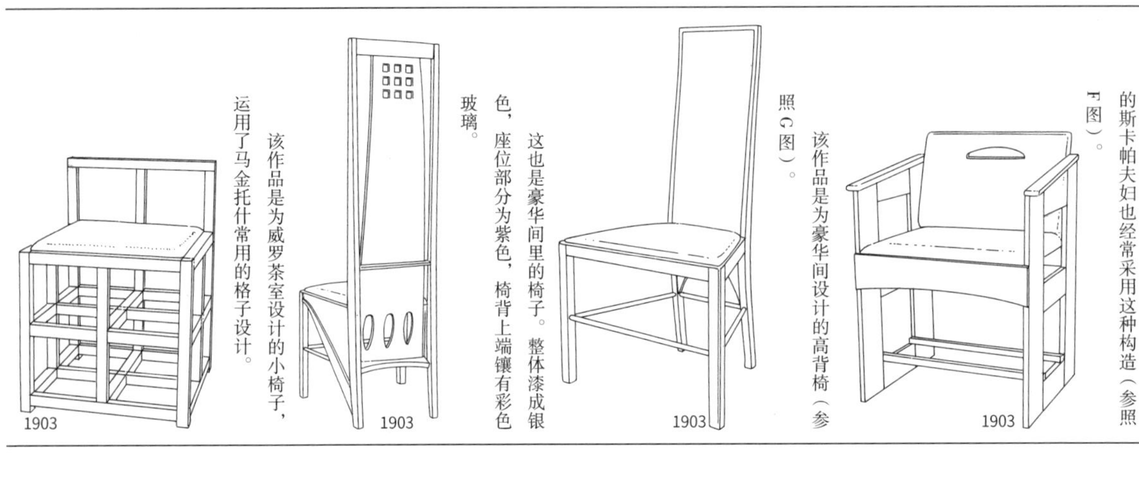

这件作品的椅腿用的是木板。意大利的斯卡帕夫妇也经常采用这种构造（参照F图）。
1903

该作品是为豪华间设计的高背椅（参照G图）。
1903

这也是豪华间里的椅子。整体漆成银色，座位部分为紫色，椅背上端镶有彩色玻璃。
1903

该作品是为威罗茶室设计的小椅子，运用了马金托什常用的格子设计。
1903

这是威罗茶室里一把有名的椅子。作为前后厅的隔断使用。
1904

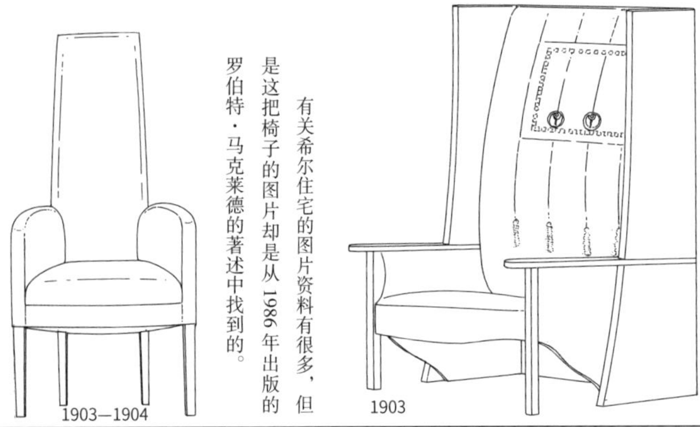

这是放在希尔住宅卧室里的安乐椅，据平面图所绘。它和阿盖尔大街茶室的作品很像。
1903

有关希尔住宅的图片资料有很多，但是这把椅子的图片却是从 1986 年出版的罗伯特·马克莱德的著述中找到的。
1903—1904

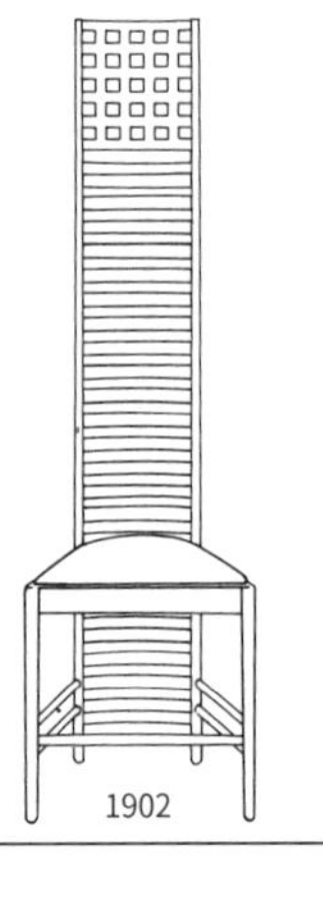

这是为希尔住宅主卧设计的梯背椅，它对日本家具设计师产生的影响无可比拟，在商业广告中也是一个热门道具。
1902

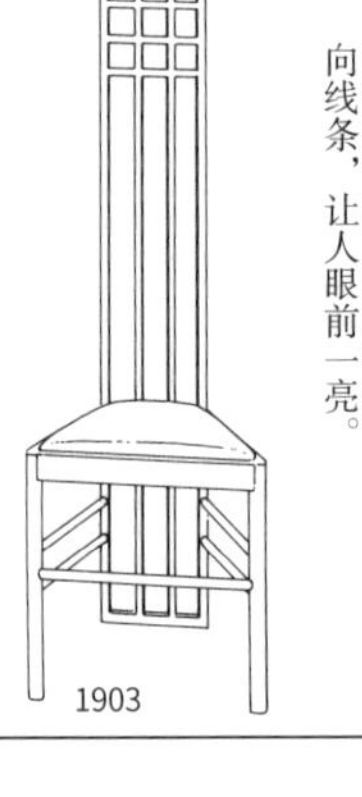

这是在『德累斯顿手工艺家作品展』上参展的高背椅。整体比例虽然与之前的作品相比没什么变化，但它的设计强调纵向线条，让人眼前一亮。
1903

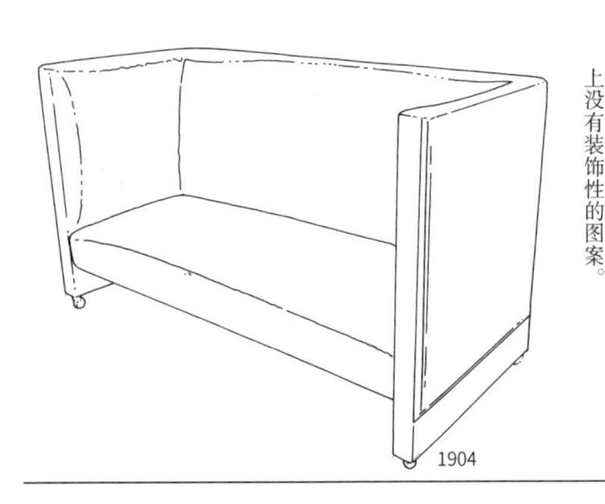

这是放在希尔住宅制图室中的沙发。前面有脚轮，后面不清楚有没有。沙发套上没有装饰性的图案。
1904

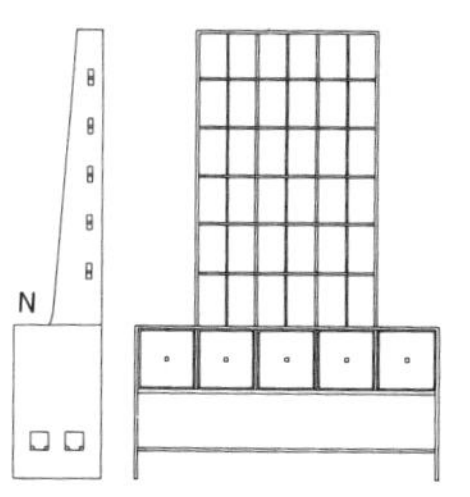

该作品是为希尔住宅的大厅设计的梳妆台，据草图所绘。从比例上看很容易联想成一把椅子。
1904

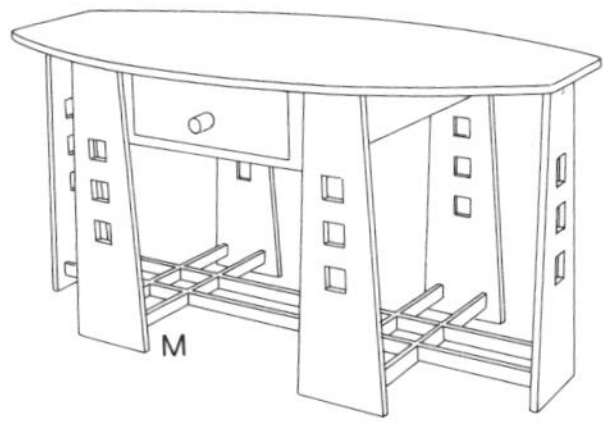

这是希尔住宅大厅里的桌子。这张桌子也充分体现了椅子设计上的很多细节。
1904

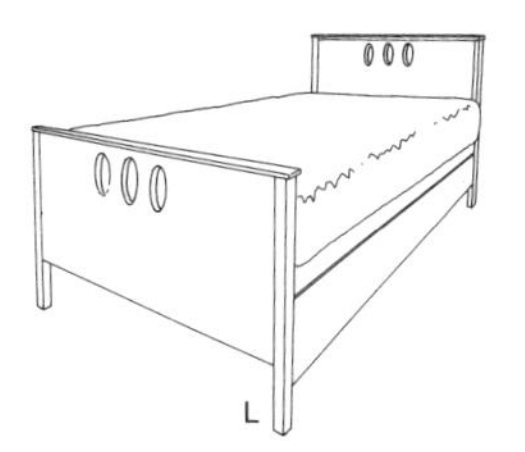

该作品是为希尔住宅的次卧设计的，资料中看不清脚部是圆的还是方的。
1903

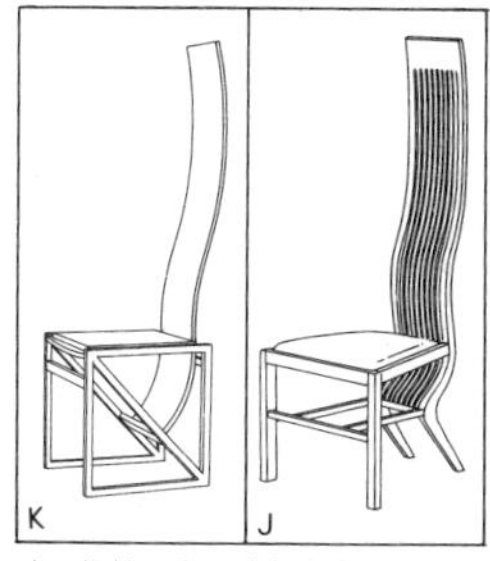

这两把椅子和马金托什的作品的整体架构很像。右边是矶崎新的梦露椅，椅背曲线的灵感来自玛丽莲·梦露的身体曲线。
1974
左边是黑泽纪章的EDO系列的作品。
1982

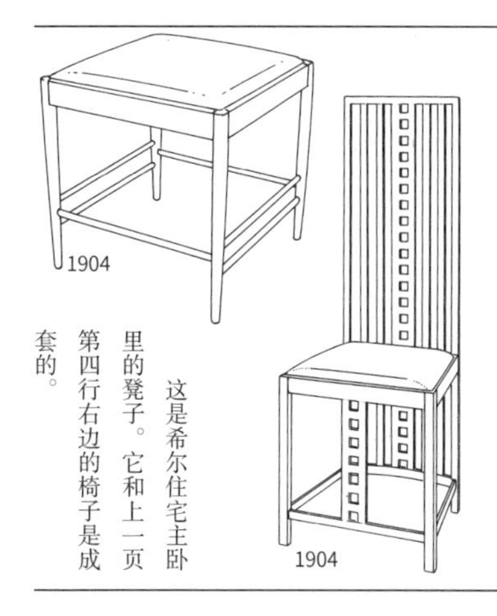

这是希尔住宅主卧里的凳子。它和上一页第四行右边的椅子是成套的。

该作品和希尔住宅的主人沃尔特·布莱奇的桌子是一同设计的，现在已被一家西班牙家具制造商生产上市。

1904

这是希尔住宅制图室里的扶手椅，是根据1902年国王的玫瑰中的作品改造而成的。

1904

这是希尔住宅大厅里的椅子。座位为草编席，框架为橡木制。现在还保存在原处。

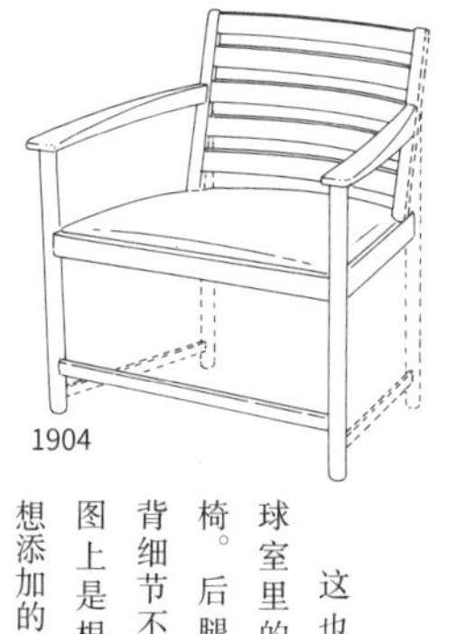

这也是台球室里的扶手椅。后腿和椅背细节不清楚，图上是根据联想添加的。

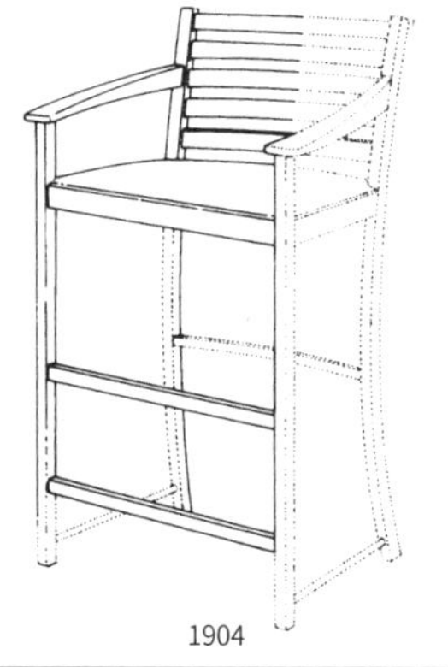

这是希尔住宅中的台球室里的椅子。座位设计得很高，以便很好地俯瞰球台。图片资料中，椅子的右半部分不太清楚，应该是图中这样。

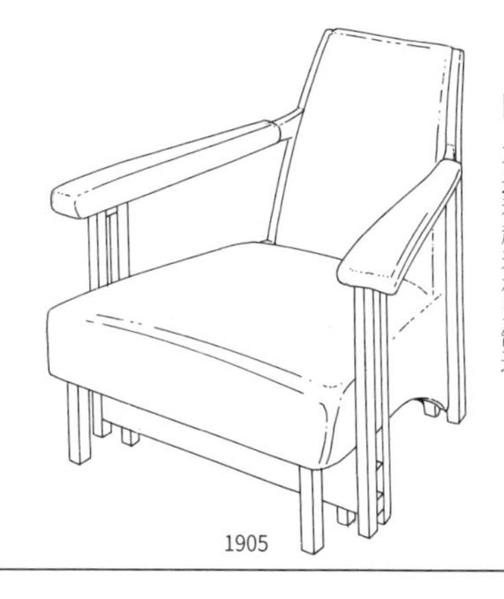

这是希尔住宅制图室里的安乐椅。这一时期作品的线条设计风格与之前迥然不同，不过看起来相当舒适。

这也是白色卧室里的椅子，靠背做成垂帘状，富于装饰性。

1904

这是希尔住宅白色卧室里的小椅子，放在带华盖的双床的床尾。

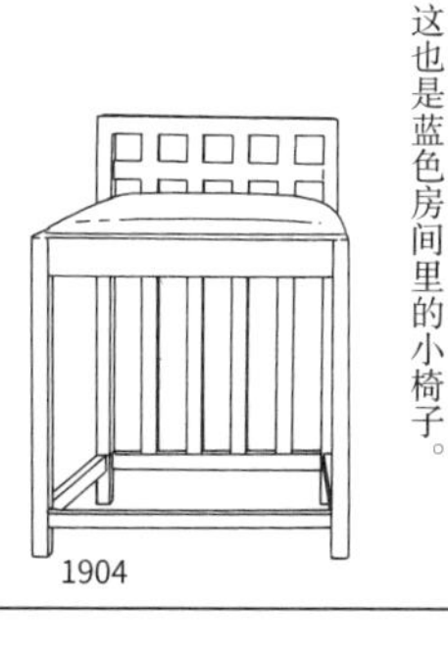

这也是蓝色房间里的小椅子。

这是希尔住宅蓝色房间里的小椅子。这间卧室装修得最为精美。

1868—1928

查尔斯·雷尼·马金托什

第 3 小节
佳士得拍卖会

1994 年 2 月，伦敦佳士得拍卖行举办了一场盛大的拍卖会，拍卖品都是马金托什的原创作品。

其中包括他创作初期的作品——为阿盖尔大街茶室设计的有名的高背椅，以及该茶室台球室里的两种扶手椅等七件作品。另外还有威罗茶室的两把梯背椅和为球员休息区设计的扶手梯背椅，还有中式双人沙发等。

其中的焦点是马金托什家中的装饰架，一共只制作了两件，非常受欢迎。此外，拍卖会上还展示了各个家具相应的图纸和设计草图。还有马金托什继家具设计和建筑之后的第三大事业——水彩画，并且多幅作品也一一展出。

此次拍卖会上成交的作品高达 143 件，这几乎是史无前例的。但由于这些作品都被单独拍卖掉，所以现在也都不知道失散在何处。只希望将来能有美术馆将它们收购回来加以珍藏。

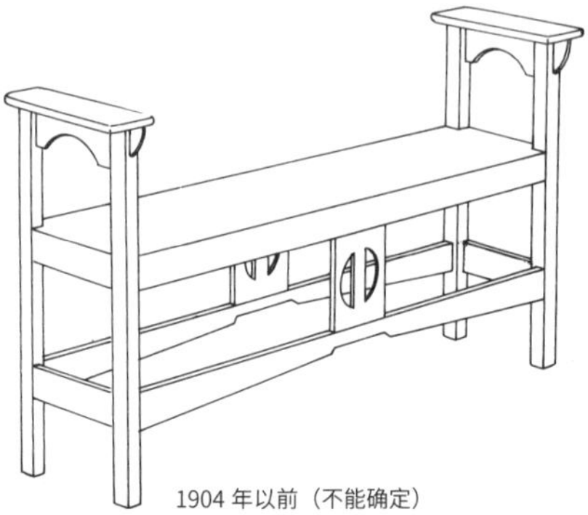

格拉斯哥美术大学校长办公室里的长凳。不过它并不是专门为这个房间设计的。

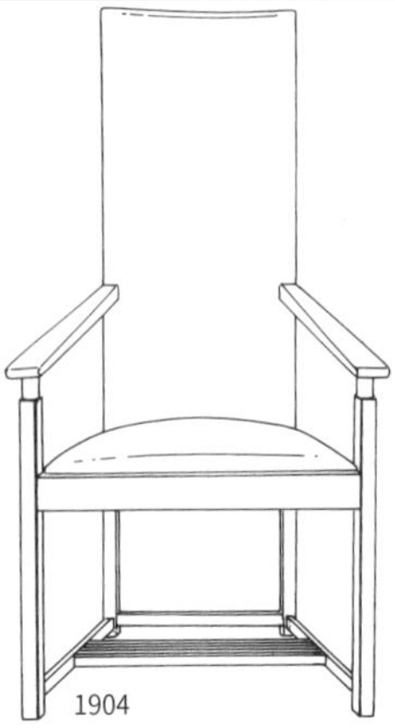

1904 年以前（不能确定）

该作品是为校长办公室设计的，只制作了两把。和低背椅相比，它的横档的位置和数目都不同。

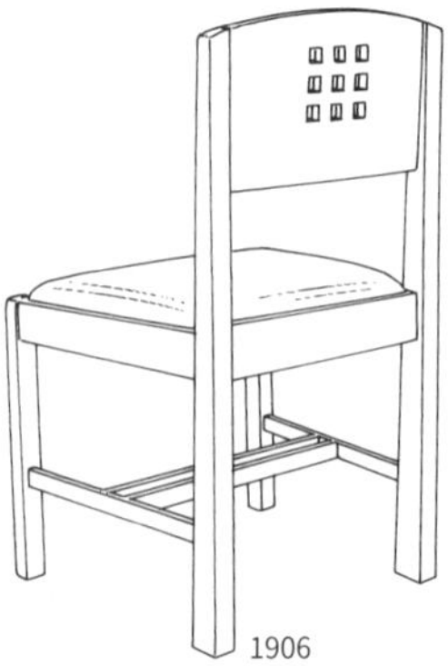

1904

该作品是为克玛科姆的『微风山丘』设计的，应该是下一行右边椅子的无扶手版。

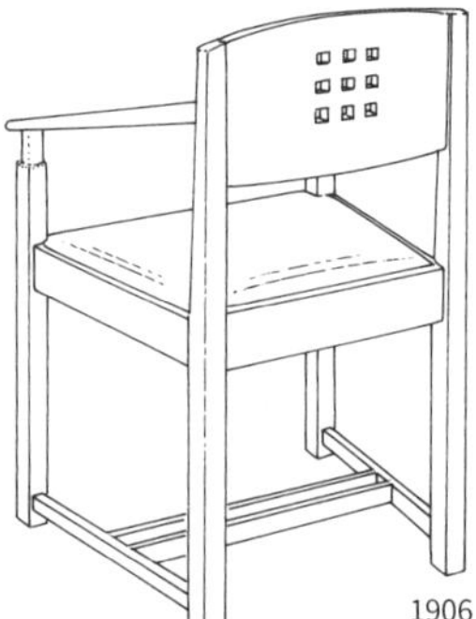

1906

该作品是为格拉斯哥美术大学的会议室设计的，有十二把。

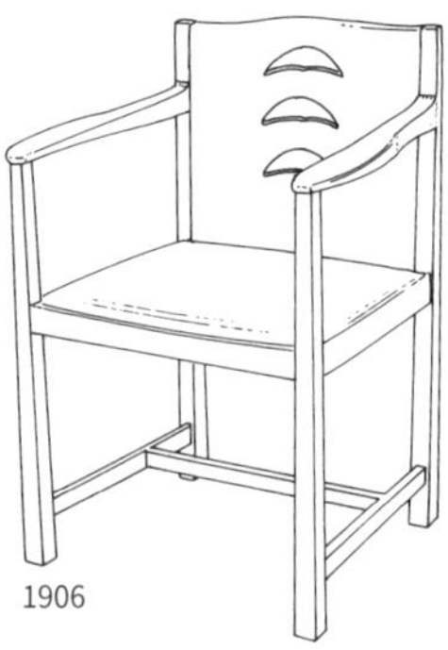

1906

该作品也是为会议室设计的。第 157 页中第四行介绍的作品及右图作品很像。它的靠背和扶手采用了曲线设计，风格优雅。靠背上的三个孔很有特色。

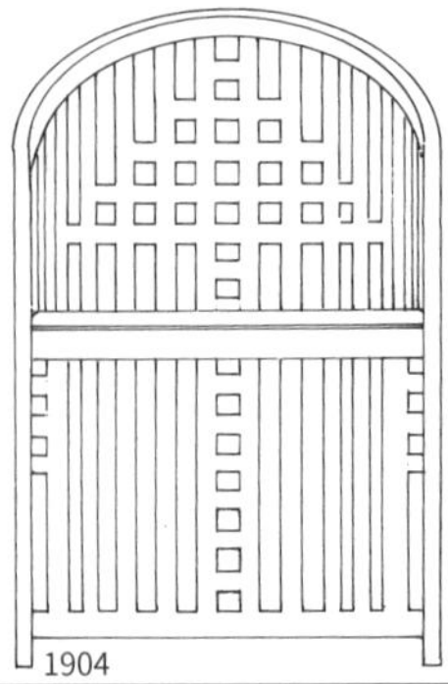

1906

该作品是为希尔住宅设计的。此图根据铅笔与水彩所画的立面图绘制而成。它是为白色卧室设计的，然而尚不清楚是否被实际制作成型。

1904

该作品也是为希尔住宅设计的，放在蓝色卧室的壁炉两旁，是一对。其靠背上方镶嵌有珍珠贝壳，最初，靠背是打算设计成多面的半圆形的。

1904

该作品放在蓝色卧室的床尾。它是由橡木制成，表面进行了染色，座位部分原有的布料现在已经不存在了。

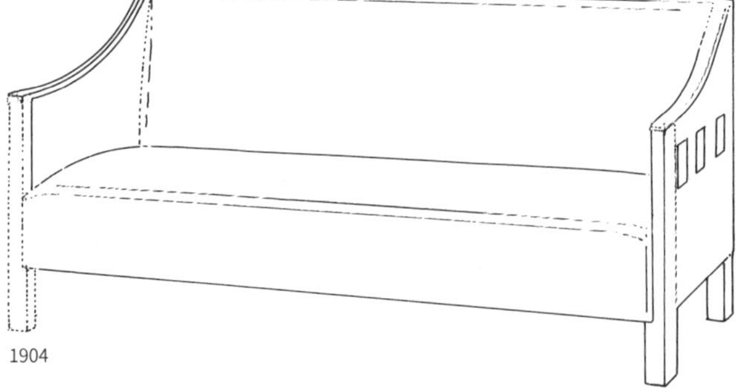

1904

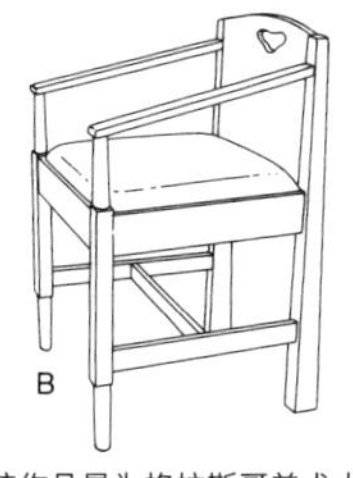

该作品是为格拉斯哥美术大学会议室设计的第一把椅子。它和上一页第三行的两个作品有很多相似之处。
1899

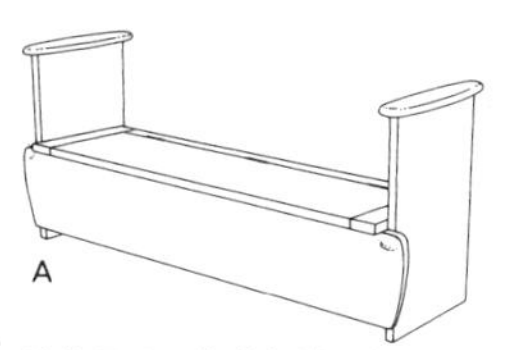

该作品是无靠背长凳。和上一页第二行右边的作品相比，风格较为圆润柔和。
1900

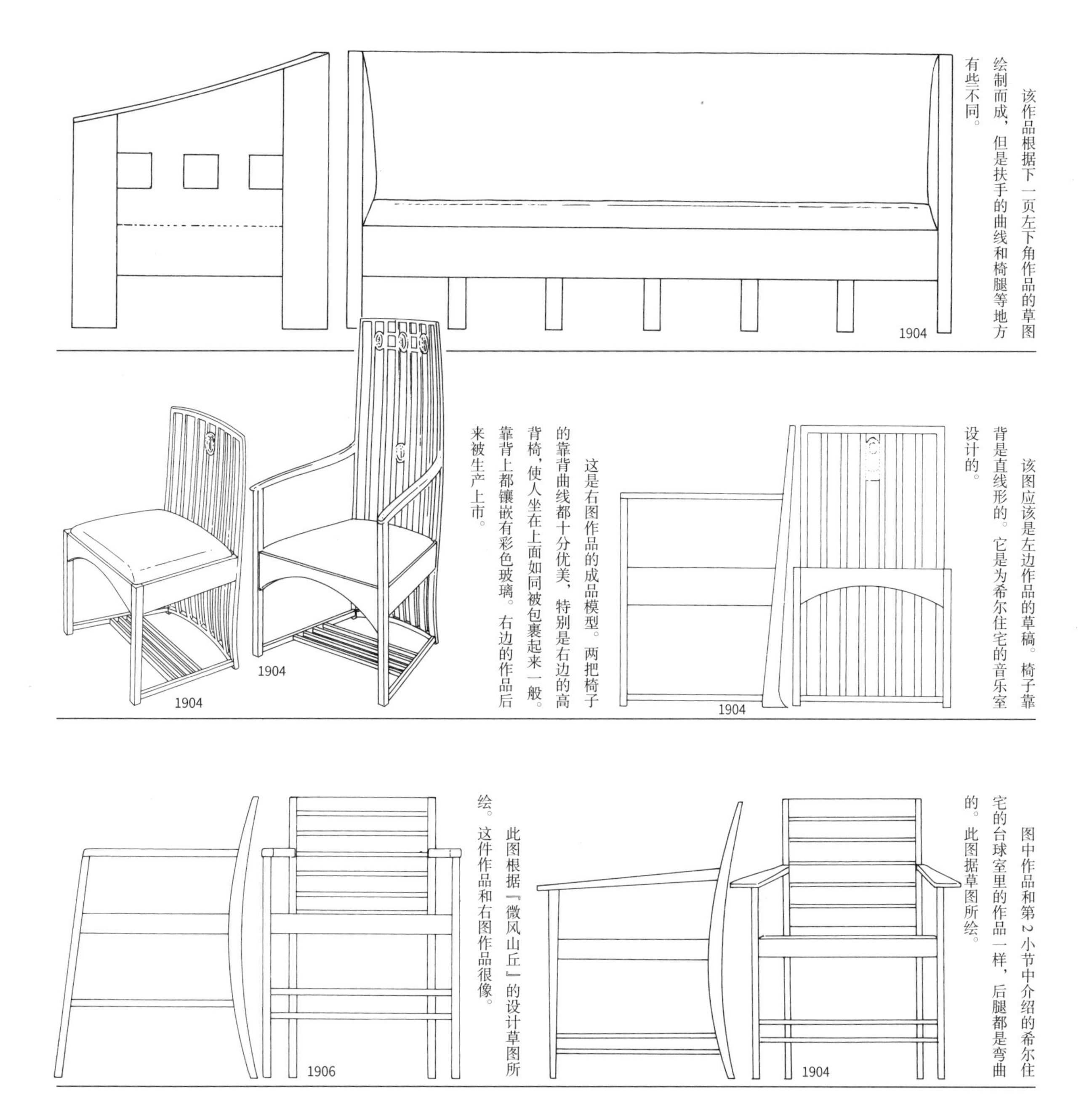

该作品根据下一页左下角作品的草图绘制而成，但是扶手的曲线和椅腿等地方有些不同。

该图应该是左边作品的草稿。椅子靠背是直线形的。它是为希尔住宅的音乐室设计的。

这是右图作品的成品模型。两把椅子的靠背曲线都十分优美，特别是右边的高背椅，使人坐在上面如同被包裹起来一般。靠背上都镶嵌有彩色玻璃。右边的作品后来被生产上市。

图中作品和第2小节中介绍的希尔住宅的台球室里的作品一样，后腿都是弯曲的。此图据草图所绘。

此图根据『微风山丘』的设计草图所绘。这件作品和右图作品很像。

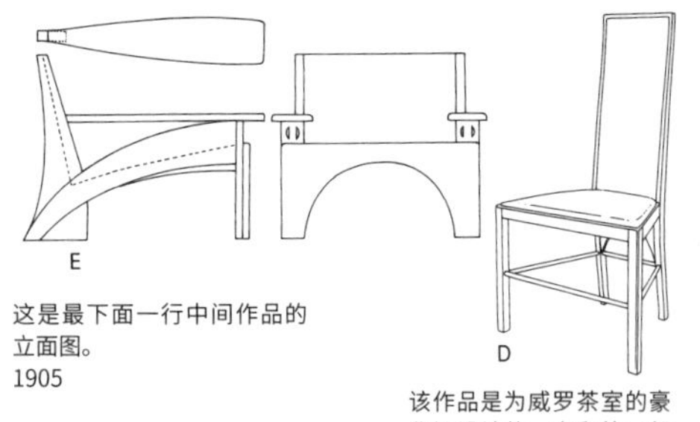

这是最下面一行中间作品的立面图。
1905

该作品是为威罗茶室的豪华间设计的，它和第三行左边的作品几乎完全相同。
1903

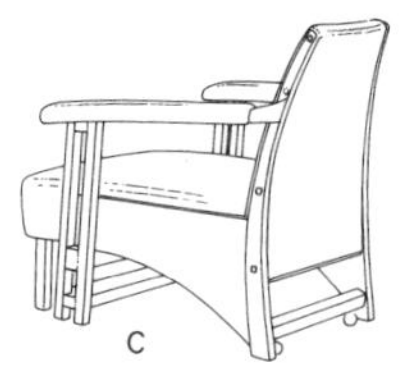

图中的椅子曾在希尔住宅的制图室里使用。它和第二行的安乐椅属于同一系列。第 2 小节中曾对其有所介绍，但当时的图里椅腿部分不清楚。这次笔者找到了从另外一个角度绘制的图片，因此在这里重新进行介绍。
1905

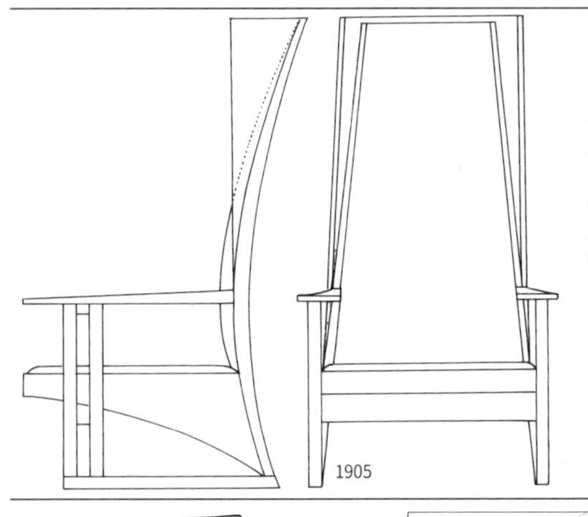
1905

该作品和右图作品来自于同一草图，但从椅腿和翼形靠背的设计来看，它和右图应该不是同一作品。

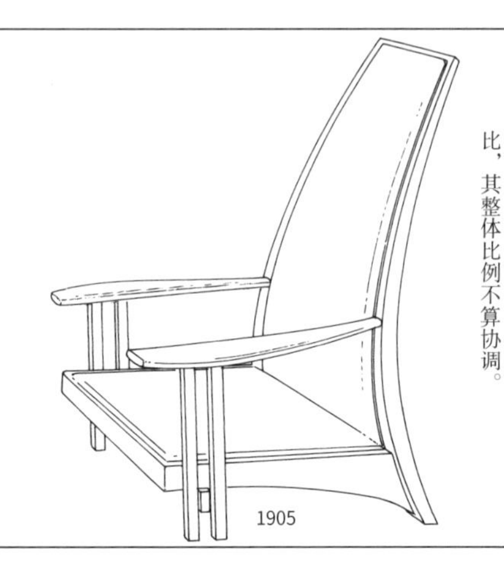
1905

该作品是为希尔住宅设计的。此图据草图所绘，可以看成是第2小节中介绍的作品（C图）的草图。和其他的高背椅相比，其整体比例不算协调。

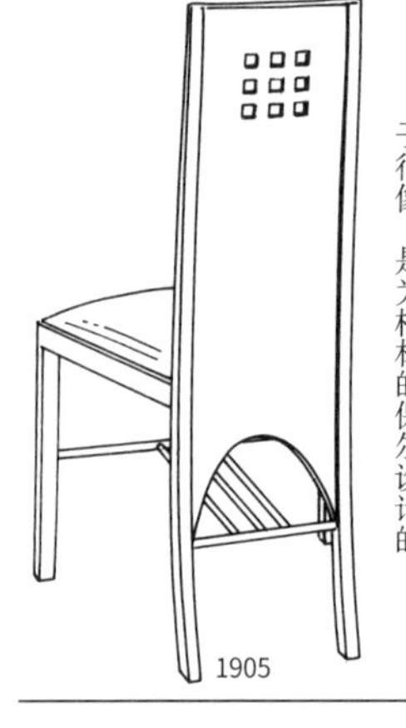
1905

该作品和为威罗茶室的豪华间里的椅子很像，是为柏林的保尔设计的。

该作品在第2小节中已经介绍过了。此图根据希尔住宅制图室的沙发的草图绘制而成。座位前边部分和沙发腿部分与众不同。

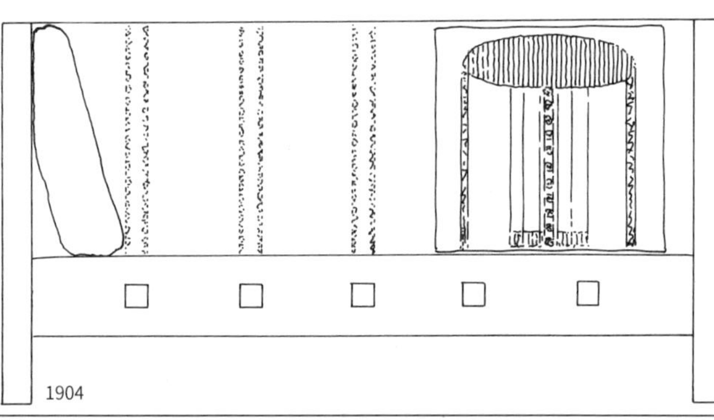
1904

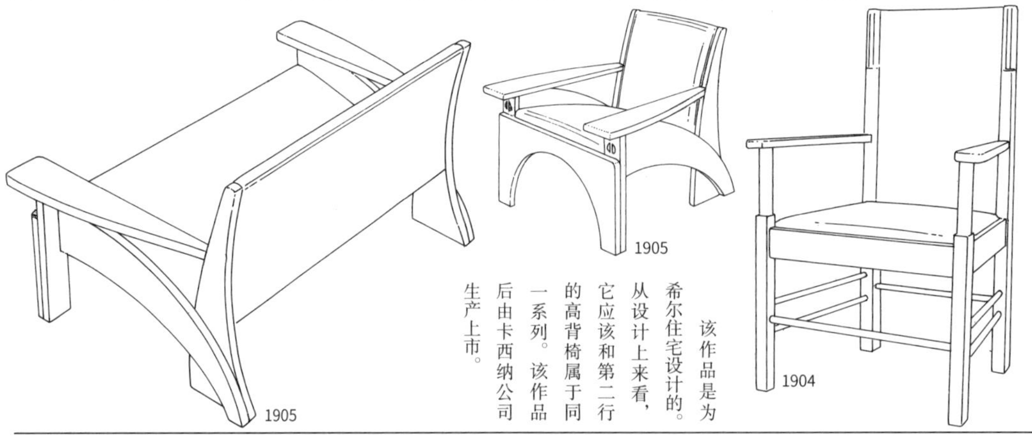
1905
1905
1904

该作品是为希尔住宅设计的。从设计上来看，它应该和第二行的高背椅属于同一系列。该作品后由卡西纳公司生产上市。

该作品是为艾伦桥的霍利·特里尼提教会设计的。它和格拉斯哥大学校长办公室里的椅子很像。现在还保留在原处。

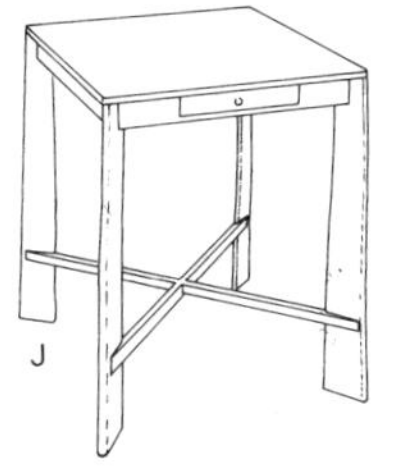

该作品是为希尔住宅的卧室设计的桌子（修改版）的实物模型。它强调对角线的设计。
1904

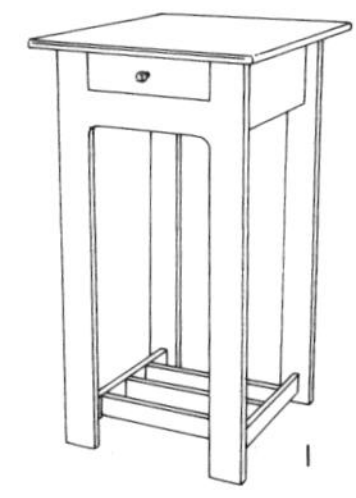

该作品是为希尔住宅的卧室设计的桌子，抽屉拉手用珍珠贝壳制作。
1904

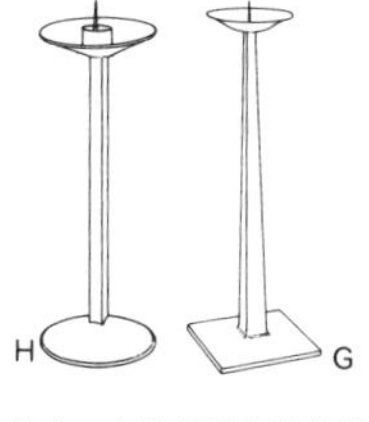

烛台。右边是希尔住宅里的物品，只制造了三个。左边是为格拉斯哥美术大学设计的。用镀镍黄铜制作。这两件作品都让人联想到日本的烛台。
1905

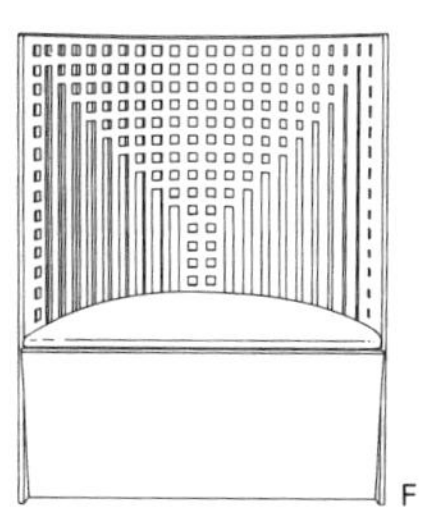

这是威罗茶室里的名作。后由卡西纳公司生产上市。
1904

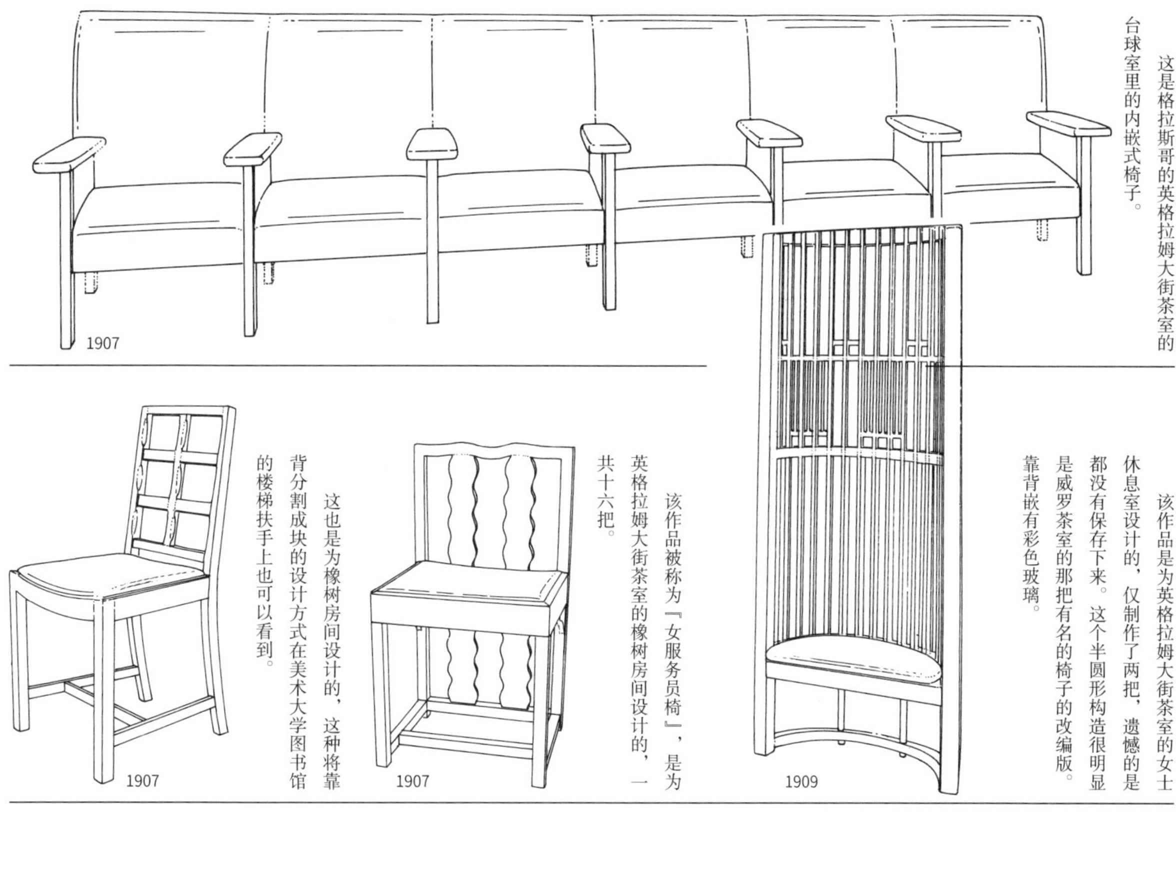

这是格拉斯哥的英格拉姆大街茶室的台球室里的内嵌式椅子。
1907

该作品是为英格拉姆大街茶室的女士休息室设计的，仅制作了两把，遗憾的是都没有保存下来。这个半圆形构造很明显是威罗茶室的那把有名的椅子的改编版。靠背嵌有彩色玻璃。
1909

该作品被称为『女服务员椅』，是为英格拉姆大街茶室的橡树房间设计的，一共十六把。
1907

这也是为橡树房间设计的，这种将靠背分割成块的设计方式在美术大学图书馆的楼梯扶手上也可以看到。
1907

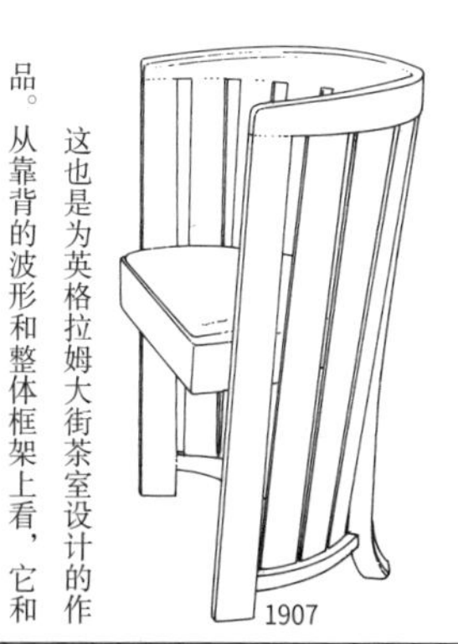

这是为英格拉姆大街茶室设计的。
1907

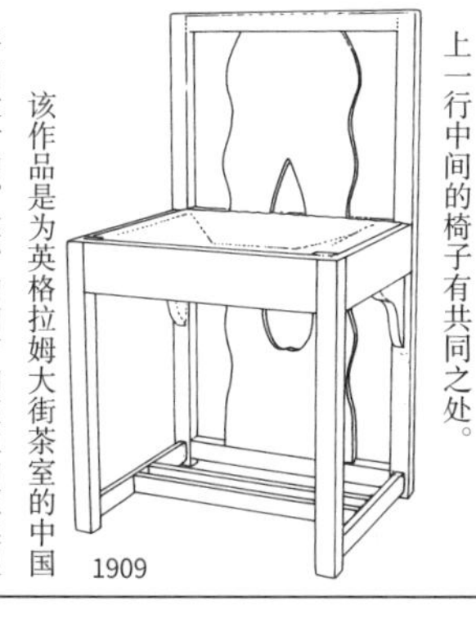

这也是为英格拉姆大街茶室设计的作品。从靠背的波形和整体框架上看，它和上一行中间的椅子有共同之处。
1909

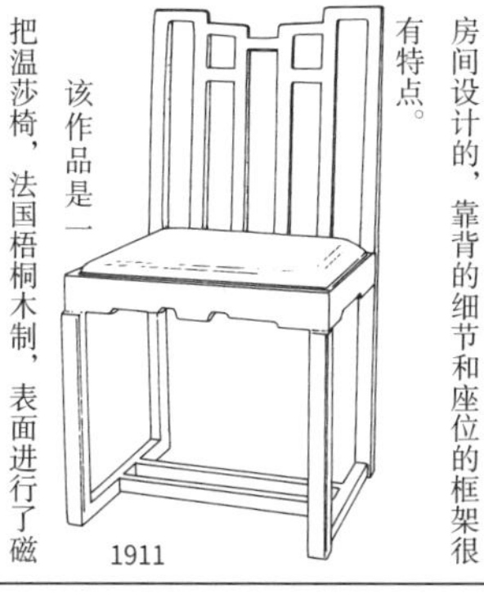

该作品是为英格拉姆大街茶室的中国房间设计的，靠背的细节和座位的框架很有特点。
1911

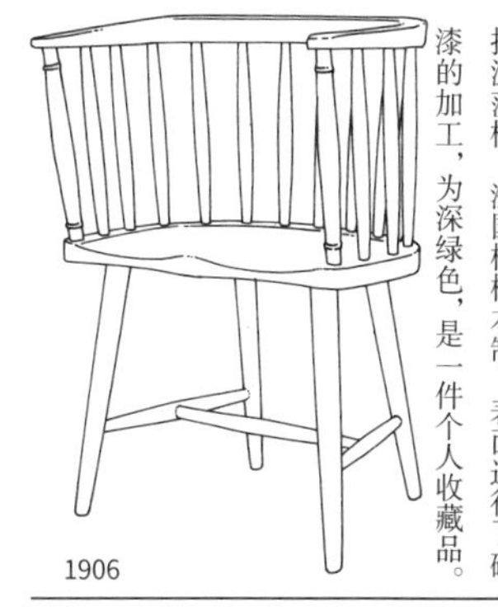

该作品是一把温莎椅，法国梧桐木制，表面进行了磁漆的加工，为深绿色，是一件个人收藏品。
1906

1868—1928

查尔斯·雷尼·马金托什

第 4 小节
和巴塞特洛克的相遇

马金托什于 1914 年离开了带给他无数成就的格拉斯哥，并开始了为期两年的休假。这两年中他形成了独特的绘画风格，为之后的画家生涯奠定了基础。尤其是以花草、风景为主题的水彩画，都相当出色。

从格拉斯哥到了伦敦以后，他一直没有机会从事建筑方面的工作，直到遇见工学机器模型制造公司的老板——巴塞特洛克。巴塞特洛克和之前的客户不同，他研究并懂得欣赏马金托什的作品，并且不在乎其他人对马金托什的评价。马金托什在与巴塞特洛克的共事中创造出了一种全新的风格。可以说，是巴塞特洛克帮助马金托什迈上了新的台阶。

但与此同时也有一件事是马金托什未曾经历过的，那就是在设计工作中也必须采用巴塞特洛克的设计。此外，指导工匠来制作马金托什所设计的家具的也是巴塞特洛克，而非马金托什本人。他按照德意志制造联盟的制作标准来要求德国工匠以及自己公司的员工，从而诞生了一系列比马金托什在格拉斯哥设计的家具完成度更高的作品。

这一时期的作品虽然在日本没有受到很高的评价，但是它们和维也纳分离派有

1910—1912

该作品是为马金托什的装修承包商，也是他的好朋友——威廉·道格拉斯设计的。椅子为美国梧桐木制，表面进行了深色的着色加工。座位面料应该是鬃毛制。

1912

该作品用松木制造，染深色漆，是为希尔住宅设计的花园用椅。现在也保留在原处。约瑟夫·霍夫曼也设计过类似的作品。

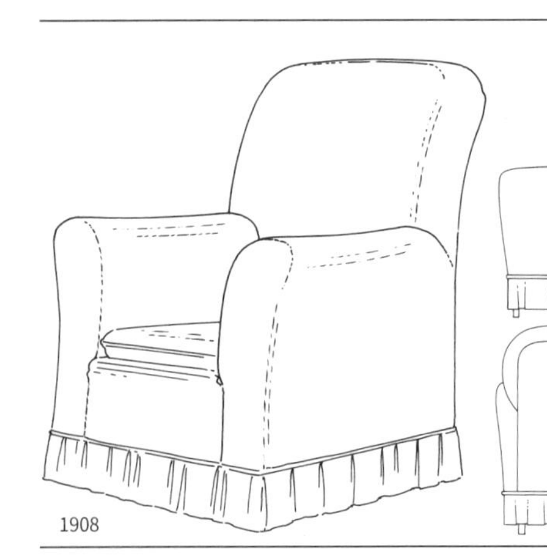

1908

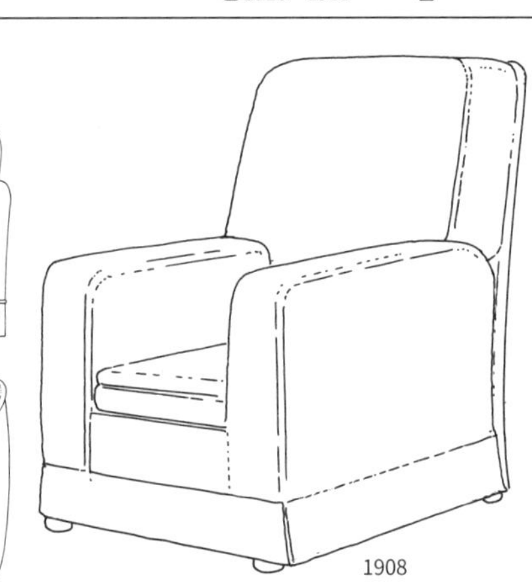

1908

该作品是为希尔住宅设计的。虽然它看起来平淡无奇，但舒适度似乎很高。

1909

该作品是为希尔住宅的保卫室设计的，虽然设计了十六把，但现在却只找到一把。它由山毛榉木制成，表面进行了深色的着色加工，是由温莎椅改造而成的。草图显示它设计有五条椅腿。

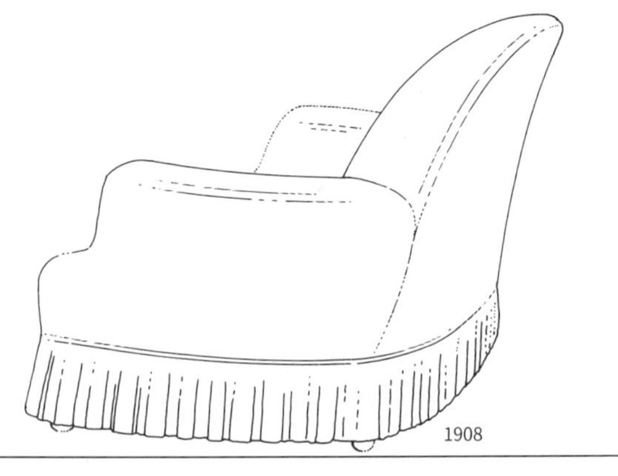

1908

上一行的安乐椅是根据草图所绘的，这件作品应该是其实物模型。该作品放在希尔住宅的制图室里的壁炉前，虽然笔者只找到它的侧视图，但推测它应该可以容纳二到三人。

着紧密的联系，而且其中包含的许多诸如中国风的作品都令人充满兴趣。笔者也希望它们能重新得到关注和研究。

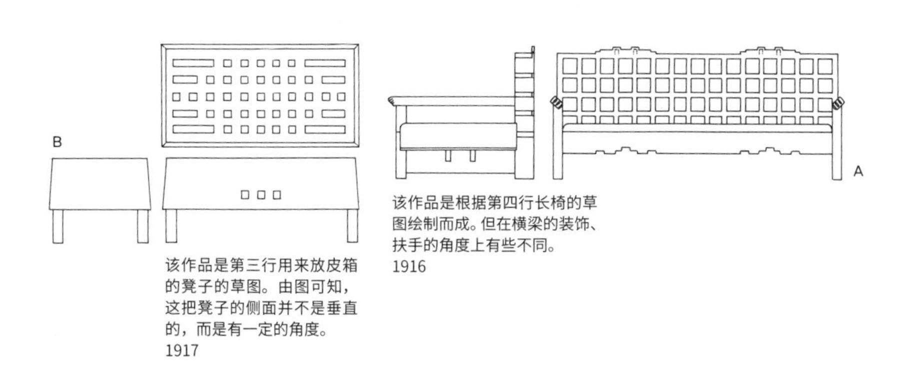

该作品是根据第四行长椅的草图绘制而成。但在横梁的装饰、扶手的角度上有些不同。
1916

该作品是第三行用来放皮箱的凳子的草图。由图可知，这把凳子的侧面并不是垂直的，而是有一定的角度。
1917

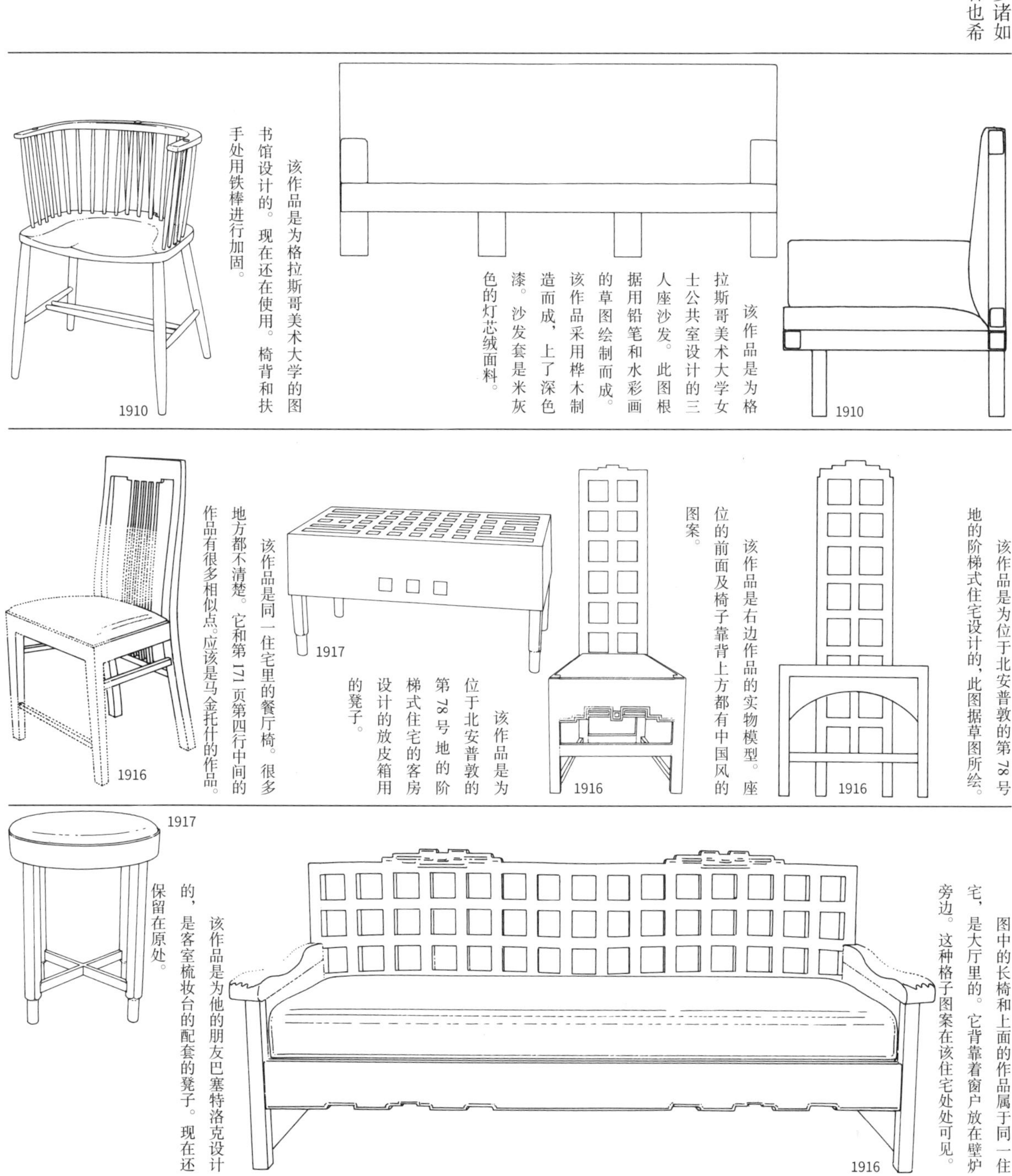

该作品是为格拉斯哥美术大学女士公共室设计的三人座沙发。此图根据用铅笔和水彩画的草图绘制而成。该作品采用榉木制造而成，上了深色漆。沙发套是米灰色的灯芯绒面料。
1910

该作品是为格拉斯哥美术大学的图书馆设计的。现在还在使用。椅背和扶手处用铁棒进行加固。
1910

该作品是为位于北安普敦的第78号地的阶梯式住宅设计的，此图据草图所绘。
1916

该作品是右边作品的实物模型。座位的前面及椅子靠背上方都有中国风的图案。
1916

该作品是为位于北安普敦的第78号地的阶梯式住宅的客房设计的放皮箱用的凳子。
1917

该作品是同一住宅里的餐厅椅。很多地方都不清楚。它和第171页第四行中间的作品有很多相似点。应该是马金托什的作品。
1916

图中的长椅和上面的作品属于同一住宅，是大厅里的。它背靠着窗户放在壁炉旁边。这种格子图案在该住宅处处可见。
1916

该作品是为他的朋友巴塞特洛克设计的，是客室梳妆台的配套的凳子。现在还保留在原处。
1917

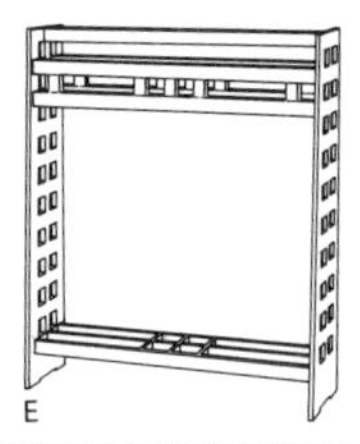

该作品是为阶梯式住宅的客卧设计的毛巾架。马金托什连这种细小的家具也设计了。
1917

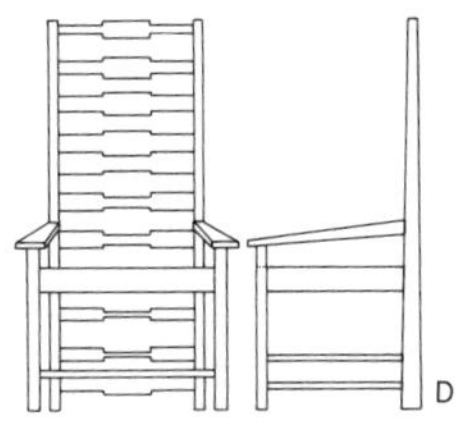

该作品根据下一行右边作品的草图绘制而成。成品模型中靠背板更细，给人一种尖锐之感。主视图中省略了侧面的横梁。
1917

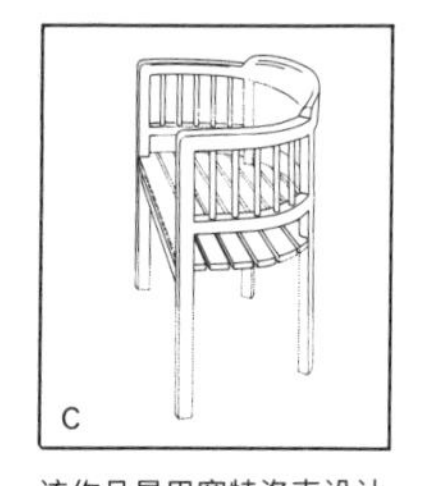

该作品是巴塞特洛克设计的阳台用椅子。可以看出它受到了约瑟夫·霍夫曼以及分离派的影响。
1916

该作品是为阶梯式住宅的客卧设计的。这种梯背椅子在希尔住宅、威罗茶室里也有很多。

这是阶梯式住宅中主卧里的椅子。

该作品是为阶梯式住宅的客房设计的梳妆台的凳子。这件作品也强调格子图案的运用。现保存在格拉斯哥美术大学里。

该作品是为阶梯式住宅的客房设计的。在这个住宅中，格子和长方形是主题元素，这个作品也不例外，其框架上排列着许多方块图案。

该作品和上一页第三行的作品相同，也是放皮箱用的。虽然放在同一房间里，设计却不一样。

该作品和上一页第三行的作品属于同一系列。为了提高舒适性，在座位上安有厚厚的坐垫。

该作品是为威罗茶室的球员席设计的。此图根据立面草图所绘。

该作品是为威罗茶室设计的。不知是否制成了成品。

该作品也是为球员席设计的。它曾被实际制作成型，后由卡西纳公司复原。

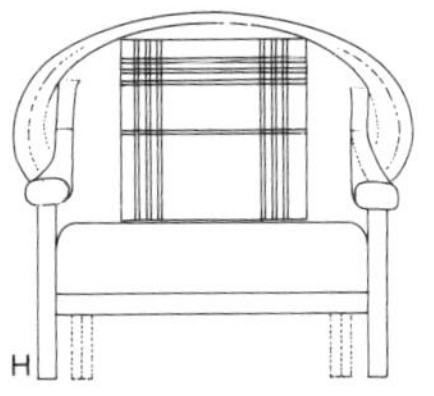

该作品是为威罗茶室的球员席设计的。
1917

该作品是为坎迪达小屋（受巴塞特洛克委托，在北安普敦建的一个住宅）设计的配餐桌。它由橡木制作，经过染色，打蜡后完成。
1918

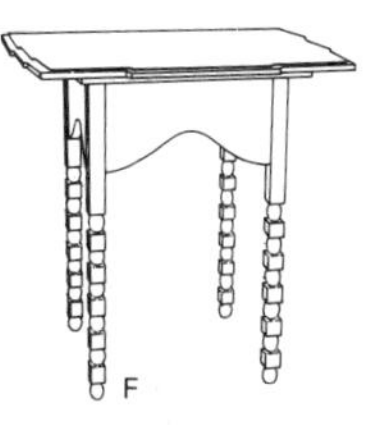

该作品是为阶梯式住宅设计的桌子。桌子腿是正方体和圆球交替叠加而成的。
1917

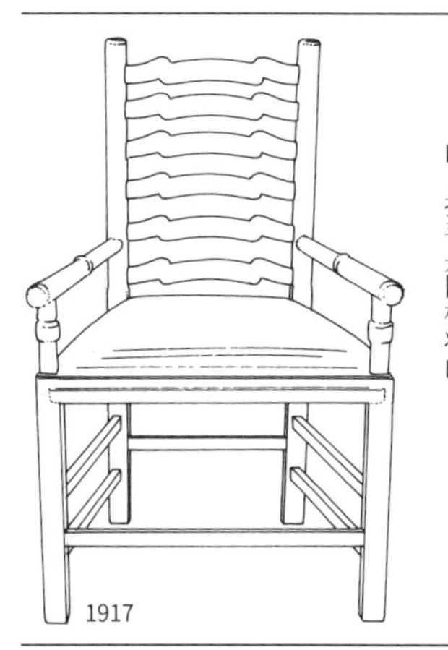
1917

这个梯背椅也是威罗茶室球员席里的。扶手是圆柱状的。

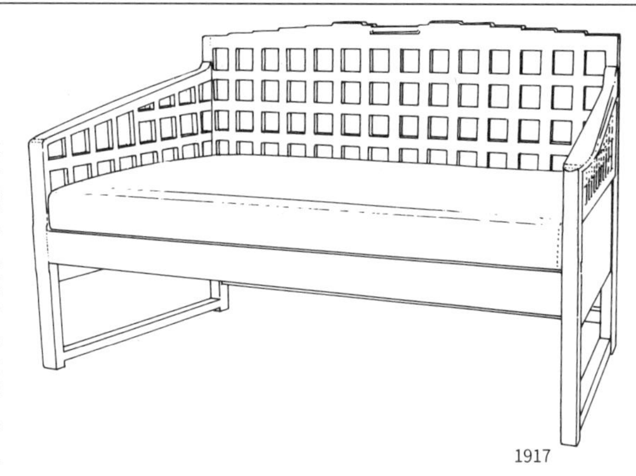
1917

该作品曾在1994年2月的伦敦拍卖会上展出，是威罗茶室球员席里的长椅。它和第169页第四行的作品很像。这些作品中的很多细节在英格拉姆大街茶室中的中国风椅子上也可以看到。

1917

该作品和右边的属于同一系列，后都由卡西纳公司生产上市。

1917

该作品是为阶梯式住宅的主人，也是『设计和工业协会』的初期会员——巴塞特洛克设计的。它和1904年为希尔住宅大厅设计的椅子很像，只不过它的设计更为轻巧。

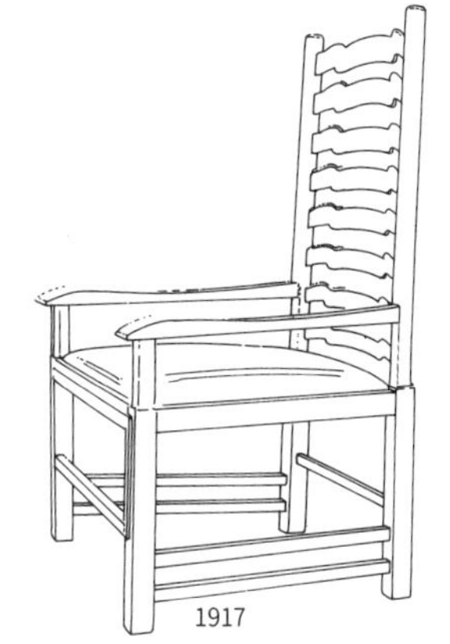
1917

该作品也是威罗茶室球员席里的。它和上一行左边的椅子很像，只不过这个椅子靠背比较高，扶手也带曲面。

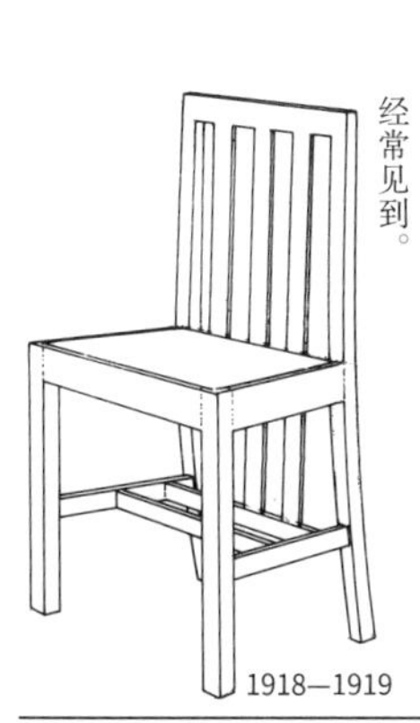
1918—1919

该作品是坎迪达小屋的卧室里的。像这种椅子靠背和座下横档连接在一起的设计，在约瑟夫·霍夫曼的作品中也经常见到。

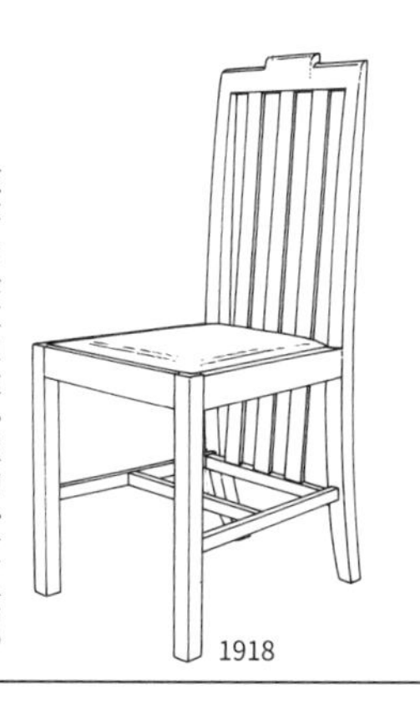
1918

该作品是为坎迪达小屋设计的餐椅，设计非常雅致。

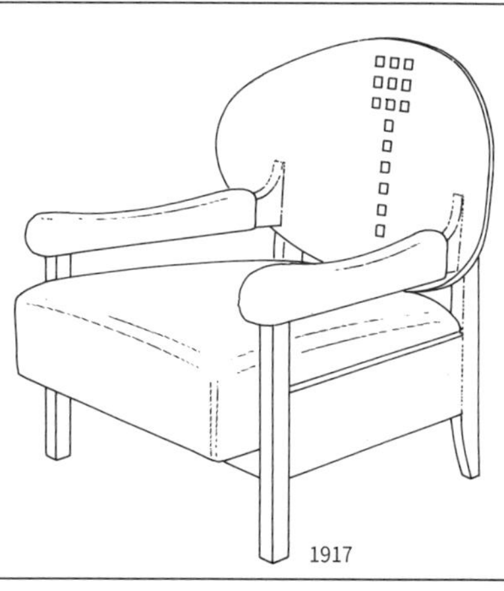
1917

这把安乐椅在威罗茶室和巴塞特洛克餐厅的设计草图中出现过。后由一家西班牙家具制造商生产上市。

1870—1956

约瑟夫·弗朗茨·玛丽亚·霍夫曼

第 1 小节
1870—1897 年间

约瑟夫·弗朗茨·玛利亚·霍夫曼（以下简称霍夫曼），1870 年出生在捷克比拉茨的一个富人家庭。他是 20 世纪初的维也纳的代表人物，是一位综合型的艺术家。他就读于布鲁诺的国立工艺学校，并以第一名的优异成绩毕业。1892 年后，他在维也纳美术学院跟随奥托·瓦格纳进行学习，其毕业设计（白色的意大利风格别墅，配有不规则的窗户等。这部作品是他早期建筑风格的开始）获得了罗马奖。他用这笔奖金去意大利旅行。1895 年，还在学院学习的他成立了『7 人俱乐部』协会。这个协会以建筑师和画家为中心，旨在向维也纳介绍新艺术。其中的会员有建筑师奥尔布里奇、画家穆塞尔等。他们之间的交流在很大程度上推动了后来的艺术运动的开始。从美术学院毕业后，霍夫曼和奥尔布里奇一同在瓦格纳的事务所里工作，并参与了维也纳市营铁路的设计。1897 年 4 月，由于意见不合，霍夫曼退出维也纳美术家联盟，然后成立了奥地利造型艺术家联盟（分离派）。

1898

该作品是霍夫曼最早期的作品。采用山毛榉木，和英国设计师马金托什的作品有些类似，从这些作品上可以看到工艺美术和新艺术的影子。

1898

图中的凳子是霍夫曼为朋友穆塞尔的画室设计的。该作品和右边的椅子一样，其直线和曲线的组合非常漂亮。

1899

霍夫曼留下了大量的家具设计作品，但其中有很多都没有实际制作成型。这个作品也是从室内设计的草图中找到的。

1899

从凳子两边的大圆孔设计可以看出它和马金托什的作品有些共同之处。这件作品是厨房用椅。

1899

这是曾在 1899 年举办的第四届巴黎分离派展览会上参展的作品。这种翼椅后来出现了很多种，但是这一种是比较朴素、接近原始的模型。

1899

这个作品和右边一样，也是该展览会上的展品。它在墙壁内形成了一个巨大的拱形，椅子底部在拱形中。

1899

该作品和右边一样也是该展览会上的。是直线形设计的作品。

1899

这也是曾在第四届巴黎分离派展览会上参展的作品。由于照片较小，细节之处看不清楚。但是可以看出，它受到了 18 世纪英国家具风格的影响。希望读者可以将之与丹麦设计师凯尔·柯林特的作品进行比较。

1899

该作品应该是右边作品的升级版，从优雅的风格向刚硬转变了一些。在这一时期，阿道夫·路斯也设计了类似的作品。

1899—1900

这是曾在奥地利产业美术馆的冬季展中参展的作品。椅子靠背设计得很柔软。

F

这是法国著名设计师菲利浦·斯达克的代表作。靠背的曲面是按照人的背部曲线来设计的，因而比较舒适。
1985

E

这是丹麦设计师凯尔·柯林特的名作，它和上一页第四行右边的作品在整体结构上有共同之处。
1914

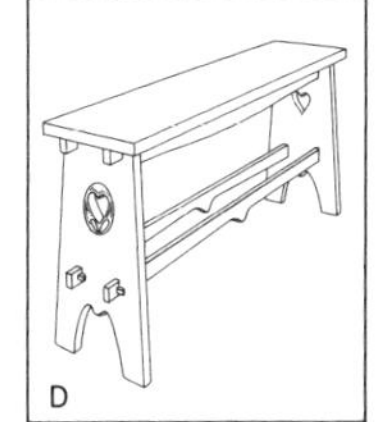

D

这也是马金托什设计的长椅。在木板两侧做了精美的镂空，更具其设计特色。
1897

C

马金托什设计的凳子（在第 156 页介绍过）。从这里可以看出，维也纳的设计师们曾在很大程度上受到过他的影响。
1897

B

这是阿道夫·路斯设计的扶手椅。他和霍夫曼同岁，两人在同一时期留下了很多相似的作品。
1898

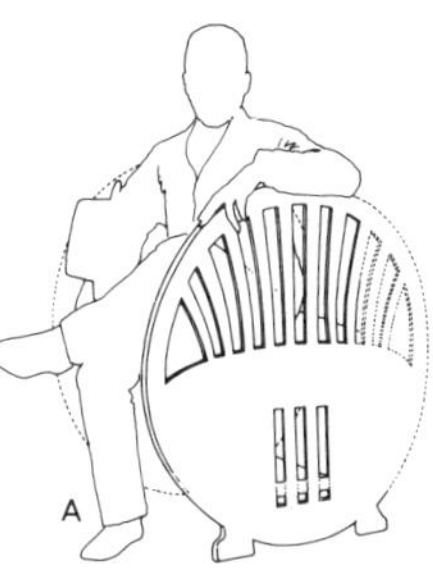

A

该作品和第 172 页第二行的凳子有相似的镂空，是一个罕见的、带扶手的凳子。这种圆形扶手后来出现在摇椅中。
1898

1900

和右边作品相比，这件作品的扶手设计得很高。由此看来，仅仅改变扶手的位置，椅子的整体比例就会变化很多。

1900

这个作品可以看作是右边椅子的升级版。前腿加入了镂空元素，风格优雅。椅子靠背和座位面料还运用了很多曲线设计。

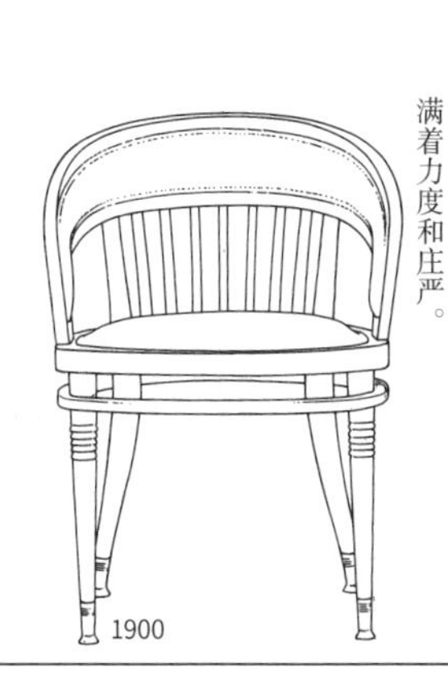

1900

该作品是第 172 页第四行的三种椅子的升级版。截至这一时期，其作品风格充满着力度和庄严。

1900

该作品让人联想到马金托什的作品。通过设计这些带曲线的镂空图案，避免了作品的单调。

1900

该作品和右边的作品是为同一建筑设计的。

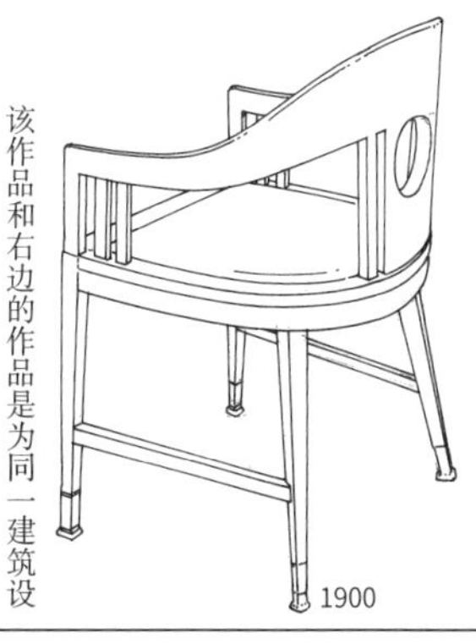

1900

这个作品是在一系列作品的基础上发展而来的。椅子靠背上的圆形镂空也出现在配套的桌子上。

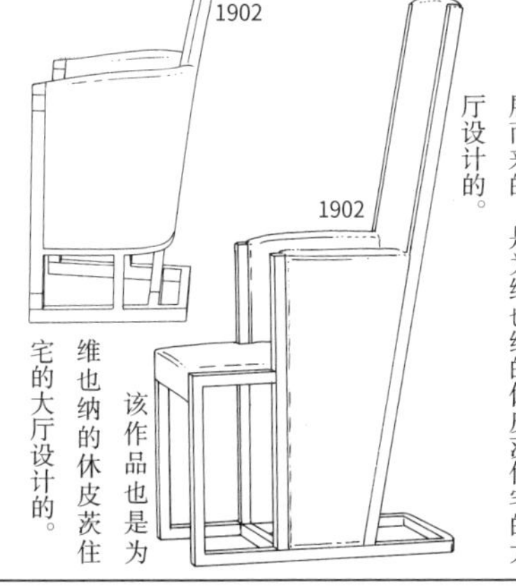

1902

1902

该作品也是为维也纳的休皮茨住宅的大厅设计的。

这把安乐椅是在右边椅子的基础上发展而来的，是为维也纳的休皮茨住宅的大厅设计的。

1901—1902

该作品很好地运用了曲面。数年前，菲利普·斯达克也设计过类似的作品。

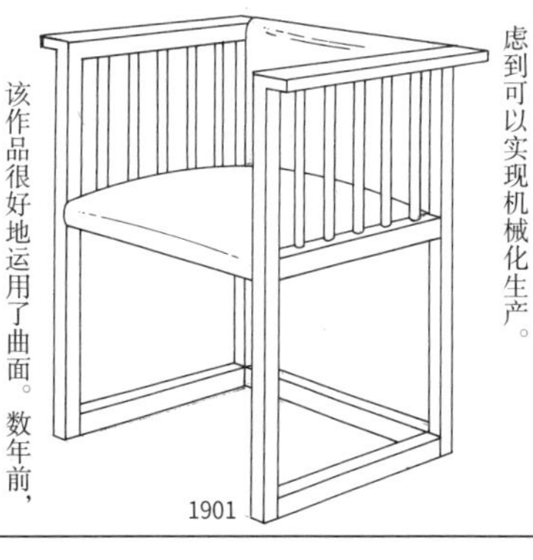

1901

霍夫曼曾担任维也纳工艺美术学校的教授，这是他在学校展览会上参展的作品。立方体形设计就是从此开始的，可能是考虑到可以实现机械化生产。

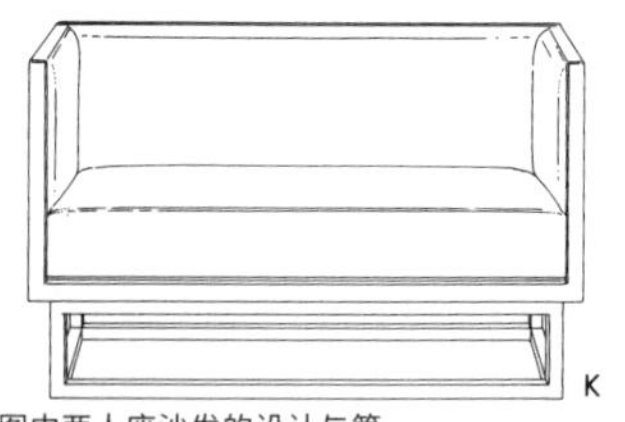

图中两人座沙发的设计与第三行左数第二个椅子的设计相同。
1903

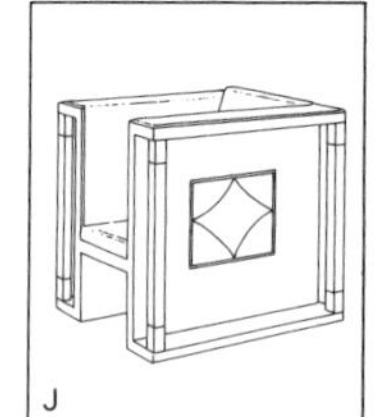

德国设计师汉斯·克里斯切森设计的扶手椅。它和第四行左边霍夫曼设计的作品惊人的相似。
1911 年左右

霍夫曼的朋友穆塞尔设计的扶手椅。镶嵌工艺非常精美。
1904

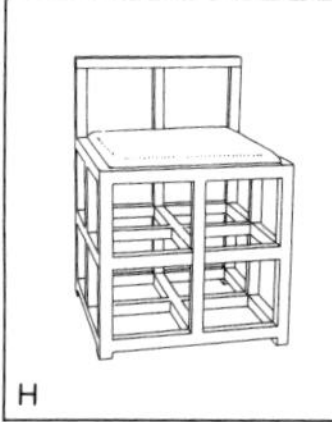

马金托什为威罗茶室设计的小椅子。格子的组合方式等可以看出其和霍夫曼的作品有很多相似之处。
1903

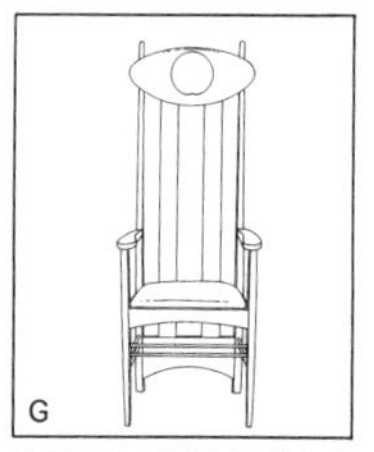

这是马金托什为阿盖尔大街茶室设计的高背椅。读者可以将之与霍夫曼的作品进行比较。
1899

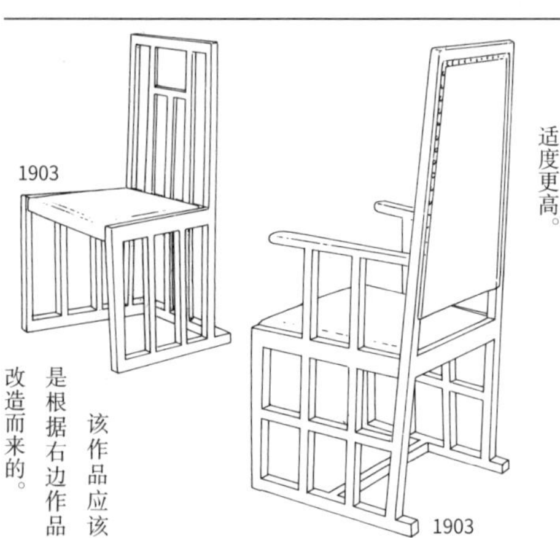

1903

该作品应该是根据右边作品改造而来的。

1903

该作品虽然和右边的作品很像，但舒适度更高。

1902

与马金托什的高背椅表达的象征主义不同，霍夫曼的作品更强调椅子关键部分的保护功能和实用性。该作品是为汉斯·扎鲁茨住宅的大厅设计的。

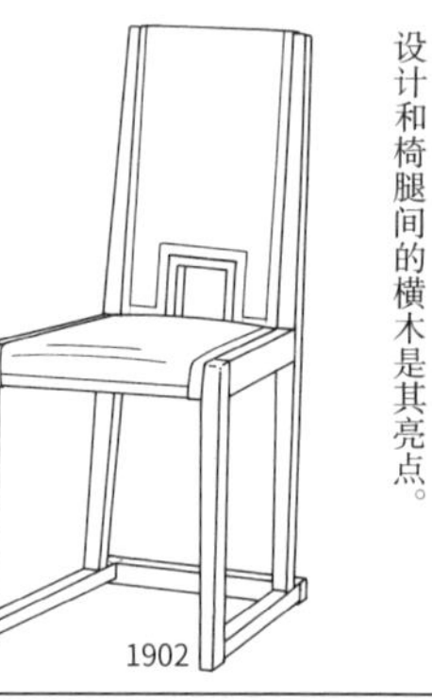

1902

这是用德国云杉制作的餐椅。直线形设计和椅腿间的横木是其亮点。

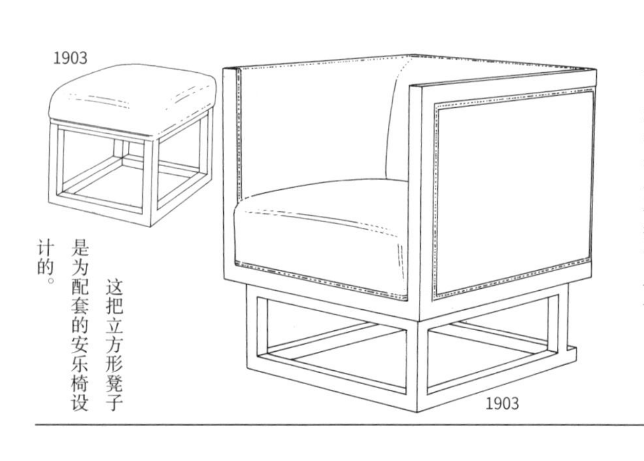

1903

这把立方形凳子是为配套的安乐椅设计的。

1903

左边两个作品都被维托曼公司生产上市。穆塞尔可能也参与了设计。

1903

该作品和右边的椅子应该是为同一建筑设计的。它和马金托什设计的小椅子很像。

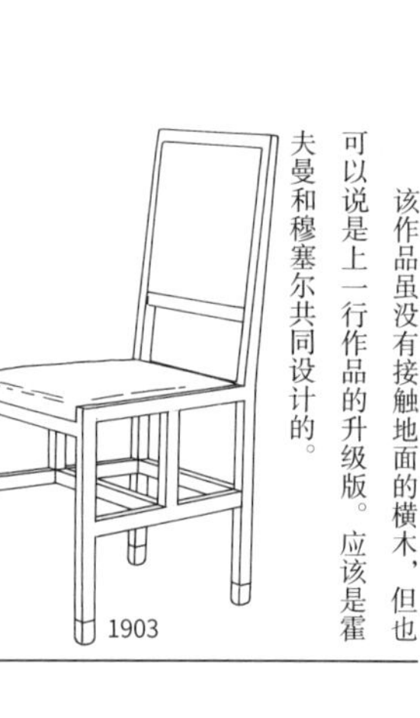

1903

该作品虽没有接触地面的横木，但也可以说是上一行作品的升级版。应该是霍夫曼和穆塞尔共同设计的。

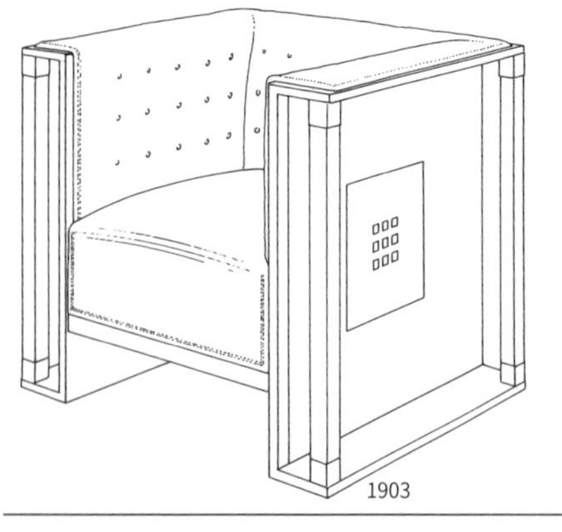

1903

这个作品也是为休皮茨住宅设计的。应该也是和穆塞尔共同完成。

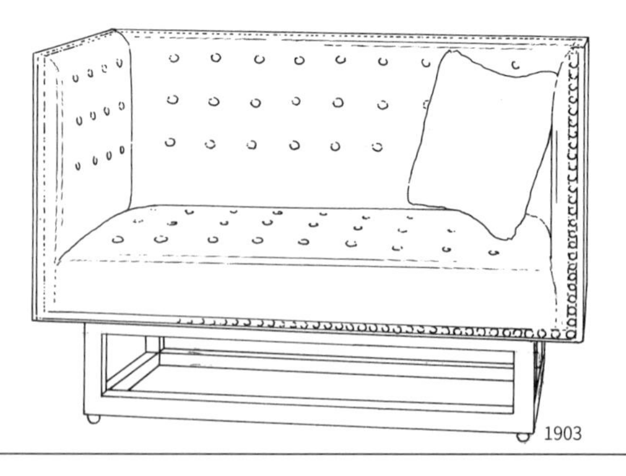

1903

该作品和由维托曼公司生产上市的作品很像。它是为休皮茨住宅设计的。图钉和纽扣是其亮点。

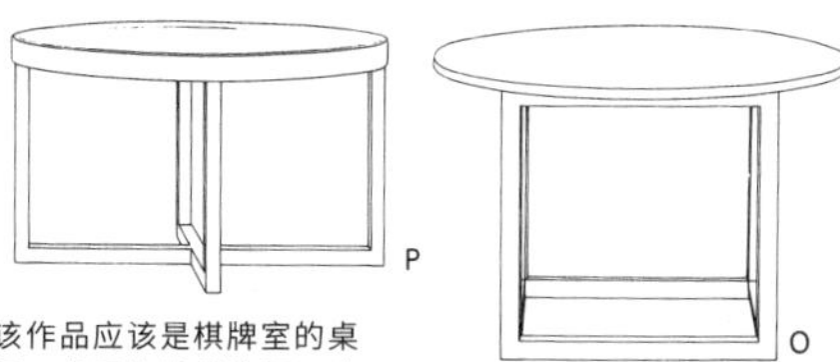

P

该作品应该是棋牌室的桌子，桌子边缘是曲面，方便抓牌。
1905

O

这是一张大理石面的桌子。丹麦设计师保罗·克耶霍尔姆后来也发表过类似的作品。
1902

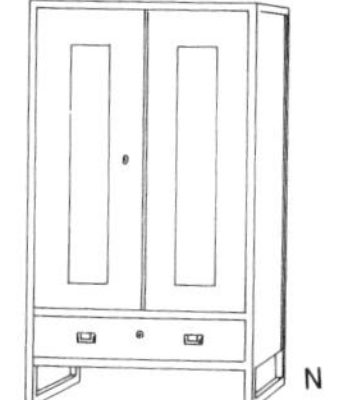

N

有底脚支撑的挂衣橱。这件作品的把手和日本五斗橱上的五金很像。
1903

M

新艺术样式受日本的影响很大，这个作品就是从日本五斗橱获得灵感而设计出来的。
1901—1902

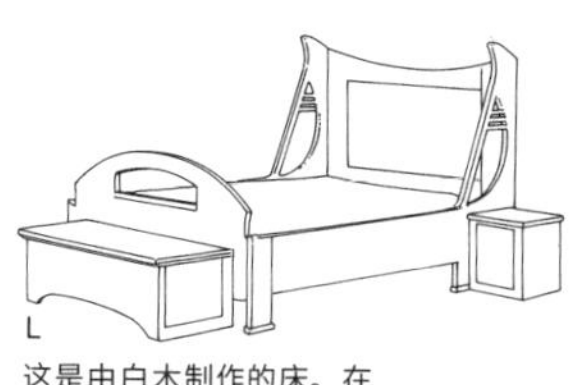

L

这是由白木制作的床。在这类家具中，将直线和曲线完美地结合起来了。
1898

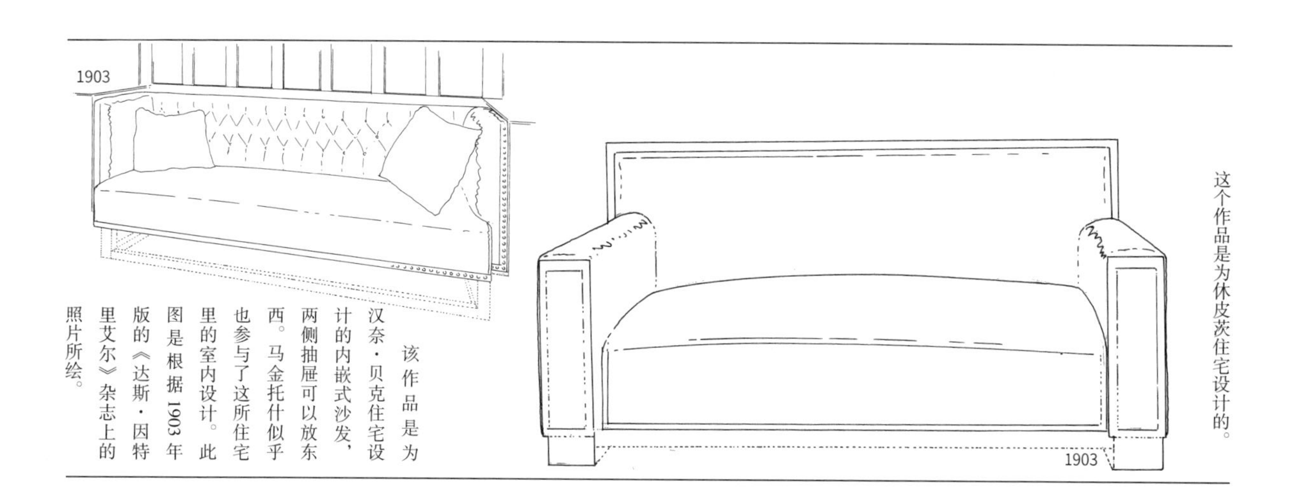

1903

该作品是为汉奈·贝克住宅设计的内嵌式沙发，两侧抽屉可以放东西。马金托什似乎也参与了这所住宅里的室内设计。此图是根据1903年版的《达斯·因特里艾尔》杂志上的照片所绘。

1903

这个作品是为休皮茨住宅设计的。

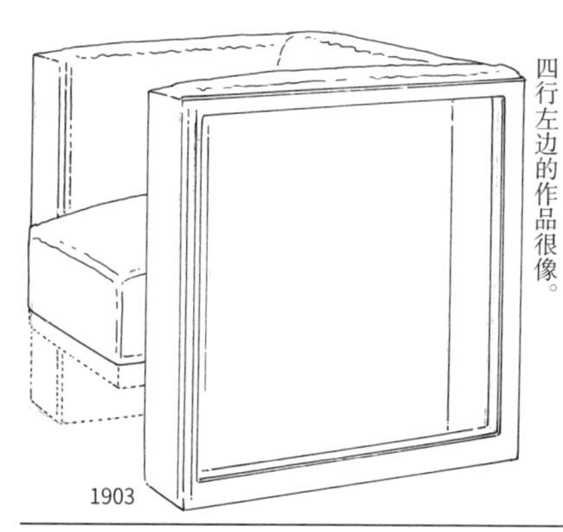

1903

该作品曾登载在1903年版的《达斯·因特里艾尔》杂志上，原图来自一位医生家中的室内装潢照片。它和上一页第四行左边的作品很像。

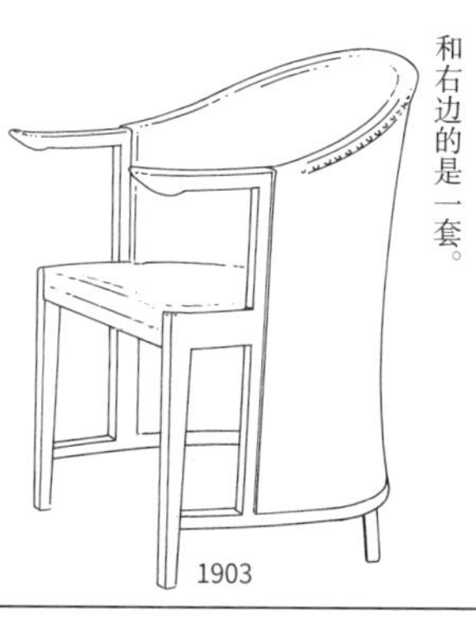

1903

该作品是汉奈·贝克住宅大厅里的，和右边的是一套。

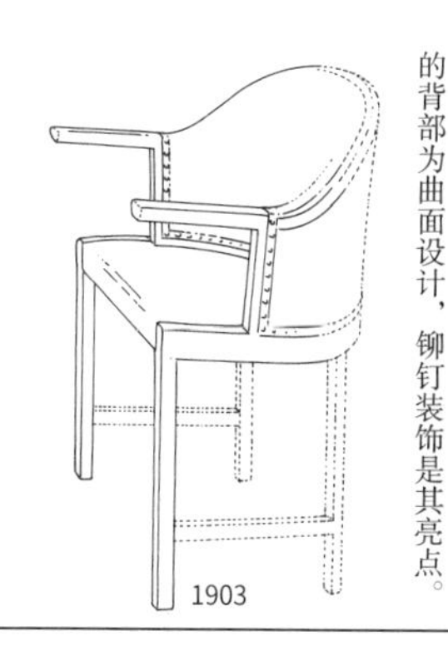

1903

这是汉奈·贝克住宅里的椅子，它和维也纳的休皮茨住宅里的作品很像。椅子的背部为曲面设计，铆钉装饰是其亮点。

1903

该作品和右边的作品放在同一餐厅，其设计十分柔和。

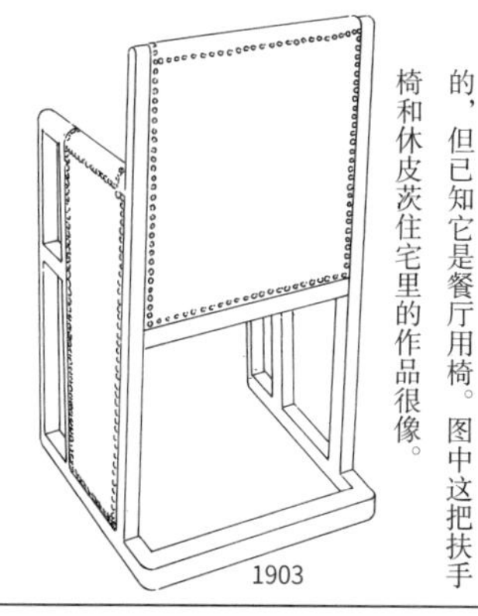

1903

尚不清楚该作品是为哪个建筑设计的，但已知它是餐厅用椅。图中这把扶手椅和休皮茨住宅里的作品很像。

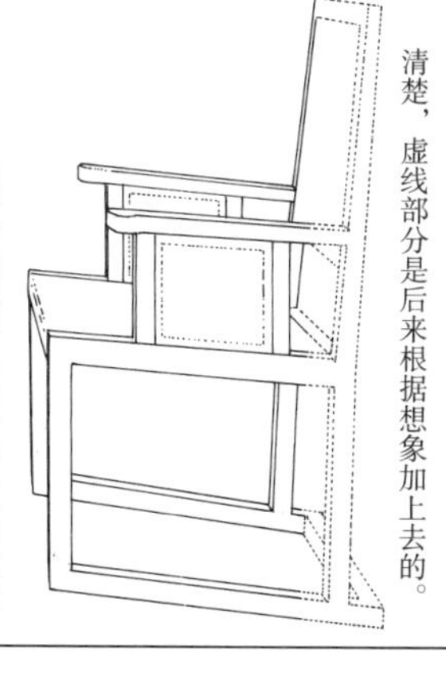

该作品和右边的作品来自同一张照片。由于它在原图中右侧，所以右边靠背部分不清楚，虚线部分是后来根据想象加上去的。

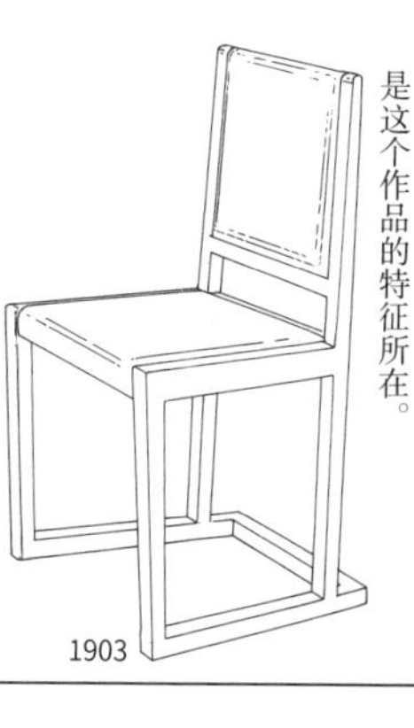

1903

该作品和上一行左边的作品来自同一张照片。它是在上一页第二行右边作品的基础上进行改造而成。椅腿间着地的横木是这个作品的特征所在。

1870—1956

约瑟夫·弗朗茨·玛丽亚·霍夫曼

第 2 小节

维也纳工坊

以霍夫曼为中心人物的维也纳工坊，正式名称为『维也纳工艺美术家生产合作工会』，是 1903 年 5 月 19 日由霍夫曼和另一名『分离派』成员穆塞尔共同创立的，并由企业家弗里茨·韦恩多夫在经济上给予支持（分离派时代支持他们的是卡尔·维特根斯坦）。维也纳工坊的理念和英国阿什比等人经营的伦敦『手工艺品行会』的理念一样，即：将原本属于特权阶层的美术工艺品平民化，重新提升因机器生产而下降的工艺品质量和工匠水平。正如维也纳工坊的广告中所写：『小到各种手工艺品、家具，大到您的房屋住宅，我们皆可设计』，从书本装帧到玻璃器皿、珠宝、针织品、壁纸、海报、服饰、室内设计和建筑设计都属于他们的业务范畴。普克斯多夫疗养院就是他们的代表作之一。

现居维也纳的帕鲁·阿森巴姆博士主要收藏维也纳工坊的作品，这件作品是他的收藏之一，很好地体现了霍夫曼作品的特征。

1902—1903

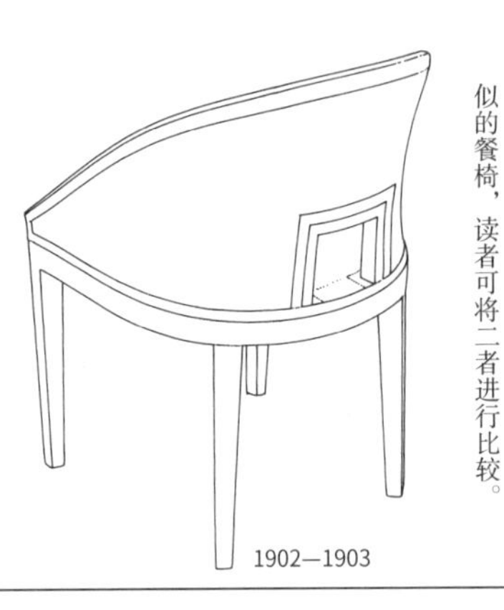

该作品是专门为女士设计的写字台配套座椅。在第 1 小节中曾经介绍了与此类似的餐椅，读者可将二者进行比较。

1902—1903

这是最早体现出霍夫曼作品中『球』这一主题的作品（主要都安装在椅腿上）。这件作品里的球更像是一个装饰品。

1903

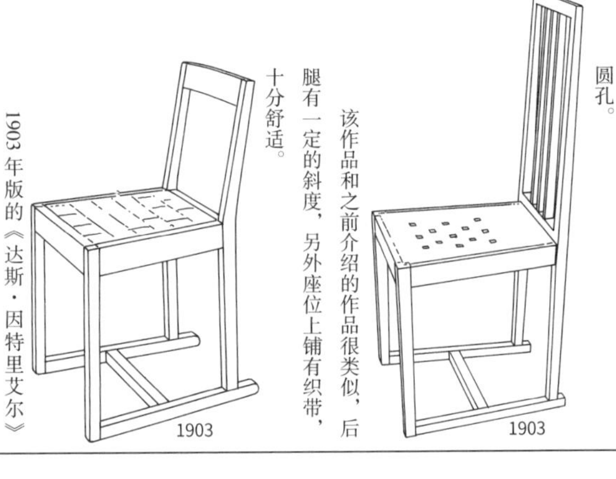

除扶手以外，该作品和上一行左边的作品几乎完全相同。座位板上有一个个小圆孔。

1903

该作品和之前介绍的作品很类似，后腿有一定的斜度，另外座位上铺有织带，十分舒适。

1903

1903 年版的《达斯·因特里艾尔》杂志上登载的立方体沙发。它让人联想到现代的意大利沙发。

1903

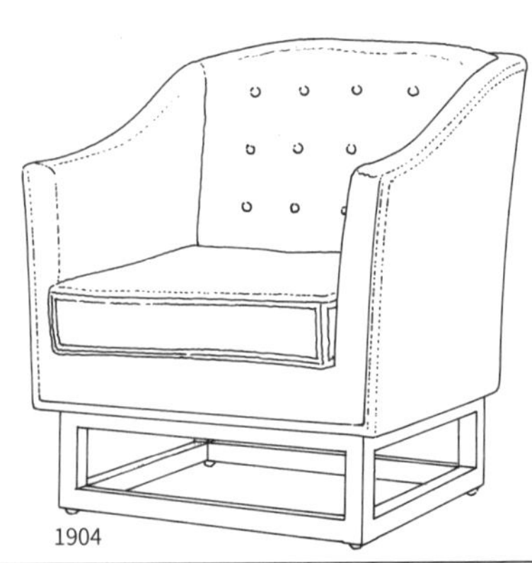

该作品是柏林的维也纳工坊办公室里的椅子。扶手部分的渐低设计让它比之前的立方体系列家具更为舒适。

1904

这是与女士化妆台配套设计的椅子。不清楚是为哪个建筑设计的，现保存在维也纳工坊资料馆中。

1904

这是诺伊斯蒂佳萨的维也纳工坊办公室里的椅子。它和第二行中间的椅子很像。虚线部分不明。

1903

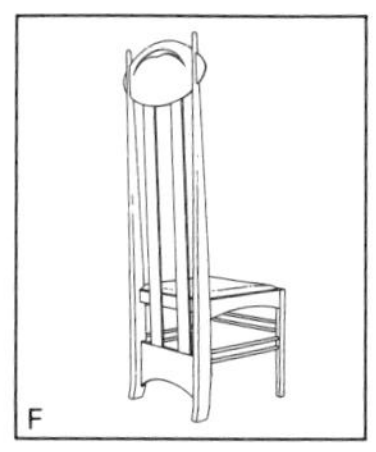
F

本页右下角椅子靠背上方的设计应该就是从这个作品中的椭圆中获得的启示。
1897

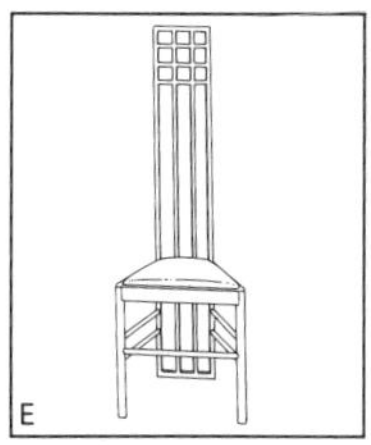
E

本作品是继右图作品之后第二年设计的高背椅。这些作品对霍夫曼产生了巨大影响。
1903

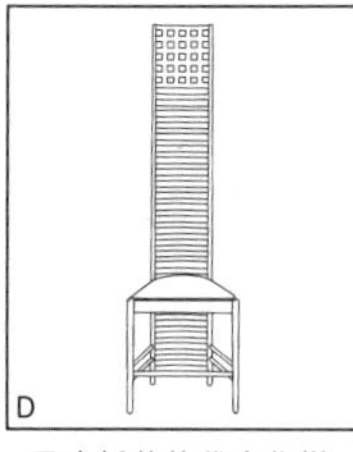
D

马金托什的代表作梯背椅。
1902

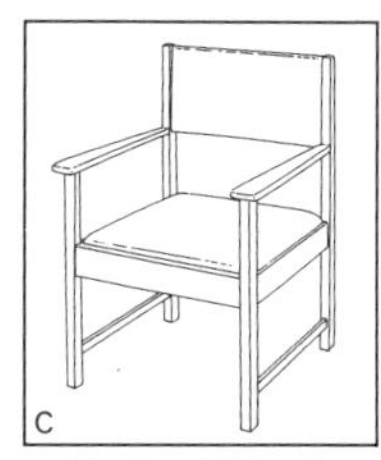
C

马金托什设计的扶手椅。霍夫曼曾设计了很多与此相似的作品。
1899

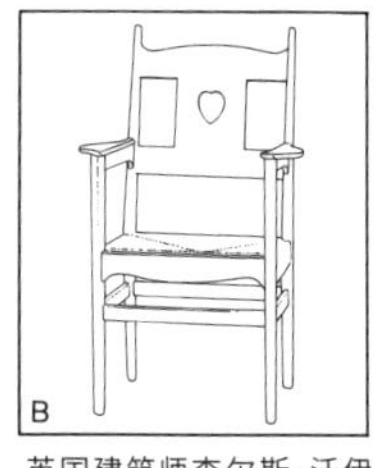
B

英国建筑师查尔斯·沃伊齐设计的作品。作为工艺美术运动的重要人物，他给马金托什、霍夫曼等带来了很大影响。
1896

A

该作品和右页第三行中间的作品是一套的。座位包有织带。
1903 年左右

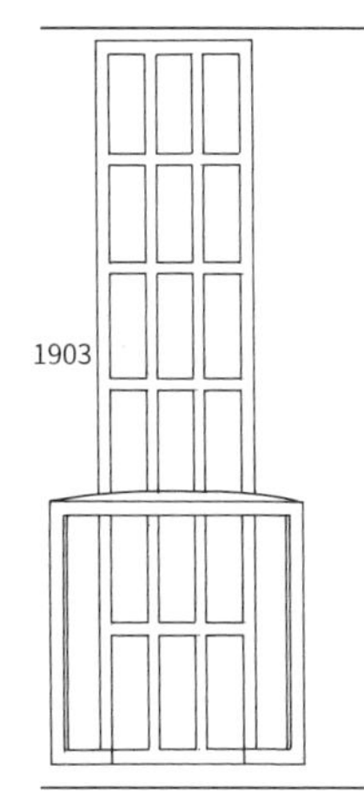
1903

该作品很明显受到了马金托什所设计的希尔住宅梯背椅的影响，草图绘于梯背椅的第二年。后面也有许多类似的作品。

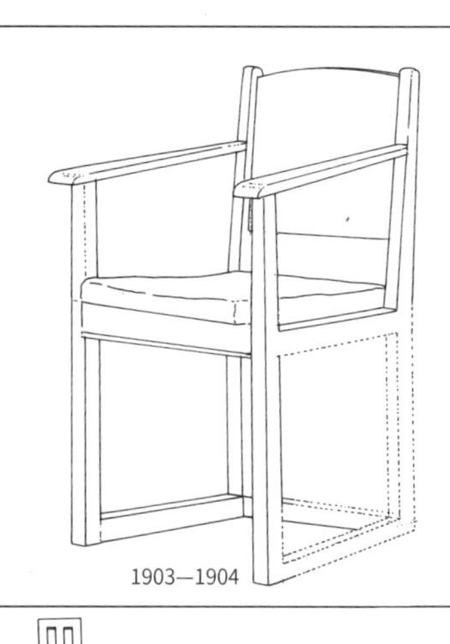
1903—1904

该作品应该是霍夫曼和穆塞尔一起设计的。它放在维也纳工坊总办公室的招待室里。这个作品中也能看出马金托什的影响。

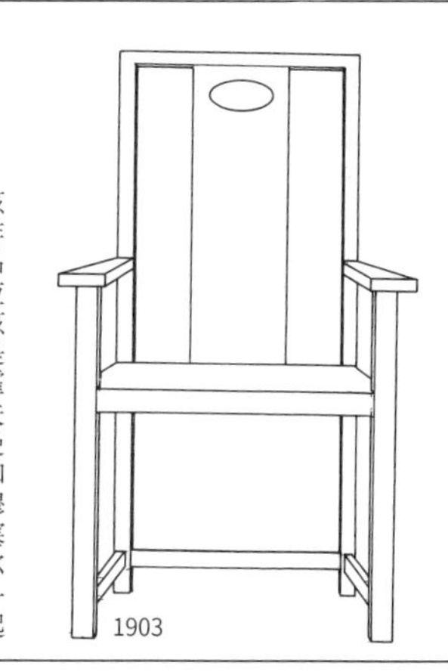
1903

这是一把漆成了黑色的扶手椅。能感受到英国工艺美术运动的影响。读者可将之与弗伊兹、马金托什的作品进行比较。

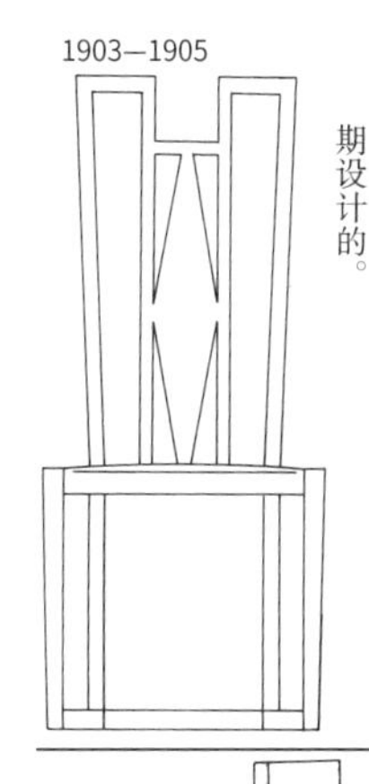
1903—1905

该作品是根据草图所绘，尚不清楚是否制作成型。和右边的作品应该是同期设计的。

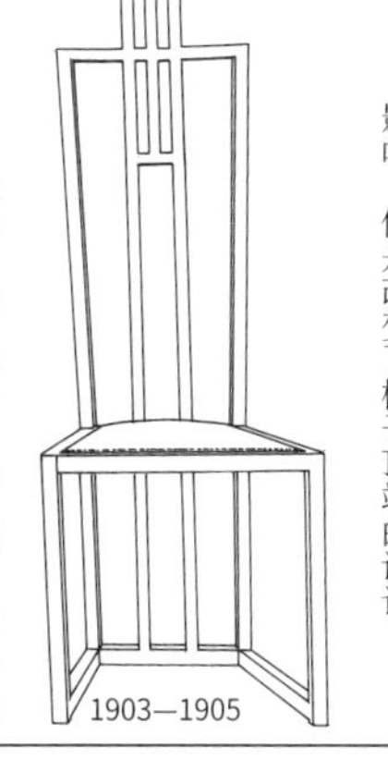
1903—1905

该作品虽然受到马金托什作品的很大影响，但是改变了椅子顶端的设计。

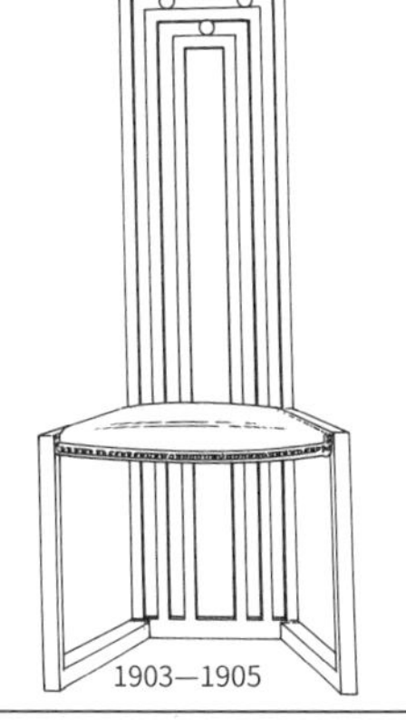
1903—1905

该作品是为弗莱格姐妹精品店设计的，应该也是和穆塞尔合作完成。它可以看成是右边作品的无扶手版。

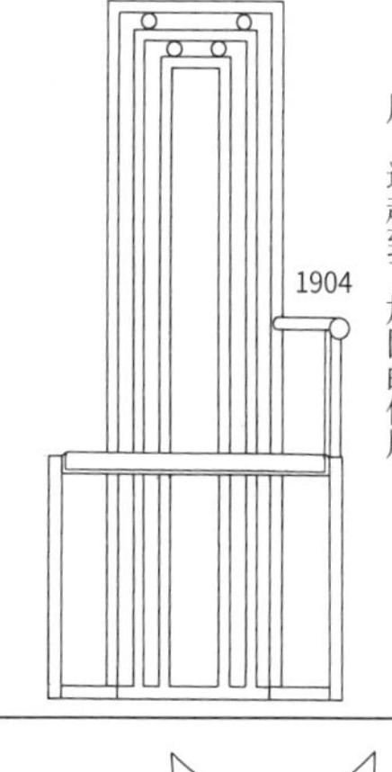
1904

上一页第二行左边的作品中的圆球设计也应用到了这件作品的单只扶手和靠背上，而且靠背上的圆球不仅起到装饰的作用，还起到了加固的作用。

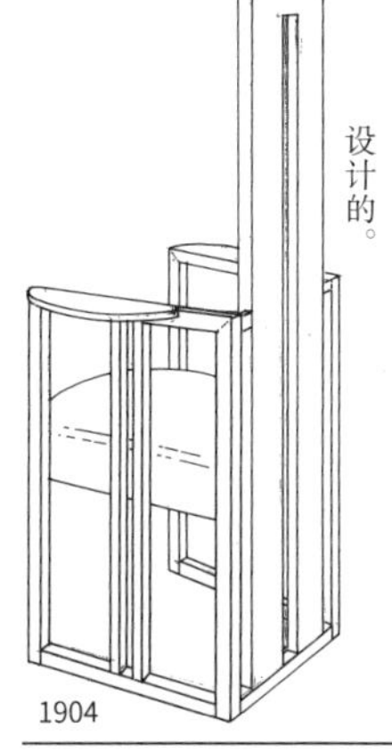
1904

该作品是霍夫曼为他的好朋友——分离派成员古斯塔夫·克里姆特的画室设计的。

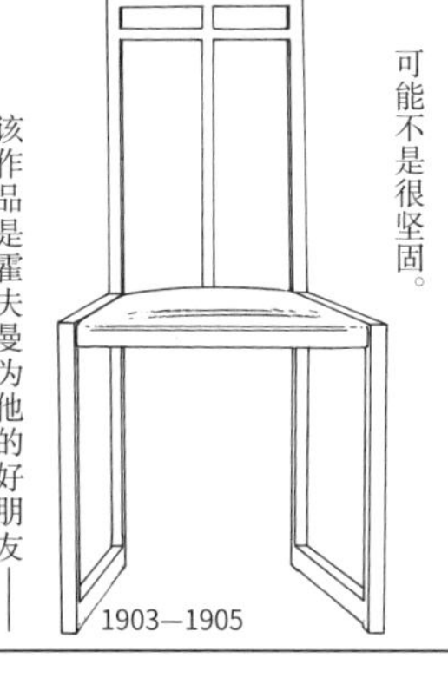
1903—1905

该作品和右边的作品很像，不过后腿间没有横木。这一系列的椅子框架较细，可能不是很坚固。

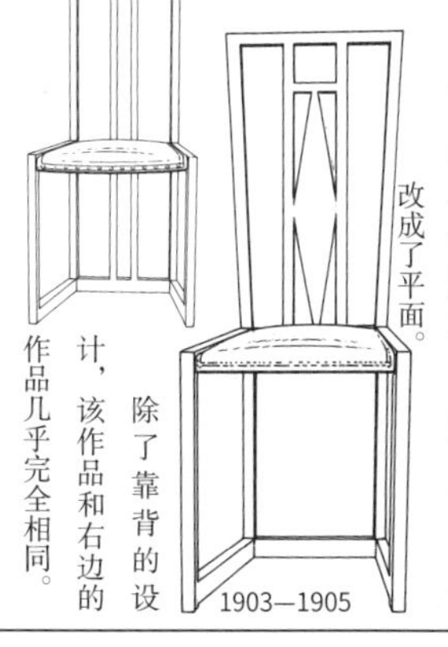
1903—1905

除了靠背的设计，该作品和右边的作品几乎完全相同。

1903—1905

该作品是上一行左边椅子的实物模型，实际制作时将草图中靠背上的凹凸面改成了平面。

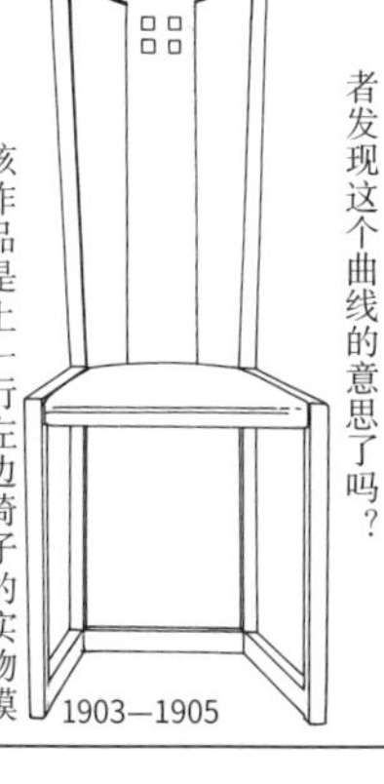
1903—1905

该作品椅子靠背顶端的设计很有特点。比较这一页左上角作品里的椭圆，读者发现这个曲线的意思了吗？

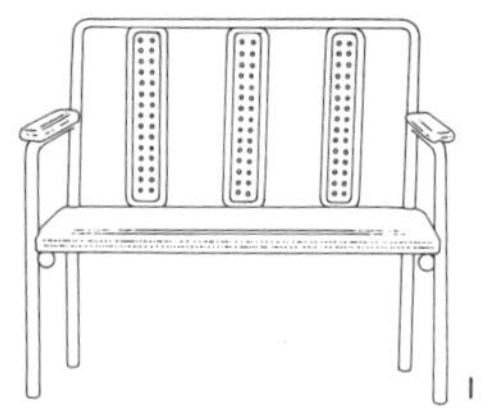

该作品是为普克斯多夫疗养院设计的餐厅椅，该模型已制成商品，由索耐特公司销售。
1906

这是维也纳工坊的标志。以玫瑰为主题，将维也纳工坊（德语：Wiener Werkstätte）的两个首字母W组合在一起。同时为了将全体成员名字也涵盖其中，他们将图案设计在一个正方形里。

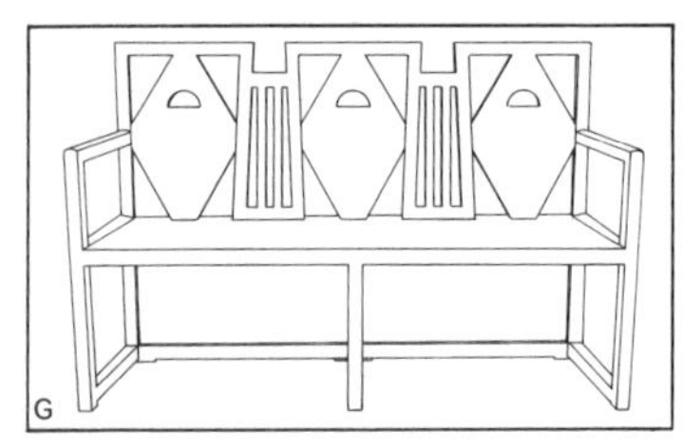

穆塞尔也参与了普克斯多夫疗养院的设计，这个长椅即是他的作品。
1904

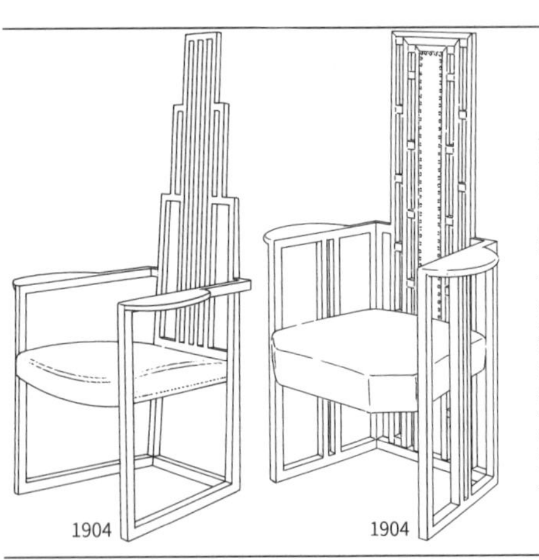

左边两把椅子都是为克里姆特的画室设计的。应该也是和穆塞尔合作完成。

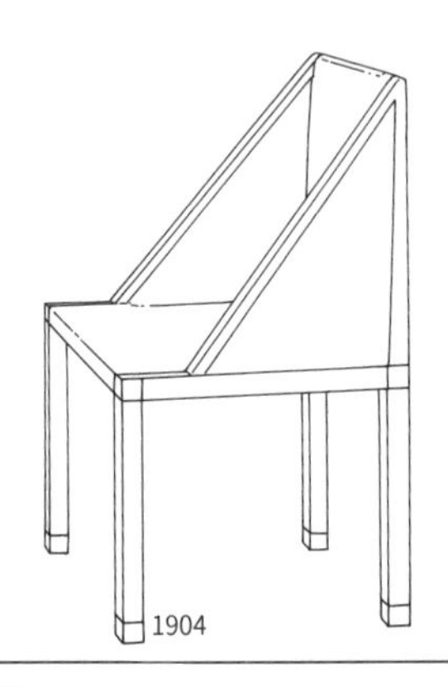

该作品是为马克霍夫住宅设计的椅子，与穆塞尔合作完成。

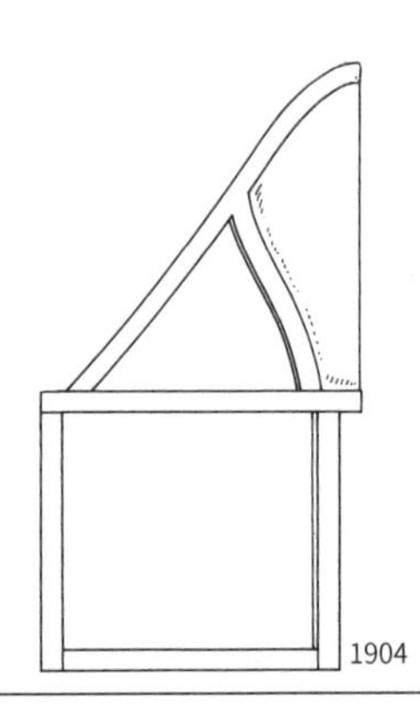

图中的椅子设计与写字台配套，此图根据草图所绘。应该是一把女士用椅。

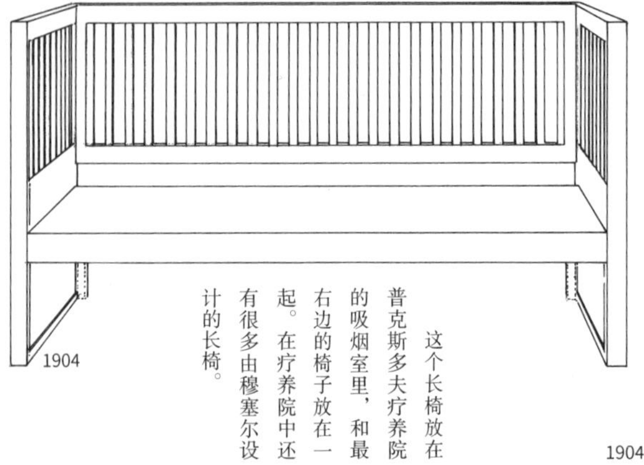

这个长椅放在普克斯多夫疗养院的吸烟室里，和最右边的椅子放在一起。在疗养院中还有很多由穆塞尔设计的长椅。

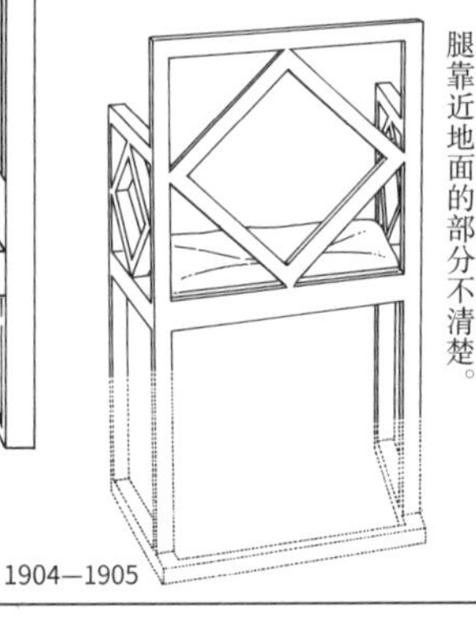

该作品是右边作品的扶手版。菱形的主题元素应用在扶手和椅子靠背上。椅子腿靠近地面的部分不清楚。

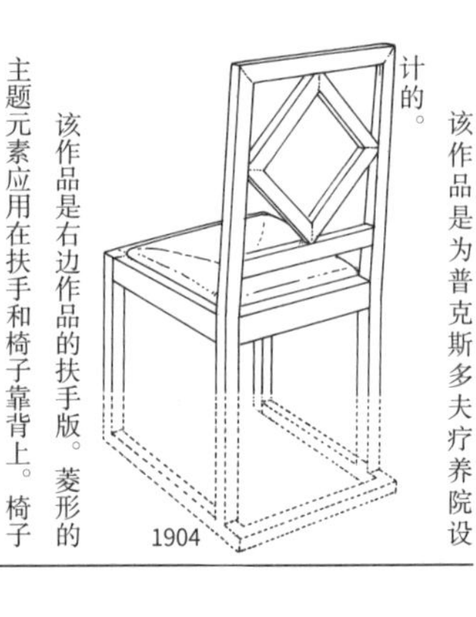

该作品是为普克斯多夫疗养院设计的。

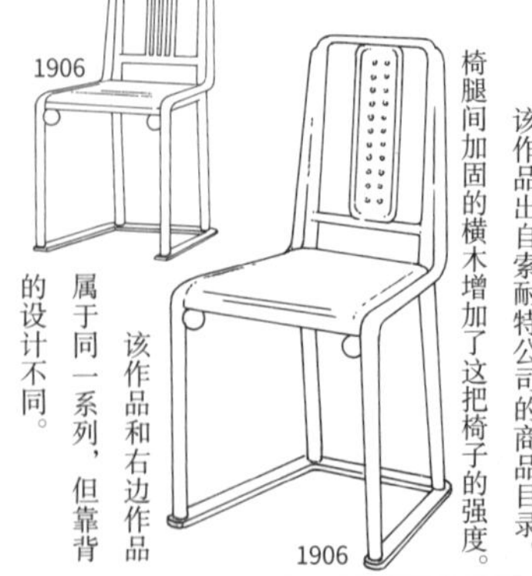

该作品和右边作品属于同一系列，但靠背的设计不同。

该作品出自索耐特公司的商品目录。椅腿间加固的横木增加了这把椅子的强度。

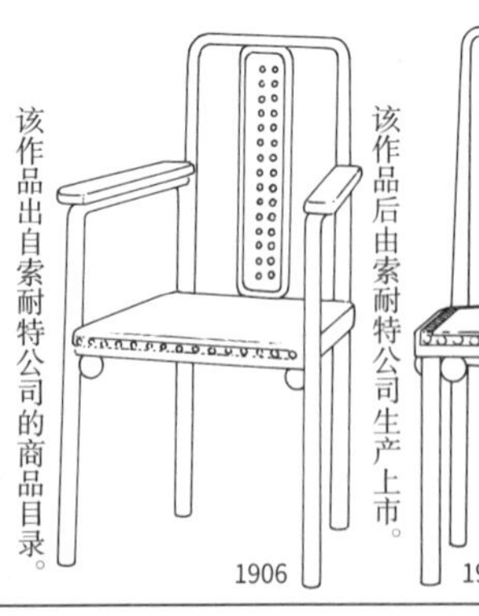

该作品后由索耐特公司生产上市。

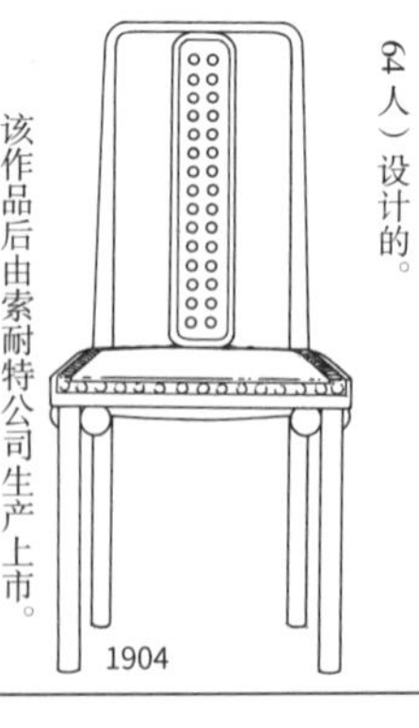

这是霍夫曼的代表作之一，是为普克斯多夫疗养院的大食堂（内有一个长方形大餐桌，单侧可以坐32人，总共可以坐64人）设计的。

1904

该作品也是普克斯多夫疗养院里的，应该是为女士办公区设计的。

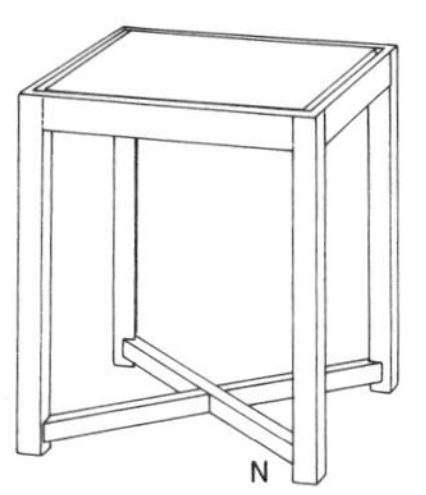

这也是为赫尔曼·维特根斯坦住宅设计的。应该是在厨房里使用。
1907—1908

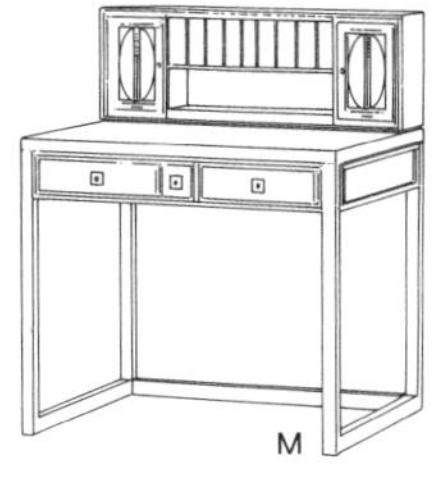

这张写字台也是为赫尔曼·维特根斯坦住宅设计的，与第四行中间的扶手椅是一套。
1905

该作品是为赫尔曼·维特根斯坦住宅设计的更衣用家具。顶板为蝶式，格子里侧是布制。
1905

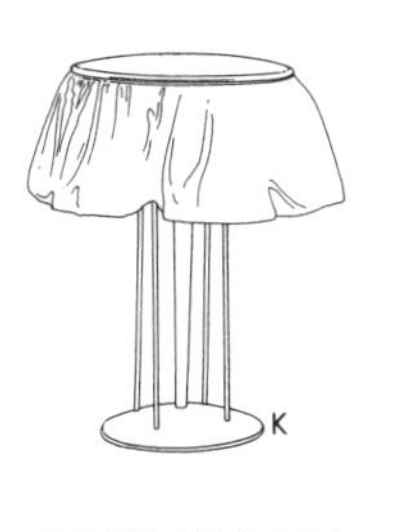

用青铜和布制作的桌架。当时的灯罩大多都是用布做的。
1904

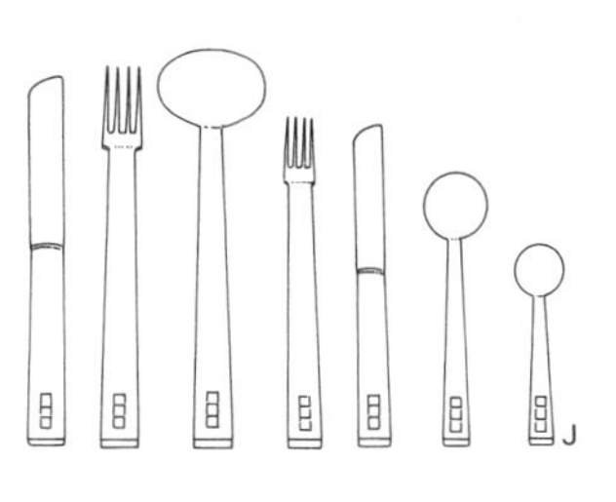

这是一套银制餐具。各个餐具柄上都刻着维也纳工坊的标志。
1904—1908

这两件作品很像，不清楚是为哪个建筑设计的。

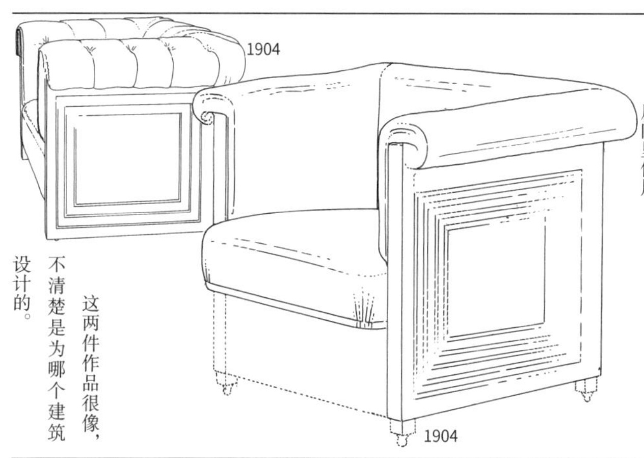

立方体沙发系列。该作品应该也是为疗养院设计的，不过不清楚具体是在哪个房间里使用。

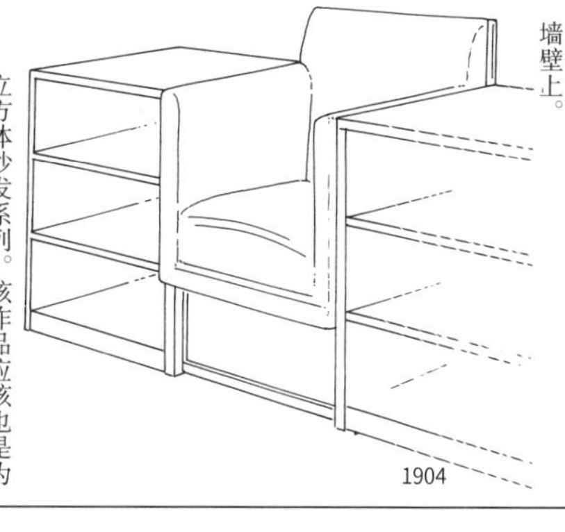

该作品是为普克斯多夫疗养院的台球室设计的。座位和桌子交替排列，内嵌在墙壁上。

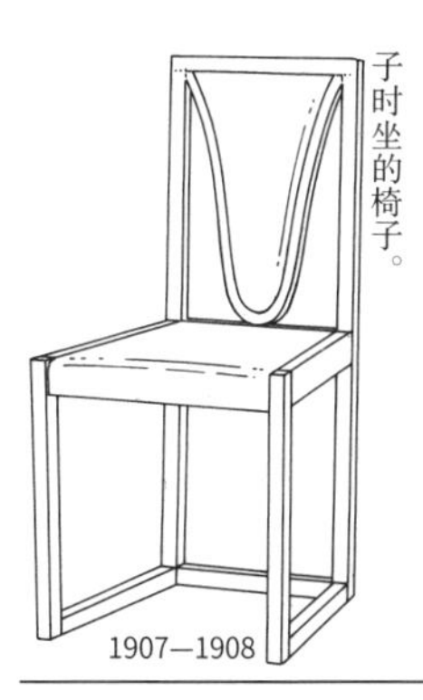

该作品是为赫尔曼·维特根斯坦住宅的儿童房间设计的。在照片资料中，旁边还有一个婴儿床，因此推断这应该是哄孩子时坐的椅子。

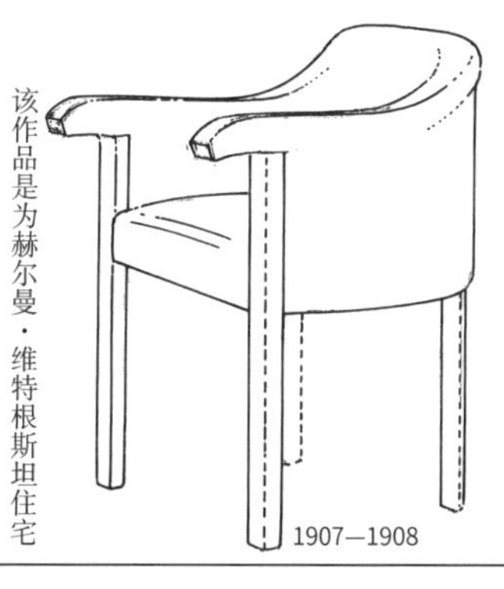

维也纳工坊承包了赫尔曼·维特根斯坦住宅的设计工作，其中有很多都是霍夫曼的作品。图中的扶手椅不清楚具体是哪个房间的，但根据照片资料，应该一共有三把，配套使用。

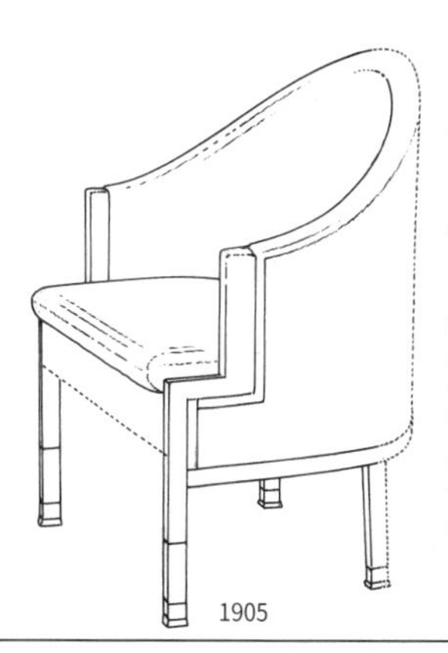

这是曾在维也纳工坊的沙龙中使用的椅子，应该是和穆塞尔共同设计的。

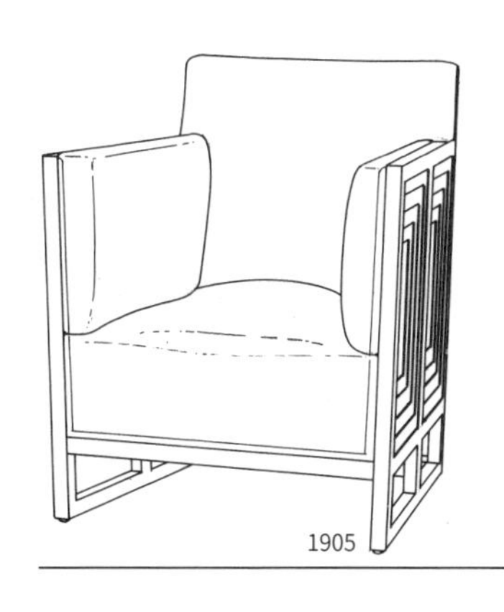

赫尔曼·维特根斯坦住宅壁炉边的沙发。由橡木制成，漆成黑色并打磨光滑。该作品由奥地利工艺美术馆收藏。

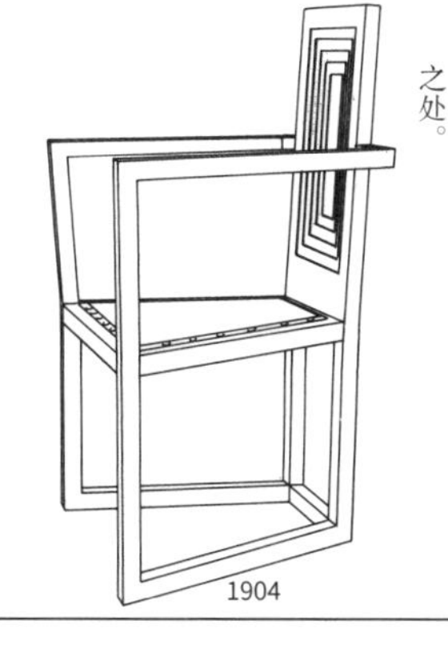

这也是为赫尔曼·维特根斯坦住宅设计的。靠背上的细节和左边的作品有共通之处。

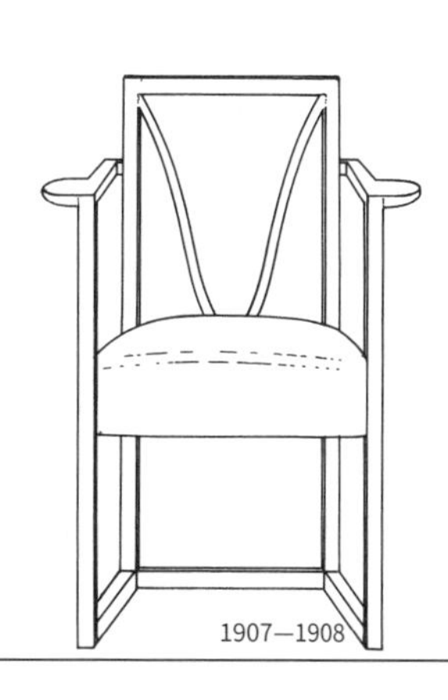

该作品也是为同一间儿童房设计的。扶手前端为弧形，可以挂一些小物件。

1870—1956

约瑟夫·弗朗茨·玛丽亚·霍夫曼

第3小节

普克斯多夫疗养院和斯托克雷特宫

霍夫曼的建筑作品——『普克斯多夫疗养院』，是1904年为维克多·茨卡坎德尔设计的一个精神科和神经科的疗养院。观其平面图（参照A图）可知，它的整体是一个直线形立方体。维也纳工坊的一些成员（比如穆塞尔）也参与了这座著名建筑的整体设计和室内设计。但遗憾的是，1926年扩建时利奥波德·鲍尔将其进行了大幅修改。

斯托克雷特宫位于比利时的布鲁塞尔郊外，是为银行家阿道夫·斯托克雷特设计的一所私人住宅。然而如其名字所示，它不仅仅是斯托克雷特一家人的住所，更是一座包括了音乐演奏厅、沙龙和艺术品陈列空间的『宫殿』。整个建筑外墙贴着来自挪威的灰色大理石贴片，主楼的塔楼顶端塑有四个青铜雕像，室内嵌有古斯塔夫·克里姆特创作的壁画，整座建筑集结了当时顶级的工匠和设计师，使用了最好的材料，小到灯饰、餐具、家纺，大到室内装潢、室外庭院等极尽奢华，可以称作一件综合性的艺术作品。该建筑现在仍保留在原处。

1904

1993年6月10—11日，该作品在纽约的苏富比拍卖会上进行拍卖。椅子靠背和座位都为布面。该作品由雅各布＆约瑟夫·科恩公司制作。

1904？

该作品是为普克斯多夫疗养院设计的。由于原照片较小，看不清楚椅子脚是圆形还是方形。

1904—1905

该作品也是为普克斯多夫疗养院设计的。它在1989年巴黎拍卖会上以63000法郎被拍下。红色沙发套，用金线加以装饰。

1905

该作品是为霍克赖特·汉汀格劳治设计的。在斯托克雷特宫里也有类似的作品。

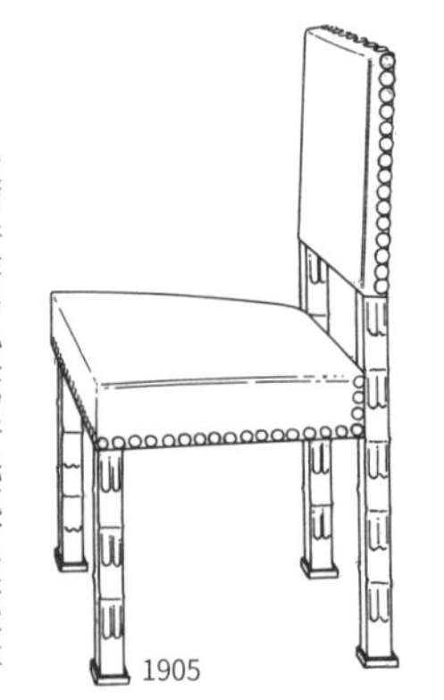

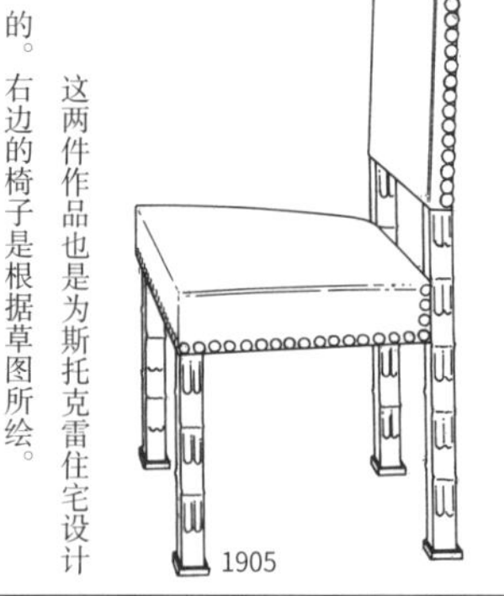

1905

该作品是为斯托克雷特住宅设计的餐厅椅。这个别墅用最好的材料建造而成，非常豪华。

1905　1905

这两件作品也是为斯托克雷特住宅设计的。右边的椅子是根据草图所绘。

1905

该作品也是为斯托克雷特宫设计的。放在女士更衣室里，旁边还有一个圆桌。衣柜均为内嵌式。

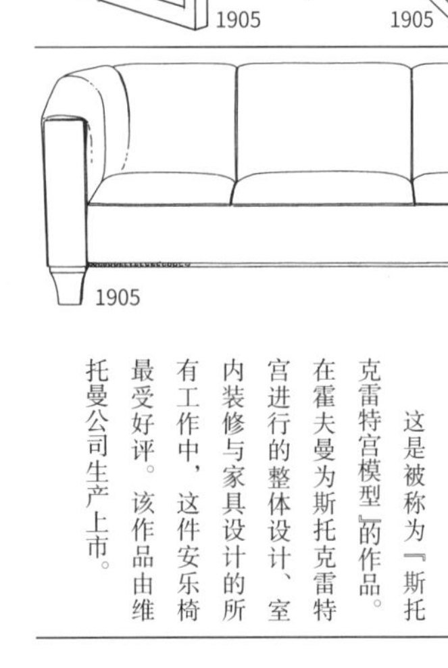

1905　1905

这是被称为『斯托克雷特宫模型』的作品。在霍夫曼为斯托克雷特宫进行的整体设计、室内装修与家具设计的所有工作中，这件安乐椅最受好评。该作品由维托曼公司生产上市。

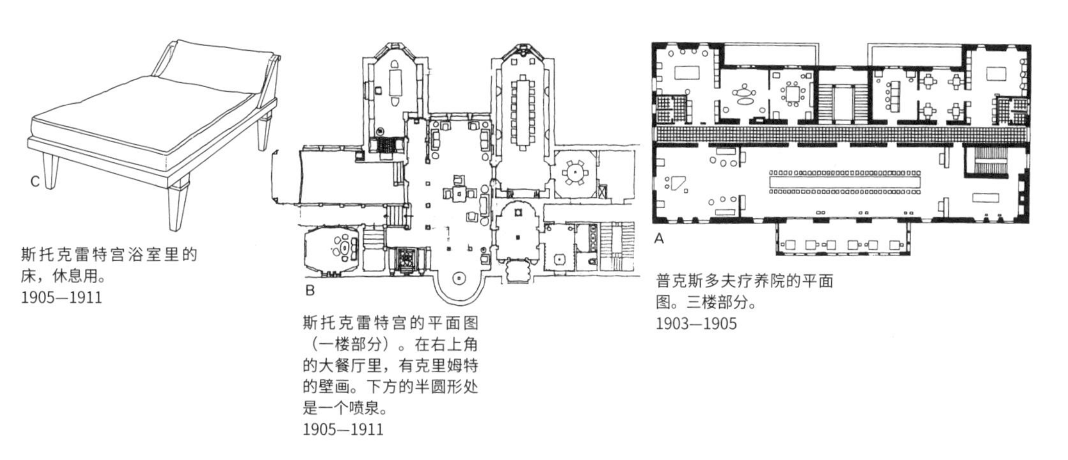

斯托克雷特宫浴室里的床，休息用。
1905—1911

斯托克雷特宫的平面图（一楼部分）。在右上角的大餐厅里，有克里姆特的壁画。下方的半圆形处是一个喷泉。
1905—1911

普克斯多夫疗养院的平面图。三楼部分。
1903—1905

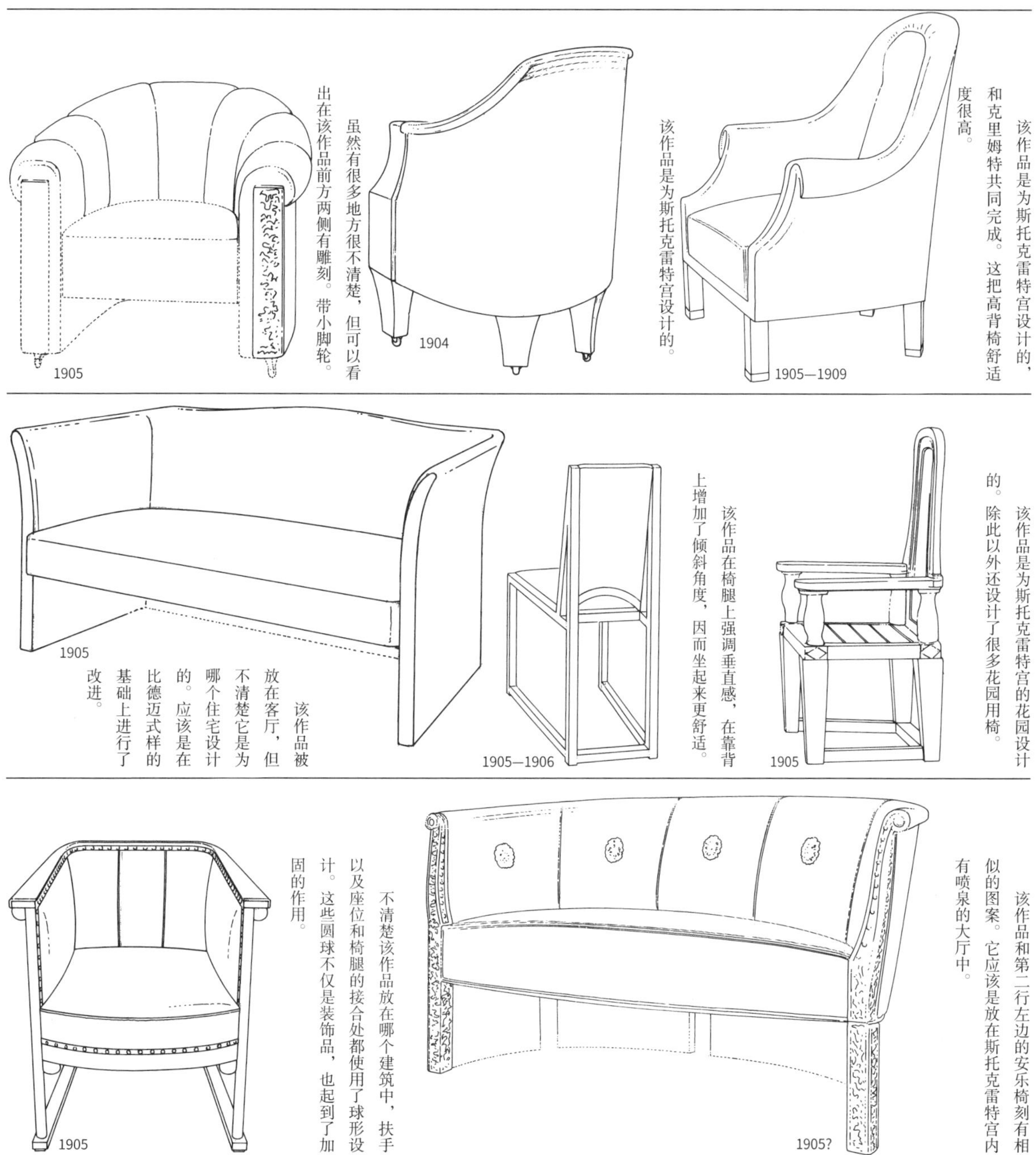

该作品是为斯托克雷特宫设计的，和克里姆特共同完成。这把高背椅舒适度很高。

该作品是为斯托克雷特宫设计的。

虽然有很多地方很不清楚，但可以看出在该作品前方两侧有雕刻。带小脚轮。

该作品是为斯托克雷特宫的花园设计的。除此以外还设计了很多花园用椅。

该作品在椅腿上强调垂直感，在靠背上增加了倾斜角度，因而坐起来更舒适。

该作品被放在客厅，但不清楚它是为哪个住宅设计的。应该是在比德迈式样的基础上进行了改进。

该作品和第二行左边的安乐椅刻有相似的图案。它应该是放在斯托克雷特宫内有喷泉的大厅中。

不清楚该作品放在哪个建筑中，扶手以及座位和椅腿的接合处都使用了球形设计。这些圆球不仅是装饰品，也起到了加固的作用。

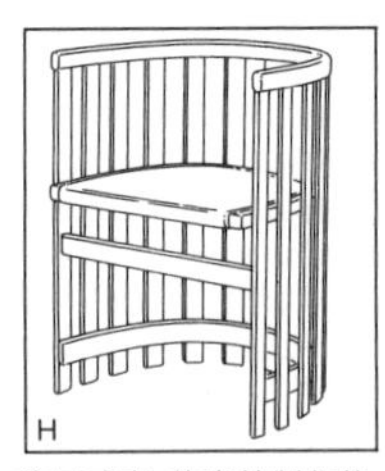

这是威廉·施密特制作的扶手椅。曾刊登在《达斯·因特里艾尔》杂志上。
1903

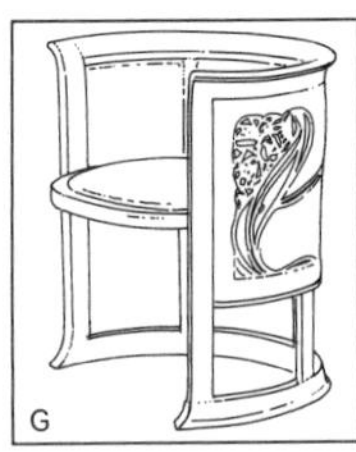

该作品是利奥波德·鲍尔改建后的普克斯多夫疗养院里的扶手椅。和霍夫曼的扶手椅有很多共同点。
1901

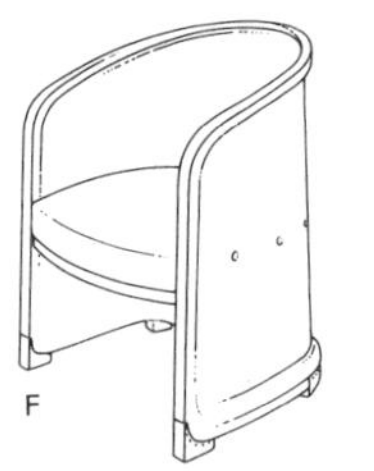

该作品在第 1 小节中介绍过，应该是第四行右边作品的原型。
1901—1902

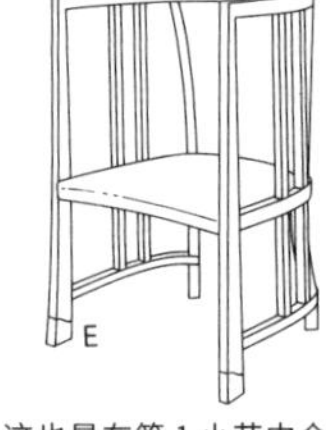

这也是在第 1 小节中介绍过的作品，在右边椅子的基础上改进而成。它应该是这一页第二、三行的一系列扶手椅的原型。
1900

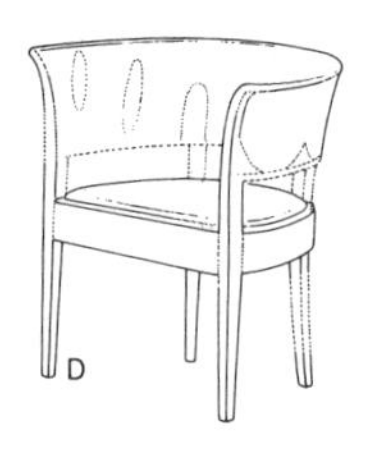

该作品在第 1 小节中介绍过，它还留存着英式家具的风格。
1899

1906—1907

该作品的椅背为有机曲面，座位设计为软垫，整体舒适度很高。

1906—1907

这一系列扶手椅和 G 图、H 图的作品有相似之处。圆球在这里起到加固作用。

1904—1906

该作品是第 1 小节中介绍过的 1900 年设计的作品（参照 E 图）的升级版。将靠背的纵向间隔和扶手设计得更宽，提高了舒适度。

1908

该作品可以看作是右边一系列作品的升级版，将靠背与扶手进行了改造，视觉上更加优美。它和 D 图作品在扶手上有一定的相似之处。

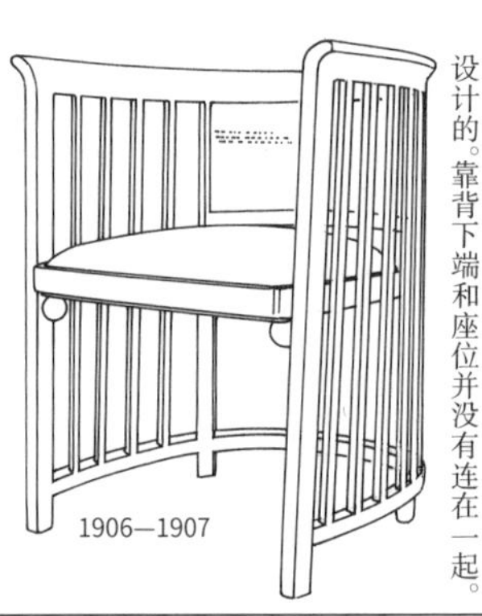

1906—1907

该作品和右边的作品应该是同一时期设计的。靠背下端和座位并没有连在一起。

1906—1907

该作品的靠背设计得很宽，并在靠背和椅面上都使用了填充软垫，座椅舒适度很高，曲线优美流畅。

1905

这把翼椅是科恩公司曾批量生产的索耐特设计的曲木家具。

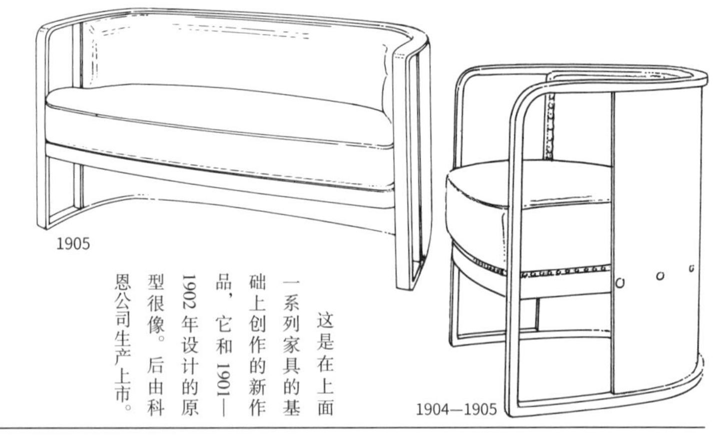

1905

1904—1905

这是在上面一系列家具的基础上创作的新作品，它和 1901—1902 年设计的原型很像。后由科恩公司生产上市。

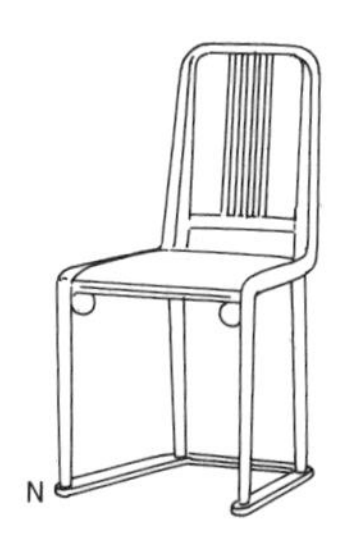

N

图中的餐椅和第四行中间的椅子属于同一系列。靠背的设计稍有不同。

1905—1906

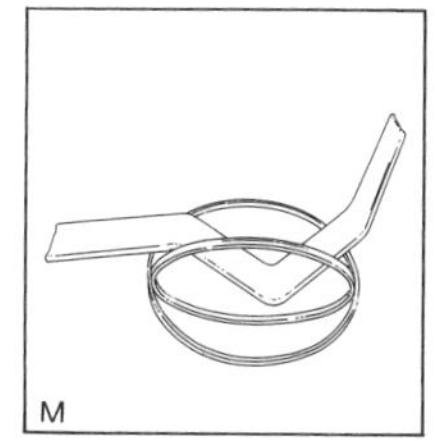

M

罗杰·莱卡尔设计的摇椅，结构为椭圆形的组合，非常新奇。

1980

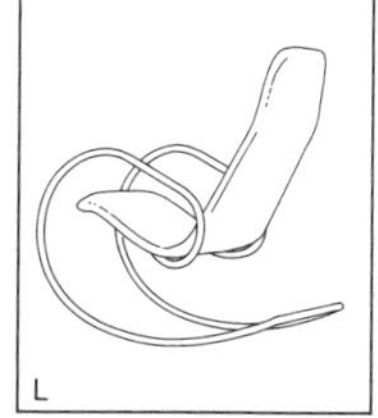

L

德国设计师乌尔里希·伯梅的作品，是将钢管弯曲而成的，由索耐特公司制造。

1973

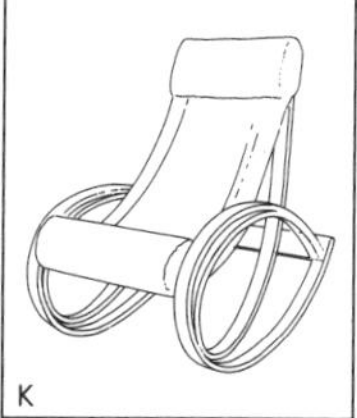

K

意大利女建筑家盖·奥伦蒂的作品。摇椅的侧面不是标准的圆形，设计非常独特。

1962

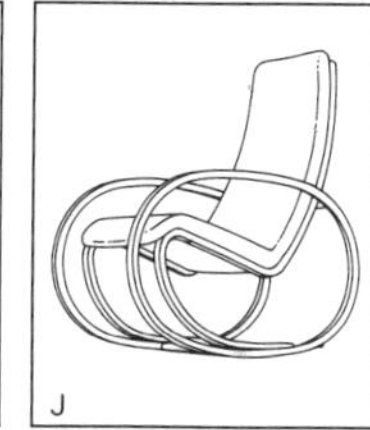

J

该作品是由丹麦设计师约尔·加麦尔高设计的摇椅，同样也在侧面使用了圆形框架。除此以外，还有很多设计师发表过类似的作品。

1982

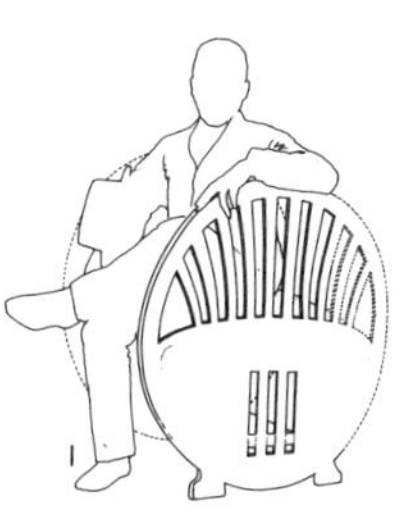

I

该作品在第1小节中介绍过，它应该是霍夫曼的首个在侧面使用圆形框架的作品。

1898？

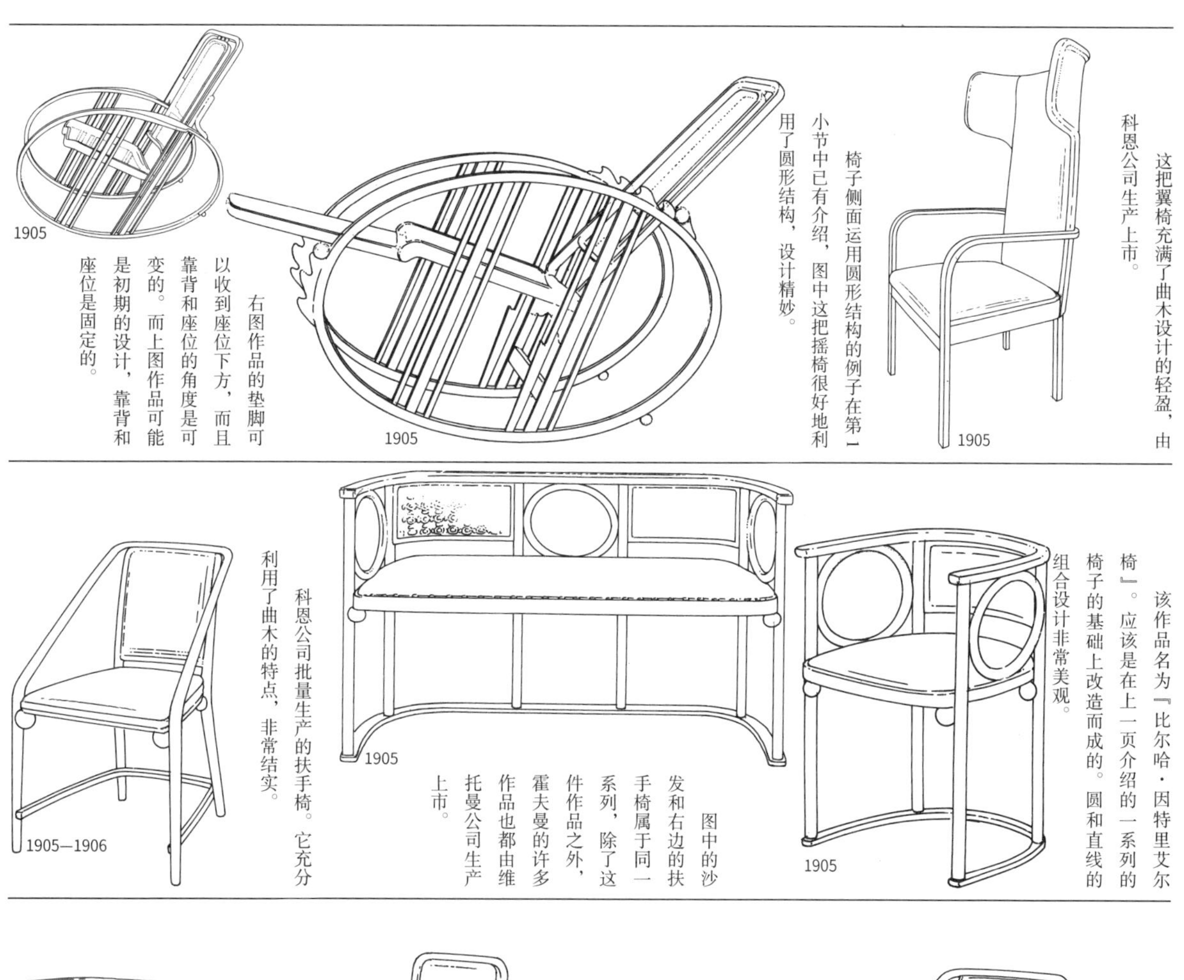

这把翼椅充满了曲木设计的轻盈，由科恩公司生产上市。

1905

椅子侧面运用圆形结构的例子在第1小节中已有介绍，图中这把摇椅很好地利用了圆形结构，设计精妙。

1905

右图作品的垫脚可以收到座位下方，而且靠背和座位的角度是可变的。而上图作品可能是初期的设计，靠背和座位是固定的。

1905

该作品名为『比尔哈·因特里艾尔椅』。应该是在上一页介绍的一系列的椅子的基础上改造而成的。圆和直线的组合设计非常美观。

1905

图中的沙发和右边的扶手椅属于同一系列，除了这件作品之外，霍夫曼的许多作品也都由维托曼公司生产上市。

1905

科恩公司批量生产的扶手椅。它充分利用了曲木的特点，非常结实。

1905—1906

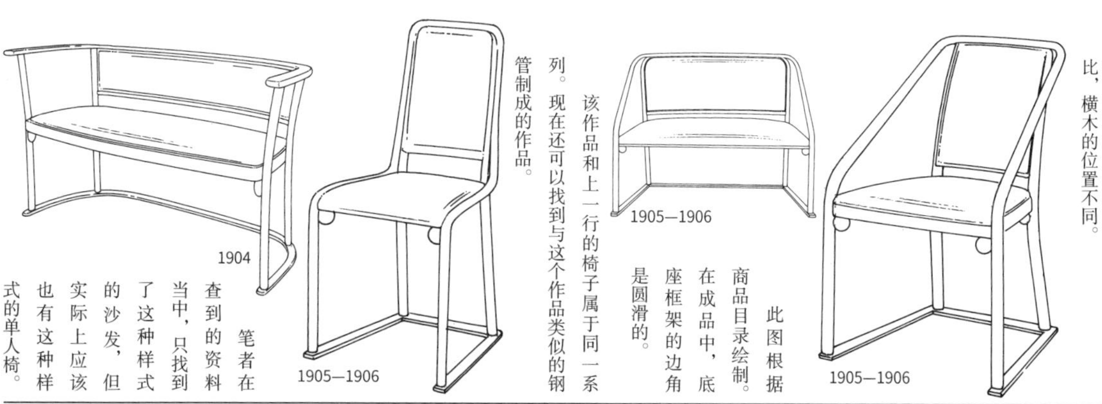

该作品和上面的椅子属于同一系列，由科恩公司制造。和上一行左边的椅子相比，横木的位置不同。

1905—1906

此图根据商品目录绘制。在成品中，底座框架的边角是圆滑的。

1905—1906

该作品和上一行的椅子属于同一系列。现在还可以找到与这个作品类似的钢管制成的作品。

1905—1906

笔者在查到的资料当中，只找到了这种样式的沙发，但实际上应该也有这种样式的单人椅。

1904

1870—1956

约瑟夫·弗朗茨·玛丽亚·霍夫曼

第 4 小节
卡巴莱蝙蝠酒馆

卡巴莱蝙蝠酒馆（以下简称蝙蝠酒馆）是以霍夫曼为中心的维也纳工坊的设计师们共同设计的综合艺术作品，它于 1907 年 10 月 19 日在凯伦托那大街 33 号和约翰奈斯大街交叉处的地下正式开业。维也纳工坊负责包括家具、餐具、室内装潢、舞台布置、戏服和宣传册在内的全部设计工程。当时在巴黎和慕尼黑，充满艺术性的卡巴莱蝙蝠酒馆备受关注。维也纳工坊也力求将蝙蝠酒馆打造成为独一无二的综合艺术作品。

工坊的赞助人弗里茨·韦恩多夫曾支持他们实现这一计划，然而后来他停止了资助，工坊也于 1932 年关闭了。在这个剧院里，有奥斯卡·科柯施卡的童话朗读、连环画剧，维森塔尔姐妹的芭蕾舞，彼得·阿尔滕贝格、阿尔弗雷德·波尔格、伊根·弗里德尔、弗兰茨·布雷的戏曲和短剧等。卡巴莱蝙蝠酒馆于 1943 年关闭，非常遗憾的是如今已经不复存在了。

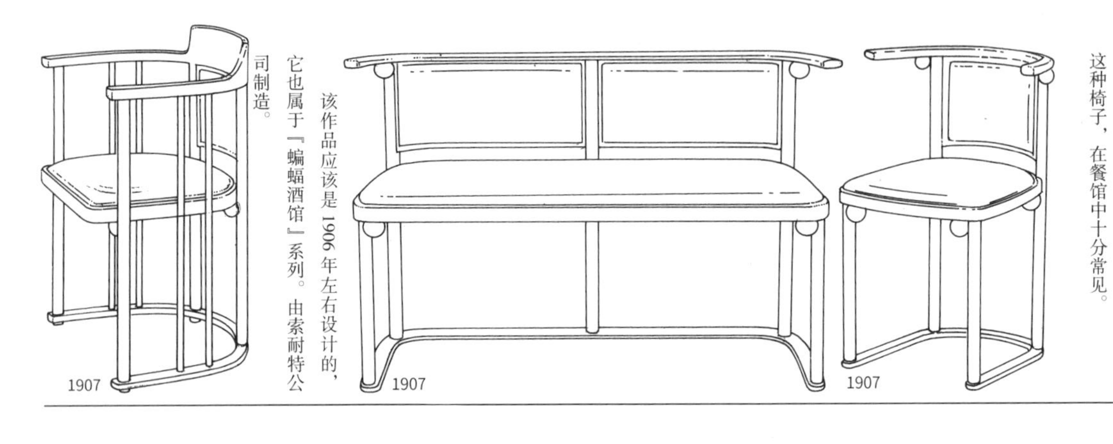

该作品是被称为『蝙蝠』的蝙蝠酒馆的椅子。是霍夫曼的代表作之一，后由奥地利维托曼公司生产上市。日本也进口了这种椅子，在餐馆中十分常见。

该作品应该是 1906 年左右设计的，它也属于『蝙蝠酒馆』系列。由索耐特公司制造。

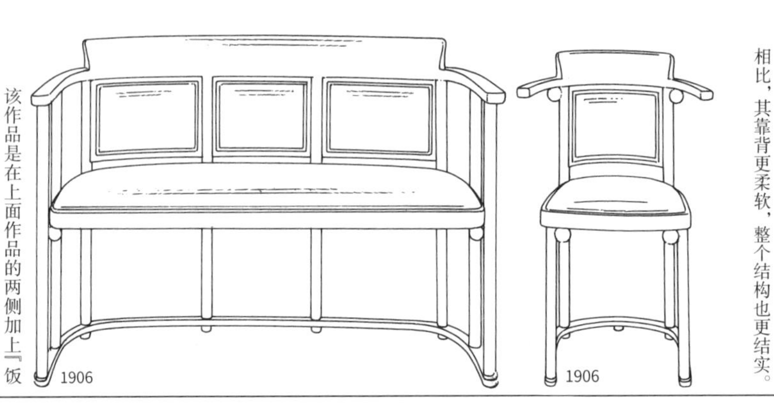

左边的两个作品和上一行左边的作品属于同一系列。与维托曼公司制造的商品相比，其靠背更柔软，整个结构也更结实。

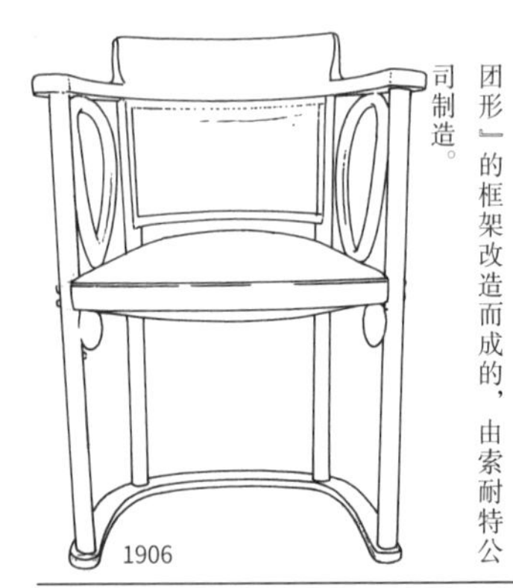

该作品是在上面作品的两侧加上『饭团形』的框架改造而成的，由索耐特公司制造。

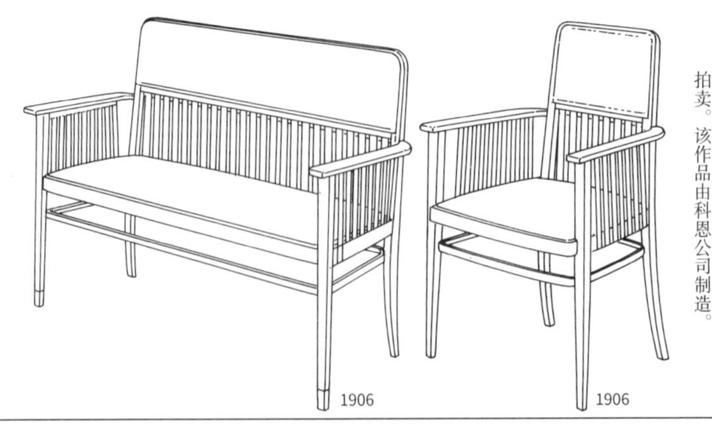

1993 年 6 月的纽约苏富比拍卖会上，将霍夫曼的一张桌子与两把扶手椅（图中作品）及一把双人椅，一共四件作品成套拍卖。该作品由科恩公司制造。

1906

该作品也属于『蝙蝠酒馆』系列。和第二行的作品相比，其横木和靠背设计看起来更为轻巧。由维托曼公司制造。

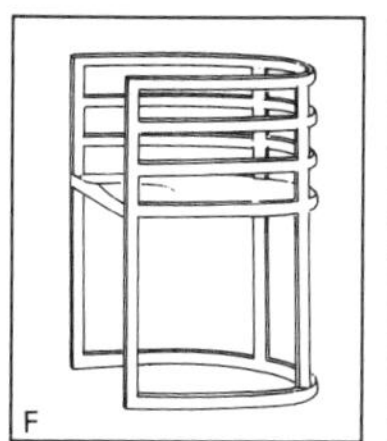

F

代表现代美国建筑的建筑设计师理查德·迈耶设计的椅子。它和霍夫曼的作品有相似之处。
1962

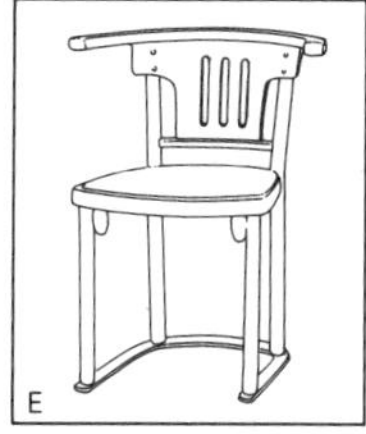

E

马塞尔·卡梅拉设计的椅子。它和霍夫曼“蝙蝠酒馆”系列的作品很像。
1908

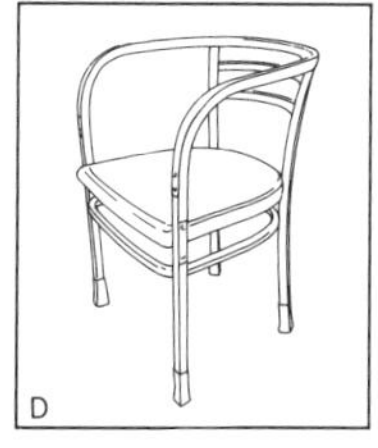

D

这是瓦格纳设计的扶手椅。和霍夫曼的作品相比，该作品感觉更加充满力度。
1903

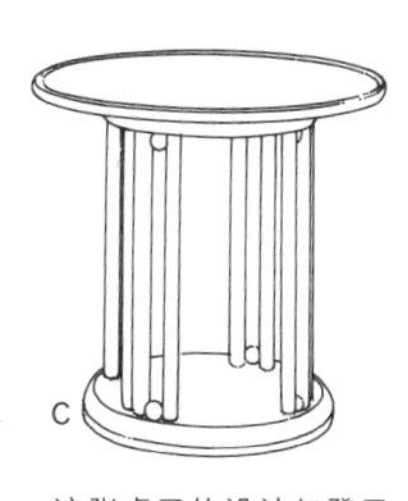

C

这张桌子的设计与凳子相似。应该是为“蝙蝠酒馆”设计的。
1906

B

这是曾在“蝙蝠酒馆”中使用的原物。座位下面铺着织带，坐垫上好像使用了弹簧。
1907

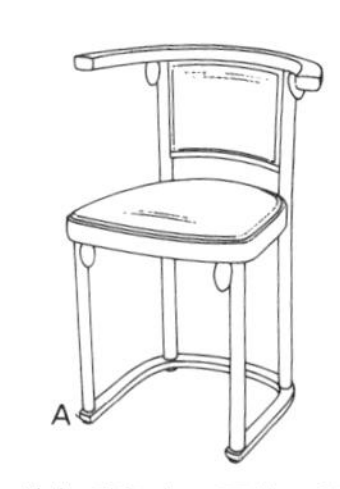

A

该作品和上一页第二行右边的维托曼公司制造的椅子很像。不过椅子上的圆球变成了椭圆形的球。
1906

该作品和上一页第四行左边的椅子很像，但座位顶的横木切成了水平，座位也变成了曲面。由科恩公司制造。

该作品由科恩公司制造。单人椅的座位为山毛榉木材的胶合板制，二到三人椅的座位为布面。

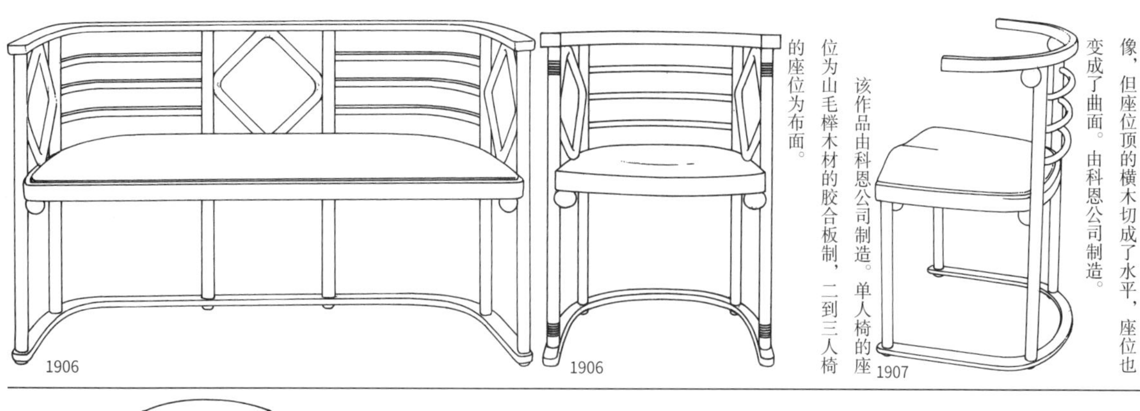

1906　1906　1907

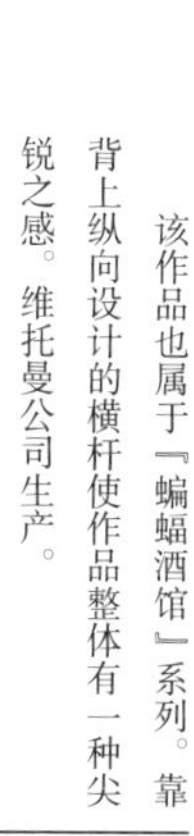

该作品也属于『蝙蝠酒馆』系列。靠背上纵向设计的横杆使作品整体有一种尖锐之感。维托曼公司生产。

左边的凳子都是由科恩公司制造的。它们是『蝙蝠酒馆』系列家具的衍生版。凳子腿上的圆球是为了防止松动而进行的加固设计。

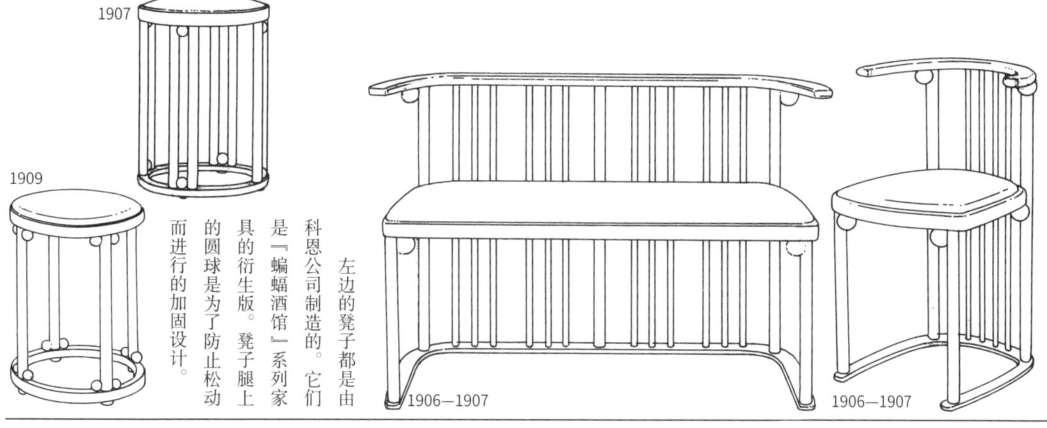

1907　1909　1906—1907　1906—1907

这两件作品和上一行左边的凳子属于同一系列。左图椅子的座位和前腿的连接部分似乎没有圆球。

该作品和奥托·瓦格纳的作品（D图）极其相似，除靠背板和椅脚以外几乎完全相同。索耐特公司制造。

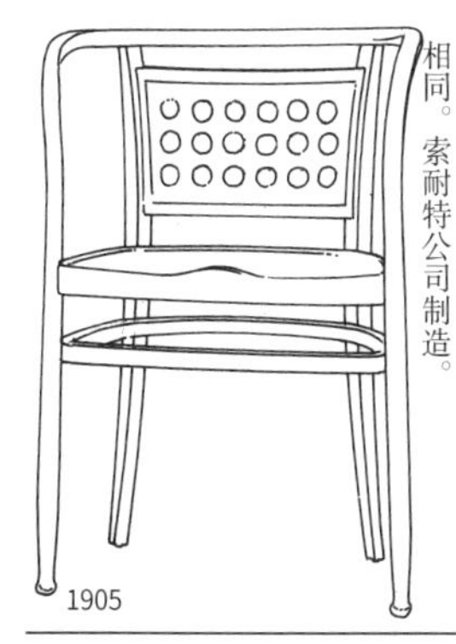

1905　1909　1909

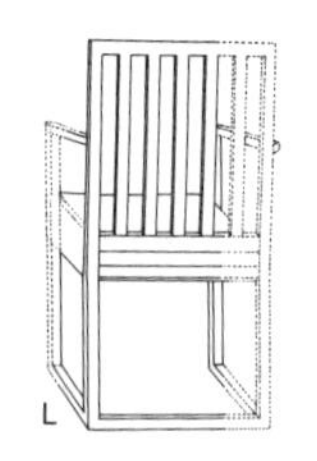

该作品是为布拉纳住宅设计的，它和维也纳工坊主办公室里的椅子很像。
1905—1906

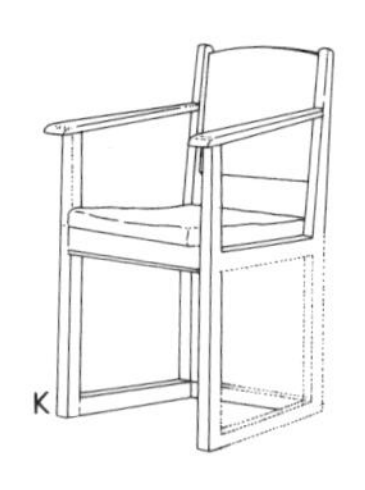

该作品在第2小节中介绍过，应该是霍夫曼和穆塞尔合作设计的，但能感觉到强烈的马金托什风格。
1903—1904

该作品没有什么特点，但其平缓的曲面和其他细节都可以看出它受到了马金托什的影响。
1899

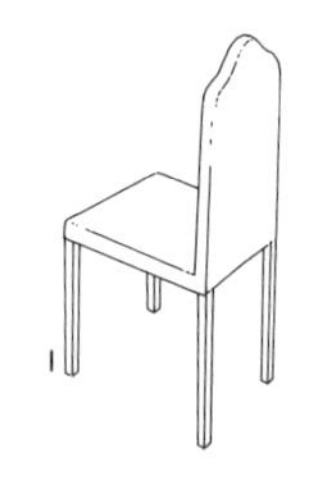

该作品和右图作品具有相同的方向性。此图根据草图所绘。
1912

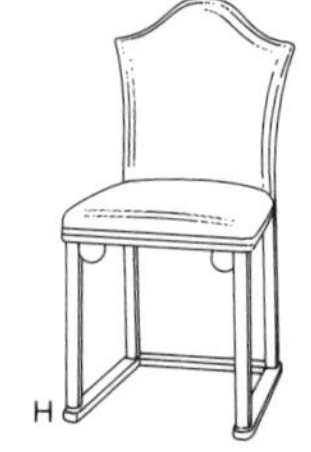

该作品和第三行右起第二个作品属于同一系列。整体比例稍有不同。
1905—1906

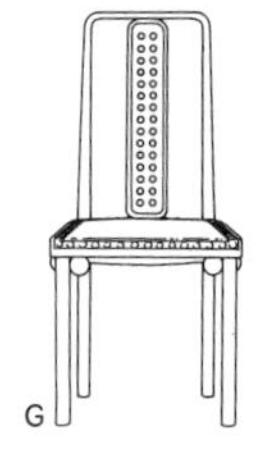

该作品是为普克斯多夫疗养院的大餐厅设计的。
1904

克里姆特和他的朋友们退出分离派以后设立了新的场所作为他们的作品展厅。图中的作品就是为新展厅设计的。

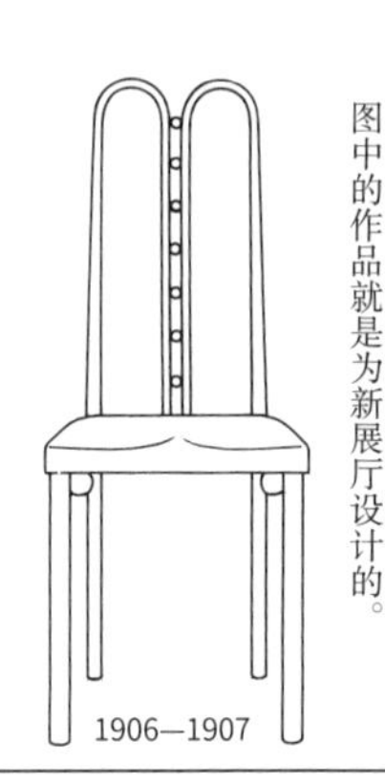

1906—1907

该作品和疗养院里的椅子很像。1978年曾在罗马展览。

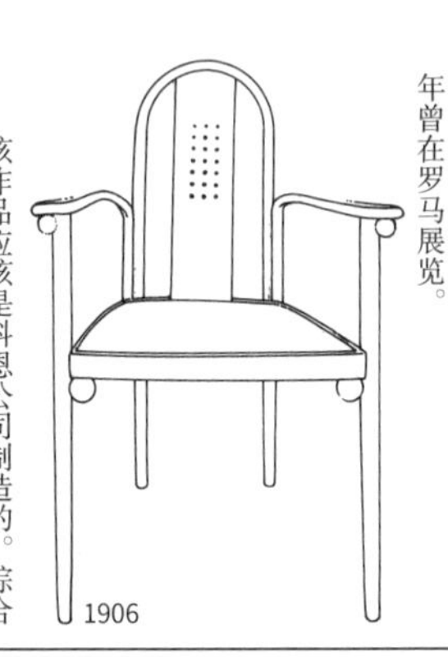

1906

该作品应该是科恩公司制造的。综合了多种设计元素，不过总给人一种未完成的感觉。

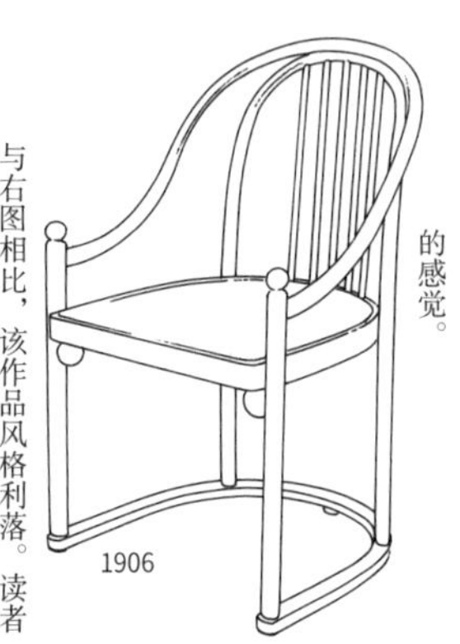

1906

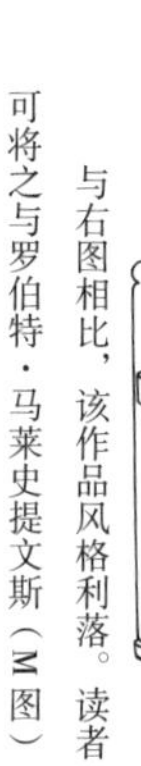

与右图相比，该作品风格利落。读者可将之与罗伯特·马莱史提文斯（M图）的作品进行比较。

1906

该作品是在上一行作品的基础上改造而成的，布面座位上钉了铆钉作为装饰。

1906

该作品是科恩公司制造的。共生产了4种型号，靠背和座位都为布面。

1905—1906

该作品在第2小节中介绍过，是为维特根斯坦住宅设计的。

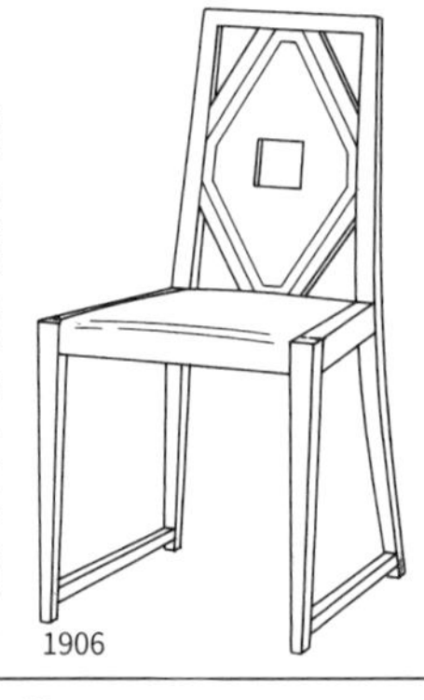

1906

该作品是维也纳工坊办公室里的，曾在园林展上展出。

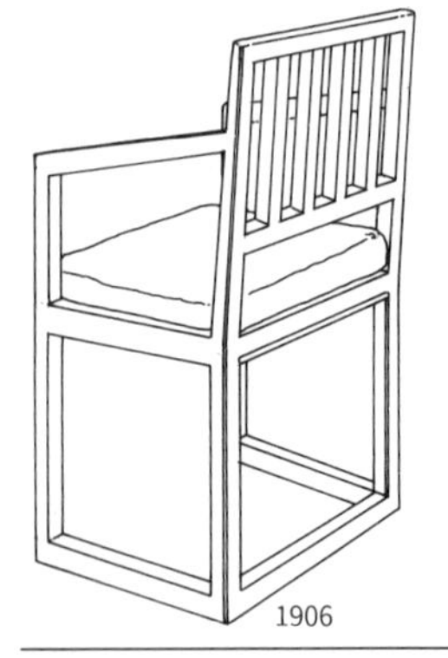

1906

图中的无扶手椅和上一行左边的椅子很像，与第2小节中介绍的维也纳工坊中的椅子属于同一系列。

1906

这把安乐椅的靠背可以在五个角度间进行调节，被称为『可以坐的机器』。其上的圆球有加固和装饰的作用。椅子后面接触地面的木制球可以防止椅子倾倒。左边的椅子带有小脚轮。

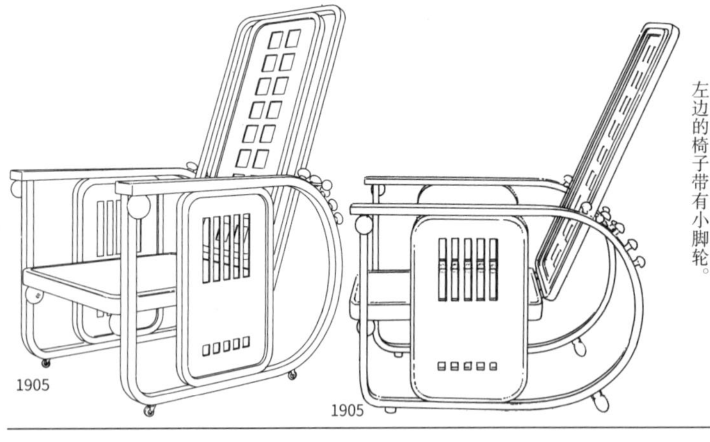

1905　1905

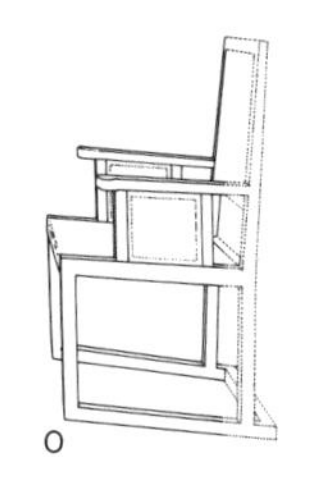

该作品是维特根斯坦住宅里的，它和第四行左边的作品有相似之处。
1903

斯蒂克利的作品，工艺美术运动的代表作。第三行中间的莫里斯椅子就受到了这件作品的影响。
设计年份不详

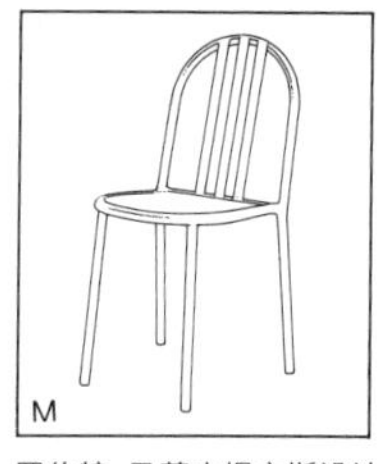

罗伯特·马莱史提文斯设计的折叠椅。从靠背的设计可以看到霍夫曼的影响。
1928

1905

该作品是『可以坐的机器』的衍生版。设计有垫脚，并且似乎可以收进座位下边。

1905　1905

这两件作品也是『可以坐的机器』的衍生版。右边的座位上设有厚垫，左边的靠背和座位都设有软垫。科恩公司制造。

1906

这也是衍生版作品，是在普克斯多夫疗养院中使用的。靠背是藤制的，比较罕见。

1906

该作品是刊登在《霍格·沃尔特》上的『莫里斯椅』。

1908　1907—1908

这两把凳子都是为维特根斯坦住宅设计的。右边的可能放在厨房里。

1905—1910

该作品是斯托克雷特宫的阳光房里的。

1905—1910

该作品是和右边作品配套的长椅。应该足足可以容纳六至七人。

1908

该作品曾刊登在1908年的《装饰·艺术》上，是在卡尔·摩尔的画中发现的。应该是霍夫曼的作品。

1870—1956

约瑟夫·弗朗茨·玛丽亚·霍夫曼

第5小节

“方格霍夫曼”

霍夫曼的早期作品中（1900年前后）有很多圆滑的曲线设计，这是因为受到当时流行的新艺术的影响。这种样式在1900年的巴黎世博会上被称为『1900年样式』（新艺术样式）。但是他并没有拘泥于此，而是在马金托什强烈的影响下树立了自己独特的风格。

卡巴莱蝙蝠酒馆的家具设计及内部装修使维也纳工坊受到了国内外人们的广泛关注。借此机会，他们的作品传到了柏林、德累斯顿、伦敦和圣路易斯等很多地方。正如『方格霍夫曼』这个绰号一样，棱角在其设计作品中十分常见，引入直线、几何元素的设计也逐渐能看出『装饰艺术风格』的雏形。1925年在巴黎举办的装饰美术博览会上，奥地利馆引起了热烈的反响。之后法国装饰艺术、美国装饰艺术开始盛行。

1908

该作品是在1904年原型的基础上重新设计而成的。这件以方形和直线为主要元素的作品是典型的『方块霍夫曼』风格。维托曼公司制造。

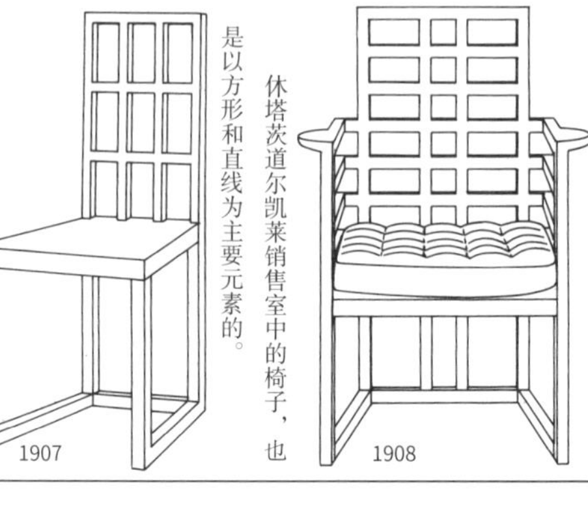

1907

休塔茨道尔凯莱销售室中的椅子，也是以方形和直线为主要元素的。

1907

维也纳工坊中格拉本办公室里的椅子，是方与圆的组合。

1908

该作品是乡间别墅的卧室里的，后由科恩公司生产上市。它和右边的椅子相似。

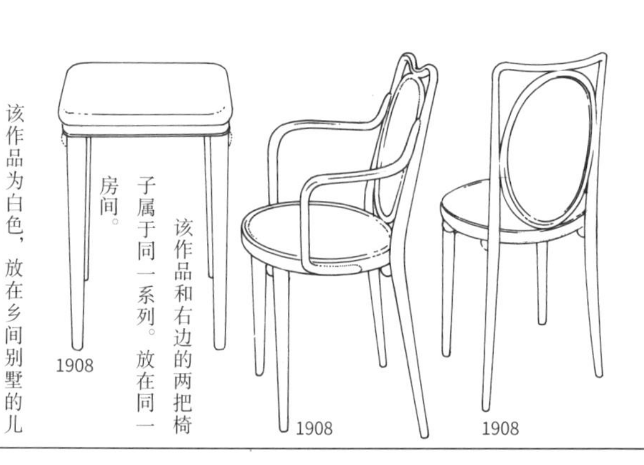

1908　1908

该作品和上一行左边的作品属于同一系列，放在同一房间。不过这件作品的设计更优雅。科恩公司制造。

1908

该作品和右边的两把椅子属于同一系列。放在同一房间。

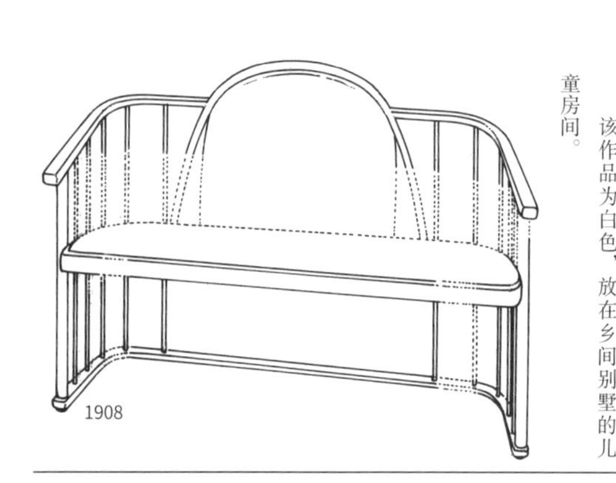

1908

该作品为白色，放在乡间别墅的儿童房间。

1908

该作品和上一行左边的椅子放在同一房间，是和桌子成套使用的。

1908

非常罕见的婴儿椅。它和右边的作品放在同一房间。

图中的餐椅不知道是为哪个住宅设计的。奥拓·普尔切也发表过类似的作品。

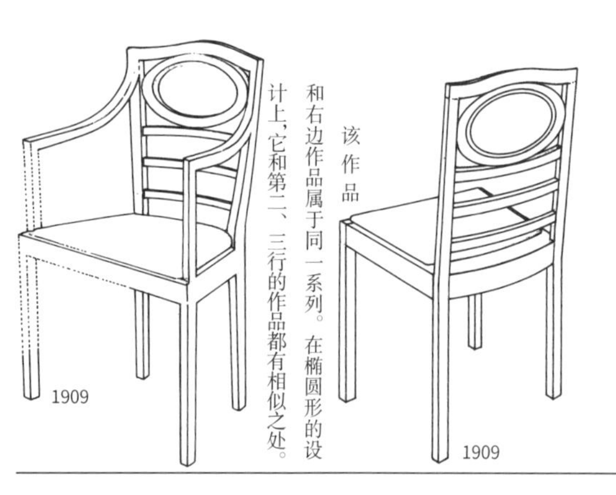

1909　1909

该作品和右边作品属于同一系列。在椭圆形的设计上，它和第二、三行的作品都有相似之处。

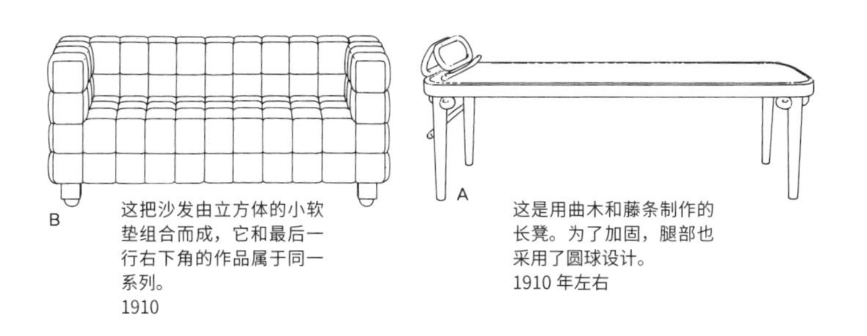

B 这把沙发由立方体的小软垫组合而成，它和最后一行右下角的作品属于同一系列。
1910

A 这是用曲木和藤条制作的长凳。为了加固，腿部也采用了圆球设计。
1910 年左右

采用曲木技术设计的作品。用于加固椅腿的圆球是其设计的亮点。
1910

该作品很好地体现了霍夫曼的设计风格。
1910

钢琴椅子。座位可以上下调节。
1910

该作品是为维特根斯坦住宅设计的，强调直线，是和书桌一起设计的。
1910

该作品和下一行左边的转角沙发是成套设计的。外部面料上有日本的箭翎图案。
1911

椅子靠背上的方块和十字设计是该作品的亮点。其余部分是以前的样式。
1910

图片摘自1910年左右出版的有关『分离派』的杂志。这件沙发放在类似咖啡店的地方。
1910?

这是和上一行左边的安乐椅成套设计的转角沙发。
1911

这是霍夫曼的作品中具有代表性的、体现『方块霍夫曼』风格的作品。它属于立方体系列，后由维托曼公司生产上市。
1910

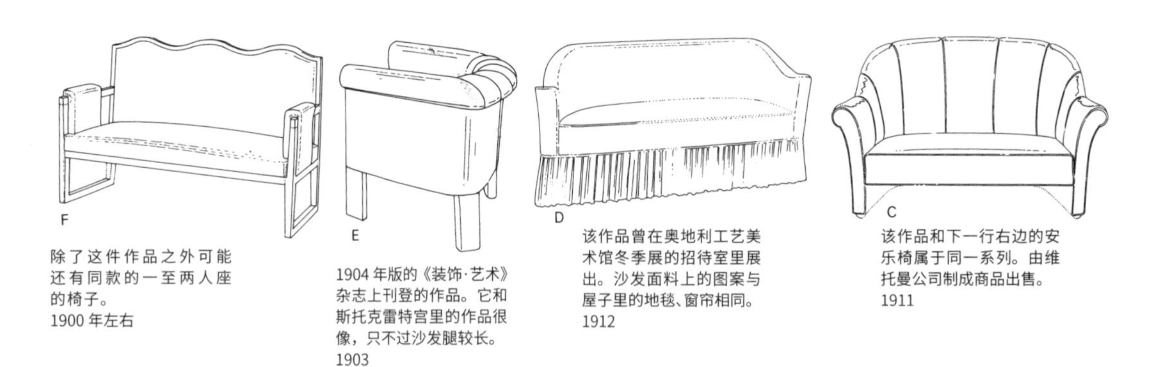

F

除了这件作品之外可能还有同款的一至两人座的椅子。
1900 年左右

E

1904 年版的《装饰·艺术》杂志上刊登的作品。它和斯托克雷特宫里的作品很像，只不过沙发腿较长。
1903

D

该作品曾在奥地利工艺美术馆冬季展的招待室里展出。沙发面料上的图案与屋子里的地毯、窗帘相同。
1912

C

该作品和下一行右边的安乐椅属于同一系列。由维托曼公司制成商品出售。
1911

1911
该作品也是霍夫曼的代表作。因为维托曼公司的缘故，这件作品在日本的知名度也很高。仓俣史朗在上面安装了小灯泡后展出，以向霍夫曼致敬。

1912
该作品曾在1912年奥地利工艺美术馆的冬季展览会上展出。

1905—1910
该作品和斯托克雷特宫里的作品很像。

1912
该作品曾在1912年奥地利工艺美术馆的展览会上展出。靠背和椅腿上都有浮雕。

1912
这是维托曼公司复制的模型。是为维也纳的科勒住宅设计的。条纹图案的沙发面，十分雅致。

1912
高背椅，后腿处呈X形相交的横梁是这件作品的特色。椅子扶手的曲线和直线的组合能让人联想到新艺术风格。

1912
该作品曾在1912年奥地利工艺美术馆的展览会上展出，采用了布艺沙发中少见的条纹图案，是霍夫曼和穆塞尔合作设计的，看起来它像是编织而成的。

1912

1912—1914
不清楚该作品是为哪个建筑设计的。从图片资料来看，另有一件刻有精美浮雕的橱柜，和一张富于装饰性的椭圆形桌子，它们三件是一套。这个作品应该也有浮雕图案装饰。

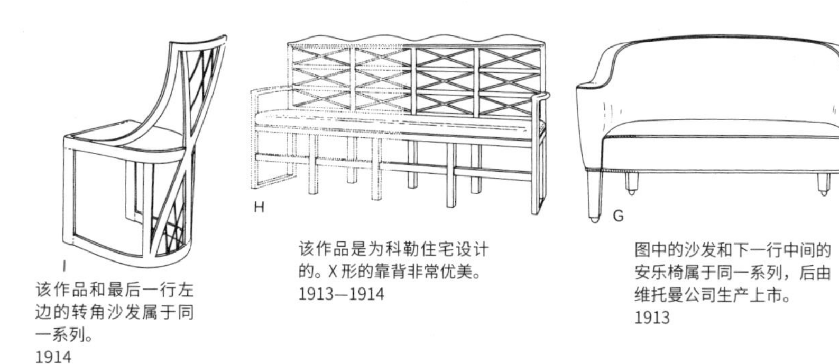

I
该作品和最后一行左边的转角沙发属于同一系列。
1914

H
该作品是为科勒住宅设计的。X形的靠背非常优美。
1913—1914

G
图中的沙发和下一行中间的安乐椅属于同一系列，后由维托曼公司生产上市。
1913

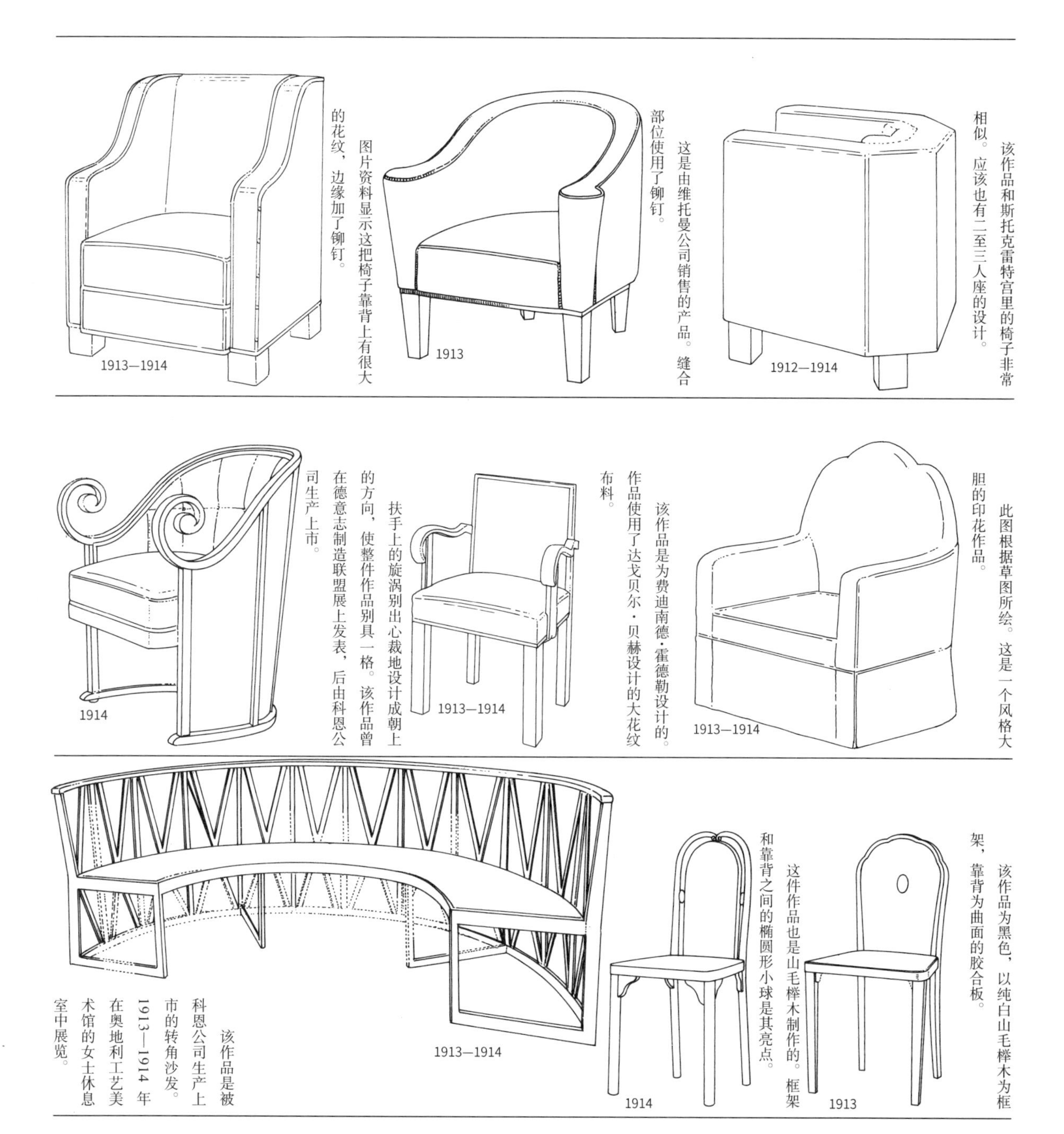

1913—1914
图片资料显示这把椅子靠背上有很大的花纹，边缘加了铆钉。

1913
这是由维托曼公司销售的产品。缝合部位使用了铆钉。

1912—1914
该作品和斯托克雷特宫里的椅子非常相似。应该也有二至三人座的设计。

1914
扶手上的旋涡别出心裁地设计成朝上的方向，使整件作品别具一格。该作品曾在德意志制造联盟展上发表，后由科恩公司生产上市。

1913—1914
该作品是为费迪南德·霍德勒设计的。作品使用了达戈贝尔·贝赫设计的大花纹布料。

1913—1914
此图根据草图所绘。这是一个风格大胆的印花作品。

1913—1914
该作品是被科恩公司生产上市的转角沙发。1913—1914年在奥地利工艺美术馆的女士休息室中展览。

1914
这件作品也是山毛榉木制作的。框架和靠背之间的椭圆形小球是其亮点。

1913
该作品为黑色，以纯白山毛榉木为框架，靠背为曲面的胶合板。

1870—1956

约瑟夫·弗朗茨·玛丽亚·霍夫曼

第6小节
创造美好生活

有人说『没有比建筑家更全能的人了』。这或许是因为建筑家不仅能设计建筑，还能设计建筑里的各种家具和餐具等。而霍夫曼就是这样一个全才建筑家，除建筑以外，他在其他领域的设计作品也相当多。维也纳工坊之所以能吸引各个领域的艺术创作者，想必也有霍夫曼作为『全才建筑家』的影响力在发挥作用。有关他的大量书籍中，除建筑和家具以外，另有其他各种作品占了很大篇幅。比如，笔记本、裁纸刀、钟表、烟灰缸、火柴盒、针线包、化妆工具、笔盒手提包、卡包、盘子、金属餐具、各种陶器、玻璃餐具、篮子、花瓶、办公用品、灯具、小镜子、烛台、剪子、壁纸、时髦纺织品、展示盒等，可以说只要是我们能想到的身边的物品，他都有设计过。没有哪一个设计师像他这样，把维也纳工坊的理念——『创造美好生活』践行得如此完美。

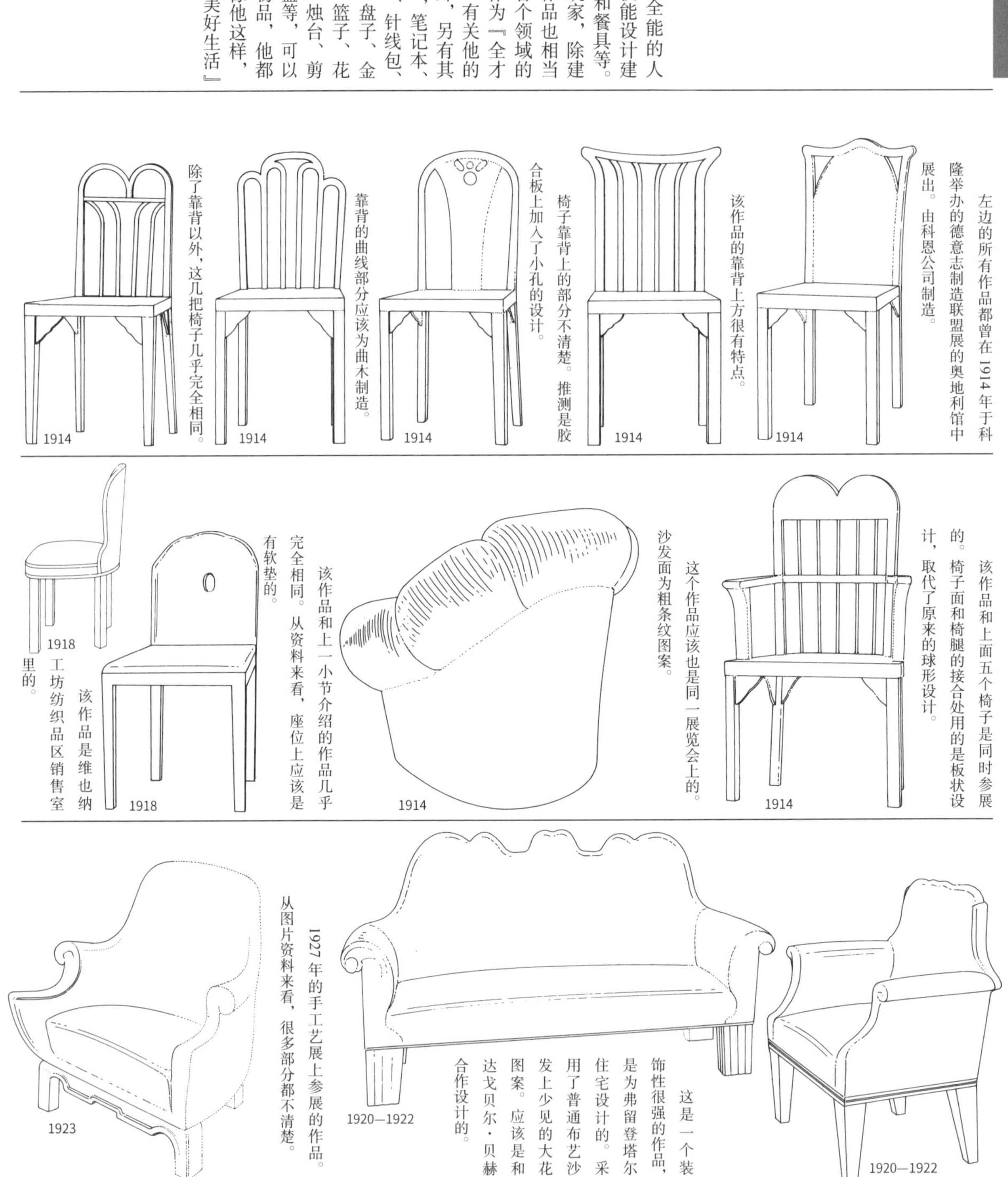

左边的所有作品都曾在1914年于科隆举办的德意志制造联盟展的奥地利馆中展出。由科恩公司制造。

该作品的靠背上方很有特点。

椅子靠背上的部分不清楚。推测是胶合板上加入了小孔的设计。

靠背的曲线部分应该为曲木制造。

除了靠背以外，这几把椅子几乎完全相同。

该作品和上面五个椅子是同时参展的。椅子面和椅腿的接合处用的是板状设计，取代了原来的球形设计。

这个作品应该也是同一展览会上的。沙发面为粗条纹图案。

该作品和上一小节介绍的作品几乎完全相同。从资料来看，座位上应该是有软垫的。

该作品是维也纳工坊纺织品区销售室里的。

这是一个装饰性很强的作品，是为弗留登塔尔住宅设计的。采用了普通布艺沙发上少见的大花图案。应该是和达戈贝尔·贝赫合作设计的。

1927年的手工艺展上参展的作品。从图片资料来看，很多部分都不清楚。

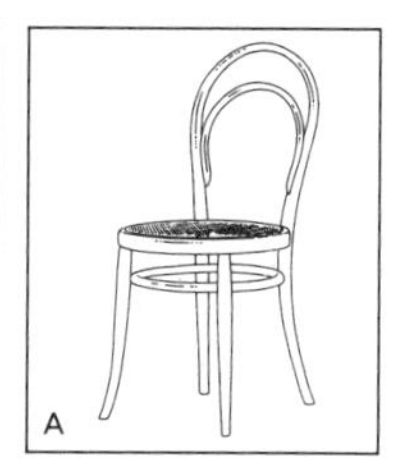

A

该作品是堪称史上销量最高的“14 号椅”，由索耐特公司制作出售。
1859

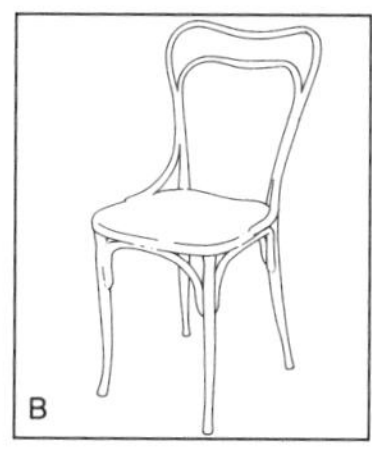

B

该作品是由阿道夫·路斯将“14 号椅”重新设计后的模型，是为咖啡博物馆设计的。科恩公司制造。
1898 年左右

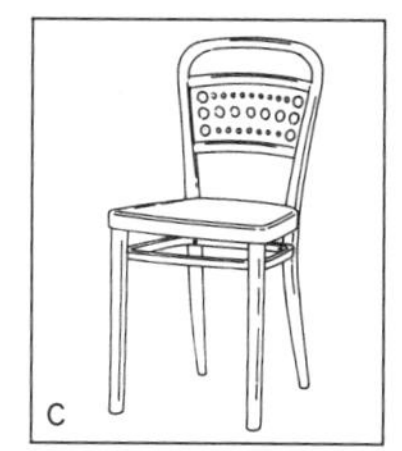

C

该作品是由瓦格纳将“14 号椅”重新设计后的模型。
1910

D

该作品和下一行中间的作品属于同一系列。腿部平缓的曲线非常优美。椅子靠背和座位是藤制的。
1903？
1925？

该作品是用软材质（材料名不详）制造的，漆成灰色。座位部分为革制品，镶嵌铆钉。尚不清楚它是为哪座建筑设计的。

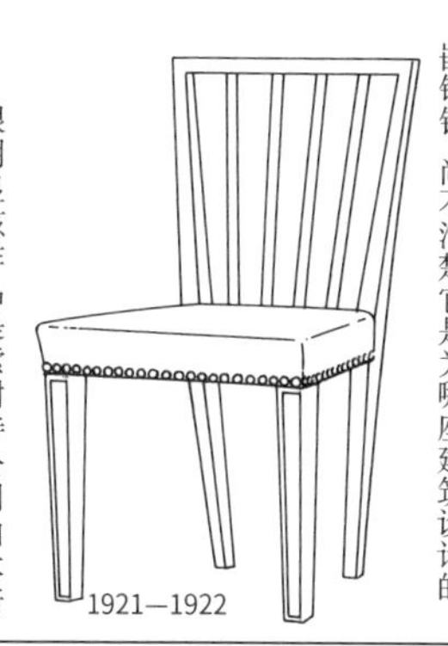

1921—1922

很明显该作品是索耐特公司曲木椅的升级版。应该是受索耐特公司所托设计的。有关其设计年份的资料有两种记载：1903 年和 1925 年。

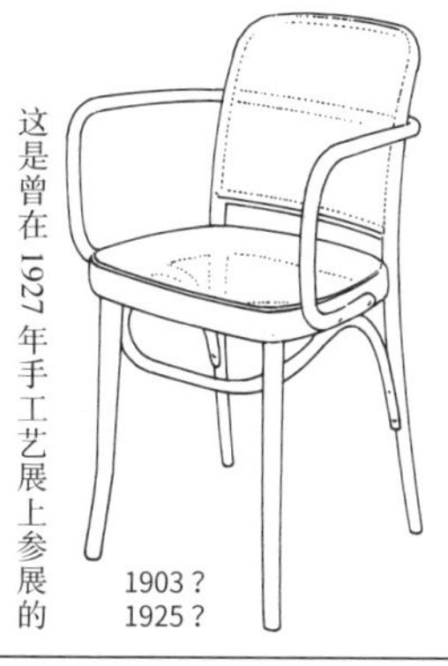

1903？
1925？

这是曾在 1927 年手工艺展上参展的作品。扶手后方有一根棍，能调整椅子靠背的角度。

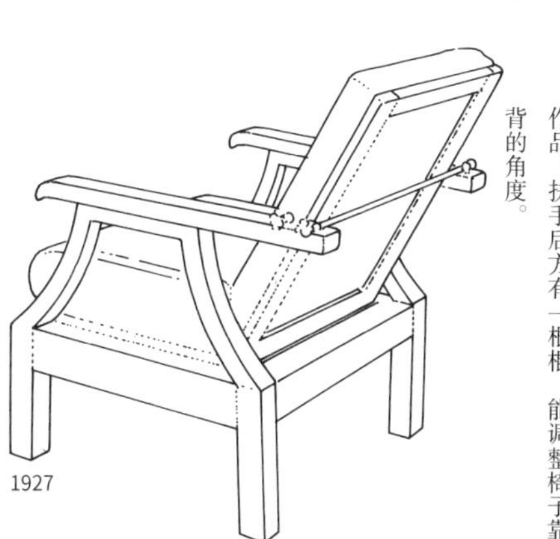

1927

和椅腿相比，这把椅子的靠背的框架显得非常细。这一时期，出现了越来越多的装饰艺术风格的作品。

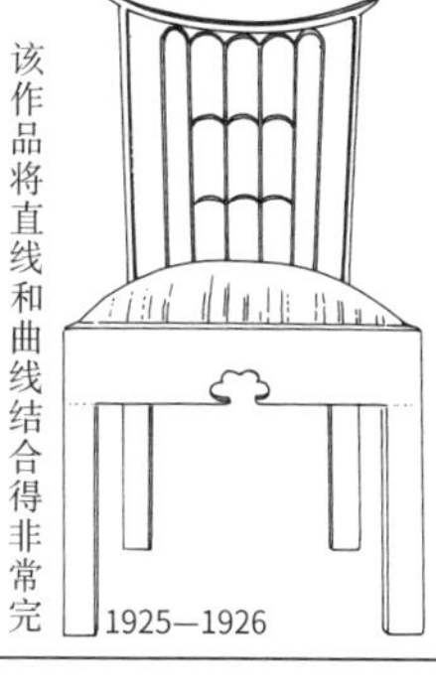

1925—1926

该作品将直线和曲线结合得非常完美。椅腿靠近地面的地方可以看到早期设计的痕迹。

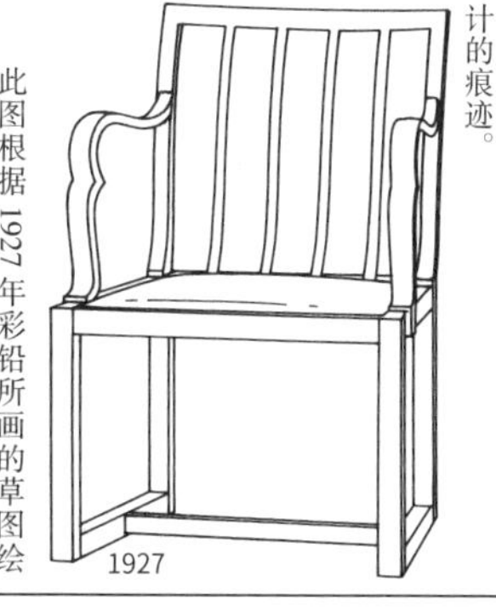

1927

此图根据 1927 年彩铅所画的草图绘制而成。

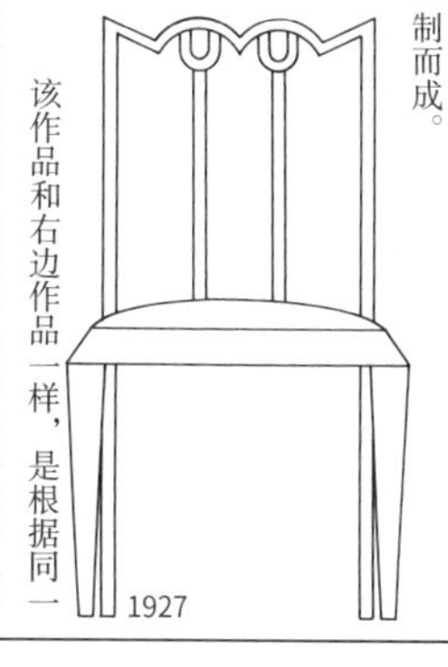

1927

该作品和右边作品一样，是根据同一草图绘制的，能很明显地看到新艺术风格的特征。

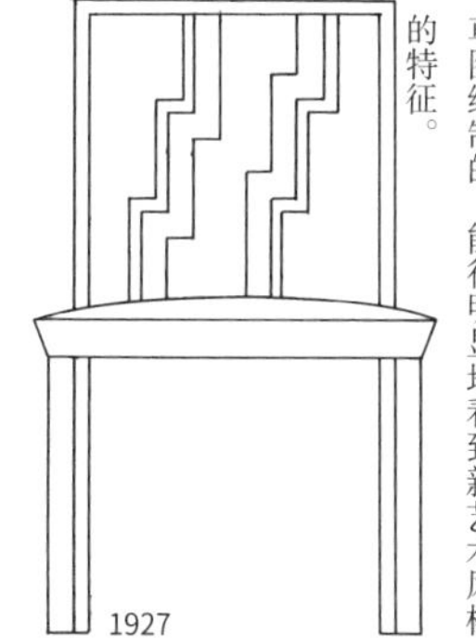

1927

1927 年的手工艺展上参展的作品。从图片资料来看，很多部分都不清楚。

1927

此图根据草图所绘。原图是由彩铅在网格纸上绘制而成，有 1928 年的标记。

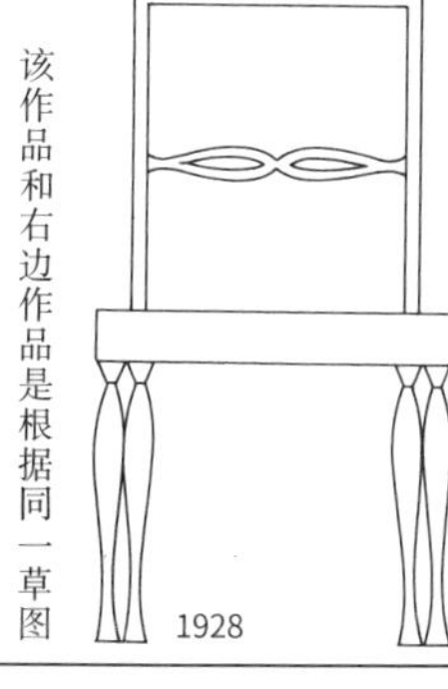

1928

该作品和右边作品是根据同一草图绘制而成的。靠背设计很简单，草图有橡皮擦掉的痕迹，隐约能看出是九个圆形的组合。

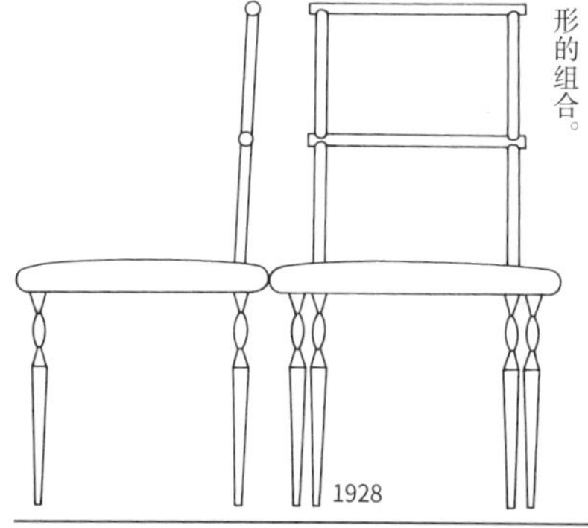

1928

奥托·瓦格纳设计的餐椅。由索耐特公司生产上市。它和最后一行左边的作品很像。
1910

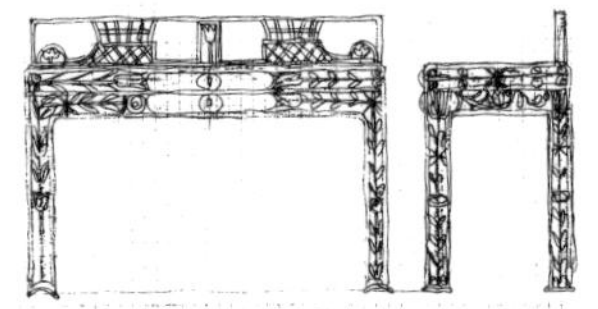

这也是霍夫曼的设计草图。虽然线条很粗糙，但是尺寸等都非常精确。
1928—1935

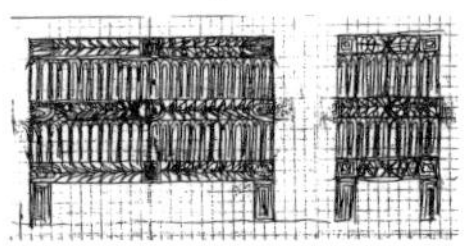

这是霍夫曼的设计草图，图中的餐具橱和第三行中间的作品属于同一系列。
1928—1935

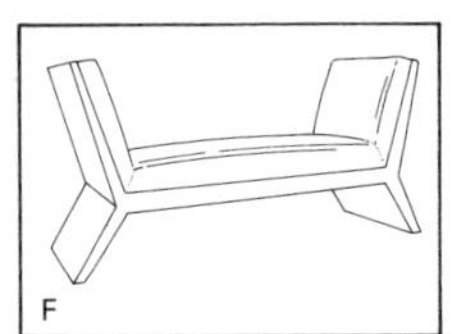

让-米歇尔·弗兰克设计的新艺术风格的凳子。
1930

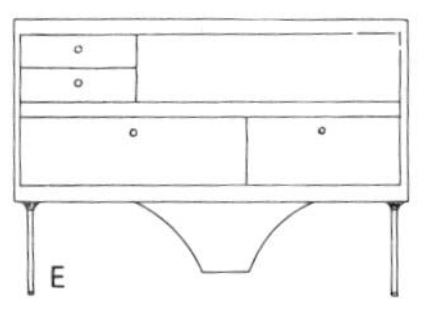

图中的橱柜和下一行的三个作品属于同一系列。腿部的设计和三人座沙发相同。
1927

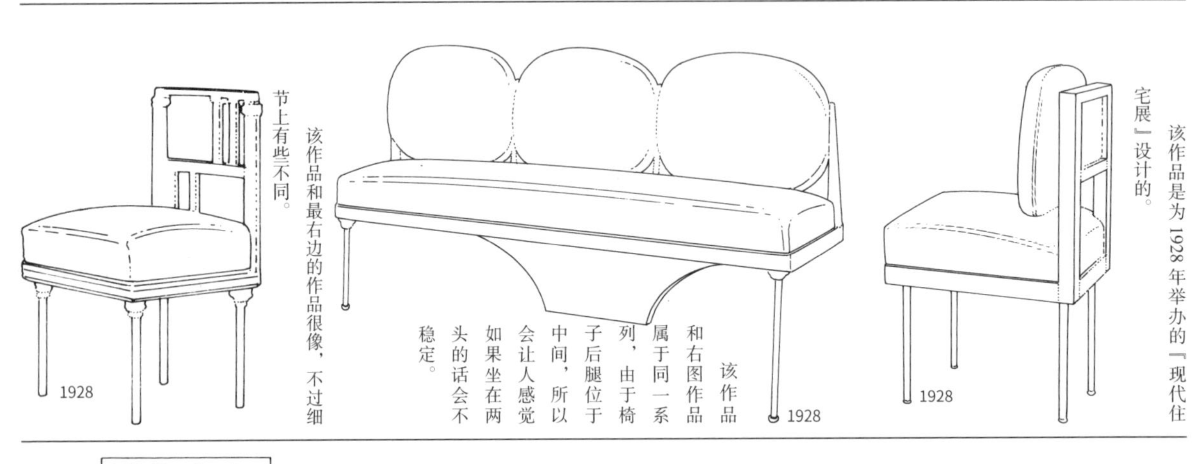

1928
该作品和最右边的作品很像，不过细节上有些不同。

1928
该作品和右图作品属于同一系列，由于椅子后腿位于中间，所以会让人感觉如果坐在两头的话会不稳定。

1928
该作品是为1928年举办的『现代住宅展』设计的。

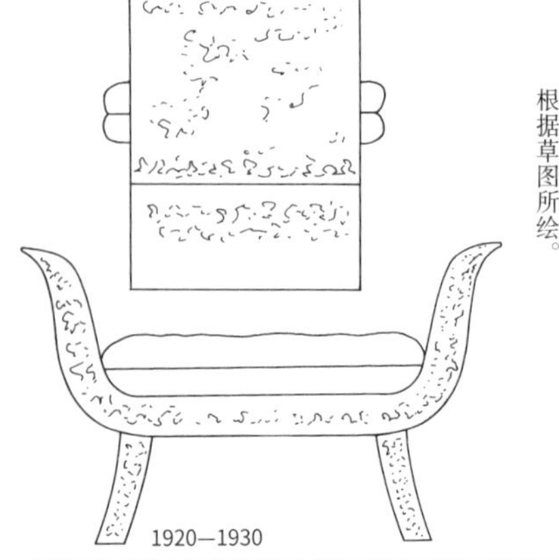

1920—1930
这把带扶手的凳子具有新艺术风格。当时以让-米歇尔·弗兰克为首的新艺术派设计师们也都发表了类似的作品。此图根据草图所绘。

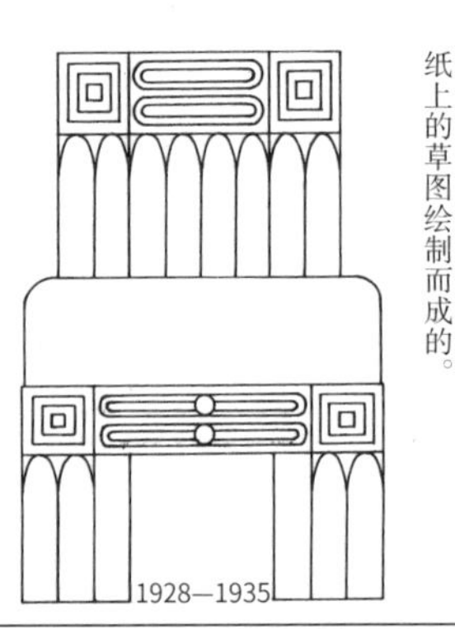

1928—1935
该作品和之前的餐具橱都是根据方格纸上的草图绘制而成的。

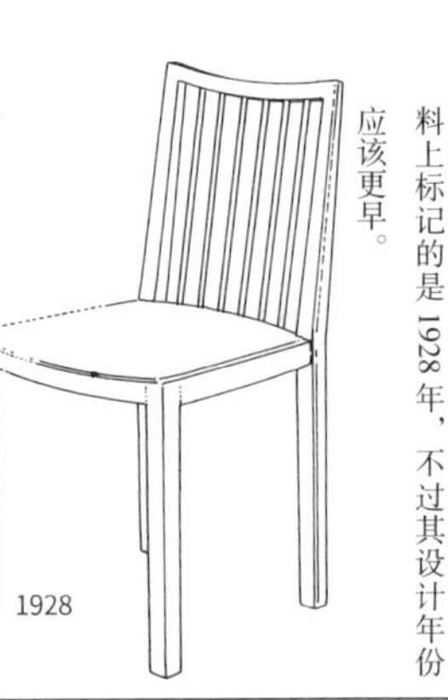

1928
该作品用于维也纳工坊的会议室。资料上标记的是1928年，不过其设计年份应该更早。

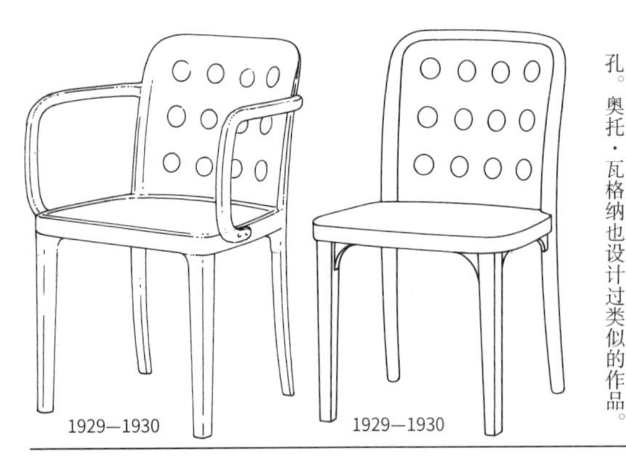

1929—1930　1929—1930
该作品是由上一页第二行中间的曲木作品演变而来的。椅子靠背和座位由原来的藤条变成了胶合板，并在靠背上开有小孔。奥托·瓦格纳也设计过类似的作品。

1928
该作品是由方格纸上的草图绘制而成的，颇具达戈贝尔·贝赫的设计风格。

咖啡壶。后现代风的设计。壶身为朱红色，把手为黑色。
1928

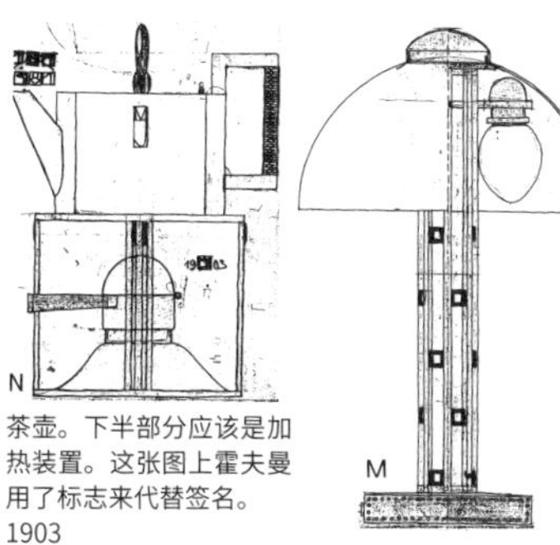

茶壶。下半部分应该是加热装置。这张图上霍夫曼用了标志来代替签名。
1903

台灯。右半部分是截面图。虽然是霍夫曼的初期作品，但已经运用了其代表性的方块元素。
1903

这些是维也纳工坊的设计师们各自的标志。右上是霍夫曼的，中间行左边是克里姆特的，左下是穆塞尔的。图案都绘制在正方形中。
1902

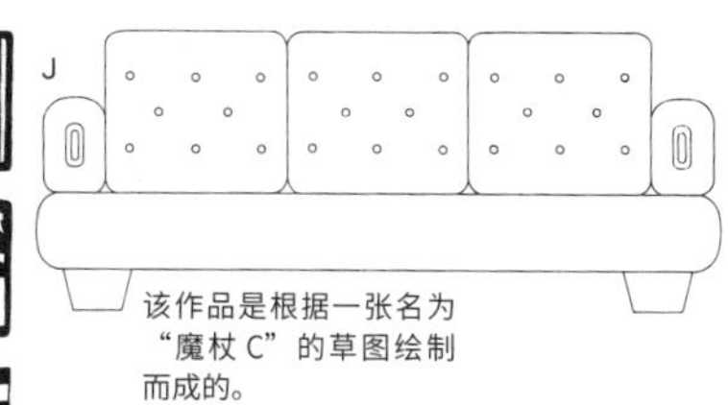

该作品是根据一张名为“魔杖 C”的草图绘制而成的。
1932

该作品和第三行右边的作品来自同一草图，是一把钢琴凳，上面绘有大花纹。
1920

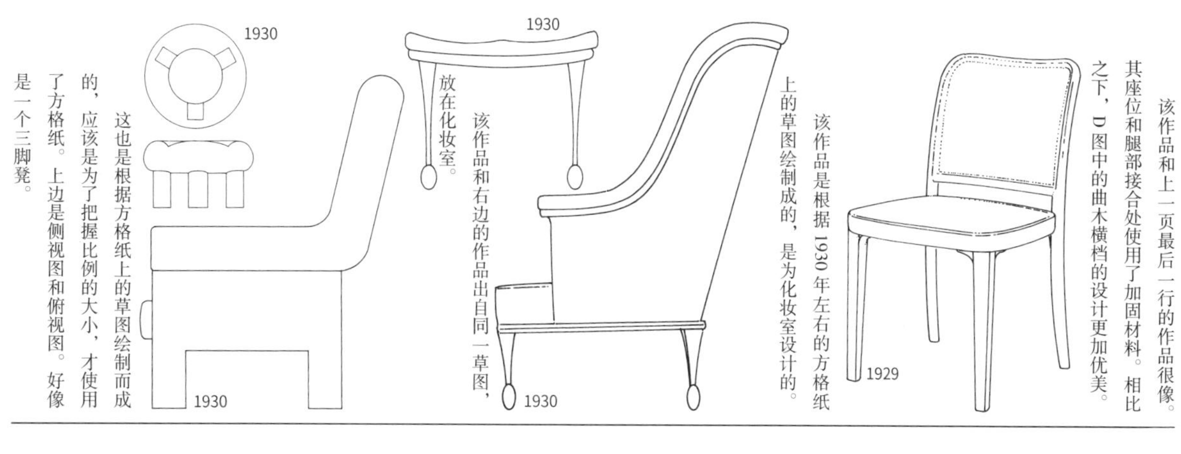

该作品和上一页最后一行的作品很像。其座位和腿部接合处使用了加固材料。相比之下，D 图中的曲木横档的设计更加优美。

该作品是根据 1930 年左右的方格纸上的草图绘制成的，是为化妆室设计的。

该作品和右边的作品出自同一草图，放在化妆室。

这也是根据方格纸上的草图绘制而成的，应该是为了把握比例的大小，才使用了方格纸。上边是侧视图和俯视图。好像是一个三脚凳。

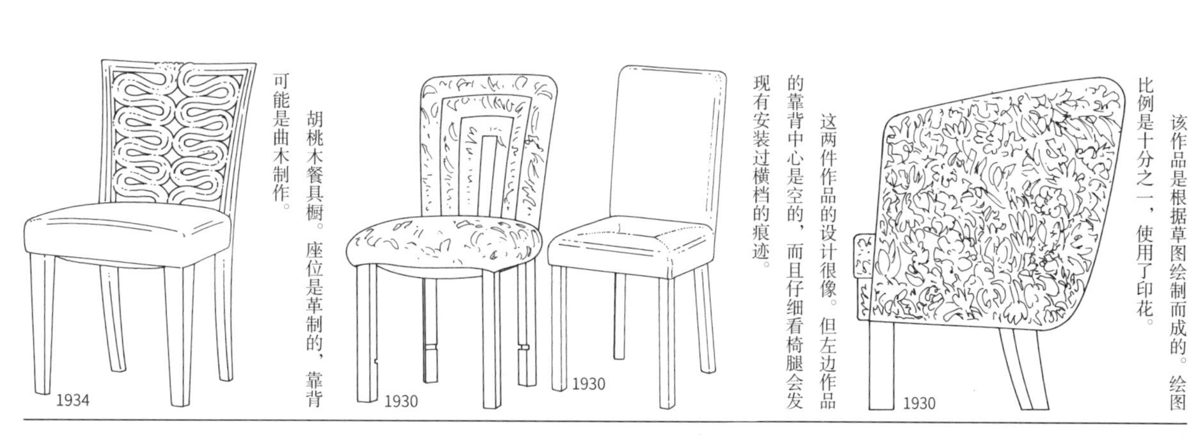

该作品是根据草图绘制而成的。绘图比例是十分之一，使用了印花。

这两件作品的设计很像。但左边作品的靠背中心是空的，而且仔细看椅腿会发现有安装过横档的痕迹。

胡桃木餐具橱。座位是革制的，靠背可能是曲木制作。

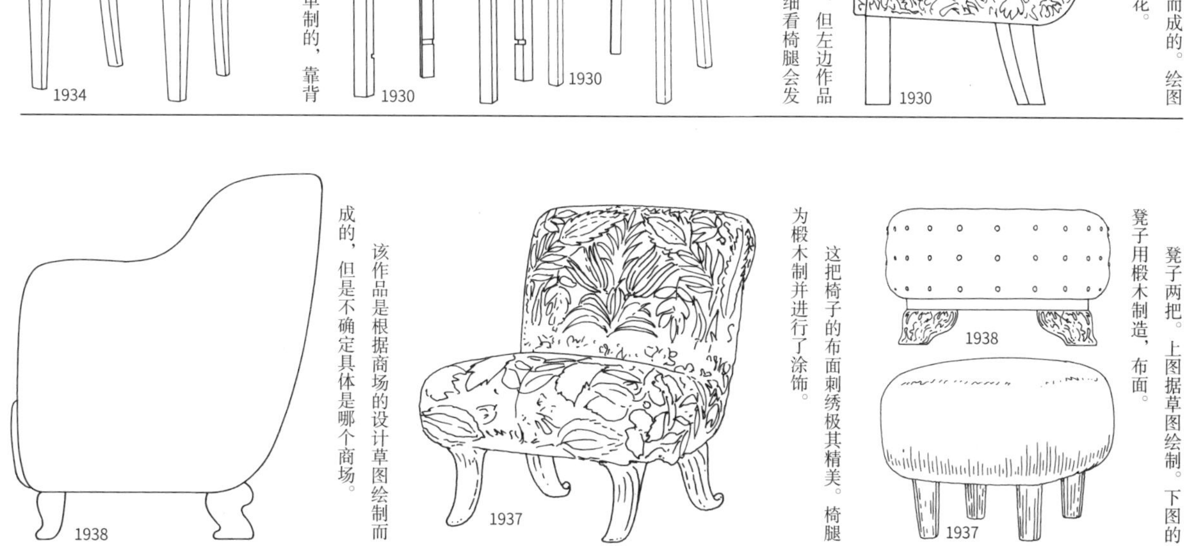

凳子两把。上图据草图绘制。下图的凳子用椴木制造，布面。

这把椅子的布面刺绣极其精美。椅腿为椴木制并进行了涂饰。

该作品是根据商场的设计草图绘制而成的，但是不确定具体是哪个商场。

1870—1956

约瑟夫·弗朗茨·玛丽亚·霍夫曼

第7小节
惊人的多产

霍夫曼的作品之多，笔者在接触原稿之前已经预想到了，然而在实际汇总时，除专门的资料外，从拍卖会的商品目录中也不断搜集出了许多其他的作品。他与奥托·瓦格纳的作品集之差异一目了然。虽然奥托·瓦格纳的作品超过500种，不过大致分类后每一类里的作品只在细节有差别。换言之，瓦格纳的作品集可称为二次设计的集合体。

而在霍夫曼的作品之中，有的可分类，有的不属于任何一类，有的作品甚至让人怀疑是否是霍夫曼设计的。如果联想一下维也纳工坊的制作流程，就会发现可能也有这样的情况：霍夫曼担任着设计总监的角色，把员工设计的作品稍微加工一下，然后将其作为『霍夫曼的设计』发表。

然而不管怎么说，霍夫曼的作品数量都十分惊人，谁也不知道他究竟设计了多少种椅子，但已被生产上市的毫无疑问都是他亲自设计的。有关他的书籍无数，但是对于这样一位传奇人物，依然难以窥其全貌。

1898

第1小节中曾介绍过霍夫曼最早的一件作品，与本图作品极为相似。靠背的镂空部分完全相同，只在椅腿和横档部分稍有不同。

1899

该作品是为法律学家布雷克斯设计的，和右边作品一样，在靠背上也有镂空部分。椅脚为金属制。

1900

不清楚该作品是为哪个建筑设计的。此图根据室内草图所绘，资料显示它是为卧室设计的。

1899—1900

该作品是为古斯塔夫·波洛克住宅的休息室设计的，和桌子成套。

1900

该作品是为贝克爱尔华住宅的客厅设计的，与写字台配套。前腿椅脚部分为金属制。

1900

这也是为贝克爱尔华住宅设计的，很明显受到了温莎椅的影响。

1900

这是为马拉斯·库尔茨维尔的画室设计的安乐椅。椅子靠背、座位以及扶手都为布面，细节处不清楚。

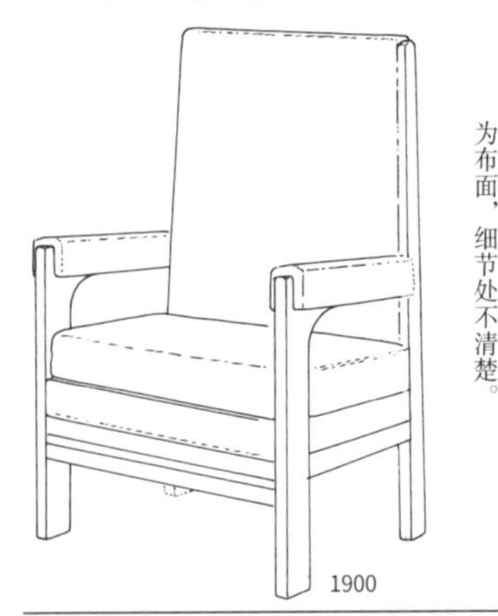

1900

1900

该作品和上一行的温莎椅很相似，不过扶手前端有些不同。

1900

该作品和上一行第一、三个作品应该属于同一房间。

科恩公司批量生产的作品。桃木制造，椅脚为黄铜制。D图是其无扶手版。

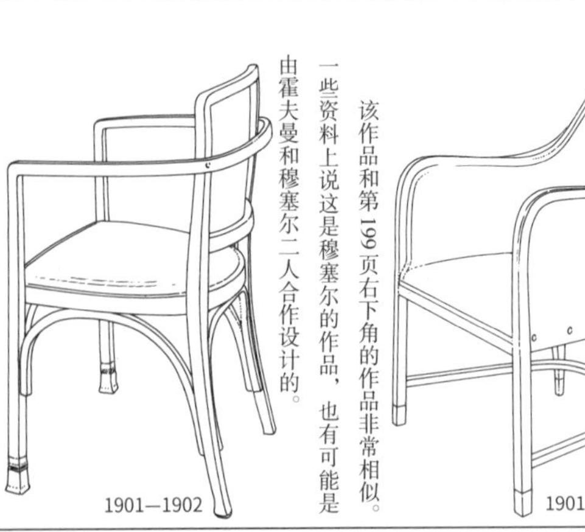

1901

该作品和第199页右下角的作品非常相似。一些资料上说这是穆塞尔的作品，也有可能是由霍夫曼和穆塞尔二人合作设计的。

1901—1902

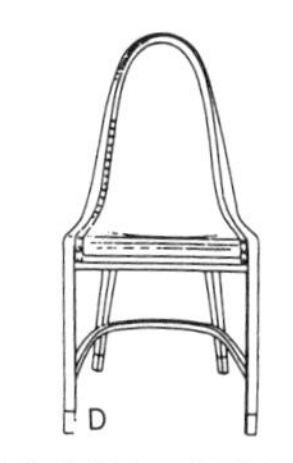

D

该作品是上一页最后一行左起第二个作品的无扶手版。
1906

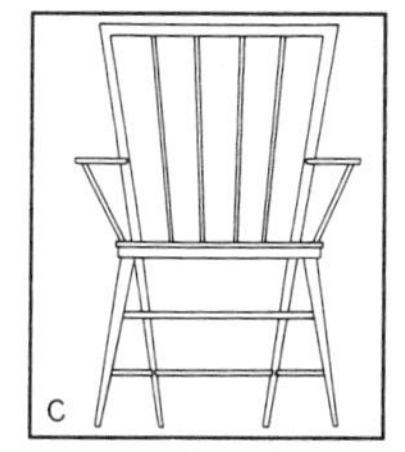

C

这是将阿尔法·阿鲁特设计的温莎椅进行二次设计后的模型。该作品以直线为主，给人以尖锐之感。
1924

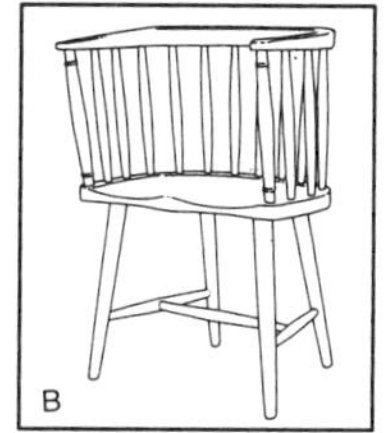

B

这是将马金托什设计的温莎椅进行二次设计后的模型。
1906

A

这可能是霍夫曼或卡尔·威茨曼的作品。
1914

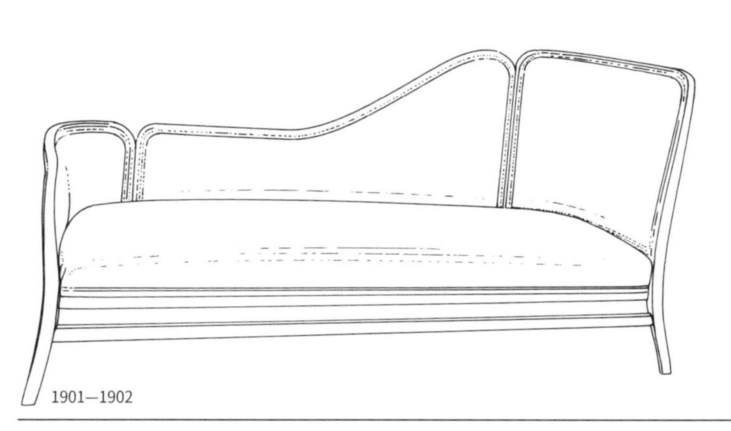

1901—1902

索耐特、科恩等公司制造的曲木家具当时风靡整个欧洲，从这个作品可见一斑。

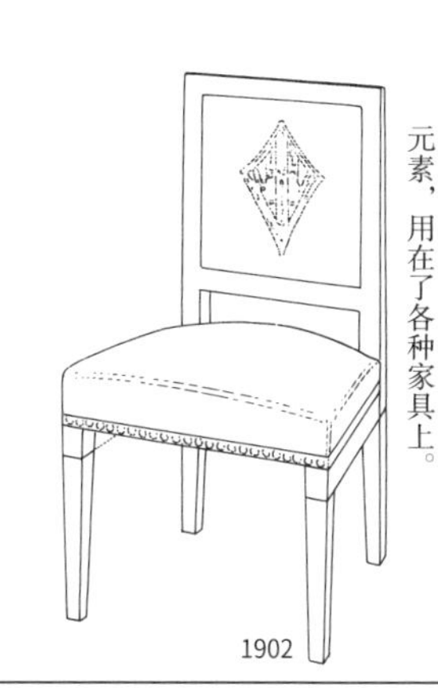

1902

该作品以及与其配套的桌子，都是为艾迪特马特奈尔·马克霍夫住宅的卧室设计的。靠背上的图案也是这间屋子的主题元素，用在了各种家具上。

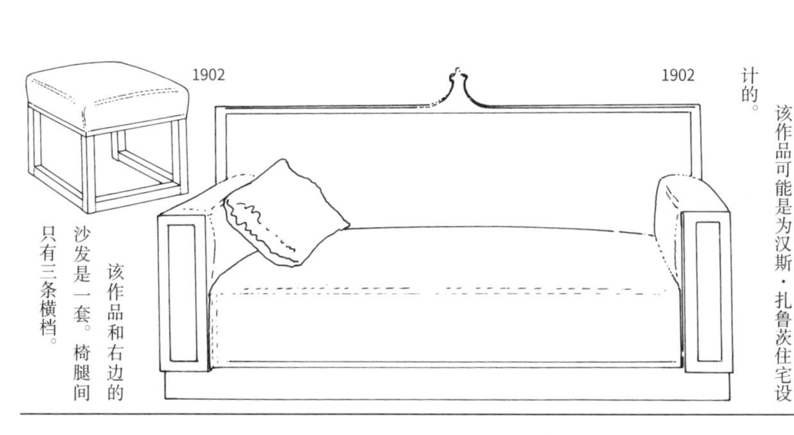

1902

该作品和右边的沙发是一套。椅腿间只有三条横档。

1902

该作品可能是为汉斯·扎鲁茨住宅设计的。

1901—1902

该作品是在重新装修海琳·赫好修泰塔住宅时设计的。虽然是翼椅，但也非常符合霍夫曼的设计风格。还有一张桌子与其配套。

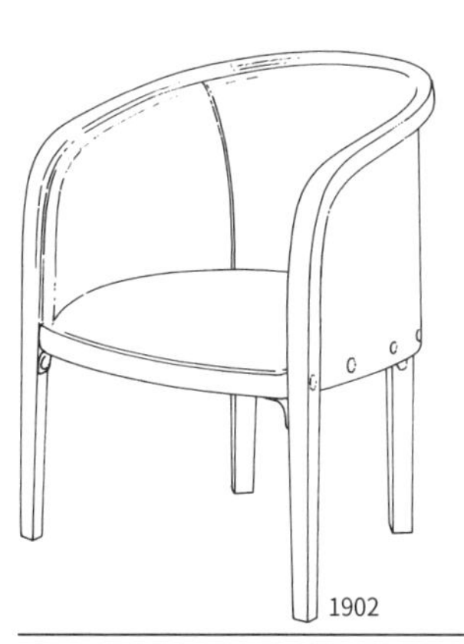

1902

安乐椅，框架由曲木制成，座位面是桃木做的。红木涂饰，装饰有黄铜铆钉。

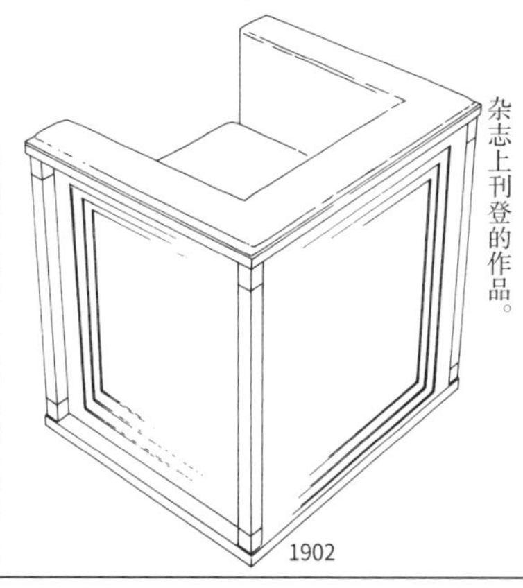

1902

这是1903年《达斯·因特里艾尔》杂志上刊登的作品。

1902

这把扶手椅充分体现了『方块霍夫曼』的特点。从边缘的花纹来看，它可能是霍夫曼和穆塞尔共同设计的。

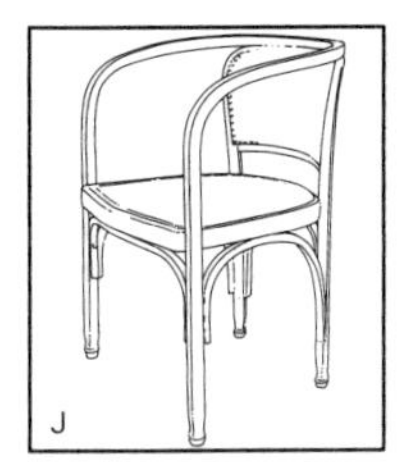

除了维也纳工坊的作品以外，还有很多作品与霍夫曼的作品极为相似，由此可见维也纳工坊的影响之大。
该作品是古斯塔夫·西格尔的作品。
1900 年左右

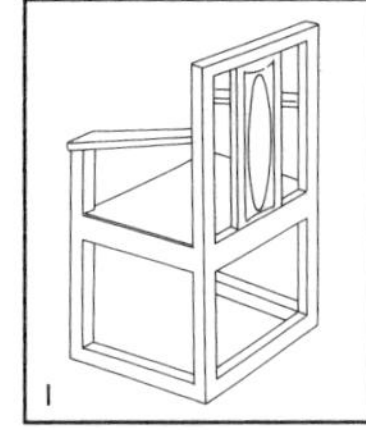

卡尔·布罗伊尔的作品。
1911

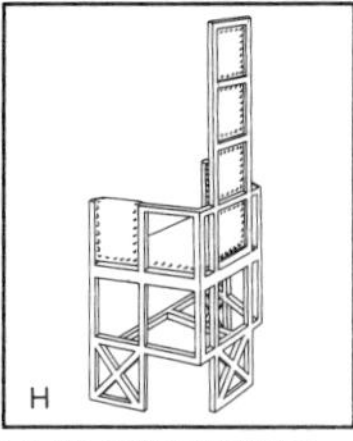

瓦尔特·菲尔斯特的作品。
1911

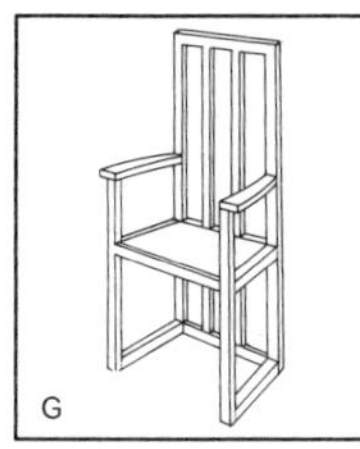

戈尔科·温克拉的作品。
1905

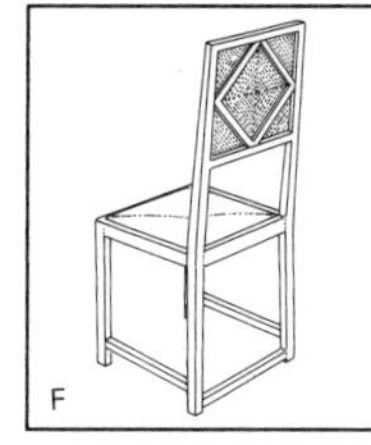

马克斯·拜尼尔休克的作品。
1904

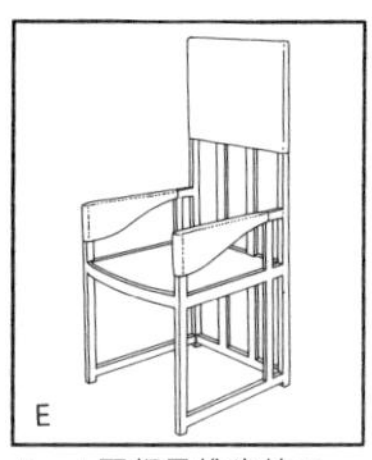

E～I 图都是维也纳工坊的设计师的作品。每个作品看起来都和霍夫曼的作品极为相似。
E 图是霍夫曼·舒尔的作品。
1900—1901

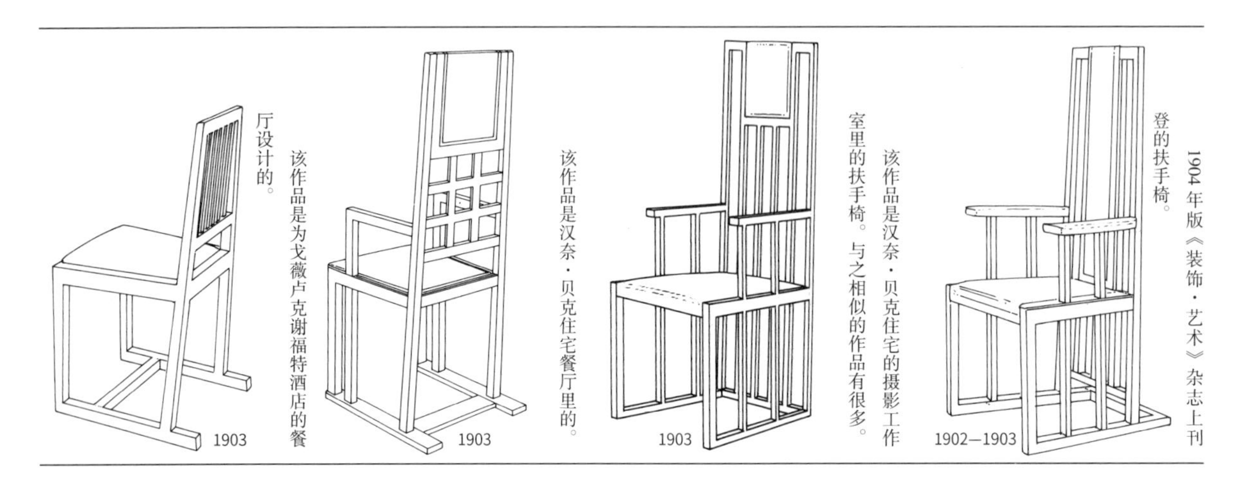

1903 该作品是为戈薇卢克谢福特酒店的餐厅设计的。

1903 该作品是汉奈·贝克住宅餐厅里的。

1903 该作品是汉奈·贝克住宅的摄影工作室里的扶手椅。与之相似的作品有很多。

1902—1903 1904 年版《装饰·艺术》杂志上刊登的扶手椅。

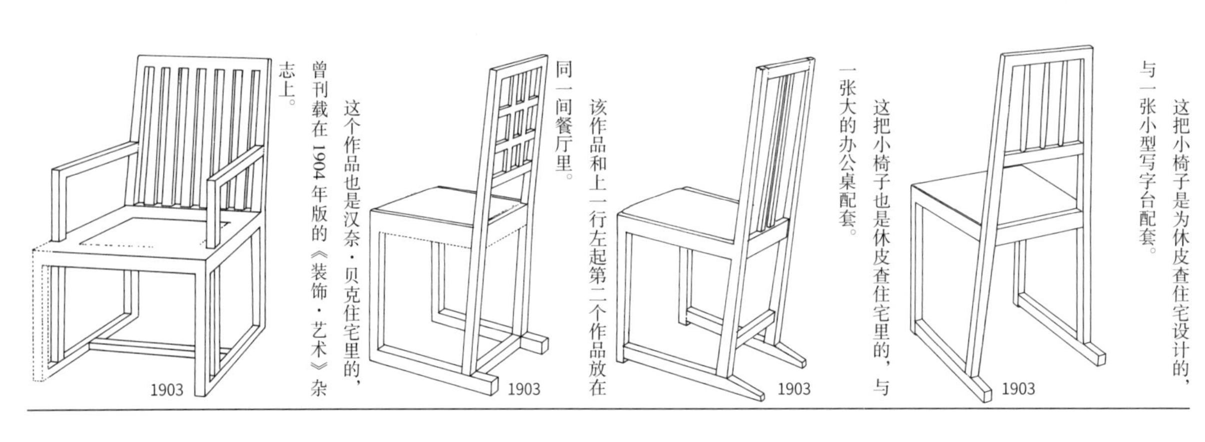

1903 这个作品也是汉奈·贝克住宅里的，曾刊载在 1904 年版的《装饰·艺术》杂志上。

1903 该作品和上一行左起第二个作品放在同一间餐厅里。

1903 这把小椅子也是休皮查住宅里的，与一张大的办公桌配套。

1903 这把小椅子是为休皮查住宅设计的，与一张小型写字台配套。

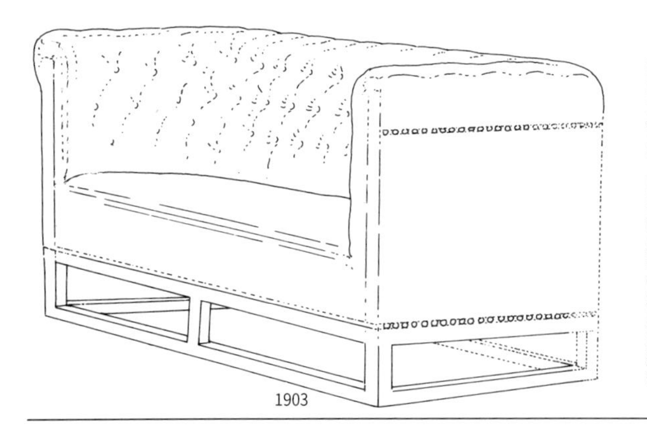

1903 该作品和第二行左边的椅子都放在同一酒店的大厅里。之前也见到过很多类似的沙发作品，比如休皮查住宅里的那件。

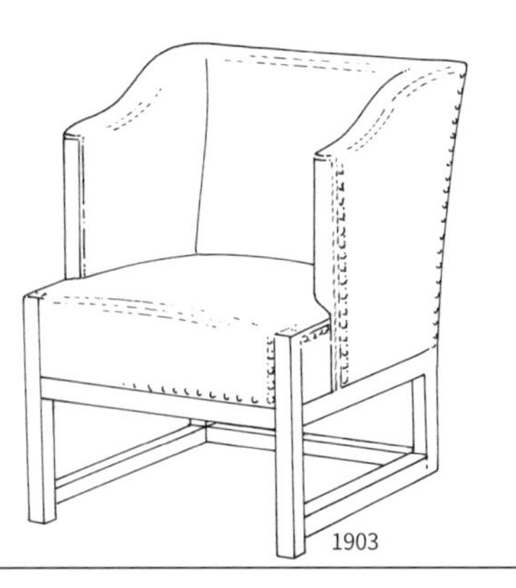

1903 该作品是在装修索尼娅·克尼普斯住宅时设计的。克里姆特好像也参与其中。

该作品和第三行中间的作品在同一地方使用。
1905

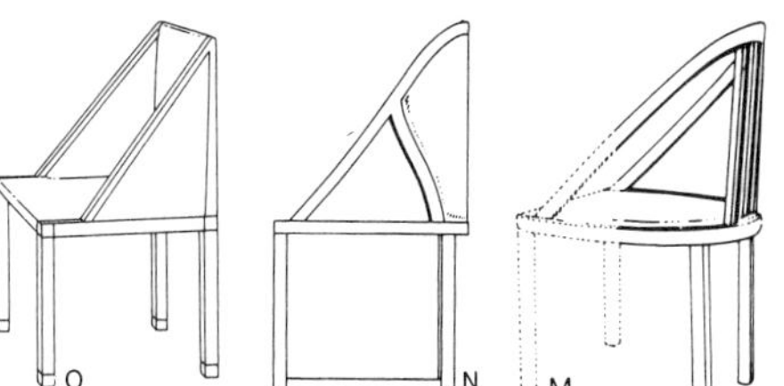

L

这几件作品是第二行中间作品的各种衍生版。之前已经有过介绍。
L：1902—1903
M：1903
N：1904
O：1904

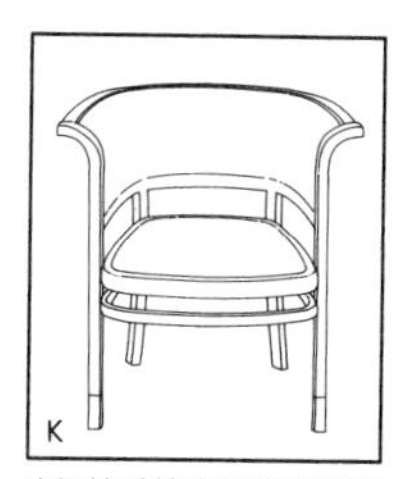

这把扶手椅也很容易被误认为是霍夫曼的作品，但它应该是马塞尔·卡梅拉的设计。
1906

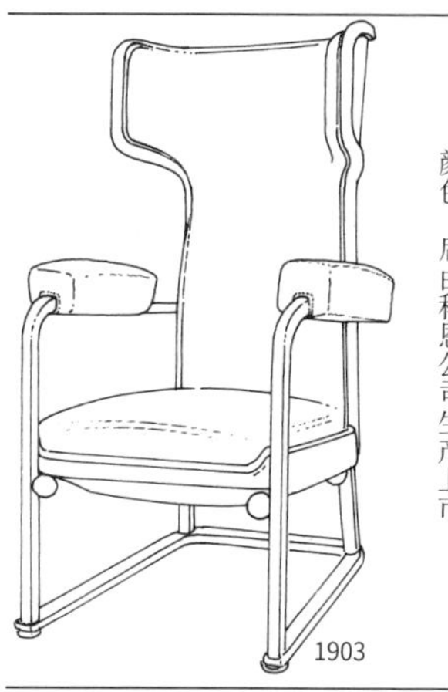

1903

该作品的框架由曲木制成，漆成红木颜色，后由科恩公司生产上市。

1903

戈薇卢克谢福特酒店的写字台用椅。

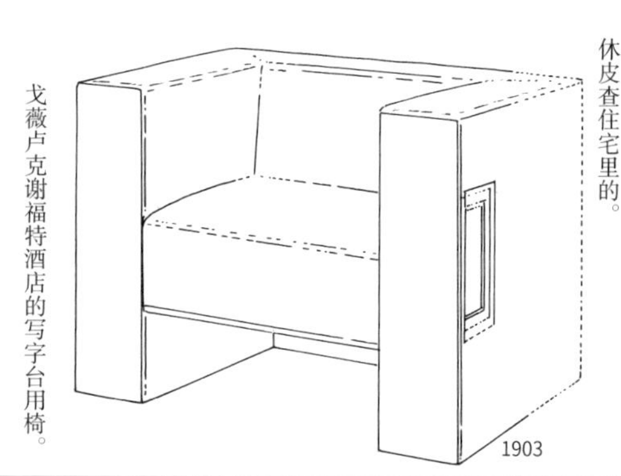

1903

该作品和第1小节中介绍的《达斯·因特里艾尔》杂志上的作品很像，不过这是休皮查住宅里的。

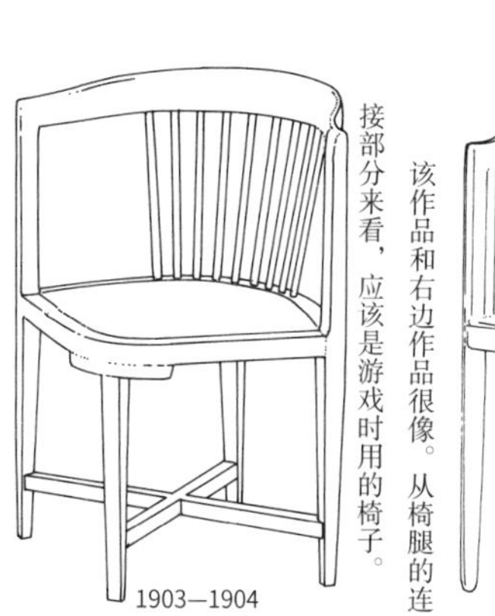

1903—1904

该作品和右边作品很像。从椅腿的连接部分来看，应该是游戏时用的椅子。

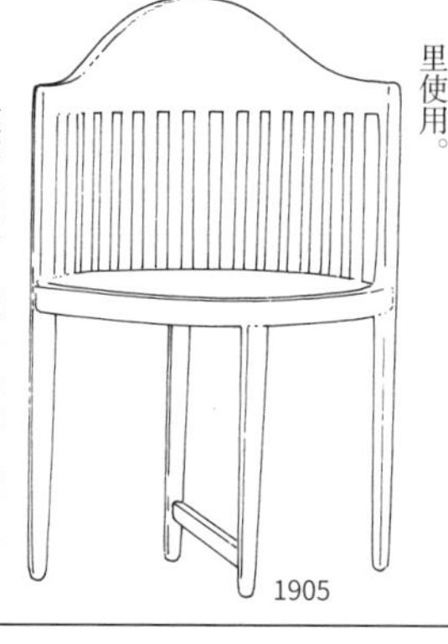

1905

该作品来自《德意志艺术与装饰》杂志上刊登的照片，它和左边作品很像，但是椅子靠背的设计明显不同。它和P图的凳子是一套，可能是在维也纳工坊的商店里使用。

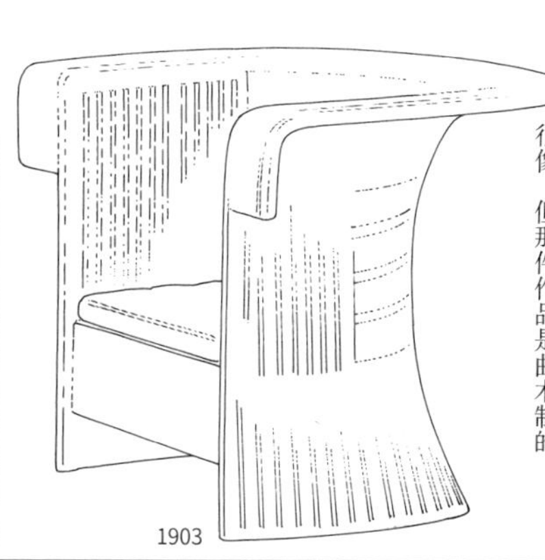

1903

这是戈薇卢克谢福特酒店的大厅里的藤椅。第3小节中介绍的扶手椅和它很像，但那件作品是曲木制的。

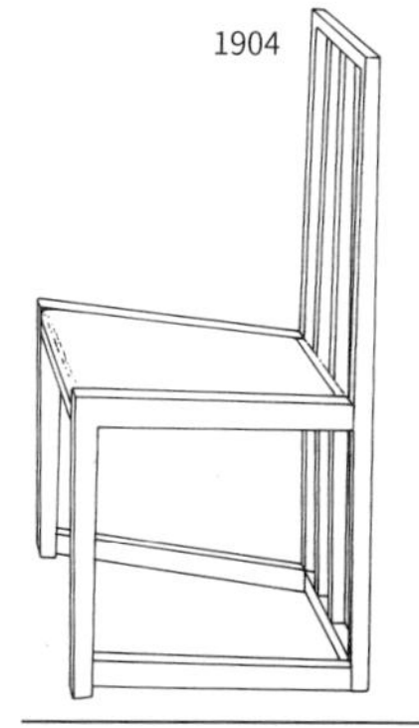
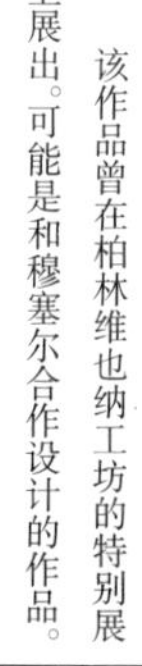

1904

该作品曾在柏林维也纳工坊的特别展上展出。可能是和穆塞尔合作设计的作品。

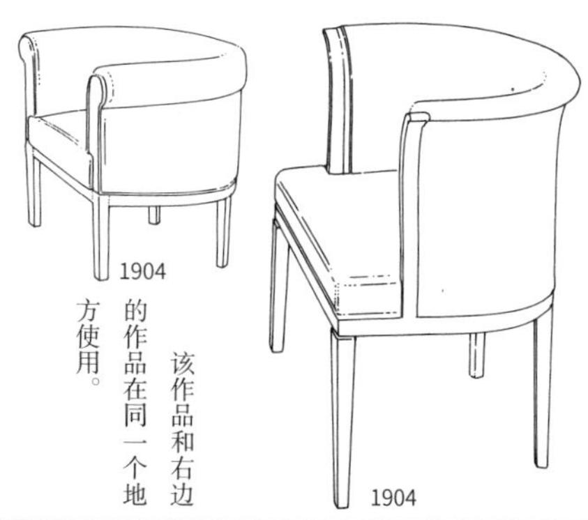

1904

该作品和右边的作品在同一个地方使用。

1904

这是普克斯多夫疗养院二楼或三楼客厅里的椅子，它和第190页的沙发是一套。

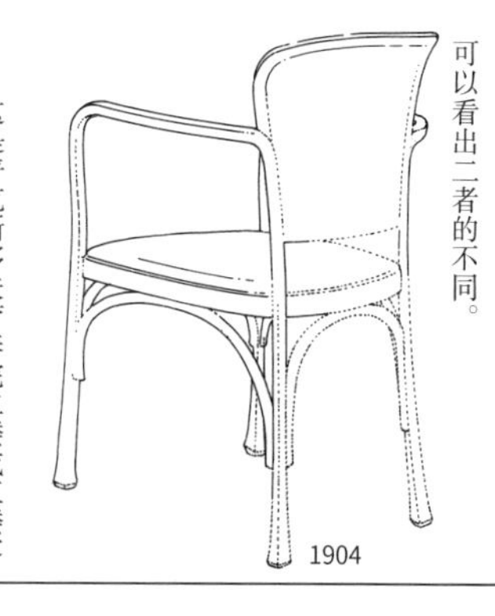

1904

该作品和第196页最后一行左边的作品很像，曾刊登于1904年分离派的建筑杂志上。不过，从椅背和扶手的曲线设计可以看出二者的不同。

1870—1956

约瑟夫·弗朗茨·玛丽亚·霍夫曼

第 8 小节

菲利斯·里克斯

出于日本和维也纳工坊的关系，在此简单介绍一下菲利斯·里克斯。她虽不是家具设计师，但曾是维也纳工坊成员，后在日本定居。

里克斯于 1893 年（明治二十六年）出生于维也纳，进入美术工艺学校并跟随霍夫曼学习，毕业以后在维也纳工坊设计组工作，作品主要集中在纺织品设计上。1925 年，她与当时正在维也纳留学的日本建筑师上野伊三郎结为夫妻。在长达十年的异国婚姻后，跟随丈夫来到日本定居。她运用在维也纳工坊工作的经验先后在京都市染织试验场和群马县工艺所工作，后来成为京都市立美术大学的教授。退休后，她和丈夫一起成立了『国际美术职业学校』，开展对年轻学员的教学工作。在美术大学担任教授时，里克斯被称为『富有的上野里克斯』，她将维也纳工坊的理念传授给以柳原良平为首的众多青年才俊。她在日本时的主要设计有：村野藤吾设计的日生剧院地下餐厅的天花板画、京都星光酒吧、星光食堂、京都市政厅、京都车站酒店等。

在第 2 小节中已经介绍过，1907—1908 年，维也纳工坊承接了赫尔曼·维特根斯坦住宅的设计工作，这件沙发即是住宅里的。沙发的扶手比第 179 页中介绍过的同款单人椅的扶手升高了很多，和靠背齐平。

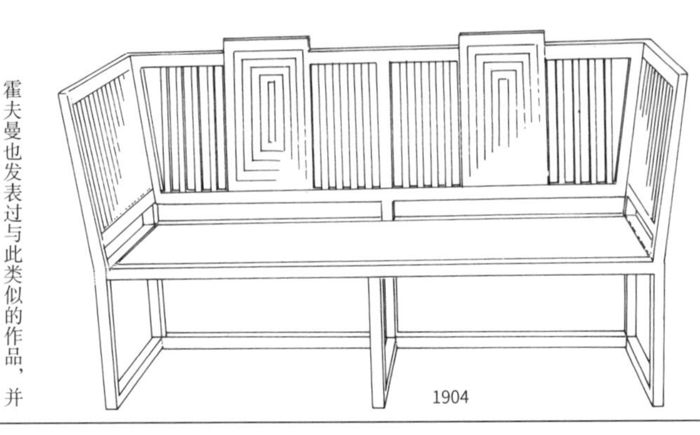

1904

霍夫曼也发表过与此类似的作品，并由索耐特公司、科恩公司制造成商品。像这种底部有横木的设计是比较罕见的。

1904—1906

该作品应该是维也纳工坊为赫尔曼·维特根斯坦住宅设计的。

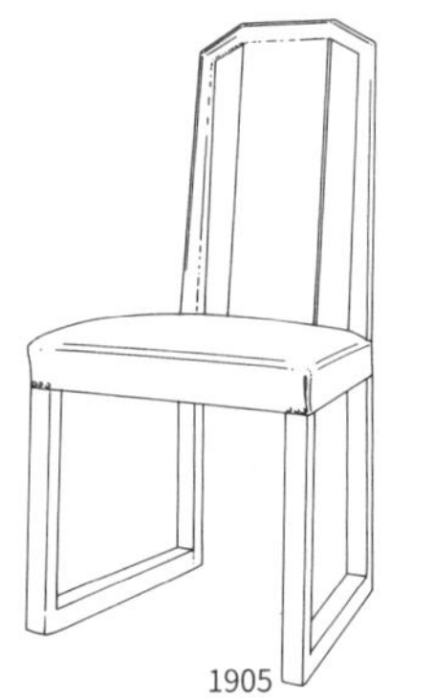

1905

据某些资料记载，左边的三把椅子是索耐特公司设计的，然而也有资料显示它是霍夫曼设计的。

1905

1905

1905

第 4 小节中介绍过这把椅子的五种衍生版。这些作品的细节处各有不同。

1905

该作品后由科恩公司生产上市。这个作品也有很多衍生版。

1906

1906

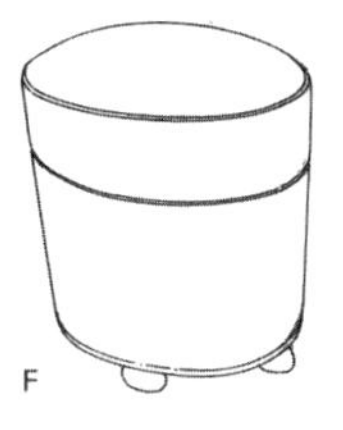

F

这个凳子是斯泰克尔伯格城堡进行翻修时设计的作品，应该是沙龙里使用的钢琴凳。
1911—1912

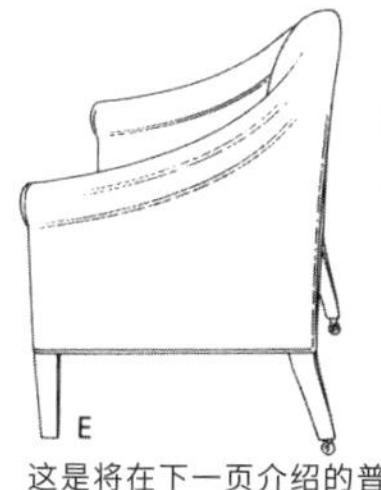

E

这是将在下一页介绍的普利马乌斯花园别墅中的作品，它摆放在别墅主卧和客房里。
1913—1915

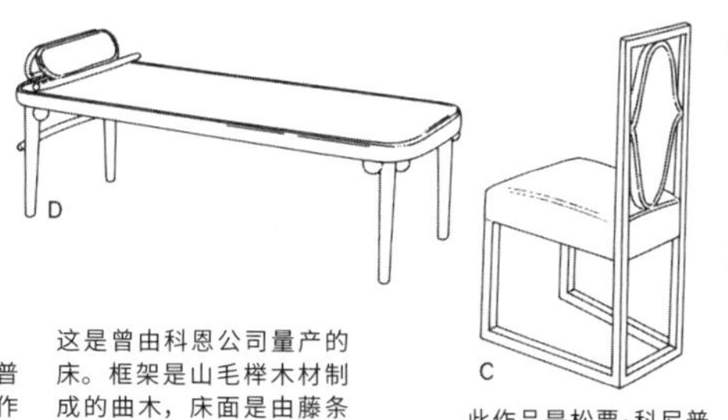

D

这是曾由科恩公司量产的床。框架是山毛榉木材制成的曲木，床面是由藤条编制的。
1908—1910

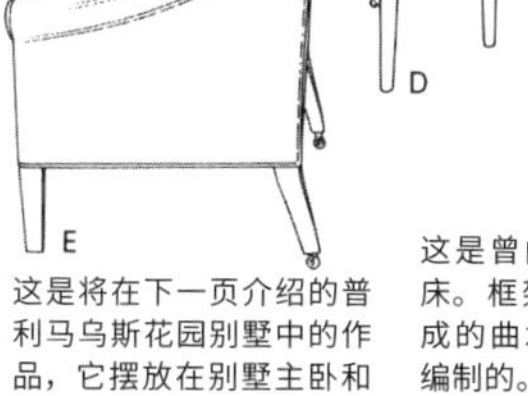

C

此作品是松贾·科尼普斯住宅中的一把椅子，与下页第二行左边的餐椅配套使用。
1909

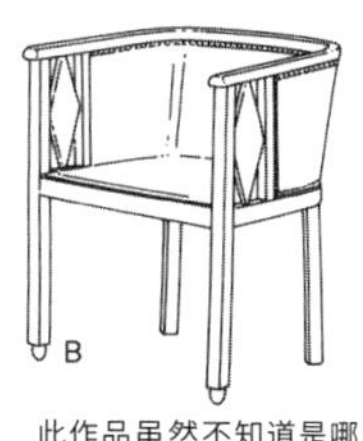

B

此作品虽然不知道是哪座建筑中的作品，但是是霍夫曼作品的衍生作。
1908

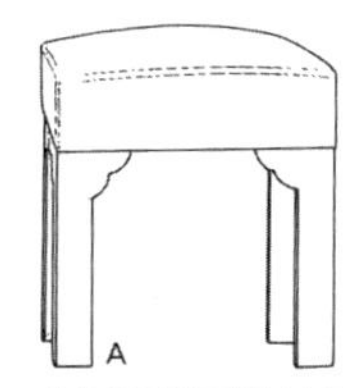

A

此作品是放于斯托克雷特宫音乐厅兼剧院里的钢琴凳。
1905—1911

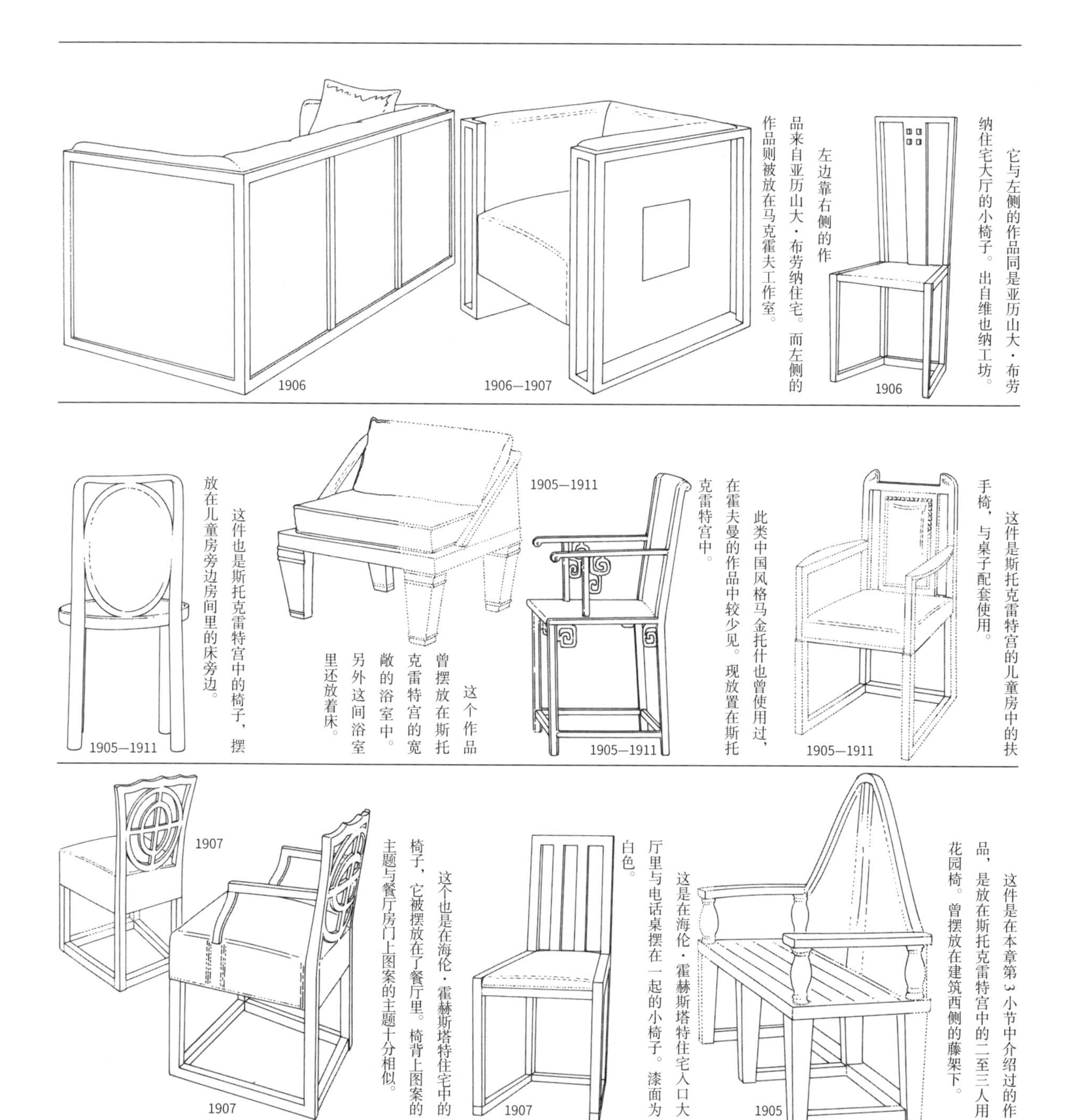

它与左侧的作品同是亚历山大·布劳纳住宅大厅的小椅子。出自维也纳工坊。
1906

左边靠右侧的作品来自亚历山大·布劳纳住宅。而左侧的作品则被放在马克霍夫工作室。
1906—1907

1906

这件是斯托克雷特宫的儿童房中的扶手椅，与桌子配套使用。
1905—1911

此类中国风格马金托什也曾使用过，在霍夫曼的作品中较少见。现放置在斯托克雷特宫中。
1905—1911

这个作品曾摆放在斯托克雷特宫的宽敞的浴室中。另外这间浴室里还放着床。
1905—1911

这件也是斯托克雷特宫中的椅子，摆放在儿童房旁边房间里的床旁边。
1905—1911

这件是在本章第3小节中介绍过的作品，是放在斯托克雷特宫中的二至三人用花园椅。曾摆放在建筑西侧的藤架下。
1905

这是在海伦·霍赫斯塔特住宅入口大厅里与电话桌摆在一起的小椅子。漆面为白色。
1907

这个也是在海伦·霍赫斯塔特住宅中的椅子，它被摆放在了餐厅里。椅背上图案的主题与餐厅房门上图案的主题十分相似。
1907

1907

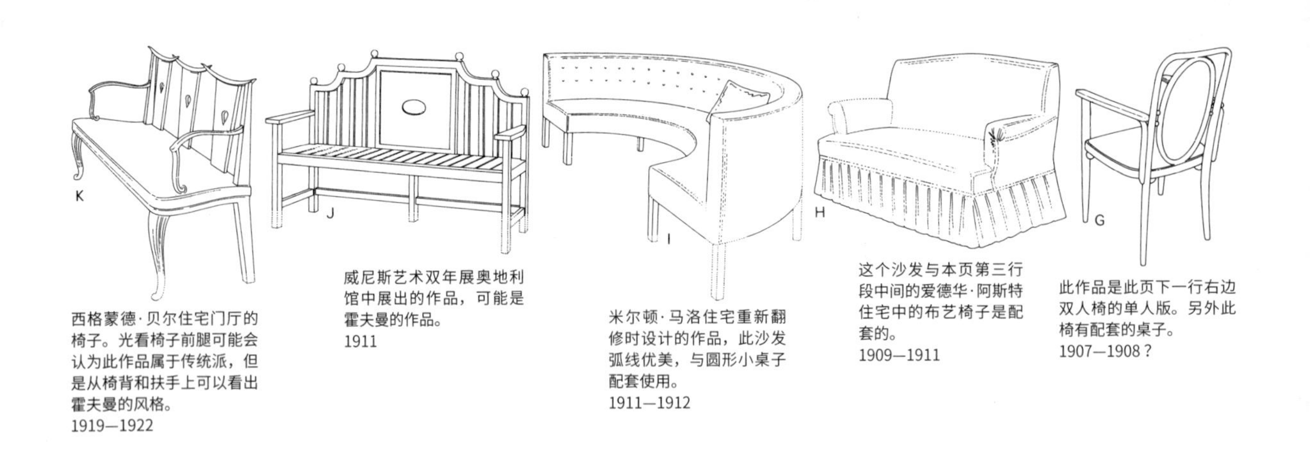

K

西格蒙德·贝尔住宅门厅的椅子。光看椅子前腿可能会认为此作品属于传统派，但是从椅背和扶手上可以看出霍夫曼的风格。
1919—1922

J

威尼斯艺术双年展奥地利馆中展出的作品，可能是霍夫曼的作品。
1911

I

米尔顿·马洛住宅重新翻修时设计的作品，此沙发弧线优美，与圆形小桌子配套使用。
1911—1912

H

这个沙发与本页第三行段中间的爱德华·阿斯特住宅中的布艺椅子是配套的。
1909—1911

G

此作品是此页下一行右边双人椅的单人版。另外此椅有配套的桌子。
1907—1908？

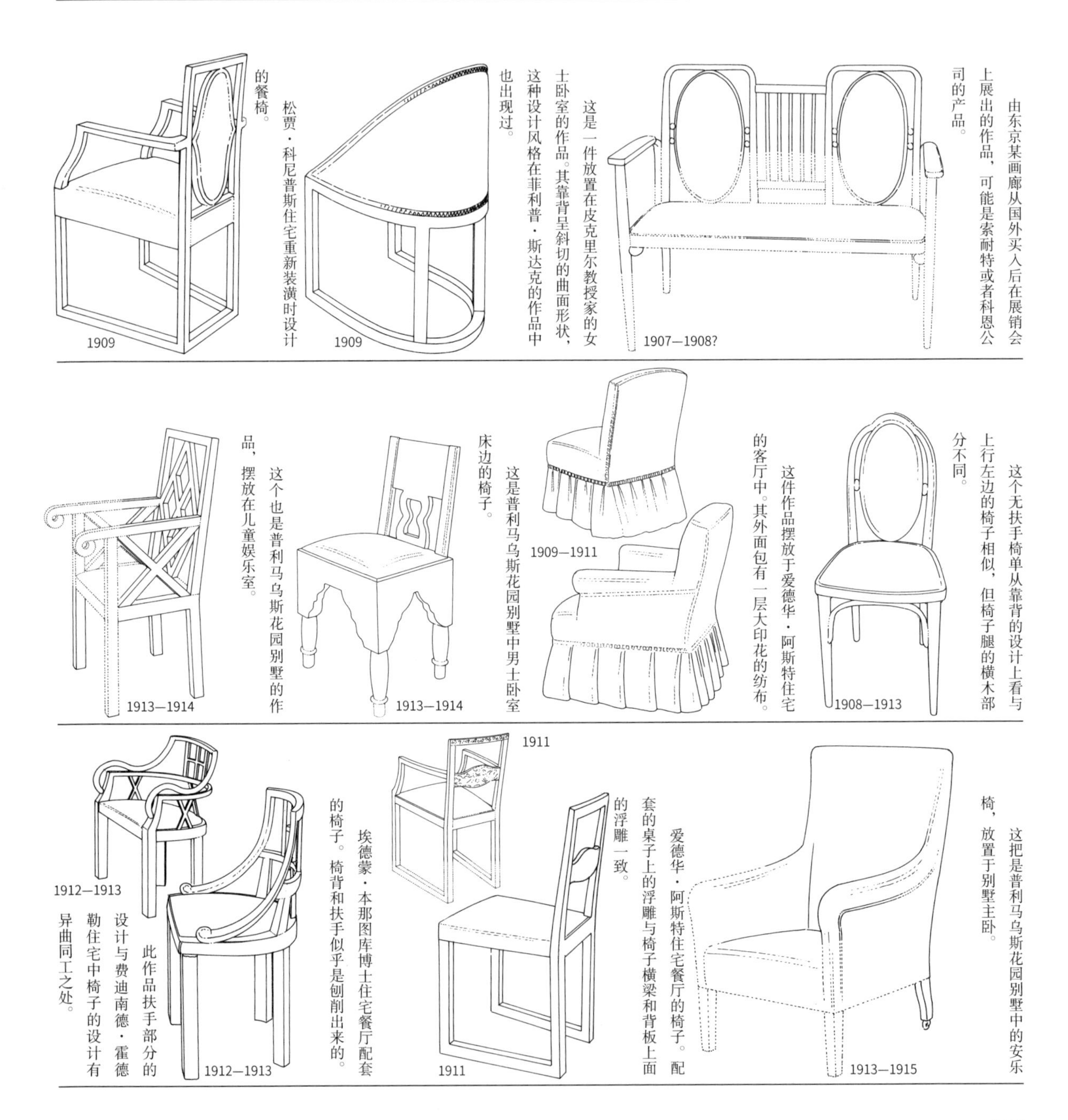

由东京某画廊从国外买入后在展销会上展出的作品，可能是索耐特或者科恩公司的产品。
1907—1908?

这是一件放置在皮克里尔教授家的女士卧室的作品。其靠背呈斜切的曲面形状，这种设计风格在菲利普·斯达克的作品中也出现过。
1909

松贾·科尼普斯住宅重新装潢时设计的餐椅。
1909

这个无扶手椅单从靠背的设计上看与上行左边的椅子相似，但椅子腿的横木部分不同。
1908—1913

这件作品摆放于爱德华·阿斯特住宅的客厅中。其外面包有一层大印花的纺布。
1909—1911

这是普利马乌斯花园别墅中男士卧室床边的椅子。
1913—1914

这个也是普利马乌斯花园别墅的作品，摆放在儿童娱乐室。
1913—1914

这把是普利马乌斯花园别墅中的安乐椅，放置于别墅主卧。
1913—1915

爱德华·阿斯特住宅餐厅的椅子。配套的桌子上的浮雕与椅子横梁和背板上面的浮雕一致。
1911

1911

埃德蒙·本那图库博士住宅餐厅配套的椅子。椅背和扶手似乎是刨削出来的。
1912—1913

此作品扶手部分的设计与费迪南德·霍德勒住宅中椅子的设计有异曲同工之处。
1912—1913

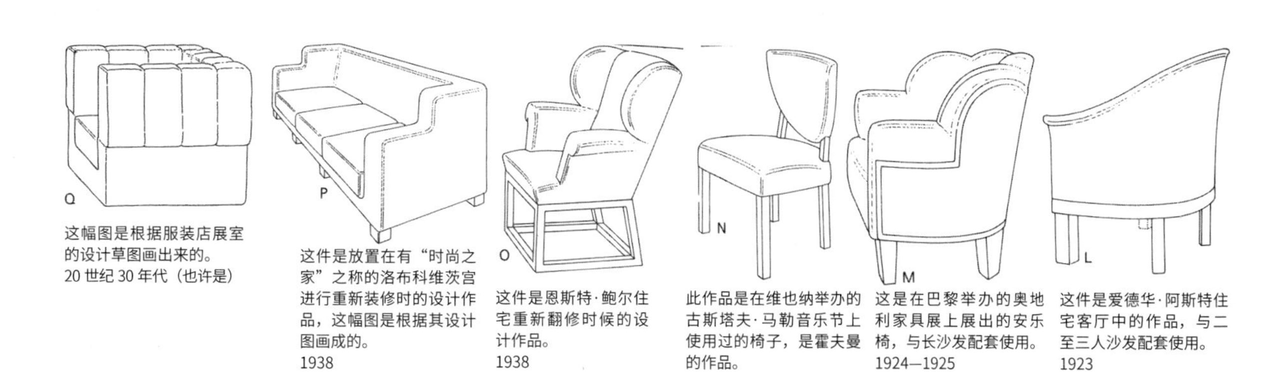

Q 这幅图是根据服装店展室的设计草图画出来的。
20 世纪 30 年代（也许是）

P 这件是放置在有“时尚之家”之称的洛布科维茨宫进行重新装修时的设计作品，这幅图是根据其设计图画成的。
1938

O 这件是恩斯特·鲍尔住宅重新翻修时候的设计作品。
1938

N 此作品是在维也纳举办的古斯塔夫·马勒音乐节上使用过的椅子，是霍夫曼的作品。
1927

M 这是在巴黎举办的奥地利家具展上展出的安乐椅，与长沙发配套使用。
1924—1925

L 这件是爱德华·阿斯特住宅客厅中的作品，与二至三人沙发配套使用。
1923

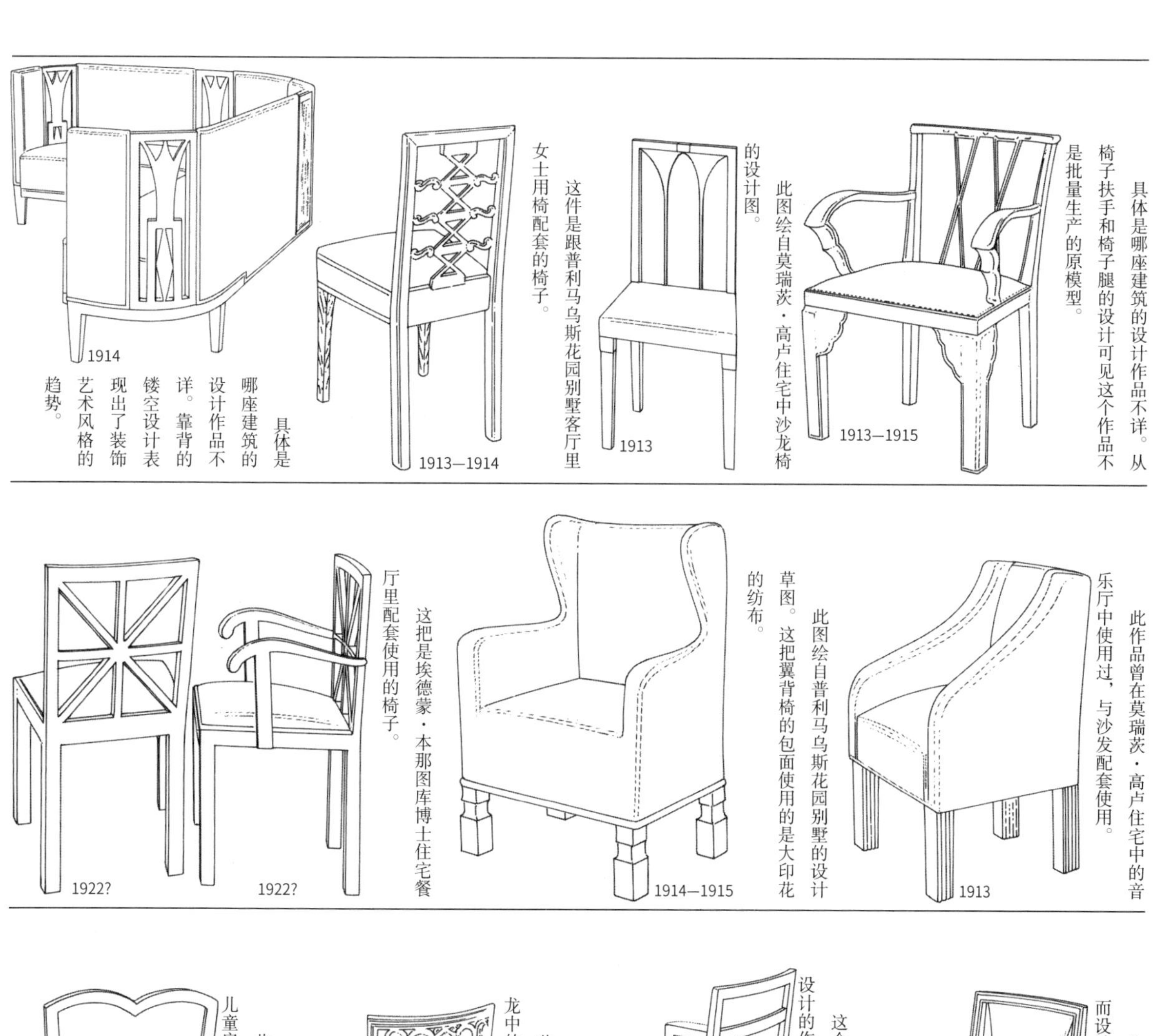

1914 具体是哪座建筑的设计作品不详。靠背的镂空设计表现出了装饰艺术风格的趋势。

1913—1914 这件是跟普利马乌斯花园别墅客厅里女士用椅配套的椅子。

1913 此图绘自莫瑞茨·高卢住宅中沙龙椅的设计图。

1913—1915 具体是哪座建筑的设计作品不详。从椅子扶手和椅子腿的设计可见这个作品不是批量生产的原模型。

1922? 1922? 这把是埃德蒙·本那图库博士住宅餐厅里配套使用的椅子。

1914—1915 此图绘自普利马乌斯花园别墅的设计草图。这把翼背椅的包面使用的是大印花的纺布。

1913 此作品曾在莫瑞茨·高卢住宅中的音乐厅中使用过，与沙发配套使用。

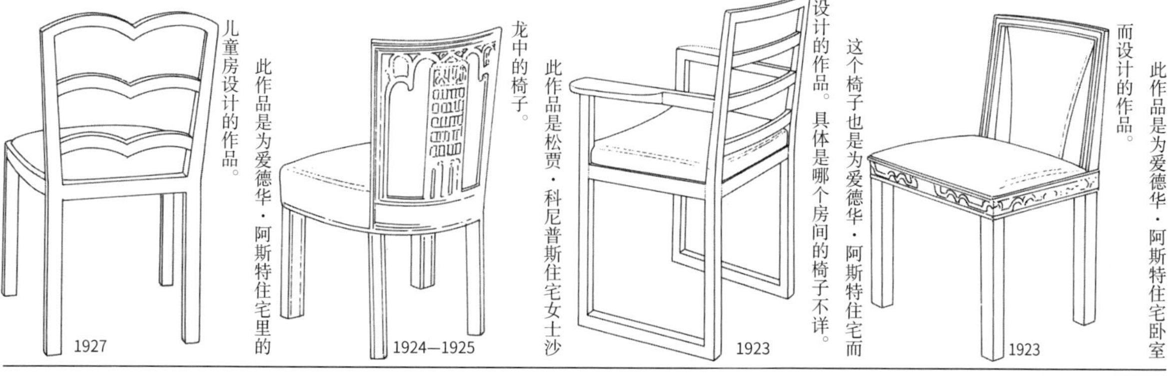

1927 此作品是为爱德华·阿斯特住宅里的儿童房设计的作品。

1924—1925 此作品是松贾·科尼普斯住宅女士沙龙中的椅子。

1923 这个椅子也是为爱德华·阿斯特住宅而设计的作品。具体是哪个房间的椅子不详。

1923 此作品是为爱德华·阿斯特住宅卧室而设计的作品。

1870—1933

阿道夫·路斯

笔者将基于已经取得的资料对阿道夫·路斯（以下简称路斯）进行介绍，其中包括1931年出版的关于路斯的原著及其译本。路斯，1870年12月10日出生于布尔诺（捷克），父亲是位石匠兼雕刻师。布尔诺出过很多个领域的精英，所以这也在很大程度上影响着路斯的建筑师之路。他先在本笃会修道院高等学校学习，之后又转到赖兴贝格的艺术学校学习。1890年进入德国德累斯顿理工大学进修，并在魏斯巴赫的指导下学习建筑学。1893—1896年留学美国，其间在芝加哥博览会学习。回国以后开始在建筑领域发展，同一时期他还为本小节中将要介绍的弗里德里希·奥托·施密特家具制造公司设计家具。1899年，设计了著名的咖啡博物馆。

1906年路斯创立了自己的建筑学校。此举可以看作是他对自己的对手——霍夫曼的宣战，当时已经小有名气的霍夫曼正在美术艺术学校任教授。他批评霍夫曼以及维也纳工坊宣扬的装饰主义，并在1908年发表了著名的《装饰与罪恶》一文。此后这两人也一直是竞争对手，这使得两人的作品以及创作思路不断升华。如今的日本建筑界以及设计界如果能有这样

这是路斯刚从美国回来不久，在为金人男人装店设计展柜时一同设计的凳子。凳子腿底部为金属材质。

1898

这件也是为金人男人装设计的凳子，用于店中的试衣间内。

1898

这是他为自己的代表作咖啡博物馆所设计的椅子。他高度评价了以齐彭代尔式家具为代表的悠久历史的传统家具和索耐特的弯曲木家具。这个作品是其中的一例。右边作品的椅座材料是胶合板，左边作品的椅座则是藤质的。

1899　1899

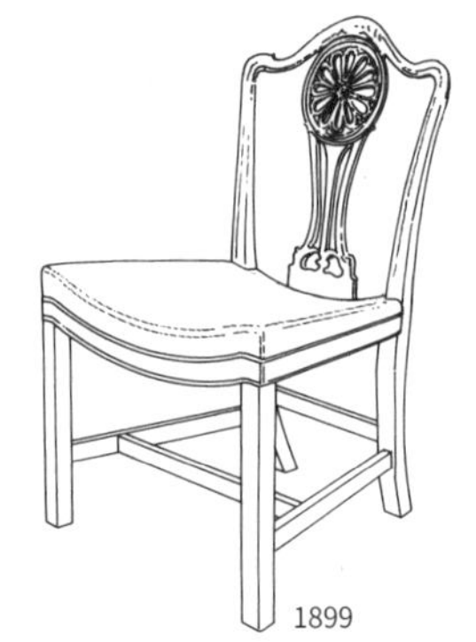

这是雨果·哈巴飞卢特住宅的餐椅。是路斯对英国托马斯·齐彭代尔作品进行重新设计的版本，可能是路斯在弗里德里希·奥托·施密特公司时的设计作品。

1899

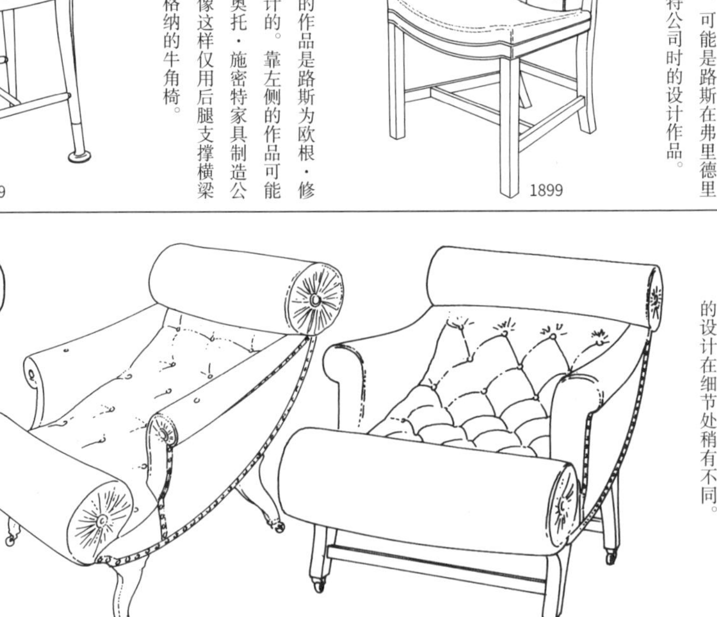

左边靠右侧的作品是路斯为欧根·修特斯拉住宅而设计的。靠左侧的作品可能是弗里德里希·奥托·施密特家具制造公司生产的椅子。像这样仅用后腿支撑横梁的还有汉斯·瓦格纳的牛角椅。

1899—1900　1899

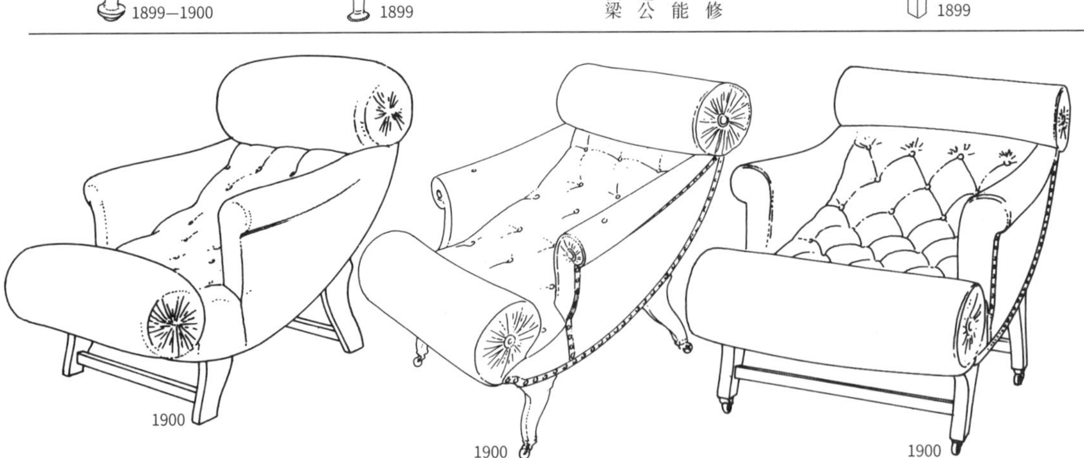

这三把安乐椅与19世纪初风靡英国的舒适性很高的椅子很相似，但每把椅子的设计在细节处稍有不同。

1900　1900　1900

激烈的竞争，该是多么火花四射、欣欣向荣的景象。

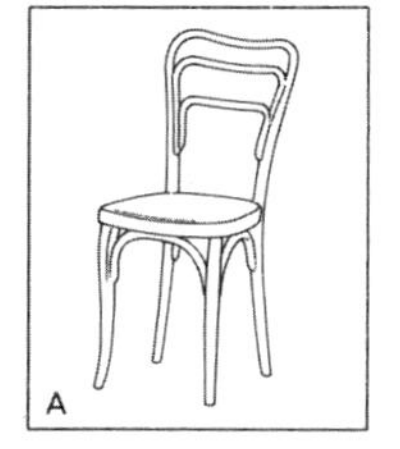

这件是科恩公司的产品，与路斯的作品十分相似。模型 No.248。
1900 年左右?

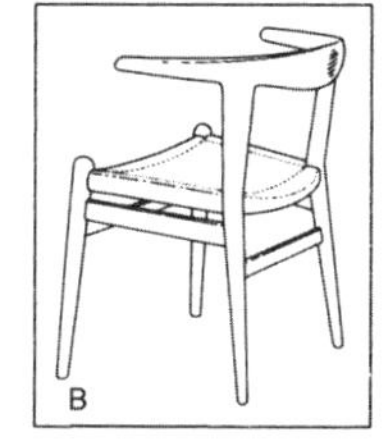

汉斯·瓦格纳的代表作品之一，公牛椅。从其外形可以联想到公牛的角。
1960

这把是奥别列兹设计的扶手椅，与第四行中间的路斯的作品相似。
1899

这件是在 1901 年或 1907 年的照片资料中出现过的作品。在弗里德曼住宅使用过。与下一页第二行中间的作品属同一系列。作者可能是路斯。

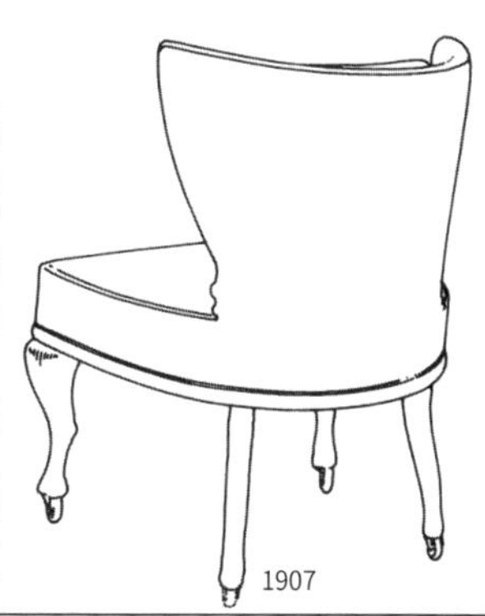

1907

这件是弗里德里希·奥托·施密特公司生产的餐椅。伦敦的梅普尔斯餐厅曾使用过与之相似的椅子。

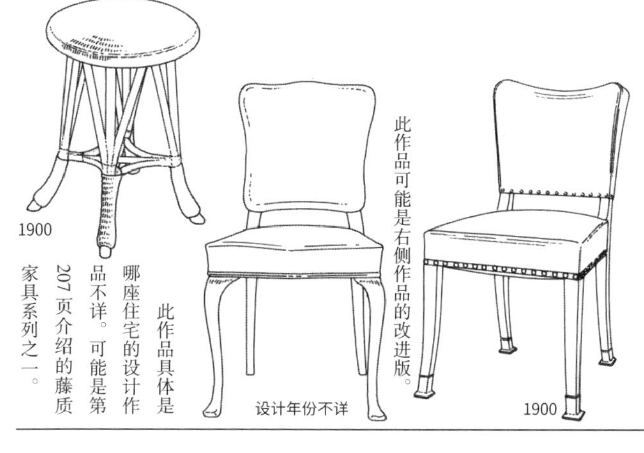

1900

此作品可能是右侧作品的改进版。

设计年份不详

此作品具体是哪座住宅的设计作品不详。可能是第 207 页介绍的藤质家具系列之一。

1900

本书中介绍的所有著名建筑师和设计师都曾重新设计过各个时代的各种样式的家具，后来这些作品就成了名家之作。现在介绍的这种椅子也是重新设计后的作品，其设计原型是曾在埃及底比斯出土的『底比斯凳』。

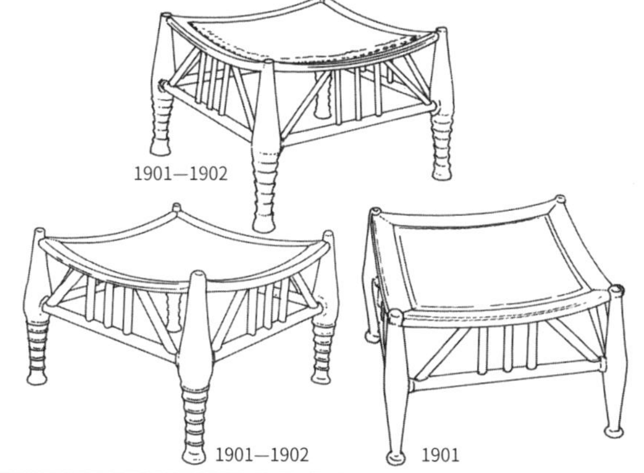

1901—1902

1901—1902

1901

英国的温莎椅也被许多设计师重新设计过，路斯也发表过类似的作品。尚不清楚这件作品是否是批量生产的原型作品。

1903

此作品与第三行左边的作品应属同一系列，可以感受到其严谨优雅的设计风格。

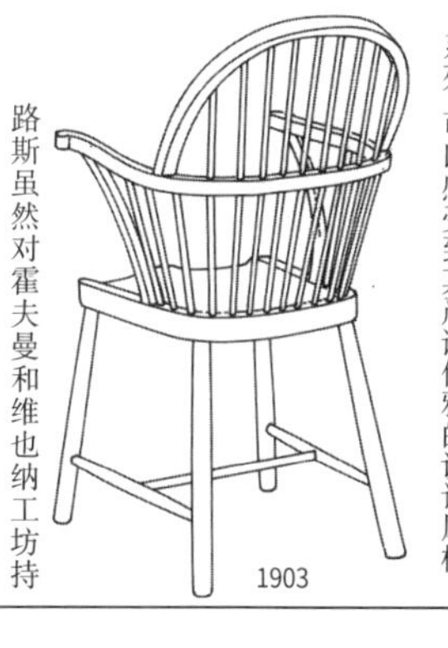

1903

路斯虽然对霍夫曼和维也纳工坊持批判态度，但对奥别列兹的态度却有所不同。这个作品与 C 图奥别列兹的作品几乎完全相同。

1902

这个凳子与第三行的作品一样也是『底比斯凳』，是对公元前 1300 年的凳子进行重新设计后的作品。制造者是家具工匠约瑟夫·奥别列兹。

1903—1927

1903—1927

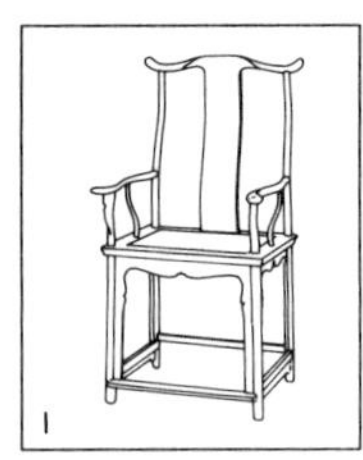

I

中国明朝时期（1368—1644）造型典雅的椅子。许多设计师都受到了中国这个时期作品的影响。
设计年份不详

H

此作品与第三行左边的作品有相似之处。设计者是维也纳工坊的成员约瑟夫·弗兰克，他在回到瑞典后设计了这个作品。
设计年份不详

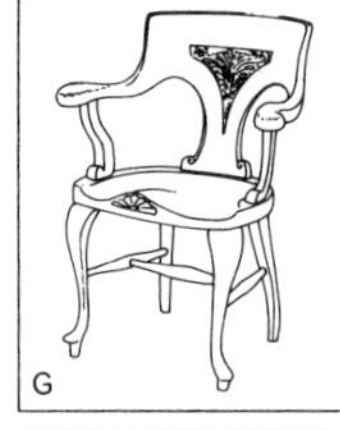

G

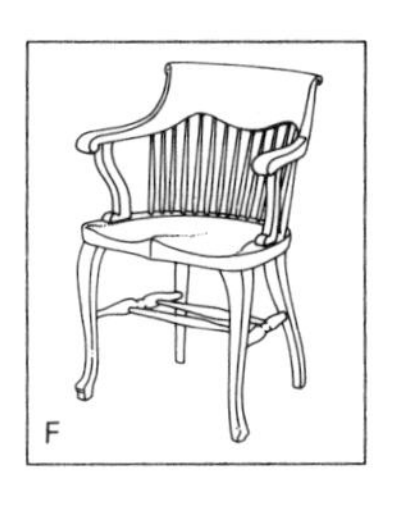

F

F图和G图的椅子同时由美国海伍德兄弟公司发售。是否是路斯的作品不详，但是与卡普拉咖啡厅的椅子有异曲同工之处。
1899

E

路斯自家客厅的椅子。想必是他自己设计的作品。
1903

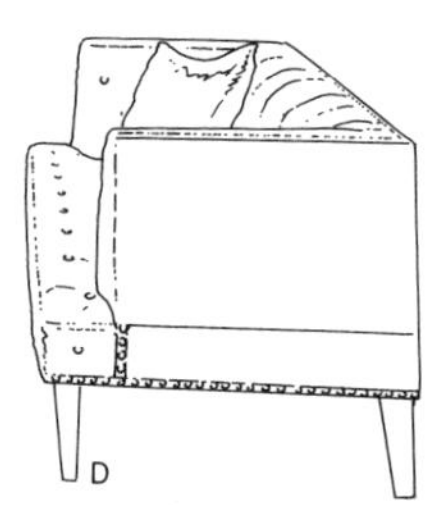

D

这是利奥波德·兰格尔住宅壁炉前面的沙发。是否是路斯的作品不详，放在此处仅作介绍。
1901—1903

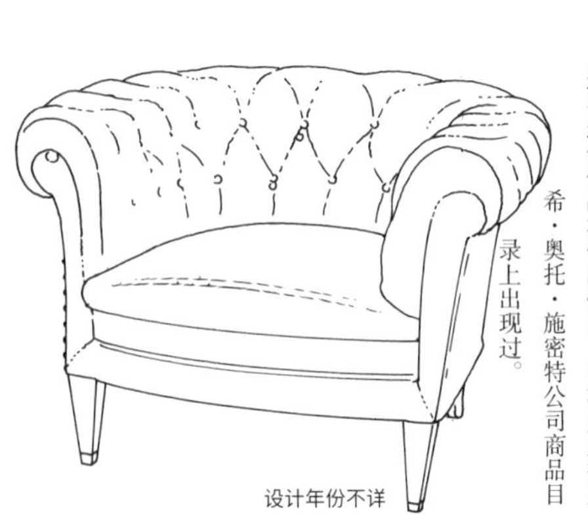

设计年份不详

路斯的竞争对手霍夫曼也曾经发表过与这件作品相似的作品。曾在弗里德里希·奥托·施密特公司商品目录上出现过。

设计年份不详

这把椅子是弗里德里希·奥托·施密特公司批量生产的原型作品。上一页第二行右侧的椅子可能是这个系列的无扶手版。

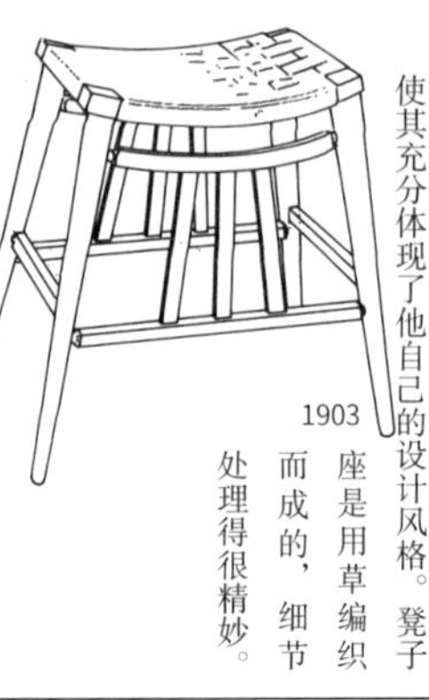

1903

这是对埃及凳子进行重新设计之后的作品。路斯对原作品进行了很大改动，使其充分体现了他自己的设计风格。凳子座是用草编织而成的，细节处理得很精妙。

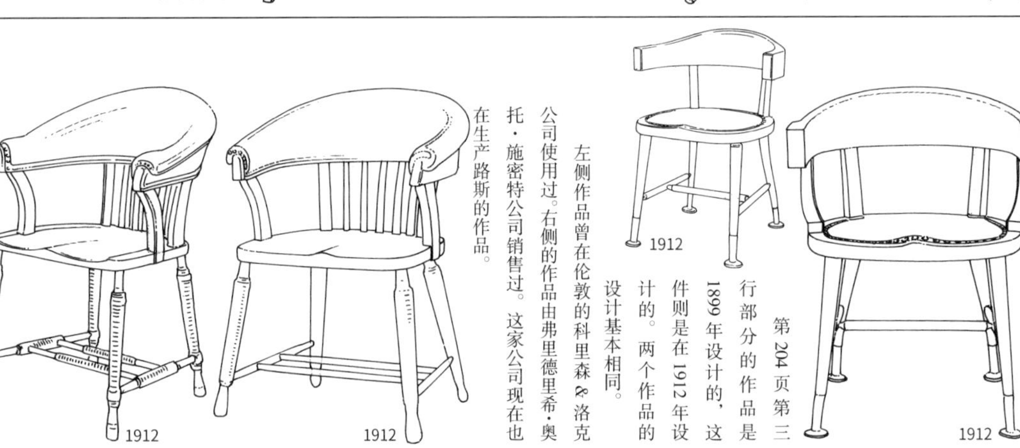

1912　1912　1912　1912

左侧作品曾在伦敦的科里森&洛克公司使用过。右侧的作品由弗里德里希·奥托·施密特公司销售过。这家公司现在也在生产路斯的作品。

第204页第三行部分的作品是1899年设计的，这件则是在1912年设计的。两个作品的设计基本相同。

左侧的作品只有两个支撑点，支撑强度较弱，因此在扶手下面加装了加强筋，提升了支撑强度。

1924　1924

中国明朝家具也被许多设计师重新设计过。其中较有名的是汉斯·瓦格纳的作品。路斯也曾经设计过风格简约的中国式样椅（I图）。这两个作品都是为米兰的一个酒店而设计的。

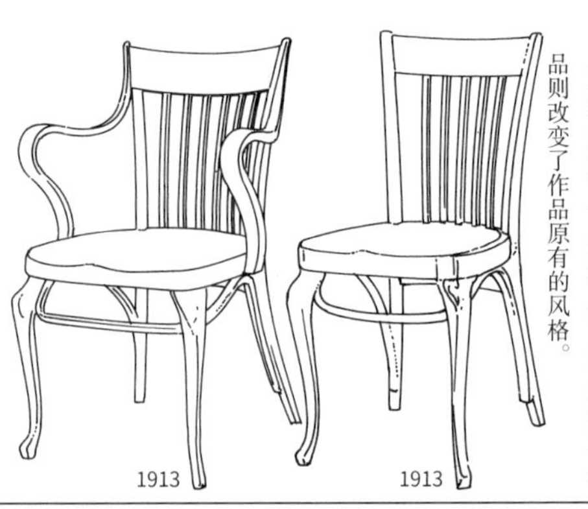

1913　1913

卡普拉咖啡厅也是路斯的代表作之一，与咖啡博物馆齐名。这是为其而设计的作品。G图作品是对索耐特的弯曲木家具进行重新设计后的作品，这里的两件作品则改变了作品原有的风格。

此作品可能与第二行中间的香榭丽舍大道的珂尼兹洋货店的藤质家具属同一系列作品。细节处稍有不同。
1929

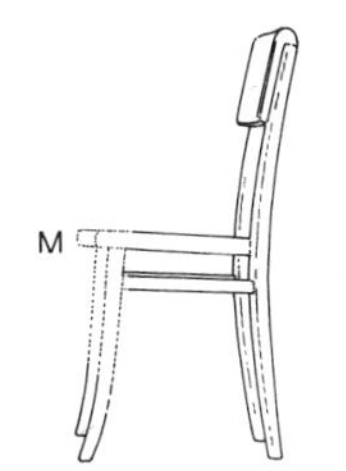

莫勒住宅的无扶手单人靠背椅，可能是与第三行左边的作品配套使用的。
1928

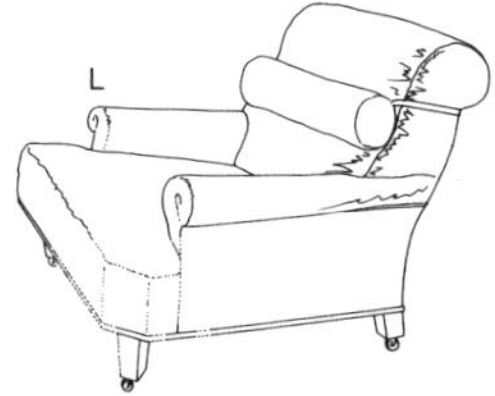

埃米尔·勒本巴赫住宅客厅里的安乐椅，与沙发配套使用。是否是路斯的作品不详。
1913

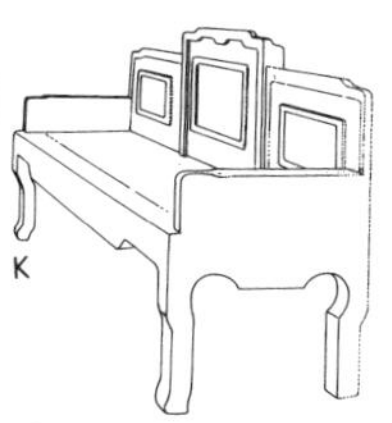

这件是卡尔玛别墅庭院对面走廊里的长椅。可能是路斯的作品。
1904—1906

这是维斯住宅曾使用过的作品。应该是路斯的作品。
1904

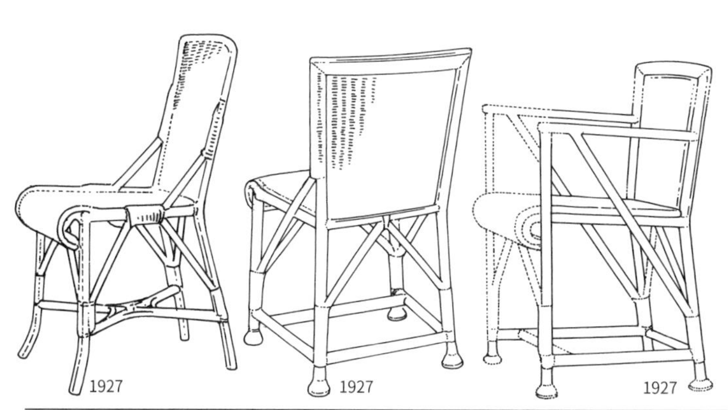

珂尼兹洋货店以及奥地利的库纳住宅都使用过这个作品。珂尼兹洋货店里面的椅子是红色漆面的藤制椅。

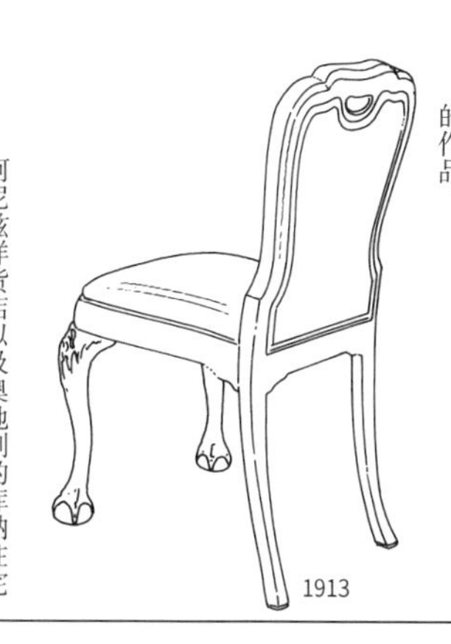

弗里德里希·博斯波兹住宅餐厅里的椅子，是对其他风格作品重新进行设计后的作品。

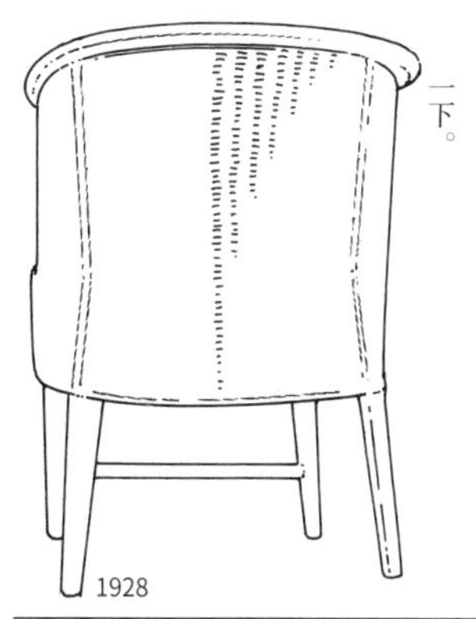

维也纳的莫勒别墅里的藤椅。不知与之前的藤椅是否属同一系列，先在此介绍一下。

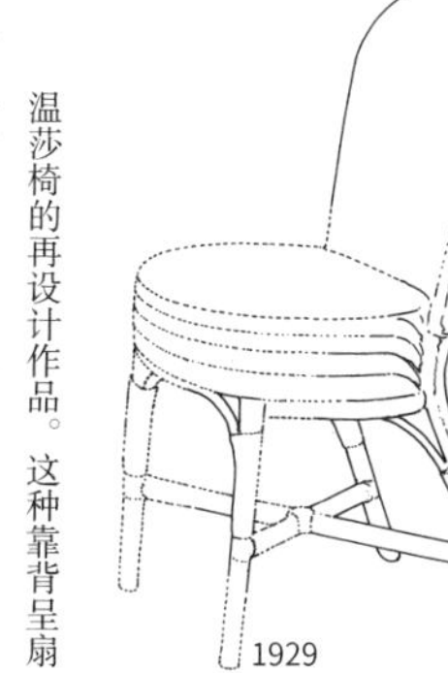

温莎椅的再设计作品。这种靠背呈扇形的椅子又叫扇背温莎椅。

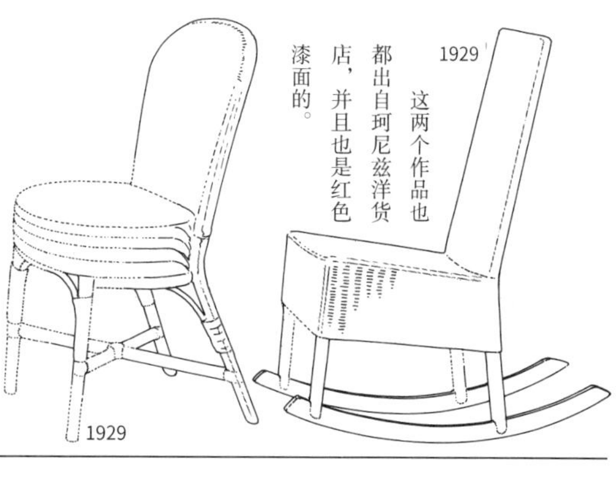

这两个作品也都出自珂尼兹洋货店，并且也是红色漆面的。

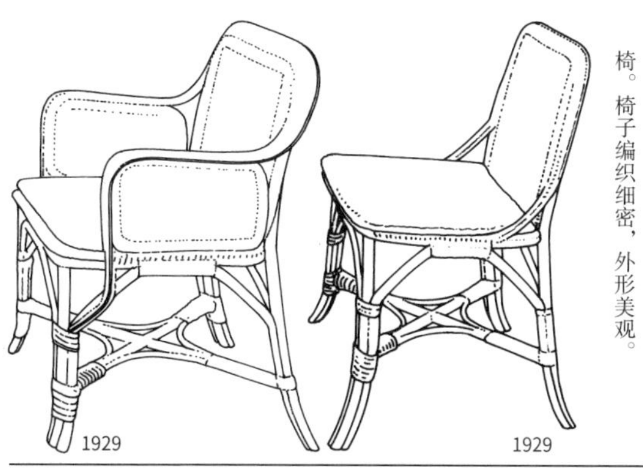

比尔森的维利·赫斯士住宅的两把藤椅。椅子编织细密，外形美观。

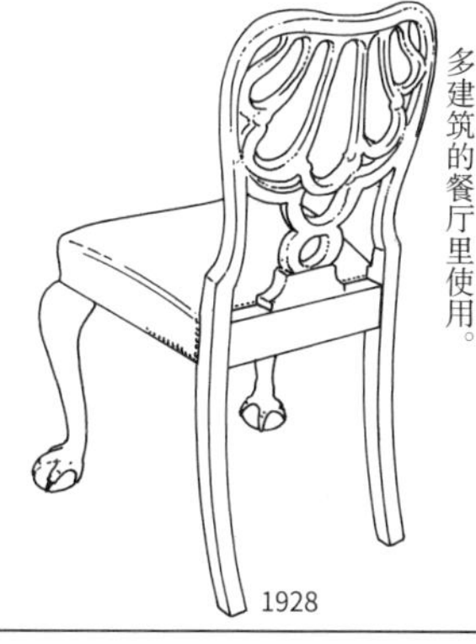

这个作品也同右侧的椅子一样，在许多建筑的餐厅里使用。

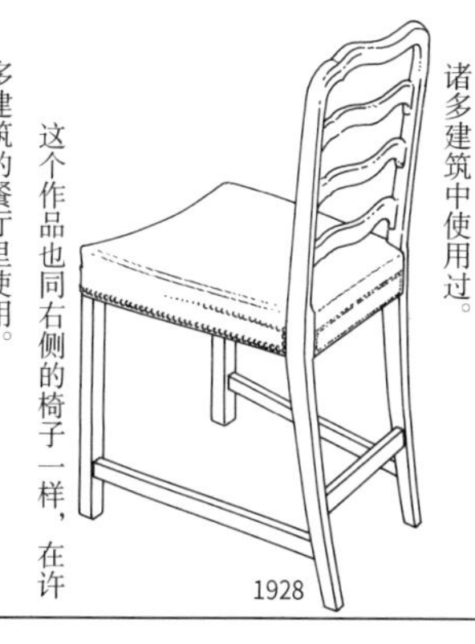

这种靠背有横梁的椅子也在他设计的诸多建筑中使用过。

1873—1950

埃利尔·沙里宁

第1小节
1873—1899年间

埃利尔·沙里宁（以下简称沙里宁）于1873年8月20日出生在芬兰塔萨尔米市。父亲是一名牧师，所以他曾跟随父亲几经更换住所。1883年曾造访艾尔米塔什博物馆（现位于俄罗斯圣彼得堡市），并得以与馆长见面。同年进入芬兰的一所中学学习。1893—1897年在赫尔辛基大学艺术学院学习绘画，之后在赫尔辛基理工大学建筑系学习设计。1896年与同窗的盖塞柳斯和林德格伦共同设立了建筑设计事务所。此后三人也一直合作。1897年从赫尔辛基理工大学毕业，同年获得学校的旅游奖学金。1899年结婚。

这是盖塞柳斯、林德格伦、沙里宁（以下将三人简称为G·L·S）一起为乌罗约别墅设计的长椅。他们还设计了与之相配套的橱柜。

1897

这也是G·L·S共同设计的作品，是为帕罗尼艾米的庄园而设计的。

1898—1899

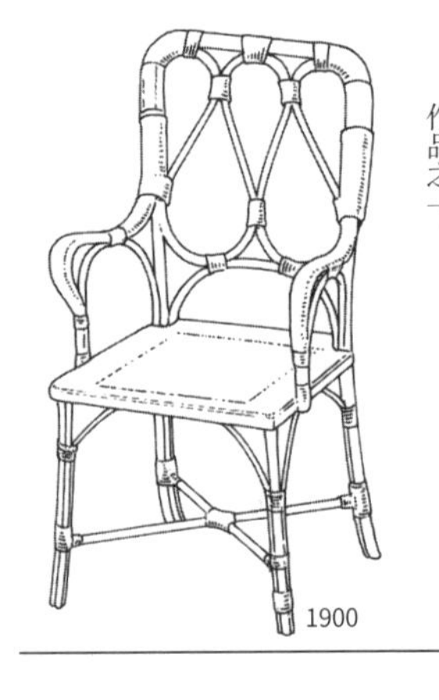

1900

在毕业后的第二年，他们创办的设计事务所接到了大型设计项目，即他们在1898—1900年设计的巴黎艺术世界博览会芬兰馆。这个椅子就是他们那时设计的作品之一。

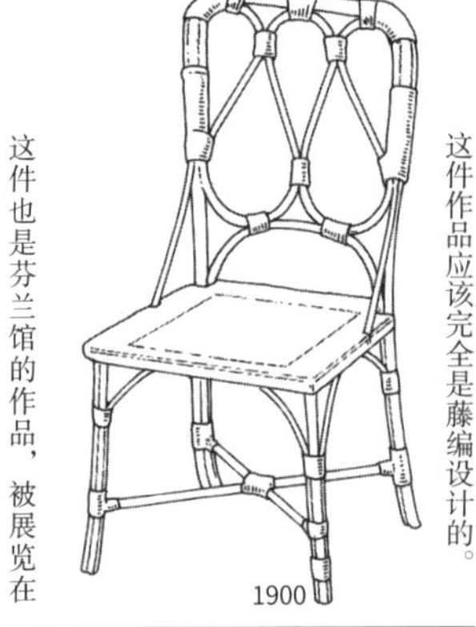

1900

这件作品应该完全是藤编设计的。

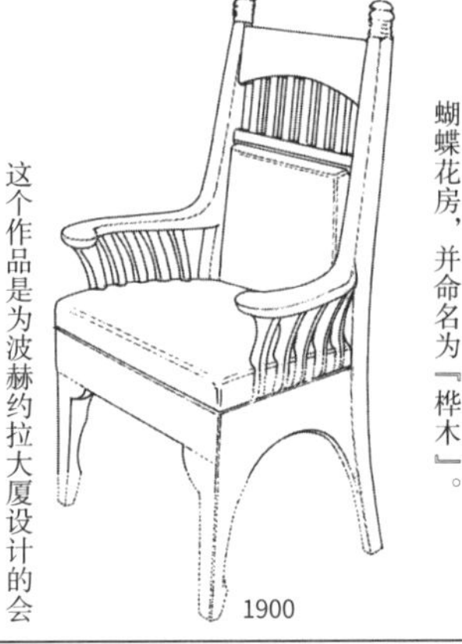

1900

这件也是芬兰馆的作品，被展览在蝴蝶花房，并命名为『桦木』。

1900

这个作品是为波赫约拉大厦设计的会议室椅。其靠背和前腿上端雕刻着动物的图案。

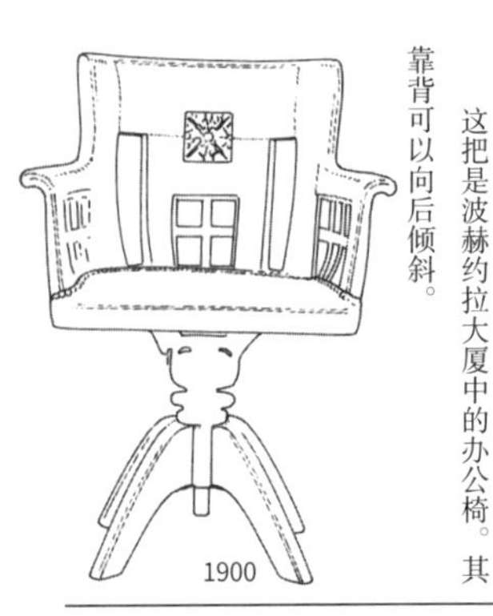

1900

这把是波赫约拉大厦中的办公椅。其靠背可以向后倾斜。

1901

这个也是波赫约拉大厦会议室的椅子。奥地利设计师奥尔布里奇也曾发表过与之类似的作品模型。

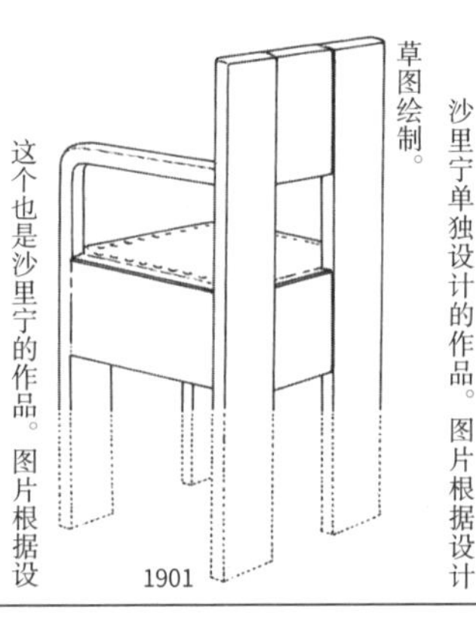

1901

沙里宁单独设计的作品。图片根据设计草图绘制。

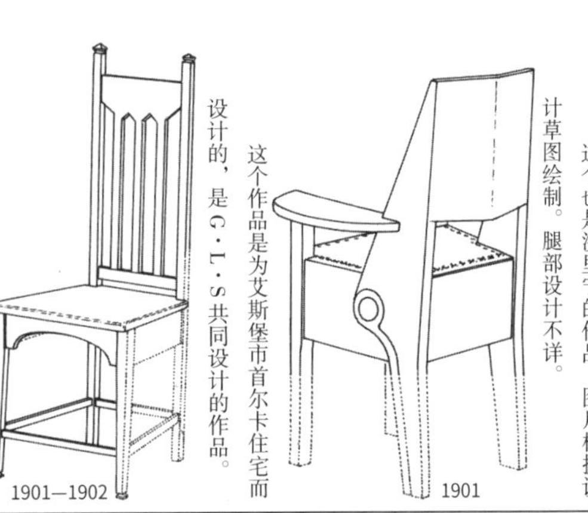

1901

这个也是沙里宁的作品。图片根据设计草图绘制。腿部设计不详。

1901—1902

这个作品是为艾斯堡市首尔卡住宅而设计的，是G·L·S共同设计的作品。

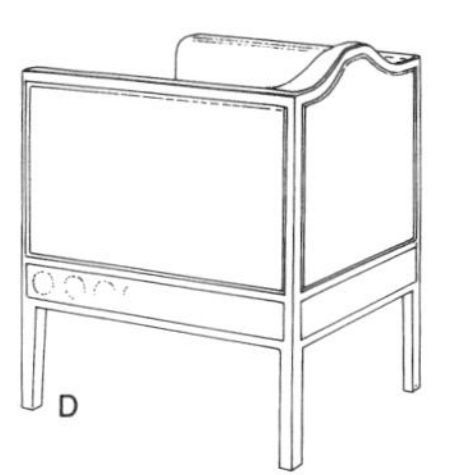

这也是盖塞柳斯的作品。是在维特拉斯科博物馆的北翼起居室里面使用的椅子。
1908—1916

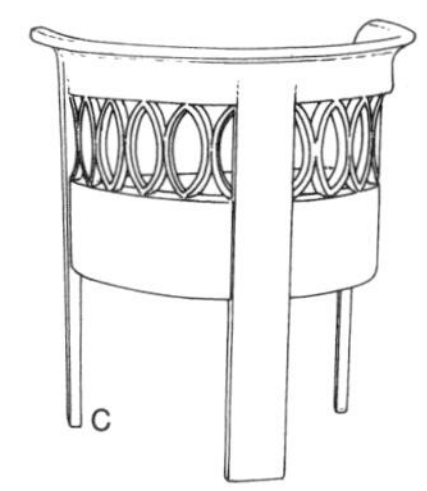

这是盖塞柳斯的作品，在他们曾经待过的维特拉斯科博物馆中使用过（沙里宁妻子的房间）。
1910

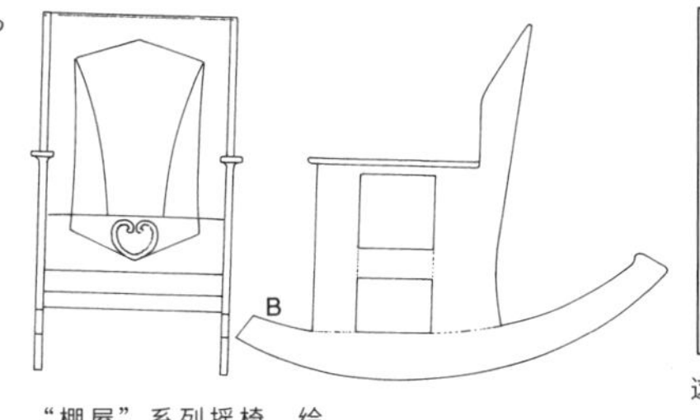

“棚屋”系列摇椅。绘自设计大赛参赛作品的草图。
1901—1902

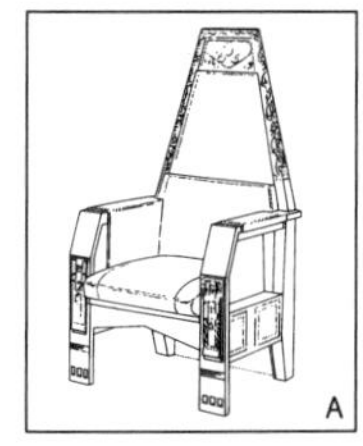

这件是奥尔布里奇的作品（第127页介绍的作品）。和沙里宁的作品非常相像。
1900—1901

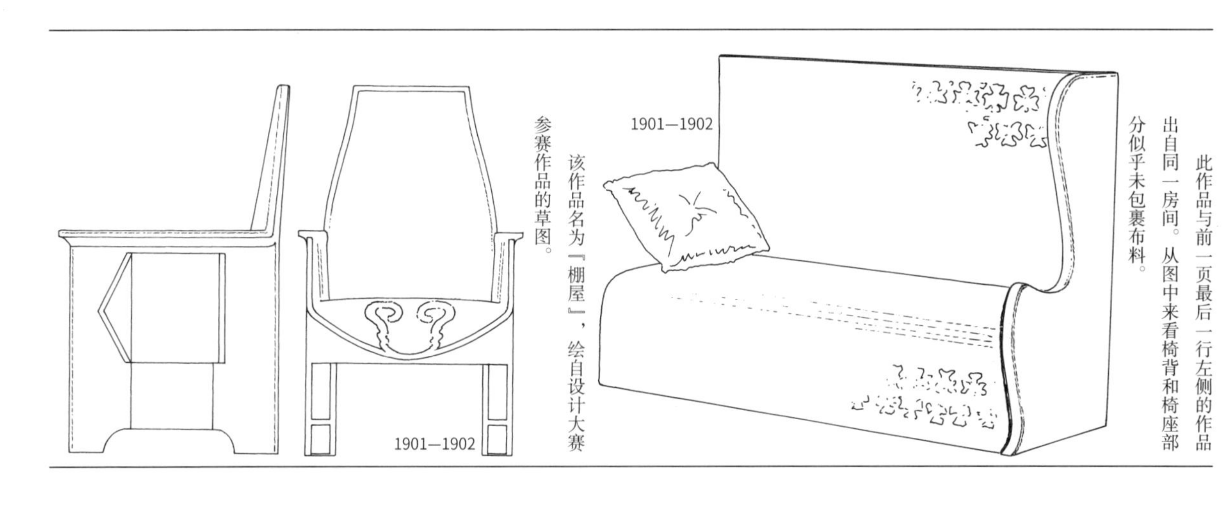

该作品名为『棚屋』，绘自设计大赛参赛作品的草图。

此作品与前一页最后一行左侧的作品出自同一房间。从图中来看椅背和椅座部分似乎未包裹布料。

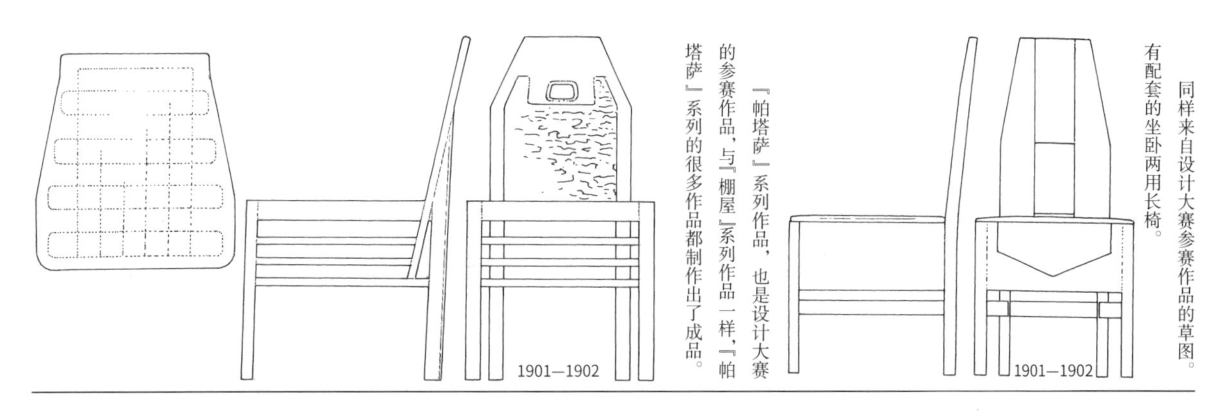

『帕塔萨』系列作品，也是设计大赛的参赛作品，与『棚屋』系列作品一样，『帕塔萨』系列的很多作品都制作出了成品。

同样来自设计大赛参赛作品的草图。有配套的坐卧两用长椅。

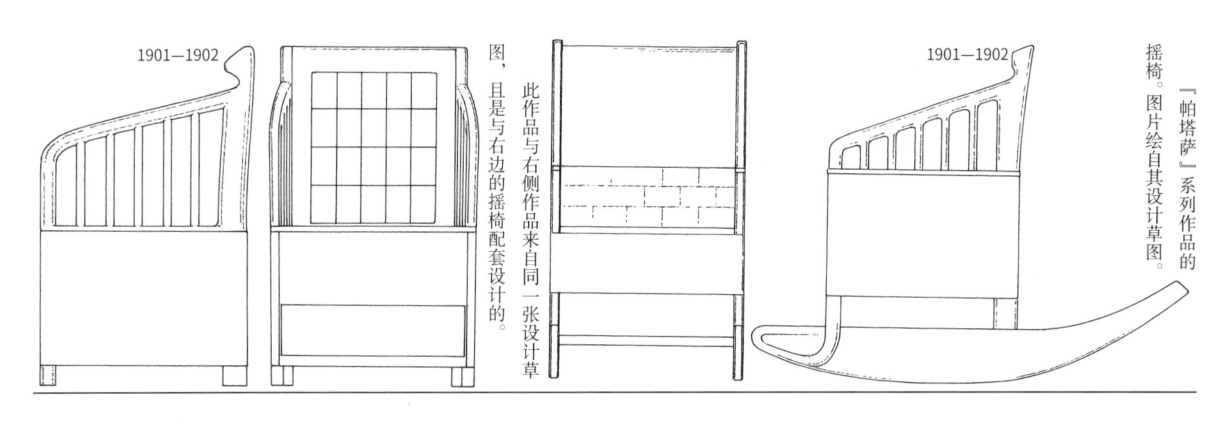

此作品与右侧作品来自同一张设计草图，且是与右边的摇椅配套设计的。

『帕塔萨』系列作品的摇椅。图片绘自其设计草图。

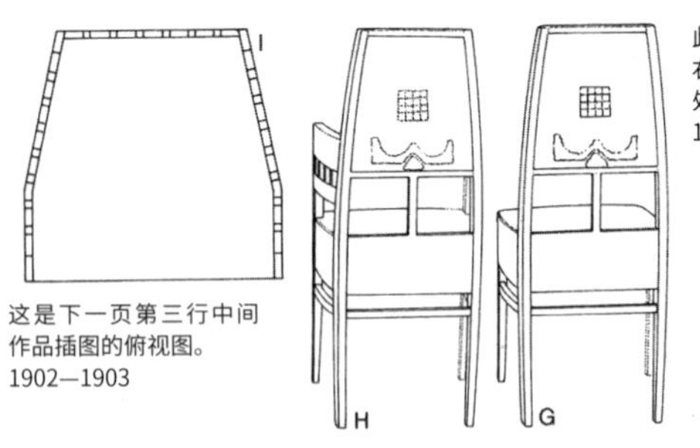

这是下一页第三行中间作品插图的俯视图。
1902—1903

此作品与下一页最后一行右侧的作品相似。从细节处可看出稍有不同。
1901—1903

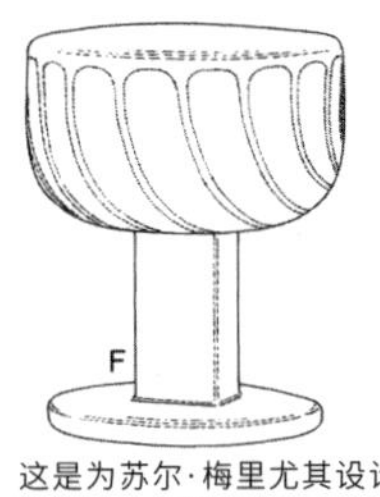

这是为苏尔·梅里尤其设计的作品，在设计草图中它是与钢琴配套使用的。
1902

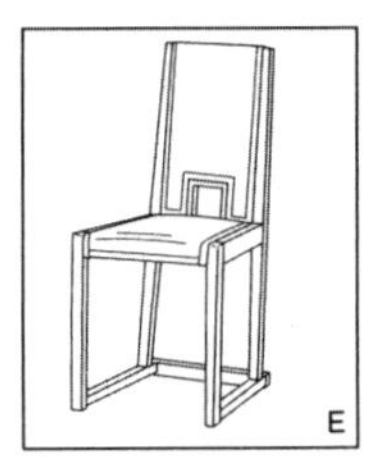

这是霍夫曼的作品，椅子脚部的设计，特别是横木的设计与沙里宁的设计有相似之处。
1902

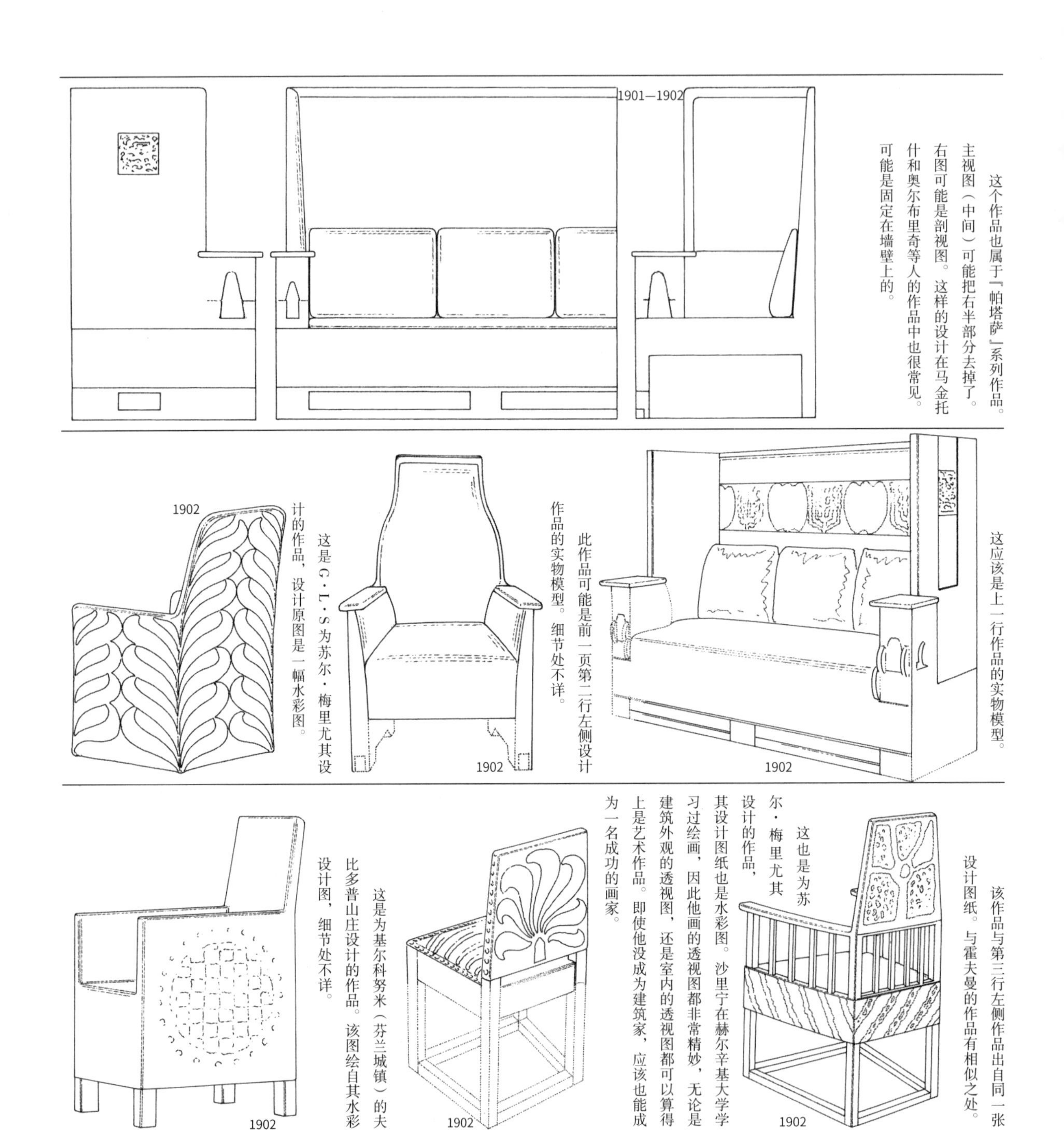

1901—1902

这个作品也属于『帕塔萨』系列作品。主视图（中间）可能把右半部分去掉了。右图可能是剖视图。这样的设计在马金托什和奥尔布里奇等人的作品中也很常见。可能是固定在墙壁上的。

这应该是上一行作品的实物模型。
1902

此作品可能是前一页第二行左侧设计作品的实物模型。细节处不详。
1902

这是G·L·S为苏尔·梅里尤其设计的作品，设计原图是一幅水彩图。
1902

该作品与第三行左侧作品出自同一张设计图纸。与霍夫曼的作品有相似之处。
1902

这也是为苏尔·梅里尤其设计的作品，其设计图纸也是水彩图。沙里宁在赫尔辛基大学学习过绘画，因此他画的透视图都非常精妙，无论是建筑外观的透视图，还是室内的透视图都可以算得上是艺术作品。即使他没成为建筑家，应该也能成为一名成功的画家。
1902

这是为基尔科努米（芬兰城镇）的夫比多普山庄设计的作品。该图绘自其水彩设计图，细节处不详。
1902

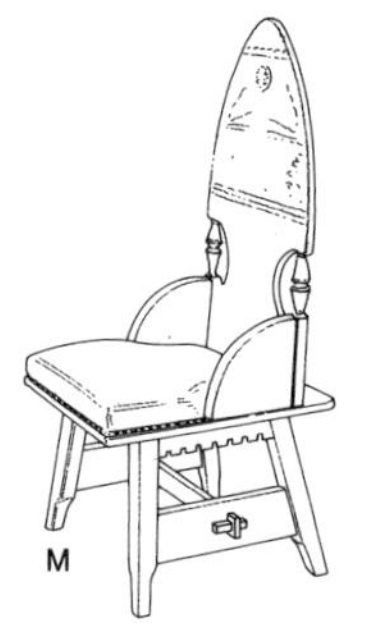

此作品是最下行左侧作品的实物模型。与设计图纸上的设计稍有不同。
1903

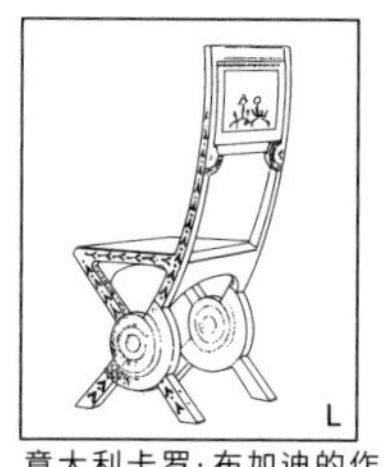

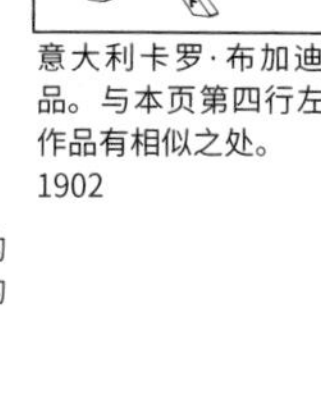

意大利卡罗·布加迪的作品。与本页第四行左侧的作品有相似之处。
1902

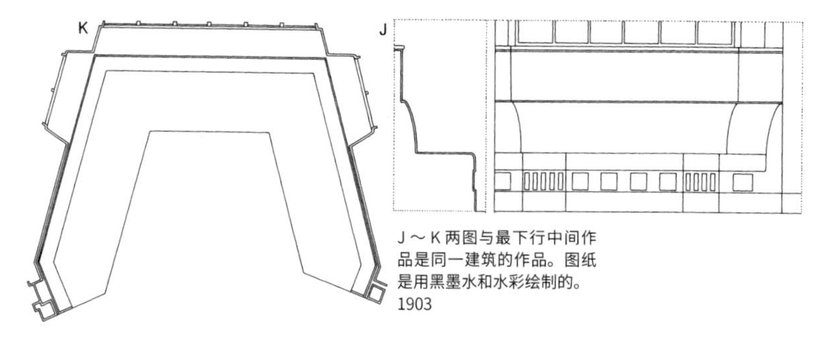

J～K两图与最下行中间作品是同一建筑的作品。图纸是用黑墨水和水彩绘制的。
1903

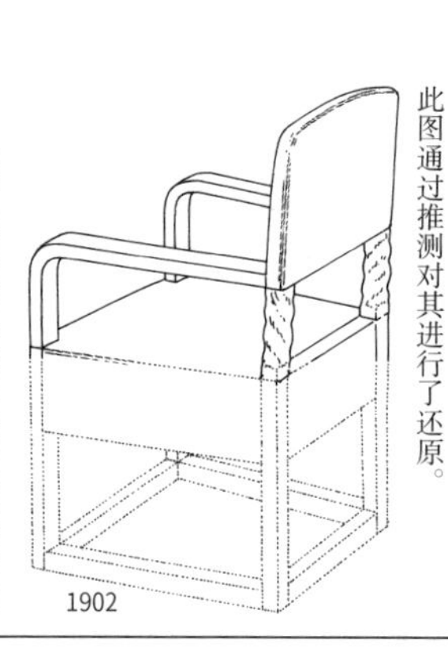

1902

此图与上一页最后一行左侧的作品出自同一张设计图纸。下半部分的设计不明，此图通过推测对其进行了还原。

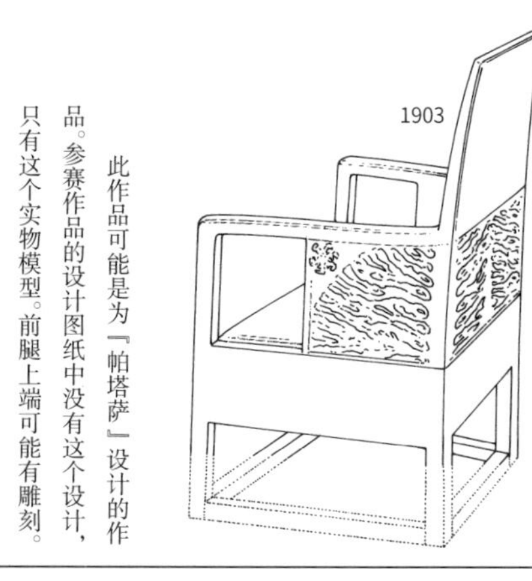

1903

此作品与右图一样同是为夫比多普山庄设计的作品。腿部横木的处理方式在霍夫曼的作品中也出现过。

1902—1906

此作品可能是为『帕塔萨』设计的作品。参赛作品的设计图纸中没有这个设计，只有这个实物模型。前腿上端可能有雕刻。

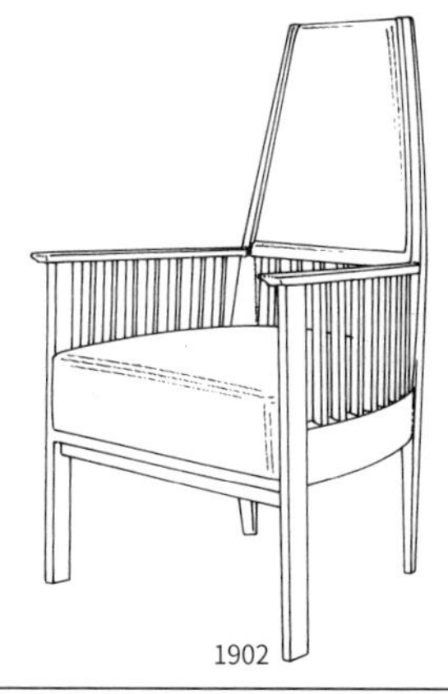

1902

这件是苏尔·梅里尤其的大礼堂里的椅子。前腿下端和侧面可能有雕刻。

1902—1903

这是右侧作品的三视图（俯视图参考I图）。从图纸上可以看出，椅子靠背的前面和后面各有图案。这些图绘自该作品的水彩设计图。

1903

这个也是放置在苏尔·梅里尤其的大礼堂的椅子，是第三行作品的无扶手版。

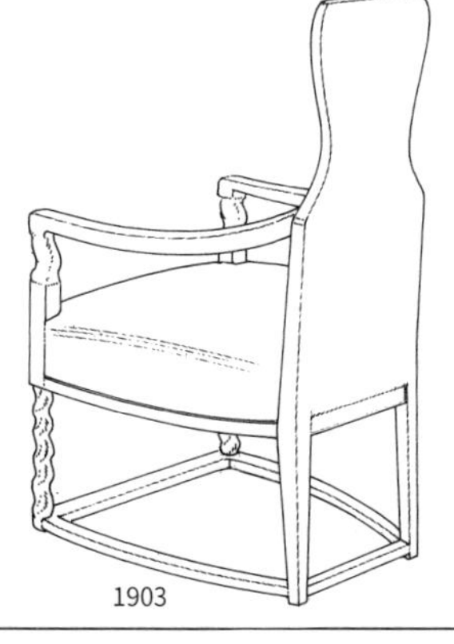

1903

放置在苏尔·梅里尤其藏书房的扶手椅。与K图的固定沙发配套设计。

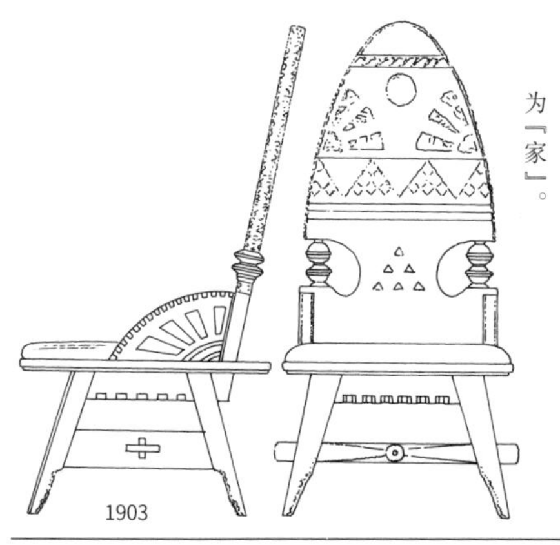

1903

此图是为参加书房家具设计比赛而设计的作品。此图绘自其设计草图，名为『家』。

1873—1950

埃利尔·沙里宁

第 2 小节
1899—1906 年间

1899—1900 年期间，沙里宁担任巴黎世博会芬兰馆的设计总监。其间他结识了许多艺术家，其中包括画家尤金·卡里尔，并受其指导。这为他的绘画功底打下了基础，使他日后可以用水彩画来画建筑透视图。1900 年 10 月他设计的芬兰馆获得了纪念奖、银牌、铜牌、金牌等各个奖项。那时，阿纳托尔·法朗士向《时报》日刊（巴黎）投稿表扬他，对于他的工作给予了高度评价。

1902 年他与林德格伦、盖塞柳斯共同设计了著名的住宅兼工作室维特拉斯科（现在是博物馆，并对外开放）。1904 年收到了德国杜塞尔多夫的工艺美术学院的任教邀请，但是他拒绝了。

同年，他与雕刻家洛雅·盖塞露丝在赫尔辛基结婚。他们选择乘坐火车去德国和英国旅游，可以边学习边进行结婚旅行。1906 年他获得了圣彼得堡的俄罗斯帝国艺术学院颁发的金奖。

此作品被展示在 G·L·S 共同设计的巴黎世博会芬兰馆的蝴蝶花房中，与之前介绍的作品是配套设计的。这是一张带有照明功能的大型沙发。

这件是苏尔·梅里尤其藏书房设计图纸上的作品。

博布林斯基别墅大厅设计图纸上的作品。图纸是用黑墨水和水彩绘制的。

此图也出自博布林斯基别墅大厅的设计图纸，是大厅另一处的作品。

这是为赫尔辛基的一家银行设计的作品。该作品放置在董事的会议室，有配套设计的桌子，是 G·L·S 共同设计的作品。

放置在维特拉斯科博物馆客厅里烟囱附近（壁炉旁边）的扶手椅。

此图出自吉拉德别墅的设计草图，靠背的洞可以当扶手。

此作品与右边作品出自同一所别墅的女士房间。虚线部分不详，此图通过推测对其进行了还原。

此作品是为该别墅的大礼堂设计的凳子。

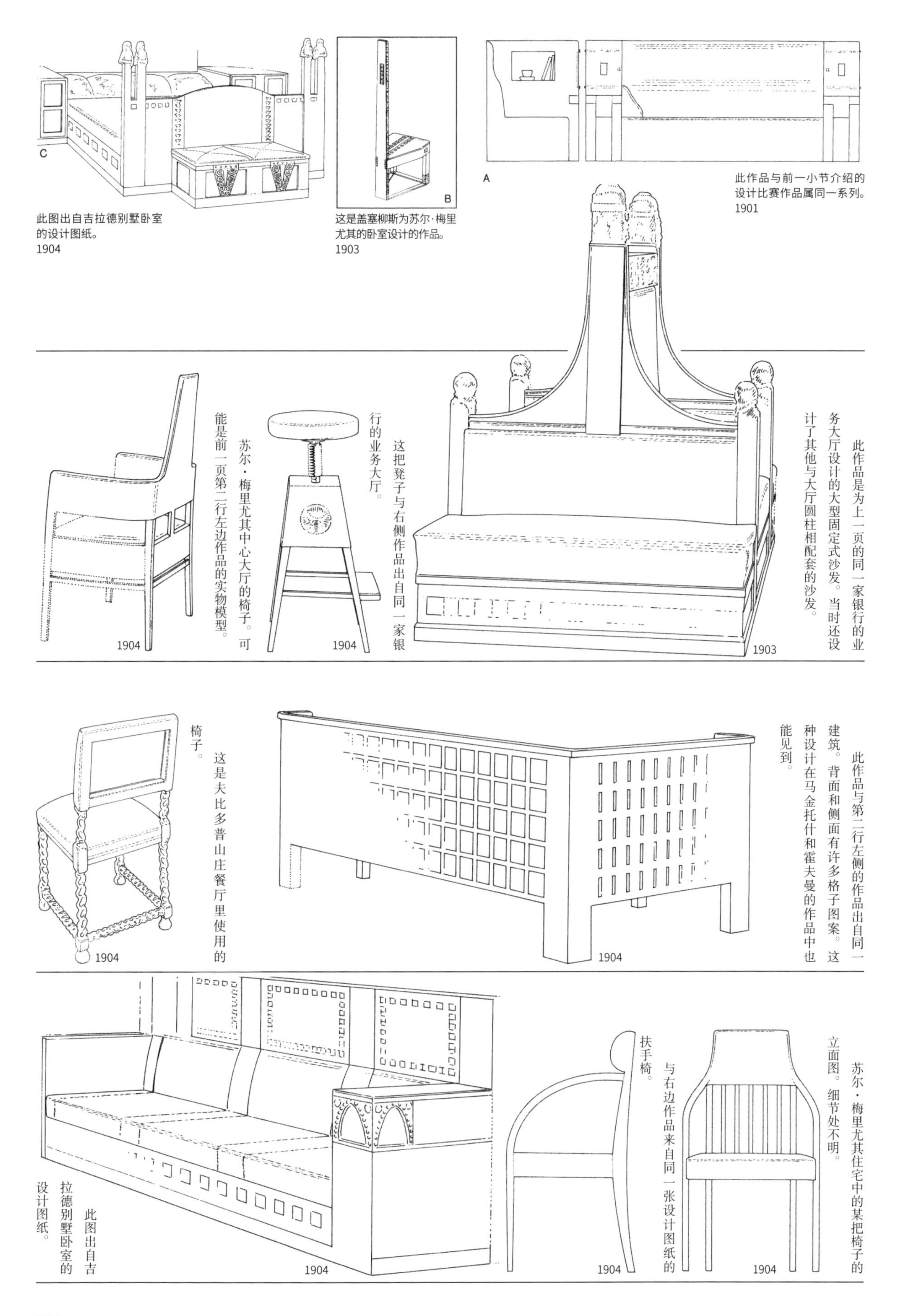

此图出自吉拉德别墅卧室的设计图纸。
1904

这是盖塞柳斯为苏尔·梅里尤其的卧室设计的作品。
1903

此作品与前一小节介绍的设计比赛作品属同一系列。
1901

此作品是为上一页的同一家银行的业务大厅设计的大型固定式沙发。当时还设计了其他与大厅圆柱相配套的沙发。
1903

这把凳子与右侧作品出自同一家银行的业务大厅。
1904

苏尔·梅里尤其中心大厅的椅子。可能是前一页第二行左边作品的实物模型。
1904

此作品与第二行左侧的作品出自同一建筑。背面和侧面有许多格子图案。这种设计在马金托什和霍夫曼的作品中也能见到。
1904

这是夫比多普山庄餐厅里使用的椅子。
1904

苏尔·梅里尤其住宅中的某把椅子的立面图。细节处不明。
1904

与右边作品来自同一张设计图纸的扶手椅。
1904

此图出自吉拉德别墅卧室的设计图纸。
1904

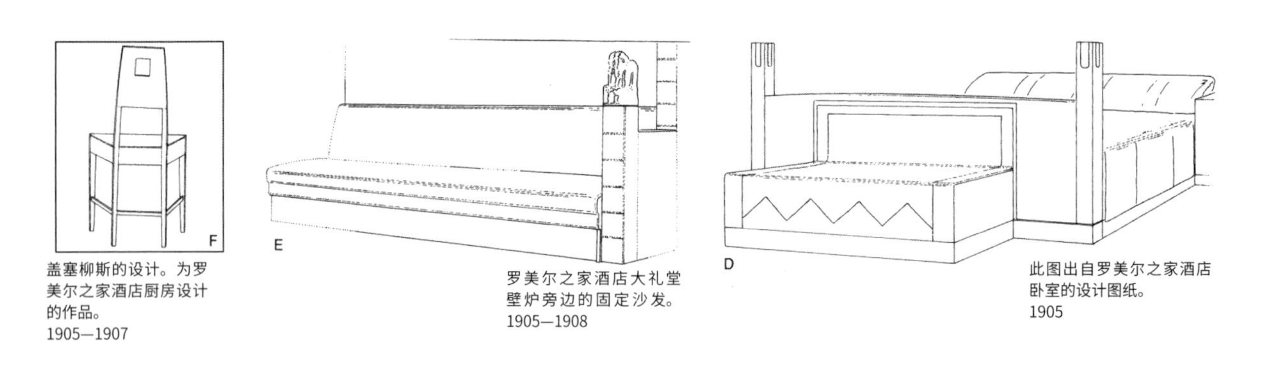

盖塞柳斯的设计。为罗美尔之家酒店厨房设计的作品。
1905—1907

罗美尔之家酒店大礼堂壁炉旁边的固定沙发。
1905—1908

此图出自罗美尔之家酒店卧室的设计图纸。
1905

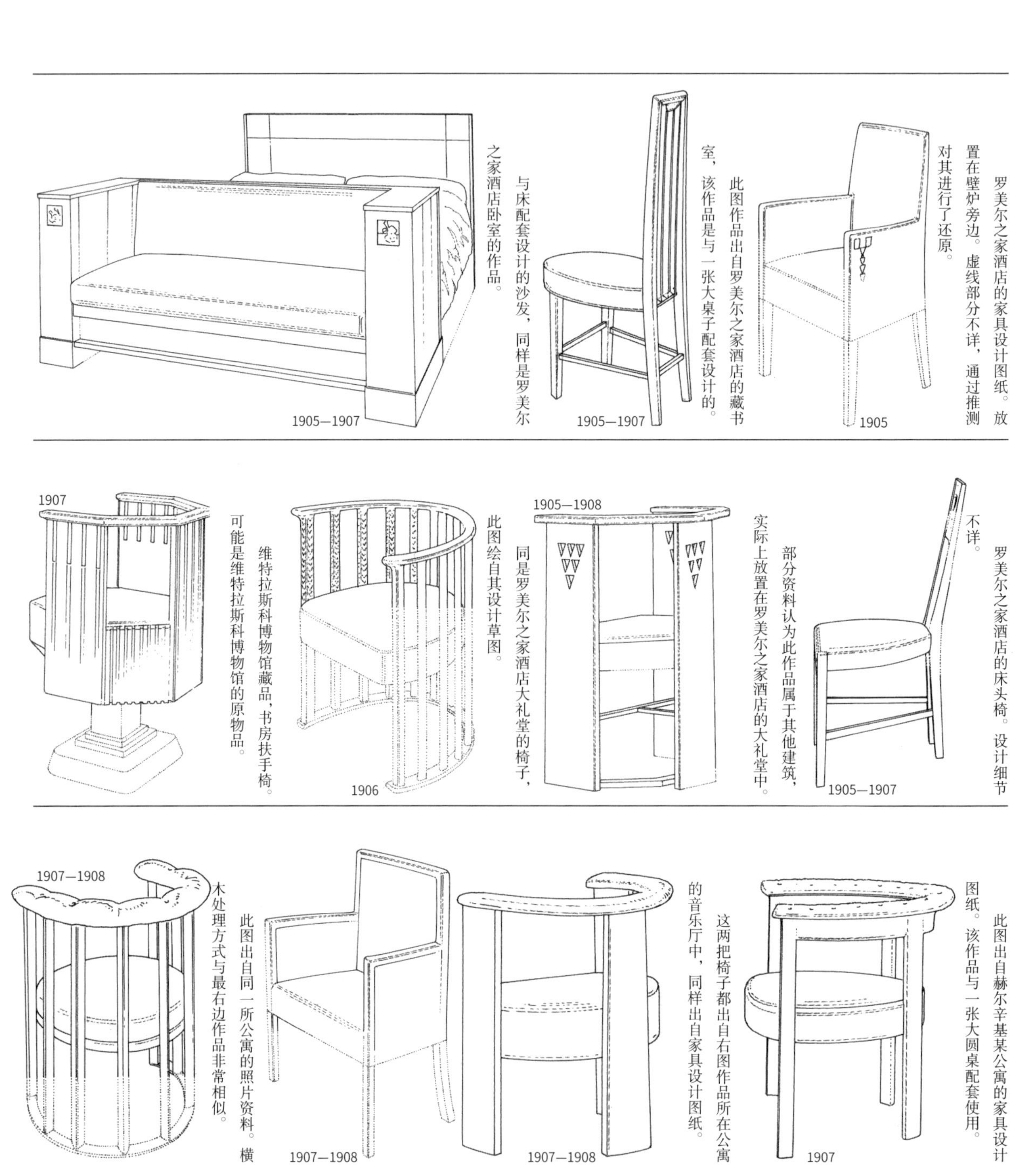

罗美尔之家酒店的家具设计图纸。放置在壁炉旁边。虚线部分不详，通过推测对其进行了还原。
1905

此图作品出自罗美尔之家酒店的藏书室，该作品是与一张大桌子配套设计的。
1905—1907

与床配套设计的沙发，同样是罗美尔之家酒店卧室的作品。
1905—1907

罗美尔之家酒店的床头椅。设计细节不详。
1905—1907

部分资料认为此作品属于其他建筑，实际上放置在罗美尔之家酒店的大礼堂中。
1905—1908

同是罗美尔之家酒店大礼堂的椅子，此图绘自其设计草图。
1906

维特拉斯科博物馆藏品，书房扶手椅。可能是维特拉斯科博物馆的原物品。
1907

此图出自赫尔辛基某公寓的家具设计图纸。该作品与一张大圆桌配套使用。
1907

这两把椅子都出自右图作品所在公寓的音乐厅中，同样出自家具设计图纸。
1907—1908
1907—1908

此图出自同一所公寓的照片资料。横木处理方式与最右边作品非常相似。
1907—1908

约瑟夫·霍夫曼为普克斯多夫疗养院设计的作品。
1904—1905

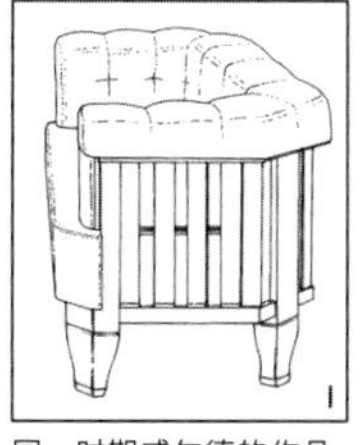

同一时期威尔德的作品，与沙里宁的作品十分相似。
1912

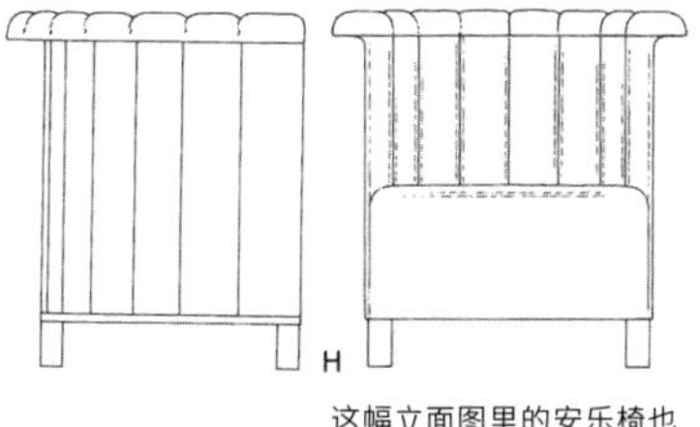

这幅立面图里的安乐椅也是国际铁道委员会大楼中的作品。
1908—1909

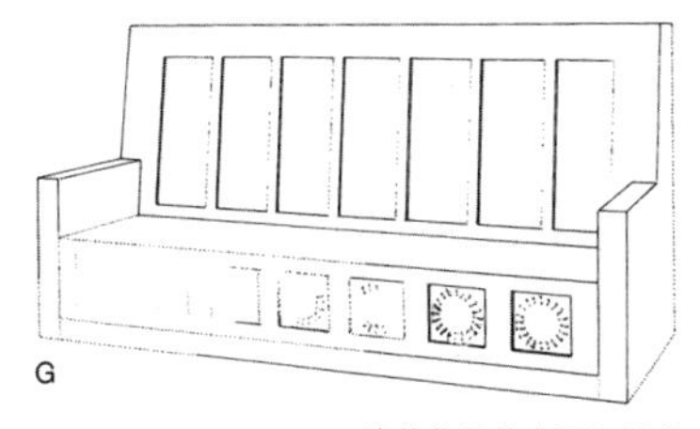

这件作品放在国际铁道委员会大楼的总指挥室中的一间小休息室里。
1908—1909

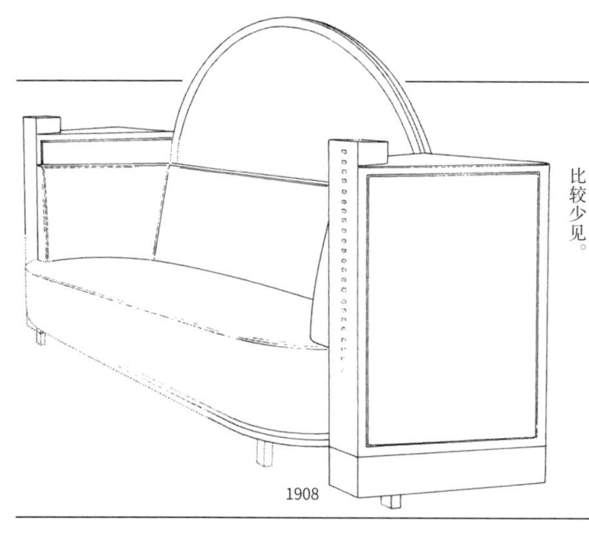

这是为戴瓦麦基农场和罗美尔之家酒店两座建筑共同设计的作品。把这种几乎固定的家具用在不同建筑中的情况比较少见。

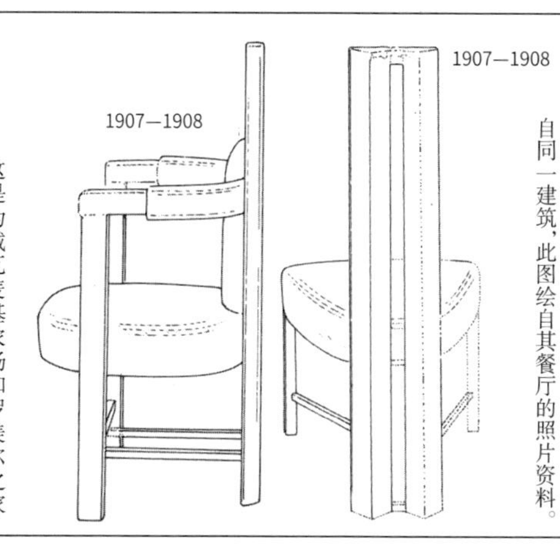

此作品与上一页最下面一行的作品出自同一建筑，此图绘自其餐厅的照片资料。

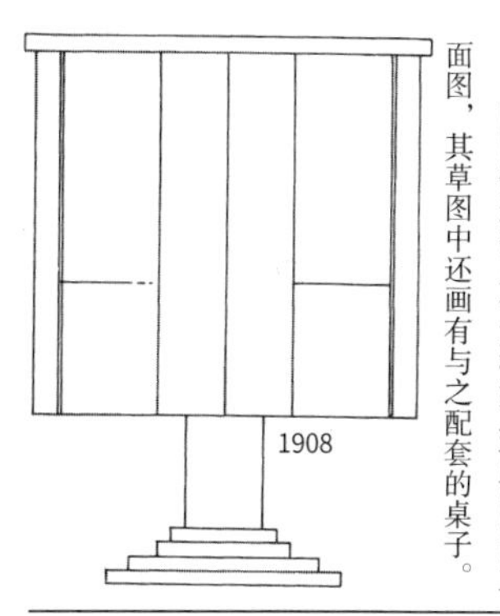

国际铁道委员会大楼家具设计图的立面图，其草图中还画有与之配套的桌子。

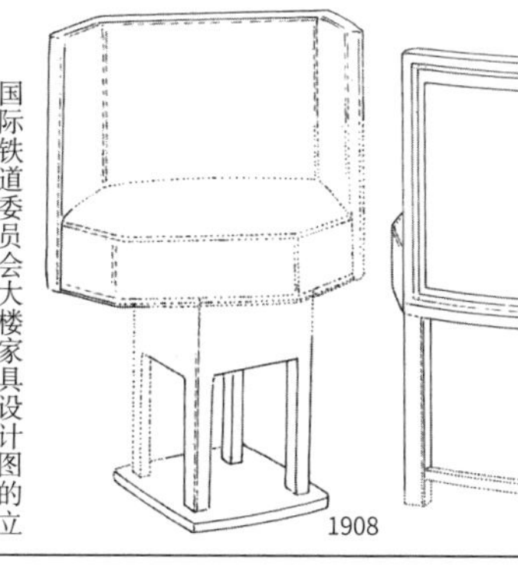

此图与第二行左侧沙发出自同一份照片资料。左图的部分设计不详。可能座位可以旋转。

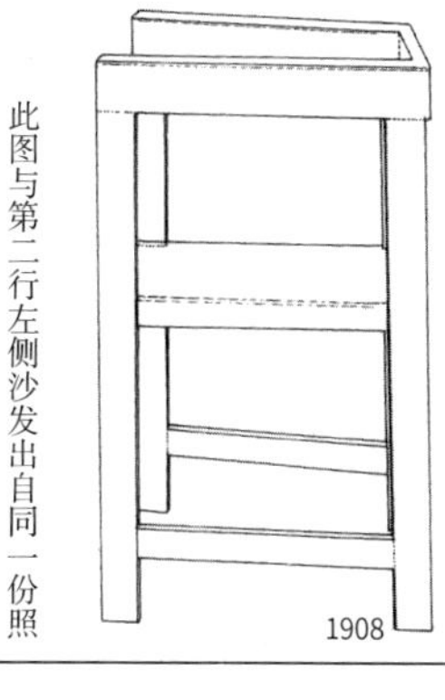

此作品与上一行左侧的作品属于同一建筑，是一把员工餐厅的椅子。就照片资料来看，座位部分使用的是粗制木材。

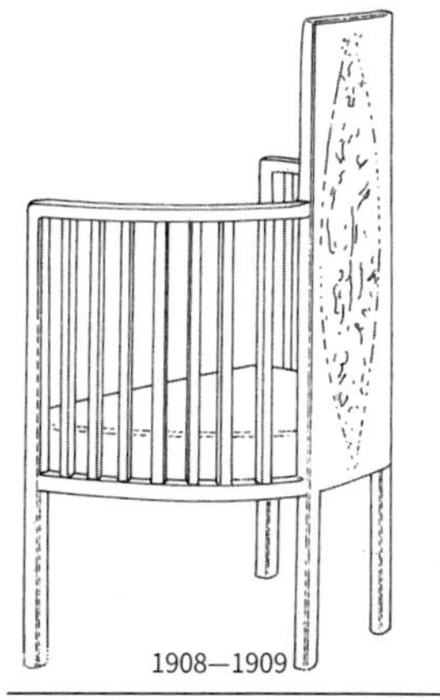

这件作品出自罗美尔之家酒店女士房间的家具设计图，是否有实物不详。

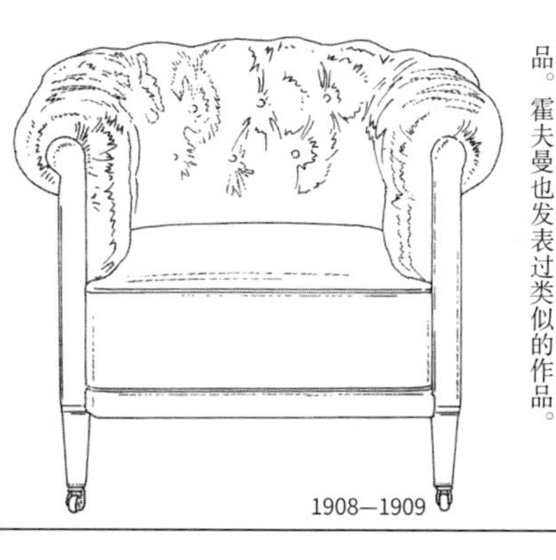

这是为这所大楼的总指挥室设计的作品。霍夫曼也发表过类似的作品。

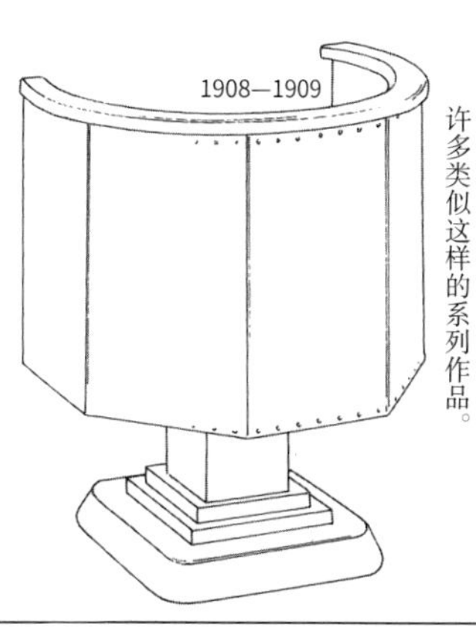

这把也是国际铁道委员会大楼中的椅子，放置于大楼会议室中。沙里宁设计过许多类似这样的系列作品。

1873—1950

埃利尔·沙里宁

第3小节
1907—1918 年间

1907年，维也纳国家歌剧院的指挥古斯塔夫·马勒在赫尔辛基沙里宁的宅子里住了一段时间。同年，沙里宁和妻子一起到法国、瑞士、奥地利、德国旅行。一路上他们遇见了许多人，比如在达姆施塔特认识了奥尔布里奇，并在杜塞尔多夫认识了彼得·贝伦斯。同年，他在法国秋季沙龙展展出家具作品。也是在这一年，他与盖塞柳斯解除了合作关系。1910年他的儿子埃罗·沙里宁出生。

第二年，他在维也纳遇到了约瑟夫·霍夫曼。1911—1914年期间成为圣彼得堡的帝国艺术学院的会员。1914年参加了在科隆举办的德意志制造联盟展。同年参加了在威尼斯举办的国际艺术展，负责友人林德格伦的展台设计。1916年，担任了挪威卑尔根市城市建设计划评选的评委。那时他在国际上也同时担任着多个评委职务。1917—1918年期间完成了赫尔辛基城市综合规划。1918年芬兰政府对他为赫尔辛基中央火车站所做的设计进行了表彰，同时授予了他教授的头衔。

此作品被命名为『汉尼斯椅』。汉尼斯是沙里宁的兄弟，这把椅子是他为汉尼斯经营的银行设计的，已经被阿德特公司做成商品出售。

1908

这是右面作品的侧视图及主视图。

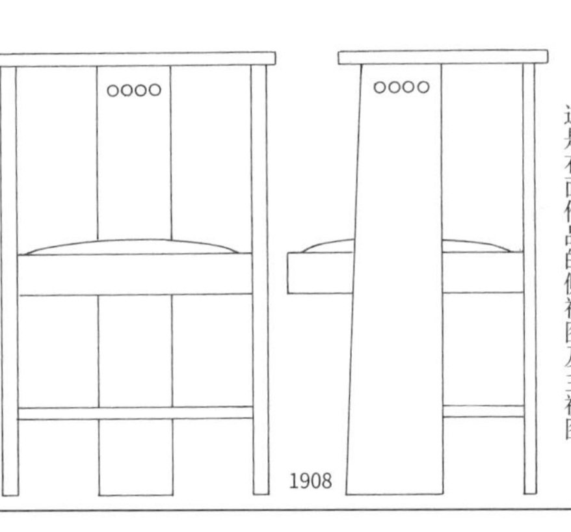

1908

这个作品也被阿德特公司做成商品出售，名叫『黑色别墅椅』。与约瑟夫·霍夫曼的作品相似。

1908

『黑色别墅椅』的侧视图及主视图。此图为绘自该公司的商品目录。

1908

这是为罗美尔之家酒店设计的作品，可能是与盖塞柳斯共同设计的，用在书房。

1908

这是为赫尔辛基铁路大楼设计的作品，用在办公室。

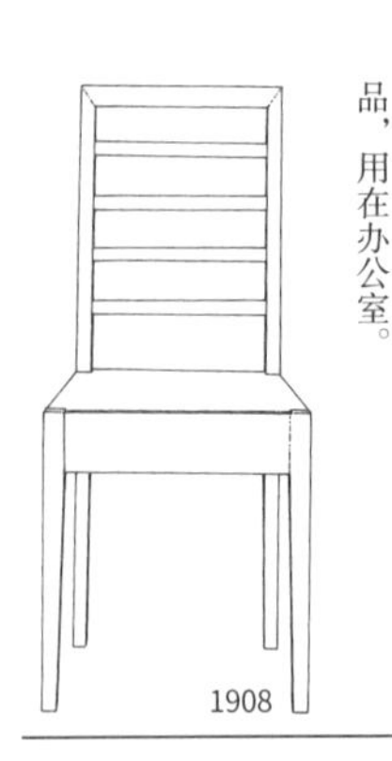

1908

这个是为赫尔辛基铁路大楼的董事们设计的椅子。表面为白色涂漆，有与之相配套的桌子和沙发。

1908

他设计过许多类似『汉尼斯椅』的椅子，即旁边两条腿后面一条腿的三条腿的椅子。而像这件作品这样六边形的椅座也是这一系列作品的特征之一。与赖特设计的六边形椅子相对比之下十分有意思。用于铁道大楼的办公室中。

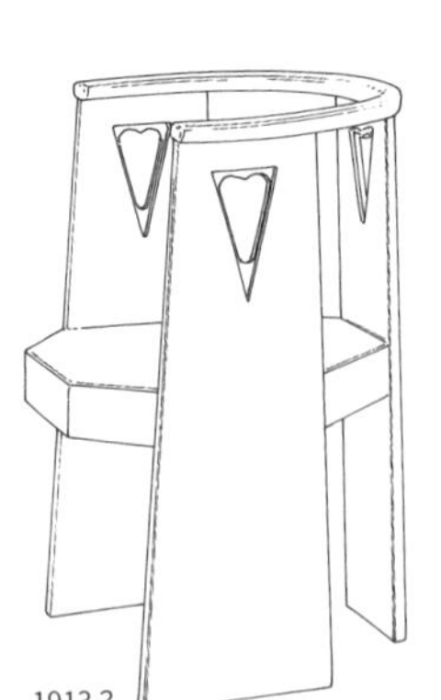

1913？

赫尔辛基中央火车站咖啡厅的椅子，与窗边放置的沙发配套使用。

1904

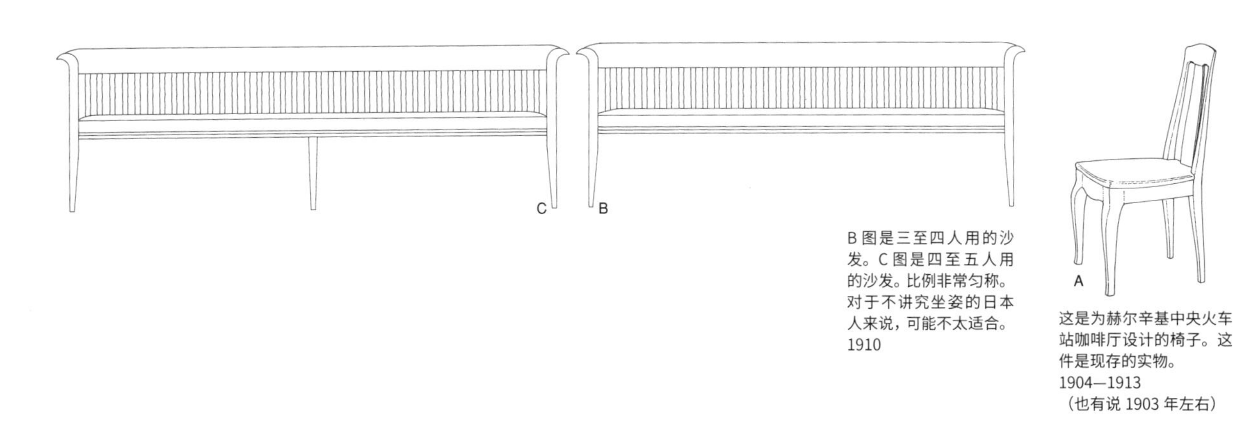

B图是三至四人用的沙发。C图是四至五人用的沙发。比例非常匀称。对于不讲究坐姿的日本人来说，可能不太适合。
1910

这是为赫尔辛基中央火车站咖啡厅设计的椅子。这件是现存的实物。
1904—1913
（也有说1903年左右）

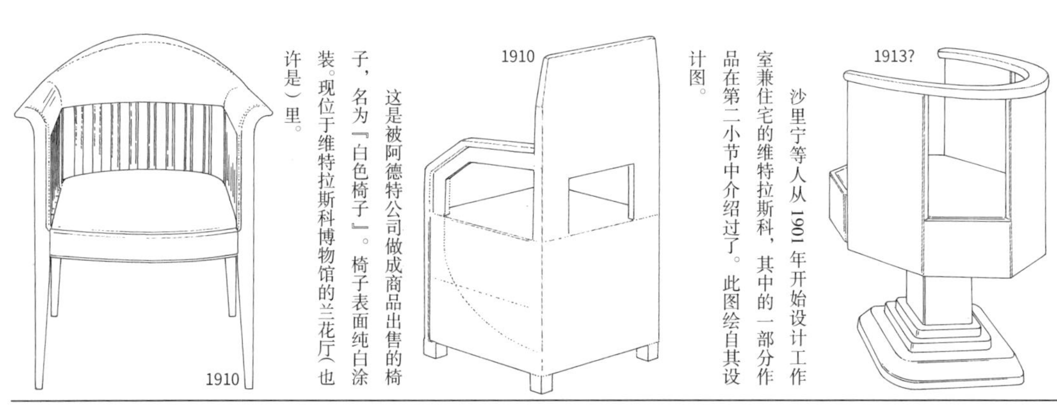

这个是为赫尔辛基铁路大楼经理室设计的作品。上一小节已经介绍过与此类似的系列作品。椅子座呈八边形。

沙里宁等人从1901年开始设计工作室兼住宅的维特拉斯科，其中的一部分作品在第二小节中介绍过了。此图绘自其设计图。

这是被阿德特公司做成商品出售的椅子，名为『白色椅子』。椅子表面纯白涂装。现位于维特拉斯科博物馆的兰花厅（也许是）里。

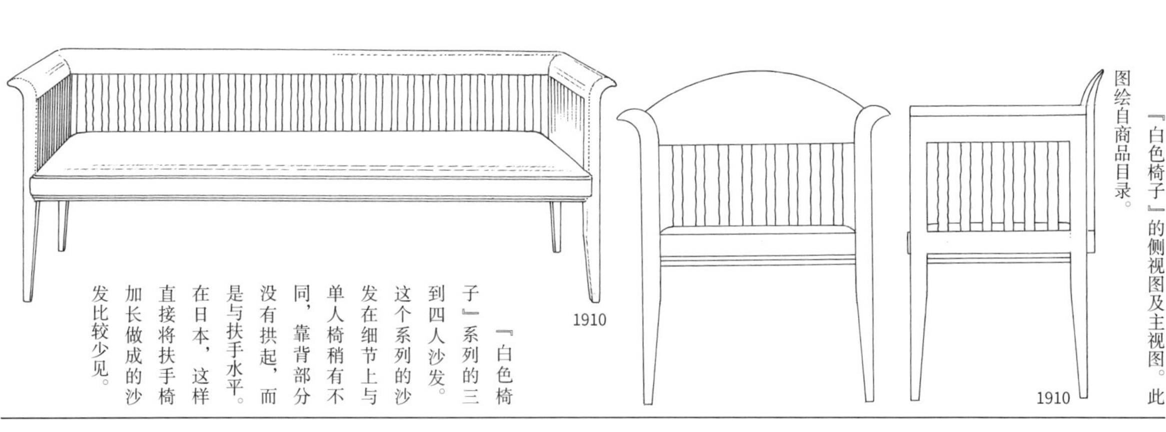

『白色椅子』的侧视图及主视图。此图绘自商品目录。

『白色椅子』系列的三到四人沙发。这个系列的沙发在细节上与单人椅稍有不同，靠背部分没有拱起，而是与扶手水平。在日本，这样直接将扶手椅加长做成的沙发比较少见。

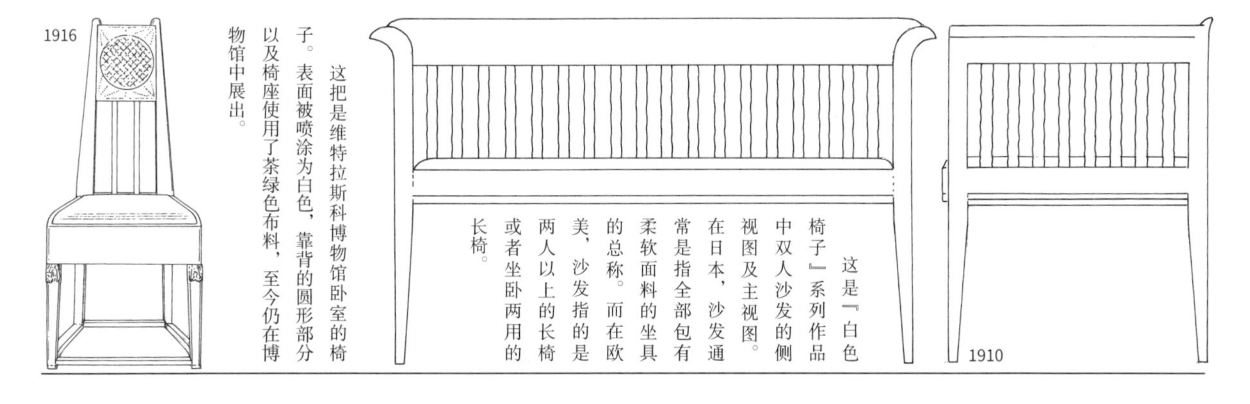

这是『白色椅子』系列作品中双人沙发的侧视图及主视图。在日本，沙发通常是指全部包有柔软面料的坐具的总称。而在欧美，沙发指的是两人以上的长椅或者坐卧两用的长椅。

这把是维特拉斯科博物馆卧室的椅子。表面被喷涂为白色，靠背的圆形部分以及椅座使用了茶绿色布料，至今仍在博物馆中展出。

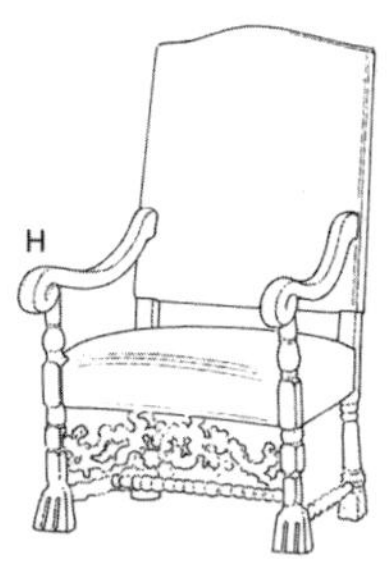

维特拉斯科博物馆大厅的椅子，与G图的椅子很像。是否是沙里宁的作品不详。
1910

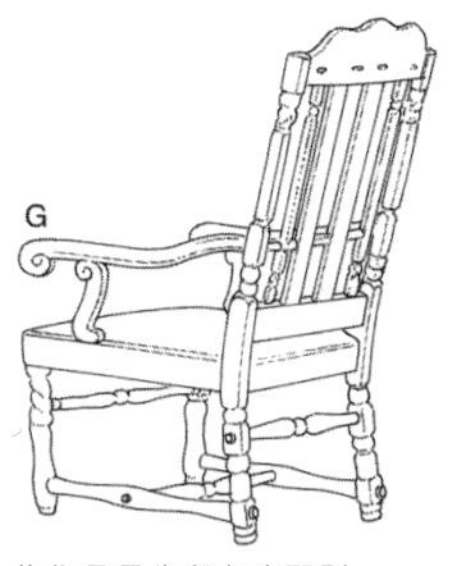

此作品是为凯尔库那别墅大厅设计的作品。是否是沙里宁的作品不详。
1910

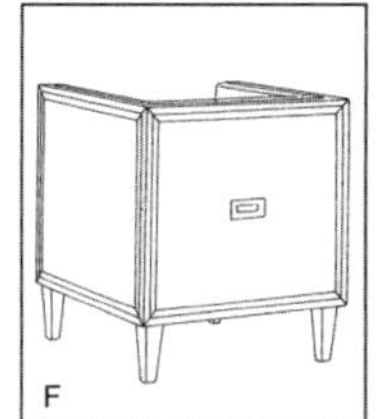

科罗曼·穆塞尔的作品。为弗里茨·韦恩多弗设计的作品。霍夫曼也曾经发表过这样的立方体形设计的作品。
1903—1904

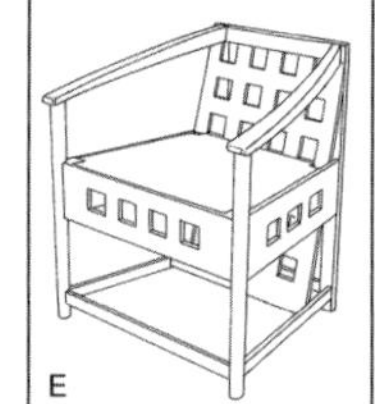

马金托什的作品，用在希尔住宅大厅的设计作品，与最后一行右边的作品有相似之处。
1904

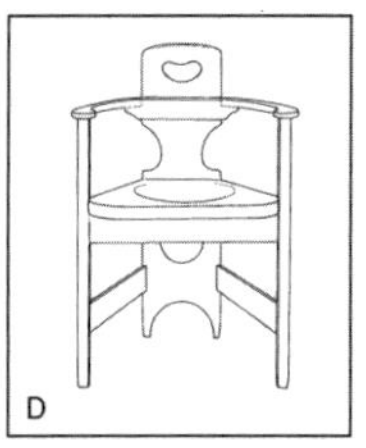

这件雷曼施米特的作品，与第二行左起第三个作品在细节上有相似之处。
1900

维特拉斯科博物馆娱乐室的椅子。从照片资料中看不见腿的末端，所以不清楚椅子腿的长度。

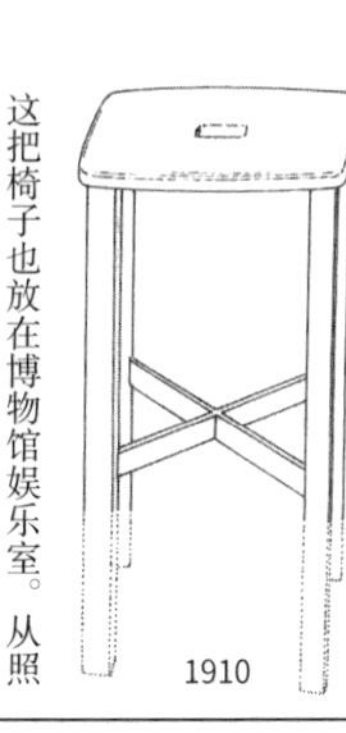

这把椅子也放在博物馆娱乐室。从照片来看，这间娱乐室可能是儿童的房间。但以这把椅子的大小，应该是把成人椅。

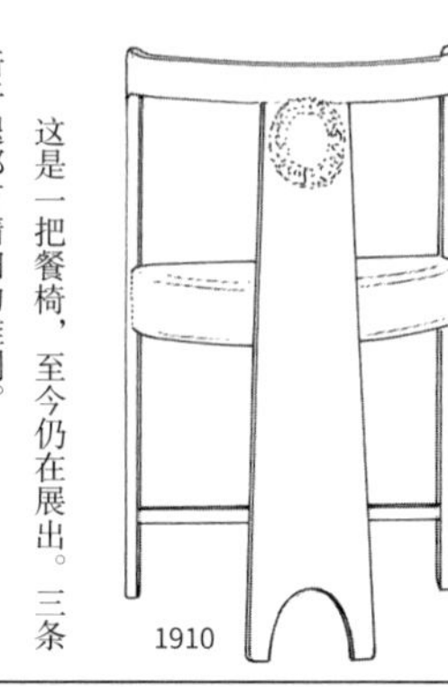

这是一把餐椅，至今仍在展出。三条椅子腿部有精细的雕刻。

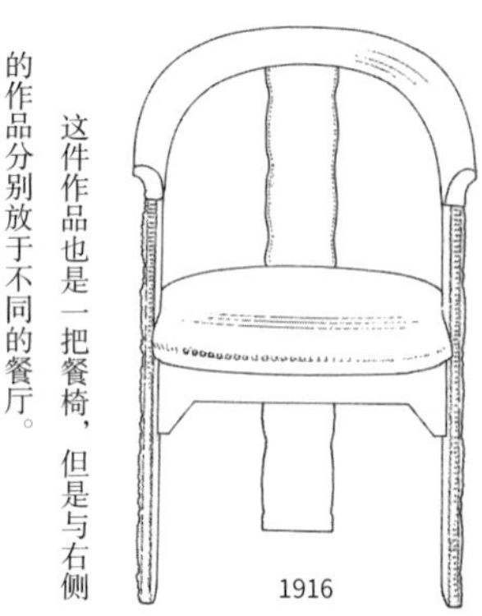

这件作品也是一把餐椅，但是与右侧的作品分别放于不同的餐厅。

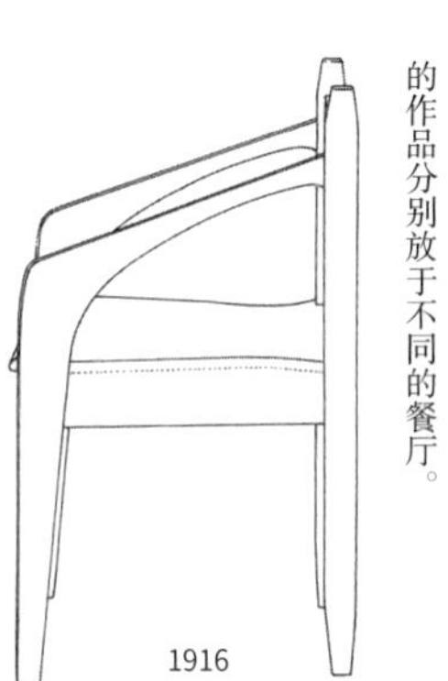

此作品放在玻璃的兰花温室中，现今可能已没有实物模型。腿部细节不详。

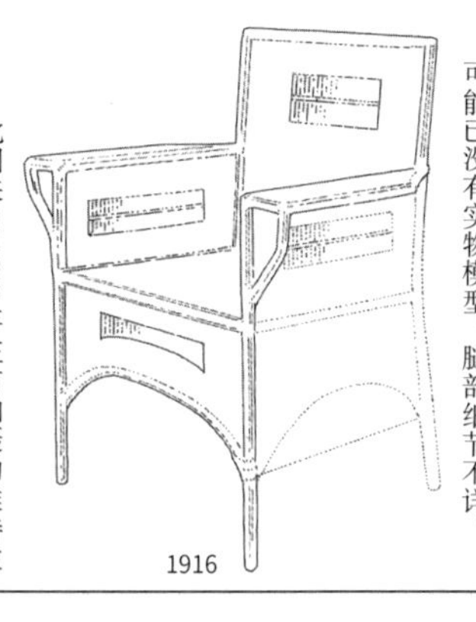

此图来自1916年左右拍摄的维特拉斯科博物馆卧室的照片资料。这件作品与霍夫曼的作品有相似之处。

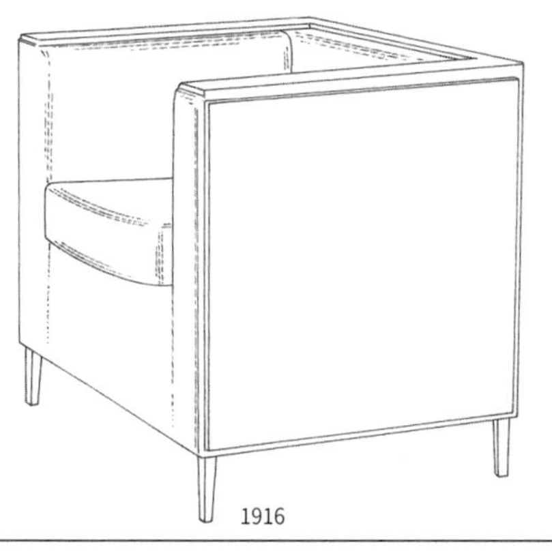

维特拉斯科博物馆客厅的椅子。沙里宁的作品与霍夫曼的作品有很多相似之处。这个作品外观也是白色的。

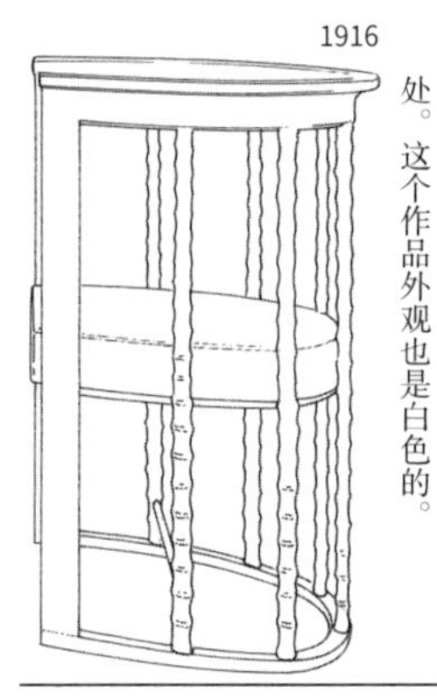

这个作品现在仍放在维特拉斯科博物馆的阳台上，此外还有一个六边形的桌子。这件作品在当时的文献和资料中并没有记载，可能是后来制作的。

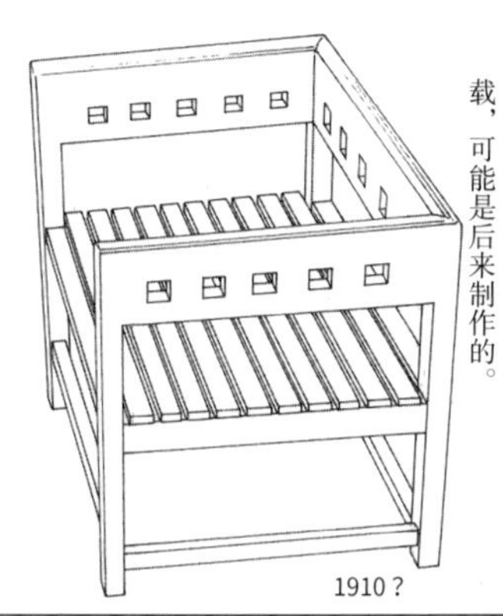

沙里宁在维特拉斯科的藏书室中的椅子。基座部分虚线处的设计不详，可能与左侧作品的基座设计相同。

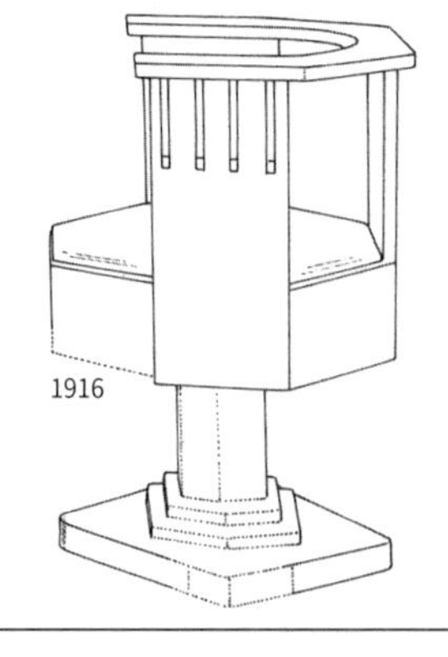

此作品与右侧的作品属于同一系列，但是侧面的设计比较靠下，略微有些沉重的感觉。现在仍展出于维特拉斯科博物馆。

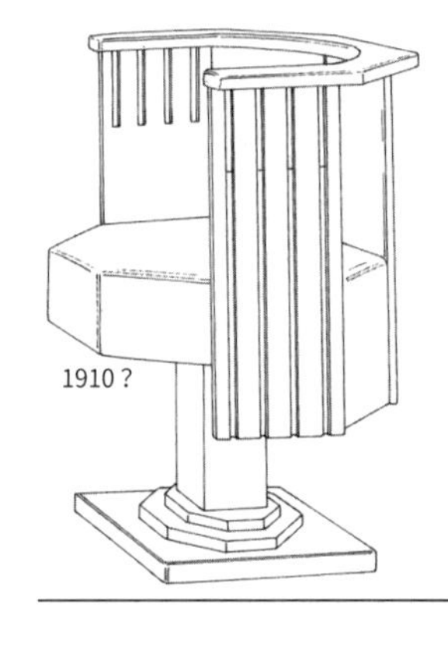

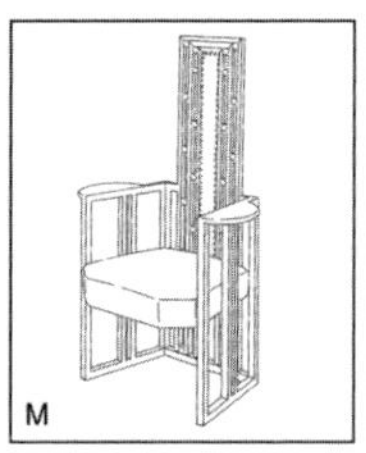

M

这个是霍夫曼为古斯塔夫·克里姆特的画室设计的作品。
1904

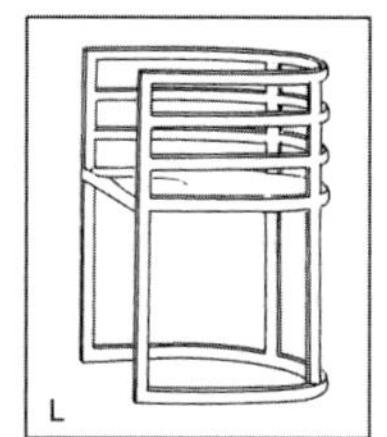

L

这件是现代美式风格的代表，建筑师雷曼施米特的作品。可以看出这个作品也受到了霍夫曼的影响。
1962

K

这个也是霍夫曼的作品。他的这些作品给了沙里宁很大的影响。
1909

J

这个是霍夫曼的作品。这种横木和基座的弯曲设计在霍夫曼的作品中很常见。
1906—1907

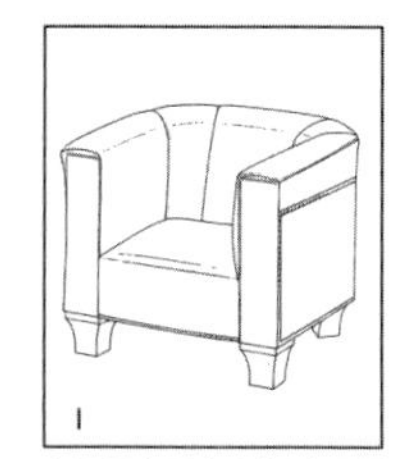

I

这是霍夫曼为斯托克雷特宫设计的作品。现在威特曼公司还在加工生产以此为模型的家具。
1905

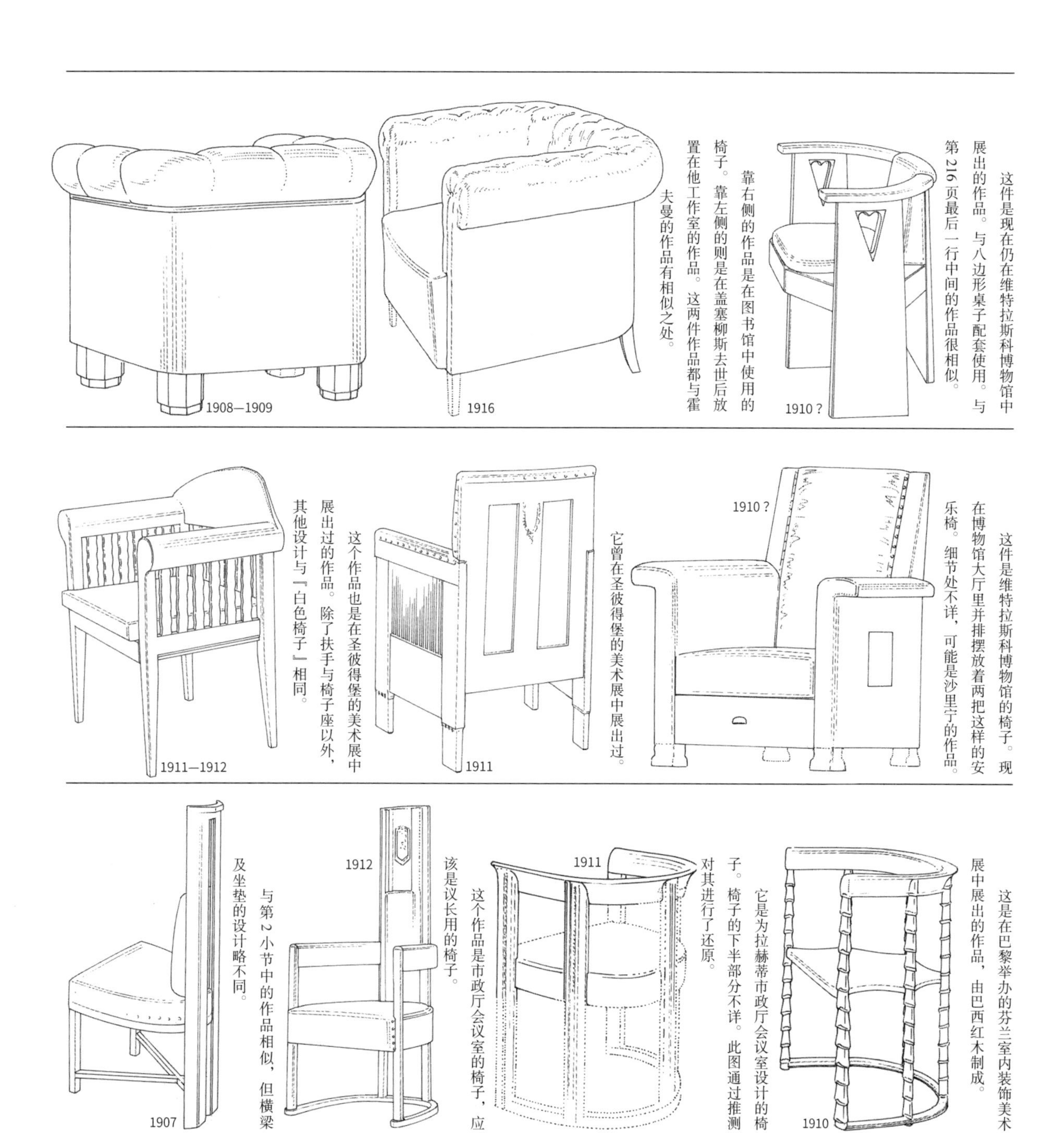

这件是现在仍在维特拉斯科博物馆中展出的作品。与八边形桌子配套使用。与第216页最后一行中间的作品很相似。

1910？

靠右侧的作品是在图书馆中使用的椅子。靠左侧的则是在盖塞柳斯去世后放置在他工作室的作品。这两件作品都与霍夫曼的作品有相似之处。

1916

1908—1909

这件是维特拉斯科博物馆的椅子。现在博物馆大厅里并排摆放着两把这样的安乐椅。细节处不详，可能是沙里宁的作品。

1910？

它曾在圣彼得堡的美术展中展出过。

1911

这个作品也是在圣彼得堡的美术展中展出过的作品。除了扶手与椅子座以外，其他设计与『白色椅子』相同。

1911—1912

这是在巴黎举办的芬兰室内装饰美术展中展出的作品，由巴西红木制成。

1910

它是为拉赫蒂市政厅会议室设计的椅子。椅子的下半部分不详。此图通过推测对其进行了还原。

1911

这个作品是市政厅会议室的椅子，应该是议长用的椅子。

1912

与第2小节中的作品相似，但横梁及坐垫的设计略不同。

1907

1873—1950

埃利尔·沙里宁

第 4 小节
1919—1932 年间

1919年，沙里宁受芬兰政府所托设计芬兰纸币。第二年他成为芬兰艺术学院的成员。除此之外他还加入了匈牙利以及德国的类似的组织。1922年参加芝加哥论坛报大厦的国际大赛，获得了第二名。1924年担任巴黎奥林匹克建筑大赛的评委。1929年被密歇根州布隆菲尔德山的克兰布鲁克艺术学院聘为教授。1930年，获得芬兰建筑会奖，同样也收到了巴西、乌拉圭、丹麦以及美国各州颁发的各种奖项。1932年他被任命为克兰布鲁克艺术学院的校长。除此之外其他各国的大学也授予过他名誉博士和名誉教授的称号。虽然在芬兰阿尔瓦·阿尔托比较有名气，但是在日本沙里宁更出名。

画家艾克塞利·加仑·卡勒拉、作曲家让·西贝柳斯以及沙里宁是芬兰民族浪漫主义的代表以及芬兰文化黄金时代的开拓者。

1916—1917

这把是蒙基涅米公寓大厅里的安乐椅。因为照片资料较小，具体细节不详。应该是沙里宁设计的。

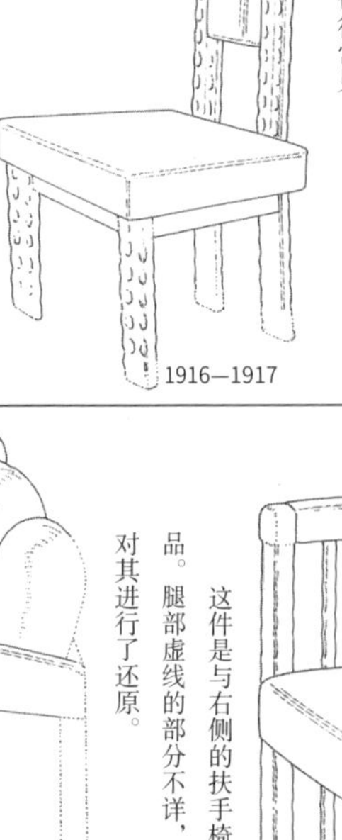

1916—1917

此作品与右侧作品同样也放置在这所公寓的大厅里，这把椅子被放置在方形柱旁边。腿部的装饰在沙里宁的其他作品中也很常见。

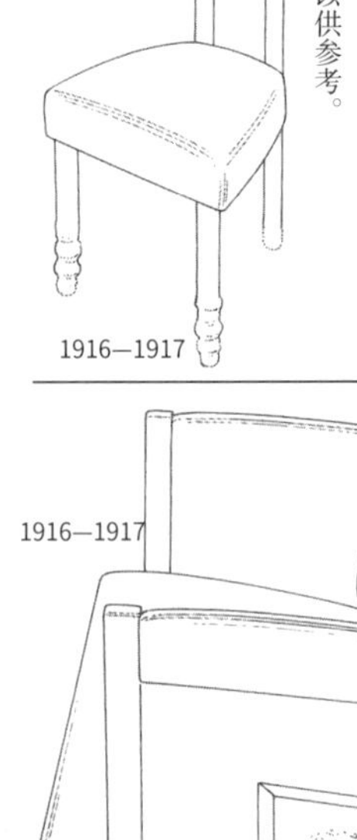

1916—1917

这个作品被放置在公寓大厅窗边的柱子旁边。具体细节不详，笔者在此仅画出其结构比例以供参考。

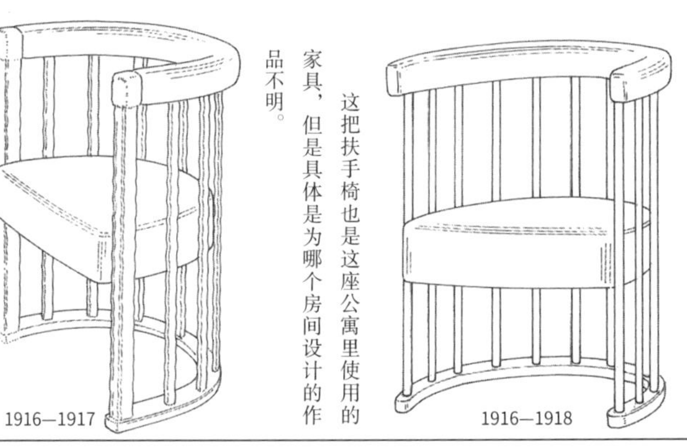

1916—1918

这把扶手椅放置在公寓二楼的客厅里。霍夫曼曾经多次发表过类似的作品。

1916—1917

这把扶手椅也是这座公寓里使用的家具，但是具体是为哪个房间设计的作品不明。

1916—1917

这件是与右侧的扶手椅配套使用的作品。腿部虚线的部分不详，此图通过推测对其进行了还原。

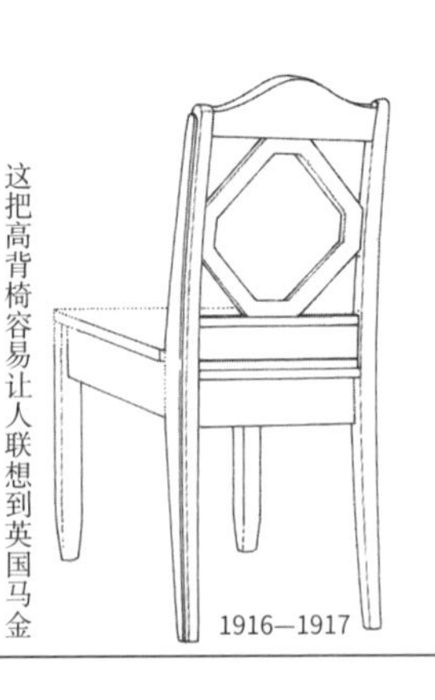

1916—1917

这把餐椅是这所公寓中的作品，被放置在二楼的大食堂里。外表喷涂为白色。

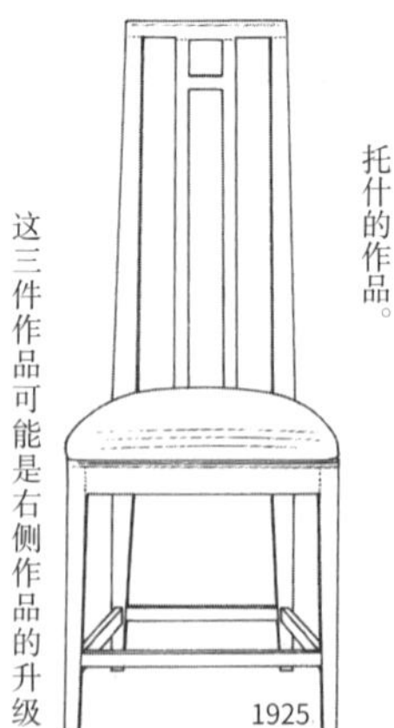

1925

这把高背椅容易让人联想到英国马金托什的作品。

1928　1928　1928

这三件作品可能是右侧作品的升级版，应属同一系列作品。

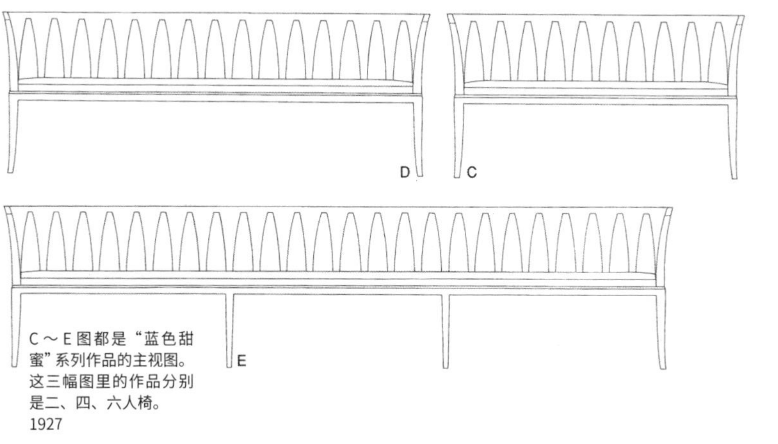

C～E图都是“蓝色甜蜜”系列作品的主视图。这三幅图里的作品分别是二、四、六人椅。
1927

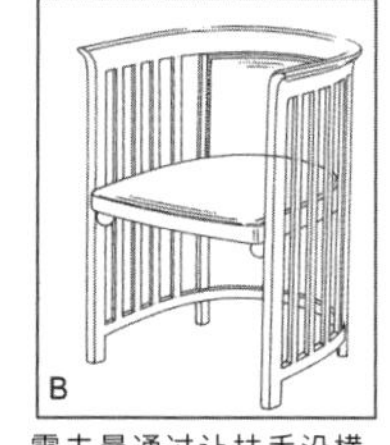

霍夫曼通过让扶手沿横木向外弯曲成一个曲面，来提高扶手的舒适度。
1906—1907

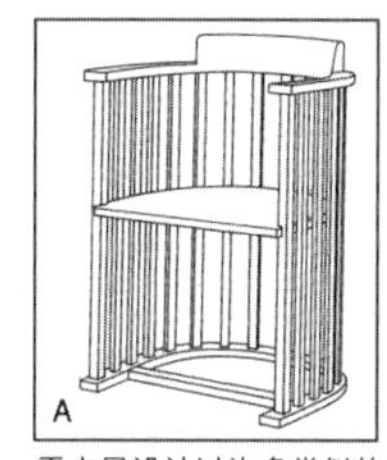

霍夫曼设计过许多类似的椅子，其横木以及基座部分呈马蹄状。
1904—1906

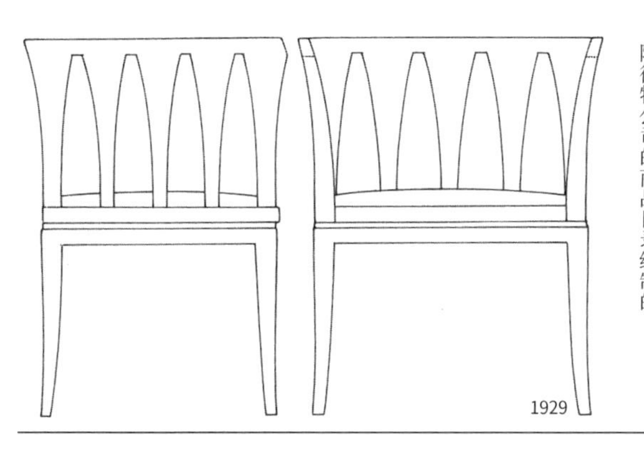

「蓝色甜蜜」的主视图。此图是根据阿德特公司的商品目录绘制的。

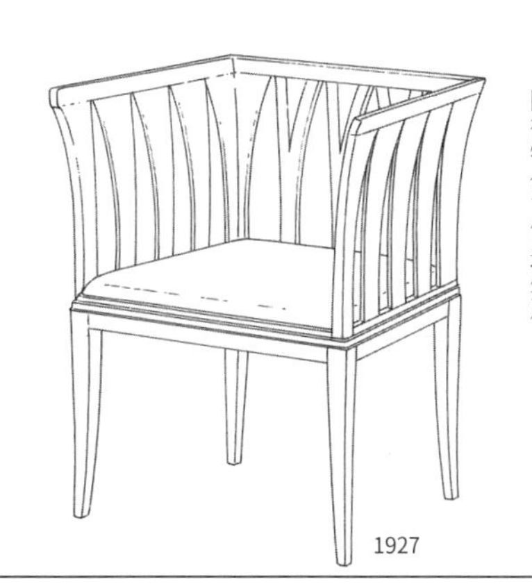

「蓝色甜蜜」系列作品是沙里宁在克兰布鲁克艺术学院任教时设计的作品，放在了他妻子在克兰布鲁克的工作室里。这些装饰艺术风格的椅子十分精美。芬兰的阿德特公司制造生产。

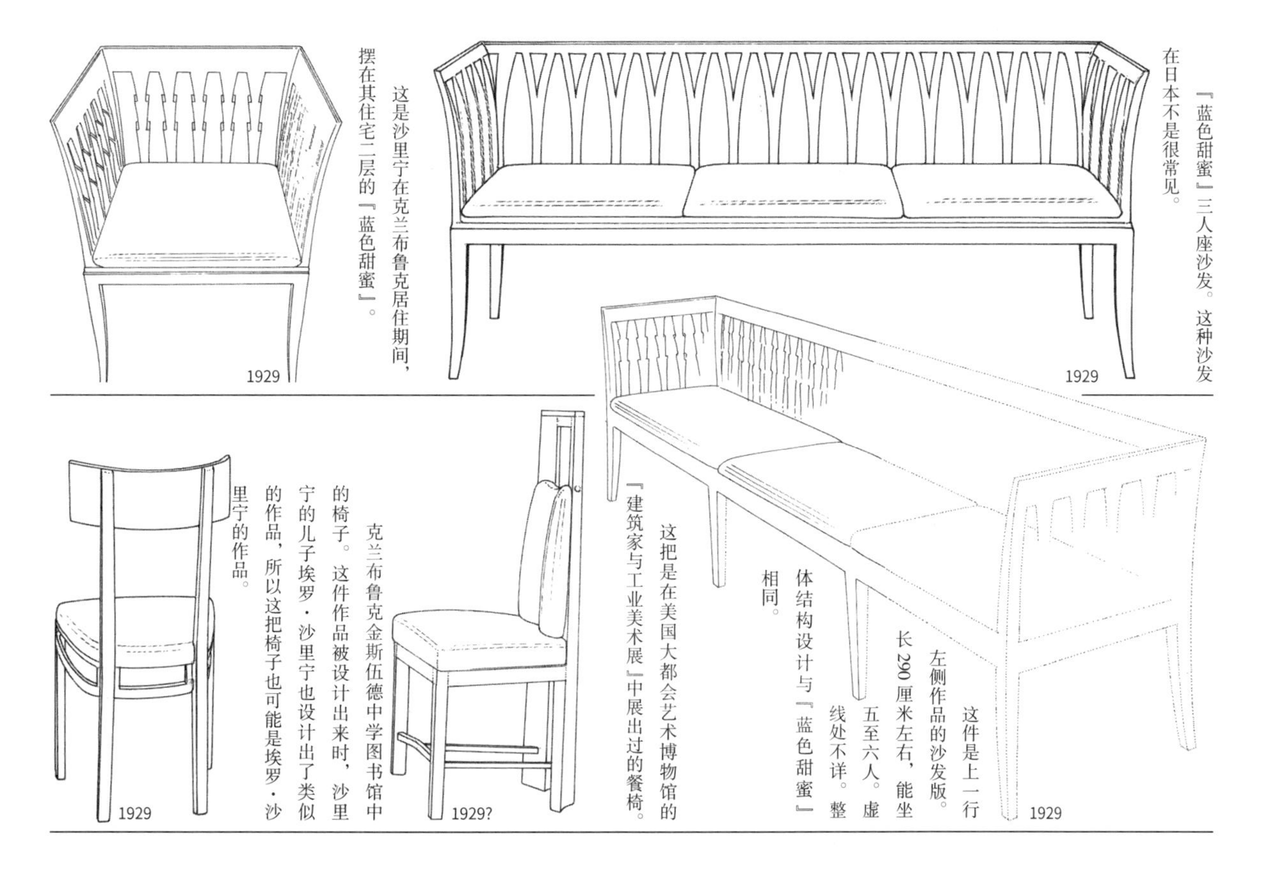

「蓝色甜蜜」三人座沙发。这种沙发在日本不是很常见。

这是沙里宁在克兰布鲁克居住期间，摆在其住宅二层的「蓝色甜蜜」。

这件是上一行左侧作品的沙发版。长290厘米左右，能坐五至六人。虚线处不详。整体结构设计与「蓝色甜蜜」相同。

这把是在美国大都会艺术博物馆的「建筑家与工业美术展」中展出过的餐椅。

克兰布鲁克金斯伍德中学图书馆中的椅子。这件作品被设计出来时，沙里宁的儿子埃罗·沙里宁也设计出了类似的作品，所以这把椅子也可能是埃罗·沙里宁的作品。

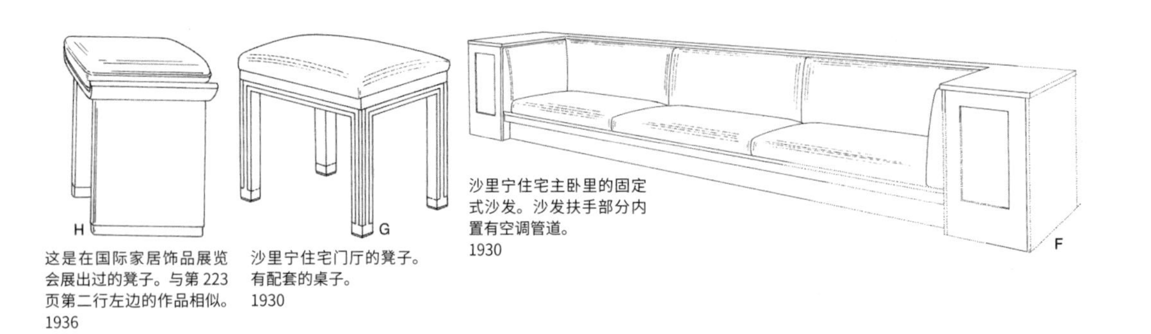

这是在国际家居饰品展览会展出过的凳子。与第 223 页第二行左边的作品相似。
1936

沙里宁住宅门厅的凳子。有配套的桌子。
1930

沙里宁住宅主卧里的固定式沙发。沙发扶手部分内置有空调管道。
1930

这件作品也是克兰布鲁克金斯伍德中学的椅子，放置在学校的主礼堂。据资料记载这是沙里宁儿子埃罗·沙里宁的作品。
1929

此作品是沙里宁在克兰布鲁克期间为自家住宅设计的作品，也曾由阿德特公司制造生产过。
1929—1930

右侧作品的立面图。此图来自阿德特公司的商品目录。椅背线条的背面如浮雕一般向外突出。
1929

此作品在克兰布鲁克住宅的照片资料中可以看到有一部分扶手，可能是如图这样设计的。
1929—1930

据商品目录的资料显示，此作品名叫『喷漆扶手椅』，可能是因为涂了透明的漆。
1929—1930

此作品是右侧『喷漆扶手椅』的沙发版。侧面、背面的几何图案在侧板上也用到了。
1929—1930

沙里宁住宅藏书室的安乐椅。表面包有条纹样式的羊毛纺布。
1929—1930

此作品是右图安乐椅的沙发版。这件作品在沙里宁住宅的照片资料中没有记录。此图是美国的建筑公司复制的样品家具。腿部设计稍有不同。
1929—1930

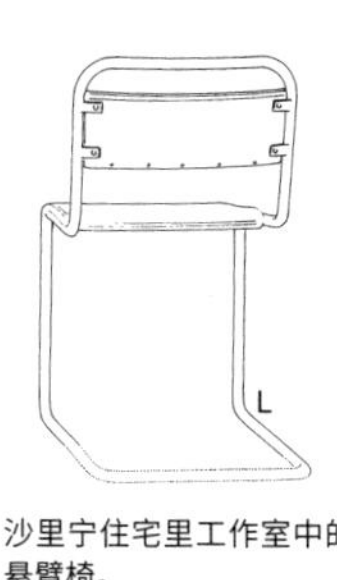

L

沙里宁住宅里工作室中的悬臂椅。
1941

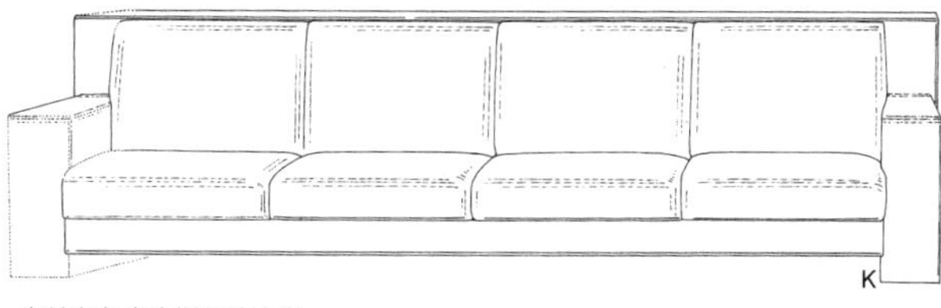

K

克兰布鲁克金斯伍德中学的音乐厅中的沙发。可能是沙里宁的作品。
1940

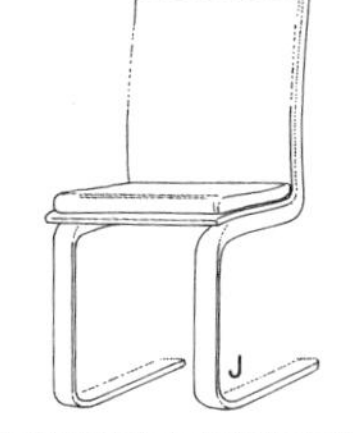

J

克兰布鲁克金斯伍德中学的图书馆中的椅子。应该是沙里宁的作品。
1940

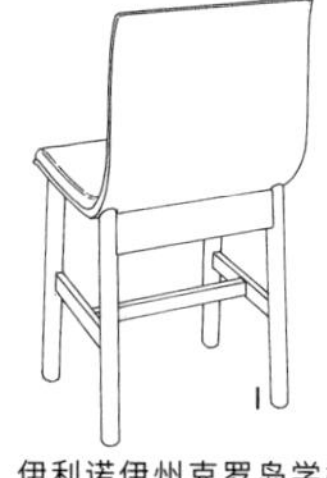

I

伊利诺伊州克罗岛学校使用的学生用椅。可能是沙里宁的作品。
1939

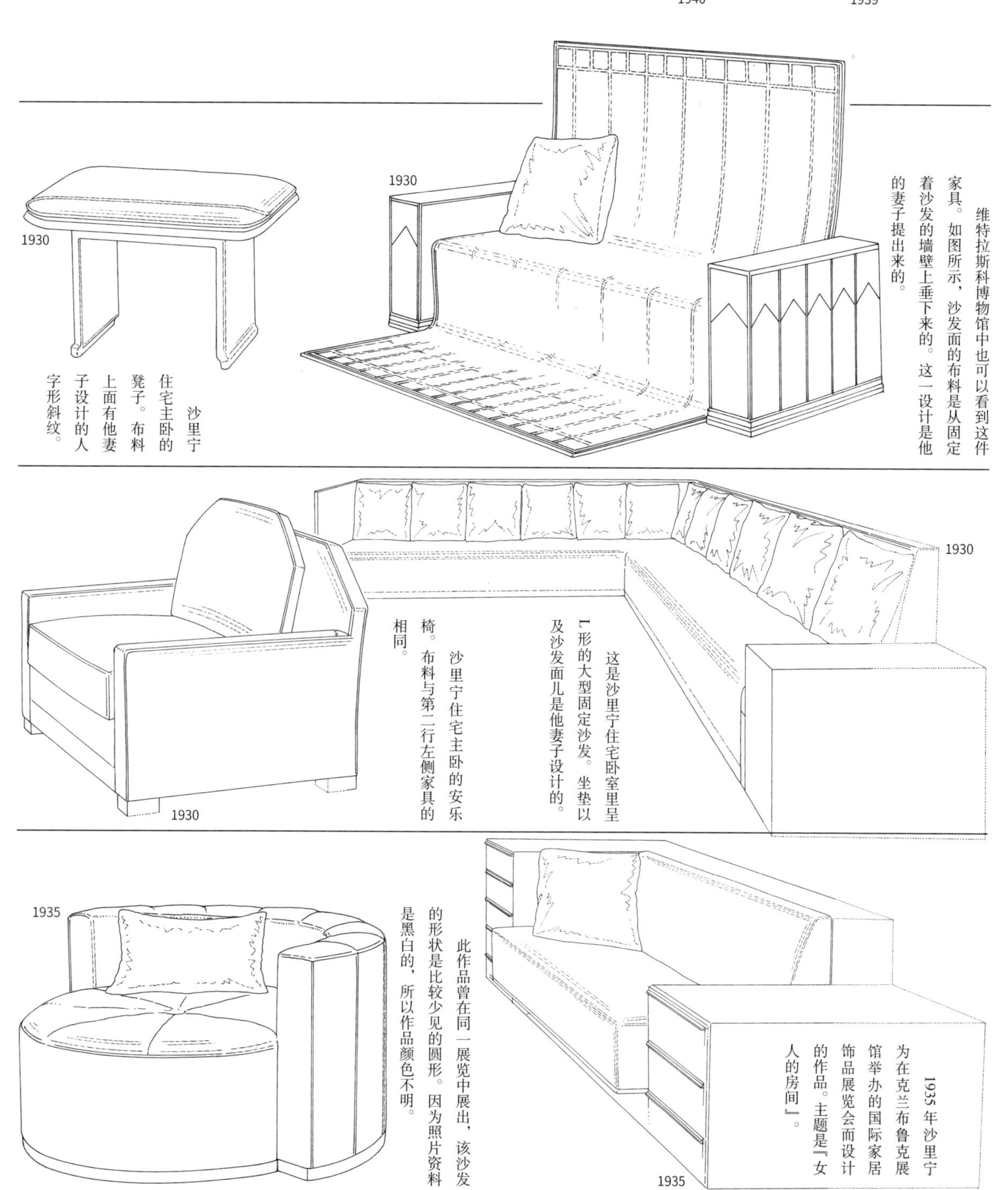

1930

沙里宁住宅主卧的凳子。布料上面有他妻子设计的人字形斜纹。

1930

维特拉斯科博物馆中也可以看到这件家具。如图所示，沙发面的布料是从固定着沙发的墙壁上垂下来的。这一设计是他的妻子提出来的。

1930

沙里宁住宅主卧的安乐椅。布料与第二行左侧家具的相同。

1930

这是沙里宁住宅卧室里呈L形的大型固定沙发。坐垫以及沙发面儿是他妻子设计的。

1935

此作品曾在同一展览中展出，该沙发的形状是比较少见的圆形。因为照片资料是黑白的，所以作品颜色不明。

1935

1935年沙里宁为在克兰布鲁克展馆举办的国际家居饰品展览会而设计的作品。主题是『女人的房间』。

1878—1976

艾琳·格瑞

艾琳·格瑞于1878年出生在爱尔兰韦克斯福德的一个贵族家庭，是家里最小的女儿。1901年进入伦敦的斯莱德艺术学院。后因1900年同母亲一起去巴黎时对巴黎产生了浓厚的兴趣，而于1902年进入巴黎的科拉荷西学院学习，但是很快又到朱利安学院学习绘画。之后对装饰美术领域充满了兴趣，从各样美术、设计运动中汲取精华。其中主要有工艺美术运动、荷兰风格派、俄国构成主义和维也纳派等。这些运动带来了将建筑和家具相融合的伟大构想，极大地拓展了她在建筑以及『装饰艺术风格』的家居设计之路。

之后，回到伦敦的她开始了解『漆』的世界，并将之投入到自己的设计当中。在此期间，也就是1900年，她与远渡而来参加巴黎世博会的日本人菅原精造（岩手县·净法寺出身）结识。这一契机让她走上了漆艺术家之路。

一直到去世之前，她都在源源不断地吸收着那些能够激发自己灵感的事物，孜孜不倦地创作了许多富有创意的作品。

其中许多作品都被世界范围的多家公司制作生产过。

『塞壬（妖女）之椅』，黑色漆面的扶手椅。靠背处刻着魔女和海马图案。为法国香颂歌手达米安设计的作品。

1913

『独木舟躺椅』，资料中仅记载了这一样设计，但实际上这只是三种设计之一。作品外部涂有龟壳茶色漆，内侧是银制的，非常豪华。现存两种类型。

1919

『蛇形椅』，喷涂有黄色与红色涂漆。扶手设计成蛇抬头的造型。马修·列维夫人的私人公寓中的物品。现被伊夫·圣·洛朗收藏。

1920?

这件作品是坐卧两用长椅，也有两种类型，框架和腿部有雕刻。被喷涂为橘色和栗色并搭配有银饰。

1920

上面的作品是艾琳·格瑞私人公寓里的凳子，下面的是由筒·德泽尔商店帮她制造并销售的凳子。她设计过很多这样的凳子。

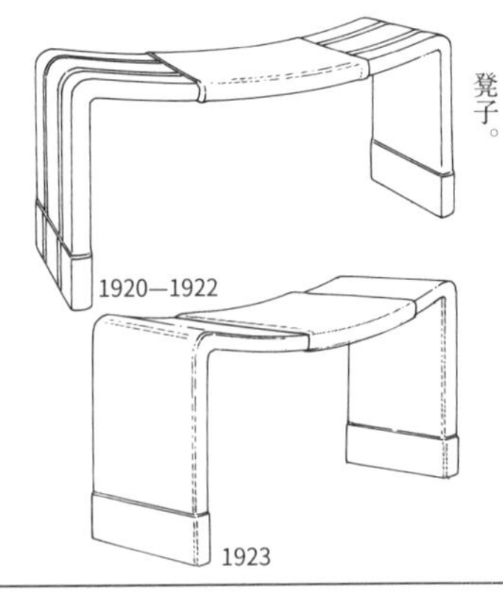

1920—1922

1923

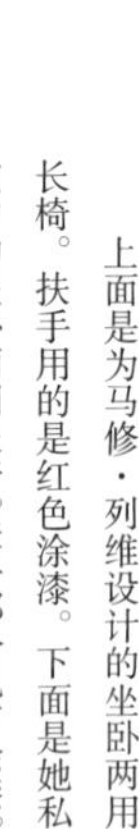

上面是为马修·列维设计的坐卧两用长椅。扶手用的是红色涂漆。下面是她私宅中的坐卧两用长椅。扶手部分也有涂漆。和上面的作品是成套设计的。

1923

1924

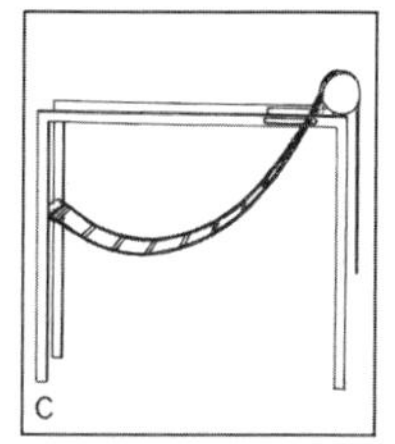

这件作品椅背的处理方式与甲板躺椅相似。保罗·巴鲁格和米雷里维埃的合作之作“银胡子扶手椅”。椅子靠背部分加装了工业链条。
1986

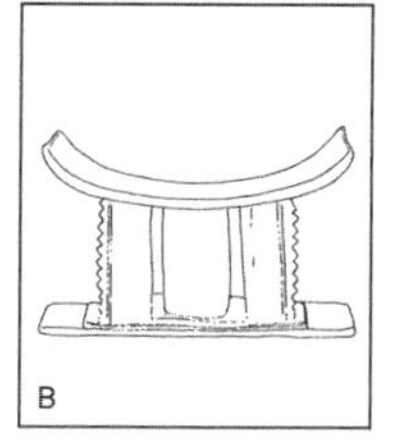

此作品在那个时代除了艾琳·格瑞以外还有许多优秀作家设计了像这把凳子一样充满非洲原始设计感的作品。在她设计的凳子以及作品“独木舟躺椅”中可见其影响。

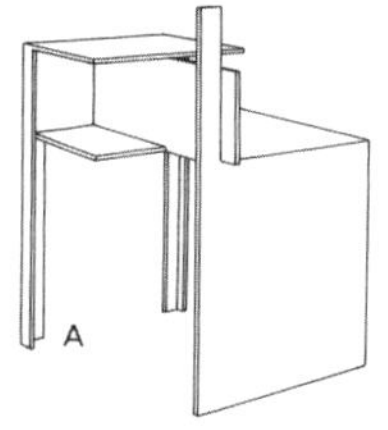

这张桌子很明显受到了荷兰风格派的格里特·托马斯·里特维尔德的影响。
1922

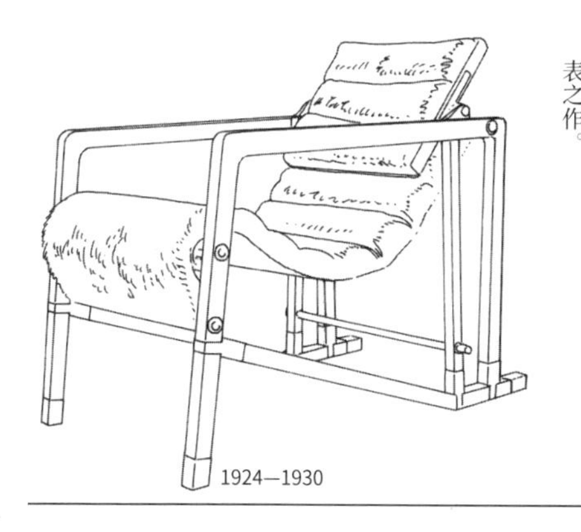
1924—1930

这件作品名为『甲板躺椅』放置在艾琳·格瑞的海边之家『E1027』中。作品是她的建筑与家具相结合的构想的代表之作。

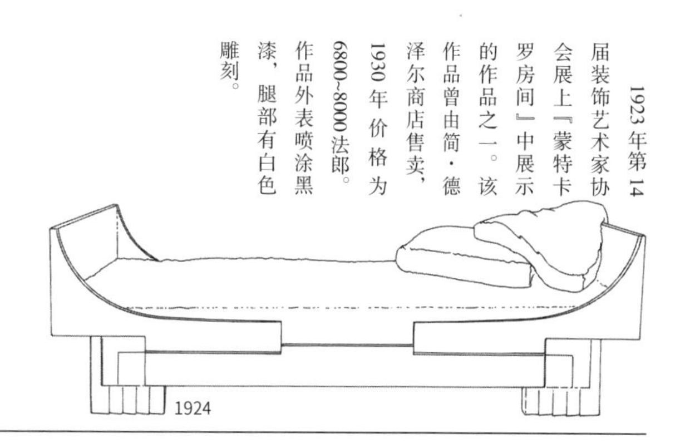
1924

1923年第14届装饰艺术家协会展上『蒙特卡罗房间』中展示的作品之一。该作品曾由简·德泽尔商店售卖，1930年价格为6800~8000法郎。作品外表喷涂黑漆，腿部有白色雕刻。

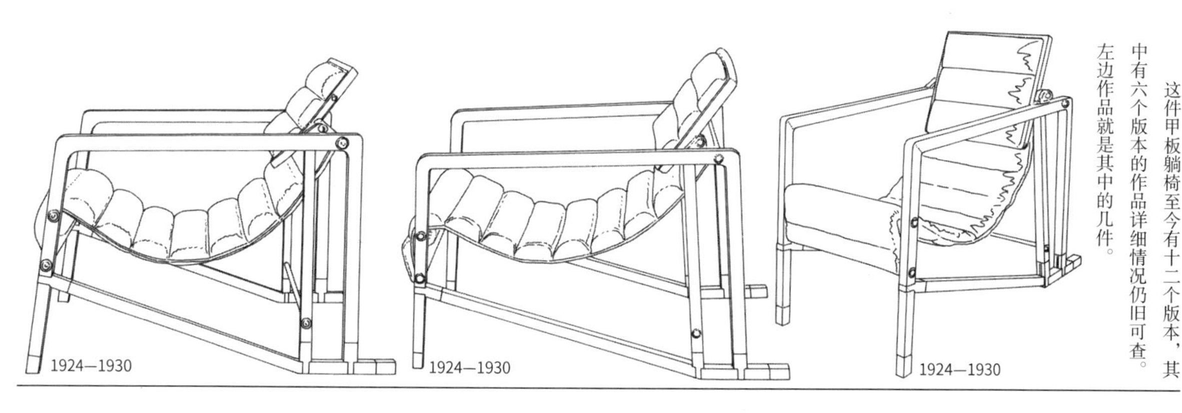
1924—1930　1924—1930　1924—1930

这件甲板躺椅至今有十二个版本，其中有六个版本的作品详细情况仍旧可查。左边作品就是其中的几件。

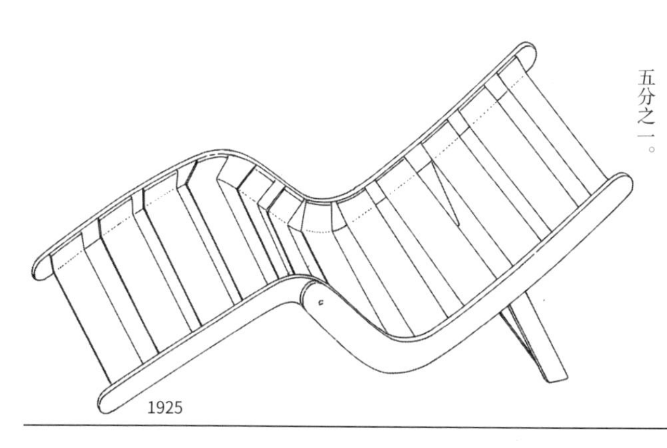
1925

这件作品模型的设计原型是1926—1928年生产出来的阳台椅，图中模型的材质为硬纸板。大小是实物的六分之一到五分之一。

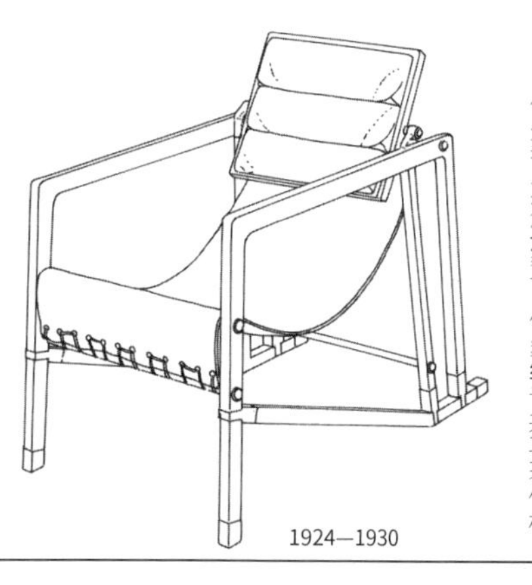
1924—1930

虽然她设计过各种版本的甲板躺椅，但是都与建筑家让·伯多维奇共享著作权。

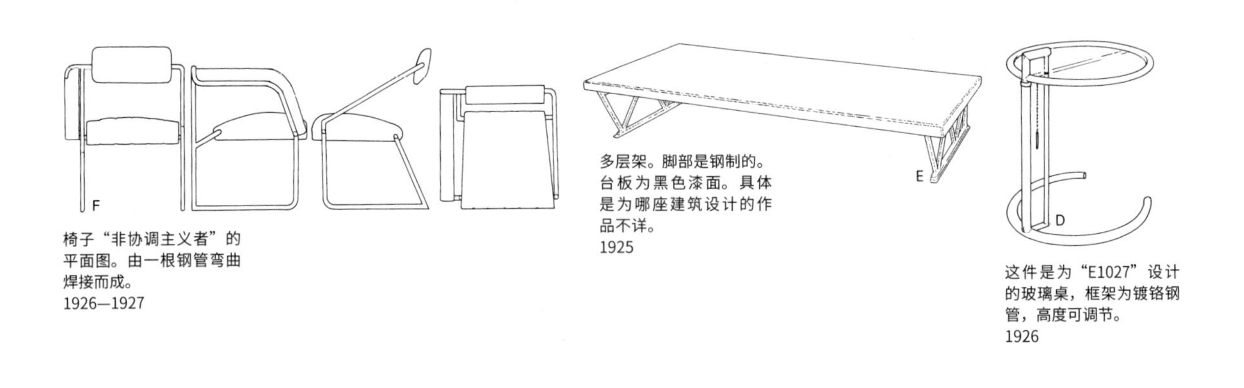

椅子“非协调主义者”的平面图。由一根钢管弯曲焊接而成。
1926—1927

多层架。脚部是钢制的。台板为黑色漆面。具体是为哪座建筑设计的作品不详。
1925

这件是为“E1027”设计的玻璃桌，框架为镀铬钢管，高度可调节。
1926

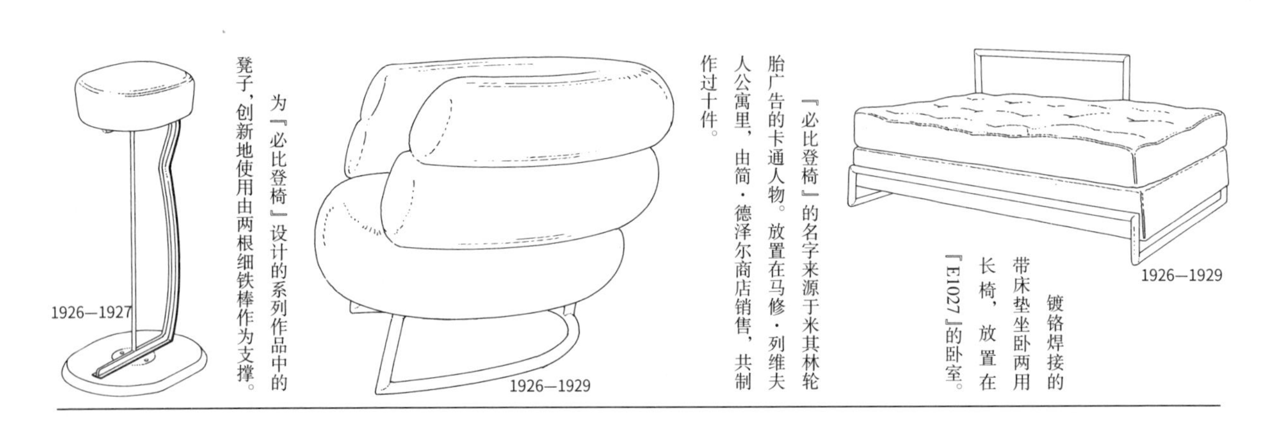

镀铬焊接的带床垫坐卧两用长椅，放置在『E1027』的卧室。
1926—1929

『必比登椅』的名字来源于米其林轮胎广告的卡通人物。放置在马修·列维夫人公寓里，由简·德泽尔商店销售，共制作过十件。
1926—1929

为『必比登椅』设计的系列作品中的凳子，创新地使用由两根细铁棒作为支撑。
1926—1927

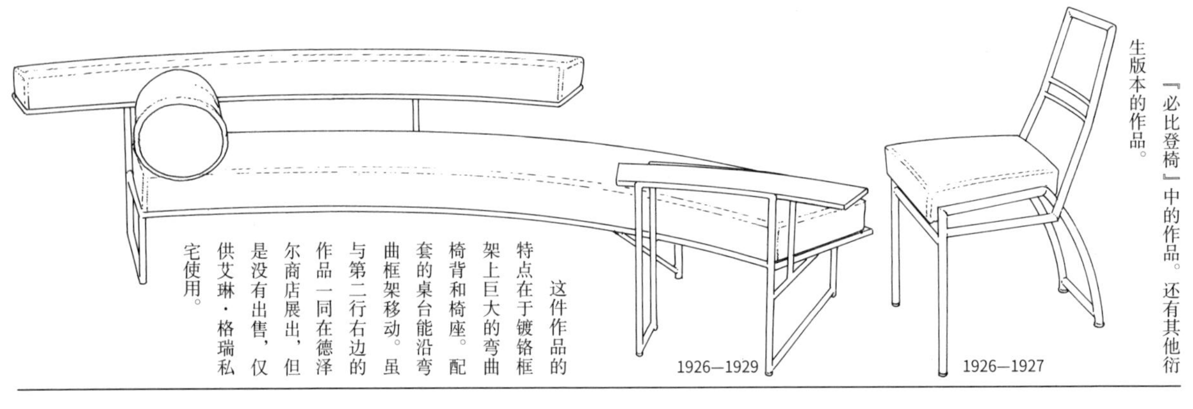

『必比登椅』中的作品。还有其他衍生版本的作品。
1926—1927

这件作品的特点在于镀铬框架上巨大的弯曲椅背和椅座。配套的桌台能沿弯曲框架移动。虽与第二行右边的作品一同在德泽尔商店展出，但是没有出售，仅供艾琳·格瑞私宅使用。
1926—1929

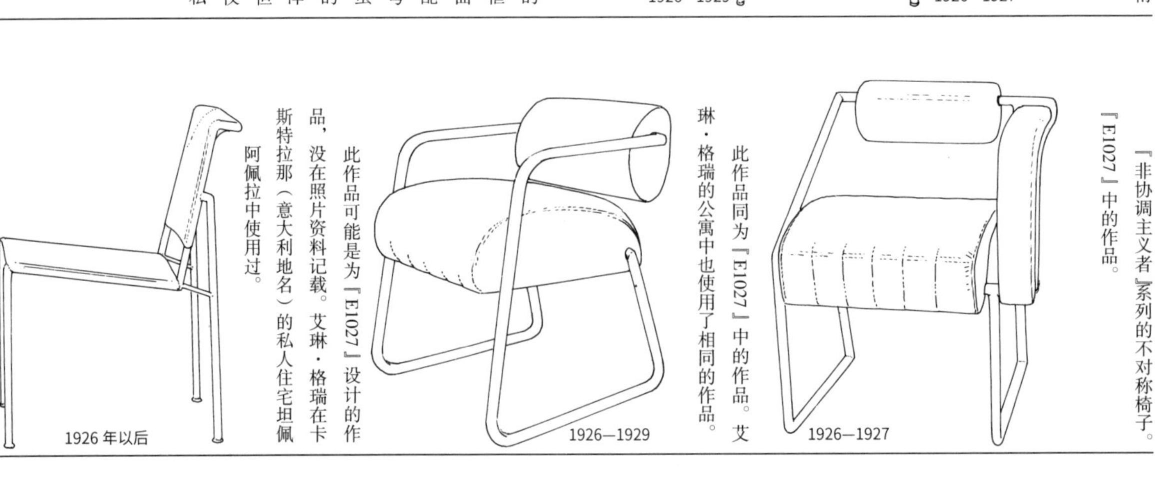

『非协调主义者』系列的不对称椅子。『E1027』中的作品。
1926—1927

此作品同为『E1027』中的作品。艾琳·格瑞的公寓中也使用了相同的作品。
1926—1929

此作品可能是为『E1027』设计的作品，没在照片资料记载。艾琳·格瑞在卡斯特拉那（意大利地名）的私人住宅坦佩阿佩拉中使用过。
1926 年以后

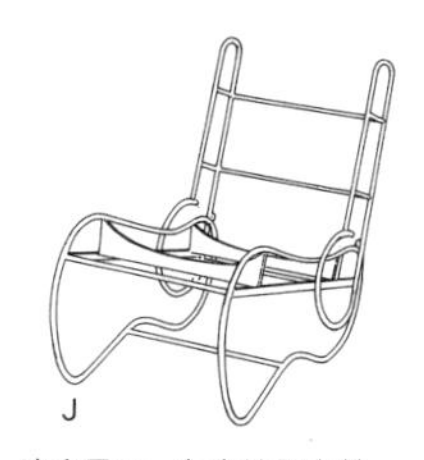

J

这个是下一行左边阳台椅的框架，细节上看起来有些不同。
1928—1935

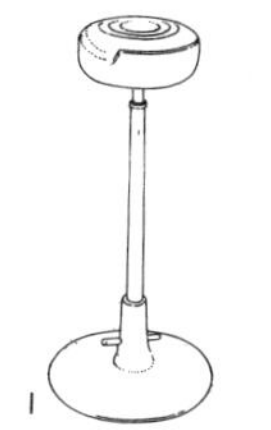

I

“E1027” 洗漱间的凳子。基座部分细节不详。
1926—1928

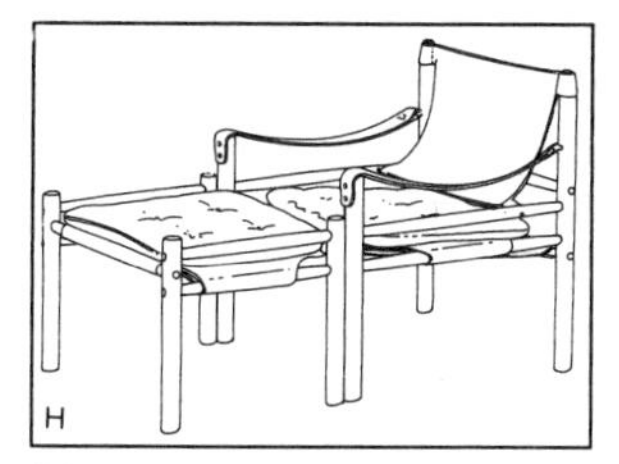

H

瑞典设计师阿恩·诺尔设计的游猎椅。这件作品结构也与艾琳格瑞的作品相似。设计年份不详

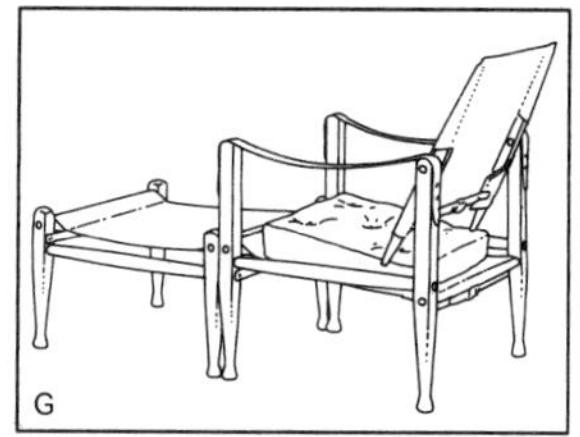

G

丹麦的凯尔·柯林特设计的游猎椅。构造上与艾琳·格瑞的作品有相似之处。
1933

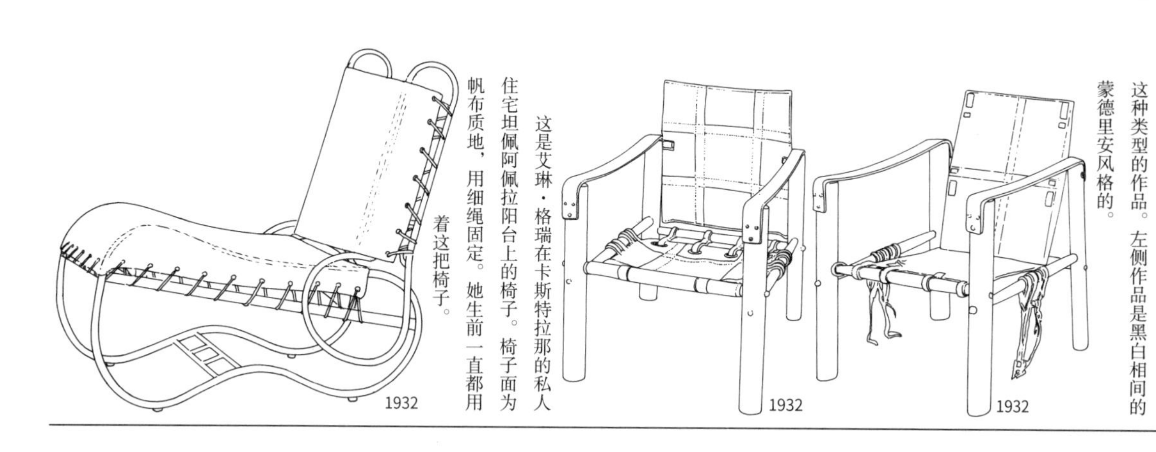

1932　1932　1932

这两件作品都是可拆卸结构。同一时期的丹麦设计师凯尔·柯林特也曾发表过这种类型的作品。左侧作品是黑白相间的蒙德里安风格的。

这是艾琳·格瑞在卡斯特拉那的私人住宅坦佩阿佩拉阳台上的椅子。椅子面为帆布质地，用细绳固定。她生前一直都用着这把椅子。

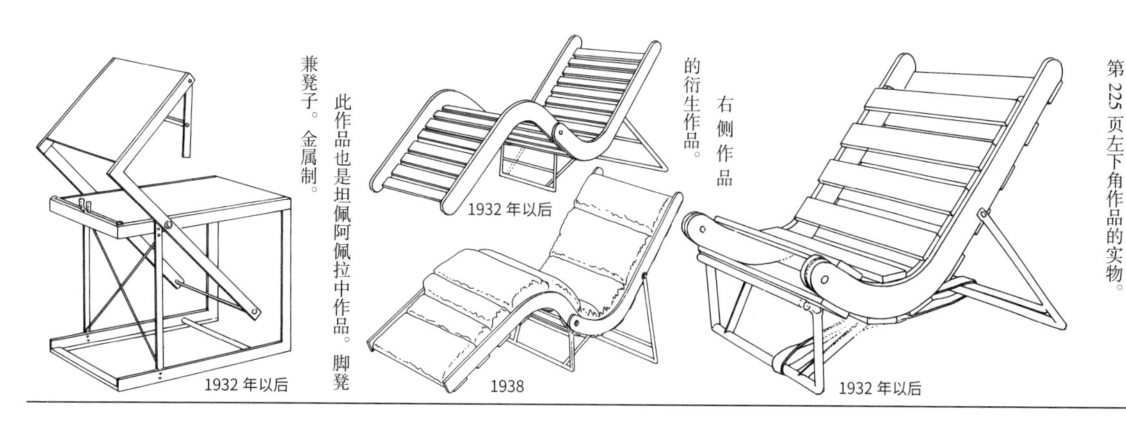

1932 年以后　1932 年以后　1938

坦佩阿佩拉里用过的椅子。腿部为金属制，涂满黑漆，并用带子固定。应该是第 225 页左下角作品的实物。

右侧作品的衍生作品。

此作品也是坦佩阿佩拉中作品。脚凳兼凳子。金属制。

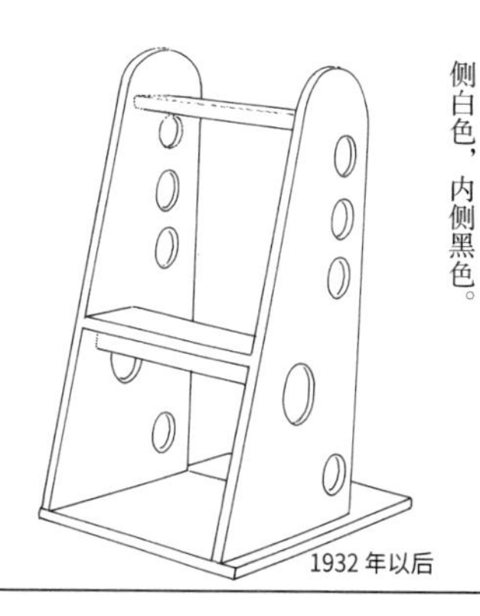

1932 年以后

此作品与第三行左侧作品同是坦佩阿佩拉中的作品，毛巾架兼脚凳兼凳子。外侧白色，内侧黑色。

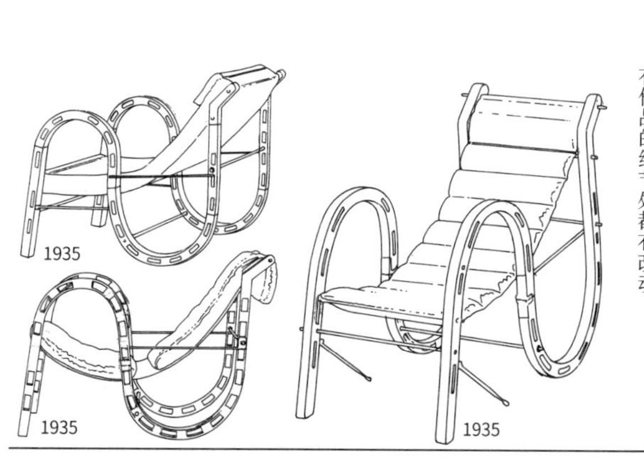

1935　1935　1935

左侧作品都是『S形躺椅』的系列作品。框架应该是胶合板材料。为了使框架弯曲，外部使用薄胶合板夹住实木。三件作品相似但是细节处理不同。她几乎在所有作品的细节处都有改动。

1879—1933

雅克-埃米尔·鲁尔曼

第1小节
装饰艺术时代

新艺术运动兴起是在19世纪末至20世纪初，装饰艺术运动最先于20世纪20年代至30年代在法国流行起来，之后风靡整个世界，是以几何图案为主题的艺术形式。后者名字来源于1925年在巴黎世博会的主题『装饰艺术与现代工业』，在日本也被叫作『1925年形式』。两个艺术运动的共同点是都对『装饰』持有肯定的态度。把评论从正面拉向反面的是阿道夫·路斯。他在1908年发表了一篇名为《装饰与罪恶》的批判性文章，这对之后的建筑学家和设计师有很大的影响。之后勒·柯布西耶在1925年出版的《今日的装饰艺术》一书中明确提出『现代装饰艺术就是不装饰』。正是因为支持和反对之声并存，才被称为『装饰艺术运动』。这以后装饰艺术风格的作品在近代前的历史中也站稳了脚跟。新艺术运动和装饰艺术运动中的作品功能性较弱，而且由于支持这些产品的大多是富贵阶层的人，所以两次运动都没有产生长久的影响。但是我们可以透过现今那个年代作品的复制品来窥探当时的设计形式。

这种X形交叉结构的凳子在古埃及时期已经出现过了。而且这种折叠结构的技术非常成熟。之后虽然也出现了许多同类型的凳子，但是不知为何，装饰艺术时期的作品都是固定式的凳子。

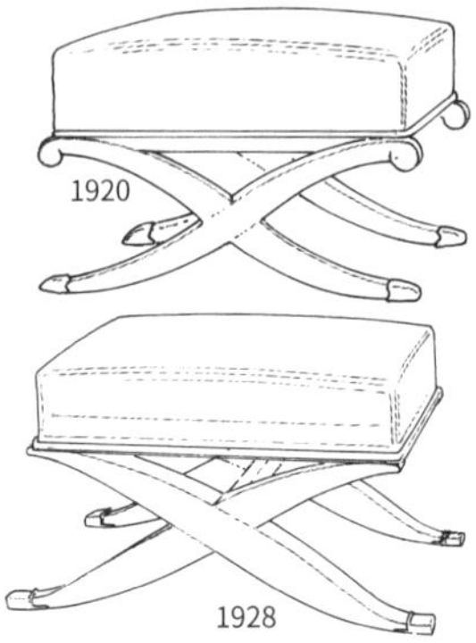

1920

1928

名为『皮革盛宴』的革质长凳，具有装饰艺术风格的特征，但又以几何图形为主题，是直线与曲线相结合的典型作品。使用了孟加锡黑檀（印度黑檀）以及摩洛哥皮革（鞣过的山羊皮），极其奢华。里面的填充材质不详。整理编号是110。

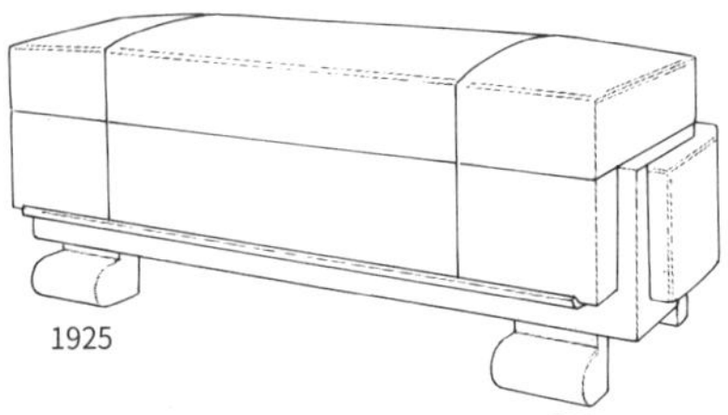

1925

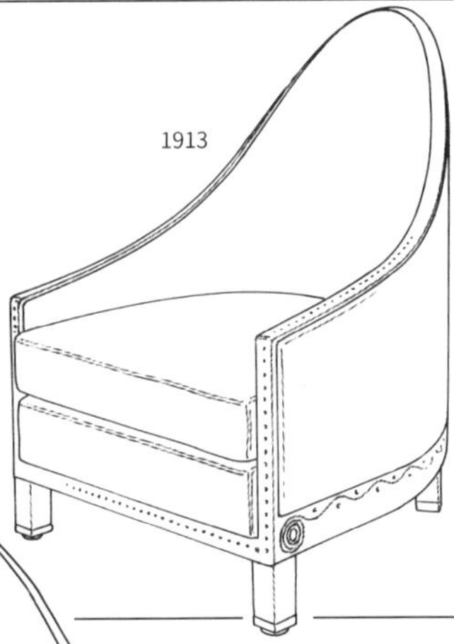

这里介绍的两件作品都非常相似，只有细节处稍有不同。右侧的作品是纽约家具收藏家巴里·弗里德曼的藏品（后来好像他把家具藏品都卖掉了）。从装饰部分来看可以联想到科罗曼·穆塞尔的维也纳风格以及古斯塔夫·克里姆特的设计思想。左侧少有装饰，风格简约。

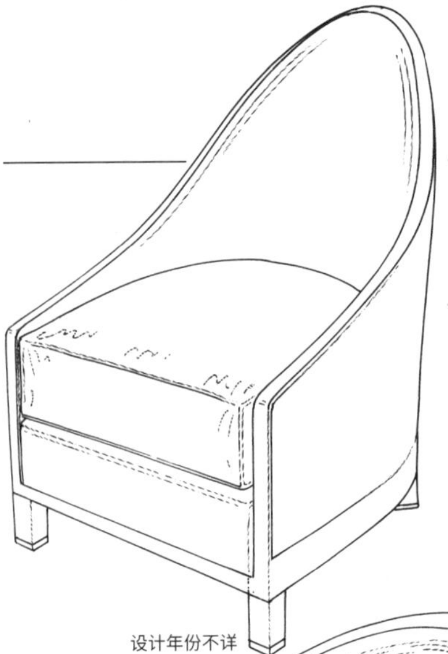

1913

设计年份不详

此作品很可能与第三行左侧模型的设计相同。这些作品都有大头钉装饰，包括坐垫在内整件作品设计比例几乎是相同的。因为在当时这些作品基本都是定做的，所以很多都很相似。

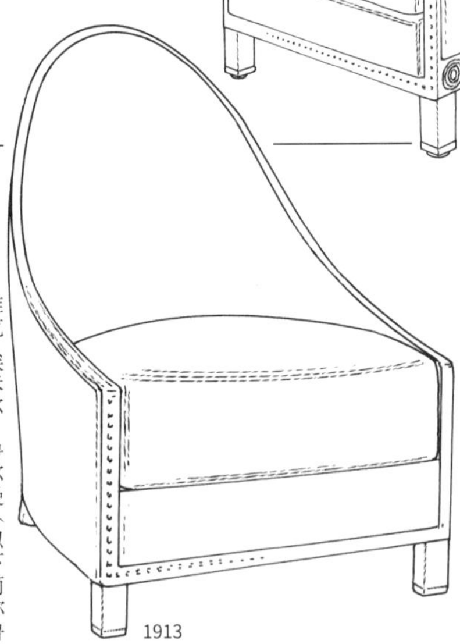

雅克-埃米尔·鲁尔曼（以下简称鲁尔曼）留下了许多的设计草图，精确度和可行性都是值得肯定的，相信这些可以制作成成品。和下一页的沙发作品有相似之处，值得注意。

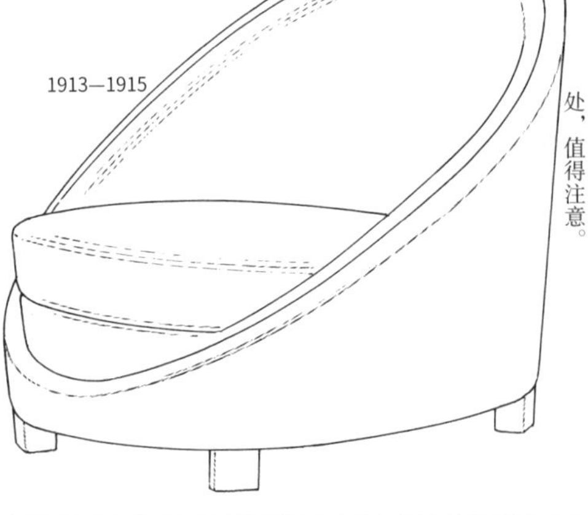

1913—1915

1913

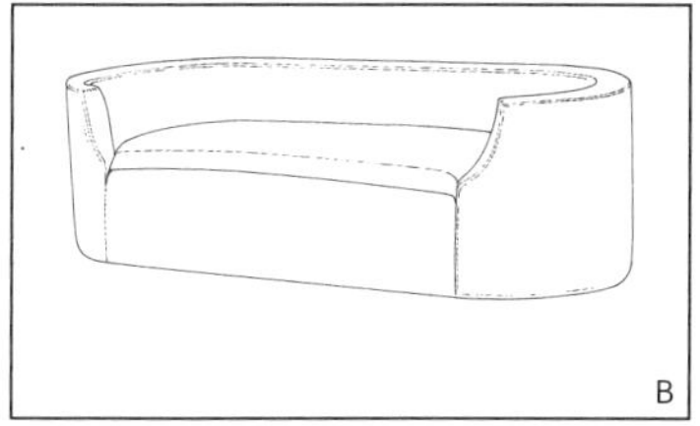

这件是法国装饰艺术界重要的成员之一——皮尔瑞·查里奥的作品。图中的沙发十分有名，曾放在皮尔瑞·查里奥为戴乐斯夫妇设计的“玻璃之家”中。
1928—1932

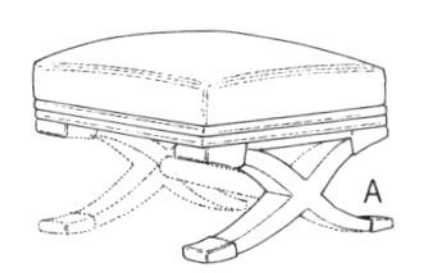

上一页右上角的两把凳子的衍生作品。X形椅子轴的横木部分不详。
1928—1932

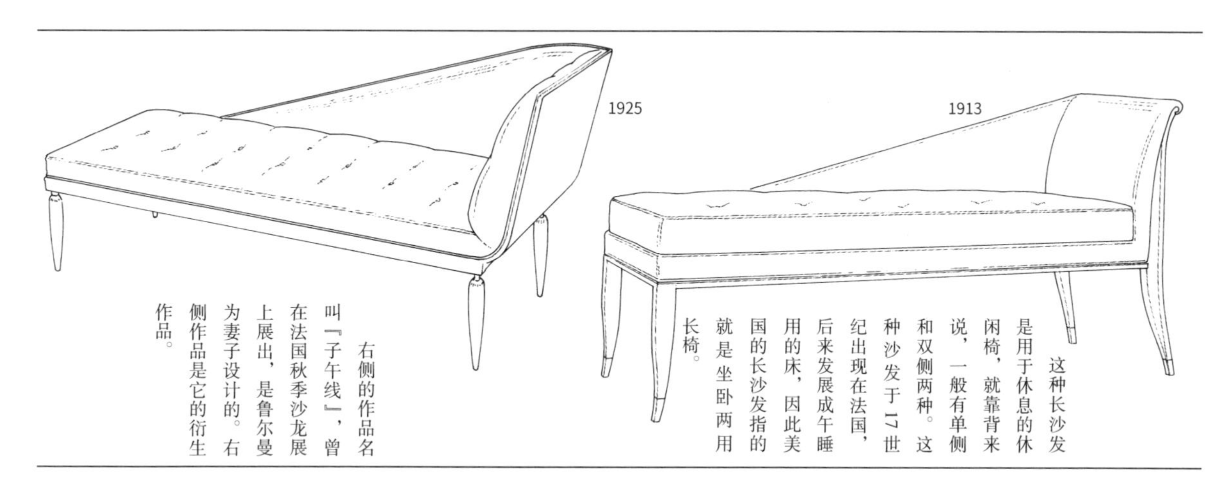

1925

1913

右侧的作品名叫『子午线』，曾在法国秋季沙龙展上展出，是鲁尔曼为妻子设计的。右侧作品是它的衍生作品。

这种长沙发是用于休息的休闲椅，就靠背来说，一般有单侧和双侧两种。这种沙发于17世纪出现在法国，后来发展成午睡用的床，因此美国的长沙发指的就是坐卧两用长椅。

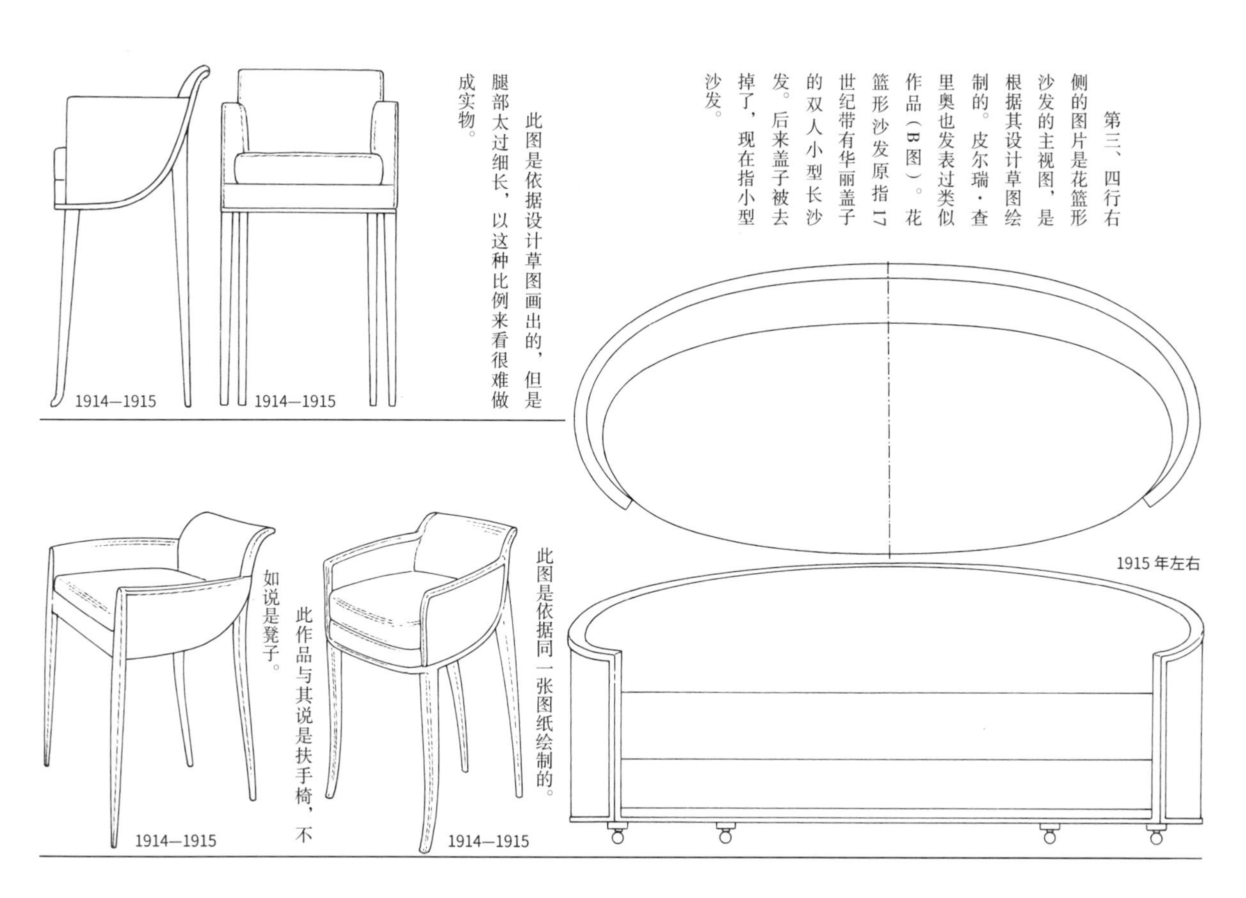

第三、四行右侧的图片是花篮形沙发的主视图，是根据其设计草图绘制的。皮尔瑞·查里奥也发表过类似作品（B图）。花篮形沙发原指17世纪带有华丽盖子的双人小型长沙发。后来盖子被去掉了，现在指小型沙发。

此图是依据设计草图画出的，但是腿部太过细长，以这种比例来看很难做成实物。

1914—1915

1914—1915

1915年左右

此图是依据同一张图纸绘制的。

此作品与其说是扶手椅，不如说是凳子。

1914—1915

1914—1915

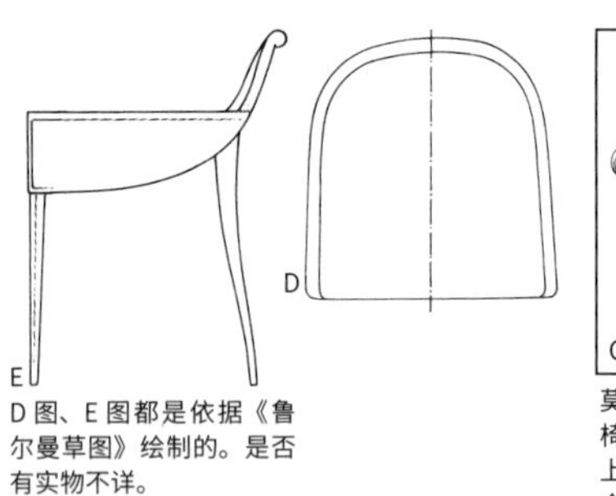

D 图、E 图都是依据《鲁尔曼草图》绘制的。是否有实物不详。
1913—1915

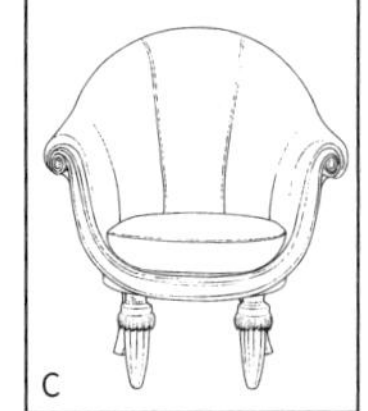

莫里斯•迪弗雷纳的单人椅。在苏富比的拍卖目录上是以鲁尔曼的作品进行介绍的，看来是失误。
1913

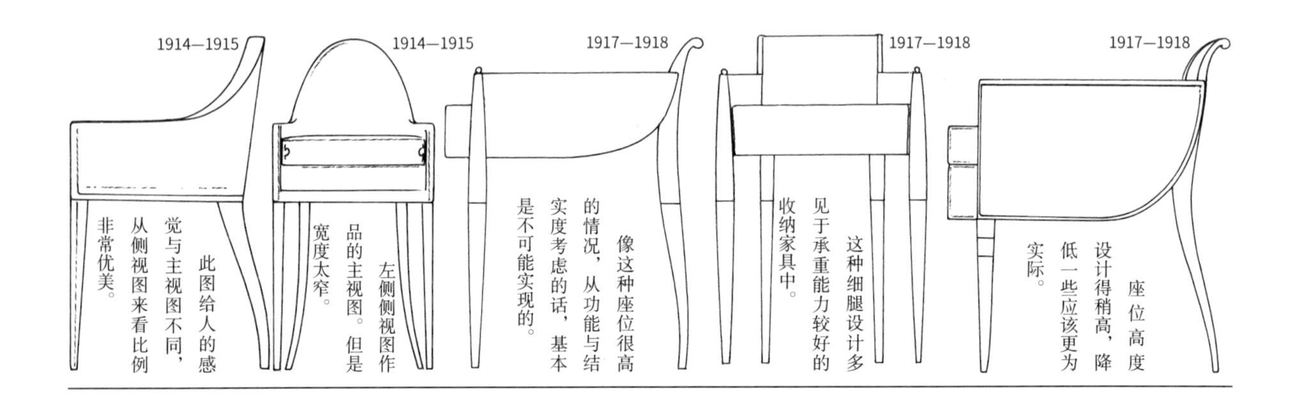

1914—1915
此图给人的感觉与主视图不同，从侧视图来看比例非常优美。

1914—1915
左侧侧视图作品的主视图。但是宽度太窄。

1917—1918
像这种座位很高的情况，从功能与结实度考虑的话，基本是不可能实现的。

1917—1918
这种细腿设计多见于承重能力较好的收纳家具中。

1917—1918
座位高度设计得稍高，降低一些应该更为实际。

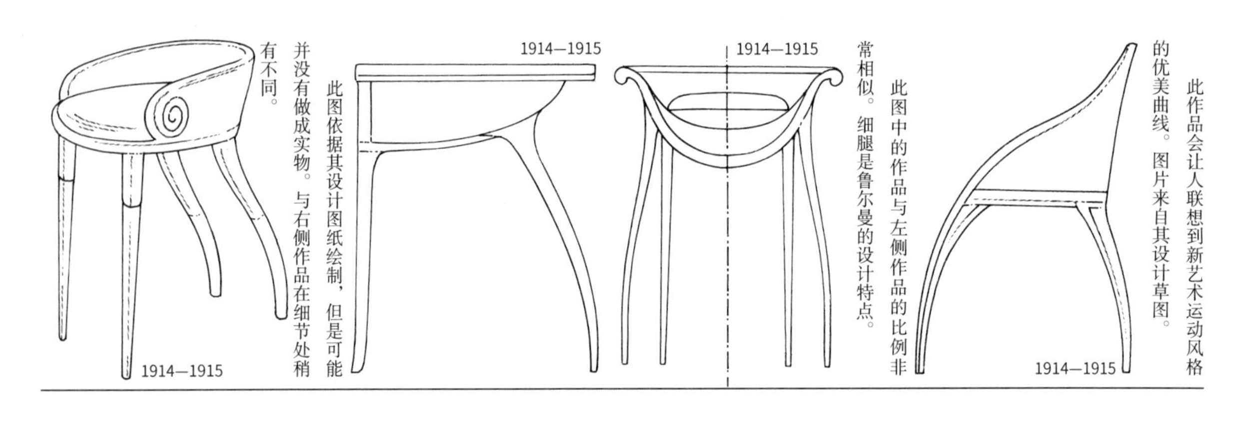

1914—1915
此图依据其设计图纸绘制，但是可能并没有做成实物。与右侧作品在细节处稍有不同。

1914—1915

1914—1915
此图中的作品与左侧作品的比例非常相似。细腿是鲁尔曼的设计特点。

1914—1915
此作品会让人联想到新艺术运动风格的优美曲线。图片来自其设计草图。

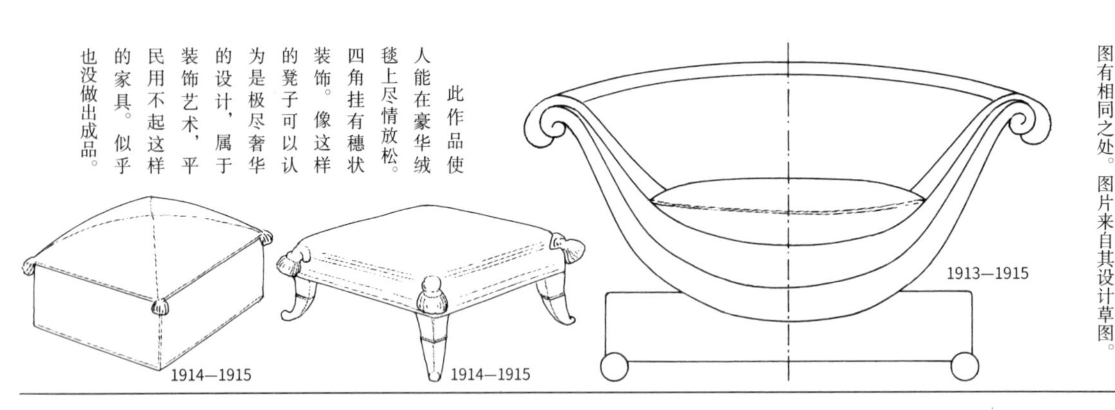

此作品使人能在豪华绒毯上尽情放松。四角挂有穗状装饰。像这样的凳子可以认为是极尽奢华的设计，属于装饰艺术，平民用不起这样的家具。似乎也没做出成品。

1914—1915

1914—1915

1913—1915
基座部分的设计在下一页最下边一行中也可以见到。扶手部分的细节设计与C图有相同之处。图片来自其设计草图。

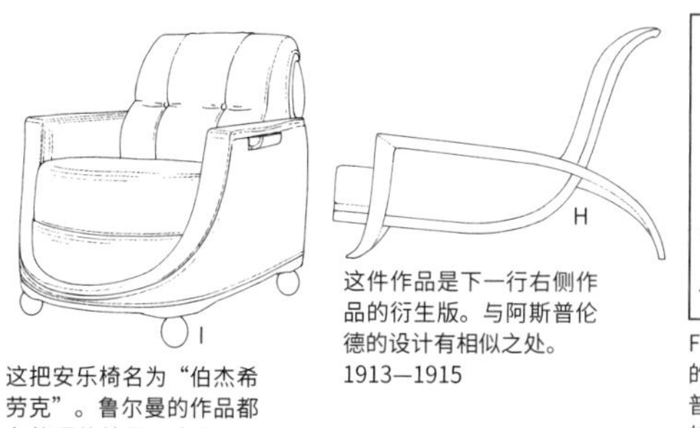

这把安乐椅名为“伯杰希劳克”。鲁尔曼的作品都有整理的编号。这是226号作品。
1928

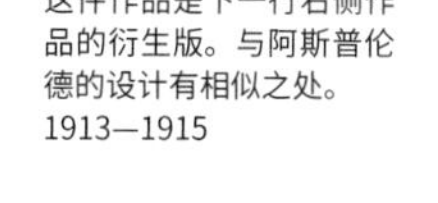

这件作品是下一行右侧作品的衍生版。与阿斯普伦德的设计有相似之处。
1913—1915

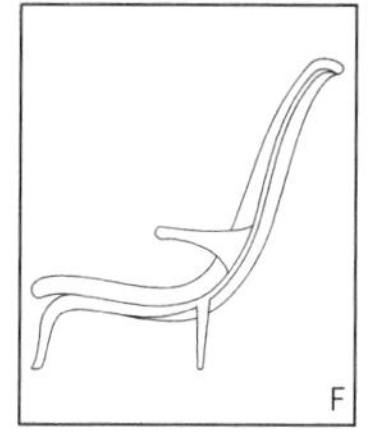

F图、G图都出自瑞典的艾瑞克·古纳尔·阿斯普伦德为“塞纳”设计的作品图纸。
1929

1924年，鲁尔曼将54张优秀的设计草图收录到《鲁尔曼草图》中并出版发行。其中有很多家具草图的精确度都很高，还兼有剖面图。

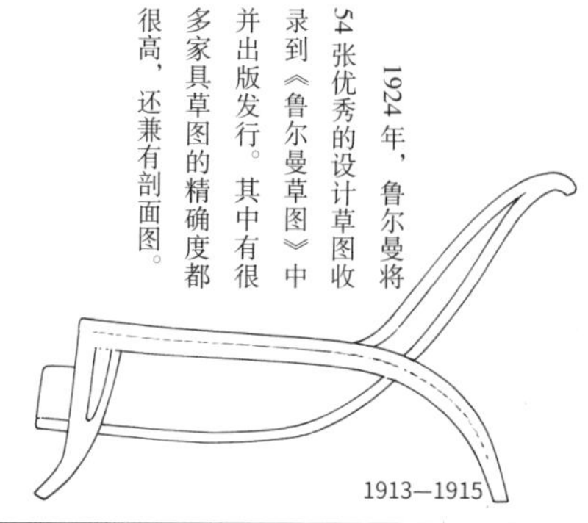

1913—1915

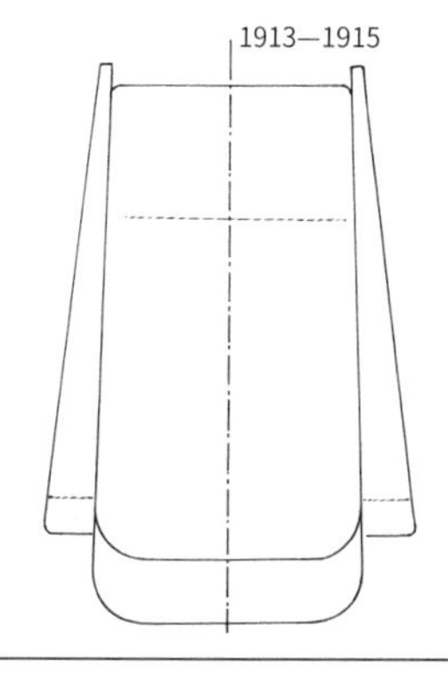

1913—1915

这件作品也出自《鲁尔曼草图》。遗憾的是可能并没有被做成实物，从结构来看应该是可以实现的。

1913—1915

此作品与最上一行左侧的作品非常相似。腿部可能是金属材质。这件作品也未做成成品。

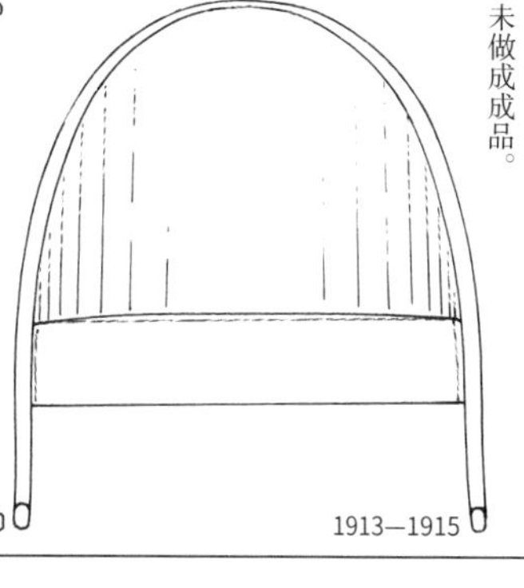

1913—1915

1913—1915

这件作品也来自设计草图，因为没有横木，从结构来说这把凳子是有问题的。可能是用来放置花盆的花台。

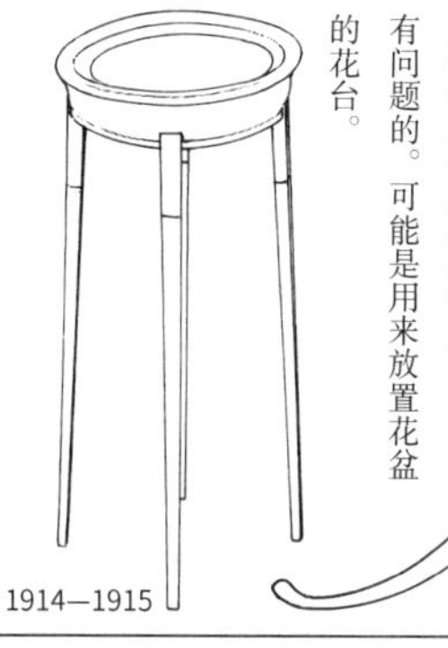

1914—1915

这件是成品模型。这种高脚凳在他的作品中非常罕见。与挂壁桌配套使用。

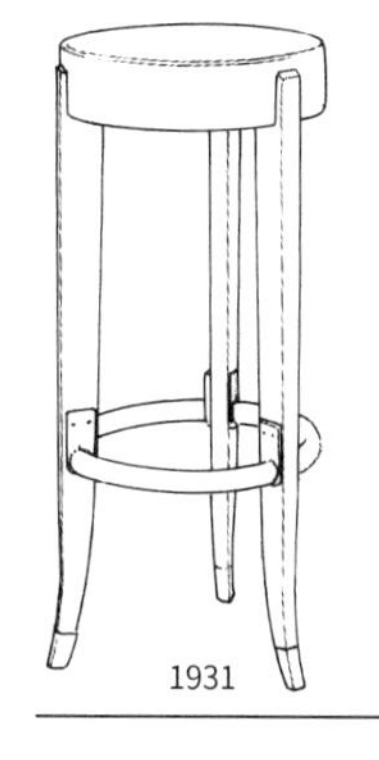

1931

此作品与前一页右下角的作品有相似之处。除了坐垫以外都有涂漆。可能是当时流行的涂漆。

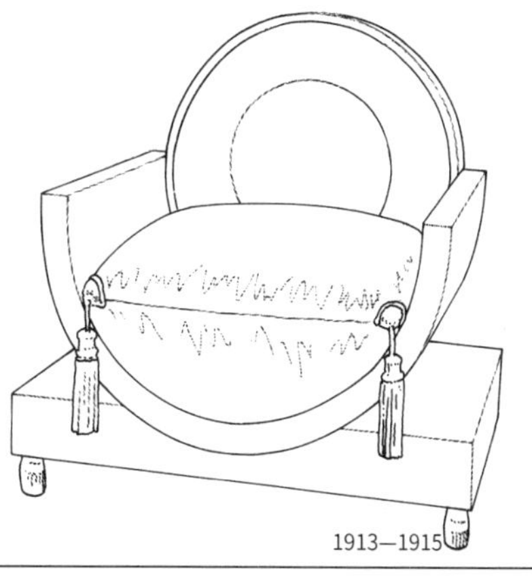

1913—1915

装饰艺术运动全盛时期，有许多如左侧作品这样带有基座的椅子。当时，把椅子腿部换成基座给人一种更加权威的感觉。该图是依据设计草图绘制的。

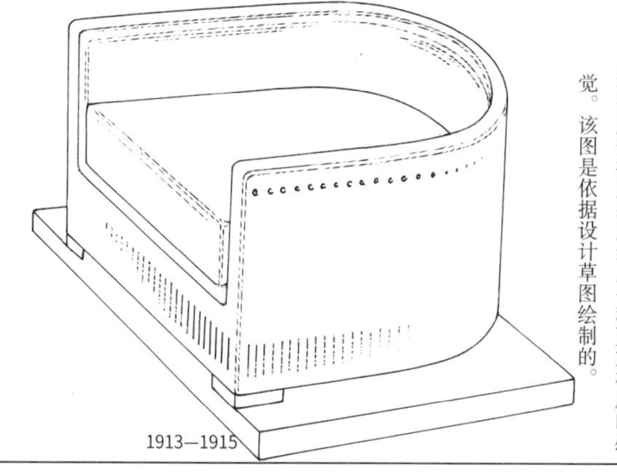

1913—1915

1879—1933

雅克–埃米尔·鲁尔曼

第 2 小节
奢华至极的家居

鲁尔曼于 1879 年出生在巴黎。1907 年，他接管了父亲的绘画和毛毯生意，并从事房屋粉刷（主要是室内涂装）生意，开始了自己的职业人生。1910 年（包括 1911 年）他受到了建筑家查尔斯·普鲁内的支持，并在雅克·杜塞、弗朗茨·乔丹、托尼·瑟鲁姆沙姆的帮助下举办了自己的首次展览会（可能是毛毯设计展览）。之后他把办公室从圣安娜市集广场大道搬到了摩妃儿街 10 号，并增加了设计镜子的业务。之后在里斯本街 27 号开了一家室内设计兼装潢店。对鲁尔曼来说，让他一举成名的就是 1913 年在巴黎举办的法国秋季沙龙展。他在圆形的展厅里展出了一间餐厅，里面摆放了各式各样的古典风格家具。这次展览会中他那些极尽奢华的家具成为热点，并且好评如潮。鲁尔曼受到技术上精巧绝伦的路易·菲利普的影响，其设计带有菲利普作品的优雅、优质的做工风格。

1924

这把安乐椅的图纸是彩色的，虚线部分图纸有损毁，详细设计不详。这张图是通过想象还原的，是否制成成品不明。

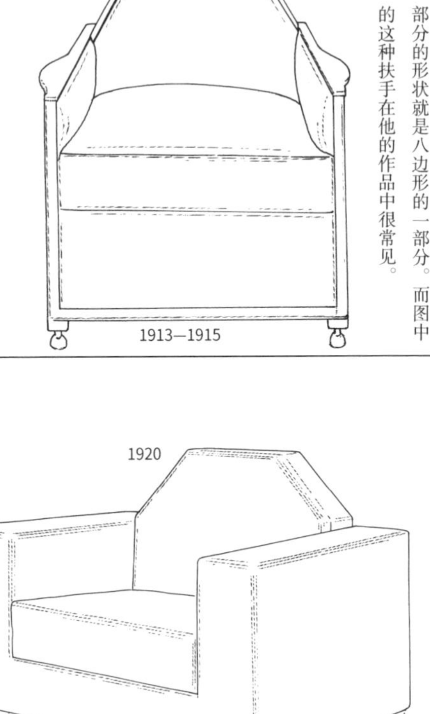

1913—1915

此作品具有装饰艺术运动的特点。这一系列作品以几何形状为主题，呈八边形设计，图中作品也是其中之一。比如靠背部分的形状就是八边形的一部分。而图中的这种扶手在他的作品中很常见。

1920

此作品是以八边形的一部分为主题的八边形系列作品。可能是与让·杜南一起设计的作品。

1917

装饰艺术风格的家具中有很多是以非洲原始设计以及古埃及、古希腊、古罗马等古代象征着权威的家具设计为主题的。这把躺椅可能也是其中之一。之后也出现过相同的设计。

1920

在那个时代，船形的躺椅很常见。此作品和 D 图作品很相似。

1923

这件躺椅的靠背部分也有垂饰。作为那个时代的作品，这件沙发样式稍显小气。

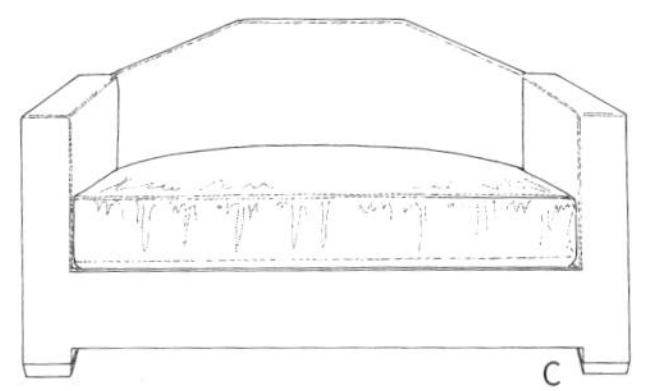

此作品名为“八边形”的沙发，其外形比例很有美感。
1915—1918

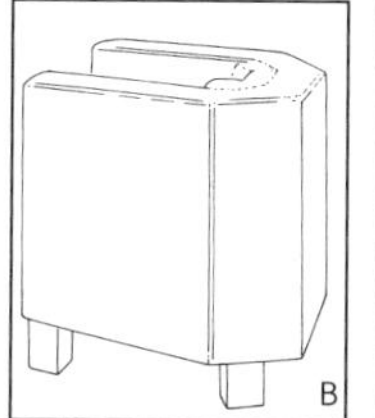

这也是霍夫曼的作品。这种方形的结构后来也成为装饰艺术风格的特征。
1912—1914

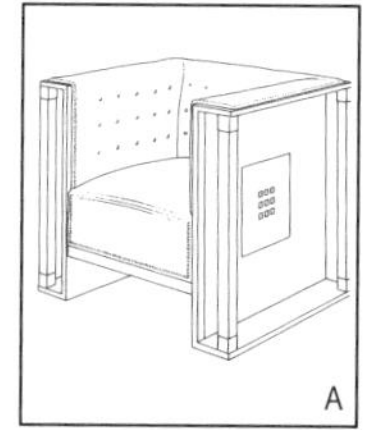

这是霍夫曼设计的俱乐部椅。作为维也纳“分离派”的主要成员，霍夫曼对装饰艺术运动的影响很大。
1903

1926—1927

此作品是为巴黎的杜莎赫姆酒店沙龙大厅设计的。该作品为嵌入式设计，两侧有壁龛。

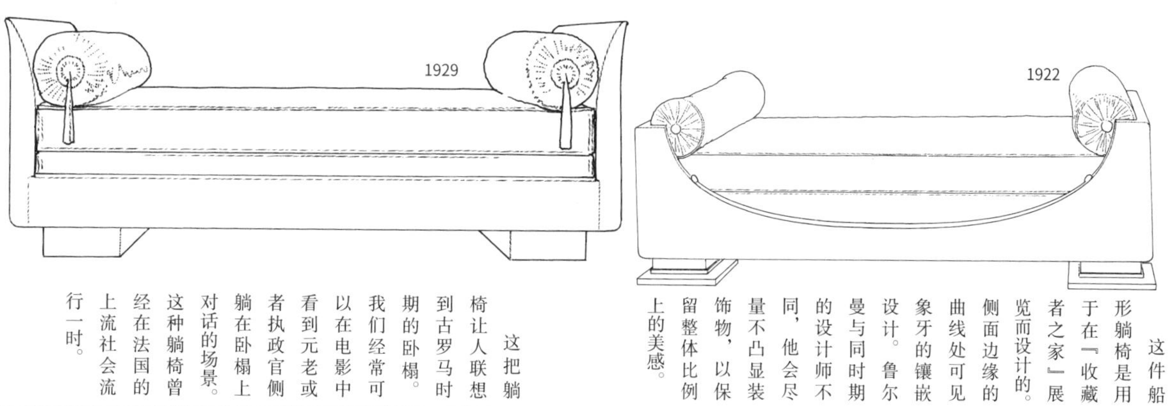

1929

这把躺椅让人联想到古罗马时期的卧榻。我们经常可以在电影中看到元老或者执政官侧躺在卧榻上对话的场景。这种躺椅曾经在法国的上流社会流行一时。

1922

这件船形躺椅是用于在『收藏者之家』展览而设计的。侧面边缘的曲线处可见象牙的镶嵌设计。鲁尔曼与同时期的设计师不同，他会尽量不凸显装饰物，以保留整体比例上的美感。

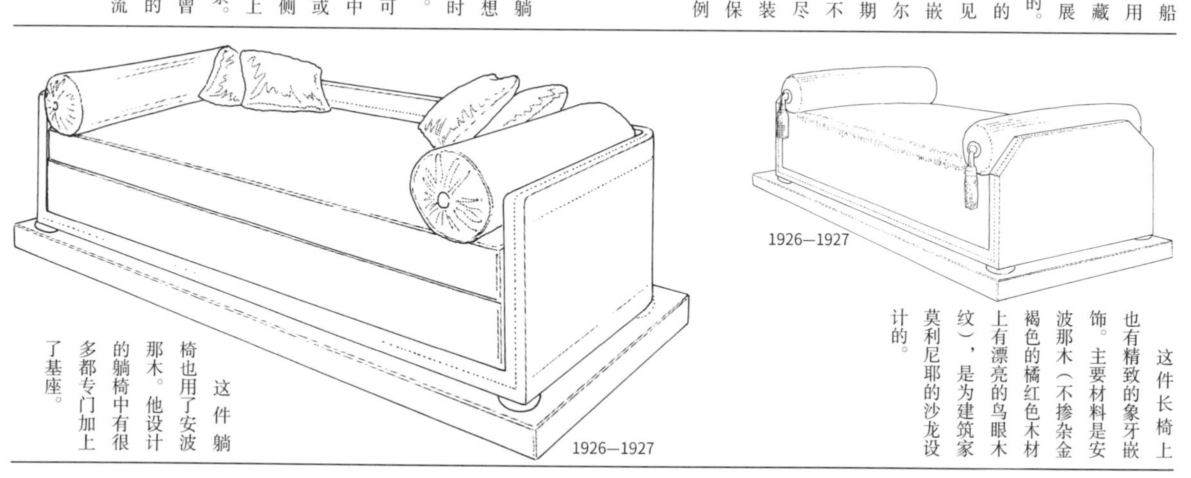

1926—1927

这件躺椅也用了安波那木。他设计的躺椅中有很多都专门加上了基座。

1926—1927

这件长椅上也有精致的象牙嵌饰。主要材料是安波那木（不掺杂金褐色的橘红色木材上有漂亮的鸟眼木纹），是为建筑家莫利尼耶的沙龙设计的。

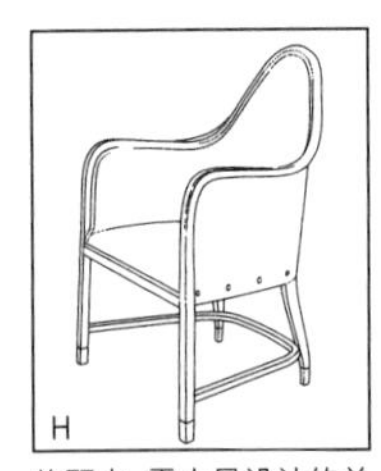

约瑟夫·霍夫曼设计的单人椅。他对装饰艺术风格的设计师产生了很大的影响。此作品应与底部的作品对比鉴赏。
1901

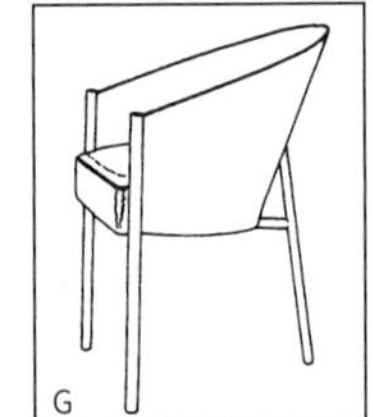

菲利普·斯达克的三脚椅子“考斯特”。向后靠时容易翻倒。
1985

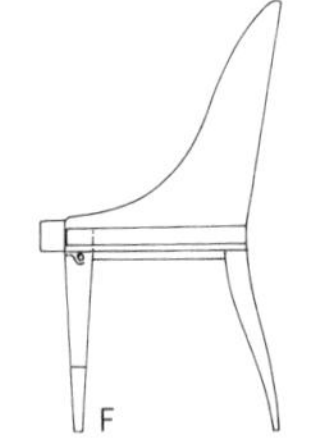

此作品也与右侧作品出自同一张设计草图。外形比例很有美感。
1919

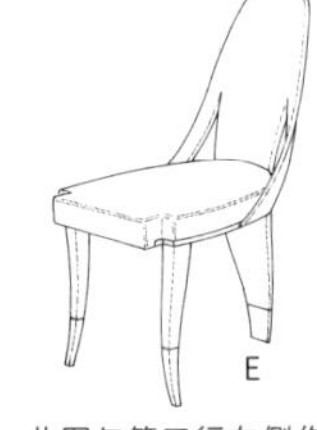

此图与第三行左侧作品来自同一张设计草图。
1919 年左右

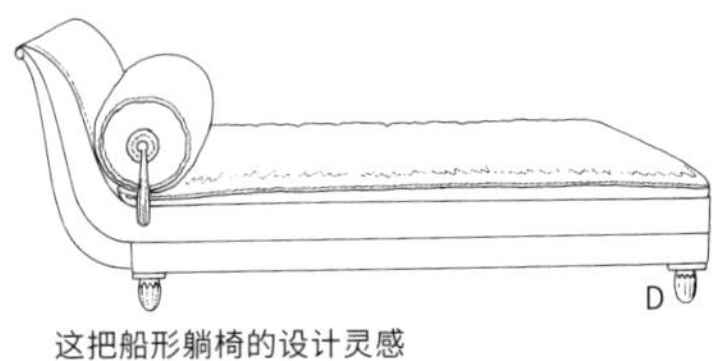

这把船形躺椅的设计灵感来源于雷加米埃夫人的躺椅，是第 232 页左下角的作品的衍生版。
1920—1922

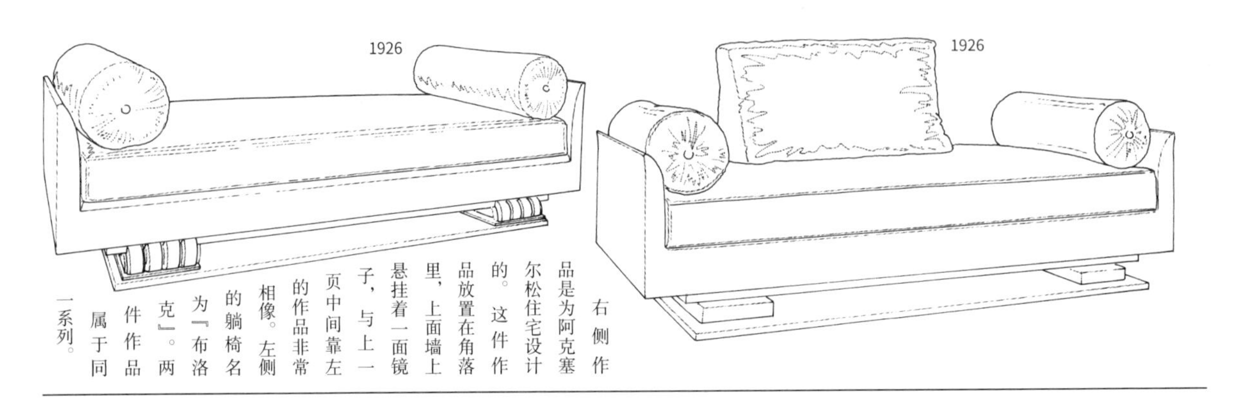

1926

1926

右侧作品是为阿克塞尔松住宅设计的。这件作品放置在角落里，上面墙上悬挂着一面镜子，与上一页中间靠左的作品非常相像。左侧的躺椅名为『布洛克』。两件作品属于同一系列。

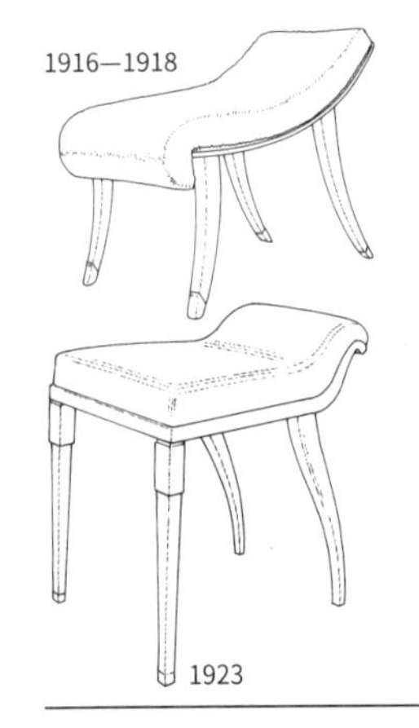

1916—1918

1923

大部分的凳子是没有方向的，无论从哪个方向都可以坐。但是这两把凳子的座上有一个边稍微有一点斜度，所以这两把凳子是有方向的。

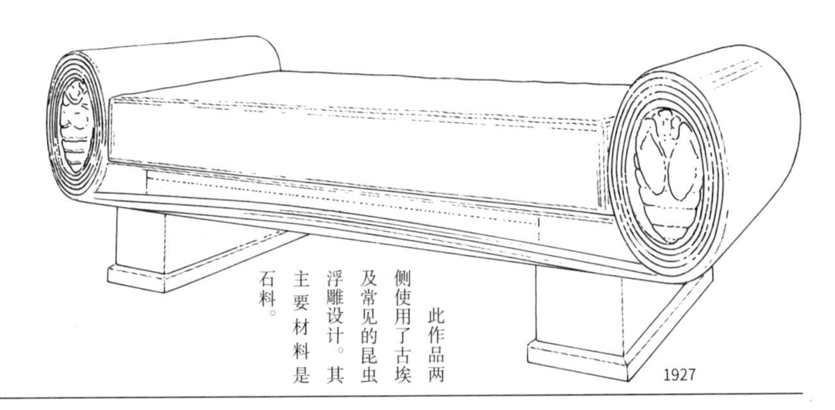

1927

此作品两侧使用了古埃及常见的昆虫浮雕设计。其主要材料是石料。

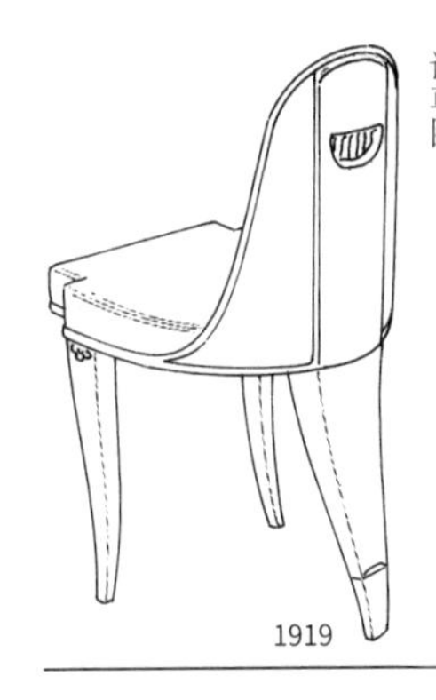

1919

这种后面一条腿、前面两条腿的三脚椅是非常危险的。特别是G图那样整个人都能坐进去的三脚椅，只要向斜后方倾靠免不了会跌倒，存在安全隐患。现在美国已经禁止生产这种椅子。图片来自其设计草图。

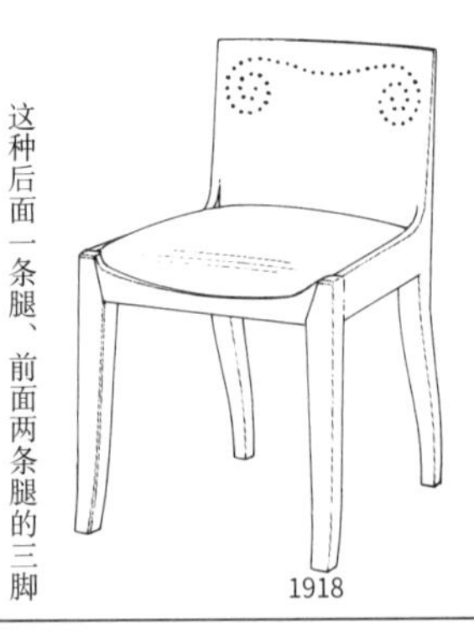

1918

同为孟加锡黑檀材质，上面有精细的象牙雕刻。这种单人椅曾在多个建筑中使用，大概曾经批量生产过。

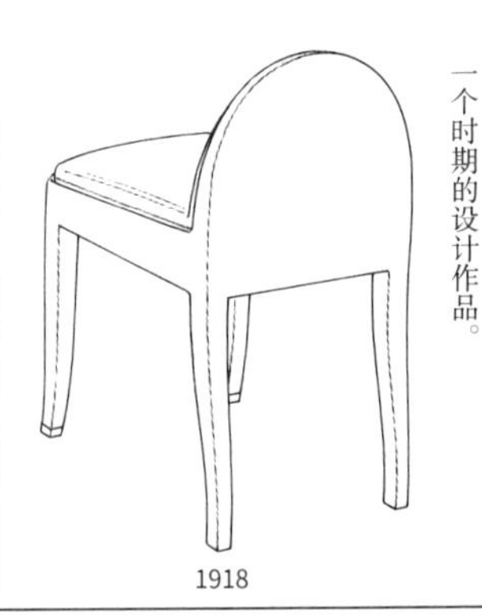

1918

这把小椅子采用孟加锡黑檀（东印度产黑檀）制作，上面还有细致的镶嵌装饰。与化妆台配套设计。与左侧的单人椅属于一个时期的设计作品。

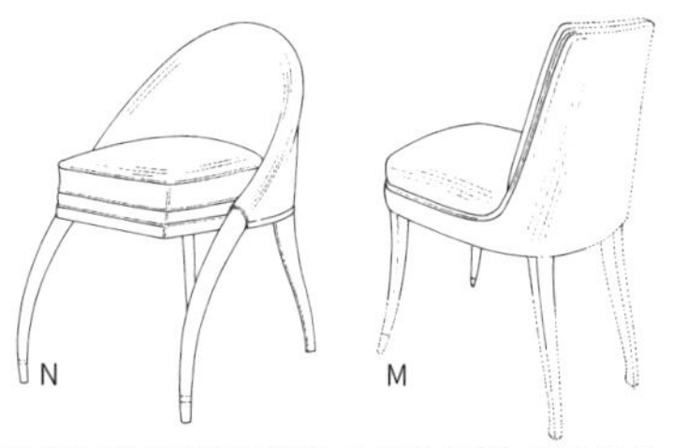

此作品是左下角椅子的衍生版，细节处不同。
1920

此作品与第三行左数的第二个作品很相似，但是细节处不同。
1927—1929

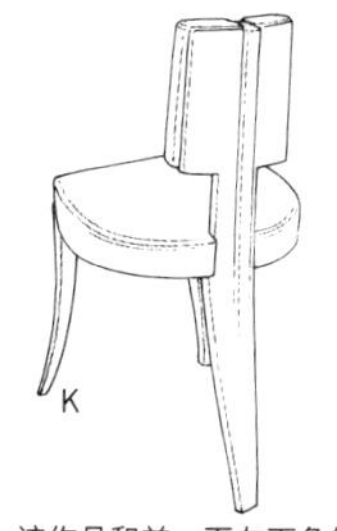

此作品和右侧作品很相似，但细节处不同。
1931

K

该作品和前一页左下角的作品一样，都属于前面两条腿后面两条腿的三脚椅，这种椅子存在很大的安全隐患，很容易向斜后方倾倒。
1928

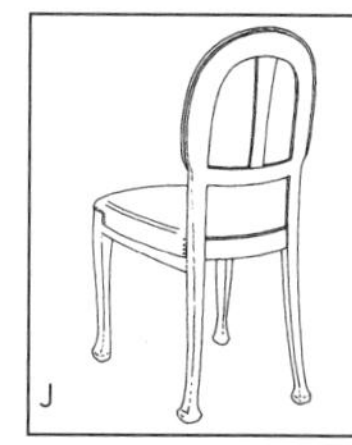

这也是霍夫曼的作品。其设计原型应该是索耐特的 14 号作品。设计师们就是如此世代传承着优秀的作品。
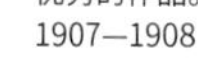
1907—1908

I

这也是霍夫曼的作品。与前一页下边的一系列作品有共通之处。
1906

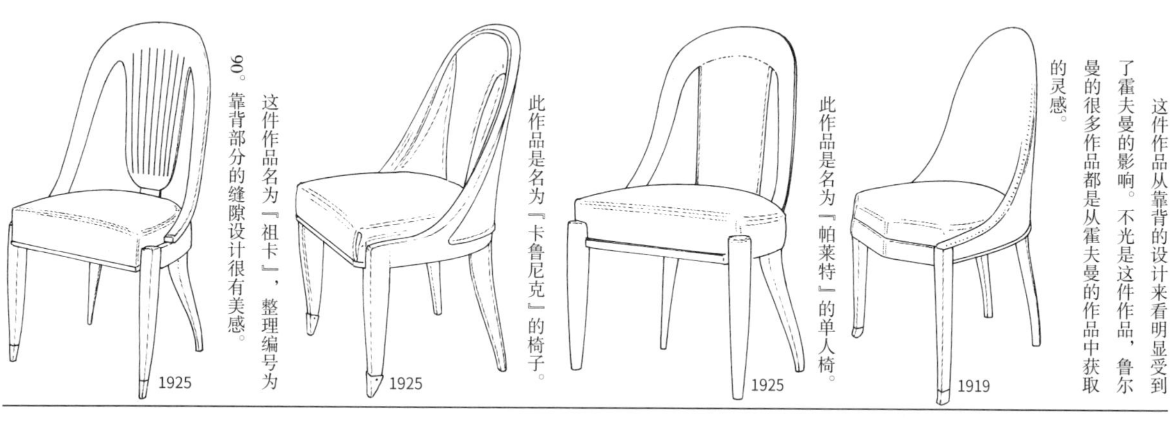

这件作品从靠背的设计来看明显受到了霍夫曼的影响。不光是这件作品，鲁尔曼的很多作品都是从霍夫曼的作品中获取的灵感。
1919

此作品是名为『帕莱特』的单人椅。
1925

此作品是名为『卡鲁尼克』的椅子。
1925

这件作品名为『祖卡』，整理编号为90。靠背部分的缝隙设计很有美感。
1925

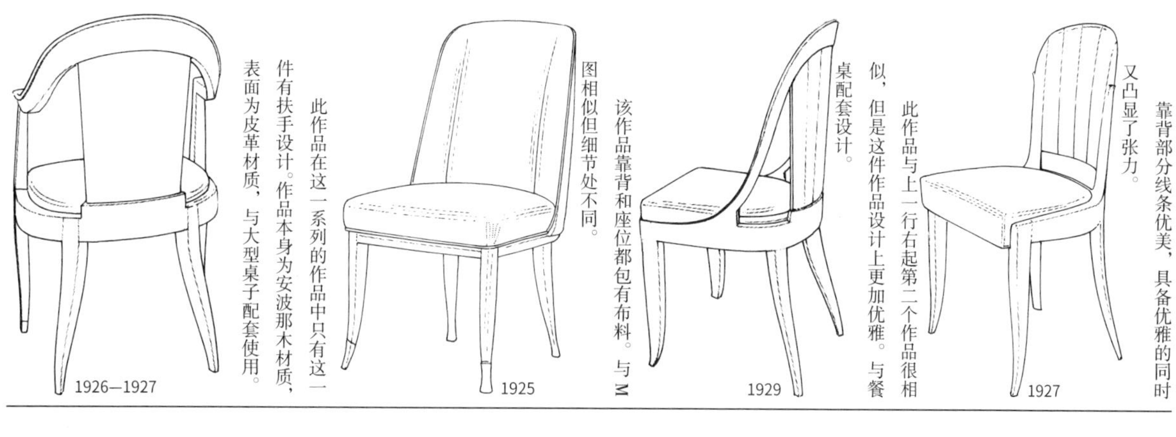

靠背部分线条优美，具备优雅的同时又凸显了张力。
1927

此作品与上一行右起第二个作品很相似，但是这件作品设计上更加优雅。与餐桌配套设计。
1929

该作品靠背和座位都包有布料。与M图相似但细节处不同。
1925

此作品在这一系列的作品中只有这一件有扶手设计。作品本身为安波那木材质，表面为皮革材质，与大型桌子配套使用。
1926—1927

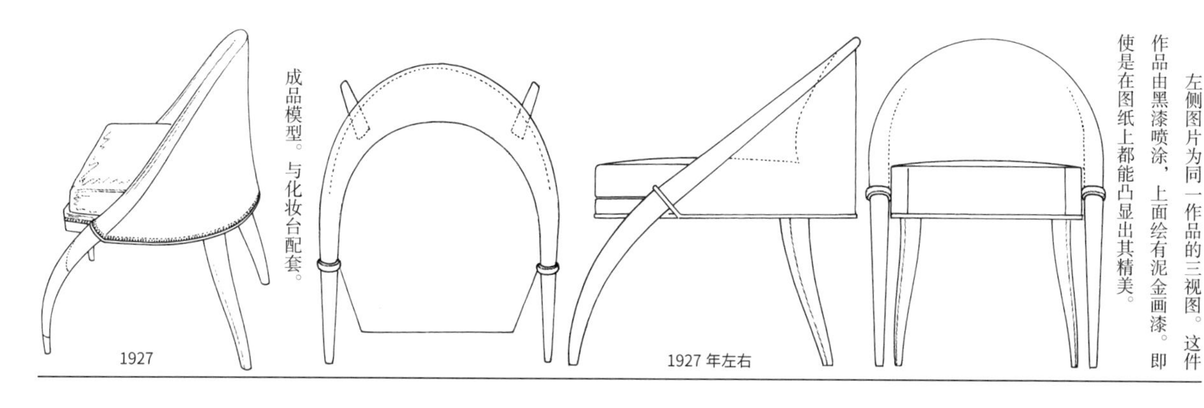

左侧图片为同一作品的三视图。这件作品由黑漆喷涂，上面绘有泥金画漆。即使是在图纸上都能凸显出其精美。
1927年左右

成品模型。与化妆台配套。
1927

1879—1933

雅克–埃米尔·鲁尔曼

第3小节
装饰艺术风格

1919年，鲁尔曼与绘画鉴赏家皮埃尔·洛朗共同建立了『鲁尔曼与洛朗商会』，并在这里生产他的作品。他们使用高价奢侈的木材来制作简洁优雅的作品。而在他们那里定制的家具非常抢手，要经过一年多才能送到买家手上。1923年，他在巴黎国际展上提出了古典的奢华风格与时尚风格并存的『装饰艺术风格』，这使得他进入法国顶级家具设计师之列。第二年，他承担了豪华邮轮『法兰西岛』上的咖啡厅的室内设计任务。1928年，他的作品变得更加奢华，给人以一种厚重的感觉。

另一方面，那时的鲁尔曼统一了当时在法国常用的家具材料——孟加锡黑檀的规格以及尺寸基准，可以说他是这一成果的开拓者。他依照自己的基准，在装饰艺术家协会的沙龙里展示了1930年为印度总督设计的家具。1930年他设计了巴黎的商业会议所的会议室内部装潢。此外他也担任总统府爱丽舍宫的室内设计师一职，为众多大臣和行政官的办公室进行设计。此外，他还参与了巴黎第五区巴黎市政厅以及郊区住宅区的建造计划，也设计过许多私人住宅。

安波那木和象牙材质相结合的作品。配套的桌子也使用了相同的材料，且使用了粗纹皮（由鳐鱼或者鲨鱼的皮加工而成）的包面。

1920

此作品名为『伏尔泰巴士』，名字来源于伏尔泰椅（出现于19世纪下半叶，座位低靠背高，扶手稍微弯曲）。许多这样的设计作品都以古典为主题，这件作品也不例外。

1923

这件安乐椅细节上兼具右侧作品以及本页中间作品的特点。

1920

有很多作品的靠背都为半圆形设计。四边形、八边形以及圆形等几何图案是装饰艺术风格的特点。

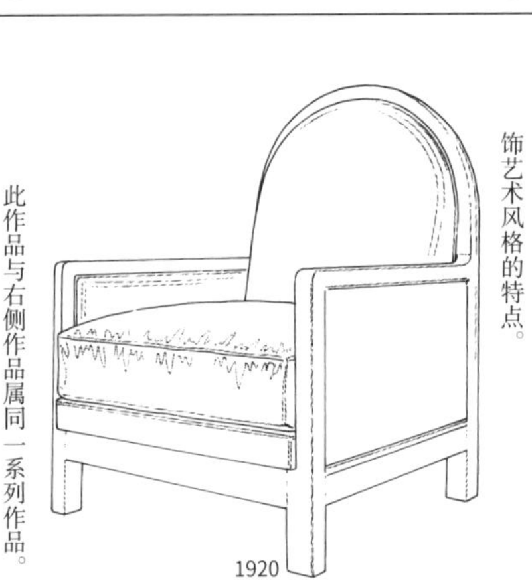

此作品与右侧作品属同一系列作品。

1923

本行三件作品细节上各有不同。

1925

这两件作品也属同一系列，但是腿部的设计有所不同，右侧的作品与其他作品不同，靠背有一定角度的倾斜。

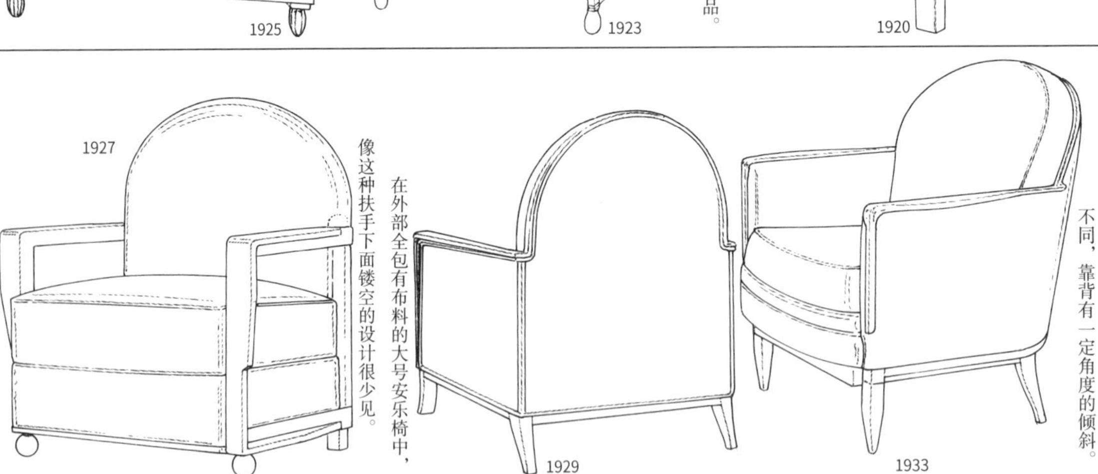

在外部全包有布料的大号安乐椅中，像这种扶手下面镂空的设计很少见。

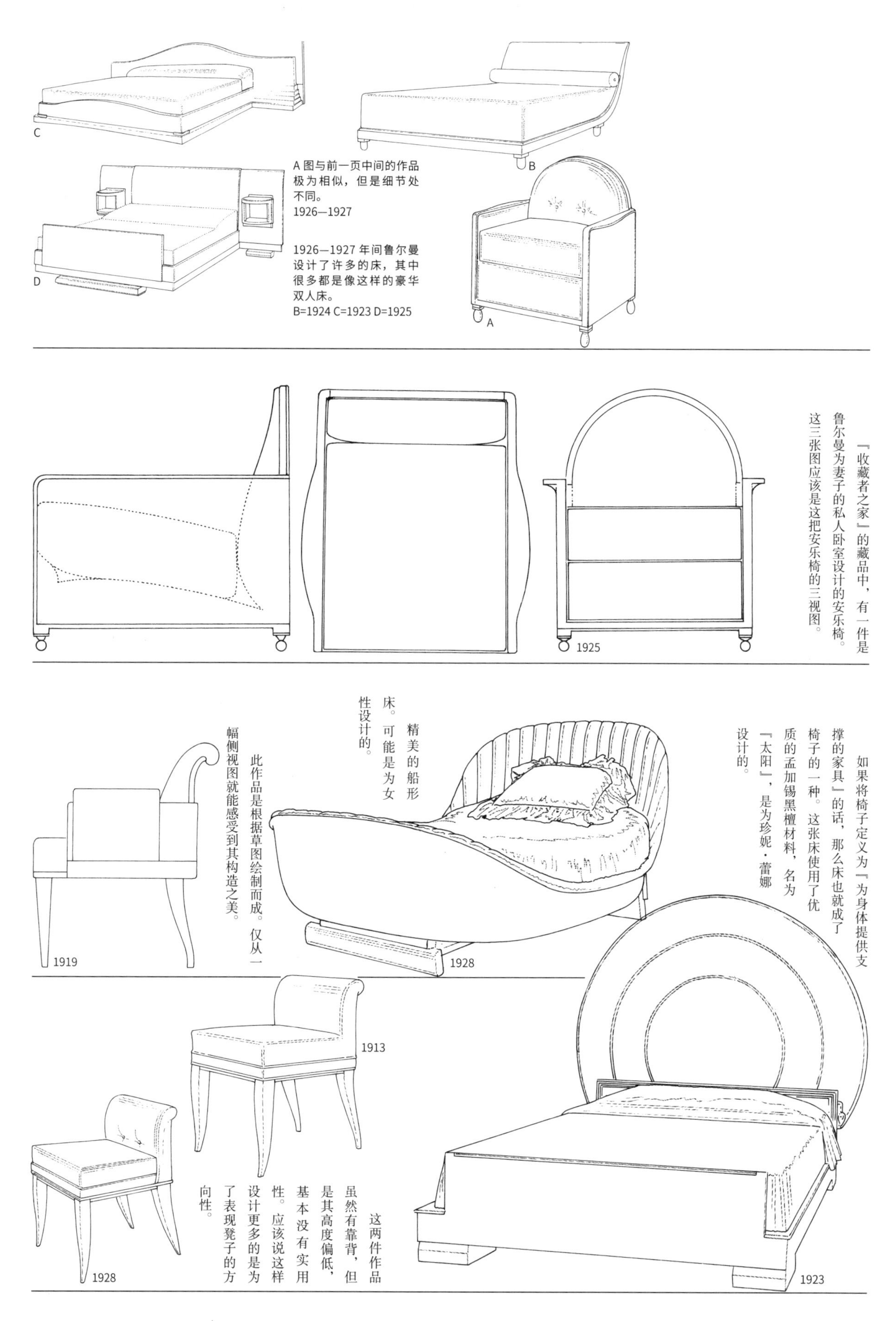

A 图与前一页中间的作品极为相似，但是细节处不同。
1926—1927

1926—1927 年间鲁尔曼设计了许多的床，其中很多都是像这样的豪华双人床。
B=1924 C=1923 D=1925

『收藏者之家』的藏品中，有一件是鲁尔曼为妻子的私人卧室设计的安乐椅。这三张图应该是这把安乐椅的三视图。

如果将椅子定义为『为身体提供支撑的家具』的话，那么床也就成了椅子的一种。这张床使用了优质的孟加锡黑檀材料，名为『太阳』，是为珍妮·蕾娜设计的。

精美的船形床。可能是为女性设计的。

此作品是根据草图绘制而成。仅从一幅侧视图就能感受到其构造之美。

这两件作品虽然有靠背，但是其高度偏低，基本没有实用性。应该说这样设计更多的是为了表现凳子的方向性。

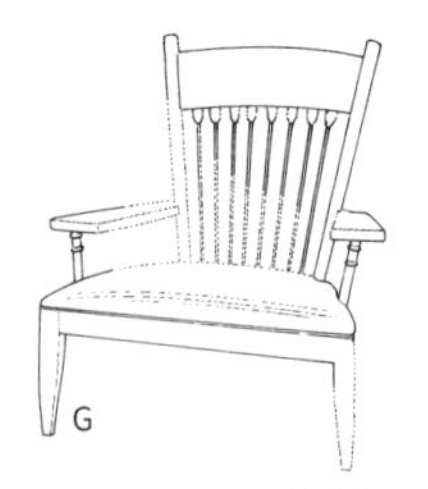

G

此作品与汉斯·瓦格纳的作品如出一辙。实际上该图片是根据鲁尔曼的设计草图绘制的，但是是否做成成品不详。
1924

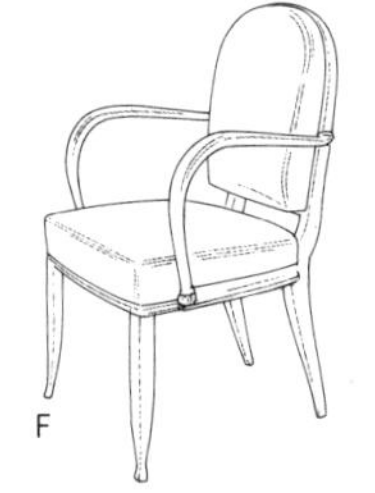

F

这是最后一行右数第二个作品的衍生版作品。相较之下原作品中将扶手和腿部合为一体的设计更加好看。
1925

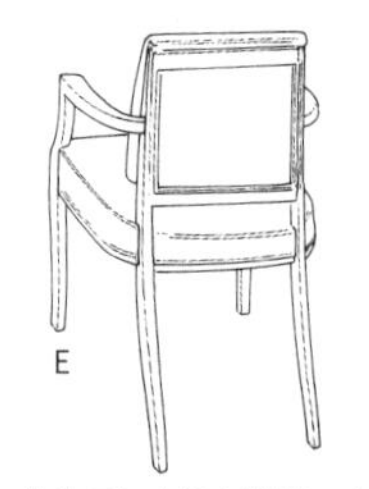

E

此作品与中间左数第二个作品相似，但是比较细节之处还是有细微不同的。
1925

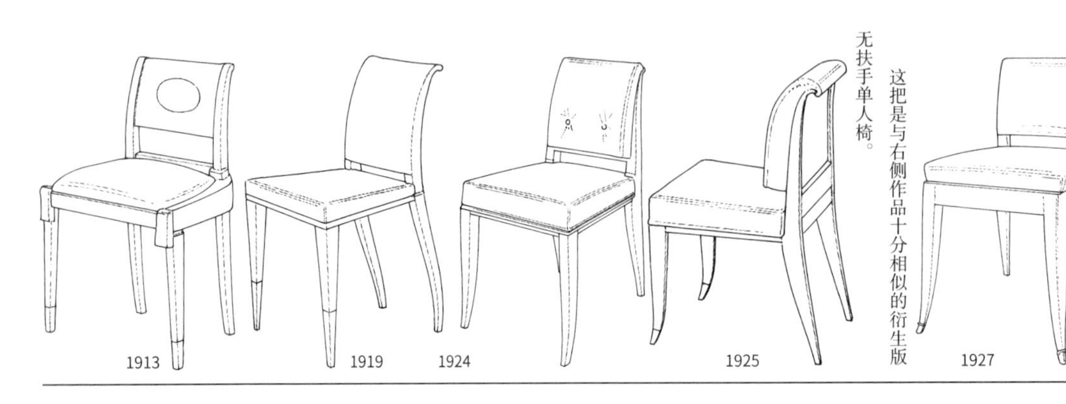

这件作品似乎是上一页最后一行左侧带靠背凳子的升级版作品。朴素的设计中又蕴含着高雅的品位。

1927

这把是与右侧作品十分相似的衍生版无扶手单人椅。

1925

1924

1919

1913

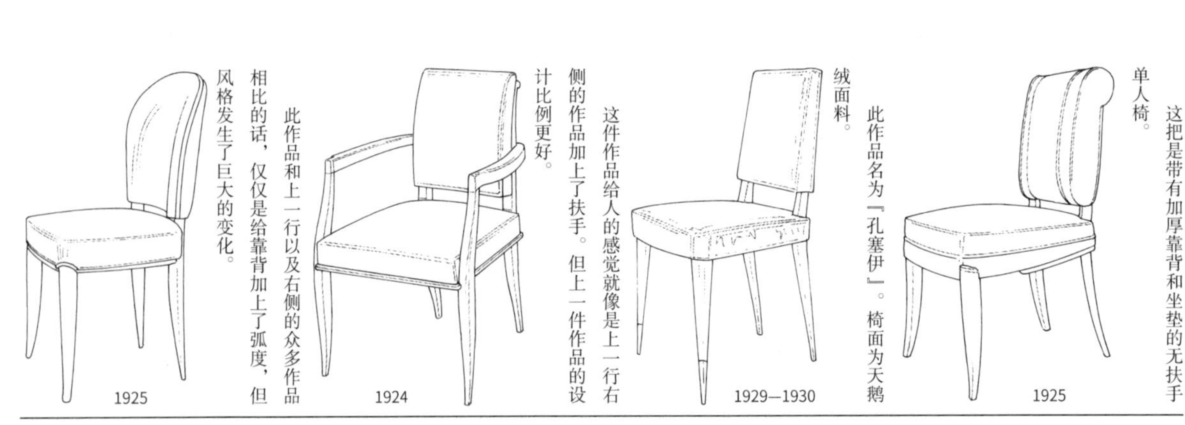

这把是带有加厚靠背和坐垫的无扶手单人椅。

1925

此作品名为『孔塞伊』。椅面为天鹅绒面料。

1929—1930

这件作品给人的感觉就像是上一行右侧的作品加上了扶手。但上一件作品的设计比例更好。

1924

此作品和上一行以及右侧的众多作品相比的话，仅仅是给靠背加上了弧度，但风格发生了巨大的变化。

1925

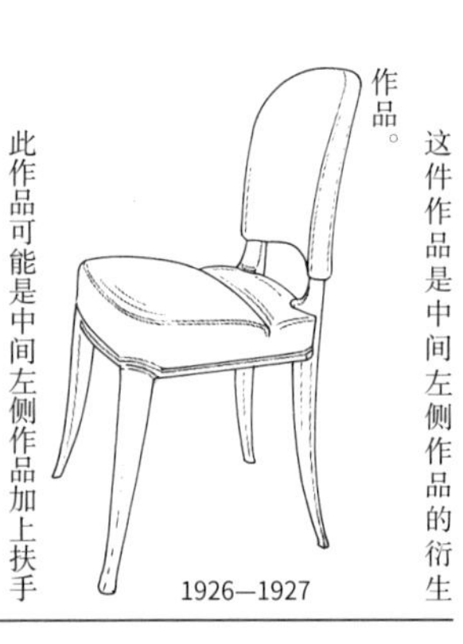

这件作品是中间左侧作品的衍生作品。

1926—1927

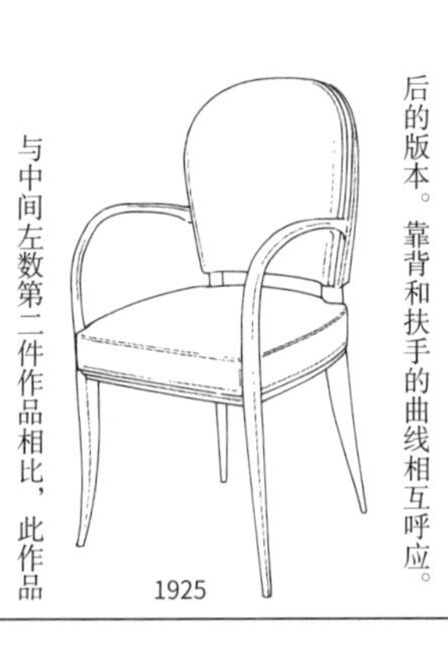

此作品可能是中间左侧作品加上扶手后的版本。靠背和扶手的曲线相互呼应。

1925

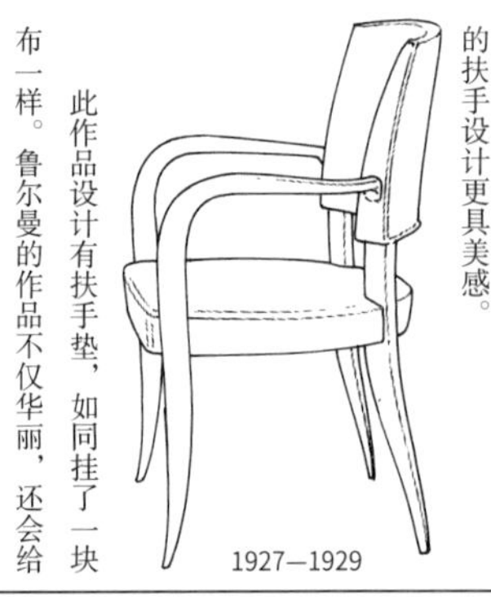

与中间左数第二件作品相比，此作品的扶手设计更具美感。

1927—1929

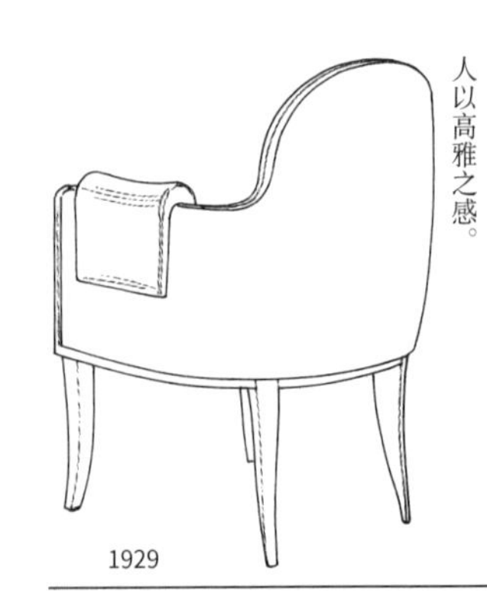

此作品设计有扶手垫，如同挂了一块布一样。鲁尔曼的作品不仅华丽，还会给人以高雅之感。

1929

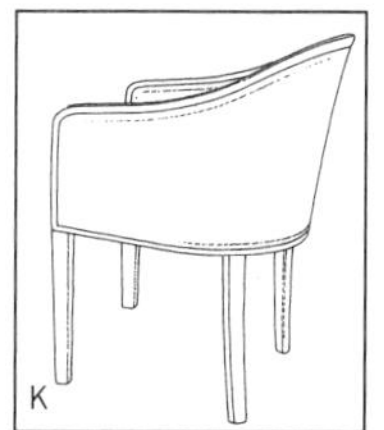

让-米歇尔·弗兰克的设计，装饰艺术时代的代表设计师。之后把他的作品和鲁尔曼的作品进行对比。
1930—1936

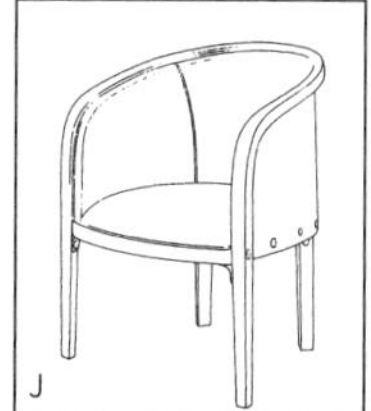

霍夫曼的单人椅作品。这种前腿、扶手和靠背连成一体的设计最早出自奥托·瓦格纳之手。

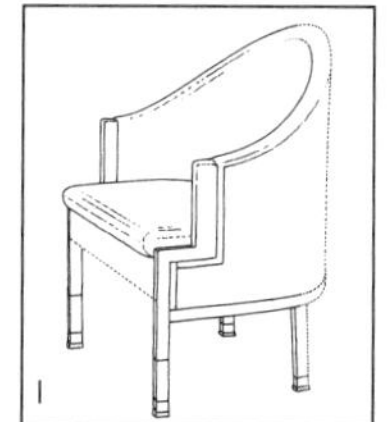

这件也是霍夫曼的作品。通过对比可以看出霍夫曼的不同作品之间有大量的相似之处。
1905

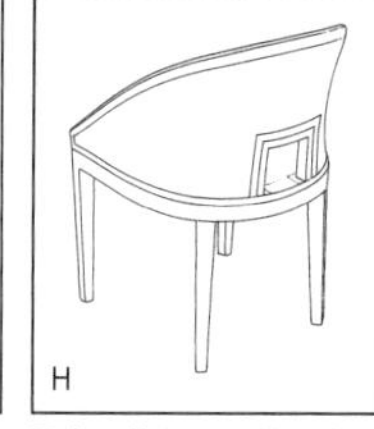

霍夫曼的作品。其从靠背到扶手的曲线线条设计被许多装饰艺术风格的设计师所采用。
1902—1903

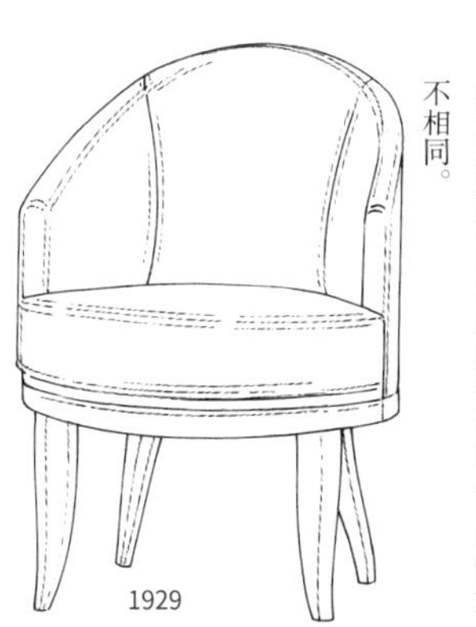

1929

这件作品应该也与前两件作品属于同一系列。虽然有角度的问题，但是腿部的位置及宽度的改变使得作品给人的印象大不相同。

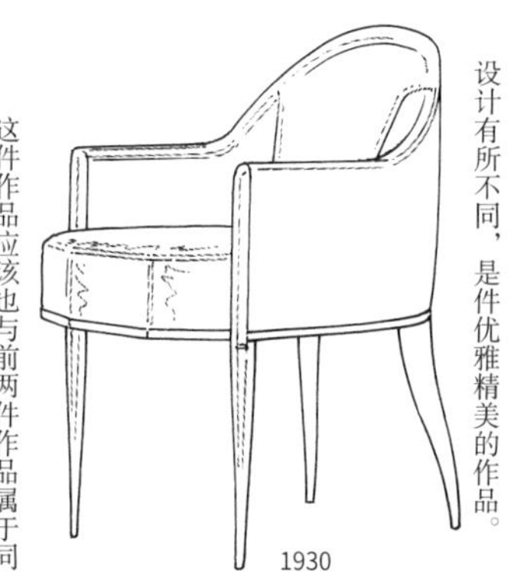

1930

此作品和下一行靠左的作品非常相似，但是从扶手到靠背的线条以及前腿的设计有所不同，是件优雅精美的作品。

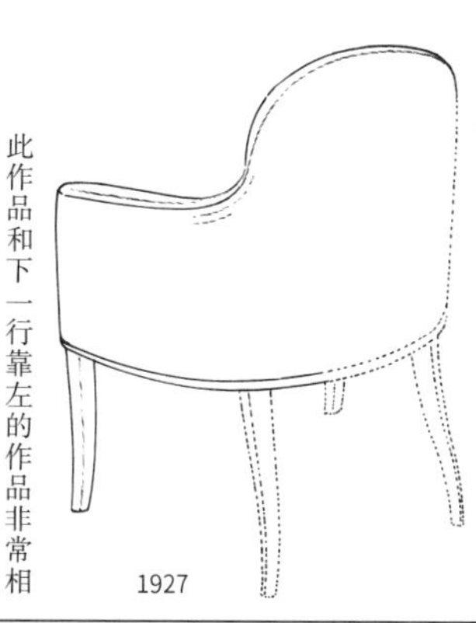

1927

此作品与前一页底部的扶手椅属同一系列。扶手的设计简洁。因资料残缺，后腿的设计不详，此图参照了前一页的作品图片。

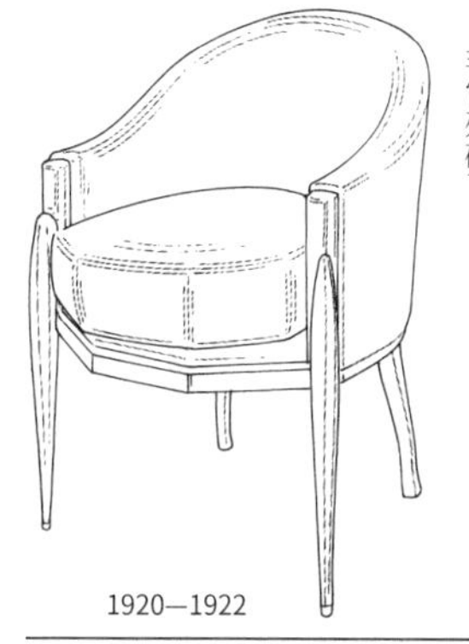

1920—1922

此作品曾被拍卖过，在拍卖时就已经非常残破了。

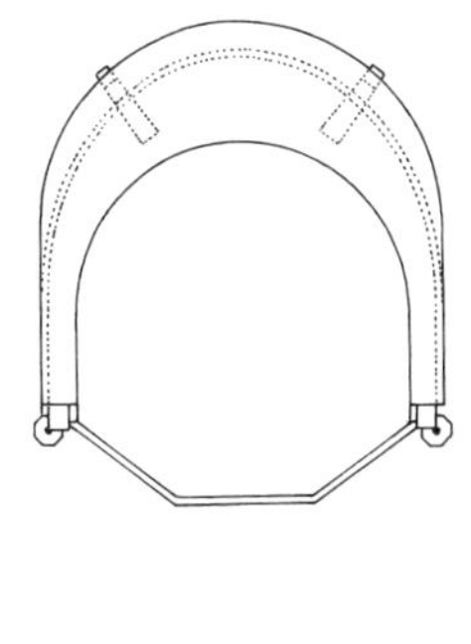

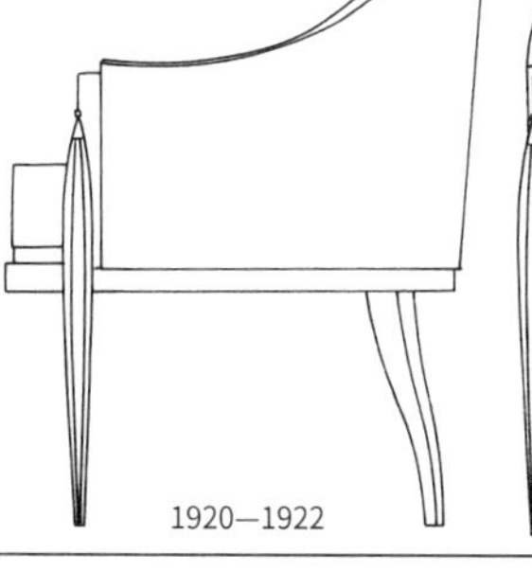

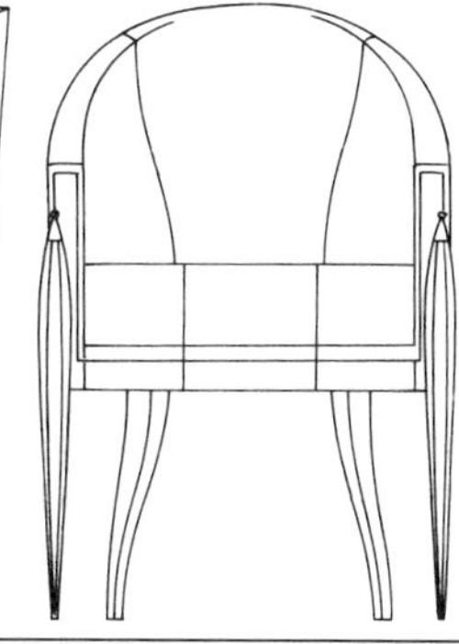

1920—1922

这件作品无论是整体比例还是细节都处理得非常精美。这件应该是鲁尔曼非常重要的作品之一吧。

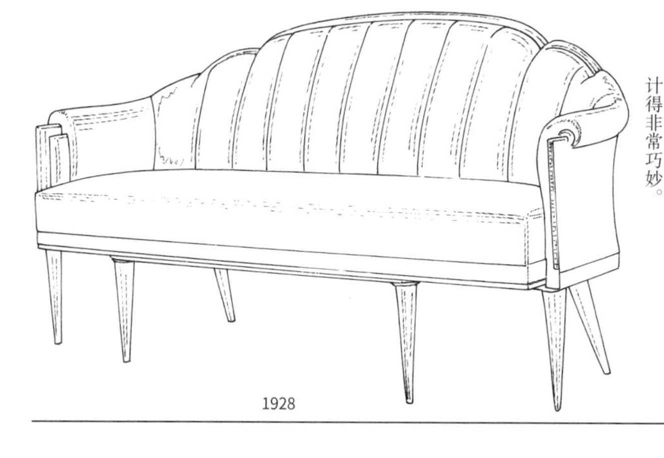

1928

此作品是与右侧作品成套的沙发。三到四人使用。前腿中间的两条腿的位置设计得非常巧妙。

1913—1915

此作品与第二行中间的单人椅非常相似，但是细节有很大的不同。木料使用的是孟加锡黑檀。与桌子和收纳家具比较的话，这件椅子用的材料也算不上特别奢华。

1879—1933

雅克–埃米尔·鲁尔曼

第 4 小节
艰难的商品化之路

鲁尔曼的一生仅有五十四年，可以说是短暂的一生。在生命中最后的十年间，他使用了很多之前没有用过的奢侈又高价的家具材料，除了孟加锡黑檀和美国梧桐，还有镀铬的钢板以及镀铬的银器。这些金属及昂贵木材并用的家具都是为印度王公贵族设计的。印度的王公贵族中有不少人是世界富豪，在当时是各种装饰艺术风格作品的主要买家。

鲁尔曼参加过各种展览，还在很多展览上展示过作品，从 1919 年开始到他去世的 1934 年为止，他在展会中一直占有重要的一席，只有在 1927 年和 1931 年时没有参加大型展览。这当中最著名的就是他于 1932 年在装饰艺术家协会沙龙中的展览。除法国以外，他还于 1927 年在西班牙马德里以及意大利米兰办过展览。

装饰艺术风格在日本又被称为『1925 年样式』。但是装饰艺术风格的家具和新艺术风格的家具一样，实用性不强，因此，这个风靡一时的家具风格到了 20 世纪 30 年代就渐渐衰落了。但是在那个阶段设计的家具中，有一些至今仍在生产，其中包括勒·柯布西耶、夏洛特·贝里安、皮埃尔·让纳雷等设计师设计的作品，卡西纳

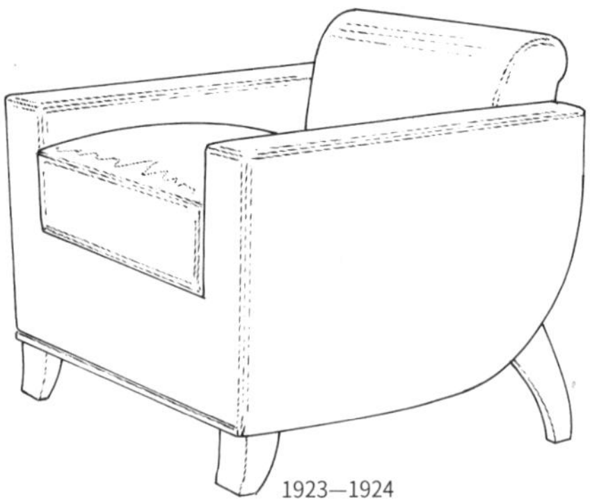

1917—1918

这两件作品都来自鲁尔曼的设计草图，但是其绘制的年份不同。

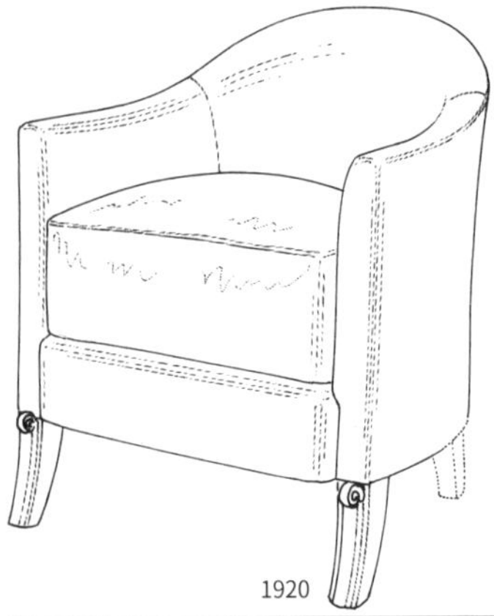

这件作品高度较低，且座位的纵深较深，属于典型的装饰艺术风格作品。

1924 年左右

此作品应该是右侧设计草图的现实模型，降低了原设计的装饰性。

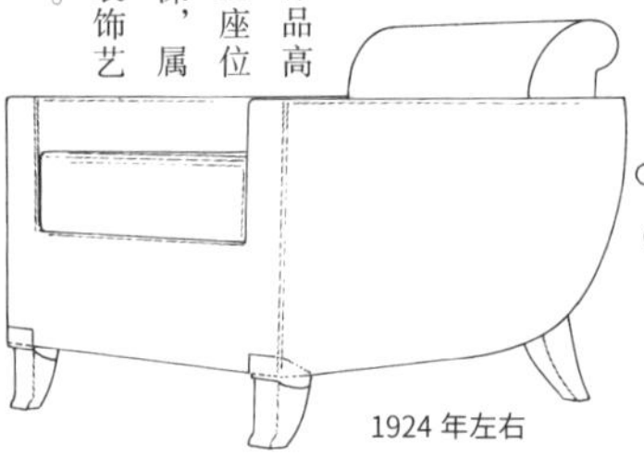

1923—1924

该作品扶手的设计与第 236 页第三行的一系列作品相似，侧面的设计则与上一行作品相似，是将各个作品的设计结合起来设计出的作品。

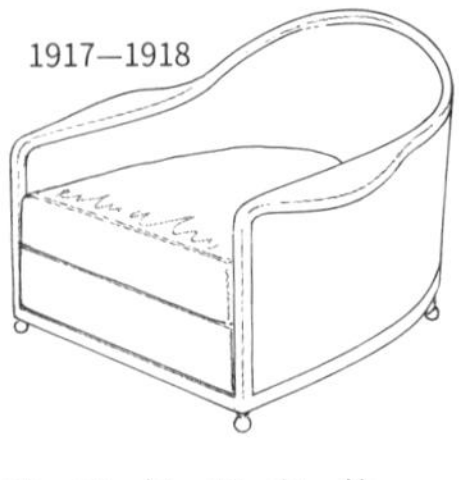

1925 年左右

这件作品应该是第 239 页中的系列作品的衍生作品。前腿上的装饰设计是这件作品的重点。

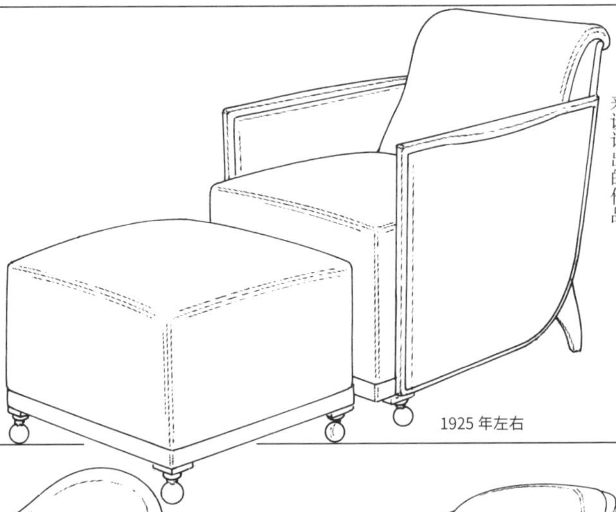

1920

本章中共有大约 190 张插图。其中唯一使用藤质材料的就是这件作品。椅子的侧面是藤质的。

1930

左侧两件作品都出自他的设计草图。是否做成成品不详。

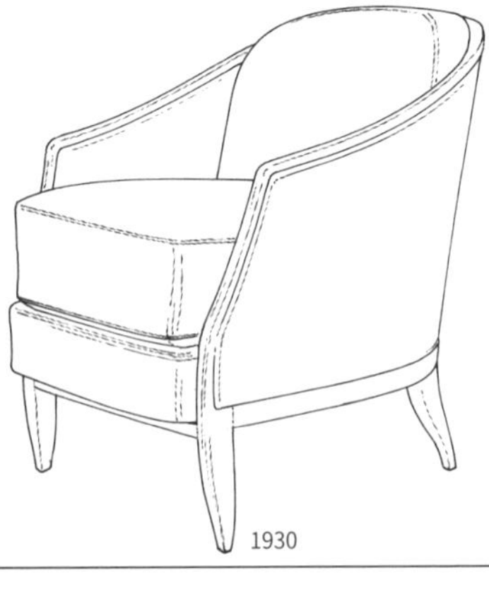

1913—1915

1917—1918

这件作品扶手的设计看起来与第 236 页的作品相似。这件作品可能也没有做成成品。

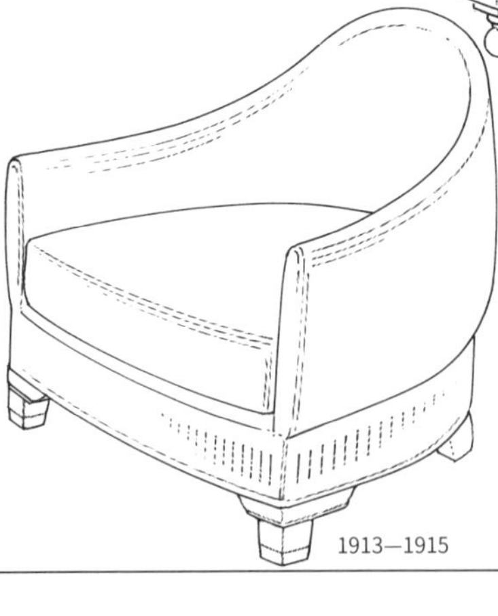

公司也在生产那时的家具，还有埃科勒国际公司生产的艾琳·格瑞的作品。遗憾的是鲁尔曼的作品并没有被继续生产。大概是因为其作品的成本太过高昂了吧。

这件是霍夫曼的“斯托克雷特宫模型”系列作品中装饰艺术风格的作品。
1905

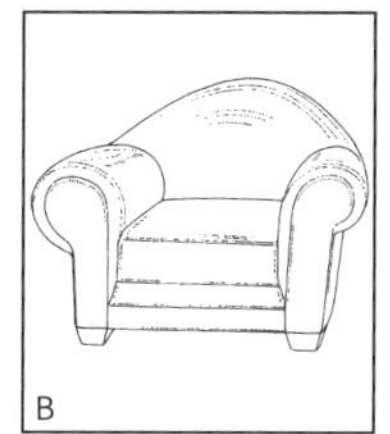

让-米歇尔·弗兰克的作品，和鲁尔曼的作品“大象”很相似。
1928—1929

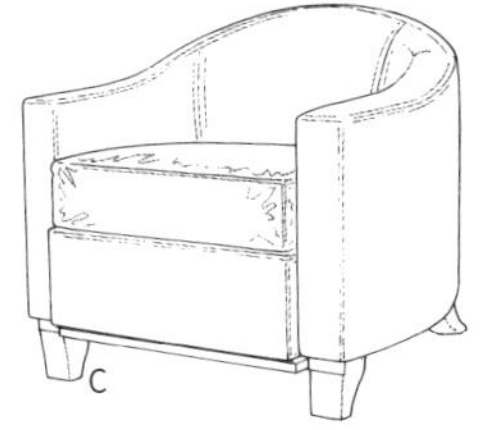

这件作品是下一行左边作品的衍生作品。
1927—1929

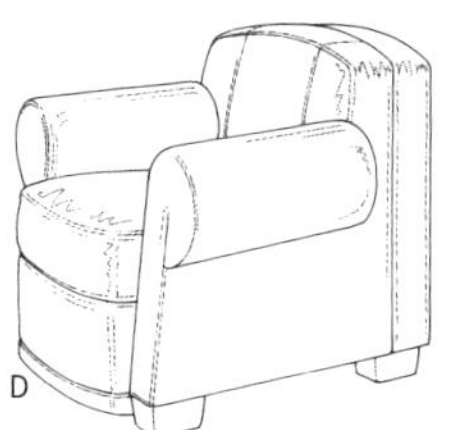

此作品是第四行作品“大象”的衍生作品。靠背和扶手部分的设计有不同之处。
1929

这两件作品都来自同一张设计草图，该图纸中的设计非常精确。

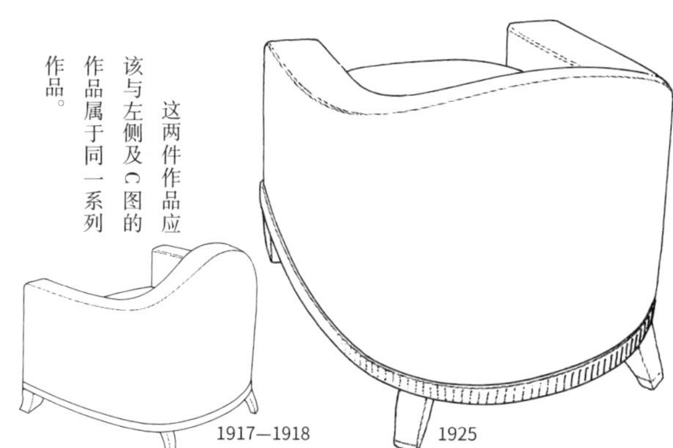
1917—1918　1925

这两件作品应该与左侧及C图的作品属于同一系列作品。

从该作品和A图中霍夫曼的作品可以看出装饰艺术风格的设计师们在很大程度上受到了维也纳『分离派』的影响。该作品是实物样品。

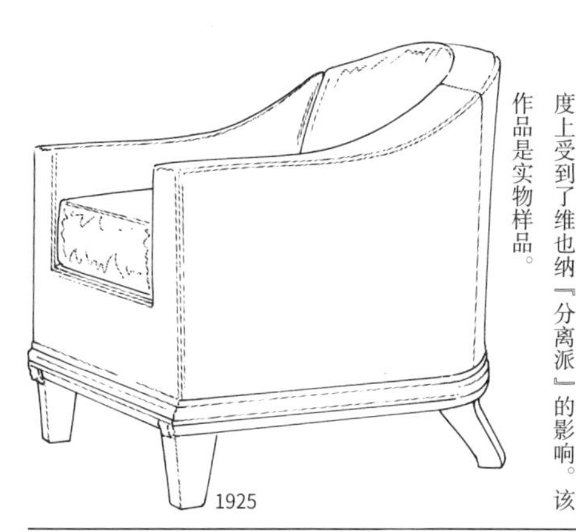
1925

这件沙发是与C图的俱乐部椅相配套的。曾于2000年被拍卖。

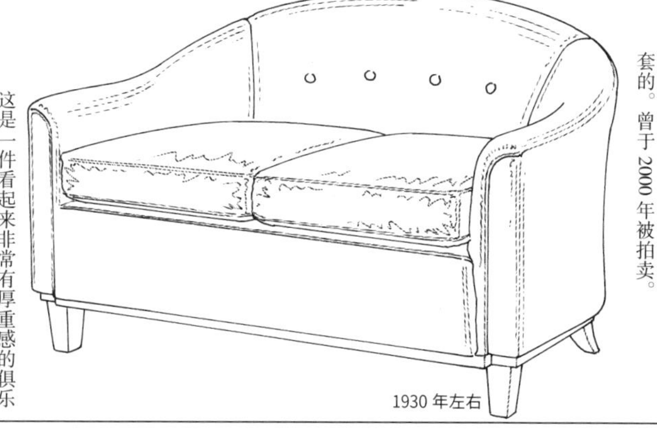
1930年左右

这是一件看起来非常有厚重感的俱乐部椅。装饰艺术风格设计师让·米歇尔·弗兰克也发表过类似的作品。

1926

这件作品因扶手部分的设计采用了变形表现手法，而命名为『大象』。像这种表面完全被面料包裹住的沙发在装饰艺术风格的家具中很常见。

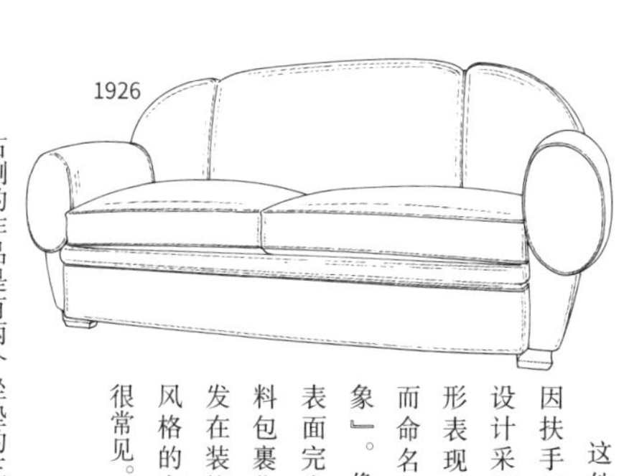
1926

右侧的作品是有两个坐垫的三人座沙发，而这件作品则是有三个坐垫的三人座沙发。在现代来看两个坐垫的沙发是比较少见的。

1926

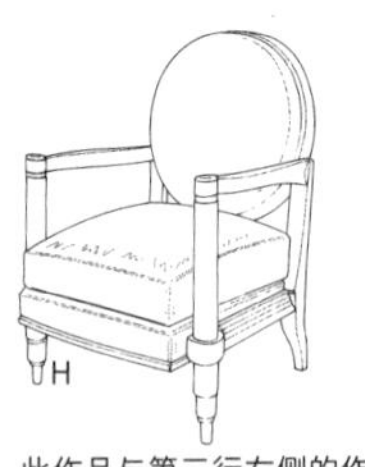

此作品与第三行右侧的作品“拿破仑”属同一系列。
1925

此作品是为建筑家莫里尼埃的住宅设计的。这是把长得像凳子一样的安乐椅。据照片资料显示，这是件相当大的家具。
设计年份不详

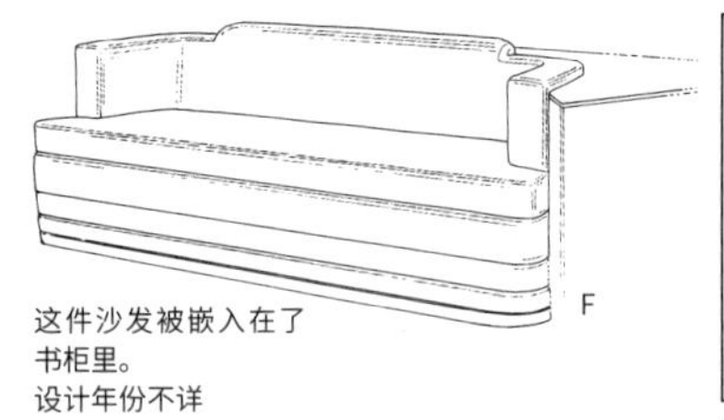

这件沙发被嵌入在了书柜里。
设计年份不详

E

让-米歇尔·弗兰克的作品，是为克拉森·史密斯住宅设计的。腿部设计与第一行中间的作品相同。
20 世纪 30 年代

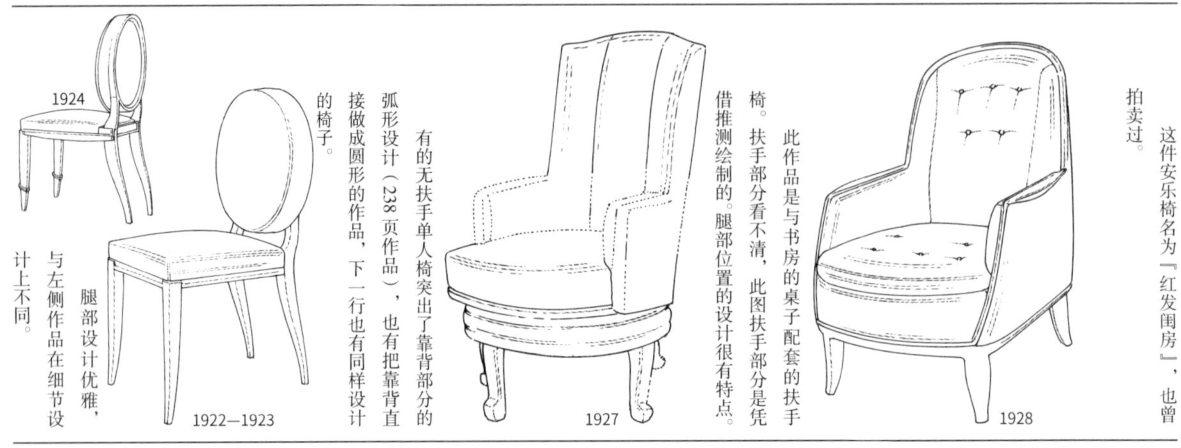

这件安乐椅名为『红发闺房』，也曾拍卖过。

此作品是与书房的桌子配套的扶手椅。扶手部分看不清，此图扶手部分是凭借推测绘制的。腿部位置的设计很有特点。

有的无扶手单人椅突出了靠背部分的弧形设计（238页作品），也有把靠背直接做成圆形的作品，下一行也有同样设计的椅子。

腿部设计优雅，与左侧作品在细节设计上不同。

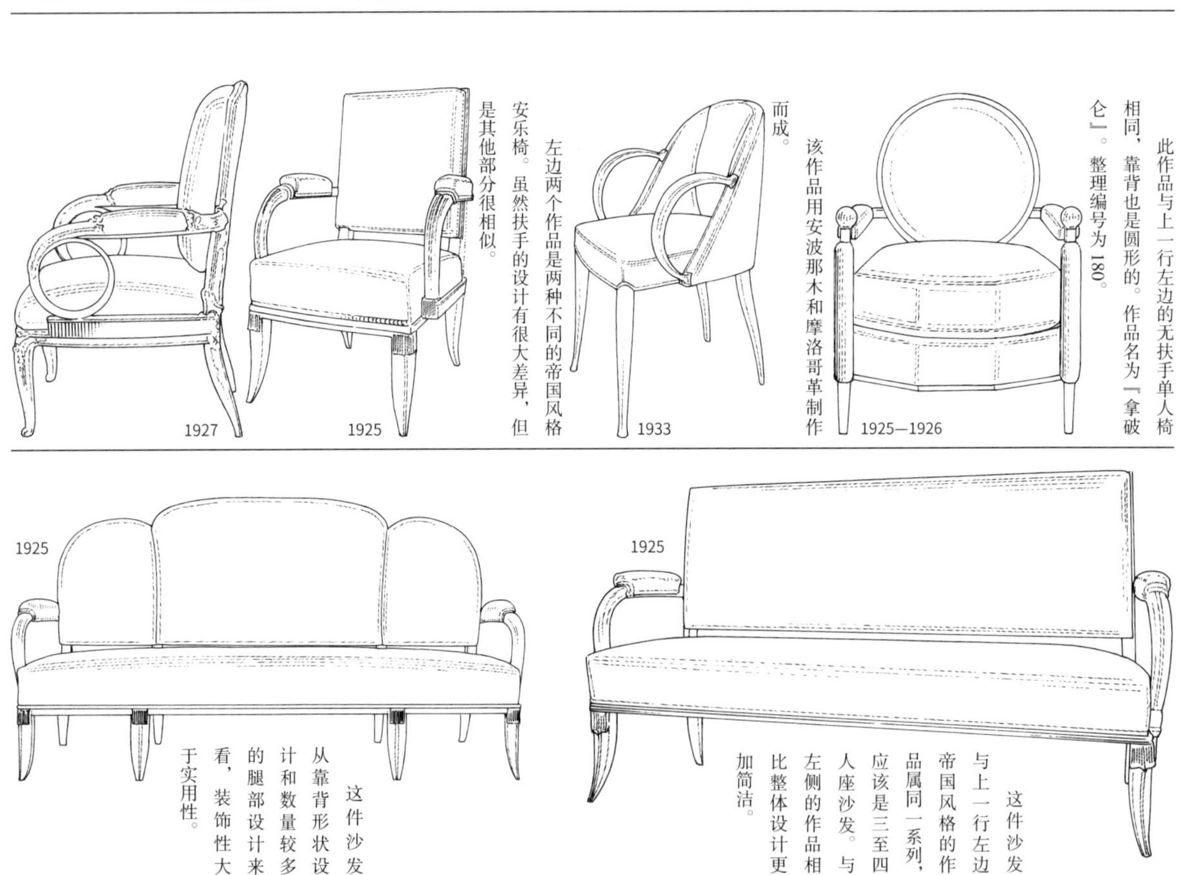

此作品与上一行左边的无扶手单人椅相同，靠背也是圆形的。作品名为『拿破仑』。整理编号为180。

该作品用安波那木和摩洛哥革制作而成。

左边两个作品是两种不同的帝国风格安乐椅。虽然扶手的设计有很大差异，但是其他部分很相似。

这件沙发与上一行左边帝国风格的作品属同一系列，应该是三至四人座沙发。与左侧的作品相比整体设计更加简洁。

这件沙发从靠背形状设计和数量较多的腿部设计来看，装饰性大于实用性。

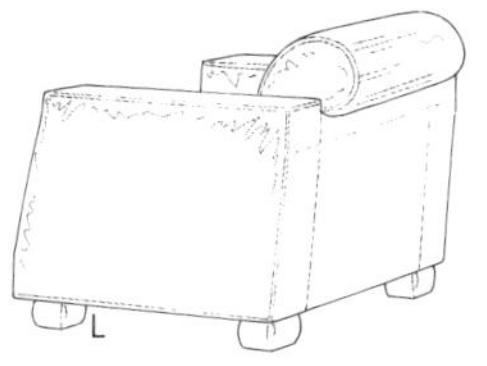

该作品与前三件一样也是俱乐部椅。
1929

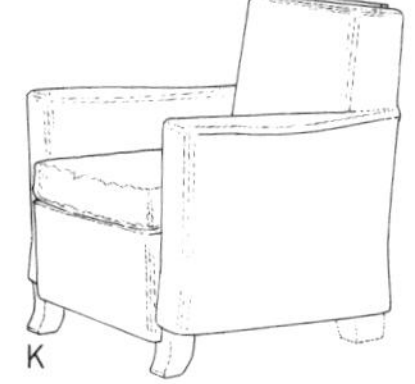

这件作品也是典型的俱乐部椅。
1933

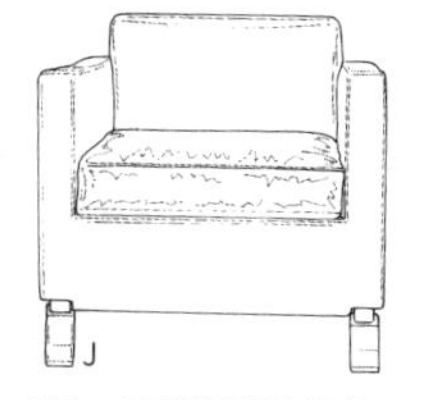

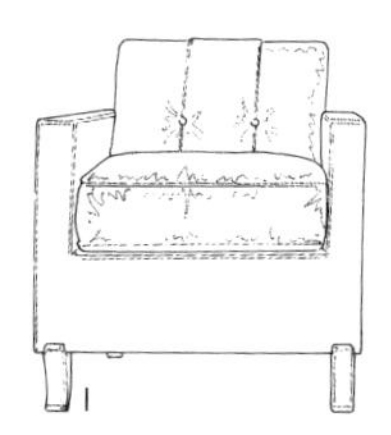

I 图、J 图都是装饰艺术风格家具中常见的全包俱乐部椅。
I=1925 J=1927

1926

这把转椅的腿部与转椅上半部分相比尺寸较小。尚不清楚是为哪个建筑设计的。

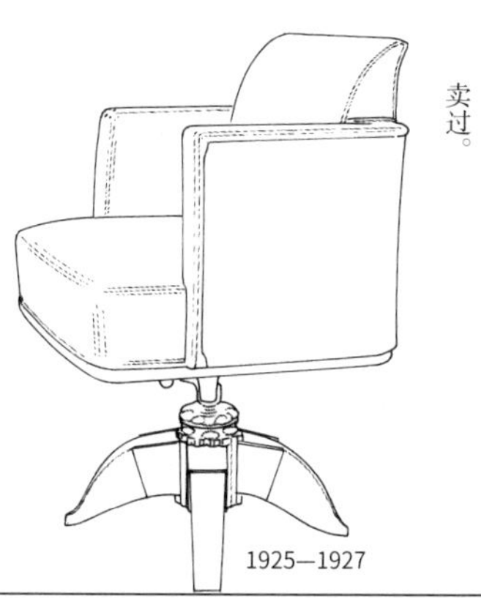

1925—1927

这把转椅名为『罗迪耶』，曾经被拍卖过。

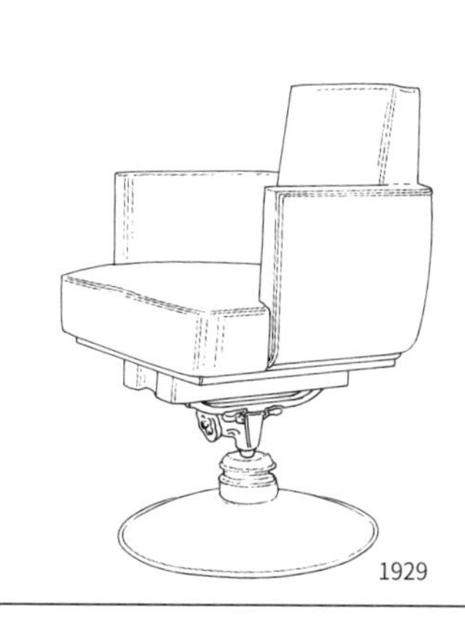

1929

名为『印度王公』的奢华转椅。遗憾的是不知道这是为哪座建筑设计的。

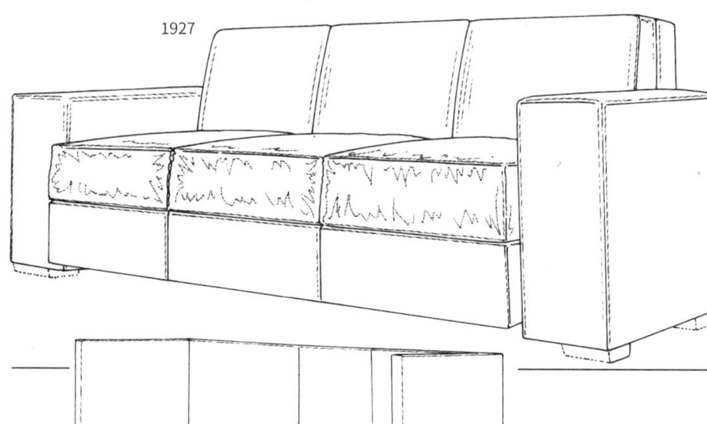

1927

这两件是名为『哈尔特』的系列作品，具有装饰艺术风格的代表性设计。

1932

设计年份不详

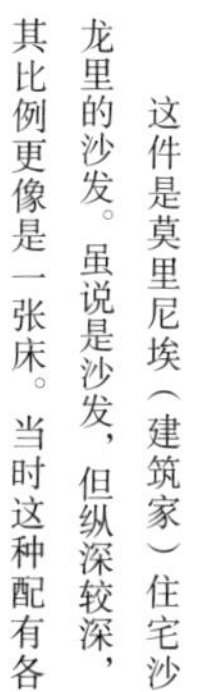

这件是莫里尼埃（建筑家）住宅沙龙里的沙发。虽说是沙发，但纵深较深，其比例更像是一张床。当时这种配有各种形状的靠垫以及毛皮沙发套的沙发很流行。另外，当时也很流行把沙发和屏风组合起来。

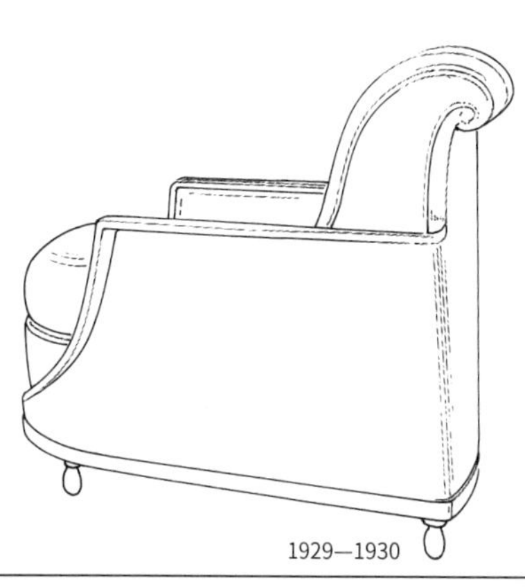

1929—1930

此作品与第 234 页第二行右边的躺椅放在同一间房间里。使用的布料非常奢华。

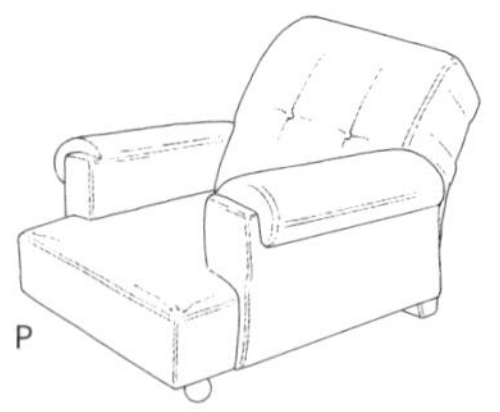

非常柔软舒适的俱乐部椅。图片根据其设计草图绘制。
1927—1928

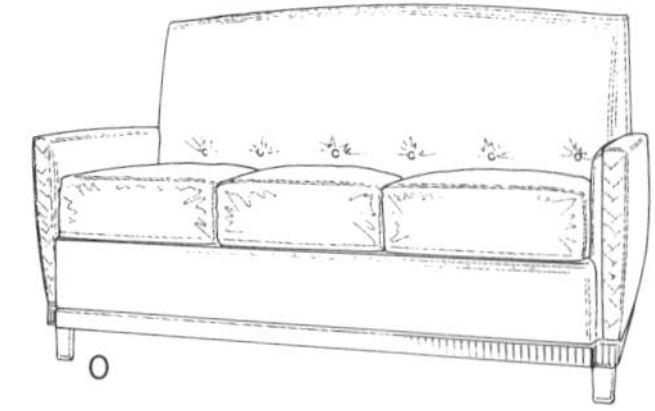

N图、O图都是“牧羊女香奈儿”系列作品。表面上都印有大的花纹图案。
1925—1927

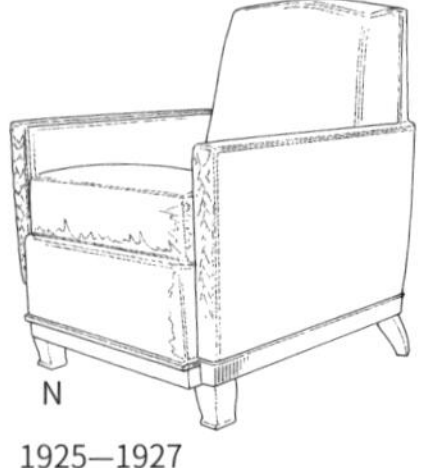

1925—1927

M

这是与下一行左侧作品放置在一起的凳子。除了这两件作品好像还设计有配套的沙发。
设计年份不详

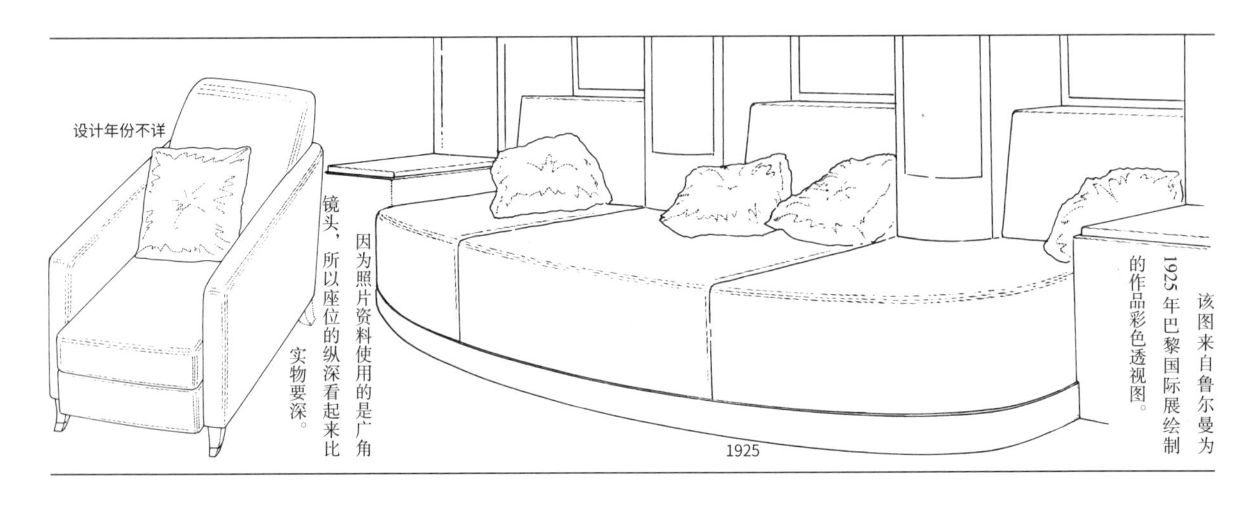

设计年份不详

因为照片资料使用的是广角镜头，所以座位的纵深看起来比实物要深。

1925

该图来自鲁尔曼为1925年巴黎国际展绘制的作品彩色透视图。

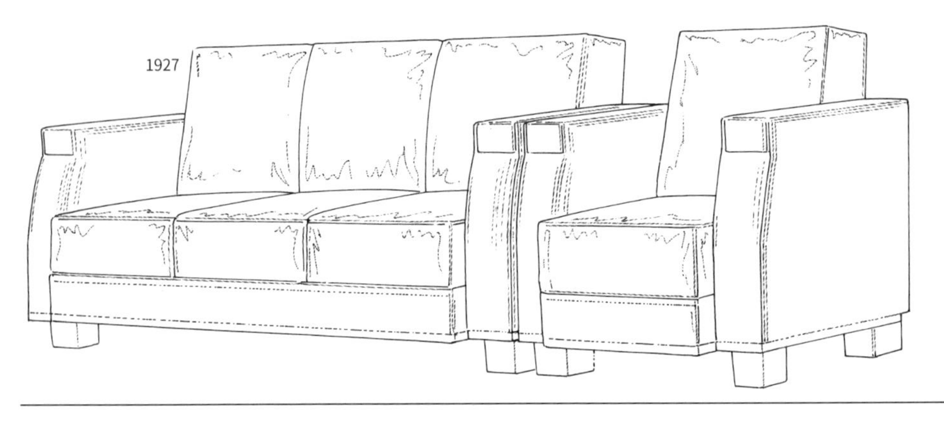

1927

此作品是鲁尔曼为一家百货商店的大厅设计的沙发。摆放时中间为三人座沙发，两侧为配套的安乐椅。同时这里还摆放着第236页第四行左边的作品、下一页第二行中间的扶手椅以及跟第235页第三行右数第二个餐厅椅类似的作品。这些作品都围绕着大厅中一个巨大的雕塑摆放。

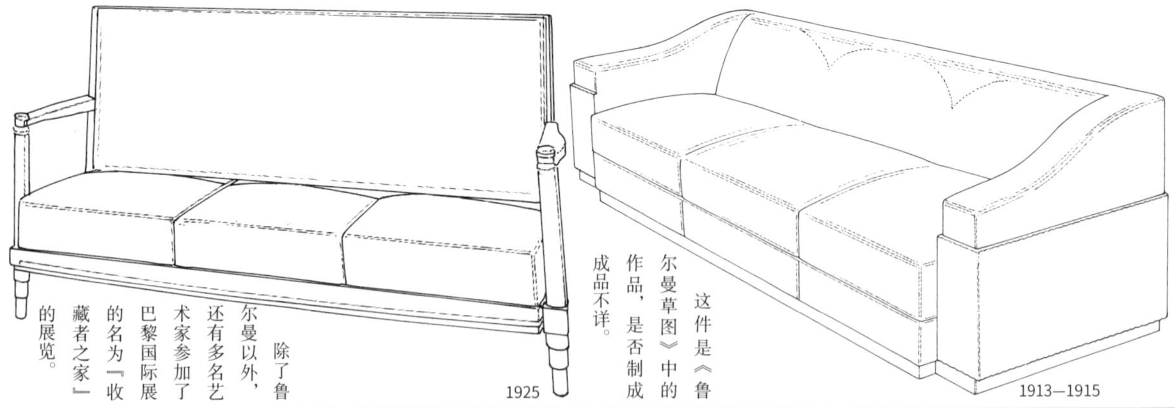

除了鲁尔曼以外，还有多名艺术家参加了巴黎国际展的名为『收藏者之家』的展览。

1925

这件是《鲁尔曼草图》中的作品，是否制成成品不详。

1913—1915

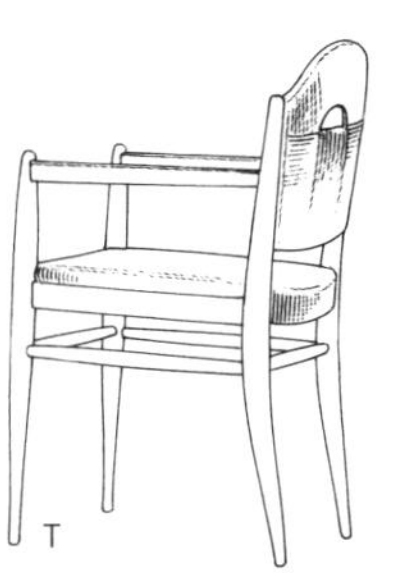

这件是左下角作品的带扶手版。
1932

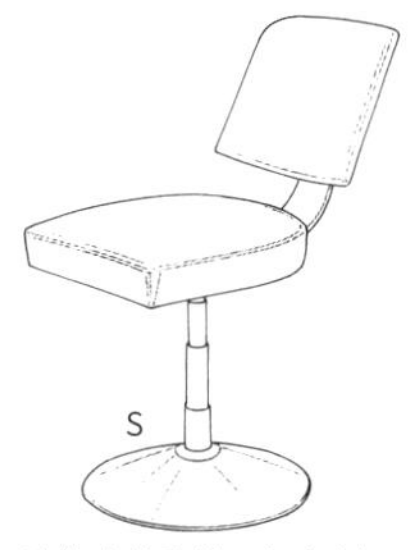

这件应该和第三行右侧的作品是同一作品。靠背部分可能因年代过久而倾斜。
1929

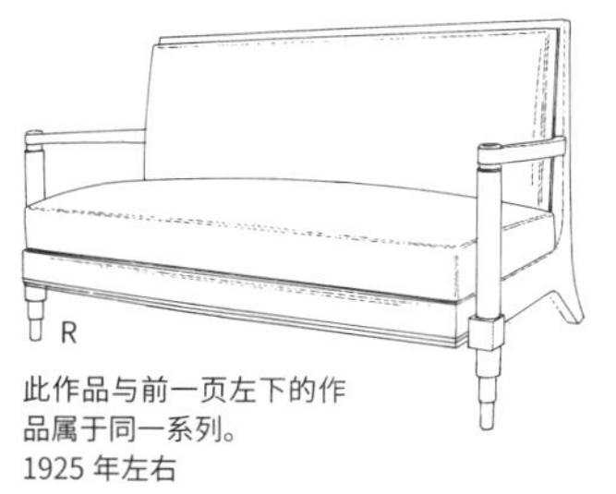

此作品与前一页左下的作品属于同一系列。
1925 年左右

Q

这件作品是"收藏者之家"展览里的长椅。
1925

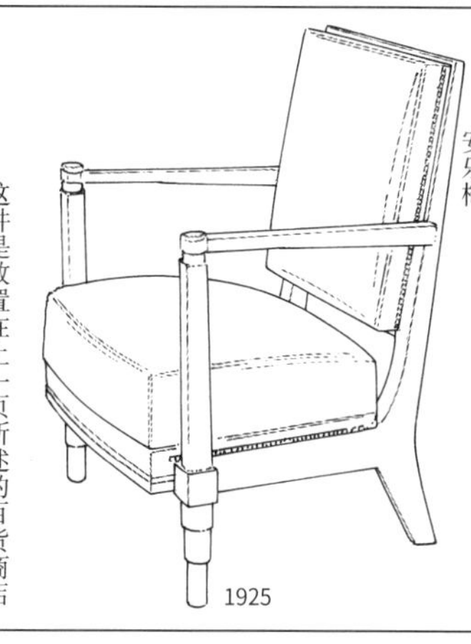

1925

这件是与前一页左下角的作品配套的安乐椅。

1929

这件是放置在上一页所述的百货商店大厅里的作品。

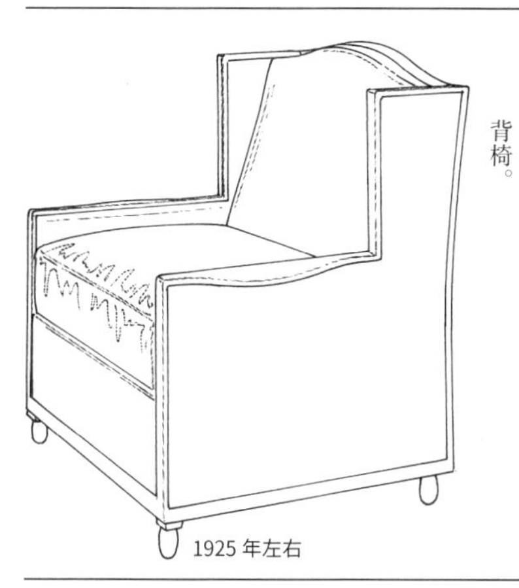

1925 年左右

此作品是为『收藏者之家』设计的翼背椅。

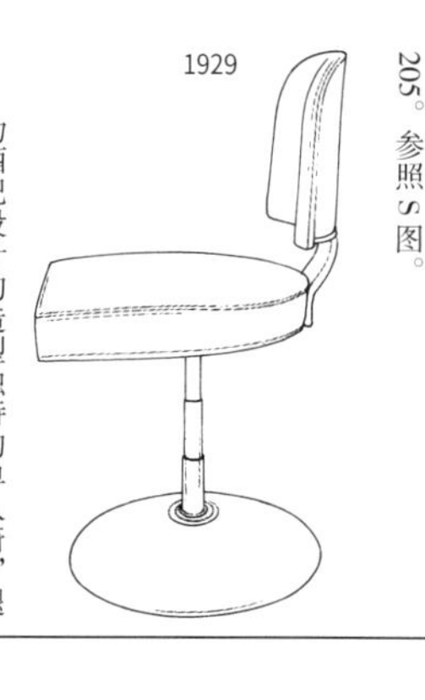

1929

样品名为『富朗赛尔』。整理编号为205。参照S图。

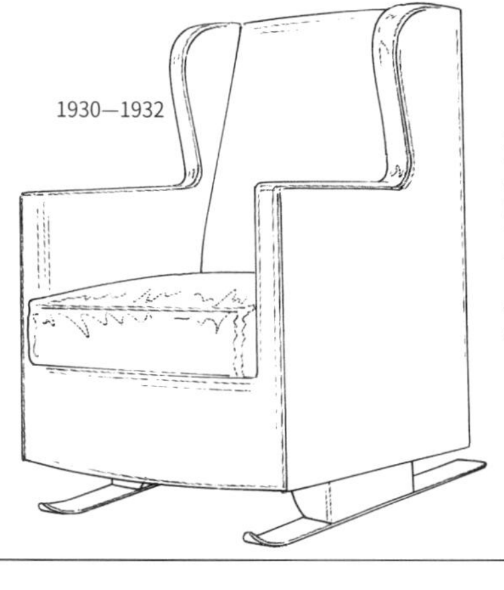

1930—1932

为酒吧设计的造型独特的单人椅，腿部设计成了金属滑雪板的造型。设计师还为这个酒吧设计了橱柜。

1930

这件作品的腿部设计也很独特，只通过照片资料无法分辨腿部是金属的还是木质的。整理编号为280。

这两把椅子应该也具有非常好的舒适性。前腿的细节设计相同。

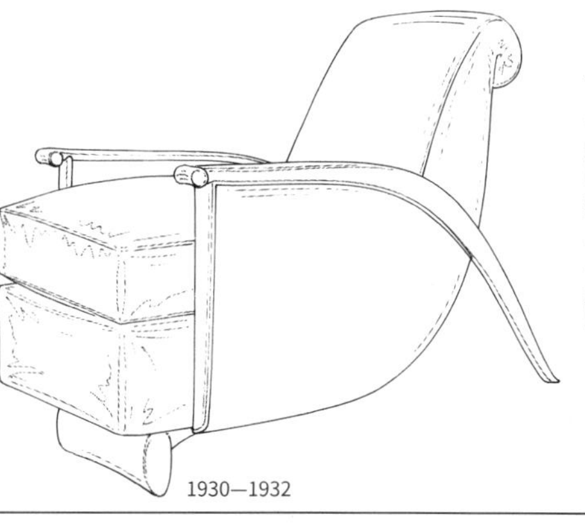

1930—1932

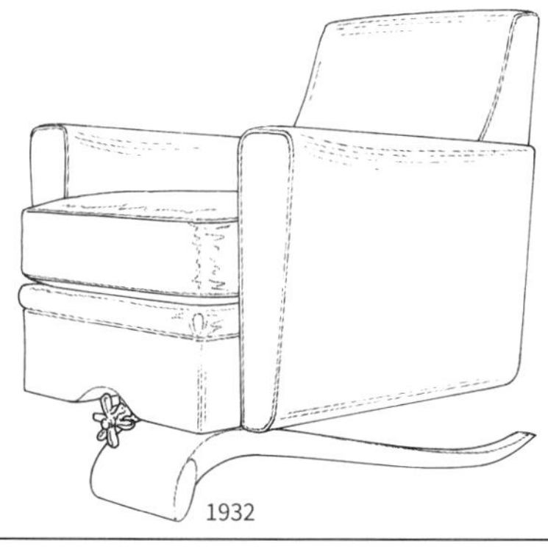

1932

1932

这是一把餐椅。在他的作品中，只有这件作品加入了横木。

1885—1940

艾瑞克·古纳尔·阿斯普伦德

第1小节

斯德哥尔摩国际博览会

艾瑞克·古纳尔·阿斯普伦德（以下简称阿斯普伦德）于1885年9月22日出生在斯德哥尔摩市，在家里的四个兄弟中排行第三。小时候的理想是画画，但是后来渐渐走上了建筑设计的道路。1905—1909年期间在斯德哥尔摩的皇家理工学院学习建筑，1910—1911年期间求学于一家私立建筑学校。在这一时期，他受到了两个人的极大影响，分别是让纳·厄斯特贝利（斯德哥尔摩市政府的设计者）和卡尔·贝斯特曼（让纳·厄斯特贝利的同学，斯德哥尔摩法院的设计者）。1913—1914年期间他到法国和意大利旅行，参观了许多世界文化遗产，在深受震撼的同时也为自己的建筑设计带来了很大的灵感。1931—1940年期间担任斯德哥尔摩皇家理工学院的教授。与丹麦的凯尔·柯林特相同，他也擅长把古典艺术中的传统思想以及浪漫情怀运用到现代生活中。

1930年阿斯普伦德担任斯德哥尔摩博览会的总设计师，这次博览大大推进了包括瑞典在内的斯堪的纳维亚地区各个国家的功能主义运动，自此现代主义也在北欧扎下了根。

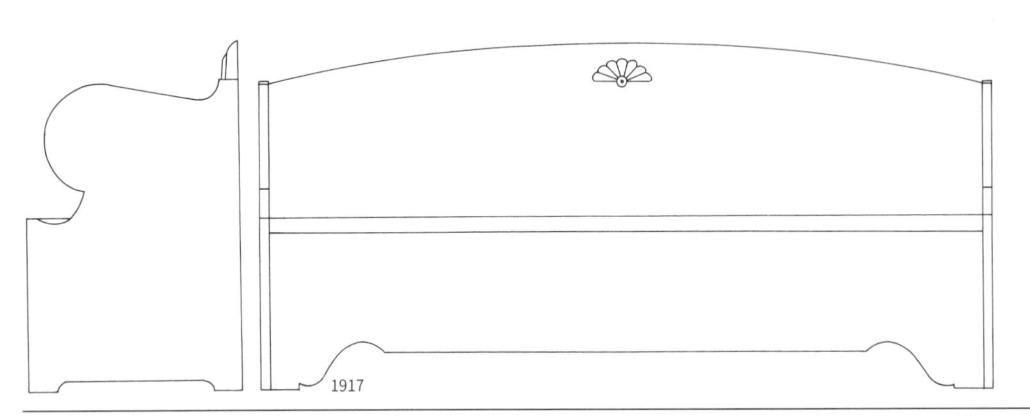

1917年瑞典工艺美术协会举办的『房屋展』中，在注重把日常使用的家具设计得更加具有功能性、更加漂亮、更便宜的同时，首次强调了设计的实用性。这件沙发可能就是当时的样品。

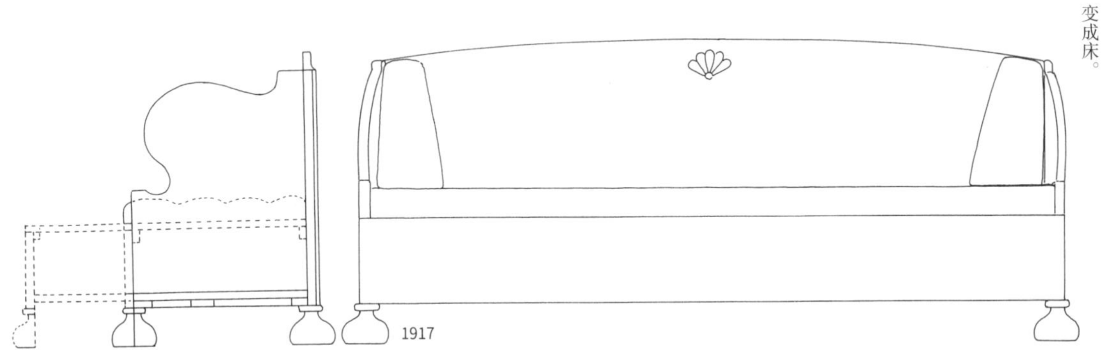

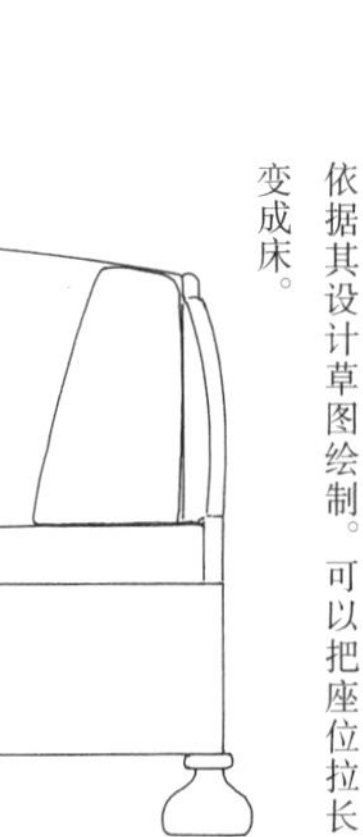

可能是上面沙发的衍生版本。该图依据其设计草图绘制。可以把座位拉长变成床。

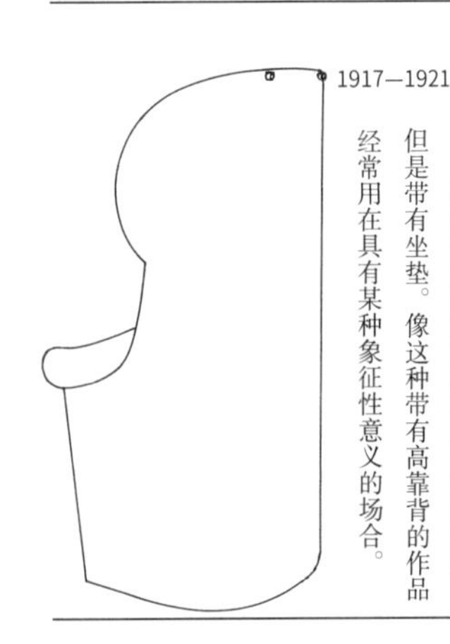

这个作品可能和右边作品完全相同，但是带有坐垫。像这种带有高靠背的作品经常用在具有某种象征性意义的场合。

瑞典南部小镇索尔韦斯博格的利斯特州法院就是一座典型的直线和曲线相结合的建筑，包括半圆形的入口和里面的圆形法庭等。这把法院里法官坐的椅子也具有这种特征。

1917

这件餐椅靠背部分的装饰图案与上一件作品相同。这件作品将直线和曲线完美结合。配套设计的餐桌腿部内侧也设计成了曲线。

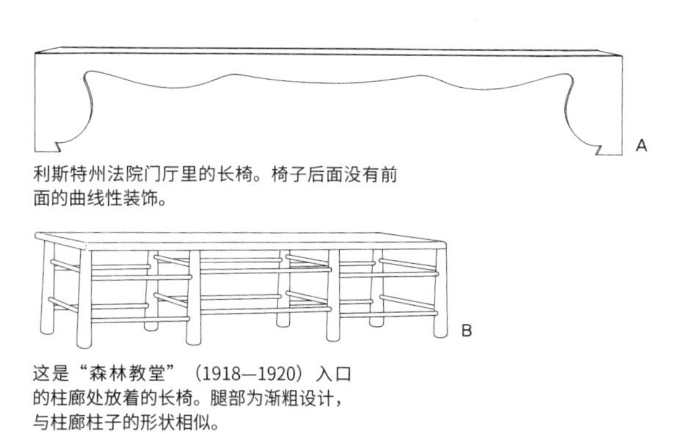

利斯特州法院门厅里的长椅。椅子后面没有前面的曲线性装饰。

这是“森林教堂”（1918—1920）入口的柱廊处放着的长椅。腿部为渐粗设计，与柱廊柱子的形状相似。

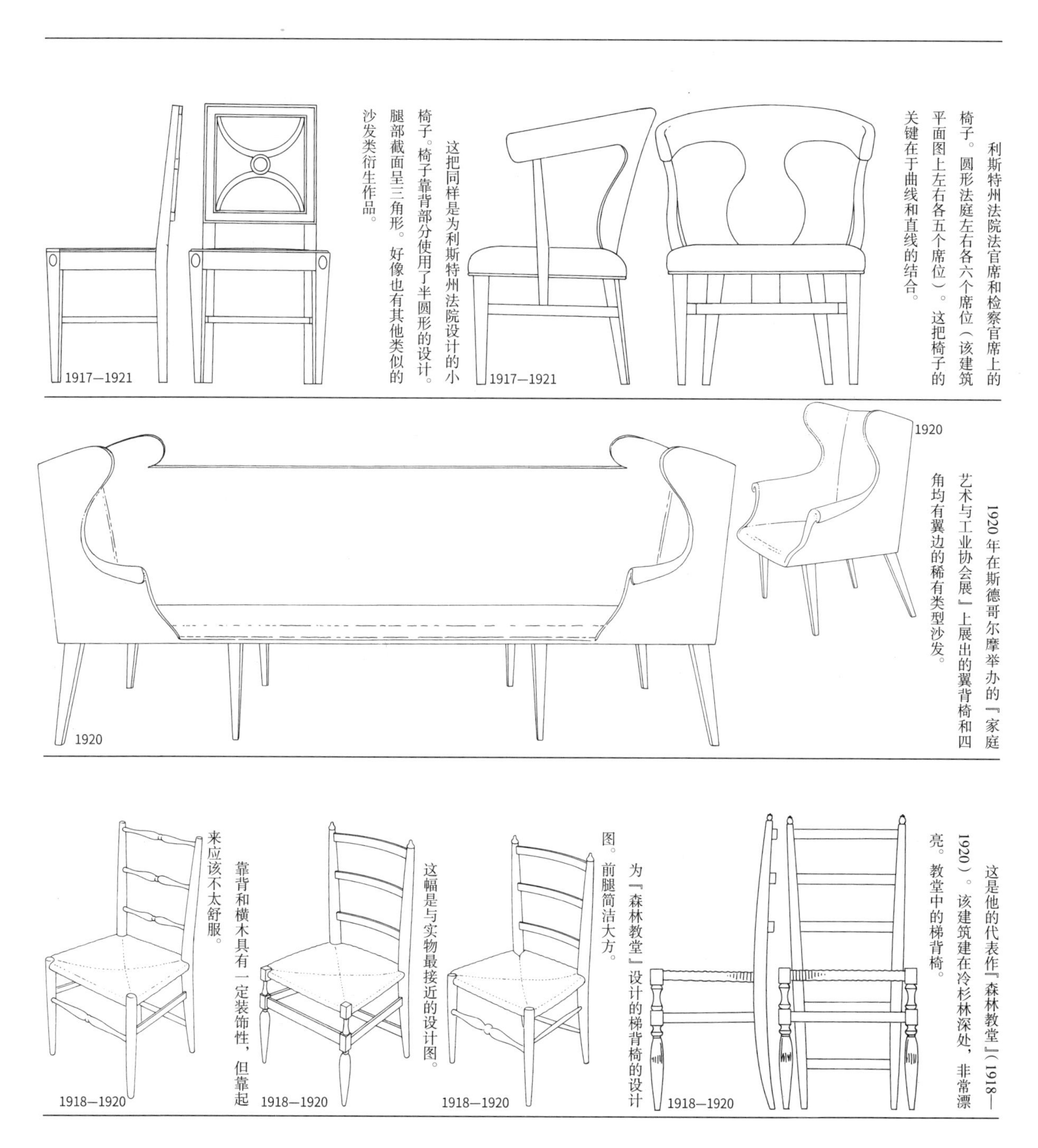

利斯特州法院法官席和检察官席上的椅子。圆形法庭左右各六个席位（该建筑平面图上左右各五个席位）。这把椅子的关键在于曲线和直线的结合。

这把同样是为利斯特州法院设计的小椅子。椅子靠背部分使用了半圆形的设计。腿部截面呈三角形。好像也有其他类似的沙发类衍生作品。

1920年在斯德哥尔摩举办的『家庭艺术与工业协会展』上展出的翼背椅和四角均有翼边的稀有类型沙发。

这是他的代表作『森林教堂』（1918—1920）。该建筑建在冷杉林深处，非常漂亮。教堂中的梯背椅。

为『森林教堂』设计的梯背椅的设计图。前腿简洁大方。

这幅是与实物最接近的设计图。

靠背和横木具有一定装饰性，但靠起来应该不太舒服。

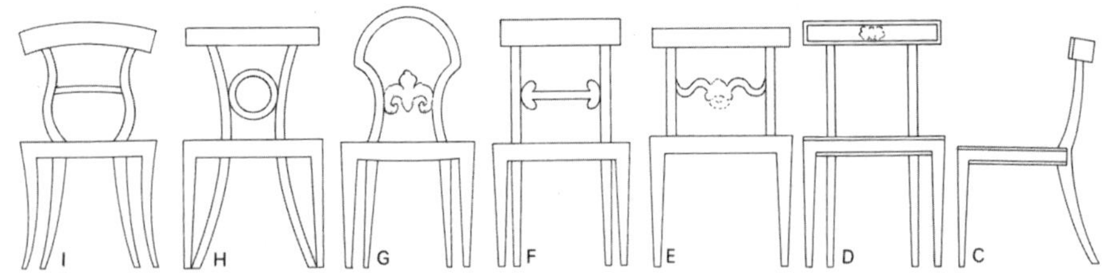

这些是为斯德哥尔摩市政府长廊设计的各样的椅子。C 图、D 图是希腊的克里斯莫斯椅的延伸作品。
1921

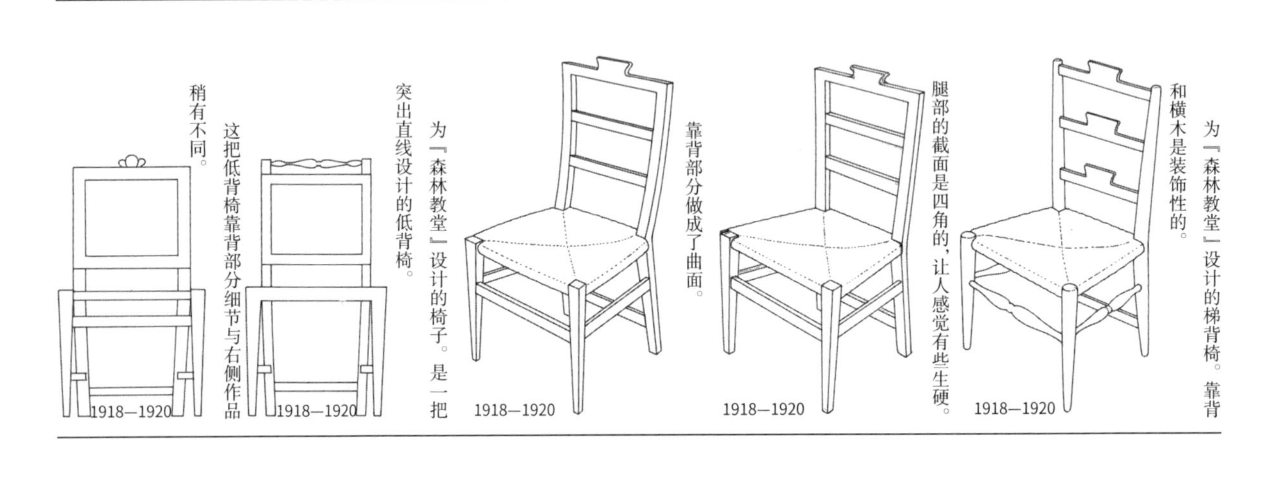

为『森林教堂』设计的梯背椅。靠背和横木是装饰性的。

腿部的截面是四角的，让人感觉有些生硬。

靠背部分做成了曲面。

为『森林教堂』设计的椅子。是一把突出直线设计的低背椅。

这把低背椅靠背部分细节与右侧作品稍有不同。

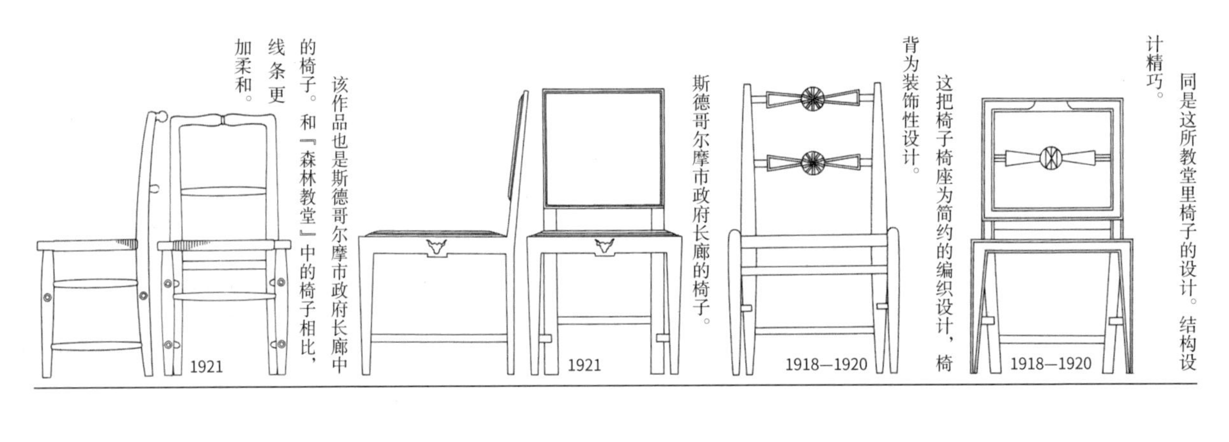

同是这所教堂里椅子的设计。结构设计精巧。

这把椅子椅座为简约的编织设计，椅背为装饰性设计。

斯德哥尔摩市政府长廊的椅子。

该作品也是斯德哥尔摩市政府长廊中的椅子。和『森林教堂』中的椅子相比，线条更加柔和。

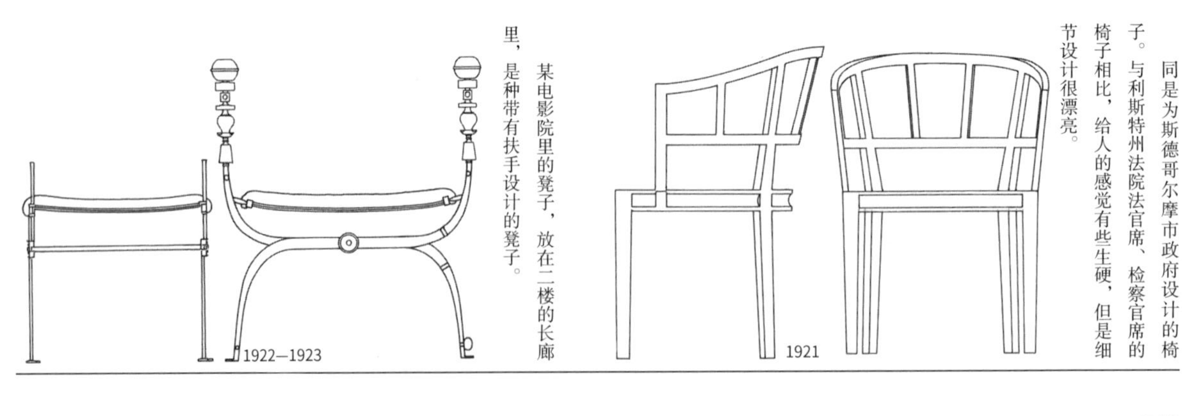

同是为斯德哥尔摩市政府设计的椅子。与利斯特州法院法官席、检察官席的椅子相比，给人的感觉有些生硬，但是细节设计很漂亮。

某电影院里的凳子，放在二楼的长廊里，是种带有扶手设计的凳子。

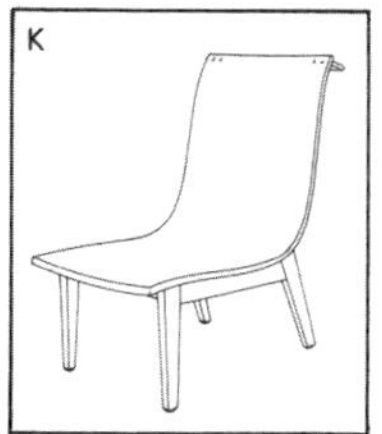

阿尔瓦·阿尔托设计的椅子。靠背和座位的角度与阿斯普伦德的作品非常相似。
1929

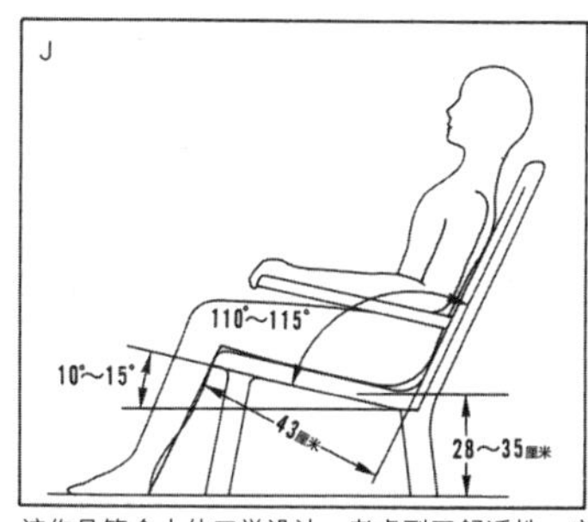

该作品符合人体工学设计，考虑到了舒适性。应该注意的是靠背与座位所成的角度。（出自小原二郎、内田祥哉、宇野英隆编著的《建筑、室内和人体工学》）

在巴黎装饰美术博览会（1925年，瑞典馆）的前一年，阿斯普伦德被指定设计参赛作品，虽然他的作品没有入选，但是他参与了部分场馆室内设计。这就是那时摆放在场馆中的椅子『塞纳』。因为是与桌子配套使用的，所以设计得很小巧并且没有扶手。

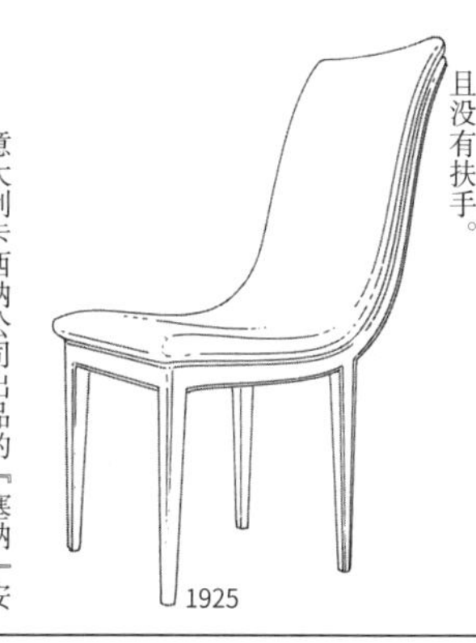
1925

意大利卡西纳公司出品的『塞纳』安乐椅。阿斯普伦德为设计这把椅子画了大量的图纸，但是靠背和座位的角度（曲度）太大，实际坐上以后会下滑，而且座位纵深设计得也太深（参照J图）。

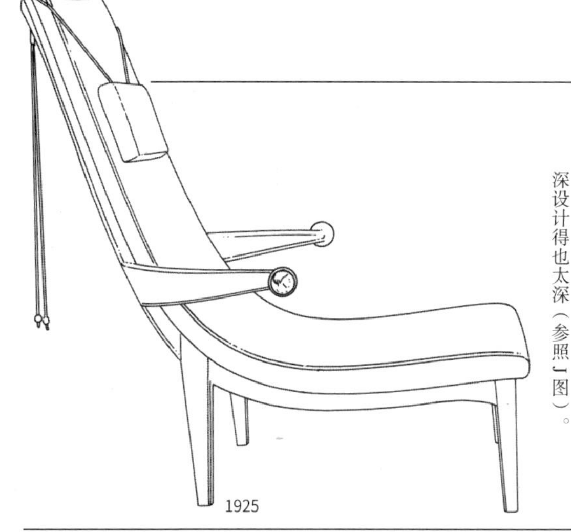
1925

斯德哥尔摩公共图书馆也是他的代表作。巨大的圆筒形室内设计给人以震撼的感觉。不光是建筑物本身，甚至书架、小桌子、门把手、水龙头等吊灯细枝末节都体现着他设计中出色的感染力。这把椅子现在仍然在使用中。

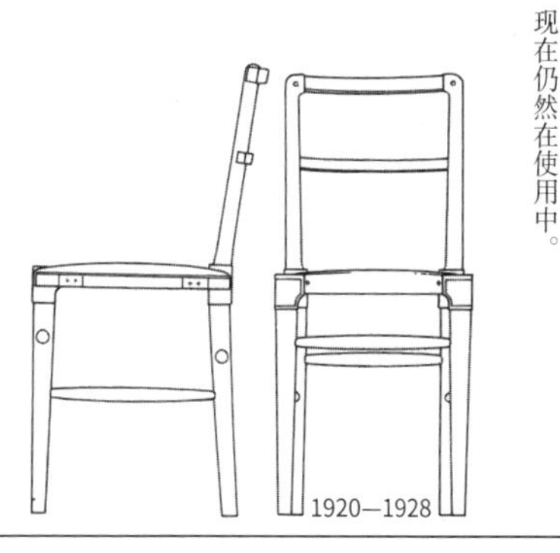
1920—1928

这是斯德哥尔摩公共图书馆的『儿童阅览室』里使用的椅子。与前一页右下角的椅子非常相似。座位为编织设计。

1928

这把是图书馆馆长办公室的椅子，厄斯特贝利和丹麦的尼古拉·阿比鲁戈等人也设计过非常相似的作品。

1928
（虚线部分不详）

工艺美术协会的展览上展出的模型。那个时候阿斯普伦德开始大量使用钢管材料进行设计，可能是受包豪斯的影响。

1931

此作品是为瑞典埃斯勒夫市的中心文化协会设计的。后腿固定在了带孔的板子上。

1931

1885—1940

艾瑞克·古纳尔·阿斯普伦德

第 2 小节

建在森林之中的两件代表作

阿斯普伦德是瑞典建筑的代表性建筑家，他有两件代表作——『林地公墓』和『森林教堂』，接下来将就他的这两样代表作进行介绍。1913—1914 年他到意大利旅行，之后的第二年他和西格德·莱韦伦兹一同获得了『南斯德哥尔摩公墓』国际设计比赛的第一名。但是之后这两件作品耗费了二十五年之久才完成。也正因如此，莱韦伦兹于 1935 年从项目中退出，只剩阿斯普伦德一个人继续进行设计。在这二十五年当中，他实现了从当初的古典主义向国际风格的过渡。而他在意大利的旅行中学习到的东西也为他的这些设计奠定了基础，其中的很多设计都被他运用到了作品当中。

南斯德哥尔摩公墓（后命名为斯科斯累格加登公墓）入口处是一段缓坡，沿路是矮墙，在墙壁的尽头有一处被花坛包围着的墓地，阿斯普伦德便在那里长眠。

以前我曾经去过那座公墓，那时的感觉让我一生难忘。如果我死了能葬在这样美丽的墓地里，那我真是到了天堂。

1918—1920

1918—1920

在他的代表作『森林教堂』中，有一排梯背椅围绕着遗体摆放。这里仅介绍图纸上作品中的一个作品。图中的是制成的样品。

1920

此作品放在比右侧作品稍高一层的地方，是曾经在第 1 小节中介绍过的 1920 年在斯德哥尔摩举办的『家庭艺术与工业协会展』上展出的家具。靠背和座位是藤制的。

1920

这把凳子和右侧的作品属同一系列。两样作品的曲线设计都很优美。

1922—1923

第 1 小节中曾介绍过这件作品的主视图，这次找到了它的实物样品。座位下面的横梁是加固支撑用的。

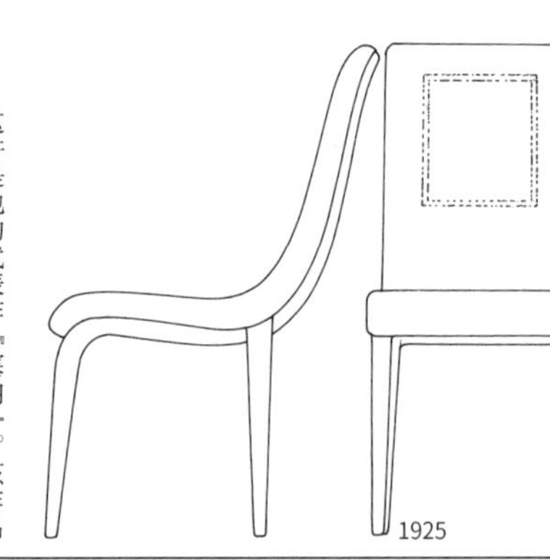

作品『塞纳』的小型版本。图片绘自其设计草图，靠背为四边形结构，颜色为橙色。

1925

这件是他的代表作『塞纳』。该作品是 1925 年巴黎装饰美术博览会瑞典馆展出的作品，被某杂志评为『北欧的宝座』。五十九年过去后，意大利卡西纳公司于 1984 年开始生产制造这件作品，但这把椅子比较宽大，所以不太适合日本人的体形。这里介绍的十四件作品都是依据其设计草图绘制的。该作品的靠背和椅座是分开的。

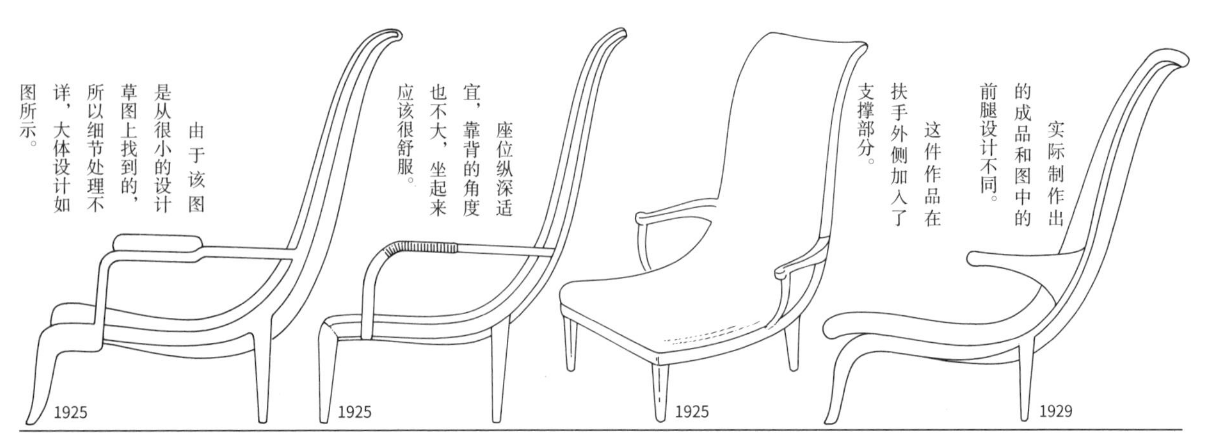

实际制作出的成品和图中的前腿设计不同。

这件作品在扶手外侧加入了支撑部分。

座位纵深适宜，靠背的角度也不大，坐起来应该很舒服。

由于该图是从很小的设计草图上找到的，所以细节处理不详，大体设计如图所示。

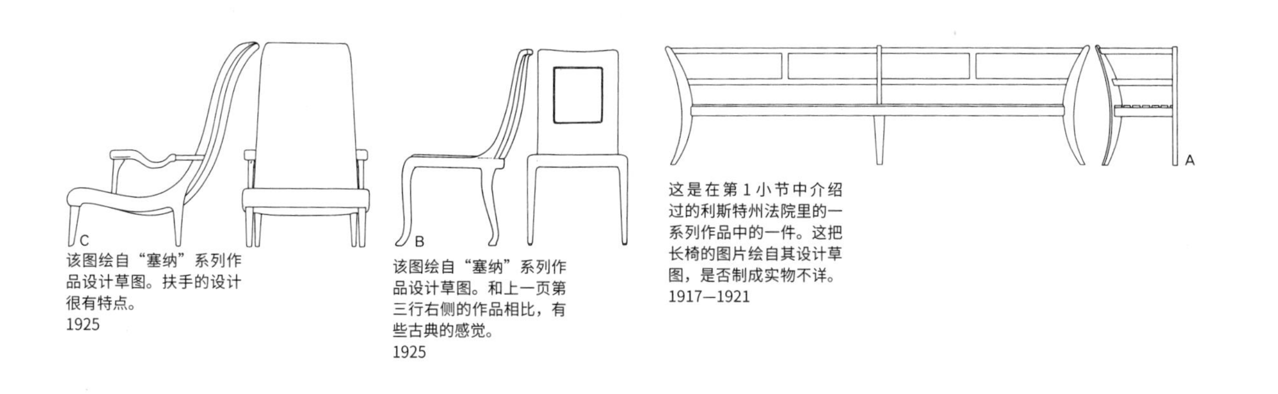

该图绘自“塞纳”系列作品设计草图。扶手的设计很有特点。
1925

该图绘自“塞纳”系列作品设计草图。和上一页第三行右侧的作品相比，有些古典的感觉。
1925

这是在第 1 小节中介绍过的利斯特州法院里的一系列作品中的一件。这把长椅的图片绘自其设计草图，是否制成实物不详。
1917—1921

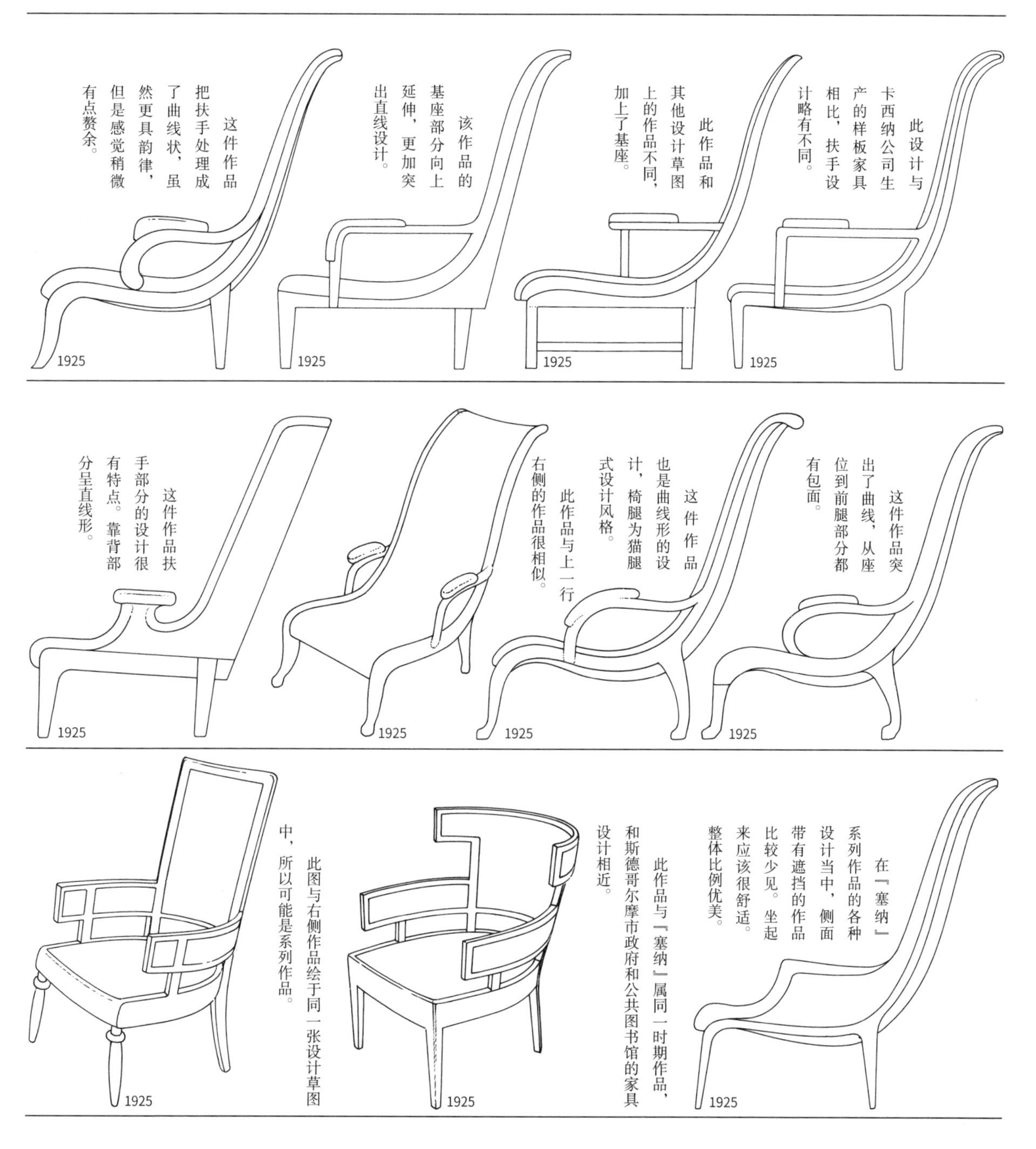

这件作品把扶手处理成了曲线状，虽然更具韵律，但是感觉稍微有点赘余。
1925

该作品的基座部分向上延伸，更加突出直线设计。
1925

此作品和其他设计草图上的作品不同，加上了基座。
1925

此设计与卡西纳公司生产的样板家具相比，扶手设计略有不同。
1925

这件作品扶手部分的设计很有特点。靠背部分呈直线形。
1925

1925

这件作品也是曲线形的设计，椅腿为猫腿式设计风格。此作品与上一行右侧的作品很相似。
1925

这件作品突出了曲线，从座位到前腿部分都有包面。
1925

此图与右侧作品绘于同一张设计草图中，所以可能是系列作品。
1925

1925

此作品与『塞纳』属同一时期作品，和斯德哥尔摩市政府和公共图书馆的家具设计相近。

在『塞纳』系列作品的各种设计当中，侧面带有遮挡的作品比较少见。坐起来应该很舒适。整体比例优美。
1925

E

这件作品可能为斯德哥尔摩公共图书馆设计的。具体是在哪个房间中使用的不详。
1920—1928

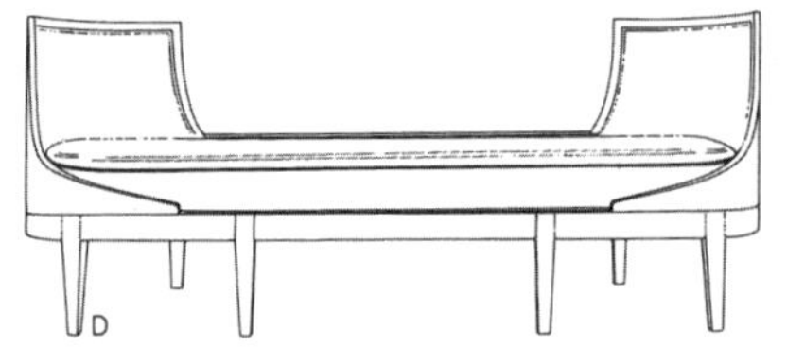

D

此作品是为斯德哥尔摩市政府设计的沙发。两侧的靠背的曲线设计非常优雅。
1926

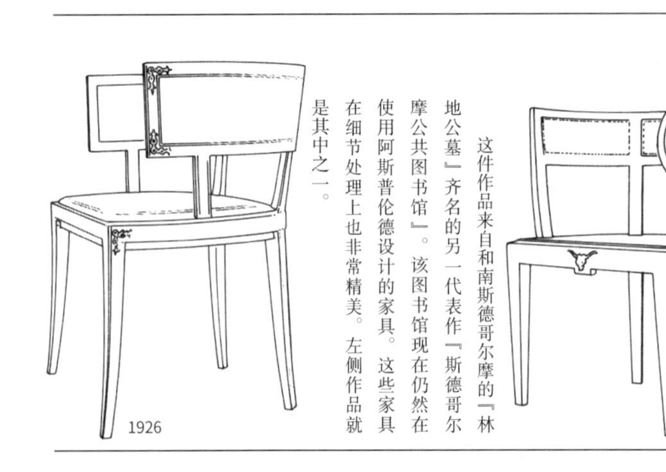

1926

这件作品来自和南斯德哥尔摩的『林地公墓』齐名的另一代表作『斯德哥尔摩公共图书馆』。该图书馆现在仍然在使用阿斯普伦德设计的家具。这些家具在细节处理上也非常精美。左侧作品就是其中之一。

1926

这件扶手椅可能与右侧作品属于同一系列。

1926

这件作品为斯德哥尔摩市政府设计的，和在第1节中介绍的作品很相似，但是靠背的圆形藤质部分不同。座位前段和侧面有牛头浮雕。

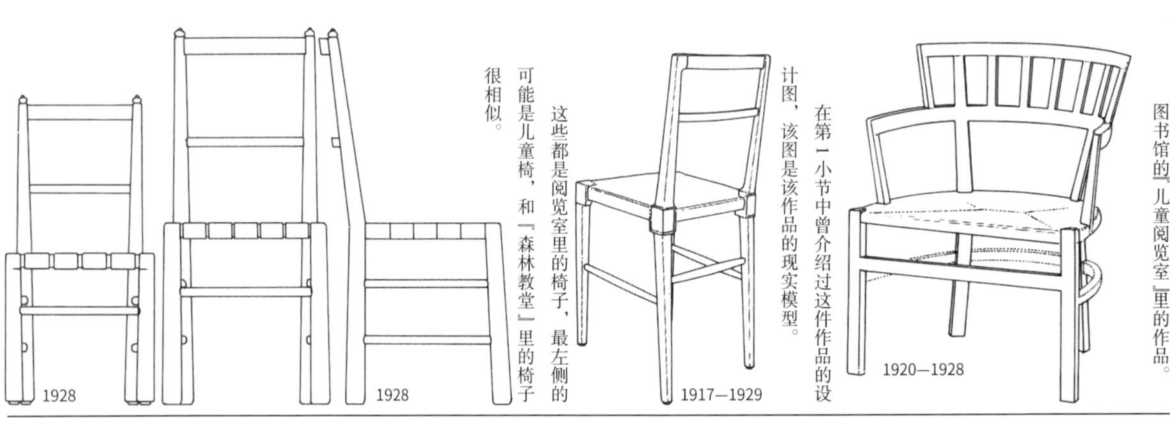

1928

1928

这些都是阅览室里的椅子，最左侧的可能是儿童椅，和『森林教堂』里的椅子很相似。

1917—1929

在第1小节中曾介绍过这件作品的设计图，该图是该作品的现实模型。

1920—1928

图书馆的『儿童阅览室』里的作品。

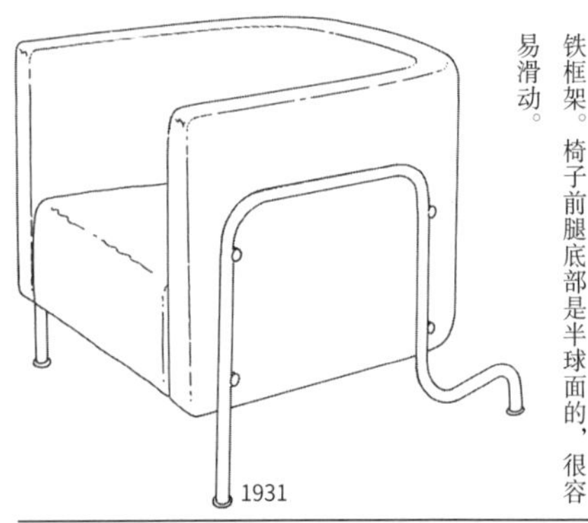

1931

这是在工艺美术协会展览上展出的两件样品。从那个时期开始他越来越多地使用钢铁材料。这件作品的腿部就是用了钢铁框架。椅子前腿底部是半球面的，很容易滑动。

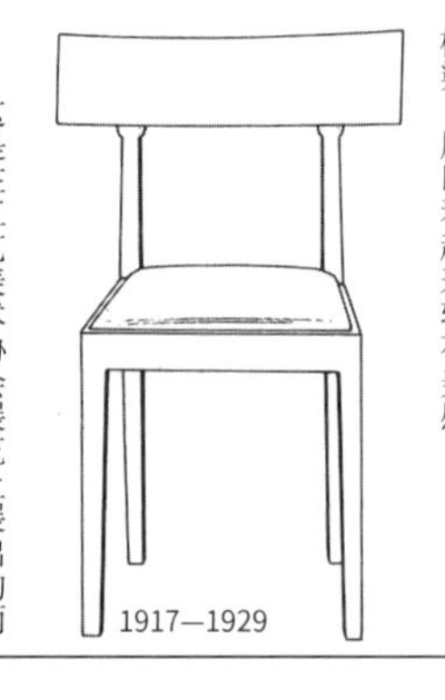

1917—1929

这件可能也是为图书馆设计的作品，其靠背的设计应该很舒服。因为没有设计横梁，所以看起来较有美感。

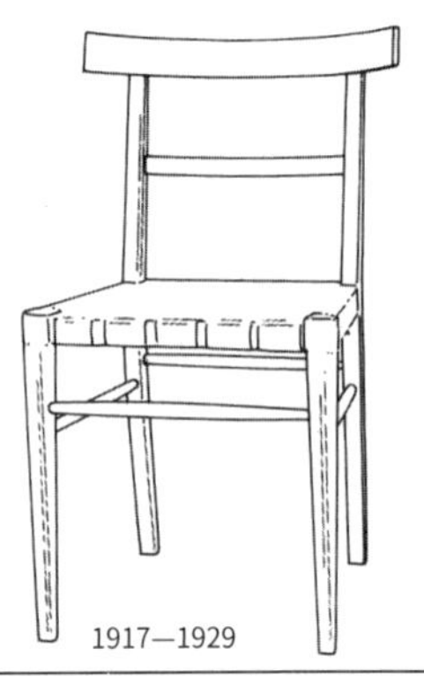

1917—1929

这件可能也是为该图书馆设计的，但是具体是哪间房间里的不详。

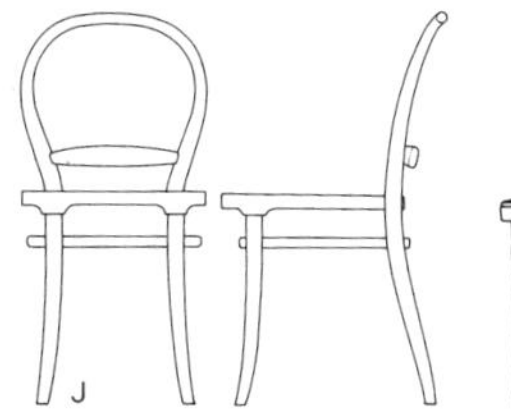

这是为哥德堡法院设计的作品。第三行左侧图片应该是该作品的立面图。
1935—1937

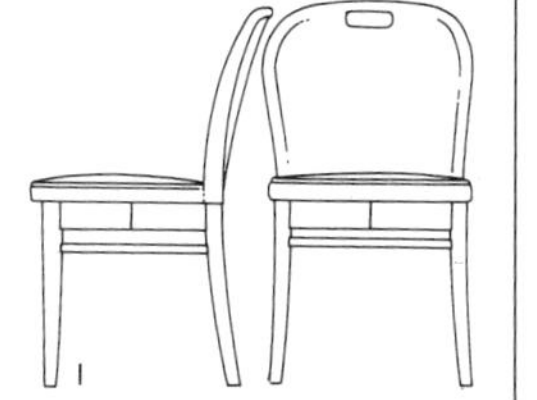

“哥德堡 I ”图纸上的作品。根据这张图纸我们可以推测，这把椅子最初靠背部分应该有遮挡，并使用了胶合板。
1935—1937

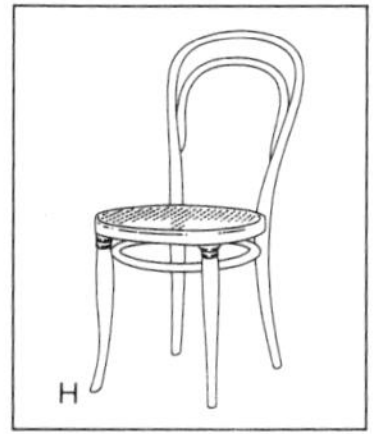

史上最畅销、最经久不衰的名作，索耐特 No.14。这件作品给后世带来了巨大的影响。
1859

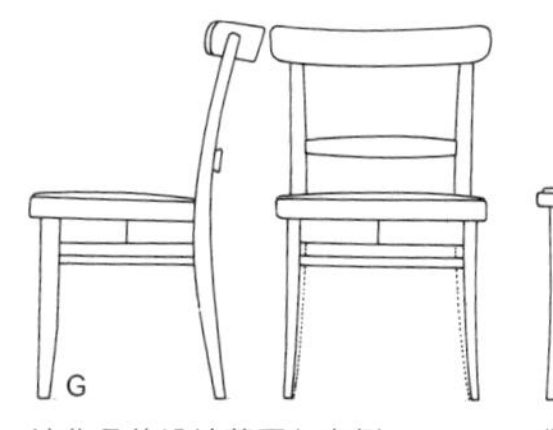

该作品的设计草图与右侧作品的图纸是同一时期画的。座位下面有 X 形交叉横木。
1935—1937

“哥德堡 I ”图纸上的作品。
1935—1937

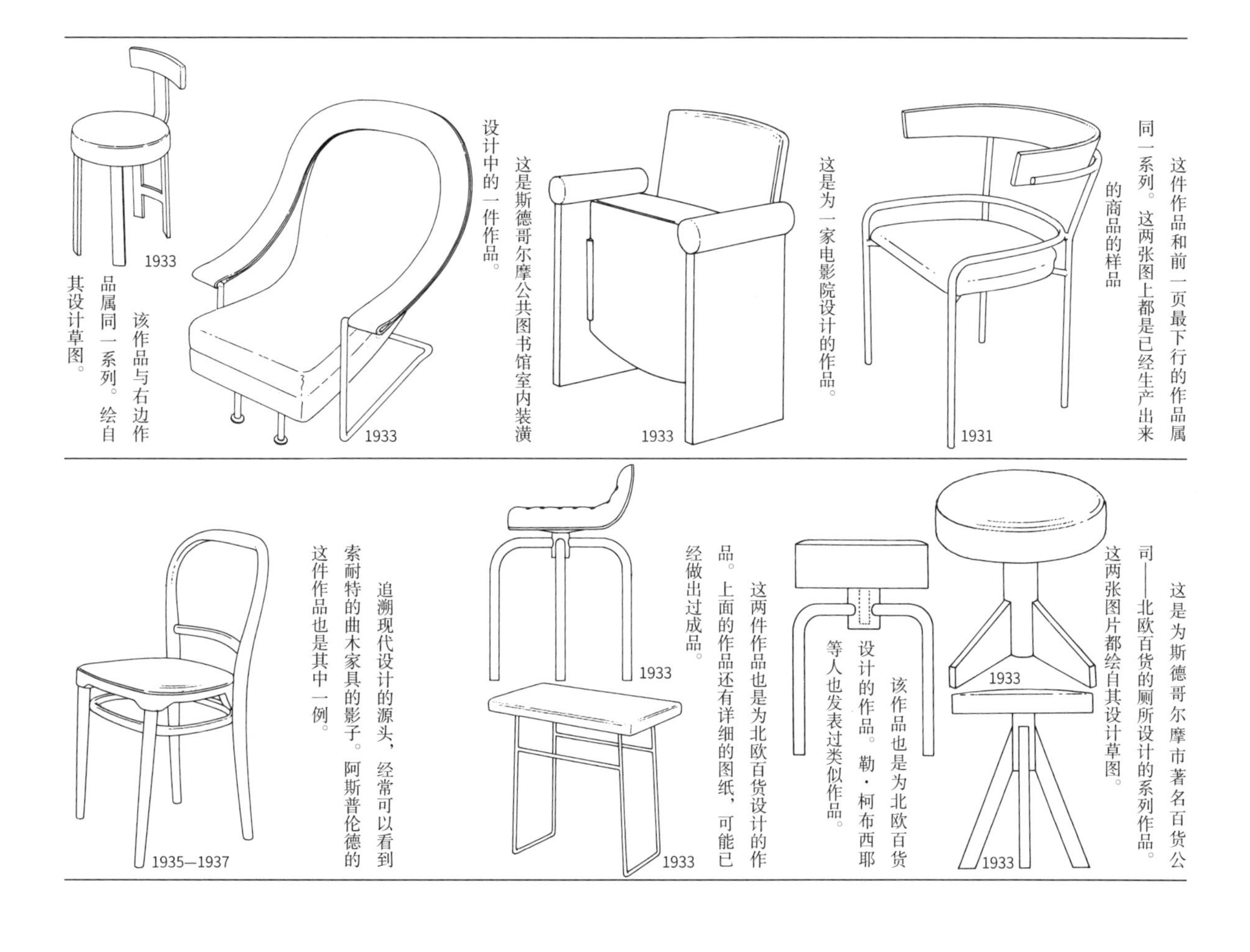

这件作品和前一页最下行的作品属同一系列。这两张图上都是已经生产出来的商品的样品

这是为一家电影院设计的作品。

这是斯德哥尔摩公共图书馆室内装潢设计中的一件作品。

该作品与右边作品属同一系列。绘自其设计草图。

这是为斯德哥尔摩市著名百货公司——北欧百货的厕所设计的系列作品。这两张图片都绘自其设计草图。

该作品也是为北欧百货设计的作品。勒·柯布西耶等人也发表过类似作品。

这两件作品也是为北欧百货设计的作品。上面的作品还有详细的图纸，可能已经做出过成品。

追溯现代设计的源头，经常可以看到索耐特的曲木家具的影子。阿斯普伦德的这件作品也是其中一例。

此作品是为哥德堡法院设计的作品，是第三行左侧作品的平面图。

1935—1037

这是最接近成品的设计。绘自其平面设计图。

1935—1037

这件是右侧的衍生作品『哥德堡一』。卡西纳公司模型。

1935—1937

1885—1940

艾瑞克·古纳尔·阿斯普伦德

第3小节
哥德堡法院

哥德堡法院是阿斯普伦德众多建筑设计中的一个，接下来将简单介绍一下哥德堡法院的增建计划。所谓增建计划就是在1672年瑞典设计师提契诺设计的建筑的基础上，将其增建为哥德堡法院。为此从1913年开始，这个计划耗费了二十五年之久。这一项目开始建造时阿斯普伦德是28岁，一直到他去世前三年，也就是在他52岁时才竣工。虽然他于1913年因民族浪漫主义的施工计划而当选该项目的设计师，但他在两年后又改变成了古典主义风格，而到了1918年他重新使用与1925年修建的市政府相同的设计风格继续施工，之前已经建好的部分则抛下不管。但是到了1934年他还是把之前抛下的部分进行了重建，统一了风格。终于到了1935年，他再次选择放弃统一风格的方案，这才接近了最终的实施方案。这其中的难题在于如何融合新旧差异，而他用了三十六年终于解决了这个问题，拿出了最终方案。对日本来说这种耗费时间的施工是难以想象的。然而就是在漫长的时间里，孕育出了许多精美的家具和细节设计。

哥德堡法院的增建计划也是他的代表性成果之一。这里介绍的一系列作品名为『哥德堡Ⅱ』。图中所示的是框架设计模型，该框架使用了圆形木料。

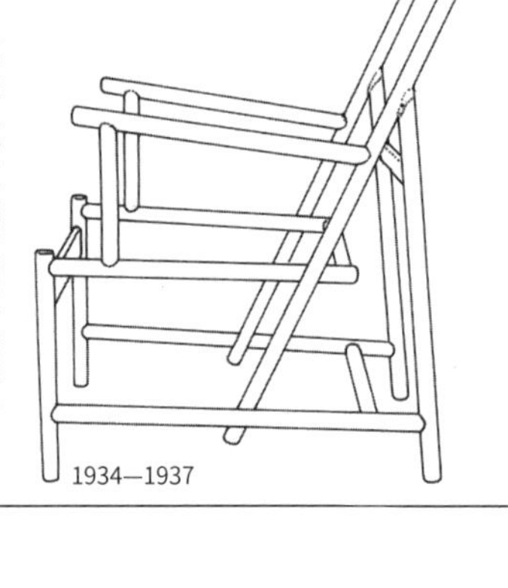

1934—1937

这是与成品最接近的框架设计。

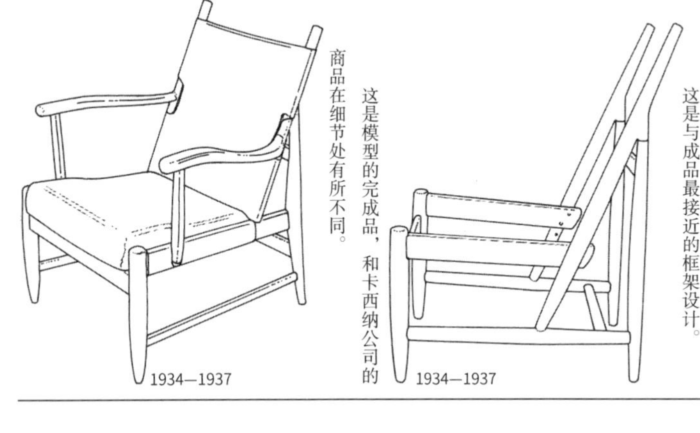

1934—1937

这是模型的完成品，和卡西纳公司的商品在细节处有所不同。

1934—1937

该图绘自其设计草图，图中的作品和卡西纳公司的样品家具很相似，但是后腿的横木设计不同。

1935—1937

1983年卡西纳公司的样品家具。在『北欧设计系列展·建筑师之家』（1995年，东京）展览中展出过。

1935—1937

该作品和最右侧作品出自同一设计草图。英格兰温莎椅的改造试验品。

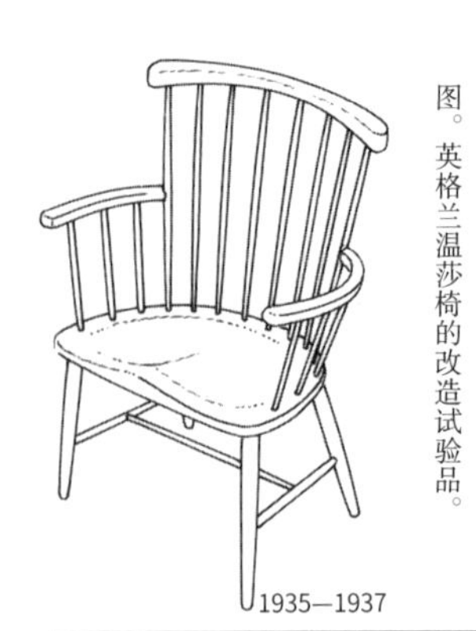

1935—1937

这幅图也是依据其设计草图绘制的。该作品可能是哥德堡法院增建计划的家具设计之一，使用了藤质材料。

1935—1937

右侧作品的侧面设计。该图绘自其设计草图。

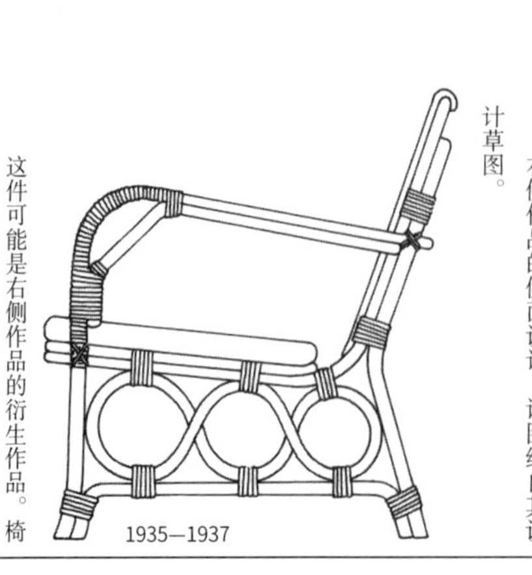

1935—1937

这件可能是右侧作品的衍生作品。椅座部分好像是由细藤精心编织而成的。

1935—1937

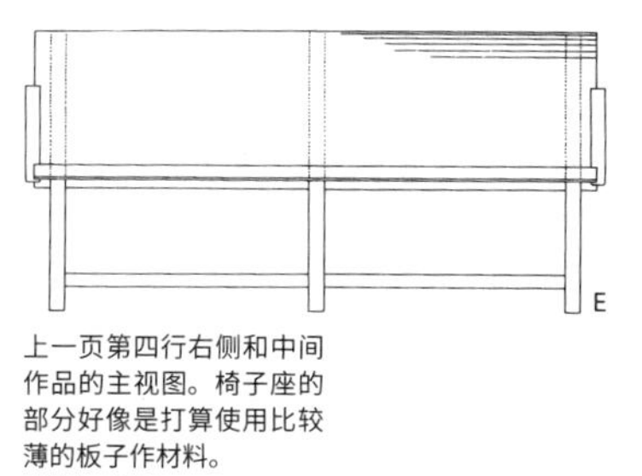

上一页第四行右侧和中间作品的主视图。椅子座的部分好像是打算使用比较薄的板子作材料。
1934—1937

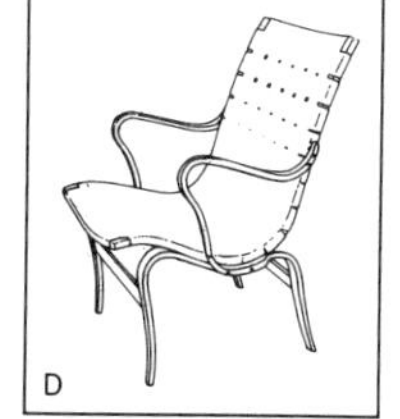

布鲁诺·马松的代表作“夏娃”系列作品，使用了胶合板框架。是一件历史名作。
1941

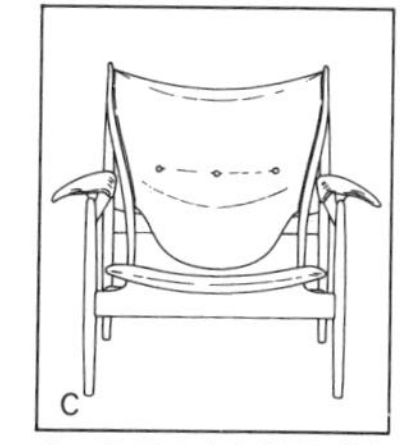

芬居尔的代表作“酋长椅”或称“埃及椅”，和阿斯普伦德的“哥德堡Ⅰ”在细节上有相似之处。
1949

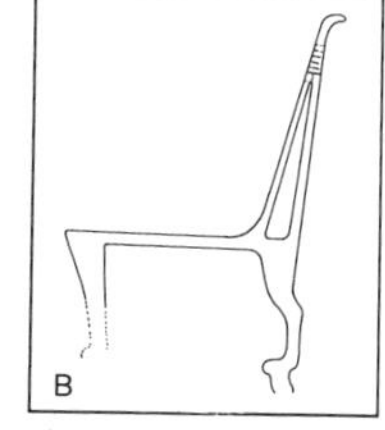

这是因支撑靠背的斜面部分和后腿上部相连的典型设计而闻名的“埃及椅”，是从图坦卡蒙的墓穴中发掘出来的。
公元前1350年左右

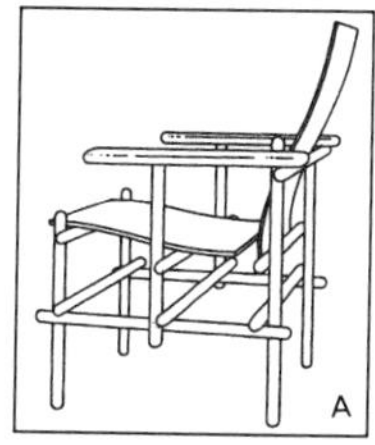

这件作品跟格里特·托马斯·里特维尔德的作品“红蓝椅”相似，作品所有的框架都使用了圆形木料。
1924

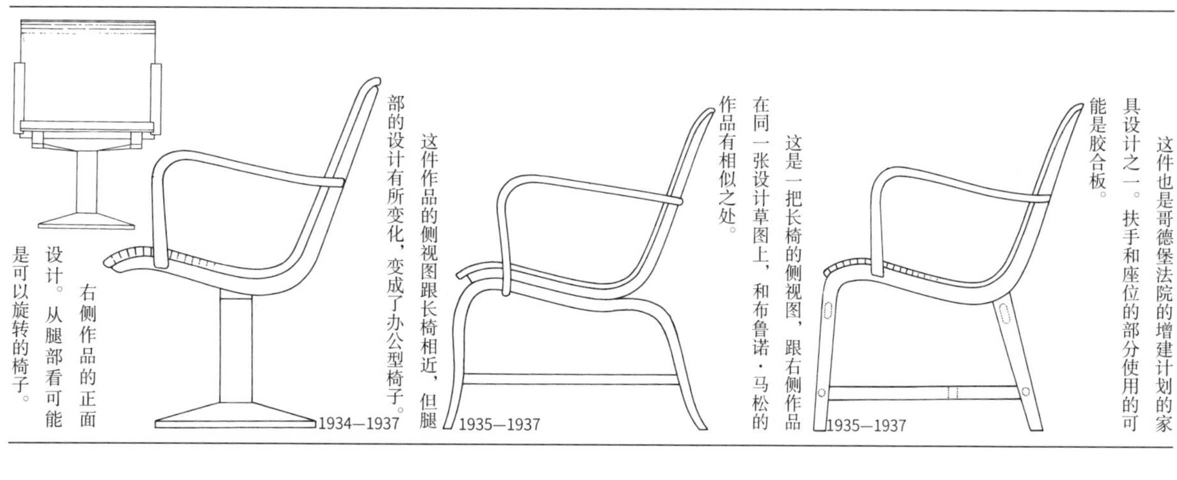

这件也是哥德堡法院的增建计划的家具设计之一。扶手和座位的部分使用的可能是胶合板。

这是一把长椅的侧视图，跟右侧作品在同一张设计草图上，和布鲁诺·马松的作品有相似之处。

这件作品的侧视图跟长椅相近，但腿部的设计有所变化，变成了办公型椅子。

右侧作品的正面设计。从腿部看可能是可以旋转的椅子。

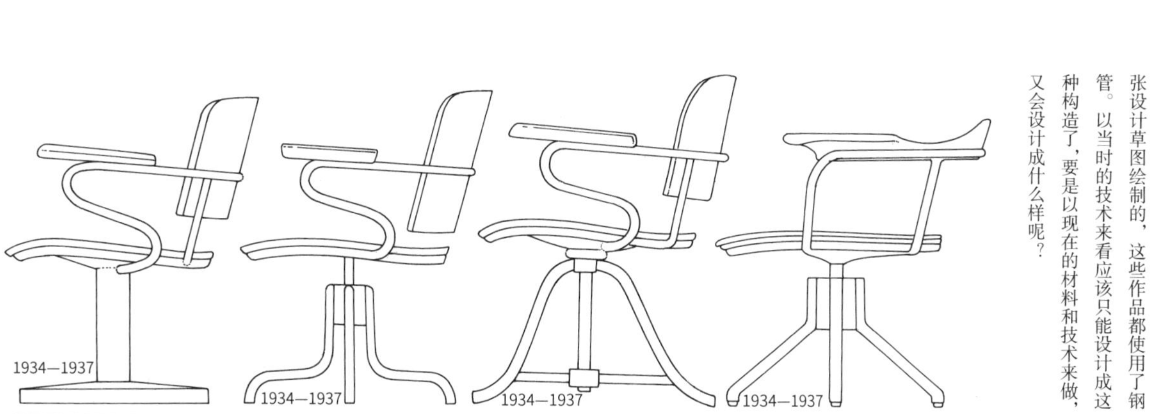

这里介绍的一系列作品都是根据同一张设计草图绘制的，这些作品都使用了钢管。以当时的技术来看应该只能设计成这种构造了，要是以现在的材料和技术来做，又会设计成什么样呢？

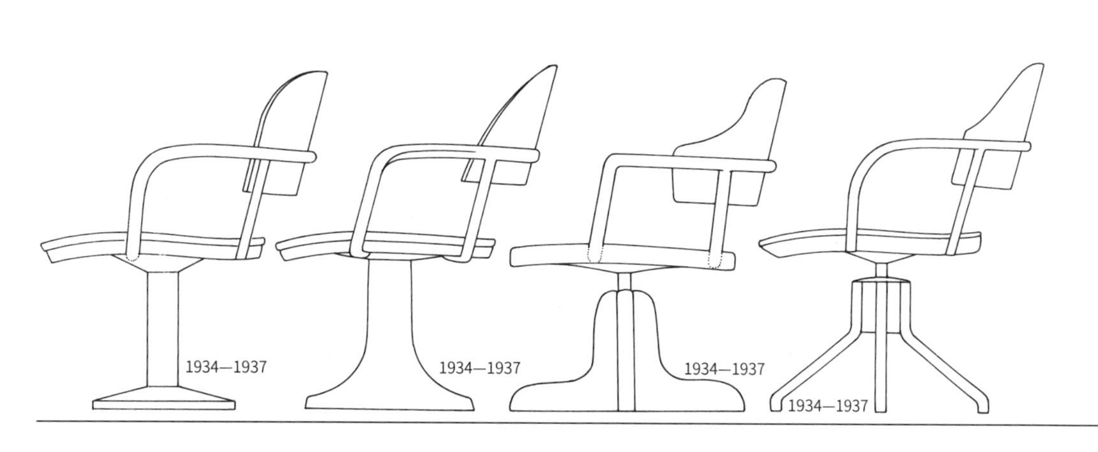

这四件作品和上一行四件作品出自同一张设计草图。阿斯普伦德设计了很多办公室用的转椅。这些可能都没有做成实物。

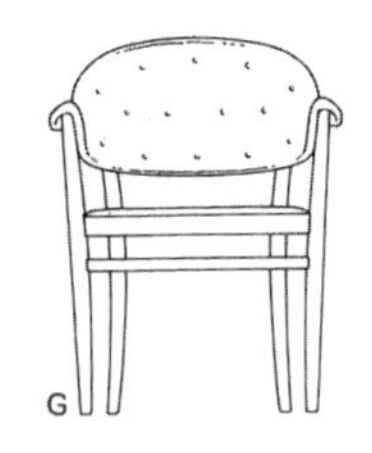

第三行左侧作品的主视图。绘自其设计草图。
1934—1937

这是第三行右侧作品的实际样品的三视图，未能找到平面图。
1934—1937

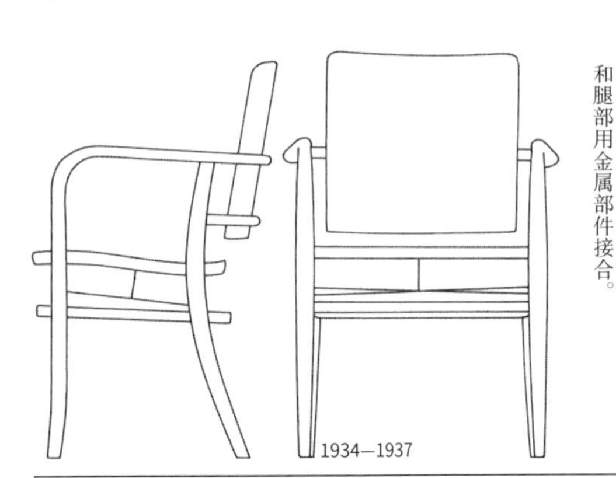

1934—1937

这件作品也是根据其设计草图绘制的，是一件制成了实物的样品。靠背部分和腿部用金属部件接合。

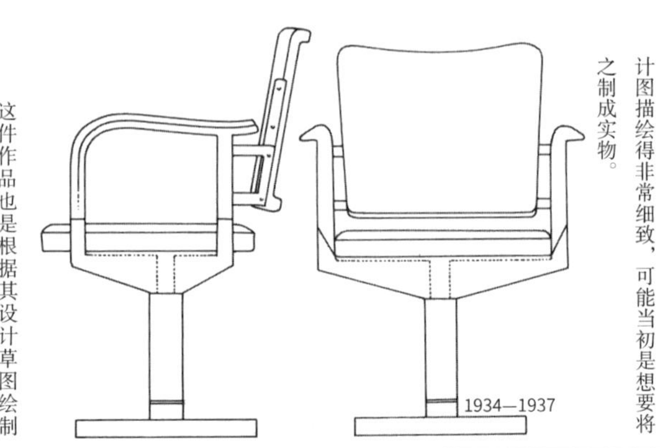

1934—1937

这件作品也有一系列的设计草图，设计图描绘得非常细致，可能当初是想要将之制成实物。

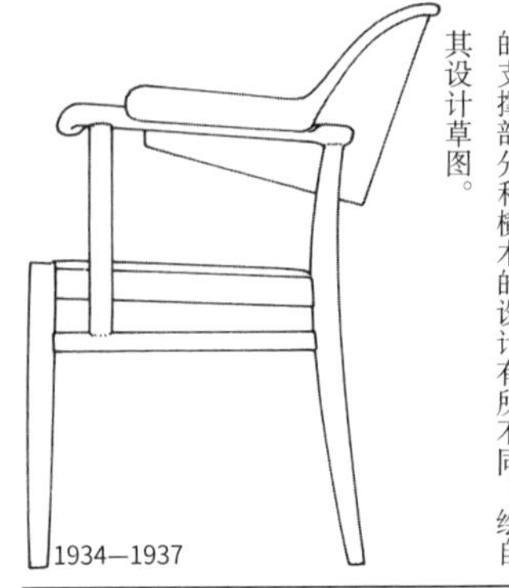

1934—1937

该作品和右侧的作品很相似，但扶手的支撑部分和横木的设计有所不同。绘自其设计草图。

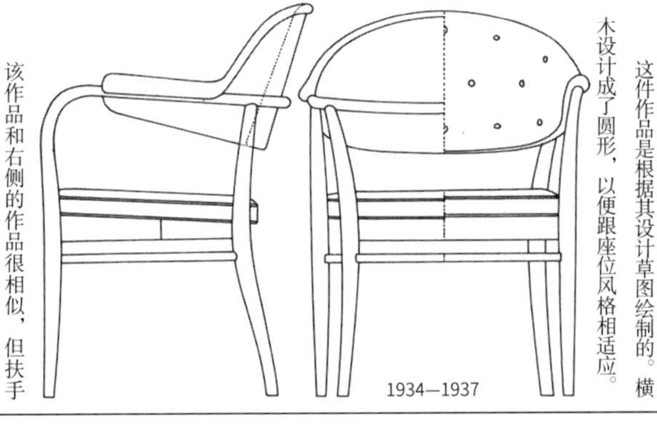

1934—1937

这件作品是根据其设计草图绘制的。横木设计成了圆形，以便跟座位风格相适应。

1934—1937

该作品现在仍在哥德堡法院中使用。

1934—1937

此作品和右侧的作品很像，是根据其设计草图绘制的。从扶手到靠背的细节设计有所不同。

1934—1937

图片来自其平面图。该作品和上一行中间的作品很相似，但是扶手和横木的设计不同。是否制成实物不详。

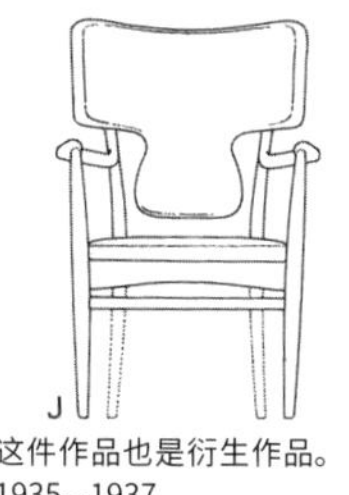

J
这件作品也是衍生作品。
1935—1937

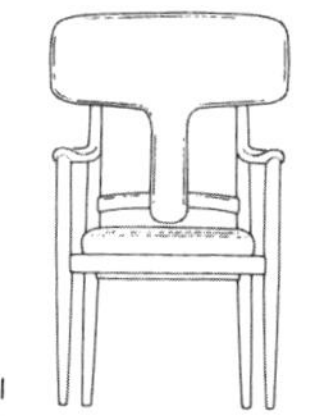

I
该作品是左下角作品的衍生作品。图片绘自其设计草图。
1935—1937

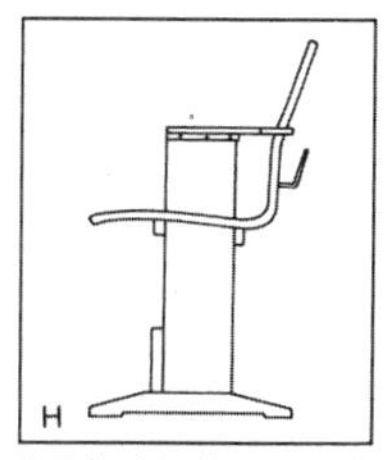

H
格里特·托马斯·里特维尔德的“诊疗椅”。应该是为教会设计的。
20 世纪 60 年代

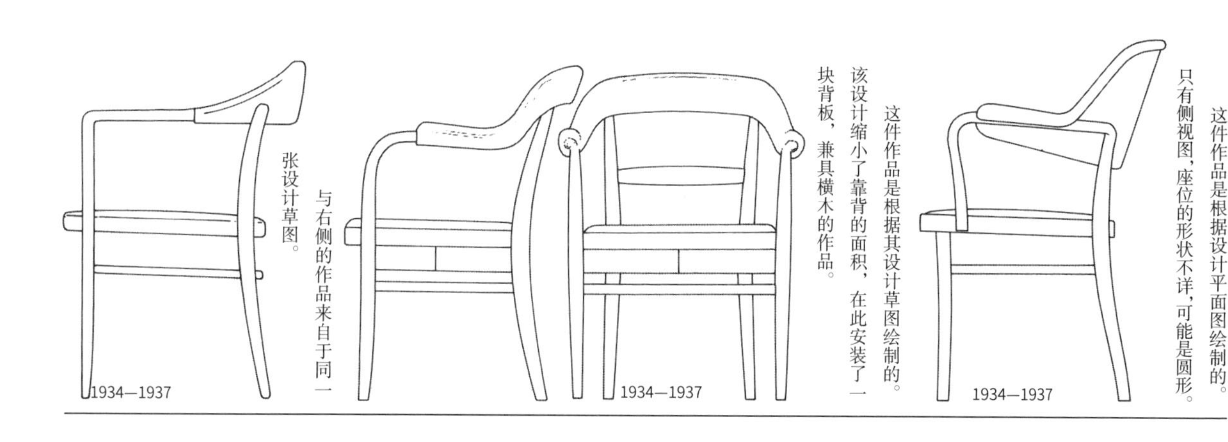

1934—1937

与右侧的作品来自于同一张设计草图。

1934—1937

这件作品是根据其设计草图绘制的。该设计缩小了靠背的面积，在此安装了一块背板，兼具横木的作品。

1934—1937

这件作品是根据设计平面图绘制的。只有侧视图，座位的形状不详，可能是圆形。

1934—1937

这件作品也是为法院设计的作品。图片来自他随手画的三视图。座位稍稍翘起，可能是为旁听席设计的作品。

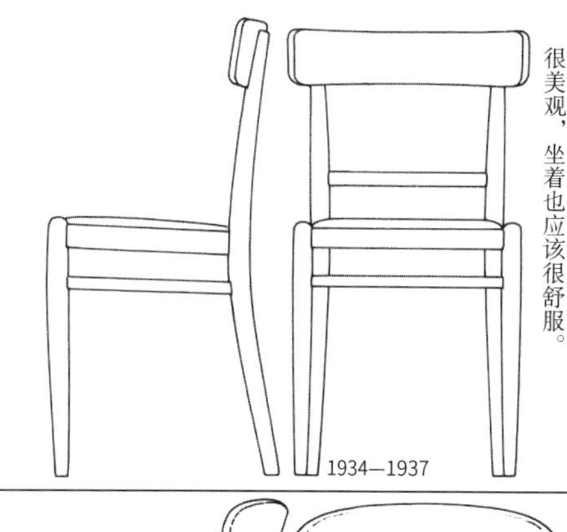

1934—1937

该作品和上一页左下角的作品都是根据同一张设计草图绘制的。给人安详、稳重的感觉，虽然个性不明显，但是看起来很美观，坐着也应该很舒服。

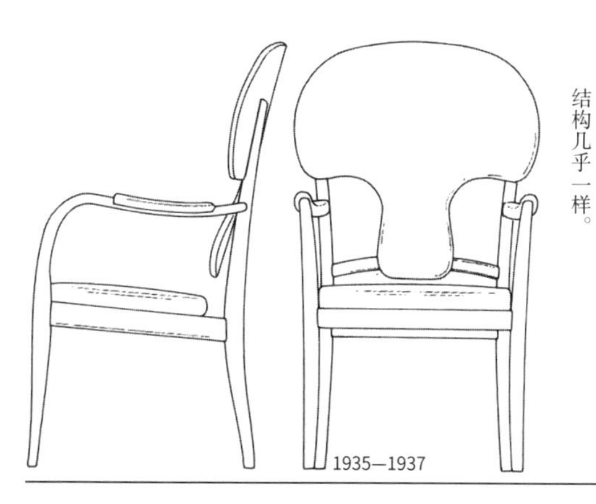

1935—1937

该作品与右侧作品来自同一时期的设计草图，和右侧作品相比椅背较矮，但是结构几乎一样。

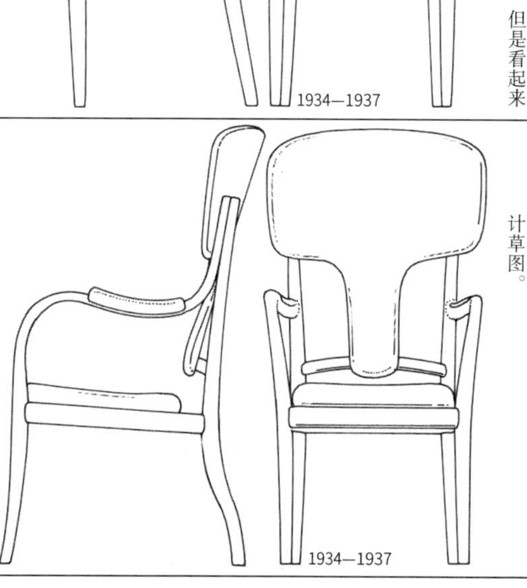

1934—1937

这件作品也是为法院设计的。椅背很高大，坐起来应该很舒服。来自其设计草图。

1885—1940

艾瑞克·古纳尔·阿斯普伦德

第 4 小节
芬·居尔

这一小节将介绍阿斯普伦德与芬·居尔设计的共同点，还有阿斯普伦德对芬·居尔的创作之路产生的影响。因为介绍他们二人关系的相关书籍很少，这里仅介绍笔者自己的愚见。

从年龄上来看阿斯普伦德比芬·居尔大 27 岁。对芬·居尔产生最大影响的是阿斯普伦德于 1934—1937 年的哥德堡法院的设计以及法院里家具的设计。这些设计中的『靠背与框架分离』的设计思路在芬·居尔 1945 年以后的作品中被一直沿用，并且成了他作品的特点。芬·居尔的家具作品被称为『家具中的雕刻作品』，其家具都具有非常精细的设计，特别是扶手的设计更是有立体的雕刻，精美绝伦。阿斯普伦德的扶手设计虽然没有芬·居尔的特点鲜明，但是也可以说是立体雕刻的早期作品。这些都对芬·居尔产生了影响，促使他之后源源不断地创造出很多杰出的创新性作品。

1995 年在东京举办了『北欧设计系列展·建筑师之家』展览。这个展览介绍了阿斯普伦德的设计图和设计草图。这几件作品和那些设计图属于同一时期，具有非常优美的有机线条。

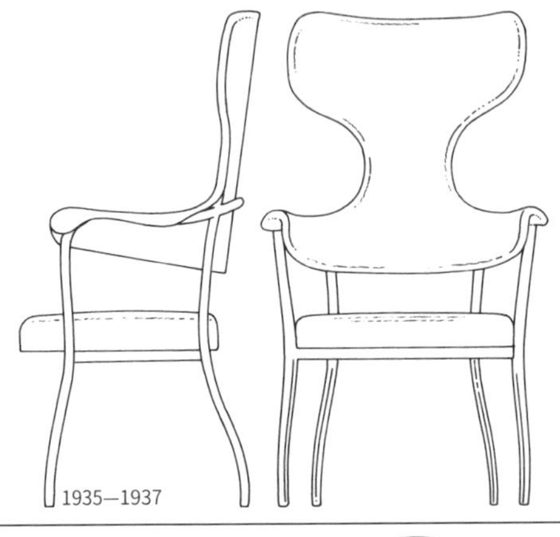
1935—1937

这件是为哥德堡法院设计的作品。

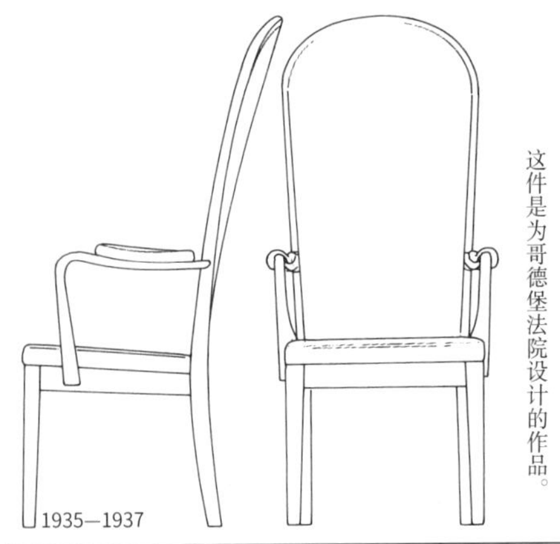
1935—1937

该作品与左上的作品来自同一张设计草图。两件作品给人感觉差不多。

该作品也来自同一张设计草图，全包面设计，可能是为哪个地方专门设计的。

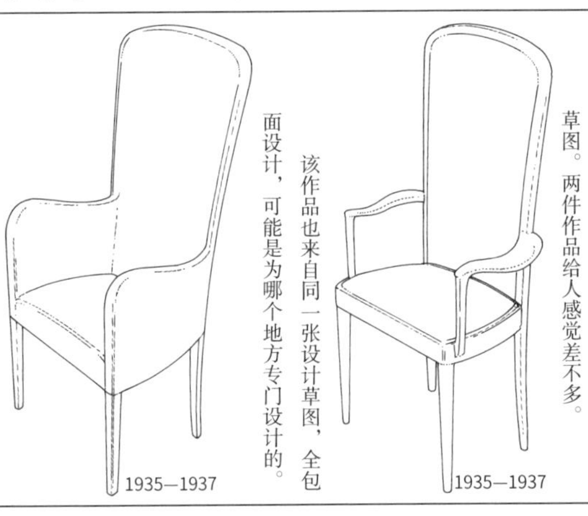
1935—1937

1935—1937

高背椅经常使用在有象征性意义的地方。该图是根据其设计草图绘制的。

来自同一系列的设计草图。低座的安乐椅。

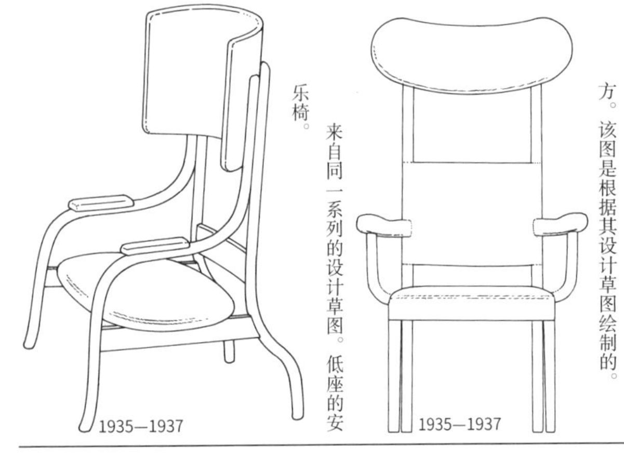
1935—1937

1935—1937

该作品现在也在哥德堡法院中使用着。图片依据其三视图绘制。其靠背与框架分离的设计后来对居尔的作品产生了很大的影响。

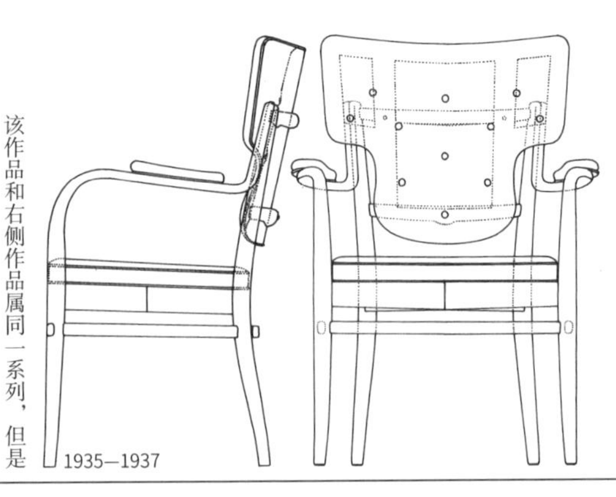
1935—1937

该作品和右侧作品属同一系列，但是细节和比例设计有所不同。

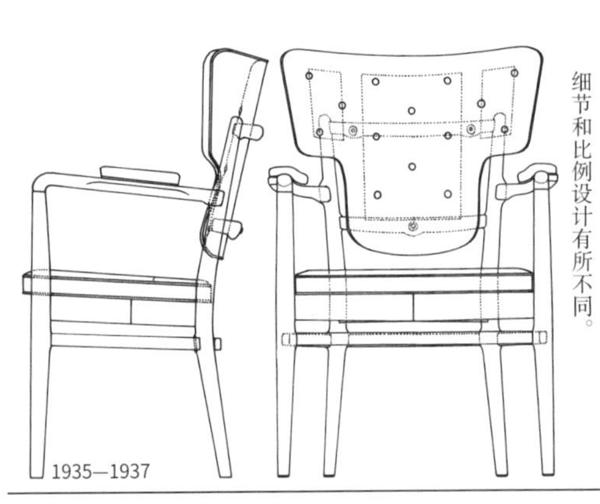
1935—1937

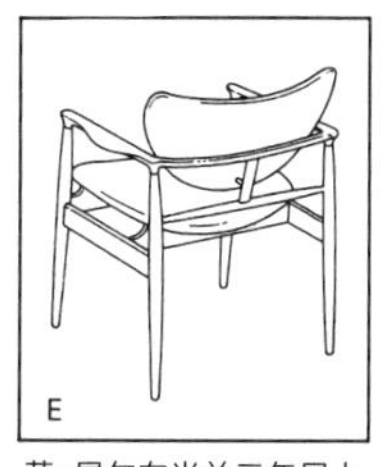

芬·居尔在米兰三年展上获奖的作品。该作品的靠背和座位是跟框架分离开来的。
1948

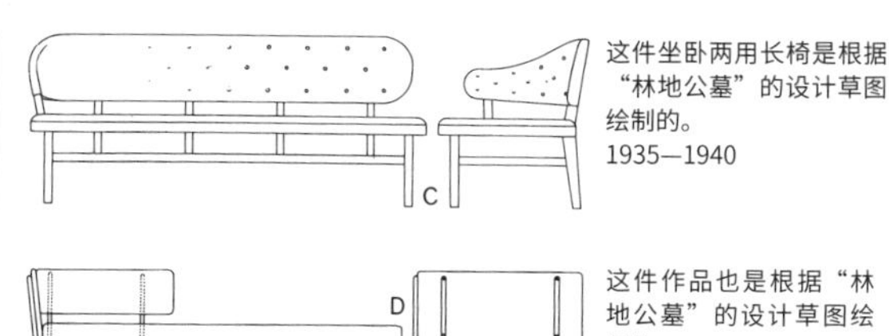

这件坐卧两用长椅是根据“林地公墓”的设计草图绘制的。
1935—1940

这件作品也是根据“林地公墓”的设计草图绘制的。
1937

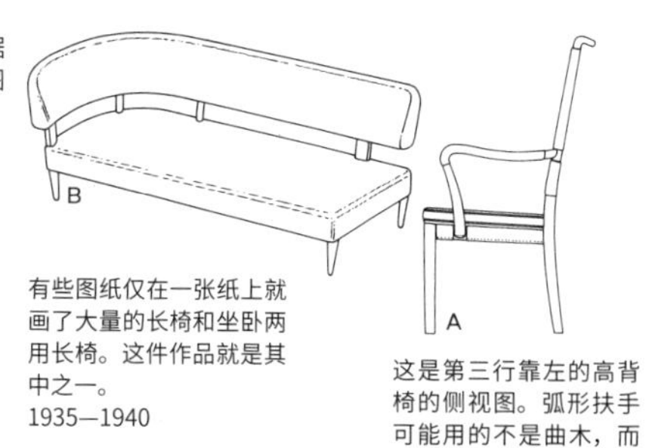

有些图纸仅在一张纸上就画了大量的长椅和坐卧两用长椅。这件作品就是其中之一。
1935—1940

这是第三行靠左的高背椅的侧视图。弧形扶手可能用的不是曲木，而是削出来的。
1935—1937

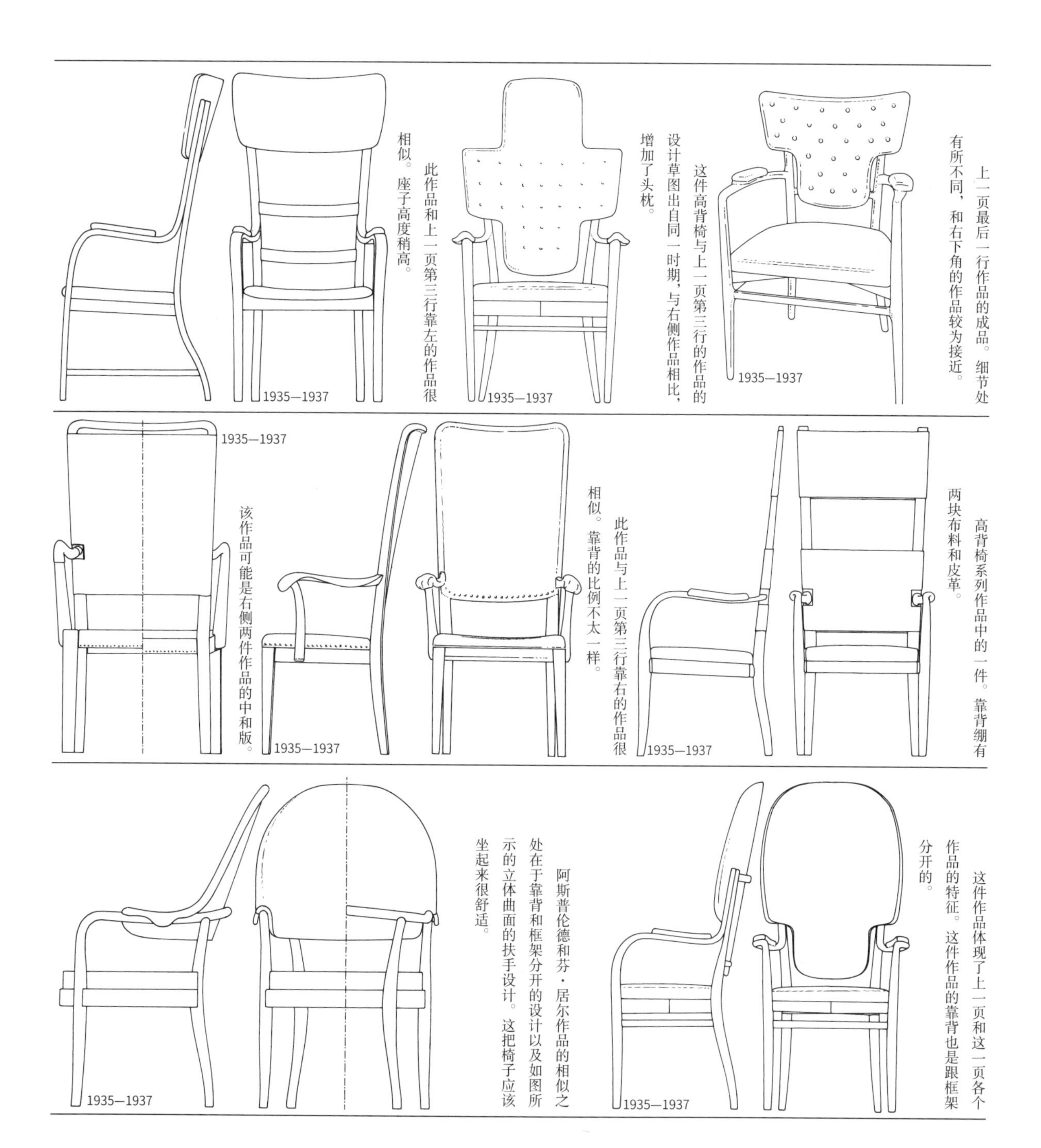

上一页最后一行作品的成品。细节处有所不同，和右下角的作品较为接近。

这件高背椅与上一页第三行的作品的设计草图出自同一时期，与右侧作品相比，增加了头枕。

此作品和上一页第三行靠左的作品很相似。座子高度稍高。

高背椅系列作品中的一件。靠背绷有两块布料和皮革。

此作品与上一页第三行靠右的作品很相似。靠背的比例不太一样。

该作品可能是右侧两件作品的中和版。

这件作品体现了上一页和这一页各个作品的特征。这件作品的靠背也是跟框架分开的。

阿斯普伦德和芬·居尔作品的相似之处在于靠背和框架分开的设计以及如图所示的立体曲面的扶手设计。这把椅子应该坐起来很舒适。

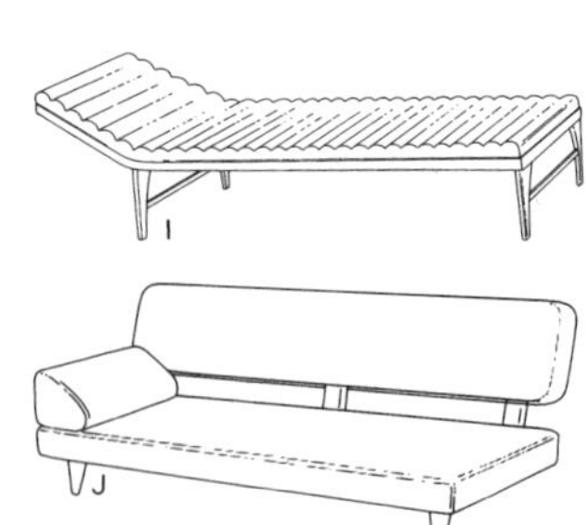

I 该作品和B图的作品出自同一张设计草图。布鲁诺·马松也发表过类似作品。
1935—1940

J 这件作品也和B图出自同一张设计草图。该坐卧两用长椅有很多沙发的元素。
1935—1940

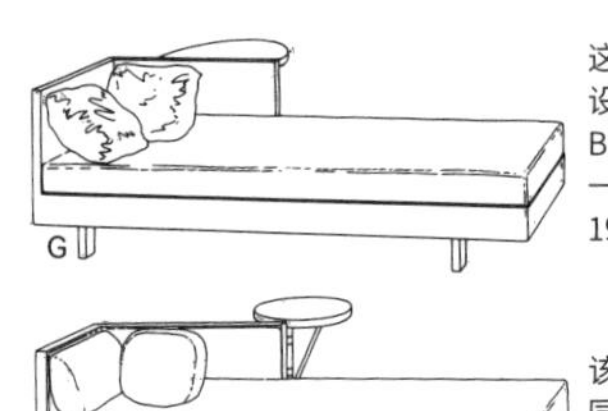

G 这件不知是为哪座建筑设计的作品，可能是和B图的坐卧两用长椅同一时期。
1935—1940

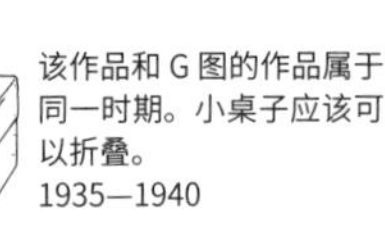

H 该作品和G图的作品属于同一时期。小桌子应该可以折叠。
1935—1940

F 这件也是芬·居尔的作品。和下一行的沙发有相似之处。
1950

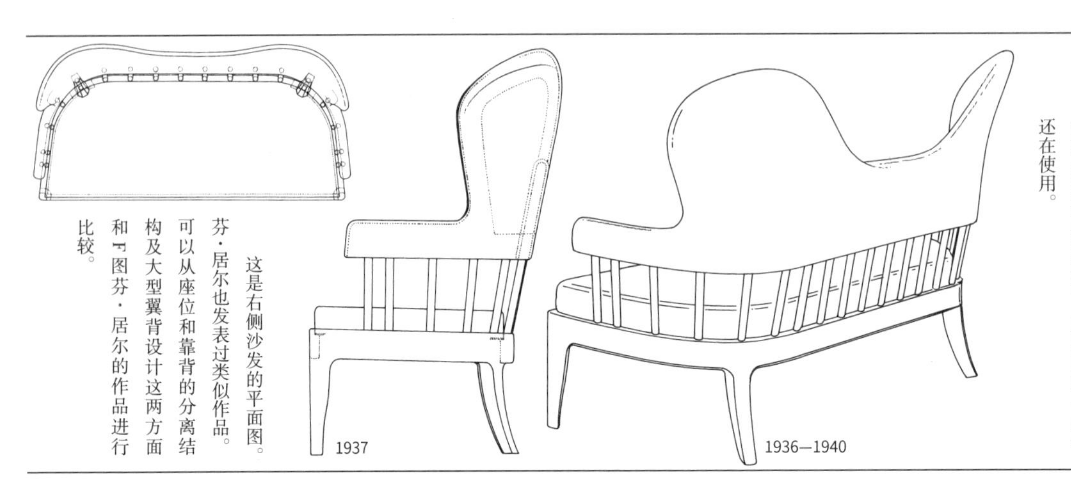

这是右侧沙发的平面图。芬·居尔也发表过类似作品。可以从座位和靠背的分离结构及大型翼背设计这两方面和F图芬·居尔的作品进行比较。

1937

1936—1940

该作品是1995年在东京举办的展览会上复原的复制品（由日本公司的宫本茂纪制作）。这些都是阿斯普伦德建造的避暑别墅里的设计。原版的椅子现在还在使用。

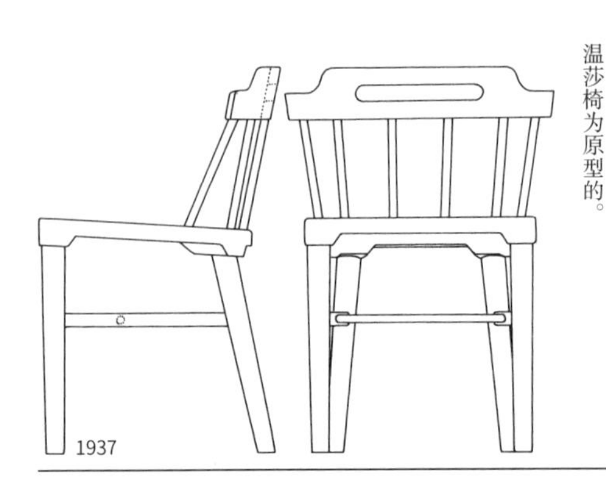

1937

这件作品也是为避暑别墅设计的，但并未在该展览中复原。该作品的设计是以温莎椅为原型的。

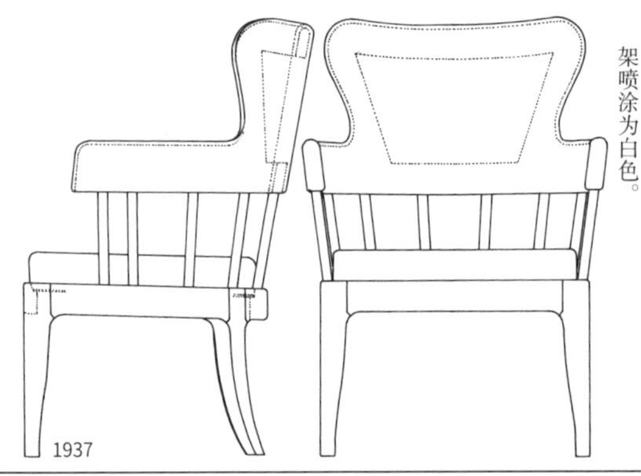

1937

此作品和上面的作品是成套的。这件作品也是在东京的展览会上复原的复制品。和沙发相比，翼的部分较小。整体框架喷涂为白色。

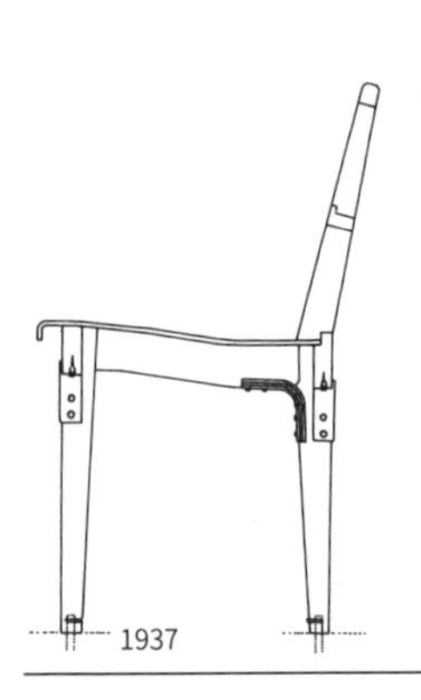

1937

这是一把长椅的横截面。可能是『林地公墓』的教堂中的椅子，现在仍在使用。

1935—1940

椅座是由草或者纸绳编织而成的。

1935—1940

这件是为教堂设计的扶手椅，也是以温莎椅为原型设计的。扶手宽度大，舒适性较高。

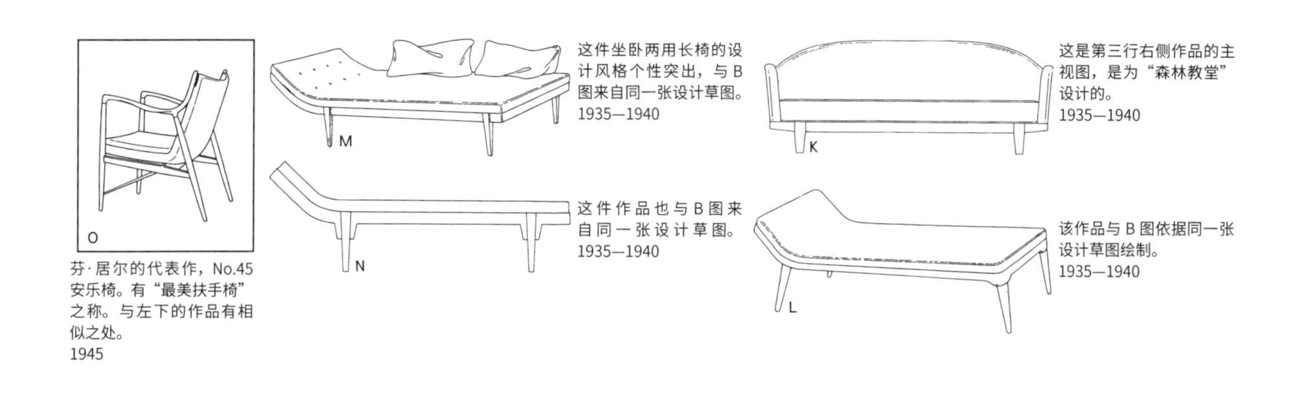

芬·居尔的代表作，No.45安乐椅。有“最美扶手椅”之称。与左下的作品有相似之处。
1945

这件坐卧两用长椅的设计风格个性突出，与B图来自同一张设计草图。
1935—1940

这件作品也与B图来自同一张设计草图。
1935—1940

这是第三行右侧作品的主视图，是为“森林教堂”设计的。
1935—1940

该作品与B图依据同一张设计草图绘制。
1935—1940

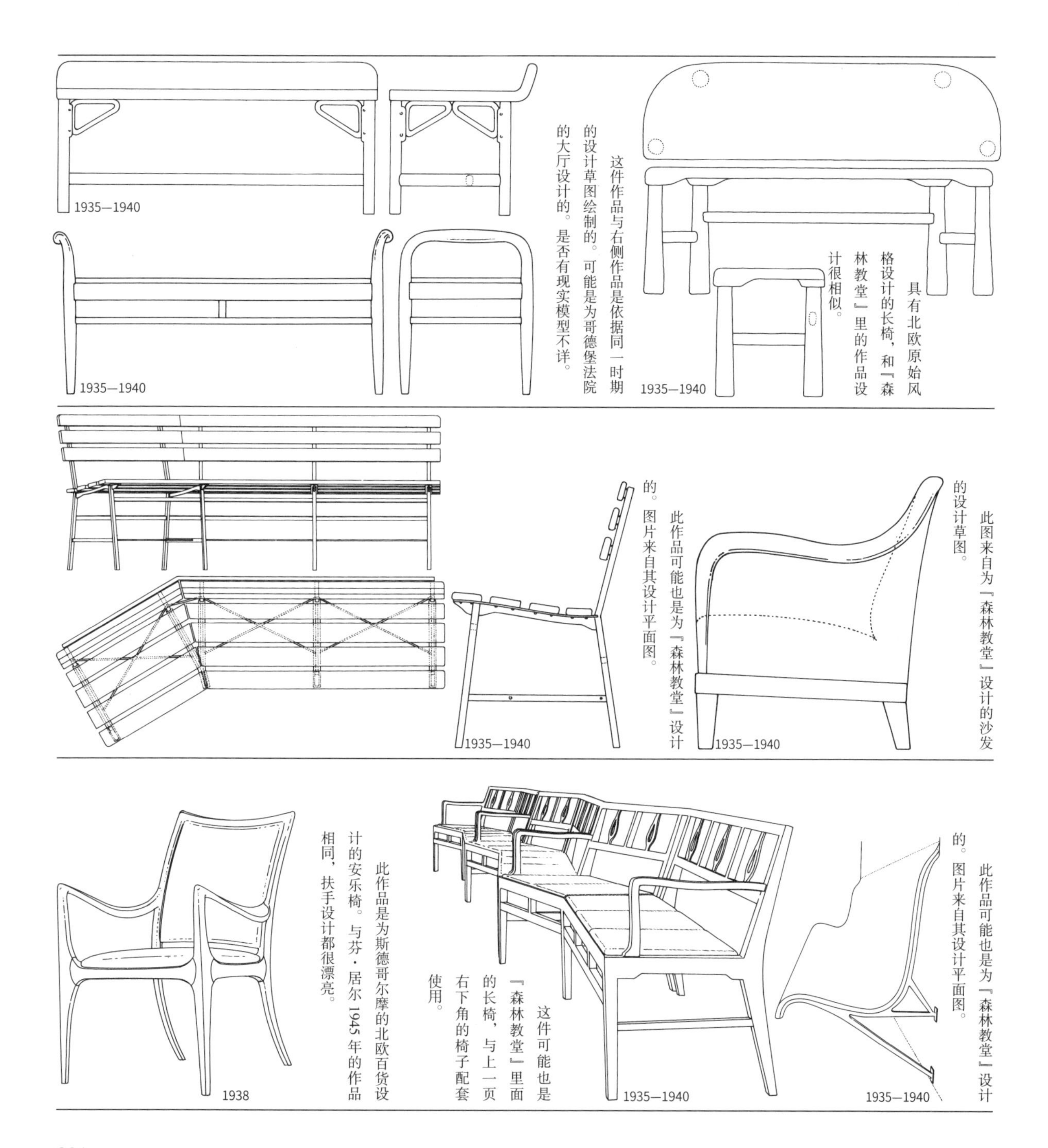

1935—1940

1935—1940

这件作品与右侧作品是依据同一时期的设计草图绘制的。可能是为哥德堡法院的大厅设计的。是否有现实模型不详。

1935—1940

具有北欧原始风格设计的长椅，和『森林教堂』里的作品设计很相似。

1935—1940

此作品可能也是为『森林教堂』设计的。图片来自其设计平面图。

1935—1940

此图来自为『森林教堂』设计的沙发的设计草图。

1938

此作品是为斯德哥尔摩的北欧百货设计的安乐椅。与芬·居尔 1945 年的作品相同，扶手设计都很漂亮。

1935—1940

这件可能也是『森林教堂』里面的长椅，与上一页右下角的椅子配套使用。

1935—1940

此作品可能也是为『森林教堂』设计的。图片来自其设计平面图。

1886—1969

路德维希·密斯·凡·德·罗

路德维希・密斯・凡・德・罗（以下简称密斯）于1886年在德国亚琛出生，其父亲是一名石匠。1898年跟随布鲁诺・保罗学习建筑，1905年成为彼得・贝伦斯的徒弟。1911年开始单干。1926—1932年任德意志制造联盟副主席，1927年设计了斯图加特城的白院聚落，1929年设计了巴塞罗那世界博览会德国馆，1930年在捷克斯洛伐克的布尔诺设计了土根哈特别墅等建筑，在近代建筑史上留下了深深的足迹。1930年后的三十三年间在可以称得上是现代设计起源的包豪斯学校担任校长。在学校解体后，他于1938年来到美国，在伊利诺伊理工学院创办建筑系并担任系主任。

另一方面，他把家具设计当作建筑设计的一部分，也留下了许多优秀的名作。其中许多作品在数十年后的今天仍非常新潮，权威性和风格并存，因而被大量生产。他设计的家具和建筑对后世的建筑师以及设计师们都产生了深远的影响。

书中列举的很多家具都由诺尔家具公司和索耐特公司生产过，而诺尔家具公司生产的商品都是他回美国后曾亲自指导并确认过细节的家具。

这是密斯为自己的房子设计的紫檀木椅子。靠背和座位上用的是狮子皮。有配套的桌子。

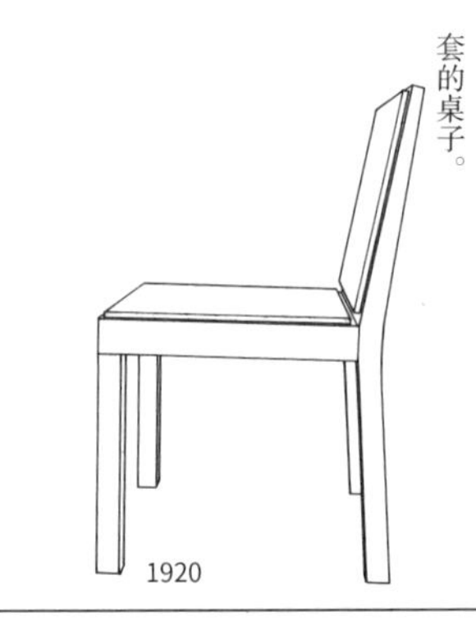

1920

这件是悬臂结构（单面支撑构造）的名作「MR椅」。1851年的资料中曾记载过类似结构的椅子，当时用的材料是木头。而此种结构的钢制椅子则于1922年在美国申请了专利。然而这种结构的椅子中设计最漂亮的还属「MR」系列。本图来自索耐特公司1932年的商品目录。

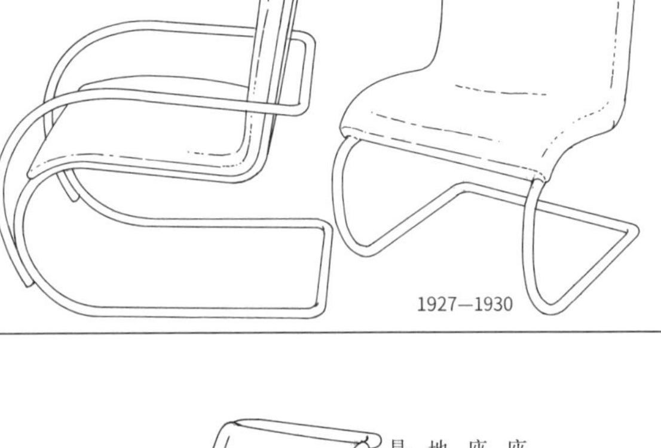

1927—1930　1927—1930

此作品为藤质。与上一行左边的作品在座高和曲线设计上基本相同。

1927

该作品的座位基本持水平状态，而且座位高度略高。靠背和座位为皮革材质，座位的下面装有弯曲的横木。而且腿部和地面接触的地方有一点儿向上的弧线，这是比较少见的。由索耐特公司制造。

1931

这款作品带有软垫。右边的作品现在仍在由诺尔家具公司生产。左边作品的扶手部分有木制的部分。而诺尔家具公司生产的椅子都不带这个部分。

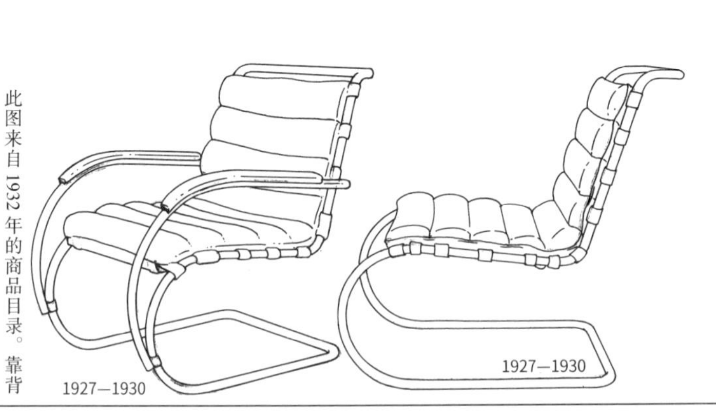

1927—1930　1927—1930

此图来自1932年的商品目录。靠背和座位是藤质的。座位接近水平。

1927

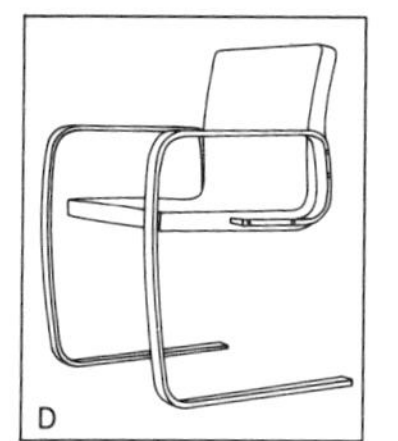

丹麦保罗·克耶霍尔姆设计的悬臂椅，受到了“布鲁诺椅”的影响。因腿部没有横梁缺乏稳定性，所以此设计未被生产。
1974

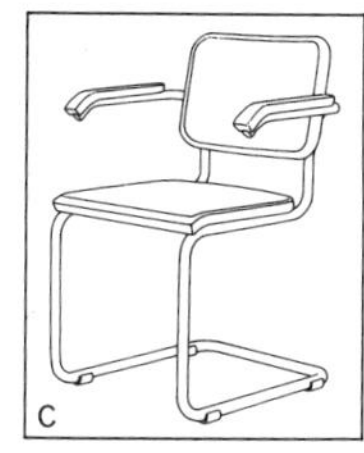

马塞尔·布劳耶以爱女弗朗塞斯卡的名字命名的“塞斯卡椅”。
1928

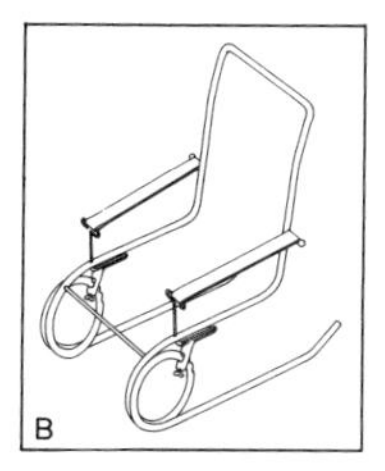

美国哈利·诺兰德申请专利的悬臂椅结构。专利号 No.1941918。
1922

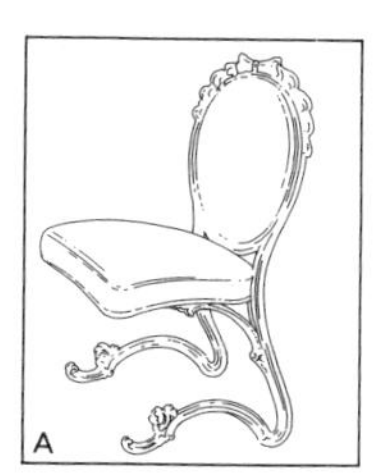

1851 年刊登在《维也纳家具期刊》上的洛可可风格悬臂椅。

此椅被称为「魏森霍夫椅」，现在仍在由索耐特公司生产。

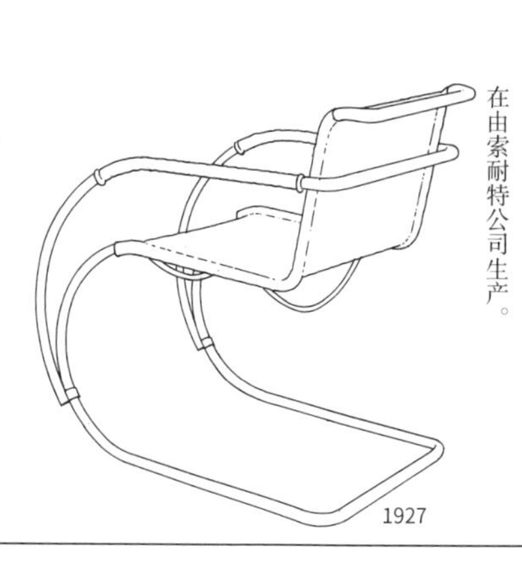

1927

诺尔家具公司现在仍在生产的「MR」系列。靠背和座位为皮革材质，皮革内部由细绳固定。

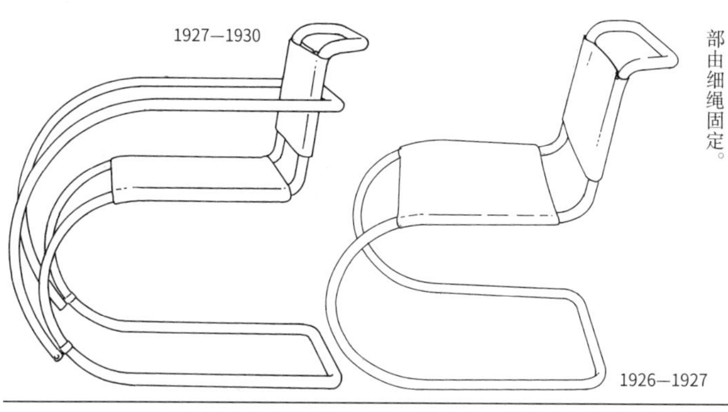

1927—1930

1926—1927

来自1932年索耐特公司的商品目录。「MR椅」系列的儿童椅是非常少见的。也有无扶手版本。

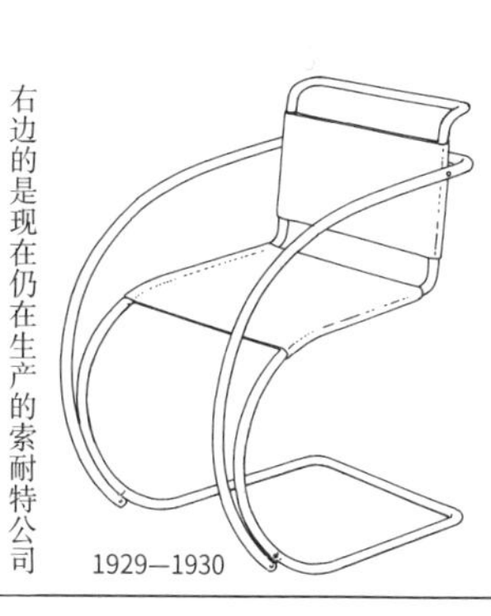

1929—1930

右边的是现在仍在生产的索耐特公司的「MR椅」，靠背和座位的革面是缝合的。扶手部分也包着皮革。左边的是1932年的椅子，扶手处有木制部分，靠背和座位是皮革的。

1927—1930

1927

与上一行左侧的作品相比，扶手木质的部分更长。索耐特公司制造。

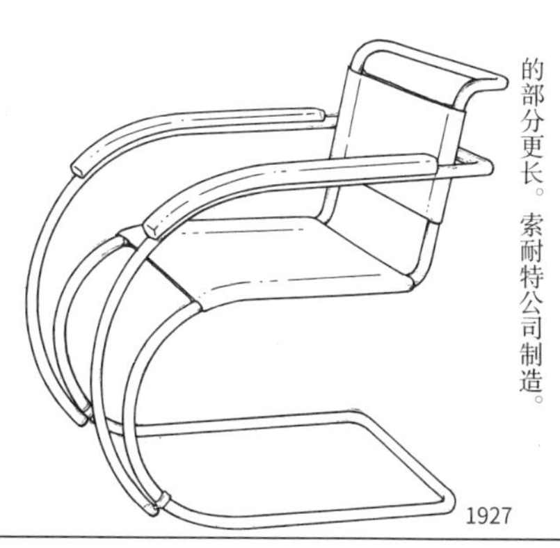

1927

这是他为捷克斯洛伐克布鲁诺市的楚根特海特住宅设计的代表作「布鲁诺椅」，现在诺尔家具公司仍在生产。由于是扁钢材质制造的，所以有些沉。

1929—1930

索耐特公司生产的产品。和诺尔家具公司的产品相比，线条较直，给人一种生硬之感。横木由螺栓固定。

1929—1930

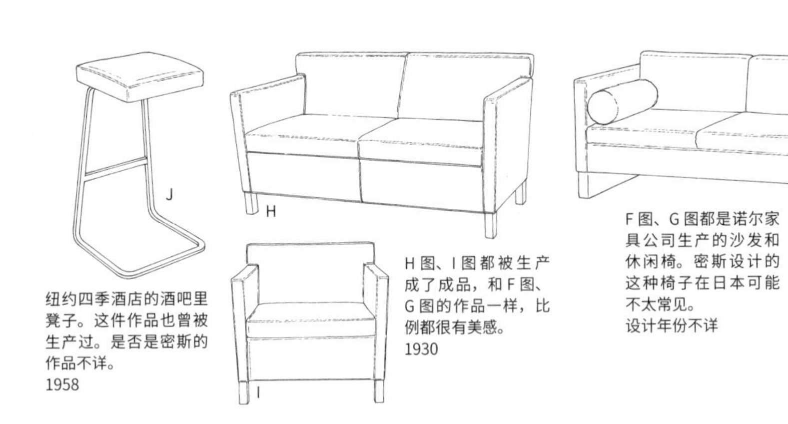

纽约四季酒店的酒吧里凳子。这件作品也曾被生产过。是否是密斯的作品不详。
1958

H图、I图都被生产成了成品，和F图、G图的作品一样，比例都很有美感。
1930

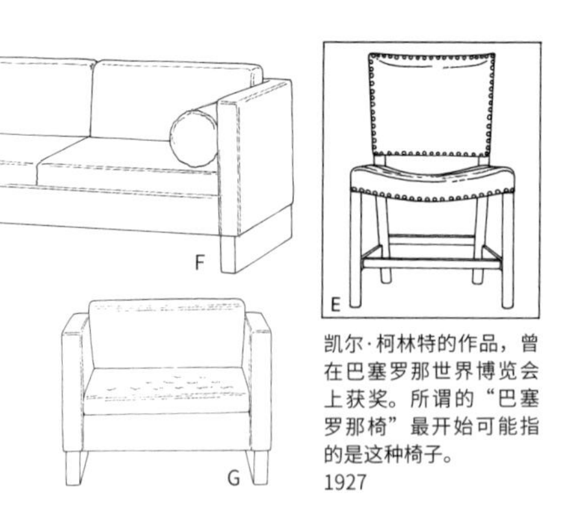

F图、G图都是诺尔家具公司生产的沙发和休闲椅。密斯设计的这种椅子在日本可能不太常见。
设计年份不详

凯尔·柯林特的作品，曾在巴塞罗那世界博览会上获奖。所谓的“巴塞罗那椅”最开始可能指的是这种椅子。
1927

柏林班堡五金公司的产品。靠背和座位是毛皮的。扶手绕过靠背相连接。

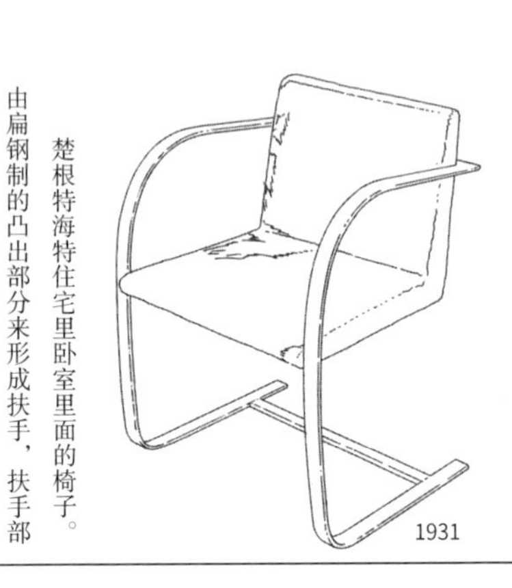
1931

楚根特海特住宅里卧室里面的椅子。由扁钢制的凸出部分来形成扶手，扶手部分可能在靠背后面相连。

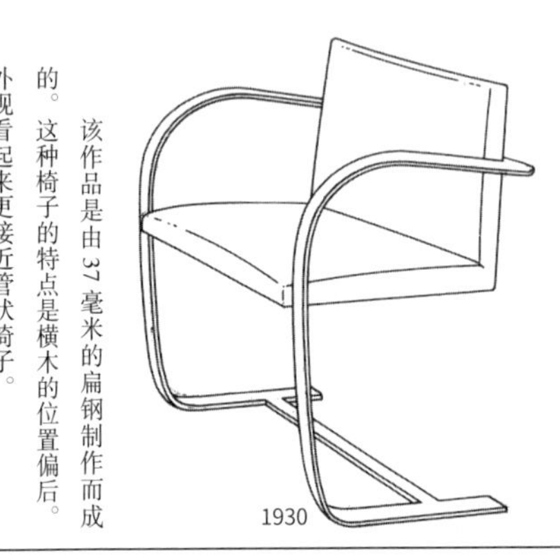
1930

该作品是由37毫米的扁钢制作而成的。这种椅子的特点是横木的位置偏后。外观看起来更接近管状椅子。

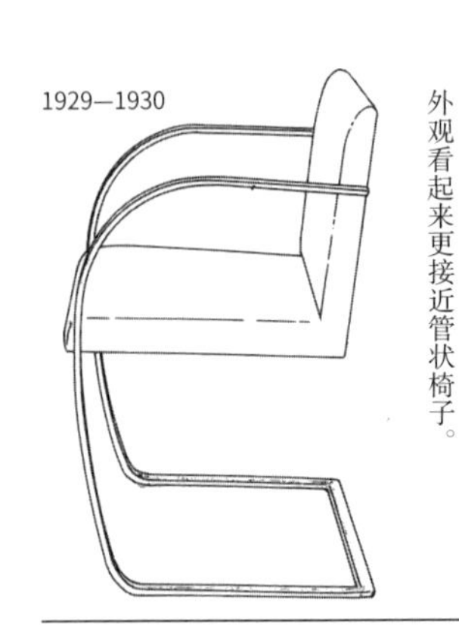
1929—1930

管状椅子。右图是诺尔家具公司生产的，左图是索耐特公司生产的，两把椅子的钢管都在靠背后面相连接。

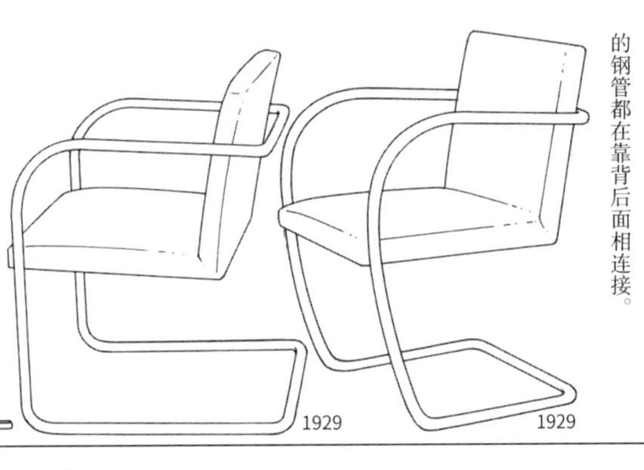
1929　1929

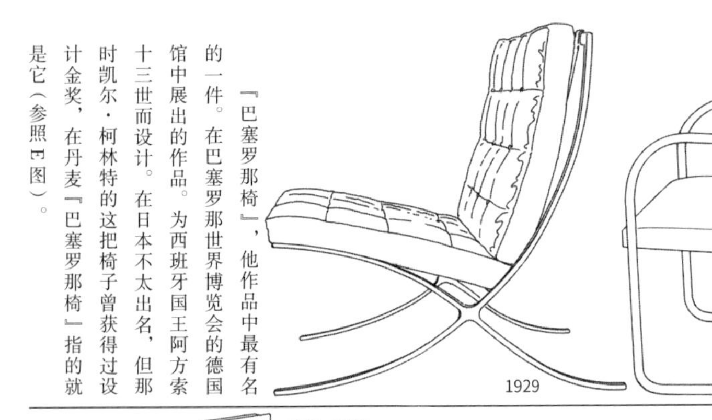
1929

『巴塞罗那椅』，他作品中最有名的一件。在巴塞罗那世界博览会的德国馆中展出的作品。为西班牙国王阿方索十三世而设计。在日本不太出名，但那时凯尔·柯林特的这把椅子曾获得过设计金奖，在丹麦『巴塞罗那椅』指的就是它（参照E图）。

『巴塞罗那凳』，不仅是用于歇脚，其本身的设计就很独特。

用厚的革质材料代替了坐垫，座位下面用绳子固定，两把凳子都是诺尔家具公司出品的。

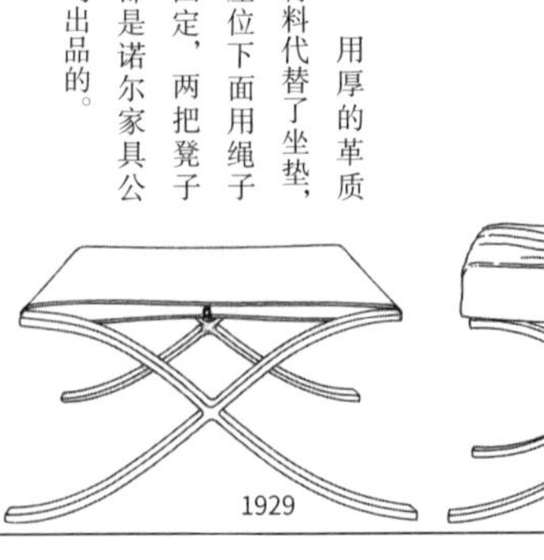
1929　1929

『楚根特海特椅』，是结合了巴塞罗那椅的靠背、座位以及布鲁诺椅腿部特点设计而成的。诺尔家具公司出品。

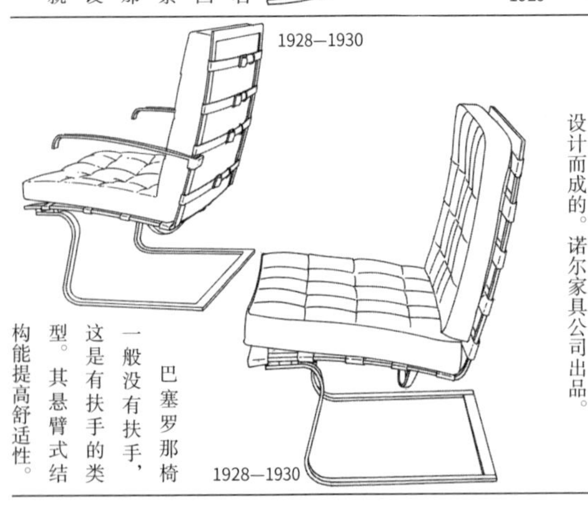
1928—1930　1928—1930

巴塞罗那椅一般没有扶手，这是有扶手的类型。其悬臂式结构能提高舒适性。

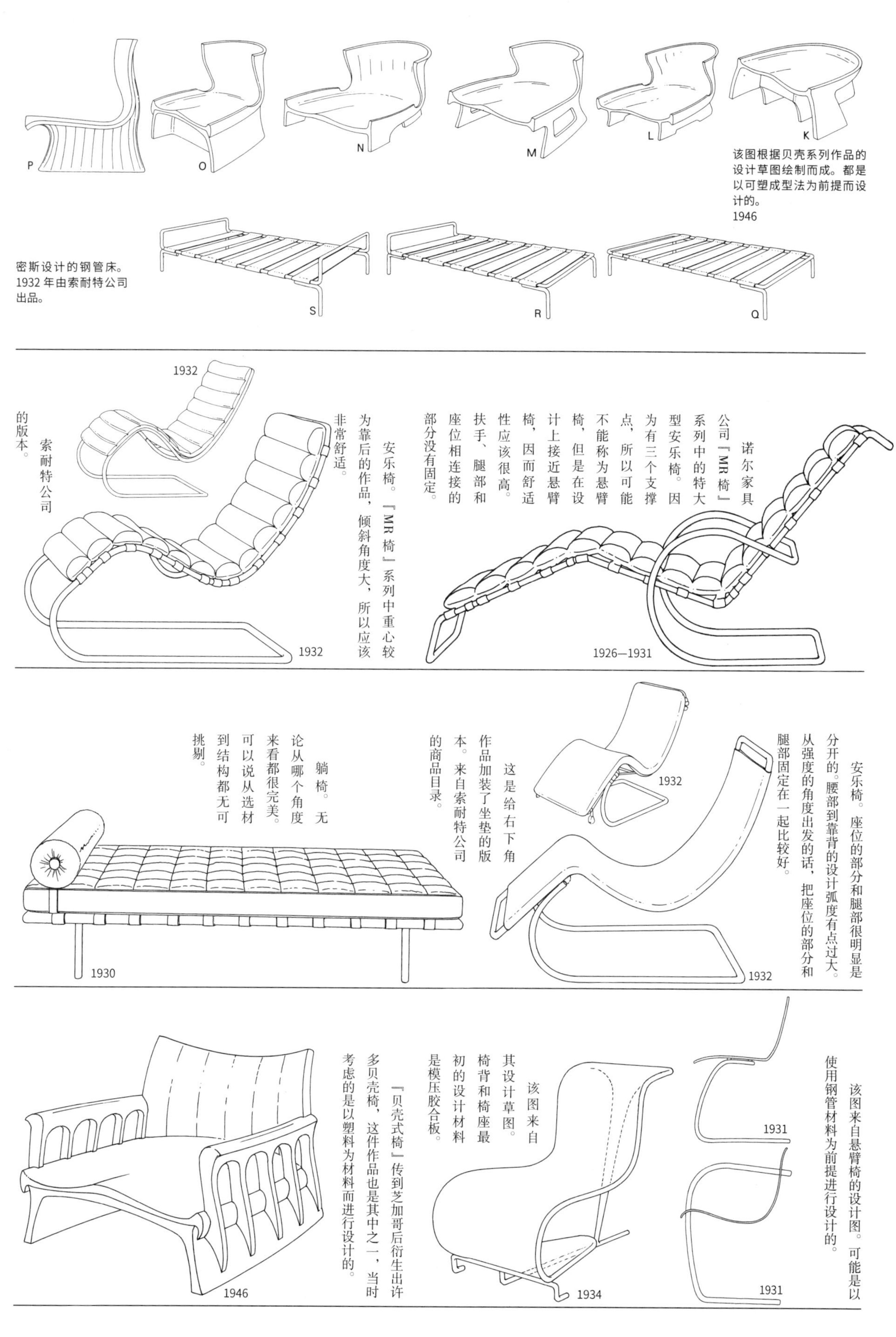
P
O
N
M
L
K
该图根据贝壳系列作品的设计草图绘制而成。都是以可塑成型法为前提而设计的。
1946
密斯设计的钢管床。1932年由索耐特公司出品。
S
R
Q
诺尔家具公司『MR椅』系列中的特大型安乐椅。因为有三个支撑点，所以可能不能称为悬臂椅，但是在设计上接近悬臂椅，因而舒适性应该很高。扶手、腿部和座位相连接的部分没有固定。
1926—1931
安乐椅。『MR椅』系列中重心较为靠后的作品，倾斜角度大，所以应该非常舒适。
1932
索耐特公司的版本。
1932
安乐椅。座位的部分和腿部很明显是分开的。腰部到靠背的设计弧度有点过大。从强度的角度出发的话，把座位的部分和腿部固定在一起比较好。
1932
1932
这是给右下角作品加装了坐垫的版本。来自索耐特公司的商品目录。
躺椅。无论从哪个角度来看都很完美。可以说从选材到结构都无可挑剔。
1930
该图来自悬臂椅的设计图。可能是以使用钢管材料为前提进行设计的。
1931
1931
该图来自其设计草图。椅背和椅座最初的设计材料是模压胶合板。
1934
『贝壳式椅』传到芝加哥后衍生出许多贝壳椅，这件作品也是其中之一，当时考虑的是以塑料为材料而进行设计的。
1946

1887—1965
1903—1999
1896—1967

勒·柯布西耶 夏洛特·贝里安 皮埃尔·让纳雷

第 1 小节
勒·柯布西耶

本章将介绍勒·柯布西耶、夏洛特·贝里安、皮埃尔·让纳雷三位设计大师的作品。

首先介绍勒·柯布西耶的一些经历。1887 年，他出生于瑞士拉绍德封，1900 年在当地的工艺学校学习雕金工艺。1905 年，18 岁的他设计了第一座建筑——法拉达别墅。1908 年在法国巴黎建筑师贝瑞的事务所工作，1910—1911 年在德国彼得·贝伦斯门下学习建筑。1914 年设计了多米诺住宅。1917 年回到巴黎，开始从事画家的工作。1918 年与奥占芳共同发表了一篇名为《立体主义之后》的论文。1920 年，他创办了《新精神》杂志。在此期间他把自己的名字由原来的『查尔斯·爱德华·纳雷·格里斯』改为笔名『勒·柯布西耶』（以下简称柯布西耶）。

1922 年，柯布西耶设计了奥占芳住宅。第二年，他出版了《向新建筑迈进》一书。1925 年设计了巴黎装饰美术博览会新精神展厅。1927 年设计了位于斯图加特的魏森霍夫实验住宅。1928 年创建了近代建筑国际会议。第二年即 1929 年，开始与他的堂兄弟皮埃尔·让纳雷（以下简称让纳雷）以及夏洛特·贝里安（以下简称

该图来自某住宅的设计草图。这是为井式房屋那样的通透空间的客厅设计的作品。虚线处不详，图片进行了还原。

1918

为高层别墅设计的躺椅。除此之外这张墨水绘制的设计草图上还画了几件家具。

1922

这是贝里安的设计作品。曾在一年一度的应用美术（设计）博览会上展出。

1926

左边两幅图都是柯布西耶的设计作品。在这张设计草图上绘有许多关于人体坐卧姿势与椅子的研究。

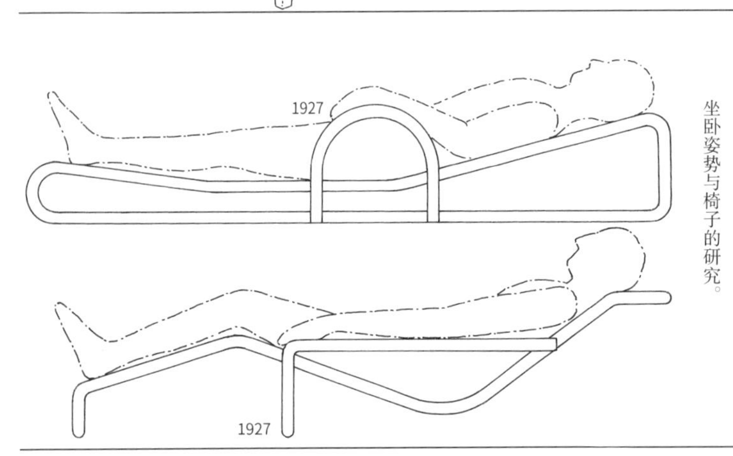

此作品为酒吧的吧台椅，是贝里安的作品。曾与 A 图的凳子一同在法国秋季沙龙展上展出。

1927

柯布西耶等三人联合设计的躺椅，是三人的代表作品。这里介绍的设计图都是由柯布西耶所画。不难看出作品的初期设计应该是由他一个人完成的。

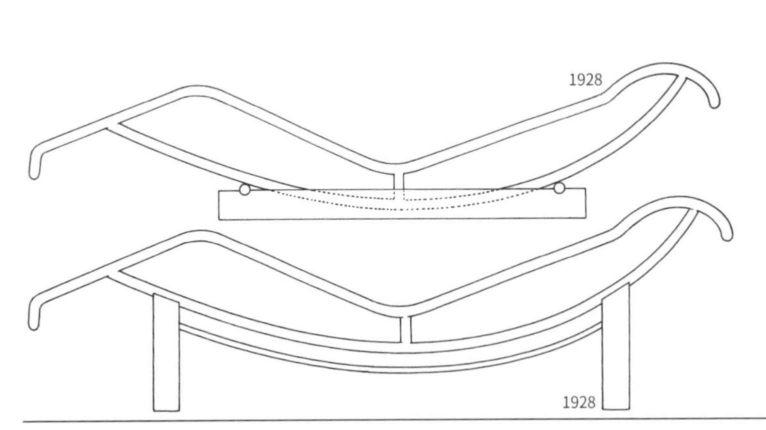

贝里安）一起设计家具。1942—1944年提出了手稿设计中比例体系模数的概念。可以说，不仅在建筑界，在评论界以及绘画界中，他也称得上是20世纪最具影响力的开拓者。

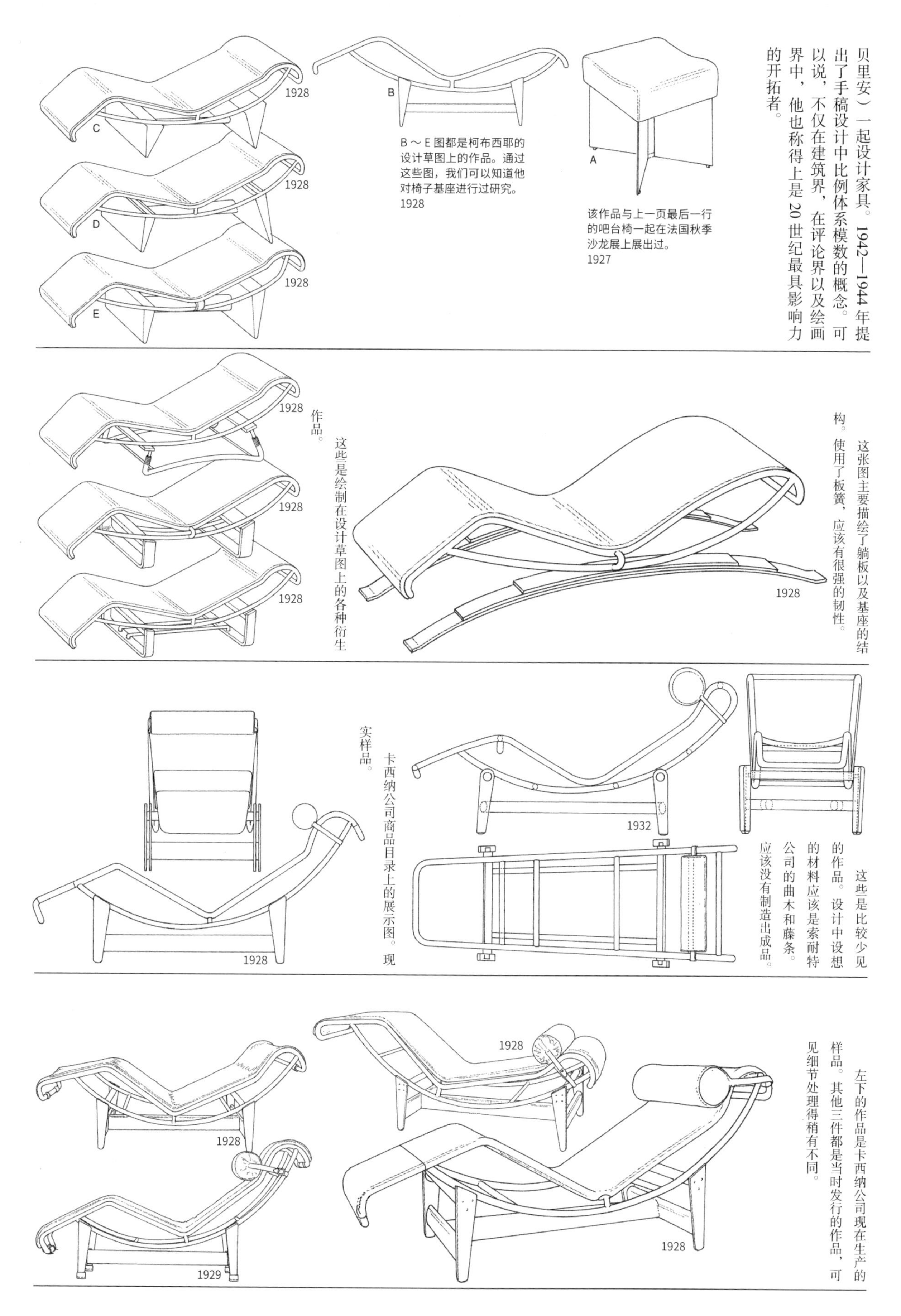

B～E图都是柯布西耶的设计草图上的作品。通过这些图，我们可以知道他对椅子基座进行过研究。
1928

该作品与上一页最后一行的吧台椅一起在法国秋季沙龙展上展出过。
1927

这些是绘制在设计草图上的各种衍生作品。

这张图主要描绘了躺板以及基座的结构。使用了板簧，应该有很强的韧性。

卡西纳公司商品目录上的展示图。现实样品。

这些是比较少见的作品。设计中设想的材料应该是索耐特公司的曲木和藤条。应该没有制造出成品。

左下的作品是卡西纳公司现在生产的样品。其他三件都是当时发行的作品，可见细节处理得稍有不同。

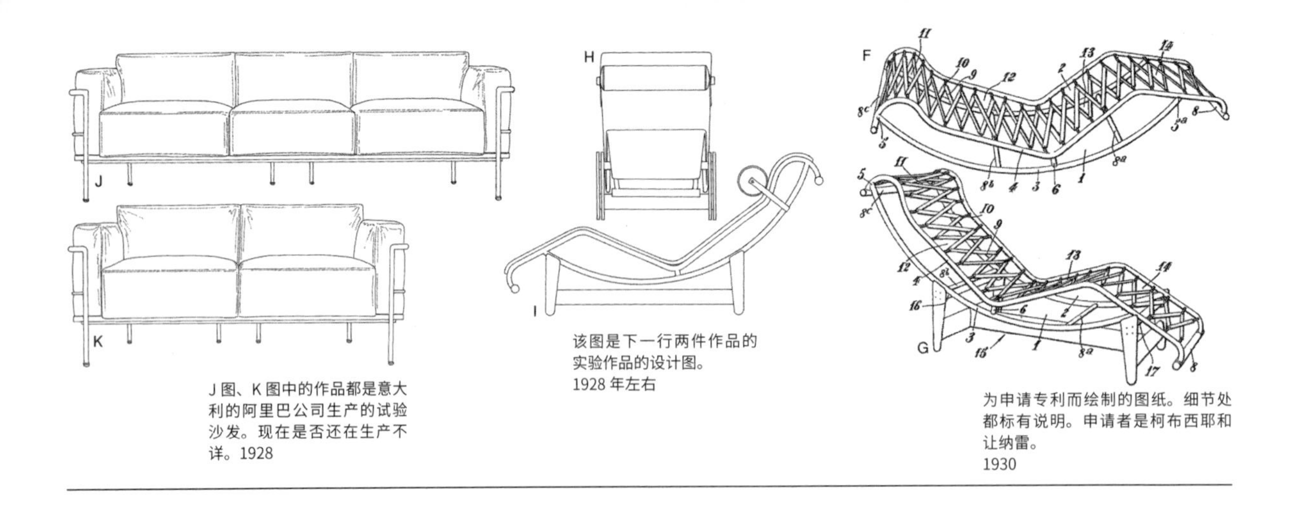

J图、K图中的作品都是意大利的阿里巴公司生产的试验沙发。现在是否还在生产不详。1928

该图是下一行两件作品的实验作品的设计图。
1928年左右

为申请专利而绘制的图纸。细节处都标有说明。申请者是柯布西耶和让纳雷。
1930

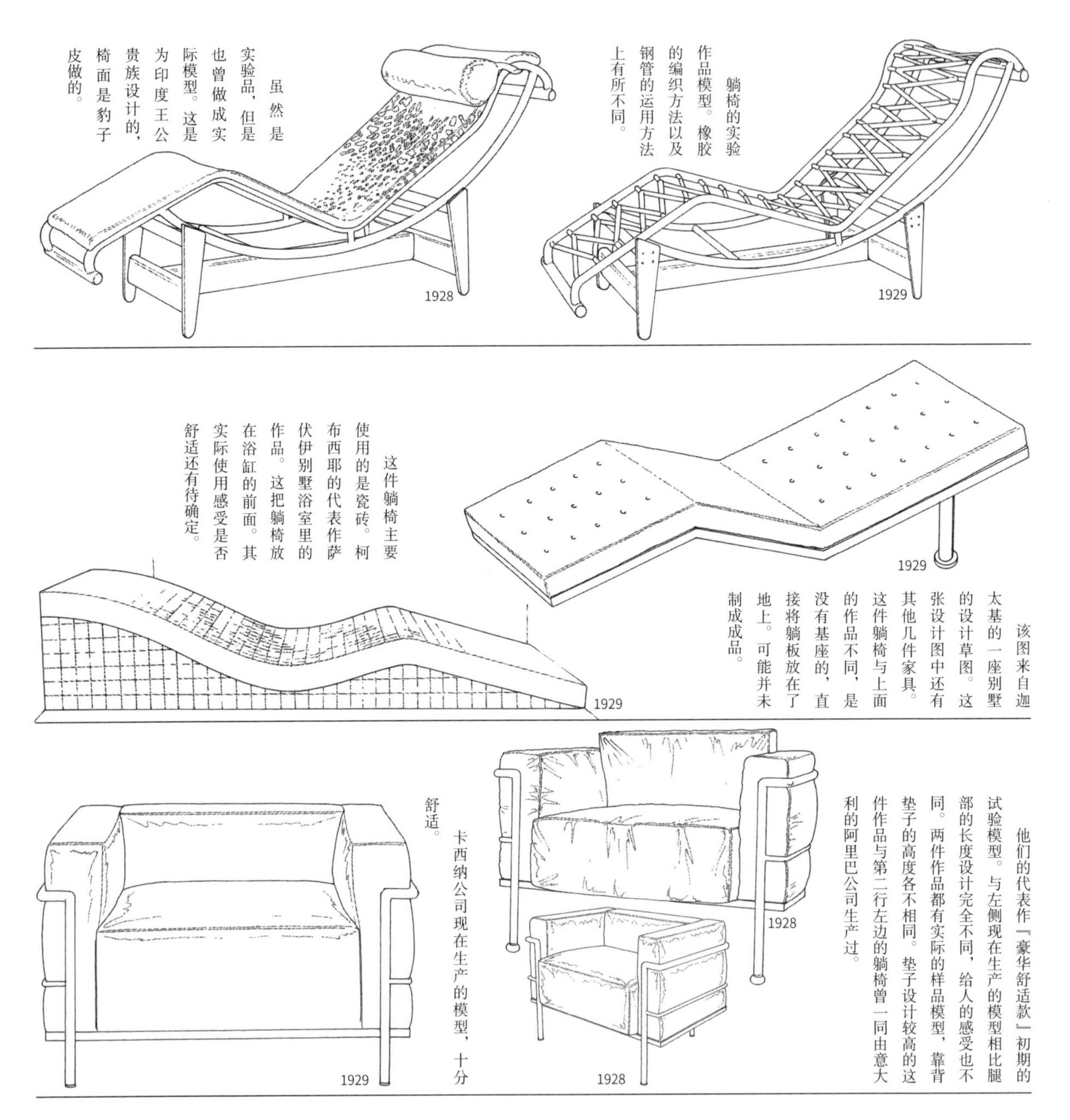

虽然是实验品，但是也曾做成实际模型。这是为印度王公贵族设计的，椅面是豹子皮做的。

躺椅的实验作品模型。橡胶的编织方法以及钢管的运用方法上有所不同。

这件躺椅主要使用的是瓷砖。柯布西耶的代表作萨伏伊别墅浴室里的作品。这把躺椅放在浴缸的前面。其实际使用感受是否舒适还有待确定。

该图来自迦太基的一座别墅的设计草图。这张设计图中还有其他几件家具。这件躺椅与上面的作品不同，是没有基座的，直接将躺板放在了地上。可能并未制成成品。

他们的代表作『豪华舒适款』初期的试验模型。与左侧现在生产的模型相比腿部的长度设计完全不同，给人的感受也不同。两件作品都有实际的样品模型，靠背垫子的高度各不相同。垫子设计较高的这件作品与第二行左边的躺椅曾一同由意大利的阿里巴公司生产过。

卡西纳公司现在生产的模型，十分舒适。

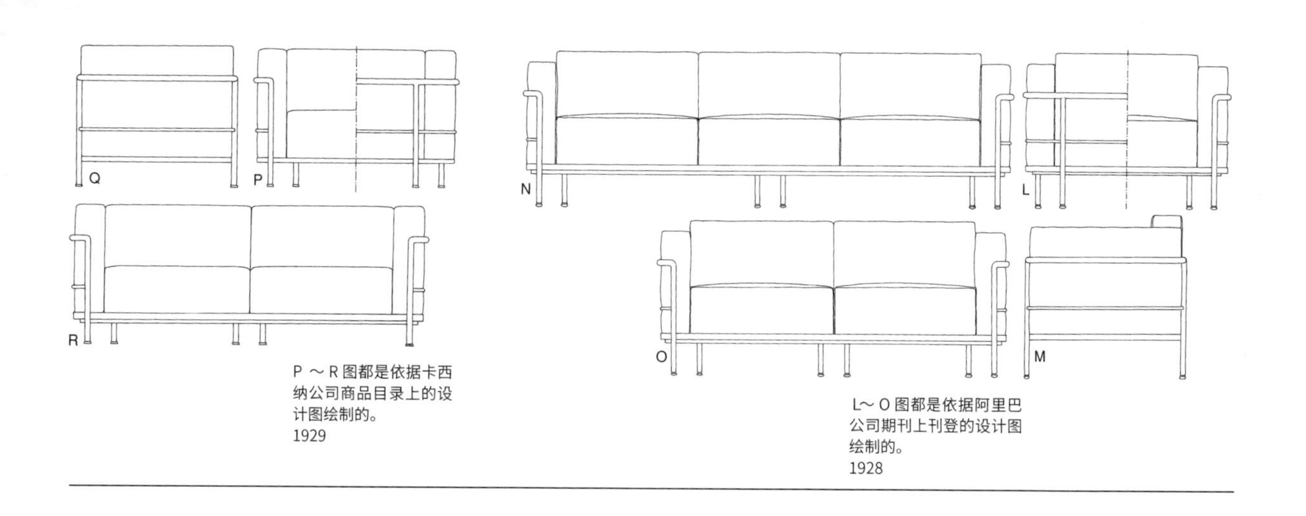

P ～ R 图都是依据卡西纳公司商品目录上的设计图绘制的。
1929

L～ O 图都是依据阿里巴公司期刊上刊登的设计图绘制的。
1928

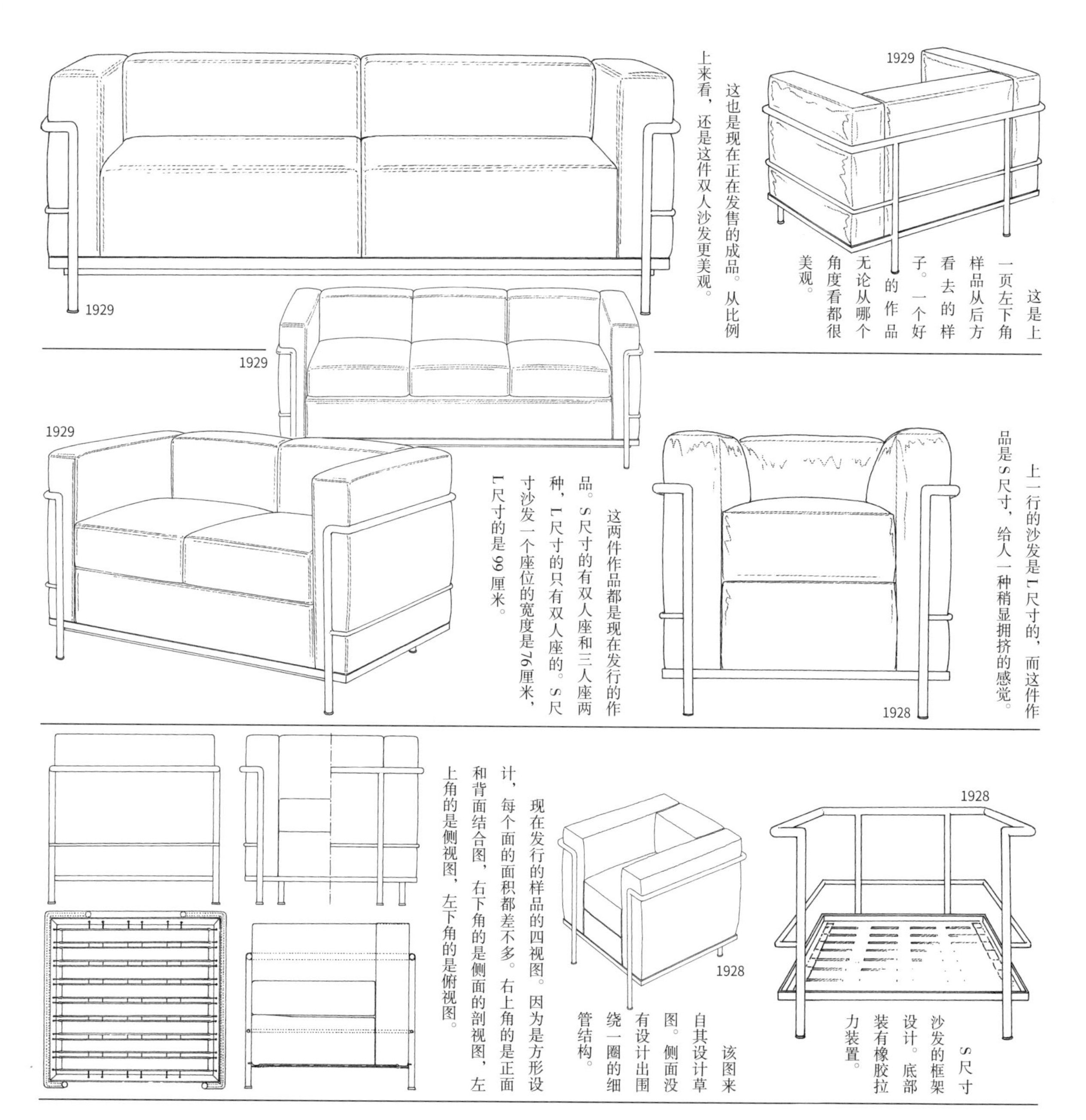

这也是现在正在发售的成品。从比例上来看，还是这件双人沙发更美观。

这是上一页左下角样品从后方看去的样子。一个好的作品无论从哪个角度看都很美观。

这两件作品都是现在发行的作品。S尺寸的有双人座和三人座两种，L尺寸的只有双人座的。S尺寸沙发一个座位的宽度是76厘米，L尺寸的是99厘米。

上一行的沙发是L尺寸的，而这件作品是S尺寸，给人一种稍显拥挤的感觉。

现在发行的样品的四视图。因为是方形设计，每个面的面积都差不多。右上角的是正面和背面结合图，右下角的是侧面的剖视图，左上角的是侧视图，左下角的是俯视图。

该图来自其设计草图。侧面没有设计出围绕一圈的细管结构。

S尺寸沙发的框架设计。底部装有橡胶拉力装置。

1887—1965
1903—1999
1896—1967

勒·柯布西耶
夏洛特·贝里安
皮埃尔·让纳雷

第 2 小节
夏洛特·贝里安

本小节将介绍夏洛特·贝里安的一些经历。

1903 年贝里安出生在法国巴黎。1925 年以前，她一直在装饰美术学校学习室内装潢设计。1926 年她在装饰美术家协会展览会（有说法国秋季沙龙展）上展出了一件金属装饰的家具，我们曾经在上一小节介绍过这件家具，但在那份资料中这件作品的年份标成了 1927 年。1927—1937 年在柯布西耶与让纳雷的工作室工作。

1929 年贝里安退出装饰美术家协会，加入近代美术家同盟。第二年，三人首次在近代美术家同盟的展览会上联合参展，那时他们设计的很多钢管家具引起了世界范围内的巨大反响。勒·柯布西耶的工作室里曾有两名日本设计师，名为前川国男和坂仓准三。通过他们，她开始了解日本这个国家。从 1940—1942 年，她一直待在日本，她是继布鲁诺之后第三位曾在日本商工省（现经济产业省）担任过顾问的外国人，在此期间她在日本商工省东北的各个地区的工艺指导所进行出口工艺品的指导工作。尤其是在 1941 年，她参加了东京和大阪的高岛屋举办的『选择、传统、创造展』，对日本设计界产生了巨大影响。

图中这件作品可能是巴斯库兰椅（因靠背的角度可大幅度调节而得名）的衍生品模型。是柯布西耶为圣堂别墅的客厅设计的。

1928

巴斯库兰椅大致有三种衍生作品，这是其中一种，靠背和椅座都有包面。这件作品的扶手包有薄皮革。

1928

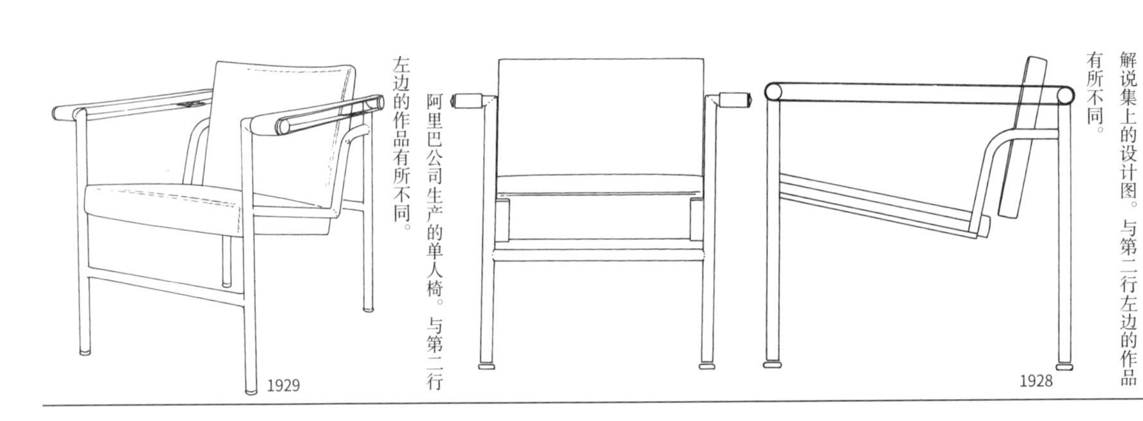

该作品的靠背和座位加入了缓冲材质。图片来自阿里巴公司出版的公司作品解说集上的设计图。与第二行左边的作品有所不同。

1928

阿里巴公司生产的单人椅。与第二行左边的作品有所不同。

1929

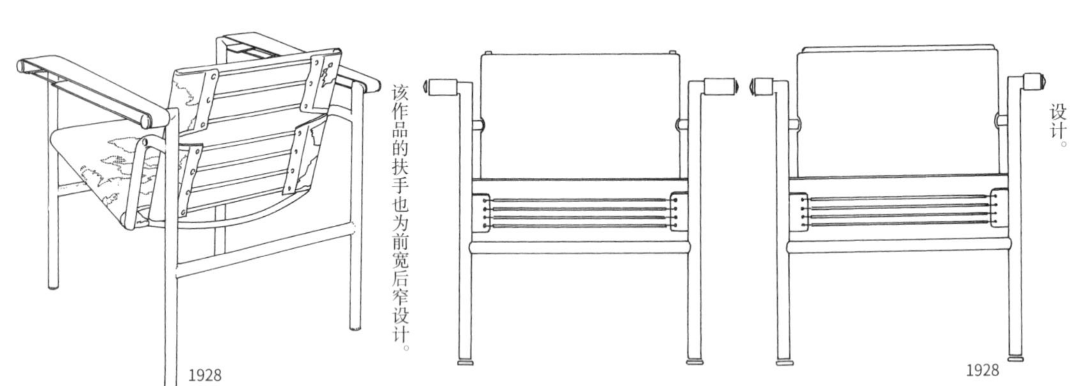

左侧的两件作品都是阿里巴公司生产的。靠右边的作品宽 60 厘米，靠左边的作品宽 65 厘米，并且扶手为前宽后窄设计。

1928

该作品的扶手也为前宽后窄设计。

1928

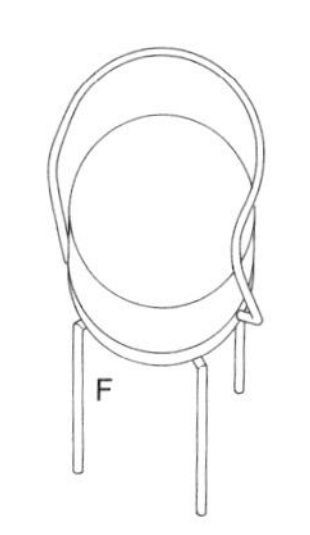

贝里安画的轴测投影图。靠背没有设计靠垫。
1928 年左右

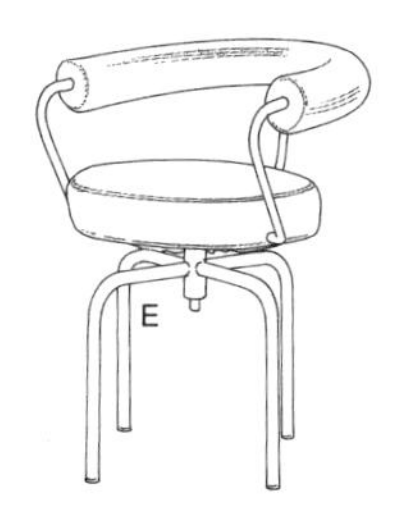

D 图作品的设计原型。坐垫未使用圆形钢环结构。
1928

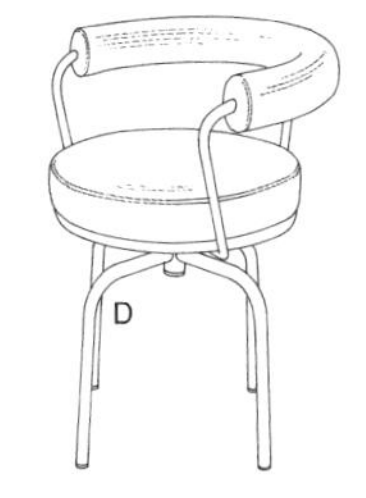

阿里巴公司的作品模型。从外观上看不出尺寸的不同。
1929

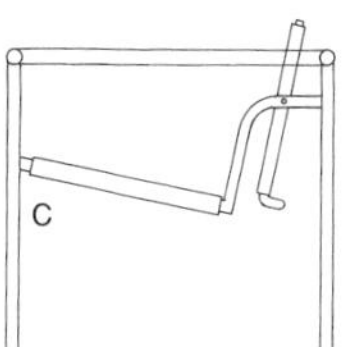

该图是根据阿里巴公司的设计图绘制的。可以对比卡西纳公司（下一行）的作品。
1928

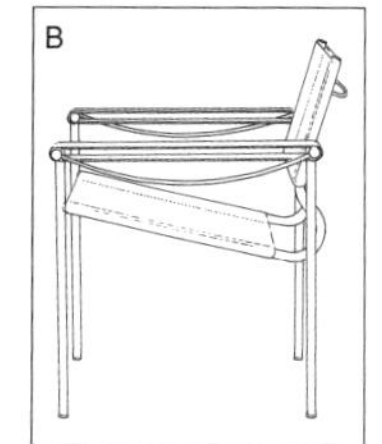

意大利的吉安多梅尼科·贝洛第设计的“面条椅”。以巴斯库兰椅为设计原型。
1980

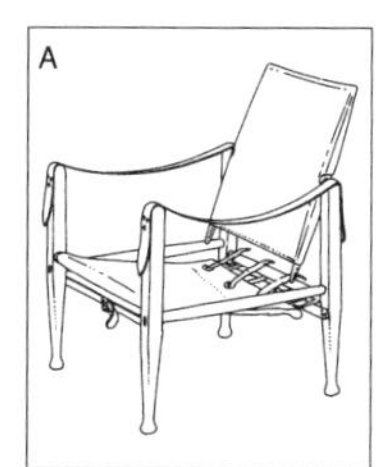

丹麦的凯尔·柯林特设计的游猎椅。从此作品开始，后来生产的巴斯库兰椅都是以英国生产的殖民地椅为原型的。
1933

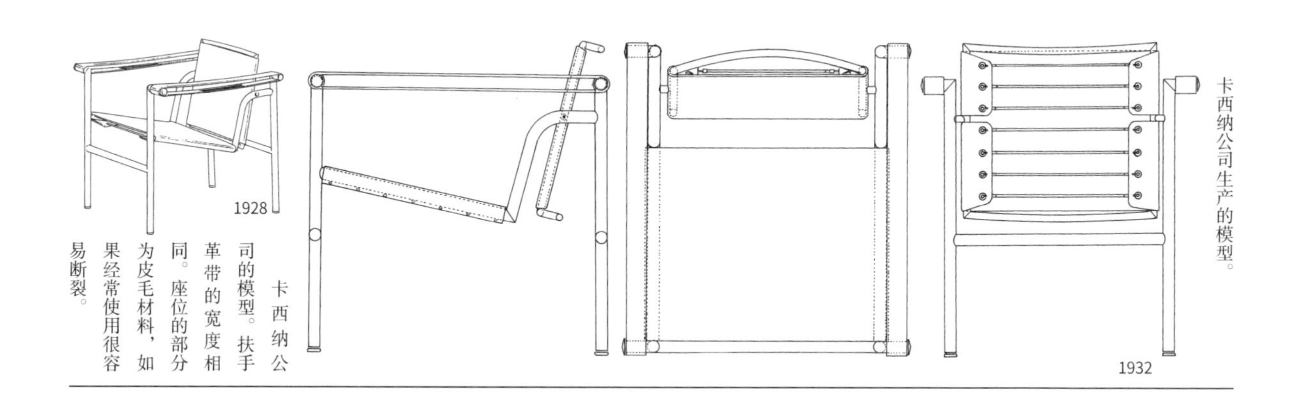

卡西纳公司的模型。扶手革带的宽度相同。座位的部分为皮毛材料，如果经常使用很容易断裂。

卡西纳公司生产的模型。

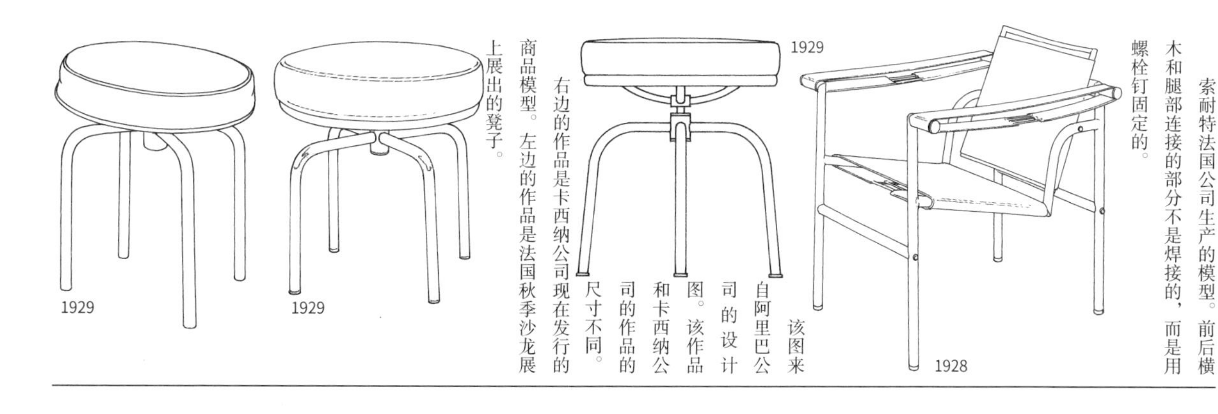

右边的作品是卡西纳公司现在发行的商品模型。左边的作品是法国秋季沙龙展上展出的凳子。

该图来自阿里巴公司的设计图。该作品和卡西纳公司的作品的尺寸不同。

索耐特法国公司生产的模型。前后横木和腿部连接的部分不是焊接的，而是用螺栓钉固定的。

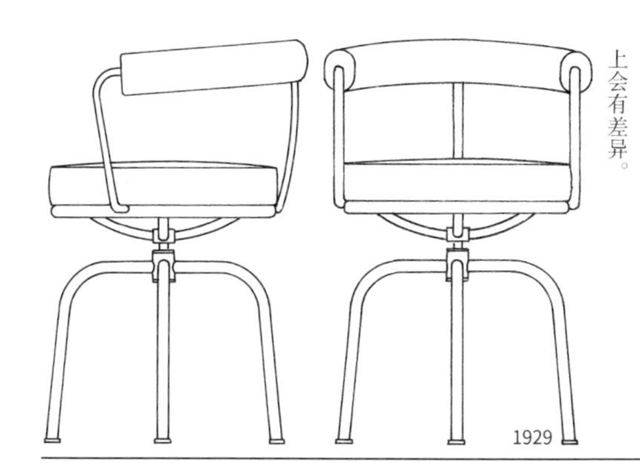

阿里巴公司的商品模型。宽 61.5 厘米，长 52 厘米，高 71.5 厘米，座高 43 厘米。不知道为什么这两件作品在尺寸上会有差异。

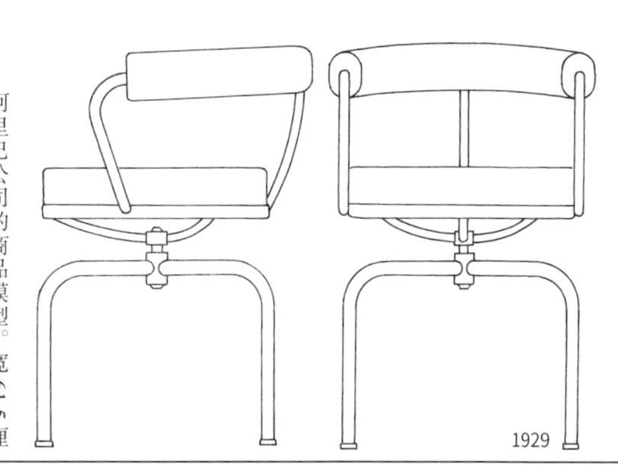

卡西纳公司的产品模型。宽 60 厘米，长 58 厘米，高 73 厘米，座高 50 厘米。

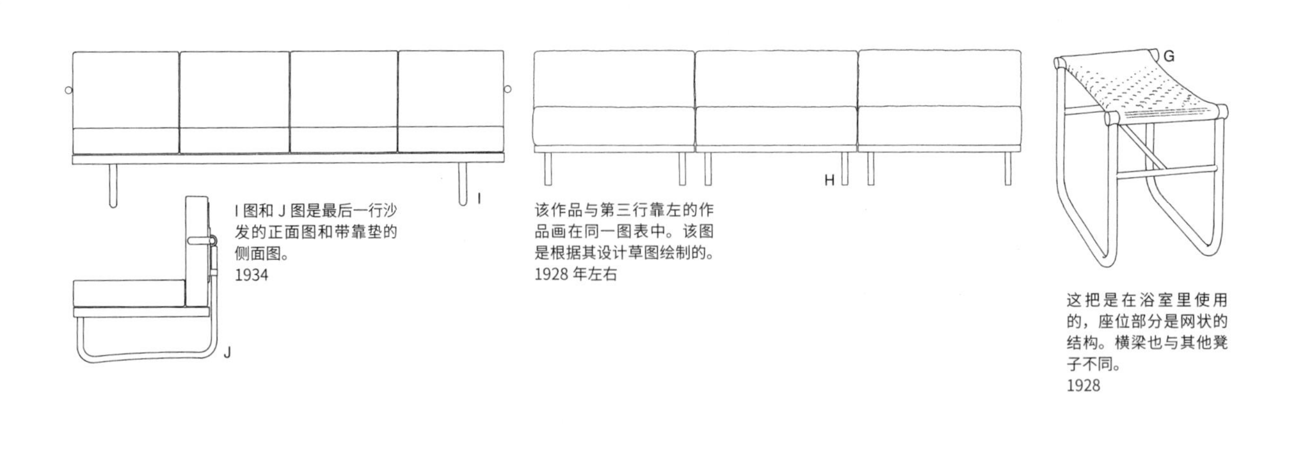

I 图和 J 图是最后一行沙发的正面图和带靠垫的侧面图。
1934

该作品与第三行靠左的作品画在同一图表中。该图是根据其设计草图绘制的。
1928 年左右

这把是在浴室里使用的，座位部分是网状的结构。横梁也与其他凳子不同。
1928

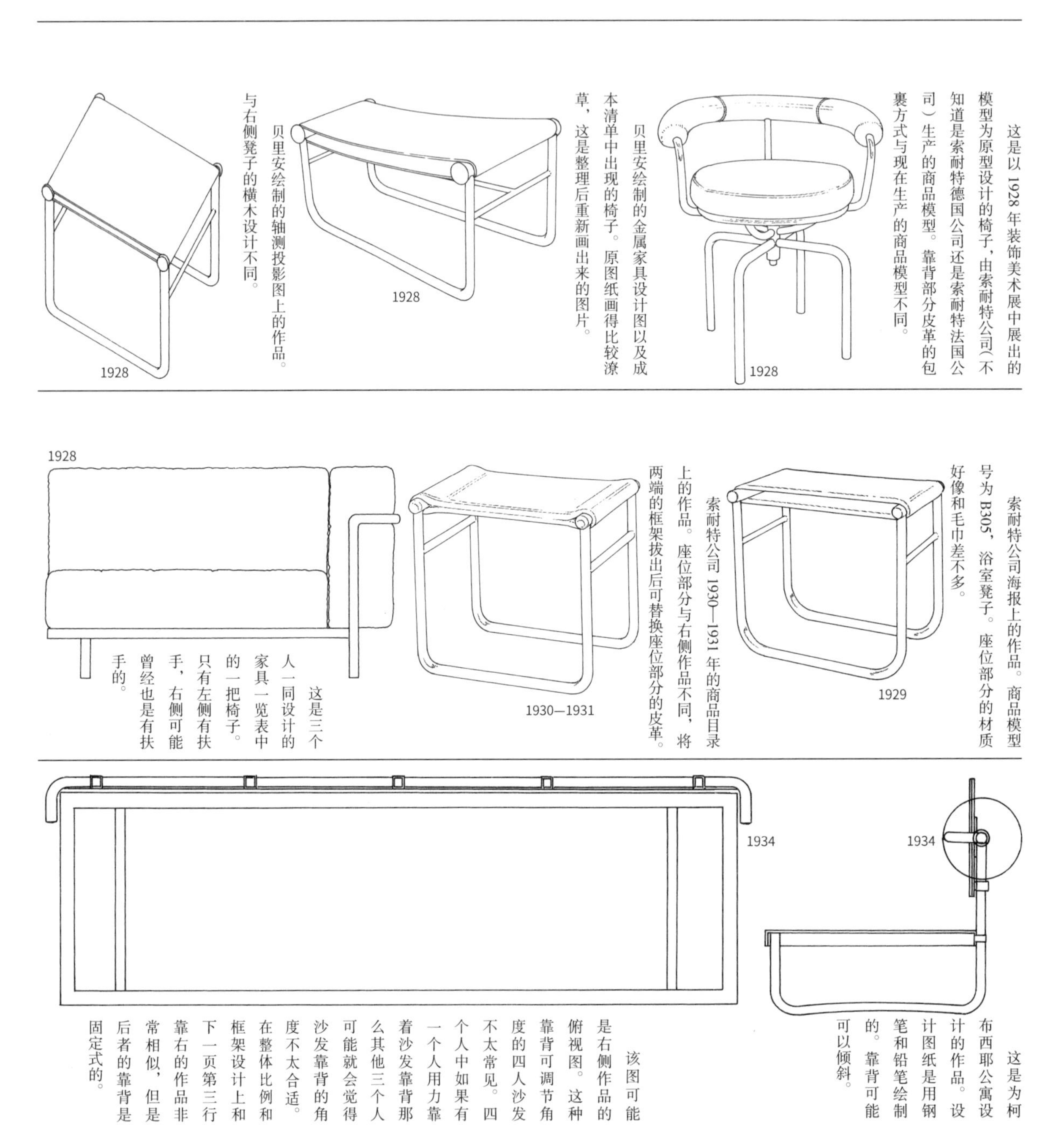

这是以 1928 年装饰美术展中展出的模型为原型设计的椅子，由索耐特公司（不知道是索耐特德国公司还是索耐特法国公司）生产的商品模型。靠背部分皮革的包裹方式与现在生产的商品模型不同。
1928

贝里安绘制的金属家具设计图以及成本清单中出现的椅子。原图纸画得比较潦草，这是整理后重新画出来的图片。
1928

贝里安绘制的轴测投影图上的作品。与右侧凳子的横木设计不同。
1928

索耐特公司海报上的作品。商品模型号为 B305'，浴室凳子。座位部分的材质好像和毛巾差不多。
1929

索耐特公司 1930—1931 年的商品目录上的作品。座位部分与右侧作品不同，将两端的框架拔出后可替换座位部分的皮革。
1930—1931

这是三个人一同设计的家具一览表中的一把椅子。只有左侧有扶手，右侧可能曾经也是有扶手的。
1928

这是为柯布西耶公寓设计的作品。设计图纸是用钢笔和铅笔绘制的。靠背可能可以倾斜。
1934

该图可能是右侧作品的俯视图。这种靠背可调节角度的四人沙发不太常见。四个人中如果有一个人用力靠着沙发靠背那么其他三个人可能就会觉得沙发靠背的角度不太合适。在整体比例和框架设计上和下一页第三行靠右的作品非常相似，但是后者的靠背是固定式的。
1934

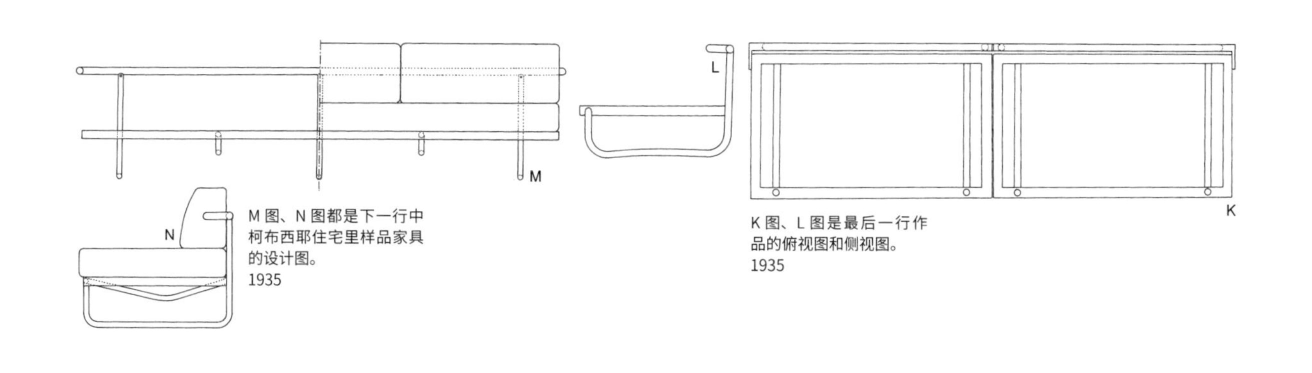

M图、N图都是下一行中柯布西耶住宅里样品家具的设计图。
1935

K图、L图是最后一行作品的俯视图和侧视图。
1935

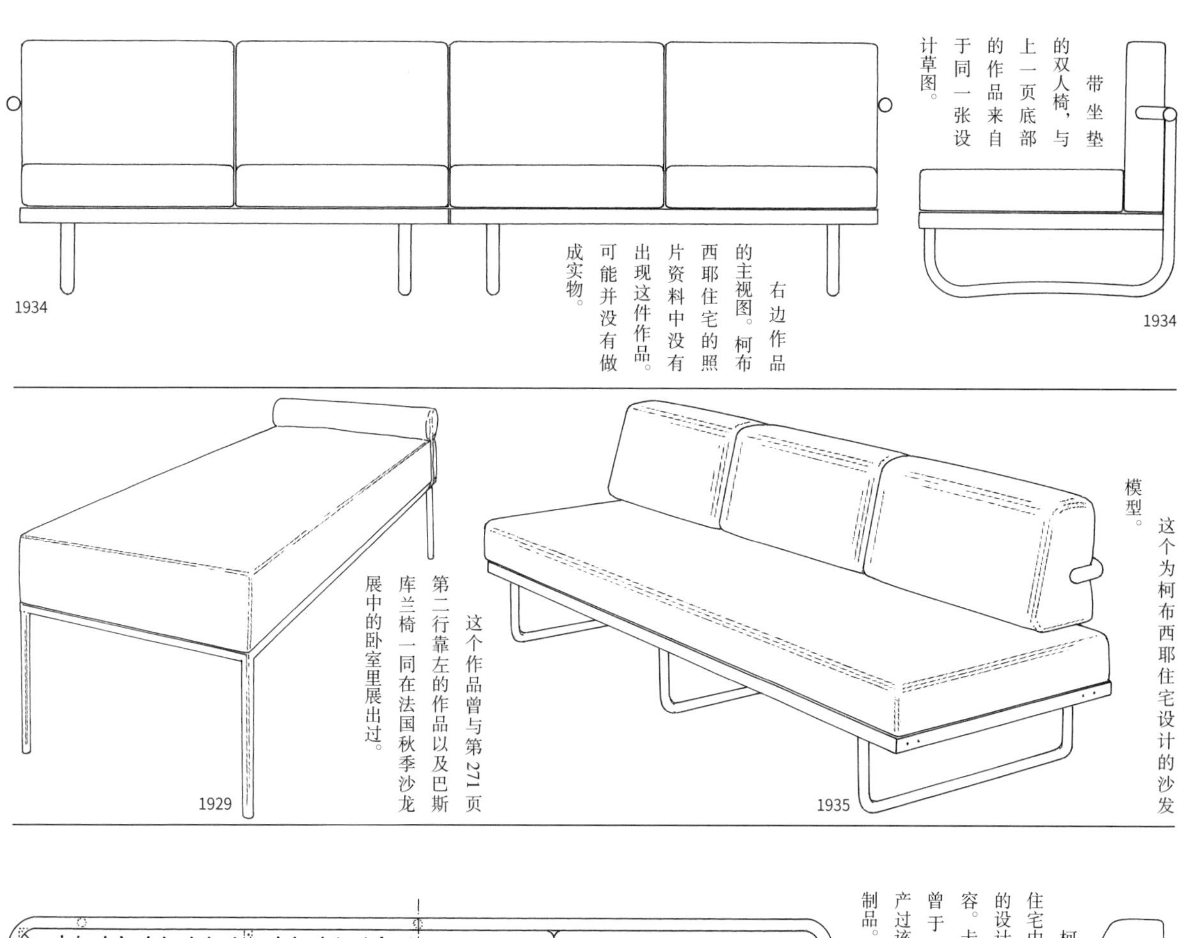

1934

右边作品的主视图。柯布西耶住宅的照片资料中没有出现这件作品。可能并没有做成实物。

带坐垫的双人椅，与上一页底部的作品来自于同一张设计草图。

1934

1929

这个作品曾与第271页第二行靠左的作品以及巴斯库兰椅一同在法国秋季沙龙展中的卧室里展出过。

1935

这个为柯布西耶住宅设计的沙发模型。

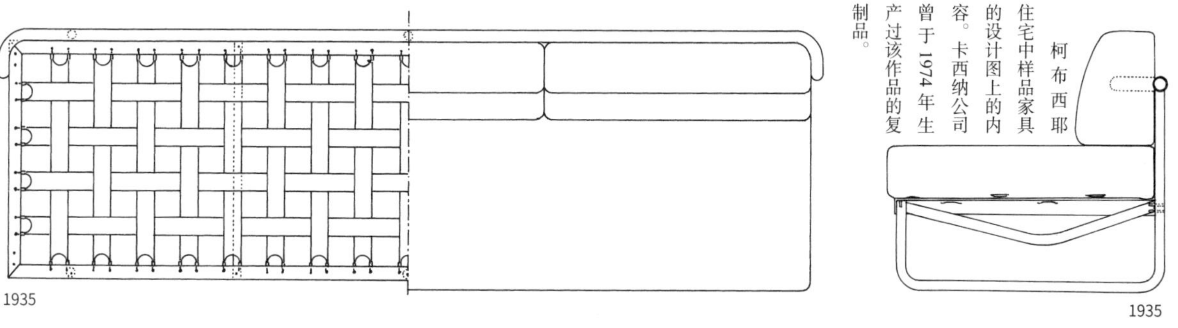

1935

柯布西耶住宅中样品家具的设计图上的内容。卡西纳公司曾于1974年生产过该作品的复制品。

1935

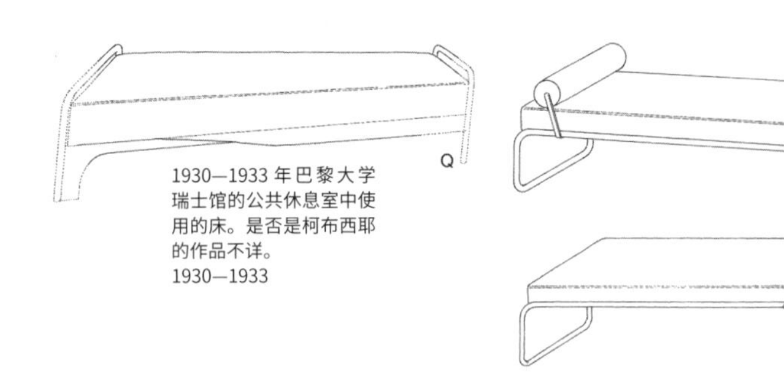

1930—1933 年巴黎大学瑞士馆的公共休息室中使用的床。是否是柯布西耶的作品不详。
1930—1933

O 图、P 图都是由贝里安设计的图纸。两件作品看起来一样，但枕部的固定方式不同。
1928

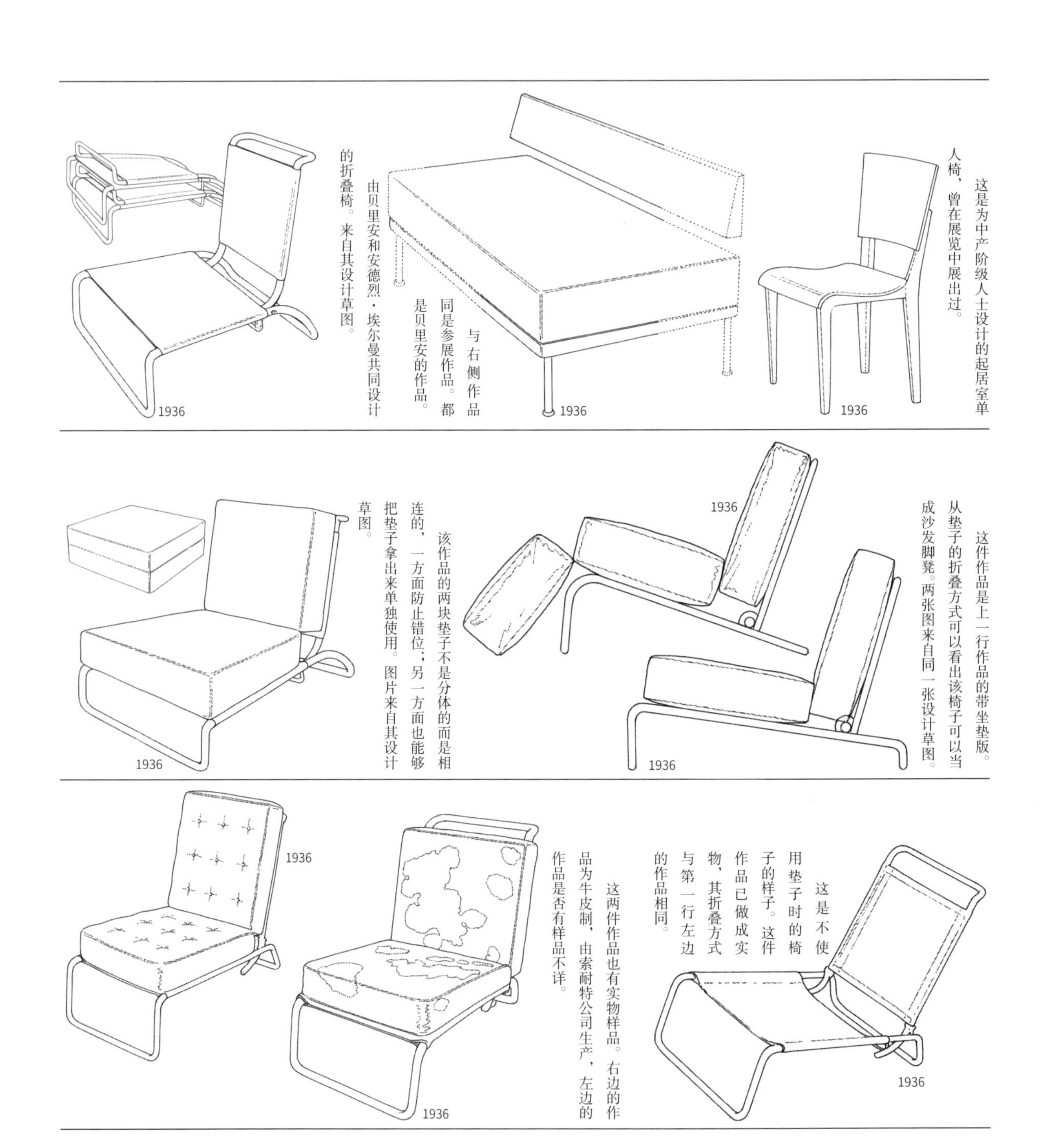

由贝里安和安德烈·埃尔曼共同设计的折叠椅。来自其设计草图。

与右侧作品同是参展作品。都是贝里安的作品。

这是为中产阶级人士设计的起居室单人椅，曾在展览中展出过。

该作品的两块垫子不是分体的而是相连的，一方面防止错位；另一方面也能够把垫子拿出来单独使用。图片来自其设计草图。

这件作品是上一行作品的带坐垫版。从垫子的折叠方式可以看出该椅子可以当成沙发脚凳。两张图来自同一张设计草图。

这两件作品也有实物样品。右边的作品为牛皮制，由索耐特公司生产，左边的作品是否有样品不详。

这是不使用垫子时的椅子的样子。这件作品已做成实物，其折叠方式与第一行左边的作品相同。

U

与最后一行左起第二件作品很像，但是构架设计不同。
1947？

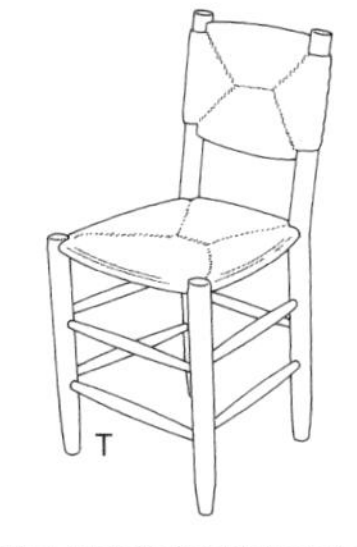

T

澳大利亚的多禄泰拍卖行出品的无扶手单人椅。贝里安和让纳雷也是继此开始合作的。虽然作品标注的设计年份是 1949 年，但笔者认为应该是 1938 年左右的作品。
1938 年左右

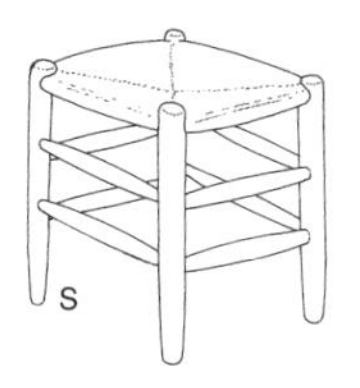

S

这个作品样式极为简单，看起来好像农家使用的凳子。

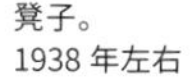

1938 年左右

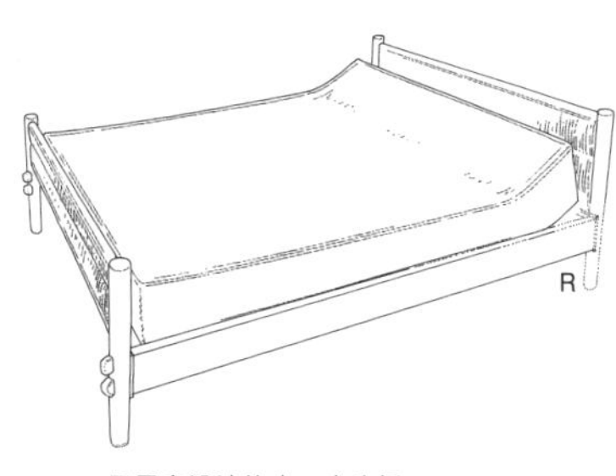

R

贝里安设计的床。床头板和床尾板都有细绳编织设计。除此之外还有公司生产过这样的单人床。
1939—1940

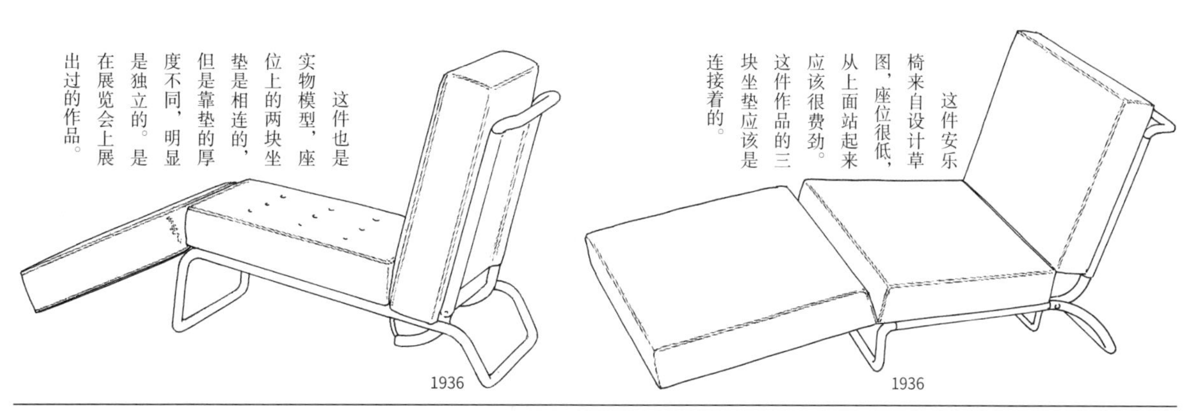

这件也是实物模型，座位上的两块坐垫是相连的，但是靠垫的厚度不同，明显是独立的。是在展览会上展出过的作品。
1936

这件安乐椅来自设计草图，座位很低，从上面站起来应该很费劲。这件作品的三块坐垫应该是连接着的。
1936

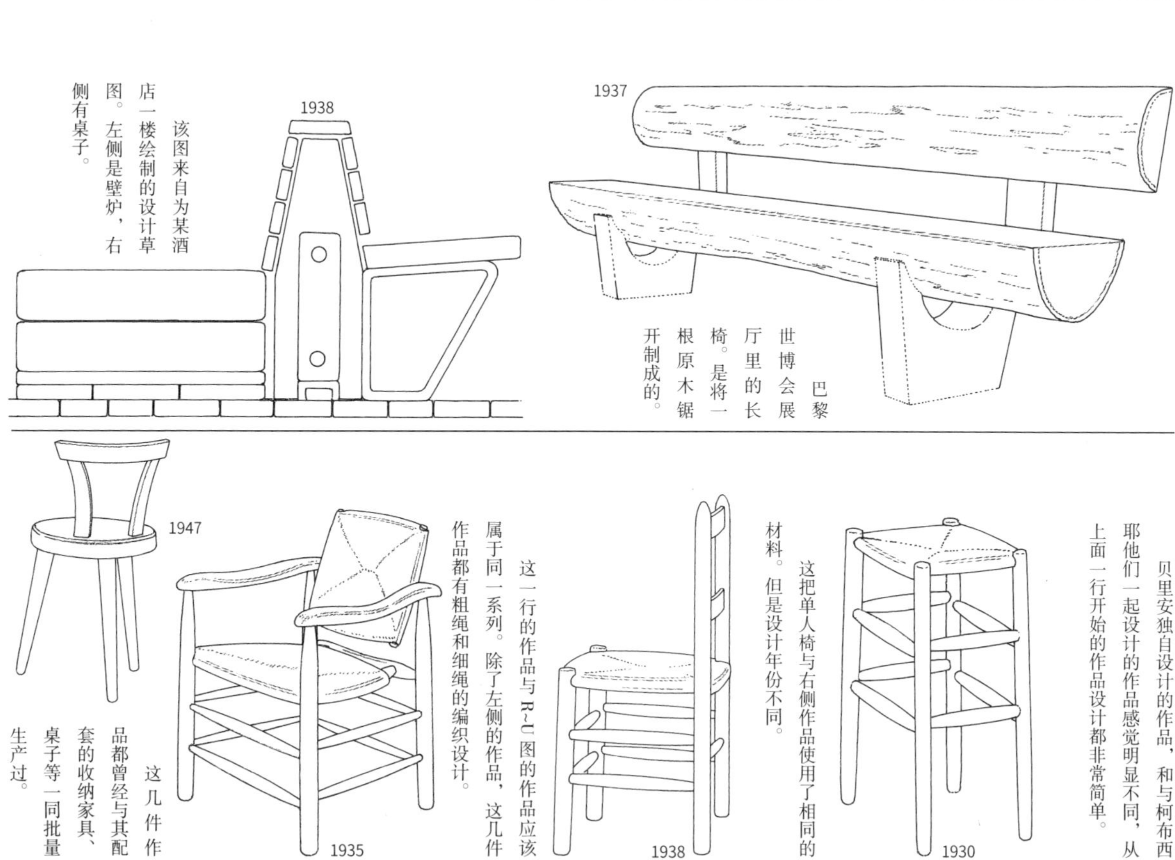

该图来自为某酒店一楼绘制的设计草图。左侧是壁炉，右侧有桌子。
1938

巴黎世博会展厅里的长椅。是将一根原木锯开制成的。
1937

这几件作品都曾经与其配套的收纳家具、桌子等一同批量生产过。
1947

这一行的作品与 R~U 图的作品应该属于同一系列。除了左侧的作品，这几件作品都有粗绳和细绳的编织设计。
1935

这把单人椅与右侧作品使用了相同的材料。但是设计年份不同。
1938

贝里安独自设计的作品，和与柯布西耶他们一起设计的作品感觉明显不同，从上面一行开始的作品设计都非常简单。
1930

1887—1965
1903—1999
1896—1967

勒·柯布西耶
夏洛特·贝里安
皮埃尔·让纳雷

第 3 小节
皮埃尔·让纳雷

本小节将介绍皮埃尔·让纳雷的经历。让纳雷于 1896 年在瑞士日内瓦出生。曾在日内瓦美术学院学习建筑，1921—1923 年（有的资料中记载为 1920—1922 年）在贝瑞兄弟设计工作室工作。1923 年与堂兄柯布西耶一起工作，1927 年贝里安也加入其中，三个人一起设计了众多名留史册的作品。但是家居设计一般没有全由一位设计师单独完成的，据笔者所知，只有 1947 年由美国诺尔家具公司这样设计过家具。因此那些所谓三人共同完成的作品，实际上让纳雷很可能并没怎么参与其中。或许是因为让纳雷把工作重心放在了建筑上。1945 年起，他又与本书在后面将要介绍到的让·布维一起共事。1951—1965 年曾担任印度昌迪加尔建筑学院校长。

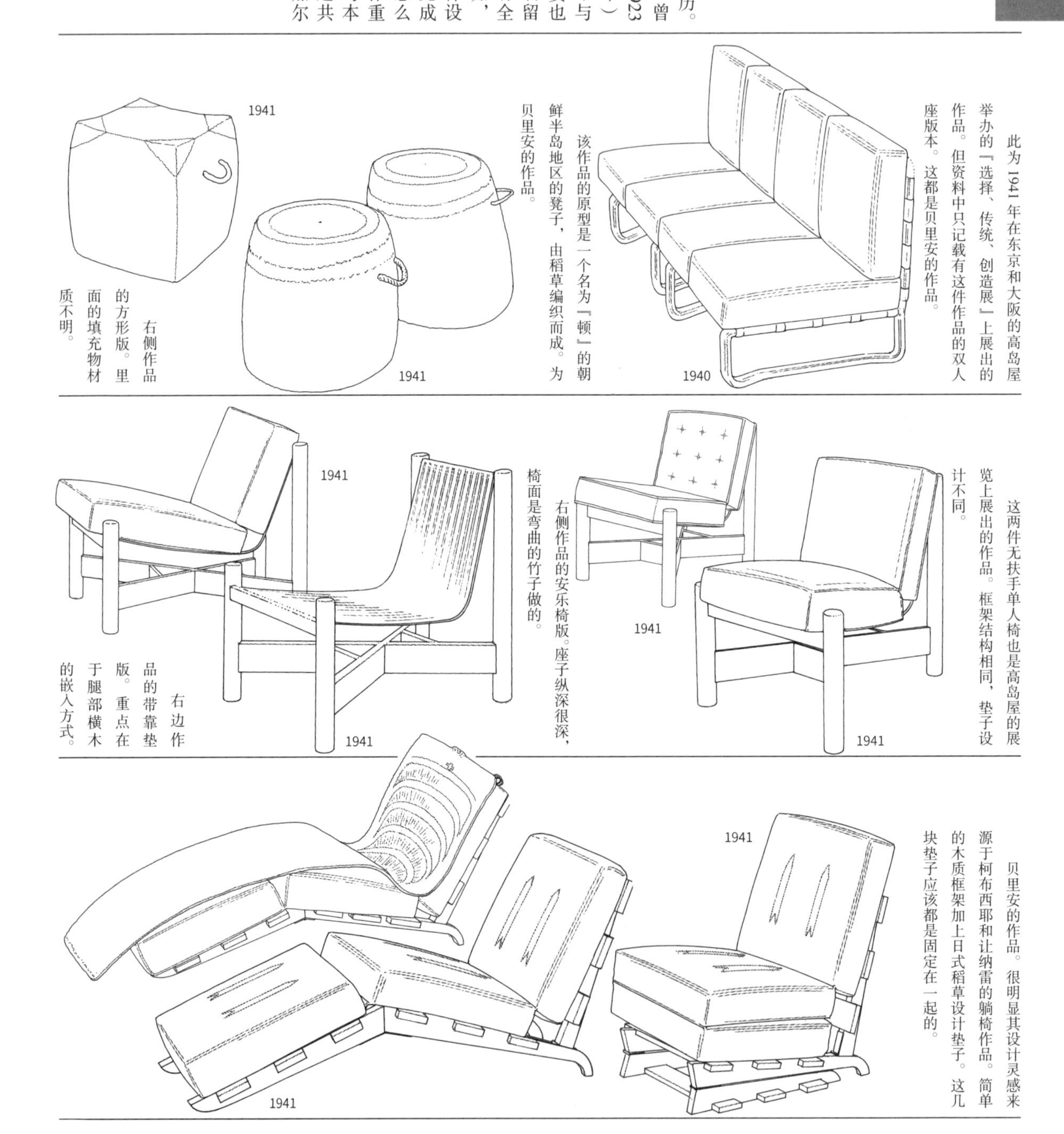

此为 1941 年在东京和大阪的高岛屋举办的『选择、传统、创造展』上展出的作品。但资料中只记载有这件作品的双人座版本。这都是贝里安的作品。

该作品的原型是一个名为『顿』的朝鲜半岛地区的凳子，由稻草编织而成。为贝里安的作品。

右侧作品的方形版。里面的填充物材质不明。

这两件无扶手单人椅也是高岛屋的展览上展出的作品。框架结构相同，垫子设计不同。

右侧作品的安乐椅版。座子纵深很深，椅面是弯曲的竹子做的。

右边作品的带靠垫版。重点在于腿部横木的嵌入方式。

贝里安的作品。很明显其设计灵感来源于柯布西耶和让纳雷的躺椅作品。简单的木质框架加上日式稻草设计垫子。这几块垫子应该都是固定在一起的。

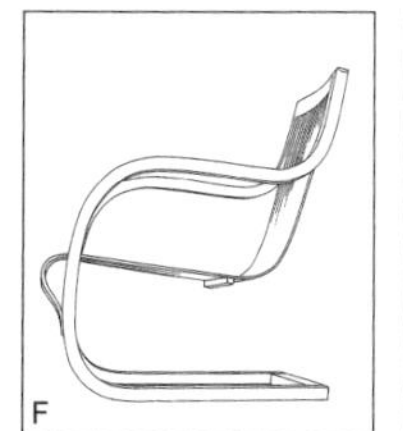

日本的城所右文次的作品。他也是众多受阿尔瓦·阿尔托影响的设计师中的一位。所有的部件都是由竹子做的。城所右文次是三越百货的设计师。
1936

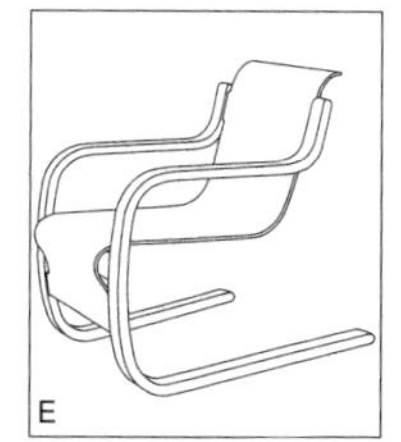

阿尔瓦·阿尔托的作品。从这件作品开始他发表了多个类似的作品，第三行的作品就借鉴了这些作品。
1932

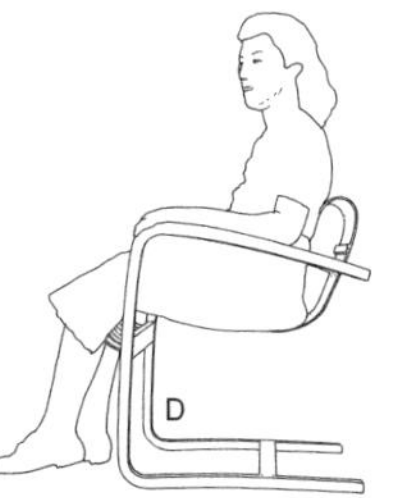

第三行左侧作品的使用图。因为是悬臂结构设计，坐上去以后座位会下沉。
1941

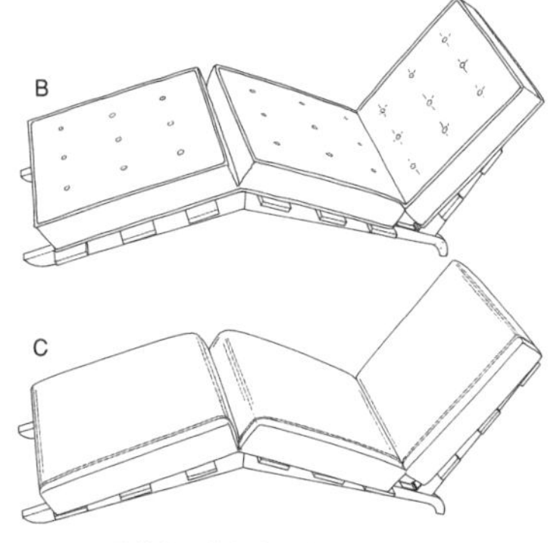

B～C图的作品的框架结构都与上一页底部的作品相似，但垫子的设计不同。
1941

曾与上一页第二行稻草编织的凳子一同展出过。由竹子编织的圆形座子和木质的基座组合而成。
1941年左右

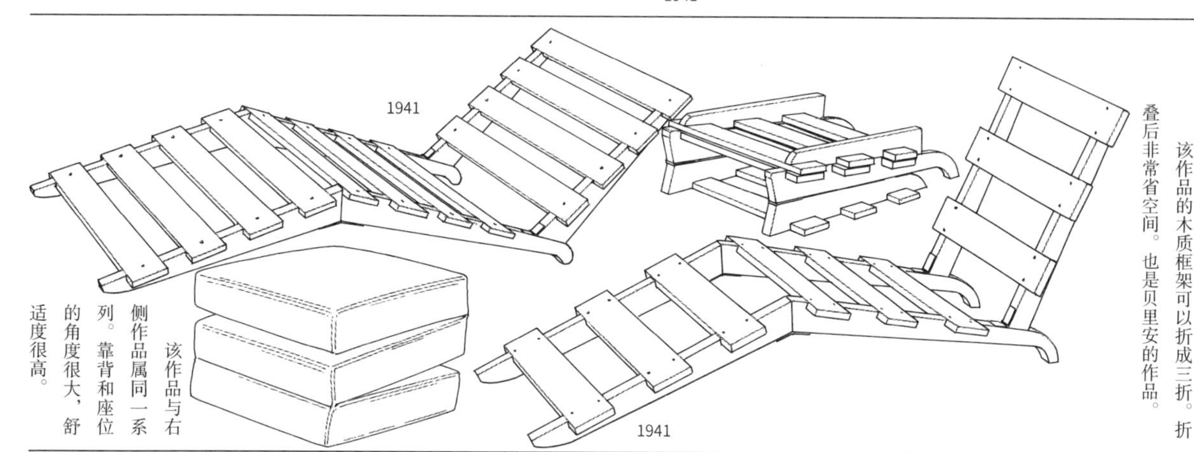

该作品的木质框架可以折成三折。折叠后非常省空间。也是贝里安的作品。

该作品与右侧作品属同一系列。靠背和座位的角度很大，舒适度很高。

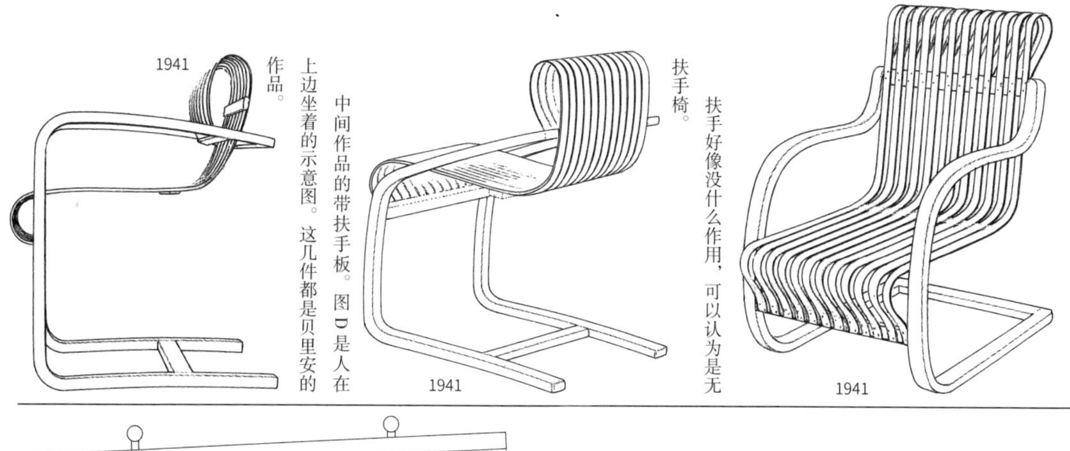

这件作品的灵感来自于阿尔瓦·阿尔托的作品。框架都是由竹子做的。左侧两件作品与该作品同属同一系列。

扶手好像没什么作用，可以认为是无扶手椅。

中间作品的带扶手板。图D是人在上边坐着的示意图。这几件都是贝里安的作品。

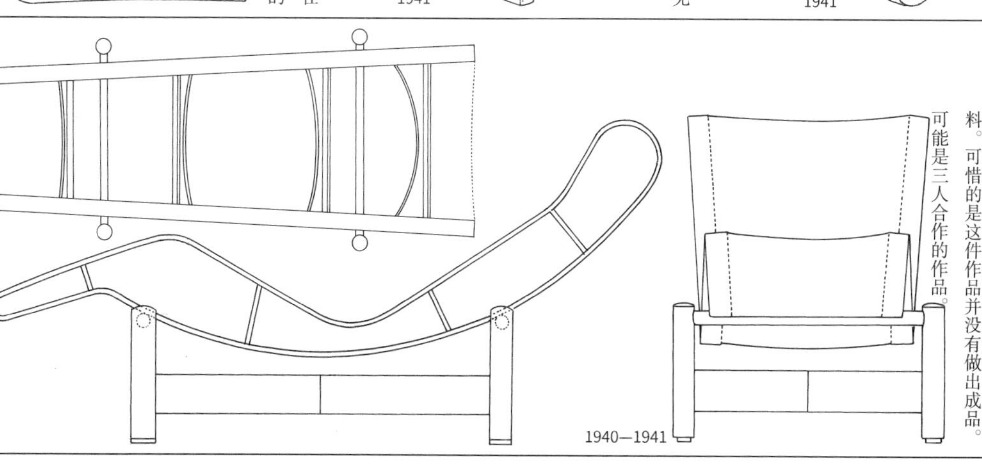

这件是在第1小节中介绍过的使用了弯曲木和藤条的躺椅（设计作品）。这件作品也将框架设计成了模压胶合板材料。其原因可能跟使用弯曲木一样，都是为了由索耐特公司进行生产而设计使用这些材料。可惜的是这件作品并没有做出成品。可能是三人合作的作品。

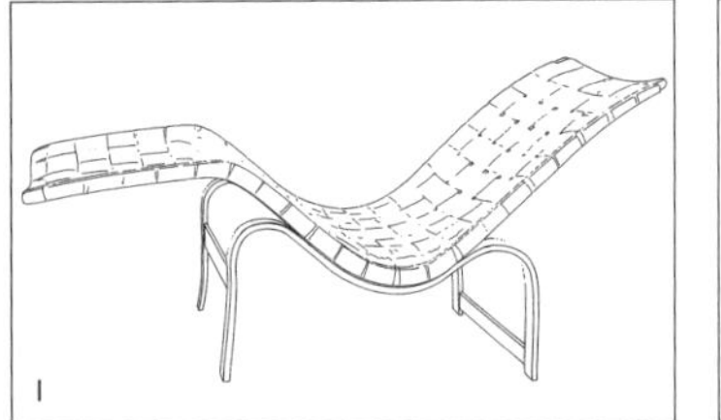

瑞典的布鲁诺·马松设计的躺椅。与贝里安的设计有相似之处。
1933—1934

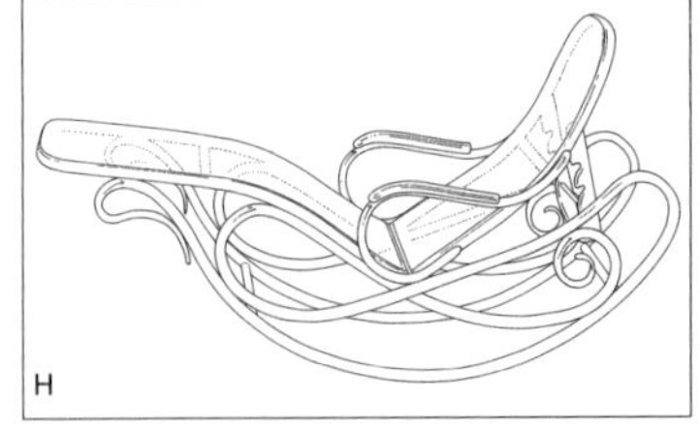

索耐特兄弟设计的摇椅式躺椅。柯布西耶和贝里安的作品可能就是受到了他们的影响。
1883

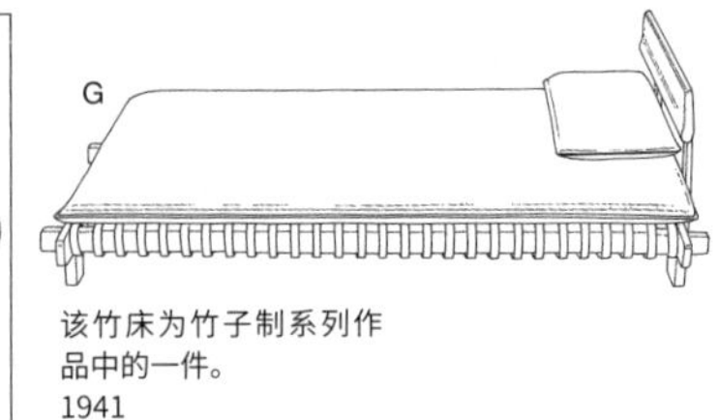

该竹床为竹子制系列作品中的一件。
1941

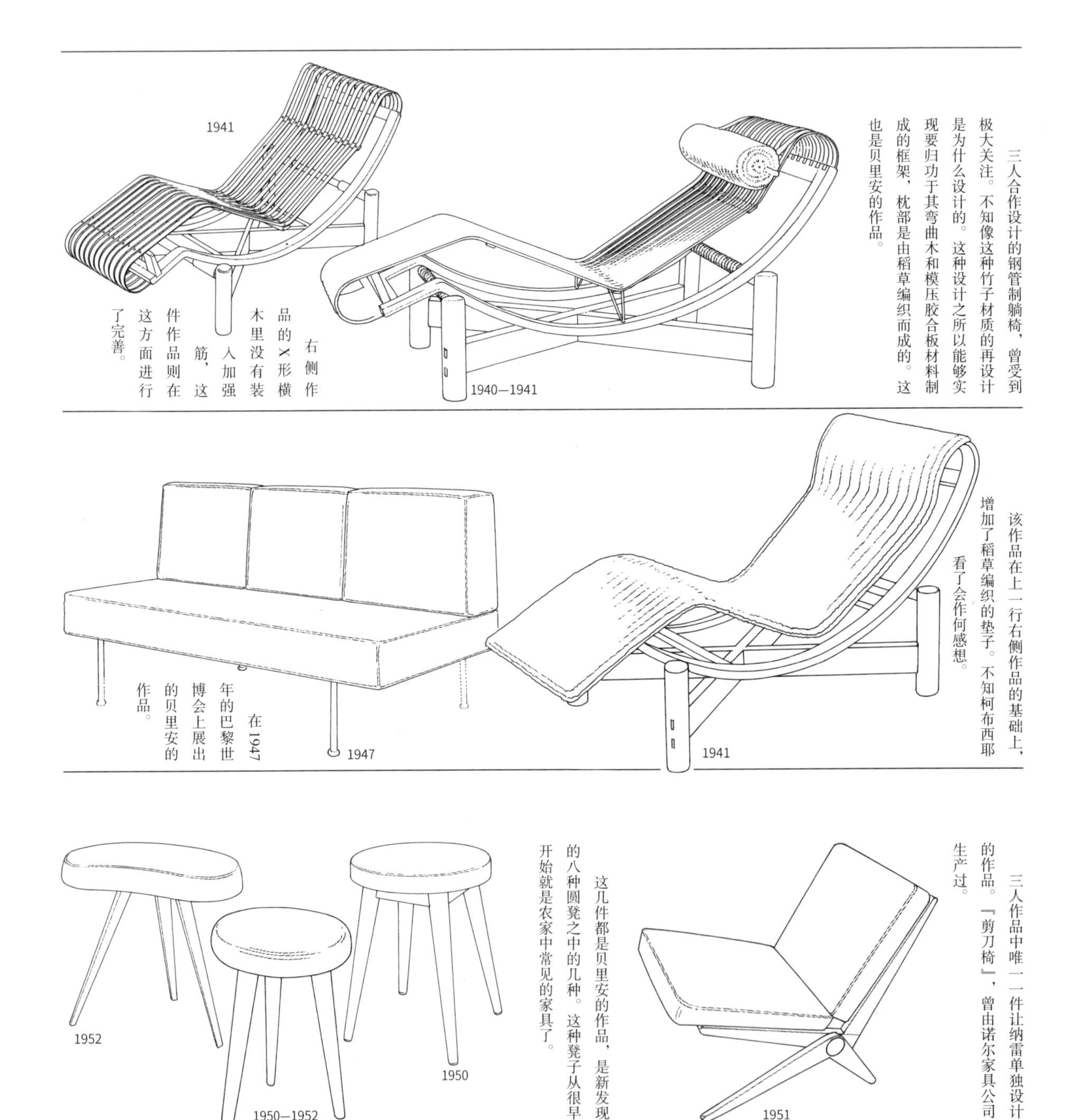

三人合作设计的钢管制躺椅，曾受到极大关注。不知像这种竹子材质的再设计是为什么设计的。这种设计之所以能够实现要归功于其弯曲木和模压胶合板材料制成的框架，枕部是由稻草编织而成的。这也是贝里安的作品。

右侧作品的X形横木里没有装入加强筋，这件作品则在这方面进行了完善。

该作品在上一行右侧作品的基础上，增加了稻草编织的垫子。不知柯布西耶看了会作何感想。

在1947年的巴黎世博会上展出的贝里安的作品。

三人作品中唯一一件让纳雷单独设计的作品。『剪刀椅』，曾由诺尔家具公司生产过。

这几件都是贝里安的作品，是新发现的八种圆凳之中的几种。这种凳子从很早开始就是农家中常见的家具了。

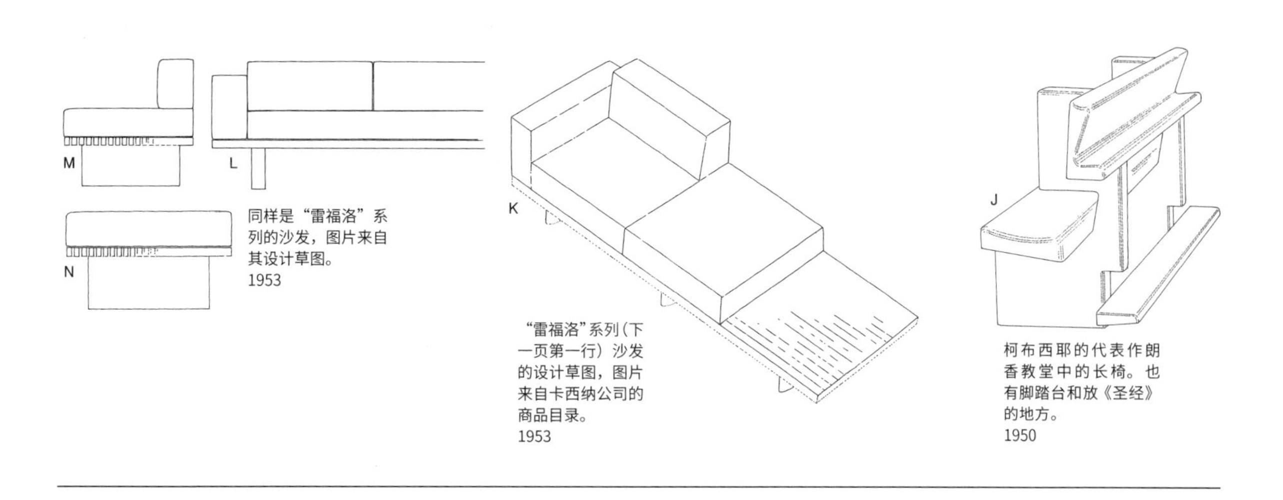

同样是“雷福洛”系列的沙发，图片来自其设计草图。
1953

“雷福洛”系列（下一页第一行）沙发的设计草图，图片来自卡西纳公司的商品目录。
1953

柯布西耶的代表作朗香教堂中的长椅。也有脚踏台和放《圣经》的地方。
1950

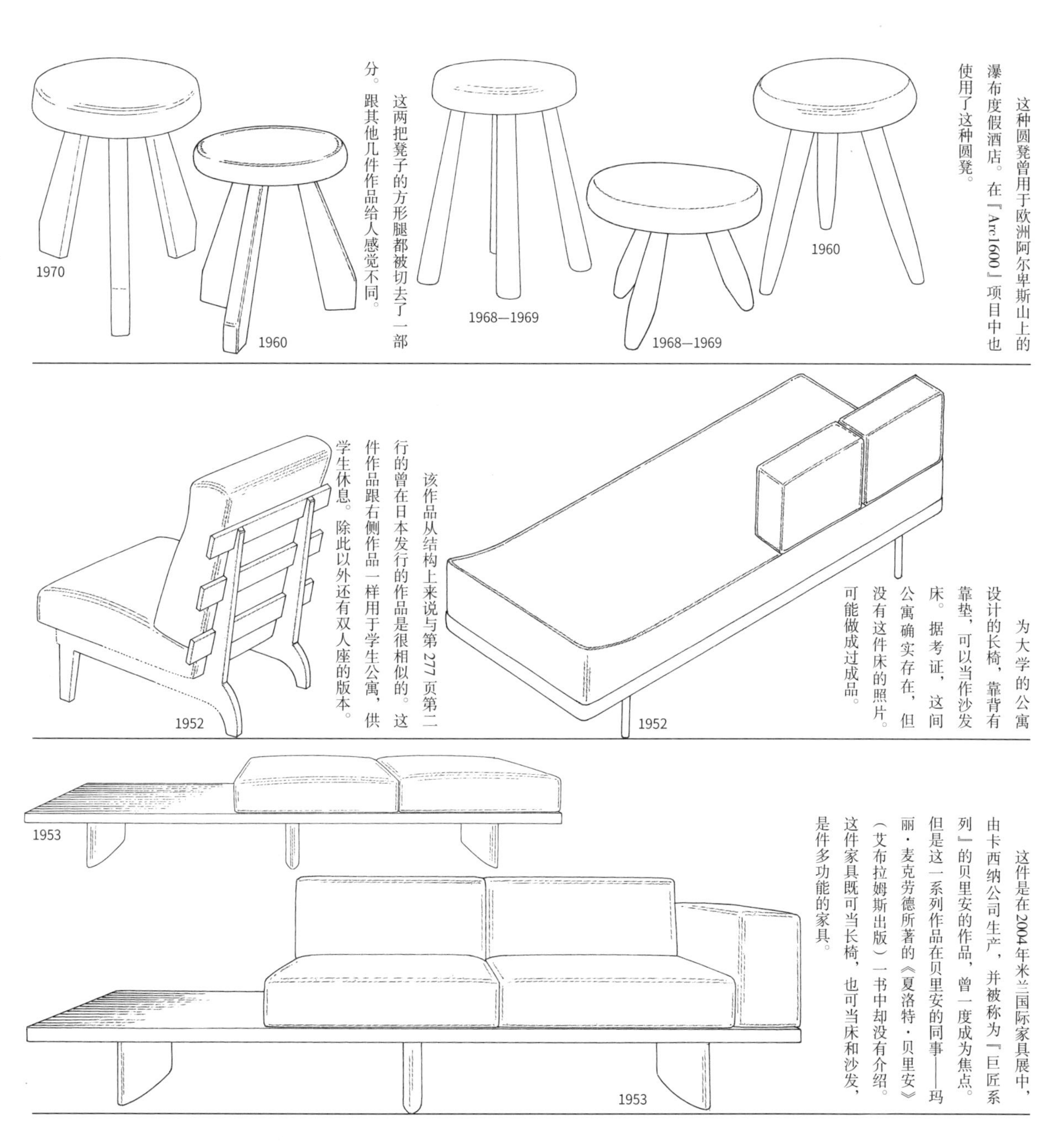

这种圆凳曾用于欧洲阿尔卑斯山上的瀑布度假酒店。在『Arc1600』项目中也使用了这种圆凳。

这两把凳子的方形腿都被切去了一部分。跟其他几件作品给人感觉不同。

为大学的公寓设计的长椅，靠背有靠垫，可以当作沙发床。据考证，这间公寓确实存在，但没有这件床的照片。可能做成过成品。

该作品从结构上来说与第277页第二行的曾在日本发行的作品是很相似的。这件作品跟右侧作品一样用于学生公寓，供学生休息。除此以外还有双人座的版本。

这件是在2004年米兰国际家具展中，由卡西纳公司生产，并被称为『巨匠系列』的贝里安的作品，曾一度成为焦点。但是这一系列作品在贝里安的同事——玛丽·麦克劳德所著的《夏洛特·贝里安》（艾布拉姆斯出版）一书中却没有介绍。这件家具既可当长椅，也可当床和沙发，是件多功能的家具。

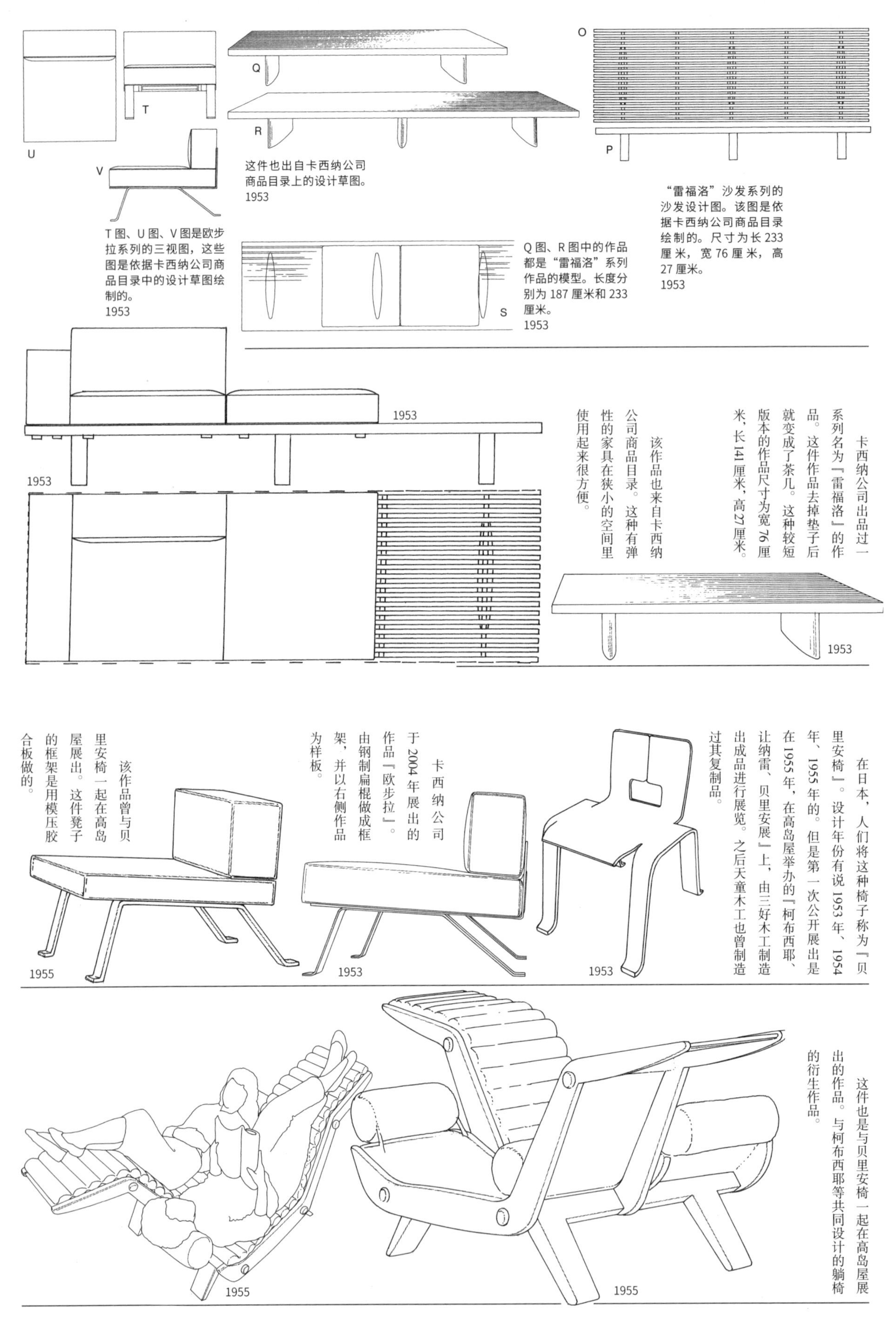

T图、U图、V图是欧步拉系列的三视图，这些图是依据卡西纳公司商品目录中的设计草图绘制的。
1953

这件也出自卡西纳公司商品目录上的设计草图。
1953

Q图、R图中的作品都是“雷福洛”系列作品的模型。长度分别为187厘米和233厘米。
1953

“雷福洛”沙发系列的沙发设计图。该图是依据卡西纳公司商品目录绘制的。尺寸为长233厘米，宽76厘米，高27厘米。
1953

卡西纳公司出品过一系列名为『雷福洛』的作品。这件作品去掉垫子后就变成了茶几。这种较短版本的作品尺寸为宽76厘米，长141厘米，高27厘米。

该作品也来自卡西纳公司商品目录。这种有弹性的家具在狭小的空间里使用起来很方便。

在日本，人们将这种椅子称为『贝里安椅』。设计年份有说1953年、1954年、1955年的。但是第一次公开展出是在1955年，在高岛屋举办的『柯布西耶、让纳雷、贝里安展』上，由三好木工制造出成品进行展览。之后天童木工也曾制造过其复制品。

卡西纳公司于2004年展出的作品『欧步拉』。由钢制扁棍做成框架，并以右侧作品为样板。

该作品曾与贝里安椅一起在高岛屋展出。这件凳子的框架是用模压胶合板做的。

这件也是与贝里安椅一起在高岛屋展出的作品。与柯布西耶等共同设计的躺椅的衍生作品。

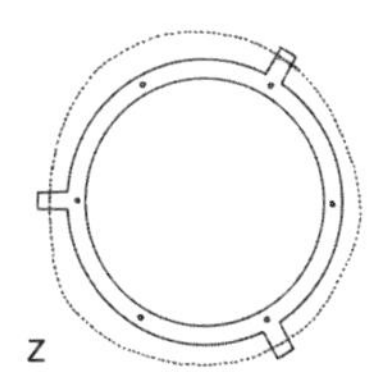

该图是下一行右侧桌子，也可能兼凳子的俯视图。
1959？

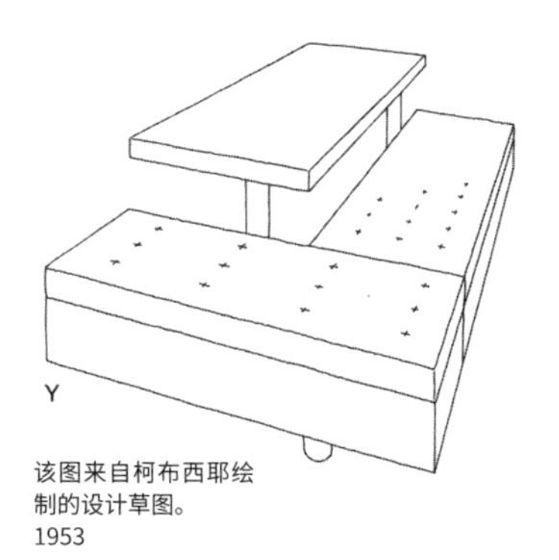

该图来自柯布西耶绘制的设计草图。
1953

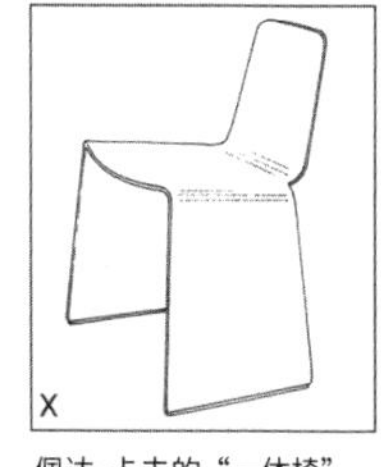

佩达·卡夫的“一体椅”。与贝里安的这种由一个部件设计而成的椅子一般叫椅子一样椅。

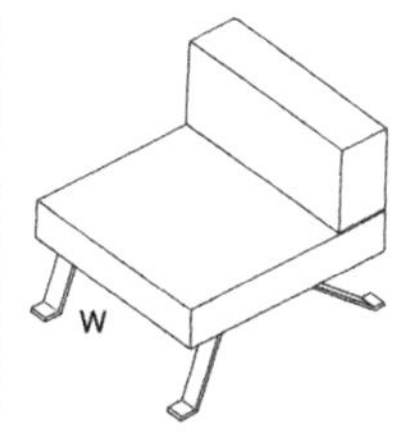

这件“欧步拉椅”也是根据其设计草图绘制的，来自卡西纳公司的商品目录。
1953

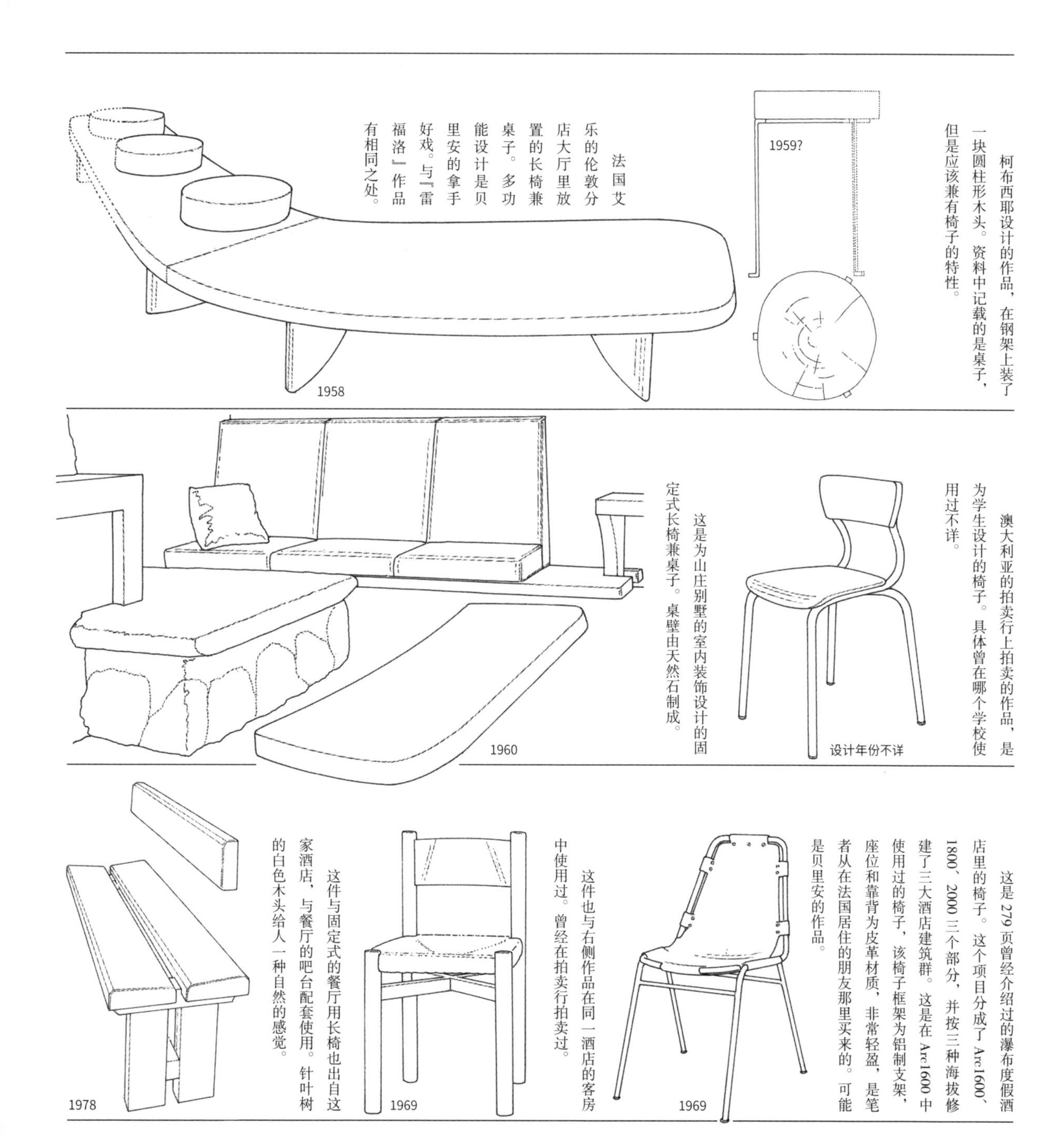

柯布西耶设计的作品，在钢架上装了一块圆柱形木头。资料中记载的是桌子，但是应该兼有椅子的特性。
1959?

法国艾乐的伦敦分店大厅里放置的长椅兼桌子。多功能设计是贝里安的拿手好戏。与『雷福洛』作品有相同之处。
1958

澳大利亚的拍卖行上拍卖的作品，是为学生设计的椅子。具体曾在哪个学校使用过不详。
设计年份不详

这是为山庄别墅的室内装饰设计的固定式长椅兼桌子。桌壁由天然石制成。
1960

这是279页曾经介绍过的瀑布度假酒店里的椅子。这个项目分成了Arc1600、1800、2000三个部分，并按三种海拔修建了三大酒店建筑群。这是在Arc1600中使用过的椅子，该椅子框架为铝制支架，座位和靠背为皮革材质，非常轻盈，是笔者从在法国居住的朋友那里买来的。可能是贝里安的作品。
1969

这件也与右侧作品在同一酒店的客房中使用过。曾经在拍卖行拍卖过。
1969

这件与固定式的餐厅用长椅也出自这家酒店，与餐厅的吧台配套使用。针叶树的白色木头给人一种自然的感觉。
1978

1888—1954

凯尔·柯林特

凯尔·柯林特（以下简称柯林特）出生于1888年12月15日。1924年在哥本哈根皇家艺术学院开设了家具设计系，作为丹麦的现代家具设计之父，其设计理念至今仍然被丹麦的年青一代设计师所沿用。

他最大的功绩之一是在1916—1917年的有关人与家具的协调关系的研究。这份研究在阿道夫·史内克发表的五年前完成。他根据人体工学理论对家具的各项指标进行记录、测定，向家居设计领域导入了『分析的概念』。

另外一件功绩是他对古代样式家具进行了基础性研究。正如有句话所说的那样，『古代的时候比我们现在更摩登』，他重新审视了那些传统且有价值的家具的闪光点，将其功能上变得更加符合现代生活，外形上更加简单。这一思想也被之后的丹麦设计师们沿用，使得他们能够关注到更好的设计，从而提高丹麦设计的水平。

1913

放于房间墙角的沙发，是柯林特为设计大赛投稿的作品『避暑别墅家具』。可能是与卡尔·彼得森共同设计的。

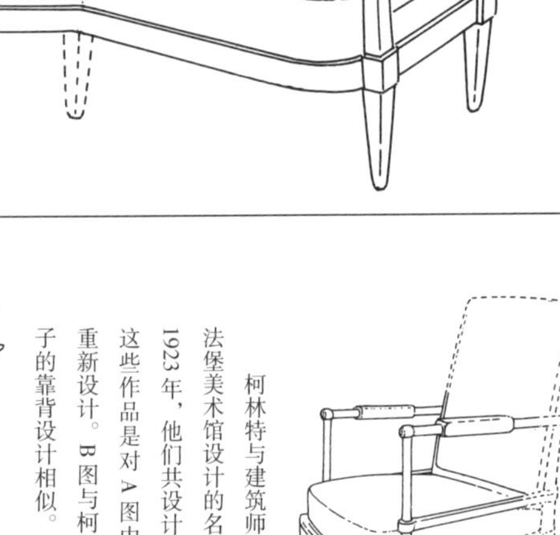

1913

资料中未记载该作品的整体的设计，但细节设计非常精美。靠背和座位为皮革材质（个人收藏）。

1914—1923

柯林特与建筑师卡尔·彼得森共同为法堡美术馆设计的名作『法堡椅』。截至1923年，他们共设计了七件类似的作品。这些作品是对A图中古代样式的椅子的重新设计。B图与柯林特·詹森设计的椅子的靠背设计相似。

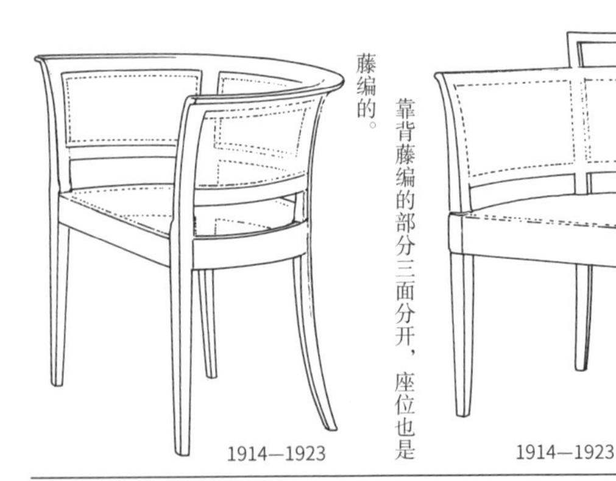

1914—1923

靠背藤编的部分三面分开，座位也是藤编的。

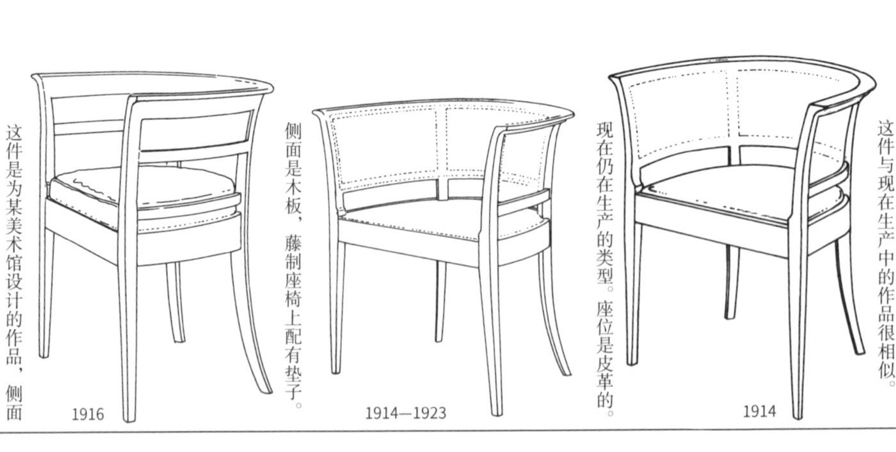

1914

这件与现在生产中的作品很相似。

1914—1923

现在仍在生产的类型。座位是皮革的。

1916

侧面是木板，藤制座椅上配有垫子。

1923

这件是为某美术馆设计的作品，侧面为木制。

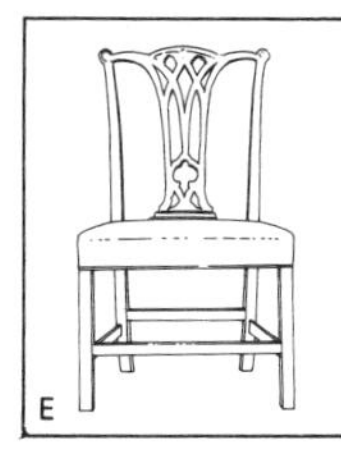

18 世纪英国托马斯·奇彭代尔设计的椅子，靠背装饰简化后的红椅子。
18 世纪

汉斯·瓦格纳设计的扶手椅。侧面做成竖条的样式，成了其特有的瓦格纳风格。家具公司现在仍在生产该作品。
1947

1790 年左右的英国扶手椅。除了脚轮部分以外，其他部分几乎与柯林特·詹森的作品相同。桃花心木材质，侧面为藤质。
1790

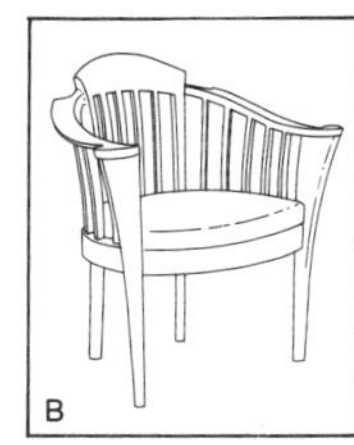

柯林特的父亲柯林特·詹森设计的扶手椅。桃花心木材质，座位上装有革制垫子。
1905—1910

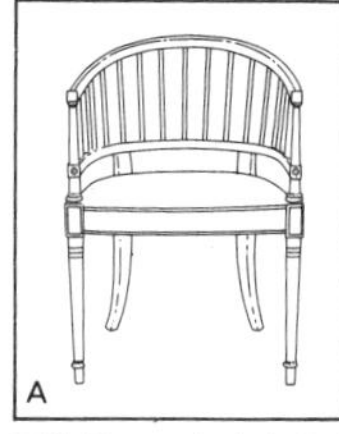

可能是 1800 年左右丹麦的扶手椅。这件作品似乎受到了英国 18 世纪风格的影响。
1800 年左右

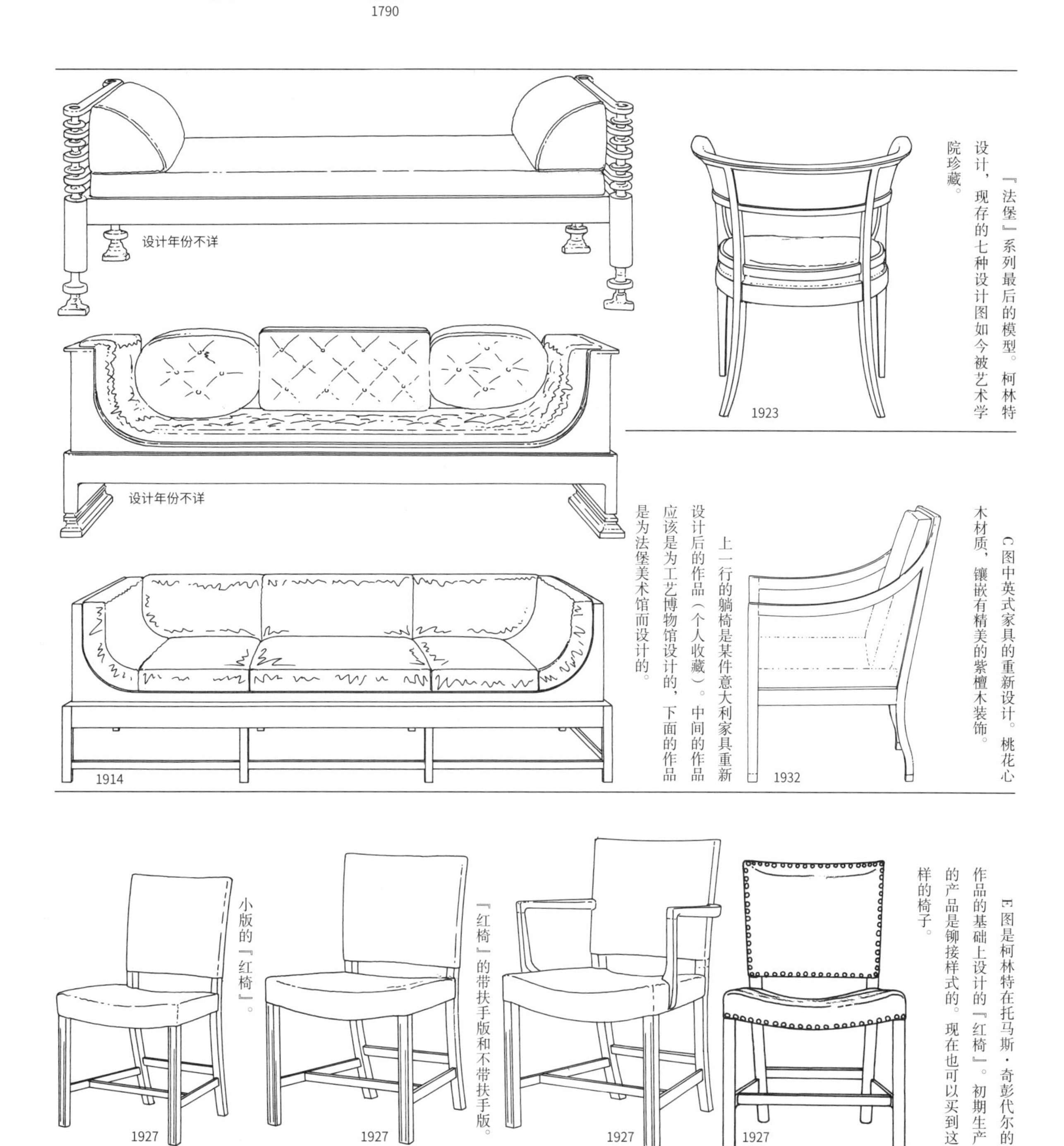

『法堡』系列最后的模型。柯林特设计，现存的七种设计图如今被艺术学院珍藏。

C 图中英式家具的重新设计。桃花心木材质，镶嵌有精美的紫檀木装饰。

上一行的躺椅是某件意大利家具重新设计后的作品（个人收藏）。中间的作品应该是为工艺博物馆设计的，下面的作品是为法堡美术馆而设计的。

E 图是柯林特在托马斯·奇彭代尔的作品的基础上设计的『红椅』。初期生产的产品是铆接样式的。现在也可以买到这样的椅子。

『红椅』的带扶手版和不带扶手版。

小版的『红椅』。

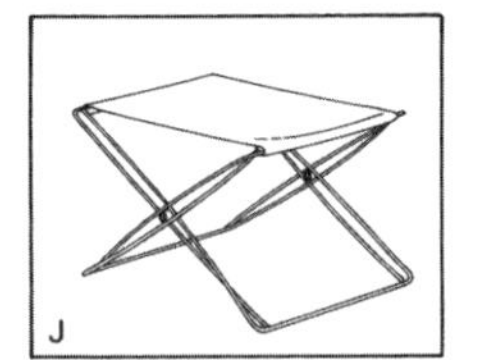

约尔根设计的马扎。由两根铁线缠绕而成。柯林特、卡尔、克耶霍尔姆三人的作品被称为丹麦的三大马扎设计。
1970

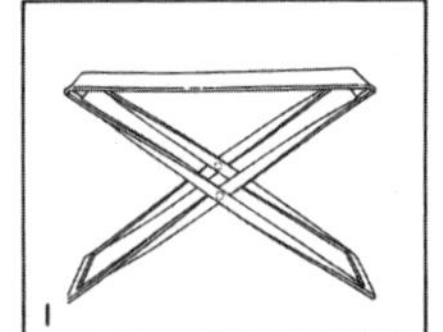

保罗·克耶霍尔姆设计的马扎。腿部的拧曲形状应该是刨削出来的。腿部使用了微型球轴承。现在仍在由弗里茨·汉森家具公司生产。
1961

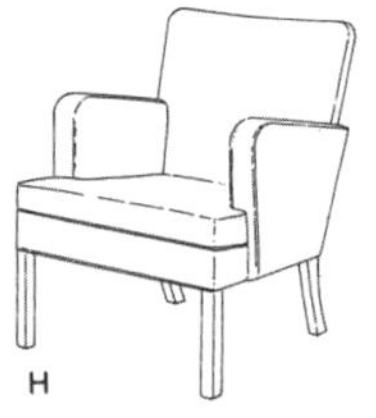

这件安乐椅现在仍存在于鲁道夫·拉斯穆森公司的商品目录里。展厅里的样品，坐起来非常舒服。
1936

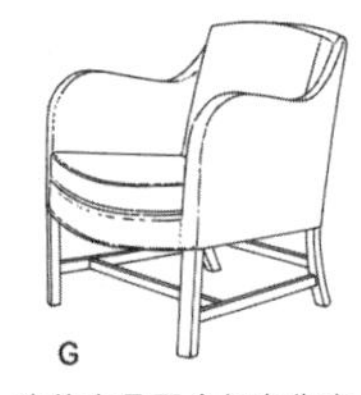

这件产品至今仍在生产，但是以前是用马毛制作的，并在拍卖行拍出了很高的价格（比现在贵很多）。
1931

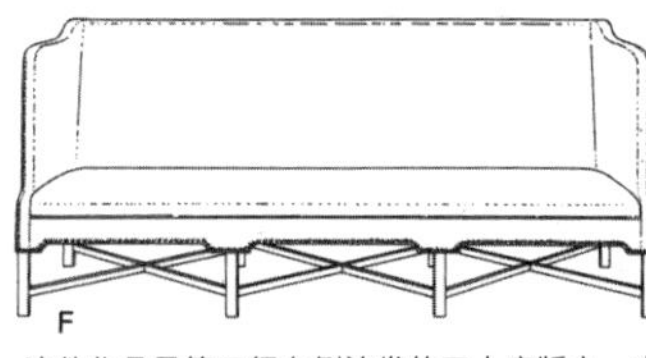

这件作品是第三行右侧沙发的三人座版本。由盖尔达·亨宁设计，使用了希腊条纹的纺织品材料。
1930

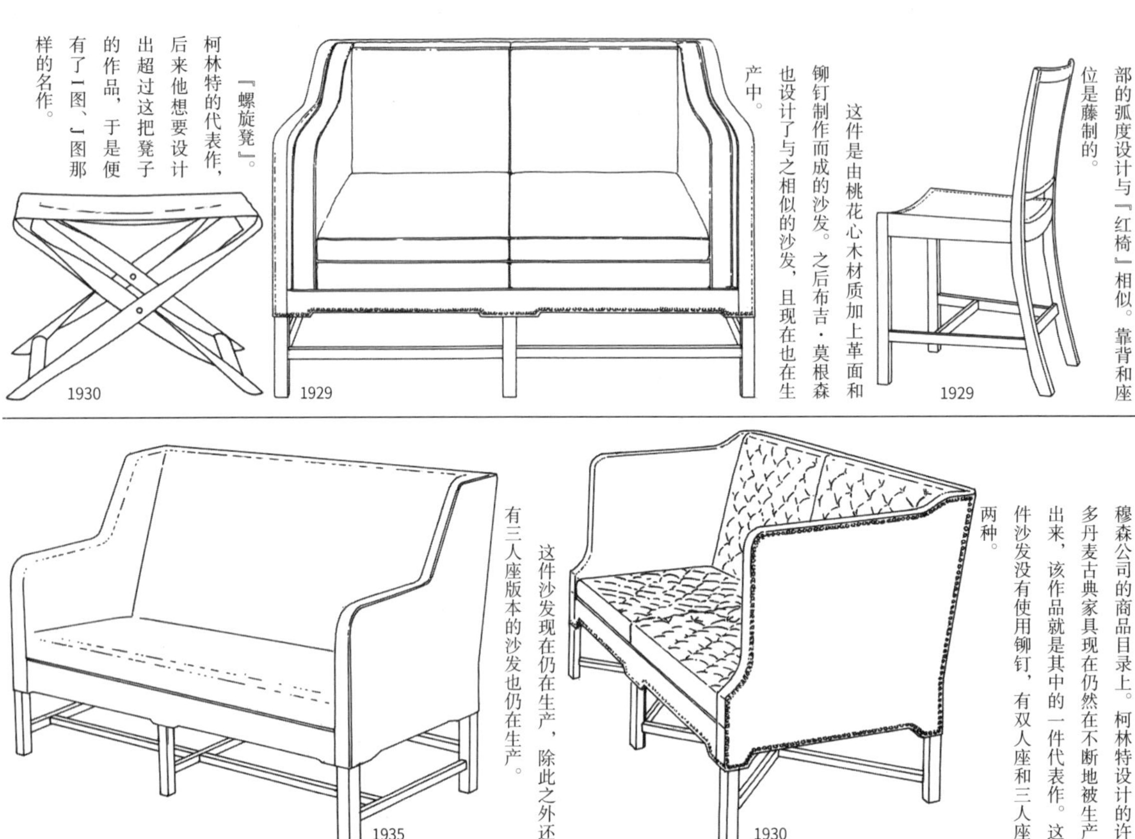

柯林特与徒弟共同设计的餐椅。后腿部的弧度设计与『红椅』相似。靠背和座位是藤制的。
1929

这件是由桃花心木材质加上革面和铆钉制作而成的沙发。之后布吉·莫根森也设计了与之相似的沙发，且现在也在生产中。
1929

『螺旋凳』。柯林特的代表作，后来他想要设计出超过这把凳子的作品，于是便有了I图、J图那样的名作。
1930

这件沙发现在仍存在于鲁道夫·拉斯穆森公司的商品目录上。柯林特设计的许多丹麦古典家具现在仍然在不断地被生产出来，该作品就是其中的一件代表作。这件沙发没有使用铆钉，有双人座和三人座两种。
1930

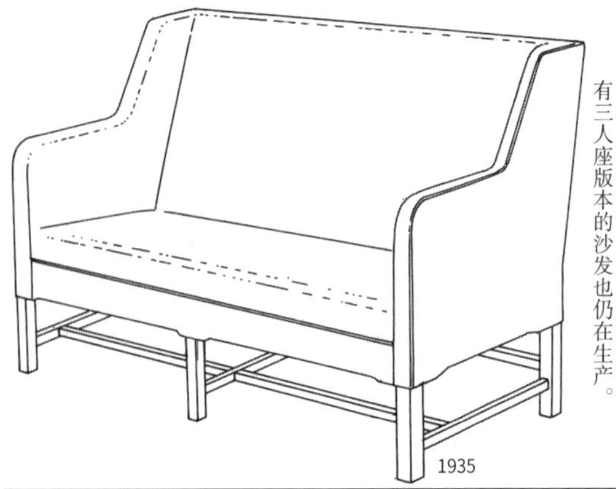

这件沙发现在仍在生产，除此之外还有三人座版本的沙发也仍在生产。
1935

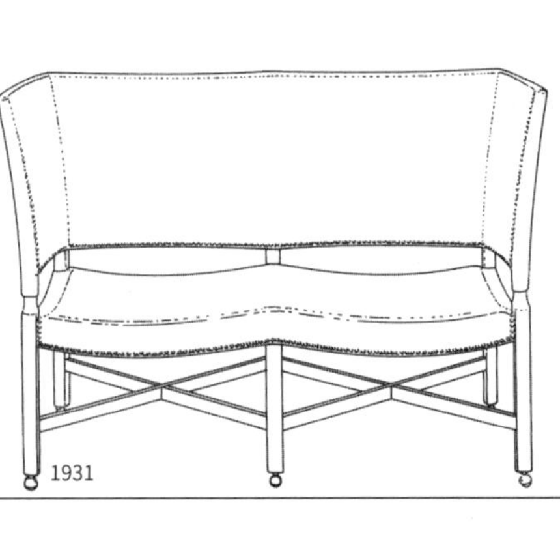

这件沙发为桃花心木材质，其表面由马毛制作的曲面非常有美感，腿部带有脚轮。
1931

『游猎椅』。这种椅子原本是为英国的廓尔喀士兵设计的，后来由柯林特重新设计。上面的是旧的设计，可以通过调整座位后部的带子来调整座位位置，但带子本身有可能会断裂。现在将其设计到了座位的下面。还有可以将椅座向侧面加宽的样式。
1933

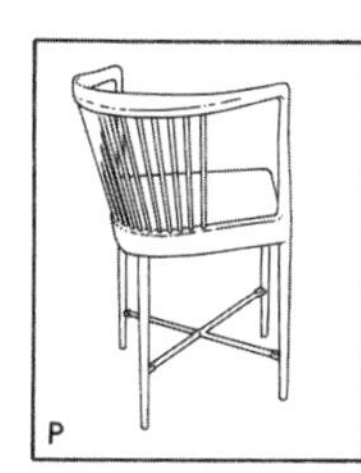

P

布吉·莫根森设计的“纸牌游戏椅”，比柯林特发表得要早，在 1944 年由橱柜制造商协会展览。这把椅子大概能追溯到 1820 年丹麦的游戏椅。
1944

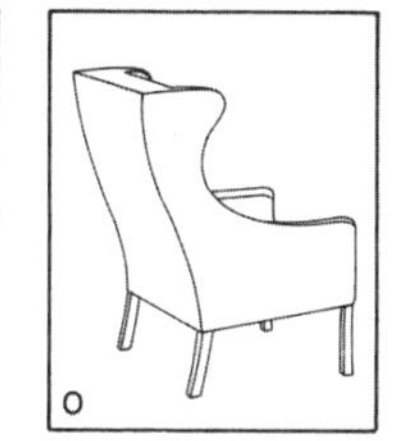

O

布吉·莫根森设计的翼背椅。现在仍在由弗雷德里西亚公司生产。
1964

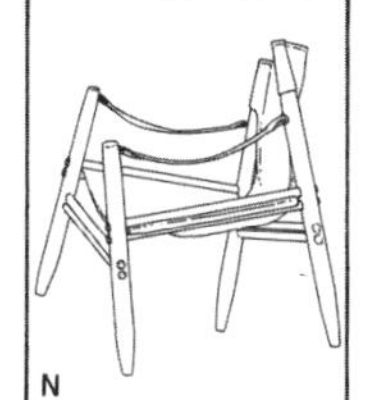

N

意大利设计师设计的“绿洲椅子”。两个横木一组，横木穿孔稍大于横木。像这种腿部可以活动的椅子，非常适用于不平整的地面。
1968

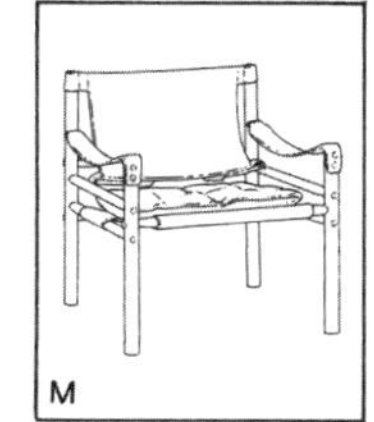

M

瑞典的阿恩·诺尔设计的“游猎椅”。阿恩·诺尔家具公司制造。
设计年份不详

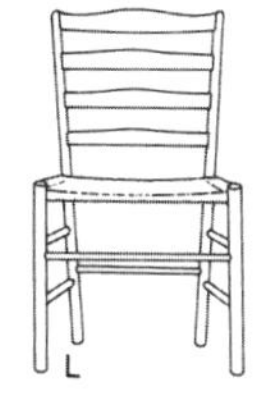

L

这件餐椅是把教堂椅放《圣经》的部分去掉后设计而成的。弗里茨·汉森家具公司生产。还有带扶手的版本。
1936

K

1938 年橱柜制造商协会展览的展品。为梳妆台设计的圆筒形凳子。

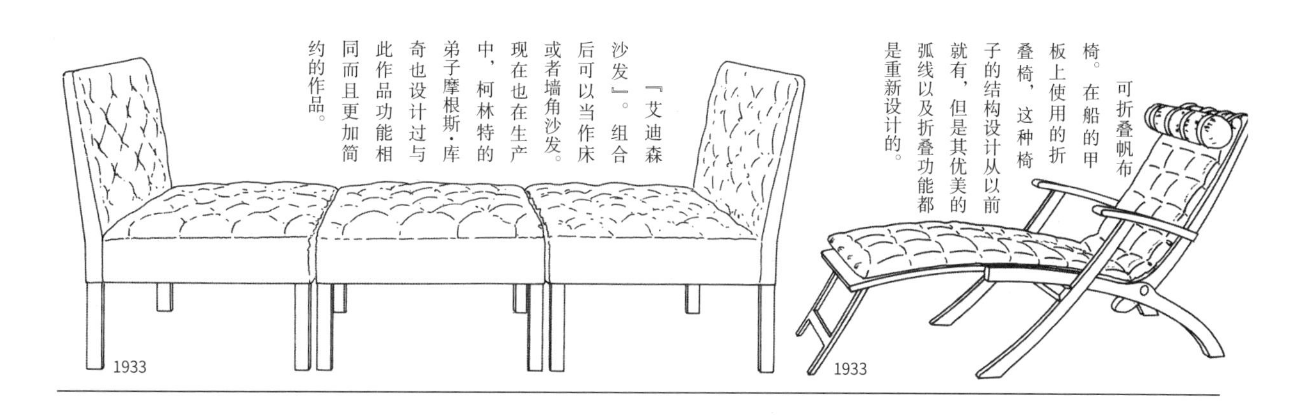

1933

『艾迪森沙发』。组合后可以当作床或者墙角沙发。现在也在生产中，柯林特的弟子摩根斯·库奇也设计过与此作品功能相同而且更加简约的作品。

1933

可折叠帆布椅。在船的甲板上使用的折叠椅，这种椅子的结构设计从以前就有，但是其优美的弧线以及折叠功能都是重新设计的。

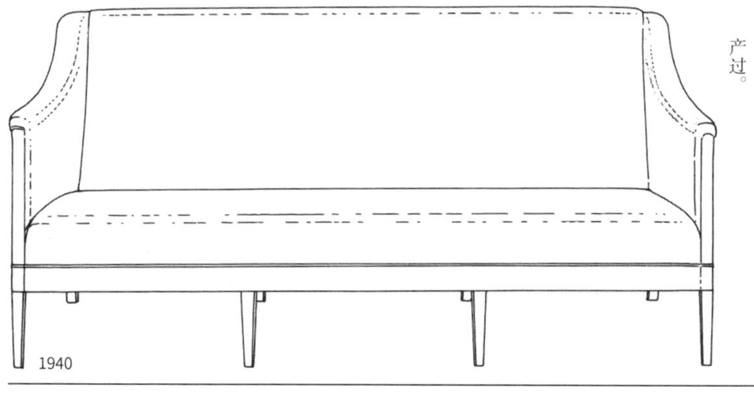

1940

这件沙发扶手弧线优美，是由盖尔达·亨宁设计的希腊条纹的沙发。曾被生产过。

1936

由罗马教堂使用的小椅子改造后的设计。这把椅子是柯林特的父亲为圣格伦特维教堂设计的。L图的餐厅样式的作品也被生产出来了。

1946

1949年橱柜制造商协会展览的展品，与牌桌配套设计的椅子。与P图的作品对比来看是很有意思的。

1941

该作品是为翼背椅设计的脚凳。

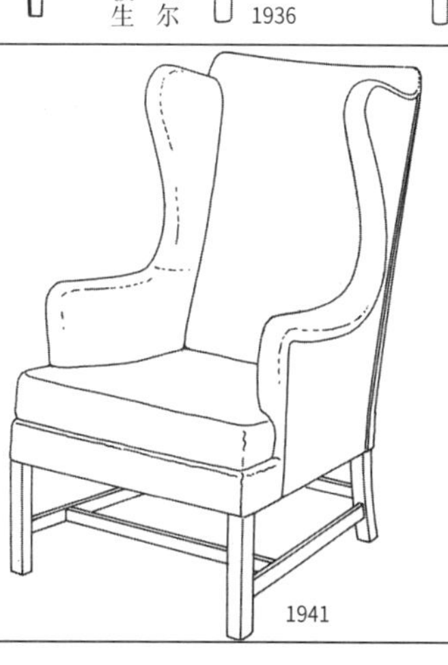

1941

这件也是英国古代的『翼背椅』的改造版本。像这种侧面用于倚靠头部的部分除了O图布吉·莫根森设计的作品外，还有瓦格纳、瓦西等人设计过。主要是为老年人设计的安乐椅。

1888—1964

格里特·托马斯·里特维尔德

第 1 小节
方木料的接合工艺

格里特・托马斯・里特维尔德（以下简称里特维尔德），1888 年出生于荷兰乌得勒支，父亲是一位木匠。1899 年在父亲门下学艺，1906—1911 年间，一边从事珠宝设计一边学习建筑设计的基础知识，为以后打下基础。1911 年成为家具设计师并在乌得勒支开了自己的工作室兼店铺。1911—1915 年在某工作室学习高级建筑课程，之后则在该工作室工作。1916 年开始了新的家具结构研究，也就是三根方木料的接合工艺。他的这种结构设计与当时的『风格派』运动的新造型理念相符，于是他经朋友罗伯特・范特・霍夫的介绍加入运动当中，并成为运动的主力。他的设计观念在当时看来是非常难以想象的。如今常用的悬臂椅的结构以及由胶合板做成的一体型结构，虽然以当时的生产水平来说没能大量生产，但是对后来的家居设计产生了很大的影响。

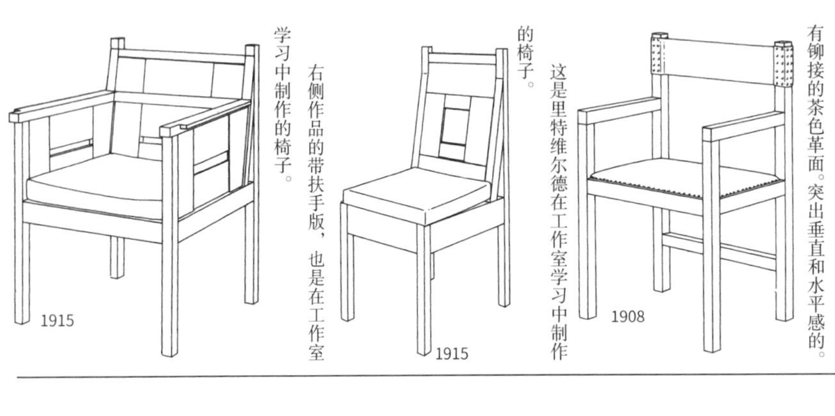

里特维尔德在父亲门下学艺不久后的作品。实在想象不出这竟然是个十二岁孩子的作品。

这把椅子为橡木材质，靠背和椅面包有铆接的茶色革面。突出垂直和水平感的。

这是里特维尔德在工作室学习中制作的椅子。

右侧作品的带扶手版，也是在工作室学习中制作的椅子。

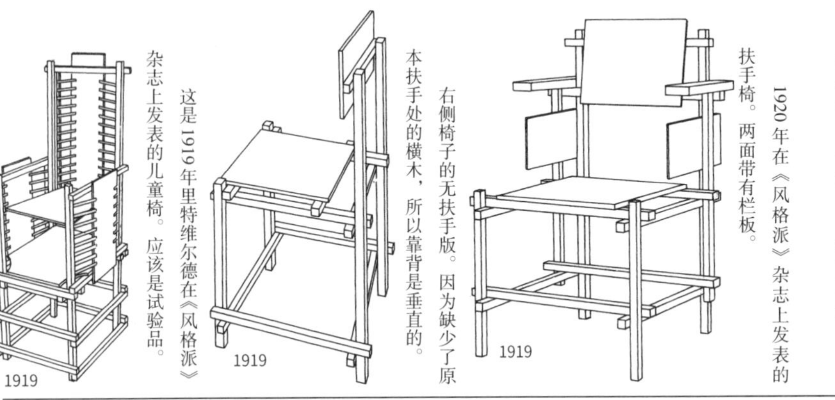

『红蓝椅』。当时的木材宽度为 3.3 厘米 ×3.3 厘米，后来改为 2.5 厘米 ×2.6 厘米。颜色采用了列克建议的三原色中的红色和蓝色。

1920 年在《风格派》杂志上发表的扶手椅。两面带有栏板。

右侧椅子的无扶手版。因为缺少了原本扶手处的横木，所以靠背是垂直的。

这是 1919 年里特维尔德在《风格派》杂志上发表的儿童椅。应该是试验品。

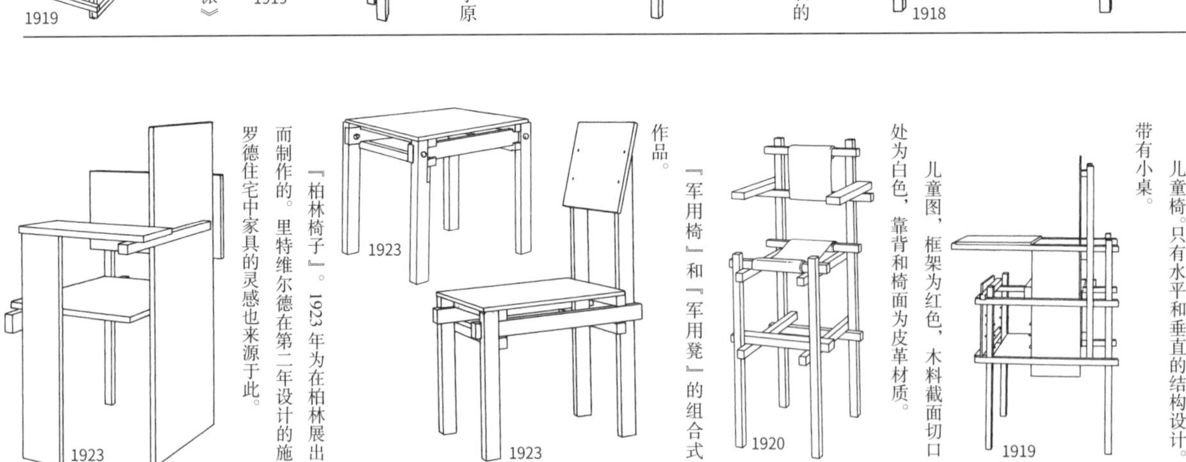

儿童椅。只有水平和垂直的结构设计。带有小桌。

儿童图，框架为红色，木料截面切口处为白色，靠背和椅面为皮革材质。

『军用椅』和『军用凳』的组合式作品。

『柏林椅子』。1923 年为在柏林展出而制作的。里特维尔德在第二年设计的施罗德住宅中家具的灵感也来源于此。

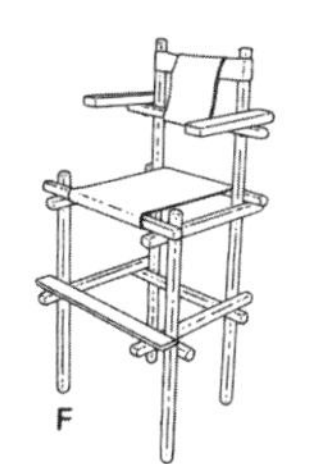

F

该作品是将上一页最后一行右数第二件儿童椅框架中的方木料换成了圆形木料。靠背的横梁和脚踏部位的木板也加宽了，更加方便使用。
1915

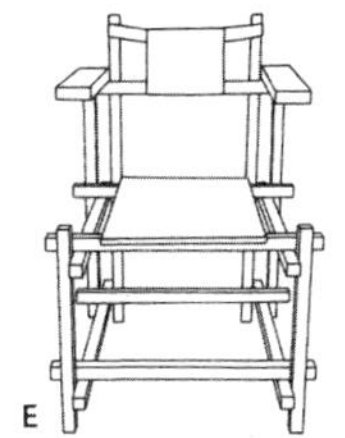

E

该作品在右侧 D 图作品的基础上增加了舒适性，靠背部分改成了皮革材质。
1920

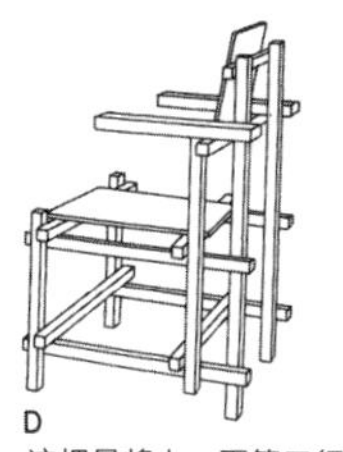

D

这把是将上一页第三行右数第二把椅子的栏板去掉之后的扶手椅。
1920

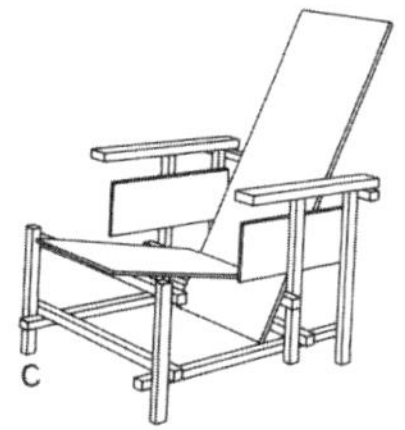

C

这件靠背较高的是男性用“红蓝椅”。尺寸是宽 66 厘米，长 66 厘米，高 89 厘米。这两把椅子都是茶色的。1918

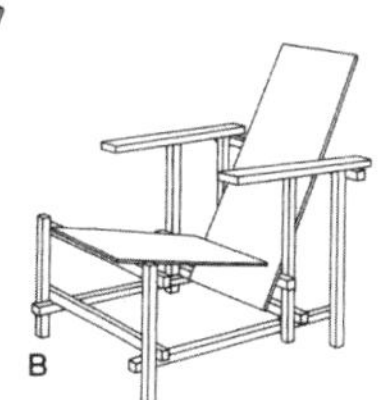

B

名为“女士们先生们”的椅子。靠背较低的是女士用的。尺寸是宽 64.77 厘米，长 65.4 厘米，高 74.3 厘米。
1918

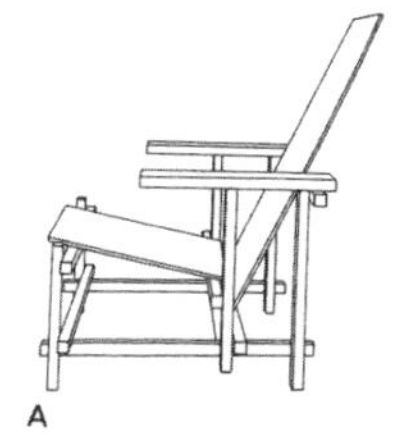

A

这是现由卡西纳公司生产的“红蓝椅”。作品原型是里特维尔德自己设计的，但之后是由他的助手范德格罗尼坎制作的。1971 年开始由卡西纳公司生产。
1918

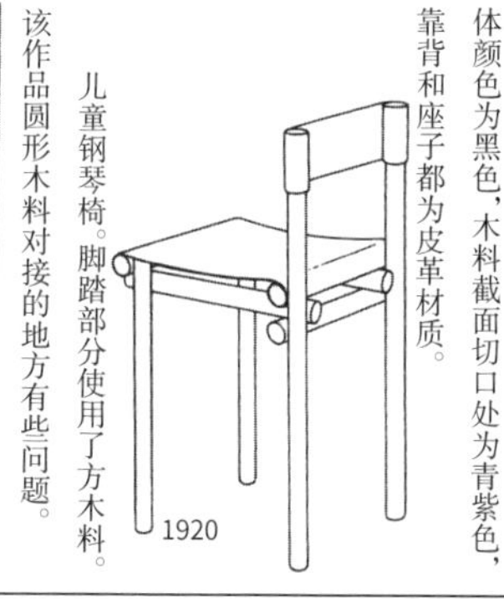

该钢琴椅在材质上首次突破了方木料，转而使用了35毫米的圆形木料。整体颜色为黑色，木料截面切口处为青紫色，靠背和座子都为皮革材质。

1920

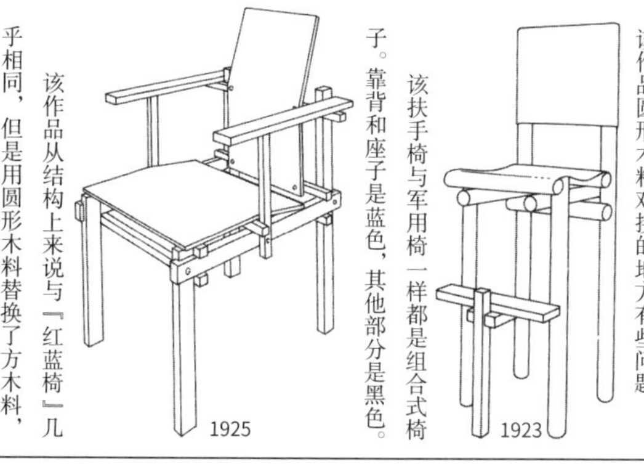

儿童钢琴椅。脚踏部分使用了方木料。该作品圆形木料对接的地方有些问题。

1923

该扶手椅与军用椅一样都是组合式椅子。靠背和座子是蓝色，其他部分是黑色。

1925

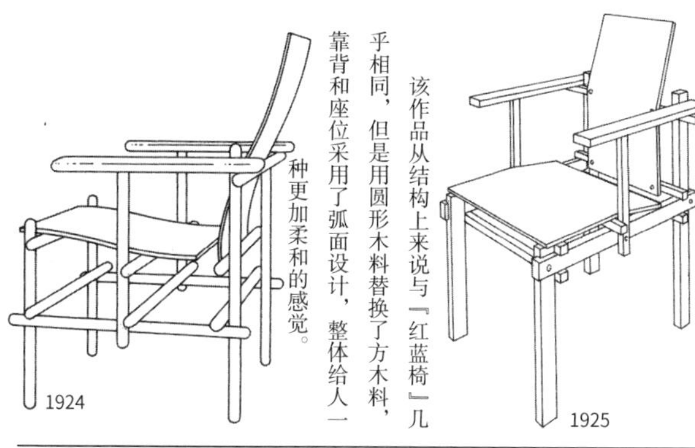

该作品从结构上来说与『红蓝椅』几乎相同，但是用圆形木料替换了方木料，靠背和座位采用了弧面设计，整体给人一种更加柔和的感觉。

1924

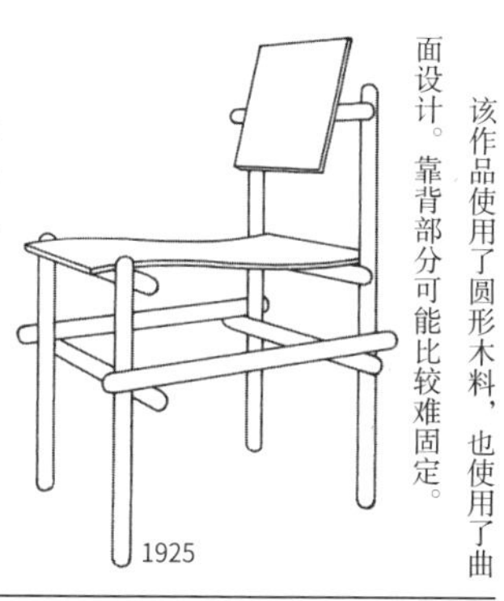

该作品使用了圆形木料，也使用了曲面设计。靠背部分可能比较难固定。

1925

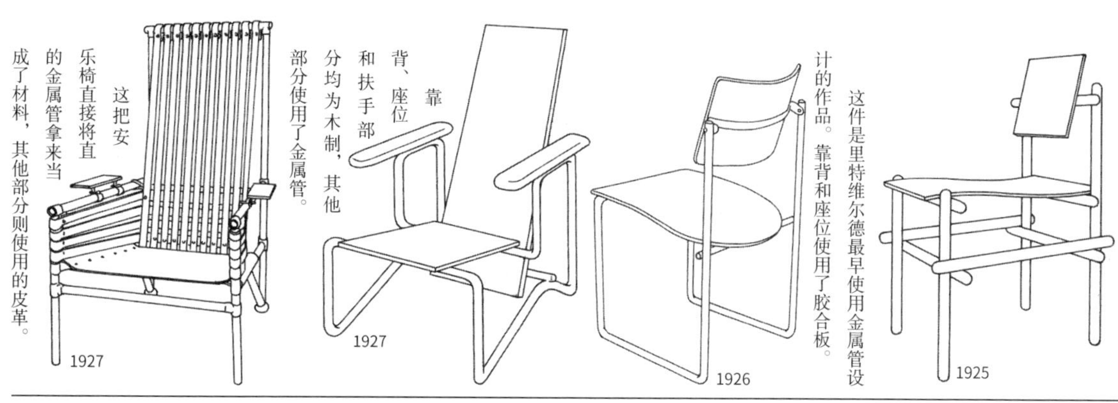

这件是里特维尔德最早使用金属管设计的作品。靠背和座位使用了胶合板。

1926

靠背、座位和扶手部分均为木制，其他部分使用了金属管。

1927

这把安乐椅直接将直的金属管拿来当成了材料，其他部分则使用的皮革。

1927

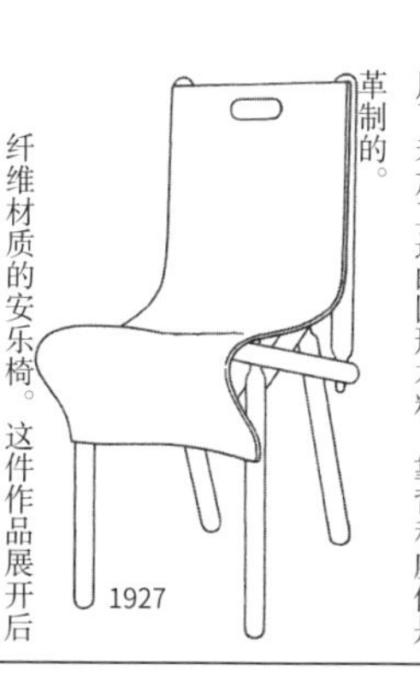

无扶手单人椅。该作品的框架直接使用了未加工过的圆形木料，靠背和座位是革制的。

1927

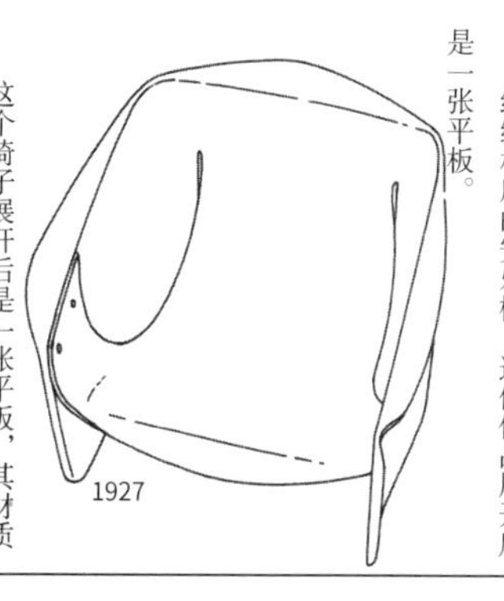

纤维材质的安乐椅。这件作品展开后是一张平板。

1927

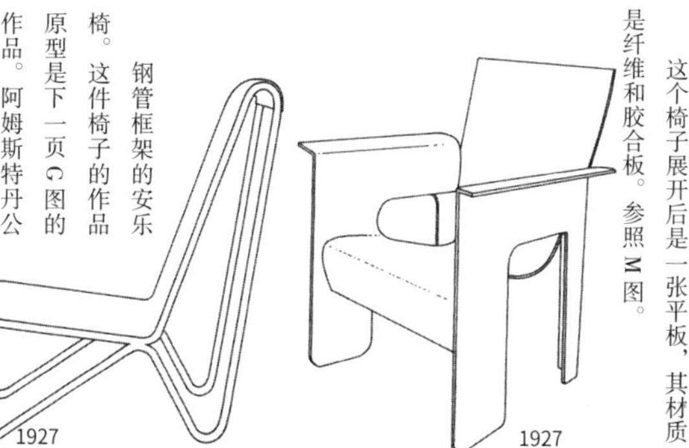

这个椅子展开后是一张平板，其材质是纤维和胶合板。参照M图。

1927

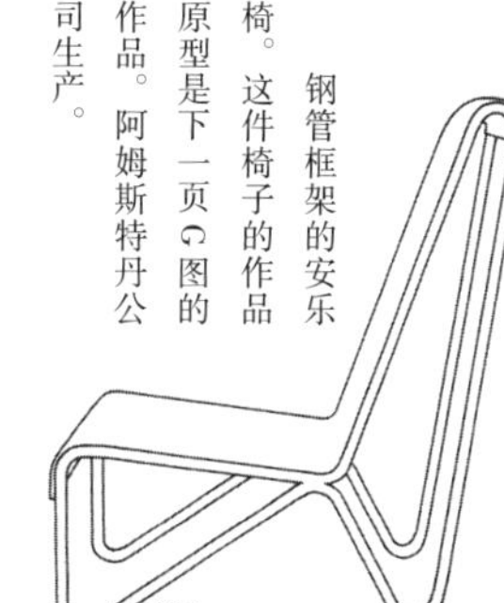

钢管框架的安乐椅。这件椅子的作品原型是下一页G图的作品。阿姆斯特丹公司生产。

1927

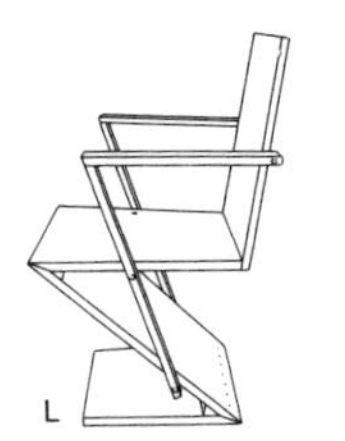

L

“Z 形扶手椅”。作为餐椅使用。整体为榆木材质，接合处用黄铜制的螺栓和螺母来固定。
1935

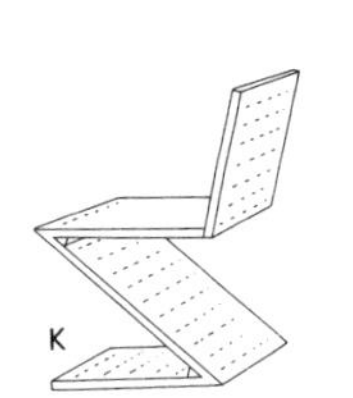

K

“Z 形椅”的衍生作品，在结构上和其他作品没什么不同，但是在外观设计上稍有改动。
1930

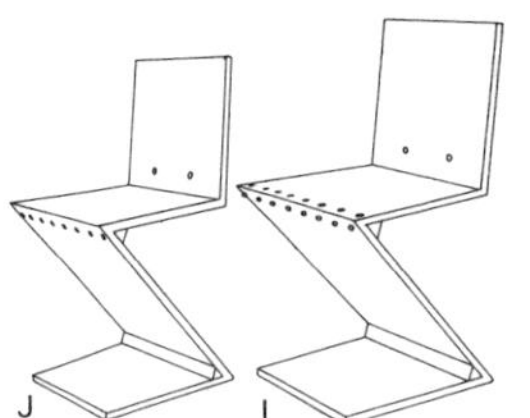

J　I

这两把“Z 形椅”也是由里特维尔德的助手范德格罗尼坎制作的，腿部连接处使用了黄铜制的螺栓和螺母固定。图中这两把椅子在高度上有些差别。
1934

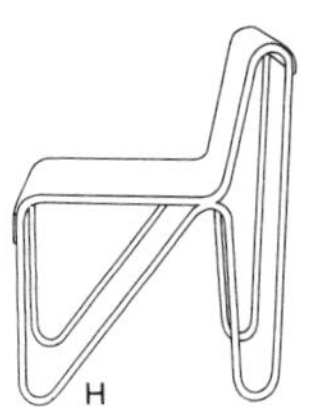

H

无扶手单人椅。座位很高，应该是餐椅。由金属管和胶合板制成。
1928

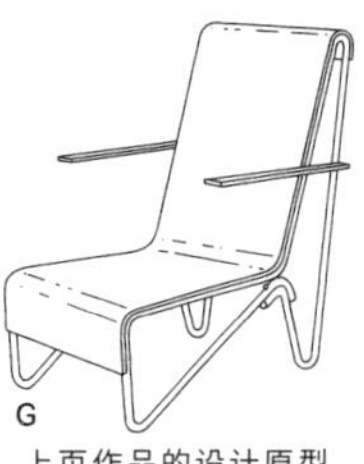

G

上页作品的设计原型，座位底下焊接有金属管。《家具》杂志也曾经介绍过这件作品。该作品曾经量产过。
1927

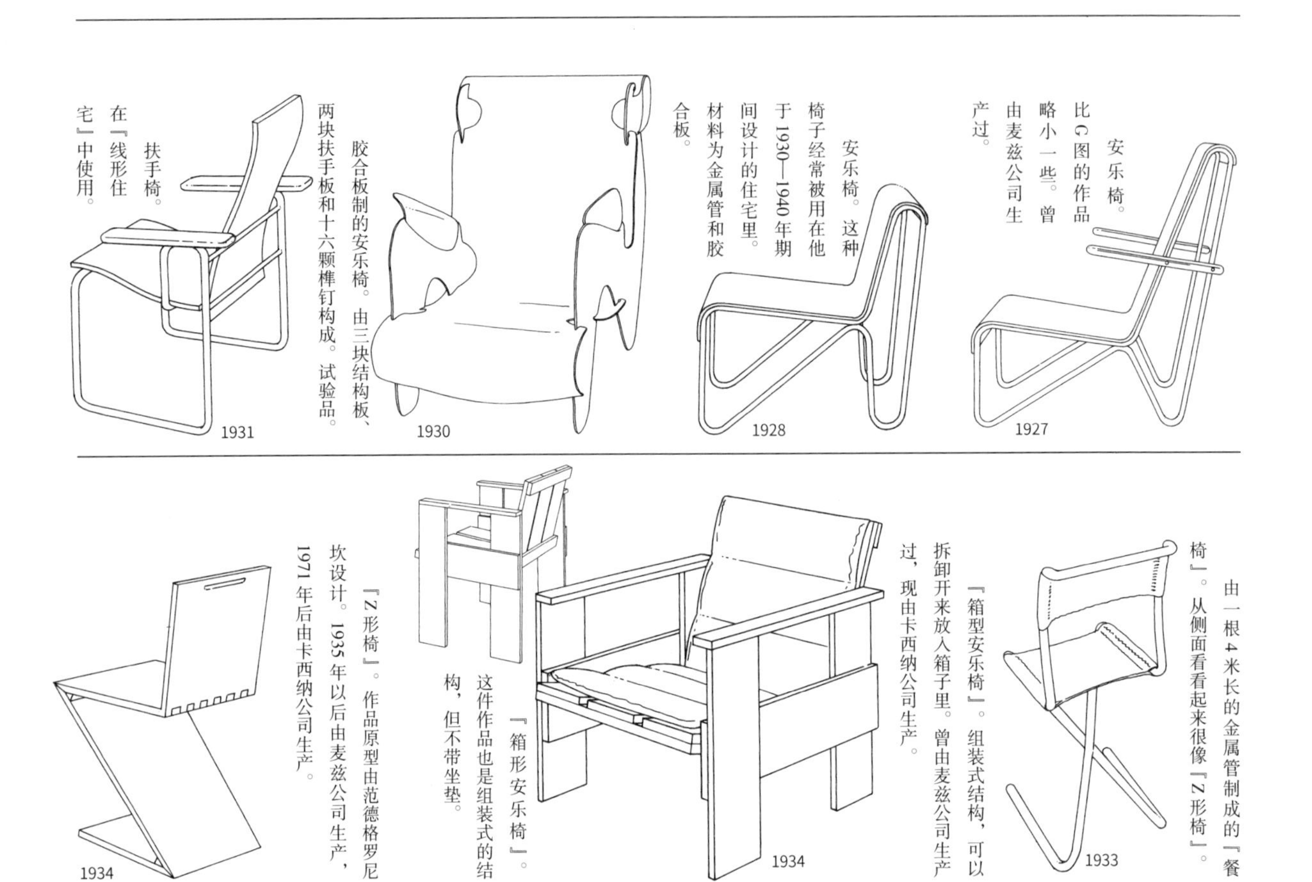

安乐椅。比G图的作品略小一些。曾由麦兹公司生产过。
1927

安乐椅。这种椅子经常被用在他于1930—1940年期间设计的住宅里。材料为金属管和胶合板。
1928

胶合板制的安乐椅。由三块结构板、两块扶手板和十六颗榫钉构成。试验品。
1930

扶手椅。在『线形住宅』中使用。
1931

由一根4米长的金属管制成的『餐椅』。从侧面看看起来很像『Z形椅』。
1933

『箱型安乐椅』。组装式结构，可以拆卸开来放入箱子里。曾由麦兹公司生产过，现由卡西纳公司生产。
1934

『箱形安乐椅』。这件作品也是组装式的结构，但不带坐垫。

『Z形椅』。作品原型由范德格罗尼坎设计。1935年以后由麦兹公司生产，1971年后由卡西纳公司生产。
1934

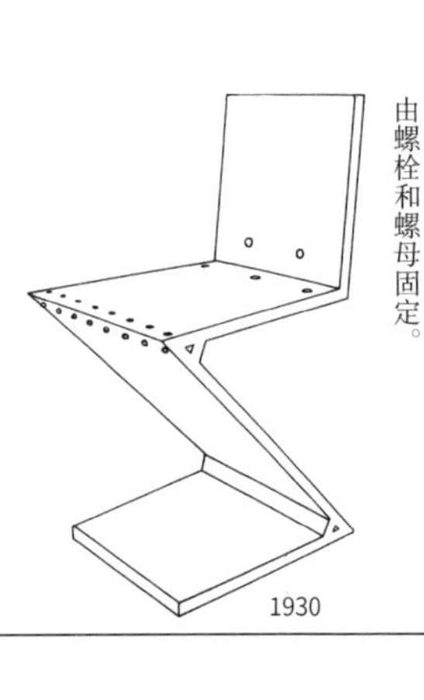

这件作品整体为藏青色，木料截面切口处为白色。腿部连接处的设计很有特点。由螺栓和螺母固定。
1930

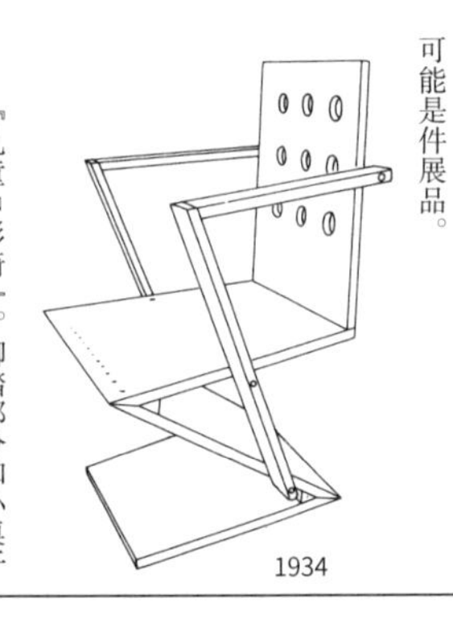

『Z形椅』，麦兹公司展示的模型，可能是件展品。
1934

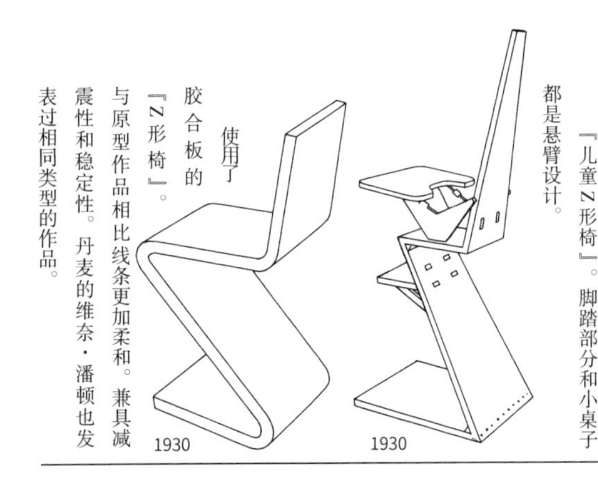

『儿童Z形椅』。脚踏部分和小桌子都是悬臂设计。
1930

使用了胶合板的『Z形椅』。与原型作品相比线条更加柔和。兼具减震性和稳定性。丹麦的维奈·潘顿也发表过相同类型的作品。
1930

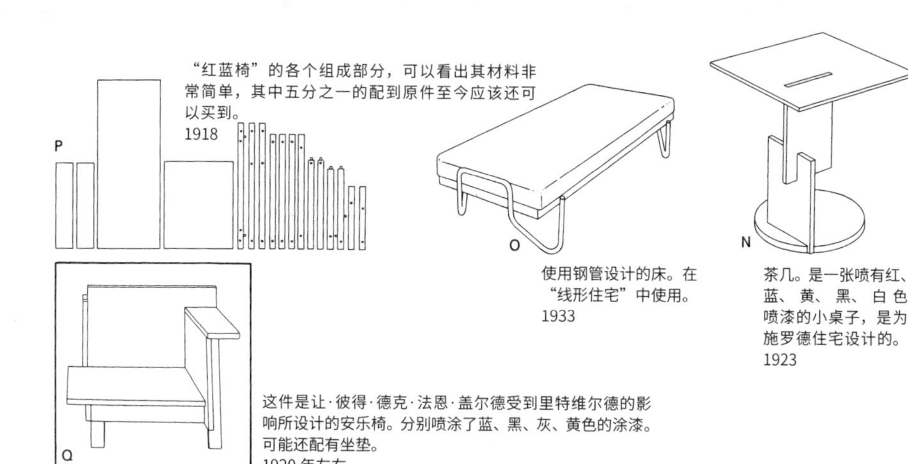

“红蓝椅”的各个组成部分，可以看出其材料非常简单，其中五分之一的配到原件至今应该还可以买到。
1918

使用钢管设计的床。在“线形住宅”中使用。
1933

茶几。是一张喷有红、蓝、黄、黑、白色喷漆的小桌子，是为施罗德住宅设计的。
1923

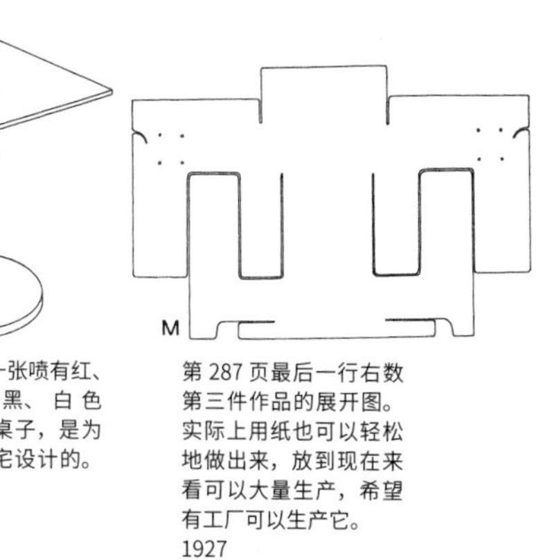

第 287 页最后一行右数第三件作品的展开图。实际上用纸也可以轻松地做出来，放到现在来看可以大量生产，希望有工厂可以生产它。
1927

这件是让·彼得·德克·法恩·盖尔德受到里特维尔德的影响所设计的安乐椅。分别喷涂了蓝、黑、灰、黄色的涂漆。可能还配有坐垫。
1920 年左右

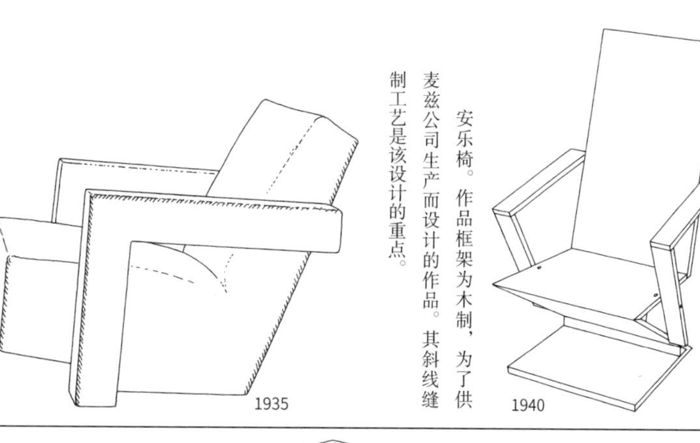

『高背Z形椅』。这也是麦兹公司展厅中的作品。座位高度比其他『Z形椅』要低。扶手用螺栓和螺母固定。
1940

安乐椅。作品框架为木制，为了供麦兹公司生产而设计的作品。其斜线缝制工艺是该设计的重点。
1935

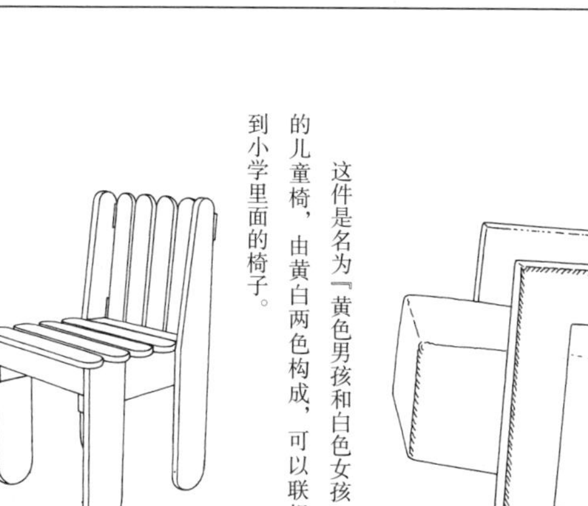

这件是名为『黄色男孩和白色女孩』的儿童椅，由黄白两色构成，可以联想到小学里面的椅子。
1942

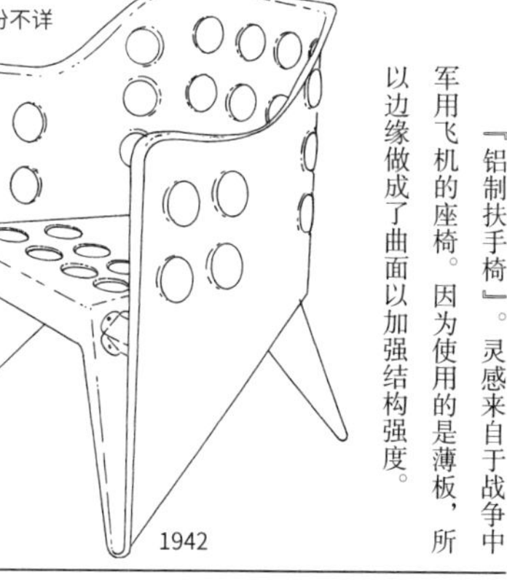

『铝制扶手椅』。灵感来自于战争中军用飞机的座椅。因为使用的是薄板，所以边缘做成了曲面以加强结构强度。
1942

设计年份不详

『Z形椅』的衍生作品。该图来自其设计草图。椅子边缘设计成弧线以加强结构强度。

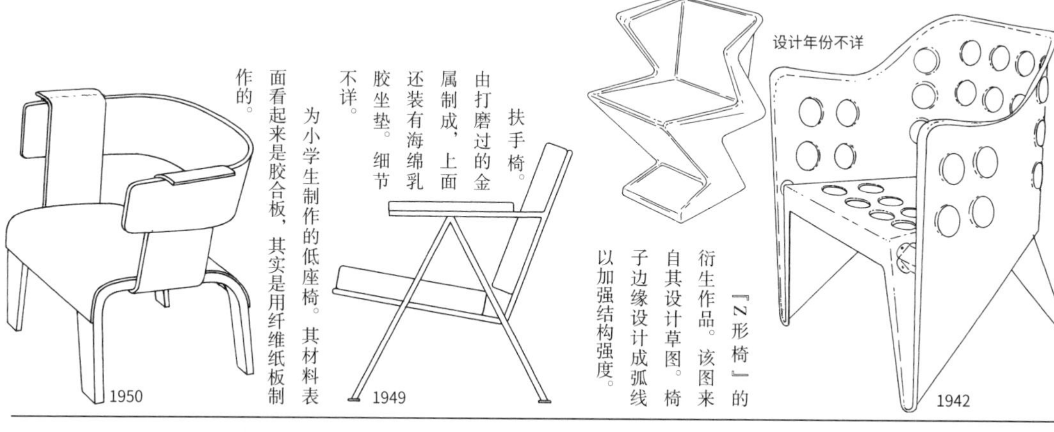

扶手椅。由打磨过的金属制成，上面还装有海绵乳胶坐垫。细节不详。
1949

为小学生制作的低座椅。其材料表面看起来是胶合板，其实是用纤维纸板制作的。
1950

无扶手单人椅。里特维尔德和他儿子一起设计的。由金属和塑料制成。
1957

该作品是为联合国教科文组织在巴黎的记者招待室设计的。框架为木制，外层包有海绵乳胶和羊毛布料。此作品还有三人座版本。
1958

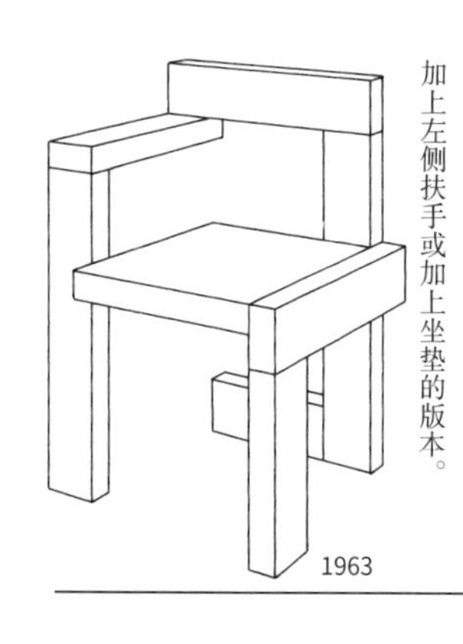

『斯特雷曼椅』。这件作品是为海牙的斯特雷曼珠宝店设计的。其原型作品是由范德格罗尼坎设计的。除这件之外还有加上左侧扶手或加上坐垫的版本。
1963

1888—1964

格里特·托马斯·里特维尔德

第 2 小节
《风格派》杂志

这一小节主要介绍里特维尔德是如何以『风格派』运动为契机，以作家身份活跃在这一运动中的。

这场运动在第一次世界大战期间的1917年左右于荷兰莱顿产生。之前的艺术运动所流行的设计风格是以新艺术的曲线艺术为主的装饰性风格，但是之后功能主义也逐渐发展。在这种发展中渐渐形成了以平面切割风格著称的画家彼埃·蒙德里安、建筑家兼画家凡·杜斯堡及建筑家罗伯特·范特·霍夫为中心的独特美学。于是，以传播艺术理念为目的的《风格派》杂志应运而生。该杂志的理念是『追求美的新思想，发掘现代人的创造性』。而其艺术理念则被建筑家们转变为『几何学构造才是合理的构造』，并运用到了建筑学当中。而里特维尔德则加入到了家具行业，并在家具界中运用起了这一思想。

1900—1908

这件作品与在第1小节中介绍的直线形的作品相比，有一些复古的曲线设计。该图片来自1958年回顾展的商品目录。

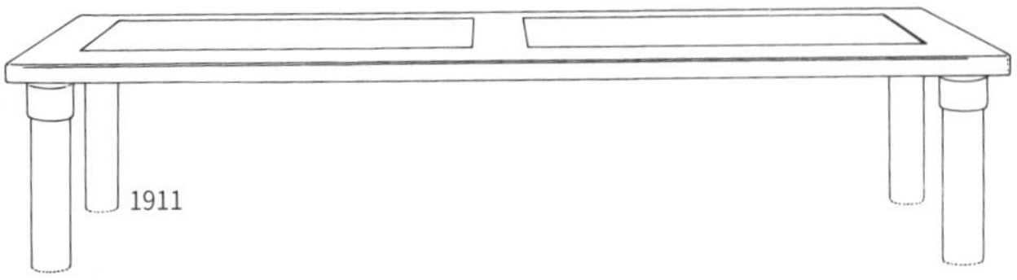

1911

这件长椅如果放在日式客厅不会有一点的违和感。这件作品曾经是在他自己的房子里使用的。现在由乌得勒支的贝如苏·穆德保管。

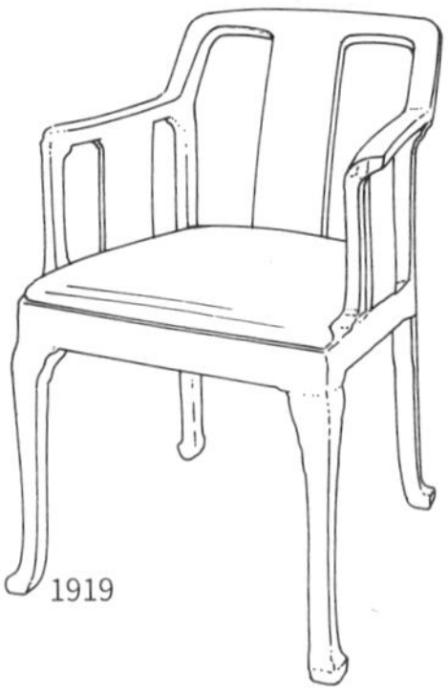

1919

这件扶手椅是为乌得勒支的一家珠宝店设计的。此外该作品的无扶手版和这家店里的桌子甚至信纸也都是由他设计的。

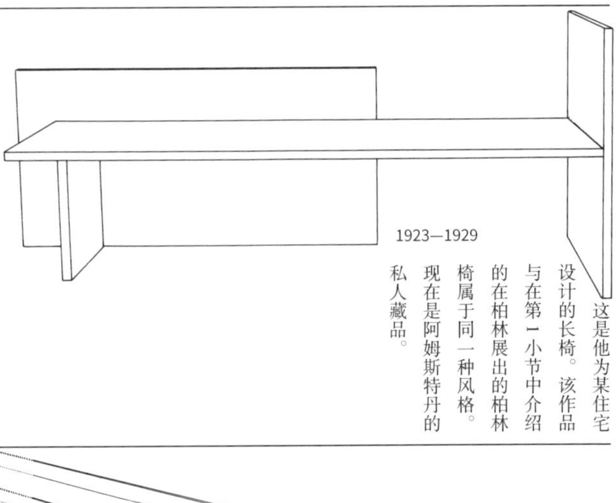

1923—1929

这是他为某住宅设计的长椅。该作品与在第1小节中介绍的在柏林展出的柏林椅属于同一种风格。现在是阿姆斯特丹的私人藏品。

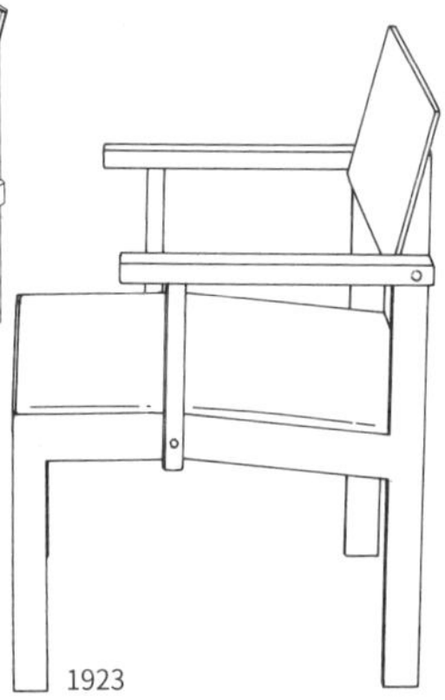

1923

这是里特维尔德的好友家的扶手椅，和在第1小节中介绍的军用椅很相像。这几把椅子在著名的施罗德住宅的设计图纸上也出现过。

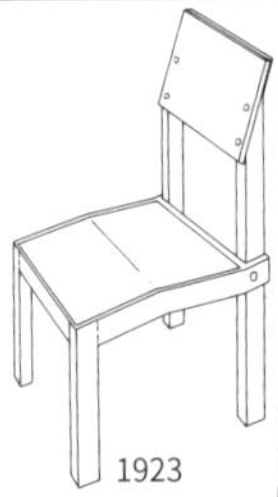

1923

这件是与右图同属一个系列的直背椅。

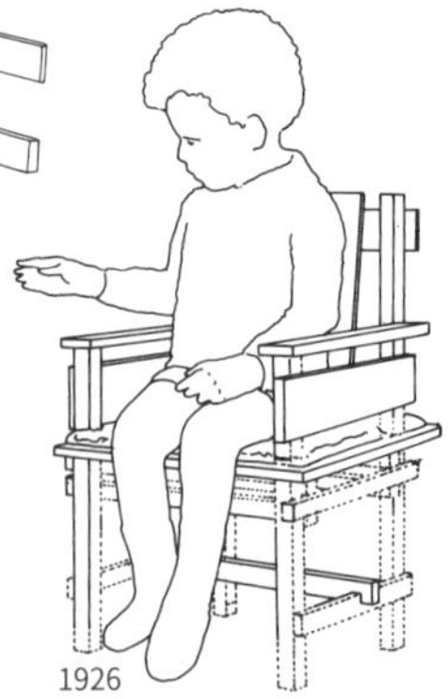

1926

这是他为波克萨特的孩子设计的儿童椅。还有配套的桌子和婴儿车。

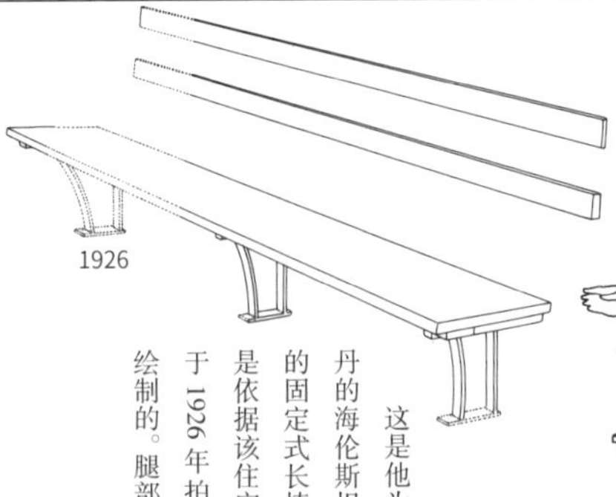

1926

这是他为阿姆斯特丹的海伦斯坦住宅设计的固定式长椅。该图片是依据该住宅的起居室于1926年拍摄的照片绘制的。腿部是钢制的。

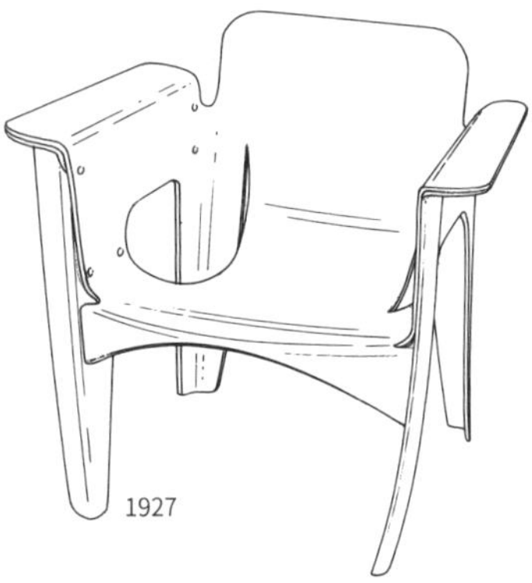

1927

『一体椅』。第287页最后一行介绍过相同的类型的作品，但两件作品在细节上有所不同。

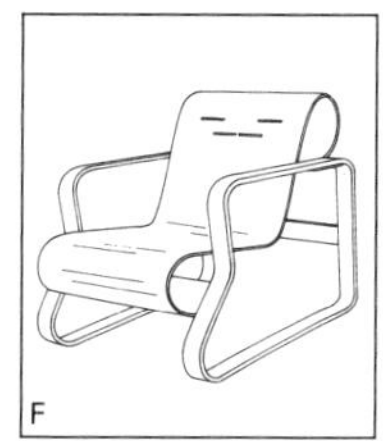

阿尔瓦·阿尔托设计的“帕伊米奥椅”，该作品与里特维尔德设计图上作品的座位部分几乎相同。
1931—1932

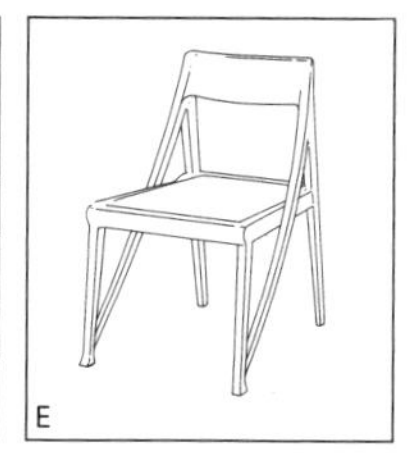

理查德·雷莫斯切米德（1868—1957）设计的无扶手单人椅。在里特维尔德的初期作品中可以看见这样的曲线设计。
1899

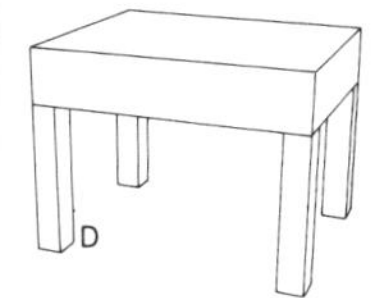

这把是为施罗德住宅设计的凳子。
1930年左右

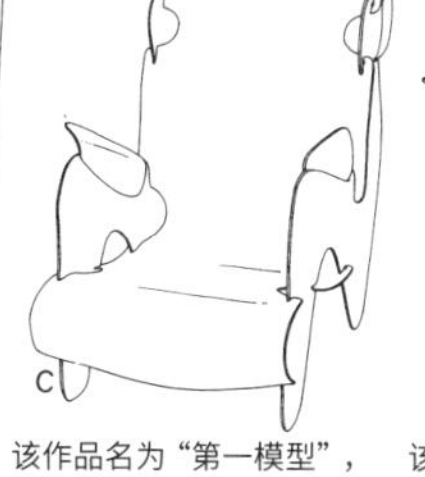

该作品名为“第一模型”，是作为“DIY家具（自己动手制作家具）”系列作品之一发表的。该设计在细节上与其用厚纸板制作的等比例模型不同。
1930

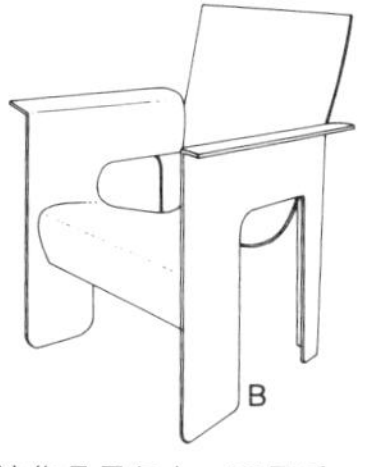

该作品是与上一页最后一行左侧作品同系列的扶手椅。该图是根据丹妮阿雷·巴罗尼写的《里特维尔德的家具》一书中的图片绘制的。扶手和座位之间相连的部分以及靠背形状和上一页的作品不同。
1927

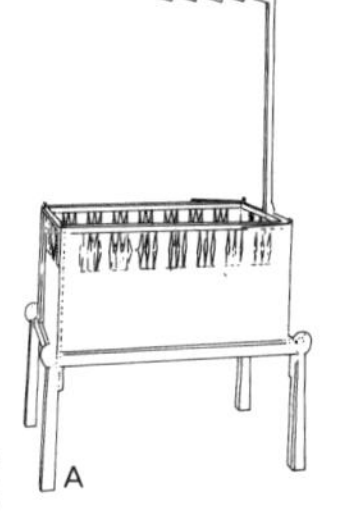

里特维尔德为约翰娜·卡琳·谢林设计的婴儿床。除此以外，他还设计了很多婴儿床。
1918

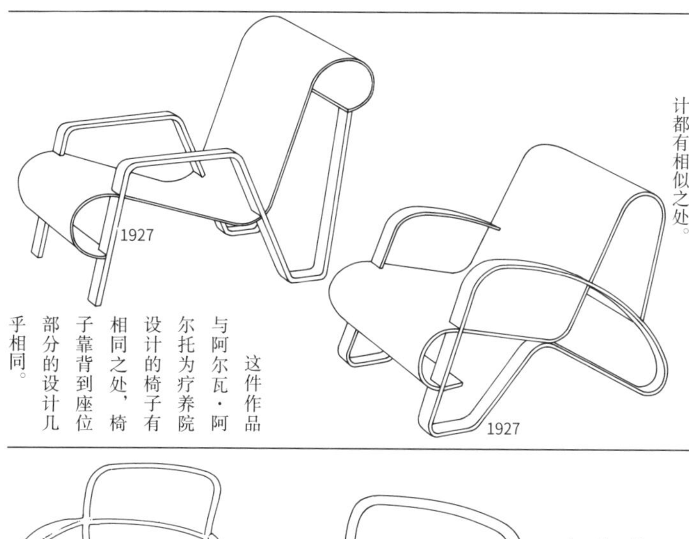

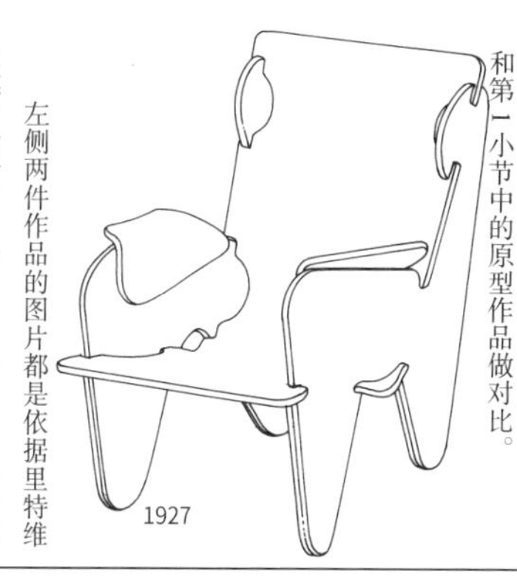

这件作品是用厚纸板做的作品模型，尺寸大约为原设计大小的五分之一。可以和第1小节中的原型作品做对比。

左侧两件作品的图片都是依据里特维尔德的设计草图绘制的。第一件作品与埃里希·迪克曼和阿尔瓦·阿尔托两人的设计都有相似之处。

这件作品与阿尔瓦·阿尔托为疗养院设计的椅子有相同之处，椅子靠背到座位部分的设计几乎相同。

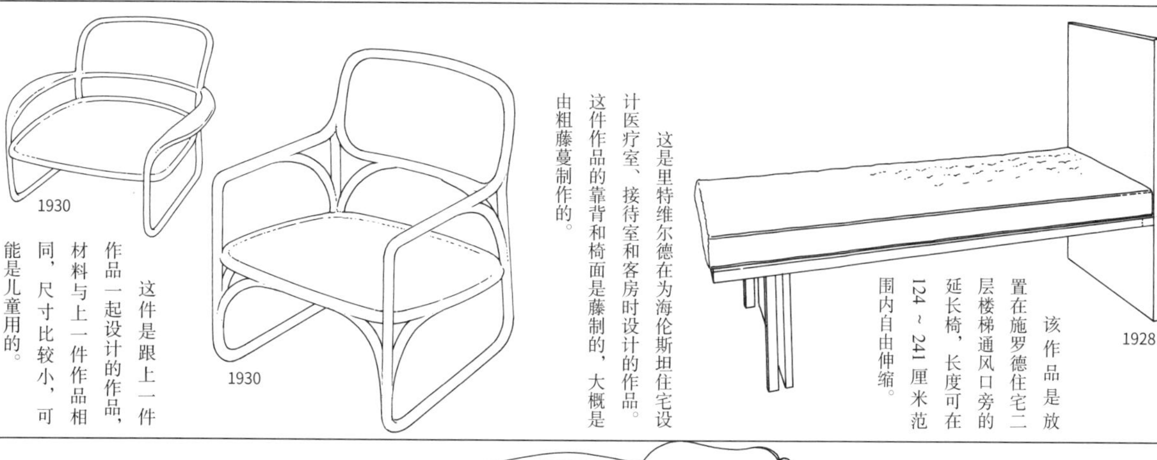

该作品是放置在施罗德住宅二层楼梯通风口旁的延长椅，长度可在124～241厘米范围内自由伸缩。

这是里特维尔德在为海伦斯坦住宅设计医疗室、接待室和客房时设计的作品。这件作品的靠背和椅面是藤制的，大概是由粗藤蔓制作的。

这件是跟上一件作品一起设计的作品，材料与上一件作品相同，尺寸比较小，可能是儿童用的。

1930—1940

这件作品应该是下一页（I图）的安乐椅的原型作品。该图是根据用厚纸板做的五分之一（？）微缩模型绘制的。

1930—1940

这件作品是下一页（J图）作品的厚纸板制原型作品模型。该作品应该还处于概念设计阶段。但将这件作品与之前的作品对比可以看出，该作品的设计没有拘束于已有的设计理念，而是在尝试将设计师自己的想法表达出来。

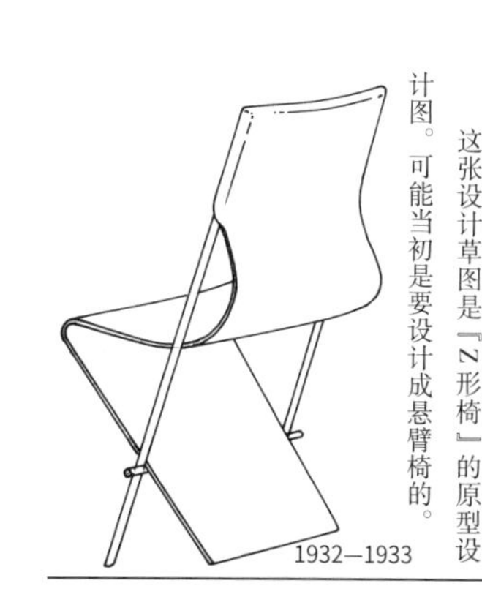

这张设计草图是『Z形椅』的原型设计图。可能当初是要设计成悬臂椅的。

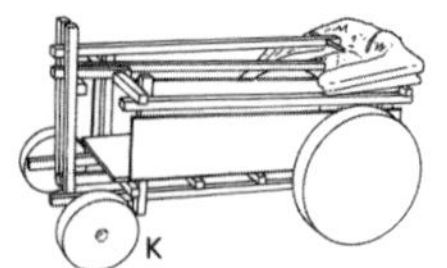

里特维尔德设计的婴儿车。婴儿车把手可以拉到前面，后面的遮阳篷可以撑开。
1922—1923

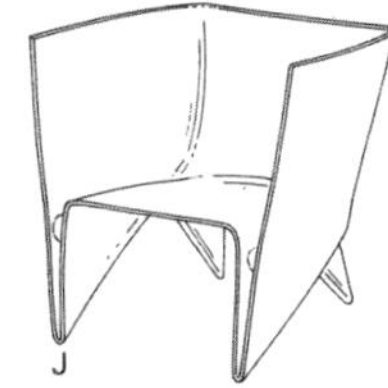

该图可能是里特维尔德1942年设计的铝制扶手椅的原型设计。图片依据其设计草图绘制。
1940

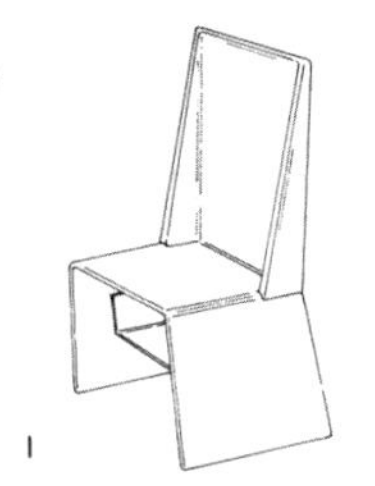

这件作品是根据其设计草图绘制的，所以是否制成成品不详。
1930—1940

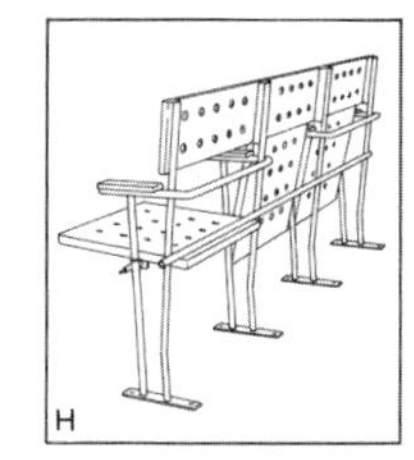

马塞尔·布劳耶设计的联排座椅。座位部分是由钢管和胶合板制成的。
1927

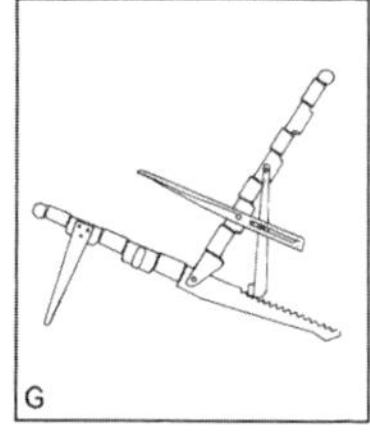

这把是意大利的卡洛·莫里诺设计的安乐椅，这种构造舒适性很强。
1954

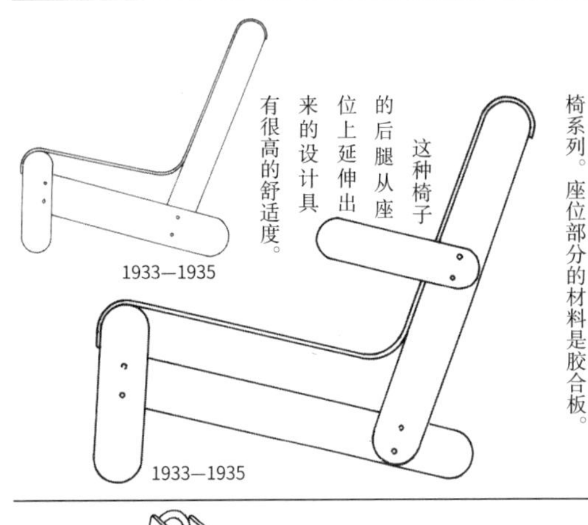

1933—1935

这种椅子的后腿从座位上延伸出来的设计具有很高的舒适度。

1933—1935

该作品和第三行的作品同属小型矮脚椅系列。座位部分的材料是胶合板。

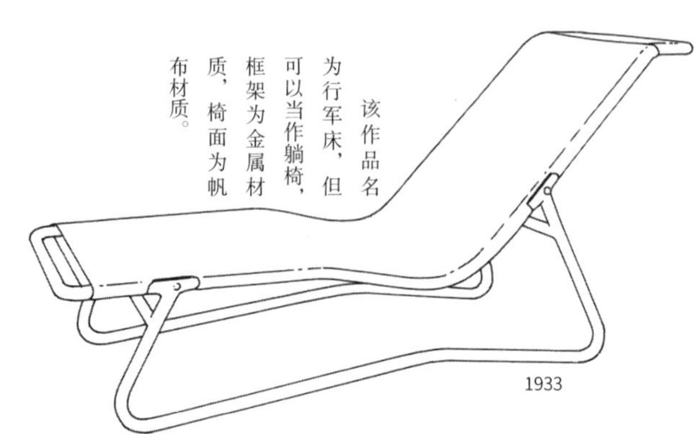

该作品名为行军床，但可以当作躺椅，框架为金属材质，椅面为帆布材质。

1933

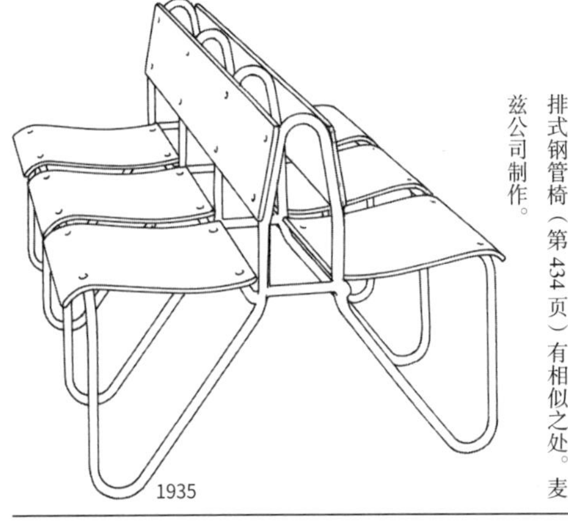

1935

这件作品和马塞尔·布劳耶设计的联排式钢管椅（第434页）有相似之处。麦兹公司制作。

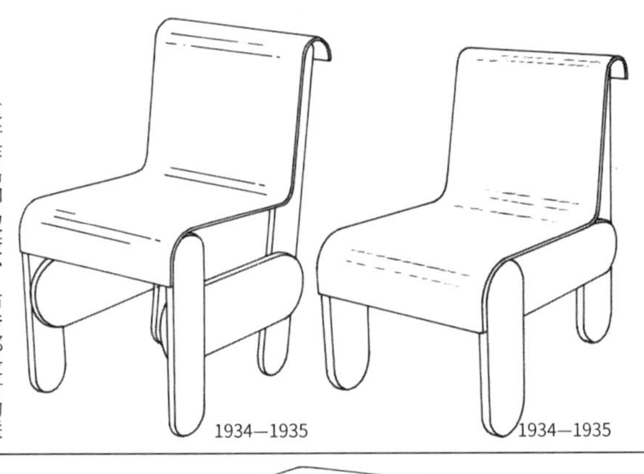

1934—1935

1934—1935

矮脚椅。第1小节中曾介绍过这几个系列的作品。该系列的作品后来发展成了箱形椅和小学生椅。

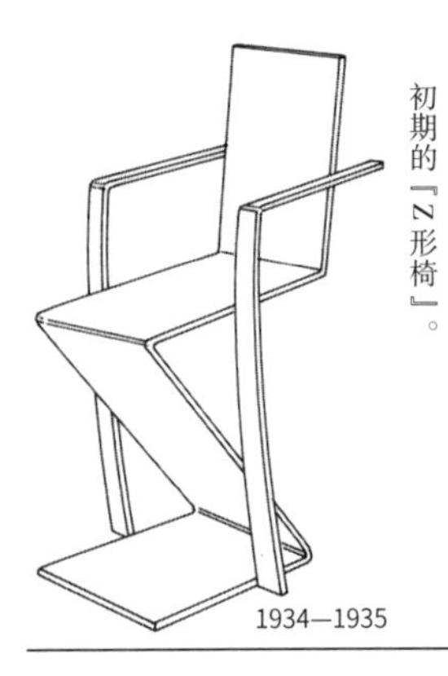

1934—1935

这是用厚纸板制作的带扶手的『Z形椅』。它并不是悬臂设计，看来可能是最初期的『Z形椅』。

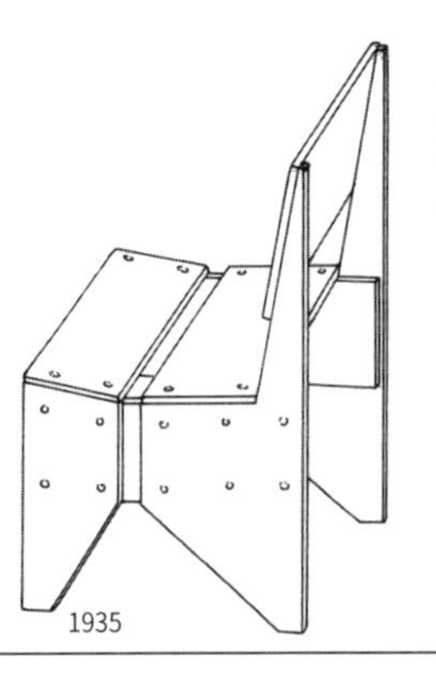

1935

这件是为某个住宅设计的儿童椅，还设计有配套的桌子。

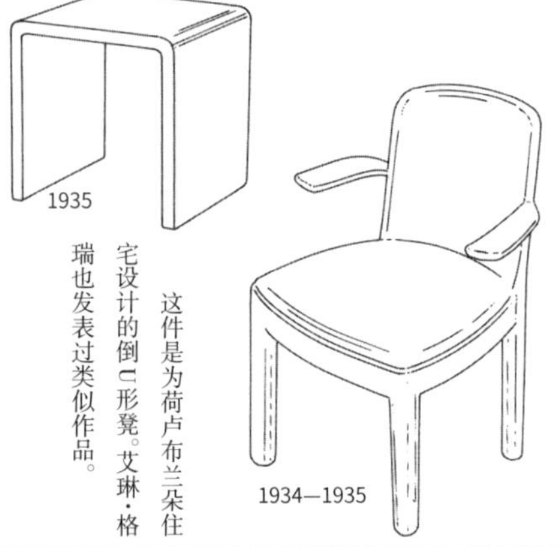

1935

这件是为荷卢布兰朵住宅设计的倒U形凳。艾琳·格瑞也发表过类似作品。

1934—1935

荷兰建筑家协会保存了他大量的设计草图，这张餐椅的设计图就是其中之一。

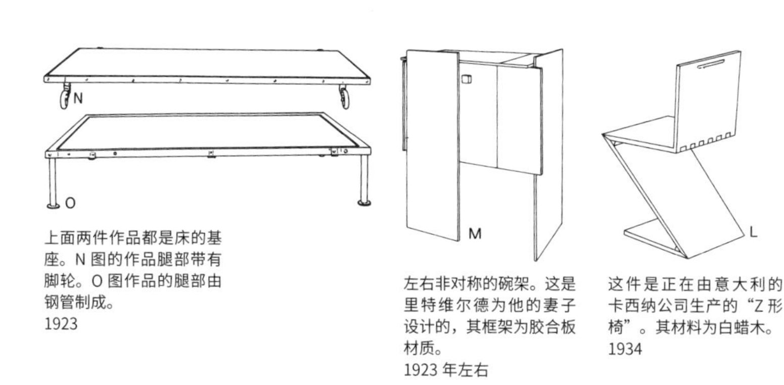

上面两件作品都是床的基座。N 图的作品腿部带有脚轮。O 图作品的腿部由钢管制成。
1923

左右非对称的碗架。这是里特维尔德为他的妻子设计的，其框架为胶合板材质。
1923 年左右

这件是正在由意大利的卡西纳公司生产的“Z 形椅”。其材料为白蜡木。
1934

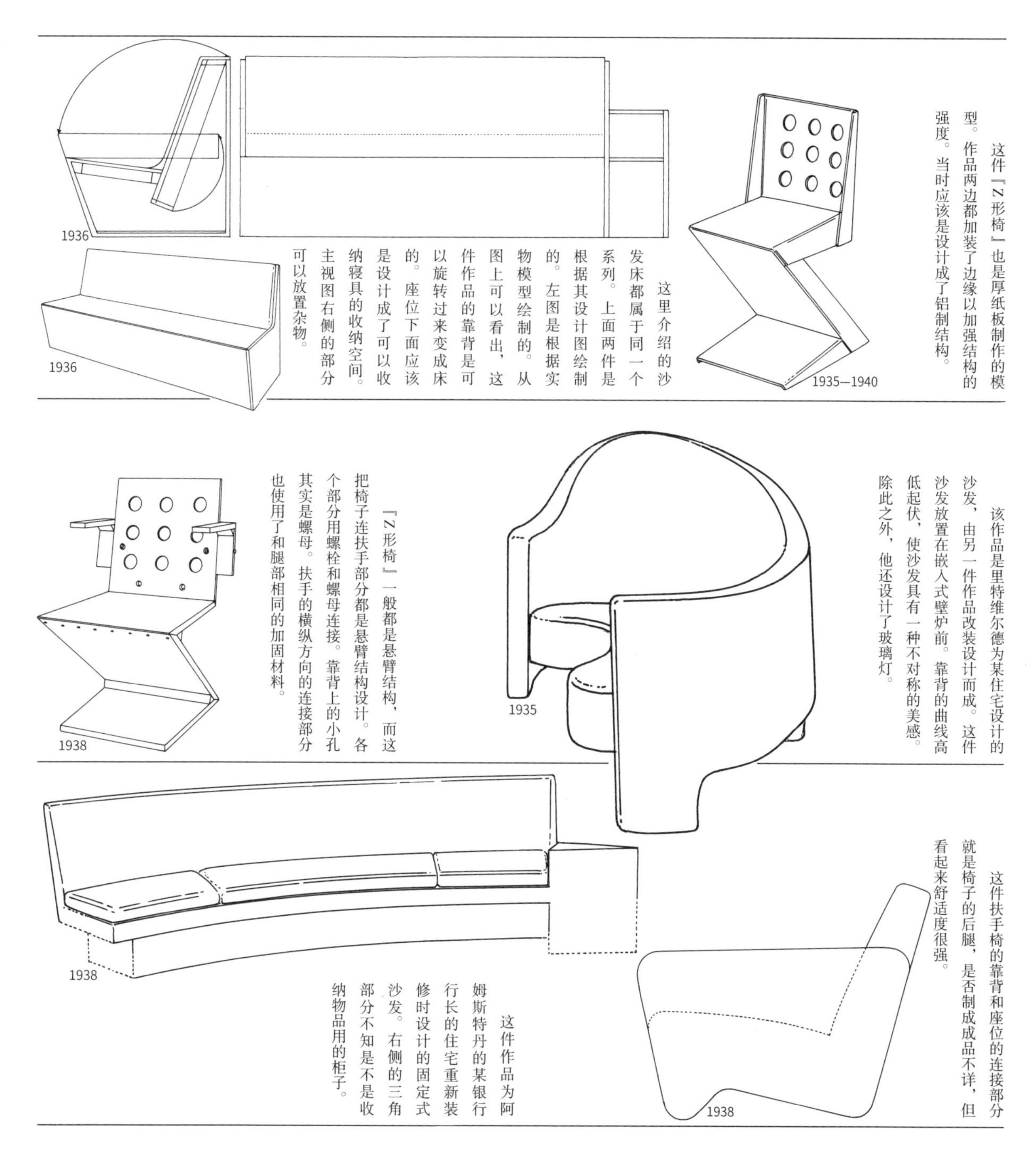

这件「Z形椅」也是厚纸板制作的模型。作品两边都加装了边缘以加强结构的强度。当时应该是设计成了铝制结构。

这里介绍的沙发床都属于同一个系列。上面两件是根据其设计图绘制的。左图是根据实物模型绘制的。从图上可以看出，这件作品的靠背是可以旋转过来变成床的。座位下面应该是设计成了可以收纳寝具的收纳空间。主视图右侧的部分可以放置杂物。

该作品是里特维尔德为某住宅设计的沙发，由另一件作品改装设计而成。这件沙发放置在嵌入式壁炉前。靠背的曲线高低起伏，使沙发具有一种不对称的美感。除此之外，他还设计了玻璃灯。

「Z形椅」一般都是悬臂结构，而这把椅子连扶手部分都是悬臂结构设计。各个部分用螺栓和螺母连接。靠背上的小孔其实是螺母。扶手的横纵方向的连接部分也使用了和腿部相同的加固材料。

这件扶手椅的靠背和座位的连接部分就是椅子的后腿，是否制成成品不详，但看起来舒适度很强。

这件作品为阿姆斯特丹的某银行行长的住宅重新装修时设计的固定式沙发。右侧的三角部分不知是不是收纳物品用的柜子。

1888—1964

格里特·托马斯·里特维尔德

第3小节
施罗德住宅

这里简单介绍一下里特维尔德的代表建筑作品施罗德住宅。第1节中已经介绍了里特维尔德是家具工匠出身，后来以一名设计师的身份参加『风格派』运动，并成为该派的代表人物。之后他在柏林展馆与哈扎尔一起学习建筑，并和凡·杜斯伯格、范伊斯特伦等设计师一起制作建筑设计的模型，以一名建筑设计师的身份崭露头角。他的建筑师生涯的最初作品就是在乌得勒支设计的『施罗德住宅』。这座住宅在设计时受到了很多他之前设计的作品如『红蓝椅』『柏林椅』等作品的影响。一般的建筑师都是先设计建筑再进行其他内部的家具设计，但里特维尔德则恰恰相反。『施罗德住宅』的建筑面积大约有60平方米，总共两层，住宅主体和阳台由混凝土建成，其他部分则是由石料建造的。住宅的内部是整体一间根据需要用滑板隔开。

1938

该图中的作品应该是五分之一大小的作品模型。从其结构来看应该不是木制的而是塑料或铝制的。

1939　1939

这是在对荷兰一家银行进行装修时设计的两件钢管制作品。因为照片资料和设计草图上都有这件作品，所以很可能是里特维尔德设计的。

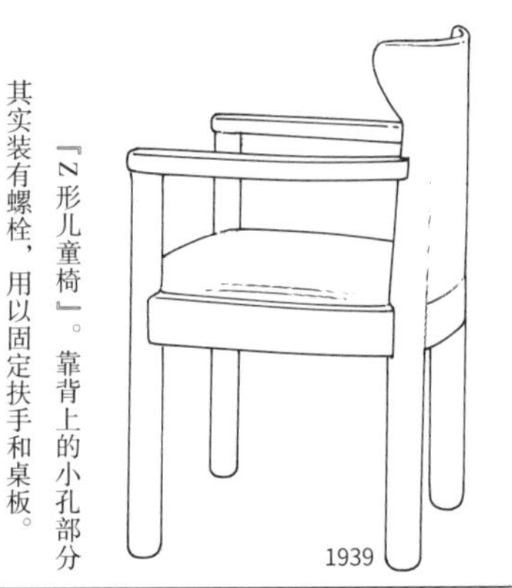

1939

这件作品不知是为哪座建筑设计的，设计时除了这把椅子外，还设计了书房中配套使用的桌子和台灯。

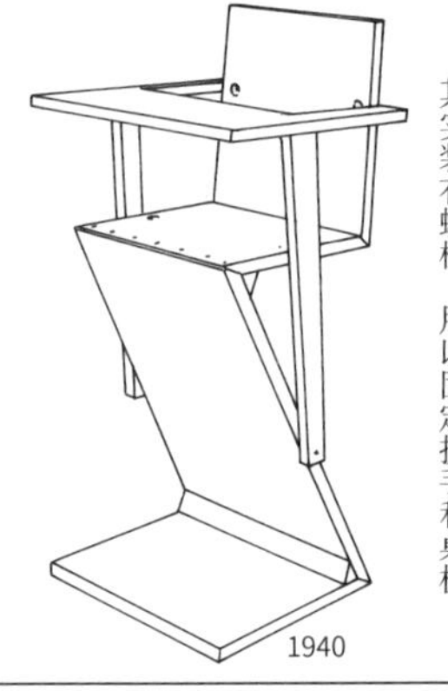

1940

『Z形儿童椅』。靠背上的小孔部分其实装有螺栓，用以固定扶手和桌板。

1940

这是在第1小节中介绍过的安乐椅的衍生作品。除此之外还有无扶手椅版本。

1940

这把长椅和里特维尔德1911年设计的长椅（第2小节中介绍过）有些相似。但是这件作品的座位高度更高，且椅腿为金属材质。其座位部分是藤制的，上面铺有坐垫。框架是橡木材质。该作品放置于施罗德住宅中。

1940—1945

『普朗克直背椅』，可能是跟箱形椅同一系列的作品。该作品是放在花园用的椅子。

1940—1945

『普朗克矮脚椅』，是与右侧作品同时期的作品，还有配套桌子。

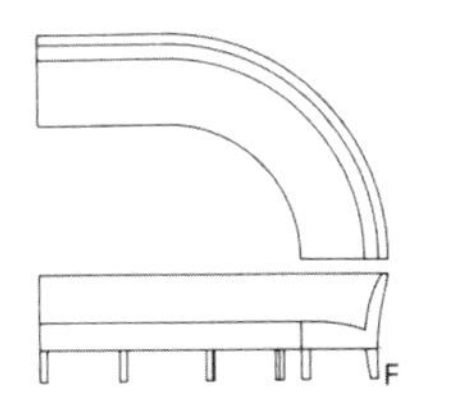

这件作品是在为家饼干巧克力公司装修时设计的。该图是根据其设计草图绘制的。
1947—1948

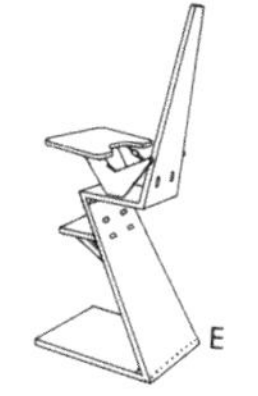

“Z 形儿童椅”。该作品与最后一行右侧的作品很相似，但踏板部分的设计不同。
1930

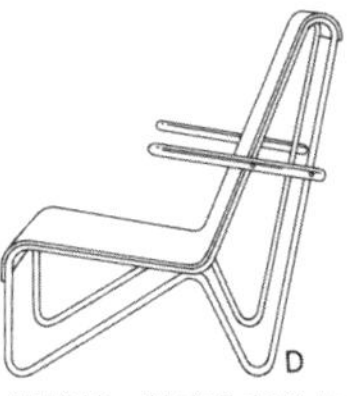

钢管椅。其座位部分与第三行右侧的扶手椅几乎一样。
1927

这幅设计图在图纸上只占了一个很小的角落。很明显是索耐特公司弯曲木椅子的再设计作品。
1940

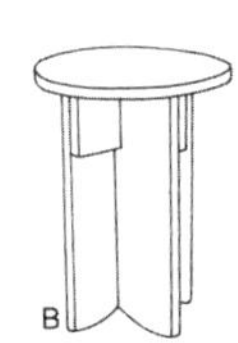

凳子，该作品与上一页最后一行左侧作品属于同一系列，是把高度只有 30 厘米的小凳子。
1940—1945

该作品与上一页第三行的作品属于同一系列，可能是出于方便使用的角度考虑才没有设计扶手吧。
1935—1940

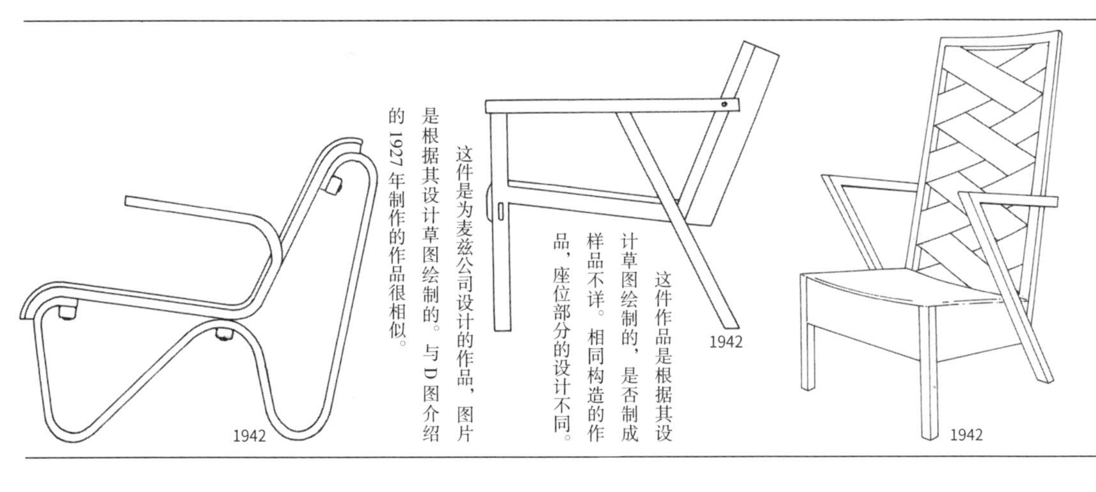

这件是范德格罗尼坎制作的作品。当时设计草图上还有同款的低背设计作品，后由麦兹公司生产销售。

这件作品是根据其设计草图绘制的，是否制成样品不详。相同构造的作品，座位部分的设计不同。

这件是为麦兹公司设计的作品，图片是根据其设计草图绘制的。与 D 图介绍的 1927 年制作的作品很相似。

1942

座位部分和 D 图一样使用了胶合板。结构和左侧作品完全一样。由麦兹公司生产。

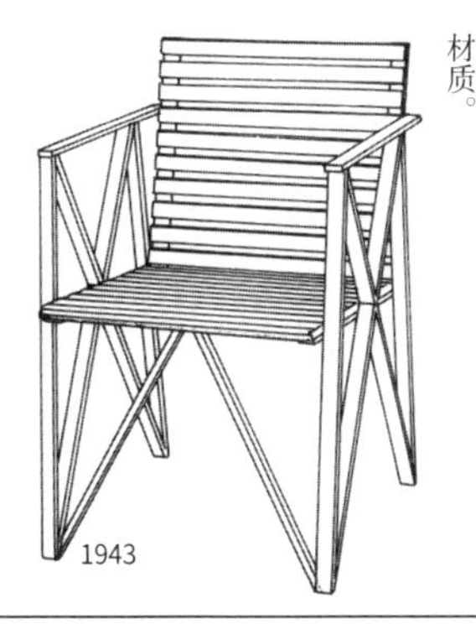

为阿姆斯特丹银行设计的作品。橡木材质。

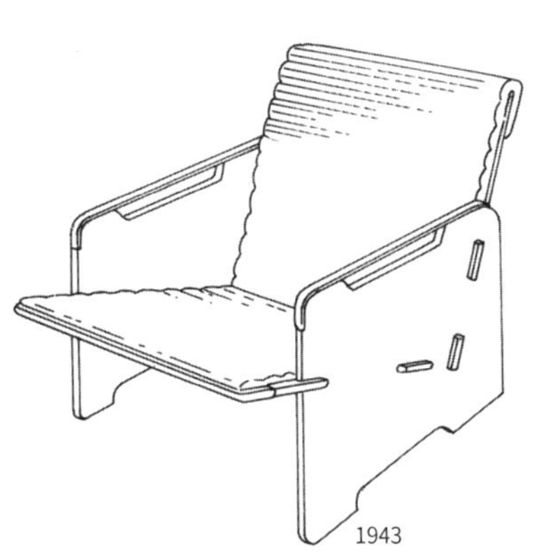

「DIY 家具」系列作品之一。此外还有书架、婴儿床、橱柜、桌子等作品。

儿童椅。这个系列还有其他各种各样的设计，其中这件作品和 E 图的作品很相似。靠背顶端有鸟形的装饰。

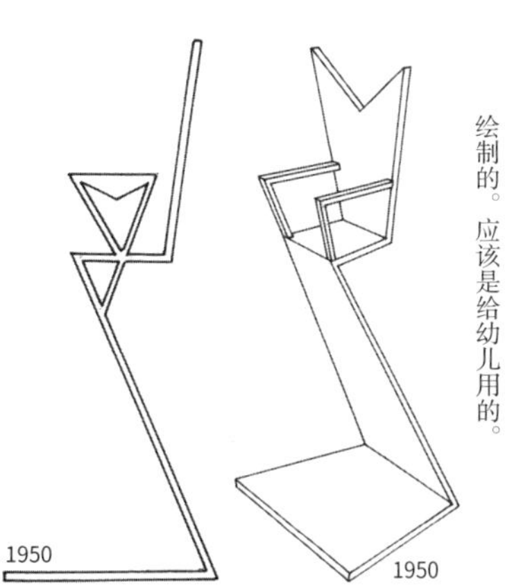

图中的『Z 形椅』是根据其设计草图绘制的。应该是给幼儿用的。

铁丝椅。1988 年在佳士得拍卖行的拍卖会上拍出的作品。座位部分由皮革和布料制成。

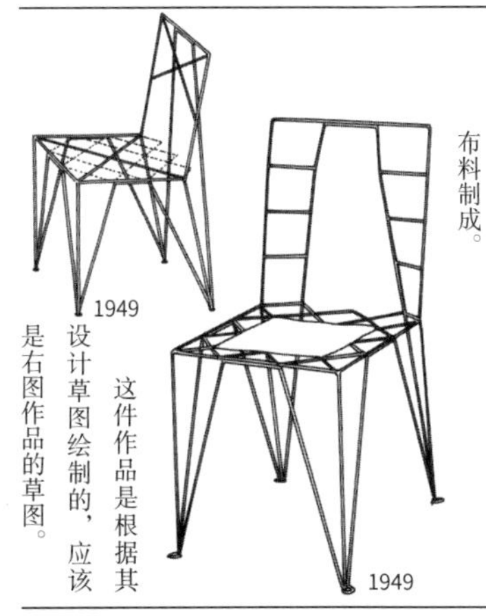

这件作品是根据其设计草图绘制的，应该是右图作品的草图。

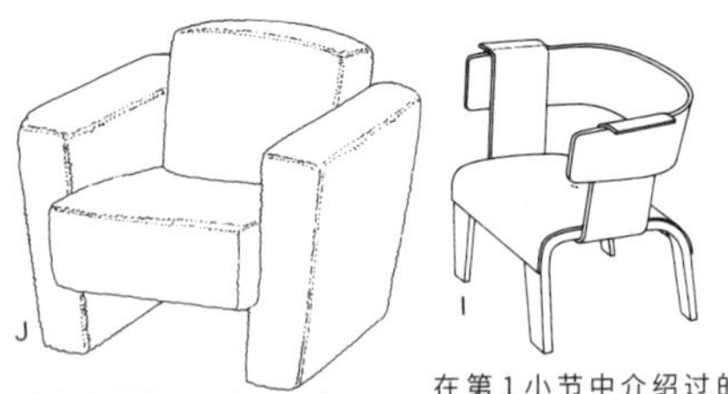

这件应该是五分之一尺寸的作品模型。沙发表面为长绒布料。
1953

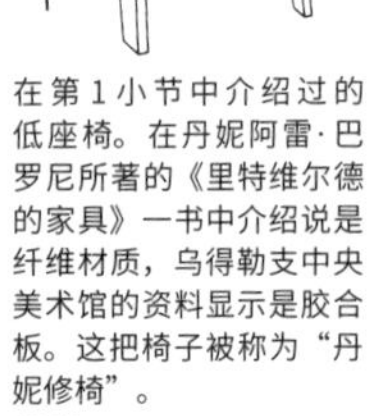

在第 1 小节中介绍过的低座椅。在丹妮阿雷·巴罗尼所著的《里特维尔德的家具》一书中介绍说是纤维材质，乌得勒支中央美术馆的资料显示是胶合板。这把椅子被称为“丹妮修椅”。
1950

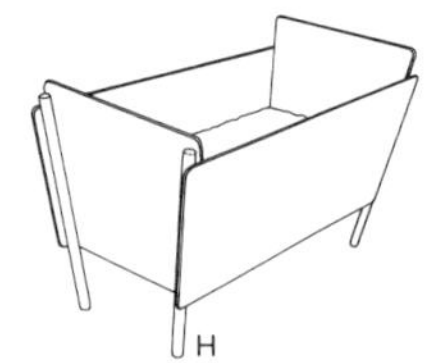

儿童床。照片上这件作品应该是一个四五岁的孩子在用。
1954

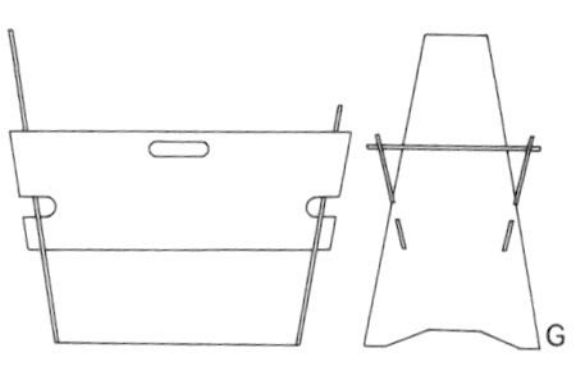

里特维尔德设计了许多婴儿床，本图是依照他用铅笔和蜡笔绘制的设计草图绘制的。
1944

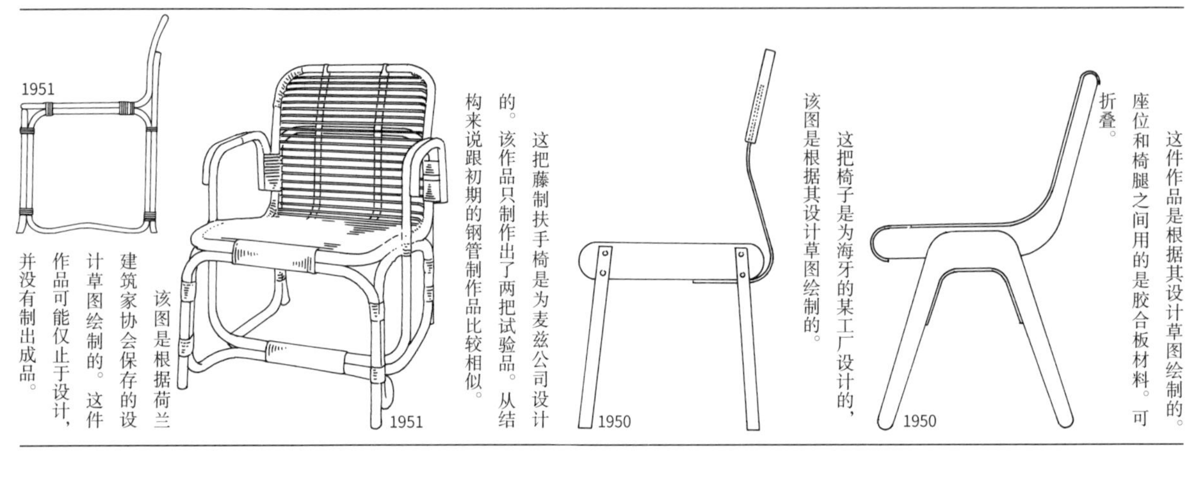

1951
该图是根据荷兰建筑家协会保存的设计草图绘制的。这件作品可能仅止于设计，并没有制出成品。

1951
这把藤制扶手椅是为麦兹公司设计的。该作品只制作出了两把试验品。从结构来说跟初期的钢管制作品比较相似。

1950
这把椅子是为海牙的某工厂设计的，该图是根据其设计草图绘制的。

1950
这件作品是根据其设计草图绘制的。座位和椅腿之间用的是胶合板材料。可折叠。

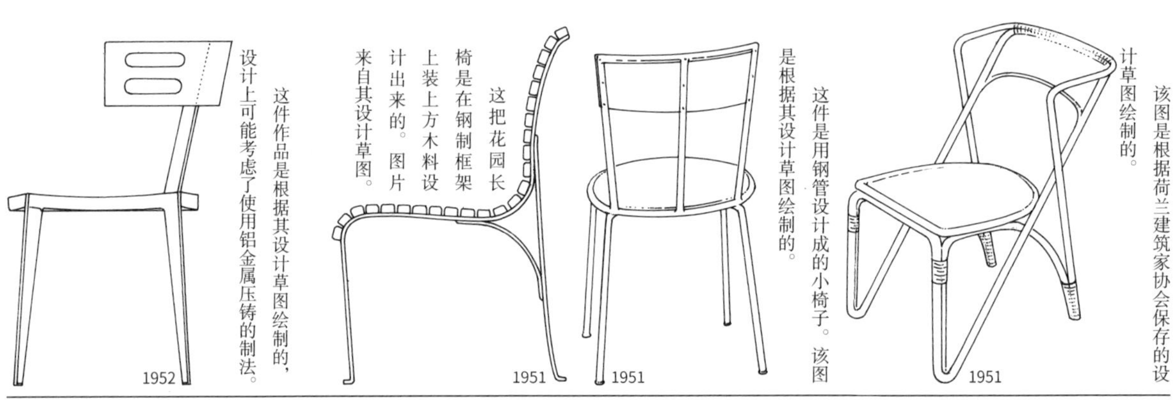

1952
这件作品是根据其设计草图绘制的，设计上可能考虑了使用铝金属压铸的制法。

1951
这把花园长椅是在钢制框架上装上方木料设计出来的。图片来自其设计草图。

1951
这件是用钢管设计成的小椅子。该图是根据其设计草图绘制的。

1951
该图是根据荷兰建筑家协会保存的设计草图绘制的。

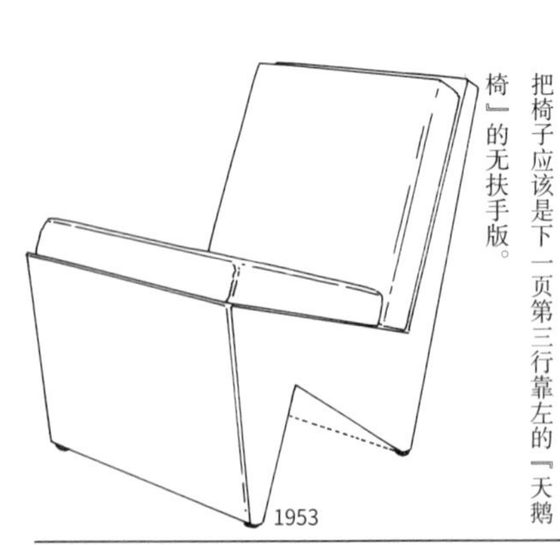

1953
编织椅。做编织工作时用的椅子。这把椅子应该是下一页第三行靠左的『天鹅椅』的无扶手版。

1952
这是为一家工厂设计的扶手椅。

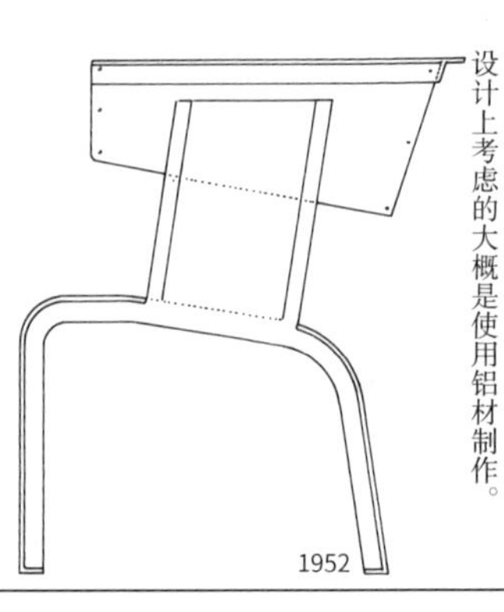

1952
这件作品和在第1小节中介绍过的低座椅十分相似（该作品名为『丹妮修椅』）。设计上考虑的大概是使用铝材制作。

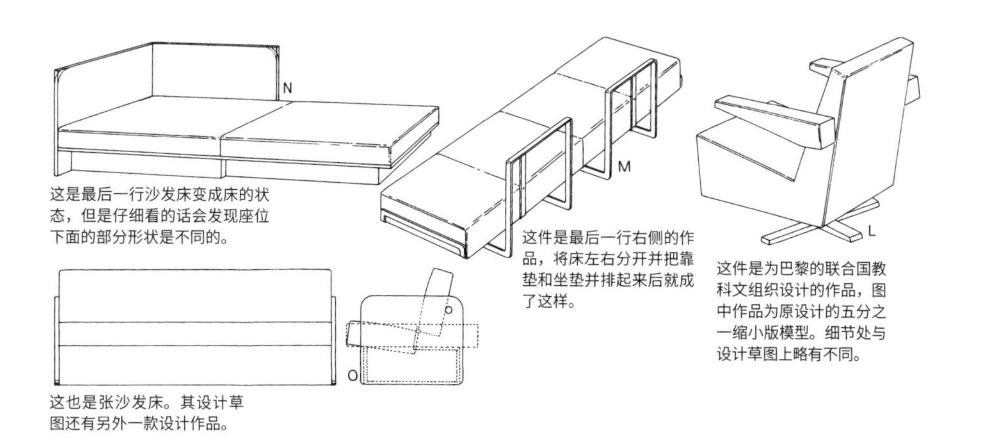

这是最后一行沙发床变成床的状态，但是仔细看的话会发现座位下面的部分形状是不同的。

这件是最后一行右侧的作品，将床左右分开并把靠垫和坐垫并排起来后就成了这样。

这件是为巴黎的联合国教科文组织设计的作品，图中作品为原设计的五分之一缩小版模型。细节处与设计草图上略有不同。

这也是张沙发床。其设计草图还有另外一款设计作品。

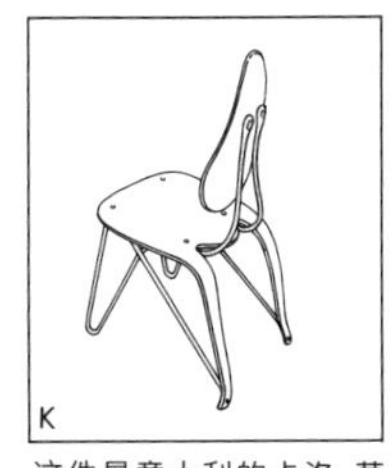

这件是意大利的卡洛·莫里诺设计的小椅子，框架由钢丝制成，靠背和椅面是由胶合板制成的，腿部与下一行右侧的作品有共同之处。
1950

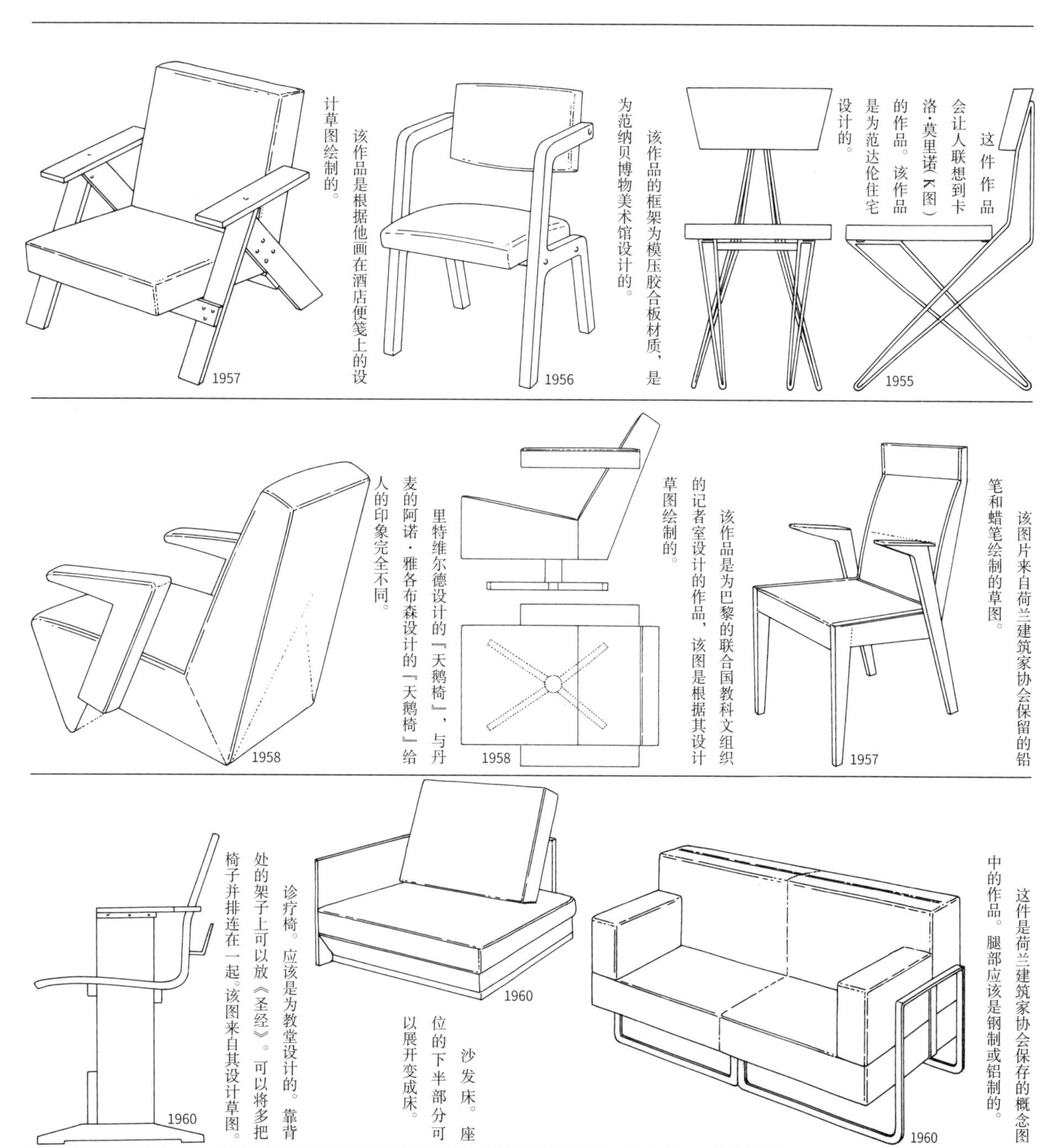

这件作品会让人联想到卡洛·莫里诺（K图）的作品。该作品是为范达伦住宅设计的。

该作品的框架为模压胶合板材质，是为范纳贝博物美术馆设计的。

该作品是根据他画在酒店便笺上的设计草图绘制的。

该图片来自荷兰建筑家协会保留的铅笔和蜡笔绘制的草图。

该作品是为巴黎的联合国教科文组织的记者室设计的作品，该图是根据其设计草图绘制的。

里特维尔德设计的『天鹅椅』，与丹麦的阿诺·雅各布森设计的『天鹅椅』给人的印象完全不同。

这件是荷兰建筑家协会保存的概念图中的作品。腿部应该是钢制或铝制的。

沙发床。座位的下半部分可以展开变成床。

诊疗椅。应该是为教堂设计的。靠背处的架子上可以放《圣经》。可以将多把椅子并排连在一起。该图来自其设计草图。

1888—1964

格里特·托马斯·里特维尔德

第 4 小节
“Z 形椅”

本小节简要介绍一下前文多次出现的『Z形椅』。我们已经知道『红蓝椅』是里特维尔德的代表作。一般认为『红蓝椅』的灵感来源于英国的爱德华·威廉·戈德温的家具和彼埃·蒙德里安经常在画中使用的垂直、水平结构。但是关于『天鹅椅』过去没有过多关于其来源的介绍，硬要说的话只有1933年发表的钢管制的餐椅（从侧面看是Z形的），笔者一直觉得这很奇怪。但是笔者最近从大量的资料中发现了无论从时间上还是地域上都可以称得上是其来源的一些作品（第299页B~E图）。这一系列作品的结构由德国的朗仕兄弟设计，其设计过程确实有几分建筑家的样子。图E的1927年的作品已经可以说是『Z形椅』的雏形作品了。这就解开了笔者心中的疑惑，为什么里特维尔德的作品中没有出现过『Z形椅』的雏形设计，而是突然就有了『Z形椅』设计的作品。

1920

这件无扶手椅与在第2小节中介绍过的为乌得勒支的宝石店设计的椅子是同一系列的作品，其椅背比带扶手的椅子更高。

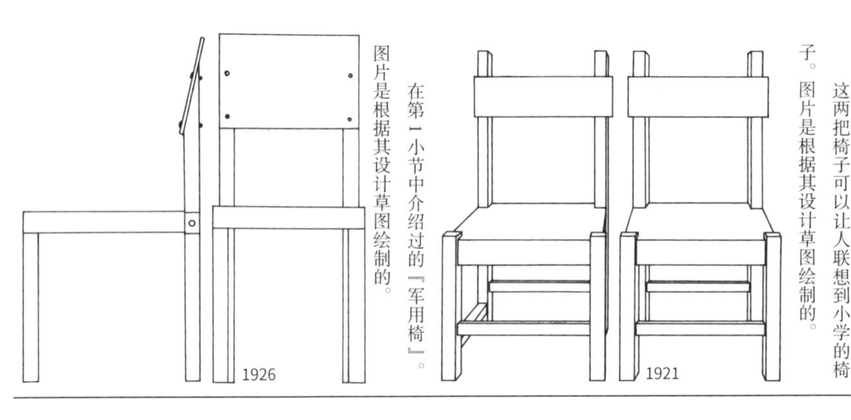

这两把椅子可以让人联想到小学的椅子。图片是根据其设计草图绘制的。

在第1小节中介绍过的『军用椅』。图片是根据其设计草图绘制的。

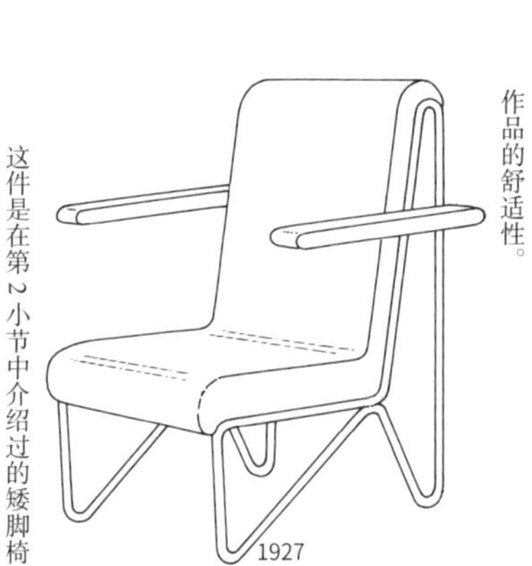

这件是由阿姆斯特丹的麦兹公司出品的安乐椅的衍生作品。图片是根据其设计草图绘制的。该作品加上了坐垫，提高了作品的舒适性。

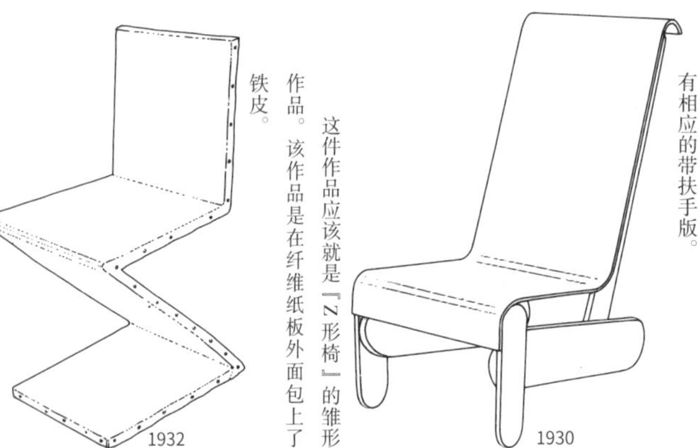

这件是在第2小节中介绍过的矮脚椅系列作品中的高背设计作品。不知道是否有相应的带扶手版。

这件作品应该就是『Z形椅』的雏形作品。该作品是在纤维纸板外面包上了铁皮。

1932

左侧是两件『Z形椅』作品。这件作品是由纤维纸板加上三块胶合板制成的。两侧的铁板是起加强固定作用的。

1932

这件是最终被生产出来的『天鹅椅』。范德格罗尼坎工作室和麦兹公司都量产过这件作品。该作品和现在麦兹公司生产的产品在连接处的设计有所不同。

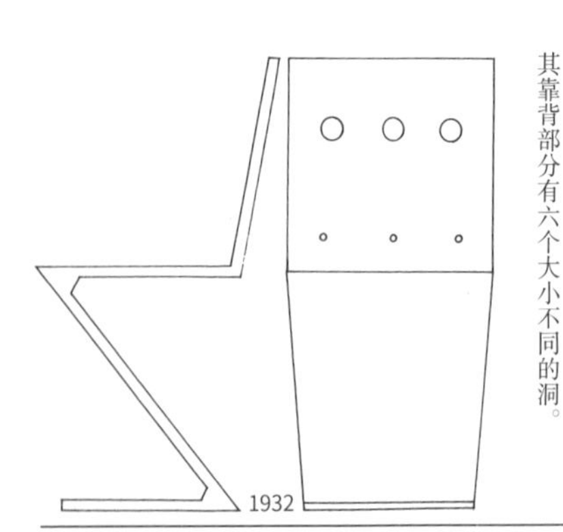

之前也介绍过几件靠背带洞的『Z形椅』。这件作品是根据其设计草图绘制的，其靠背部分有六个大小不同的洞。

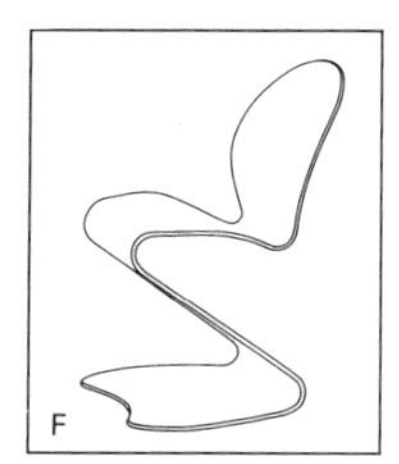

丹麦的路易斯·波尔森（1926—1998）的作品。明显是对“Z 形椅”进行改编后的作品。由索耐特公司制造。
1968

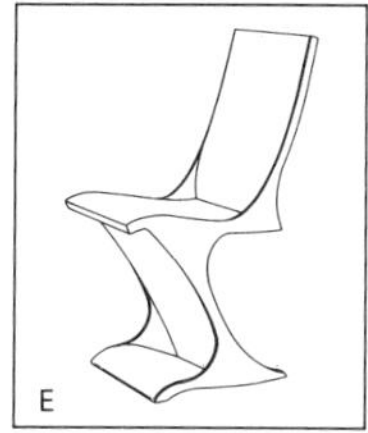

虽然这件作品各个部分上用的加固材料都有些多，但从结构上来看可以说是和“Z 形椅”一样的了。
1927

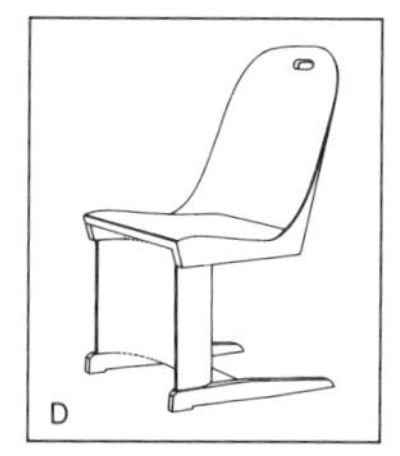

腿部和靠背是薄的胶合板制作的，底部用曲面加强了结构强度。
1924

这件作品是右图作品在结构上进行了改进的版本，应该对“Z 形椅”的设计有一定影响。腿部虽然是左右分离的，但是从侧面看可以联想到“Z 形椅”。
1927

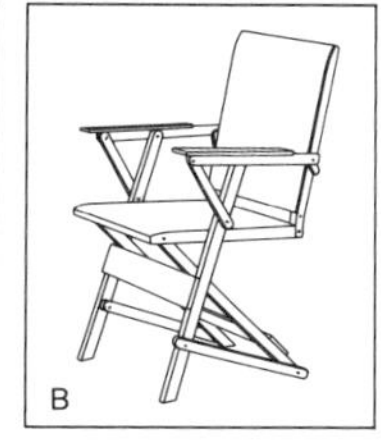

该作品是一把结构设计非常有建筑师的风格的可折叠悬臂椅。B ～ E 图都是朗仕兄弟的作品，其结构线条不断简化。
1924—1928

里特维尔德的代表作，放置于施罗德住宅二楼，作为爬到房顶的梯子兼椅子使用。
1923 年左右

这与上一页左下角的作品同属一系列。靠背的小孔处装有用来连接扶手的螺栓。

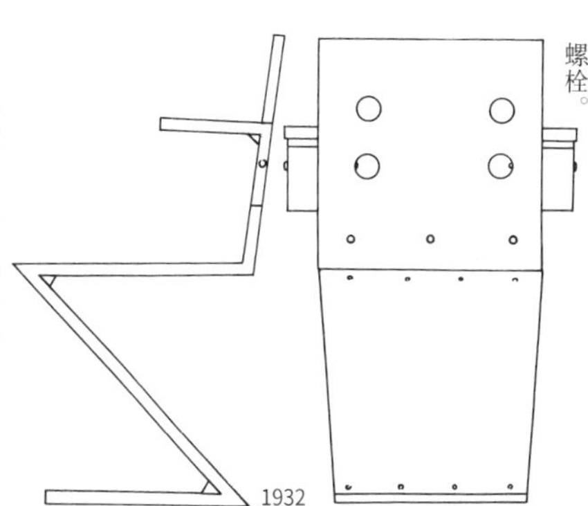

1932

这件作品也和之前两件作品属于同一系列。图中没有画出固定扶手的螺栓，但是螺栓上下由暗榫固定。只是这把安乐椅的重心靠后有点不稳。

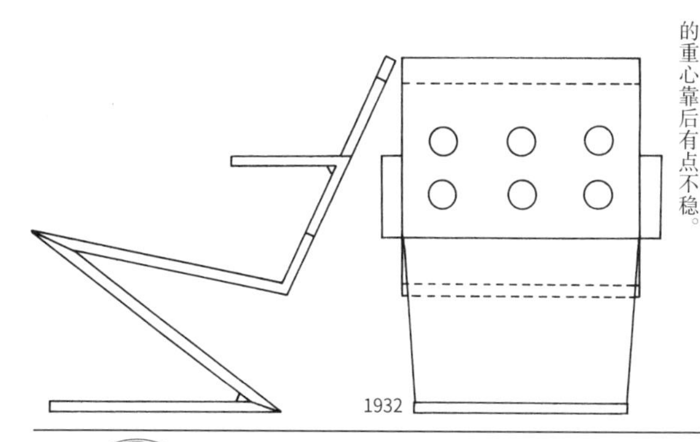

1932

这件作品和在第Ⅰ小节中介绍过的麦兹公司展示的作品很相像，但是这件作品装上了坐垫。该图是根据其设计草图绘制的。

1932

这件作品在结构上和右侧作品几乎相同，但各个部分的连接处都是由螺栓和螺母固定的。

1932

这把是为贝菲教授设计的餐厅用椅，是由桃花心木和摩洛哥皮革制成的。

1934

这件作品和右边的作品属于同一系列。该图是根据其设计草图绘制的

这把悬臂椅和上一行靠左的作品来自同一张设计草图。腿部的钢制结构设计稳定性高。

1934

这把『Z 形椅』设想的材料为钢材，也是为贝菲教授设计的，椅面带有薄坐垫。该图是根据其设计草图绘制的。

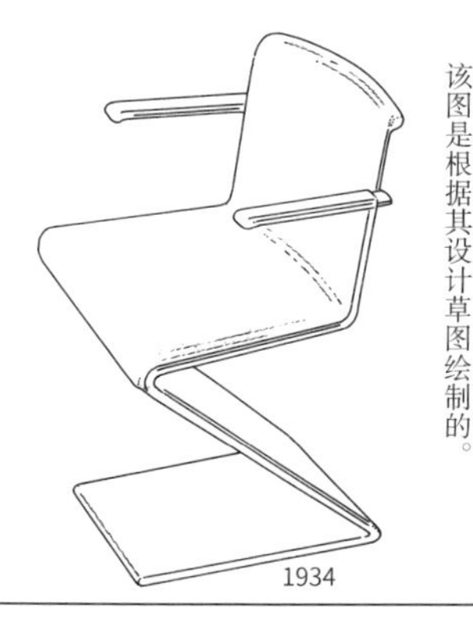

1934

『Z 形椅』，该图来自其设计草图。这件作品本身框架就是用钢管制造的，而不是在外面包上铁皮。放在现在来看是很常见的工艺，但在当时却很少见。

1934

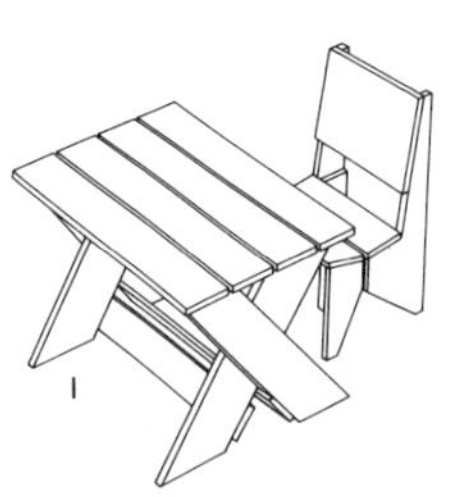

箱形儿童桌椅。箱形系列作品还包括书架和各式各样的家具。
1935

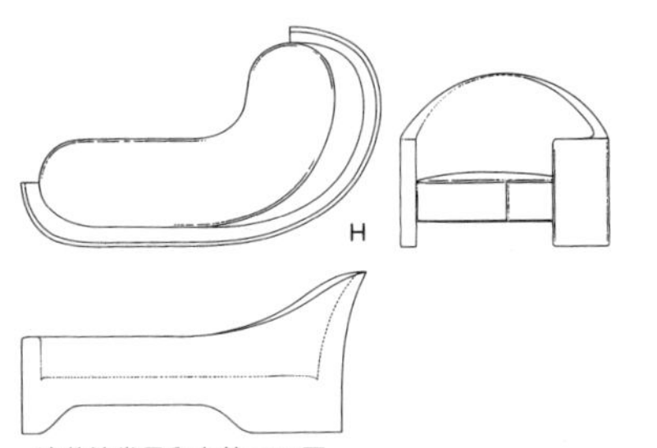

这件沙发是和在第 293 页中间一行右侧的作品一同设计的，该图为其三视图。
1935

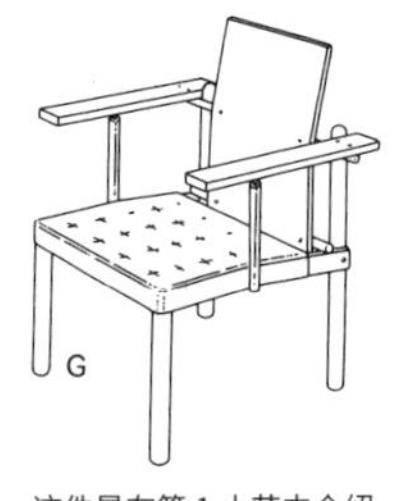

这件是在第 1 小节中介绍过的军用椅的衍生作品。该作品腿部是圆形的，同时还带有坐垫。
1926 年左右

这也是为巴菲教授设计的餐椅，核桃木材质。图片来自其设计草图。
1934

这是为巴菲教授设计的安乐椅。图片来自其设计草图。
1934

第 2 小节中曾介绍过这件作品背对背相连的版本。由钢管和胶合板制成。
1934

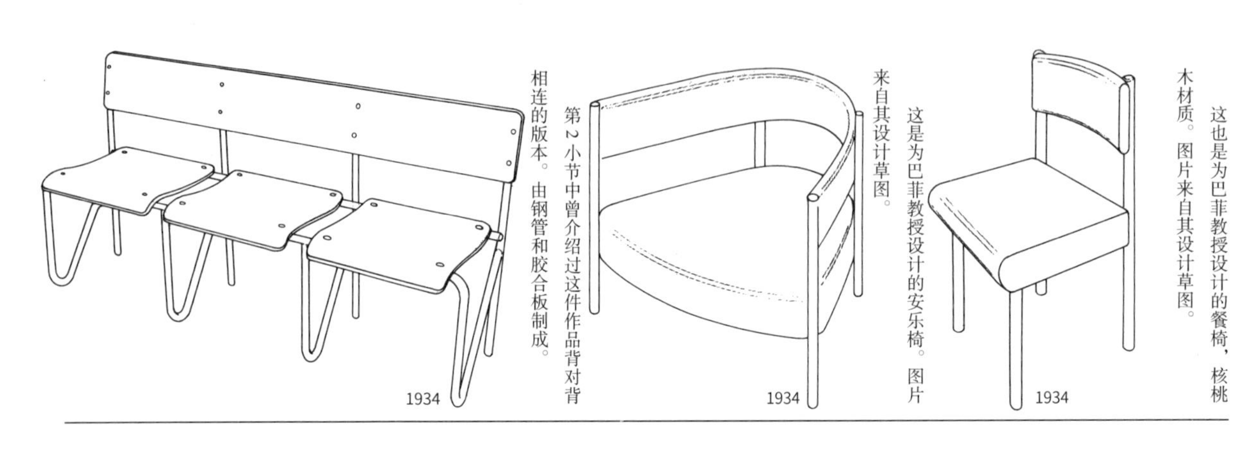

儿童椅。该作品和在第 2 小节中介绍过的作品几乎相同，只有横木处设计不同。
1935

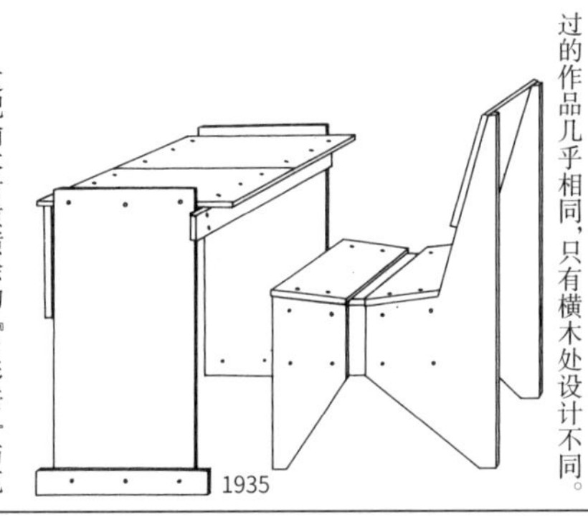

这把榆木材质喷涂的『Z 形椅』与范德格罗尼坎工作室设计编号为 126 的模型（靠背有六个孔的作品）很像，这把椅子则有九个直径为 4 厘米的洞，比较少见。
1935

『两用躺椅』。他设计了很多这种沙发床，这些作品都很有实用性。
1935

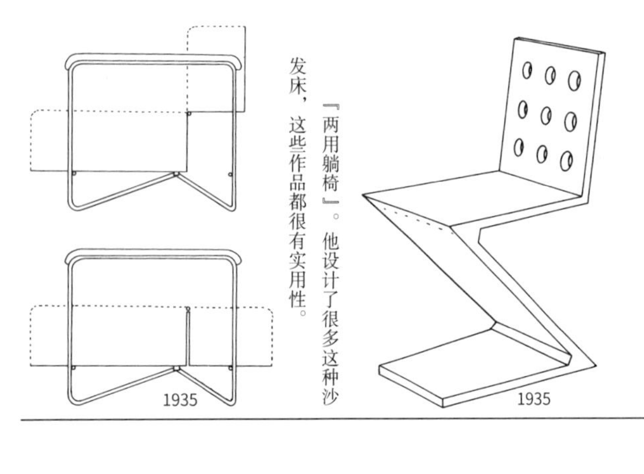

这是剧场里用的椅子。框架为金属材质，安装时要固定在地面上。
1936

这也是剧场里面的椅子。两张图片都是依据其设计草图绘制的。
1935

这件扶手椅使用了钢管和纤维纸板材料，由扶手部分为座位部分提供支撑力，可以说是比较奇怪的悬臂结构。
1935

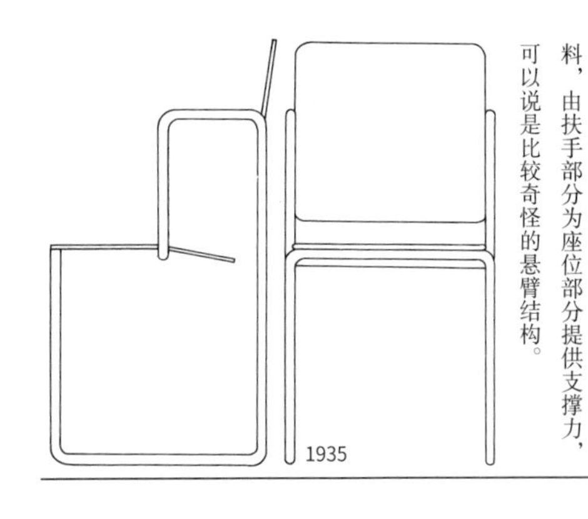

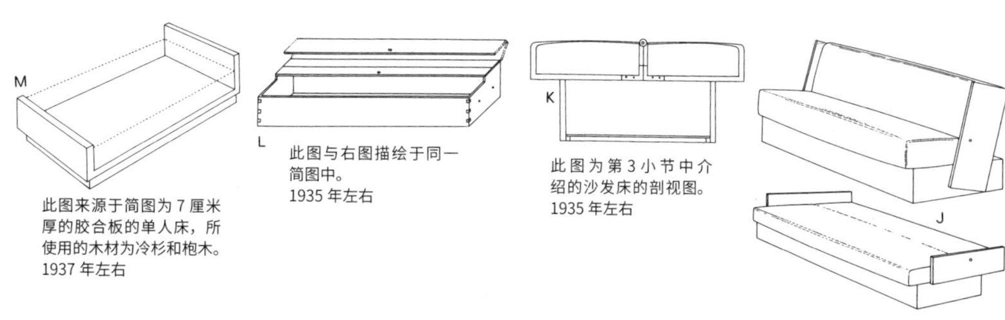

此图来源于简图为 7 厘米厚的胶合板的单人床，所使用的木材为冷杉和枹木。
1937 年左右

此图与右图描绘于同一简图中。
1935 年左右

此图为第 3 小节中介绍的沙发床的剖视图。
1935 年左右

此图为折叠式躺椅。沙发床的绘图有很多，但无法看到挡板等细节。
1935 年左右

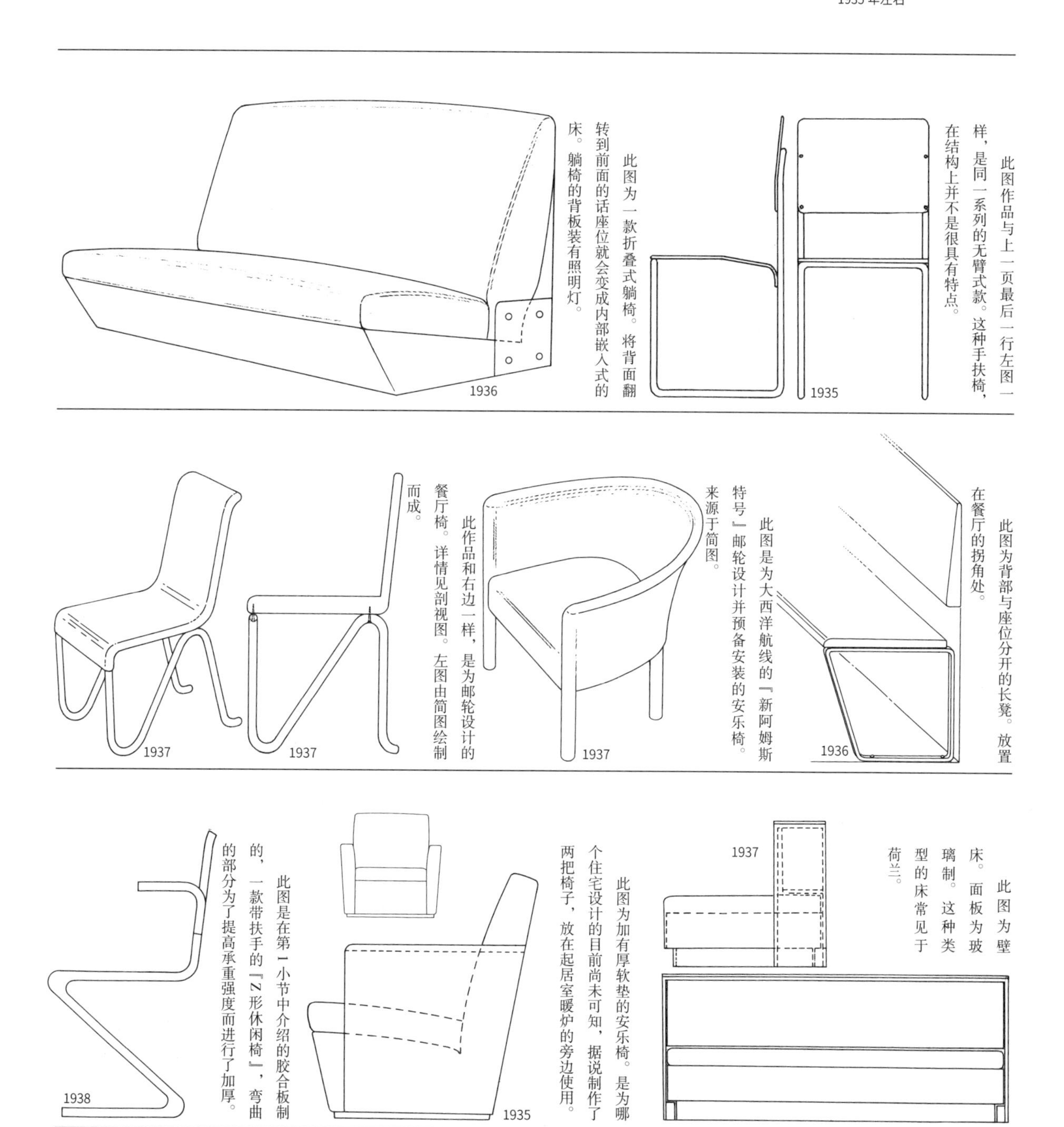

此图作品与上一页最后一行左图一样，是同一系列的无臂式款。这种手扶椅，在结构上并不是很具有特点。

此图为一款折叠式躺椅。将背面翻转到前面的话座位就会变成内部嵌入式的床。躺椅的背板装有照明灯。

此图为背部与座位分开的长凳。放置在餐厅的拐角处。

此图是为大西洋航线的『新阿姆斯特号』邮轮设计并预备安装的安乐椅。来源于简图。

此作品和右边一样，是为邮轮设计的餐厅椅。详情见剖视图。左图由简图绘制而成。

此图为壁床。面板为玻璃制。这种类型的床常见于荷兰。

此图为加有厚软垫的安乐椅。是为哪个住宅设计的目前尚未可知，据说制作了两把椅子，放在起居室暖炉的旁边使用。

此图是在第1小节中介绍的胶合板制的，一款带扶手的『Z形休闲椅』，弯曲的部分为了提高承重强度而进行了加厚。

1888—1964

格里特·托马斯·里特维尔德

第 5 小节
丰富的材料

里特维尔德的代表作品『红蓝椅』使用了材质细腻的方料和板材，这把椅子的问世，打破了迄今为止对于传统椅子的概念。由三片板材搭接出悬臂梁结构的这把Z形休闲椅是一件原物体艺术的遗世名作。铝合金椅子是使轻薄的铝片形成曲面，提高承重强度的一件作品。当包豪斯家具公司首次开始在家具上使用钢管时，这把椅子也被列入其中。『巴尔扎克椅』在一片纤维板中加了一个隔断，组成了一个立体结构的作品，随后问世。此外还可以见到使用成型胶合板和积层胶合板材料的椅子，用藤条作为框架的椅子，防水布制成的椅子，还有用混凝土与金属丝网制成的室外长椅。

在这些多种多样原料丰富的椅子当中，木箱系列非常有趣。正如其名，和粗糙的木箱使用的材料相似，使用的是木板碎片。在里特维尔德的作品中这是很少见的DIY系列椅子，价格也相对便宜，而且椅子的构造也十分合理。

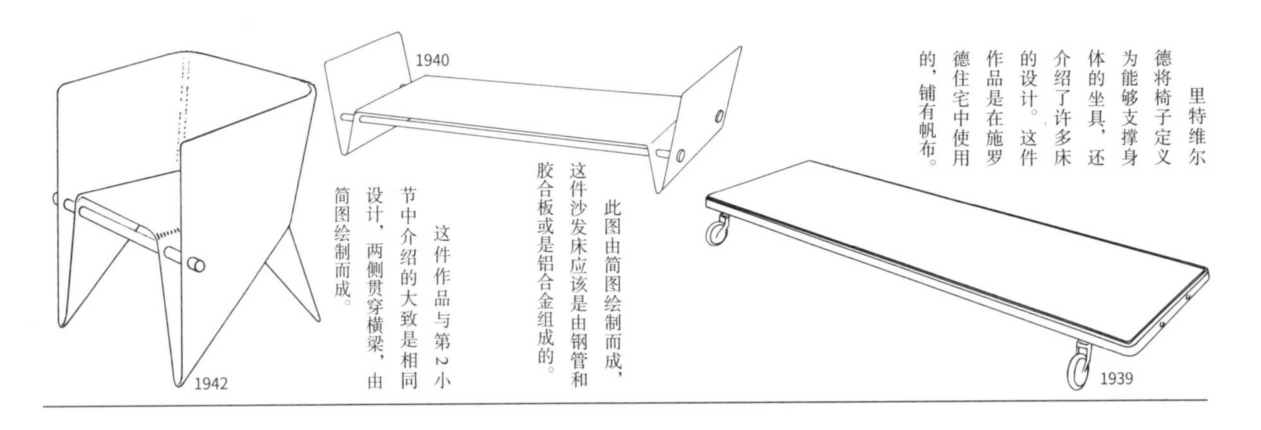

里特维尔德将椅子定义为能够支撑身体的坐具，还介绍了许多床的设计。这件作品是在施罗德住宅中使用的，铺有帆布。

此图由简图绘制而成，这件沙发床应该是由钢管和胶合板或是铝合金组成的。

这件作品与第2小节中介绍的大致是相同设计，两侧贯穿横梁，由简图绘制而成。

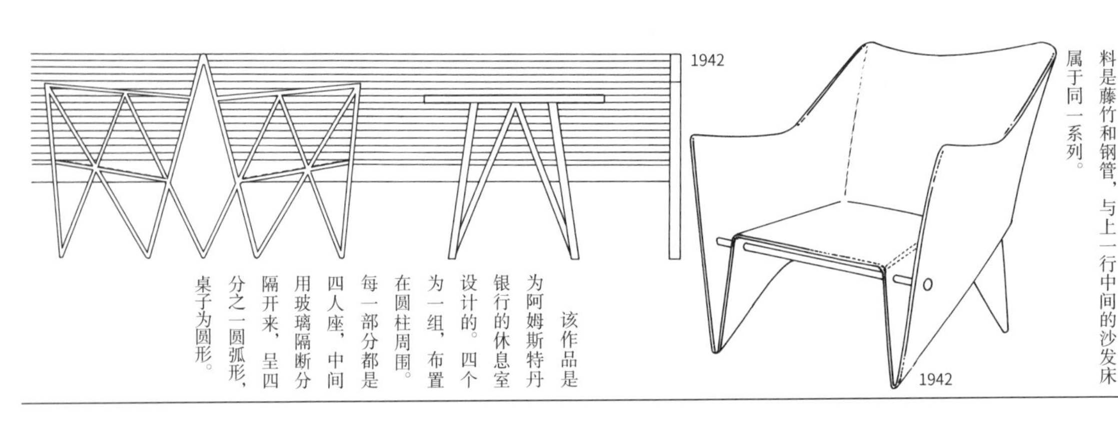

B图的铝合金椅子已经在第1小节中介绍过，这件作品来源于简图，使用的材料是藤竹和钢管，与上一行中间的沙发床属于同一系列。

该作品是为阿姆斯特丹银行的休息室设计的。四个为一组，布置在圆柱周围。每一部分都是四人座，中间用玻璃隔断分隔开来，呈四分之一圆弧形，桌子为圆形。

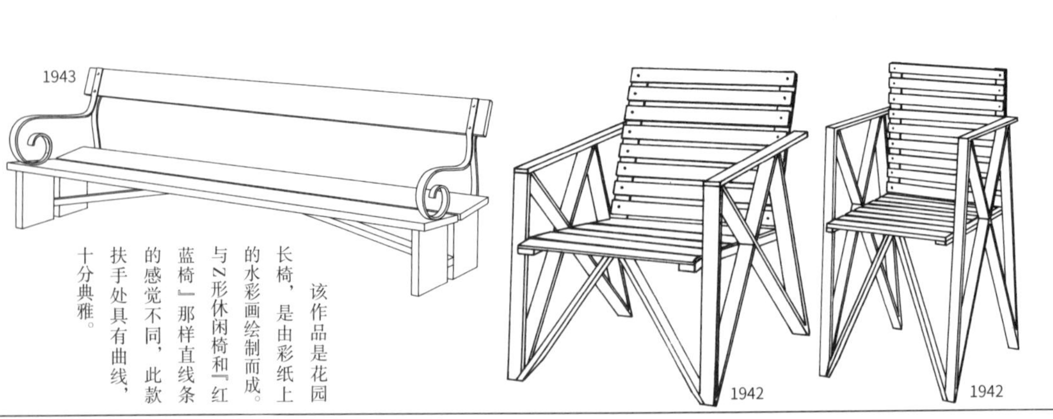

这件作品也是为阿姆斯特丹银行设计的。右图为儿童用椅，左图为安乐椅，与C图的椅子在座位部分有所不同。

该作品是花园长椅，是由彩纸上的水彩画绘制而成。与Z形休闲椅和『红蓝椅』那样直线条的感觉不同，此款扶手处具有曲线，十分典雅。

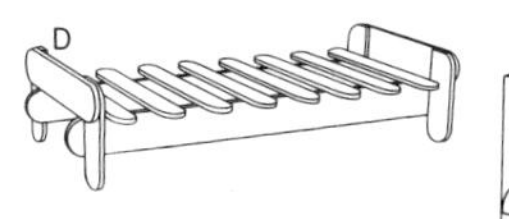

此图为儿童床。使用的是宽 15 厘米，厚 2 厘米的木板框架，床垫使用的是宽 9 厘米的木板。表面涂有白色、灰色和粉色的颜料。

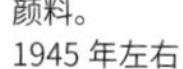
1945 年左右

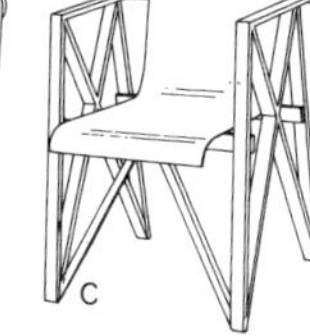

此图为第 3 小节介绍的阿姆斯特丹椅子，由梅特斯公司上市销售。坐垫部分由胶合板制成。
1942 年左右

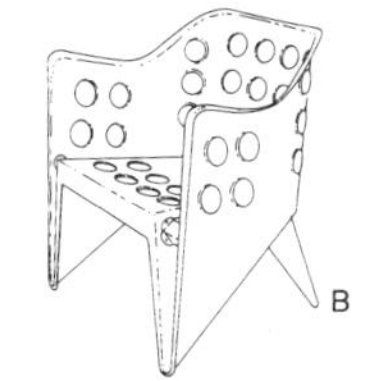

此图为铝合金椅子，是 A 图衍生出的作品。
1942

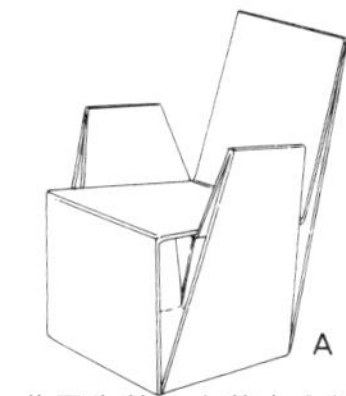

此图为第 2 小节中介绍的用纸板制作的同比例模型。与上一页第二行左图和第三行右图的作品有共同之处。
1930—1940

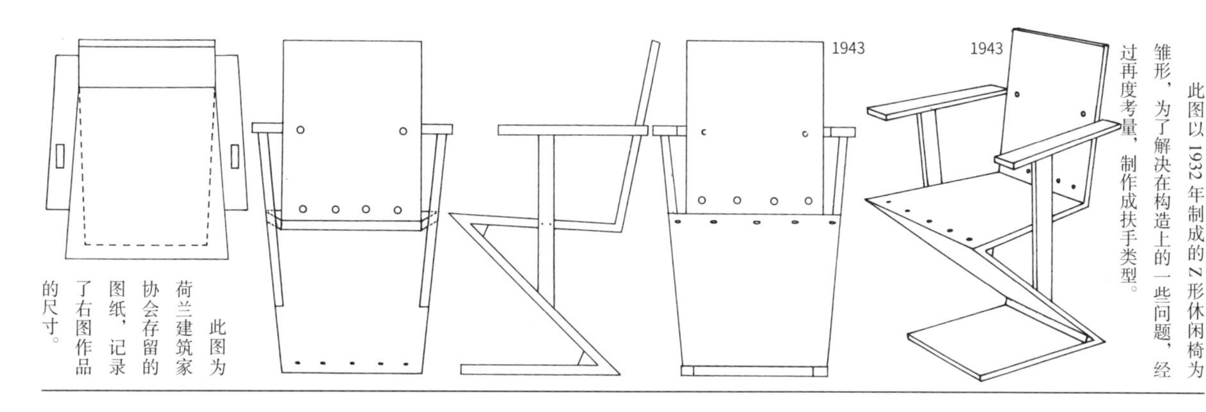

此图以 1932 年制成的 Z 形休闲椅为雏形，为了解决在构造上的一些问题，经过再度考量，制作成扶手类型。

此图为荷兰建筑家协会存留的图纸，记录了右图作品的尺寸。

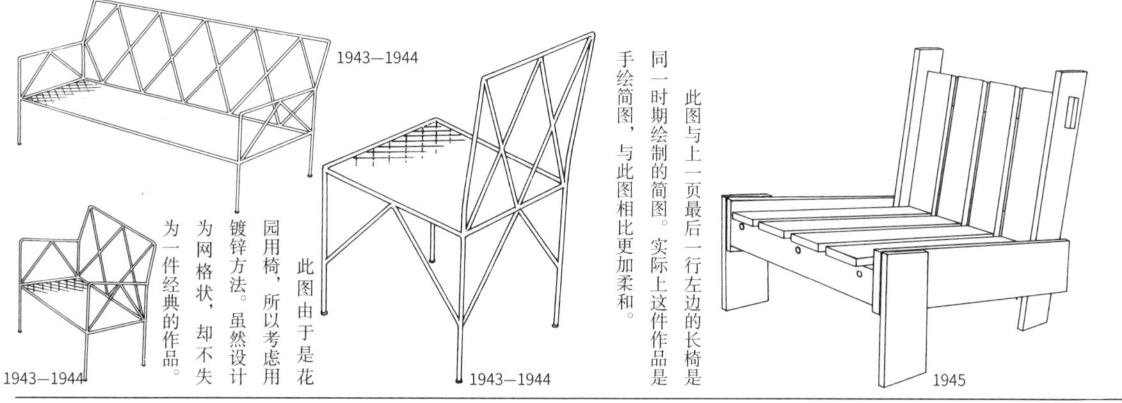

此图为花园安乐椅，是木箱系列。座位设计得非常低。

此图与上一页最后一行左边的长椅是同一时期绘制的简图。实际上这件作品是手绘简图，与此图相比更加柔和。

此图由于是花园用椅，所以考虑用镀锌方法。虽然设计为网格状，却不失为一件经典的作品。

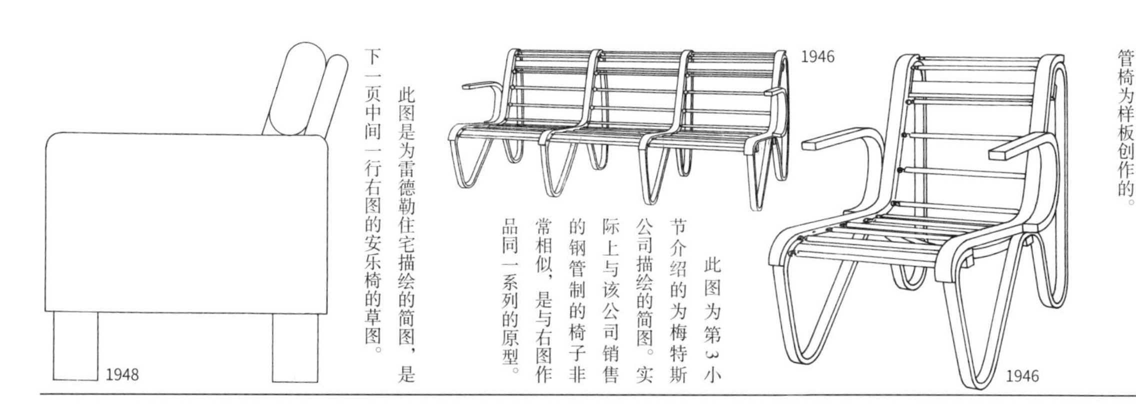

这把安乐椅材料为胶合板，框架边缘绷有弹簧，是以 1927—1928 年设计的钢管椅为样板创作的。

此图为第 3 小节介绍的为梅特斯公司描绘的简图。实际上与该公司销售的钢管制的椅子非常相似，是与右图作品同一系列的原型。

此图是为雷德勒住宅描绘的简图，是下一页中间一行右图的安乐椅的草图。

此图为木制花园长椅，是在第 3 小节中介绍的作品。
1935—1940

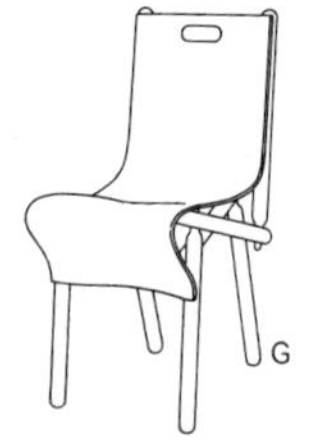

此图为无扶手单人椅，是一件以第三行左图的作品为基础的椅子。侧面的圆棒内外颠倒。
1927

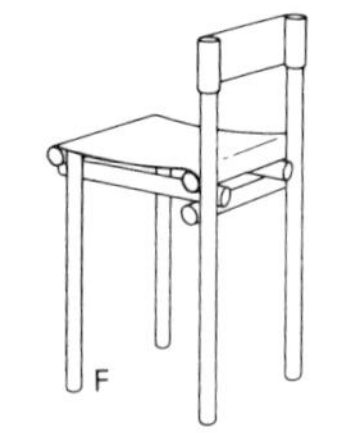

此图为第 1 小节介绍的钢琴椅。框架由圆棒组成。
1920

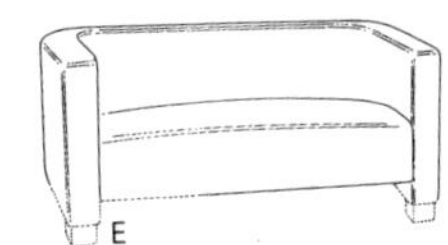

此图是为雷德勒住宅设计的沙发，与倒数第二行右图的作品为同一系列。
1948

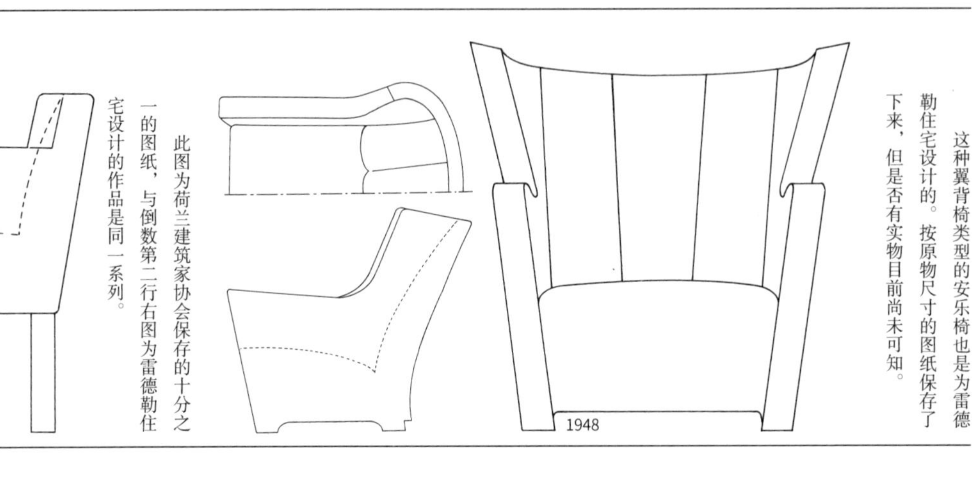

此图为荷兰建筑家协会保存的十分之一的图纸，与倒数第二行右图为雷德勒住宅设计的作品是同一系列。

这种翼背椅类型的安乐椅也是为雷德勒住宅设计的。按原物尺寸的图纸保存了下来，但是否有实物目前尚未可知。

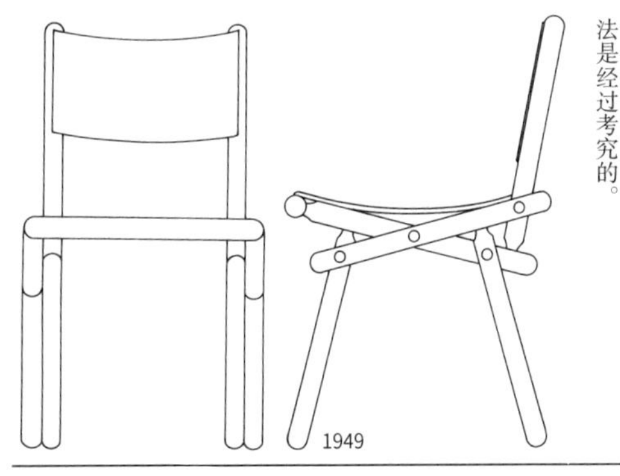

G图作品是F图作品的衍生作，与G图大致采用了同样的框架。座椅的铺设方法是经过考究的。

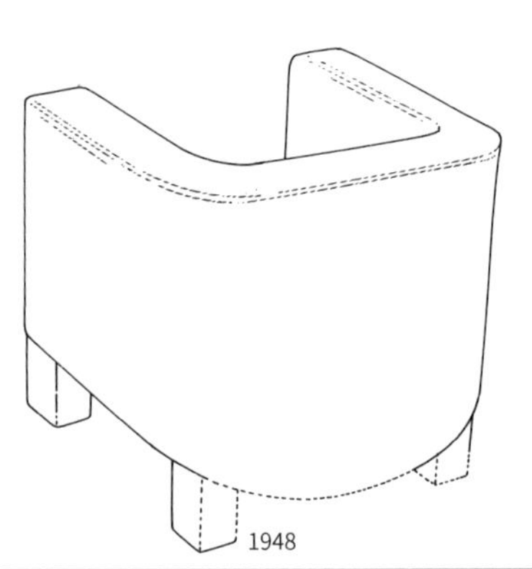

此图是为雷德勒住宅设计的安乐椅。是照《福特生活》杂志刊登的照片描绘的作品，是一件能让人感受到装饰派艺术风格影响的作品。设计大师约瑟夫·霍夫曼也发布了与此相似的作品。E图为沙发类型。

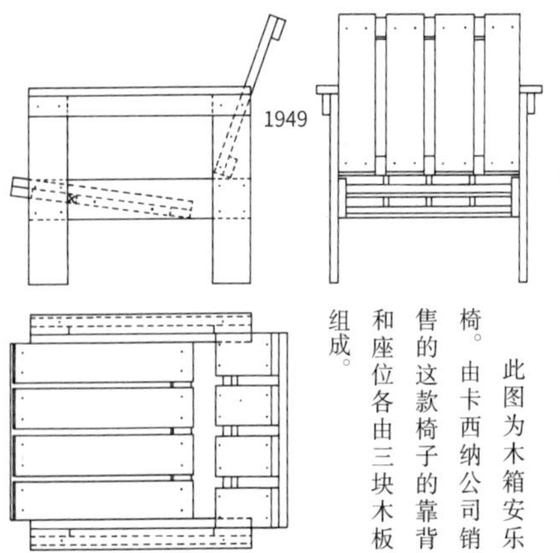

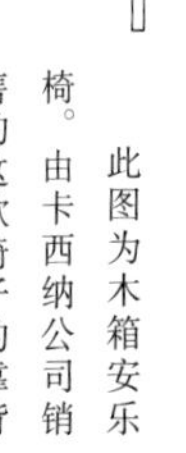

此图为木箱安乐椅。由卡西纳公司销售的这款椅子的靠背和座位各由三块木板组成。

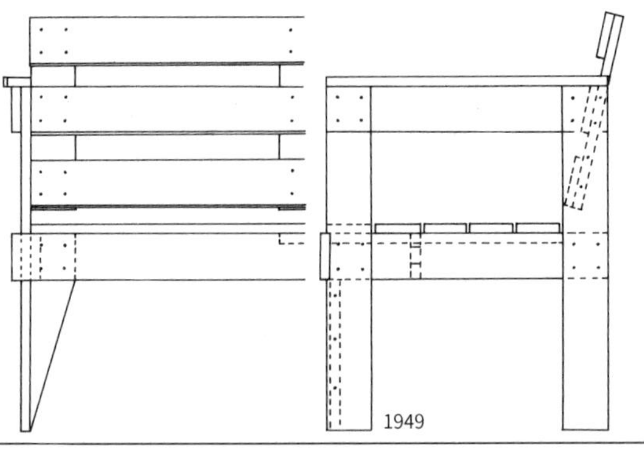

此图为木箱庭园系列。应该是三人座椅。正如其名，使用的是价廉的材料，成套销售。此外还设计了桌子等。可见欧洲人十分重视室外庭园，也将其视为生活空间的重要组成部分。

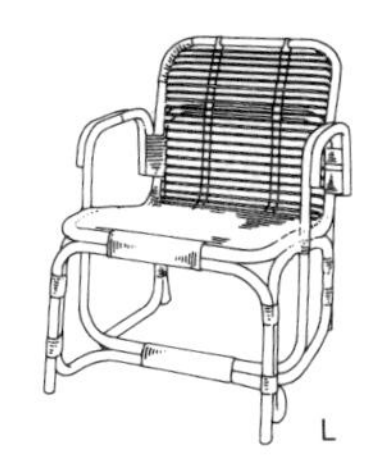

此图为第二行中间作品的成品。梅特斯公司仅试做了两把样品。
1951

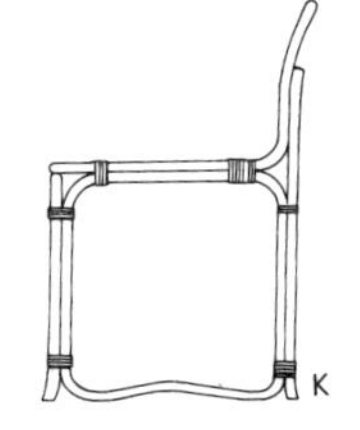

此图为第三行中间的作品的侧视图。正方形的框架起到横梁的作用，提高了结构的承重度。
1951

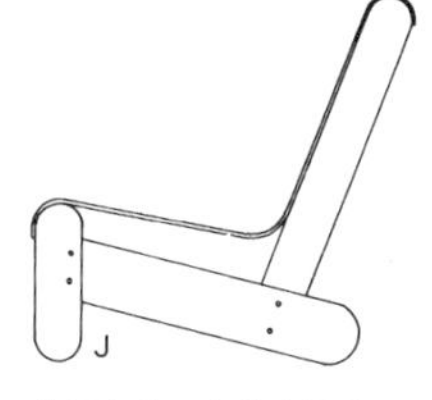

此图为第2小节介绍的小矮椅，与第三行右图的简图不同之处在于座位部分为胶合板材质。
1933—1935

此图为钢丝椅的简图。在此笔者想与第二行中间的图做下比较。细节处得到了改良。在这件作品之后也有一些成品，已经在第3小节中介绍了。
1949

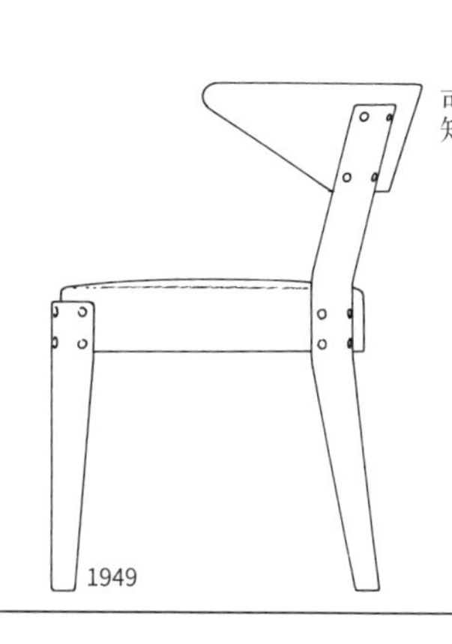
1949

此图是为乌得勒支贸易博览会会场的餐厅设计的扶手椅。椅背和椅脚部分为胶合板材料制成。这把椅子是否有成品尚未可知。

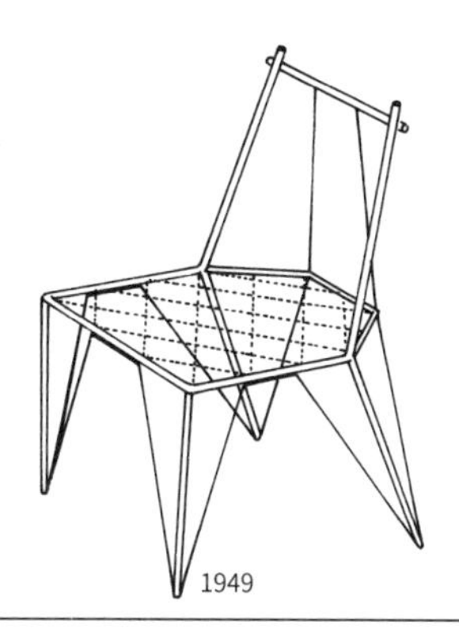
1949

此图为第3小节中介绍的，按照1988年佳士得拍卖行竞拍展出物品的构思草图描绘的简图。钢丝边框十分简单轻快，还和餐厅桌子一起成套设计而成。

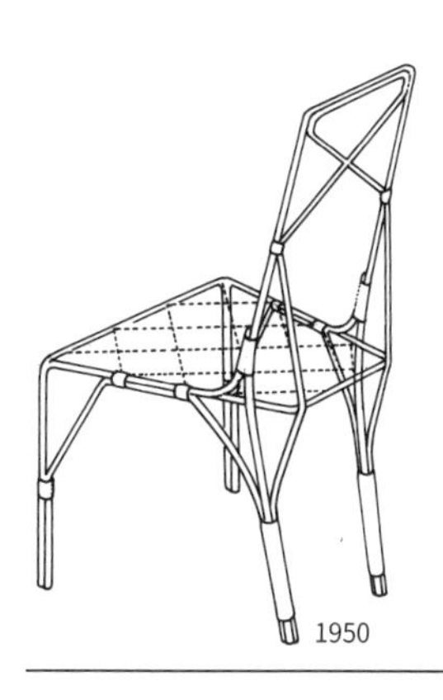
1950

此图为右图作品进一步发展而来的钢丝椅，来源于荷兰建筑家协会保存的简图。

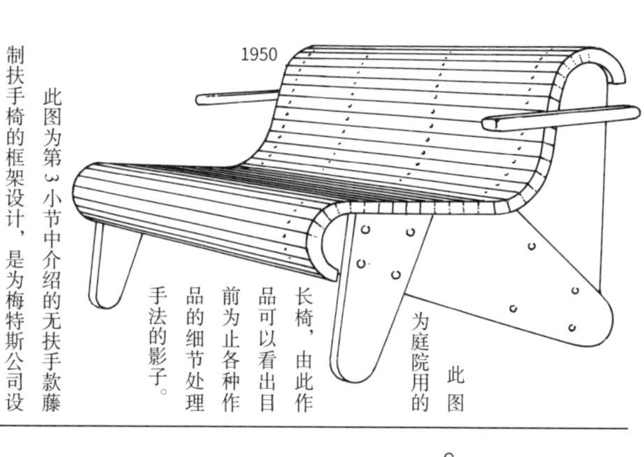
1950

此图为庭院用的长椅，由此作品可以看出目前为止各种作品的细节处理手法的影子。

1951

此图为第3小节中介绍的无扶手款藤制扶手椅的框架设计，是为梅特斯公司设计的作品。

1951

此图是为莫伦贝克住宅的餐厅设计的作品。

1951

此图是为乌得勒支贸易博览会会场的餐厅设计的高脚椅。钢丝框架，木制坐垫。

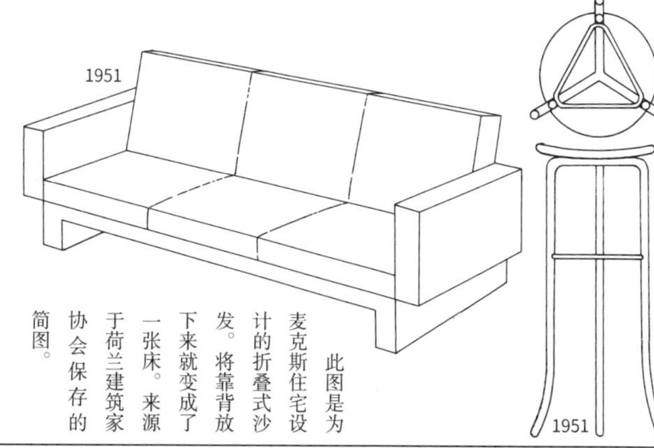
1951

此图是为麦克斯住宅设计的折叠式沙发。将靠背放下来就变成了一张床。来源于荷兰建筑家协会保存的简图。

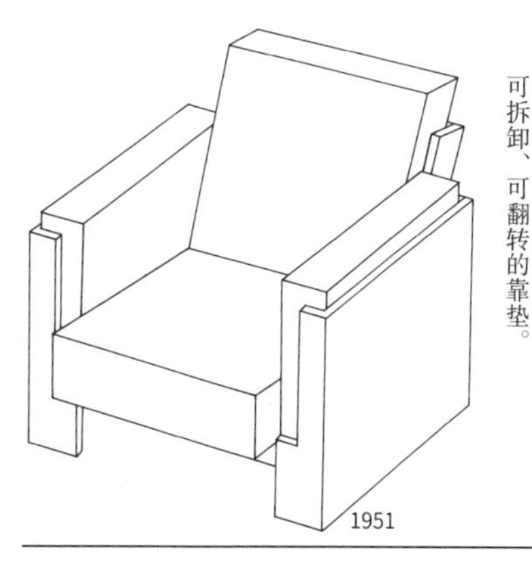
1951

此图与右图作品相同，是为麦克斯住宅设计的安乐椅。框架为胶合板制，带有可拆卸、可翻转的靠垫。

1888—1964

格里特·托马斯·里特维尔德

第 6 小节
新材料的可能性

提到里特维尔德在日本最家喻户晓的作品的话，那当属『红蓝椅』和『Z形休闲椅』了。尤其是对椅子非常有兴趣的人们甚至还知道他的木制椅子和联合国椅子。但是，综观整体这只是其中的一小部分，欣赏除此以外其他的作品，也许还可以领略到这些历史名作的形成过程和其中包含的意义。前文中也提过，里特维尔德不仅擅长独具一格的造型和构造，还喜欢挑战各种各样的材料，为家具设计界留下很多实验性的作品。如果他出生在科学技术发达的今天，那么他会使用什么样的材料呢？这些新材料创造的可能性又会带来什么样的设计呢？

笔者查阅了迄今为止的各种资料，但没有找到『红蓝椅』的灵感来源。如果一定要说的话，可能与英国建筑设计师爱德华·威廉·戈德温所使用的细框素材有关，但是他的脑海中到底何时浮现出这件作品的构造的呢？是什么样的一个时刻呢？这种既具备家具功能，又极具原物体艺术性的作品今后还会出现吗？会出自何人之手，又会是什么样子呢？

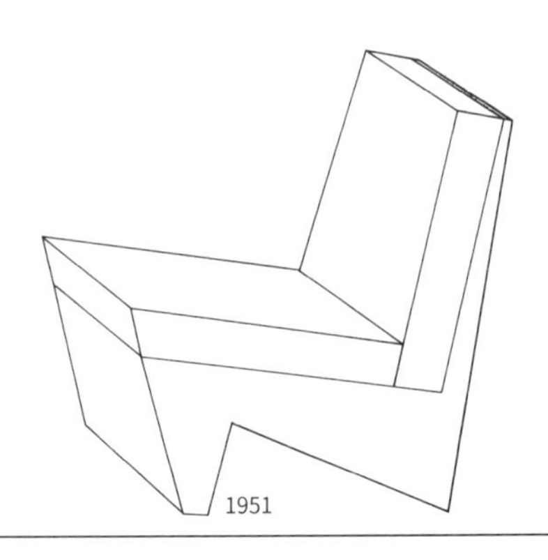

此图是为门廊房设计的安乐椅。与第3小节中介绍的编织椅大概是同一设计，来源于荷兰建筑家协会保存的简图。

1951

此图源自原图纸的十分之一，与右边的作品绘于同一图纸。胶合板的结构上配有软垫，是后来『天鹅椅』的原型。

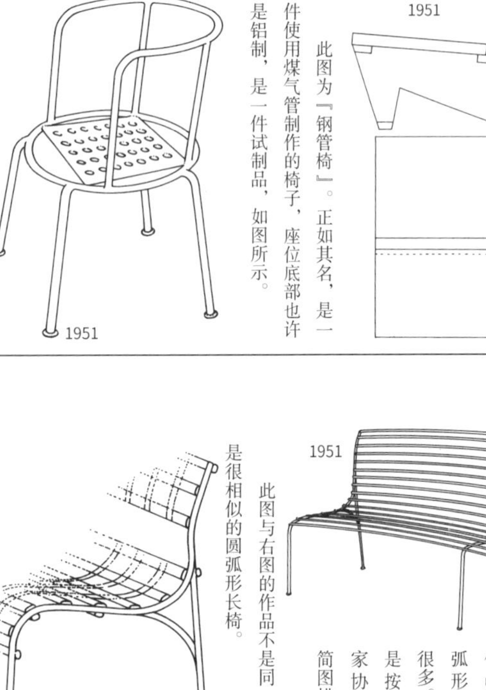

此图为『钢管椅』。正如其名，是一件使用煤气管制作的椅子，座位底部也许是铝制，是一件试制品，如图所示。

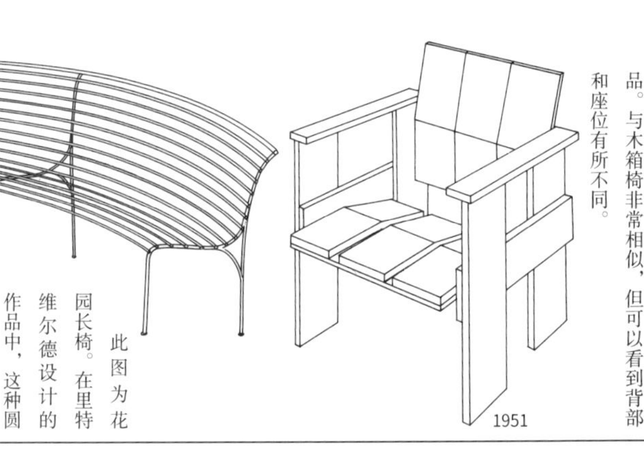

此图为『信天翁扶手椅』，是为荷兰马基落的信天翁山地小别墅设计的一件作品。与木箱椅非常相似，但可以看到背部和座位有所不同。

此图为花园长椅。在里特维尔德设计的作品中，这种圆弧形的长椅有很多。这件作品是按荷兰建筑家协会保存的简图描绘的。

此图与右图的作品不是同一件，但都是很相似的圆弧形长椅。

1952

此图为『Z形休闲椅』，应该是用层积胶合板材料制作。框架材料用6~7厘米的薄胶合板黏合而成。背部可能是由缓和的曲线描绘的。

1954

此图作品与第3小节中介绍的为范达伦住宅设计的椅子非常相似。让人联想到意大利建筑师卡洛·莫里诺的设计构造。

1955

此图为克勒勒·米勒住宅的花园椅，是混凝土材料的悬臂构造。

此图为最后一行右图“吉斯本椅子”的无扶手款。
1957

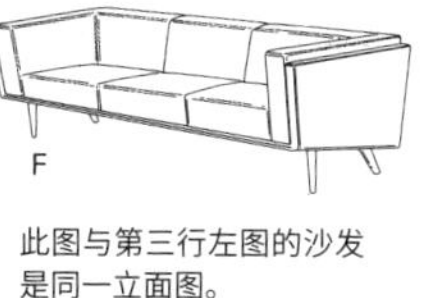

此图与第三行左图的沙发是同一立面图。
1957 年左右

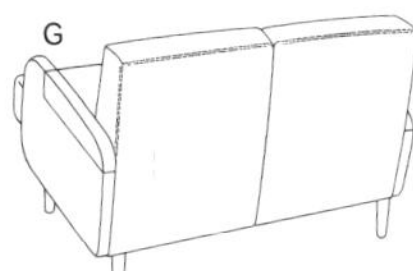

此图为第三行右图的机场候机室双人沙发。
1957—1958

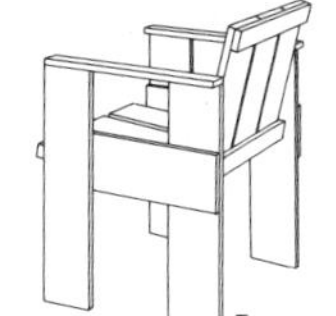

此图为木箱椅。价格较低，由卡西纳公司上市销售。
1956

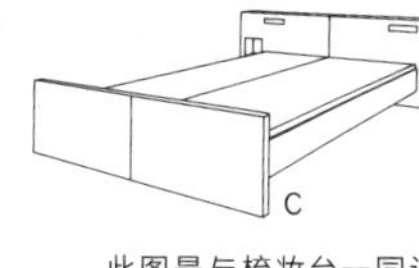

此图是与梳妆台一同设计的对床。根据简图描绘而成。
1956

此图为门廊沙发床或长椅。正如其名是放置在门厅的长椅。
1951

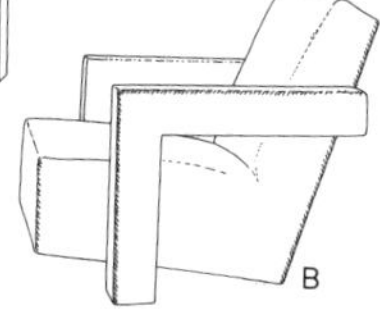

此图为“乌得勒支安乐椅”。1935 年设计而成，倒数第二行中间的沙发就是由这个安乐椅发展设计而成。
1935

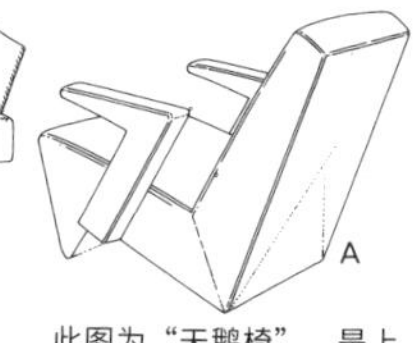

此图为“天鹅椅”，是上一页第二行右边和中间作品的衍生作品。
1958

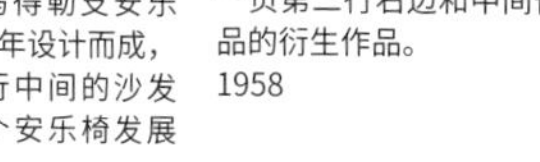

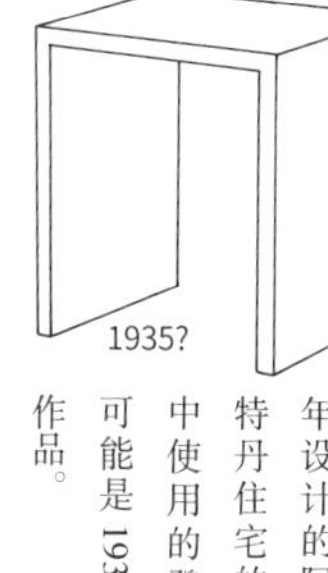

此图为1935年设计的阿姆斯特丹住宅的厨房中使用的凳子。可能是1935年的作品。

此图为『乌得勒支沙发』，是1935年设计的弧形安乐椅，由卡西纳公司上市销售。设计重点是靠背与扶手部分的倾斜针脚。

1956

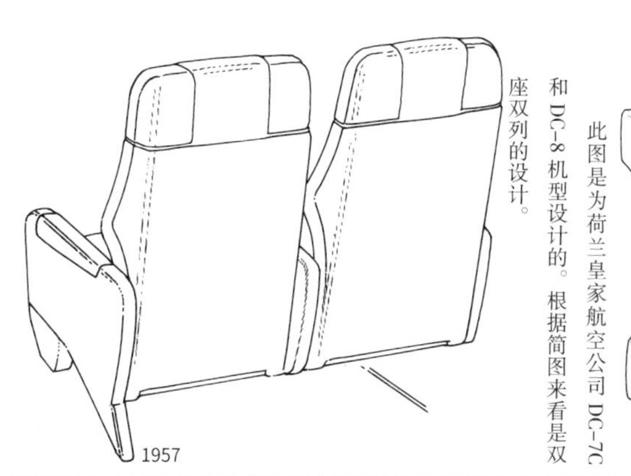

此图是为荷兰皇家航空公司DC-7C和DC-8机型设计的。根据简图来看是双座双列的设计。

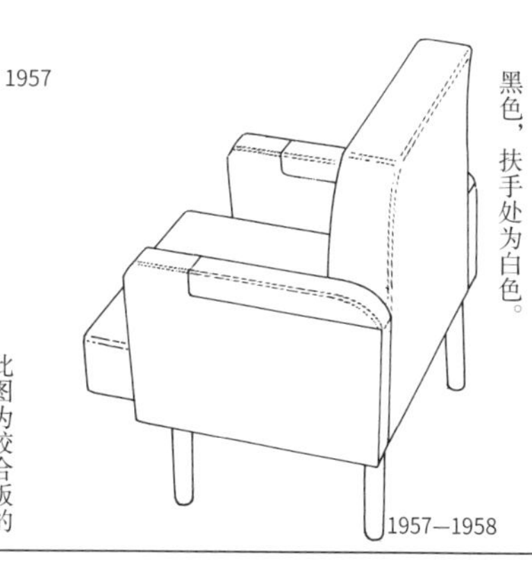

此图也同样是为飞机中的休息室设计的作品。据简图来看，是用于可坐十人的空间。靠背为红色，座位为蓝色，侧面为黑色，扶手处为白色。

1957

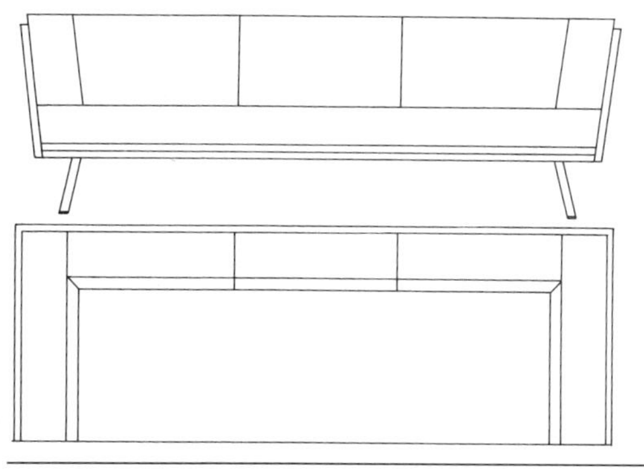

此图为胶合板的材质，外壳可拆卸，内置坐垫的沙发。沙发腿是钢制。图出自荷兰建筑家协会保存的图纸。

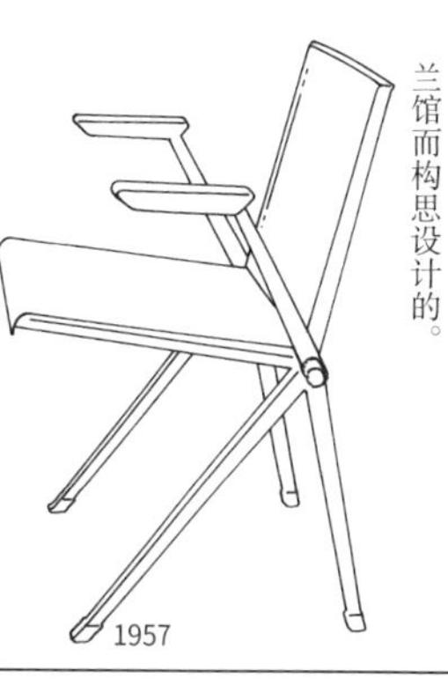

此图为『吉斯本椅子』，是为荷兰吉斯本家具公司设计的作品。这件作品的原始设计是为1958年布鲁塞尔世博会的荷兰馆而构思设计的。

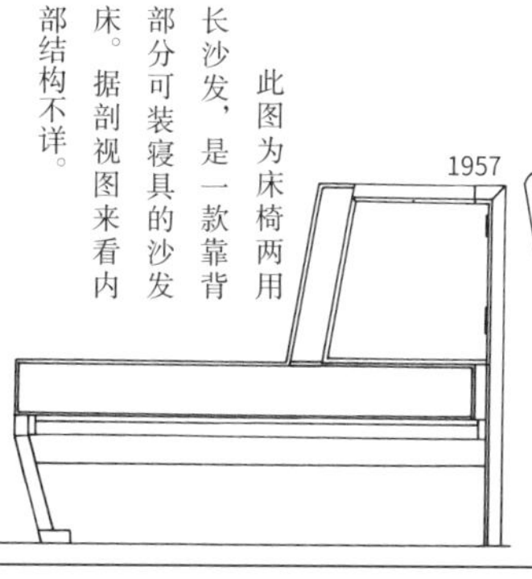

此图为床椅两用长沙发，是一款靠背部分可装寝具的沙发床。据剖视图来看内部结构不详。

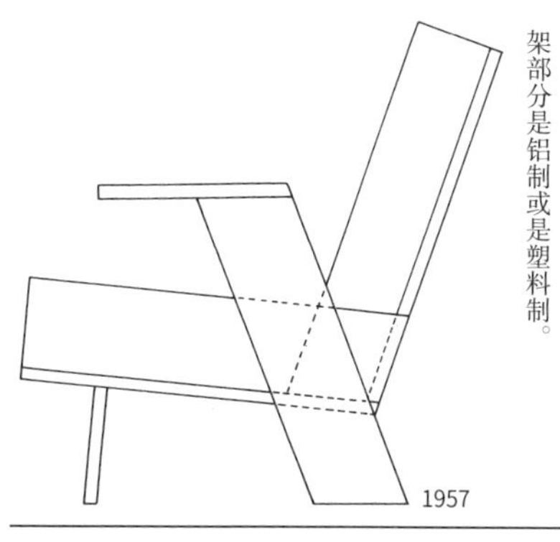

此图为照原物尺寸的图纸，但没有成品。前椅脚是钢制，据资料显示，其他框架部分是铝制或是塑料制。

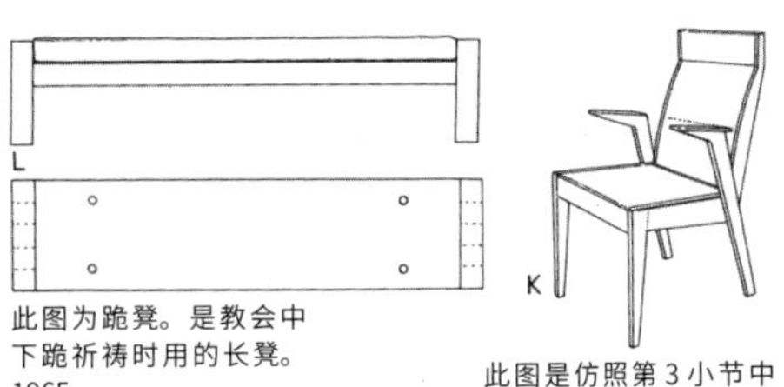

此图为跪凳。是教会中下跪祈祷时用的长凳。
1965

此图是仿照第 3 小节中介绍的蜡笔绘简图绘制的。与倒数第二行中间作品很相似。
1957

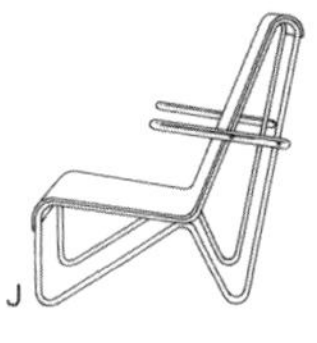

此图是梅特斯公司销售的钢管框架的安乐椅。由阿姆斯特丹梅特斯公司制造。
1927

此图是为巴黎的联合国教科文组织办公室的记者室设计的椅子。
1957 年左右

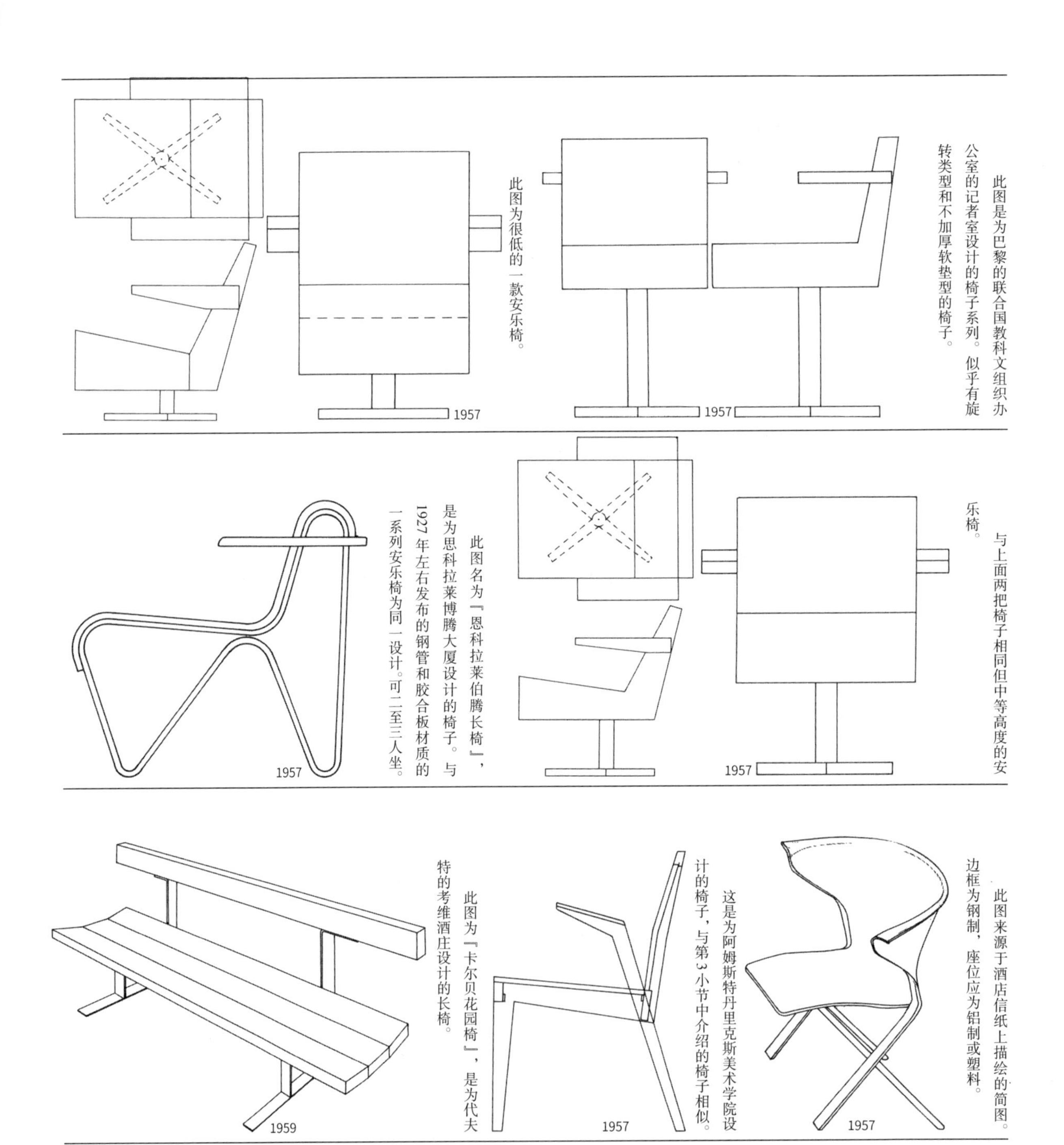

此图是为巴黎的联合国教科文组织办公室的记者室设计的椅子系列。似乎有旋转类型和不加厚软垫型的椅子。
1957

此图为很低的一款安乐椅。
1957

与上面两把椅子相同但中等高度的安乐椅。
1957

此图名为『恩科拉莱伯腾长椅』，是为思科拉莱博腾大厦设计的椅子。与1927年左右发布的钢管和胶合板材质的一系列安乐椅为同一设计。可二至三人坐。
1957

此图来源于酒店信纸上描绘的简图。边框为钢制，座位应为铝制或塑料。
1957

这是为阿姆斯特丹里克斯美术学院设计的椅子，与第3小节中介绍的椅子相似。
1957

此图为『卡尔贝花园椅』，是为代夫特的考维酒庄设计的长椅。
1959

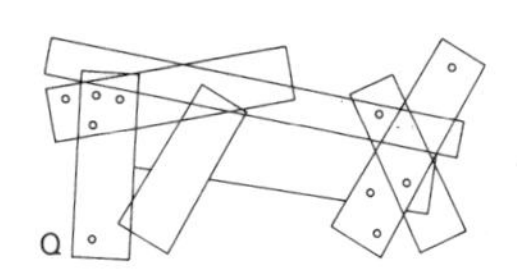

此图是用木板任意组合出来的作品。也许是木箱系列的衍生作品。
设计年份不详

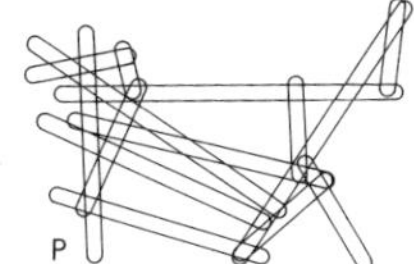

此图是用方木料和圆杆任意组合出来的结构。让人联想到英国女建筑家扎哈·哈迪德的建筑风格。
设计年份不详

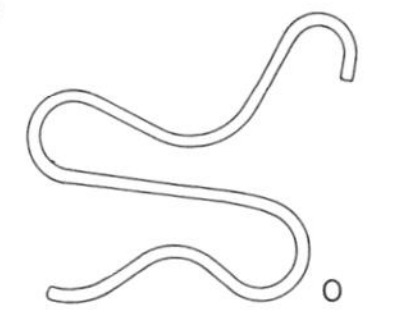

加拿大建筑家弗兰克·盖里发布过与此图结构十分相似的作品。
设计年份不详

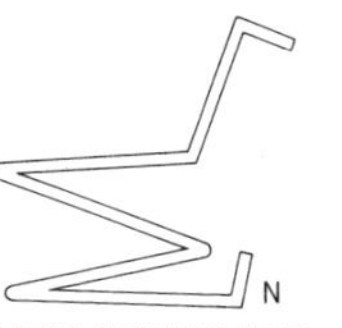

此图让人联想到“Z形休闲椅”的结构。
设计年份不详

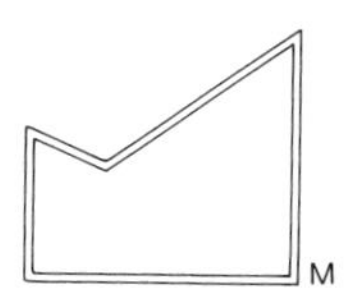

此图是由里特维尔德根据脑海中闪现的创意描绘出的微型简图，他脑中经常出现关于构造的想法。
设计年份不详

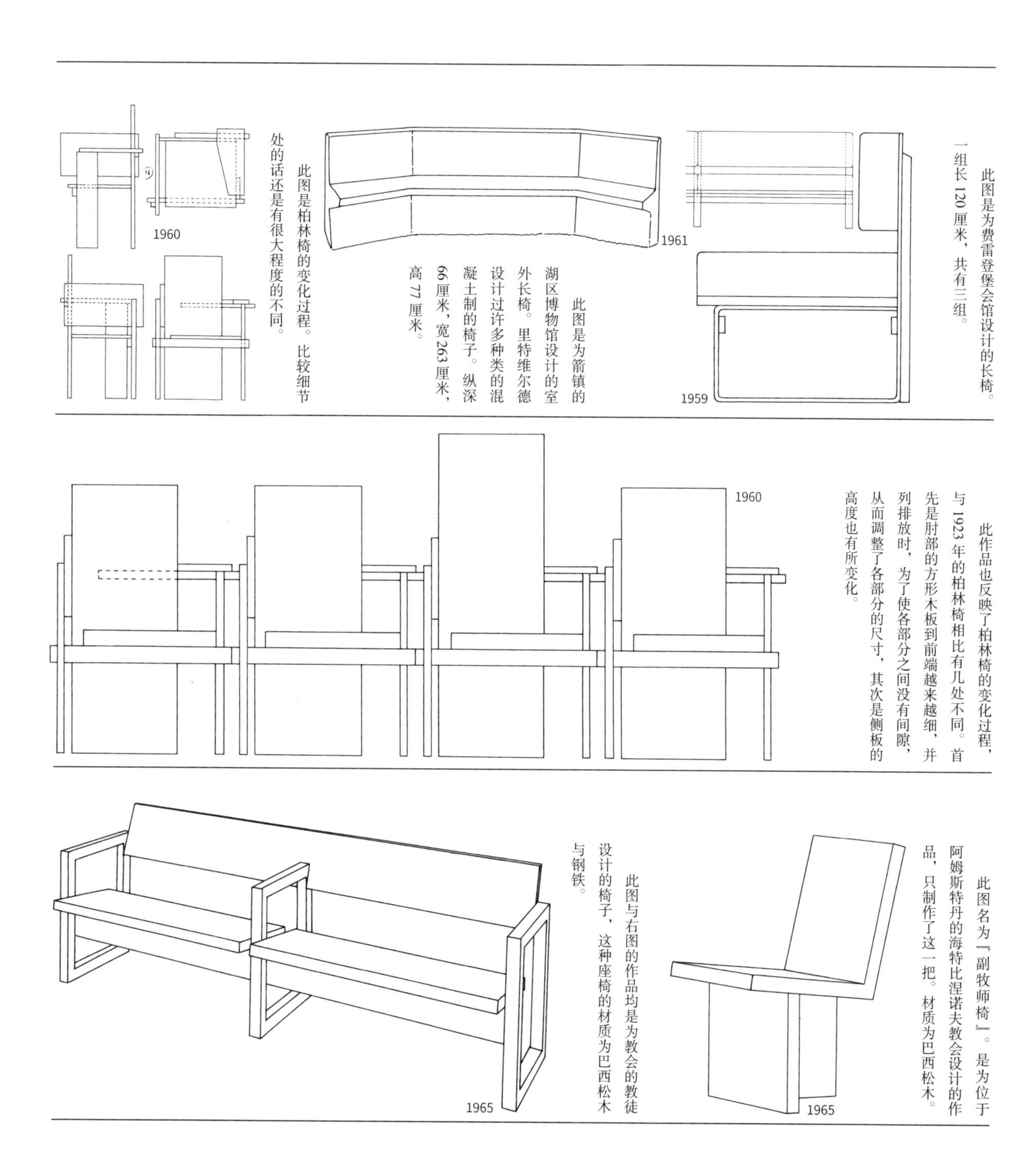

此图是为费雷登堡会馆设计的长椅。一组长120厘米，共有三组。

此图是为箐镇的湖区博物馆设计的室外长椅。里特维尔德设计过许多种类的混凝土制的椅子。纵深66厘米，宽263厘米，高77厘米。

此图是柏林椅的变化过程。比较细节处的话还是有很大程度的不同。

此作品也反映了柏林椅的变化过程，与1923年的柏林椅相比有几处不同。首先是肘部的方形木板到前端越来越细，并列排放时，为了使各部分之间没有间隙，从而调整了各部分的尺寸，其次是侧板的高度也有所变化。

此图名为『副牧师椅』。是为位于阿姆斯特丹的海特比涅诺夫教会设计的作品，只制作了这一把。材质为巴西松木。

此图与右图的作品均是为教会的教徒设计的椅子，这种座椅的材质为巴西松木与钢铁。

1888—1972

卡尔·马姆斯登

第 1 小节
瑞典的国民设计大师

卡尔·马姆斯登（以下简称马姆斯登）是瑞典家喻户晓的国民设计大师，接下来将介绍他的作品。马姆斯登生于1888年，从家具设计的历史来看，这是一个极其重要的年份。除了马姆斯登之外，荷兰设计师里特维尔德和丹麦设计师柯林特也出生在这一年。两位都给家具设计界带来了不可估量的影响。令人遗憾的是，接下来介绍的马姆斯登在日本不是很被大众所熟知，只是得到一部分木匠家们的认同。但是在瑞典，马姆斯登不仅限于家具和室内装饰领域，更是全国家喻户晓的名人。里特维尔德追求前卫且极具实验性的家具设计风格，柯林特钻研于设计和人体工学的研究，而他奠定了今天丹麦设计界的基础。同时马姆斯登也在丹麦的工艺、家具、室内装饰、织物图案设计以及教育领域都留下了足迹，并产生了巨大的影响。

综观马姆斯登的作品，可以看出其充分继承并发扬了传统，没有仅仅局限于功能主义，他的作品表现出手工艺里温暖舒适的感觉。

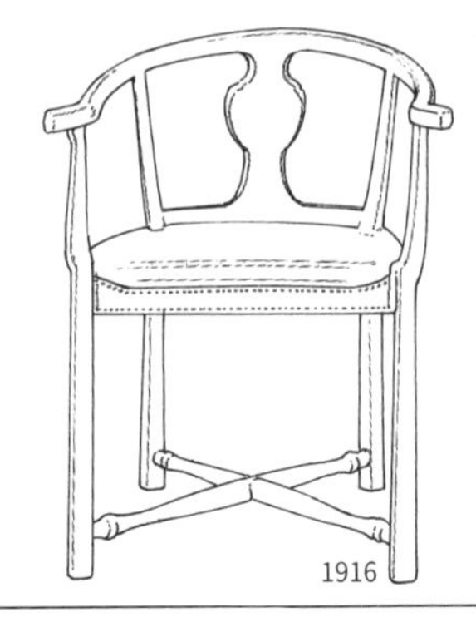

此图是马姆斯登为斯德哥尔摩市政厅设计的家具，是使他一举成名的其中一件作品。

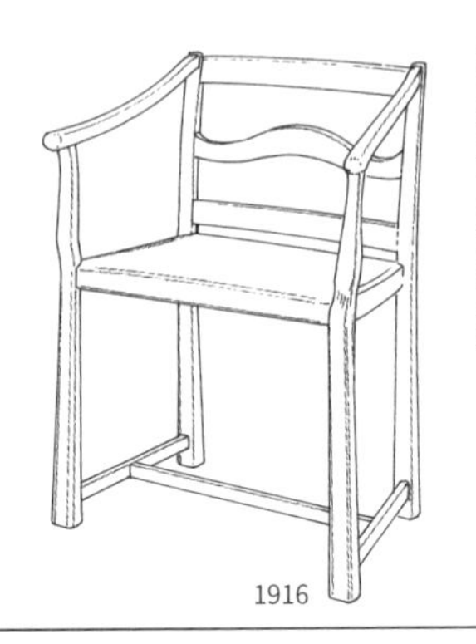

这件作品是同一系列，保留传统样式的同时又十分精致考究。

1916

此图是一件在斯德哥尔摩市政厅家具比赛中斩获一等奖的作品。将右图作品的两处细节完美融合成一体，可以看出这三个作品的共同点是椅腿变粗。这一款式和马姆斯登旗下商店现售款式还是有一些不同的。

1916

此图与上一行左边的款式大致相同，壶形的靠背木板的削角比较小。此作品是现售款式，座位部分为藤条制。

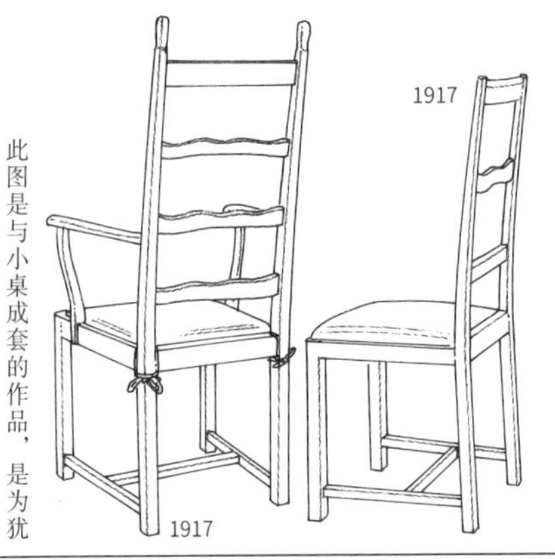

此图是为南曼兰省的诺登森夫妇的餐厅设计的作品，是一件让人联想到谢凯尔式家具。

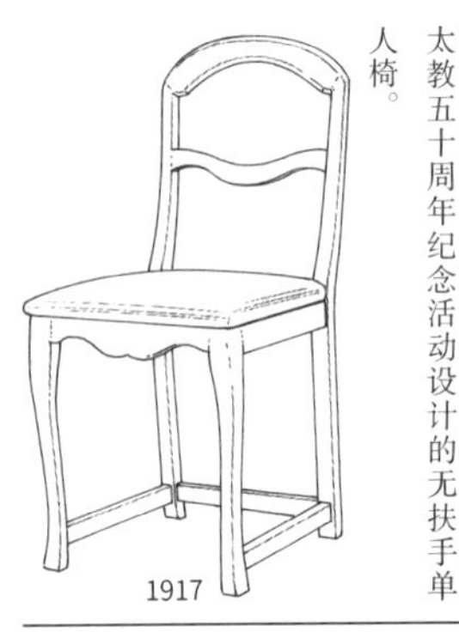

此图是与小桌成套的作品，是为犹太教五十周年纪念活动设计的无扶手单人椅。

1917

此图作品与C图的长椅和左图的作品一同参展，座位应该为木板制，座位里面应该有收纳空间。

1917

此图与右图的作品是同一系列。因为靠背和座位几乎成直角，所以舒适感欠佳。

1917

此作品在其他的展示会参展过，应该有无扶手款式。

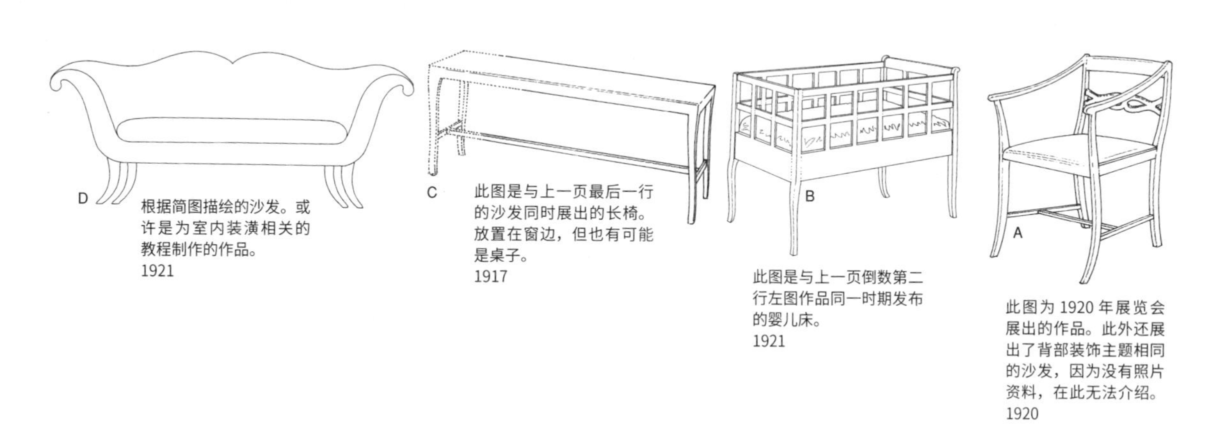

根据简图描绘的沙发。或许是为室内装潢相关的教程制作的作品。
1921

此图是与上一页最后一行的沙发同时展出的长椅。放置在窗边，但也有可能是桌子。
1917

此图是与上一页倒数第二行左图作品同一时期发布的婴儿床。
1921

此图为 1920 年展览会展出的作品。此外还展出了背部装饰主题相同的沙发，因为没有照片资料，在此无法介绍。
1920

此作品与上一页最后一行左图作品一同展出。上一页倒数第二行中间的餐厅椅也一同被展出。

此图由简图描绘而成，充分展现了马姆斯登的作品特征。是否有成品尚不清楚。

此图是为斯德哥尔摩的音乐大厅设计的长椅，似乎还有细节处不同的款式。

此图也是为音乐大厅设计的作品。

此图与倒数第二行的作品属于同一系列。还有其他一些为音乐大厅设计的家具。

此图是在斯德哥尔摩举办的展览会上展出的椅子。马姆斯登也设计了很多这种不是很主张自己风格的小椅子。各个部分的线条都让人感受到传统的瑞典风格。

此图作品与右图作品是同一展示会的作品。虚线部分因照片资料不详，所以按想象进行推测。

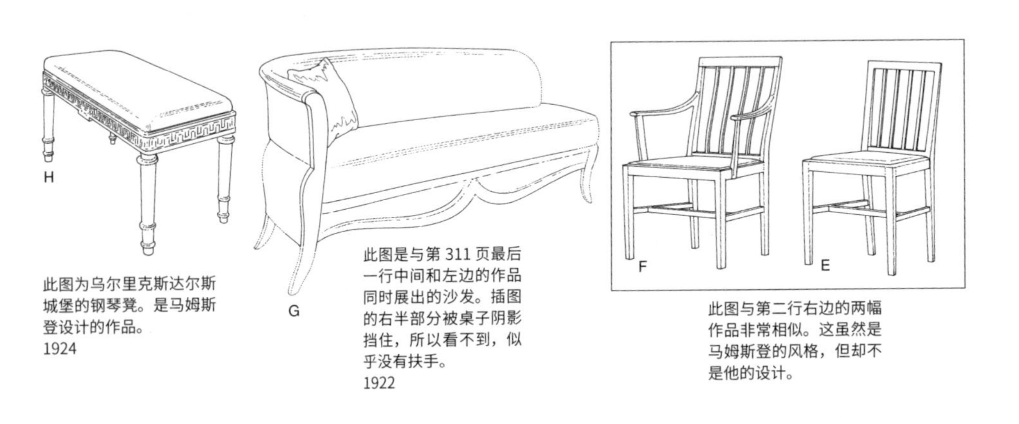

此图为乌尔里克斯达尔斯城堡的钢琴凳。是马姆斯登设计的作品。
1924

此图是与第 311 页最后一行中间和左边的作品同时展出的沙发。插图的右半部分被桌子阴影挡住，所以看不到，似乎没有扶手。
1922

此图与第二行右边的两幅作品非常相似。这虽然是马姆斯登的风格，但却不是他的设计。

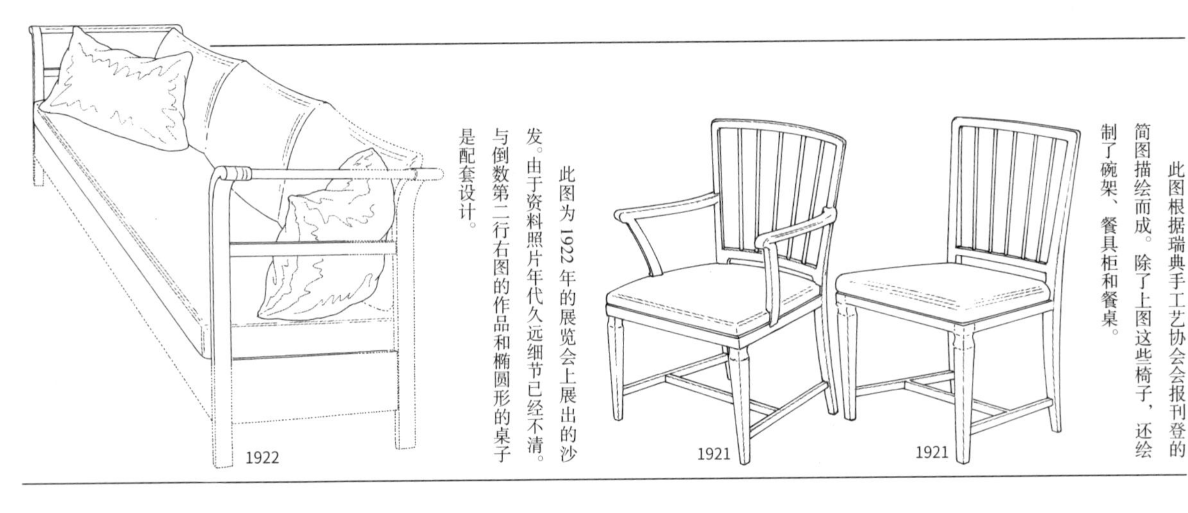

1922 1921 1921

此图根据瑞典手工艺协会会报刊登的简图描绘而成。除了上图这些椅子，还绘制了碗架、餐具柜和餐桌。

此图为 1922 年的展览会上展出的沙发。由于资料照片年代久远细节已经不清。与倒数第二行右图的作品和椭圆形的桌子是配套设计。

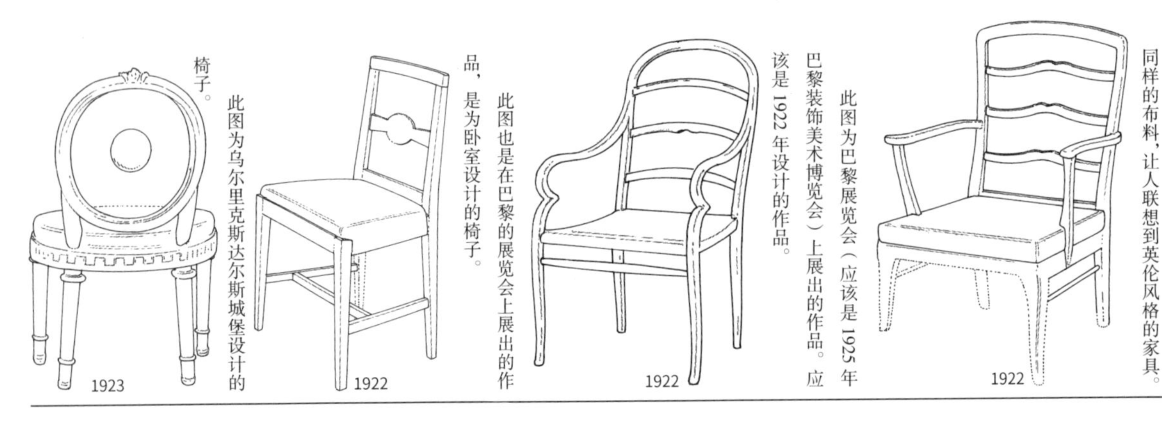

1923 1922 1922 1922

此图的椅座和上一行左图的沙发铺有同样的布料，让人联想到英伦风格的家具。

此图为巴黎展览会（应该是 1925 年巴黎装饰美术博览会）上展出的作品。应该是 1922 年设计的作品。

此图也是在巴黎的展览会上展出的作品，是为卧室设计的椅子。

此图为乌尔里克斯达尔斯城堡设计的椅子。

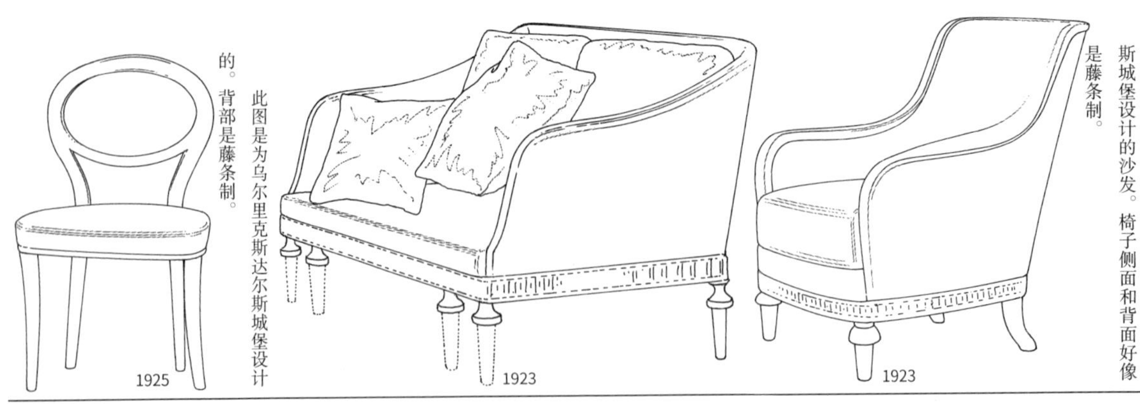

1925 1923 1923

左边两幅作品也是为乌尔里克斯达尔斯城堡设计的沙发。椅子侧面和背面好像是藤条制。

此图是为乌尔里克斯达尔斯城堡设计的。背部是藤条制。

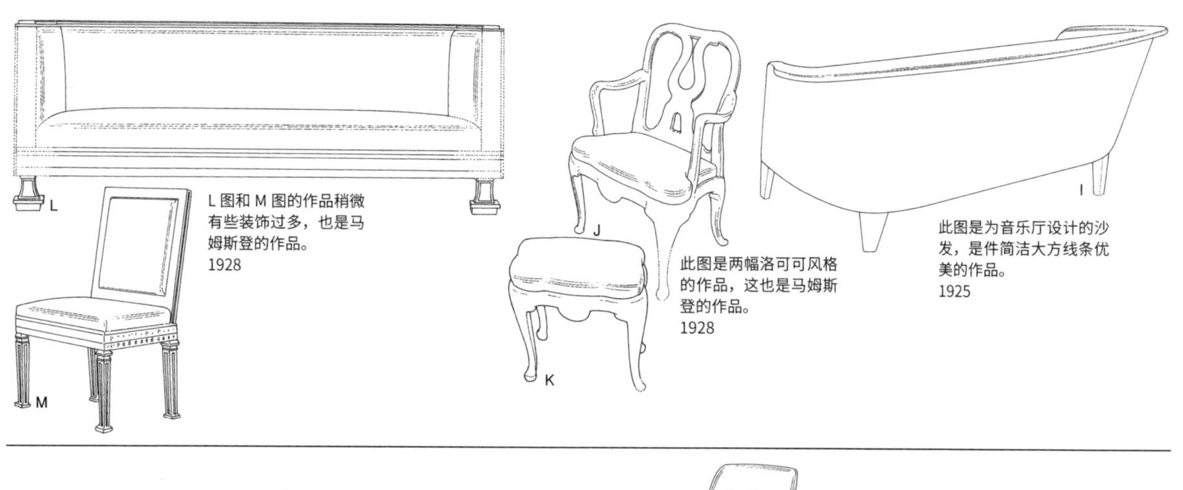

L 图和 M 图的作品稍微有些装饰过多，也是马姆斯登的作品。
1928

此图是两幅洛可可风格的作品，这也是马姆斯登的作品。
1928

此图是为音乐厅设计的沙发，是件简洁大方线条优美的作品。
1925

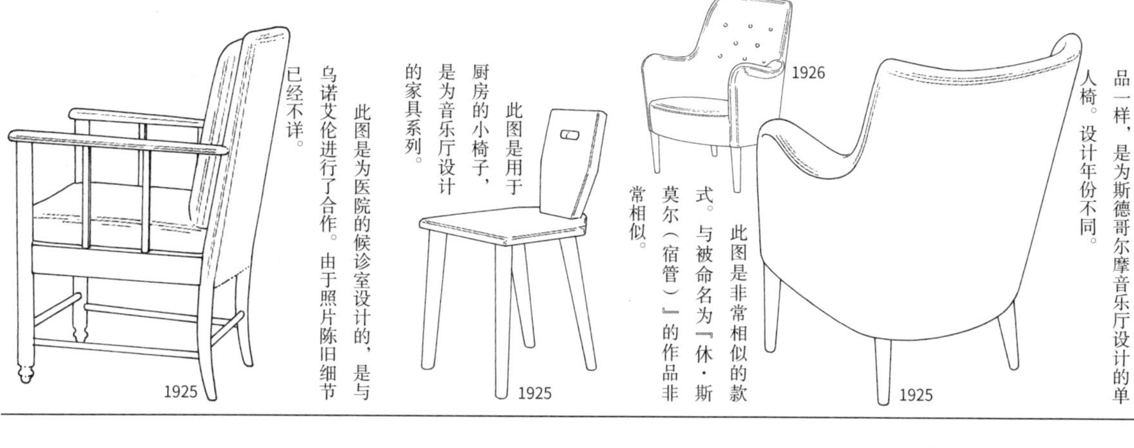

此图与第 311 页倒数第二行介绍的作品一样，是为斯德哥尔摩音乐厅设计的单人椅。设计年份不同。

此图是非常相似的款式。与被命名为『休·斯莫尔（宿管）』的作品非常相似。

此图是用于厨房的小椅子，是为音乐厅设计的家具系列。

此图是为医院的候诊室设计的，是与乌诺艾伦进行了合作。由于照片陈旧细节已经不详。

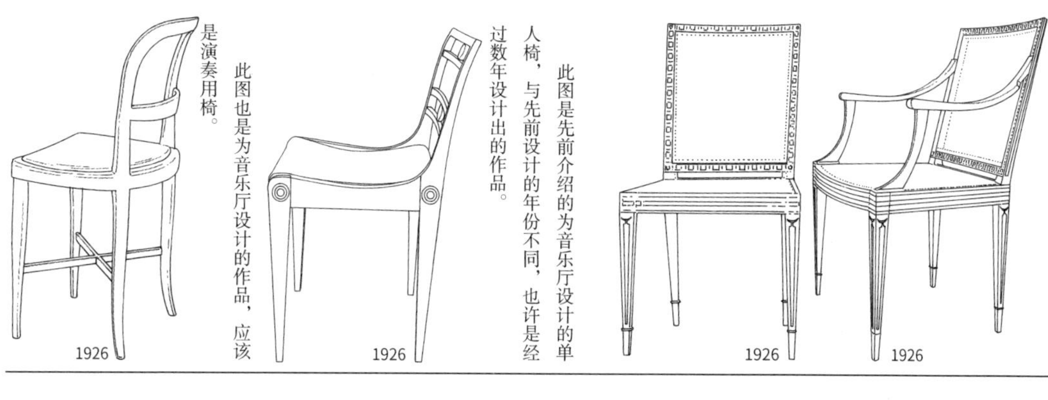

此图是为瑞典商业银行设计的两把椅子，是用多种树木镶嵌，巧施细工的作品。背部与座位为藤条制。

此图是先前介绍的为音乐厅设计的单人椅，与先前设计的年份不同，也许是经过数年设计出的作品。

此图也是为音乐厅设计的作品，应该是演奏用椅。

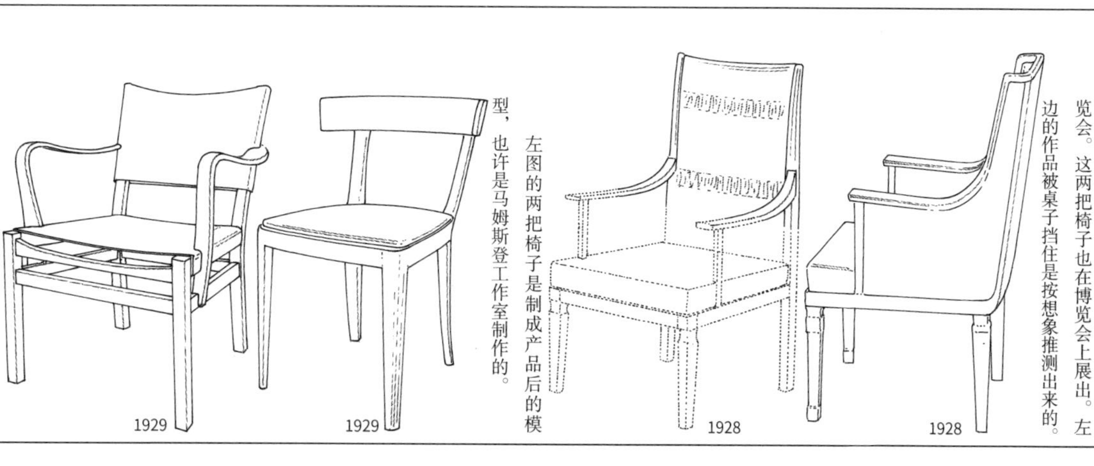

在瑞典建筑师阿斯普伦德担任斯德哥尔摩博览会总监时，马姆斯登也参加了博览会。这两把椅子也在博览会上展出。左边的作品被桌子挡住是按想象推测出来的。

左图的两把椅子是制成产品后的模型，也许是马姆斯登工作室制作的。

1888—1972

卡尔·马姆斯登

第2小节
1888—1916年间

马姆斯登1888年诞生于瑞典斯德哥尔摩市。在经济研究所和现在的斯德哥尔摩大学学习至1908年。而后在伦敦大学攻读经济学至1910年。这些学习经历对他日后运营工作室和经营家具学校起到了重要的作用。1910—1912年间，马姆斯登在家具师佩尔·荣松手下当学徒，学习制作家具。之后的1912—1915年间，他在卡尔·乌姆斯登指导下学习建筑和手工艺。1916年马姆斯登在斯德哥尔摩独自建立了自己的工作室，并以自由家具设计师和室内设计师的身份开始进行设计。仿佛是为他庆祝一般，同年，他在斯德哥尔摩市政厅家具设计竞赛中荣获一等奖和二等奖。这次获奖也决定了他今后的人生方向。这件获奖作品（第1小节中介绍的）至今仍接受订单生产。马姆斯登的店铺位临斯德哥尔摩的大海，在海滩大街上与斯芬司克特恩店铺并排。

1927年，在纽约大都会艺术博物馆里举办了瑞典展。此展会还到芝加哥和底特律进行巡回展出。以此展会为契机，1930年，斯德哥尔摩的北欧百货成为中心，纽约华尔道夫酒店的家具也采用了马姆斯登的作品。左图的两幅作品就是其中的一部分。

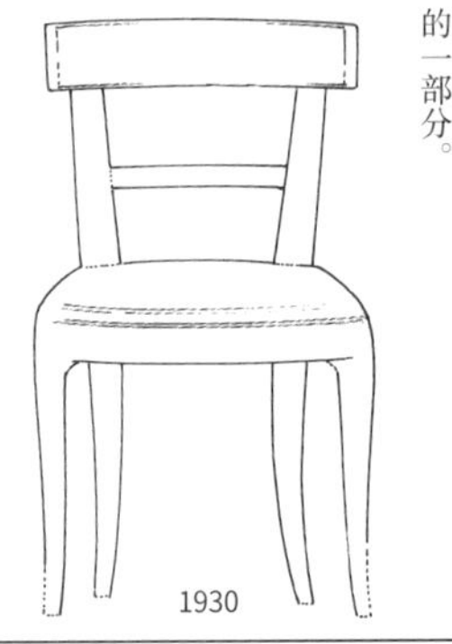
1930

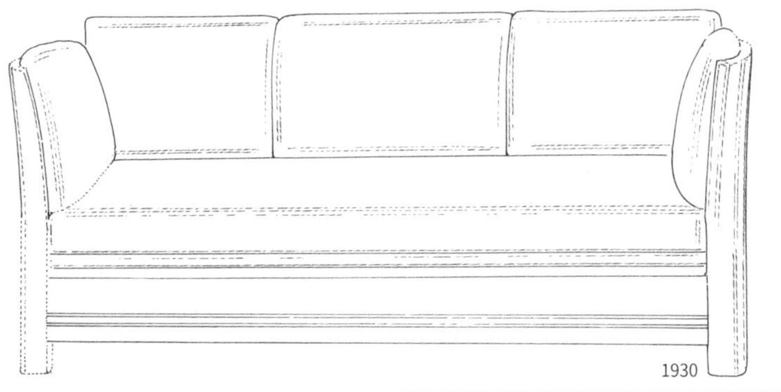
1930

此图与上一行两幅作品一同被华尔道夫酒店所采用。

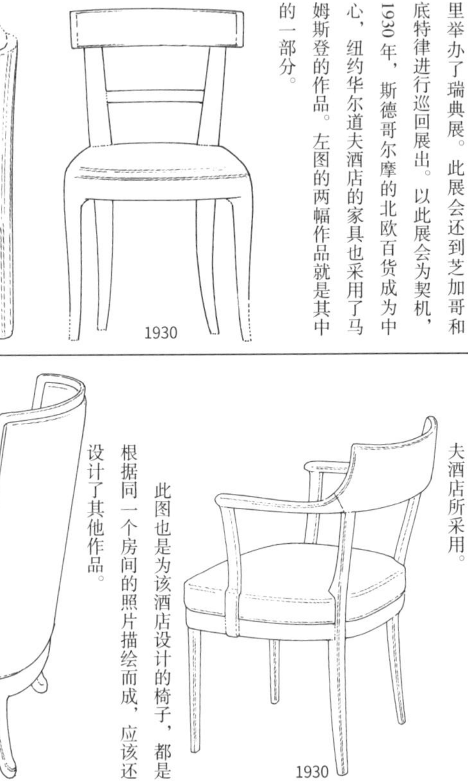
1930

此图也是为该酒店设计的椅子，都是根据同一个房间的照片描绘而成，应该还设计了其他作品。

1930

此图与B图作品是成套设计的，于1930年在阿斯普伦德担任总监的斯德哥尔摩博览会上展出。

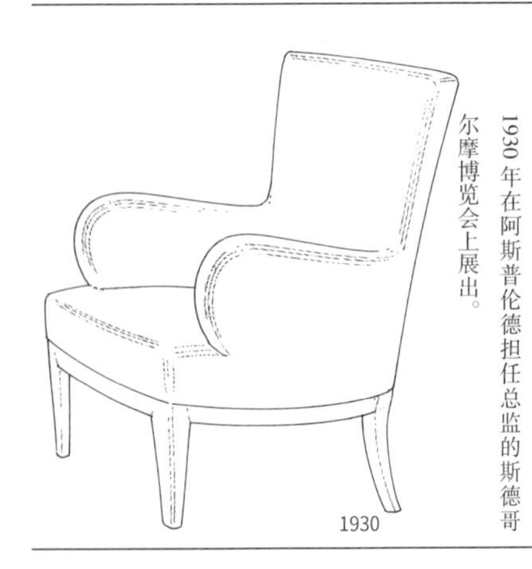
1930

此图也是在同一博览会展出的作品。这三幅作品放置于同一房间，布料均为条纹图案。

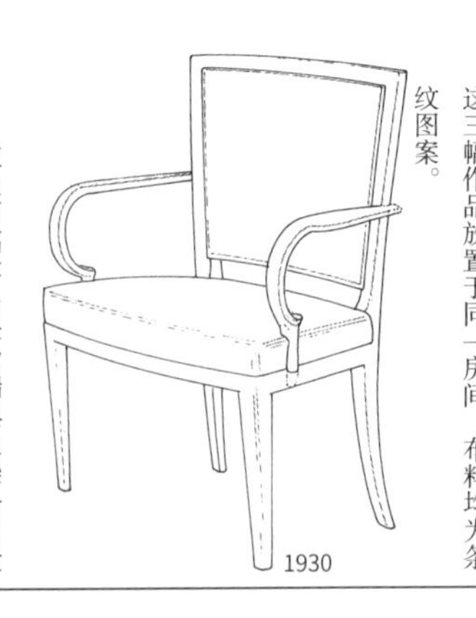
1930

左边两幅作品是为瑞典火柴公司设计的。

此图是为该公司设计的无扶手单人椅，与瑞典商业银行的作品非常相似。

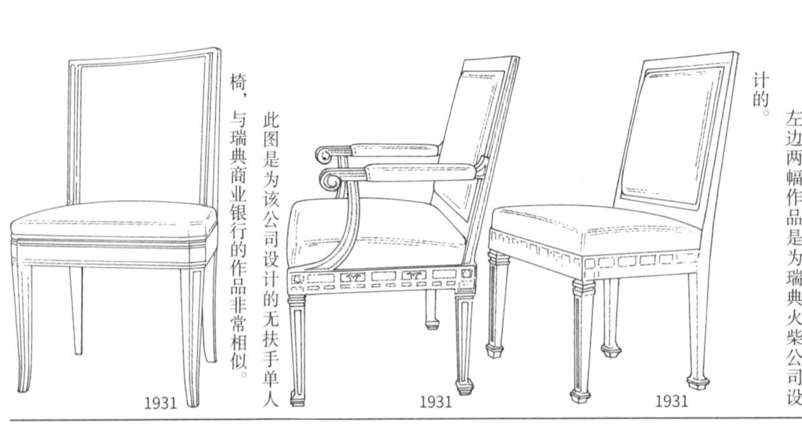
1931　1931　1931

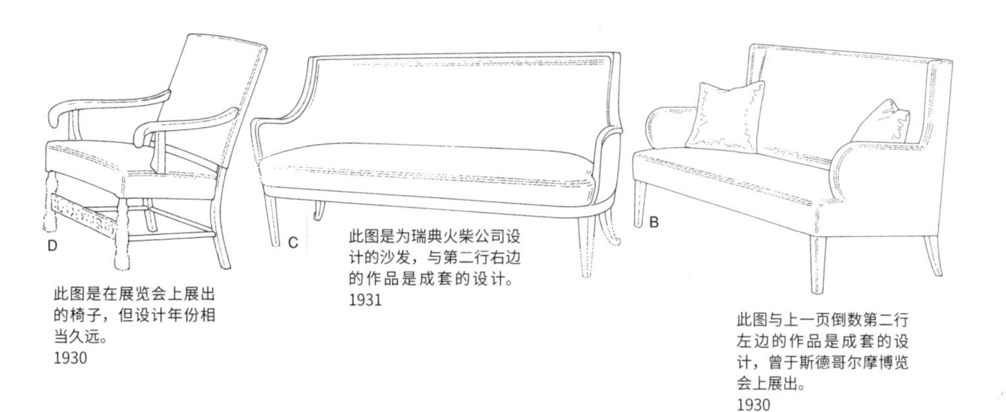

此图是在展览会上展出的椅子，但设计年份相当久远。
1930

此图是为瑞典火柴公司设计的沙发，与第二行右边的作品是成套的设计。
1931

此图与上一页倒数第二行左边的作品是成套的设计，曾于斯德哥尔摩博览会上展出。
1930

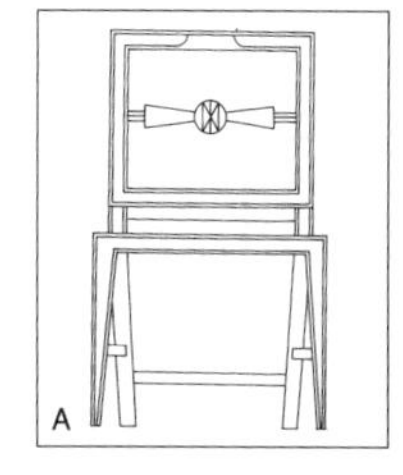

此图是瑞典另一位建筑大师，阿斯普伦德的作品。可以看到该时代作品的一些共同点。
1918—1920

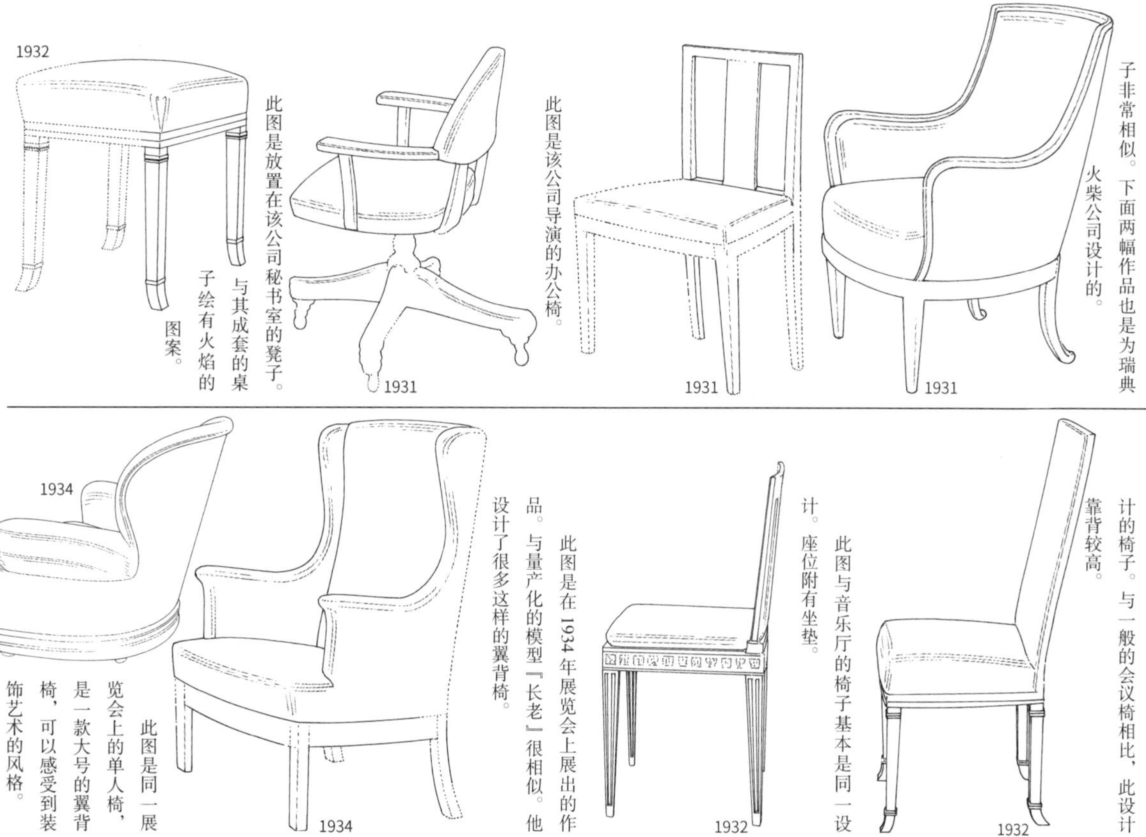

1932

此图是放置在该公司秘书室的凳子。与其成套的桌子绘有火焰的图案。

1931

此图是该公司导演的办公椅。

1931

1931

此图与上一小节介绍的音乐厅的椅子非常相似。下面两幅作品也是为瑞典火柴公司设计的。

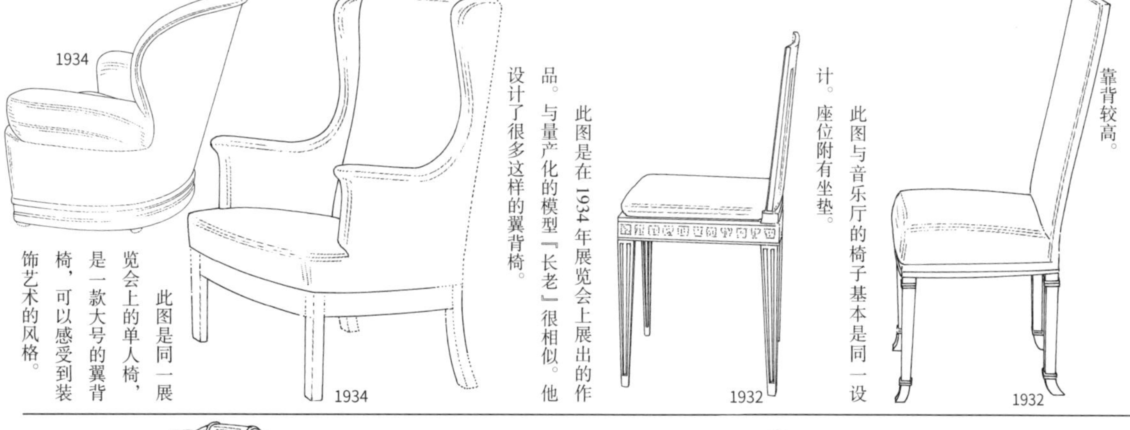

1934

此图是同一展览会上的单人椅，是一款大号的翼背椅，可以感受到装饰艺术的风格。

1934

此图是在1934年展览会上展出的作品。与量产化的模型『长老』很相似。他设计了很多这样的翼背椅。

1932

此图与音乐厅的椅子基本是同一设计。座位附有坐垫。

1932

此图是为该公司职员专用的会议室设计的椅子。与一般的会议椅相比，此设计靠背较高。

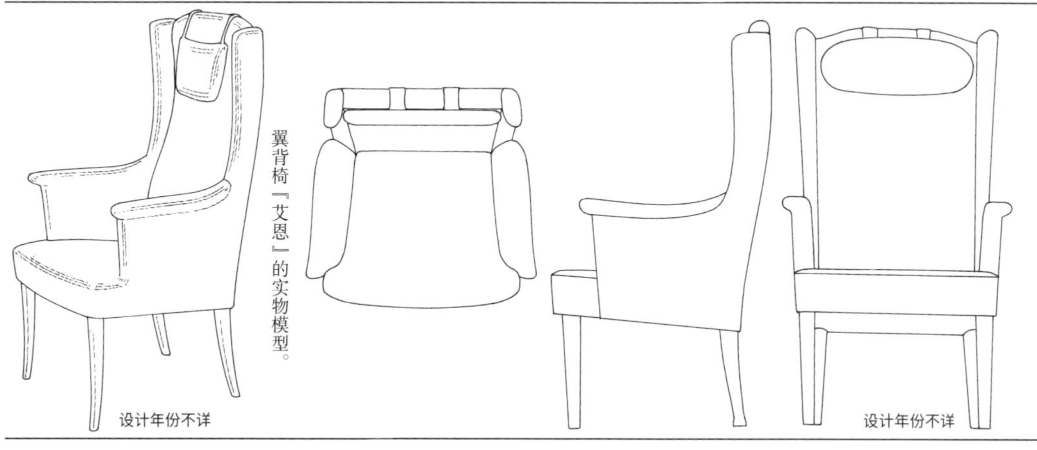

设计年份不详

翼背椅『艾恩』的实物模型。

设计年份不详

此图是被命名为『艾恩』的翼背椅。与上一行的作品相比，线条更加优雅，也许是为年长女性设计的椅子。源自过去马姆斯登的商铺的商品目录。

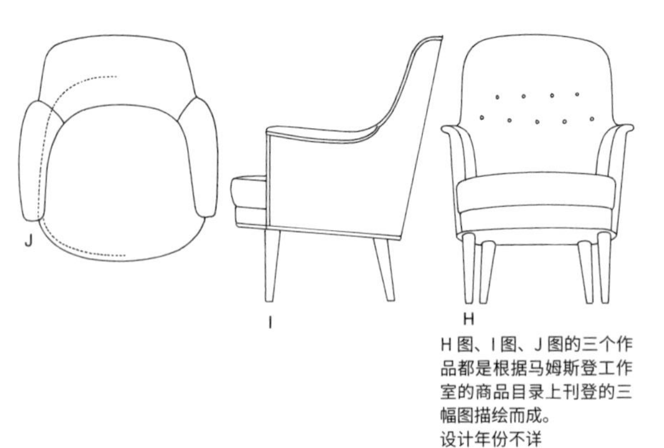

H图、I图、J图的三个作品都是根据马姆斯登工作室的商品目录上刊登的三幅图描绘而成。
设计年份不详

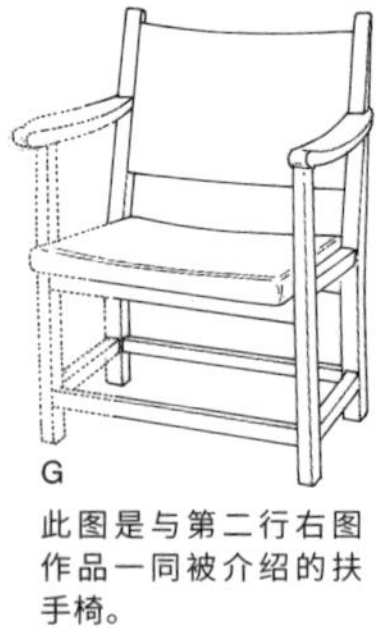

此图是与第二行右图作品一同被介绍的扶手椅。
1935

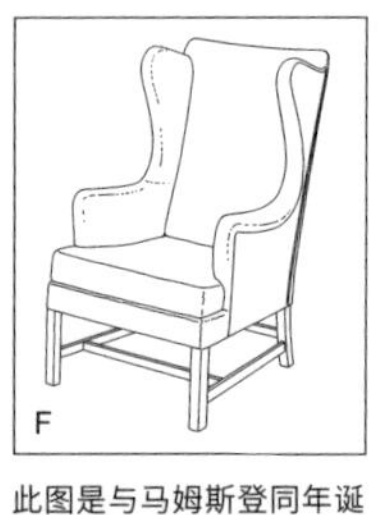

此图是与马姆斯登同年诞生的丹麦设计大师柯林特设计的翼背椅。柯林特是基于18—19世纪的英国作品进行创作的。
1941

E

此图也是阿斯普伦德的作品。他也设计过几把翼椅，与马姆斯登的作品相比更具个性。
1920

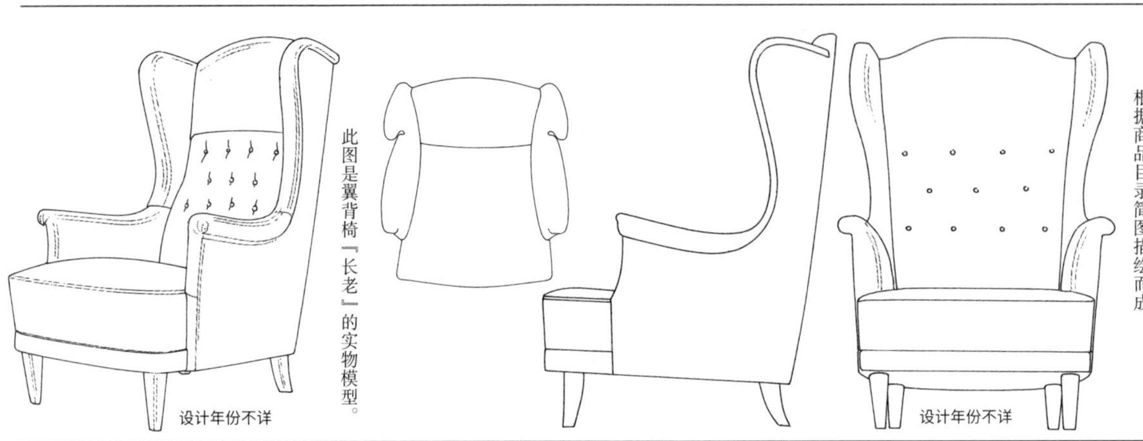

设计年份不详

此图是翼背椅『长老』的实物模型。

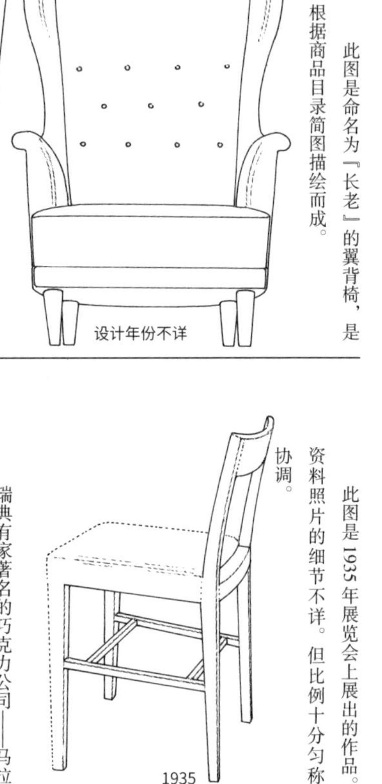

设计年份不详

此图是命名为『长老』的翼背椅，是根据商品目录简图描绘而成。

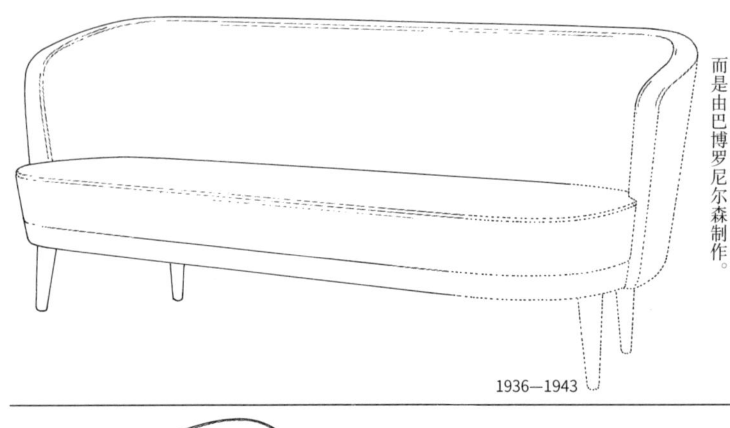

1936—1943

瑞典有家著名的巧克力公司——马拉伯巧克力公司。马姆斯登亲自为该公司设计了很多家具。这件沙发不是他制作的，而是由巴博罗尼尔森制作。

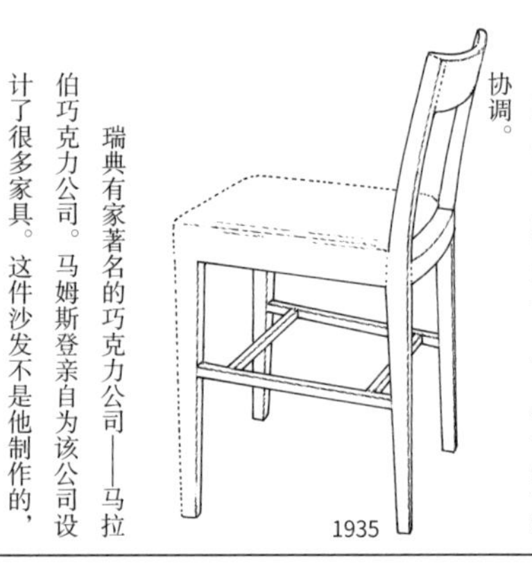

1935

此图是1935年展览会上展出的作品。资料照片的细节不详。但比例十分匀称协调。

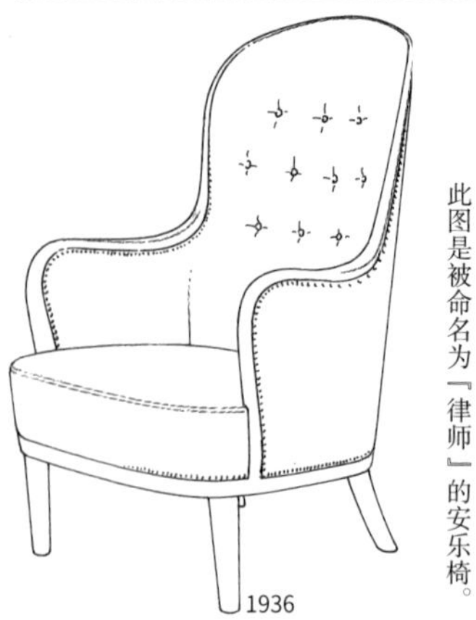

1936

此图是被命名为『律师』的安乐椅。

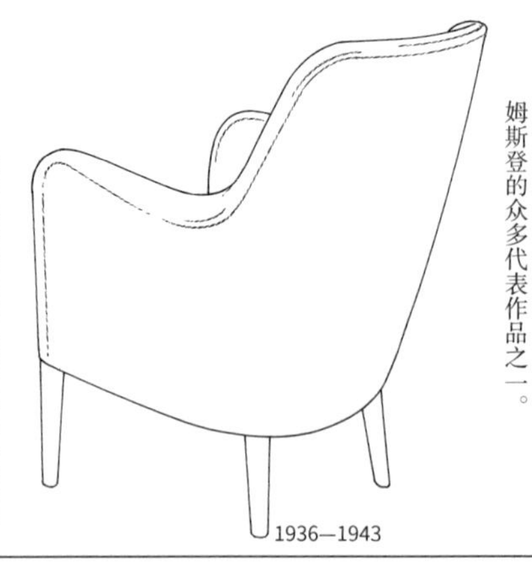

1936—1943

左边的安乐椅与上一行的沙发是成套的设计。与此作品相似的量产化作品是马姆斯登的众多代表作品之一。

1936—1943

这件扶手椅与上一行的沙发放置在同一个房间，与桌子是成套的设计。

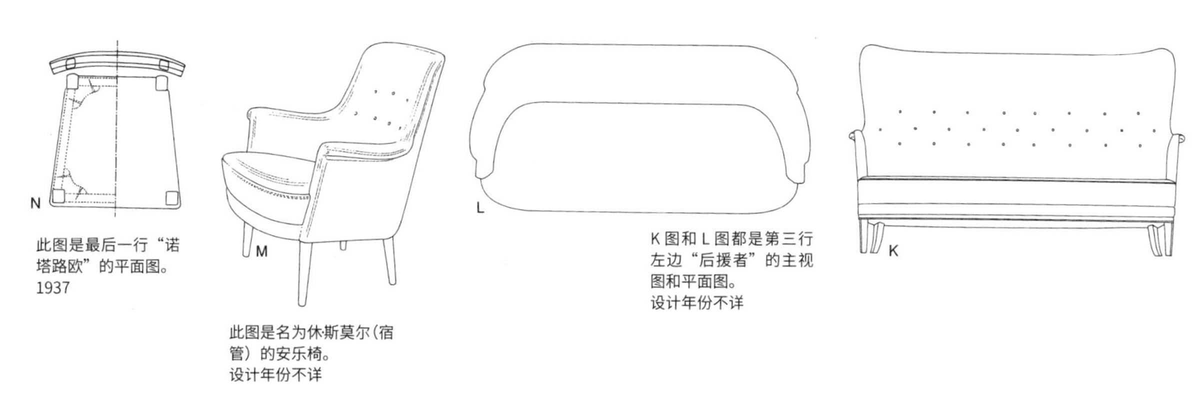

此图是最后一行“诺塔路欧”的平面图。
1937

此图是名为休斯莫尔（宿管）的安乐椅。
设计年份不详

K图和L图都是第三行左边“后援者”的主视图和平面图。
设计年份不详

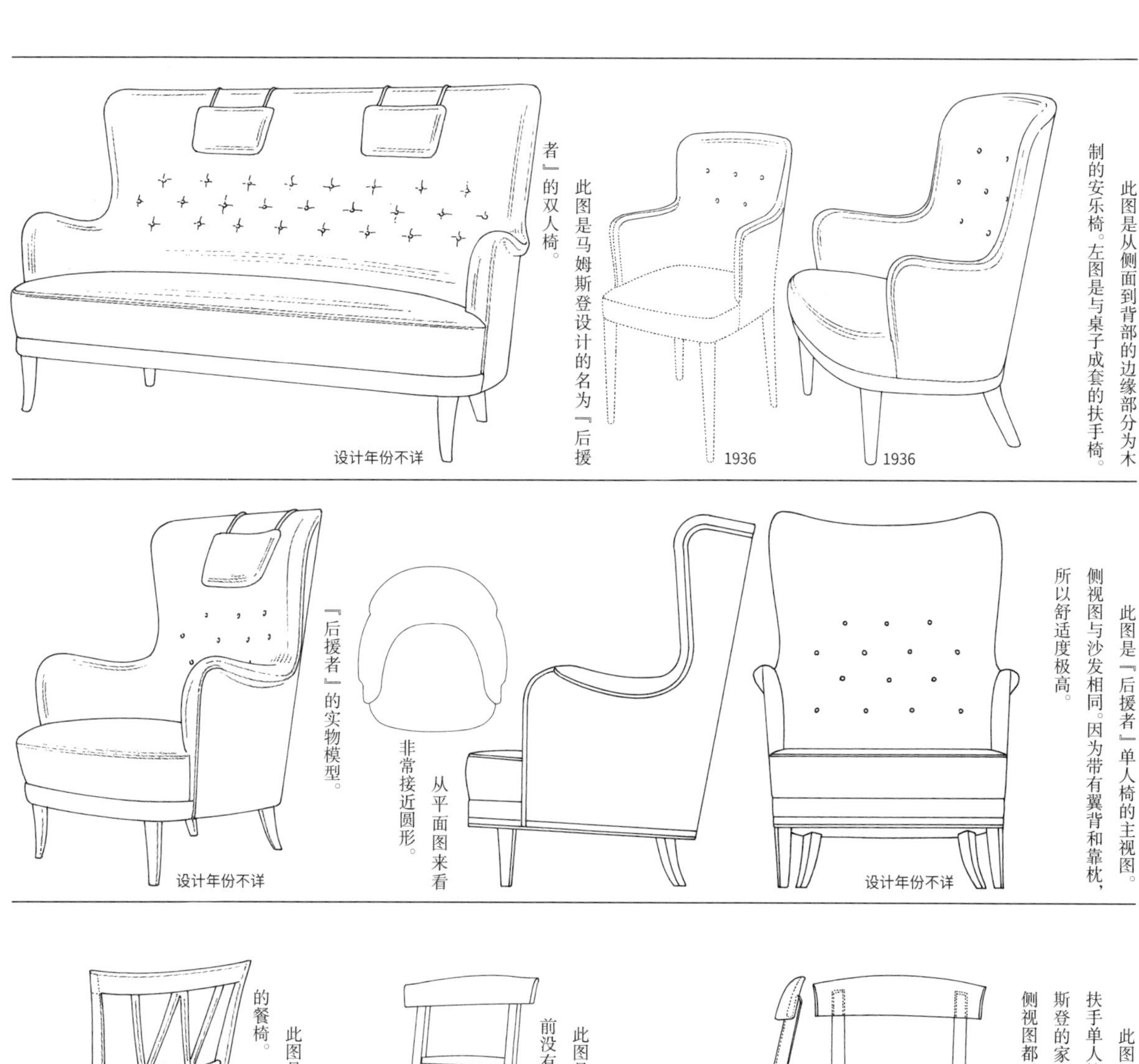

此图是马姆斯登设计的名为『后援者』的双人椅。

设计年份不详

1936

1936

此图是从侧面到背部的边缘部分为木制的安乐椅。左图是与桌子成套的扶手椅。

『后援者』的实物模型。

设计年份不详

从平面图来看非常接近圆形。

此图是『后援者』单人椅的主视图。侧视图与沙发相同。因为带有翼背和靠枕，所以舒适度极高。

设计年份不详

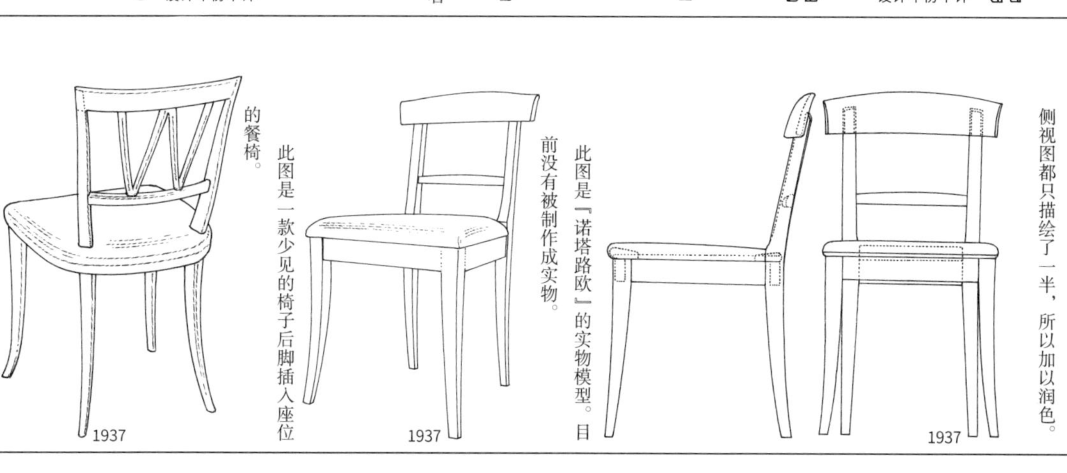

此图是一款少见的椅子后脚插入座位的餐椅。

1937

此图是『诺塔路欧』的实物模型。目前没有被制作成实物。

1937

此图是模型名称为『诺塔路欧』的无扶手单人椅。商品目录是从几年后在马姆斯登的家具简图中发现的。因为主视图和侧视图都只描绘了一半，所以加以润色。

1937

1888—1972

卡尔·马姆斯登

第 3 小节
1917—1932 年间

马姆斯登在斯德哥尔摩市政厅家具设计竞赛中获一等奖之后，正式走上了家具制作之路。次年，即 1917 年，在瑞典工艺协会展的家具公开招募竞赛中，他为立耶瓦尔克斯康斯塔尔美术馆设计的家具，再次获得了一等奖。在布兰奇画廊，伊万·约森、阿尔弗芒迪、托尔斯滕松·帕鲁姆、西莫内·盖特等人一同举办了展览会，马姆斯登在瑞典也越来越受到人们的瞩目。1922—1932 年间，他在 Nääs 的工艺研讨会上担任工艺木工。1923 年开始与莫斯-费恩德斯特罗姆合作。1925—1932 年，他在西格吐纳的学校，担任工艺教室的领导者。1927—1941 年，他与佩·桑德伯格一同开设了奥诺夫工艺学校。这所学校教授木工、绘画、雕刻等内容，教授对象的年龄小为其特色。因为他认为艺术教育与育人教育是共通的，应从幼儿开始以连贯性教育为目标付诸实践，并且这种教育与自然的融合不可或缺，这种想法贯彻了他的一生。

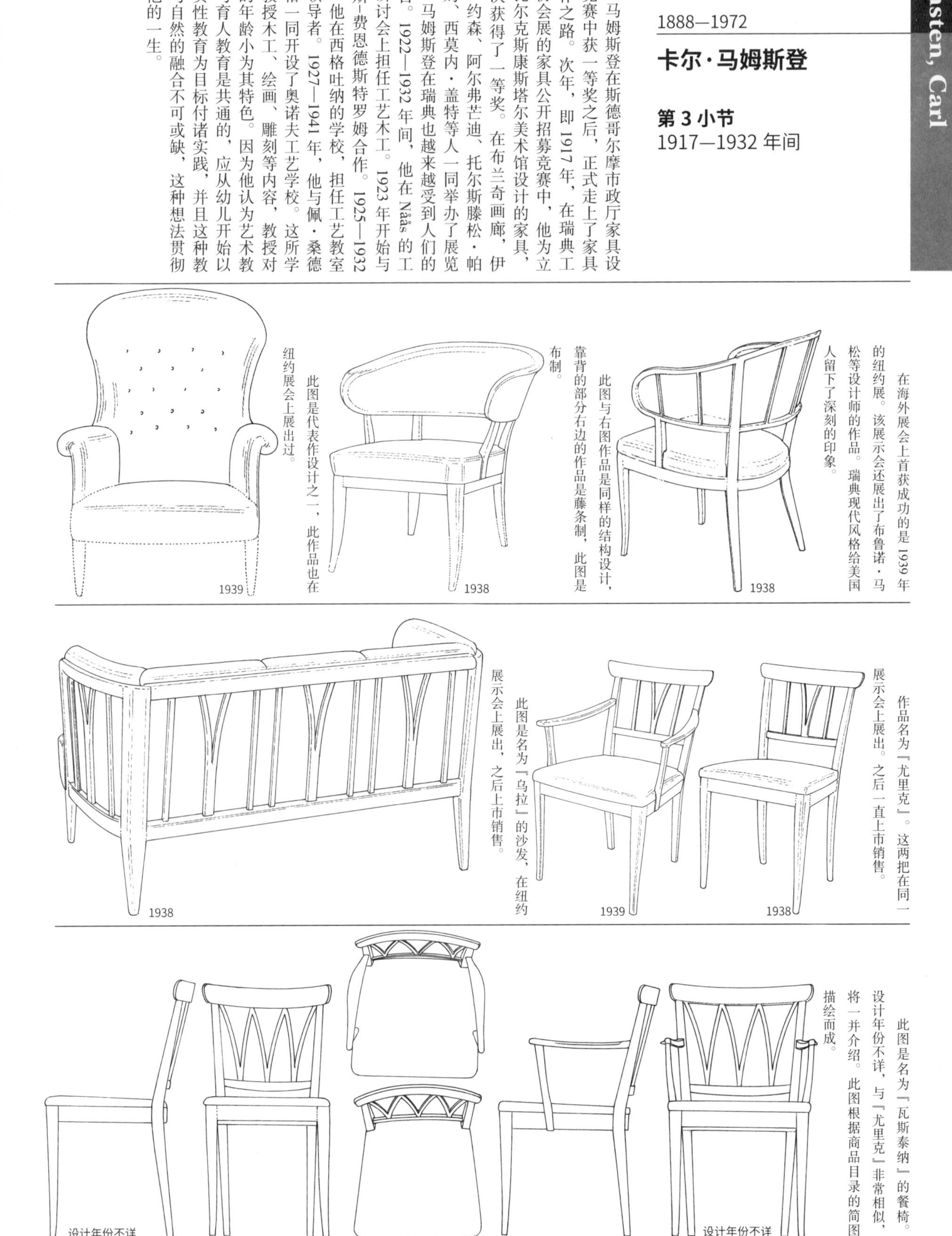

在海外展会上首获成功的是 1939 年的纽约展。该展示会还展出了布鲁诺·马松等设计师的作品。瑞典现代风格给美国人留下了深刻的印象。

此图与右图作品是同样的结构设计，靠背的部分右边的作品是藤条制，此图是布制。

此图是代表作设计之一，此作品也在纽约展会上展出过。

作品名为「尤里克」。这两把在同一展示会上展出。之后一直上市销售。

此图是名为「乌拉」的沙发，在纽约展示会上展出，之后上市销售。

此图是名为「瓦斯泰纳」的餐椅。设计年份不详，与「尤里克」非常相似，将一并介绍。此图根据商品目录的简图描绘而成。

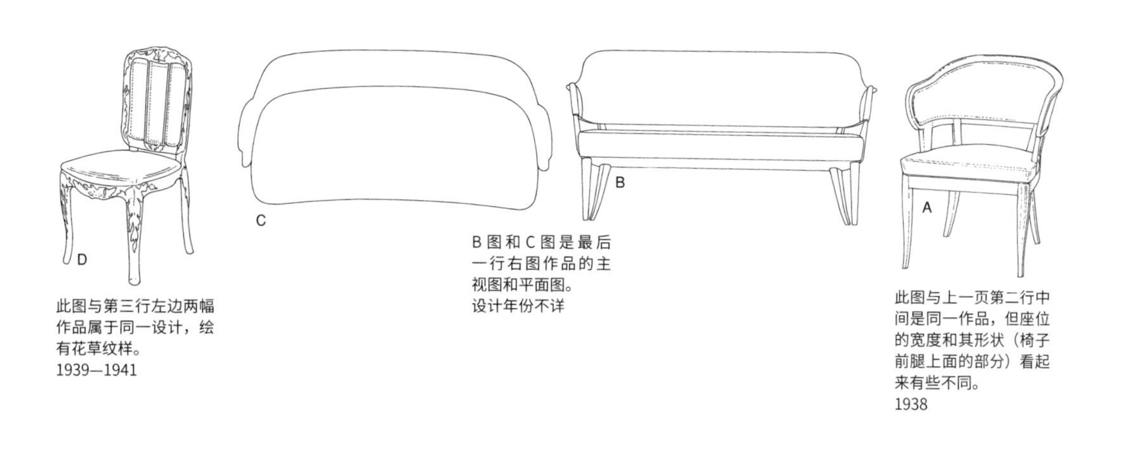

此图与第三行左边两幅作品属于同一设计，绘有花草纹样。
1939—1941

B图和C图是最后一行右图作品的主视图和平面图。
设计年份不详

此图与上一页第二行中间是同一作品，但座位的宽度和其形状（椅子前腿上面的部分）看起来有些不同。
1938

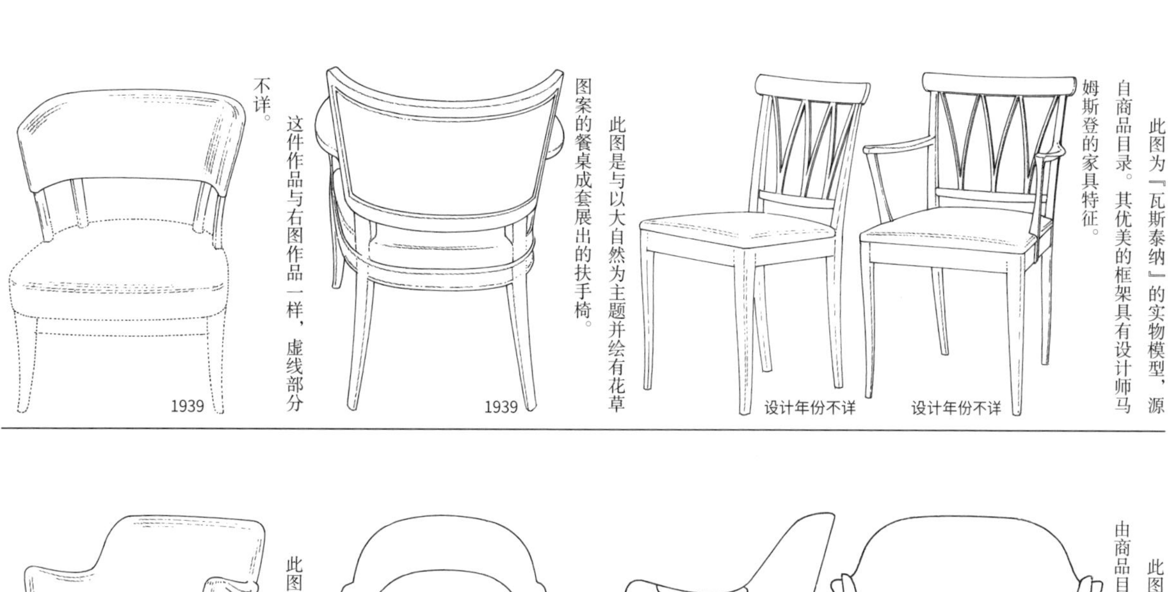

此图为『瓦斯泰纳』的实物模型，源自商品目录。其优美的框架具有设计师马姆斯登的家具特征。
设计年份不详　设计年份不详

此图是与以大自然为主题并绘有花草图案的餐桌成套展出的扶手椅。
1939

这件作品与右图作品一样，虚线部分不详。
1939

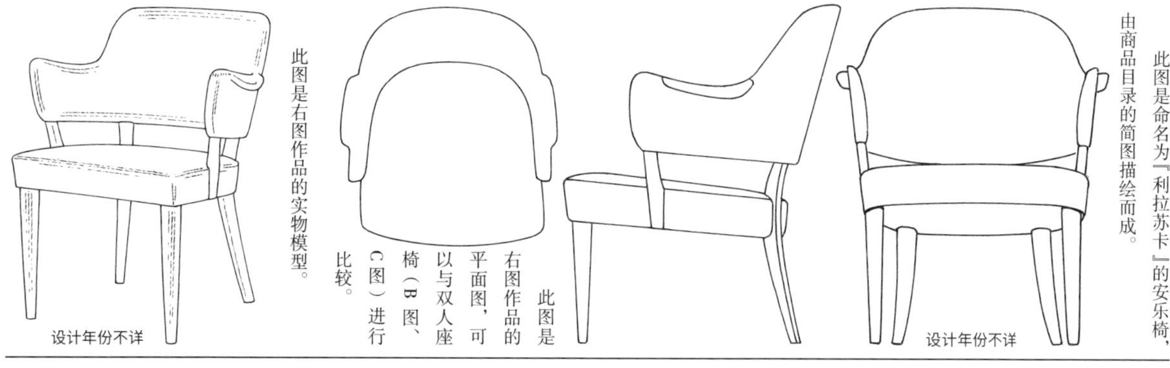

此图是命名为『利拉苏卡』的安乐椅，由商品目录的简图描绘而成。
设计年份不详

此图是右图作品的平面图，可以与双人座椅（B图、C图）进行比较。

此图是右图作品的实物模型。
设计年份不详

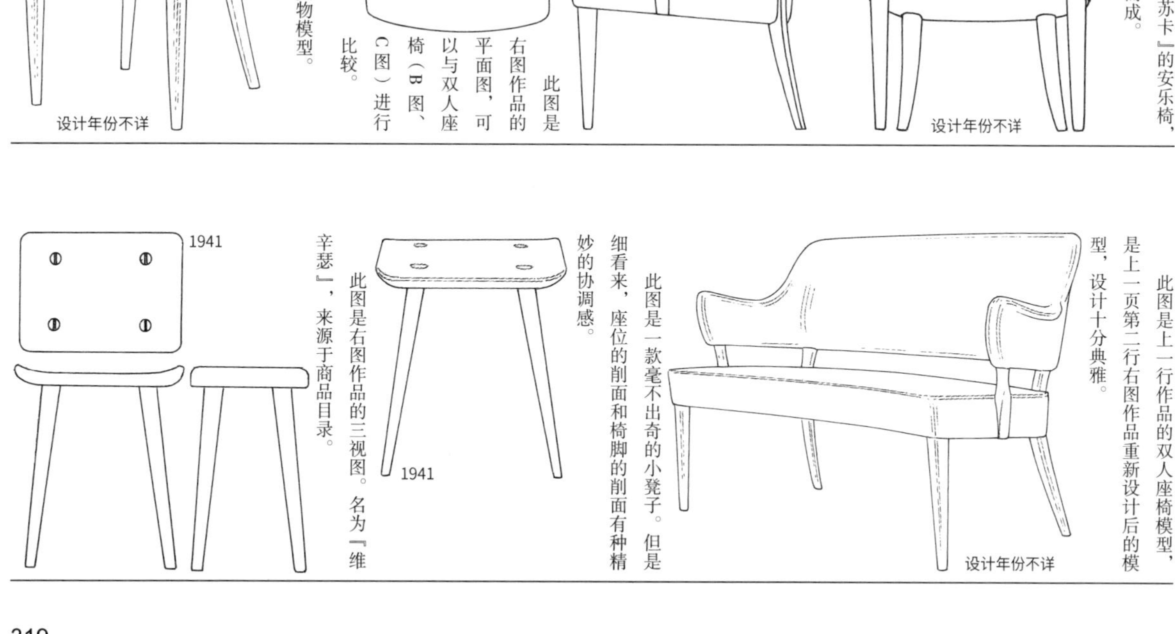

此图是上一行作品的双人座椅模型，是上一页第二行右图作品重新设计后的模型，设计十分典雅。
设计年份不详

此图是一款毫不出奇的小凳子。但是细看来，座位的削面和椅脚的削面有种精妙的协调感。
1941

此图是右图作品的三视图。名为『维辛瑟』，来源于商品目录。
1941

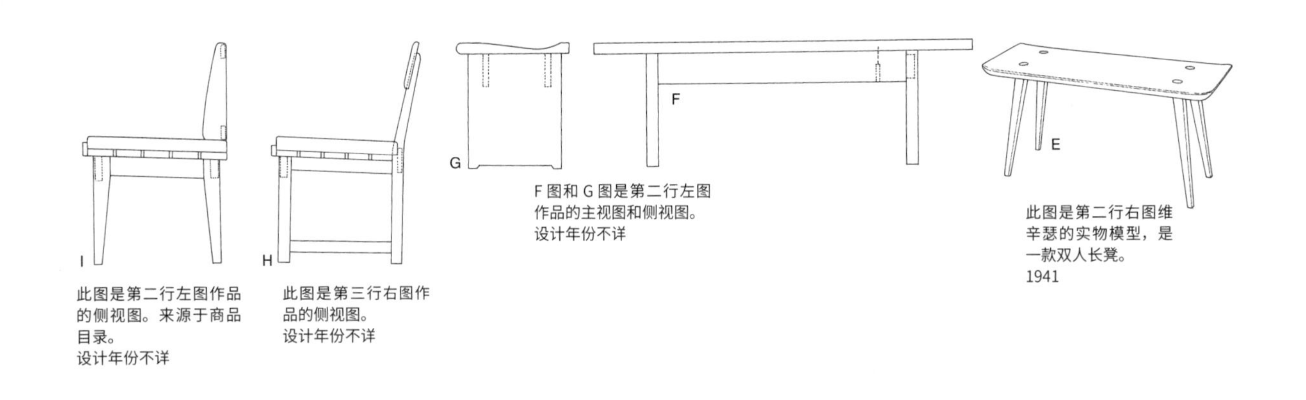

此图是第二行左图作品的侧视图。来源于商品目录。
设计年份不详

此图是第三行右图作品的侧视图。
设计年份不详

F图和G图是第二行左图作品的主视图和侧视图。
设计年份不详

此图是第二行右图维辛瑟的实物模型，是一款双人长凳。
1941

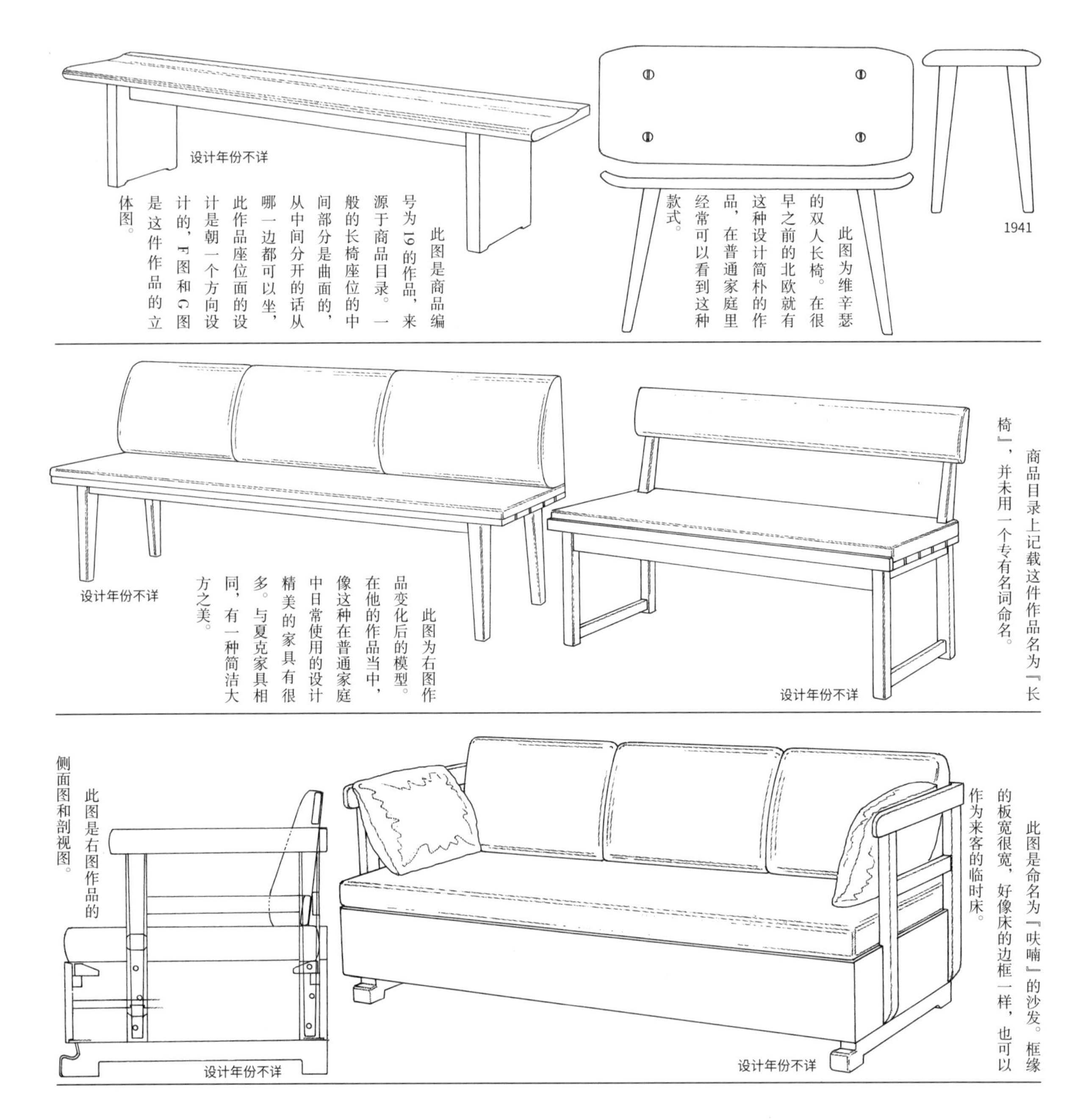

设计年份不详

此图是商品编号为19的作品，来源于商品目录。一般的长椅座位的中间部分是曲面的，从中间分开的话从哪一边都可以坐，此作品座位面的设计是朝一个方向设计的，F图和G图是这件作品的立体图。

此图为维辛瑟的双人长椅。在很早之前的北欧就有这种设计简朴的作品，在普通家庭里经常可以看到这种款式。

1941

设计年份不详

此图为右图作品变化后的模型。在他的作品当中，像这种在普通家庭中日常使用的设计精美的家具有很多。与夏克家具相同，有一种简洁大方之美。

设计年份不详

商品目录上记载这件作品名为『长椅』，并未用一个专有名词命名。

此图是右图作品的侧面图和剖视图。

设计年份不详

设计年份不详

此图是命名为『呋喃』的沙发。框缘的板宽很宽，好像床的边框一样，也可以作为来客的临时床。

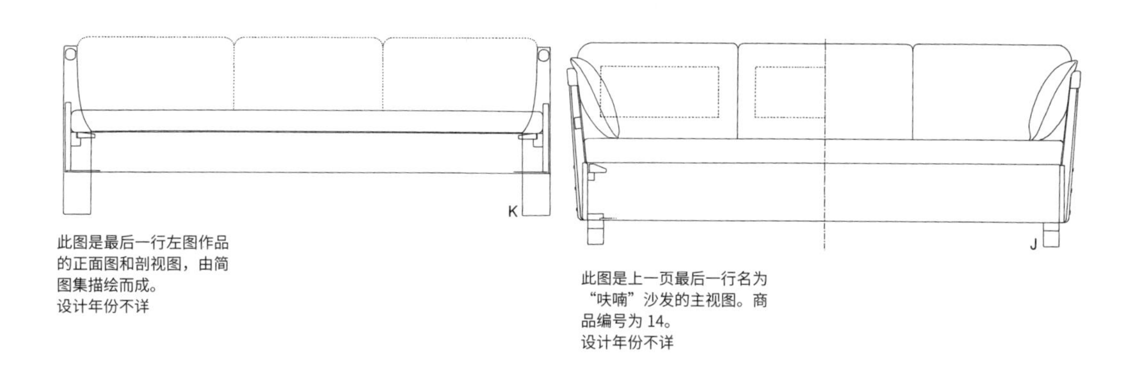

此图是最后一行左图作品的正面图和剖视图，由简图集描绘而成。
设计年份不详

此图是上一页最后一行名为“呋喃”沙发的主视图。商品编号为14。
设计年份不详

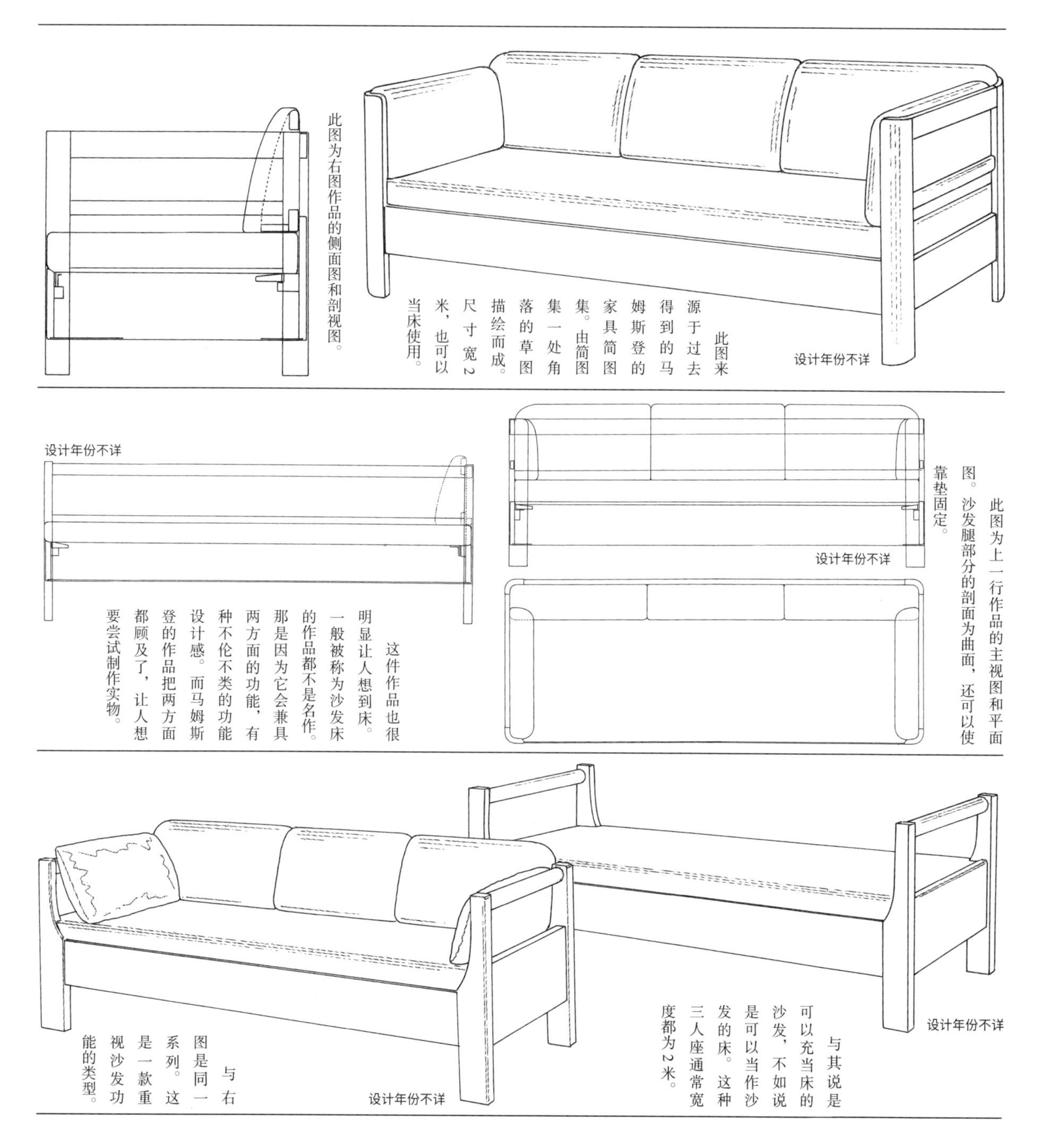

此图为右图作品的侧面图和剖视图。

此图来源于过去得到的马姆斯登的家具简图集。由简图集一处角落的草图描绘而成。尺寸宽2米，也可以当床使用。

设计年份不详

设计年份不详

这件作品也很明显让人想到床。一般被称为沙发床的作品都不是名作。那是因为它会兼具两方面的功能，有种不伦不类的功能设计感。而马姆斯登的作品把两方面都顾及了，让人想要尝试制作实物。

此图为上一行作品的主视图和平面图。沙发腿部分的剖面为曲面，还可以使靠垫固定。

设计年份不详

与右图是同一系列。这是一款重视沙发功能的类型。

设计年份不详

与其说是可以充当床的沙发，不如说是可以当作沙发的床。这种三人座通常宽度都为2米。

设计年份不详

1888—1972

卡尔·马姆斯登

第 4 小节
有关图纸的审美性或其图纸的意义

截至目前已经介绍了有关马姆斯登的相关经历，本小节的内容全部来自于图纸的资料。将暂时停止相关经历的介绍，讲述图纸中含有的各种各样的意义。

（1）并不是通过感觉到椅子之美（均衡之美）和功能（舒适感），而是通过现量尺寸得知所有的数字。（2）将三维立体的家具通过二维的平面图纸体现，可以明确地把握各种各样的位置关系。（3）如果有正确的三视图的话，以此为基础，就可以还原三维物体。（4）因为图纸是平面的，所以很容易改变大小。但如果是三维物体的话就很困难了。（5）这种极具美感的图纸，有一种完整的美感，有不输于绘画的感觉。在欧洲经常可以看到这种装裱起来的图纸。

本小节的资料由熟人提供，以此为基础描绘而成。许多都附有剖视图，本来是虚线的部分也用实线来表现了。

此图是先前没有介绍的坐卧两用床。作为沙发的话舒适感也不能说是不好，但作为床的话又有种不伦不类的感觉。

设计年份不详

设计年份不详

从截至目前的设计来看，这已经是一款床了。沙发床中能称为名作的并不多见，也许是因为其不伦不类的功能吧。

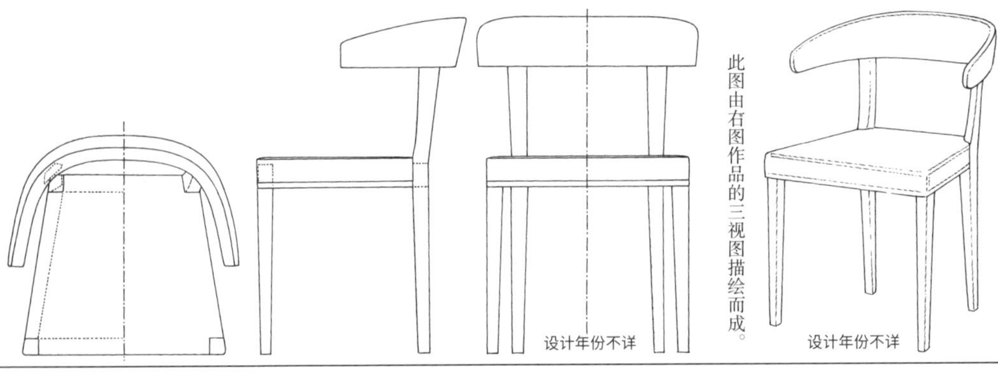

此图的椅子后腿是一种用横梁支撑的结构，丹麦的设计大师布吉·莫根森和汉斯·瓦格纳也有亲自参与设计。这种结构如用作餐椅，由于没有扶手可以倒挂在餐桌上，清扫地面就会很方便。

设计年份不详

此图由右图作品的三视图描绘而成。

设计年份不详

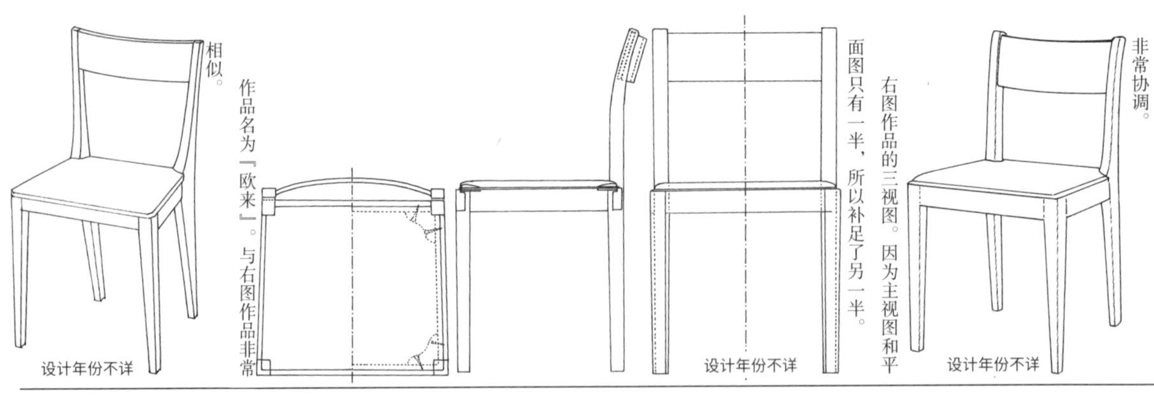

虽然是一款毫无新意的设计，但比例非常协调。

设计年份不详

右图作品的三视图。因为主视图和平面图只有一半，所以补足了另一半。

设计年份不详

作品名为『欧来』。与右图作品非常相似。

设计年份不详

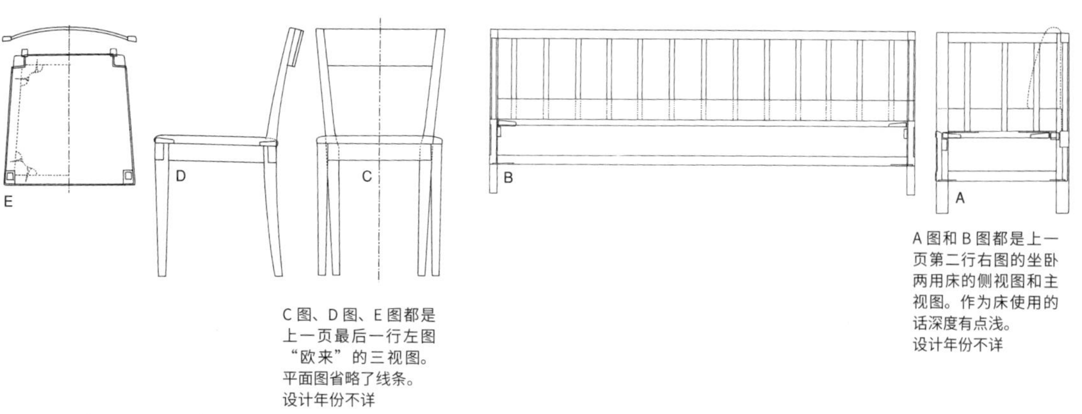

C图、D图、E图都是上一页最后一行左图“欧来”的三视图。平面图省略了线条。
设计年份不详

A图和B图都是上一页第二行右图的坐卧两用床的侧视图和主视图。作为床使用的话深度有点浅。
设计年份不详

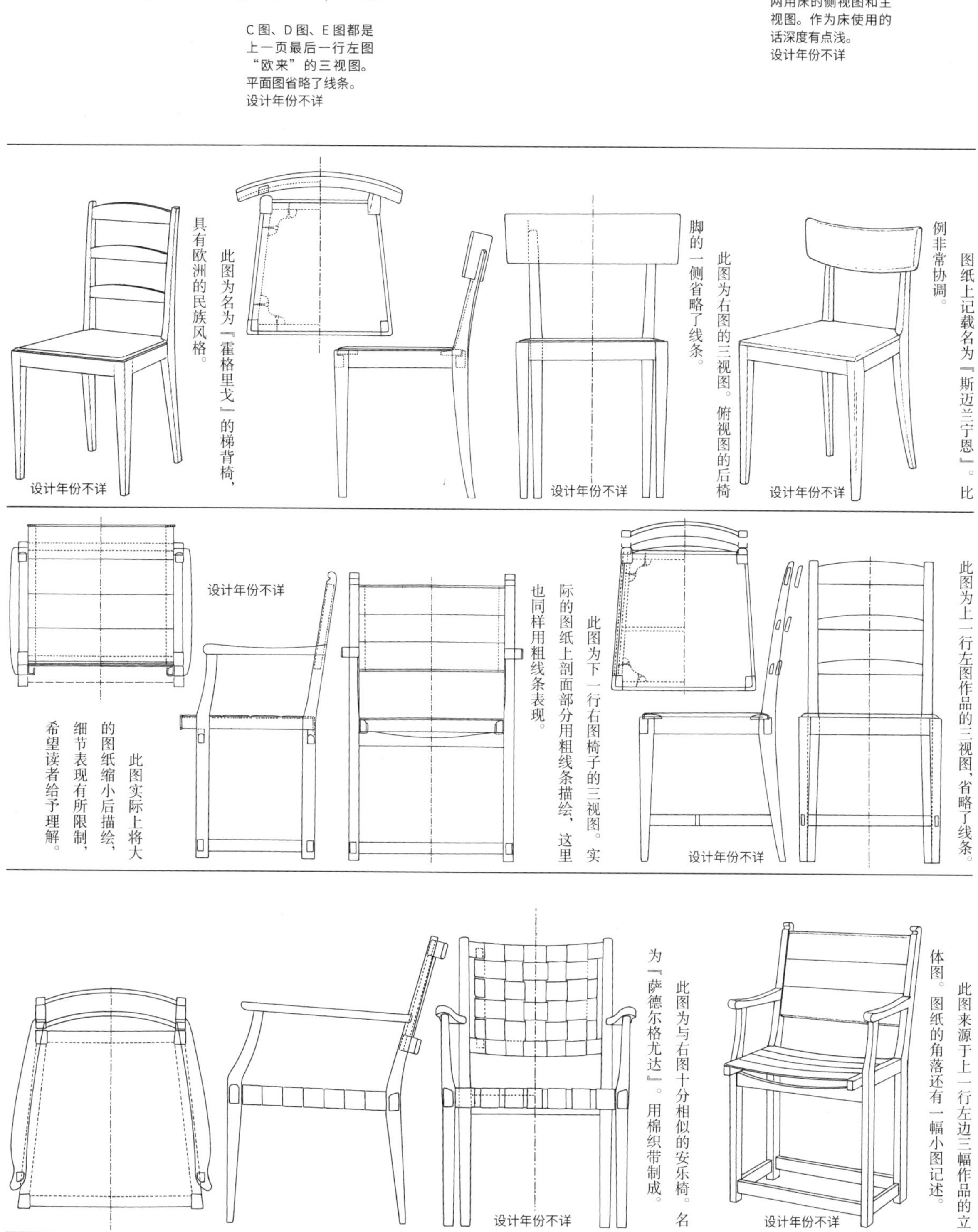

图纸上记载名为『斯迈兰宁恩』。比例非常协调。
设计年份不详

此图为右图的三视图。俯视图的后椅脚的一侧省略了线条。
设计年份不详

此图为名为『霍格里戈』的梯背椅，具有欧洲的民族风格。
设计年份不详

此图为上一行左图作品的三视图，省略了线条。
设计年份不详

此图为下一行右图椅子的三视图。实际的图纸上剖面部分用粗线条描绘，这里也同样用粗线条表现。

此图实际上将大的图纸缩小后描绘，细节表现有所限制，希望读者给予理解。
设计年份不详

此图来源于上一行左边三幅作品的立体图。图纸的角落还有一幅小图记述。
设计年份不详

此图为与右图十分相似的安乐椅。名为『萨德尔格尤达』。用棉织带制成。
设计年份不详

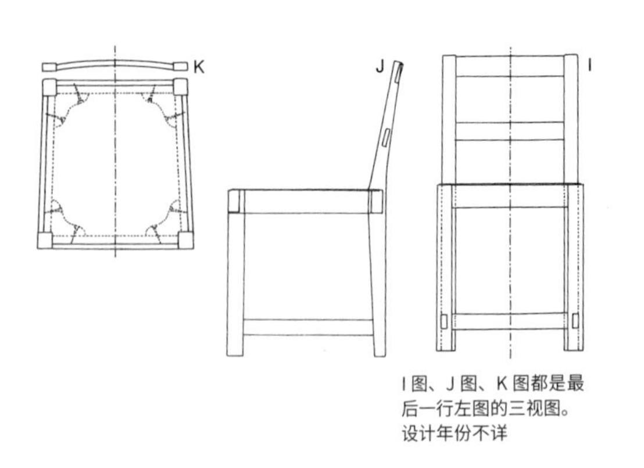

I 图、J 图、K 图都是最后一行左图的三视图。
设计年份不详

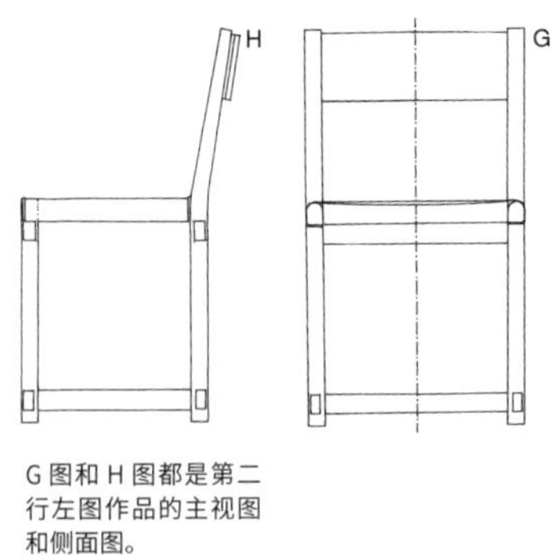

G 图和 H 图都是第二行左图作品的主视图和侧面图。
设计年份不详

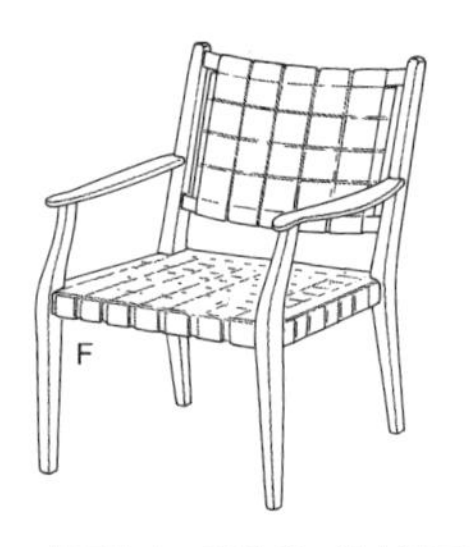

此图为上一页最后一行左边三幅“萨德尔格尤达”图纸的立体图。
设计年份不详

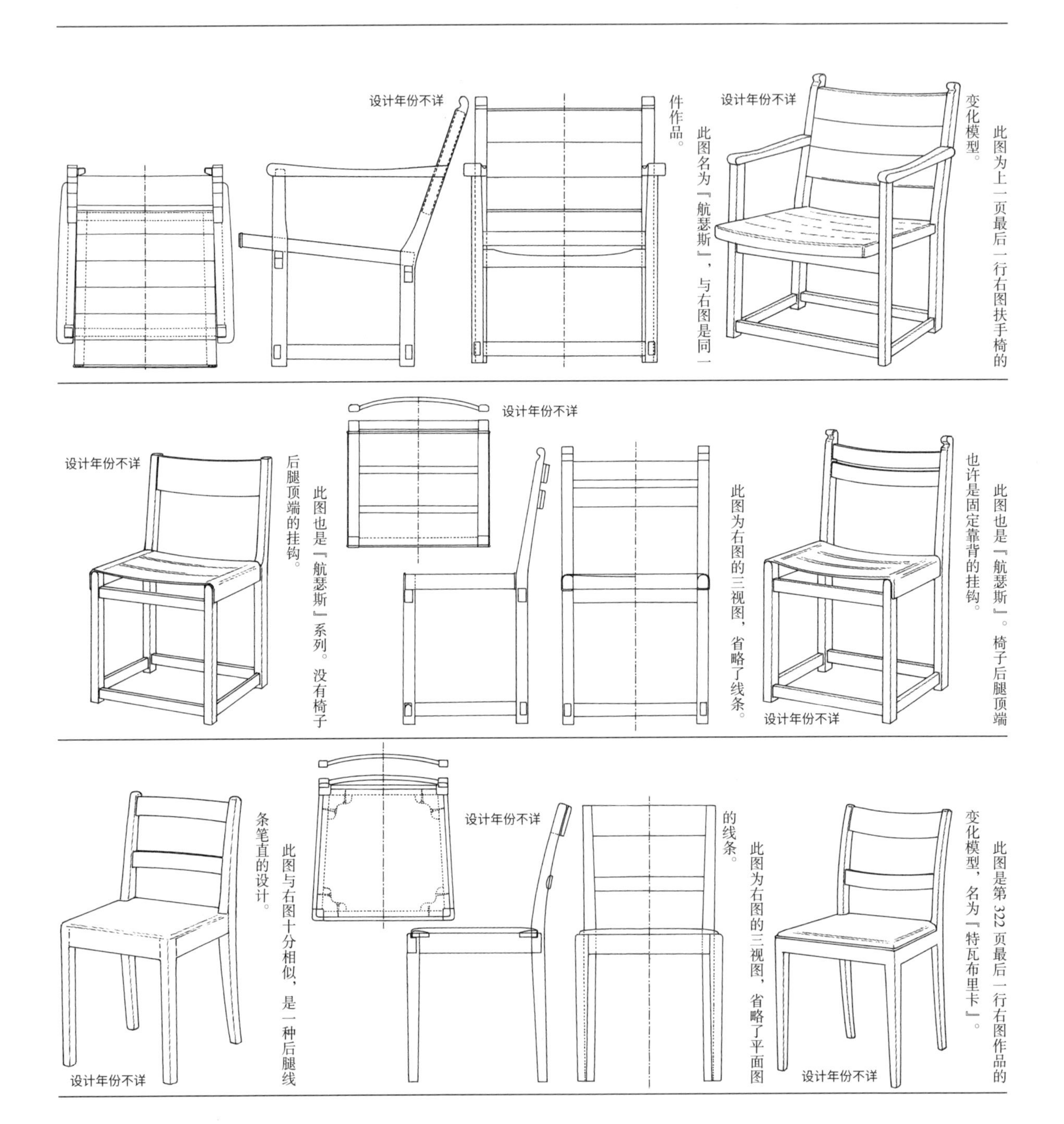

此图为上一页最后一行右图扶手椅的变化模型。

此图名为『航瑟斯』，与右图是同一件作品。

此图也是『航瑟斯』。椅子后腿顶端也许是固定靠背的挂钩。

此图为右图的三视图，省略了线条。

此图也是『航瑟斯』系列。没有椅子后腿顶端的挂钩。

此图是第 322 页最后一行右图作品的变化模型，名为『特瓦布里卡』。

此图为右图的三视图，省略了平面图的线条。

此图与右图十分相似，是一种后腿线条笔直的设计。

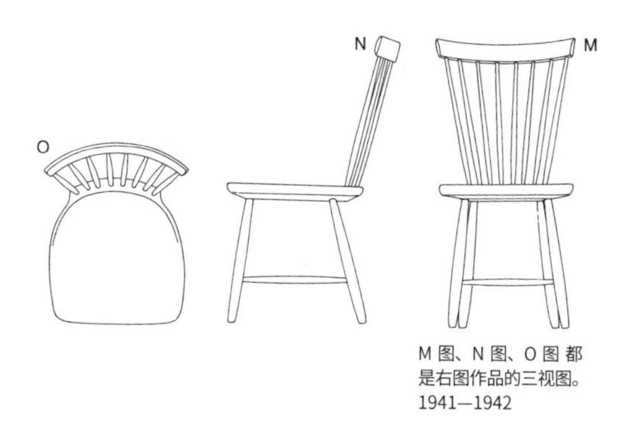

M 图、N 图、O 图 都是右图作品的三视图。
1941—1942

此图是名为“利拉阿兰”的模型，是最后一行左图作品的无扶手款。
1941—1942

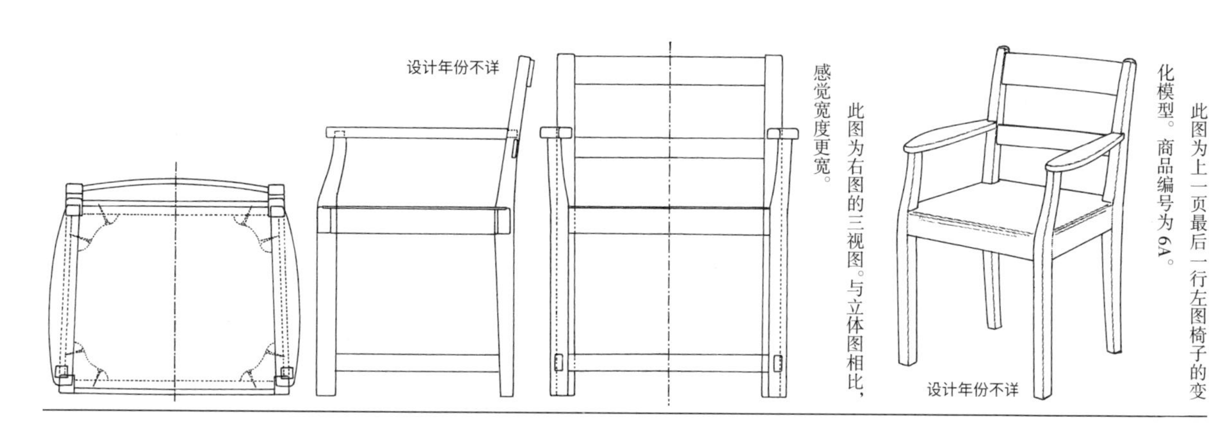

此图为右图的三视图。与立体图相比，感觉宽度更宽。

此图为上一页最后一行左图椅子的变化模型。商品编号为6A。

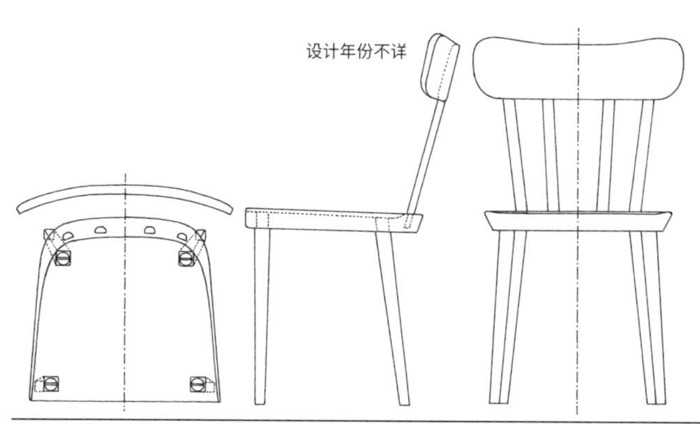

此图与右图和左图是同一作品。立体图和图纸在细节处稍有不同。

设计年份不详

本书中本小节的插图最多，达68幅。每一幅都以图纸为基础。在日本极具人气的木工——马姆斯登也想要了解其中精美匀称的比例。并不是模仿其形状，而是想要参考其数值和比例。

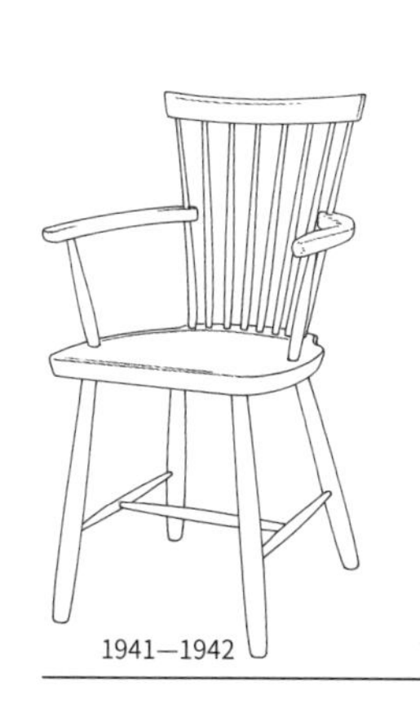

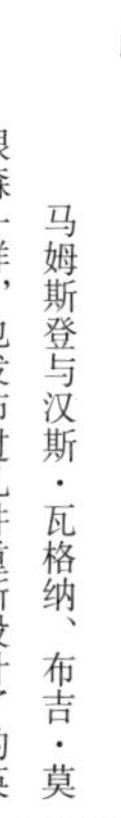

马姆斯登与汉斯·瓦格纳、布吉·莫根森一样，也发布过几件重新设计了的英国的温莎椅。这件作品刊登在商品目录里。

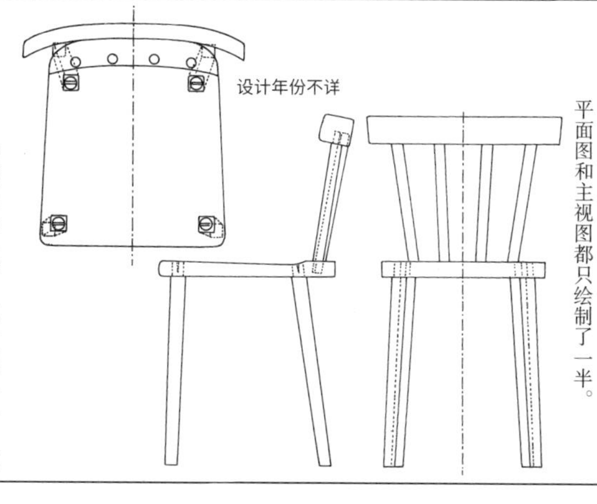

此图为右图的三视图。这次所介绍的平面图和主视图都只绘制了一半。

设计年份不详

此图是名为『利拉斯托』的餐椅。商品编号为7。

1888—1972

卡尔·马姆斯登

第 5 小节
1933—1945 年间

因为前几小节都是以马姆斯登的椅子图纸为重点的内容，所以停止了他的个人经历介绍。接下来将继续第 3 小节中介绍的他的个人经历。1930 年，他在斯德哥尔摩建立了卡尔·马姆斯登手工艺学校。1933—1945 年，马姆斯登的手工艺联合会开始组织一系列的活动（也许是马姆斯登建立了手工艺联合会，并可能担任了主管或者是参加了联合会，情况不详，也许是前者）。以手工艺联合会为基础，手工艺学校和演讲开始在瑞典、芬兰、挪威等地开展，并普及宣传手工艺。1936 年他被国家授予教授称号。1941 年他与佩·桑德博格于 1927 年建立的 Olof 手工艺学校停办了。此后他成立了自己的公司，名为卡尔马姆斯登。1944 年，以『从小船到家庭』为主题的展览会在国家博物馆举办。这个企划是基于手工艺和民间艺术的学校，以及尼可尔维肯国民高等学校的提案。第二年获得了『美国国家仪器周』的设立法人和尤金王子奖。

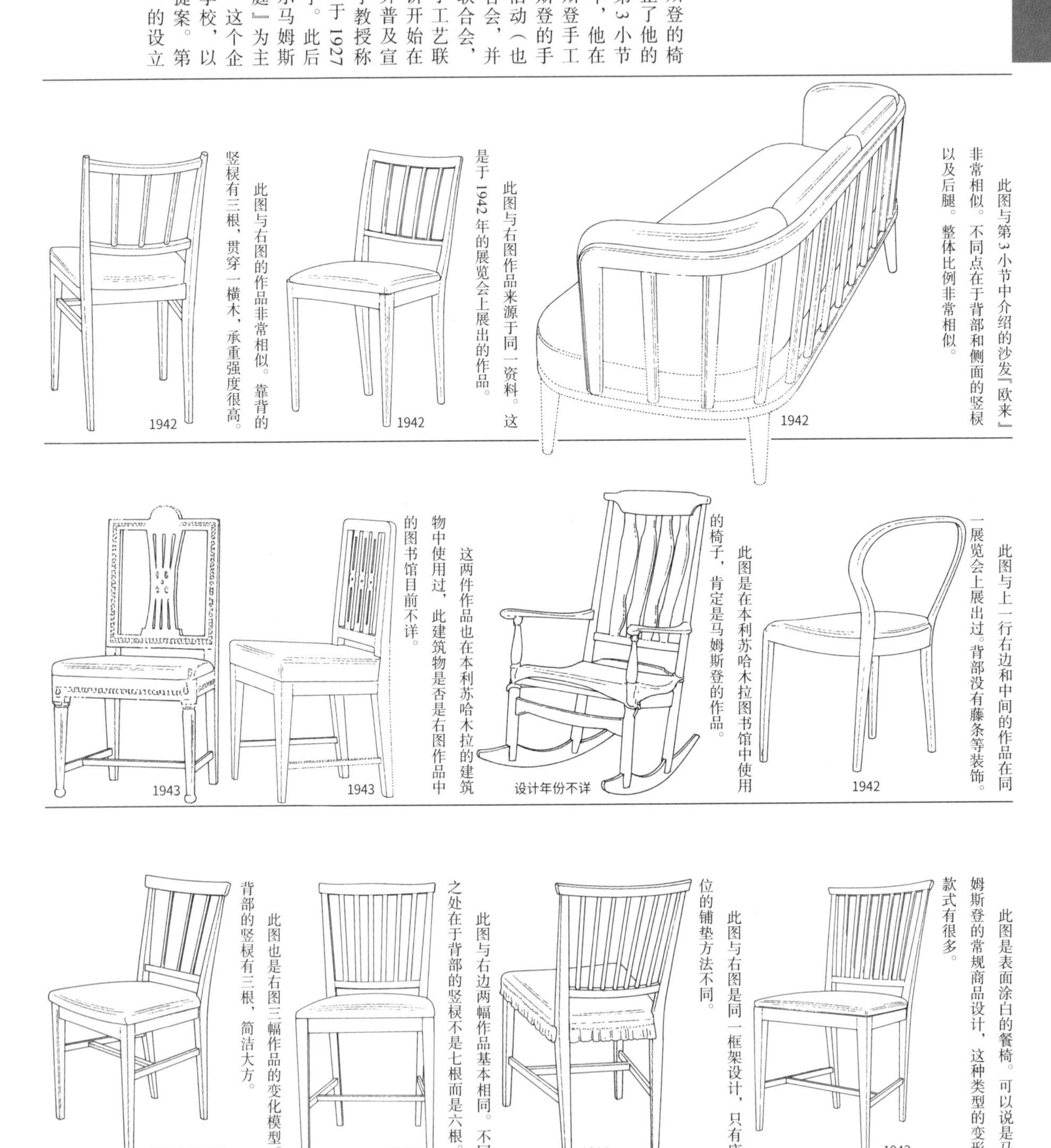

此图与第 3 小节中介绍的沙发『欧来』非常相似。不同点在于背部和侧面的竖棂以及后腿。整体比例非常相似。

此图与右图作品来源于同一资料。这是于 1942 年的展览会上展出的作品。

此图与右图的作品非常相似。靠背的竖棂有三根，贯穿一横木，承重强度很高。

此图与上一行右边和中间的作品在同一展览会上展出过。背部没有藤条等装饰。

此图是在本利苏哈木拉图书馆中使用的椅子，肯定是马姆斯登的作品。

这两件作品也在本利苏哈木拉的建筑物中使用过，此建筑物是否是右图作品中的图书馆目前不详。

此图是表面涂白的餐椅。可以说是马姆斯登的常规商品设计，这种类型的变形款式有很多。

此图与右图是同一框架设计，只有座位的铺垫方法不同。

此图与右边两幅作品基本相同。不同之处在于背部的竖棂不是七根而是六根。

此图也是右图三幅作品的变化模型。背部的竖棂有三根，简洁大方。

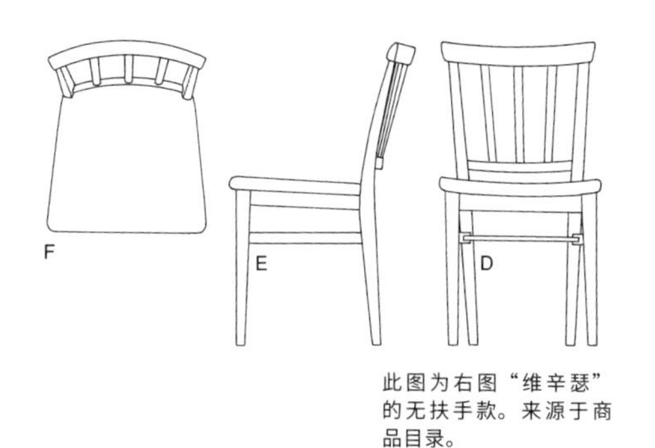

此图为右图“维辛瑟”的无扶手款。来源于商品目录。
设计年份不详

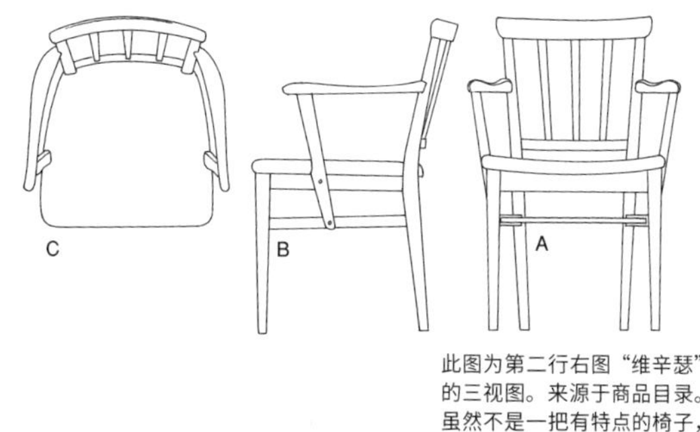

此图为第二行右图“维辛瑟”的三视图。来源于商品目录。虽然不是一把有特点的椅子，但从图纸来看也传达了一种比例协调之美。
设计年份不详

此图为上一页最后一行左图作品的带扶手款。模型名为『维辛瑟』。

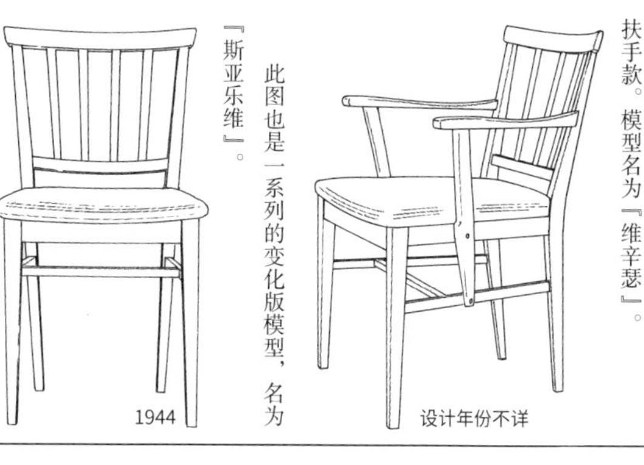

1944　设计年份不详

此图也是一系列的变化版模型，名为『斯亚乐维』。

这两幅作品都是右图的带扶手款。模型名相同，但横梁和手肘部的接缝处不同。

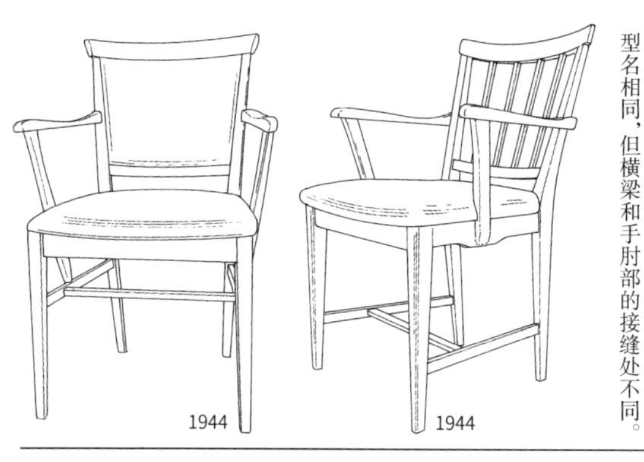

1944　1944

此图是名为『五月』的单人椅。与在第2小节中介绍的『诺塔路欧』非常相似。与刚才的模型相比重新设计后更加典雅。

1944

右图名为『五月』，此图名为『六月』，虽然资料已缺失，但也许还存在带扶手款。

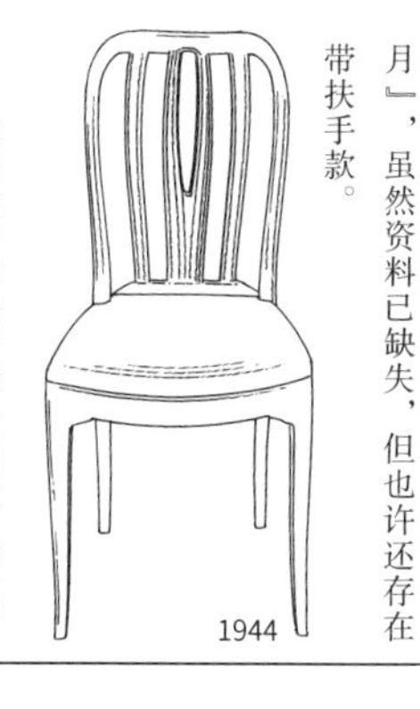

1944

此图是为海路哥德（宅邸，豪宅）设计的一款桃花心木制的经典作品。在日本经常能看到与此非常相似的低品质的椅子。

1944—1945　1944—1945

不仅限于马姆斯登的作品，还能感受到北欧家具的『知性美』。这件作品完全符合。来源于商品目录。

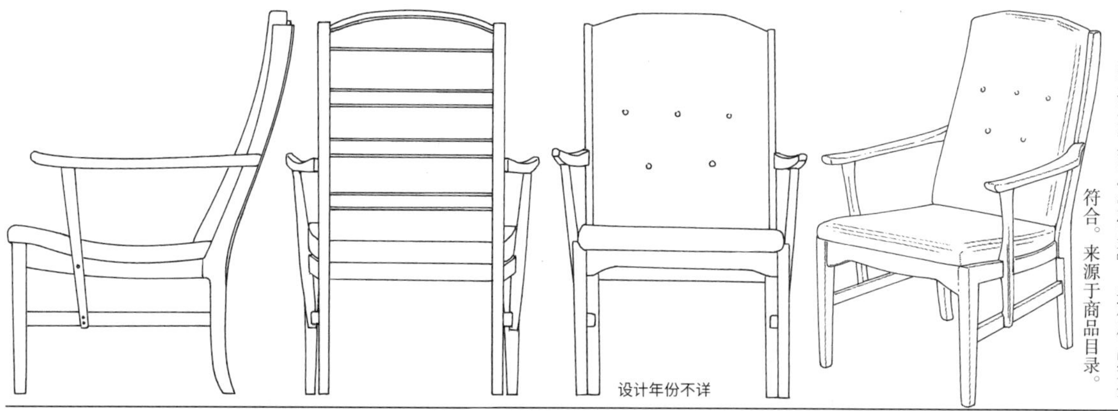

设计年份不详

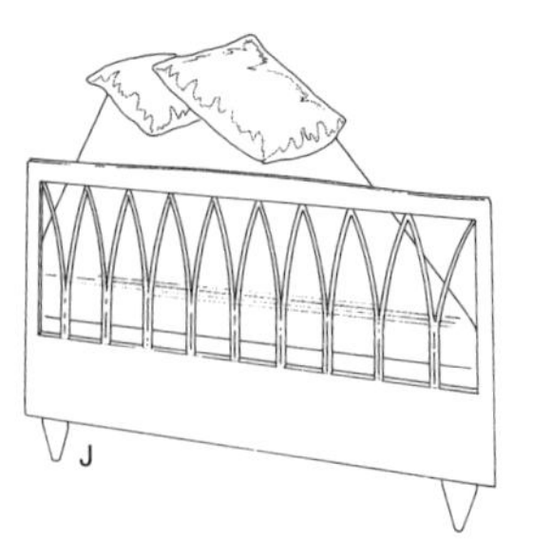

此图是与倒数第二行左图有相同细节的床。资料的照片因为镜头的关系，所以右边部分非常扭曲。
1945

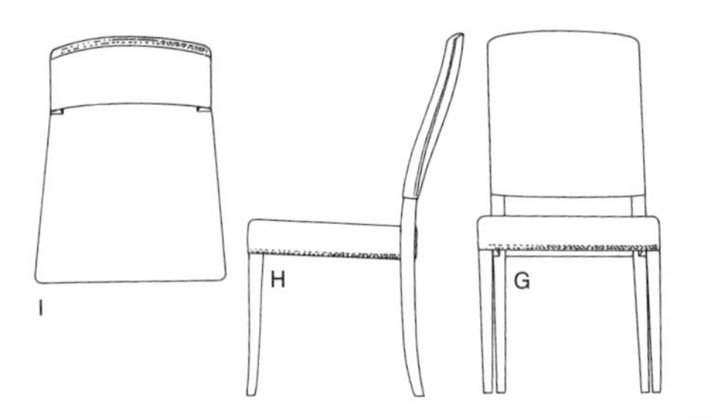

此图为第二行右图“古斯塔巴维安”的三视图，由商品目录描绘而成。
设计年份不详

此图名为『古斯塔巴维安』。左图作品是带扶手款。

1955

因为与古斯塔夫三世（18世纪末）时期的样式非常相似而得名。

设计年份不详

此图为其三视图，由商品目录绘制而成。

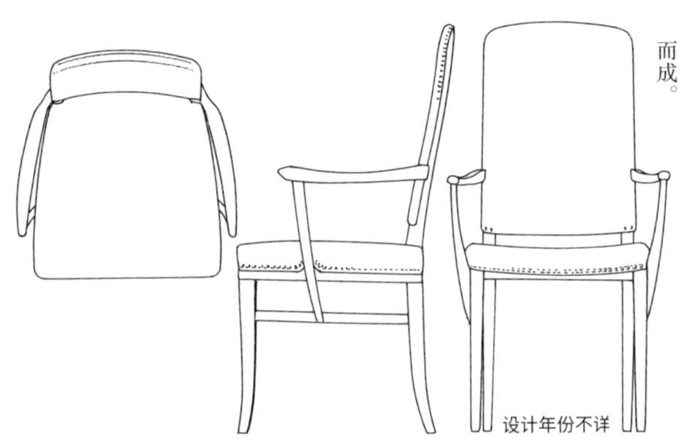

设计年份不详

模型名为『马克思』。其比例的匀称和平衡与丹麦的设计巨匠汉斯·瓦格纳的作品非常相似。

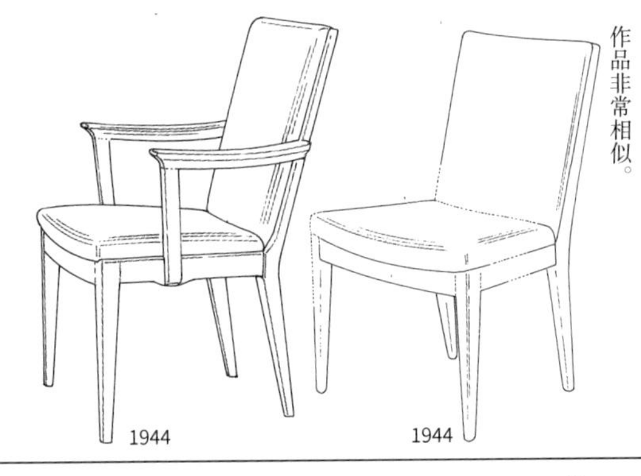

1944　1944

此图为扶手椅『库路安』（怪人），也许有无扶手款。

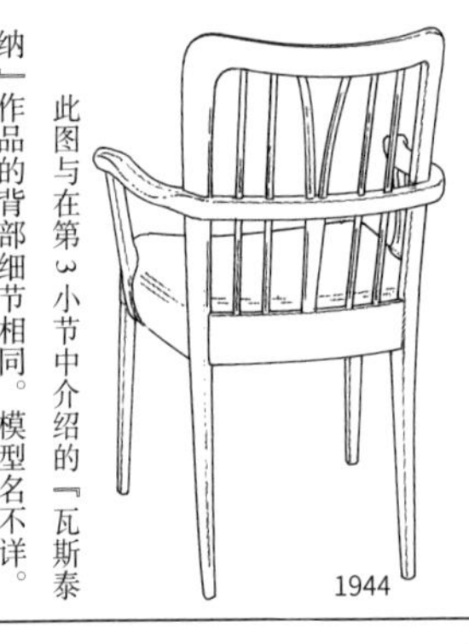

1944

此图与在第3小节中介绍的『瓦斯泰纳』作品的背部细节相同。模型名不详。

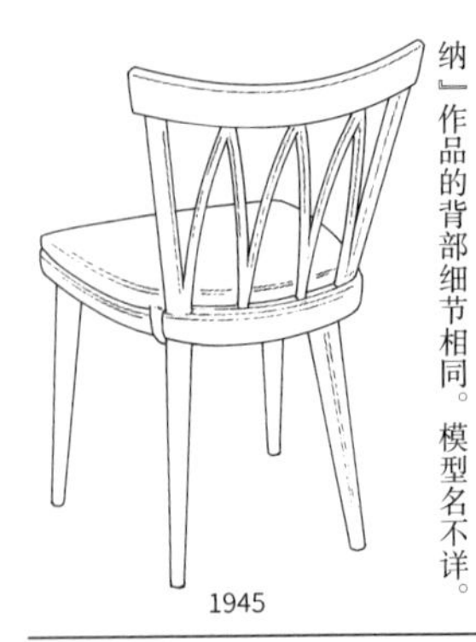

1945

此图是在国家博物馆里举办的『从小船到家庭展』上展出的作品，与这种大尺寸的安乐椅非常相似的变化版模型还有很多种。

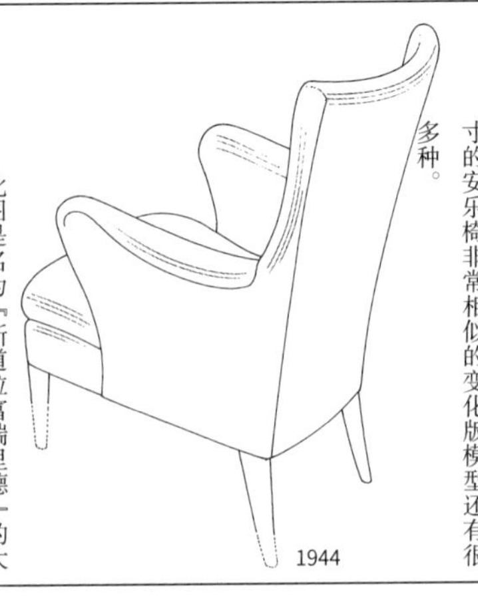

1944

此图是名为『斯道拉富瑞里德』的大尺寸的安乐椅。

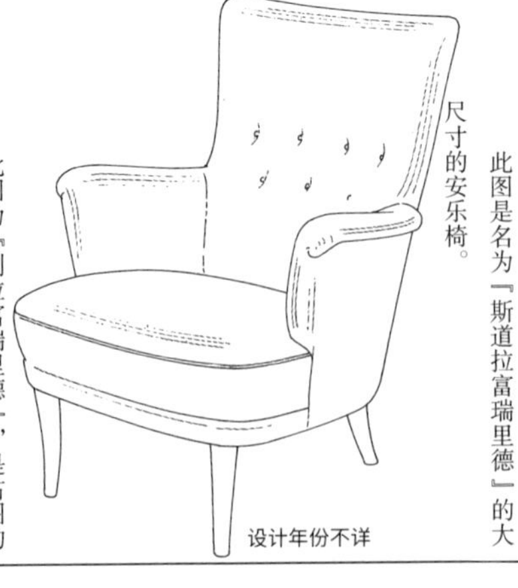

设计年份不详

此图为『利拉富瑞里德』，是右图的小尺寸版。

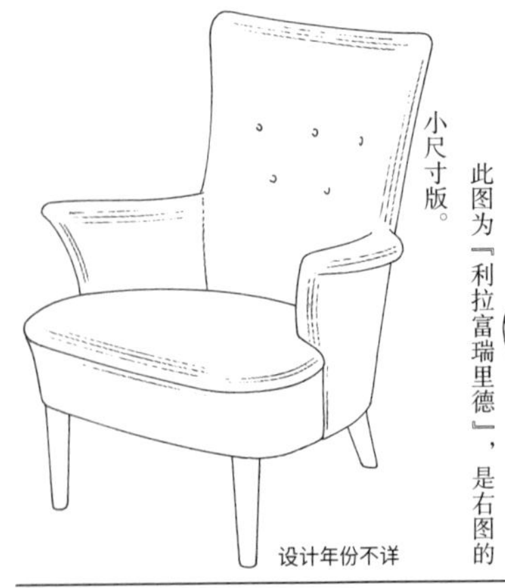

设计年份不详

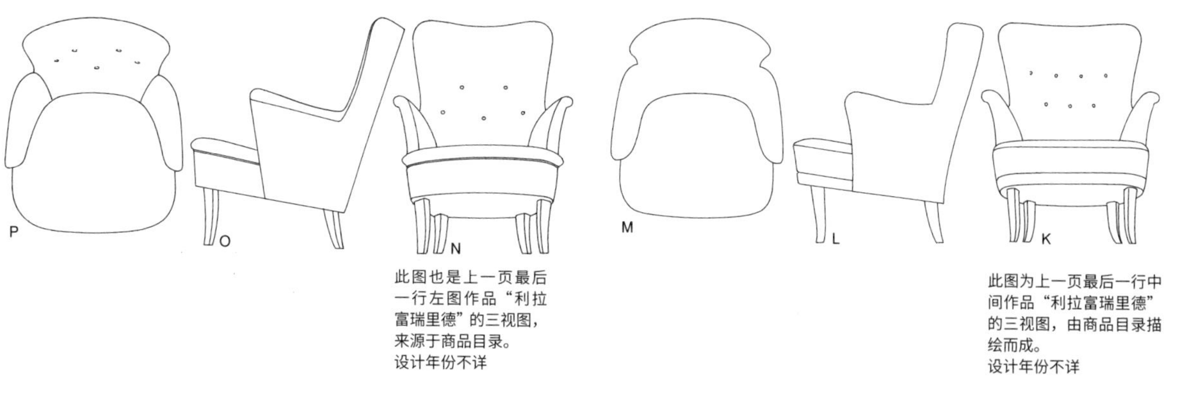

此图也是上一页最后一行左图作品“利拉富瑞里德”的三视图，来源于商品目录。
设计年份不详

此图为上一页最后一行中间作品“利拉富瑞里德”的三视图，由商品目录描绘而成。
设计年份不详

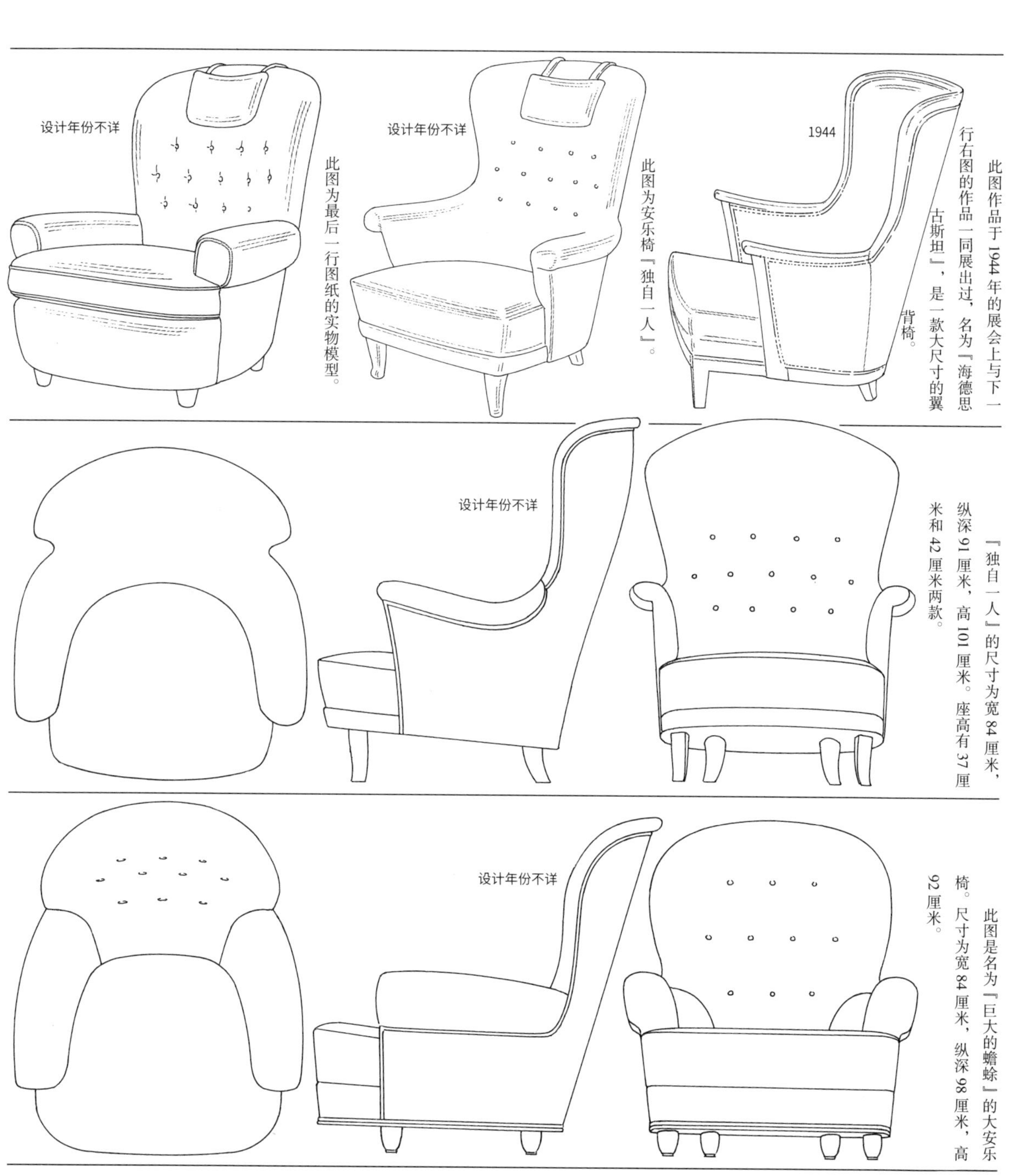

此图为最后一行图纸的实物模型。

此图为安乐椅『独自一人』。

此图作品于1944年的展会上与下一行右图的作品一同展出过，名为『海德思古斯坦』，是一款大尺寸的翼背椅。

『独自一人』的尺寸为宽84厘米，纵深91厘米，高101厘米。座高有37厘米和42厘米两款。

此图是名为『巨大的蟾蜍』的大安乐椅。尺寸为宽84厘米，纵深98厘米，高92厘米。

1888—1972

卡尔·马姆斯登

第 6 小节
1947—1972 年间

1947—1956 年，马姆斯登成为在瑞典设立的尼克艾尔工作室的学校法人，并教授暑期课程。1950 年他与位于斯莫兰的家具·纺织工厂一同开始了日用产品的生产。这成为后来成立尼克艾尔工作室联合会的一个前期准备。1956 年，通过尼克艾尔工作室联合会，首届『充满生机的瑞典传统展』在哥德堡的洛斯卡工艺美术馆举办。1957 年，收购了位于厄兰岛的比克来比的农艺园，并开始进行装修。

1960 年，他开办了卡佩拉园学院，作为造型学校专门学习家庭和农园艺术。卡佩拉园学院继承了马姆斯登的遗愿，培养了很多优秀的人才。1960—1965 年，卡佩拉园学院的工作室团体和居住团体收到来自各种财团和法人的捐赠，随之成立。

1972 年 8 月 13 日，令世人遗憾的是瑞典伟大的工艺作家马姆斯登逝世。他作为教育家、思想家，不仅在工艺方面做出贡献，在家具、室内装饰、纺织设计方面也留下了伟大的足迹。

此图为 1953 年展览会上展出的安乐椅。但是，这种设计与初期的作品非常相似，设计年份应该很久远。左图的沙发也是同一展览会上展出的。

1953 年展览会

1953 年展览会

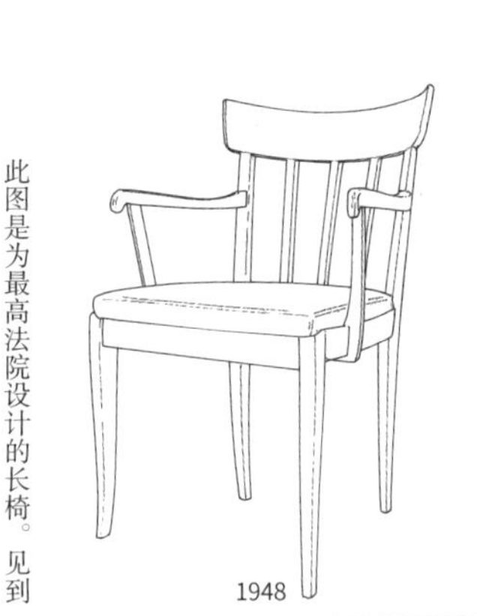

1948

也许是照片资料的角度原因，这把椅子的比例给人以非常知性的美感，主要是因为椅腿和肘部的角度和厚度。

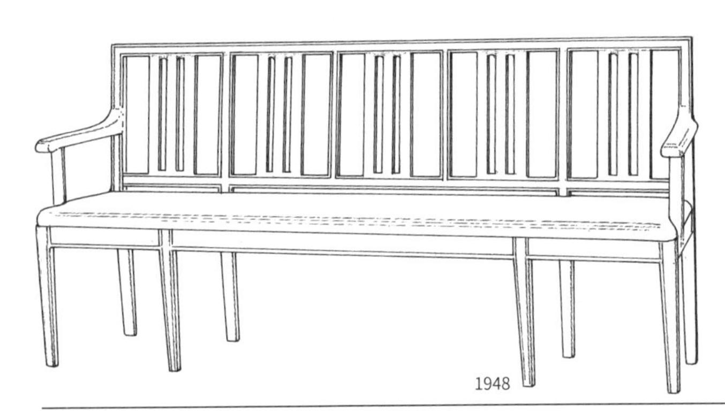

1948

此图是为最高法院设计的长椅。见到此作品时，也许是因为背部的设计，让人联想到维也纳分离派霍夫曼和奥尔布里奇的作品。

此图也是为最高法院设计的作品。虽说是 1949 年的作品，但设计本身给人年代久远之感。

1949

此图是与右图在同一个房间里使用的扶手椅。因为资料照片尺寸小，细节方面有很多不清楚的地方。

1949

作品名为『工坊』。这件作品的特点在于背板和横梁的形状，由商品目录的简图描绘而成。

1948—1949

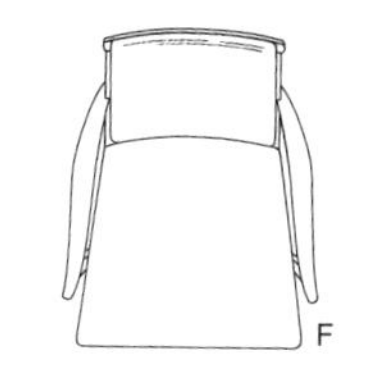

此图也属于同一系列，是最后一行作品的平面图。
1948—1949

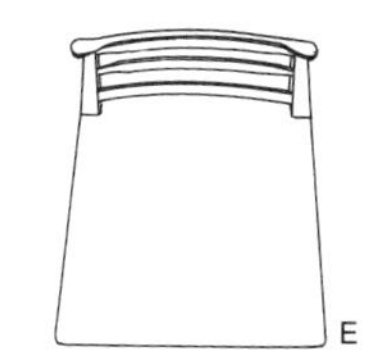

此图为“工坊”系列的餐椅的平面图。
1948—1949

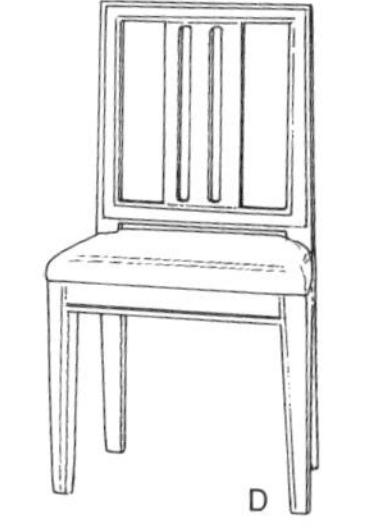

此图与上一页第二行的长椅是同一系列，是最高法院的单人椅。
1948

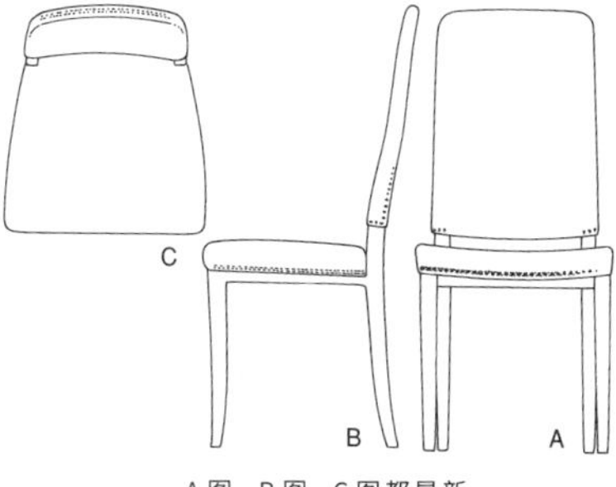

A图、B图、C图都是新发现的三视图。上市销售的立体图在第328页第二行右图已经介绍。
1955

1948—1949

此图也属于『工坊』系列。背板有三根，与右图作品相比背部设计得比较高，此外，背部的角度也比较大，与安乐椅比较相近，平面图中没有背部的靠垫。

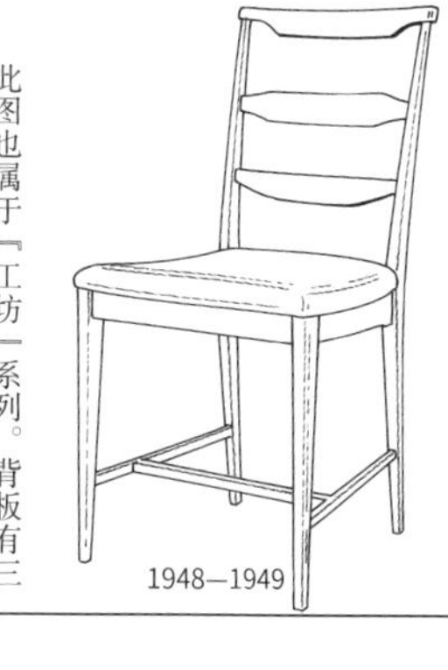

1948—1949

此图为『工坊』上市销售的模型。马姆斯登的出版物中经常有介绍。

1948—1949

此图应该是与最后一行中间是同一作品。背部的角度稍有不同。

此图只表现了右图作品的背部框架。这是按照商品目录的简图描绘而成。

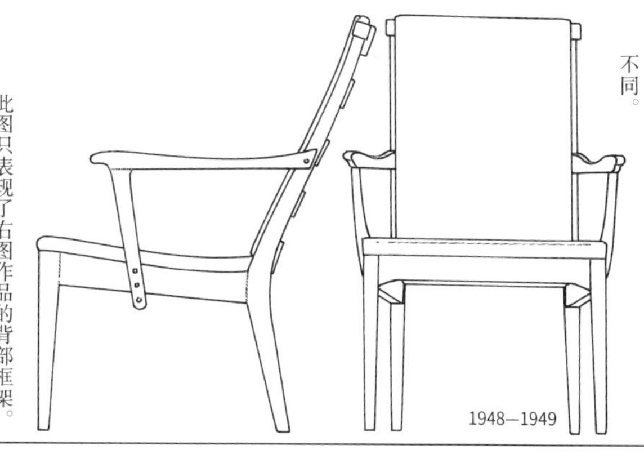

1948—1949

此图为『工坊』系列。背部的角度不同。

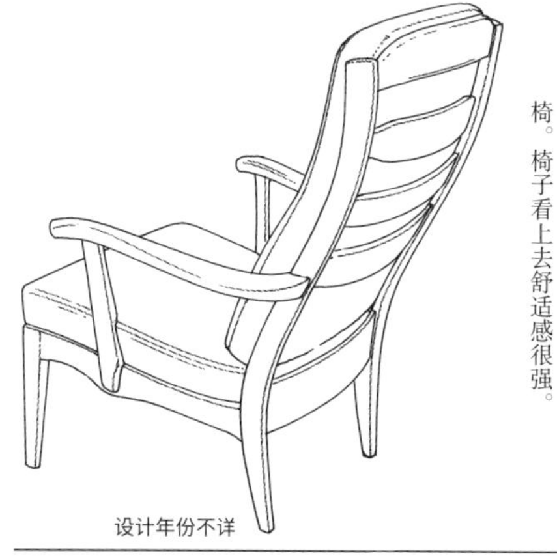

设计年份不详

此图是名为『费亚德布里卡』的安乐椅。椅子看上去舒适感很强。

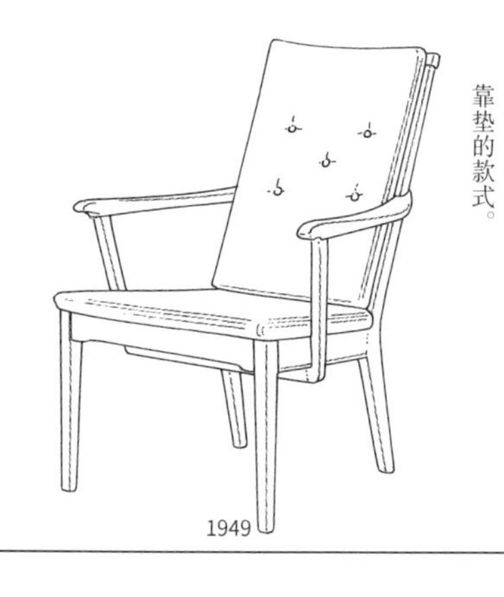

1949

此图与右图是同一模型，是背部装有靠垫的款式。

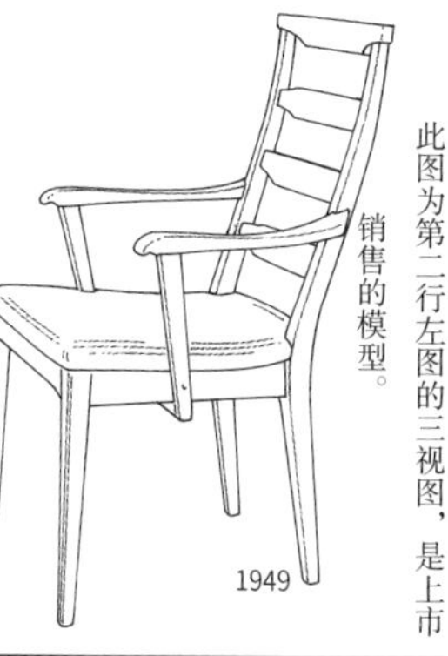

1949

此图为第二行左图的三视图，是上市销售的模型。

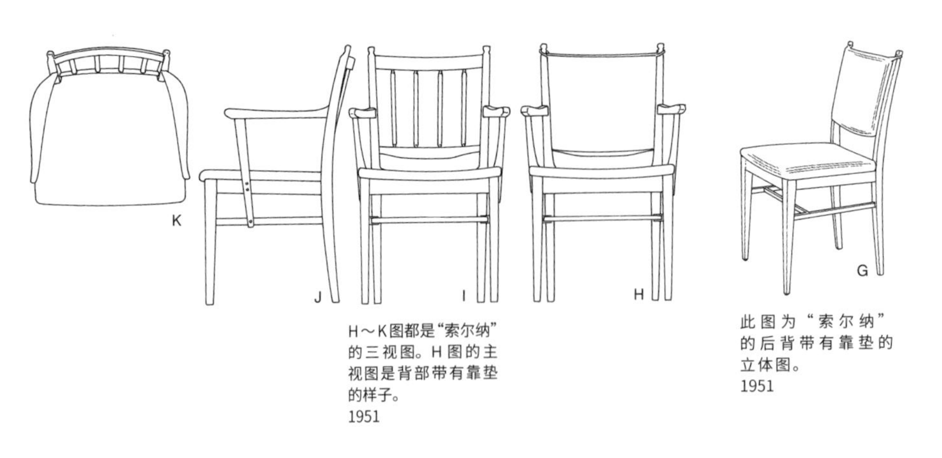

H～K图都是“索尔纳”的三视图。H图的主视图是背部带有靠垫的样子。
1951

此图为“索尔纳”的后背带有靠垫的立体图。
1951

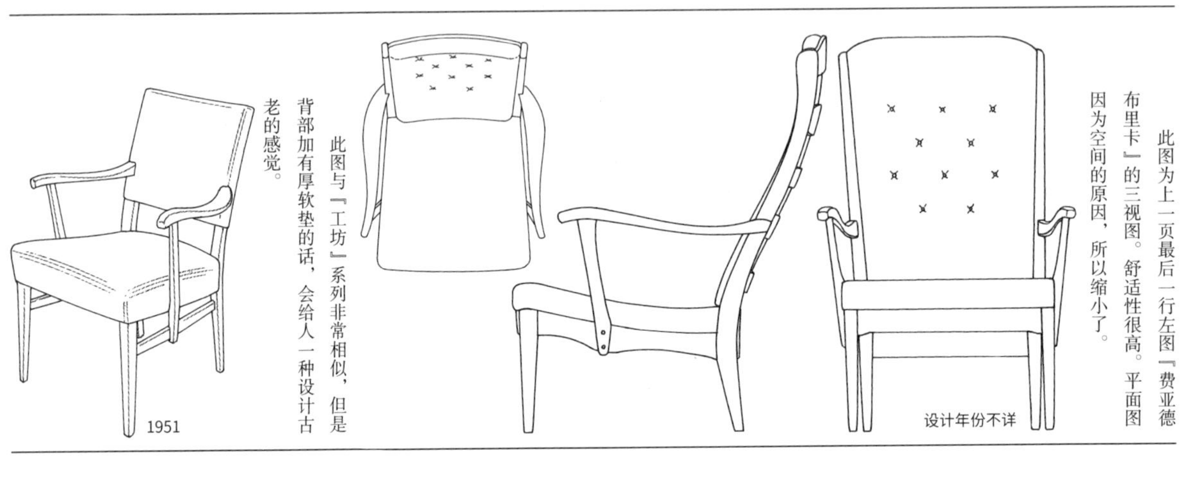

此图与『工坊』系列非常相似，但是背部加有厚软垫的话，会给人一种设计古老的感觉。

此图为上一页最后一行左图『费亚德布里卡』的三视图。舒适性很高。平面图因为空间的原因，所以缩小了。

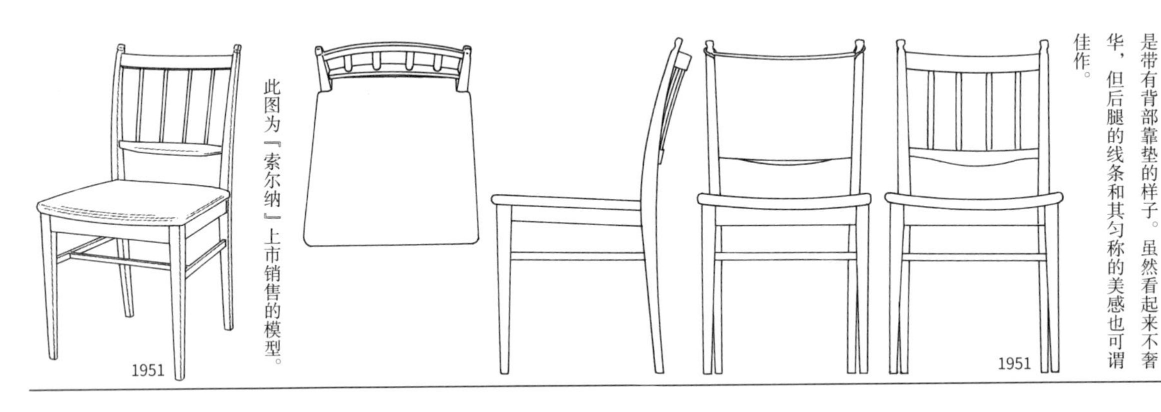

此图为『索尔纳』上市销售的模型。

此图名为『索尔纳』。左边的主视图是带有背部靠垫的样子。虽然看起来不奢华，但后腿的线条和其匀称的美感也可谓佳作。

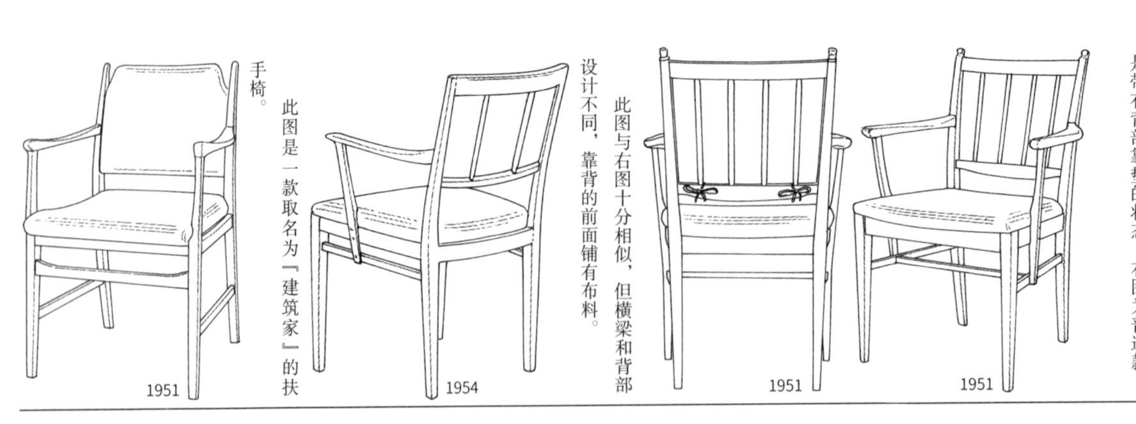

此图是一款取名为『建筑家』的扶手椅。

此图与右图十分相似，但横梁和背部设计不同，靠背的前面铺有布料。

此图为『索尔纳』的手扶椅款。左图是带有背部靠垫的状态，右图为普通款。

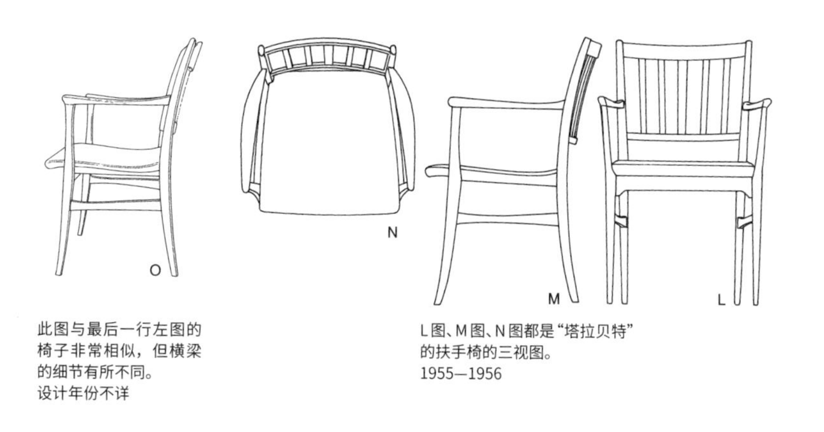

此图与最后一行左图的椅子非常相似，但横梁的细节有所不同。
设计年份不详

L图、M图、N图都是“塔拉贝特”的扶手椅的三视图。
1955—1956

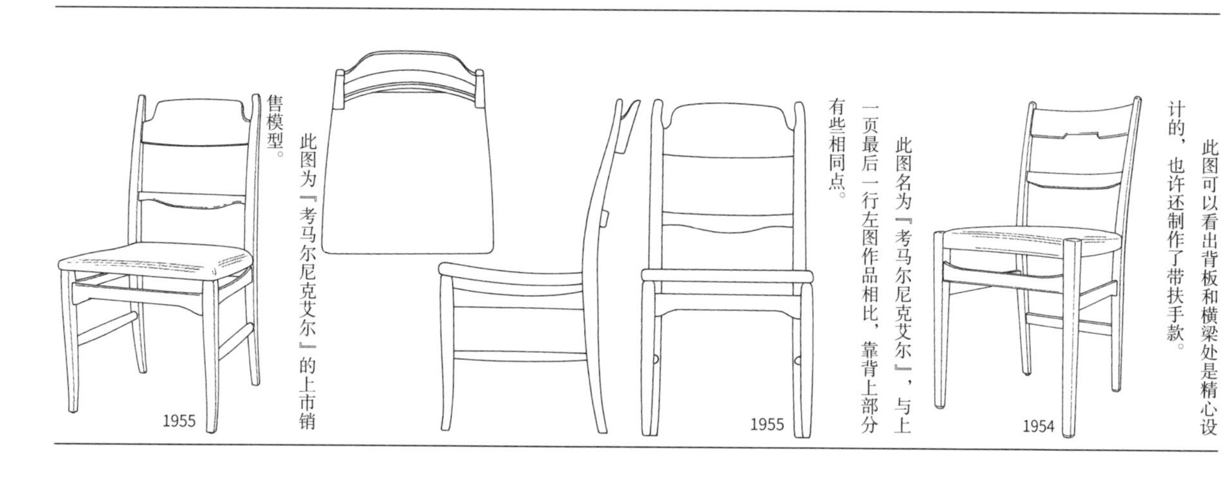

此图可以看出背板和横梁处是精心设计的，也许还制作了带扶手款。

此图名为『考马尔尼克艾尔』，与上一页最后一行左图作品相比，靠背上部分有些相同点。

此图为『考马尔尼克艾尔』的上市销售模型。

此图为『考马尔尼克艾尔』的扶手款。整体的比例与无扶手款相同，但上部的背板的上下距离很大。不过这仅限于图纸，实际上上市销售的模型中无扶手款和扶手款的背板的上下距离都是相同的。

此图为右图作品的上市销售的模型。

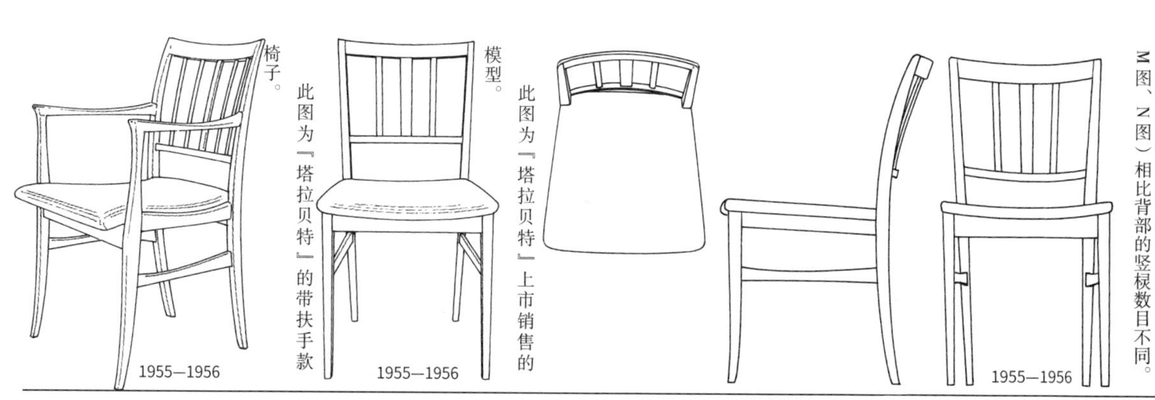

此图为『塔拉贝特』。与扶手款（L图、M图、N图）相比背部的竖棂数目不同。

此图为『塔拉贝特』上市销售的模型。

此图为『塔拉贝特』的带扶手款椅子。

1888—1972

卡尔·马姆斯登

第 7 小节
室内装饰和家具设计
（—1930 年）

本小节主要介绍卡尔·马姆斯登在家具和室内装饰设计领域的成就。

1918 年，他开始设计斯托拉公司（一家主营烤肉木炭材料的公司）的员工办公室。同年，他着手设计诺迪克公司的家具（是只负责设计还是也担任了制作尚不清楚）。1918—1923 年，他从事了斯德哥尔摩市政厅的工作，这决定了他以后的一生。但是，如在第 2 小节中介绍过的，市政厅的家具设计大赛在 1916 年举办，这里所说的市政厅的工作应该是一项更大的项目。1922 年，他开始着手布达福什瑞典的家具公司的家具设计。1923 年，他为了表达斯德哥尔摩市民对王子结婚的祝福，设计了乌尔里克斯达尔斯城堡的起居室。1925—1926 年，他开始负责斯德哥尔摩音乐厅的工作。1926 年，他负责斯德哥尔摩格兰德酒店的地下室的洽谈间和建筑委员会的会议室、委员长室的设计工作。1926—1928 年，他开始着手维塔维利汽车公司的家具设计工作。1927 年，负责斯德哥尔摩的瑞典火柴公司总公司事务所的设计工作。1929 年，负责桑德维克铁工厂的会议室、所长室和大厅的设计工作。1930 年，与诺迪克公司共同负责

初期的模型有很多都是为了建筑物工程而设计的，与此相对的是本小节介绍的作品有很多都是以量产为前提。来源于简图。

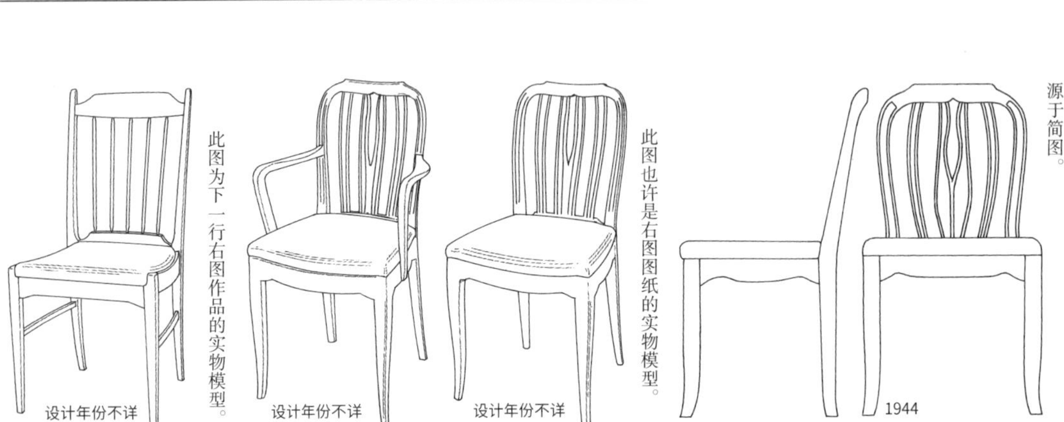

此图也许是右图图纸的实物模型。

此图为下一行右图作品的实物模型。

这一行介绍的都是同一系列名为『新黄金』的作品。

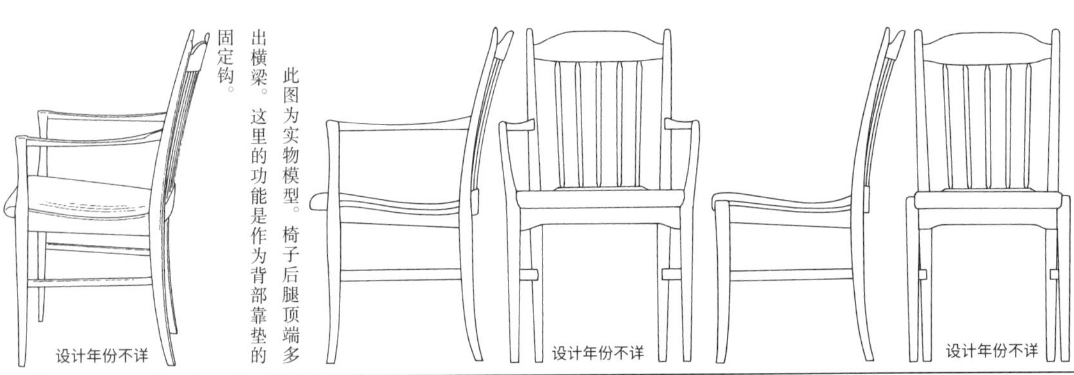

此图为实物模型。椅子后腿顶端多出横梁。这里的功能是作为背部靠垫的固定钩。

此图名为『荷夫雅顿』。这一行介绍的都是同一系列作品。从照片资料来看，细节的处理非常精美。

源自同一系列的平面图。

纽约华尔道夫酒店的套房、餐厅和大厅等设计工作。

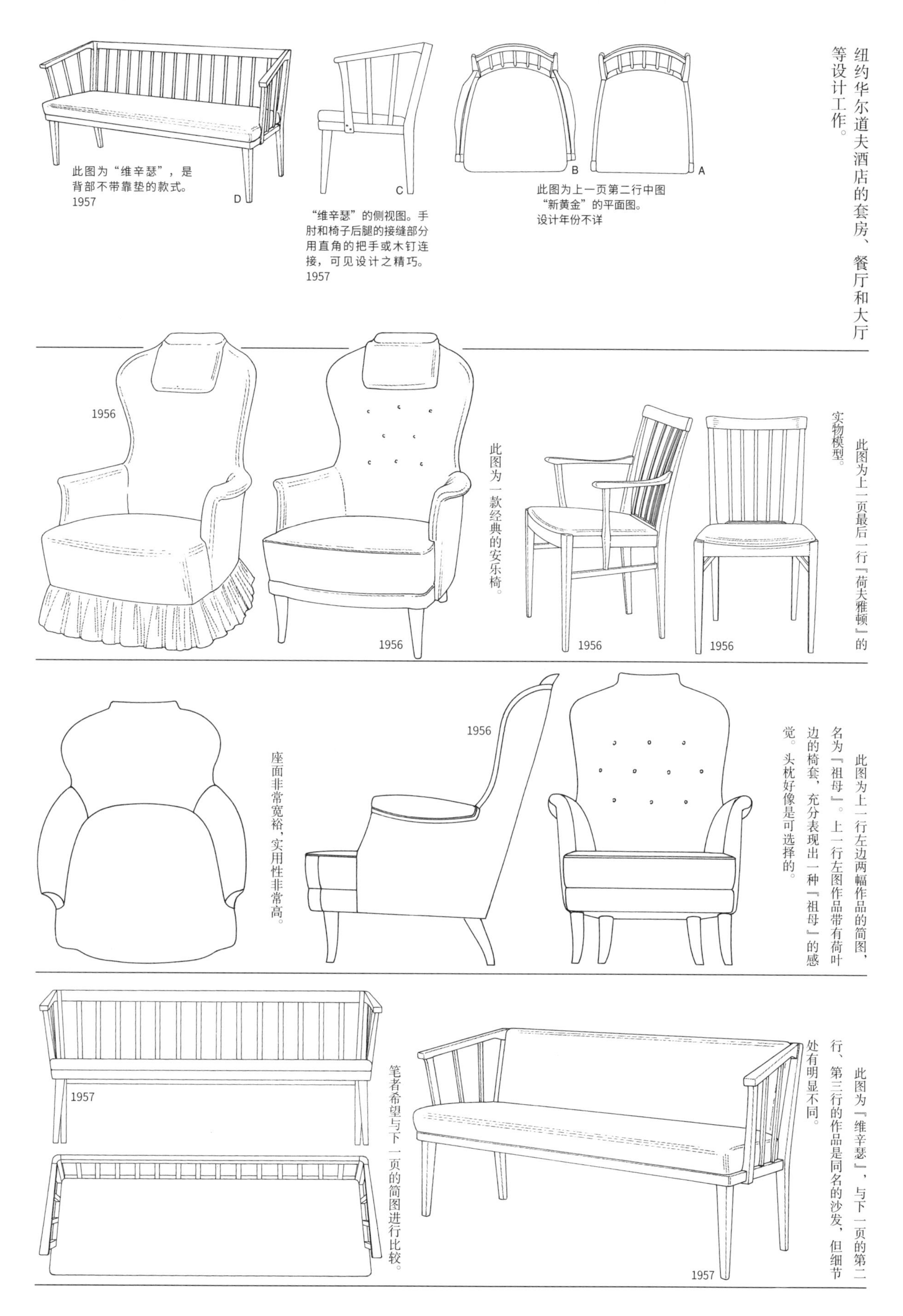

此图为“维辛瑟”，是背部不带靠垫的款式。
1957

“维辛瑟”的侧视图。手肘和椅子后腿的接缝部分用直角的把手或木钉连接，可见设计之精巧。
1957

此图为上一页第二行中图“新黄金”的平面图。
设计年份不详

此图为一款经典的安乐椅。

此图为上一页最后一行『荷夫雅顿』的实物模型。

座面非常宽裕，实用性非常高。

此图为上一行左边两幅作品的简图，名为『祖母』。上一行左图作品带有荷叶边的椅套，充分表现出一种『祖母』的感觉。头枕好像是可选择的。

笔者希望与下一页的简图进行比较。

此图为『维辛瑟』，与下一页的第二行、第三行的作品是同名的沙发，但细节处有明显不同。

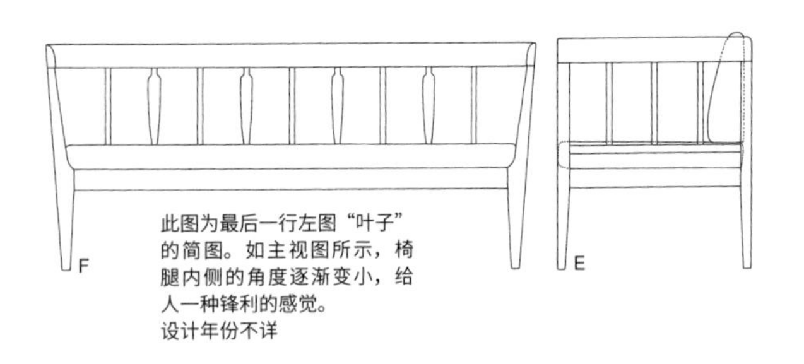

此图为最后一行左图“叶子”的简图。如主视图所示，椅腿内侧的角度逐渐变小，给人一种锋利的感觉。
设计年份不详

这件作品也是『维辛瑟』。侧面的竖棂条数比上一件作品多一根。

与侧面相比的话，很容易看到其中的不同。后腿的构造完全不同，这件作品底座的纵深也比较深。

上一件的座位轮廓更有棱角，这件轮廓圆滑。从座位的面积来看，取掉背部的靠垫似乎还可以当作床来使用。

此图为『叶子』。也许是因为背部的竖条之间部分的形状而得名。左图作品的侧面则看不到那个部分。后腿的形状也有所不同，右图好像是可以当作床的类型。

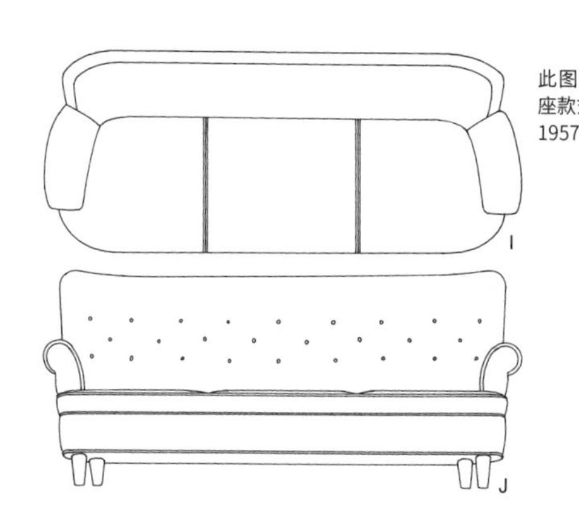

此图为“晚上回家”的三人座款式简图。
1957

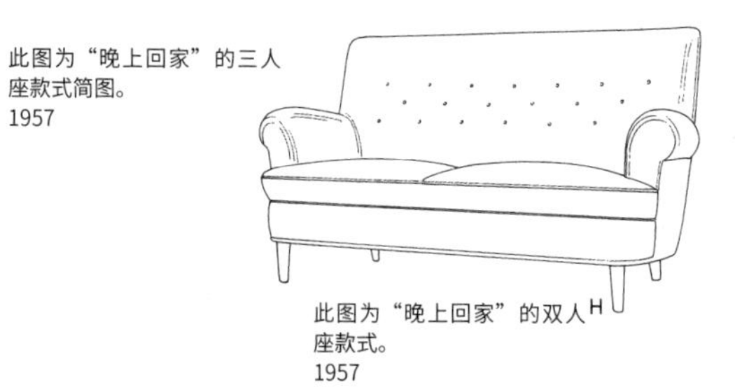

此图为“晚上回家”的双人座款式。
1957

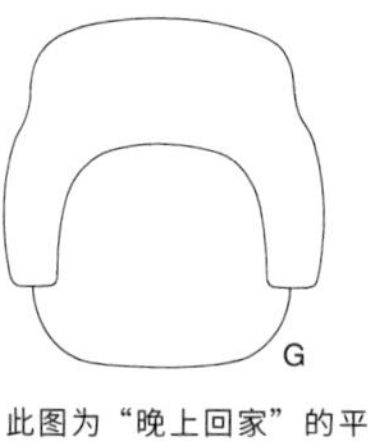

此图为“晚上回家”的平面图。
1957

1957

图片来自商品目录上刊登的名为『晚上回家』的简图。有许多类似作品。

1958—1959

1958

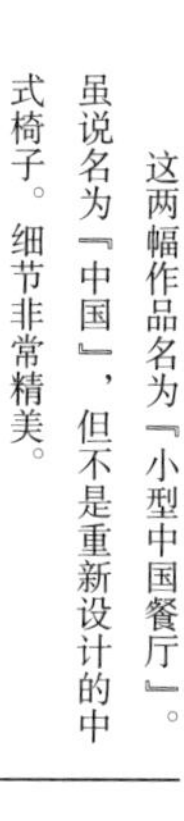

这两幅作品名为『小型中国餐厅』。虽说名为『中国』，但不是重新设计的中式椅子。细节非常精美。

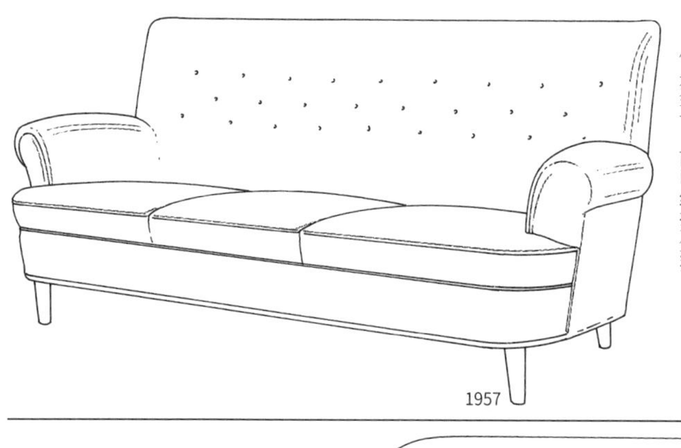

1957

此外还设计了双人座款式（H图）。但是凳子目前已经找不到了。

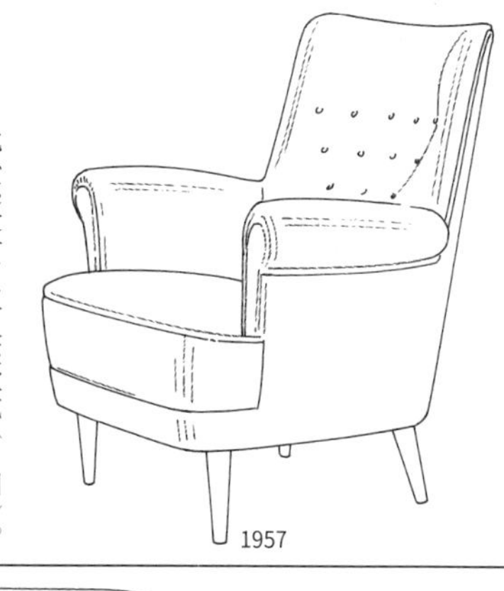

1957

此图为上一行左图作品的实物模型。虽不是现代风格，但也不是经典风格。在充满智慧与品位的瑞典富裕阶层中很受欢迎。

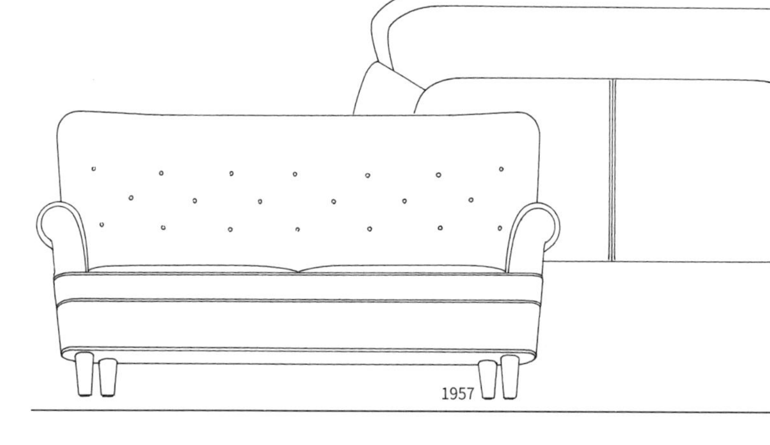

1957

1957

这件作品也是『晚上回家』，但仔细观察座位上下坐垫的厚度与单人座款式有所不同。

1888—1972

卡尔·马姆斯登

第 8 小节
室内装饰和家具设计
（1932—）

卡尔·马姆斯登开始着手设计瑞典政府机关、首相和教育部大臣的办公室以及接待室的设计工作。1934年，设计了日内瓦国际联盟事务局局长办公室。同年，设计了波立登矿业公司的会议室、洽谈间和大厅。还为阿玛莲堡的英格丽公主设计了餐厅。1936—1943年，设计了瑞典马拉伯巧克力公司的总经理办公室、洽谈间、餐厅、图书室和会议室等。1937—1940年，他在瑞典美洲轮船公司工作，设计了『斯德哥尔摩号』的套间。1938年，设计了关税厅会议室和长官室。1939年，设计了乌普萨拉大学的女生宿舍。1939—1940年，设计了罗马的瑞典协会。1943年，着手设计了斯亚乐维农业学校，里斯比、芬斯塔、多斯塔的三所农场农业学校。1944年，为生活合作社的家具制定了基准款式。1945年，设计了卡罗林斯卡学院的会议室。1946年，着手设计了山特维克炼铁厂公司的会客室和斯德哥尔摩的少年宫，还有本尼格的农场经营学校。

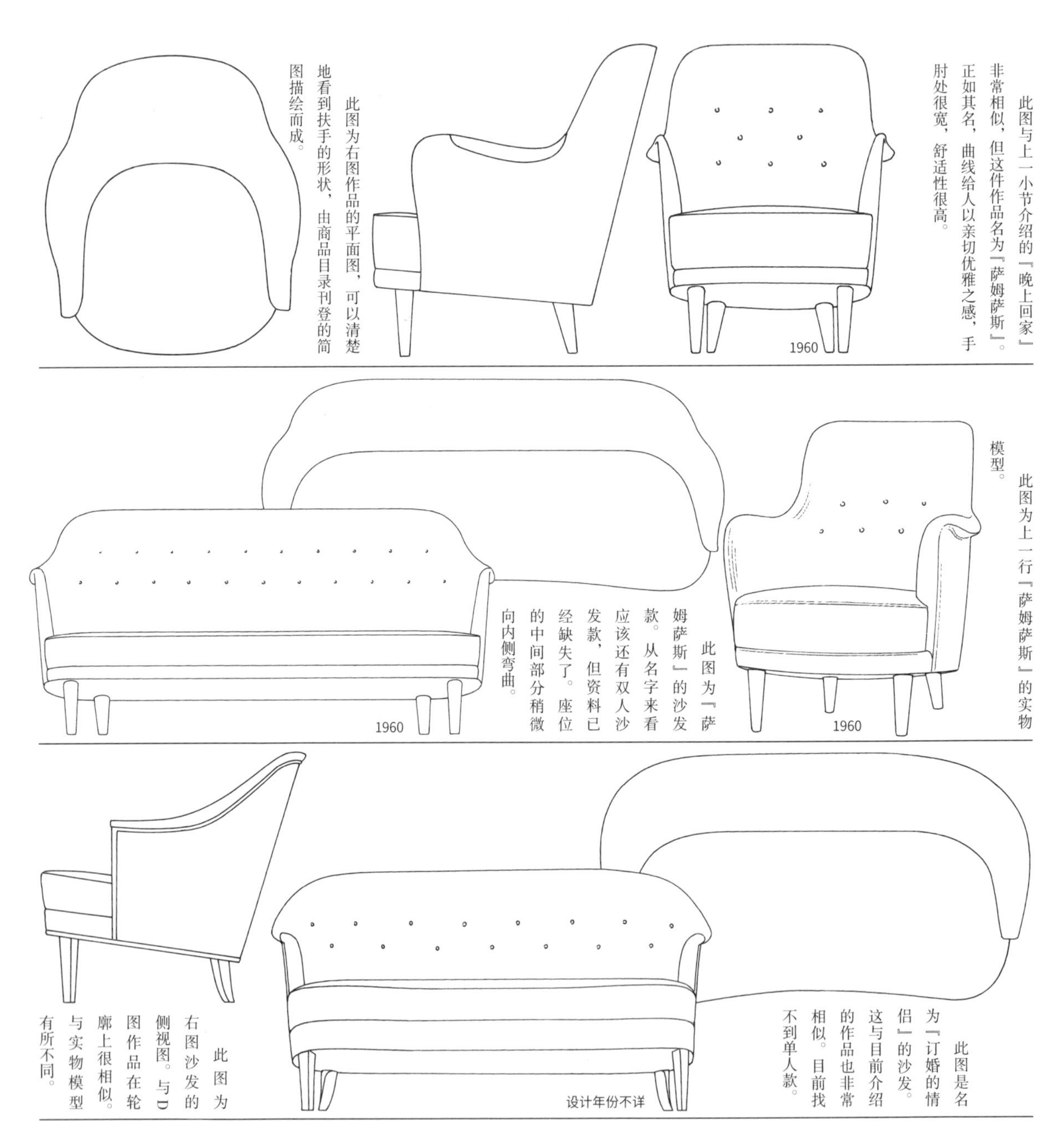

此图与上一小节介绍的『晚上回家』非常相似，但这件作品名为『萨姆萨斯』。正如其名，曲线给人以亲切优雅之感，手肘处很宽，舒适性很高。

此图为右图作品的平面图，可以清楚地看到扶手的形状，由商品目录刊登的简图描绘而成。

此图为上一行『萨姆萨斯』的实物模型。

此图为『萨姆萨斯』的沙发款。从名字来看应该还有双人沙发款，但资料已经缺失了。座位的中间部分稍微向内侧弯曲。

此图是名为『订婚的情侣』的沙发。这与目前介绍的作品也非常相似。目前找不到单人款。

此图为右图沙发的侧视图。与D图作品在轮廓上很相似。与实物模型有所不同。

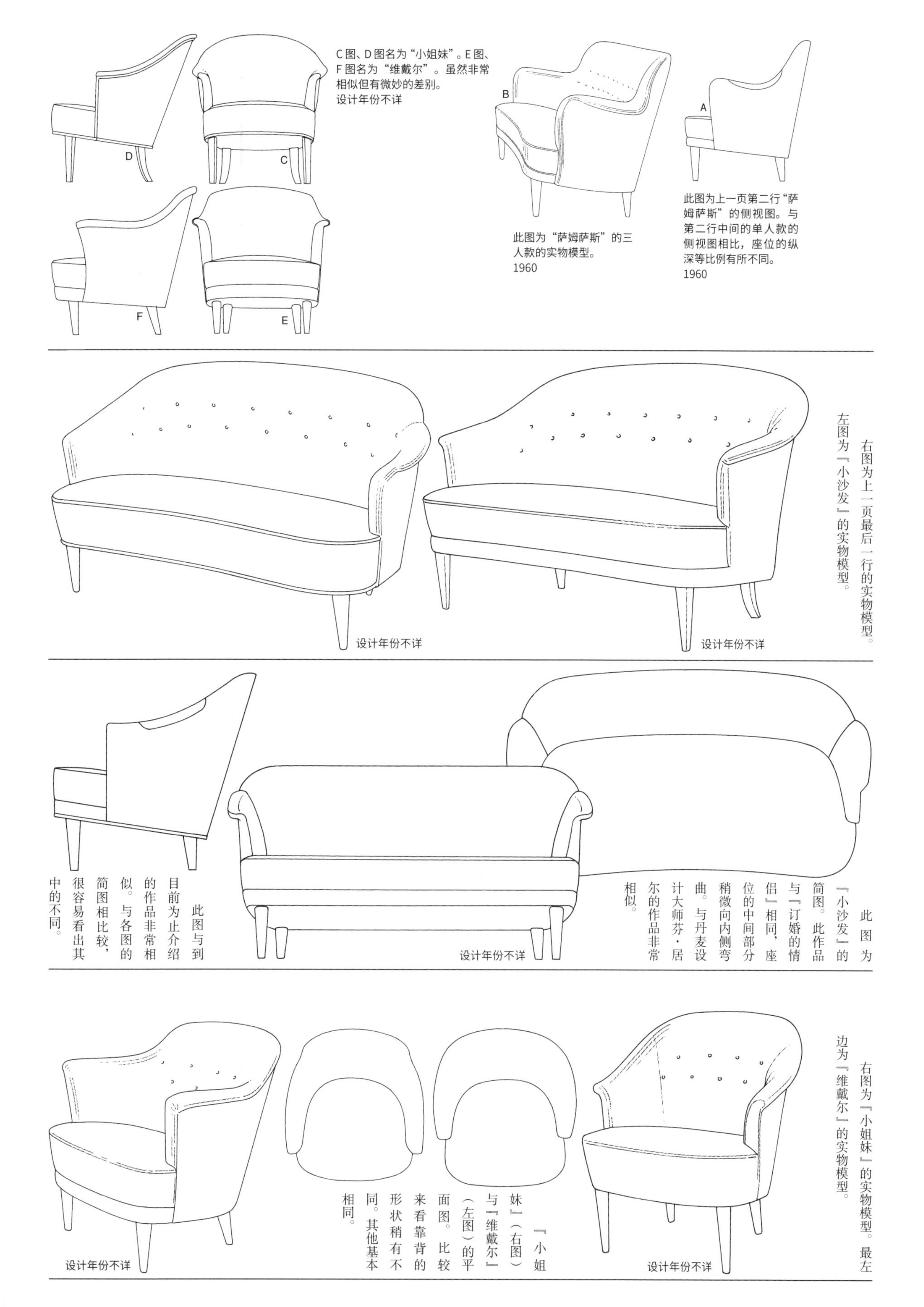
C图、D图名为“小姐妹”。E图、F图名为“维戴尔”。虽然非常相似但有微妙的差别。
设计年份不详
D
C
F
E
B
A
此图为“萨姆萨斯”的三人款的实物模型。
1960
此图为上一页第二行“萨姆萨斯”的侧视图。与第二行中间的单人款的侧视图相比，座位的纵深等比例有所不同。
1960
右图为上一页最后一行的实物模型。
左图为『小沙发』的实物模型。
设计年份不详
设计年份不详
此图为『小沙发』的简图。此作品与『订婚的情侣』相同，座位的中间部分稍微向内侧弯曲。与丹麦设计大师芬·居尔的作品非常相似。
此图与到目前为止介绍的作品非常相似。与各图的简图相比较，很容易看出其中的不同。
设计年份不详
右图为『小姐妹』的实物模型。最左边为『维戴尔』的实物模型。
『小姐妹』（右图）与『维戴尔』（左图）的平面图。比较来看靠背的形状稍有不同。其他基本相同。
设计年份不详
设计年份不详

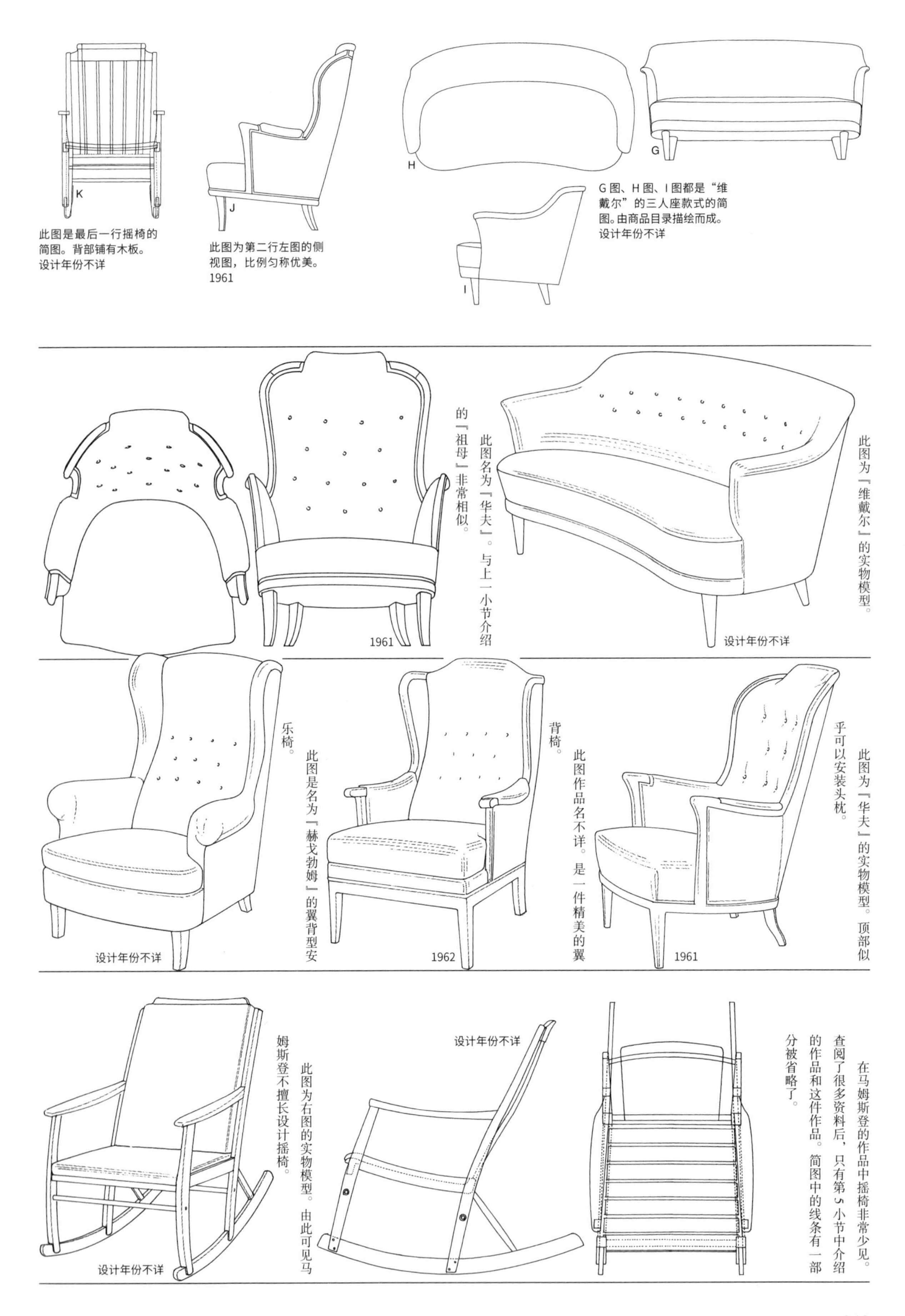

此图是最后一行摇椅的简图。背部铺有木板。设计年份不详

此图为第二行左图的侧视图，比例匀称优美。1961

G图、H图、I图都是“维戴尔”的三人座款式的简图。由商品目录描绘而成。设计年份不详

此图名为『华夫』。与上一小节介绍的『祖母』非常相似。

此图为『维戴尔』的实物模型。

此图是名为『赫戈勃姆』的翼背型安乐椅。

此图作品名不详。是一件精美的翼背椅。

此图为『华夫』的实物模型。顶部似乎可以安装头枕。

此图为右图的实物模型。由此可见马姆斯登不擅长设计摇椅。

在马姆斯登的作品中摇椅非常少见。查阅了很多资料后，只有第5小节中介绍的作品和这件作品。简图中的线条有一部分被省略了。

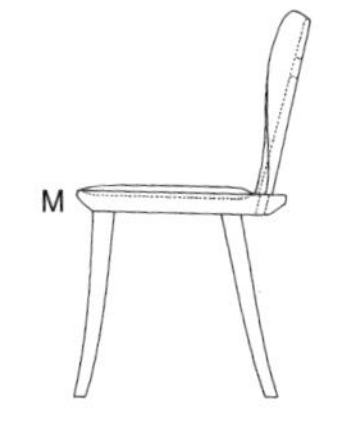

此图是最后一行左图的侧视图。靠背和座位呈现曲面。
设计年份不详

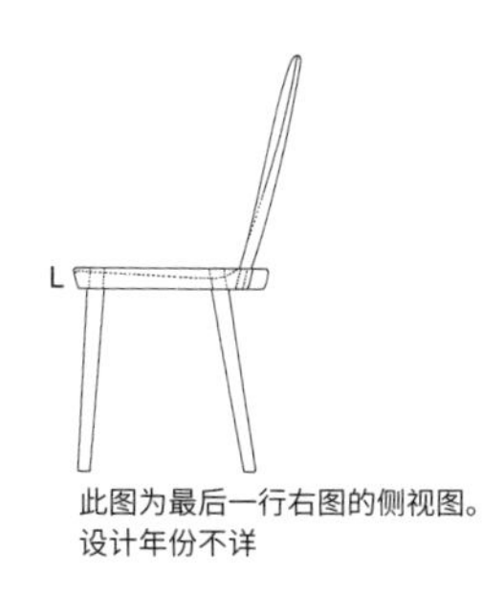

此图为最后一行右图的侧视图。
设计年份不详

与马姆斯登同样年龄的丹麦设计大师柯林特也发表过与此图非常相似的作品。

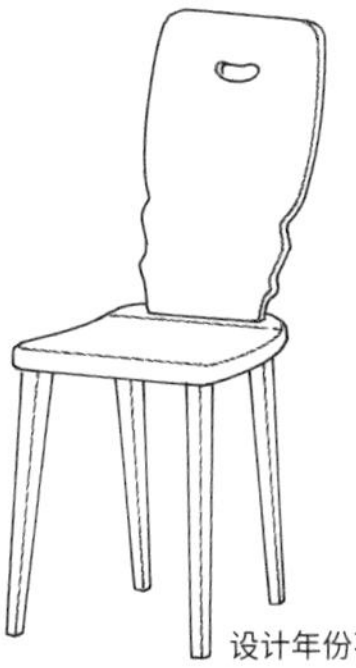

1962

从很早开始就能在北欧见到这样简朴的无扶手单人椅。现代设计师也会将此继承下去，重新设计这样历史悠久的作品。

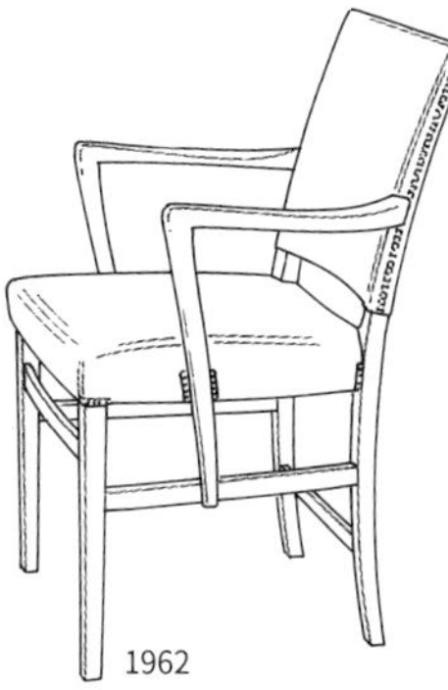

1967

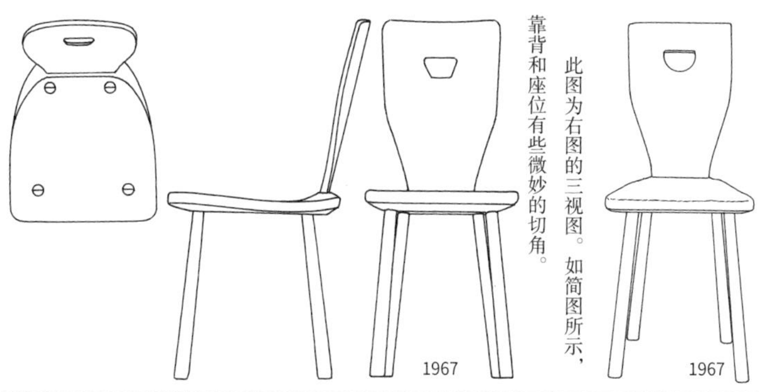

此图为右图的三视图。如简图所示，靠背和座位有些微妙的切角。

1967

此图也是上面的变化版模型。这种小椅子一般随意放置在普通家庭的厨房和玄关处。

设计年份不详

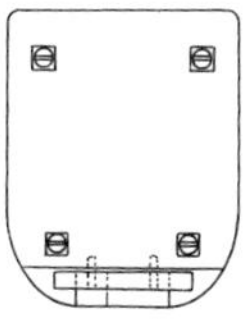

此图是右图的平面图，省略了靠背部分的线条。

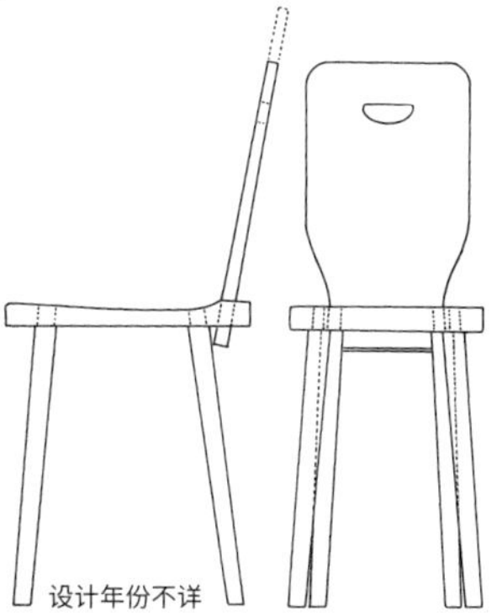

此图是右图的实物模型。

设计年份不详

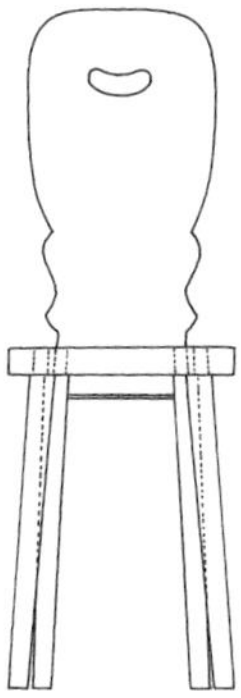

此图为靠背比例不同的一款，侧视图展示了其不同。

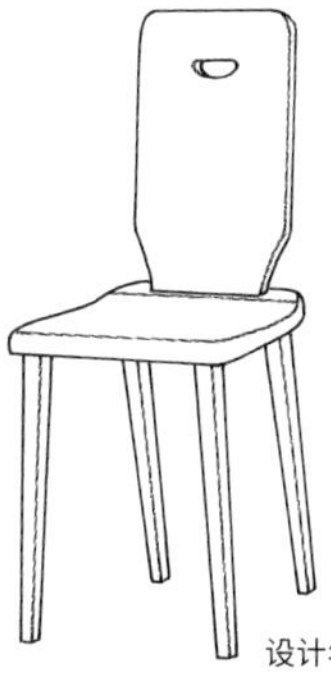

此图是右图的实物模型。

设计年份不详

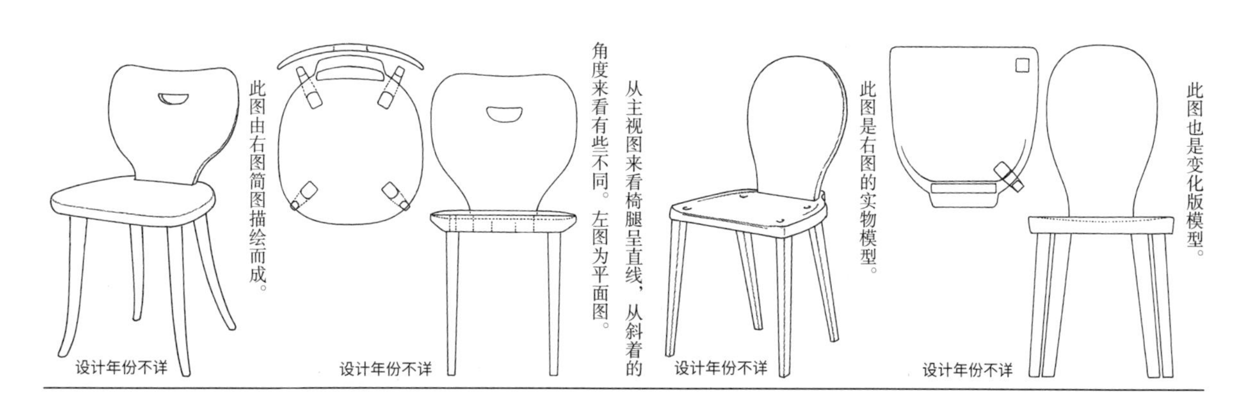

此图也是变化版模型。

设计年份不详

此图是右图的实物模型。

设计年份不详

从主视图来看椅腿呈直线，从斜着的角度来看有些不同。左图为平面图。

设计年份不详

此图由右图简图描绘而成。

设计年份不详

1888—1972

卡尔·马姆斯登

第 9 小节
晚年的成就

1947—1948年，卡尔·马姆斯登着手设计了托亚斯特的农业学校和其校长室、教会、食堂等的家具和室内装饰。此外，根据手边资料显示，1967年他还从事了法斯特庄园的代表人的住宅设计等大量的工作。这其中除了博物馆、法院、国家森林研究所、教堂、餐厅等，还包括很多在日本不怎么被熟知的国民学校和农场经营学校等独具北欧特色的设施。

包括本小节在内，马姆斯登的作品共有241件，介绍了从其作品的简图改绘的270件作品中的51件。从他的成就数量来看，他的作品数也许早已超越了这个数字。本次将以过去前往瑞典时购买的书籍为代表，还有在马姆斯登的商铺费力得到的数量庞大的商品目录，以及从瑞典的一位熟人那里得到的简图为主要资料。在这一小节将出现一些相似的作品，也许读者会感到无趣。但是，本书最大的特点就在于设计的体系和系谱。真诚地希望各位读者领会这一点。

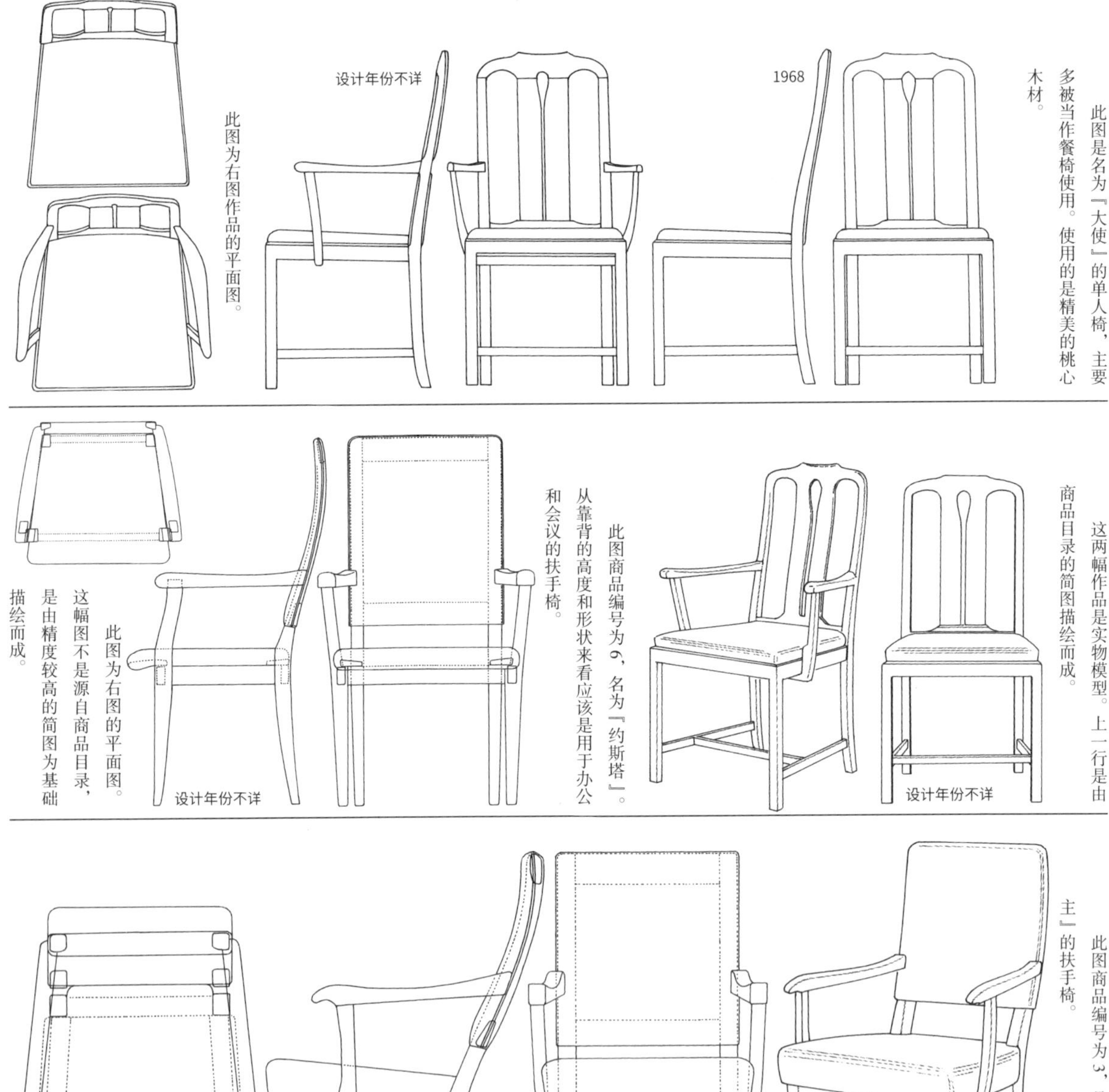

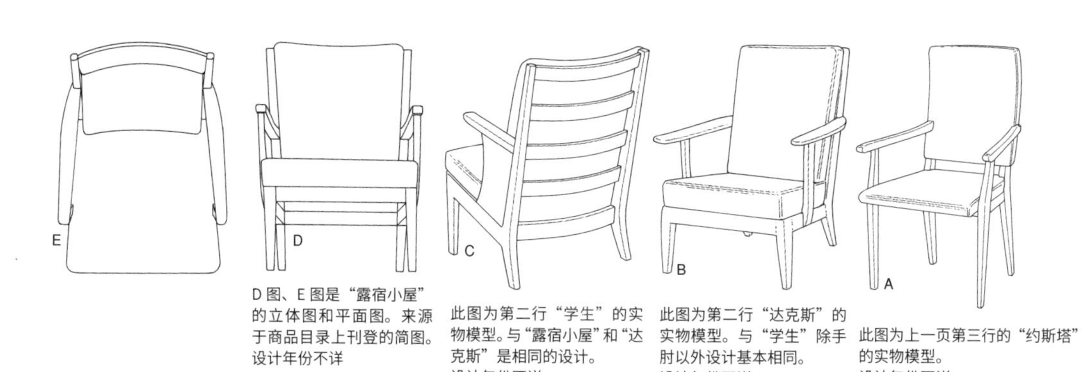

D图、E图是“露宿小屋”的立体图和平面图。来源于商品目录上刊登的简图。设计年份不详

此图为第二行“学生”的实物模型。与“露宿小屋”和“达克斯”是相同的设计。设计年份不详

此图为第二行“达克斯”的实物模型。与“学生”除手肘以外设计基本相同。设计年份不详

此图为上一页第三行的“约斯塔”的实物模型。设计年份不详

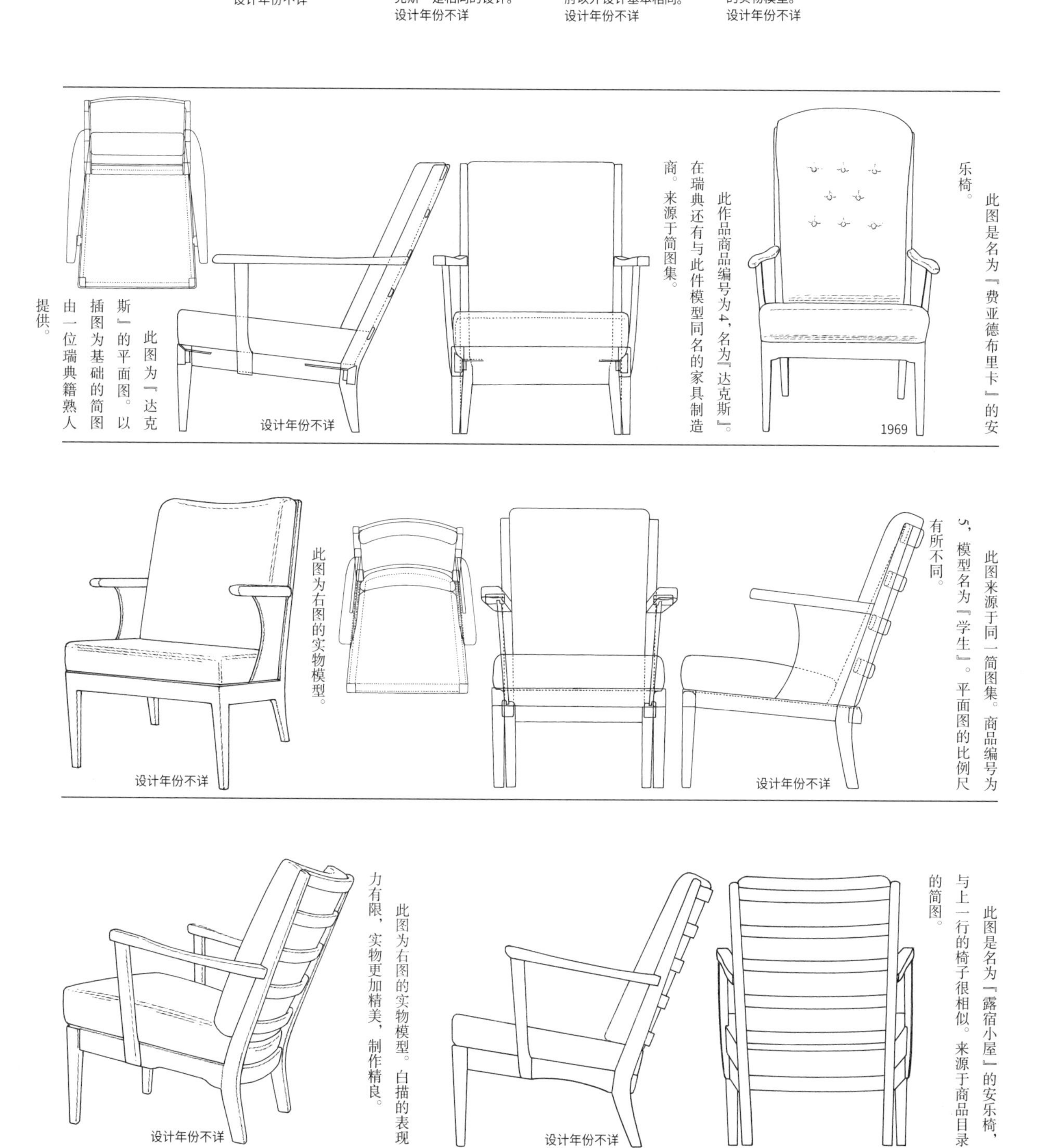

此图是名为『费亚德布里卡』的安乐椅。

此作品商品编号为4，名为『达克斯』。在瑞典还有与此件模型同名的家具制造商。来源于简图集。

此图为『达克斯』的平面图。以插图为基础的简图由一位瑞典籍熟人提供。

此图来源于同一简图集。商品编号为5，模型名为『学生』。平面图的比例尺有所不同。

此图为右图的实物模型。

此图是名为『露宿小屋』的安乐椅，与上一行的椅子很相似。来源于商品目录的简图。

此图为右图的实物模型。白描的表现力有限，实物更加精美，制作精良。

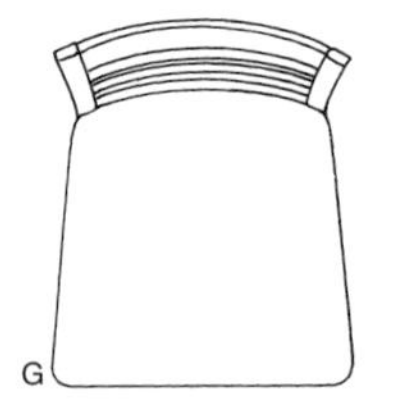

此图为最后一行“约恩斯”的平面图。
1969

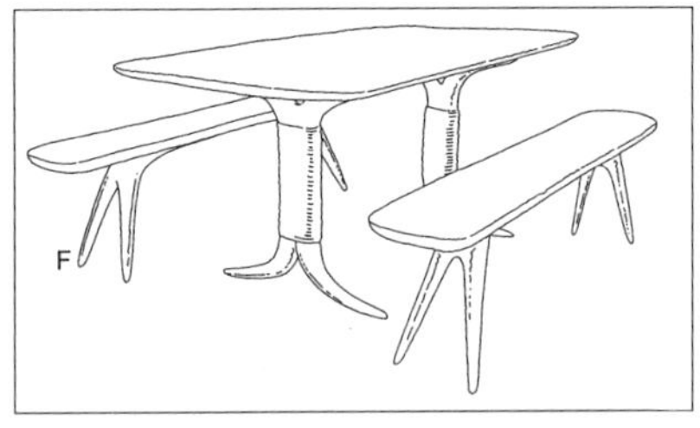

此图为芬兰设计大师伊玛里·塔佩瓦拉的作品。比马姆斯登的作品更加原始简朴。
1942

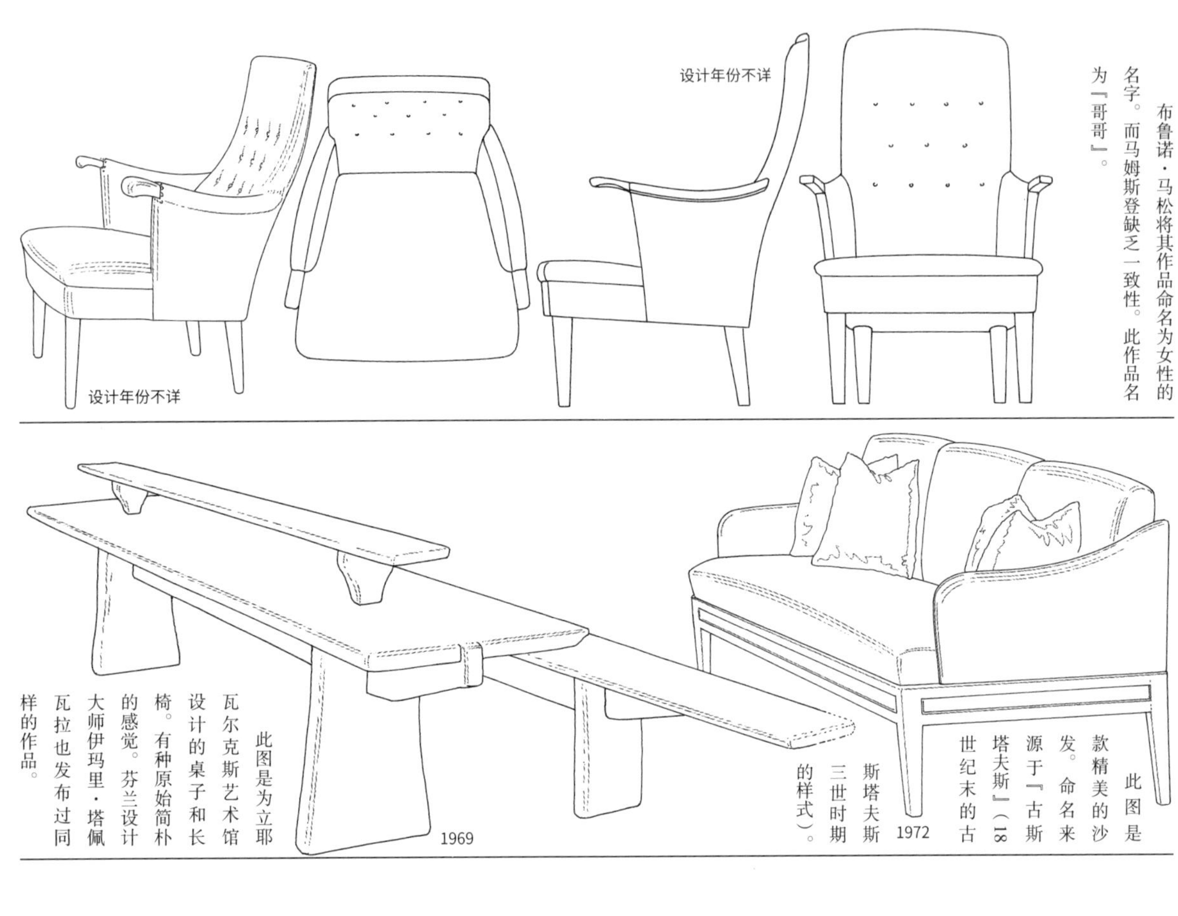

布鲁诺·马松将其作品命名为女性的名字。而马姆斯登缺乏一致性。此作品名为『哥哥』。

此图是为立耶瓦尔克斯艺术馆设计的桌子和长椅。有种原始简朴的感觉。芬兰设计大师伊玛里·塔佩瓦拉也发布过同样的作品。

此图是款精美的沙发。命名来源于『古斯塔夫斯』（18世纪末的古斯塔夫斯三世时期的样式）。

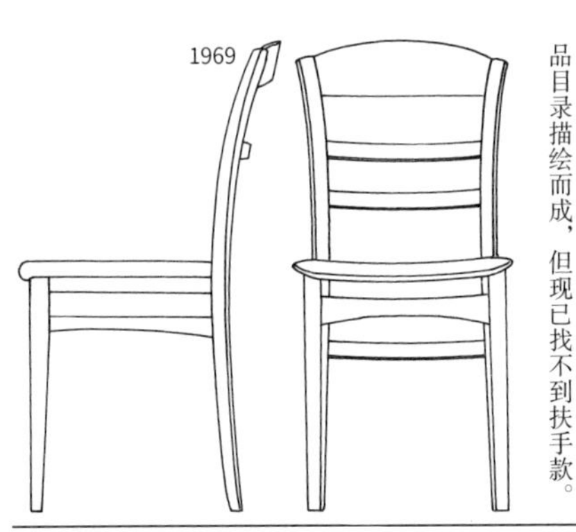

此图为餐椅，名为『约恩斯』。由商品目录描绘而成，但现已找不到扶手款。

此图也是为同一大厅设计的凳子。这种原始简朴设计风格的家具，过去在北欧各地的家庭中经常使用。

此图为右图的实物模型。座高有 41 厘米和 45 厘米两种。
设计年份不详

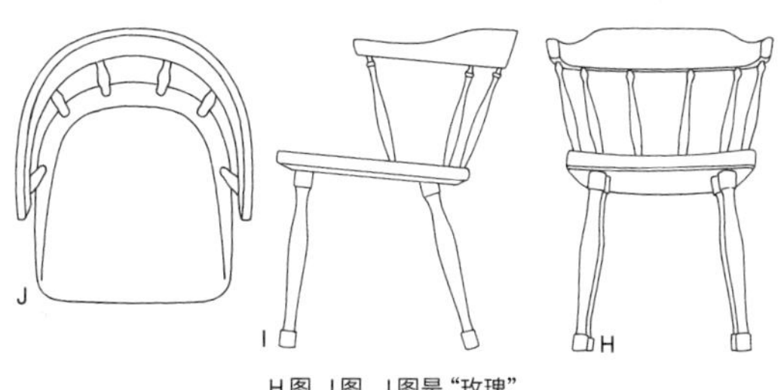

H 图、I 图、J 图是“玫瑰”的三视图。与第二行的简图相比，这把椅子的座位稍高。
设计年份不详

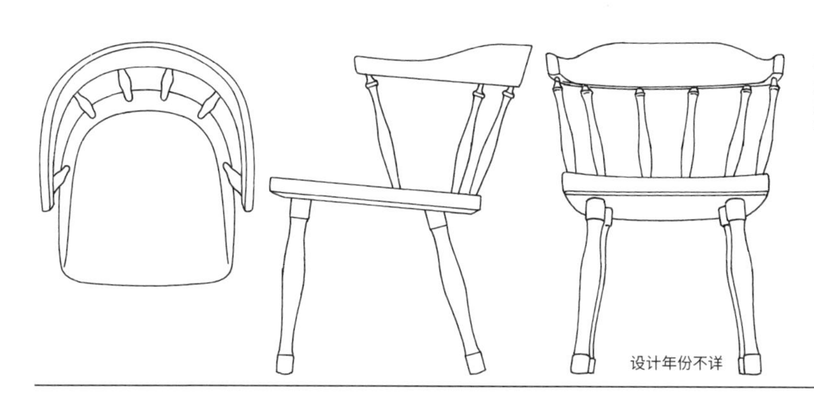

设计年份不详

此图与英国的温莎椅中的一款『吸烟者的肘托餐椅』非常相似。模型名为『玫瑰』。

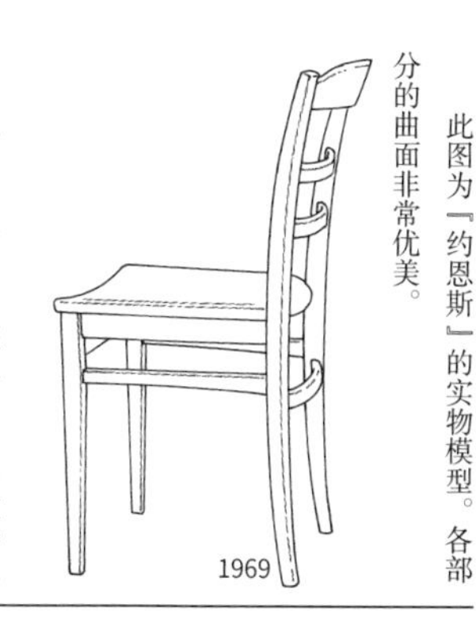

1969

此图为『约恩斯』的实物模型。各部分的曲面非常优美。

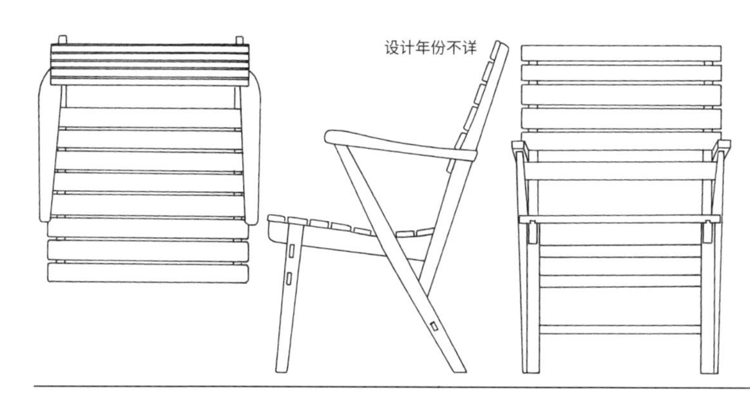

设计年份不详

许多北欧的著名设计师都设计过这种室外用家具。即使是设计师，也是十分重视家庭生活的。

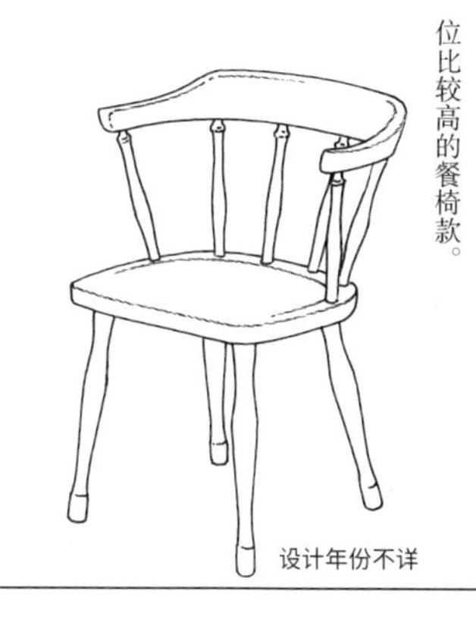

设计年份不详

此图为『玫瑰』的实物模型。K 图是座位比较高的餐椅款。

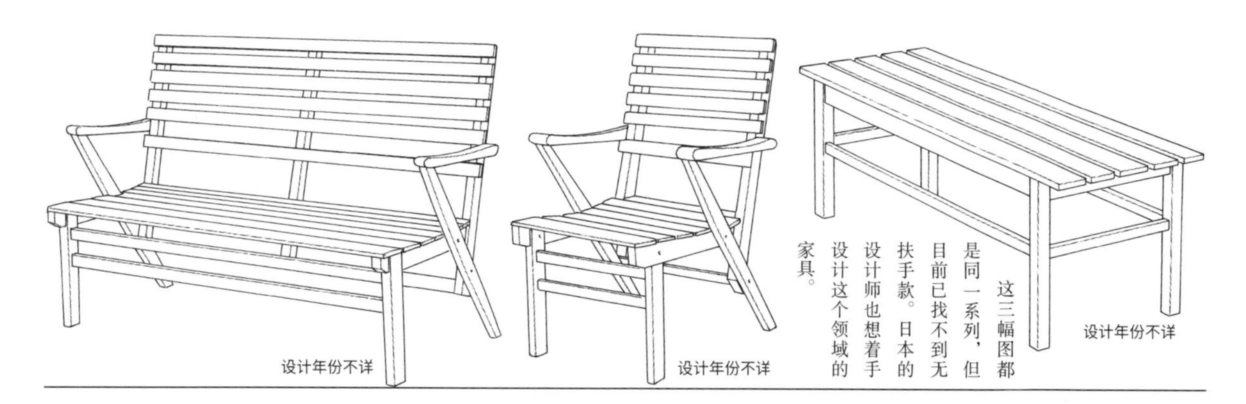

设计年份不详　设计年份不详　设计年份不详

这三幅图都是同一系列，但目前已找不到无扶手款。日本的设计师也想着手设计这个领域的家具。

1891—1979

吉奥·庞蒂

第1小节
《多姆斯》杂志

吉奥·庞蒂1891年出生于米兰，1921年毕业于米兰理工大学。1923—1925年，担任理查德·基诺里陶瓷公司的设计顾问。从1937年起创办了自己的事务所。1936—1961年，他在母校担任建筑系教授。1924—1939年，担任米兰三年展览会的工作人员。米兰三年展览会后来成为意大利设计活动的中心。吉奥·庞蒂活跃于建筑、设计、评论、大学执教等广泛领域。1928年，他创办了以建筑为重点的综合艺术杂志——《多姆斯》。这本杂志目前仍在世界上广泛发行，作为意大利的代表性杂志发展至今。这次给读者展示的椅子是从手边资料中的1938—1979年（不包括战争中）的《多姆斯》杂志中找到的。因为版面有限，节选掉了一些种类，但他的代表作『超轻椅』的一系列将会全部进行介绍。虽说这件作品非常有名，是他的代表作，但令人遗憾的是日本关于这把椅子的记述甚少。在此笔者认为有必要正确地认识各种各样的设计运动，弄清其中作家的思考方式以及设计的变迁历史。

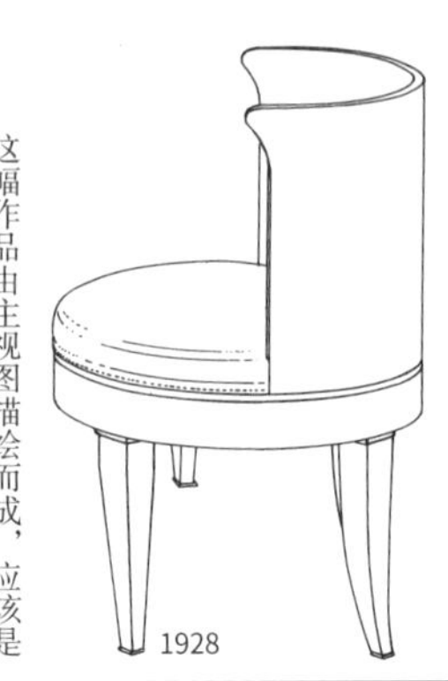

1928

此图是《多姆斯》杂志1928年8月号刊登的一把小椅子。并和梳妆台设计成了一套，是一件给建筑大师霍夫曼和『维也纳工作室联盟』带来巨大影响的作品。

1929

这幅作品由主视图描绘而成，应该是一张双人床。

1929

这幅作品也来源于同一张简图，应该是一把餐椅。

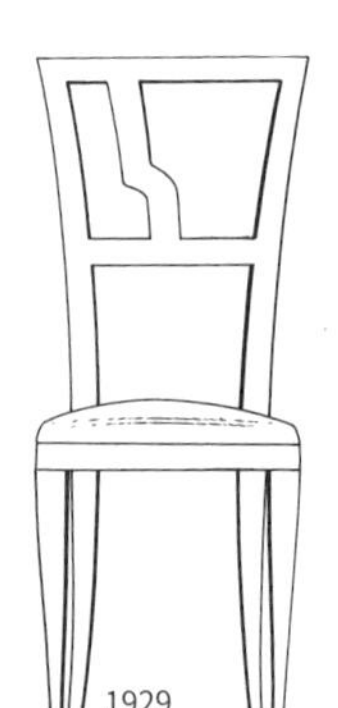

1929

此图也来源于同一张简图，是为短租公寓设计的作品。

1928—1929

作为米兰著名商场文艺复兴百货里的『多姆斯的新星』系列，在市场上销售出了多件家具。此件作品也是其中之一，还有成套的桌子。

1928—1929　1928—1929

此图是为米兰罗维尼大道的宝格利家设计的系列，是一件具有经典气质的新古典主义风格的作品。

1928—1929

此图由《多姆斯》杂志上刊登的照片描绘而成。因为是一把餐椅，所以还有其他的橱柜。

1933　1930—1931　1933

此图是为意大利佛罗伦萨的乌菲齐美术馆设计的长椅和凳子。U形是其特点，可见深受装饰派艺术风格的影响。

此图与右页第二行简图的床是同一作品。
1929

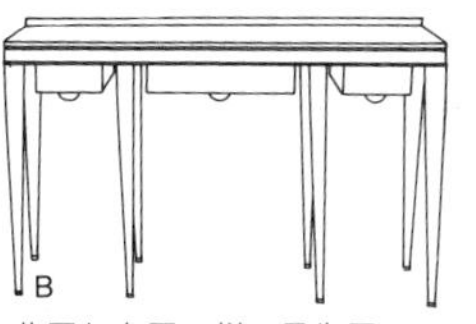

此图与右图一样，是为同一公寓设计的桌子，是一件设计优雅的八脚桌。
1929

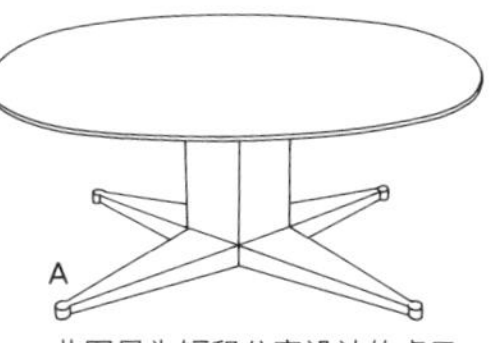

此图是为短租公寓设计的桌子。
1929

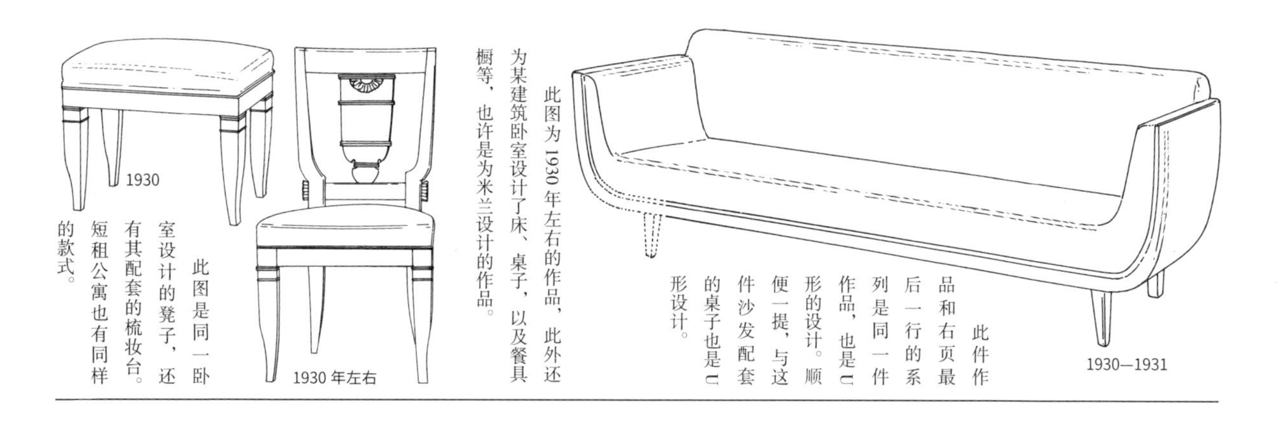

1930

此图是同一卧室设计的凳子，还有其配套的梳妆台。短租公寓也有同样的款式。

1930 年左右

此图为 1930 年左右的作品，此外还为某建筑卧室设计了床、桌子，以及餐具橱等，也许是为米兰设计的作品。

1930—1931

此件作品和右页最后一行的系列是同一件作品，也是U形的设计。顺便一提，与这件沙发配套的桌子也是U形设计。

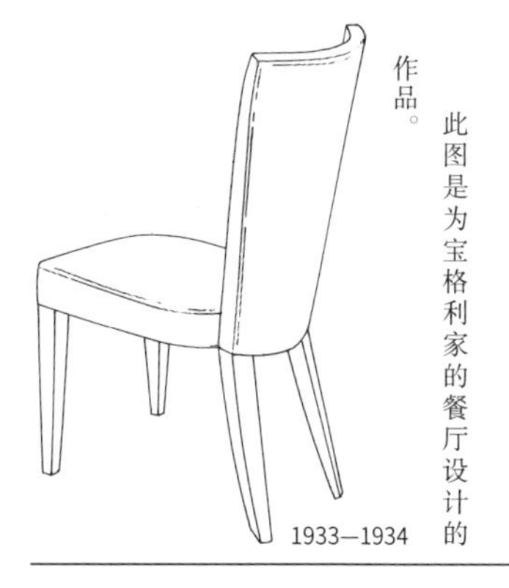

1933—1934

此图是为宝格利家的餐厅设计的作品。

1931

这件沙发也是为乌菲齐设计的一系列家具中的一件。在此采用了从肘部到底座都是U形的设计。与上部的体积相比，椅腿像高跟鞋一样纤细，是一件非常优雅的作品。

1933—1935

此图是为同一办公室设计的作品。材料为镀铬的钢管。

1933—1935

此图是为意大利罗马的菲林公司的董事长办公室设计的办公用椅。

1933

此图是在以『卧室』为主题的第五届米兰三年展上展出的作品。来源于 1933 年的《多姆斯》杂志。

这件作品使用了石头、金属和玻璃材质，是一件充分表现装饰派艺术风格特征的梳妆台。
1931

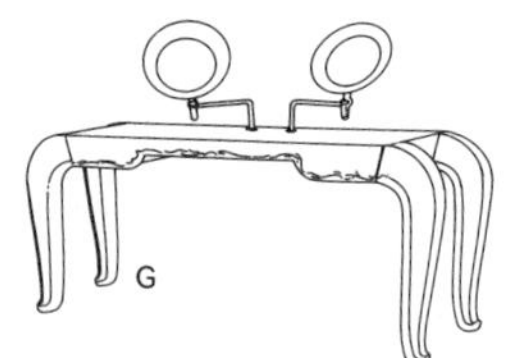

此图是使用了大理石、金属和玻璃材质的装饰派艺术风格的梳妆台。
1931

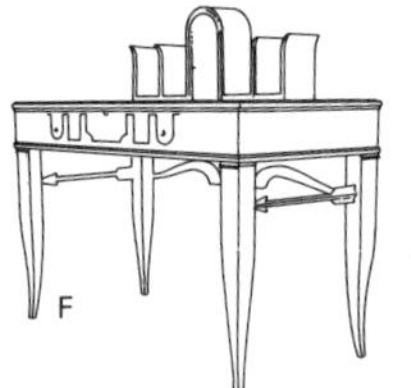

此图是为乌菲齐美术馆设计的写字台。桌子侧面的箭形是吉奥·庞蒂经常使用的主题素材。
1931

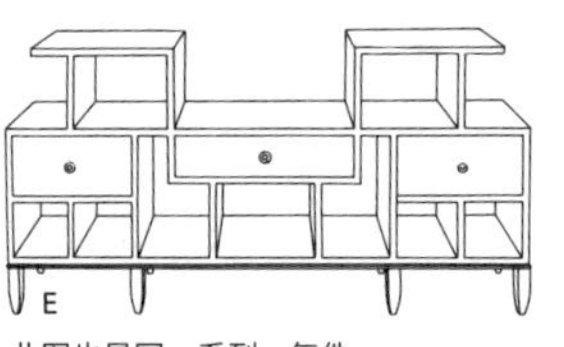

此图也是同一系列。每件作品都给人既优雅又轻松的感觉。
1929

此图也是为短租公寓设计的餐具橱。
1929

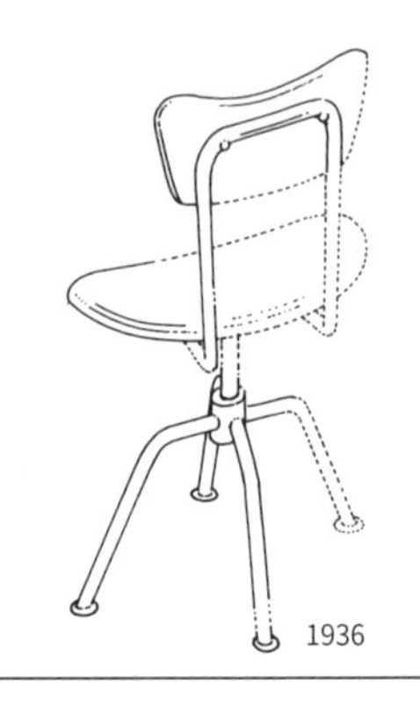

1936

与上一页相同，此图也是为菲林公司的董事长办公室设计的作品。

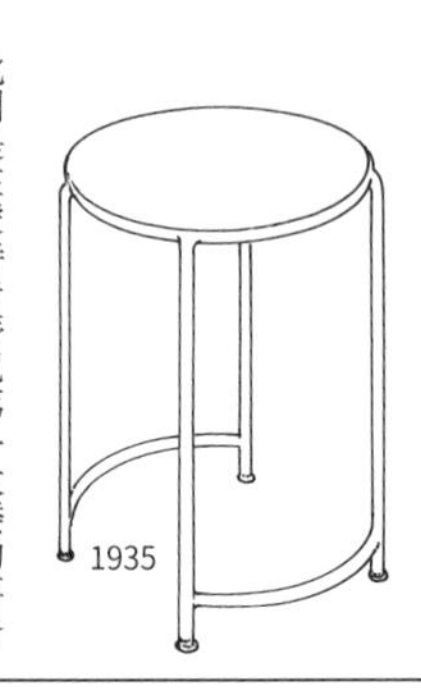

1935

此图是为红白相间外观的卡萨·马蒙特设计的作品，用于化妆间。

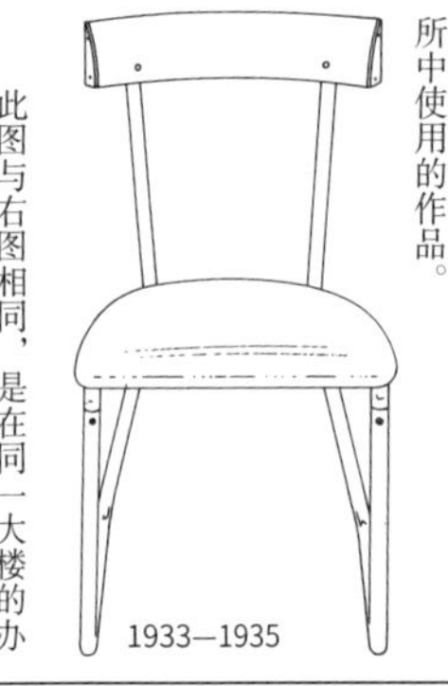

1933—1935

此图是在蒙特卡蒂尼第一大楼的事务所中使用的作品。

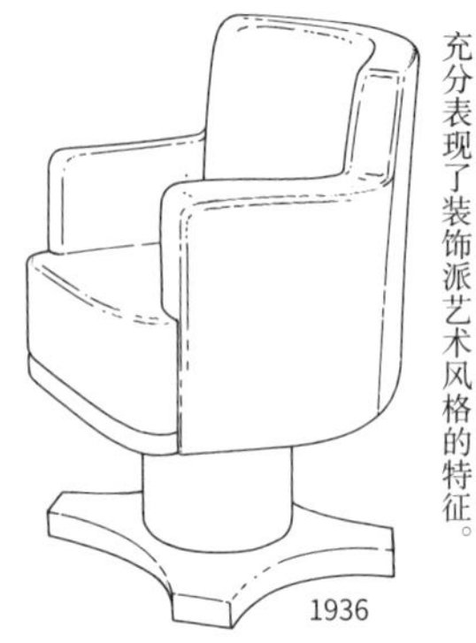

1936

此图与右图相同，是在同一大楼的办公室中使用的作品。还设计有成套的桌子。充分表现了装饰派艺术风格的特征。

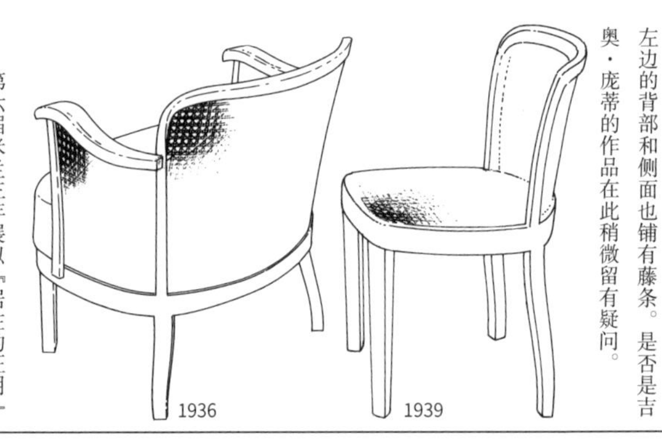

1936　1939

左图两幅作品都是在同一大楼的办公室中使用的作品。右边的背部为藤条制，左边的背部和侧面也铺有藤条。是否是吉奥·庞蒂的作品在此稍微留有疑问。

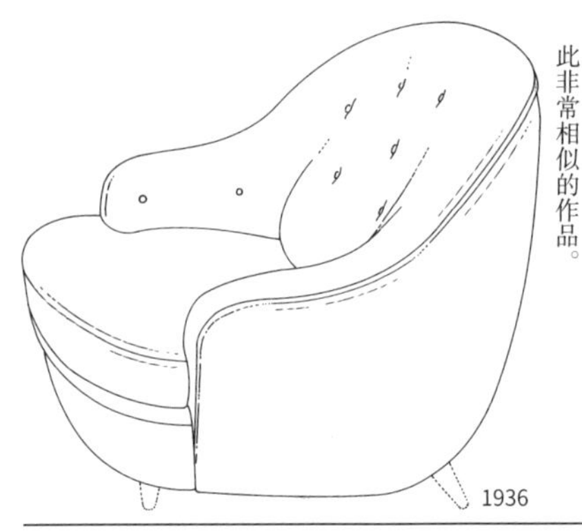

1936

第六届米兰三年展以『居住的证明』为主题举办了一场展览会，此次展览会展览了住房中需要用到的所有物品。这件作品摆放于卧室和客厅。霍夫曼也发表过与此非常相似的作品。

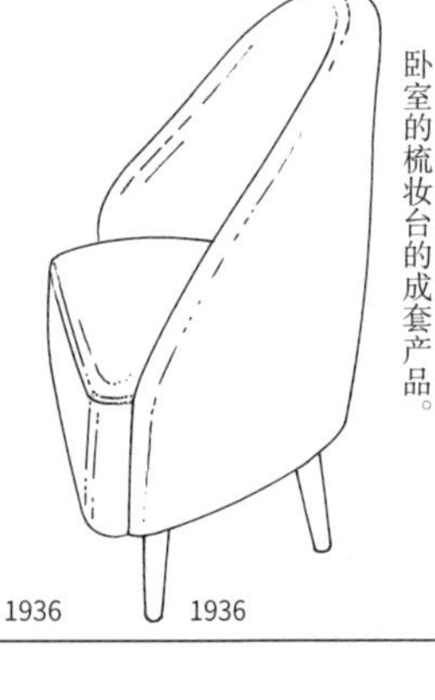

1936

此图在米兰三年展也展出过，这件是卧室的梳妆台的成套产品。

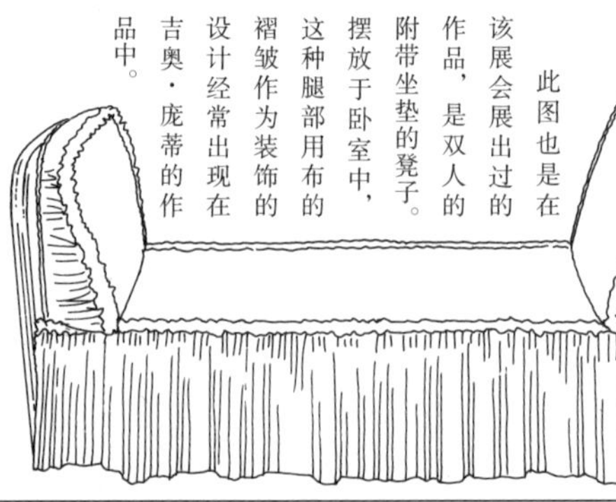

1936

此图也是在该展会展出过的作品，是双人的附带坐垫的凳子，摆放于卧室中，这种腿部用布的褶皱作为装饰的设计经常出现在吉奥·庞蒂的作品中。

1936

此图来源于吉奥·庞蒂与好友设计师弗兰克·阿比尼共同的研究笔记中的简图。从其构造来看，也许是弗兰克·阿比尼的设计。

在与弗兰克·阿比尼的共同研究中，还包括很多这种测量贴身衣物尺寸的物品。
1936 年左右

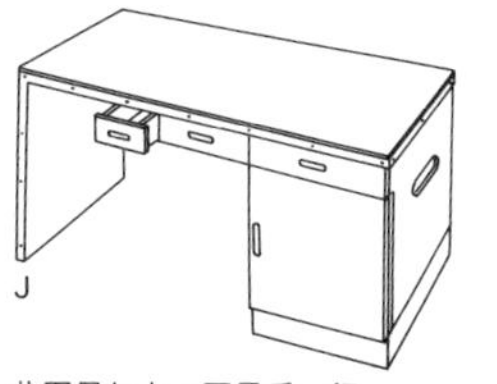

此图是与上一页最后一行左图椅子成套的桌子。
1936 年左右

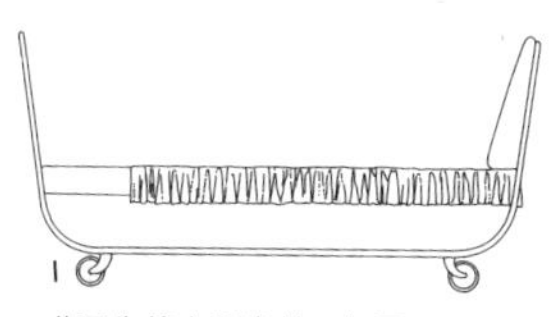

此图为第六届米兰三年展上参展过的床设计简图。
1936

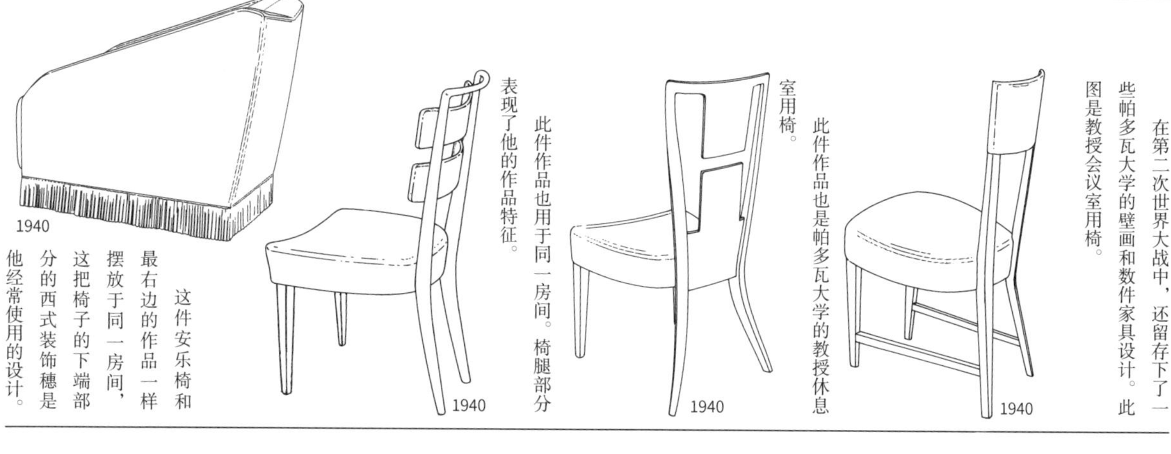

在第二次世界大战中，还留存下了一些帕多瓦大学的壁画和数件家具设计。此图是教授会议室用椅。

此件作品也是帕多瓦大学的教授休息室用椅。

此件作品也用于同一房间。椅腿部分表现了他的作品特征。

这件安乐椅和最右边的作品一样摆放于同一房间，这把椅子的下端部分的西式装饰穗是他经常使用的设计。

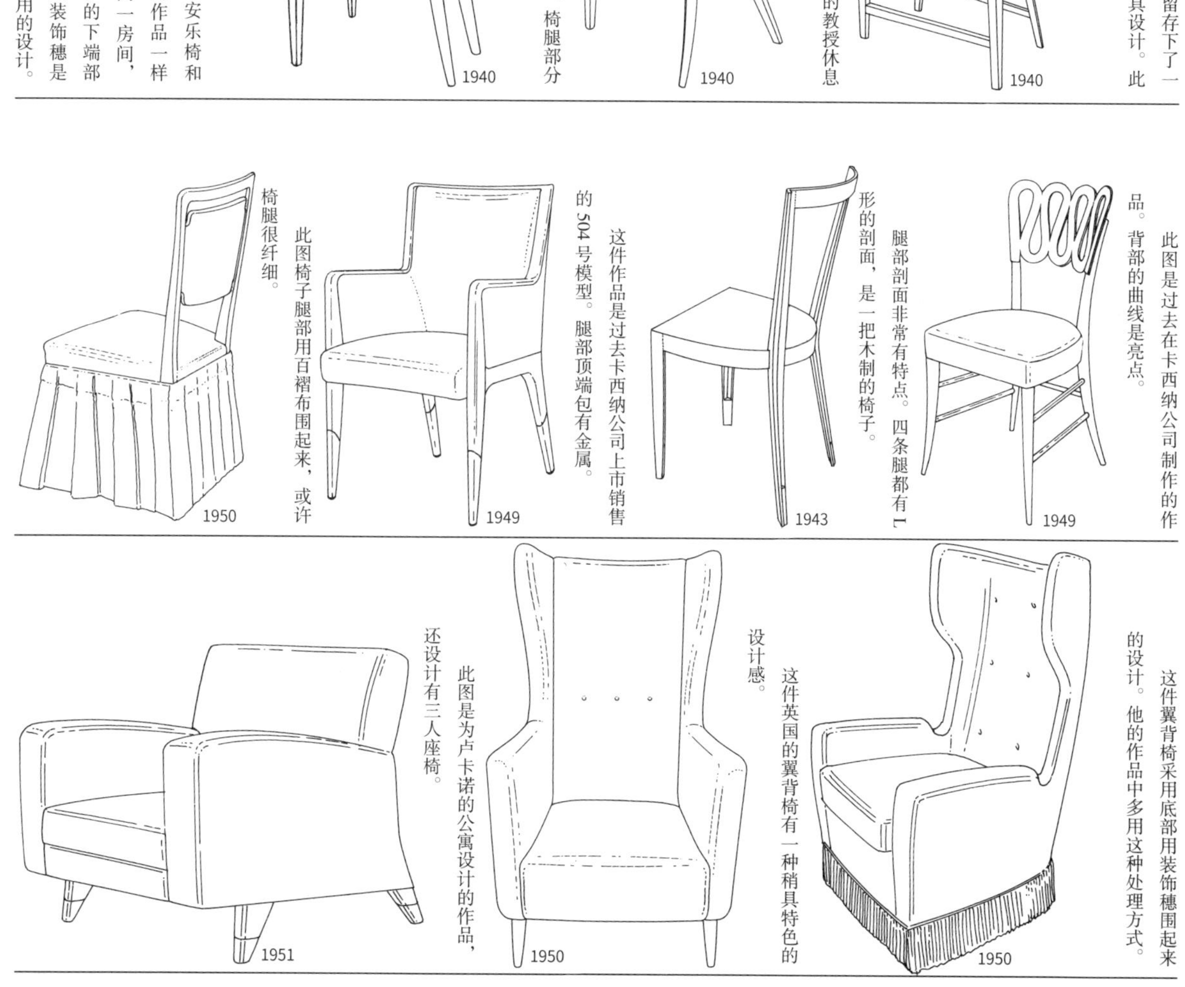

此图是过去在卡西纳公司制作的作品。背部的曲线是亮点。

腿部剖面非常有特点。四条腿都有L形的剖面，是一把木制的椅子。

这件作品是过去卡西纳公司上市销售的504号模型。腿部顶端包有金属。

此图椅子腿部用百褶布围起来，或许椅腿很纤细。

这件翼背椅采用底部用装饰穗围起来的设计。他的作品中多用这种处理方式。

这件英国的翼背椅有一种稍具特色的设计感。

此图是为卢卡诺的公寓设计的作品，还设计有三人座椅。

1891—1979

吉奥·庞蒂

第 2 小节
艺术和工业的合作

将吉奥·庞蒂的活动轨迹以年代划分概括来看，19 世纪 20 年代是他活动初期，也是新古典主义建筑接连发表作品问世的时期。但是，在这个时期特别值得一提的是他与理查德·基诺里陶瓷公司合作的一系列工作。这刷新了他之前的作品设计风格，并奠定了理查德·基诺里陶瓷公司的地位。随后以工业设计为开端，他与家具和室内装饰设计等应用艺术领域的关系更加密切。这一系列活动被称为『艺术和工业的合作』，成为意大利的先例。其次，在这个时期令人难忘的就是米兰三年展的举办（1923 年）和《多姆斯》杂志的创办（1928 年）。

20 世纪 30 年代，米兰三年展和《多姆斯》杂志间合作愈加紧密，他个人取得长足发展，并在母校米兰理工大学建筑系执教。

第二次世界大战期间，留存下了他作为画家的一些作品。在这一时期，除《多姆斯》外他还创办了《斯蒂尔》杂志。刊行时间为 1941—1949 年。

此图是名为『庞蒂娜』的小椅子。意大利家具品牌扎诺塔上市销售。

1947

左边两件翼背椅似乎是带有外罩的设计。下摆的装饰穗有种稍微设计过度的感觉，但是他经常设计这种展示性作品。

1950

此图是一件翼背椅。这种框架和背部、座位相离的构造（用小的金属零件连接）设计也许是受到丹麦设计大师芬·居尔的影响。

1951

此图与右图的翼背椅好像是同一作品，但此图座位的面积更大。

1951

接下来展示的五种椅子，是为豪华邮轮『朱利奥凯撒号』设计的。包括这些家具在内是与尼诺·宗卡达共同设计的。除此之外吉奥·庞蒂还与他多次合作共事。此图是一件翼背椅，是为高级会客厅设计的作品，椅腿底端使用的是黄铜。

1951

此图也是为高级会客厅设计的椅子。靠背部分是一个切面。

1951

此图是吧台柜台边的椅子。

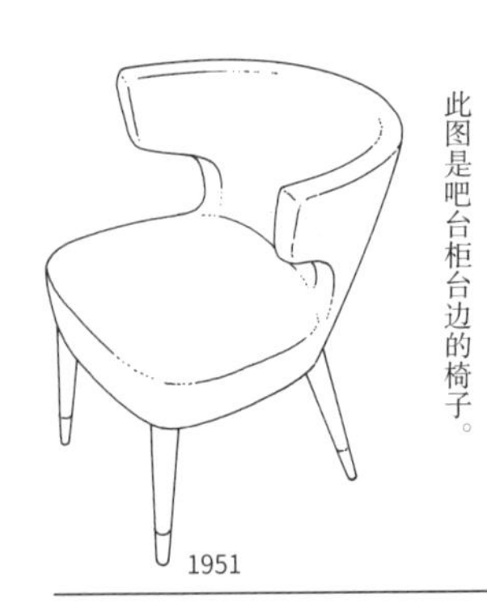

1951

此图是为游戏室设计的作品，多年后也被用于意大利圣雷莫赌场内的沙发设计。

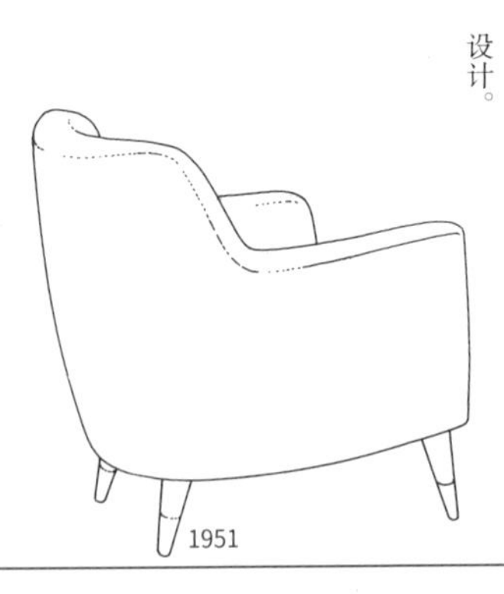

1951

此图也是为同一游戏室设计的作品。腿部底端使用的是紫檀木材。

1951

此图是他的代表作『超轻椅』。正如其名，是一把重量很轻，女性用小拇指都能轻松拎起来的椅子。虽然在日本被称为是吉奥·庞蒂的初始设计，但这件是在意大利雷杰洛或坎帕尼诺（意大利热那亚近郊的一个地名）重新设计的椅子，是一个典型的『温故知新』的例子（参照 A~C 图）。

1951

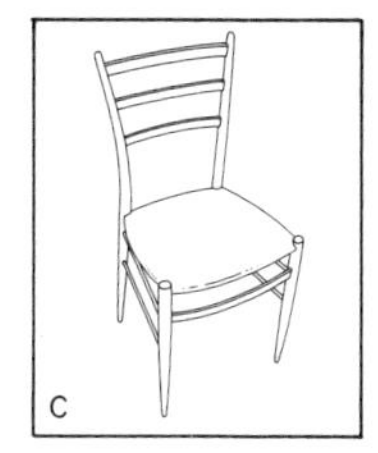
C

此图也是在同一家店购入的竹节椅。应该是 1950 年左右的作品。瑞典设计师埃克斯特龙也设计过与此类似的作品。

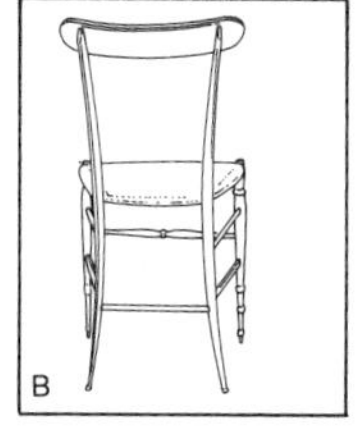
B

此图是以前在斯德哥尔摩的古董店发现并购入的竹节椅。应该是 19 世纪的作品。座位的藤条数量、铺设方法和腿部剖面的三角形等，都与“超轻椅”基本相同。

A

此图是带扶手款的“超轻椅”。1959 年左右

此图的靠背和座位不是藤条制，而是绳编的款式。椅腿的剖面呈方形，横梁的位置也与『超轻椅』不同。由卡西纳公司制作。

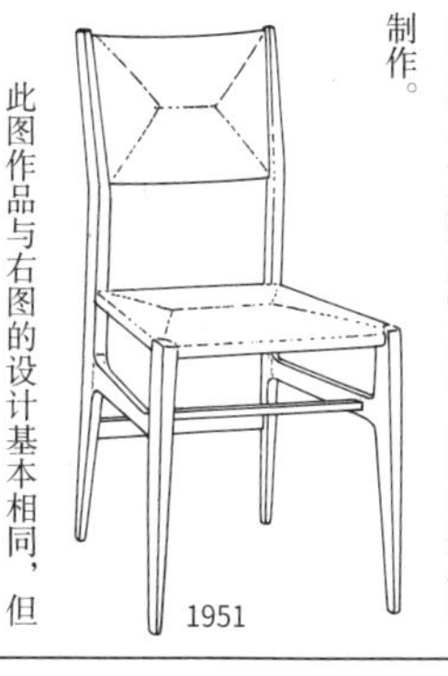
1951

此图作品与右图的设计基本相同，但座位部分嵌入了一个形似盒子的坐垫，由卡西纳公司制作。

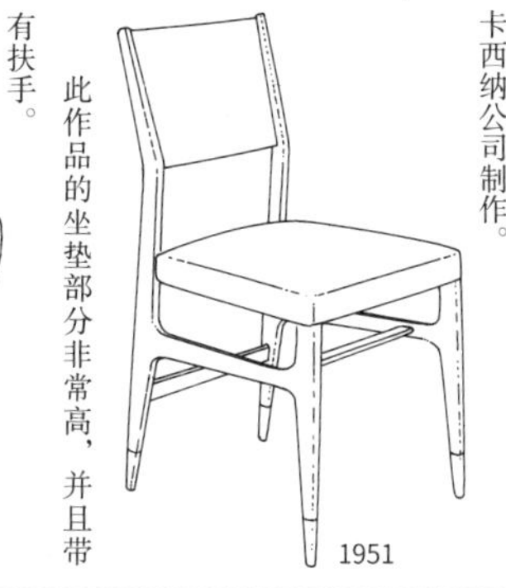
1951

此作品的坐垫部分非常高，并且带有扶手。

1951

此图商品编号为646，椅背部分罩有外套，现在依然在上市销售。

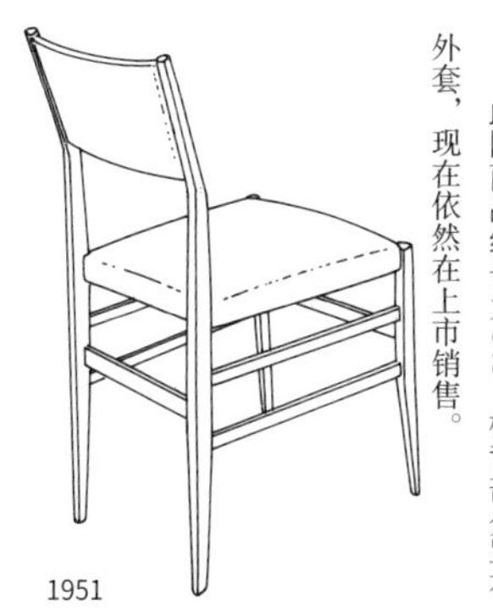
1951

此图也为646号。因为将“超轻椅”的承重强度提高了，所以各部分的厚度也有所增加。由卡西纳公司制作。

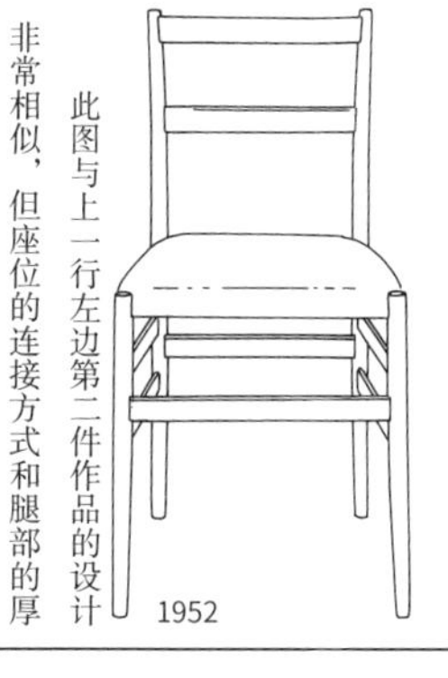
1952

此图与上一行左边第二件作品的设计非常相似，但座位的连接方式和腿部的厚度以及横梁的位置都有所不同。靠背和座位是交叉设计，由卡西纳公司制作。

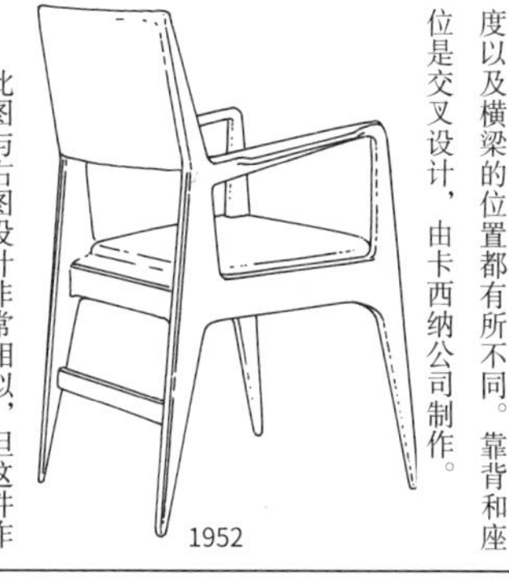
1952

此图与右图设计非常相似，但这件作品的椅背和座位是由绳子编制，腿部底端用紫檀制成。

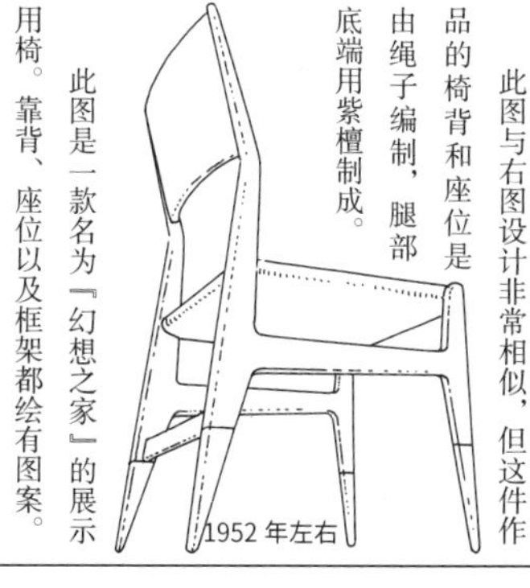
1952 年左右

此图是一款名为『幻想之家』的展示用椅。靠背、座位以及框架都绘有图案。

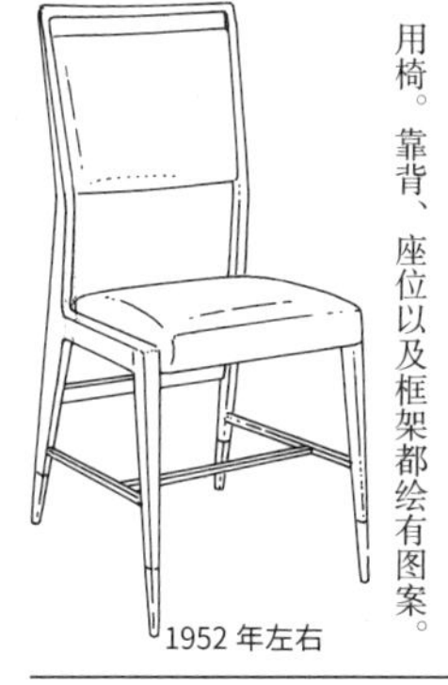
1952 年左右

此图也是『幻想之家』的沙发。

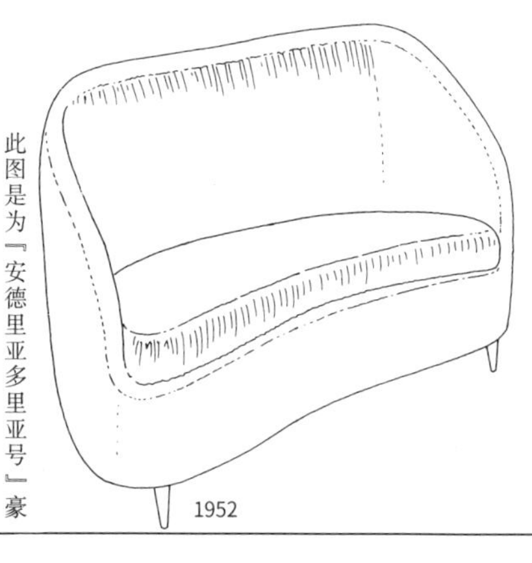
1952

此图是为『安德里亚多里亚号』豪华邮轮设计的两把椅子。这两幅也是与尼诺·宗卡达共同设计的作品，是用于吧台桌边的椅子，靠背和座位是分隔开来的。

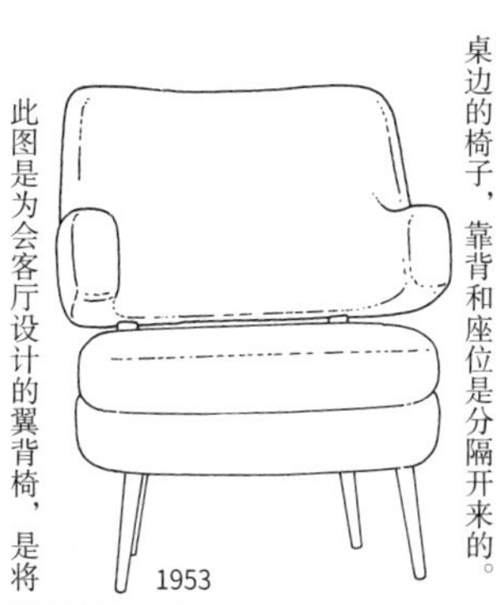
1953

此图是为会客厅设计的翼背椅，是将金属框架与坐垫相结合的设计。

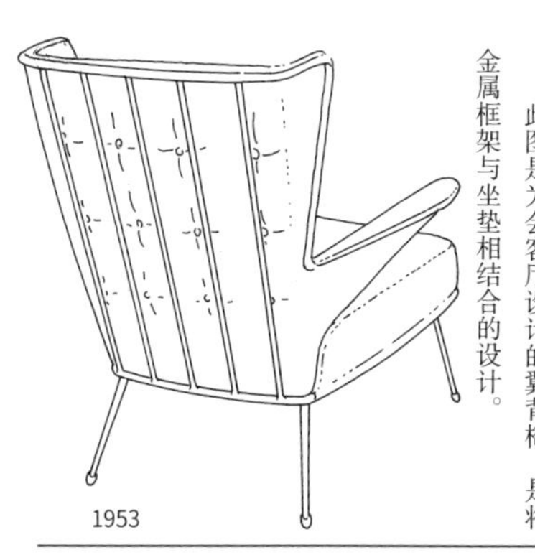
1953

此图的两把椅子都命名为“迪亚曼蒂娜”，大概是展示性设计。
1958

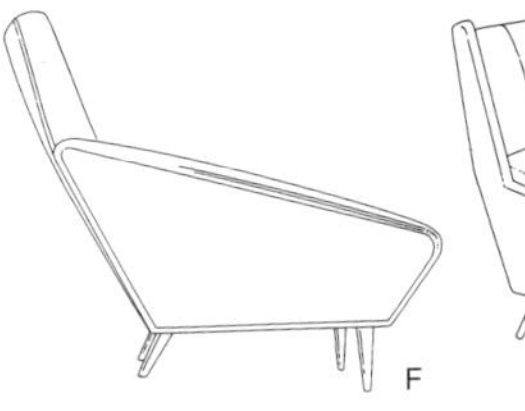

此图的设计与名为“迪斯泰克斯”的安乐椅非常相似。卡西纳公司制作。
1953

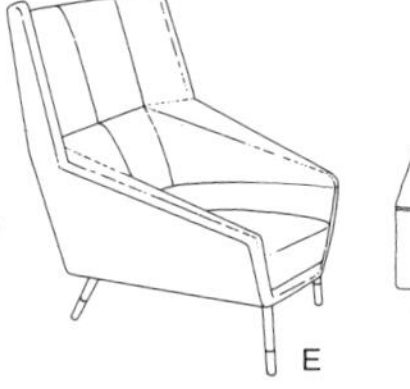

此图是名为“蝴蝶”的安乐椅。还设计有双人座的沙发。由卡西纳公司制作。
1957

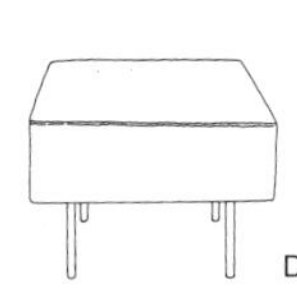

此图为立体小方凳。选用布料十分新颖。
1956

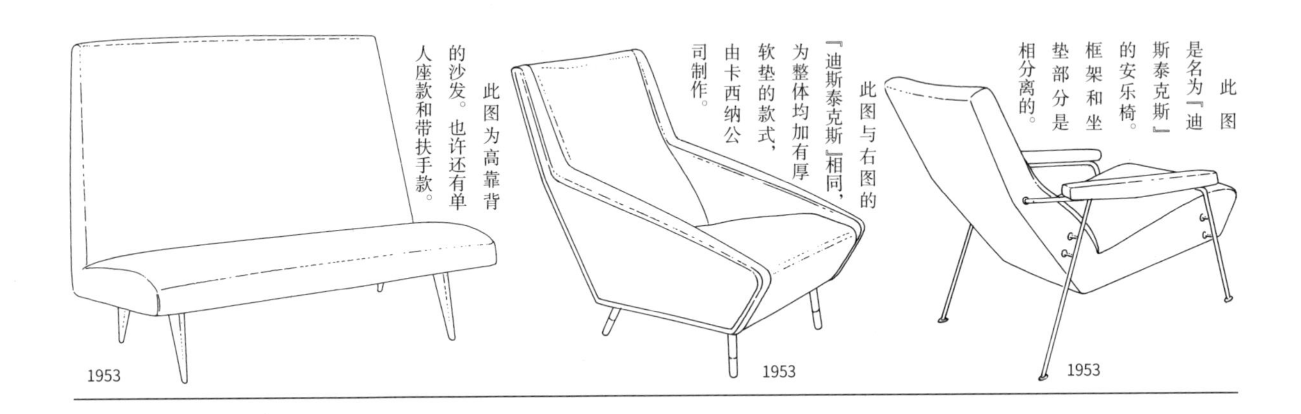

此图是名为『迪斯泰克斯』的安乐椅。框架和坐垫部分是相分离的。

此图与右图的『迪斯泰克斯』相同，为整体均加有厚软垫的款式，由卡西纳公司制作。

此图为高靠背的沙发。也许还有单人座款和带扶手款。

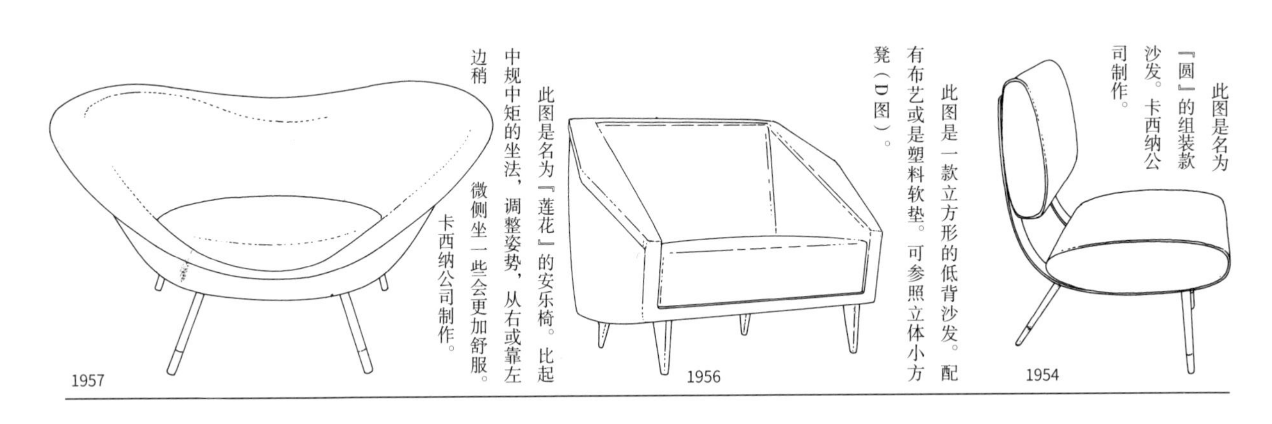

此图是名为『圆』的组装款沙发。卡西纳公司制作。

此图是一款立方形的低背沙发。配有布艺或是塑料软垫。可参照立体小方凳（D图）。

此图是名为『莲花』的安乐椅。比起中规中矩的坐法，调整姿势，从右或靠左边稍微侧坐一些会更加舒服。卡西纳公司制作。

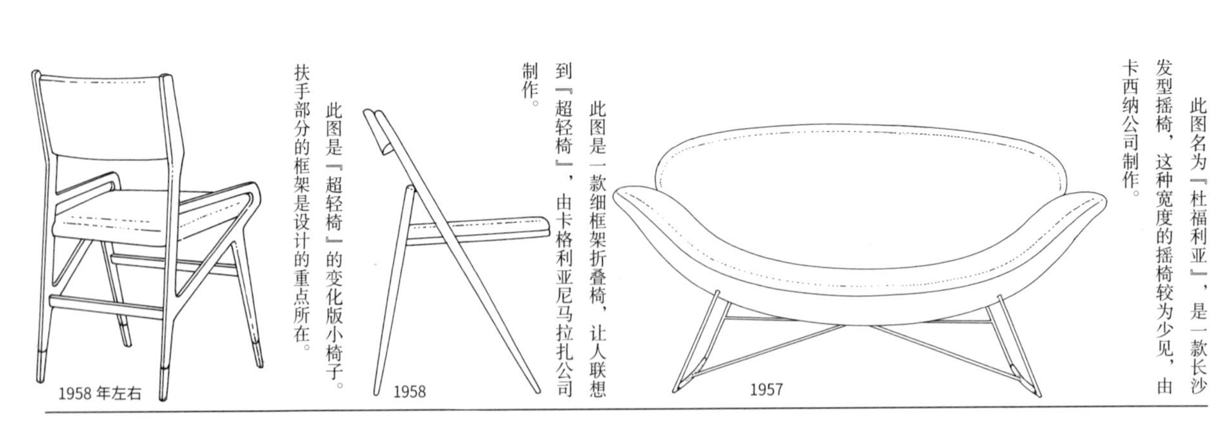

此图名为『杜福利亚』，是一款长沙发型摇椅，这种宽度的摇椅较为少见，由卡西纳公司制作。

此图是一款细框架折叠椅，让人联想到『超轻椅』，由卡格利亚尼马拉扎公司制作。

此图是『超轻椅』的变化版小椅子。扶手部分的框架是设计的重点所在。

此图是芬兰设计大师伊玛里·塔佩瓦拉设计的安乐椅。如与最后一行左图的作品对比来看会十分有趣。
1954

此图是第九届米兰三年展上展出的餐具套装。
1951

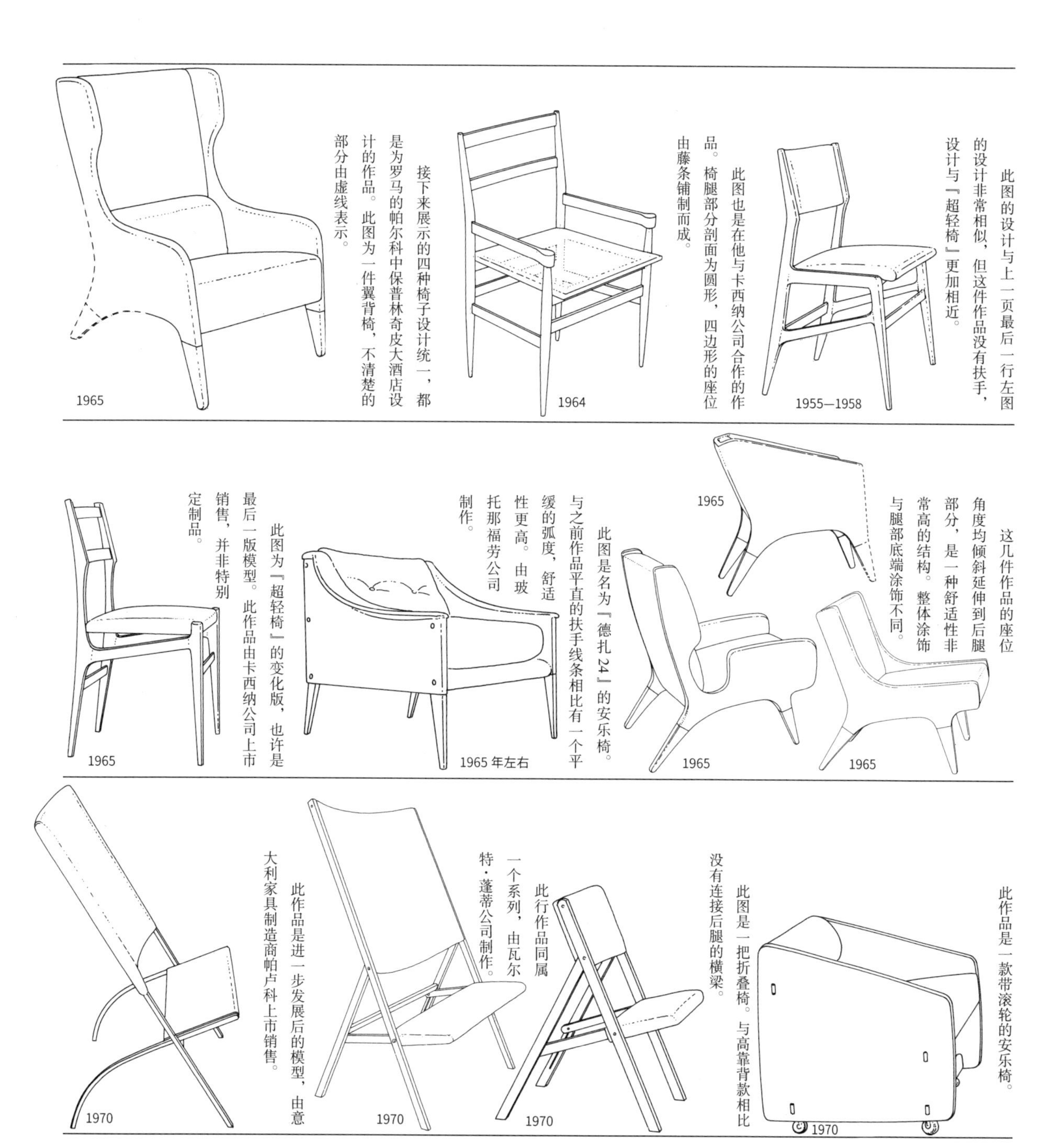

此图的设计与上一页最后一行左图的设计非常相似，但这件作品没有扶手，设计与『超轻椅』更加相近。

此图也是在他与卡西纳公司合作的作品。椅腿部分剖面为圆形，四边形的座位由藤条铺制而成。

接下来展示的四种椅子设计统一，都是为罗马的帕尔科中保普林奇皮大酒店设计的作品。此图为一件翼背椅，不清楚的部分由虚线表示。

这几件作品的座位角度均倾斜延伸到后腿部分，是一种舒适性非常高的结构。整体涂饰与腿部底端涂饰不同。

此图是名为『德扎24』的安乐椅。与之前作品平直的扶手线条相比有一个平缓的弧度，舒适性更高。由玻托那福劳公司制作。

此图为『超轻椅』的变化版，也许是最后一版模型。此作品由卡西纳公司上市销售，并非特别定制品。

此作品是一款带滚轮的安乐椅。

此图是一把折叠椅。与高靠背款相比没有连接后腿的横梁。

此行作品同属一个系列，由瓦尔特·蓬蒂公司制作。

此作品是进一步发展后的模型，由意大利家具制造商帕卢科上市销售。

1891—1979

吉奥·庞蒂

第 3 小节
名作“超轻椅”

提起吉奥·庞蒂，人们最先想到的就是『超轻椅』。这把椅子一下子提高了他的声望。在此将介绍『超轻椅』诞生的小故事。

1807 年，意大利的贵族斯特凡诺·里瓦罗拉从巴黎带回了一把轻巧的椅子，这把椅子当时被叫作『坎帕尼诺』。他吩咐一个叫盖塔诺·迪斯卡的人模仿制作了这把椅子。这把椅子极轻并且非常结实，不久便在意大利热那亚近郊基亚瓦里的一所木工厂批量生产。『坎帕尼诺』和『雷杰洛』也广为人知。而后索耐特家具公司在将弯木家具中见到的一部分材料的粗碾和装配等流程更加专业化，并且不使用之前的高级家具木材，而是使用周边森林可以采伐到的樱花木、胡桃木、枫树木等材料，使得这把椅子广受好评且十分畅销。进入 19 世纪中叶，索耐特公司保持其基本的结构不变，引入了当时流行的样式，每年生产五千把。随后 1870 年左右增至每年批量生产 2.5 万把。

1952 年，『坎帕尼诺』或是『雷杰洛』在受到各个时代的影响之后，由吉奥·庞蒂重新设计，以简洁典雅的形象问世。这种『超轻椅』在日本也曾试行过本土生产，

1951

此图是为卢卡诺的公寓设计的沙发。与第 1 小节中介绍的安乐椅属于同一系列作品。沙发表面铺设着带有蝴蝶图案的布料。

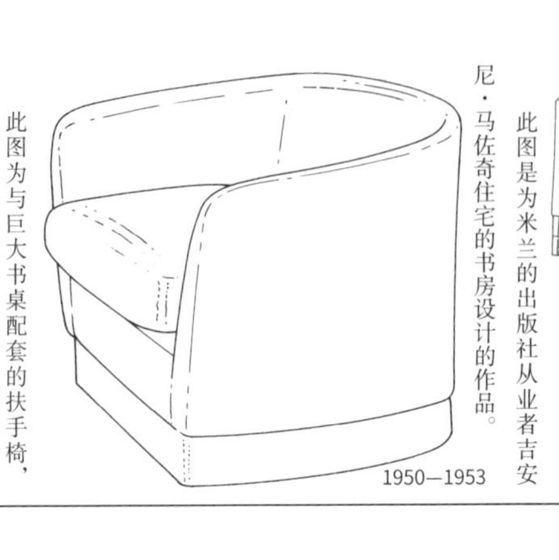

1950—1953

此图是为米兰的出版社从业者吉安尼·马佐奇住宅的书房设计的作品。

1950—1953

此图为与巨大书桌配套的扶手椅，与右图放置于同一房间。与菲林公司董事长办公室的作品非常相似，也许是同一件作品。

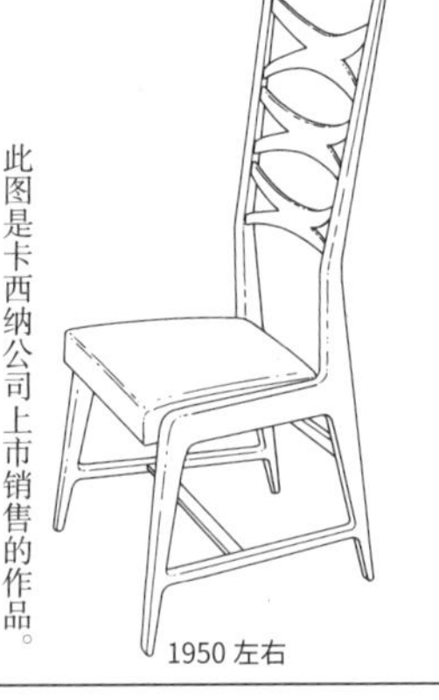

1950 左右

此图是框架涂有黄白装饰的高背椅。仔细看来是将『超轻椅』的靠背部分延长的设计。

1950

此图是卡西纳公司上市销售的作品。商品编号为 533。与该公司现在的商品相比有很大不同。

1952

此图是在第 2 小节中介绍的『安德里亚多里亚号』豪华邮轮的高级会客室中使用的安乐椅。

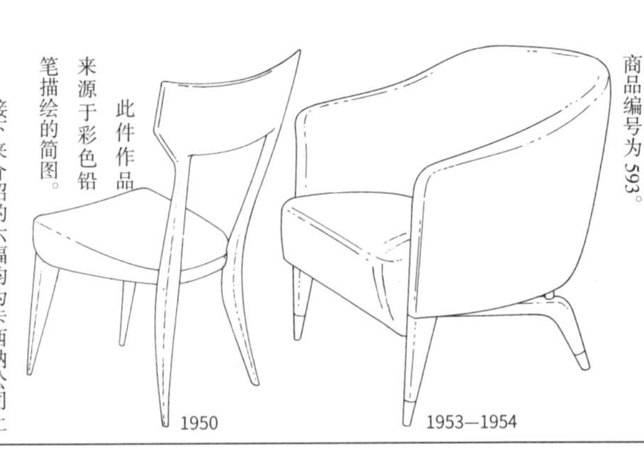

1953—1954

此图是卡西纳公司上市销售的作品。商品编号为 593。

1950

此件作品来源于彩色铅笔描绘的简图。

接下来介绍的六幅均为卡西纳公司上市销售的作品。

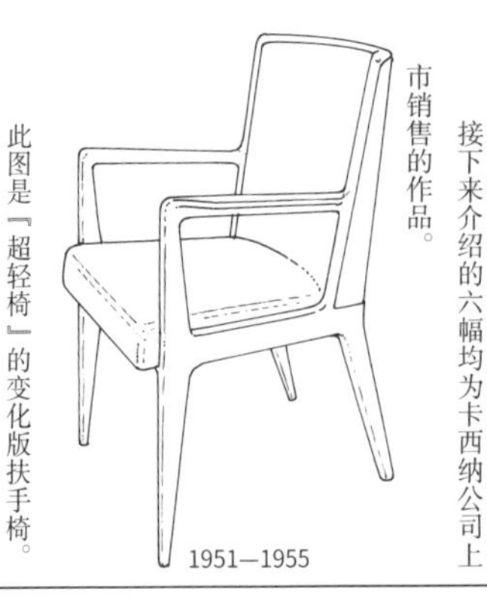

1951—1955

1951—1955

此图是『超轻椅』的变化版扶手椅。

但由于座位精细的编制方法太过复杂而以失败告终。但是现在还是可以从卡西纳公司进口此产品，从而实现购买。

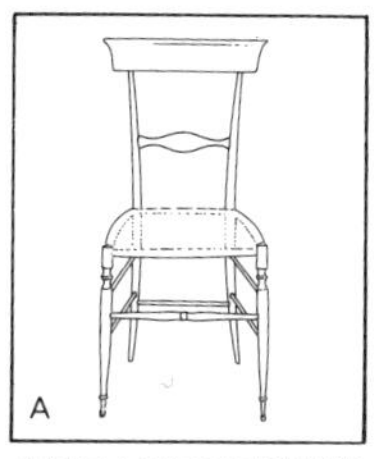

此图是由乔万尼巴蒂斯塔拉文纳设计的竹节椅。装饰简单，设计优雅。
1825 年左右

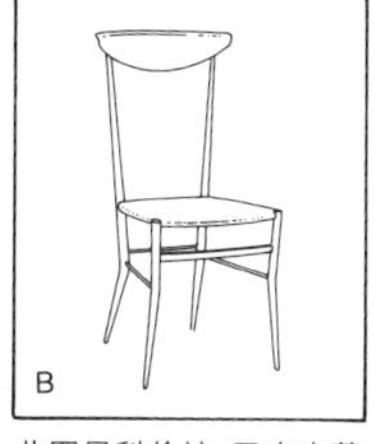

此图是科伦坡·圣圭内蒂在吉奥·庞蒂之后设计的竹节椅。
1957

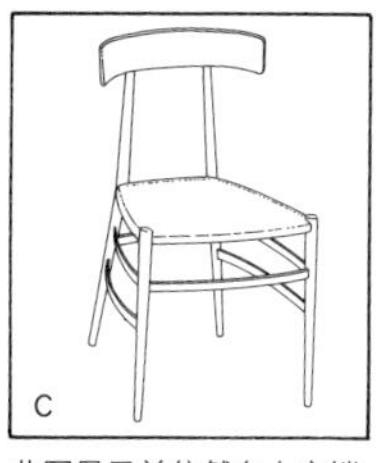

此图是目前依然在上市销售的作品。19 世纪的作品比例更加匀称。1990

这种座位两侧有手握部分的设计手法来自丹麦设计大师汉斯·瓦格纳。

1951—1955

此图作品的结构好似由建筑大师用纤细的框架搭建而成一般。

1951—1955

此图作品像最右图作品那样，在比座位部分稍高的位置设计有扶手。

此图是为『安德里亚多里亚』号豪华邮轮的会客室的桌子设计的作品。

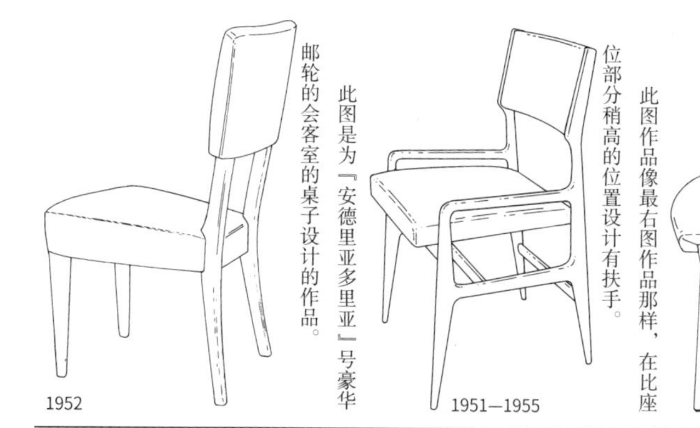

1951—1955

1952

此图是从为康特比安卡马诺酒店绘制的安乐椅简图中选取的作品。也许由藤条编制而成，是一款大尺寸的翼背椅。

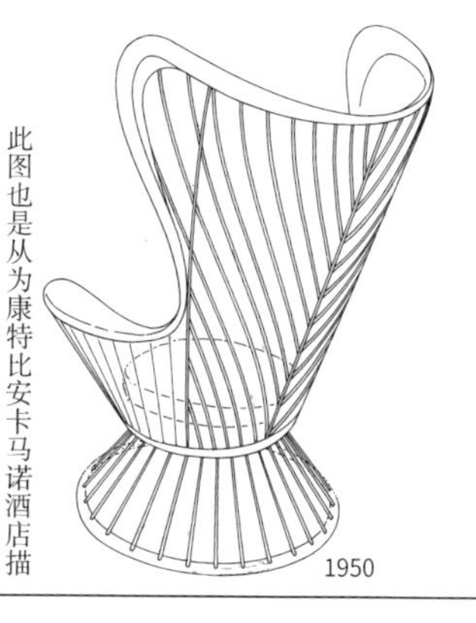

1950

此图也是从为康特比安卡马诺酒店描绘的立体简图中选取的作品。这件也由藤条编制而成。

1950

此图是与最右边作品绘于同一简图上的安乐椅。椅腿部分非常有特点。

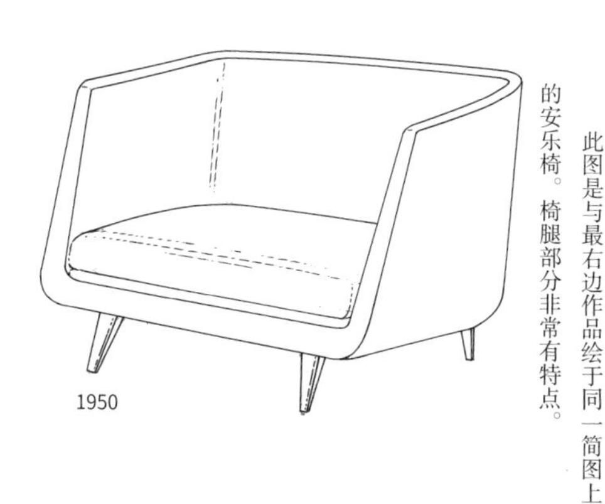

1950

这件作品来源于同一简图。靠背和座位部分弹性很好，椅腿部分用藤条织成网眼状，细节部分不详。

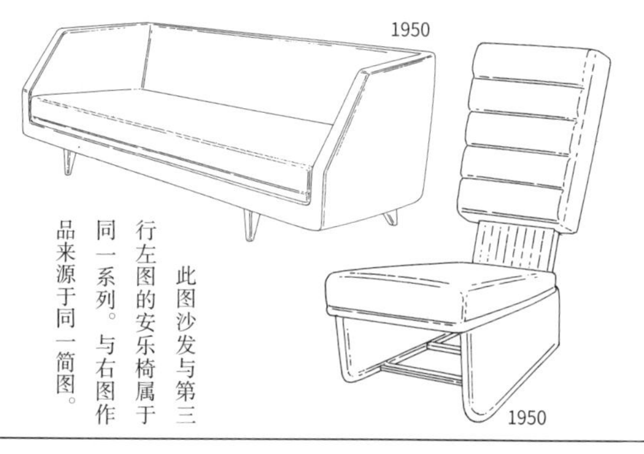

1950

1950

此图沙发与第三行左图的安乐椅属于同一系列。与右图作品来源于同一简图。

此图是为卢卡诺的公寓设计的沙发。与上一页第二行右图作品放置于不同的房间。

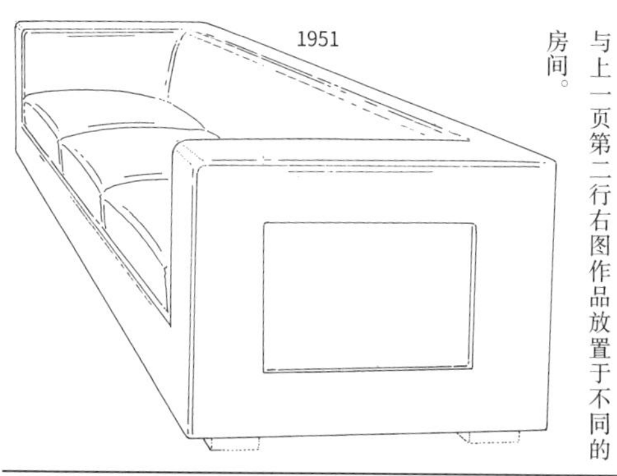

1951

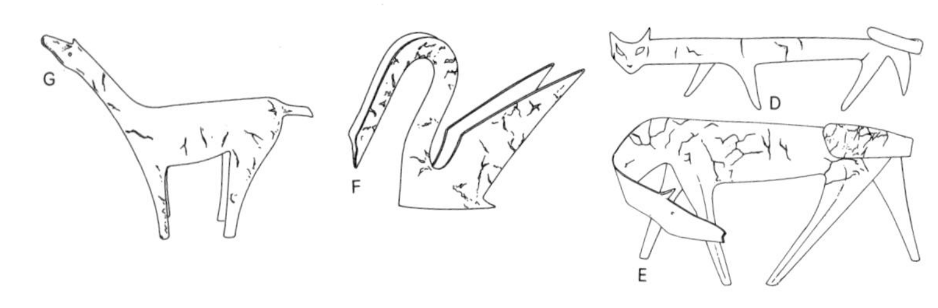

D 图、E 图、F 图、G 图是各种动物形状的七宝烧。除此以外，还有花瓶、首饰等设计留存下来。
1955—1959

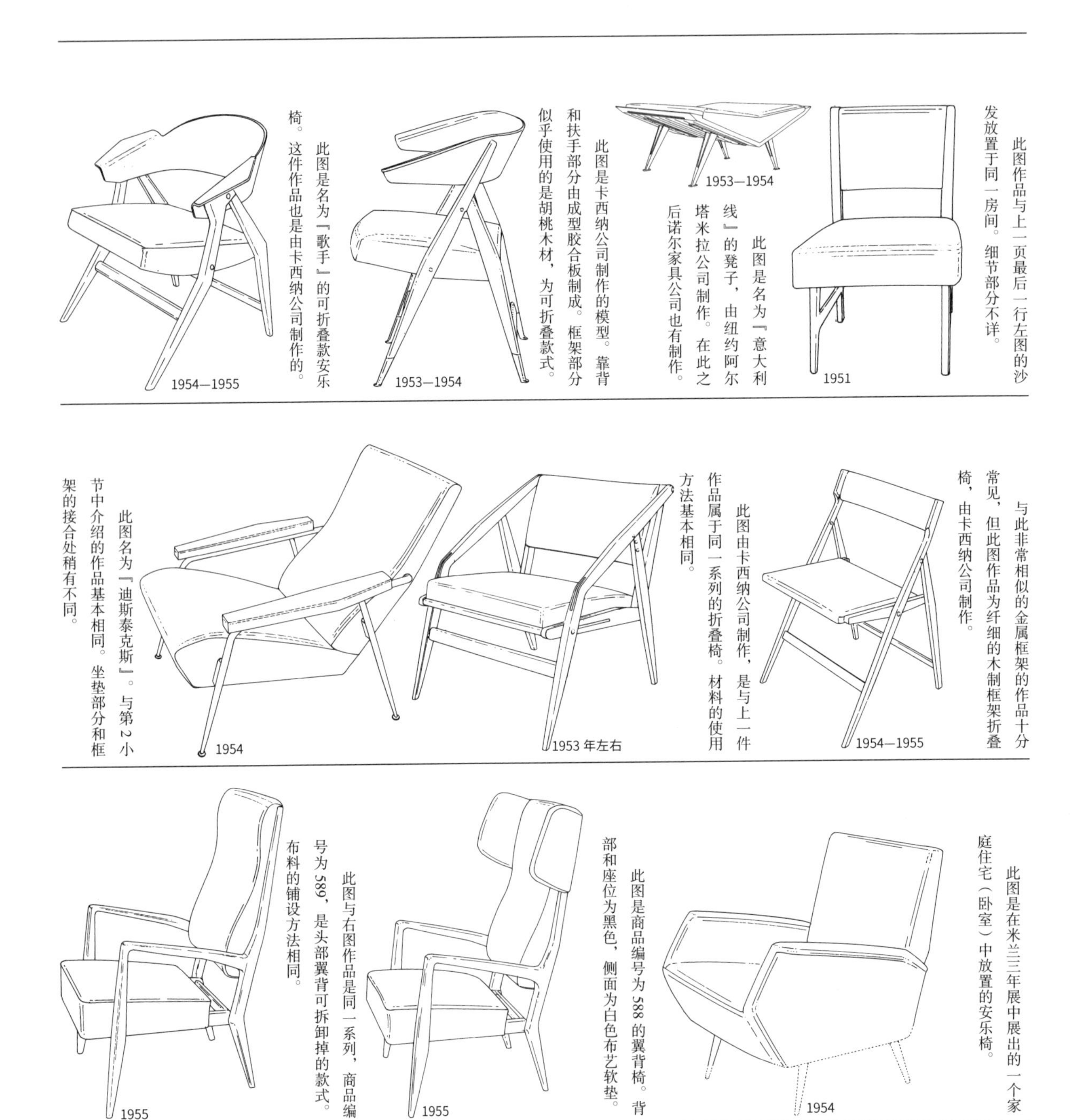

此图作品与上一页最后一行左图的沙发放置于同一房间。细节部分不详。

此图是名为『意大利线』的凳子，由纽约阿尔塔米拉公司制作。在此之后诺尔家具公司也有制作。

此图是卡西纳公司制作的模型。靠背和扶手部分由成型胶合板制成。框架部分似乎使用的是胡桃木材，为可折叠款式。

此图是名为『歌手』的可折叠款安乐椅。这件作品也是由卡西纳公司制作的。

与此非常相似的金属框架的作品十分常见，但此图作品为纤细的木制框架折叠椅，由卡西纳公司制作。

此图由卡西纳公司制作，是与上一件作品属于同一系列的折叠椅。材料的使用方法基本相同。

此图名为『迪斯泰克斯』。与第 2 小节中介绍的作品基本相同。坐垫部分和框架的接合处稍有不同。

此图是在米兰三年展中展出的一个家庭住宅（卧室）中放置的安乐椅。

此图是商品编号为 588 的翼背椅。背部和座位为黑色，侧面为白色布艺软垫。

此图与右图作品是同一系列，商品编号为 589，是头部翼背可拆卸掉的款式。布料的铺设方法相同。

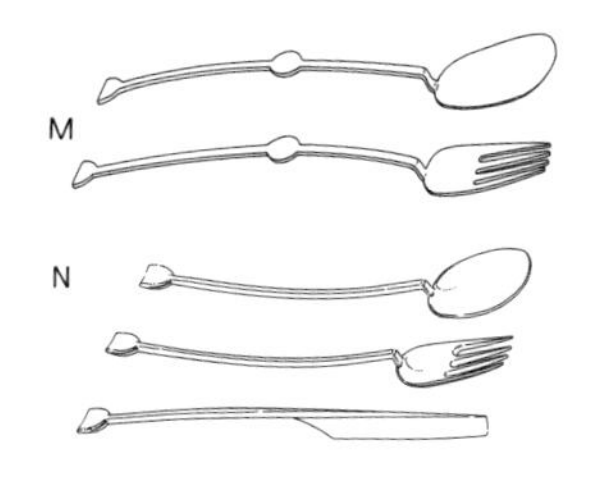

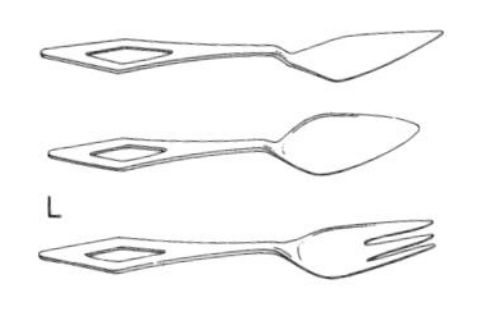

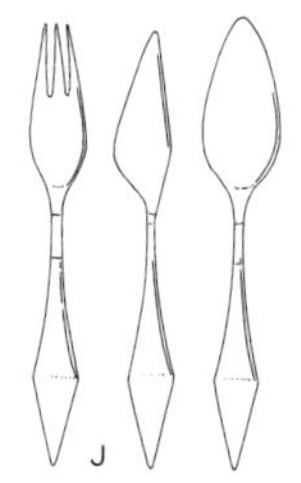

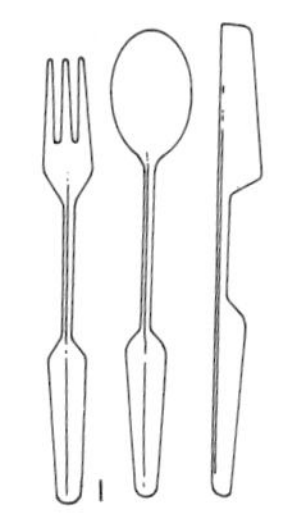

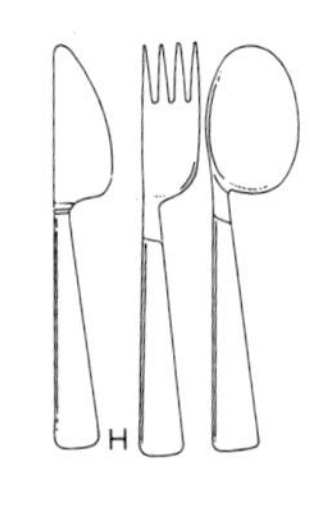

此图为各种餐具设计。可以看出与家具设计有相通之处。餐具顶端细长的线条让人联想到椅子的腿部。
1951—1959

此图与第355页第二行中间左图的作品非常相似，但横梁的数目和位置、背部设计的细节等还是略有不同。

1955

此图与其他变化版作品相比框架更纤细，是『超轻椅』的初期模型，也许是量产前的雏形。

1955

很明显此图是『超轻椅』的带扶手款。商品编号为676。

1955

此图与右图作品非常相似，除去靠背部分以外其他完全相同。

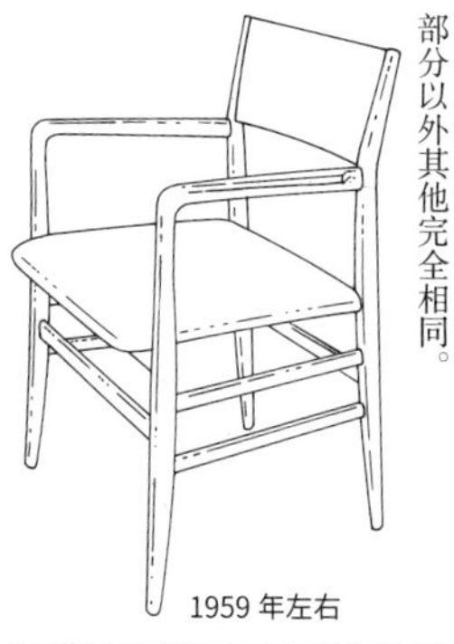

1959年左右

此图是为罗马的帕克德普林西皮酒店的餐厅设计的作品。靠背和座位都铺有橄榄色的织布。框架涂为黑色。

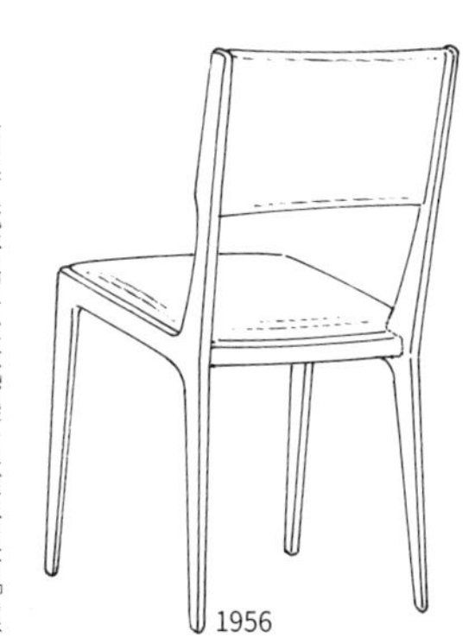

1956

吉奥·庞蒂的艺术感染力甚至遍布『涅墨西斯』别墅的细微之处，此外他还亲自设计了几件家具。这件凳子与放置于客厅的沙发为同一系列。

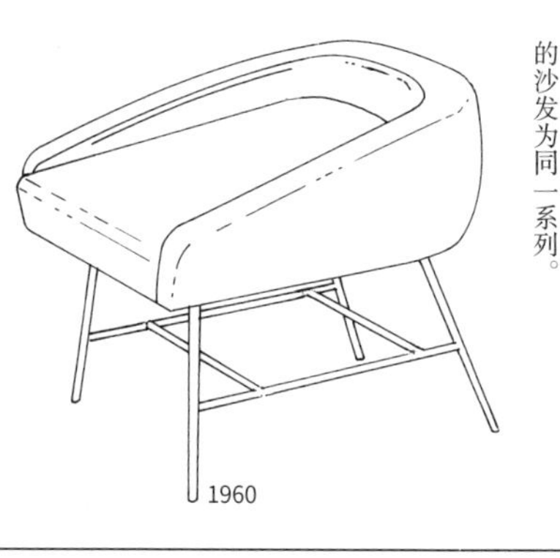

1960

这件置于阳台的铁丝制作品也是为该别墅设计的，设计亮点是座位下方的装饰穗。

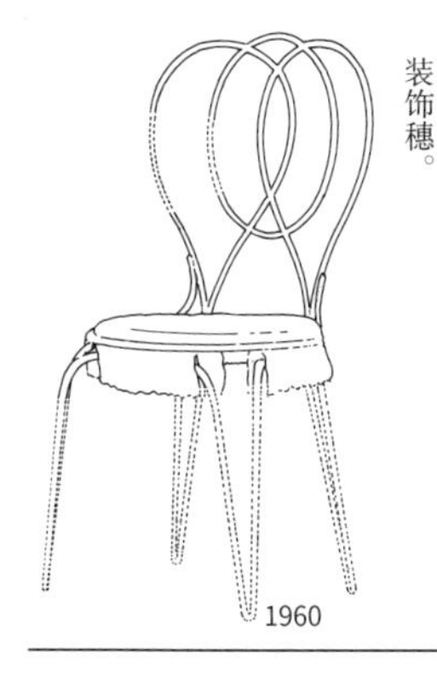

1960

1964

这把凳子也是为帕克德普林西皮酒店设计的作品，用于酒吧。

这把安乐椅和小脚凳用于该酒店的客房。扶手等细节可以看出受到了丹麦家具设计的影响。

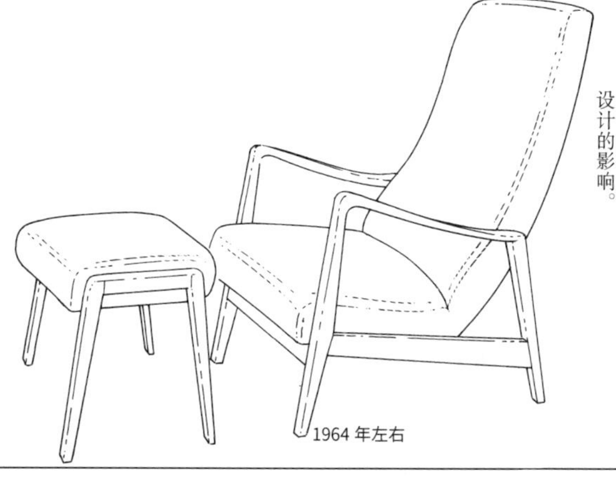

1964年左右

这把安乐椅也用于该酒店的酒吧，全部使用的是鲜艳的纯蓝色布料。

1964

1895—1941

让-米歇尔·弗兰克

第 1 小节
1895—1941 年间

1895 年，让-米歇尔·弗兰克（以下简称弗兰克）出生于巴黎 16 区的克勒贝尔大街。他的父亲是德裔犹太人，母亲是犹太教教堂大祭司的女儿。1915 年，他的两个哥哥战死，父亲自杀，四年之后，他的母亲在精神病院去世。继承了遗产的弗兰克开始周游世界。1930 年他定居巴黎韦尔讷伊大街的精装公寓，并作为室内装饰设计师和家具设计师崭露头角。这期间，他结识了住在巴黎的艺术保护者，一位智利人的遗孀尤金妮亚。尤金妮亚是斯特拉文斯基和毕加索的助手，弗兰克通过她结识了巴黎上流阶层的人们和艺术家们。以斯特拉文斯基和毕加索为首，还有让·谷克多、马克夏卡尔、萨尔瓦多·达利等都是当时能够代表巴黎的佼佼者，通过他们，弗兰克结识了一位富有的客户。1934 年，他与贾科·梅蒂开始共事。1939—1940 年受到纳粹的迫害逃亡南美，随后移居美国。1941 年他在纽约的一栋大厦纵身跃下，自杀身亡，结束了自己的一生。

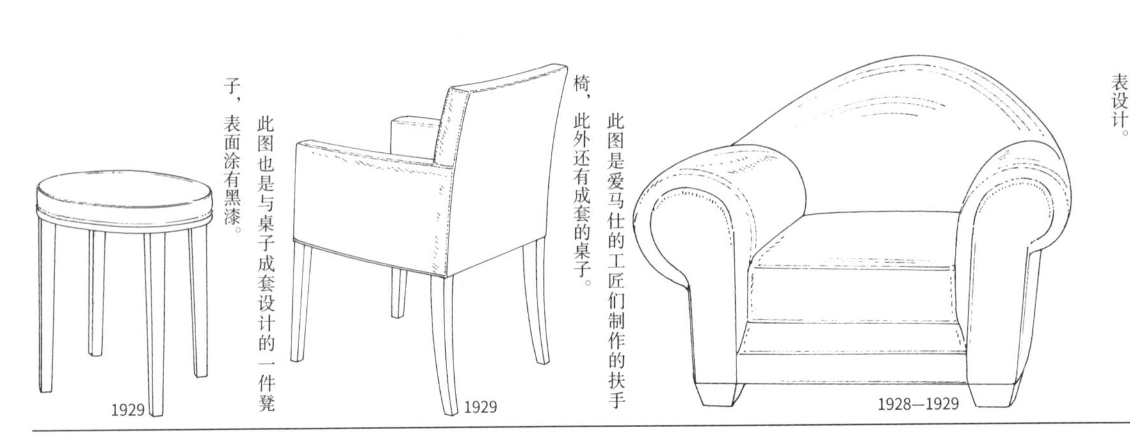

此图是弗兰克为多克托尔爵士住宅的书房设计的沙发，是装饰派风格的代表设计。 1928—1929

此图是爱马仕的工匠们制作的扶手椅，此外还有成套的桌子。 1929

此图也是与桌子成套设计的一件凳子，表面涂有黑漆。 1929

此图也是在多克托尔爵士住宅的客厅使用的沙发和扶手椅。框架使用的是孟加锡黑檀木。表面为布制或革制。 1928—1929 1928—1929

除座位部分以外，其余均为孟加锡黑檀木制。 1928—1929

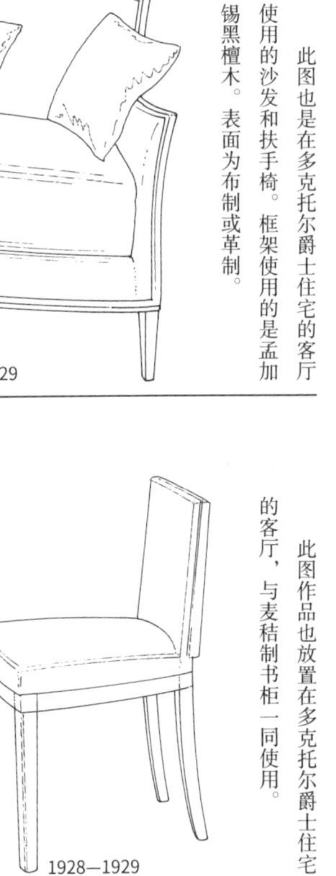

此图作品也放置在多克托尔爵士住宅的客厅，与麦秸制书柜一同使用。 1928—1929

此图是放置于同一建筑内楼梯通道的画廊的作品。木制部分涂有黑漆。椅背和座位部分是粗花呢织布。 1928—1929

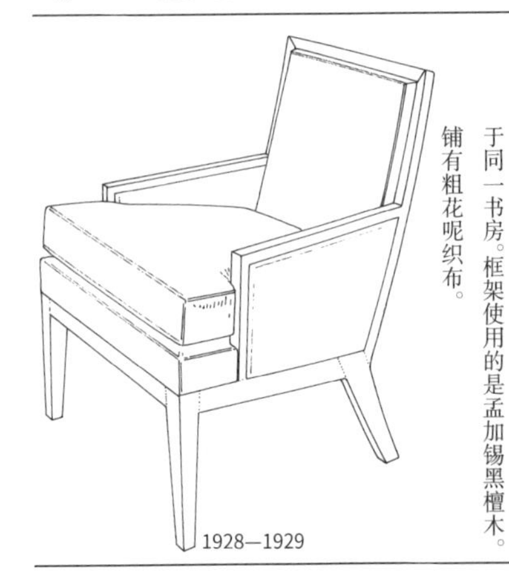

此图的安乐椅与第二行右图作品放置于同一书房。框架使用的是孟加锡黑檀木。铺有粗花呢织布。 1928—1929

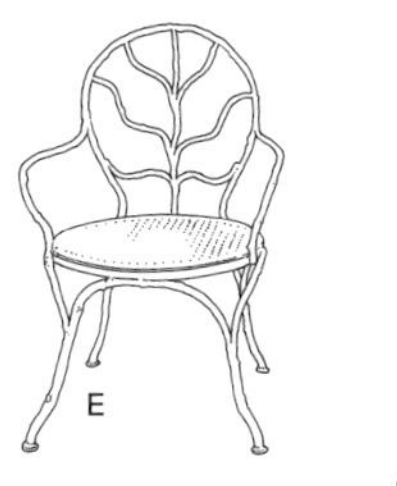

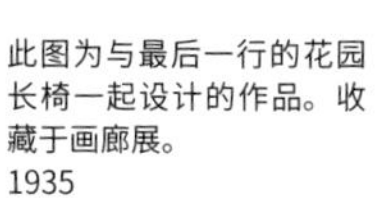

此图为与最后一行的花园长椅一起设计的作品。收藏于画廊展。
1935

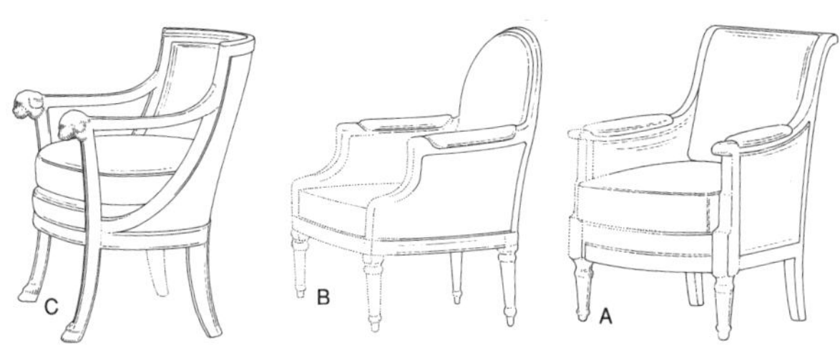

A图、B图、C三幅作品都是为阿索托丽亚酒店设计的。因为非常重视18世纪时期的家具样式，所以这一系列作品应该是弗兰克的设计。
20世纪30年代

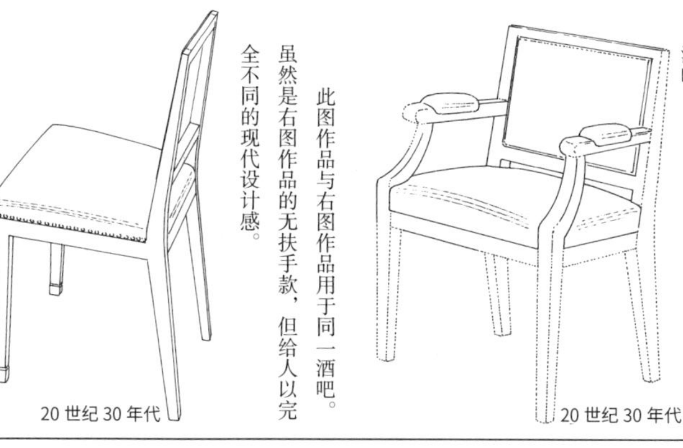

20世纪30年代

此图作品与右图作品用于同一酒吧。虽然是右图作品的无扶手款，但给人以完全不同的现代设计感。

20世纪30年代

此图作品放置于阿索托丽亚酒店的酒吧。

20世纪30年代

此图作品放置于阿索托丽亚酒店大厅，与其他几件作品共同使用，是弗兰克设计的一件具有古典气息的作品。

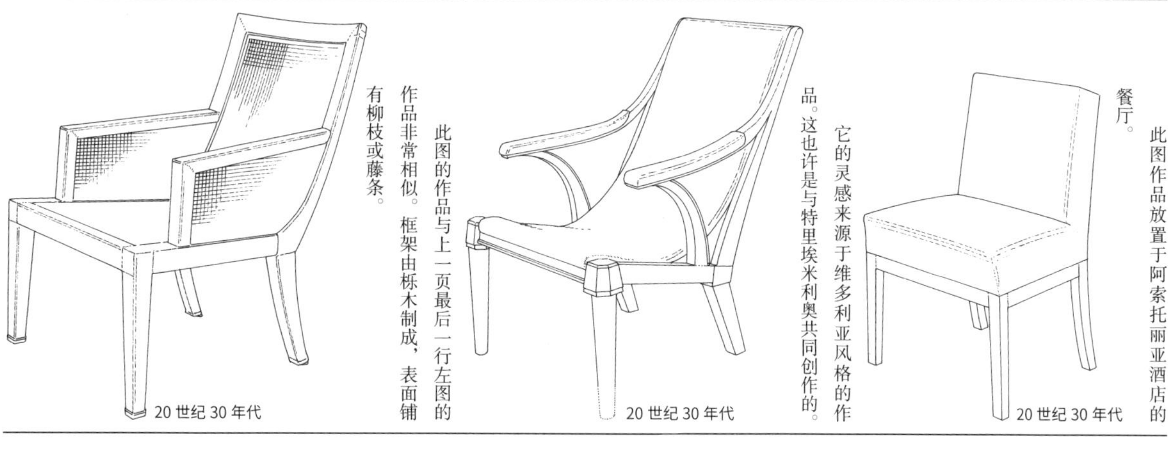

20世纪30年代

此图的作品与上一页最后一行左图的作品非常相似。框架由栎木制成，表面铺有柳枝或藤条。

20世纪30年代

它的灵感来源于维多利亚风格的作品。这也许是与特里埃米利奥共同创作的。

20世纪30年代

此图作品放置于阿索托丽亚酒店的餐厅。

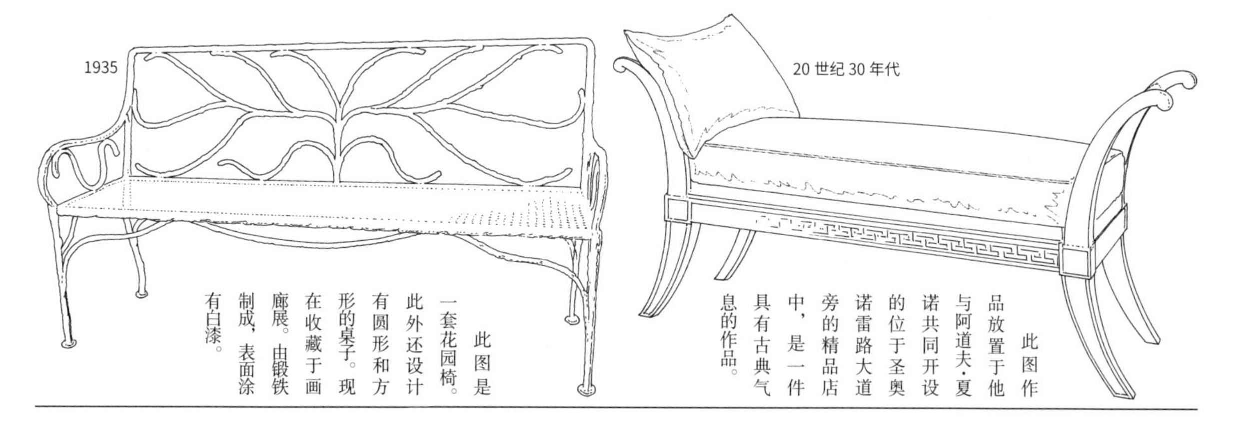

1935

此图是一套花园椅。此外还设计有圆形和方形的桌子。现在收藏于画廊展。由锻铁制成，表面涂有白漆。

20世纪30年代

此图作品放置于他与阿道夫·夏诺共同开设的位于圣奥诺雷路大道旁的精品店中，是一件具有古典气息的作品。

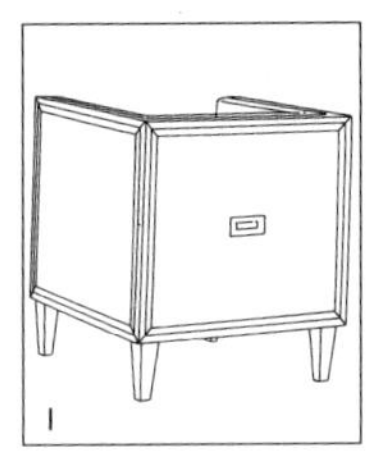

此图是穆塞尔的作品，由维也纳工作室制作，是为银行家弗里茨设计的作品。
1903—1904

此图也是霍夫曼的作品。该形状使人联想到之后的装饰派艺术风格。是为斯托克利住所设计的作品。
1905

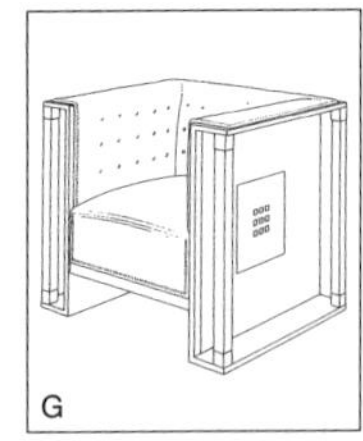

此图作品被称为“正方形的霍夫曼”。霍夫曼的作品多以正方形为主题。
1903

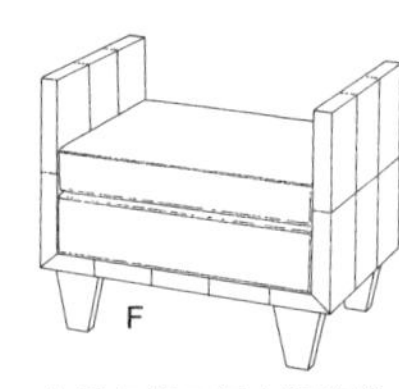

此图与第二行中间的凳子是同一设计。表面是鲨鱼皮制，用于弗兰克自己的住宅中。
1930

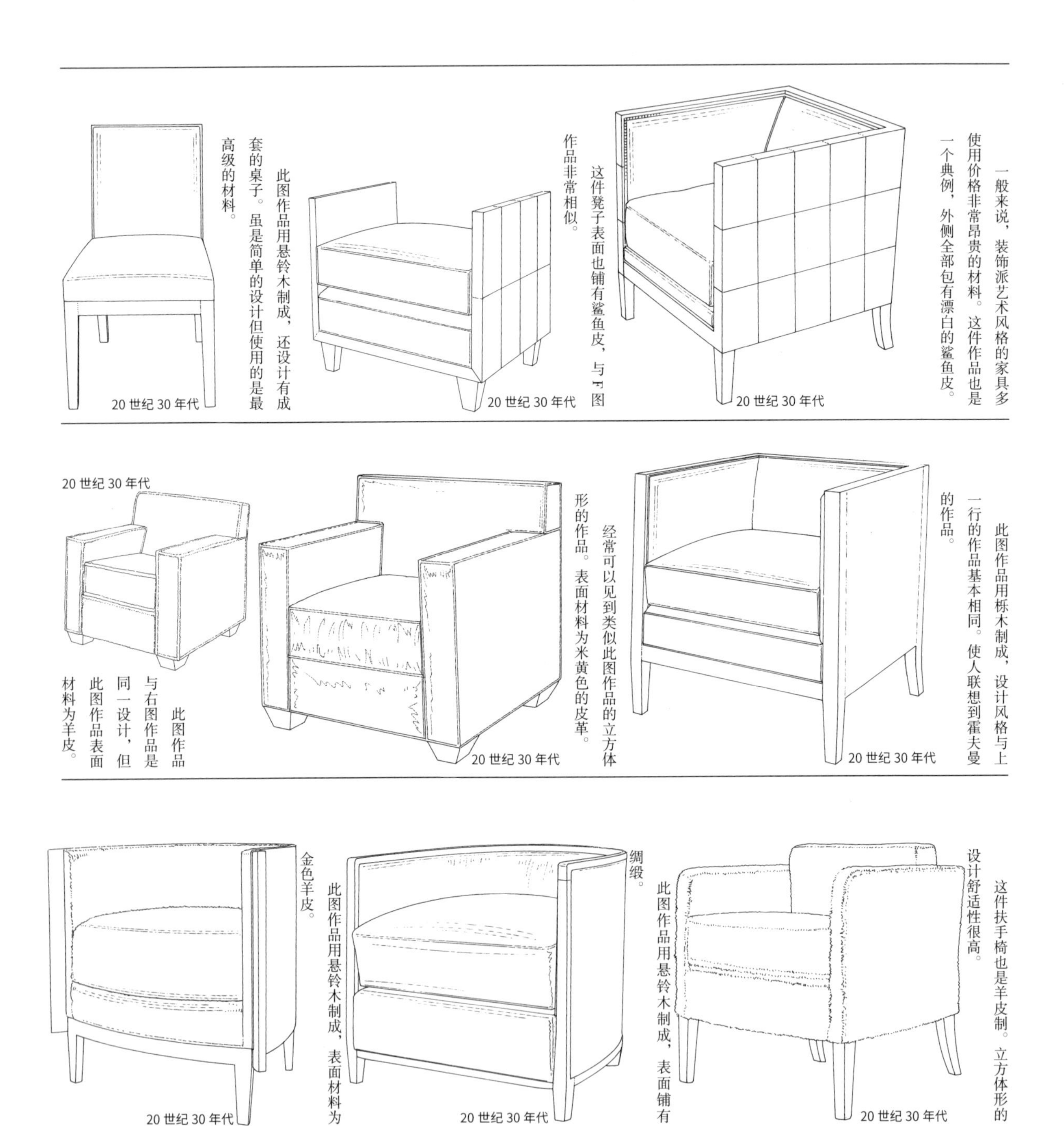

一般来说，装饰派艺术风格的家具多使用价格非常昂贵的材料。这件作品也是一个典例，外侧全部包有漂白的鲨鱼皮。

20 世纪 30 年代

这件凳子表面也铺有鲨鱼皮，与F图作品非常相似。

20 世纪 30 年代

此图作品用悬铃木制成，还设计有成套的桌子。虽是简单的设计但使用的是最高级的材料。

20 世纪 30 年代

此图作品用栎木制成，设计风格与上一行的作品基本相同。使人联想到霍夫曼的作品。

20 世纪 30 年代

经常可以见到类似此图作品的立方体形的作品。表面材料为米黄色的皮革。

20 世纪 30 年代

此图作品与右图作品是同一设计，但此图作品表面材料为羊皮。

20 世纪 30 年代

这件扶手椅也是羊皮制。立方体形的设计舒适性很高。

20 世纪 30 年代

此图作品用悬铃木制成，表面铺有绸缎。

20 世纪 30 年代

此图作品用悬铃木制成，表面材料为金色羊皮。

20 世纪 30 年代

O

此图是第二行左图凳子的变化版模型，可以看出座位部分的不同。
1930 年左右？

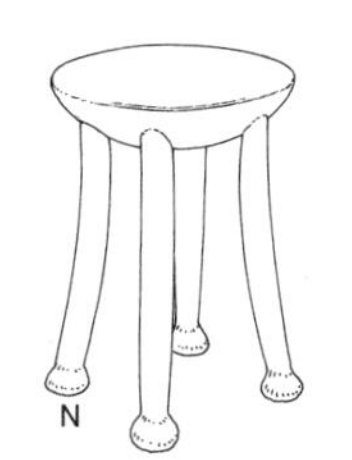

N

此图是在阿尔托夫人住宅中使用的凳子，是将非洲凳子重新设计后的模型。
1930—1937

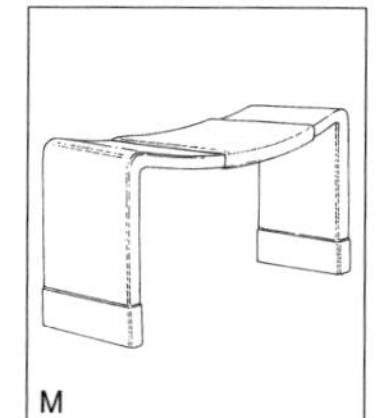

M

此图是由艾琳·格瑞设计的凳子。此作品也以非洲凳子为原型创作。
1923

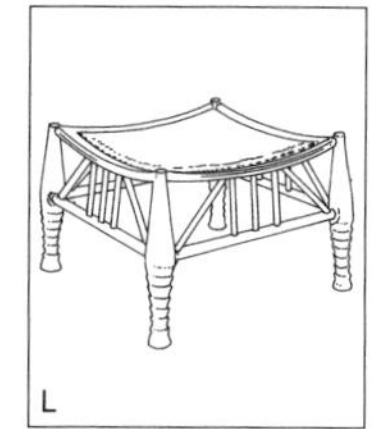

L

此图是由阿道夫·路斯将非洲凳子重新设计后的模型。在底比斯遗址出土的凳子是其原型。
1901—1902

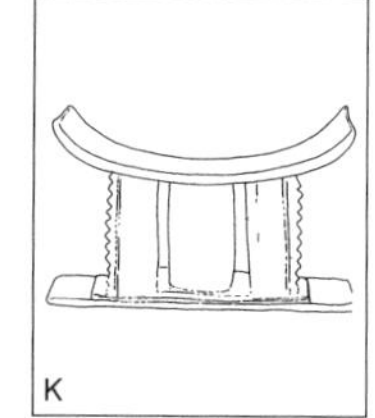

K

此图是非洲原住民使用的凳子，由一棵完整的树削制而成。还有其他非洲的凳子风格也给欧洲的设计师们带来了巨大的影响。
设计年份不详

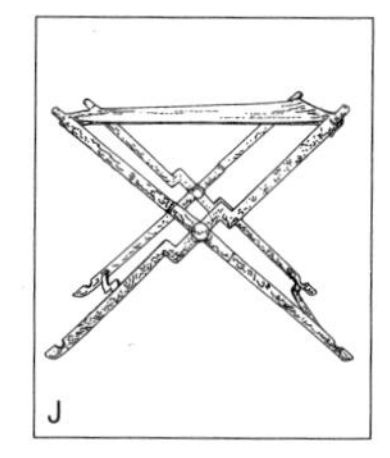

J

此图作品出土于意大利北部。由青铜制成。在装饰派艺术风格中重新设计了很多这种古代的作品以及原始简朴的作品。
设计年份不详

此图是以希腊和罗马时代的青铜制凳子为主题设计的作品。在铜的表面镀金，座位是藤条制。

20 世纪 30 年代

自19世纪到现在为止，许多设计师都从非洲原住民的凳子那里得到了设计灵感，创作了这些作品。

20 世纪 30 年代

像此图作品这样，腿部是X形的凳子多是折叠式的，但是弗兰克的作品却多是固定式的。

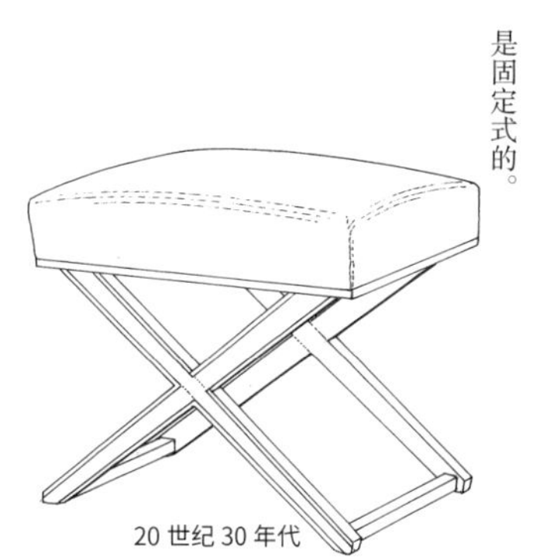

20 世纪 30 年代

此图是上一行左图作品的变化版模型。除去座位的形状，腿部的设计是相同的。

20 世纪 30 年代

此图是低靠背的无扶手单人椅，表面涂漆。用于哪个住宅目前不详。

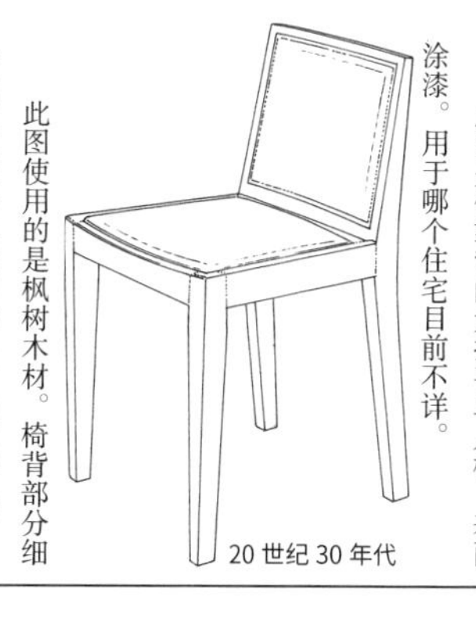

20 世纪 30 年代

此图使用的是枫树木材。椅背部分细长的竖轴在弗兰克的作品中非常罕见。

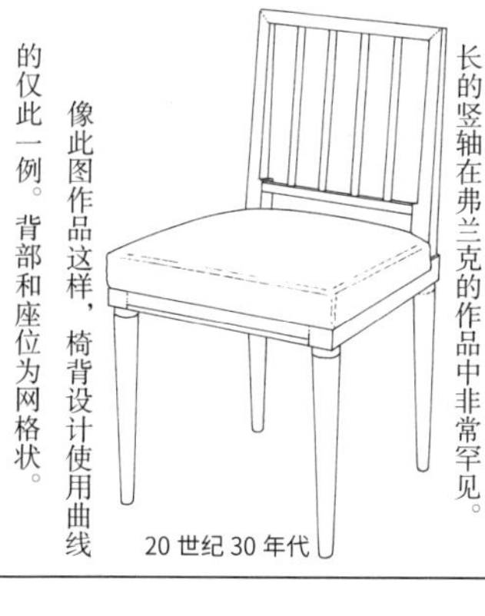

20 世纪 30 年代

像此图作品这样，椅背设计使用曲线的仅此一例。背部和座位为网格状。

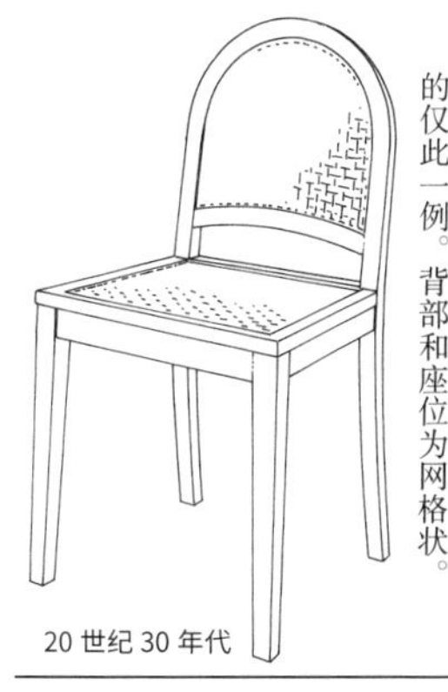

20 世纪 30 年代

右图作品使用栎木材，表面均由柳木编制。左图作品由胡桃木加工制成，背部曲线非常优雅。

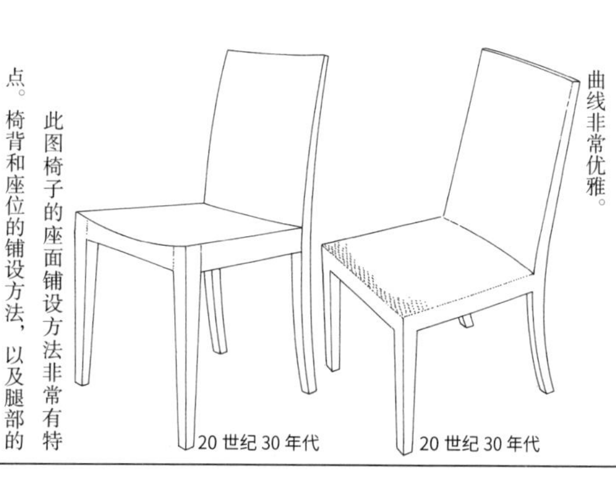

20 世纪 30 年代

20 世纪 30 年代

此图椅子的座面铺设方法非常有特点。椅背和座位的铺设方法，以及腿部的收尾处理均仅此一例。

20 世纪 30 年代

此图是右图作品的变化版模型。除去腿部设计和布料花纹，其他都是相同的。

20 世纪 30 年代

1895—1941

让-米歇尔·弗兰克

第 2 小节
伊夫·圣·罗兰的推荐

有很多有关记录装饰派艺术风格的资料，但有关弗兰克的记述却非常少。在伊冯娜著述的《1925 年样式 / 装饰派艺术的世界》1986 年版当中，介绍了很多装饰派艺术风格的主要设计师，但令人惊讶的是，却没有在任何一处找到弗兰克的名字。菲利克斯·马西拉克著述的《装饰派艺术 1925》中，仅介绍了一件柜橱。这种作为一名工作质量极高的设计师，却基本没有被介绍过的情况可谓非常少见。1963 年，朱塞特·德温夫人的文章《被人遗忘的创造者——让-米歇尔·弗兰克》刊登在《鲁伊尔》杂志上，在此之后的 1973 年，在《VOGUE》杂志的策划下，甄选了当时代表性的著名人物，汇成《世界杰出作品选》，在作品选当中伊夫·圣·罗兰推荐了弗兰克的『诺瓦依住宅』，由此一来一部分人知道了弗兰克的名字。在此之后，他得到法国女设计师安德莉·普特曼的支持，并且通过阿道夫·夏诺，他的作品集于 1980 年得以出版。1998 年光琳社也出版了弗朗索瓦·博多译著的日语版本。在弗兰克逝世 60 年后，他的名字终于得以被世人熟知。

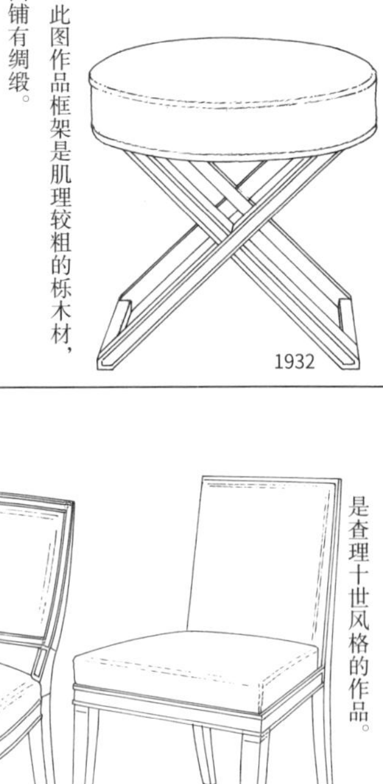

1932

此图为栎木制凳子，还设计有成套的桌子。上一小节介绍了与此相似的作品。

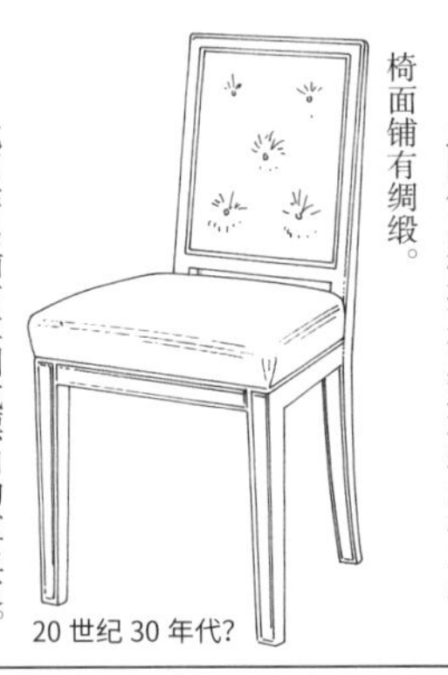

20 世纪 30 年代?

此图作品框架是肌理较粗的栎木材，椅面铺有绸缎。

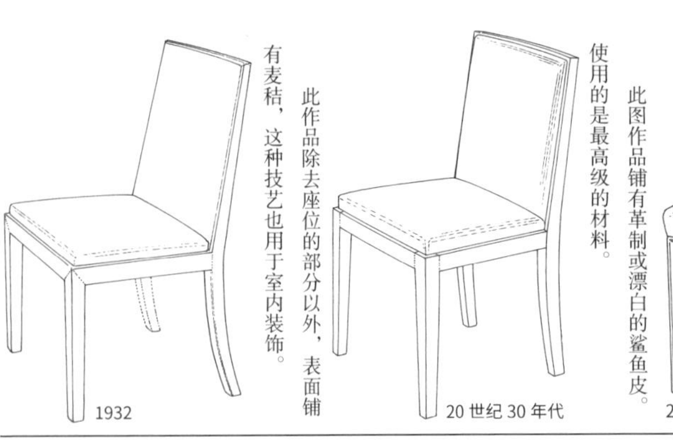

20 世纪 30 年代

此图作品铺有革制或漂白的鲨鱼皮。使用的是最高级的材料。

1932

此作品除去座位的部分以外，表面铺有麦秸，这种技艺也用于室内装饰。

20 世纪 30 年代　20 世纪 30 年代?

右图作品框架涂有白漆，铺设有人物头像图案的布料。左图使用的是胡桃木，是查理十世风格的作品。

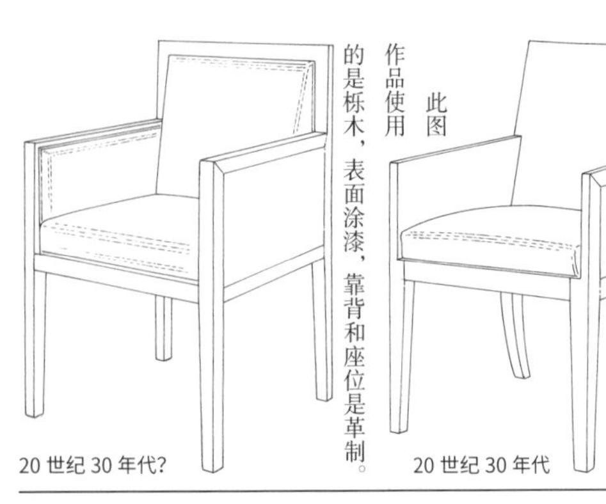

20 世纪 30 年代

此图作品的设计理念是用白色粉末强调木头的纹理。

20 世纪 30 年代?

此图作品使用的是栎木，表面涂漆，靠背和座位是革制。

20 世纪 30 年代

此图作品的靠背、座位和腿部都是用柳木制成。正因设计简单，表面的处理花费了一番心思。

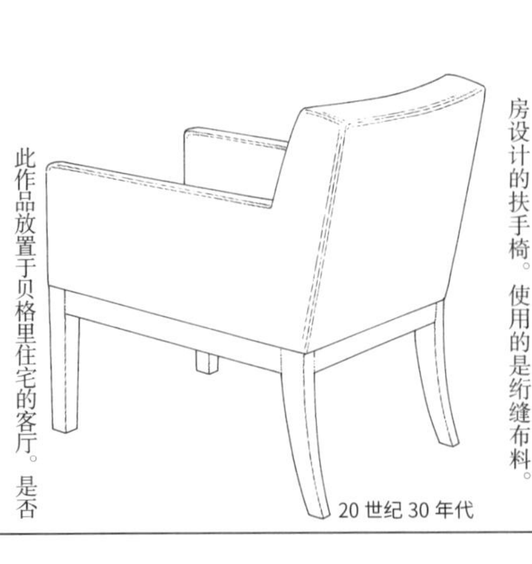

20 世纪 30 年代

此图是为斯皮耶夫人住宅内巨大的书房设计的扶手椅。使用的是纺缝布料。

1929—1930？

此作品放置于贝格里住宅的客厅。是否是弗兰克的作品目前不详，由于这种藤条制的作品非常少见，所以在此做特别简介。

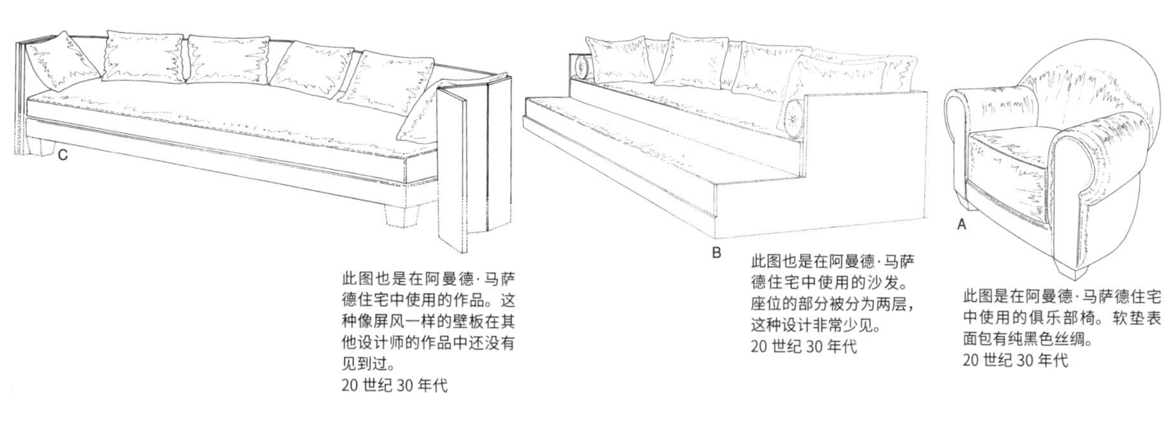

此图也是在阿曼德·马萨德住宅中使用的作品。这种像屏风一样的壁板在其他设计师的作品中还没有见到过。
20 世纪 30 年代

此图也是在阿曼德·马萨德住宅中使用的沙发。座位的部分被分为两层，这种设计非常少见。
20 世纪 30 年代

此图是在阿曼德·马萨德住宅中使用的俱乐部椅。软垫表面包有纯黑色丝绸。
20 世纪 30 年代

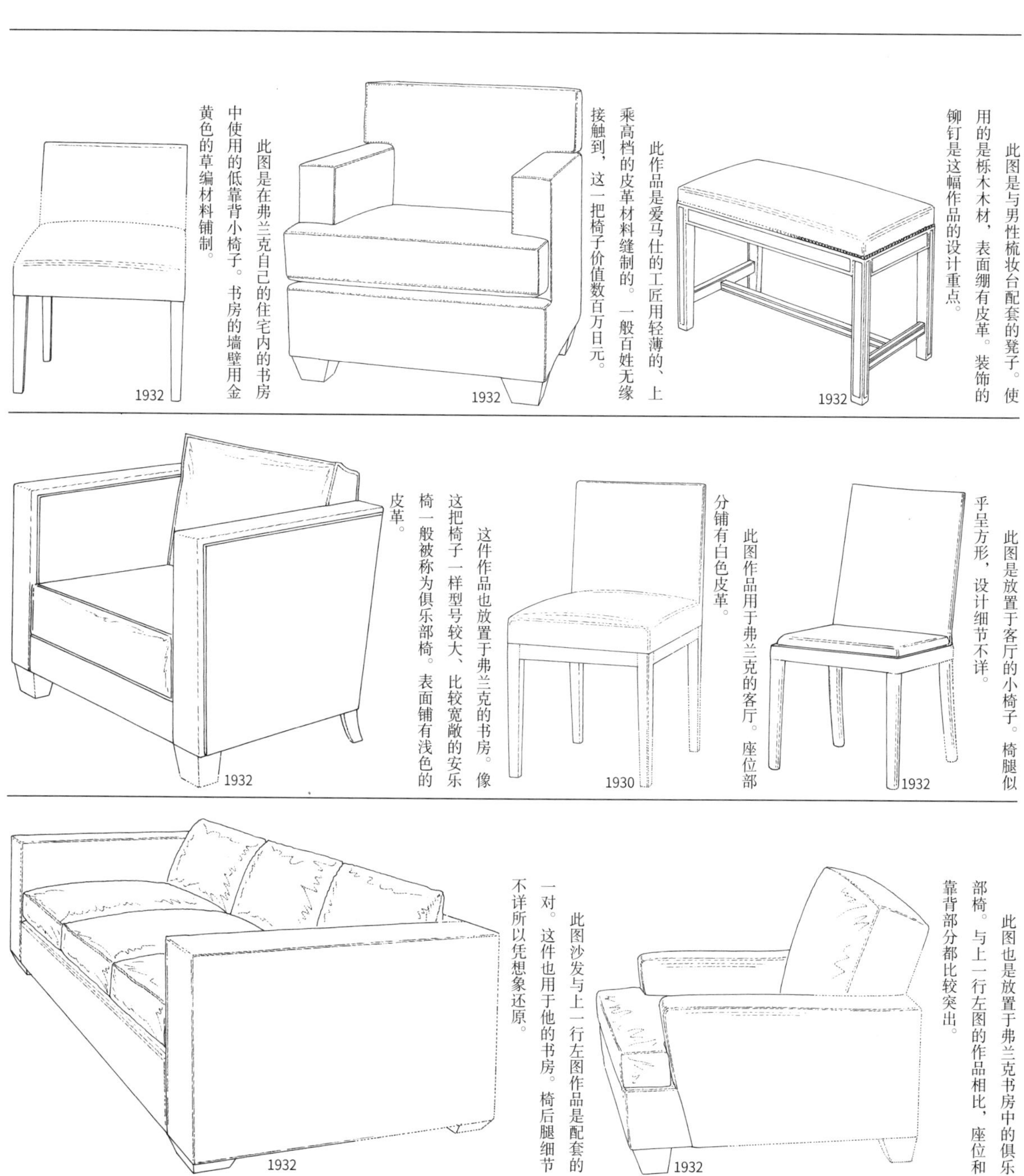

此图是与男性梳妆台配套的凳子。使用的是栎木木材，表面绷有皮革。装饰的铆钉是这幅作品的设计重点。

此作品是爱马仕的工匠用轻薄的、上乘高档的皮革材料缝制的。一般百姓无缘接触到，这一把椅子价值数百万日元。

此图是在弗兰克自己的住宅内的书房中使用的低靠背小椅子。书房的墙壁用金黄色的草编材料铺制。

此图是放置于客厅的小椅子。椅腿似乎呈方形，设计细节不详。

此图作品用于弗兰克的客厅。座位部分铺有白色皮革。

这件作品也放置于弗兰克的书房。像这把椅子一样型号较大、比较宽敞的安乐椅一般被称为俱乐部椅。表面铺有浅色的皮革。

此图也是放置于弗兰克书房中的俱乐部椅。与上一行左图的作品相比，座位和靠背部分都比较突出。

此图沙发与上一行左图作品是配套的一对。这件也用于他的书房。椅后腿细节不详所以凭想象还原。

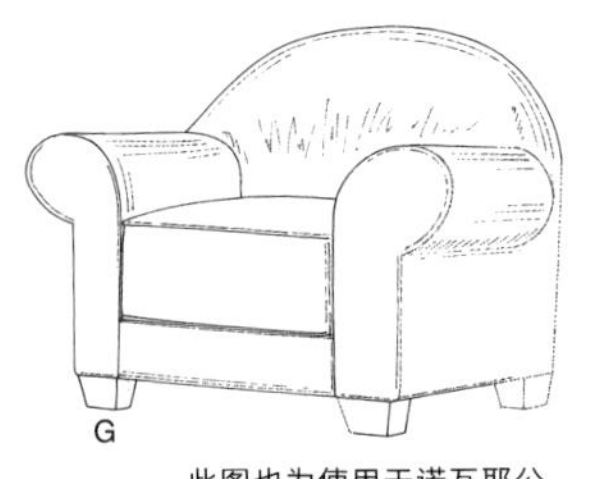

G

此图也为使用于诺瓦耶公爵住宅的主客厅的俱乐部椅。与最后一行左图的沙发是配套的一对。
20 世纪 30 年代

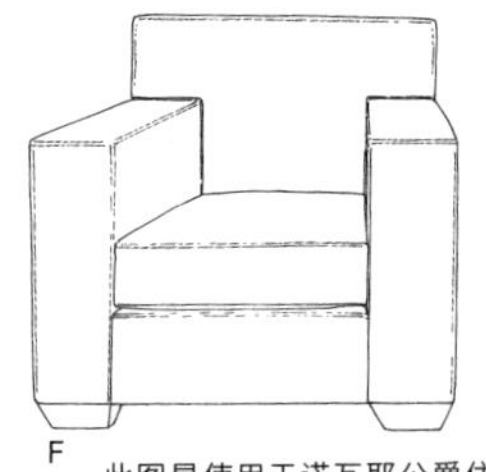

F

此图是使用于诺瓦耶公爵住宅的主客厅的俱乐部椅。基于用广角镜头拍摄的照片绘制而成。
20 世纪 30 年代

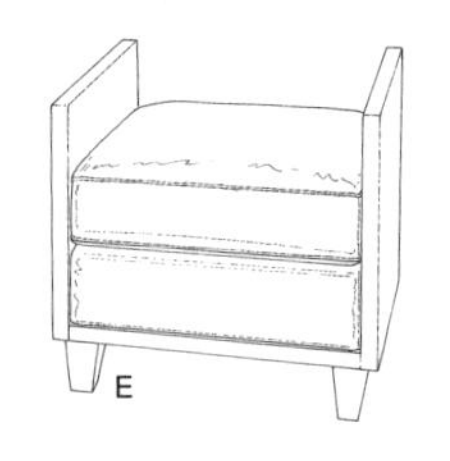

E

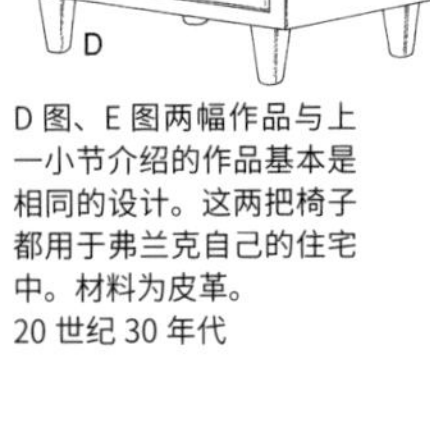

D

D 图、E 图两幅作品与上一小节介绍的作品基本是相同的设计。这两把椅子都用于弗兰克自己的住宅中。材料为皮革。
20 世纪 30 年代

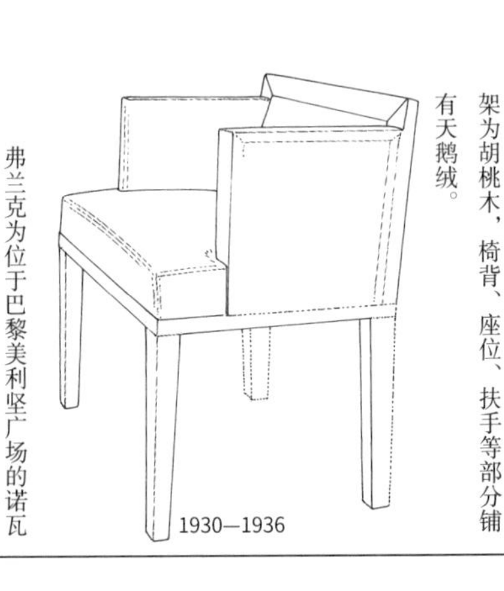

1930—1936

此图是与书桌成套设计的扶手椅。框架为胡桃木，椅背、座位、扶手等部分铺有天鹅绒。

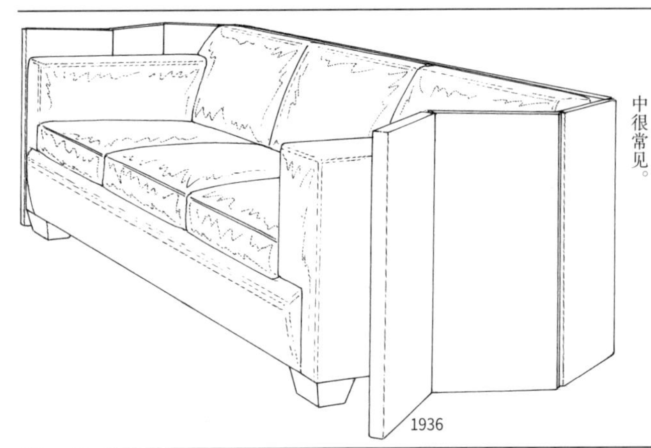

1936

弗兰克为位于巴黎美利坚广场的诺瓦耶公爵住宅设计了很多室内装饰和家具。这件作品也是其中之一，这是一件白色皮革的沙发。屏风般的外罩设计在他的作品中很常见。

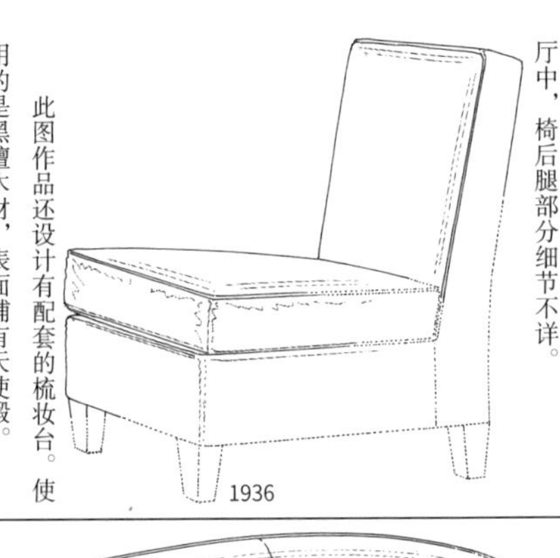

1936

这件作品放置于诺瓦耶公爵住宅的大厅中，椅后腿部分细节不详。

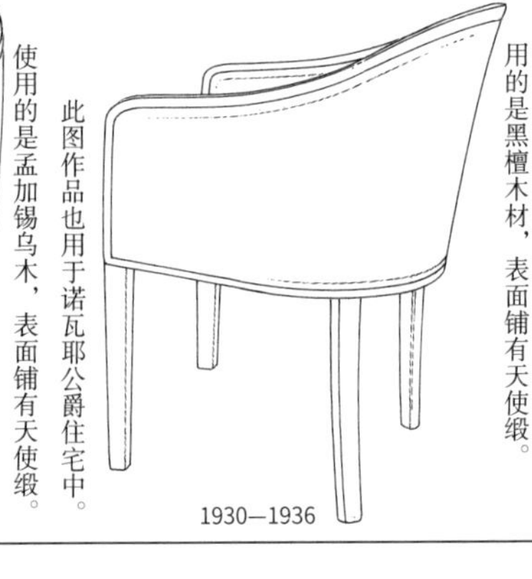

1930—1936

此图作品还设计有配套的梳妆台。使用的是黑檀木材，表面铺有天使缎。

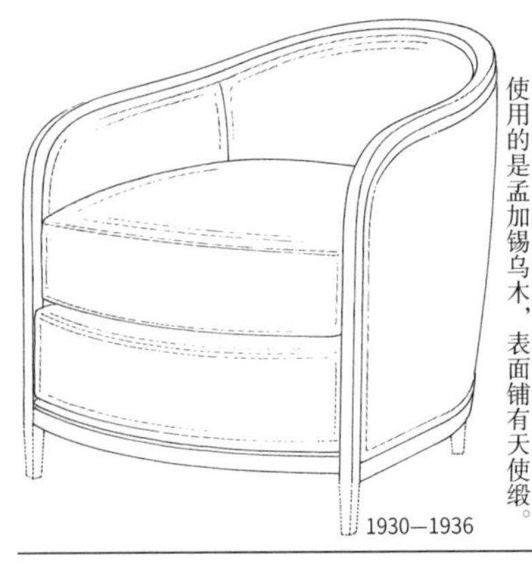

1930—1936

此图作品也用于诺瓦耶公爵住宅中。使用的是孟加锡乌木，表面铺有天使缎。

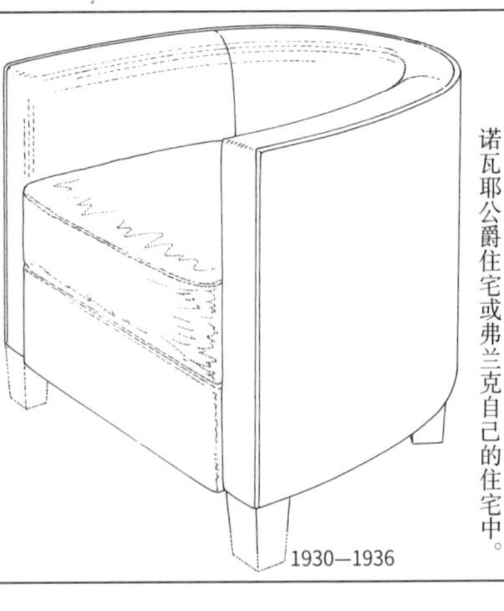

1930—1936

此图是圆形扶手的俱乐部椅，使用于诺瓦耶公爵住宅或弗兰克自己的住宅中。

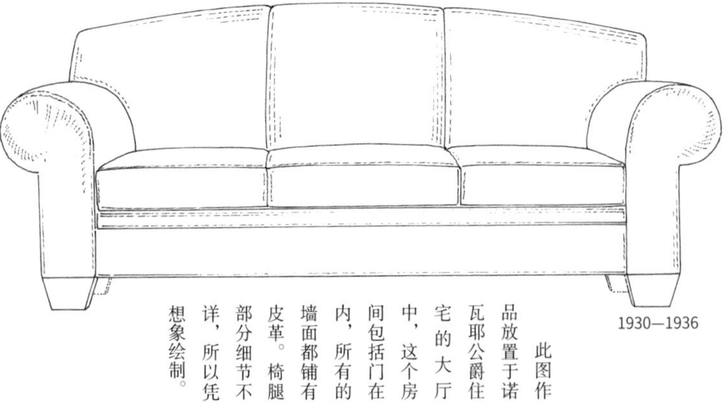

1930—1936

此图作品放置于诺瓦耶公爵住宅的大厅中，这个房间包括门在内，所有的墙面都铺有皮革。椅腿部分细节不详，所以凭想象绘制。

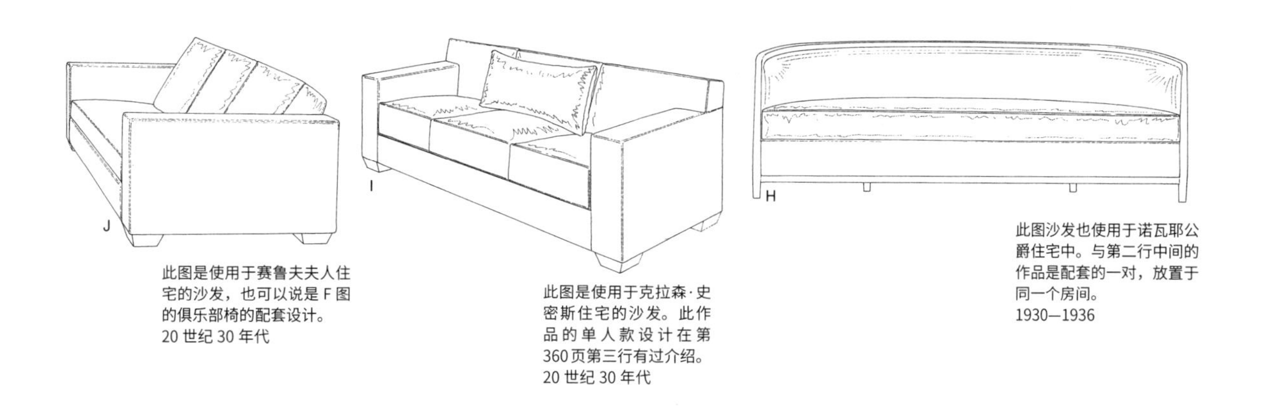

此图是使用于赛鲁夫夫人住宅的沙发，也可以说是F图的俱乐部椅的配套设计。
20世纪30年代

此图是使用于克拉森·史密斯住宅的沙发。此作品的单人款设计在第360页第三行有过介绍。
20世纪30年代

此图沙发也使用于诺瓦耶公爵住宅中。与第二行中间的作品是配套的一对，放置于同一个房间。
1930—1936

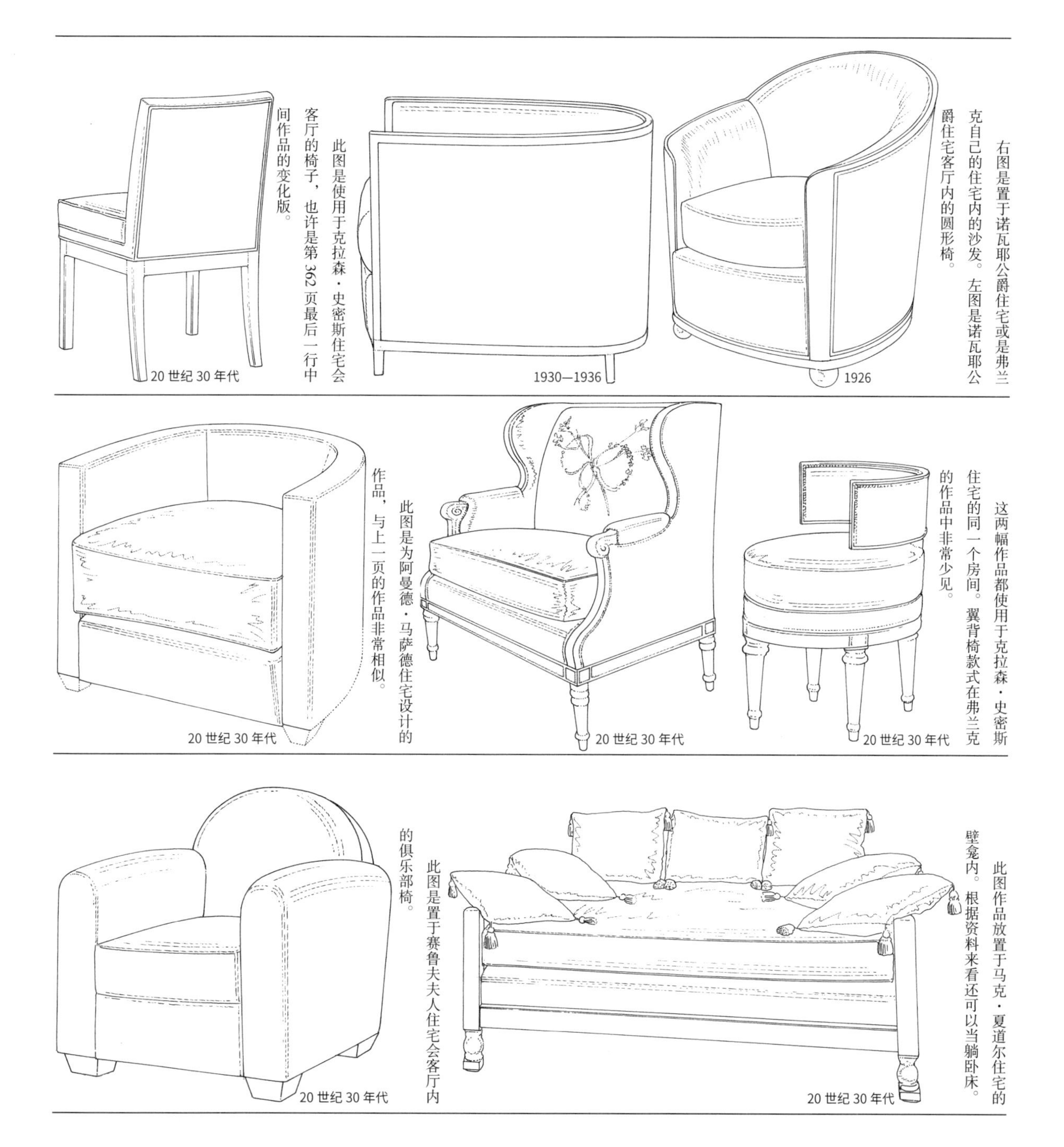

20世纪30年代

此图是使用于克拉森·史密斯住宅会客厅的椅子，也许是第362页最后一行中间作品的变化版。

1930—1936

1926

右图是置于诺瓦耶公爵住宅或是弗兰克自己的住宅内的沙发。左图是诺瓦耶公爵住宅客厅内的圆形椅。

20世纪30年代

此图是为阿曼德·马萨德住宅设计的作品，与上一页的作品非常相似。

20世纪30年代

20世纪30年代

这两幅作品都使用于克拉森·史密斯住宅的同一个房间。翼背椅款式在弗兰克的作品中非常少见。

20世纪30年代

此图是置于赛鲁夫夫人住宅会客厅内的俱乐部椅。

20世纪30年代

此图作品放置于马克·夏道尔住宅的壁龛内。根据资料来看还可以当躺卧床。

1895—1941

让-米歇尔·弗兰克

第 3 小节
相继拍卖展出作品

令人惊讶的是，有关记录弗兰克的文献非常之少。但是通过伊夫·圣·罗兰，他受到了世人的瞩目。并且通过安德莉·普特曼的支持，他的作品集得以出版，并迅速获得好评。就好像是证明他的能力一般，迄今为止从未在拍卖会上展出过他的作品，最近都以令人难以置信的高价被竞拍。一件鲨鱼皮制的陈列架以大约 6000 万日元成交，一件橱柜以约 1 亿日元成交，这些都被美国某电影公司的会长夫人拍得。原本大部分装饰派艺术风格的家具都是为上流社会的人们制作的，即使是在拍卖会上展出拍卖，也都是一般人们无法企及的高昂价格。也许它们注定是要被交到现代富裕阶层人们的手中吧。

装饰派艺术风格的家具，有很多在设计和结构上非常简单。因此也被认为是最近受人瞩目的极简派的起源。正因为设计上非常简单，所以使用的多是奢侈的材料。有关材料的内容将在下一小节介绍。

虽然本小节介绍的作品有的与之前介绍的作品非常相似，但因为不是量产的模型，所以细节处有所不同，仅此一件。到了 20 世纪 90 年代，法国埃卡尔国际公司和意大利阿里巴公司重新制作了他设计的

此图是 2000 年 10 月在伦敦举办的苏富比拍卖会上展出的两把椅子之一。框架为钢制，其余部分为藤条制。竞拍预算价格在 7500~15000 美元之间，再加上 20% 的手续费（根据拍卖公司有所不同）。

1934

这件安乐椅于 2000 年 4 月在伦敦苏富比的拍卖会上展出。竞拍预算价格在 10500~13500 美元。

20 世纪 30 年代

此作品于 2000 年 10 月的拍卖会上展出。两把椅子竞拍预算价格在 9000~12000 美元。框架涂有深绿色漆。

20 世纪 30 年代

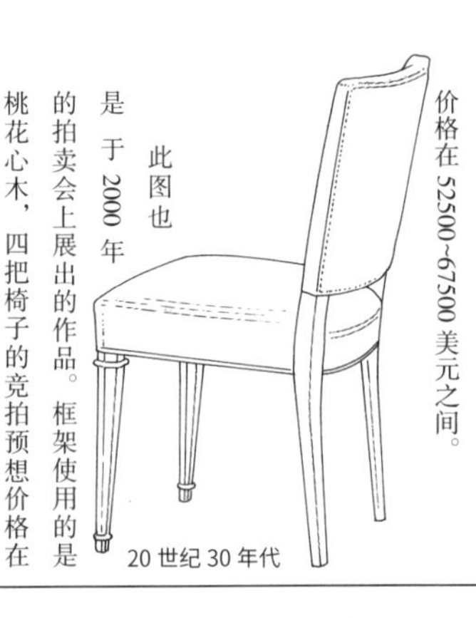

此图也是于 2000 年的拍卖会上展出的作品。总共展出了桌子和四把椅子。椅子前腿的底端嵌有青铜的配件。竞拍预算价格在 52500~67500 美元之间。

20 世纪 30 年代

此图也是于 2000 年的拍卖会上展出的作品。框架使用的是桃花心木，四把椅子的竞拍预想价格在 15000~22200 美元。

20 世纪 30 年代

这件长椅子在法语中被称作『盛宴』，表面装饰有贴面，也是于 2000 年的拍卖会上展出的作品。重新铺设了白色织布，框架涂有黑漆。

20 世纪 30 年代

此图的两把椅子的竞拍预算价格在 9000~12000 美元。遗憾的是为谁设计、设计年份等信息均不详。

20 世纪 30 年代

这两件作品于 2000 年在佳士得拍卖会展出。

20 世纪 30 年代

20 世纪 30 年代

沙发、俱乐部椅和桌子等。如果有了同样的作品也只是这些作品的量产模型。

此图是上一页最后一行中间作品的原物模型，是18世纪英国的椅子。
1790年左右

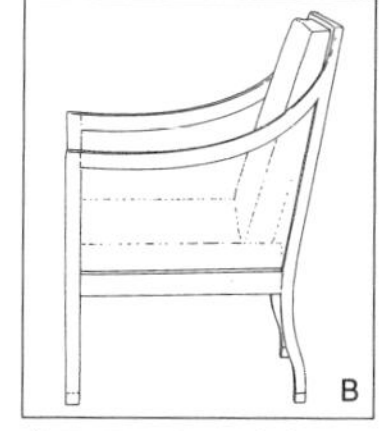

此图是丹麦设计大师凯尔·柯林特的作品。他和弗兰克处于同一时代，并发布了相似的作品。
1932

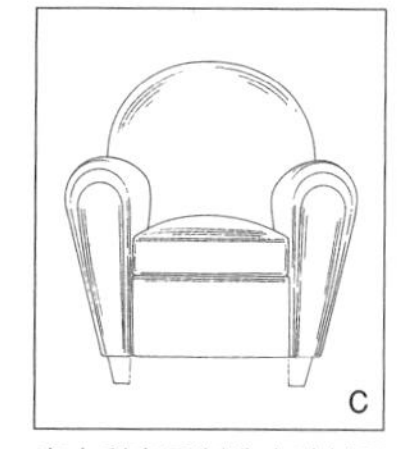

意大利家具制造商玻托那福劳公司的作品，名为“名利场”。日本家具公司也有制造。
设计年份不详

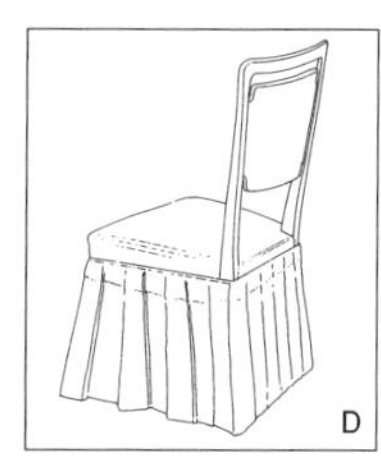

像第三行中间作品那样，椅子外面罩有外套的款式很常见，吉奥·庞蒂也设计过相似的作品。
1950

此图是意大利阿里巴公司重新制作的模型，是上一小节介绍的赛鲁夫夫人住宅里的双人椅款式。弗兰克的作品集中没有看到这件作品的照片。

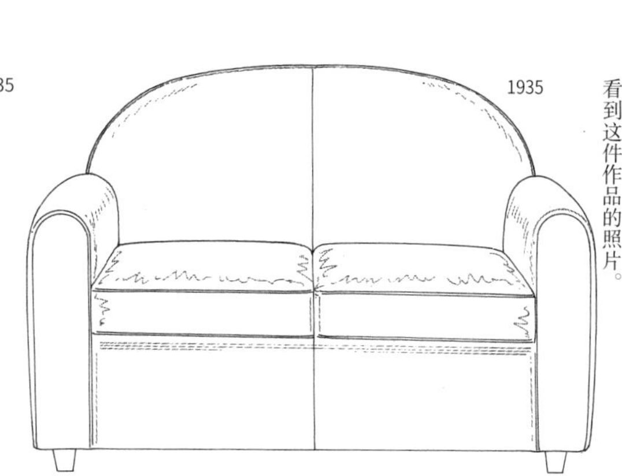
1935

此图是上一小节介绍的作品的简图，由阿里巴公司的书籍绘制而成。这种设计风格在20世纪30年代非常流行，很难说是弗兰克的原始设计。意大利家具制造商玻托那福劳公司也发布过与此相似的模型。

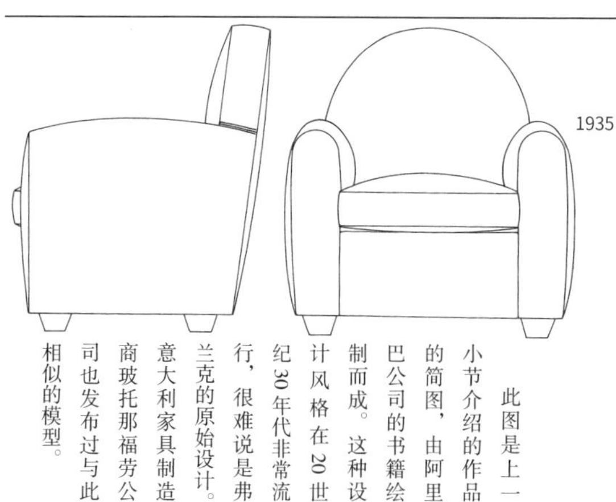
1935

这两幅作品和西班牙画家萨尔瓦多·达利的『梅·韦斯特之唇』的唇形沙发共同放置于罗兰男爵的舞蹈室，靠右边作品的椅后腿部分设计细节不详。

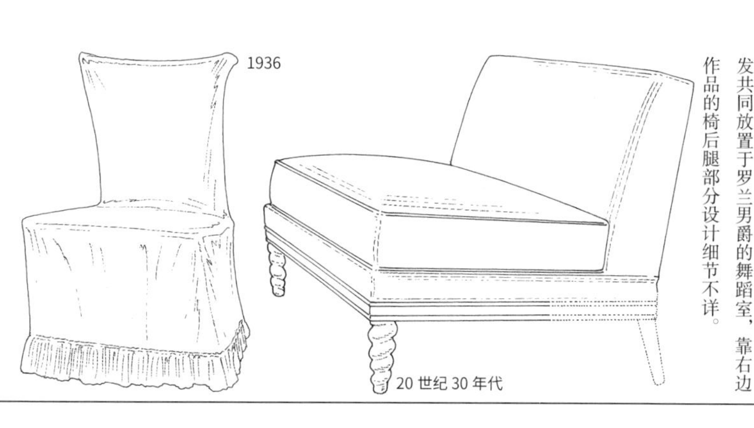
1936

20世纪30年代

此图作品使用于维贝克住宅的餐厅。用藤条和柳枝编制。

1934—1938

此图是为埃斯蒂夫人设计的作品，还设计有成套的圆形餐桌。材料为梨花木，铺有天然皮革。椅后腿的上半部分被削为方形。

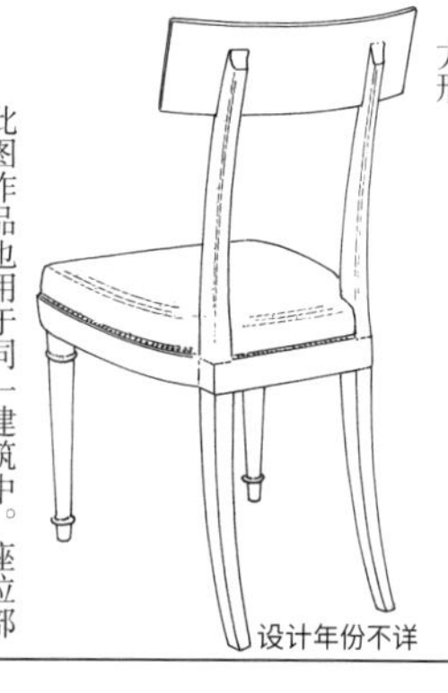
设计年份不详

此图作品也用于同一建筑中。座位部分是金色羊皮。其他部分全部铺有漂白的鲨鱼皮。

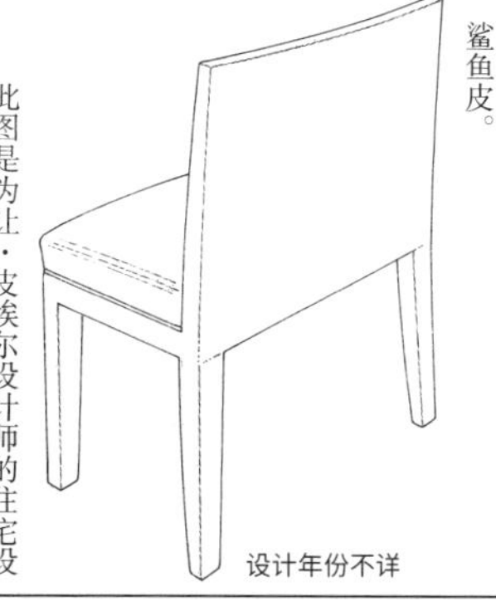
设计年份不详

此图是为让·皮埃尔设计师的住宅设计的作品。此图是将第一次世界大战后经常使用的模型重新设计后的作品。

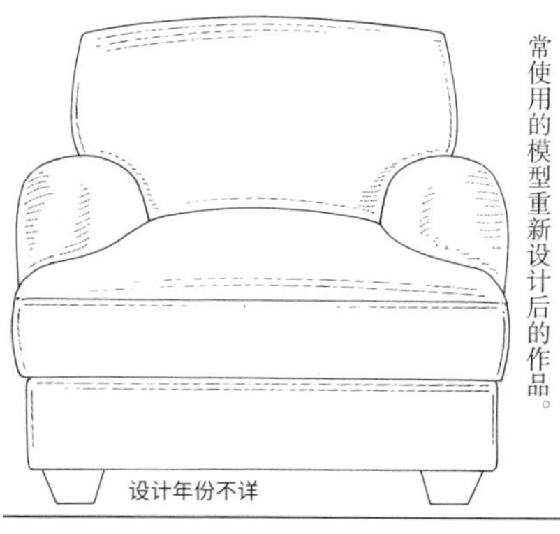
设计年份不详

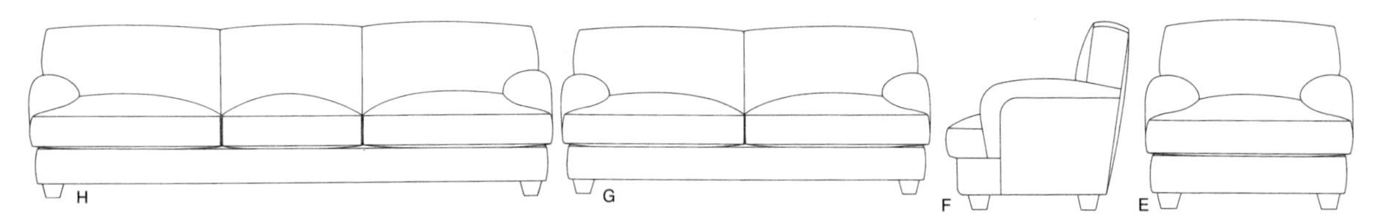

此图是让·皮埃尔设计师住宅的俱乐部椅和其配套的一系列沙发的简图，由阿里巴公司的资料绘制而成。
1939 年左右

1930

1930

此图是上一页最后一行左图的变化版模型。来源于意大利的阿里巴公司的资料。弗兰克的作品集中只描绘了扶手的一部分。

此图也来源于阿里巴公司的资料。当时原始模型的照片，像此插图一样棱角模糊，也许是长期使用的缘故。

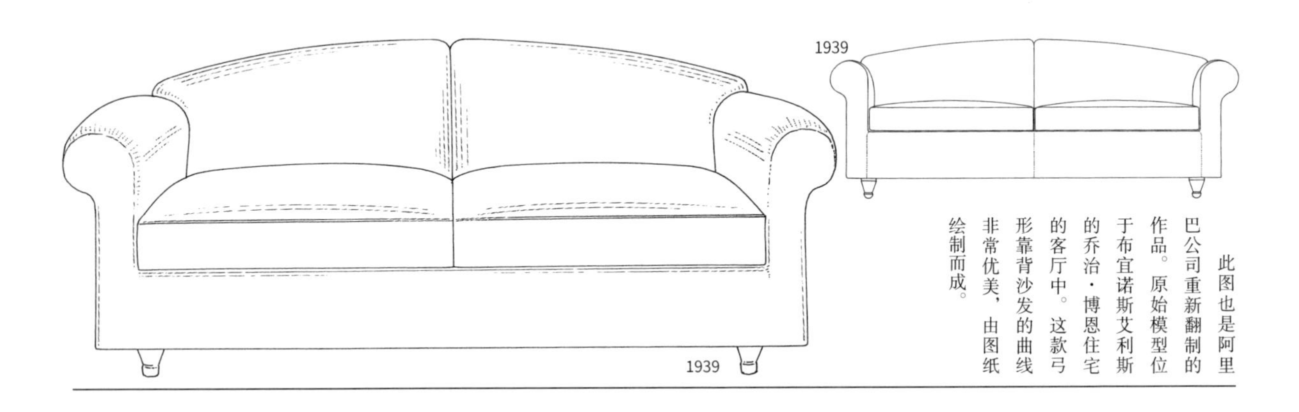

此图也是阿里巴公司重新翻制的作品。原始模型位于布宜诺斯艾利斯的乔治·博恩住宅的客厅中。这款弓形靠背沙发的曲线非常优美，由图纸绘制而成。

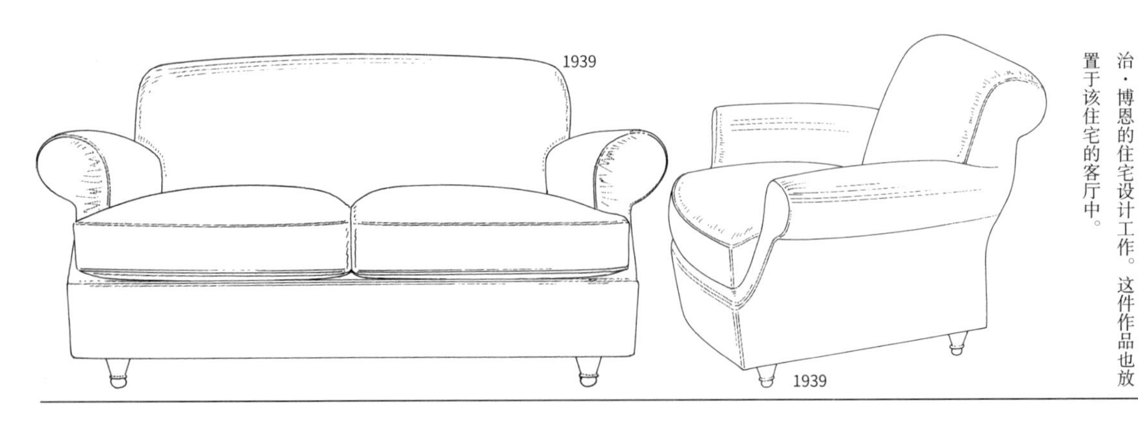

1939～1940 年，弗兰克为了逃避纳粹的迫害，逃亡阿根廷，在那里他担任乔治·博恩的住宅设计工作。这件作品也放置于该住宅的客厅中。

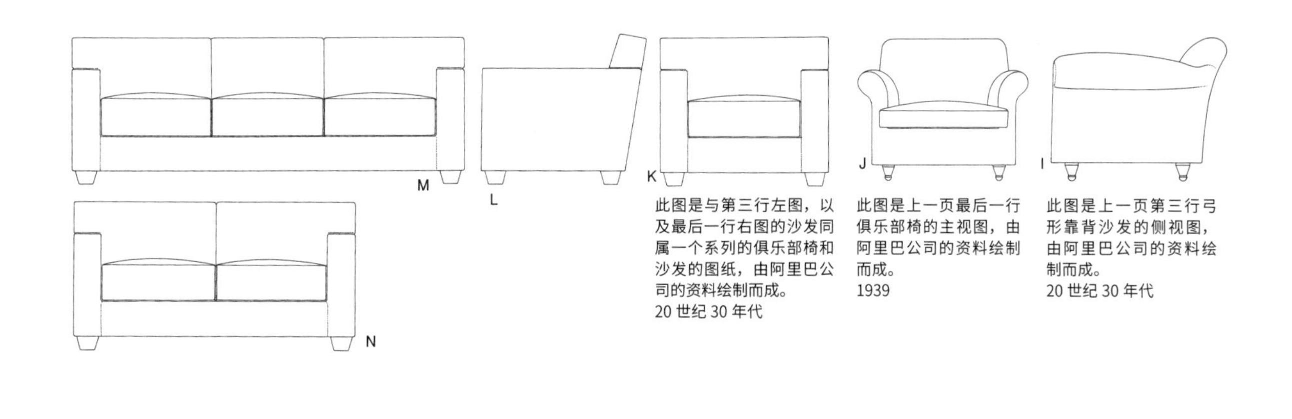

此图是与第三行左图，以及最后一行右图的沙发同属一个系列的俱乐部椅和沙发的图纸，由阿里巴公司的资料绘制而成。
20 世纪 30 年代

此图是上一页最后一行俱乐部椅的主视图，由阿里巴公司的资料绘制而成。
1939

此图是上一页第三行弓形靠背沙发的侧视图，由阿里巴公司的资料绘制而成。
20 世纪 30 年代

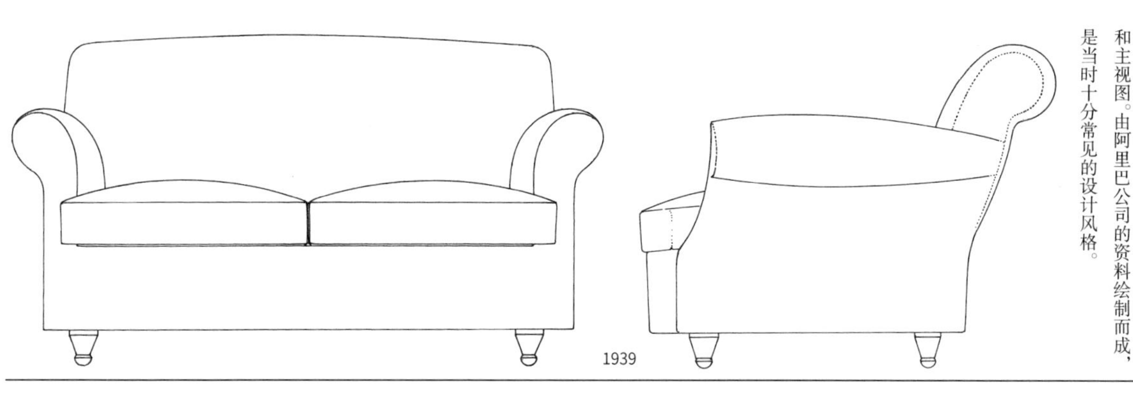

1939

此图是上一页最后一行作品的侧视图和主视图。由阿里巴公司的资料绘制而成，是当时十分常见的设计风格。

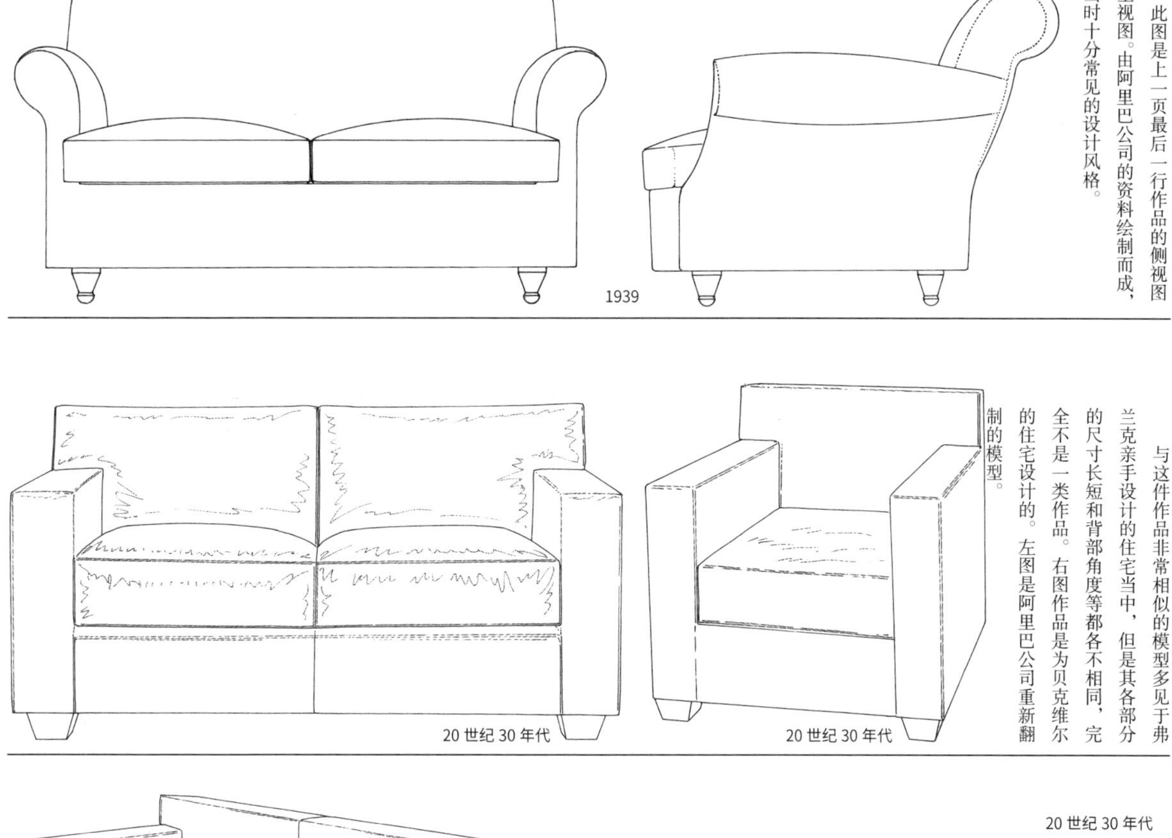

20 世纪 30 年代

20 世纪 30 年代

与这件作品非常相似的模型多见于弗兰克亲手设计的住宅当中，但是其各部分的尺寸长短和背部角度等都各不相同，完全不是一类作品。右图作品是为贝克维尔的住宅设计的。左图是阿里巴公司重新翻制的模型。

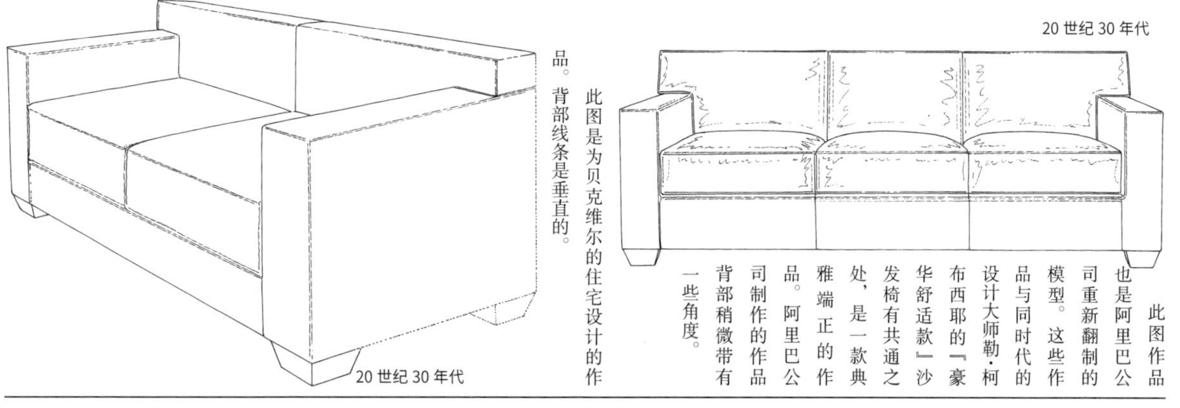

20 世纪 30 年代

此图是为贝克维尔的住宅设计的作品。背部线条是垂直的。

20 世纪 30 年代

此图作品也是阿里巴公司重新翻制的模型。这些作品与同时代的设计大师勒·柯布西耶的『豪华舒适款』沙发椅有共通之处，是一款典雅端正的作品。阿里巴公司制作的作品背部稍微带有一些角度。

1895—1941

让-米歇尔·弗兰克

第4小节
奢侈的材料

装饰派艺术风格的代表性设计师中，在日本家喻户晓的有德国建筑师密斯·凡·德·罗、法国建筑大师勒·柯布西耶、法国女建筑师夏洛特·贝里安和爱尔兰裔设计师艾琳·格瑞等。他们的作品至今仍在上市销售，所以知名度非常之高。但是在20世纪20—30年代期间，还有其他很多设计师活跃在这个舞台上。

此小节将介绍当时家具中使用的有关材料，全部都是现在非常难以得到的、非常昂贵的材料。当时多见的主要材料有悬铃木、阿玛兰蒂紫檀、孟加锡黑檀、巴西黑黄檀、印度黄檀、含羞草材类、鸟目花纹的黄柏木、枫树材，还有槟榔树等。在此基础之上还加有价格高昂的装饰物。以革制品举例来说，有被称为罗马坎平绉的上等摩洛哥革、上等的犊牛皮纸、花纹美丽的蟒蛇皮、鲨鱼皮，还有漂白后的加西亚鲨鱼皮和海鳐皮。坐垫材料采用的是被称为金朗姆酒色的金褐色皮毛和豹、斑马、黑白斑纹马的皮毛，由马尾织成的鬃毛、缎纹织物、天鹅绒等。细节处装饰的都是赫索·拉里科制作的铅玻璃和琉璃、象牙、玳瑁、珍珠，还有颜色多样的漆、镀金镀银等。这些放在目前来看无法想象

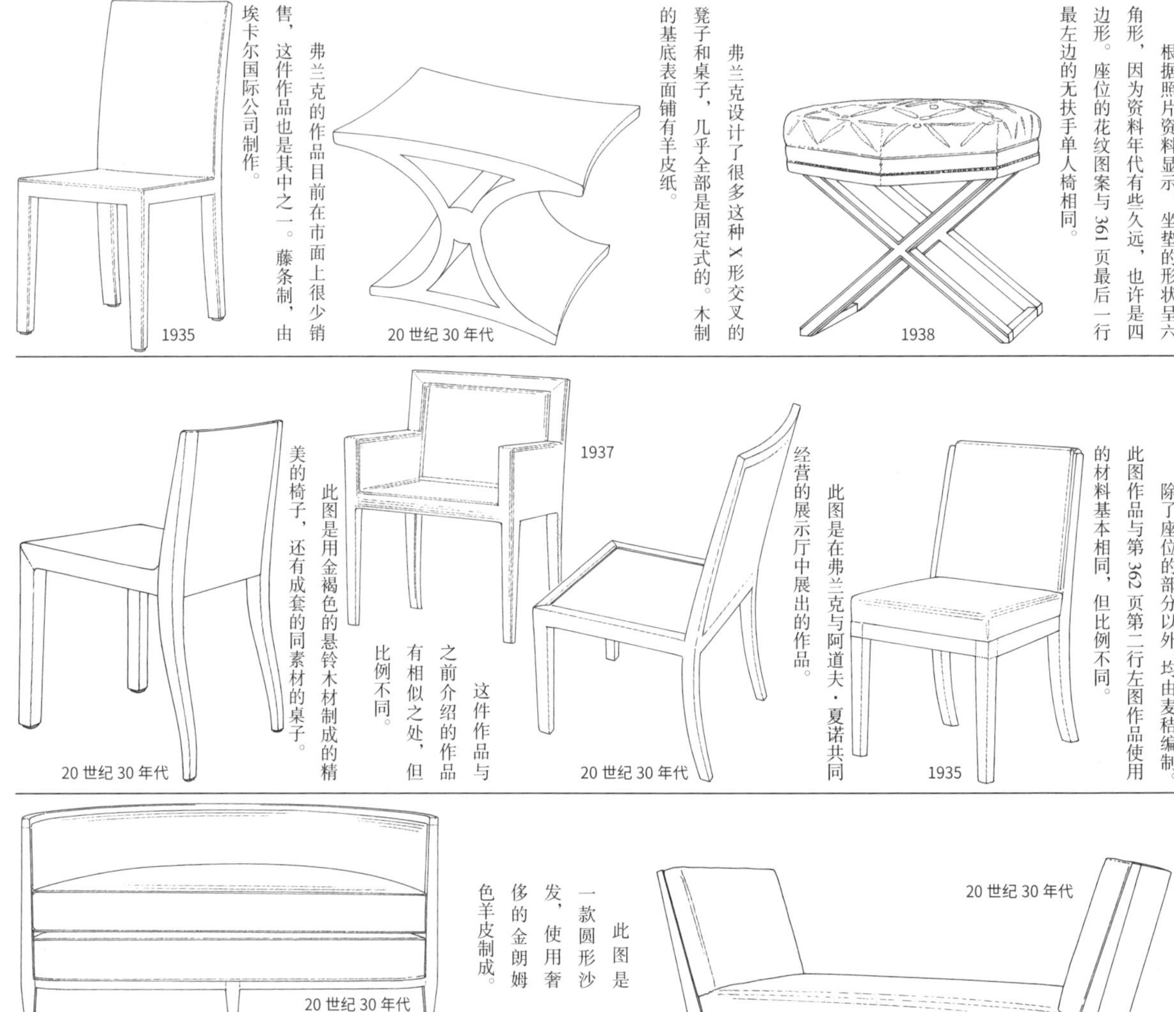

1938

根据照片资料显示，坐垫的形状呈六角形，因为资料年代有些久远，也许是四边形。座位的花纹图案与361页最后一行最左边的无扶手单人椅相同。

20世纪30年代

弗兰克设计了很多这种X形交叉的凳子和桌子，几乎全部是固定式的。木制的基底表面铺有羊皮纸。

1935

弗兰克的作品目前在市面上很少销售，这件作品也是其中之一。藤条制，由埃卡尔国际公司制作。

1935

除了座位的部分以外，均由麦秸编制。此图作品与第362页第二行左图作品使用的材料基本相同，但比例不同。

20世纪30年代

此图是在弗兰克与阿道夫·夏诺共同经营的展示厅中展出的作品。

1937

这件作品与之前介绍的作品有相似之处，但比例不同。

20世纪30年代

此图是用金褐色的悬铃木材制成的精美的椅子，还有成套的同素材的桌子。

20世纪30年代

此图是没有靠背的双人扶手长椅。梨花木制，表面涂有黑漆，布料采用的是羊毛粗花呢。用于哪所建筑目前不详。

20世纪30年代

此图是一款圆形沙发，使用奢侈的金朗姆色羊皮制成。

20世纪30年代

此图是与右图作品非常相似的模型。此作品使用的是栎树木材，框架包有白色皮革。皮革用小的铆钉固定，使用于哪所建筑物中目前不详。

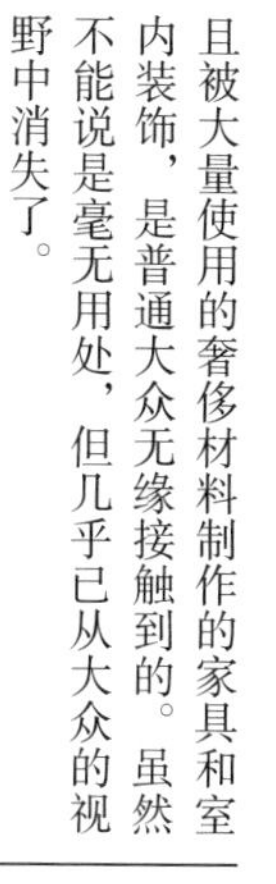

且被大量使用的奢侈材料制作的家具和室内装饰，是普通大众无缘接触到的。虽然不能说是毫无用处，但几乎已从大众的视野中消失了。

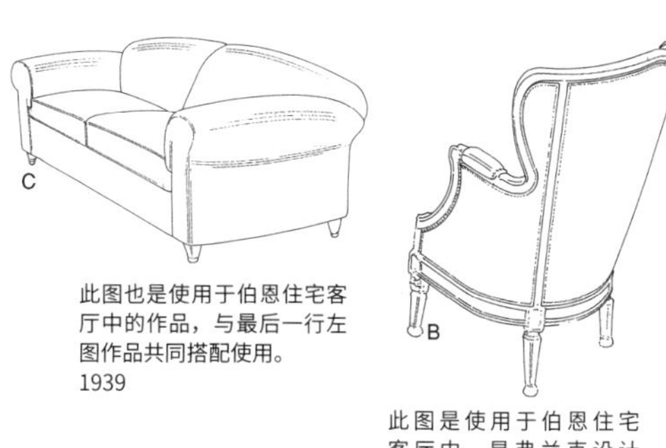

此图也是使用于伯恩住宅客厅中的作品，与最后一行左图作品共同搭配使用。
1939

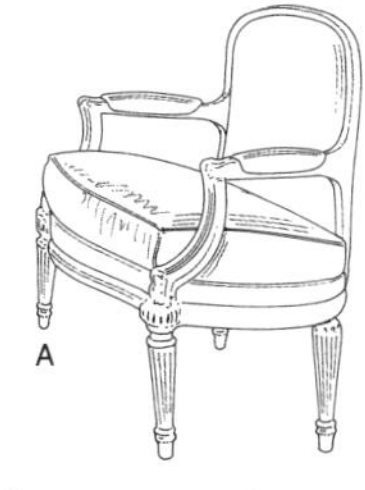

此图是使用于伯恩住宅客厅中，是弗兰克设计的作品。
1939

A

此图是用于阿尔托夫人住宅的卧室中的作品。设计古典，也许是弗兰克的作品。
20世纪30年代

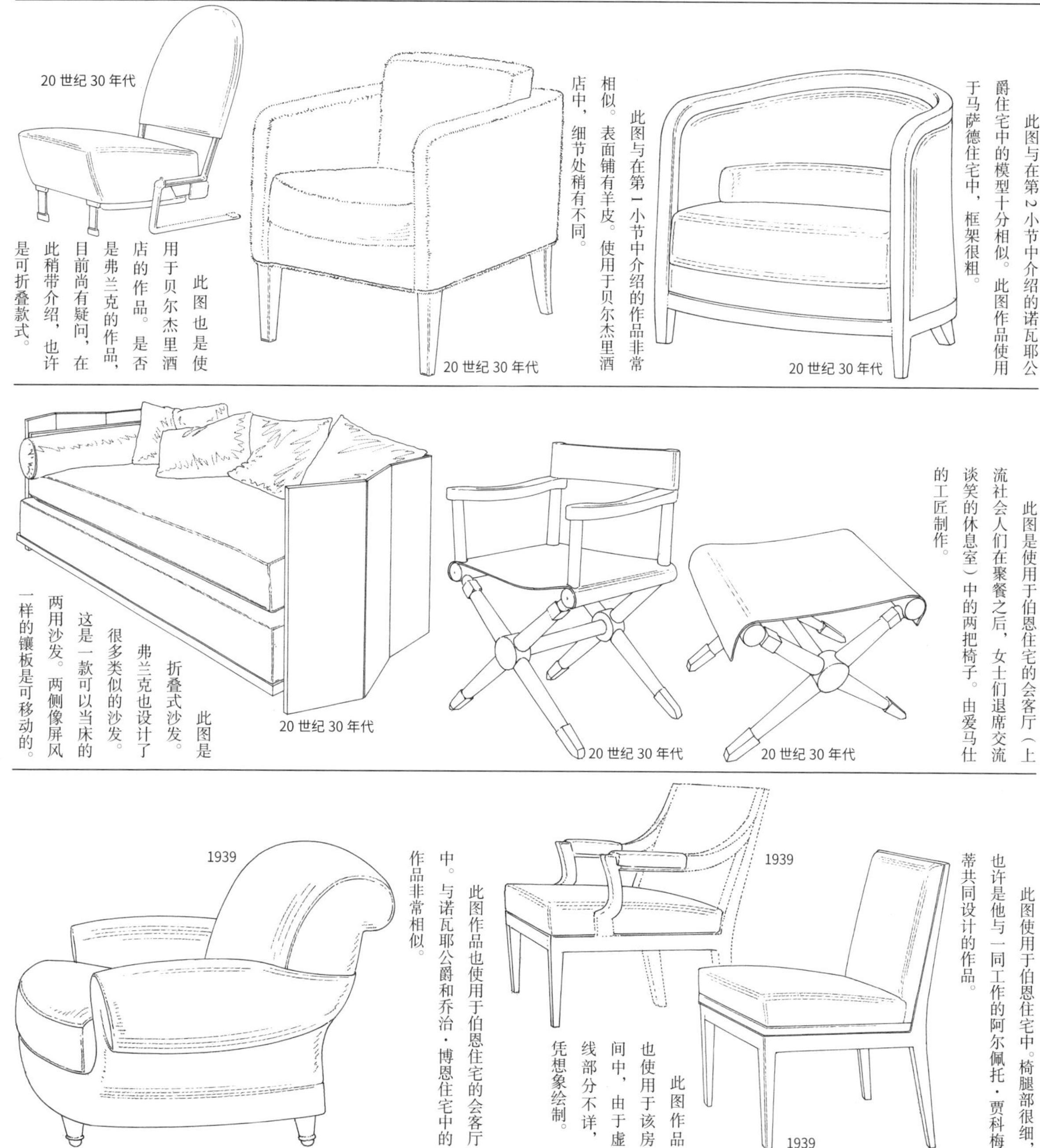

此图与在第2小节中介绍的诺瓦耶公爵住宅中的模型十分相似。此图作品使用于马萨德住宅中，框架很粗。
20世纪30年代

此图与在第1小节中介绍的作品非常相似。表面铺有羊皮。使用于贝尔杰里酒店中，细节处稍有不同。
20世纪30年代

此图也是使用于贝尔杰里酒店的作品。是否是弗兰克的作品，目前尚有疑问，在此稍带介绍，也许是可折叠款式。
20世纪30年代

此图是使用于伯恩住宅的会客厅（上流社会人们在聚餐之后，女士们退席交流谈笑的休息室）中的两把椅子。由爱马仕的工匠制作。
20世纪30年代
20世纪30年代

此图是折叠式沙发。弗兰克也设计了很多类似的沙发。这是一款可以当床的两用沙发。两侧像屏风一样的镶板是可移动的。
20世纪30年代

此图使用于伯恩住宅中。椅腿部很细，也许是他与一同工作的阿尔佩托·贾科梅蒂共同设计的作品。
1939

此图作品也使用于该房间中，由于虚线部分不详，凭想象绘制。
1939

此图作品也使用于伯恩住宅的会客厅中。与诺瓦耶公爵和乔治·博恩住宅中的作品非常相似。
1939

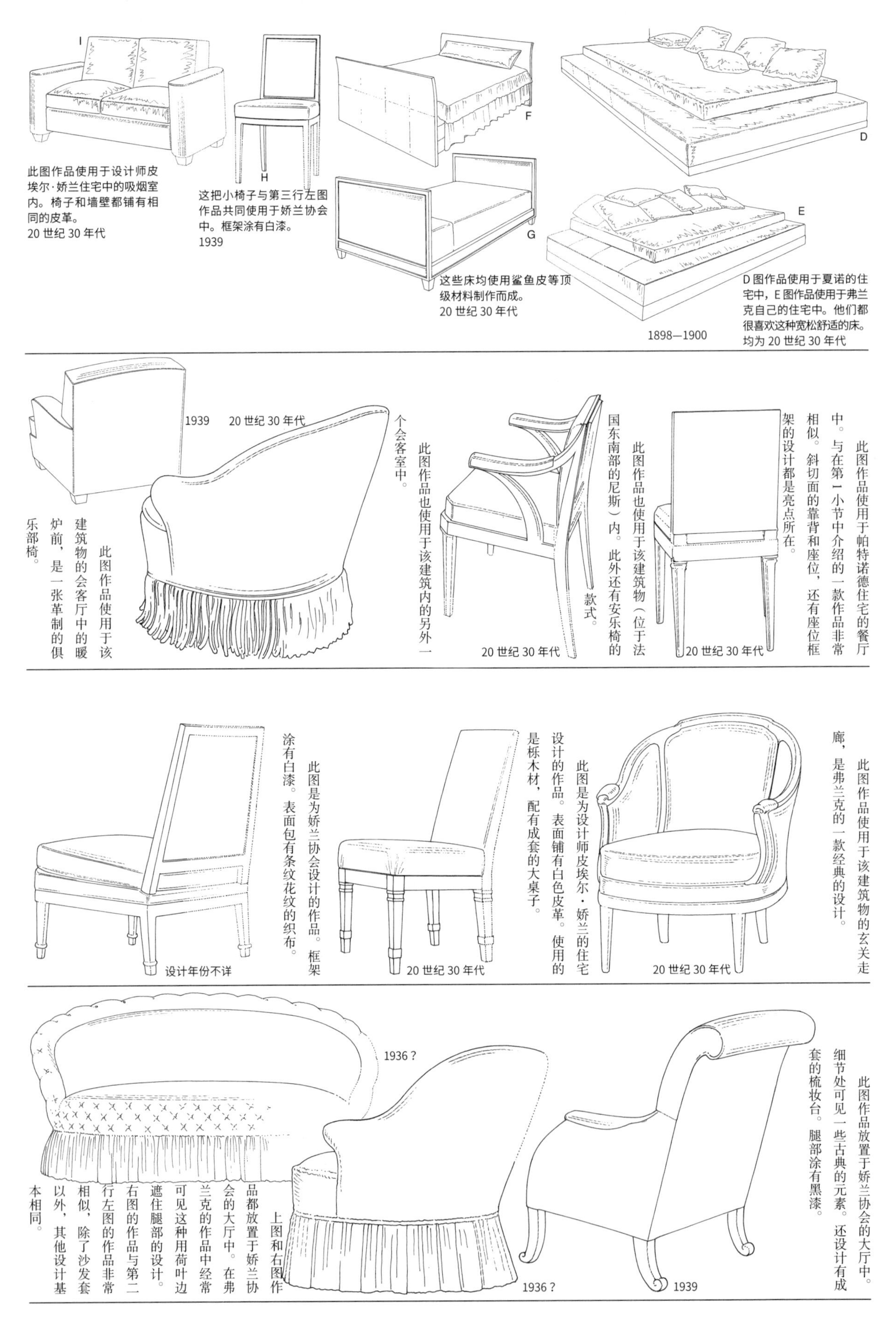

此图作品使用于设计师皮埃尔·娇兰住宅中的吸烟室内。椅子和墙壁都铺有相同的皮革。
20 世纪 30 年代

这把小椅子与第三行左图作品共同使用于娇兰协会中。框架涂有白漆。
1939

这些床均使用鲨鱼皮等顶级材料制作而成。
20 世纪 30 年代

D 图作品使用于夏诺的住宅中，E 图作品使用于弗兰克自己的住宅中。他们都很喜欢这种宽松舒适的床。
均为 20 世纪 30 年代

此图作品使用于该建筑物的会客厅中的暖炉前，是一张革制的俱乐部椅。

此图作品也使用于该建筑内的另外一个会客室中。

此图作品也使用于该建筑物（位于法国东南部的尼斯）内。此外还有安乐椅的款式。

此图作品使用于帕特诺德住宅的餐厅中。与在第Ⅰ小节中介绍的一款作品非常相似。斜切面的靠背和座位，还有座位框架的设计都是亮点所在。

此图是为娇兰协会设计的作品。框架涂有白漆。表面包有条纹花纹的织布。

此图是为设计师皮埃尔·娇兰的住宅设计的作品。表面铺有白色皮革。使用的是栎木材，配有成套的大桌子。

此图作品使用于该建筑物的玄关走廊，是弗兰克的一款经典的设计。

上图和右图作品都放置于娇兰协会的大厅中。在弗兰克的作品中经常可见这种用荷叶边遮住腿部的设计。右图的作品与第二行左图的作品非常相似，除了沙发套以外，其他设计基本相同。

此图作品放置于娇兰协会的大厅中。细节处可见一些古典的元素。还设计有成套的梳妆台。腿部涂有黑漆。

此图作品与最后一行的作品一同使用于纳尔逊·奥尔德里奇·洛克菲勒的住宅中。
1939—1940

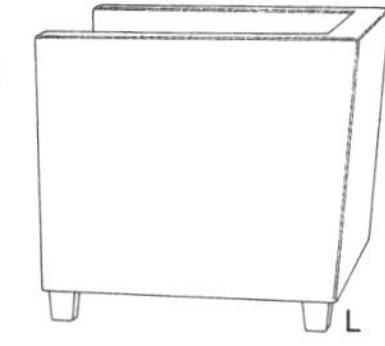

此图作品也是使用于邓普顿克·罗克住宅中的俱乐部椅。
20 世纪 30 年代

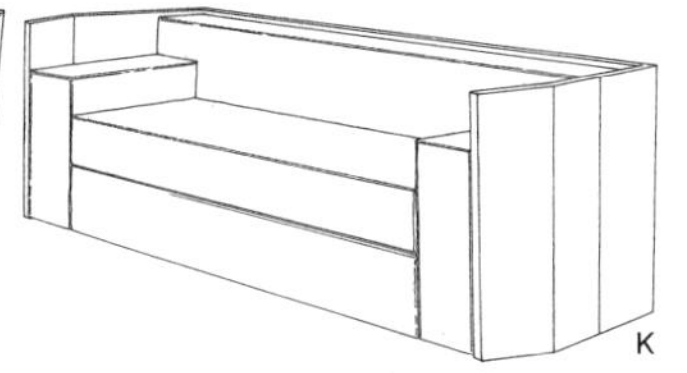

此图作品是使用于邓普顿克·罗克住宅中的折叠沙发。
20 世纪 30 年代

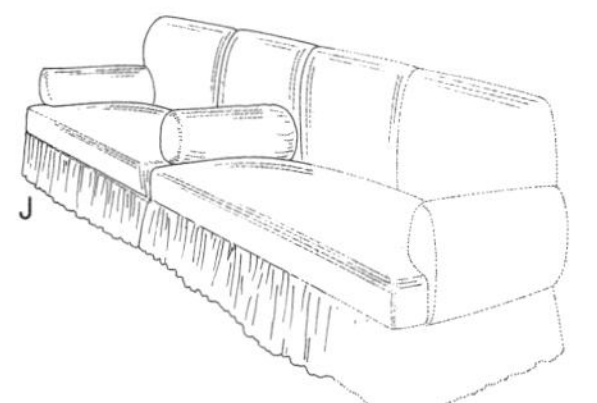

此图作品使用于设计师伊尔莎·斯奇培尔莉的住宅中。
右边虚线部分不详。
20 世纪 30 年代

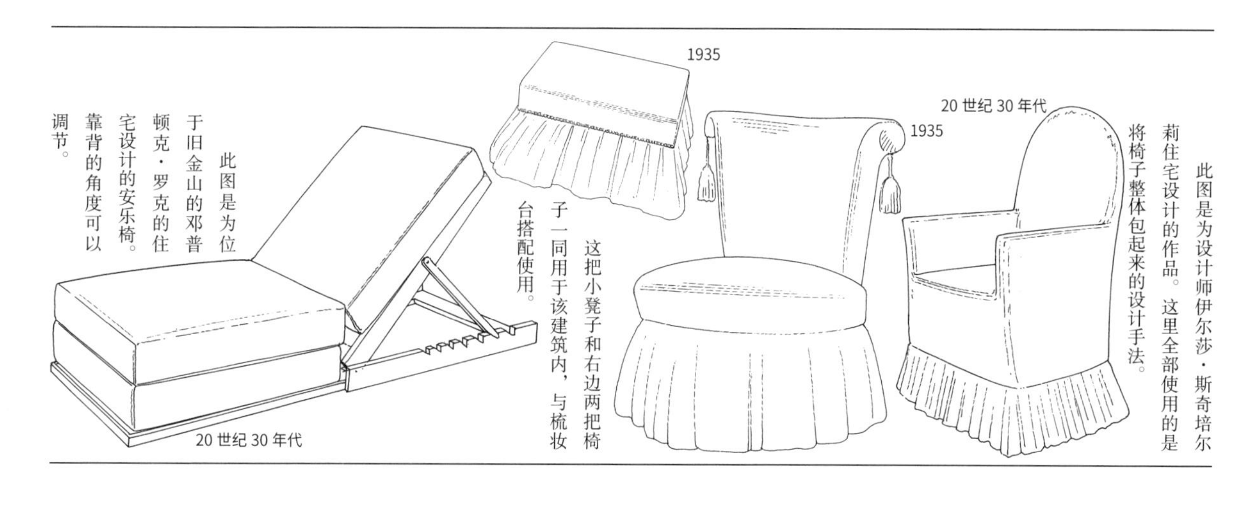

此图是为设计师伊尔莎·斯奇培尔莉住宅设计的作品。这里全部使用的是将椅子整体包起来的设计手法。

这把小凳子和右边两把椅子一同用于该建筑内，与梳妆台搭配使用。

此图是为位于旧金山的邓普顿克·罗克的住宅设计的安乐椅。靠背的角度可以调节。

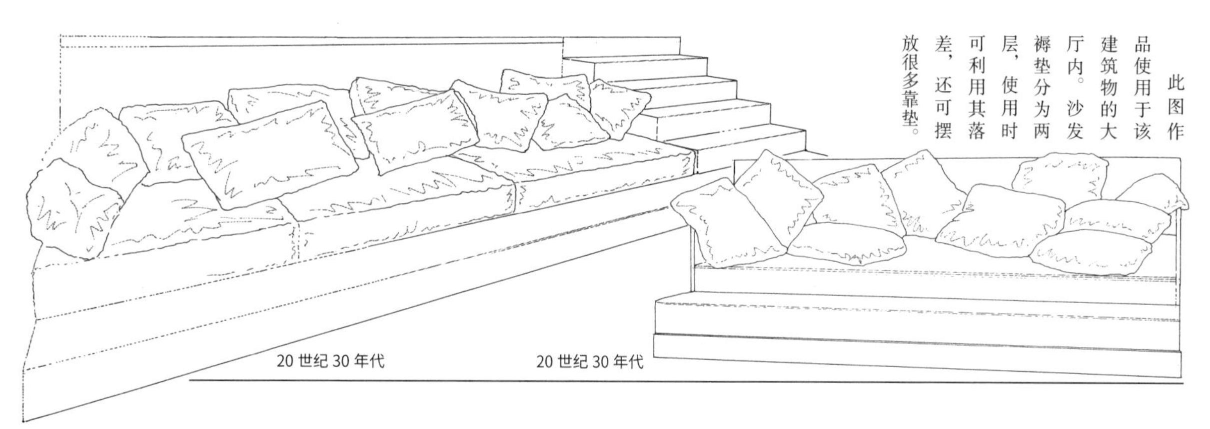

此图作品使用于该建筑物的大厅内。沙发褥垫分为两层，使用时可利用其落差，还可摆放很多靠垫。

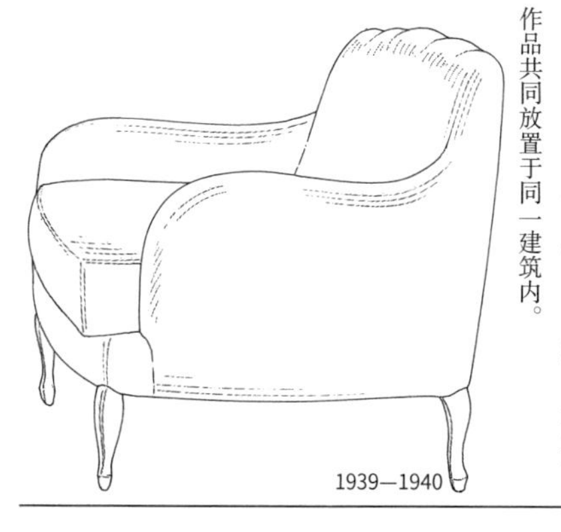

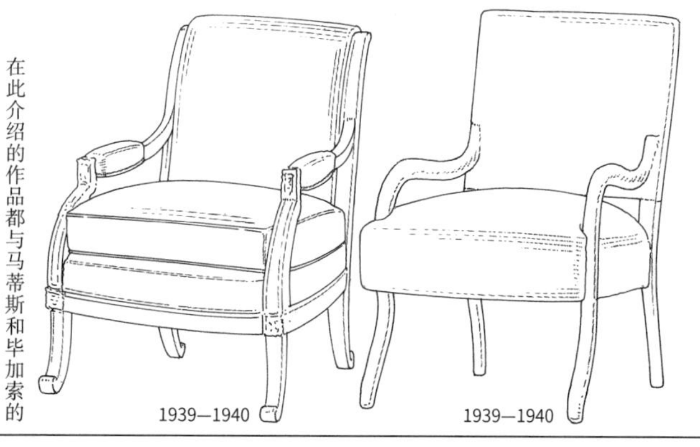

此图是为美国十分具有代表性的富豪纳尔逊·奥尔德里奇·洛克菲勒设计的作品。这些代表了顾客阶层的装饰派艺术文化也是仅限于上流社会的人们才可以接触到的。

在此介绍的作品都与马蒂斯和毕加索的作品共同放置于同一建筑内。

1896—1944

埃里希·迪克曼

第1小节
木制作品

截至目前，埃里希·迪克曼（以下简称迪克曼）的作品并没有在市面上持续销售，此外从家具历史来看也找不到他特别具有划时代意义的作品，在日本有关他的介绍很少。

虽然欧美的出版书籍中有一些介绍他的片段，但也十分稀少。1989年，德国莱茵河畔魏尔的特维拉设计博物馆出版了有关他的两本书。其中一本是1931年斯图加特的朱利斯·霍夫曼公司出版的书的翻印版。还有一本介绍了他的作品的目录等，还可以看到他本人的全身像。尤其第一本是战前出版的重要作品。这家博物馆的出版物，不仅收集并展示了这些珍贵的物品，还挖掘出过去重要的文献，将它们再次展示给世人，具有十分重要的意义。而日本美术馆的出版业务却只专注于展览会的图鉴等，着实遗憾。对于文化，尤其是对于设计文化的认知方面的差异从这些方面就能体现出来。

迪克曼的作品大致可分为木制、金属、藤制等。接下来将根据材料分别介绍其设计风格的变迁。

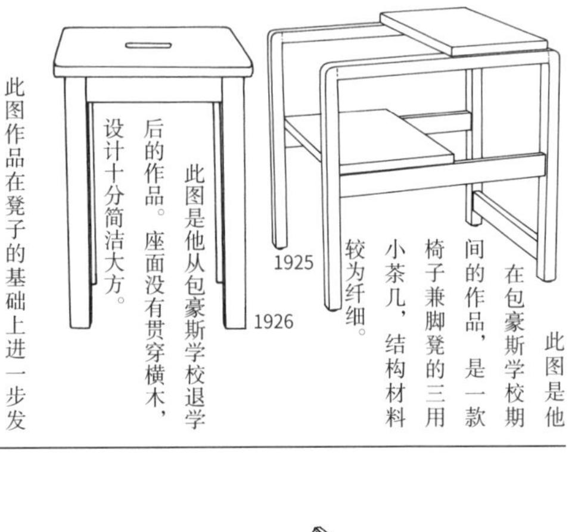

1925

此图是他在包豪斯学校期间的作品，是一款椅子兼脚凳的三用小茶几，结构材料较为纤细。

1926

此图是他从包豪斯学校退学后的作品。座面没有贯穿横木，设计十分简洁大方。

1925

此图作品在凳子的基础上进一步发展，并结合了带靠背的椅子的结构。靠背的支撑方法设计非常合理。背部和座位部分由胶合板制成。

1926

此图是右图作品进一步发展而来的设计。支撑背部的板材的角度和后腿的角度保持着平衡，使这件作品显得更加优美匀称。

1926

与这件作品结构一样，只有横梁的后部支撑着背部的作品中，意大利设计师弗兰克·阿比尼设计的扶手椅（1951年）最为出名。这件作品的靠背角度是可调节的。

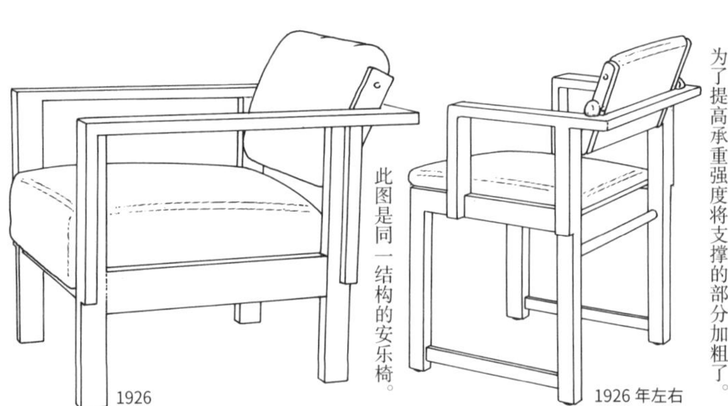

1926年左右

此图作品也是由右图作品发展而来的。靠背部分和扶手部分的支撑更加牢固，为了提高承重强度将支撑的部分加粗了。

1926

此图是同一结构的安乐椅。

1926

1926

此图作品是第二行中间作品的重新设计版。座位是藤制，背部呈曲面。这里值得注意的是其座位带有角度，靠背和坐垫的角度保持着平衡。

这件扶手椅和右图作品属于同一系列。都是迪克曼的代表作品。

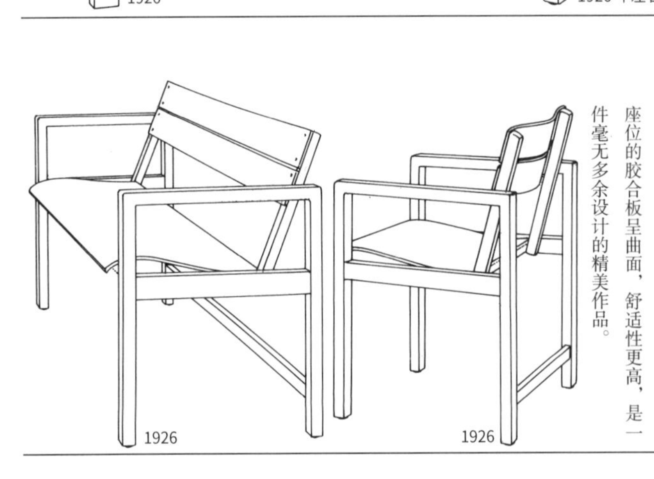

1926

此图是右图作品进一步发展而来的。座位的胶合板呈曲面，舒适性更高，是一件毫无多余设计的精美作品。

1926

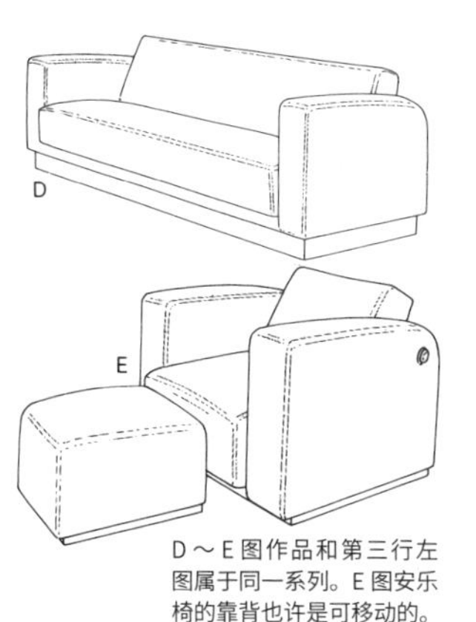

D～E图作品和第三行左图属于同一系列。E图安乐椅的靠背也许是可移动的。
1927—1928

此图作品与第三行中间的作品非常相似，但这件作品座位的侧面有开口，很明显是一款折叠椅。
1926—1927

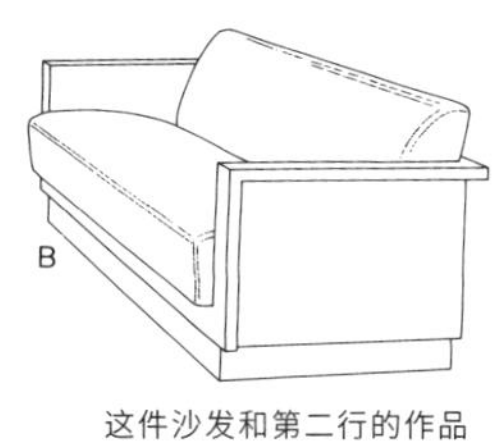

这件沙发和第二行的作品属于同一设计。虽然看起来像沙发床，但是只具备沙发的功能。
1926—1928

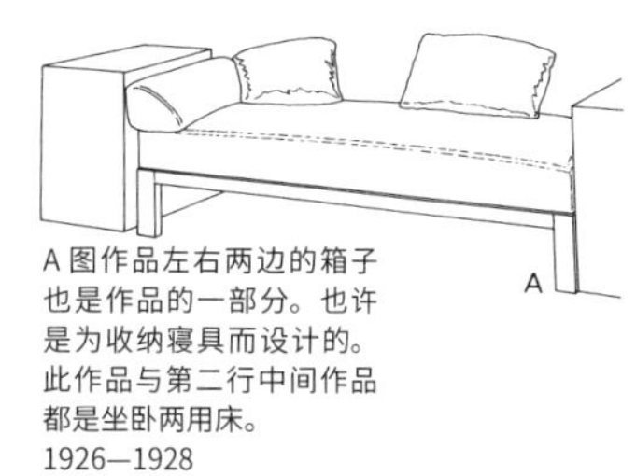

A图作品左右两边的箱子也是作品的一部分。也许是为收纳寝具而设计的。此作品与第二行中间作品都是坐卧两用床。
1926—1928

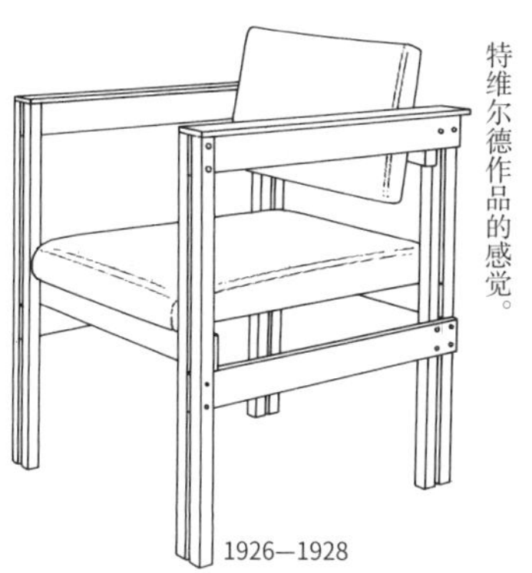

1926—1928

此图是由纤细的材料和纤薄的材料相结合，从而提高承重强度的作品。稍有里特维尔德作品的感觉。

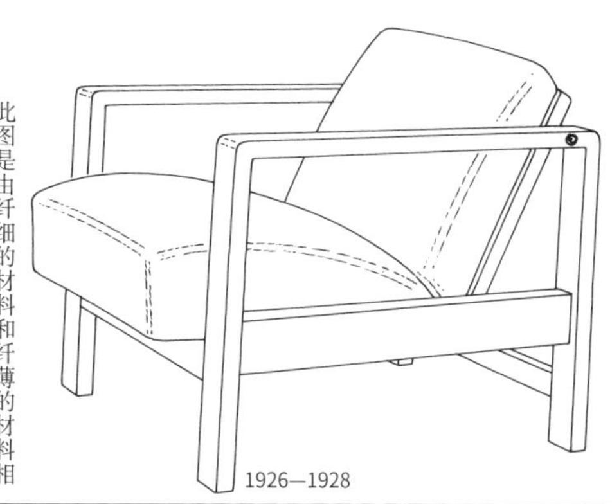

1926—1928

从这件作品可见他独具一格的风格贯穿于全部的作品当中。

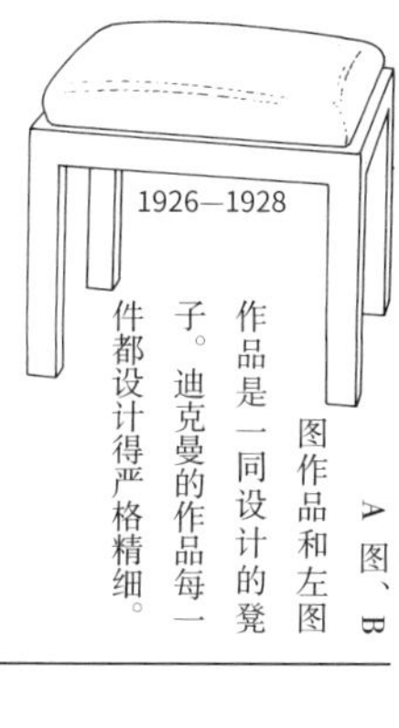

1926—1928

A图、B图作品和左图作品是一同设计的凳子。迪克曼的作品每一件都设计得严格精细。

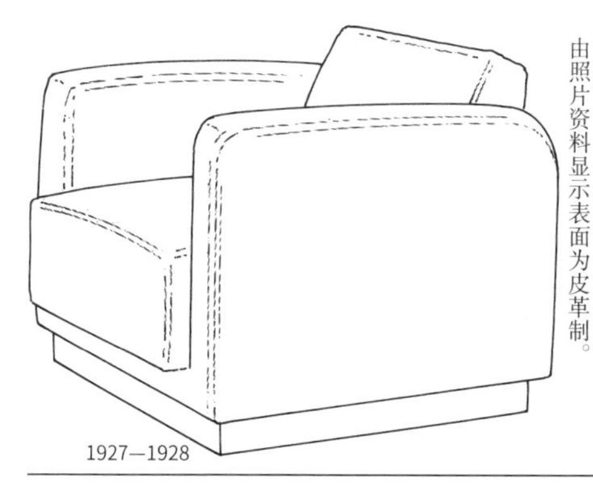

1927—1928

此图明显是装饰派艺术风格的作品。由照片资料显示表面为皮革制。

1926—1927

此图与C图作品属于同一系列，但是否是可折叠款目前不详。

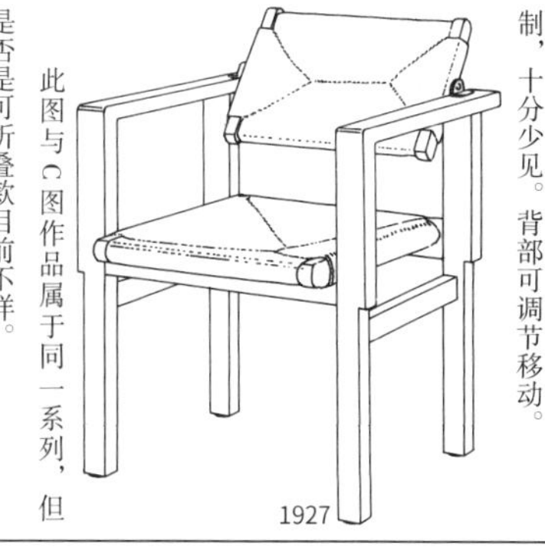

1927

此图作品与第376页第三行中间的作品属于同一系列。靠背和座位部分由绳编制，十分少见。背部可调节移动。

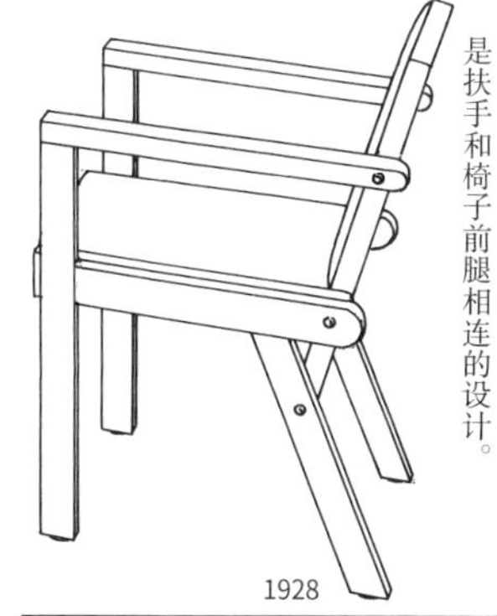

1928

此图作品在右图基础上进一步发展，是扶手和椅子前腿相连的设计。

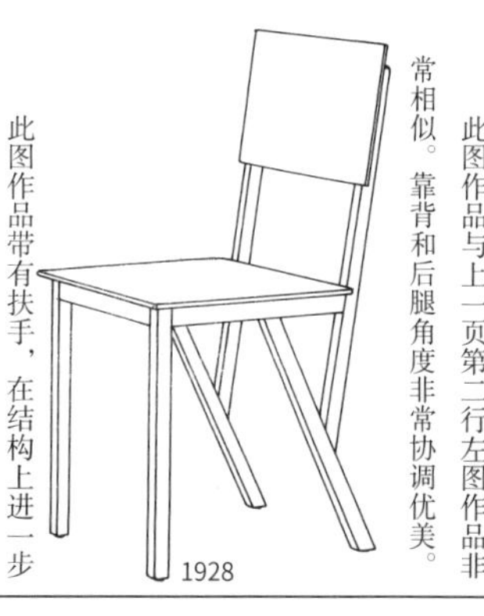

1928

此图作品带有扶手，在结构上进一步发展后舒适性更高。

1928

此图作品与上一页第二行左图作品非常相似。靠背和后腿角度非常协调优美。

1928

意大利设计师朱塞佩·特拉尼于1934年也发布过与此图几乎相同的设计。

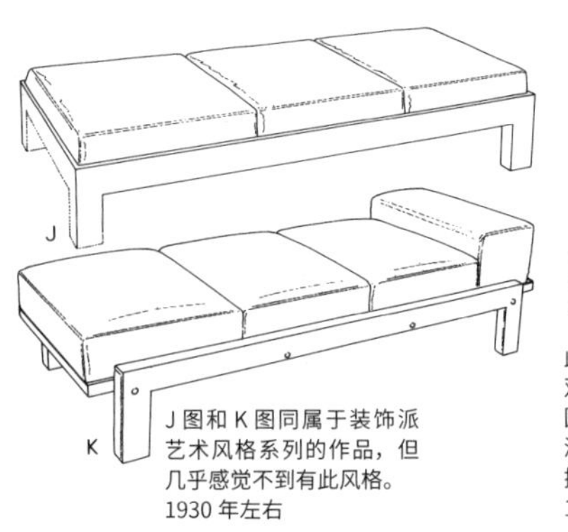

J 图和 K 图同属于装饰派艺术风格系列的作品，但几乎感觉不到有此风格。
1930 年左右

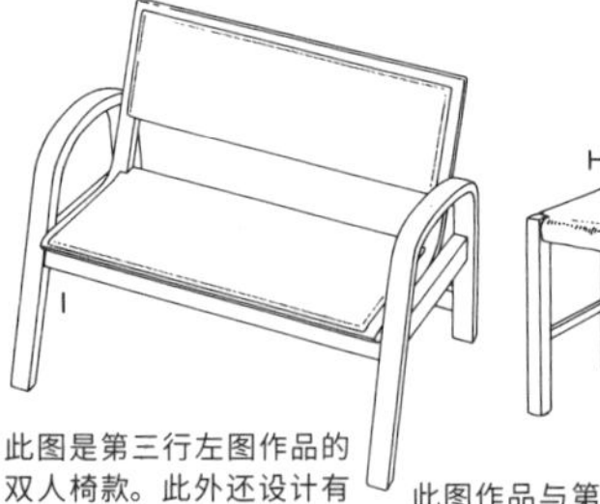

此图是第三行左图作品的双人椅款。此外还设计有圆桌。背部和座位使用了深色胶合板，与桌子顶部搭配协调。
1930 年左右

H

此图作品与第三行中间的作品相比，这件作品背部的支撑板材一直贯通到横木处，背部相对稍微倾斜。
1930

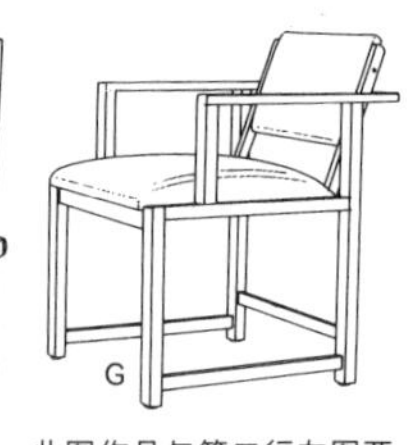

此图作品与第二行左图两把椅子属于同一系列，基本是相同的设计。不同之处在于背部板材的使用方法和座位在板材上的安装方法等。
1929

此图作品与第二行右图作品几乎属于同一设计，但背板和支撑板材的接缝处有些不同。还有座位的厚度也不同。
1928

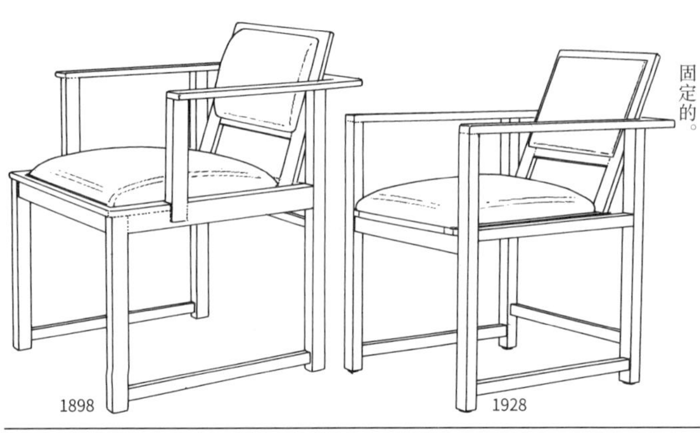

1898　1928

右边的作品带有坐垫舒适性更高。这两件作品与第 374 页第三行系列的作品在结构上非常相似，但此作品靠背是固定的。

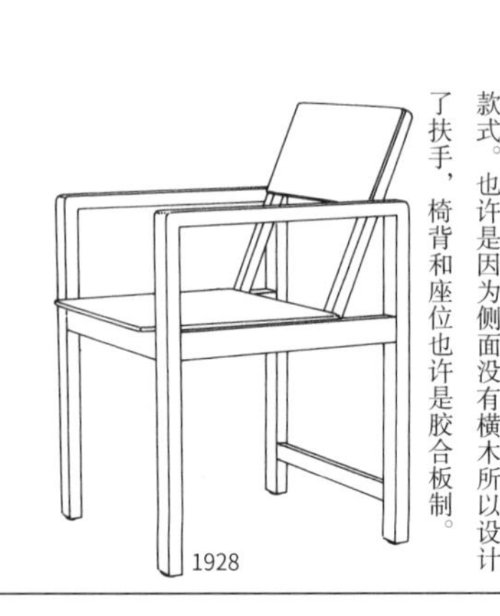

1928

此图是第 374 页第二行作品的带扶手款式。也许是因为侧面没有横木所以设计了扶手，椅背和座位也许是胶合板制。

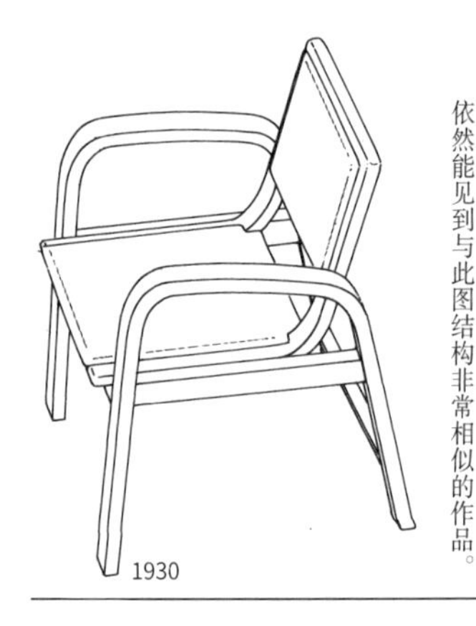

1930

此图作品框架料使用的是胶合板，明显受到了钢管和藤制作品的影响。现在依然能见到与此图结构非常相似的作品。

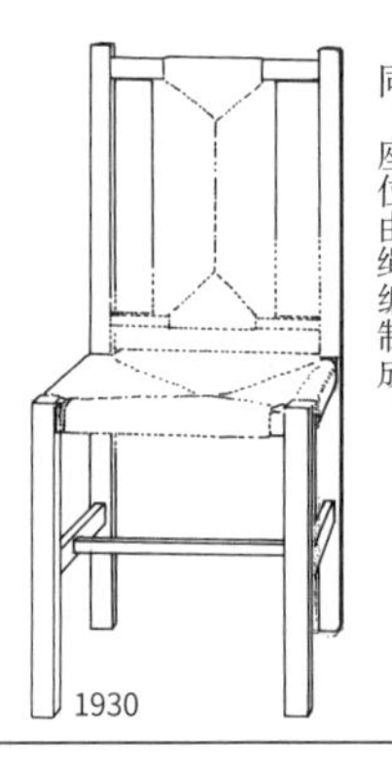

1930

此图作品与 H 图的作品非常相似。椅背和座位的一部分不详，与 H 图的作品相比明显背部支撑板材的使用方法不同。座位由绳编制成。

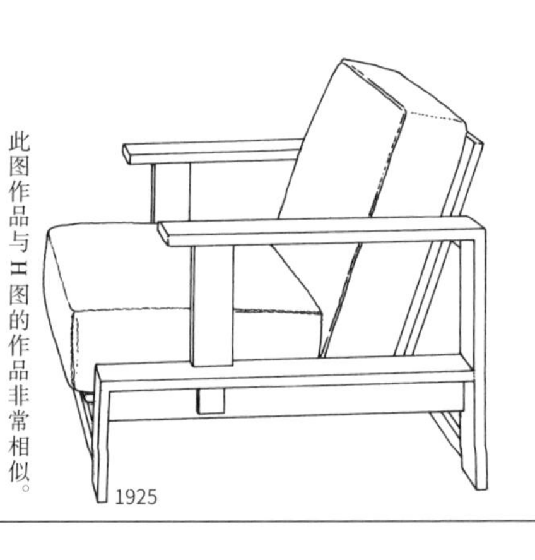

1925

此图是装饰派艺术风格的作品，是一款带有厚坐垫的安乐椅，结构方正整齐。

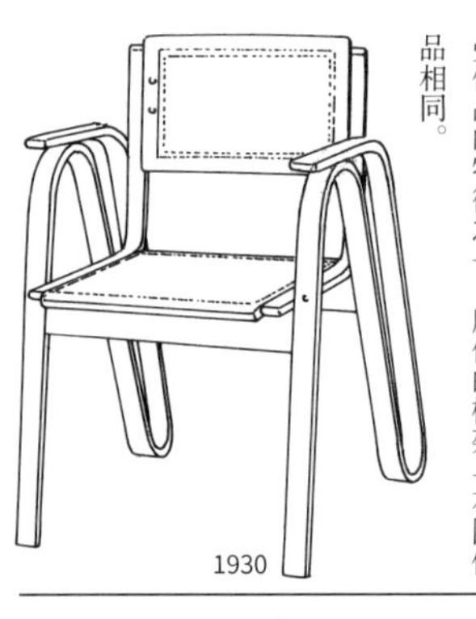

1930

此图作品有复杂的曲线加工，是迪克曼作品的特征之一。座位的框架与右图作品相同。

1930

此图作品由胶合板框架与原板材的扶手组合而成。椅背也是胶合板制，座位也许是藤制。用简单的曲线材料组合而成，但是一件比例协调的作品。

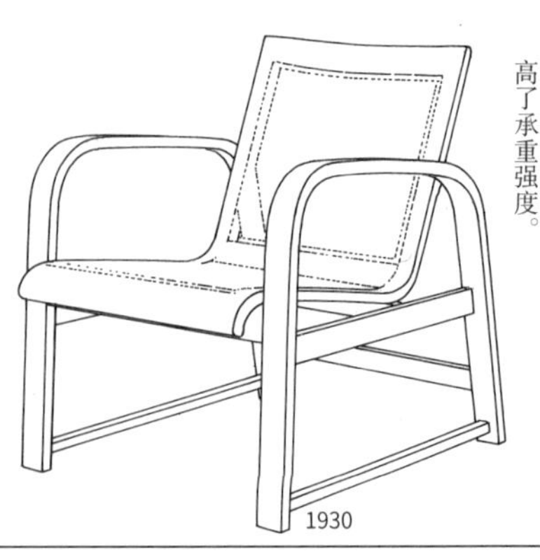

1930

此图作品是第三行左图作品的安乐椅款式。椅背和座位为藤制，加入了横木提高了承重强度。

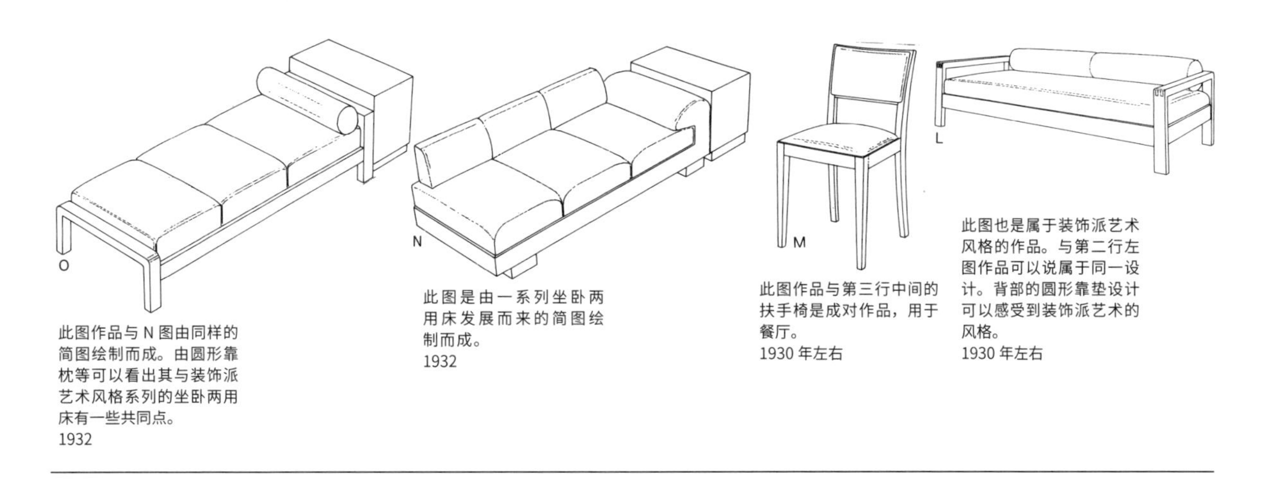

此图作品与 N 图由同样的简图绘制而成。由圆形靠枕等可以看出其与装饰派艺术风格系列的坐卧两用床有一些共同点。
1932

此图是由一系列坐卧两用床发展而来的简图绘制而成。
1932

此图作品与第三行中间的扶手椅是成对作品，用于餐厅。
1930 年左右

此图也是属于装饰派艺术风格的作品。与第二行左图作品可以说属于同一设计。背部的圆形靠垫设计可以感受到装饰派艺术的风格。
1930 年左右

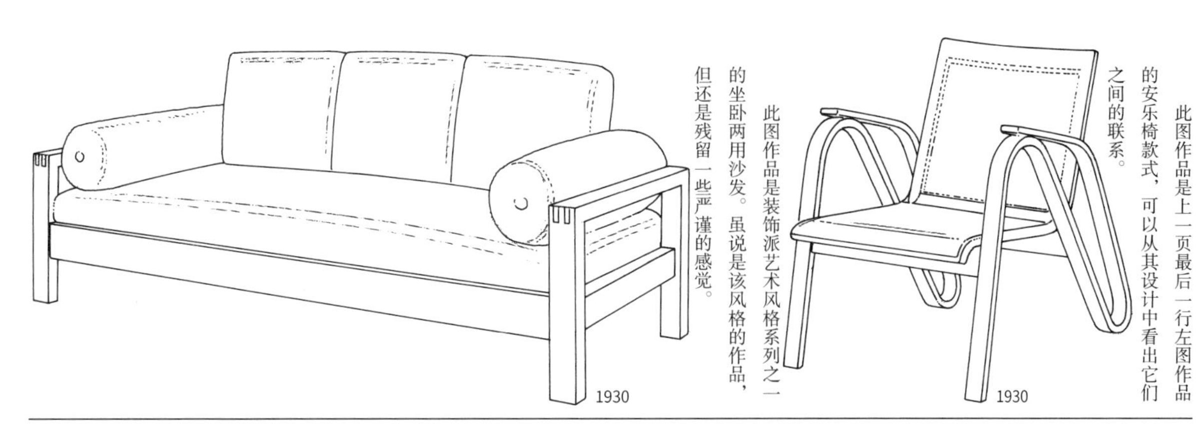

此图作品是上一页最后一行左图作品的安乐椅款式，可以从其设计中看出它们之间的联系。

此图作品是装饰派艺术风格系列之一的坐卧两用沙发。虽说是该风格的作品，但还是残留一些严谨的感觉。

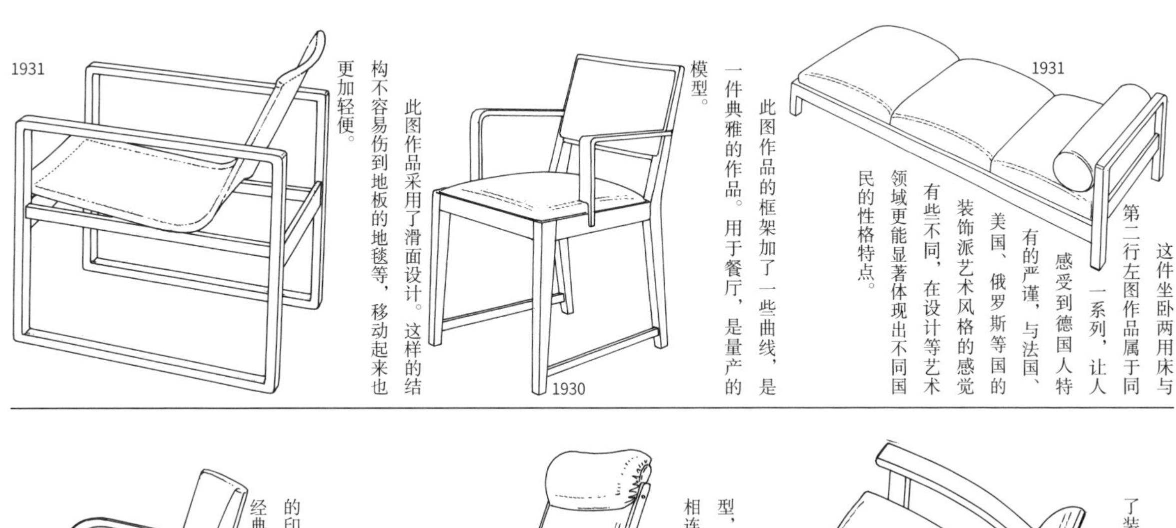

这件坐卧两用床与第二行左图作品属于同一系列，让人感受到德国人特有的严谨，与法国、美国、俄罗斯等国的装饰派艺术风格的感觉有些不同，在设计等艺术领域更能显著体现出不同国民的性格特点。

此图作品的框架加了一些曲线，是一件典雅的作品。用于餐厅，是量产的模型。

此图作品采用了滑面设计。这样的结构不容易伤到地板的地毯等，移动起来也更加轻便。

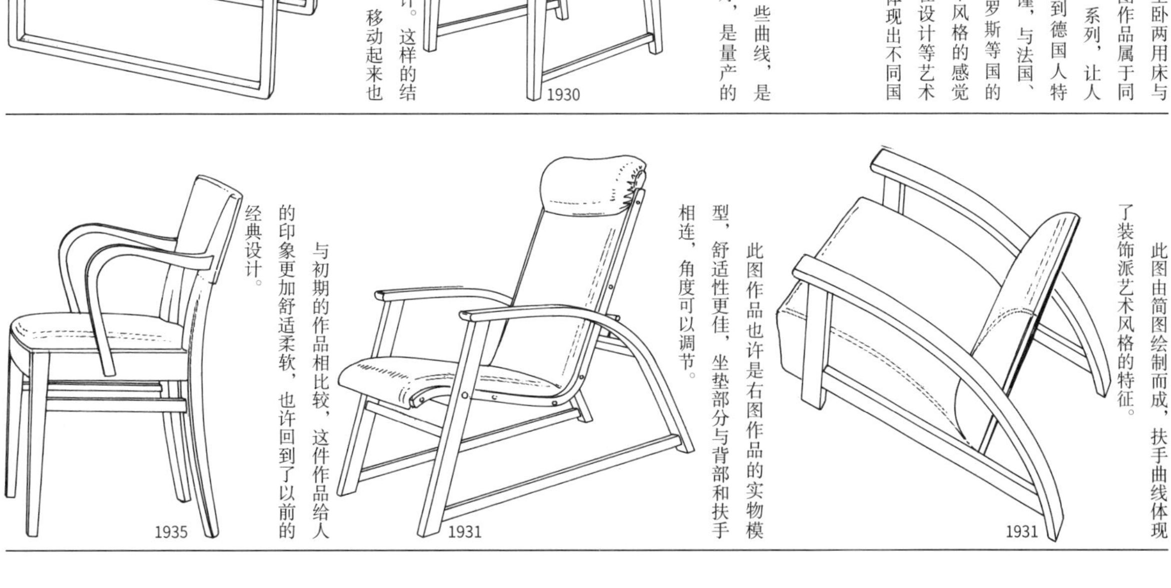

此图由简图绘制而成，扶手曲线体现了装饰派艺术风格的特征。

此图作品也许是右图作品的实物模型，舒适性更佳，坐垫部分与背部和扶手相连，角度可以调节。

与初期的作品相比较，这件作品给人的印象更加舒适柔软，也许回到了以前的经典设计。

1896—1944

埃里希·迪克曼

第 2 小节
钢管制的作品

迪克曼于 1896 年 11 月 5 日出生于西普鲁士（现德国）的科瓦尼克。1912 年，他进入文理中学学习，但于次年退学。1914 年，他加入了第一次世界大战西部战线，却身负重伤。这时期他的兄弟也或战死或身受重伤。

在 1915—1917 年这一年半间，他进入德国哥廷根医院疗伤，恢复之后进入实科中学学习并毕业。1918—1920 年，他在格但斯克学习建筑。之后在德累斯顿学习绘画和制图。1921—1926 年，他在格哈德·马克斯的推荐下进入包豪斯学校学习。在此期间，除了在包豪斯学校，他还在其他工作室取得了家具设计师的资格证书。从 1924 年开始成为专职职员。1926—1930 年，他在国立大学的家具及室内设计学科进行授课，但于 1930 年 4 月辞职。在此期间包豪斯学校等各个教育机构开始受到纳粹的各种影响，他的辞职也许与此有一定的关系。1930—1931 年，他作为自由设计师开始设计家具，并将自己的工作成果出版，书名为《钢木制组合式家具》。

塞韦索钢管家具公司将迪克曼的很多作品都进行了生产销售。在此介绍的作品几乎都是该公司制作的。右图是一款座位用藤编制的椅子，左图为布制。

1930

1930

此图是商品编号为 8181 的折叠椅。靠背和座位用藤编制，座位较高，为 46 厘米。

1930？

此图是商品编号为 8191 的折叠椅。功能几乎相同，但结构上有很大的不同。与索耐特家具公司的木制椅子非常相似，是一款被重新设计的作品。

1930？

此图作品在 1931 年他自己出版的书中有过介绍，但在目录上没有找到，也许只有一把样品。

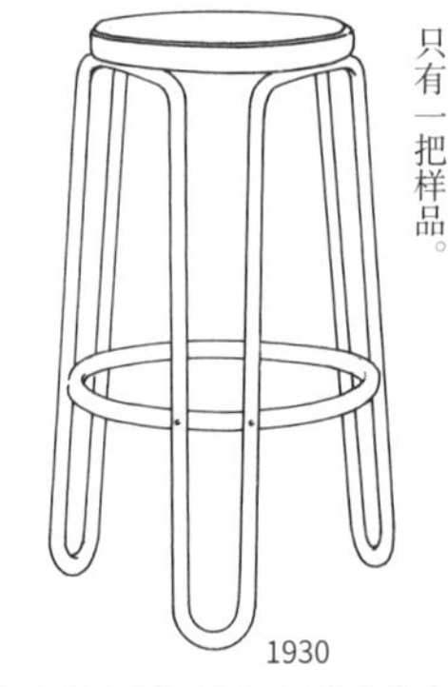

1930

提起他的作品，就必须谈到同样在包豪斯学校学习过，后来成为指导员的马塞尔·布劳耶。他从自行车的把手处得到灵感，而后创作了钢管制的家具，这件家具所体现的自由的曲线是迪克曼设计的特点。

1930

此图作品椅背为胶合板制，座位由在木框上编织藤条制成，其他的部分与右图设计相同。

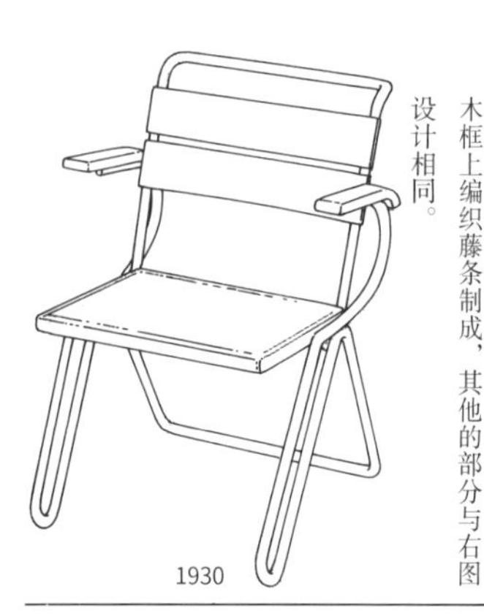

1930

此图作品的腿部设计与第三行中间的作品非常相似。但是因为前腿到扶手的框架设计呈直线，所以给人硬朗的感觉。

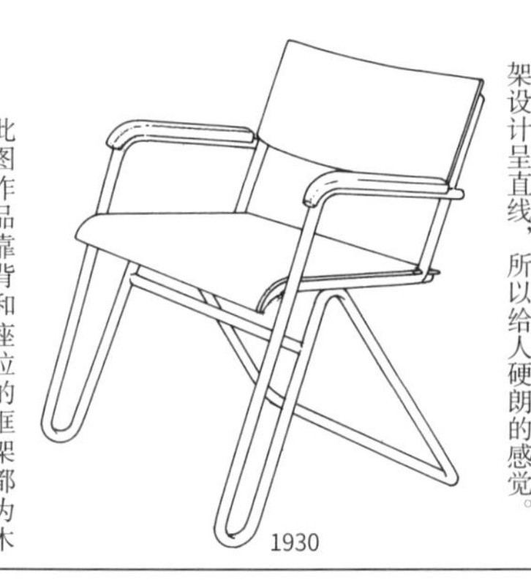

1930

此图作品靠背和座位的框架都为木制，用藤条编制，虽然是同一设计，但左图作品更为典雅。

1931

1931

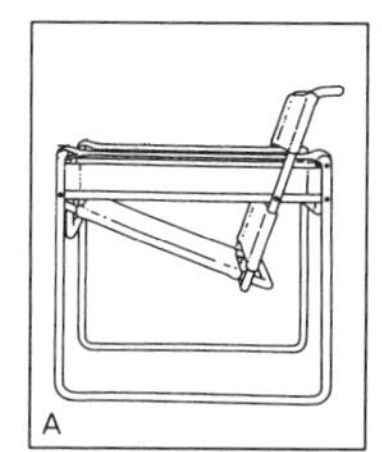

A

此图是马塞尔·布劳耶的代表作“瓦西里休闲椅”。以这件作品为开端，而后钢管制的名作相继问世。现在诺尔家具公司依然在上市销售。
1925

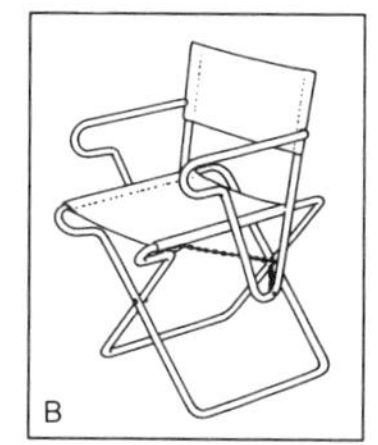

B

此图也是马塞尔·布劳耶的作品。扶手和座位的前半部分用纤细的钢管弯曲而成，可见制作技术的进步。
1928

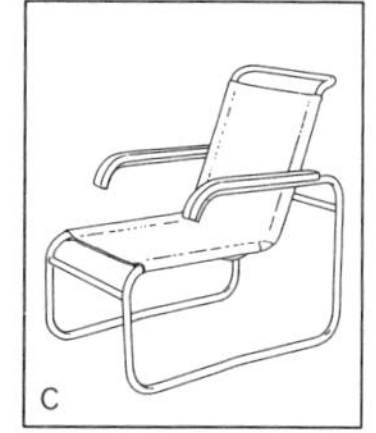

C

这种敞开式的安乐椅框架设计也许是迪克曼从马塞尔·布劳耶的作品中得到的设计灵感。
1928—1929

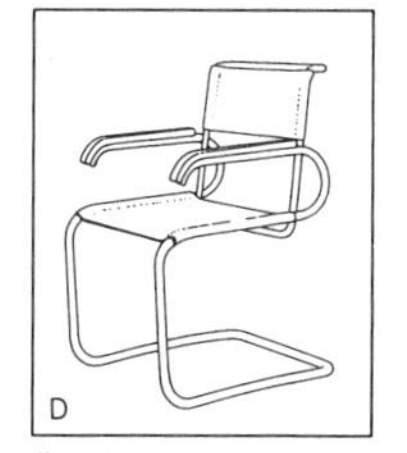

D

此图也是马塞尔·布劳耶的作品。从座位到扶手的曲折设计来看，迪克曼应该是受到了影响。
1930—1931

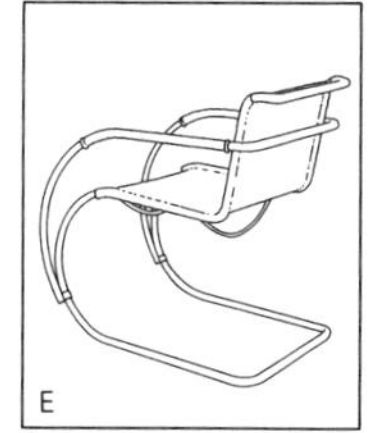

E

此图是这种具有跳跃性线条的钢管制椅子的代表作。是密斯·凡·德·罗的“魏森霍夫的椅子”。迪克曼也从这些作品中获得过灵感。
1927

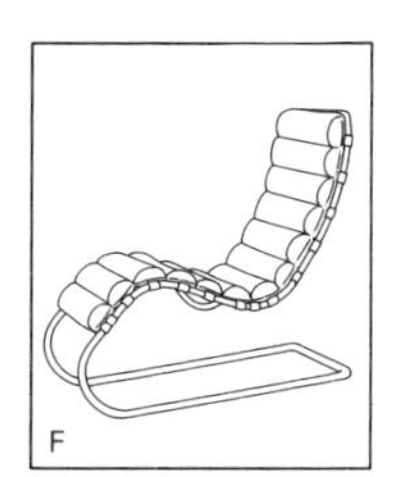

F

此图是密斯·凡·德·罗的作品。是一款将钢管的延展性最大限度发挥出来的名作。
1932

此图作品与上述的两把相同，但这两把椅子靠背和座位都由帆布铺成，框架也有所不同。

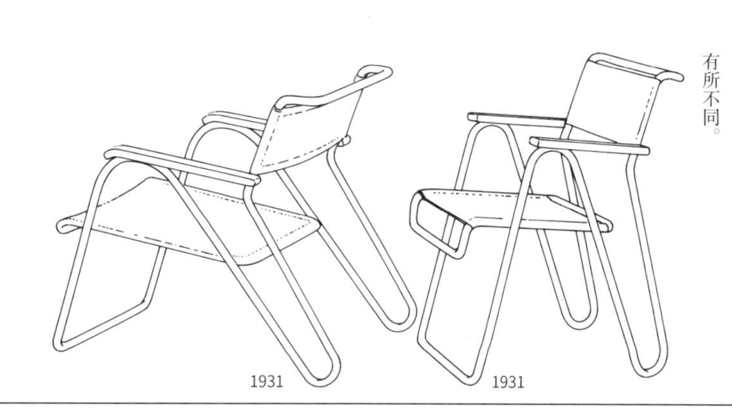

1931　1931

此图作品的结构为座位部分和腿部明确分离，为了使其接触地面更加稳定，采用了点的支撑而不是线条支撑。

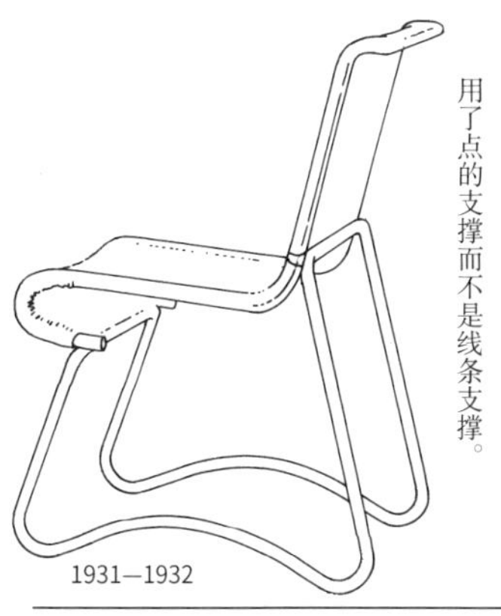

1931—1932

在上一小节中介绍的木制系列中也有与此框架设计相同的作品。使用了钢管材料，接触皮肤的部分采用木材，座位用藤芯编制。

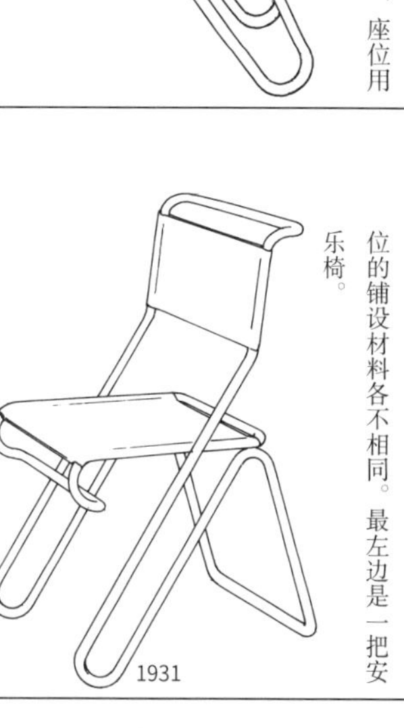

1930—1931

此图作品与左图作品设计基本相同，但此图作品背部的帆布（也许是皮革）宽度更宽。

1931

此图作品靠背和座位铺成袋状，商品目录编号为8381。

1931

这一系列是上一页第三行中间和左图作品的无扶手款椅子的变化版。背部和座位的铺设材料各不相同。最左边是一把安乐椅。

1931　1931　1931　1931

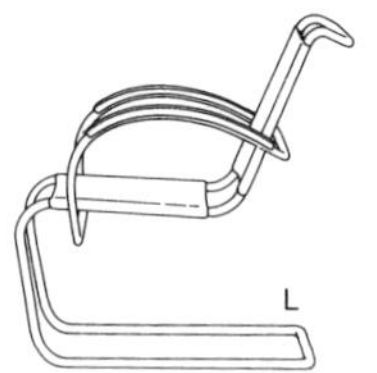

此图作品是下一页最后一行右图的“悬臂椅”的衍生版。但是除了扶手框架以外，与马特·斯坦和马塞尔·布劳耶的作品设计基本相同。
1933

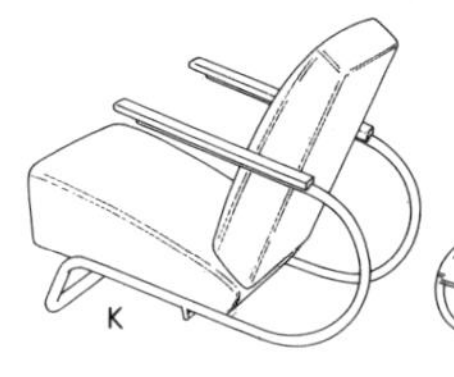

此图是带有厚靠垫的作品。这一系列也属于装饰派艺术风格。
1932 年左右

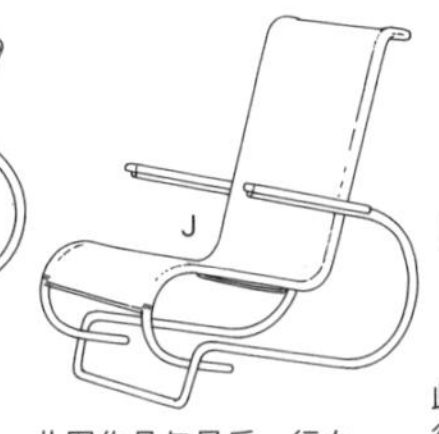

此图作品与最后一行右图作品属于同一系列，这一款是高背椅，商品目录编号为 8121。
1931

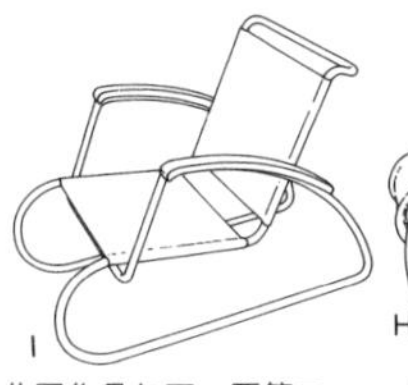

此图作品与下一页第二行右图作品在结构上相同，但弯折方法不同。
1931 年左右

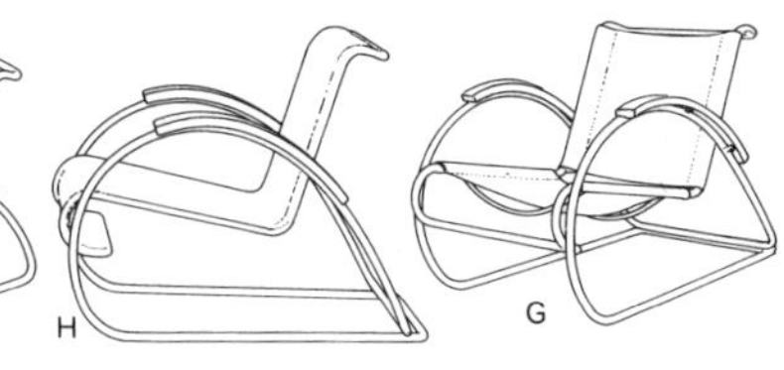

此图作品与右图非常相似，但座位部分全部由藤芯编制而成。
1931

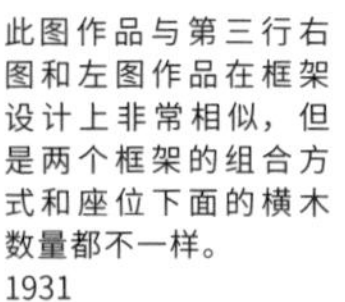
此图作品与第三行右图和左图作品在框架设计上非常相似，但是两个框架的组合方式和座位下面的横木数量都不一样。
1931

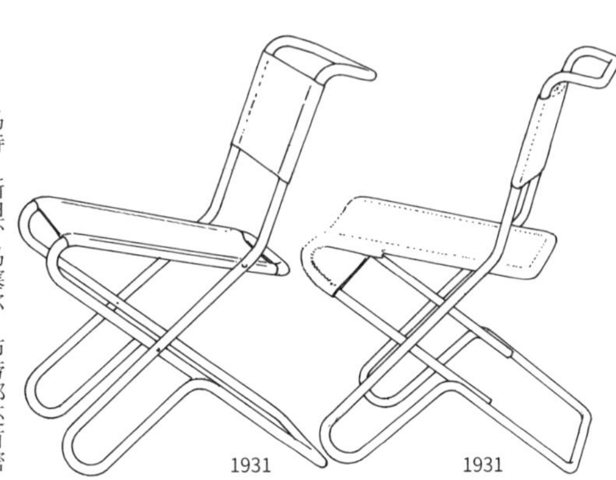
1931　1931

这两幅作品的框架设计相同，右图作品用藤芯编制。这种藤芯和钢管的组合在密斯·凡·德·罗的作品中也可以见到。

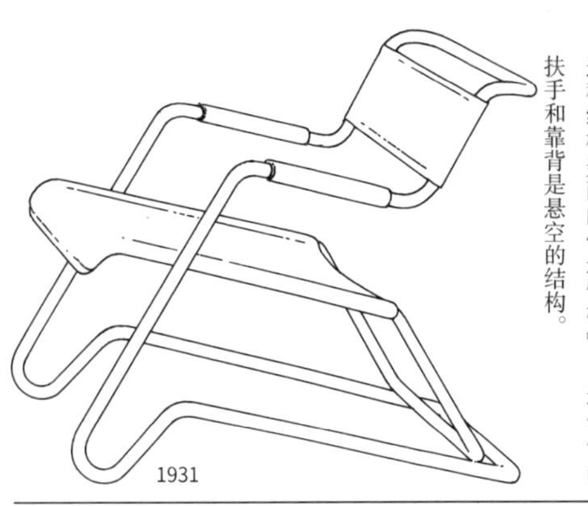
1931

马特·斯坦、马塞尔·布劳耶还有密斯·凡·德·罗等人的作品中都可以看到这种结构美丽的『悬臂椅』。这件作品扶手和靠背是悬空的结构。

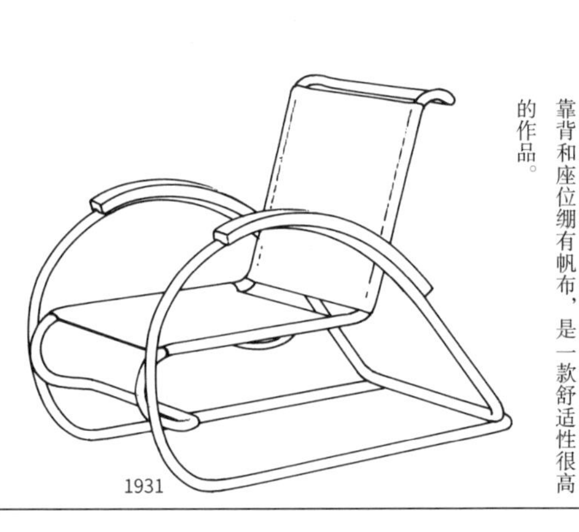
1931

此图作品的座位部分、扶手部分和腿部的框架被分隔为两部分，由螺丝固定。靠背和座位绷有帆布，是一款舒适性很高的作品。

1931

此图作品与右图的框架设计基本相似，但扶手的框架部分和前脚的框架部分不同，即由三部分框架组合而成。此外，座位还加有坐垫。

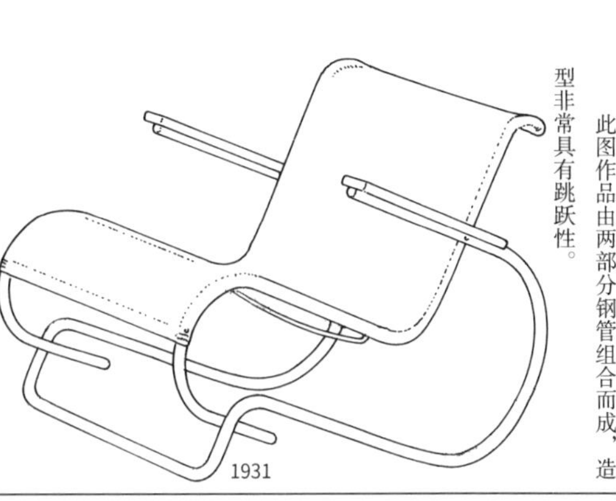
1931

此图作品由两部分钢管组合而成，造型非常具有跳跃性。

1931

1925 年，马塞尔·布劳耶开始采用钢管作为家具的材料，但当时的钢管曲折加工技术非常落后。从这件作品来看，短短五六年的年时间其加工技术就取得了突破性的进步。

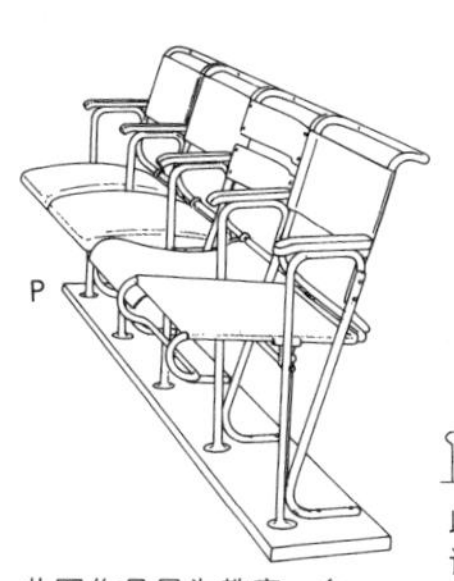

此图作品是为教室、会场、剧场等场合设计的。这四把椅子看上去是一套，但其实每一把都是完全不同的设计。也许是为商品目录设计的。
1932 年左右

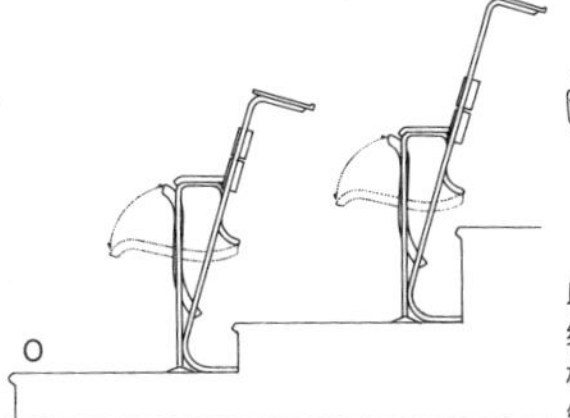

此图作品是为礼堂或会议厅等场合设计的。由简图绘制，是否投产目前不详。
1932

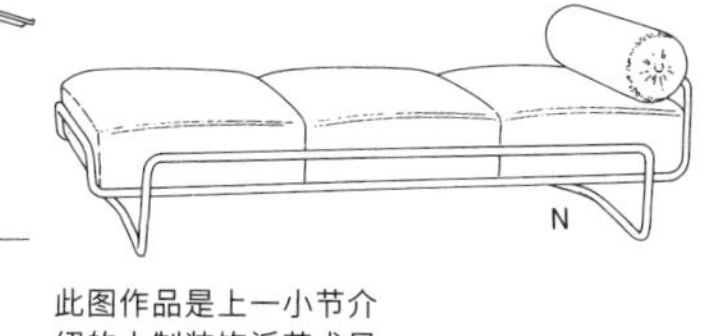
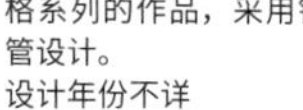

此图作品是上一小节介绍的木制装饰派艺术风格系列的作品，采用钢管设计。
设计年份不详

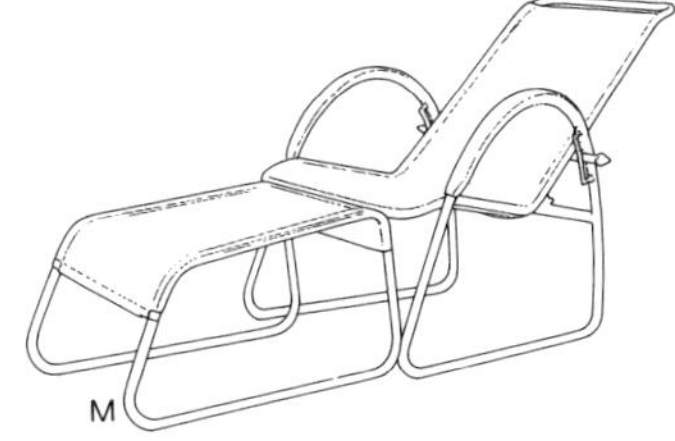

此图作品的座位部分全部框架都可以改变角度。调节部分的细节不详。
设计年份不详

这件作品也是用一个钢管连续弯折制成的。这种没有固定座位部分和扶手部分的悬臂式结构舒适性很强。后腿的弯曲弧度较为缓和，整体给人轻松的感觉。

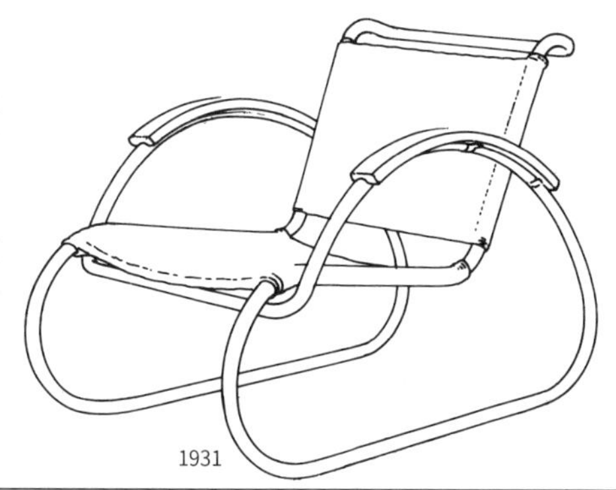
1931

这件作品可以说是他作品中完成度最高的一件。跳跃性和优雅感兼具。

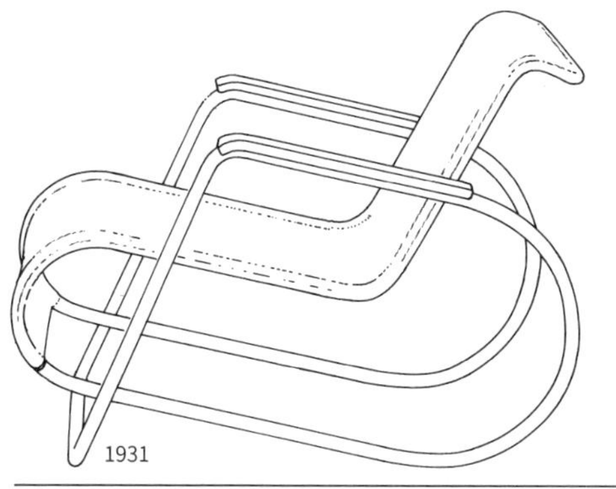
1931

此图作品从资料中没有找到，也许还有配套的长软椅。

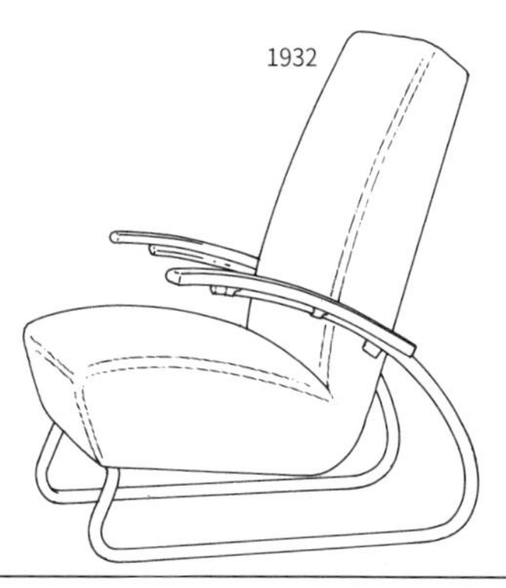
1932

此图作品与 M 图长软椅的配套作品非常相似，但这件是一体化作品。长软椅的顶端带有像隔板一样的东西，还带有坐垫。

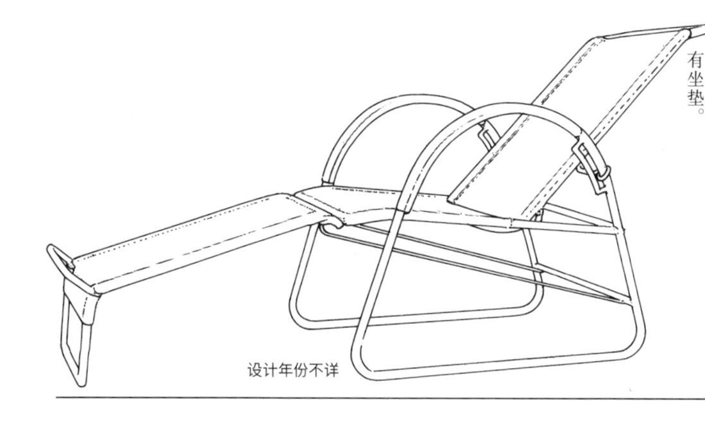
设计年份不详

此图作品与马特·斯坦、布劳耶和密斯·凡·德·罗的作品有明显的不同。果然是埃里希·迪克曼独具个性的『悬臂椅』作品。舒适性很高。

此图是将创意草图具体化的框架设计。锐气的线条使这件作品更具美感。椅背的角度可以调整。

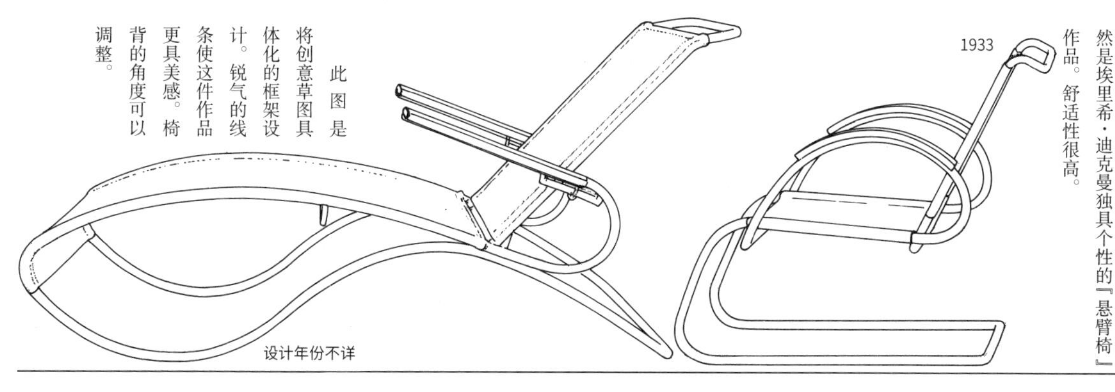
1933

设计年份不详

1896—1944

埃里希·迪克曼

第 3 小节
藤制的作品

上两个小节已经分别介绍了木制和钢管制的作品，这里将介绍藤制的作品。他的作品中几乎没有特别出名的，到目前为止在日本也几乎没有详细的介绍。但是1928年成立的日本型而工作室的很多作品很明显受到了马塞尔·布劳耶、马特·斯坦和迪克曼等设计大师们的影响。如果迪克曼能有一件名作，就能受到世人瞩目，但他一生都被埋没在马塞尔·布劳耶的光环之下。少年时期经历一战，进入包豪斯学校之后受到纳粹的压迫，紧接着在柏林空袭中受伤，之后因心脏病于1944年逝世，他的一生充满不幸与坎坷。

但是迪克曼对作品投入的热情是与当时其他的设计师完全不同的。如下图所示，从钢制作品到卧室用椅，他充分考虑到椅子和人体的关系。在此量产的作品与同样从事该研究的布鲁诺·马松的作品完全不同。这些设计具有连贯性，能够让人感受到他的造型哲学。

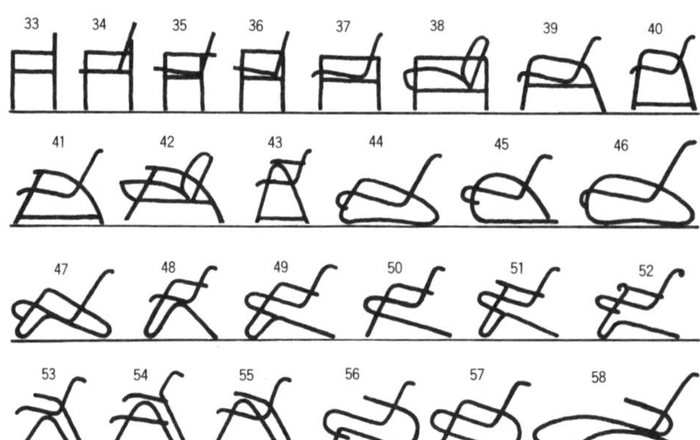

此图是充分解析他的椅子设计理念的简图。从垂直、水平组合的凳子开始，从靠背和座位的角度考虑，逐渐提高其舒适性。此外图中十二个作品的座高为30-45厘米之间，每5厘米处刻有标记。

此图是右图中未出现的两把椅子。这一系列的藤制家具由科姆梅尔上市销售。

1929—1931

迪克曼为从儿童到成人不同阶段的人群设计了四个尺寸的椅子，有关他的作品在第3小节已经充分介绍过，但也有一些因为找不到照片资料而无法介绍的作品。

此图是在右图中未出现的结构设计。座高与其他作品相同，为45厘米，对于日本人来说较高。

1929—1931

此图作品与图15的结构非常相似，但细节处有所不同。为了使与地板的接点处更加稳定，腿部与地面接触的中间部分被稍微提高了一些。

1931

此图作品是与图43的框架几乎相同结构的扶手椅。各接点部分用纤细的藤条卷成，增强了牢固性。

1929—1931

此图作品与右图十分相似。但是背部藤条的铺设方法不同，座位侧面没有插入横木。

1929—1931

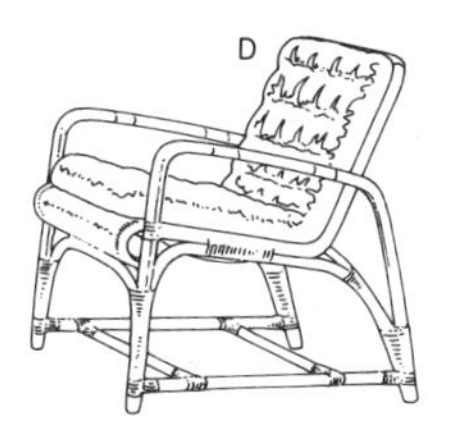

此图作品看上去像最后一行右图作品的低椅背版，但似乎框架不太相同。
1929—1931

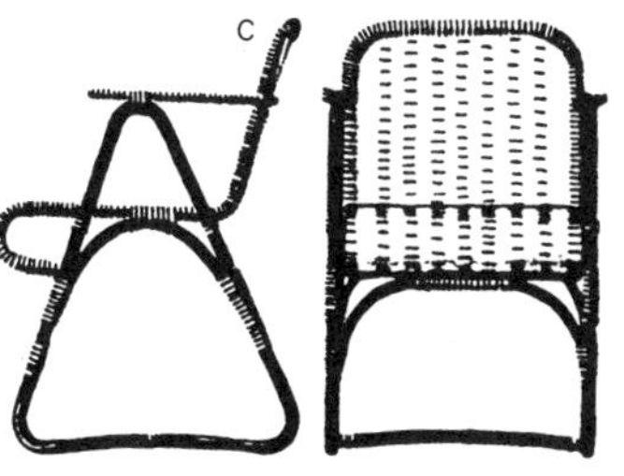

此图是第二行中间作品的三视图。应该是为商品目录上刊登的尺寸表绘制的。精准度不是很高。图片来源于在上一页中介绍的书。
1929—1931

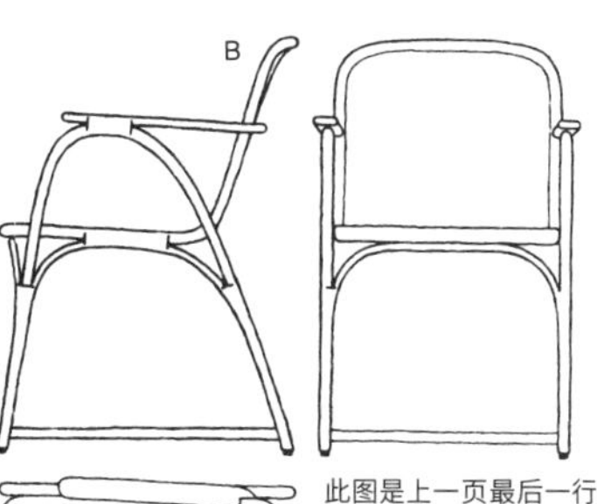

此图是上一页最后一行中间作品的三视图。令人遗憾的是从这幅简图来看各连接部分的藤条细节部分不详。
1929—1931

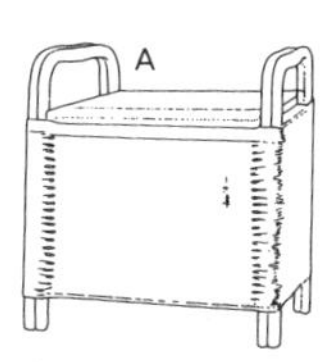

此图为商品编号为560的收纳盒，或者是一个具有收纳功能的小凳子。
1929—1931

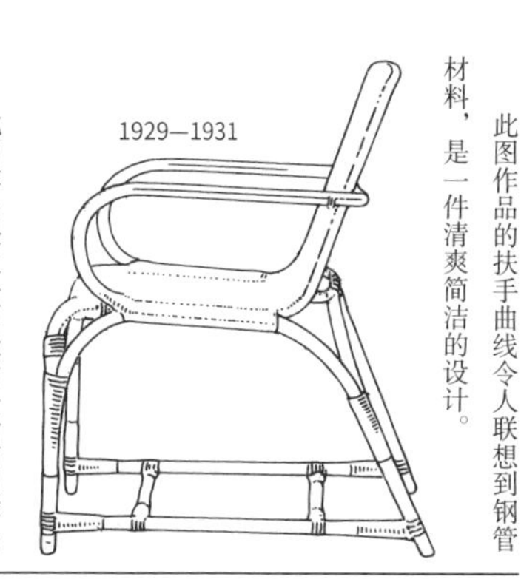
1929—1931

此图作品的扶手曲线令人联想到钢管材料，是一件清爽简洁的设计。

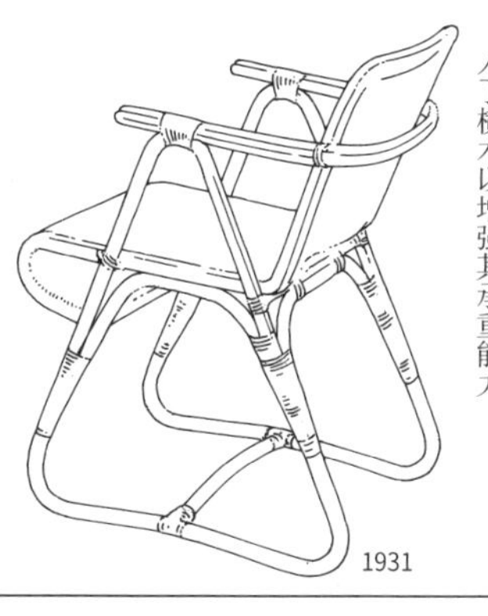
1931

此图作品是上一页最后一行右图作品的带扶手款。为了支撑扶手在椅子侧面加入了横木以增强其承重能力。

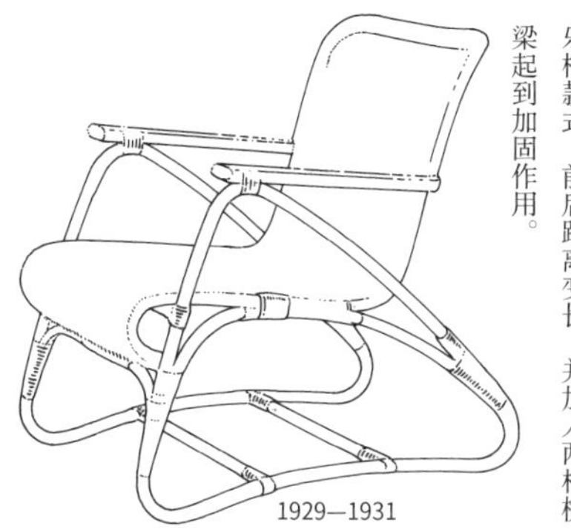
1929—1931

接着进一步发展到左图作品所示的安乐椅款式。前后距离变长，并加入两根横梁起到加固作用。

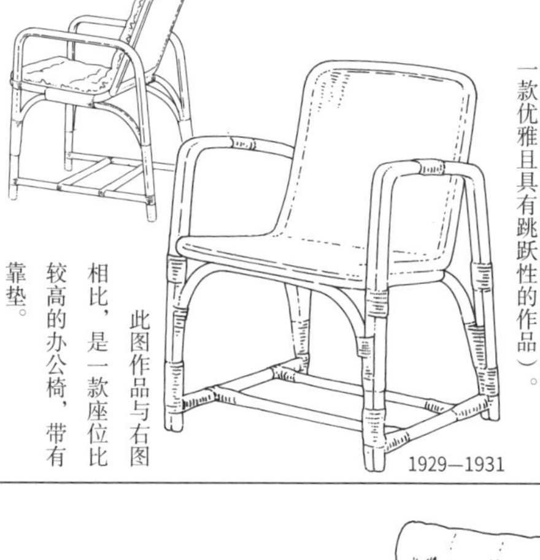
1929—1931

此图作品是将腿部角度调整后整体印象得以改变的很好的例子（第二行左图是一款优雅且具有跳跃性的作品）。

此图作品与右图相比，是一款座位比较高的办公椅，带有靠垫。

1931

此图作品是将最右图作品前后拉长的一款安乐椅。商品编号为502，还带有配套的垫脚凳。

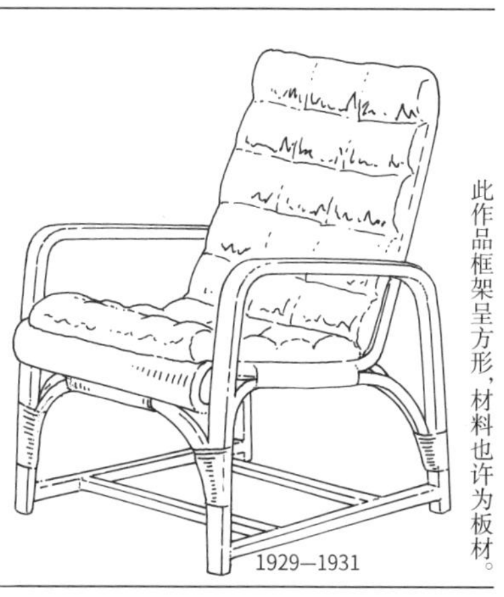
1929—1931

此作品框架呈方形，材料也许为板材。

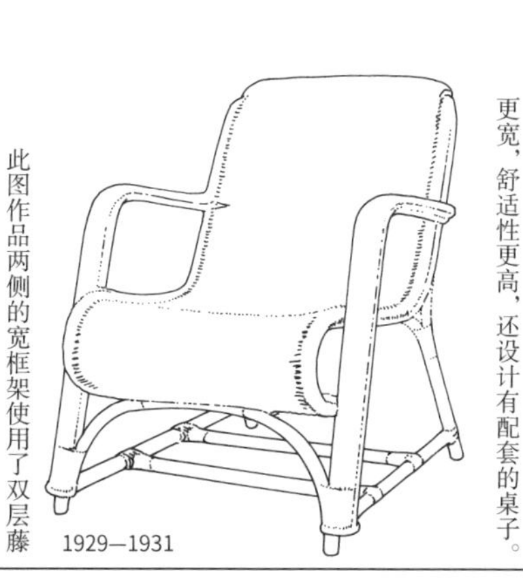
1929—1931

此图作品使用了双层藤条，扶手宽度更宽，舒适性更高，还设计有配套的桌子。

1929—1931

此图作品两侧的宽框架使用了双层藤条，然后用纤细的藤条包卷，与第三行作品的设计非常相似。

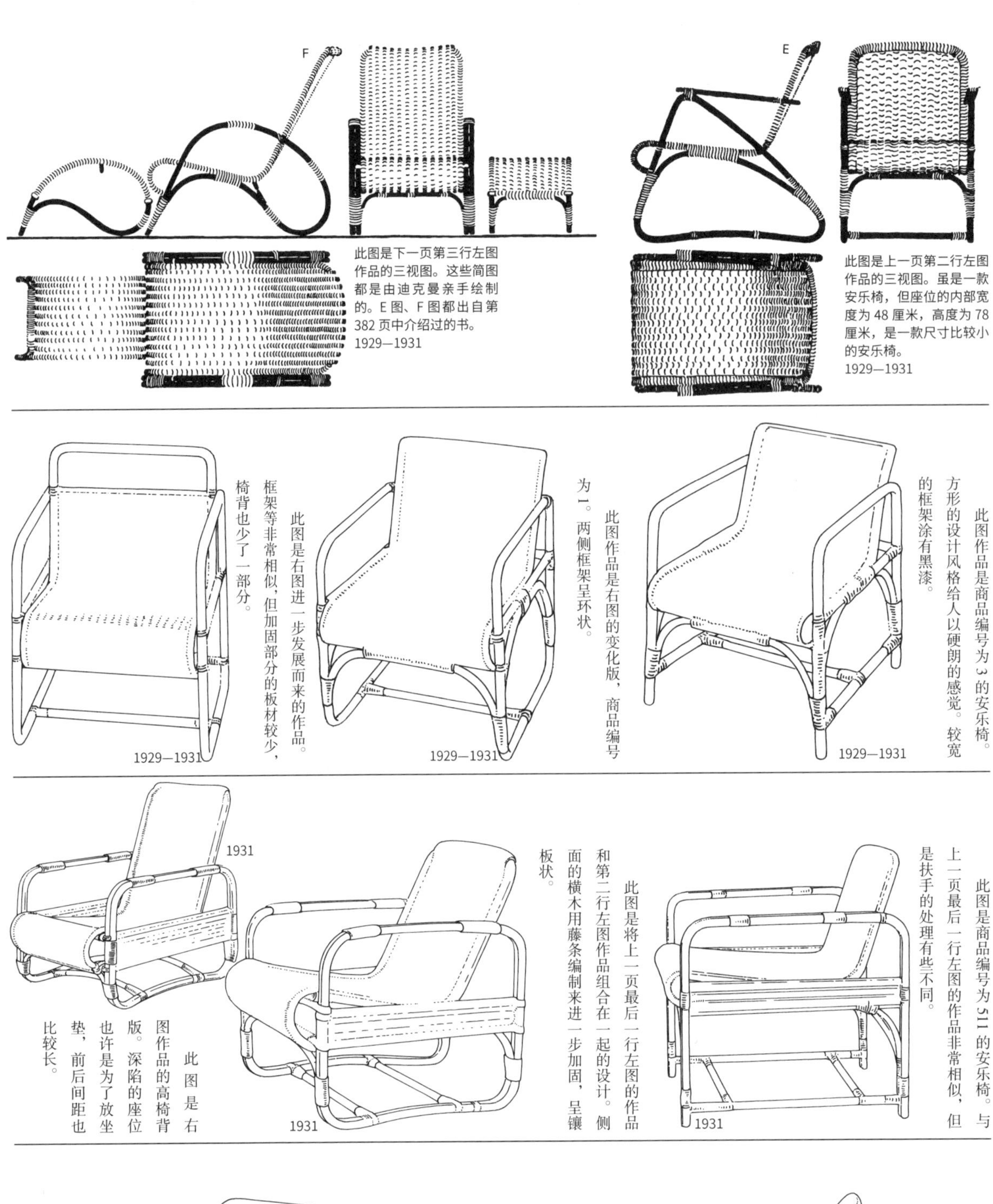

此图是下一页第三行左图作品的三视图。这些简图都是由迪克曼亲手绘制的。E图、F图都出自第382页中介绍过的书。
1929—1931

此图是上一页第二行左图作品的三视图。虽是一款安乐椅，但座位的内部宽度为48厘米，高度为78厘米，是一款尺寸比较小的安乐椅。
1929—1931

此图作品是商品编号为3的安乐椅。方形的设计风格给人以硬朗的感觉。较宽的框架涂有黑漆。
1929—1931

此图作品是右图的变化版，商品编号为1。两侧框架呈环状。
1929—1931

此图是右图进一步发展而来的作品。框架等非常相似，但加固部分的板材较少，椅背也少了一部分。
1929—1931

此图是商品编号为511的安乐椅。与上一页最后一行左图的作品非常相似，但是扶手的处理有些不同。
1931

此图是将上一页最后一行左图的作品和第二行左图作品组合在一起的设计。侧面的横木用藤条编制来进一步加固，呈镶板状。
1931

此图是右图作品的高椅背版。深陷的座位也许是为了放坐垫，前后间距也比较长。
1931

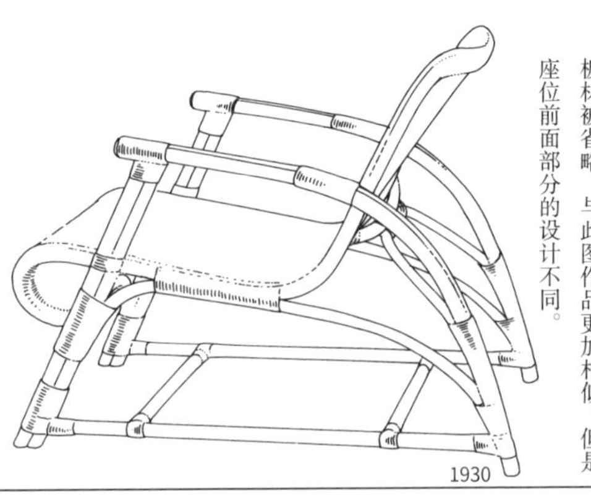

此图作品的框架设计与第382页图41的作品相似。从图上来看加固部分的板材被省略，与此图作品更加相似。但是座位前面部分的设计不同。
1930

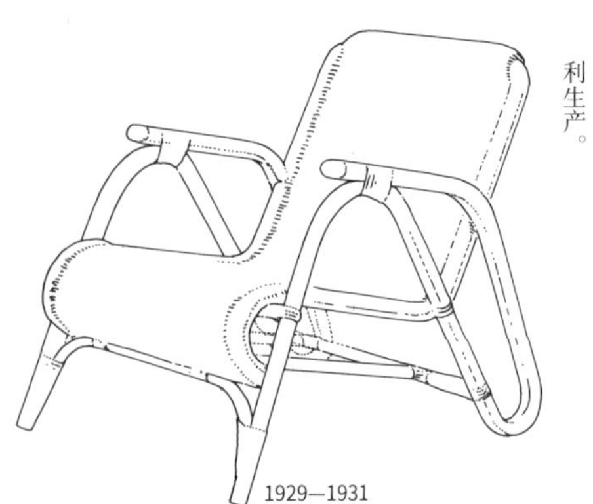

在丹麦的埃尔文藤制家具公司的商品目录中发现了与此作品非常相似的一把椅子。（G~J图）这些产品设计于20世纪30年代，而且商品目录的照片也添加在迪克曼的《少女贝尔巴》书中，也许是专利生产。
1929—1931

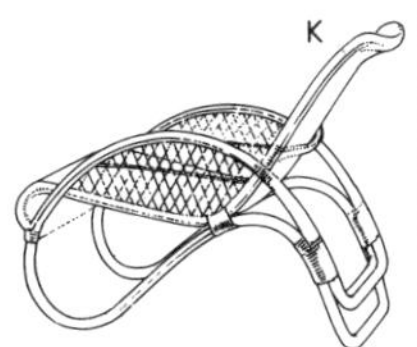

此图作品是一款与第三行左图作品正好前后相反的结构设计。同一时期，剑持勇也发布过与此件作品非常相似的作品。
1929—1931

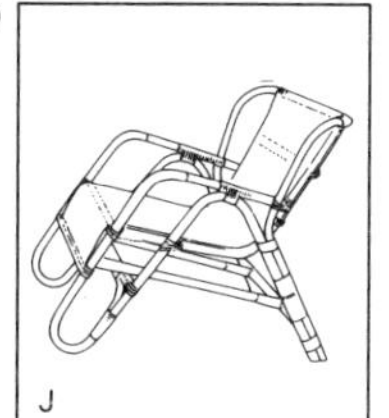

此图作品的框架设计与迪克曼的作品非常相似。
20 世纪 30 年代

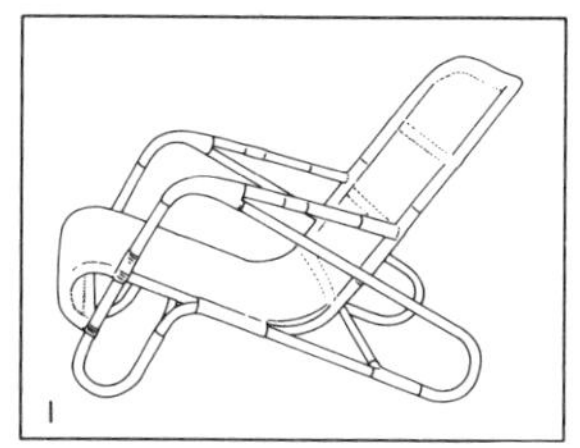

此图作品与第二行左图作品几乎是同一设计。
20 世纪 30 年代

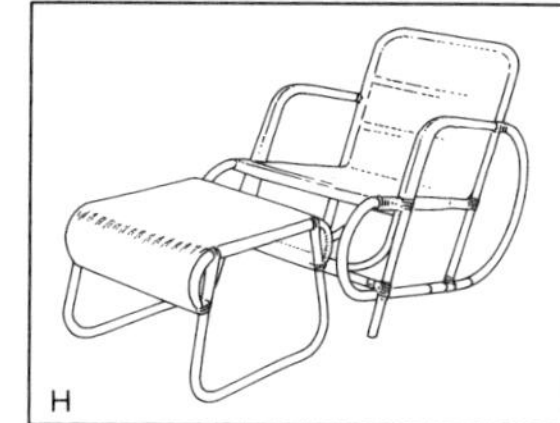

此图作品与迪克曼的钢管制作品非常相似。
20 世纪 30 年代

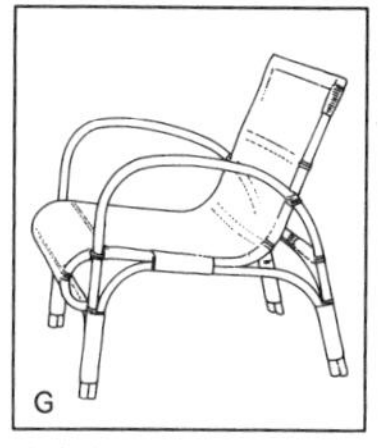

本文也提到，G～J 图出自丹麦的埃尔文藤制家具公司的商品目录。商品目录在《少女贝尔巴》中也有文字记载，但却没有提到迪克曼的名字。
20 世纪 30 年代

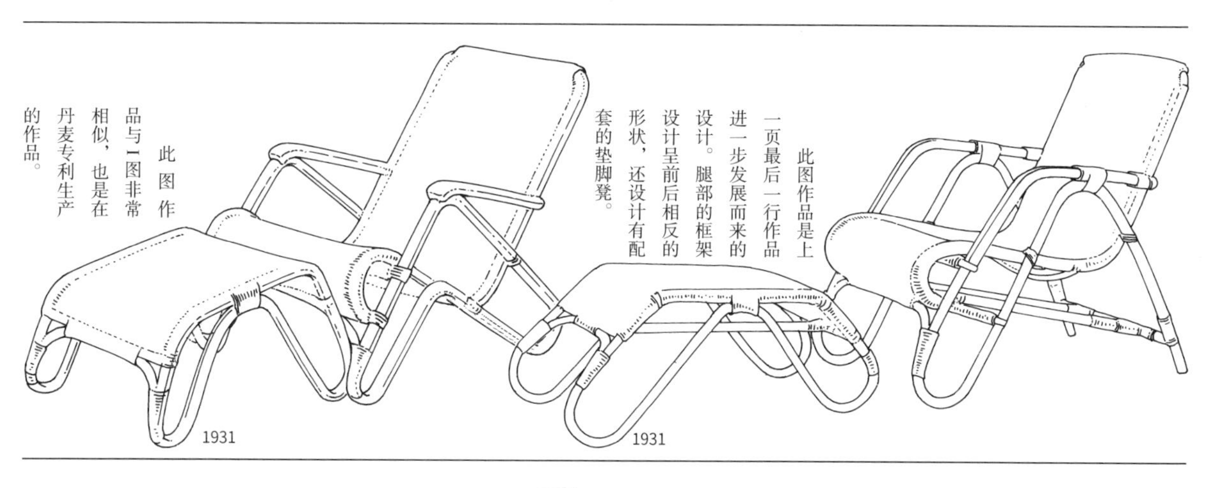

此图作品与I图非常相似，也是在丹麦专利生产的作品。
1931

此图作品是上一页最后一行作品进一步发展而来的设计。腿部的框架设计呈前后相反的形状，还设计有配套的垫脚凳。
1931

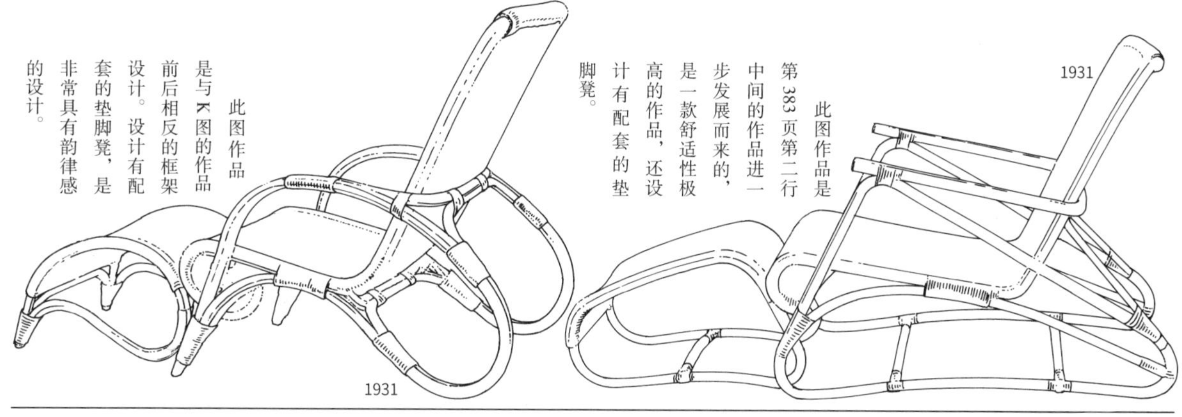

此图作品是与K图的作品前后相反的框架设计。设计有配套的垫脚凳，是非常具有韵律感的设计。
1931

此图作品是第 383 页第二行中间的作品进一步发展而来的，是一款舒适性极高的作品，还设计有配套的垫脚凳。
1931

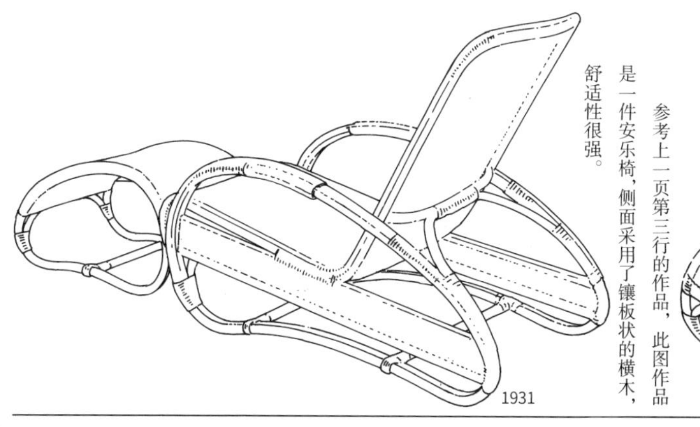

参考上一页第三行的作品，此图作品是一件安乐椅，侧面采用了镶板状的横木，舒适性很强。
1931

此图并非钢管制作品，是一款具有跳跃性的结构设计，商品编号为 559。
1929—1931

1898—1976

阿尔瓦・阿尔托

第 1 小节
初期作品

阿尔瓦・阿尔托，本名为雨果・亨利克・阿尔托。他与德国的密斯・凡・德・罗、法国的勒・柯布西耶、美国的弗兰克・劳埃德・赖特并称为世界四大建筑大师。

1898 年，阿尔瓦・阿尔托（以下简称阿尔托）出生于芬兰的库奥尔塔内小镇，毕业于赫尔辛基工业专科学校建筑学专业。1923 年起，阿尔托先后在芬兰的于韦斯屈莱市和土尔库市开设建筑事务所。第二年，他与设计师阿诺・玛赛奥（以下简称阿诺）结婚，与她共同经营事务所。对于阿尔托来说，妻子阿诺对他非常重要，两个人相互影响，直到 1949 年妻子去世。类似这种夫妇两人都是著名人士的情况很少，还有一对是设计师查尔斯・伊姆斯和他的妻子蕾・凯泽。

在此将介绍很多他和妻子共同制作的初期作品（其中大部分只终止于计划，几乎没有实物化和量产化的作品。在此用主视图和侧视图表现）。像他这样的设计巨匠的巨作并不是灵光乍现，而是在我们能够读到的各式家具的研究基础之上创作发展而来的，我们还能看到这些作品何其幸运。因为版面的关系，在此笔者改变了主视图和侧视图的比例。

丹麦的设计大师凯尔・柯林特致力于人体工学的各式家具的设计，协调人与家具的关系，在日本非常出名。但阿尔托在初期也进行了各种各样家具的设计却鲜为人知。在此将介绍包括他与妻子阿诺共同设计的计划图在内的作品。左图是名为『英格兰人』的餐椅。

1922

此图作品与右图属于同一系列，发布于 1922 年。除了这些椅子还包括餐具橱柜和餐桌。

1922

此图是 1919 年绘制的简图，是他最初的设计。

1919

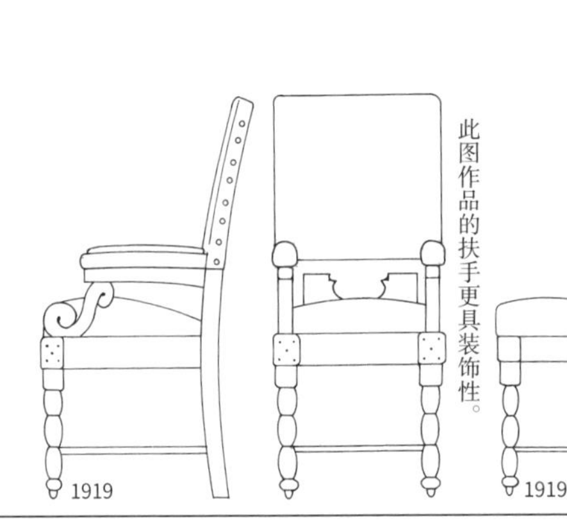

此图作品的扶手更具装饰性。

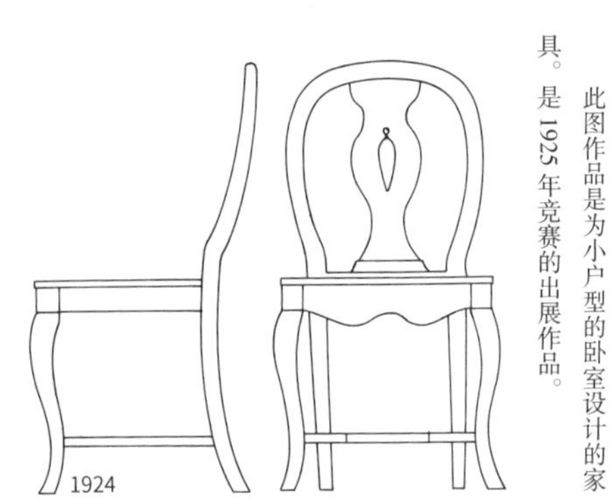

此图作品是为小户型的卧室设计的家具。是 1925 年竞赛的出展作品。

此图是与第三行左图作品属于同一设计系列的模型。还为该沙发设计了配套的桌子和低靠背的书架。

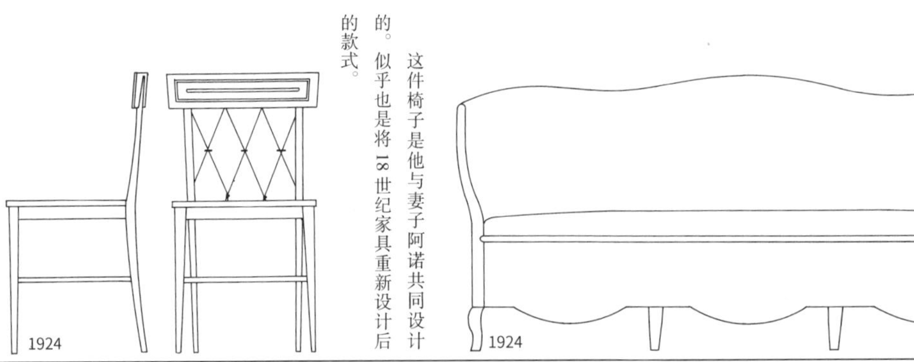

这件椅子是他与妻子阿诺共同设计的。似乎也是将 18 世纪家具重新设计后的款式。

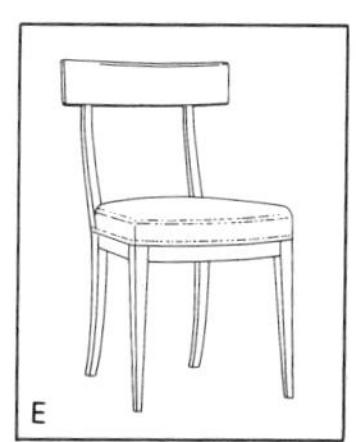

此图作品为希腊的“克里斯莫斯椅”。这种典雅的椅子在公元前700—公元前200年左右的浮雕和陶器中经常见到。

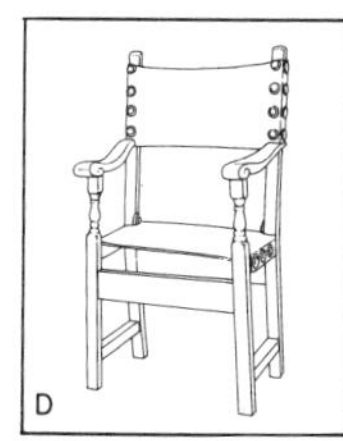

受到14—16世纪文艺复兴的影响，17世纪的美国椅子的样子如图所示。

此图作品是20世纪20年代温莎椅的瑞典版。与英国的版本相比椅背更小。

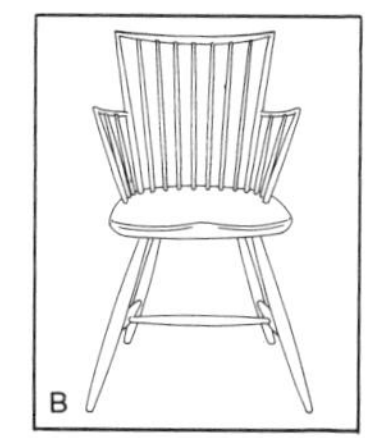

此图作品是19世纪的美国温莎椅。

此图是一把简单朴素的椅子。像这种农民家具一般的椅子经常出口芬兰。

此图是于20世纪20年代阿尔托与妻子阿诺一同设计的作品。美国的齐本德尔式风格成为他的创作样板。

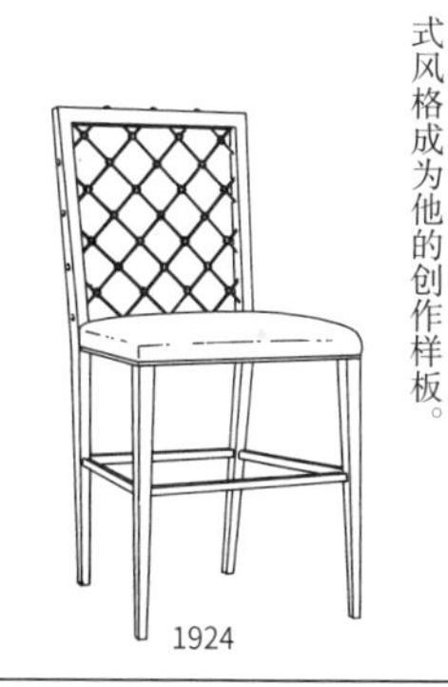

这件椅子也是他和妻子一同合作的作品。扶手部分为木制，靠背部分用皮革制成。

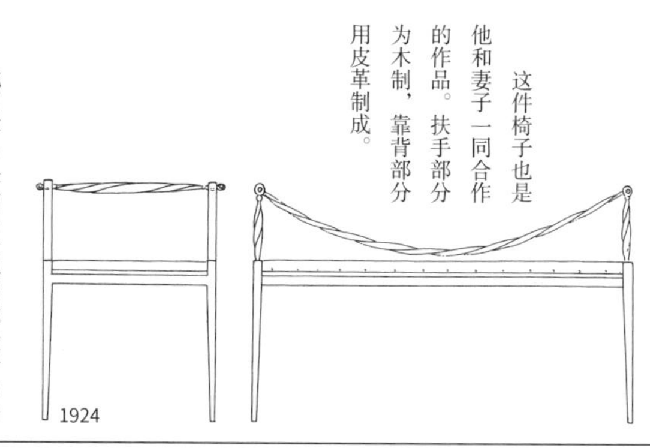

此图作品是为男士俱乐部设计的椅子。座位用绳编制，给人以朴素的感觉，同时纤细的横木和笠木带有简约之美（参照A图）。

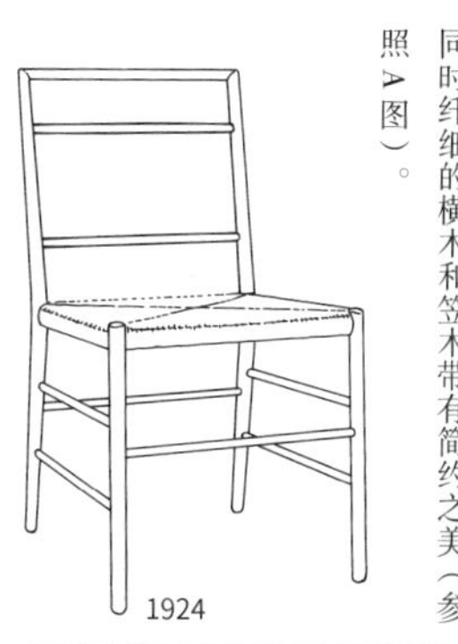

右边两把椅子是为暖炉设计的作品。左边两把椅子的简图（正面和侧面）是户主用椅（参照B图）。

1924

此图作品是他与妻子一同设计并参加竞赛的一款模型（参照C图）。

1925

此图作品是文艺复兴时期的家具（参照D图），是一款成为范例的作品。使用铆钉装饰，给人以严肃的感觉。

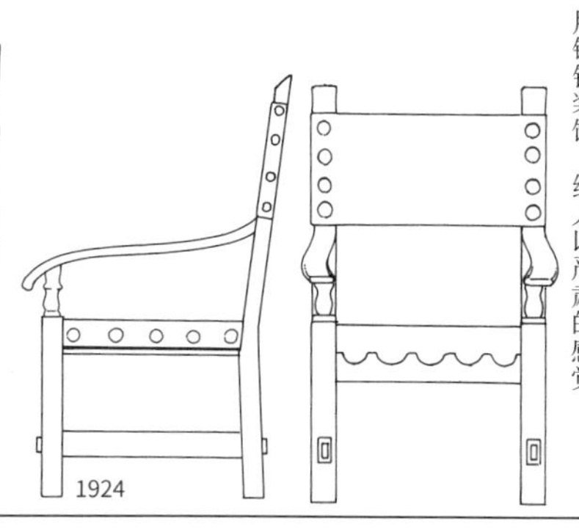

此图作品是希腊的『克里斯莫斯椅』（参照E图），成为范例，到目前为止还试验过很多这样的设计。

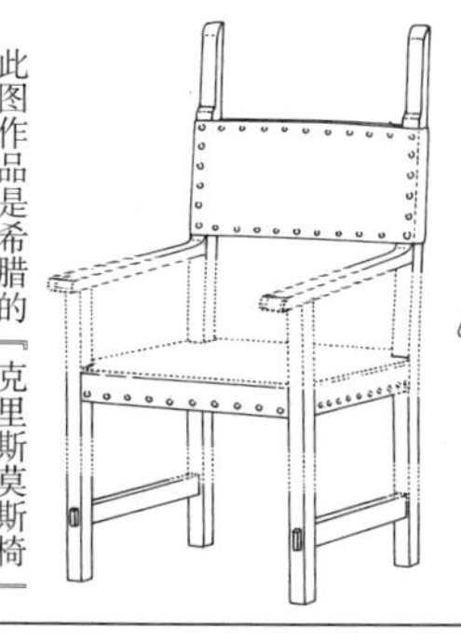

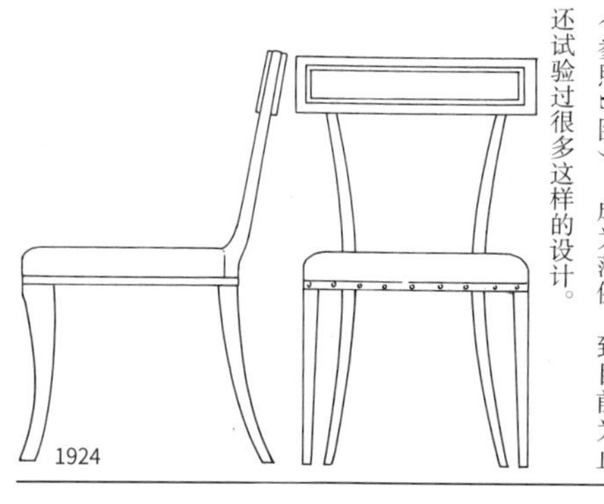

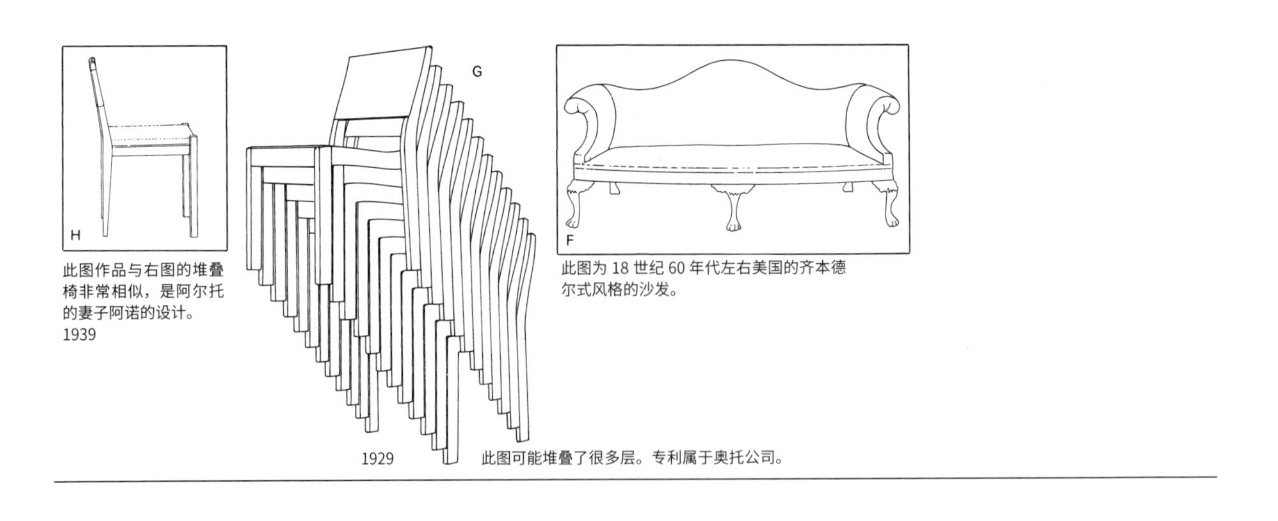

此图作品与右图的堆叠椅非常相似，是阿尔托的妻子阿诺的设计。
1939

1929

此图可能堆叠了很多层。专利属于奥托公司。

此图为 18 世纪 60 年代左右美国的齐本德尔式风格的沙发。

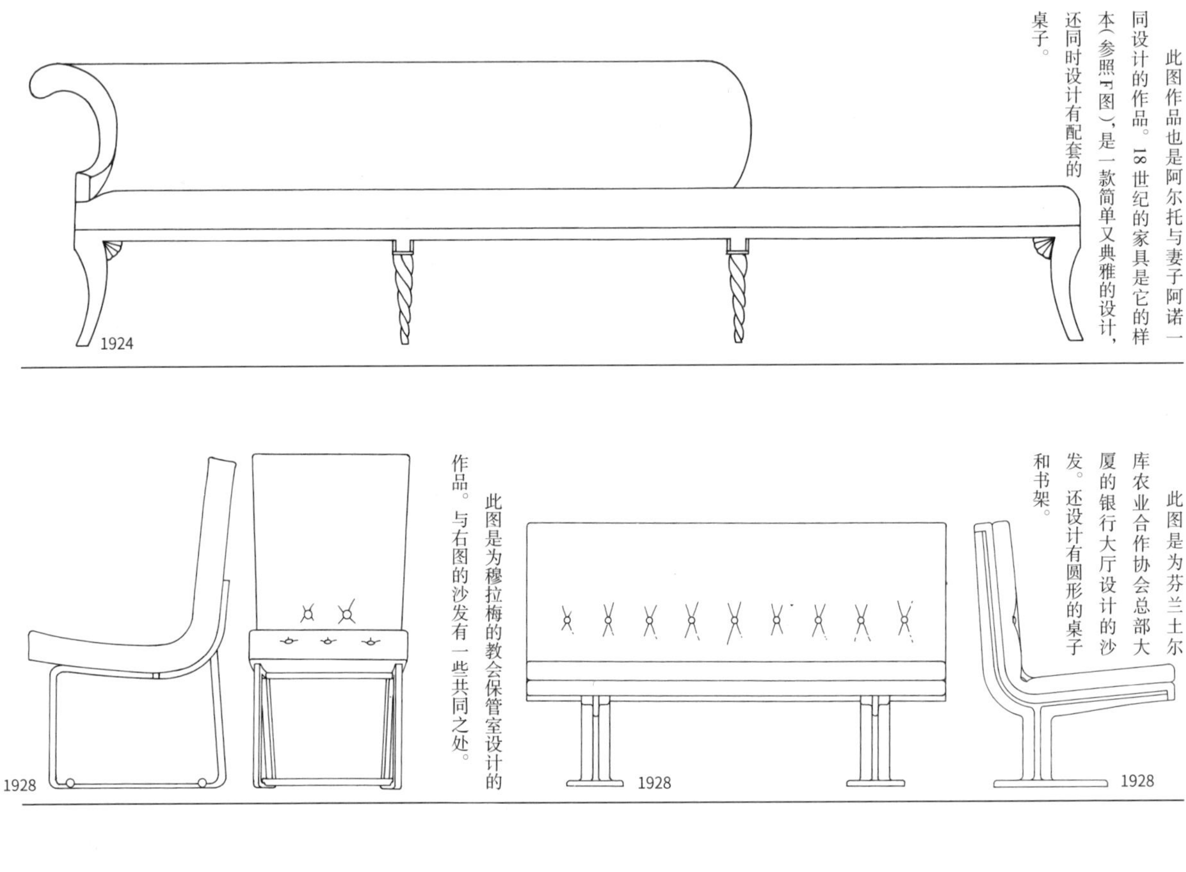

此图作品也是阿尔托与妻子阿诺一同设计的作品。18 世纪的家具是它的样本（参照「F」图），是一款简单又典雅的设计，还同时设计有配套的桌子。

1924

此图是为穆拉梅的教会保管室设计的作品。与右图的沙发有一些共同之处。

1928

此图是为芬兰土尔库农业合作协会总部大厦的银行大厅设计的沙发。还设计有圆形的桌子和书架。

1928

1928

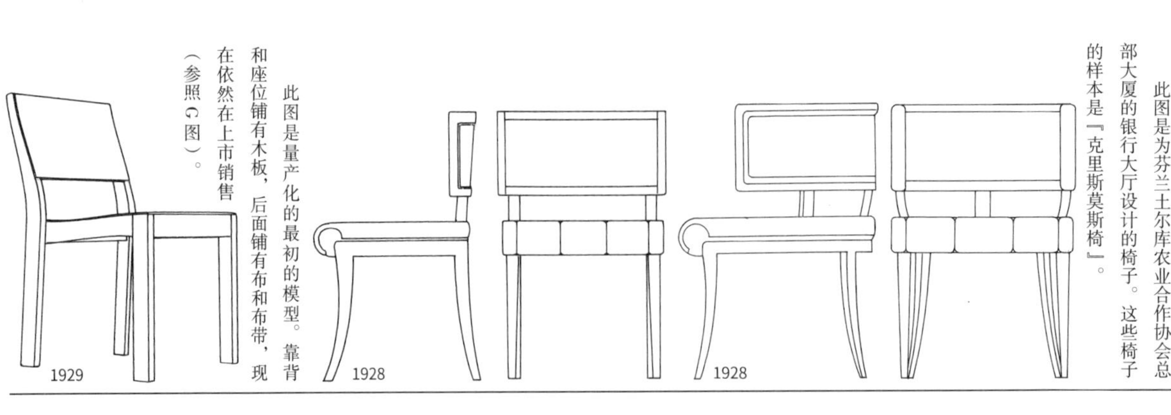

此图是量产化的最初的模型。靠背和座位铺有木板，后面铺有布和布带，现在依然在上市销售（参照 G 图）。

1929

此图是为芬兰土尔库农业合作协会总部大厦的银行大厅设计的椅子。这些椅子的样本是『克里斯莫斯椅』。

1928

1928

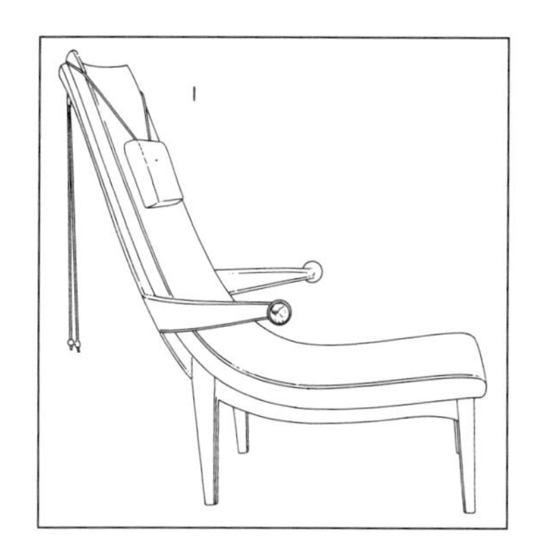

此图是艾瑞克·古纳尔·阿斯普伦德（瑞典）为巴黎装饰美术博览会的瑞典馆设计的作品。
1925

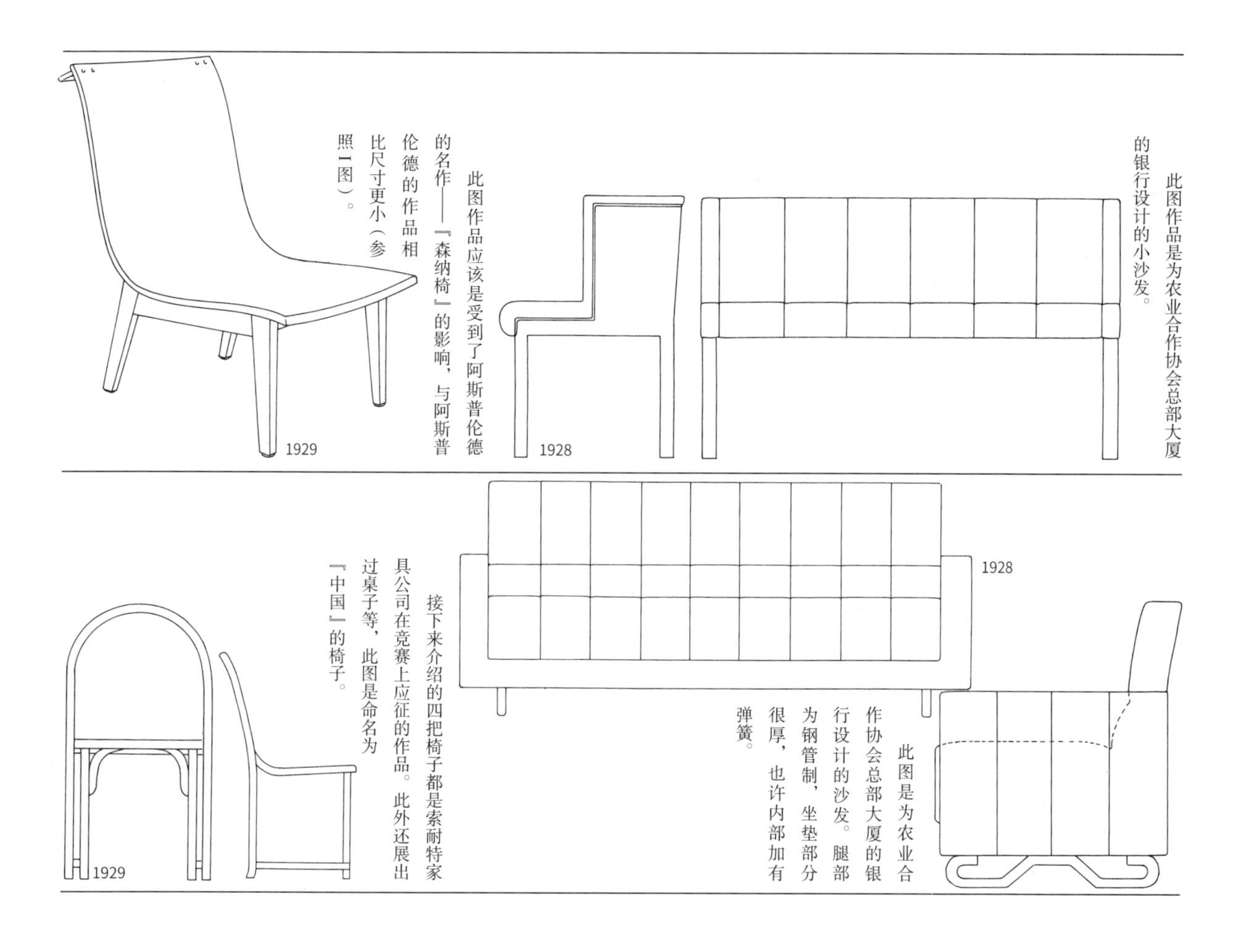

此图作品是为农业合作协会总部大厦的银行设计的小沙发。

此图作品应该是受到了阿斯普伦德的名作——『森纳椅』的影响，与阿斯普伦德的作品相比尺寸更小（参照Ⅰ图）。

此图是为农业合作协会总部大厦的银行设计的沙发。腿部为钢管制，坐垫部分很厚，也许内部加有弹簧。

接下来介绍的四把椅子都是索耐特家具公司在竞赛上应征的作品。此外还展出过桌子等，此图是命名为『中国』的椅子。

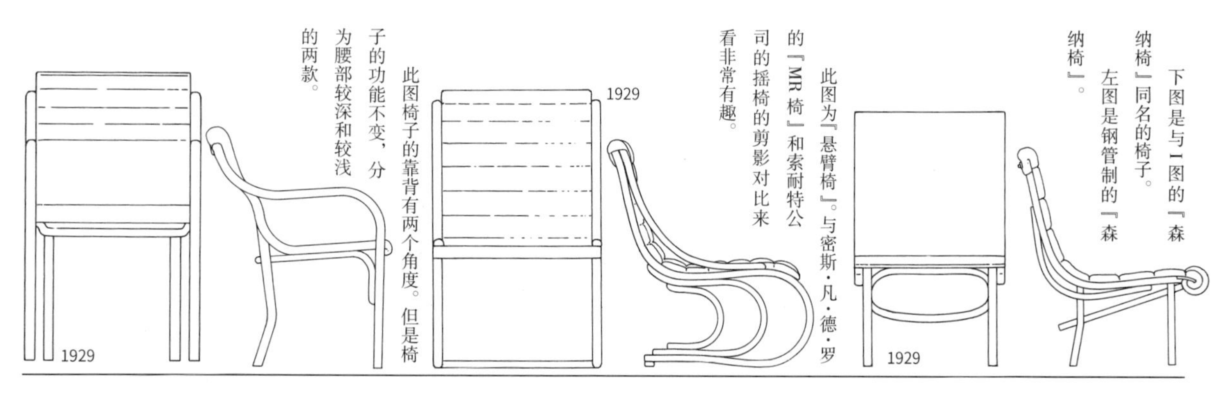

下图是与Ⅰ图的『森纳椅』同名的椅子。
左图是钢管制的『森纳椅』。

此图为『悬臂椅』。与密斯·凡·德·罗的『MR椅』和索耐特公司的摇椅的剪影对比来看非常有趣。

此图椅子的靠背有两个角度。但是椅子的功能不变，分为腰部较深和较浅的两款。

1898—1976

阿尔瓦·阿尔托

第2小节
芬兰人民的骄傲

本小节给大家介绍芬兰人民对阿尔托作品的评价。

大约20年前笔者作为大阪府的设计调查团中的一员前往赫尔辛基。在一家学院书店买到了有关他的设计作品的书，在去往昂蒂·诺米斯耐米店铺的途中，无意中在一个不起眼的角落里看见了一家小小的帽子店，店里一位妇人正在给买好的物品打包装。在稍显昏暗的光线中，笔者无意中注意到了那位妇人坐的椅子，并紧紧盯着看，好像这把椅子似曾相识。那正是刚买的阿尔托的书中出现的椅子。笔者急忙把书掏出来做对比，果然没错，就是1929年发布的那把椅子。于是走进店里，向店主说明了想要研究椅子的来意，并询问是否可以将椅子转卖。店员显得十分为难，叫来了店主。很快一位身材高大的女士出现了，她说：『这把椅子是有芬兰的英雄之称的设计大师阿尔瓦·阿尔托的作品，在1929年的展览会上展出过，是芬兰重要的文化遗产。纽约现代艺术博物馆也说想要购入，但我们回绝了。设计文化和阿尔托是全国人民的骄傲，这种骄傲是全民性的。』这番话使之前有想要购入椅子想法的笔者感到羞愧，笔者深信只有这

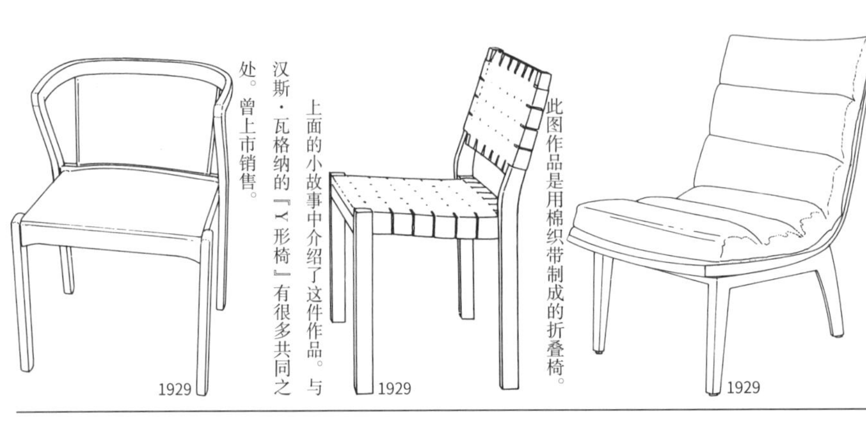

此图作品在第1小节中介绍过，是瑞典设计师阿斯普伦德于1925年在巴黎装饰美术博览会上展出的『森纳椅』的量产模型，阿尔托设计了『森纳椅』。在第1小节中只介绍了座位是胶合板的款式，此图作品坐垫可以取下来，与阿斯普伦德的高价作品不同，阿尔托以低成本化为目标。

1929

此图作品是用棉织带制成的折叠椅。

1929

上面的小故事中介绍了这件作品。与汉斯·瓦格纳的『Y形椅』有很多共同之处。曾上市销售。

1929

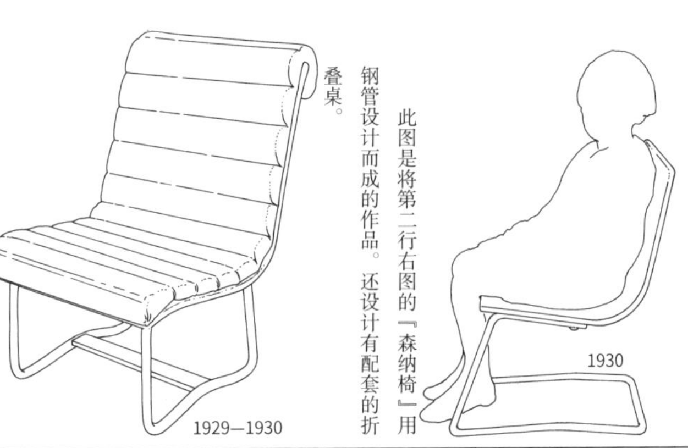

此图作品为儿童用的悬臂椅，由胶合板制的座位和钢管制的椅腿组合而成。

1930

此图是将第二行右图的『森纳椅』用钢管设计而成的作品。还设计有配套的折叠桌。

1929—1930

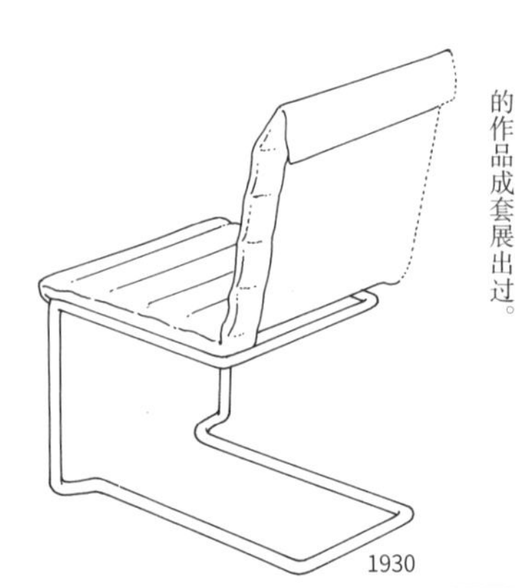

此图作品是为赫尔辛基举办的小户型展设计的。也许是堆叠款，与第二行左图的作品成套展出过。

1930

此图作品是一款沙发床，与第三行左图作品成套展出过。可以在狭长的空间内折叠，这也是其设计特点。

1930

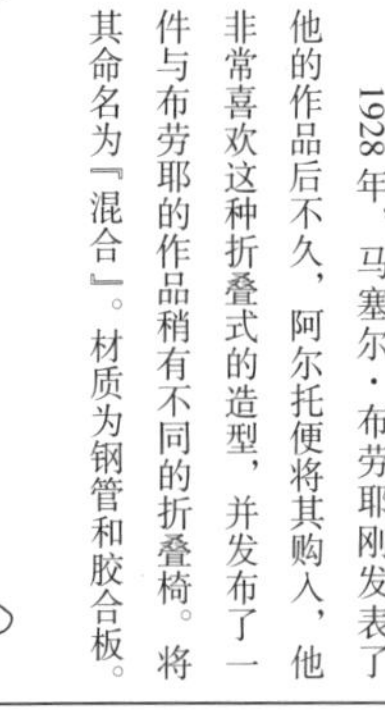

1928年，马塞尔·布劳耶刚发表了他的作品后不久，阿尔托便将其购入，他非常喜欢这种折叠式的造型，并发布了一件与布劳耶的作品稍有不同的折叠椅。将其命名为『混合』。材质为钢管和胶合板。

1930

样的人民才能将其更好且永久地传承下去，便怀着敬佩的心情离开了这家店。

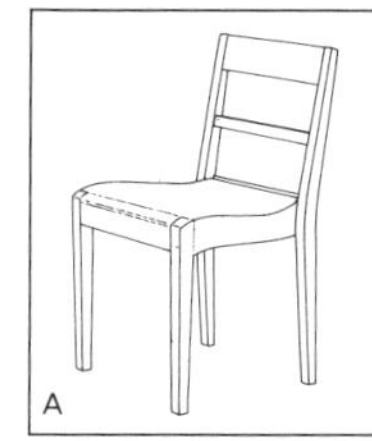

此图作品是奥托·科霍宁设计的折叠椅。在芬兰获得专利。
1929

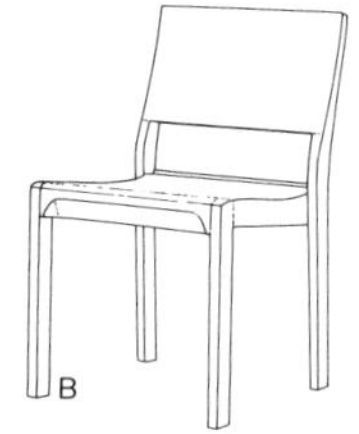

此图作品是阿尔托和奥托·科霍宁共同设计的堆叠椅。与在第1小节中介绍的插图的细节稍有不同，这张图是正确的。
1929

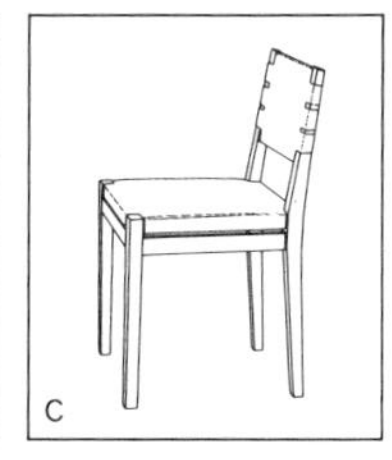

此图是他的妻子阿诺的作品，是一款堆叠椅，由阿尔泰克家具公司上市销售。
1939

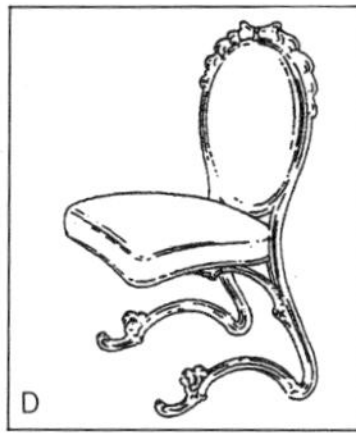

此图是1851年《维也纳家具》杂志上刊登的洛可可艺术风格的悬臂式结构的椅子。

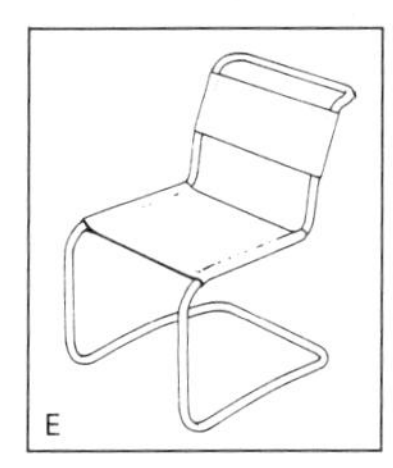

此图是马塞尔·布劳耶和马特·斯坦设计的悬臂式结构的椅子。这把椅子给阿尔托带来了很大的影响。
1927—1930

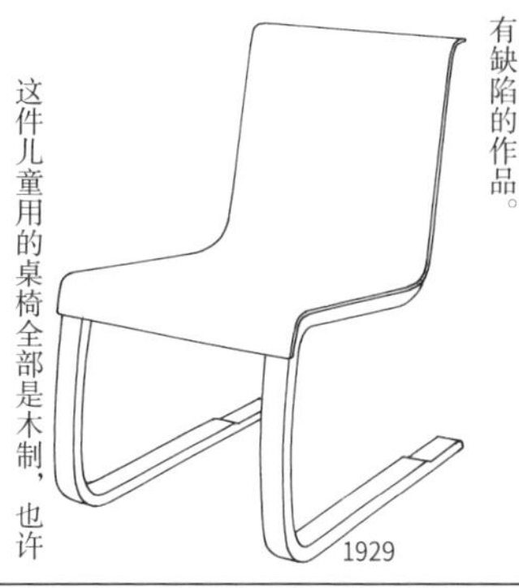
1929

此图作品的座位部分和腿部全部用胶合板制成。在结构上有些问题，是一件稍有缺陷的作品。

1931

这件儿童用的桌椅全部是木制，也许是量产的产品。

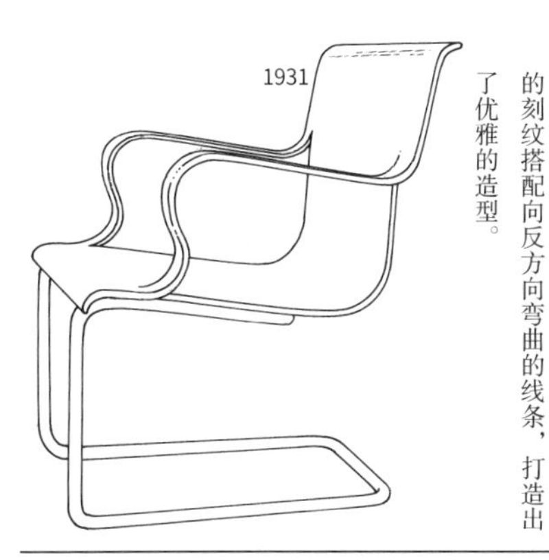
1931

这件作品的座位部分也是胶合板制，腿部为钢管制，名为『混合椅』。胶合板的刻纹搭配向反方向弯曲的线条，打造出了优雅的造型。

1931—1932

此图作品与第二行左图的作品属于同一系列，扶手线条具有起伏的弧度。是阿尔泰克家具公司成立前期的系列。

1932

此图作品与第二行右图的作品非常相似，但腿部顶端的设计有所不同。

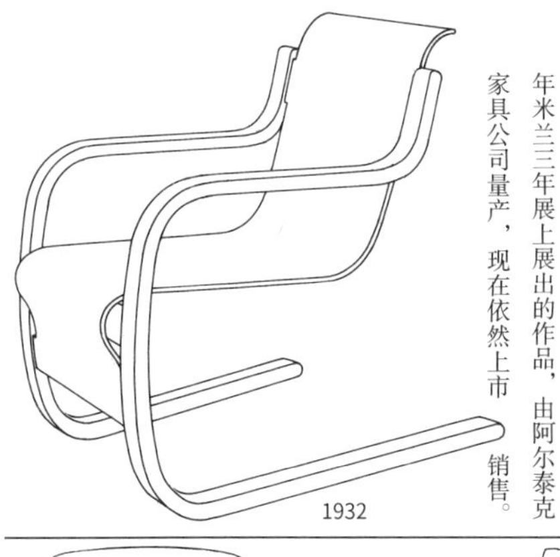
1932

此图作品为『第402号』。是于1933年米兰三年展上展出的作品，由阿尔泰克家具公司量产，现在依然上市销售。

1929

此图作品是以第三行左图的模型为基础设计的雏形。座位部分为胶合板制，头部靠垫的部分有小孔，也许是用来固定靠垫用的。

1929

此图作品是右图作品进一步发展而来的。头部靠垫部分的材料不详，也许使用了能使周围变软的材料。

1931

此图作品是他的代表作。有关位于帕伊米奥的结核病患者疗养院的内容将在下一页介绍，这件可堆叠的凳子是为该疗养院设计的。

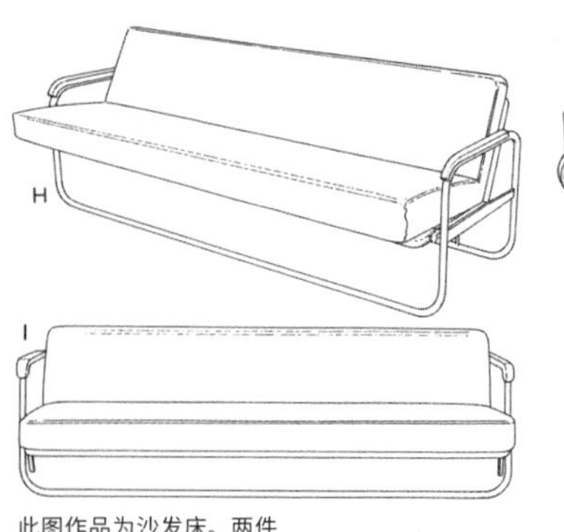

此图作品为沙发床。两件作品非常相似但细节处稍有不同。
1930

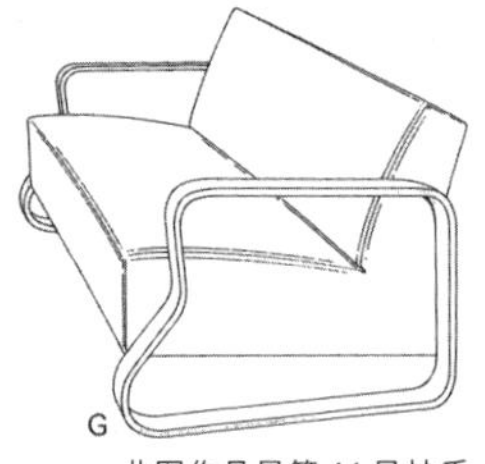

此图作品是第 44 号扶手椅的沙发款，也用于疗养院内，有少量作品上市销售。
1931—1932

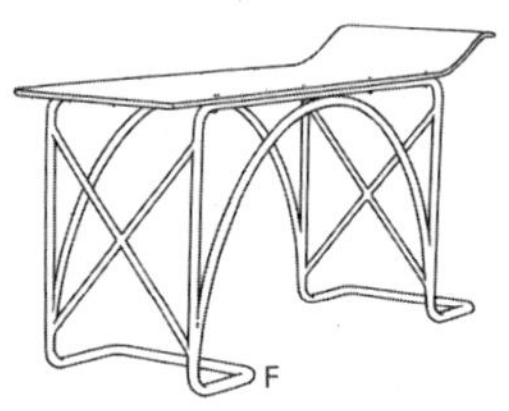

此图作品是疗养院的诊疗台。此外还设计有洗漱台和痰盂、输液吊杆等。
1931

阿尔托最具代表性的建筑作品是位于帕伊米奥的结核病患者疗养院，建于芬兰历史最为悠久的城市图尔库的郊外，四周森林环绕。在1928年的竞赛上一举夺得一等奖，五年后建成。就像他的其他建筑作品一样，所有细节之处都是他设计的。在此介绍的只是其中的一小部分。左图作品的靠背角度是为了使结核病患者能够顺畅呼吸而设计的。与第三行右图的作品相比，扶手部分更具弹性。

1931—1932

此图是右图作品的侧视图。仔细观察胶合板的厚度稍有变化，他将细微的弹性也计算在内。

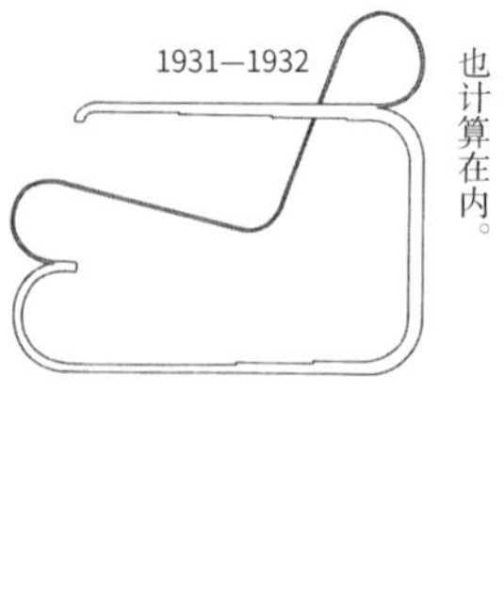

1931—1932

此图作品是阿尔泰克家具公司的第41号。与他设计的凳子一样都是极具人气的作品。靠背上面用锯打造了切口，突出了设计重点。

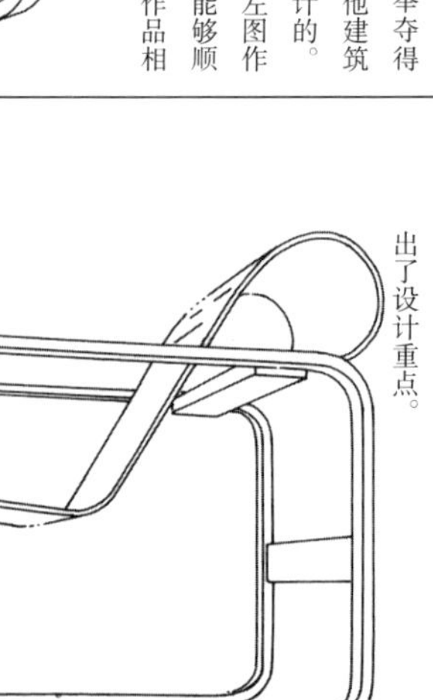

1931—1932

1931—1932

此图作品是为需要晒日光浴的患者设计的躺椅，放在疗养院最顶层的阳台上。座位部分似乎有网眼。

此图作品为第44号，是将第三行右图的作品加了厚靠垫，提高了其舒适度的款式。这件作品也是为疗养院设计的。

1932

此图作品也是为疗养院设计的堆叠椅。

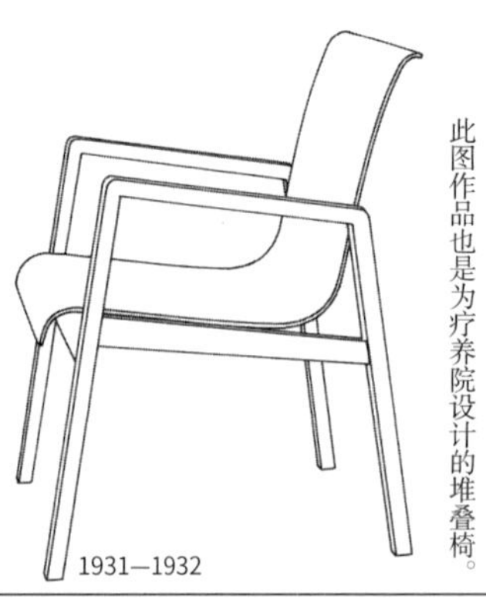

1931—1932

此图作品是上一页第三行左图扶手椅的高背椅款。与原型相比，带有椅翼，舒适性更高。

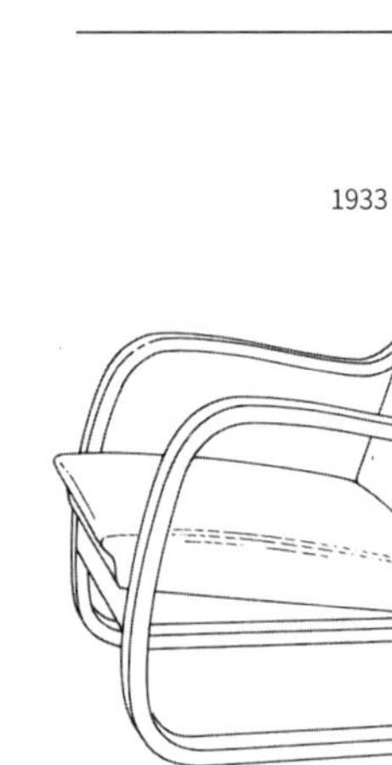

1933

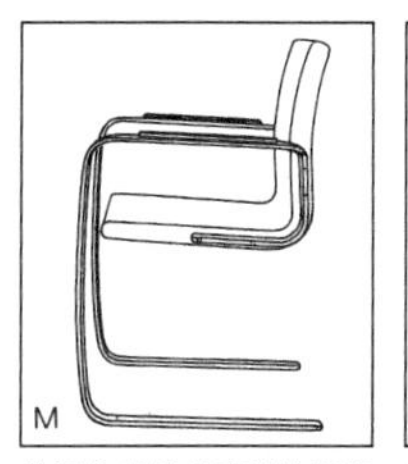

M

此图作品是丹麦设计师保罗克耶霍尔姆的“悬臂椅”。其很大程度上受到密斯的影响。
1974

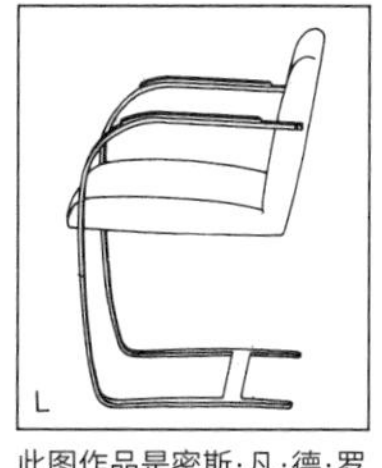

L

此图作品是密斯·凡·德·罗的名作——布尔诺椅子。座位部分十分轻盈。
1929—1930

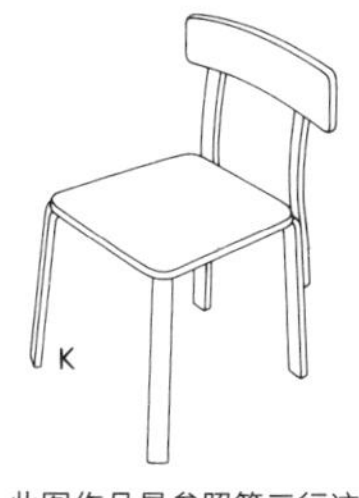

K

此图作品是参照第三行这一系列的简图绘制而成。
1933—1935

J

此图是为伦敦赫鲁斯家具店主办的七位建筑家展会设计的作品。
1936

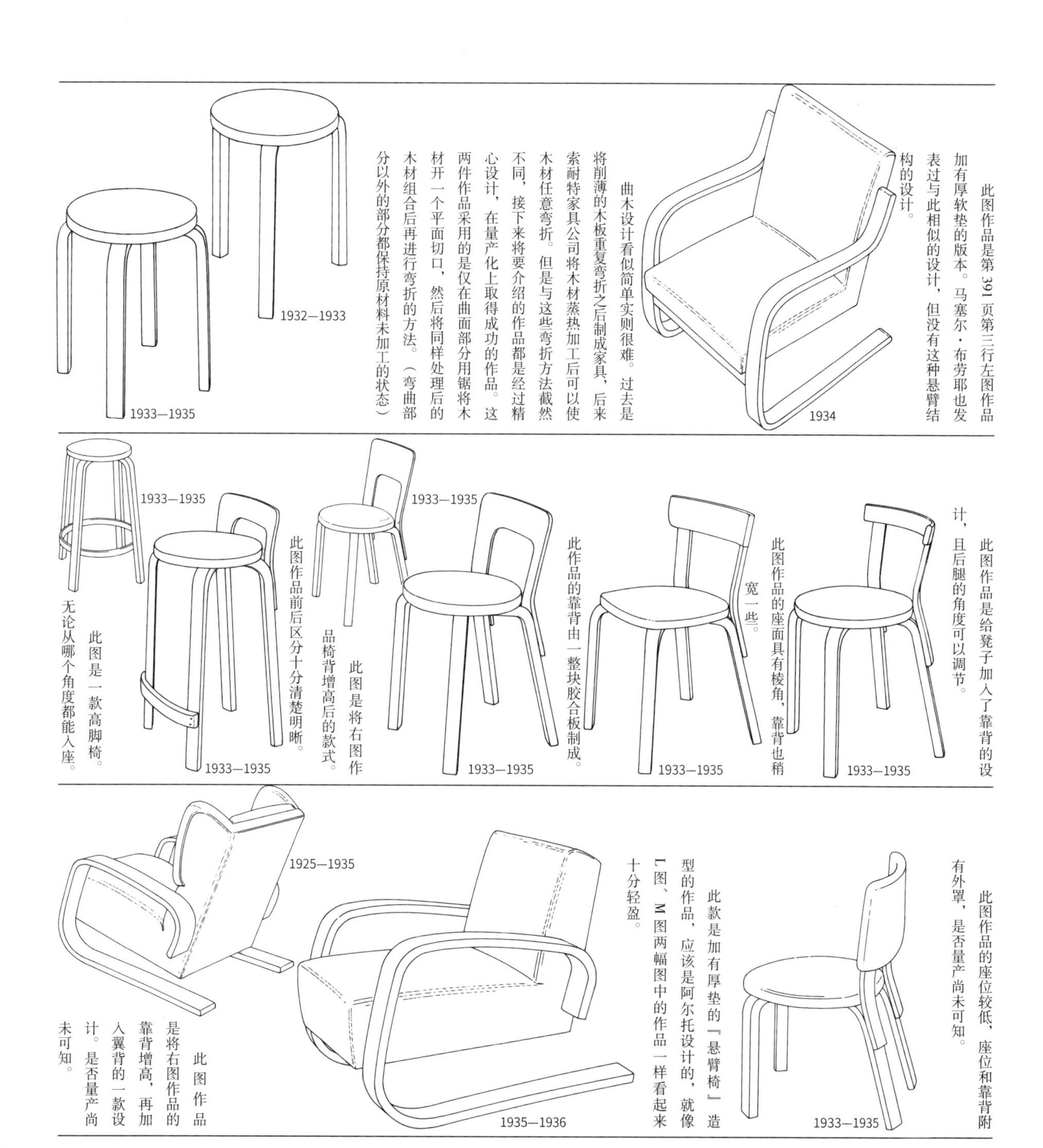

此图作品是第391页第三行左图作品加有厚软垫的版本。马塞尔·布劳耶也发表过与此相似的设计，但没有这种悬臂结构的设计。

1934

曲木设计看似简单实则很难。过去是将削薄的木板重复弯折之后制成家具，后来索耐特家具公司将木材蒸热加工后可以使木材任意弯折。但是与这些弯折方法截然不同，接下来将要介绍的作品都是经过精心设计，在量产化上取得成功的作品。这两件作品采用的是仅在曲面部分用锯将木材开一个平面切口，然后将同样处理后的木材组合后再进行弯折的方法。（弯曲部分以外的部分都保持原材料未加工的状态）

1932—1933

1933—1935

此图作品是给凳子加入了靠背的设计，且后腿的角度可以调节。

1933—1935

此图作品的座面具有棱角，靠背也稍宽一些。

1933—1935

此作品的靠背由一整块胶合板制成。

1933—1935

此图是将右图作品椅背增高后的款式。

1933—1935

此图作品前后区分十分清楚明晰。

1933—1935

此图是一款高脚椅。

1933—1935

无论从哪个角度都能入座。

此图作品的座位较低，座位和靠背附有外罩，是否量产尚未可知。

1933—1935

此款是加有厚垫的『悬臂椅』造型的作品，应该是阿尔托设计的，就像L图、M图两幅图中的作品一样看起来十分轻盈。

1935—1936

此图作品是将右图作品的靠背增高，再加入翼背的一款设计。是否量产尚未可知。

1925—1935

1898—1976

阿尔瓦·阿尔托

第 3 小节
具有划时代意义的结构和技法

笔者深刻感受到没有比建筑家更加全能的人了。美国设计师弗兰克·劳埃德·赖特和英国建筑设计师查尔斯·马金托什正是如此，阿尔托也同样是一位多才多艺的大师。他作为一位建筑师留下了大量的名作，此外作为画家也留下了许多绝佳的画作。即使他们没有选择当建筑师，作为画家肯定也会大放异彩。此外，在家具设计领域也相继发布了留名千古的佳作，他们当真是才华横溢的天才。

阿尔托在家具领域也创造出了具有划时代意义的结构和技法。此外在第 2 小节中介绍过的，从帕伊米奥的疗养院的椅子可以看出，胶合板制成的大曲面座位部分是当时独一无二的设计。由在此介绍的凳子腿部可见，『锯齿状』的设计也是十分有趣的创意。这里仅在弯曲部分的木纹上平行地加入锯齿状设计，仅使弯曲的部分呈胶合板状。其他部分用胶合板材料将腿部组合成『Y 形腿』或组合成扇形的『X 形腿』等，再与类似意大利面一样细长的木棒相接，设计出了几款别具一格的作品。

此图作品与上一小节介绍的带有翼背的『悬臂椅』非常相似，扶手和腿部使用的是未加工的原木。

1935—1936

1934 年设计，两年后竣工的赫尔辛基的阿尔托自己的工作室里，在二楼的露台上放置了这把躺椅。这把藤制的椅子随后又被设计了好几把，这把椅子也许是其中年份最为久远的一件。

1935—1936

此图作品是否有实物模型目前尚未可知，设计上与第三行的躺椅之间有着一定的联系。

1938

左图作品为原作，由棉织带和皮带编制而成。本图作品现在也已上市销售，材质为棉织带，可以与 A 图进行比较。

1937

此图作品为『扶手椅 39 号』，于巴黎世界博览会上第一次展出，并引起热议，是一款长靠椅。座位整体附有软垫。

1936—1937

玛丽亚·古里奇森夫妇既能理解阿尔托的作品，同时也是阿尔托的家具制作公司阿尔泰克的投资者，阿尔托为他们设计了著名的玛丽亚别墅。此图就是目前仍使用于别墅内的花园椅。

1938—1939

此图作品是与右图作品一同设计的花园椅，使用于阿尔托自己家中。

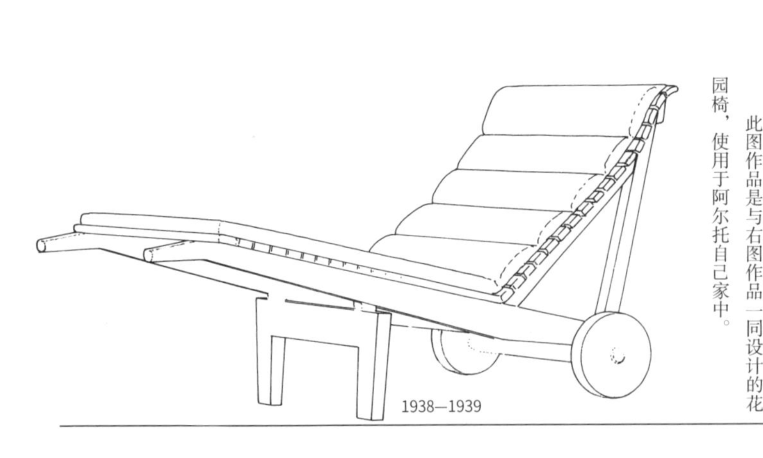

1938—1939

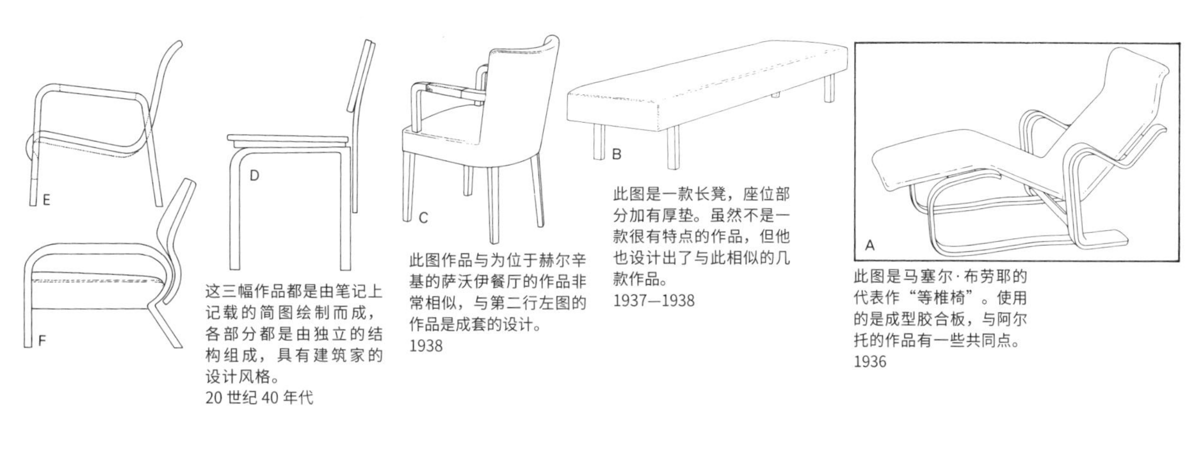

这三幅作品都是由笔记上记载的简图绘制而成，各部分都是由独立的结构组成，具有建筑家的设计风格。
20 世纪 40 年代

此图作品与为位于赫尔辛基的萨沃伊餐厅的作品非常相似，与第二行左图的作品是成套的设计。
1938

此图是一款长凳，座位部分加有厚垫。虽然不是一款很有特点的作品，但他也设计出了与此相似的几款作品。
1937—1938

此图是马塞尔·布劳耶的代表作“等椎椅”。使用的是成型胶合板，与阿尔托的作品有一些共同点。
1936

此图作品为『扶手椅406号』，是商品编号为31的衍生作品。由皮带和藤条编制而成，这两点使背部的曲线稍有细微的变化。
1938—1939
1938—1939

此图作品是为哪座建筑物设计目前尚未可知，与此后赫尔辛基萨沃伊餐厅的餐椅的设计非常相似。
1938

此图是一把藤制扶手椅，放置于玛丽亚别墅的温室当中。此空间使人感受到日式房屋特有的感觉。
1937—1938

此图作品与右图一样放置于玛丽亚别墅的温室当中，也许是成套的设计。
1937—1938

此图作品与左图非常相似，也放置于玛丽亚别墅的温室当中。
1937—1938

此图作品也位于玛丽亚别墅中，放置于客厅。
1937—1938

此图作品也位于玛丽亚别墅中，与客厅中的沙发属于成套的设计，表面材料为白色织布。
1937—1939

此图为两把凳子。上面这把采用的是『锯齿Y形』组合的结构，现在也在上市销售，左图这把用藤条制成，目前已经停产。
1898
1946—1947

此图作品为『第612号』。椅子前腿的Y形部分为锯齿Y形腿，是一把可堆叠的椅子。
1946—1947

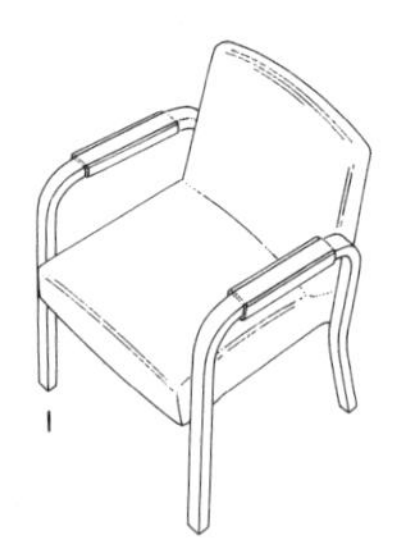

此图与第三行右图作品同为“扶手椅 46 号”，但为了让扶手宽度更宽，采用的是铺有木板的设计，而不是藤条。
1946—1947

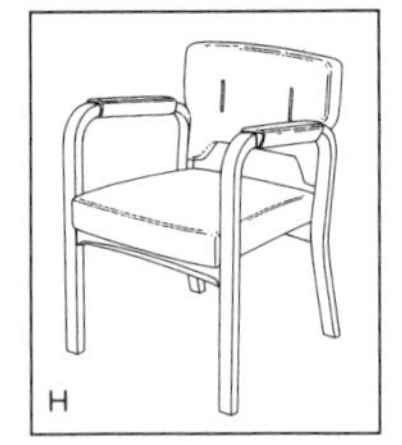

此图是玛雅·海克金海默设计的作品，与阿尔托设计的系列非常相似。
设计年份不详

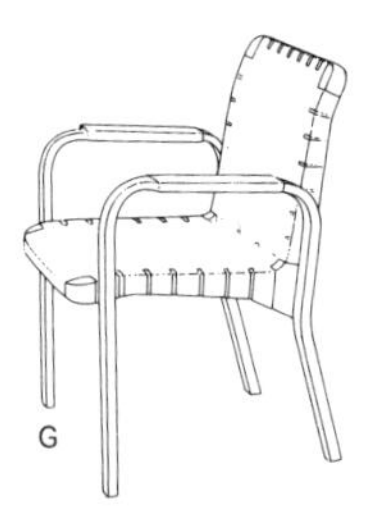

此图作品为“扶手椅 45 号”，由皮带制成，目前家具制作公司阿尔泰克也在销售。
1946—1947

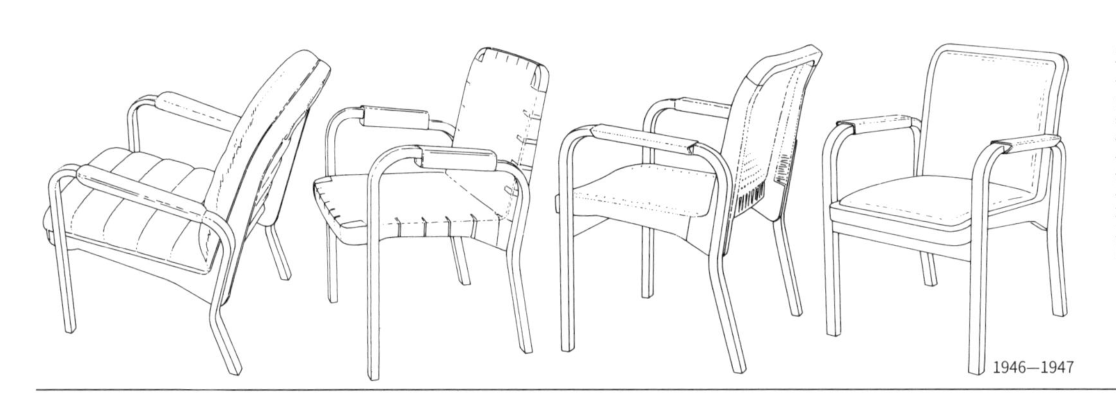

1946—1947

此图作品均为『扶手椅45号』，都属于同一系列，但细节上有些不同。各作品设计的年份也许也有不同。

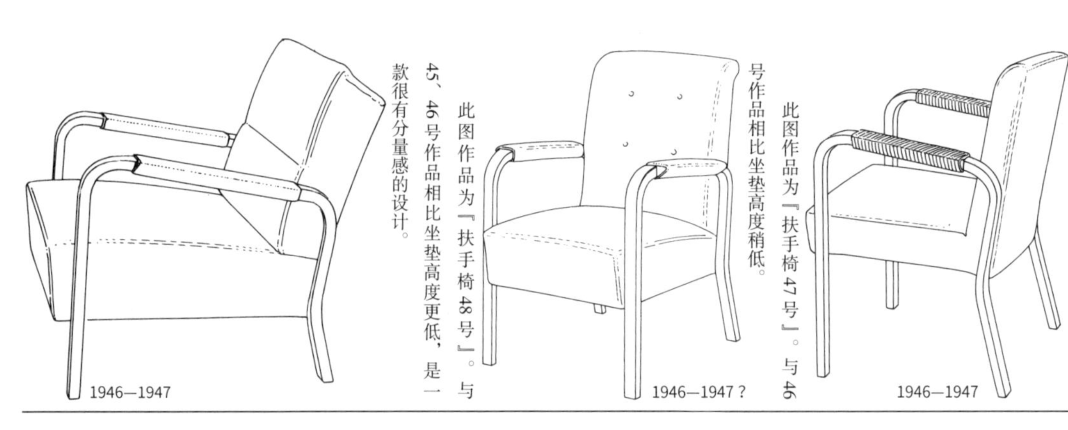

此图作品为『扶手椅46号』。与45号作品非常相似，但座位框架的设计和背部的角度等有所不同，坐垫部分还被加厚。
1946—1947

此图作品为『扶手椅47号』。与46号作品相比坐垫高度稍低。
1946—1947？

此图作品为『扶手椅48号』。与45、46号作品相比坐垫高度更低，是一款很有分量感的设计。
1946—1947

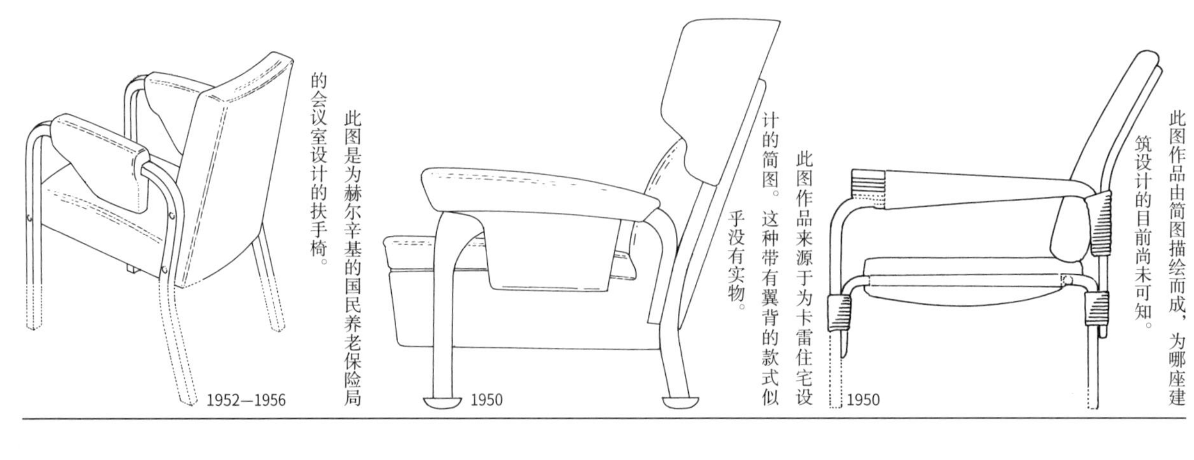

此图作品由简图描绘而成，为哪座建筑设计的目前尚未可知。
1950

此图作品来源于为卡雷住宅设计的简图。这种带有翼背的款式似乎没有实物。
1950

此图是为赫尔辛基的国民养老保险局的会议室设计的扶手椅。
1952—1956

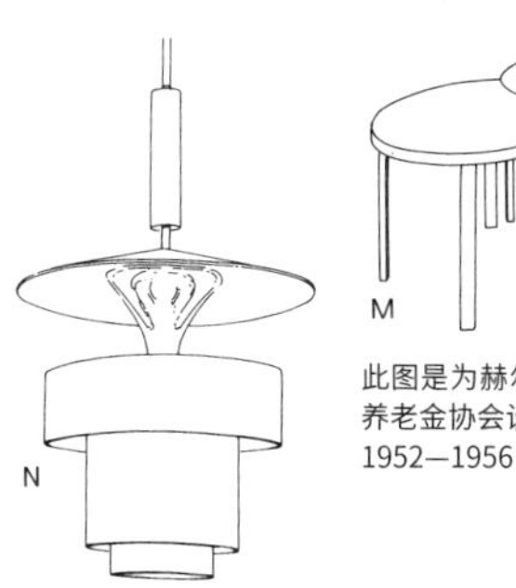

此图作品与右图一样，是为赫尔辛基的国际养老金协会设计的照明灯具。
1952—1956

此图是为赫尔辛基的国际养老金协会设计的桌子。
1952—1956

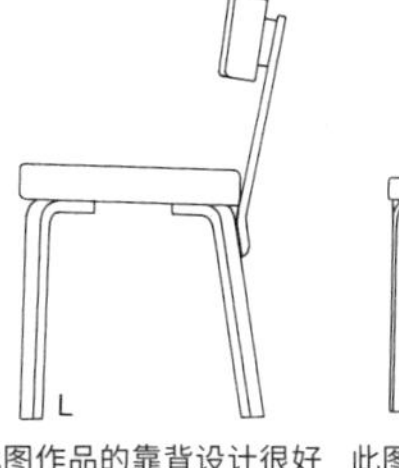

此图作品的靠背设计很好地利用了胶合板的弹性。使用于麻省理工学院的学生宿舍中。
1947

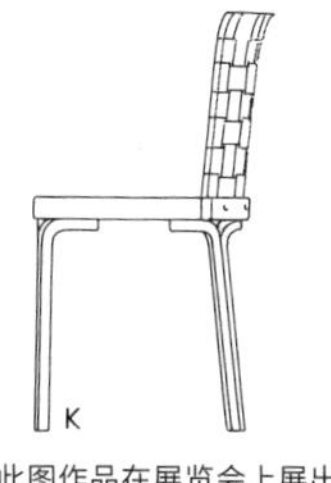

此图作品在展览会上展出过，但是是否有上市销售目前尚未可知，腿部为Y形腿组合设计，背部由棉织带制成。
1947

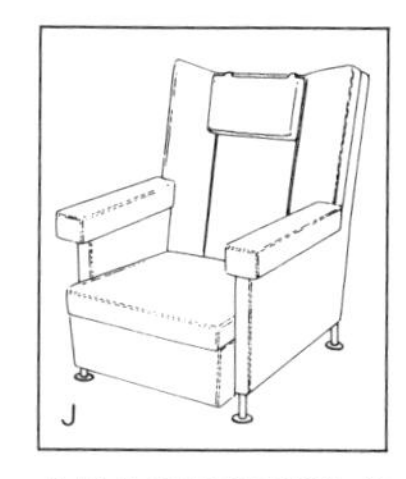

此图作品来源于玛雅·海克金海默的简图，与卡雷住宅中的作品有共同之处。
1950

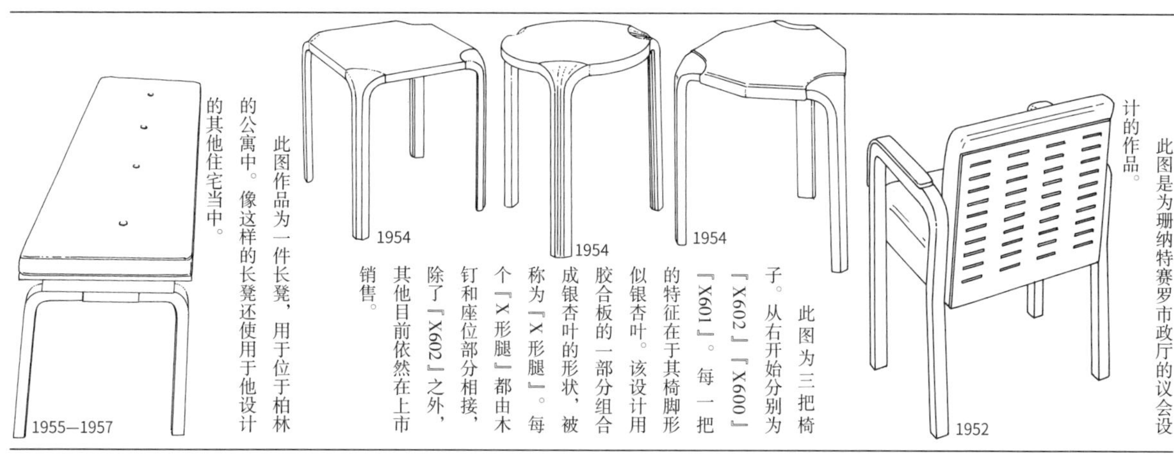

此图是为珊纳特赛罗市政厅的议会设计的作品。

此图为三把椅子。从右开始分别为『X602』『X600』『X601』。每一把的特征在于其椅脚形似银杏叶。该设计用胶合板的一部分组合成银杏叶的形状，被称为『X形腿』。每个『X形腿』都由木钉和座位部分相接，除了『X602』之外，其他目前依然在上市销售。

此图作品为一件长凳，用于位于柏林的公寓中。像这样的长凳还使用于他设计的其他住宅当中。

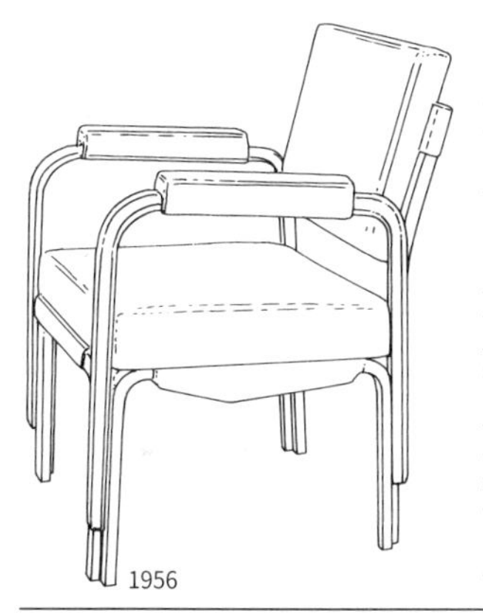
1956

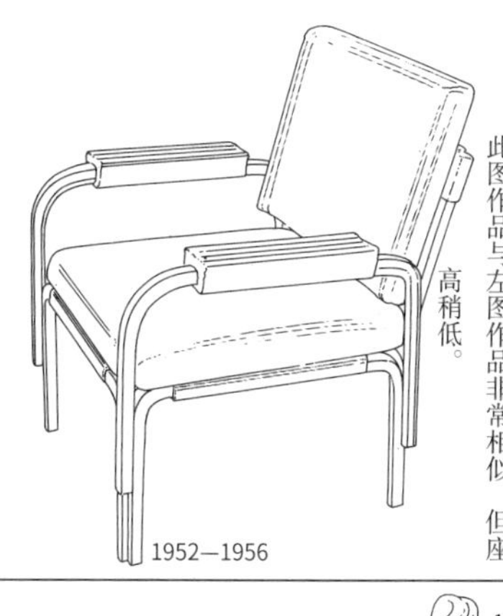
1952—1956

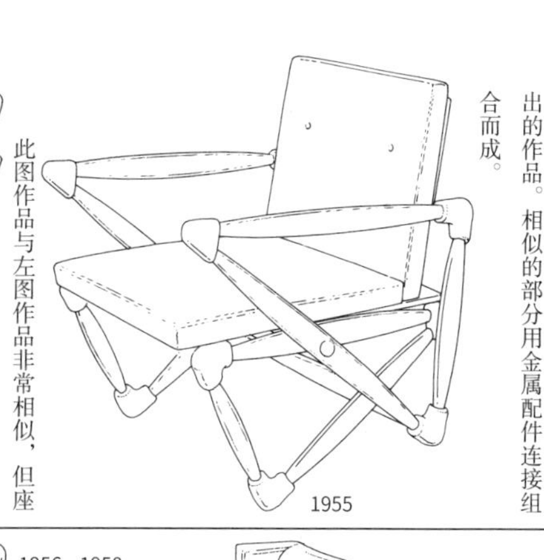
1955

此图是在赫尔辛基博格的展示会上展出的作品。相似的部分用金属配件连接组合而成。

此图作品与左图作品非常相似，但座高稍低。

此图是为赫尔辛基的国际养老金协会设计的作品，由各个单独的部分组合而成。

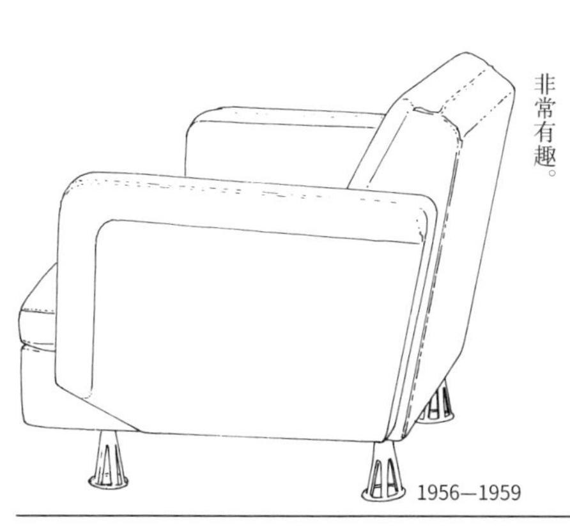
1956—1959

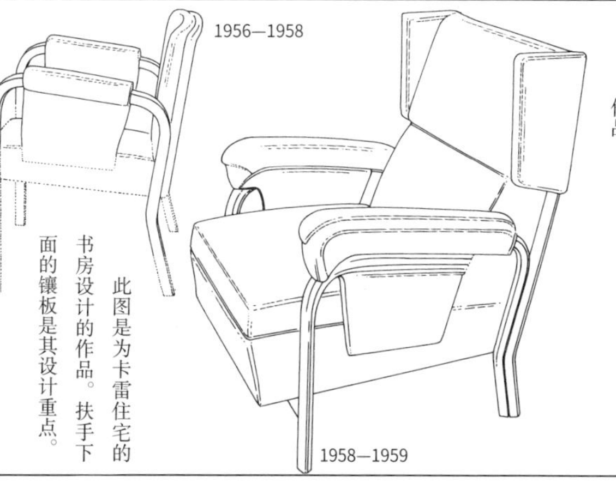

此图作品也使用于卡雷住宅中。放置于客厅，是一款带有翼背的舒适性很强的作品。

此图是为卡雷住宅的书房设计的作品。扶手下面的镶板是其设计重点。

此图作品也放置于卡雷住宅，是为他的客厅所设计，使用于腿部底端的金属物非常有趣。

1899—1986

马特·斯坦

第1小节
悬臂结构

马特·斯坦的本名为马提努斯·阿德里亚努斯·斯坦。他所设计的『悬臂椅』（悬臂式，也称为升出式结构）奠定了他在设计史上不可动摇的地位。他的人生经历将在下一小节进行介绍，此处将详细介绍使他一举成名的悬臂结构。

这种结构本身已经在1851年《维也纳家具》杂志上刊登过木制版本，也有相同的钢制的摇椅作品。但使用钢管是斯坦在作品中首次提出的。1922年美国设计师哈利·诺兰德首次提出未加工的圆钢管具有可弯折的弹性。在此介绍斯坦最初的作品的结构都由钢管制成，并为大众所熟知。1926年此想法首先由马特·斯坦提出，在斯图加特举办的白院聚落住宅展的准备期间，他在密斯·凡·德·罗和海茨茵兄弟之前发表了这个想法。这种弹性更高的结构与密斯的『MR椅』在该展会上展出。因为马塞尔·布劳耶也发表过与斯坦的『B-32』结构相同的作品，所以斯坦为此还对他提起诉讼。但是，布劳耶坚称自己的作品是将逆U形的钢管制的凳子横着放就产生了这样一种造型，拒绝了这一起诉。结果这一问题成为最初使用钢管的马塞

1926

此图为『悬臂椅』的原型，使其一举成名，并奠定了他在设计史上不可动摇的地位。利用天然气管相接而成的结构凸显了独一无二的特点，密斯发现了这一特点，指出了接头处金属配件很不美观这一问题，而后便发布了著名的『MR餐厅椅』。包豪斯学校的影响力之大波及全世界，而在日本，是由一家大阪的天然气分公司初次偶然制作出了钢管制椅子。也许是因为其与天然气管有相同之处。

1927

这件模型属于试验阶段，由于承重强度不够而被破坏，之后加入了增强承重能力的铁棒，在弯曲后制作而成。

1927

此图作品是用右图模型的椅背和座位的薄板制作而成。

1927

此图是由天然气管制作的原型绘制而成的三视图。与上一行中间、左边的作品不同，没有加入横梁，也没有出现增强承重能力用的铁棒。

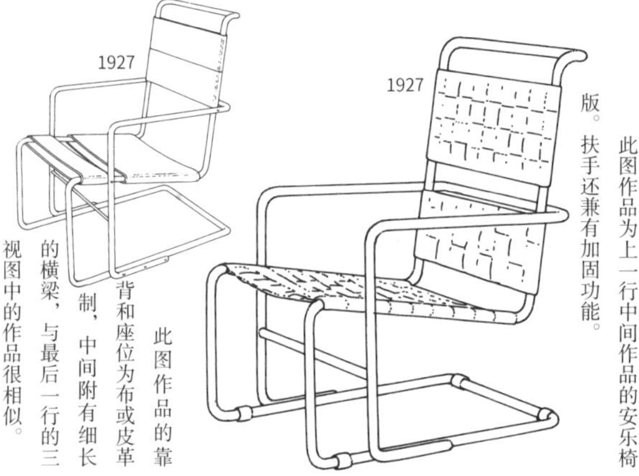

1927

此图作品为上一行中间作品的安乐椅版。扶手还兼有加固功能。

1927

此图作品的靠背和座位为布或皮革制，中间附有细长的横梁，与最后一行的三视图中的作品很相似。

此图与上一行右边的三视图同时绘制，与上一行左图的作品非常相似，但最大的不同在于两边侧面的部分没有弯曲，上下有两根细细的横梁贯于中间，侧面剪影非常相似，使用弯折钢管这一工艺是最大的不同点。

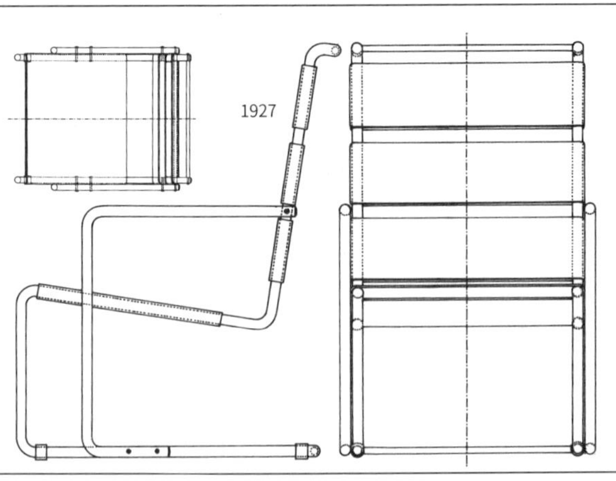

1927

此图作品将软垫与钢管结合在一起，设计十分罕见。座位部分的角度可以调节。

1927

尔·布劳耶和将钢管应用于悬臂造型的马特·斯坦之间一道深深的隔阂。

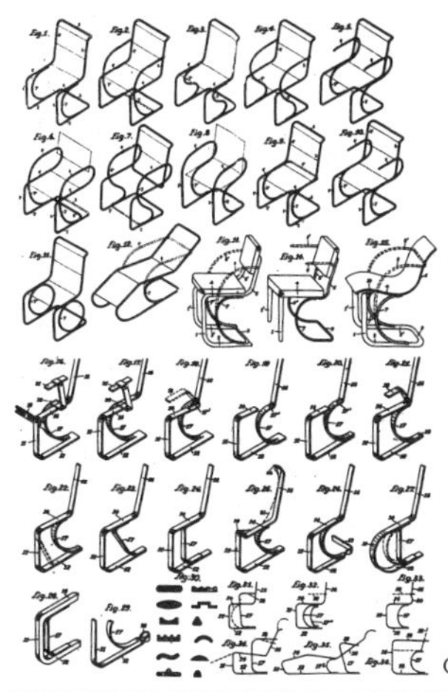

此图是设计师马塞尔·布劳耶申请的实用新型专利的简图。专利号 DRP-170986。在安东·洛伦兹和马特·斯坦的作品发布四年之后提出。在整理好插图之后，绘制出正确的版本。
1933

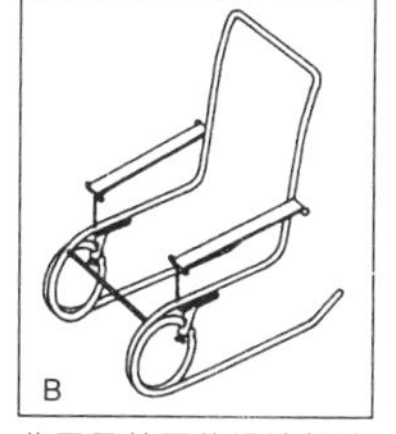

此图是美国的设计师哈利·诺兰德申请了专利的一款悬臂结构作品。专利号 NO.1491918。
1922

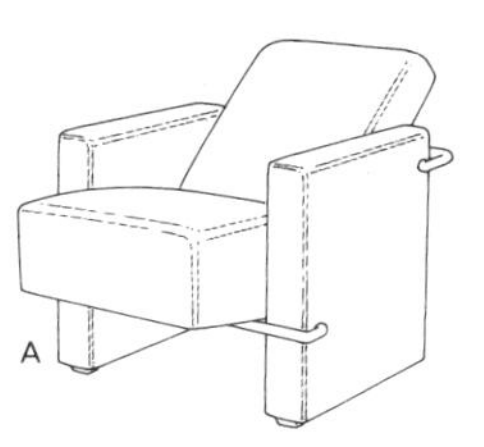

此图与上一页最后一行左图为同一作品。这款靠背可以大幅度倾斜，座位可以向前滑动。
1927

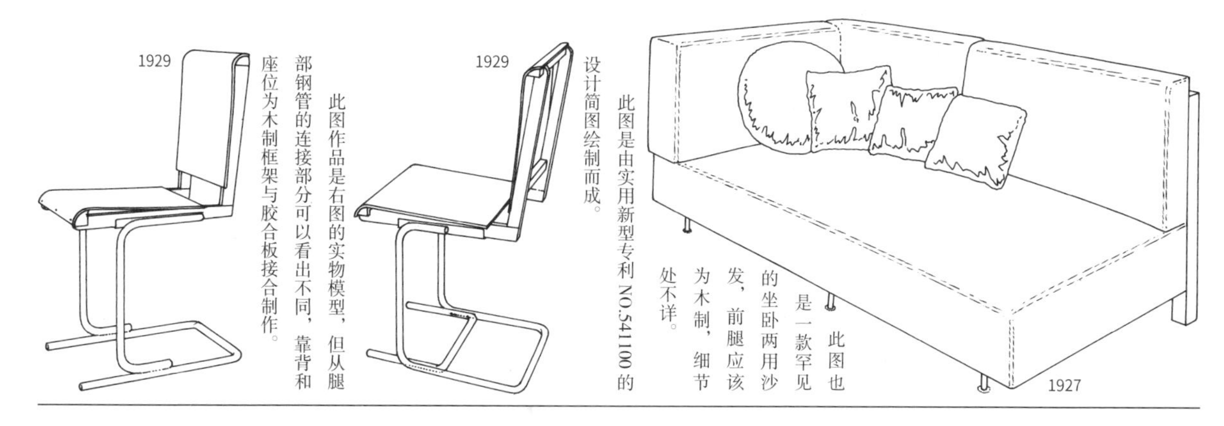

1929

此图作品是右图的实物模型，但从腿部钢管的连接部分可以看出不同，靠背和座位为木制框架与胶合板接合制作。

1929

此图是由实用新型专利 NO.541100 的设计简图绘制而成。

此图也是一款罕见的坐卧两用沙发，前腿应该为木制，细节处不详。

1927

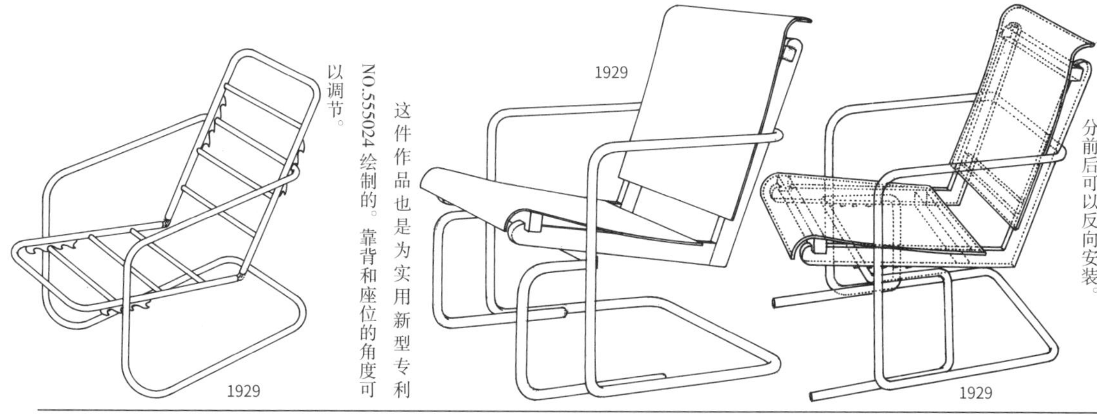

1929

这件作品也是为实用新型专利 NO.555024 绘制的。靠背和座位的角度可以调节。

1929

1929

此图的两把椅子与上一行中间和左图的作品属于同一系列，右图为实用新型专利作品，目前左图模型已投产，前腿部分前后可以反向安装。

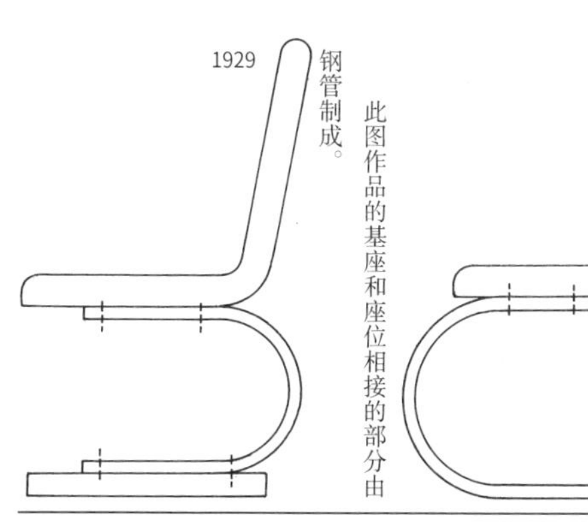

1929

此图作品的基座和座位相接的部分由钢管制成。

1929

因为只有侧面的简图，所以横梁和两侧连接处结构不详，与阿尔托的设计结构非常相似。

1929

自从布劳耶设计构思出钢管制的家具之后，又相继设计了各式各样的钢管制家具，但同时关于这个结构的实用新型专利也产生了一些问题。在此介绍的一系列作品都是安东·洛伦兹和斯坦申请的。编号为 DRGM.No.1185994。其简图在 G 图中展示。接下来将介绍 1~24 号，弯折成环状的腿部由座位固定。

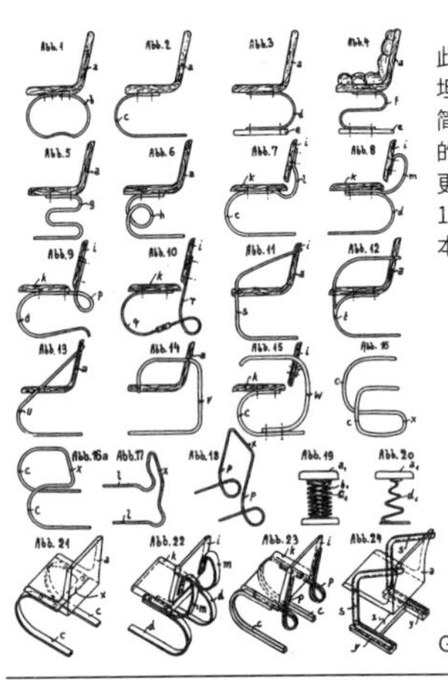

此图为安东·洛伦兹和斯坦设计的实用新型专利的简图。与马塞尔·布劳耶的作品简图相比绘图方式更加复杂。
1929（与C图出自同一本书）

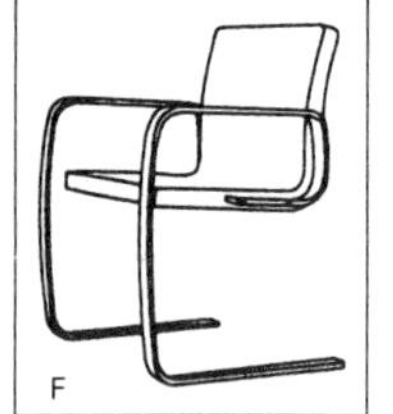

此图为一把“悬臂椅”，座位悬于空中，美感十足，是由丹麦设计师保罗·克耶霍尔姆设计的作品。因为没有设计横梁，两侧非常脆弱，只在一小段时期生产，后来停产。
1974

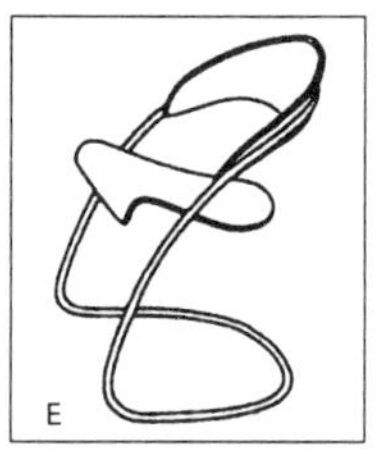

此图为汉斯·勒克哈特（德国，1890—1954）设计“悬臂椅”。达美公司制作。
1931

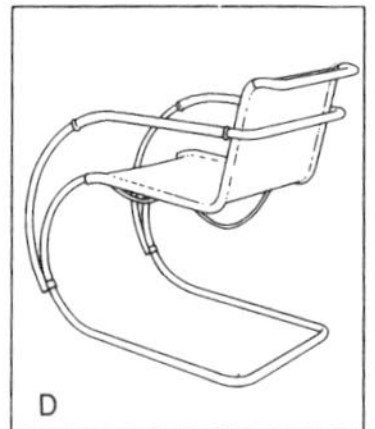

此图为密斯·凡·德·罗的名为“威森霍夫椅”的作品。属于“MR椅”系列。
1927

此图作品与左图两幅作品的结构非常相似，但右图基底部分是独立的，这些作品用相同的弯折方法将钢管延伸到扶手处，均由索耐特公司制作并上市销售。

1929

1929

这种基底的设计方式与曲别针的弯折方法相同，别具一格，请参照B图。

1929

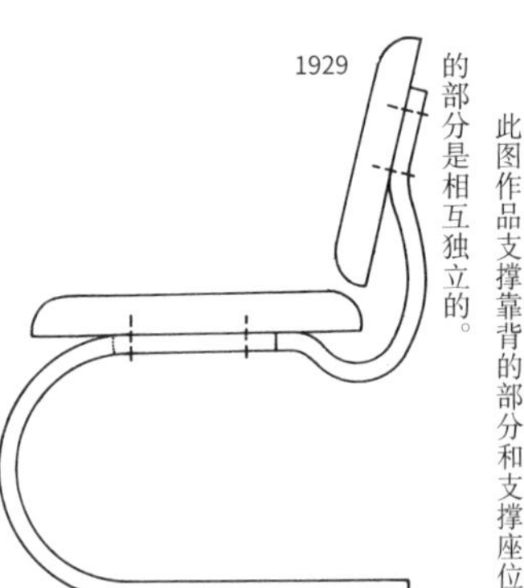

此图作品支撑靠背的部分和支撑座位的部分是相互独立的。

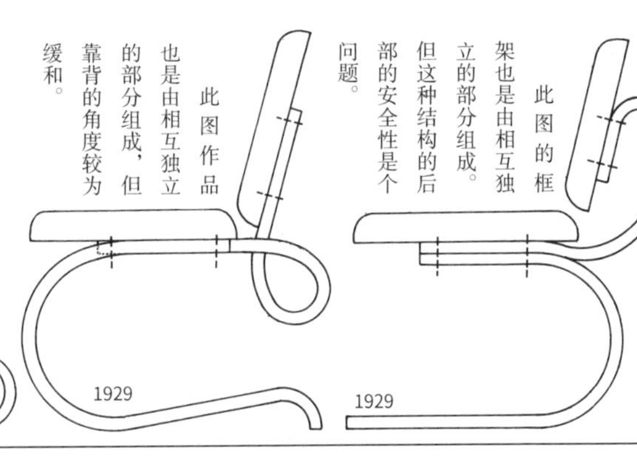

此图的框架也是由相互独立的部分组成。但这种结构的后部的安全性是个问题。

此图作品也是由相互独立的部分组成，但靠背的角度较为缓和。

1929

此图也是由相互独立的部分组成，但与右图作品相比，靠背的角度更加缓和。

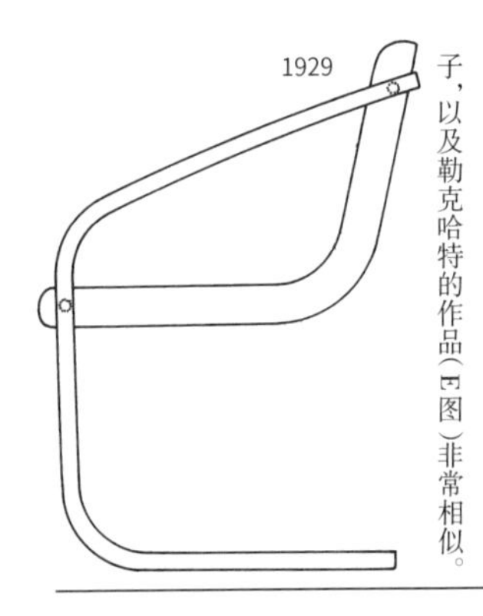

此图作品的结构与密斯的布尔诺椅子，以及勒克哈特的作品（E图）非常相似。

1929

此图作品与密斯的『MR椅』的扶手款非常相似（D图），但是密斯的作品框架全部为钢管制，是一件活泼感十足的作品。

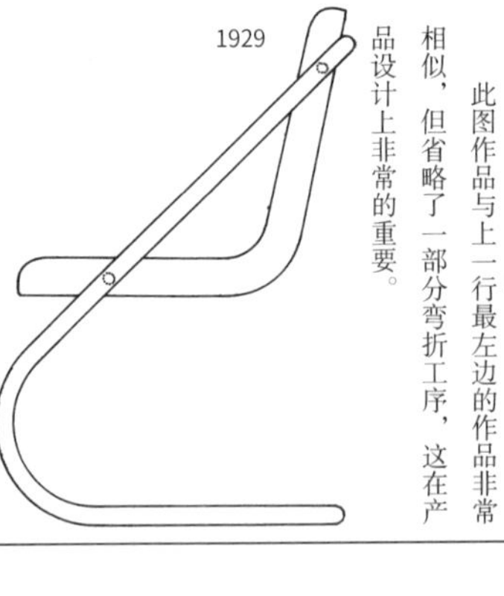

此图作品与上一行最左边的作品非常相似，但省略了一部分弯折工序，这在产品设计上非常的重要。

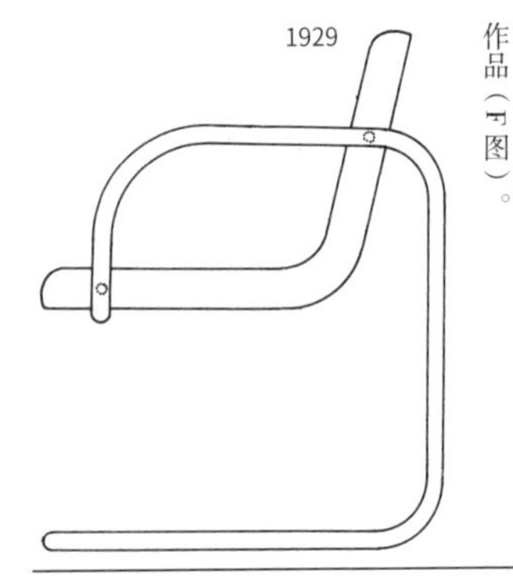

此图作品为座位部分悬于空中的结构，是一款典型的悬臂构造，椅腿前后相反。丹麦设计师保罗·克耶霍尔姆也有此作品（F图）。

芬兰建筑师阿尔托设计的悬臂椅，由钢管材料及胶合板座椅组合而成。
1930

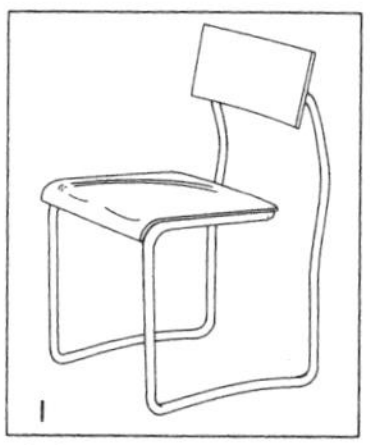

意大利设计师朱赛佩·特拉尼设计的悬臂椅。该作品有四根椅腿，椅背和椅面都悬在空中。
1936

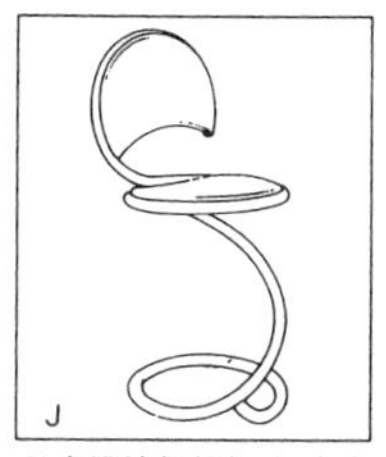

丹麦设计师保尔·汉宁森因PH灯等作品闻名于世，这是其创作的钢琴凳，他还为之设计了一架相配套的三角钢琴。
1932

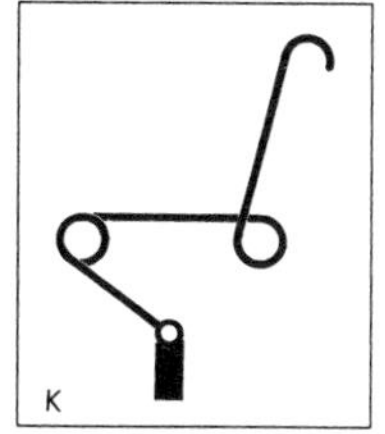

丹麦的哥本哈根每年秋季都会举办一次家具作品展（SE展），由家具设计师及制造商共同参展。这是丹麦设计师埃里克·科尔为该作品展所设计的作品，其灵感来源可能是安全别针。
1987

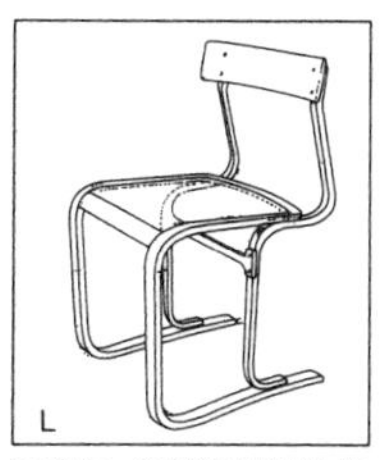

马塞尔·布劳耶设计的作品，采用了铝制材料。图为扁钢制造的模型。
1932—1933

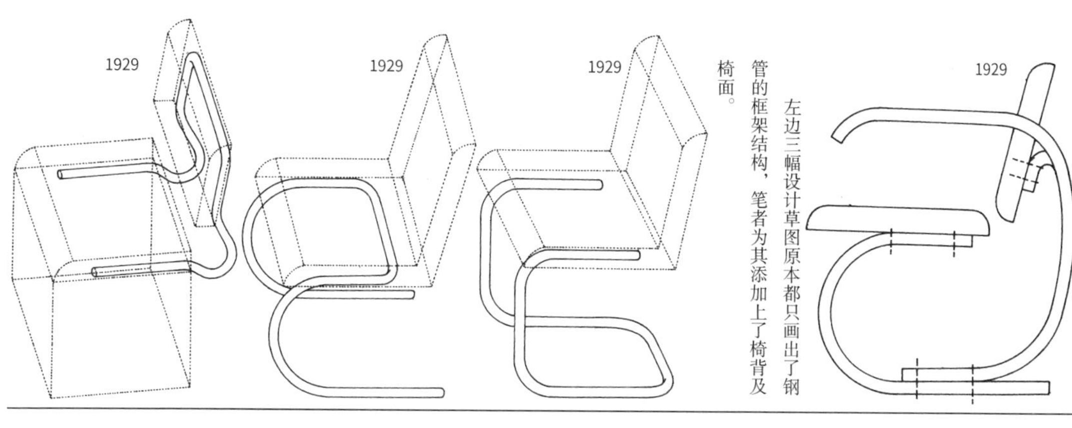

该作品也是由两部分零件所组成。椅背及椅面都悬在空中，I图的作品原理与之相近。

左边三幅设计草图原本都只画出了钢管的框架结构，笔者为其添加上了椅背及椅面。

1929

该作品也只画了框架，笔者为其增添了椅背及椅面。这件作品是丹麦设计师埃里克·科尔的作品，该作品的钢管结构中加入了环状设计（K图）。

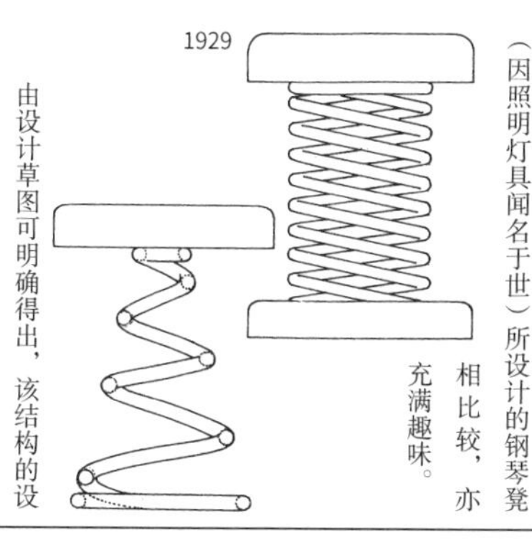

左边两幅图的作品采用了螺旋式钢管结构，弹簧单高跷玩具以及木马跷跷板等也使用了这一结构。虽然可能构思不尽一致，但若将其与丹麦设计师保尔·汉宁森（因照明灯具闻名于世）所设计的钢琴凳相比较，亦充满趣味。

1929

由设计草图可明确得出，该结构的设计是以使用扁钢材料为前提的。

1929

该作品也使用了扁钢。它的框架设计可以说与上一页第三行最右侧的作品是相同的。而从衔接部位的设计来看，这件作品更为合理，结构强度也更高。

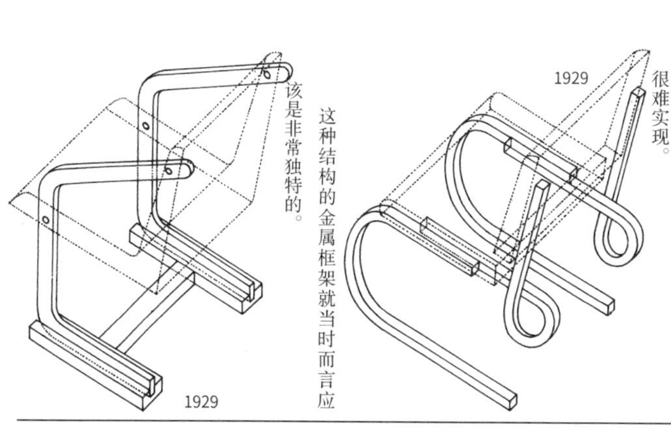

这一作品同样也使用了扁钢。它的设计与上一页第三行右数第二件作品相似，但这种环状设计在制造方法上来说很难实现。

这种结构的金属框架就当时而言应该是非常独特的。

1899—1986

马特·斯坦

第2小节
斯坦的生平

虽然他的具体生平不甚详尽，但目前可知，马特·斯坦是在1899年出生于荷兰城市皮尔默伦德。他于阿姆斯特丹的一所建筑制图学校毕业后，跟随多名建筑家学习深造，据说他与当时欧洲兴起的艺术运动也有一定关系。当时，布鲁诺·陶特出版了杂志《曙光》，以此为契机，他前往柏林，在那里为建筑家马克斯·陶特以及汉斯·珀尔齐格工作，据说他与俄国建筑家埃尔·李西茨基也有往来。

此后，他前往瑞士从事建筑工作。20世纪20年代末期加入了位于德国斯图加特的德意志制造联盟，还成为当时在瑞士刚成立的国际现代建筑协会（CIAM）的创始成员。这一时期，马特·斯坦开始活跃于国际舞台。而后，他成为了德国德绍的包豪斯学校的客座讲师，并发表了使之一举成名的悬臂椅结构设计。1930年之后的四年间，他在俄国从事城市规划工作，之后回国，与妻子一同以自由建筑师的身份投身于公共事业建设。之后他出任了阿姆斯特丹应用艺术工艺研究所所长并成为修特·博耐研究所的创始成员，还担任了当时东德国立造型应用艺术学校的校长。此外，他还担任了某平面设计杂志的编辑，

该图是根据安东·洛伦兹及马特·斯坦的『DRP-53312号』实用新型专利中所绘制的设计草图绘制的，设计方面采用了扁钢，左图所示模型与密斯所设计的布鲁诺椅十分相似。

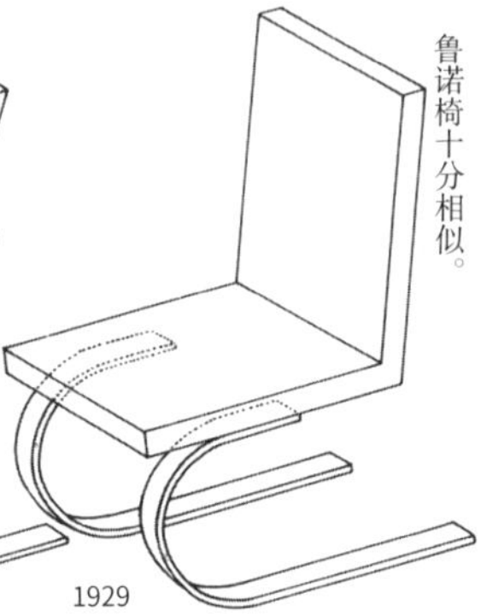

1929

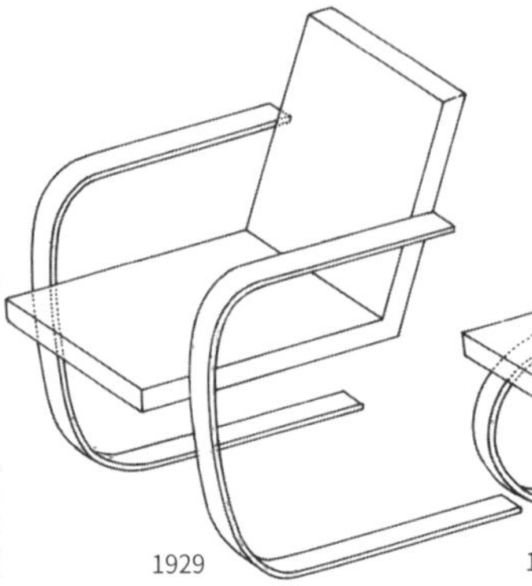

1929

该作品也是『DRP-533284』号实用新型专利设计草图中的作品，但后两件作品都是出自马特·斯坦之手。

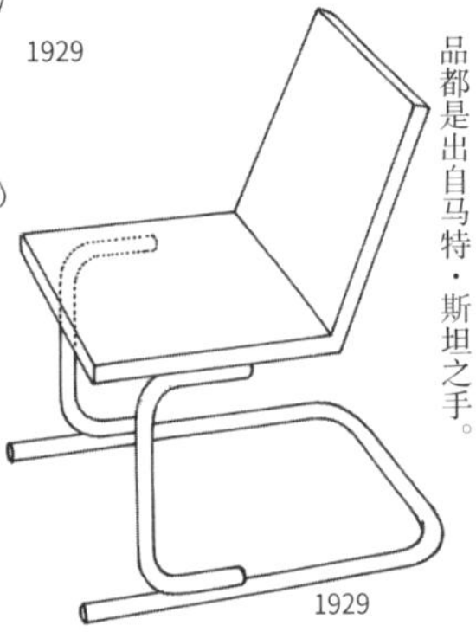

1929

该图中的作品是右图同系列的作品，增添了扶手，两侧扶手都仅是单纯弯曲结构的组合。

1929

该作品的构思与上一行最左边两个作品几乎相同，椅腿最前端部位的弯曲方式有所区别，图片来自『DRP-581850号』实用新型专利设计草图。

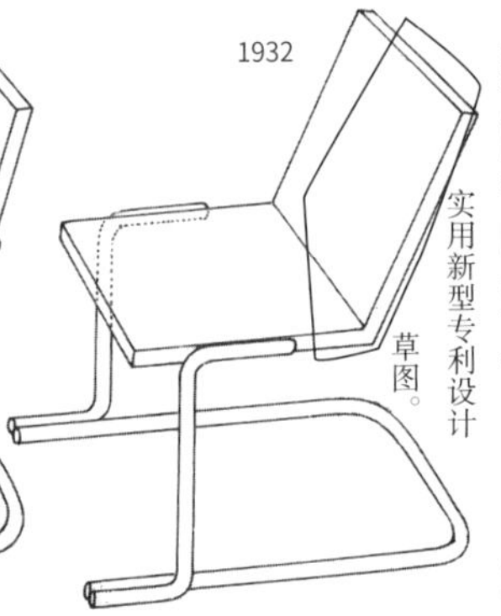

1932

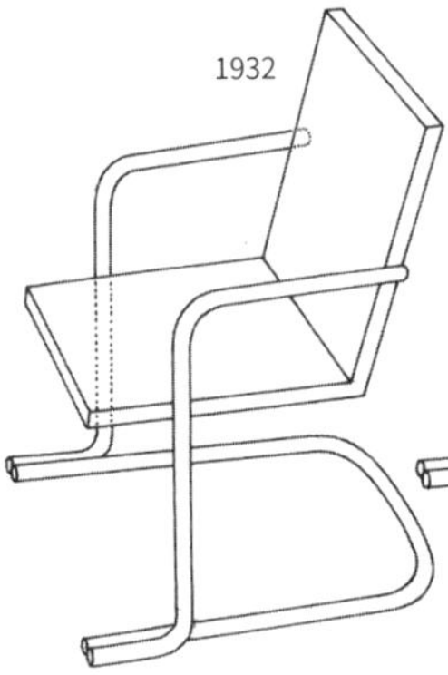

1932

右侧作品已由索耐特公司生产上市，商品编号B-43。左侧为同样采用了扁钢设计的B-43/1号产品。二者的区别在于座椅部分，左侧作品的座椅中加入了填充物。

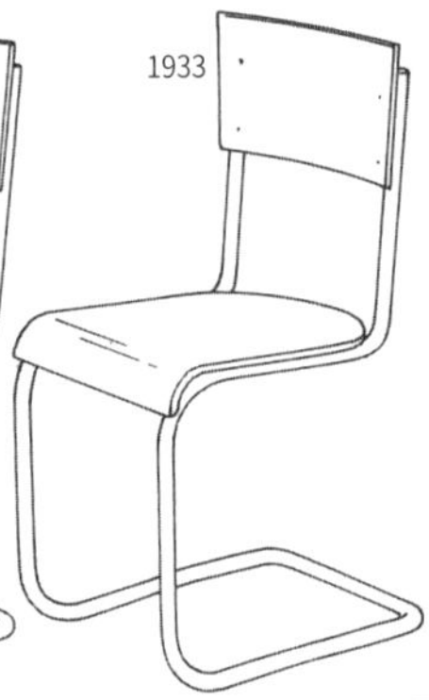

1933

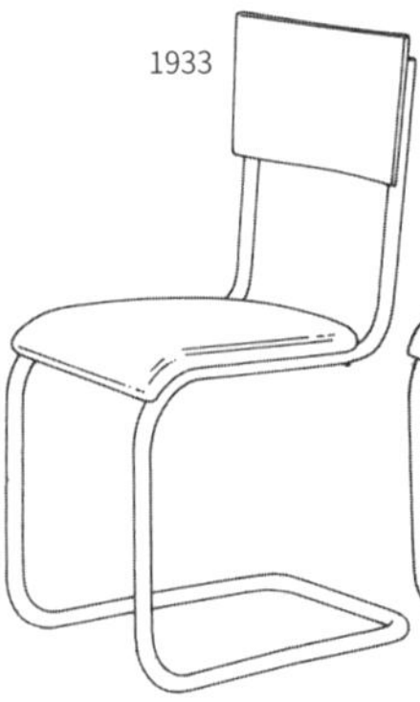

1933

图为马特·斯坦与马塞尔·布劳耶联合设计的作品，美国索耐特公司所售的产品。

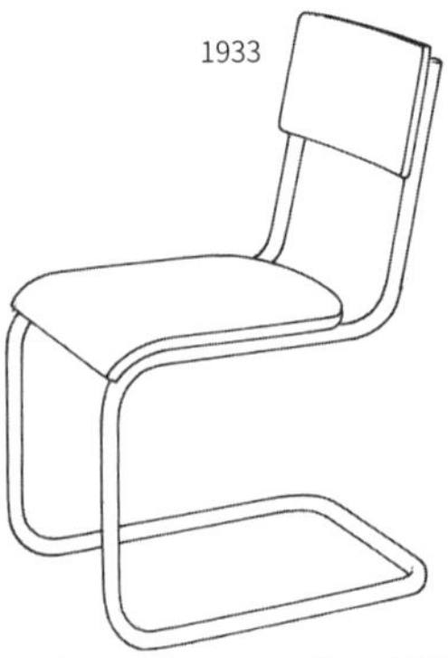

1933

商品编号为B-43/C。图中所绘椅子名为花园椅，其结构设计与上一行左侧两件作品相同。椅背及椅面似乎使用了木质材料，座椅高度高到47厘米。虽然没有发现该作品的成品模型照片，但笔者认为此作品已实现量产。

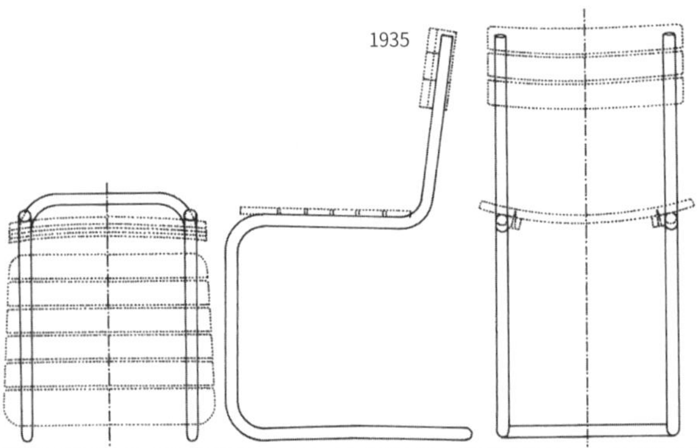

1935

不光是建筑、产品，他在其余领域一样大放异彩。1966年，他功成身退，在瑞士度过了自己的退休生活。

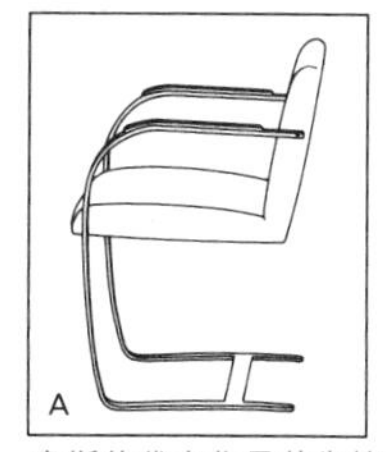

密斯的代表作是他为捷克的布鲁诺市的图根哈特别墅所设计的布鲁诺椅，该作品是扁钢材料制品的典范。
1929—1930

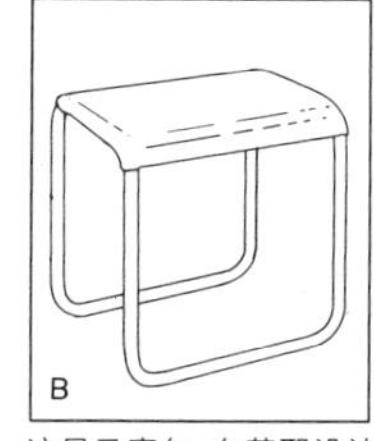

这是马塞尔·布劳耶设计的凳子。据说这个凳子横放的样子激发了他悬臂结构的设计灵感。
1926—1927

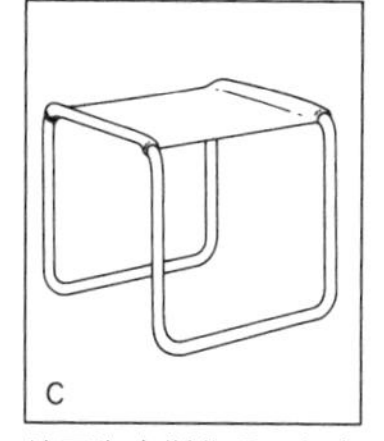

该图为密斯作品，与布劳耶的作品极为相似。
1932

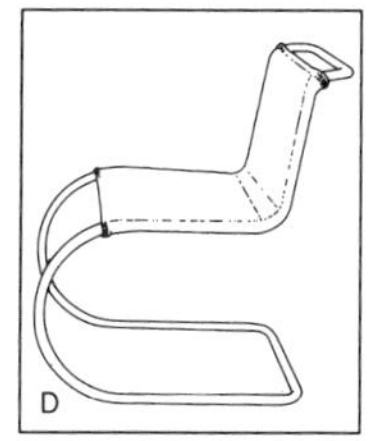

图为密斯代表作"MR椅"，是悬臂椅的典范之作。
1927

该商品编号为B-263。椅背两侧大幅度向外凸出以及椅座后部狭窄是该作品的两个特征。

1933

左边三件作品框架结构相同，从右往左分别为B-43/F、B-43/IF以及美国索耐特公司的上市产品。前两件作品出自斯坦之手，而最左边的作品是他与布劳耶合作设计的。

1933　1933　1933—1935

这两件作品也由马特·斯坦与马塞尔·布劳耶联手打造的。右侧商品编号为B-33，而左侧的作品，安东·洛伦兹设计过与之近乎相同之作，只是洛伦兹的作品中，椅子扶手部位大幅度向前弯曲。

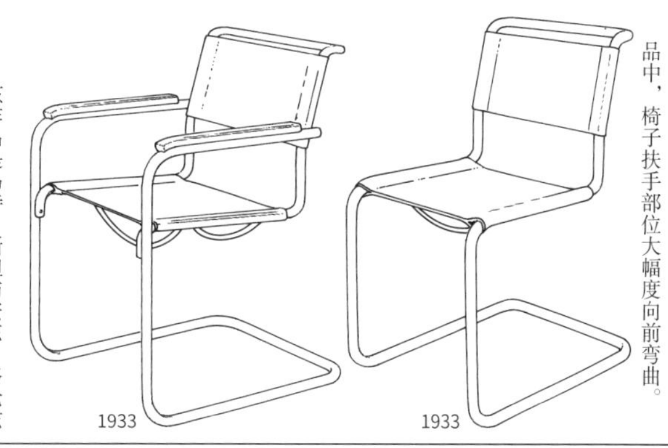

该作品是马特·斯坦与安东·洛伦兹共同设计的B-34号椅子。可以看出，在这件作品中，座椅和椅子前脚部分的衔接部分与其他作品有所区别。作品稳定性极佳，其原因可能在于椅子底座部位大幅度向后延伸的设计。

1933

该作品与前页最后一行三视图中的作品属同一系列，商品编号为B-34G。与上一行中间的作品框架结构相同，但椅面下没有横梁。

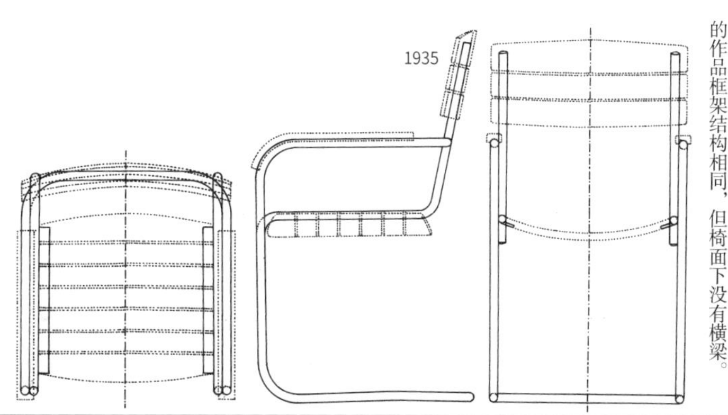

左图的两把凳子中，上方的商品编号为B-37，下方的商品编号为FH-58P。正是这一作品中凳子横放所呈现的悬臂状态激发了布劳耶的灵感，促使他设计出了悬臂结构。

1933　1933

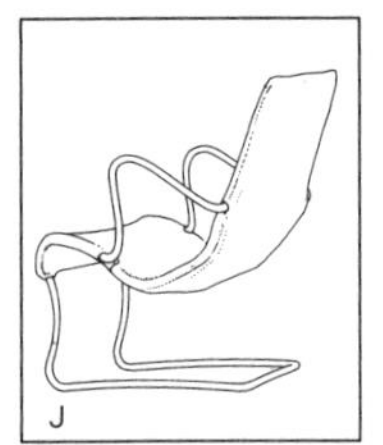

该图为瑞典设计师布鲁诺·马松之作，作品拥有极具马松特色的有机曲线设计。
1941

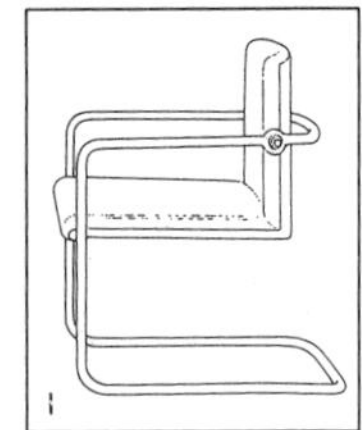

图为意大利设计师弗兰克·阿比尼的作品，其作品中的意大利风格可见一斑。
1936

该图是根据亨利·朗仕的设计草图绘制的，是为阿诺德公司所设计的作品。
1924

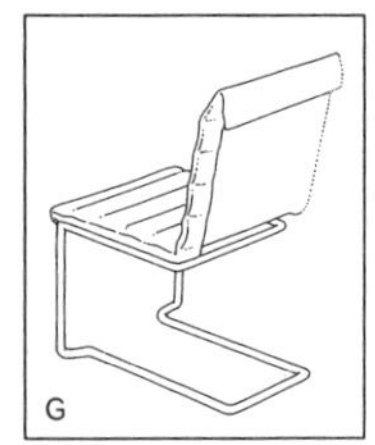

图为阿尔瓦·阿尔托之作，作品中在运用悬臂结构的同时还可以把多个椅子堆叠起来。
1930

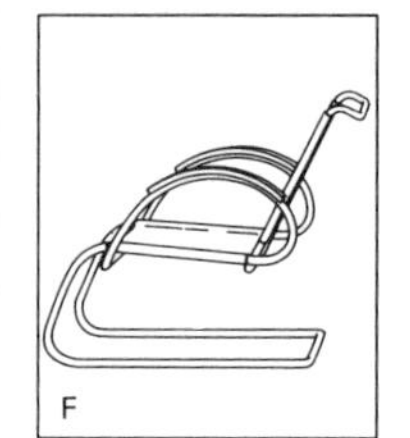

埃里希·迪克曼的悬臂结构与马特·斯坦、密斯、马塞尔·布劳耶等人的作品有着显著差异。
1933

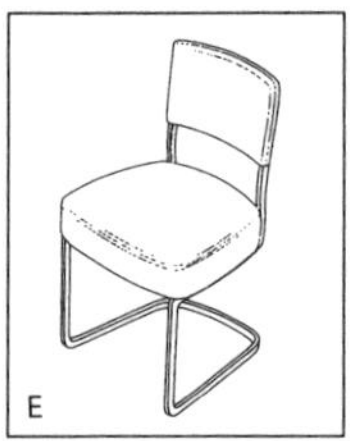

这里将介绍几个悬臂椅的例子。这件里特维尔德的作品。椅腿的钢制结构强度很高。
1934

商品编号为B-32。虽然当时索耐特公司的商品目录中只记载了马特·斯坦的名字，但图纸上则签着马特·斯坦及洛伦兹的联合署名。此外，这一图纸的解说中也记录了马特·斯坦和马塞尔·布劳耶二人的名字。似乎图纸上的署名才是正确的。

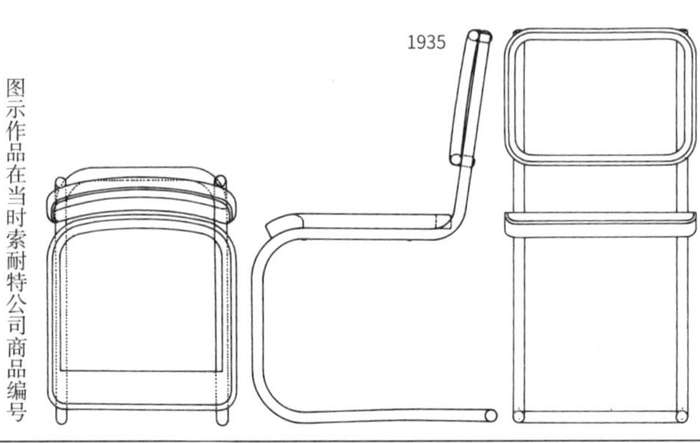
1935

图示作品在当时索耐特公司商品编号为B-32，椅背及椅面巧妙地将木制框架与藤编结构相结合，这也是马特·斯坦的代表之作。

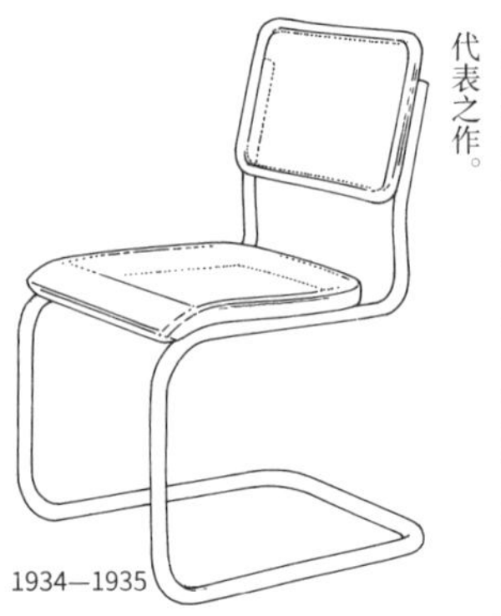
1934—1935

德国弗兰肯贝格市索耐特公司的上市产品S-32。被视为马塞尔·布劳耶之作，但其产品的设计权属于斯坦，特在此指出。

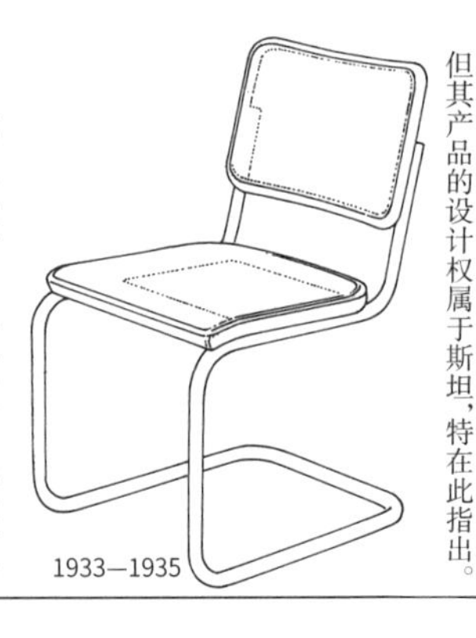
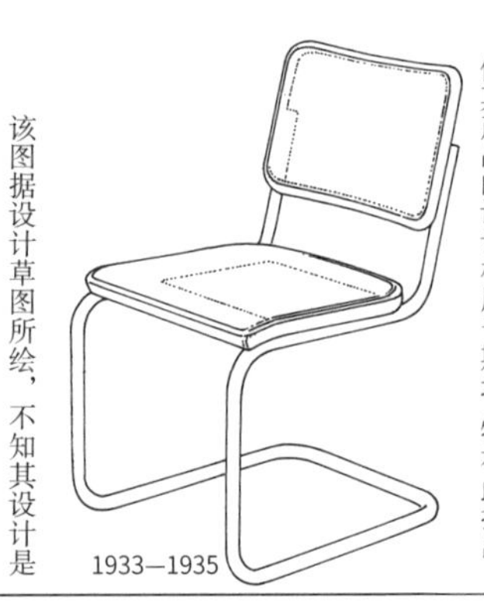
1933—1935

该图据设计草图所绘，不知其设计是出自安东·洛伦兹抑或马塞尔·布劳耶之手，但图纸上有马特·斯坦的署名。

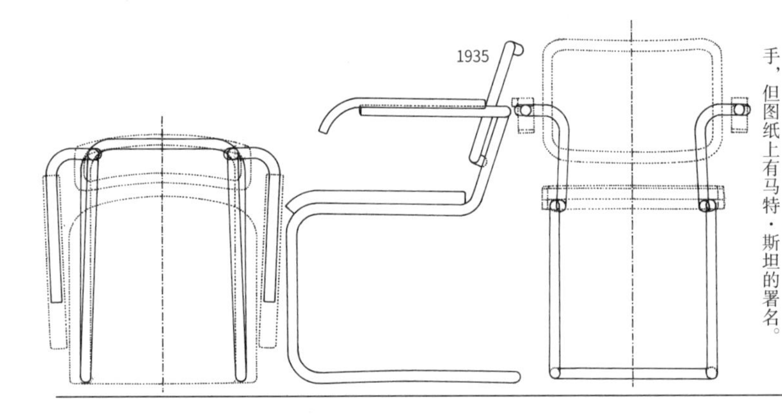
1935

图为S-64，与上一行左侧的作品相似。

1933—1935

图为斯坦于荷兰阿姆斯特丹所发表的作品，椅背支撑部分及椅腿采用了金属材料，而横梁及侧板部位则为木制。

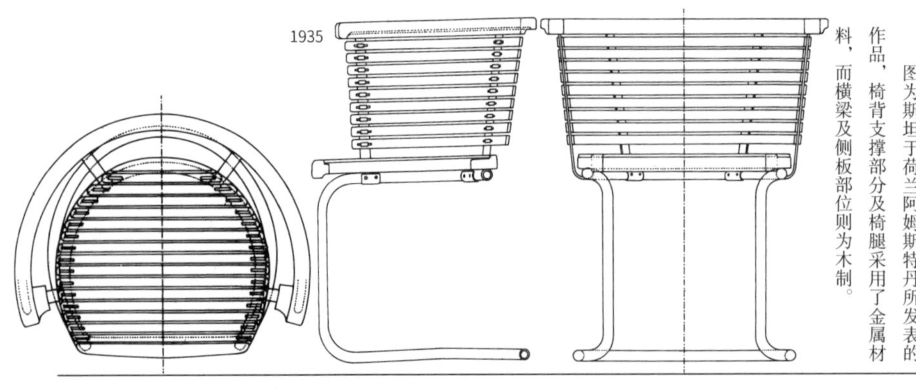
1935

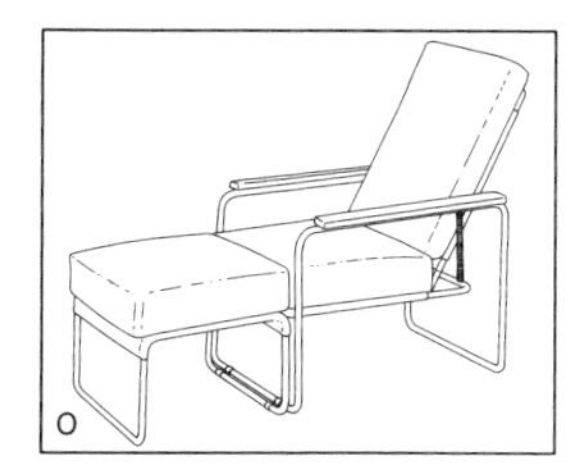

这也是马塞尔·布劳耶所设计的安乐椅，舒适度很高。
1930—1931

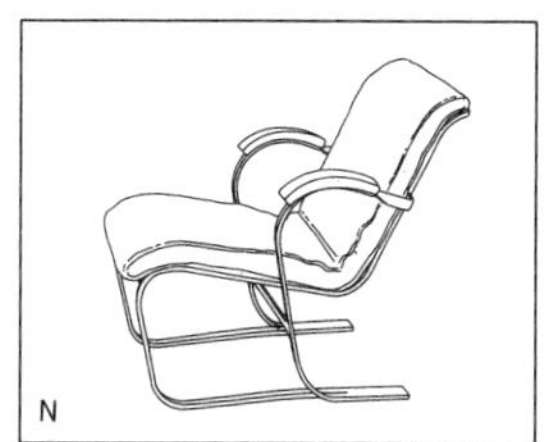

图为马塞尔·布劳耶的作品，1933 年在巴黎的设计比赛上展出，是一把使用了铝制材料的安乐椅。与斯坦的作品有所区别，是一件舒适度很高的作品。
1932—1933

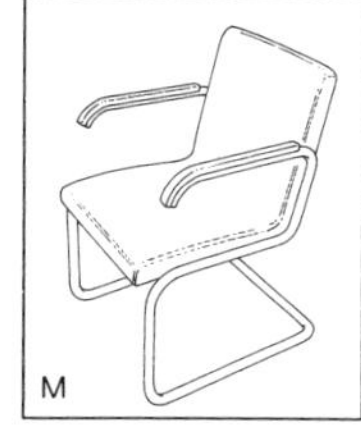

第三行最右边的作品为马特·斯坦的无扶手式设计，而该图中带扶手的设计则出自安东·洛伦兹之手。
1935

图为安东·洛伦兹的作品 B-64。其设计与右图布劳耶的作品几乎相同。
1934—1935

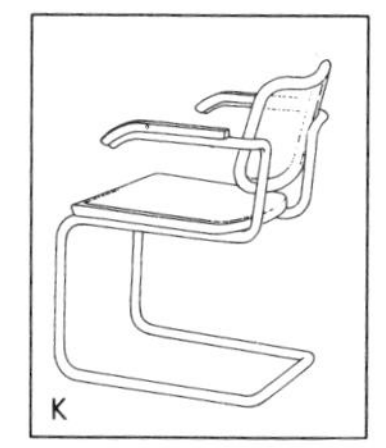

图为布劳耶的代表作“塞斯卡椅”，与他的“瓦西里椅”齐名。“塞斯卡”一名源于他的养女——弗朗塞斯卡。
1927—1928

这是根据上一页最后一行左下角作品的设计草图上的一角中的作品设计所绘制的，左边作品的侧板似乎是藤制的。

商品编号为B-85。整体框架为木制，座椅加入了填充物，设计中还加入了钢管，由索耐特公司制成。

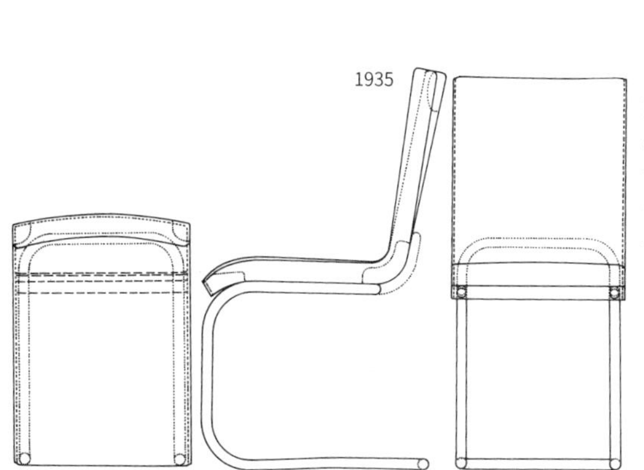

图为商品编号B-85作品的成品，由图可看出成品与产品计划阶段图纸设计的不同。

商品编号为D-150。虽然设计者为斯坦，但据说其中也有安东·洛伦兹的协助。

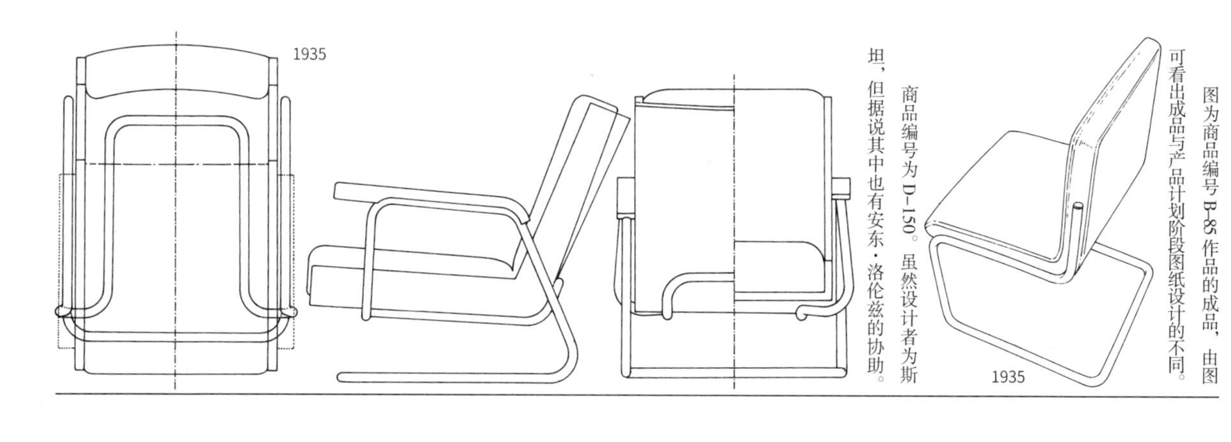

商品编号为D-151。不确定是否已有成品。

商品编号不详。椅背及椅座为木制框架，表面同为藤制。这件应该是他作品中的最后一版作品了。

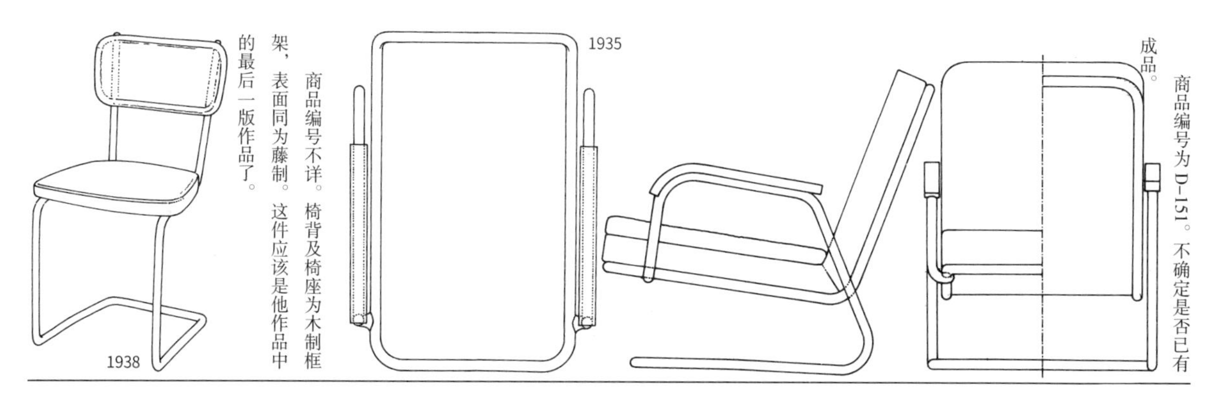

1901—1984

让·布维

第 1 小节
战前经历

让·布维（以下简称布维）1901 年 4 月 8 日出生于法国巴黎，其家庭有着显赫的艺术背景。其祖父与艾米里·加利的父亲共同从事陶艺工作，而其父维克多·布维则与艾米里·加利、路易·马若雷勒等人一同从事陶器及镶嵌工艺的设计工作。布维就在这样一个得天独厚的氛围中度过了他的少年时代。之后，1916—1921 年的这段时期，他以一名黄金工匠学徒的身份在巴黎深造，这也在很大程度上决定了他此后的人生方向。

之后，1923 年布维在法国南锡创办了一家金属工艺工作室并设计了一些近代钢制椅子。到了 20 世纪 20 年代末期，他开始为勒·柯布西耶工作，之后也曾与夏洛特·贝里安以及皮埃尔·让纳雷共事。

1929 年他成为现代艺术家联盟的创始成员。1930—1931 年成立了让·布维工作室并与罗伯特·马莱史提文斯一同从事造型设计工作。1939 年他设计了用作兵营的预制装配式房屋。战后，他所设计的金属幕墙被用于诸多建筑，他也因此闻名于世。

该作品是否为初作不得而知，但它与 20 世纪 20 年代所制成的作品并无二致。椅子为旋转式办公椅，椅背的角度调节为齿轮式，从微小的角度调节到大幅度变化均可自由实现。样品仅有一把，其椅背及椅面设计采用了模压胶合板。

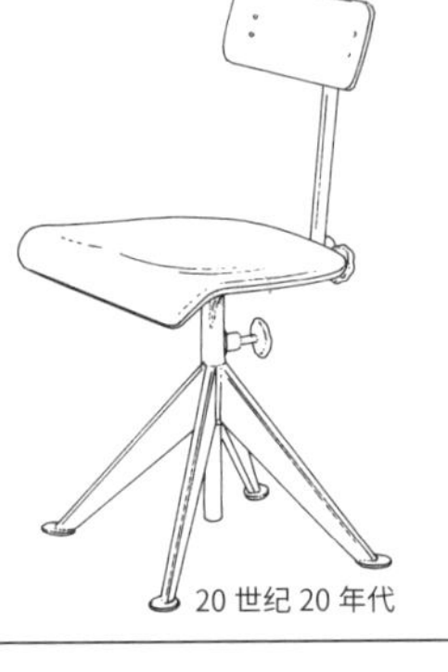

20 世纪 20 年代

1923 年，布维于法国南锡开设了自己的工作室，而他最初动手制作的可能就是这件作品（文献中一说该作品制作年份为 1923—1926 年，一说制作年份为 1924—1927 年）。从这一作品开始，他始终贯彻金属工艺，极少制作纯木制家具。第二次世界大战时期使用的战斗机『容克』的座椅成为这些金属材质家具，特别是椅子的灵感来源，它们由瓦楞形镀锌钢板制作而成。美国设计师查尔斯·伊姆斯也曾在战后自己的作品中借用模压胶合板制的战斗机座椅，使自己的设计得到升华，可以说他的设计与布维的设计有异曲同工之妙。

1924—1928

上一行左边的作品是根据其设计草图绘制的，与此作品在比例有所不同。此图是根据其设计图绘制而成的。

1930

该图为成品模型，从比例来看似乎是右图的成品。

1930

该图为右侧作品仅有钢制框架的状态。

1930

该作品与右图作品极为相似，但椅背到椅腿部分采用了直线线条设计，无法调整角度。

1930

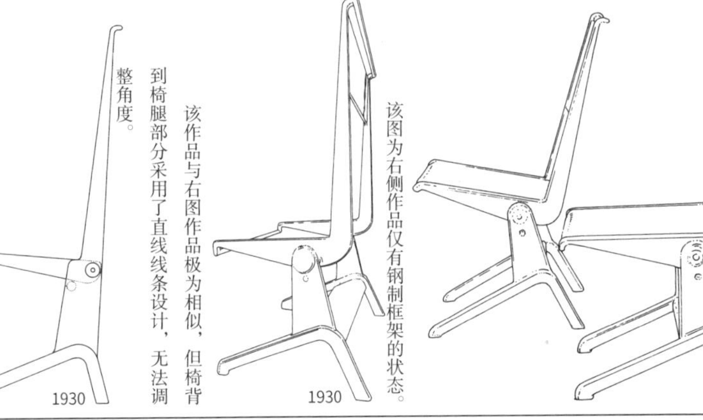

本作也是根据设计草图绘制的，与上一行左侧图纸作品相比，比例以及底座设计有所差异。

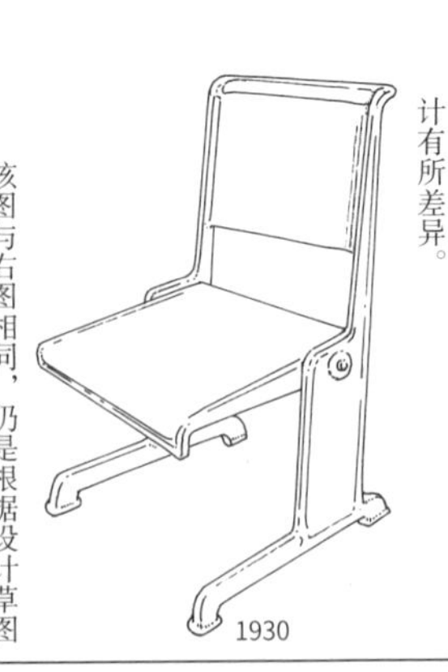

1930

该图与右图相同，仍是根据设计草图绘制的。图中所绘的是两把椅子前后相隔一根椅腿的距离放置时，座椅前后堆叠起来的样子。

1930

成品模型座椅部分收起后的样子，与设计草图阶段在比例以及椅腿形状方面可看出差别。

1929

1929—1930

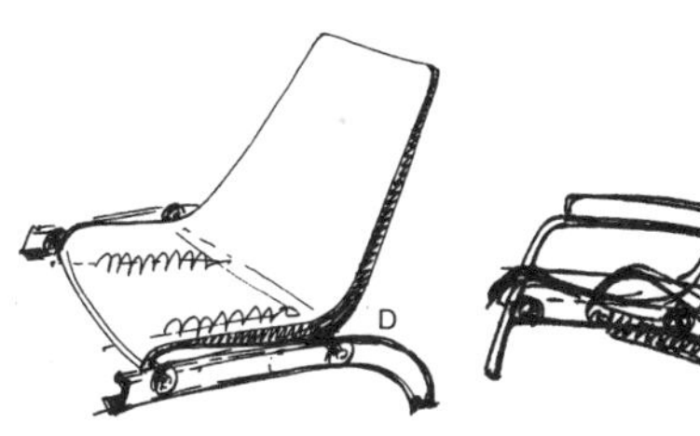

该图与 C 图为同一图纸上所绘的座椅部位设计草图。
1938 年左右

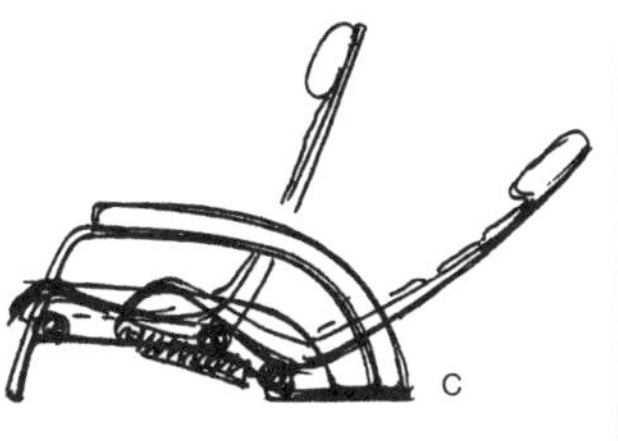

该图为本页最后一行右侧作品的原始草图，笔者用红环钢笔重绘了这幅草图。
1930 年左右

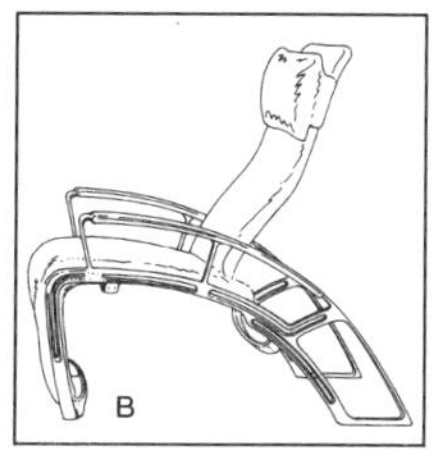

因跑车而闻名的设计师费迪南德·保时捷所设计的躺椅，其靠背可倾斜至几乎平放的程度。
20 世纪 80 年代

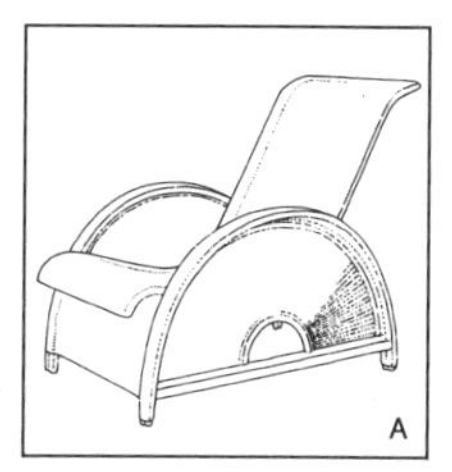

图为丹麦设计师阿诺·雅各布森之作，后文会介绍一些同时代与之十分相似的作品。这是一件藤制作品。
1928

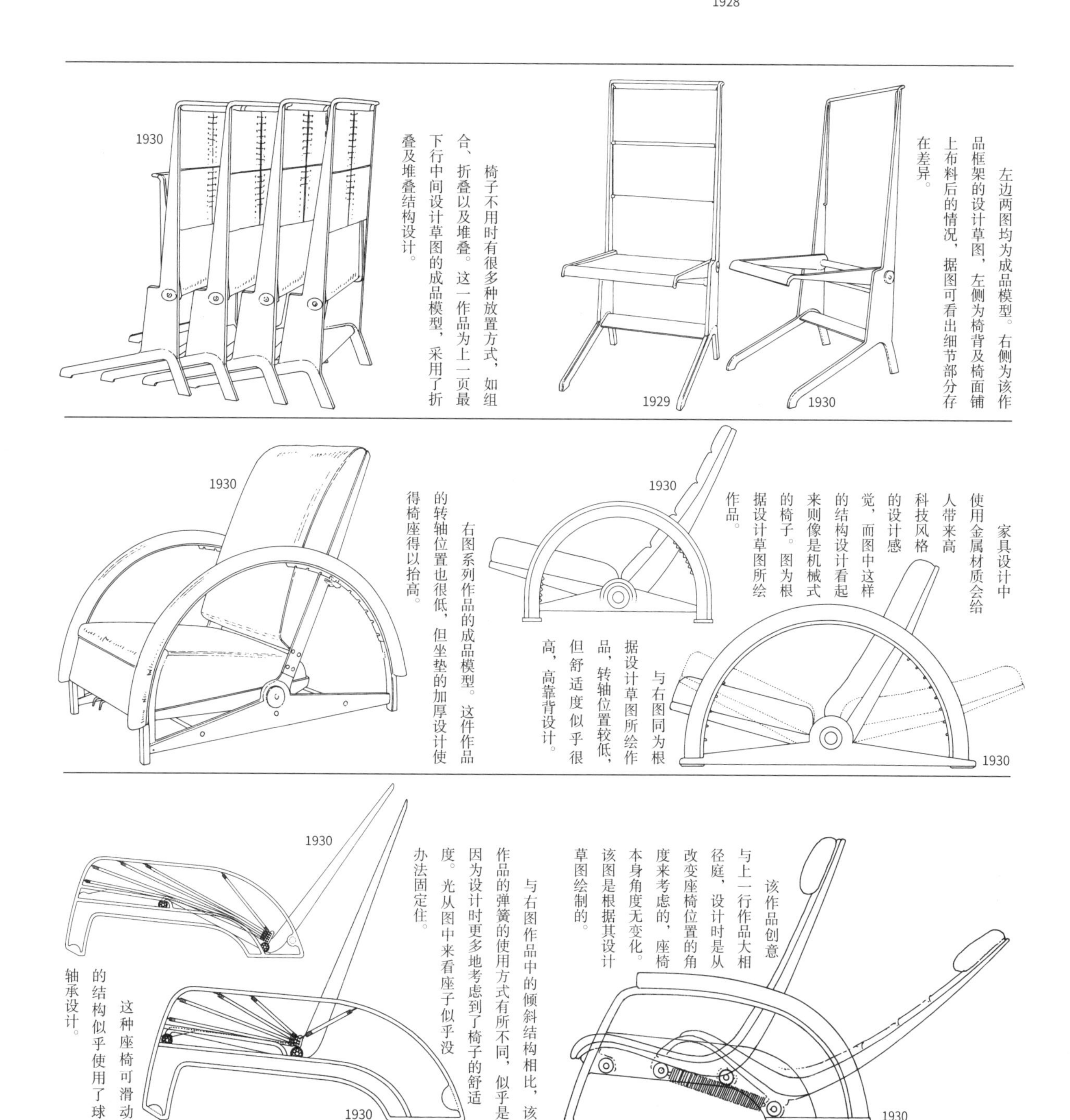

左边两图均为成品模型。右侧为该作品框架的设计草图，左侧为椅背及椅面铺上布料后的情况，据图可看出细节部分存在差异。

椅子不用时有很多种放置方式，如组合、折叠以及堆叠。这一作品为上一页最下行中间设计草图的成品模型，采用了折叠及堆叠结构设计。

家具设计中使用金属材质会给人带来高科技风格的设计感，而图中这样的结构设计看起来则像是机械式的椅子。图为根据设计草图所绘作品。

与右图同为根据设计草图所绘作品，转轴位置较低，但舒适度似乎很高，高靠背设计。

右图系列作品的成品模型。这件作品的转轴位置也很低，但坐垫的加厚设计使得椅座得以抬高。

该作品创意与上一行作品大相径庭，设计时是从改变座椅位置的角度来考虑的，座椅本身角度无变化。该图是根据其设计草图绘制的。

与右图作品中的倾斜结构相比，该作品的弹簧的使用方式有所不同，似乎是因为设计时更多地考虑到了椅子的舒适度。光从图中来看座子似乎没办法固定住。

这种座椅可滑动的结构似乎使用了球轴承设计。

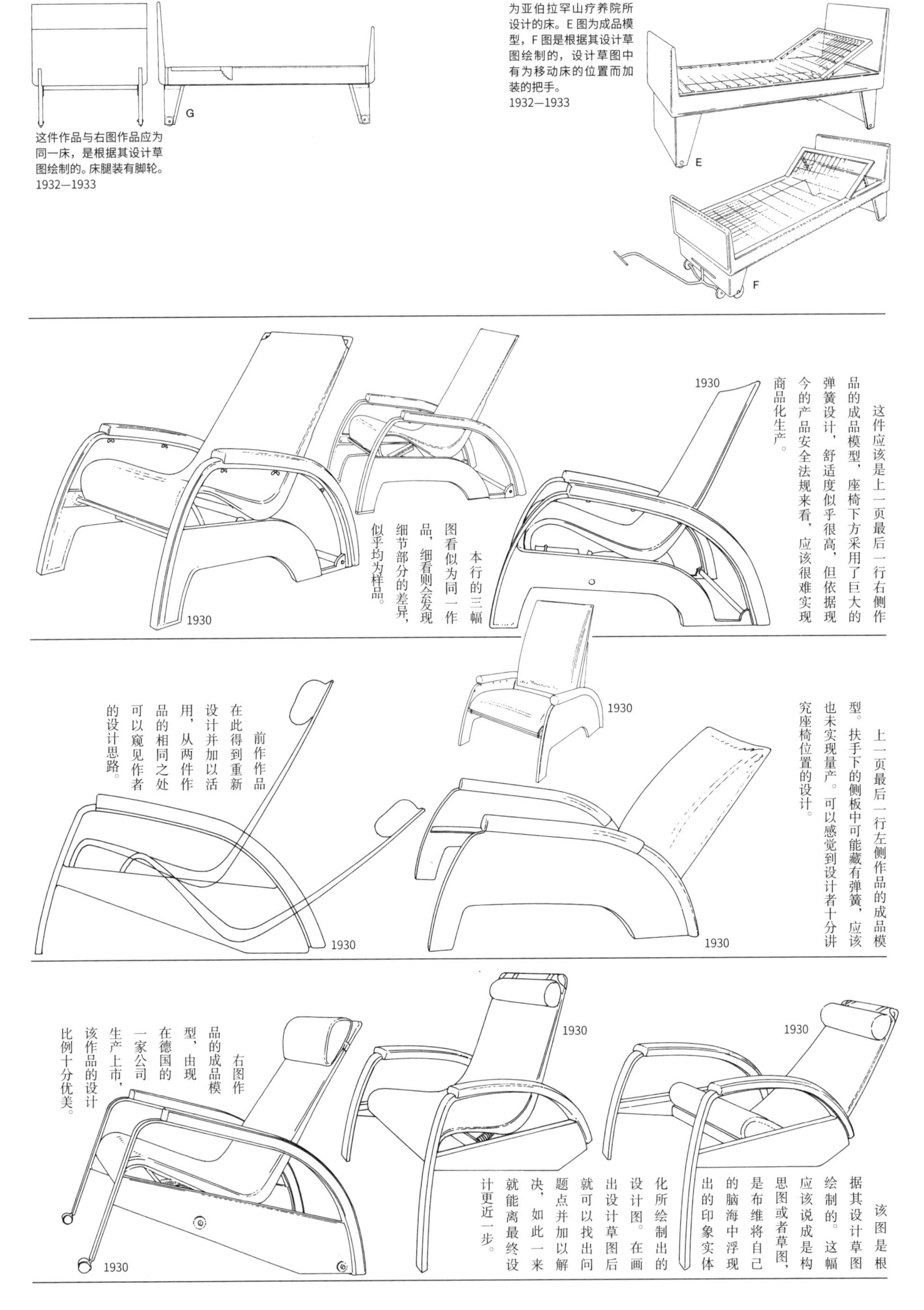

这件作品与右图作品应为同一床，是根据其设计草图绘制的。床腿装有脚轮。
1932—1933

为亚伯拉罕山疗养院所设计的床。E图为成品模型，F图是根据其设计草图绘制的，设计草图中有为移动床的位置而加装的把手。
1932—1933

这件应该是上一页最后一行右侧作品的成品模型，座椅下方采用了巨大的弹簧设计，舒适度似乎很高，但依据现今的产品安全法规来看，应该很难实现商品化生产。

本行的三幅图看似为同一作品，细看则会发现细节部分的差异，似乎均为样品。

上一页最后一行左侧作品的成品模型。扶手下的侧板中可能藏有弹簧，应该也未实现量产。可以感觉到设计者十分讲究座椅位置的设计。

前作作品在此得到重新设计并加以活用，从两件作品的相同之处可以窥见作者的设计思路。

右图作品的成品模型，由现在德国的一家公司生产上市，该作品的设计比例十分优美。

该图是根据其设计草图绘制的。这幅应该说成是构思图或者草图，是布维将自己的脑海中浮现出的印象实体化所绘制出的设计图。在画出设计草图后就可以找出问题点并加以解决，如此一来就能离最终设计更近一步。

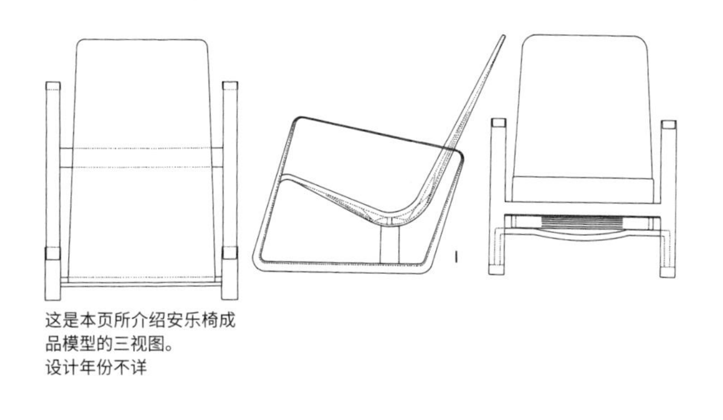

这是本页所介绍安乐椅成品模型的三视图。
设计年份不详

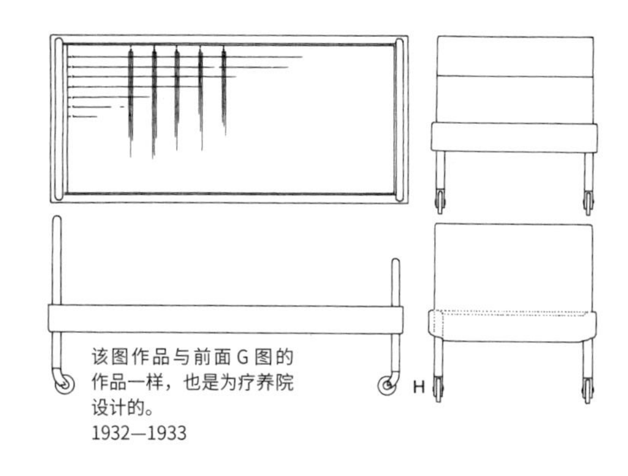

该图作品与前面 G 图的作品一样，也是为疗养院设计的。
1932—1933

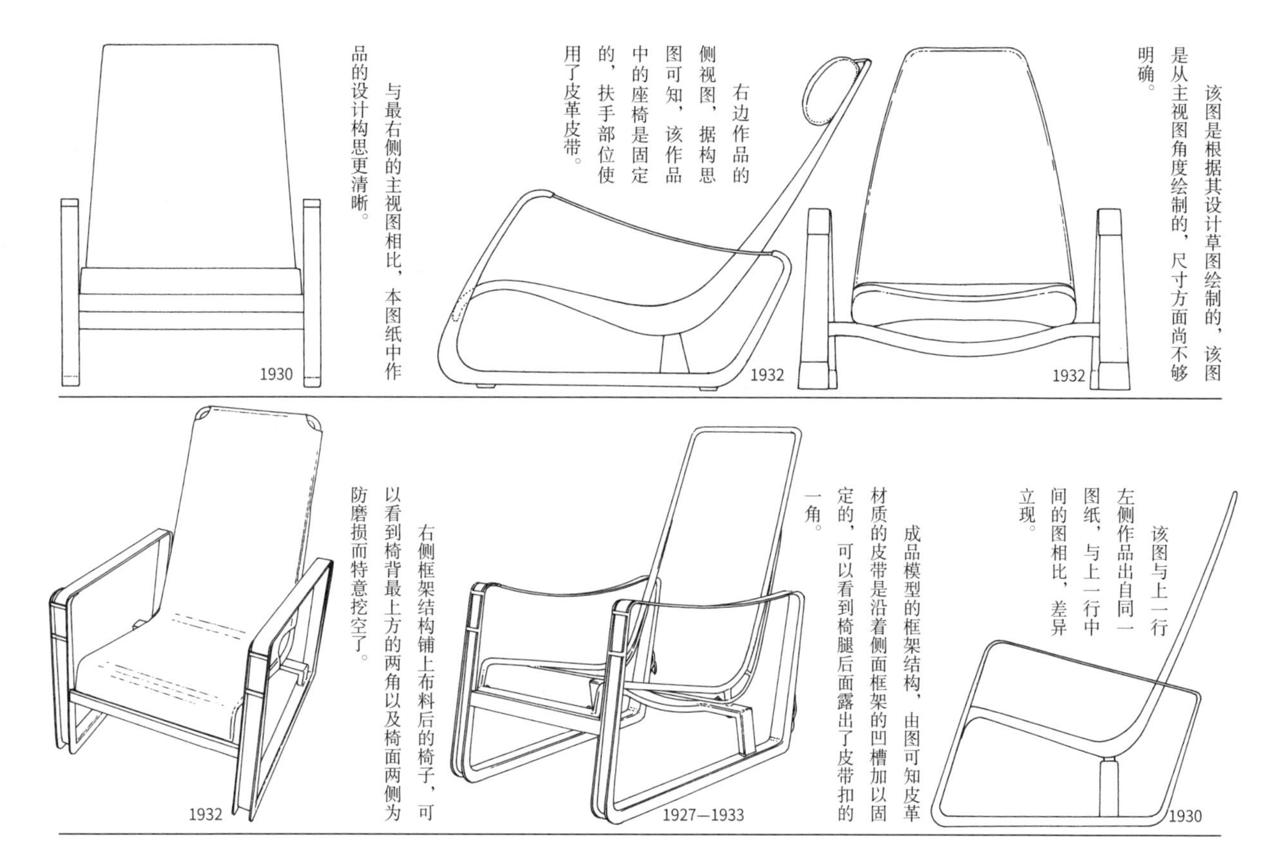

与最右侧的主视图相比，本图纸中作品的设计构思更清晰。

右边作品的侧视图，据构思图可知，该作品中的座椅是固定的，扶手部位使用了皮革皮带。

该图是根据其设计草图绘制的，该图是从主视图角度绘制的，尺寸方面尚不够明确。

右侧框架结构铺上布料后的椅子，可以看到椅背最上方的两角以及椅面两侧为防磨损而特意挖空了。

成品模型的框架结构，由图可知皮革材质的皮带是沿着侧面框架的凹槽加以固定的，可以看到椅腿后面露出了皮带扣的一角。

该图与上一行左侧作品出自同一图纸，与上一行中间的图相比，差异立现。

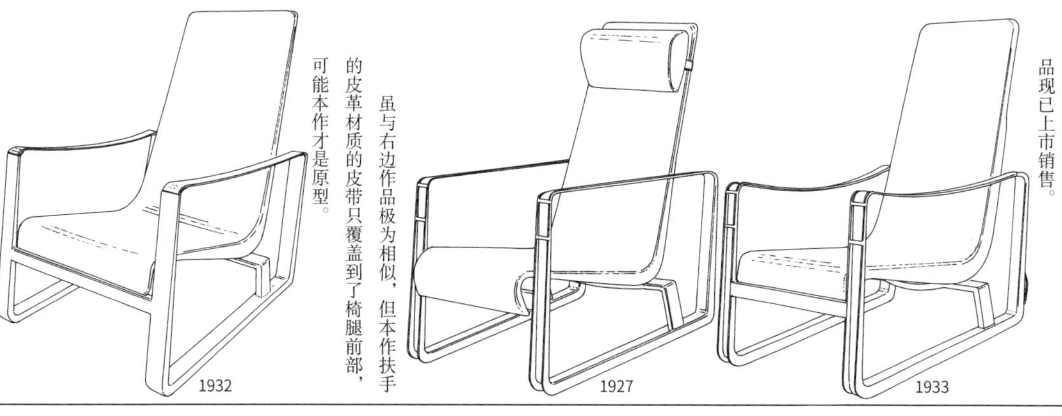

虽与右边作品极为相似，但本作扶手的皮革材质的皮带只覆盖到了椅腿前部，可能本作才是原型。

左边两张图所画的为同一版本作品，但右侧为最初设计时的作品，且该作品与上一行最左侧的作品有不同之处。左侧作品现已上市销售。

1901—1984

让·布维

第 2 小节
高科技设计风格的先驱者

上一小节已介绍了布维的部分生平，但此处笔者还想稍加补充。布维在法国南锡创办金属工艺工作室后，1944 年德军撤退，他担任了南锡市市长。战争结束，工作室也得以重开，在南锡近郊马克塞城镇的金属及铝材精炼工厂生产金属幕墙等建筑材料。但该工厂于 1957 年被法国运输设备工业收购。因此，布维前往法国国立工艺学院担任教授。在此期间，金属材料建材在他的设计中频繁出现，因而广为人知。1971 年，布维出任了巴黎蓬皮杜中心设计大赛的评委。此外他还从事了一些其他活动，在法国的建筑设计领域留下了诸多功绩。如他一般，在家具、建筑领域执着于金属材料并在设计中频繁使用金属材料的创作者绝无仅有。

日本也于 20 世纪 70—80 年代在住宅及办公室设计中引入了金属材料，高科技设计风格十分盛行，布维正是这一设计风格的先驱者。

布维设计了很多学习用家具，从供小学里低年级学生使用的到大学生使用的应有尽有。而在日本著名的建筑家及家具设计师中却很少有人于此类领域有所建树，不知原因何在。无论布维的作品是否趋向于学生专用，他这份想为教育事业做贡献的心都值得我们学习。左图也是他为大学宿舍所设计的作品。

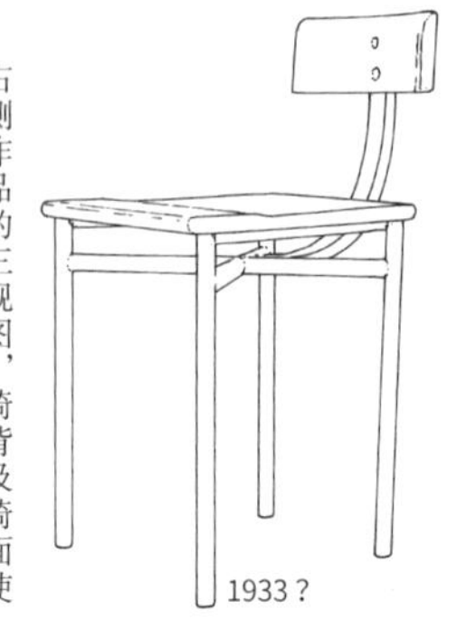

1933？

右侧作品的三视图，椅背及椅面使用的是橡木材料的实心板材，框架由直径 25 厘米的钢管制成。

1927—1930

布维一生都在追求这种设计。该作品于 1930 年问世，之后又于 1990 年制造过其复刻版作品。钢管的弯曲方式极具特色，椅面由厚度不等的模压胶合板制成。

1930

布维为亚伯拉罕山疗养院设计了数件作品，左图作品也是其中之一。笔者未能找到其成品模型的照片，也可能这一作品仅有图纸。

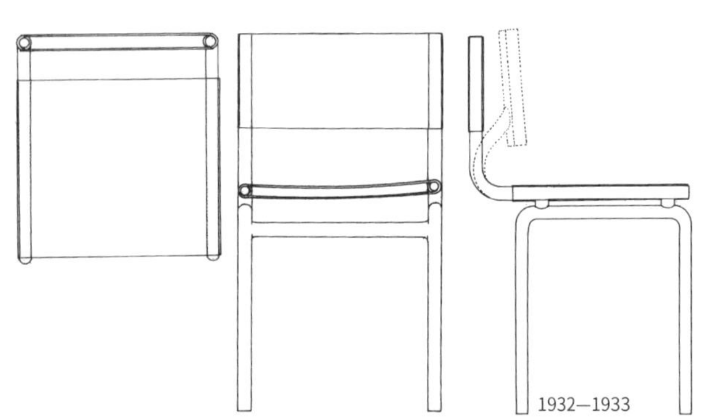

1932—1933

该作品也是疗养院所用的作品，钢管结构，椅背及椅面使用了模压胶合板材料。这一作品应该也只有图纸。

1932—1933

该作品是布维为学校所设计的作品，他在设计时考虑到了家具磨损问题，特别是学生们在使用椅子时可能动作比较粗暴，比起金属材料设计上的冷淡风格，布维优先考虑到结构结实的优点。

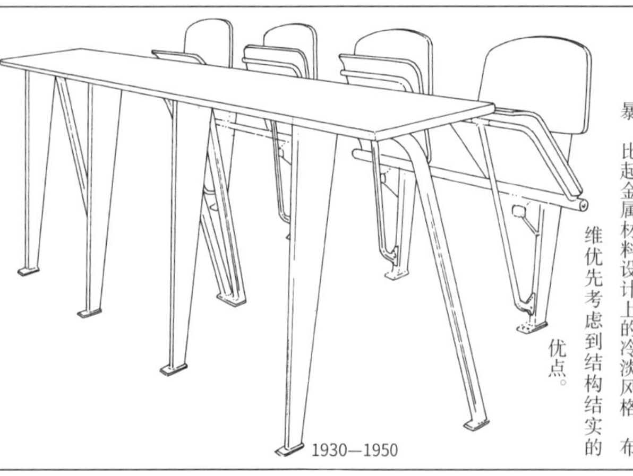

1930—1950

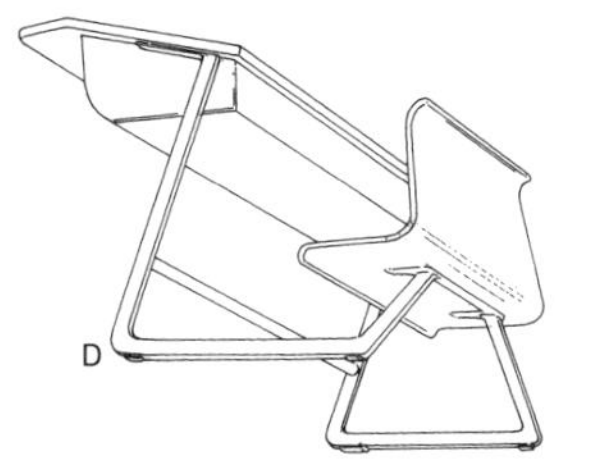

该图与右图作品来自同一图纸，为右图作品的底部斜视图。
1936

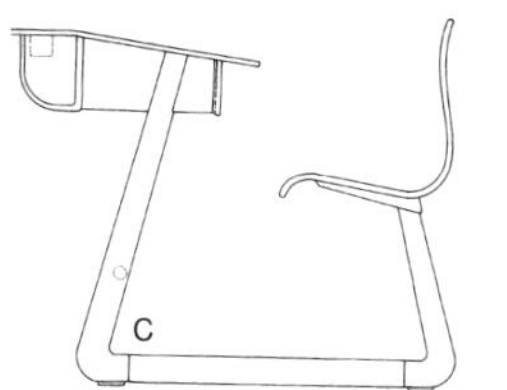

该图中的椅子及桌子皆采用了悬臂结构，桌子前还设计了配套的笔筒。该图来自其设计草图。
1936

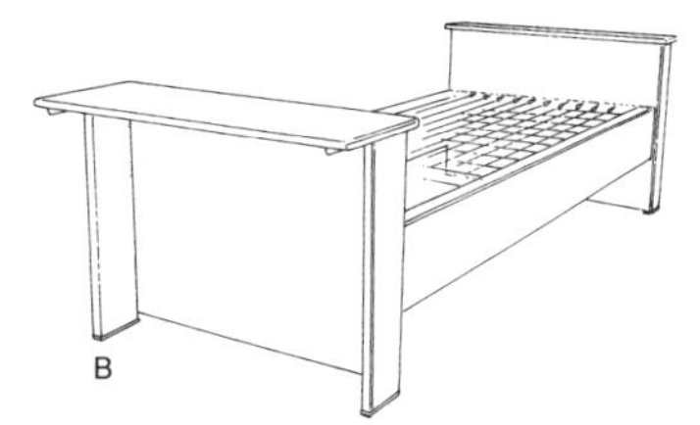

该床名为“法贝特”，使用了钢制弹簧，除横梁和床板部分外全部采用钢材制作而成。
1934

与上一页第二行最右侧作品配套设计的桌子。
1927—1930

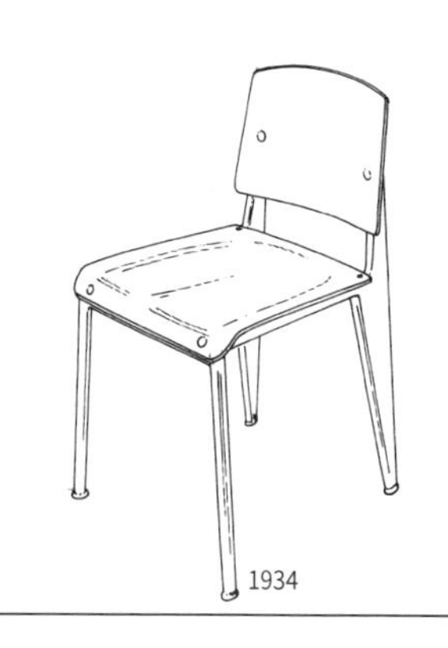

上一页第三行右侧作品为折叠式结构，本图与之不同，但二者形状相同。

日本的学校多用钢管材料家具替换了木制家具，但这些家具大多无关设计，仅考虑了经济效益。从布维的金属家具中可看出他对孩子们的关注。

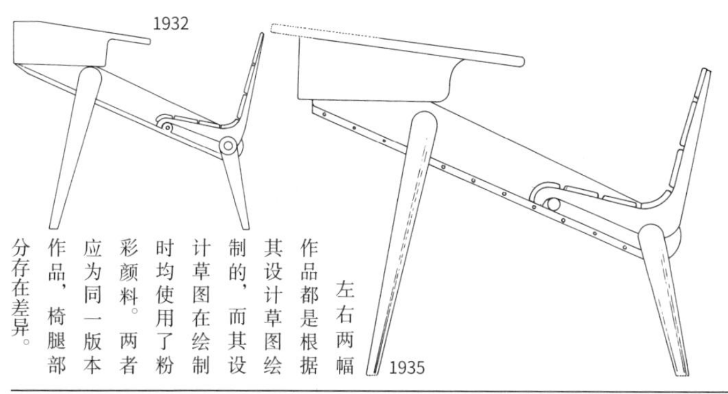

左右两幅作品都是根据其设计草图绘制的，而其设计草图在绘制时均使用了粉彩颜料。两者应为同一版本作品，椅腿部分存在差异。

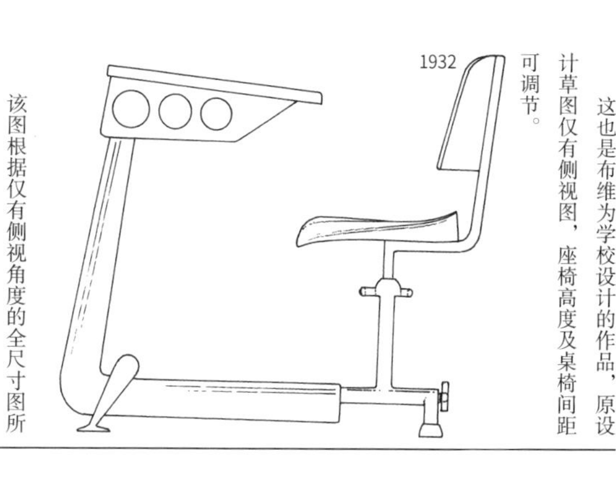

这也是布维为学校设计的作品，原设计草图仅有侧视图，座椅高度及桌椅间距可调节。

该图根据仅有侧视角度的全尺寸图所绘，可能与最左图为同系列作品。

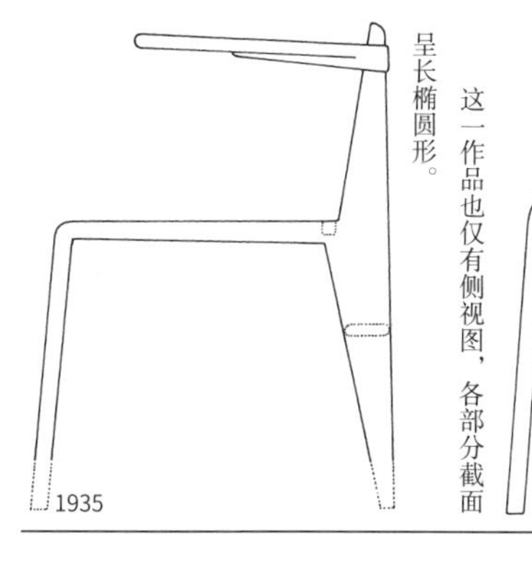

这一作品也仅有侧视图，各部分截面呈长椭圆形。

这件模型与上一行中间和左侧作品相近，根据其三视图设计草图所绘，各部位尺寸似乎不太一致。

该作品虽看上去与右图作品极为相似，细节部位却大不相同，由照片可以看出其设计细节。

1935

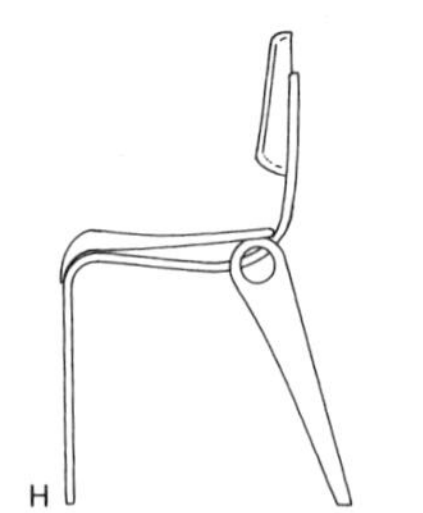

该图与右图是根据同一图纸上的设计草图绘制的，椅子后腿最上方处的大孔洞可能是为横梁设计的。
1938

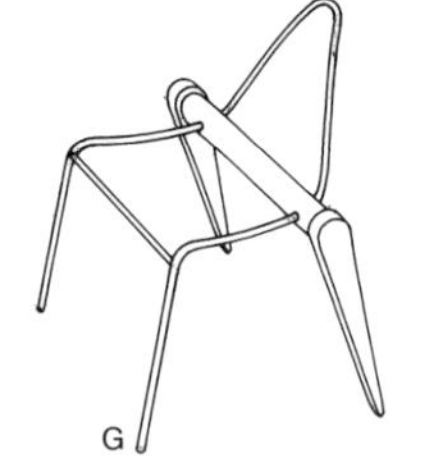

该图是根据最后一行左边作品在构思阶段的设计草图绘制的，应该是其框架设计。
1938

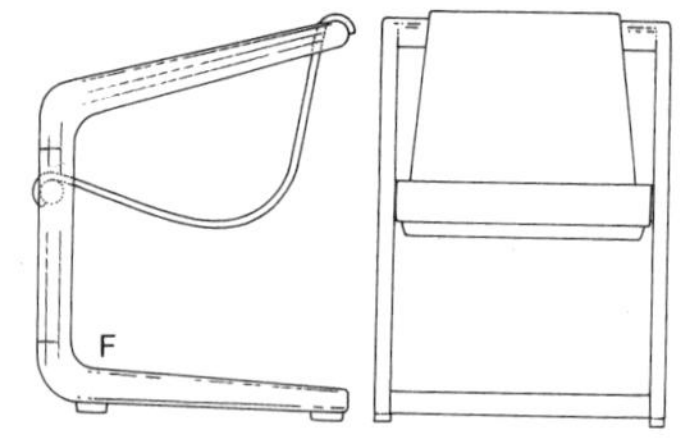

图为本页最后一行介绍的为儿童设计的悬臂椅，由图可看出该作品为扁平框架设计。
1937

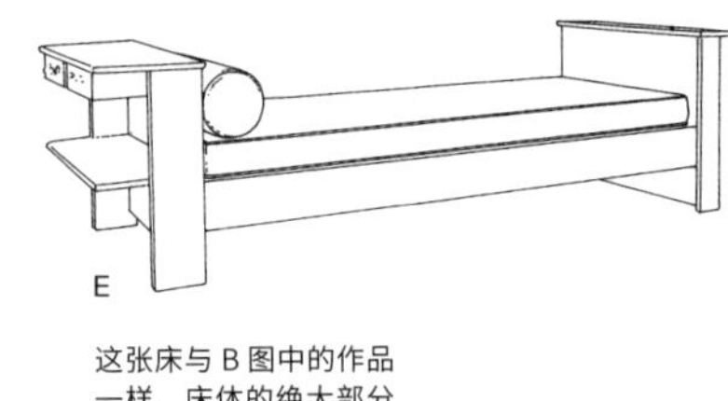

这张床与 B 图中的作品一样，床体的绝大部分也为钢制，床体具体重量未知。

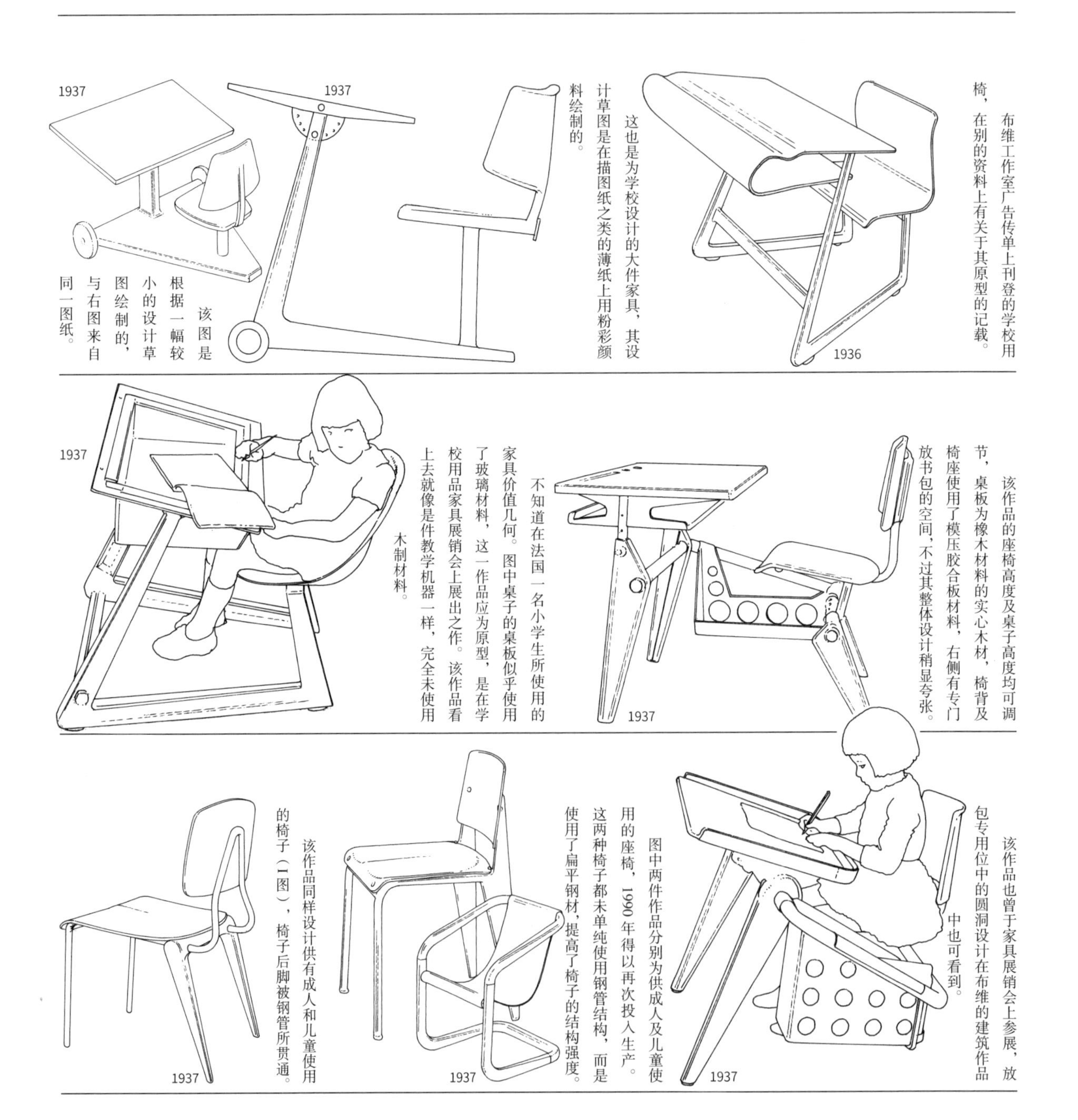

布维工作室广告传单上刊登的学校用椅，在别的资料上有关于其原型的记载。
1936

这也是为学校设计的大件家具，其设计草图是在描图纸之类的薄纸上用粉彩颜料绘制的。
1937

该图是根据一幅较小的设计草图绘制的，与右图来自同一图纸。
1937

该作品的座椅高度及桌子高度均可调节，桌板为橡木材料的实心木材，椅背及椅座使用了模压胶合板材料，右侧有专门放书包的空间，不过其整体设计稍显夸张。
1937

不知道在法国一名小学生所使用的家具价值几何。图中桌子的桌板似乎使用了玻璃材料，这一作品应为原型，是在学校用品家具展销会上展出之作。该作品看上去就像是件教学机器一样，完全未使用木制材料。
1937

该作品也曾于家具展销会上参展，放包专用位中的圆洞设计在布维的建筑作品中也可看到。
1937

图中两件作品分别为供成人及儿童使用的座椅，1990年得以再次投入生产。这两种椅子都未单纯使用钢管结构，而是使用了扁平钢材，提高了椅子的结构强度。
1937

该作品同样设计供有成人和儿童使用的椅子（I图），椅子后脚被钢管所贯通。
1937

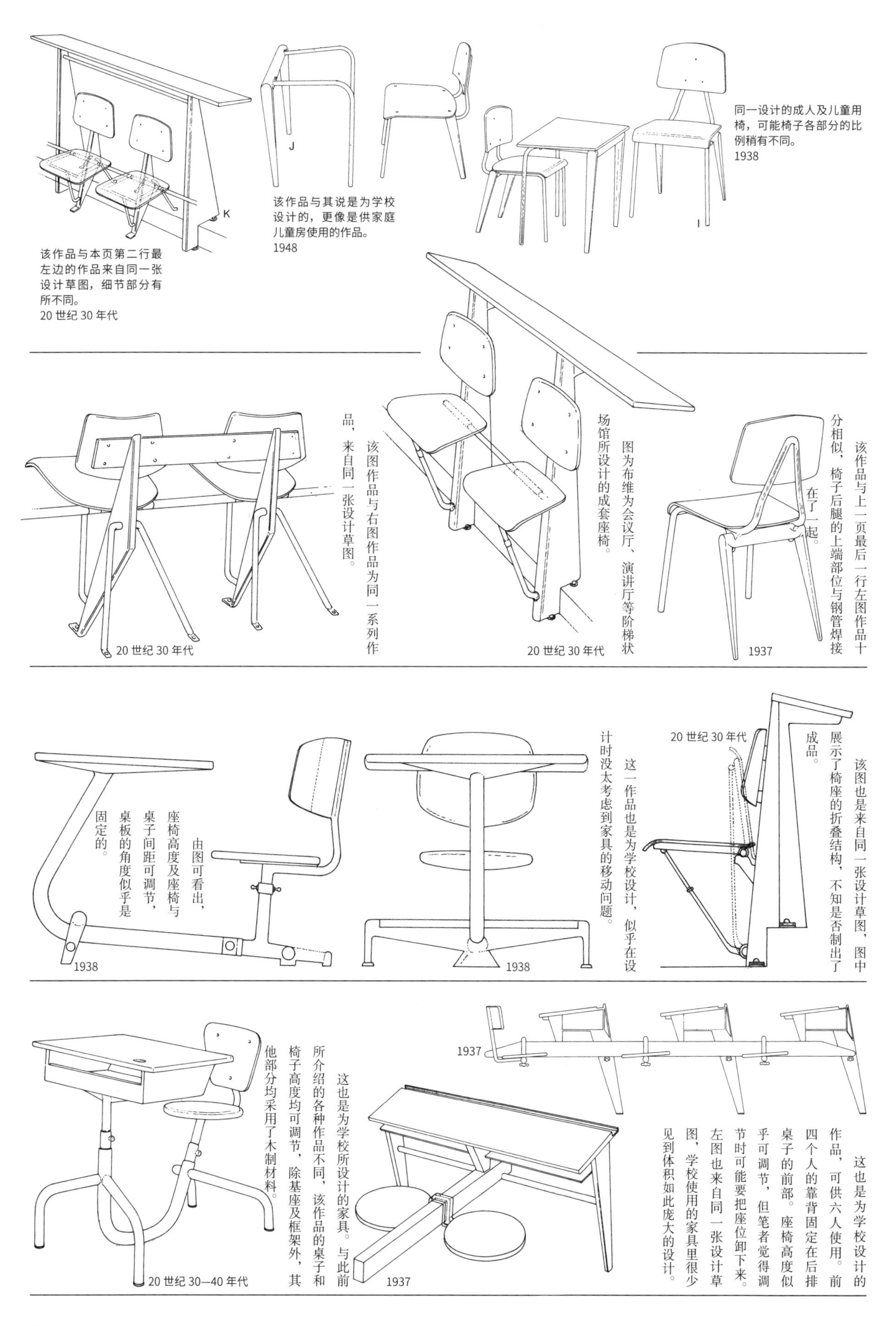

该作品与本页第二行最左边的作品来自同一张设计草图，细节部分有所不同。
20 世纪 30 年代

该作品与其说是为学校设计的，更像是供家庭儿童房使用的作品。
1948

同一设计的成人及儿童用椅，可能椅子各部分的比例稍有不同。
1938

该作品与上一页最后一行左图作品十分相似，椅子后腿的上端部位与钢管焊接在了一起。
1937

图为布维为会议厅、演讲厅等阶梯状场馆所设计的成套座椅。
20 世纪 30 年代

该图作品与右图作品为同一系列作品，来自同一张设计草图。
20 世纪 30 年代

该图也是来自同一张设计草图，图中展示了椅座的折叠结构，不知是否制出了成品。
20 世纪 30 年代

这一作品也是为学校设计，似乎在设计时没太考虑到家具的移动问题。
1938

由图可看出，座椅高度及座椅与桌子间距可调节，桌板的角度似乎是固定的。
1938

这也是为学校设计的作品，可供六人使用。前四个人的靠背固定在后排桌子的前部。座椅高度似乎可调节，但笔者觉得调节时可能要把座位卸下来。左图也来自同一张设计草图，学校使用的家具里很少见到体积如此庞大的设计。
1937
1937

这也是为学校所设计的家具。与此前所介绍的各种作品不同，该作品的桌子和椅子高度均可调节，除基座及框架外，其他部分均采用了木制材料。
20 世纪 30—40 年代

1901—1984

让·布维

第3小节
金属框架问世

本小节将就布维作品中那些极具特色的材料、钢材进行介绍。在家具作品，尤其是椅子设计中使用金属材料的创意，早在古埃及时期的图坦卡蒙的王座等作品中就出现过了。但这些作品中的金属材料仅为装饰，作为框架材料出现在作品中则是很久之后的事。古罗马、古希腊时期曾出现了青铜框架的折叠式座椅。此后，各时期都出现过使用了金属材料的椅子，但数量稀少，且很少有作品能充分发挥出金属材料的特色。同等尺寸的金属材料比木材强度更高，这一点毋庸置疑，但相对的，金属材料也存在着重量方面的缺陷。在未能解决这一问题前，金属椅的普及仍需要时间。换言之，金属椅的普及需要静待科技的进步。

1925年，马塞尔·布劳耶由自行车扶手获得灵感，制作出了钢管材质的作品，使人们无法想象的结构及设计得以实现。此后，随着圆形、H形、L形、椭圆形等等截面形状的金属框架一一问世，诞生了众多著名的椅子。

上一小节已经介绍了很多供小学生所使用的家具，接下来还将继续介绍几件同类作品。该作品为双人桌椅组合，但仅有四条椅腿，十分简单，这样一来在打扫地板时也十分轻松。

1938

右边作品的衍生作，桌子与椅子间的连接部位、桌子的桌板部分均有差异。

1938

这一作品应该是在右边两件作品的基础上减轻了其重量后设计的。桌柜部分未设计分隔。

1956

该图可能是在右侧作品之后设计的，桌椅间连接部分不详。

1950年左右

单人用小学生家具，由于桌椅部分均采用了悬臂结构，在坐进去的时候可能不太容易把脚放进去。桌椅高度均可调节。

20世纪30—40年代

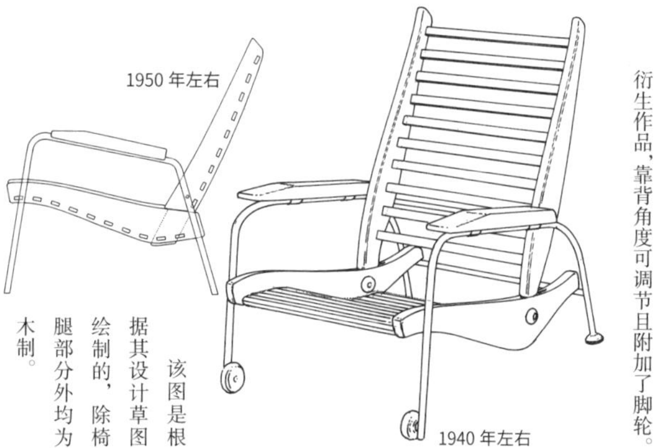

该作品名为『参观学习者』，有众多衍生作品，靠背角度可调节且附加了脚轮。

1940年左右

该图是根据其设计草图绘制的，除椅腿部分外均为木制。

1950年左右

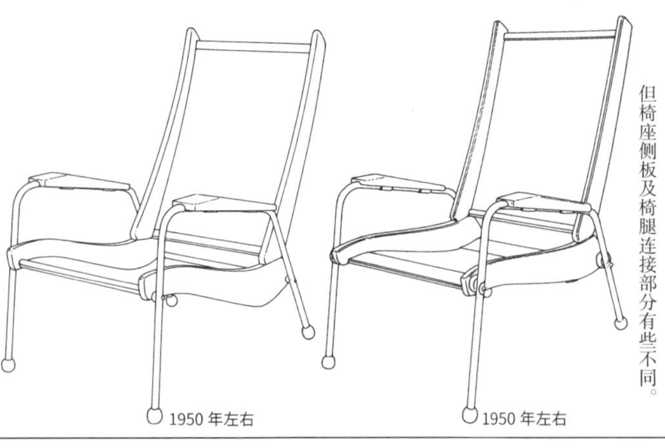

左图也是『参观学习者』系列作品，椅背及椅座使用了锌板，除椅腿部分采用了钢管结构外其余部分均为涂了漆的枹栎木材，该作品为组合结构。

1942

该图中的两件作品也是『参观学习者』系列的作品，两件作品看上去极为相似，但椅座侧板及椅腿连接部分有些不同。

1950年左右

1950年左右

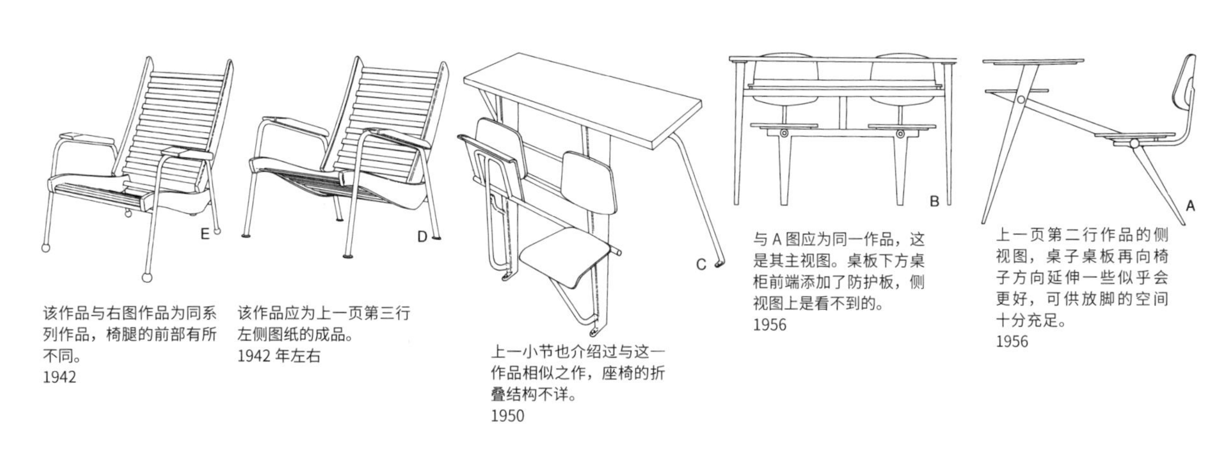

该作品与右图作品为同系列作品，椅腿的前部有所不同。
1942

该作品应为上一页第三行左侧图纸的成品。
1942 年左右

上一小节也介绍过与这一作品相似之作，座椅的折叠结构不详。
1950

与 A 图应为同一作品，这是其主视图。桌板下方桌柜前端添加了防护板，侧视图上是看不到的。
1956

上一页第二行作品的侧视图，桌子桌板再向椅子方向延伸一些似乎会更好，可供放脚的空间十分充足。
1956

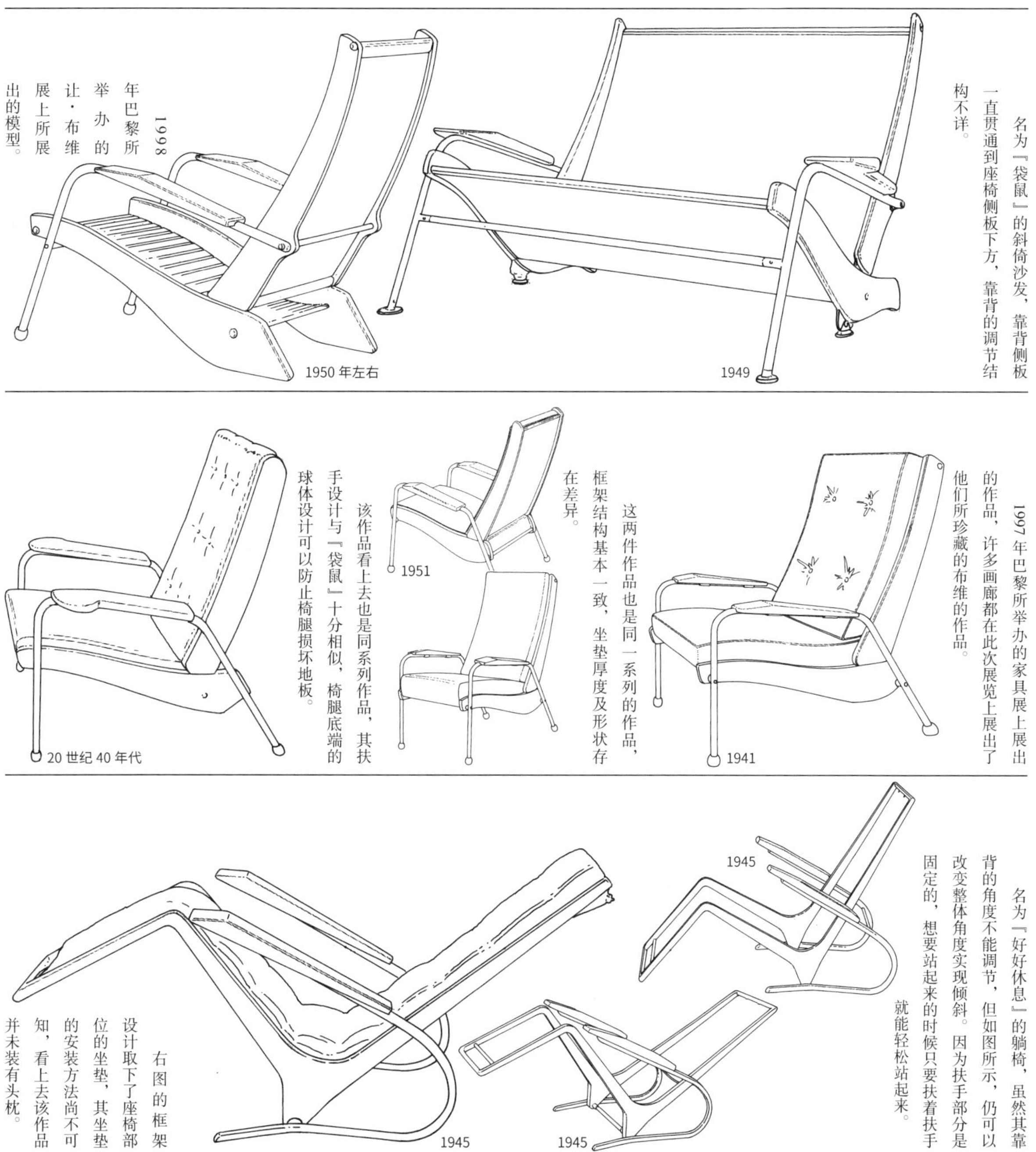

名为『袋鼠』的斜倚沙发，靠背侧板一直贯通到座椅侧板下方，靠背的调节结构不详。

1998年巴黎所举办的让·布维展上所展出的模型。

1997年巴黎所举办的家具展上展出的作品，许多画廊都在此次展览上展出了他们所珍藏的布维的作品。

这两件作品也是同一系列的作品，框架结构基本一致，坐垫厚度及形状存在差异。

该作品看上去也是同系列作品，其扶手设计与『袋鼠』十分相似，椅腿底端的球体设计可以防止椅腿损坏地板。

名为『好好休息』的躺椅，虽然其靠背的角度不能调节，但如图所示，仍可以改变整体角度实现倾斜。因为扶手部分是固定的，想要站起来的时候只要扶着扶手就能轻松站起来。

右图的框架设计取下了座椅部位的坐垫，其坐垫的安装方法尚不可知，看上去该作品并未装有头枕。

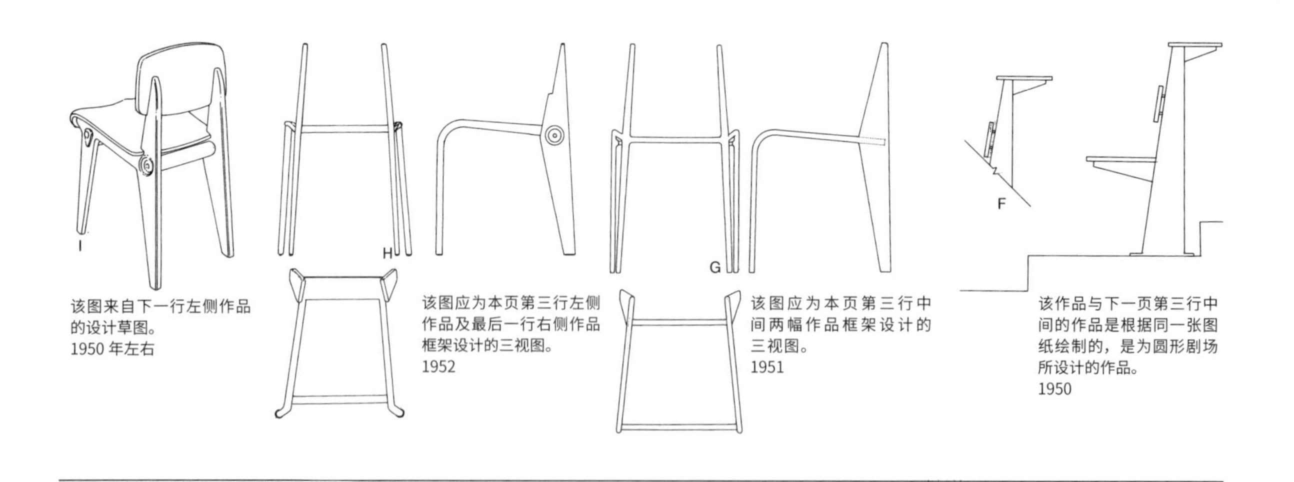

该图来自下一行左侧作品的设计草图。
1950年左右

该图应为本页第三行左侧作品及最后一行右侧作品框架设计的三视图。
1952

该图应为本页第三行中间两幅作品框架设计的三视图。
1951

该作品与下一页第三行中间的作品是根据同一张图纸绘制的，是为圆形剧场所设计的作品。
1950

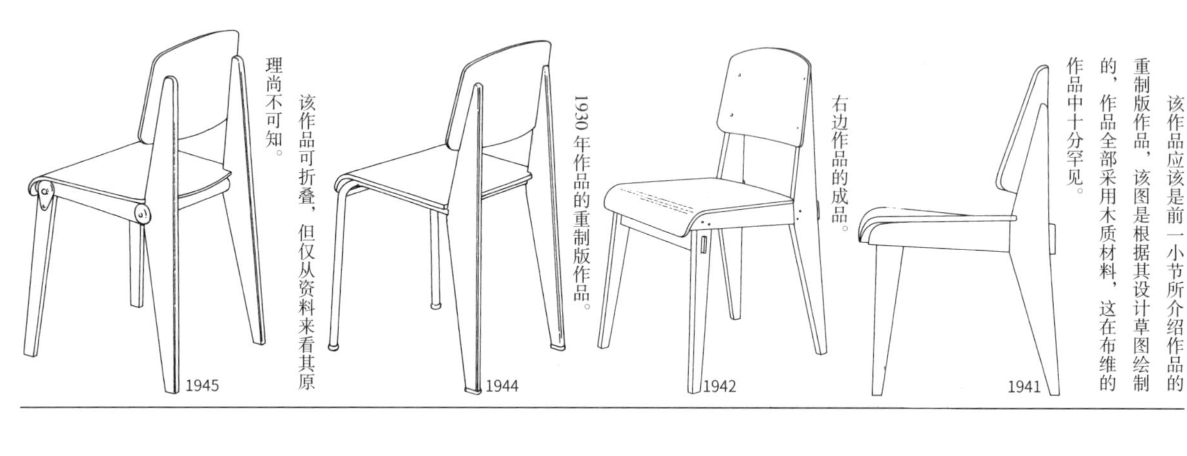

该作品应该是前一小节所介绍作品的重制版作品，该图是根据其设计草图绘制的，作品全部采用木质材料，这在布维的作品中十分罕见。
1941

右边作品的成品。
1942

1930年作品的重制版作品。
1944

该作品可折叠，但仅从资料来看其原理尚不可知。
1945

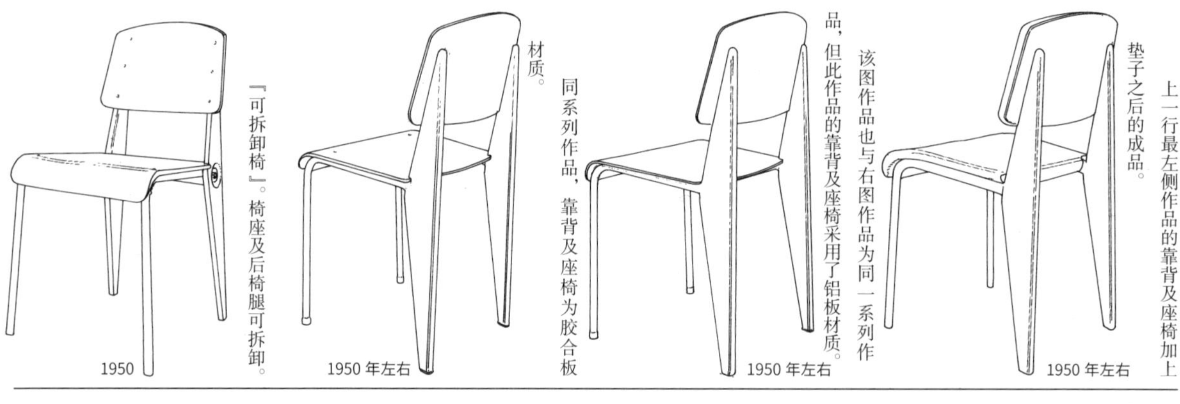

上一行最左侧作品的靠背及座椅加上垫子之后的成品。
1950年左右

该图作品也与右图作品为同一系列作品，但此作品的靠背及座椅采用了铝板材质。
1950年左右

同系列作品，靠背及座椅为胶合板材质。
1950年左右

『可拆卸椅』。椅座及后椅腿可拆卸。
1950

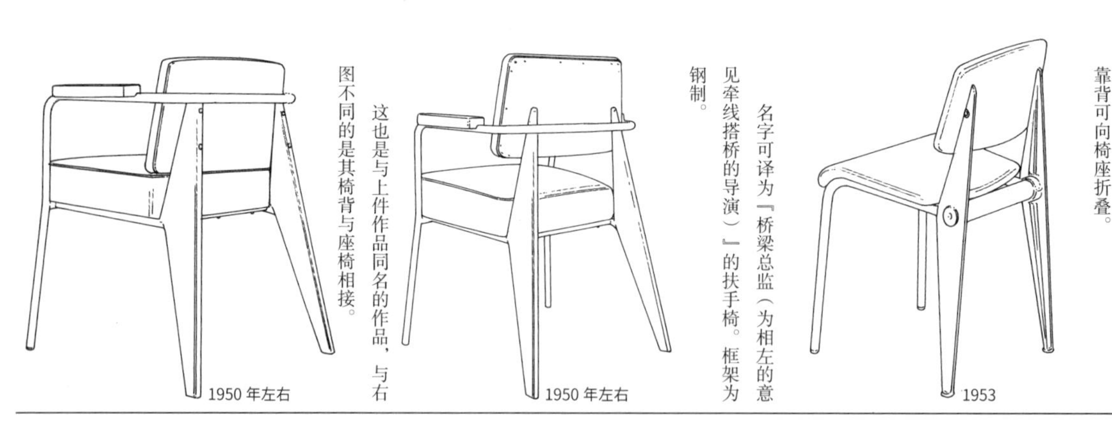

该作品于1953年被设计并制造出来，1980年再次制造。框架采用压铸工艺，靠背可向椅座折叠。
1953

名字可译为『桥梁总监（为相左的意见牵线搭桥的导演）』的扶手椅。框架为钢制。
1950年左右

这也是与上件作品同名的作品，与右图不同的是其椅背与座椅相接。
1950年左右

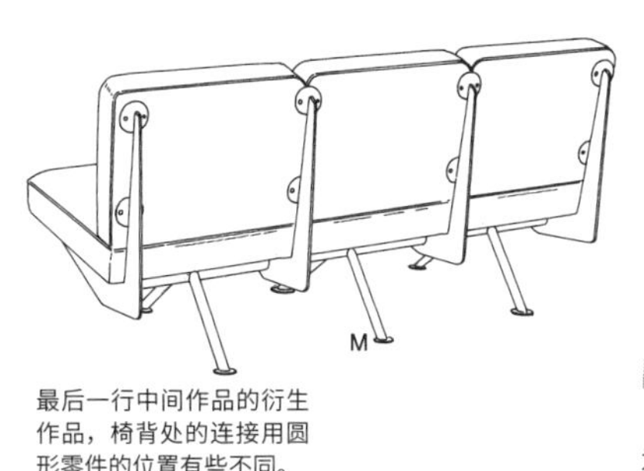

最后一行中间作品的衍生作品，椅背处的连接用圆形零件的位置有些不同。
1954

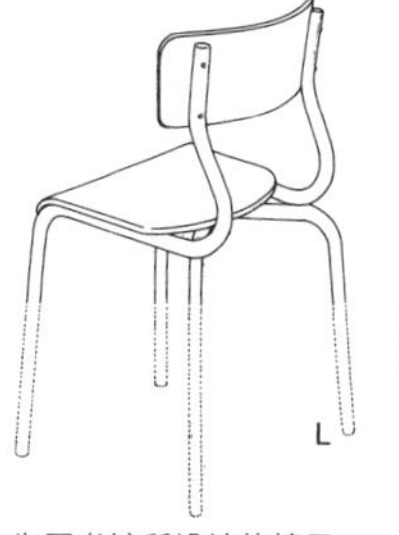

为图书馆所设计的椅子，与大桌子配套使用，应该是布维的作品。
1953

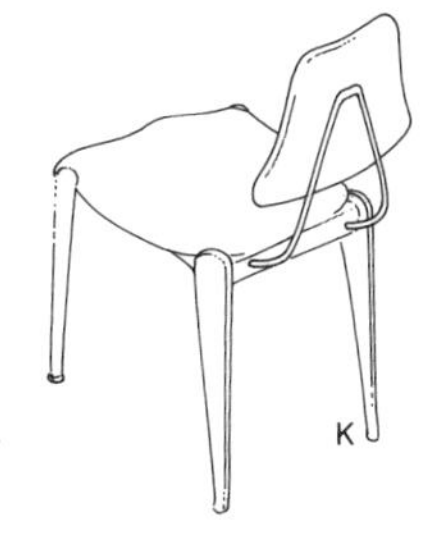

该图是根据其设计草图绘制的，原设计草图十分粗糙，应是为学校所设计的作品。
1953

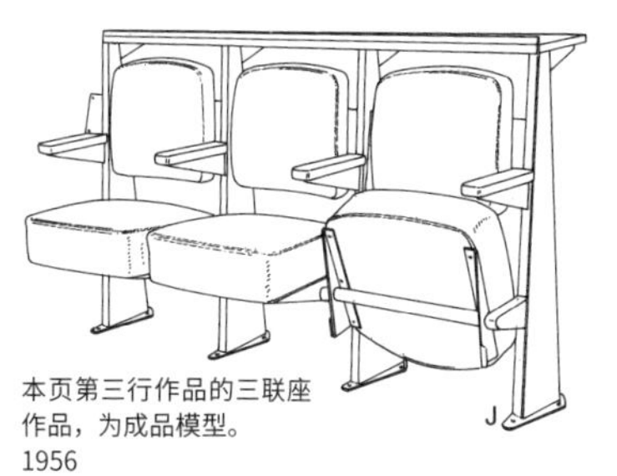

本页第三行作品的三联座作品，为成品模型。
1956

该作品名为『罗盘』，扶手椅。支撑椅背的钢管结构贯通后椅腿与前椅腿的横梁焊接在一起，扶手为木制，椅背及座椅表面革制，框架部分涂成了红色。

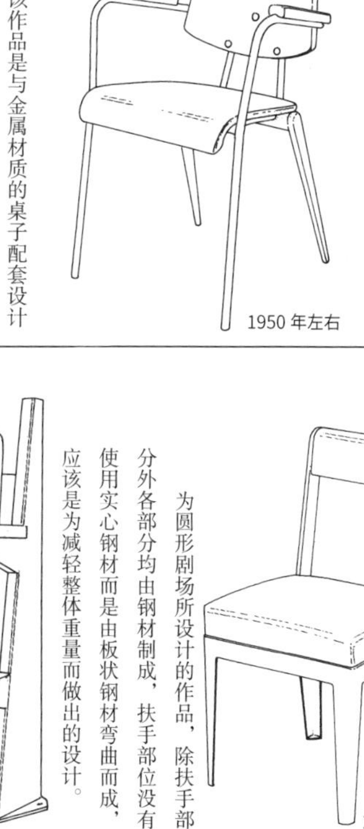

1950 年左右

该作品是与金属材质的桌子配套设计的，名为『总统桥』。虽为转椅，但其基座部分并没有脚轮，不知为何其横梁采用了环状结构。

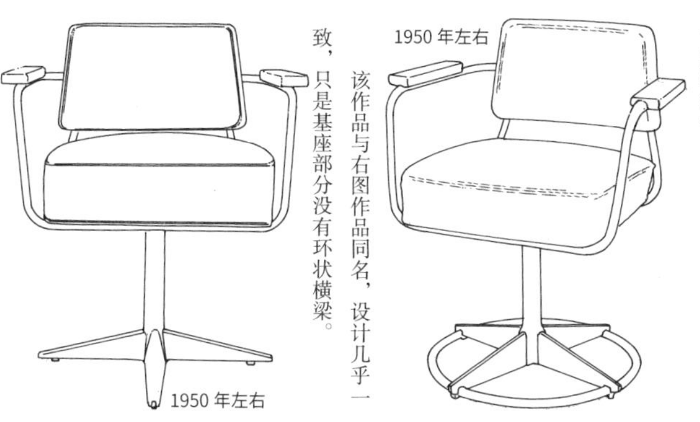

1950 年左右

该作品与右图作品同名，设计几乎一致，只是基座部分没有环状横梁。

1950 年左右

该作品椅子采用了截面为L形的光滑框架，样品。

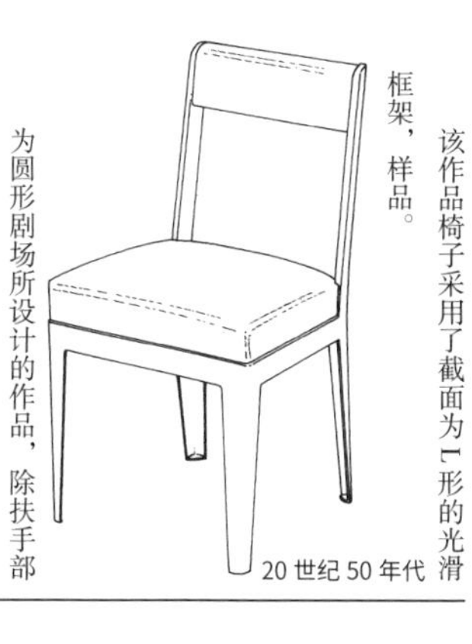

20 世纪 50 年代

为圆形剧场所设计的作品，除扶手部分外各部分均由钢材制成，扶手部位没有使用实心钢材而是由板状钢材弯曲而成，应该是为减轻整体重量而做出的设计。

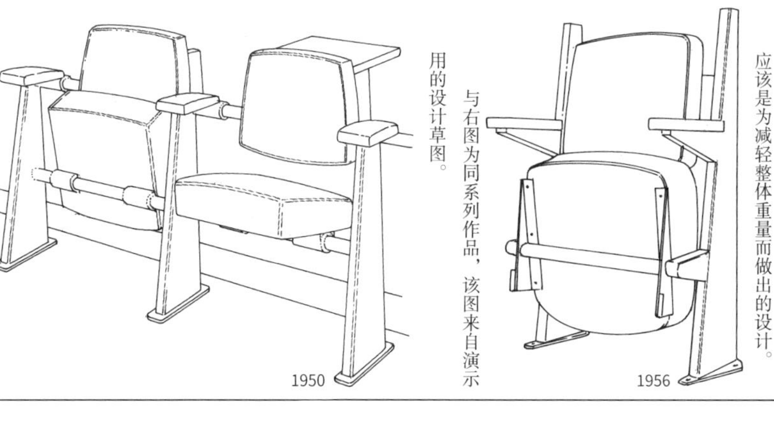

1956

与右图为同系列作品，该图来自演示用的设计草图。

1950

这是为会议场合所设计的作品，曲面薄钢板的设计使其结构强度得到提高，作品附带小桌板。

1952

为公共场合所设计的作品，框架为钢制结构。

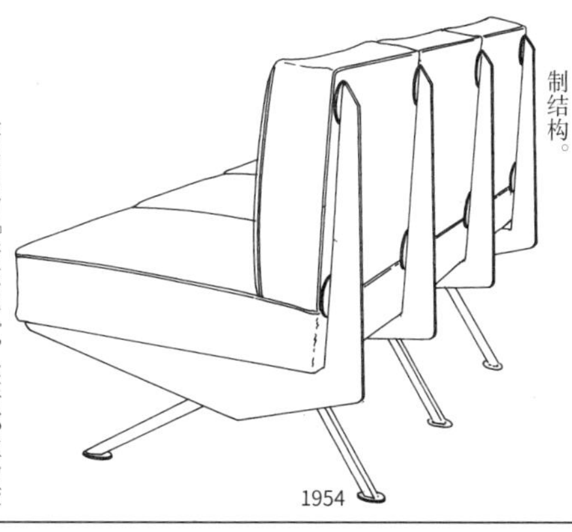

1954

作品名为『安东尼』，座椅部位为胶合板材质，曾在 1997 年的巴黎家具展上展出过。

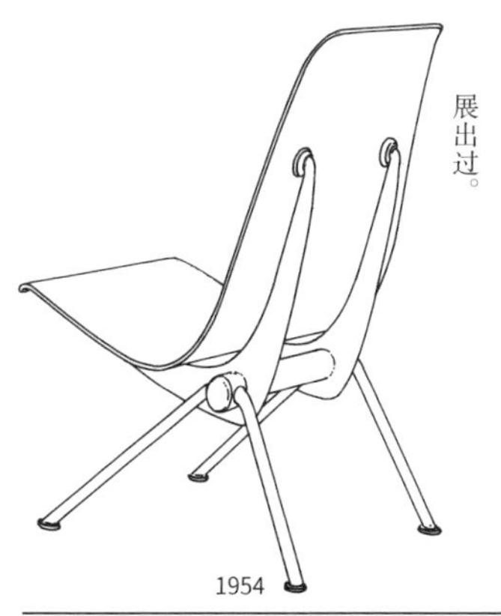

1954

1902—1971

阿诺·雅各布森

第1小节
总体建筑设计

1902年，阿诺·雅各布森（以下简称雅各布森）出生于丹麦哥本哈根，其父从事的是批发业工作。他在孩童时代就在绘画领域展露了才华，但他遵从父亲的建议，走上了建筑这条道路。1924年进入英国皇家艺术学院建筑系学习，其师为凯·菲斯克教授。在瓦尔特·格罗皮乌斯任德国包豪斯学校校长时，学校在各个领域都十分活跃，丹麦也受到了不小的影响。雅各布森亦受到了格罗皮乌斯以及之后的包豪斯学校校长路德维希·密斯·凡·德·罗等人的极大影响，并在此后成为丹麦建筑的功能主义、国际风格的创始人。1956—1965年他在母校任教授职务指导学生。

他在从事建筑领域的工作时，不单是对建筑物进行设计，往往还会综合把握建筑整体格局，对建筑中需要摆放的家具、门把手、窗帘、地毯、灯具、桌面摆设等等进行设计，他用在考虑这些要素时的精力与设计建筑时是相同的。这些设计中的大多数并没有单纯地局限在那些建筑之中，而是在此后经众多公司生产上市，并且，其中大部分商品至今仍在生产。

1928

从英国皇家艺术学院毕业后第二年，雅各布森与同为建筑师的弗莱明·拉森（1902—1984）共同参加了在哥本哈根举行的『未来住宅展』。该作品应是为参展住宅所设计的藤椅。

1928

与右图作品极为相似，但侧面有半圆形的孔洞，从横梁及扶手到椅腿部位所使用的粗藤编织更为细密，整体编织设计相同。

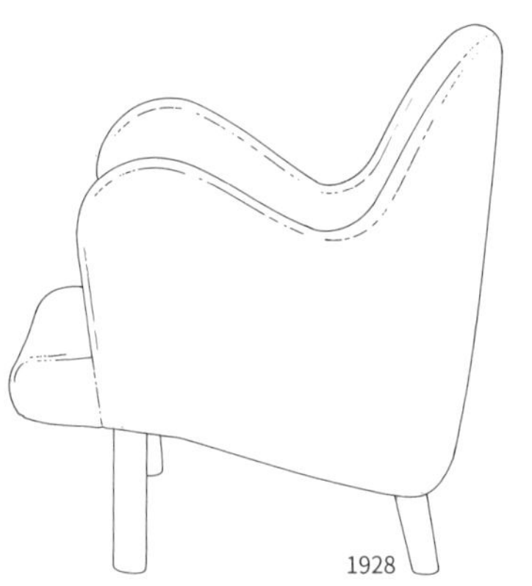

1928

虽然不知道该作品是为哪座住宅设计的，但那段时间丹麦家具很流行以棉花、马毛等为填充物的布艺设计。丹麦设计师芬·居尔也发表过与之相似的作品。

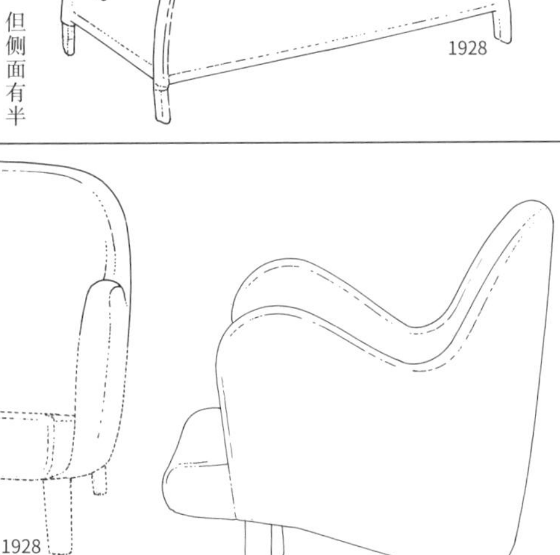

1928

该图沙发与右图的安乐椅为配套设计。与芬·居尔的沙发十分相似，但雅各布森作品的座椅坐垫为单人坐垫。

1934—1935

该作品与芬兰设计师伊玛里·塔佩瓦拉1937年为剧院设计的椅子（第596页）极为相似，雅各布森的这一作品也是为剧院所设计的。

1937

这把餐椅也是右图所提到的剧院所在大楼中的作品，是为一家大饭店所设计的。从其背板及横梁的处理来看是以中国式样椅为基础设计的，由丹麦著名家具公司弗里茨·汉森公司制作而成。

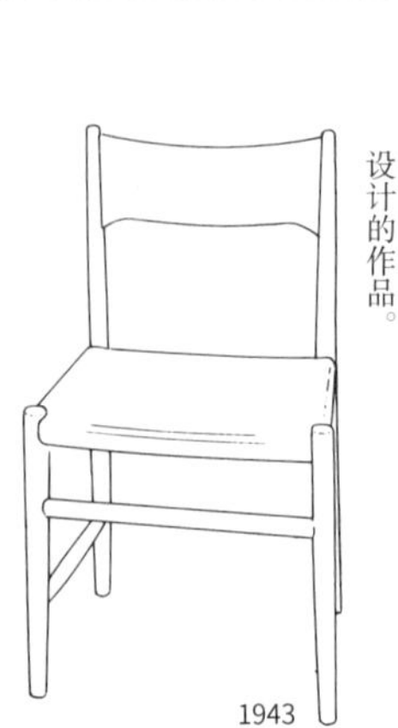

1943

1992年丹麦建筑家协会主办的阿诺·雅各布森展上展出的设计作品，应该是与埃里克·莫勒以及汉斯·瓦格纳一起设计的作品。

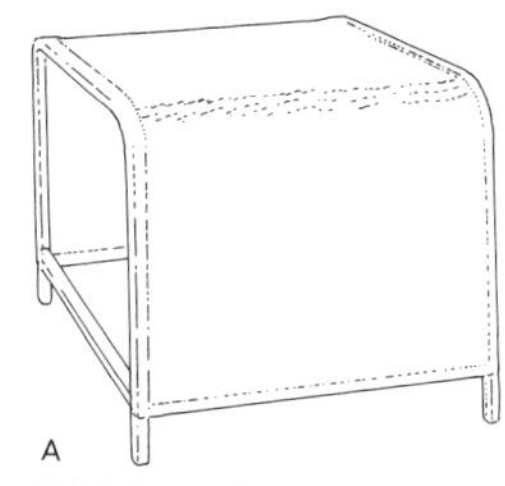

A

雅各布森所设计的藤编安乐椅以及配套桌子的最初模型，由温格勒公司生产。
1928—1929

B

芬·居尔设计的沙发，曾在 1943 年的橱柜制造商行会展上参展，椅座部分有两层坐垫。
1943

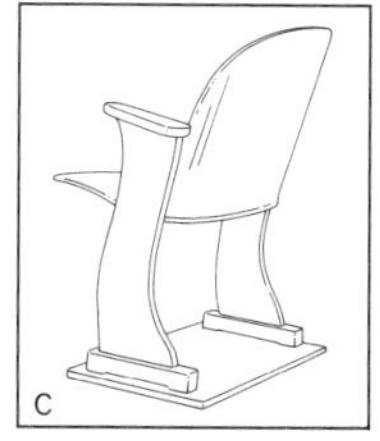

C

芬兰设计师伊玛里·塔佩瓦拉为剧院设计的椅子，与雅各布森的作品极为相似。
1937

D

汉斯·瓦格纳设计的安乐椅，也是为丹麦奥胡斯市市政厅所设计的作品，椅背为皮革材质，椅背正中央是奥胡斯市市徽。
1943 年左右

雅各布森与埃里克·莫勒一起负责奥胡斯市市政厅的设计工作，从市政厅的照片可看出他们受到了北欧建筑师阿斯普伦德的影响。左图作品也是雅各布森与埃里克·莫勒及汉斯·瓦格纳共同设计而成的。可以看出，为了让两根横梁保持平行，他们费了不少心思。

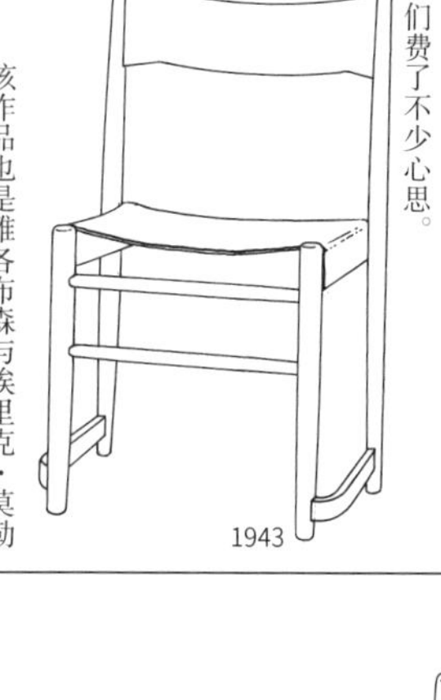

1943

该作品也是雅各布森与埃里克·莫勒及汉斯·瓦格纳共同设计的，尚不清楚用于市政厅里的哪个房间。

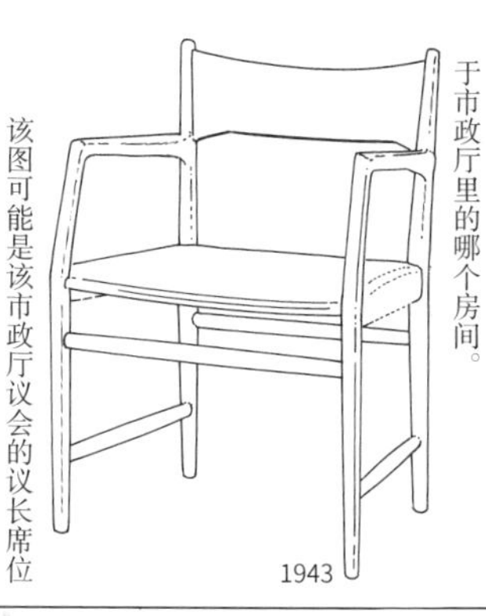

1943

该图可能是该市政厅议会的议长席位专用座椅，虚线部分细节不详。该作品由雅各布森与汉斯·瓦格纳共同设计而成。

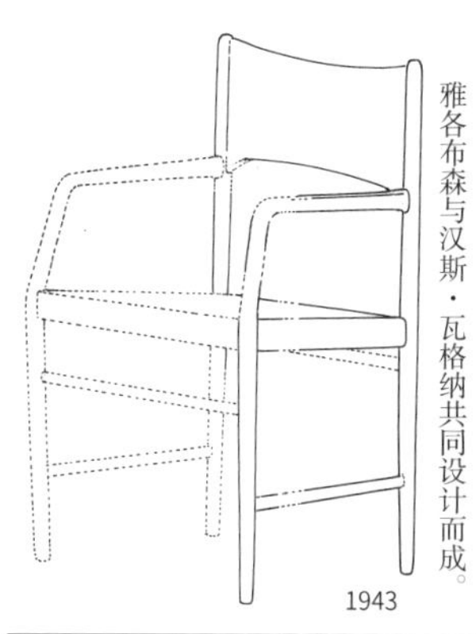

1943

汉斯·瓦格纳也参与了该市政厅的家具设计工作，笔者认为家具设计工作是由瓦格纳负责的，而指导工作则由雅各布森及莫勒来进行。

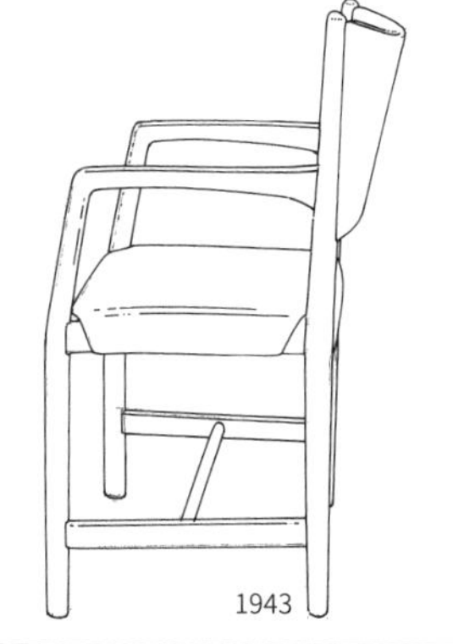

1943

该作品与右边的椅子用于同一个房间，扶手及靠背的设计十分贴心，资料中椅背的上下宽度不明。

1943

同样是为奥胡斯市市政厅设计的作品，与市政厅里其他椅子的靠背有所不同，可能是用于市政厅中的婚庆场合的作品，由雅各布森与瓦格纳联合设计而成。

1943

丹麦也有日本东北地区那样的L形的房屋，有些避暑别墅就是由这种丹麦传统民居改造而成的。这把椅子可能就是为这样的别墅所设计的，与桌子相配套。

1950

为同一避暑别墅的客厅所设计的作品，是右图作品的衍生作，与其配套的桌子是圆形的。

1950

这件是跟别墅客厅角落的四角形桌子相配套的长椅兼床，可能因为摆放在墙边所以没有靠背。

1950

美国设计师雷·科迈所设计的作品，是模压胶合板座椅与钢管椅腿的结合之作。椅背上的缺口产生了三维曲面的设计感。
1950 年左右

彼得·维特与奥尔拉·莫尔高·尼尔森所设计的 AX 椅，模压胶合板椅子中的名作，是处于二维曲面到三维曲面的过渡期作品。
1950

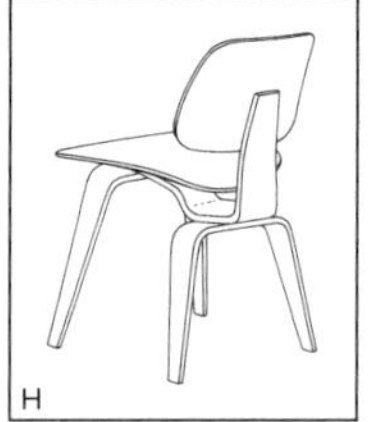

查尔斯·伊姆斯所设计的模压胶合板制椅子。可能是三维曲面结构作品制造、销售的最初版作品。
1945—1946

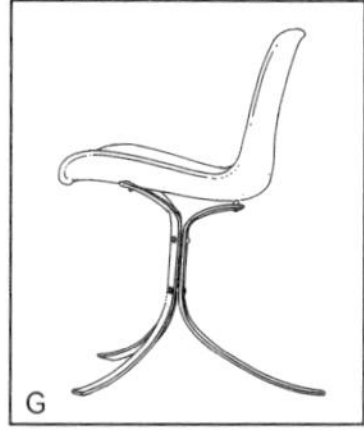

该图作品使用了三根钢制椅腿，是丹麦设计师保罗·克耶霍尔姆的名作。
1960

为美国斯堪的纳维亚基金会所设计的桌子，左侧向外凸出的部分为折叠小桌板。
1945—1946

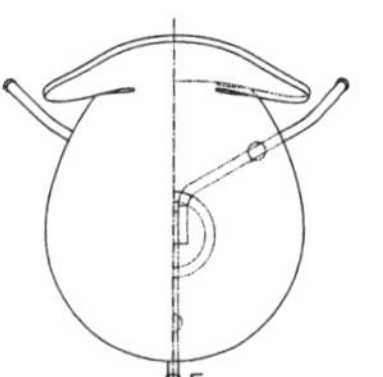

“蚂蚁椅”的平面图。

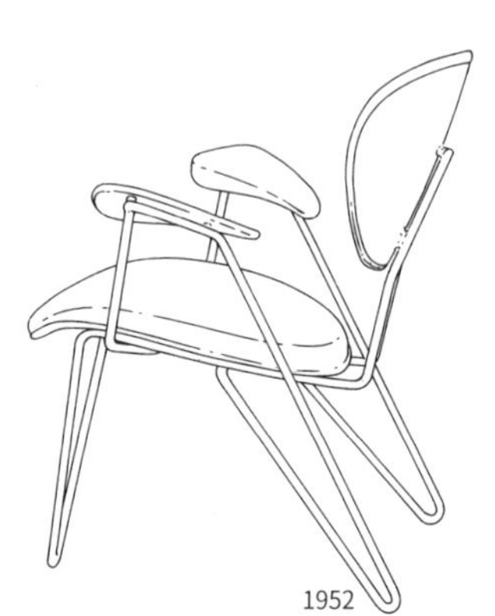

这是为位于纽约的美国斯堪的纳维亚基金会所设计的安乐椅，可能是雅各布森家具设计中首次使用到钢管的作品。

该作品在日本广为人知，与瓦格纳的『Y形椅』齐名的雅各布森代表作『蚂蚁椅』。因椅背中央部位变细，使人联想到蚂蚁的身体而得名。在德国，这种形状也被称为『小提琴』。中央部位的缺口具有一定弹性，另外也可以更容易使椅背形成三维曲面。丹麦有许许多多三脚椅设计，但这一作品可以说是最先取得成功之作。该作品是为哥本哈根的诺和诺德制药公司的食堂所设计的，量产后售价仅为 75 克朗。

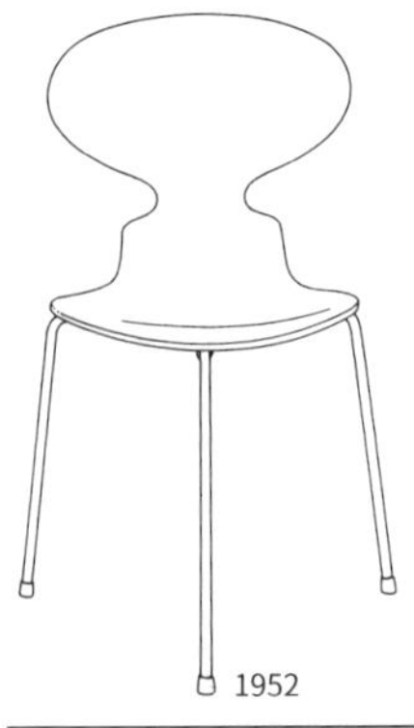

据 1957 年某杂志上刊登的设计草图所绘，椅背部位为方便搬运设计了一处小孔。

1952

因为三脚椅容易向斜前方歪倒，所以在雅各布森逝世后，四条椅腿的『蚂蚁椅』也问世了。日本使用椅子的历史比较短，因此四条椅腿的蚂蚁椅很多见。

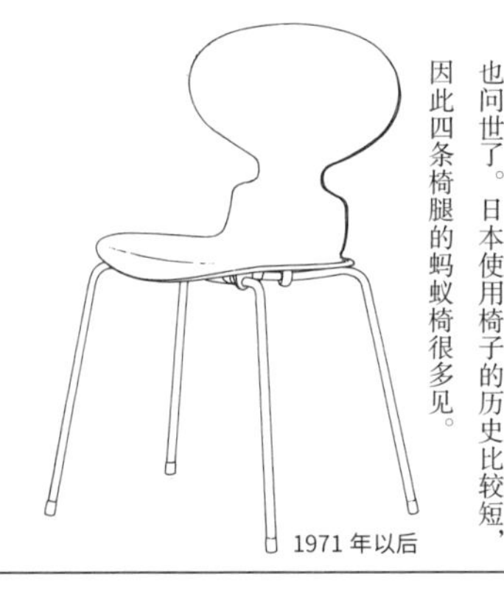

『蚂蚁椅』诞生三年后问世的『七字椅』，这一作品在日本也为人们所熟知，与『蚂蚁椅』结构几乎相同，但靠椅的面积大大增加，椅背部位有弹力的弯曲位置也变低了，设计师皮特·海恩为了这把椅子，还专门设计了超椭圆形的餐桌。

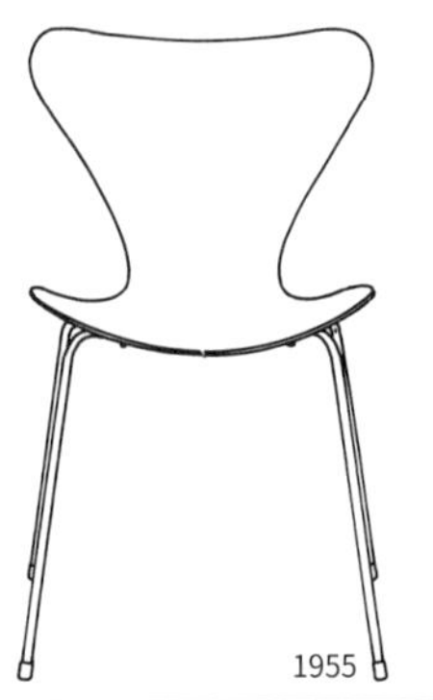

七字椅系列的衍生作品为数众多，图为有扶手的类型。

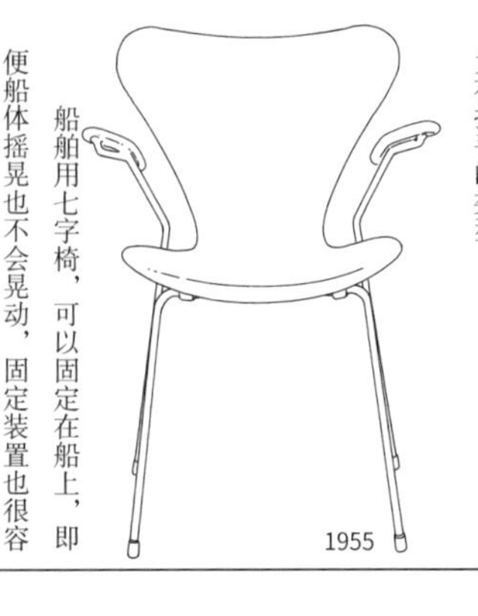

船舶用七字椅，可以固定在船上，即便船体摇晃也不会晃动，固定装置也很容易取下。

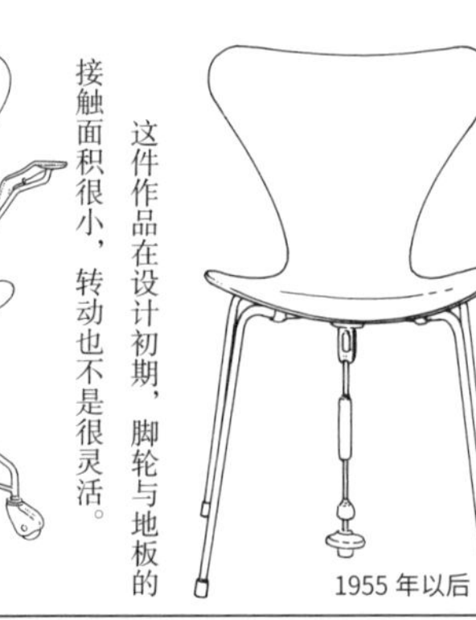

这件作品在设计初期，脚轮与地板的接触面积很小，转动也不是很灵活。

1955 年以后

最近的作品变成了五根椅腿的设计，脚轮也采用了科维公司的商品。

1955 年以后

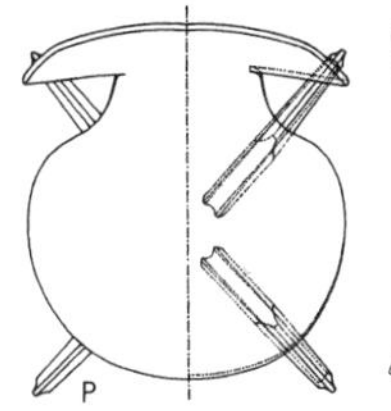

胶合板椅平面图。

雅各布森为小学设计的桌子，有这样一位设计师为学校的教室设计必备用品，丹麦的孩子们真幸福。
1955

瑞典设计师库特·诺德斯特姆设计的小椅子，椅背及椅座采用模压胶合板材质，框架为钢管结构，像这样专门为了工业生产而设计的椅子，在当时得到了大量生产。
1957 年左右

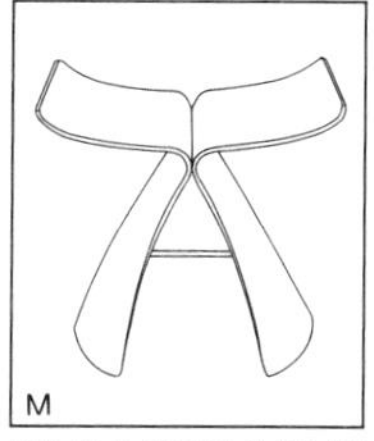

图为日本模压胶合板材质的名作，是日本设计师柳宗理的作品。它不仅是纽约现代艺术博物，也是全世界中美术馆的永久展品。日本家具公司天童木工现在仍在生产这一作品。
1956

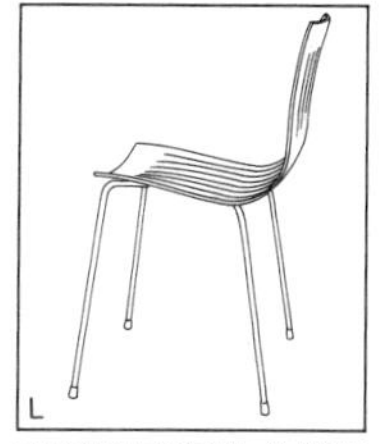

丹麦设计师佩塔·佐特设计的小椅子，通过椅面部分的线条缝隙设计，成功实现了椅面的三维曲面化设计。
1956

英国设计师罗宾·戴的作品，是由模压胶合板椅座及钢管椅腿组成的小椅子，这一作品的椅面还是二维曲面。
1953 年左右

椅子上装有横向平行的钩子，除此之外也有装有横杆的类型。

1955 年以后

会议室专用的椅子，配有小桌板，小桌板采用了有机曲线，线条十分优美。

1955 年以后

椅腿采用了杆状结构的作品。

1954—1955

该作品椅面部位仅由两片胶合板弯曲而成，椅腿采用钢材材料，虽然看上去是把很普通的小椅子，但却能使人感到温暖。

1955

『最高奖项椅』，这把椅子进一步扩大了胶合板曲面面积，使得椅子与人体更为契合。细看的话会发现椅腿也采用了胶合板材料。雅各布森所设计的椅子大多可以堆叠，这也是如此。椅腿部分的截面呈六角形，十分有美感。

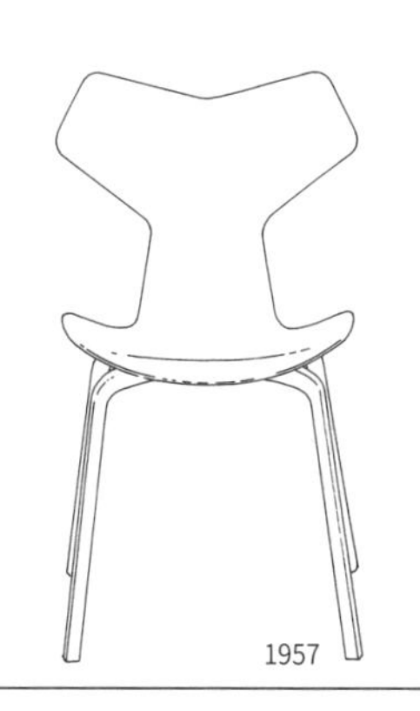

1957

该作品是在 1992 年斯堪的纳维亚家具展（哥本哈根的贝拉中心）上重新设计并发表的作品，椅座上铺有坐垫，舒适度得到提升。

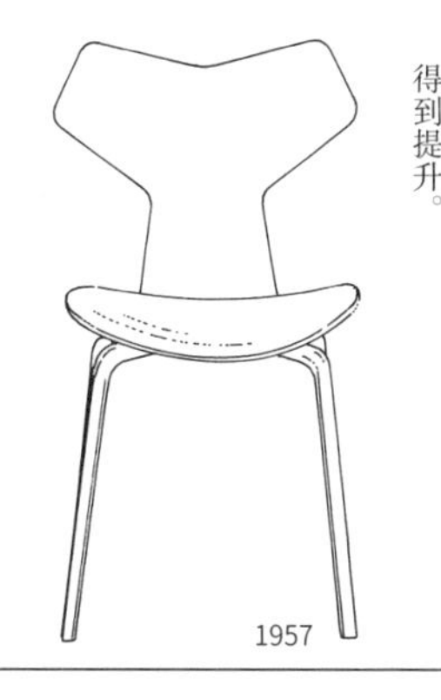

1957

座椅部分与右图作品相同，而椅腿部分则兼用了七字椅的设计。

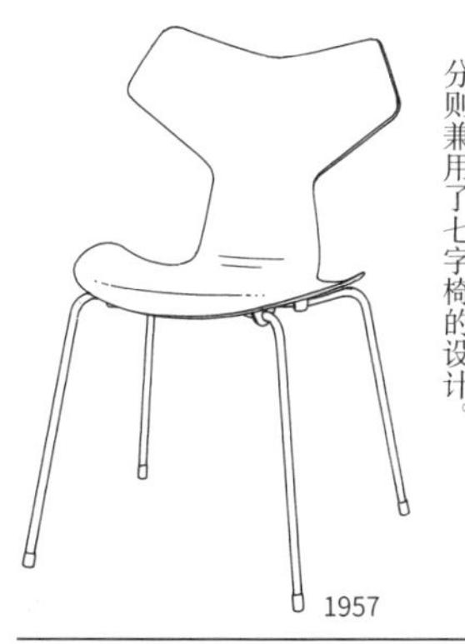

1957

3105 号叠椅，巴黎的联合国教科文组织大楼的自助餐厅内使用的就是该作品，这在当时引发了人们的热议。图为该作品模型。雅各布森极为罕见地制作了儿童专用的同款椅子。

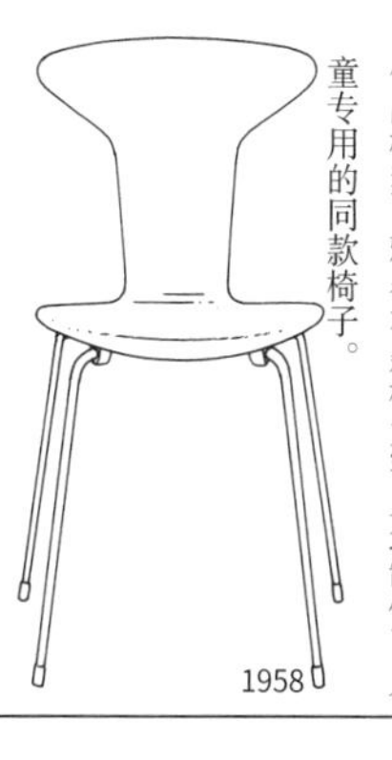

1958

这一模型也是较早的四脚轮作品，现已不再生产。

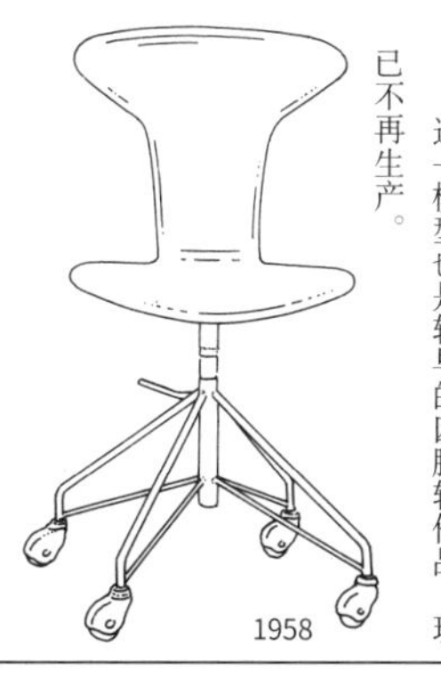

1958

3103 号叠椅，瑞典马库斯教堂内多使用该作品，现已不再生产。

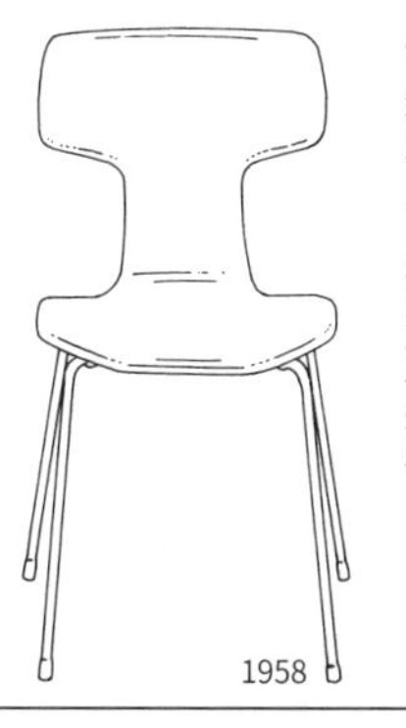

1958

该作品与右边第二件作品为同系列作品，因为是旧款设计，其脚轮也是旧式的。

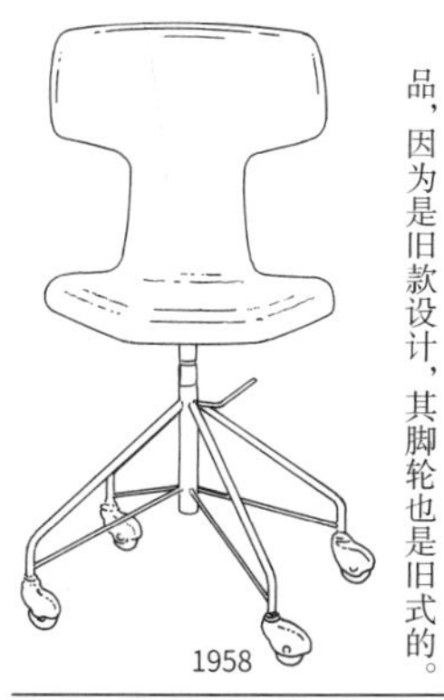

1958

1902—1971

阿诺·雅各布森

第 2 小节
北欧航空公司（SAS）皇家旅馆

雅各布森在因将国际风格引入丹麦建筑领域而闻名，本小节会为大家介绍关于其建筑设计中最具代表性的北欧航空公司皇家旅馆的故事。北欧航空公司皇家旅馆建于1959年，是丹麦哥本哈根市中具有代表性的现代大酒店。但由于建成已有50多年，各处都添加了一些现代设施，内部装饰也与最初相比少了些许雅各布森的个人风格。于是开始有市民担忧，这样下去会渐渐失掉雅各布森作品的独创性，呼吁至少留出一间客房，将其复原为酒店竣工最初的模样，以作为雅各布森的设计留存于世。酒店方面也采纳了这一建议，将一间套房恢复成了1959年酒店刚刚竣工时的模样（由此可以看出他们对设计文化的高度保护意识，令人称羡）。当然，令人欣喜的是，该套房也同一般客房一样可供客人使用。该房间刚刚开放的时候，笔者就曾为收集素材而前往参观，房间内除了电视机以外的设施全部维持了最初设计时的模样，丹麦人对于设计的情感着实令人叹服。

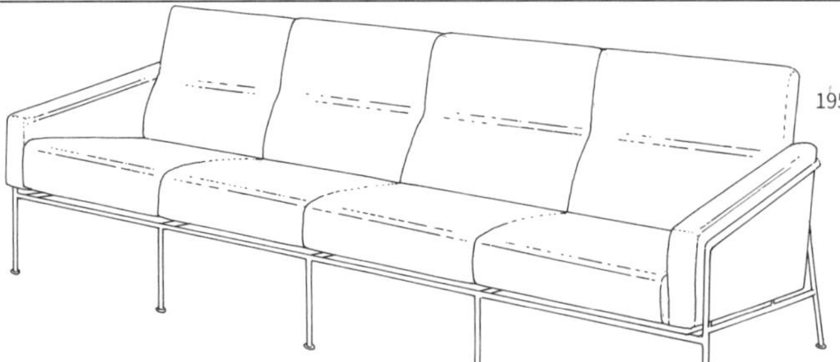

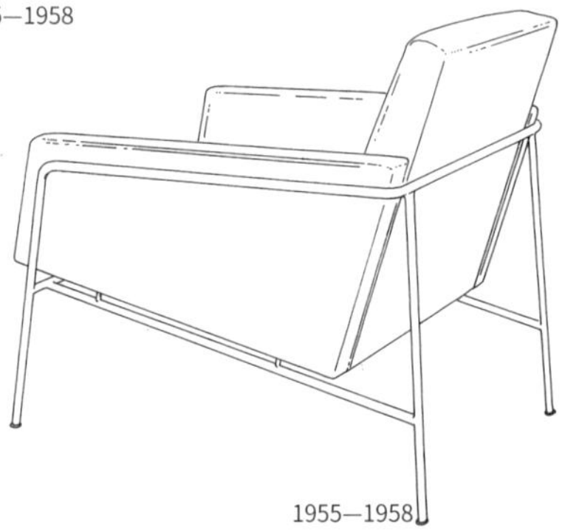

1955—1958

该作品是雅各布森为哥本哈根卡斯特鲁普国际机场的北欧航空公司航站楼设计的作品，他在之后设计的诸多建筑中也使用到了这一作品。

1955—1958

这张沙发摆放于北欧航空公司航站楼，而这栋航站楼本身也是雅各布森的设计的（机场的整体设计者为丹麦建筑师威廉赫姆·劳瑞城）。内部的阶梯扶手也与该沙发的设计相同，为钢管结构，该沙发可供二至三人使用。

1958

「蛋椅」，与北欧航空公司皇家旅馆同时设计而成的作品。椅腿部分为铝材压铸而成，壳体部分的材料为硬质聚氨酯泡沫塑料。看上去是整体结构是固定的，但实际上该椅子既可旋转也可躺靠。坐在这把椅子上会感觉整个身体都被椅子包了起来，使人感到放松。也许这才是真正意义上的安乐椅。这一椅子所使用的材料在当时来看是非常独特的、最为先进的材料。雅各布森在选用家具的材料及形态时，总是极富挑战精神，他通过在家具中引入尚未有人用过的新材料及技术来实现人们普遍认为无法实现的新奇设计。「蛋椅」及「蚂蚁椅」就是体现了其挑战精神的代表之作。

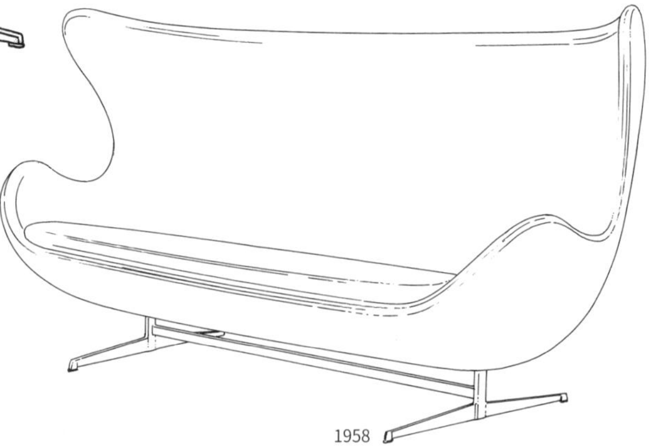

1958

非常罕见的三人座蛋椅，北欧航空公司皇家旅馆在早期的几年间曾在大堂中使用过该作品。该「蛋椅」不可躺靠。

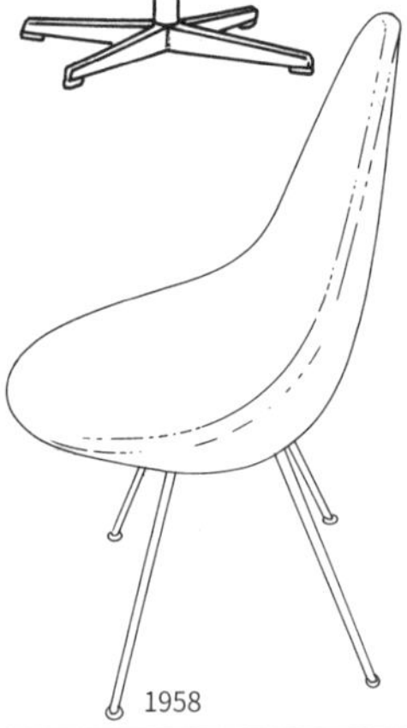

1958

「水滴椅」，这把椅子的设计也非常新奇。北欧航空公司皇家旅馆内的酒吧中曾使用过该椅子，壳体部分与「蛋椅」采用了相同的硬质聚氨酯泡沫塑料材料，椅腿部位为铜制，现在摆放于陈列室。

A

设计师埃罗·沙里宁出生于芬兰，之后移居美国，这是其设计的单椅腿名作“郁金香椅”。
1955—1956

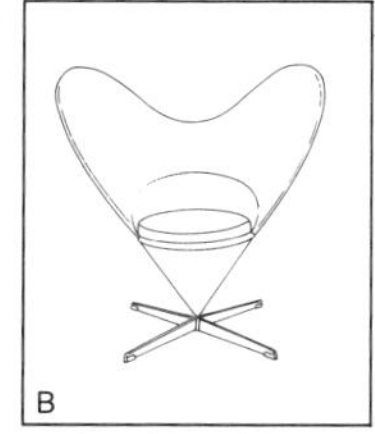

B

丹麦设计师维奈·潘顿设计的“锥形椅”，该作品将重量集中于一点，这种独特的构造是将钢丝呈螺旋状焊接而实现的。
1958—1959

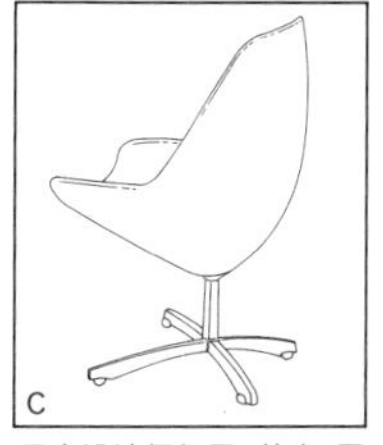

C

丹麦设计师伊恩·英奇·霍维格设计的餐椅，由弗里茨·汉森家具公司生产上市，可看出其设计受到了“蛋椅”的影响。
1960 年左右

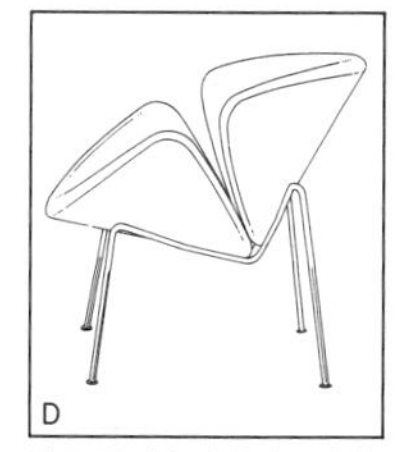

D

法国设计师皮埃尔·波林为爱迪佛脱家具公司设计的安乐椅，通过两个二维曲面构成了舒适性极高的椅座。
1959

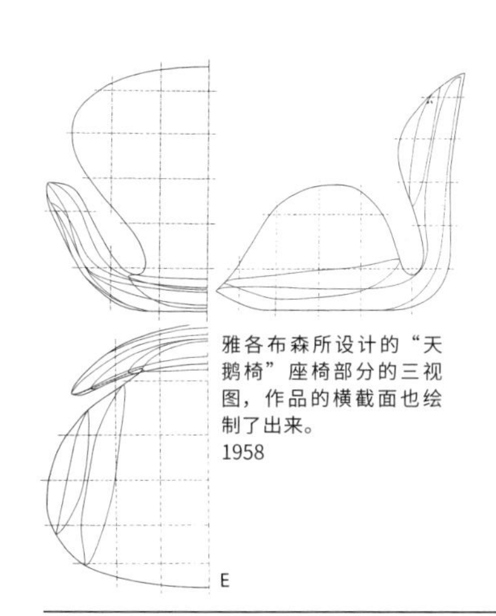

雅各布森所设计的“天鹅椅”座椅部分的三视图，作品的横截面也绘制了出来。
1958

E

名作『天鹅椅』的五分之一模型。由此看来，当初应是考虑过用钢管来制作椅腿。

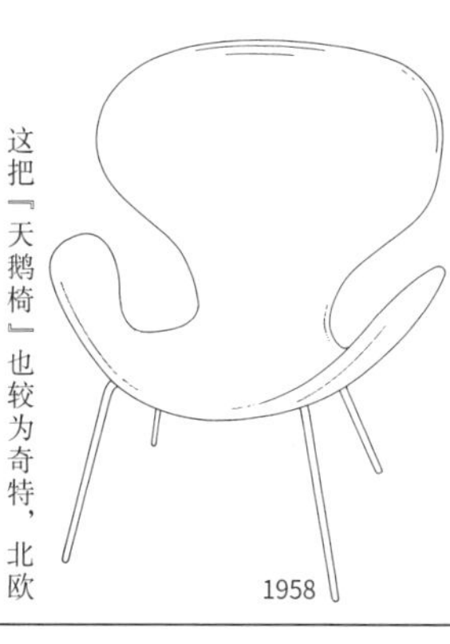

1958

这把『天鹅椅』也较为奇特，北欧航空公司皇家旅馆大堂中曾使用过这把椅子，其后弗里茨·汉森家具公司将其生产上市，椅腿部分为模压胶合板材质。

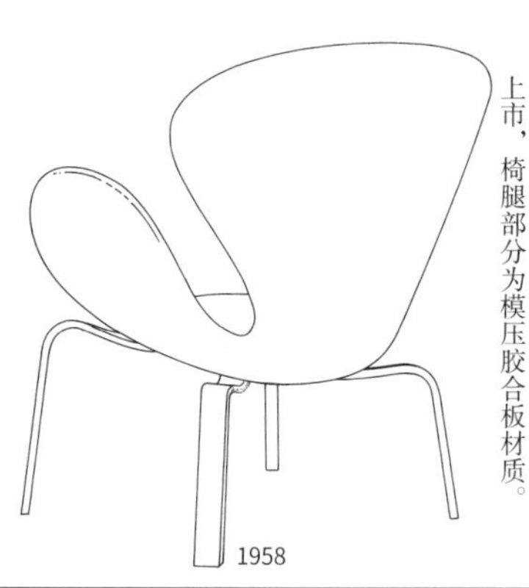

1958

现在弗里茨·汉森家具公司仍在生产该商品，椅腿部分由铝材压铸制成。

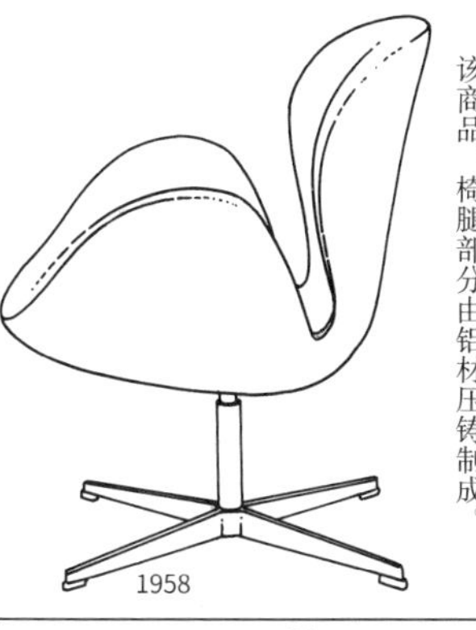

1958

『天鹅椅』的沙发版作品，重新设计后上市销售。

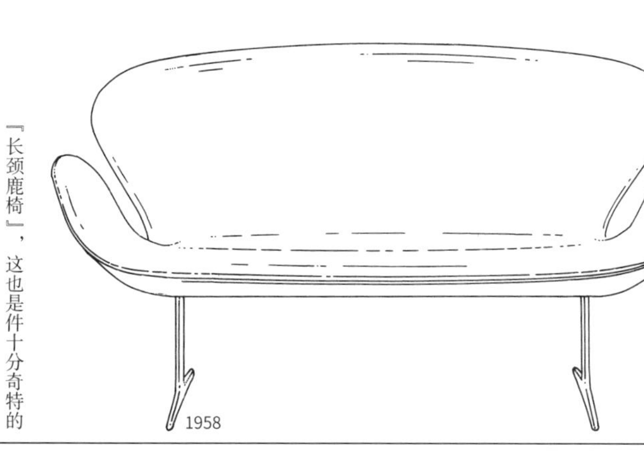

1958

『长颈鹿椅』，这也是件十分奇特的作品，北欧航空公司皇家旅馆的餐厅中曾使用过该椅子。壳体部分采用了硬质聚氨酯泡沫塑料，边缘部分为木制，椅腿部分与前一小节介绍过的胶合板椅几乎相同，都是模压胶合板材质。

1958

名为『罐』的珍奇作品，该作品的名字与其造型相得益彰，法国设计师皮埃尔·波林发表过与这一作品很相似的设计（参照D图）。

1958—1960

该作品为『牛津椅』，是雅各布森为牛津大学圣凯瑟琳学院所设计的系列作品，日本此前曾误传该作品是为牛津大学设计的。这一作品也已由弗里茨·汉森家具公司生产上市。

1965 年以后

1965 年以后

米切尔森公司制作的餐刀及叉子，除此之外还有很多餐具设计保留了下来。
1958—1961

由丹麦斯特通公司制作的不锈钢材系列作品，名为“希林达莱茵”。雅各布森的设计中很喜欢以“圆筒形”作为作品主题。
1958—1961

F～I 图为雅各布森所设计的灯具，均已由丹麦灯具公司路易斯·波尔森生产上市。
1958 年左右

低背的『牛津椅』，带有脚轮。

相比之下还是高背的『牛津椅』更有美感。下一行几幅图中的是当时设计出的作品，其椅座部分及椅腿部分均为模压胶合板材质，左图为现在仍在生产的作品，椅腿部分为铝材压铸制成。

该作品也是雅各布森为圣凯瑟琳学院设计的作品，这把高背椅的设计亮点在椅座部分与框架部分的连接部位。雅各布森为加强连接部位的强度，增加了椅面宽度，使其从视觉效果上而言也十分具有美感。与其配套的脚凳在取下坐垫后可作为咖啡桌使用。

该作品与右图作品属同一系列，是雅各布森为学生公寓的桌子所设计的配套椅子，侧面的凹槽是这把椅子的设计亮点。

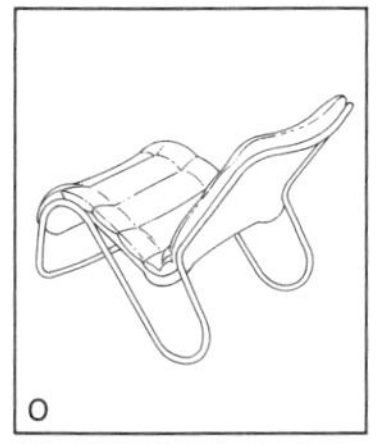

德国设计师尤尔根·兰格设计的安乐椅，使用了钢管设计，由德国贝尔家具公司生产。
1972

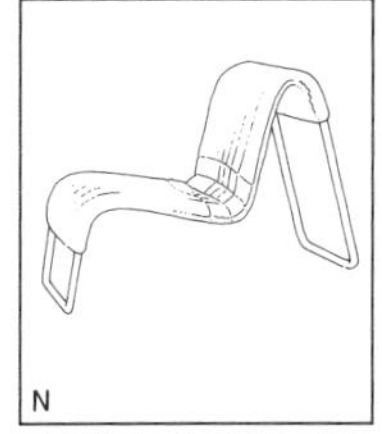

由乔纳森·德·巴斯、多纳托·德尔比诺、保罗·罗马兹三位意大利设计师所设计的安乐椅，由意大利德里亚德家具公司生产。
1970

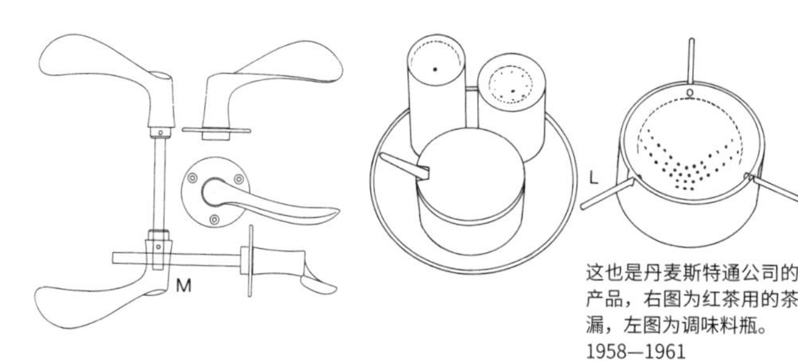

由彼得森公司生产的门把手，为北欧航空公司皇家旅馆而设计（参考自《姆贝里亚》杂志）。
1958

这也是丹麦斯特通公司的产品，右图为红茶用的茶漏，左图为调味料瓶。
1958—1961

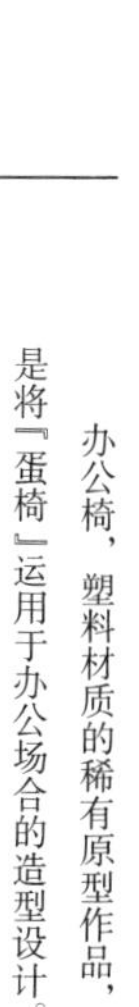

办公椅，塑料材质的稀有原型作品，是将『蛋椅』运用于办公场合的造型设计。

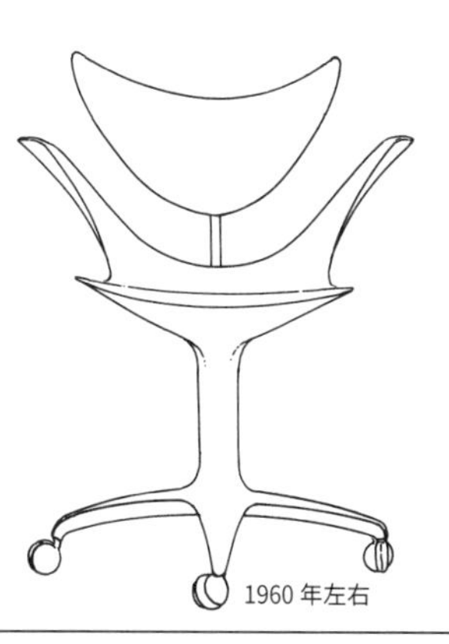

1960 年左右

这件也是原型作品，很明显设计方面是七字椅以及胶合板、钢管等组合系列的衍生作品，但应该不是塑料与钢管材质的组合设计。

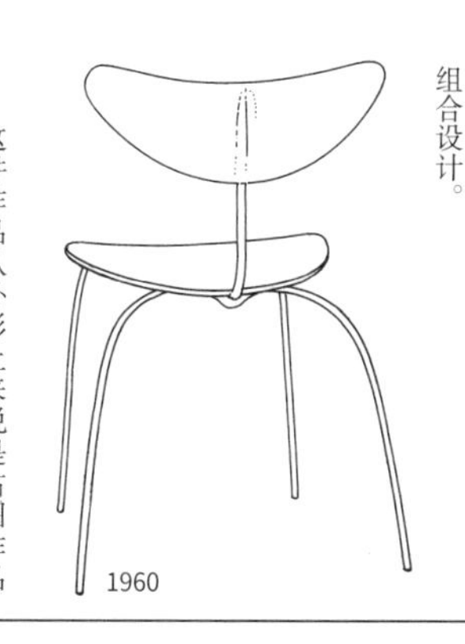

1960

这件作品从外形上来说是右图作品与七字椅等作品的衍生作品，日本曾有一段时间生产过该作品，但由于品质问题最终停产。

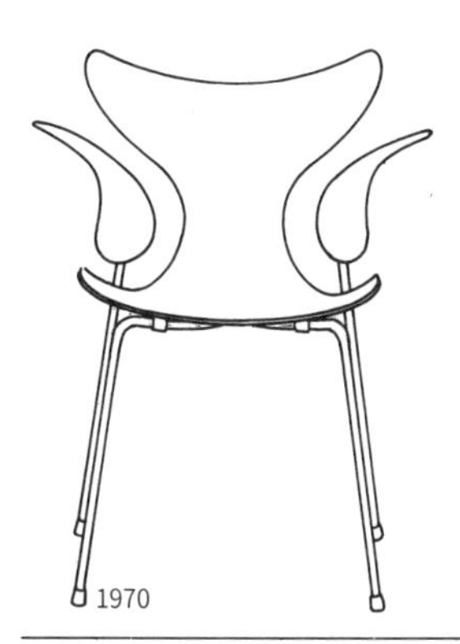

1970

上一行最左侧作品的无扶手款式，与七字椅相比椅背面积较小，椅子整体曲线十分优美。现已停产。

1970

设计年份不详，但应该是他后期的作品。『希林达莱茵』系列作品中的圆筒形设计在这一作品中也得到了展现，作品采用了模压胶合板材质，但由于其曲面设计使结构强度得到了加强。

1970 年左右

该作品应与右图作品为同时期作品，想必雅各布森在设计时也遵从了同一理念，该图为原型作品。

1970 年左右

该作品各部分被十分鲜明地分成了独立的构造，在雅各布森后期的作品中，像这样使用坐垫来提高舒适性的设计十分常见。

1970

雅各布森最后的系列作品，是他为西德的马尔市政厅所设计，作品中可见横向平行设计（下图）及圆形的组合运用（上图）。

从作品上方可以看出，该作品的六条椅腿围成了一个圆形。

1971

1902—1971

阿诺·雅各布森

第 3 小节
两座市政厅

1991 年，为纪念雅各布森逝世 20 周年，丹麦建筑师协会举行了一场展览会。以此次展览会为契机，协会重新制作了雅各布森的作品，此外还有一些十分优秀的书籍得以出版。其中，西班牙出版的书籍里有一些丹麦所出版书籍中所没有的内容，资料价值极高。在此笔者想就这些资料进行一些介绍。

此前第 1 小节已经介绍过了，奥胡斯市政厅是雅各布森的代表作之一，他与同为建筑师的同伴埃里克·莫勒一同报名参与了当时哥本哈根市所举办的比赛，并以十分优异的成绩夺得大奖。此外，当时还默默无名的汉斯·瓦格纳也参与了这次奥胡斯市政厅的家具设计工作。但当时瓦格纳的设计中个人风格并不明显，可以看出他深深受到了另外两人的影响。

雅各布森的另一个代表作是苏赫姆市政厅，由他单独设计，市政厅墙壁均设计有木制曲线，细节部分十分完美。此外，在此次设计中，从灯具到门把手、烟灰缸、钟表等这些小物件也都是由雅各布森设计的。

许多著名建筑师设计初期的椅子都是对旧式家具重新进行设计，丹麦设计师中以凯尔·柯林特为首，众多设计师都参考了 17—18 世纪英国的家具风格。很明显，左图雅各布森初期的作品就是如此。

1927

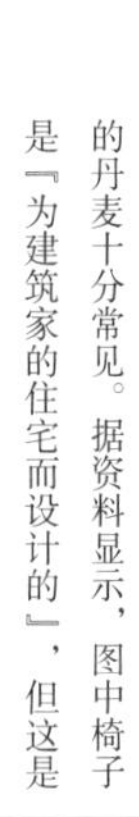

左图这样的布艺椅在 20 世纪 20 年代的丹麦十分常见。据资料显示，图中椅子是『为建筑家的住宅而设计的』，但这是否是雅各布森为自己的房子所设计的作品便不得而知了。

1928—1929

该作品为在未来住宅展上参展的作品，第 1 小节中曾介绍过这件作品的衍生作品，左图这件作品多处采用了精细编制。应该是由著名藤椅制作公司温格勒公司生产的，但该系列作品有三种版本，不知是否均已由该公司生产上市。

1929

左图作品应该也是温格勒公司的作品，从该作品的轮廓来看，很明显是以布艺安乐椅为基础设计的，不知该作品是否有沙发版本。

1930 年左右

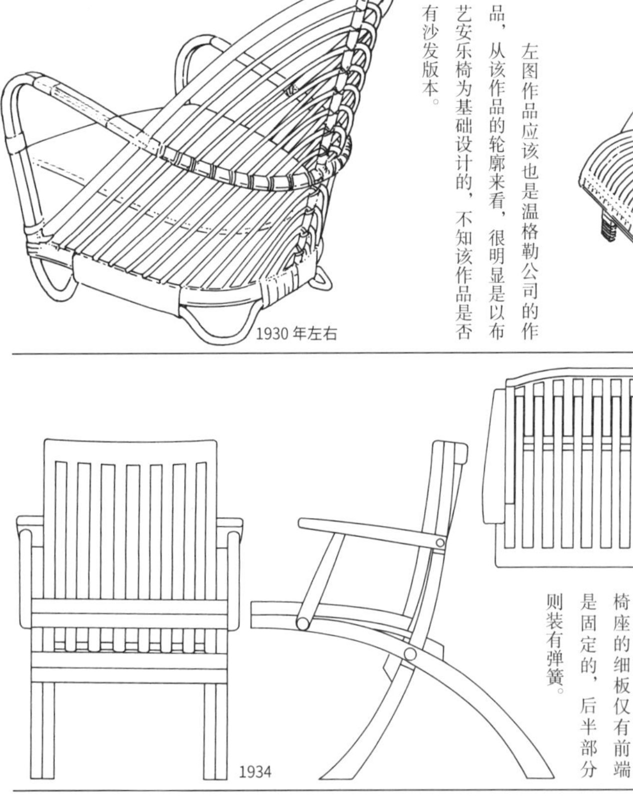

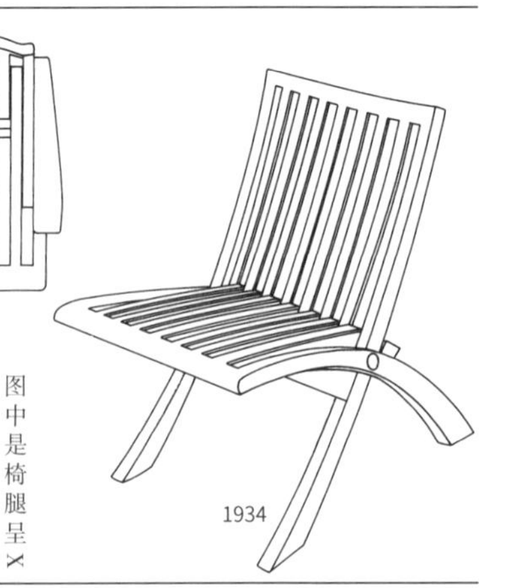

1934

图中是椅腿呈 X 形交叉的折叠椅，这种设计结构很早之前便已经诞生了，但从右图可看出，其椅座部分设计得十分有趣，椅座的细板仅有前端是固定的，后半部分则装有弹簧。

1934

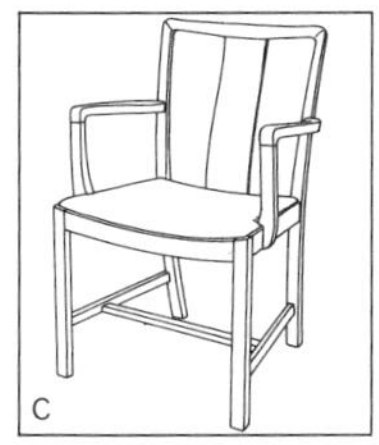

C

汉斯·瓦格纳与布吉·莫根森一起设计的作品，可以看出该作品与本页第三行右侧作品有共通之处。
1946

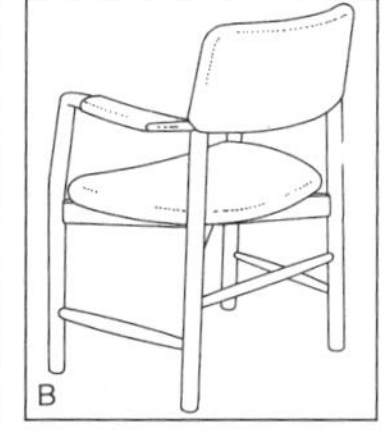

B

该作品也出自汉斯·瓦格纳之手，可以看出，瓦格纳初期的一些作品经过了雅各布森的指导。
1941

A

该作品与上一页最后一行的折叠椅结构相同，是汉斯·瓦格纳的作品。
1962

该作品是雅各布森为温德尔住宅所设计的弧形木制长椅原型，荷兰设计师里特维尔德也曾设计过十分出色的圆形长椅。

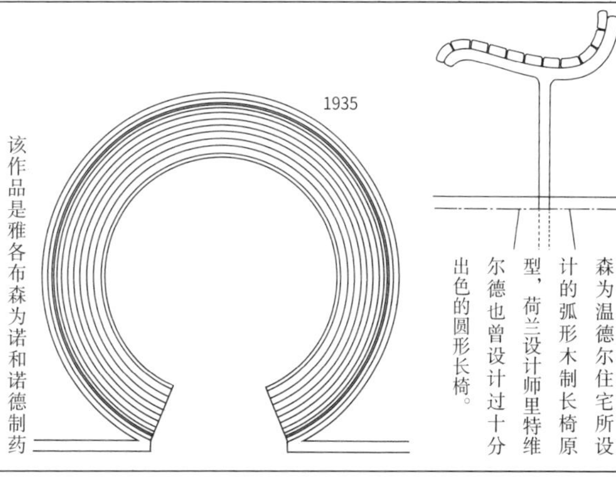

1935

该作品是雅各布森为诺和诺德制药公司所设计的扶手椅，其名作蚂蚁椅也正是因这家公司而问世。椅面采用了皮革材料，作品的设计特色是前椅腿上半部分向扶手方向微微弯曲。

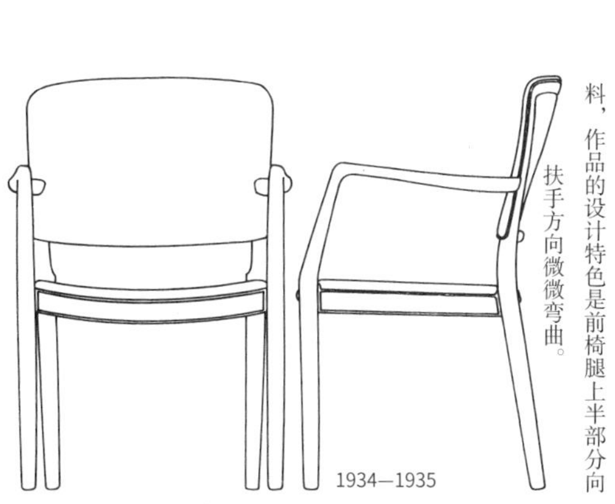

1934—1935

左边两幅作品中，左侧作品是为第一小节所提到的剧院而设计的作品，右侧则是为同一建筑壁炉旁的用餐处所设计的扶手椅。

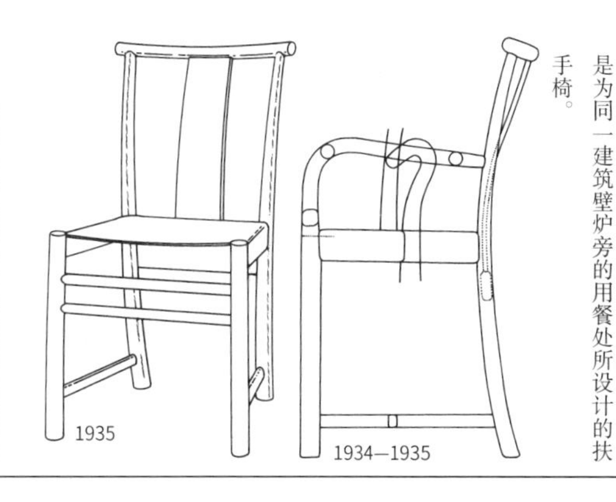

1935　1934—1935

该作品也是雅各布森为同一建筑的酒吧吧台所设计的，其椅背部分的细节设计会使人联想起这之后诞生的『蛋椅』及『七字椅』。

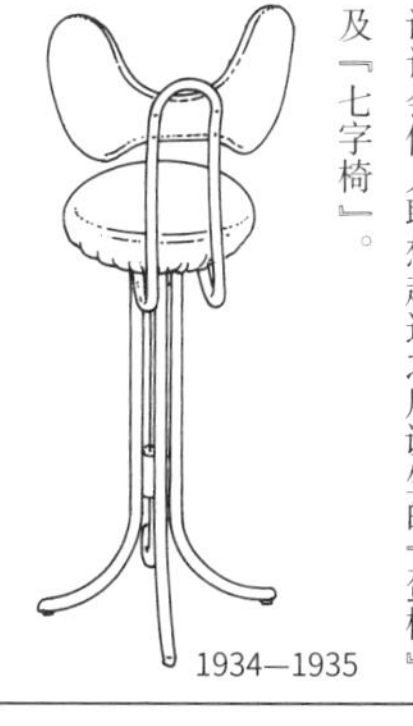

1934—1935

为某大楼所设计的作品，用于一层画具店的柜台，椅腿部分与右图作品有共通之处。

1937—1938

该作品是雅各布森为根措夫特（哥本哈根北部城市，汉斯·瓦格纳现居地）体育馆所设计的无扶手单人椅。

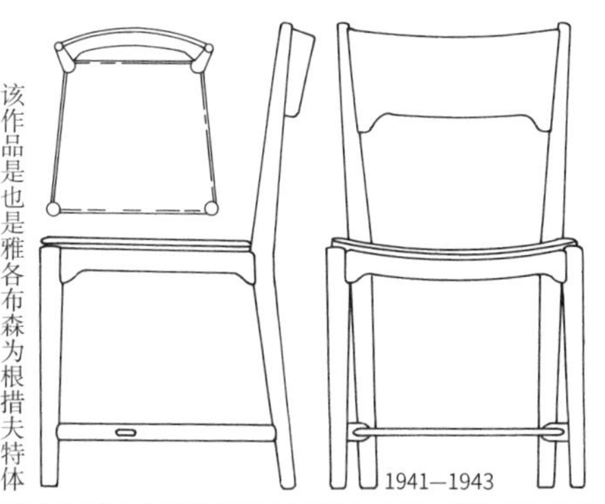

1941—1943

该作品是也是雅各布森为根措夫特体育馆所设计的，用于该馆的更衣室，该作品固定在墙上，框架为金属材质，椅座采用木制材料制成。

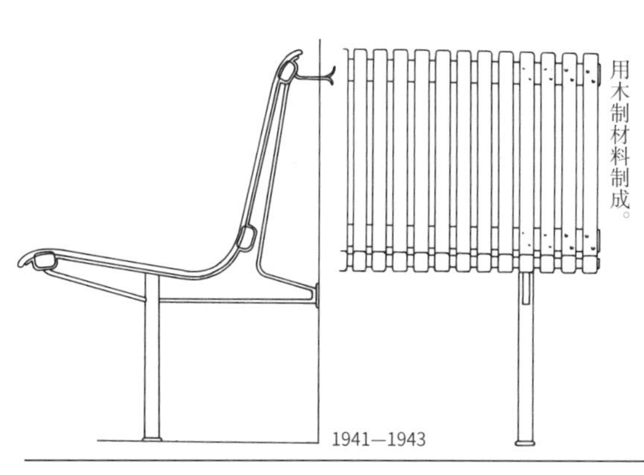

1941—1943

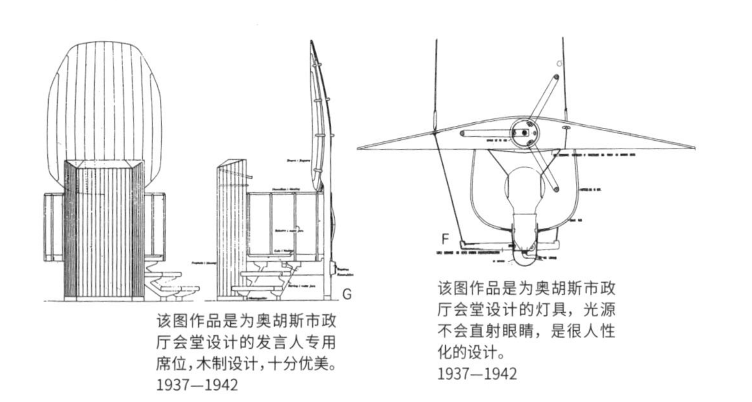

该图作品是为奥胡斯市政厅会堂设计的发言人专用席位，木制设计，十分优美。
1937—1942

该图作品是为奥胡斯市政厅会堂设计的灯具，光源不会直射眼睛，是很人性化的设计。
1937—1942

奥胡斯市市徽，与日本常见的呆板的标志相比，这一设计看上去优美而梦幻。设计年份不详

D

汉斯·瓦格纳在雅各布森及埃里克·莫勒的指导下为奥胡斯市政厅设计了这一作品，与本页第二行左侧的作品几乎相同，市徽位置略有不同。
1943 年左右

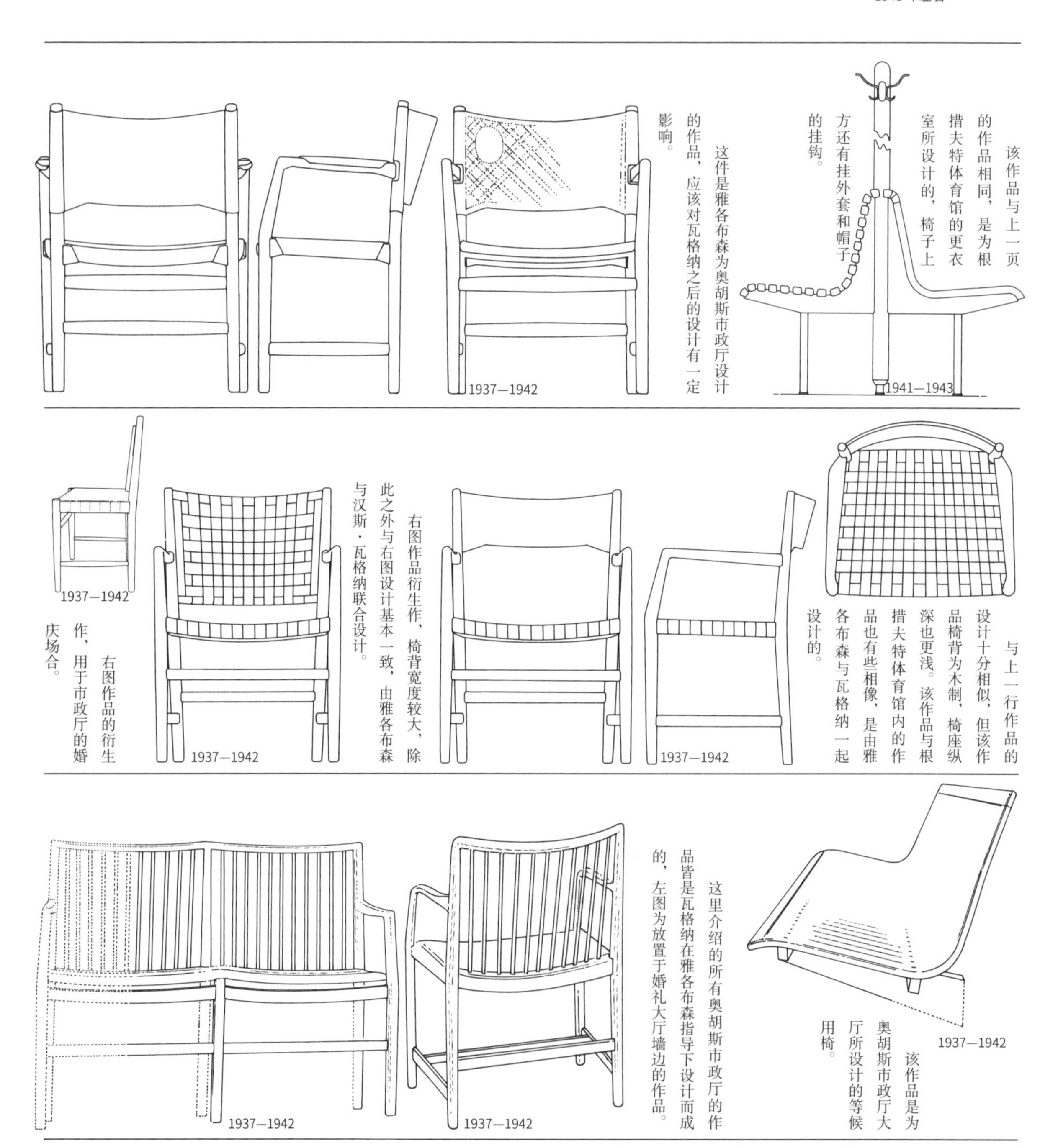

该作品与上一页的作品相同，是为根措夫特体育馆的更衣室所设计的，椅子上方还有挂外套和帽子的挂钩。

1941—1943

这件是雅各布森为奥胡斯市政厅设计的作品，应该对瓦格纳之后的设计有一定影响。

1937—1942

与上一行作品的设计十分相似，但该作品椅背为木制，椅座纵深也更浅。该作品与根措夫特体育馆内的作品也有些相像，是由雅各布森与瓦格纳一起设计的。

1937—1942

右图作品衍生作，椅背宽度较大，除此之外与右图设计基本一致，由雅各布森与汉斯·瓦格纳联合设计。

1937—1942

右图作品的衍生作，用于市政厅的婚庆场合。

1937—1942

该作品是为奥胡斯市政厅大厅所设计的等候用椅。

1937—1942

这里介绍的所有奥胡斯市政厅的作品皆是瓦格纳在雅各布森指导下设计而成的，左图为放置于婚礼大厅墙边的作品。

1937—1942

1937—1942

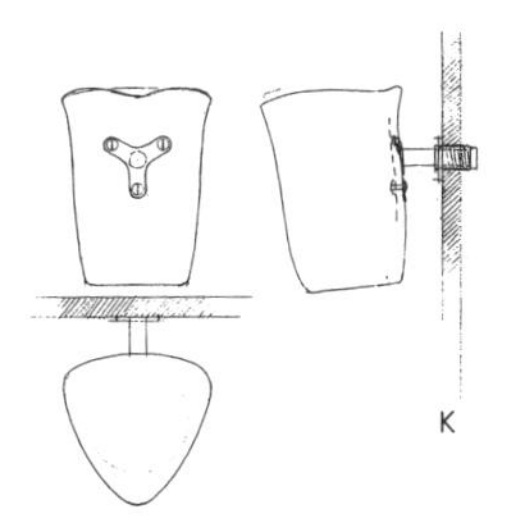

雅各布森为苏赫姆市政厅所设计的陶瓷烟灰缸。
1939—1940
此外，F～K图均来自雅各布森所绘的设计图。

ABCDEFG
HIJKLMNØ
PRSTUVXYZÆ
1234567890
J

奥胡斯市政厅所使用的签名均采用这种字体。
1937—1942

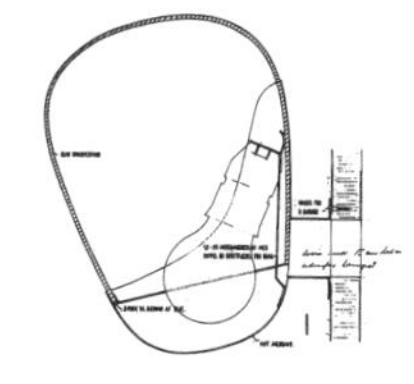

雅各布森为奥胡斯市政厅所设计的壁灯，他为该工程设计了数种照明灯具。
1937—1942

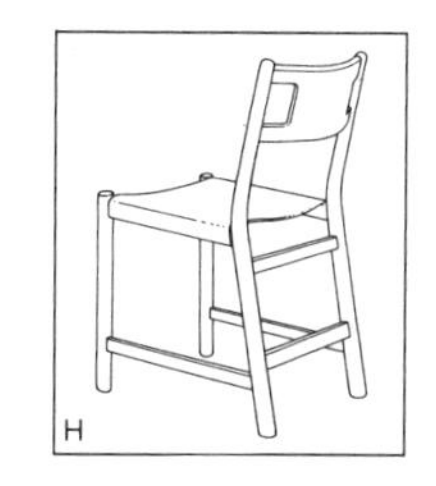

北欧家具公司约翰尼斯·汉森生产的瓦格纳的作品。椅背及椅腿的连接方式与本页最后一行右侧的作品有相似之处。
1946

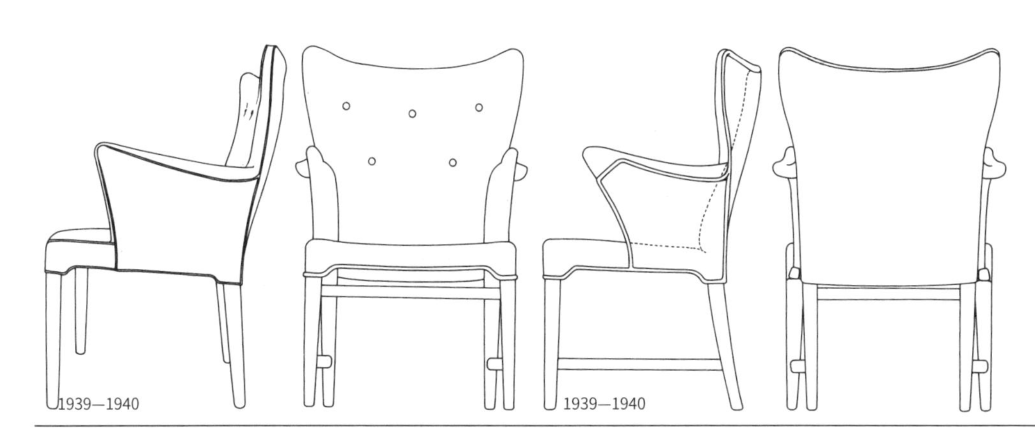

1939—1940　1939—1940

接下来介绍的几件作品均是雅各布森为苏赫姆市政厅单独设计的作品，左图作品是为市政厅议会的议员席位所设计的椅子，扶手线条、细节部位等都十分优美。

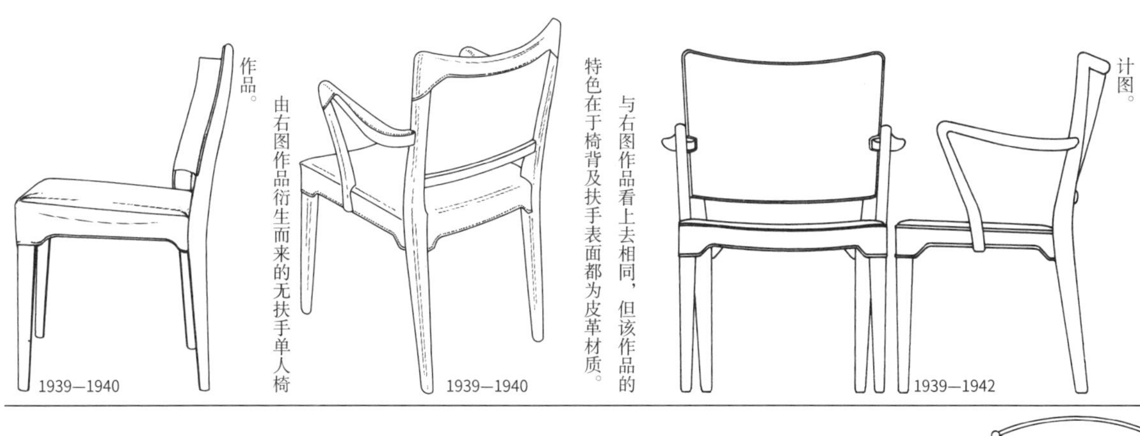

秘书室所用的扶手椅，图片来自其设计图。

1939—1942

与右图作品看上去相同，但该作品的特色在于椅背及扶手表面都为皮革材质。

1939—1940

由右图作品衍生而来的无扶手单人椅作品。

1939—1940

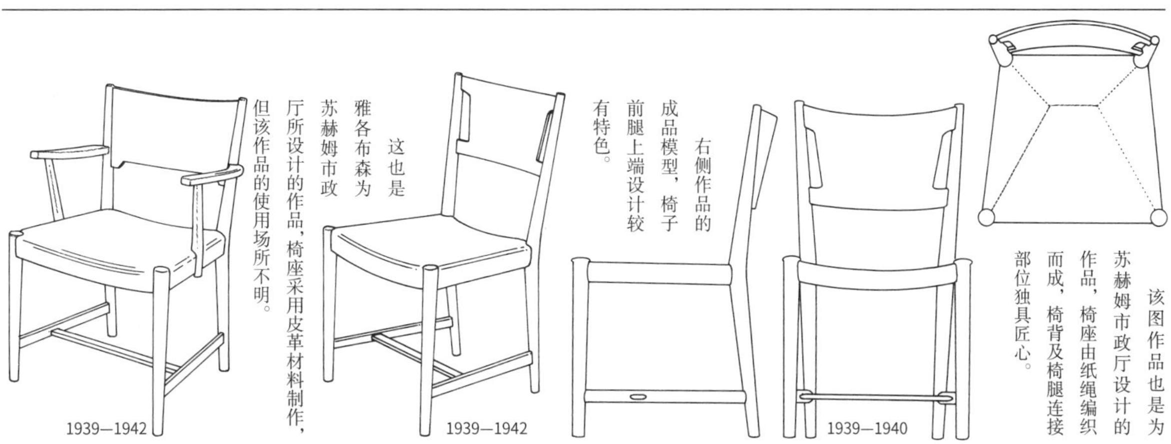

该图作品也是为苏赫姆市政厅设计的作品，椅座由纸绳编织而成，椅背及椅腿连接部位独具匠心。

1939—1940

右侧作品的成品模型，椅子前腿上端设计较有特色。

1939—1942

这也是雅各布森为苏赫姆市政厅所设计的作品，椅座采用皮革材料制作，但该作品的使用场所不明。

1939—1942

1902—1971

阿诺·雅各布森

第4小节
弗里茨·汉森家具公司

丹麦家具设计以木制家具为主，而雅各布森的作品中运用金属、塑料、模压胶合板等新材料，创作出了迄今为止不曾有过的新造型作品。而让这些作品得以问世的就是丹麦的弗里茨·汉森家具公司。要是没有这家公司，也许雅各布森的作品就不会流传于世了。

弗里茨·汉森家具公司创始于1872年，创始人为木匠弗里茨·汉森。公司成立之初主要生产木制天花板、椅子框架等价格低廉的产品。第一次世界大战后，弗里茨·汉森的儿子开始为索耐特公司生产曲木家具的零部件，当时与之合作的有弗里茨·施莱格尔及索伦·汉森。

虽然他们所设计的椅子在设计风格上与索耐特公司略有不同，但双方的设计理念不谋而合，因此他们为索耐特公司生产了大量零部件，并被用于众多公共场所。1934年他们还取得了索耐特公司的钢管家具在丹麦的独家制造销售权。也许这也是包豪斯风格设计首次以实物的形式在丹麦展现出其影响力吧。实际上，它们还生产过摩根斯·莱森设计的钢管制悬臂椅。

第二次世界大战后，弗里茨·汉森家具公司与雅各布森确立了合作关系，取得

雅各布森为上一小节所介绍的苏赫姆市政厅设计的作品，但这是他与弗莱明·拉森共同设计的。

1939—1942

这把安乐椅与右图作品同属一个系列，座椅高度较低，两作品皆由里特曼公司生产，该图来自作品设计草图。

1939—1942

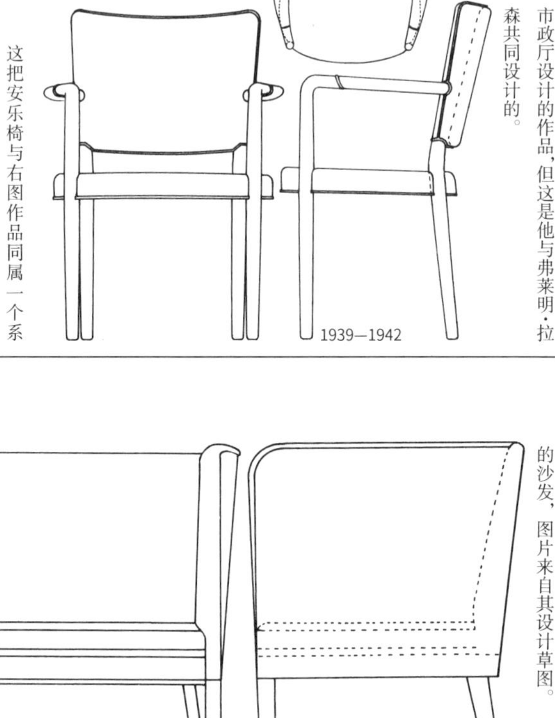

雅各布森为苏赫姆市政厅礼堂所设计的沙发，图片来自其设计草图。

1939—1942

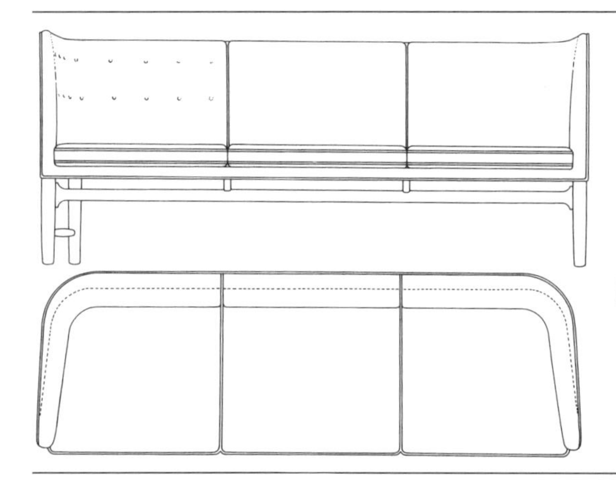

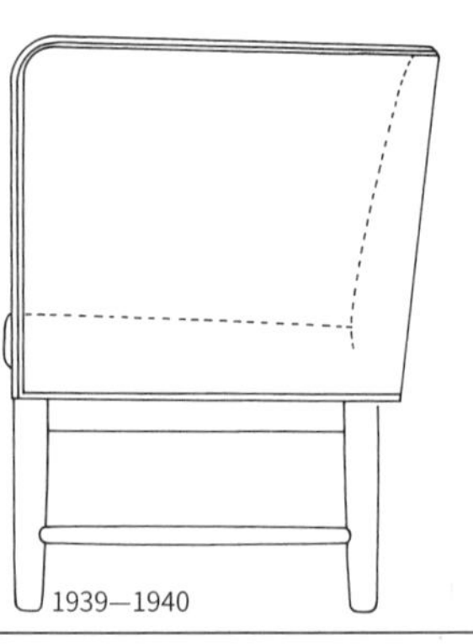

1939—1940

这张沙发应该也是雅各布森为苏赫姆市政厅所设计的作品，但这是他与弗莱明·拉森共同设计的。弗莱明·拉森与雅各布森是同时代的建筑家，二人曾共事过一段时间。1939年开办了自己的事务所并获得了多项建筑设计比赛大奖，除与雅各布森一起设计的作品之外还有他自己设计的作品。

了巨大发展。特别是1952年『蚂蚁椅』上市后成为该公司最畅销的产品。就这样，丹麦家具业的发展史与弗里茨·汉森公司的历史渐渐重合，可以说这其中，雅各布森的影响力也不容小觑。

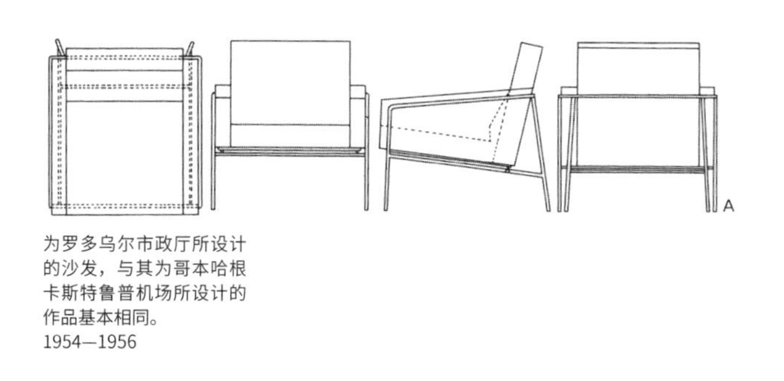

为罗多乌尔市政厅所设计的沙发，与其为哥本哈根卡斯特鲁普机场所设计的作品基本相同。1954—1956

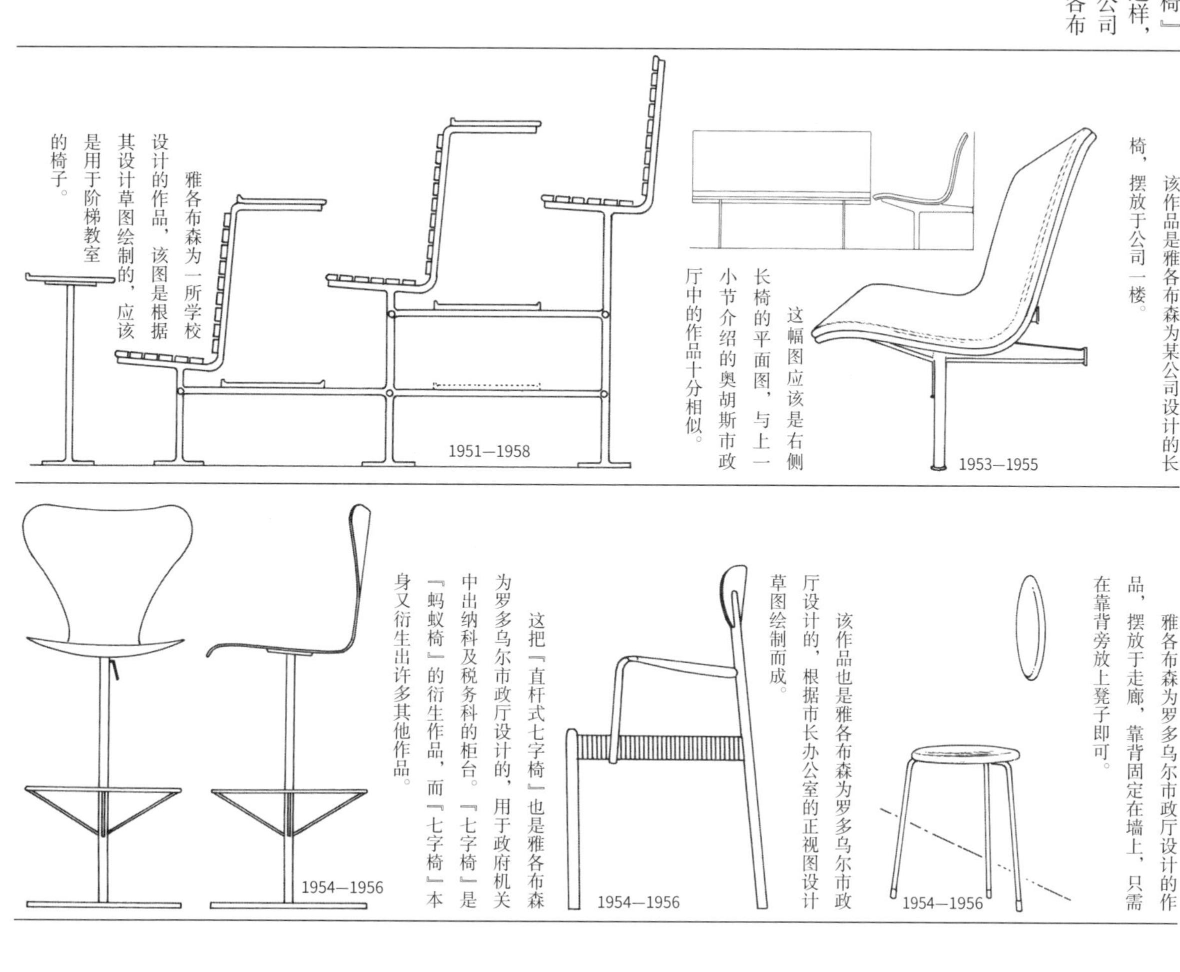

该作品是雅各布森为某公司设计的长椅，摆放于公司一楼。1953—1955

这幅图应该是右侧长椅的平面图，与上一小节介绍的奥胡斯市政厅中的作品十分相似。

雅各布森为一所学校设计的作品，该图是根据其设计草图绘制的，应该是用于阶梯教室的椅子。1951—1958

雅各布森为罗多乌尔市政厅设计的作品，摆放于走廊，靠背固定在墙上，只需在靠背旁放上凳子即可。1954—1956

该作品也是雅各布森为罗多乌尔市政厅设计的，根据市长办公室的正视图设计草图绘制而成。1954—1956

这把『直杆式七字椅』也是雅各布森为罗多乌尔市政厅设计的，用于政府机关中出纳科及税务科的柜台。『七字椅』是『蚂蚁椅』的衍生作品，而『七字椅』本身又衍生出许多其他作品。1954—1956

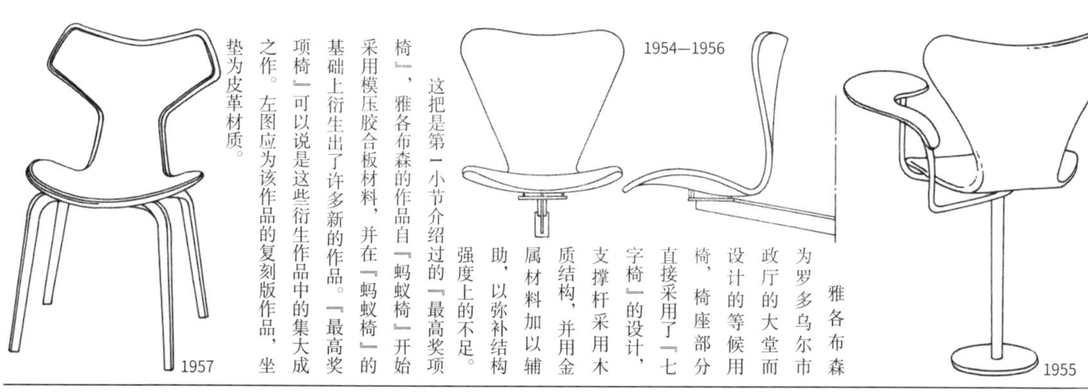

该作品固定于地板上，另附有小桌板。1955

雅各布森为罗多乌尔市政厅的大堂而设计的等候用椅，椅座部分直接采用了『七字椅』的设计，支撑杆采用木质结构，并用金属材料加以辅助，以弥补结构强度上的不足。1954—1956

这把是第一小节介绍过的『最高奖项椅』，雅各布森的作品自『蚂蚁椅』开始采用模压胶合板材料，并在『蚂蚁椅』的基础上衍生出了许多新的作品。『最高奖项椅』可以说是这些衍生作品中的集大成之作。左图应为该作品的复刻版作品，坐垫为皮革材质。1957

北欧航空公司皇家旅馆中所使用的靠墙沙发，应该是“罐”安乐椅的衍生作品。
1956—1961

原作品的五分之一比例模型，该作品壳体以外的部分是由氨基甲酸乙酯材料制成的。
1970 年左右

该图是根据『蛋椅』椅座部分的图纸绘制的。由设计草图可看出，椅子左右两翼部分呈直线设计。
1958

3103号作品模型，左图为第1小节中介绍的作品，右图是为儿童所设计的版本，其他模型好像也有专门为儿童所设计的作品。

1955

该作品被视作雅各布森代表作『蛋椅』的实验原型。他最初的设想似乎是使用钢管材质的悬臂结构。该模型大概是五分之一比例模型。

1958

右图模型的衍生作品，与右图作品扶手部位相对比，这一作品扶手与椅子自成一体。

1958

之前已经介绍过，雅各布森为北欧航空公司皇家旅馆设计出了『蛋椅』这一经典之作，左图作品是根据旅馆客房设计草图所绘制的。

1956—1961

为皇家旅馆的餐厅所设计的转椅。

1956—1961

『天鹅椅』。这也是雅各布森为皇家旅馆所设计的作品，但很少有人见过这把装有脚轮的『天鹅椅』。

1958

该图是根据第2小节所介绍的『天鹅椅』的五分之一比例模型所绘成的图纸，坐垫部分非常薄。

1958

胶合板材质的『牛津椅』，供学校教职人员使用。

1962

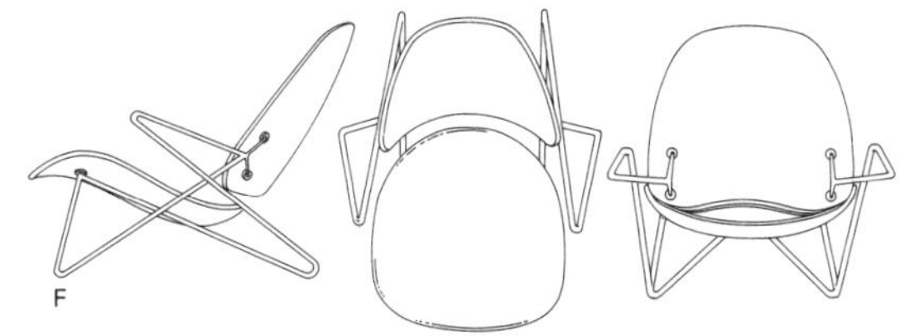

本页最后一行左侧作品的衍生作品，该图是根据其设计草图绘制的。
1956

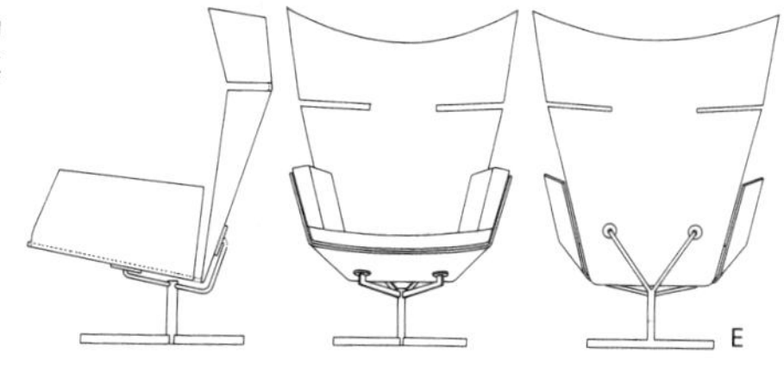

该图是根据“公牛椅”的设计草图绘制的，壳体结构简洁明了。
1966

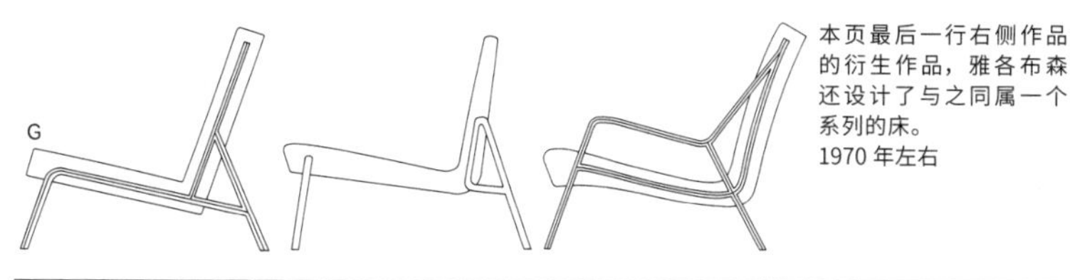

本页最后一行右侧作品的衍生作品，雅各布森还设计了与之同属一个系列的床。
1970 年左右

这件作品与上一页最后一行左侧的作品一样，是雅各布森为英国牛津大学圣凯瑟琳学院所设计的『凯瑟琳椅』，该作品还有高靠背以及与桌子配套使用的型号。

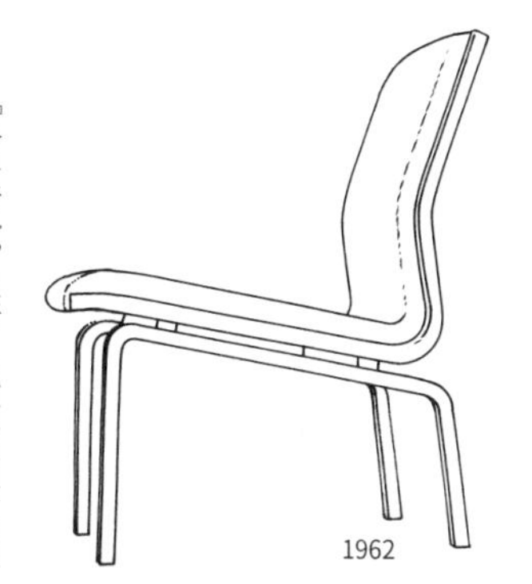
1962

『公牛椅』，汉斯·瓦格纳的作品里也有与该作品同名的作品。这件作品的头枕部位两侧会使人联想到公牛的角，瓦格纳的作品应该也是因此而命名的。

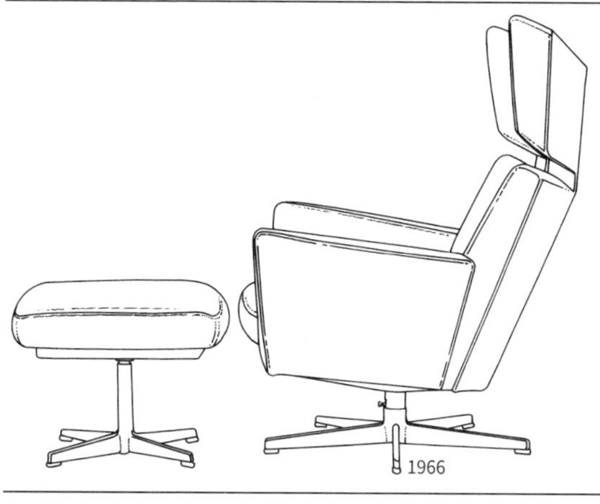
1966

马塞尔·布劳耶的『瓦西里椅』，该作品是加上了坐垫的型号，图为五分之一比例模型。

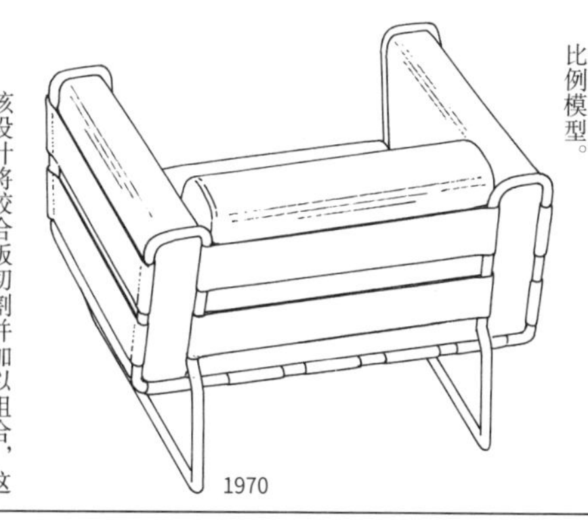
1970

该设计将胶合板切割并加以组合，这种结构在设计系的大学课程中常会涉及。

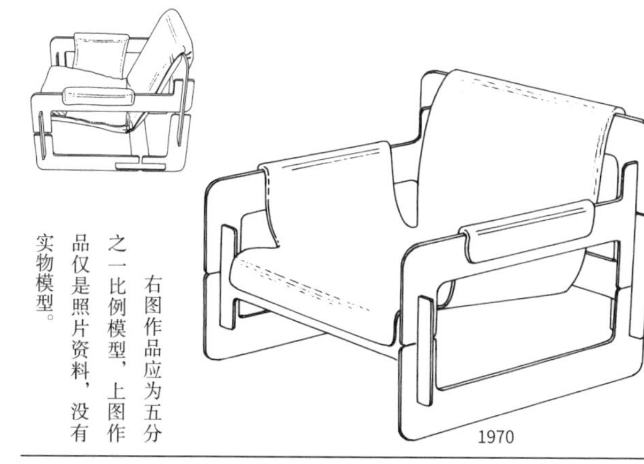
1970

右图作品应为五分之一比例模型，上图作品仅是照片资料，没有实物模型。

这把安乐椅是根据其设计草图绘制的，其框架中心可能是画上了黑线，也可能是加入了特殊材料。

1970

第1小节曾介绍过为美国斯堪的纳维亚基金会设计的安乐椅，这把椅子是其衍生作品，图片来自其设计草图。

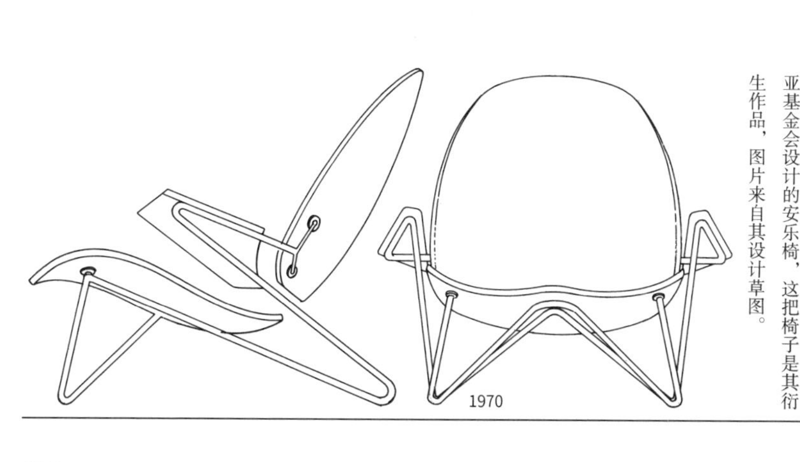
1970

1902—1981

马塞尔·布劳耶

第1小节
自行车把手与悬臂椅

马塞尔·布劳耶（以下简称布劳耶），1902年5月21日出生于匈牙利佩奇市。青年时曾考虑过当一名雕刻家，但1920年，他赴德国包豪斯的家具工坊学习，这段求学经历基本决定了他的人生轨迹。1921—1923年，布劳耶受荷兰『风格派』运动的影响发表了一些作品，之后，其家具创作风格就随着钢管的运用发生了巨大变化。

特别是他于1925年设计的钢管皮革椅，得到了老师瓦西里·康定斯基的好评，因此布劳耶将作品命名为『瓦西里椅』，这一作品时至今日仍作为其代表名作由诺尔家具公司生产上市。看到这一时代密斯以及布劳耶等人的名作，会让人不禁认为钢管家具已臻完美。1926年开始，布劳耶负责指导包豪斯家具工坊的制造工作，自那以后他设计出众多知名作品。笔者认为直到今日，也没有哪位设计师或哪件作品能超越那个年代的成就。

下面将介绍从布劳耶受构成主义影响设计出木制家具的初期阶段到其最重要的悬臂椅阶段的作品。

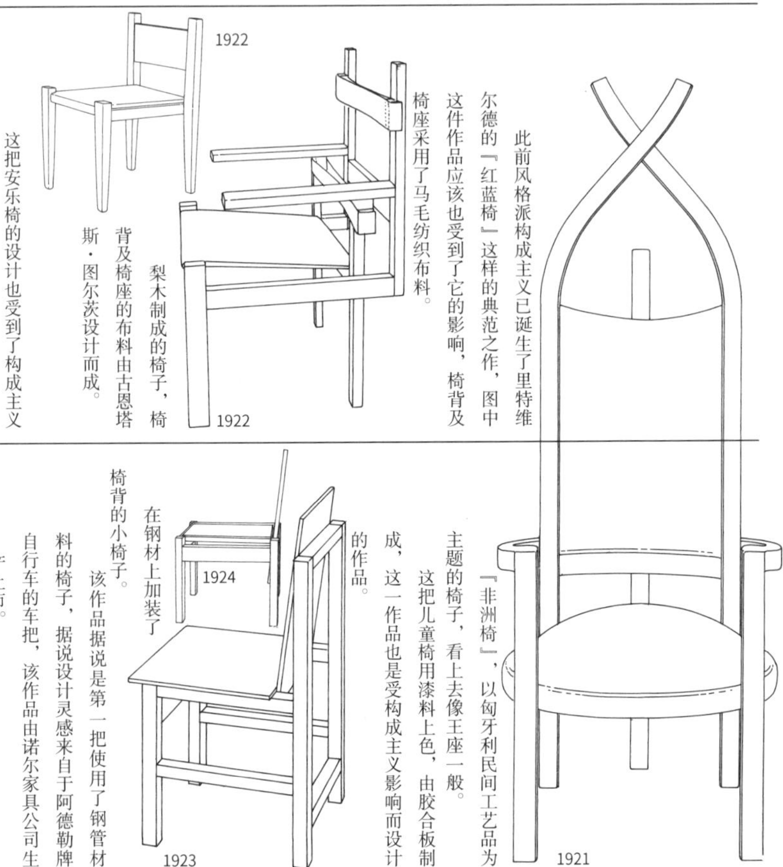

此前风格派构成主义已诞生了里特维尔德的『红蓝椅』这样的典范之作，图中这件作品应该也受到了它的影响，椅背及椅座采用了马毛纺织布料。

梨木制成的椅子，椅背及椅座的布料由古恩塔斯·图尔茨设计而成。

这把安乐椅的设计也受到了构成主义的影响，可以拿来与瓦尔特·格罗皮乌斯（包豪斯学校校长）的安乐椅进行对比。

『非洲椅』，以匈牙利民间工艺品为主题的椅子，看上去像王座一般。

这把儿童椅用漆料上色，由胶合板制成，这一作品也是受构成主义影响而设计的作品。

在钢材上加装了椅背的小椅子。

该作品据说是第一把使用了钢管材料的椅子，据说设计灵感来自于阿德勒牌自行车的车把，该作品由诺尔家具公司生产上市。

该作品似乎不是布劳耶的作品，由索耐特公司生产，仅作介绍。

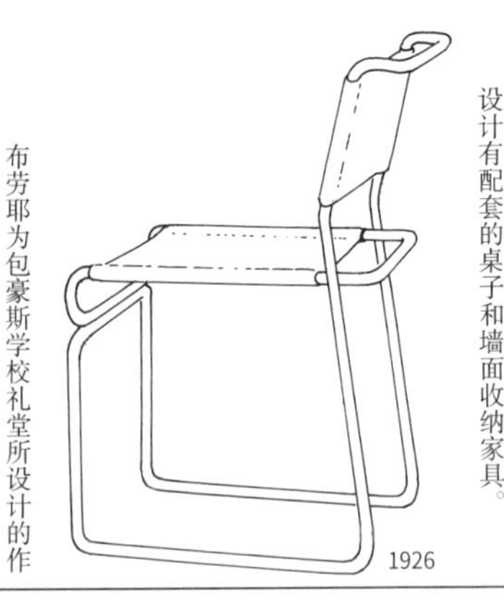

布劳耶为莫霍利·纳吉（包豪斯学校教授）家中的餐厅所设计的椅子，同时还设计有配套的桌子和墙面收纳家具。

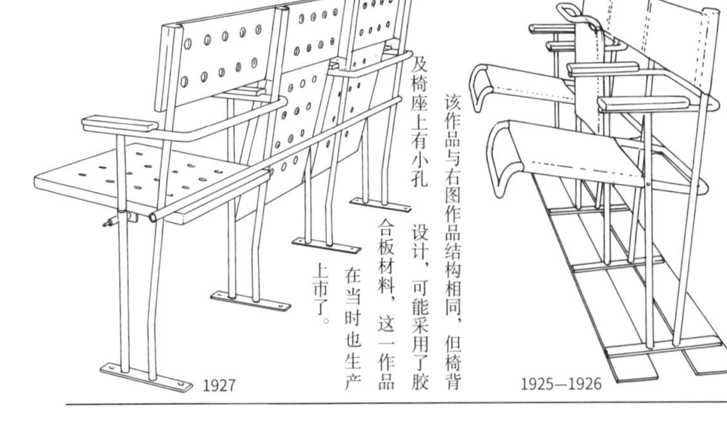

布劳耶为包豪斯学校礼堂所设计的作品，由斯坦德家具公司生产上市。现在仍在销售该商品。

该作品与右图作品结构相同，但椅背及椅座上有小孔设计，可能采用了胶合板材料，这一作品在当时也生产上市了。

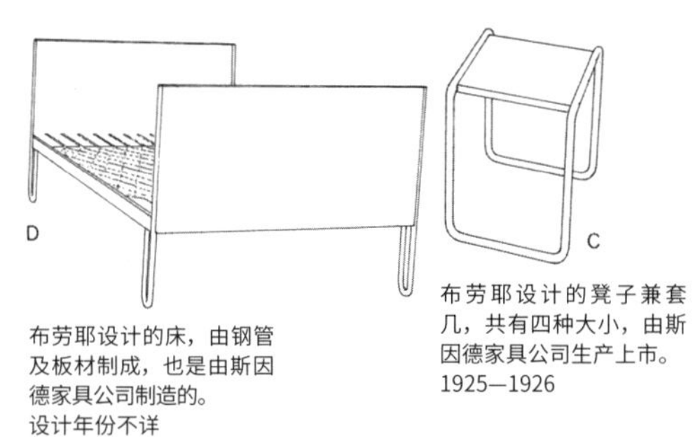
D

布劳耶设计的床，由钢管及板材制成，也是由斯因德家具公司制造的。
设计年份不详

C

布劳耶设计的凳子兼套几，共有四种大小，由斯因德家具公司生产上市。
1925—1926

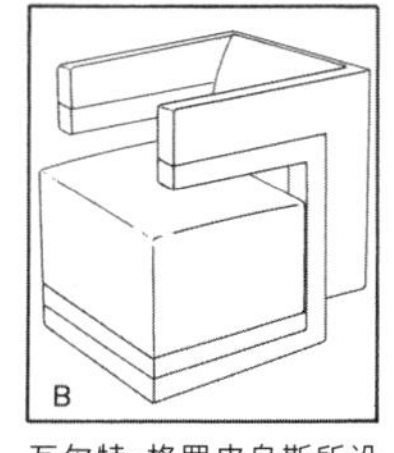
B

瓦尔特·格罗皮乌斯所设计的安乐椅，樱桃木、表面布料为柠檬黄色，由学生们制作完成。
1923

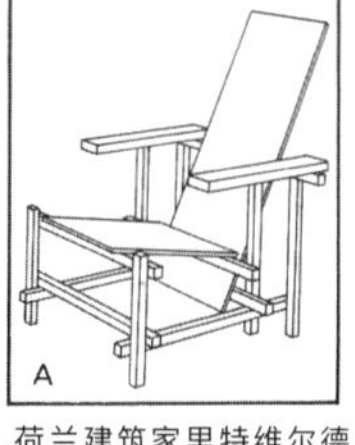
A

荷兰建筑家里特维尔德的名作“红蓝椅”。
1918

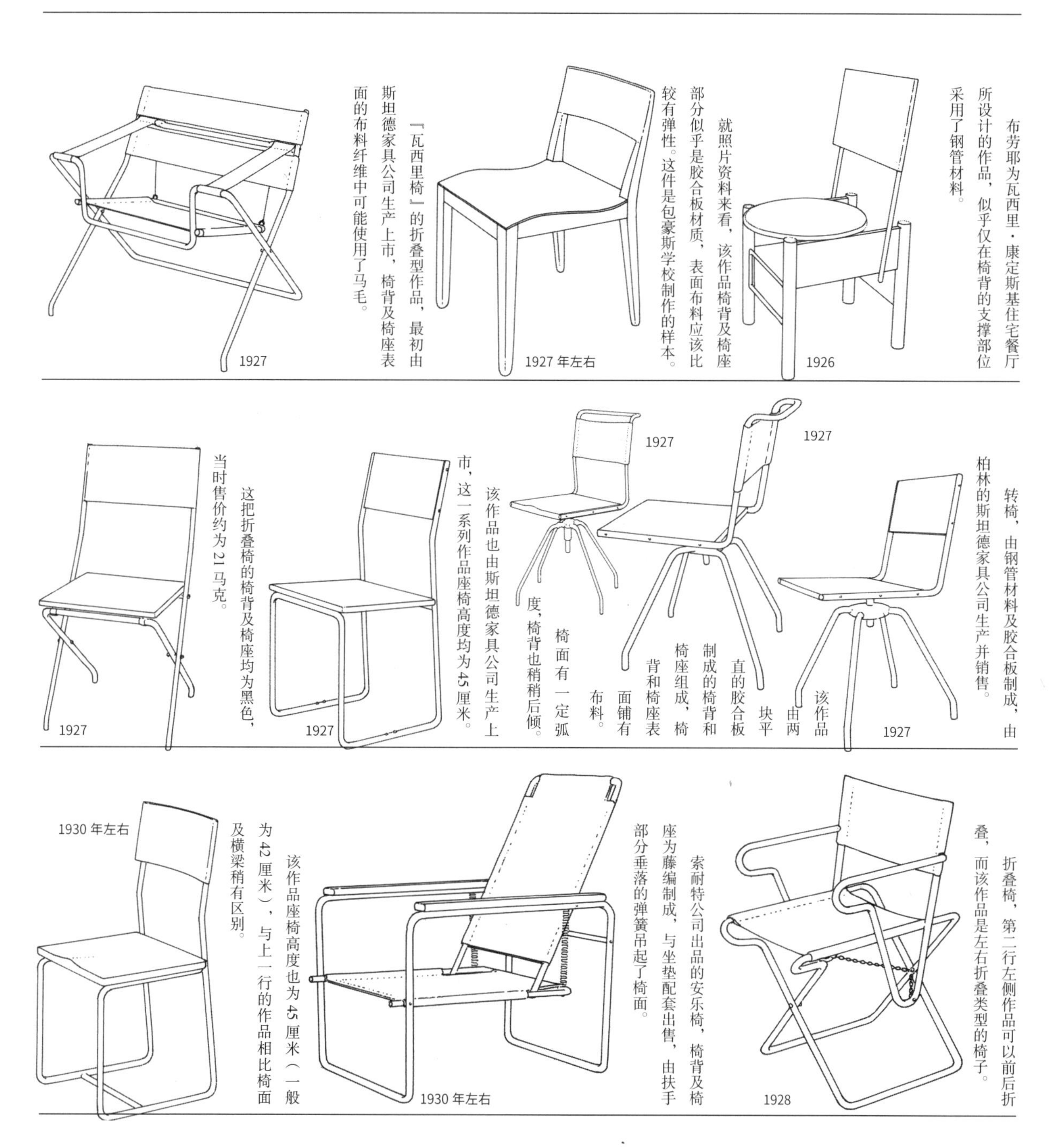

布劳耶为瓦西里·康定斯基住宅餐厅所设计的作品，似乎仅在椅背的支撑部位采用了钢管材料。
1926

就照片资料来看，该作品椅背及椅座部分似乎是胶合板材质，表面布料应该比较有弹性。这件是包豪斯学校制作的样本。
1927 年左右

『瓦西里椅』的折叠型作品，最初由斯坦德家具公司生产上市，椅背及椅座表面的布料纤维中可能使用了马毛。
1927

转椅，由钢管材料及胶合板制成，由柏林的斯坦德家具公司生产并销售。
1927

该作品由两块平直的胶合板制成的椅背和椅座组成，椅背和椅座表面铺有布料。
1927

椅面有一定弧度，椅背也稍稍后倾。
1927

该作品也由斯坦德家具公司生产上市，这一系列作品座椅高度均为45厘米。
1927

这把折叠椅的椅背及椅座均为黑色，当时售价约为21马克。
1927

折叠椅，第二行左侧作品可以前后折叠，而该作品是左右折叠类型的椅子。
1928

索耐特公司出品的安乐椅，椅背及椅座为藤编制成，与坐垫配套出售，由扶手部分垂落的弹簧吊起了椅面。
1930 年左右

该作品座椅高度也为45厘米（一般为42厘米），与上一行的作品相比椅面及横梁稍有区别。
1930 年左右

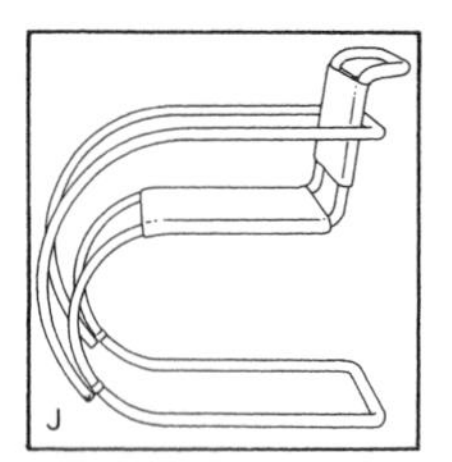

图中作品也是密斯的代表作——“MR 椅”，也有无扶手设计的版本。该作品曲线优美、结构弹力柔和，给人十分舒适的体验。
1927—1930

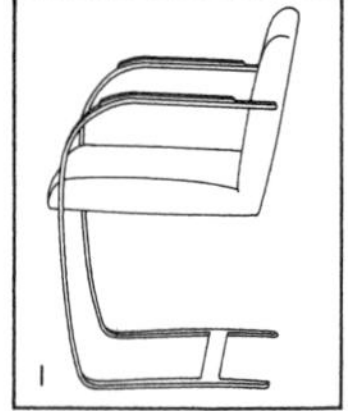

图为密斯（包豪斯学校校长）的扁钢材料悬臂设计，同时也是其代表作“布鲁诺椅”，该作品也有由钢管制成的版本。图中作品由诺尔家具公司制造。
1929—1930

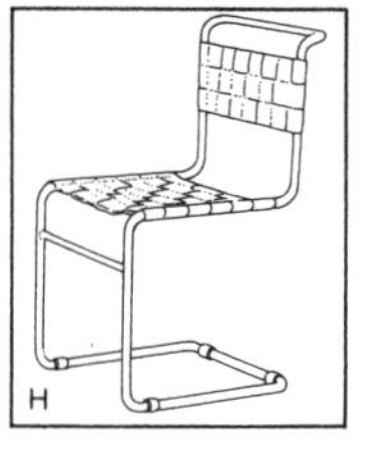

马特·斯坦最初设计的悬臂结构样品。
1927

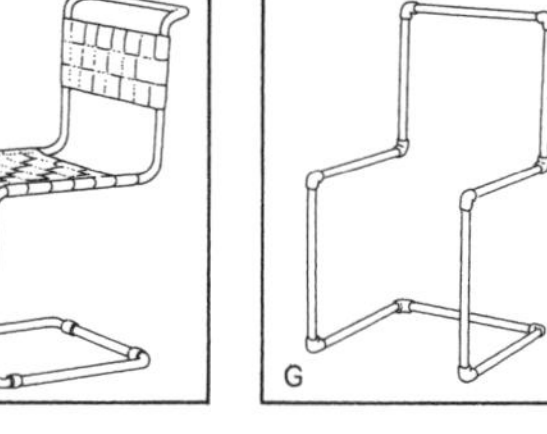

马特·斯坦设计的悬臂结构，图中作品由燃气管制作而成。
1926

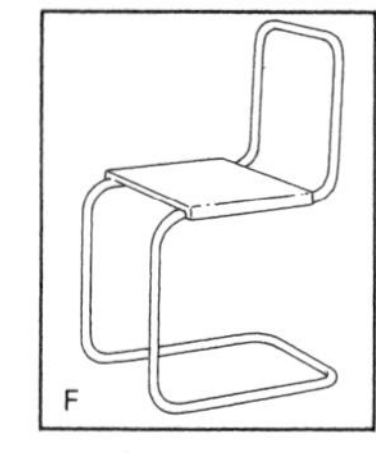

设计师格哈德·斯特根的悬臂结构作品，与马特·斯坦以及布劳耶的作品极为相似。
1923？

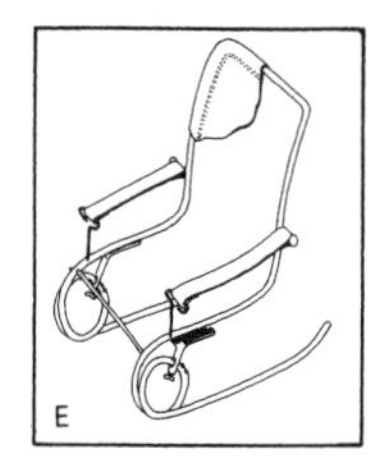

美国设计师哈利·诺兰德设计的金属棒悬臂结构（木制悬臂结构早在 1851 年就已问世），其在美国的专利号为 No.1491918。
1922

人们多认为钢管结构的悬臂椅设想出自马特·斯坦之手，但其实如本页E图、F图中的作品那样，此前设计师们已经设计出了此类作品。另外，布劳耶与斯坦也在一起工作过，两人在同时期也有类似的作品问世。当时作品设计权的相关记录至今仍保存在包豪斯档案馆中。左图为索耐特公司发售的作品模型。

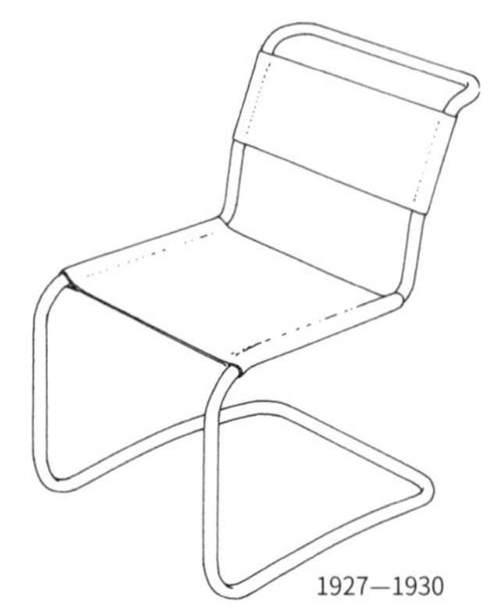
1927—1930

美国索耐特公司至今仍在生产该型号椅子，椅背及椅座采用了胶合板材料。

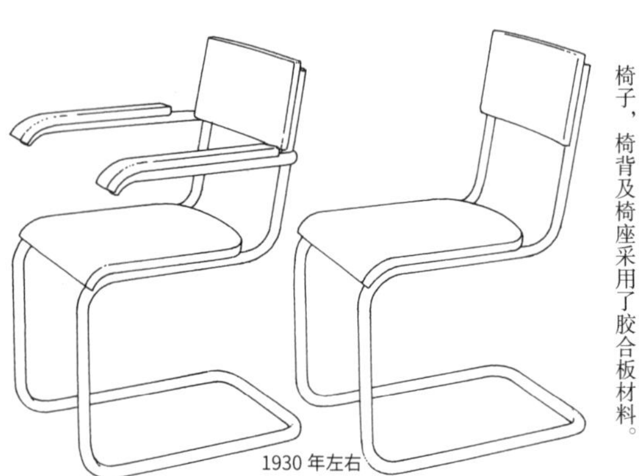
1930 年左右

右侧作品被称为『斯波莱托椅』，现在由诺尔家具公司生产。左侧为斯坦与布劳耶共同设计的作品，现由索耐特公司生产上市。

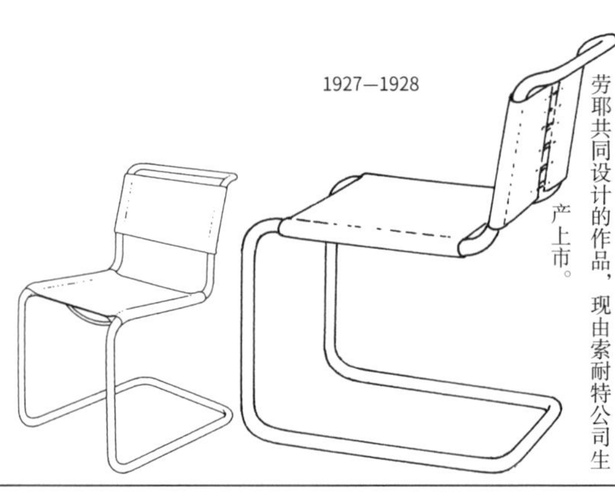
1927—1928

右侧作品为『塞斯卡椅』，现在由诺尔家具公司生产。左侧作品过去曾由索耐特公司生产上市，椅面设计较有特色。

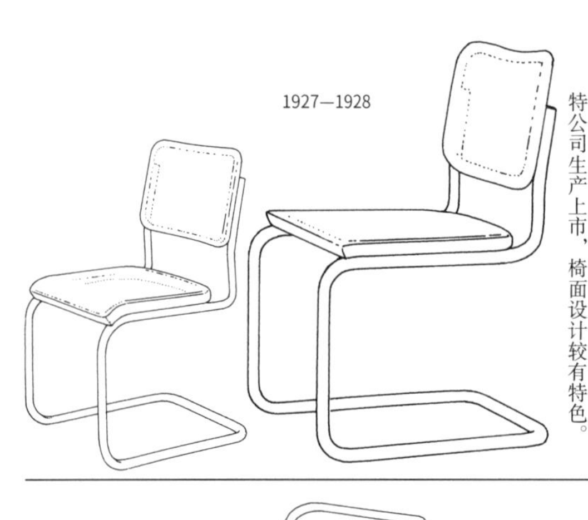
1927—1928

右侧作品为『塞斯卡椅』，『塞斯卡』一名来源于布劳耶的爱女弗朗塞斯卡。左侧为过去由索耐特公司所生产的模型。

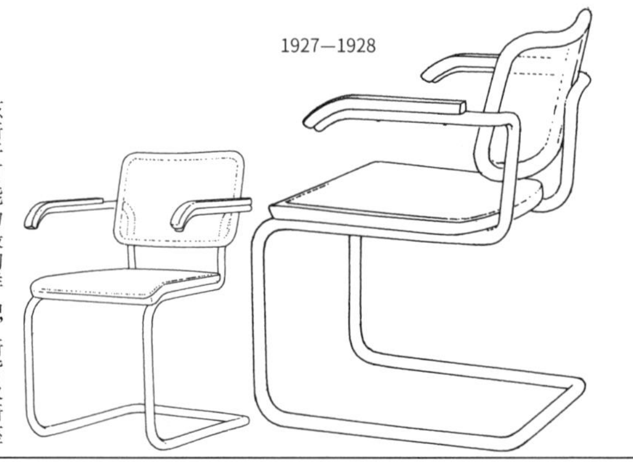
1927—1928

该椅子可能为最初样品，椅背及椅座全由布料包裹着，与之后的改良作品相比，椅面前端部分容易下陷，人在入座后腿部可能刚好抵在横梁部位，现在的作品将横梁改到了椅座下方。

1928—1929

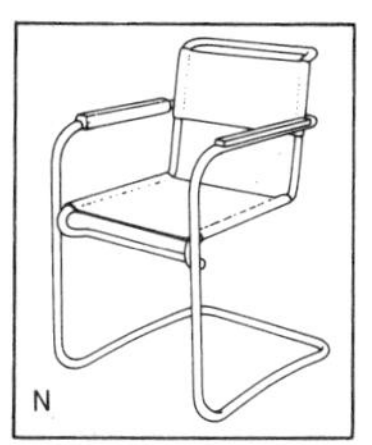

日本汤浅铜压延加工厂生产的悬臂椅。
1932

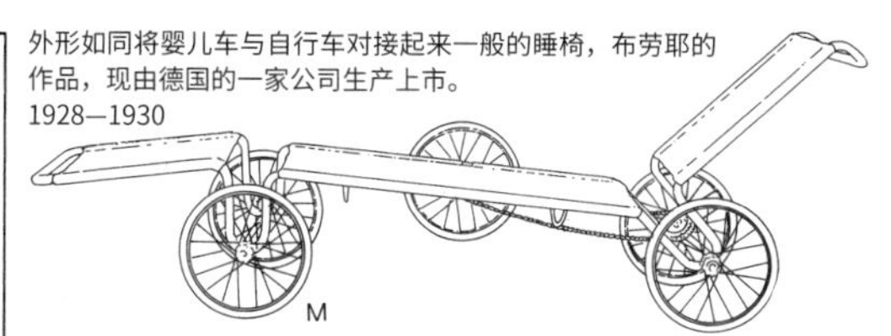

外形如同将婴儿车与自行车对接起来一般的睡椅，布劳耶的作品，现由德国的一家公司生产上市。
1928—1930

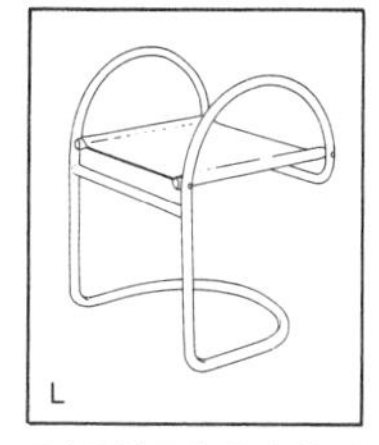

丹麦设计界也受到过包豪斯风格的影响，该作品就是受影响最初时期的设计，是笔者以前在哥本哈根恰好碰到并买回来的，由摩根斯·莱森设计，弗里茨·汉森家具公司生产。
1930

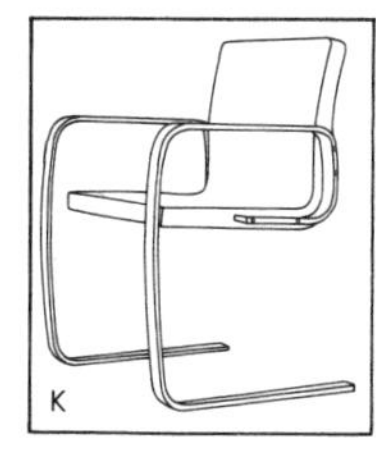

丹麦设计大师保罗·克耶霍尔姆设计的悬臂椅，椅座部分仿佛悬于半空，造型十分优美，但由于该作品无横梁，横向稳定性差，所以上市后没多久就停产了。
1974

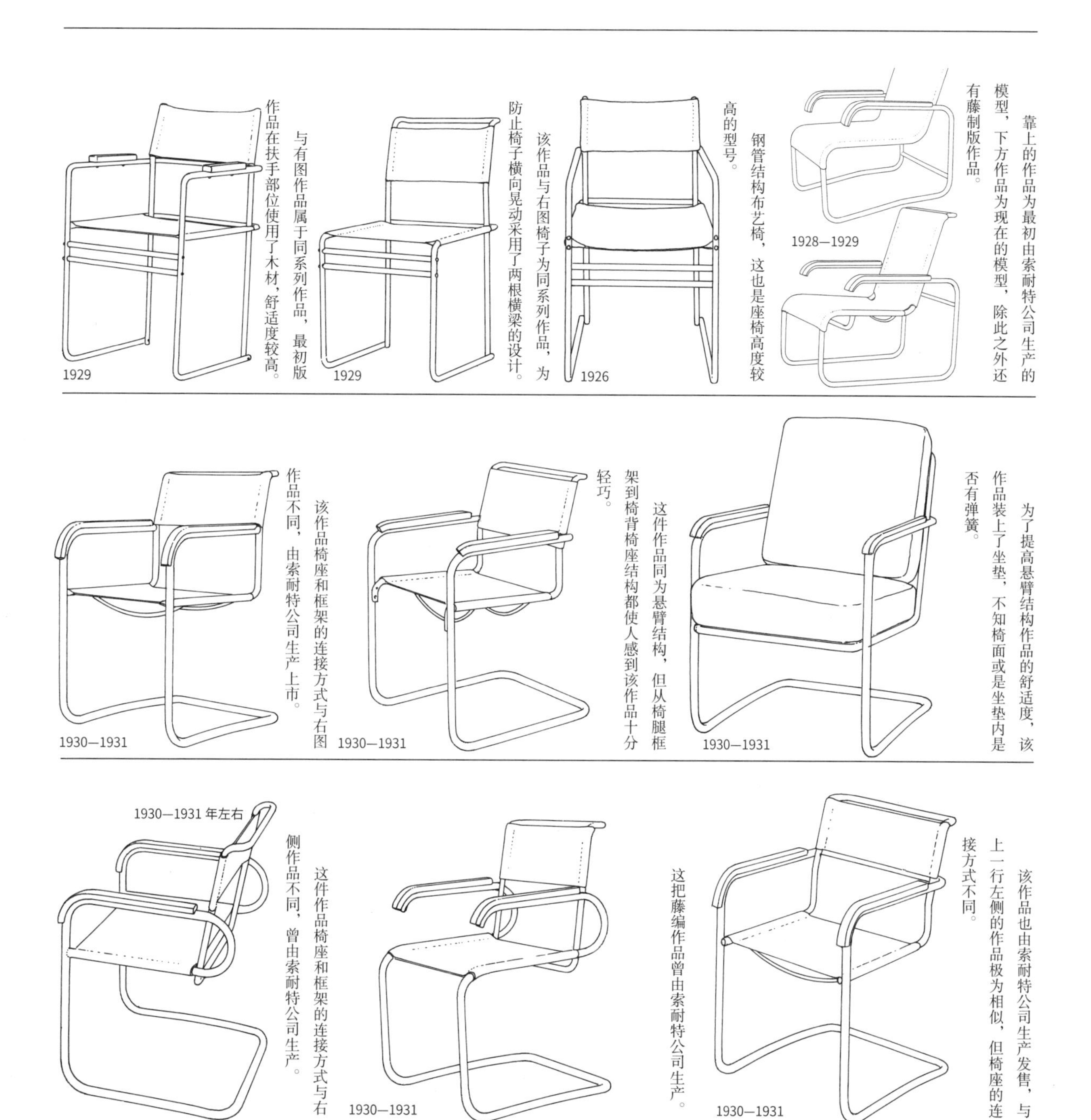

靠上的作品为最初由索耐特公司生产的模型，下方作品为现在的模型，除此之外还有藤制版作品。
1928—1929

钢管结构布艺椅，这也是座椅高度较高的型号。
1926

该作品与右图椅子为同系列作品，为防止椅子横向晃动采用了两根横梁的设计。
1929

与有图作品属于同系列作品，最初版作品在扶手部位使用了木材，舒适度较高。
1929

为了提高悬臂结构作品的舒适度，该作品装上了坐垫，不知椅面或是坐垫内是否有弹簧。
1930—1931

这件作品同为悬臂结构，但从椅腿框架到椅背椅座结构都使人感到该作品十分轻巧。
1930—1931

该作品椅座和框架的连接方式与右图作品不同，由索耐特公司生产上市。
1930—1931

该作品也由索耐特公司生产发售，与上一行左侧的作品极为相似，但椅座的连接方式不同。
1930—1931

这把藤编作品曾由索耐特公司生产。
1930—1931

这件作品椅座和框架的连接方式与右侧作品不同，曾由索耐特公司生产。
1930—1931 年左右

1902—1981

马塞尔·布劳耶

第 2 小节
中期作品

本小节中笔者找到了布劳耶早期的几件作品，虽然与第1小节的作品在时间上有所重叠，但希望读者能将这些作品与前一节的作品进行一下比较。第1小节介绍了布劳耶从设计早期到设计出悬臂椅阶段的作品，本小节将介绍截至1933年左右的作品。这一阶段布劳耶并未设计出悬臂椅这种在结构方面具有巨大颠覆性的作品，但从他之后设计的『伊所肯椅』可以看出其设计方向趋于追求更高舒适度。布劳耶这一阶段作品的一大特点或许正是他将设计重心从之前的钢管结构转向了铝合金扁钢结构。

同时期的设计大师密斯在作品中也使用了扁钢，并设计出了名作巴塞罗那椅及布鲁诺椅，留下了许多流传于世的名作，其设计在包豪斯派内部也产生了诸多影响，让当时的整个设计界都活跃了起来。

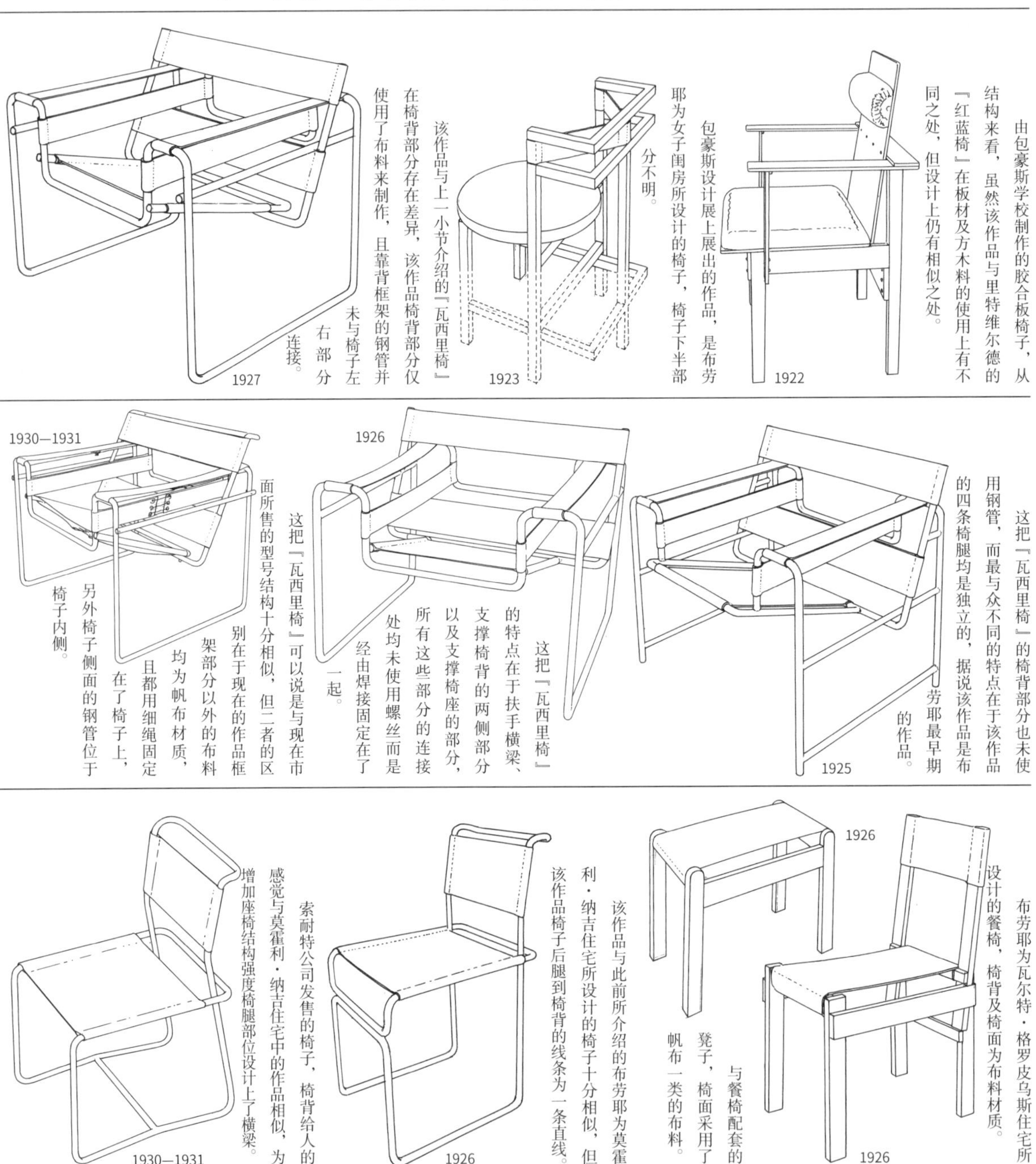

1922：由包豪斯学校制作的胶合板椅子，从结构来看，虽然该作品与里特维尔德的『红蓝椅』在板材及方木料的使用上有不同之处，但设计上仍有相似之处。

1923：包豪斯设计展上展出的作品，是布劳耶为女子闺房所设计的椅子，椅子下半部分不明。

1927：该作品与上一小节介绍的『瓦西里椅』在椅背部分存在差异，该作品椅背部分仅使用了布料来制作，且靠背框架的钢管并未与椅子左右部分连接。

1925：这把『瓦西里椅』的椅背部分也未使用钢管，而最与众不同的特点在于该作品的四条椅腿均是独立的，据说该作品是布劳耶最早期的作品。

1926：这把『瓦西里椅』的特点在于扶手横梁、支撑椅背的两侧部分以及支撑椅座的部分，所有这些部分的连接处均未使用螺丝而是经由焊接固定在了一起。

1930—1931：这把『瓦西里椅』可以说是与现在市面所售的型号结构十分相似，但二者的区别在于现在的作品框架部分以外的布料均为帆布材质，且都用细绳固定在了椅子上，另外椅子侧面的钢管位于椅子内侧。

1926：布劳耶为瓦尔特·格罗皮乌斯住宅所设计的餐椅，椅背及椅面为布料材质。

1926：与餐椅配套的凳子，椅面采用了帆布一类的布料。

1926：该作品与此前所介绍的布劳耶为莫霍利·纳吉住宅所设计的椅子十分相似，但该作品椅子后腿到椅背的线条为一条直线。

1930—1931：索耐特公司发售的椅子，椅背给人的感觉与莫霍利·纳吉住宅中的作品相似，为增加座椅结构强度椅腿部位设计上了横梁。

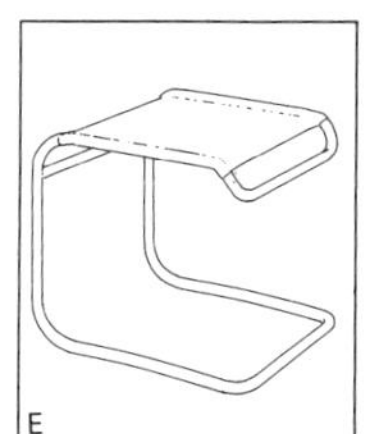

马特·斯坦设计的凳子，为悬臂结构作品，索耐特公司制作。
1932

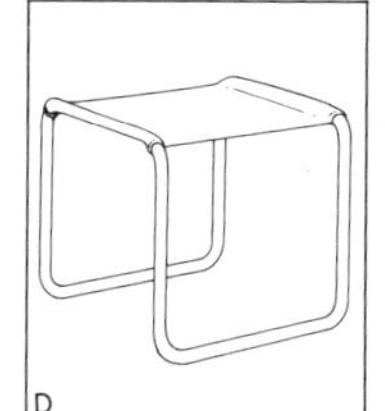

设计大师密斯所设计的凳子，与布劳耶的设计几乎相同。
1932

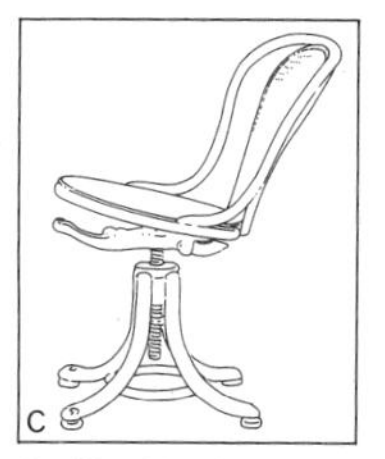

索耐特兄弟事务所专用的座椅，该椅子能实现旋转及上下调整等功能，就连靠背的角度也可以调整。

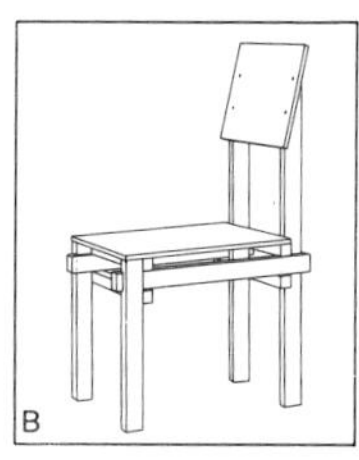

第286页介绍过的里特维尔德所设计的军用椅，可以拿来与上一页最后一行右侧的作品相比较。
1923

布劳耶为苏联的剧院设计的剧院椅，圆形的座椅可以向上抬起。
1931

上一页最后一行左侧作品的带扶手型号，椅座和后椅腿似乎是固定在一起的。

第1小节介绍的转椅有四条椅腿，但对于地板凹凸不平的情况来说，三椅腿的设计可能在稳定性方面更为优越，通过旋转椅子还可调整座椅高度。

右图作品的带扶手型号，由于扶手部位向前延伸，从整体比例来看椅子上半部分略大，略微给人以不稳定的感觉，椅面由板材制作，椅背为布料材质。

该作品为小规模住宅展上展出的沙发，该沙发至今仍由德国的一家公司生产上市。

上一小节介绍过的安乐椅，该型号附有坐垫及脚凳，虽然由资料无法判别，但各部分间似乎有金属零件相连接。

右侧凳子椅座部分由布料制成，左侧凳子为木制框架藤编凳，二者皆是单独作为凳子而设计，不作为脚凳使用。

布劳耶的设计作品，该作品与斯坦德家具公司在1925—1926年制成的作品结构相同。该作品椅面为布料材质，由索耐特公司生产上市。

德国的公司发售产品的模型，椅座为藤编材质。

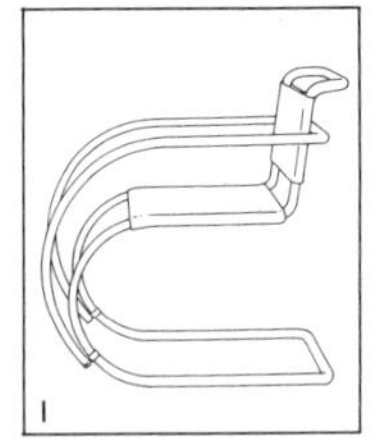

I

设计师密斯的名作“MR椅”，椅腿曲线应是该作品最为优美的部分。
1927—1930

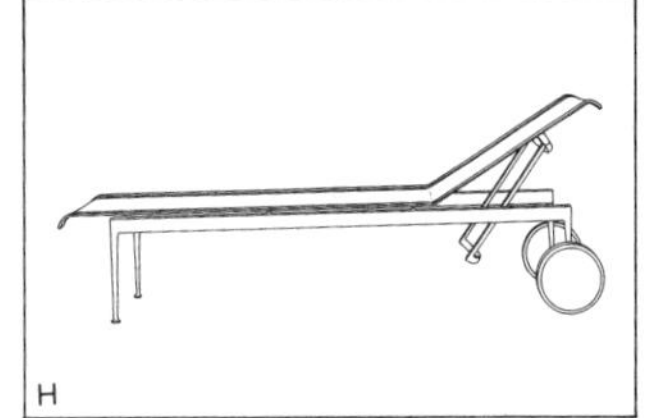

H

美国设计师理查德·舒尔茨的名作坐卧两用长椅，作品在素材选择方面考虑到了该作品主要在泳池旁等户外场所使用这一特点。
1966

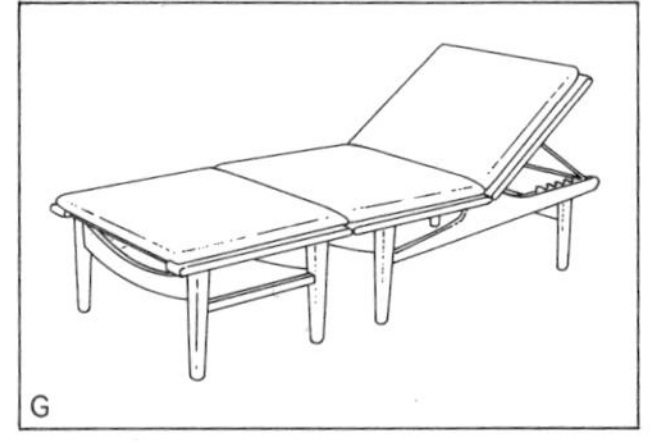

G

丹麦设计大师汉斯·瓦格纳所设计的坐卧两用长椅型的安乐椅，盖塔马公司制作。
20 世纪 50 年代

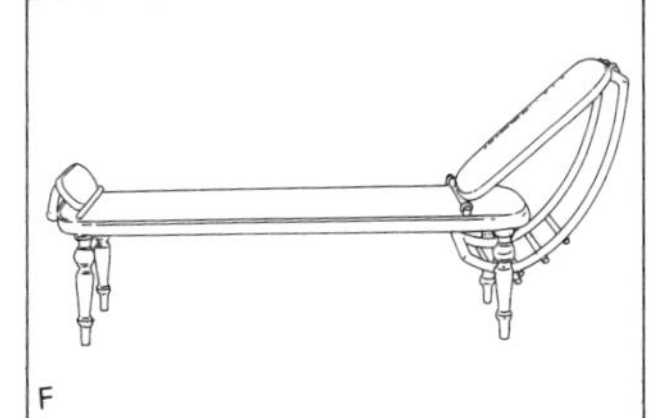

F

索耐特兄弟设计的坐卧两用长椅，索耐特家族所设计的许多作品直至今日仍不失新奇感。
设计年份不详

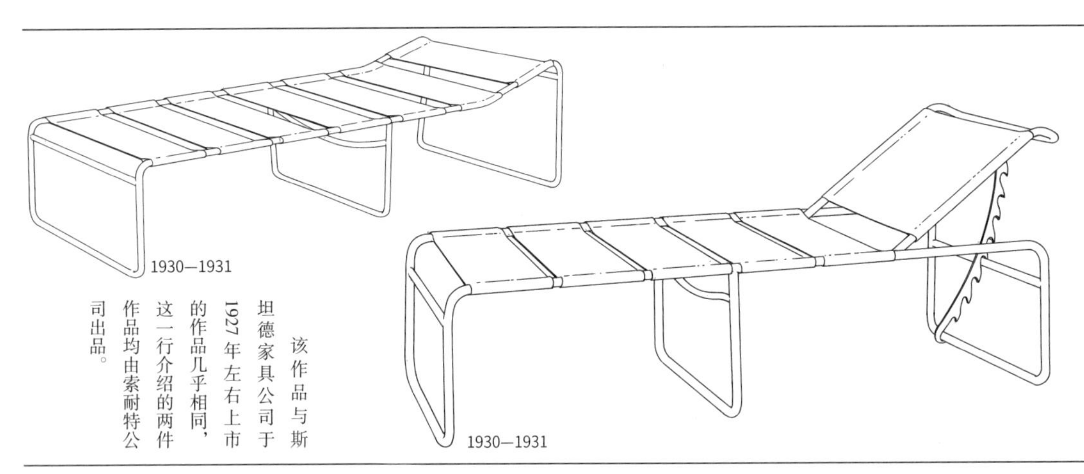

1930—1931

1930—1931

布劳耶将斯坦德家具公司生产上市的作品进行了改良，头枕部位高度可调节。既可作为床也可作为躺椅使用。

该作品与斯坦德家具公司于1927年左右上市的作品几乎相同，这一行介绍的两件作品均由索耐特公司出品。

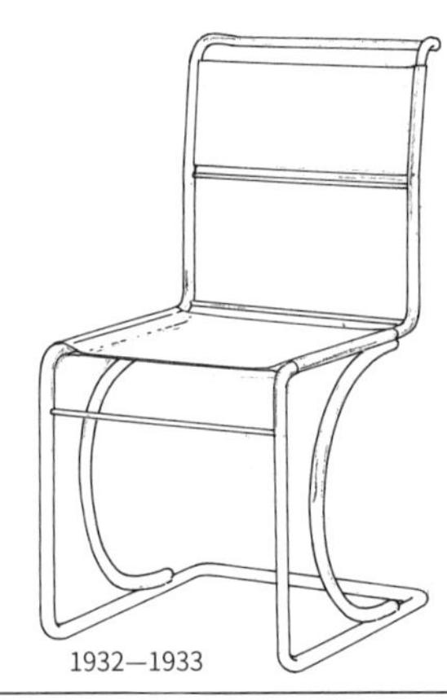

1932—1933

由比利时希德姆公司制作而成的无扶手单人椅原型，看上去像是结合了布劳耶及密斯等人的悬臂椅设计，这一结构与之后的名作『伊所肯椅』的设计有所联系。

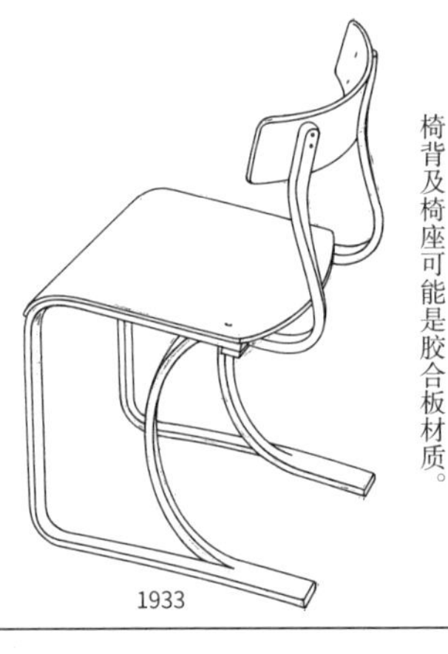

1933

由铝合金扁钢制成的无扶手单人椅，椅背及椅座可能是胶合板材质。

1933

右图椅子的带扶手型号，左右两图作品均为苏黎世的翁博达夫家具公司发售的商品。

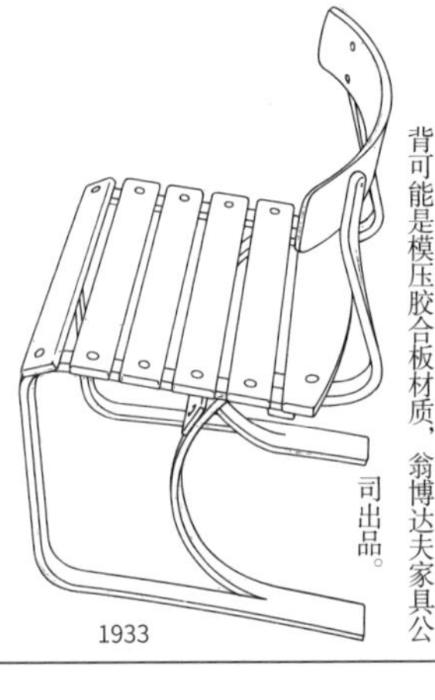

1933

这把椅子与上一行的椅子为同一系列作品，椅面由一条条木板拼接而成，椅背可能是模压胶合板材质，翁博达夫家具公司出品。

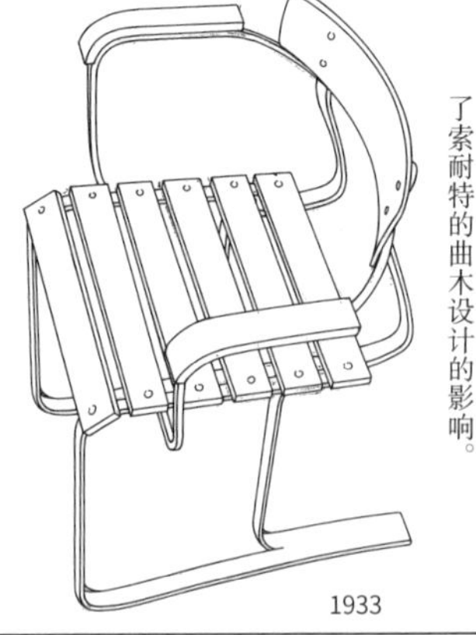

1933

右图椅子的带扶手型号，布劳耶有许多这类结构的设计草图留存于世，通过这些设计草图可以看出，布劳耶的设计受到了索耐特的曲木设计的影响。

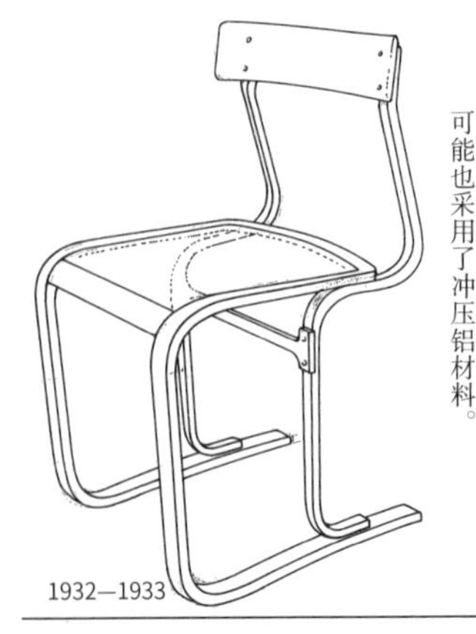

1932—1933

瑞士一家公司制作的原型，这把椅子有可能是布劳耶作品中首把铝制椅，椅座可能也采用了冲压铝材料。

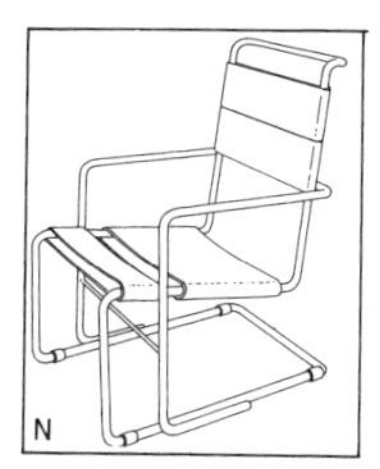

马特·斯坦的作品，与马塞尔·布劳耶的“弹力椅”结构十分相似。斯坦在设计该作品时尝试性地使用了钢管材料。
1927

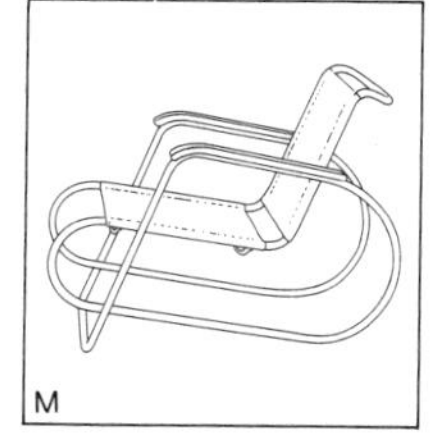

图为德国设计师埃里希·迪克曼的作品（参照第380—381页），该设计师在日本鲜为人知。
1931

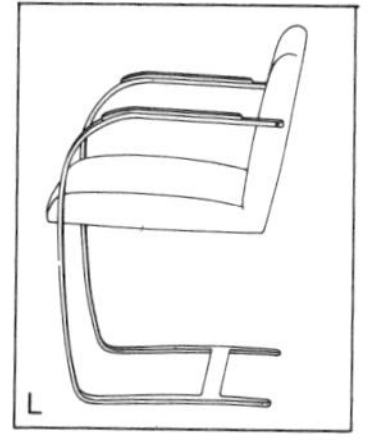

同为密斯作品，“布鲁诺椅”，该作品充分发挥了扁钢材质的弹性。
1929—1930

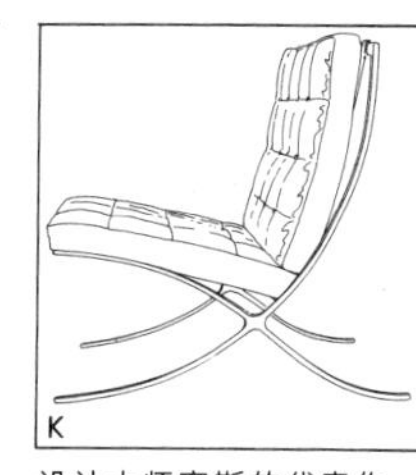

设计大师密斯的代表作“巴塞罗那椅”，扁钢材质椅子的最杰出作品。
1929

名作“伊所肯椅”（参照443页），由意大利加维纳公司及美国诺尔家具公司制作而成，现已停产。
1936

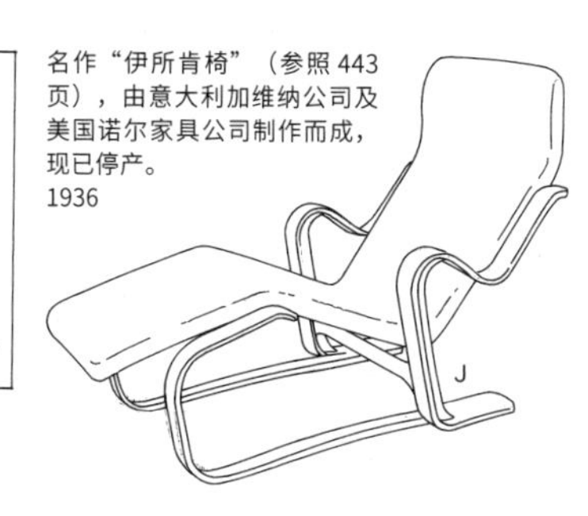

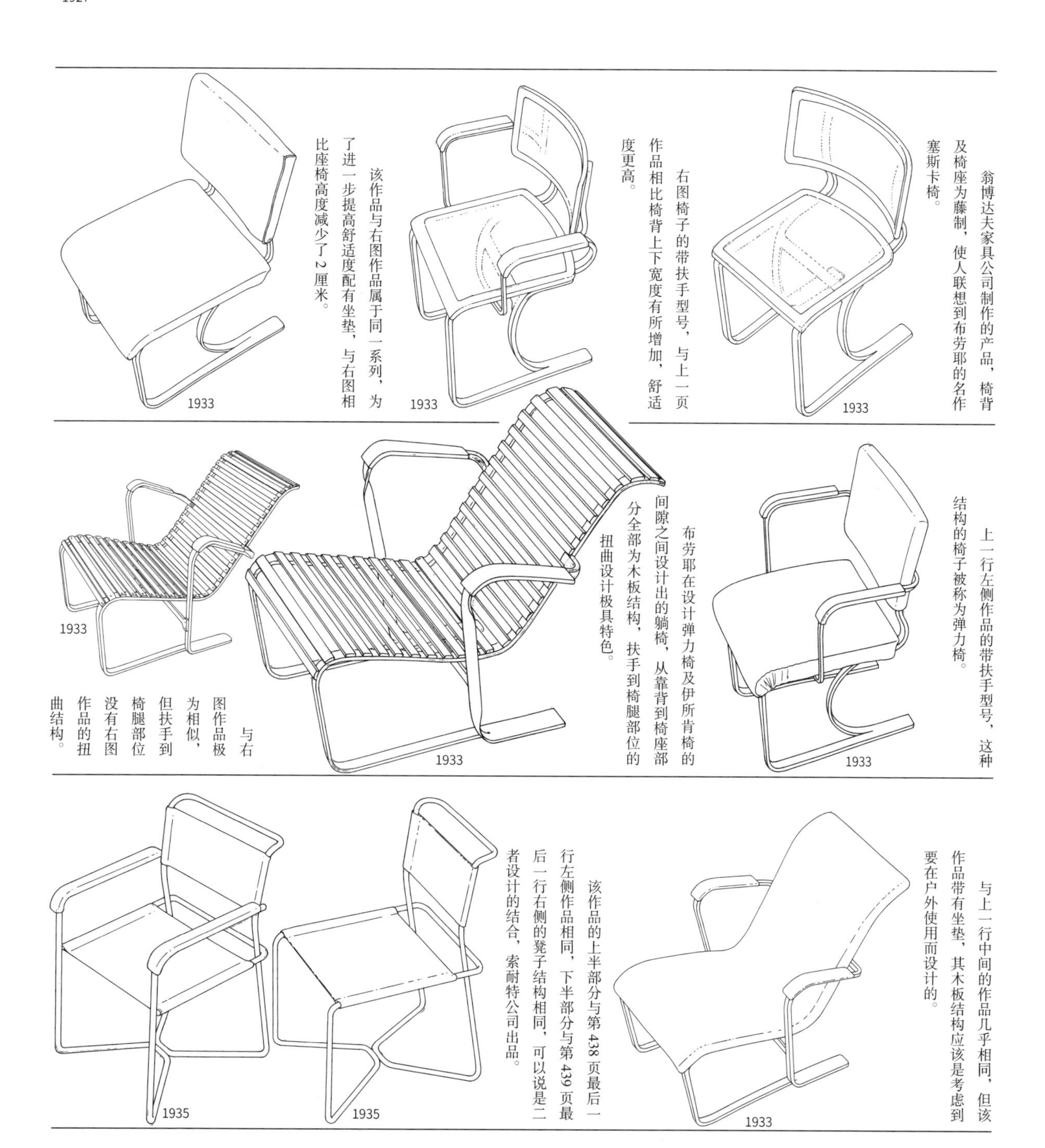

翁博达夫家具公司制作的产品，椅背及椅座为藤制，使人联想到布劳耶的名作塞斯卡椅。
1933

右图椅子的带扶手型号，与上一页作品相比椅背上下宽度有所增加，舒适度更高。
1933

该作品与右图作品属于同一系列，为了进一步提高舒适度配有坐垫，与右图相比座椅高度减少了2厘米。
1933

上一行左侧作品的带扶手型号，这种结构的椅子被称为弹力椅。
1933

布劳耶在设计弹力椅及伊所肯椅的间隙之间设计出的躺椅，从靠背到椅座部分全部为木板结构，扶手到椅腿部位的扭曲设计极具特色。
1933

与右图作品极为相似，但扶手到椅腿部位没有右图作品的扭曲结构。
1933

与上一行中间的作品几乎相同，但该作品带有坐垫，其木板结构应该是考虑到要在户外使用而设计的。
1933

该作品的上半部分与第438页最后一行左侧作品相同，下半部分与第439页最后一行右侧的凳子结构相同，可以说是二者设计的结合，索耐特公司出品。
1935

1935

1902—1981

马塞尔·布劳耶

第3小节
“伊所肯椅”

之前两小节的介绍中可以推测出，布劳耶的家具设计随着材料的改变，每个时期的作品都有巨大的变化。大体来说，1921—1927年这一时间段主要是以实心材料进行设计。1925—1932年为钢管材料，这一时代他设计出了自己的主要代表作。接下来在他1933—1935年的作品中，铝合金扁钢成了他较常用的材料。1936年以后，木料及胶合板材料成了他设计中所用材料的主流。像布劳耶这样每个时期所用材料明显不同的设计师十分少有。但由于布劳耶会随时代变化在设计中将材料换旧为新，从中就可看出他的设计灵感以及使用相应材料的必然性，也可以更好地理解他所用材料与其设计的联系。

本小节为大家介绍的作品中，尤为引人注目的应是布劳耶使用胶合板材料设计的代表作『伊所肯椅』。该作品是他在伦敦时设计出来的，随着年纪的增长，其设计中所使用的材料也从冷冰冰的金属转为更为温暖而舒适的木材，而『伊所肯椅』就是在这样的背景下诞生的。

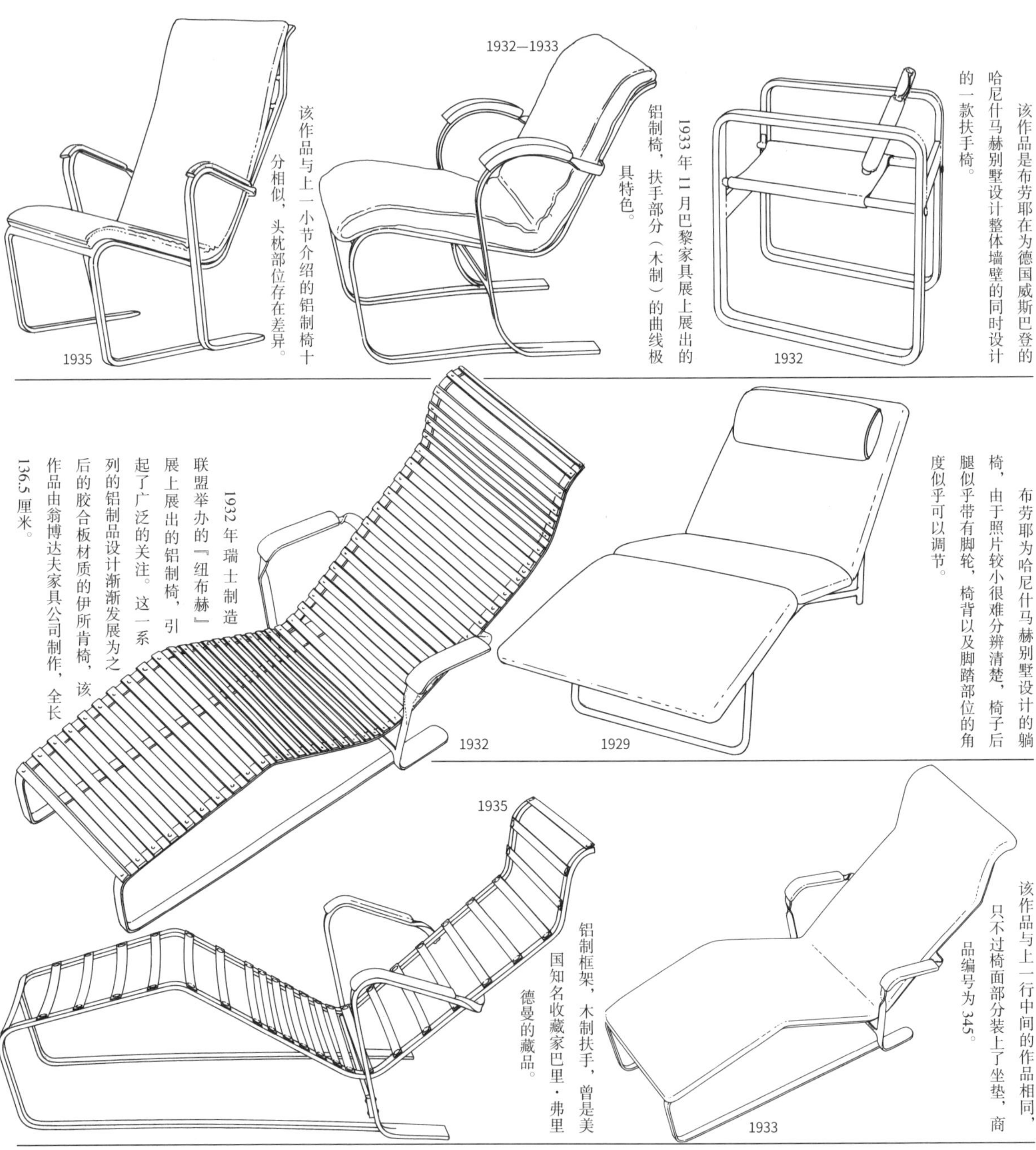

该作品是布劳耶在为德国威斯巴登的哈尼什马赫别墅设计整体墙壁的同时设计的一款扶手椅。

1933年11月巴黎家具展上展出的铝制椅，扶手部分（木制）的曲线极具特色。

该作品与上一小节介绍的铝制椅十分相似，头枕部位存在差异。

布劳耶为哈尼什马赫别墅设计的躺椅，由于照片较小很难分辨清楚，椅子后腿似乎带有脚轮，椅背以及脚踏部位的角度似乎可以调节。

1932年瑞士制造联盟举办的『纽布赫』展上展出的铝制椅，引起了广泛的关注。这一系列的铝制品设计渐渐发展为之后的胶合板材质的伊所肯椅，该作品由翁博达夫家具公司制作，全长136.5厘米。

该作品与上一行中间的作品相同，只不过椅面部分装上了坐垫，商品编号为345。

铝制框架，木制扶手，曾是美国知名收藏家巴里·弗里德曼的藏品。

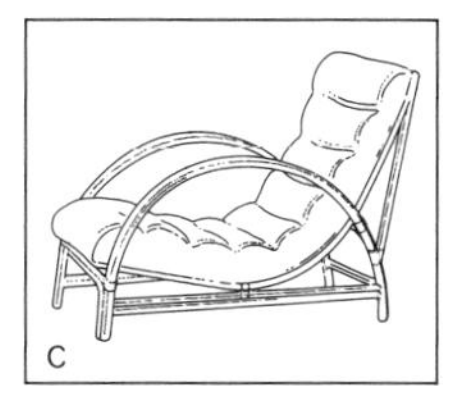

位于英国布里斯托尔的加奈住宅阳台所使用的藤制安乐椅，不确定是否是布劳耶的作品。
1936

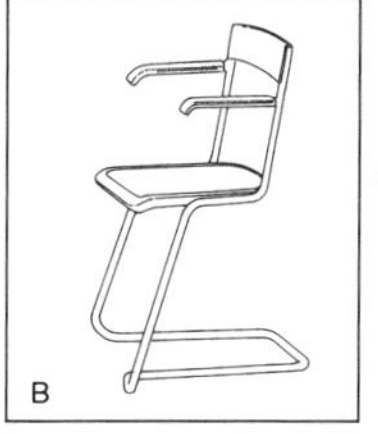

虽然不确定是否为布劳耶的作品，但在翁博达夫家具公司的展示厅里，该叠椅是与布劳耶的其他作品一同展出的。
1933

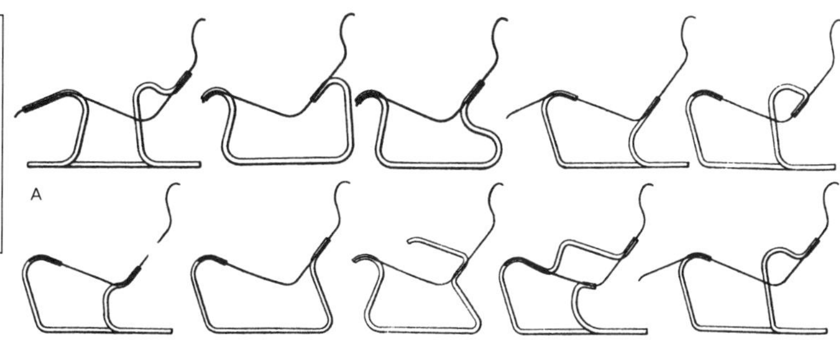

“伊所肯椅”于 1936 年 7 月 10 日获得专利许可，图为“伊所肯椅”的各种结构图，每种结构看上去都很舒适。
1936

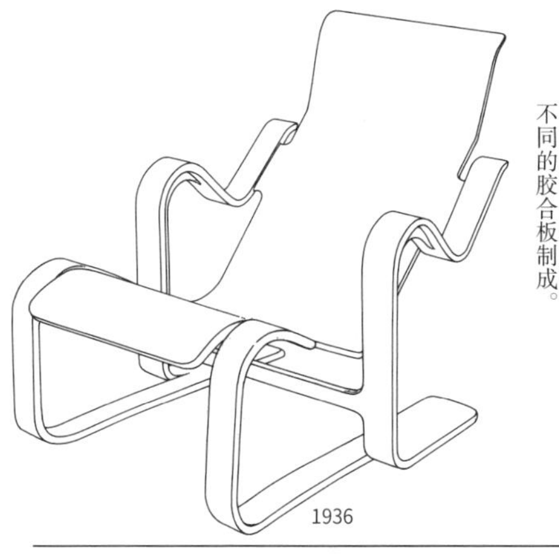
1936

伦敦的埃索控家具公司制作完成的名作『伊所肯椅』，椅座及框架部分由厚度不同的胶合板制成。

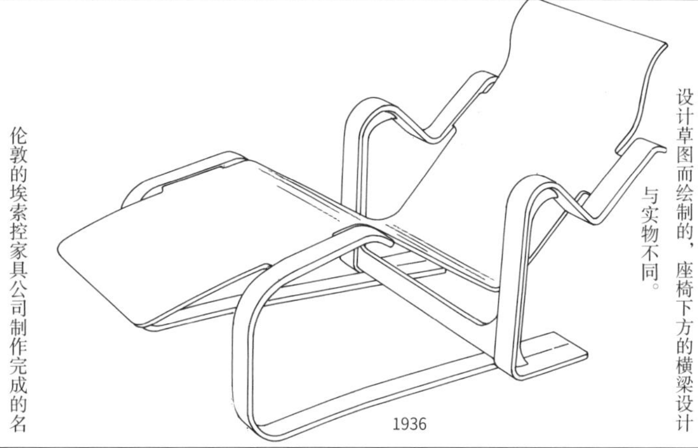
1936

该图是根据『伊所肯椅』专利许可的设计草图而绘制的，座椅下方的横梁设计与实物不同。

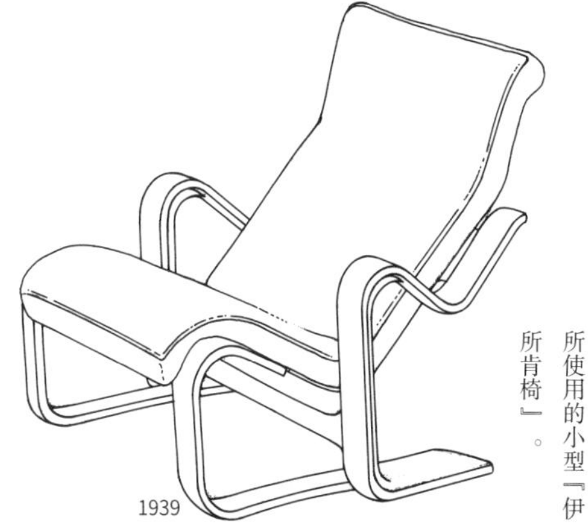
1939

布劳耶家里所使用的小型『伊所肯椅』。

1936

意大利加维纳公司及美国诺尔家具公司销售的『伊所肯椅』。

该作品在模压胶合板材质的椅座上加装了厚坐垫。它是布劳耶为美国匹兹堡的弗兰克住宅所设计的作品。

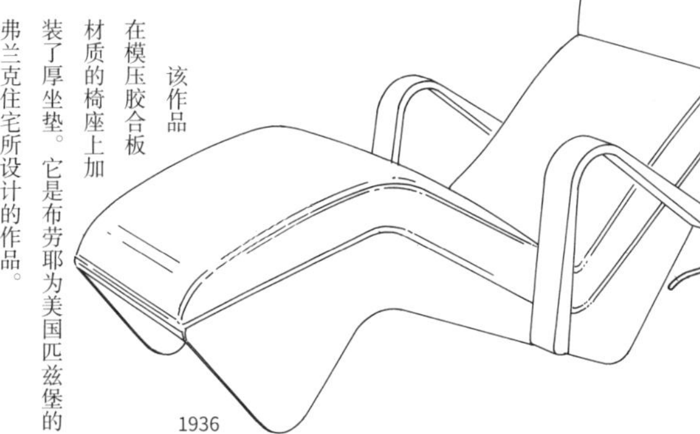
1936

英国维多利亚与阿尔伯特博物馆收藏的『伊所肯椅』设计草图，扶手处的设计与成品模型不同。

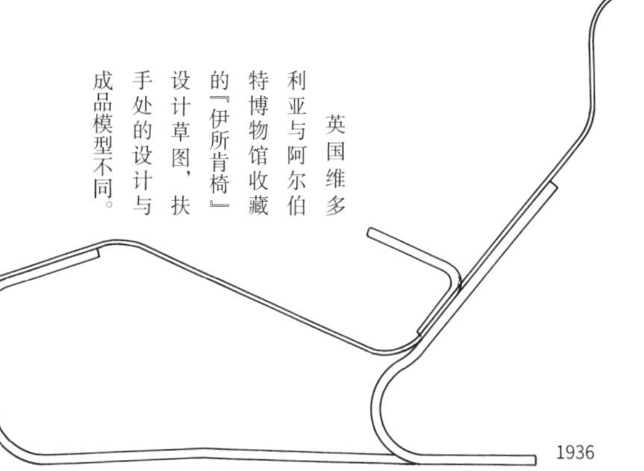
1936

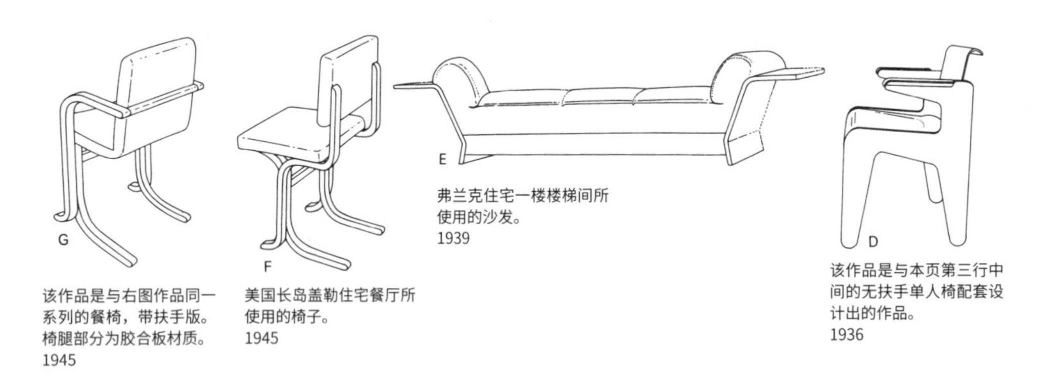

该作品是与右图作品同一系列的餐椅，带扶手版。椅腿部分为胶合板材质。
1945

美国长岛盖勒住宅餐厅所使用的椅子。
1945

弗兰克住宅一楼楼梯间所使用的沙发。
1939

该作品是与本页第三行中间的无扶手单人椅配套设计出的作品。
1936

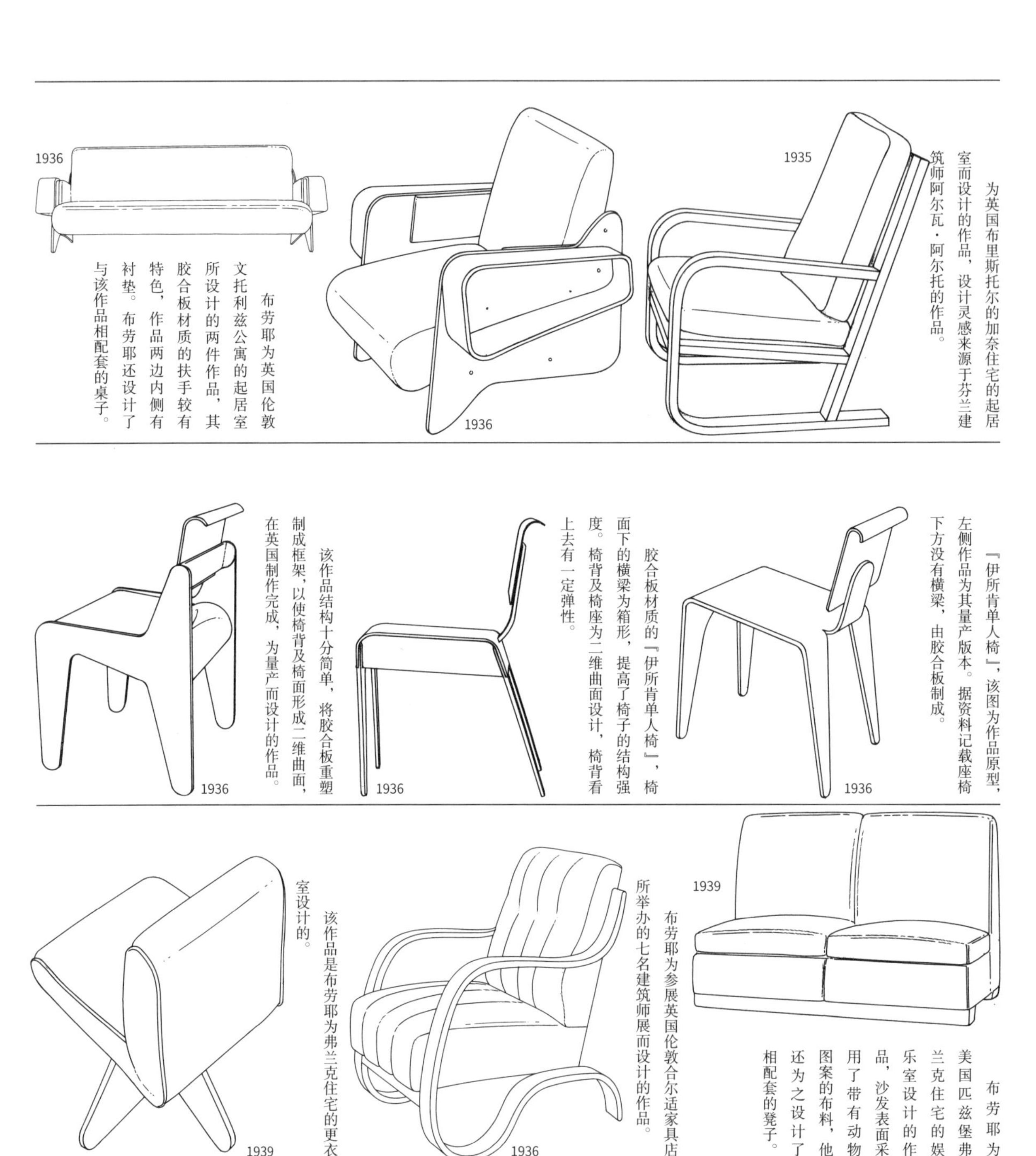

1935

为英国布里斯托尔的加奈住宅的起居室而设计的作品，设计灵感来源于芬兰建筑师阿尔瓦·阿尔托的作品。

1936

1936

布劳耶为英国伦敦文托利兹公寓的起居室所设计的两件作品，其胶合板材质的扶手较有特色，作品两边内侧有衬垫。布劳耶还设计了与该作品相配套的桌子。

1936

「伊所肯单人椅」，该图为作品原型，左侧作品为其量产版本。据资料记载座椅下方没有横梁，由胶合板制成。

1936

胶合板材质的「伊所肯单人椅」，椅面下的横梁为箱形，提高了椅子的结构强度。椅背及椅座为二维曲面设计，椅背看上去有一定弹性。

1936

该作品结构十分简单，将胶合板重塑制成框架，以使椅背及椅面形成二维曲面，在英国制作完成，为量产而设计的作品。

1939

布劳耶为美国匹兹堡弗兰克住宅的娱乐室设计的作品，沙发表面采用了带有动物图案的布料，他还为之设计了相配套的凳子。

1936

布劳耶为参展英国伦敦合尔适家具店所举办的七名建筑师展而设计的作品。

1939

该作品是布劳耶为弗兰克住宅的更衣室设计的。

布劳耶为瑞士的卡弗住宅设计的作品。
1963—1967

布劳耶为美国莎拉劳伦斯学院的艺术中心设计的座椅系统。
1950—1952

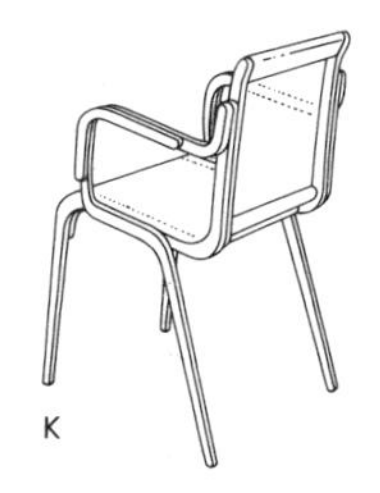

与 J 图同系列的作品，是纽约现代艺术博物馆低成本家具设计大赛的参展作品。
1948

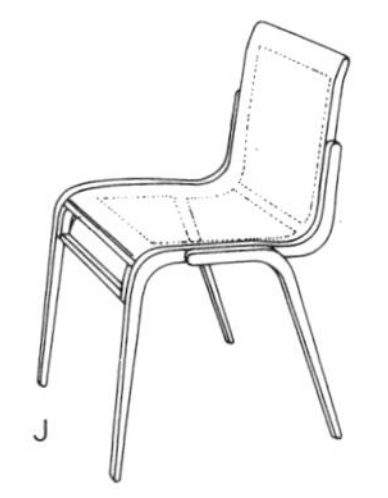

两侧框架可能为胶合板重塑，或是用模压胶合板制成的，椅座部分为藤制。
1948

布劳耶为美国长岛的盖勒住宅设计的叠椅，框架由胶合板重塑制成。
1945

该作品与上一页 F 图的作品十分相似，椅腿部分可能是铝制的。
1942

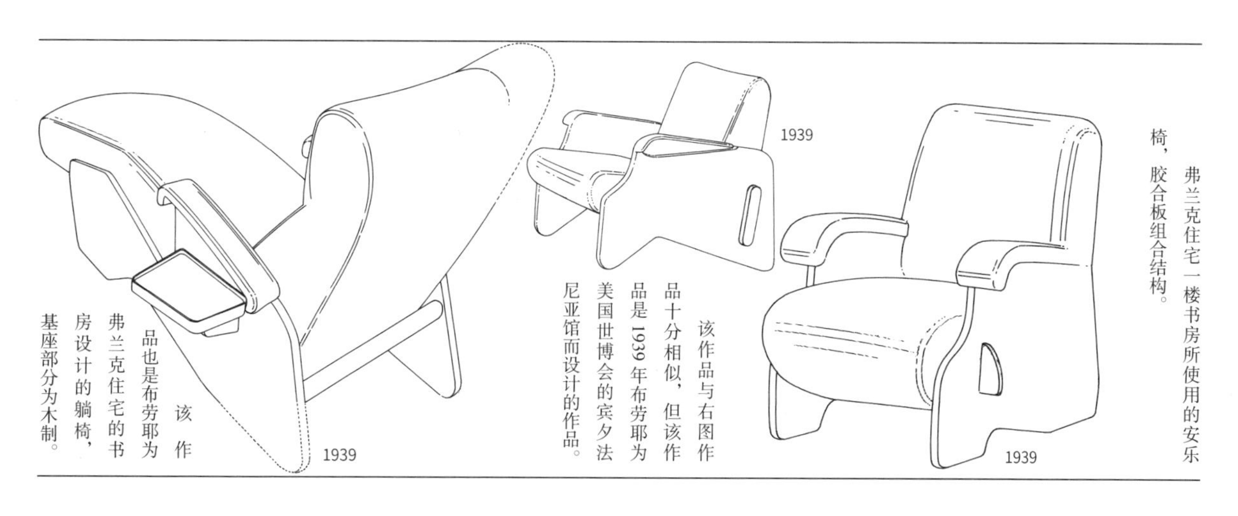

该作品也是布劳耶为弗兰克住宅的书房设计的躺椅，基座部分为木制。

该作品与右图作品十分相似，但该作品是1939年布劳耶为美国世博会的宾夕法尼亚馆而设计的作品。

弗兰克住宅一楼书房所使用的安乐椅，胶合板组合结构。

1939

该作品与右图作品同为餐厅中的椅子，椅背及椅座包裹有布料，横梁部分可能使用了金属管材料。

1939

弗兰克住宅餐厅所用的椅子，胶合板制的悬臂结构作品。

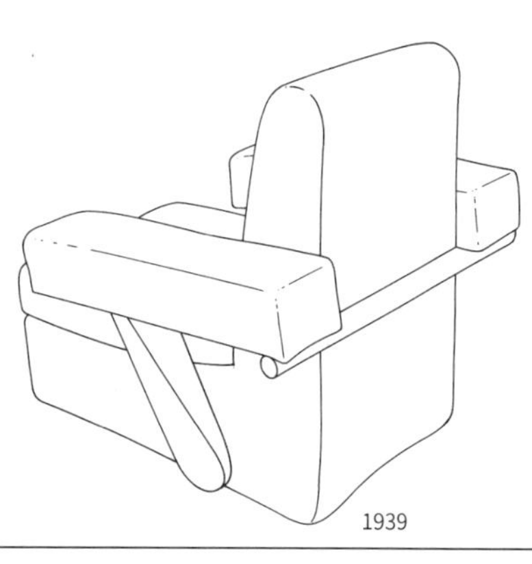

这也是布劳耶为弗兰克住宅所设计的作品，放置于二楼休息室的暖炉旁。

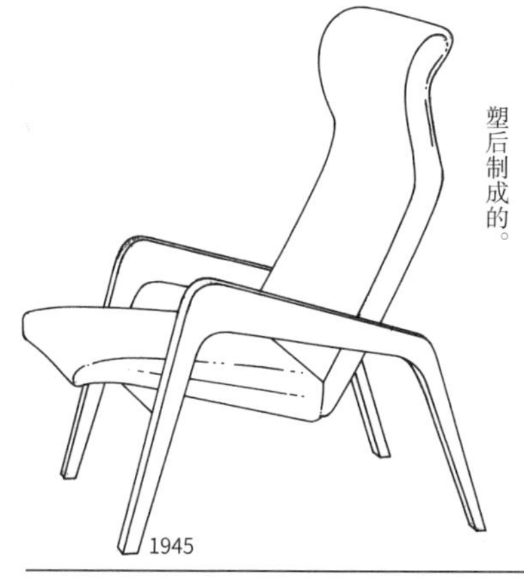

布劳耶为美国长岛盖勒住宅的起居室所设计的作品，椅腿部分应该是胶合板重塑后制成的。

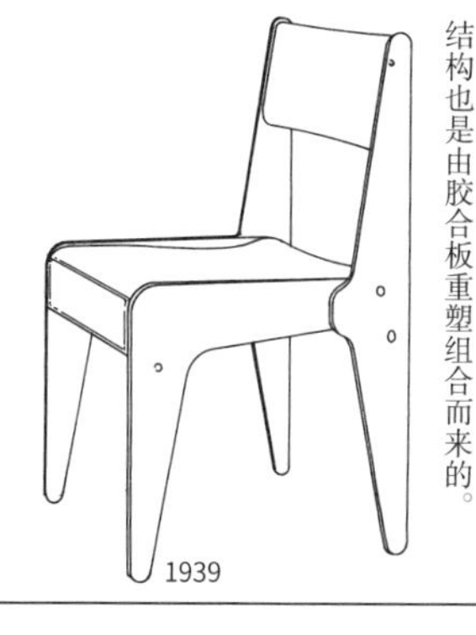

布劳耶为美国宾夕法尼亚州的布林茅尔学院的寄宿公寓所设计的作品，该作品结构也是由胶合板重塑组合而来的。

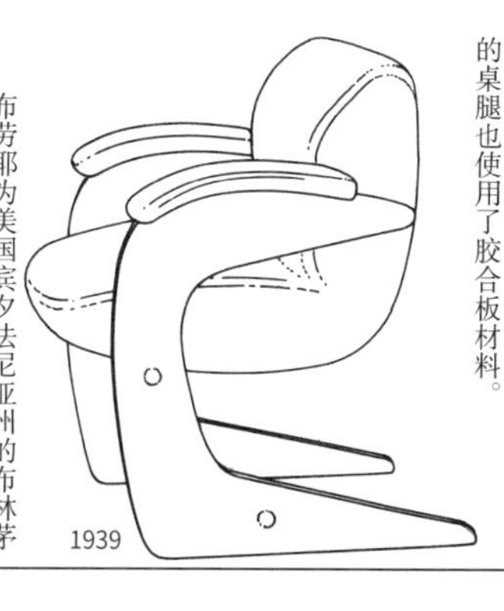

该作品与上一行的餐椅相似，但该作品是与书房桌子配套使用的，其配套书桌的桌腿也使用了胶合板材料。

1902—?
1903—?

亨利·朗仕
博德·朗仕

建筑师亨利·朗仕及博德·朗仕两兄弟在日本并不出名，人们对他们的生平也所知甚少。大致来看，哥哥亨利·朗仕于1902年出生在德国夏洛滕堡，1916年进入位于德国布隆贝格的工艺美术学校求学，1920—1923年于汉诺威及斯图加特的工业大学学习。1903年，弟弟博德·朗仕出生，博德·朗仕曾就读于农业大学，从毕业后到1926年期间，他一直在自己开的工坊中做家具工匠，专心从事制作工作。

从兄弟二人的经历来看，笔者猜想他们在从事家具制造工作时，应该是由身为建筑师的哥哥担任设计层面的任务，而弟弟则负责技术层面的工作。从他们的作品设计年份来看，大部分作品都诞生于1924—1930年间。由于包豪斯学校创办于1919年，所以从这一时期来看，兄弟二人的作品也不可避免地受到了包豪斯设计风格的影响。另外笔者认为，他们的作品也或多或少地影响了几乎同时代的、由日本设计师丰口克平等人组成的『型而工房』小组的设计。

除家具外，哥哥亨利·朗仕还有不少悬臂结构的独特建筑作品及创意留存于世，本小节也会加以介绍。

1924

细节部分有许多不明确之处，但从资料来看，该作品除图中所示靠背角度外，还可将靠背垂直固定。

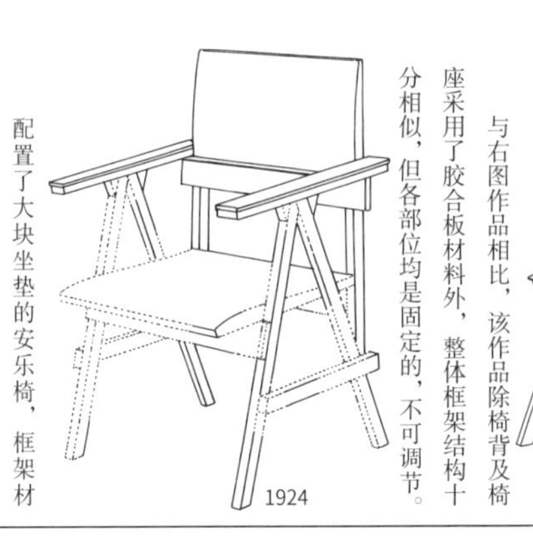

1924

与右图作品相比，该作品除椅背及椅座采用了胶合板材料外，整体框架结构十分相似，但各部位均是固定的，不可调节。

1924—1928

配置了大块坐垫的安乐椅，框架材料很细，结构部分略微给人一种不结实的感觉。

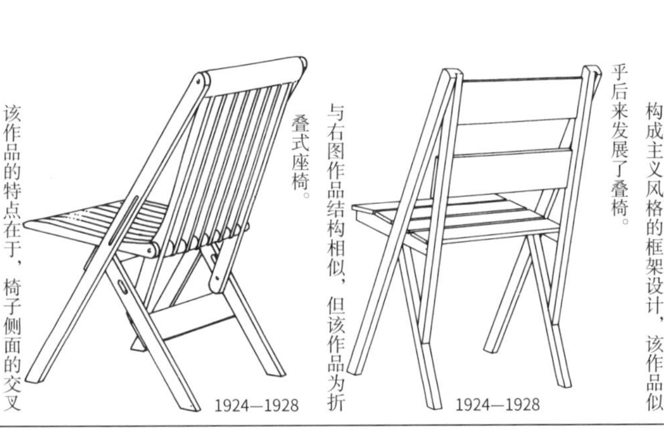

1924—1928

构成主义风格的框架设计，该作品似乎后来发展了叠椅。

1924—1928

与右图作品结构相似，但该作品为折叠式座椅。

1924—1928

该作品的特点在于，椅子侧面的交叉结构使椅腿部分结构强度得到提高。

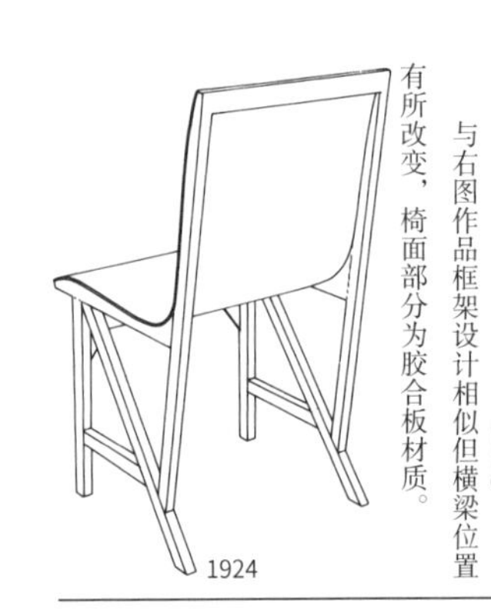

1924

与右图作品框架设计相似但横梁位置有所改变，椅面部分为胶合板材质。

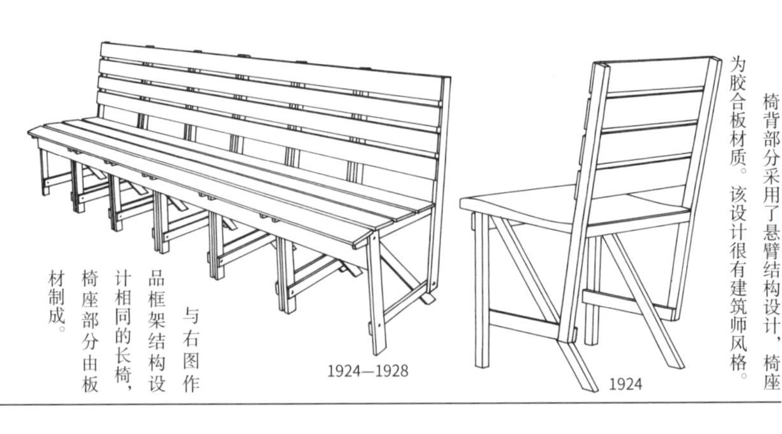

1924

椅背部分采用了悬臂结构设计，椅座为胶合板材质。该设计很有建筑师风格。

1924—1928

与右图作品框架结构设计相同的长椅，椅座部分由板材制成。

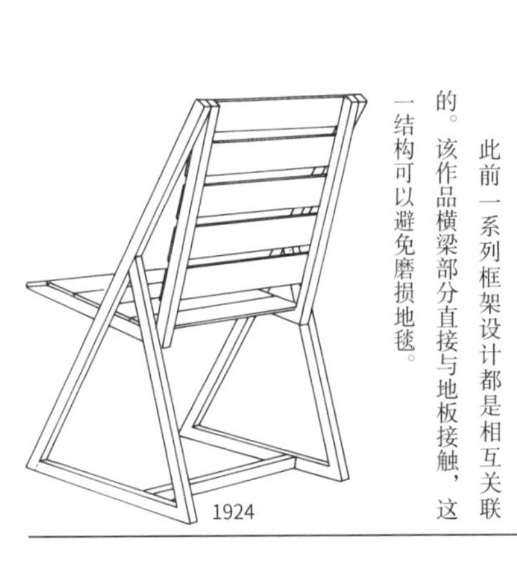

1924

此前一系列框架设计都是相互关联的。该作品横梁部分直接与地板接触，这一结构可以避免磨损地毯。

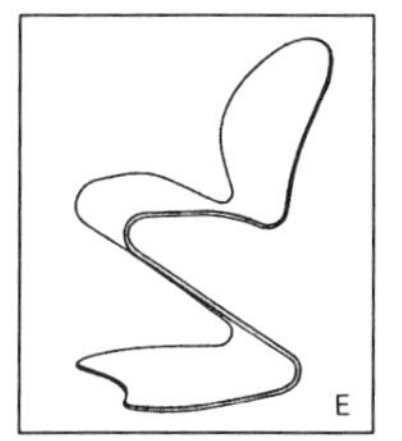

丹麦设计师维奈·潘顿的作品，对“Z 形椅”重新进行设计之后的作品，索耐特公司出品。
1968

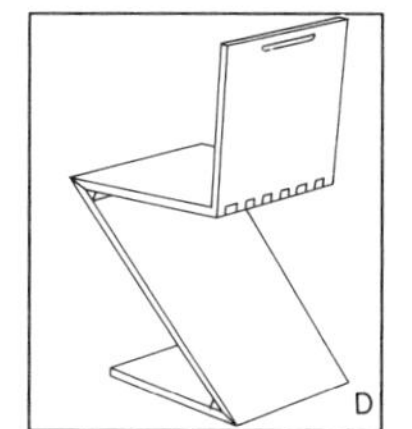

里特维尔德设计的名作“Z 形椅”，可以和第三行左边的作品进行比较。
1934

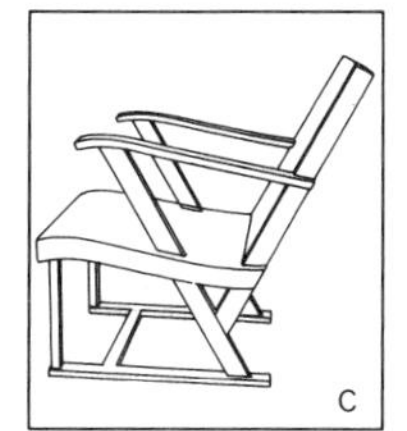

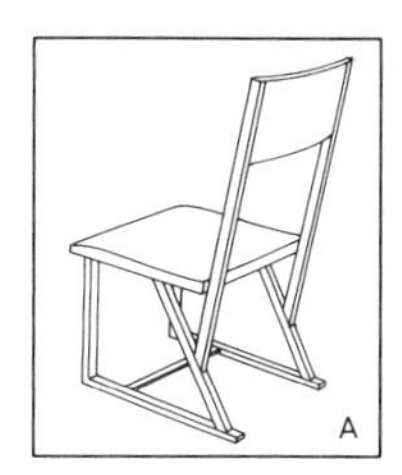

1928 年丰口克平等人成立了建筑、室内设计方面的研究团体“型而工房”，A～C 图中为团体的设计作品。设计年份为 1932—1934 年，从这些作品中可看出其设计与埃里希·迪克曼及朗仕兄弟的作品有相似之处。
1932—1934

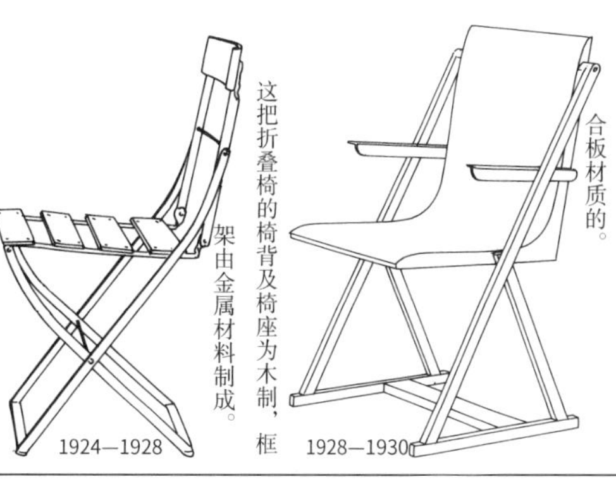

上一页最后一行左侧作品改进而成的带扶手型号，扶手及椅面部分应该是胶合板材质的。

这把折叠椅的椅背及椅座为木制，框架由金属材料制成。

1924—1928

上一页最后一行左侧作品改进而来的折叠式作品。

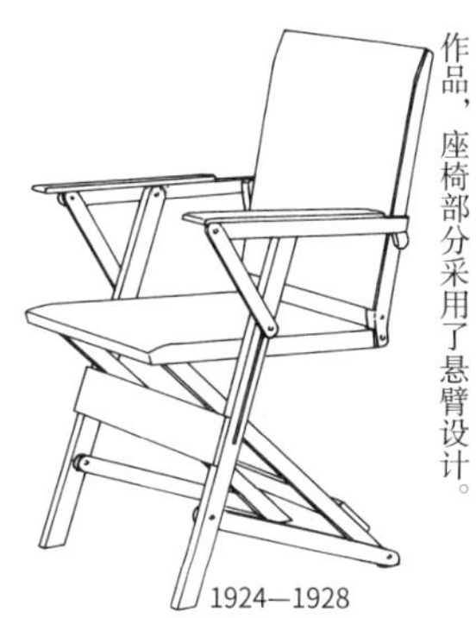

改进后的设计，该作品同样是折叠式作品，座椅部分采用了悬臂设计。

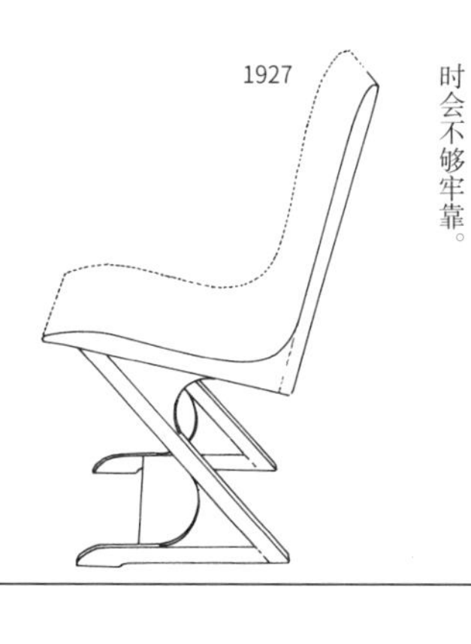

左图可能是前面所介绍的各种作品的衍生之作，是由哥哥亨利负责设计、弟弟博德负责技术方面而共同完成的悬臂式结构作品。纤细的木制框架外面加了一层胶合板表层，加之椅腿部分也采用了胶合板材料，使椅子整体的结构强度得到提高。丹麦设计师里特维尔德后来将该作品设计为『Z形椅』，将其进一步完善。从左图角度来看不太明确的地方在于椅面与椅腿之间是否有横梁。笔者认为，如果该处未设计横梁，椅子横向受力或是扭曲时会不够牢靠。

1927

右图作品进一步改进后的作品，变得更为优美。维特拉设计博物馆出版的《百件杰作》一书中也介绍了该作品。该作品若去掉侧面的胶合板就与『Z形椅』如出一辙，可以说该作品是曲面更为优美的『Z形椅』。

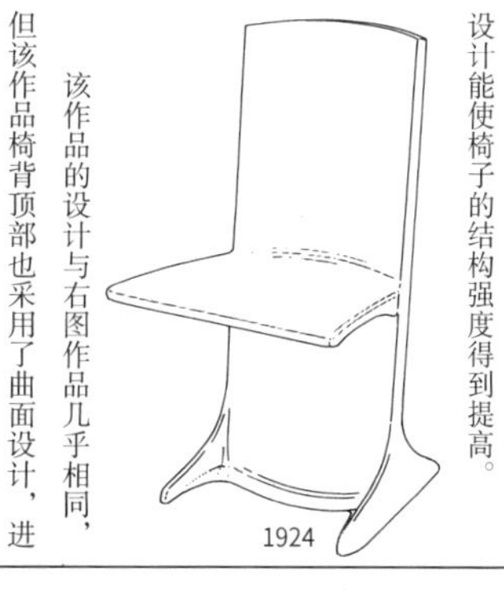

从设计年份上来看，该作品比之前介绍的作品要早一些，也是悬臂结构作品。仔细看的话会发现该作品椅背为曲面，椅座下方和椅腿部分也是曲面设计，这样的设计能使椅子的结构强度得到提高。

1924

该作品的设计与右图作品几乎相同，但该作品椅背顶部也采用了曲面设计，进一步加强了椅子结构强度。横向来看，该作品在轮廓上与设计师中岛乔治的『康诺德椅』相似。

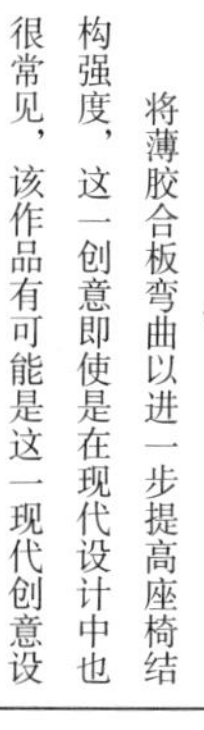

将薄胶合板弯曲以进一步提高座椅结构强度，这一创意即使是在现代设计中也很常见，该作品有可能是这一现代创意设计的源头。

1924—1928

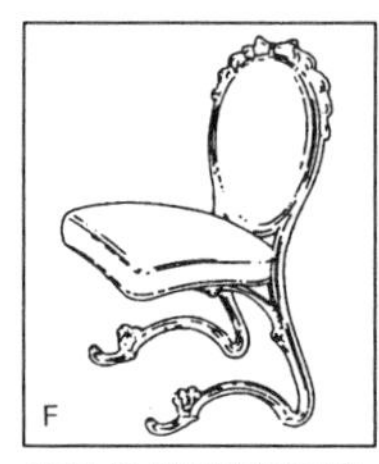

F

1851年《维也纳家具杂志》上刊登的洛可可风格的悬臂椅。

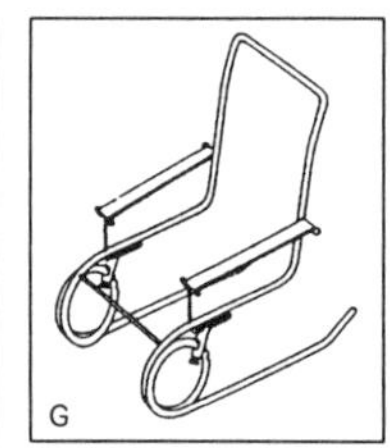

G

美国设计师哈利·诺兰德申请了专利的悬臂结构设计，专利编号为No.1491918。
1922

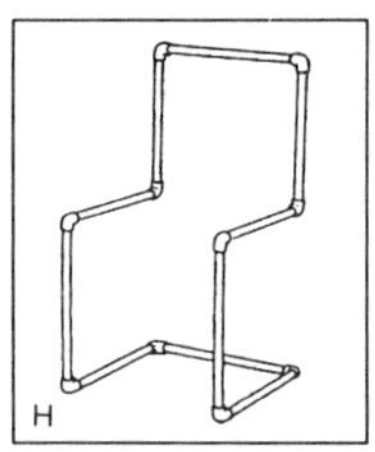

H

马特·斯坦曾是包豪斯学校的教师，图为其悬臂结构作品，被称为最早的钢管材料作品。
1926

I

马塞尔·布劳耶以其爱女弗朗塞斯卡的名字来命名的名作"塞斯卡椅"。
1928

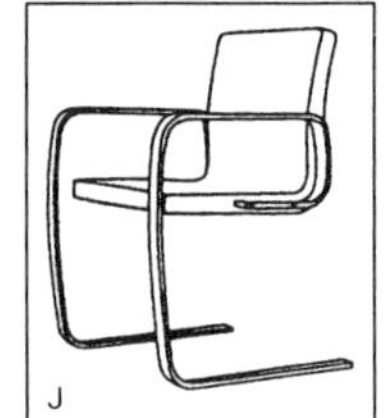

J

丹麦设计师保罗·克耶霍尔姆设计的悬臂椅。该作品的椅腿部分未设计横梁，因而整体强度存在问题，因此停产。
1974

K

图为埃罗·沙里宁的名作柱脚椅，为解决桌下椅子腿繁杂的问题而设计的作品。由诺尔家具公司出品。
1956

说到悬臂结构，会有依靠后椅腿支撑、依靠侧面支撑等许多的类型。左图作品由于椅背及椅腿部分的曲面设计，结构强度得以提高。虽然该作品的材料用的是薄胶合板，但其结构强度却意外的高。

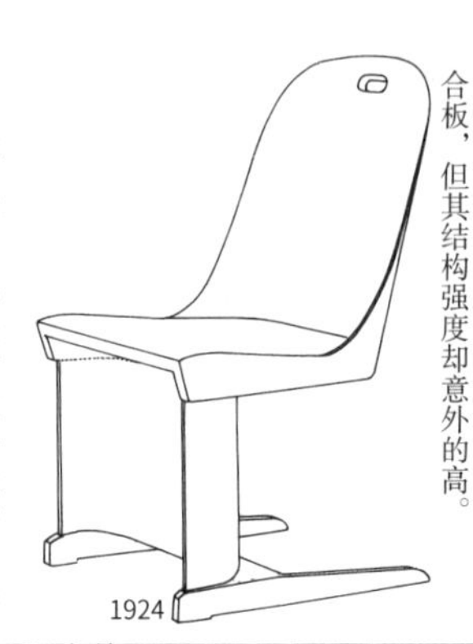

1924

左图作品的带扶手型号，这一系列的作品可能均由博德·朗仕的工坊量产而成。

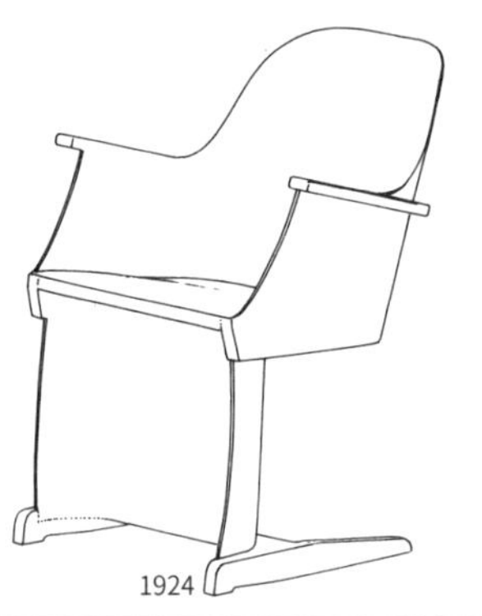

1924

该作品也可以说成是一种悬臂式结构作品，这种中间部位仅由一根椅腿支撑的设计被称为柱脚椅。K图埃罗·沙里宁的作品是其中比较出名的一款。

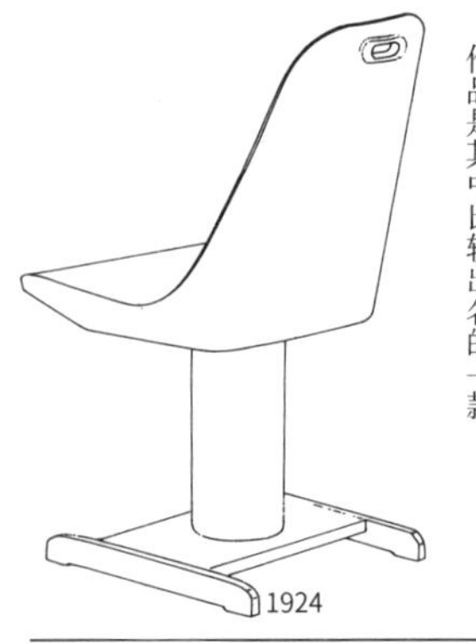

1924

此前有定论称最初的钢管椅是1925年布劳耶设计的『瓦西里椅』，但接下来一系列的作品是在1925年之前所设计的（也有说法称以下作品设计于1928年）。

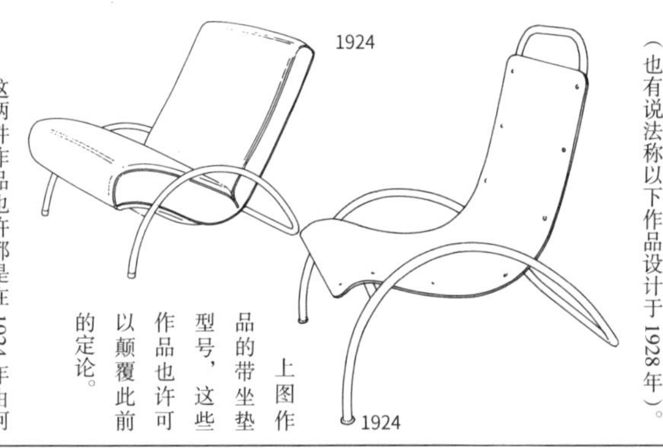

1924　1924

上图作品的带坐垫型号，这些作品也许可以颠覆此前的定论。

这两件作品也许都是在1924年由阿诺德公司生产上市的。

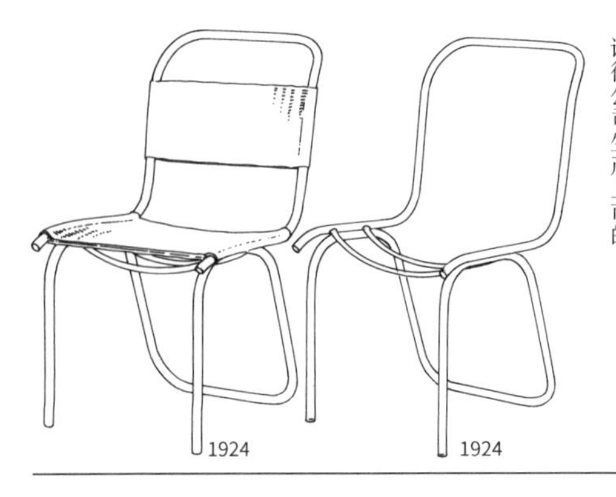

1924　1924

该图设计之时，钢管弯曲加工技术可能还不成熟，所以该作品是由多个零件焊接而成的。

1924

这两件作品框架结构大体相同，但椅座前端部分的弯曲部分不同。

1924　1924

协调弯曲加工与焊接这两种技术而制成的作品，由阿诺德公司出品。

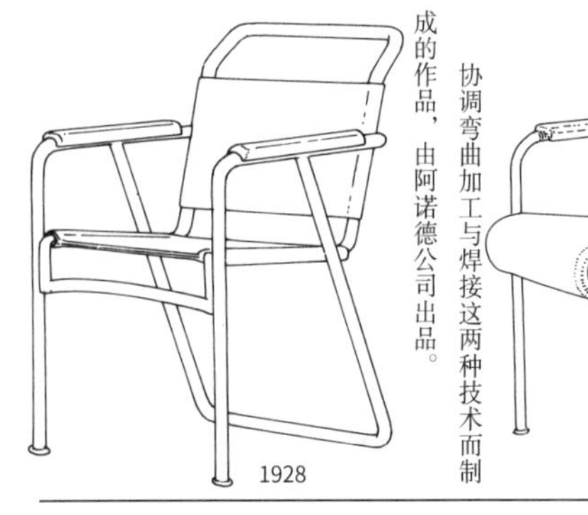

1928

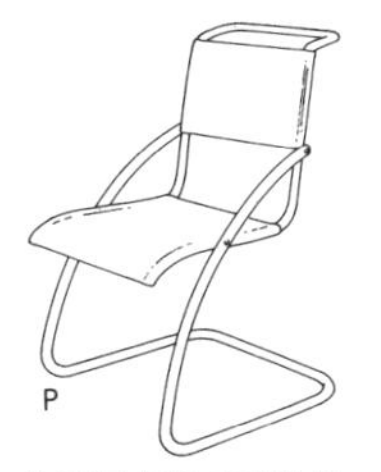

P

该图是根据亨利的设计草图绘制的，可以与勒克哈特的作品及本页第二行左侧作品进行比较。
1930

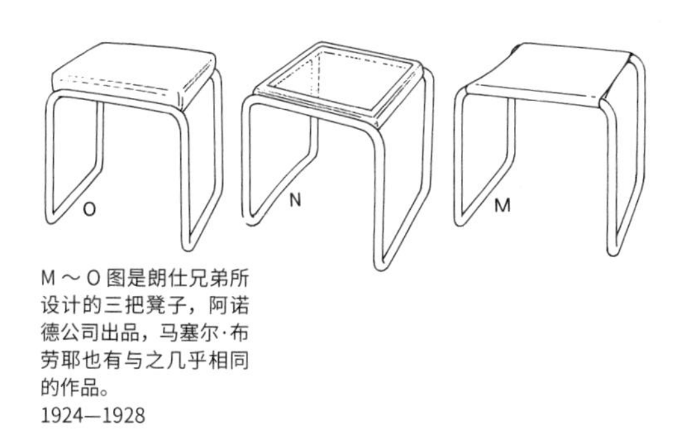

O　N　M

M～O图是朗仕兄弟所设计的三把凳子，阿诺德公司出品，马塞尔·布劳耶也有与之几乎相同的作品。
1924—1928

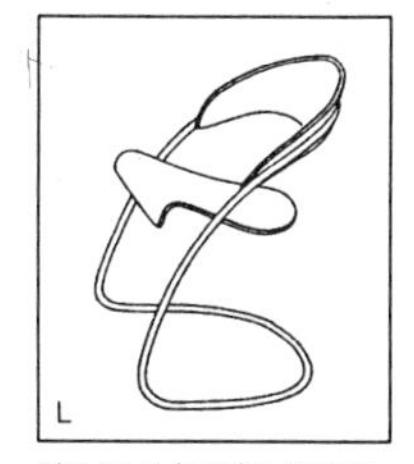

L

德国设计师汉斯·勒克哈特设计的悬臂椅，该作品可以拿来与本页第二行左侧作品进行比较。
1931

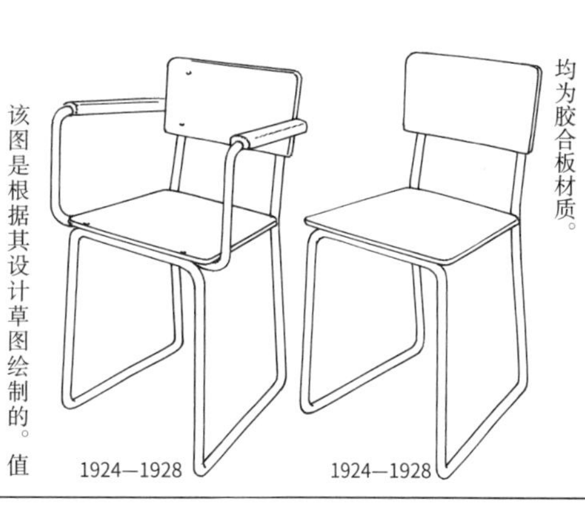

1924—1928　1924—1928

阿诺德公司商品目录里的作品，可能出自朗仕兄弟之手。右侧商品编号为3036，左侧商品编号为3136，二者椅座均为胶合板材质。

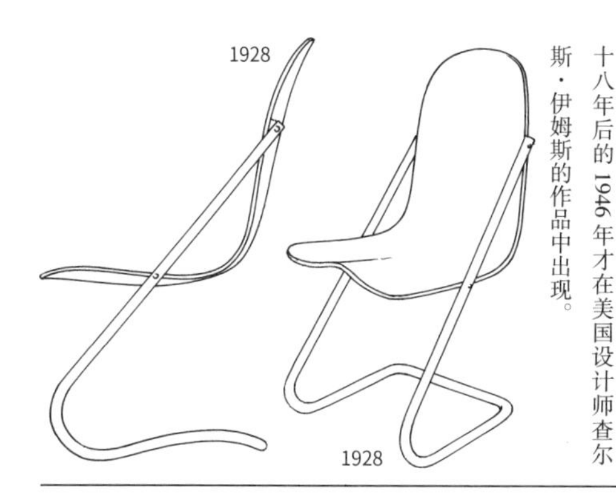

1928　1928

该图是根据其设计草图绘制的。值得注意的是椅座部分，此前笔者以为该作品椅面采用了胶合板材料，却不承想其设计成了三维曲面，这令笔者很是惊讶。像这样用胶合板实现三维曲面的设计一直到十八年后的1946年才在美国设计师查尔斯·伊姆斯的作品中出现。

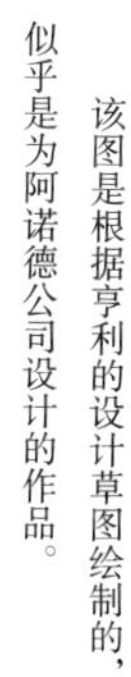

1924

该图是根据亨利的设计草图绘制的，似乎是为阿诺德公司设计的作品。

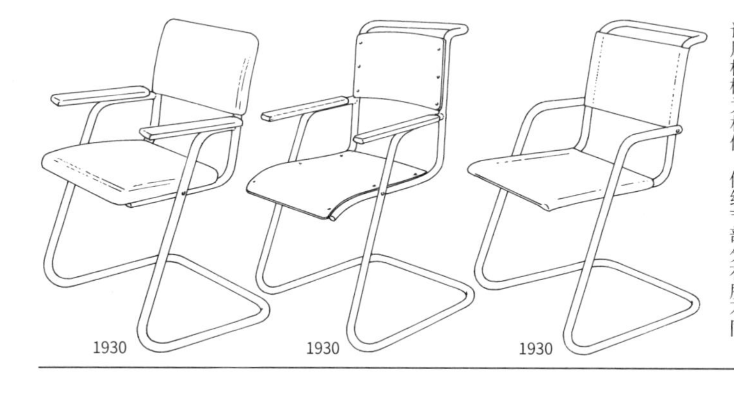

1930　1930　1930

左图三件作品均是根据亨利的设计草图所绘，这样看来作品中使用钢管的设计也许是由亨利发明的，三件作品看上去设计风格极为相似，但细节部分有所不同。

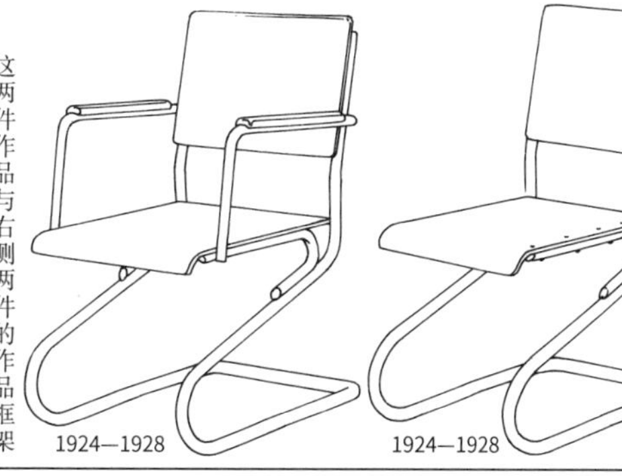

1924—1928　1924—1928

左图来自阿诺德公司的商品目录，右侧商品编号为3137，左侧商品编号为3037，椅背及椅座为胶合板材质。

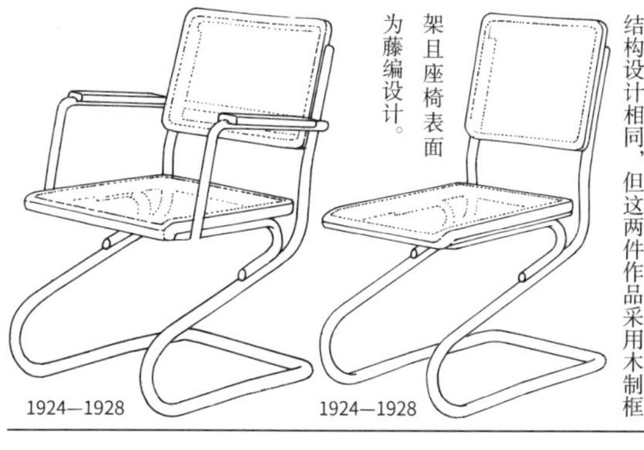

1924—1928　1924—1928

这两件作品与右侧两件的作品框架结构设计相同，但这两件作品采用木制框架且座椅表面为藤编设计。

1905—1973

卡罗·莫里诺

第 1 小节
崭新设计

卡罗·莫里诺（以下简称莫里诺）是意大利都灵最负盛名的建筑家及工程师尤吉尼奥·莫里诺之子，1905 年 5 月 6 日出生于意大利都灵。1911 年，他进入都灵圣朱塞佩寄宿学校学习，经过五年义务教育后，于 1916 年升入本校高年级部。1928 年得以免除炮兵队的临时兵役。1929 年进入一所美术大学主修美术史。1930 年获得了皮斯多诺建筑奖，1931 年从切拉迪尼创办的阿尔贝蒂娜建筑学院毕业。毕业后到 1936 年期间，卡罗在其父开办的设计事务所作为建筑师及工程师积累经验。1932 年莫里诺在山林农业团体主办的比赛上获奖，1933 年在库内奥（意大利北部皮埃蒙特区的城市）农业联盟举办的竞赛上获奖。第二次世界大战结束后，他还在 1946 年都灵纪念碑的设计比赛中获奖。1949—1952 年莫里诺在都灵理工大学的建筑系教授室内设计课程。1950 年，莫里诺在美国的美术馆发表了包括各种家具在内的室内设计作品。这一时期，他的作品极富个人色彩，名噪一时。

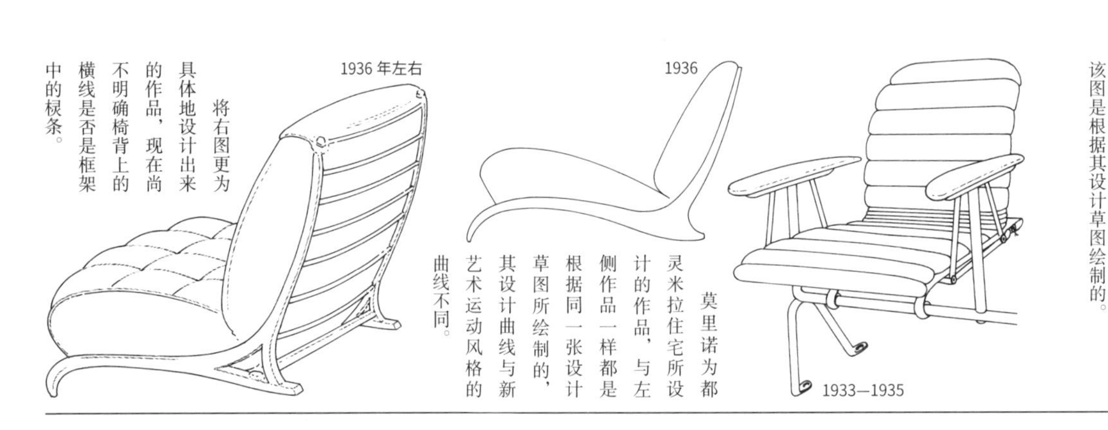

左图应该是莫里诺在 1933 年库内奥农业联盟所举办比赛中的参赛作品，设计时设想的是摆放于公共场所。钢管材质，该图是根据其设计草图绘制的。

1933—1935

莫里诺为都灵米拉住宅所设计的作品，与左侧作品一样都是根据同一张设计草图所绘制的，其设计曲线与新艺术运动风格的曲线不同。

1936

将右图更为具体地设计出来的作品，现在尚不明确椅背上的横线是否是框架中的棂条。

1936 年左右

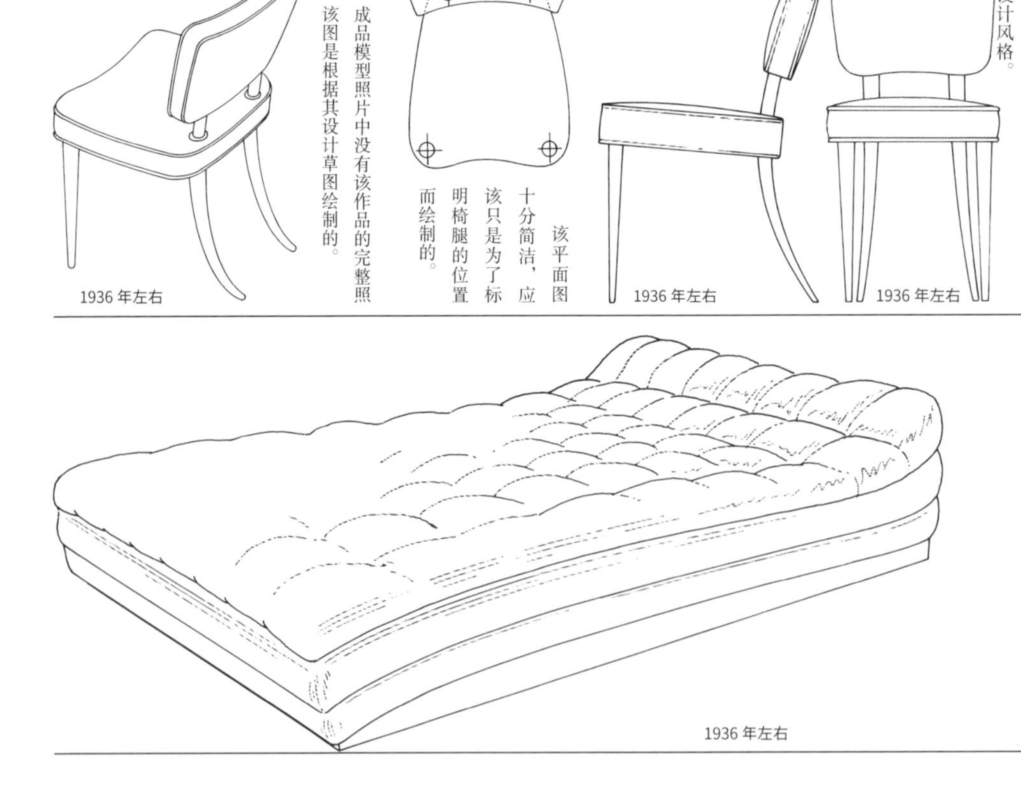

莫里诺为都灵的米诺拉住宅设计的作品，这把椅子的一侧是书柜，另一侧是放置有收音机的柜子，莫里诺为了将这些家具归纳为一个整体单元而设计出了该作品。除了椅子本身的古典风格，椅子后脚的弯曲设计也带有莫里诺独有的设计风格。

1936 年左右

1936 年左右

该平面图十分简洁，应该只是为了标明椅腿的位置而绘制的。

1936 年左右

成品模型照片中没有该作品的完整照片，该图是根据其设计草图绘制的。

1936 年左右

据文献资料记载，左图作品并不是一张床，而是一把躺椅，该作品也是莫里诺为米拉住宅设计的。一般的躺椅都是为单人设计的，宽度也较窄，而该作品看上去可以并排躺二至三人，此外，该躺椅脚部部分略微向下塌陷。

1936 年左右

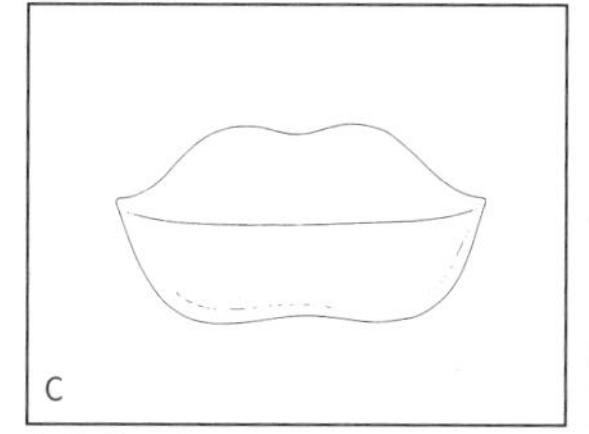

意大利设计团队65工作室由玛丽莲·梦露的嘴唇得到灵感，设计出的沙发“玛丽莲”。
1972

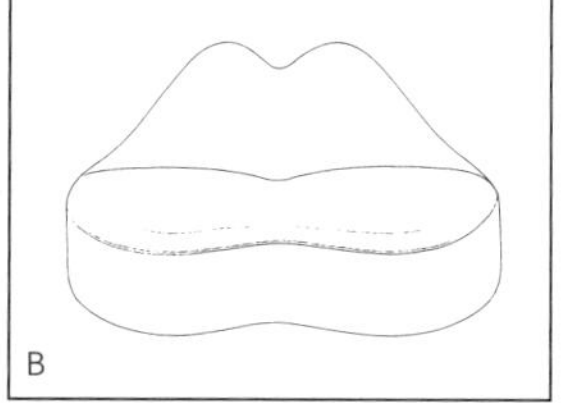

西班牙设计师萨尔瓦多·达利的沙发“梅·韦斯特之唇”。
1936年左右

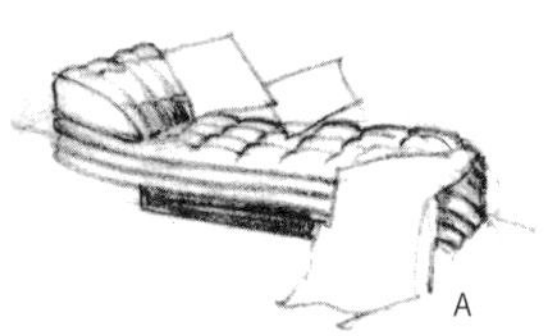

上一页最后一行作品的原草图，由于原图中还绘有靠垫和毯子，因此笔者整理后也画在此图中。
1936年左右
摘自《卡罗·莫里诺的家具作品》（弗维奥·法拉利；拿破仑·法拉利著／费顿出版社出版／2006）

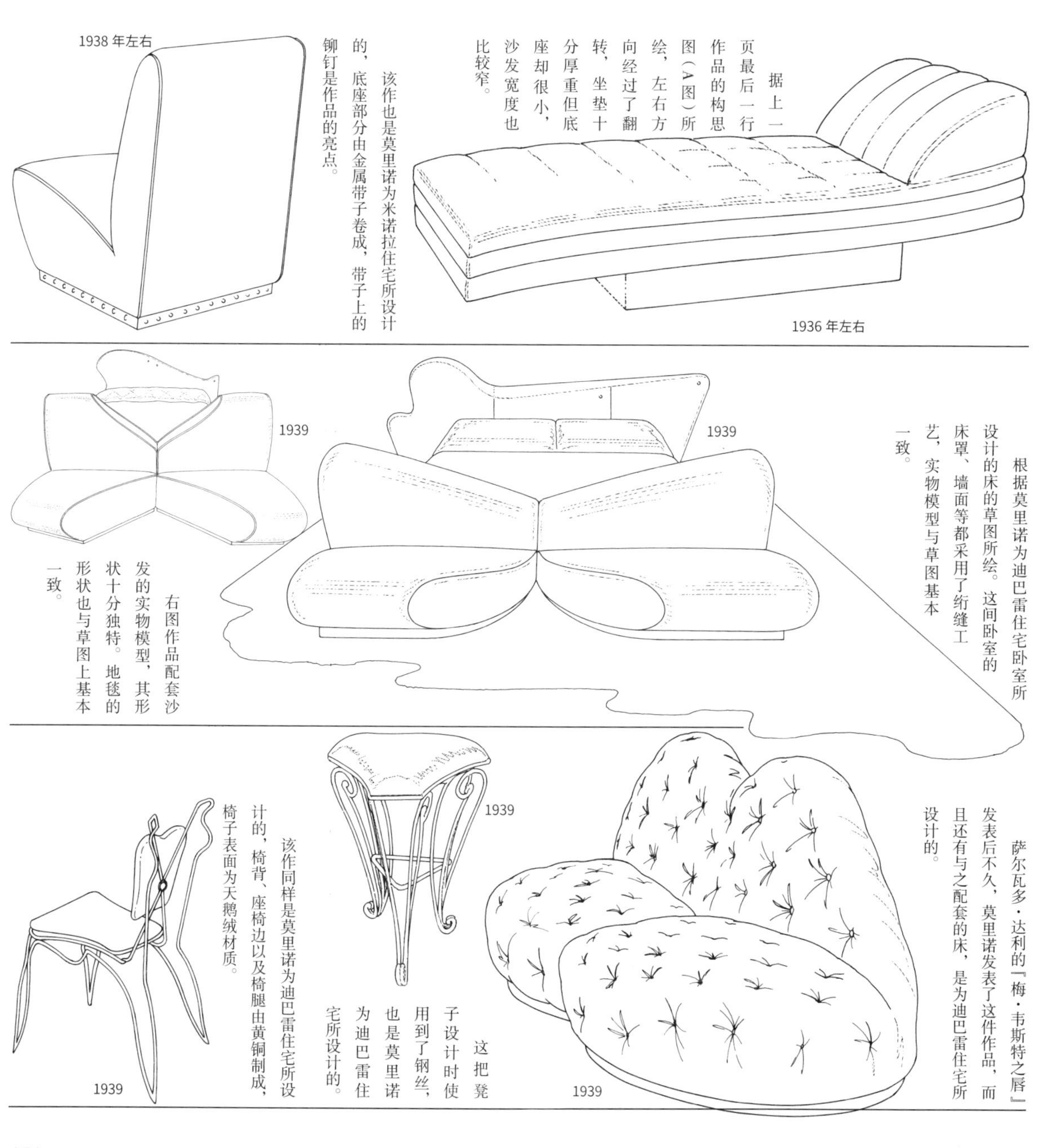

据上一页最后一行作品的构思图（A图）所绘，左右方向经过了翻转，坐垫十分厚重但底座却很小，沙发宽度也比较窄。

1936年左右

该作也是莫里诺为米诺拉住宅所设计的，底座部分由金属带子卷成，带子上的铆钉是作品的亮点。

1938年左右

根据莫里诺为迪巴雷住宅卧室所设计的床的草图所绘。这间卧室的床罩、墙面等都采用了绗缝工艺，实物模型与草图基本一致。

1939

右图作品配套沙发的实物模型，其形状十分独特。地毯的形状也与草图上基本一致。

1939

萨尔瓦多·达利的「梅·韦斯特之唇」发表后不久，莫里诺发表了这件作品，而且还有与之配套的床，是为迪巴雷住宅所设计的。

1939

这把凳子设计时使用到了钢丝，也是莫里诺为迪巴雷住宅所设计的。

1939

该作同样是莫里诺为迪巴雷住宅所设计的，椅背、座椅边以及椅腿由黄铜制成，椅子表面为天鹅绒材质。

1939

安东尼·高迪为卡尔维特之家所设计的椅子。
1898—1900

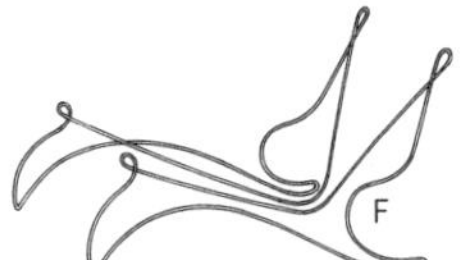

据第二行左侧作品的框架设计草图所绘。
1941

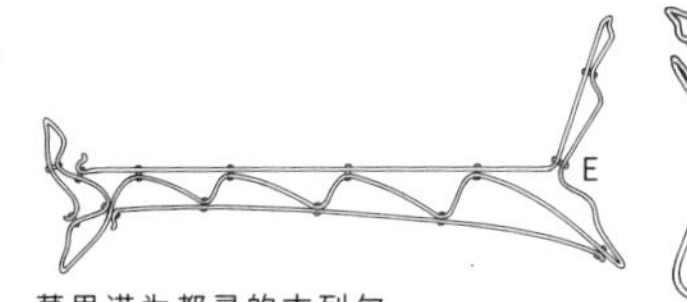

莫里诺为都灵的古列尔莫·米诺拉住宅所设计的床的框架，不确定是否有成品。
1944

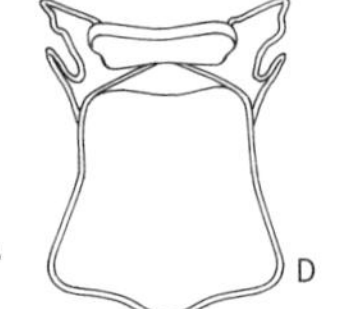

第二行迪巴雷住宅作品的平面图，坐垫采用了绗缝工艺。
1940

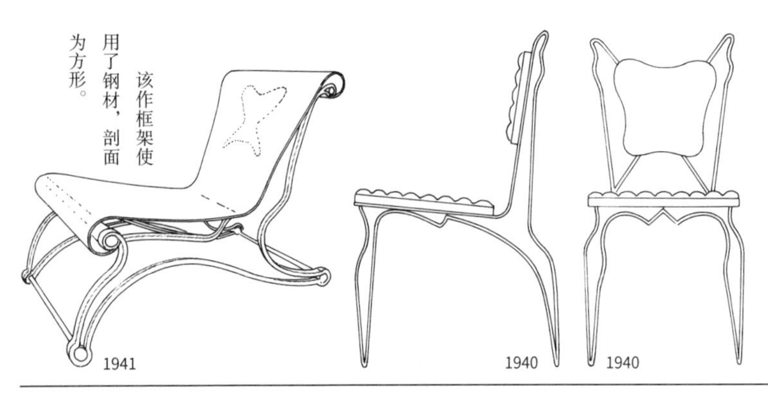

该作框架使用了钢材，剖面为方形。

据同作品的三视图所绘，框架为钢丝制成，这种轮廓极具莫里诺的特色，在其作品里常出现。

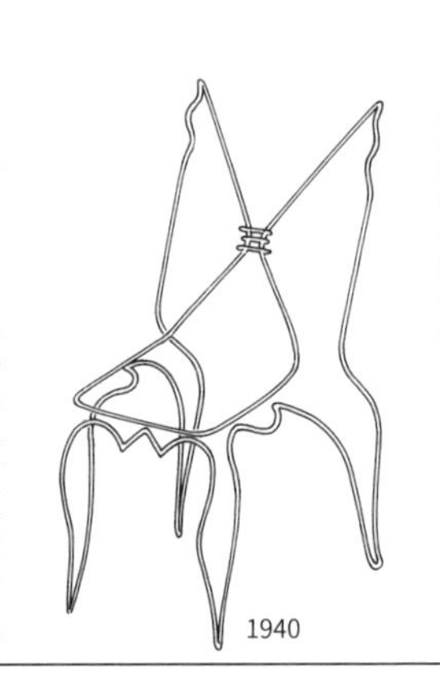

据上一页左下角作品的草图所绘，看上去很像一笔画成的。

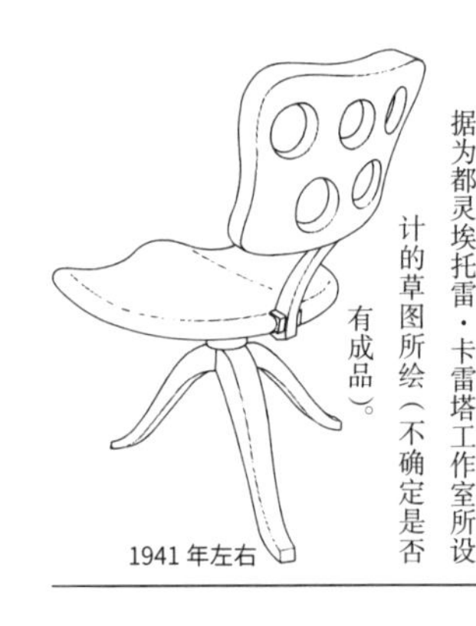

据为都灵埃托雷·卡雷塔工作室所设计的草图所绘（不确定是否有成品）。

1939—1940

该作也是莫里诺为迪巴雷住宅设计的。

1944

与第三行左侧的作品相比，这把椅子的座位高度较低，椅腿和座位是一体的。椅背可能采用了藤编设计。

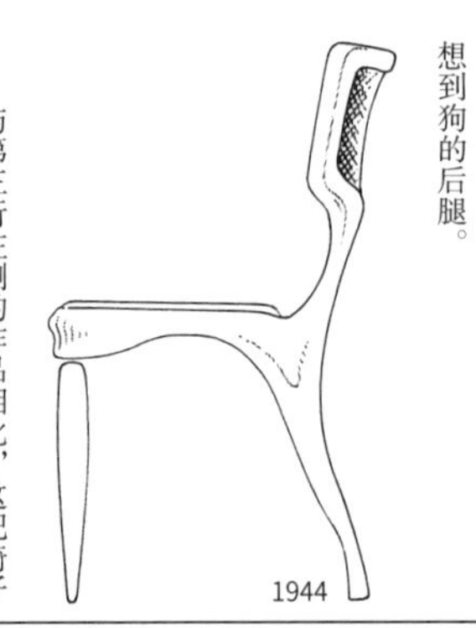

右图作品侧面草图，这一形状让人联想到狗的后腿。

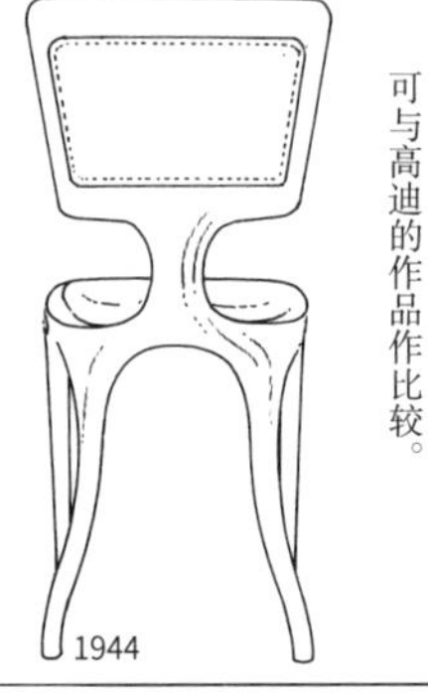

可与高迪的作品作比较。

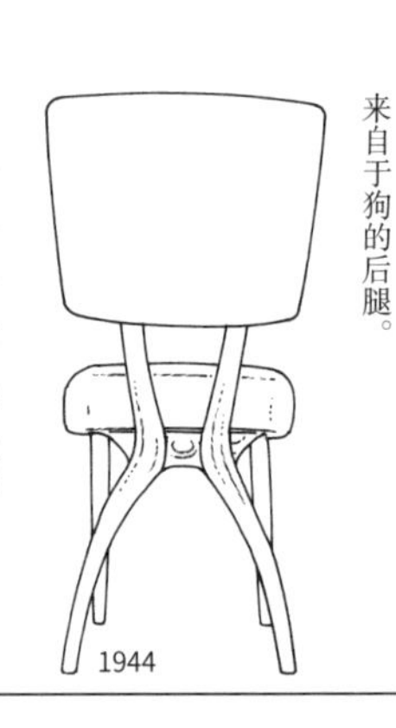

莫里诺为阿鲁伯尼克住宅设计的两件作品，从椅腿曲线等细节能看出该作与安东尼·高迪作品的相似之处，但其实灵感来自于狗的后腿。

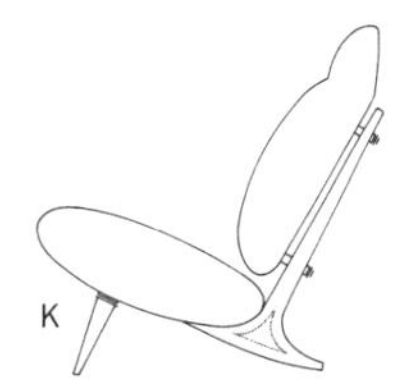

本页最后一行作品的无扶手版，但靠背似乎不可调节。此图根据为吉奥·庞蒂住宅所设计的草图所绘。
1950

莫里诺为卡萨·奥伦戈设计的桌子，由模压胶合板和玻璃制成。
1949

高约 2.5 米的落地灯，除该作外，莫里诺还设计了许多其他的照明灯具。
1947

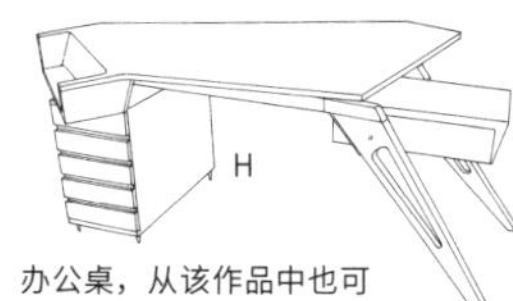

办公桌，从该作品中也可看出莫里诺独特的结构及造型设计。
1946

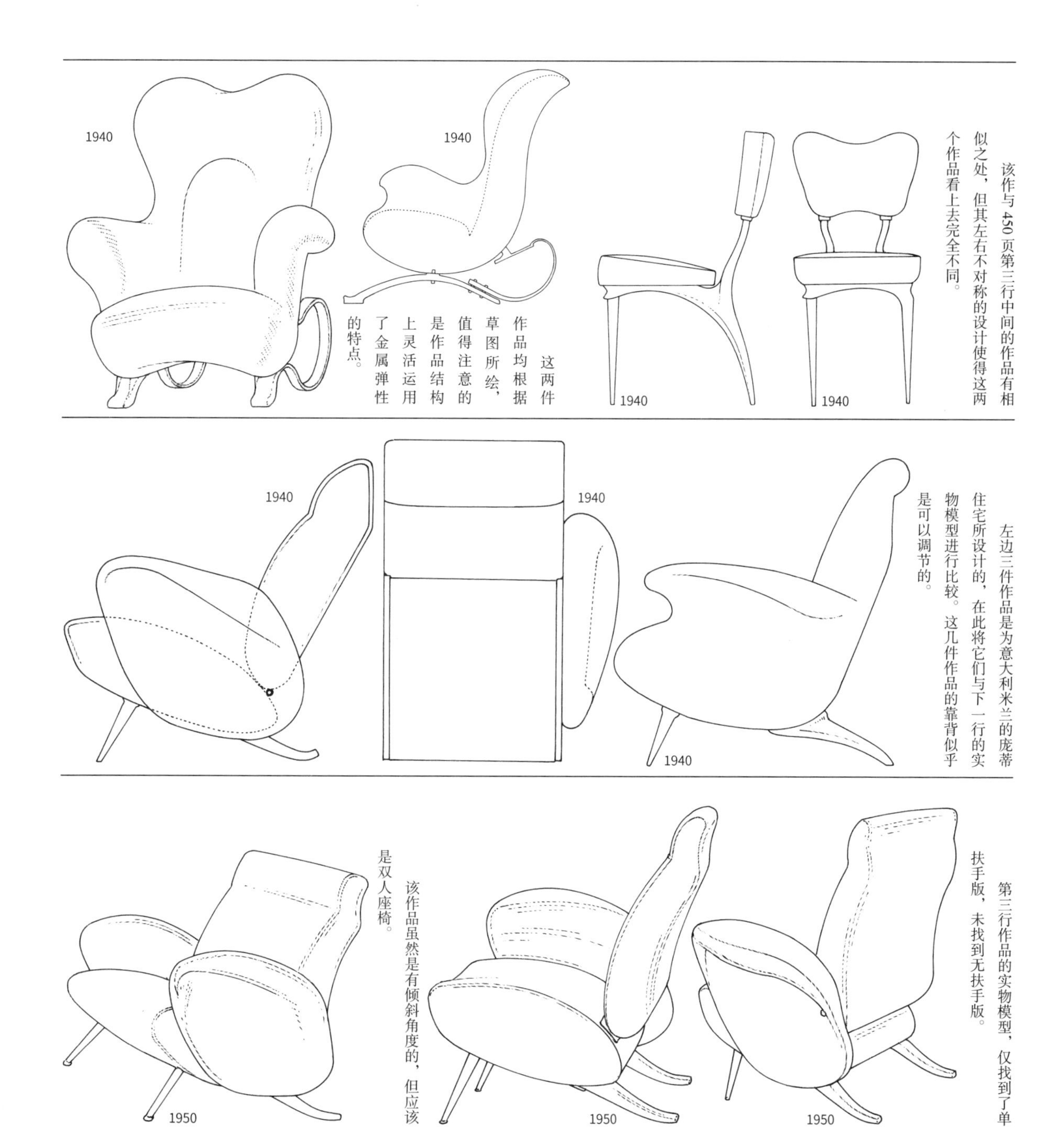

该作与450页第三行中间的作品有相似之处，但其左右不对称的设计使得这两个作品看上去完全不同。

这两件作品均根据草图所绘，值得注意的是作品结构上灵活运用了金属弹性的特点。

左边三件作品是为意大利米兰的庞蒂住宅所设计的，在此将它们与下一行的实物模型进行比较。这几件作品的靠背似乎是可以调节的。

第三行作品的实物模型，仅找到了单扶手版，未找到无扶手版。

该作品虽然是有倾斜角度的，但应该是双人座椅。

1905—1973

卡罗·莫里诺

第2小节
都灵诞生的奇才

1951年，莫里诺在维特弗雷克斯·多莫斯设计比赛中获奖，而后又获得了都灵现代美术画廊的大奖，1952年又在意大利城市比萨举办的比赛中获奖。

1953年，莫里诺成为都灵理工大学建筑学院的教授，1944—1954年连续参加由意大利皮埃蒙特区主办的建筑展。1957年和1960年，莫里诺连续两届（第十一届、第十二届）代表意大利参加了米兰三年展。1961年在都灵的某比赛中获奖，1964年在都灵工商联合会举办的比赛中获奖，1965年在意大利撒丁区首府卡利亚里举办的剧院设计大赛中获奖，1968年获得了『都灵奶酪』的大奖，1970年莫里诺成为『圣卢卡』（可能类似日本的艺术学院）的会员。

1952年，莫里诺的父亲去世，他继承了父亲的设计事务所，而实际上从事设计工作的仅有他一人，之后在其他员工的协助下接手项目并负责指导工作。

1973年8月27日，莫里诺在意大利都灵逝世，享年68岁。1976年，已经过世的莫里诺被授予了『都灵奖』。

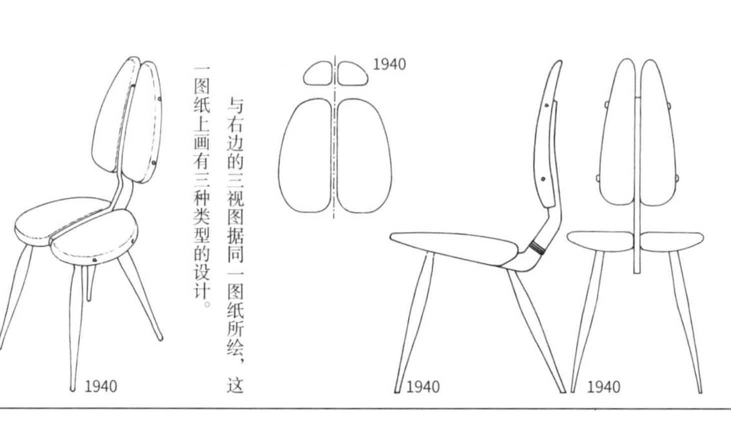

莫里诺为庞蒂住宅设计的椅子，结构极具特色。中间的金属材料将椅子分为左右对称的两边，呈三明治形状。

与右边的三视图据同一图纸所绘，这一图纸上画有三种类型的设计。

右侧作品的实物模型，框架上的小孔既是这件作品的亮点，又起到了让椅子更加轻便的作用。

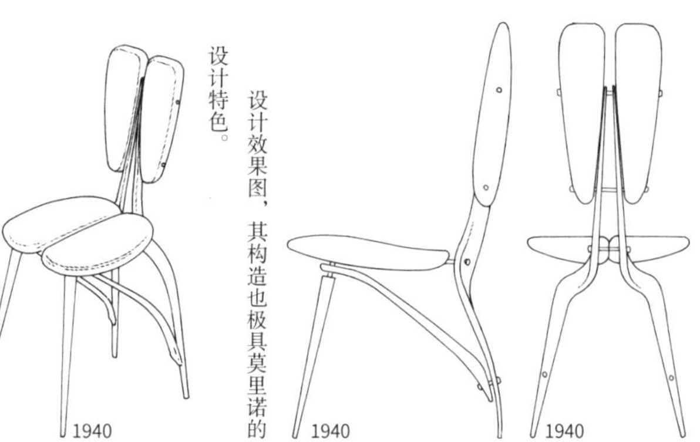

与上下两行的模型绘自同一张图纸，然而只找到了其模型，未找到平面图。

设计效果图，其构造也极具莫里诺的设计特色。

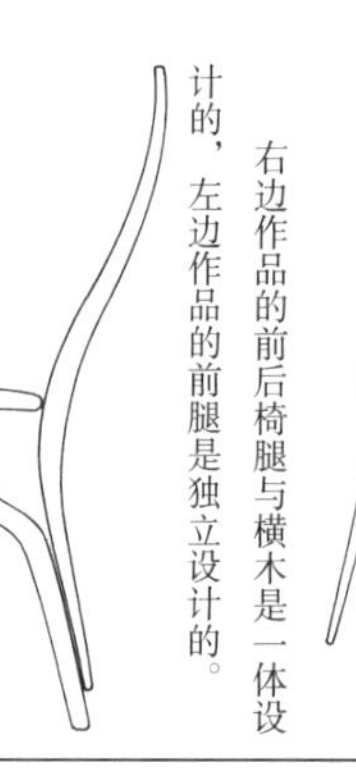

右边作品的前后椅腿与横木是一体设计的，左边作品的前腿是独立设计的。

1940 1940

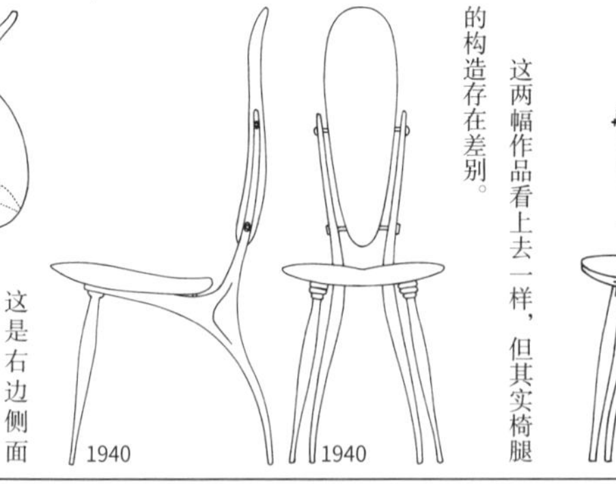

这个后腿夹椅背的结构也体现着莫里诺的设计特色。这一系列的作品看上去都较为细长。

这两幅作品看上去一样，但其实椅腿的构造存在差别。

这是右边侧面图作品的平面图，通过该图可以详细了解椅脚的弯曲设计。

中间三件作品三视图的预想模型，不确定是否制作出品，莫里诺作品中的一些结构设计的实现需要高超的木工技术，因此可实现难度较大。笔者查找过许多文献资料，但均未发现该作的成品，这也是笔者期待今后能由意大利扎诺塔家具公司生产上市的作品之一。

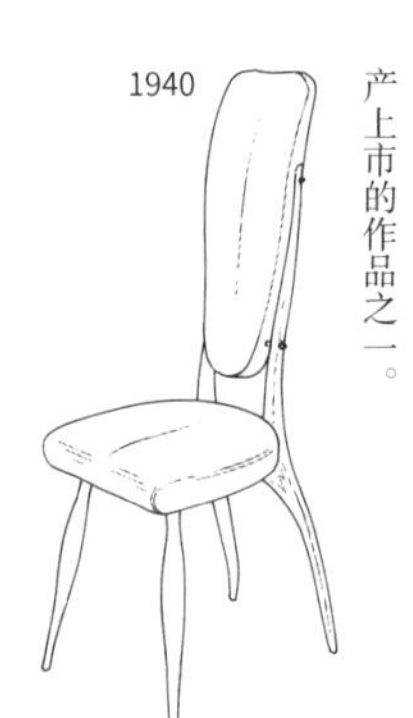

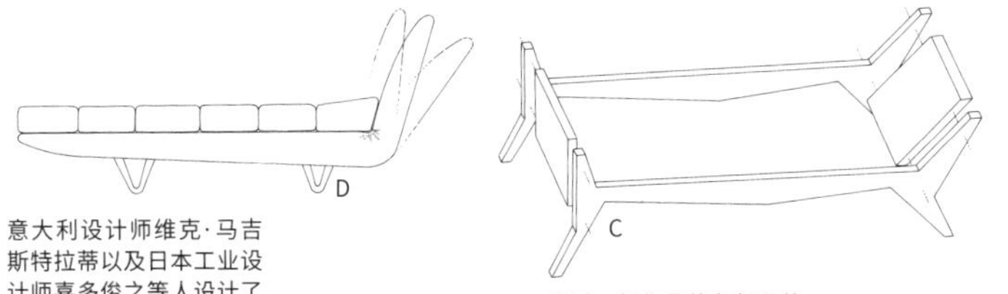

意大利设计师维克·马吉斯特拉蒂以及日本工业设计师喜多俊之等人设计了可调节的椅子，而莫里诺早在 1943 年发表的这件作品已可以调节床头板的角度。
1943

最后一行作品的各部分的关系图，与图纸差别较大。
1941—1943

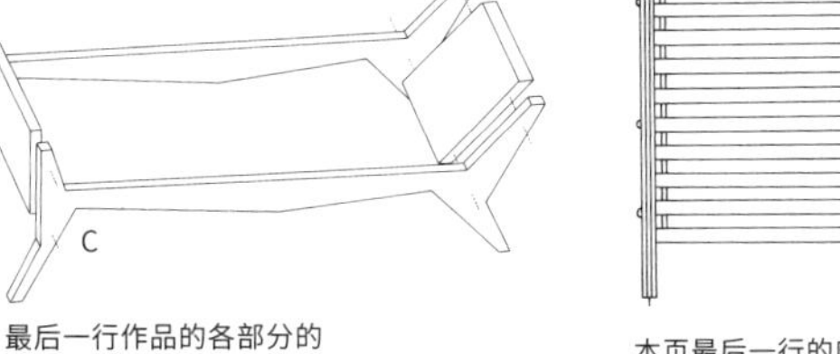

本页最后一行的床的床头板，这里未画出垫子部分。
1941

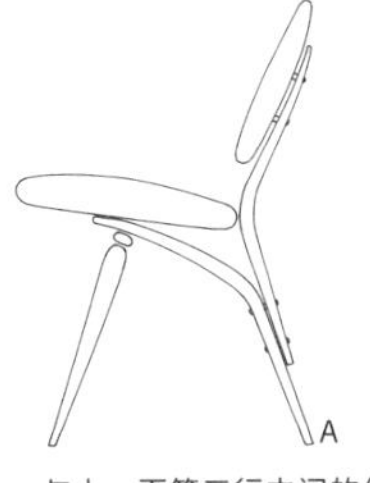

与上一页第三行中间的作品十分相似，据草图所绘。
1950

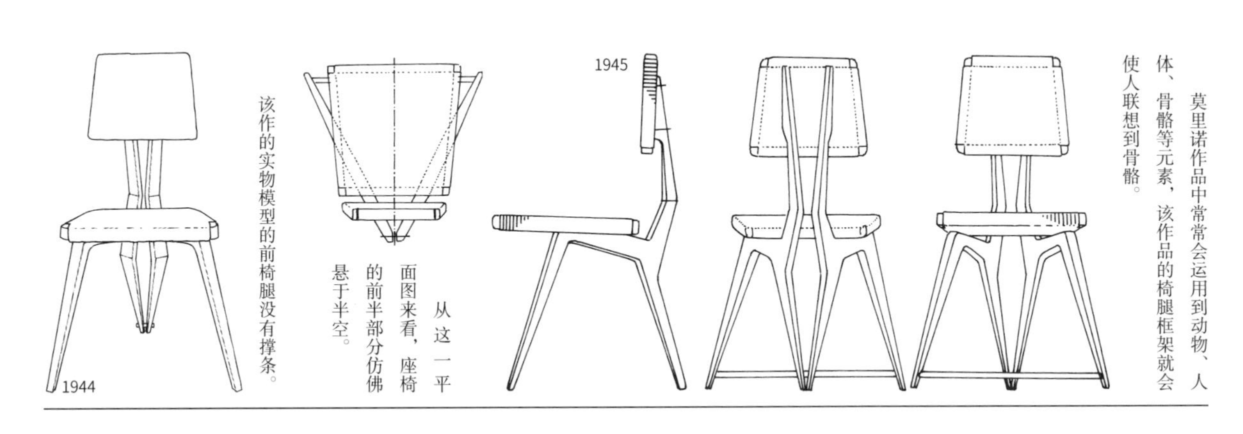

莫里诺作品中常常会运用到动物、人体、骨骼等元素，该作品的椅腿框架就会使人联想到骨骼。

从这一平面图来看，座椅的前半部分仿佛悬于半空。

该作的实物模型的前椅腿没有撑条。

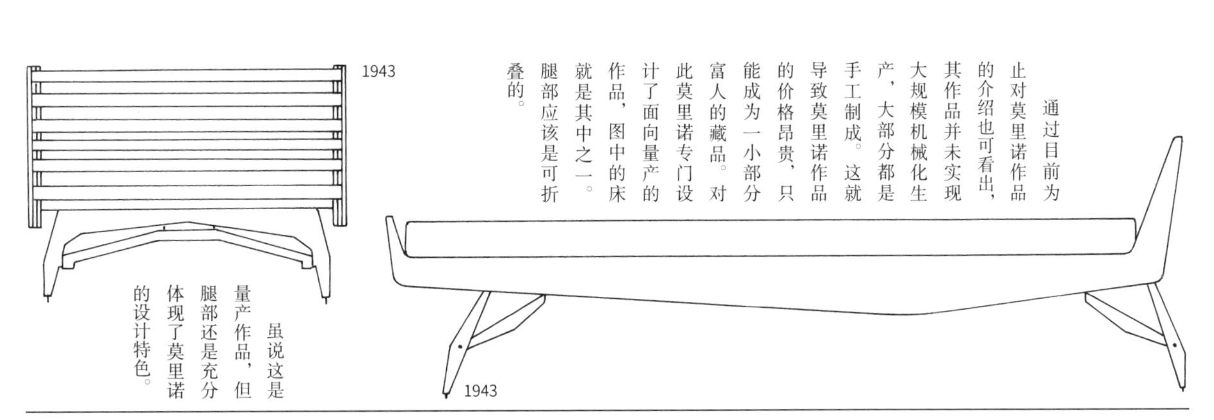

通过目前为止对莫里诺作品的介绍也可看出，其作品并未实现大规模机械化生产，大部分都是手工制成。这就导致莫里诺作品的价格昂贵，只能成为一小部分富人的藏品。对此莫里诺专门设计了面向量产的作品，图中的床就是其中之一。腿部应该是可折叠的。

虽说这是量产作品，但腿部还是充分体现了莫里诺的设计特色。

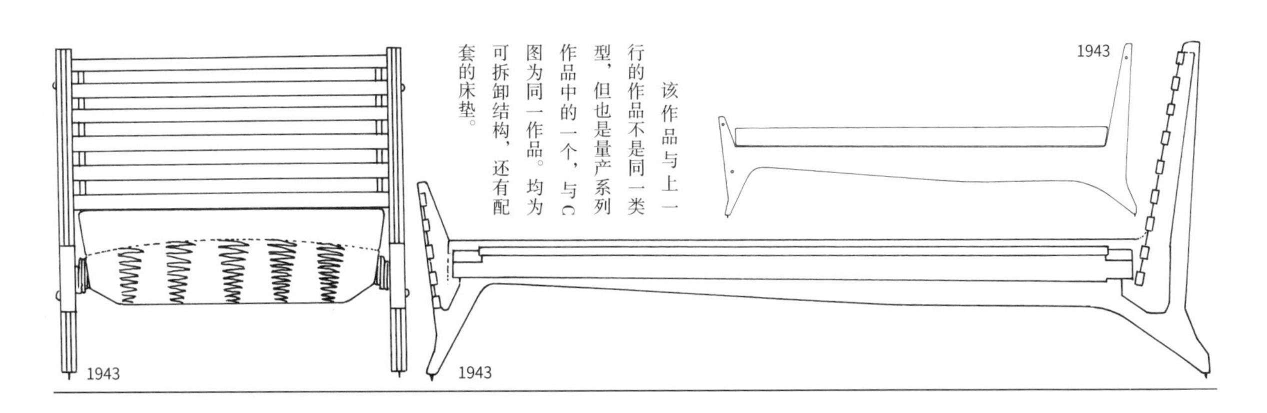

该作品与上一行的作品不是同一类型，但也是量产系列作品中的一个，与C图为同一作品。均为可拆卸结构，还有配套的床垫。

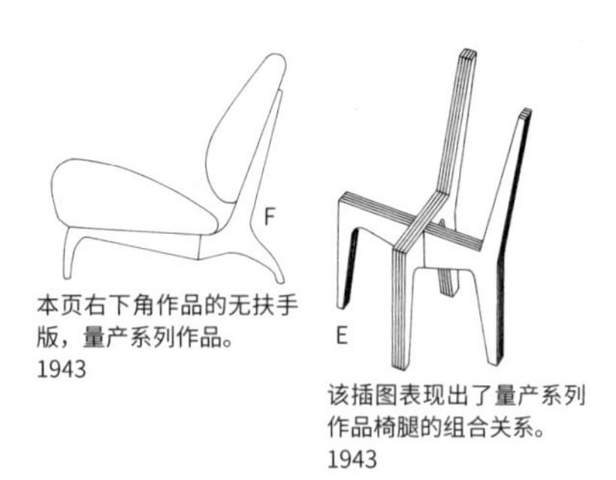

本页右下角作品的无扶手版，量产系列作品。
1943

该插图表现出了量产系列作品椅腿的组合关系。
1943

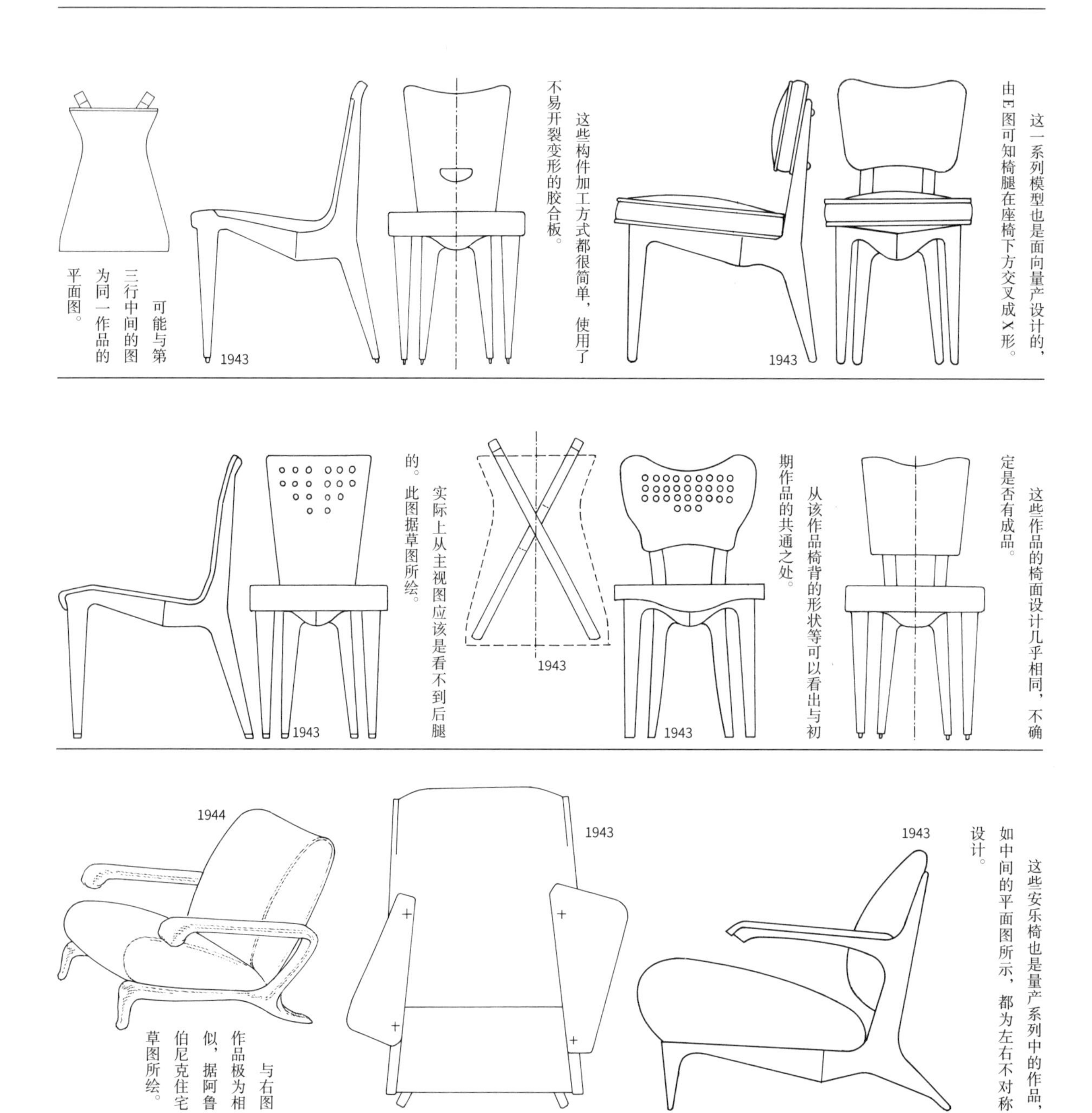

这一系列模型也是面向量产设计的，由E图可知椅腿在座椅下方交叉成X形。

这些构件加工方式都很简单，使用了不易开裂变形的胶合板。

可能与第三行中间的图为同一作品的平面图。

这些作品的椅面设计几乎相同，不确定是否有成品。

从该作品椅背的形状等可以看出与初期作品的共通之处。

实际上从主视图应该是看不到后腿的。此图据草图所绘。

这些安乐椅也是量产系列中的作品，如中间的平面图所示，都为左右不对称设计。

与右图作品极为相似，据阿鲁伯尼克住宅草图所绘。

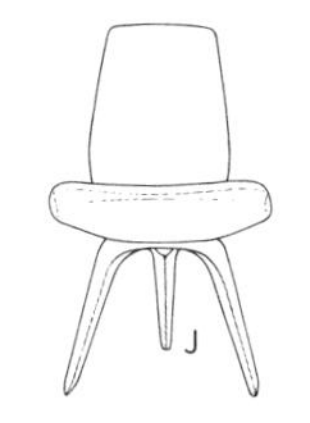

莫里诺为米诺拉住宅所设计，其布艺设计在三脚椅作品中较为少见。
1945

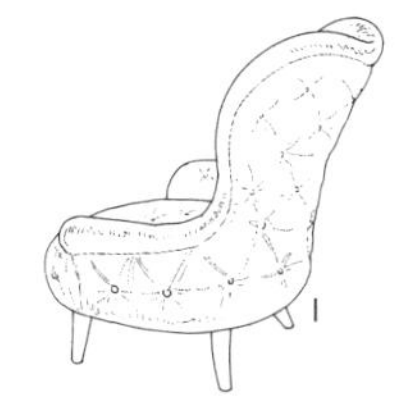

莫里诺为迪巴雷住宅所设计，这一时期的布艺作品有很多。
1940

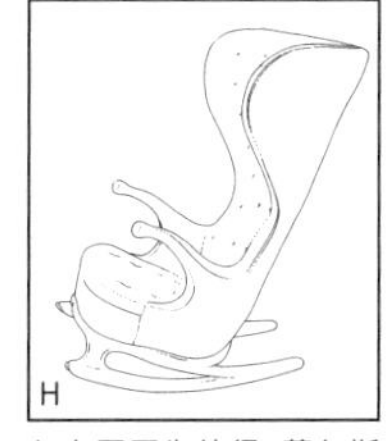

与右图同为彼得·莫尔斯作品，是一款翼背摇椅，半弧形底座上设置了搁脚板。
1952

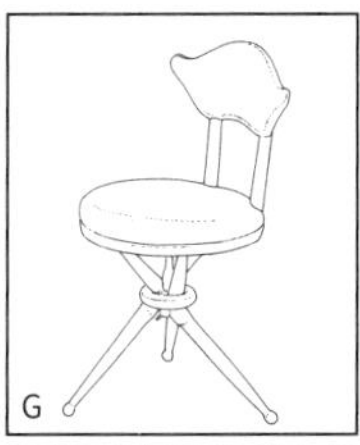

丹麦设计师彼得·莫尔斯又被称为“丹麦的安东尼·高迪”，G图为他设计的三脚椅，他既是一名设计师，也是一名品行孤傲的家具名匠。
1944

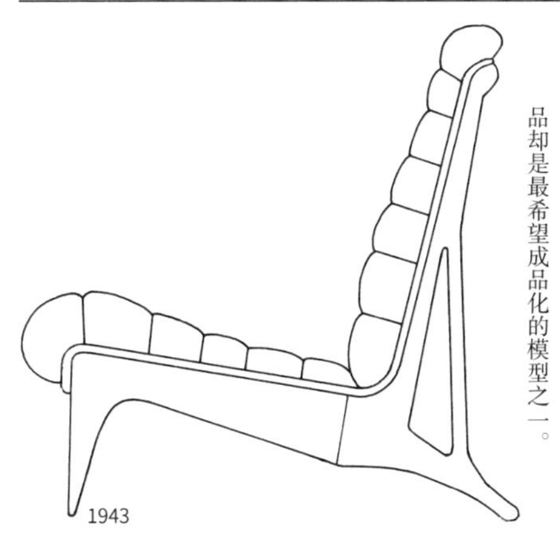

1943

坐垫的工艺非常精致。笔者未从资料上找到这一系列作品的实物模型，这件作品却是最希望成品化的模型之一。

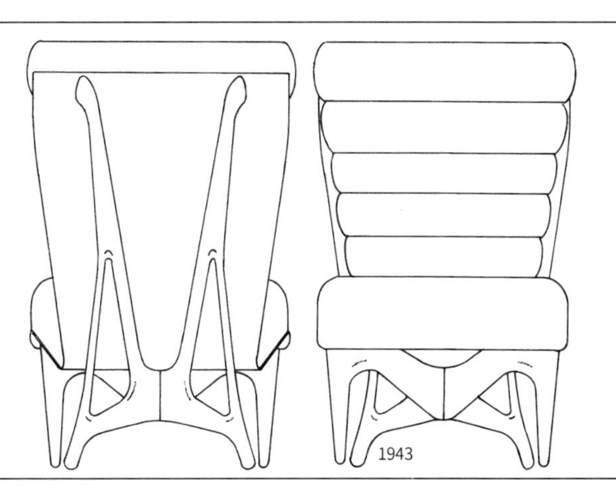

1943

该作也是量产系列作品，椅腿框架的设计完全没有一般量产作品的廉价感。

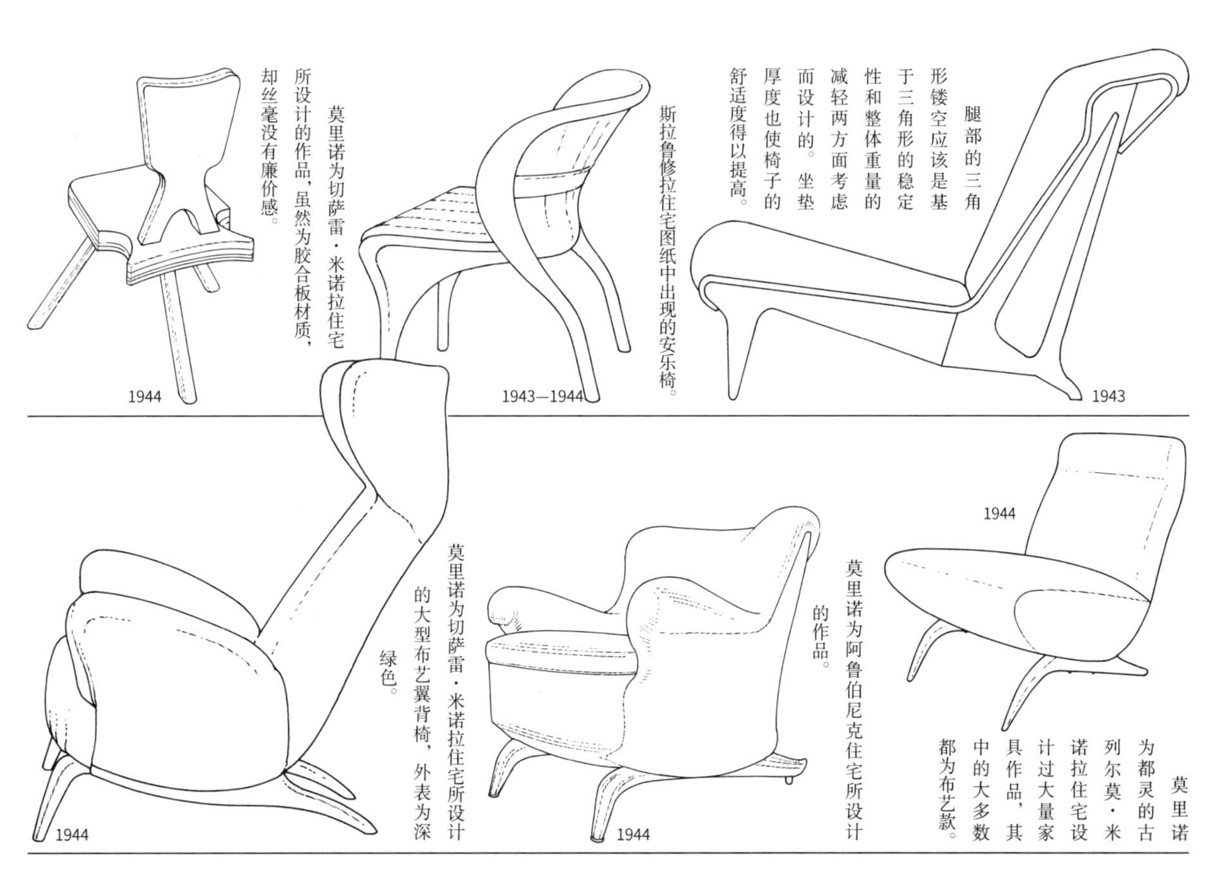

1944

莫里诺为切萨雷·米诺拉住宅所设计的作品，虽然为胶合板材质，却丝毫没有廉价感。

1943—1944

斯拉鲁修拉住宅图纸中出现的安乐椅。

1943

腿部的三角形镂空应该是基于三角形的稳定性和整体重量的减轻两方面考虑而设计的。坐垫厚度也使椅子的舒适度得以提高。

1944

莫里诺为切萨雷·米诺拉住宅所设计的大型布艺翼背椅，外表为深绿色。

1944

莫里诺为阿鲁伯尼克住宅所设计的作品。

1944

莫里诺为都灵的古列尔莫·米诺拉住宅设计过大量家具作品，其中的大多数都为布艺款。

1905—1973

卡罗·莫里诺

第3小节
从汽车到女性内衣

人们通常认为，能够成为建筑师的人都多才多艺，例如英国设计师查尔斯·马金托什，除建筑外还设计过灯具、刀叉餐具等，同时还是一名出色的水彩画家。此外，芬兰设计师阿尔瓦·阿尔托也创作了许多不逊于查尔斯·马金托什的作品，并且还有许多优秀的抽象派油画留存于世。美国设计师查尔斯·伊姆斯同样兴趣爱好广泛，除家具设计外还有很多关于玩具研究、电影的作品。丹麦设计师雅各布森及芬·居尔还设计过不少日用品，甚至涉足了纺织品领域。

与莫里诺同样来自意大利的设计师吉奥·庞蒂也不容忽视，除建筑设计外，他还从事过家具设计、理查德·基诺里瓷器的设计，担任过《多莫斯》杂志的编辑，还参与过米兰三年展等国际活动，在众多领域都留下了浓墨重彩的一笔。

可是，莫里诺的多才多艺是以上介绍的这些建筑师们都无可比拟的。从家具到平面设计，到灯具、收音机、内衣、餐具等，一直到公共汽车、法拉利赛车、飞机，莫里诺都有所涉猎，更令人震惊的是，在这些交通工具的驾驶和操作方面，他也极为熟练。此外，作为一名摄影师，莫里诺

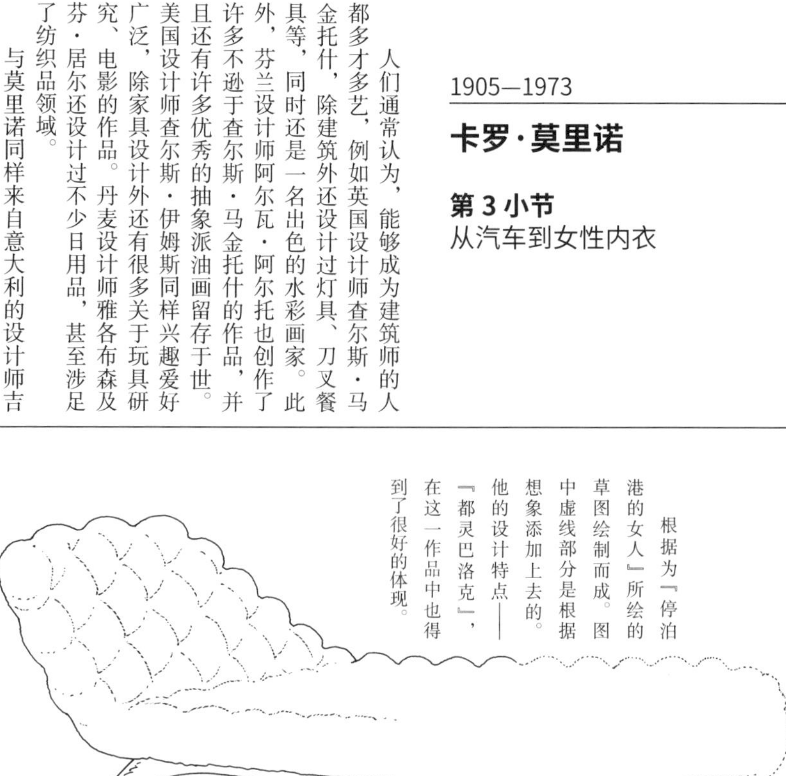
1945

根据为『停泊港的女人』所绘的草图绘制而成。图中虚线部分是根据想象添加上去的。他的设计特点——『都灵巴洛克』，在这一作品中也得到了很好的体现。

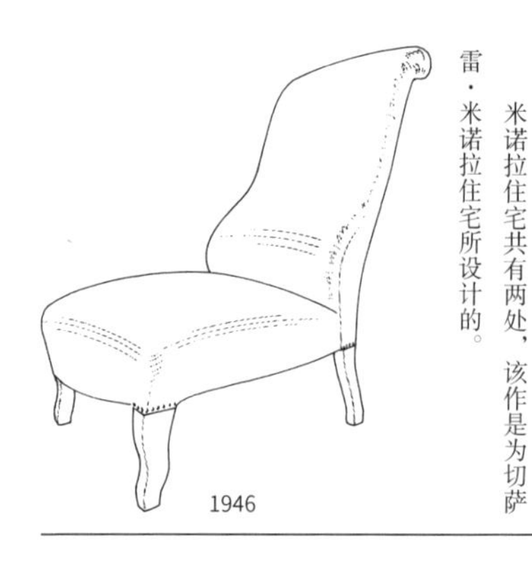
1946

米诺拉住宅共有两处，该作是为切萨雷·米诺拉住宅所设计的。

1944

根据为切萨雷·米诺拉住宅设计的草图绘制而成。该作应该是与化妆品柜和梳妆台配套设计的。

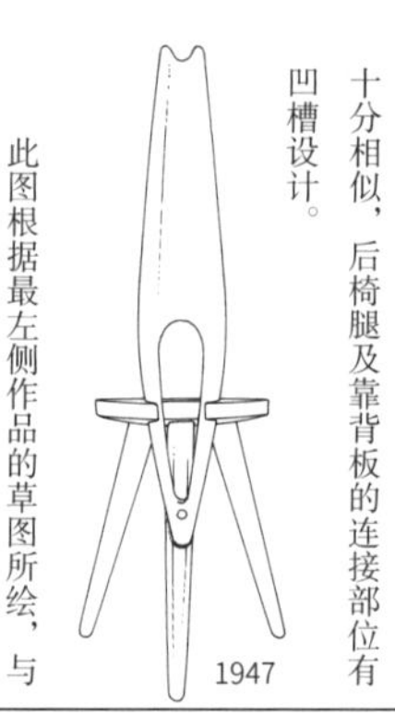
1947

该作除了靠背顶端，其余部分与右图十分相似，后椅腿及靠背板的连接部位有凹槽设计。

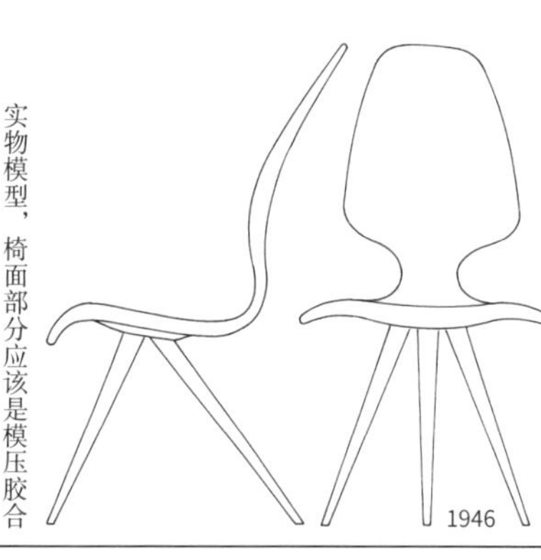
1946

此图根据最左侧作品的草图所绘，与成品相比有一定的变形。

1946

实物模型，椅面部分应该是模压胶合板材质，椅脚为钢制。

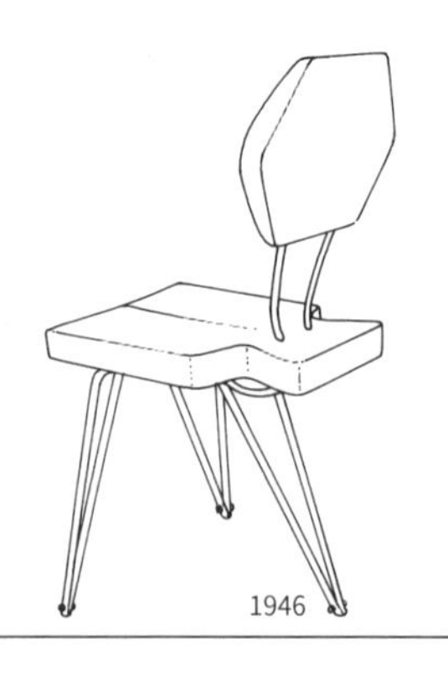
1946

名为『瓦莱达奥斯塔』（意大利地名）的单人椅，命名理由未知。是因为当地存在与之相似的三脚椅吗？

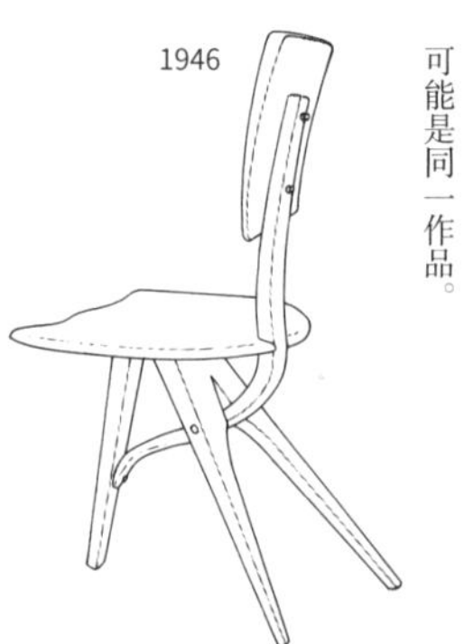
1946

与第4小节介绍的作品十分相似，由于照片资料很小，所以细节部分未知。也可能是同一作品。

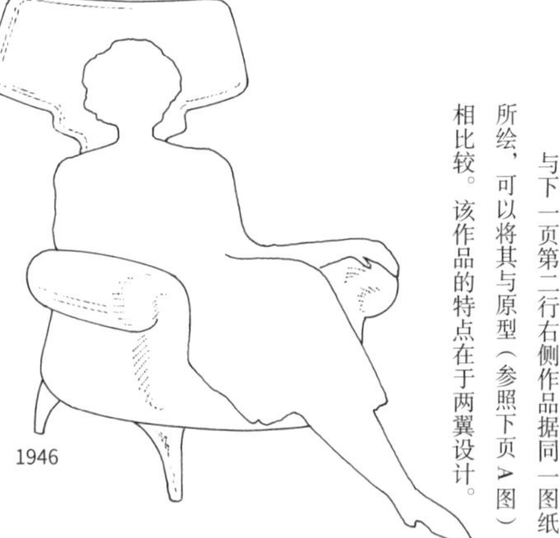
1946

与下一页第二行右侧作品据同一图纸所绘，可以将其与原型（参照下页A图）相比较。该作品的特点在于两翼设计。

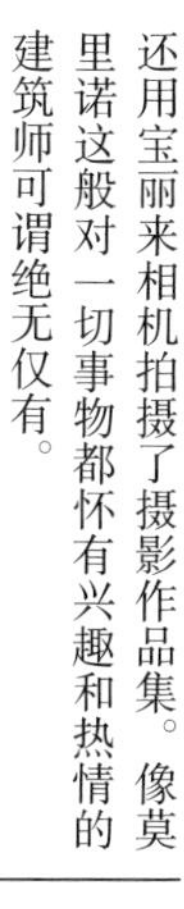
还用宝丽来相机拍摄了摄影作品集。像莫里诺这般对一切事物都怀有兴趣和热情的建筑师可谓绝无仅有。

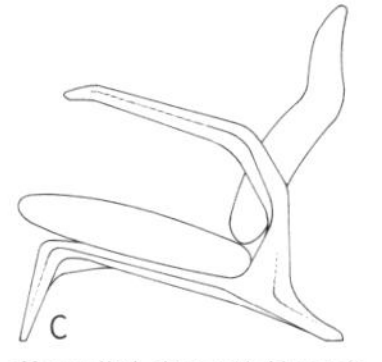

莫里诺为都灵的拉更齐亚·卡万纳所绘的草图中的作品，与第二行中间的作品有共通之处。
1948

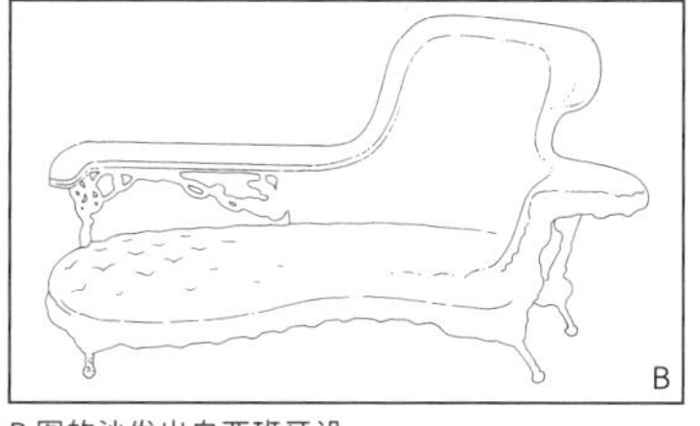

B 图的沙发出自西班牙设计师安东尼·高迪，是为西班牙巴塞罗那古埃尔宫所设计的。
1886—1890

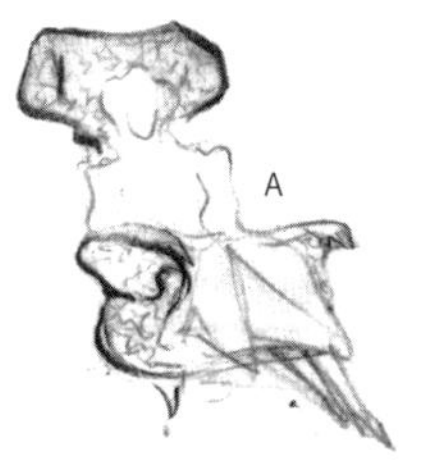

这是上一页左下角作品的原始草图。
摘自《卡罗·莫里诺的家具作品》(弗维奥·法拉利；拿破仑·法拉利著 / 费顿出版社出版 /2006)

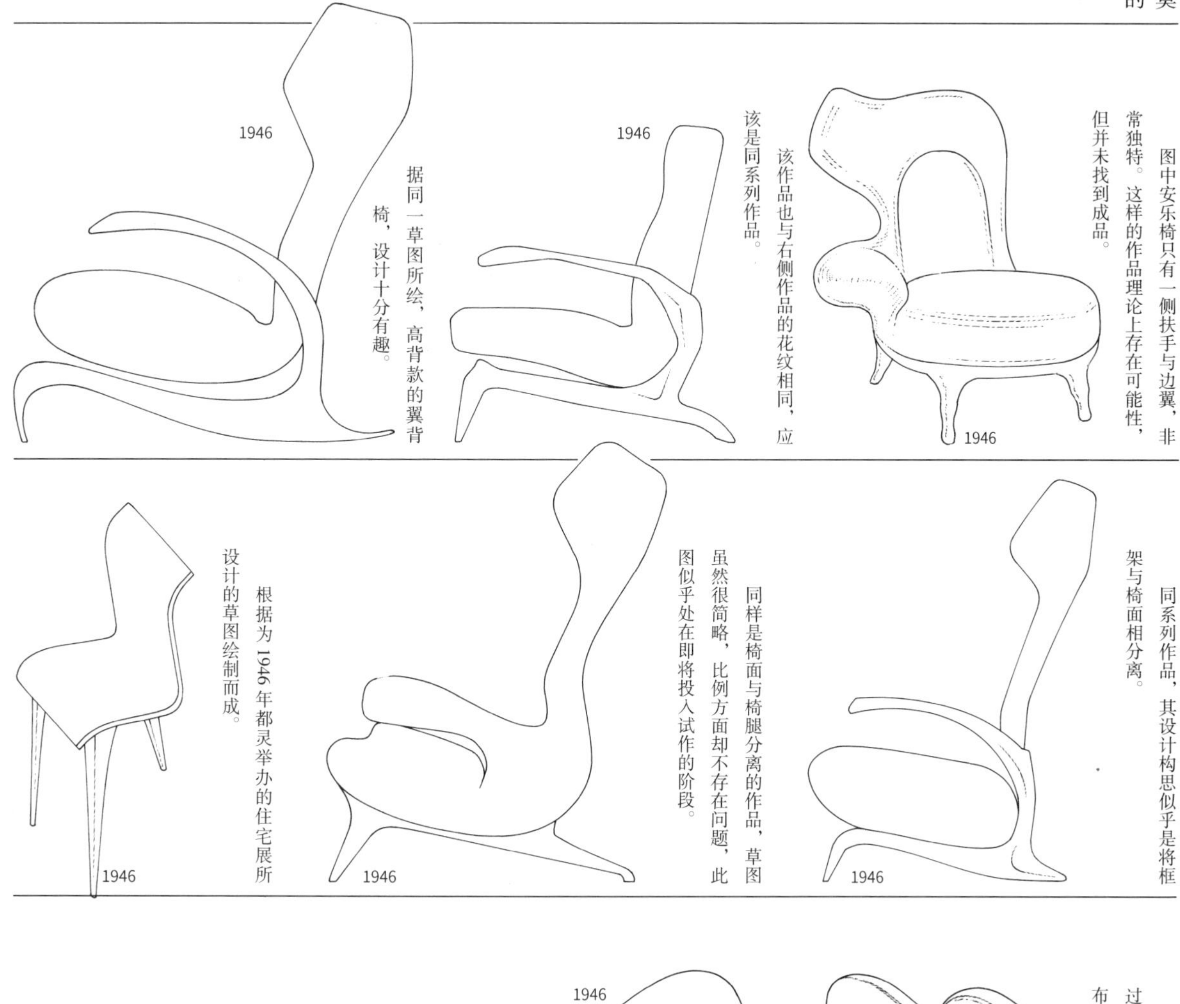

图中安乐椅只有一侧扶手与边翼，非常独特。这样的作品理论上存在可能性，但并未找到成品。

该作品也与右侧作品的花纹相同，应该是同系列作品。

据同一草图所绘，高背款的翼背椅，设计十分有趣。

同系列作品，其设计构思似乎是将框架与椅面相分离。

同样是椅面与椅腿分离的作品，草图虽然很简略，比例方面却不存在问题，此图似乎处在即将投入试作的阶段。

根据为 1946 年都灵举办的住宅展所设计的草图绘制而成。

1946

1946

莫里诺曾为切萨雷·米诺拉住宅设计过两把椅子，该作在其基础上更改了表面布料，是为古列尔莫·米诺拉住宅设计的。

莫里诺为切萨雷·米诺拉住宅所设计的躺椅，现存作品表面的天鹅绒布料是绿色，原型为镉黄色。

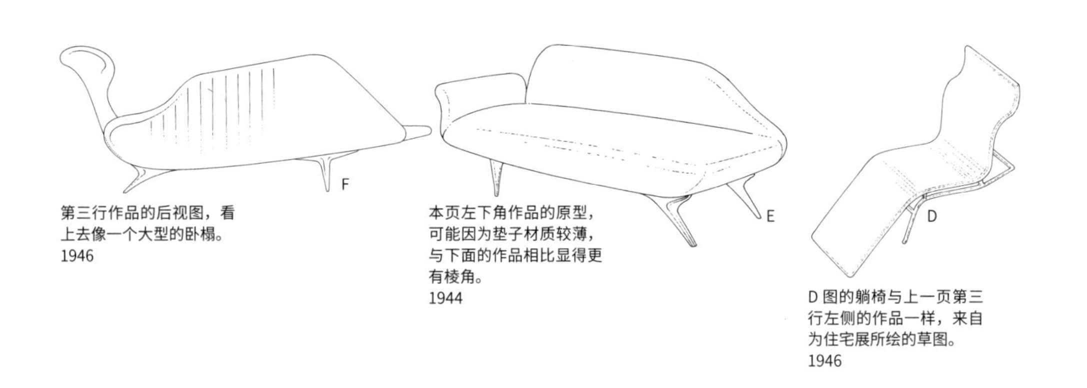

第三行作品的后视图，看上去像一个大型的卧榻。
1946

本页左下角作品的原型，可能因为垫子材质较薄，与下面的作品相比显得更有棱角。
1944

D 图的躺椅与上一页第三行左侧的作品一样，来自为住宅展所绘的草图。
1946

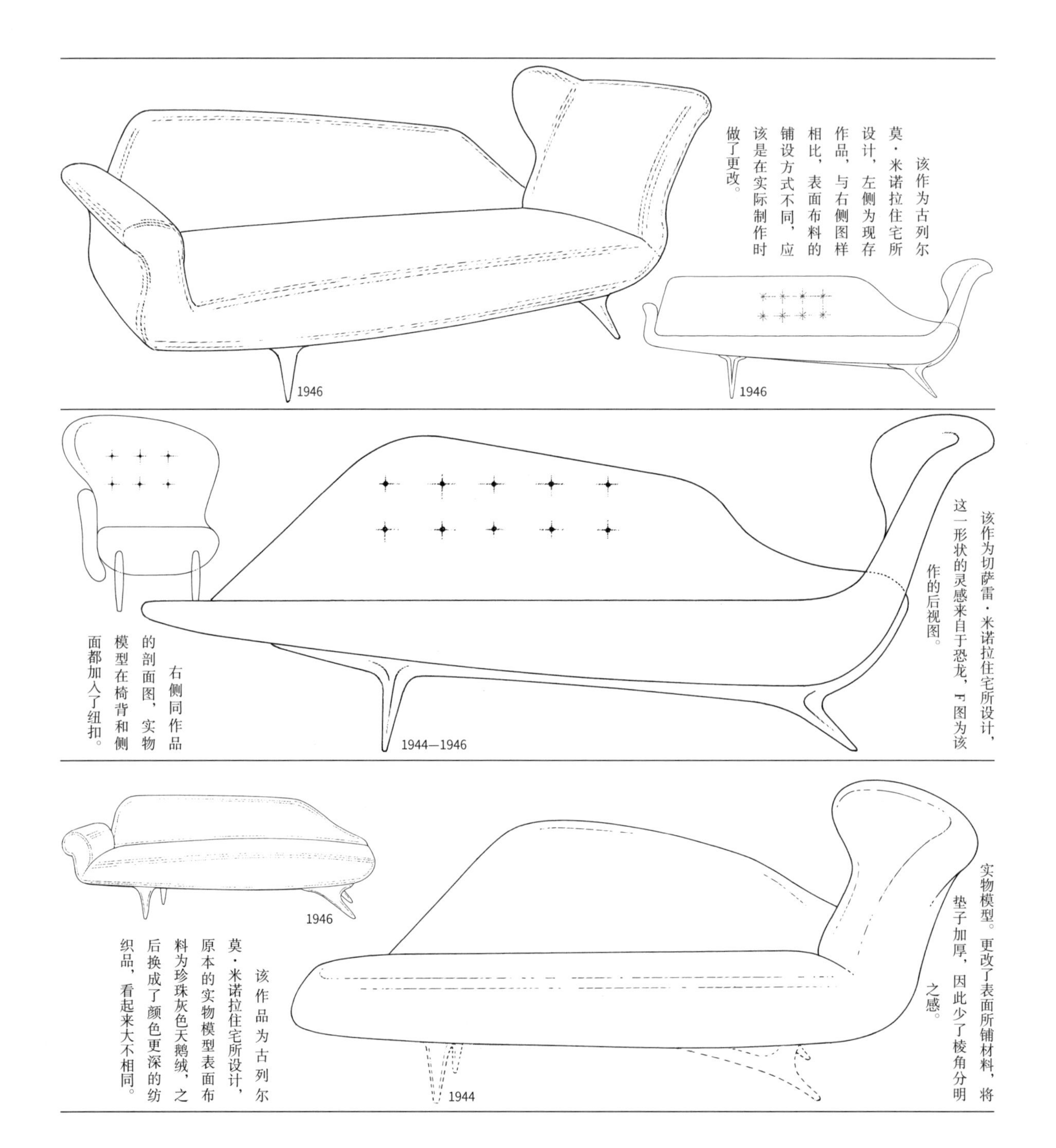

该作为古列尔莫·米诺拉住宅所设计，左侧为现存作品，与右侧图样相比，表面布料的铺设方式不同，应该是在实际制作时做了更改。

该作为切萨雷·米诺拉住宅所设计，这一形状的灵感来自于恐龙，F图为该作的后视图。

右侧同作品的剖面图，实物模型在椅背和侧面都加入了纽扣。

该作品为古列尔莫·米诺拉住宅所设计，原本的实物模型表面布料为珍珠灰色天鹅绒，之后换成了颜色更深的纺织品，看起来大不相同。

实物模型。更改了表面所铺材料，将垫子加厚，因此少了棱角分明之感。

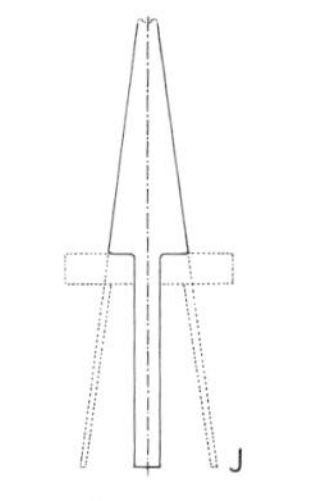

同系列作品，图中大致画出了椅座与后椅腿。
设计年份不详

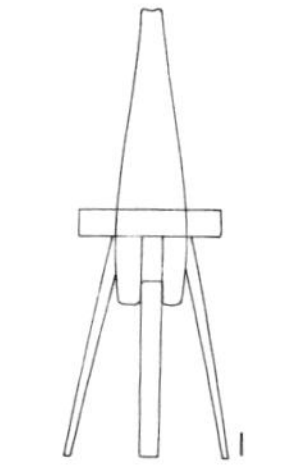

该作与最后一行作品绘于同一图纸，从图中能很清楚地看到椅座与后椅腿的联系。
设计年份不详

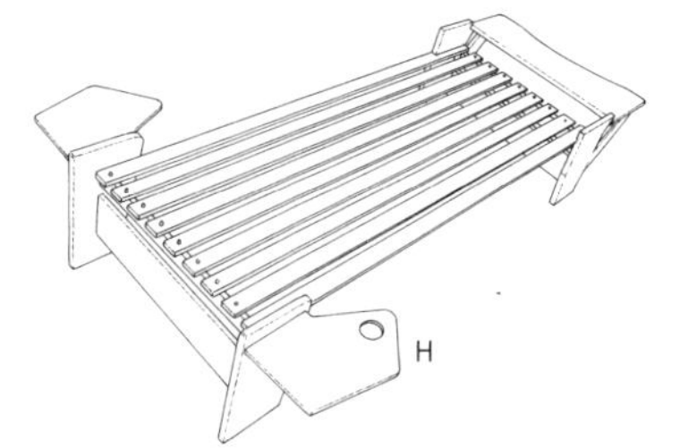

一般床的作品中很难展现出设计师的个人特色，但莫里诺的这些作品还是体现了他的风格。
1946

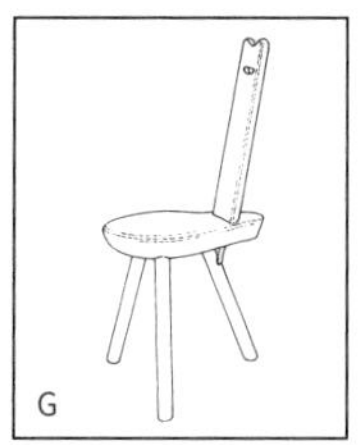

19 世纪意大利北部常用的山地椅。三条腿的设计应该是出于对山间小屋地板不平稳的考虑，因而用此来增加稳定性。靠背板与后椅腿相连。
19 世纪

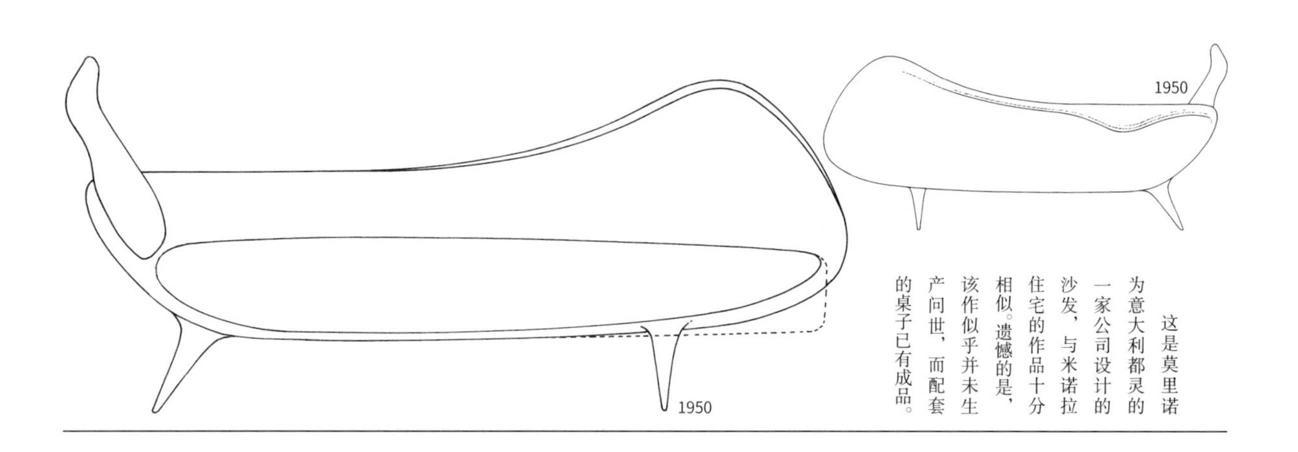

这是莫里诺为意大利都灵的一家公司设计的沙发，与米诺拉住宅的作品十分相似。遗憾的是，该作似乎并未生产问世，而配套的桌子已有成品。

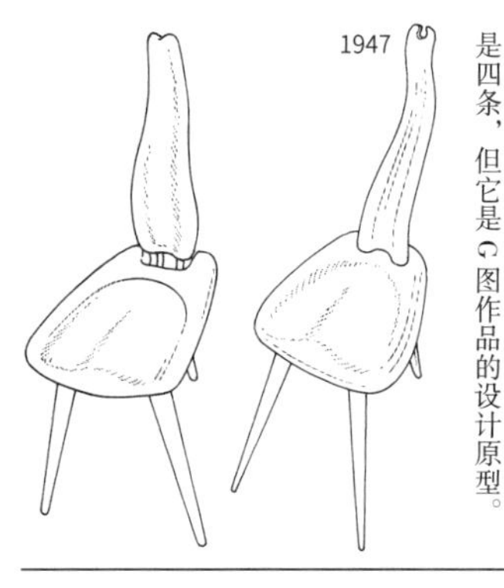

仅从草图无从得知该作椅腿为三条还是四条，但它是G图作品的设计原型。

同系列作品，仅在左半边椅座上使用了板材。

1947

1947

根据莫里诺为拉·布索拉画廊所绘的草图绘制而成。这把长椅左右不对称，造型独特。恐怕并未实现生产。

1948

该作椅背经过了精心雕刻，形状独特，虽不知是为何而设计，但应该只做了这一把。

该作根据同一草图所绘。设计时应该是将椅背的材质定为了模压胶合板。

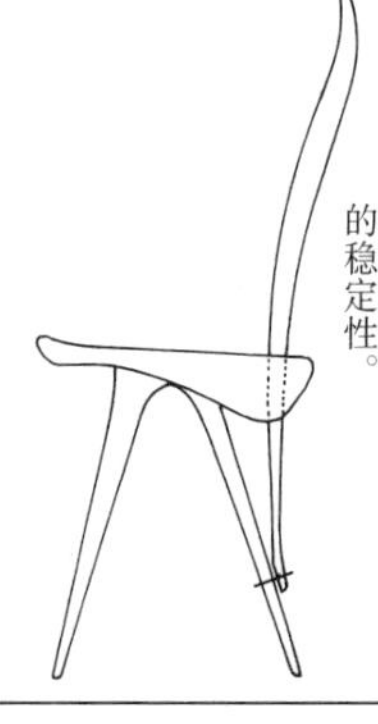

该作也是根据草图所绘。可能是利用椅座的厚度来加强椅背与后腿连接处的稳定性。

据莫里诺为拉·卡德玛所绘的草图绘制而成。靠背板的下端与椅面和后腿相连接。

该作也是据草图所绘。椅背上部设计得较为宽阔，提高了倚靠的舒适度。

1905—1973

卡罗·莫里诺

第4小节
刻奇与情欲

莫里诺的所有作品皆有一个共同的要素，那就是『媚俗』，比如在他的家具中就常用到一种曲线，被称为『都灵巴洛克』，沙发表面的装饰性纽扣设计，变形翼背椅的形态等，都体现了这一曲线的特点。但另一方面，令人吃惊的是，在其1950—1959年创作的家具作品中已经出现了后来风靡全世界的后现代主义风格的影子。他的『媚俗』爱好不仅表现在家具上，还运用到了汽车的设计中。看到他的汽车作品，再联想到他的客户竟允许他这样设计，笔者感到既钦佩又震惊（驾驶座前的窗户设计成大大的圆形，车灯设在保险杠的位置上）。

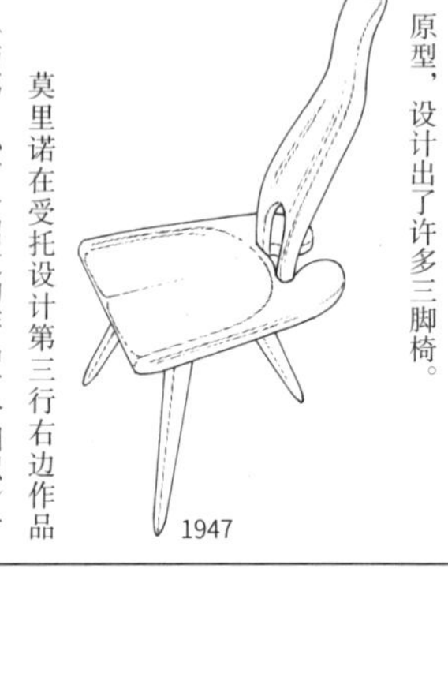
1947

莫里诺以第3小节G图的山地椅为原型，设计出了许多三脚椅。

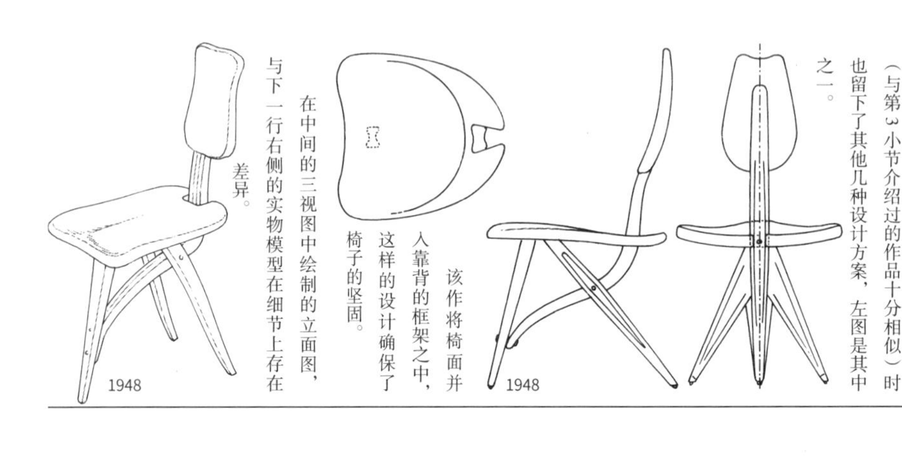
1948　1948

莫里诺在受托设计第三行右边作品（与第3小节介绍过的作品十分相似）时也留下了其他几种设计方案，左图是其中之一。

该作将椅面并入靠背的框架之中，这样的设计确保了椅子的坚固。

在中间的三视图中绘制的立面图，与下一行右侧的实物模型在细节上存在差异。

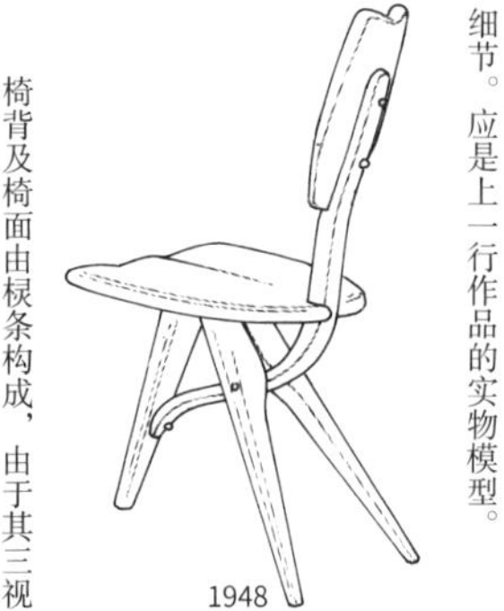
1948

第3小节介绍的作品的图片资料很小，而这件作品的图片资料清晰，能看出细节。应是上一行作品的实物模型。

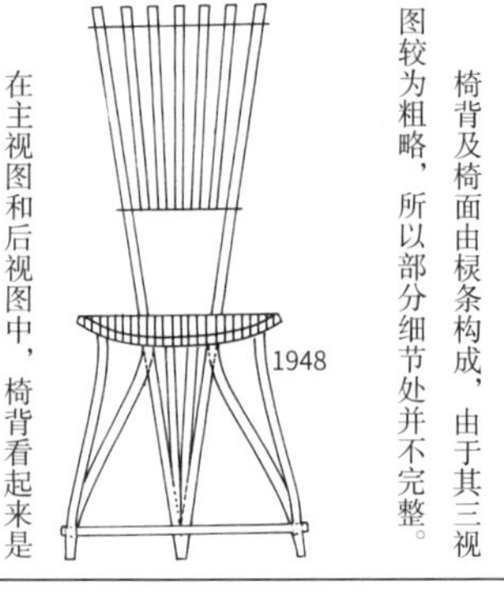
1948

椅背及椅面由棂条构成，由于其三视图较为粗略，所以部分细节处并不完整。

在主视图和后视图中，椅背看起来是直的，但从侧视图来看，就能发现它其实是曲线，舒适度应该很高。

1948

平面图的上半部分是座位的前端。

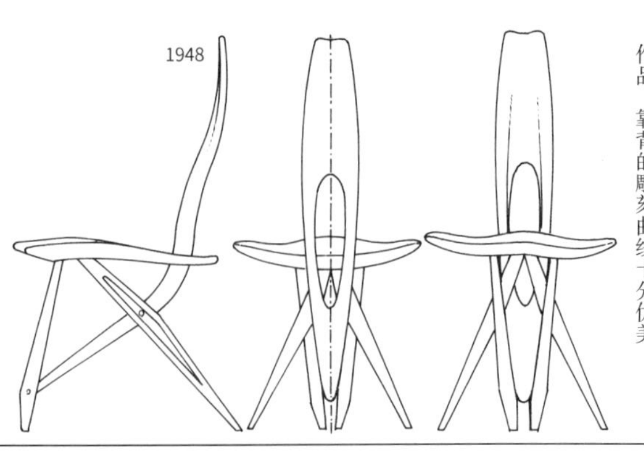
1948

莫里诺为佛罗伦萨的艺术画廊设计的作品，靠背的雕刻曲线十分优美。

这件作品的草图画在上一行的三视图之间，原图较小。该作与右图作品十分相似。

1948

莫里诺为维纳诺瓦艺术画廊所设计作品的实物模型，椅腿有凹槽设计。

1948

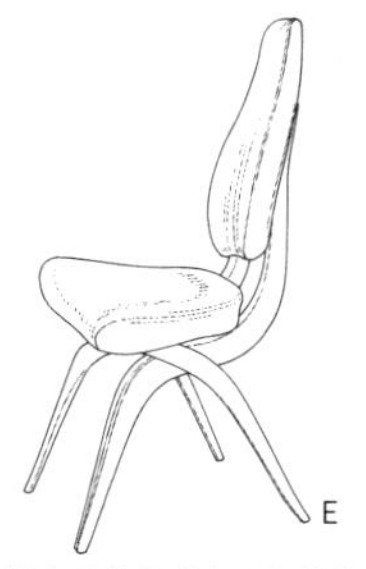

该作是莫里诺为里韦蒂住宅所设计，与左下角的作品十分相似，但没有看到交叉的椅腿上的五金件。
1949

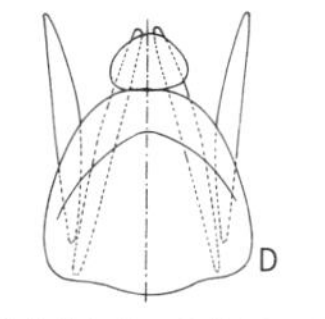

该作也与右下角作品一同绘制，由平面图可清楚地看到椅腿的比例。
1955—1956

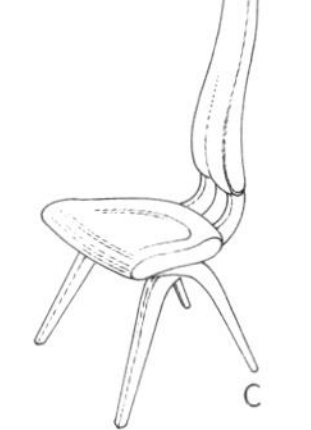

该作与右下角作品一同绘制，椅背在整体比例中较高。
1955—1956

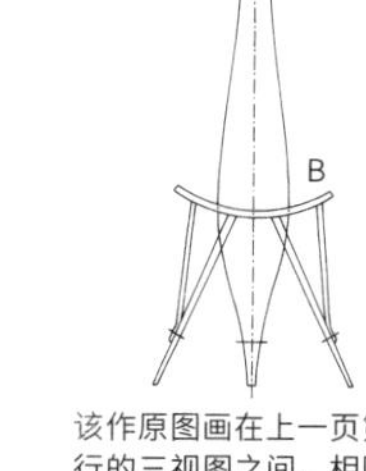

该作原图画在上一页第三行的三视图之间，相同的椅背轮廓的设计在莫里诺的很多作品中均出现过。
20 世纪 40 年代

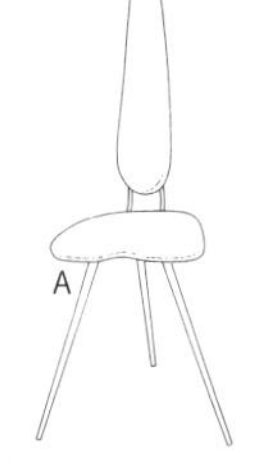

与第三行左侧的凳子的椅腿相同，不知是否为配套设计。
1949—1950

此图也来自为艺术画廊所绘草图。椅背纤细，十分优美。

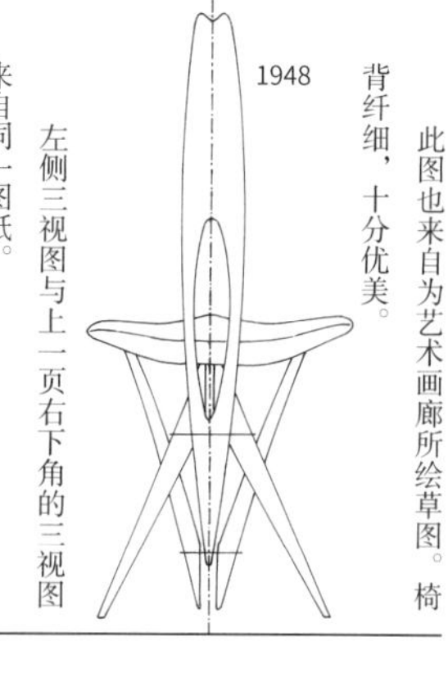

左侧三视图与上一页右下角的三视图来自同一图纸。

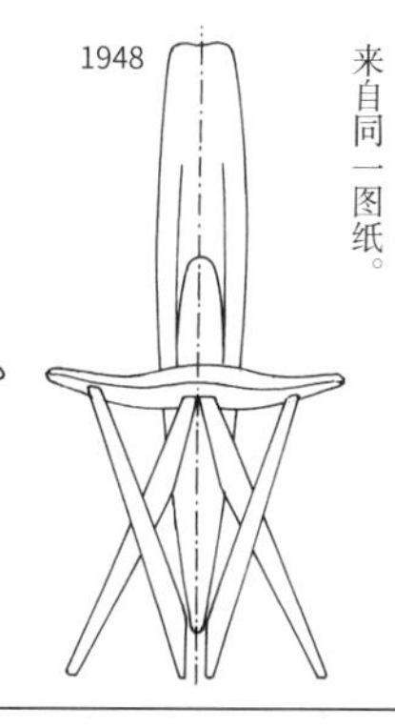

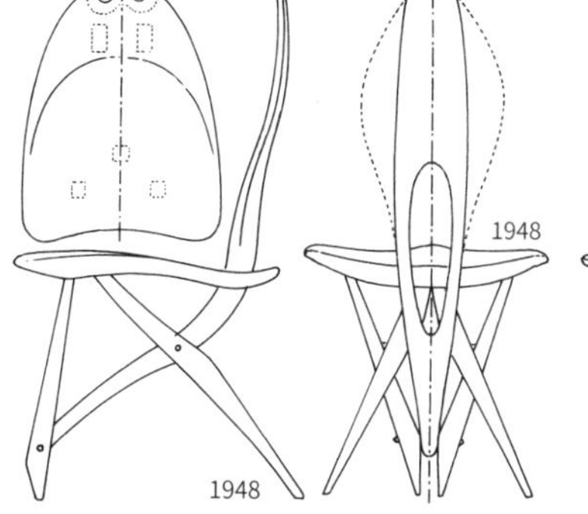

据右侧三视图中的后视图所绘的实物模型，椅背形状按后视图的虚线部分进行了还原。靠背十分宽阔，舒适度应该很高。

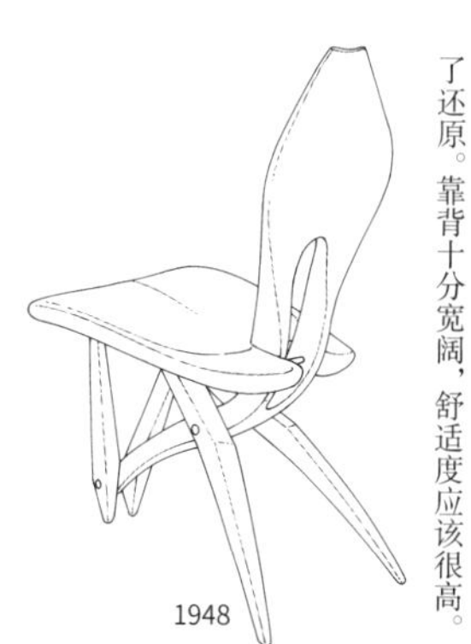

该作椅腿设计与第 2 小节介绍的量产作品有共通之处，不知是否有成品。

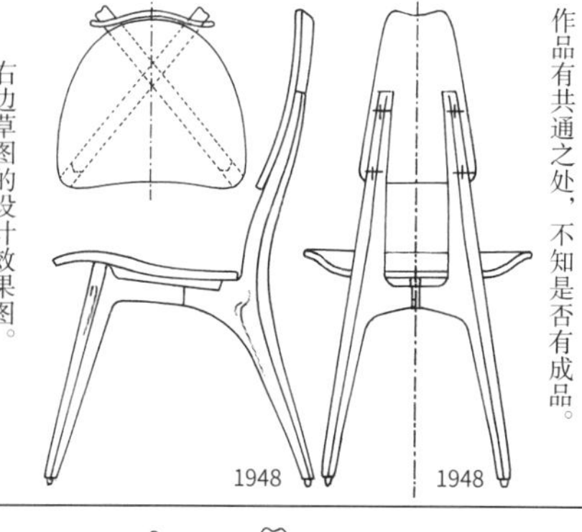

右边草图的设计效果图。

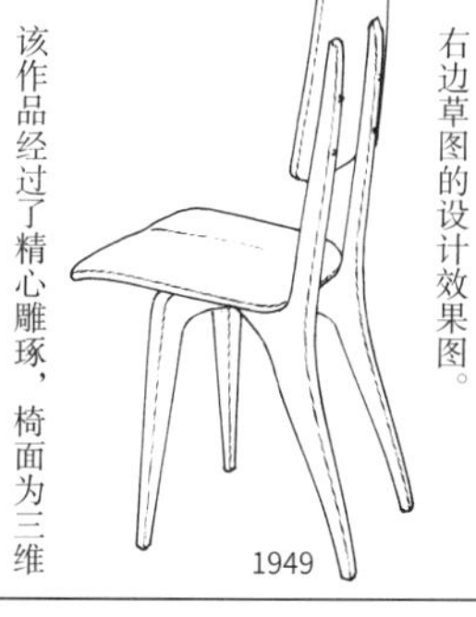

该作品经过了精心雕琢，椅面为三维曲面设计，黄铜椅腿纤细且线条清晰，十分美观，是为里韦蒂住宅所设计的。

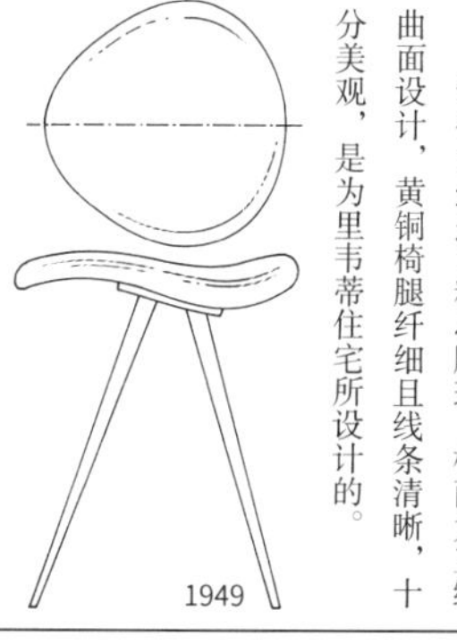

实物模型，图中的左侧为椅子的朝向。

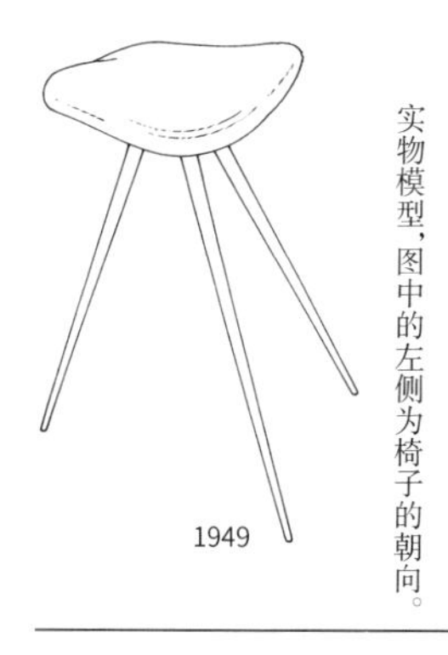

莫里诺为里韦蒂住宅及普罗贝拉住宅所设计的作品。椅背的支撑部分一直延伸到前腿。但这并非是经过了弯曲加工的一体设计，而是由三部分进行组合，再将多余部分削减之后所呈现的效果。后椅腿即是削减后留下的一部分。

1955

1955

该作没有靠垫。

1950

与最右侧的作品相比，该作椅背较低。

1950

最右侧作品的实物模型，椅背及椅面都添加了垫子。

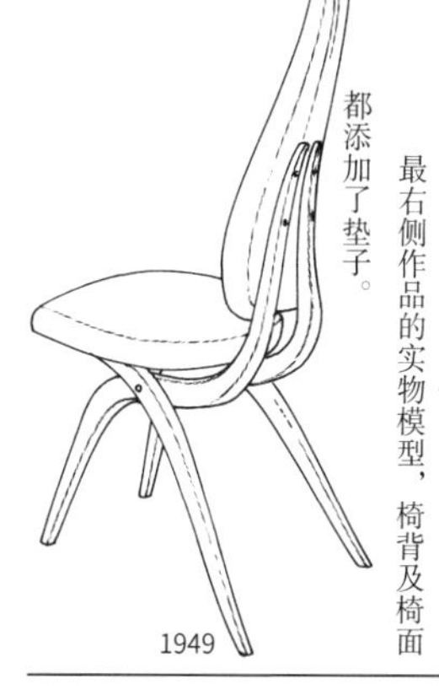

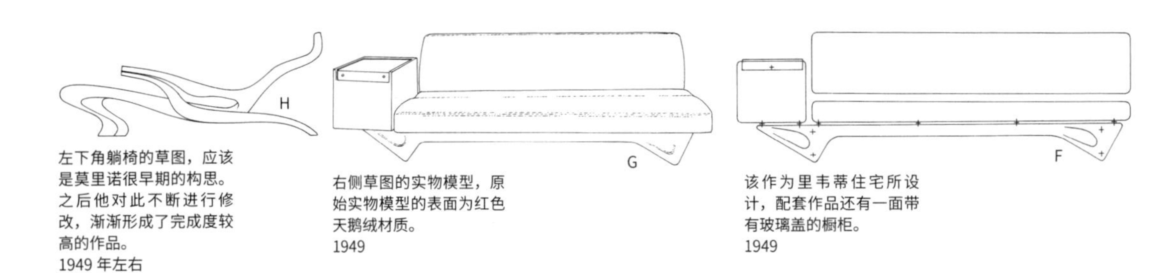

左下角躺椅的草图，应该是莫里诺很早期的构思。之后他对此不断进行修改，渐渐形成了完成度较高的作品。
1949 年左右

右侧草图的实物模型，原始实物模型的表面为红色天鹅绒材质。
1949

该作为里韦蒂住宅所设计，配套作品还有一面带有玻璃盖的橱柜。
1949

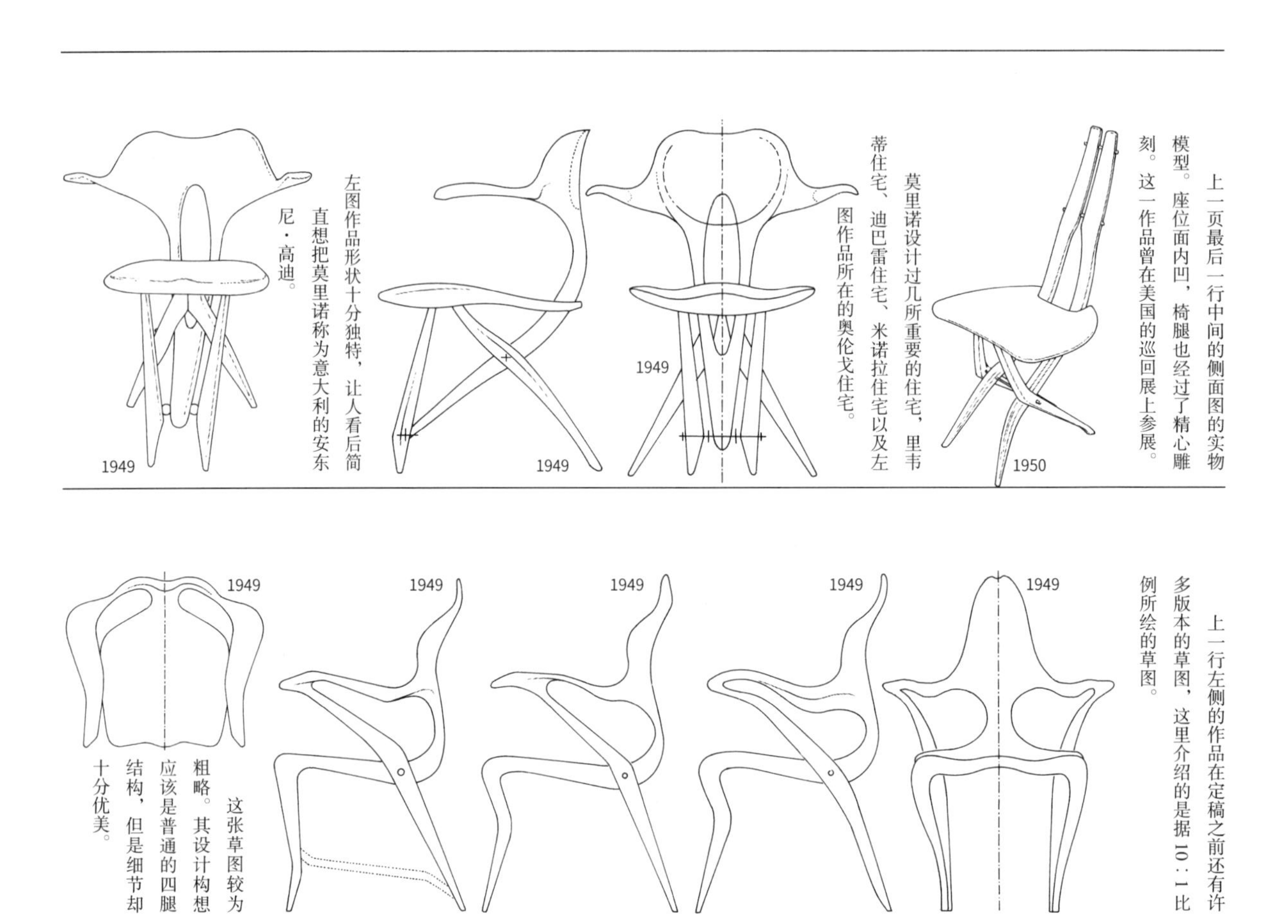

上一页最后一行中间的侧面图的实物模型。座位面内凹，椅腿也经过了精心雕刻。这一作品曾在美国的巡回展上参展。

莫里诺设计过几所重要的住宅，里韦蒂住宅、迪巴雷住宅、米诺拉住宅以及左图作品所在的奥伦戈住宅。

左图作品形状十分独特，让人看后简直想把莫里诺称为意大利的安东尼·高迪。

上一行左侧的作品在定稿之前还有许多版本的草图，这里介绍的是据 10：1 比例所绘的草图。

这张草图较为粗略。其设计构想应该是普通的四腿结构，但是细节却十分优美。

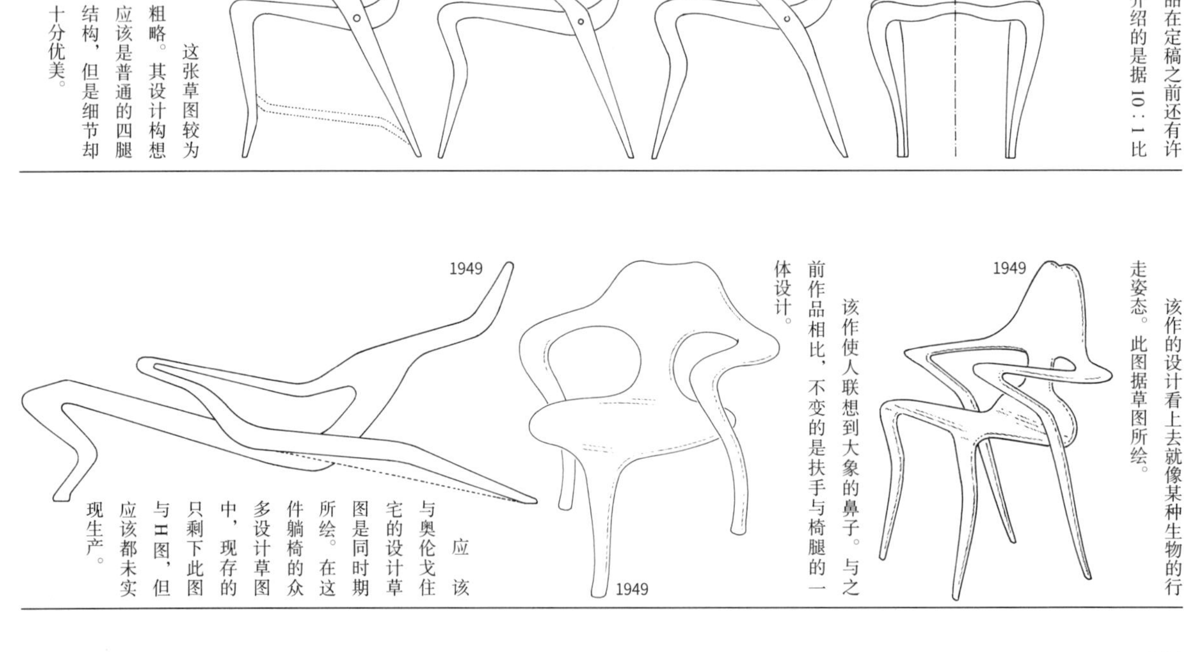

该作的设计看上去就像某种生物的行走姿态。此图据草图所绘。

该作使人联想到大象的鼻子。与之前作品相比，不变的是扶手与椅腿的一体设计。

应该与奥伦戈住宅的设计草图是同时期所绘。在这件躺椅的众多设计草图中，现存的只剩下此图与H图，但应该都未实现生产。

J图、K图、L图均为本页最后一行作品的原始草图。
1947
摘自《卡罗·莫里诺的家具作品》（弗维奥·法拉利；拿破仑·法拉利著 / 费顿出版社出版 /2006）

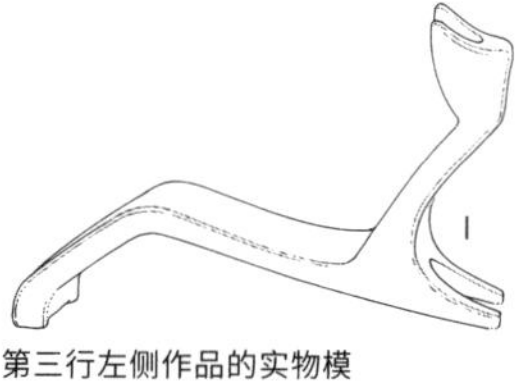

第三行左侧作品的实物模型，由于资料中的照片较小，所以细节部分不明。没有找到这件作品的带扶手版。
1947—1948

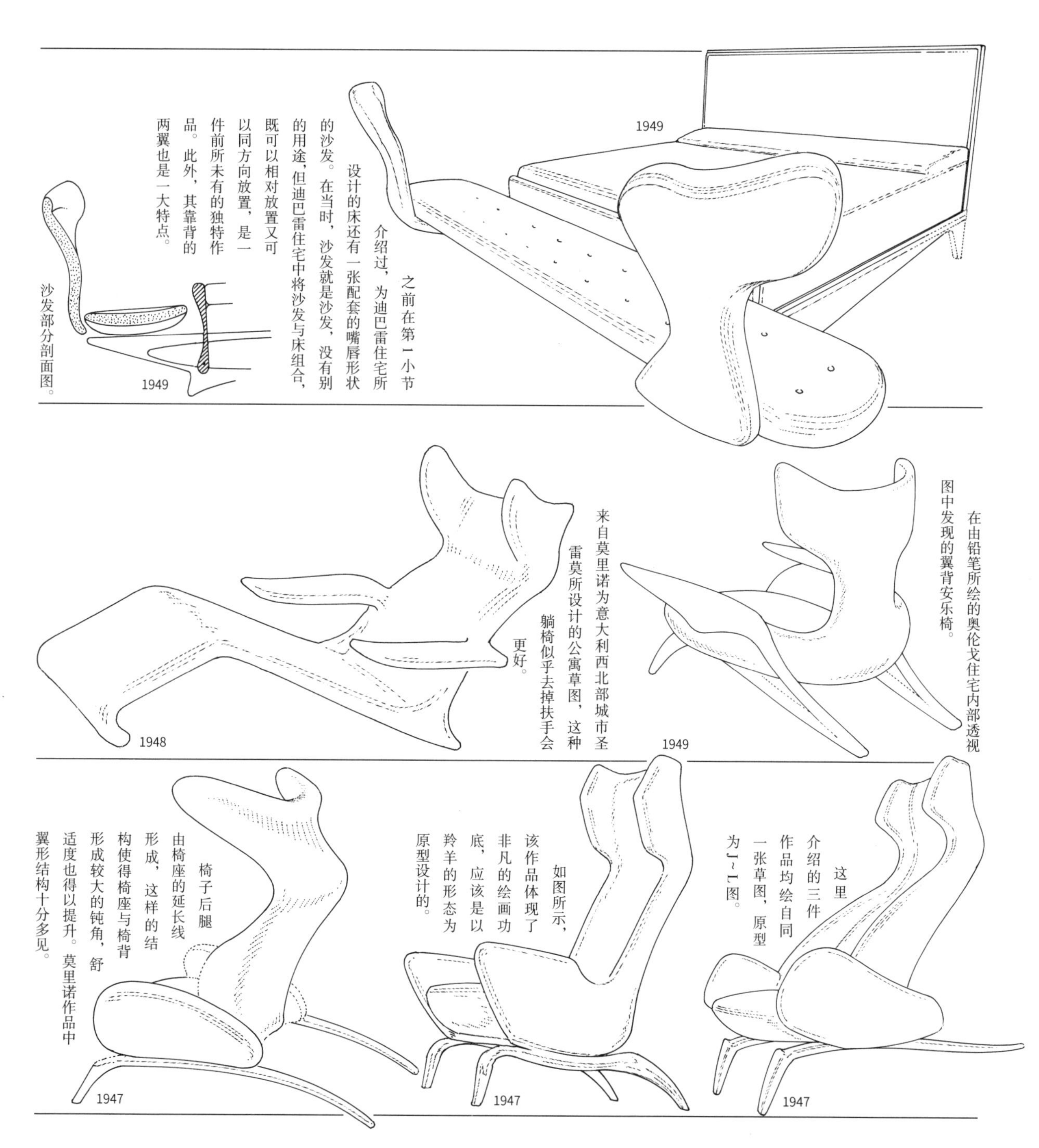

之前在第Ⅰ小节介绍过，为迪巴雷住宅所设计的床还有一张配套的嘴唇形状的沙发。在当时，沙发就是沙发，没有别的用途，但迪巴雷住宅中将沙发与床组合，既可以相对放置又可以同方向放置，是一件前所未有的独特作品。此外，其靠背的两翼也是一大特点。

沙发部分剖面图。

在由铅笔所绘的奥伦戈住宅内部透视图中发现的翼背安乐椅。

来自莫里诺为意大利西北部城市圣雷莫所设计的公寓草图，这种躺椅似乎去掉扶手会更好。

这里介绍的三件作品均绘自同一张草图，原型为J~L图。

如图所示，该作品体现了非凡的绘画功底，应该是以羚羊的形态为原型设计的。

椅子后腿由椅座的延长线形成，这样的结构使得椅座与椅背形成较大的钝角，舒适度也得以提升。莫里诺作品中翼形结构十分多见。

1905—1973

卡罗·莫里诺

第5小节
三脚椅

莫里诺的作品中不乏三脚椅的设计，如果再加上草图的话，数量就更为庞大了。这在意大利家具设计界是十分特殊的。而在北欧的设计界中，三脚椅却多到令人吃惊。出自阿诺·雅各布森、汉斯·瓦格纳以及保罗·克耶霍尔姆等人之手的名作就有无数。其中很大一部分原因在于，自古以来，北欧民众都住在泥地房中，地上还会铺有婴儿头部大小的圆形石块，而普通的四腿椅子在这样的地面上并不能立稳，因此设计师在设计时多会考虑三脚椅或凳子。在这一背景下，近代建筑师、设计师们设计出了许多现代感十足的三脚椅名作。

然而近年来，三脚椅的市场环境却十分严苛。在美国，禁止制造及销售三脚椅；而在日本，也有店家会在销售时注明『因三脚椅摔倒概不负责』。这可能是因为受到了产品安全法（PL法）的影响。这一法律起源于美国，规定因产品引发事故时，产品制造商要承担相应责任。这一法律使得设计界比此前更加重视产品的安全性。但与此同时，美观的三脚椅从商店里销声匿迹也不失为一种遗憾。

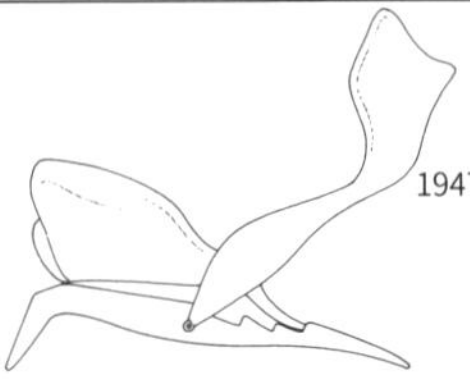

1947

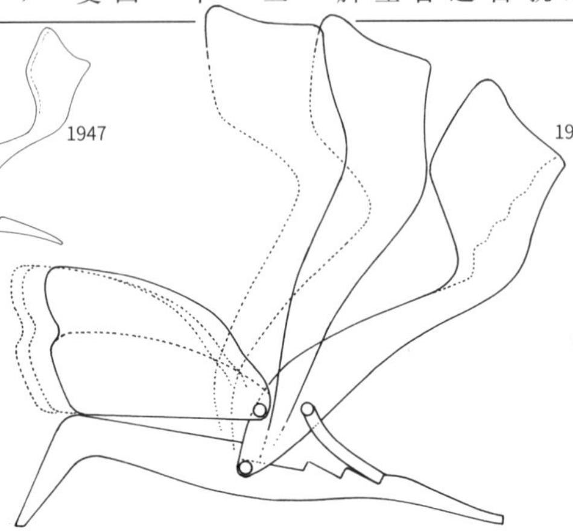

1947

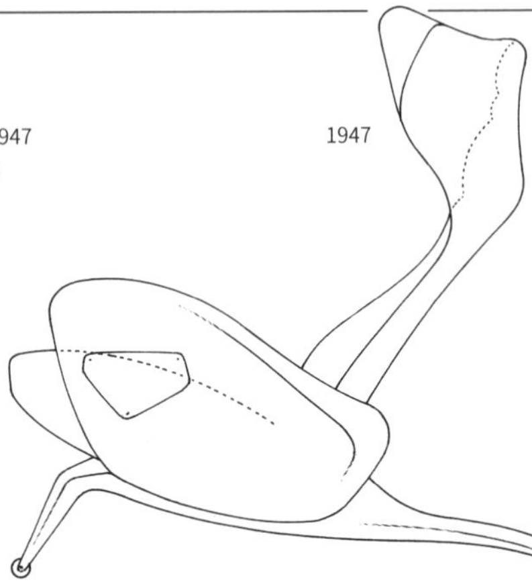

1947

虽然目前有许多翼背椅作品留存于世，但其中椅背角度可自由调节的作品还为数较少，据草图。椅前脚带有脚轮。

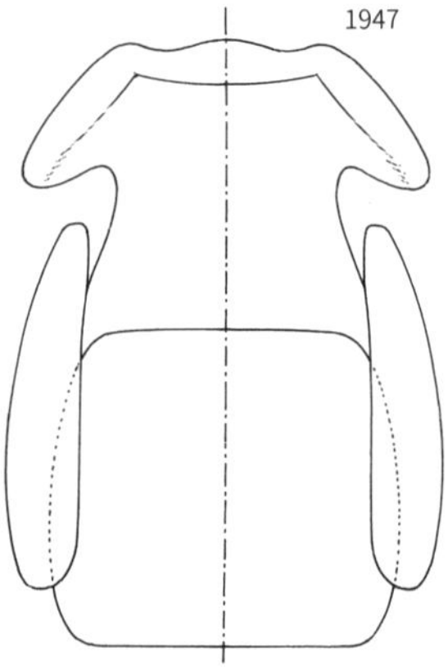

从这两幅插图可看出，不仅是椅背的角度，座位也可以和椅背一同调节。两图均根据草图所绘。

1947

1947

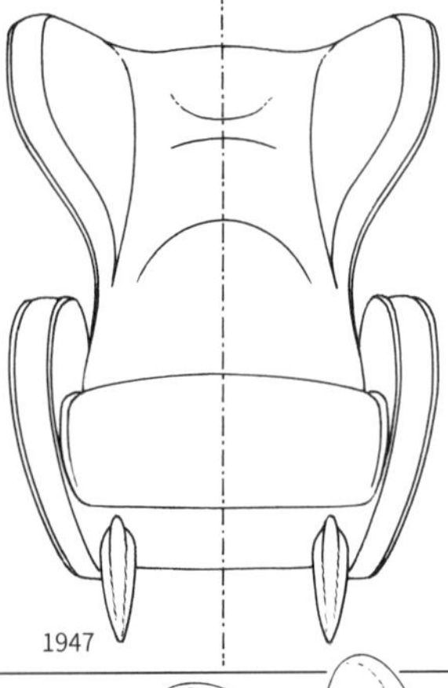

1947

与上一行中间的插图绘自同一三视图。宽阔的两翼使得座椅的舒适度得到提高。

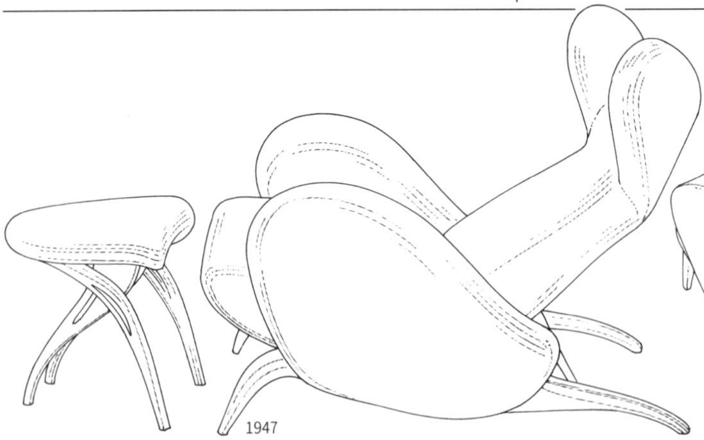

这一平面图中左右扶手的形状分别有两种设计，因此分别描绘出来。

该类型扶手设计与主视图不同。

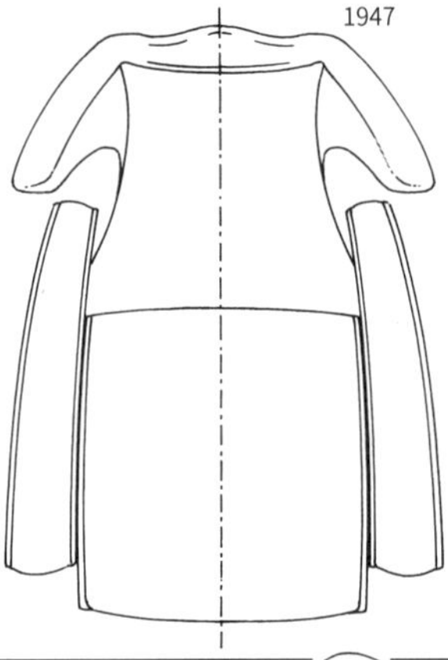

1947

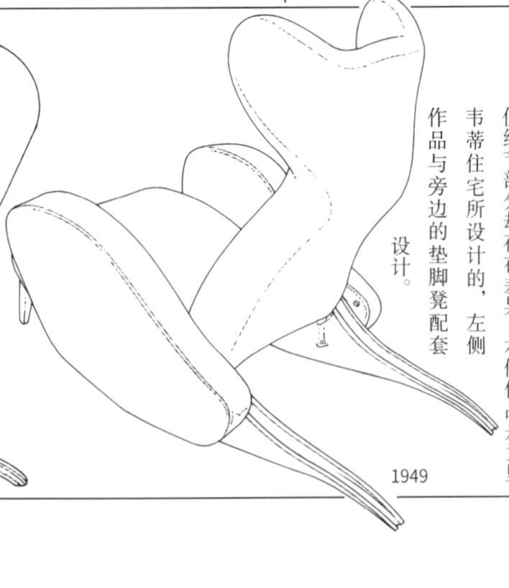

1949

这两件翼背椅作品看起来别无二致，但细节部分却存在差异，右侧作品是为里韦蒂住宅所设计的，左侧作品与旁边的垫脚凳配套设计。

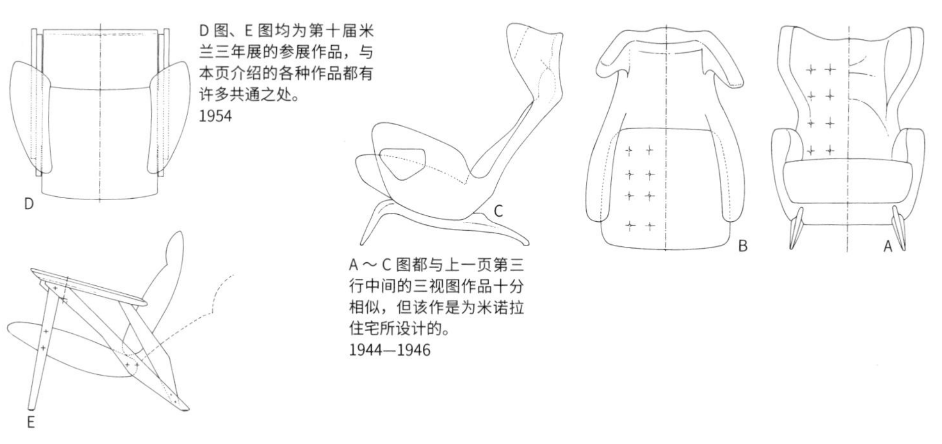

D图、E图均为第十届米兰三年展的参展作品，与本页介绍的各种作品都有许多共通之处。
1954

A～C图都与上一页第三行中间的三视图作品十分相似，但该作品是为米诺拉住宅所设计的。
1944—1946

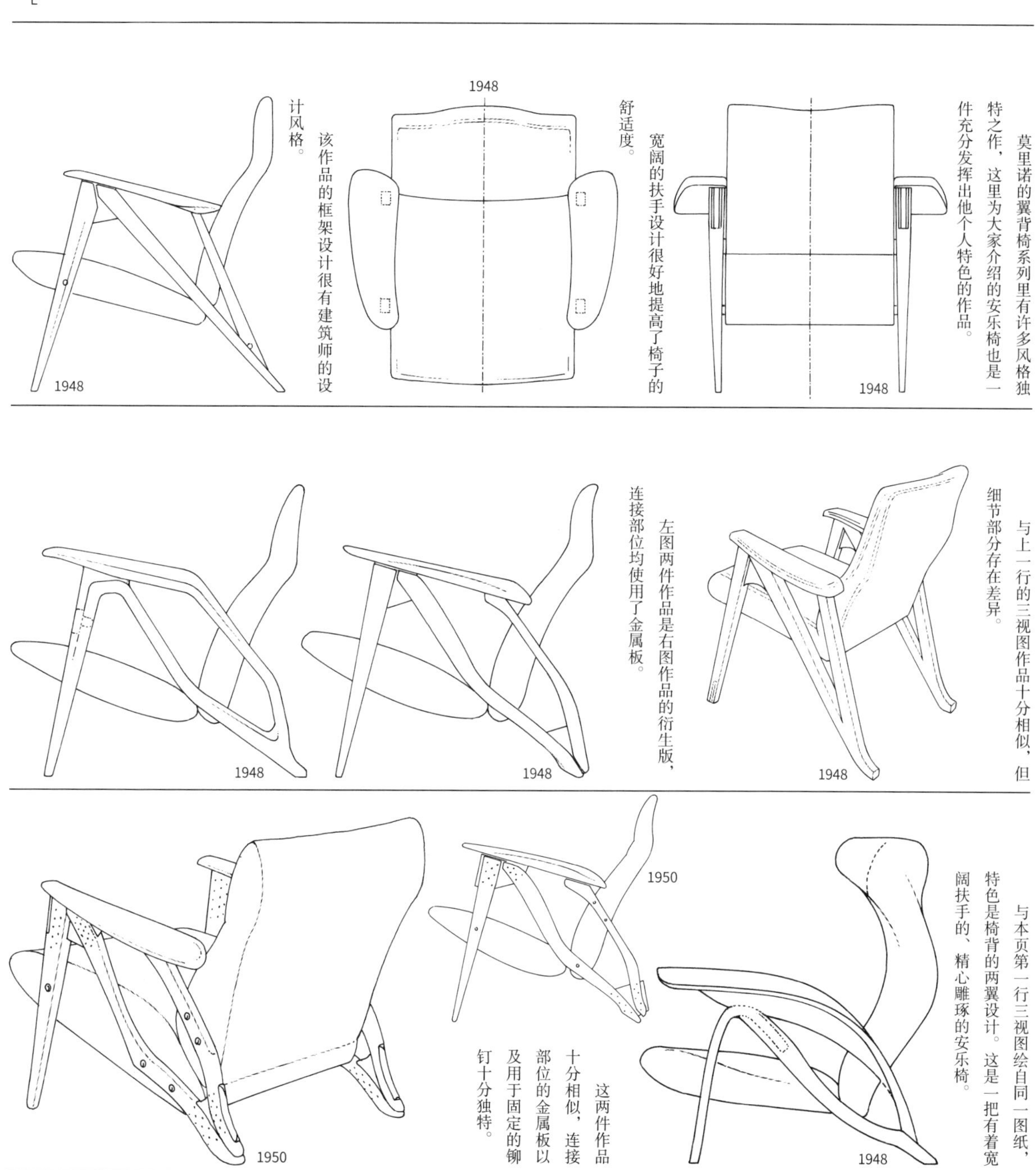

莫里诺的翼背椅系列里有许多风格独特之作，这里为大家介绍的安乐椅也是一件充分发挥出他个人特色的作品。

宽阔的扶手设计很好地提高了椅子的舒适度。

该作品的框架设计很有建筑师的设计风格。

与上一行的三视图作品十分相似，但细节部分存在差异。

左图两件作品是右图作品的衍生版，连接部位均使用了金属板。

与本页第一行三视图绘自同一图纸，特色是椅背的两翼设计。这是一把有着宽阔扶手的、精心雕琢的安乐椅。

这两件作品十分相似，连接部位的金属板以及用于固定的铆钉十分独特。

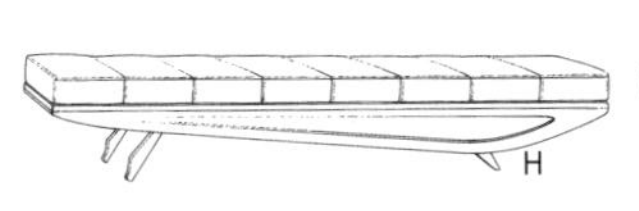

与下一页第二行右侧的作品十分相似，但坐垫分为了三段，似乎是可斜靠类型。
1951

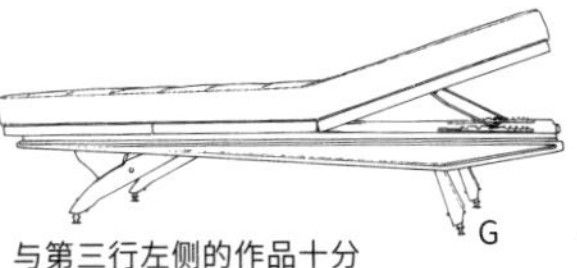

与第三行左侧的作品十分相似，但区别在于该作铺上了垫子，以及腿部的设计也不同。
1949

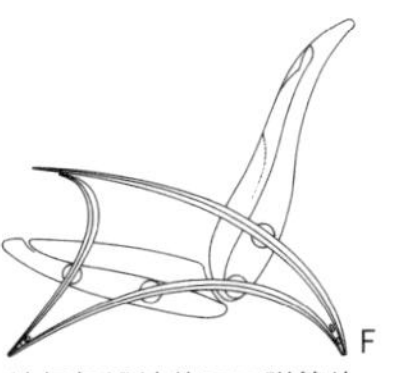

该框架设计使用了弹簧片（但不知是怎样的弹簧）。此图据草图所绘。
设计年份不详

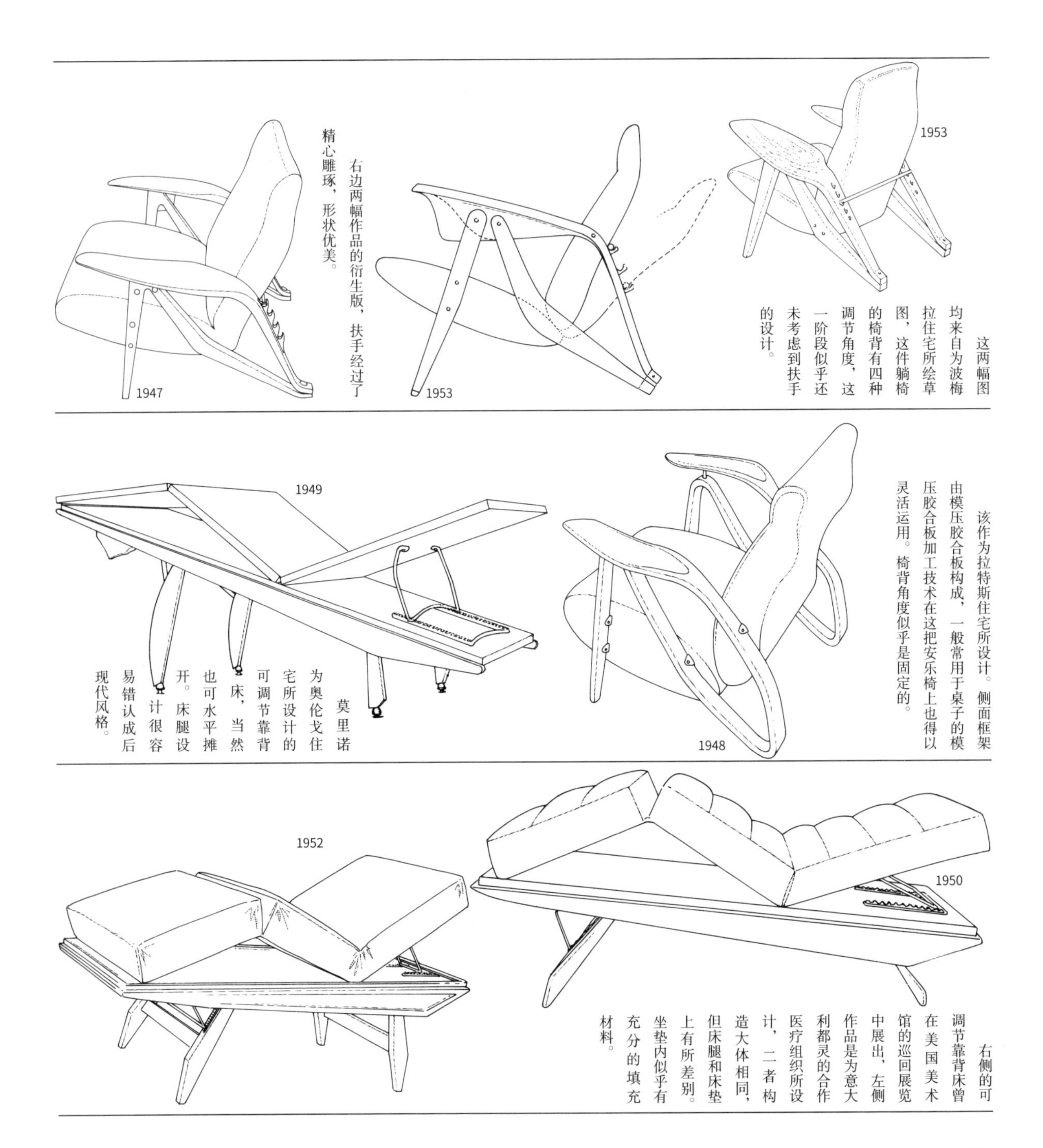

右边两幅作品的衍生版，扶手经过了精心雕琢，形状优美。
1947

1953

这两幅图均来自为波梅拉住宅所绘草图，这件躺椅的椅背有四种调节角度，这一阶段似乎还未考虑到扶手的设计。
1953

莫里诺为奥伦戈住宅所设计的可调节靠背床，当然也可水平摊开。床腿设计很容易错认成后现代风格。
1949

该作为拉特斯住宅所设计。侧面框架由模压胶合板构成，一般常用于桌子的模压胶合板加工技术在这把安乐椅上也得以灵活运用。椅背角度似乎是固定的。
1948

1952

右侧的可调节靠背床曾在美国美术馆的巡回展览中展出，左侧作品是为意大利都灵的合作医疗组织所设计，二者构造大体相同，但床腿和床垫上有所差别。坐垫内似乎有充分的填充材料。
1950

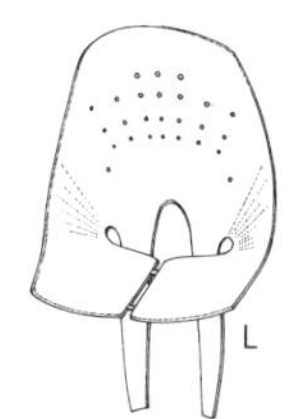

K图立体化后的作品，椅背的小孔似乎仅起到装饰作用。
1953

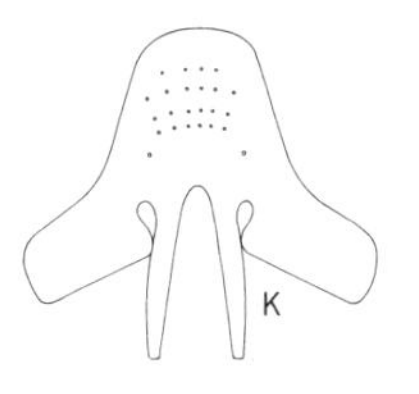

将K图与第三行的展开图相比较，可以发现椅面的曲面大小有所不同。
1953

20世纪50年代，全世界的设计师们开始尝试在椅面上运用三维曲面设计。
1950年左右

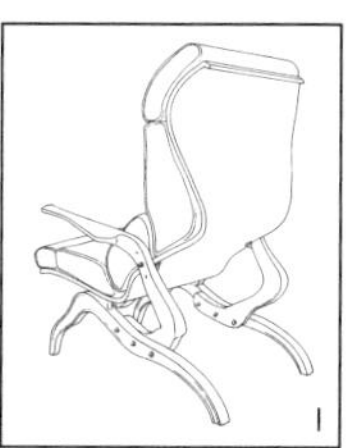

莫里诺的助手——卡洛·格拉菲的作品，受莫里诺影响颇深。
1950年左右

右侧作品为成品，从照片资料无法得知沙发床的高度可否根据椅脚角度进行调节。笔者找到了类似的七种沙发床作品，但基本形状差别不大，仅在细节部分存在差异。

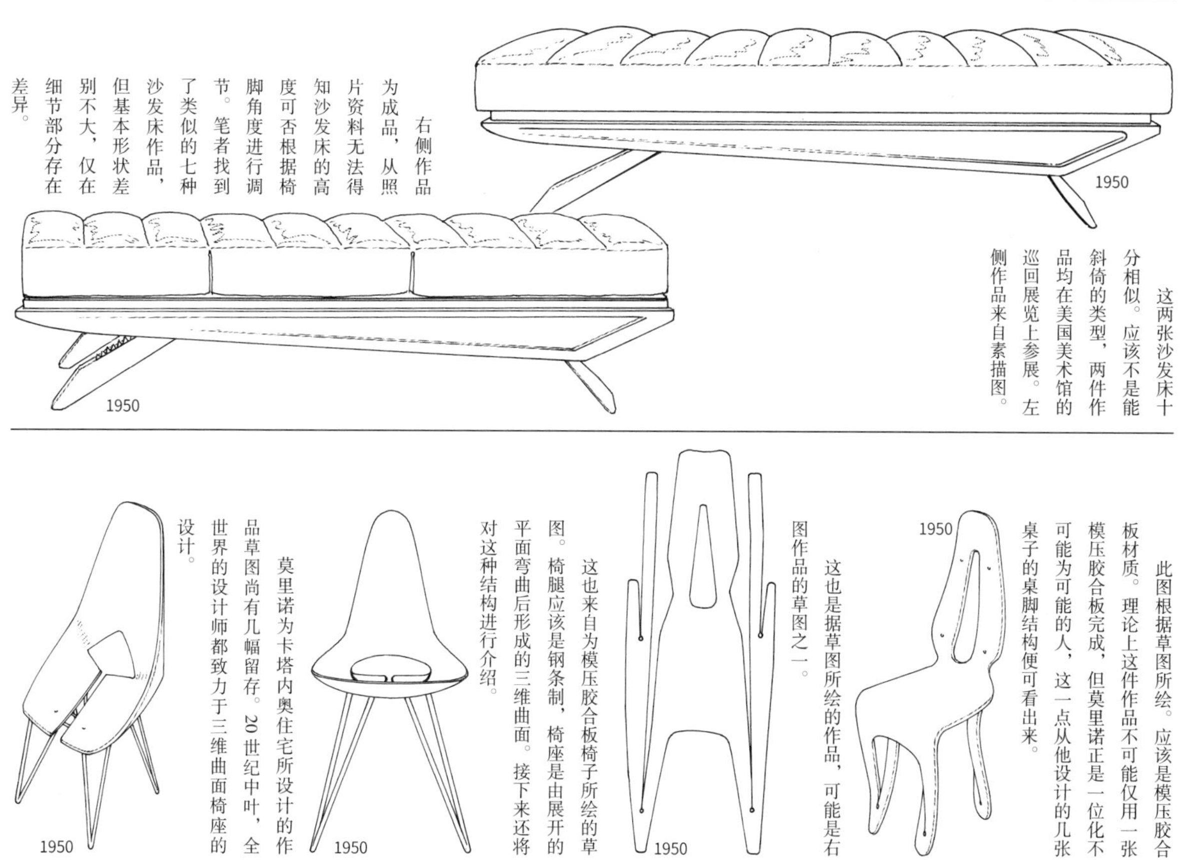

这两张沙发床十分相似。应该不是能斜倚的类型，两件作品均在美国美术馆的巡回展览上参展。左侧作品来自素描图。

此图根据草图所绘。应该是模压胶合板材质。理论上这件作品不可能仅用一张模压胶合板完成，但莫里诺正是一位化不可能为可能的人，这一点从他设计的几张桌子的桌脚结构便可看出来。

这也是据草图所绘的作品，可能是右图作品的草图之一。

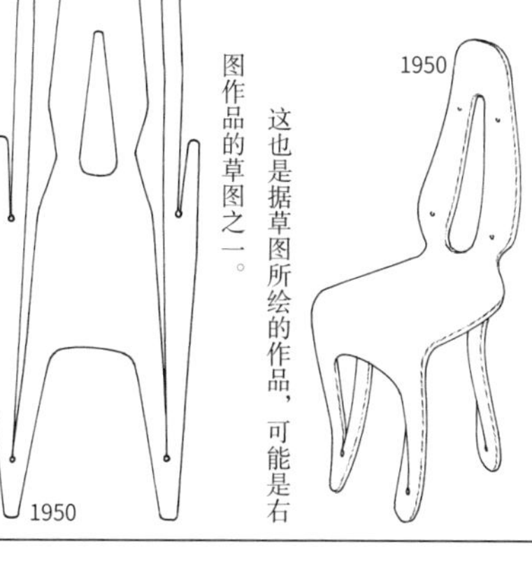

这也来自为模压胶合板椅子所绘的草图。椅腿应该是钢条制，椅座是由展开的平面弯曲后形成的三维曲面。接下来还将对这种结构进行介绍。

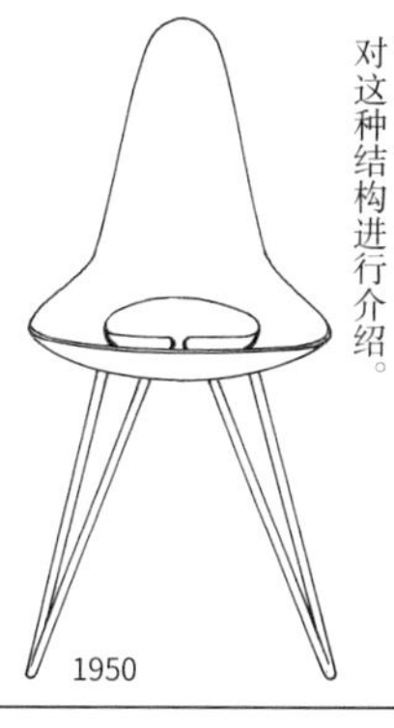

莫里诺为卡塔内奥住宅所设计的作品草图尚有几幅留存。20世纪中叶，全世界的设计师都致力于三维曲面椅座的设计。

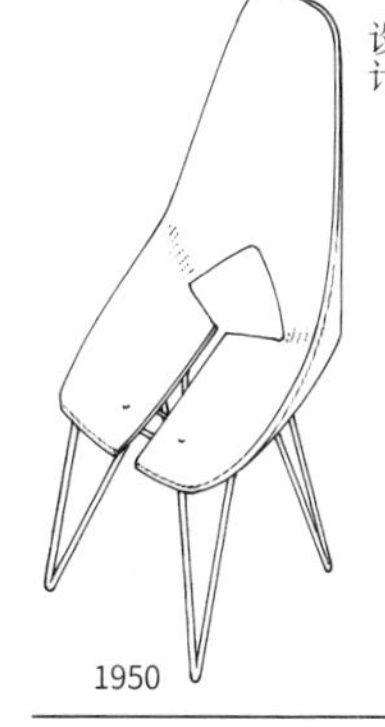

草图中椅座及后椅腿的展开图，椅面形状与K图存在差异。

将右侧的二维展开图弯曲后就形成了此图中的三维曲面。

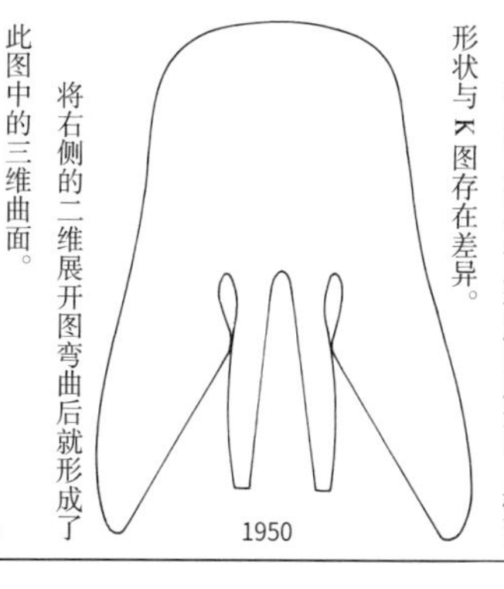

左图也来自为卡塔内奥住宅所绘的草图，从右图的纸样进而演变成这样的结构，是钢条材质的组合作品。

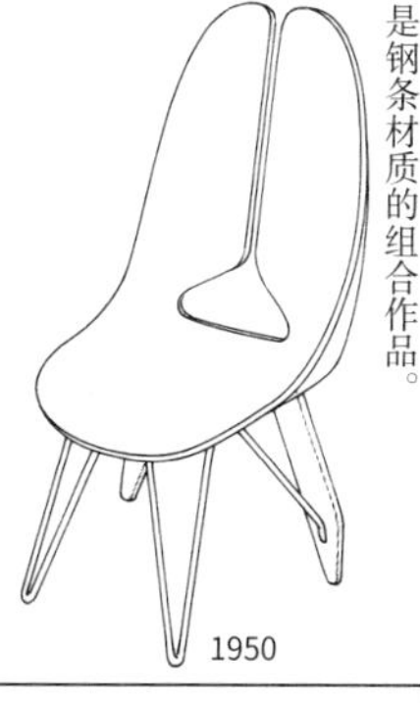

此图也据草图所绘。4条椅腿由模压胶合板与钢条结合而成，座位上应该也配有坐垫。

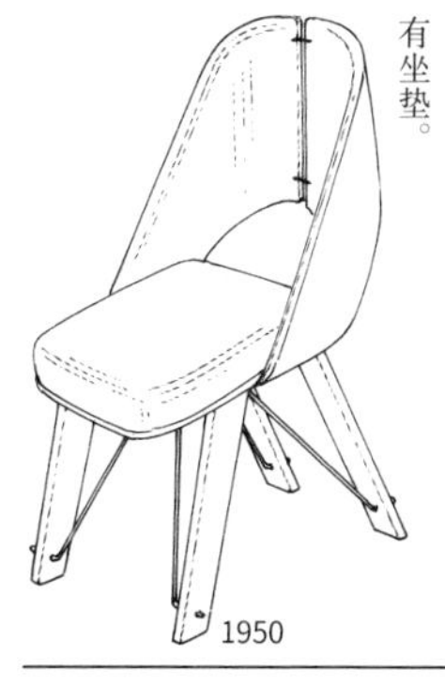

1905—1973

卡罗·莫里诺

第 6 小节
杂技般的结构

莫里诺家具的特点在于其独一无二的构造。他的椅子在椅腿上的复杂结构与连接部位的设计是在其他人的作品中所看不到的。他很少设计普通的四脚椅，少有的几件也在座椅结构上独具匠心。比如其中的一种结构，是将靠背的底部从座椅下方伸出，与椅子的两根前椅脚结合在一起，颇有几分杂技的风格。另外在几件三脚椅作品中，还能看到后椅腿与靠背相连的结构。但最令人惊叹的是他运用模压胶合板设计出来的椅子。理论上来说是不可能实现的方案，经他之手将某个看不见的部分进行了精心的切割、连接后便得以完成，简直如同魔法般不可思议。而这种模压胶合板结构在一些桌子作品中也有所运用，并且或许是为了有意展现其神奇之处，桌板使用了透明的玻璃材料。而在其他作品中，他还运用过钢丝与模压胶合板的组合、钢制撑条，连安乐椅也设计有可调节靠背的款式，玩心随处可见。21 世纪以来，意大利扎诺塔家具公司陆续将莫里诺的部分作品进行了复刻和生产，但仍有许多作品是笔者期待能够问世的。也许在这种个人风格强烈的作品上，大众的审美和评价存在着分

1952—1953

左侧是上一页 K 图作品的三视图。椅面上的虚线部分应该是用来增强座椅强度的。

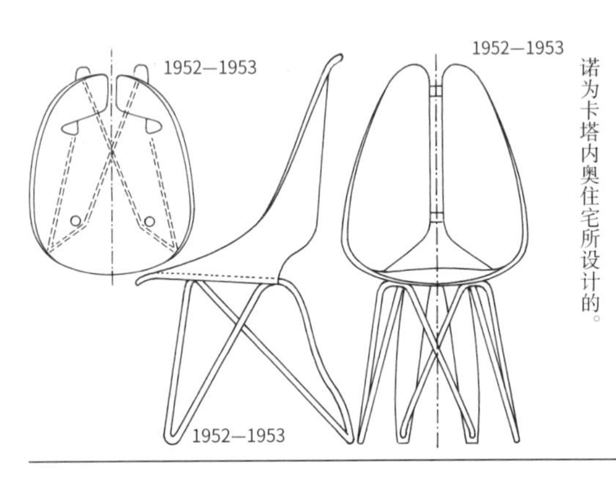

该作品在结构上也运用了上一页右下角图的设计。这些都是莫里诺为卡塔内奥住宅所设计的。

1952—1953

该作品与上一行的三视图源自同一图纸。从主视图与后视图可看出椅背的设计有所不同。

1952—1953

1952—1953

右侧图纸的两件实物模型，其结构是在上一页第三行右侧两幅透视图的基础上设计出来的，乍一看似乎是不可能实现的，但仔细看能发现椅子前腿内侧巧妙的连接。

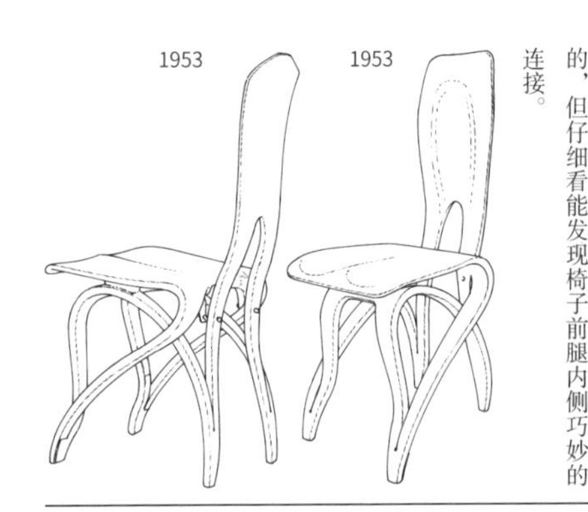

1953

1953

这一作品也是在上一页第三行右侧两幅透视图的基础上诞生的。此图据草图所绘。

1953

右侧三视图的实物模型。其椅腿结构十分有趣，应是在椅脚的某部分实现了接合。

20 世纪 50 年代

座椅下方横木的设计很像之前所介绍的量产系列作品。该作曾在美国『意大利在复兴』巡回展上展出。

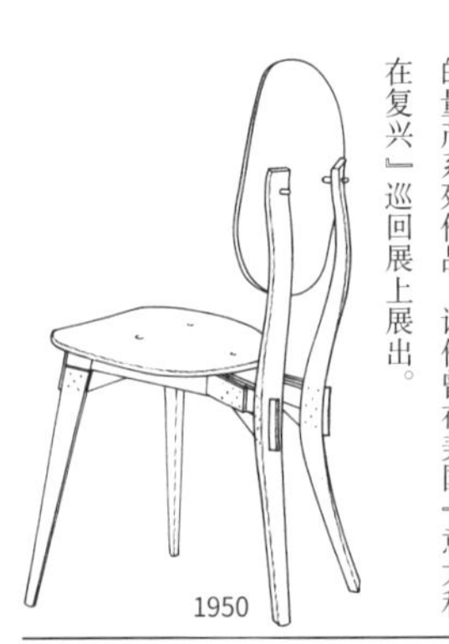

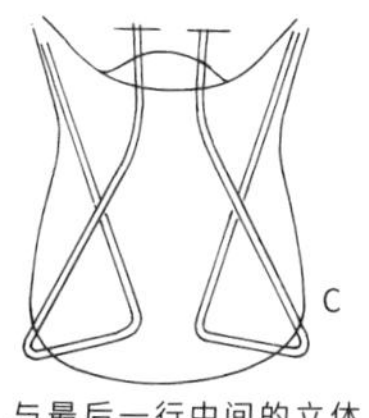

与最后一行中间的立体图相对应的平面图，从图中可清楚看出椅腿的钢管结构。
1950

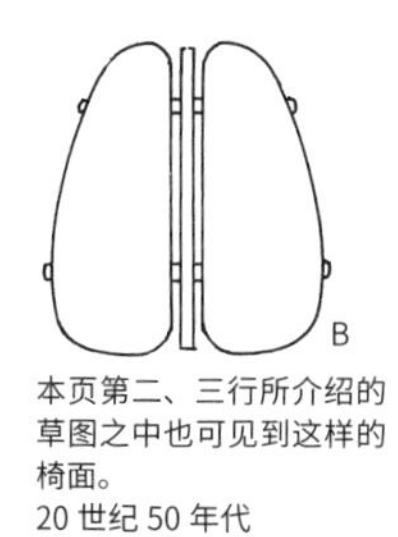

本页第二、三行所介绍的草图之中也可见到这样的椅面。
20 世纪 50 年代

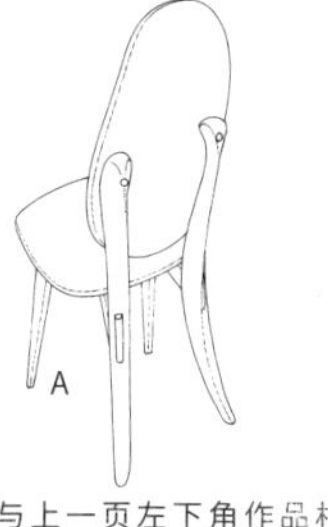

与上一页左下角作品相似，但椅腿形状明显不同。
1953 年左右

岐，但不能否认的是莫里诺的创作的确值得我们进行反复地深入研究。

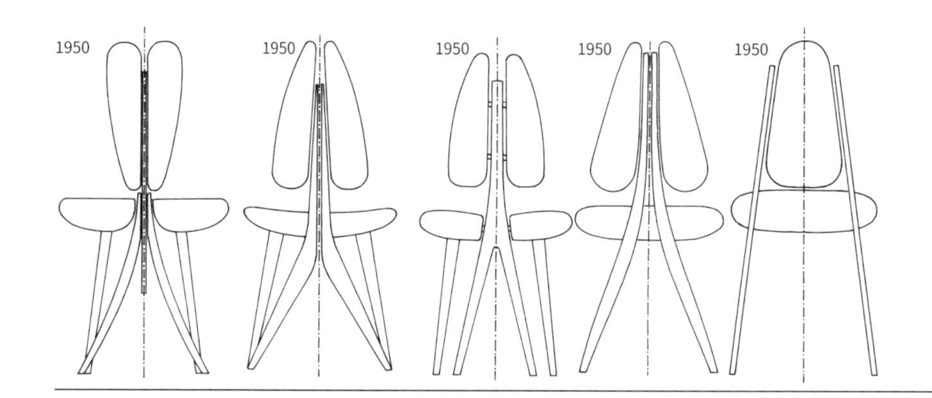

这几件实物模型都是第 2 小节中所介绍过的为庞蒂住宅所设计作品的衍生版。之前介绍的作品在一份资料上显示创作于 1940 年，但在另一份资料上则显示创作于 1950 年。

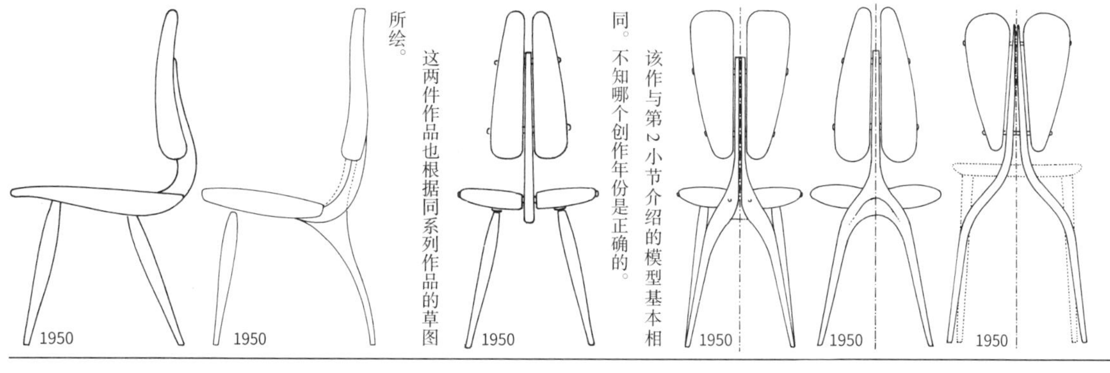

这两件作品也根据同系列作品的草图所绘。

该作与第 2 小节介绍的模型基本相同。不知哪个创作年份是正确的。

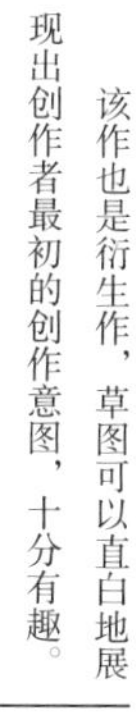
该作也是衍生作，草图可以直白地展现出创作者最初的创作意图，十分有趣。

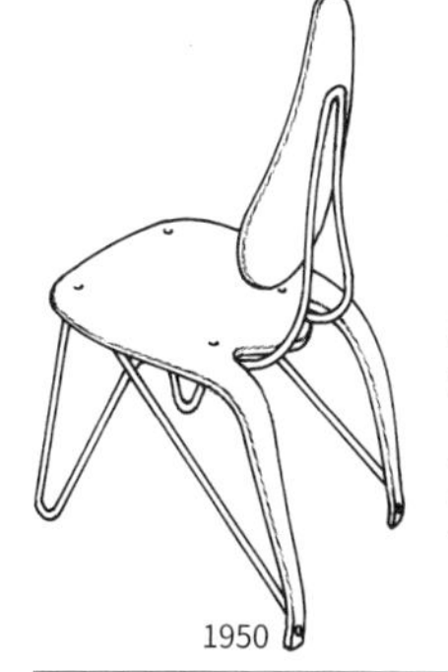

右侧作品的实物模型。这些作品均在美国『意大利在复兴』巡回展上展出。

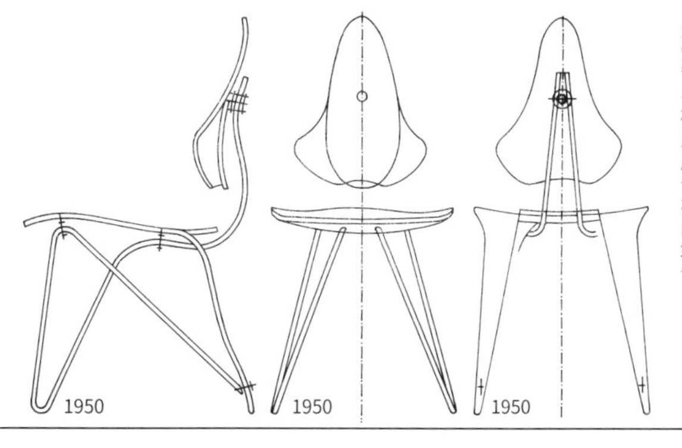

上一页第二行三视图系列的衍生作，是钢管与模压胶合板的组合。

同系列作品。这一系列的素描草图有许多。

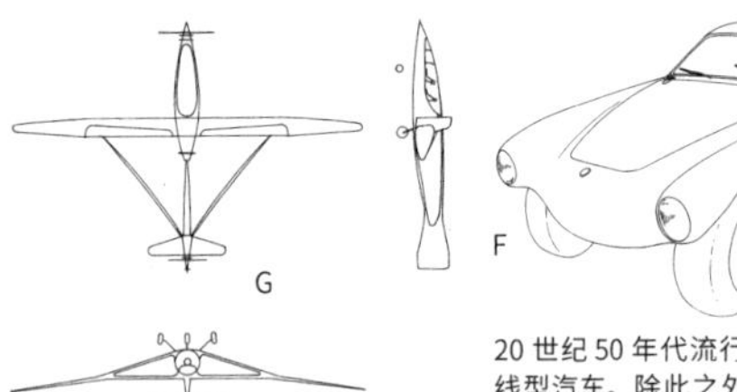

将家具的各部分进行独立的设计，再将它们组合到一起——这就是莫里诺独有的设计风格。
1960—1962

20 世纪 50 年代流行的流线型汽车。除此之外，莫里诺设计过赛车。
20 世纪 50—60 年代

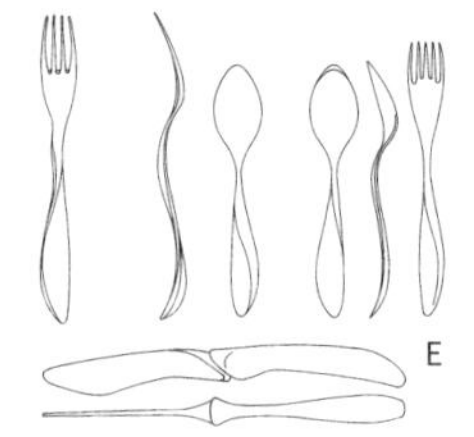

有机曲线的餐具，设计优美。
1960

在 1954 年米兰三年展上展出的桌子，该作也充分体现了莫里诺自身的独创性。

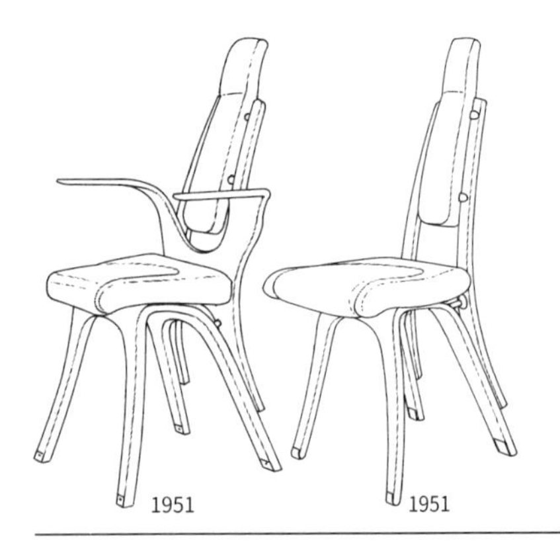

这两件作品已有成品。其框架与五金件并非是紧密结合的，而是留了一点细长的间隙，这一特点十分有趣。

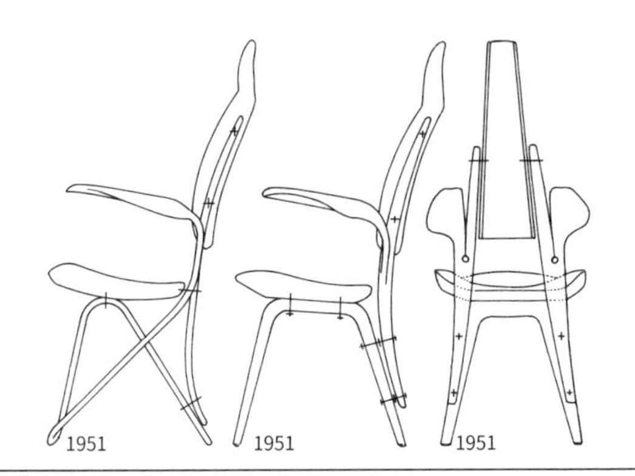

这两件作品由北美白蜡木材质的模压胶合板制成，为拉特斯住宅所设计。而左侧交叉椅腿的作品没有实现。

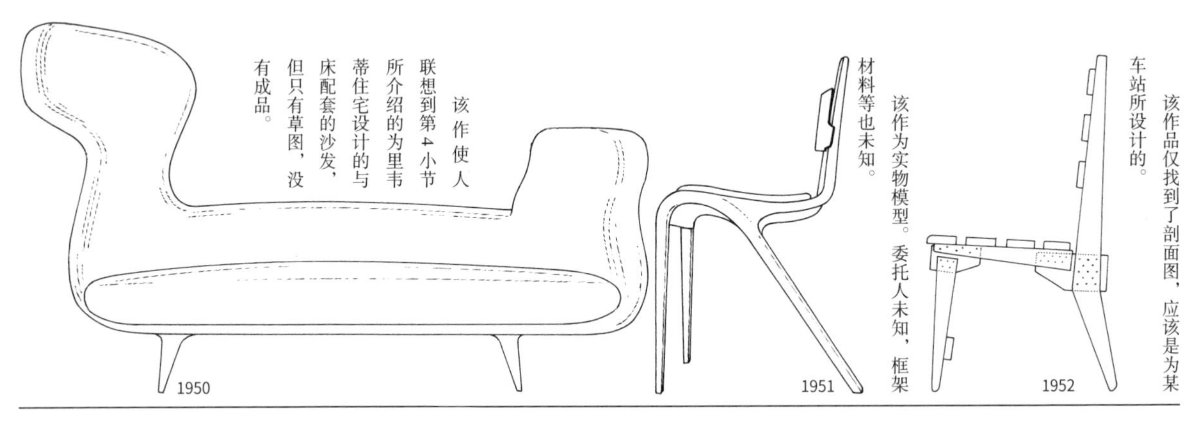

该作使人联想到第4小节所介绍的为里韦蒂住宅设计的与床配套的沙发，但只有草图，没有成品。

该作为实物模型。委托人未知，框架材料等也未知。

该作品仅找到了剖面图，应该是为某车站所设计的。

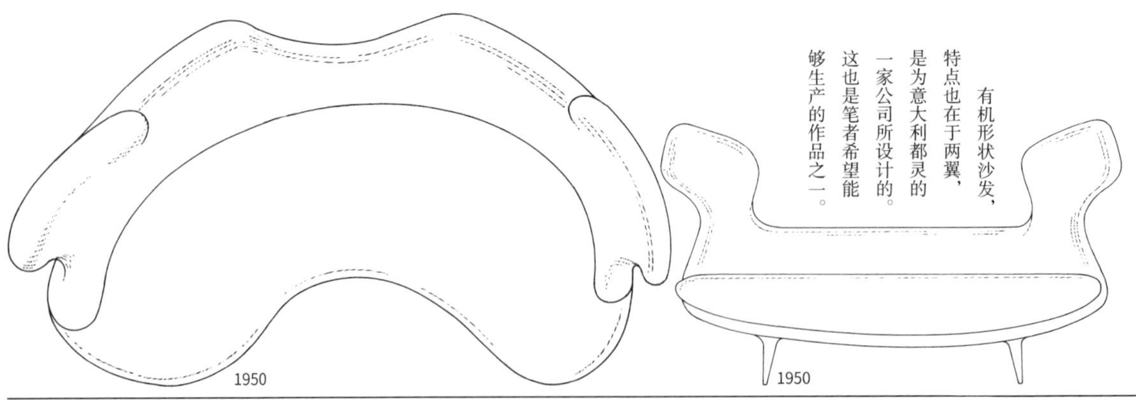

有机形状沙发，特点也在于两翼，是为意大利都灵的一家公司所设计的。这也是笔者希望能够生产的作品之一。

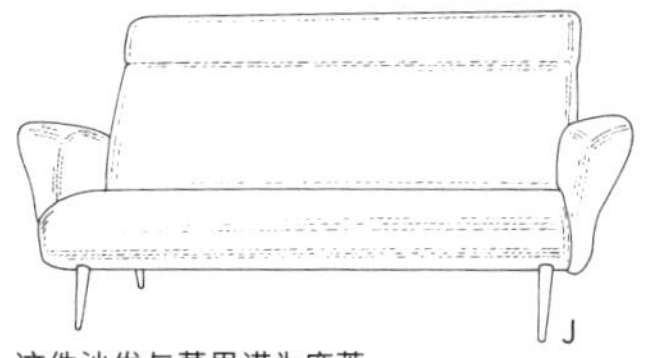

这件沙发与莫里诺为庞蒂住宅设计的作品十分相似。
20 世纪 50 年代

该作与上一页第二行左侧作品更为接近，与 H 图一样，不同点在于椅面面料与撑条设计。
1951

该作可能是上一页第二行左侧作品的衍生模型，不过设计年份较早，靠背的形状也有所不同，最大的区别在于椅腿间加了撑条。
1946

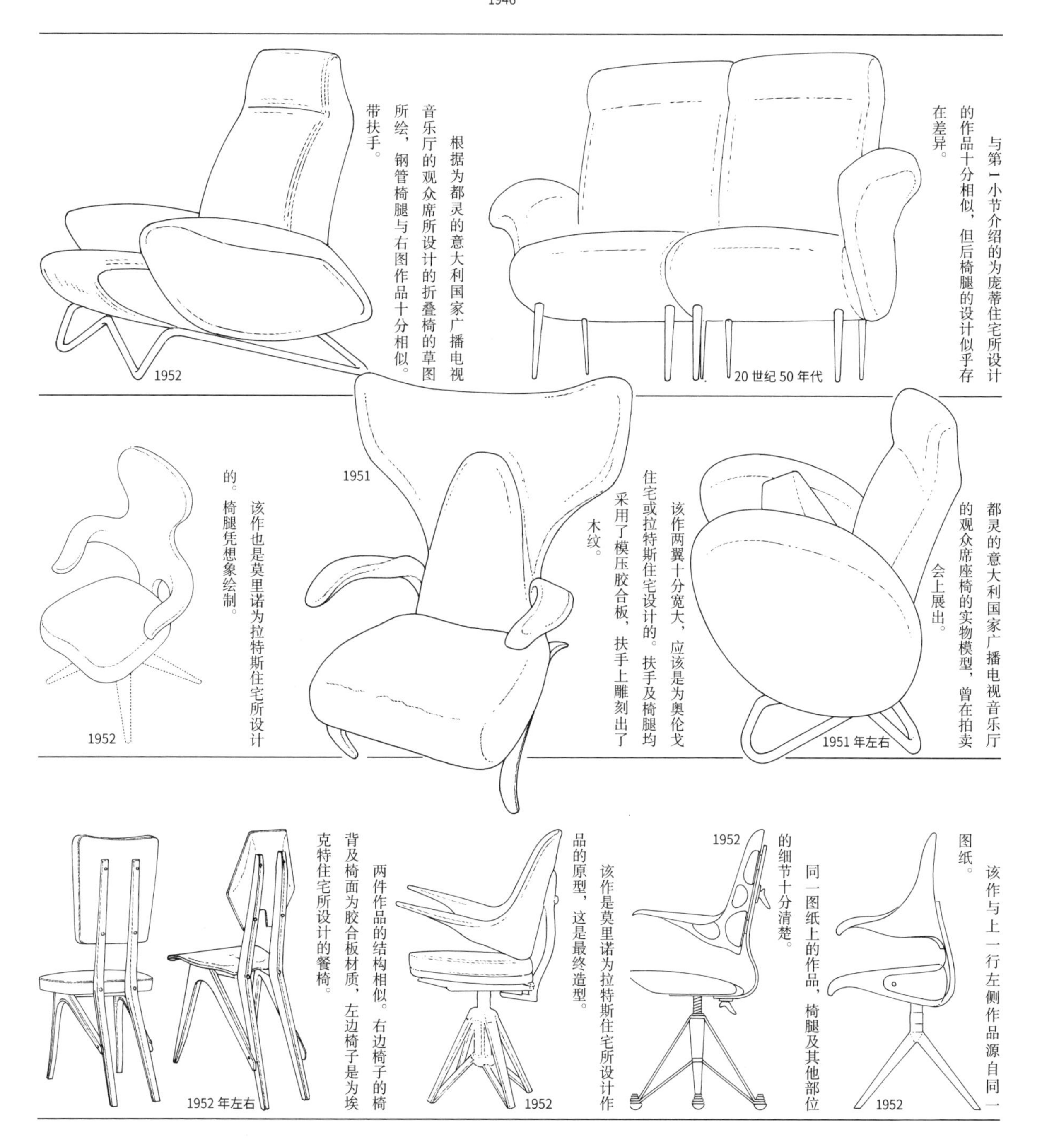

与第 1 小节介绍的为庞蒂住宅所设计的作品十分相似，但后椅腿的设计似乎存在差异。
20 世纪 50 年代

根据为都灵的意大利国家广播电视音乐厅的观众席所设计的折叠椅的草图所绘，钢管椅腿与右图作品十分相似。带扶手。
1952

都灵的意大利国家广播电视音乐厅的观众席座椅的实物模型，曾在拍卖会上展出。
1951 年左右

该作两翼十分宽大，应该是为奥伦戈住宅或拉特斯住宅设计的。扶手及椅腿均采用了模压胶合板，扶手上雕刻出了木纹。
1951

该作也是莫里诺为拉特斯住宅所设计的。椅腿凭想象绘制。
1952

该作与上一行左侧作品源自同一图纸。
1952

同一图纸上的作品，椅腿及其他部位的细节十分清楚。
1952

该作是莫里诺为拉特斯住宅所设计作品的原型，这是最终造型。
1952

两件作品的结构相似。右边椅子的椅背及椅面为胶合板材质，左边椅子是为埃克特住宅所设计的餐椅。
1952 年左右

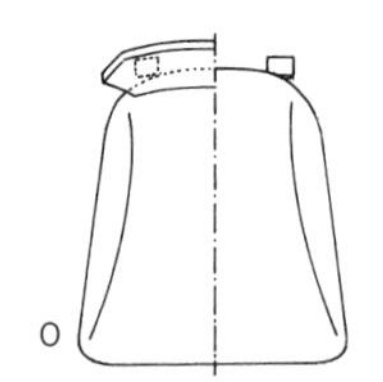

与第三行左侧作品为同一作品，是其三视图中的平面图，椅面上所画的两根线的意义尚不明确。
1951

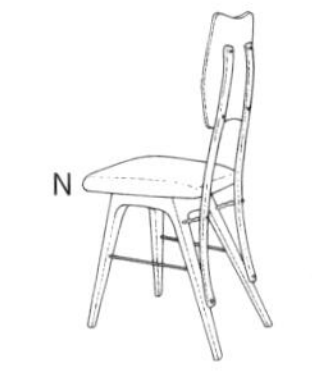

第三行左侧作品的实物模型。
1951

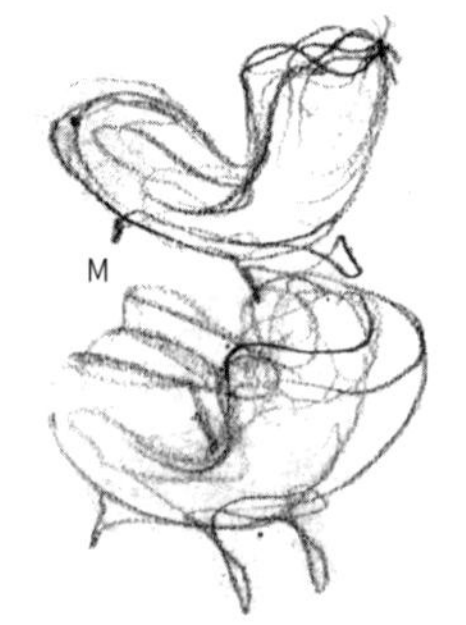

原始的概念草图，用主要的线条表达了创作者的设计构思。与下一行左侧两幅图为同一作品。
1952 年左右

由意大利扎诺塔家具公司生产上市的桌子，顶板为玻璃材质。
1951
摘自《卡罗·莫里诺的家具作品》(弗维奥·法拉利；拿破仑·法拉利著 / 费顿出版社出版 /2006)

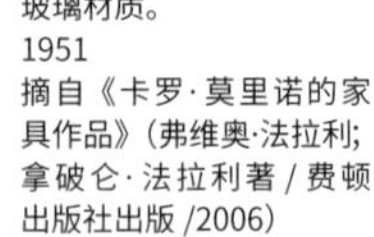

写字桌。顶罩外形如同手风琴的风箱，可滑动。
1950

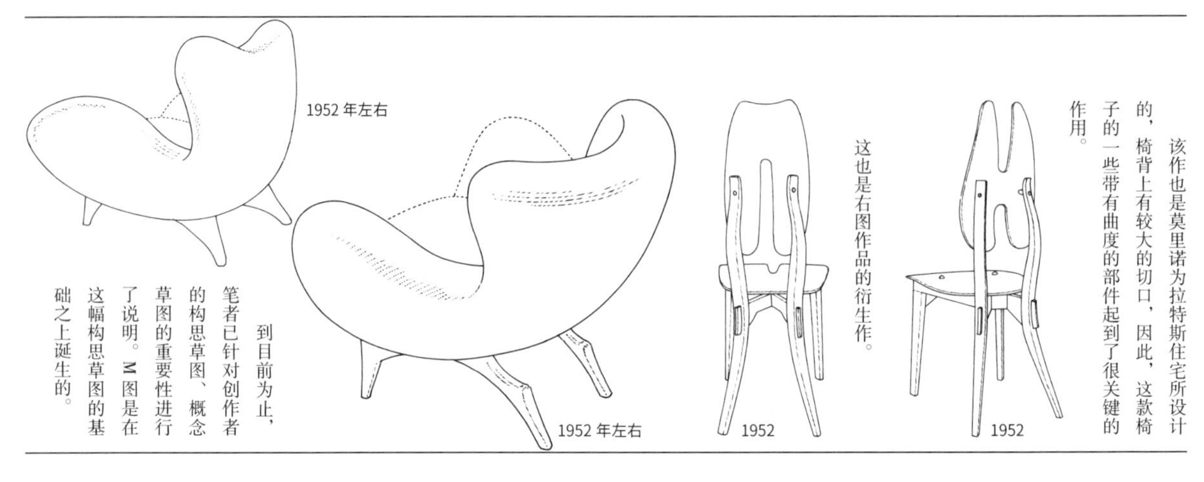

该作也是莫里诺为拉特斯住宅所设计的，椅背上有较大的切口，因此，这款椅子的一些带有曲度的部件起到了很关键的作用。

这也是右图作品的衍生作。

到目前为止，笔者已针对创作者的构思草图、概念草图的重要性进行了说明。M图是在这幅构思草图的基础之上诞生的。

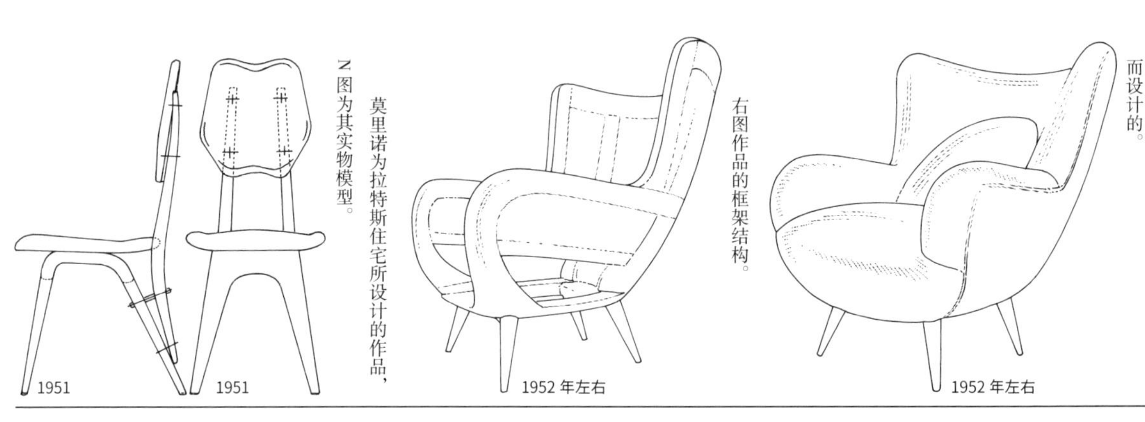

该作应该是以上一行左侧作品为基础而设计的。

右图作品的框架结构。

莫里诺为拉特斯住宅所设计的作品，N图为其实物模型。

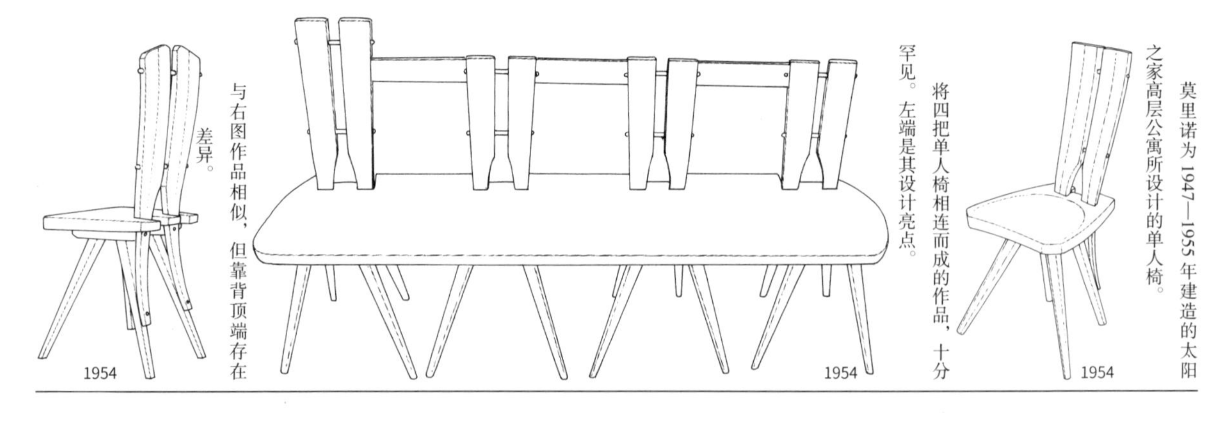

莫里诺为 1947—1955 年建造的太阳之家高层公寓所设计的单人椅。

将四把单人椅相连而成的作品，十分罕见。左端是其设计亮点。

与右图作品相似，但靠背顶端存在差异。

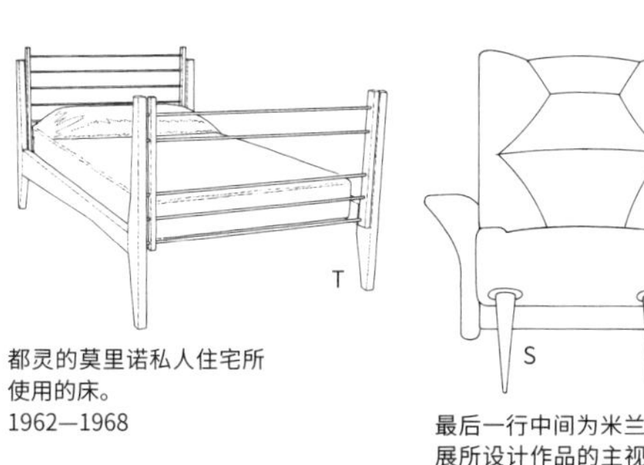

都灵的莫里诺私人住宅所使用的床。
1962—1968

最后一行中间为米兰三年展所设计作品的主视图。该作也有平面图。
1955

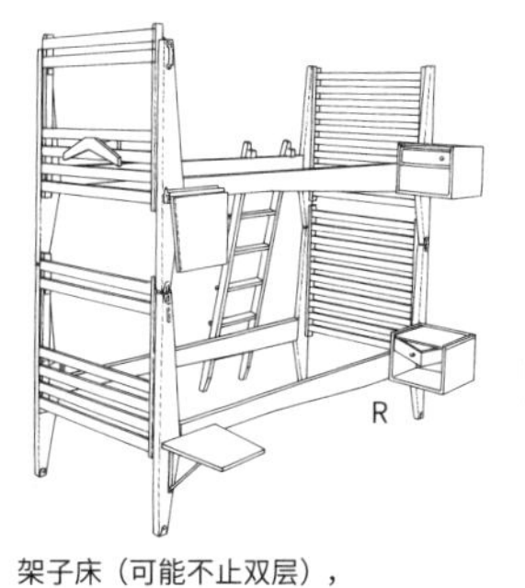

架子床（可能不止双层），为太阳之家公寓所设计。
1953

布吉·莫根森于 1955 年设计的安乐椅，加上坐垫后略显厚重感。

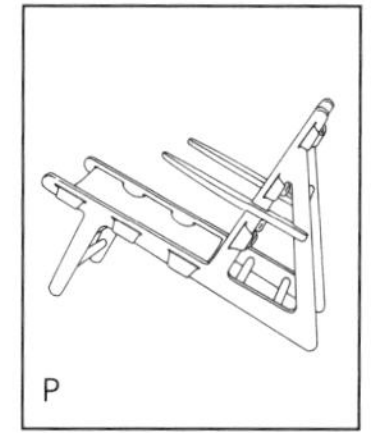

丹麦设计师布吉·莫根森梦幻般的名作——狩猎椅。莫里诺的设计也明显受到了影响。
1950

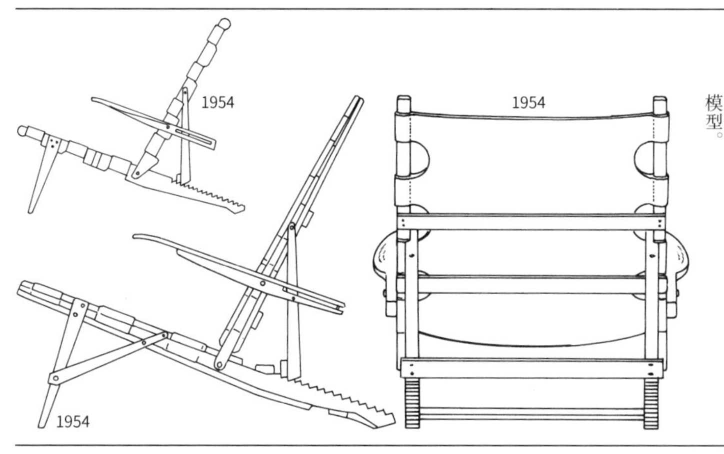

该作与丹麦设计师布吉·莫根森的名作狩猎椅十分相似，有两种款式的实物模型。

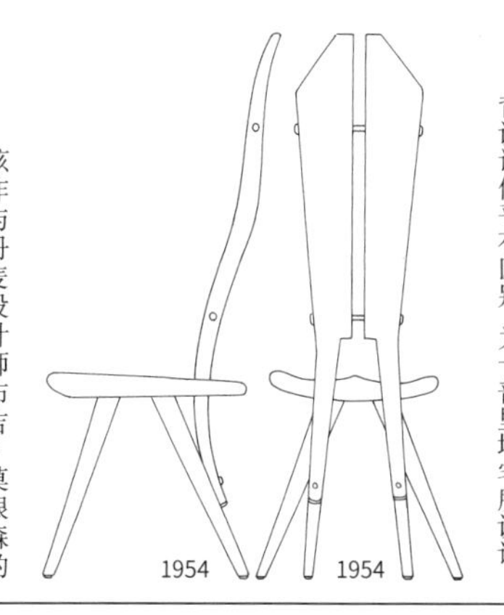

该作与上一页左下角作品相似，但靠背设计似乎有区别。为卡普里塔宅所设计。

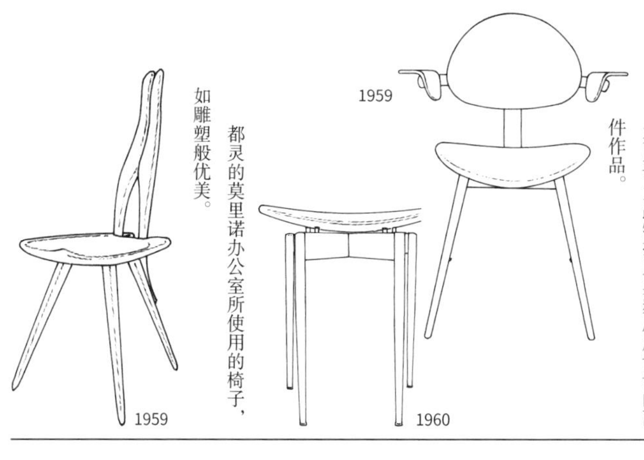

都灵的莫里诺办公室所使用的椅子，如雕塑般优美。

莫里诺为路特拉里奥舞厅所设计的两件作品。

1954

这是上一行中间作品的平面图，与莫根森的作品不同，该作的靠背角度可调节。

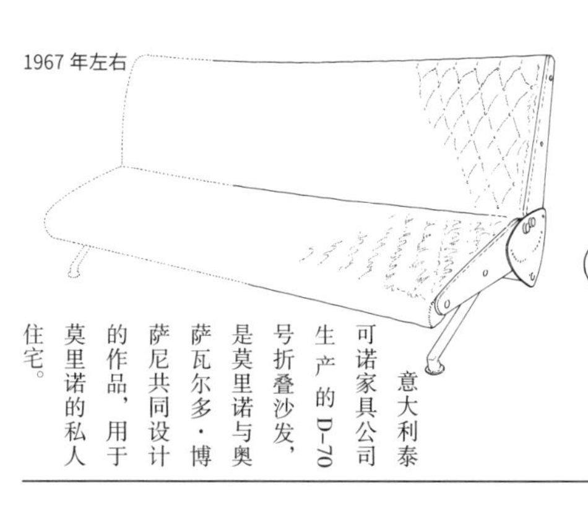

意大利泰可诺家具公司生产的D-70号折叠沙发，是莫里诺与奥萨瓦尔多·博萨尼共同设计的作品，用于莫里诺的私人住宅。

据第十一届米兰三年展参展作品的草图所绘，未找到其实物模型的有关资料。

1955

1962

上一行左侧作品的三脚款，由意大利扎诺塔家具公司进行复刻后生产上市。乍一看其三条腿的设计可能会感觉不稳，但其实椅脚朝外的设计保证了椅子的稳定性。

1905—1977

弗兰克·阿比尼

第 1 小节
意大利的第一代设计师

如果将意大利设计界按时代来划分的话，出生于 1890—1910 年前后的吉奥·庞蒂、加布里埃·穆基、朱塞佩·特拉尼、卡洛·斯卡帕等人是第一代，其后出生于 1930 年以前的是第二代，出生于 1930 年之后 1940 年以前的是第三代，这之后诞生的是第四代。大体上如此划分。

弗兰克·阿比尼（以下简称阿比尼），便是第一代设计师中的代表人物。1905年，阿比尼出生于意大利城市科莫，1929 年毕业于米兰理工大学建筑专业。次年，开始以一名建筑师的身份工作。当时与他共事的还有吉奥·庞蒂、兰吉雅、帕伦蒂、卡姆斯等人。之后在巴塞罗那，阿比尼结识了建筑大师密斯·凡·德·罗，进而造访了位于巴黎的勒·柯布西耶事务所，这些人对他之后的发展影响深远。1949—1954 年，阿比尼担任威尼斯建筑大学的教授，1954—1955 年任职于都灵大学建筑专业，1955—1964 年再度任职于威尼斯建筑大学，1964 年回到米兰理工大学任教。1955、1958、1964 年皆获得了意大利金罗盘设计大奖，其余奖项也多有斩获，其贡献不可估量。

阿比尼为费拉里住宅所设计的作品，这一最早期的作品很好地展现了当时流行的装饰艺术风格。椅腿及扶手框架上皆有条纹图案。

1932—1933

1932—1933

与右图作品用于同一房间。椅座由安装在墙上的钢管支撑。芬兰设计师昂蒂·诺米斯耐米也有与之创意相同的作品。

1932—1933

第五届米兰三年展上展出了钢架住宅，左图作品用于这一住宅的客厅。很明显，该作是上一行中间作品重新设计后的模型，作品与整体住宅相呼应，其结构也是钢材。

1933

1933

与右图作品用于同一客厅的扶手凳，其框架可能为钢管制。

1933

用于米兰的劳拉·派奇住宅，应该也是阿比尼的作品。这种设计在现代主义设计中也经常见到。特点在于其椅座向外凸出的设计。

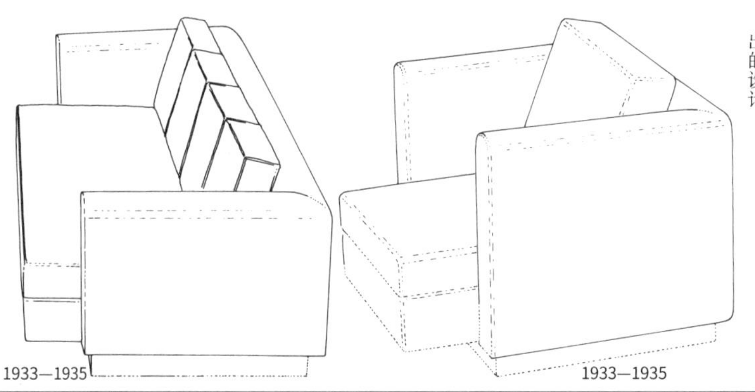

1933—1935

1933—1935

与右侧作品用于同一房间的悬臂椅。

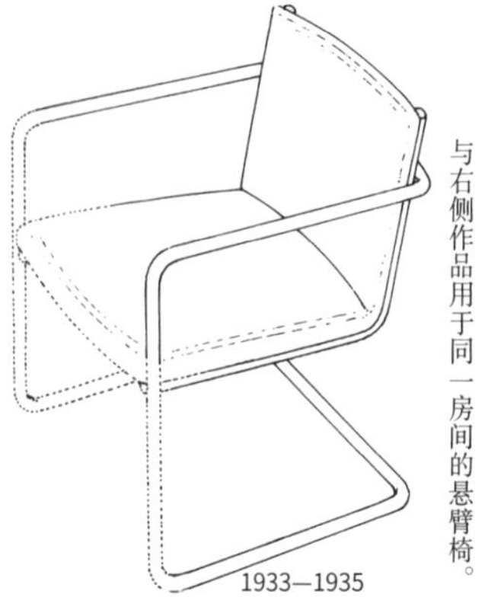

1933—1935

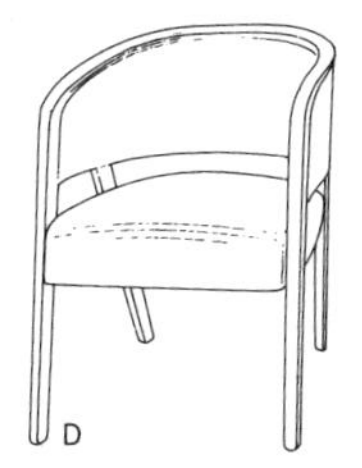

用于阿比尼所设计的米兰的佩斯塔里尼住宅，但不知该椅子是否也是其亲手设计。
1938

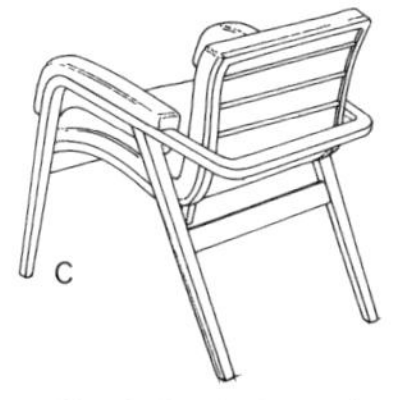

与第三行左侧沙发有着相同设计的扶手椅，看起来舒适度很高。
1938

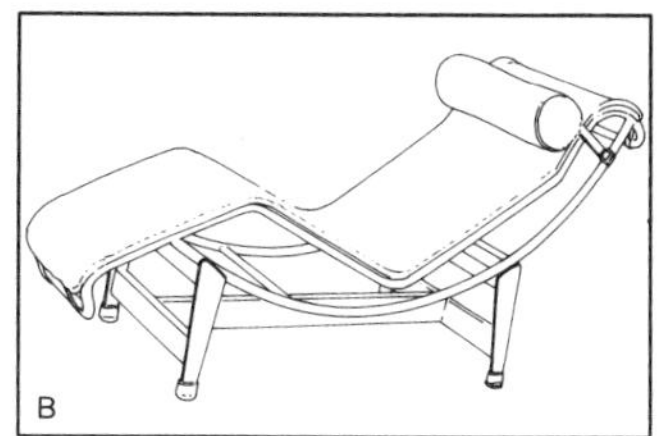

勒·柯布西耶、夏洛特·贝里安以及皮埃尔·让纳雷三名设计师共同设计的名作——牛仔椅。
1928—1929

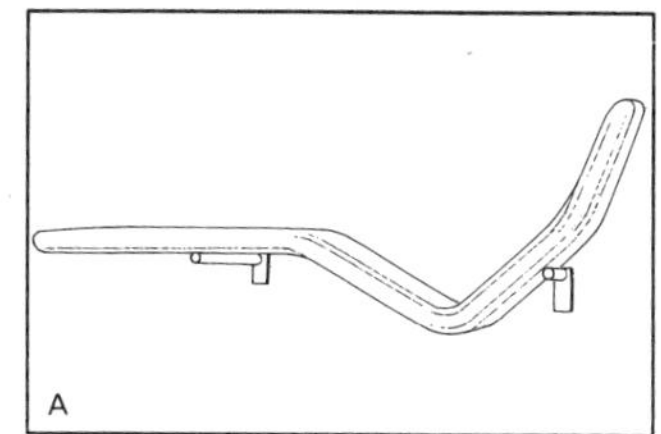

芬兰的代表性建筑大师、设计大师昂蒂·诺米斯耐米的作品，除了这种安装在墙上的类型外，还有安置在地板上的款式。
1967

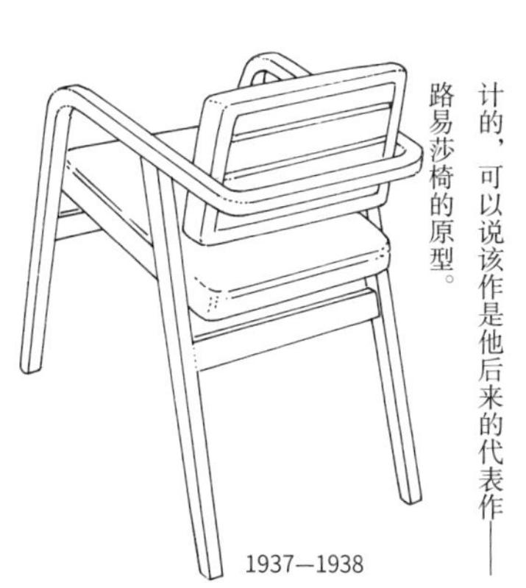

1937—1938

阿比尼为佩斯塔里尼住宅的餐厅所设计的，可以说该作是他后来的代表作——路易莎椅的原型。

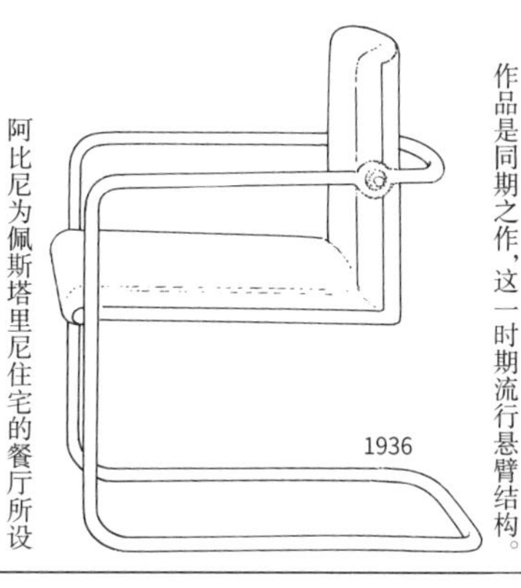

1936

『男士房间』所使用的座椅，与右图作品是同期之作，这一时期流行悬臂结构。

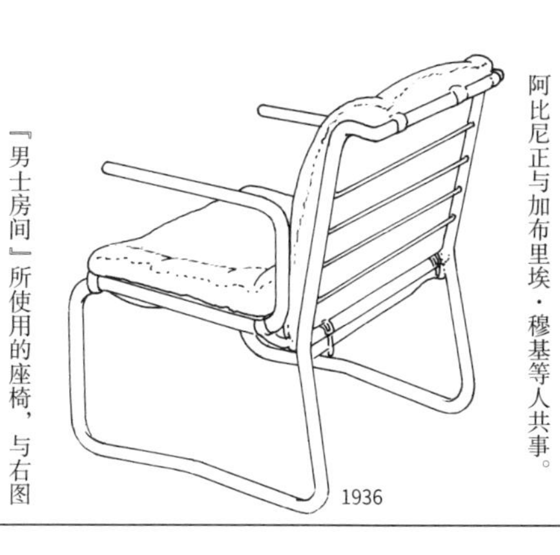

1936

第六届米兰三年展的参展作品，当时阿比尼正与加布里埃·穆基等人共事。

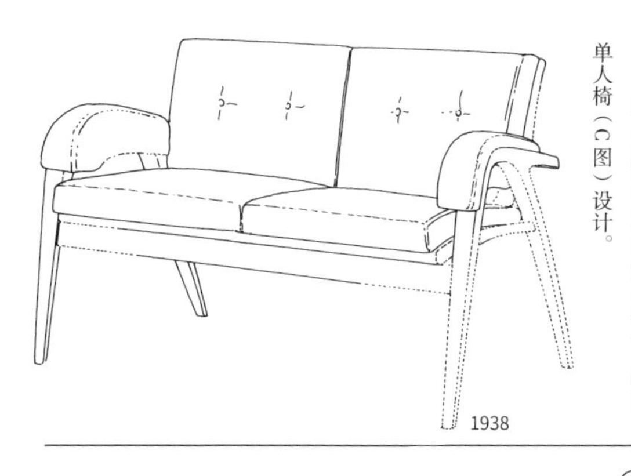

1938

用于佩斯塔里尼住宅的客厅，参考了单人椅（C图）设计。

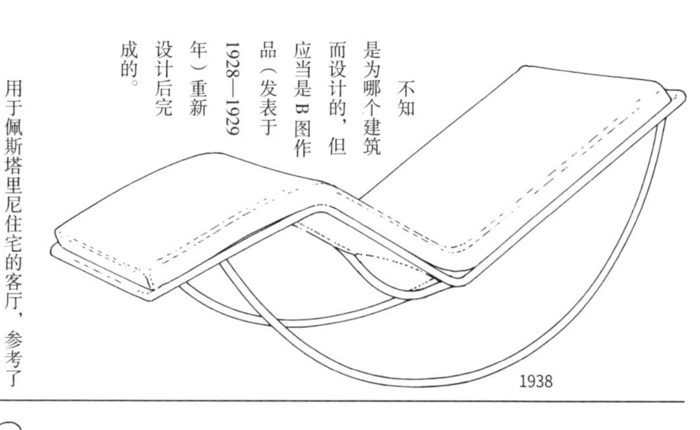

1938

不知是为哪个建筑而设计的，但应当是B图作品（发表于1928—1929年）重新设计后完成的。

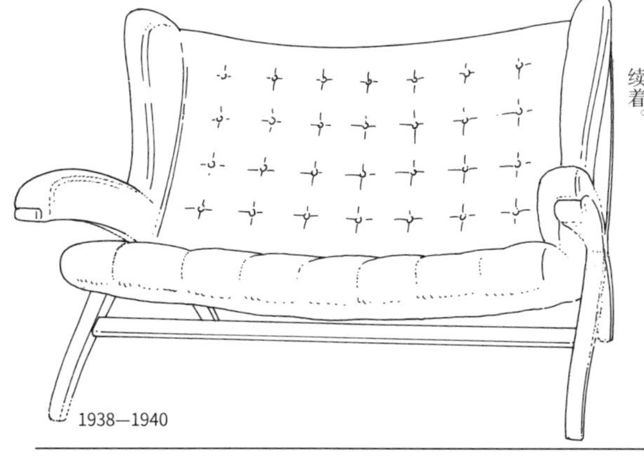

1938—1940

该作品用于阿比尼住宅的客厅。这一时期的新古典主义设计风格今后也一直延续着。

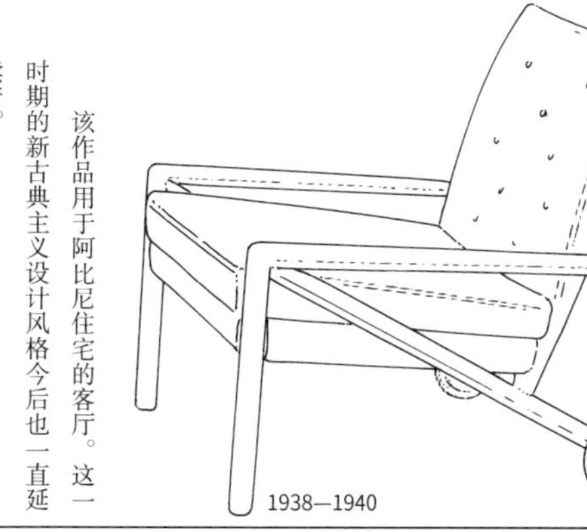

1938—1940

阿比尼的米兰公寓中使用的椅子，共有两把放在卧室里。他的家中还有很多其他的代表作。

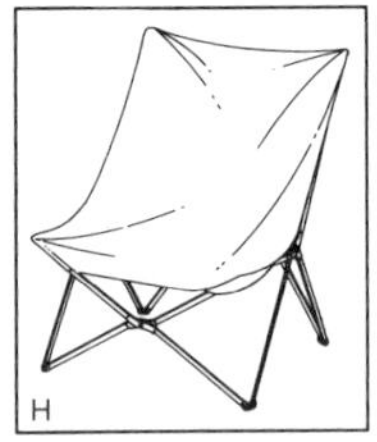

H

意大利女建筑师盖·奥伦蒂设计的折叠椅，由意大利扎诺塔家具公司生产上市。
1964

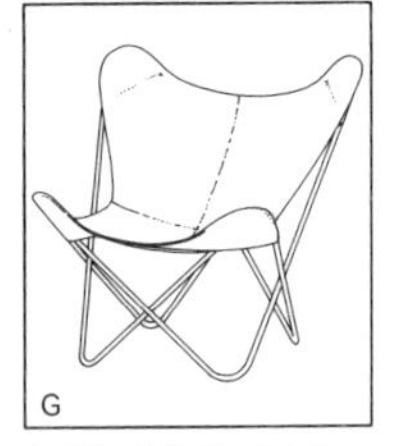

G

由乔治·费拉里·哈多依、胡安·库昌及安东尼奥·博耐特三位设计师共同设计的名作——“蝴蝶椅”，由F图作品发展而来。
1938

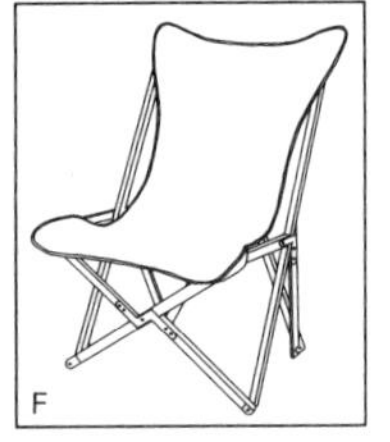

F

这把折叠椅诞生于20世纪30年代，设计师未知。木制框架，表面为帆布。
1930年左右

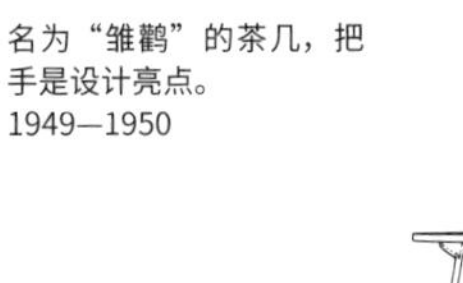

名为“雏鹤”的茶几，把手是设计亮点。
1949—1950

E

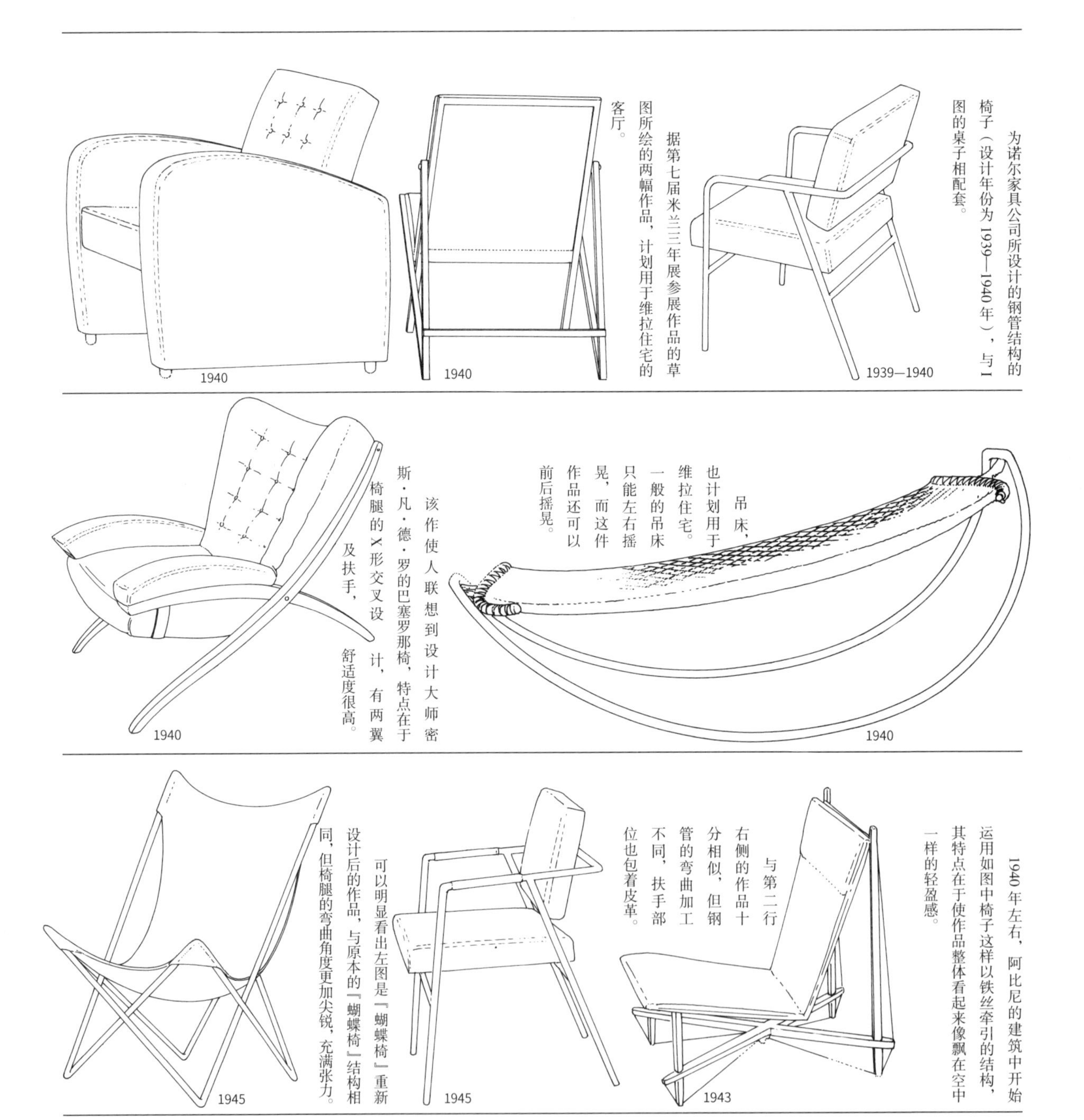

为诺尔家具公司所设计的钢管结构的椅子（设计年份为1939—1940年），与I图的桌子相配套。
1939—1940

据第七届米兰三年展参展作品的草图所绘的两幅作品，计划用于维拉住宅的客厅。
1940
1940

吊床，也计划用于维拉住宅。一般的吊床只能左右摇晃，而这件作品还可以前后摇晃。
1940

该作使人联想到设计大师密斯·凡·德·罗的巴塞罗那椅，特点在于椅腿的X形交叉设计，有两翼及扶手，舒适度很高。
1940

1940年左右，阿比尼的建筑中开始运用如图中椅子这样以铁丝牵引的结构，其特点在于使作品整体看起来像飘在空中一样的轻盈感。
1943

与第二行右侧的作品十分相似，但钢管的弯曲加工不同，扶手部位也包着皮革。
1945

可以明显看出左图是『蝴蝶椅』重新设计后的作品，与原本的『蝴蝶椅』结构相同，但椅腿的弯曲角度更加尖锐，充满张力。
1945

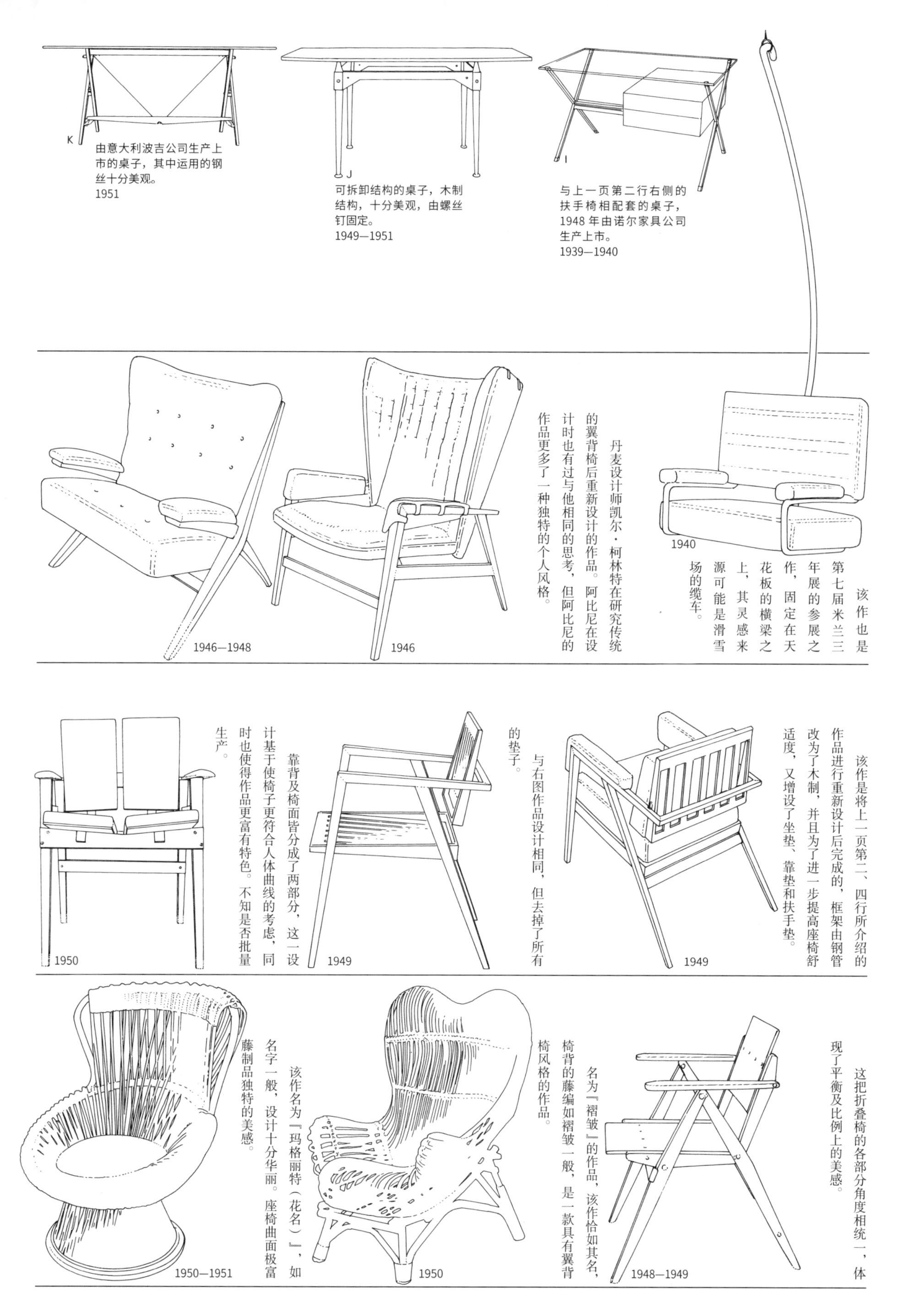

K

由意大利波吉公司生产上市的桌子，其中运用的钢丝十分美观。
1951

J

可拆卸结构的桌子，木制结构，十分美观，由螺丝钉固定。
1949—1951

I

与上一页第二行右侧的扶手椅相配套的桌子，1948 年由诺尔家具公司生产上市。
1939—1940

1940

该作也是第七届米兰三年展的参展之作，固定在天花板的横梁之上，其灵感来源可能是滑雪场的缆车。

丹麦设计师凯尔·柯林特在研究传统的翼背椅后重新设计的作品。阿比尼在设计时也有过与他相同的思考，但阿比尼的作品更多了一种独特的个人风格。

1946

1946—1948

该作是将上一页第二、四行所介绍的作品进行重新设计后完成的，框架由钢管改为了木制，并且为了进一步提高座椅舒适度，又增设了坐垫、靠垫和扶手垫。

1949

与右图作品设计相同，但去掉了所有的垫子。

1949

靠背及椅面皆分成了两部分，这一设计基于使椅子更符合人体曲线的考虑，同时也使得作品更富有特色。不知是否批量生产。

1950

这把折叠椅的各部分角度相统一，体现了平衡及比例上的美感。

1948—1949

名为『褶皱』的作品，该作恰如其名，椅背的藤编如褶皱一般，是一款具有翼背椅风格的作品。

1950

该作名为『玛格丽特（花名）』，如名字一般，设计十分华丽。座椅曲面极富藤制品独特的美感。

1950—1951

1905—1977

弗兰克·阿比尼

第 2 小节
波吉公司与法兰卡·黑尔格

创作者的成长环境对其作品的影响是不容否定的，这对阿比尼来说也是如此。阿比尼诞生于意大利北部科莫湖南面的布里安扎，这里自古以来多出手艺精湛的高级木工工匠，这样的背景从很大程度上决定了他的作品风格。

他的大部分作品都由波吉公司生产上市。这家公司没有推行工业现代化技术，而是选择运用传统的木工工艺，追求在与设计者的共同创作中展现作品的现代风格。这一理念延续至今，波吉公司仍坚持向全世界提供手工的木制家具。

而提及阿比尼的作品，除了波吉公司还有一位不得不说的人物——法兰卡·黑尔格。黑尔格是阿比尼的工作搭档，她对自身和对阿比尼的要求都十分严格，与此同时，自 1951 年以来，她也一直全力支持着阿比尼的工作。之后，她也曾与设计师安东尼奥·皮瓦、马可·阿尔比尼共事。

1932 年米兰贸易展览会上的参展之作，是为达西公司所设计的，扶手弯曲的幅度设计得很大。除该作外，还展出了书橱等几件家具。

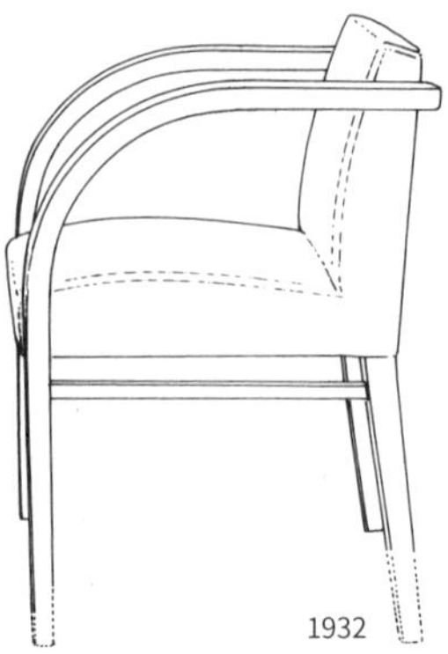

1932

与第 1 小节介绍的『男士房间』所使用的作品为同一件。

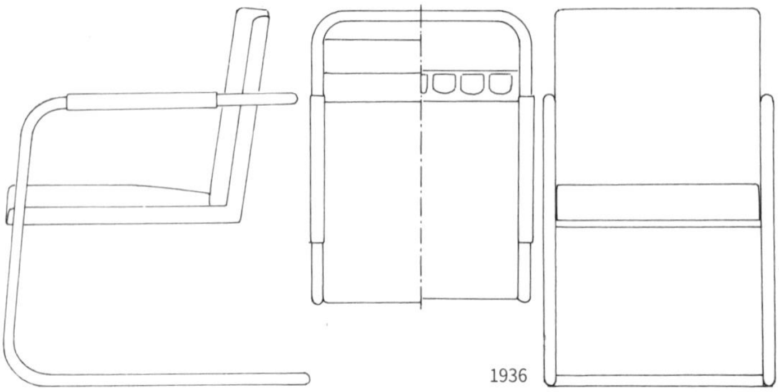

1936

第 1 小节中介绍过的翼背椅。在阿比尼的作品中，这种新古典主义设计风格十分常见。并且他习惯对一件作品进行认真的二次设计。该作就是其中之一。

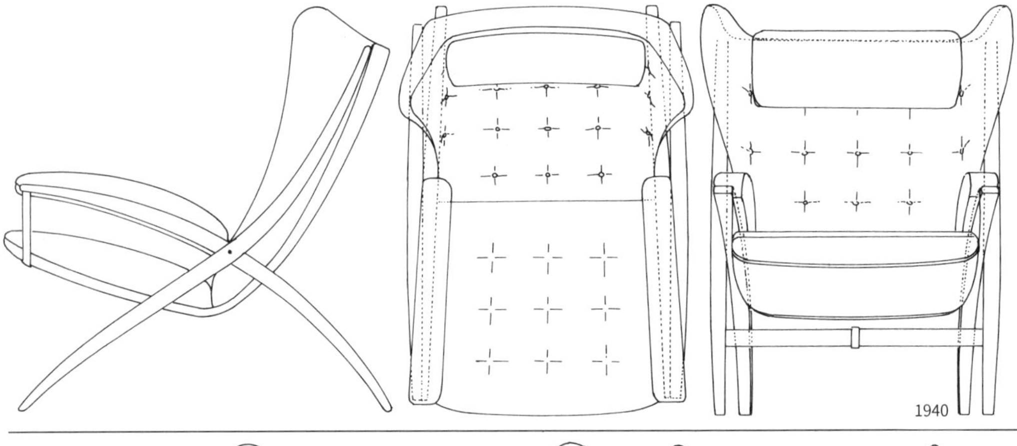

1940

意大利的设计给人的印象便是设计界的先锋，不过这件作品的设计手法却能使人联想到丹麦设计师凯尔·柯林特。它是在柯林特的基础上进行了些许改良，整体提升了一个层次，舒适度也有所提高。

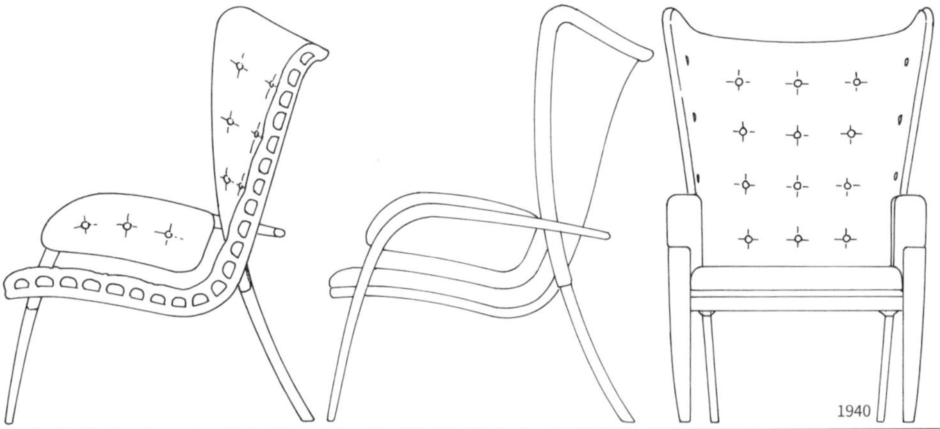

1940

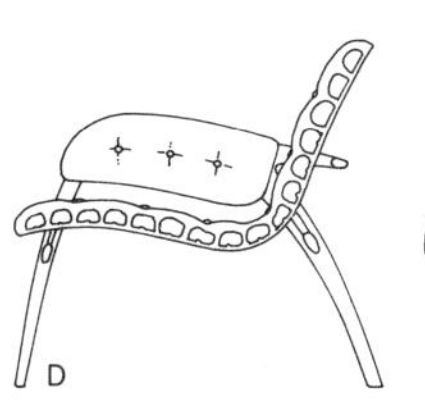

此图根据瑞士翁博达夫公司设计大赛上的作品设计图所绘。
1940

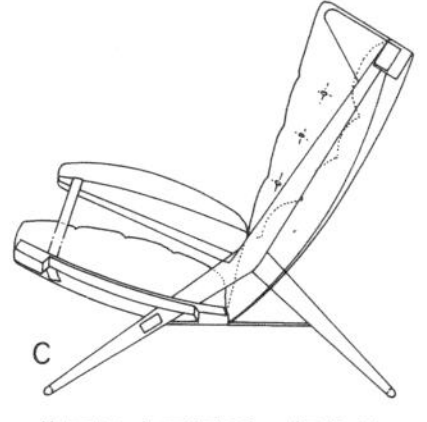

此图是本页最后一行作品的剖面图。与前两幅作品的不同之处应该在于椅座的材质。
1942

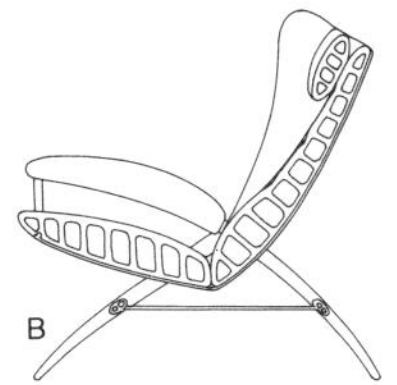

此图是上一页第三行作品的剖面图，与A图作品在椅座结构上相同。
1940

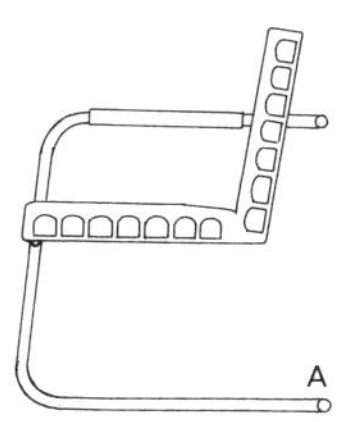

此图是上一页第二行左侧作品的剖面图，据图纸所绘，座椅部分为中空结构。
1936

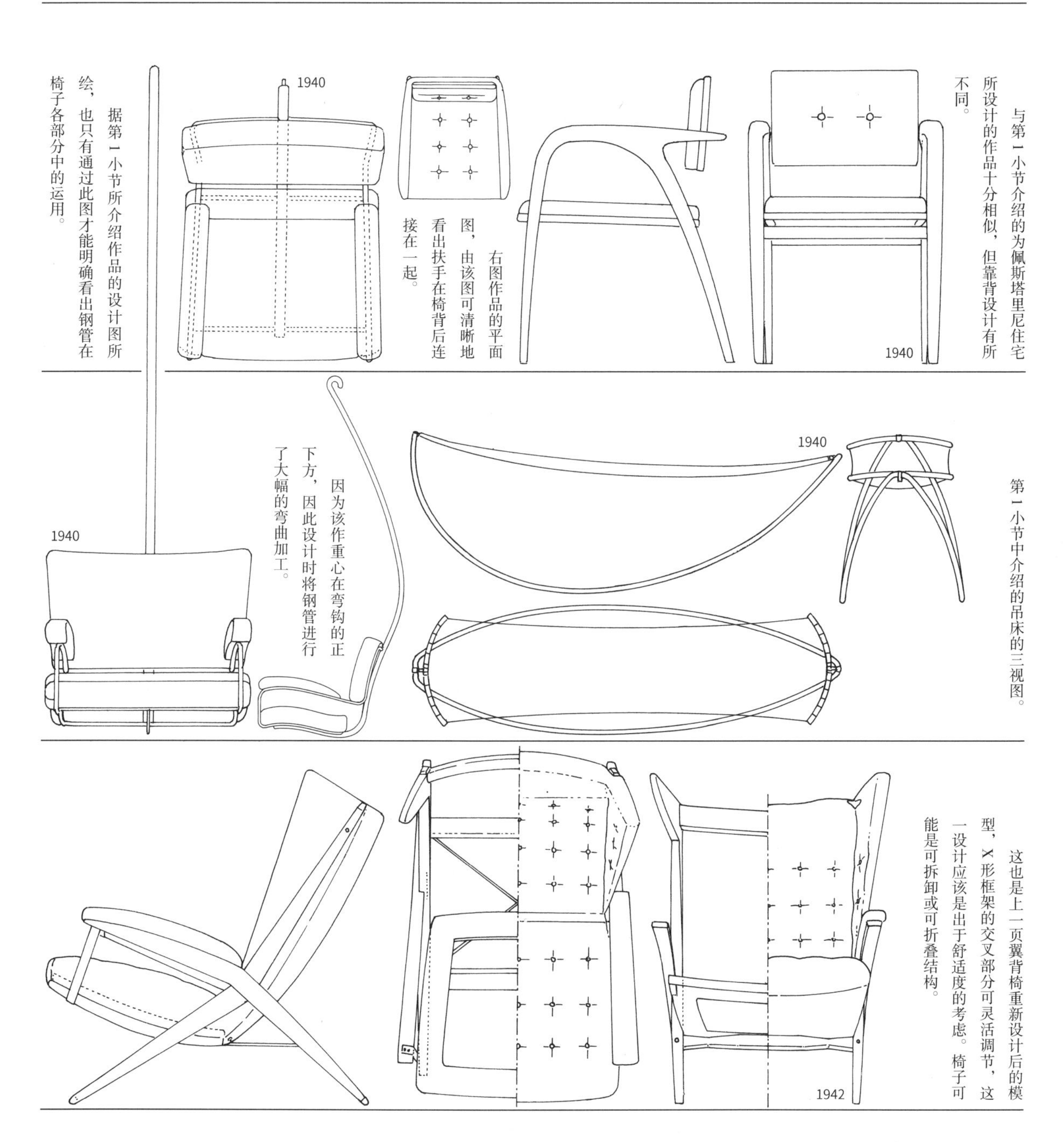

与第1小节介绍的为佩斯塔里尼住宅所设计的作品十分相似，但靠背设计有所不同。

右图作品的平面图，由该图可清晰地看出扶手在椅背后连接在一起。

据第1小节所介绍作品的设计图所绘，也只有通过此图才能明确看出钢管在椅子各部分中的运用。

第1小节中介绍的吊床的三视图。

因为该作重心在弯钩的正下方，因此设计时将钢管进行了大幅的弯曲加工。

这也是上一页翼背椅重新设计后的模型，X形框架的交叉部分可灵活调节，这一设计应该是出于舒适度的考虑。椅子可能是可拆卸或可折叠结构。

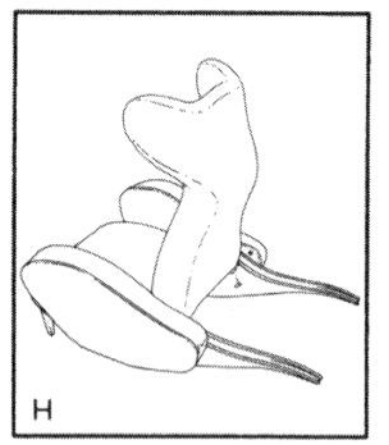

该作完美地展示了“同样是翼背椅，并且也同样出自意大利设计师之手，却会有如此大的差异”。这也是莫里诺的作品。
1949

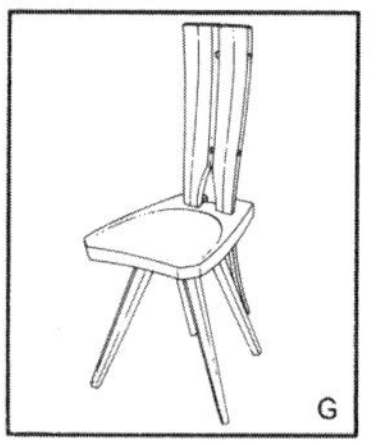

该作与第二行右侧作品有相似之处。是莫里诺的设计。
1954

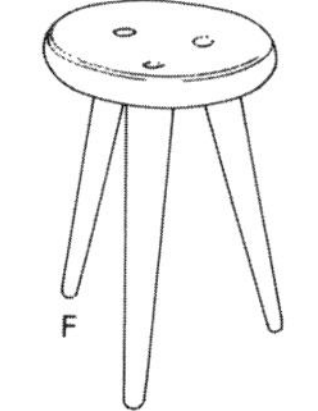

该作与第二行右侧作品都是为切尔维尼亚的皮罗瓦诺酒店设计的。
1949—1951

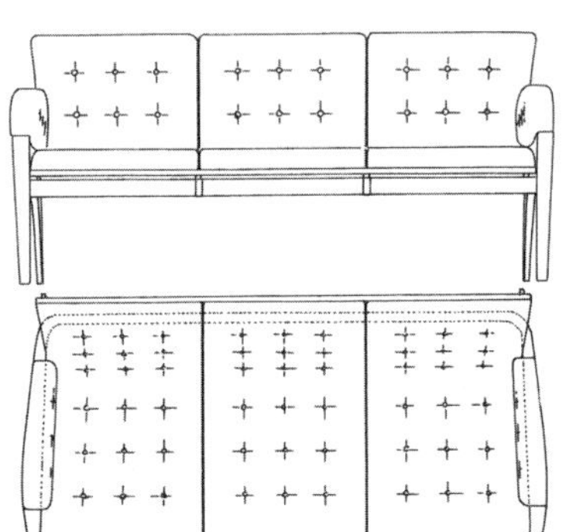

E

此三视图与上一页 D 图为同一作品。与佩斯塔里尼住宅中的作品十分相似。
1940

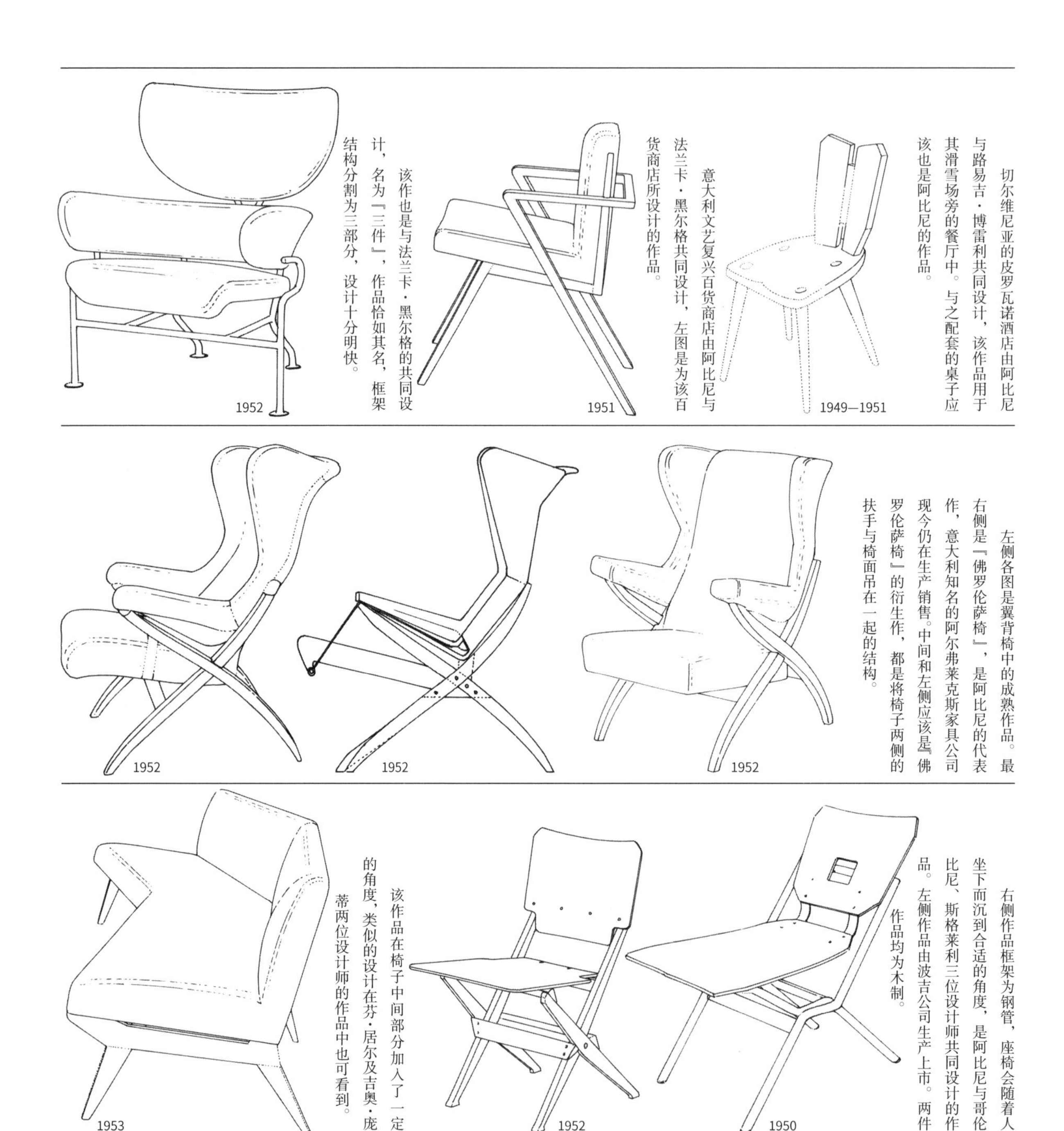

切尔维尼亚的皮罗瓦诺酒店由阿比尼与路易吉·博雷利共同设计，该作品用于其滑雪场旁的餐厅中。与之配套的桌子应该也是阿比尼的作品。

1949—1951

意大利文艺复兴百货商店由阿比尼与法兰卡·黑尔格共同设计，左图是为该百货商店所设计的作品。

1951

该作也是与法兰卡·黑尔格的共同设计，名为『三件』，作品恰如其名，框架结构分割为三部分，设计十分明快。

1952

左侧各图是翼背椅中的成熟作品。最右侧是『佛罗伦萨椅』，是阿比尼的代表作，意大利知名的阿尔弗莱克斯家具公司现今仍在生产销售。中间和左侧应该是『佛罗伦萨椅』的衍生作，都是将椅子两侧的扶手与椅面吊在一起的结构。

1952

1952

1952

右侧作品框架为钢管，座椅会随着人坐下而沉到合适的角度，是阿比尼与哥伦比尼、斯格莱利三位设计师共同设计的作品。左侧作品由波吉公司生产上市。两件作品均为木制。

1950

1952

该作品在椅子中间部分加入了一定的角度，类似的设计在芬·居尔及吉奥·庞蒂两位设计师的作品中也可看到。

1953

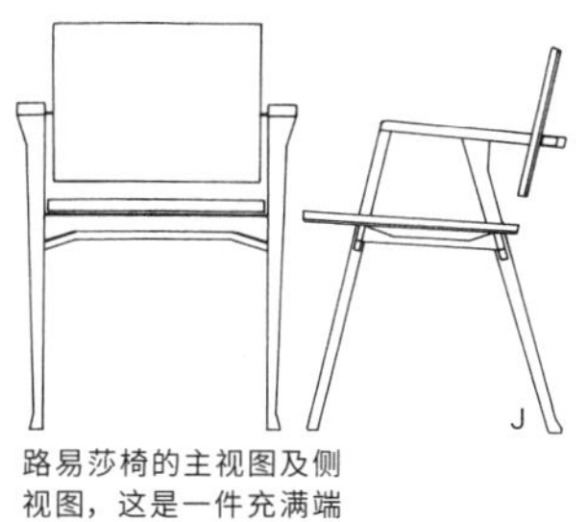

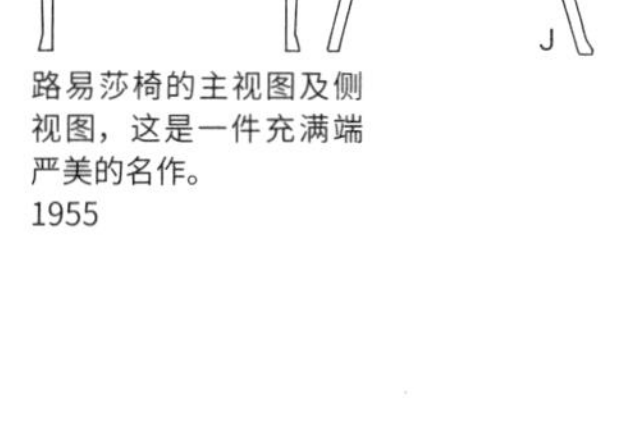

路易莎椅的主视图及侧视图，这是一件充满端严美的名作。
1955

I

该作与第二行右侧的作品有共通之处，是设计师吉托·斯托皮诺之作。有四条椅腿，却是悬臂结构。
20 世纪 70 年代

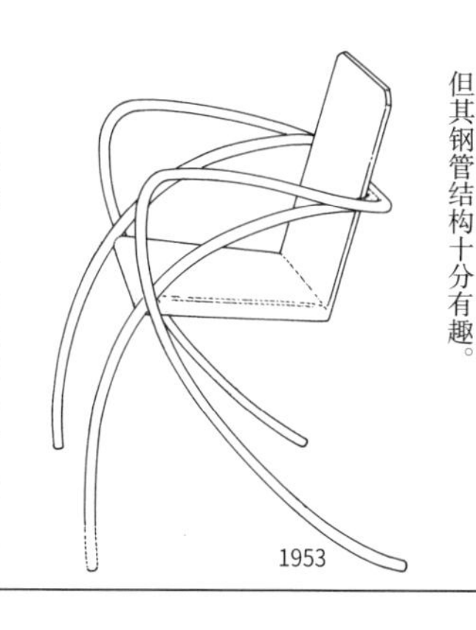

该作是刊登于丹麦一本艺术杂志（1953 年版）上的作品，生产商未知，但其钢管结构十分有趣。
1953

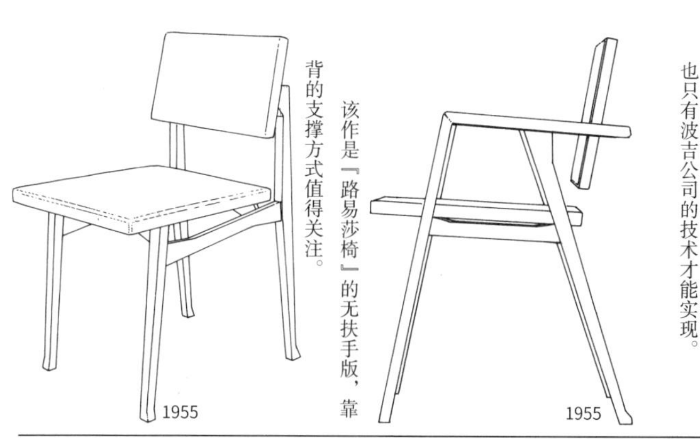

该作是阿比尼的代表作『路易莎椅』，第 1 小节所介绍的佩斯塔里尼住宅中可以见到这件作品的原型。椅背仅由扶手后端支撑，形成了独特的张力。这一结构恐怕也只有波吉公司的技术才能实现。
1955

该作是『路易莎椅』的无扶手版，靠背的支撑方式值得关注。
1955

该作将『路易莎椅』的座椅高度调低并加上了坐垫，提高了舒适度。但从整体比例而言并不是很美观。
1954—1955

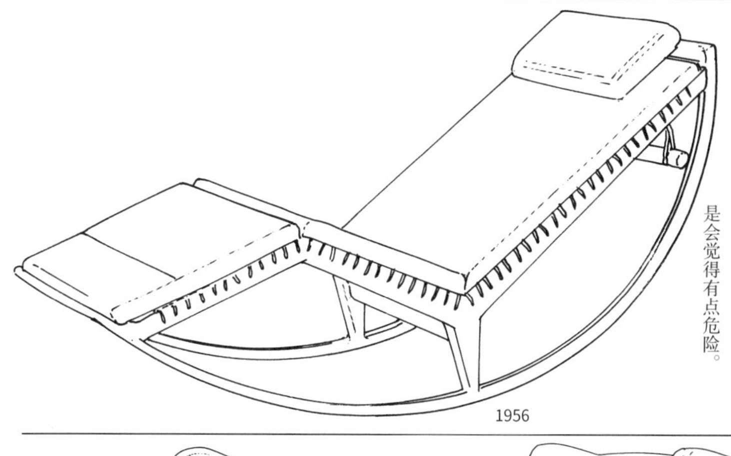

该作品是摇摆式躺椅，人睡在上面时椅子应该不容易晃动，但大力晃动的话还是会觉得有点危险。
1956

该作品由阿比尼与法兰卡·黑尔格共同设计，可以说是由上一页第二行左侧作品发展而来的。
1955

该作品是阿比尼的名作『佛罗伦萨椅』的衍生作，X 形椅腿变为了一般的四条椅腿的结构，这样一来作品也失去了原本的特色。
1957

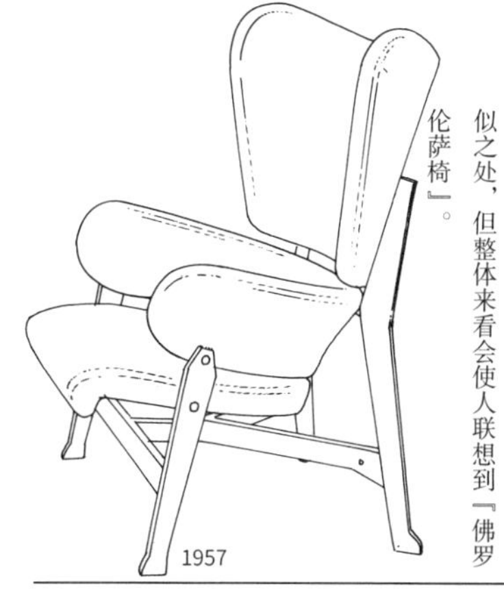

该作椅脚的细节与『路易莎椅』有相似之处，但整体来看会使人联想到『佛罗伦萨椅』。
1957

1905—1990

中岛乔治

1905年，中岛乔治出生于美国华盛顿州的斯波坎市，父亲是一名记者，师从福泽谕吉，母亲是明治宫廷的女官。1929年，他毕业于华盛顿大学，之后在麻省理工学院研究院学习建筑及林业学。1933年，中岛乔治赴欧洲旅行，次年前往日本。之后在弗兰克·劳埃德·赖特的弟子——设计师安托宁·雷蒙德的建筑事务所工作，并着手设计轻井泽教堂。之后，他在印度城市本地治里的修道院度过了两年时光，一边从事僧院的建筑工作，一边接受印度教的修行。这一时期的经历对他后来的人生态度有着重大影响。中岛乔治二次来到日本时结识了同样出生于美国的英语教师玛丽安并与之成婚，而后于1940年回到美国。第二次世界大战期间，由于他的日侨身份，中岛乔治与女儿米拉一起被送往日本人集中营。在那里，他结识了一名日本老木匠，并向他学习了日本传统木工技艺。后来在雷蒙德夫妇的不懈努力下，中岛乔治一家被释放。之后，他加入了纽霍普工作室，致力于寻找日本传统与美国早期建筑工艺的源头，希望通过木材实现人与自然的和谐共存，并运用木材设计出许多风格简约的作品。木材经他之手迎来了第二次生命。他的作品经日本樱花制造厂生产后上市。

左侧是中岛乔治在印度的奥罗宾多修行处的房间里使用的两把椅子（据草图所绘）。他在僧院时期所从事的建筑及家具设计对其后来的木工工作产生了极大影响。这两件作品都不确定是否是其本人的设计，姑且在此作出介绍。

1935年左右

1935年左右

该作是中岛乔治为安德烈·利涅住宅所设计的作品，是不是会使人联想到过去日本小学用的椅子？

1941年左右

1941年左右

该作同样是为安德烈·利涅住宅所设计的作品，椅背应为美国黑胡桃木制，椅面应为灯芯草编制而成。

1941年左右

该作与右图设计相同，不过是双人椅型号。椅背进行了加固。

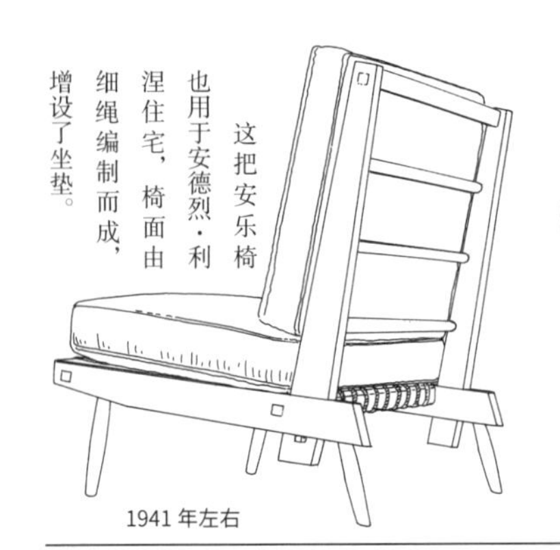

1941年左右

这把安乐椅也用于安德烈·利涅住宅，椅面由细绳编制而成，增设了坐垫。

该作是『格拉斯·施泰德凳』，美国黑胡桃木材质，座位由灯芯草编制而成，设计简约。

1944

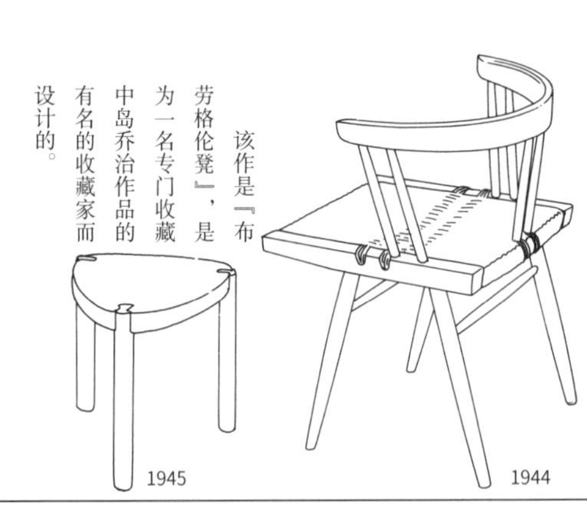

1944

该作与右图凳子材质相同，椅面的设计也相同。弯曲椅背与四角形椅面的对比是其设计特色。

1945

该作是『布劳格伦凳』，是为一名专门收藏中岛乔治作品的有名的收藏家而设计的。

1947年左右

该作是『直背椅』，这一时期开始出现温莎型设计，椅背的棂条和椅腿都为凸腹状，此外椅面也是凹凸结构。该作为原型。

F

该作是丹麦设计师布吉莫根森设计的小型温莎椅，由丹麦索伯格家具公司出品。
1944

E

该作是丹麦设计师欧莱温舍尔设计的温莎椅，由弗里茨·汉森公司出品。
1942

D

该作是丹麦设计师保尔斯温森为金鸡饭店所设计的弓背椅，由弗里茨·汉森公司出品。
1942

C

该作是汉斯·瓦格纳设计的小型温莎椅，非常罕见。弗里茨·汉森公司制造。
1949

B

该作是汉斯·瓦格纳的代表作——“孔雀椅”。温莎椅经他之手也变成了如此优雅的造型。约翰尼斯·汉森公司制造。
1947

A

该作是纽约大都会博物馆所收藏的美国温莎椅。
1775—1800

该作由诺尔家具公司出品，为方便量产，座位设计成平面。

1944 年左右

左图的小椅子名为『孩子们』，是面向儿童设计的。椅腿间没有横木。此图据草图所绘。

设计年份不详

这把吧台椅同样是据草图所绘。

设计年份不详

这款扶手椅造型充满力度，也由诺尔家具公司生产上市。

1946

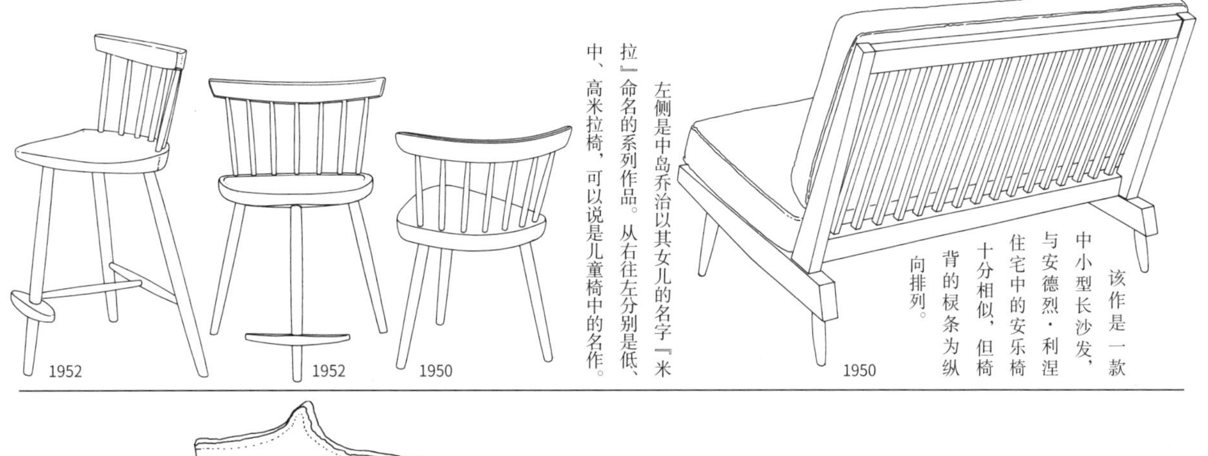

该作是一款中小型长沙发，与安德烈·利涅住宅中的安乐椅十分相似，但椅背的棂条为纵向排列。

1950

左侧是中岛乔治以其女儿的名字『米拉』命名的系列作品。从右往左分别是低、中、高米拉椅，可以说是儿童椅中的名作。

1952　1952　1950

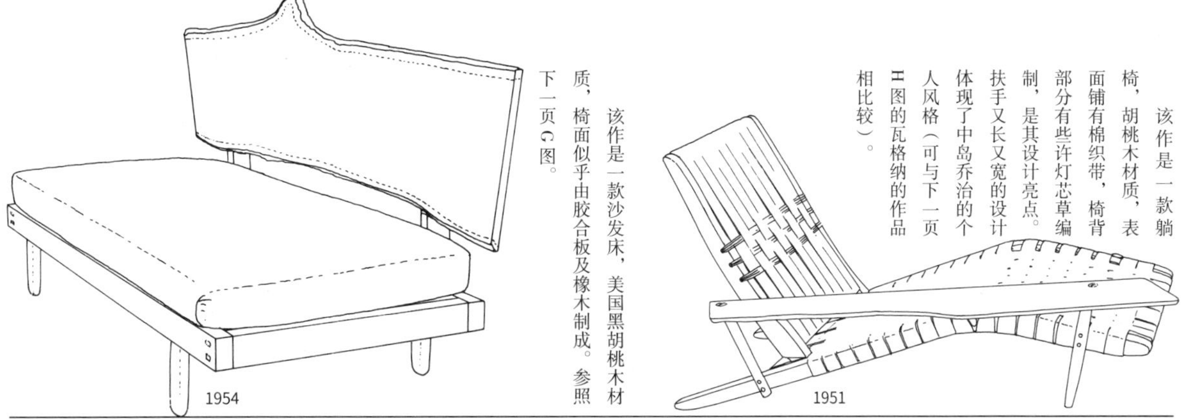

该作是一款躺椅，胡桃木材质，表面铺有棉织带，椅背部分有些许灯芯草编制，是其设计亮点。扶手又长又宽的设计体现了中岛乔治的个人风格（可与下一页H图的瓦格纳的作品相比较）。

1951

该作是一款沙发床，美国黑胡桃木材质，椅面似乎由胶合板及橡木制成。参照下一页G图。

1954

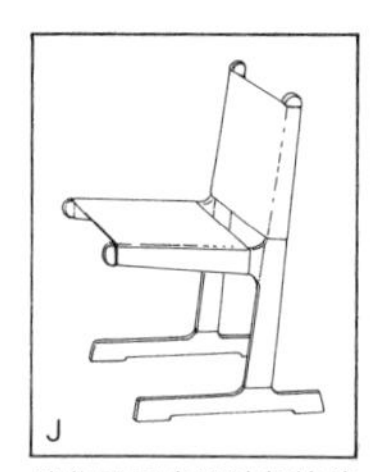

该作是丹麦设计师埃德里安·希思夫妇设计的悬臂椅。
1968

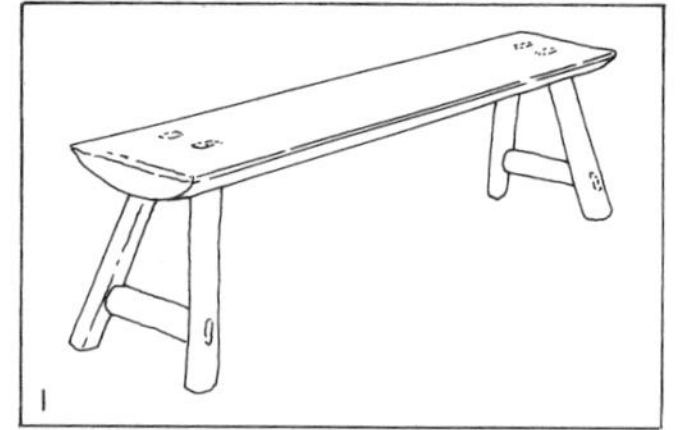

该作是一款板凳，椅面由圆木切割后形成，原封不动地保留了木材本身的形状。作品萦绕着一种朴素的气息，是古斯塔夫·斯蒂克利之作。
1904

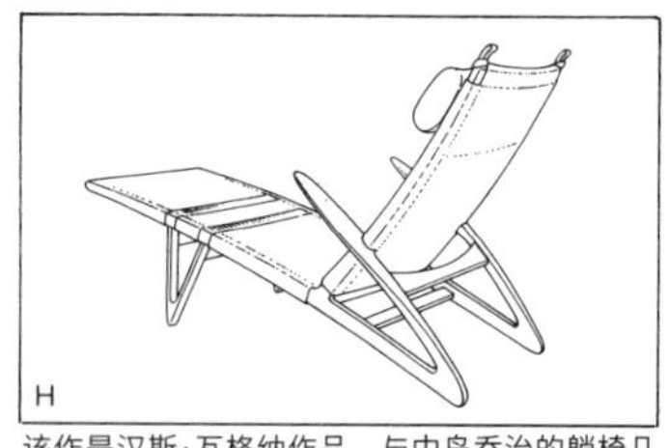

该作是汉斯·瓦格纳作品，与中岛乔治的躺椅几乎设计于同一时期。两位设计师都极为重视木材，作品外形的差异也十分有趣，由约翰尼斯·汉森公司出品。
1951

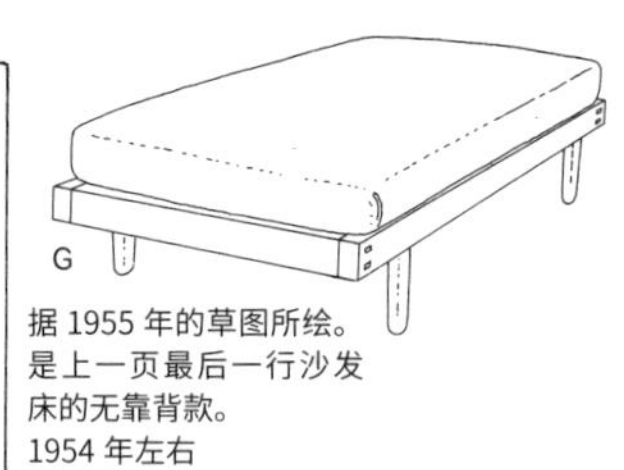

据 1955 年的草图所绘。是上一页最后一行沙发床的无靠背款。
1954 年左右

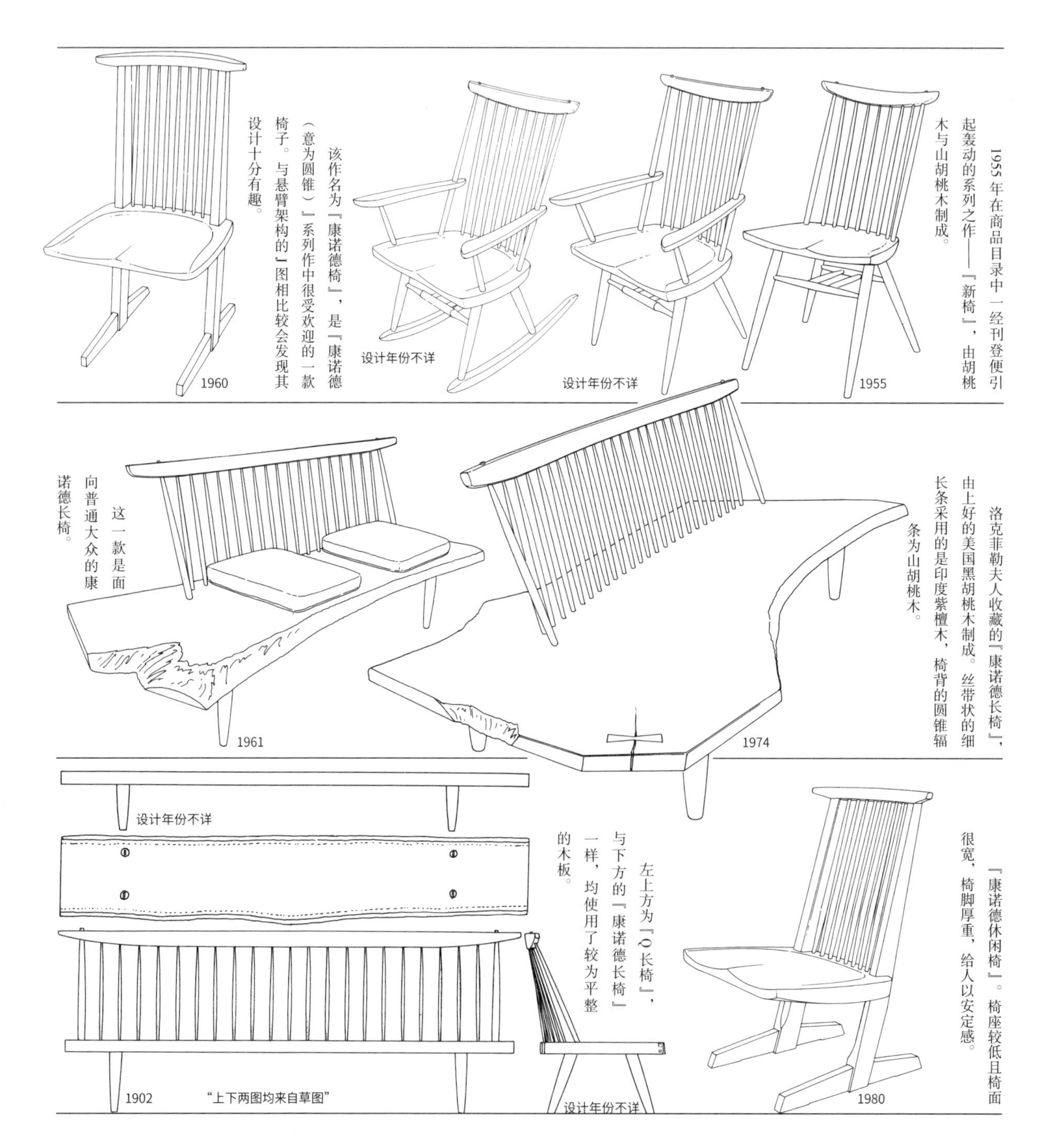

1955年在商品目录中一经刊登便引起轰动的系列之作——『新椅』，由胡桃木与山胡桃木制成。

该作名为『康诺德椅』，是『康诺德（意为圆锥）』系列作中很受欢迎的一款椅子。与悬臂架构的J图相比较会发现其设计十分有趣。

洛克菲勒夫人收藏的『康诺德长椅』，由上好的美国黑胡桃木制成。丝带状的细长条采用的是印度紫檀木，椅背的圆锥辐条为山胡桃木。

这一款是面向普通大众的康诺德长椅。

『康诺德休闲椅』。椅座较低且椅面很宽，椅脚厚重，给人以安定感。

左上方为『Q长椅』，与下方的『康诺德长椅』一样，均使用了较为平整的木板。

N

该作是一款温莎写字椅，座位下方还设计有一个小小的抽屉。
1765—1970

M

这件安乐椅同样是中岛乔治为洛克菲勒住宅设计的，后椅腿的设计同样不清楚。与“康诺德软垫扶手椅”十分相似，但该作支撑扶手部分的圆柱是设在外侧的。
1974

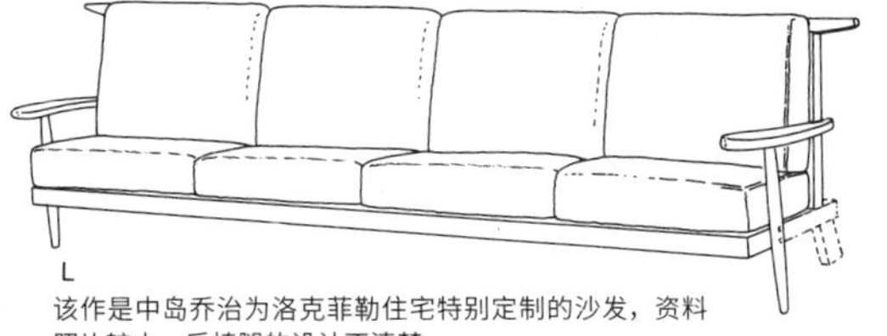

L

该作是中岛乔治为洛克菲勒住宅特别定制的沙发，资料照片较小，后椅腿的设计不清楚。
1974

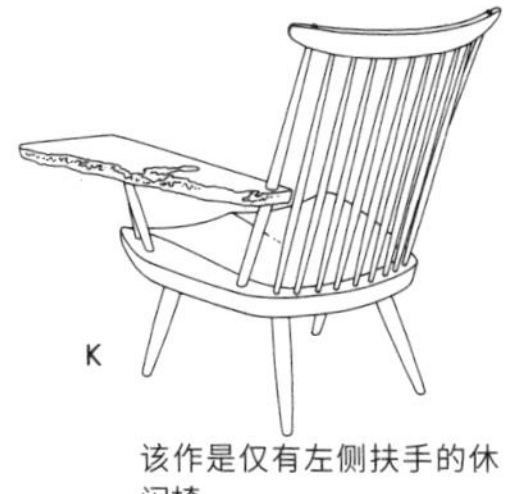

K

该作是仅有左侧扶手的休闲椅。
1962

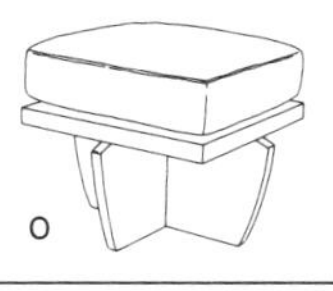

O

“绿岩垫脚凳”。小小的凳子上放了一张坐垫。
1973 年左右

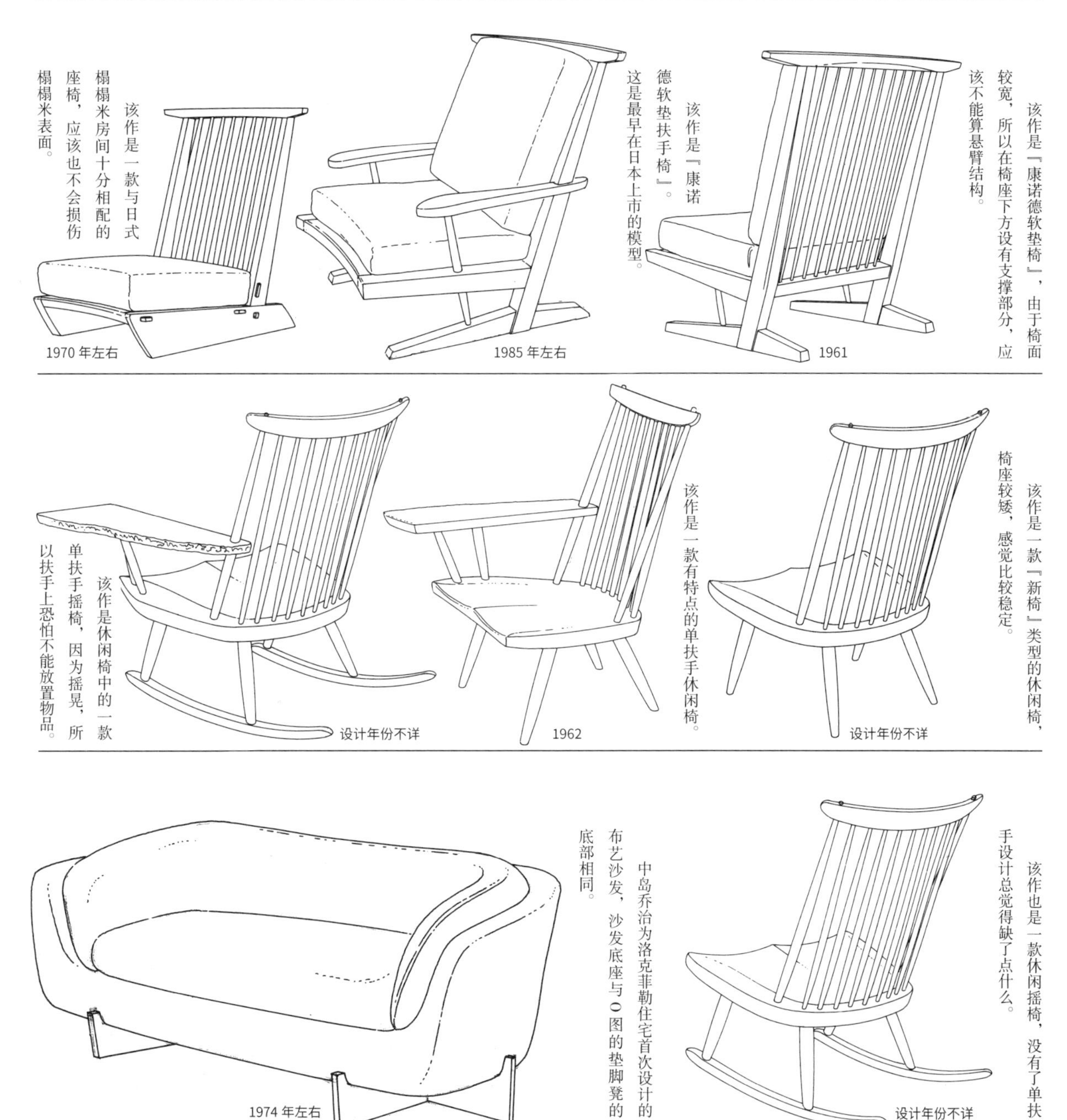

该作是『康诺德软垫椅』，由于椅面较宽，所以在椅座下方设有支撑部分，应该不能算悬臂结构。

1961

该作是『康诺德软垫扶手椅』。这是最早在日本上市的模型。

1985 年左右

该作是一款与日式榻榻米房间十分相配的座椅，应该也不会损伤榻榻米表面。

1970 年左右

该作是一款『新椅』类型的休闲椅，椅座较矮，感觉比较稳定。

设计年份不详

该作是一款有特点的单扶手休闲椅。

1962

该作是休闲椅中的一款单扶手摇椅，因为摇晃，所以扶手上恐怕不能放置物品。

设计年份不详

该作也是一款休闲摇椅，没有了单扶手设计总觉得缺了点什么。

设计年份不详

中岛乔治为洛克菲勒住宅首次设计的布艺沙发，沙发底座与 O 图的垫脚凳的底部相同。

1974 年左右

1907—1988

卡尔·布鲁诺·马松

第1小节
对舒适度的追求

1907年1月13日，卡尔·布鲁诺·马松（以下简称马松）出生于瑞典瓦纳穆。他从16岁起便在父亲的家具工厂当学徒，学习家具工艺和设计，这十年的经历对他后来的作品，即集功能与美观于一体的设计风格，产生了极大影响。并且，马松对椅子舒适度的追求可以说是前无古人后无来者。他在1931—1934年设计了一把安乐椅，此后的40年间不断对其进行修改，设计中基本的部分不变，至今仍在生产。

除了椅子之外，他还设计过多功能壁柜和餐桌，其中餐桌利用了丹麦设计师皮特·海因设计的超椭圆；同时也参与了一所住宅的设计，其中大量运用了玻璃材料。20世纪60年代后半期之后，马松发表了许多使用钢管材料的作品。此外，他还为日本天童木工公司设计过不少作品，每一件都体现了他对日本室内空间的充分理解。

该作是所查资料中最早的一件作品，马松在24岁的年纪便能设计出一件完成度如此之高的作品实在令人惊叹不已。作品是为医院设计的，使用了硬木材料及织带。自此之后，马松便开始了对『舒适度』的追求。他于1933—1934年完成了对椅面与椅背角度、座椅与地板之间高度关系的深层研究（参照A图）。从A图中我们可以充分了解到设计椅子的基本要素。它之所以能称得上是历史性名作，从其草图中包含的多种设计元素上可见一斑。日本的家具设计师们可能也需要对这件作品进行更加深入的研究。

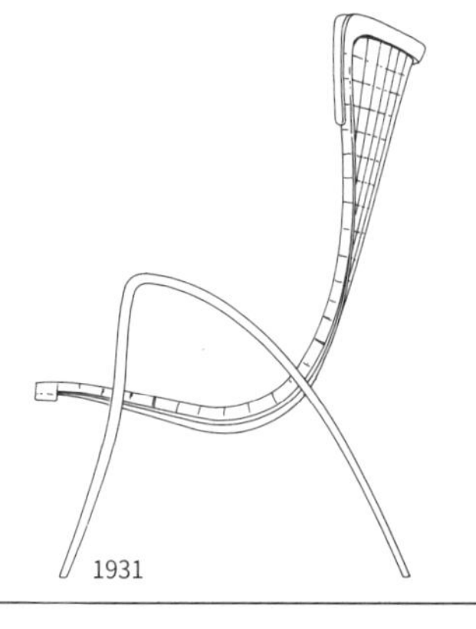
1931

该作可能是马松将带有这一时期风格的作品进行重新设计后完成的更简约的作品。椅面为织带材料。

1932

该作是名为『伊娃』的历史性名作，据A图草图创作而成。作品的椅面与椅腿分离，首次践行了马松的设计理念。发表至今一直都在生产销售。

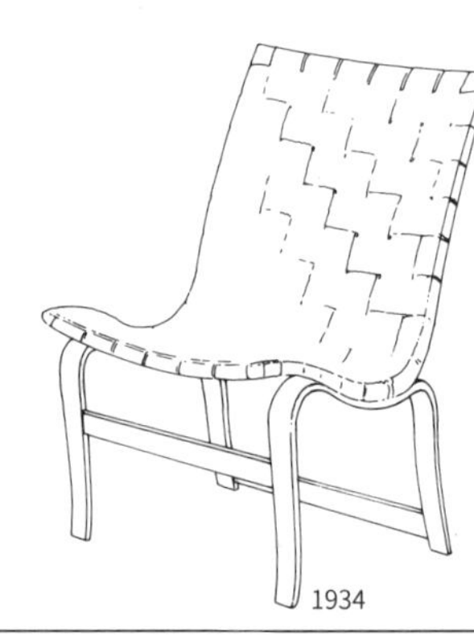
1934

很明显，该作是在右图作品的基础上发展而来的。前后椅脚间距较大，稳定性很好，椅背角度也很大。通过椅面的织带设计形成了三维曲面，更加贴合人体曲线。椅子左边设计有阅读专用的小桌板，并将头枕也加设为双层。

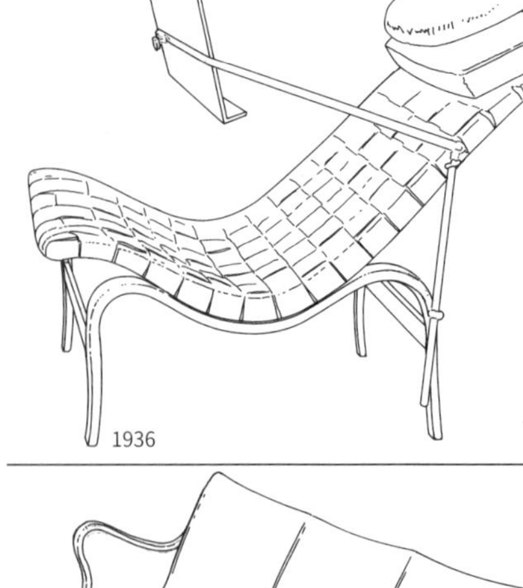
1936

该作采用了A图草图中最为舒适的一个角度，柯布西耶等人也设计过与此相近的作品——『牛仔椅』。

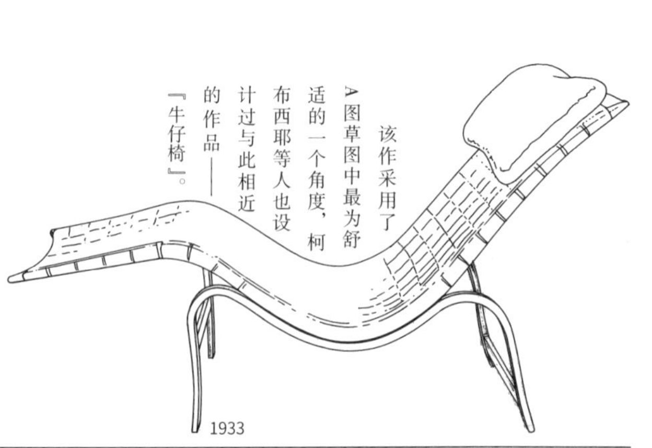
1933

『伊娃』系列作品，该作并非是无扶手与单扶手椅子的排列组合，而是将三把椅子连接固定后形成的。未在资料中找到同款的二人或四人类型的椅子。

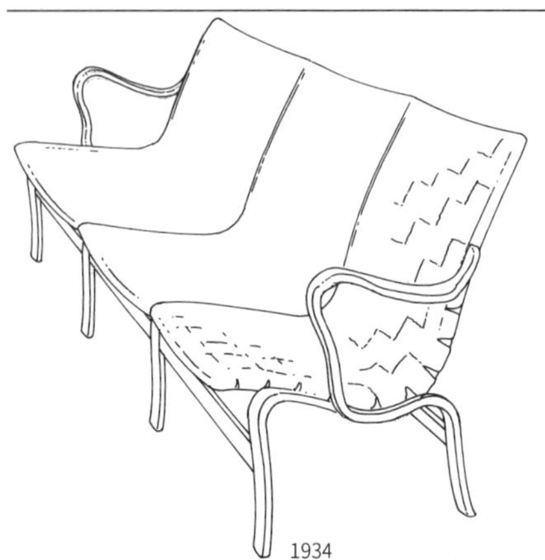
1934

德国设计师迈克尔·索耐特设计的 14 号椅，最初设计为以胶合板弯曲而成，后来则是将一根圆木弯曲后制成。该作已卖出了 2 亿多把，极为畅销。马松从他的设计中汲取了相当多的灵感。
1859

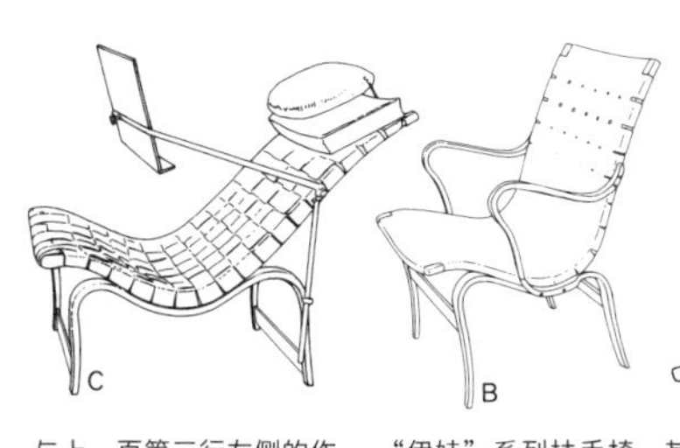

与上一页第三行左侧的作品十分相似，但椅腿的横木位置较低。
1934—1936

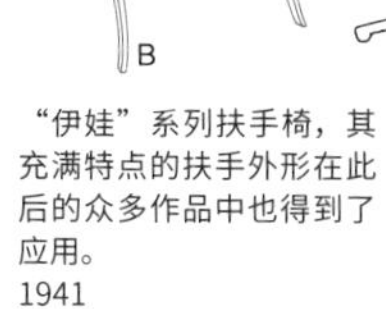

“伊娃”系列扶手椅，其充满特点的扶手外形在此后的众多作品中也得到了应用。
1941

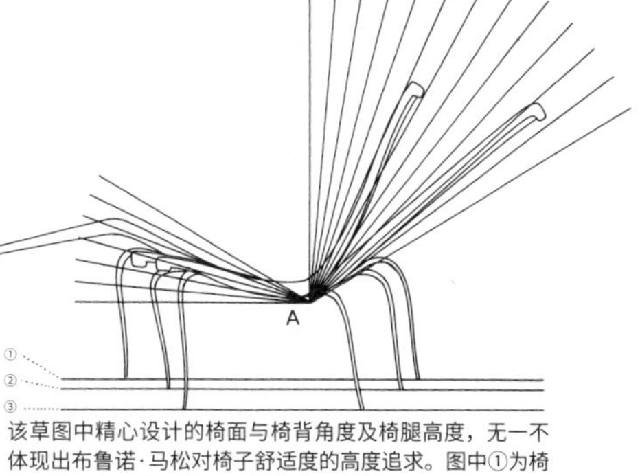

该草图中精心设计的椅面与椅背角度及椅腿高度，无一不体现出布鲁诺·马松对椅子舒适度的高度追求。图中①为椅座平放，使用者躺在上面的状态，②的椅座高度为休息专用，③为工作专用。此外，②与③也有靠背角度相同的情况。图中放射状线条表现的是椅背及椅座的角度。

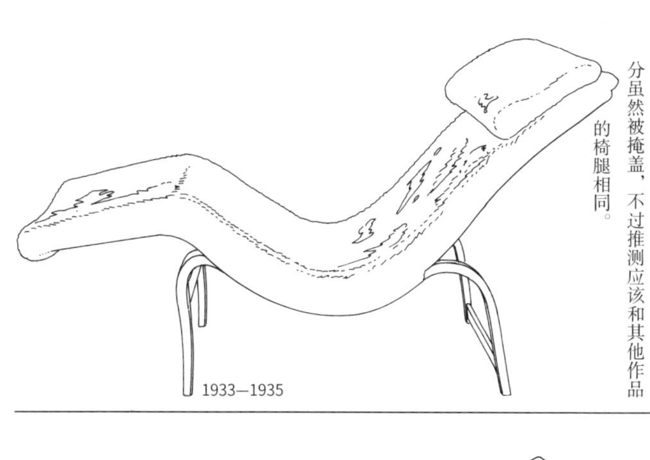

1933—1935

该作也是为提高上一页右下角作品的舒适度而将椅面铺上了羊皮，椅腿的一部分虽然被掩盖，不过推测应该和其他作品的椅腿相同。

1936

为提高上一页第三行左侧作品的舒适度，该作设计为全包布面（可能是在织带之外）。

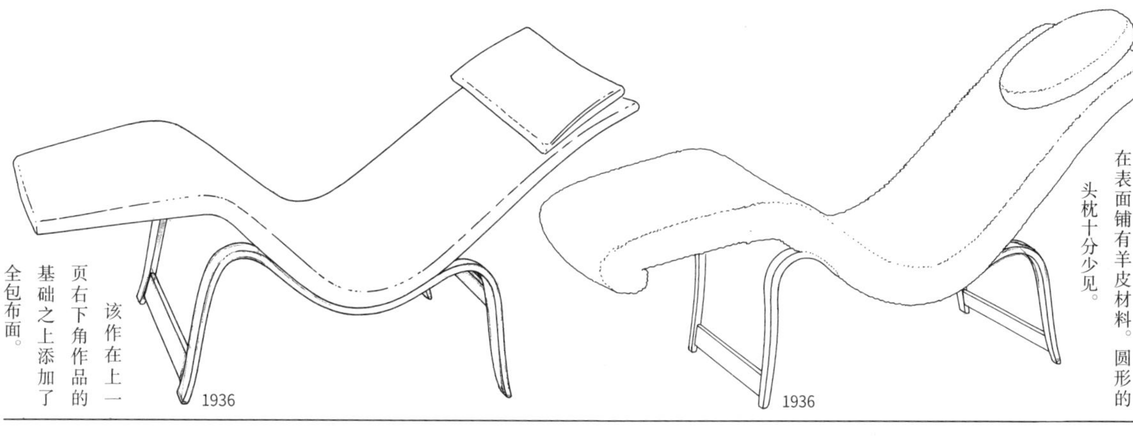

1936

该作在上一页右下角作品的基础之上添加了全包布面。

1936

该作与上一行的作品相同，在表面铺有羊皮材料。圆形的头枕十分少见。

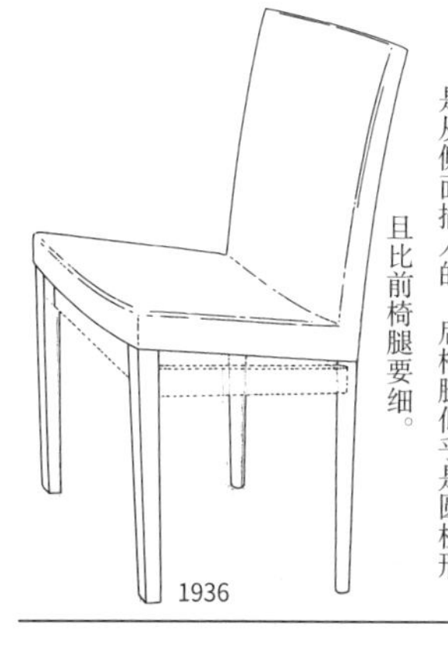

1936

该作与右图来自同一照片，横木可能是从侧面插入的，后椅腿似乎是圆柱形，且比前椅腿要细。

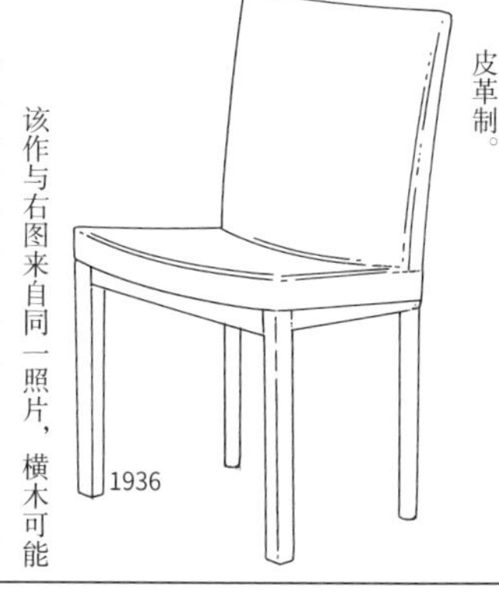

1936

该作是全套餐厅家具中的餐椅，资料上的照片较小，不够清楚，椅座可能为全皮革制。

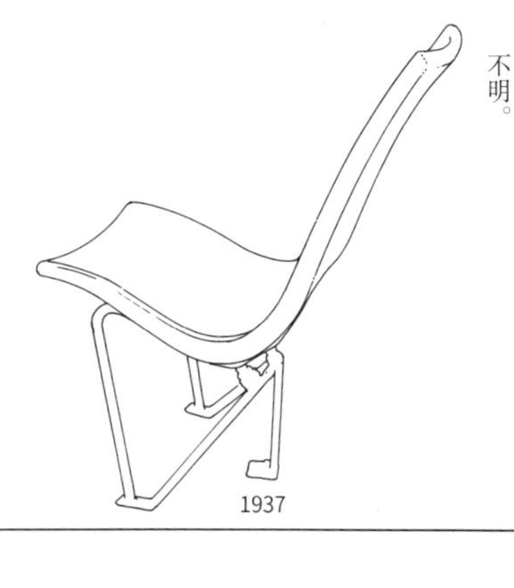

1937

该作可能是用于剧院的椅子，为一般公共场所常见的款式，并非特别定制款。固定在地面上，座位整体前倾。细节部分不明。

马松也设计过许多桌子，图为其中的一种可伸长的大桌子。
1936

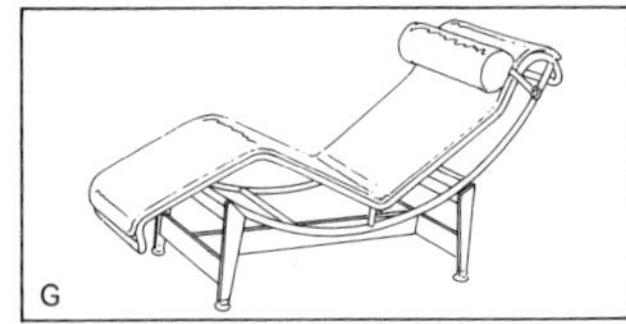

名作“牛仔椅”，马松的作品与该作在座椅的角度上有共通之处。1929

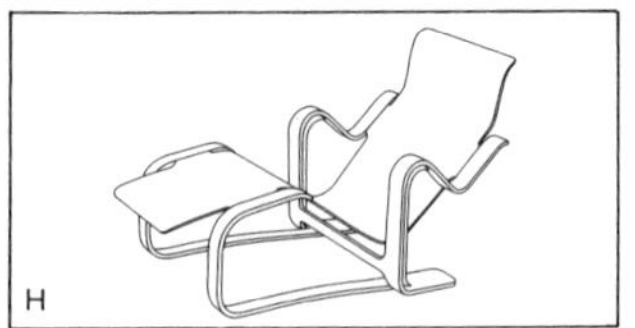

马塞尔·布劳耶的“伊所肯椅”，该作也对马松的设计产生了影响。1935

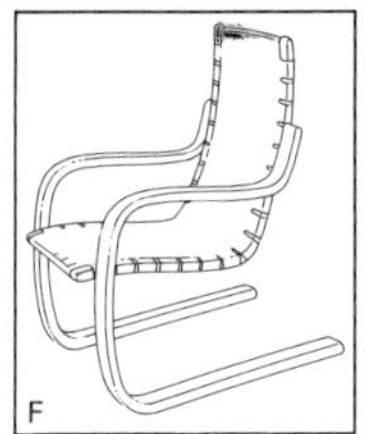

阿尔瓦·阿尔托所设计的悬臂椅。马松对于胶合板的弯曲加工以及织带的运用等有很多都是向其学习而来的。
1947

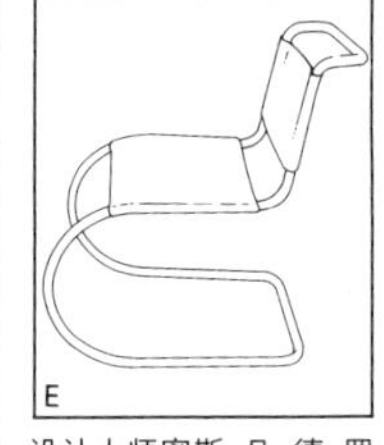

设计大师密斯·凡·德·罗的名作——“MR 椅”。马松从他身上受到了巨大影响。
1926—1927

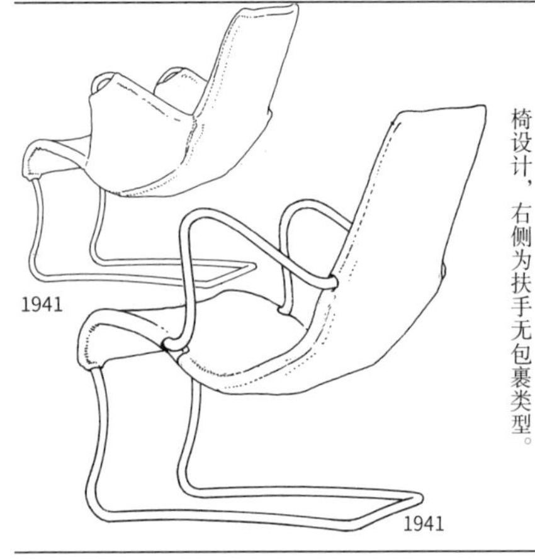

该作是马松最早用到钢管材质的作品，灵感可能来源于包豪斯的一系列悬臂椅设计，右侧为扶手无包裹类型。

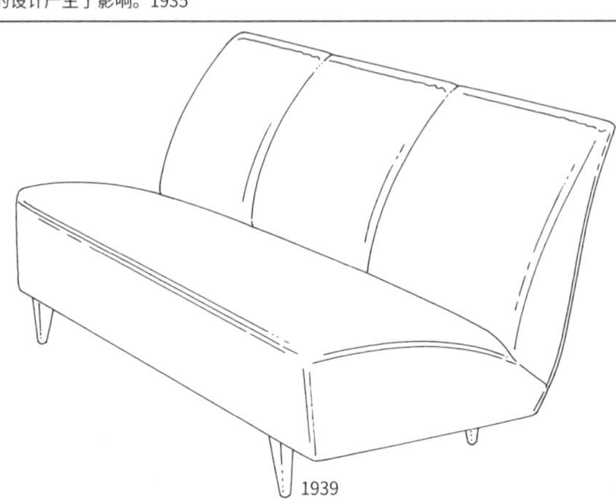

该作是马松的私人夏日别墅中使用的沙发，像这样的沙发设计在20世纪60年代后半期较为常见。

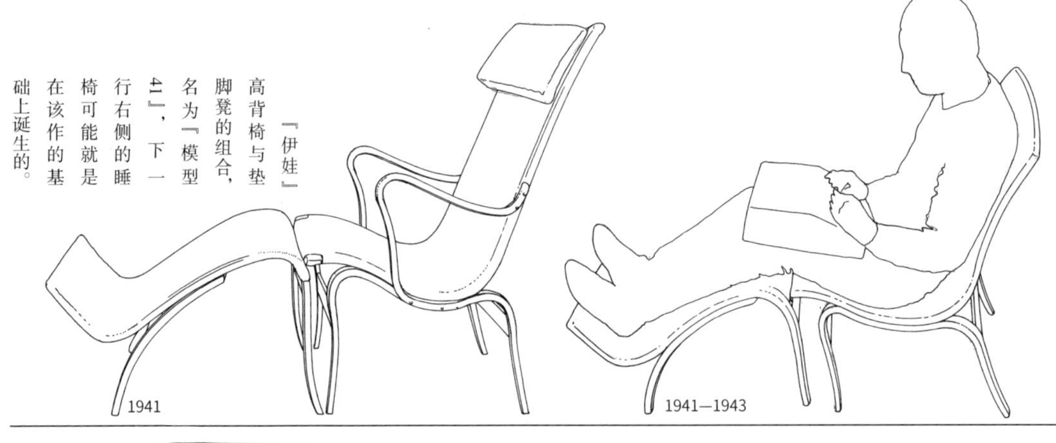

「伊娃」高背椅与垫脚凳的组合，名为『模型41』，下一行右侧的睡椅可能就是在该作的基础上诞生的。

马松于1941—1944年设计的作品，可能是脚凳的构思。但这是与『伊娃』椅的组合，单独作为凳子使用会有些不便。

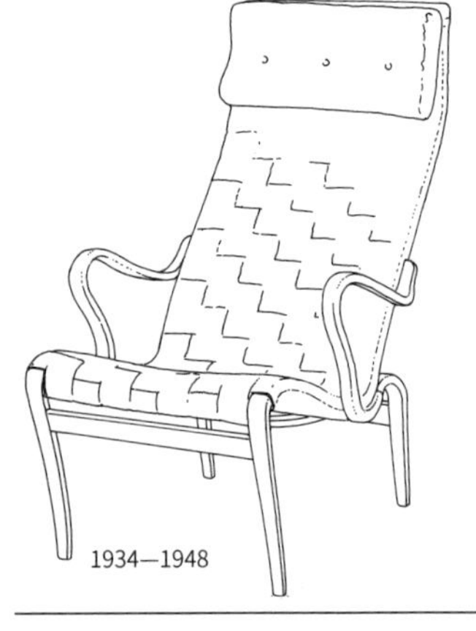

『伊娃』系列高背椅，名为『模型42』，上市时期为1948年，但设计年份应与『伊娃』椅同为1934年。与迄今为止的旧作不同，该作的材质可能是骨胶黏合的胶合板，座椅前端为曲面设计。

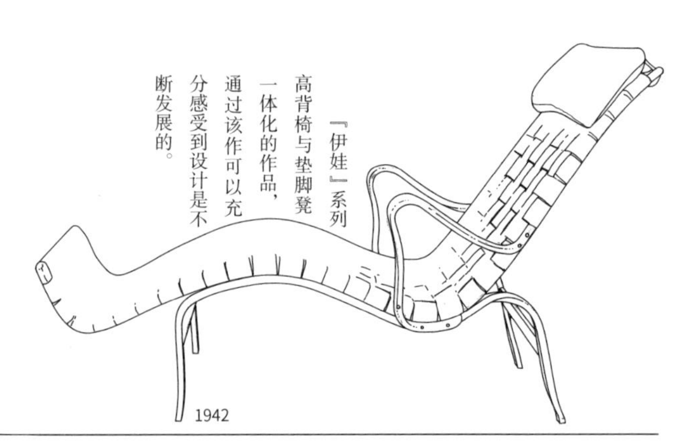

『伊娃』系列高背椅与垫脚凳一体化的作品，通过该作可以充分感受到设计是不断发展的。

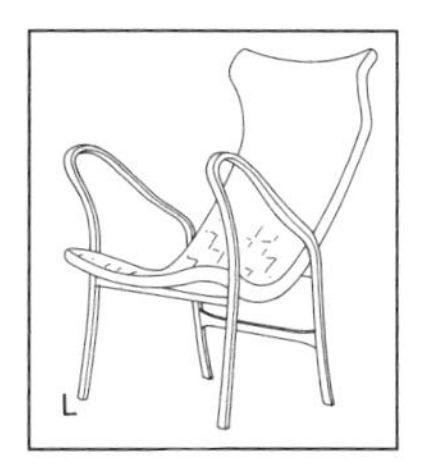

该作是贝尔格的作品，因为与马松的作品太过相似，曾引起了许多麻烦。
1942

该作是一款带有脚轮的伸长式桌子，应该还能作为小手推车使用。
1943

该作是一款设计优雅的三脚圆桌，桌腿应是胶合板制。
1936

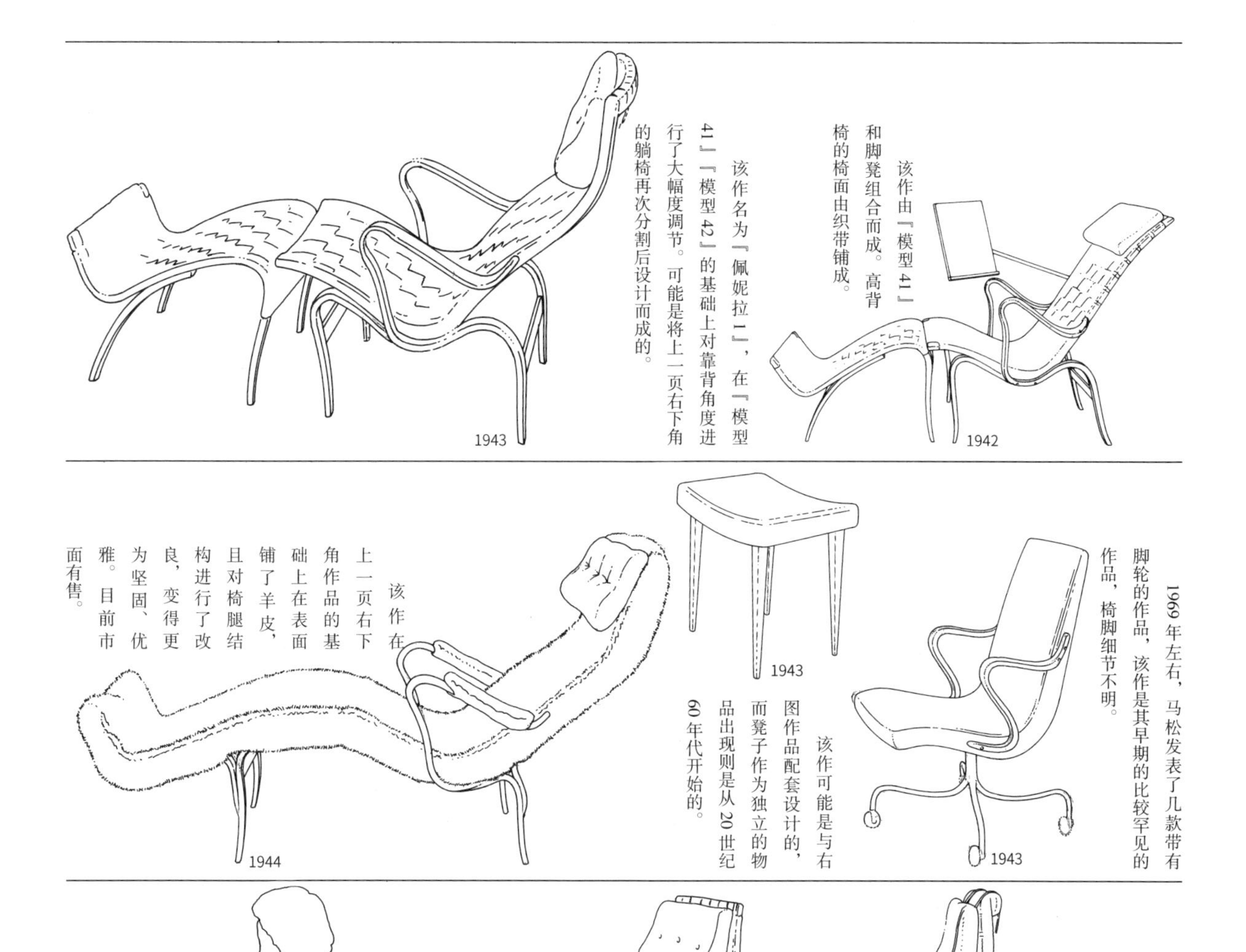

该作由『模型41』和脚凳组合而成。高背椅的椅面由织带铺成。

该作名为『佩妮拉1』，在『模型41』『模型42』的基础上对靠背角度进行了大幅度调节。可能是将上一页右下角的躺椅再次分割后设计而成的。

1969年左右，马松发表了几款带有脚轮的作品，该作是其早期的比较罕见的作品，椅脚细节不明。

该作可能是与右图作品配套设计的，而凳子作为独立的物品出现则是从20世纪60年代开始的。

该作在上一页右下角作品的基础上在表面铺了羊皮，且对椅腿结构进行了改良，变得更为坚固、优雅。目前市面有售。

两把椅子中右侧作品为『佩妮拉2』。与前一年设计的『佩妮拉1』相比提高了背部的角度，而且与脚凳分开设计，不管是配套使用还是单独使用都十分方便。一般来说，靠背倾斜角度越大，足部会越容易疲劳，此时就会希望有个脚凳。左侧的『伊娃』发售于1948年。

1944

1948

『伊娃』系列作品，与桌子成套。从这个靠背的角度来看，桌子再稍微立起来一些可能会更方便。

1950

1907—1988

卡尔·布鲁诺·马松

第 2 小节
天童木工与马松

在第1小节中已经介绍过马松对于椅子舒适性的追求。他将创作初期的直角座椅慢慢增大角度至整体倾斜，并将过去在结构上各自独立的靠背和椅面结合为一体，还加入了更贴合人体曲线的设计，从而完成了一系列的作品。这些作品保证了人体工学方面的合理性，实用而美观，是温暖的北欧下诞生的独创设计。

马松的话语中也体现了这一理念：『舒适度是一种艺术，但并非必需品；相反，「坐」虽不是艺术，但其艺术性在椅子制作时却不可或缺。』

本小节将介绍他从模压胶合板结构转变为金属结构的作品，以及与天童木工合作、设计符合日本空间的作品并实现其商品化的过程。

1960

该作在『佩妮拉椅』的框架上铺上帆布，并在其上加了软垫。软垫材质是名为『艾恩赛德』的纺织品，聚乙烯树脂材质，十分结实。椅子的舒适度由此得以提高。

1967

这是1961年在斯德哥尔摩举办的『瑞典设计』展览会上展出的凳子，不知是不是与某一沙发配套设计的。

1966

马松的金属结构作品中最具代表性的『杰特森椅』，该作为原型。

1969

该作是量产的『杰特森椅』，带扶手，外形也十分优美。

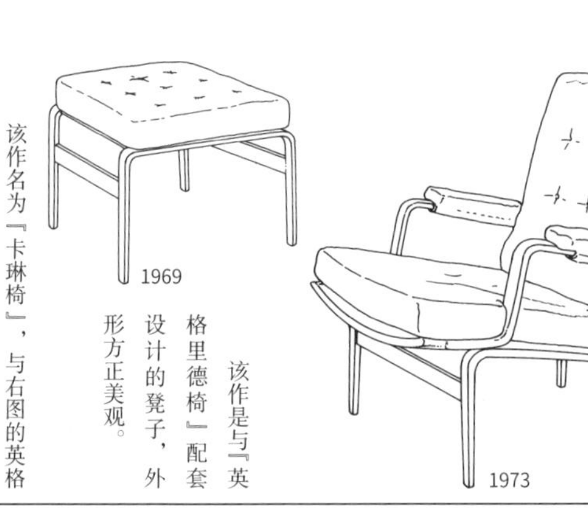

1973

马松的作品常以自己的女性朋友名字命名。该作名为『英格里德椅』，与左图作品『卡琳椅』为姊妹作。

1969

该作是与『英格里德椅』配套设计的凳子，外形方正美观。

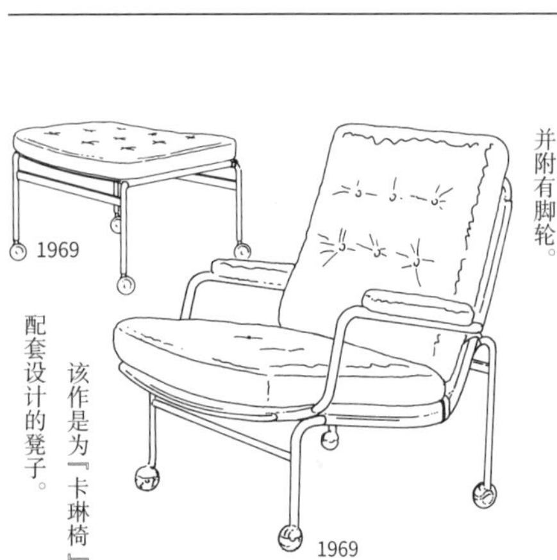

1969

该作名为『卡琳椅』，与右图的英格里德椅的结构设计相同，但是为钢管材质并附有脚轮。

1969

该作是为『卡琳椅』配套设计的凳子。

1972

该作名为『比基塔』，也是一位女性的名字。虽然尚未找到相关资料，但推测应该还有双人款。

1969

该作是上一行左侧作品『卡琳椅』的三人款，资料中看不到沙发后腿，所以不知是否带有脚轮。笔者推测没有。

1972

该作是『佩妮拉椅』的座椅与金属基座的组合作品，马松作品中木制与金属材质的结合十分罕见。该作刊登于《斯堪的纳维亚设计》杂志2号刊。

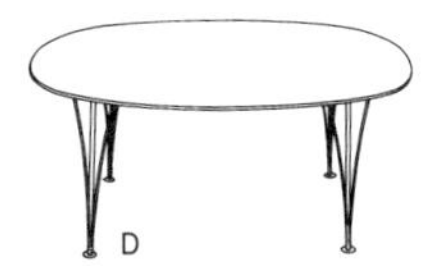

该作是丹麦设计师皮特·海因设计的桌子，利用了超椭圆，这样的设计可以减少各个餐具垫之间的空间浪费。
1964

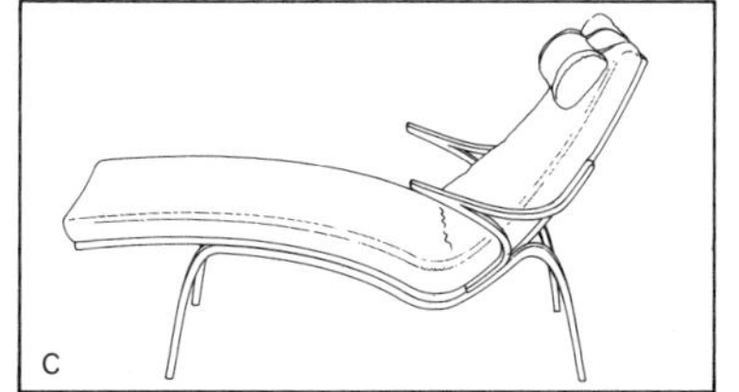

该作是瑞典设计师阿尔夫·斯文森设计的安乐椅，名为“燕子”，由瑞典凯勒摩家具公司发售。很明显，该作受到了马松的影响。
1972

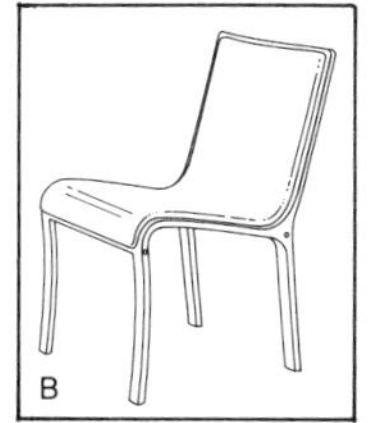

该作是瑞典设计师卡尔·埃里克·艾卡塞留斯设计的餐椅，与第三行中间的作品非常相似。
20 世纪 70 年代

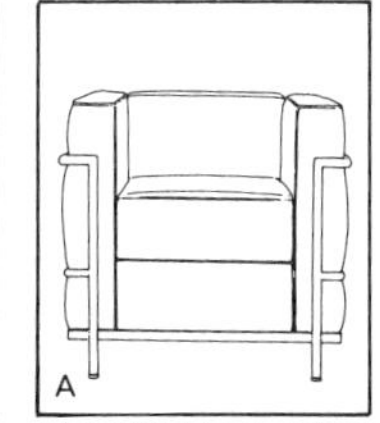

该作是设计师勒·柯布西耶、皮埃尔·让纳雷以及夏洛特·贝里安三人合作设计的作品，第二行右侧作品应该也是受到了该作的影响。
1928

该作明显受到了本页A图作品的影响，细节部分体现了马松的个人特色。

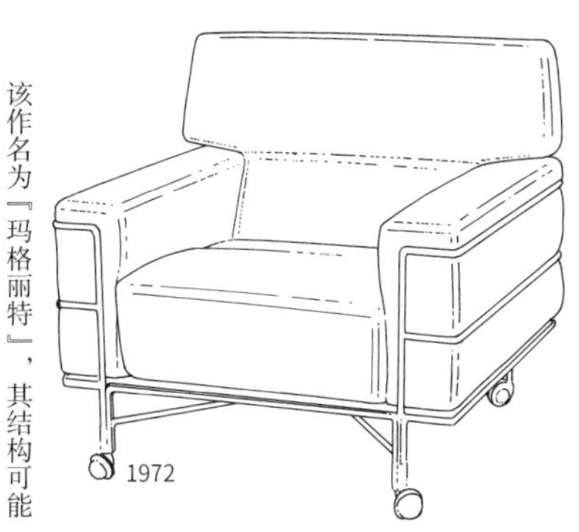
1972

该作名为『玛格丽特』，其结构可能是扁钢条制。

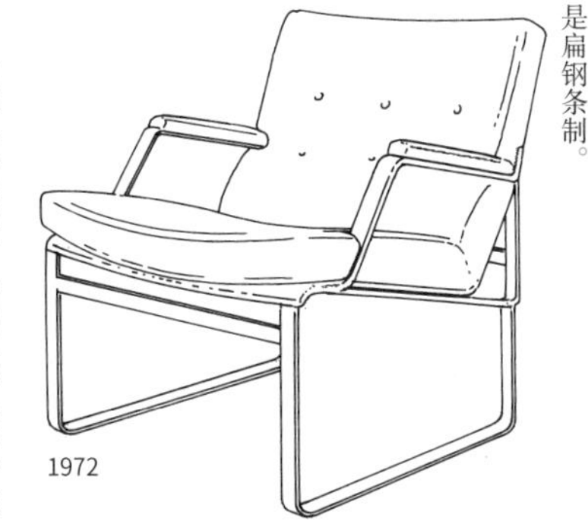
1972

该作是『米娅』系列中的折叠椅，该系列作品中也有椅脚不带防划垫的款式。

1972

『米娅』系列的扶手椅，虽与上一行左侧作品为同系列，但看上去截然不同。

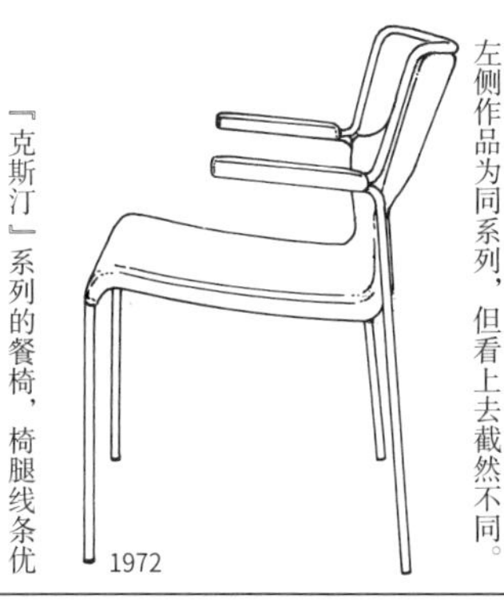
1972

『克斯汀』系列的餐椅，椅腿线条优雅大气，极具美感。后椅腿和座位的连接部位装有铁芯，这一结构是该作的设计亮点。由天童木工公司在日本生产上市。

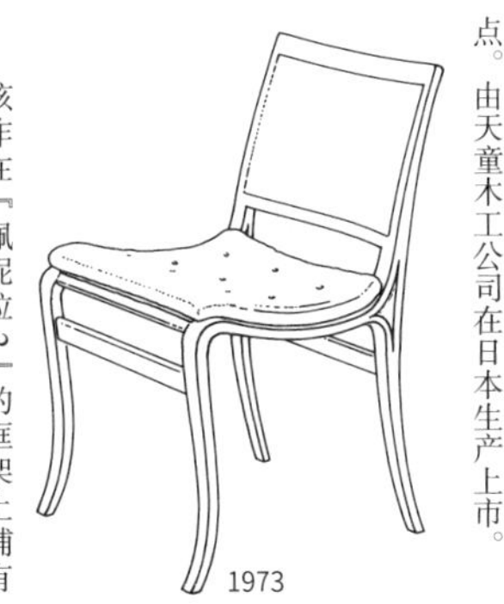
1973

该作在『佩妮拉2』的框架上铺有天然皮革。与1944年的『佩妮拉2』相比，该作靠背倾斜角度变得更大。马松的设计即使看上去十分相似，与之前的作品相比也在细微处进行了改变。

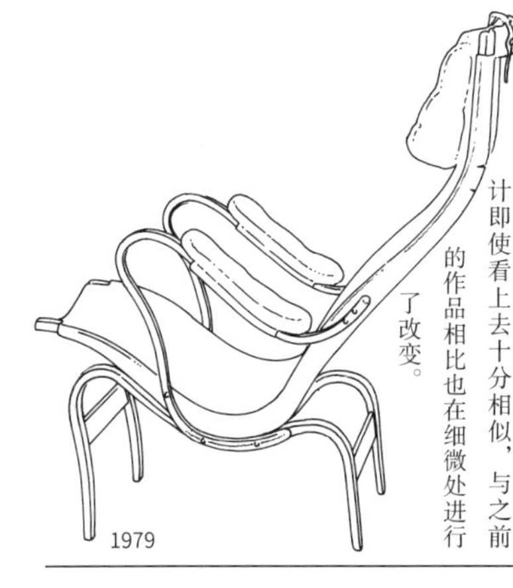
1979

该作是名为『米罗』的折叠椅，与米娅椅十分相似，但靠背设计有所不同。

1974

『米歇尔』系列作品。椅子为全包布面，只有扶手部位单独突出，不在包裹范围之内，这是该作的设计亮点。

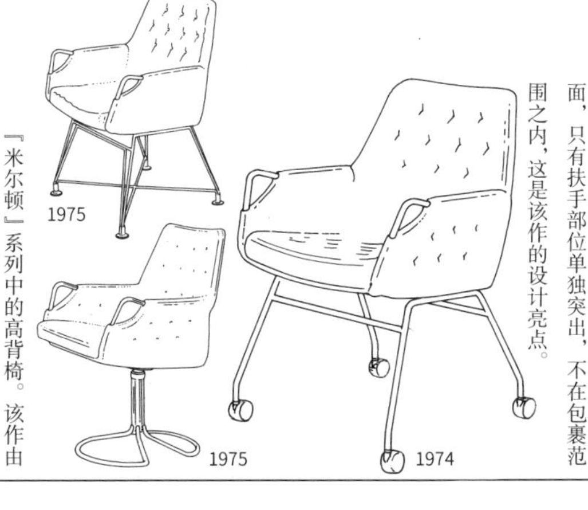
1974

1975

1975

『米尔顿』系列中的高背椅。该作由米歇尔椅发展而来。

1975

E　下图是部分安乐椅及餐椅的框架演变图。

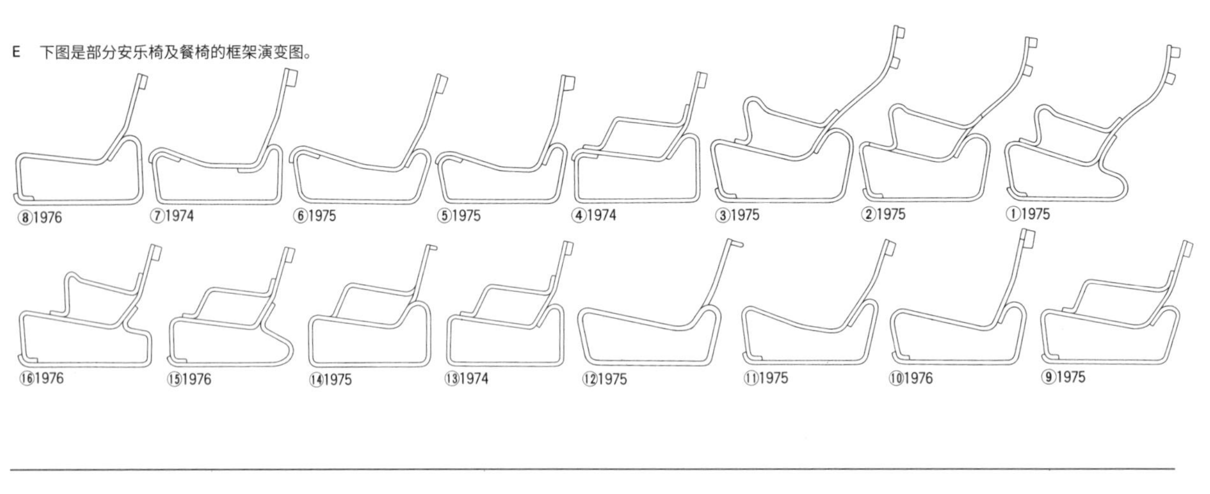

马松的一系列作品中也有以日本女性名字命名之作，本页E图⑥名为「玲子」，来源于日本女性川上玲子。左边三幅作品属于「佳代子」系列，名字来源于一位担任口译员的女性，由天童木工公司制造。

该作也是引入日本后本土化的作品，为了不损伤地板，作品在设计上着实下了不少功夫。

该作是与右图安乐椅配套设计的凳子，也进行了本土化的改动。

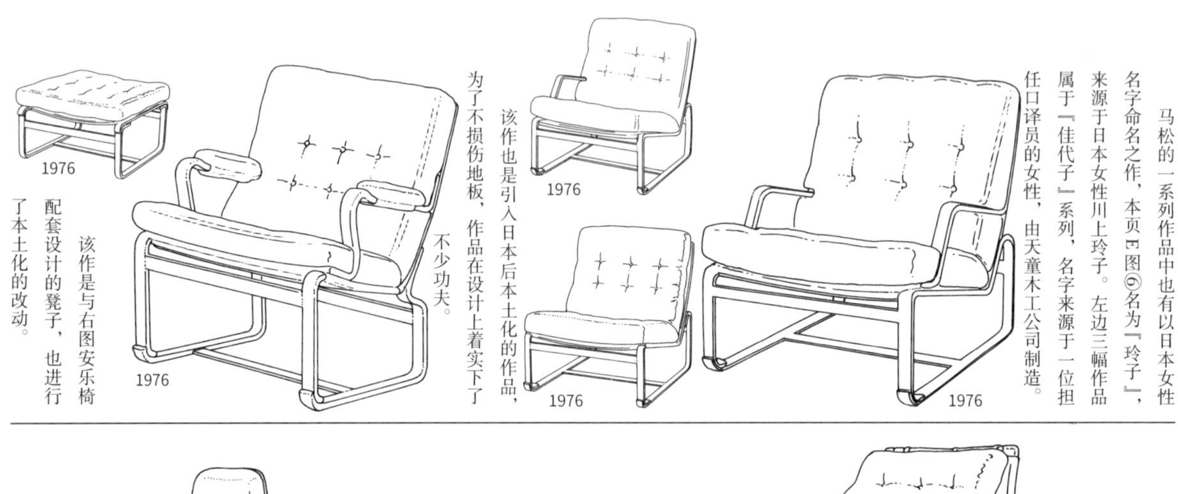

该作也是在考虑日本室内空间结构后设计而成的模型，椅子基座与「佩妮拉」系列相同，但该作的承重在于「线」而非「点」，这一设计也更符合日式房屋的特点。

该作名为「先生」，不再是女性名字。另有同款设计、不带脚轮的椅子。

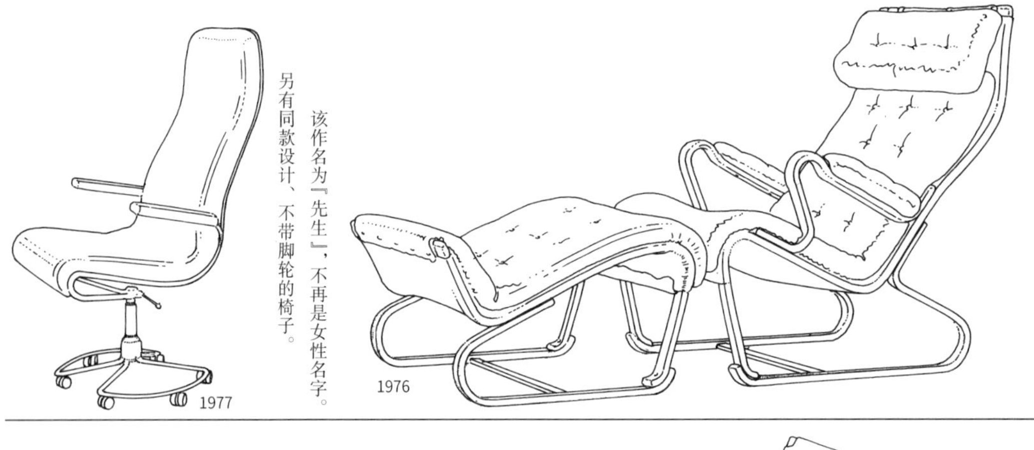

该作是名为「米内特」的折叠椅，是将「米奥」系列作品的金属框架改为木制框架后设计而成的。

该作是马松1934年设计的「伊娃」系列作品的翻版「米娜」，这之后还发展设计出了「米高」椅。该作由天童木工公司实现日本本土化生产。

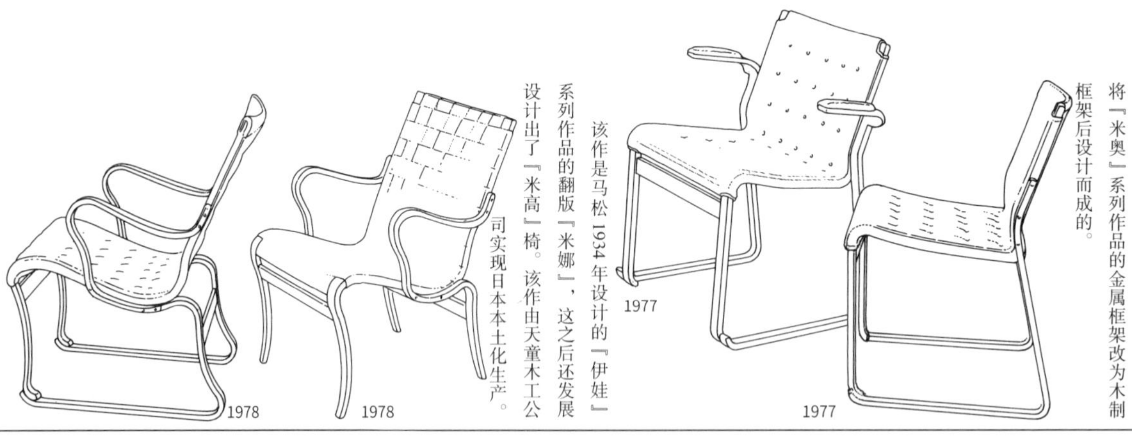

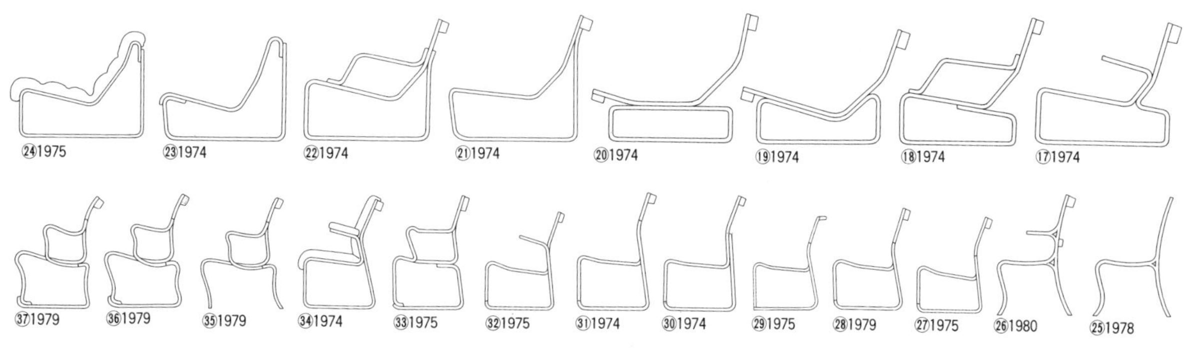

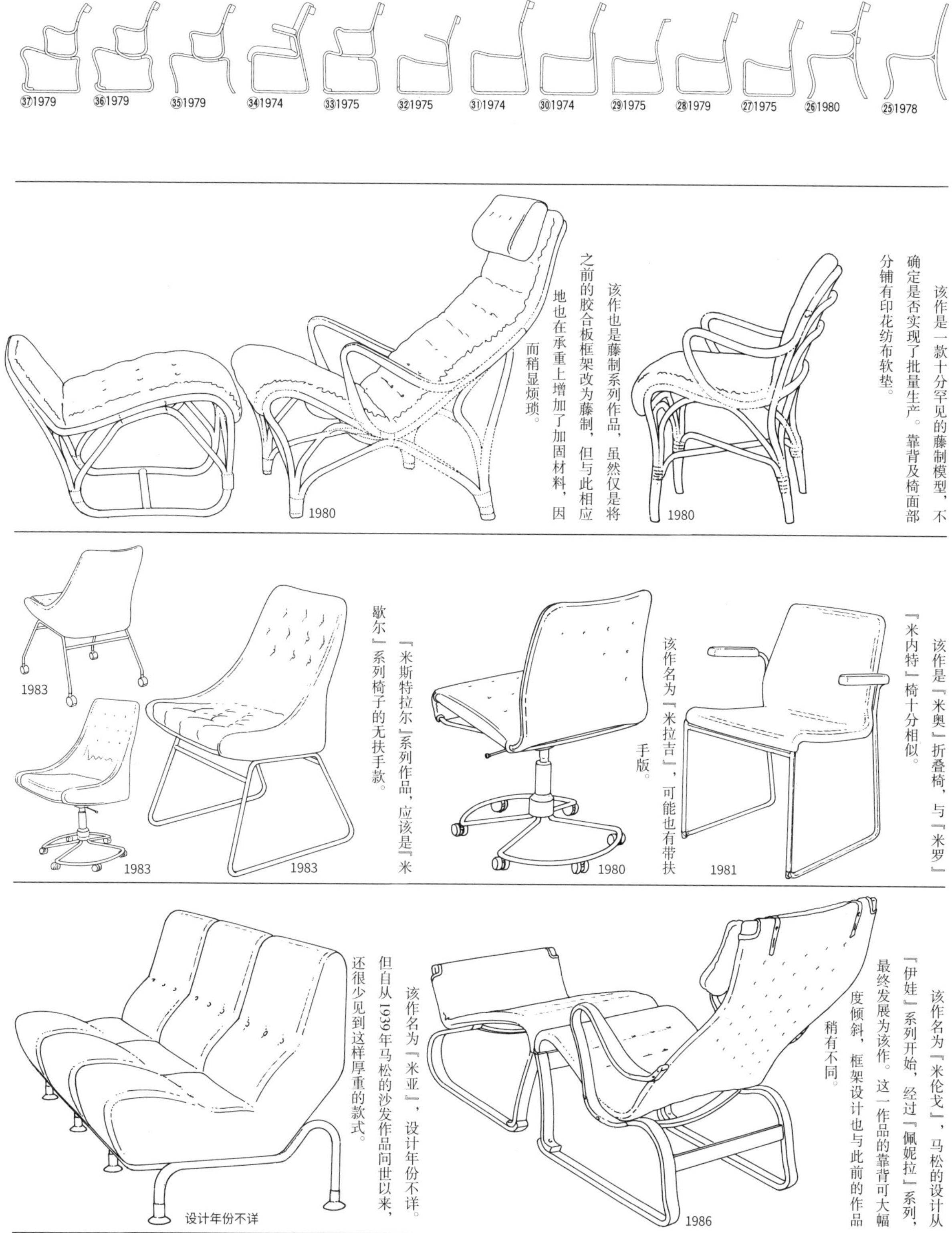

该作是一款十分罕见的藤制模型，不确定是否实现了批量生产。靠背及椅面部分铺有印花纺布软垫。

1980

该作也是藤制系列作品，虽然仅是将之前的胶合板框架改为藤制，但与此相应地也在承重上增加了加固材料，因而稍显烦琐。

1980

该作是『米奥』折叠椅，与『米罗』『米内特』椅十分相似。

1981

该作名为『米拉吉』，可能也有带扶手版。

1980

『米斯特拉尔』系列作品，应该是『米歇尔』系列椅子的无扶手款。

1983

1983

1983

该作名为『米伦戈』，马松的设计从『伊娃』系列开始，经过『佩妮拉』系列，最终发展为该作。这一作品的靠背可大幅度倾斜，框架设计也与此前的作品稍有不同。

1986

该作名为『米亚』，设计年份不详。但自从1939年马松的沙发作品问世以来，还很少见到这样厚重的款式。

设计年份不详

1907—1978

查尔斯·伊姆斯

第1小节
美国现代主义设计

查尔斯·伊姆斯（以下简称伊姆斯）是美国现代主义设计的先驱。1928年毕业于华盛顿大学建筑学专业，之后成为一名建筑师，1938年在母校担任特别研究员，从事工艺设计方面的工作。1939年开始与埃罗·沙里宁共事。1941年，他与一直在身边支持他的设计师蕾·凯泽在美国芝加哥成婚。1944年，接到了赫曼米勒公司的设计师乔治·尼尔森的工作邀请。对伊姆斯而言，这三名设计师对他今后的人生都产生了巨大的影响。

1940年，由美国布卢明代尔百货公司提议，纽约现代艺术博物馆举办了一场家具设计大赛，伊姆斯与埃罗·沙里宁共同设计的作品在这次比赛中获得了一等奖。但遗憾的是，该作至今仍未实现商品化。第二次世界大战时期，他开始从事飞机座椅、担架等胶合板技术领域的研究，推行胶合板材质的二维曲面的实际应用。战后，这一技术取得了丰硕成果，并发布在1946年纽约现代艺术博物馆举办的『新家具展』上。从此，他的家具设计之路变得更为宽广。此外，伊姆斯还在建筑、平面设计、展览设计、短片电影、儿童玩具等多个领域留下了斐然的成就。

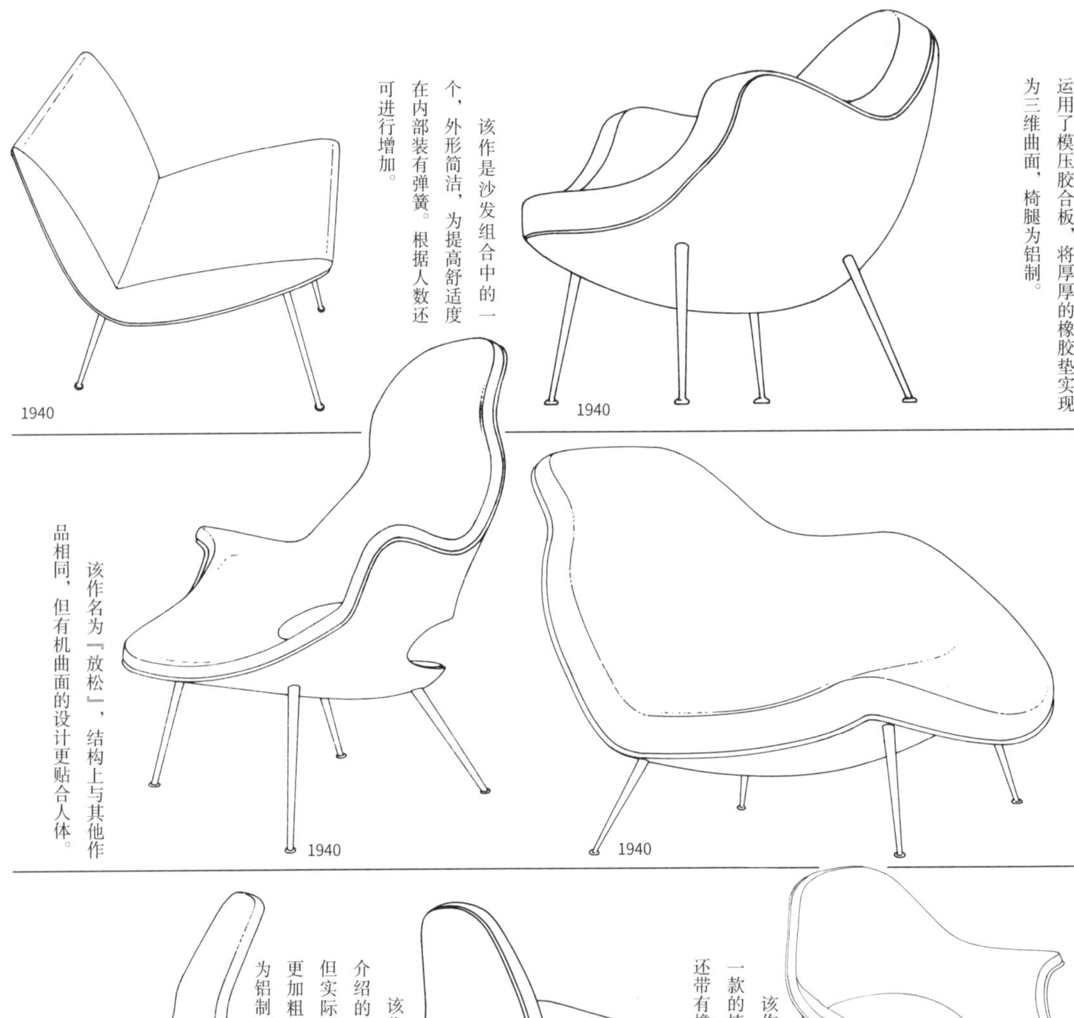

本页的七件作品均为纽约现代艺术博物馆举办的家具设计大赛中伊姆斯与埃罗·沙里宁的共同设计之作。左图安乐椅运用了模压胶合板，将厚厚的橡胶垫实现为三维曲面，椅腿为铝制。

该作是沙发组合中的一个，外形简洁，为提高舒适度在内部装有弹簧。根据人数还可进行增加。

该作是一款躺椅，正面可坐，侧面可躺。橡胶垫是中空结构，使得椅子更加柔软舒适。

该作名为『放松』，结构上与其他作品相同，但有机曲面的设计更贴合人体。

该作名为『交流』，结构上与其他作品相同，但其外形会使人联想到这之后诞生的使用了纤维增强复合材料的贝壳椅。

该作是一把无扶手单人椅，共有两款，一款的椅腿仅由胶合板和铝制成，另一款还带有橡胶垫。

该作也是一把无扶手单人椅。此前介绍的六把椅子都是大赛的参赛作品，但实际试做时椅脚可能采用的是木制，更加粗厚（1:5比例模型和设计图中都为铝制）。

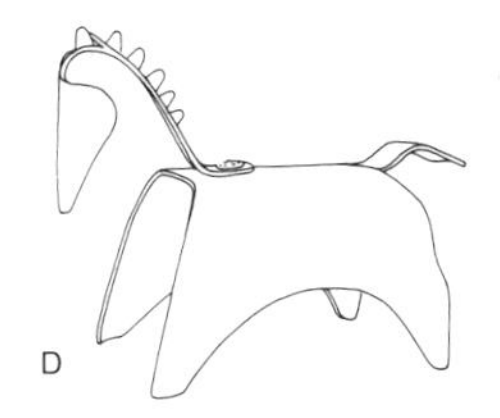

该作是铁板制成的马，此外还制有熊、海狗等动物。
1945

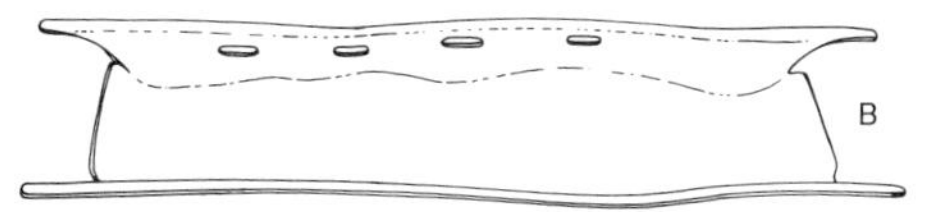

该作是伊姆斯于第二次世界大战时期设计的模压胶合板材质担架。
1943

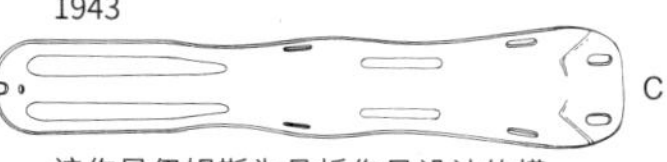

该作是伊姆斯为骨折伤员设计的模压胶合板材质夹板。
1943

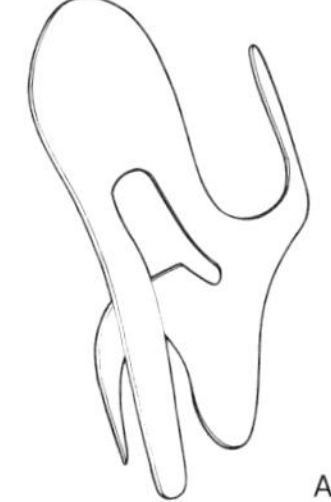

该作为模压胶合板制，是一件精雕细刻的作品。从迈克尔·索耐特到阿尔瓦·阿尔托，这些设计师们逐步完成了从二维曲面到三维曲面的演变，而这件作品也正是见证这一变化的经典之作。
1943

下面将介绍伊姆斯于1946年设计并实现了商品化的『木制餐厅椅』、『木制躺椅』等作品的数件原型（儿童家具除外）及其设计历程。左图椅子与伊姆斯在第二次世界大战时期设计的飞机座椅十分相似，整把椅子连同椅脚都是一体的。

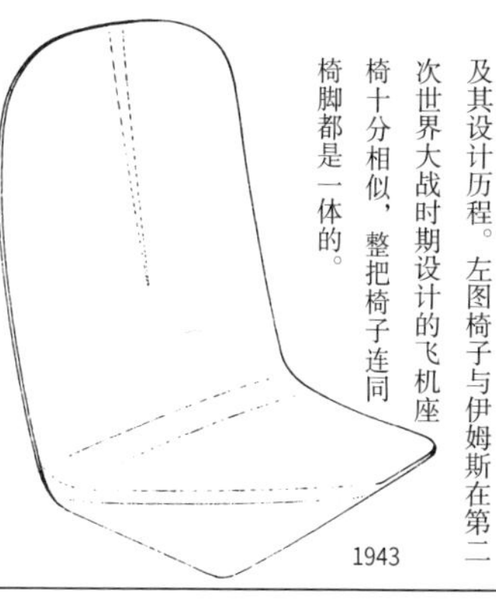
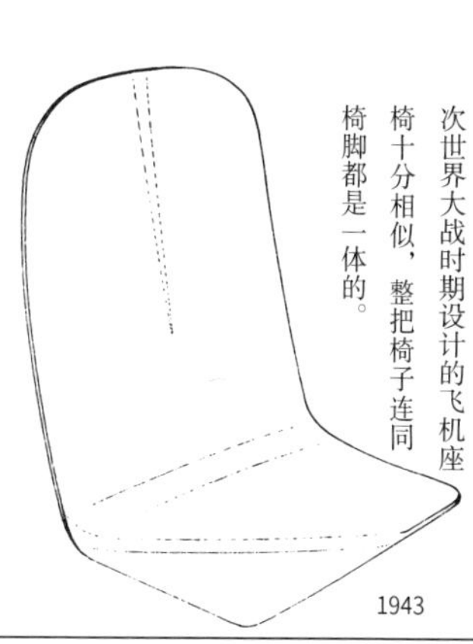
1943

该作是一款酒吧椅，座椅的曲面应该是在靠背部分切口之后再向内弯折形成的。

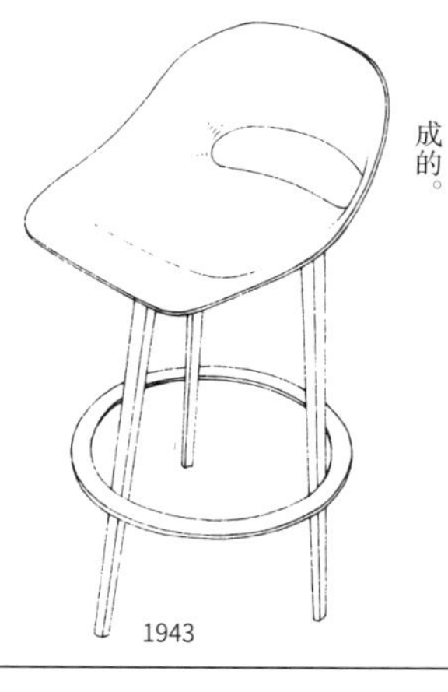
1943

根据参考资料无法判断左图作品的椅脚数量是三根还是四根，但该作与左下角的作品十分相似。

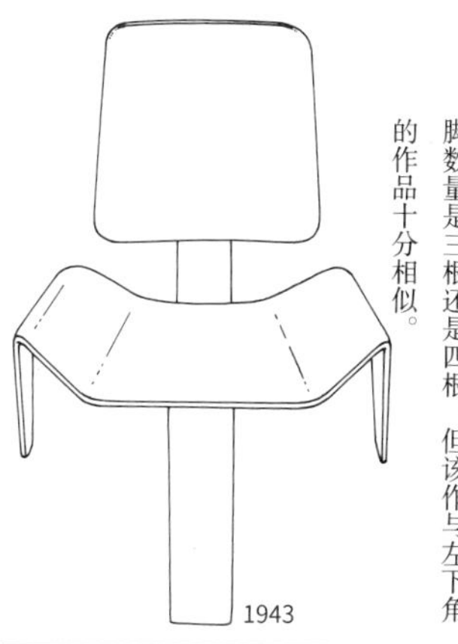
1943

该作椅面与扶手是一体设计，椅腿上宽下窄，也运用了曲面，以提高椅子的承重强度。

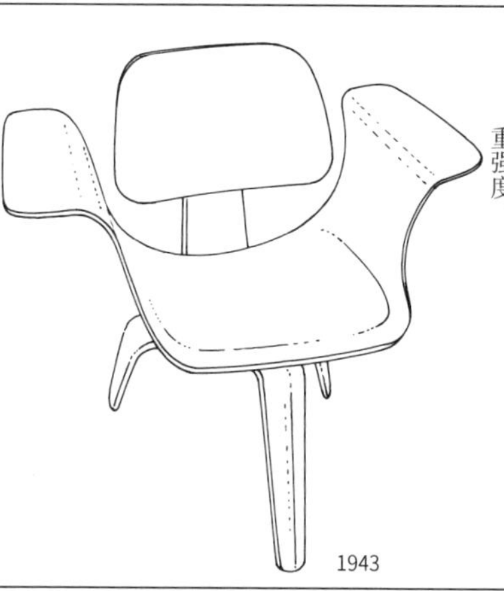
1943

该作的靠背与椅面为一体，胶合板非常薄，椅子整体均为曲面设计，从而增强了承重强度。

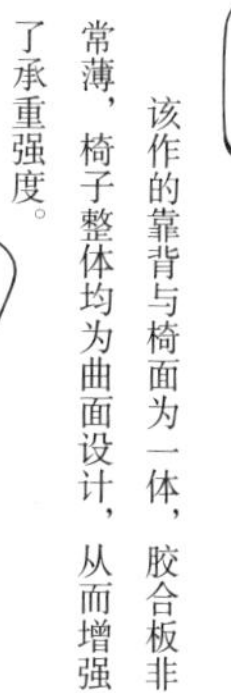
1945

左图是伊姆斯设计的儿童玩具及家具，设计充满温情。其中玩具像是可以骑的。因为椅子整体十分轻薄，因而在脚部采用了曲面设计以增强承重性。该作共制作了五千把。

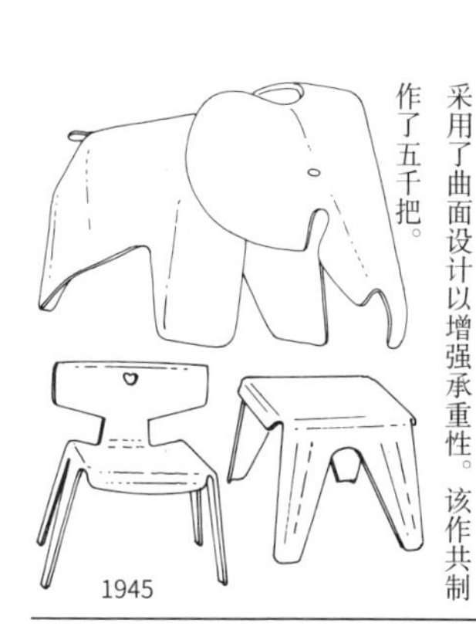
1945

该作是一把无扶手单人椅，与下一页右下角作品十分相似，但靠背的孔更细长，与椅腿形成了良好的平衡。

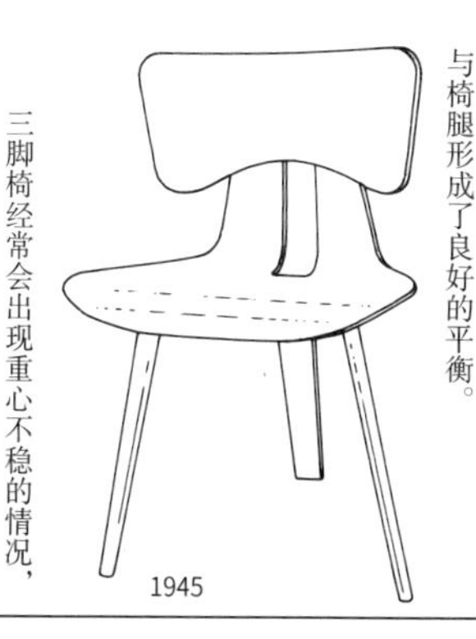
1945

三脚椅经常会出现重心不稳的情况，针对这一问题，左图作品两侧椅脚的间距设计得更宽，感觉上十分稳定。

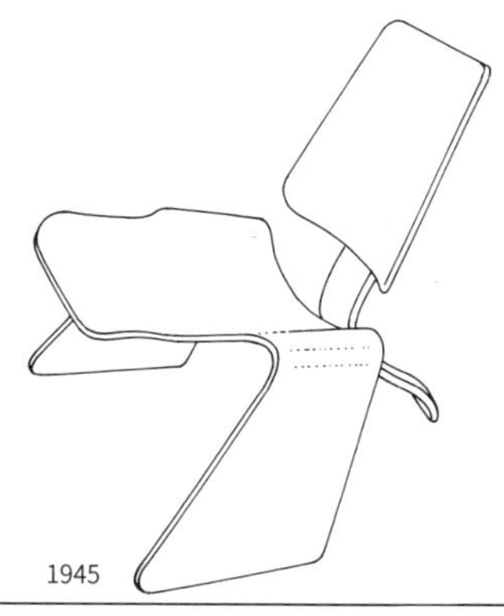
1945

与右图作品相比，该作增加为四条椅腿，但由于两侧椅腿不一样宽，所以没有右图作品看起来更稳定。靠背与后腿的构造应该与右图相同。

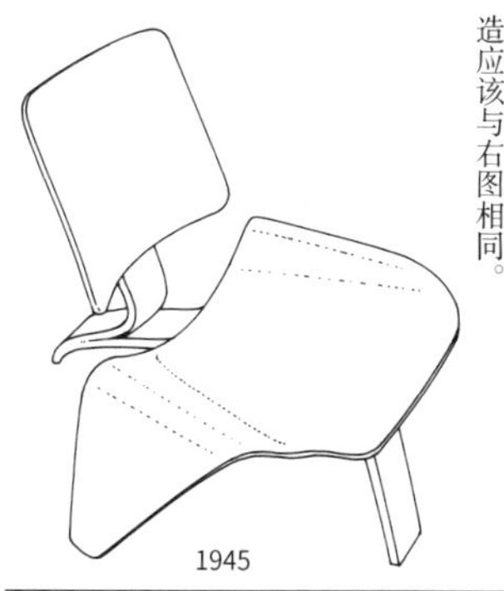
1945

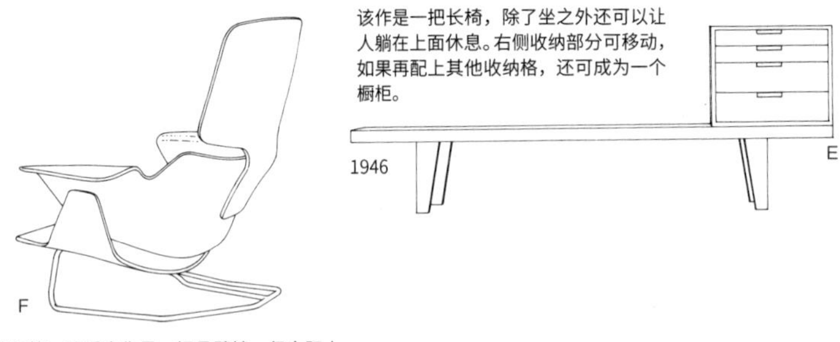

该作是一把长椅，除了坐之外还可以让人躺在上面休息。右侧收纳部分可移动，如果再配上其他收纳格，还可成为一个橱柜。

1946 E

F

该作第一眼看去像是一把悬臂椅，但实际上从座椅下方一直延伸到后面都由管子支撑。

1946

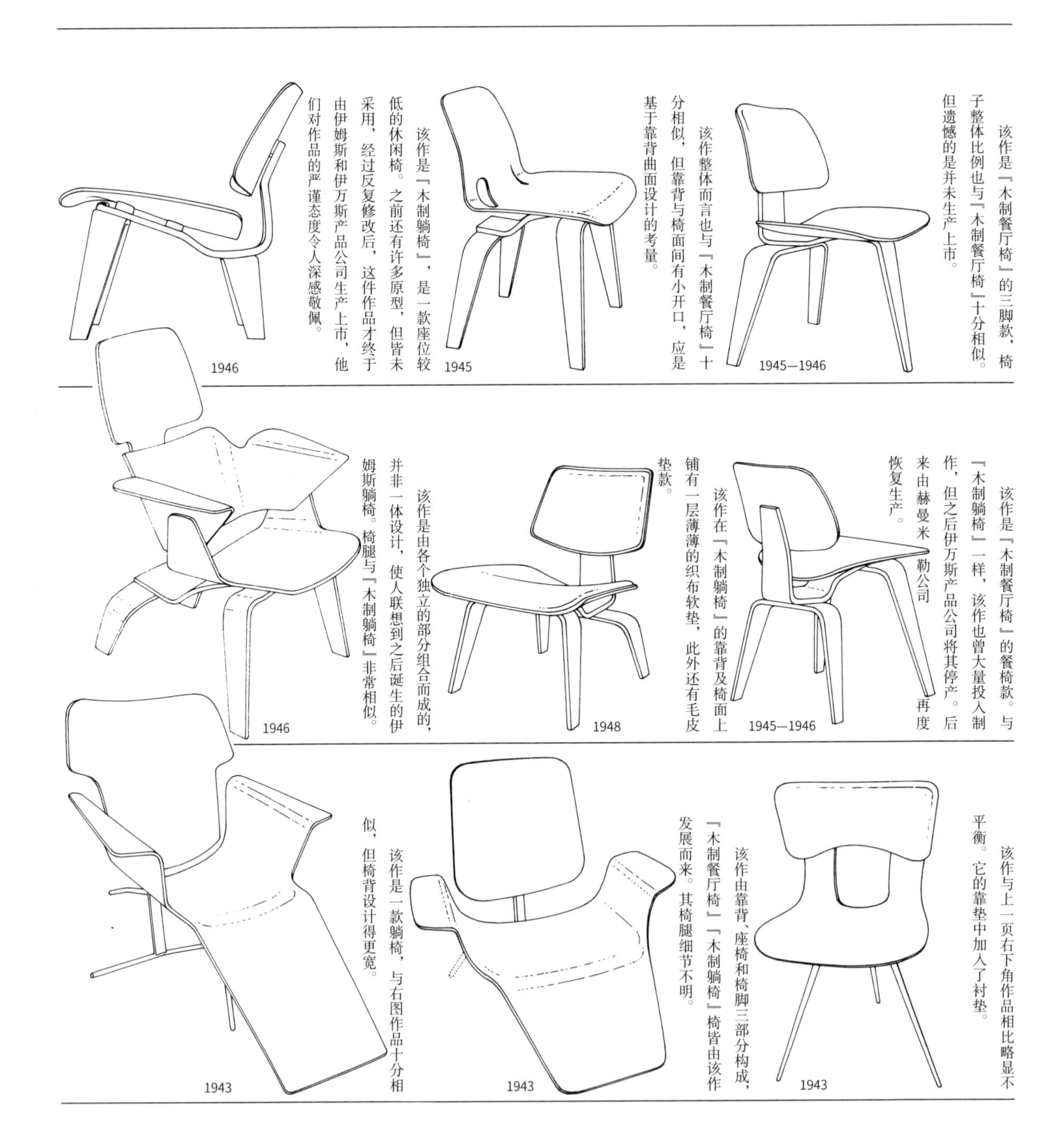

该作是『木制餐厅椅』的三脚款，椅子整体比例也与『木制餐厅椅』十分相似。但遗憾的是并未生产上市。

1945—1946

该作整体而言也与『木制餐厅椅』十分相似，但靠背与椅面间有小开口，应是基于靠背曲面设计的考量。

1945

该作是『木制躺椅』，是一款座位较低的休闲椅。之前还有许多原型，但皆未采用，经过反复修改后，这件作品才终于由伊姆斯和伊万斯产品公司生产上市，他们对作品的严谨态度令人深感敬佩。

1946

该作是『木制餐厅椅』的餐椅款。与『木制躺椅』一样，该作也曾大量投入制作，但之后伊万斯产品公司将其停产。后来由赫曼米勒公司再度恢复生产。

1945—1946

该作在『木制躺椅』的靠背及椅面上铺有一层薄薄的织布软垫，此外还有毛皮垫款。

1948

该作是由各个独立的部分组合而成的，并非一体设计，使人联想到之后诞生的伊姆斯躺椅。椅腿与『木制躺椅』非常相似。

1946

该作与上一页右下角作品相比略显不平衡。它的靠垫中加入了衬垫。

1943

该作由靠背、座椅和椅脚三部分构成，『木制餐厅椅』『木制躺椅』椅皆由该作发展而来。其椅腿细节不明。

1943

该作是一款躺椅，与右图作品十分相似，但椅背设计得更宽。

1943

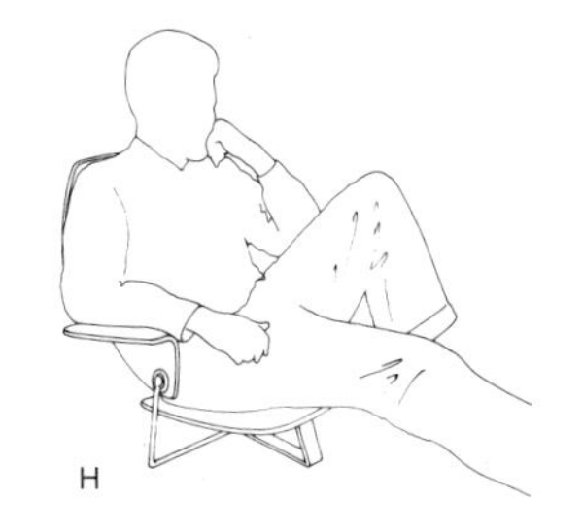
H

该作座椅很低，整体与右图作品很相似，但椅腿的框架设计不同。
1946

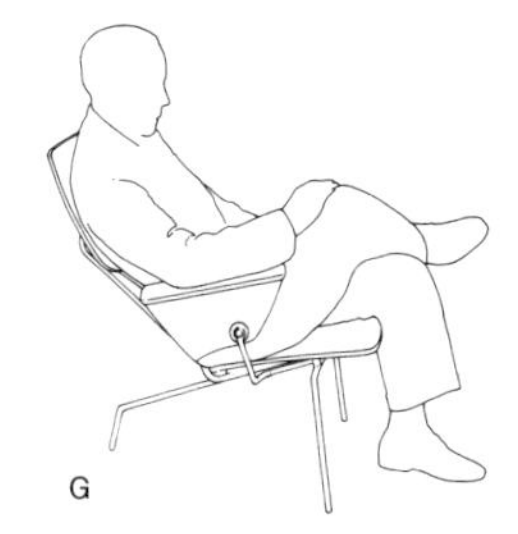
G

该作靠背、座椅以及扶手皆以椅腿的框架为支撑，由于没有椅子单独的照片资料，所以整体设计不详。
1946

本页第二、三行的六把椅子皆可以在两个角度之间调节，并且均为四条椅腿、三点支撑的结构。

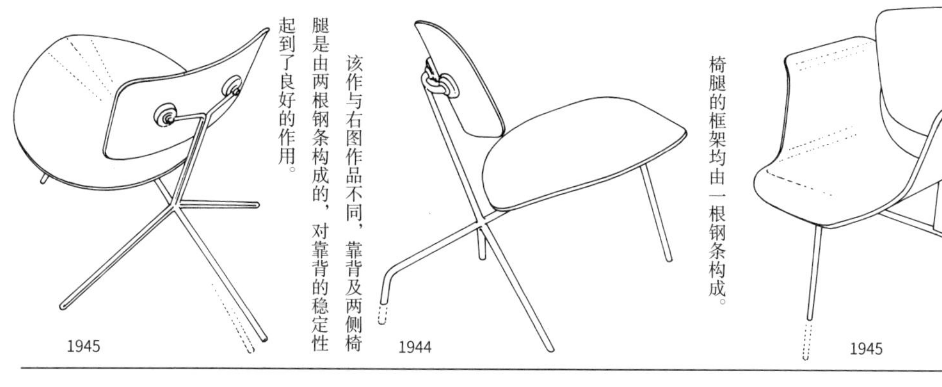
1945

椅腿的框架均由一根钢条构成。

1944

该作与右图作品不同，靠背及两侧椅腿是由两根钢条构成的，对靠背的稳定性起到了良好的作用。

1945

该作从靠背到椅腿均使用了扁钢，可以有效防止靠背不稳定的情况。

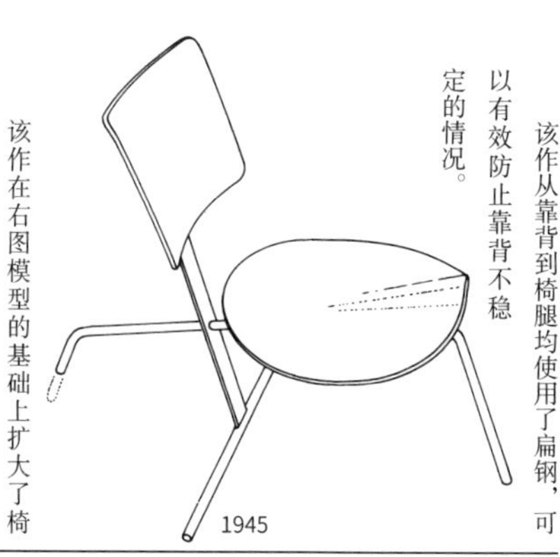
1945

该作在右图模型的基础上扩大了椅面。两件模型的中间椅腿都是平板，所以与其说是三点支撑，其实更偏向两点支撑的设计。

1945

该作的框架结构呈V字形，这一设计增加了椅子的承重强度。

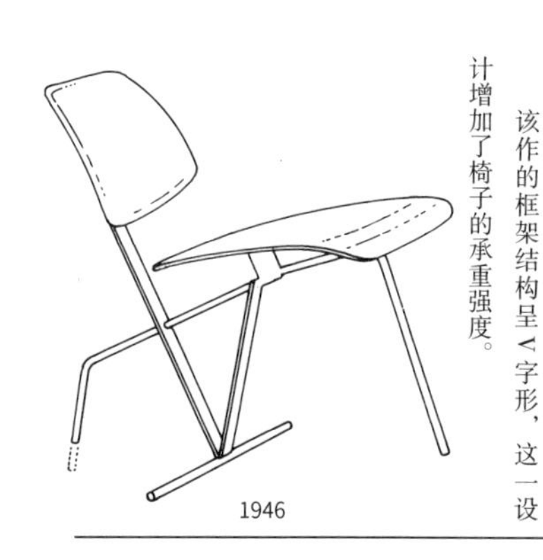
1946

该作与『木制餐厅椅』的设计十分相似，但后椅腿由单根钢管增加到了双根。

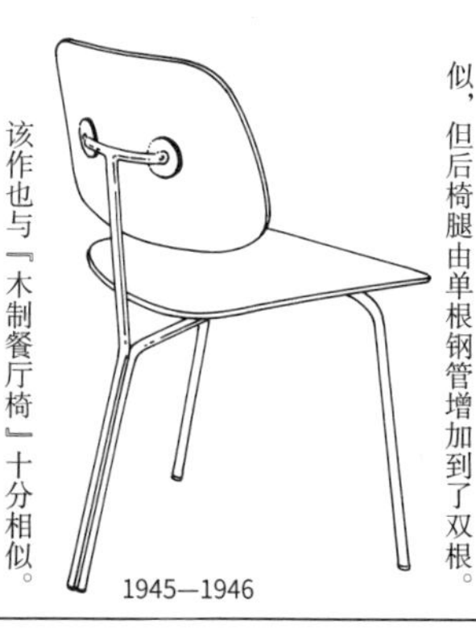
1945—1946

该作也与『木制餐厅椅』十分相似。在三脚椅的设计中，像该作这样后腿为两根的设定似乎稳定性更高。

1945—1946

左边两件作品是在以上设计过程中完成的『木制餐厅椅』（右）及『木制躺椅』（左），现在正在制造中。

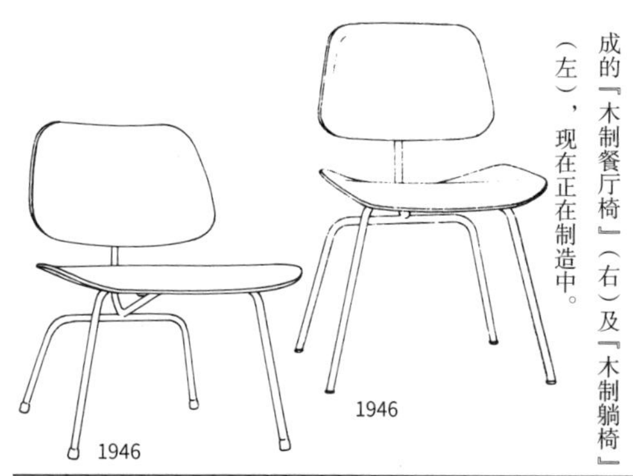
1946
1946

1907—1978

查尔斯·伊姆斯

第 2 小节
“贝壳椅”

这里展示的是以伊姆斯的代表作贝壳造型的椅子——『贝壳椅』为中心的作品。伊姆斯用胶合板使三维曲面得以批量生产后，通过使用强化塑料，将三维曲面运用到了现代设计当中。塑料最初在家具中得到实践性应用似乎是在第一次世界大战后的包豪斯，但真正使这些作品得以量产，并使这些素材得到广泛应用的是伊姆斯的朋友埃罗·沙里宁。他们的作品以贝壳形的椅子为起点，由美国的代表家具商赫曼米勒公司和诺尔家具公司进行持续生产。考虑到当时家居设计界是以欧洲古典装饰为中心的情况，它们的出现被称为美国现代设计迈向世界的第一步。

这是于 1989 年在德国莱茵河畔魏尔的莱茵设计博物馆（主要收藏品以椅子为中心，由赫曼米勒公司在欧洲的当地厂商——威达公司成立，弗兰克·盖里设计）展出的由钢管制成的安乐椅的样椅。通过点焊制成的这种构造在之后的线椅和个人家中也有出现。

1940—1948

这一作品也是样椅，材料是钢和网眼的组合。这种椅子多见于使用金属材料的设计中。

1940—1948

这一作品被称为『极简椅』，与右侧的作品十分相似。椅背及椅座的材料采用了铝。

1948

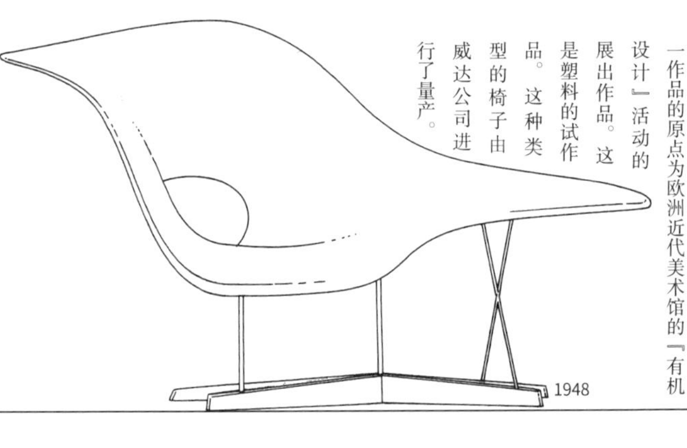

这一作品是被称作『贵妃椅』的贝壳形椅子。根据这把椅子设计出的一些成为畅销商品的贝壳椅作品得到了发表。以这一作品的原点为欧洲近代美术馆的『有机设计』活动的展出作品。这是塑料的试作品。这种类型的椅子由威达公司进行了量产。

1948

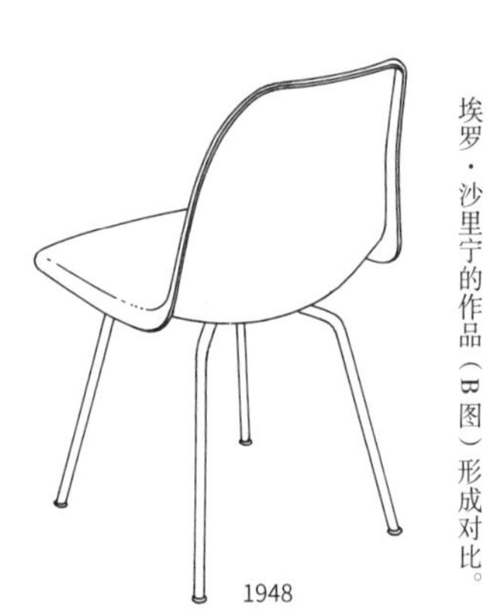

贝壳形椅子的原型是铝制椅。椅腿以弯成 X 形的材料作为底座。椅子边缘的部分为了增加强度而向外增加了弯度。与埃罗·沙里宁的作品（B 图）形成对比。

1948

这一作品是使埃姆斯在世界上声名大噪的贝壳椅的样椅。同样运用了铝外壳。这一作品的椅腿也是由交叉基座制成的。请与 C 图进行对比。

1948

将铝壳换为塑料壳进行制作的作品。为了增加强度在边缘处理下了软线。

1950

这一作品为摇椅。因为是初期的作品，平行底座是由交叉底座变形而来。

1948

此图为“台座椅”。一个椅腿的设计是为了消除桌子下的繁杂感。
1955—1956

埃罗·沙里宁的名作“台座椅”，别名为“郁金香椅”。
1955—1956

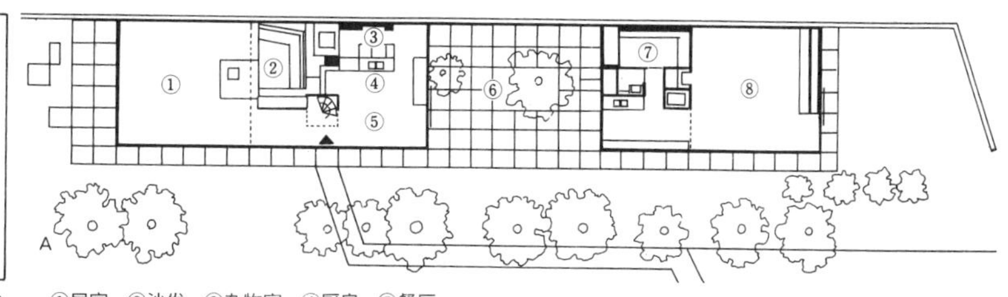

①居室、②沙发、③杂物室、④厨房、⑤餐厅、⑥院子、⑦暗房、⑧工作室外，居住区域和工作区域一共是两层，卧室在二楼的区域。
图为 1949 年建成的伊姆斯住宅，地面和屋顶是用钢铁的平面框架支撑的，墙壁由护墙板和玻璃制造，形成了一个明快的空间。

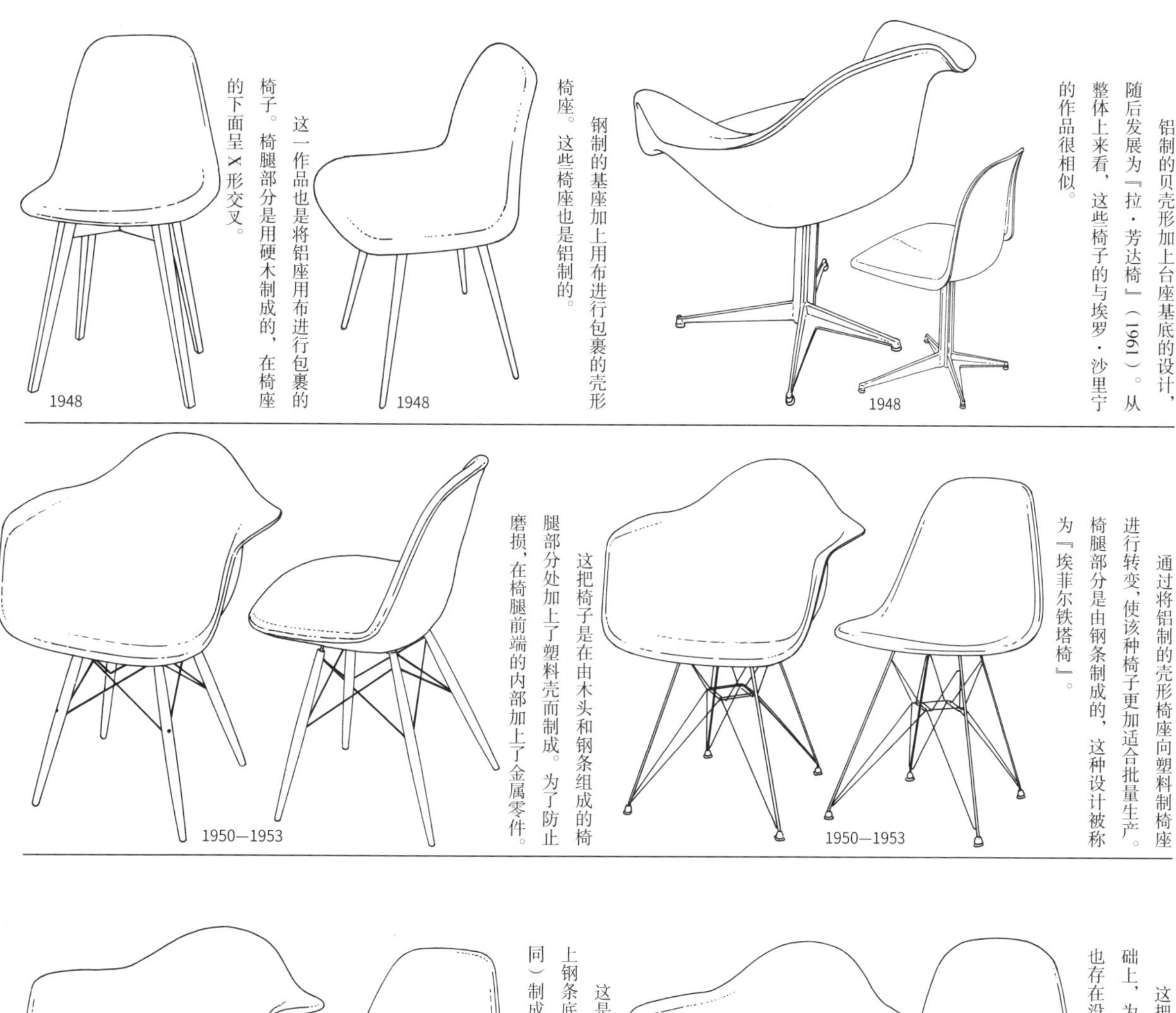

铝制的贝壳形加上台座基底的设计，随后发展为『拉·芳达椅』（1961）。从整体上来看，这些椅子的与埃罗·沙里宁的作品很相似。

钢制的基座加上用布进行包裹的壳形椅座。这些椅座也是铝制的。

这一作品也是将铝座用布进行包裹的椅子。椅腿部分是用硬木制成的，在椅座的下面呈X形交叉。

通过将铝制的壳形椅座向塑料制椅座进行转变，使该种椅子更加适合批量生产。椅腿部分是由钢条制成的，这种设计被称为『埃菲尔铁塔椅』。

这把椅子是在由木头和钢条组成的椅腿部分处加上了塑料壳而制成。为了防止磨损，在椅腿前端的内部加上了金属零件。

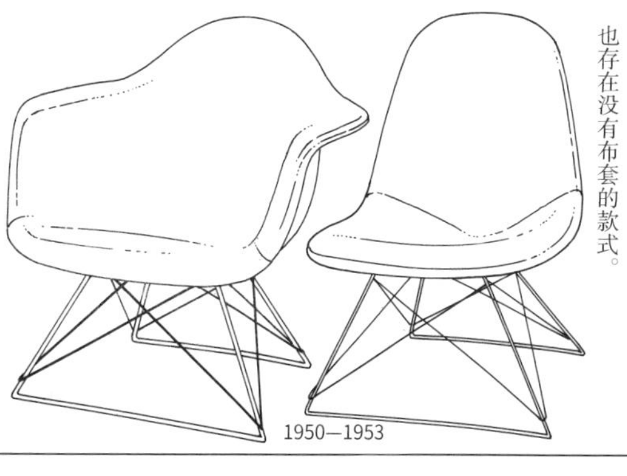

这把椅子是在钢条制成的低底座的基础上，为了提高舒适度而加上布套制成，也存在没有布套的款式。

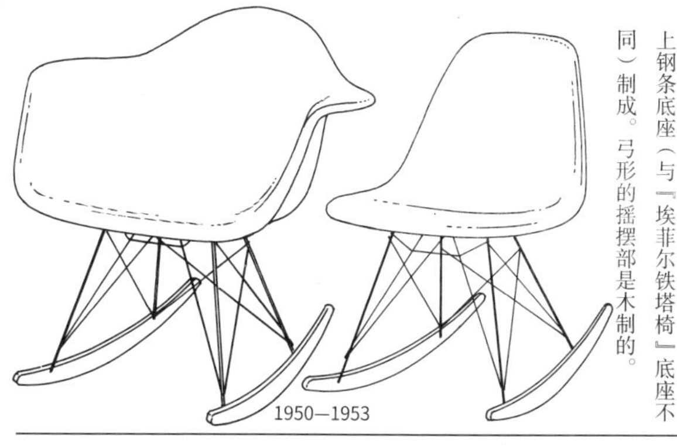

这是『摇椅』。在塑料壳的基础上加上钢条底座（与『埃菲尔铁塔椅』底座不同）制成。弓形的摇摆部是木制的。

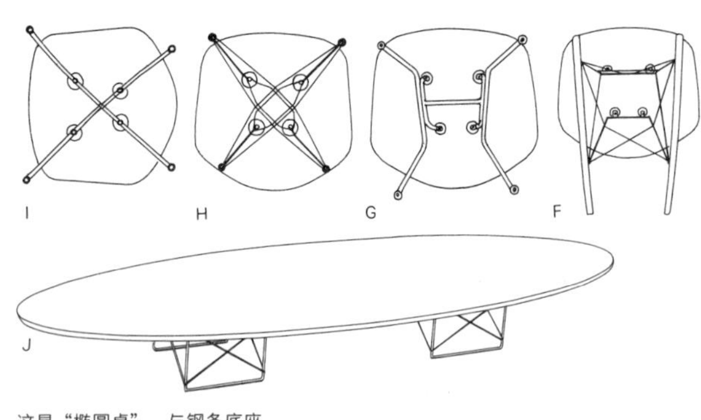

为了支撑塑料壳而进行的各种底座的尝试。
F　为了"摇椅"而制作的底座。
G　呈 H 形的底座，应该是通过铝压铸而成的。
H　"埃菲尔铁塔椅"的底座。
I　呈 X 形的底座。

这是"椭圆桌"，与钢条底座组合的长椭圆形桌子。桌面有白和黑两种颜色。
1951

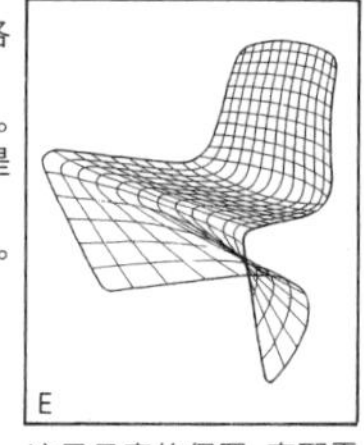

这是丹麦的保罗·克耶霍尔姆设计的"线椅"。这个作品最终没有被批量生产。
1953

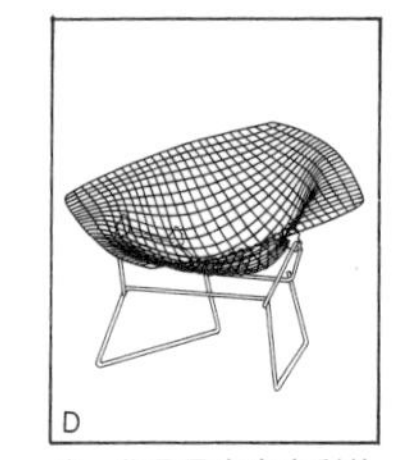

这一作品是由意大利的雕刻家哈里·贝尔托亚设计的『钻石椅』，其特点是对于金属线的使用。诺尔家具公司生产。
1952

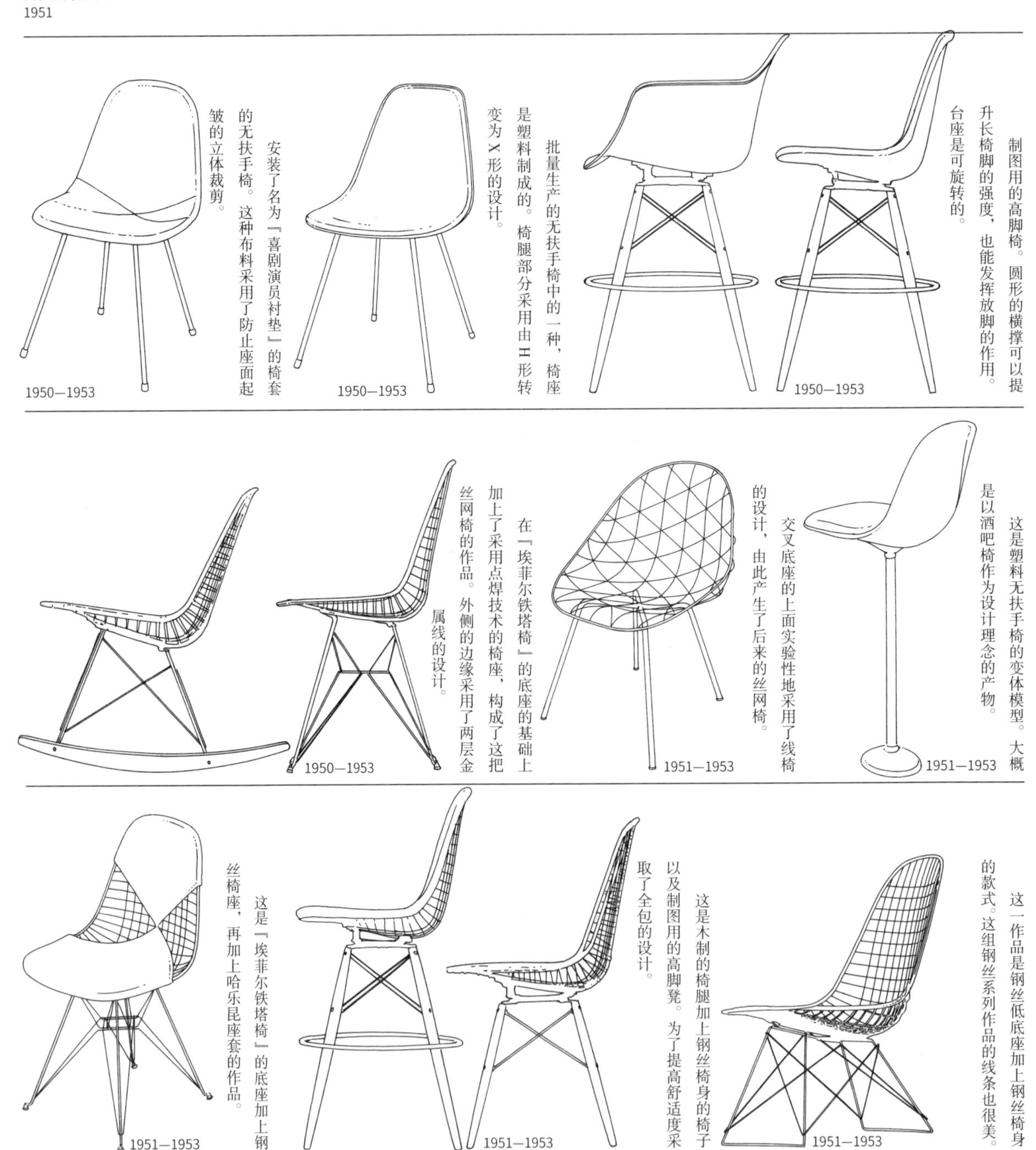

安装了名为『喜剧演员衬垫』的椅套的无扶手椅。这种布料采用了防止座面起皱的立体裁剪。
1950—1953

批量生产的无扶手椅中的一种，椅座是塑料制成的。椅腿部分采用由 H 形转变为 X 形的设计。
1950—1953

制图用的高脚椅。圆形的横撑可以提升长椅脚的强度，也能发挥放脚的作用。台座是可旋转的。
1950—1953

在『埃菲尔铁塔椅』的底座的基础上加上了采用点焊技术的椅座，构成了这把丝网椅的作品。外侧的边缘采用了两层金属线的设计。
1950—1953

交叉底座的上面实验性地采用了线椅的设计，由此产生了后来的丝网椅。
1951—1953

这是塑料无扶手椅的变体模型。大概是以酒吧椅作为设计理念的产物。
1951—1953

这是『埃菲尔铁塔椅』的底座加上钢丝椅座，再加上哈乐昆座套的作品。
1951—1953

这是木制的椅腿加上钢丝椅身的椅子以及制图用的高脚凳。为了提高舒适度采取了全包的设计。
1951—1953

这一作品是钢丝低底座加上钢丝椅身的款式。这组钢丝系列作品的线条也很美。
1951—1953

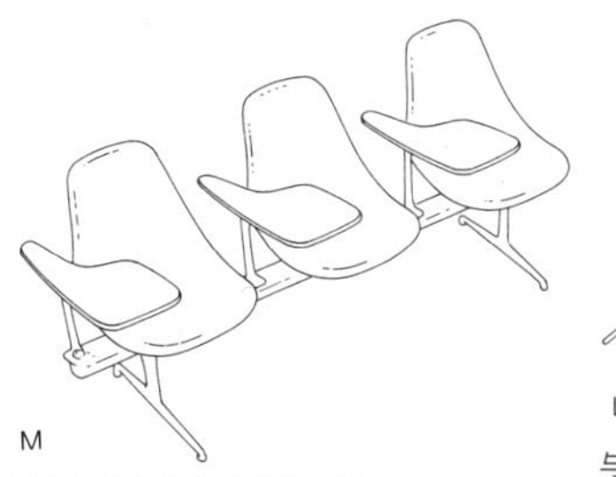

这是将右侧的会议座椅与铝压铸的基座相结合后形成的椅子。
1954

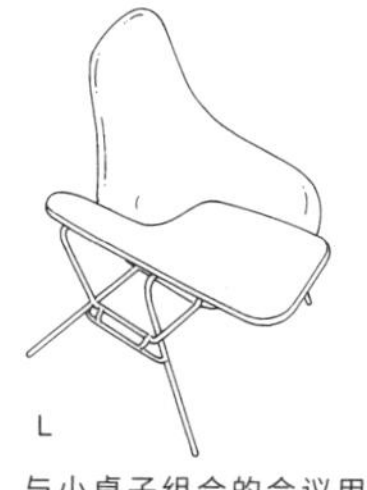

与小桌子组合的会议用变体款式。小桌子是可拆卸的。
1954

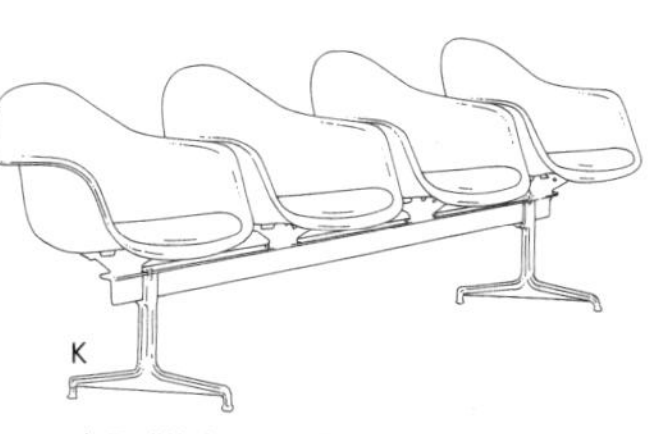

这是“体育场座椅”。
这一作品是由铝压铸的基座加上椅座制成。另外还有扶手椅以及无扶手椅的组合版本等，其变体模型很多。
1954

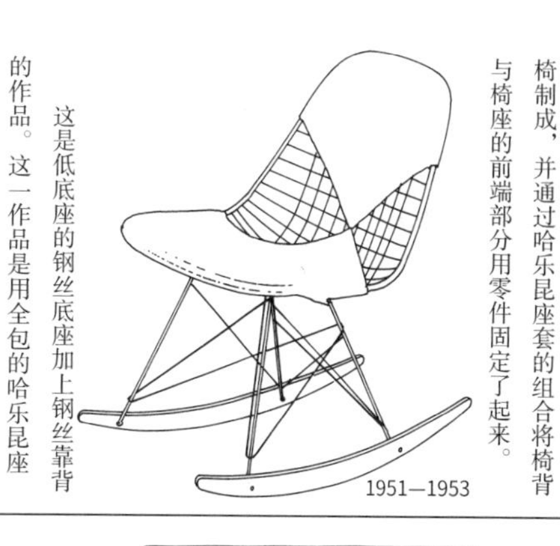

这一作品是在摇摆底座上加上钢丝座椅制成，并通过哈乐昆座套的组合将椅背与椅座的前端部分用零件固定了起来。
1951—1953

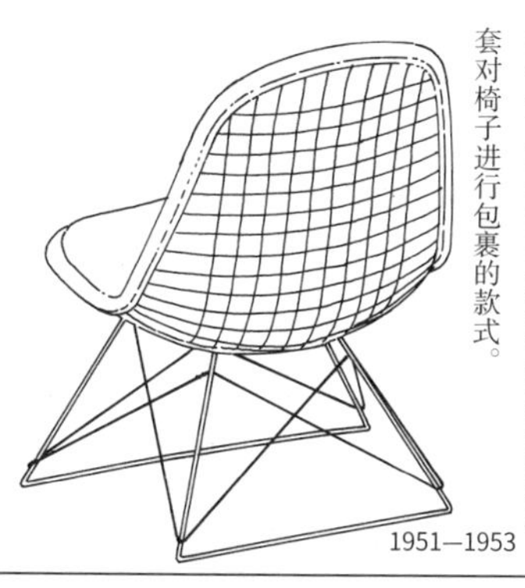

这是低底座的钢丝底座加上钢丝靠背的作品。这一作品是用全包的哈乐昆座套对椅子进行包裹的款式。
1951—1953

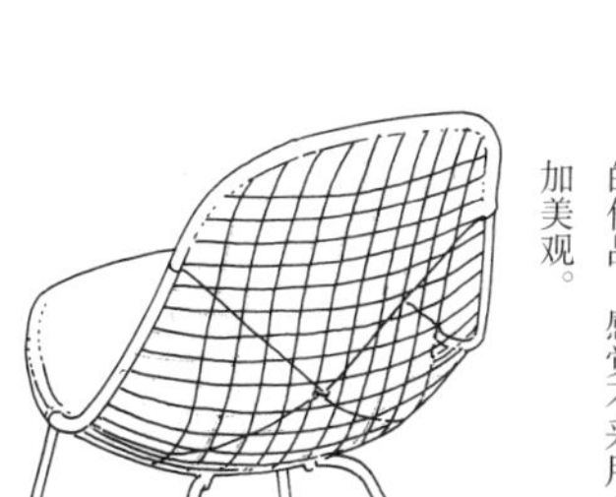

这是X形的交叉底座加上钢丝椅座的作品。感觉不采用全包结构的丝网椅更加美观。
1951—1953

这一作品是由第500页第二行右侧的样椅向沙发方向发展后形成的椅子。支撑椅背和椅座的是平面构架。
1951

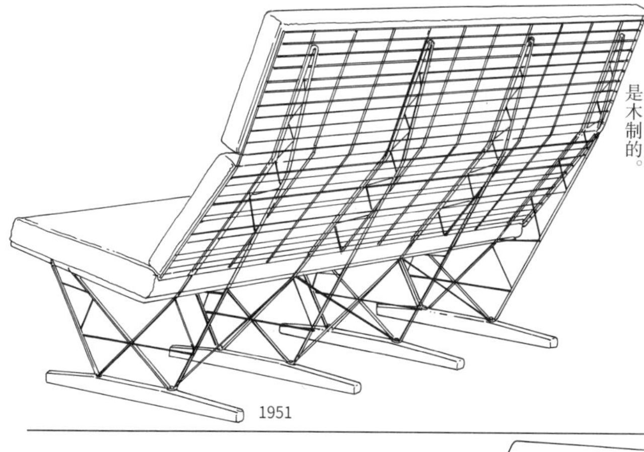

图为可以折叠的三人座沙发，与右侧的两人座沙发相比构造更为简单，其底座是木制的。
1951

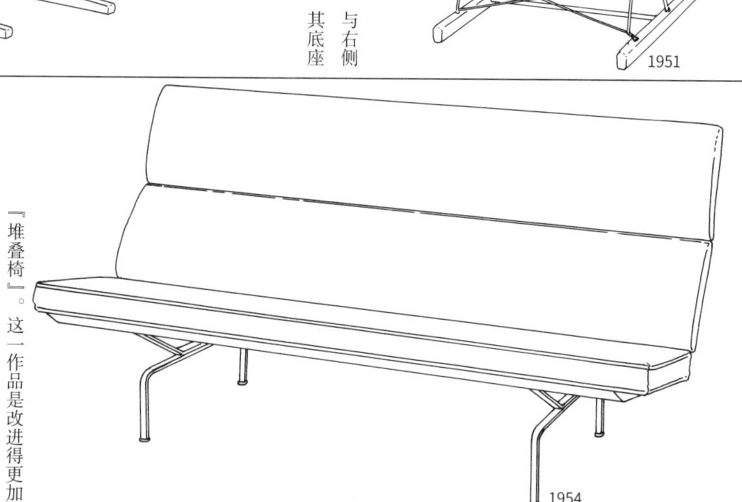

『沙发组合』。对第三行的钢丝沙发进行精简后的沙发。这套沙发也是可折叠的，以前曾进行过量产。
1954

『堆叠椅』。这一作品是改进得更加合理且实用的款式。可以进行横向连接，也可以进行堆叠摆放。
1955

1907—1978

查尔斯·伊姆斯

第 3 小节
合理性与功能性

接下来笔者想从美国的合理主义出发，对于作为工业产品的伊姆斯设计的家具稍加阐述。

20 世纪 40 年代一直使用成型胶合板。从 1950 年前后开始使用塑料的贝壳构造。底座也变为钢丝设计。而从 50 年代中期开始使用铝压铸的底座以及框架。到了 60 年代，缓冲性高的软垫系列问世。这样来看，各个时代是如何导入并利用新素材和新技术，又是如何将其反映到设计中去的这一事实就很容易理解了。设计并不总是领先的，而是通过不断的尝试创作，最终才会将能够批量化生产的合理性与追求实用的功能性进行完美的结合。

将家具作为『工业产品』来看的话，会想到冰冷、廉价、厌倦等词语，实在是没有什么好的印象。然而由伊姆斯领导的，仿佛是受到他的人格魅力吸引而聚集起来的工作室成员却创造出了不少名作。伊姆斯一直致力于追求机械、物与人三者之间的均衡协调，而像他这样的设计师恐怕再没有第二人了吧。令人欣慰的是，即便是在他去世后，美国的赫曼米勒公司及瑞士的威达公司现在仍继续对他的名作进行生产。

这一作品是在第 2 小节中介绍过的堆叠椅的原型。椅子的后腿着地部分相连接的这一特点，以及椅腿侧面连接的零件部分，与批量生产的模型有所不同。

1954

这是面向体育场而开发的座椅系统的原型。将贝壳形的塑料椅座用十字形的零件固定在铝制框架上（缓冲材料使用了橡胶）。

1954

这是被称为『伊姆斯躺椅』的作品，是伊姆斯的作品中最有名的椅子。各个部分相互分离的独特构造，在 1946 年的试作品中也被应用过。这把躺椅毫无疑问是在那些试作品的基础上诞生的。但是，作为这一作品构造上的一个很大的特点，是支撑起椅背和椅座的两根框架的这一设计理念，实际上是由汉斯·瓦格纳的作品发展而来的（C 图）。1953 年在他们相遇的时候，伊姆斯向瓦格纳讲明了这件事。黄檀木制成的胶合板有着美丽的木纹，然而遗憾的是由于木材的匮乏而难以得到，因而不得不改用柚木材料。该椅子一直以其高舒适度而著称，传闻说这种椅子『一躺上就能睡着』。

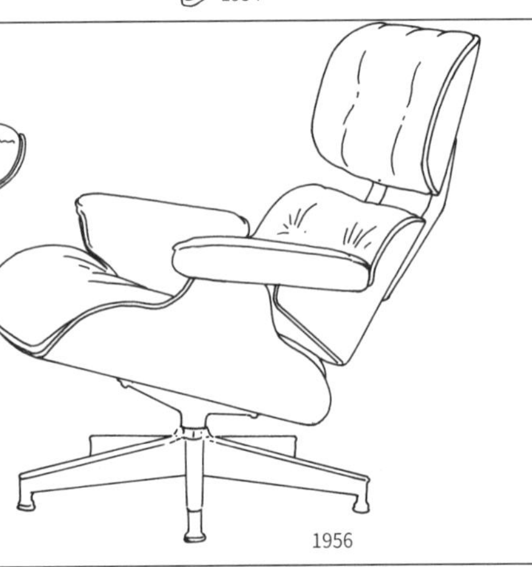

1956

这是与右侧作品配套的垫脚凳。只作为单个的椅子来看也很美观。最初发布的时候为可旋转式结构，随后又改为固定式。

1956

在上面的躺椅出现之后，又开始大量产生压铸铝的作品。右侧的作品是室内、室外两用椅的原型。椅座的质地为聚酯，框架是由镜面化压铸铝制成的。左侧是批量生产的模型，在椅座上加入了薄衬垫。

图为可以转换不同角度的办公桌用椅款式。

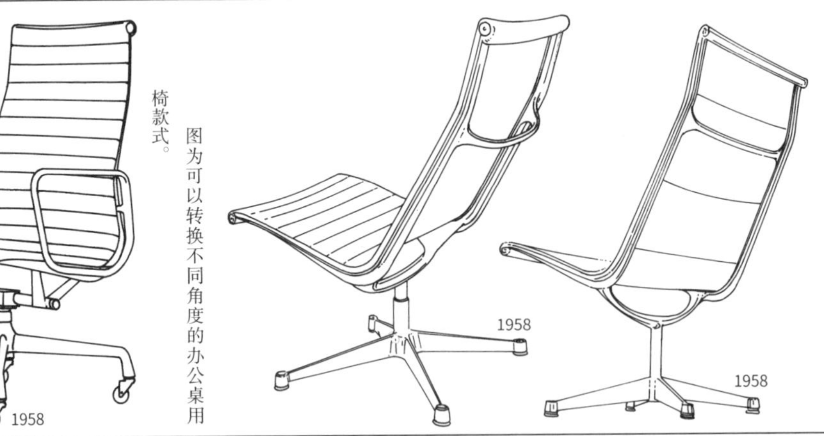

1958　1958　1958

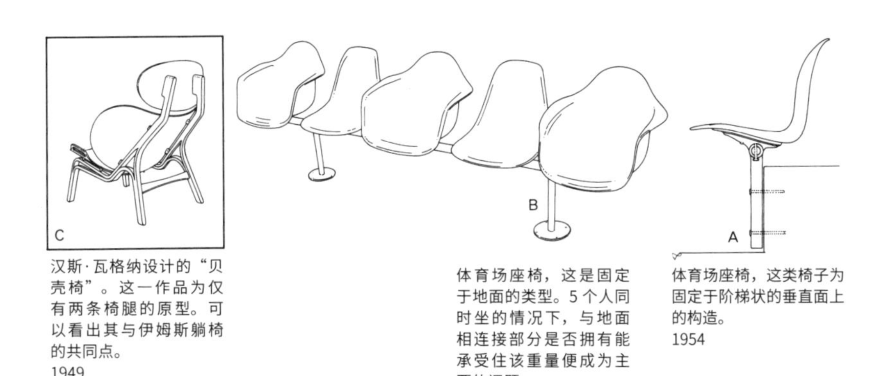

汉斯·瓦格纳设计的“贝壳椅”。这一作品为仅有两条椅腿的原型。可以看出其与伊姆斯躺椅的共同点。
1949

体育场座椅，这是固定于地面的类型。5个人同时坐的情况下，与地面相连接部分是否拥有能承受住该重量便成为主要的问题。
1954

体育场座椅，这类椅子为固定于阶梯状的垂直面上的构造。
1954

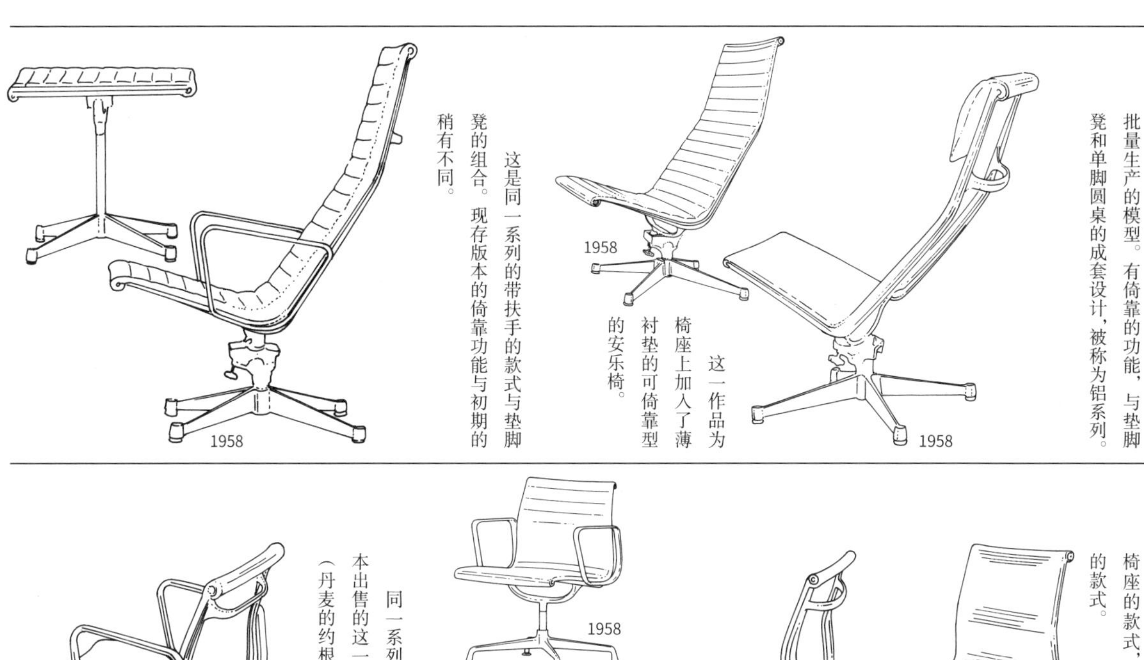

室内、室外两用的款式，普遍认为是批量生产的模型。有倚靠的功能，与垫脚凳和单脚圆桌的成套设计，被称为铝系列。

这一作品为椅座上加入了薄衬垫的可倚靠型的安乐椅。

这是同一系列的带扶手的款式与垫脚凳的组合。现存版本的倚靠功能与初期的稍有不同。

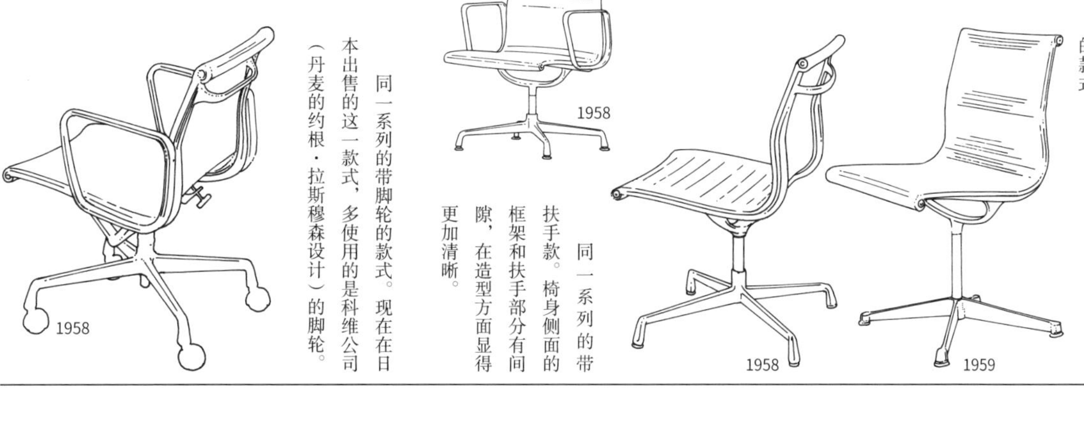

同一系列的低背椅。右侧的为聚酯椅座的款式，左侧为在椅座上加入衬垫的款式。

同一系列的带扶手款。椅身侧面的框架和扶手部分有间隙，在造型方面显得更加清晰。

同一系列的带脚轮的款式。现在在日本出售的这一款式，多使用的是科维公司（丹麦的约根·拉斯穆森设计）的脚轮。

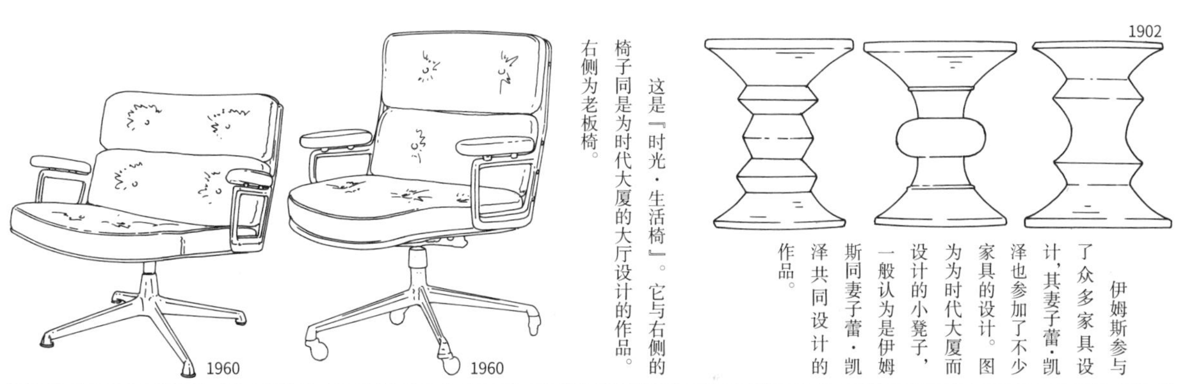

伊姆斯参与了众多家具设计，其妻子蕾·凯泽也参加了不少家具的设计。图为为时代大厦而设计的小凳子，一般认为是伊姆斯同妻子蕾·凯泽共同设计的作品。

这是『时光·生活椅』。它与右侧的椅子同是为时代大厦的大厅设计的作品。右侧为老板椅。

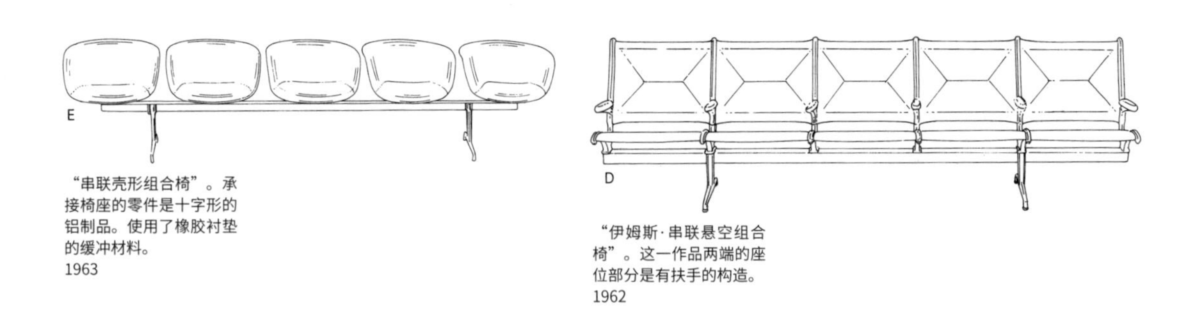

“串联壳形组合椅”。承接椅座的零件是十字形的铝制品。使用了橡胶衬垫的缓冲材料。
1963

“伊姆斯·串联悬空组合椅”。这一作品两端的座位部分是有扶手的构造。
1962

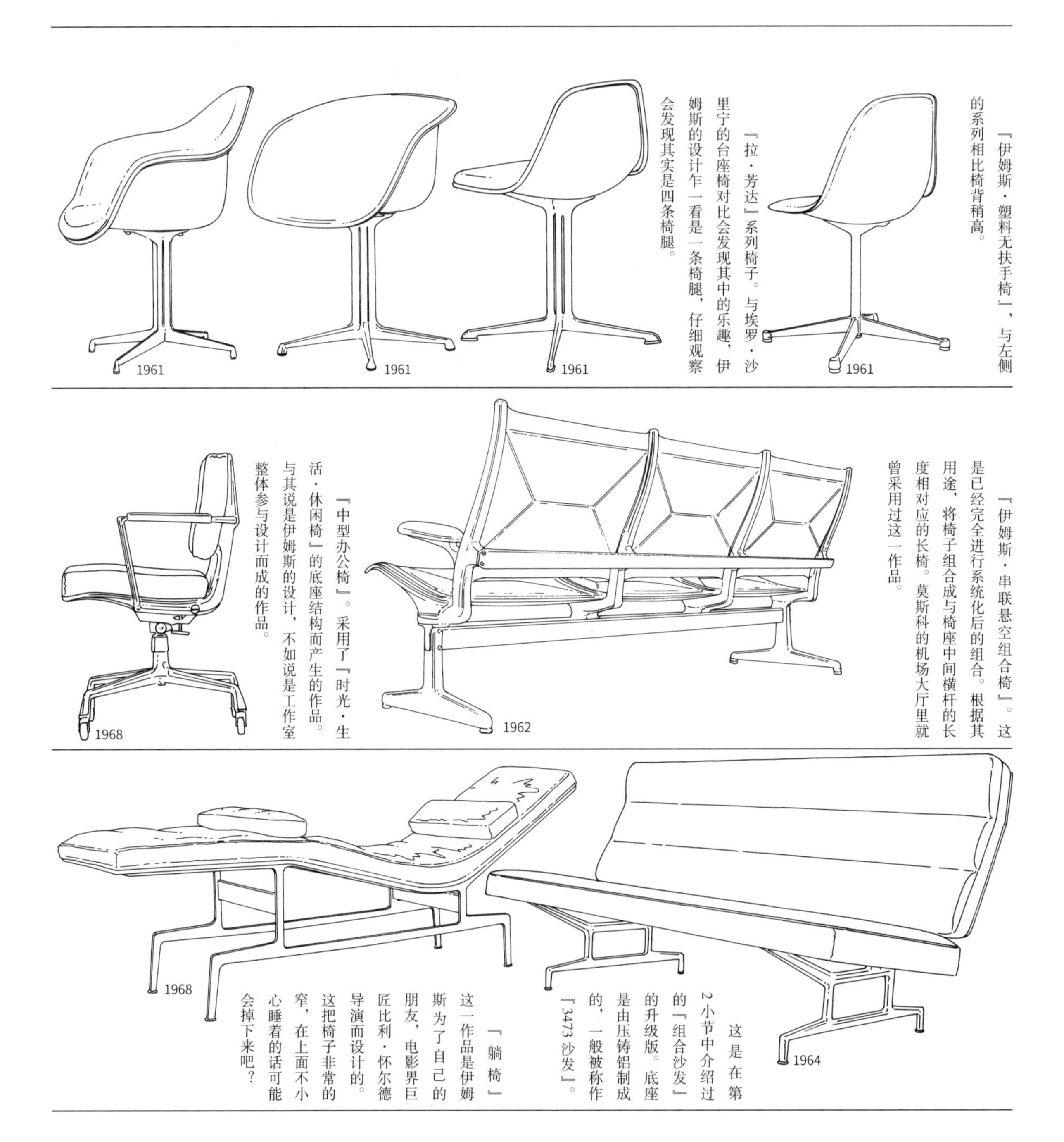

「伊姆斯・塑料无扶手椅」，与左侧的系列相比椅背稍高。

「拉・芳达」系列椅子。与埃罗・沙里宁的台座椅对比会发现其中的乐趣，伊姆斯的设计乍一看是一条椅腿，仔细观察会发现其实是四条椅腿。

「伊姆斯・串联悬空组合椅」。这是已经完全进行系统化后的组合。根据其用途，将椅子组合成与椅座中间横杆的长度相对应的长椅。莫斯科的机场大厅里就曾采用过这一作品。

「中型办公椅」。采用了「时光・生活・休闲椅」的底座结构而产生的作品。与其说是伊姆斯的设计，不如说是工作室整体参与设计而成的作品。

这是在第2小节中介绍过的「组合沙发」的升级版。底座是由压铸铝制成的，一般被称作「3473沙发」。

「躺椅」这一作品是伊姆斯为了自己的朋友，电影界巨匠比利・怀尔德导演而设计的。这把椅子非常的窄，在上面不小心睡着的话可能会掉下来吧？

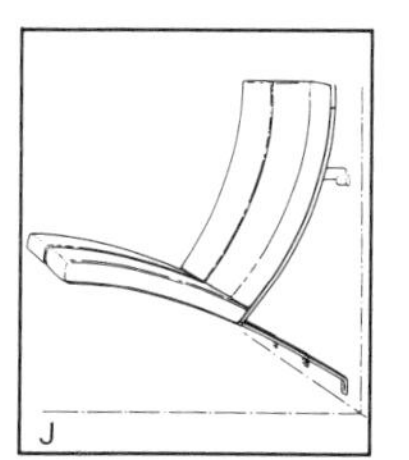

这一作品是由丹麦的保罗·克耶霍尔姆设计的，为固定在壁面上的悬臂式设计。
1965

这是为了纽约世博会的IBM展馆而设计的作品，可以固定在墙壁上。与左侧的保罗·克耶霍尔姆的作品形成了对比。
1964—1965

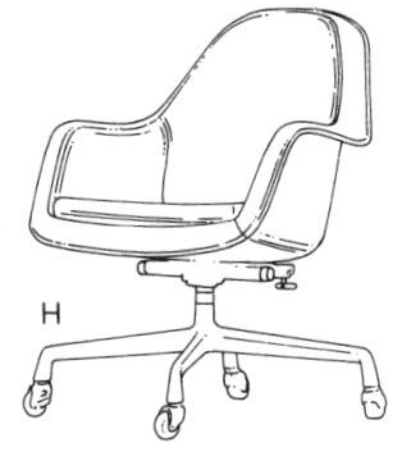

这一作品为“软垫扶手椅”，带有小滚轮，椅背是可以倚靠的结构。
1971

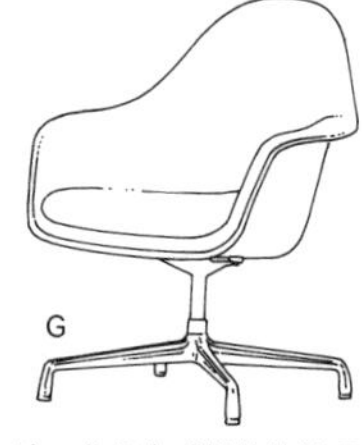

这一作品为“松软垫扶手椅”，与第四行右侧的沙发同属一个系列。
1971

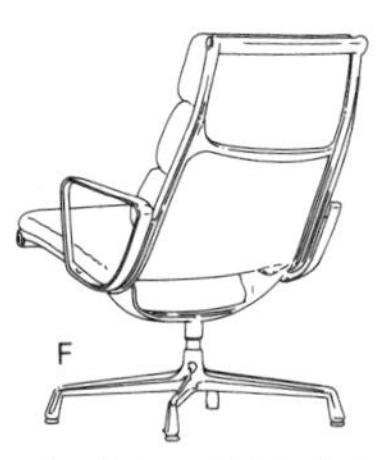

这一作品是“软垫组”的安乐椅，为扶手款。
1969

这一行是被称为『软垫组』的椅子系列作品，为了提高舒适度，增加了椅子坐垫的厚度，上一页第四行的作品也包含在内。

1969

同一系列的作品，此为办公桌用的靠背款式，此系列中同样靠背款式的安乐椅。

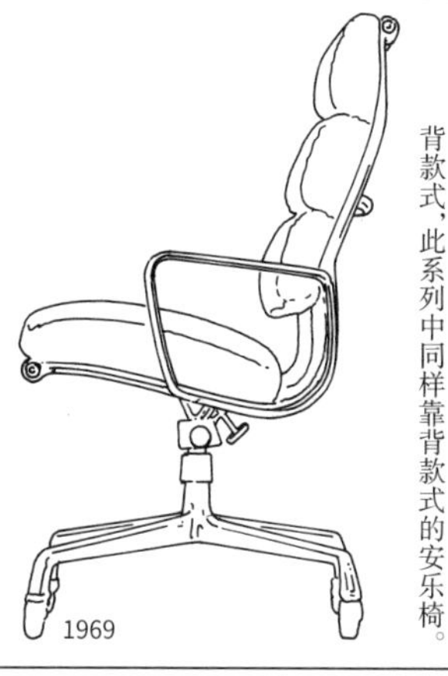

1969

同一系列的低背椅，该系列也有采用厚坐垫设计的长软椅。

1969

这一作品为制图用的椅子，延续了一直以来的壳形构造，可以调节座位的高度。椅套采用了乙烯树脂或是布的材料。

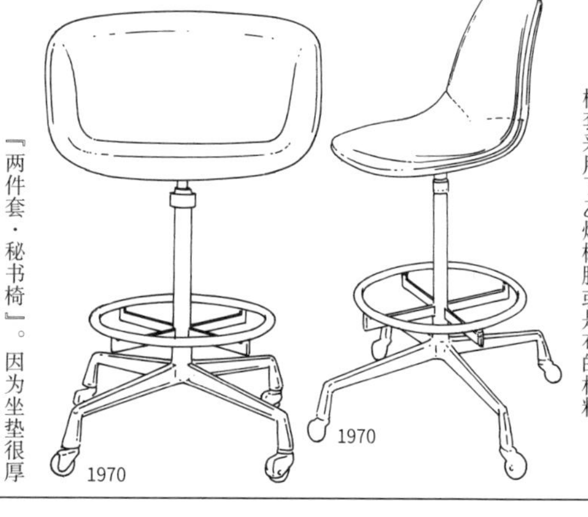

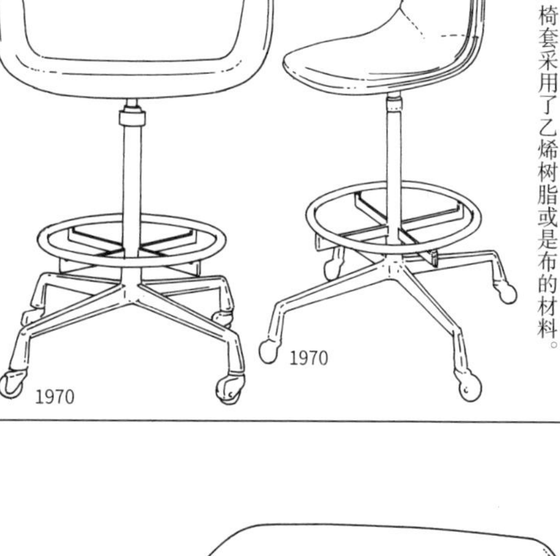

1970

1970

『两件套·秘书椅』。因为坐垫很厚所以具有很高的舒适度。

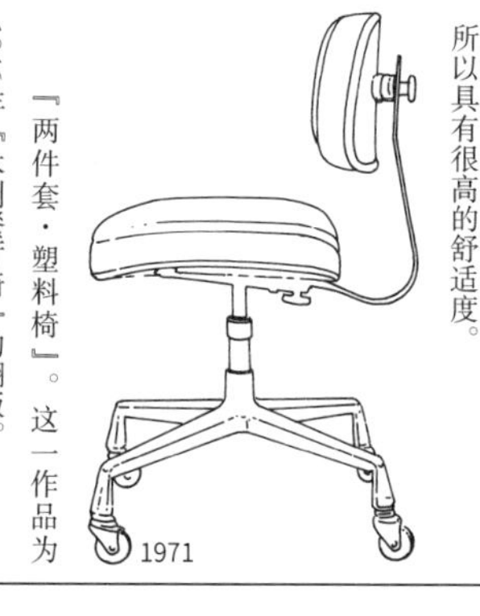

1971

『两件套·塑料椅』。这一作品为1946年『木制餐厅椅』的翻版。

1971

『软垫沙发』。这一作品可谓是是集当时各种作品的设计要素之大成的典范。

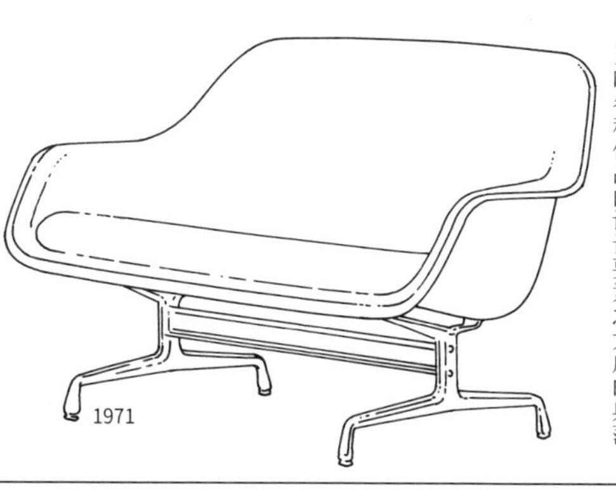

1971

『伊姆斯·柚木皮革沙发』。这一作品是在伊姆斯去世之后问世的，与上一页第四行右侧的沙发非常相似，其特征是各零部件呈分离状态。

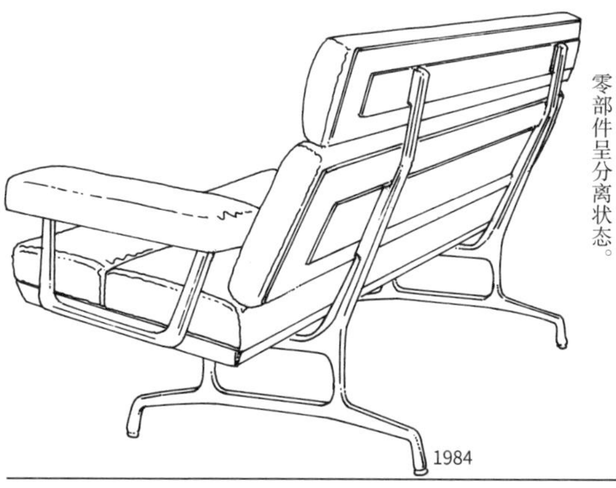

1984

1908—1986

乔治·尼尔森

第1小节
世纪中期·现代风格

乔治·尼尔森（以下简称尼尔森）于1908年出生于美国康涅狄格州的哈特福德，1931年毕业于耶鲁大学，由此开始其建筑师的生涯。1932—1941年间，在罗马美国学院进行学习，并在这一时期的竞赛中获得了罗马奖（绘画方面）。1936—1941年与威廉·汉比一同在纽约创建了建筑设计事务所。在此期间，设计了60件左右的作品，与此同时执教于母校耶鲁大学一直到1940年。1935—1944年间，担任杂志《建筑形式》的编辑，1944年在时光社就任副主编，同时担任哥伦比亚大学的讲师。1946年成立了自己的建筑设计与产业设计事务所。从1946—1966年的这二十年间，担任赫曼米勒公司的设计总监。1935年出版了《椅子》（首版是由惠特尼出版社出版，再版于1994年，由阿卡西斯出版社出版）。1957年出版《设计中的问题》（日语版为1965年，长狂平译，纪伊国屋书店出版）。1977年发表《如何看》。除了这些出版活动，1968年他还在奥利维蒂社设计了打印机『编辑者』并参与了1964年纽约世博会一些展馆的设计，1983年参与费城美术馆『1945年以后的设计展』的总设计等涉及的领域相当广泛。

1946年发表的『基础储存组件』系列的其中一个作品，是在图示的这几把长凳的基础上，在上面加上特制的搁板而制成的。

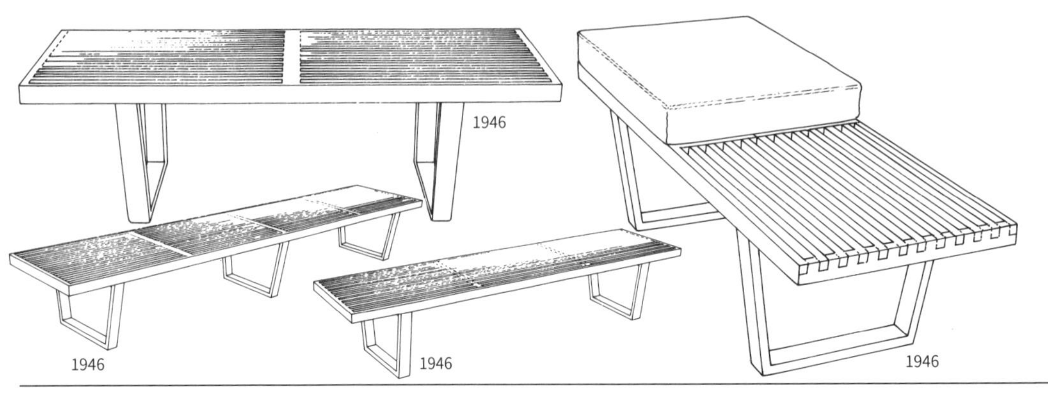
1946　1946　1946　1946

日本最初的厨房餐间在日本住宅公团的社区中出现时，经常在厨房中使用餐厅设施就是这里展示的钢材框架与塑料、皮革质地组合的廉价椅子模型组合。相比尼尔森也做了大量参考吧。这种椅子应该说是最早出现在日本人日常生活中的作品。

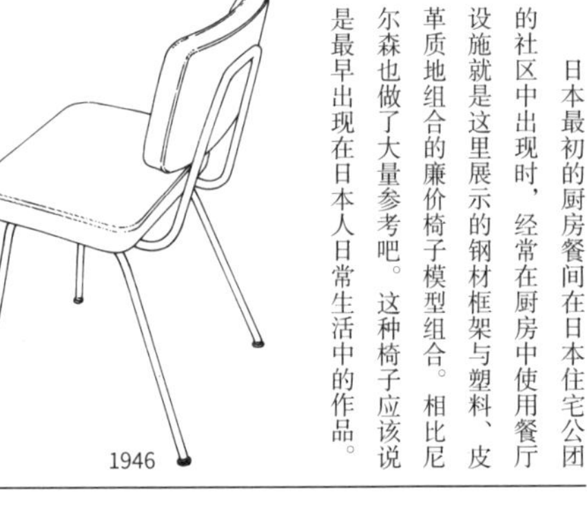

1946

这是同属一个系列的作品。右侧的是商品编号为4669的作品，椅背部分是藤条绷成的。左侧的商品编号为4668，椅背的部分与椅座的部分同为布料包裹而成。椅子后腿的形状不禁让人想起了吉奥·庞蒂的作品。

1952　1952

图为使用了与第三行右侧的椅子相同椅座和椅脚框架的作品，为商品编号为4672的『浮华』系列中的凳子。

1946

这一作品属于剖面呈L形的钢架椅系列。商品编号为5068。尺寸为宽45.7厘米，纵深49.5厘米，高88.6厘米。框架由黑或白的磁漆涂制，由山毛榉材的框架加藤面制成。

1952

这一作品为扶手椅，商品编号为5069。这样棱角分明的作品，在之后的立方体系列中有出现。

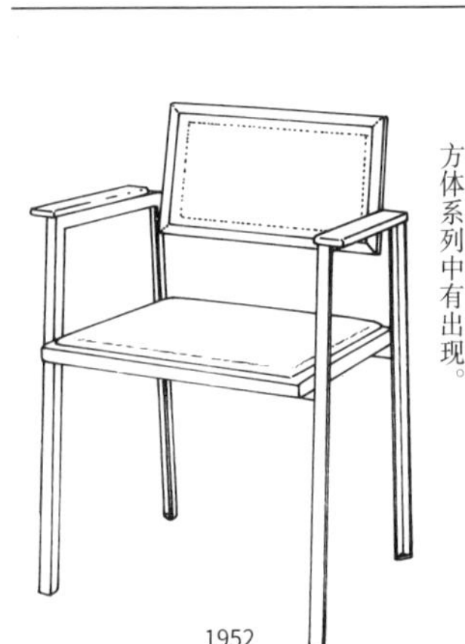
1952

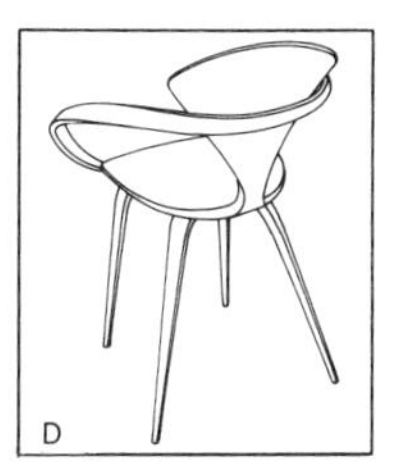

保罗·高曼设计的“彻纳椅”。20 世纪 50 年代他发表了一系列的作品，但关于这段经历有很多不明了的地方。
1956

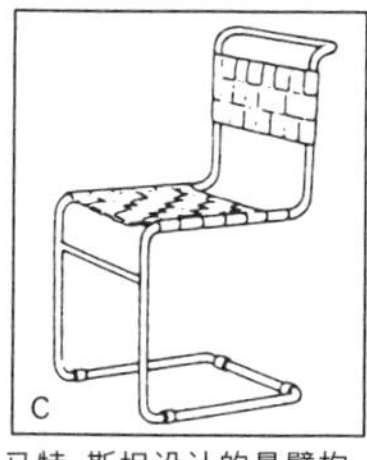

马特·斯坦设计的悬臂构造的椅子的最初试作模型。这一作品问世后，后世接连出现了大量此类型的作品。
1927

这是吉奥·庞蒂的作品。图为由意大利卡西纳公司制作的模型，椅脚的两端进行了细化的处理，这种处理在这一时期尤为常见。
1953—1954

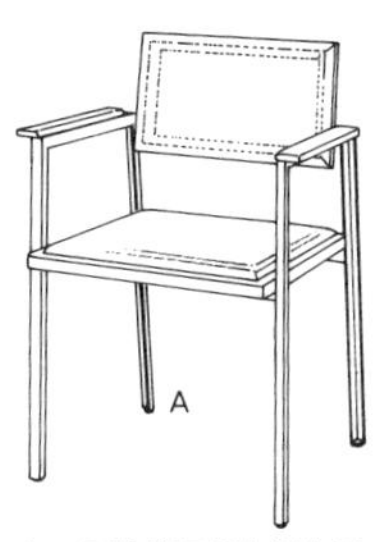

上一页的第四行左侧作品的变体模型，椅座加入了缓冲材料的这种款式也开始投产。
1952 年以前

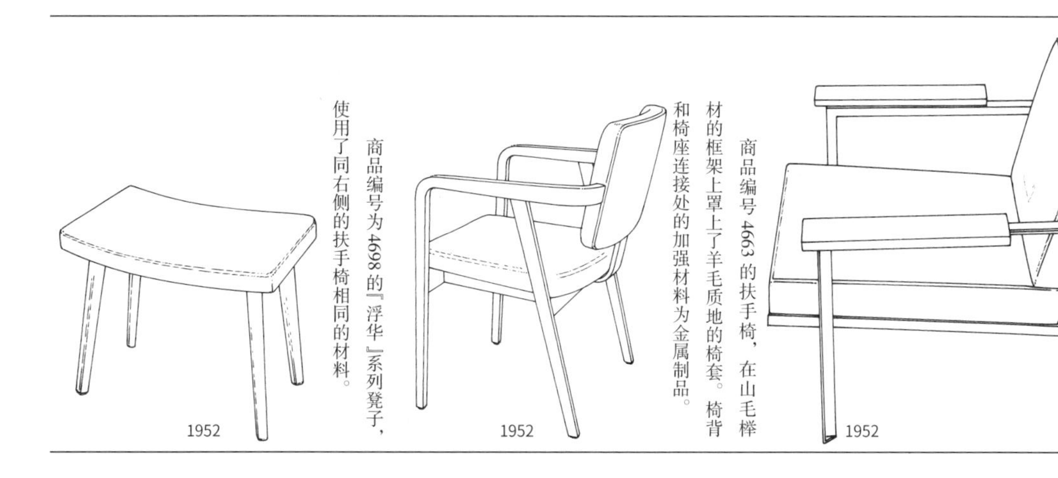

与上一页第四行左侧的作品同属一个系列，商品编号为5080。框架的素材和构造相同，但椅背和椅座是有软垫的。
1952

商品编号4663的扶手椅，在山毛榉材的框架上罩上了羊毛质地的椅套。椅背和椅座连接处的加强材料为金属制品。
1952

商品编号为4698的『浮华』系列凳子，使用了同右侧的扶手椅相同的材料。
1952

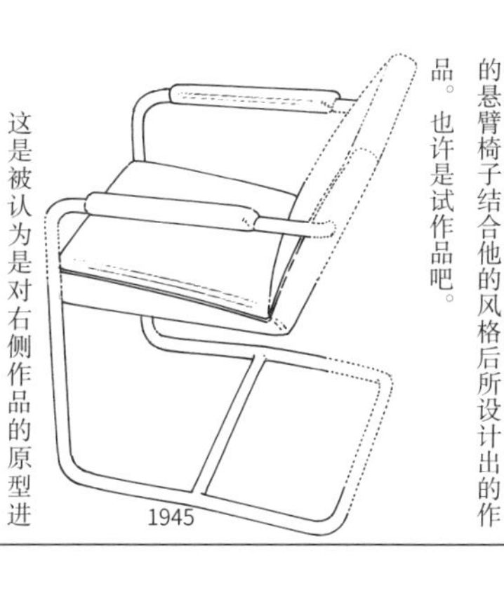

大概是于1945年前后设计的作品，一年后在他本人事务所中与桌子进行了搭配使用。是将马特·斯坦和马塞·布劳耶的悬臂椅子结合他的风格后所设计出的作品。也许是试作品吧。
1945

这是被认为是对右侧作品的原型进行再设计而创作的作品。椅背和椅座之间的加强材料与上一行中间的作品所采用的材料相同。
1898

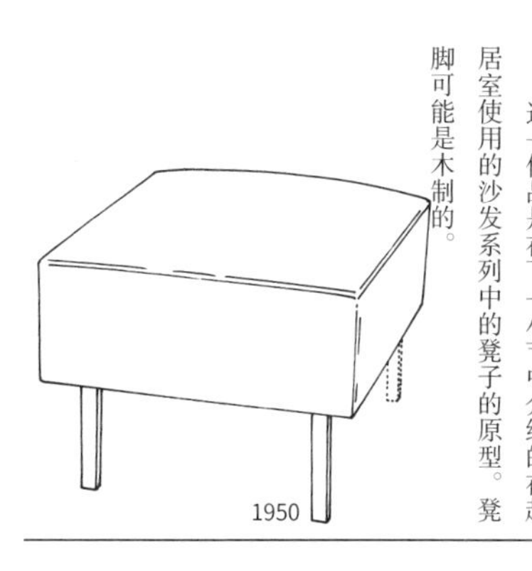

这一作品是在下一小节中介绍的在起居室使用的沙发系列中的凳子的原型。凳脚可能是木制的。
1950

这是所有部分都是由成型胶合板制成的作品。这些作品也许是受到了伊姆斯的胶合板椅子的影响。椅脚芯是实木。
1950

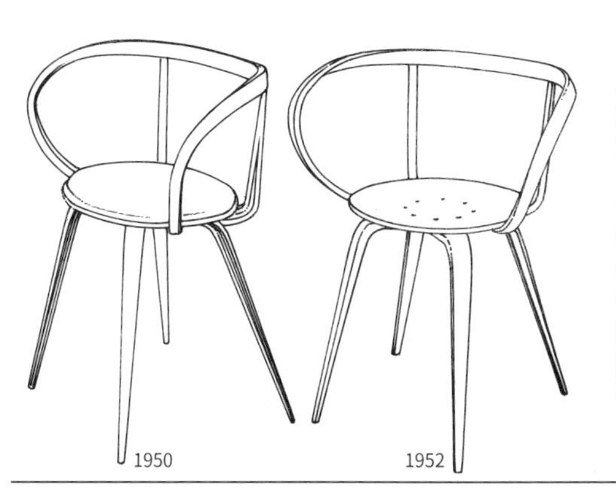

『椒盐饼干椅』。正如其名，这种椅子的特点就是其将成型胶合板弯曲后形成的扶手部分。索耐特公司扶手椅9号成了这把椅子的创作的灵感。有说法称，这一作品的设计不是尼尔森，而是约翰·派尔，是他为了尼尔森的事务所而设计的作品。与这个作品十分相似的有保罗·高曼的作品（D图）。左侧是有椅垫的款式。
1950　1952

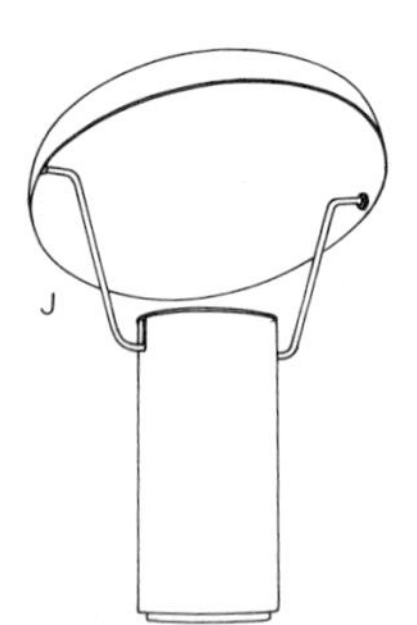
J

在圆筒中加入光源，光照在伞状部位处可作为间接照明工具。该作品被认为是意大利风格的设计。
1960

I

专门设计的照明器具，随后由阿特曼公司定价16美元进行发售。
1952

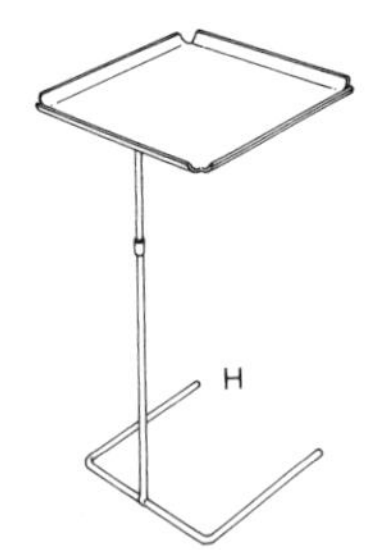
H

这是拥有纤细钢架的悬臂构造的桌子，与安乐椅和床进行组合使用。
20世纪40年代

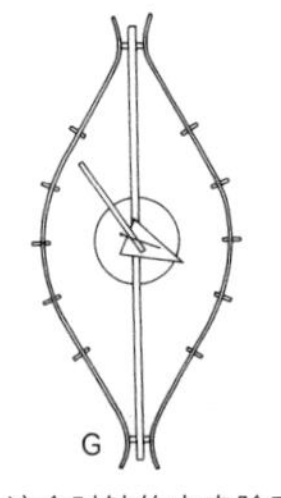
G

这个时钟的中央除了圆形的部分以外的都是空的，如果吊在像窗户等地方的话应该很有趣。
20世纪50年代

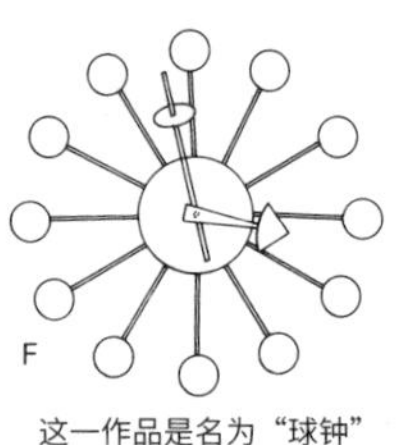
F

这一作品是名为“球钟”的时钟，它的各个部分都是立体的，十分有趣。
1947

E

日本的提灯是野口勇以“光明”为名而进行设计的，在世界范围引起了讨论。同一时期的纳尔逊也发布了名为“泡泡灯”的类似的照明用具。
1947—1950

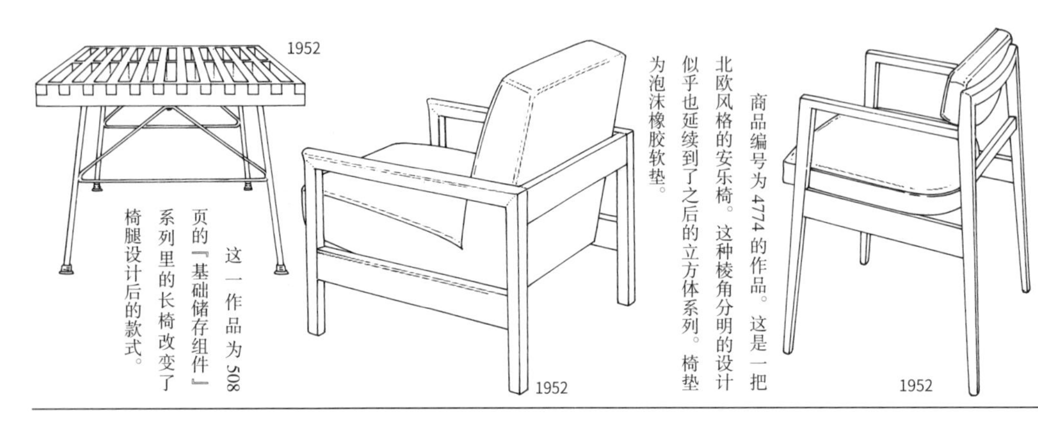
1952
1952
1952

这一作品虽然没有登记在赫曼米勒公司的目录中，但在该公司的介绍材料中与尼尔森所设计的桌子等一同进行了介绍，因此被认为是他的作品，这也许是原型吧？

商品编号为4774的作品。这是一把北欧风格的安乐椅。这种棱角分明的设计似乎也延续到了之后的立方体系列。椅垫为泡沫橡胶软垫。

这一作品为508页的『基础储存组件』系列里的长椅改变了椅腿设计后的款式。

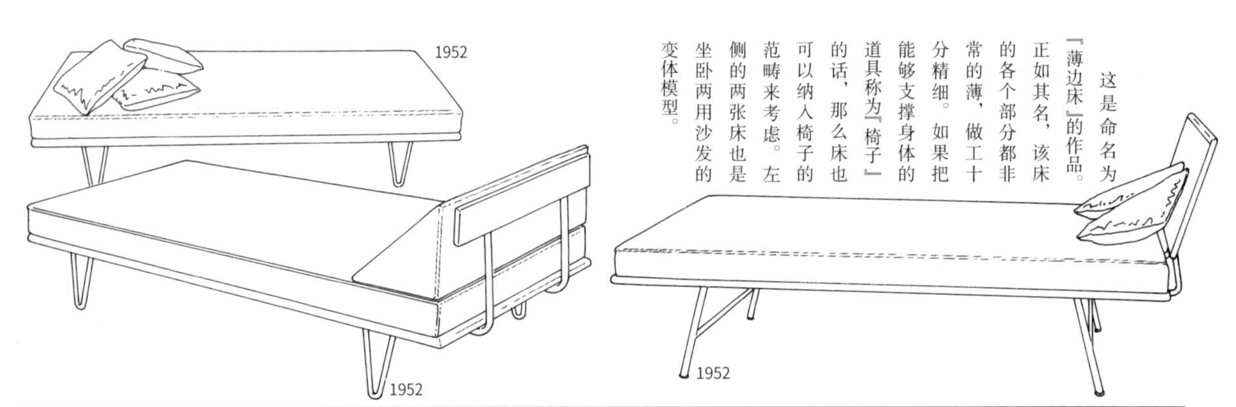
1952
1952
1952

这是命名为『薄边床』的作品。正如其名，该床的各个部分都非常的薄，做工十分精细。如果把能够支撑身体的道具称为『椅子』的话，那么床也可以纳入椅子的范畴来考虑。左侧的两张床也是坐卧两用沙发的变体模型。

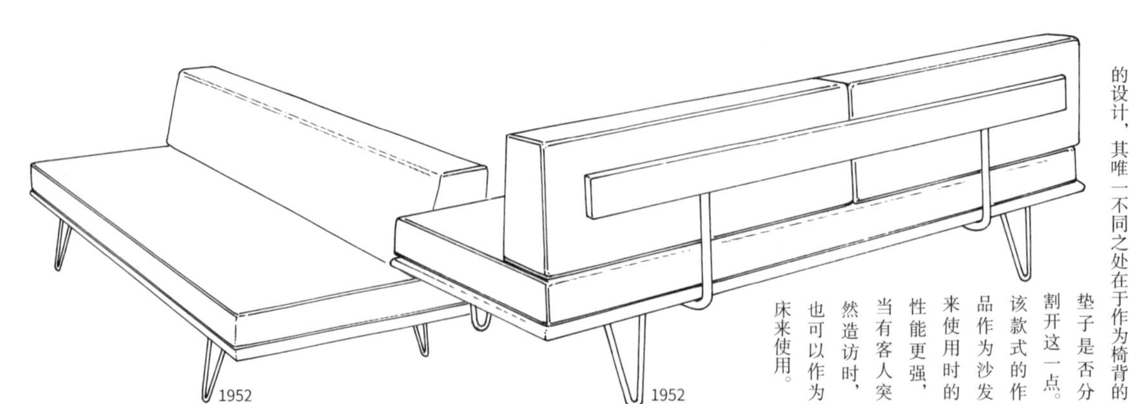
1952
1952

两张坐卧两用沙发。右侧的商品编号为5087，左侧的为5088。几乎是一样的设计，其唯一不同之处在于作为椅背的垫子是否分割开这一点。该款式的作品作为沙发来使用时的性能更强，当有客人突然造访时，也可以作为床来使用。

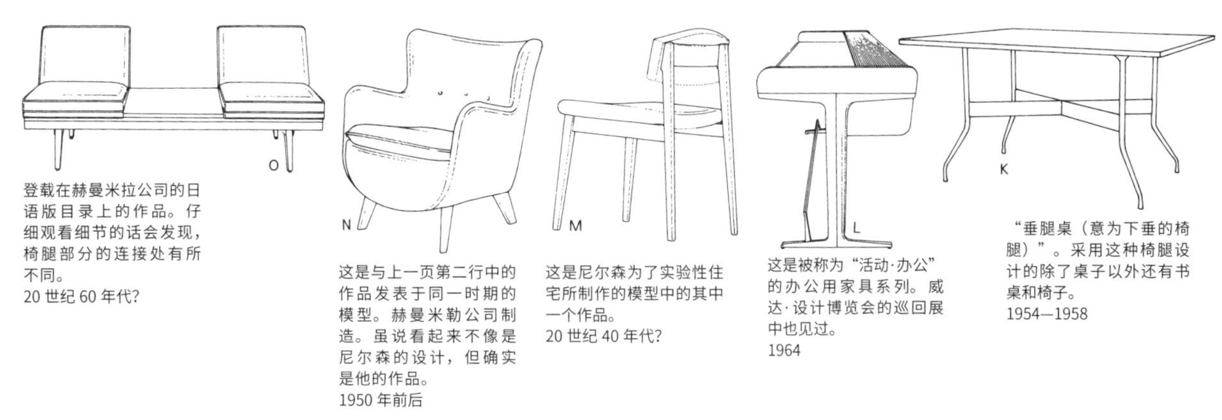

登载在赫曼米拉公司的日语版目录上的作品。仔细观看细节的话会发现，椅腿部分的连接处有所不同。
20 世纪 60 年代？

这是与上一页第二行中的作品发表于同一时期的模型。赫曼米勒公司制造。虽说看起来不像是尼尔森的设计，但确实是他的作品。
1950 年前后

这是尼尔森为了实验性住宅所制作的模型中的其中一个作品。
20 世纪 40 年代？

这是被称为“活动·办公”的办公用家具系列。威达·设计博览会的巡回展中也见过。
1964

“垂腿桌（意为下垂的椅腿）”。采用这种椅腿设计的除了桌子以外还有书桌和椅子。
1954—1958

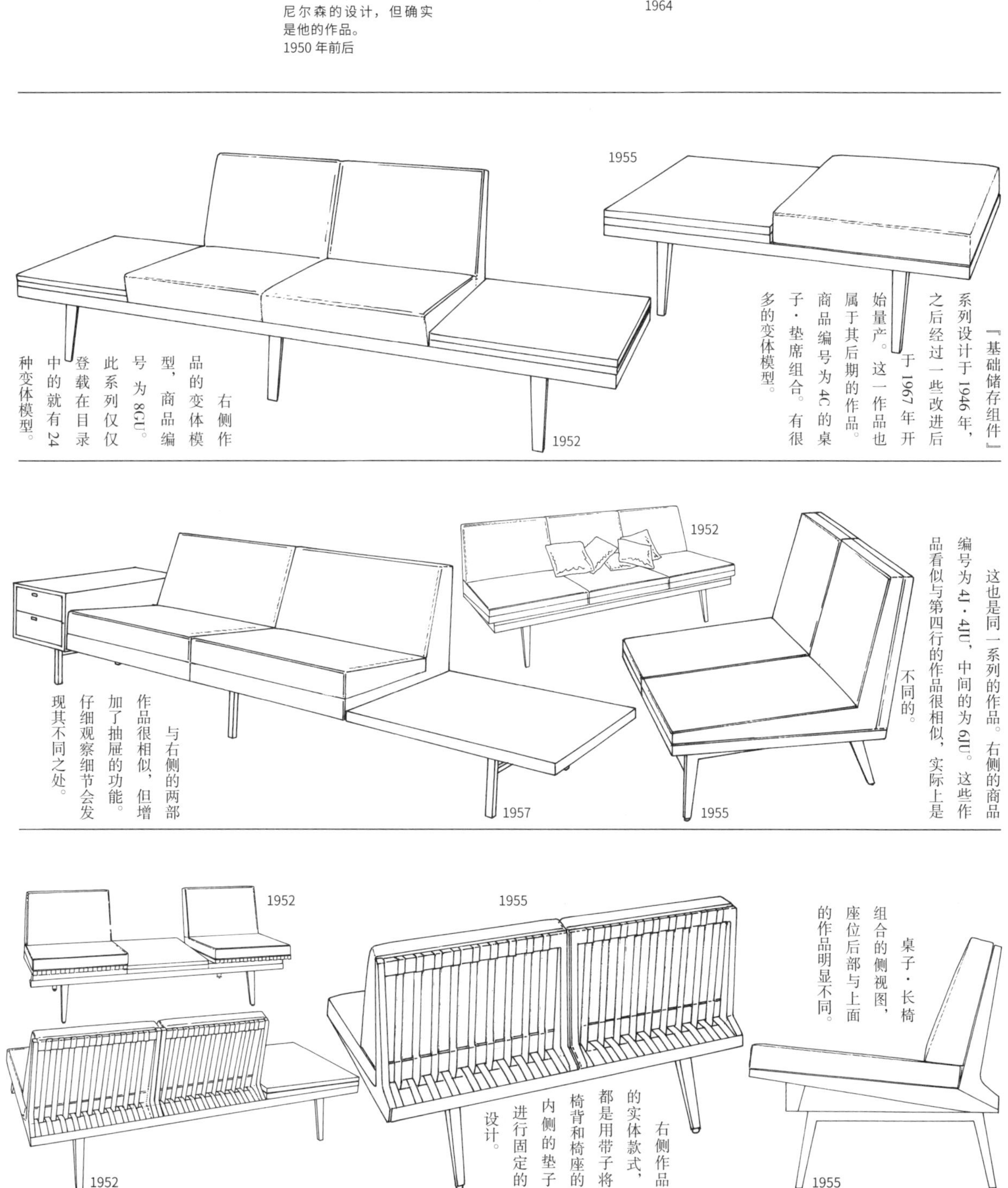

『基础储存组件』系列设计于 1946 年，之后经过一些改进后于 1967 年开始量产。这一作品也属于其后期的作品。商品编号为 4C 的桌子·垫席组合。有很多的变体模型。

右侧作品的变体模型，商品编号为 8GU。此系列仅仅登载在目录中的就有 24 种变体模型。

这也是同一系列的作品。右侧的商品编号为 4J·4JU，中间的为 6JU。这些作品看似与第四行的作品很相似，实际上是不同的。

与右侧的两部作品很相似，但增加了抽屉的功能。仔细观察细节会发现其不同之处。

桌子·长椅组合的侧视图，座位后部与上面的作品明显不同。

右侧作品的实体款式，都是用带子将椅背和椅座的内侧的垫子进行固定的设计。

1908—1986

乔治·尼尔森

第2小节
赫曼米勒公司

在第1小节中已经介绍过尼尔森的经历，在此就对与他联系最为紧密的家具制造商赫曼米勒公司加以介绍。该公司于1923年成立于密歇根州的一个小城中，初期与美国其他的小型家具公司一样，生产廉价的模仿商品。1931年，产业设计师巴特罗德就任该公司总监一职，之后公司开始了向现代家具制作的转型。1946年，尼尔森接任了总监的职务。他开始展开了『基础储存组件』的设计，为公司的业绩做出了贡献。1958年设计了『全面储存系统』。除此之外还发表了很多在本书里介绍过的椅子名作。然而他对赫曼米勒公司最大的贡献，应该说是迎来了查尔斯·伊姆斯吧。由于这两人的设计，使得赫曼米勒公司从密歇根州的一个无名家具公司成了世界级的大企业。关于其中的原因，尼尔森曾在公司的目录中作出如下解释『赫曼米勒公司不过是根据社长自身来运营的一个小城市里的小公司。若说与其他的公司有什么显著的不同，那就是接下来记录的这些公司基本方针与其他公司有所不同。这一计划的目标是，创造出能长期流行的产品。也就是说，直到判断出产品不符合市场需求为止，或者是没有再进

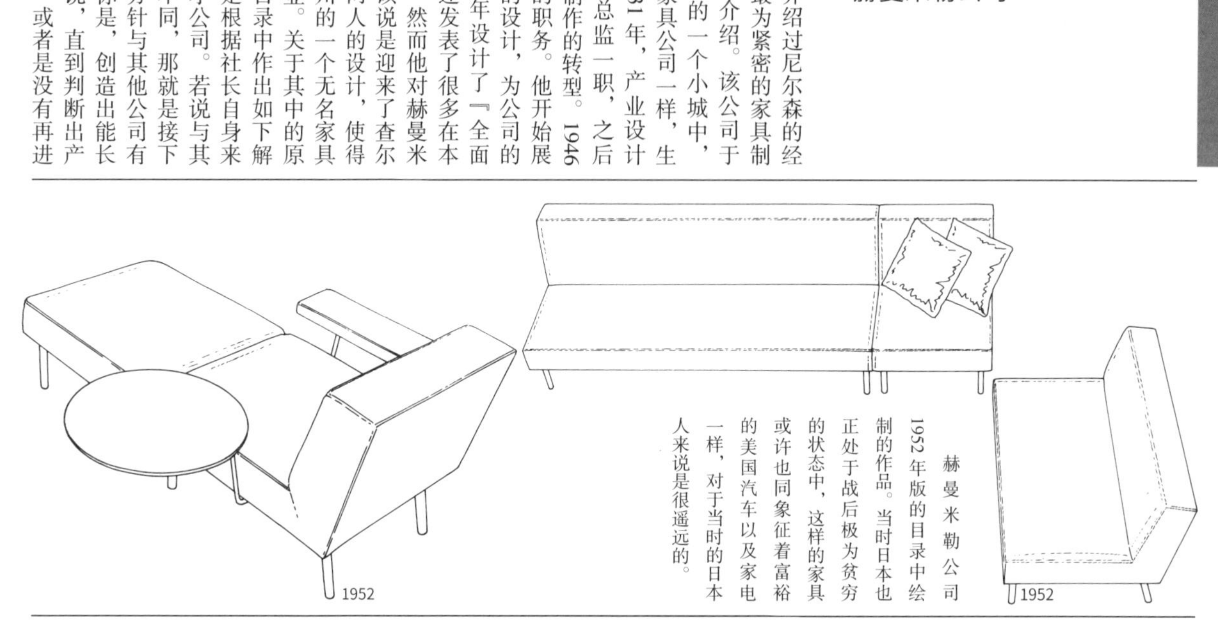

赫曼米勒公司1952年版的目录中绘制的作品。当时日本也正处于战后极为贫穷的状态中，这样的家具或许也同象征着富裕的美国汽车以及家电一样，对于当时的日本人来说是很遥远的。

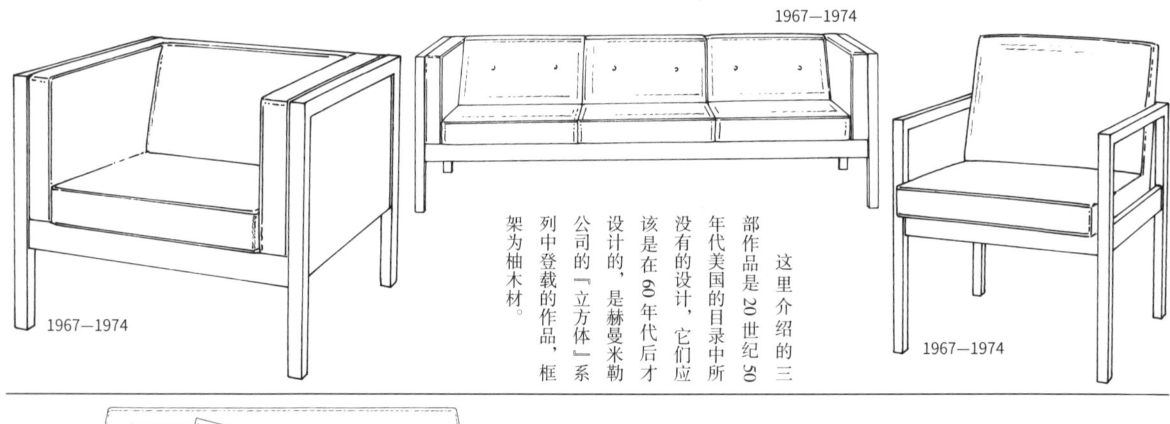

这里介绍的三部作品是20世纪50年代美国的目录中所没有的设计，它们应该是在60年代后才设计的，是赫曼米勒公司的『立方体』系列中登载的作品，框架为柚木材。

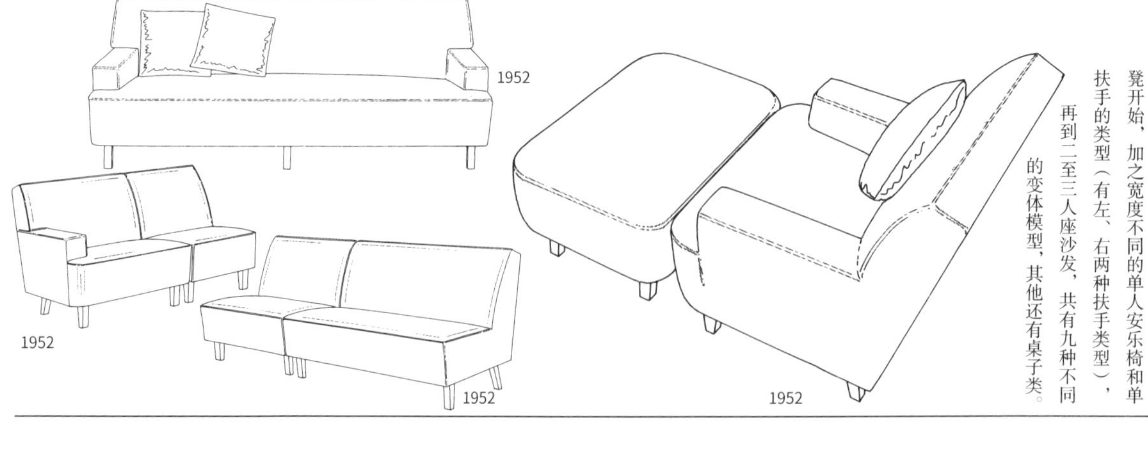

这一系列也是起居室用家具。从垫脚凳开始，加之宽度不同的单人安乐椅和单扶手的类型（有左、右两种扶手类型），再到二至三人座沙发，共有九种不同的变体模型，其他还有桌子类。

行改良的余地时才会停产，否则会一直持续进行生产』。

『公司的基本方针』重要的是，大家为了『什么』而参加设计的。

设计体现了企业活动的整体。

产品不可以造假。

决定希望创作什么样的产品的是『你们』，优秀的产品总是能打开市场销路。

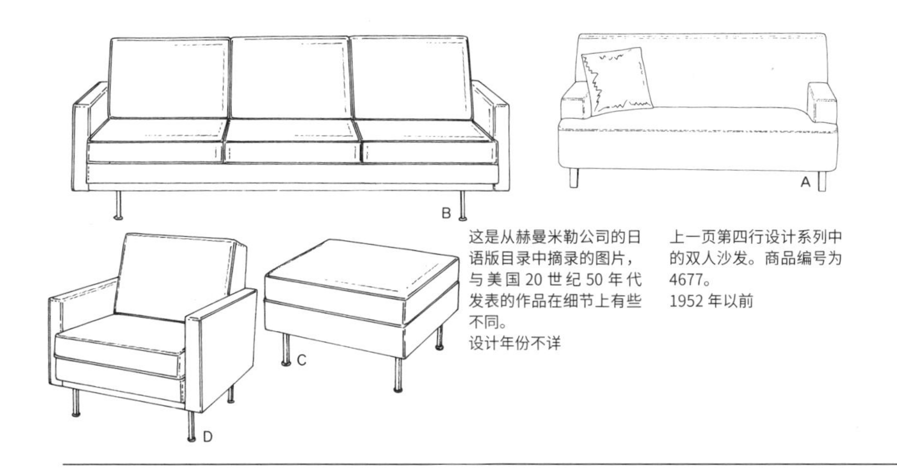

这是从赫曼米勒公司的日语版目录中摘录的图片，与美国 20 世纪 50 年代发表的作品在细节上有些不同。
设计年份不详

上一页第四行设计系列中的双人沙发。商品编号为 4677。
1952 年以前

这是 1952 年的商品目录中没有的客厅组合。一般认为是由上一页第二行的设计系列发展而来，椅子扶手有宽窄两种。

上面的宽款椅子是从目录的照片中选取的，是由三人、双人以及单人的椅子进行组合的。

1955

1955

1955

1955

尼尔森的作品除了在赫曼米勒公司进行设计生产的之外其他很少，这两件作品是为了阿巴克公司而设计的。框架为钢管制成。

平钢制成的椅子，头枕可以通过拉链取下来。商品编号为 5490。平钢似乎没有什么弹性。

1952

1953

左侧高背椅的商品编号为 5469。右侧的类型也许是未登载在目录中的原型吧。弹力性看起来很好。

尼尔森的设计没有止步于家用家具，他还设计了很多办公室用家具。这把带小轮子的椅子就是其系列中的一个作品。看起来异常的宽，这种设计是为了能够以非常放松的姿态坐在椅子上，可以斜着坐并把脚搭在扶手上。

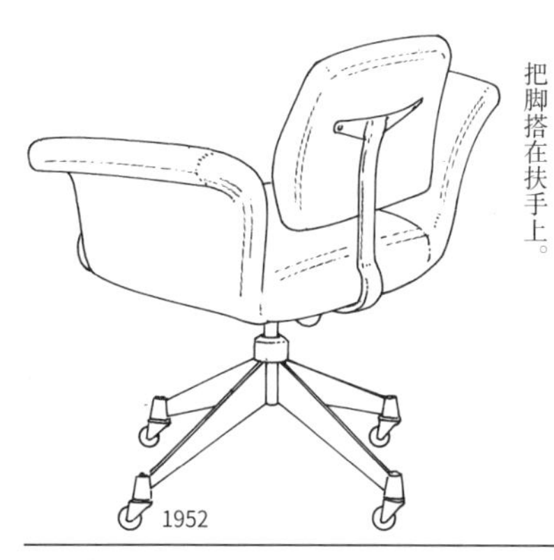

1952

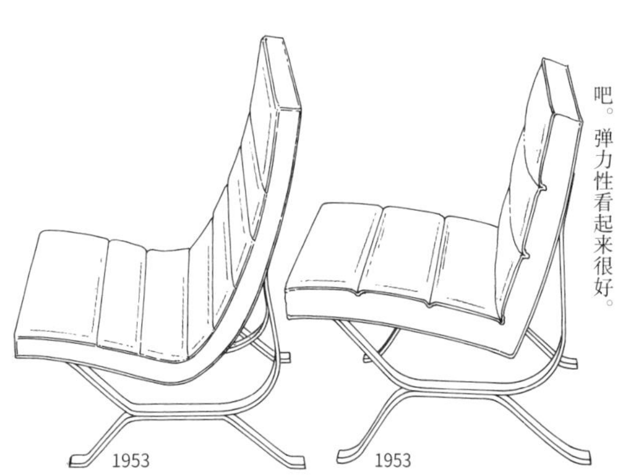

1953

1953

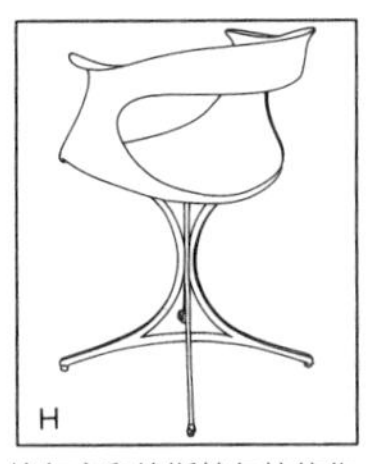

埃尔文和埃斯特尔拉的作品。与尼尔森的“垂腿椅”的设计非常相似。
1958

埃罗·沙里宁的代表作“子宫椅”，与尼尔森的“袋鼠椅”非常相似。诺尔家具公司。
1948

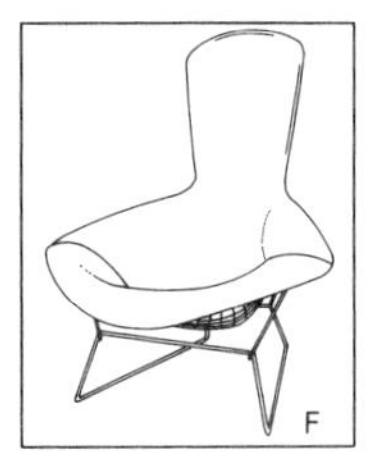

E图、F图的这两个作品都是由赫曼米勒公司的竞争对手——诺尔家具公司旗下一位活跃的意大利雕刻师，哈里·贝尔托亚设计的“钻石椅”，可以看出其与尼尔森的“椰子椅”的共性。
1957

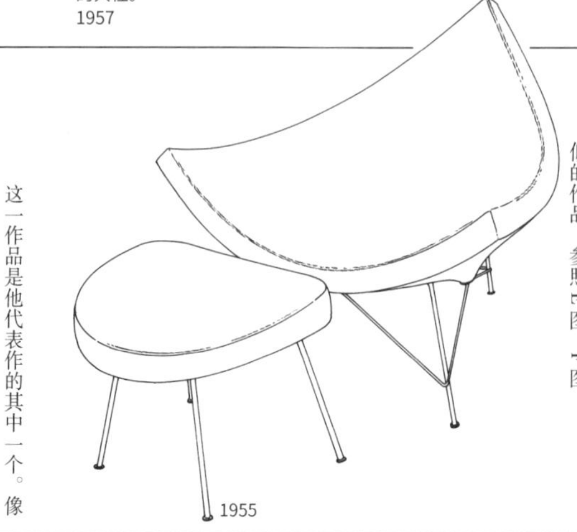

1955

这是可以称为尼尔森最有名的作品的『椰子椅』。通过中央凹陷的三角形产生了一个立体的曲面。因为椅子整体很大，提升了其舒适度。同时代也产生了很多相似的作品。参照E图、F图。

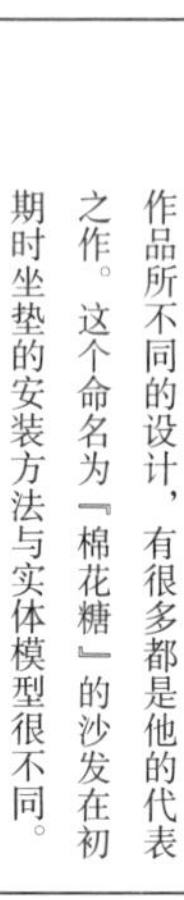

1898

1956

这一作品是他代表作的其中一个。像这种看上去与客厅组合那些没什么个性的作品所不同的设计，有很多都是他的代表之作。这个命名为『棉花糖』的沙发在初期时坐垫的安装方法与实体模型很不同。

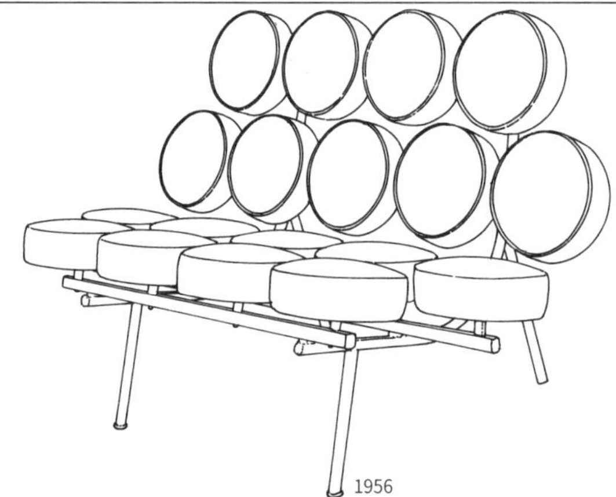

1956

实体模型的『棉花糖』。五彩缤纷的软垫版本和单色软垫版本都进行了批量生产。

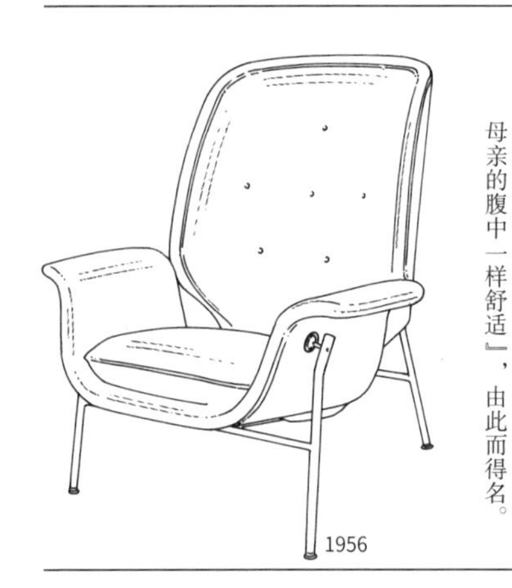

1956

通过更大范围的身体接触而提升椅子的舒适度，出于这样的想法设计出来了这把椅子。这个被称为『袋鼠椅』的作品，受到了尼尔森的『子宫椅』的很大影响。两种椅子都有着很高的舒适度，犹如『在母亲的腹中一样舒适』，由此而得名。

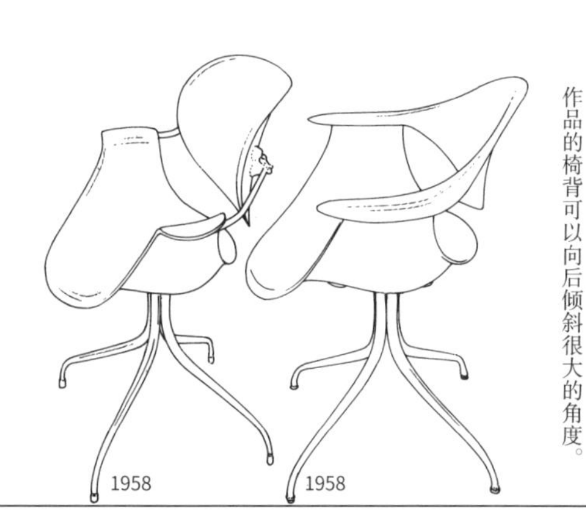

1958　1958

这是命名为『垂腿椅』系列的椅子，同时还设计了办公桌及家用桌子。左侧的作品的椅背可以向后倾斜很大的角度。

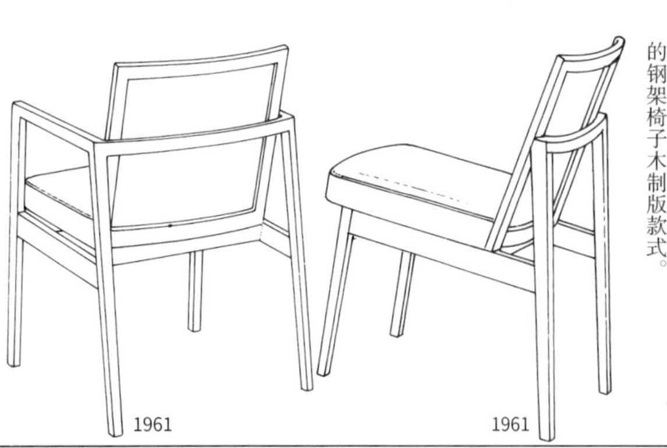

1961　1961

这是在前一小节介绍过的剖面为L形的钢架椅子木制版款式。

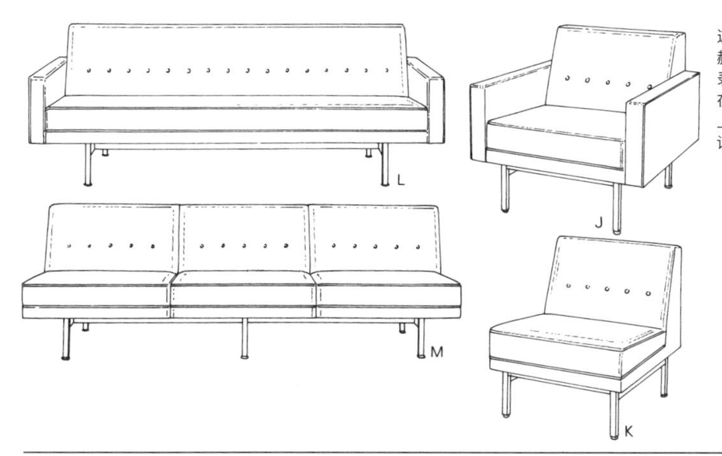

这一系列的作品也是出自赫曼米勒公司日语版的目录，与20世纪50年代在美国设计的作品在细节上有所不同。
设计年份不详

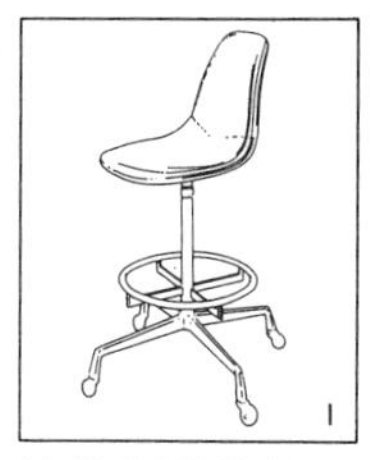

查尔斯·伊姆斯的滚轮高脚椅。在同一个公司里有竞争对手这种情况产生了良性影响，名作一个接一个地诞生。
1970

这是命名为『悬链（垂曲线、悬垂线）』的安乐椅，基座部分与椅座部分用钢条相连，由此得出这个名字。

1963

这是右侧作品的侧视图。该作品是为了赫曼米勒公司而设计的，还有配套的桌子。

1962

『活动·办公』系列中与办公桌共同设计的凳子。只是这把凳子据说是罗伯特·普罗布斯特所设计的作品，但尼尔森应该也参与了其中的设计。

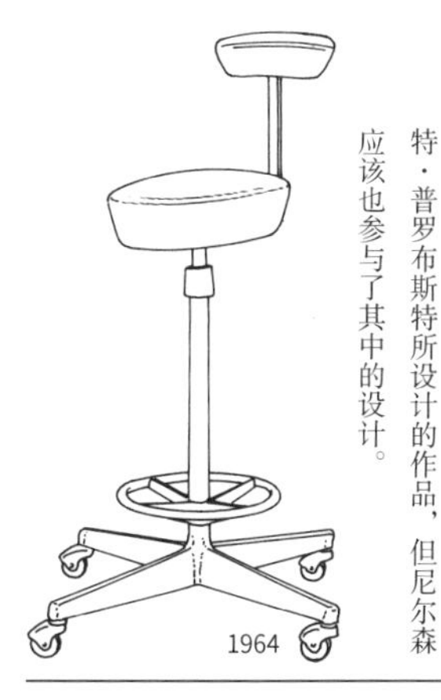

1964

为了展示『吊沙发』框架体的作品，这样就能更好地了解尼尔森在考虑批量生产的基础上进行设计的过程。这是一个合理设计的典型样例。

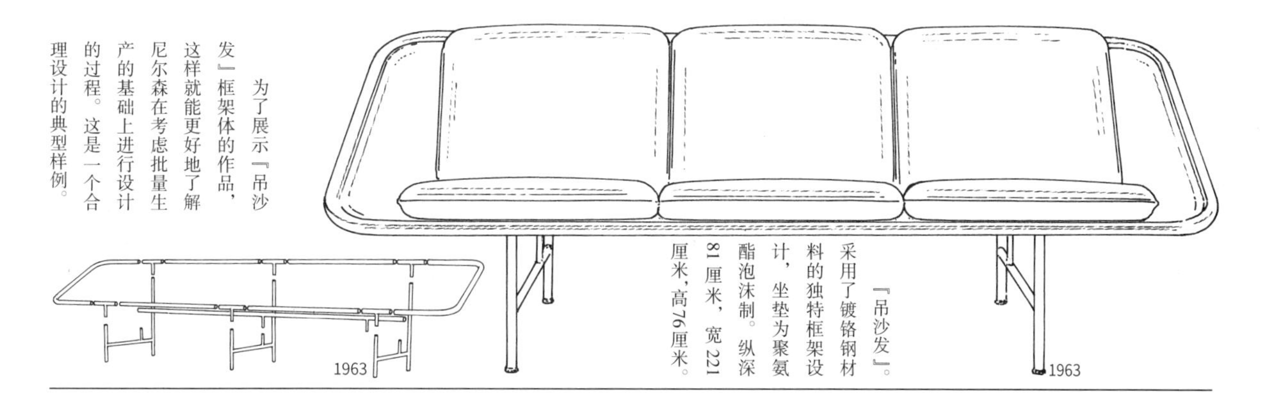

1963

『吊沙发』。采用了镀铬钢材料的独特框架设计，坐垫为聚氨酯泡沫制。纵深81厘米，宽221厘米，高76厘米。

1963

这一作品使用了压铸铝的基座，属于办公用的脚轮椅系列。同属赫曼米勒公司的伊姆斯的作品看起来完成度要更高一筹。

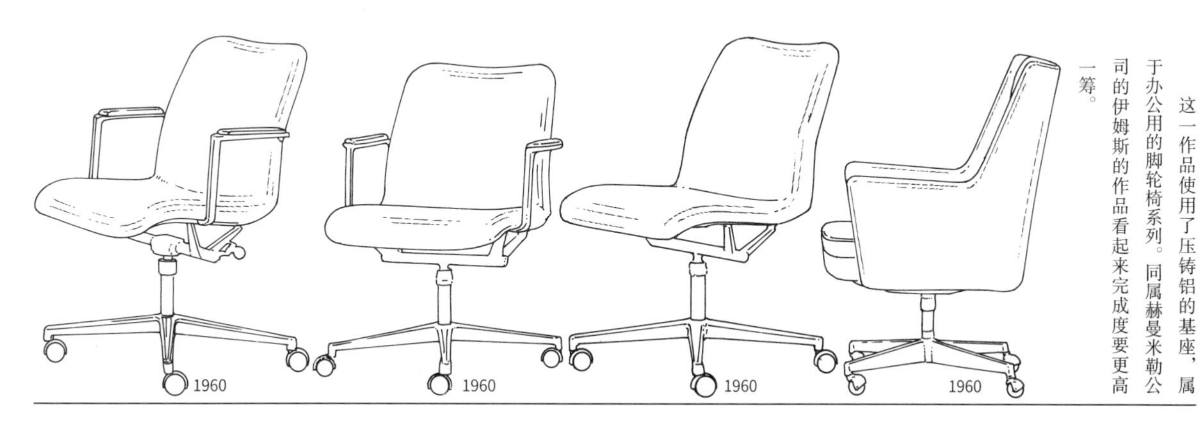

1960　1960　1960　1960

1910—1961

埃罗·沙里宁

第 1 小节
诺尔家具公司

埃罗·沙里宁（以下简称埃罗）于1910年8月20日出生于芬兰的柯科鲁米。1923年，举家搬迁到美国伊利诺伊州的埃文斯顿。1929—1930年间在巴黎的大芦舍学院学习建筑学。1936年，他一边在父亲埃利尔·沙里宁的事务所工作，一边在堪布鲁克艺术学院做父亲的助手。如果将他的作品分为前期和后期的话，到这个时期为止的作品都属于前期作品。

1940年，与查尔斯·伊姆斯共同报名了纽约现代艺术博物馆主办的家具设计大赛，虽然获得了一等奖，但其作品却并没有进行量产。后世认为这一时期的三维曲面作品是后期作品。1941年（也有资料显示为1943年）开始，与诺尔夫妇（诺尔家具公司的创办夫妻）共事，而伊姆斯则是与赫曼米勒公司签约，这件事感觉很有趣。同伊姆斯相比，他的家具设计数量要少一些，然而其对于美国近代家具设计的影响却是深远的。

这一作品与前面作为父亲埃利尔的作品进行介绍的椅子（222页）极为相似，然而在座位的铺设上有所不同。这种方法在堪布鲁克·金斯伍德学校中也经常使用。

1929—1931

这是在父亲埃利尔自己家里的工作室内，与装饰艺术风格的办公桌一同使用的椅子。这一作品一般认为是沙里宁与父亲共同创作的作品。

1929—1931

在堪布鲁克·金斯伍德学校的绿门厅中使用的凳子。座位部分的框架使用了白蜡树材，基座的部分进行了黑色的涂装设计。由建筑公司进行了再版。

1929—1931

这把椅子作品是为了堪布鲁克·金斯伍德学校的食堂而设计的。

1929—1931

这一作品也是为了金斯伍德学校而进行设计的，由建筑公司再版后进行了商品化。在原始模型的基础上稍微进行了一些修改。枫树木材制。

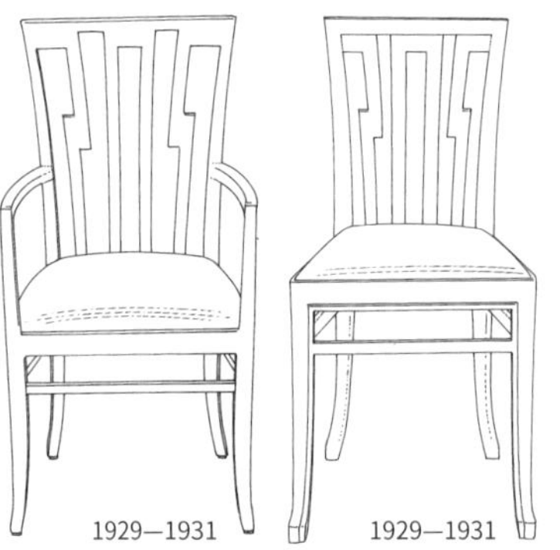

1929—1931

1929—1931

这是在金斯伍德学校的走廊中放置的扶手椅。受埃利尔作品的影响程度甚至到了可以称为是其作品的地步。

1929—1931

第三行左侧的变体模型。到这为止可以认为是埃罗的前期作品。

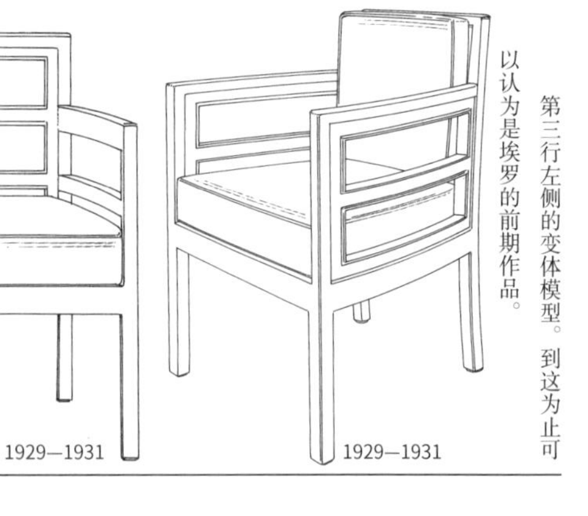

1929—1931

1929—1931

这是与埃罗的照片一同放置在办公桌上的比例模型，大概是按照五分之一的比例制作的。也许是与伊姆斯共同设计的作品吧。这一作品没有出现在大赛的应征作品中。

1940

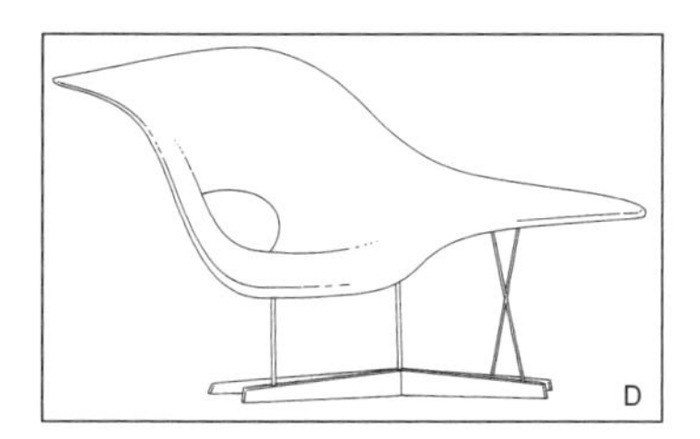

伊姆斯的壳形构造作品，被称为“贵妃椅”。由德国的威达公司进行量产。
1948

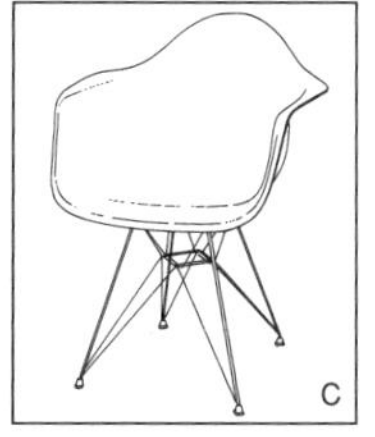

这一作品是将 B 图改良之后得到的塑料椅壳的版本，椅脚是由被称作“埃菲尔铁塔”的钢丝制成的。伊姆斯和埃罗的壳形构造从外表来看几乎没有区别，其不同在于椅腿设计。1950—1953

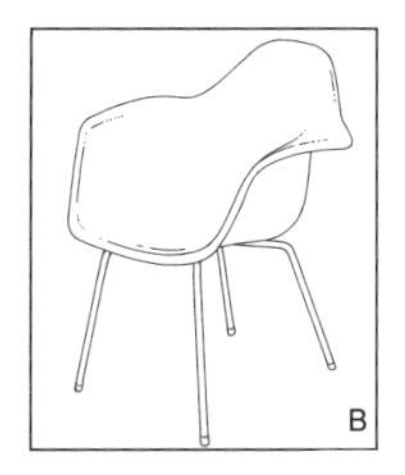

查尔斯·伊姆斯的作品，壳形构造初期的模型。使用了铝材，为了提高边缘的强度，在边缘处埋下了软线。
1950 年前后

这是尼尔森命名为“垂腿椅（椅腿下垂）”的椅子，其座位部分实现了三维曲面化。
1958

左侧为比有机设计展中应征的作品（原型）更早一阶段的作品。只有壳形构造，没有加软垫。

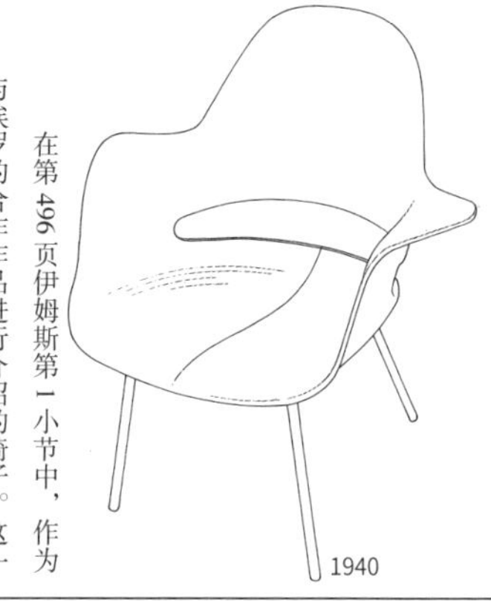

在第 496 页伊姆斯第 1 小节中，作为与埃罗的合作作品进行介绍的椅子。这一作品为有机设计展的应征作品。

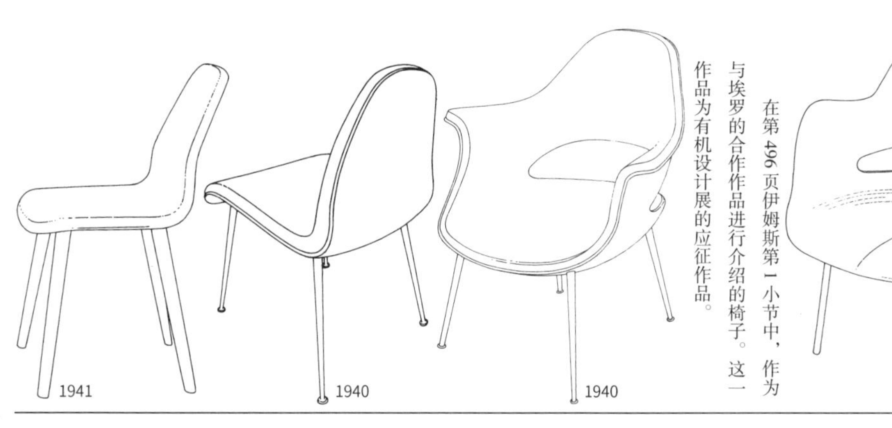

这一作品也是同伊姆斯合作的设计。这一系列的作品用手工进行了薄板的重叠粘贴，形成了三维的曲面结构。这些作品后来衍生出了批量生产型的胶合板椅子。

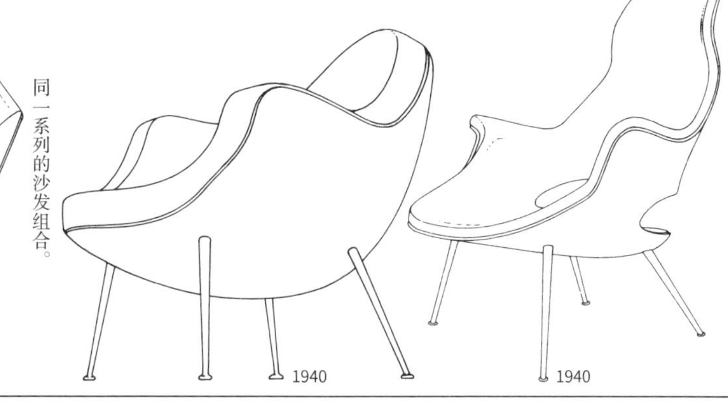

同一系列的沙发组合。

这把椅子也属于同一系列。这一作品后来发展为伊姆斯在 1948 年发表的『贵妃椅』。此为前侧和横侧都内旋的型号。

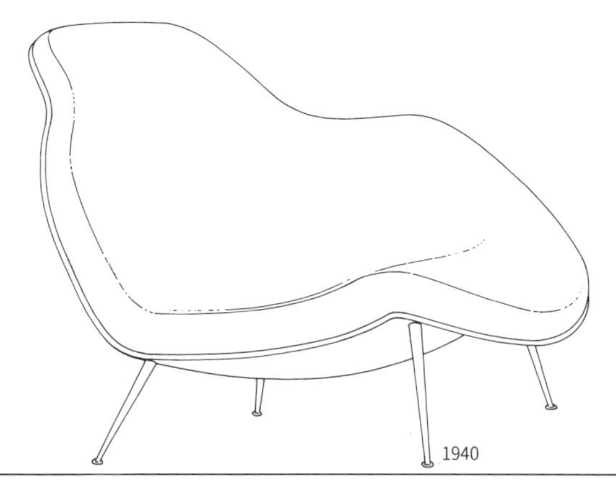

这是埃罗的代表作『子宫椅』的壳形构造为了取得专利在文件中使用的图解（登载了实物）。通过将板状的框架材料在平面上进行弯曲，形成了三维曲面。

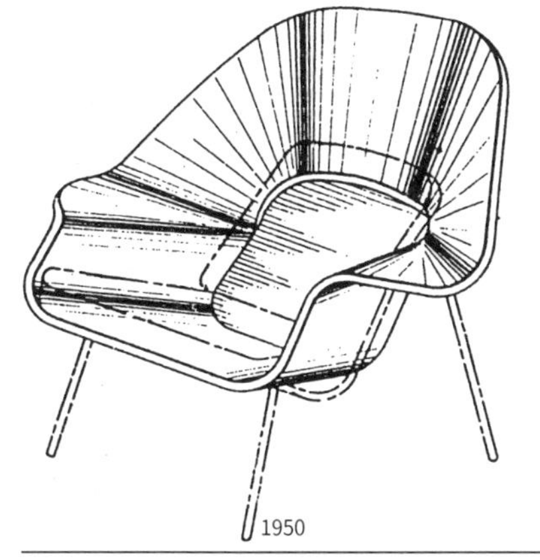

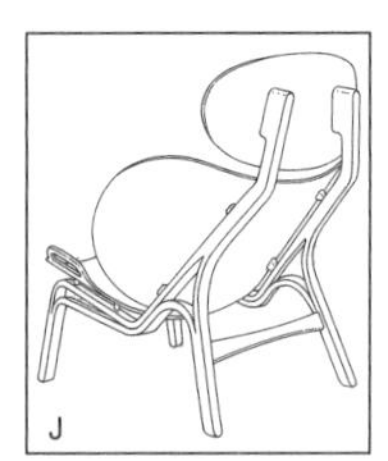

这也是瓦格纳的作品。通过分割成各个部分来使整体呈现三维曲面化。这一作品成了之后伊姆斯创作E图作品的契机。
1949

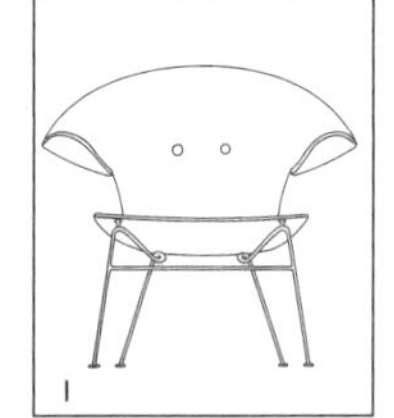

这是汉斯·瓦格纳应征纽约现代艺术博物馆主办的家具设计大赛的作品。这一作品尝试了用胶合板进行三维曲面化。
1948

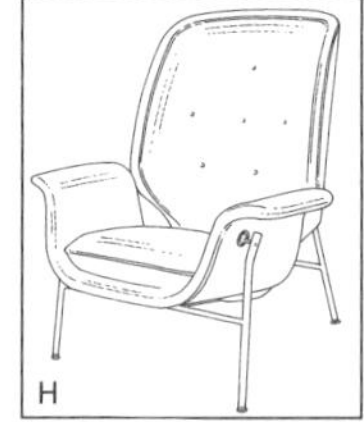

这也是尼尔森的作品，与E图的作品发表于同一年，构思也相同。
1956

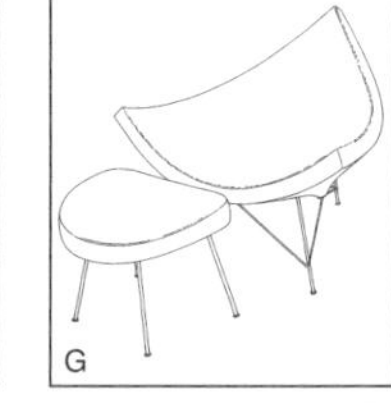

乔治·尼尔森的“椰子椅”。为三维曲面的代表作品。
1955

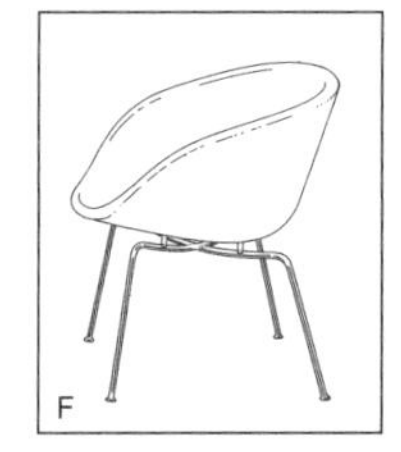

阿诺·雅各布森设计的作品“壶”椅。这把椅子是用硬质发泡聚氨酯来实现三维曲面结构的。
1958—1960

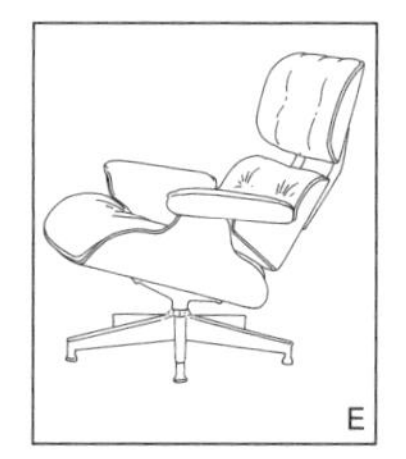

伊姆斯的代表作“伊姆斯休闲椅”。通过分割不同部分，将整体构成了一个三维曲面。
1956

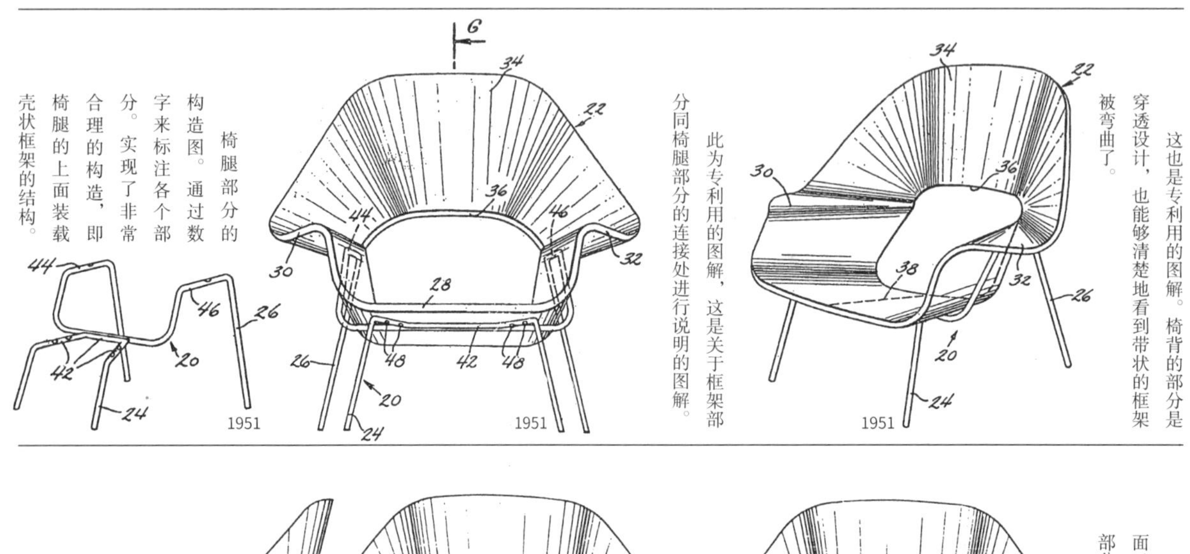

椅腿部分的构造图。通过数字来标注各个部分。实现了非常合理的构造，即椅腿的上面装载壳状框架的结构。
1951

此为专利用的图解，这是关于框架部分同椅腿部分的连接处进行说明的图解。
1951

这也是专利用的图解。椅背的部分是穿透设计，也能够清楚地看到带状的框架被弯曲了。
1951

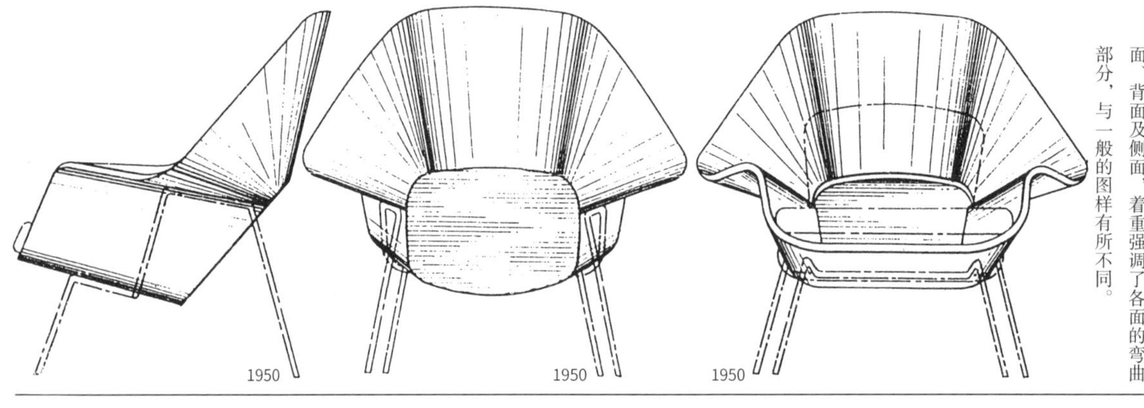

1950　1950　1950

这也是专利用的图解，这里展示了正面、背面及侧面，着重强调了各面的弯曲部分，与一般的图样有所不同。

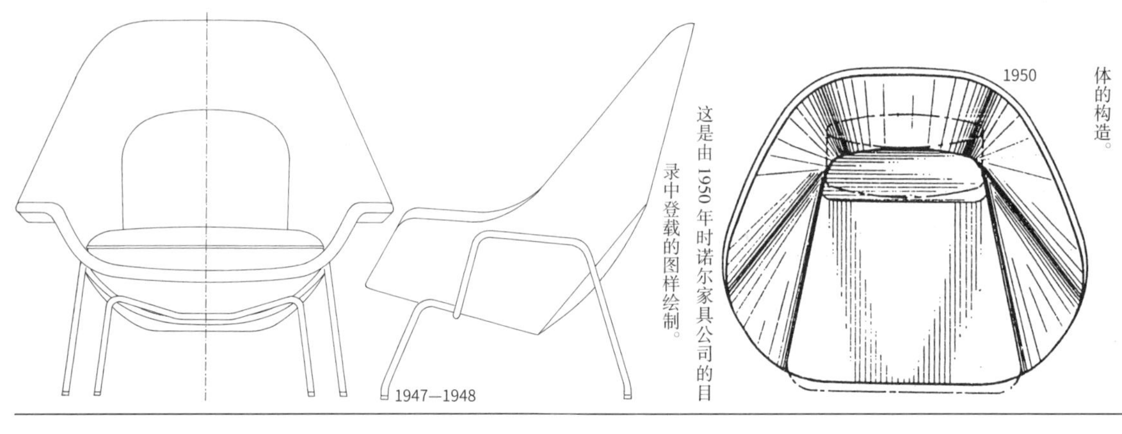

1947—1948

这是由1950年时诺尔家具公司的目录中登载的图样绘制。

1950

同一椅子的俯视图。可以看出通过弯曲的带状框架，使其各个部分能够符合人体的构造。

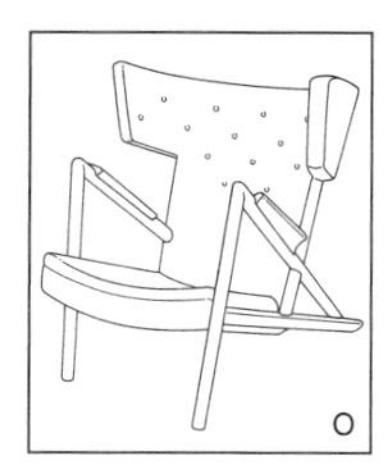

芬·居尔设计的翼椅，只有两条椅腿。
1938

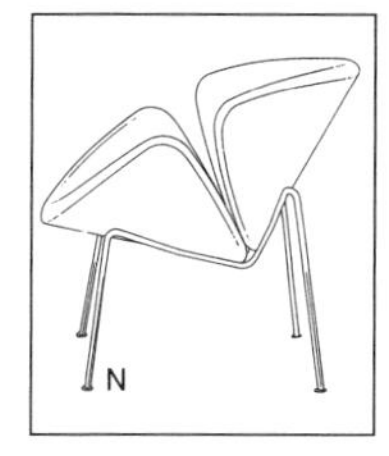

这是法国的皮埃尔·波林的作品。通过将椅子分为两部分实现了三维曲面。
1959

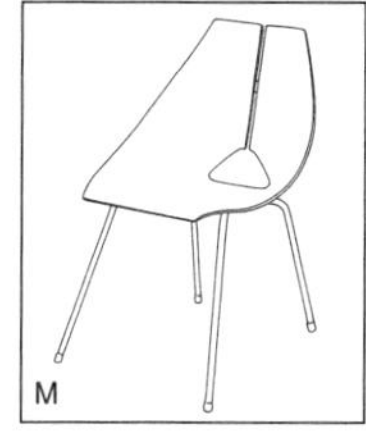

美国的雷科迈设计的椅子，椅座是成型胶合板形成的三维曲面，椅背部分有一道凹痕。
1950 年前后

瓦格纳的作品。这一作品是由“孔雀椅”发展而来的，其三维曲面非常美观。
1958 年前后

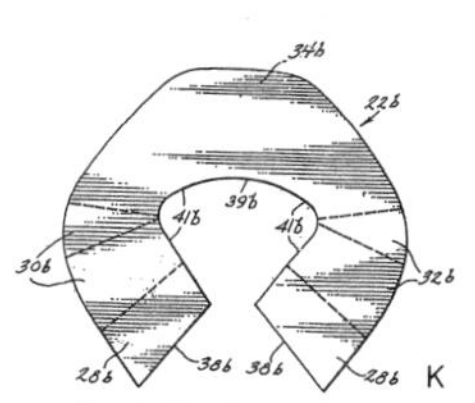

“子宫椅”的框架部分展开图。通过图示的平面框板的弯曲，形成了三维曲面。
1946

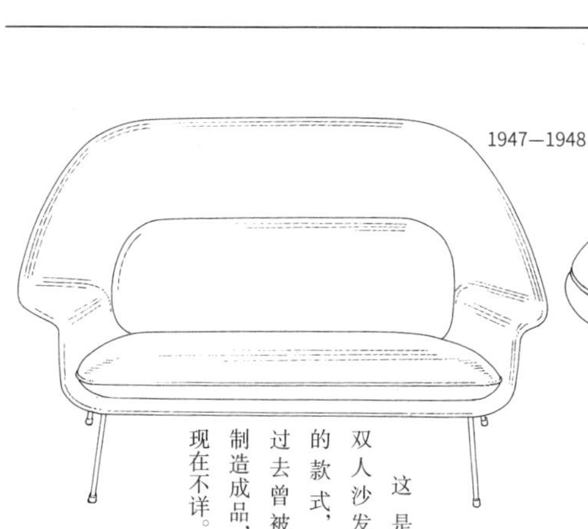
1947—1948

这是双人沙发的款式，过去曾被制造成品，现在不详。

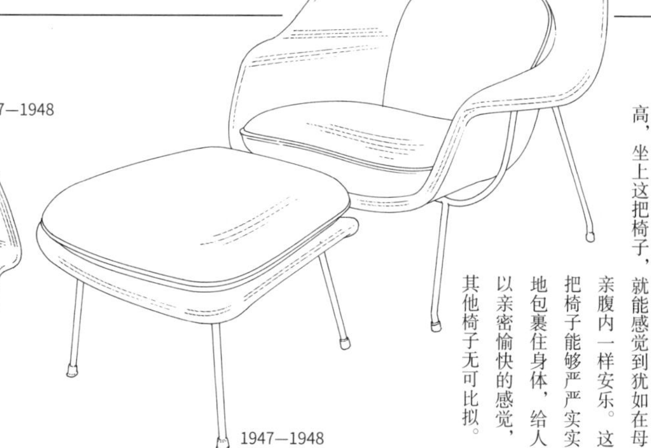
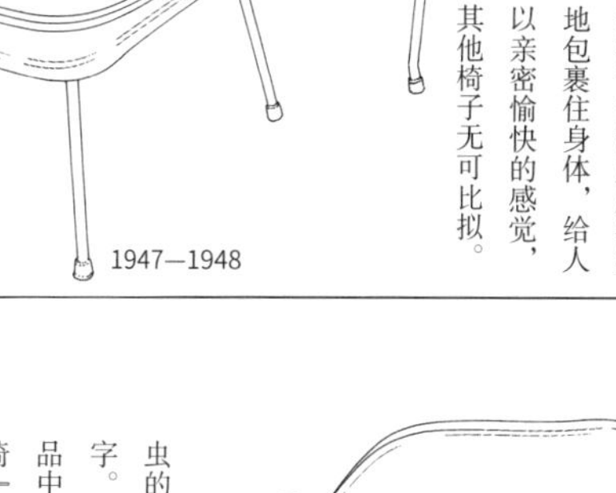
1947—1948

这一作品是由诺尔家具公司进行商品化的实体模型，名为『子宫椅』。这个名字的由来是因为这把椅子的舒适度非常高，坐上这把椅子，就能感觉到犹如在母亲腹内一样安乐。这把椅子能够严严实实地包裹住身体，给人以亲密愉快的感觉，其他椅子无可比拟。

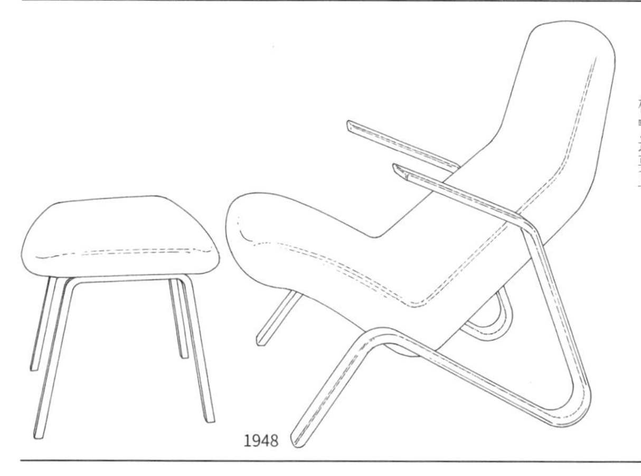
1948

『蚱蜢（蝗虫、稻蝗、蟋蟀等种类昆虫的总称）椅』。根据椅脚的形状取的名字。可能是与佛罗伦斯·诺尔共事时的作品中最初进行量产的作品，也许比『子宫椅』还要早。

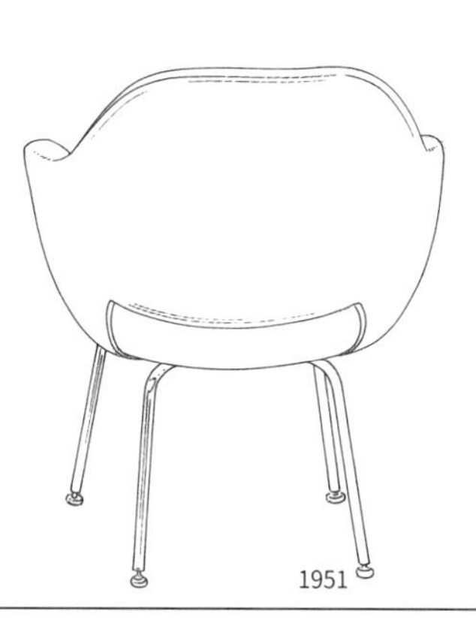
1951

这也是过去由诺尔家具公司进行量产的作品。椅背的下部被截掉了，也许是为办公用而设计的吧。

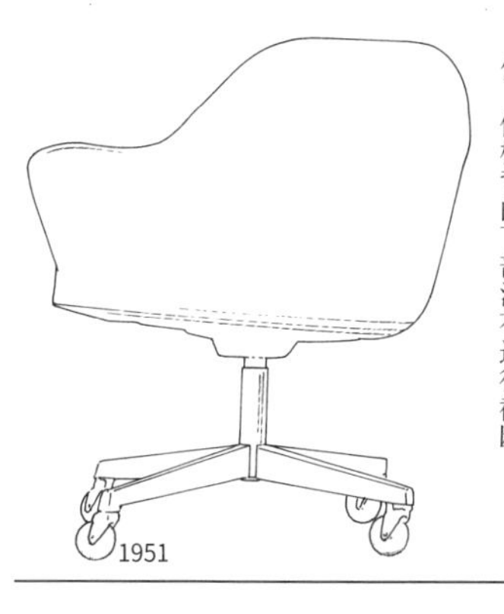
1951

椅座部分与第三行右侧的作品很相似，但椅背的下部没有进行截断。

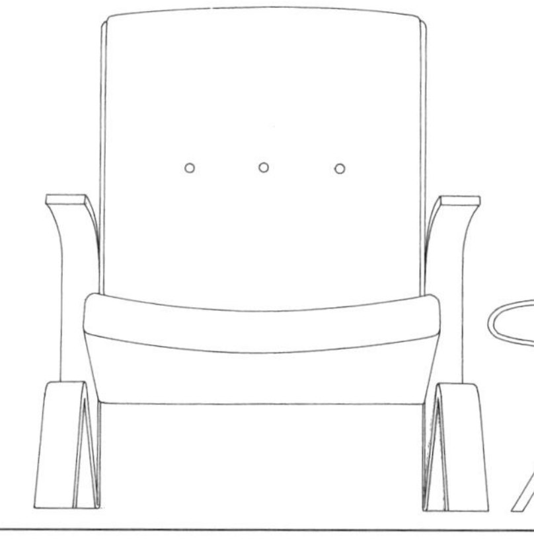

1948

由 20 世纪 50 年代的目录中登载的图样而绘制的作品。

1910—1961

埃罗·沙里宁

第 2 小节
意匠专利及原创

在前一小节中所介绍的图解当中，没有使用笔者描绘的作品，而是使用了在美国的外观设计专利用的图解。在这里就外观设计专利来进行一些叙述。外观设计是指，在工业生产物的形状基础上，加以外观和颜色设计，设法迎合人们的审美，通过视觉唤起美感。而外观设计是工业所有权的一种。同属工业所有权的还有实用新型权、商标权等等。这些权利都需要通过向专利厅提交申请、审查、登录等手续来获得。与此相对，著作权不需要进行申请。各权利的有效期也都不同，一般的专利权是二十年，实用新型权是十年，外观设计权为二十年。但著作权是从创作出现开始产生权利，并且持续到创作者死后数十年间。外观设计权则根据国家不同，其有效期也有所不同。

埃罗的作品直到现在仍由诺尔家具公司持续进行生产，意大利的阿里巴公司等也在生产其作品。从研究者的立场上来看，无论是哪个公司，若是按照原创进行忠实的生产则可，若是从价格方面或是其他方面来讲，后生产的产品，有很多很难说是按照原创的做法来生产的。

在 20 世纪 50 年代发行的诺尔家具公司的目录中所登载的作品。

1951

前一小节中介绍过的专利用（也许是外观设计权）的图解。可以看出，作品通过弯曲平面的叠层板来实现了三维的曲面。

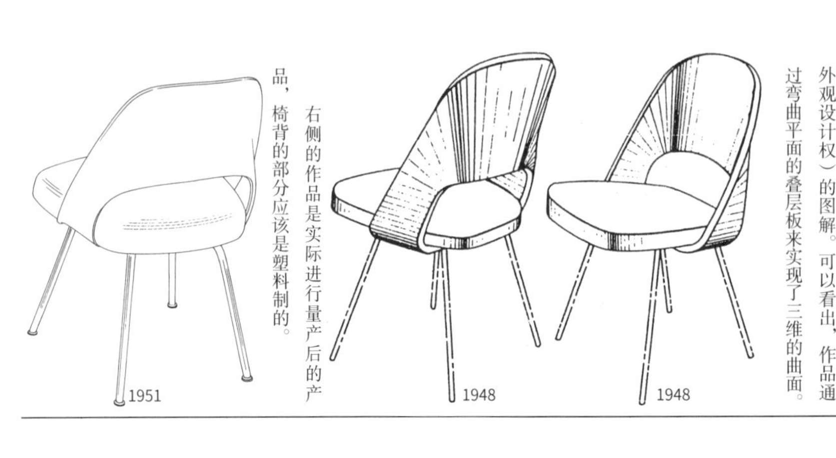

1948　1948　1951

右侧的作品是实际进行量产后的产品，椅背的部分应该是塑料制的。

这也是第二行中作品的实物，从诺尔家具公司的目录中摘录。从椅子的腿部可以看出它们的区别。

1951　1951

右侧椅子的变体模型。基座（中央由一根支柱支撑着的台座）构造。这一款式也许与之后的郁金香椅有些联系吧。

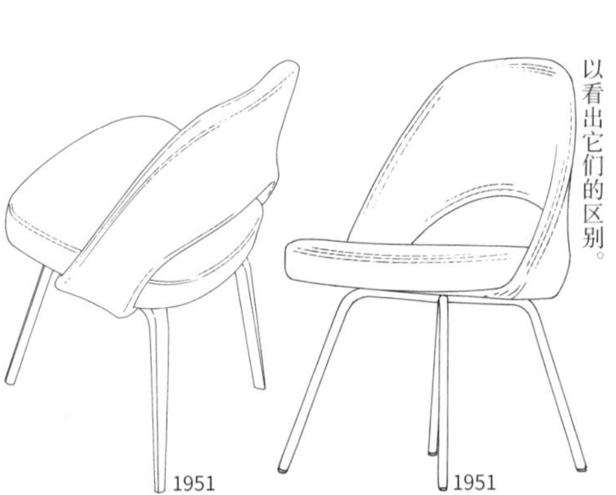

1951　1951

同为变体模型，其椅腿的设计实在称不上美观。从 20 世纪 50 年代的目录中摘录。

这些作品也被认为是上面介绍的作品的扶手款，或者也可能是为了与『子宫椅』的办公桌相对应而设计的款式。它们是介于两者中间的模型。

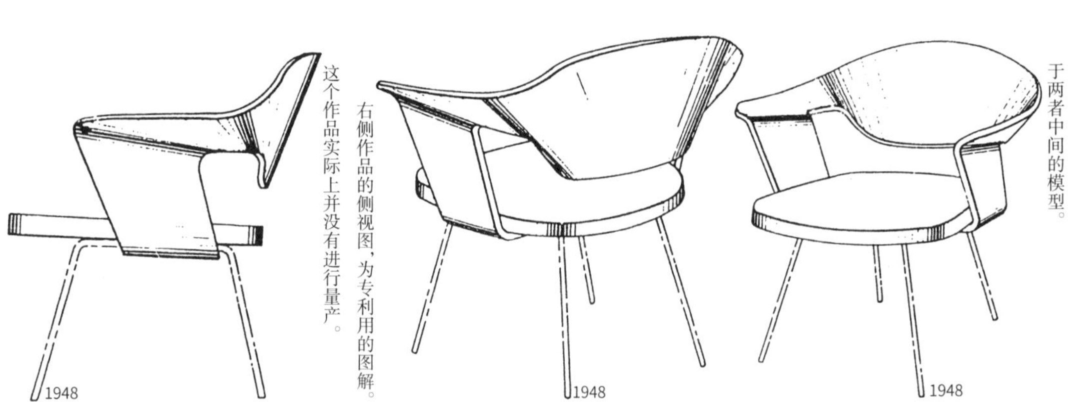

1948　1948　1948

右侧作品的侧视图，为专利用的图解。

这个作品实际上并没有进行量产。

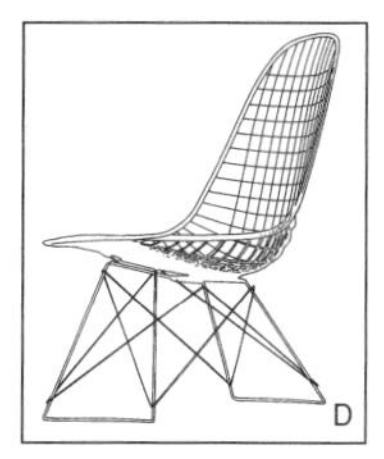

查尔斯·伊姆斯的“线壳椅”。椅腿部分被称为“埃菲尔铁塔”。
1951—1953

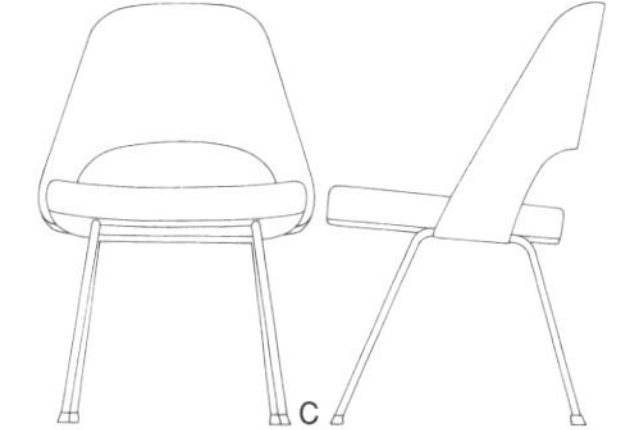

与上一页第二行作品相同，诺尔家具公司 20 世纪 50 年代的目录中所登载的作品。
1951

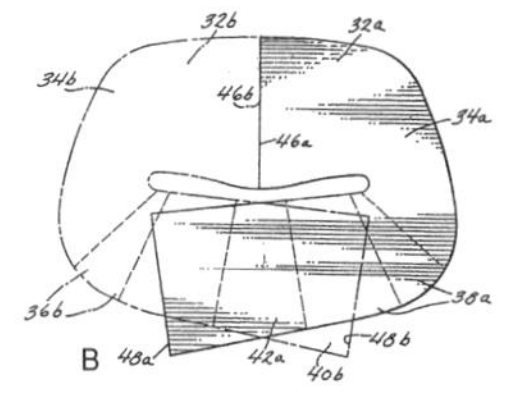

同为第二行扶手椅中构成椅背和扶手部分的部件展开图。因为有部分重叠，在中央使用了两幅割裂形状的图示。
1950—1951

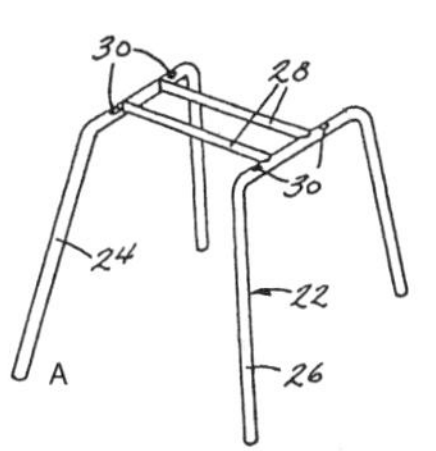

第二行扶手椅的椅腿框架，图为专利用。
1950—1951

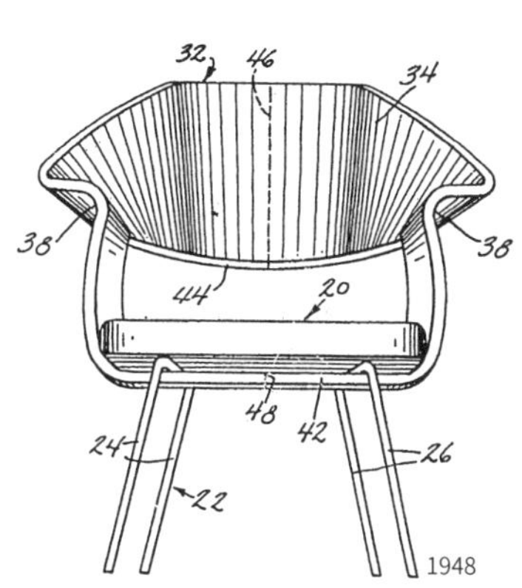

1948

1948

对右边作品各部分的图解。将两张叠层板弯曲，在椅背的中央进行连接。

1948

上一页第四行作品的俯视图。扶手部分宽广，看起来舒适度很高的一件作品。

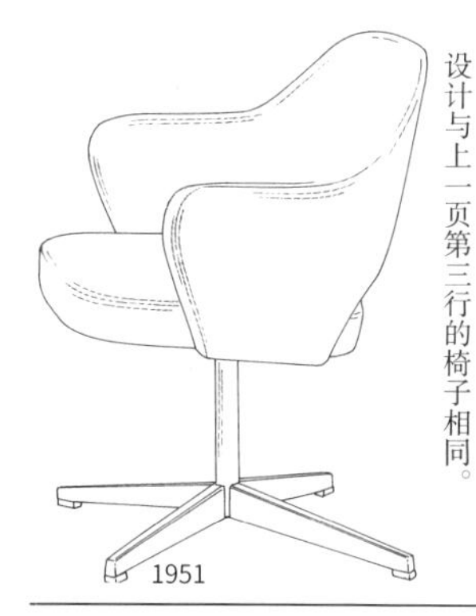

1951

与右侧作品同为变体模型，椅腿部分设计与上一页第三行的椅子相同。

1951

1951

1951

这一作品应该是在上一页第二行和第三行中介绍的作品的扶手款，比第二行作品的制造过程更为简单。

1951

1951

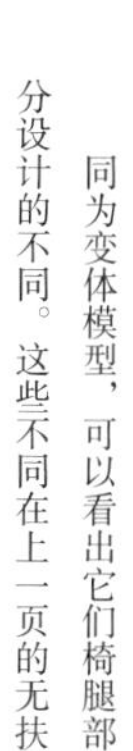

同为变体模型，可以看出它们椅腿部分设计的不同。这些不同在上一页的无扶手版本中也能看出。

1951

从 20 世纪 50 年代诺尔家具公司的目录中登载的图样画下来的作品。

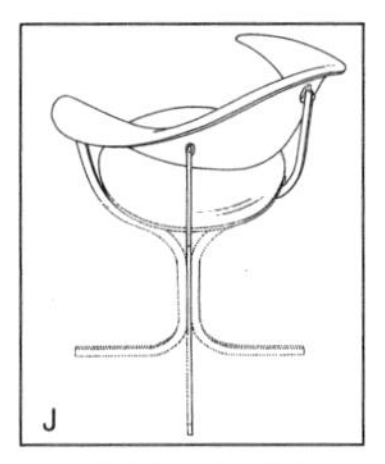

同为皮埃尔·波林的作品。这一设计与乔治·尼尔森的设计极为相似，其椅腿部分一直延续到椅子上端。
1963

这也是皮埃尔·波林的作品，从形态的处理上来看埃罗更胜一筹。
1960

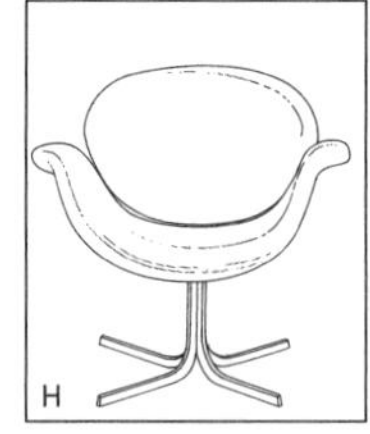

皮埃尔·波林的作品。通过二维平面的组合，从而形成立体的三维曲面。这是将四条椅腿统合在一起的基座型结构。
1959

同属雅各布森的作品“天鹅椅”，与前一作品一样也是为斯堪的纳维亚旅馆设计的作品。基座型椅腿。
1958

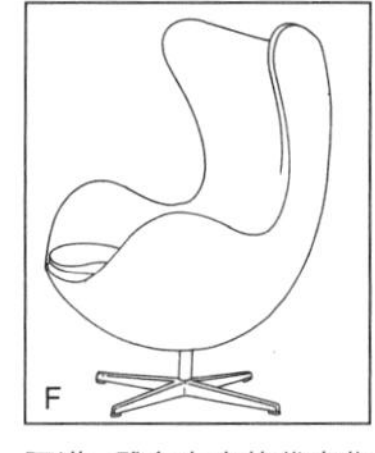

阿诺·雅各布森的代表作“蛋椅”。这也是基座结构的代表性作品。
1958

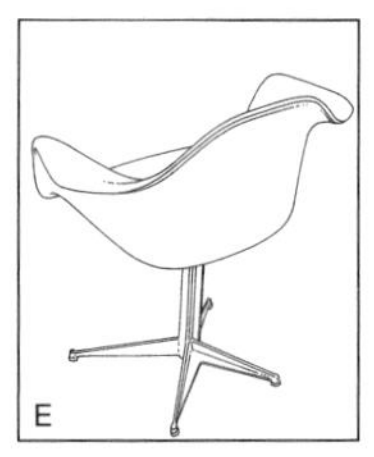

这是伊姆斯的作品。与埃罗作品的基座相同，但因为其截面为十字形有着很高的强度，椅座部分的设计与埃罗的基本相同。
1948

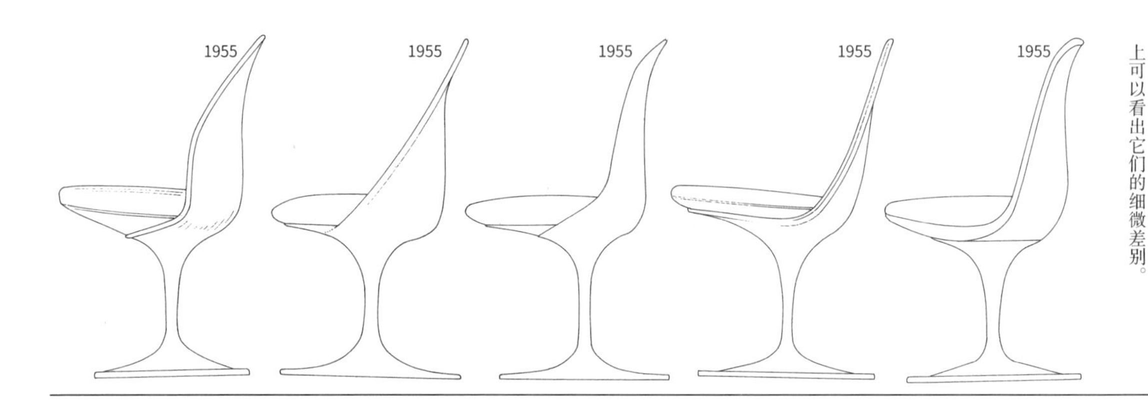

这些作品是根据埃罗为了代表作『郁金香椅』所画的草图进行绘制的，在细节上可以看出它们的细微差别。

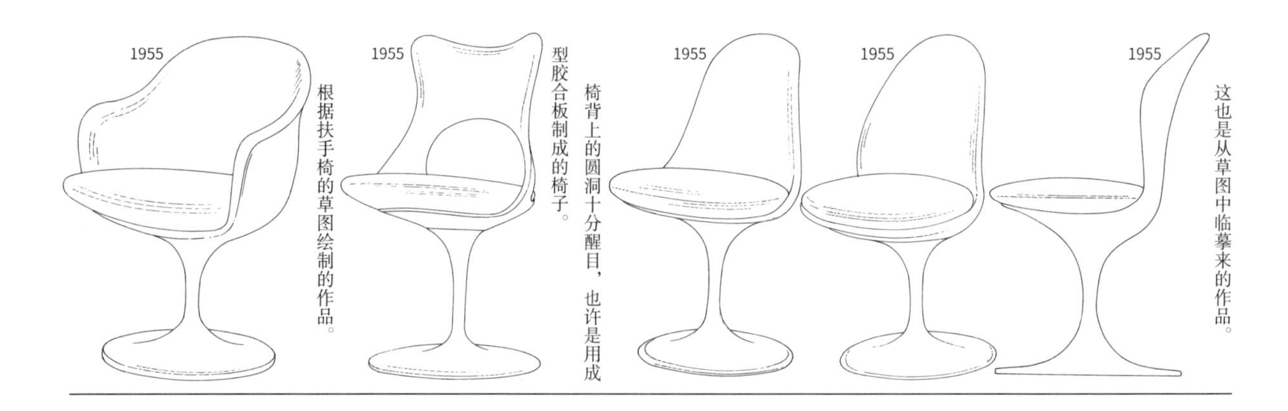

根据扶手椅的草图绘制的作品。

椅背上的圆洞十分醒目，也许是用成型胶合板制成的椅子。

这也是从草图中临摹来的作品。

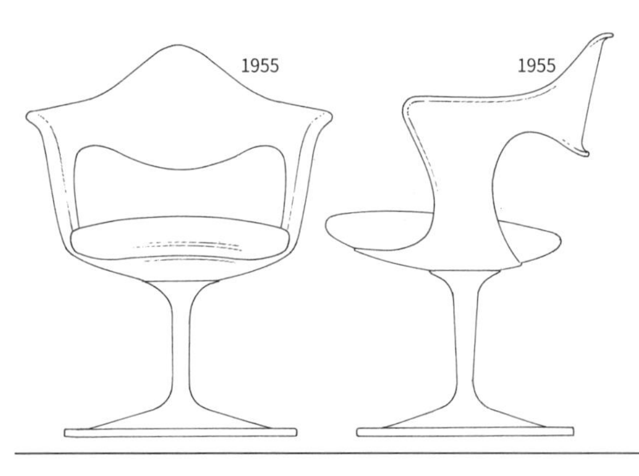

右侧作品的侧视图和主视图。边缘部进行了曲面处理，提高了其强度。

在左右两边和合页中介绍的所有椅子都是基座构造的作品。代表作为『郁金香椅』。这是埃罗在想到客厅组合的桌子下面的空间时，为了消解这种繁杂感，出于想要将椅子变得更加简单的想法而设计出的作品。想想看，即便是四人用，算上人的腿，地面上也会出现二十八条腿。

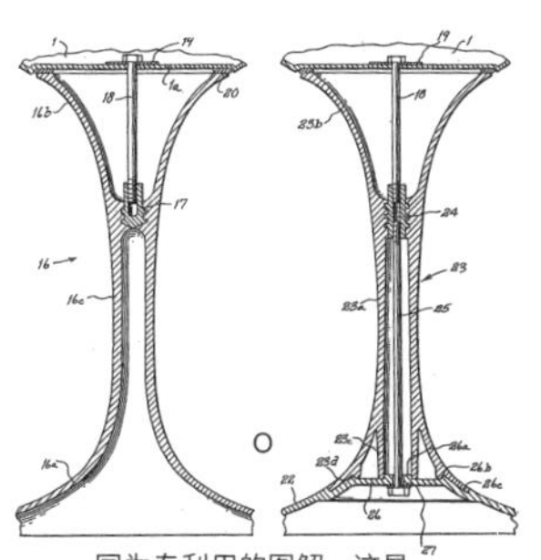

同为专利用的图解。这是椅腿部分的说明用图，为剖视图。
1960

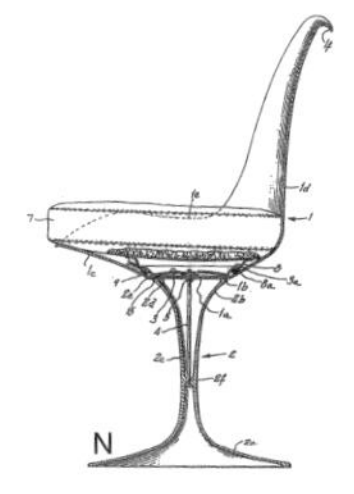

“郁金香椅”专利用的图解，为对椅座部分和椅腿部分的连接处进行解说用图。
1960

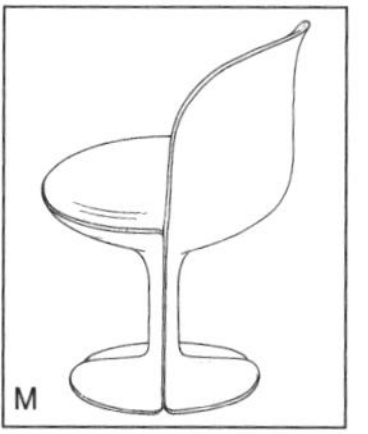

皮埃尔·波林的作品，与“郁金香椅”十分相似，它的椅壳分为四个部分。
1972

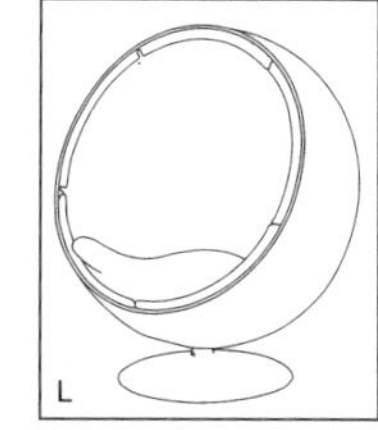

芬兰艾洛·阿尼奥的作品“球椅”，这也是北欧具有代表性的基座构造作品。
1966

法国罗杰·塔伦的作品。只从椅座部分和底座部分的连接处来看，像是参考了埃罗的作品。
1965

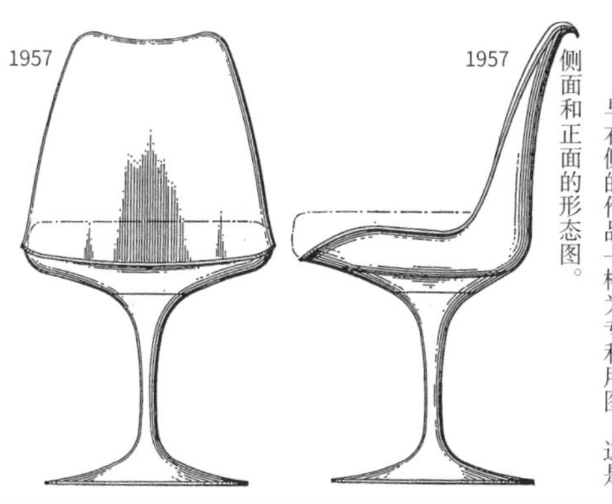

与右侧的作品一样为专利用图。这是侧面和正面的形态图。

专利用的图解。各部分标注了数字，象征着其制造阶段的特征，也是为了表现其新颖性。左侧的图为设想的无坐垫状态，该设计是在考虑了各种各样情况的基础上申请的专利。

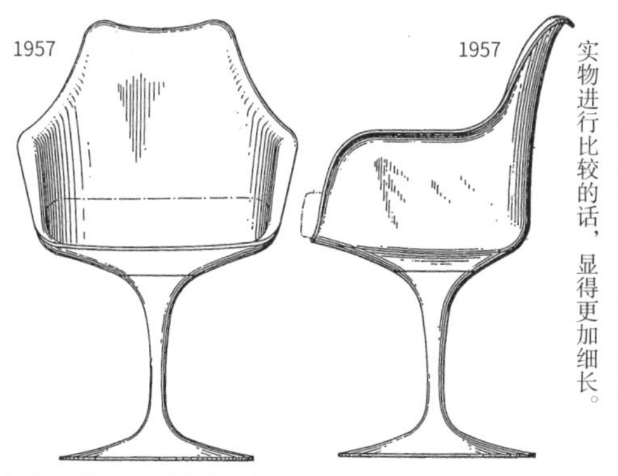

右侧作品的侧面和正面的形态图。与实物进行比较的话，显得更加细长。

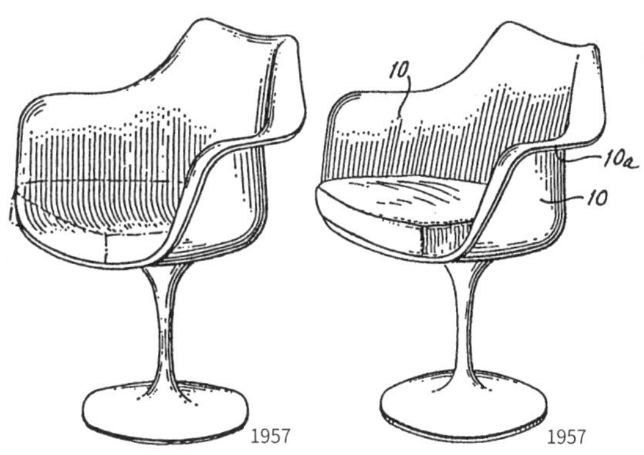

与上面同为『郁金香椅』，为有扶手版本。这里也同样附有各部分的解说。椅座部分与伊姆斯的『贝壳椅』的设计基本相同。

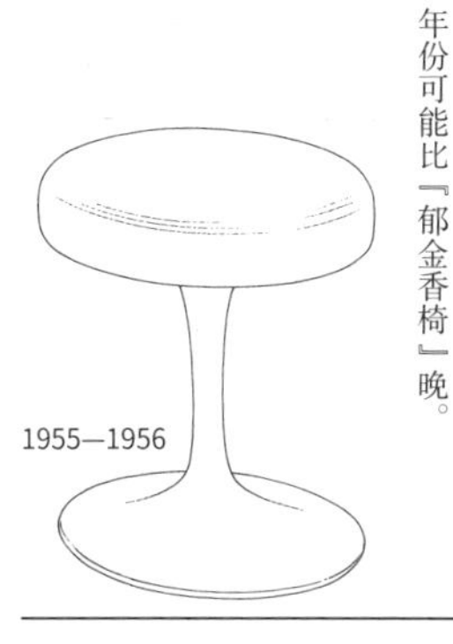

该模型没有收录在专利用的资料中，是由诺尔家具公司进行量产的作品。设计年份可能比『郁金香椅』晚。

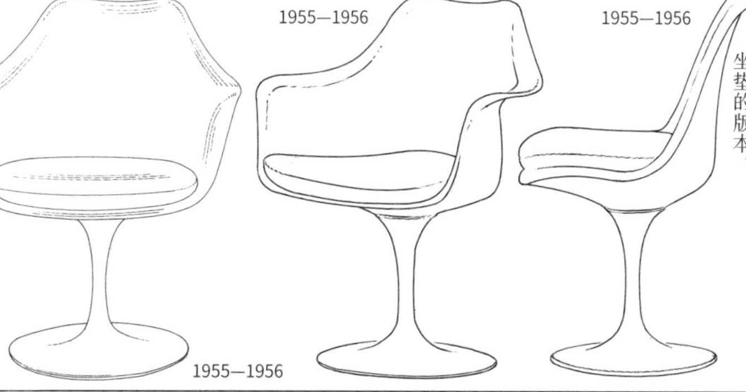

由诺尔家具公司进行量产的模型。右侧是没有扶手的版本。中间是带坐垫的版本。左侧是将椅子整体套住后加上坐垫的版本。

1912—1989

芬·居尔

第 1 小节
家具的雕刻师

芬·居尔于 1912 年 1 月 30 日出生于丹麦。就读于皇家艺术学院建筑系，师从凯·菲斯克。1934—1945 年，在劳瑞森的事务所工作，1944—1955 年任教于弗莱德里克斯堡工业专门学校，主要教授室内设计。受到雕刻师让·阿普以及亨利·摩尔的影响，也被称作『空间和家具的雕刻师』。

提到丹麦的家具，就不得不提到曾担任艺术学院家具系初代教授的凯尔·柯林特，以及从 1927 年开办的细木工行会的家具展示会。柯林特基于分析的概念，从人体工学的研究和 18 世纪英国的样式家具中找出存在于均衡性中的美，并将它进行重新设计、改良，使其更符合现代生活。另外，细木工行会的家具展示会在柯林特的指导下，脱离了当时只采用旧样式的设计状态，促进了家具工匠与家具设计师互相影响下的共同发展。在当时受到柯林特强烈影响的学术背景下，居尔毅然选择了开辟自己独特的方向。然而，没有家具制作技术的他在很长一段时间都受到了冷落。

他为了实现其充满创造性的大胆形态设计以及优美的细节设计，很大程度上采用了名匠尼尔斯·沃戈尔的技术，甚至

1937

这一作品出自细木工行会的成员，同时也是家具工匠的领头人的尼尔斯·沃戈尔。这个餐椅乍一看毫不出奇，仔细看可以发现其后腿的角度实际是沿着椅背的曲线进行延伸。框架为桃花心木制，椅背为藤制。

1937

这也是 1937 年发布的模型，同时也发布了该模型的双人版本。

1938

这是化妆台用的小椅子，椅身是全包的可爱类型，其特点是枫树木材质圆粗椅腿。

1938

餐椅。椅背和椅座为全包结构。因为没有加横木，从强度上来看总觉得不安全。椅子的后腿不是弯曲木而是削减过的，在承重强度上让人觉得不安。

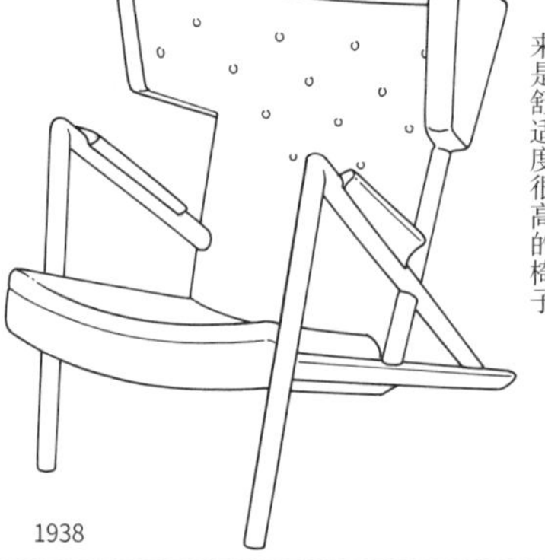

1938

翼椅。这把椅子只有两条椅腿，参加了展览，但并没有发售，这是他自己去买来的椅子。椅背和椅座的弧度很大，看起来是舒适度很高的椅子。

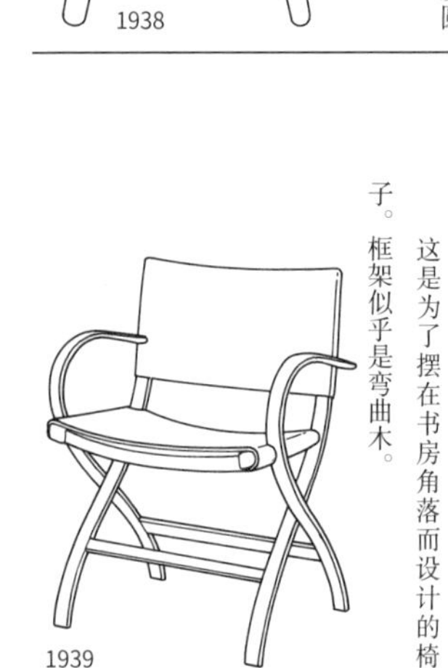

1939

这是为了摆在书房角落而设计的椅子。框架似乎是弯曲木。

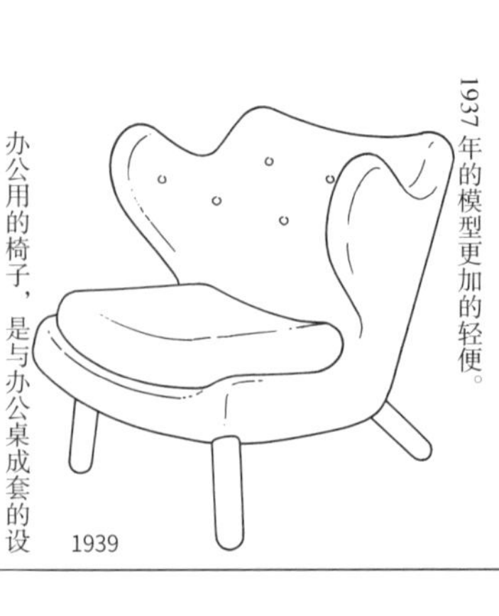

1939

重新设计后的安乐椅，看起来比 1937 年的模型更加的轻便。

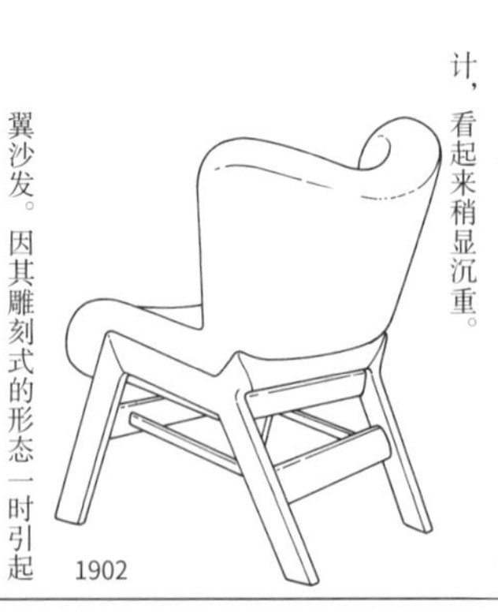

1902

办公用的椅子，是与办公桌成套的设计，看起来稍显沉重。

1939

翼沙发。因其雕刻式的形态一时引起热议。

可以说是将家具提升到了雕刻艺术品的高度。这里介绍的是从1937年的最初模型到1950年的作品（没有进行特别说明的作品都是沃戈尔的作品）。

1989年5月17日，笔者和朋友为了拜访他来到了哥本哈根的机场。正在那时他因为癌症而去世了，享年77岁。以当时同行的朋友为主要发起者，1990年分别在大阪、京都、旭川、名古屋、东京各个城市召开了『芬・居尔追悼展』。这些展览会由志愿者团队进行运营，通过各方筹集来的资金得以召开。

A 这是在室内装饰杂志《姆贝里亚》中经常出现设计师的形象，这是描绘的“姆贝里亚俱乐部”成员之一——芬·居尔。

B 1982年，在工艺博物馆举办的芬·居尔展的海报。

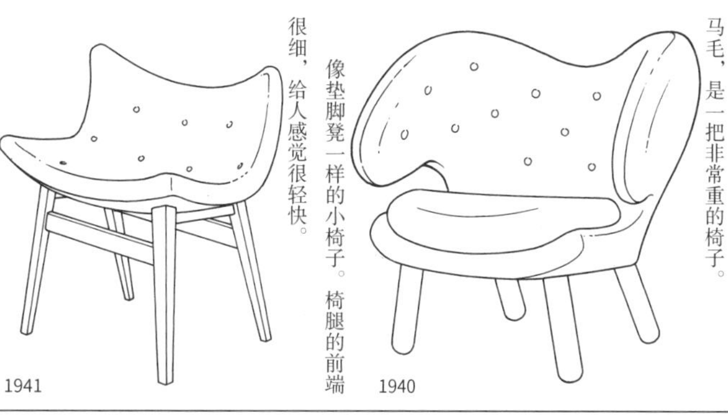

这是『塘鹅椅』的模型，让人联想到亨利・摩尔的雕刻曲线。在追悼展上受到了年轻人的追捧。椅套内的部分是木棉与马毛，是一把非常重的椅子。

1940

像垫脚凳一样的小椅子。椅腿的前端很细，给人感觉很轻快。

1941

安乐椅。椅背的两侧展开幅度很大，看起来像是翼椅。扶手的弧度也很流畅。

1941

与雅各布森的『蛋椅』比较来看，这是一张有趣的沙发，给人以后现代设计的印象，名为『诗人』。

1941

这是采用了仿佛是1937—1938年间设计风格的一件作品。

1943

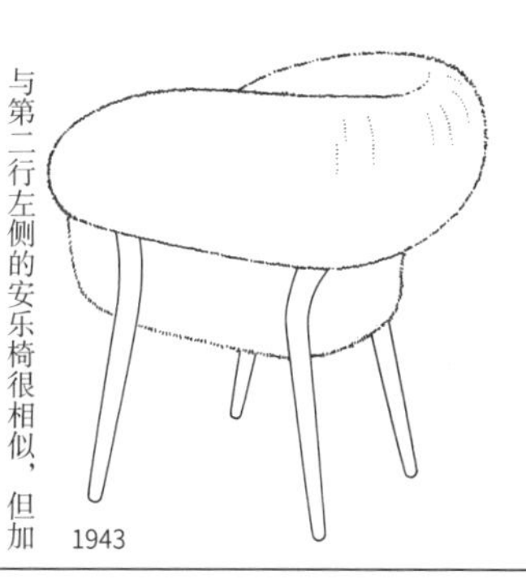

用羊皮作为椅套的化妆台用扶手椅。

1943

与第二行左侧的安乐椅很相似，但加入了横木，提高了其强度。

1943

芬·居尔虽然设计了数量众多的椅子，但其中最满意的要数这把编号为44的扶手椅。这是一把能让人联想到非洲原住民所使用的武器的，强有力且存在感很强的椅子。这幅插图在1982年哥本哈根的工艺博物馆中召开的芬·居尔展时中的海报（参照第二行）中也曾被使用过。遗憾的是这种椅子只制作了十二把。

1944

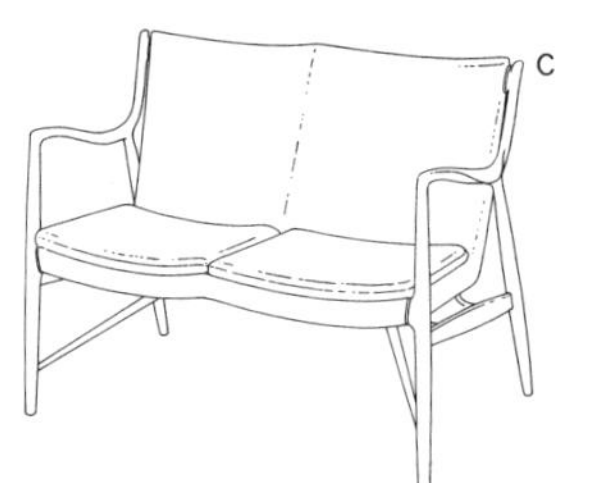

商品编号为 45 的沙发。这张双人沙发与其单人版本一同，在 1990 年后的十年间，由尼尔斯·罗兰德森工作室进行再生产，但现在已经停产。

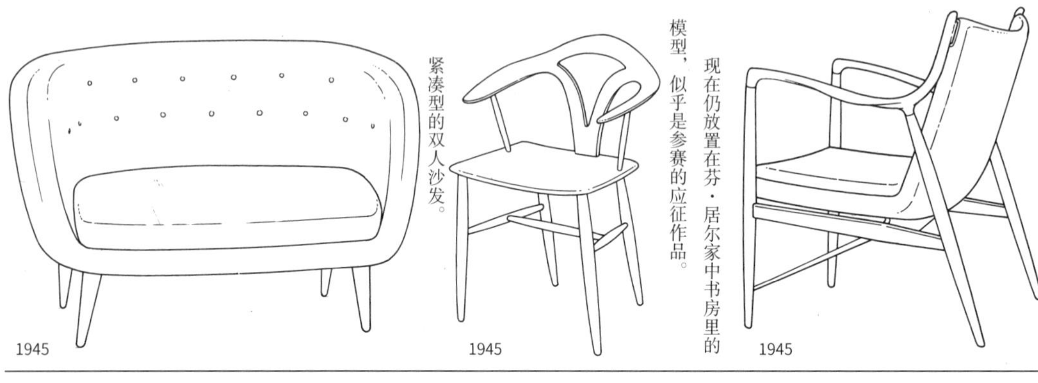

商品编号为45的扶手椅，这把椅子也是永垂丹麦家具历史的名作。扶手的弧度让人联想到拆信刀，被称为拥有最美扶手的椅子。

现在仍放置在芬·居尔家中书房里的模型，似乎是参赛的应征作品。

紧凑型的双人沙发。

1946

椅座下面呈X形的交叉的横木是这把安乐椅的主要特点。凯尔·柯林特在其设计的作品中也使用了同样的横木设计。这个模型似乎没有在展示会中出展。扶手部分的落差设计也是一大特点。

1946

与右侧的模型很相似，这一作品是包布尔凯公司的产品。

1946

在展示会中出售的模型是在椅腿前端嵌入了黄铜的华丽版，这个模型与之很相似，包布尔凯公司也对其进行了生产。

1946

餐椅。似乎不是展示会中的模型，与商品编号为45的作品一样，斜横木的设计是其主要特点。

1946

为丹麦具有代表性的宾格与格朗达尔陶器公司的展室所设计的凳子。这一作品也是在1990年开始量产，并在之后停产。

由卡尔布罗拉布公司进行制作的沙发，律动的弧线是其特征。

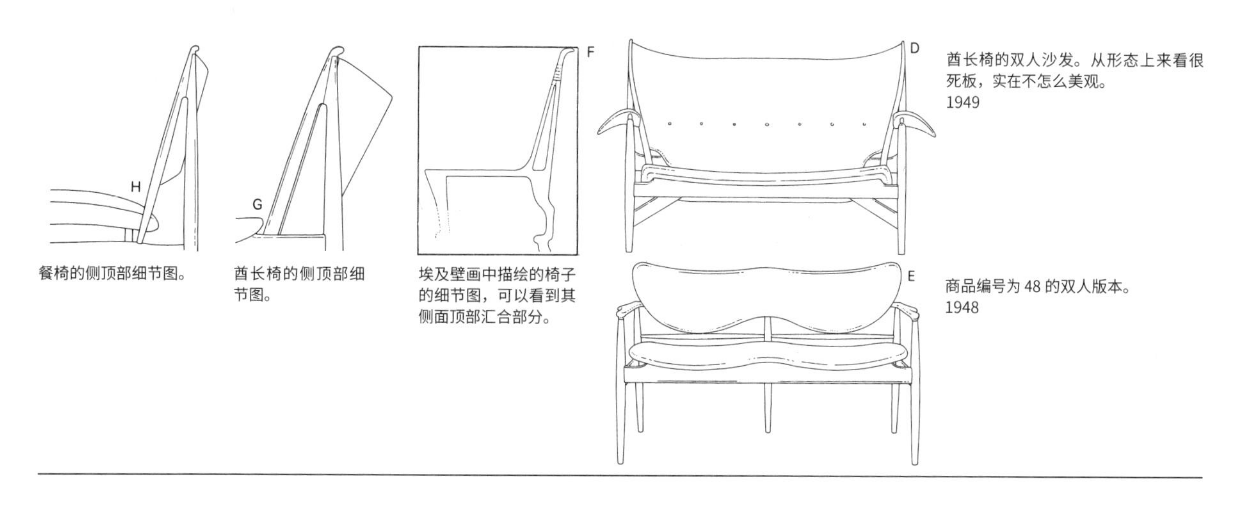

餐椅的侧顶部细节图。

酋长椅的侧顶部细节图。

埃及壁画中描绘的椅子的细节图，可以看到其侧面顶部汇合部分。

酋长椅的双人沙发。从形态上来看很死板，实在不怎么美观。
1949

商品编号为48的双人版本。
1948

这把椅子被认为是比赛的应征作品，最初在椅腿部使用了钢，椅座为塑料制。
1947

展会展出的扶手椅模型。椅腿部的前端使用了紫檀木，上部使用了枫树木，两个色调的组合产生了一种优雅的设计感。
1947

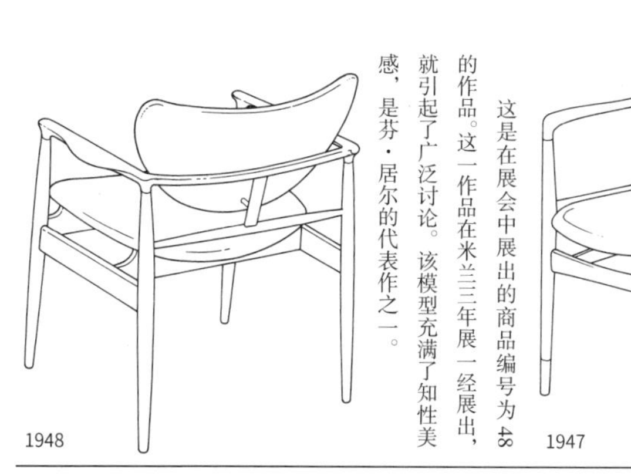

这是在展会中展出的商品编号为48的作品。这一作品在米兰三年展一经展出，就引起了广泛讨论。该模型充满了知性美感，是芬·居尔的代表作之一。
1948

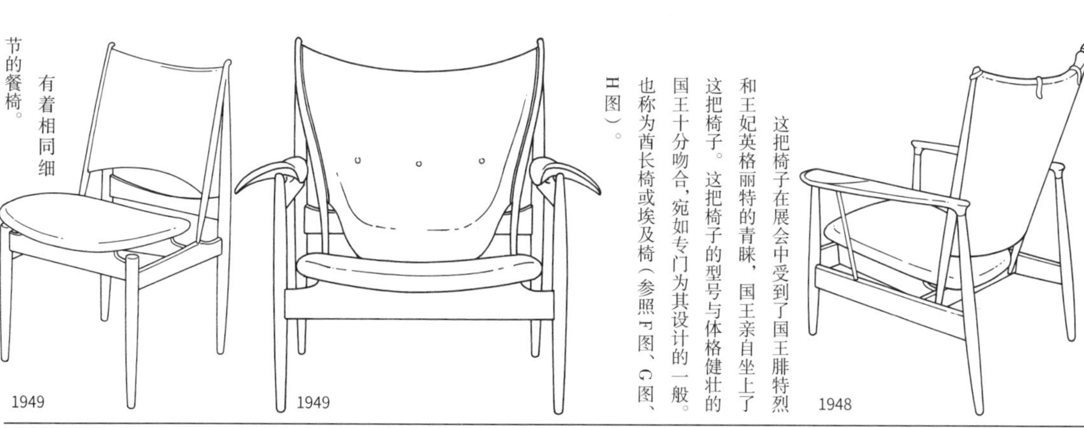

展会中展出的安乐椅模型，扶手部分是可放置咖啡杯的设计。
1948

这把椅子在展会中受到了国王腓特烈和王妃英格丽特的青睐，国王亲自坐上了这把椅子。这把椅子的型号与体格健壮的国王十分吻合，宛如专门为其设计的一般。也称为酋长椅或埃及椅（参照F图、G图、H图）。
1949

有着相同细节的餐椅。
1949

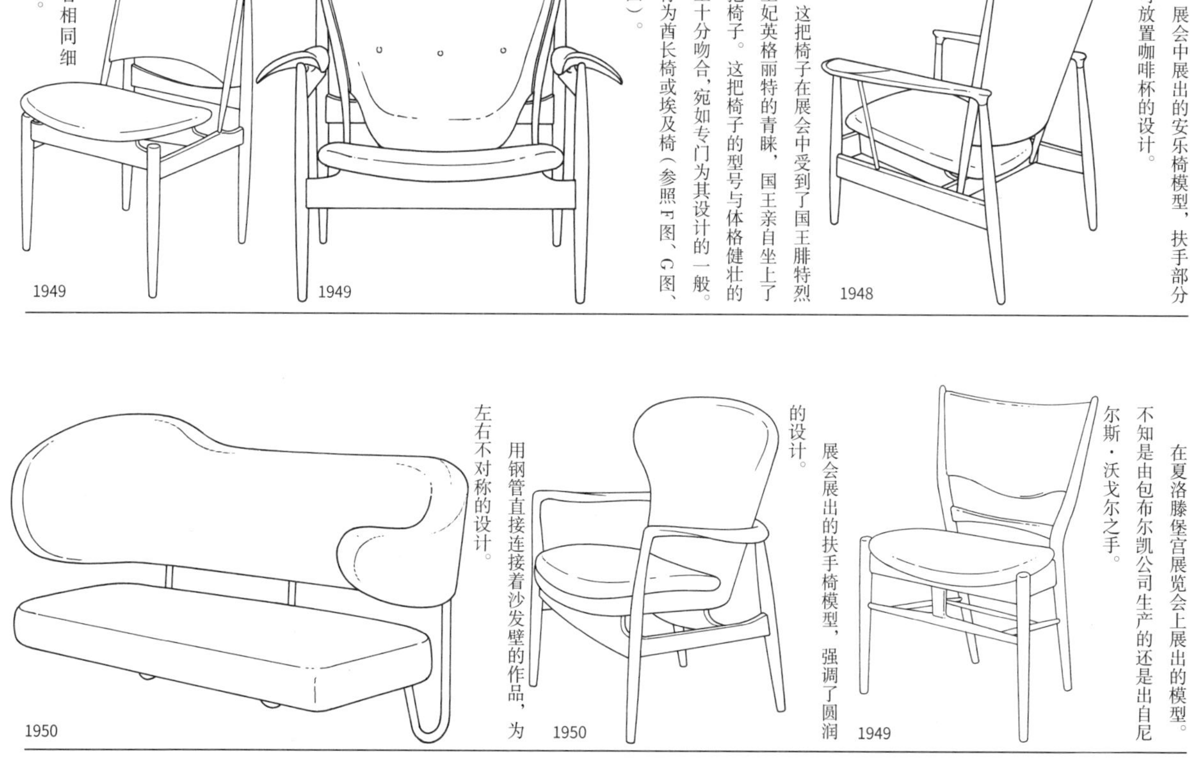

在夏洛滕堡宫展览会上展出的模型。不知是由包布尔凯公司生产的还是出自尼尔斯·沃戈尔之手。
1949

展会展出的扶手椅模型，强调了圆润的设计。
1950

用钢管直接连接着沙发壁的作品，为左右不对称的设计。
1950

1912—1989

芬·居尔

第2小节
辉煌的20世纪50年代

接下来介绍1950—1968年的作品。因为版面容量的原因会省略一部分，希望读者能够了解芬·居尔的设计进程。20世纪50年代对于他来说是个具有重大意义的时代。

1952年他担当了纽约联合国大厦的信托统治地区层的室内装饰设计师，第二年负责了在亚洲和欧洲的斯堪的纳维亚航空公司的33个事务所的设计。

在此期间，为斯堪的纳维亚航空公司的东京事务所的设计而来到日本，加深了与丹下健三、剑持勇、柳宗理等人的交流。在航空公司的设计工作中，也包含了对客机DC-8的机内设计。1954年，在特隆赫姆（挪威）的工艺博物馆里，他所设计的『房间1952』成为永久展示间。他是继威廉·莫里斯、亨利·凡·德·威尔德之后第三个获此成就的人。同年，他在世界级银器制造商乔治·杰生所主办的世界62个地区的巡回展中担当所有展会的会场设计。居尔的获奖的经历非常丰富，除丹麦之外，包括国际奖在内共拥有28次以上的获奖纪录，在当时甚至有说法称，没人能够打破其纪录。

到这个作品为止，芬·居尔的所有的家具作品都是在丹麦国内制作的。然而，随着他开始担当联合国大厦的信托统治地区层的室内装饰设计师后，设计的家具已经全部是由美国贝克家具负责制造了。他的设计进行了很大的扩展，翼沙发是由该公司及丹麦的尼尔斯·沃戈尔工作室共同制作的。

1950

这一作品是为了联合国大厦的大会议场所设计的椅子，椅腿部的前端是黄铜制。

1951

这一作品也是为了联合国大厦制造的作品。椅座的坐垫部分颜色与其他椅子椅套部分的颜色不同。这里将雕刻式的造型特征发挥得淋漓尽致。

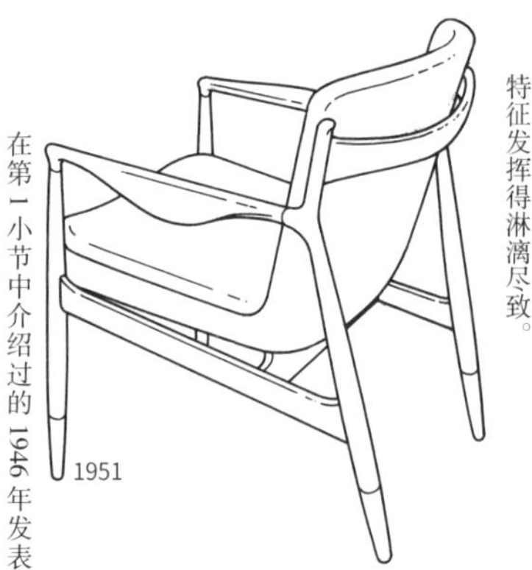

1951

在第1小节中介绍过的1946年发表的模型，也可以称为是无扶手款设计。后椅腿部分不是弯曲木，而是削成该形状的，因此承重强度可能不足。

1952

制造商不详的作品，然而椅背和椅座以及横插木等特征都表明了是芬·居尔的作品。

1952

包布尔凯公司生产的安乐椅，改变了扶手表面的材质。

1952

这是由索伦威拉森公司制作的模型，在他的作品当中比较少见。没有尖锐棱角且扶手设计是其特点。

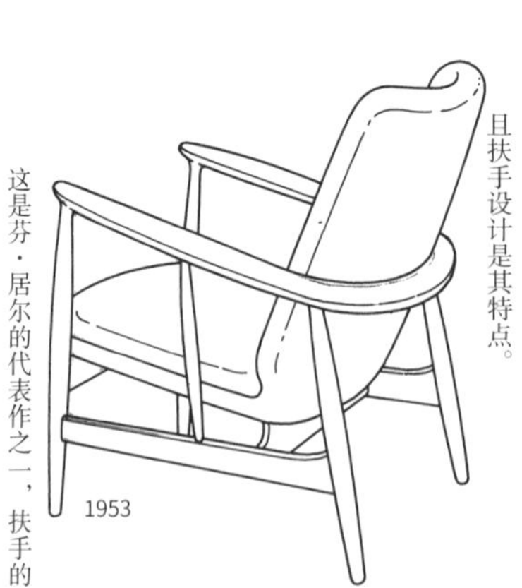

1953

这是芬·居尔的代表作之一，扶手的雕刻式设计让人联想到动物的角。椅子尺寸偏小，日本人坐上去也能感觉很舒适。

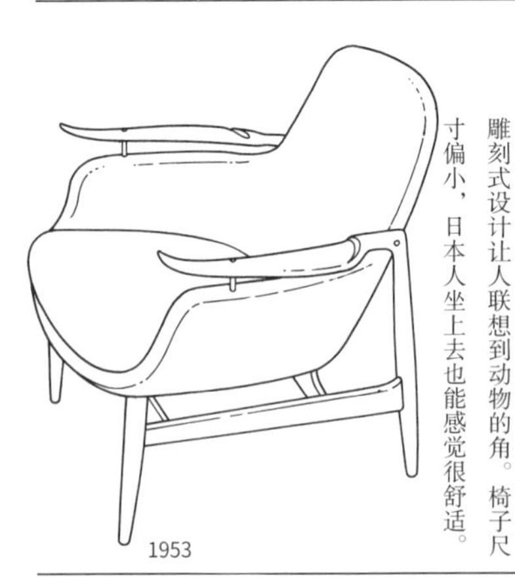

1953

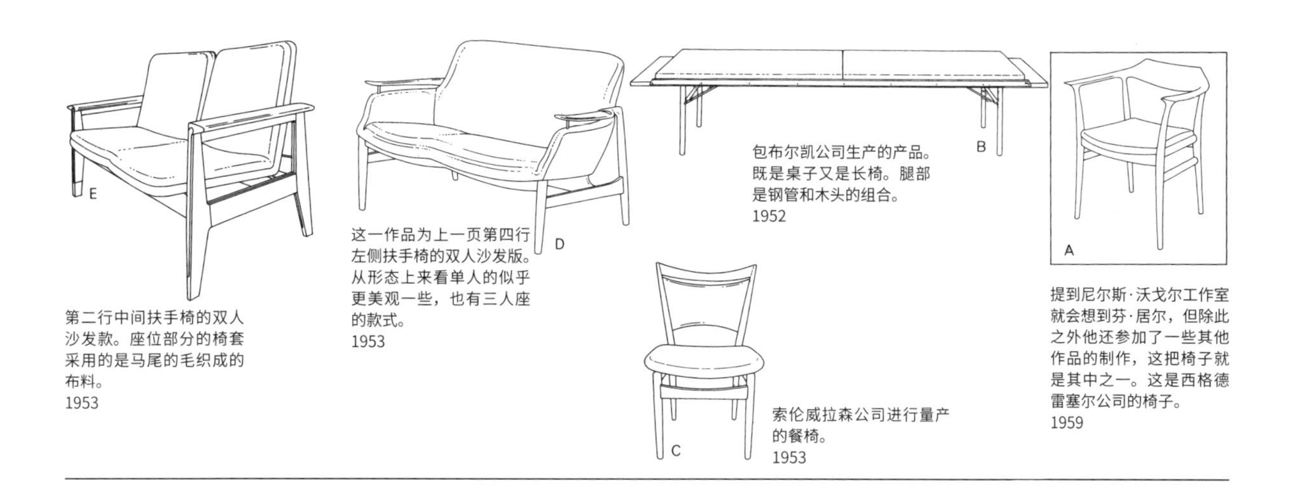

E 第二行中间扶手椅的双人沙发款。座位部分的椅套采用的是马尾的毛织成的布料。
1953

D 这一作品为上一页第四行左侧扶手椅的双人沙发版。从形态上来看单人的似乎更美观一些，也有三人座的款式。
1953

B 包布尔凯公司生产的产品。既是桌子又是长椅。腿部是钢管和木头的组合。
1952

C 索伦威拉森公司进行量产的餐椅。
1953

A 提到尼尔斯·沃戈尔工作室就会想到芬·居尔，但除此之外他还参加了一些其他作品的制作，这把椅子就是其中之一。这是西格德雷塞尔公司的椅子。
1959

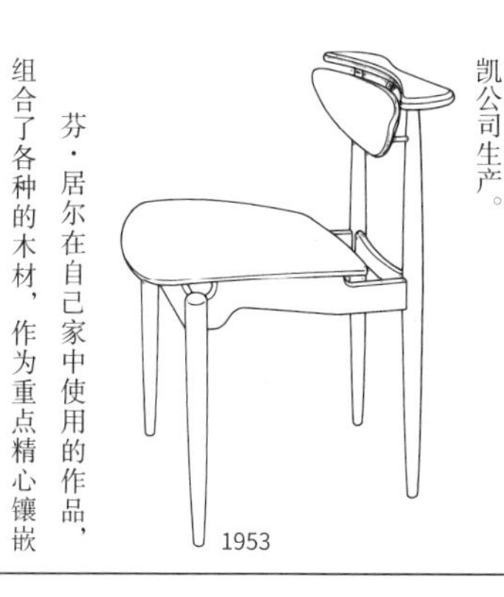

1953

特点为椅背的横梁的小椅子。包布尔凯公司生产。

1953

芬·居尔在自己家中使用的作品，组合了各种的木材，作为重点精心镶嵌了牛骨。

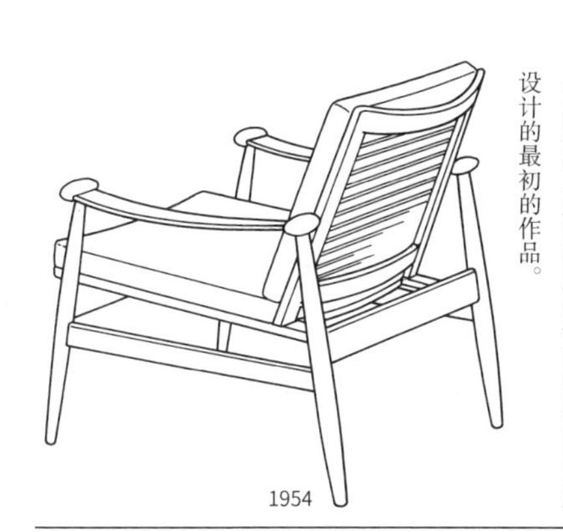

1954

从这些手工艺家具作品来看，这一作品是运用工业机器并以批量生产为目的所设计的最初的作品。

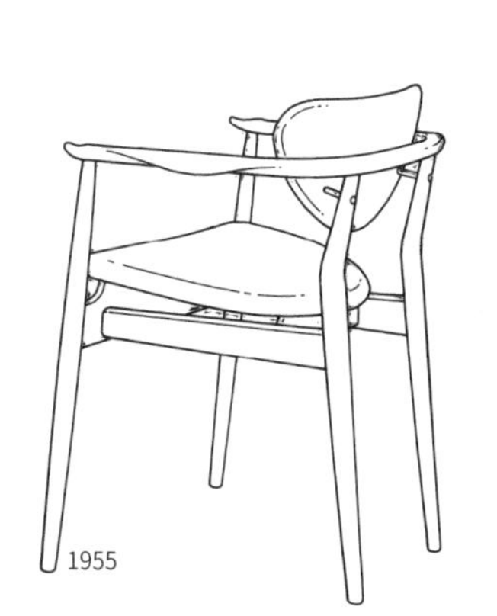

1955

这一作品的雕刻性扶手设计非常的美观。这一时期开始，以前的斜横木逐渐消失，椅腿下变得更加洗练。

1955年在细木工行会的展示会中发布了两把椅子组合的模型。这是没有进行量产的样椅。据他说，应该只做了这两把，但最近同样的款式在拍卖中售出了。貌似在芬·居尔不知情的情况下又做出了一些（没有支付版税）。扶手是弯曲的胶合板。尼尔斯·沃戈尔工作室制造。

1955

这是与右侧的作品一同进行展出的椅子。然而，椅腿部分为方木材，很难认为是成套组合。

1955

这是与第三行中间的扶手椅同一时期的作品，扶手为胶合板制。是否批量生产尚不详，也许是尼尔斯·沃戈尔工作室的作品吧。

1956

在斯德哥尔摩买入的椅子，当时还不能断定是芬·居尔的作品。西格德雷塞尔公司制造。

1956

与1946年发表的作品非常相似，没有了之前作为特征的斜横木，设计变得十分精练。

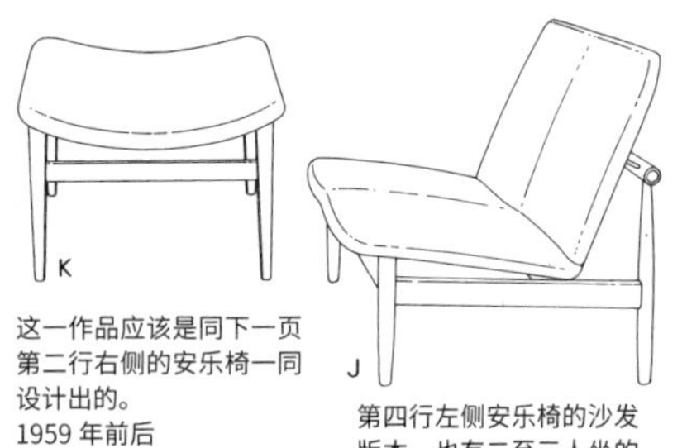

K

这一作品应该是同下一页第二行右侧的安乐椅一同设计出的。
1959 年前后

J

第四行左侧安乐椅的沙发版本。也有二至三人坐的版本。无论哪种都无扶手。
1958 年前后

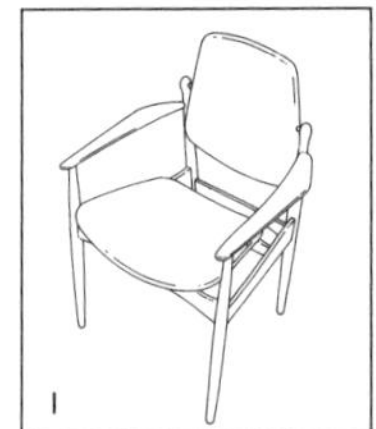

I

可以看出椅背和椅座的悬浮设计受到了芬·居尔的很大影响。这是阿内·沃德（丹麦）的作品。
20 世纪 50 年代

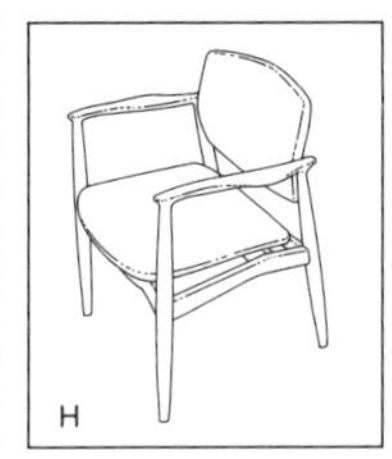

H

埃里克·布赫（丹麦）的这一作品几乎被错认为是芬·居尔的作品，二者极其相似。
1957

G

彼得·维特和奥尔拉·莫尔高·尼尔森（丹麦）制作的扶手椅。扶手、椅背、横木等部分都受到了芬·居尔的影响。
1956

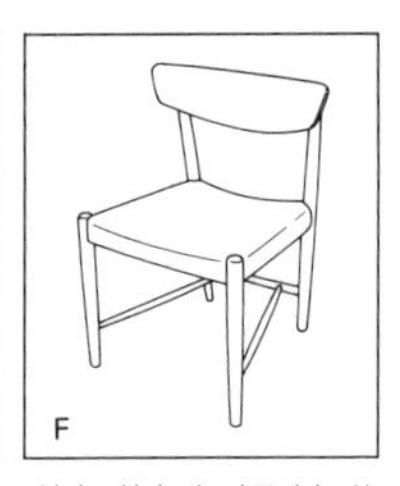

F

科夫·拉尔森（丹麦）的餐椅。从斜横木以及椅背和椅腿的连接部分可以看出受到了芬·居尔的影响。
1954

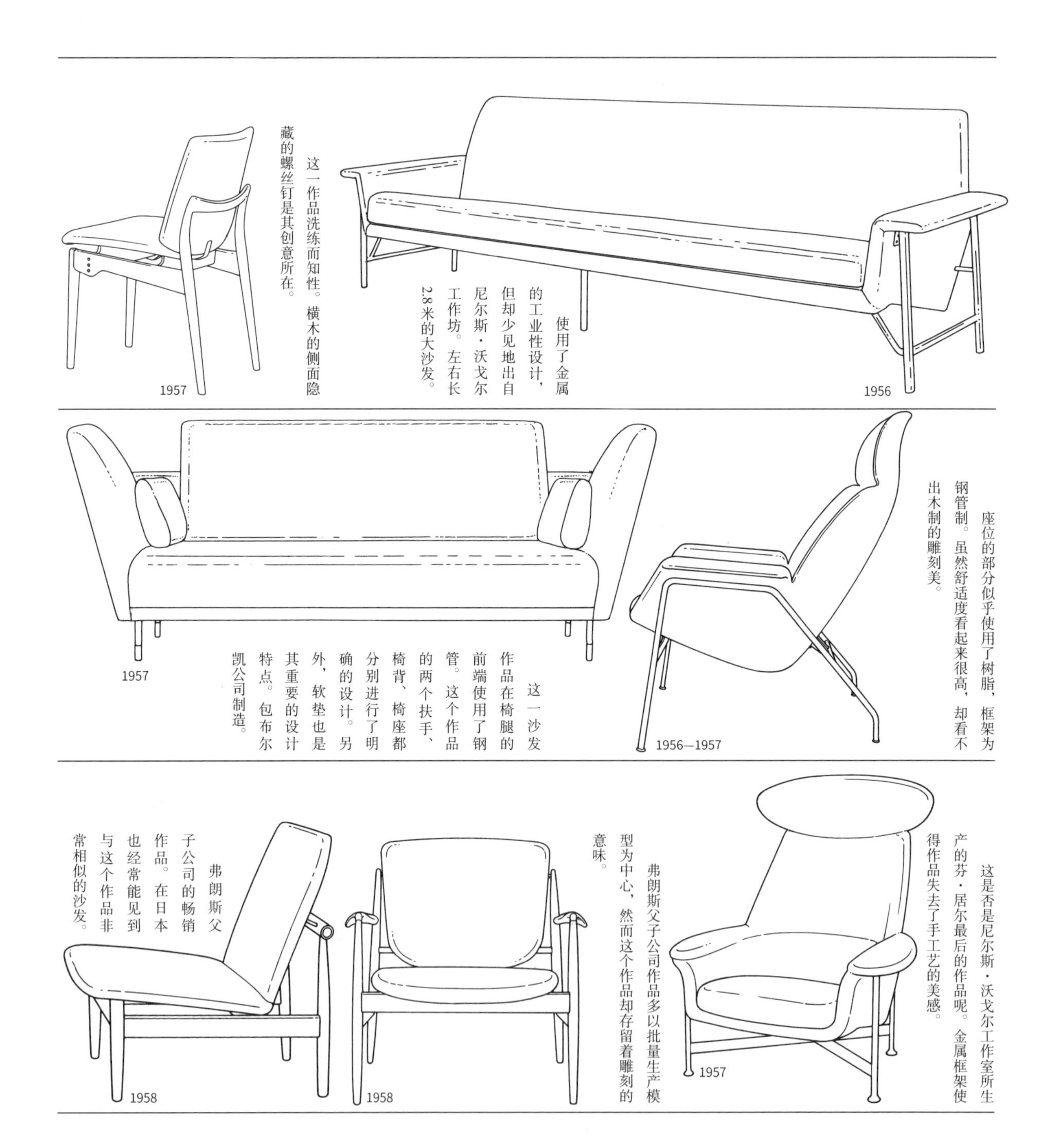

1957

这一作品洗练而知性。横木的侧面隐藏的螺丝钉是其创意所在。

1956

使用了金属的工业性设计，但却少见地出自尼尔斯·沃戈尔工作坊。左右长2.8米的大沙发。

1957

这一沙发作品在椅腿的前端使用了钢管。这个作品的两个扶手、椅背、椅座都分别进行了明确的设计。另外，软垫也是其重要的设计特点。包布尔凯公司制造。

1956—1957

座位的部分似乎使用了树脂，框架为钢管制。虽然舒适度看起来很高，却看不出木制的雕刻美。

1958

弗朗斯父子公司的畅销作品。在日本也经常能见到与这个作品非常相似的沙发。

1958

弗朗斯父子公司作品多以批量生产模型为中心，然而这个作品却存留着雕刻的意味。

1957

这是否是尼尔斯·沃戈尔工作室所生产的芬·居尔最后的作品呢。金属框架使得作品失去了手工艺的美感。

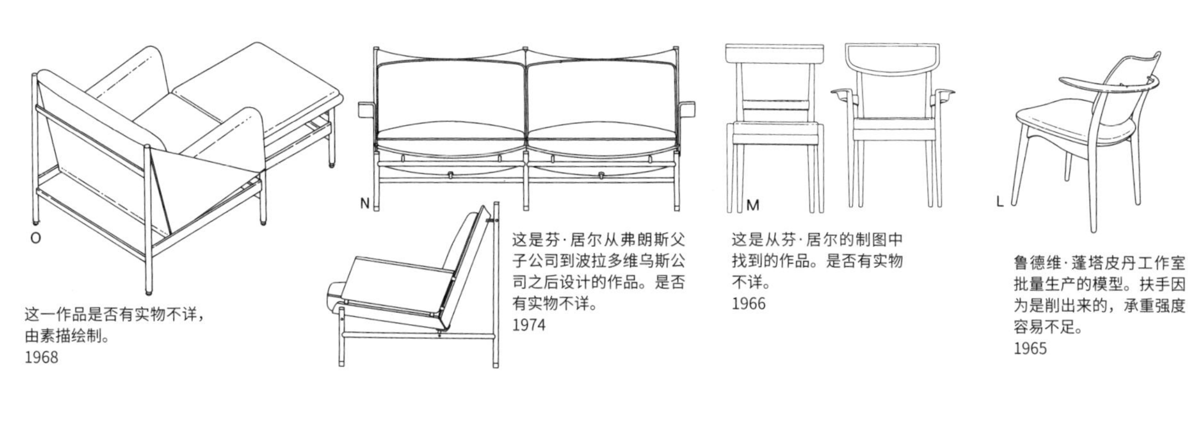

这一作品是否有实物不详，由素描绘制。
1968

这是芬·居尔从弗朗斯父子公司到波拉多维乌斯公司之后设计的作品。是否有实物不详。
1974

这是从芬·居尔的制图中找到的作品。是否有实物不详。
1966

鲁德维·蓬塔皮丹工作室批量生产的模型。扶手因为是削出来的，承重强度容易不足。
1965

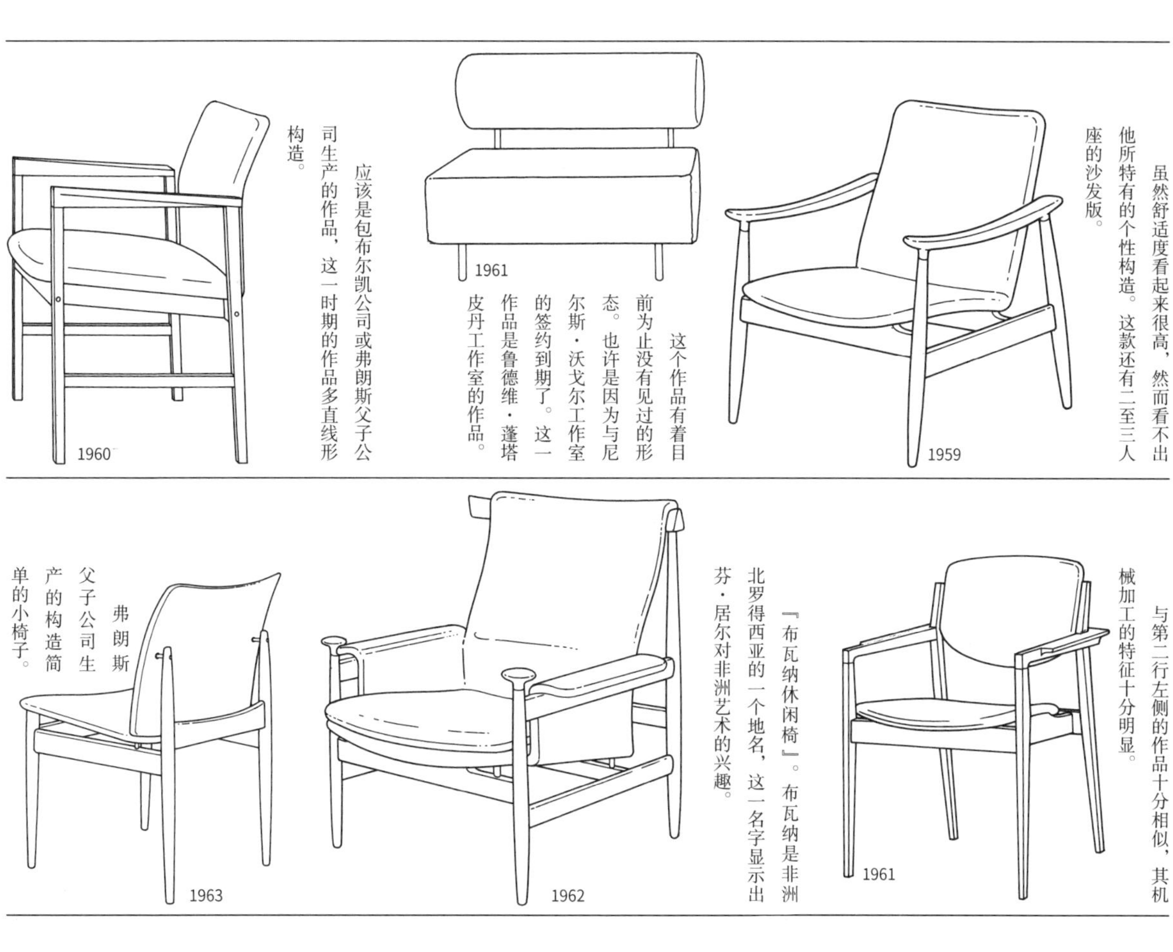

应该是包布尔凯公司或弗朗斯父子公司生产的作品，这一时期的作品多直线形构造。

这个作品有着目前为止没有见过的形态。也许是因为与尼尔斯·沃戈尔工作室的签约到期了。这一作品是鲁德维·蓬塔皮丹工作室的作品。

虽然舒适度看起来很高，然而看不出他所特有的个性构造。这款还有二至三人座的沙发版。

弗朗斯父子公司生产的构造简单的小椅子。

『布瓦纳休闲椅』。布瓦纳是非洲北罗得西亚的一个地名，这一名字显示出芬·居尔对非洲艺术的兴趣。

与第二行左侧的作品十分相似，其机械加工的特征十分明显。

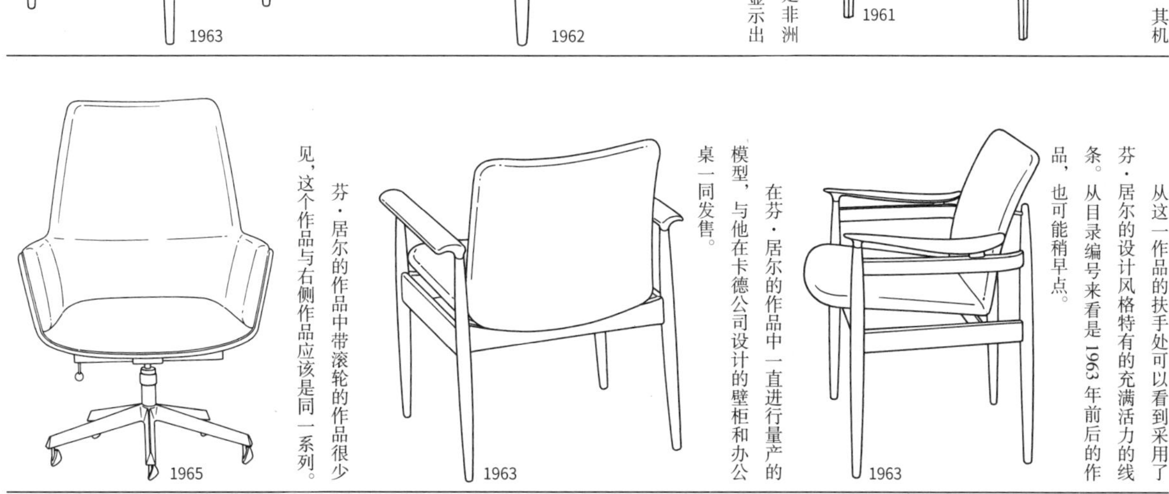

芬·居尔的作品中带滚轮的作品很少见，这个作品与右侧作品应该是同一系列。

在芬·居尔的作品中一直进行量产的模型，与他在卡德公司设计的壁柜和办公桌一同发售。

从这一作品的扶手处可以看到采用了芬·居尔的设计风格特有的充满活力的线条。从目录编号来看是1963年前后的作品，也可能稍早点。

1914—2007

汉斯·瓦格纳

第 1 小节
拥有 500 个作品以上的设计师

汉斯·瓦格纳（以下简称瓦格纳）于1914年出生于丹麦日德兰半岛的一个名为特诺的工匠小镇。14岁就成为家具工匠，虽然后来成为世界级的家具设计巨匠，但最初也是通过做家具工匠的这个时期来掌握技术的。也就是说，从『手艺』进一步发觉『木』的本质，通过做木活儿而掌握了设计的基础。22岁进入了丹麦美术工艺学校学习，学习了家具的历史以及设计。这些知识最终演变成了，『技术等于手，设计等于脑』，也就是说掌握手和脑的平衡就能够创作出好作品。换句话说，就可以灵活地做出美观的设计。这不局限于他本人，整个丹麦的教育系统都是这样教授的。1943年瓦格纳开始建立了自己的工作室，1946年开始在母校授课。关于他以后的各种设计活动，我们将会分成10个小节来具体介绍。他创作了500多种椅子，本小节先就其初期的作品，即1949年前的作品进行介绍。

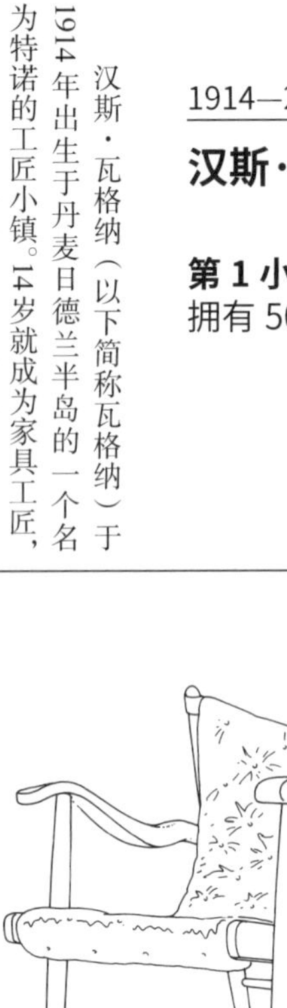

这是瓦格纳设计生涯的第二件作品。他当时虽然只有23岁，却有着很强的造型能力。这把椅子由林达公司制造，一共只做了两把，其中的一把于20世纪90年代发现后被收藏到了哥本哈根的工艺博物馆。

1937

与右侧的作品一同展出在细工行会的展览会上，桃花心木制。横插板的位置略低，从构造上来看似乎相当结实。

1937

布朗蒙贝尔公司制作的餐椅。座位的横插板呈X形交叉。瓦格纳在该制造商处制作了很多种类的椅子。

1938

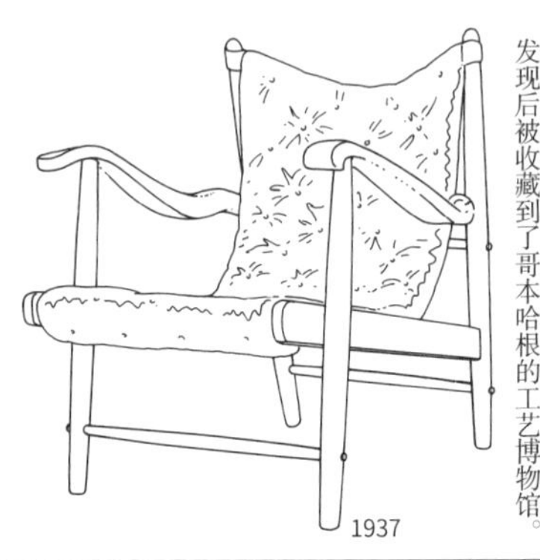

用古巴桃花心木制作的椅子，这种材料现今已经很难得到。尼尔森公司制作。

1940

左侧五把椅子都是为了在公开募集展中出售而绘制的草图，看起来舒适度都很高。

1940

1940

1940

1940

1940

这是瓦格纳与名匠约翰尼斯·汉森遇见后所创作的第一个作品，与第二行左侧的作品非常相似。

1941

约翰尼斯·汉森公司制作的两种款式，右侧是与友人布吉·莫根森共同设计的作品，也有与其十分相似的款式(B图)。

1941

1941

1941

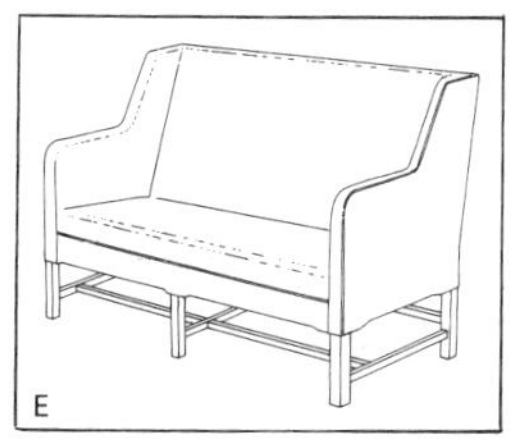

E

凯尔·柯林特制作的沙发（284页）。除了扶手的前端以外，与第二行左侧作品极其相似。
1935

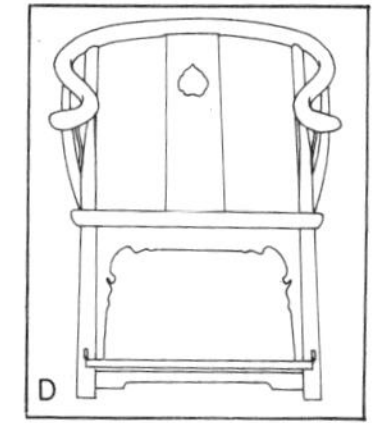

D

1600年前后的中国式样椅。在哥本哈根的工艺博物馆内收藏了数把这一原型中国式样椅。

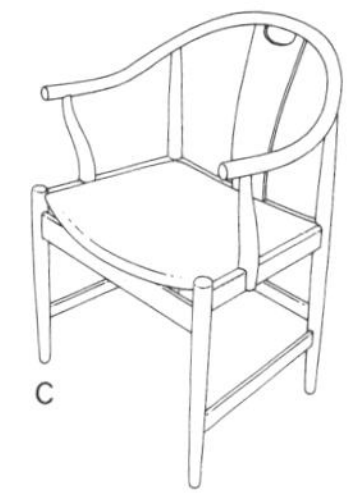

C

1944年改版后的“中国椅”。椅背板上加入了可以拿起椅子的洞，做法变得更简单。
1988

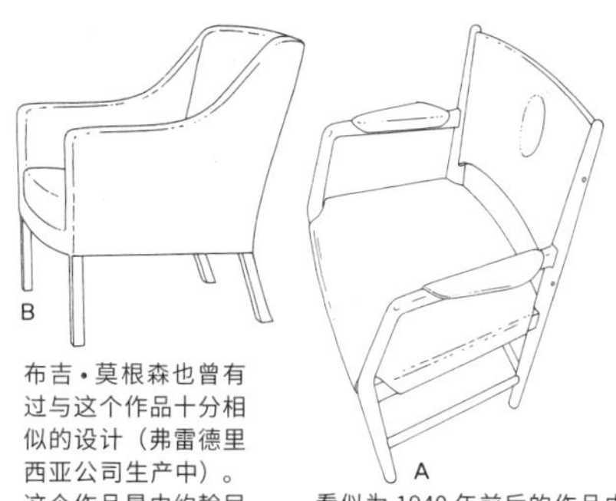

B

布吉·莫根森也曾有过与这个作品十分相似的设计（弗雷德里西亚公司生产中）。这个作品是由约翰尼斯·汉森公司制造的。
1946

A

看似为1940年前后的作品中的安乐椅，是为了奥尔胡思市的市会议室所设计。椅背处加入了金色。
1941

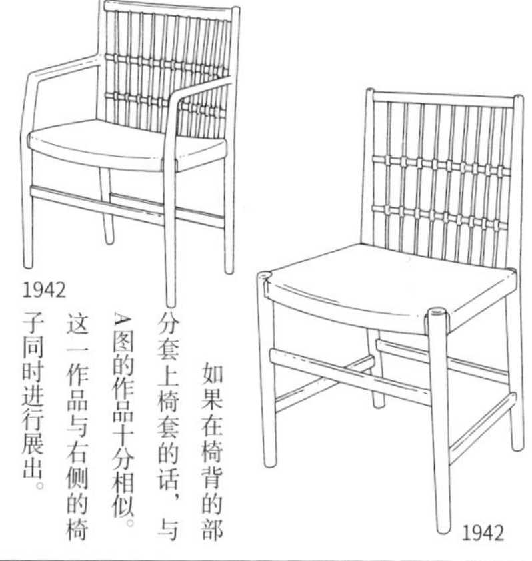

1942

细节设计非常精致的餐椅，工艺博物馆中也有收藏这把椅子。材料为古巴桃心木，由约翰尼斯·汉森公司制造。

1942

如果在椅背的部分套上椅套的话，与A图的作品十分相似。这一作品与右侧的椅子同时进行展出。

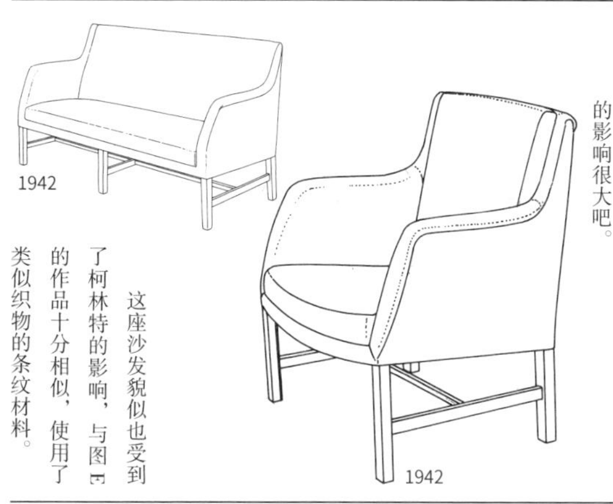

1942

这一作品受到了凯尔·柯林特的影响。虽然瓦格纳不是柯林特的学生，但也许是因为当时柯林特在世界家居设计界的影响很大吧。

1942

这座沙发貌似也受到了柯林特的影响，与图E的作品十分相似，使用了类似织物的条纹材料。

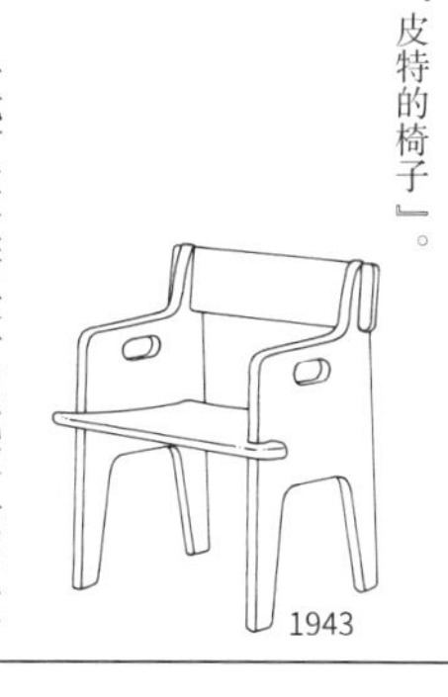

1943

友人布吉·莫根森的第一个孩子出生后，瓦格纳作为起名人，同时也是祝福的礼物设计了这把椅子和配套的桌子，送给了朋友。这一椅子以孩子的名字命名，为『皮特的椅子』。

1943

早就打算重新设计旧式家具的瓦格纳，在请教了柯林特之后，开始研究中国的古典椅子（D图），由此诞生了很多名作。这一作品为弗里茨·汉森公司的产品『中国椅』，现在仍在生产中。

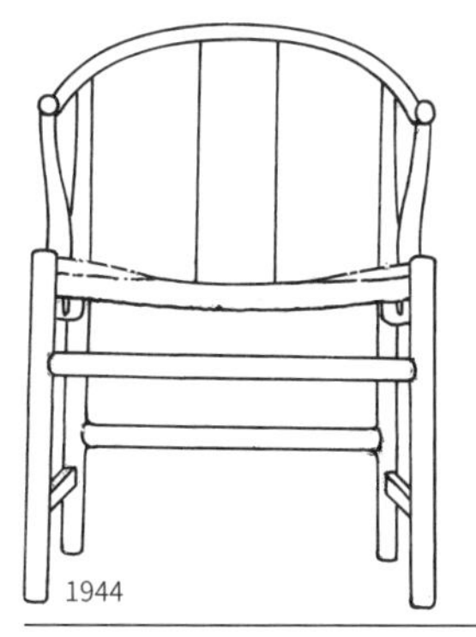

1944

右侧椅子的简洁版本。弗里茨·汉森公司进行了量产，但随后废产，1978年PP家具公司开始生产。参照C图。

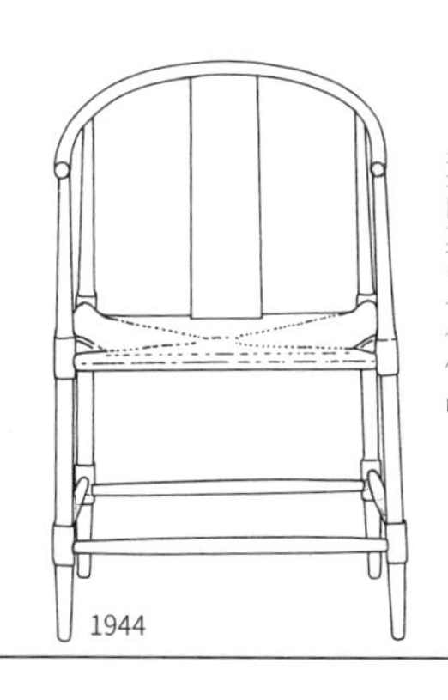

1944

实际是否进行量产不详，但很明显是中国系列的其中一个作品。

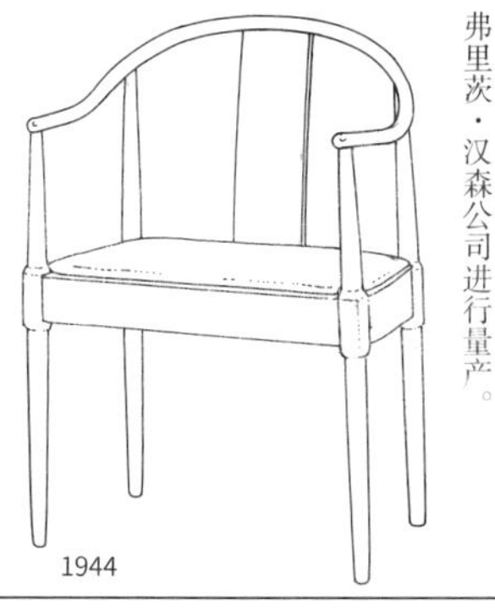

1944

椅座插板以外没有其他横插板，椅座的上下幅度比较厚，因此提高了强度，由弗里茨·汉森公司进行量产。

1943

1990年访问瓦格纳的住宅时，得以一见的『中国椅』，是没有在书中记载过的珍品，与原版非常相近。

1902

座位上的革是铆接上的，扶手的做工很有雕刻的美感。

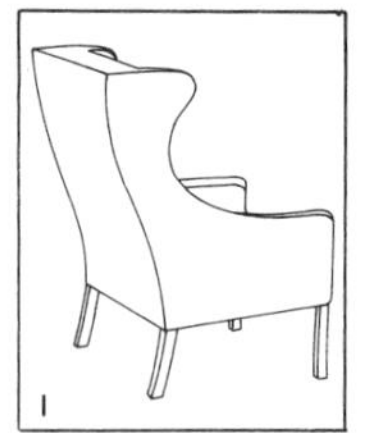

布吉·莫根森的翼椅。弗雷德里西亚公司生产，也经常出口日本。
1964

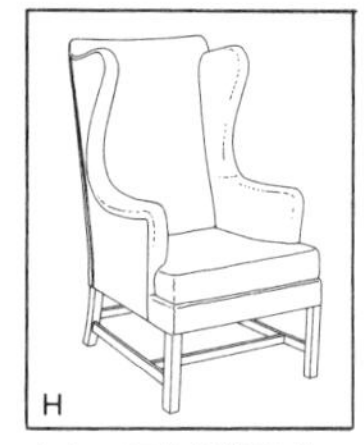

凯尔·柯林特的翼椅。这把椅子创作的基础是意大利的样式家具。
1941

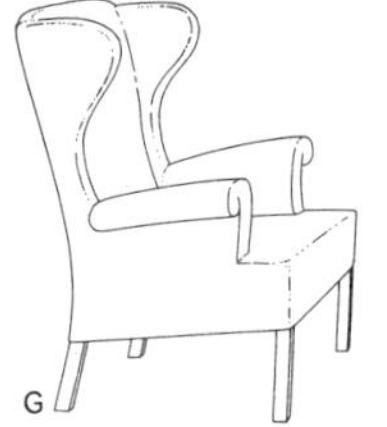

扶手部分采用了装饰性设计，仔细看与莫根森的作品（I图）非常相似。
1948

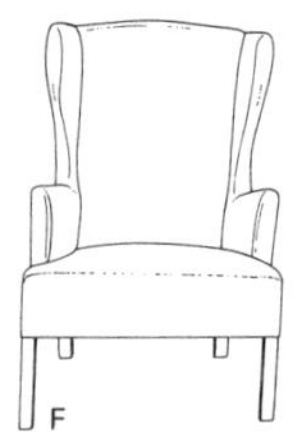

翼椅。与1944年的作品相比设计变得更简洁，约翰尼斯·汉森公司制作。
1945

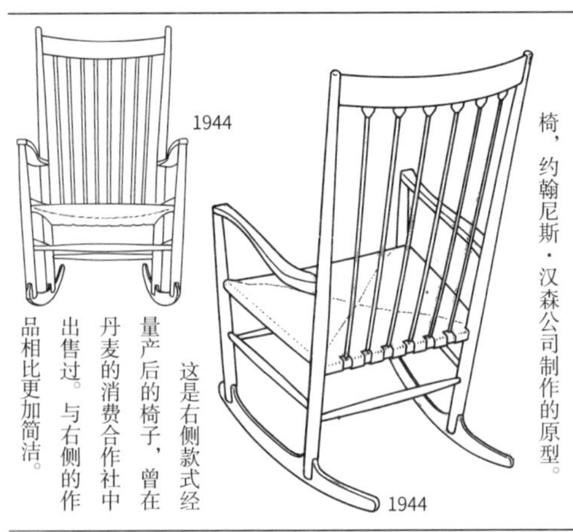

这是右侧款式经量产后的椅子，曾在丹麦的消费合作社中出售过。与右侧的作品相比更加简洁。

受谢凯尔式家具启发而创作出来的摇椅，约翰尼斯·汉森公司制作的原型。

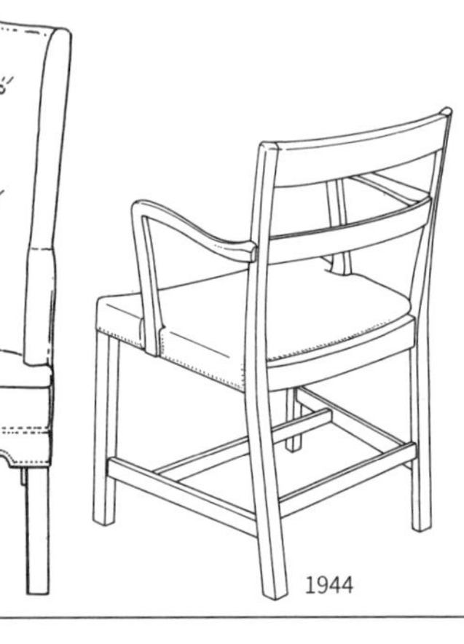

这两把椅子都是在展示会中展出的作品，同时展出的办公桌现藏于工艺博物馆。

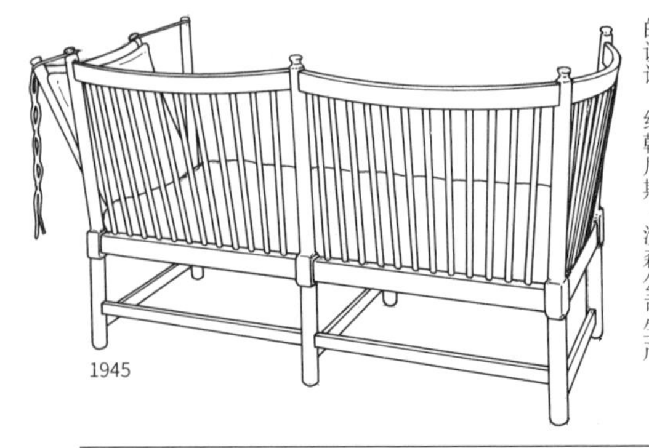

这张沙发为布吉·莫根森的作品，在日本知名度很高，瓦格纳也参加了该作品的设计。约翰尼斯·汉森公司生产。

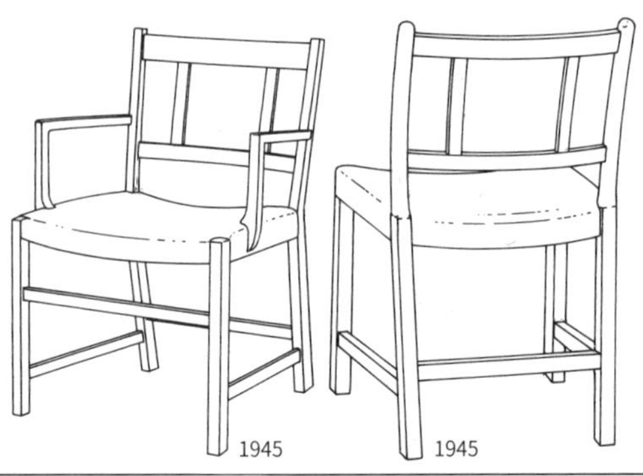

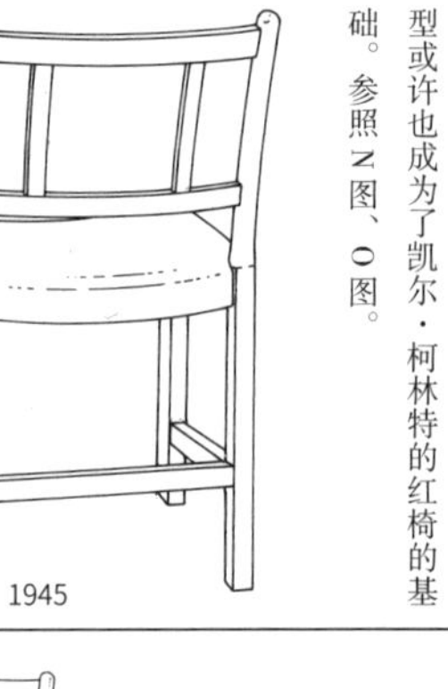

克里斯强森公司制作的作品。这个模型或许也成为了凯尔·柯林特的红椅的基础。参照N图、O图。

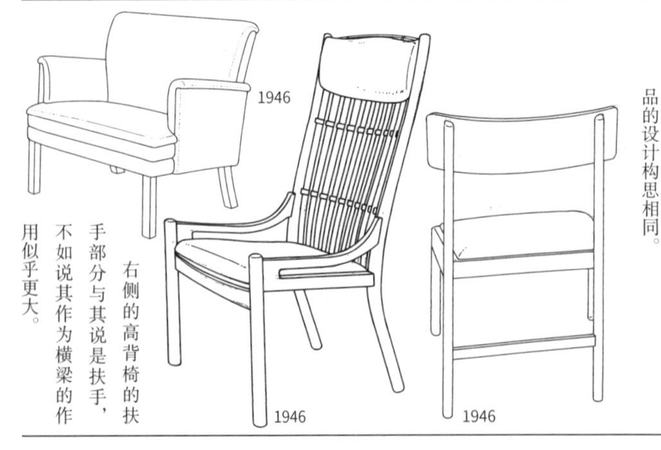

右侧的高背椅的扶手部分与其说是扶手，不如说其作为横梁的作用似乎更大。

负责制作布吉·莫根森作品的拉斯姆森公司出品的三件瓦格纳的作品，这些作品的设计构思相同。

1946

扶手部分为了增加强度下了不少功夫。

1946

约翰尼斯·汉森公司制作的模型。这一时期的作品大部分都受到了样式家具的影响，从椅背和椅腿部分设计可以看出下了不少功夫。

“红椅”。柯林特的名作，别名为“巴萨罗那椅”。这把椅子也是以英国的奇彭代尔风格的椅子为基础创作的作品。
1927

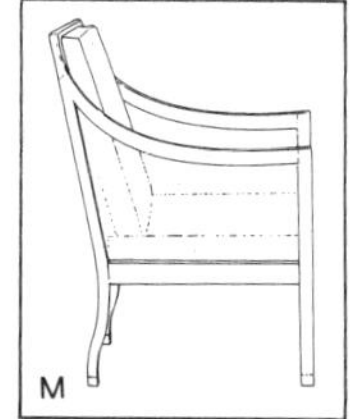

柯林特的安乐椅作品。在第 283 页曾介绍过，这一作品也是在英国的样式家具的基础上创作的作品。
1932

这是由瓦格纳送给笔者的圈椅。这把椅子非常大，感觉可以容纳两个人。从设计上来看可能是由“孔雀椅”发展而来的。
1986

可以很明显地看出这是由“孔雀椅”进行再设计发展而来的作品。瓦格纳的住宅中用的也是红色布套的椅子。
1958 年前后

“孔雀椅”的全包版本，以前在古董店发现并购入的作品。这是约翰尼斯·汉森公司仅制作了几把的珍贵款式。
1953

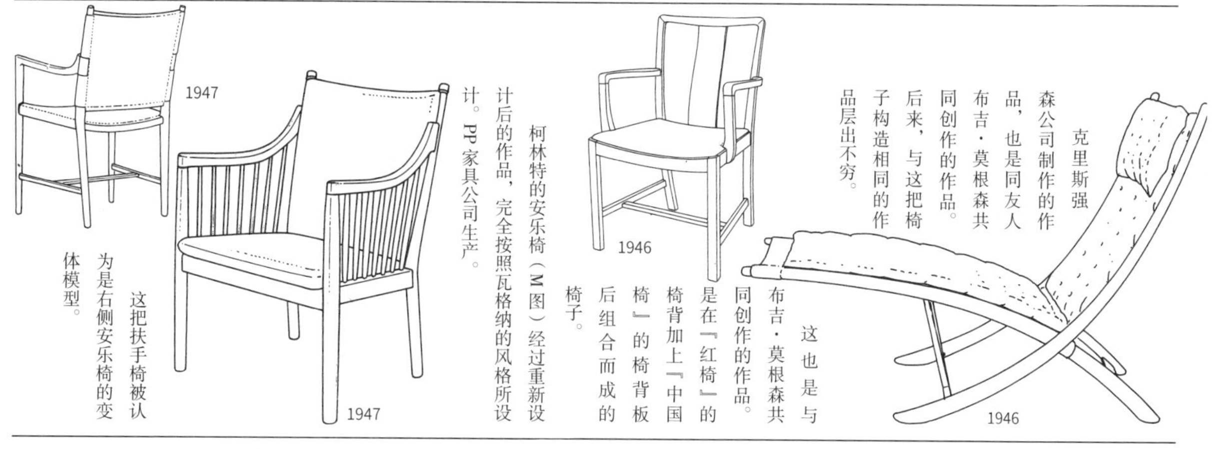

克里斯强森公司制作的作品，也是同友人布吉·莫根森共同创作的作品。后来，与这把椅子构造相同的作品层出不穷。
1946

这也是与布吉·莫根森共同创作的作品。是在『红椅』的椅背加上『中国椅』的椅背板后组合而成的椅子。
1946

柯林特的安乐椅（M 图）经过重新设计后的作品，完全按照瓦格纳的风格所设计。PP 家具公司生产。
1947

这把扶手椅被认为是右侧安乐椅的变体模型。
1947

这是在日本非常具有人气的『孔雀椅』。众所周知，这把椅子起源于温莎椅。然而，这把椅子后来的设计是如何发展的，请参照 J～L 图。
1947

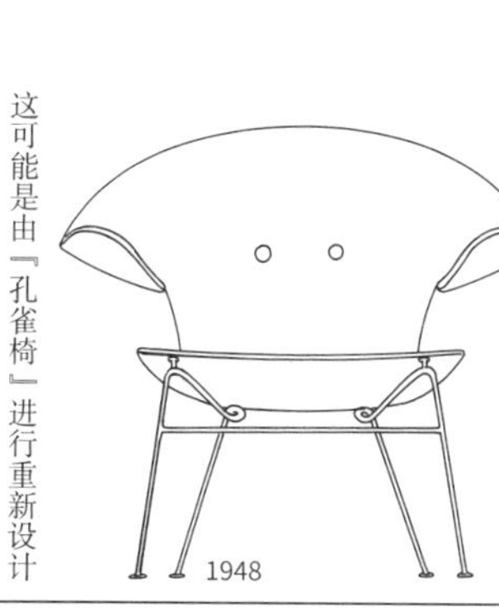

纽约现代艺术博物馆主办的家具设计大赛的应征作品。如何使用胶合板来表现三维曲面呢，这一问题让各位设计师苦恼了很久。这是由草图绘制的作品。
1948

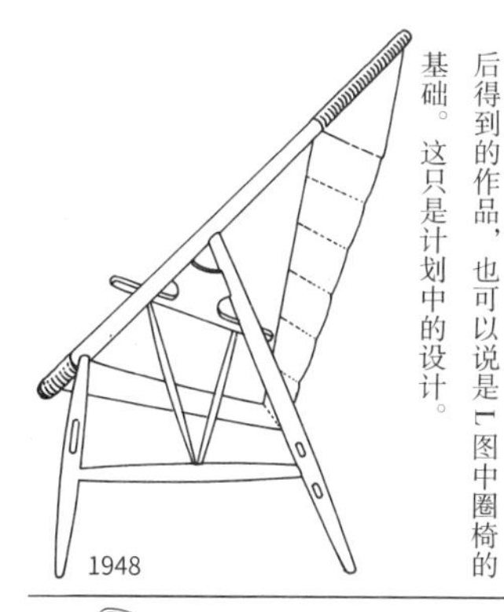

这可能是由『孔雀椅』进行重新设计后得到的作品，也可以说是 L 图中圈椅的基础。这只是计划中的设计。
1948

很明显是由『红椅』进行重新设计后得到的作品，不同点在于椅子后腿被设计的更直了。
1948

扶手等设计几乎与『红椅』完全一致。
1948

弗里茨·汉森公司生产的，非常稀少的温莎椅类型的小椅子。以前在瓦格纳的住宅曾见过这样的作品，其细节十分精致。
1949

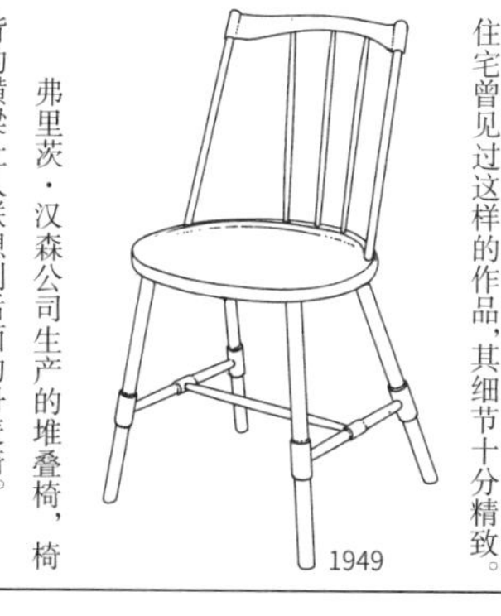

弗里茨·汉森公司生产的堆叠椅，椅背的横梁让人联想到后面的丹麦椅。
1949

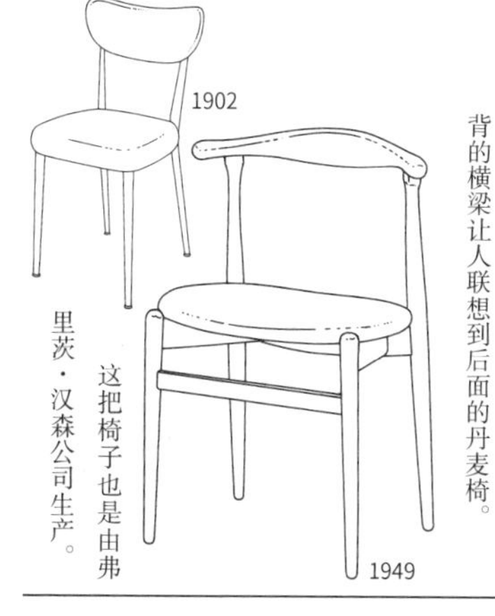

这把椅子也是由弗里茨·汉森公司生产。
1902
1949

1914—2007

汉斯·瓦格纳

第 2 小节
弗里茨·汉森公司

从1938年以来，瓦格纳设计了大量的家具，在他70岁以后，仍每年发布二到三把椅子。他一边与白内障和胆结石做斗争，一边设计椅子，着实令人敬佩。

由于他的作品实在是太多，我们分为10个小节来介绍。到20世纪40年代为止，通过各种厂家发布了多件作品，从50年代开始他的作品主要是由以下这六个制造商进行制作。约翰尼斯·汉森公司弗里茨·汉森公司、A·P椅子公司、卡尔·汉森父子公司、盖塔马公司、PP家具公司。各个公司都充分发挥自身特点生产出了各种各样的产品，这里就弗里茨·汉森公司简单进行介绍。

弗里茨·汉森公司在日本也是为人熟知的公司，1991年获得了日本国际设计展览会奖。成立于1872年，创业当时受到外国的影响设计很多装饰性样式的家具。曾在一段时间内进行了索耐特的弯曲木家具特许生产。20世纪30年代之后，通过设计和技术者的合作，以更合理的设计为目标，实现了更大的发展。该公司以汉斯·瓦格纳为首，阿诺·雅各布森、瓦西尔、布吉·莫根森、彼得·维特、奥尔拉·莫尔高·尼尔森、本德·马德森、埃

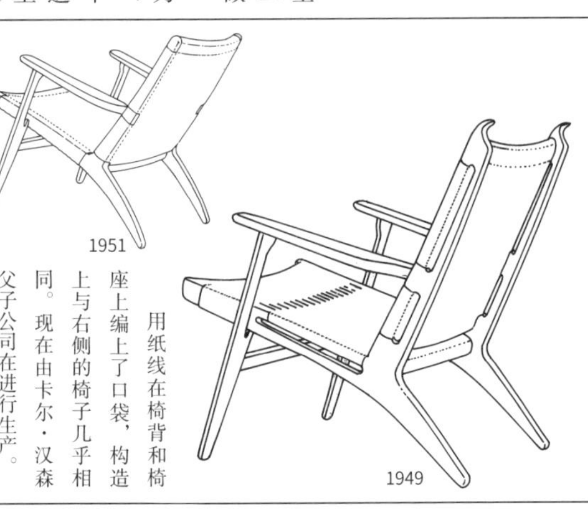

1951

1949

椅座延长到后腿的这种构造，提高了椅子的舒适度。也就是说，在加深椅座角度的同时，也使得椅背的角度更向后倾斜。因为藤条绷面，在侧面有一道开口。

用纸线在椅背和椅座上编上了口袋，构造上与右侧的椅子几乎相同。现在由卡尔·汉森父子公司在进行生产。

1949

这把椅子是1949年在展示会中发表的作品，一共只制作了两把。之后查尔斯·伊姆斯从这把椅子中找到了灵感，创作了有名的休闲椅。参照下页B图。

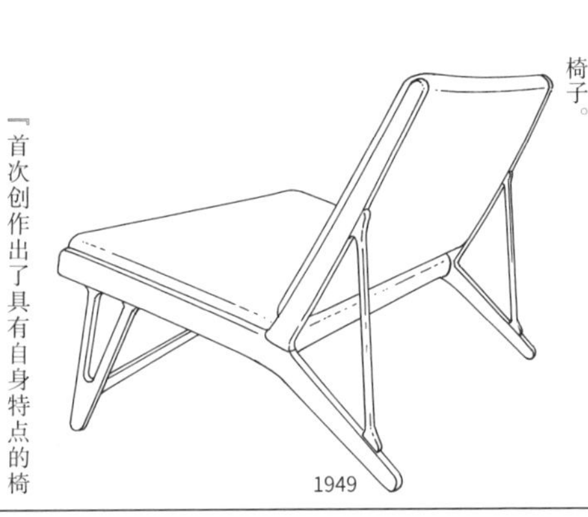

1949

双人沙发。生产出了具有仅约翰尼斯·汉森公司才有的手工艺品般美感的椅子。

『首次创作出了具有自身特点的椅子，既没有廉价的感觉，也没有浪费一丝一毫』，正如瓦格纳自己对这把椅子的评价那样，这是一把知性的、充满品位的、完成度极高的椅子。这把椅子的名字就为『椅』，这是由哥本哈根有名的室内装潢店『本·帕马明特』的主管奥斯卡福斯（已去世）在1950年命名的。在同年美国的《室内装潢艺术》1月版上发表后一举成名。另外，该椅子还因为在肯尼迪与尼克松进行电视讨论时被使用过而出名。

1949

1950

与『椅』非常相似的作品。不同的是横梁采用了榭寄生木的构造以及椅子面的铺法，这把椅子是为了墨尔本的国际美术馆而制作的。

椅背和椅座都使用了藤椅面的折叠椅。这种设计的根源是索耐特的折叠椅。

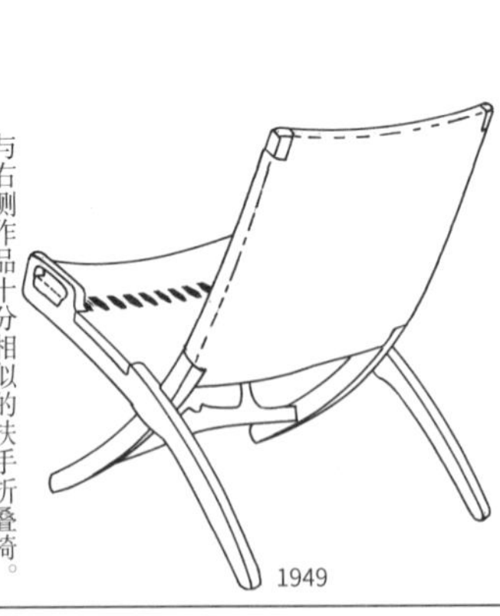

1949

与右侧作品十分相似的扶手折叠椅。椅背和椅座都是藤面。这一原型款式被称为『海豚椅』。

1950

尔纳尔·拉森、保罗·克耶霍尔姆（去世后由弗里茨·汉森公司进行生产）等巨匠的作品接连问世。

A

革面款式的“椅”，与藤面相比其椅座的构造稍有不同。
1949

B

“伊姆斯休闲椅”。与瓦格纳的安乐椅相比，其共同点在于各部分更加明晰地进行了区分以及将部分框架相连接。
1956

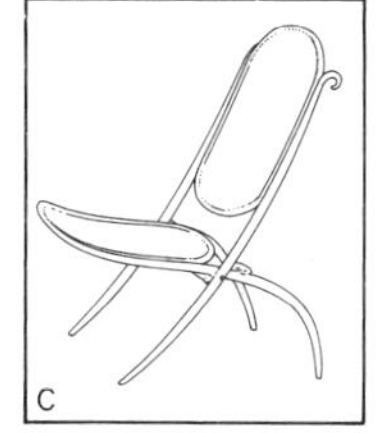
C

此图作品是使用于邓普顿克·罗克住宅中的折叠沙发。与由索耐特设计的折叠椅基本构造相同。
1866年前后至20世纪30年代

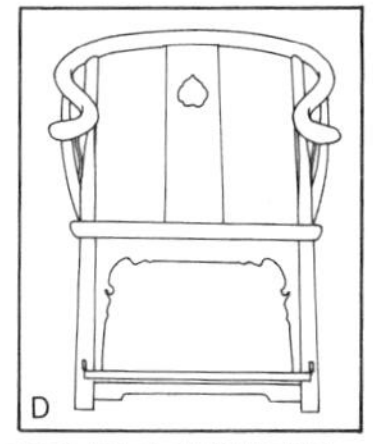
D

1600年左右的“中国椅”。瓦格纳从20世纪40年代中期开始设计风格简洁的中国式样椅。

躺椅款式的折叠椅。在展示会中发布的作品，仅制作了样椅。

1950

这也是在展示会中出售的作品。与右侧的椅子非常相似，但这把椅子不是折叠款式，椅背和椅座是藤制。

1951

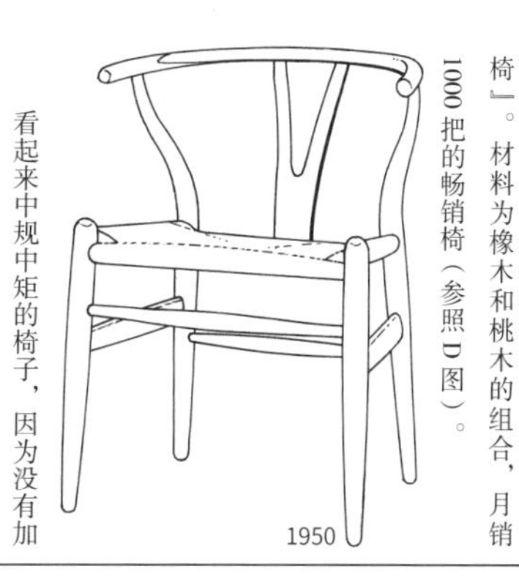
1950

瓦格纳作品中在日本销量最好的『Y形椅』。之所以如此贴合日本房屋的空间可能是由于这把椅子的设计来源是『中国椅』。材料为橡木和桃木的组合，月销1000把的畅销椅（参照D图）。

看起来中规中矩的椅子，因为没有加入横木，实则为很难构造的椅子。椅背和椅座为藤制。

1950

可以说是右侧椅子的扶手款，只是椅面的铺法与横木的设计增加了其安定性，使人感觉更有安全感。约翰尼斯·汉森公司制造。

1951

这把休闲椅使人联想到月球软着陆时宇宙飞船的腿部。外观给人以很粗犷的感觉，但实际坐下来会觉得十分柔软。

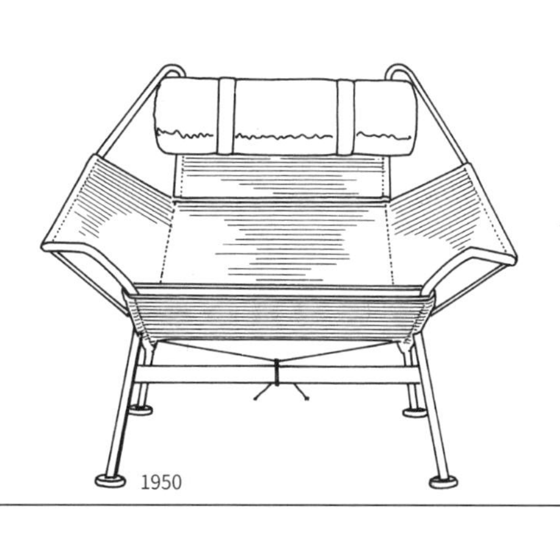
1950

A·P椅子公司所生产的翼椅，现已停产。翼状的部分设计充满了瓦格纳风格。

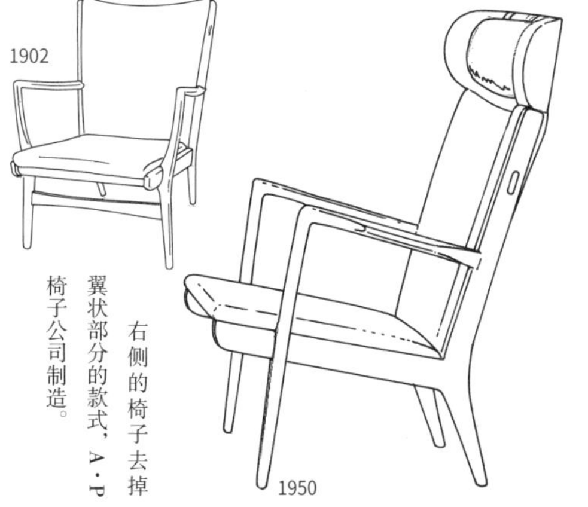
1902

1950

右侧的椅子去掉翼状部分的款式，A·P椅子公司制造。

第四行左侧安乐椅的双人款，从形态上来看还是双人的款式更美观一些。
1952

瓦格纳的三脚椅。由 PP 家具公司制造。
1989

乔根·卡斯洛姆和普雷本·法布里奇斯合作的办公椅，由德国的吉尔公司制作。
1965 年前后

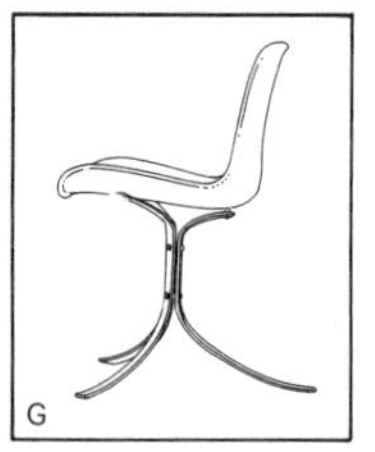

保罗·克耶霍尔姆的作品。椅腿部是钢材，椅背和椅座是革面。
1960

汉斯·奥尔森创作的餐椅。椅背的弧度很圆滑，这是为了能够与餐桌的圆弧相贴切，从而能够完全收纳进餐桌里。
1953

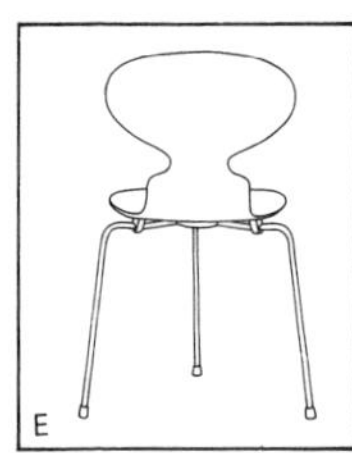

丹麦古民居的地面是由石头铺成的，不是很平整，因此经常使用三脚凳。现在也受到了这样的影响，经常设计出三条椅腿的椅子。此为阿诺·雅各布森的名作“蚁椅”。
1952

---

20 世纪 50 年代流行的流线型扶手。盖塔马公司发布了很多与这个作品类似的作品。

1951

餐椅。卡尔·汉森父子公司制造。与左侧的安乐椅成对设计的作品。

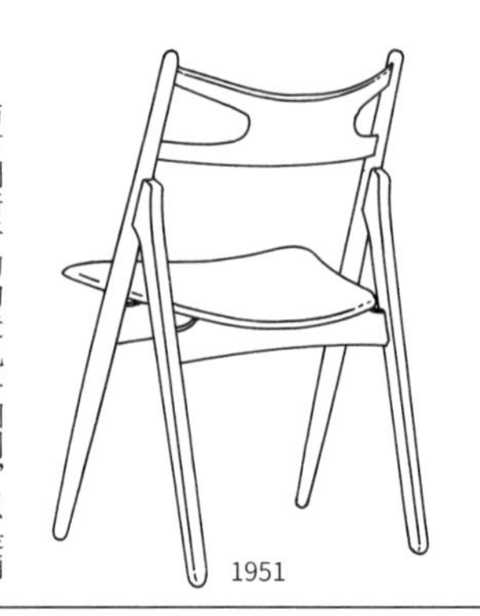
1951

与右侧椅子的构造几乎相同，只是稍微变化了一下细节，就完全变成了另外一种设计。扶手是当时流行的流线型设计。

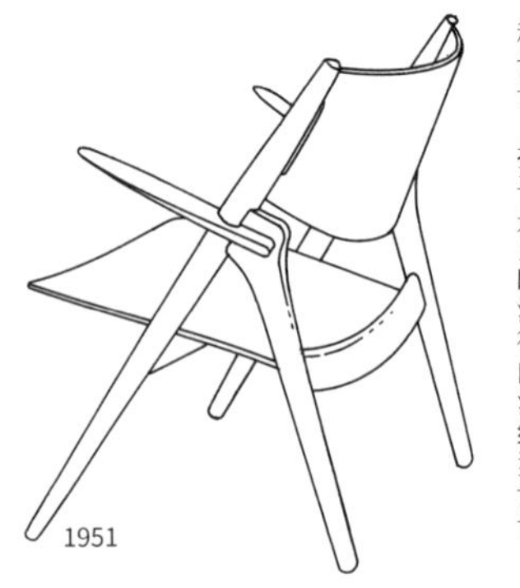
1951

这一作品也是卡尔·汉森父子公司（现在仍在生产）制造的。椅座纸线的编织方式是其主要特点。

1951

弗里茨·汉森公司生产的三脚椅。他在这个设计之后又设计了很多三条腿设计的椅子。

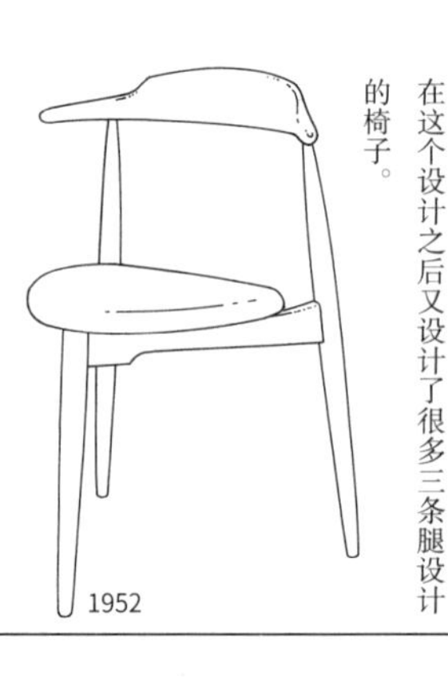
1952

与右侧的椅子十分相似，不同之处在于椅背横木设计得稍微宽了一些，使得倚靠感更加舒适。

1952

1952

这一作品与右侧的椅子几乎是同款，椅座的编绳是其主要特点。这款还有布面版。

这一款椅子在上一页的第三行中央的椅子的基础上加入了横木，提高了椅子的强度。

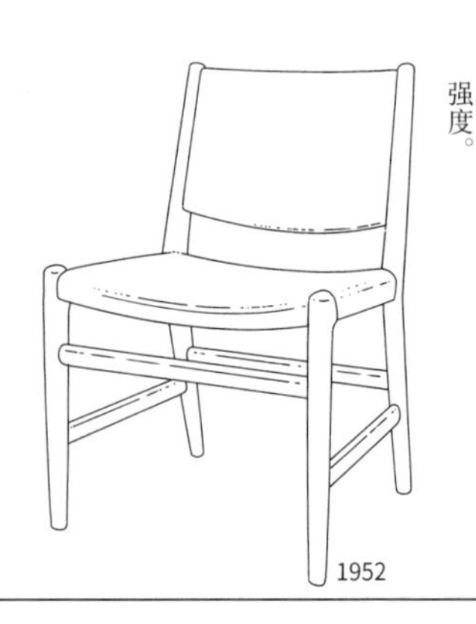
1952

看起来像是在右侧椅子的基础上加上扶手，去掉横木之后更加简洁的版本。这把椅子外还有座位更宽以及高度不同的版本。

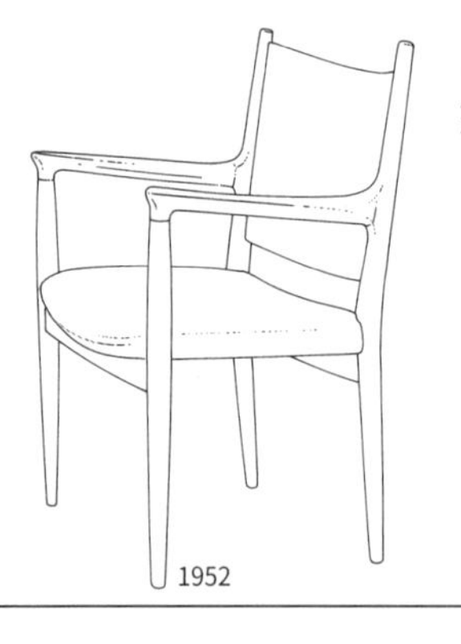
1952

弗里茨·汉森公司生产的安乐椅，其宽大的椅背是主要特点。

1952

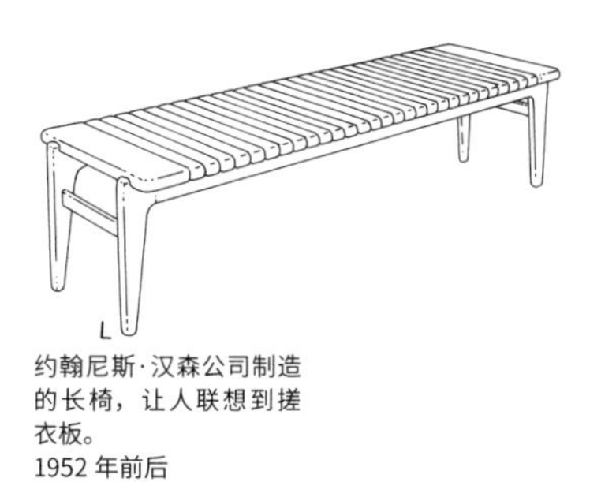

L

约翰尼斯·汉森公司制造的长椅，让人联想到搓衣板。
1952 年前后

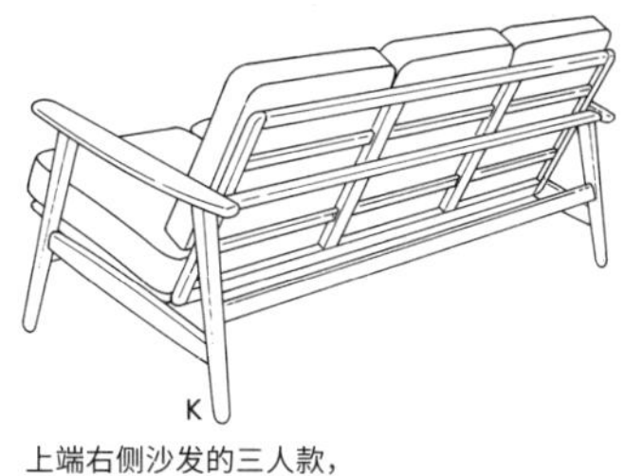

K

上端右侧沙发的三人款，坐垫是弹簧式的。
1952 年前后

在资料中找不到单人版的这款安乐椅，但实际上应该是有生产的。盖塔马公司制造。

1952

这个凳子并不是作为其他安乐椅的附属品设计出的版本，而是单独设计的。这一款还有藤面的版本。

1952

卡尔·汉森父子公司生产的餐椅，椅子后腿和椅背板连接的部分是其主要特点。椅背和椅座都是由成型胶合板制成。

1950

卡尔·汉森父子公司制作的安乐椅。从形态上来看不够美观，但是坐上去应该很舒服。

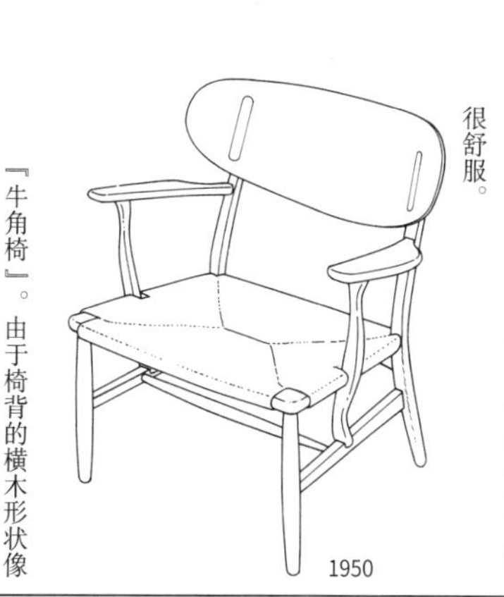

1950

『牛角椅』。由于椅背的横木形状像母牛的角，因此而得名。这种『牛角椅』有好几个系列。椅背的中间部位加入了美观的切丝设计。

1952

从椅背的形状来看，这把椅子也是『牛角椅』系列中的一版。弗里茨·汉森公司制造。

1953

椅背是衣架，坐着就可以把裤子挂好，另外椅子下面的三角形部分可以放杂物，只需这一把椅子就可以收纳身边的东西，由此得名『单身椅』或是『侍从椅』。为了在展览会中进行展示，在截止日期之前约翰尼斯·汉森、工匠以及瓦格纳三人赶工两天完成了这一作品。在展示会中国王非常中意这个作品，购买了8把。

1953

马德森公司生产的椅子。椅背的设计虽然不华丽，但是非常美观。

1953

由马德森公司生产之后，由约翰尼斯·汉森接替继续进行生产。简练的设计恰恰是高设计水平的象征。

1953

1914—2007

汉斯·瓦格纳

第3小节
约翰尼斯·汉森公司的倒闭

1992年，曾经发布了瓦格纳的众多代表作，如『椅』『孔雀椅』『侍从椅』等的约翰尼斯·汉森公司拉上了公司历史的帷幕。9月14日进行了竞拍，所有的产品都被售出。笔者作为瓦格纳粉丝感到十分痛心。1990年笔者去拜访的时候，还一直坚信着该公司会一如既往地发布名作。

代表丹麦家具水平的约翰尼斯·汉森，是农业大臣奥利·汉森的儿子。从1906年开始的四年间，在各个工作室积累实践经验后，于1910之后的四年间，在慕尼黑和巴黎进修。回国后加入了『丹麦美术和工艺』团队，进行了十年的设计活动。之后，在丹麦的家具历史上留下了浓重的一笔，后加入『细木工工会』，从1927年开始作为核心成员。他不仅作为家具工匠声名显赫，也进行一系列的家具设计，并且在室内装潢甚至建筑施工等方面都有涉足。特别是在1925年的巴黎国际装饰美术博览会的丹麦馆施工中获得了银牌，1935年在布鲁塞尔世博会以及1937年的巴黎世博会的丹麦馆工程中获得金牌。约翰尼斯·汉森和瓦格纳从1941年开始接连发表作品，另外还负责了纽约的联合国

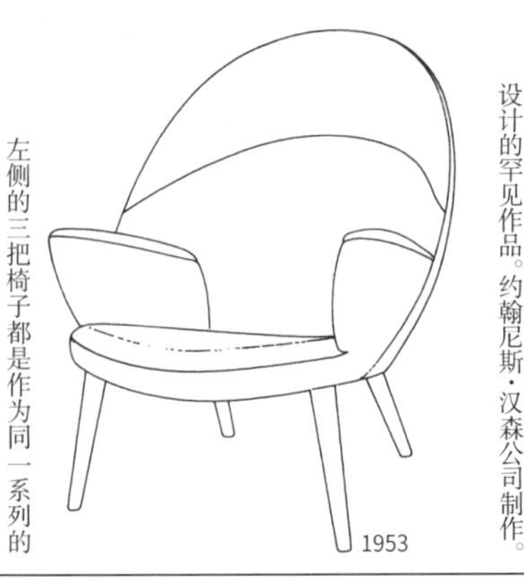
1953

1947年发布，在日本也非常受欢迎的『孔雀椅』（参照A图）。只有实际坐上的人才能感受到，椅背中的钢条实际上稍微有些硬，长时间坐的话会觉得有点儿辛苦。为了提高椅子舒适度进行了全包设计的罕见作品。约翰尼斯·汉森公司制作。

左侧的三把椅子都是作为同一系列的作品进行发表。将椅座延长到后腿的构造使舒适度大幅提高。

1953　1953　1953

与第二行左侧作品同一系列的两套沙发。盖塔马公司制造。

1953　1953

从霍格·汉森公司广告中发现的沙发图。普遍认为此公司为零售业公司。制造商不详。

1953

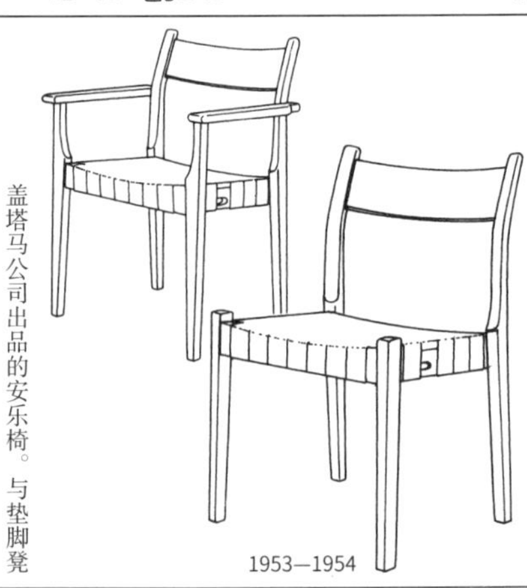
1953—1954

左侧的两把椅子都是卡尔·汉森父子公司制作的堆叠椅。椅座是用带子完成的。约翰尼斯·汉森公司曾制作过类似的椅子。

盖塔马公司出品的安乐椅。与垫脚凳进行组合，通过改变椅背角度还可以当床使用。

1953—1954

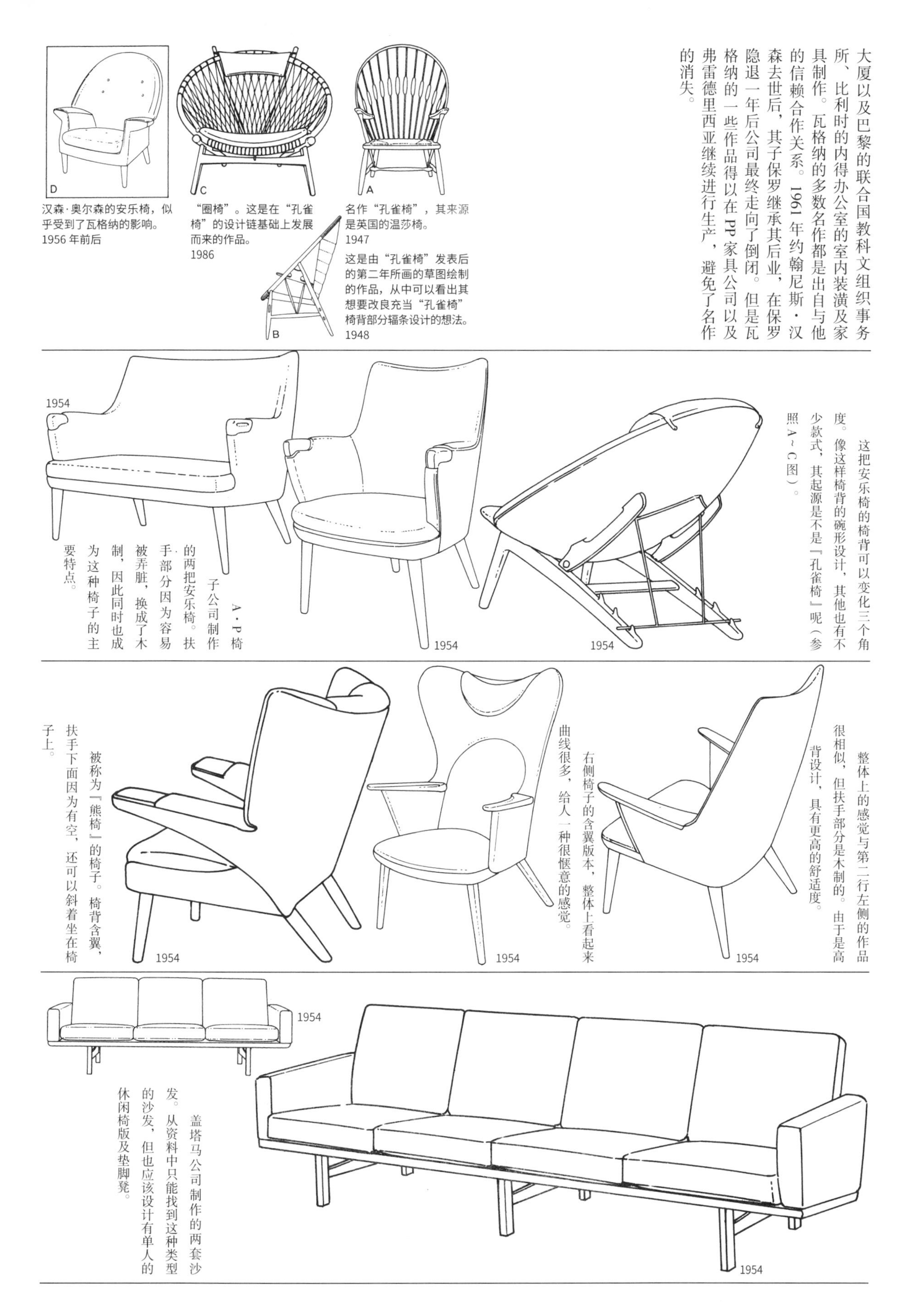

大厦以及巴黎的联合国教科文组织事务所、比利时的内得办公室的室内装潢及家具制作。瓦格纳的多数名作都是出自与他的信赖合作关系。1961年约翰尼斯·汉森去世后，其子保罗继承其后业，在保罗隐退一年后公司最终走向了倒闭。但是瓦格纳的一些作品得以在PP家具公司以及弗雷德里西亚继续进行生产，避免了名作的消失。

D 汉森·奥尔森的安乐椅，似乎受到了瓦格纳的影响。1956年前后

C “圈椅”。这是在“孔雀椅”的设计链基础上发展而来的作品。1986

A 名作“孔雀椅”，其来源是英国的温莎椅。1947

B 这是由“孔雀椅”发表后的第二年所画的草图绘制的作品，从中可以看出其想要改良充当“孔雀椅”椅背部分辐条设计的想法。1948

1954

A·P椅子公司制作的两把安乐椅。扶手部分因为容易被弄脏，换成了木制，因此同时也成为这种椅子的主要特点。

1954

1954

这把安乐椅的椅背可以变化三个角度。像这样椅背的碗形设计，其他也有不少款式，其起源是不是『孔雀椅』呢（参照A～C图）。

被称为『熊椅』的椅子。椅背含翼，扶手下面因为有空，还可以斜着坐在椅子上。

1954

1954

右侧椅子的含翼版本，整体上看起来曲线很多，给人一种很惬意的感觉。

整体上的感觉与第二行左侧的作品很相似，但扶手部分是木制的。由于是高背设计，具有更高的舒适度。

1954

1954

盖塔马公司制作的两套沙发。从资料中只能找到这种类型的沙发，但也应该设计有单人的休闲椅版及垫脚凳。

1954

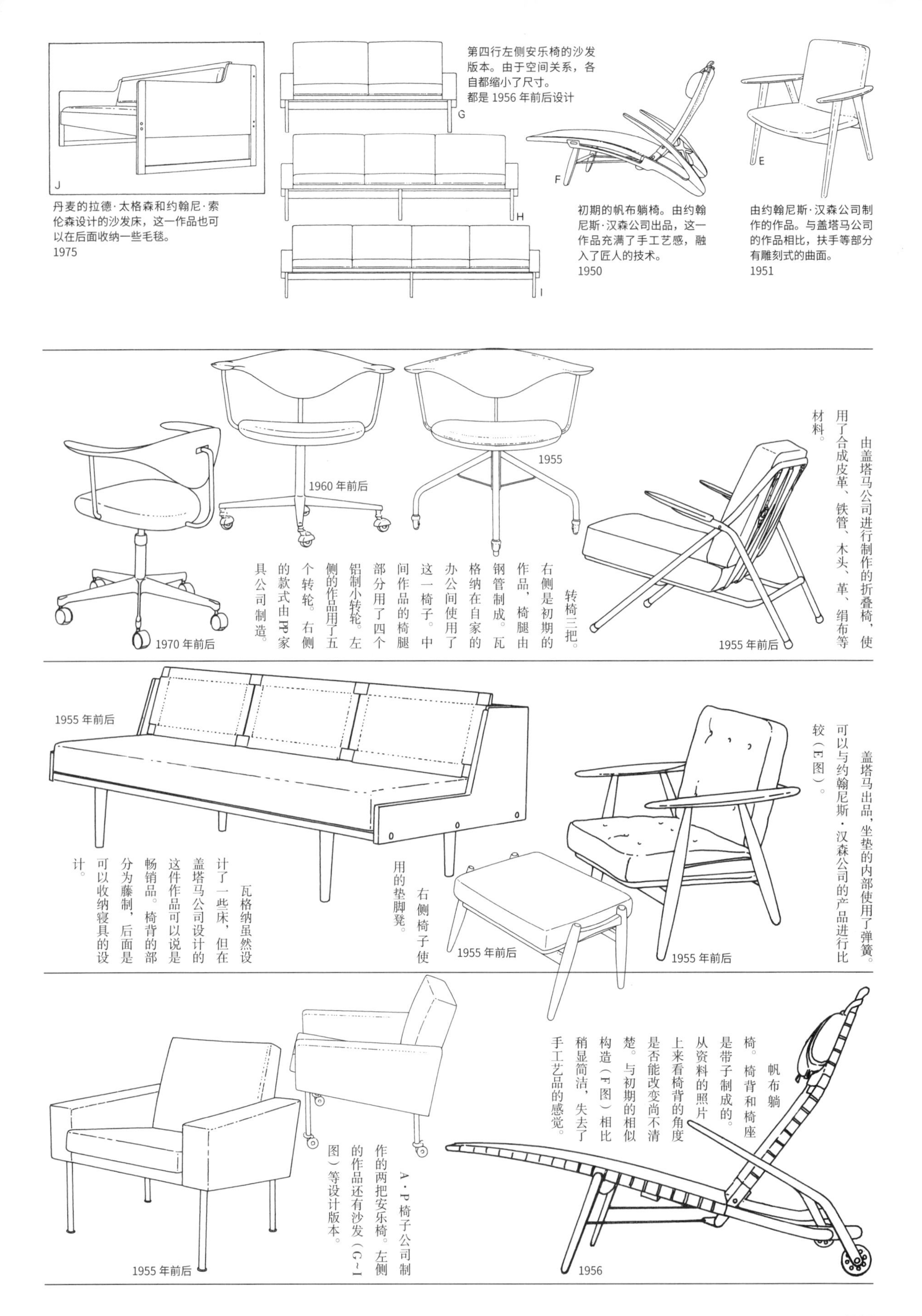

丹麦的拉德·太格森和约翰尼·索伦森设计的沙发床，这一作品也可以在后面收纳一些毛毯。
1975

第四行左侧安乐椅的沙发版本。由于空间关系，各自都缩小了尺寸。
都是 1956 年前后设计

初期的帆布躺椅。由约翰尼斯·汉森公司出品，这一作品充满了手工艺感，融入了匠人的技术。
1950

由约翰尼斯·汉森公司制作的作品。与盖塔马公司的作品相比，扶手等部分有雕刻式的曲面。
1951

由盖塔马公司进行制作的折叠椅，使用了合成皮革、铁管、木头、革、绢布等材料。

转椅三把。右侧是初期的作品，椅腿由钢管制成。瓦格纳在自家的办公间使用了这一椅子。中间作品的椅腿部分用了四个铝制小转轮。左侧的作品用了五个转轮。右侧的款式由PP家具公司制造。

盖塔马出品，坐垫的内部使用了弹簧。可以与约翰尼斯·汉森公司的产品进行比较（E图）。

右侧椅子使用的垫脚凳。

瓦格纳虽然设计了一些床，但在盖塔马公司设计的这件作品可以说是畅销品。椅背的部分为藤制，后面是可以收纳寝具的设计。

帆布躺椅。椅背和椅座是带子制成的。从资料的照片上来看椅背的角度是否能改变尚不清楚。与初期的相似构造（F图）相比稍显简洁，失去了手工艺品的感觉。

A·P椅子公司制作的两把安乐椅。左侧的作品还有沙发（G~I图）等设计版本。

只有两条后腿支撑起横木构造的典型例子“肘椅”。于 50 年前设计出来的作品，由于当时技术条件不足，还不能够进行批量生产。后来卡尔·汉森父子公司进行量产。
1956

被称为第 701 号的餐椅。这一作品也是在“牛角椅”和“公牛角椅”的基础上设计的作品。
1965

“公牛角椅”。采用了很多切丝的结构，从造型上来看，也是具有高平衡感结构。
1960

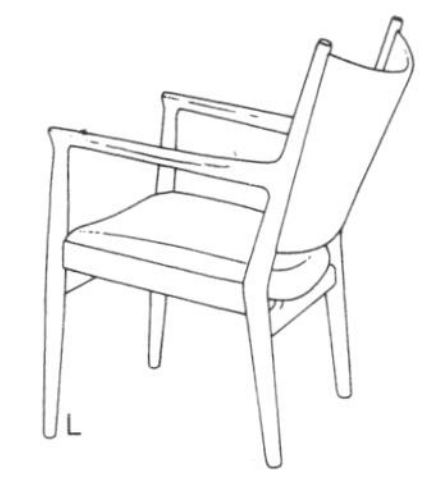

这是在第三行右侧作品设计链基础上产生的作品。约翰尼斯·汉森公司制作。
1959

与第二行左侧作品的横木的处理方法一样，约翰尼斯·汉森公司制造。
1951

椅腿前端进行了细化处理，整体上看起来感觉非常轻盈。这也是由A·P椅子公司制作。

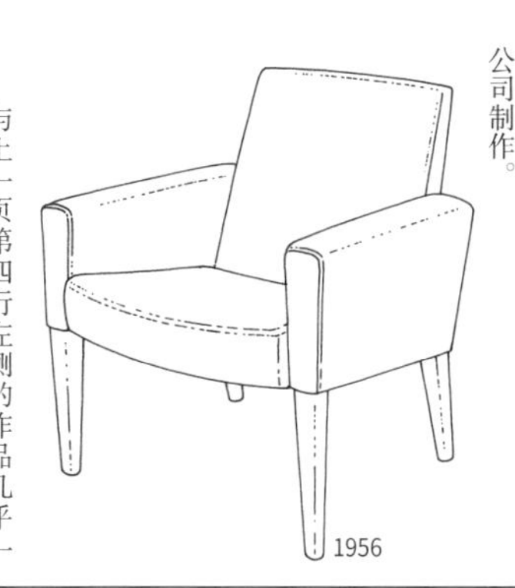

1956

与上一页第四行左侧的作品几乎一样，只有椅腿部分采用了木制。这个款式也设计了沙发的版本。

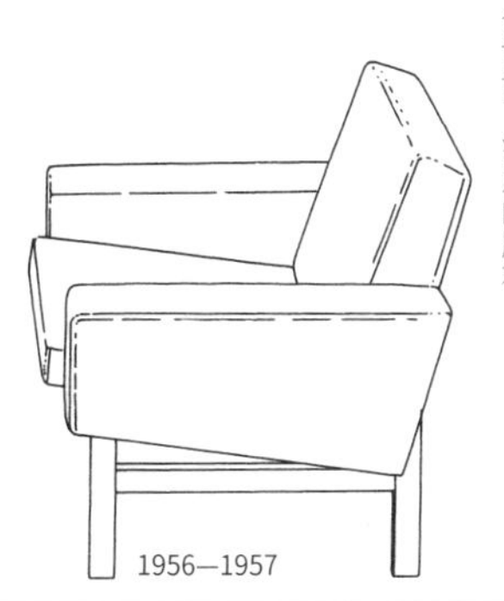

1956—1957

卡尔·汉森父子公司制作的作品。其前面的横木设计与之前约翰尼斯·汉森公司的作品（K图）几乎完全相同。

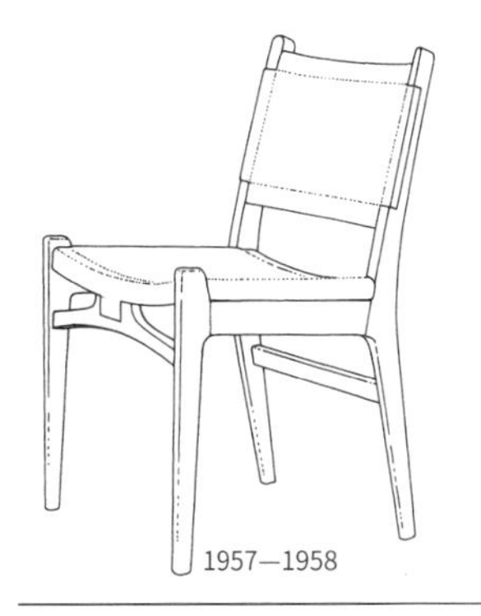

1957—1958

将上面K图中作品稍加简化后的设计。之后在设计上向L图风格进行了变化。

1957

这一作品是M图『公牛角椅』的起源，十分罕见的款式。他大概设计了10把这一系列的椅子，该作品被认为是由『牛角椅』发展而来作品。

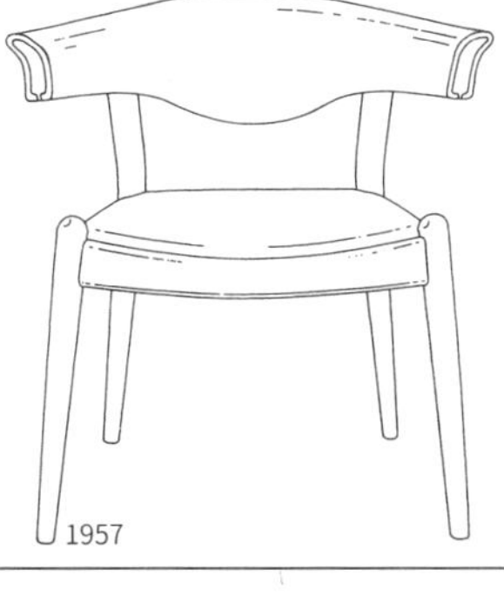

1957

与『公牛角椅』相比没有横木设计，切丝设计也只有三条（参照M图、N图）。

1957 前后

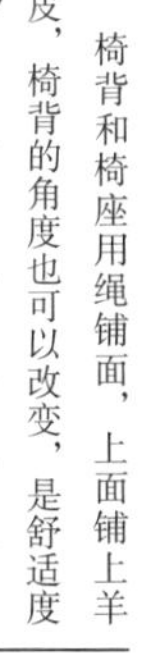

椅背和椅座用绳铺面，上面铺上羊皮，椅背的角度也可以改变，是舒适度非常高的帆布躺椅。约翰尼斯·汉森公司制作。

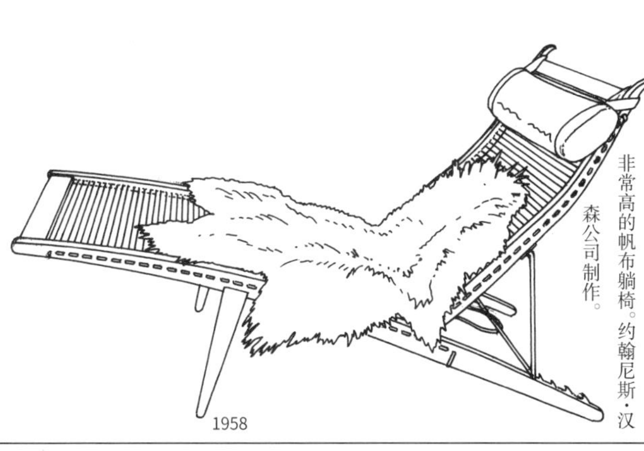

1958

丹麦的第二都市，奥尔胡思市布朗蒙贝尔公司生产的、非常罕见的办公椅。与上一页第二行左侧的作品相比很有意思。

1957 年前后

1957 年前后

1914—2007

汉斯·瓦格纳

第4小节
A·P椅子公司

本小节从前面一直重点介绍的以手工艺风格为中心进行创作的作品开始，到由机械投入制作的作品大量出现的20世纪50年代后期开始出现相关作品进行介绍。至此介绍的作品中大多使用的是『木头』，与此相对，接下来就主要使用金属进行制作的A·P椅子公司的产品进行具体介绍。

A·P椅子公司于1950年在哥本哈根设立，具体细节不是很清楚。主要制造全包的高级家具。主要以瓦格纳的作品为中心进行生产，其中也有『熊椅』『公牛椅』『机场椅（凯斯楚普椅）』等有名的椅子。因纽约的联合国大厦中使用了该公司的家具使该公司一举成名。然而进入了20世纪70年代之后，北欧家具的流行趋势逐渐退去，全体丹麦家具进入了不景气状态，到1978年代为止彻底结束了这一段历史。A·P椅子公司创始人的儿子肯尼没有继承该公司，而是创设了丹麦有名的巡回马戏团『马戏团·肯尼』。A·P椅子公司制作的作品中的一部分，之后由PP家具公司和埃里克·乔金森公司进行了再次生产。

1958年前后

这把全包椅子单就框架而言，其结构与『孔雀椅』（A图）极其相似。瓦格纳的住宅中也使用了这一作品。

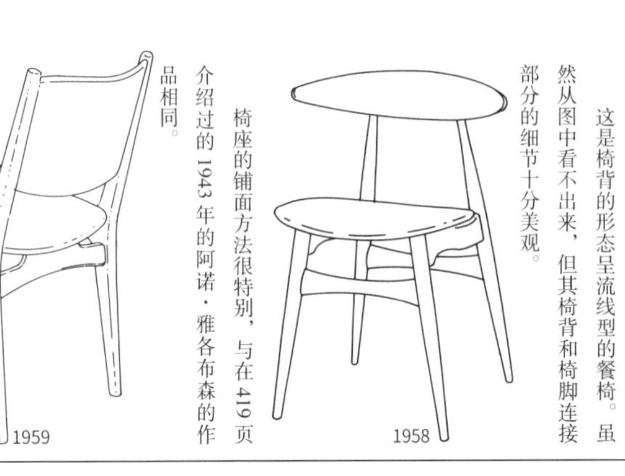

1958

这是椅背的形态呈流线型的餐椅。虽然从图中看不出来，但其椅背和椅脚连接部分的细节十分美观。

1959

椅座的铺面方法很特别，与在419页介绍过的1943年的阿诺·雅各布森的作品相同。

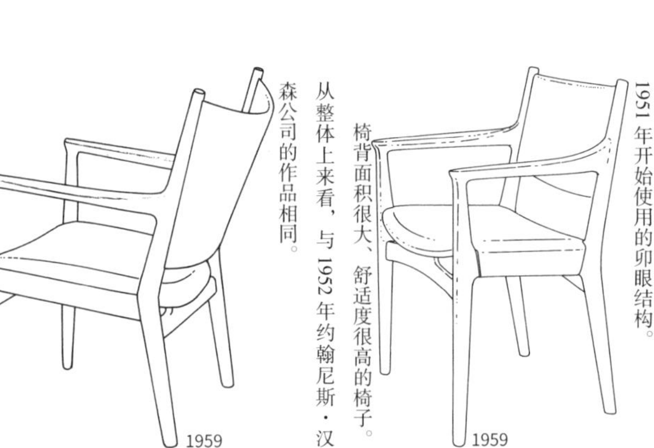

1959

前面的横木与椅座的连接处，采用了1951年开始使用的卯眼结构。

1959

椅背面积很大、舒适度很高的椅子。从整体上来看，与1952年约翰尼斯·汉森公司的作品相同。

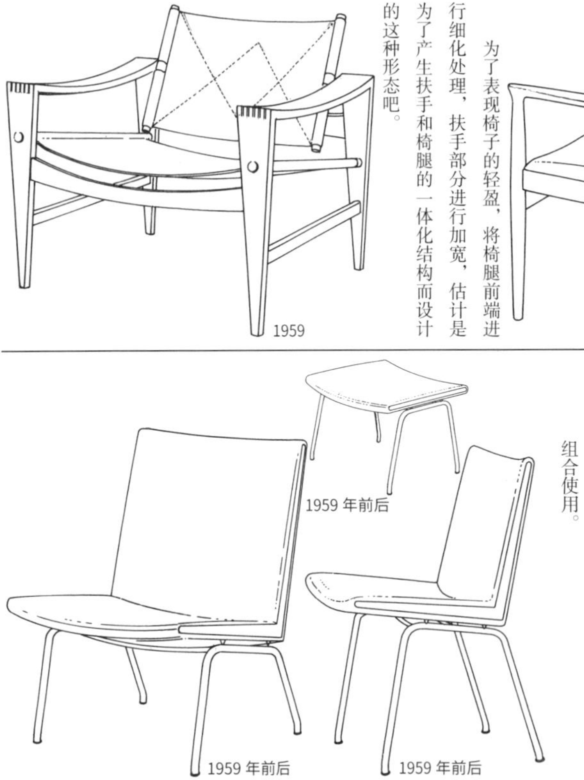

1959

为了表现椅子的轻盈，将椅腿前端进行细化处理，扶手部分进行加宽，估计是为了产生扶手和椅腿的一体化结构而设计的这种形态吧。

1959

与第三行左侧革制椅子同一系列的藤制版本，椅背的角度根据坐姿而改变，为了座位框架构造而取消了横木的设置。

1959年前后

1959年前后

1959年前后

这是为了丹麦的大门、凯斯楚普国际机场的候机室所设计的椅子。同时还设计了大圆柚木材的烟灰缸。低椅座款与凳子组合使用。

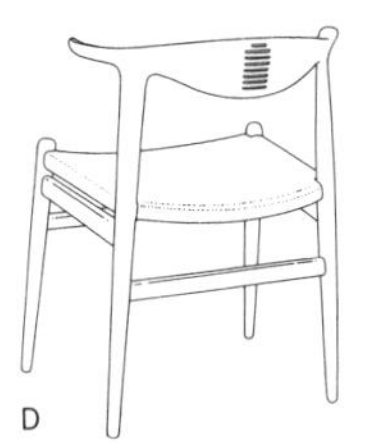

D

椅子的两条后腿支撑起横木的作品，可以称为此结构中最高杰作的“牛角椅”。
1952

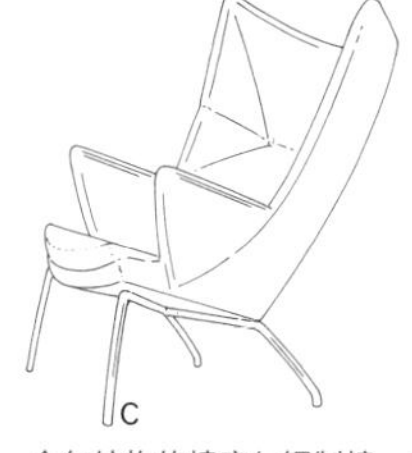

C

全包结构的椅座与钢制椅腿进行组合的一例。五分之一的比例模型。
1956

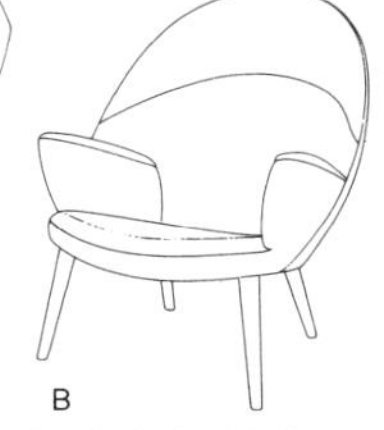

B

为了提高“孔雀椅”的舒适度进行了全包，约翰尼斯·汉森公司制造。
1953

A

与上一页第二行右侧的作品进行比较会发现其在形态上与这把“孔雀椅”的共通之处。
1947

办公用的扶手椅。这些系列的椅子都是同时进行设计的，不知是否为机场用。

这些椅子也是凯斯楚普系列的椅子。

与上一页的作品相比，侧面的厚度有所不同，上一页作品的侧面也使用了金属板。

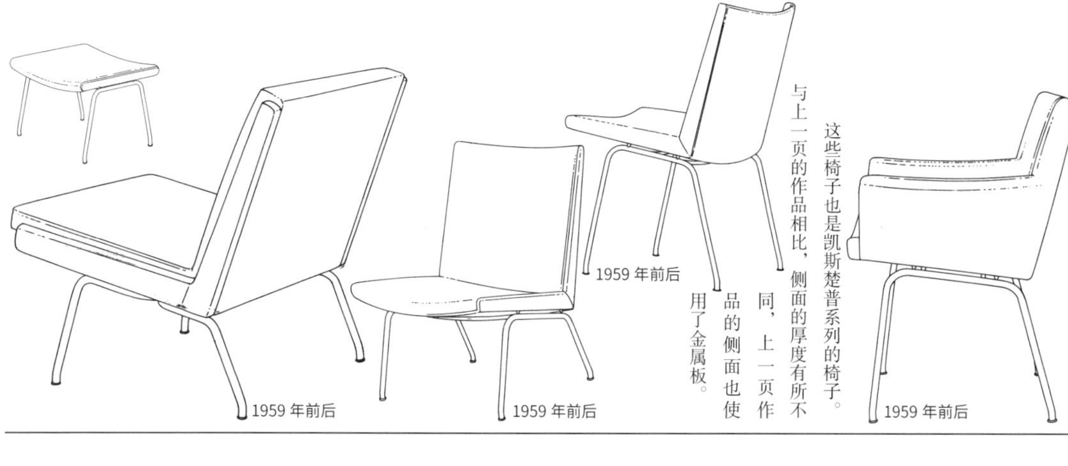

1959 年前后

1959 年前后

1959 年前后

1959 年前后

与上端右侧作品的设计几乎完全相同，只是在目录中的编号不同，可能在尺寸上有所差别吧。

1959 年前后

椅腿以外的部分与右侧的作品一样。当时带滚轮的设计大多都是四轮型。

1959 年前后

此作品开始在 A・P 椅子公司进行生产，后由约翰尼斯・汉森公司开始进行再生产。此作品的椅腿部的设计发生了变化。

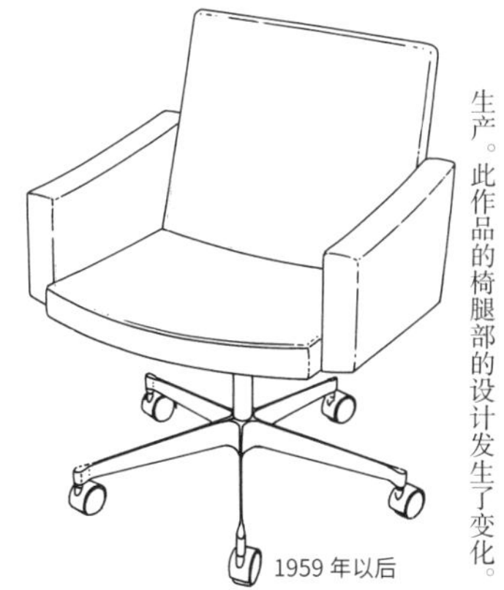

1959 年以后

在瓦格纳的作品中，有一个被称为『号角椅』的系列。这一系列的作品中可作扶手用的横木仅由两根后椅腿支撑。最初的作品是在 1949 年由弗里茨・汉森公司进行发表（第 535 页第四行）。1952 年弗里茨・汉森公司展出了美丽的『牛角椅』。这些作品的横木全都是有着优美曲面的木制品。这里介绍的作品是在号角椅系列中极为珍贵的一例，为了使椅背更加柔软而将横木进行了全包，1957 年设计。

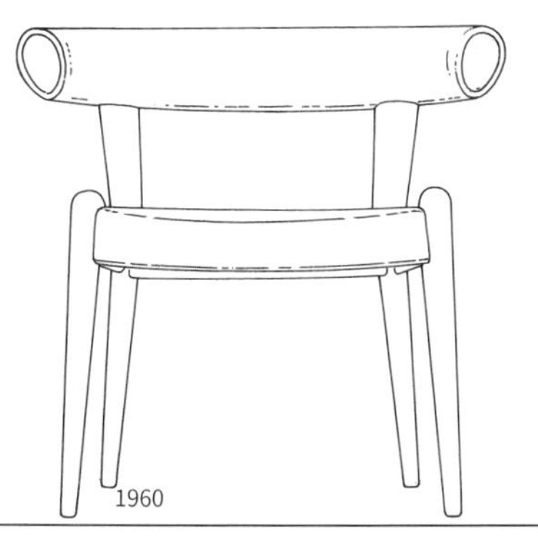

1960

可以说是在下一页中介绍的『公牛角椅』的变体模型。

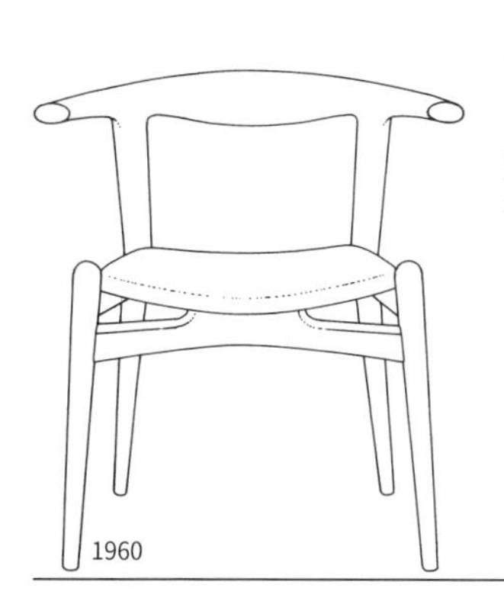

1960

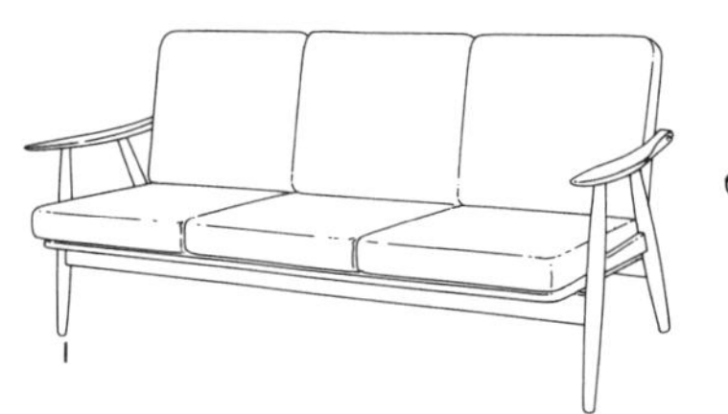

第三行左侧系列的沙发款，好像也设计了双人版本。
1951

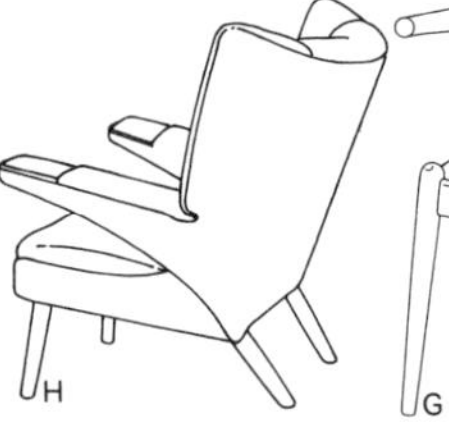

熊椅。有着与“公牛椅”相同的翼部，扶手构造也设计得很厚实，因此可以应对斜坐的放松姿态。
1954 年前后

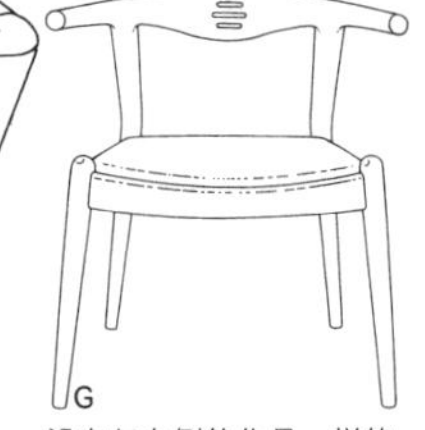

没有与右侧的作品一样的横木，椅背上的切丝也很少。约翰尼斯·汉森公司制作。
1957 年前后

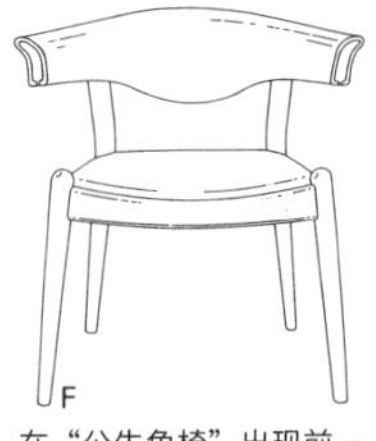

在“公牛角椅”出现前一阶段的作品，这一作品好像没有进行量产，由约翰尼斯·汉森公司制作。
1957

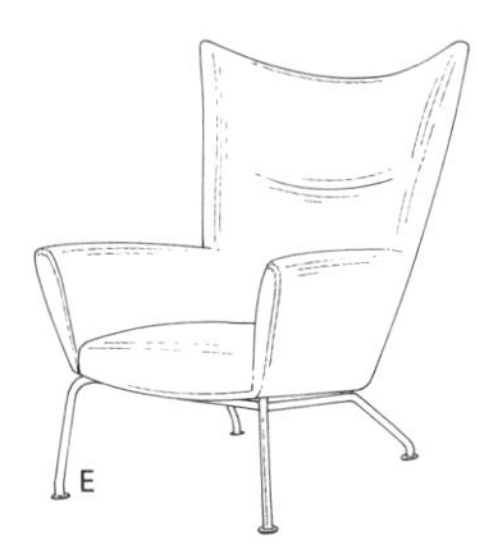

与上一页 C 图中介绍的缩小版比例模型几乎一样的设计，由卡尔·汉森父子公司进行流程的作品。模型第 445 号。
1960

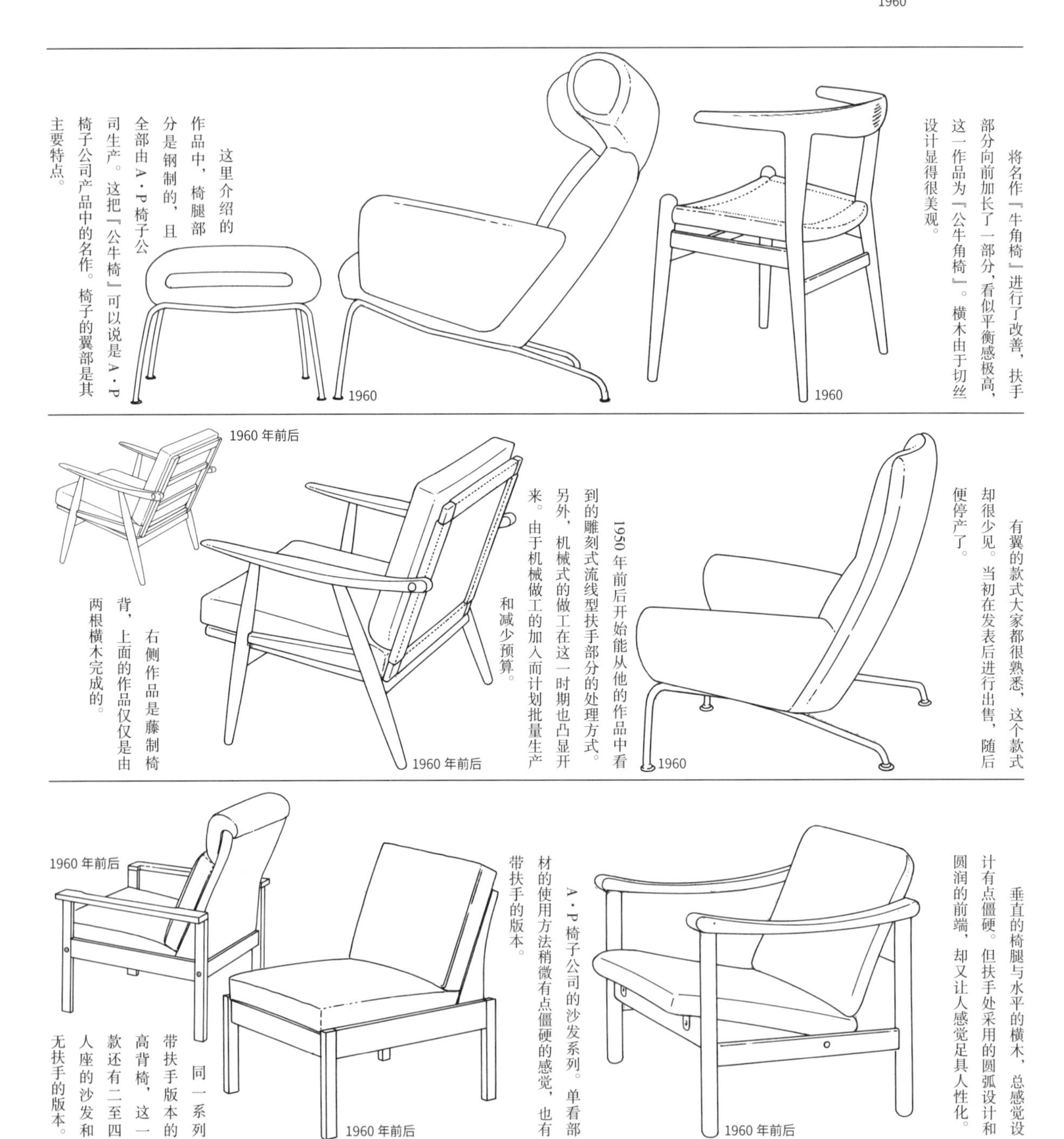

将名作『牛角椅』进行了改善，扶手部分向前加长了一部分，看似平衡感极高，这一作品为『公牛角椅』。横木由于切丝设计显得很美观。

这里介绍的作品中，椅腿部分是钢制的，且全部由A·P椅子公司生产。这把『公牛椅』可以说是A·P椅子公司产品中的名作。椅子的翼部是其主要特点。

有翼的款式大家都很熟悉，这个款式却很少见。当初在发表后进行出售，随后便停产了。

1950年前后开始能从他的作品中看到的雕刻式流线型扶手部分的处理方式。另外，机械式的做工在这一时期也凸显开来。由于机械做工的加入而计划批量生产和减少预算。

右侧作品是藤制椅背，上面的作品仅仅是由两根横木完成的。

垂直的椅腿与水平的横木，总感觉设计有点僵硬。但扶手处采用的圆弧设计和圆润的前端，却又让人感觉足具人性化。

A·P椅子公司的沙发系列。单看部材的使用方法稍微有点僵硬的感觉，也有带扶手的版本。

同一系列带扶手版本的高背椅，这一款还有二至四人座的沙发和无扶手的版本。

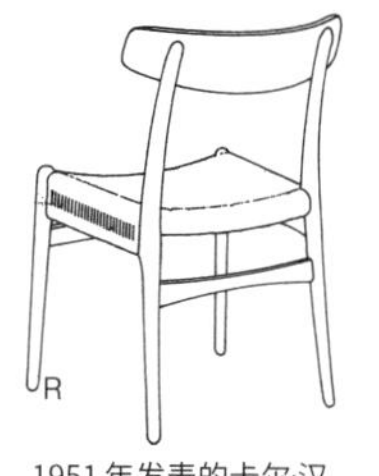

1951年发表的卡尔·汉森父子公司的作品。座位上纸线的椅面是其主要特征。
1951

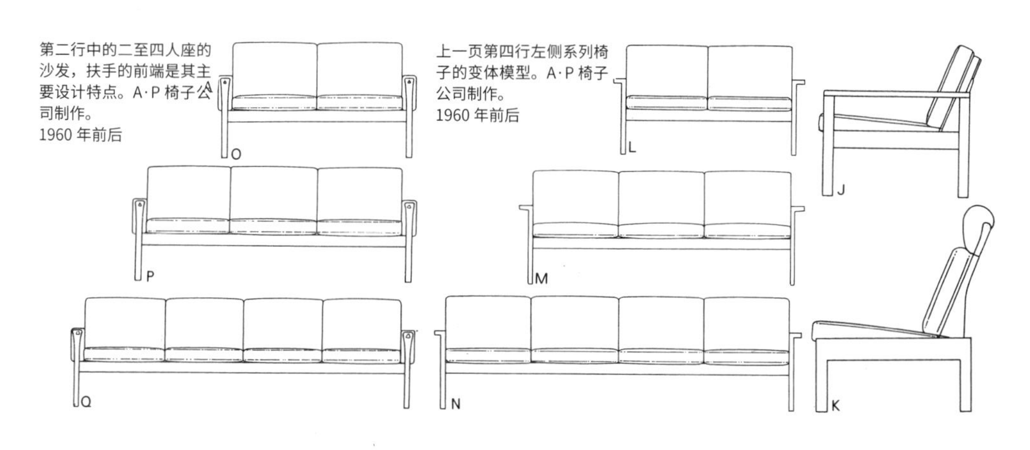

第二行中的二至四人座的沙发，扶手的前端是其主要设计特点。A·P椅子公司制作。
1960年前后

上一页第四行左侧系列椅子的变体模型。A·P椅子公司制作。
1960年前后

与上一页第四行左侧的作品非常相似，其侧面的设计有所不同，全包的结构提高了椅子的舒适度。

1960年前后

同一系列的低背椅款式，椅脚的前后是其主要设计特点。

1960年前后

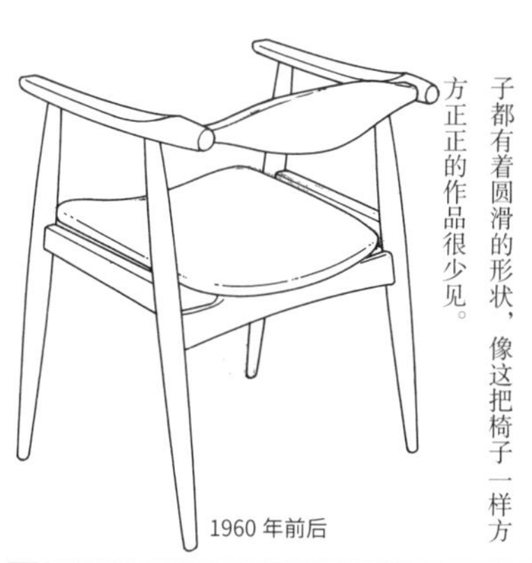

与扶手和椅背高度相同的横木让人联想到『椅』和『Y形椅』。然而，这些椅子都有着圆滑的形状，像这把椅子一样方方正正的作品很少见。

1960年前后

与第二行左侧作品同属一个系列，椅背的部分与扶手的部分脱离，这一部分是其设计的主要特点。

1960年前后

这是在上一页第三行左侧系列基础上设计的作品，扶手部分的尖锐感稍微减弱了一些。

1960年前后

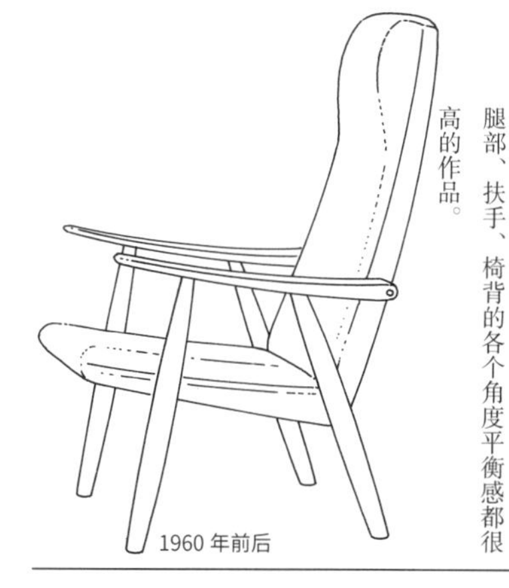

与右侧作品相同系列的高背椅。各椅腿部、扶手、椅背的各个角度平衡感都很高的作品。

1960年前后

提到卡尔·汉森父子公司，日本人就会想到『Y形椅』。除此之外，从设计、性能、价格这些方面来，也有能够充分与之相提并论的作品。这就是其中一个。

1962

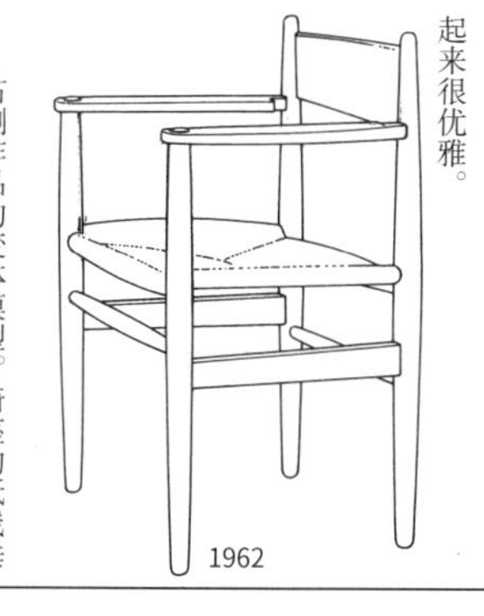

右侧作品的带扶手版本，单从图来看有些难以理解。椅子的前腿稍微高出扶手处，这就是其设计的特点。这一作品虽然是直线形设计，但是各部分都很圆润，看起来很优雅。

1962

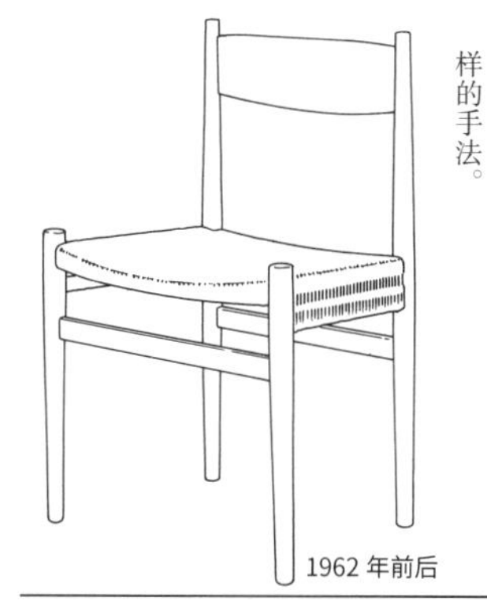

右侧作品的变体模型。椅座的纸线垂在两侧铺设，与1951年的作品使用了同样的手法。

1962年前后

1914—2007

汉斯·瓦格纳

第5小节
卡尔·汉森父子公司

瓦格纳在制作产品的时候，提供的是与各种各样公司相契合的设计。

这里就以『Y形椅』而著名的卡尔·汉森父子公司进行介绍。该公司是由现任总经理乔根·盖尔纳·汉森的祖父卡尔·汉森于1908年在因童话而出名的安徒生所在的小镇——欧登塞设立的。设立之初主要以古典样式家具的订单制作为主要业务。当时的顾客主要是城里的贵族，现在在菲英岛上的城内还留存了许多当时的作品。

与其他的制造商一样，卡尔·汉森父子公司也在进入20世纪20年代之后开始与设计师共同合作进行商品开发。最初的人物是弗里茨·亨宁森，在那时开发的温莎椅连续65年都进行了量产。

与瓦格纳有关联的是从第二代的霍格·汉森的时候开始的。在第二次世界大战后的哥本哈根，他看到了当时还是无名小卒的瓦格纳的作品，马上就联系了他，并邀请他来到了欧登塞的工厂，让他住在自己家长达三周之久。这一时期的瓦格纳所设计的作品是后来不仅成为畅销产品，同时也是长期畅销产品的『Y形椅』。一般认为『Y形椅』是在1949年椅子发

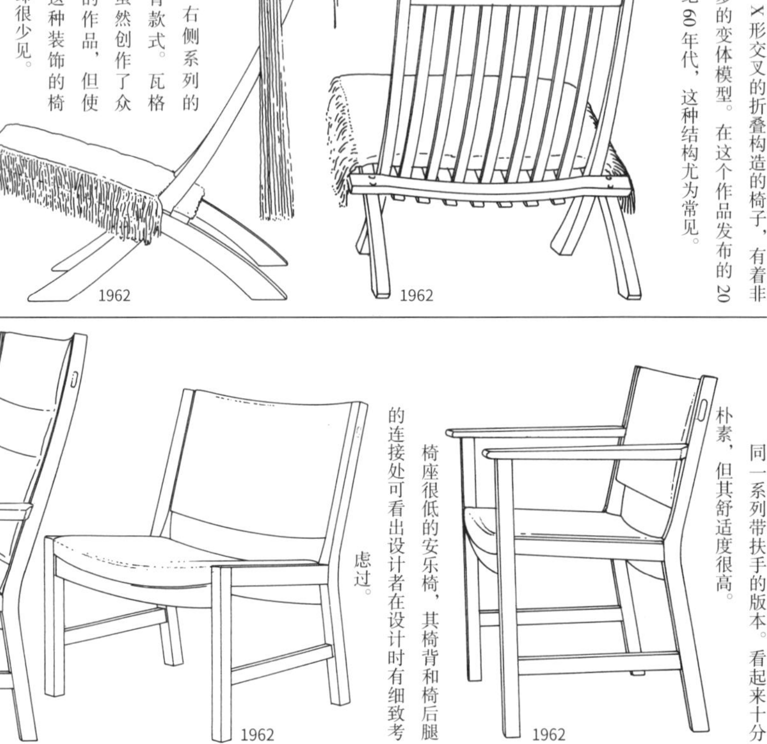

X形交叉的折叠构造的椅子，有着非常多的变体模型。在这个作品发布的20世纪60年代，这种结构尤为常见。

1962

右侧系列的高背款式。瓦格纳虽然创作了众多的作品，但使用这种装饰的椅子却很少见。

1962

由A·P椅子公司发布的作品，除了在这里介绍的这一把之外也有尺寸不同的变体模型。这些作品在该公司倒闭之后由约翰尼斯·汉森公司进行生产。

1962

同一系列带扶手的版本。看起来十分朴素，但其舒适度很高。

1962

椅座很低的安乐椅，其椅背和椅后腿的连接处可看出设计者在设计时有细致考虑过。

1962

1962

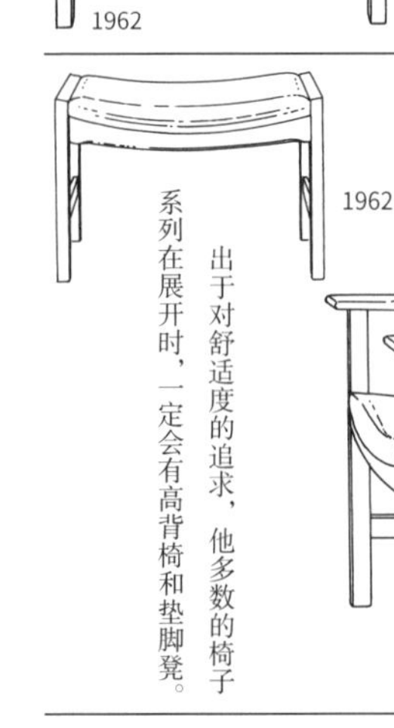

1962

出于对舒适度的追求，他多数的椅子系列在展开时，一定会有高背椅和垫脚凳。

在1948—1951年期间发表了一些使用成型胶合板以及多层胶合板设计的椅子。在当时，以实现从平面曲面向三维曲面过渡为主题，各个设计师进行了苦苦思索。这里介绍的作品是由各个独立的部分组合而成的新形式的作品，插图是按照五分之一的比例模型进行临摹的图。

1963

1963年发表的试作品。1990年为了展览会进行了试作，但是没有进行量产。

1963

表后的第二年进行生产的，根据卡尔·汉森父子的说法，是瓦格纳在该公司时的1949年。

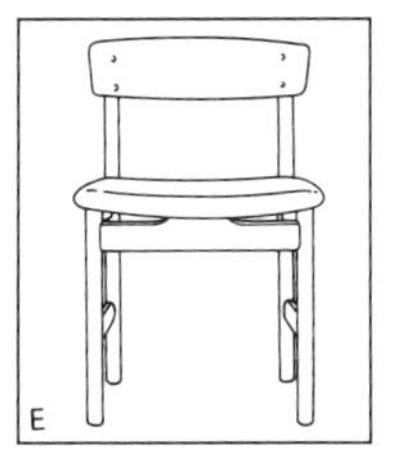

布吉·莫根森的作品，但是与瓦格纳由卡尔·汉森父子公司制作的一系列低价椅子非常相似。
1960

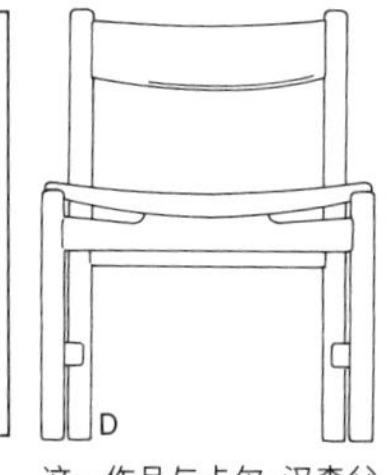

这一作品与卡尔·汉森父子公司制作的系列非常相似。PP家具公司制作的这把椅子使用了白蜡树材。
1969年前后

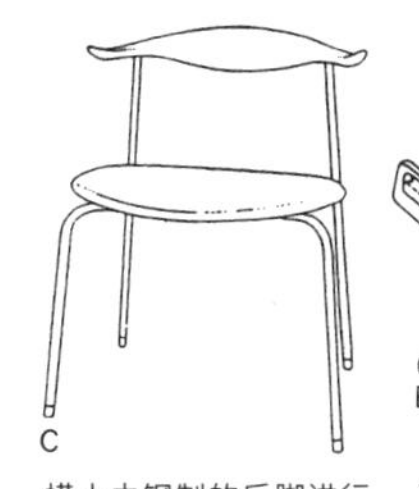

横木由钢制的后脚进行支撑的设计，这个作品可能是最初的作品。弗里茨·亨宁森司制作的作品。
1953年前后

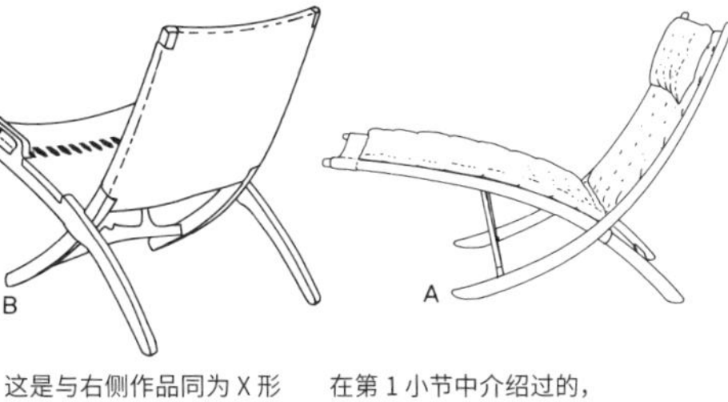

这是与右侧作品同为X形构造作品的中最高杰作的折叠椅。以前由约翰尼斯·汉森公司制作，现在是由PP家具公司生产。
1949

在第1小节中介绍过的，由伊克里斯坦森公司制作的作品。从X形的交叉构造可以看出，应该是他初期的作品，与布吉·莫根森共同制作的作品。
1946

前一小节介绍过的卡尔·汉森父子公司作品的变体模型。椅座由纸线进行了全包。

1963

1963

在上一页第二行右侧的作品之后发表的作品。由竖棂转换成了横棂，椅背有着缓和的曲面，使舒适度得以增强。

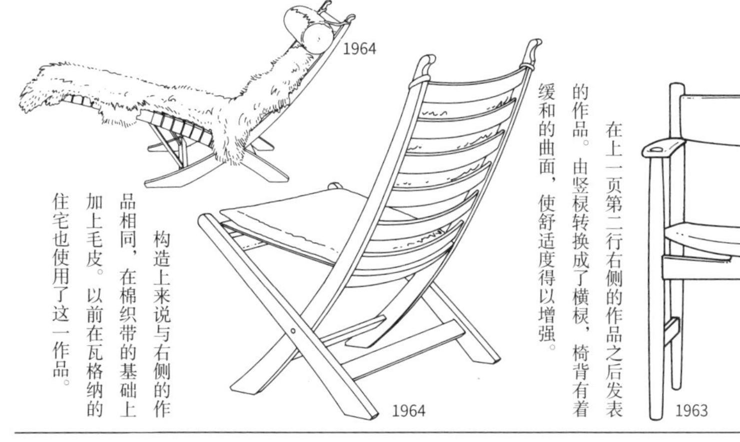

构造上来说与右侧的作品相同，在棉织带的基础上加上毛皮。以前在瓦格纳的住宅也使用了这一作品。

椅子后腿用横木进行支撑，是在『牛角椅』的基础上发展设计的椅子。用钢管的椅腿来支撑横木的设计是继1953年前后由弗里茨·亨宁森公司进行此设计发表后的首次。这一作品的横木是由小木片进行组合，并通过『切丝』的设计，增强了其连接部分的强度。瓦格纳住宅的餐厅也使用了这一作品，其妻子非常喜欢这一作品。

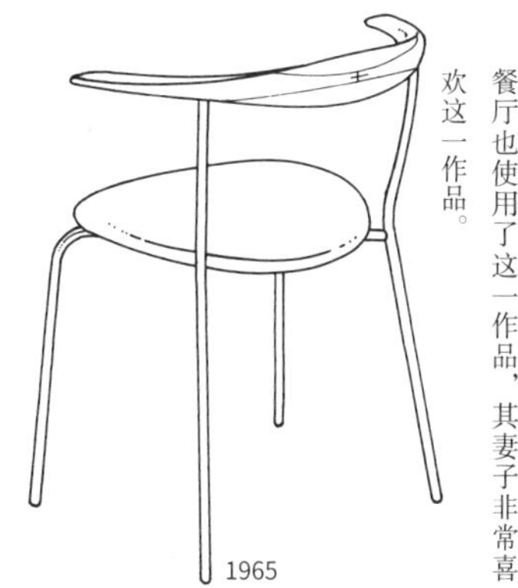

A·P椅子公司制作了很多使用金属的作品，开拓了新的领域。这是与右侧的作品同时由约翰尼斯·汉森公司进行发表的作品，扶手和椅座以外的部分全部由金属制成。X形交叉设计的横木也加入了办公用的桌子里。

1965

卡尔·汉森父子公司发布的餐椅。考虑到批量生产，采用了易于机械加工的设计。

1965

右侧作品的带扶手版本，请注意扶手和后腿的连接部分。由于榫眼斜着插入，为了使强度不被削弱，椅腿部分以直角进行连接。

1965

1965

1965

右侧作品的安乐椅款式。为了提高舒适度扩大了椅背的面积，准备了垫脚凳。

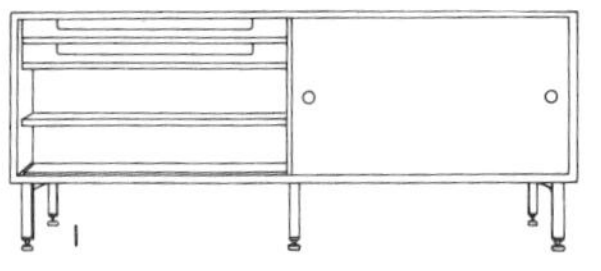

与右侧作品同时期的设计，值得瞩目的是其滑式拉门。凯尔·柯林特也参与了其中的设计，在丹麦几乎见不到这样的作品。
1965

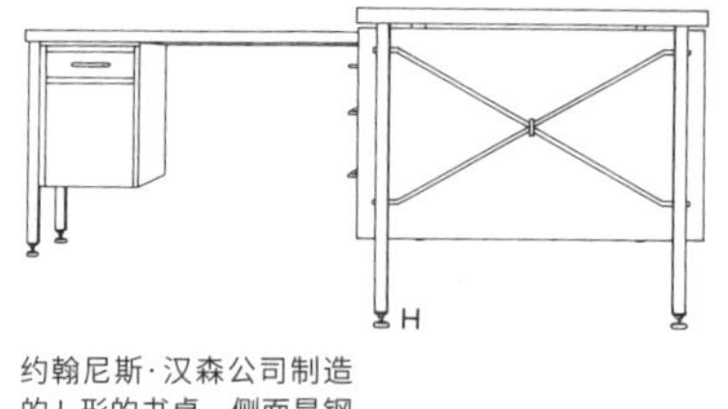

约翰尼斯·汉森公司制造的L形的书桌。侧面是钢管交叉的设计处理，与上一页第三行左侧的椅子有着共通之处。
1965

摇摆家具。瓦格纳也将这些作品进行了重新设计。
1880 年前后

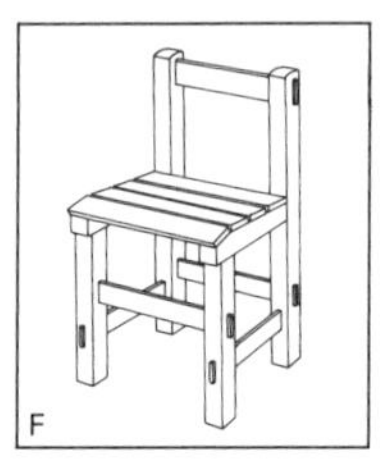

对于日本人来说非常亲切，而笔者自己从出生以来坐上的第一把椅子就是这种，在幼稚园和小学低年级中经常使用的椅子。像这把椅子一样使用了方木材，多为垂直水平的设计的椅子，经常在伴随着紧张感的场合使用。

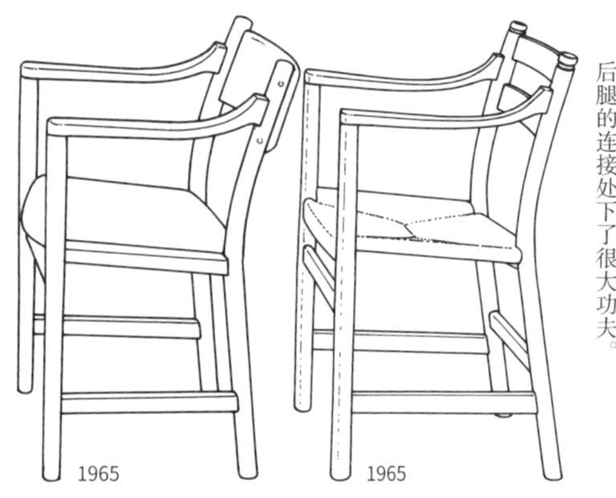

1965　1965

右侧的带扶手版本的椅子，在扶手和后腿的连接处下了很大功夫。

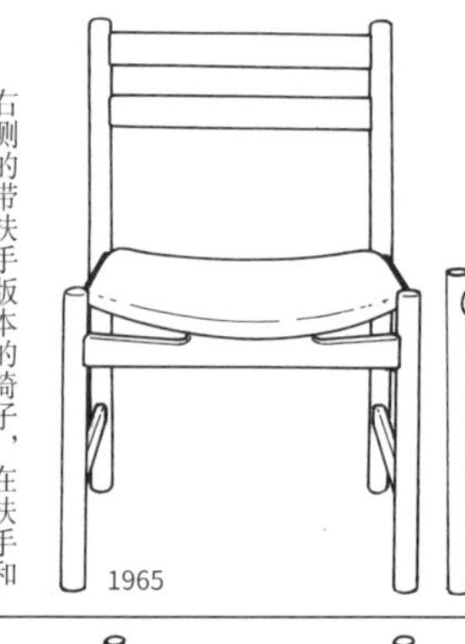

1965　1965

上一页第四行作品的变体模型。由于椅背使用了两条板，使得榫眼更小，制作过程因此变得更容易。从尺寸上来看并无太大的区别，但是根据座面的不同改变了横木的位置。

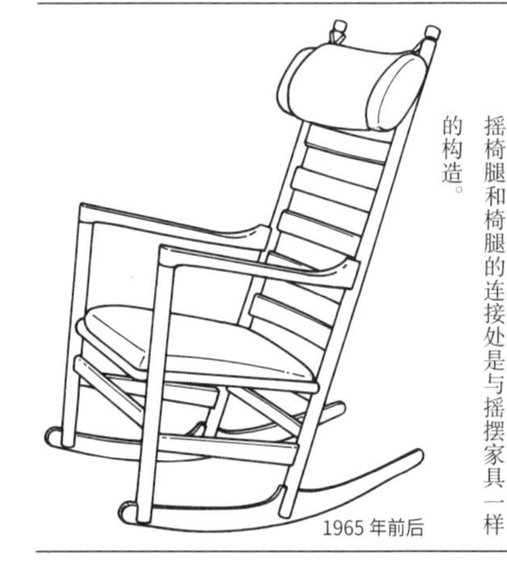

1965 年前后

受到摇摆家具显著影响的摇椅。与翼状风格的摇椅不同的是，椅腿部没有被椅座所切割，而是直接从弓形的摇椅腿直接延伸到上部，以至于其椅腿部强度很高。摇椅腿和椅腿的连接处是与摇摆家具一样的构造。

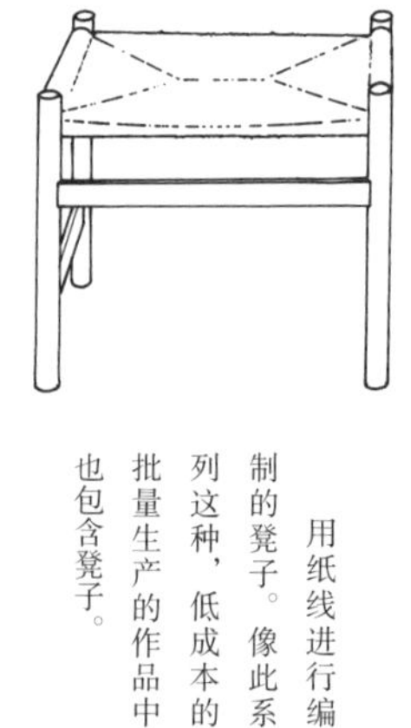
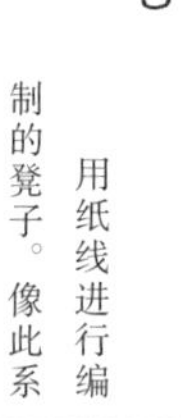

1965

用纸线进行编制的凳子。像此系列这种，低成本的批量生产的作品中也包含凳子。

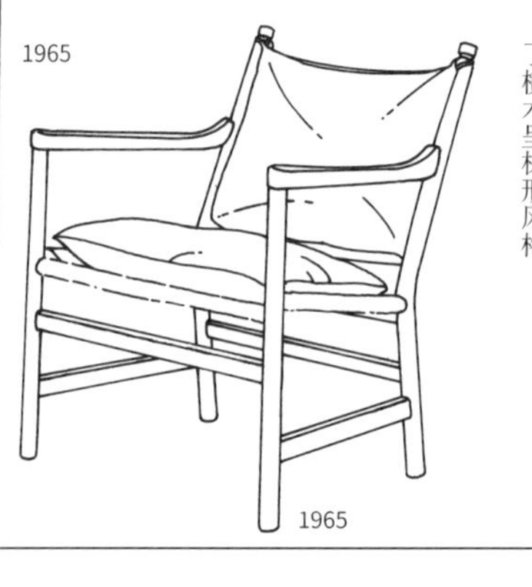

1965

椅背和椅座都装有羽毛垫，椅背加入了横木呈梯形风格。

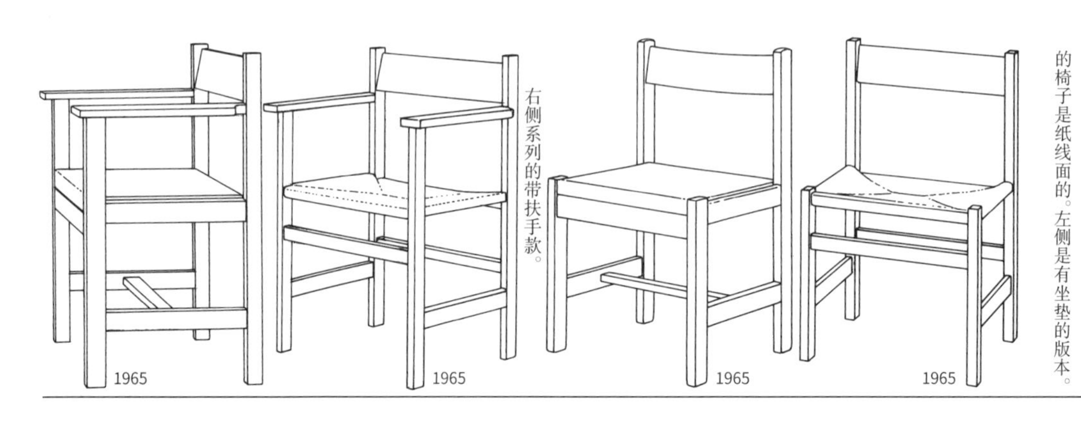

1965　1965　1965　1965

右侧系列的带扶手款。

使用了方木料，强调垂直水平方向设计的作品。这样的构造更适合充满紧张感的场合。日本小学使用的椅子也与此很像，同时这种椅子也经常在学校中使用。右侧的椅子是纸线面的。左侧是有坐垫的版本。

于 1991 年去世的丹麦皇家艺术学院任教授，乔根·盖米伽德设计的堆叠椅。同样是 X 形的构造，盖米伽德的作品可见其细节上下的功夫。
1985 年前后

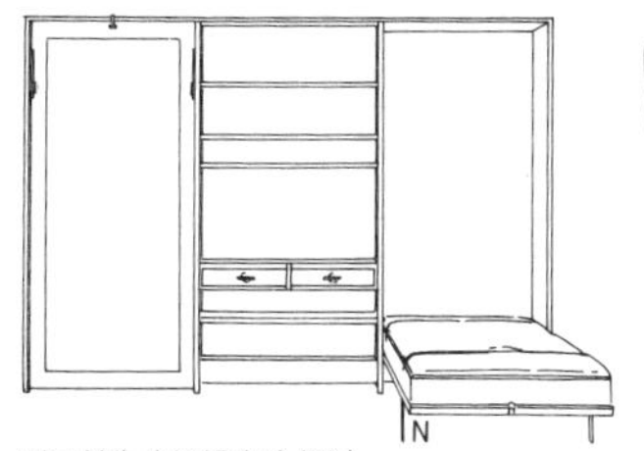

到目前为止还没有介绍过的 RY 蒙贝尔公司的墙上固定家具，左右两边是收纳式床。RY 蒙贝尔公司主要制作固定在墙上的家具，貌似不制作椅子。
1961

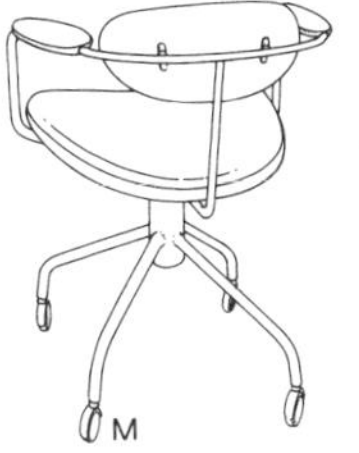

由布朗蒙贝尔公司制作的作品，与右侧的作品相比应该应该便宜。
1957 年前后

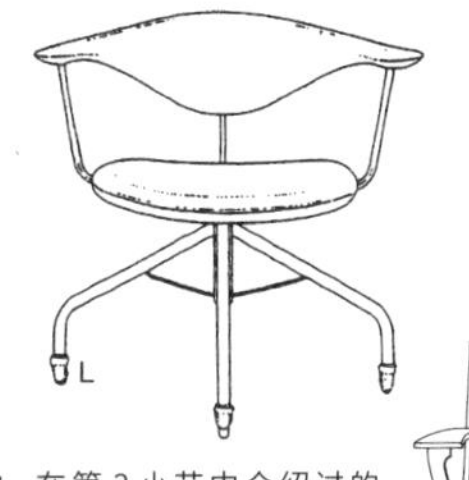

在第 3 小节中介绍过的转椅，与第三行左侧作品的椅腿部几乎是同样的设计。
1955

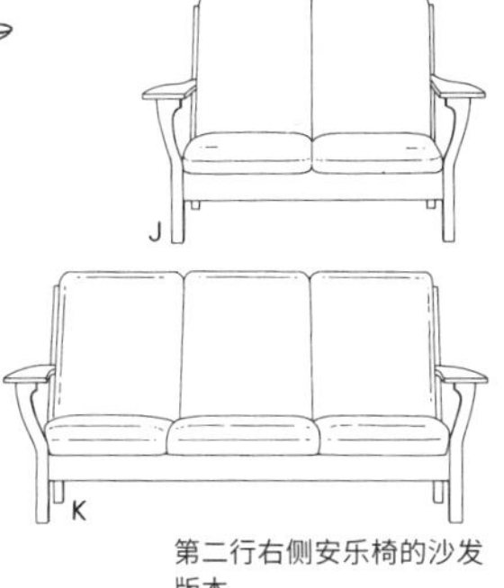

第二行右侧安乐椅的沙发版本。
1965 年前后

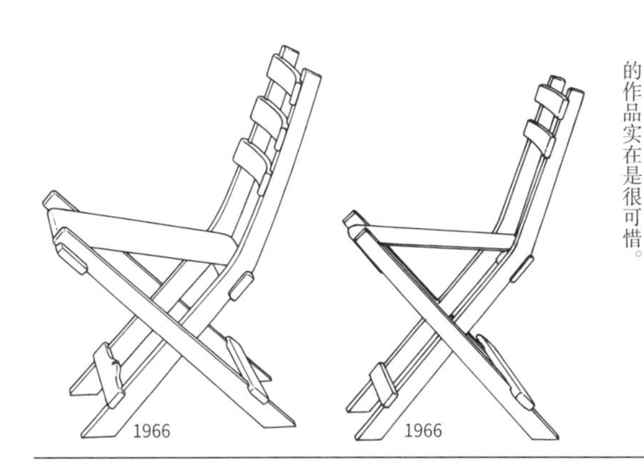

1966　1966

以前的约翰尼斯·汉森公司，是制作了『孔雀椅』、『侍从椅』、『牛角椅』、『椅』等名垂青史的名作的工作室。然而像这样的工作室却必须制作这样简单构造的作品实在是很可惜。

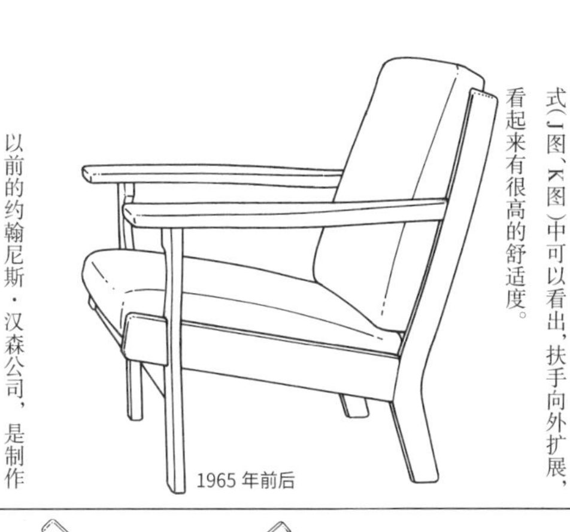

1965 年前后

盖塔马公司发布的安乐椅。从沙发款式（J 图、K 图）中可以看出，扶手向外扩展，看起来有很高的舒适度。

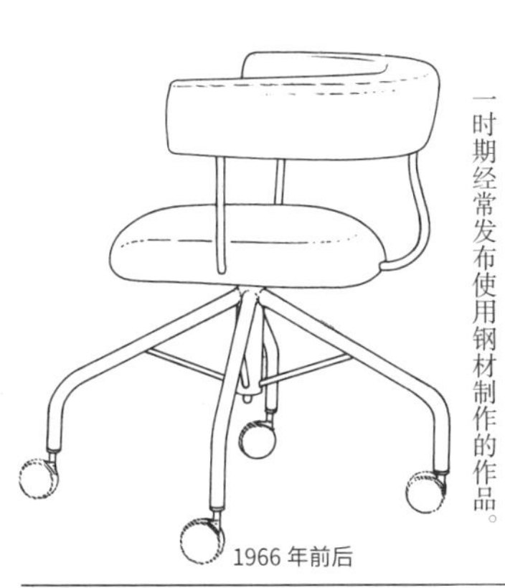

1966 年前后

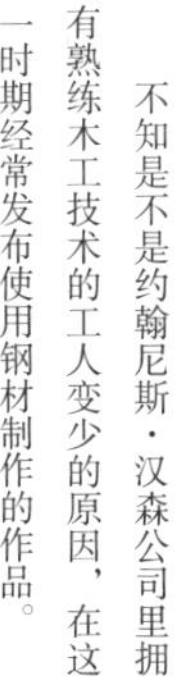

不知是不是约翰尼斯·汉森公司里拥有熟练木工技术的工人变少的原因，在这一时期经常发布使用钢材制作的作品。

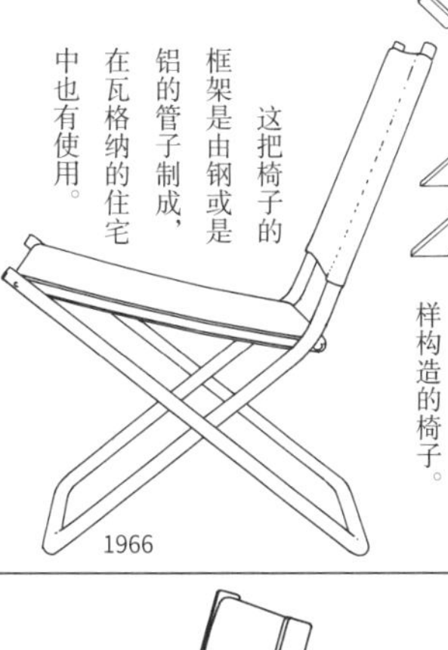

1966

这把椅子的框架是由钢或是铝的管子制成，在瓦格纳的住宅中也有使用。

在日本也经常能在露营用品中看到这样构造的椅子。

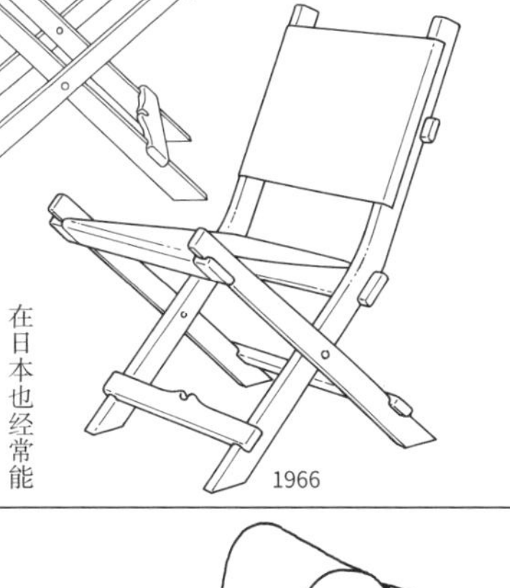

1966

比起在一般的家庭中使用，这把椅子应该是为了在室外使用而设计的吧。

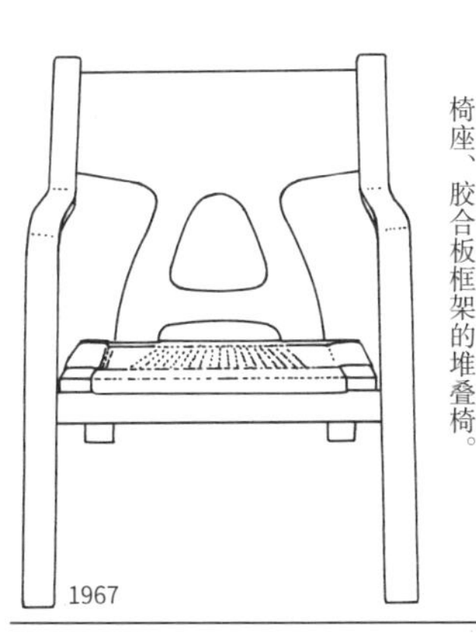

1967

盖塔马公司发布的作品。应该是藤制椅座、胶合板框架的堆叠椅。

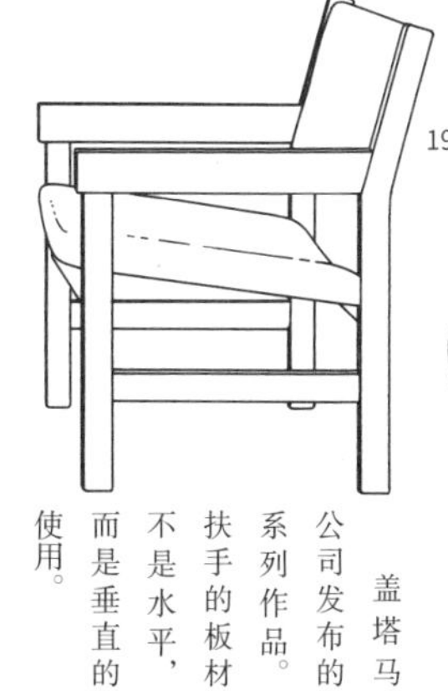

1967

盖塔马公司发布的系列作品。扶手的板材不是水平，而是垂直的使用。

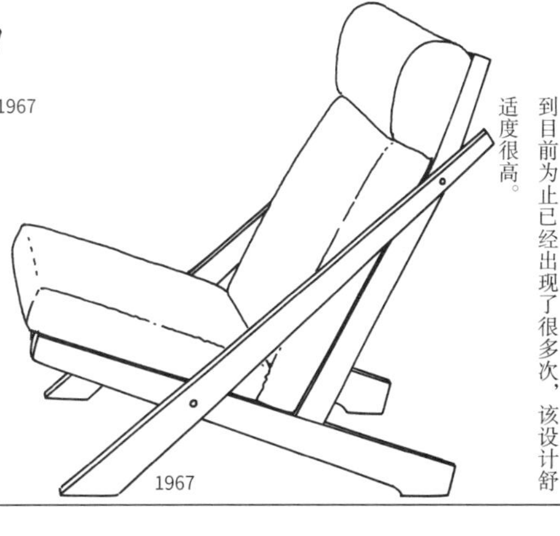

1967

这是在呈 X 形交叉构造基础上稍加调整后的设计。椅座延长成为后腿的构造，到目前为止已经出现了很多次，该设计舒适度很高。

1914—2007

汉斯·瓦格纳

第6小节
盖塔马公司

截至目前，介绍了几个参与瓦格纳作品制作的公司，这一小节介绍盖塔马公司。该公司与卡尔·汉森父子公司一样，通过积极地引入机械进行量产的产品为中心制造。其中多数是瓦格纳的作品，以在学校和医院等使用的作品创意为中心。

关于盖塔马公司的历史不是很了解，与瓦格纳接触是1949年前后吧？关于这一点，与跟卡尔·汉森父子公司开始接触的时期非常相似。

接下来介绍的作品其中多数是盖塔马公司的产品。这其中使用了胶合板（成型胶合板）的作品尤为多。胶合板与实木削减出的材料不同，很少浪费，加工也很容易，是适合大量生产相同材质产品的做法。瓦格纳以对木材的造诣之高而闻名，仔细观察他的作品会发现，像胶合板和实木的组合作品以及把各部分用胶合板制作，再加以组合来提高强度的作品等，实际上物尽其用的作品非常的多。

希望只倾心设计『实木材料』和『手工』为产品卖点的木工创作者能够学习一下这一点。

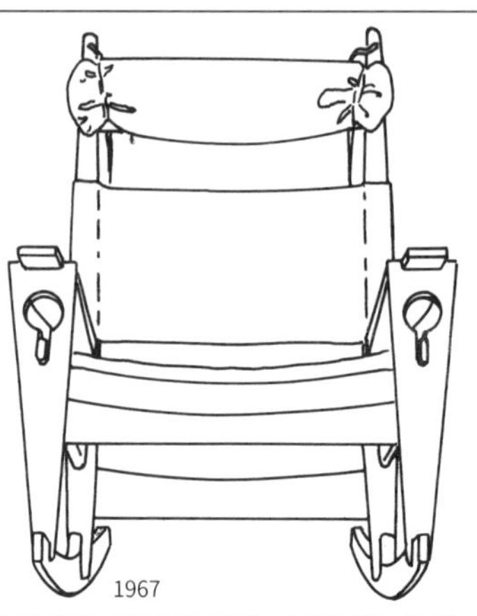

1967

腿部前面开的大洞是为了在清洁的时候能够取下两边的圆棒，这也成了该作品的设计特点。椅背和枕头也是可以抬上去的，方便清洁。椅背和椅座因为是软垫（或是革垫），舒适度非常高。

1967 年前后

很少见的小型摇椅。椅座是棉织带的材料，椅背是胶合板制。由盖塔马公司进行的量产，遗憾的是已经停产。

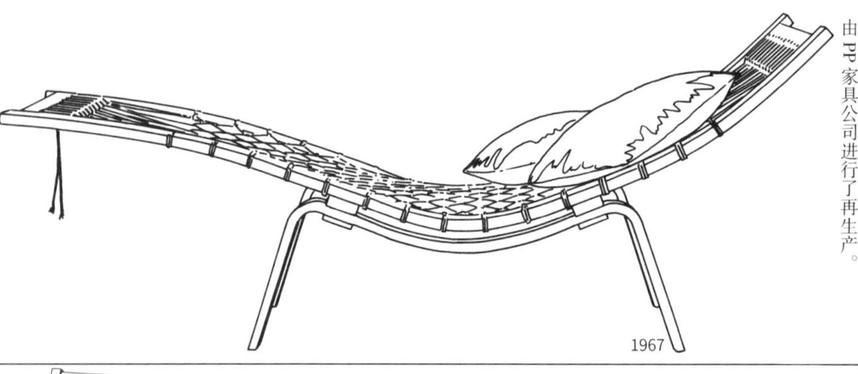

1967

瓦格纳发布了七种休闲椅作品设计。保罗·克耶霍尔姆的名作中虽然也有名为『吊床椅』的作品，但是瓦格纳的这一作品的构造似乎更适合被称为吊床椅。发表时成为了一时的话题，但随后不久就停产了。当时日本只进口了两把椅子。一把是已故的松下幸之助购买的，另一把是舞台艺术的第一人——朝仓摄购买的。现在应该还完整保存着。盖塔马公司在停产之后，由PP家具公司进行了再生产。

1968

各个部分有着逐渐展开的特点，该作品看上去要比实物要大。椅背上的绳是由金属零件固定的，靠背非常的柔软（参照A图）。

两边的框架和椅背的部分是胶合板制。框架结实、大方，虽然整体感觉稍显生硬，但椅背和椅座绷拉的绳面，使座位处于悬浮状态，舒适度很高。

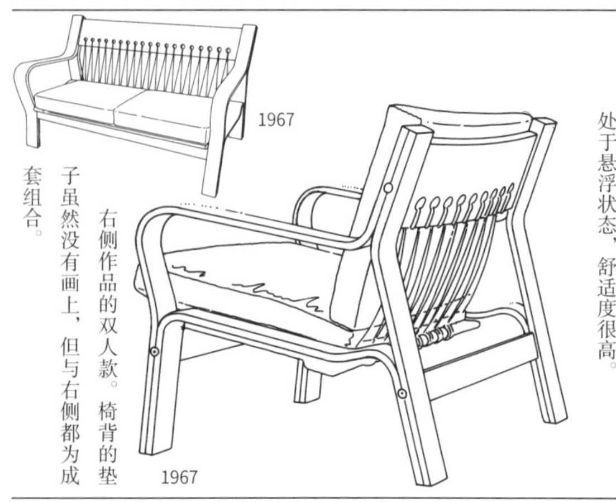

1967

1967

右侧作品的双人款。椅背的垫子虽然没有画上，但与右侧都为成套组合。

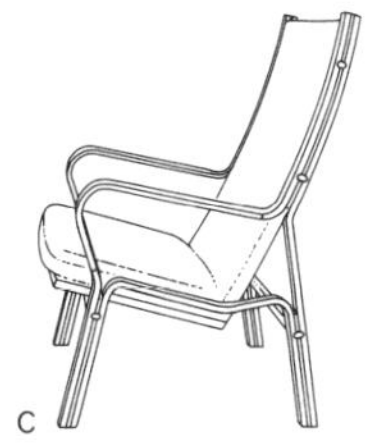

C

与右侧作品同一系列的高背椅。胶合板的使用方法非常美观。
1986

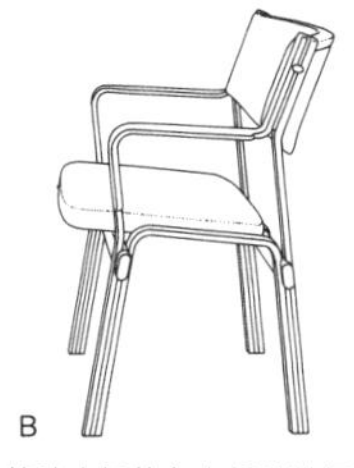

B

将胶合板的各个部分进行组合的优美的扶手椅，由约翰尼斯·汉森公司制作。
1979

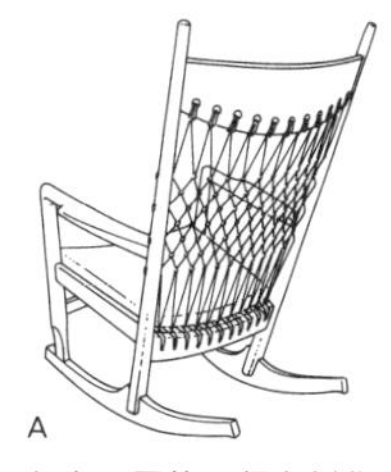

A

与上一页第四行右侧作品具有非常相似的构造的摇椅，由 PP 家具公司制作。
1984

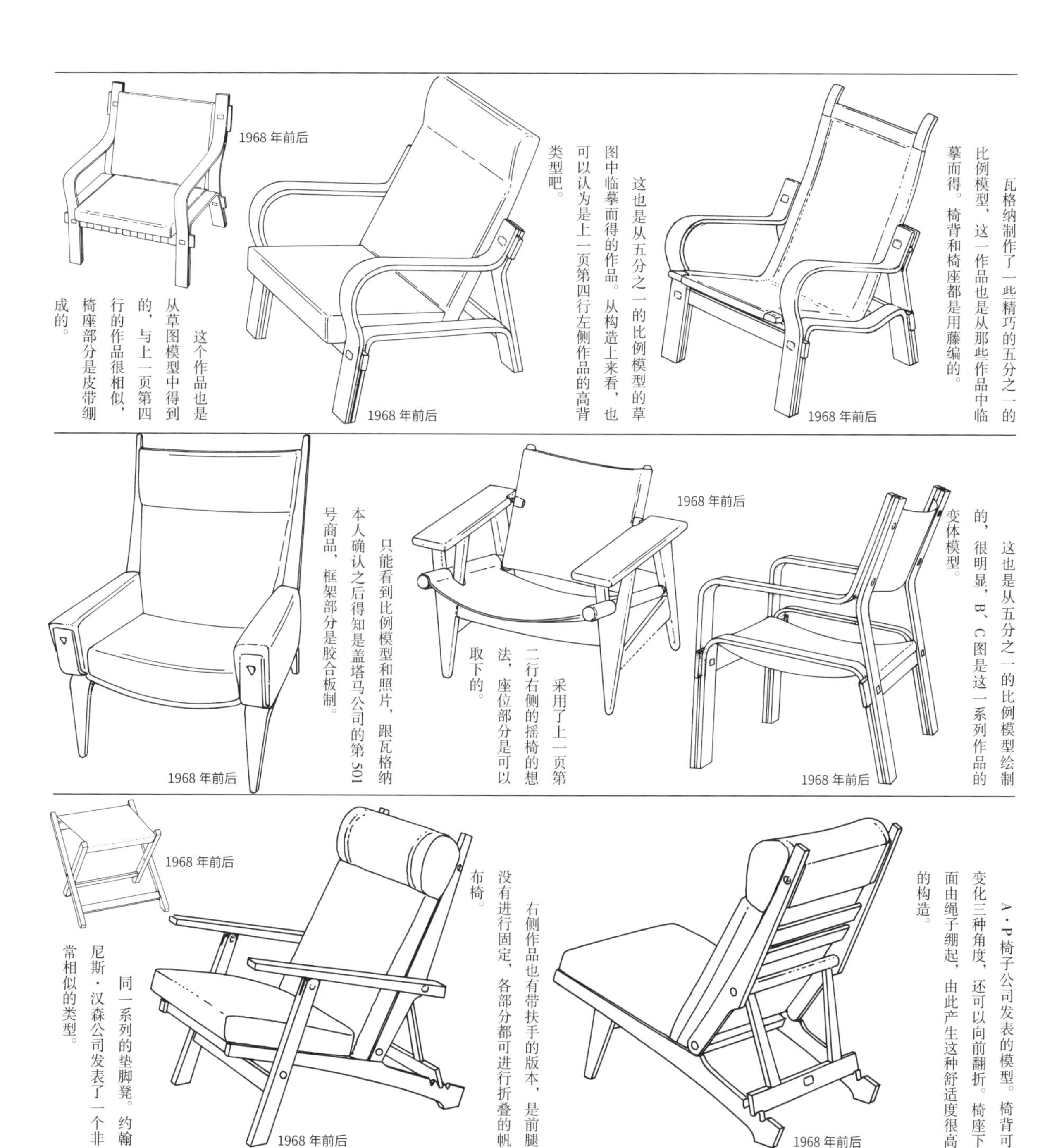

瓦格纳制作了一些精巧的五分之一的比例模型，这一作品也是从那些作品中临摹而得。椅背和椅座都是用藤编的。

1968 年前后

这也是从五分之一的比例模型的草图中临摹而得的作品。从构造上来看，也可以认为是上一页第四行左侧作品的高背类型吧。

1968 年前后

这个作品也是从草图模型中得到的，与上一页第四行的作品很相似，椅座部分是皮带绷成的。

1968 年前后

这也是从五分之一的比例模型绘制的，很明显，B、C 图是这一系列作品的变体模型。

1968 年前后

采用了上一页第二行右侧的摇椅的想法，座位部分是可以取下的。

1968 年前后

只能看到比例模型和照片，跟瓦格纳本人确认之后得知是盖塔马公司的第 501 号商品，框架部分是胶合板制。

1968 年前后

A·P 椅子公司发表的模型。椅背可变化三种角度，还可以向前翻折。椅座下面由绳子绷起，由此产生这种舒适度很高的构造。

1968 年前后

右侧作品也有带扶手的版本，是前腿没有进行固定，各部分都可进行折叠的帆布椅。

1968 年前后

同一系列的垫脚凳。约翰尼斯·汉森公司发表了一个非常相似的类型。

1968 年前后

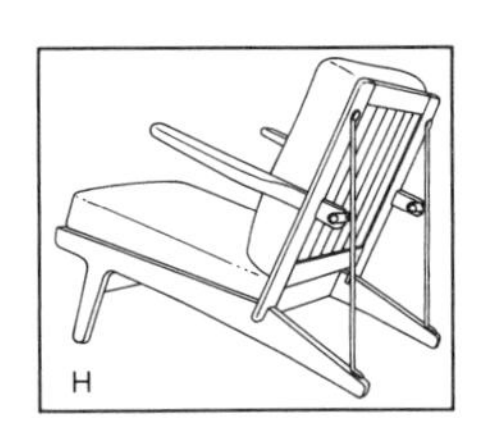

布吉·莫根森的作品。与第四行的作品构造上很像，但可以看出作品个性特点上的明显不同。
1955

与第三行三个作品成套组合的垫脚凳，这样的作品几乎看不出设计的个性。
1969 年前后

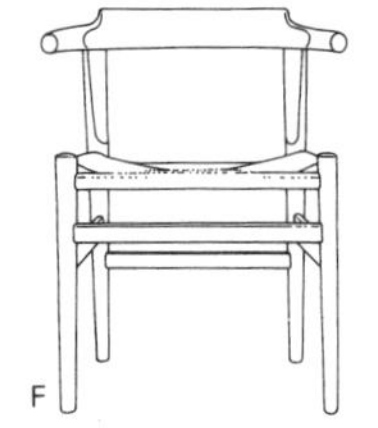

这也是与右侧作品同一构造的设计，功能和美感兼具。
1987

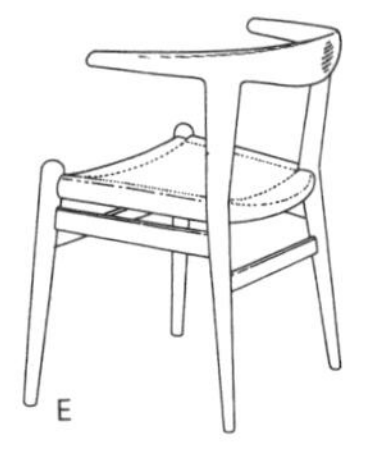

“公牛角椅”。是两条后腿支撑起了横木构造的杰作，由 PP 家具公司制作。
1960

与第二行右侧作品为同一系列。因为椅座由布绷成，所以横木的位置稍有不同。
1969

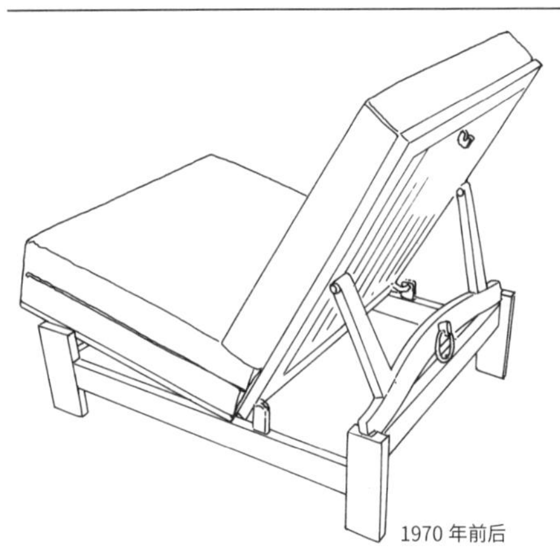

1970 年前后

虽然在插图中没有画出，但实际上是有配套的垫脚凳。另外，将椅座的两层坐垫延伸，调整椅背的角度平放的话，应该可以变成床吧？1994 年购入的产品，跟瓦格纳确认为盖塔马公司制造。

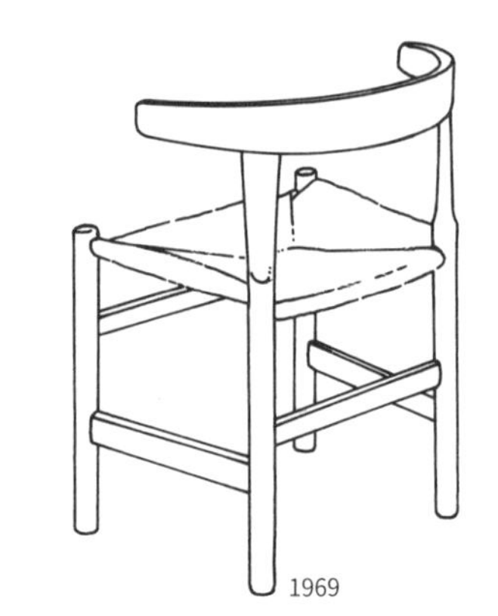

1969

只用后腿来支撑横梁的这种构造，在目前为止的『牛角椅』和『公牛角椅』的名作中经常能够看见。这个作品也是在这些作品基础上的产物，由盖塔马公司和卡尔·汉森父子公司共同制作。椅座是纸绳面。

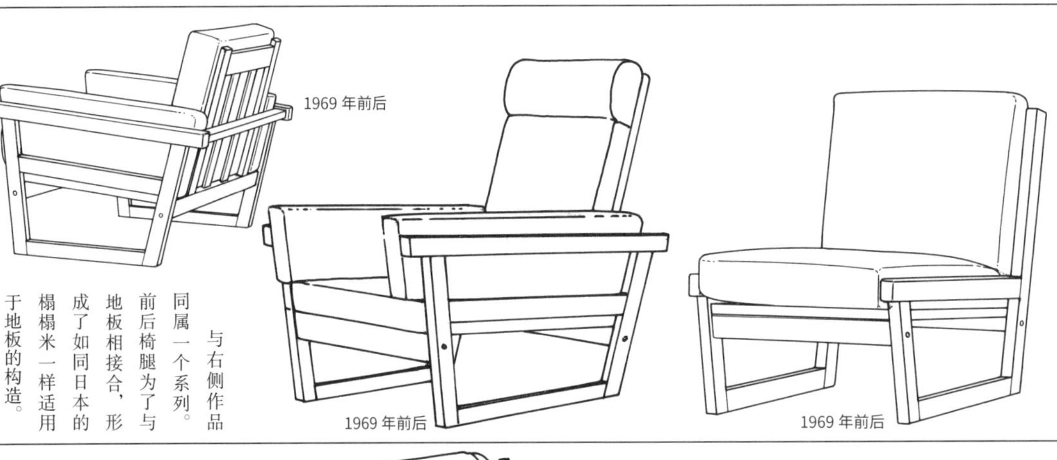

1969 年前后

1969 年前后

1969 年前后

与右侧作品同属一个系列。前后椅腿为了与地板相接合，形成了如同日本的榻榻米一样适用于地板的构造。

采用了直材，给人感觉有点僵硬。中央的作品是高背的安乐椅。

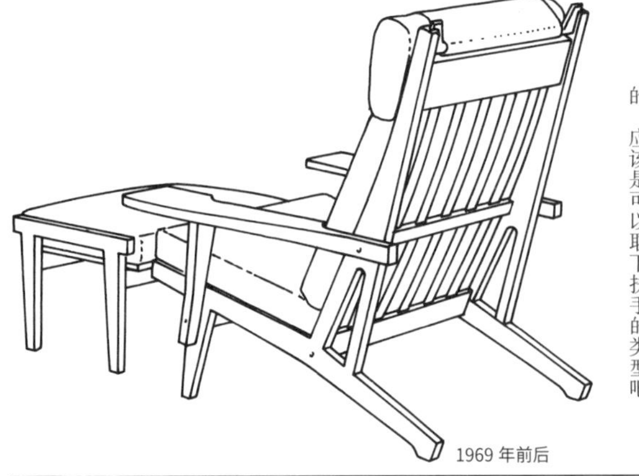

1969 年前后

右侧作品的带扶手版本，基座是相同的，应该是可以取下扶手的类型吧？

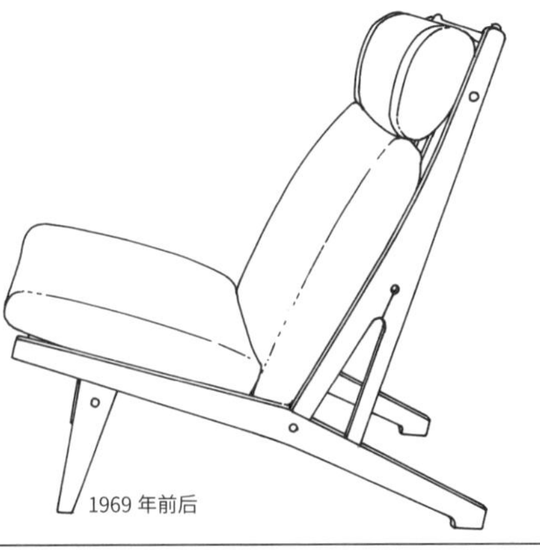

1969 年前后

与上一页第四行右侧的作品的比例很相似，此作品是椅背角度固定的类型。椅座延长成为椅子的后腿，这种高舒适度的构造在这里也得到了使用。

N

将胶合板的特征发挥得淋漓尽致的作品。右侧的作品也是同样的构造，然而还是这一作品更加美观一些。
1947

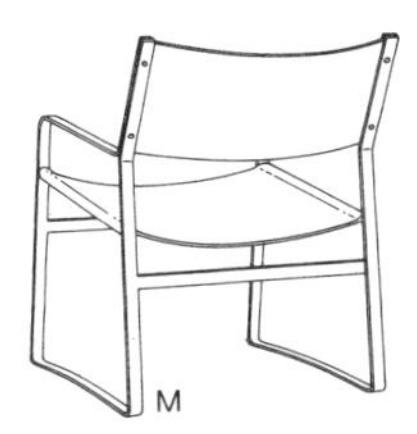
M

与第三行左侧作品同一系列的宽幅款式。
1970

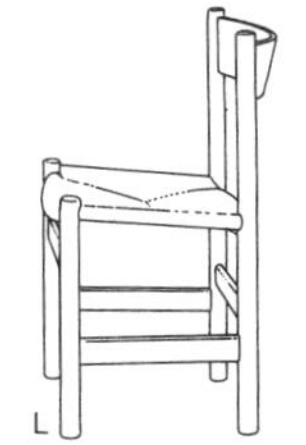
L

第二行中的无扶手类型，这一设计也有横向宽度不同的作品。
1970

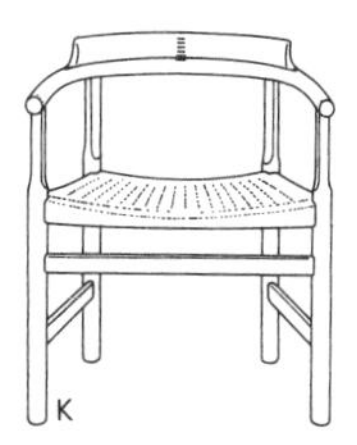
K

这一作品也像第二行右侧作品一样，保留了椅的功能和美感而进行了低价化的作品。PP 家具公司制造。
1975

J

这是椅中之椅——“椅”系列，被称为瓦格纳最高杰作的作品。
1949

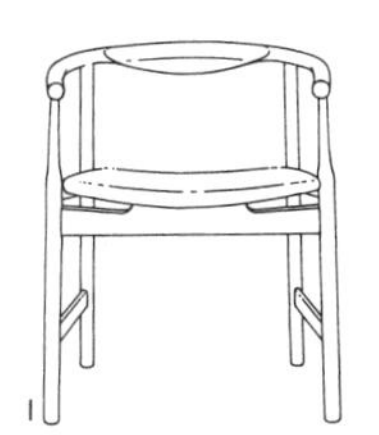
I

与第二行右侧作品同属一个系列，座位是软垫的类型，横木位置有特点。
1969

『椅』（J图）是椅子界的最高杰作，正因为如此价格很高。在这样的情况下，加入了机械加工，发表了作为面向批量生产而设计的低价格的作品的，就是这把椅子。

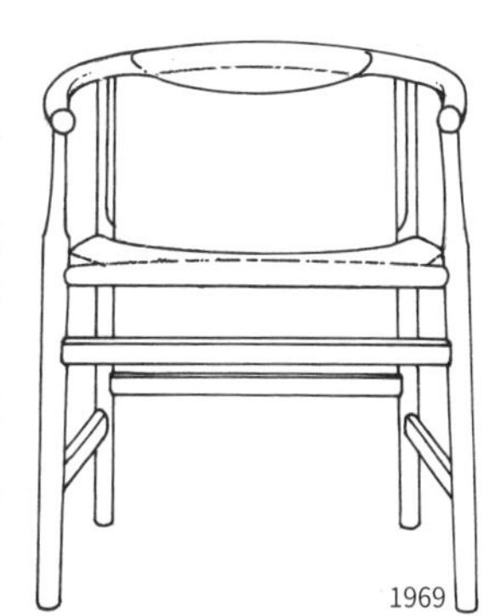
1969

卡尔·汉森父子公司发布了一系列的低价系列，然而这一作品相比那些作品来讲采用了更美观的手工加工而成。PP家具公司制造。

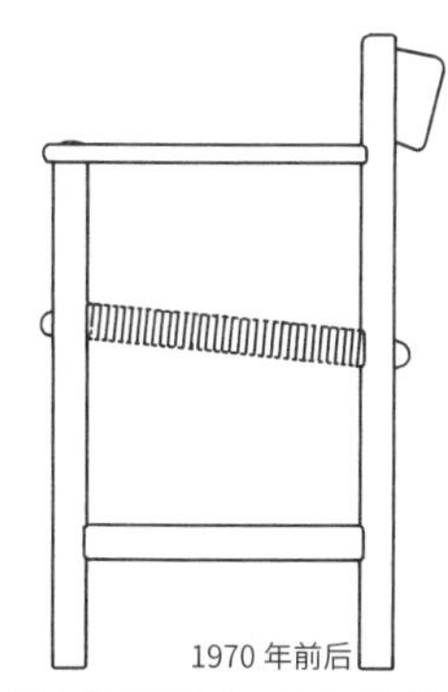
1970 年前后

这一作品与右边的作品出于同样的设计理念。为了提高舒适度，增大了椅背的面积。

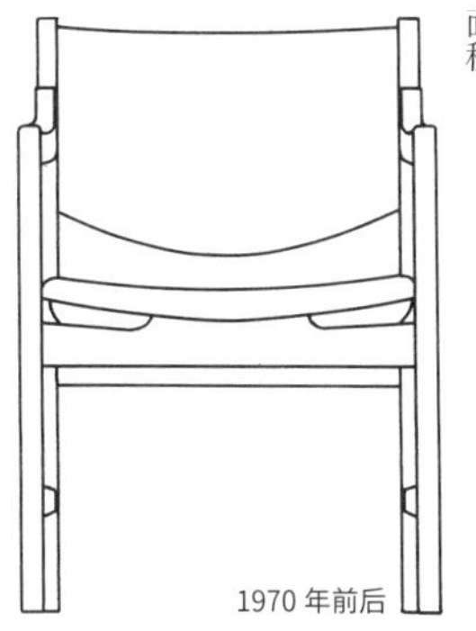
1970 年前后

与第二行中的作品几乎一样，椅座变成了软垫或是革垫。另外，同样的设计，只是改变了宽度的椅子，在瓦格纳的作品中经常能见到。

1970 年前后

1970 年前后

加宽了扶手，提高了缓冲性。另外，增加了滚轮，使得移动更加流畅。

1947年发表了与这一作品相同构造的木制版本（N图）。这里使用了钢材料框架。约翰尼斯·汉森公司制造。

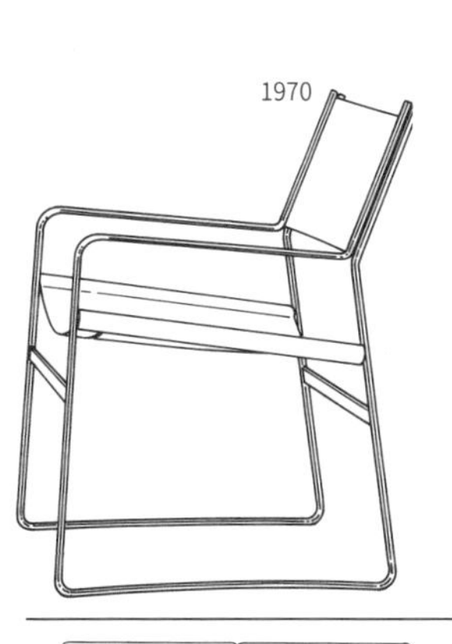
1970

这一作品也是使用了钢材料框架。后腿的平钢进行了90°弯折，椅背和椅腿结合的强度因此提高。同时成为设计上的特点。

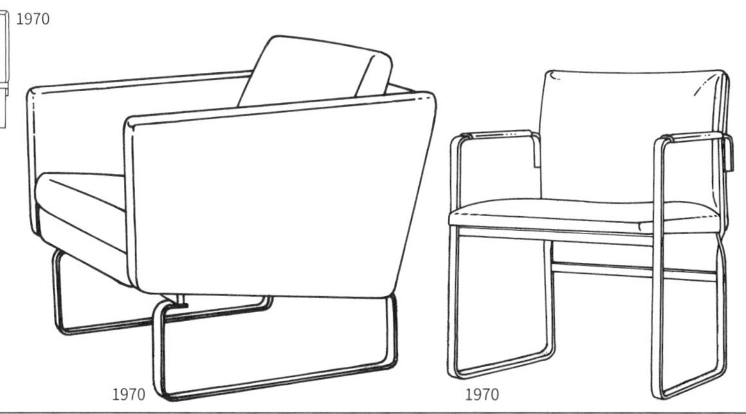
1970

1970

这一作品也与右侧作品同属一个系列，使用了平钢。从横向来看，轻薄细小的钢使得座位看起来像是浮了起来，可以说是非常美观的作品。还设计有三人、四人沙发的版本。

1970

1914—2007

汉斯·瓦格纳

第 7 小节
对设计的自豪

目前为止曾多次去丹麦进行取材，那时候，受到了当地的制作家和工匠们的照顾。其中难以忘怀的是，瓦格纳本人赠送给了笔者圈椅、数量众多的照片和图纸。另外，他也与笔者分享了这样的经验。PP家具公司的埃希纳·佩德森在日本的某个出口家具店，发现了瓦格纳的珍贵的停产模型并要购入的时候，因为『织田先生想要这把椅子，所以这把椅子可能很贵重，不能卖给你』的理由而被拒绝了。听他这样说后，他说了一句『请稍等一下』然后离开。接着，过了十分钟左右又回来了。只见他手上正拿着那个停产模型的部件。然后他说『请把这个安上，对研究会起到帮助的』。过了几天完美的制成品就被送来了。在那之后又送来了瓦格纳模型的横梁以及保罗·克耶霍尔姆的作品等各种各样的资料。这些都是为了将椅子作为『研究对象』。其他国家的人能这样理解真是非常了不起。『如果是为了学术研究的话非常乐意帮忙』这种话，在丹麦到处都可以听到。像椅子这类物品，如果仅仅是作为收藏家来收集的话，大概就不会有这本书了吧。

1971

丹麦的代表性家具杂志《姆贝里亚》的1971年新作家具特辑中介绍的作品。同垫脚凳进行了组合，安乐椅应该是可以躺靠的吧。框架是钢管制。

1973

这一作品也是带滚轮的大安乐椅。椅座通过延长成为后腿的构造是他最擅长的设计。胶合板制框架的曲线是作品的特征。

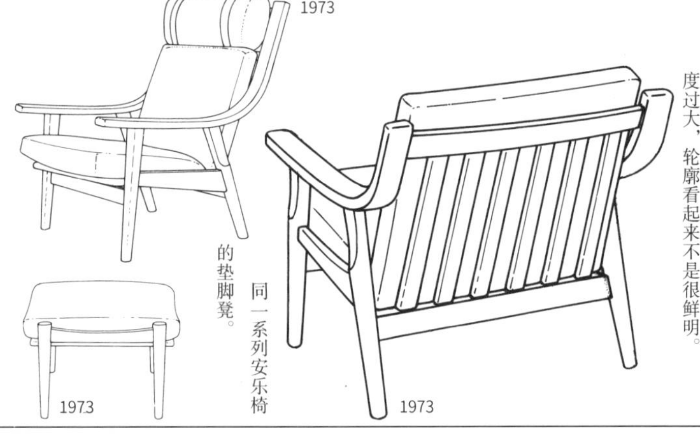

左侧的三个作品都属于同一个系列。与第二行左侧作品几乎是同时期设计出的。扶手的曲线是其主要特点，曲面的角度过大，轮廓看起来不是很鲜明。

同一系列安乐椅的垫脚凳。

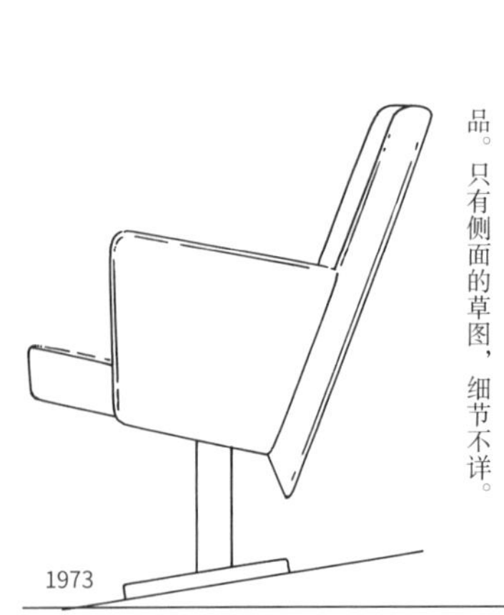

为了剧场或是大会议厅而设计的作品。只有侧面的草图，细节不详。

1975

这一作品也是由盖塔马公司的线稿绘制的，细节不详。商品编号为GE・212。

1975

这一作品也是由目录绘制的，使用了将板材进行削角的材料。

1975

与右侧作品非常相似，垂直地使用了扶手的板材。盖塔马公司制作。

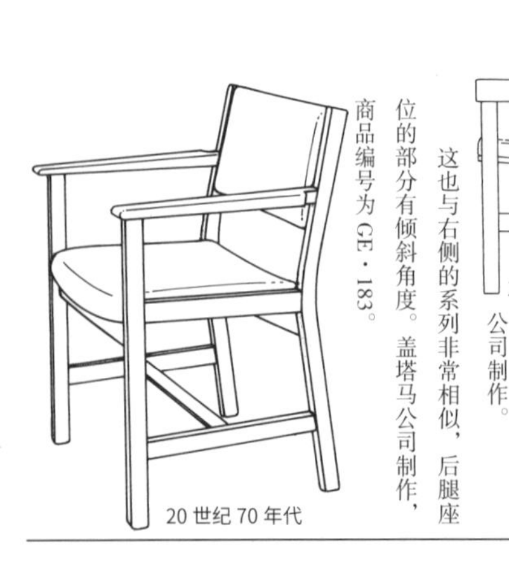

这也与右侧的系列非常相似，后腿座位的部分有倾斜角度。盖塔马公司制作，商品编号为GE・183。

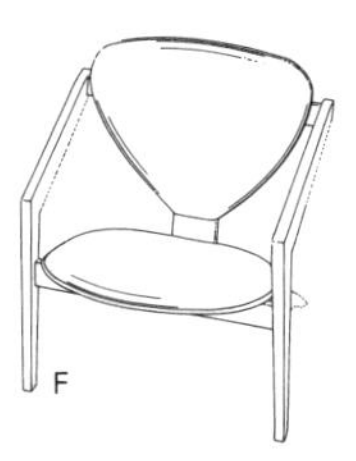

F

从下端左侧安乐椅的概念设计图中临摹而得的图。椅背和椅座连接部分的设计稍有不同。
1977

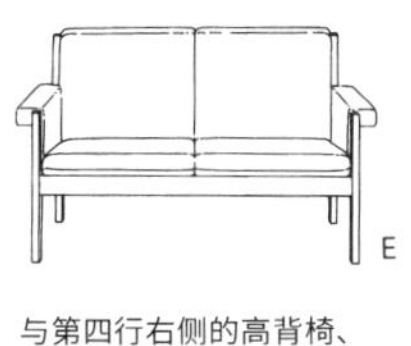

E

与第四行右侧的高背椅、中间的安乐椅同属一个系列的沙发。
1978

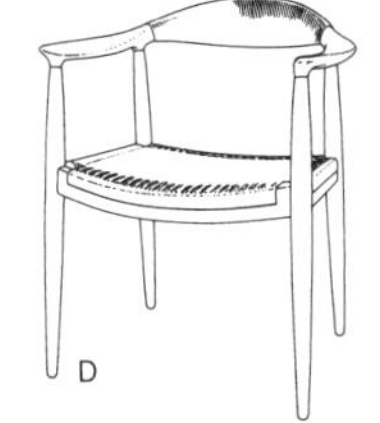

D

瓦格纳的作品中最著名的“椅”。因为是作为工艺品而制作的，价值很高。
1949

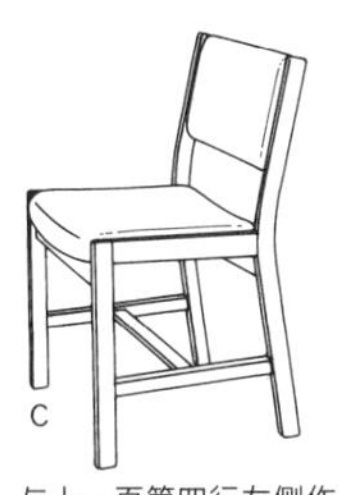

C

与上一页第四行左侧作品同系列的无扶手椅。看起来没什么特色，但是功能性似乎很好。
20 世纪 70 年代

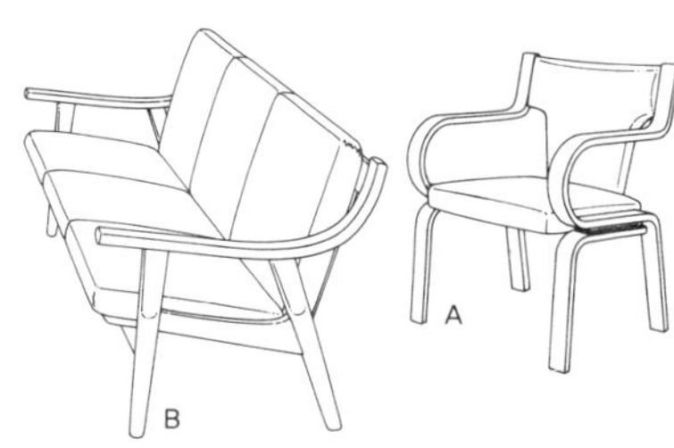

B

与上一页第三行作品同一系列的椅子，也设计了双人款。
1973

A

与上一页第二行左侧的作品共同发表的作品。正如前一小节所介绍的那样，这一时期盖塔马公司经常生产使用胶合板制作的作品。
1974

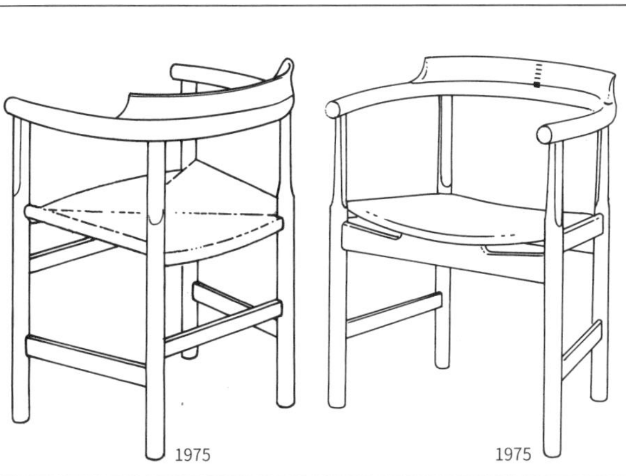

1975

1975

以下五个作品，重新设计了『椅』，通过机械的处理而诞生的低价格的椅子。为了使靠背更舒适，扩大了椅背的横木是其共同点。右侧的椅座是革垫，左侧是纸绳面，横木的前部稍窄。

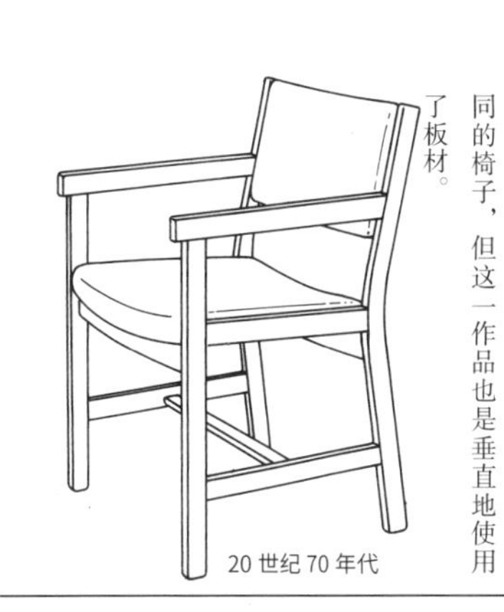

20 世纪 70 年代

与上一页第四行左侧的作品几乎相同的椅子，但这一作品也是垂直地使用了板材。

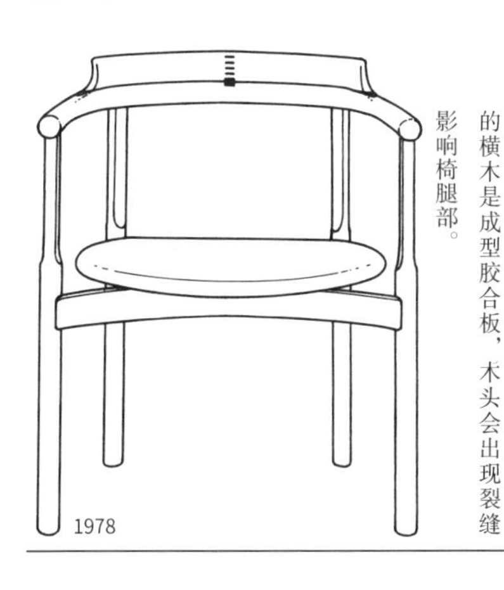

1978

这一作品与其他四个作品的构造不同。椅座是可以取下的，椅子可以堆叠。然而遗憾的是，这是停产模型。关于其中的理由，曾经询问过本人，但没有得到明确答案。在之后了解到，椅座下面的横木是成型胶合板，木头会出现裂缝影响椅腿部。

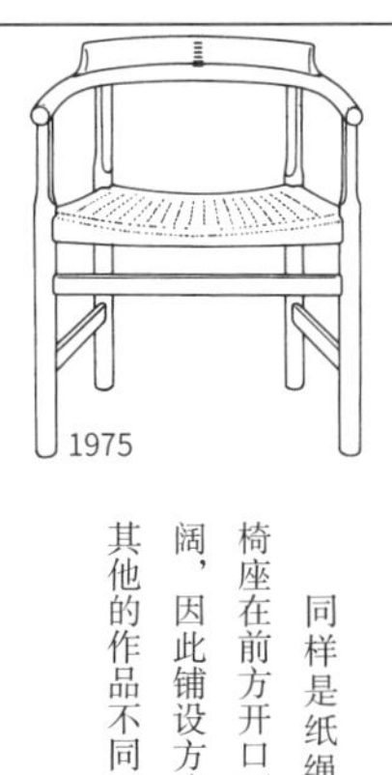

1975

同样是纸绳面，椅座在前方开口更宽阔，因此铺设方式与其他的作品不同。

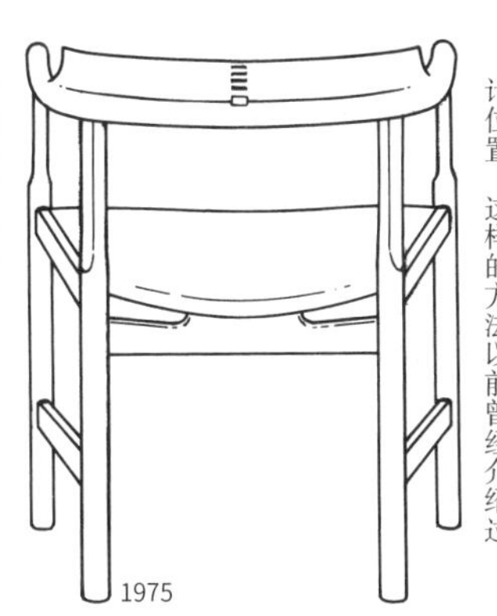

1975

与第二行的作品相比，前部稍宽的类型。通过椅座的铺设方式来改变横木的设计位置，这样的方法以前曾经介绍过。

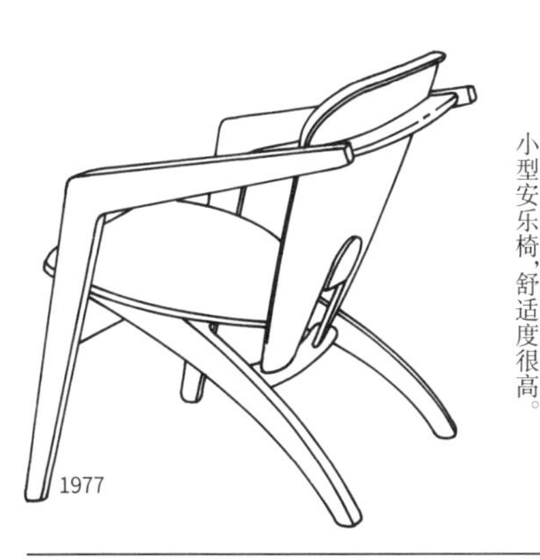

1977

小型安乐椅，舒适度很高。

1978

看起来是右侧作品的高背版本，但侧面的设计稍有不同。

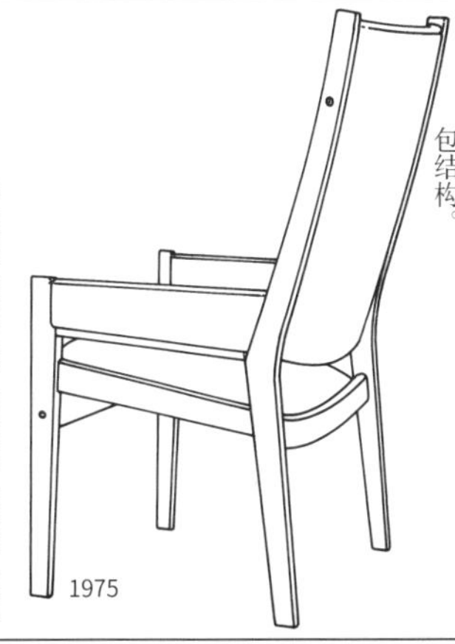

1975

从框架部分的材料的使用方式来看，是盖塔马公司的作品。扶手和椅背都是全包结构。

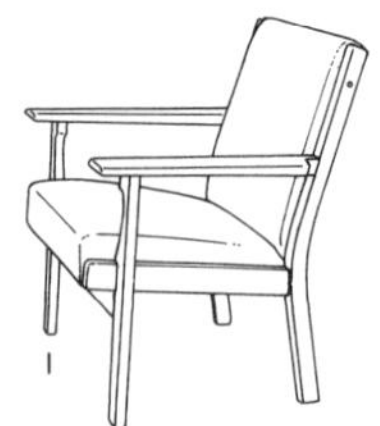

第四行中的单人款式，应该也有设计三人沙发的版本。
1970

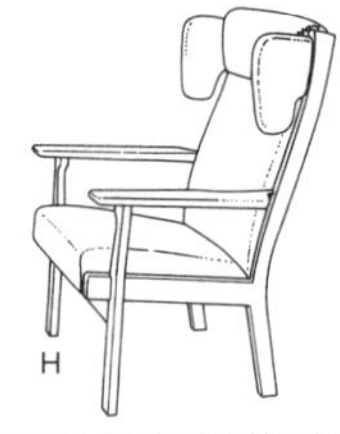

第三行左侧组合去掉了翼桌和放脚台的设计类型。
20 世纪 70 年代

构造上虽然有所不同，但这一作品是本页所介绍的作品设计的基础。
1953

与H图的作品很相似，从构造上看非常不同。后腿的上部越往上越粗的设计，成了这把椅子的特征。左侧是低背类型。

除了前腿和侧面的横木以外，几乎都与右侧的作品相同。前腿的内侧，削减了很大一部分，提高了舒适度。

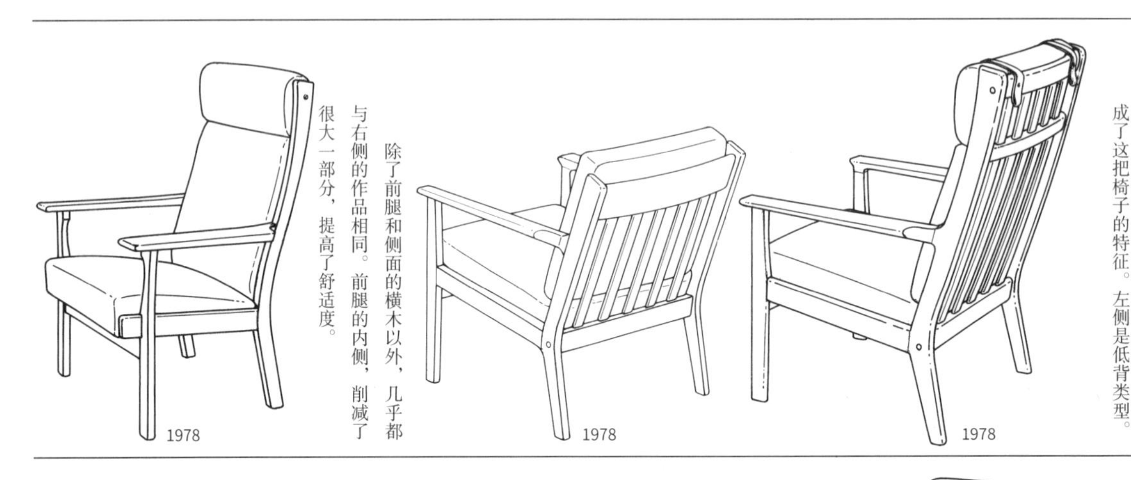

1978　1978　1978

以第二行左侧的安乐椅为原型，介绍一下它的各种变体模型。这一作品，头枕的部分安装有两翼，枕翼应该是拆卸的。

与右侧作品组合设计出的垫脚凳，作为凳子来说也是非常美观的作品。组合起来使用可以进一步提高椅子的舒适度。

这一作品也是在基本型的基础上加上了各种可拆卸的部件。枕翼的面积很大，还有垫脚台，可以看出这一作品是为残疾人和老人而设计的。

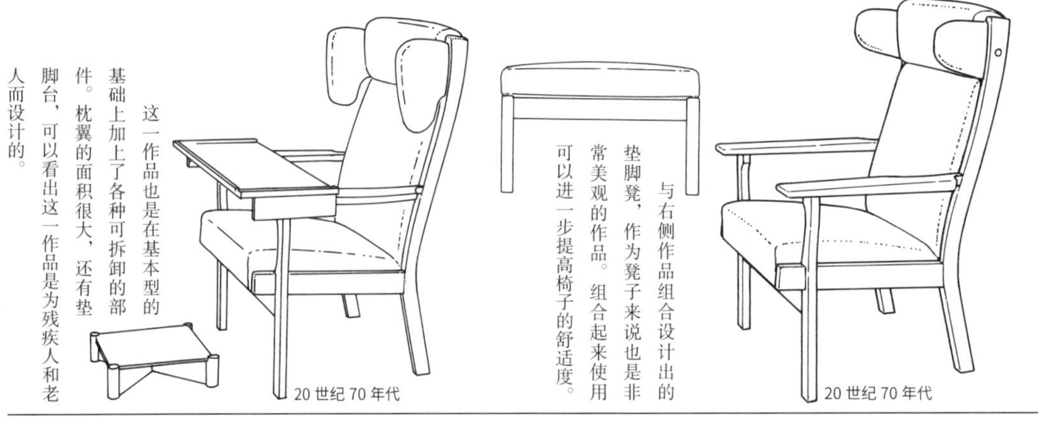

20 世纪 70 年代　20 世纪 70 年代

这也是在基本型的基础上加上了摇椅腿的设计。前腿和后腿材料使用方法的角度不同，因此与摇椅腿的连接部看起来也不同。

20 世纪 70 年代

这一作品也属于同一系列。虽然是低背版本，前腿内侧切除部分和侧面的横木都是一样的设计。

看上去与右侧的作品很相似，各部分的细节看起来不同。从方木料和板材的使用方法上，可以看出盖塔马公司的作品的共性。

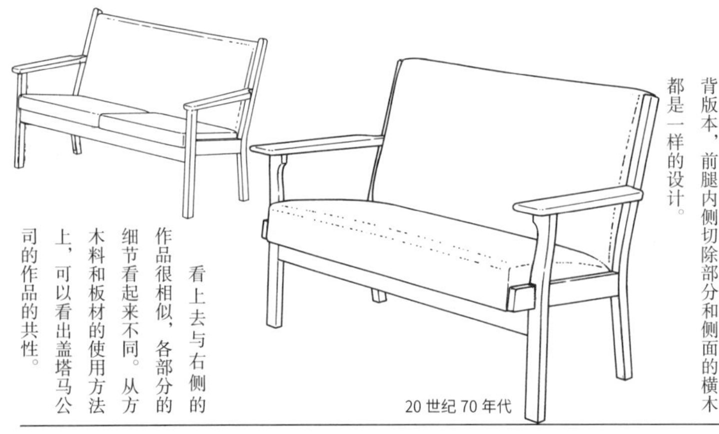

20 世纪 70 年代

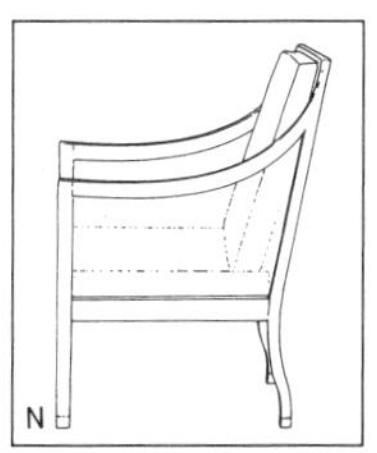

在丹麦被称为家具设计之父的凯尔·柯林特的作品。是对M图椅子的重新设计。
1932

在英国设计的优雅的扶手椅。这一作品由凯尔·柯林特设计，并与瓦格纳的作品有关联。
1790年前后

第四行右侧作品的原型设计，与身体贴合的部分被切割成了曲面。侧面的孔是用来连接的。
1953—1954

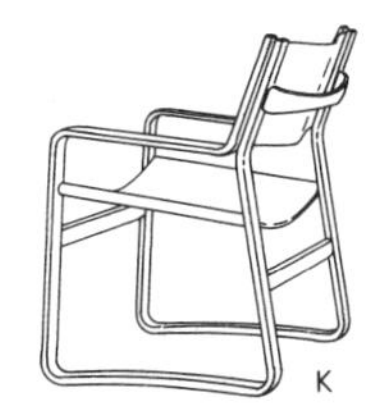

框架是胶合板制。这一作品成为了第三行右、中的作品的设计基础。
1947

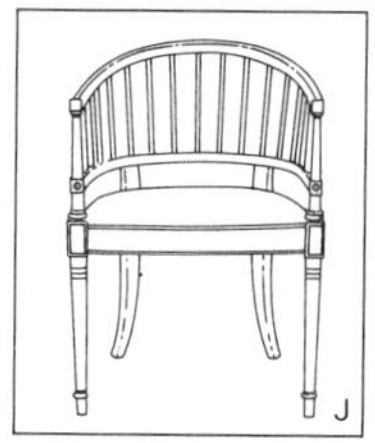

18世纪，受到英国的样式家具的影响后，在丹麦设计的作品。
1800年前后

英国的温莎椅和样式家具中常见这种使用辐条的扶手椅，PP家具公司的作品。为了使椅背更加舒适，切割了横木的椅背部分，椅座是纸绳面。

1978

与右侧作品为同一系列，这一作品的椅座因为是革垫或是软垫，所以横木有所不同。

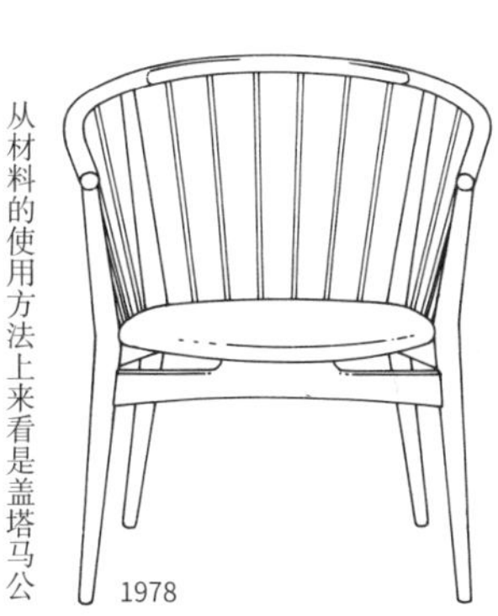

1978

从材料的使用方法上来看是盖塔马公司的作品。然而框架却设计得如此的垂直水平，是很罕见的作品。

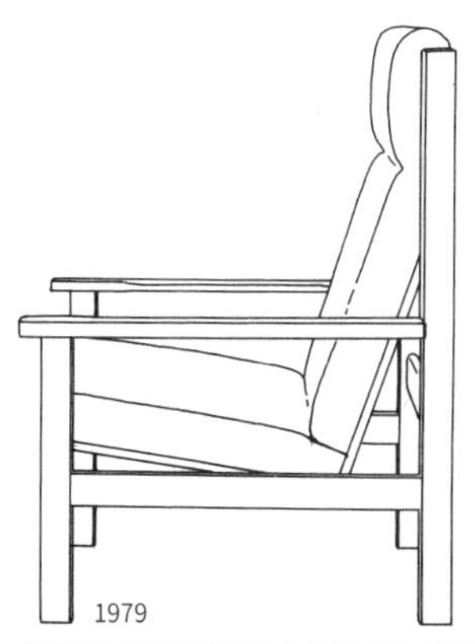

1979

观察左侧的两件作品会发现，其基础应该是1947年的作品吧（K图）。约翰尼斯·汉森公司发表那个作品的30年后，又发表了这一新设计的作品，其特征是横木的使用方法。两根横木支撑着用胶合板做成的框架，特别是椅座下面的两根粗横木的横剖面设计是其主要特点。

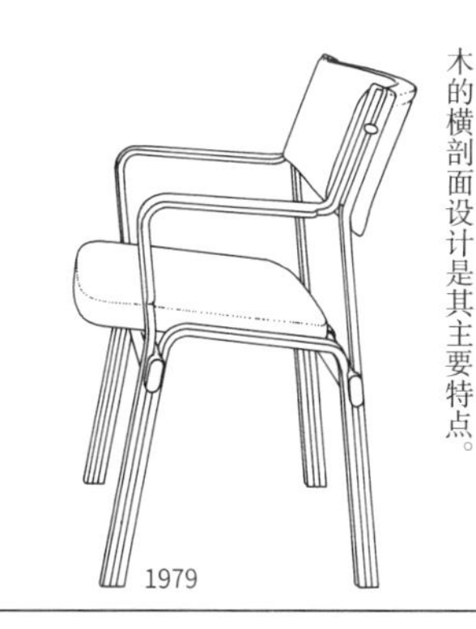

1979

在右侧作品发表之后，作为该椅子设计特点的横剖面又进行了进一步的加工。

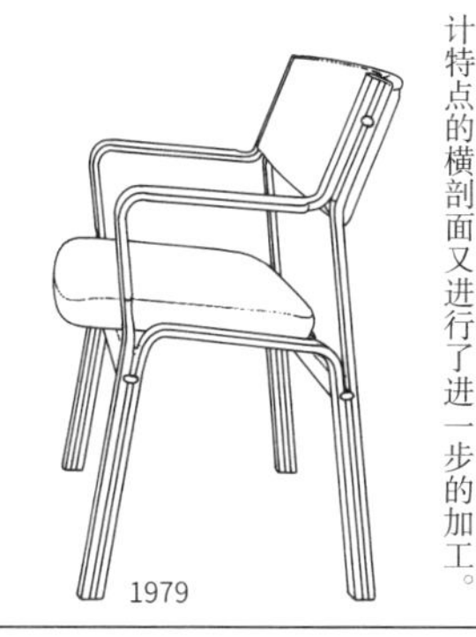

1979

盖塔马公司的仓库中发现的作品，可以看出第二行中的作品是按照盖塔马公司的风格设计的。

1979

左侧的两件作品都是1950年卡尔·汉森父子公司发布的作品的重新设计版本。与初期的作品进行比较会发现，作品变得更加直线形，设计也变得更加简洁，然而从功能性上看还是一样。以前从来没有在约翰尼斯·汉森公司的作品中见过这样使用方材部分的设计。

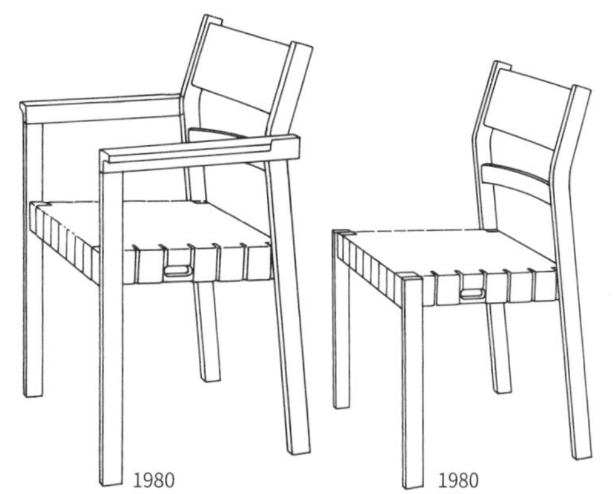

1980　1980

为了热海的莫阿美术馆而设计的『日本椅』，这是为了日本的项目而特别定制的珍贵作品。M图的作品是其设计基础。

1981—1982

1914—2007

汉斯·瓦格纳

第 8 小节
设计活动的积累

虽然已经介绍了很多的作品，但从设计了 500 多种椅子的瓦格纳的整体作品来看，还只是冰山一角。对于他所设计的所有作品的资料，他自己貌似也不是很清楚。因此插图都是从为作为资料来收集的各种照片以及采访时从照片中临摹下来的作品。除去建筑师弗兰克·劳埃德·赖特，从家具设计师设计的作品的数量来看，瓦格纳可以说是世界上设计了最多椅子作品的人了。其次是约瑟夫·霍夫曼。虽然索耐特兄弟的作品在数量上也相当可观，但作为家具设计师来说，瓦格纳和霍夫曼是两颗耀眼的明珠。

通过本书来看，能称为名作的椅子，不是突然或是偶然产生的，而是通过不断的设计活动积累，一点一点变化从而诞生的。日本往往只关注名作的椅子，经常忽略其前后的作品。一名制作者在年轻时就受到古典作品的影响，开始慢慢地进行原创设计，逐渐走向成熟，最后才能产生名作。一般从设计师活动的前期、中期和后期来看，中期产生的作品是完成度最高的。然而，令我们吃惊的是瓦格纳人生的大部分时期的作品都有着很高的质量。

像卡尔·汉森父子公司的『Y 形椅』一样的『低成本、适合量产，并且存留于历史中的设计』，出于以上要求而产生了盖塔马司制作的这一作品。左侧是重新设计模型。

1980　1980

卡尔·汉森父子公司和约翰尼斯·汉森公司也发表了几乎一模一样的设计作品。盖塔马司公司制作。

1980　1980

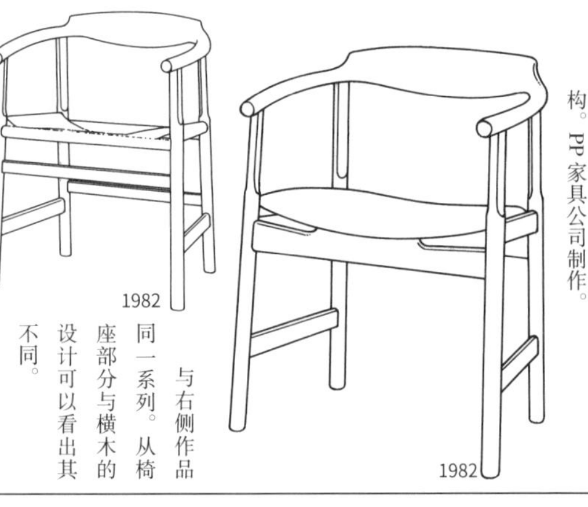

这是将在第 7 小节中介绍的『椅』进行重新设计的模型作品进一步发展后产生的椅子。这一作品的横木没有采用切丝结构。PP 家具公司制作。

1982

与右侧作品同一系列。从椅座部分与横木的设计可以看出其不同。

1982

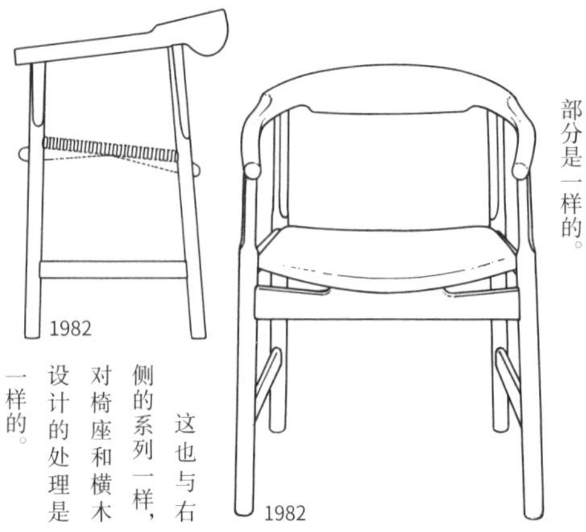

这一作品也与右侧的系列几乎是一样的设计。只有横木的椅背部分不同，其他部分是一样的。

1982

这也与右侧的系列一样，对椅座和横木设计的处理是一样的。

1982

1947 年约翰尼斯·汉森公司发表的作品的重新设计模型。各个公司已经无数次地重新设计过该类型。虽然看上去不是很有特点的设计，但扶手和后腿的连接部分可以说设计得很合理。

1982

约翰尼斯·汉森公司在 1968 年发表的安乐椅是这件作品的基础。椅背使用了游艇常用的绳子来连接各个部分，为了使靠背的感觉更舒适，没有进行打结，而是用金属零件进行了固定。上部和前方有扩展的形态，给人一种比实际空间更宽的感觉。扶手带有宽阔、圆滑的感觉，从而也使得作品的舒适度非常高。另外，因为椅腿部分没有被椅座部分进行切割，形成了强度很高的构造。PP 家具公司制造。

1984

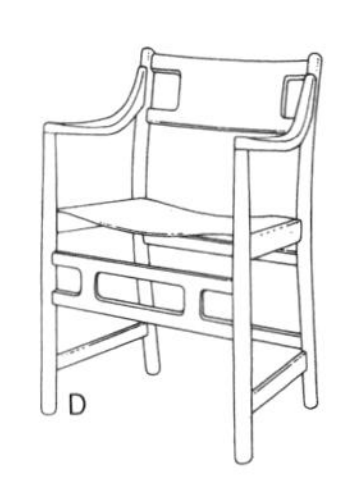

椅背的设计与第四行右侧的作品非常的相似。缩小椅背板与椅腿连接部分的榫眼的这一作业对于木工来说是很容易的。
1946

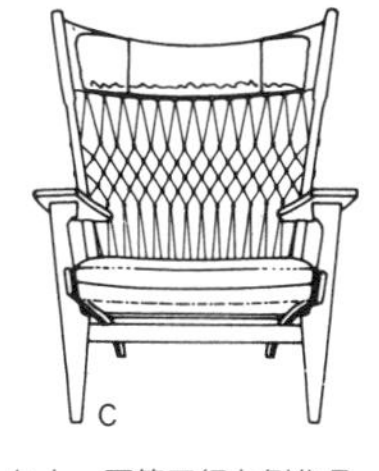

与上一页第四行左侧作品非常相似。这一作品为约翰尼斯·汉森公司制造。
1968

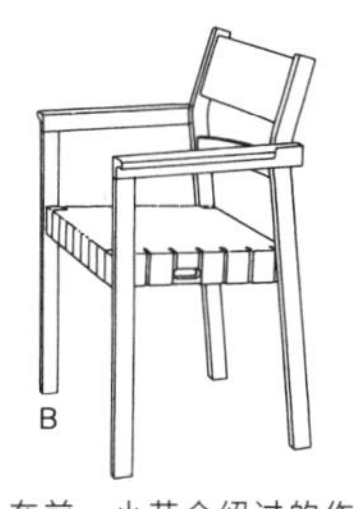

在前一小节介绍过的作品。各个公司都制作了十分相似的作品，但都是与各自工匠技术一致的设计。
1980

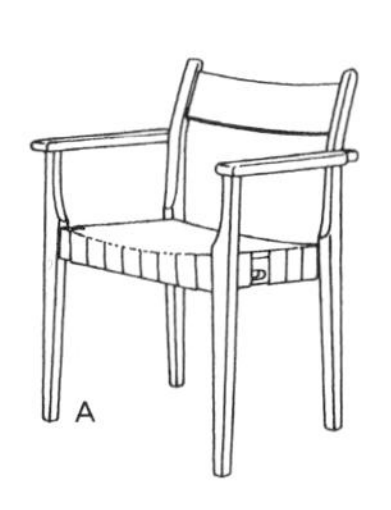

由卡尔·汉森父子公司生产的椅子。与上一页第二行左侧的作品有共通之处。
1953—1954 年前后

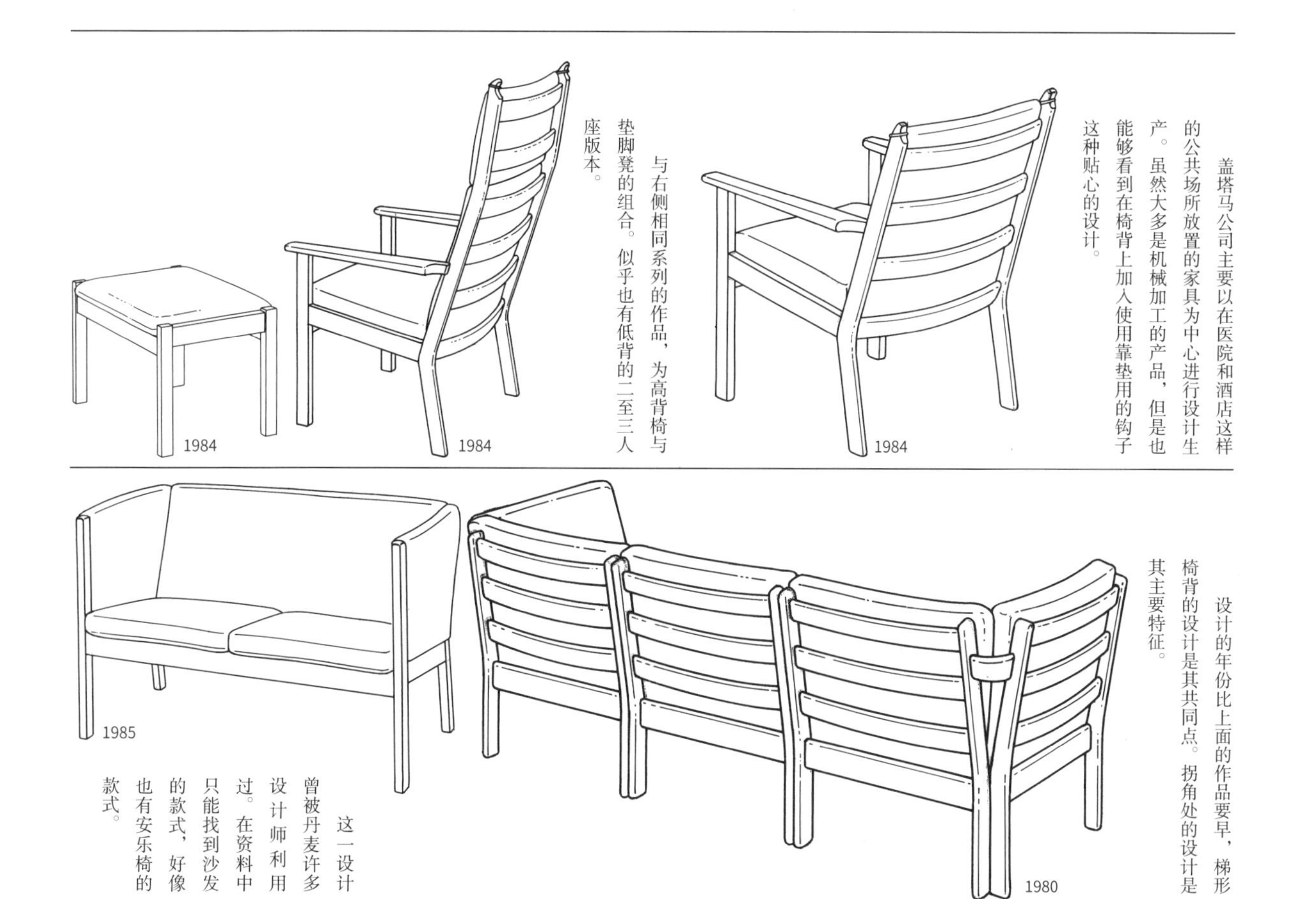

盖塔马公司主要以在医院和酒店这样的公共场所放置的家具为中心进行设计生产。虽然大多是机械加工的产品，但是也能够看到在椅背上加入使用靠垫用的钩子这种贴心的设计。

与右侧相同系列的作品，为高背椅与垫脚凳的组合。似乎也有低背的二至三人座版本。

设计的年份比上面的作品要早，梯形椅背的设计是其共同点。拐角处的设计是其主要特征。

这一设计曾被丹麦许多设计师利用过。在资料中只能找到沙发的款式，好像也有安乐椅的款式。

瓦格纳经常将作品进行重新设计，这个模型也是如此，是由1946年发表的作品简化后制成的。材料为松木。

1983

瓦格纳的友人在1946年前后发表的沙发与这一作品十分相似，其设计年份可能相当久远。

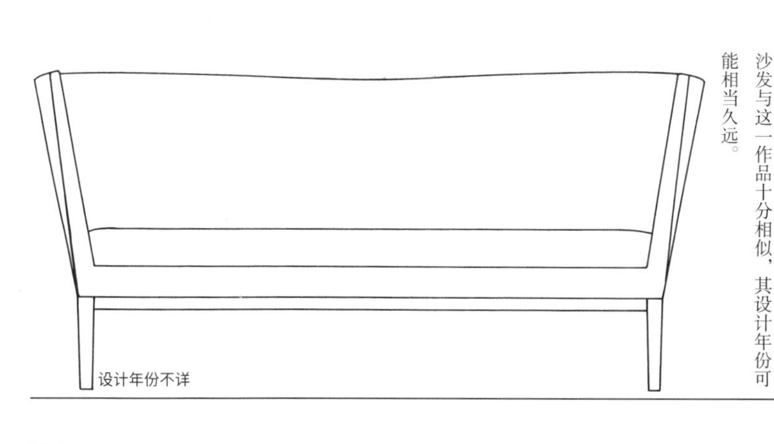

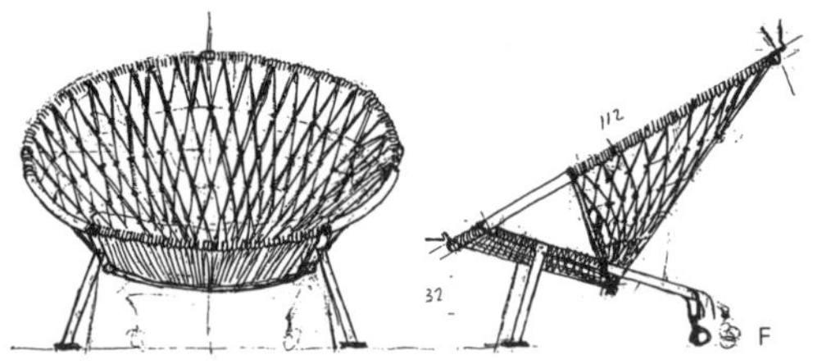

由钢管框架制成的圈椅的原型设计。这也是瓦格纳的草图。
1965

E图、F图所示的是汉斯·瓦格纳“主题与变化”的家具。
1979

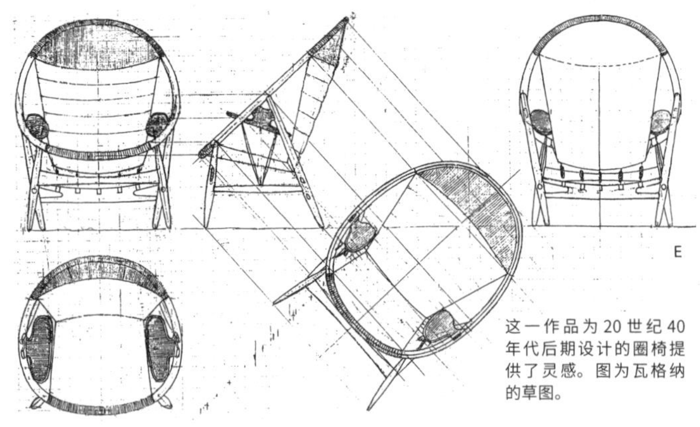

这一作品为20世纪40年代后期设计的圈椅提供了灵感。图为瓦格纳的草图。

这一作品是由1947年发表的模型发展而来，并向着前一小节介绍的作品进行发展。这一作品是进一步涉及发展的大型安乐椅。可以说是因为约翰尼斯·汉森的儿子——保罗在制作方面提出的想法，才诞生了这一作品。

1986

与右侧的作品同时发表的作品，改变了框架的设计，并且采用了座位延长为椅子后腿的构造，进一步提高了椅子舒适度。

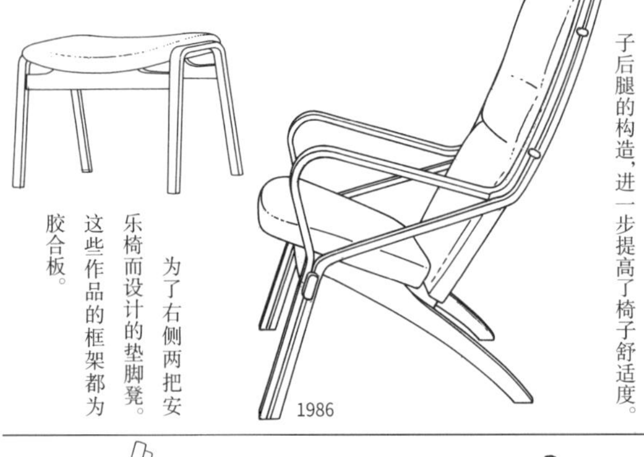

1986

为了右侧两把安乐椅而设计的垫脚凳。这些作品的框架都为胶合板。

『圈椅』或是『环椅』。这一作品后期中的代表作品，其设计理念从很早以前——20世纪40年代后期就已经出现（图E）。另外，在1955年，就有人提出使用钢管框架进行这一设计。然而并没有进行实物化，在那之后，经过了20年，PP家具公司社长的儿子实现了胶合板框架的设计，终于制成了这一作品。这一作品是瓦格纳本人赠给笔者的难忘礼物。

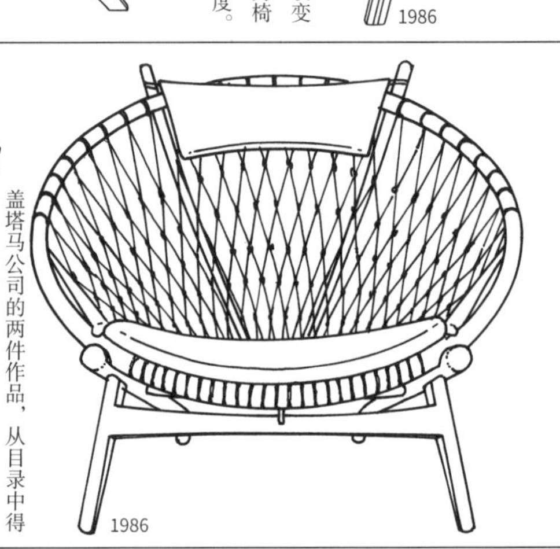

1986

盖塔马公司的两件作品，从目录中得到。

1986

1902

正统派的设计。右侧为GE·156。上为GE·155。

瓦格纳完成一件作品往往要花费数年的时间。这一作品也是在试作品出现之后，经过了一番探讨才最终完成的作品。这是为了会场制作的作品。

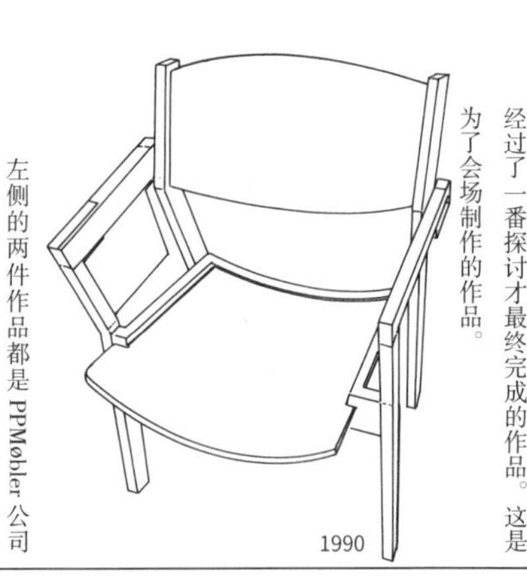

1990

左侧的两件作品都是PPMøbler公司的系列。椅座和横木的设计与目前为止的设计相同。这一作品的横梁是将一根方材弯曲之后，用机器切割而成。这样的方材因为太粗，进行弯曲时下了很大工夫。

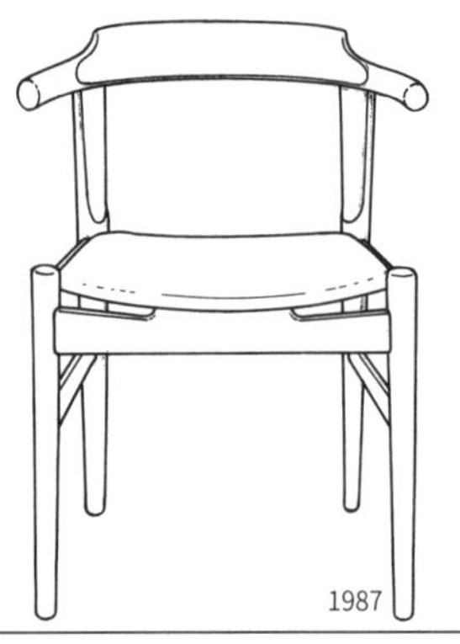

1987

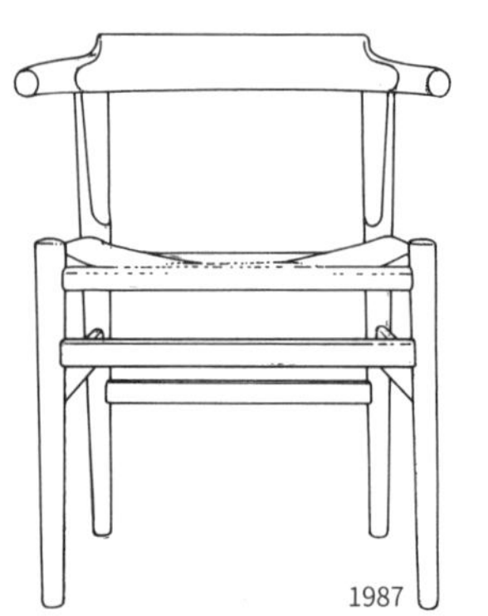

1987

第三行左边和第四行右边的作品都可以说是由此作品发展而来。约翰尼斯·汉森公司制造。
1952

与 1947 年的“孔雀椅”同为约翰尼斯·汉森公司发表，可以说这一作品的原型为英国的样式家具。
1947

为了实现“椅”的批量生产和低成本化而设计的作品。为了使靠背稍微能舒服些，扩大了椅背的宽度，强调了细小的切丝部分。
1969

此作品在 1944 年弗里茨·亨宁森公司发表之后，停产了很长一段时间，之后由 PP 家具公司进行了量产。

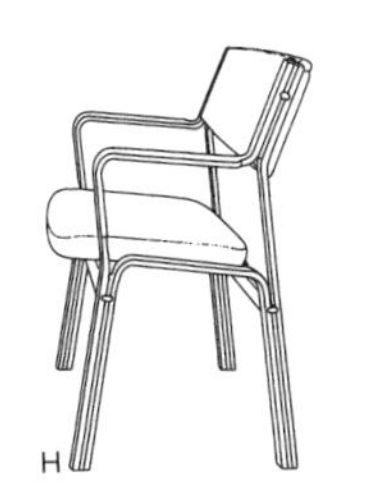

这一作品向上一页第二行作品的变体模型方向发展了。
1979

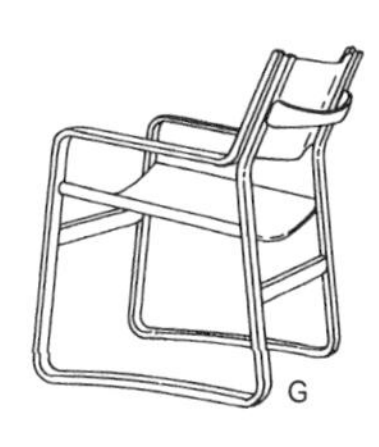

胶合板制的框架，椅背和椅座为革垫。这一作品成为了后来多数椅子的设计源头。
1947

瓦格纳的『中国椅』的设计始于1942—1943年前后，到这个作品为止，他已经设计了很多种类的作品。这个模型是将1944年作品的背板设计经过变化后，缩小了横梁的榫眼，使制作更加容易，同时也成为其特色。椅座从纸绳面变为了革垫。

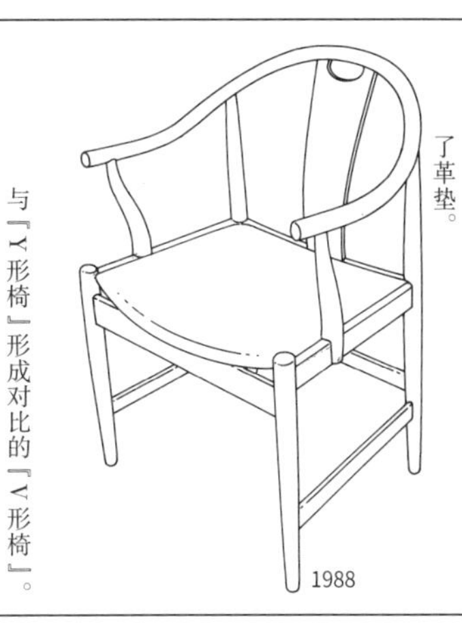

1988

与『Y形椅』形成对比的『V形椅』。椅背的部分形状是V字形，因而得名。

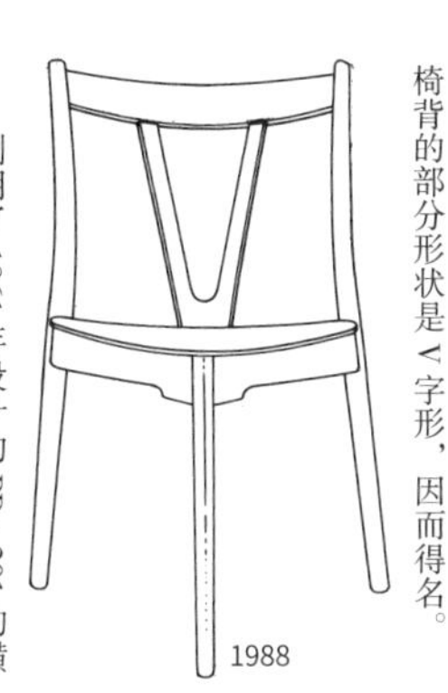

1988

利用了1961年设计的PP·201的横木设计的三腿小型椅。从这一作品也能看出，瓦格纳的设计中有很多都是由基本形组合而来的。

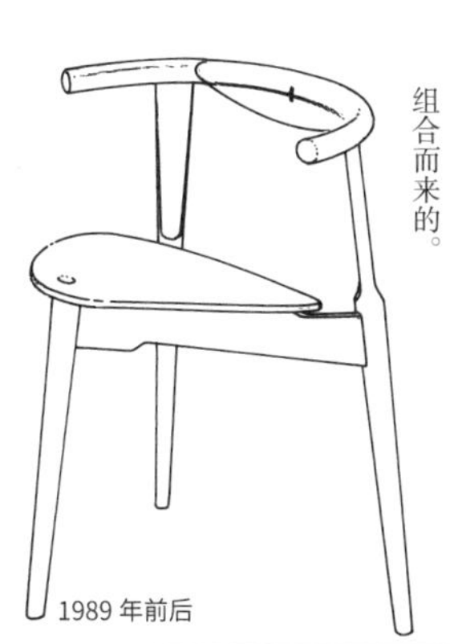

1989 年前后

在此前已经介绍过，丹麦有很多三腿椅的名作，这一作品可以看作是使用了上一页第四行左侧作品的横梁设计的三腿椅。

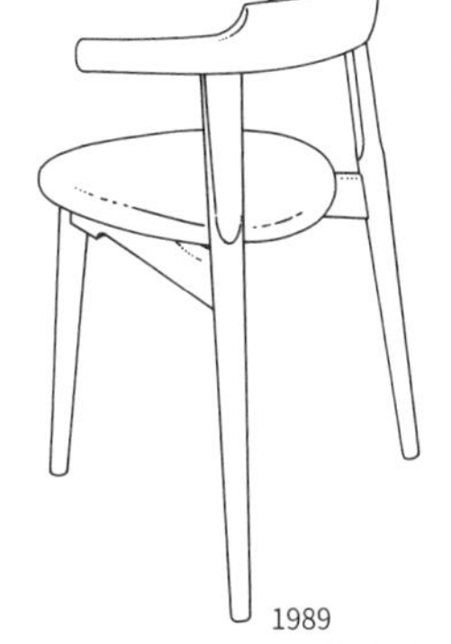

1989

与右侧同一系列的作品，椅座是胶合板制，都是PP家具公司制造。

1989

这一作品也是1947年的作品（K图）和1952年的作品（L图）等混合而设计的。另外，扶手的设计与1950年前后A·P椅子公司作品相同。

1990 年前后

与第三行左侧的作品是一个系列。椅背和椅座都是革垫，对横木的设计也进行了改变。

1990

在『中国椅』系列中的最后一个设计作品。以麦金塔为首，很多设计师都大大地受到了中国式样椅的影响，发表了各种各样的作品，然而像这样三人座的作品却很少见。PP家具公司制作。

1990

1914—2007

汉斯·瓦格纳

第9小节
草图的重要性

瓦格纳共发布了500多件作品，在这背后产生了庞大数量的草图和图样。然而，这些平面的东西很少被人注意。这里的插图，大多数也是由这些草图绘制的，为了避免自己脱离创作者本来所描绘的样子，对作品进行再现绞尽脑汁。希望读者从这点考虑，能够原谅目前为止的作品出现的缺陷。

草图是最容易将创作者的想法直接转换成具体实物的东西。笔者想要通过强调这一部分，来辨明设计的流程。提及草图一般都会想到『用模糊的形状将想法在纸面上进行视觉化』。然而，草图是将头脑中所想进行描绘的东西，是将单纯用脑袋想而无法解决的问题进行明晰化的一种重要的手段。为了解决这个问题，画出草图，并进一步找出问题点所在。通过这样的反复，才能形成完成度更高的作品。

作为瓦格纳的作品来说，前面已经介绍过了其公开发表的最初模型。然而，在他的技术学习过程中的作品目前为止还没有介绍过。1965年出版的《瓦格纳》一书中，发表了他17岁时候的作品。但看起来一点都不像17岁的作品，构造十分严谨。木制的框架上加上了舒适度很高的软垫。

1931

从椅背的设计处理上来看，应该是初期的作品，在1970年时的（哥本哈根的知名家具·工艺品商店）的目录中登载过，从这一点来看，这一作品持续量产了很久。

1940—1944

1941年在细木工工会展中展出的作品。与约翰尼斯·汉森公司的合作关系就是从那时开始的，这一作品是在那时设计的。

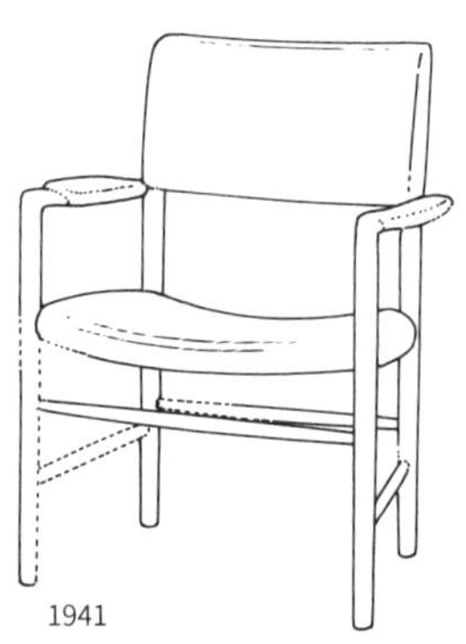

1941

与跟瓦格纳同岁也是同行的好友布吉·莫根森开始共同创作始于1945年，由约翰尼斯·汉森公司的作品开始。第二年在伊克里斯坦森公司也发表了共同的作品。这一作品，是二人在酒店用的一系列家具设计比赛中的应征作品。然而二人的『共同设计』没能持续下去。

1947

第三行左侧的酒店用家具设计系列，是与莫根森的共同设计。

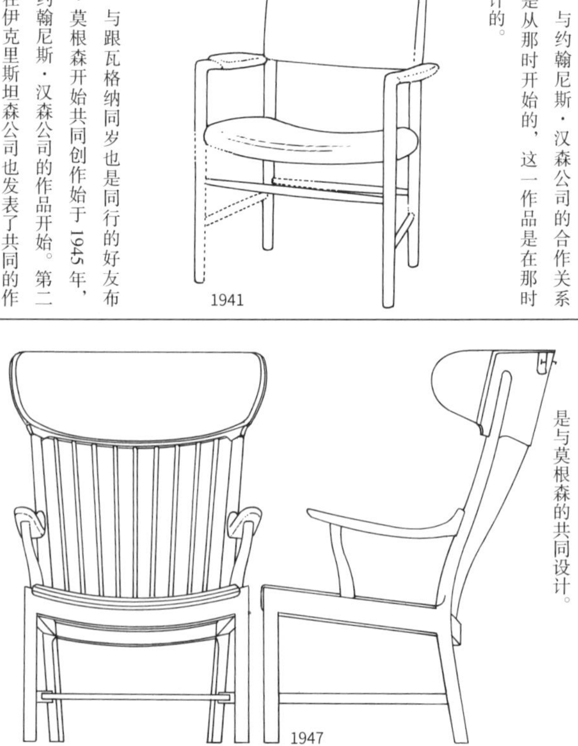

1947

为纽约现代艺术博物馆的『低成本家具设计』大赛而准备的草图模型。用成型胶合板挑战三维曲面的作品。

1948

上右图为1989年在工艺博物馆展示的作品。左侧是1948年制作的模型。

1948

1989

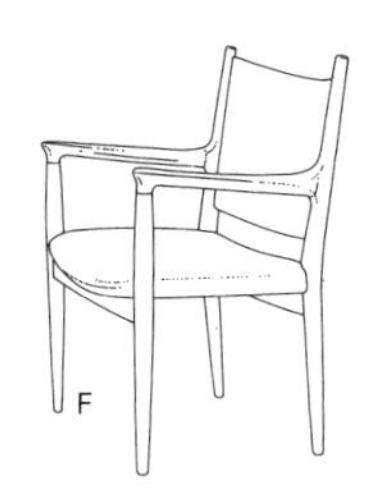

商品编号 JH-513 的安乐椅。这一作品的变体模型有很多。
1952

瓦格纳的代表作——“公牛椅”。与四条腿的作品相比较，还是三腿的椅子比较美观。
1953

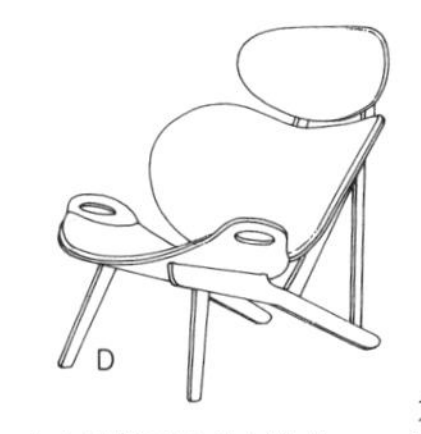

在实体模型之前制作的五分之一比例的草图模型的贝壳椅。这一阶段椅腿的设计材料还不是胶合板，而是实木。
1948—1949

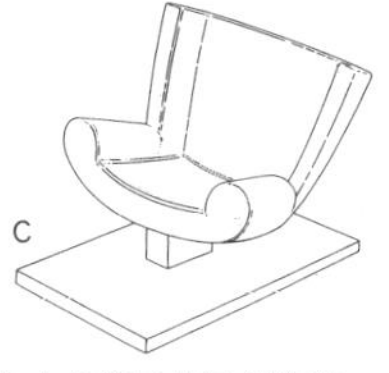

为 A·P 椅子公司制作的草图模型。当时也经常制作只有此模型中上面部分的产品。
20 世纪 50 年代

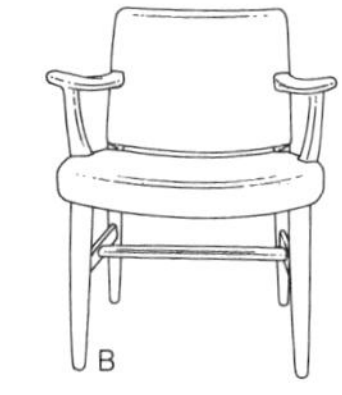

笔者购入的约翰尼斯·汉森公司的作品。都说是瓦格纳的作品，但是笔者总觉得不像。难道不是 1940 年前后时奥尔拉·莫尔高·尼尔森的作品吗？
1940—1950

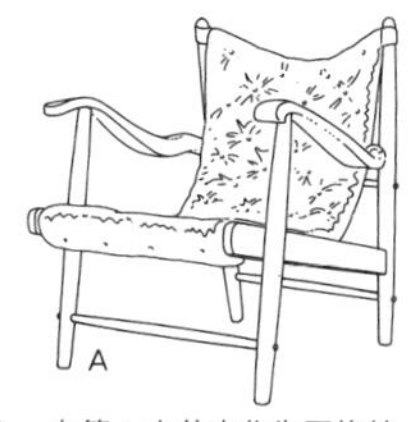

在第 1 小节中作为瓦格纳最初期的作品而介绍过的椅子。兰德公司只生产了两把。现存的一把在工艺博物馆收藏着。
1938

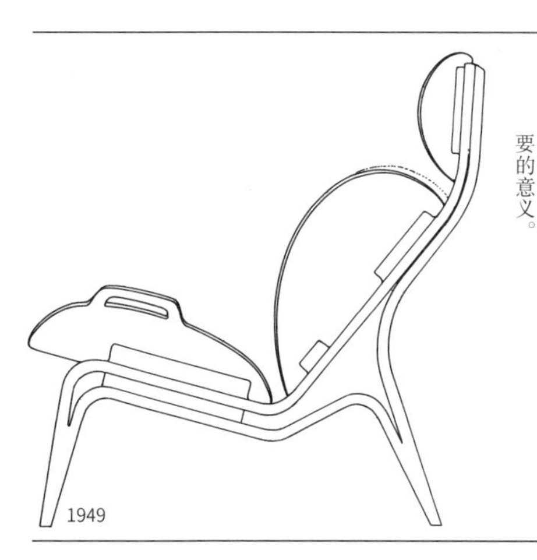
1949

这也是由从为了参赛而设计的作品（在第2小节中介绍过）的一系列草图中临摹而来。各部分明确分开的构造，对之后有名的『伊姆斯休闲椅』的产生具有重要的意义。

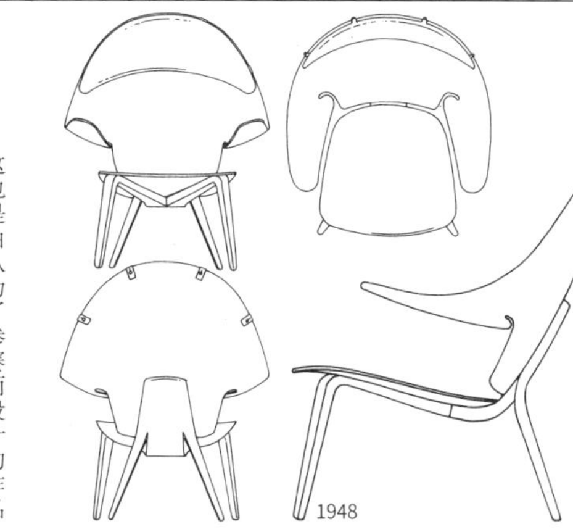
1948

由1989年哥本哈根的工艺博物馆中的展示会目录中登载的草图绘制。比赛用作品。

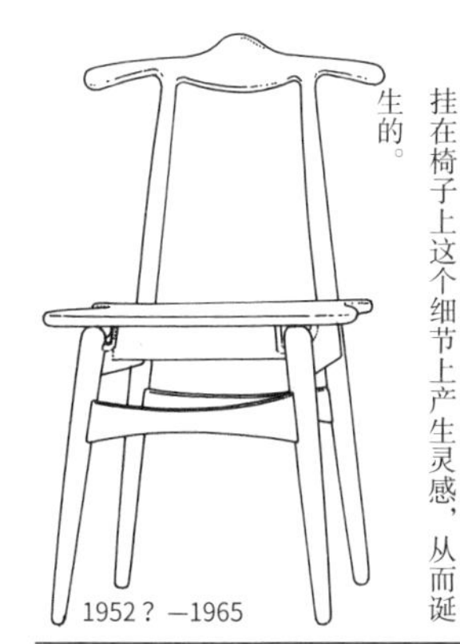
1952？—1965

在拜访瓦格纳家的时候，看到了这个从新闻广告上剪下来的四条腿的『公牛椅』的图，非常震撼。通常看到的是三条腿的（E图）公牛椅，看到这一作品后，自然会明白这一作品是从平时我们经常把衣服挂在椅子上这个细节上产生灵感，从而诞生的。

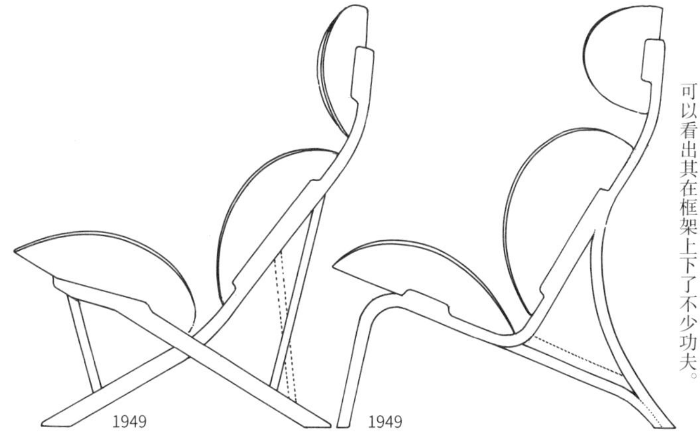
1949　1949

这也是由一系列草图绘制而得的图。可以看出其在框架上下了不少功夫。

1954

在1954年版的《丹麦美术工艺》杂志中登载的作品。它所强调的是椅腿前端为胶合板这一设计。芬·居尔经常使用这种手法。

1954

这一作品也是由布朗蒙贝尔公司制作。框架的材料很圆滑，然而却是让人感觉僵硬的直线型设计。

1954

为了奥尔胡斯市的布朗蒙贝尔公司而设计的作品。与约翰尼斯·汉森公司的作品相比，设计更加方正。

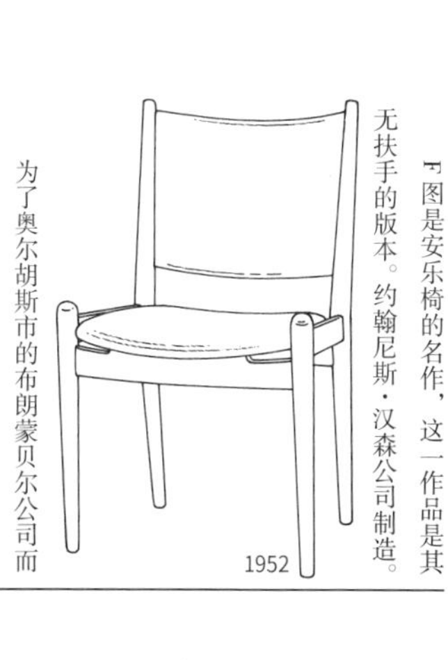
1952

F图是安乐椅的名作，这一作品是其无扶手的版本。约翰尼斯·汉森公司制造。

过去由卡尔·汉森父子公司进行量产的餐椅，从第四行右侧作品的椅背等处可以看出其共同点。
1951

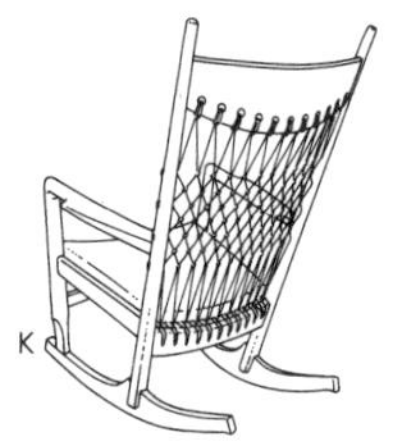

PP 家具公司进行量产的摇椅。
1984

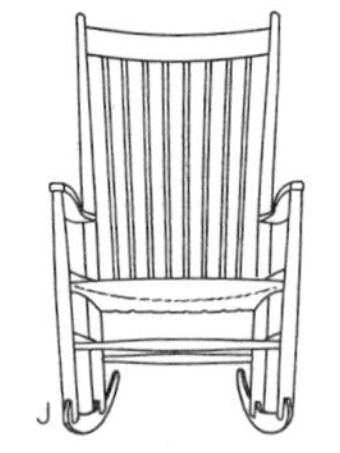

约翰尼斯·汉森公司制作了这把样椅后，由塔姆椅子公司进行了量产。
1944

由奥尔胡斯市的布朗蒙贝尔公司进行量产的办公用椅子。
1957 年前后

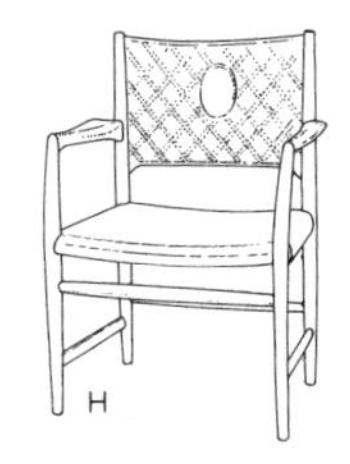

与阿诺·雅各布森共同工作时的奥尔胡斯市政厅的家具设计作品。
1943 年前后

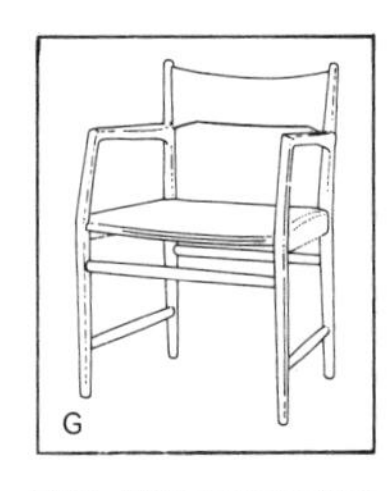

阿诺·雅各布森和伊利克·马勒共同设计的奥尔胡斯市政厅的椅子，这是与瓦格纳共同的作品。
1943

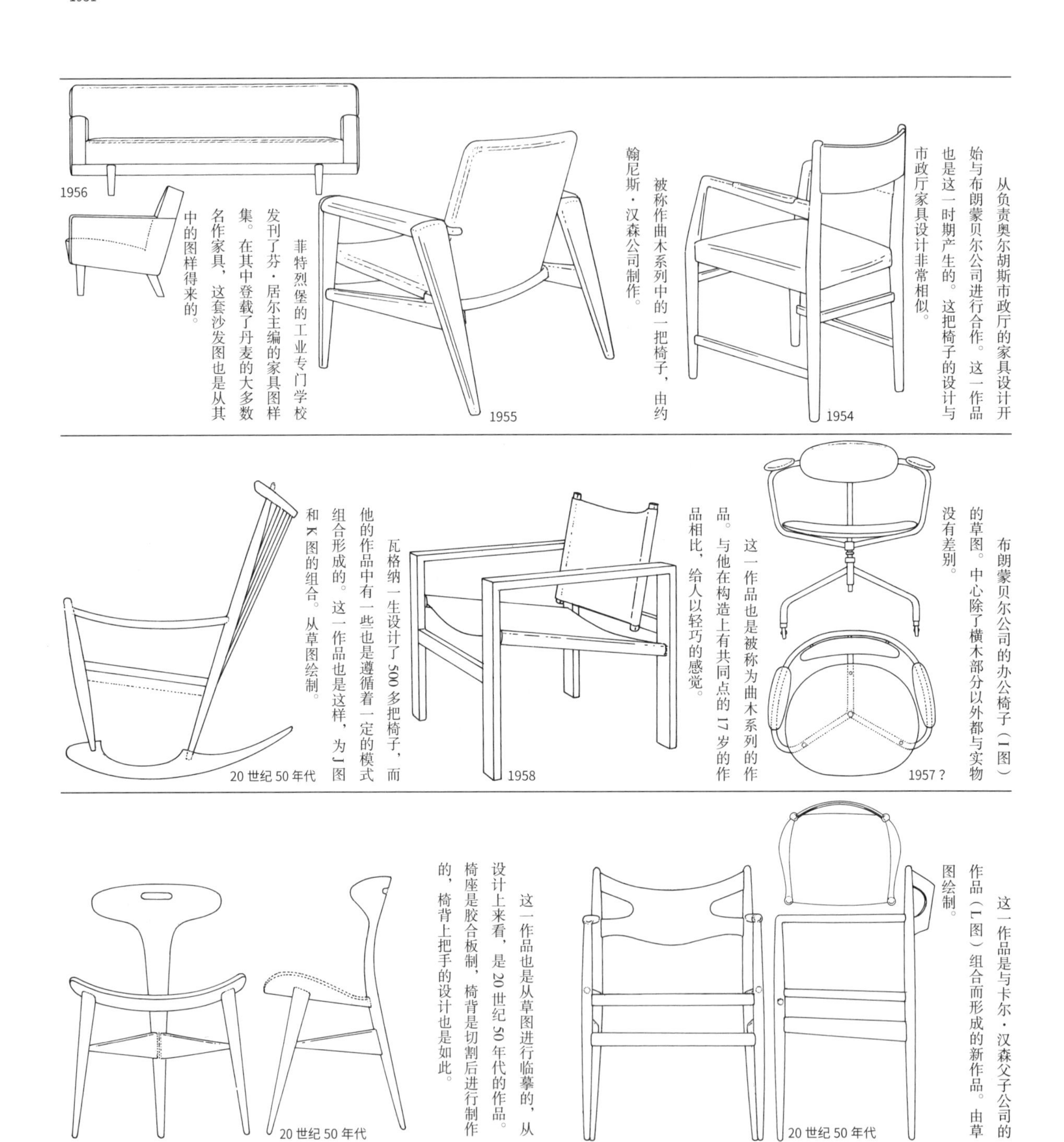

从负责奥尔胡斯市政厅的家具设计开始与布朗蒙贝尔公司进行合作。这一作品也是这一时期产生的。这把椅子的设计与市政厅家具设计非常相似。

被称作曲木系列中的一把椅子，由约翰尼斯·汉森公司制作。

菲特烈堡的工业专门学校发刊了芬·居尔主编的家具图样集。在其中登载了丹麦的大多数名作家具，这套沙发图也是从其中的图样得来的。

布朗蒙贝尔公司的办公椅子（I图）的草图。中心除了横木部分以外都与实物没有差别。

这一作品也是被称为曲木系列的作品。与他在构造上有共同点的17岁的作品相比，给人以轻巧的感觉。

瓦格纳一生设计了500多把椅子，而他的作品中有一些也是遵循着一定的模式组合形成的。这一作品也是这样，为J图和K图的组合。从草图绘制。

这一作品是与卡尔·汉森父子公司的作品（L图）组合而形成的新作品。由草图绘制。

这一作品也是从草图进行临摹的，从设计上来看，是20世纪50年代的作品。椅座是胶合板制，椅背是切割后进行制作的，椅背上把手的设计也是如此。

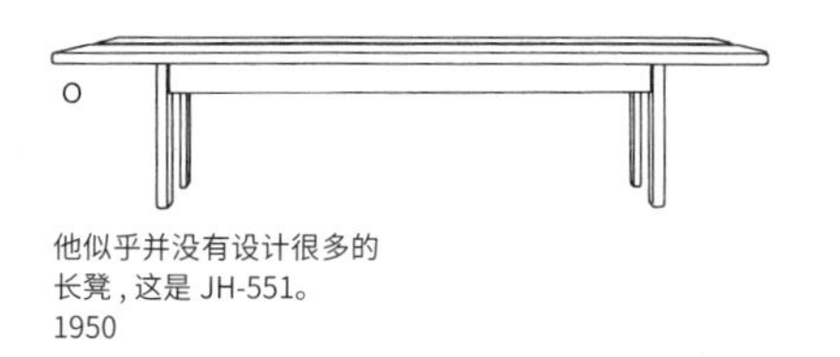

他似乎并没有设计很多的长凳，这是 JH-551。
1950

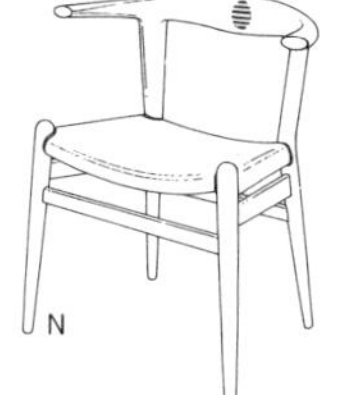

PP 家具公司进行量产的“公牛角椅”。切丝有 7 条。
1960

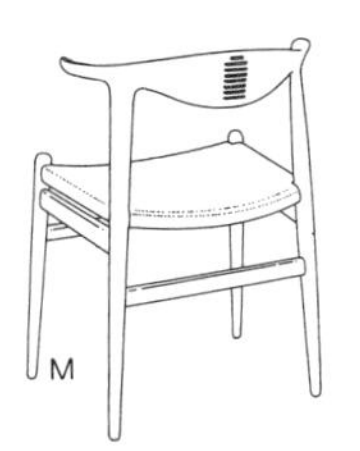

这是作为“公牛角椅”设计源头的“牛角椅”。切丝数量很多，椅背也很宽。
1952

这是瓦格纳的代表作『公牛角椅』，由『牛角椅』发展而来，加大了扶手，将作品更加个性化。到目前为止的调查结果显示其有 12 种变体模型。可以看出其追求提高完成度的过程。

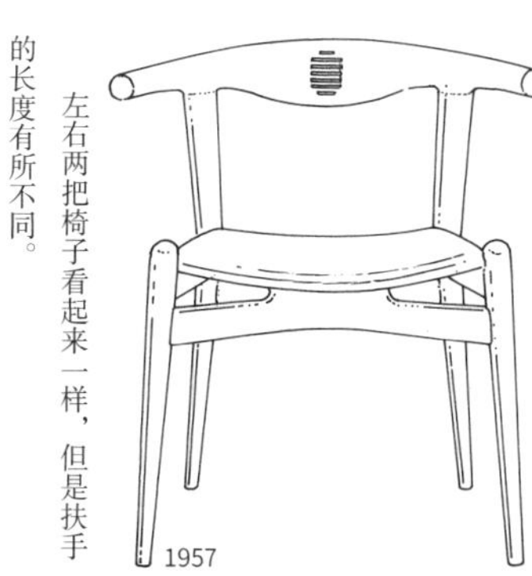
1957

左右两把椅子看起来一样，但是扶手的长度有所不同。

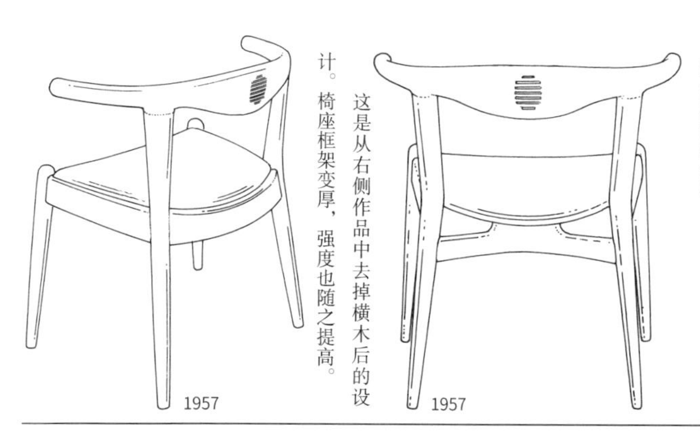
1957

这是从右侧作品中去掉横木后的设计。椅座框架变厚，强度也随之提高。

1957

为了使椅背变得柔软，在横木中加入了软垫。

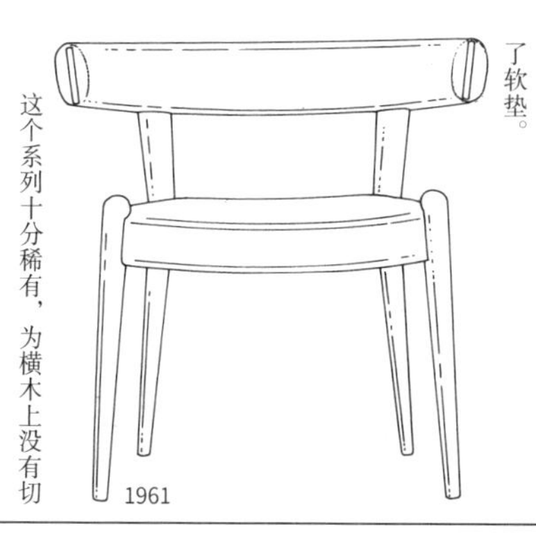
1961

这个系列十分稀有，为横木上没有切丝结构的款式。

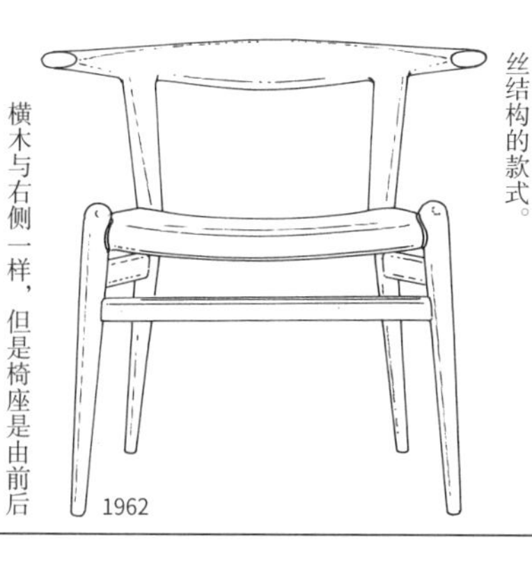
1962

横木与右侧一样，但是椅座是由前后的横木进行支撑的。

1962

与进行量产的款式（N 图）很相似，但切丝的数量很少。

1962

与右侧作品很相似，椅座的形状稍有不同。

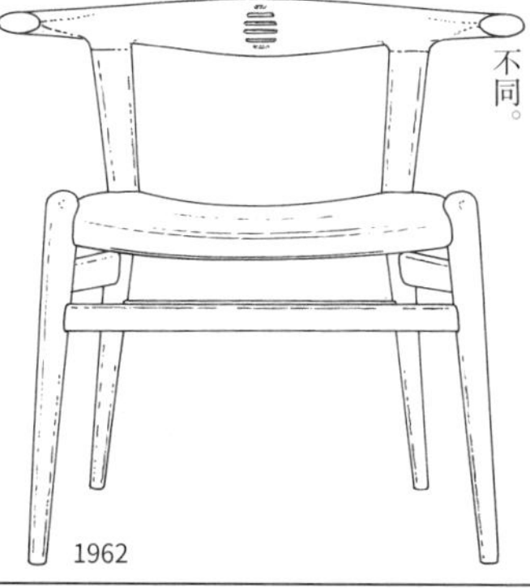
1962

为了 A・P 椅子公司而设计的作品。椅座部分的设计与带椅很像。活用了钢管的零头材料。

1963

1914—2007

汉斯·瓦格纳

第 10 小节
与芬·居尔的比较

在北欧设计师当中芬·居尔和汉斯·瓦格纳的人气很高。本小节就两人的相关魅力进行叙述。

从瓦格纳自己的话『成为家具设计师之前是家具工匠』当中也可以了解到，他从 14 岁开始成为家具工匠，之后学习了家居设计。这些努力都可以从他对家具的素材、构造和技术的精通之中看出来，强烈地反映在他的设计作品中。

另一方面，芬·居尔是从丹麦皇家艺术学院的建筑专业毕业的建筑师。因此，他没有制作家具的技术和相关知识。在他身旁有一些名匠辅助他。不会制作这一点反而给了他自由发挥想象的空间，使得居尔创造了独特的充满原创性的美丽作品。也就是说，瓦格纳是巧匠，居尔是天才。以汽车为例进行比喻的话，瓦格纳是丰田，居尔是法拉利，都是难分伯仲的设计师。

与前一小节介绍的作品非常相似。相比较来看，椅腿部更圆滑，椅背也是曲线形，整体给人以柔软的印象。椅腿和椅背的连接部分采用了手工艺的处理。制造商不详。

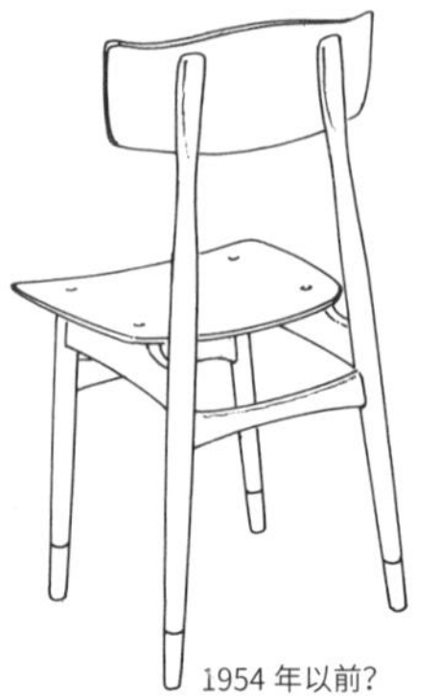

1954 年以前?

室外家具系列在第 5 小节中已经介绍过，这张床也是该系列的作品。约翰尼斯·汉森公司制造。应该是折叠式的椅子。

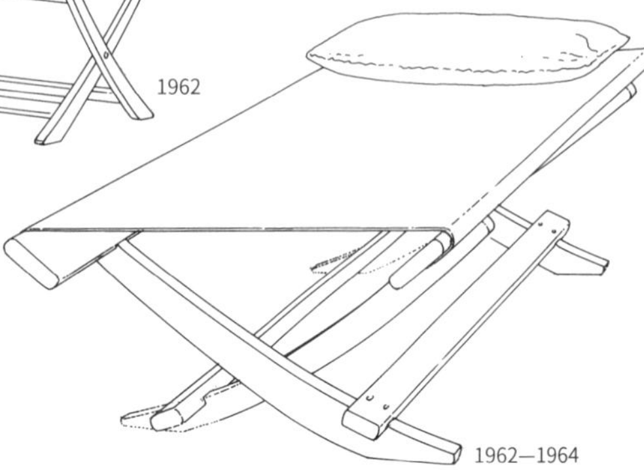

1962—1964

1962

这个凳子也是同一个系列的作品。凳面是山毛榉加上帆布材料。

与第 5 小节中介绍的作品非常相似，梯形椅背的根数量很多，呈高背结构。像此作品一样的 X 形交叉结构的作品，最初是由瓦格纳的友人莫根森在 1946 年发布。

1964

548 页第四行的变体模型。长时间以试作品的形式出现，没有进行批量生产化，最后由卡尔·汉森父子公司进行了批量生产化。图为五分之一草图模型。

1963

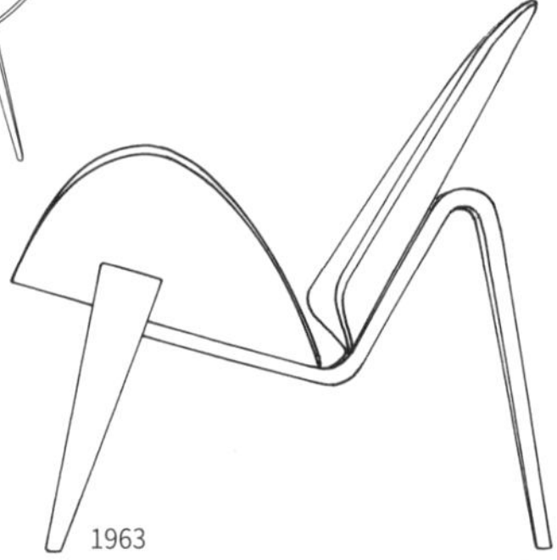

1963

与右侧作品非常相似，后腿没有向上弯曲而是延伸到了后方。图为五分之一草图模型。这一作品有四个种类。

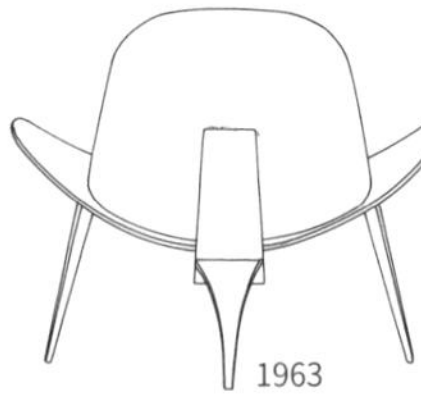

图为第 8 小节中介绍过的圈椅的最初的概念草图，框架使用了钢管。1986 年进行量产的模型采用了层压设计的想法。

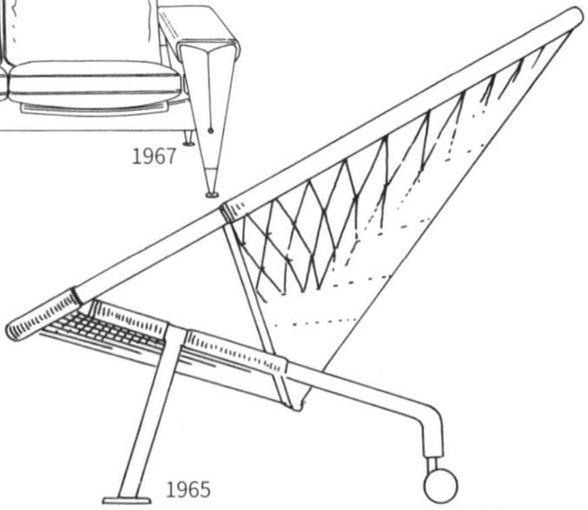

1965

1967

这一作品也是在第 6 小节中介绍了其单人版本。椅腿前端变细的设计，早在 1955 年就出现了。虽然在安乐椅中有带滚轮版，但在沙发中却没见过。左侧是高背版本。

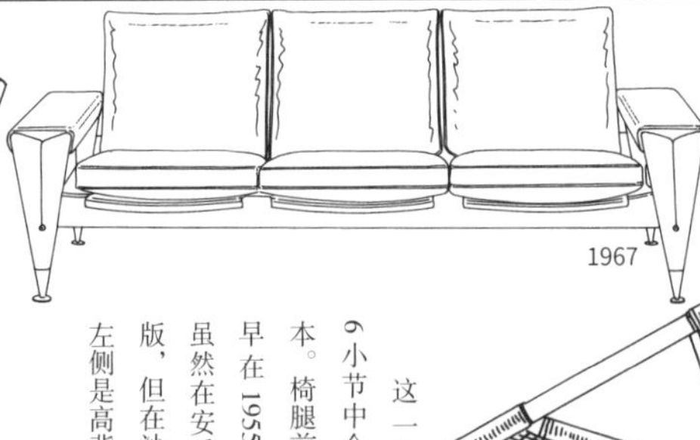

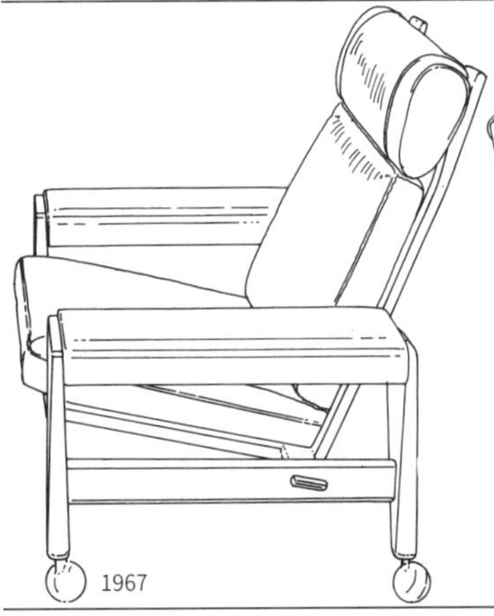

1967

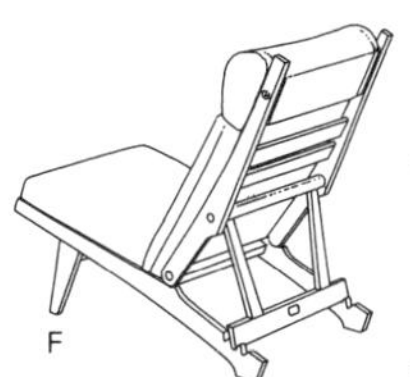

F

这一作品也是在第 6 小节中介绍过的作品。与第二行左侧的试做模型相比，感觉还是量产后的椅子更加美观。
1968 年前后

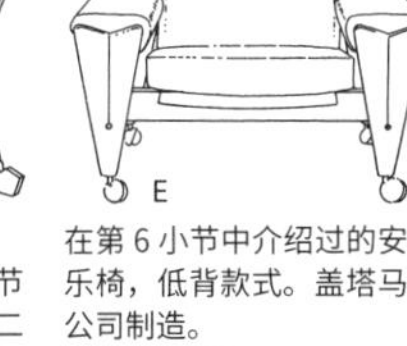

E

在第 6 小节中介绍过的安乐椅，低背款式。盖塔马公司制造。
1970 年前后

D

1995 年的瓦格纳展中也参展了的安乐椅，是贵重的试作品。约翰尼斯·汉森公司制造。
1959

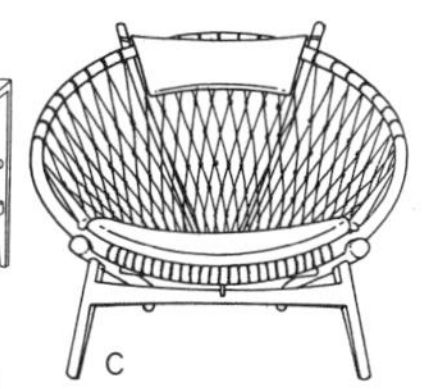

C

被称为圈椅的个性作品，框架是胶合板制成。椅背使用了在游艇上升旗时常用的那种绳子。
1986

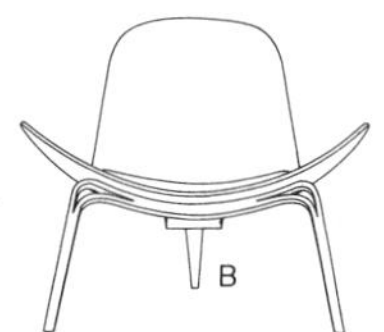

B

作为试作品而产生的模型，据说进行了两次试做。
1963

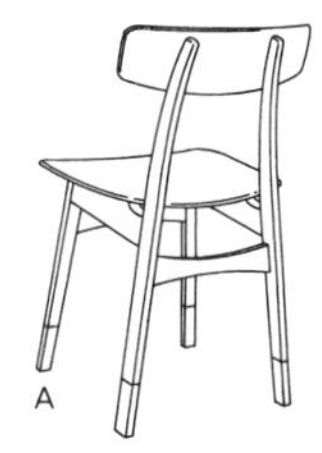

A

前一小节介绍过的作品。与上一页的作品相比，是进一步采用机械加工而制成的。这一作品出现的日期是否更晚一些？
1954

在第6小节中介绍过的A·P椅子公司的安乐椅的试做模型。从资料中的照片来看细节不是很清楚，貌似头枕是可以取下的。另外，前腿也许可以折叠。根据资料显示也有带扶手的版本。

1965—1967

这一作品也是由A·P椅子公司进行量产的。1995年在东京的瓦格纳展中参展。这一作品的五分之一草图模型还留在瓦格纳家中，但在日本并不出名。

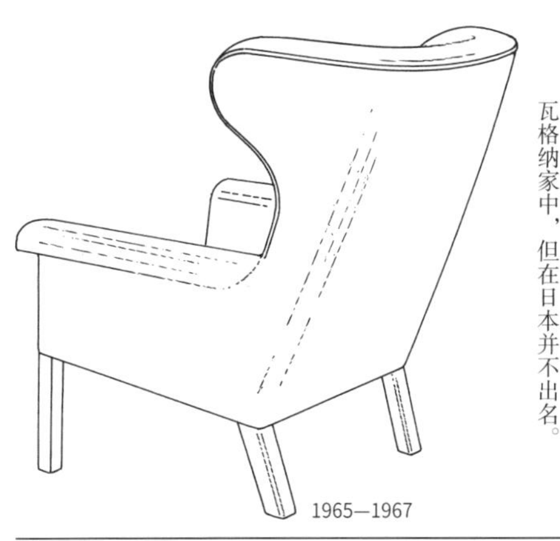

1965—1967

在1967年版的《斯堪的纳维亚设计》中登载的模型。从使用的构件材料来看，很明显是盖塔马公司的作品。

1967

这是在出席哥本哈根的芬·居尔展的开幕会时，瓦格纳带笔者去会场的楼顶上观看的作品。这是在《政治家报》报社的员工食堂中使用的椅子。盖塔马公司制造。

之前已经有两把作为三腿椅代表作的侍从椅，这一作品是将椅背面积扩展后的版本。

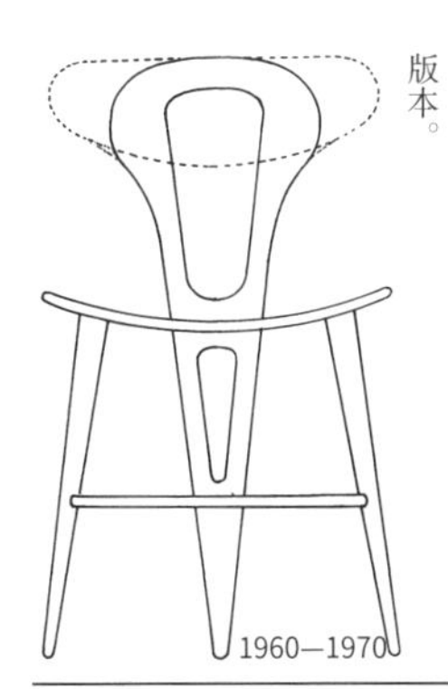

1960—1970

与第三行左侧作品相同，都是从草图中临摹而来，这也与前两把三腿椅为同一系列。由于是粗略的概念草图，细节构造上不是很合理，这是忠实于原图临摹的。

1960—1970

同样画在纸面上的作品，全体框架似乎都为胶合板。

1960—1970

前面介绍的两把三腿椅的实物模型应该就只有侍从椅吧。但果然还是有很多的问题点。

1960—1970

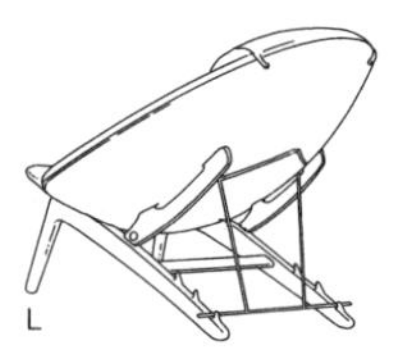
L

轮廓与右侧作品一样，这一作品为木制框架。1954年在细木工工会的展览会中发表。
1954

K

由“孔雀椅”发展而来的作品，框架使用了金属。A·P椅子公司制造。
1958年前后

J

代表作“孔雀椅”。起源为翼椅，由此发展出了各种各样的设计。
1947

I

被称作“熊椅”的作品。为了应对放松姿势的最初模型。在此基础上，诞生了公牛椅。
1954

H

有名的“公牛椅”。将前两把三腿椅实物化并进行批量生产的，好像只有这个模型吧？
1953

G

20世纪40年代盛行发布样式家具的重新设计，这也是其中一个作品。请与上一页第二行左侧作品进行比较。
1948

在第3小节中介绍的A·P椅子公司的『熊椅』的变体模型。翼部分进行了缩小，扶手进行了扩大，为了适应把脚放上来的倾斜姿势而进行的设计。图由草图绘制。

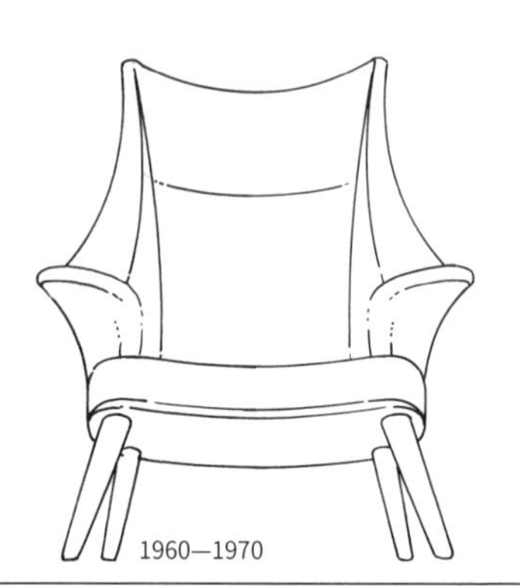
1960—1970

将代表作『孔雀椅』进行进一步发展，框架为金属制的作品。这一作品也是由草图绘制成的，而与此非常相似的模型于1954年试做了木制版本。另外金属框架的作品于1985年由A·P椅子公司进行量产，现在仍在他家中使用着。

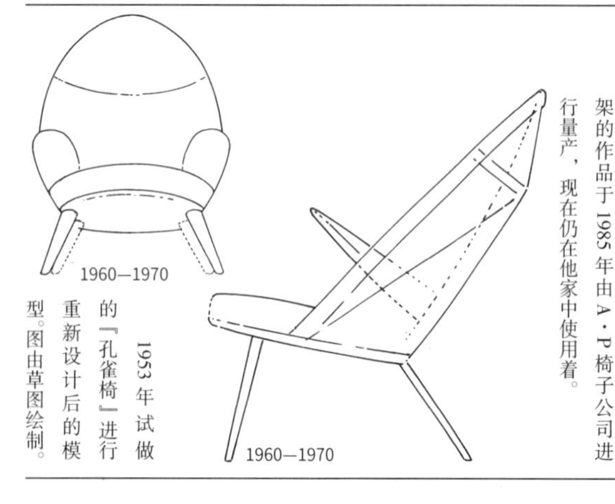
1960—1970

1960—1970

1953年试做的『孔雀椅』进行重新设计后的模型。图由草图绘制。

像这个作品一样将钢管进行弯曲后的安乐椅，尤根·兰格和格雷特·加尔克曾经发表过，瓦格纳的这一作品似乎没有实现？

1960—1970

这一个作品也是由草图绘制，非常明显是介于『孔雀椅』与『圈椅』中间的设计。

1960—1970

这一作品难道是上一页第三行的《政治家报》报社的员工食堂用的草图？与在第2小节中介绍过的卡尔·汉森父子公司的变化模型也很相似。

1960—1970

这也是由草图绘制。将四条腿配置在前后左右的设计非常少见，这很明显是由前面介绍的两把三腿椅发展而来的设计。换句话说就是在『公牛椅』基础上设计的作品。椅背是指接的结构。

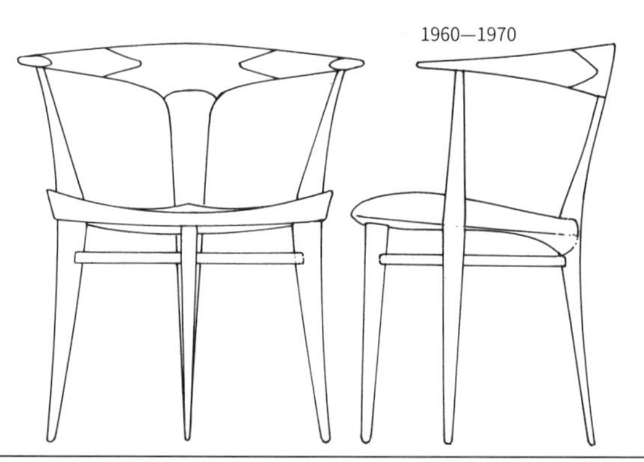
1960—1970

之前已经介绍过20世纪60年代由约翰尼斯·汉森公司进行系列化的室外家具，这一作品是PP家具公司的珍贵作品。扶手是革带，可以折叠。

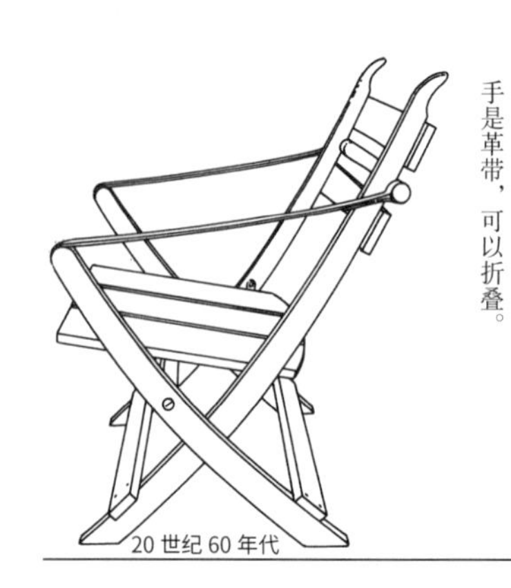
20世纪60年代

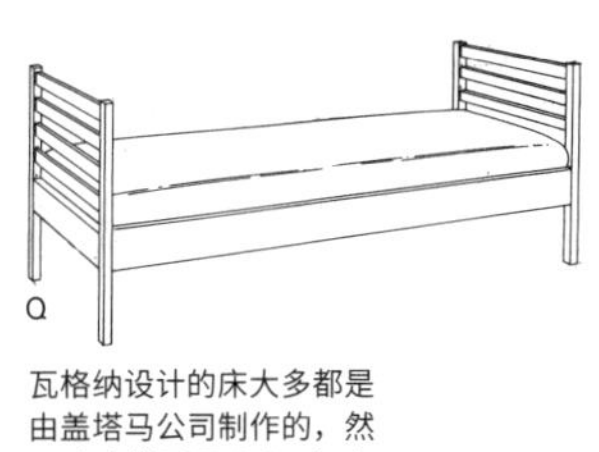

瓦格纳设计的床大多都是由盖塔马公司制作的，然而这个模型是卡尔·汉森父子公司或是其他的制造商制造的。
设计年份不详

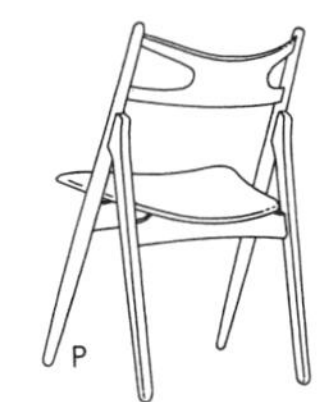

卡尔·汉森父子公司的CH-29餐椅。与《政治家报》报社的作品相比，除了椅背以外的设计都很相似。
1951

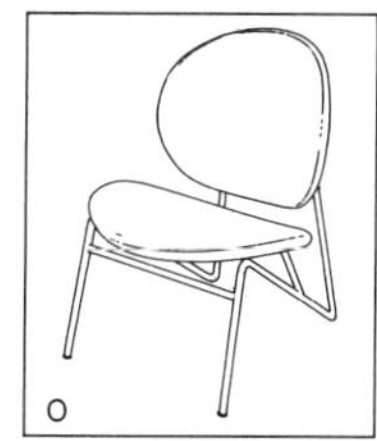

格雷特·加尔克制作的安乐椅，与上一页第三行右侧的作品有些共同之处。
20世纪60年代

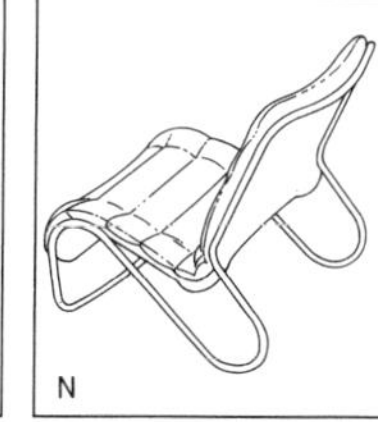

由德国的尤根·兰格设计的钢管制安乐椅。贝尔公司制造。
1972

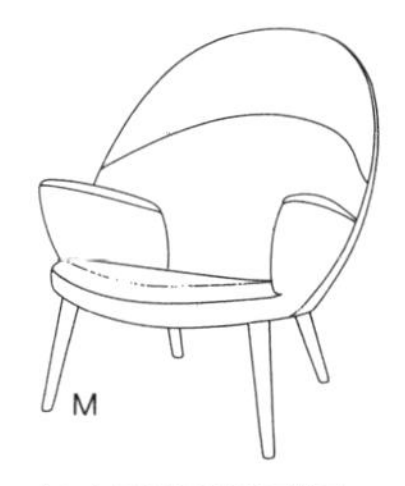

“孔雀椅”的软垫版模型，这是非常贵重的试作模型。与侍从椅一同展出在细木工工会的展示会上。
1953

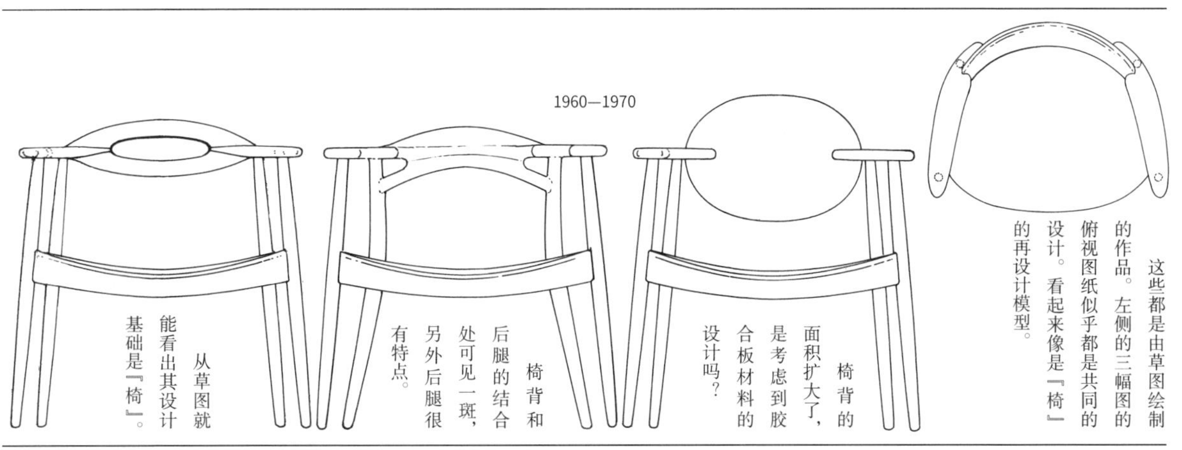

1960—1970

这些都是由草图绘制的作品。左侧的三幅图的俯视图纸似乎都是共同的设计。看起来像是『椅』的再设计模型。

椅背的面积扩大了，是考虑到胶合板材料的设计吗？

椅背和后腿的结合处可见一斑，另外后腿很有特点。

从草图就能看出其设计基础是『椅』。

这个作品也是由草图绘制。从横木和后腿的设计可以看出，是『牛角椅』的变体模型。没有使用切丝设计，似乎是指接结构。从侧视图来看，主视图好像太宽了，椅座似乎是胶合板的。

1960—1970

从人体工学角度进行测量而设计出的作品，大抵都是相似的结构，这些特点观察办公品制造商的椅子就可以很明显地看出。而他的作品，从这些接口的方法、过程的不同上可以看出，与其说是工业化产物，不如说是手工作品。

20世纪70年代?

这一作品也是由草图绘制，是与好友布吉·莫根森共同设计的床。小棚和照明器具也相应地设计出来了。棚是滑行式的，可以改变位置。

1947

上面是盖塔马公司制作的沙发床。靠背的内部可以放毛巾等。两边设计了可以兼用作床头板的扶手版本。下面的床可以作为沙发使用。制造商不详。

20世纪60年代

1953

1914—1972

布吉·莫根森

第1小节
瓦格纳的竞争者

布吉·莫根森（以下简称莫根森）出生于1914年4月13日。他与瓦格纳同岁，他们既是朋友，又是竞争对手。莫根森与妻子艾丽丝于1943年生的长子的名字就是瓦格纳起的。当时，瓦格纳将『彼得』这个名字连同小桌子和小椅子一同送给了这个小宝宝。这种儿童家具作为『彼得桌椅』进行了量产。

莫根森的家具设计师经历与瓦格纳十分相似，都是起始于家具工匠，1934年取得了木匠师的从业资格。后学习了设计，这种『技术等于手，设计等于脑』，即手与脑的平衡为良好的设计提供了可能。

1936—1938年间，莫根森在丹麦美术工艺学校（瓦格纳也在该学校）学习，1938年到1942年间在皇家艺术学院师从被称为『丹麦近代家具设计之父』的凯尔·柯林特。他们的相遇对他的家具设计师之路起了决定性的作用。

1939

1939年的细木工工会展上由奥贝兰德公司发布的作品。从背板的使用方式来看，很明显受到了瓦格纳的『中国椅』的影响。

1939

很容易认为是同一系列的扶手椅，但从其后腿和横木的接续部分可以看出其不同之处。

1939

这也是在同一展会中出展的作品。与右侧的作品好像是不同的系列。从整体上的比例来看，与柯林特的『红椅』（F图）很像，这一作品是严守了柯林特『样式家具的再设计』而创作的。

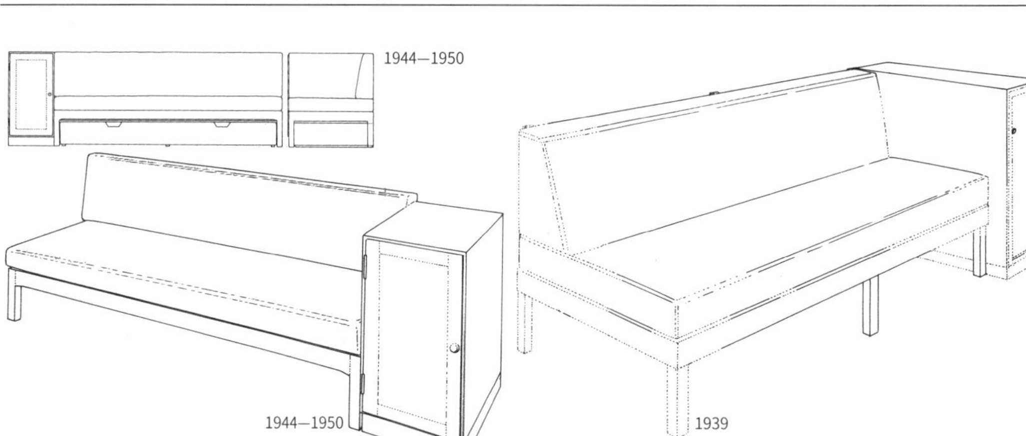

这三个作品的收纳部分很相似。右侧是1939年在展示会中展出的作品。左侧是1944—1950年前后设计的作品。

1940

在1940年哥本哈根的工艺博物馆中开展的细木工工会展中展出的作品。

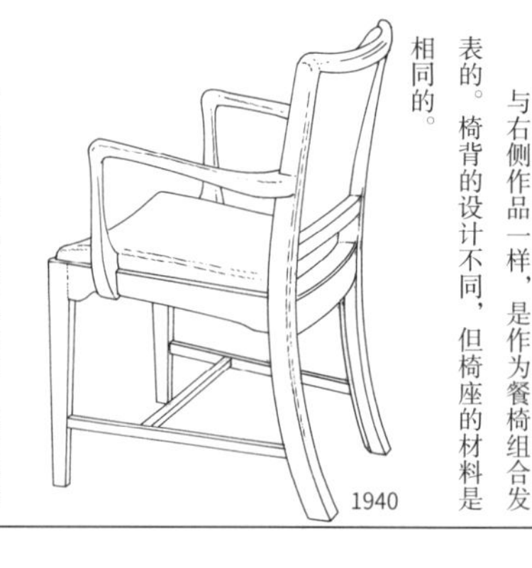

1940

与右侧作品一样，是作为餐椅组合发表的。椅背的设计不同，但椅座的材料是相同的。

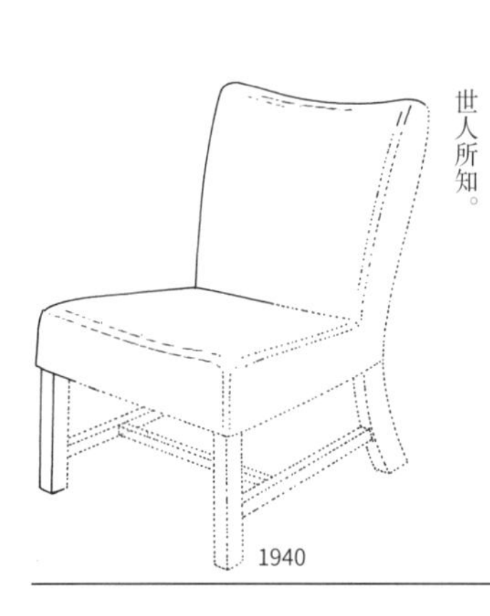

1940

右侧两件作品是由鲁道夫·拉斯姆森公司发表的作品，这一作品也在同一展示会中由埃尔哈特·拉斯姆森公司发表。之后也继续保持着与该公司的关系，并广为世人所知。

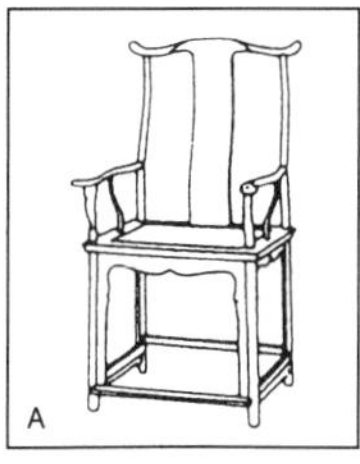

A

中国明代时期十分美观的椅子。这个时期的中国式样椅给世界各国设计师带来了很大的影响。

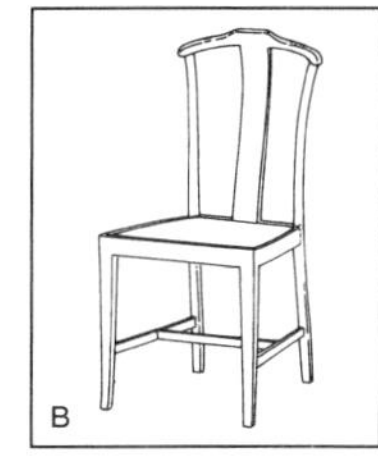

B

阿道夫·路斯将“中国椅”再设计后的模型，是为了在西哈诺的酒店中使用而设计的作品。
1924

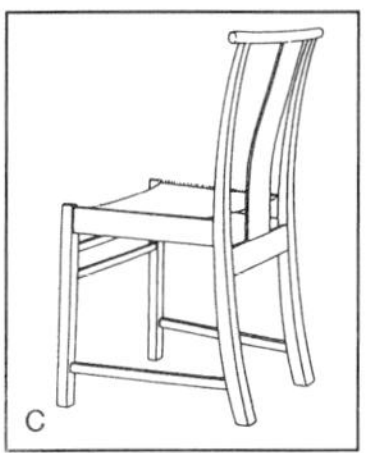

C

阿诺·雅各布森进行设计的作品。很明显受到了中国椅的影响。弗里茨·汉森公司制造。
1937

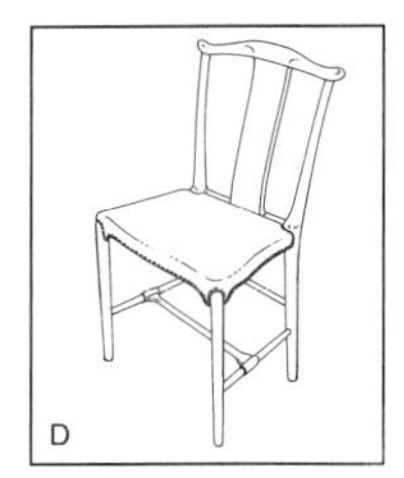

D

瓦格纳制造的“中国椅”很多，这一作品现在保管在瓦格纳住宅里的他的设计。
1944 年前后

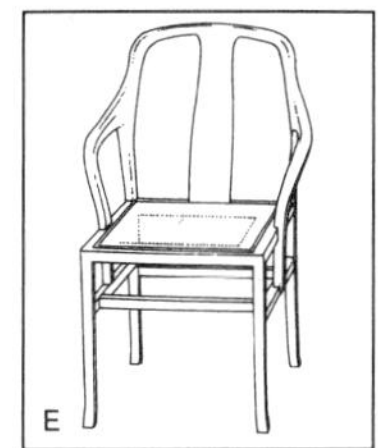

E

皮埃尔·波林（法国）的中国式样椅风格的作品。让法国人来设计的话，中国式样椅就往往会变成这样。
1982

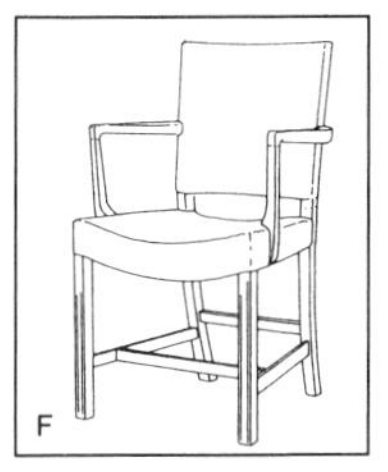

F

凯尔·柯林特制作的“红椅”，将 18 世纪英国的奇彭代尔风格的椅子重新设计后的模型。
1927

与上一页第四行左侧作品同时期发表，是共同设计的作品。

1940

这也是合作的作品。椅背使用了四根辐条。

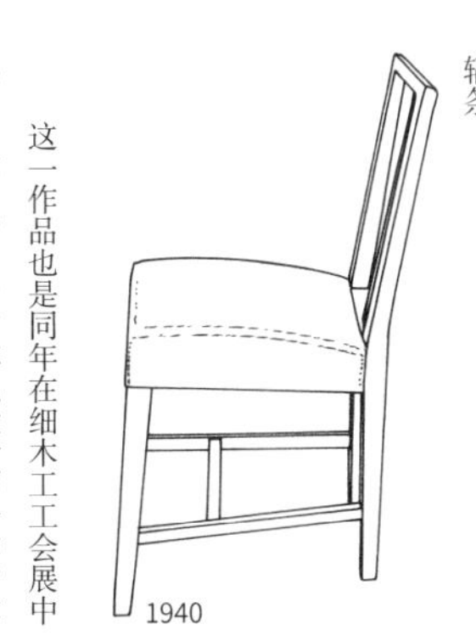

1940

这一作品也是同年在细木工工会展中展出的作品。同为与其他设计师合作的作品，然而这一作品与前面两个作品不同的是，由伊克里斯坦森公司出品。

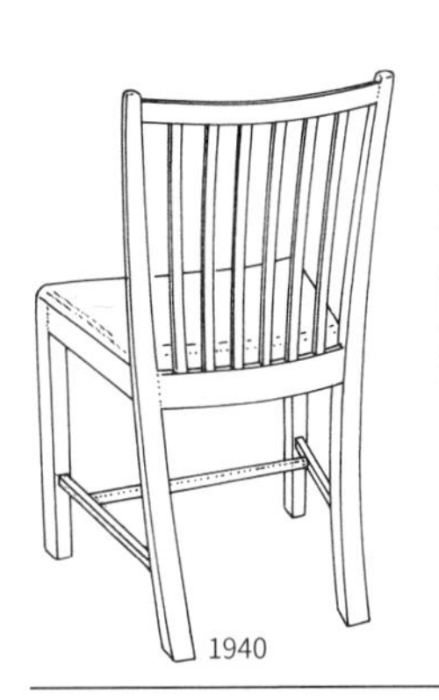

1940

在 532 页第四行中作为与瓦格纳共同设计的作品中介绍过的两件沙发。

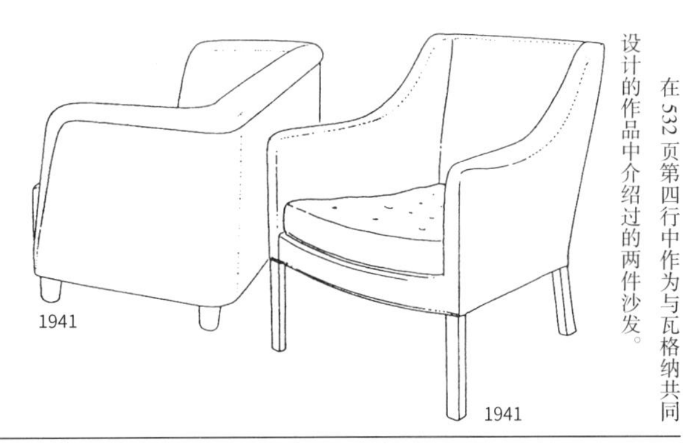

1941　1941

埃尔哈特·拉斯姆森公司的作品，于 1941 年在细木工工会展中展出。椅背的辐条向下变细。

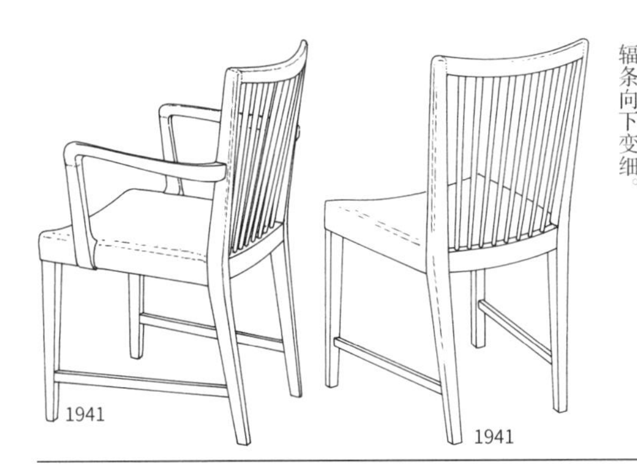

1941　1941

与第三行左侧的两件作品组合发布的沙发，与 1927 年柯林特发表的沙发很相似。将这一作品的完成度提高后，于 1963 年发布了一系列的沙发。这些都是由弗雷德里西亚公司进行量产的。

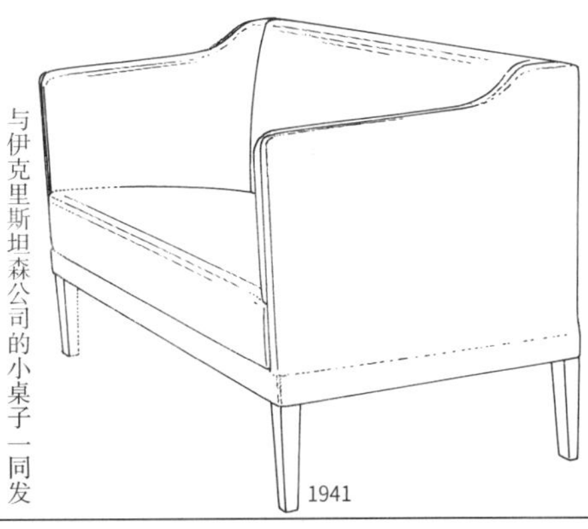

1941　1942

与伊克里斯坦森公司的小桌子一同发表的凳子。

与右侧的凳子同时发表的作品，与美丽的圆桌成套。材料为白蜡树材。

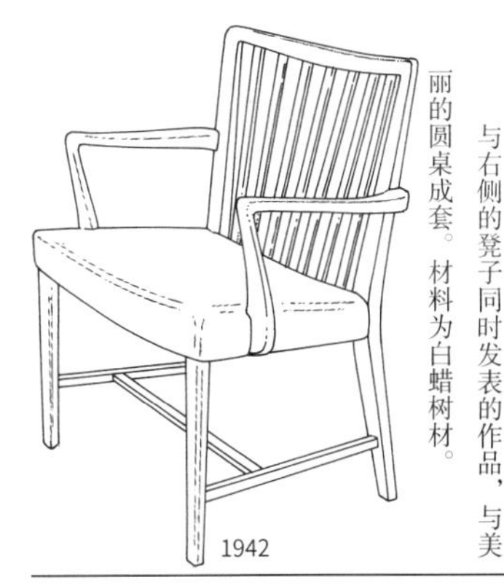

1942

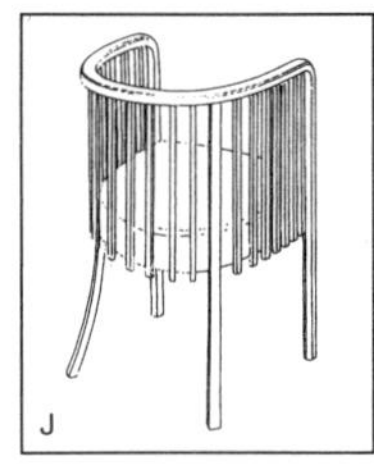

1913

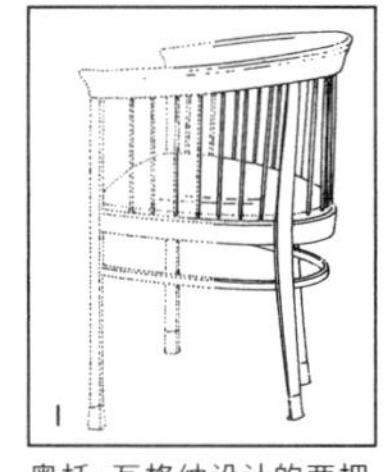

奥托·瓦格纳设计的两把扶手椅。他的作品在后世对建筑师及家具设计师产生很大的影响。
1912

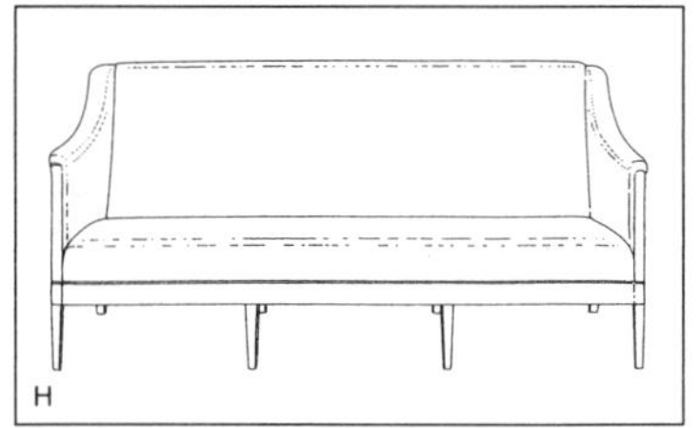

柯林特制造的沙发，由鲁道夫·拉斯姆森公司进行量产。
1940

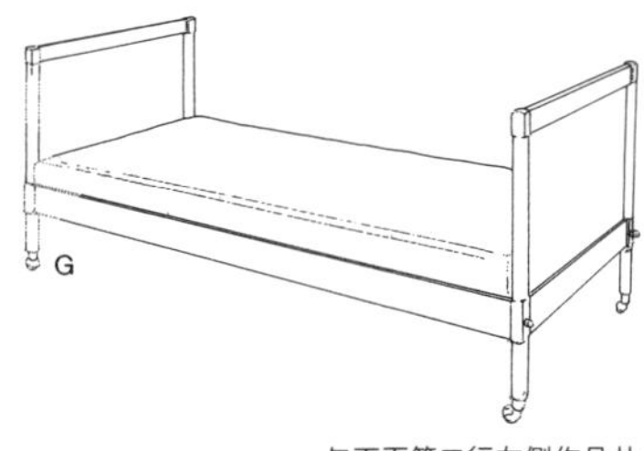

与下页第二行左侧作品共同发表的床。埃尔哈特·拉斯姆森公司制造。
1944

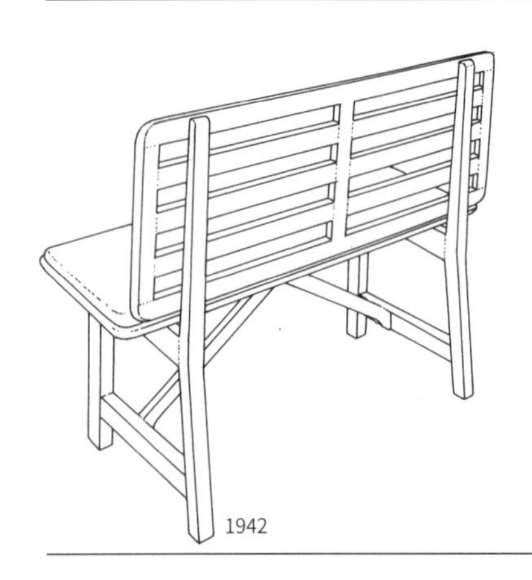

1942

1942年由埃尔哈特·拉斯姆森公司发表的作品。作为餐厅组合而设计的长椅。框架为橡木。请注意横木的使用方法。

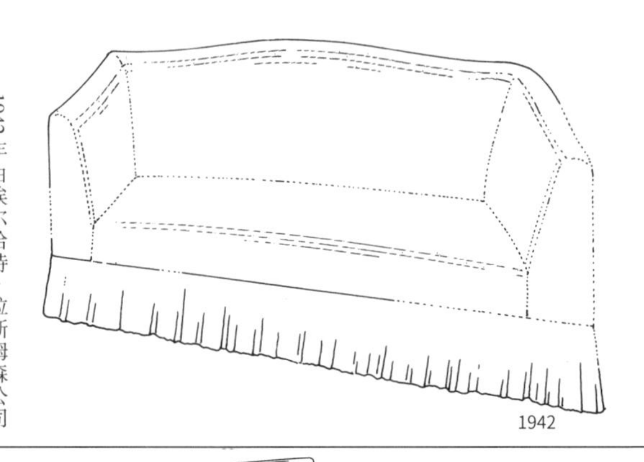

1942

与上一页第四行左侧作品成套的作品，将椅脚下面覆盖上荷叶边的作品十分少见。这样的细节在吉奥·庞蒂早期的作品中也见过，但在丹麦几乎没有。

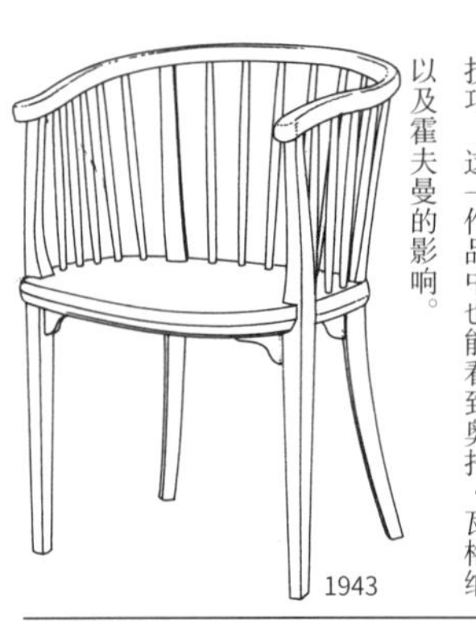

1943

莫根森许是因为向柯林特学习了将过去美丽的家具融入到现代生活中的再设计技巧，这一作品中也能看到奥托·瓦格纳以及霍夫曼的影响。

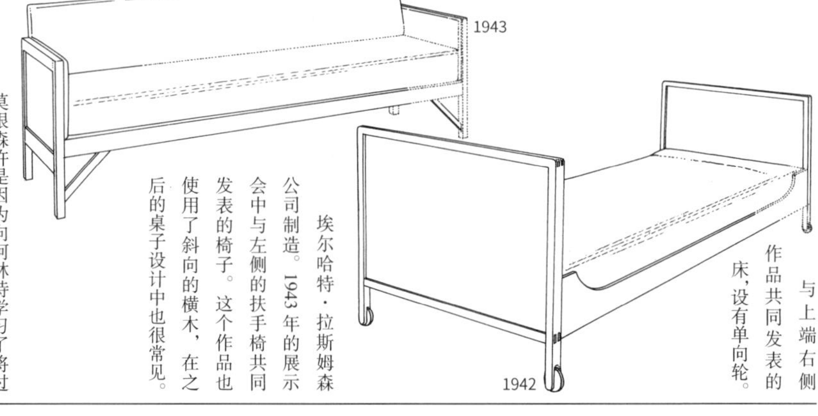

1943

1942

埃尔哈特·拉斯姆森公司制造。1943年的展示会中与左侧的扶手椅共同发表的椅子。这个作品也使用了斜向的横木，在之后的桌子设计中也很常见。

与上端右侧作品共同发表的床，没有单向轮。

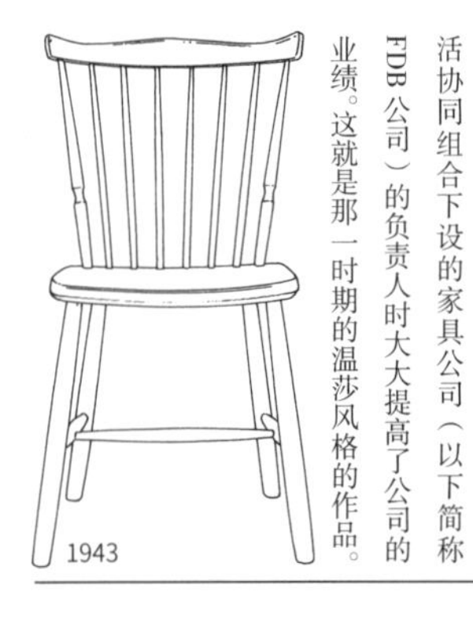

1943

莫根森在1942—1950年成为丹麦生活协同组合下设的家具公司（以下简称FDB公司）的负责人时大大提高了公司的业绩。这就是那一时期的温莎风格的作品。

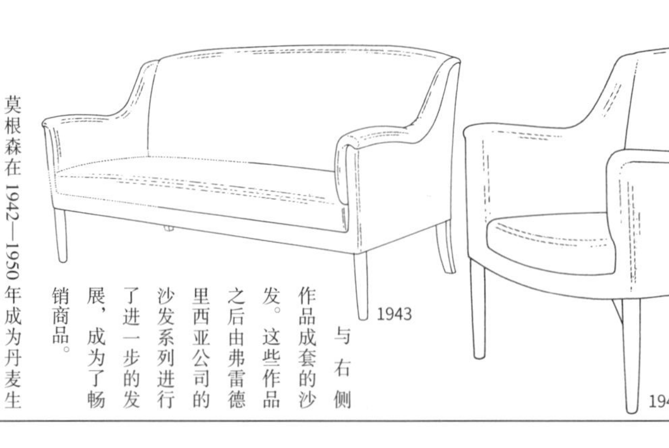

1943

1943

与右侧作品成套的沙发。这些作品之后由弗雷德里西亚公司的沙发系列进行了进一步的发展，成为了畅销商品。

由伊克里斯坦森公司发表的作品。与上一页第三行右侧与瓦格纳共同设计的作品十分相似。后腿的曲线与约翰尼斯·汉森不同。

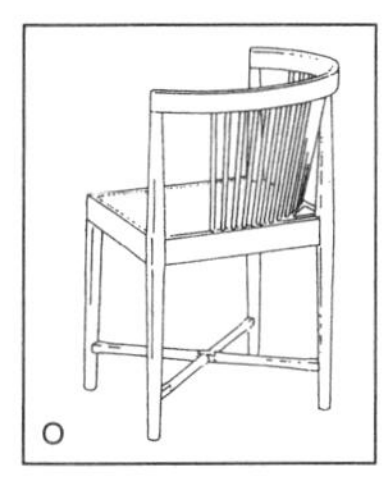

柯林特的游戏椅。只有此作品的发表晚于其弟子莫根森。
1946

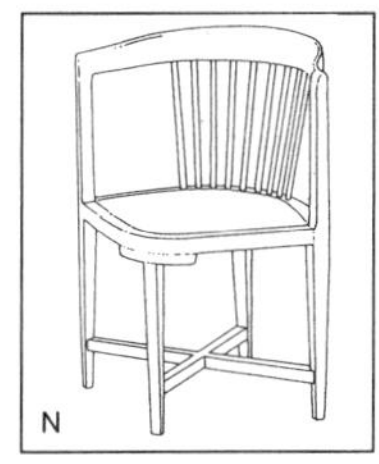

霍夫曼的游戏椅。
1903—1904

丹麦的设计师瓦西尔的温莎风格的作品。弗里茨·汉森公司制造。
1942

阿道夫·路斯的温莎风格的扶手椅。
1903

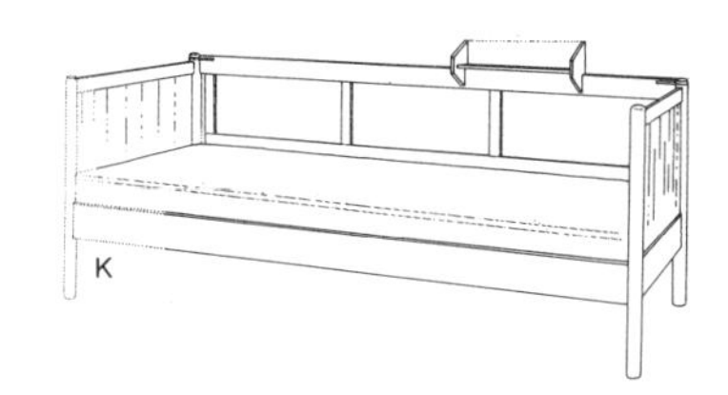

埃尔哈特·拉斯姆森公司的坐卧两用沙发，背架是可以取下来的。小型可移动的架子是其特点。
1945

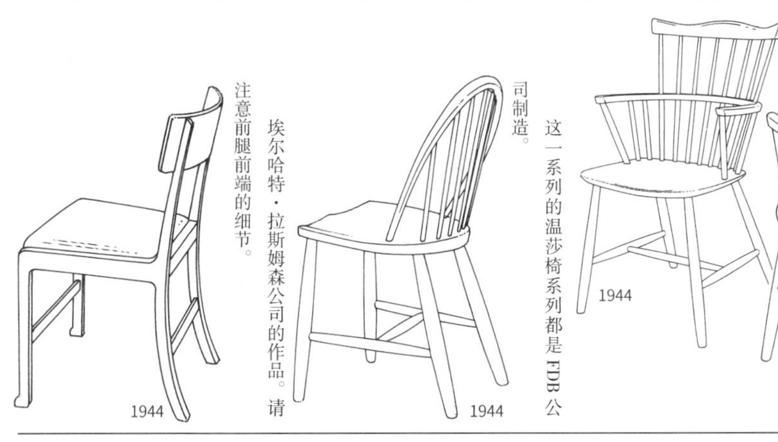

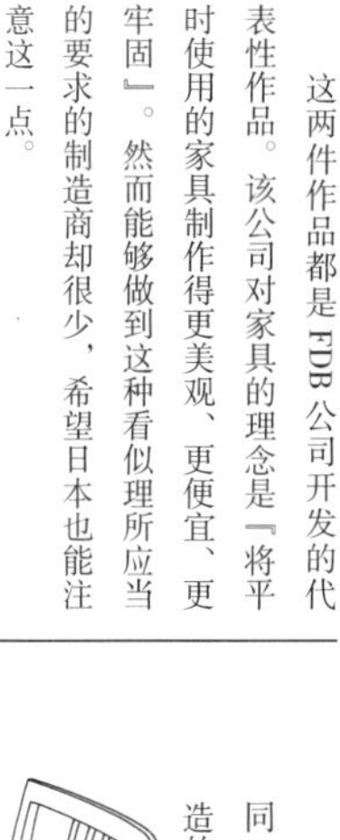

这两件作品都是FDB公司开发的代表性作品。该公司对家具的理念是『将平时使用的家具制作得更美观、更便宜、更牢固』。然而能够做到这种看似理所应当的要求的制造商却很少，希望日本也能注意这一点。

1944

这一系列的温莎椅系列都是FDB公司制造。

1944

埃尔哈特·拉斯姆森公司的作品。请注意前腿前端的细节。

1944

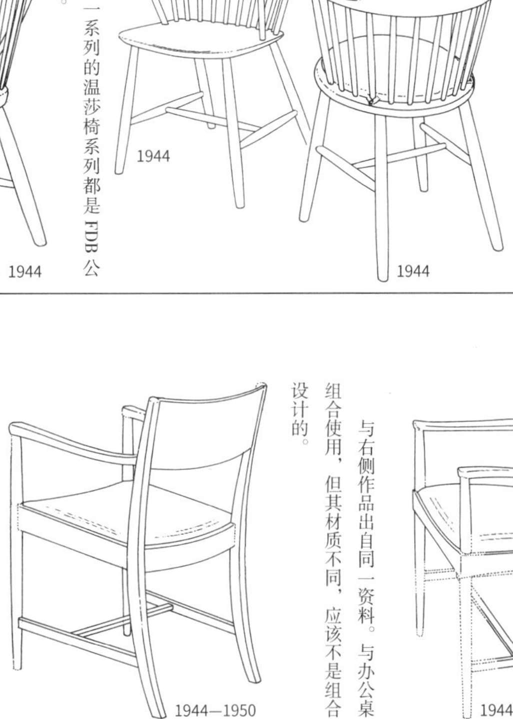

也许是与57页第三行左下的作品在同一照片中出现的。伊克里斯坦森公司制造的作品。

1944—1950

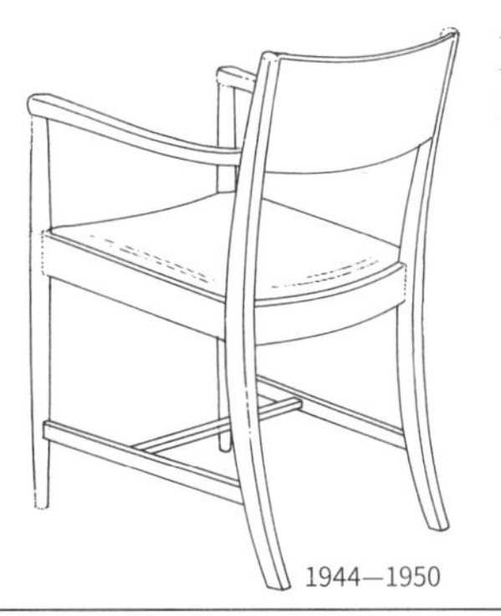

与右侧作品出自同一资料。与办公桌组合使用，但其材质不同，应该不是组合设计的。

1944—1950

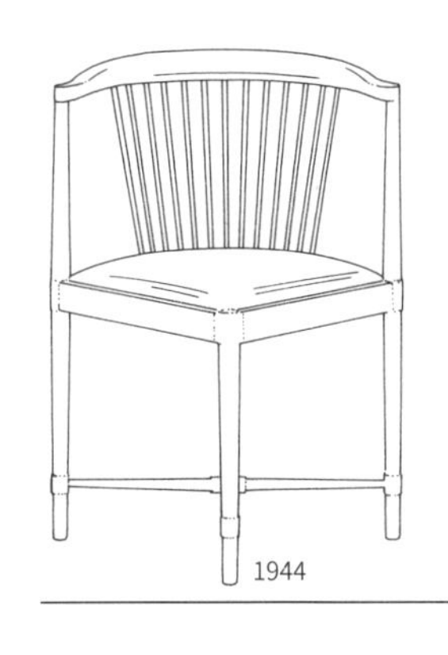

伊克里斯坦森公司发表的这个模型是与游戏桌一同组合的作品。这个设计以前就有，霍夫曼和柯林特也对该作品进行了再设计。然而，这一作品是比柯林特早发表两年的作品。

1944

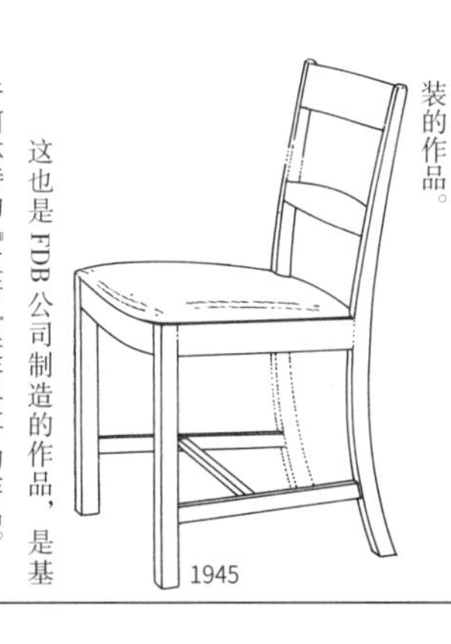

FDB公司进行量产的与餐桌组成套装的作品。

1945

这也是FDB公司制造的作品，是基于柯林特的『红椅』进行设计的作品。

1945

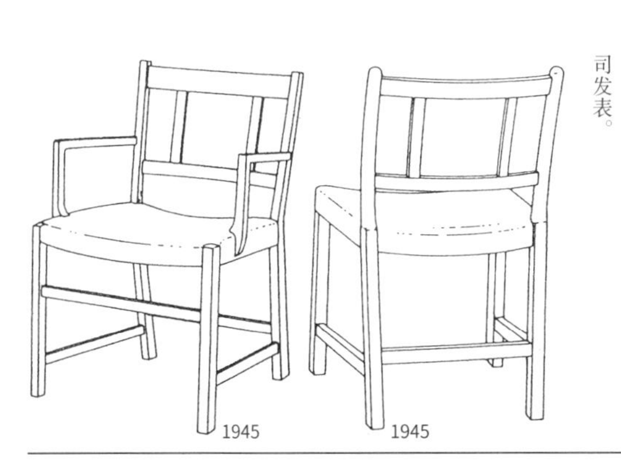

与瓦格纳共同设计。伊克里斯坦森公司发表。

1945

1945

1914—1972

布吉·莫根森

第2小节
FDB公司

一般来说，丹麦人对于设计的觉悟很高，特别是对家具。几乎见不到像在日本的打折店和家庭用品商店之类进行销售的商品。这是因为兴起了从『将日用品变得更美』的理念出发的设计师甚至是连一般大众作为参加者的社会性运动。在此运动中，让人印象深刻的是在1866年，由克里斯蒂安·索恩设立的生活协同组合所发挥的作用。

莫根森是该生活协同组合下设的FDB公司的负责人。他以一般家庭为对象，开发了很多非常好的作品。其理念是将『平时作为道具使用的家具制作得更美观、更便宜、更牢固』。

能将这个看似理所应当的理念实现的制造商，在日本能有几家呢？或者说这样的家具又能有几件呢？FDB公司虽然现在已经不存在了，但该公司开发的『J.39谢凯尔椅』（下页第四行右）从1947年发表以来就一直持续生产着。另外，FDB公司也得到了瓦格纳和保罗·沃尔德的支持。

FDB公司主要以温莎和谢凯尔两种风格样式为主进行再设计。这是以温莎风格为基础产生的作品。

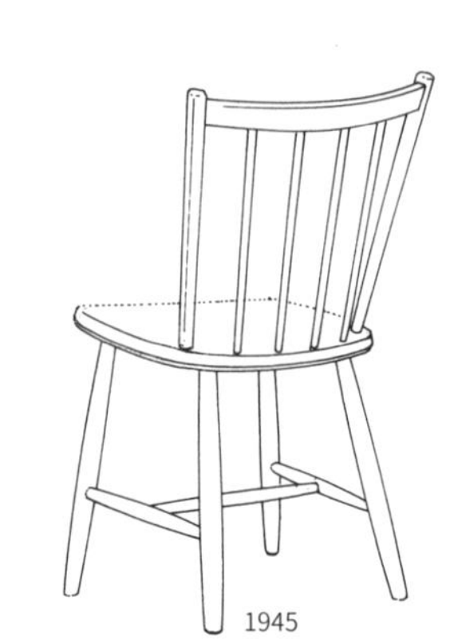
1945

莫根森与瓦格纳共事时候的作品。在细木工工会展上出展。

1945

这一作品也在该展中出展。两侧的把手是其设计特点。

1945

这个作品也是在同一展会中出展的作品，由约翰尼斯·汉森公司发表的作品，之后由弗里茨·汉森公司制造。

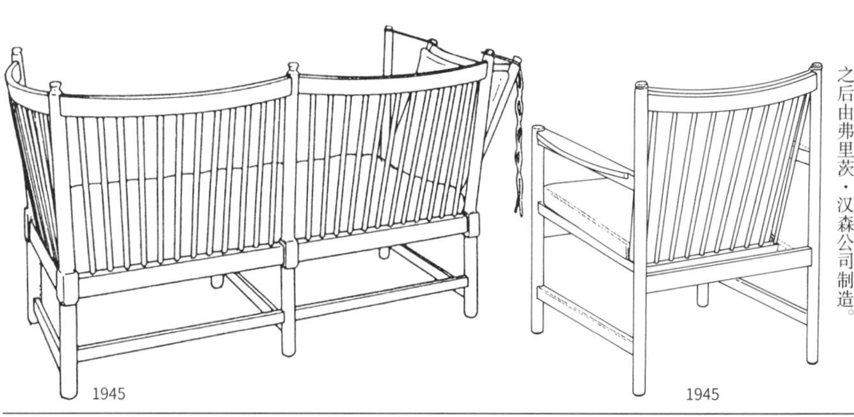
1945

1945

作为丹麦的代表性家具工坊，另外也作为家具匠人、设计师留下了一流作品的雅各布·凯尔。这一作品为该工作室发表的珍稀作品，是对18世纪英国的『后翼椅』进行再设计的作品。

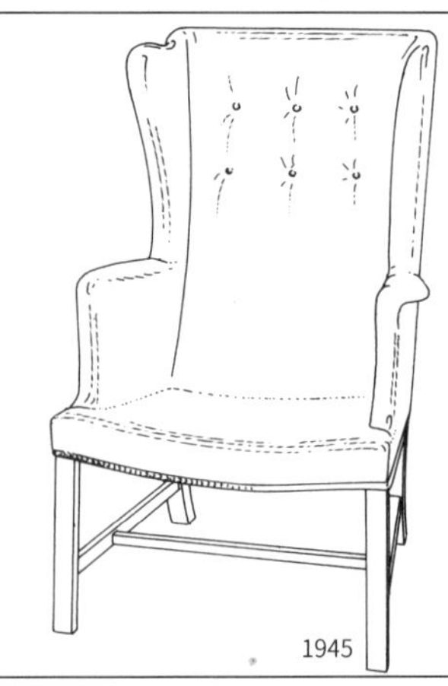
1945

再设计是对已有的作品保留其普遍的美感，找出其问题点，并通过设计这一手法进行解决。随着设计的发展，制作出更高品质的作品。因此，前后的作品理所当然地会很相似。这一作品也是为了使靠背更舒适，将第三行左侧作品的椅背改善成为侧面全包的设计。于1967年进行量产。

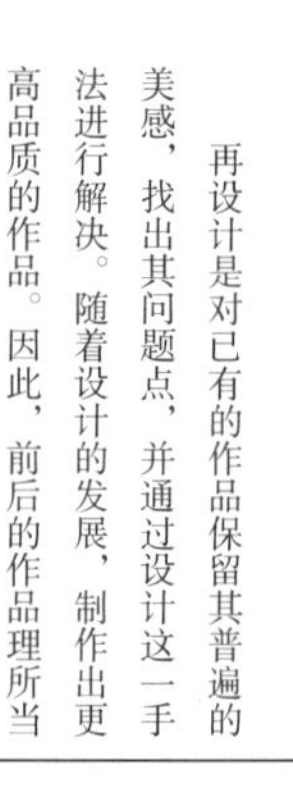
1945

由震颤教徒的想法而产生的谢凯尔家具。他们的样式影响了丹麦的很多家具设计师。
19 世纪

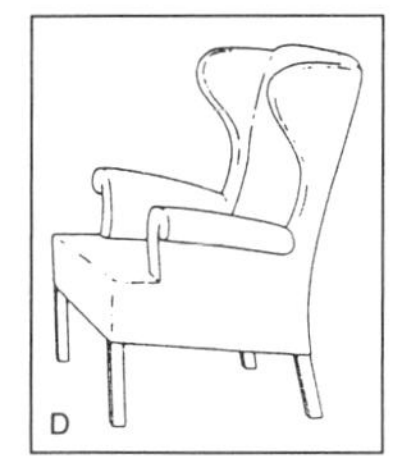

这也是瓦格纳的设计翼椅。
1948

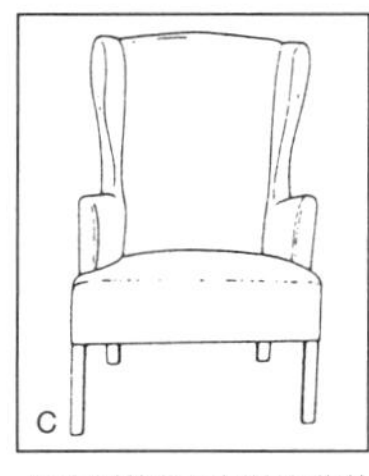

与右侧的作品相比有些朴素。瓦格纳设计的翼椅。
1945

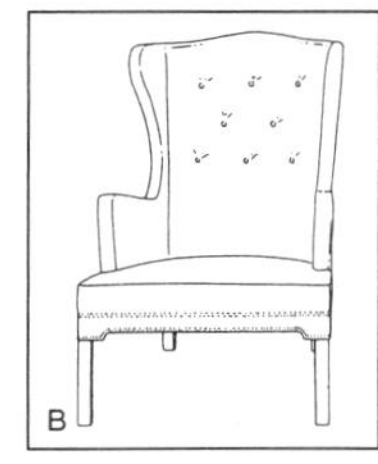

瓦格纳设计的翼椅，由约翰尼斯·汉森公司发表。
1944

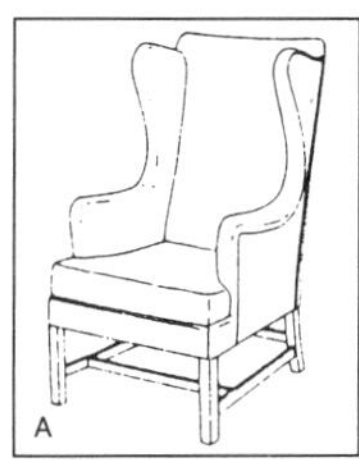

柯林特将 18 世纪英国的温莎椅进行再设计后的模型，鲁道夫·拉斯姆森公司制造。
1941

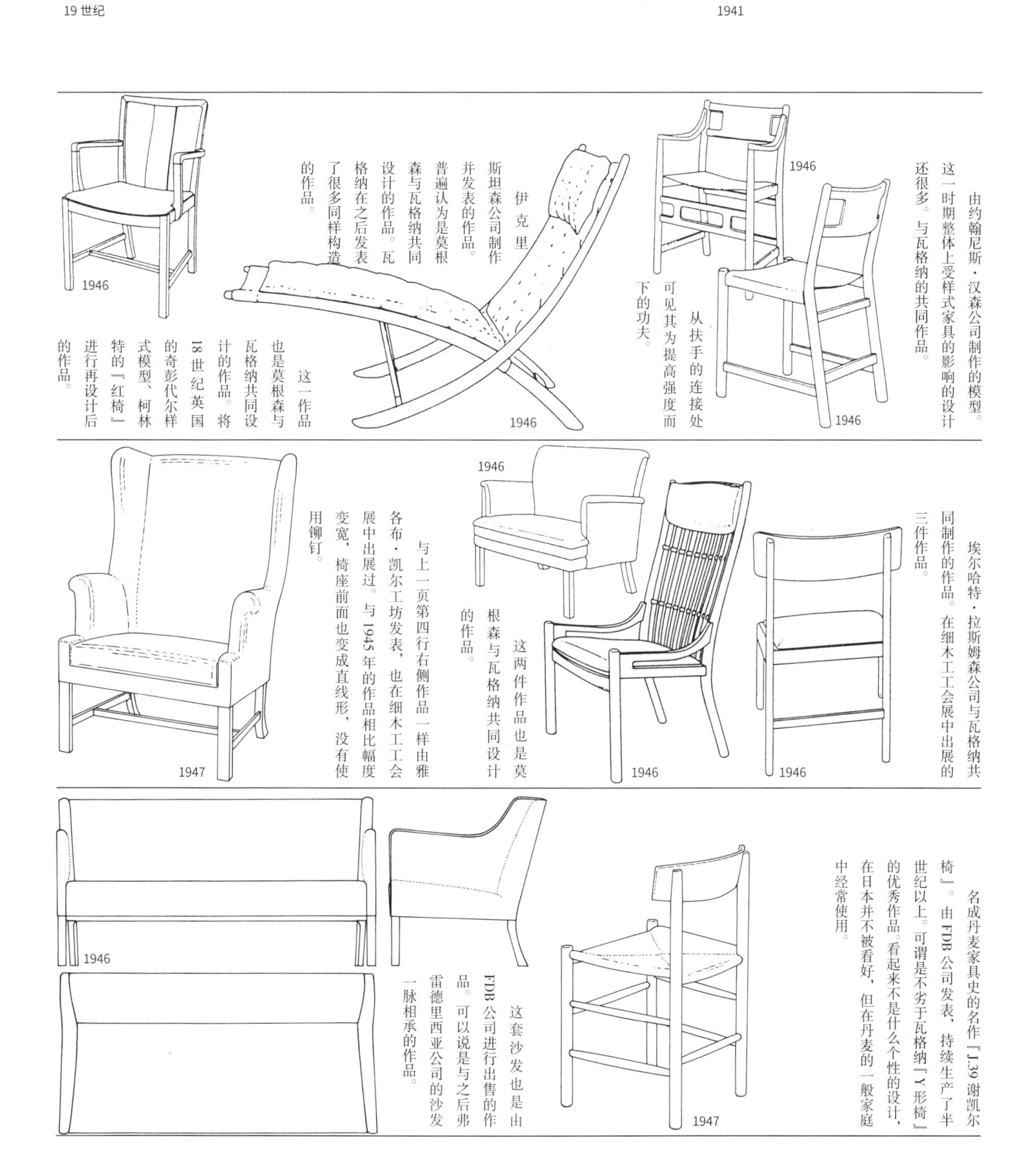

由约翰尼斯·汉森公司制作的模型。这一时期整体上受样式家具的影响的设计还很多。与瓦格纳的共同作品。

从扶手的连接处可见其为提高强度而下的功夫。

伊克里斯坦森公司制作并发表的作品。普遍认为是莫根森与瓦格纳共同设计的作品。瓦格纳在之后发表了很多同样构造的作品。

这一作品也是莫根森与瓦格纳共同设计的作品。将18世纪英国的奇彭代尔样式模型、柯林特的『红椅』进行再设计后的作品。

埃尔哈特·拉斯姆森公司与瓦格纳共同制作的作品。在细木工工会展中出展的三件作品。

这两件作品也是莫根森与瓦格纳共同设计的作品。

与上一页第四行右侧作品一样由雅各布·凯尔工坊发表，也在细木工工会展中出展过。与1945年的作品相比幅度变宽，椅座前面也变成直线形，没有使用铆钉。

名成丹麦家具史的名作『J.39谢凯尔椅』。由FDB公司发表，持续生产了半世纪以上。可谓是不劣于瓦格纳『Y形椅』的优秀作品。看起来不是什么个性的设计，在日本并不被看好，但在丹麦的一般家庭中经常使用。

这套沙发也是由FDB公司进行出售的作品。可以说是与之后弗雷德里西亚公司的沙发一脉相承的作品。

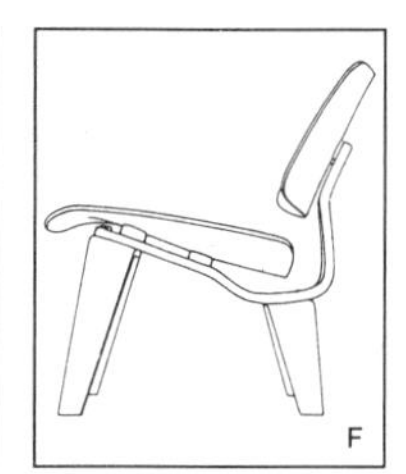

由伊姆斯设计的由成型胶合板制成的名作“木制躺椅”。
1946

这也是伊姆斯的代表作，现在仍持续生产的“木制餐厅椅”。
1946

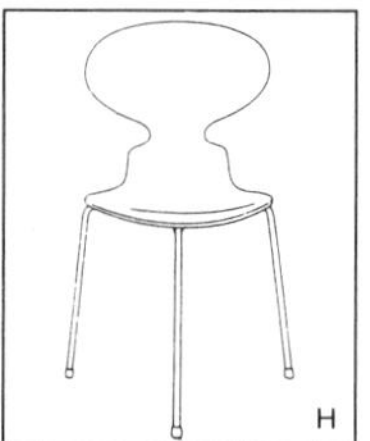

雅各布森的代表作“蚁椅”，当初是为了诺弗制药公司的食堂而设计的作品。
1952

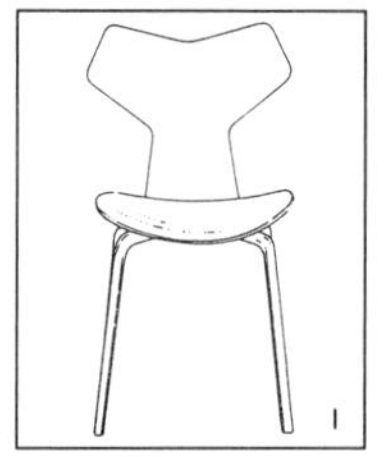

椅座和椅腿都是成型胶合板制作，雅各布森的设计。弗里茨·亨宁森公司制造。
1957

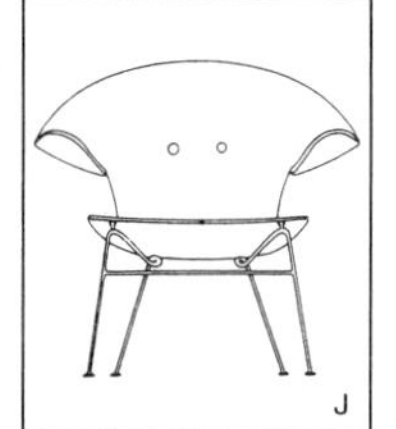

纽约现代艺术博物馆主办的家居设计大赛中的应征作品，瓦格纳设计。椅座是成型胶合板。
1948

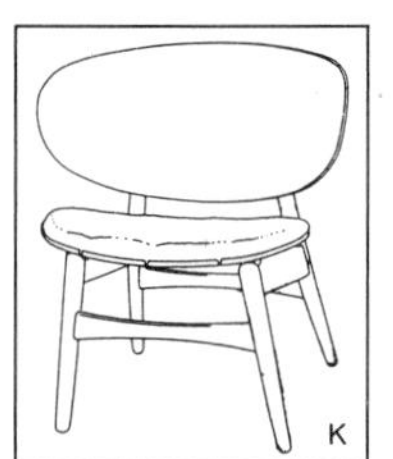

这也是瓦格纳的作品。厚厚的椅背和椅座都是平面曲面，两个平面曲面组合形成了三维曲面，充分考虑了人体的契合度。
1952年前后

雅各布·凯尔工坊发表的翼椅中加上这件一共有三把，与前作相比给人更加古典的感觉。

1947

与右侧作品相比更简单的设计。丹麦的家具杂志《姆贝里亚》在1974年版中登载的作品。

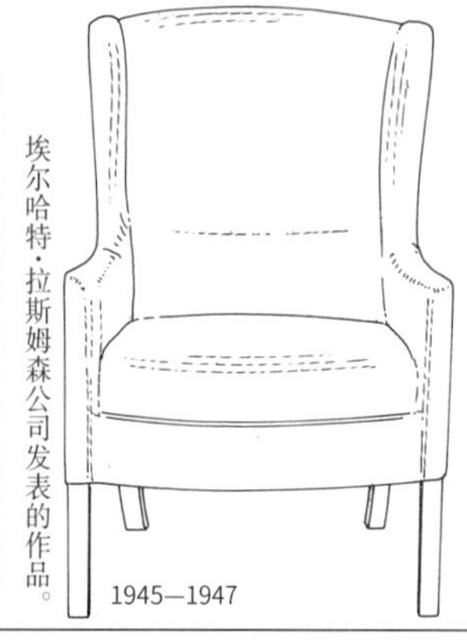
1945—1947

埃尔哈特·拉斯姆森公司发表的作品。作为图书馆用的家具，与书桌和餐车还有576页第四行左侧的沙发一同进行展示。左侧是在1975年版的《姆贝里亚》杂志中登载的作品。

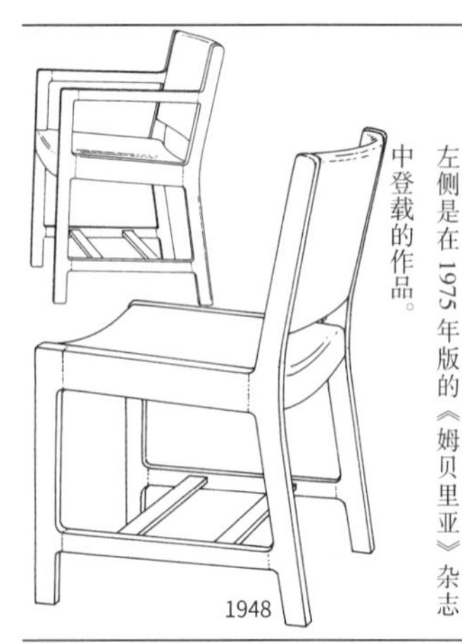
1948

与瓦格纳处于共同时期的作品。由为了酒店用一系列家居设计的竞赛画面的草图绘制而得。

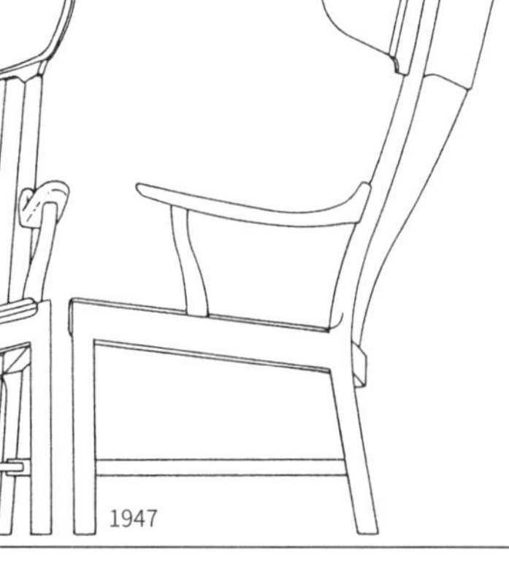
1947

与右侧作品同一系列的作品。是否实现不详。

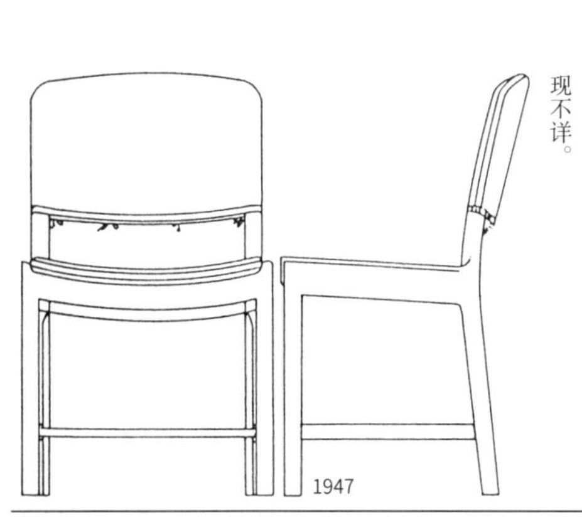
1947

从设计的历史来看，这一时代的新技术和素材对作品产生了很大影响。在战争结束不久的1946年，伊姆斯就设计开发了飞机的座位，之后又发表了成型胶合板的三维曲面的作品，以此为契机，很多的设计师都开始挑战用胶合板实现三维曲面的作品。当时还没有现在的技术，大多都是通过加入断裂线来实现三维曲面。从这件莫根森的作品中也可以看出其断裂的特征。

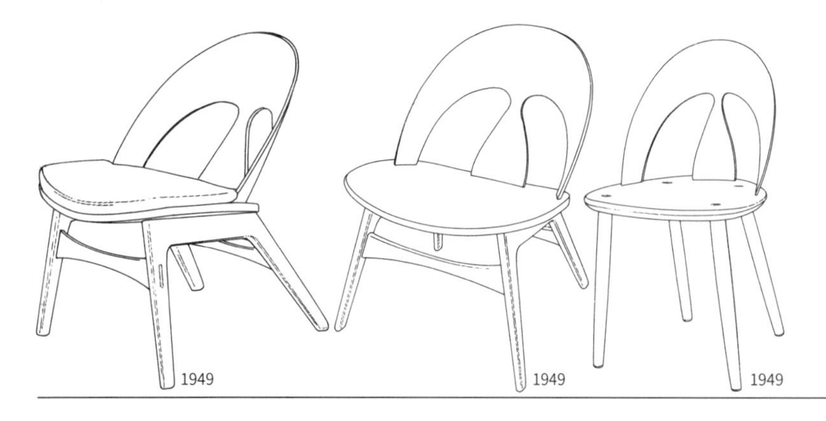
1949　1949　1949

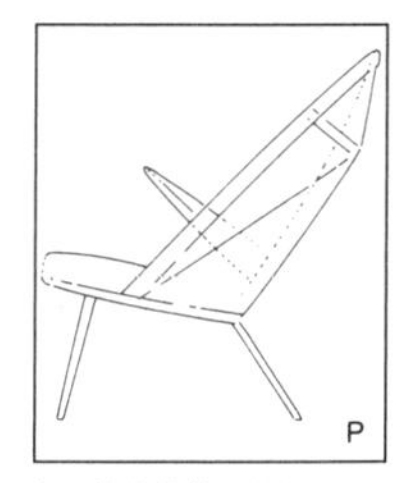

由瓦格纳的草图绘制，与狩猎椅的构造相近。
1960—1970 年

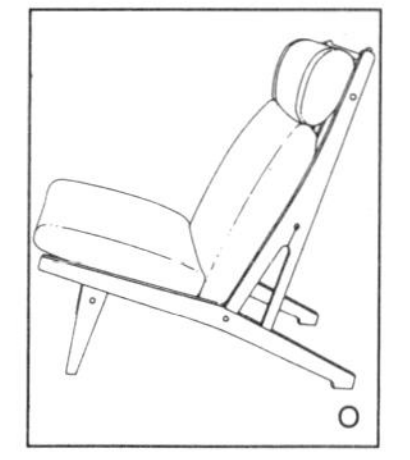

这也是瓦格纳的作品，都是一样的构造。
1969 年前后

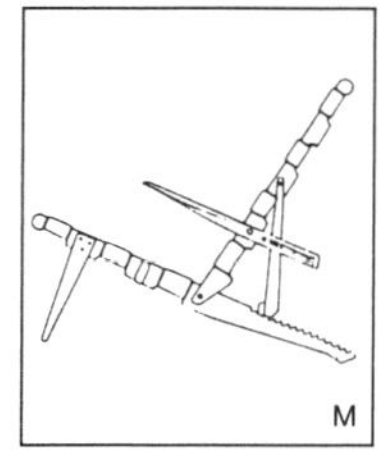

瓦格纳的安乐椅。与狩猎椅一样椅座延长为后腿的构造。
1968 年前后

意大利的卡罗·莫里诺设计的安乐椅，普遍认为是狩猎椅的再设计模型。
1954

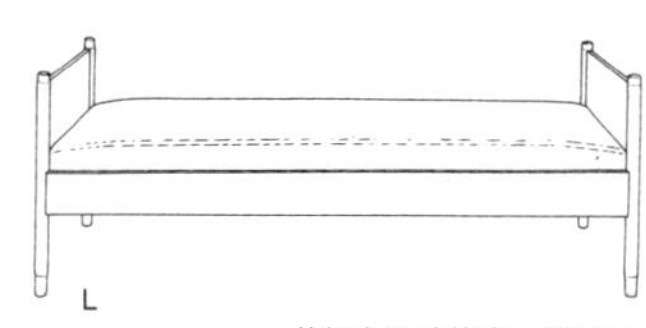

莫根森设计的床。他除了椅子也有很多像这种床的设计作品。
1950

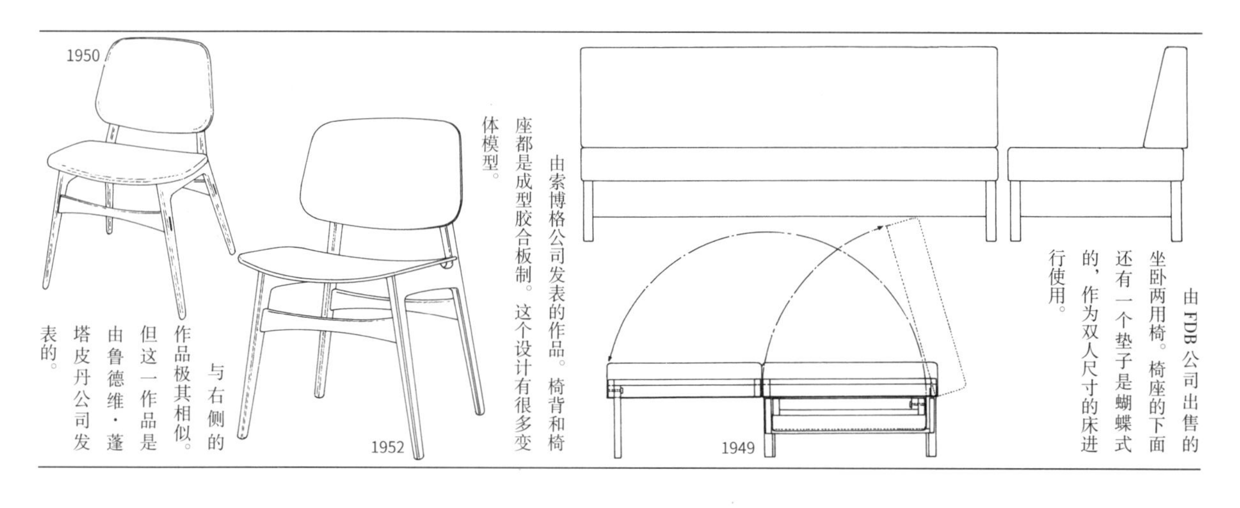

与右侧的作品极其相似，但这一作品是由鲁德维·蓬塔皮丹公司发表的。

由索博格公司发表的作品。椅背和椅座都是成型胶合板制。这个设计有很多变体模型。

由FDB公司出售的坐卧两用椅。椅座的下面还有一个垫子是蝴蝶式的，作为双人尺寸的床进行使用。

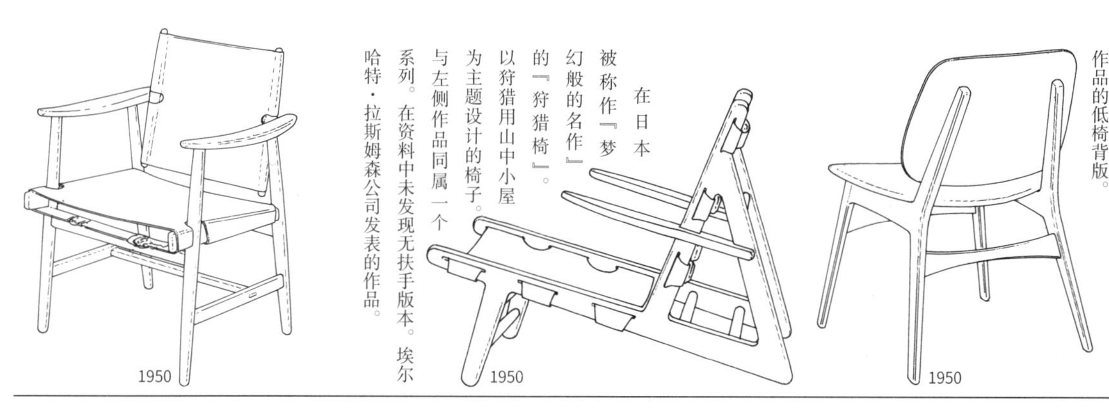

在日本被称作『梦幻般的名作』的『狩猎椅』。以狩猎用山中小屋为主题设计的椅子。与左侧作品同属一个系列。在资料中未发现无扶手版本。埃尔哈特·拉斯姆森公司发表的作品。

与第二行的两件作品很相似，是鲁德维·蓬塔皮丹公司发表的。是第二行左侧作品的低椅背版。

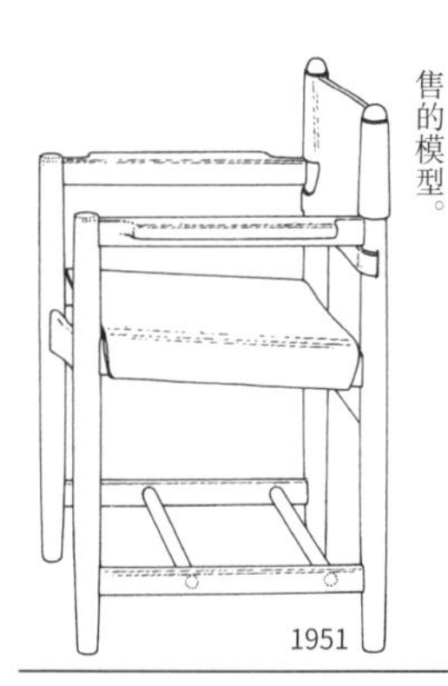

与右侧作品十分相似，然而扶手的设计可见不同。由弗雷德里西亚公司进行销售的模型。

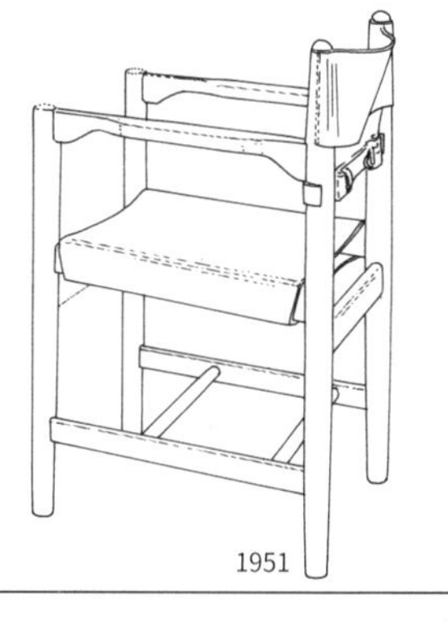

普遍认为是右侧作品的带扶手版本。椅座后面横木的形状稍有不同。将厚革拉伸，革余出的情况下用带子再次捆紧的构造。这个革面的设计方法在之后的很多作品中都能见到。埃尔哈特·拉斯姆森公司发表的作品。

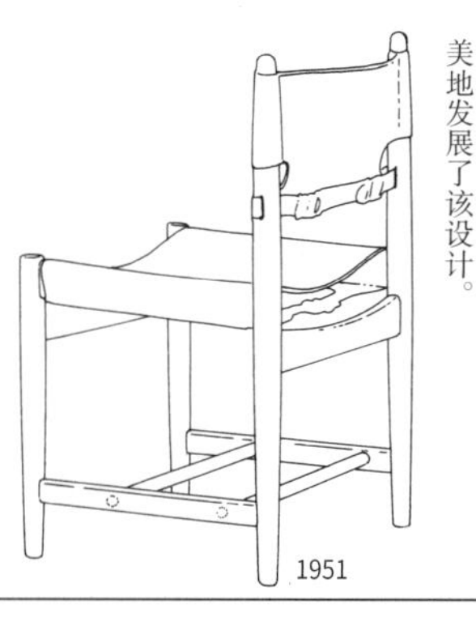

如第三行中，左边作品中所采用的革的使用方法一样，进行创新后的作品。完美地发展了该设计。

1914—1972

布吉·莫根森

第3小节
柯林特的教导

布吉·莫根森是柯林特的爱徒一事在第1小节中已经叙述过了。本小节就柯林特指导内容中的再设计这一点加以叙述。20世纪40年代丹麦的家具设计开始进入了黄金时代，但令人惊讶的是设计师们的代表作大部分都是以再设计为中心诞生的作品。然而这一现象，还处于谋求认同的阶段。从已有的作品中保留普遍的美感，找出其问题点，去除不需要的要素，将作品向着具有功能性的美观作品进行升华，这样的过程被称为再设计。日本通常有着只把外观作为『再设计的基础』的倾向，将外国设计师的两件作品的要素归结为一点进行发表、复制、模仿，这种现象随处可见。笔者认为应该学习丹麦设计，理解其再设计的本质理念，发展和改进设计，从而制作完成度更高的作品。从本书中介绍的设计师身上都可以看出，将作品『设计连接与发展』的理念。希望大家记住，名作并不是突然或者偶然诞生的，是以再设计为基础产生的。

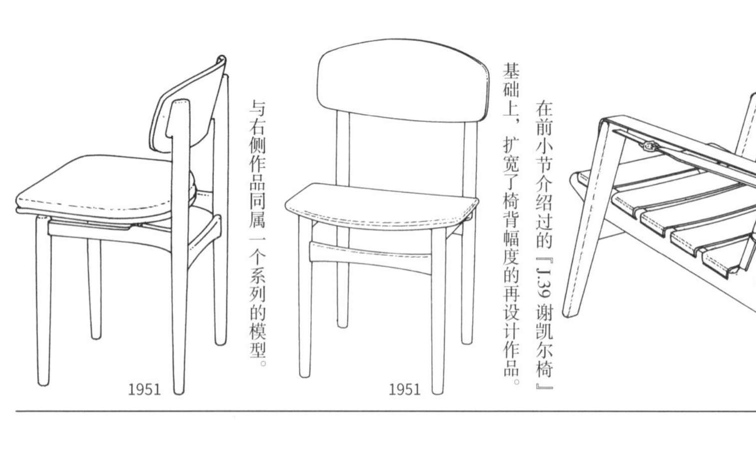

前一小节已介绍过，自从使用革带的作品在1950年发表以来，在莫根森的作品中就经常见到这样的设计。这也是在此基础上设计的作品。椅座延长为后腿的这一构造，其缺点是不容易站起来。将椅子抬高并缩短前后距离是其解决方法。

1951

在前小节介绍过的『J.39谢凯尔椅』基础上，扩宽了椅背幅度的再设计作品。

1951

与右侧作品同属一个系列的模型。

1951

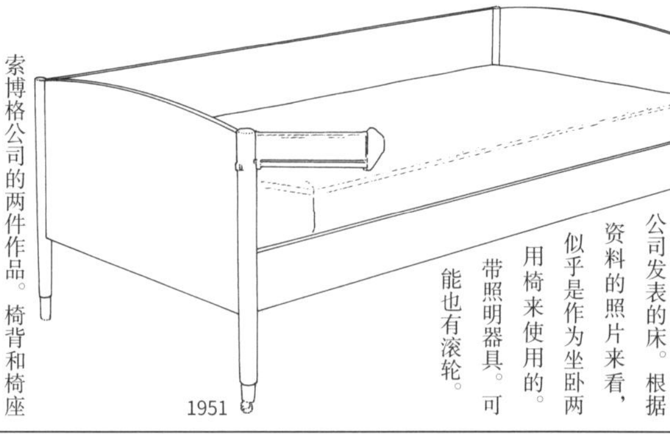

索博格公司发表的床。根据资料的照片来看，似乎是作为坐卧两用椅来使用的。带照明器具。可能也有滚轮。

1951

索博格公司的两件作品。椅背和椅座的形状由『谢凯尔椅』发展而来，再加之与钢管制椅腿进行组合的设计，可以看出此设计中的联系。

1952　1952

与第二行中间的作品非常相似，没有加入前面的横木设计。

1952

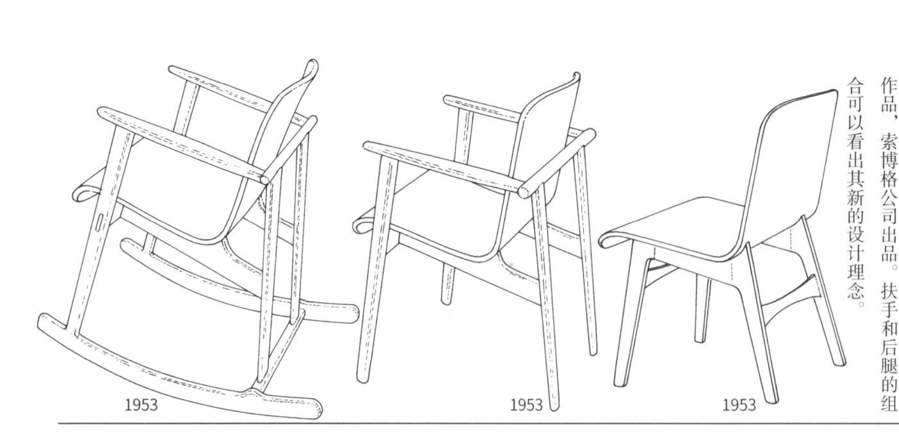

这三把是使用了胶合板制椅座的系列作品，索博格公司出品。扶手和后腿的组合可以看出其新的设计理念。

1953　1953　1953

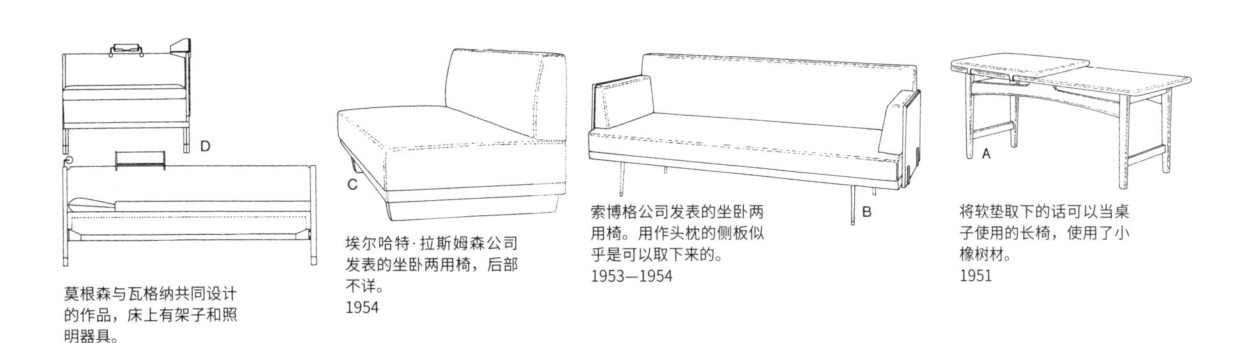

莫根森与瓦格纳共同设计的作品，床上有架子和照明器具。
1947

埃尔哈特·拉斯姆森公司发表的坐卧两用椅，后部不详。
1954

索博格公司发表的坐卧两用椅。用作头枕的侧板似乎是可以取下来的。
1953—1954

将软垫取下的话可以当桌子使用的长椅，使用了小橡树材。
1951

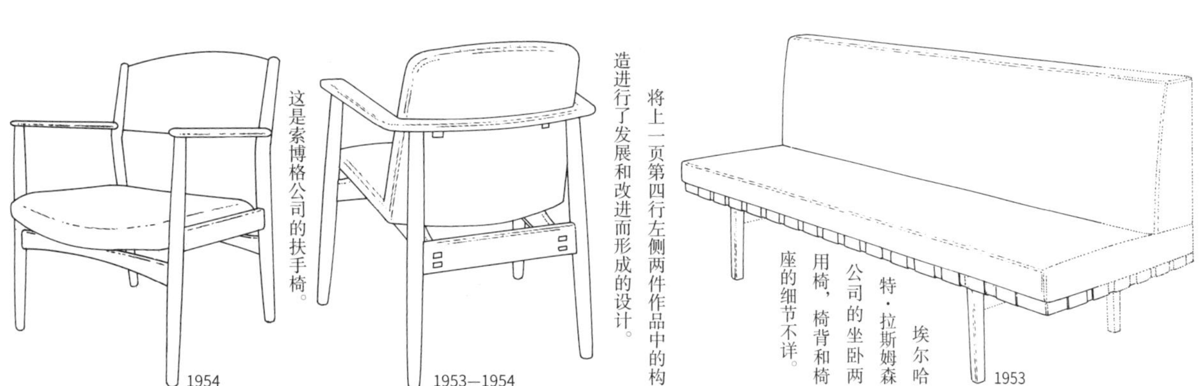

这是索博格公司的扶手椅。
1954

将上一页第四行左侧两件作品中的构造进行了发展和改进而形成的设计。
1953—1954

埃尔哈特·拉斯姆森公司的坐卧两用椅，椅背和椅座的细节不详。
1953

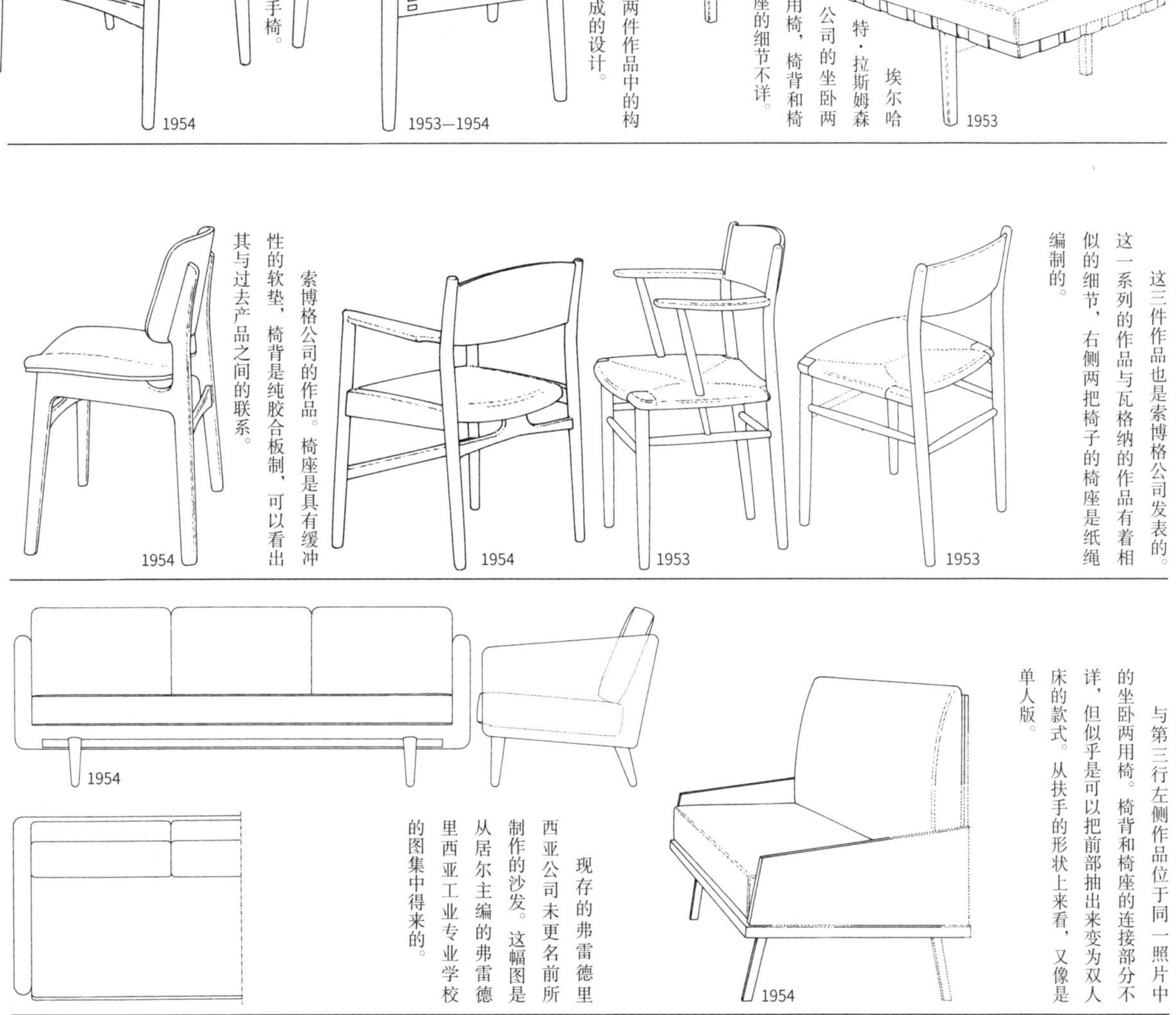

索博格公司的作品。椅座是具有缓冲性的软垫，椅背是纯胶合板制，可以看出其与过去产品之间的联系。
1954

这三件作品也是索博格公司发表的。这一系列的作品与瓦格纳的作品有着相似的细节，右侧两把椅子的椅座是纸绳编制的。
1954
1953
1953

现存的弗雷德里西亚公司未更名前所制作的沙发。这幅图是从居尔主编的弗雷德里西亚工业专业学校的图集中得来的。
1954

与第三行左侧作品位于同一照片中的坐卧两用椅。椅背和椅座的连接部分不详，但似乎是可以把前部抽出来变为双人床的款式。从扶手的形状上来看，又像是单人版。
1954

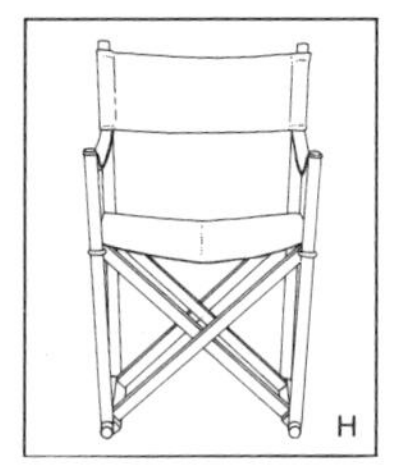

柯林特的爱徒摩根斯·库奇的代表作——“组合椅”。
1933

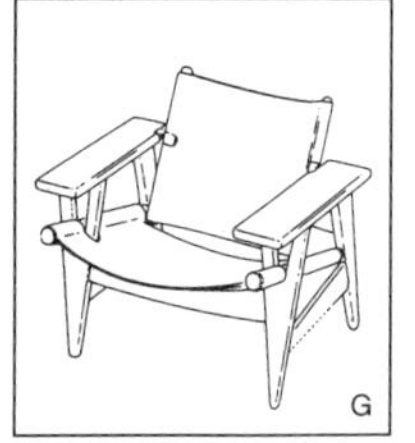

瓦格纳设计的材料为帆布和小橡树材的作品。这是从五分之一比例模型中临摹下来的图。
1968 年前后

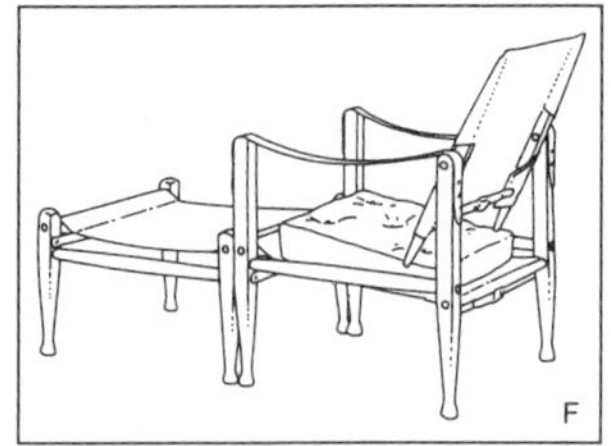

柯林特的代表作“旅行椅”，是将为廓尔喀士兵设计的椅子进行再设计后的作品。
1933

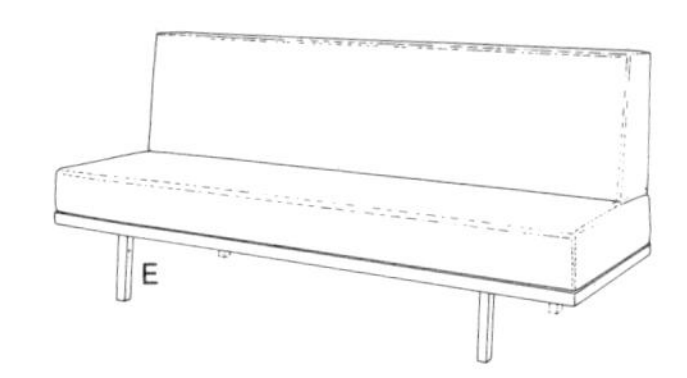

弗雷德里西亚公司发表的坐卧两用椅。设计很正统。
1955

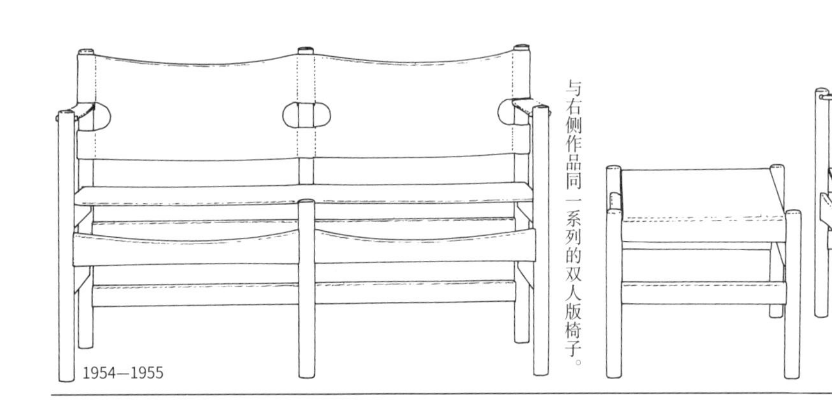

1954—1955

与右侧作品同一系列的双人版椅子。

1954—1955

此图并不是将椅背和椅座包上帆布且扶手固定的作品，而其他作品中使用了革和帆布材料的作品有摩根斯·库奇的组合椅和柯林特的狩猎椅。材料上很相似。

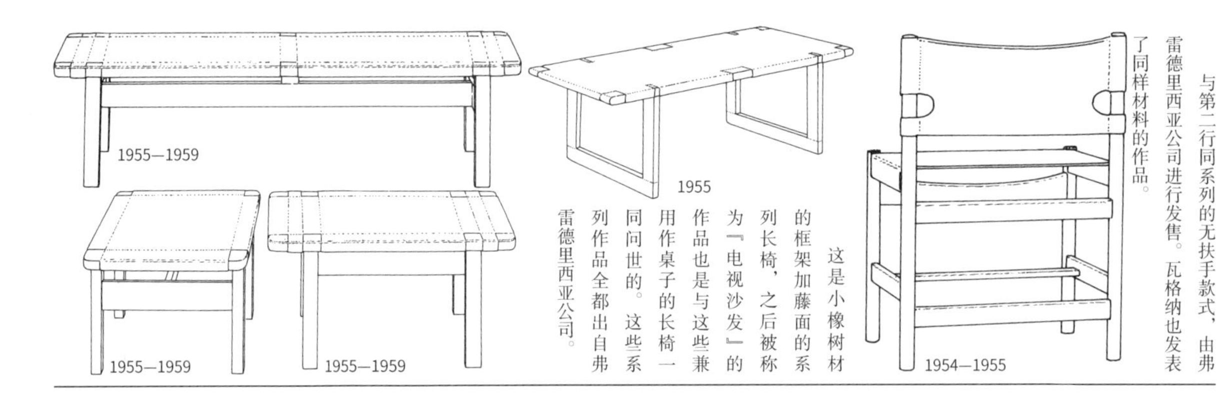

1955—1959

1955

1955—1959

1955—1959

这是小橡树材的框架加藤面的系列长椅，之后被称为『电视沙发』的作品也是与这些兼用作桌子的长椅一同问世的。这些系列作品全都出自弗雷德里西亚公司。

1954—1955

与第二行同系列的无扶手款式，由弗雷德里西亚公司进行发售。瓦格纳也发表了同样材料的作品。

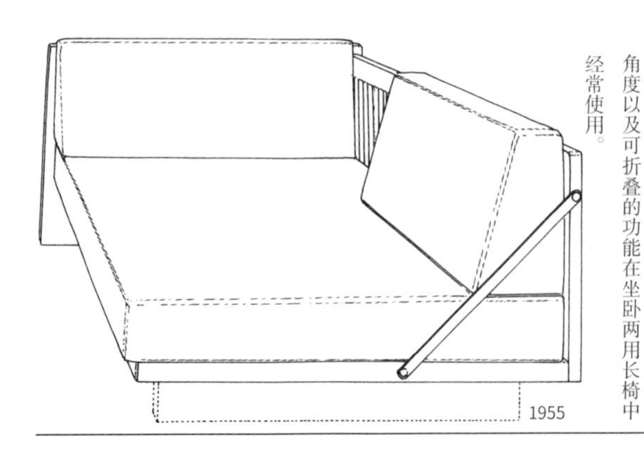

1955

正如右侧作品可见，使用带子来调节角度以及可折叠的功能在坐卧两用长椅中经常使用。

1955

580页第二行右侧作品的改进版。将小橡树材的框架加上藤面，并用革带调节椅座的角度。这一作品也是将从过去无数作品得到的启发集中运用后设计出的。为可折叠款式。

L

这是在谢凯尔家具中能够看到的长椅。从第四行莫根森的谢凯尔家具的再设计模型来看，其在设计上产生了巨大的进步。
设计年份不详

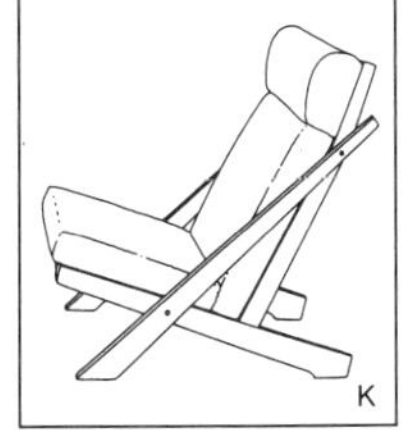

K

这一作品是与右侧作品同样构造的高背椅，看起来舒适度相当高。瓦格纳的作品。
1967

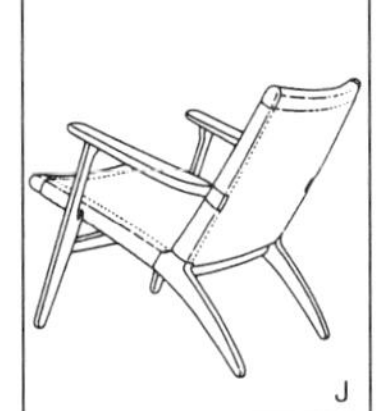

J

椅座延长成为后腿的这种构造，瓦格纳在其作品中大量应用过。这一作品为卡尔·汉森父子公司制造
1954 年前后

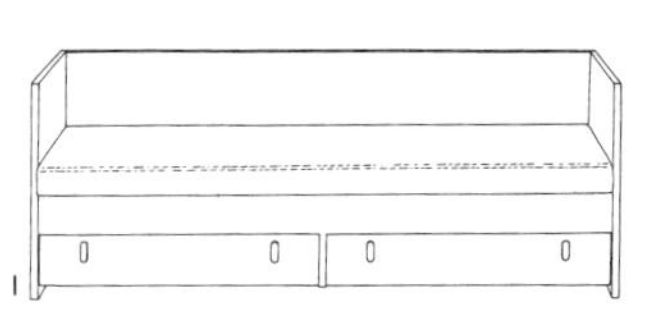

I

与第四行左侧的坐卧两用沙发同一系列的作品。在细节上可以看出区别。
1956

像这样按照年代来观察作品的话，就会发现一件很有趣的事，即设计之间都是互相关联的。这一作品的椅背角度也可以调节，并且为可折叠的款式。

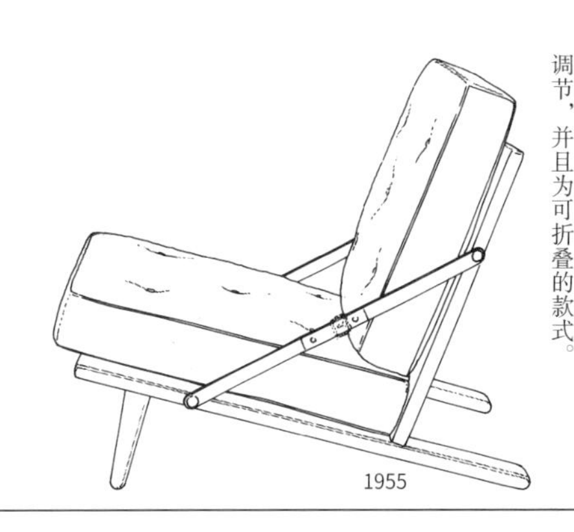

1955

很明显为『狩猎椅』的再设计模型。与前作相比，在设计上更为侧重机械生产。另外，钢板的使用提高了椅子的强度，并降低了成本。通过增加了椅垫的厚度，从而成功地提升了椅子的功能。

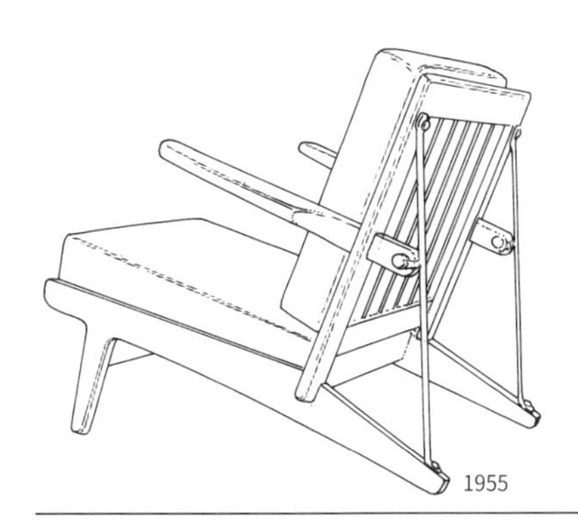

1955

这一作品被认为是在索博格公司发表的作品基础上进行设计的。非常朴实无华的椅子，看上去很好用。

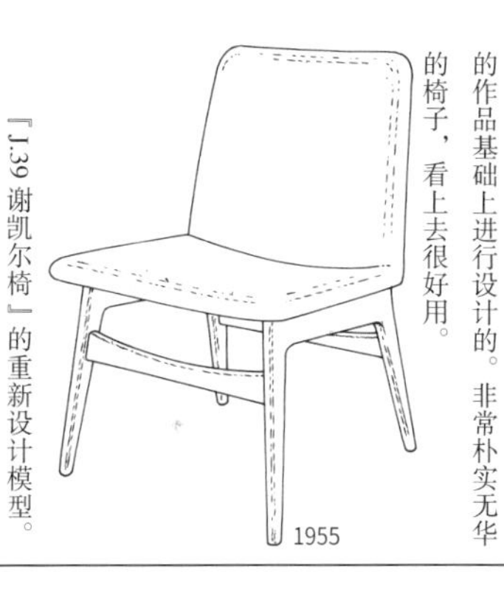

1955

『J.39 谢凯尔椅』的重新设计模型。椅座是革垫。弗雷德里西亚公司出品。

1956

右侧作品的侧视图和主视图。该作品比例很好，完成度很高。

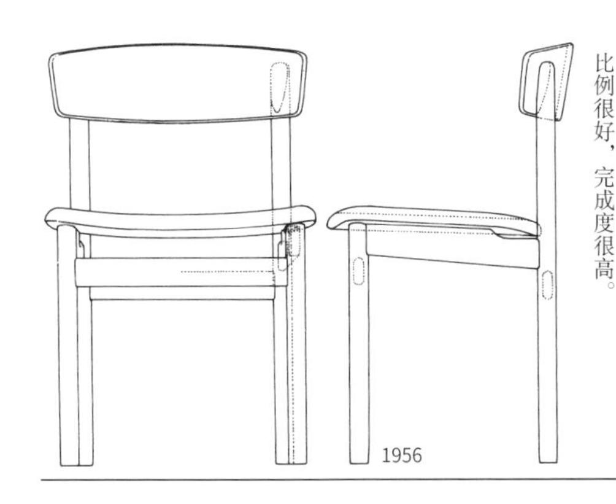

1956

将第三行的『J.39 谢凯尔椅』进一步重新设计后产生了这把美观的长椅。这是再设计的典型成功案例，希望大家能够借鉴这样的作品。

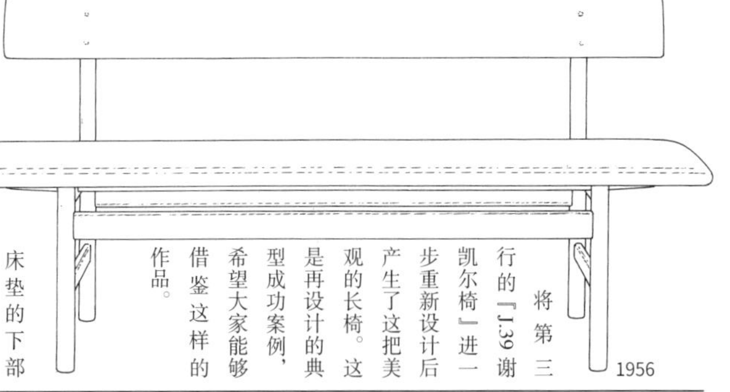

1956

床垫的下部是收藏柜的坐卧两用长椅。这件美丽的作品没有一点儿多余成分。

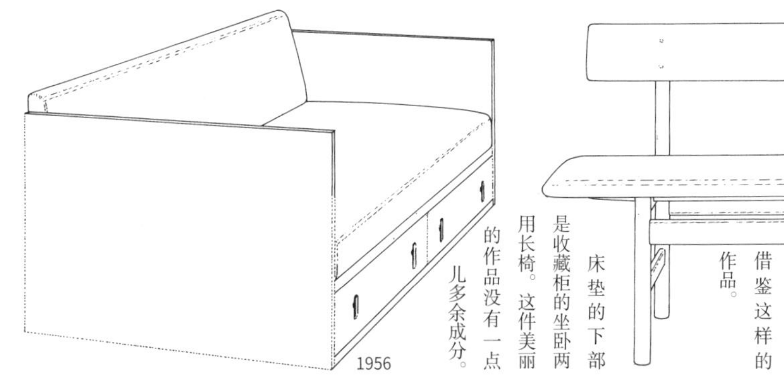

1956

1914—1972

布吉·莫根森

第 4 小节
再设计没有渗透到日本的理由

接着第 3 小节继续进行关于再设计的介绍。在日本，关于再设计的理念似乎难以渗透，笔者就这一点进行了思考。其原因所在，与其说是设计师，不如说是在制造方。例如，一名设计师与 A、B、C 三家公司签订了契约，并向各个公司提交了相互之间实有联系的作品的话，会怎样呢？恐怕各个公司都会要求其设计出与其他公司不一样的作品来吧。又或者是只与一家公司签约，连续发表与前作很相似的作品。恐怕也会被要求不要总是发布与前作有联系的作品，而是发布新作品吧。这对于消费者来说也是完全相同的状况。在这一情况下，要积累设计经验是很困难的，也就难以发表出完成度很高的作品。

当然设计师也会预先想到这一点，发表与前作完全不同的作品。然而人的才能并没有那么丰富，不自觉地就会借鉴其他作品的外观和构造。为了找到自身的『形』，需要更认真地花点时间来培养，最后才能形成原创的作品。

另一方面，丹麦的设计师们从以前的作品中找到问题点（不是自己的作品，还有其他设计师作品），并挑战解决问题的方法。即便是外观上很相似，像这样融入

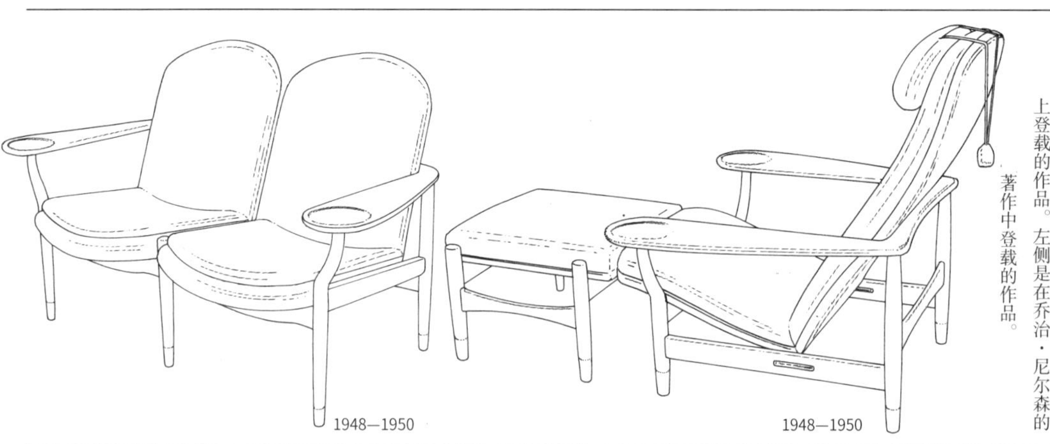

非常罕见的作品，应该是原型作品。椅腿的前端是紫檀。从细节上可看出其受到了居尔的影响。右侧是在德国的家具研究家阿德普夫·斯奈克所著的《软垫家具》上登载的作品。左侧是在乔治·尼尔森的著作中登载的作品。

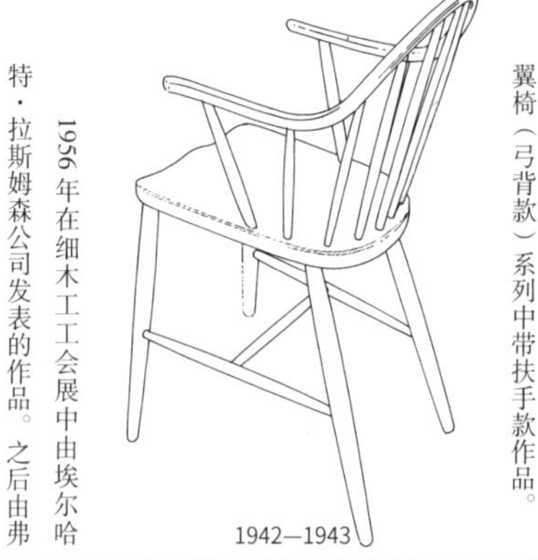

在第 1 小节中介绍过的 FDB 公司的翼椅（弓背款）系列中带扶手款作品。

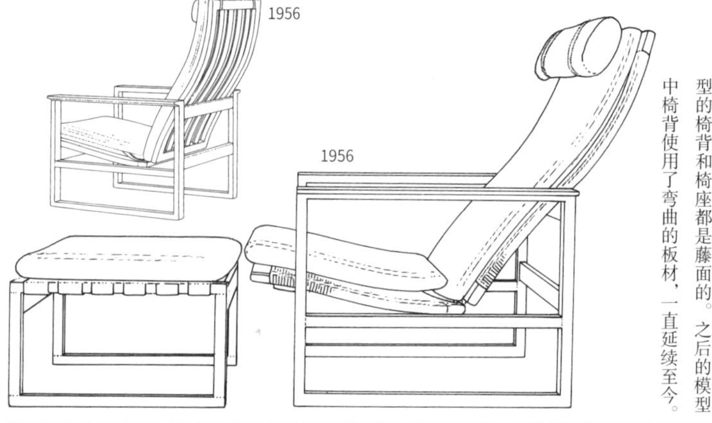

1956 年在细木工工会展中由埃尔哈特·拉斯姆森公司发表的作品。之后由弗雷德里西亚公司进行生产，初期的这个模型的椅背和椅座都是藤面的。之后的模型中椅背使用了弯曲的板材，一直延续至今。

1956

1956

1956

作为第三行作品的可选择版本而设计的带小桌子的款式。此款为折叠式。另外，椅座的前后可以通过滑动来改变椅背的角度。

右侧作品的双人版。笔者多年来也一直使用着与这件作品相同的椅子。

了他们努力的作品也受到了很高的评价。就是从这样的环境中诞生了名作。不仅是对莫根森的作品，也要用这样的眼光来看待本书中介绍过的其他设计师的作品，这才是本书的意义所在。

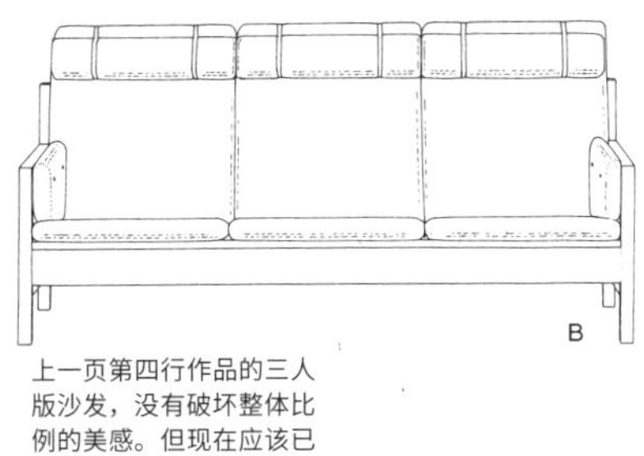

上一页第四行作品的三人版沙发，没有破坏整体比例的美感。但现在应该已经停产了。
1956

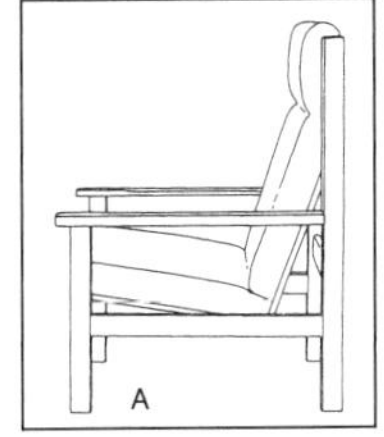

要在瓦格纳的作品中寻找与上一页第四行作品相似的作品的话，大概就是这个了吧。盖塔马公司制造。
1979

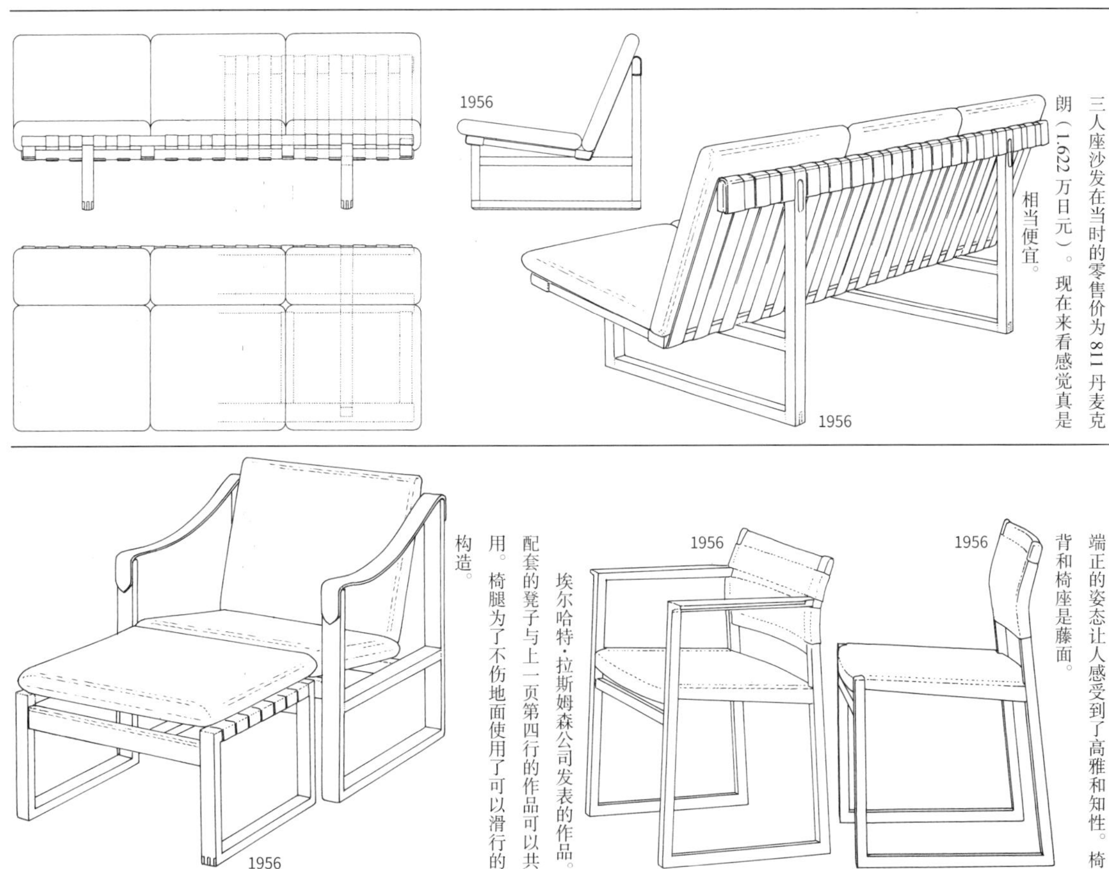

弗雷德里西亚公司制造，商品编号211的作品。椅背部分是用带子绷成的。三人座沙发在当时的零售价为811丹麦克朗（1.622万日元）。现在来看感觉真是相当便宜。

普劳里森公司制造，但在工厂倒闭后，由弗雷德里西亚公司进行了再生产。作品端正的姿态让人感受到了高雅和知性。椅背和椅座是藤面。

埃尔哈特·拉斯姆森公司发表的作品。配套的凳子与上一页第四行的作品可以共用。椅腿为了不伤地面使用了可以滑行的构造。

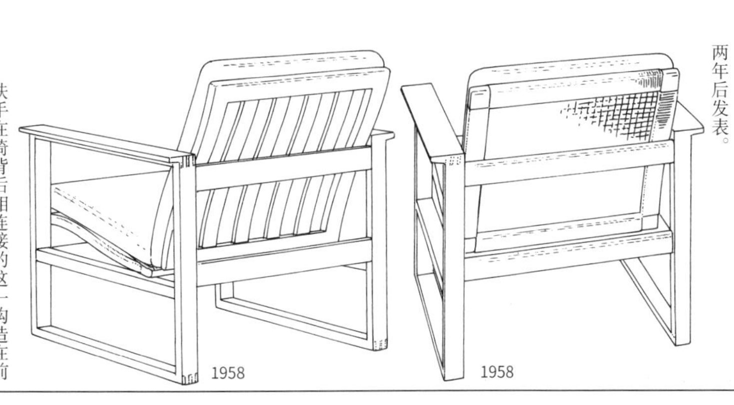

上一页第四行作品的低背款式。右侧是初期的模型，椅背为藤制。高背款式于两年后发表。

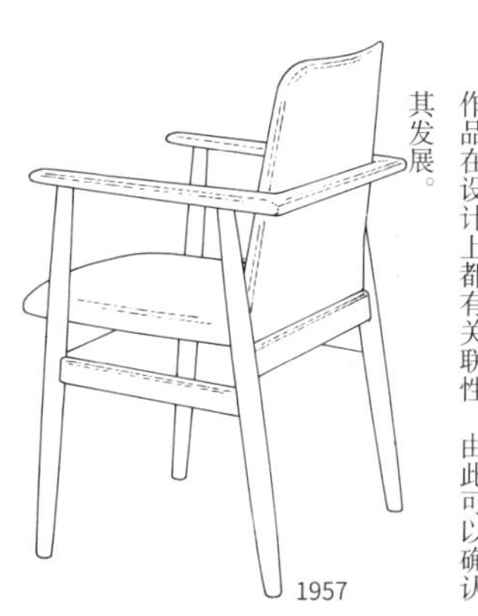

扶手在椅背后相连接的这一构造在前一小节中已经介绍过。丹麦家具设计师的作品在设计上都有关联性，由此可以确认其发展。

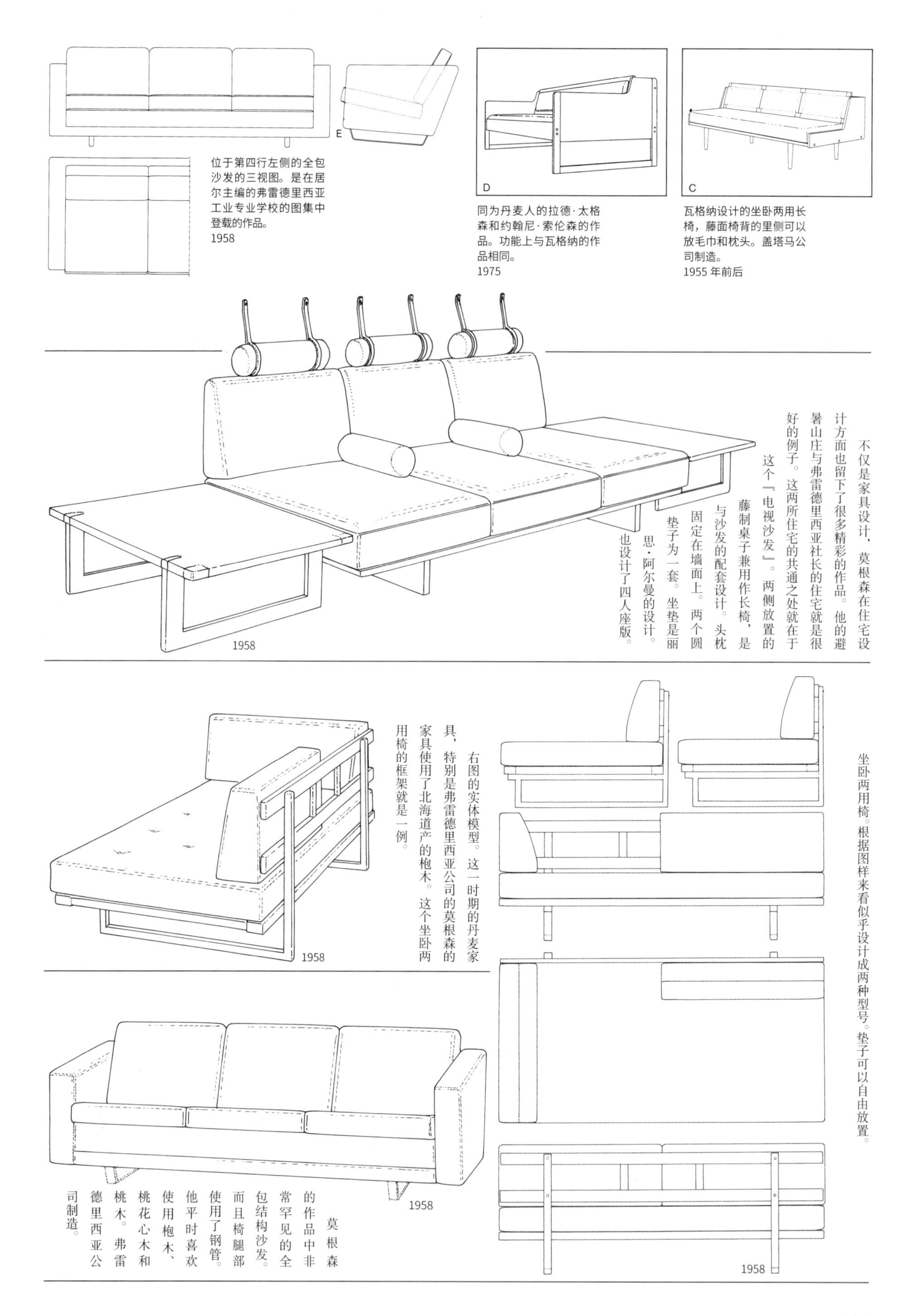

位于第四行左侧的全包沙发的三视图。是在居尔主编的弗雷德里西亚工业专业学校的图集中登载的作品。
1958

D
同为丹麦人的拉德·太格森和约翰尼·索伦森的作品。功能上与瓦格纳的作品相同。
1975

C
瓦格纳设计的坐卧两用长椅，藤面椅背的里侧可以放毛巾和枕头。盖塔马公司制造。
1955 年前后

不仅是家具设计，莫根森在住宅设计方面也留下了很多精彩的作品。他的避暑山庄与弗雷德里西亚社长的住宅就是很好的例子。这两所住宅的共通之处就在于这个『电视沙发』。两侧放置的藤制桌子兼用作长椅，是与沙发的配套设计。头枕固定在墙面上。两个圆垫子为一套。坐垫是丽思·阿尔曼的设计。也设计了四人座版。

右图的实体模型。这一时期的丹麦家具，特别是弗雷德里西亚公司的莫根森的家具使用了北海道产的枹木。这个坐卧两用椅的框架就是一例。

坐卧两用椅。根据图样来看似乎设计成两种型号。垫子可以自由放置。

莫根森的作品中非常罕见的全包结构沙发。而且椅腿部使用了钢管。他平时喜欢使用枹木、桃花心木和桃木。弗雷德里西亚公司制造。

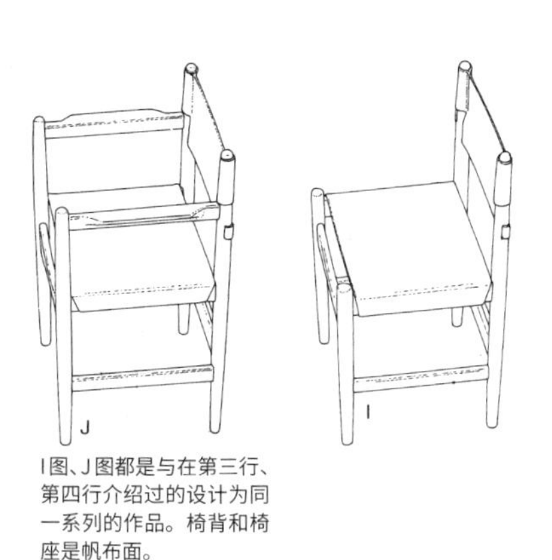

I图、J图都是与在第三行、第四行介绍过的设计为同一系列的作品。椅背和椅座是帆布面。
1959

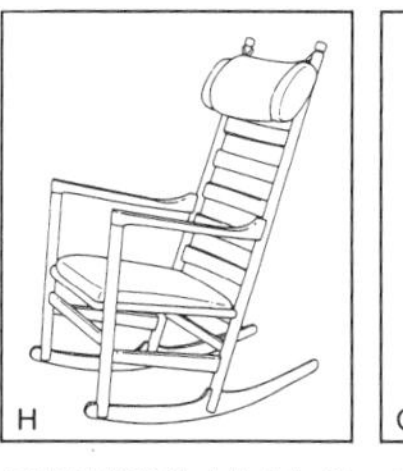

瓦格纳的设计中也有与莫根森同样起源于谢凯尔家具的作品，这也是其中的一件。卡尔·汉森父子公司制造。
1965 年前后

G

与此设计相同的作品也由卡尔·汉森父子公司进行了量产。
1962 年前后

F

在瓦格纳的作品中也能看到与莫根森相似的作品。这是 PP 家具公司制造的作品。
1969 年前后

与585页第二行作品的轮廓很像，但椅背部分的骨架使用了板子。弗雷德里西亚公司制造。

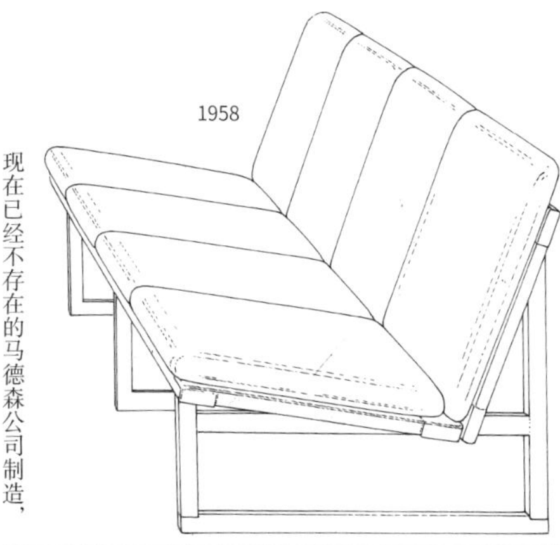

现在已经不存在的马德森公司制造，兼备平衡感和美感的作品。后来由弗里茨·亨宁森公司进行了再生产，现已停产。

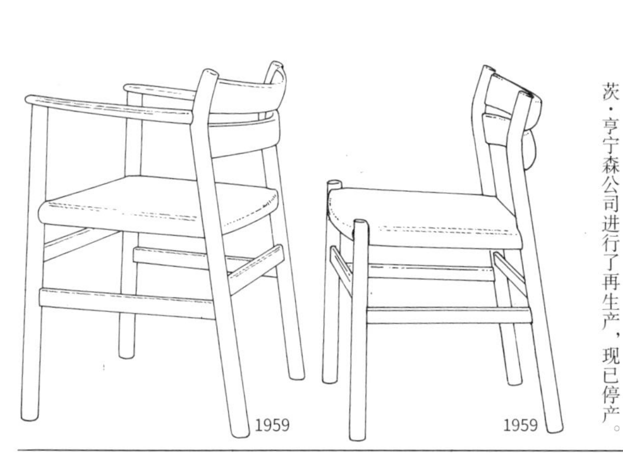

这里介绍的七件作品都是瑞典的卡尔·安德尔森公司制造。

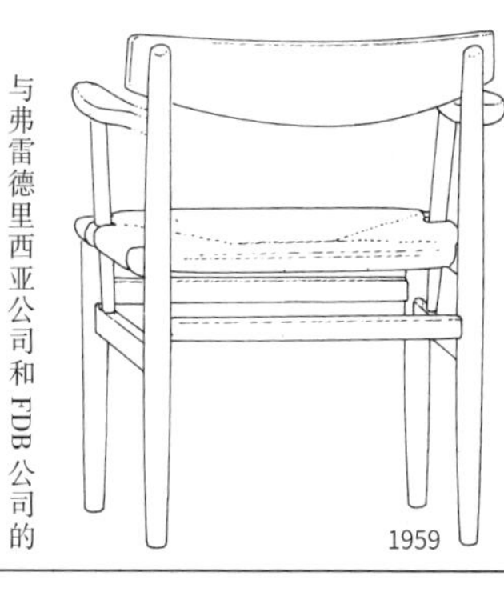

与弗雷德里西亚公司和FDB公司的感觉稍有不同，残留着莫根森的风格。

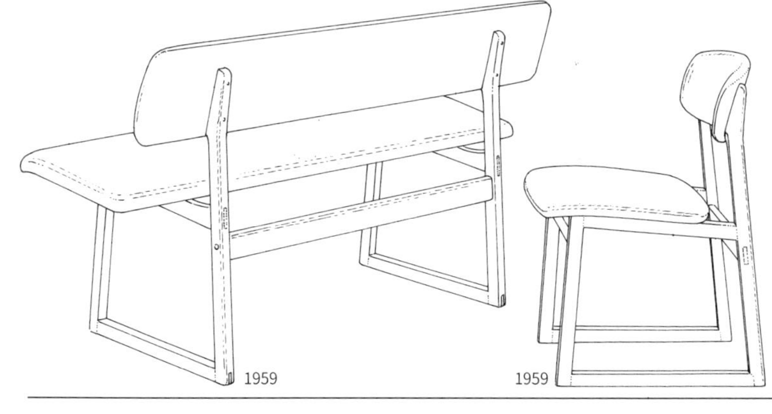

与弗雷德里西亚公司的作品很像，但椅背的部分与后腿有些距离，用零件进行了固定。这样的做法在居尔的作品中经常见到。

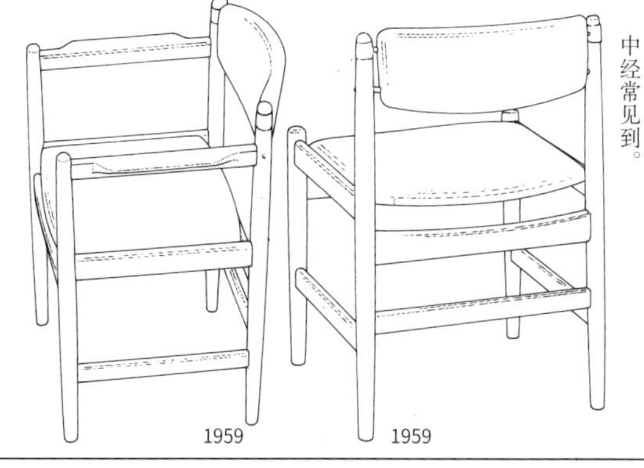

与FDB公司的『J.39谢凯尔椅』很像，整体给人感觉很柔软。

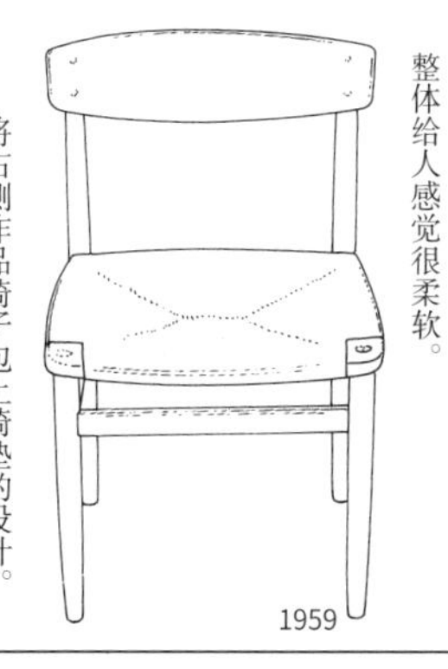

将右侧作品椅子包上椅垫的设计。

1959

1914—1972

布吉·莫根森

第 5 小节
莫根森的经历

在第 1 小节中就莫根森的经历稍有叙述，这里将进行详细叙述。

他在 1934 年取得了工匠资格证后，就读于美术工业学校以及皇家艺术学院。在就读于美术学院的同时，也在一些建筑设计事务所工作。这其中就包含了柯林特和 Koch 的事务所。

1942—1950 年期间担当丹麦生活协同组合下设的 FDB 公司的负责人。几乎是在同时期，于 1945—1947 年间担当皇家艺术学院家具专业的助手。1950 年创办了自己的事务所。1953 年在奥尔森公司的设计方面担当顾问。

莫根森于 1939—1962 年连续在作为丹麦家具发展起源的细木工工会展中进行作品展出，并一直是其中心成员。同时，通过丹麦艺术和工艺品协会以及工业协会，为了本国设计在国内外的普及而尽心尽力。1945 年获得了维森特奖学金，1950 年获得埃卡斯贝尔格奖，1953 年获丹麦模范市民奖，1958 年获得细木工工会年度奖等。

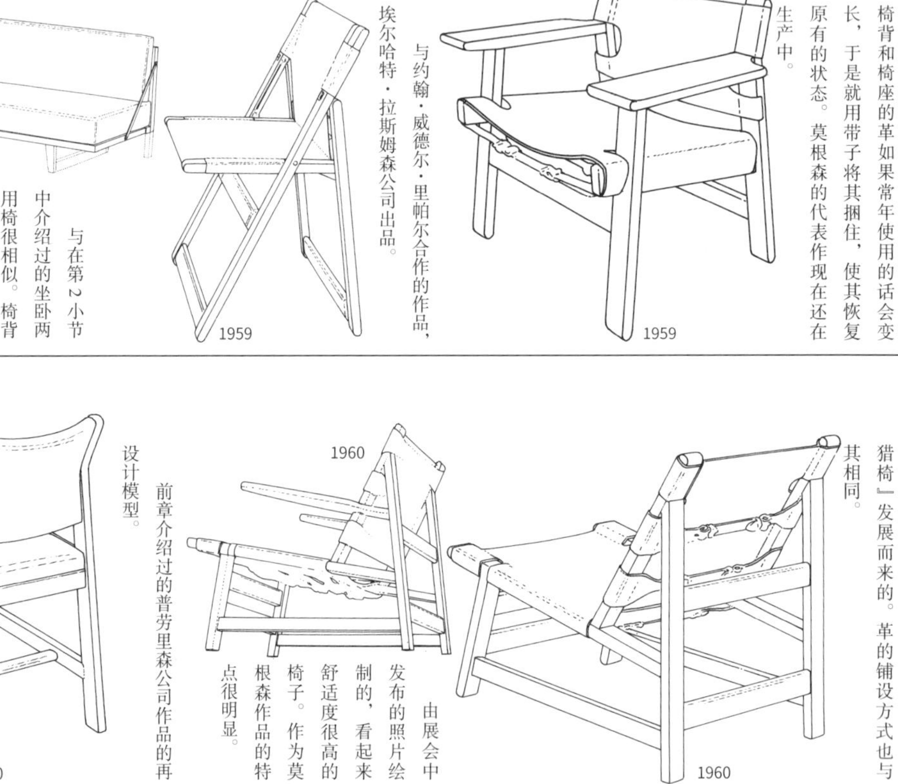

仔细观察西班牙的椅子就会发现其中大胆地使用了自然元素的『西班牙椅』。椅背和椅座的革如果常年使用的话会变长，于是就用带子将其捆住，使其恢复原有的状态。莫根森的代表作现在还在生产中。

与约翰·威德尔·里帕尔合作的作品，埃尔哈特·拉斯姆森公司出品。

与在第 2 小节中介绍过的坐卧两用椅很相似。椅背上的板子似乎是用革带进行弯折的构造。根据资料的照片看不清其椅腿的构造，椅背板子下部也不详。

由弗雷德里西亚公司的目录绘制。这一构造很明显是由 1950 年发表的『狩猎椅』发展而来的。革的铺设方式也与其相同。

由展会中发布的照片绘制的，看起来舒适度很高的椅子。作为莫根森作品的特点很明显。

前章介绍过的普劳里森公司作品的再设计模型。

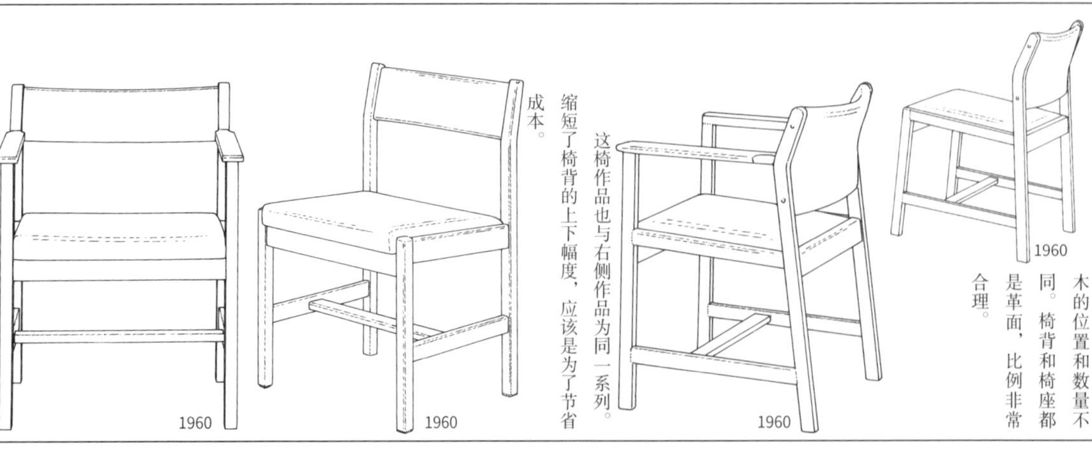

这一作品也是在其基础上产生的模型。与第三行左侧作品看起来很像，但横木的位置和数量不同。椅背和椅座都是革面，比例非常合理。

这椅作品也与右侧作品为同一系列。缩短了椅背的上下幅度，应该是为了节省成本。

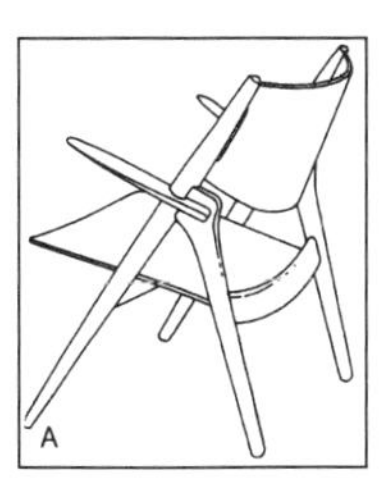

瓦格纳的作品，卡尔·汉森父子公司的模型。扶手的设计为尖锐的角。
1951

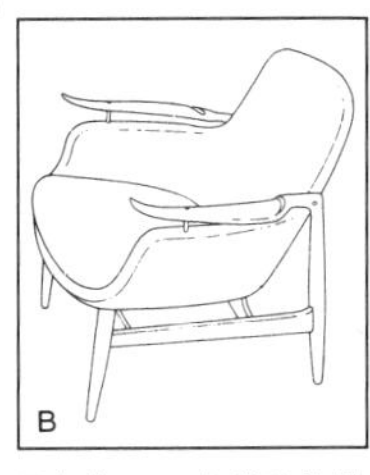

居尔在 1953 年发表的模型，名匠尼尔斯·沃德将其实物化。雕刻性的角成为了扶手。
1953

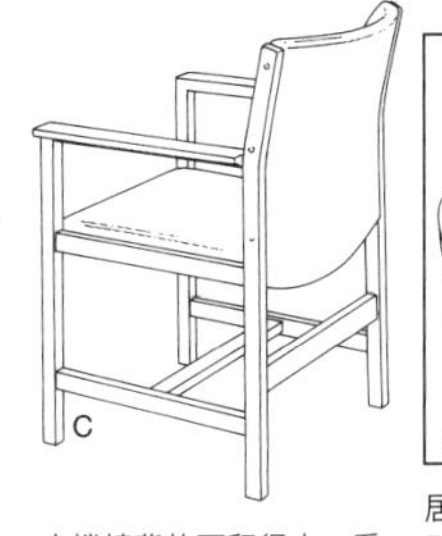

支撑椅背的面积很大，看起来舒适度很高的作品。适用范围很广，从会议室到起居室都可以。
1959

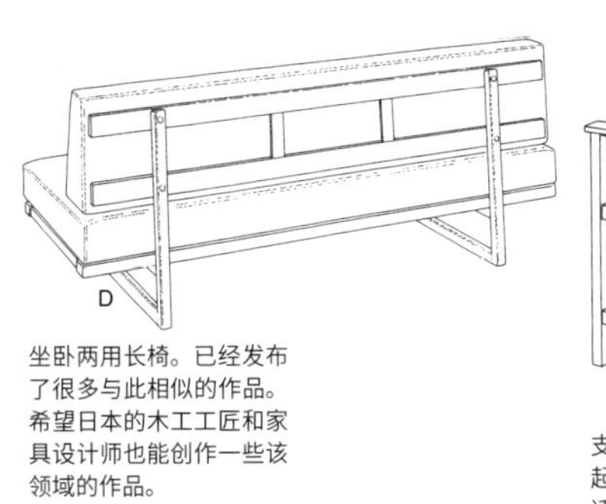

坐卧两用长椅。已经发布了很多与此相似的作品。希望日本的木工工匠和家具设计师也能创作一些该领域的作品。
1959

与上一页第四行中左侧作品很像，但椅座框架的构造不同。前者是弗雷德里西亚公司的作品，此作品制造商不详。

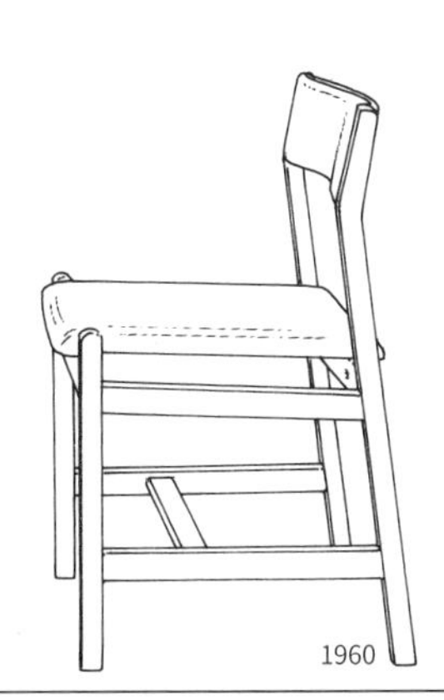
1960

此作品为上一页介绍过的作品的改良版。椅背和椅座相连，身体的支撑面积扩大，提高了舒适度。无论是从功能、构造还是审美上来说，都是无可挑剔的高完成度作品。

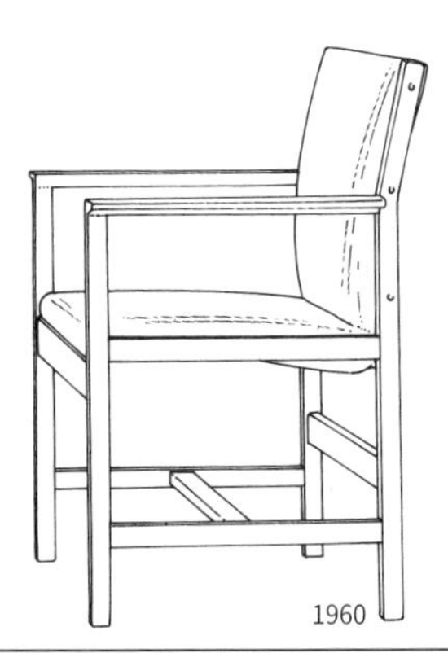
1960

应该是与上一页第四行左侧作品同一系列的作品。椅座是由纸绳编成的。

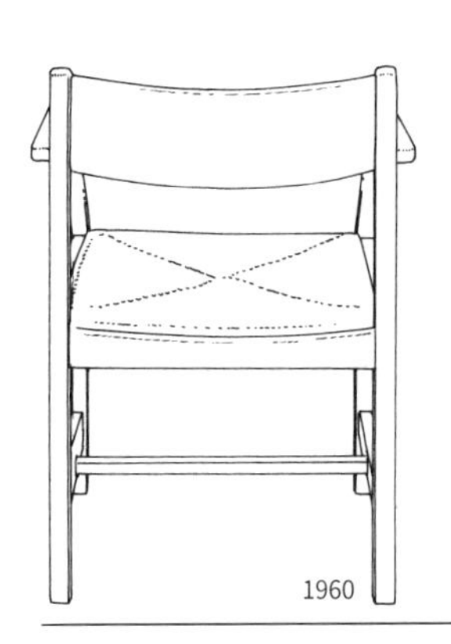
1960

由第3小节介绍过的一系列帆布面系列的椅子发展而来。瓦格纳也曾为盖塔马公司设计过与此相似的作品。

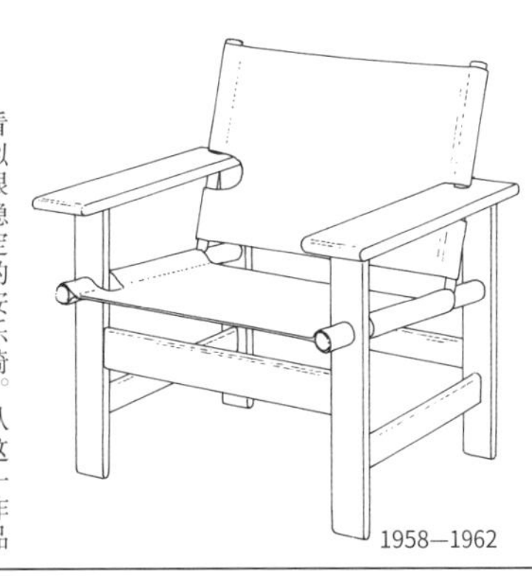
1958—1962

看似很稳定的安乐椅。从这一作品的细节上也能看出到目前为止介绍过作品的一些特征，脚凳似乎也能兼用于其他的模型。

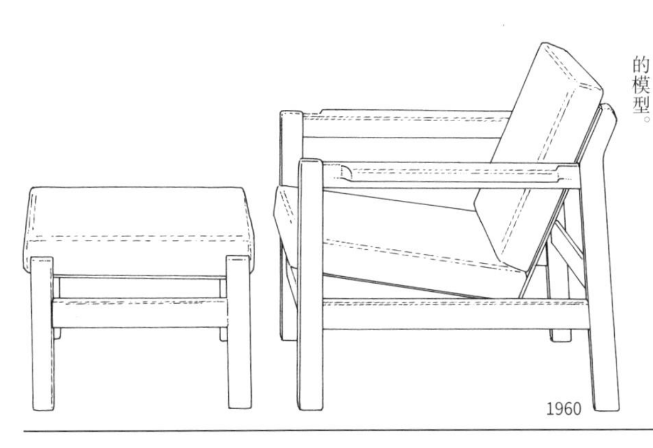
1960

第三行作品的三视图，可以看出比例十分均匀美观。

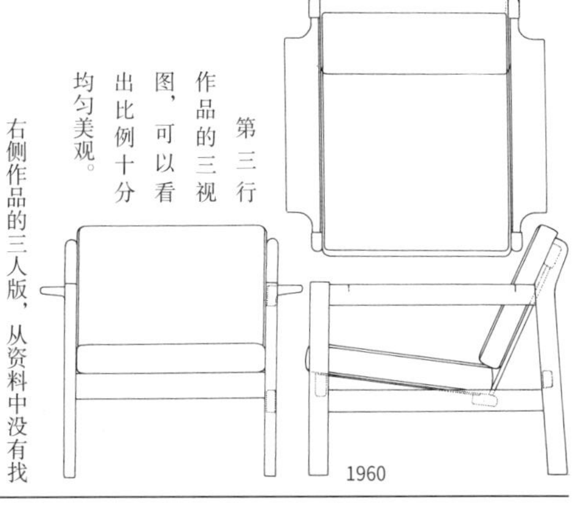
1960

右侧作品的三人版，从资料中没有找到双人版。

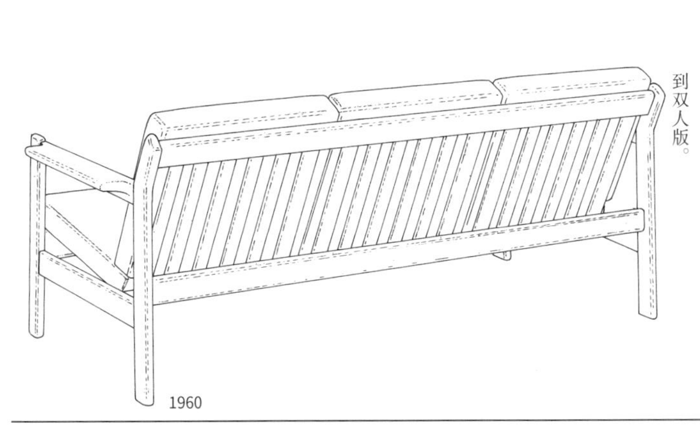
1960

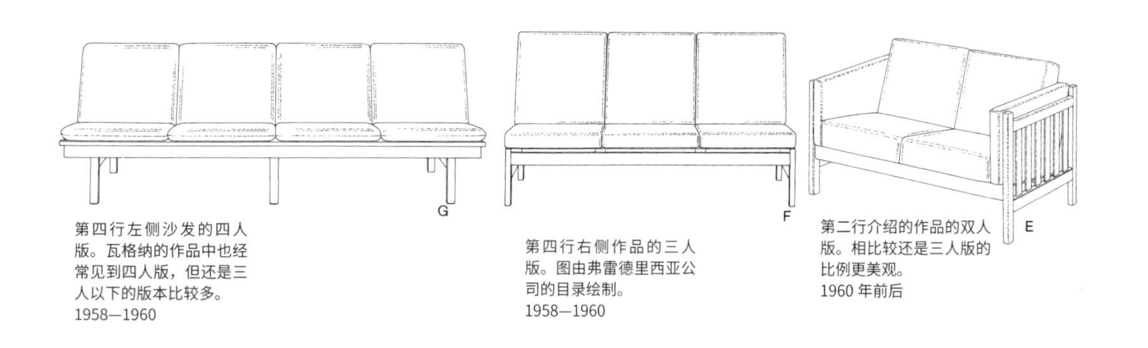

第四行左侧沙发的四人版。瓦格纳的作品中也经常见到四人版，但还是三人以下的版本比较多。
1958—1960

第四行右侧作品的三人版。图由弗雷德里西亚公司的目录绘制。
1958—1960

第二行介绍的作品的双人版。相比较还是三人版的比例更美观。
1960 年前后

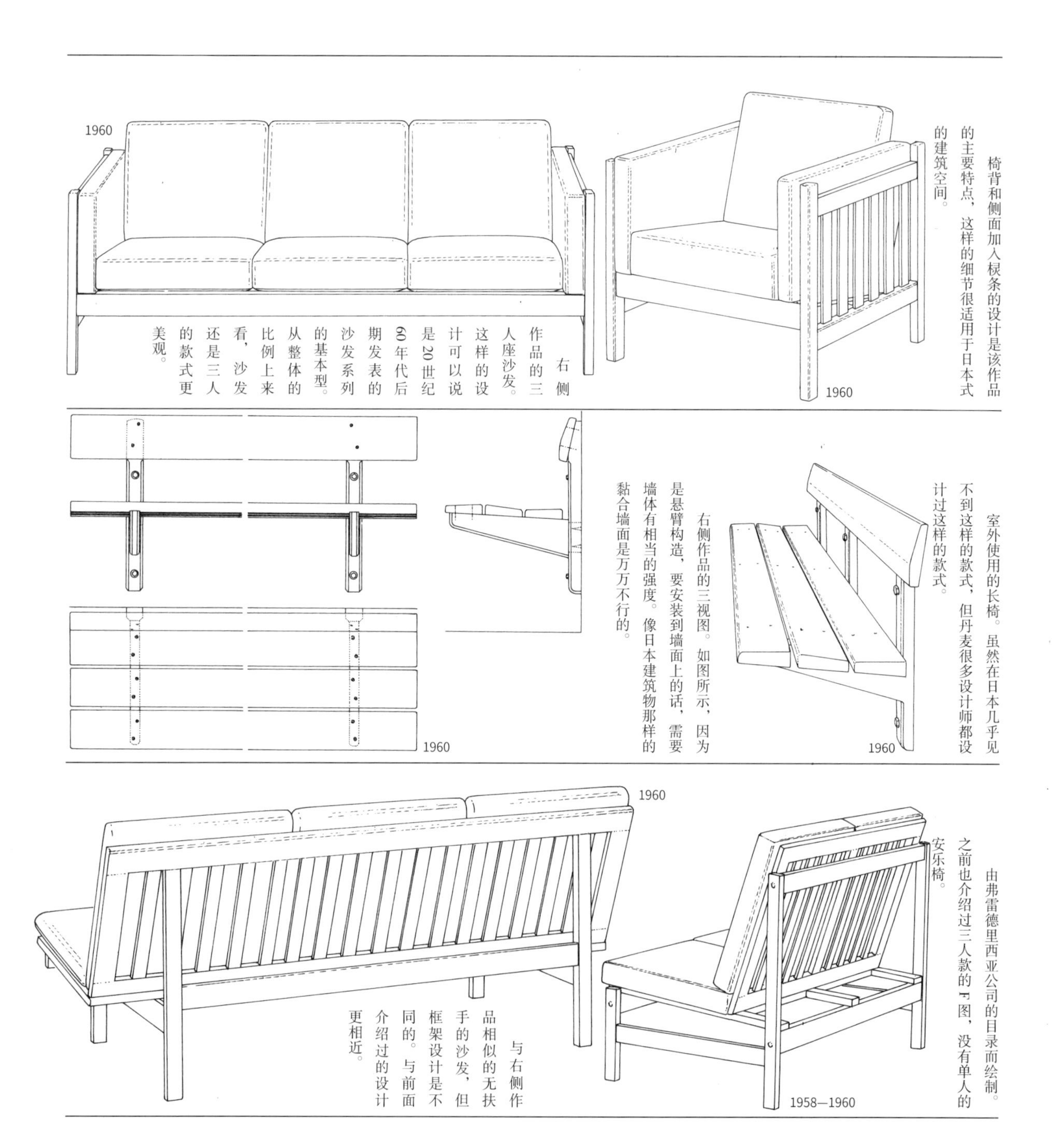

椅背和侧面加入棂条的设计是该作品的主要特点，这样的细节很适用于日本式的建筑空间。

右侧作品的三人座沙发。这样的设计可以说是20世纪60年代后期发表的沙发系列的基本型。从整体的比例上来看，沙发还是三人的款式更美观。

室外使用的长椅。虽然在日本几乎见不到这样的款式，但丹麦很多设计师都设计过这样的款式。

右侧作品的三视图。如图所示，因为是悬臂构造，要安装到墙面上的话，需要墙体有相当的强度。像日本建筑物那样的黏合墙面是万万不行的。

由弗雷德里西亚公司的目录而绘制。之前也介绍过三人款的F图，没有单人的安乐椅。

与右侧作品相似的无扶手的沙发，但框架设计是不同的。与前面介绍过的设计更相近。

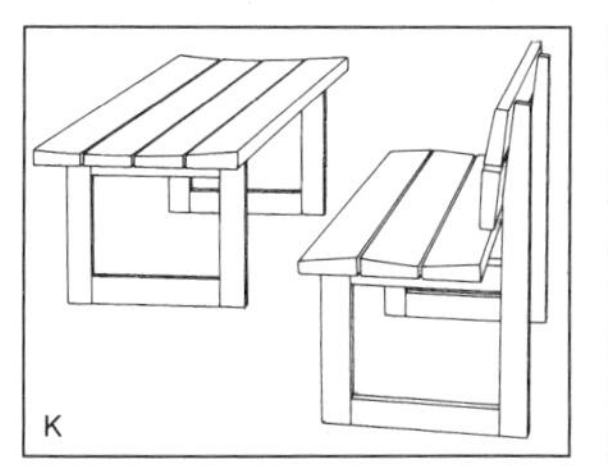

K

这也是丹麦的拉德·太格森和约翰尼·索伦森的共同作品。可见其与莫根森作品的共同之处。
1974

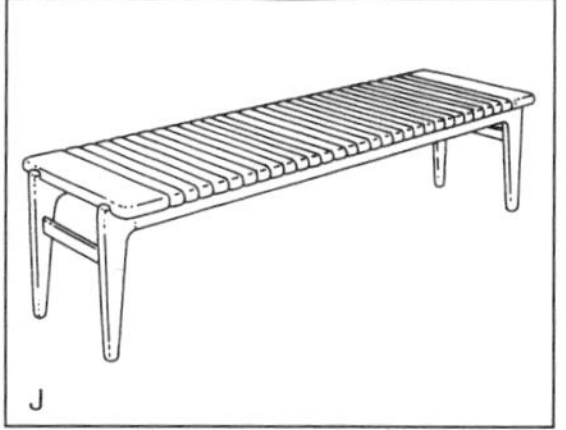

J

瓦格纳设计的长椅。约翰尼斯·汉森公司和 PP 家具公司都曾制造过，现在已经停产。
1952 年前后

I

这也是里特维尔德设计的长椅，从构造上看与莫根森的作品相同。
1926

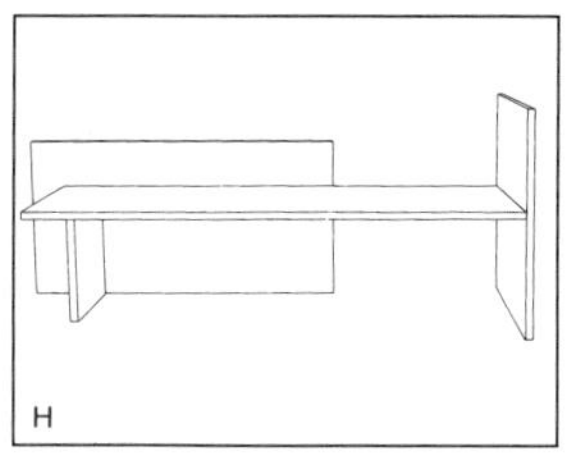

H

荷兰的里特维尔德设计的长椅，实验性的构造。
1023—1929

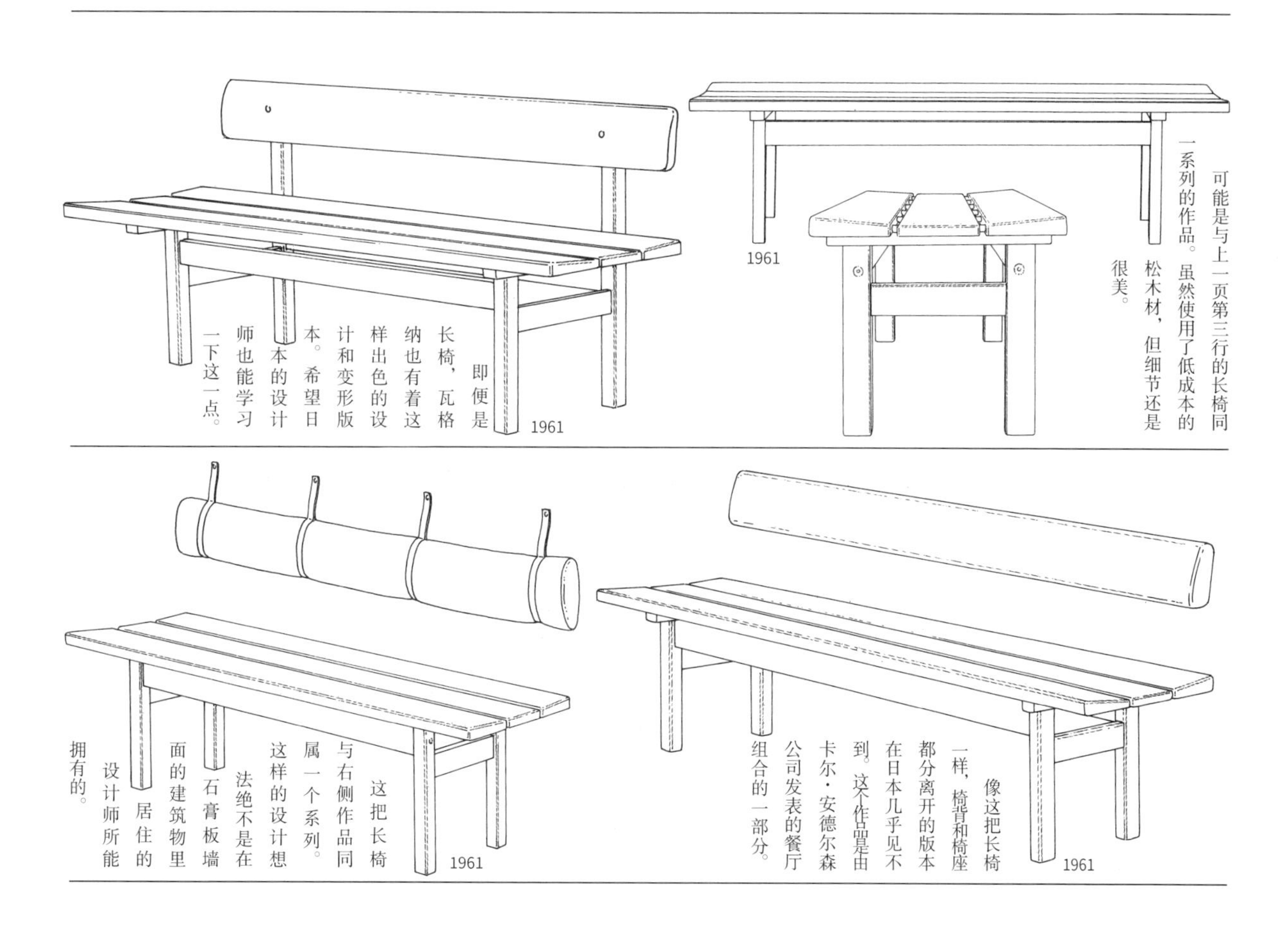

即便是长椅，瓦格纳也有着这样出色的设计和变形版本。希望日本的设计师也能学习一下这一点。
1961

可能是与上一页第三行的长椅同一系列的作品。虽然使用了低成本的松木材，但细节还是很美。
1961

这把长椅与右侧作品同属一个系列。这样的设计想法绝不是在石膏板墙面的建筑物里居住的设计师所能拥有的。
1961

像这把长椅一样，椅背和椅座都分离开的版本在日本几乎见不到。这件作品是由卡尔·安德尔森公司发表的餐厅组合的一部分。
1961

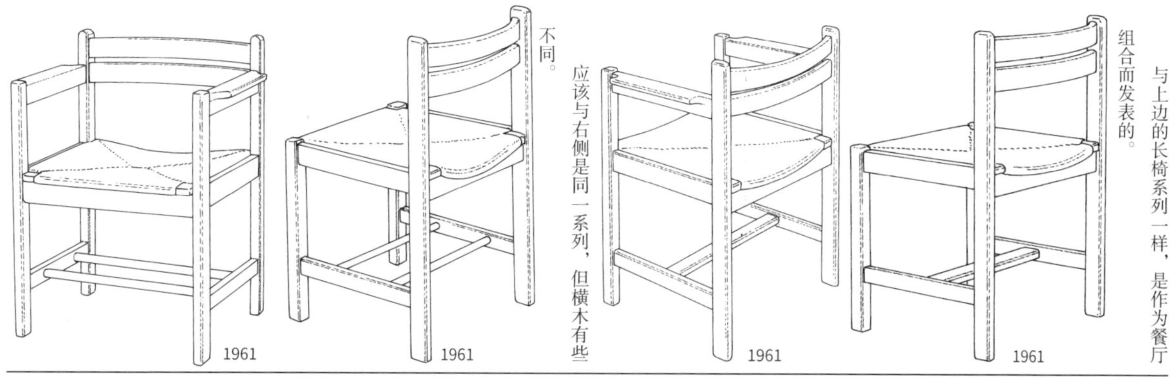

1961

1961

应该与右侧是同一系列，但横木有些不同。

1961

1961

与上边的长椅系列一样，是作为餐厅组合而发表的。

1914—1972

布吉·莫根森

第 6 小节
数量众多的合作伙伴

本小节就莫根森的合作伙伴进行叙述。最初，与既是好友又是竞争对手的瓦格纳一同发表家具设计作品。

与莫根森有合作关系的制造商很多。伊克里斯坦森公司、埃尔哈特·拉斯姆森公司、鲁德维·蓬塔皮丹公司、约翰尼斯·汉森公司、弗里茨·汉森公司、FDB 公司、弗雷德里西亚公司、索博格公司、马德森、卡尔·安德尔森公司（瑞典）等。这其中有包含着会聚熟练工的工作坊社长名字命名的公司，也有建筑公司。柯奇公司是布料公司，在该公司的工作是与布料设计师丽思·阿尔曼的共同合作。主要是设计椅子面，使用双色线的方格和条纹以及单色进行系统化后，大量应用到了他的作品中。另外，与格雷斯·迈耶共同开发的家具组合单元也是很重要的设计。

椅背和椅座是全包结构，舒适度很高。虽然称不上是有个性的作品，然而强度、功能性及比例均衡，是一件完成度很高的作品。

1962

可以说是由右侧作品发展而来的作品。从扶手等细节上可以看出莫根森的风格。

1962

会议室用的设计作品。为了承重，采取了着地的椅腿设计，可以顺畅地移动。

1963

由「J.39 谢凯尔椅」发展而来的学童用椅。有莫根森这样的巨匠担当生活协同组合家具部门的开发，并设计出了一系列学童用的家具，真是令人羡慕。然而只是以销售为目的的国家肯定不会出现完成度如此之高的作品。在日常生活中使用此种家具的人对于设计的看法肯定也是不同的。

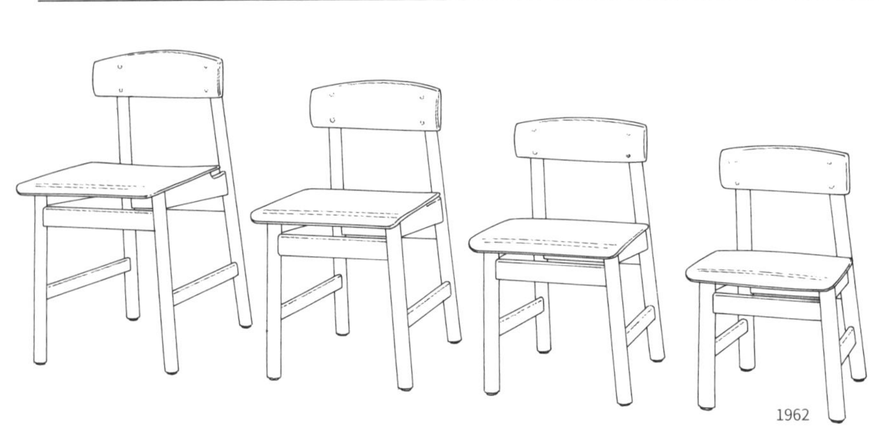

1962

这个作品是家具组合单元的一部分。与写字桌和画图用的柜子是配套的。这把坐卧两用椅也同早饭兼读书用的桌子进行组合。

1962

莫根森的代表作翼椅。这个作品的设计来源是其老师柯林特对于 18 世纪英国家具的研究。

1964

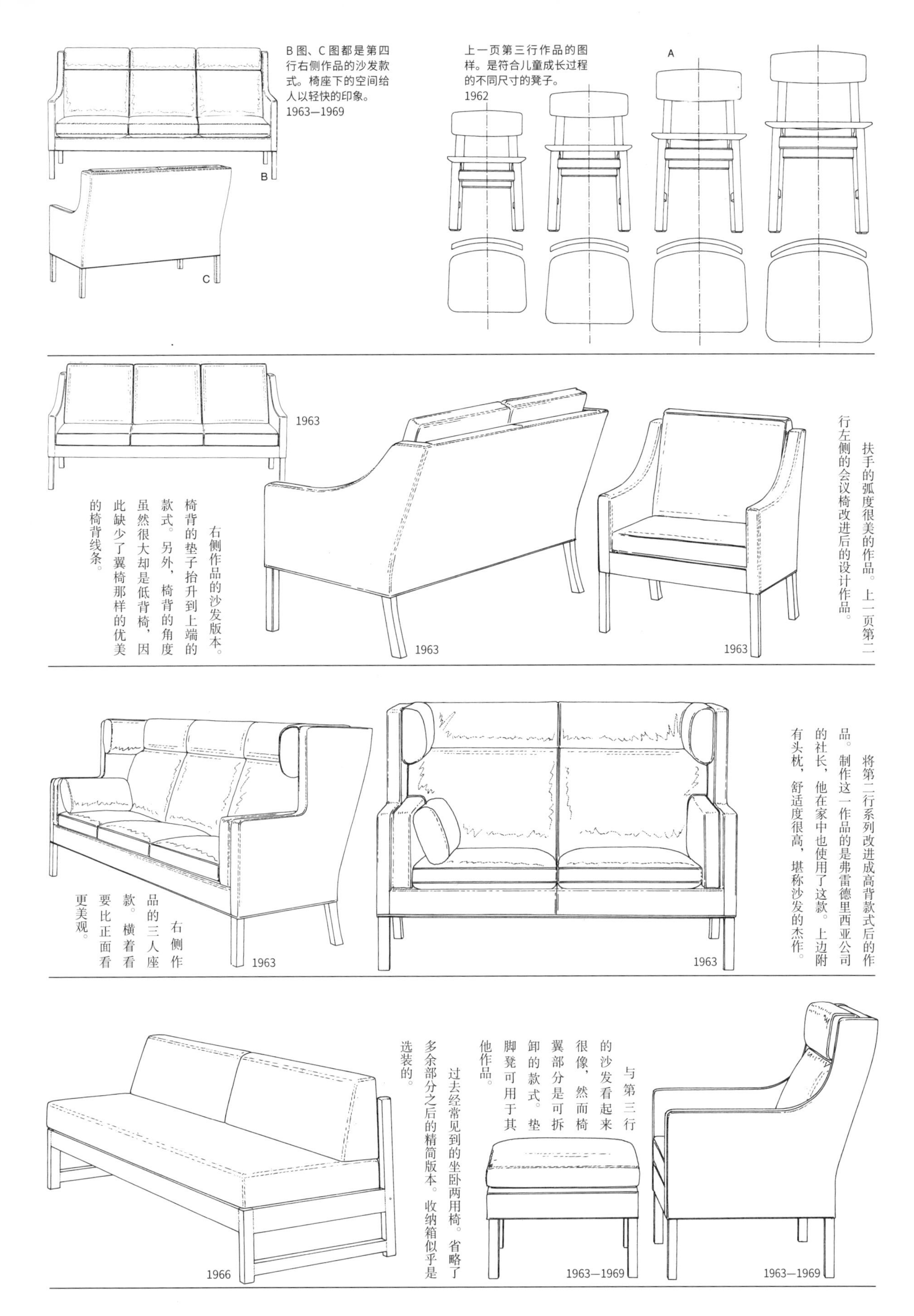
B图、C图都是第四行右侧作品的沙发款式。椅座下的空间给人以轻快的印象。
1963—1969
B
C
上一页第三行作品的图样。是符合儿童成长过程的不同尺寸的凳子。
1962
A
1963
右侧作品的沙发版本。椅背的垫子抬升到上端的款式。另外，椅背的角度虽然很大却是低背椅，因此缺少了翼椅那样的优美的椅背线条。
1963
1963
扶手的弧度很美的作品。上一页第二行左侧的会议椅改进后的设计作品。
右侧作品的三人座款。横着看要比正面看更美观。
1963
1963
将第二行系列改进成高背款式后的作品。制作这一作品的是弗雷德里西亚公司的社长，他在家中也使用了这款。上边附有头枕，舒适度很高，堪称沙发的杰作。
1966
过去经常见到的坐卧两用椅。省略了多余部分之后的精简版本。收纳箱似乎是选装的。
与第三行的沙发看起来很像，然而椅翼部分是可拆卸的款式。垫脚凳可用于其他作品。
1963—1969
1963—1969

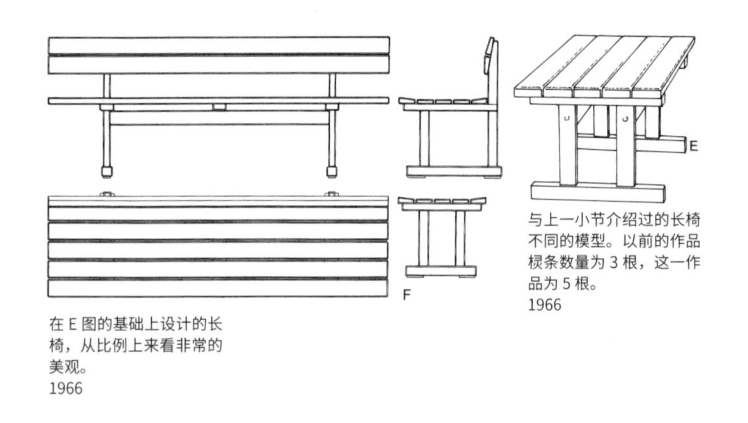

在 E 图的基础上设计的长椅，从比例上来看非常的美观。
1966

与上一小节介绍过的长椅不同的模型。以前的作品椽条数量为 3 根，这一作品为 5 根。
1966

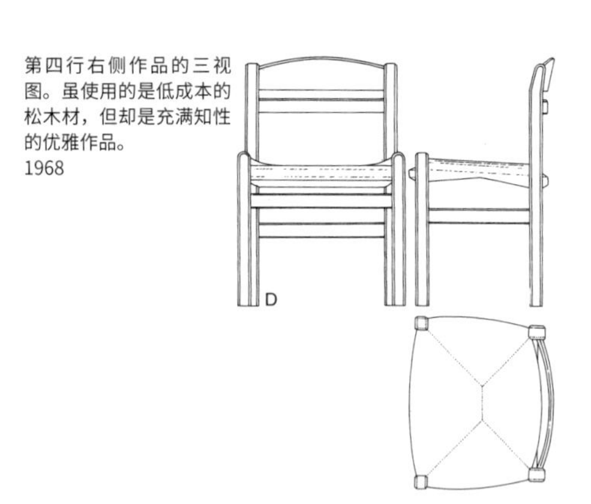

第四行右侧作品的三视图。虽使用的是低成本的松木材，但却是充满知性的优雅作品。
1968

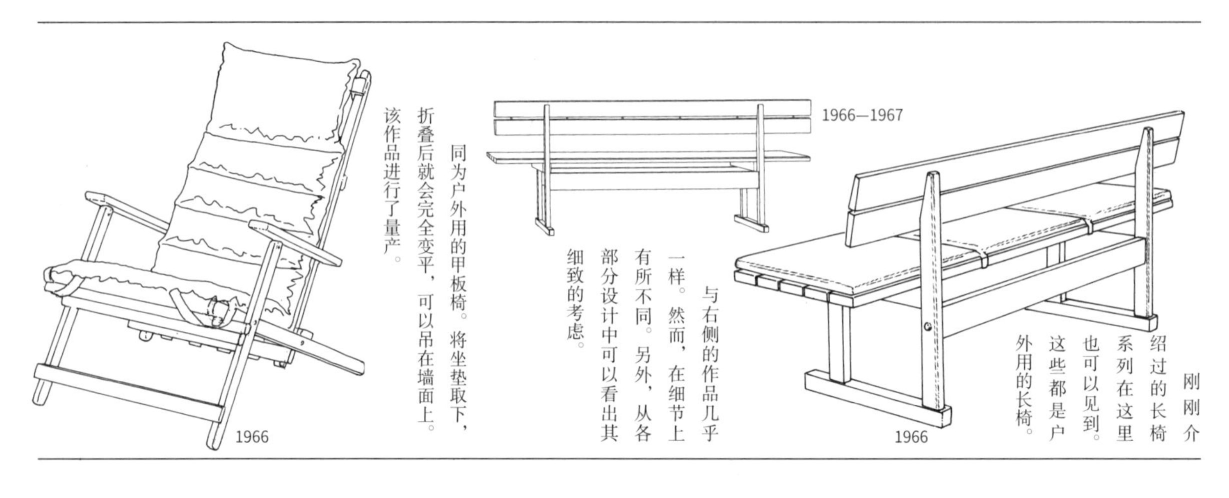

刚刚介绍过的长椅系列在这里也可以见到。这些都是户外用的长椅。
1966

与右侧的作品几乎一样。然而，在细节上有所不同。另外，从各部分设计中可以看出其细致的考虑。
1966—1967

同为户外用的甲板椅。将坐垫取下，折叠后就会完全变平，可以吊在墙面上。该作品进行了量产。
1966

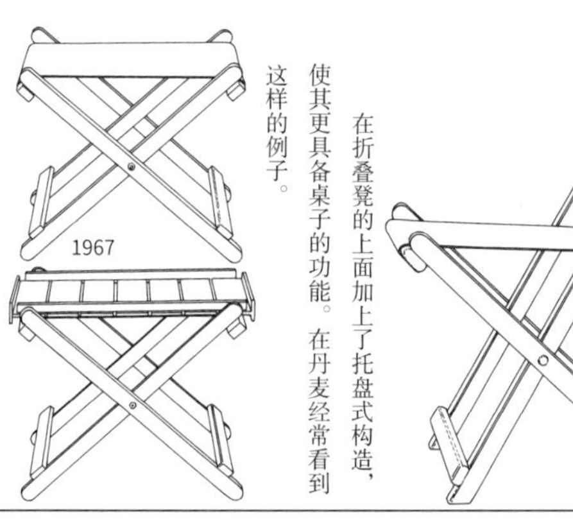

瓦格纳在同时期发表了与此非常相似的户外用折叠椅。从这种设计中也可以看出两人的竞争关系，十分有趣。
1967

在折叠凳的上面加上了托盘式构造，使其更具备桌子的功能。在丹麦经常看到这样的例子。
1967

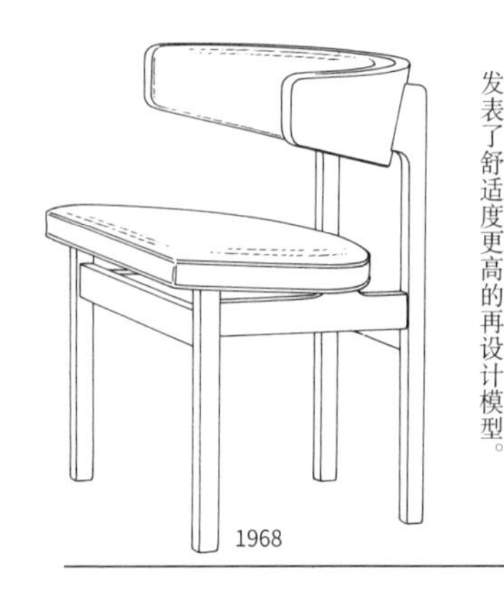

用两条后腿支撑横木的设计在瓦格纳的『牛角椅』等作品当中也很常见。即便是同样的构造，也进行了莫根森风格式的处理。他的儿子将这个作品的座高降低，发表了舒适度更高的再设计模型。
1968

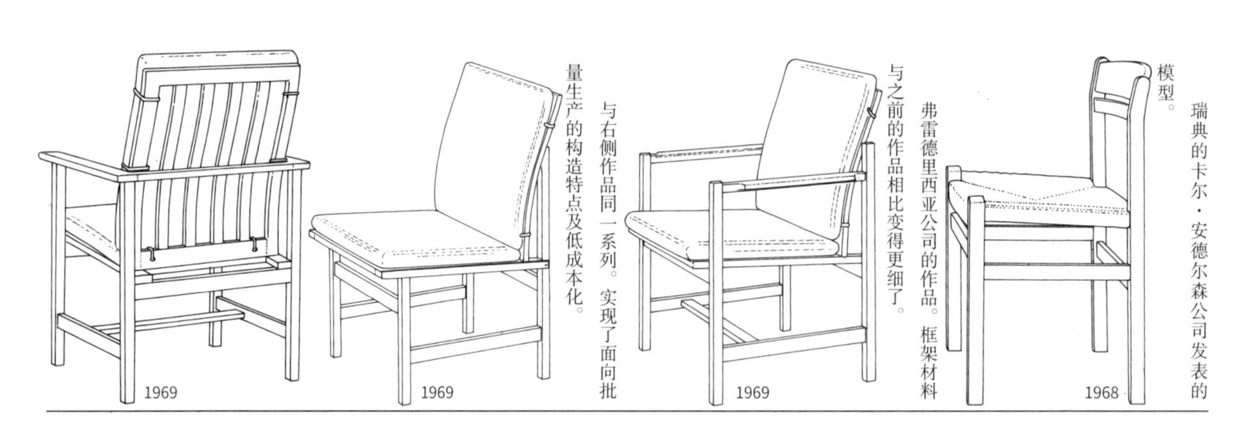

瑞典的卡尔·安德尔森公司发表的模型。
1968

弗雷德里西亚公司的作品。框架材料与之前的作品相比变得更细了。
1969

与右侧作品同一系列。实现了面向批量生产的构造特点及低成本化。
1969

1969

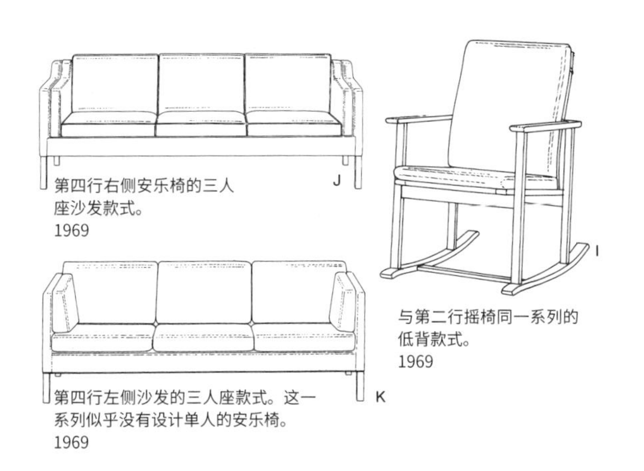

第四行右侧安乐椅的三人座沙发款式。
1969

与第二行摇椅同一系列的低背款式。
1969

第四行左侧沙发的三人座款式。这一系列似乎没有设计单人的安乐椅。
1969

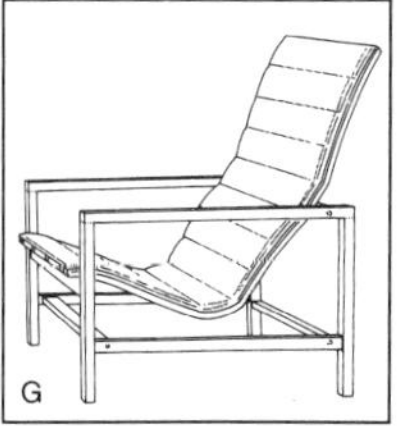

G 图、H 图同为《丹麦室内装饰》杂志上登载的作品，可以算作是莫根森的作品。可能是与建筑师哈拉尔德·普朗等人的共同设计。
1968 年前后

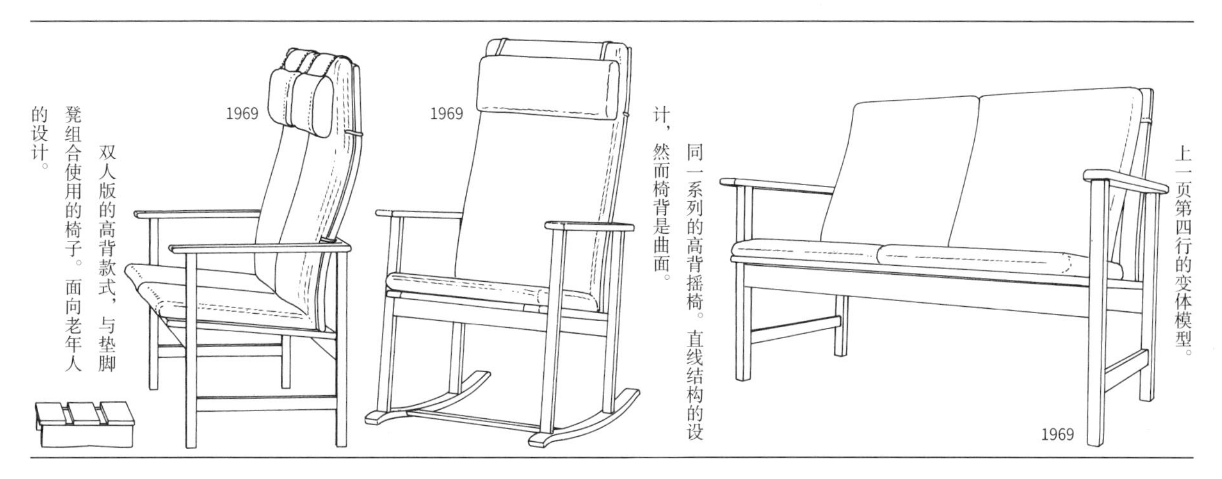

上一页第四行的变体模型。

同一系列的高背摇椅。直线结构的设计，然而椅背是曲面。

双人版的高背款式，与垫脚凳组合使用的椅子。面向老年人的设计。

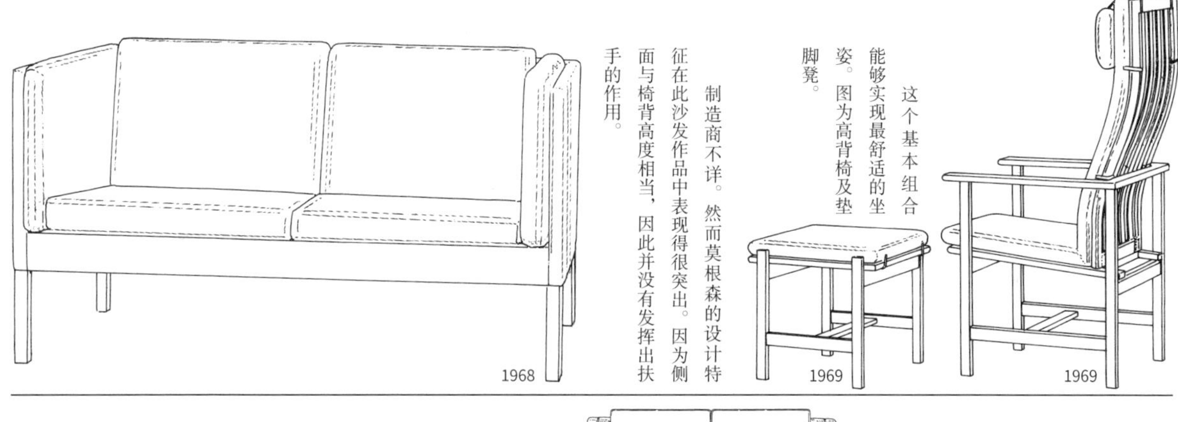

这个基本组合能够实现最舒适的坐姿。图为高背椅及垫脚凳。

制造商不详。然而莫根森的设计特征在此沙发作品中表现得很突出。因为侧面与椅背高度相当，因此并没有发挥出扶手的作用。

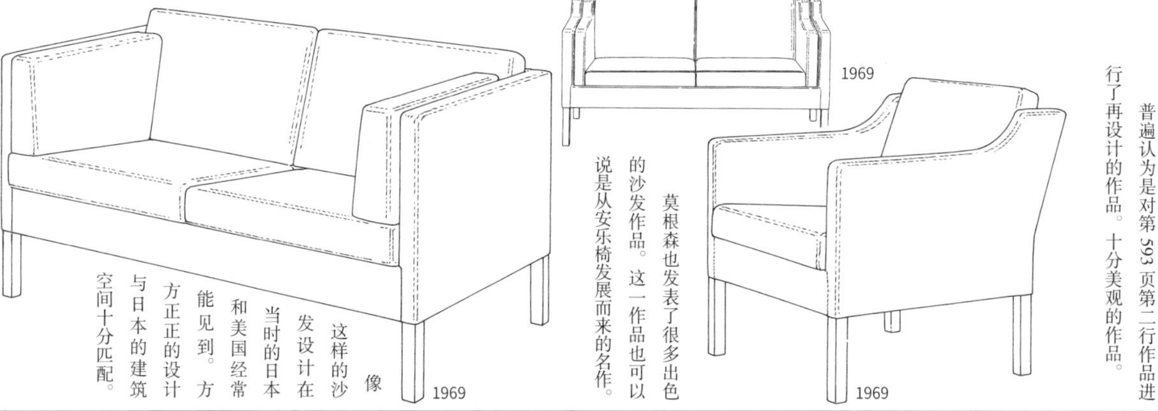

普遍认为是对第 593 页第二行作品进行了再设计的作品。十分美观的作品。

莫根森也发表了很多出色的沙发作品。这一作品也可以说是从安乐椅发展而来的名作。

像这样的沙发设计在当时的日本和美国经常能见到。方方正正的设计与日本的建筑空间十分匹配。

1914—1999

伊玛里·塔佩瓦拉

第 1 小节
与阿尔托旗鼓相当的巨匠

提到芬兰的家具设计，大家首先想到的可能是阿尔瓦·阿尔托。接下来要介绍的人物虽然在日本不为人知，却是芬兰家居设计界的一名巨匠。

伊玛里·塔佩瓦拉（以下简称塔佩瓦拉）于 1937 年毕业于工艺美术设计专业学校。他在英国和瑞典的学习过，后又在巴黎待了六个月，还就职于勒·柯布西耶事务所。由于以上种种在国外的学习经验以及阿尔托的强烈影响，再加之他所独有的芬兰独特的土著形式风格理念，塔佩瓦拉设计出了一批批美观、朴素且合理的批量生产家具。从 1951 年开始在工艺学校任教，1952—1954 年担任美国的伊利诺伊理工大学生产设计专业的客座教授。另外，还获得了国际设计大赛的多项奖项。意大利的坎图国际设计大赛中，于 1955 年获第三名，1957 年两次分别获第一、二名。另外在米兰三年展中，在 1951、1954、1957、1960 年都获得了金奖。顺便说一句，这些奖项丹麦的瓦格纳也曾获得过。

1936

受到阿尔托所设计的成型胶合板制成的作品影响而设计的椅子（参照 A 图）。从椅腿的构造来看，应该不是堆叠椅。

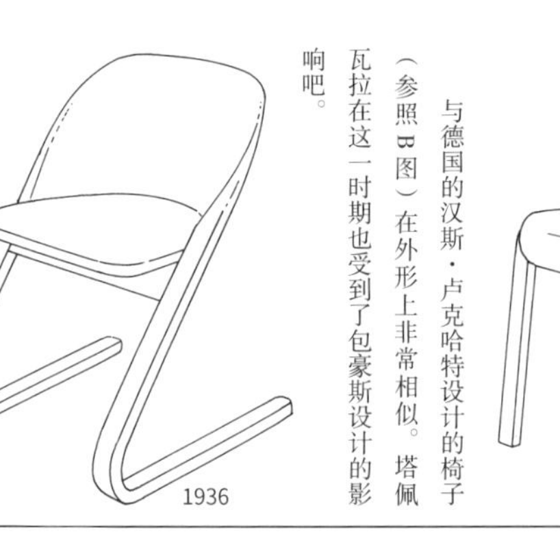

1936

与德国的汉斯·卢克哈特设计的椅子（参照 B 图）在外形上非常相似。塔佩瓦拉在这一时期也受到了包豪斯设计的影响吧。

1937

可能是剧场用的椅子。汉斯·卢克哈特也发表过与之相近的作品。

1937

看起来既稳定又舒适的椅子。椅背和椅座的布面或许是可以取下的。

1938

用棉织带制成的餐椅，阿尔托也经常使用这一材料。这一时期他开始在阿斯克公司发表作品。

1938　1938

与阿斯克公司进行量产的模型为相同设计，但椅子座位框架的设计有所不同。横木是由一根木头弯曲而成。

1938

与第三行中间椅子非常相似的设计，横木的位置有所不同。

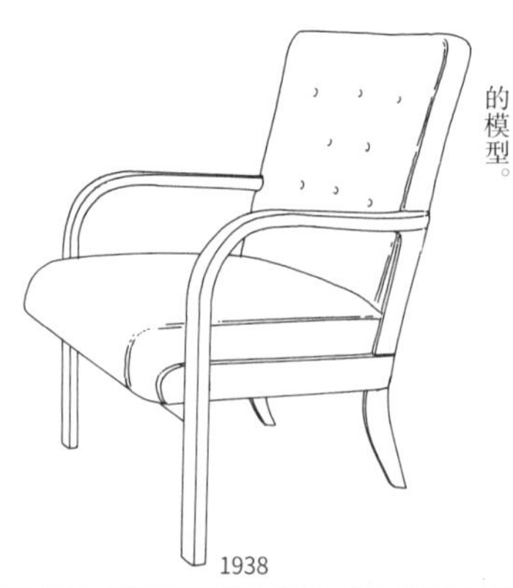

1938

自家画室中放置的安乐椅，扶手部分应该是胶合板制。由阿斯克公司进行量产的模型。

1938

与右侧椅子一样，都是在画室中使用的，此为翼椅。该作品好像没有进行量产。

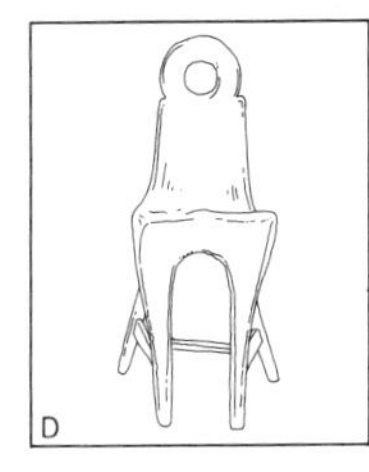

19世纪芬兰的农民家具。这一时期样式时代的椅子还是权威的象征，一般平民都是自己制作家具。

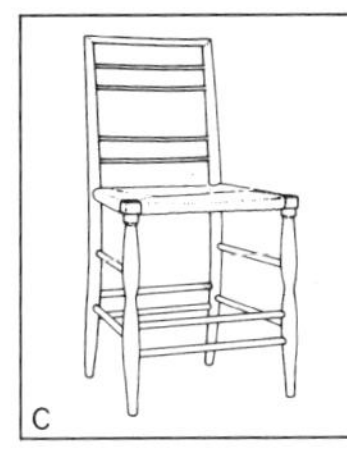

这是受阿尔托影响的拉脱维亚椅子，外观十分朴素。当时芬兰好像大量进口过。
1931—1940

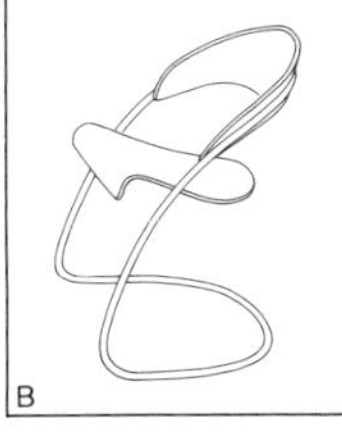

汉斯·卢克哈特设计的悬臂椅。由德斯塔斯塔尔蒙布公司进行量产。
1931

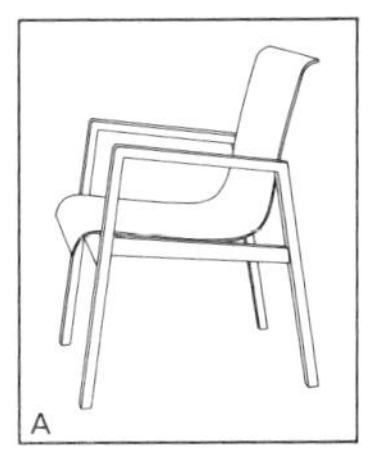

这是采用了阿尔托设计的成型胶合板座位的扶手椅。
1931—1932

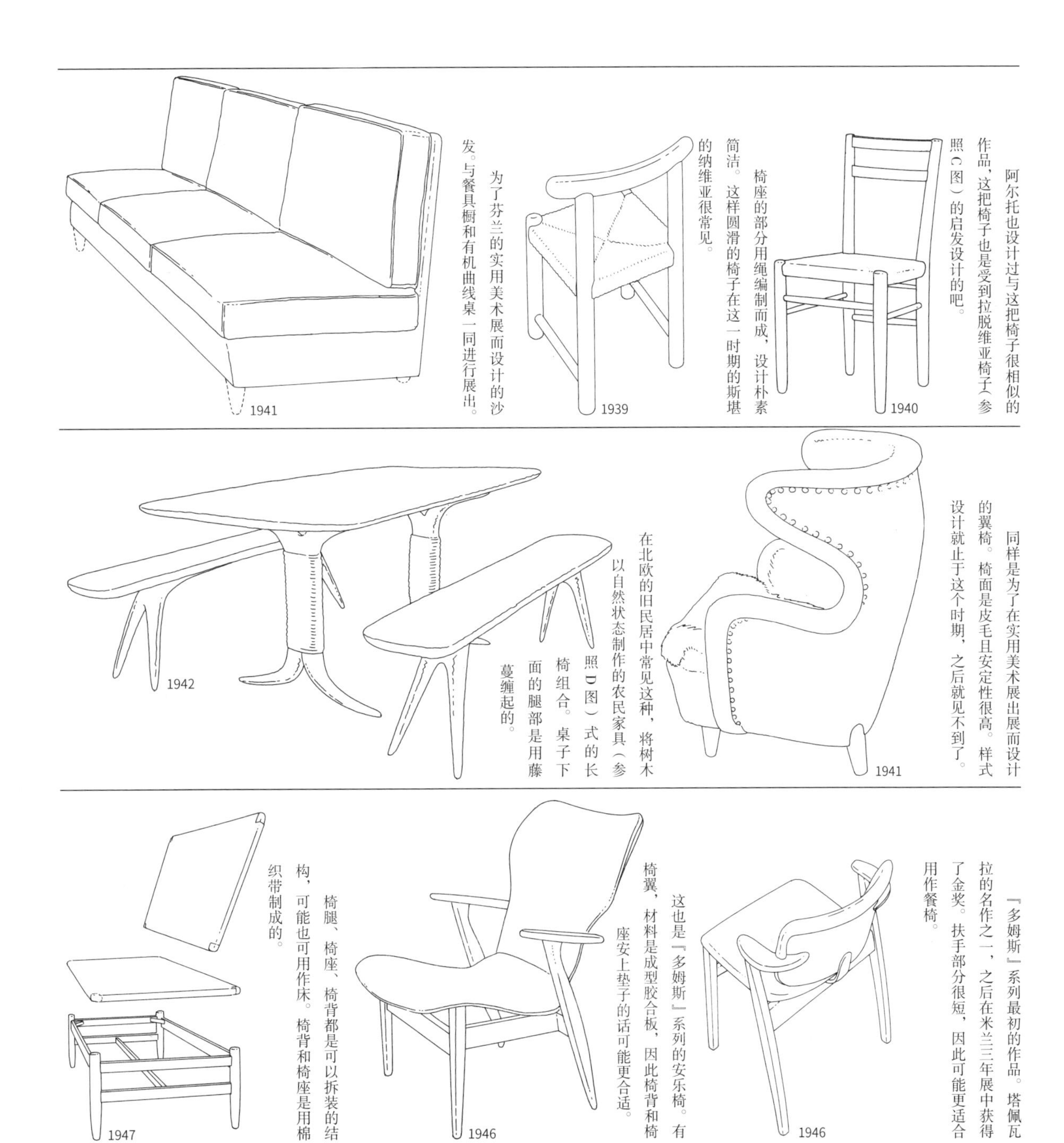

阿尔托也设计过与这把椅子很相似的作品，这把椅子也是受到拉脱维亚椅子（参照C图）的启发设计的吧。

椅座的部分用绳编制而成，设计朴素简洁。这样圆滑的椅子在这一时期的斯堪的纳维亚很常见。

为了芬兰的实用美术展而设计的沙发。与餐具橱和有机曲线桌一同进行展出。

同样是为了在实用美术展出展而设计的翼椅。椅面是皮毛且安定性很高。样式设计就止于这个时期，之后就见不到了。

在北欧的旧民居中常见这种，将树木以自然状态制作的农民家具（参照D图）式的长椅组合。桌子下面的腿部是用藤蔓缠起的。

『多姆斯』系列最初的作品。塔佩瓦拉的名作之一，之后在米兰三年展中获得了金奖。扶手部分很短，因此可能更适合用作餐椅。

这也是『多姆斯』系列的安乐椅。有椅翼，材料是成型胶合板，因此椅背和椅座安上垫子的话可能更合适。

椅腿、椅座、椅背都是可以拆装的结构，可能也可用作床。椅背和椅座是用棉织带制成的。

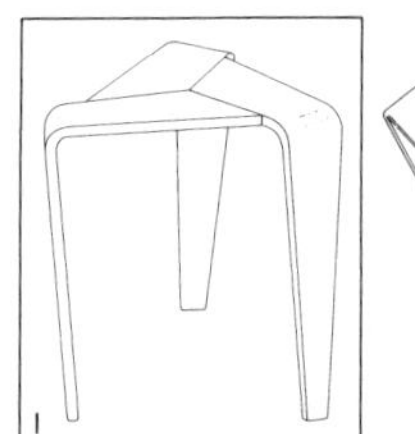

将三块成型胶合板进行组合后的凳子。
1952

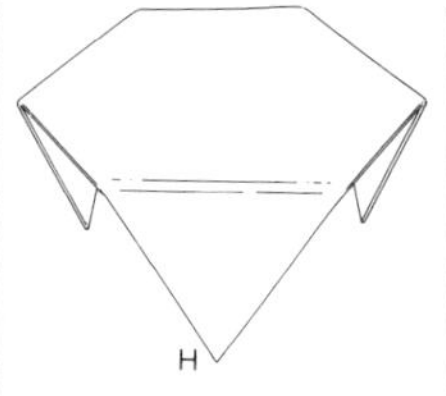

“特伦托议会”桌子。塔佩瓦拉的设计。阿斯克公司制造。应该不是成型胶合板制。
1950

与“范内特椅”一样由瑞典的公司进行销售的温莎风格的小椅子。这是桑德霍尔特的设计。
1956

阿尔托也设计了一些温莎风格的椅子。
1924

梳子型后背·温莎椅。英国的代表性温莎风格的椅子，在世界上产生了很大的影响。

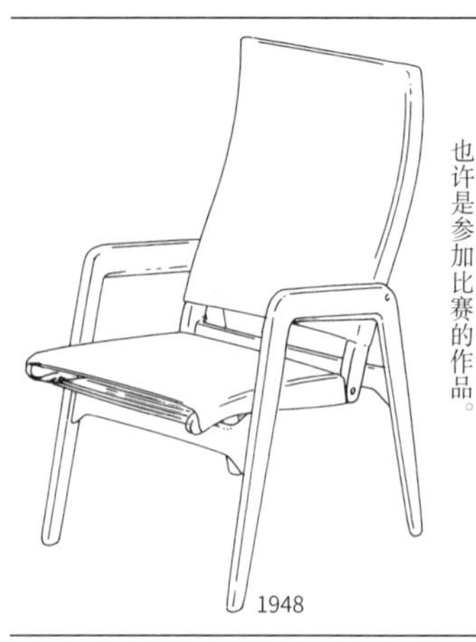

名为『MoMA=纽约现代艺术博物馆的简称』的安乐椅，椅背和椅座都是革面。也许是参加比赛的作品。

与多姆斯椅很相似的设计，但是横木与腿部连接的部分成为扶手这一设计是其主要特点。

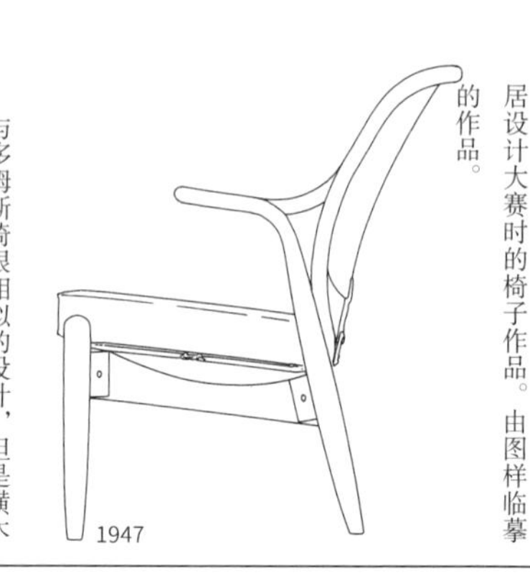

参加纽约现代艺术博物馆主办的家居设计大赛时的椅子作品。由图样临摹的作品。

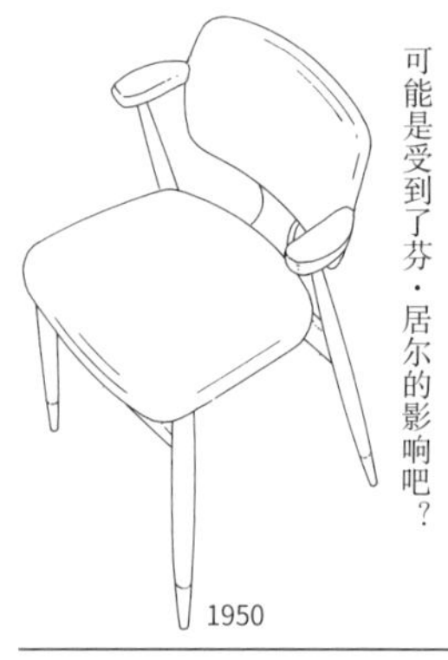

『芬椅』。与多姆斯椅的设计几乎相同。椅腿前端使用了不同的材料，这一点可能是受到了芬·居尔的影响吧？

折叠椅。从功能上看是以前常有的类型。

1949

『威廉椅』。椅背和椅座相连的设计。

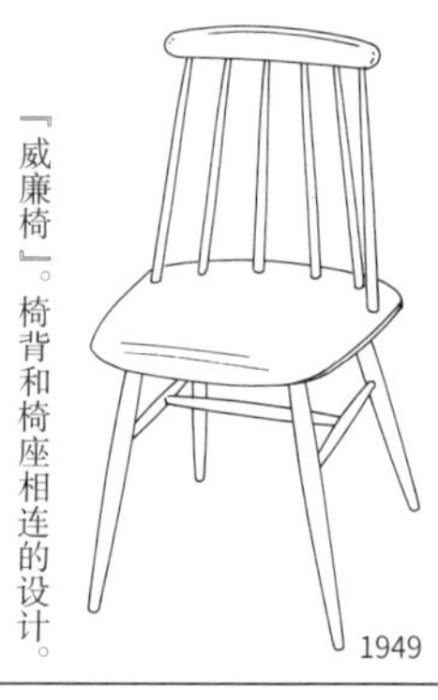

名为『范内特椅』的温莎风格的小椅子。由瑞典的制造商进行销售（参照图G）。

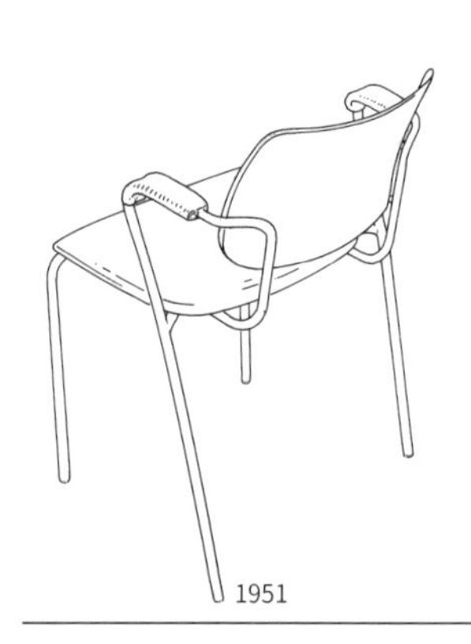

『路奇椅』。连接扶手的设计与第二行中间的作品一样。这里没有使用木头，而是使用了金属管，整体感觉与多姆斯椅很像。

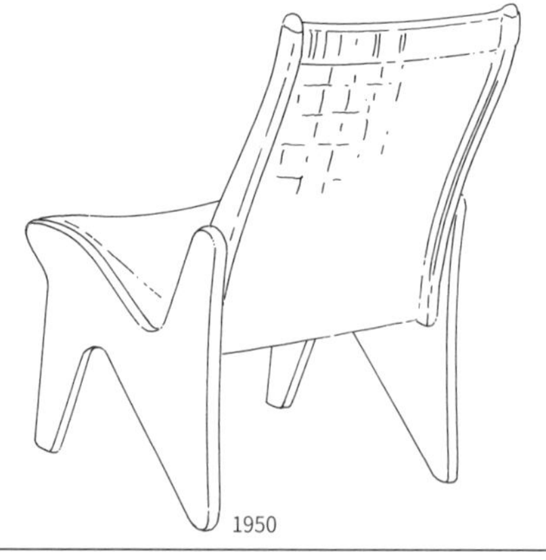

两侧的腿部都是胶合板制。椅背和椅座都是用棉织带制成的，舒适度应该很高。

堆叠椅。三个螺旋状的横木设计在塔佩瓦拉的凳子和桌子作品中经常出现。椅座是革面。

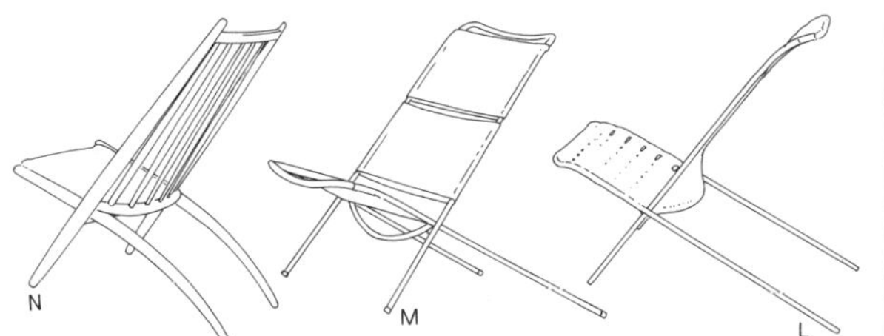

N
“刚果结构”系列。椅背和椅座没有进行固定，可以通过将椅座滑动到前面而改变姿势。
1954

M
“刚果结构”系列。椅背和椅座都是固定的，分别包上了布面。
1954

L
塔佩瓦拉的“刚果结构”系列。这件作品是将棉织带绑在钢管上制成。
1954

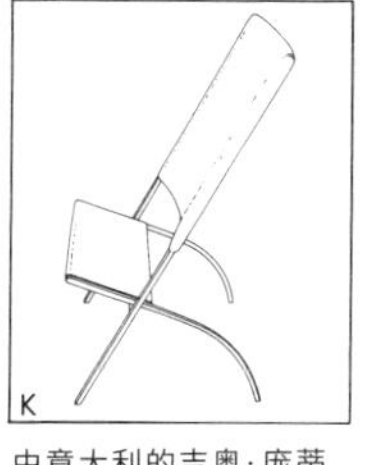

K
由意大利的吉奥·庞蒂设计的安乐椅。该作品很明显是在非洲椅子的基础上融入了意大利风格的设计。
1970

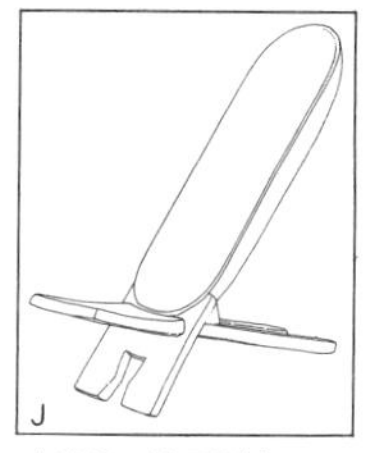

J
非洲的原始风格椅子。辨识度很高的椅子，是很久以前原住民的设计。

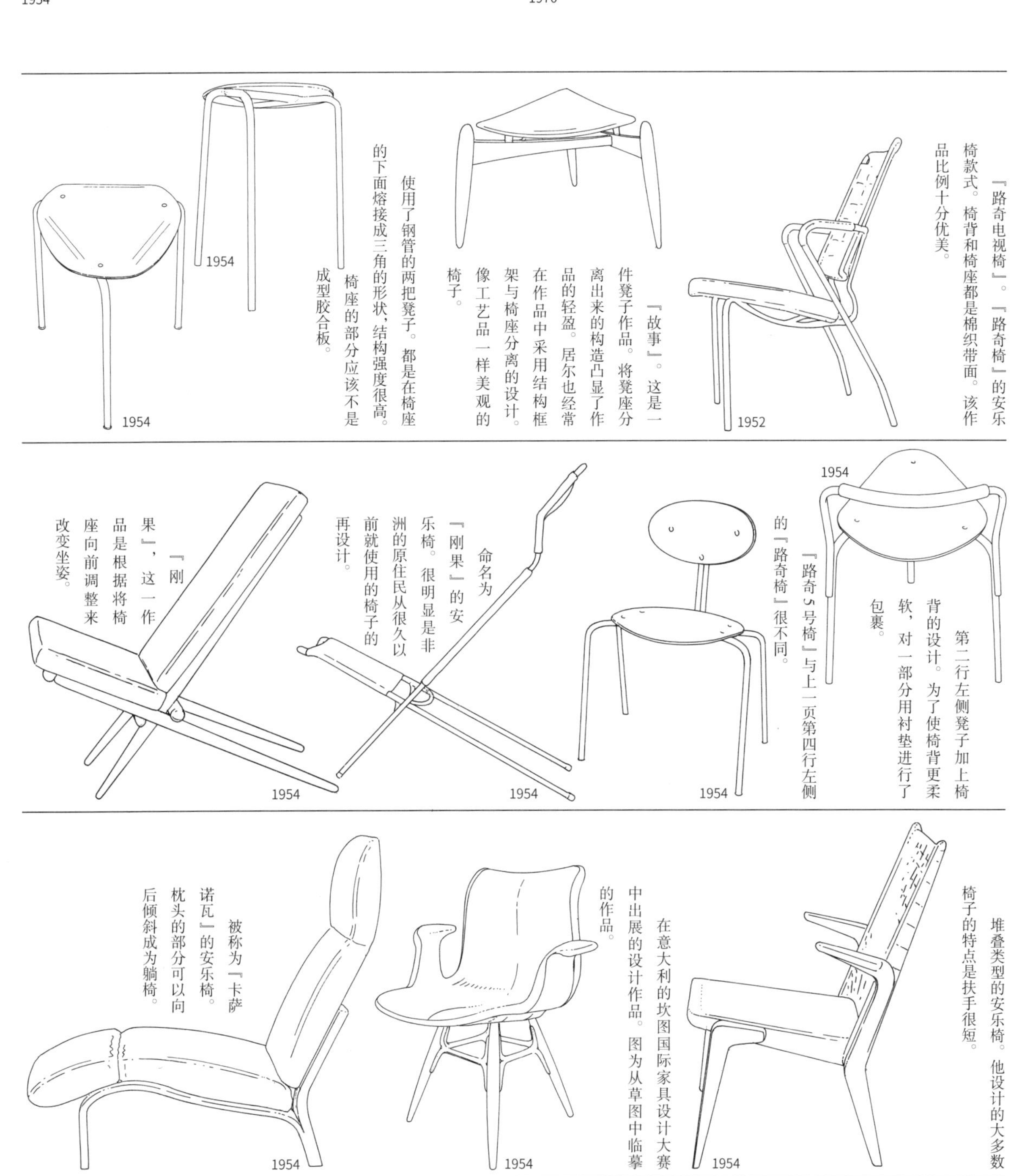

1952
『路奇电视椅』。『路奇椅』的安乐椅款式。椅背和椅座都是棉织带面。该作品比例十分优美。

『故事』。这是一件凳子作品。将凳座分离出来的构造凸显了作品的轻盈。居尔也经常在作品中采用结构框架与椅座分离的设计。像工艺品一样美观的椅子。

1954 1954
使用了钢管的两把凳子。都是在椅座的下面熔接成三角的形状，结构强度很高。椅座的部分应该不是成型胶合板。

1954
第二行左侧凳子加上椅背的设计。为了使椅背更柔软，对一部分用衬垫进行了包裹。

1954
『路奇5号椅』与上一页第四行左侧的『路奇椅』很不同。

1954
命名为『刚果』的安乐椅。很明显是非洲的原住民从很久以前就使用的椅子的再设计。

1954
『刚果』，这一作品是根据将椅座向前调整来改变坐姿。

1954
堆叠类型的安乐椅。他设计的大多数椅子的特点是扶手很短。

1954
在意大利的坎图国际家具设计大赛中出展的设计作品。图为从草图中临摹的作品。

1954
被称为『卡萨诺瓦』的安乐椅。枕头的部分可以向后倾斜成为躺椅。

1914—1999

伊玛里·塔佩瓦拉

第 2 小节
在米兰的成功

暂不提沙里宁和阿尔托，芬兰设计相对而言在最近才变得在世界范围内广为人知，主要代表有塔佩瓦拉、安蒂·鲁梅斯涅米、塔皮奥·维卡拉、蒂莫·萨尔帕内瓦四人。

1949 年，在赫尔辛基的贸易会馆召开的家具展，成为芬兰设计广为人知的开端。这个展览会展出了将材料、技术、设计等完美均衡的手工艺式，面向批量生产的出色作品。这也向芬兰的设计师、制造商和消费者暗示了设计发展的方向。在 1951 年的米兰三年展上，芬兰展台受到了世界的关注。当时芬兰获得了六项大奖，七块金牌，八块银牌。《多姆斯》杂志就当时的盛况做了 14 页的特辑报道。然而，当时在芬兰，对于设计师的普遍认识还很浅显，在米兰的展出也是由『阿拉比亚陶器制品』和『伊塔拉玻璃制品』两个公司实现的。在米兰的成功，唤起了在芬兰国内对于设计的热爱，政府也开始予以援助，在之后的十年间对于设计、工艺等领域的援助金额达到了当初的十五倍。

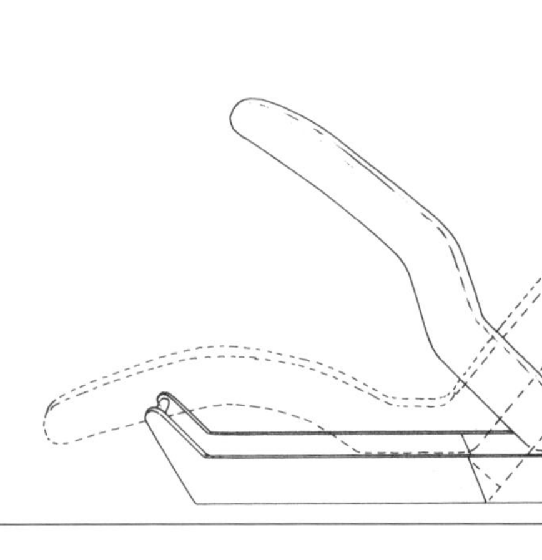

躺椅。于第 1 小节中介绍过的『卡萨诺瓦』发表后的第二年发表，应该是同一设计的改进版。可以向前后两侧倾斜。 1955

这样的设计一般称作台座椅（中央有一根支柱）。沙里宁有类似代表作。 1955

被称为『皮尔卡』的凳子。拥有雕刻性设计，十分美观。主要特点是椅座下的腿部使用了加强材料。 1955

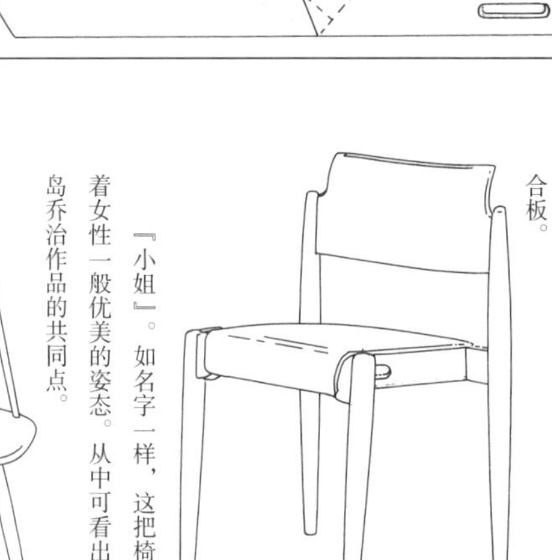

『威尔曼』。从椅座和椅脚的设计来看，像是堆叠椅。椅座和椅背都是成型胶合板。 1956

『小姐』。如名字一样，这把椅子有着女性一般优美的姿态。从中可看出与中岛乔治作品的共同点。 1956

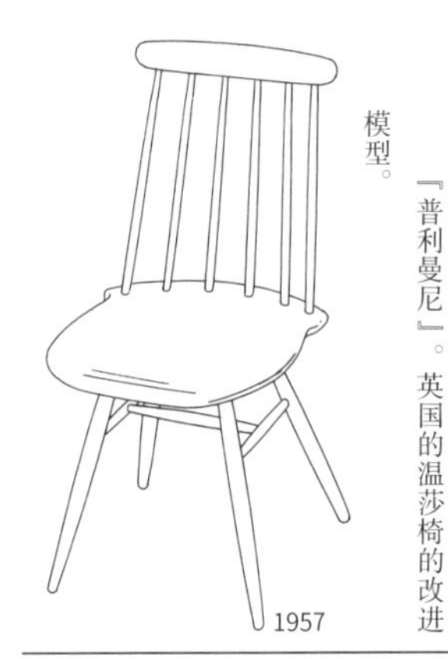

『普利曼尼』。英国的温莎椅的改进模型。 1957

『阿斯克』。由阿斯克公司进行量产的模型。椅背、椅座和椅腿都是成型胶合板制。特别是后腿上部的扶手部分，是用指接的结构进行组合的，使其可以随意横竖弯曲。 1957

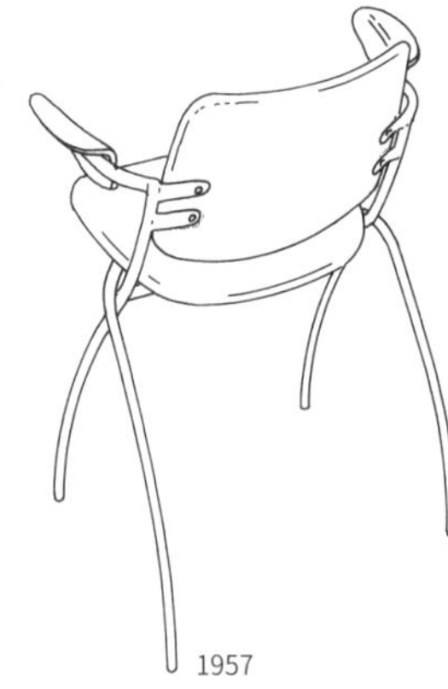

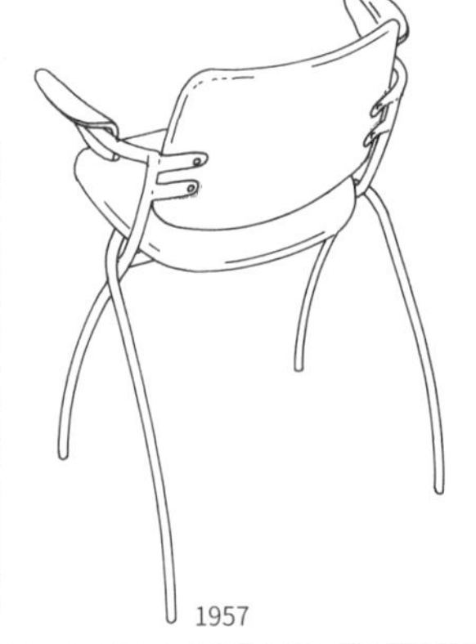

『娜娜』。这是一款由美国的家具公司诺尔家具公司进行生产、销售的甲板椅。 1957

堪称『威廉敏娜』的杰作的堆叠椅。曾在 1960 年获得米兰三年展的金奖。为组合结构座椅。 1959

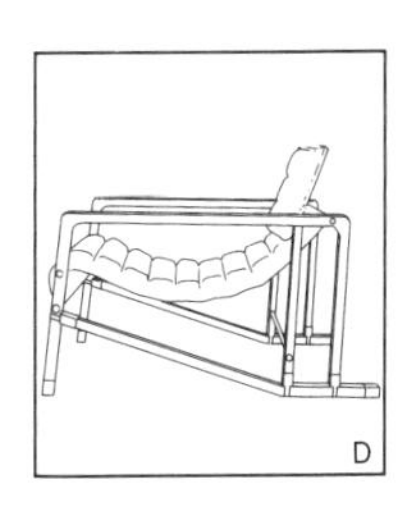

爱尔兰的女性设计师艾琳·格瑞的代表作，“甲板躺椅”。椅背的角度可以自由调节。
1924—1930

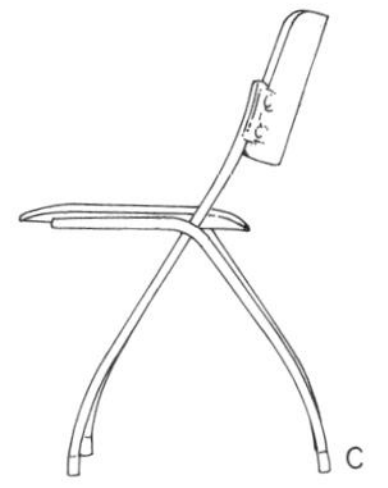

“娜娜”堆叠椅。此为无扶手版本。诺尔家具公司制作。
1957

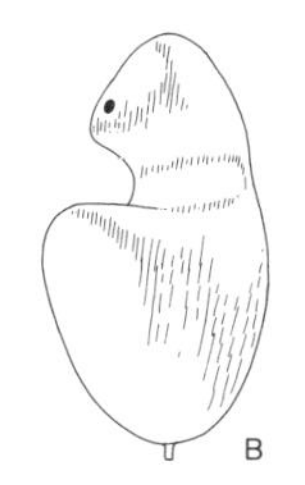

使用木头雕刻的作品。单从这一作品来看，像是受到了亨利·摩尔的影响。
设计年份不详

欧美的家具设计师及建筑师一般都很有才。塔佩瓦拉曾设计了像这样出色的徽记图案。
设计年份不详

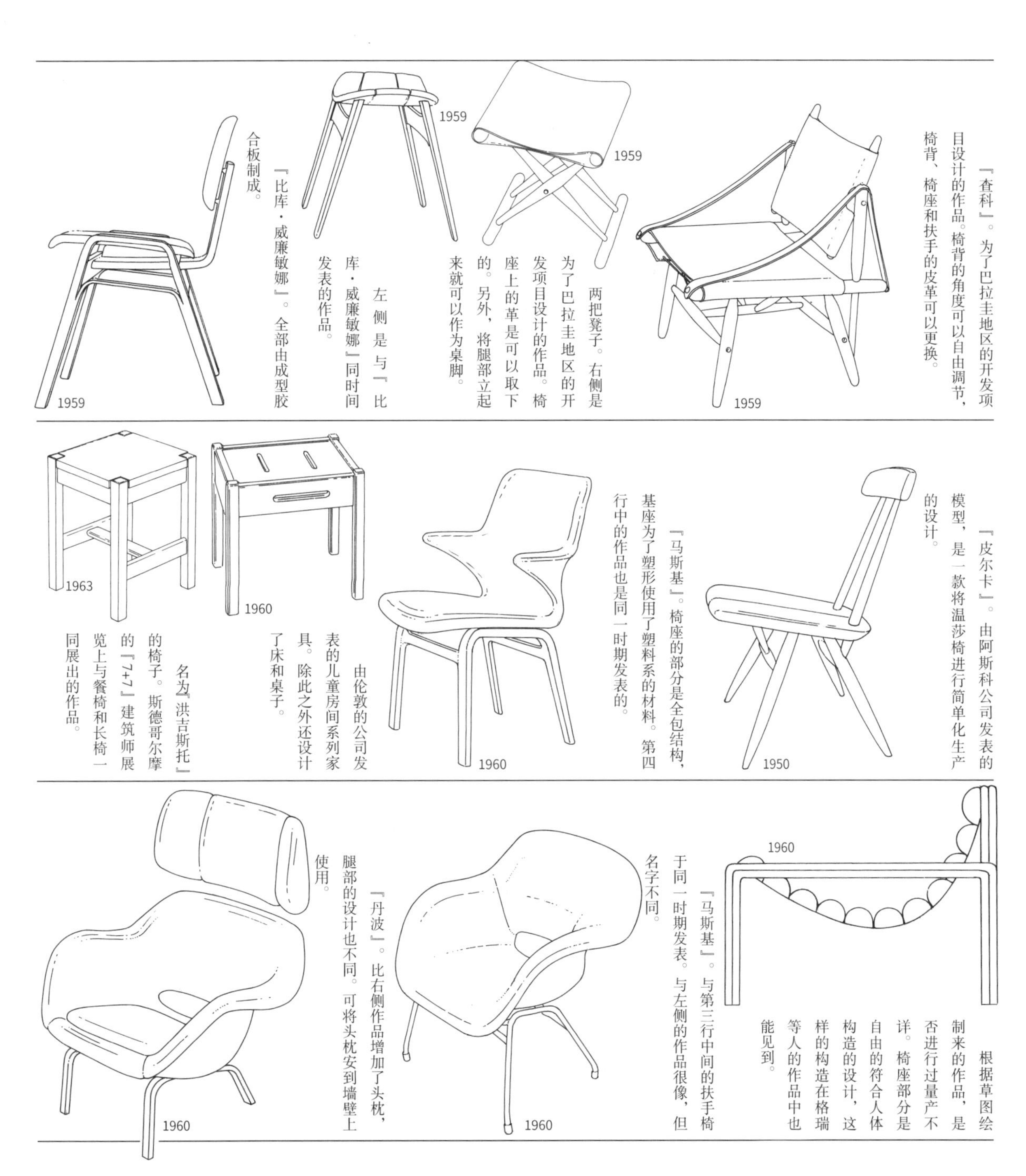

「查科」。为了巴拉圭地区的开发项目设计的作品。椅背的角度可以自由调节，椅背、椅座和扶手的皮革可以更换。

两把凳子。右侧是为了巴拉圭地区的开发项目设计的作品。椅座上的革是可以取下的。另外，将腿部立起来就可以作为桌脚。

左侧是与「比库·威廉敏娜」同时间发表的作品。

「比库·威廉敏娜」。全部由成型胶合板制成。

「皮尔卡」。由阿斯科公司发表的模型，是一款将温莎椅进行简单化生产的设计。

「马斯基」。椅座的部分是全包结构，基座为了塑形使用了塑料系的材料。第四行中的作品也是同一时期发表的。

由伦敦的公司发表的儿童房间系列家具。除此之外还设计了床和桌子。

名为「洪吉斯托」的椅子。斯德哥尔摩的「7+7」建筑师展览上与餐椅和长椅一同展出的作品。

根据草图绘制来的作品，是否进行过量产不详。椅座部分是自由的符合人体构造的设计，这样的构造在格瑞等人的作品中也能见到。

「马斯基」。与第三行中间的扶手椅于同一时期发表。与左侧的作品很像，但名字不同。

「丹波」。比右侧作品增加了头枕，腿部的设计也不同。可将头枕安到墙壁上使用。

与塔佩瓦拉同岁的瓦格纳所设计的折叠椅。约翰尼斯·汉森公司制造。
1964

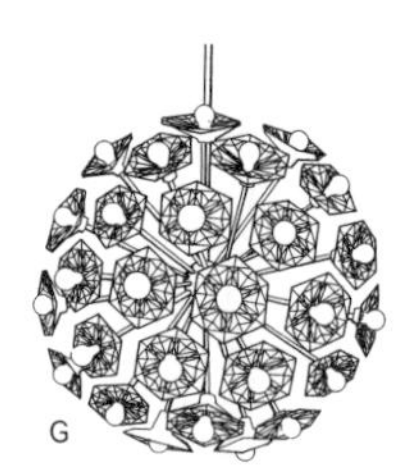

小灯泡在设计好的角度反射光芒，进而形成球体的一件灯具。为国际大陆酒店设计的作品。
1971

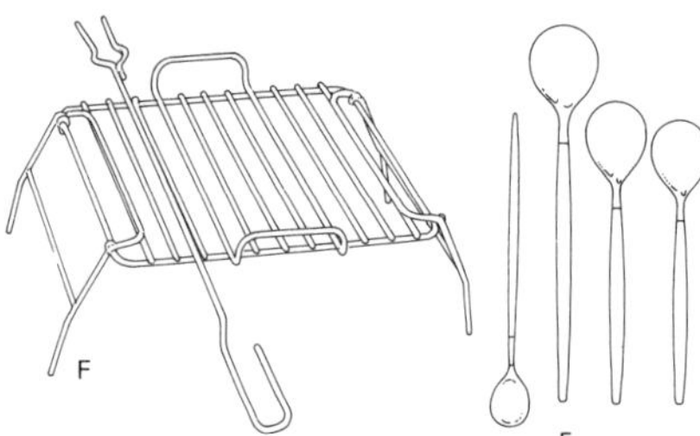

名为“阿萨德”的烤架。一流的建筑师还参与设计过这样的东西。真是羡慕芬兰人对于设计的热情。
1962

日本的建筑师几乎不设计餐具和刀具，但欧美的建筑师几乎都曾经挑战过这样的制作。此为名为“极地 900”的系列。哈克曼公司制造。
1964

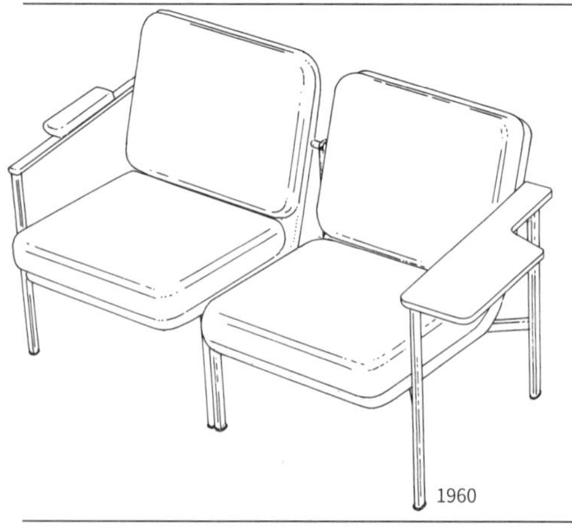

与右侧同一系列的作品。扶手的桌子应该是选装件。应该也有带扶手款。

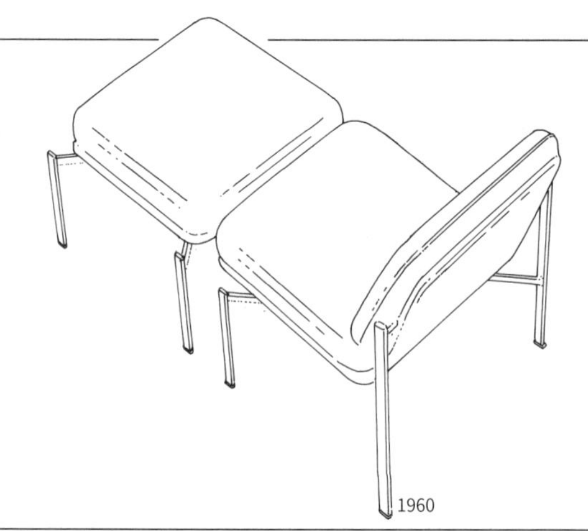

被称为『琪琪』系列的椅子。有安乐椅、餐椅等各种设计作品，它们之间可以组合形成功能性体系。麦瑞韦尔公司制造。

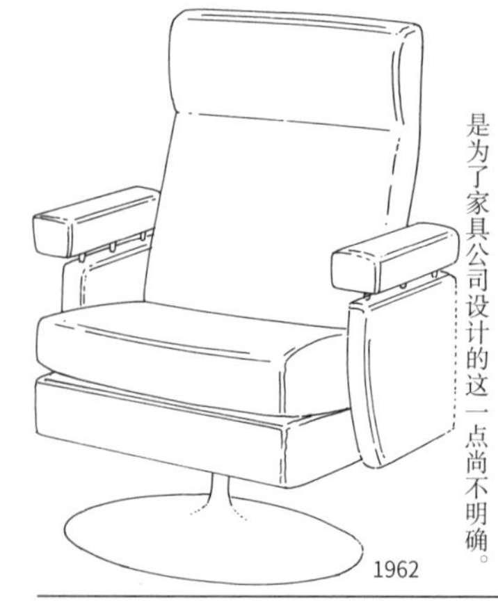

塔佩瓦拉在家中使用的椅子。是否都是为了家具公司设计的这一点尚不明确。

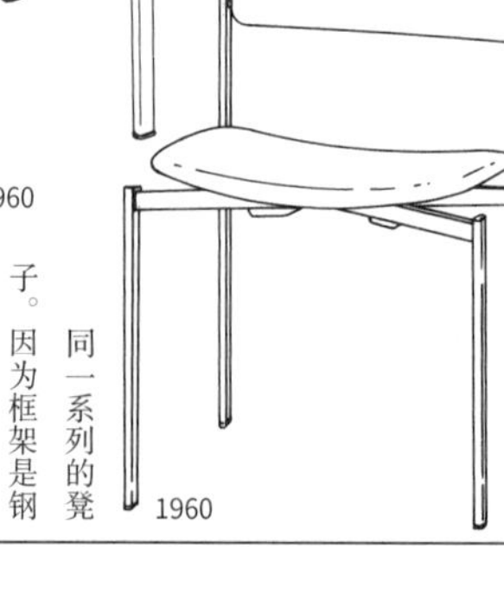

同一系列的凳子。因为框架是钢管，没有加入横木，看起来十分清爽。

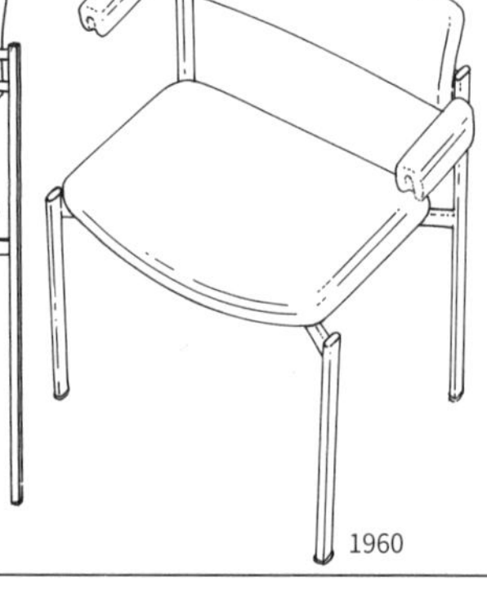

与上面同系列的餐椅。与桌子进行组合时，为了防止扶手碍事，因此采用了短扶手设计。

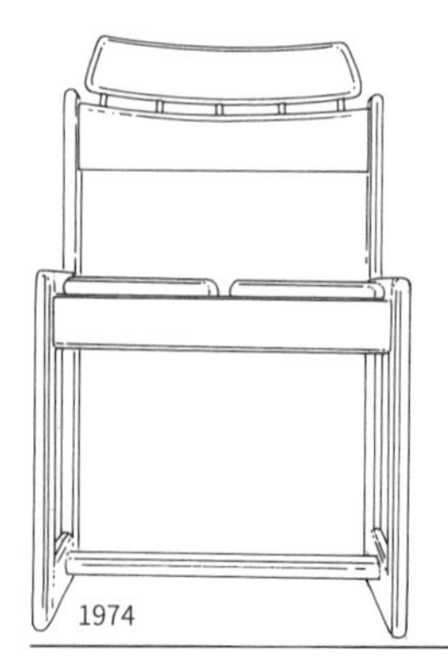

『曼缇娜』。由意大利的 Montina 公司发表的餐椅。椅背构造是其特色所在。

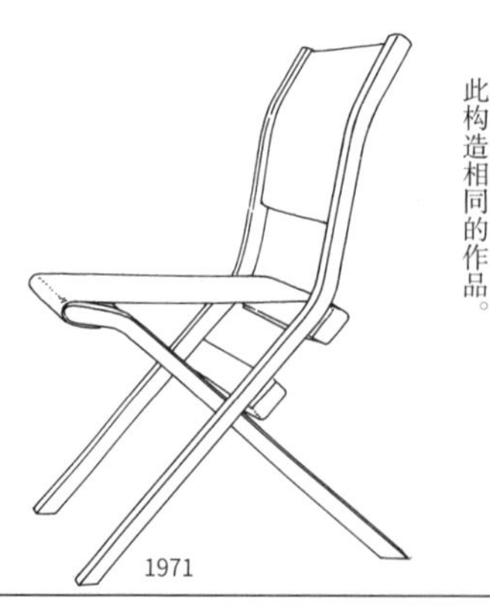

『埃斯坦西亚』。折叠椅。与塔佩瓦拉同岁的瓦格纳也曾在 1966 年发表过与此构造相同的作品。

为了阿斯克公司而设计的作品，名为『克里诺莱特』。虽然是温莎椅风格的椅子，但弯曲辐条的设计感觉很有个性。

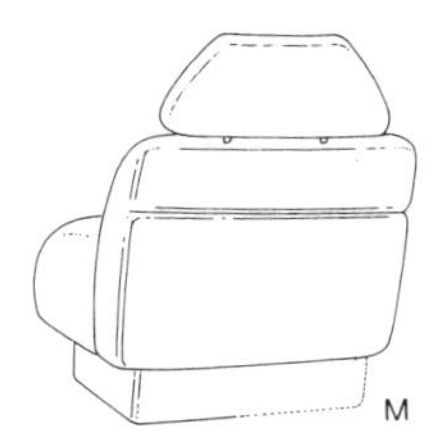

意大利的坎图国际家具设计大赛中与第三行右侧的高背餐椅一同展出的作品。
1975

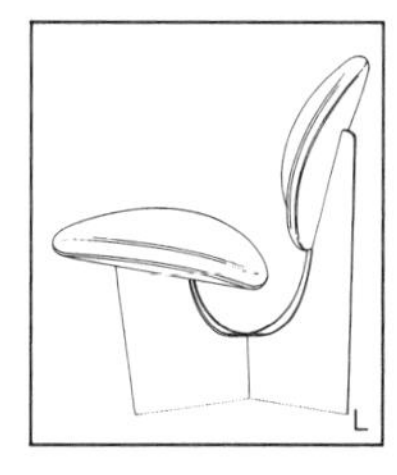

格雷特·加尔克的作品。她也发表了一些成型胶合板制的名作。这一作品交叉了腿部的胶合板。1968年在《姆贝里亚》杂志中发表，是为多姆斯公司设计的作品。

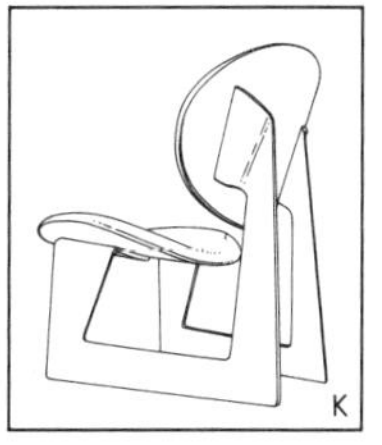

丹麦的女性设计师格雷特·加尔克设计的安乐椅。座高看起来很高。1963年《姆贝里亚》杂志发表的作品。

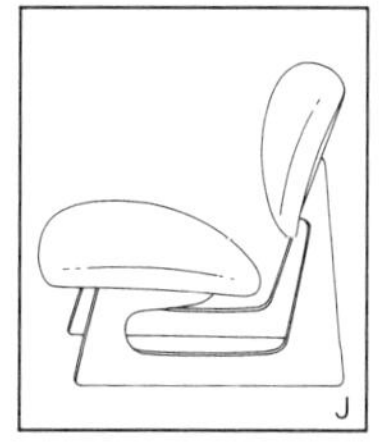

构造上来说是很古老的作品，是日本大型作品的代表作，此为低座椅子。现在仍由天童木工进行量产。
1963

悬吊式的椅子名作。用藤连接起椭圆形的沉重钢架，以前在日本的山川藤进行过国产化。

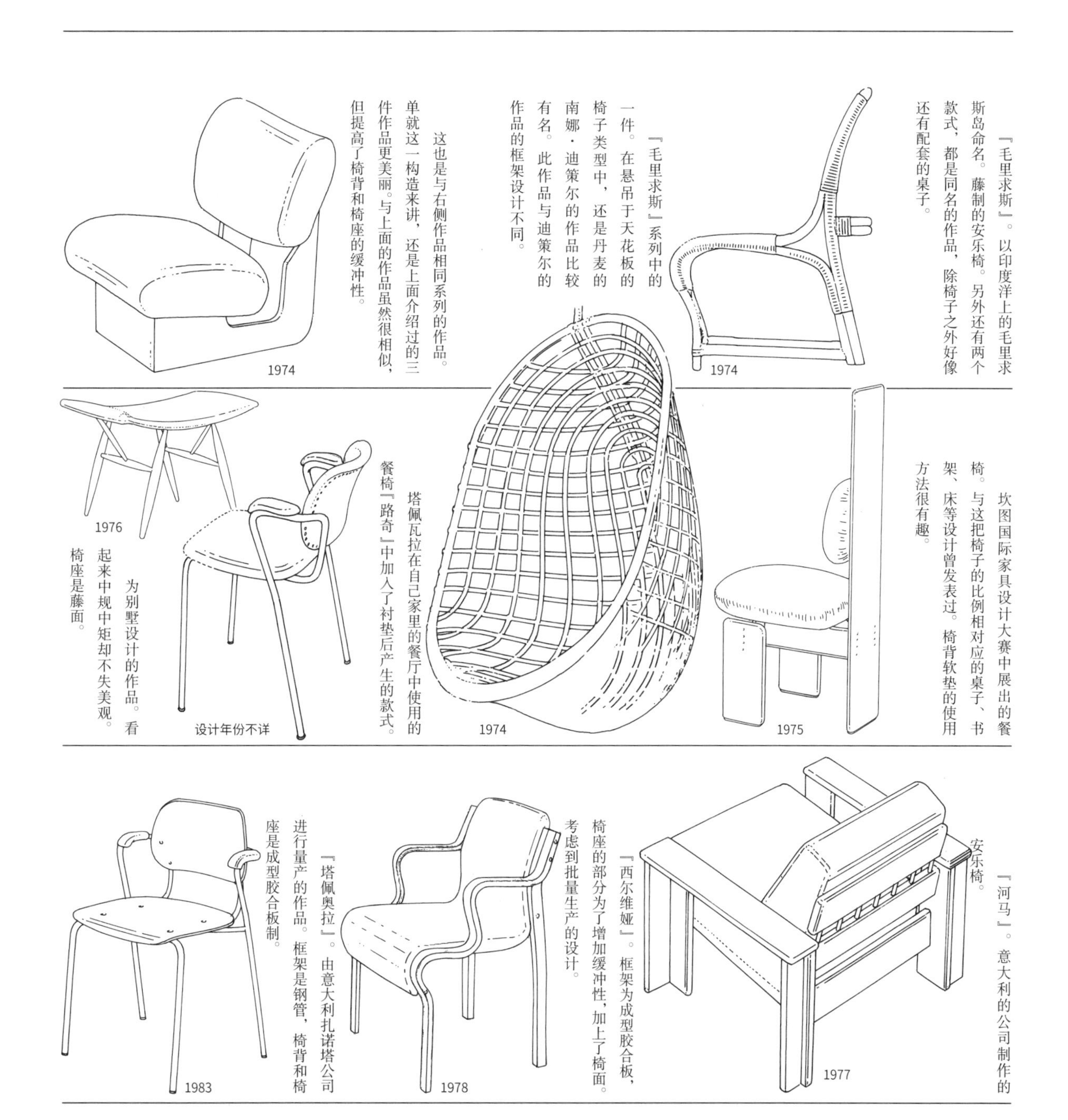

『毛里求斯』。以印度洋上的毛里求斯岛命名。藤制的安乐椅。另外还有两个款式，都是同名的作品，除椅子之外好像还有配套的桌子。
1974

『毛里求斯』系列中的一件。在悬吊于天花板的椅子类型中，还是丹麦的南娜·迪策尔的作品比较有名。此作品与迪策尔的作品的框架设计不同。
1974

这也是与右侧作品相同系列的作品。单就这一构造来讲，还是上面介绍过的三件作品更美丽。与上面的作品虽然很相似，但提高了椅背和椅座的缓冲性。
1974

坎图国际家具设计大赛中展出的餐椅。与这把椅子的比例相对应的桌子、书架、床等设计曾发表过。椅背软垫的使用方法很有趣。
1975

塔佩瓦拉在自己家里的餐厅中使用的餐椅『路奇』中加入了衬垫后产生的款式。
设计年份不详

为别墅设计的作品。看起来中规中矩却不失美观。椅座是藤面。
1976

『河马』。意大利的公司制作的安乐椅。
1977

『西尔维娅』。框架为成型胶合板，椅座的部分为了增加缓冲性，加上了椅面。考虑到批量生产的设计。
1978

『塔佩奥拉』。由意大利扎诺塔公司进行量产的作品。框架是钢管，椅背和椅座是成型胶合板制。
1983

1914—1999

伊玛里·塔佩瓦拉

第 3 小节
同年代的设计师

提到 1914 年，就会想到家具史上三个重要人物的出生。丹麦的汉斯·瓦格纳和布吉·莫根森，另外还有伊玛里·塔佩瓦拉。同样的还有其他的一些代表人物。生于 1888 年的荷兰的格里特·托马斯·里特维尔德和凯尔·柯林特两人都是家具设计师，却向着完全相反的方向进行了发展。另外，在 1902 年出生的丹麦的阿诺·雅各布森和匈牙利的马塞尔·布劳耶。这两人都在新材料钢管以及硬质发泡聚氨酯材料的使用上，实现了以前没有过的构造和造型。1914 年出生的三人也分别在各自的国家留下了辉煌的功绩。生活在同一时代的人，受到相同的科学、文化和教育的影响。特别是战时的家具作品，无论是在物理上还是精神上，当时无论哪个国家都处于困难的状态。也许在这样的时期才更能看出设计师的资质，并能充分发挥其才能吧。

由新发现的资料中得来的图。塔佩瓦拉在赫尔辛基应用美术学校学习时画的草图的临摹。可以看出当时称为二十五年样式的『装饰艺术』特征。

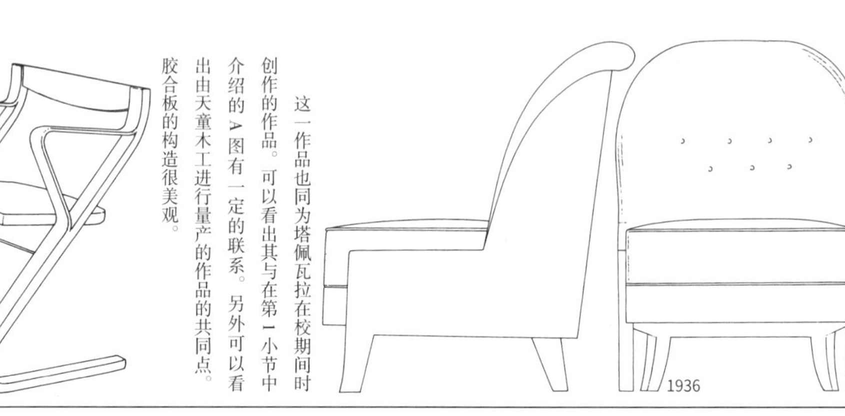

这一作品也同为塔佩瓦拉在校期间时创作的作品。可以看出其与在第 1 小节中介绍的 A 图有一定的联系。另外可以看出由天童木工进行量产的作品的共同点。胶合板的构造很美观。

这一作品也是塔佩瓦拉从学生时代的素描中临摹的作品。像第二行右侧作品那样采用了装饰艺术的设计。是否实际制作尚不明确。

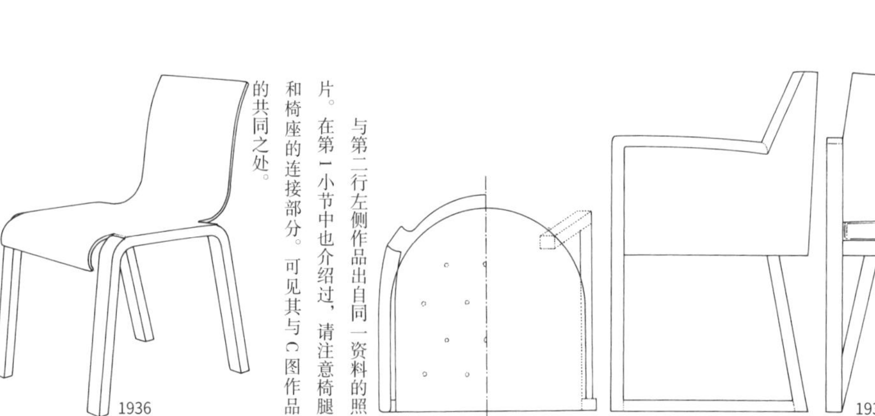

与第二行左侧作品出自同一资料的照片。在第 1 小节中也介绍过，请注意椅腿和椅座的连接部分。可见其与 C 图作品的共同之处。

经常在托儿所或幼儿园使用的椅子。在第 1 小节中也介绍过与之相似的作品，这个作品的椅座是板面的。与以前日本小学的椅子构造很像。像这样强调垂直、水平的作品一般在伴随着紧张气氛的场合使用。

1937

这个作品也是在第 1 小节介绍过的，因为细节上十分明确，在这里再次进行介绍。椅座的革是从外向内卷起的。

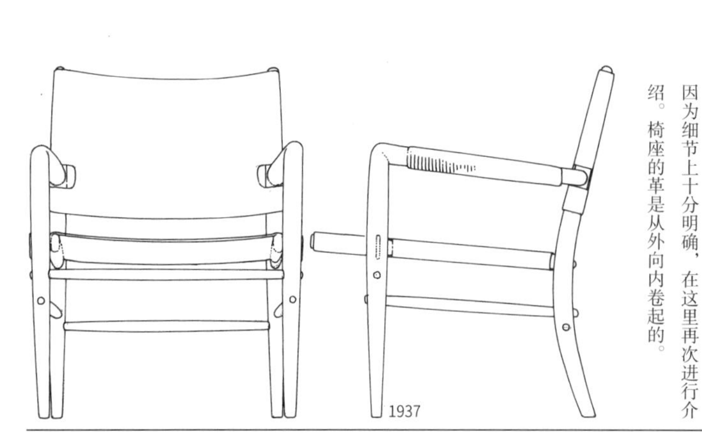

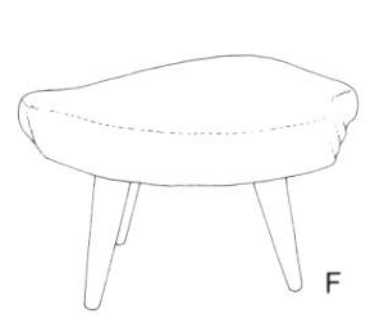

F

1939 年，在赫尔辛基的展览会中展示的作品。可以成为典型农民家具作品的朴素的三脚凳。应该是塔佩瓦拉的作品。
1939

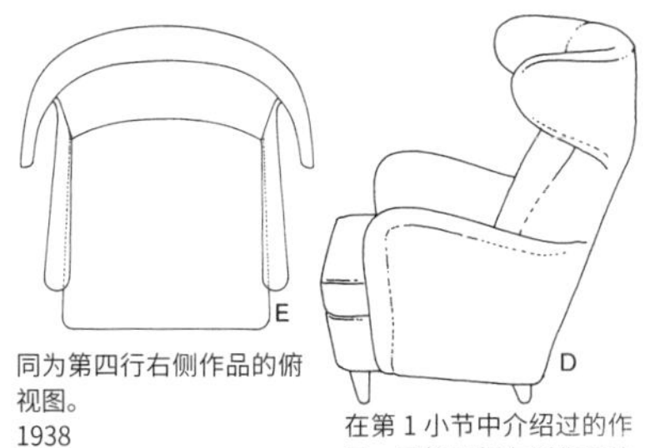

E

同为第四行右侧作品的俯视图。
1938

D

在第 1 小节中介绍过的作品，是第四行右侧作品的实物模型。
1938

C

芬兰的锡尔卡和蒂莫·萨尔尼奥设计的作品。可以看出与上一页第三行左侧作品的共同点。由日本旭川的公司进行生产。
1998

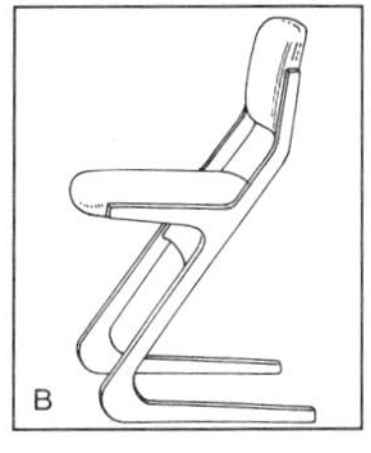

B

由天童木工进行量产的模型。剑持勇设计，是日本木制悬臂构造的代表作。设计年份不详

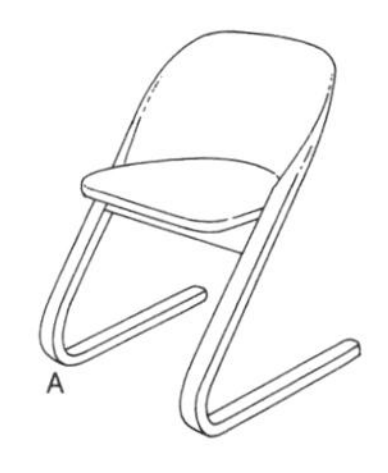

A

在第 1 小节中介绍过的作品。应该与上一页第二行左侧的作品来自于同一设计源头理念，然而并不是同一系列的无扶手版本。
1936

这是上一页第四行的实物模型。该作品被称为『狩猎椅』。

在第1小节中介绍过单体作品，在这里从剧院椅的图开始介绍。这一作品是塔佩瓦拉的专业设计生涯的开始。

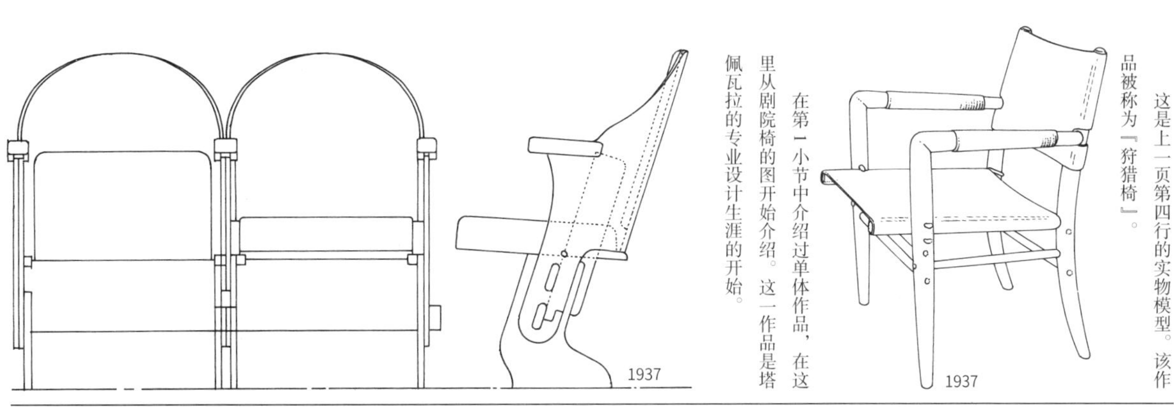

1937

1937

包豪斯将钢管制的家具进行了实用化，并在各国进行了量产，但在北欧钢管制的作品中确是例外。塔佩瓦拉的作品也是以木制为中心，这个作品可能是实验性的吧。椅背和椅座都是帆布面。从图上可以看出，作品为堆叠构造。是否投入实际生产尚不明确。

1938

这个作品是在第1小节介绍过的，椅座的细节上有所不同。

1938—1939

这一作品也是在第1小节中介绍过的作品（参照D图），因为现在找到了三视图，再次进行介绍。俯视图是E图。

1938

进入20世纪50年代后，塔佩瓦拉的作品中出现了很多温莎椅风格的作品。这也是很久以前的初期作品。

1939

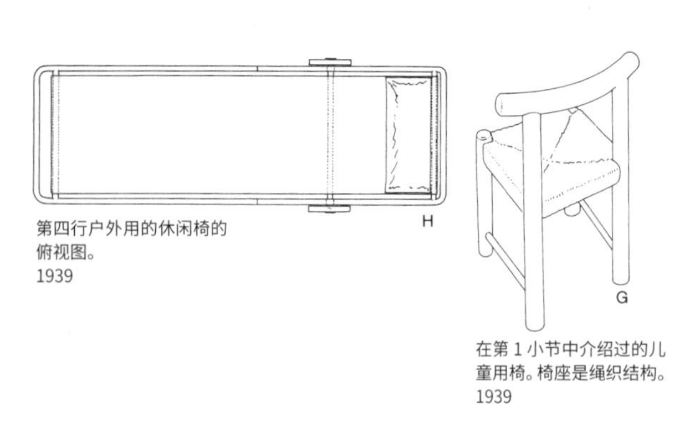

第四行户外用的休闲椅的俯视图。
1939

在第 1 小节中介绍过的儿童用椅。椅座是绳织结构。
1939

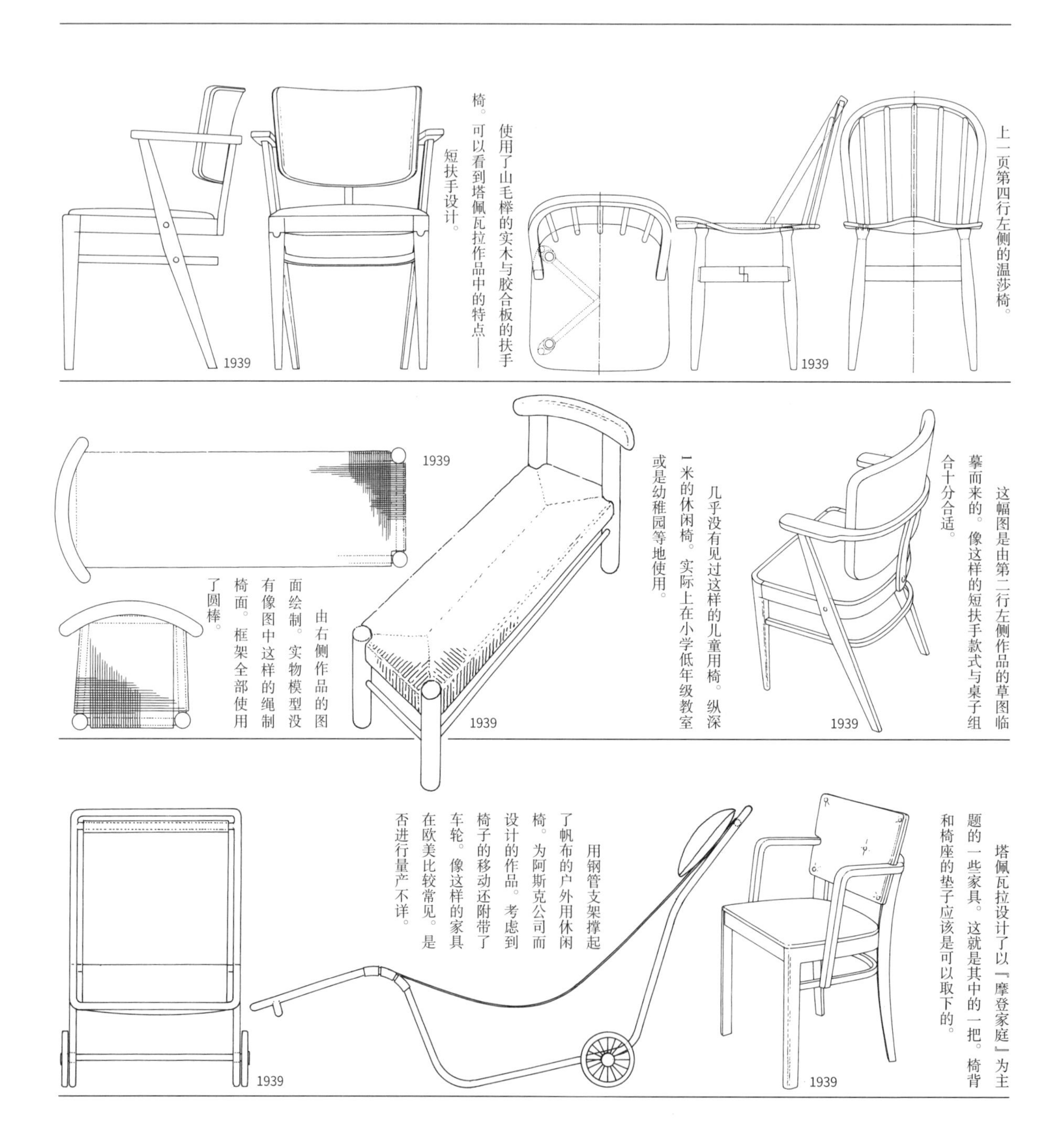

使用了山毛榉的实木与胶合板的扶手椅。可以看到塔佩瓦拉作品中的特点——短扶手设计。
1939

上一页第四行左侧的温莎椅。
1939

这幅图是由第二行左侧作品的草图临摹而来的。像这样的短扶手款式与桌子组合十分合适。
1939

几乎没有见过这样的儿童用椅。纵深1米的休闲椅。实际上在小学低年级教室或是幼稚园等地使用。
1939

由右侧作品的图面绘制。实物模型没有像图中这样的绳制椅面。框架全部使用了圆棒。
1939

塔佩瓦拉设计了以『摩登家庭』为主题的一些家具。这就是其中的一把。椅背和椅座的垫子应该是可以取下的。
1939

用钢管支架撑起了帆布的户外用休闲椅。为阿斯克公司而设计的作品。考虑到椅子的移动还附带了车轮。像这样的家具在欧美比较常见。是否进行量产不详。
1939

具体的设计年份不详，但应该是在战时或是战争刚结束时设计的。
20 世纪 40 年代

这一作品也是在战时设计的作品。从中可以感受到在农民家具中常见的朴素温暖的感觉。
1942

在第 1 小节中介绍过的沙发的实物。是由第二行右侧作品的草图临摹而来的图。
1941

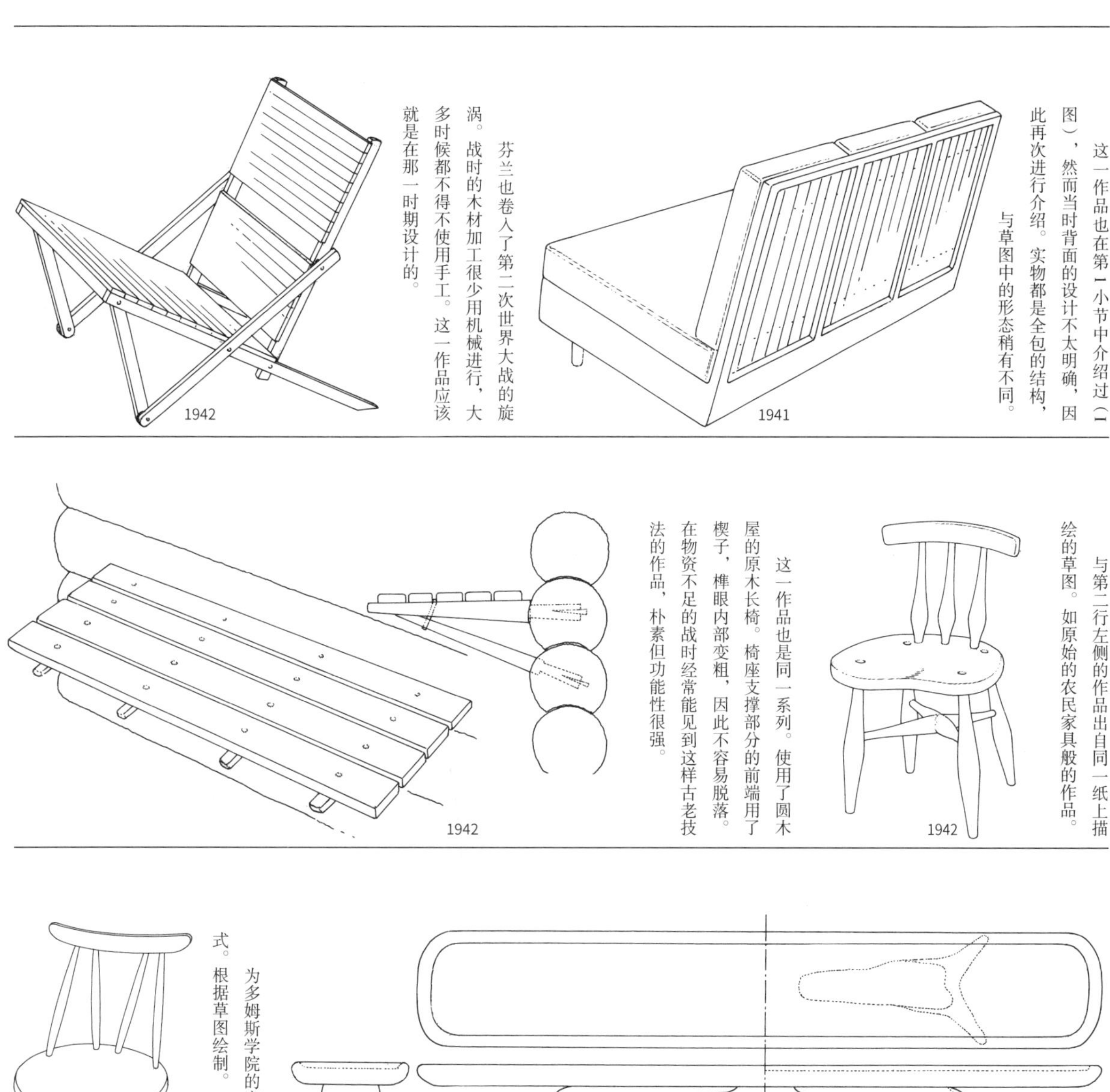

这一作品也在第1小节中介绍过（I图），然而当时背面的设计不太明确，因此再次进行介绍。实物都是全包的结构，与草图中的形态稍有不同。

1941

芬兰也卷入了第二次世界大战的旋涡。战时的木材加工很少用机械进行，大多时候都不得不使用手工。这一作品应该就是在那一时期设计的。

1942

与第二行左侧的作品出自同一纸上描绘的草图。如原始的农民家具般的作品。

1942

这一作品也是同一系列。使用了圆木屋的原木长椅。椅座支撑部分的前端用了楔子，榫眼内部变粗，因此不容易脱落。在物资不足的战时经常能见到这样古老技法的作品，朴素但功能性很强。

1942

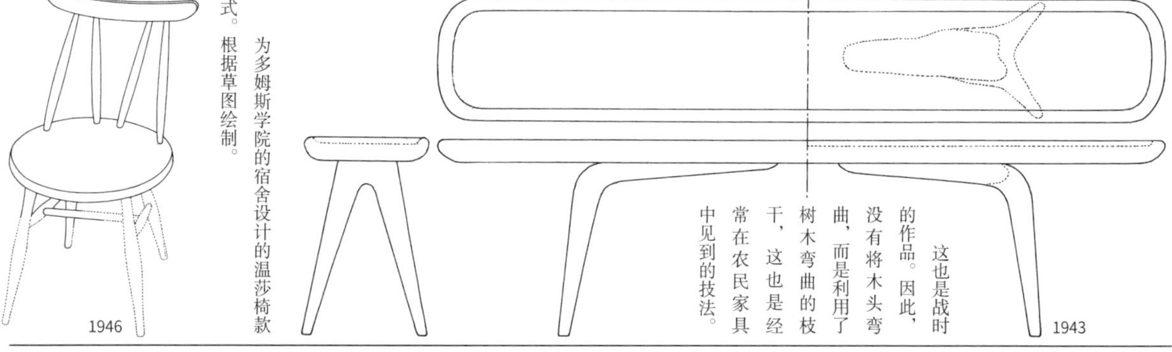

这也是战时的作品。因此，没有将木头弯曲，而是利用了树木弯曲的枝干，这也是经常在农民家具中见到的技法。

1943

为多姆斯学院的宿舍设计的温莎椅款式。根据草图绘制。

1946

1914—1999

伊玛里·塔佩瓦拉

第 4 小节
从图样得到的构想

本小节是对于塔佩瓦拉的『图样资料』而进行的一系列思考。从根据三角法在纸面上画出的三视图，看不出来椅子的『三面的形状』。因此将各个面分开来进行介绍。

在过去常常见到不画图样的家具设计师，从椅子的意义上来考虑的话，一个合格的设计师不仅要会画草图，也需要在画出图样的基础上，再进行作品的制作。只是靠感性和灵感的话是无法设计出适合批量生产的普遍性作品的。看懂图样并理解技术，才能设计出有功能性的优美作品。从照片的资料上看不出的各个要点，都可以从图样中看出来。

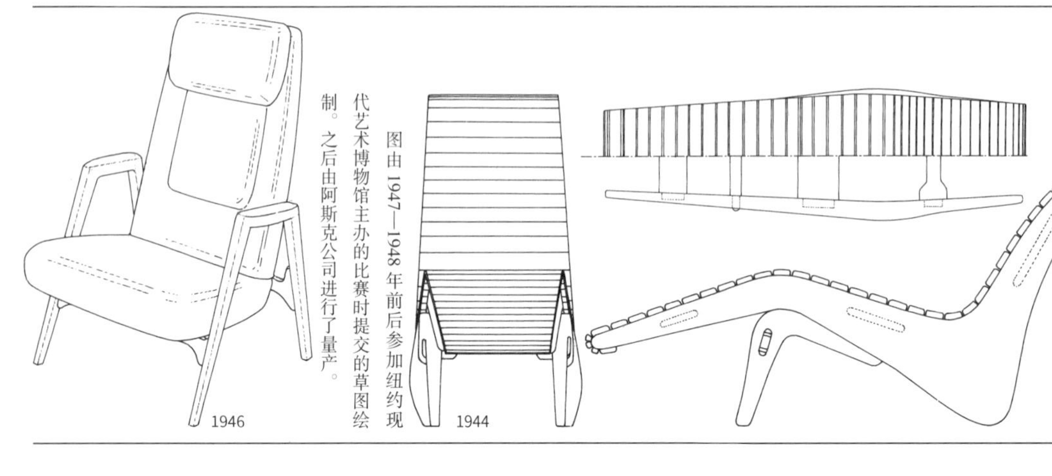

在第 3 小节中介绍过几件战时的作品。这一作品也是其中之一。战时能设计出这样精神饱满的躺椅真是令人钦佩。

图由 1947—1948 年前后参加纽约现代艺术博物馆主办的比赛时提交的草图绘制。之后由阿斯克公司进行了量产。

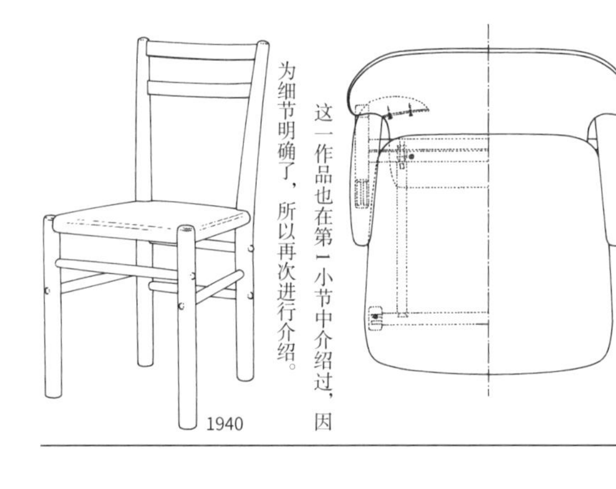

在第 1 小节中介绍的『多姆斯』系列的一件作品。这里从图样上来进行介绍。通过平面曲面的组合形成了三维曲面。

这一作品也在第 1 小节中介绍过，因为细节明确了，所以再次进行介绍。

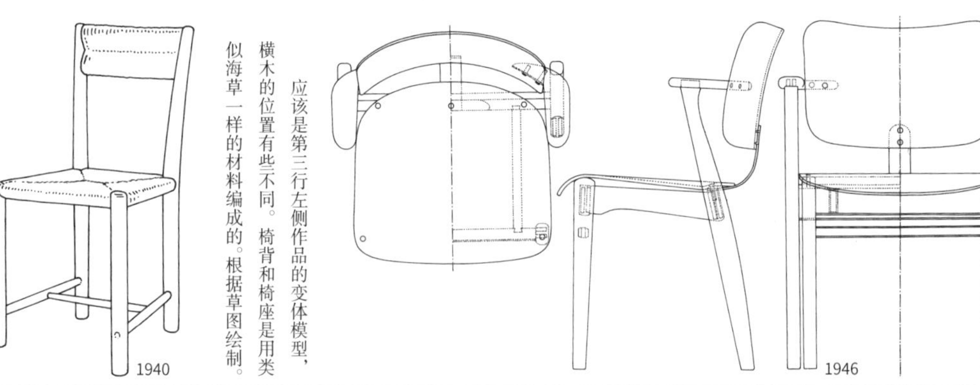

塔佩瓦拉的代表作『多姆斯椅』。在第 1 小节中介绍过椅背和椅座有缓冲性椅面的版本。从图样上来看椅背和椅座是成型胶合板制的。

应该是第三行左侧作品的变体模型，横木的位置有些不同。椅背和椅座是用类似海草一样的材料编成的。根据草图绘制。

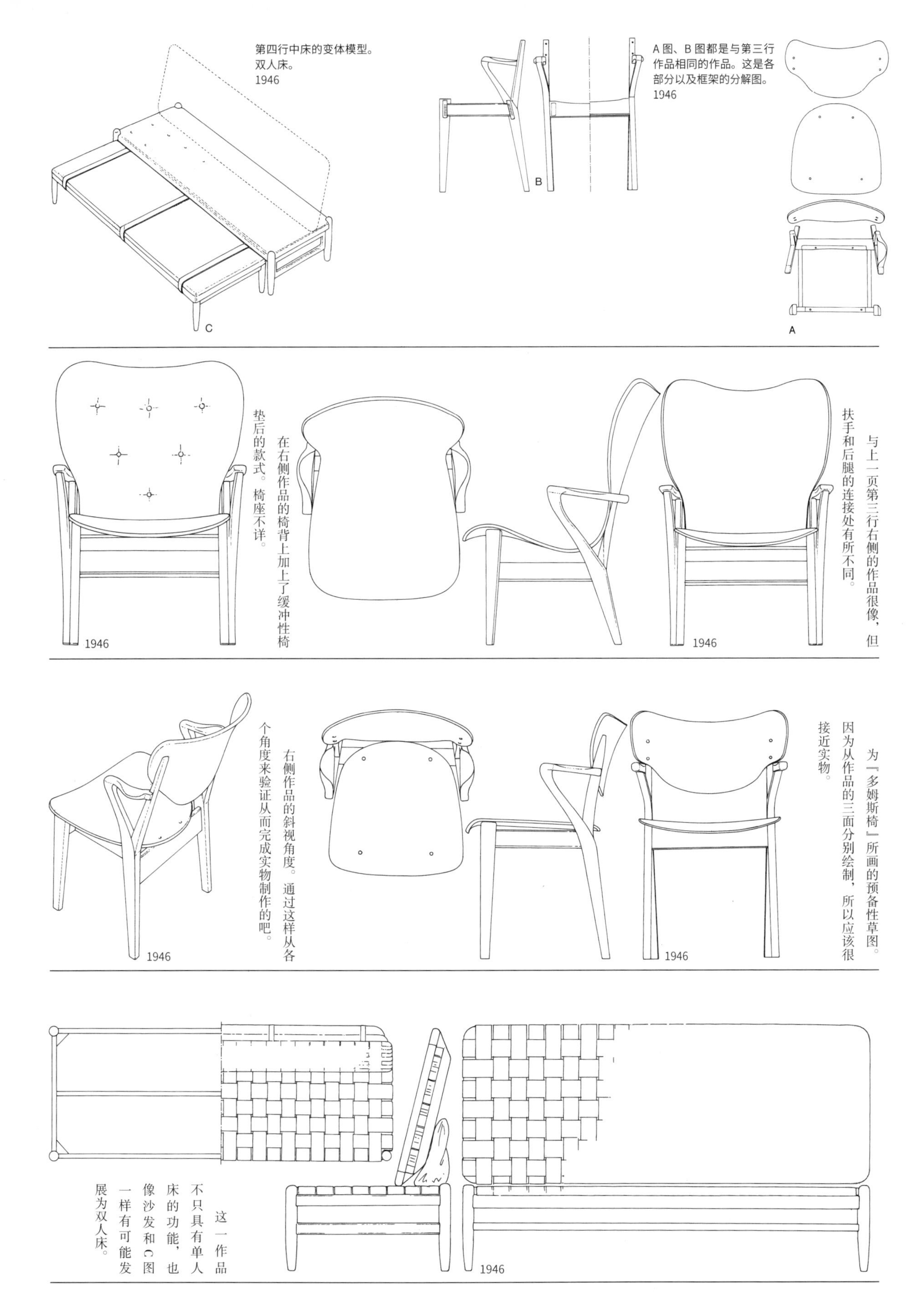
第四行中床的变体模型。
双人床。
1946
C
B
A图、B图都是与第三行作品相同的作品。这是各部分以及框架的分解图。
1946
A
垫后的款式。椅座不详。
在右侧作品的椅背上加上了缓冲性椅
1946
与上一页第三行右侧的作品很像，但
扶手和后腿的连接处有所不同。
1946
个角度来验证从而完成实物制作的吧。
右侧作品的斜视角度。通过这样从各
1946
为『多姆斯椅』所画的预备性草图。
因为从作品的三面分别绘制，所以应该很
接近实物。
1946
这一作品
不只具有单人
床的功能，也
像沙发和C图
一样有可能发
展为双人床。
1946

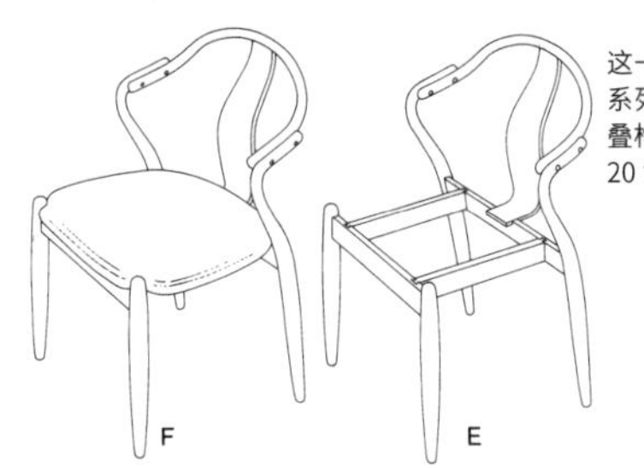

这一作品也是“多姆斯”系列的变体模型。此为堆叠构造。
20 世纪 40 年代

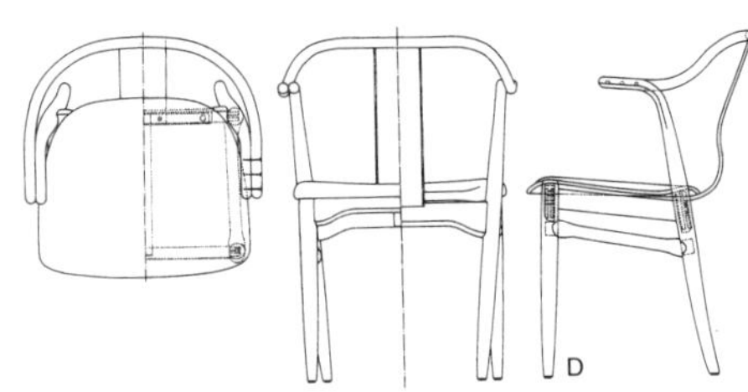

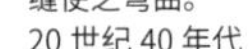

“多姆斯椅”的变体模型。后腿的扶手部分加入了裂缝使之弯曲。
20 世纪 40 年代

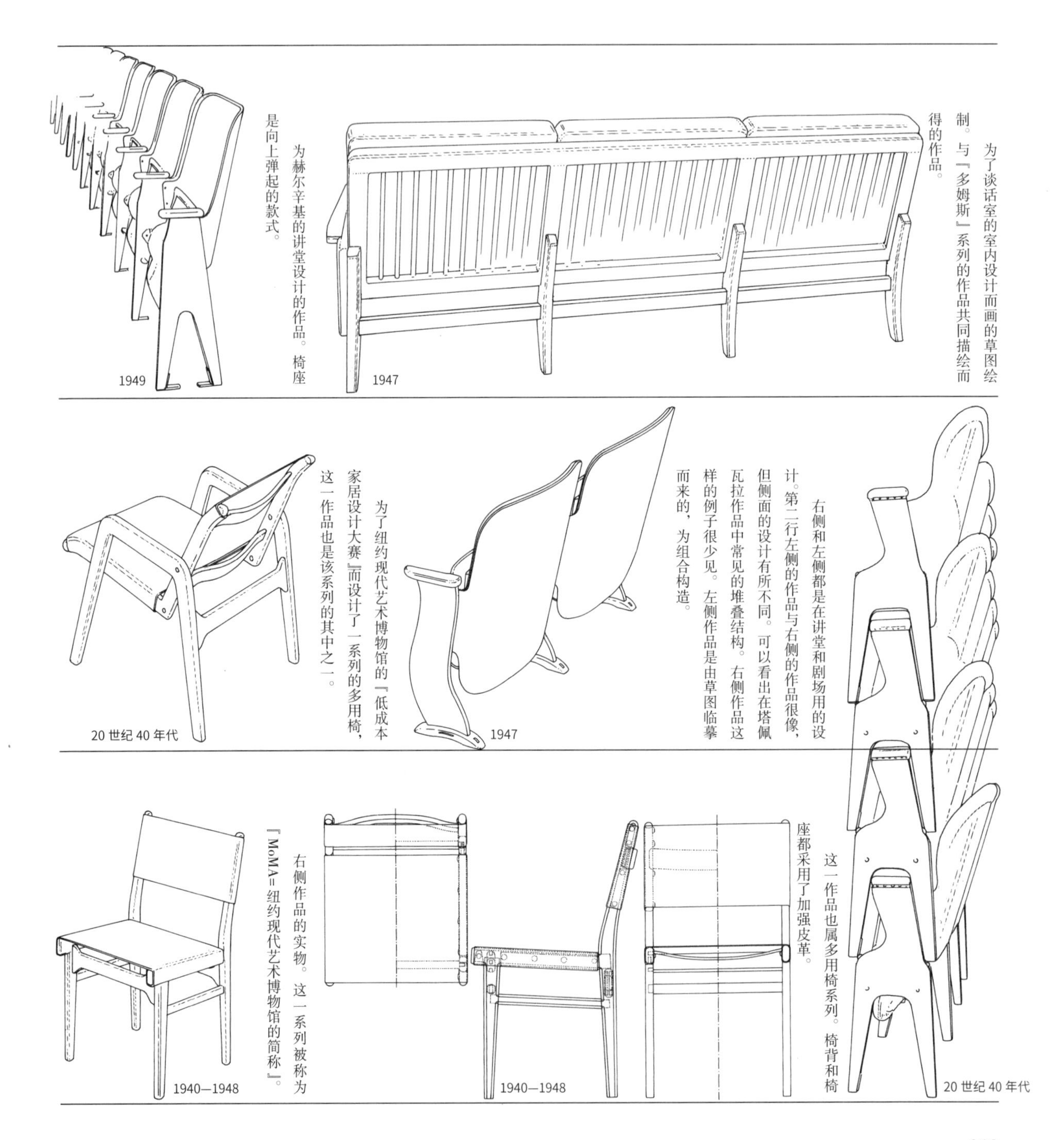

为了谈话室的室内设计而画的草图绘制。与『多姆斯』系列的作品共同描绘而得的作品。

1947

为赫尔辛基的讲堂设计的作品。椅座是向上弹起的款式。

1949

右侧和左侧都是在讲堂和剧场用的设计。第二行左侧的作品与右侧的作品很像，但侧面的设计有所不同。可以看出在塔佩瓦拉作品中常见的堆叠结构。右侧作品这样的例子很少见。左侧作品是由草图临摹而来的，为组合构造。

1947

为了纽约现代艺术博物馆的『低成本家居设计大赛』而设计了一系列的多用椅，这一作品也是该系列的其中之一。

20 世纪 40 年代

这一作品也属多用椅系列。椅背和椅座都采用了加强皮革。

20 世纪 40 年代

1940—1948

右侧作品的实物。这一系列被称为『MoMA=纽约现代艺术博物馆的简称』。

1940—1948

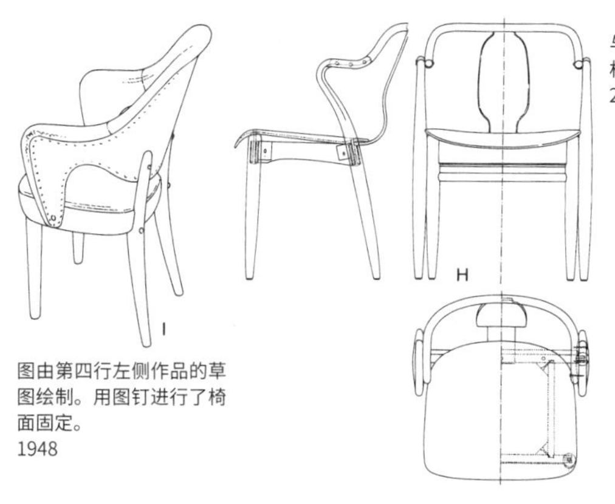

图由第四行左侧作品的草图绘制。用图钉进行了椅面固定。
1948

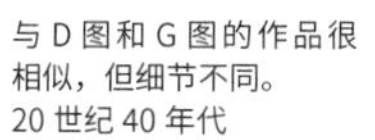

与 D 图和 G 图的作品很相似，但细节不同。
20 世纪 40 年代

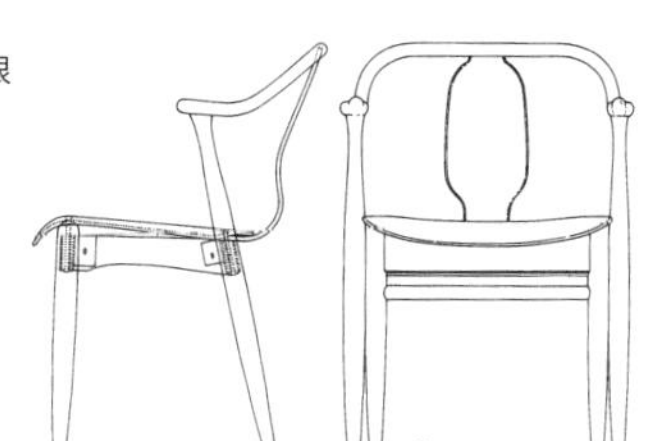

这一作品也是“多姆斯”系列。与 D 图十分相似，但背板和横木的形状不同。
20 世纪 40 年代

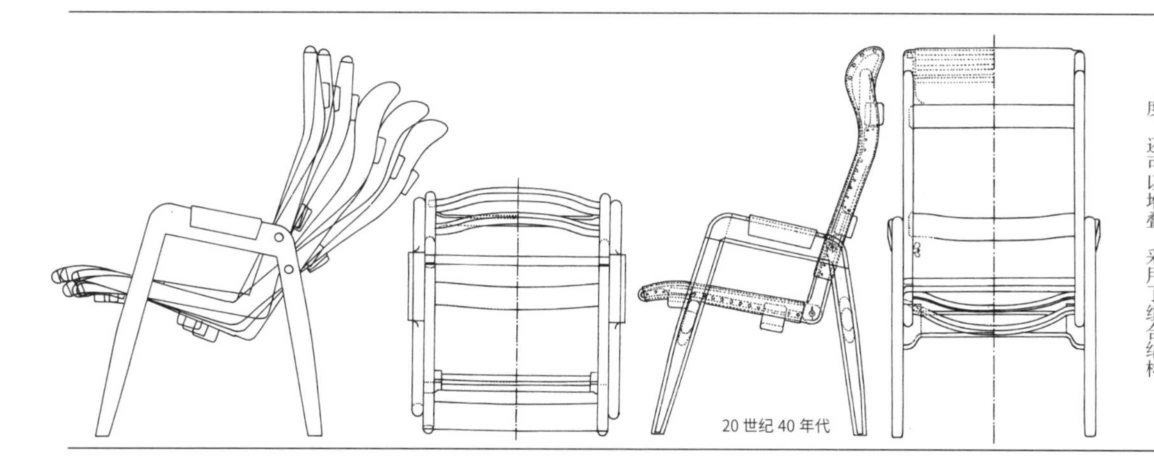

20 世纪 40 年代

这一作品是多用椅『MoMA』系列的一件。像左侧图一样，可以变换座位的角度，还可以堆叠。采用了组合结构。

将右侧作品的椅座部分运用成型胶合板进行制作，利用了弹力性。

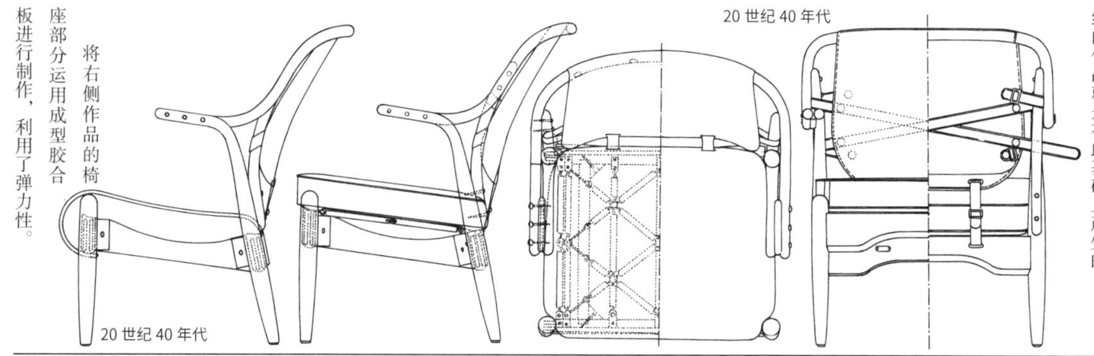

20 世纪 40 年代

20 世纪 40 年代

『多姆斯』系列总结了一些设计和构造上的问题，并对此进行了解决。这里介绍的作品就是在此基础上产生的。

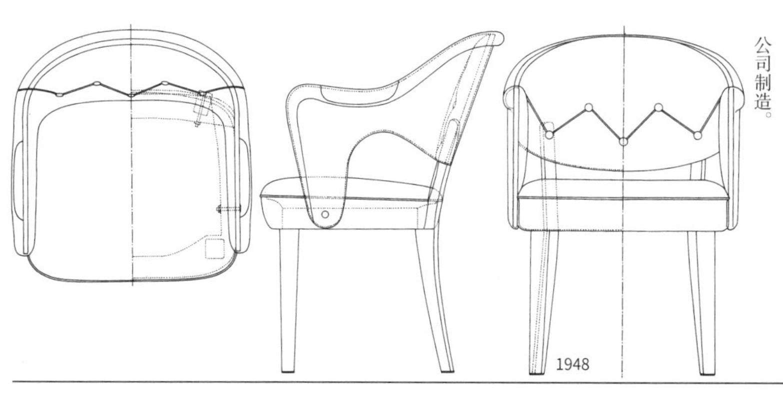

1948

为餐厅而设计的作品。布特奥利斯丝公司制造。

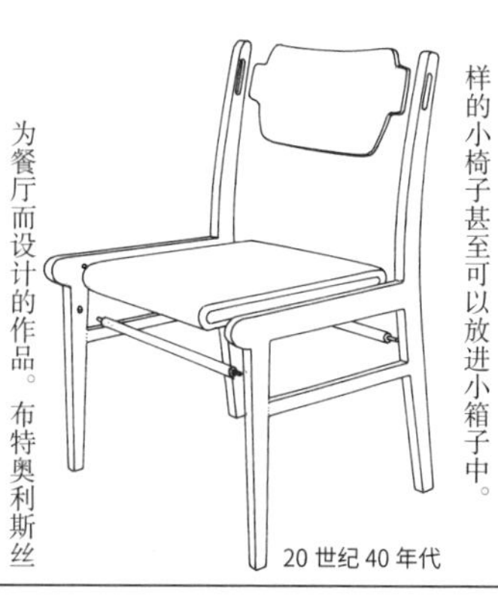

20 世纪 40 年代

这也是在纽约现代艺术博物馆大赛中提交的作品。其组合结构很明显。一把这样的小椅子甚至可以放进小箱子中。

1914—1999

伊玛里·塔佩瓦拉

第 5 小节
由草图得到的启发

在第 4 小节中主要介绍了塔佩瓦拉作品中的三视图。这里就他的草图和作品的发展进程进行相关叙述。不仅是他，在此之前的作家也有很多由草图绘制而得的作品。然而，从草图而得的作品可以真正称之为一件作品吗？这仍是一个问题。

将在设计师的脑中由灵感浮现出来的印象进行具体化后产生的就是草图了吧。一件实物作品的产生，都要像这样由草图构思开始，再制作缩减图样，然后制作五分之一的比例模型。接着，再进行严格的比例检查，绘出现实尺寸的图样，制作出原始模型。之后在这一阶段中对作品的功能性和构造进行检查，最后才投入批量生产模型。像这样的草图，是作品生产工序的最初阶段，为了制作出一个作品到底要绘出多少草图呢？对于笔者来说，草图与其说是完成作品的一道工序，不如说是体现了设计师设计的一项重要资料。另外，也是能够窥探设计师设计理念的一种手段。

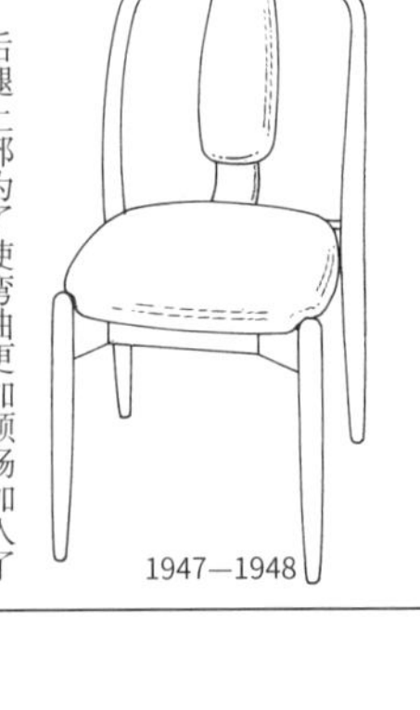

下面介绍的作品都是由草图绘制的。可能是左侧作品的无扶手版本。

1947—1948

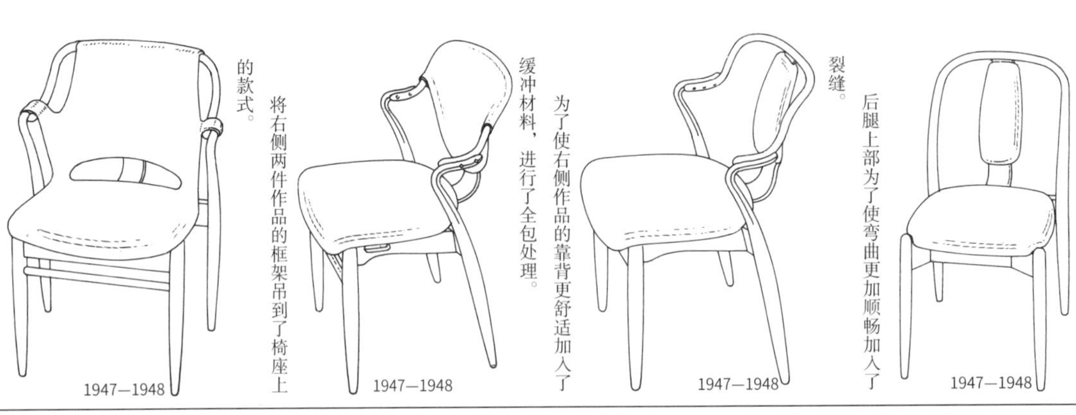

后腿上部为了使弯曲更加顺畅加入了裂缝。

1947—1948

为了使右侧作品的靠背更舒适加入了缓冲材料，进行了全包处理。

1947—1948

将右侧两件作品的框架吊到了椅座上的款式。

1947—1948

将椅背和椅座进行了一体全包。椅座部分的侧面好像没有加入框架。

1947—1948

椅座部分是由框架吊下来的设计。也可以横着连接。

1947—1948

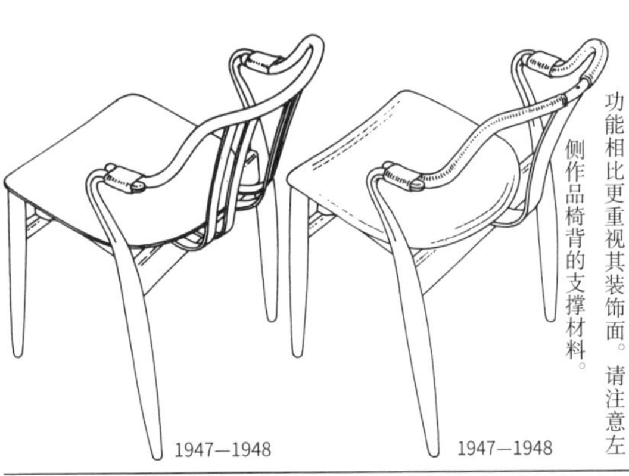

将右侧的框架用藤缠绕后的作品。与功能相比更重视其装饰面。请注意左侧作品椅背的支撑材料。

1947—1948

1947—1948

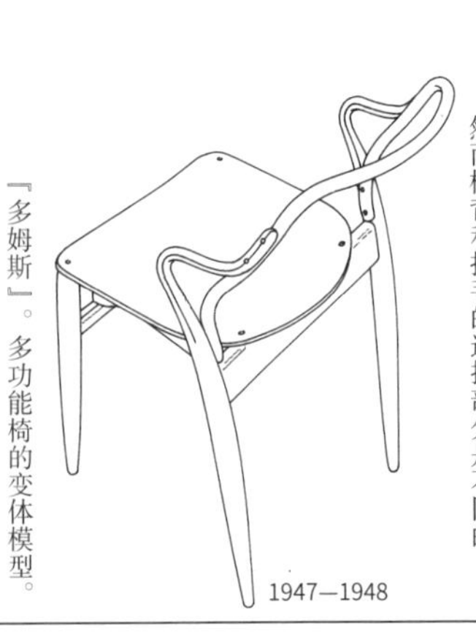

与上面八件作品的框架设计很相似，然而椅背和扶手的连接部分是不同的。

1947—1948

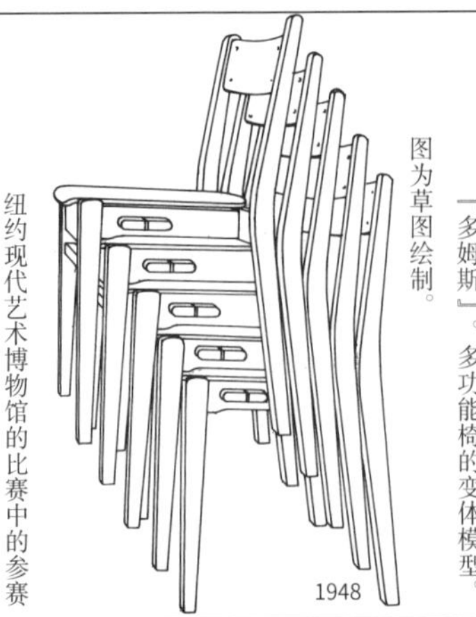

『多姆斯』多功能椅的变体模型。图为草图绘制。

1948

纽约现代艺术博物馆的比赛中的参赛作品。椅腿是拧进式的组合构造。

1948

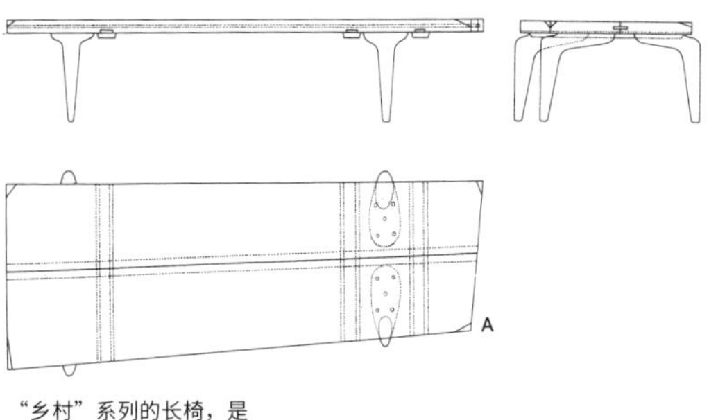

“乡村”系列的长椅，是为桑拿室而设计的作品。从战时就开始持续设计的系列。
1951

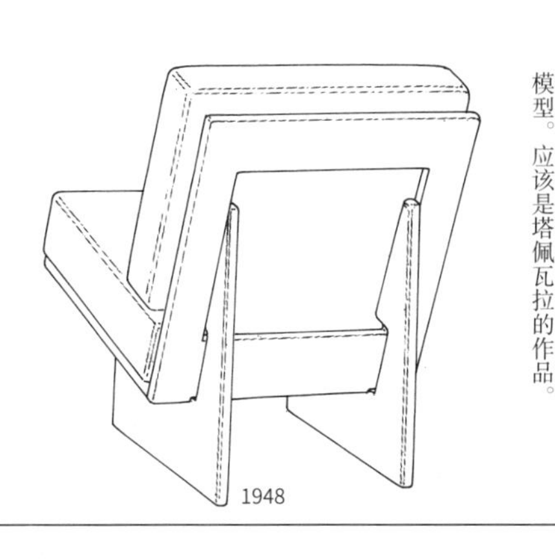

1948

在多姆斯学院的欢迎会中使用的沙发模型。应该是塔佩瓦拉的作品。

1949

为了赫尔辛基而设计的堆叠构造的『管弦乐队椅』。使用的是实木、弯曲木和成型胶合板三种材料。

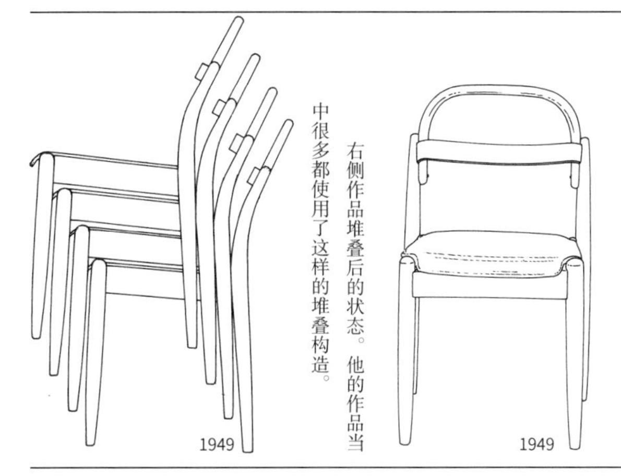

1949

右侧作品堆叠后的状态。他的作品当中很多都使用了这样的堆叠构造。

1949

第二行中左侧作品的三视图。由布特奥莱斯丝公司进行了量产。

1940—1959

『多姆斯』系列的学习桌椅。在欧美很多有名的建筑师和设计师都参加了这样的教育场所的家具设计，留下了很多优秀作品。椅子和桌子都是折叠构造。

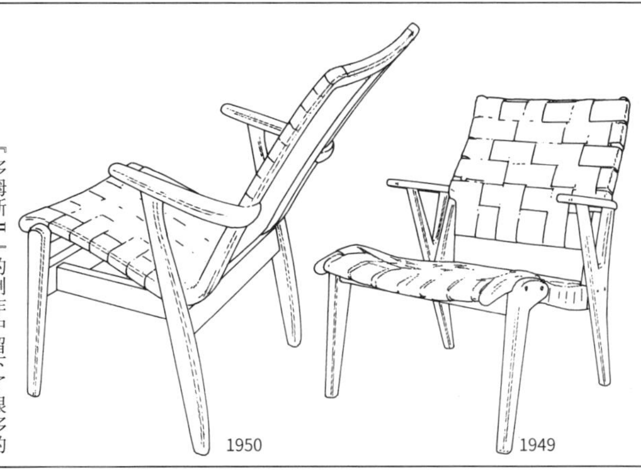

1949

1950

命名为『多姆斯Ⅱ』的作品。这一系列是为了多姆斯学院的宿舍（1950—1952年的建筑）而设计的作品。组合式构造，椅座为棉织带。

1950

『多姆斯Ⅱ』的制作中留下了很多的草图，这个作品也是其中之一。组合构造，以前也有折叠构造。

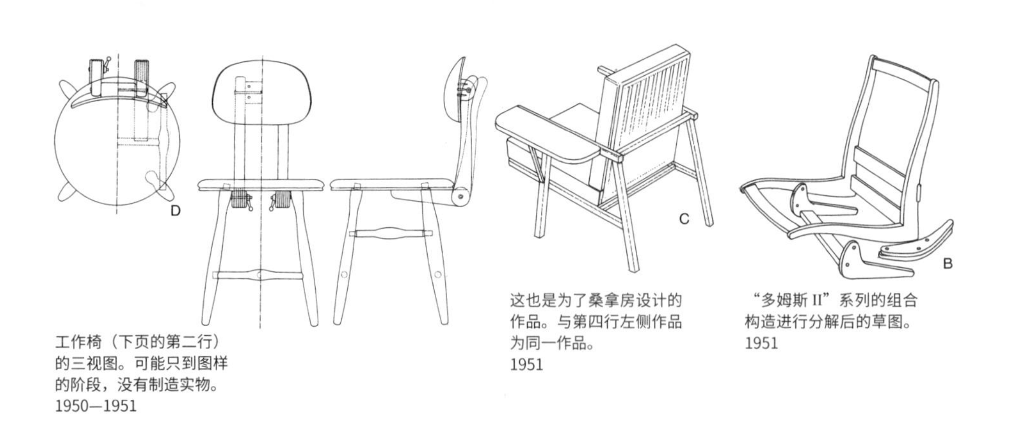

工作椅（下页的第二行）的三视图。可能只到图样的阶段，没有制造实物。
1950—1951

这也是为了桑拿房设计的作品。与第四行左侧作品为同一作品。
1951

“多姆斯 II”系列的组合构造进行分解后的草图。
1951

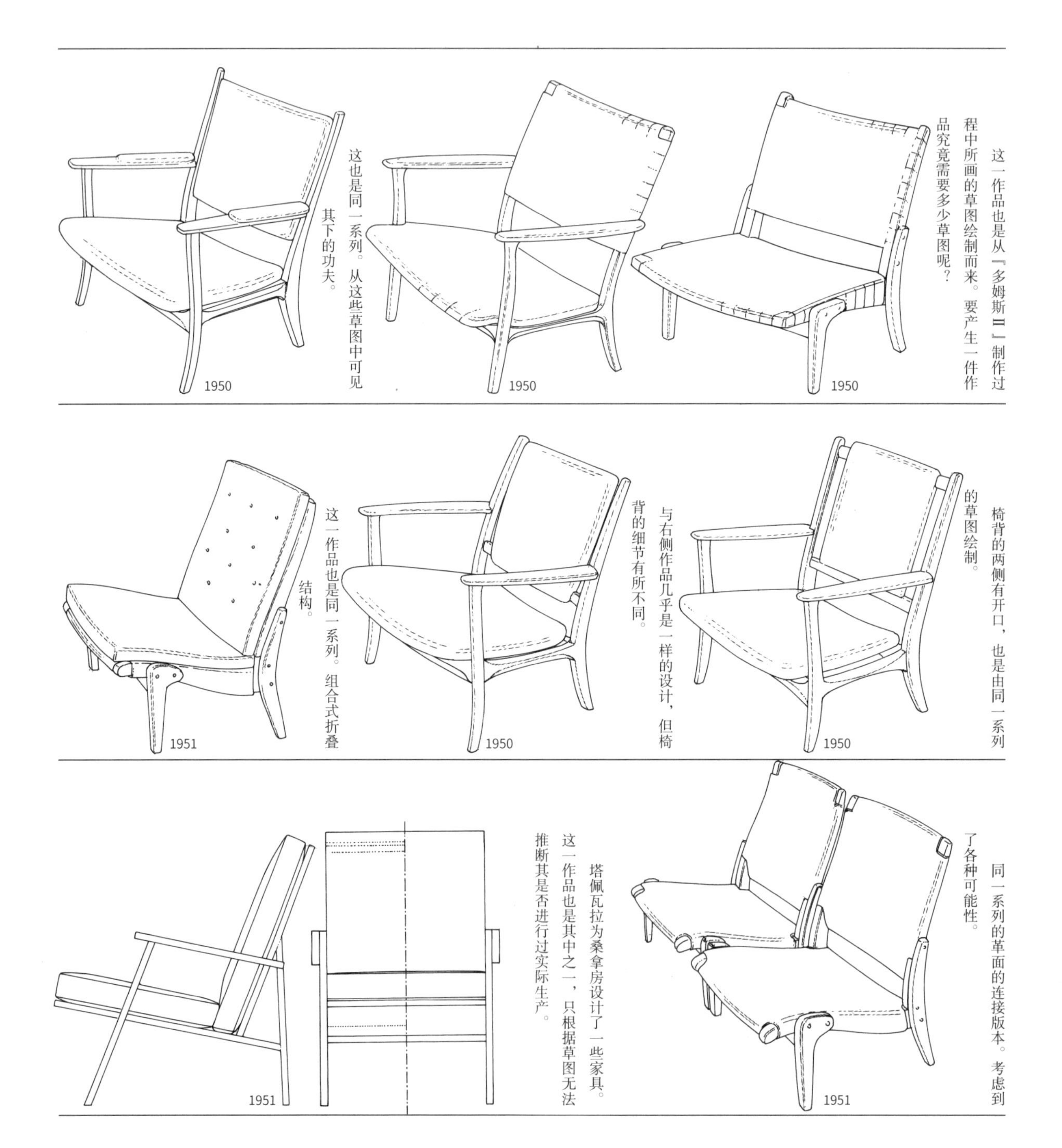

这一作品也是从『多姆斯II』制作过程中所画的草图绘制而来。要产生一件作品究竟需要多少草图呢？

这也是同一系列。从这些草图中可见其下的功夫。

椅背的两侧有开口，也是由同一系列的草图绘制。

与右侧作品几乎是一样的设计，但椅背的细节有所不同。

这一作品也是同一系列。组合式折叠结构。

同一系列的革面的连接版本。考虑到了各种可能性。

塔佩瓦拉为桑拿房设计了一些家具。这一作品也是其中之一，只根据草图无法推断其是否进行过实际生产。

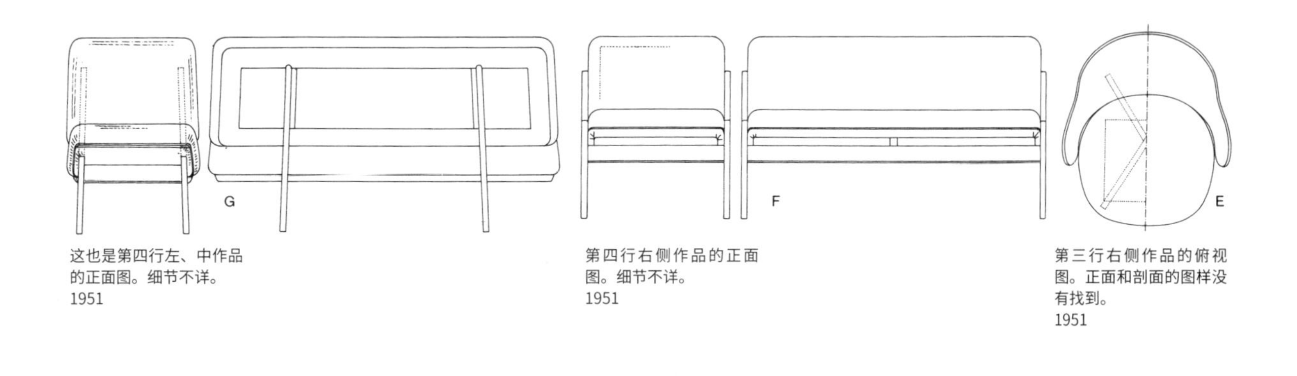

这也是第四行左、中作品的正面图。细节不详。
1951

第四行右侧作品的正面图。细节不详。
1951

第三行右侧作品的俯视图。正面和剖面的图样没有找到。
1951

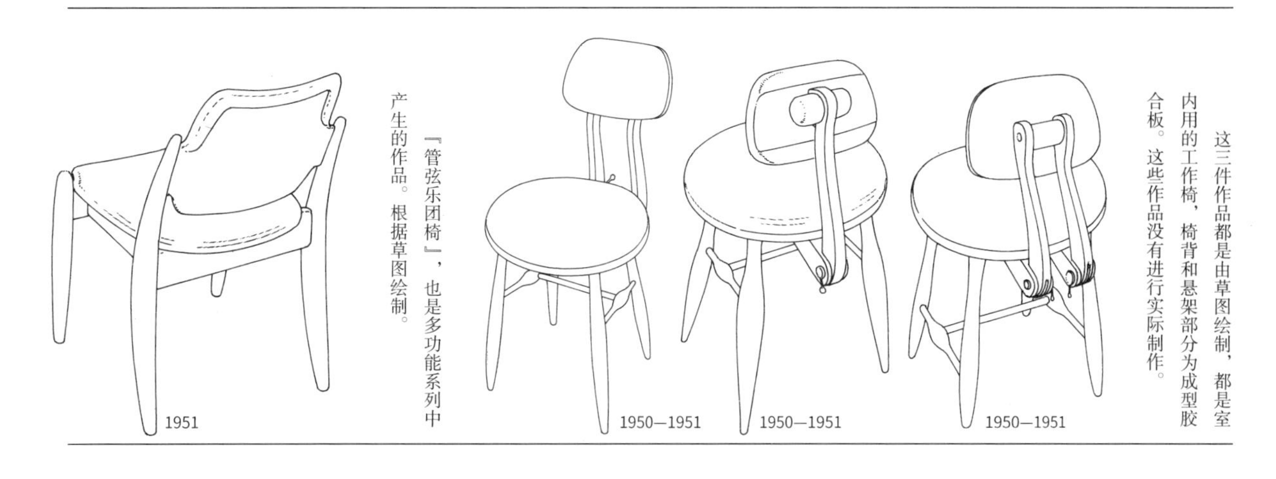

这三件作品都是由草图绘制，都是室内用的工作椅，椅背和悬架部分为成型胶合板。这些作品没有进行实际制作。

『管弦乐团椅』，也是多功能系列中产生的作品。根据草图绘制。

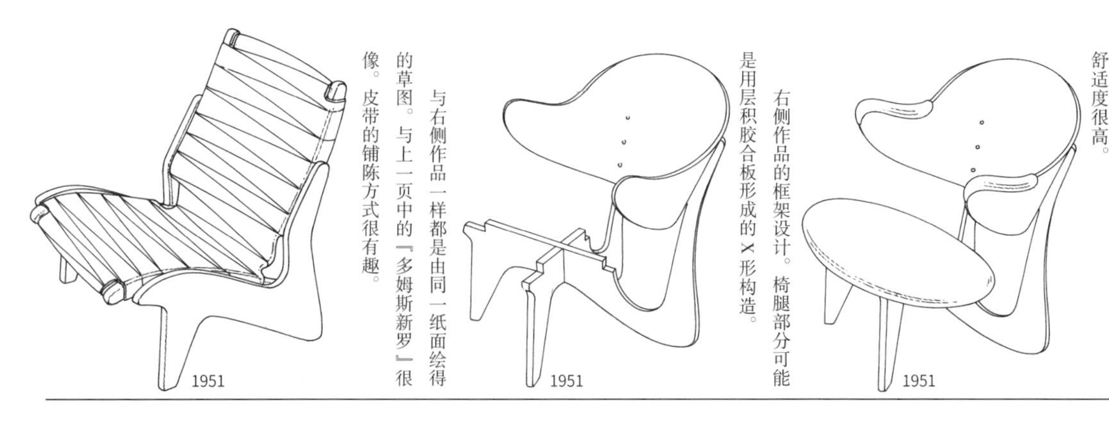

将成型胶合板的椅背进行弯曲，使之成为扶手，这样的设计在丹麦的科夫·拉尔森的作品中也能见到。看起来舒适度很高。

右侧作品的框架设计。椅腿部分可能是用层积胶合板形成的X形构造。

与右侧作品一样都是由同一纸面绘得的草图。与上一页中的『多姆斯新罗』很像。皮带的铺陈方式很有趣。

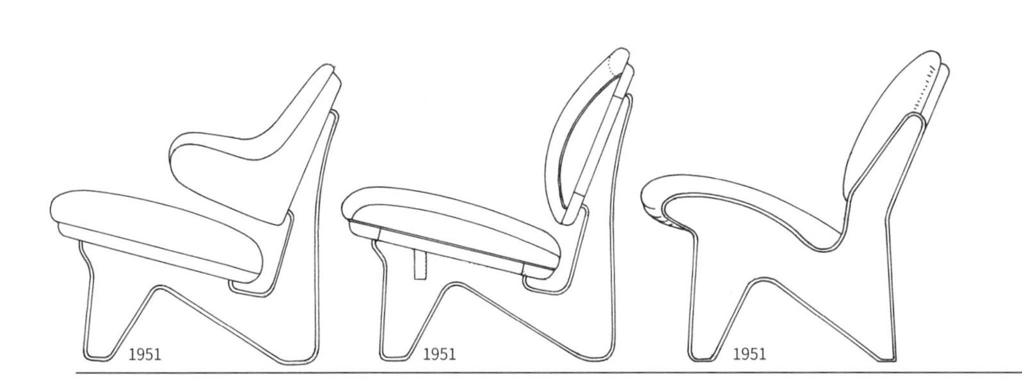

从第三行右侧作品中可见的，使用了层积胶合板的三件作品。这些作品都有安乐椅和沙发两种类型。软垫是达克斯材料，并没有发现有关这些作品实物的资料。由图样（F图、G图）绘得。

1914—1999

伊玛里·塔佩瓦拉

第 6 小节
雄辩的草图

这一小节仍然就草图做介绍。在设计领域，只要是被称为构思草图和原理图的，都是在作品初期产生的。一边绘出大量草图，一边从中找出问题点，为了更好地进行问题的解决而继续画草图。在这一反复的过程中，使想法变得更具体，从而产生了比例缩小的主视、侧视、后视、俯视以及剖视的图样。像这样通过手工，画出自然的线条。

当计算机进入了各个领域，徒手绘画的草图又有被忽略的现象。然而，通过手工画出的生动线条是用计算机无法实现的。本书当中出现的设计师们，都留下了出色的草图作品。其中不乏作为画家也很出色的设计师。从一根线就能看出设计师的人物个性来。比起千言万语，一张草图能够表达出的信息更多。因此充满了表现力的设计师，能够经常设计出名作。

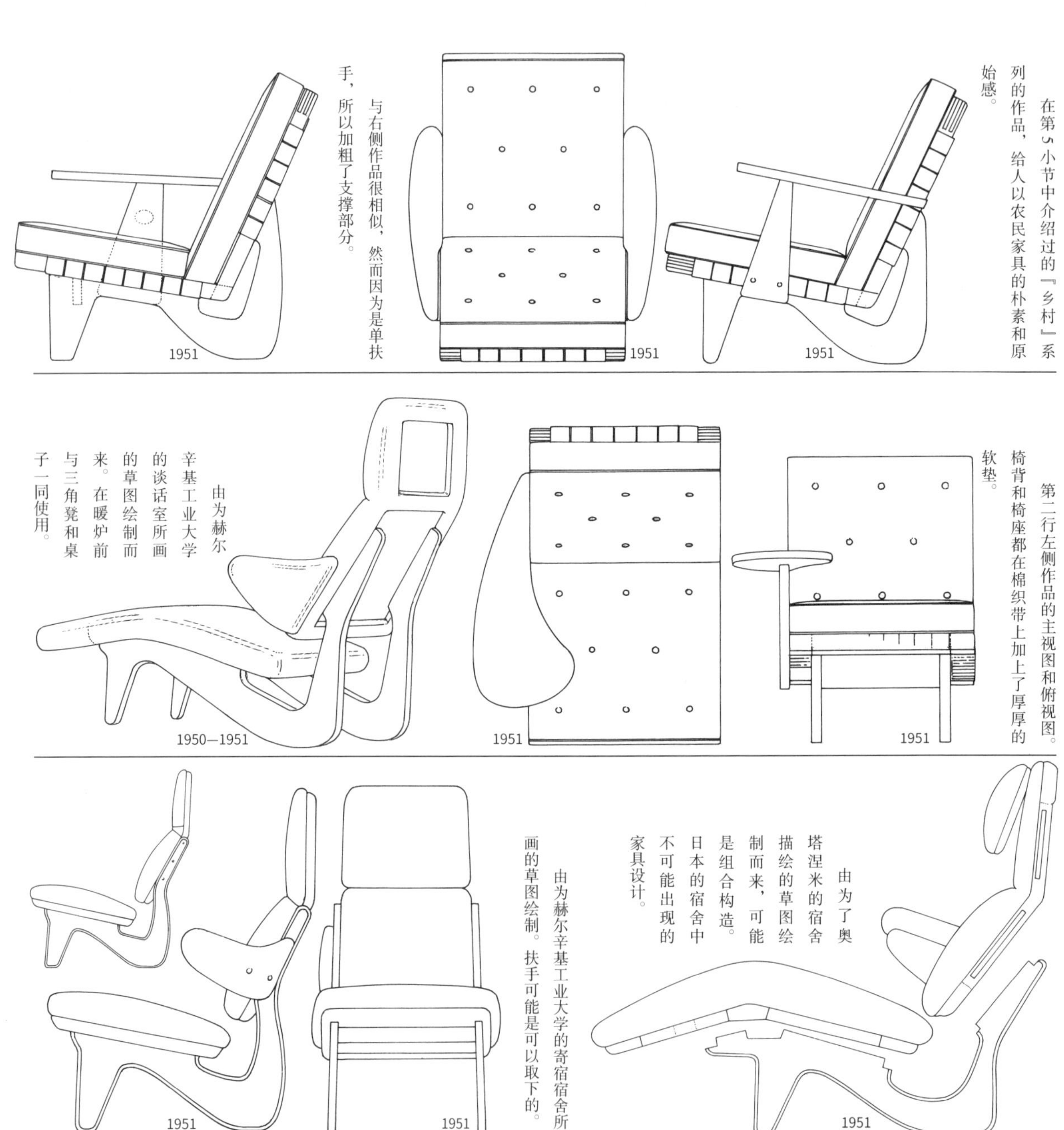

在第 5 小节中介绍过的『乡村』系列的作品，给人以农民家具的朴素和原始感。

与右侧作品很相似，然而因为是单扶手，所以加粗了支撑部分。

第二行左侧作品的主视图和俯视图。椅背和椅座都在棉织带上加上了厚厚的软垫。

由为赫尔辛基工业大学的谈话室所画的草图绘制而来。在暖炉前与三角凳和桌子一同使用。

由为了奥塔涅米的宿舍描绘的草图绘制而来，可能是组合构造。日本的宿舍中不可能出现的家具设计。

由为赫尔辛基工业大学的寄宿宿舍所画的草图绘制。扶手可能是可以取下的。

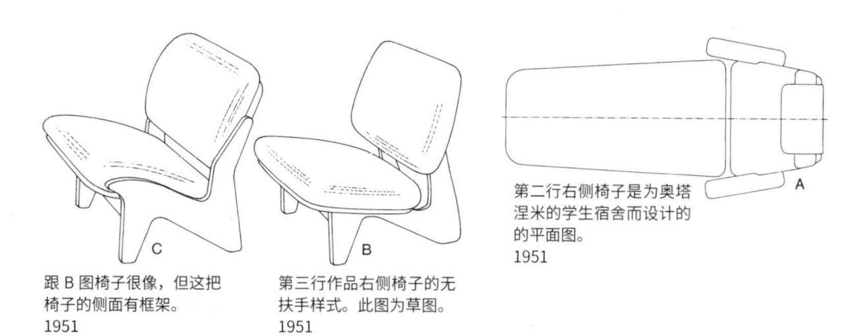

跟 B 图椅子很像，但这把椅子的侧面有框架。
1951

第三行作品右侧椅子的无扶手样式。此图为草图。
1951

第二行右侧椅子是为奥塔涅米的学生宿舍而设计的的平面图。
1951

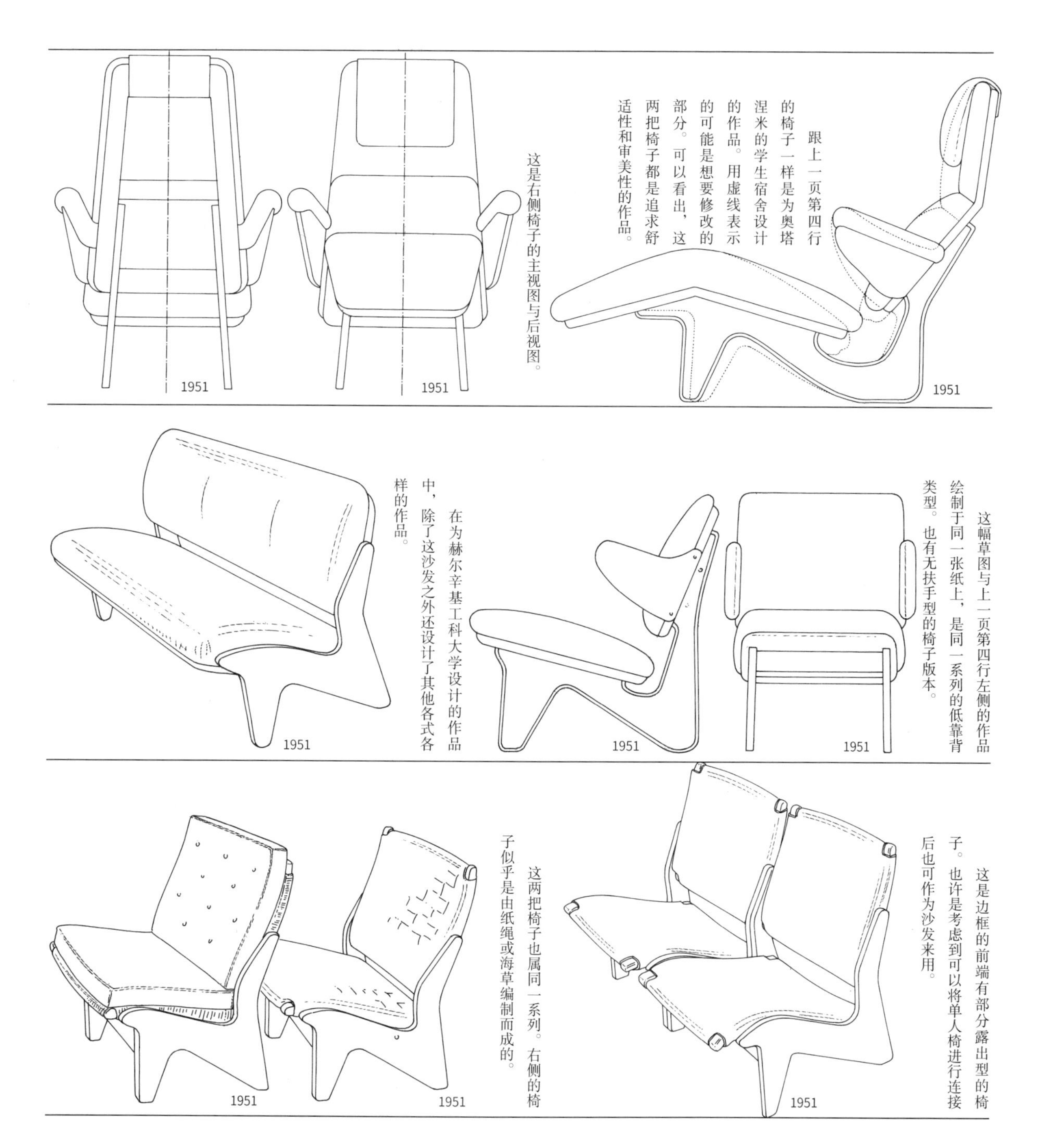

这是右侧椅子的主视图与后视图。

跟上一页第四行的椅子一样是为奥塔涅米的学生宿舍设计的作品。用虚线表示的可能是想要修改的部分。可以看出，这两把椅子都是追求舒适性和审美性的作品。

在为赫尔辛基工科大学设计的作品中，除了这沙发之外还设计了其他各式各样的作品。

这幅草图与上一页第四行左侧的作品绘制于同一张纸上，是同一系列的低靠背类型。也有无扶手型的椅子版本。

这两把椅子也属同一系列。右侧的椅子似乎是由纸绳或海草编制而成的。

这是边框的前端有部分露出型的椅子。也许是考虑到可以将单人椅进行连接后也可作为沙发来用。

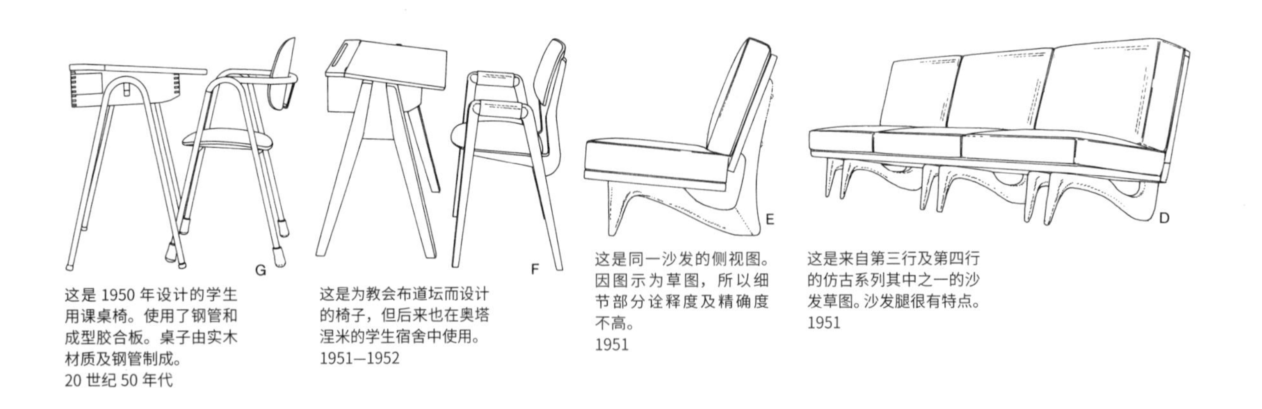

这是 1950 年设计的学生用课桌椅。使用了钢管和成型胶合板。桌子由实木材质及钢管制成。
20 世纪 50 年代

这是为教会布道坛而设计的椅子，但后来也在奥塔涅米的学生宿舍中使用。
1951—1952

这是同一沙发的侧视图。因图示为草图，所以细节部分诠释度及精确度不高。
1951

这是来自第三行及第四行的仿古系列其中之一的沙发草图。沙发腿很有特点。
1951

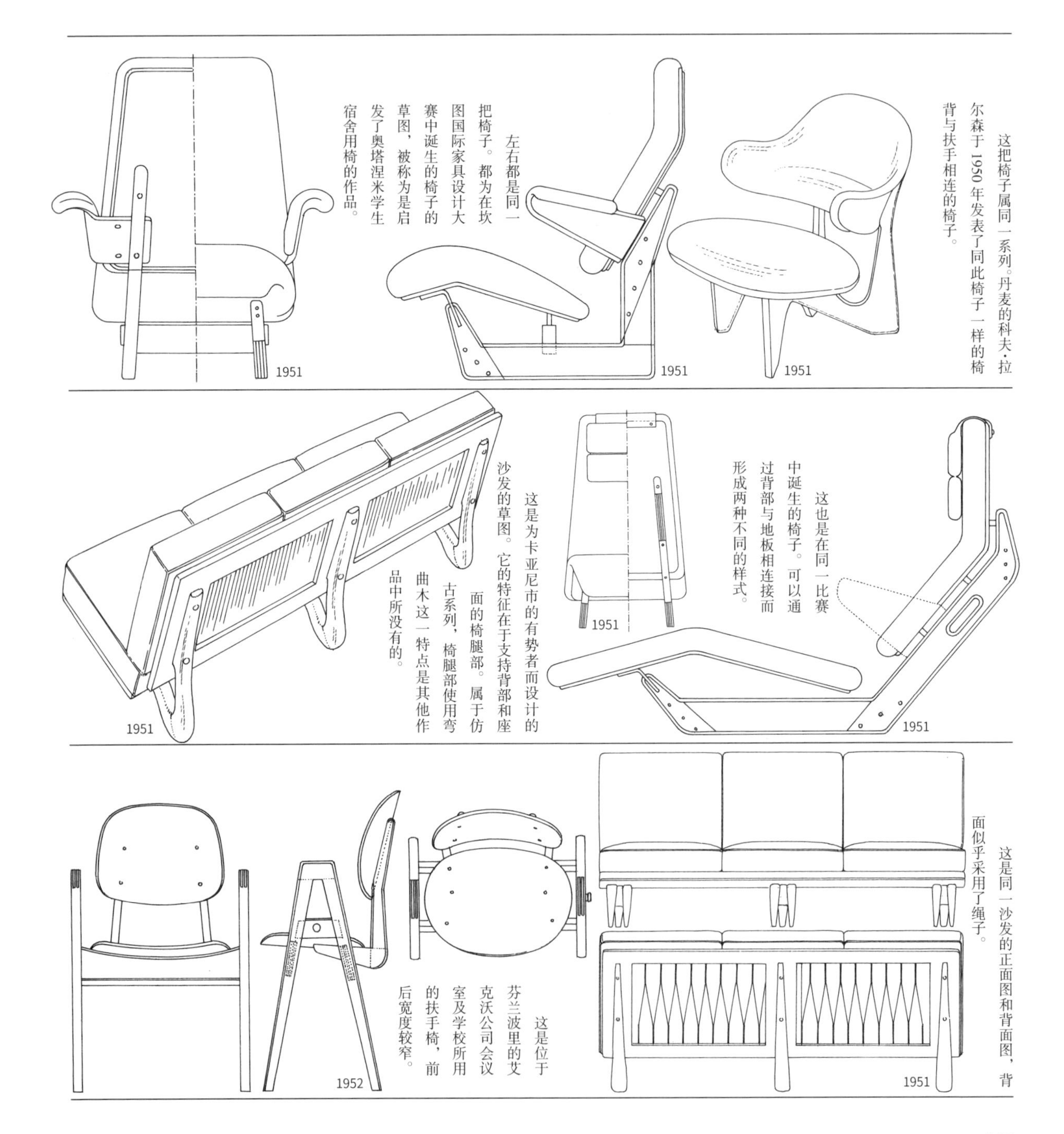

左右都是同一把椅子。都为在坎图国际家具设计大赛中诞生的椅子的草图，被称为是启发了奥塔涅米学生宿舍用椅的作品。

这把椅子属同一系列。丹麦的科夫·拉尔森于 1950 年发表了同此椅子一样的椅背与扶手相连的椅子。

这是为卡亚尼市的有势者而设计的沙发的草图。它的特征在于支持背部和座面的椅腿部。属于仿古系列，椅腿部使用弯曲木这一特点是其他作品中所没有的。

这也是在同一比赛中诞生的椅子。可以通过背部与地板相连接而形成两种不同的样式。

这是位于芬兰波里的艾克沃公司会议室及学校所用的扶手椅，前后宽度较窄。

这是同一沙发的正面图和背面图，背面似乎采用了绳子。

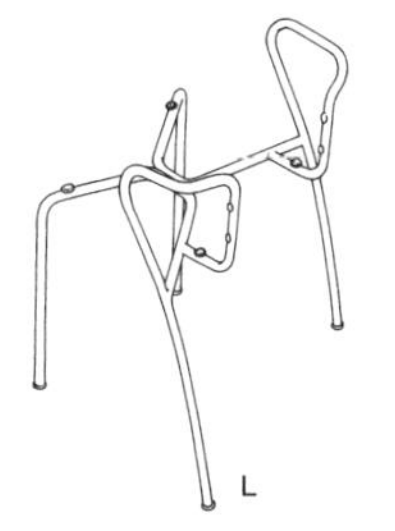

这座框架也属同一系列。扶手处是一根钢管。
1953

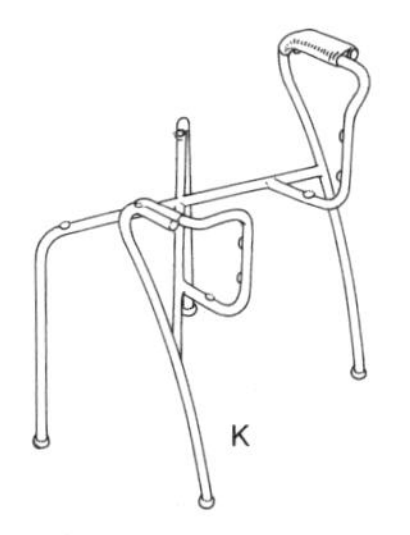

这是为第四行左侧两把椅子所设计的框架。扶手部分用两个零件连接。
1953

这是第二行左侧椅子的无扶手版成品，是在坎图国际家具设计大赛上诞生的椅子。
1953

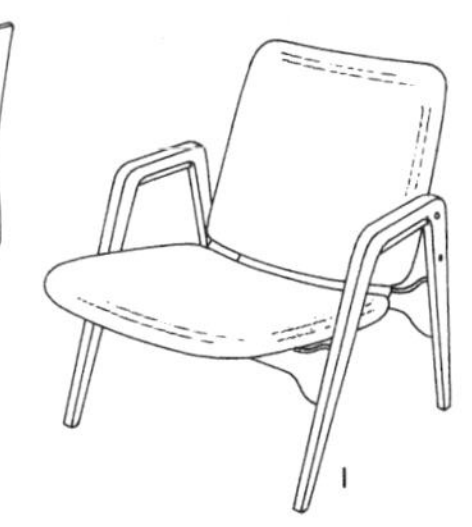

这是第二行右侧椅子的变体模型，座面是由软垫材料制成。
1952

这把椅子是由上一页第四行左侧作品堆叠而成。这种堆叠风格是创作者所擅长的。
1952

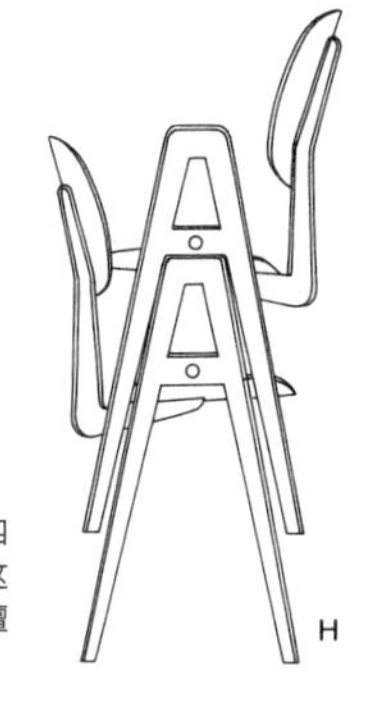

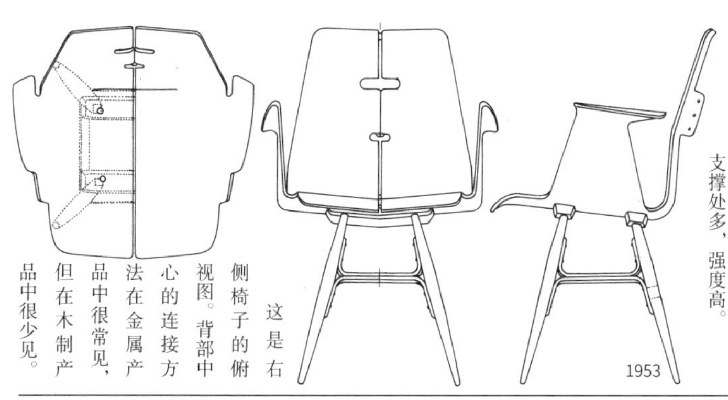

这是右侧椅子的俯视图。背部中心的连接方法在金属产品中很常见，但在木制产品中很少见。

这是坎图国际家具设计大赛的参赛作品。这个由成型胶合板制的横梁的特点是支撑处多，强度高。

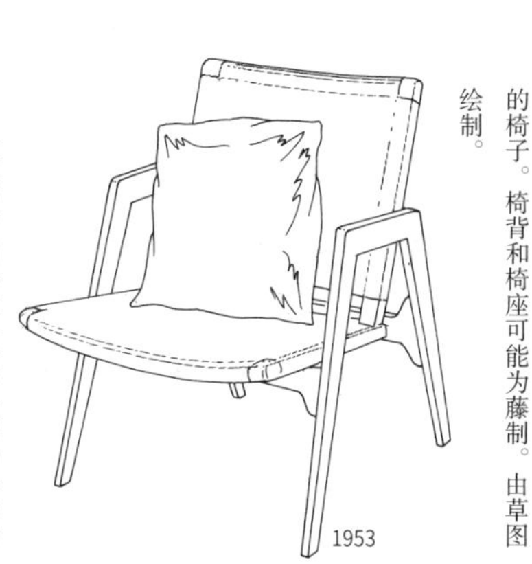

这是为阿斯克公司设计的组合式结构的椅子。椅背和椅座可能为藤制。由草图绘制。

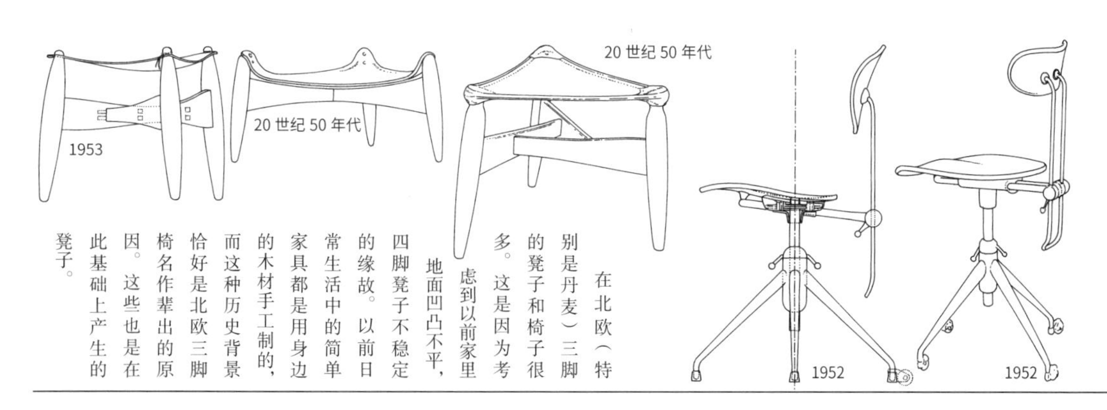

在北欧（特别是丹麦）三脚的凳子和椅子很多。这是因为考虑到以前家里地面凹凸不平，四脚凳子不稳定的缘故。以前日常生活中的简单家具都是用身边的木材手工制的，而这种历史背景恰好是北欧三脚椅名作辈出的原因。这些也是在此基础上产生的凳子。

这是为阿斯克公司设计的办公室用椅，背面和座面是用成型胶合板所制。其他部分由金属制成。此椅带有脚轮。

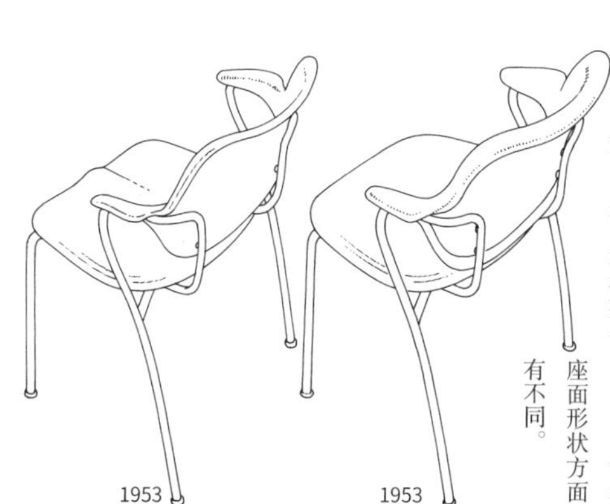

这把椅子跟K图、L图的椅子虽然很像，但可以看出在框架（K图、L图）和座面形状方面有不同。

1953

这把椅子也被认为是为赫伯特·拜耶设计的，是在多姆斯椅的基础上设计的作品。

1953

这把椅子是为芝加哥的赫伯特·拜耶所设计的。椅腿部可能是考虑了旋转功能。

1914—1999

伊玛里·塔佩瓦拉

第 7 小节
合理的结构

本小节旨在描述关于在塔佩瓦拉作品中常见的合理的椅子构造。其中包括：（1）组合式（拆解、组合）结构，（2）堆叠式（堆放）结构，（3）折叠式（折叠）结构。这些结构的共同特点都是在不用的时候可『紧凑存放』。这有利于减少运输成本，节省仓库等的存放空间。因此拥有此结构的椅子，很多都价格相对便宜。组合式结构通过索耐特的弯曲木作品一举成名，其很多优点，正如刚才所说，这样的椅子可以在有限的空间里进行大量运输。在制造方面，一旦破损，只需换个部件即可。一般组合式家具的零部件都形状简单，不需要熟练工的技术。由轻部件构成的椅子很多等也是组合式结构的优点。另外，在拆解、组合的过程中用到最多的是螺栓和螺母，也有使用皮带和绳索、楔子的，还有这些都不用，单纯进行部件组合的椅子。关于堆叠式和折叠式结构将会在下章后面的小节介绍。

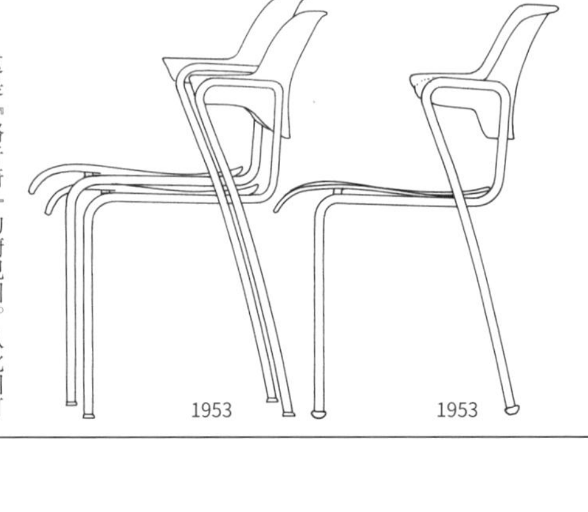

1953　1953

这是由之前的第1小节中的『路奇椅』重新设计后的椅子。在芝加哥设计而成。堆叠起来时也不会感到难看。

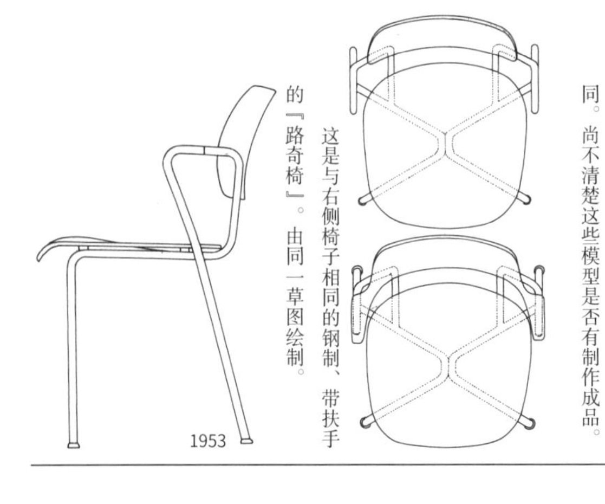

1953

这是『路奇椅』的俯视图。从此图可以看出下方背部的板框形状与侧面的图不同。尚不清楚这些模型是否有制作成品。

这是与右侧椅子相同的钢制、带扶手的『路奇椅』。由同一草图绘制。

1953　1953　1953

这也是『路奇椅』。右侧是带扶手的主视图。左侧是钢制带扶手类型的框架的后视图。

这把椅子的框架设计与第二行左侧椅子有所不同。

1954

这是借鉴为挪威的艾德斯比工作室所画草图而绘制的椅子。成型胶合板制成的椅背和座面的框架与后腿的前部相连。

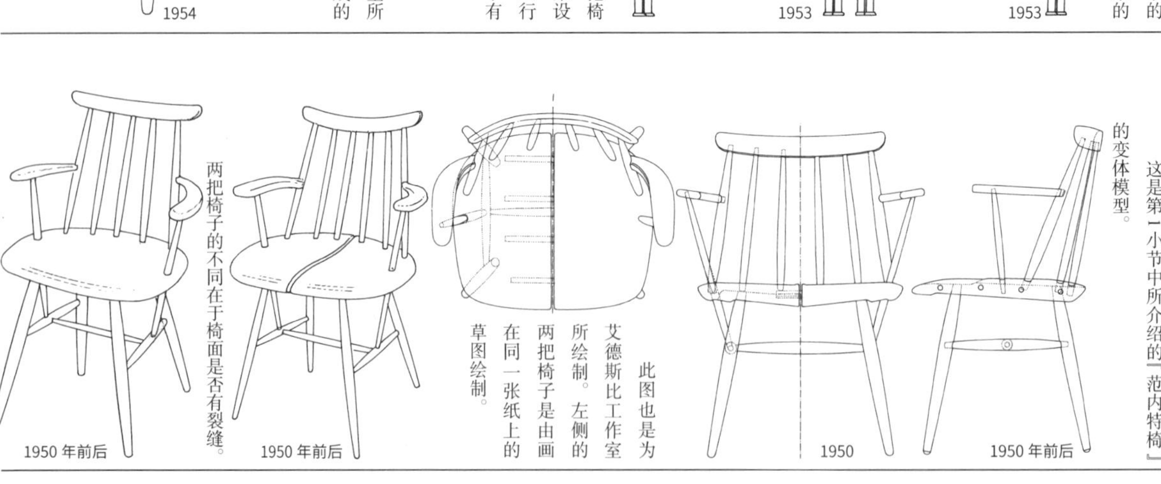

1950 年前后　1950　1950 年前后　1950 年前后

这是第1小节中所介绍的『范内特椅』的变体模型。

此图也是为艾德斯比工作室所绘制。左侧的两把椅子是由画在同一张纸上的草图绘制。

两把椅子的不同在于椅面是否有裂缝。

这是第四行凳子“皮尔卡”的制作成品。在第 2 小节中介绍过这把凳子。
1955

这是为巴拉圭地区的开发项目所设计的凳子。如果将皮革表面拿掉的话，剩下的腿部也可作为桌腿。
1959

这是跟“大威廉敏娜椅”进行成套销售的凳子。
1959

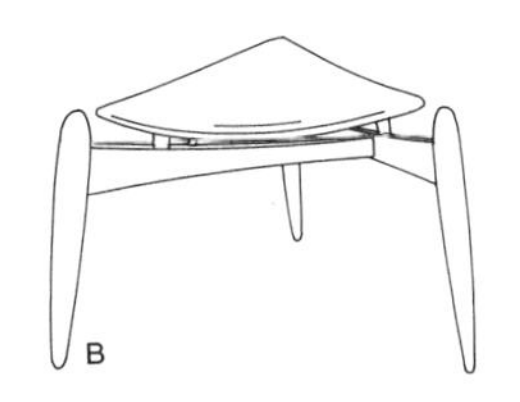

被称为“故事”的凳子，这把凳子也使用了三巴结构。座面是平滑的凹曲面。
1953

塔佩瓦拉设计了数不清的十分美观的凳子。这是第 1 小节中介绍的凳子。三巴（家徽的名称）结构的横木设计很有趣。
1950

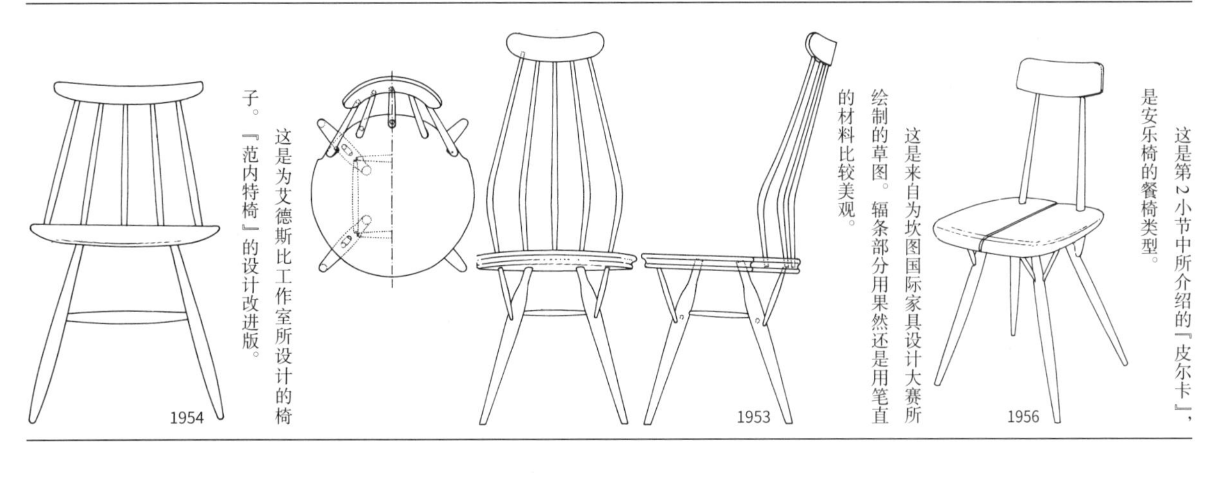

这是第2小节中所介绍的『皮尔卡』，是安乐椅的餐椅类型。

这是来自为坎图国际家具设计大赛所绘制的草图。辐条部分用果然还是用笔直的材料比较美观。

这是为艾德斯比工作室所设计的椅子。『范内特椅』的设计改进版。

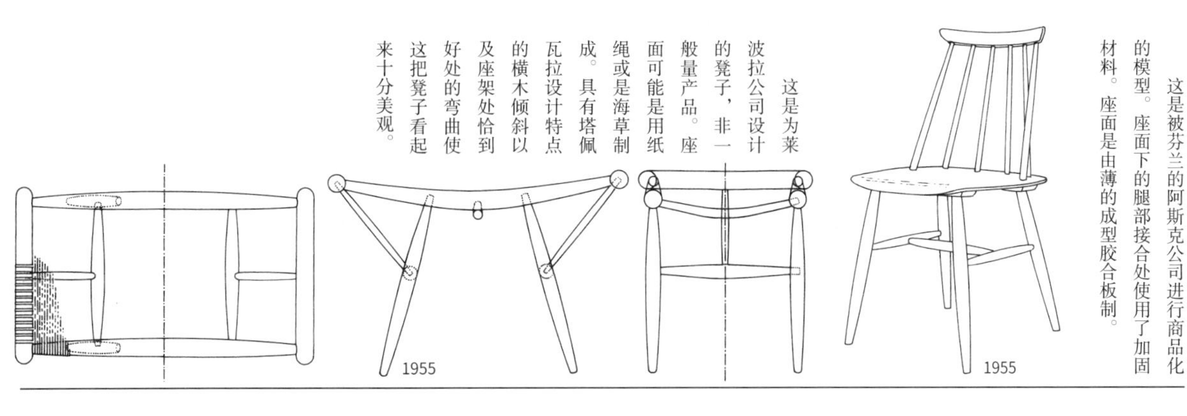

这是被芬兰的阿斯克公司进行商品化的模型。座面下的腿部接合处使用了加固材料。座面是由薄的成型胶合板制。

这是为莱波拉公司设计的凳子，非一般量产品。座面可能是用纸绳或是海草制成。具有塔佩瓦拉设计特点的横木倾斜以及座架处恰到好处的弯曲使这把凳子看起来十分美观。

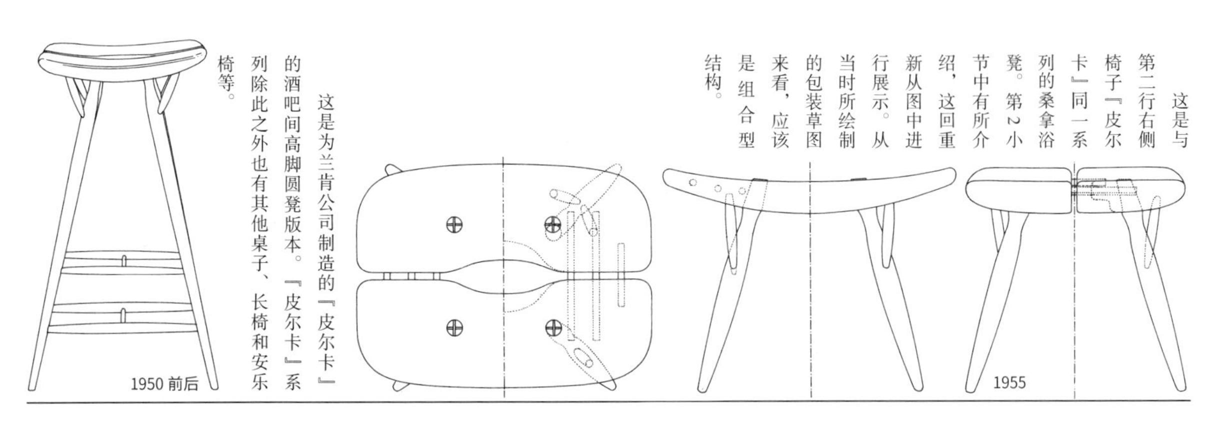

这是与第二行右侧椅子『皮尔卡』同一系列的桑拿浴凳。第2小节中有所介绍，这回重新从图中进行展示。从当时所绘制的包装草图来看，应该是组合型结构。

这是为兰肯公司制造的『皮尔卡』系列的酒吧间高脚圆凳版本。『皮尔卡』系列除此之外也有其他桌子、长椅和安乐椅等。

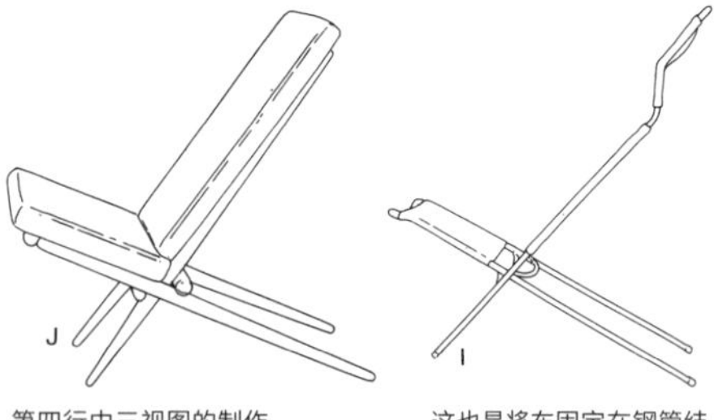

第四行中三视图的制作成品。
1954

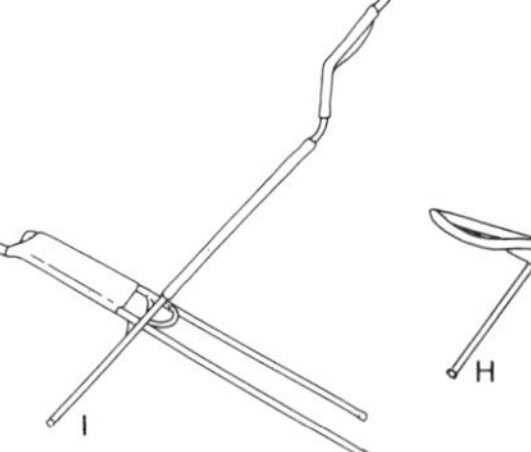

这也是将布固定在钢管结构上的“刚果椅”。与H图很像，但在布的固定方法及框架设计上有差异。
1954

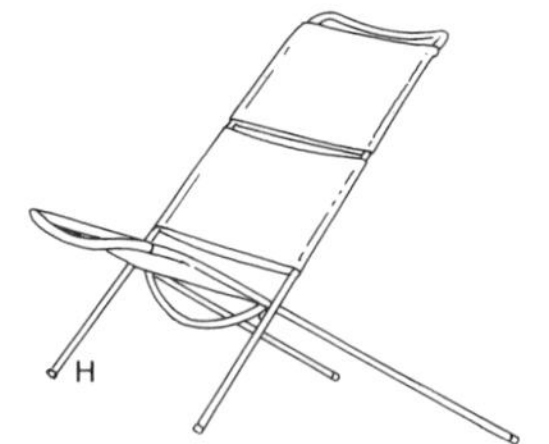

“刚果椅”。这把椅子是将布固定在钢管结构上制成。背部和座面被固定。
1954

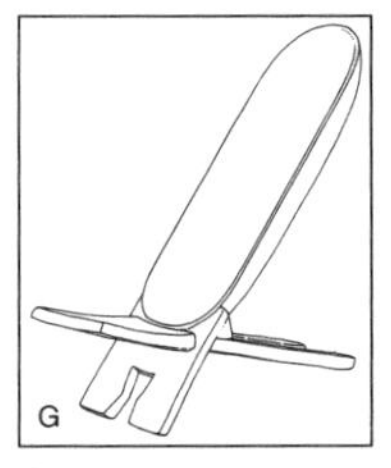

这是非洲原住民所设计的组合式构造的椅子。有时也会在日本民间工艺品店中见到这种椅子。

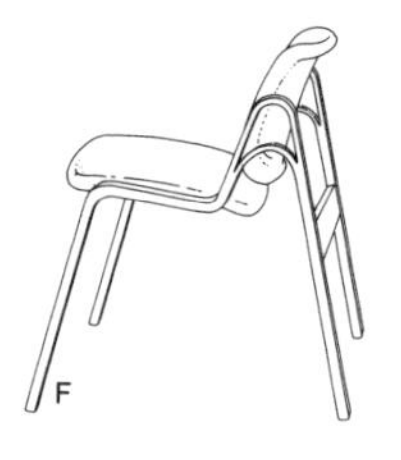

这是第 2 小节中介绍的威廉敏娜的堆叠椅。在三年一度的米兰展览会上获得金奖。
1959

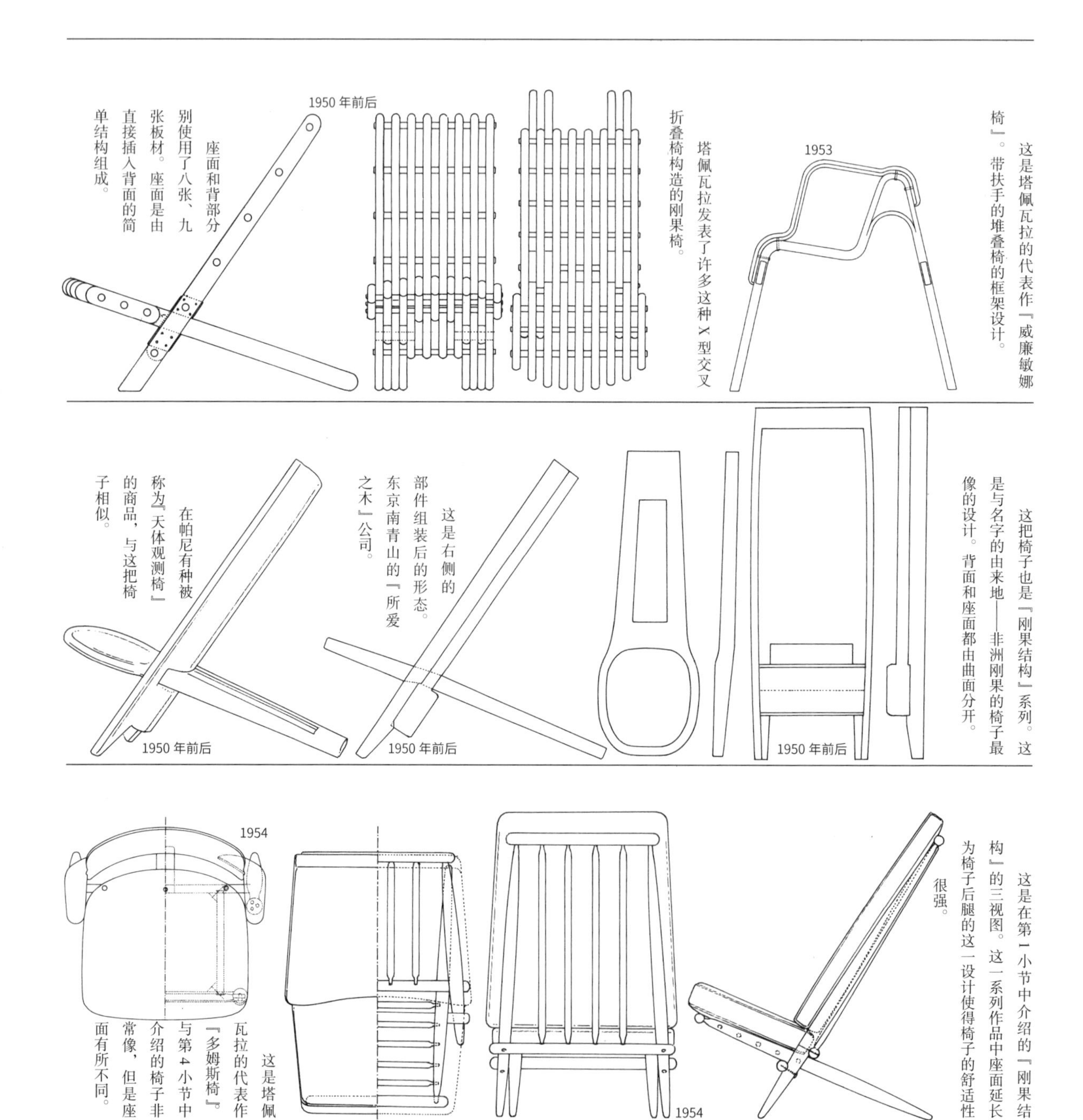

这是塔佩瓦拉的代表作『威廉敏娜椅』。带扶手的堆叠椅的框架设计。

塔佩瓦拉发表了许多这种X型交叉折叠椅构造的刚果椅。

座面和背部分别使用了八张、九张板材。座面是由直接插入背面的简单结构组成。

这把椅子也是『刚果结构』系列。这是与名字的由来地——非洲刚果的椅子最像的设计。背面和座面都由曲面分开。

这是右侧的部件组装后的形态。东京南青山的『所爱之木』公司。

在帕尼有种被称为『天体观测椅』的商品，与这把椅子相似。

这是在第1小节中介绍的『刚果结构』的三视图。这一系列作品中座面延长为椅子后腿的这一设计使得椅子的舒适性很强。

这是塔佩瓦拉的代表作『多姆斯椅』。与第4小节中介绍的椅子非常像，但是座面有所不同。

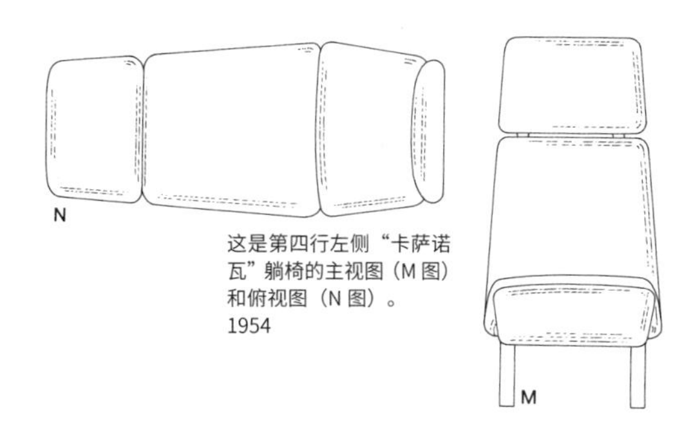

这是第四行左侧“卡萨诺瓦”躺椅的主视图（M 图）和俯视图（N 图）。
1954

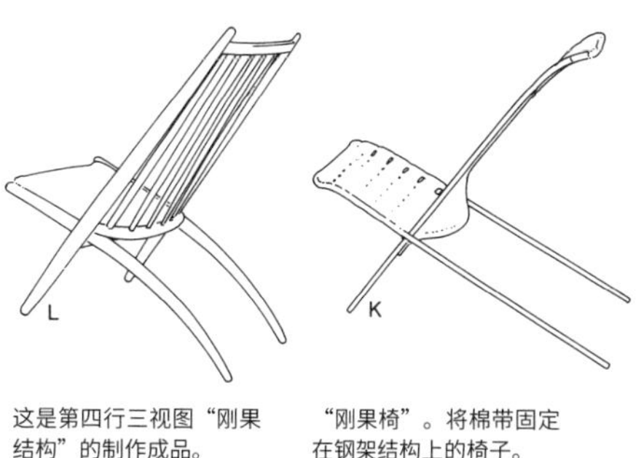

这是第四行三视图“刚果结构”的制作成品。
1954

“刚果椅”。将棉带固定在钢架结构上的椅子。
1954

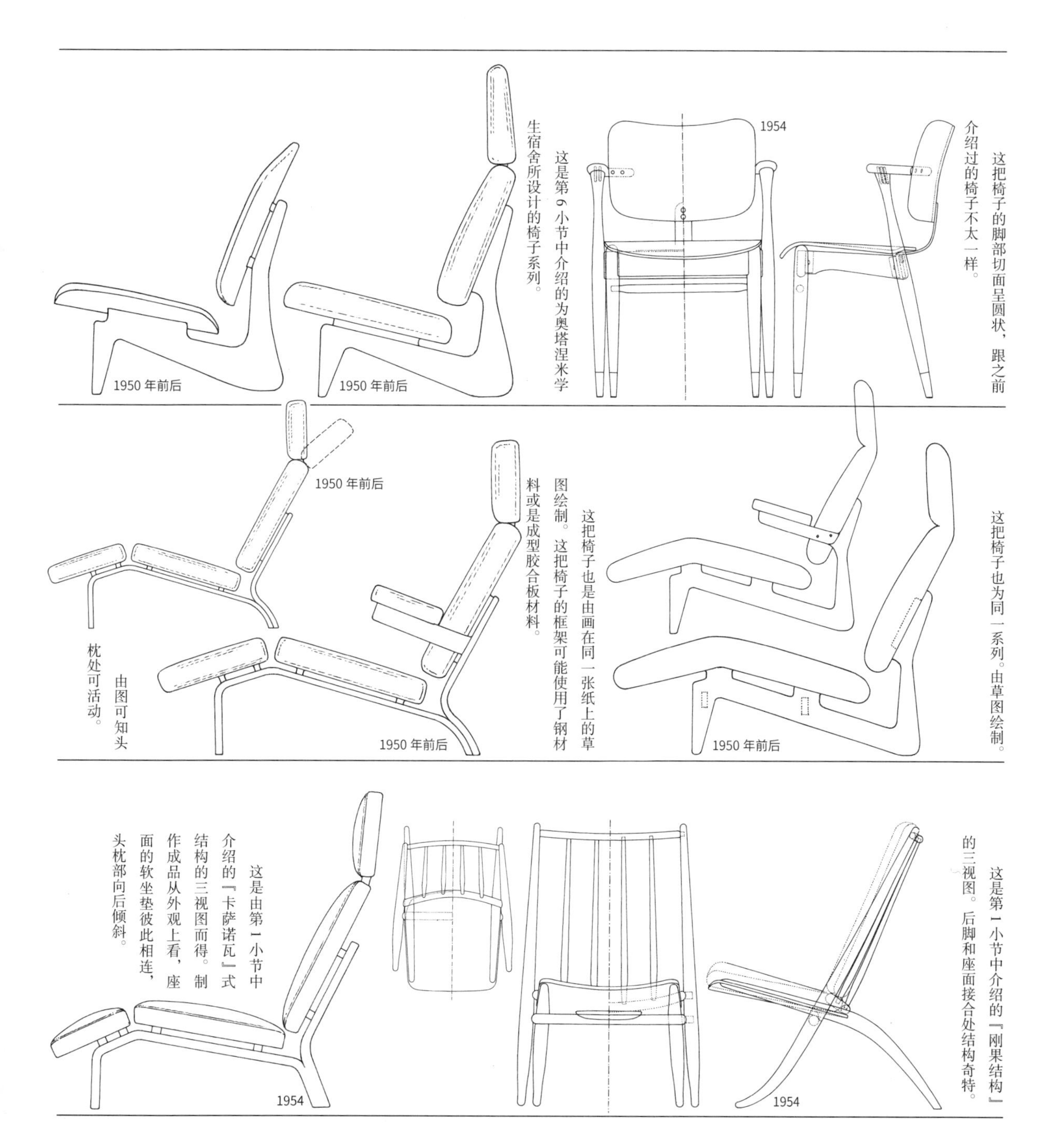

这是第 6 小节中介绍的为奥塔涅米学生宿舍所设计的椅子系列。

这把椅子的脚部切面呈圆状，跟之前介绍过的椅子不太一样。

由图可知头枕处可活动。

这把椅子也是由画在同一张纸上的草图绘制。这把椅子的框架可能使用了钢材料或是成型胶合板材料。

这把椅子也为同一系列。由草图绘制。

这是由第 1 小节中介绍的『卡萨诺瓦』式结构的三视图而得。制作成品从外观上看，座面的软坐垫彼此相连，头枕部向后倾斜。

这是第 1 小节中介绍的『刚果结构』的三视图。后脚和座面接合处结构奇特。

1914—1999

伊玛里·塔佩瓦拉

第 8 小节
堆叠式结构

前一小节主要就组合式结构进行了说明，接下来介绍一下堆叠式结构。这一结构的目的是节省空间。在椅子不用的时候，可以将其堆放起来。另外，因为不是太重，所以又能节省运输成本。像这种堆叠式（堆放）结构或折叠式（折叠）结构的椅子，在集会所、大厅、宴会会场等场所经常可以看到大量使用。因此，这类椅子相对比较廉价。

这种堆叠式结构，有以下几种类型：（1）前后脚放在椅子支撑架的两边，不断向前延展堆叠的类型；（2）侧面椅腿的形状与倾斜程度和前后脚一样，座面的宽度比腿部窄因此可以由上往下放入的类型；（3）后椅腿放到座面的外侧的类型；（4）前后椅腿平行，座面的左右产生凹陷的类型（这种情况不能堆放得很高）；（5）三脚椅的类型（以上出自《室内装饰事典》）。另外还有很多类型。例如将4脚凳子错开堆放，将塑料椅子的椅脚处开孔，将其他椅腿插进去放置等。无论是哪一种，再将其重复堆放时也对协调美要求较高。

这是由为阿斯克公司所绘制的图而得。这是从 1952 年雅各布森的『蚁椅』中获得的灵感。

1956

这把椅子跟右侧椅子属同一系列。

1956

这把椅子也属同一系列。被称为『卢斯提卡奈拉』。

1956

『路奇 3 号椅』。曾为瑞典的酒店制作过同此作品的设计几乎相同的椅子模型。『路奇电视椅』的高靠背版本。

1956

酒吧高脚圆凳的草图。应该是从查尔斯·伊姆斯的钢杆制的椅腿结构中得到的启发吧。

1956

『路奇 5 号椅』的草图。两个模型都是堆叠式结构。由草图绘制。

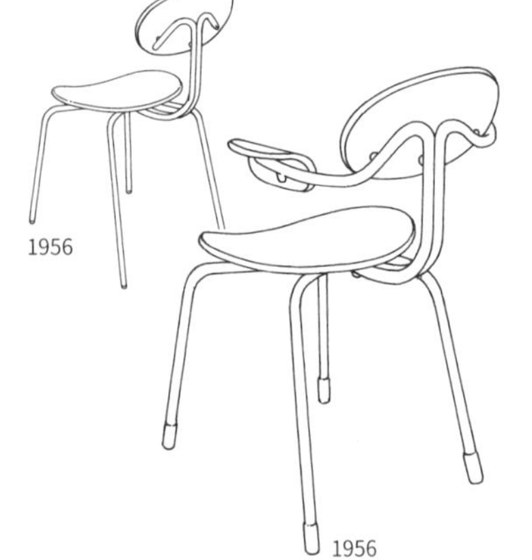

1956

1956

这是同一『路奇 5 号椅』的三视图。观察俯视图，从腿部的伸出方式与座面的关系可知其可以堆放。

1956

这是『路奇 5 号椅』，但扶手部分为塑料制。背面和座面由成型胶合板材料制成。

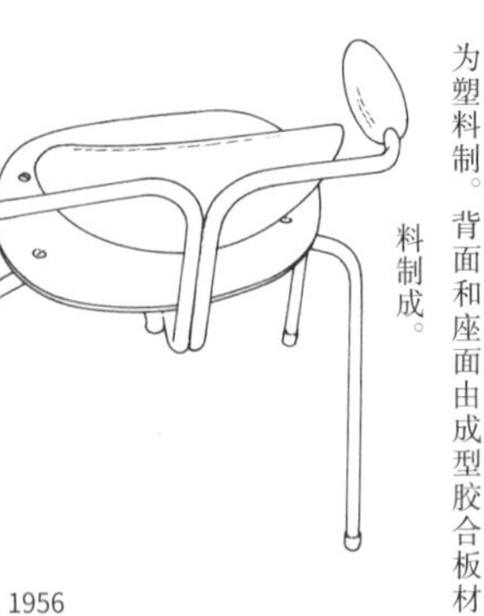

1956

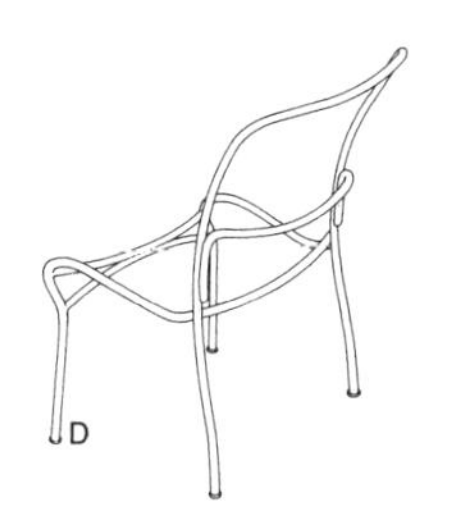

跟第三行左侧和第四行右侧椅子相同，属多功能椅系列。由草图绘制。
1957

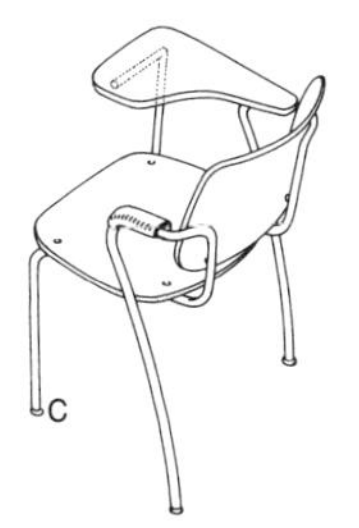

这应该是第 6 小节中介绍的为赫伯特·拜耶设计的椅子。与第三行椅子很相似。
1953

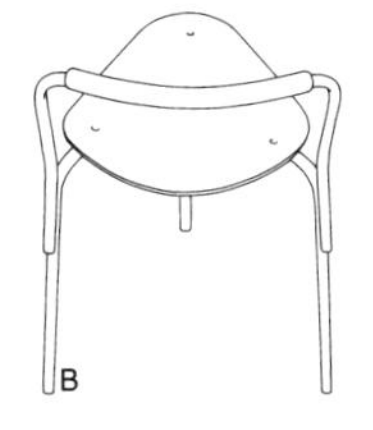

这也是第 1 小节中介绍的“路奇”系列之一。同时还有配套设计的凳子。
1954

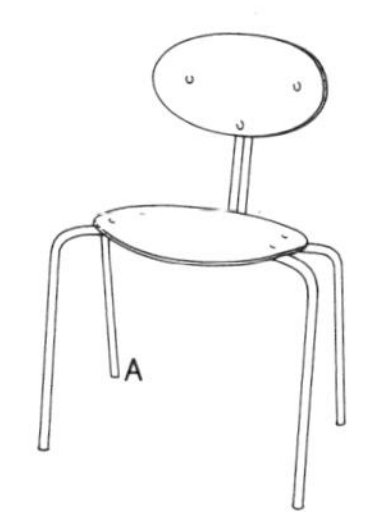

这是在第 1 小节中介绍的“路奇 5 号椅”，可以与上一页中介绍的路奇系列相比较。
1954

『路奇 12 号椅』，是与『路奇 30 号』自助餐馆用椅一起设计出来的椅子。

1956

『路奇 11 号椅』。设计为学校用椅。此作品可堆放。尚不清楚是否有制作成品。

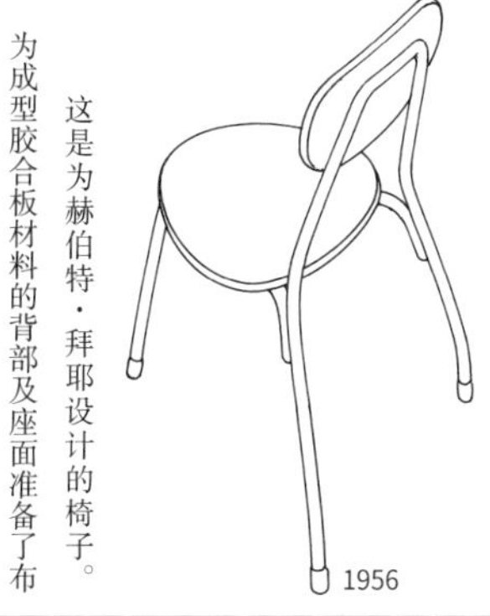
1956

这是为赫伯特·拜耶设计的椅子。为成型胶合板材料的背部及座面准备了布套。『路奇 1 号椅』。扶手为塑料材料制。

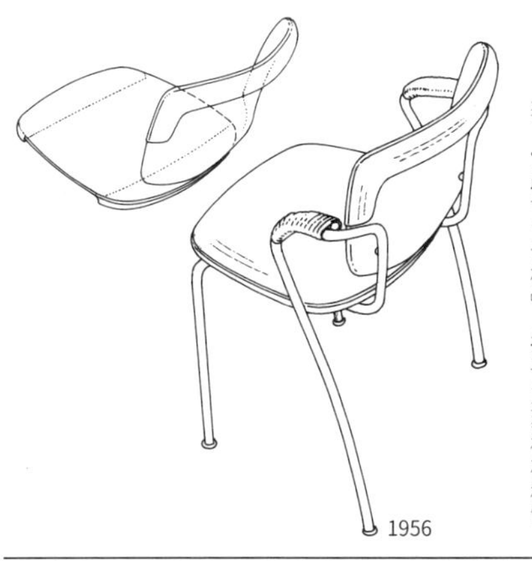
1956

『路奇 X 号椅』。扶手看似是用绳子绑住的，实则为塑料制品。背面和座面有软垫，座面高度可调。

1957

『路奇 1 号椅』的会议室用版本。从扶手处桌面与前椅脚的接合处来看，应该是可拆卸的。

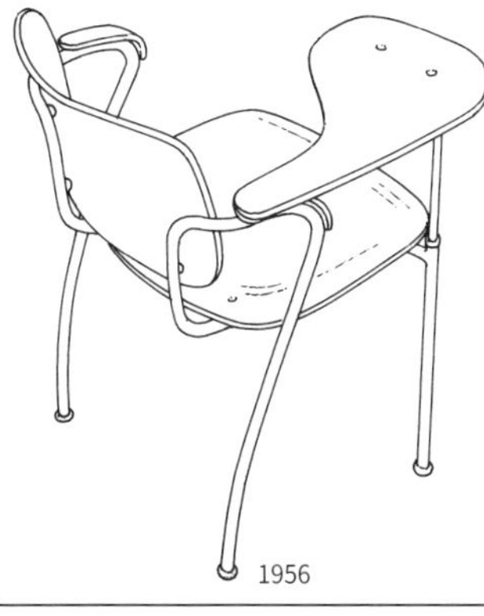
1956

这是由描绘多功能椅的小型草图绘制，细节不详。可以想象座面和背面可能是由帆布材料制成。

1957

这是同样的多功能椅。由草图绘制的第三行左侧椅子的变体模型。

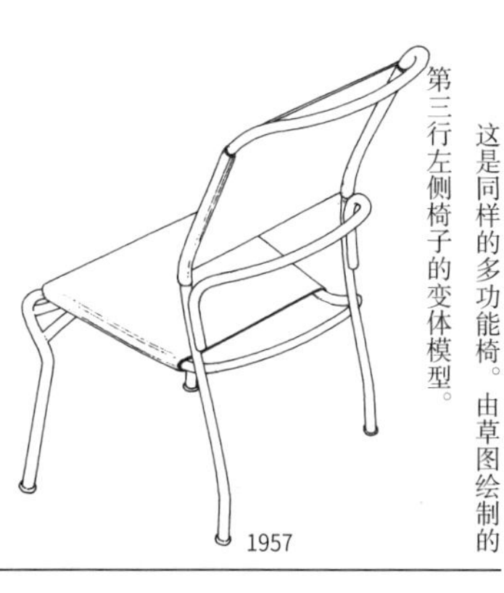
1957

这是在第 2 小节中介绍的『娜娜椅』。北欧国际公司所销售的模型。可堆放。

1956

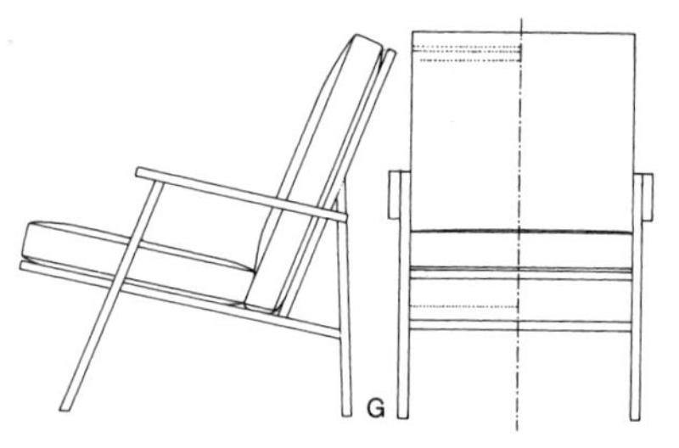

与第四行中的应征比赛的椅子很相似。曾在第 5 小节中介绍过。
1951

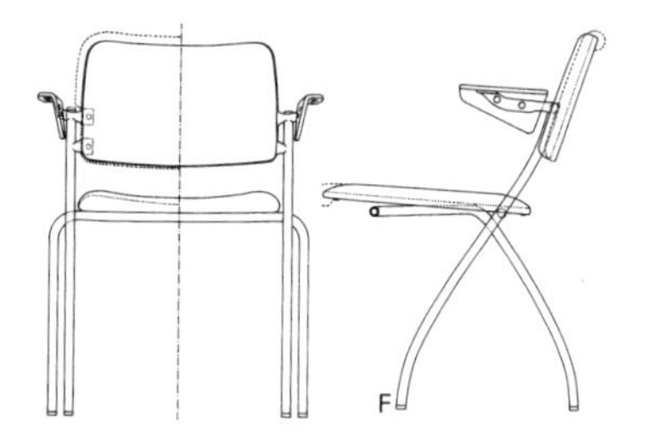

第二行左侧作品的侧视图跟主视图。虚线部分是装有缓冲材料的软垫部分。
1957

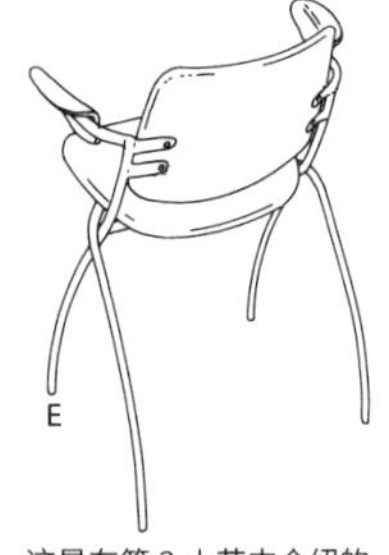

这是在第 2 小节中介绍的“娜娜椅”。第二行椅子的制作成品。北欧国际公司制造。
1957

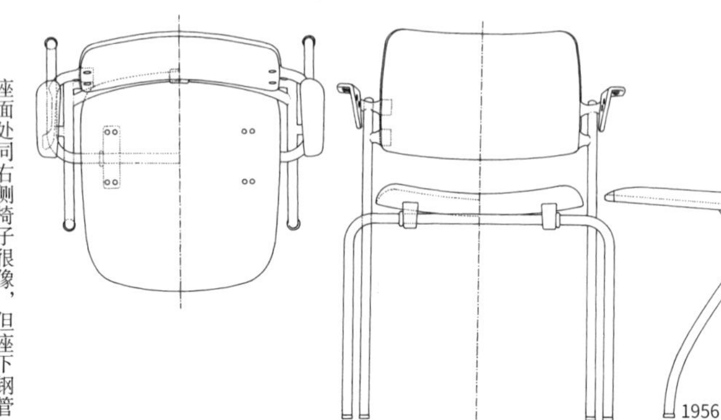

这是座位可折叠类型的椅子，为礼堂和会议室所设计。
1956

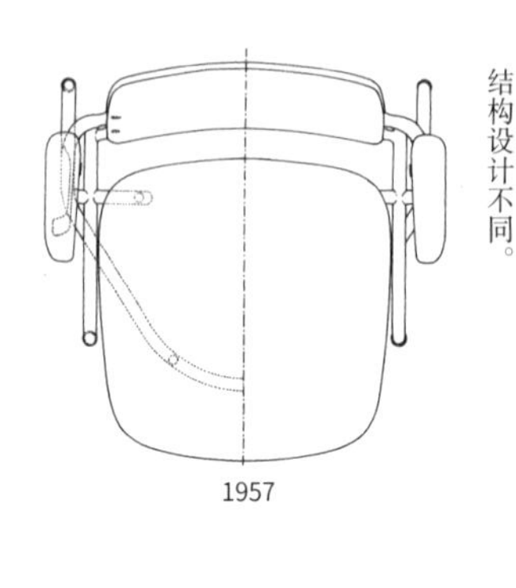

座面处同右侧椅子很像，但座下钢管结构设计不同。
1957

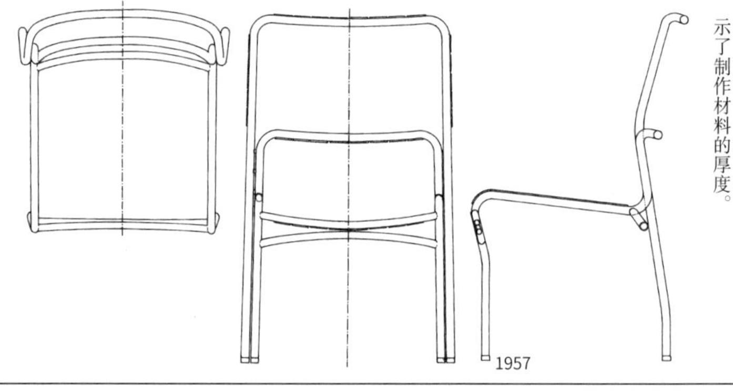

跟上一页所介绍的多功能椅画在同一纸面上的三视图。背面和座面的制作方法，从图来看可能是用带子制成的。此图只展示了制作材料的厚度。
1957

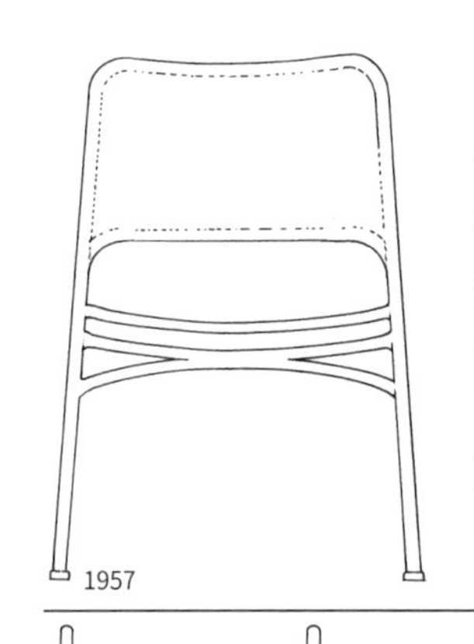

这是与右侧椅子画在同一草图上的椅子，也是堆叠型。尚不清楚是否有制作成品。从样式来看轻巧美观，比例匀称。
1957

这是第三行左侧椅子的侧视图。背面和座面是优美的三维曲面。
1957

为应征比赛而设计的椅子。框架可能是钢制或铝制。
1957

这是由与右侧椅子画在同一张纸上的草图绘制的椅子。上面的图为带扶手版本。估计背面和座面可能是帆布或皮革材料。另外还使用了吊带。
1957

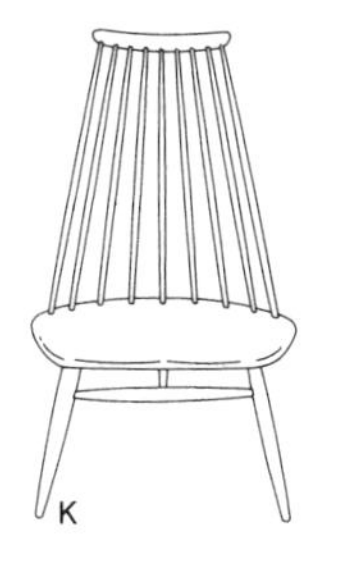

这是第 2 小节中介绍的“小姐”，跟第四行左侧的椅子有点像，但似乎是不同的模型。
1956

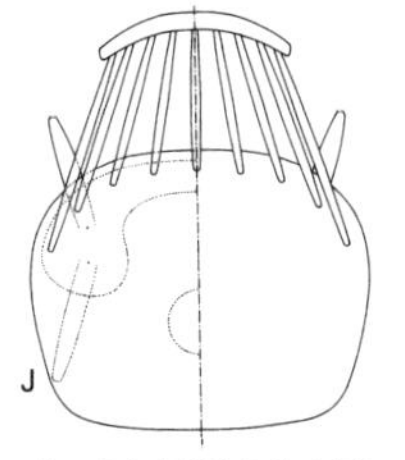

第四行左侧“范内特小姐”的俯视图。座面使用了成型胶合板材料，腿部接合处使用了实木材料。
1957

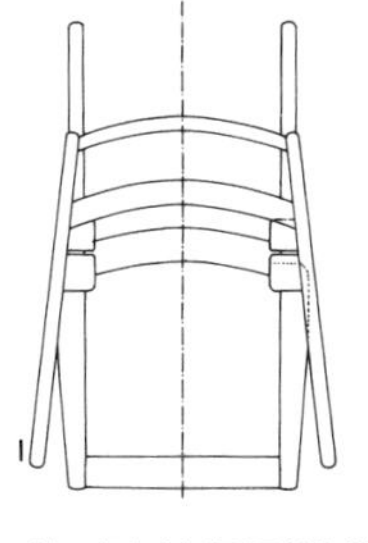

第四行右侧“刚果椅”的俯视图。细节不详。
1957

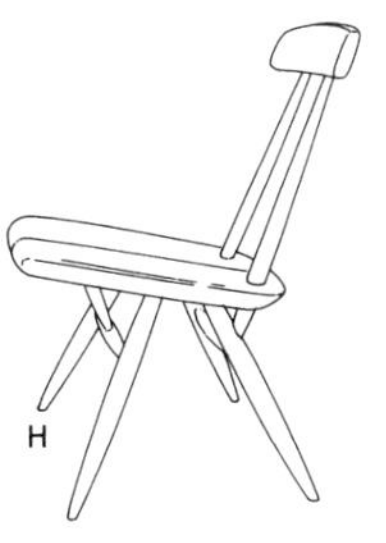

这是第三行右侧的农用型用椅“皮尔卡”的制作成品。阿斯克公司制造。
1950

由草图绘制。椅座好像是成型胶合板制。椅面装有软垫，腿部运用细的辅助材料这一设计作为塔佩瓦拉作品的特点，也是重点。座面很大。尚不清楚是否有制作成品。

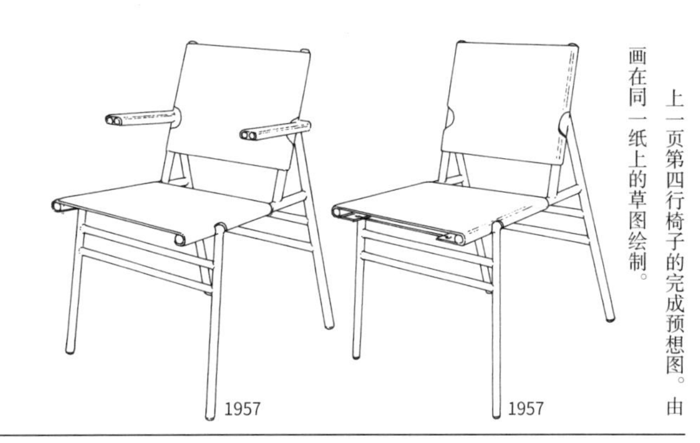

上一页第四行椅子的完成预想图。由画在同一纸上的草图绘制。

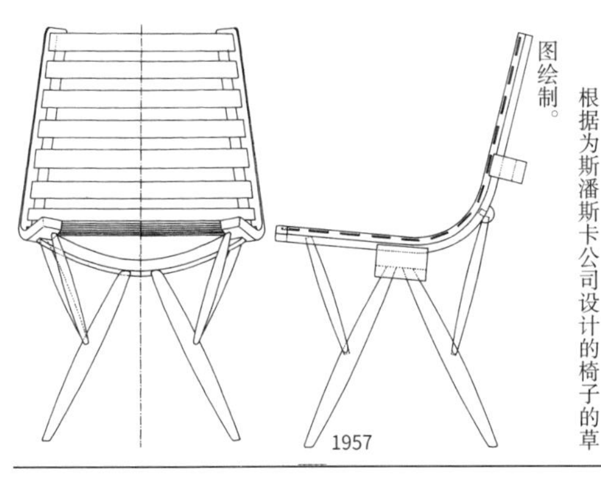

根据为斯潘斯卡公司设计的椅子的草图绘制。

1957

农民用椅版本。这把椅子中为了加固而使用的细辅助材料也成为设计上的重点。是为阿斯克公司设计的。

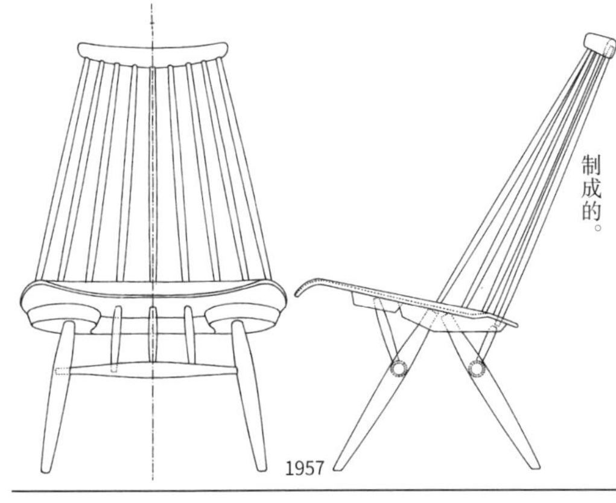

这是为艾德斯比工作室设计的『范内特小姐』椅。座位处是由胶合板材料制成的。

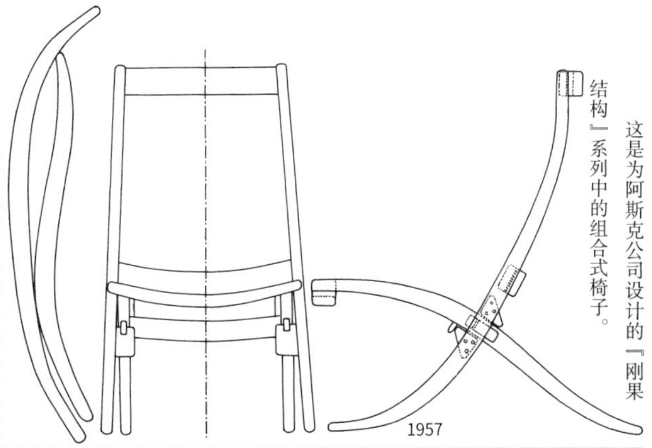

这是为阿斯克公司设计的『刚果结构』系列中的组合式椅子。

1914—1999

伊玛里·塔佩瓦拉

第9小节
折叠式结构

前面已经介绍了组合式（拆解、组合）结构和堆叠式（堆放）结构。接下来介绍另一种功能结构，折叠式（折叠）结构。

椅子在家具，特别是有脚家具中想要设计出在强度、功能性、审美性等方面完成度较高的作品比较难。与只需要承受一定的垂直负荷即可的桌子、床和一些橱柜相比，椅子必须要应对各种各样人的姿势和体格，另外，人们的坐法也不一定是正确的。在这之中，对于折叠型构造要求的条件更为严格。使用强度自不必说，圆滑的折叠功能、不使用时的形状的美观以及紧凑的收纳性质等，对于椅子的要求很高。

这种『折叠式结构』主要包含以下四点，即『前后折』『左右折』『中心方向』『四周方向』。这些结构不仅在椅子设计中，在桌子、手推车等的设计结构里也能够经常看到，仔细观察此结构我们可以发现，其中有很多包含充满设计创意的作品。

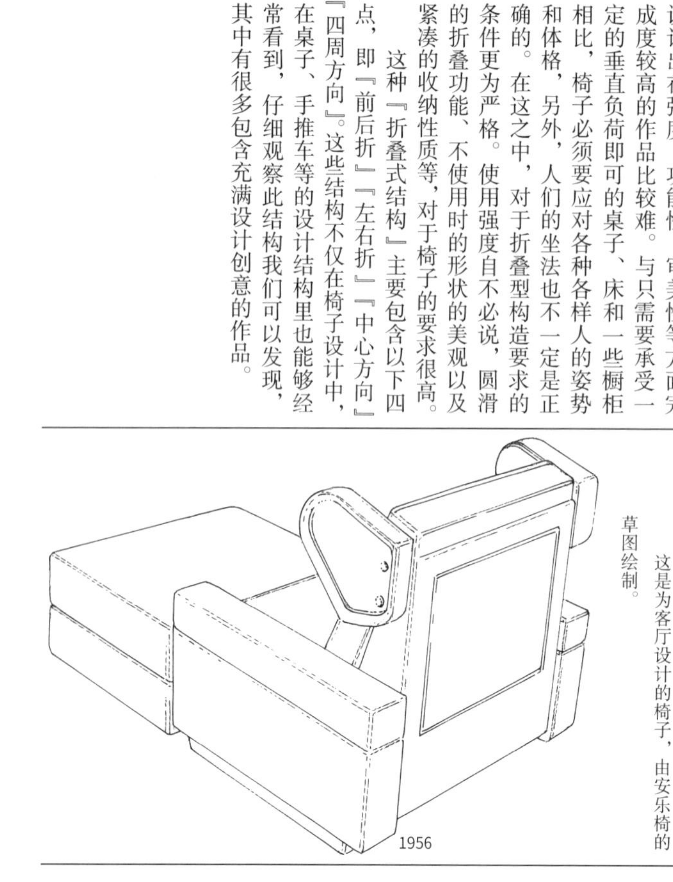

1956

这是为客厅设计的椅子，由安乐椅的草图绘制。

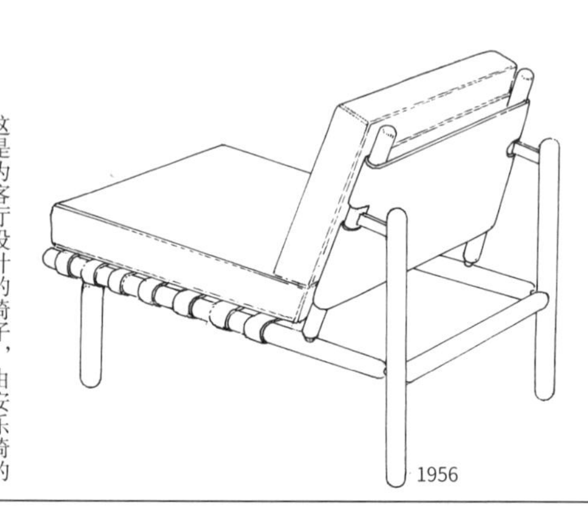

1956

这是与芬兰著名设计师艾洛·阿尼奥共同设计的椅子。

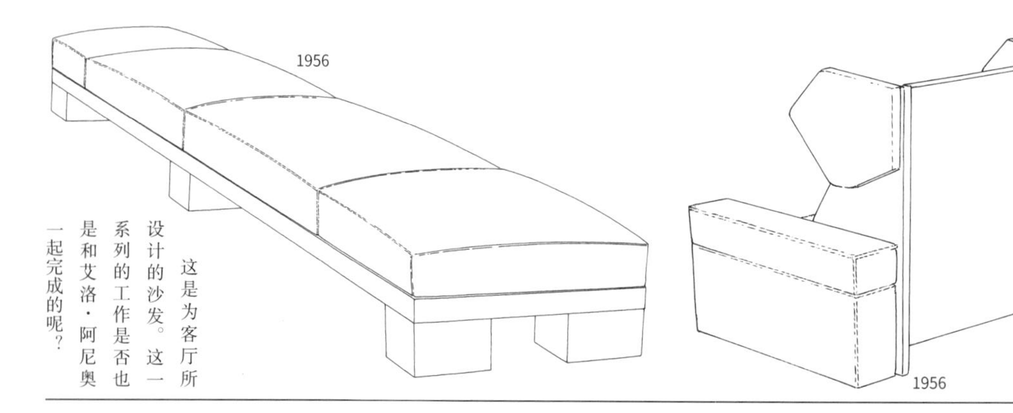

1956

这是为客厅所设计的沙发。这一系列的工作是否也是和艾洛·阿尼奥一起完成的呢？

1956

这是为能够与第二行右侧椅子放在同一房间内而设计的椅子。由艾洛·阿尼奥的草图绘制。

1958

这是由右侧椅子连接而得的版本。椅背之间有包用挂钩。

1958

1958

这是之前介绍的『娜娜椅』的剧场用版本。左侧的两把椅子的背面和座面以及中间两把椅子的扶手处都是布面。

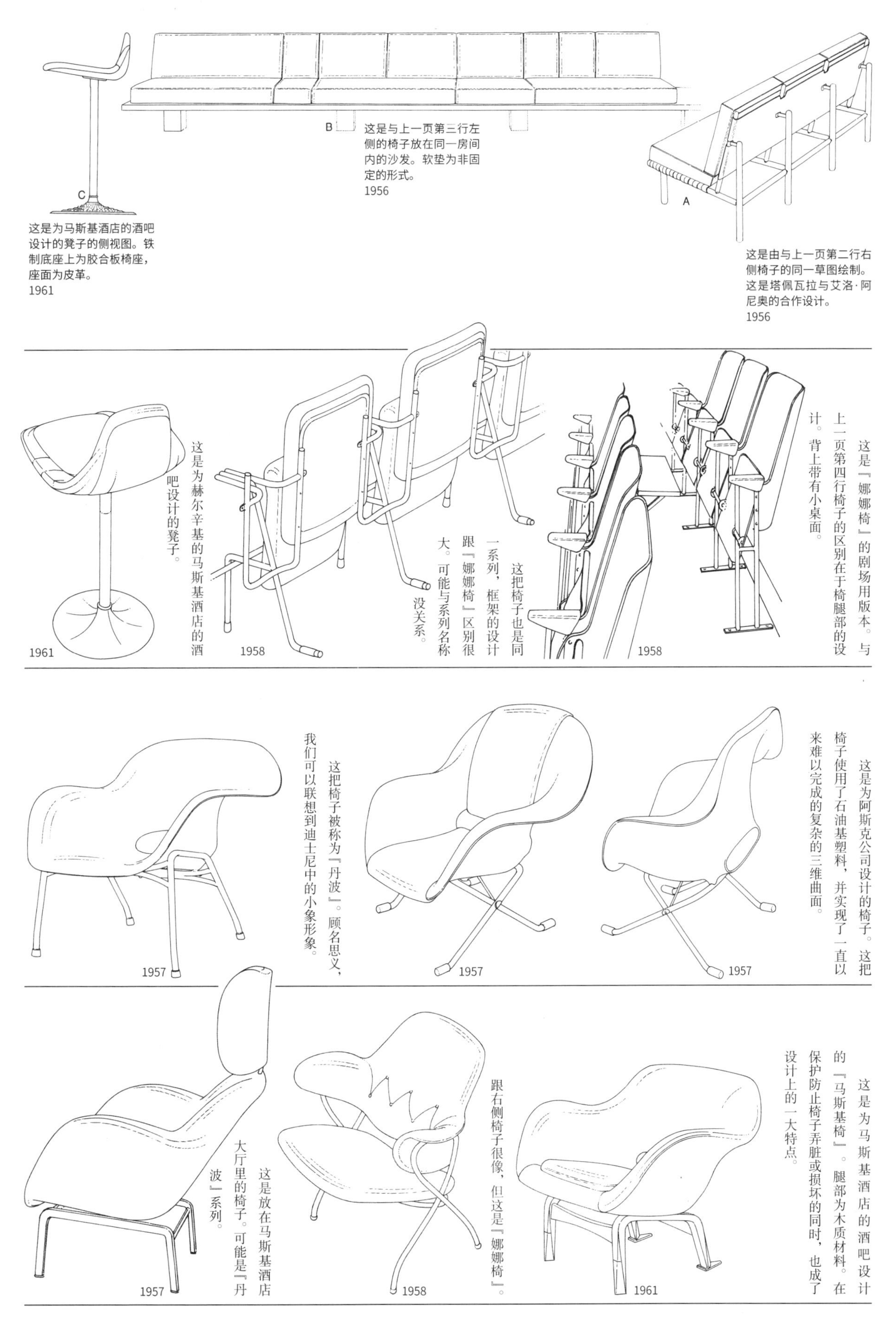

这是为马斯基酒店的酒吧设计的凳子的侧视图。铁制底座上为胶合板椅座，座面为皮革。
1961

这是与上一页第三行左侧的椅子放在同一房间内的沙发。软垫为非固定的形式。
1956

这是由与上一页第二行右侧椅子的同一草图绘制。这是塔佩瓦拉与艾洛·阿尼奥的合作设计。
1956

这是为赫尔辛基的马斯基酒店的酒吧设计的凳子。

这把椅子也是同一系列，框架的设计跟『娜娜椅』区别很大。可能与系列名称没关系。

这是『娜娜椅』的剧场用版本。与上一页第四行椅子的区别在于椅腿部的设计。背上带有小桌面。

这把椅子被称为『丹波』。顾名思义，我们可以联想到迪士尼中的小象形象。

这是为阿斯克公司设计的椅子。这把椅子使用了石油基塑料，并实现了一直以来难以完成的复杂的三维曲面。

这是放在马斯基酒店大厅里的椅子。可能是『丹波』系列。

跟右侧椅子很像，但这是『娜娜椅』。

这是为马斯基酒店的酒吧设计的『马斯基椅』。腿部为木质材料。在保护防止椅子弄脏或损坏的同时，也成了设计上的一大特点。

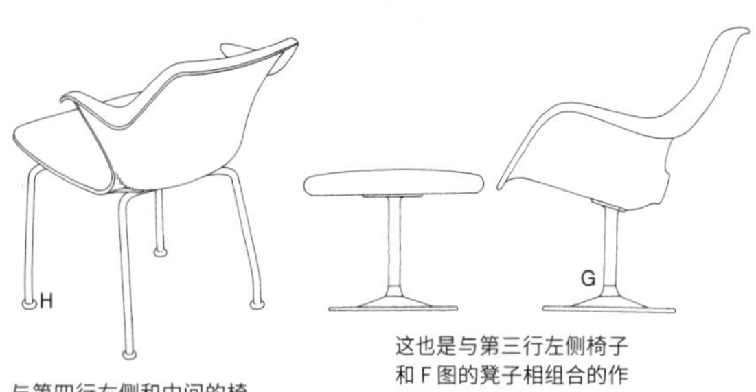

与第四行右侧和中间的椅子非常像，但由于设计年份不同，细节上可能有所不同。
1960

这也是与第三行左侧椅子和 F 图的凳子相组合的作品。图为侧视图。
1961

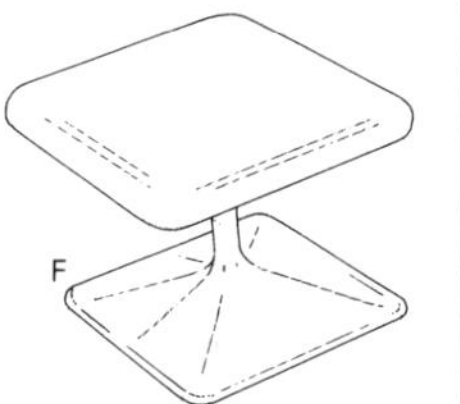

这是与第三行左侧的安乐椅配套设计出来的凳子。
1961

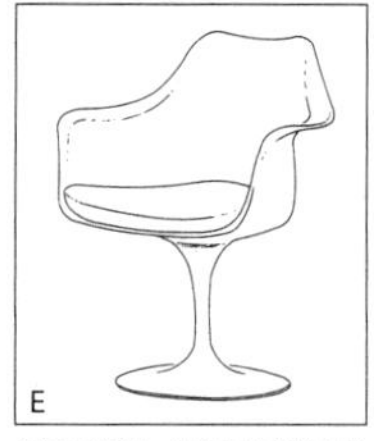

这是埃罗·沙里宁设计的郁金香椅。从贝壳结构角度来看跟伊姆斯作品几乎一样。这把郁金香椅也对塔佩瓦拉产生了很大影响。
1956

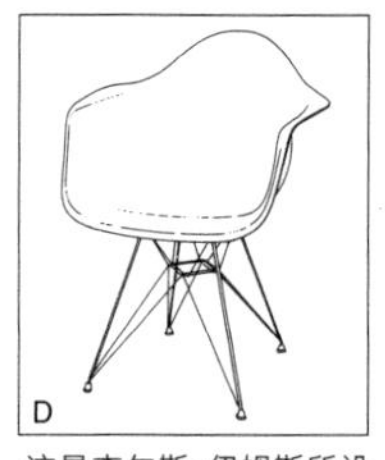

这是查尔斯·伊姆斯所设计的名作“贝壳椅”。这把椅子对世界上许多设计者产生了很大的影响。可以看出椅腿部与下一页第四行右侧椅子有共通之处。
1950—1953

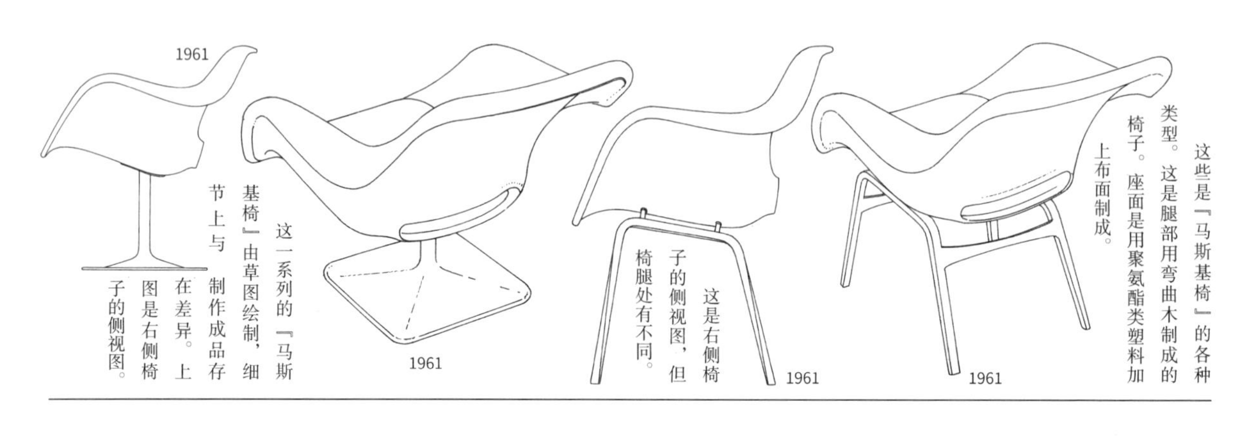

1961

这一系列的『马斯基椅』由草图绘制，细节上与制作成品存在差异。上图是右侧椅子的侧视图。

1961

这是右侧椅子的侧视图，但椅腿处有不同。

1961

1961

这些是『马斯基椅』的各种类型。这是腿部用弯曲木制成的椅子。座面是用聚氨酯类塑料加上布面制成。

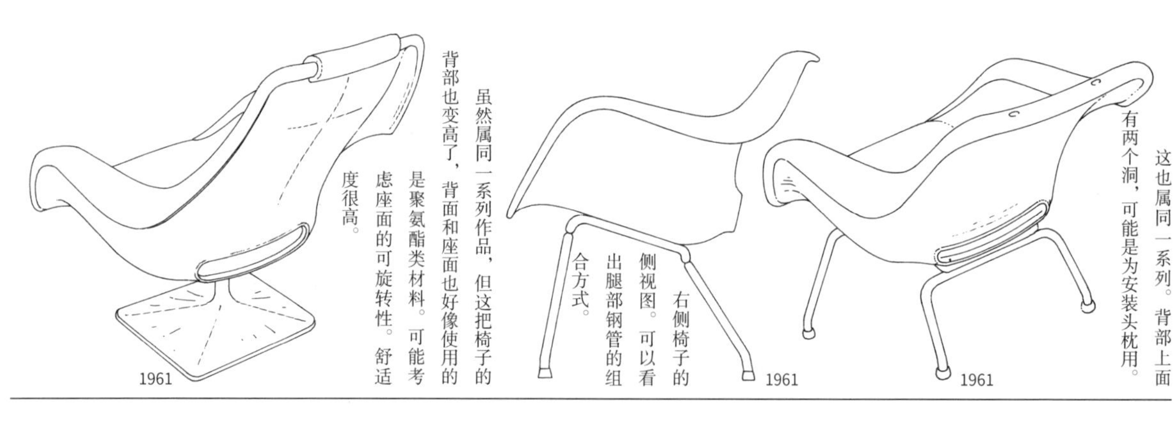

1961

虽然属同一系列作品，但这把椅子的背部也变高了，背面和座面也好像使用的是聚氨酯类材料。可能考虑座面的可旋转性。舒适度很高。

右侧椅子的侧视图。可以看出腿部钢管的组合方式。

1961

1961

这也属同一系列。背部上面有两个洞，可能是为安装头枕用。

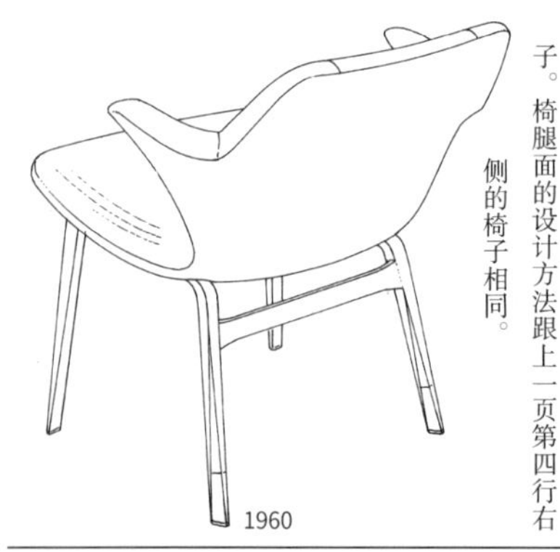

1960

这是根据多功能椅的草图绘制的椅子。椅腿面的设计方法跟上一页第四行右侧的椅子相同。

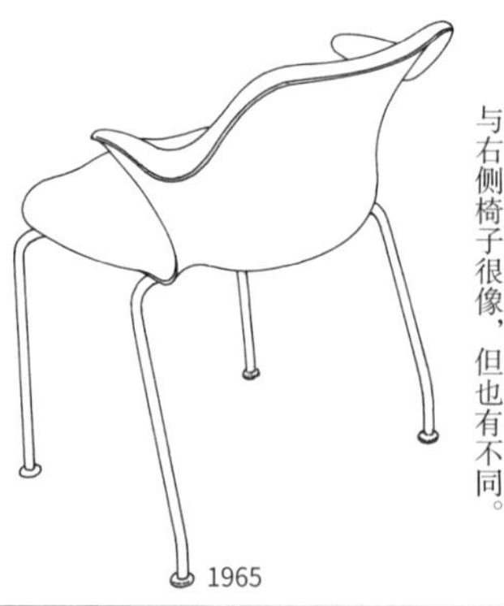

1965

与右侧椅子很像，但也有不同。

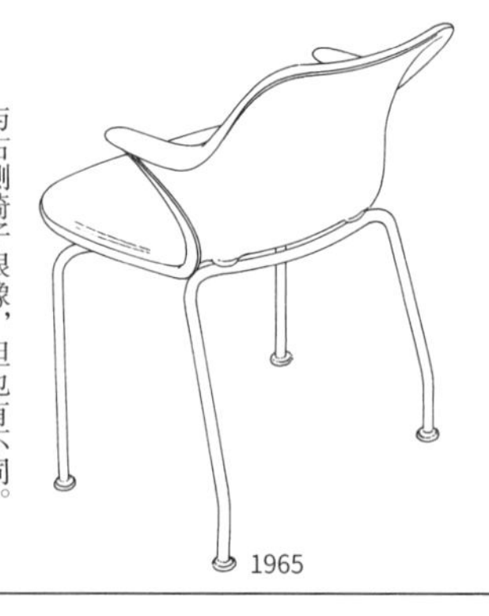

1965

这是根据为美国的哈曼·米勒公司所画的草图绘制。这种座面的设计，被认为是受到查尔斯·伊姆斯和埃罗·沙里宁作品的影响。

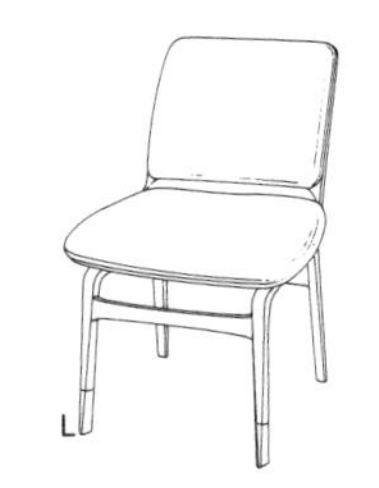

由多功能椅的草图绘制。跟第四行中间和左侧的椅子是同一系列。
1960

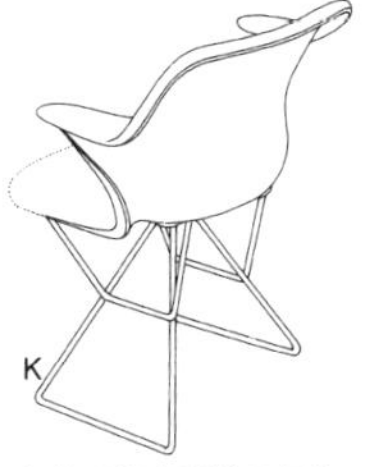

与第四行右侧椅子很像，但此作品为连接型且座面下没有横木。
1965

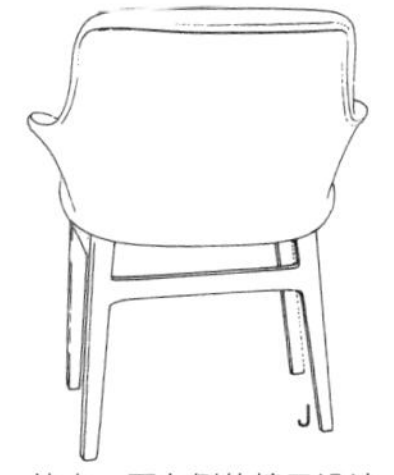

比上一页左侧的椅子设计的时间早，但二者很相似。
1957

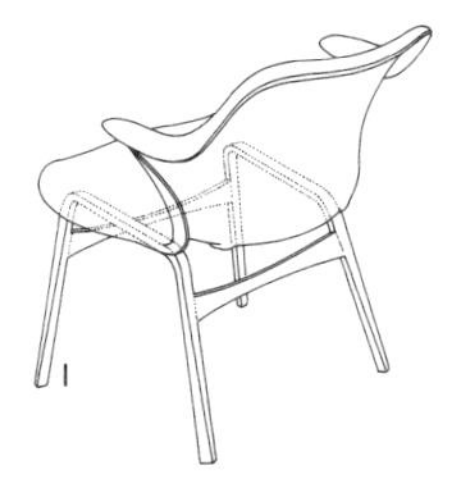

由表现多功能椅的座位部和木制的椅脚部关系的草图绘制。
1965

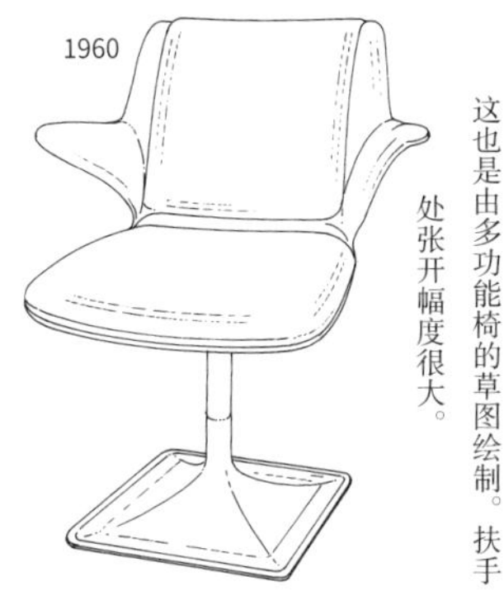
1960

这也是由多功能椅的草图绘制。扶手处张开幅度很大。

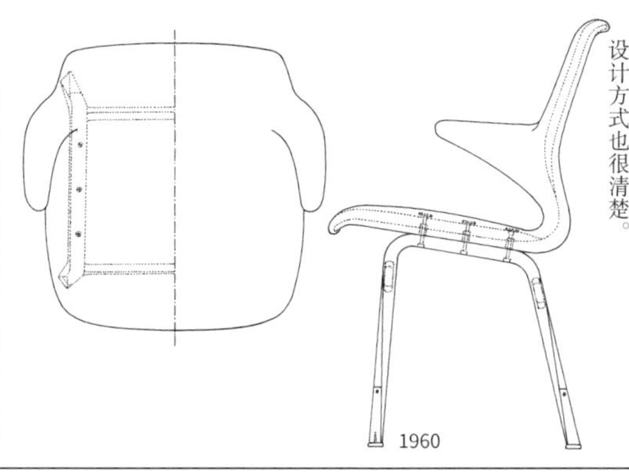
1960

这是上一页左侧椅子的侧视图和俯视图。虚线部分为聚氨酯类材料。椅腿面的设计方式也很清楚。

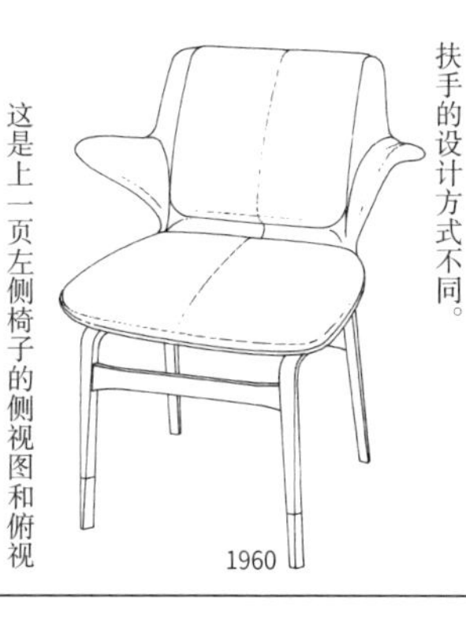
1960

与上一页第四行左侧的椅子很像，但扶手的设计方式不同。

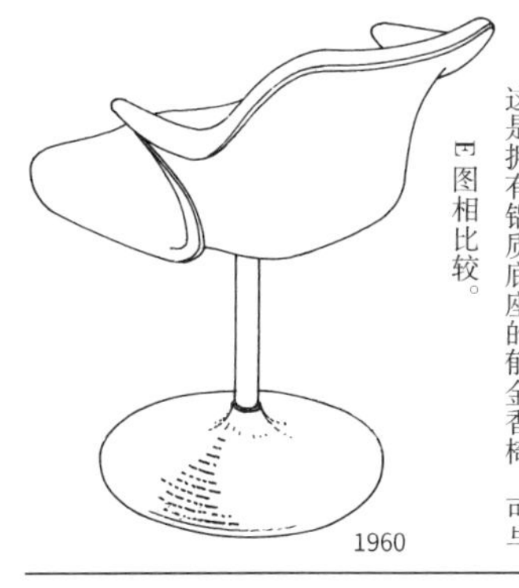
1960

这是拥有铝质底座的郁金香椅。可与E图相比较。

1965

这是根据多功能椅的草图绘制而成的椅子。

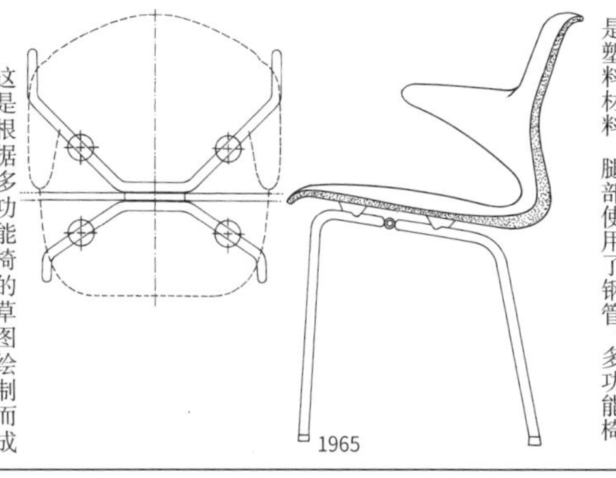
1965

座面部分与第二行中间的椅子一样都是塑料材料，腿部使用了钢管。多功能椅。

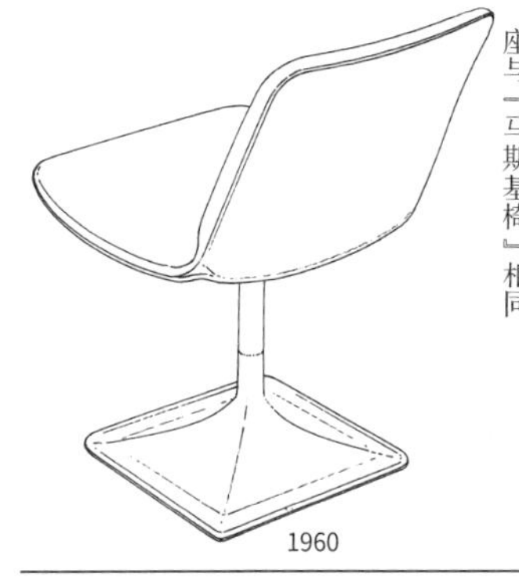
1960

这把椅子与右侧椅子为同一系列。底座与『马斯基椅』相同。

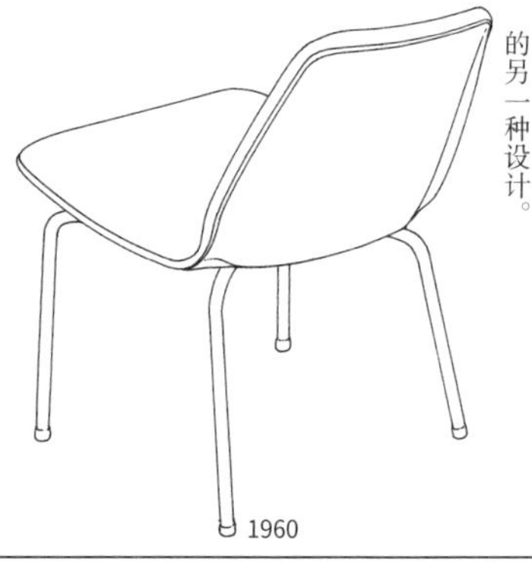
1960

这是根据多功能椅的草图绘制。可以看出是由多种系列的零部件组合发展而成的另一种设计。

1965

由塑料椅的草图绘制。与伊姆斯作品相比有很多共同点。尚不清楚是否投产。

1914—1999

伊玛里·塔佩瓦拉

第 10 小节
草图中的表现

与汉斯·瓦格纳和布吉·莫根森同年出生的塔佩瓦拉也跟他们一样，设计了许多椅子。但是，观察他之前设计的椅子会发现，在草图上绘制了很多，但并不是都被实际制成了产品。另外，即使被实际制造出来，作为记录留在纸面和照片上的，从全部范围来看也可能只有一小部分。本书中介绍了很多创作者及其作品，其中很多都是从草图绘制而来的。

将草图所表现的特征作为一种设计来思考的话，可能有人会提出异议。但是，从设计过程来看，作为作品与作品之间存在的设计是难以割舍的。另外，就像是在窥视创作者脑中的思想一样有趣。在这些草图中又蕴含着作家个性特征的线条，同时也有绘画的乐趣。但是，在以比较潦草的草图为依据绘图时，要选择哪条线？或者，椅子整体没有完整画出时，要创作到何种程度来比较好，这在某种意义上是个难题。

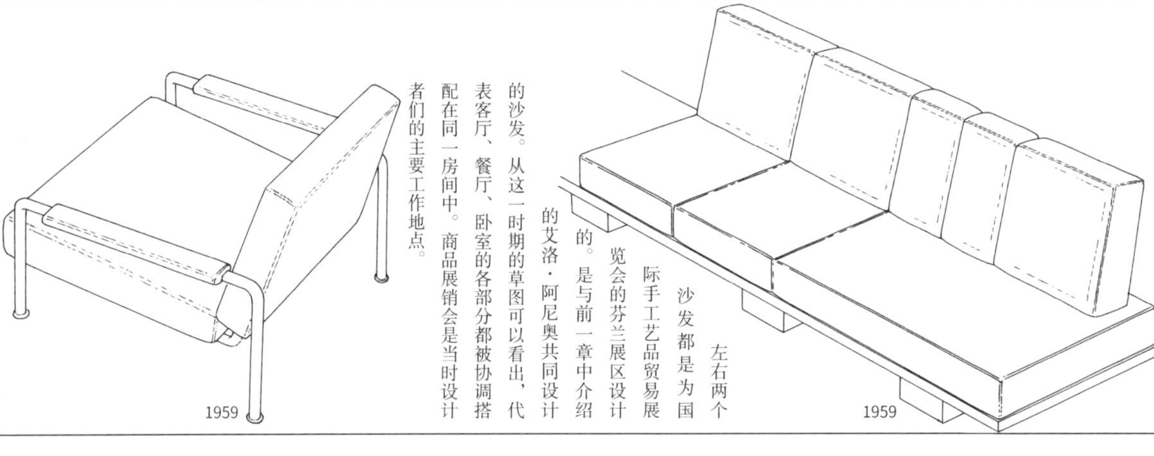

左右两个沙发都是为国际手工艺品贸易展览会的芬兰展区设计的。是与前一章中介绍的艾洛·阿尼奥共同设计的沙发。从这一时期的草图可以看出，代表客厅、餐厅、卧室的各部分都被协调搭配在同一房间中。商品展销会是当时设计者们的主要工作地点。

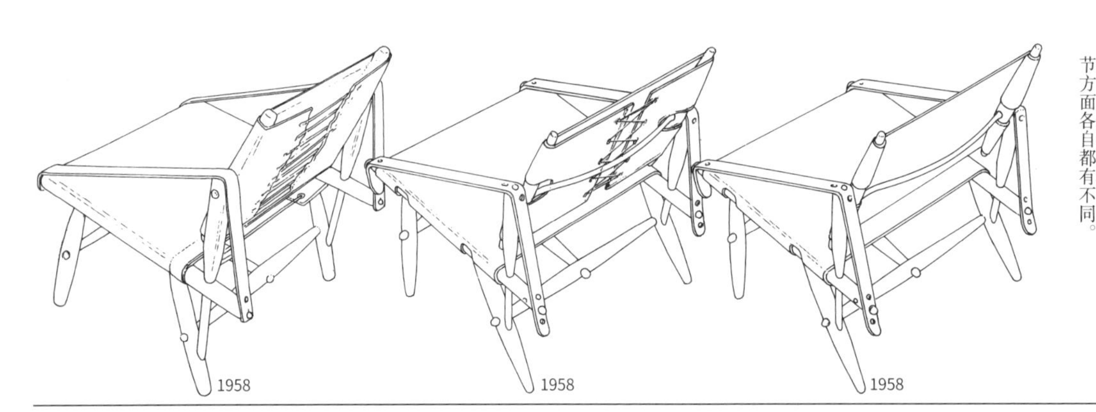

这是在第 2 小节中介绍的『查客』。是为巴拉圭地区的开发项目设计的作品，因为有几处不同，所以重新介绍一下。细节方面各自都有不同。

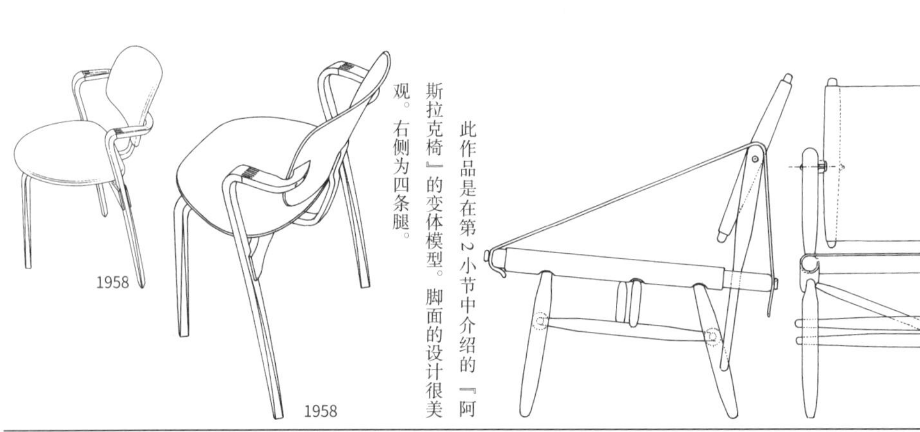

此作品是在第 2 小节中介绍的『阿斯拉克椅』的变体模型。脚面的设计很美观。右侧为四条腿。

这是『查客』的主视图和侧视图，是之前介绍的制作成品。这张图可能是由第三行左侧椅子的草图绘制？

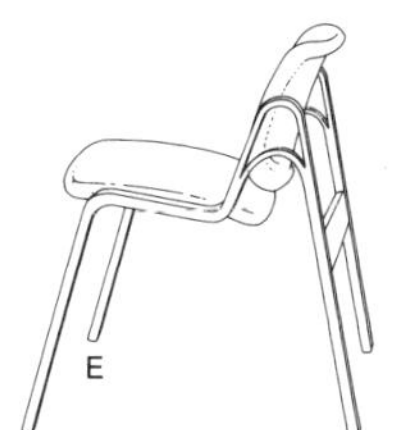

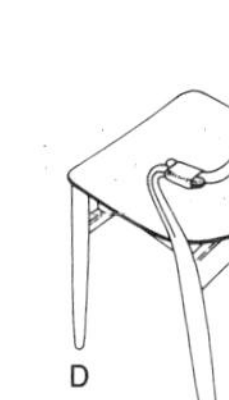

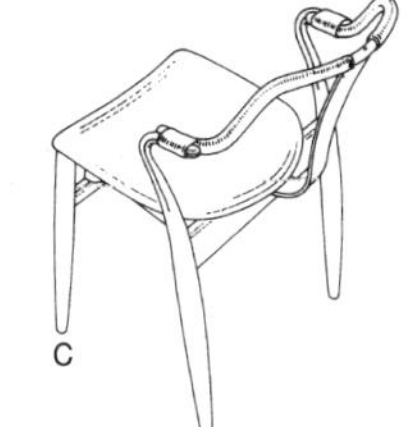

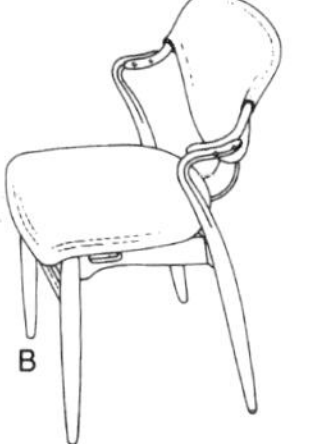

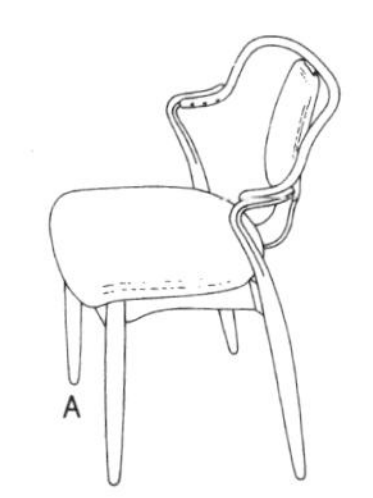

这是在第 2 小节中介绍过的“威廉敏娜椅”。腿部的角度以及后腿上部的曲线加工等都十分美观。
1959

A～D 图这是在第 5 小节中介绍的椅子设计。第二行中的椅子可以说是在这些椅子的基础上诞生的设计。A～D 图中的椅子都是于 1947—1948 年之间发表的。

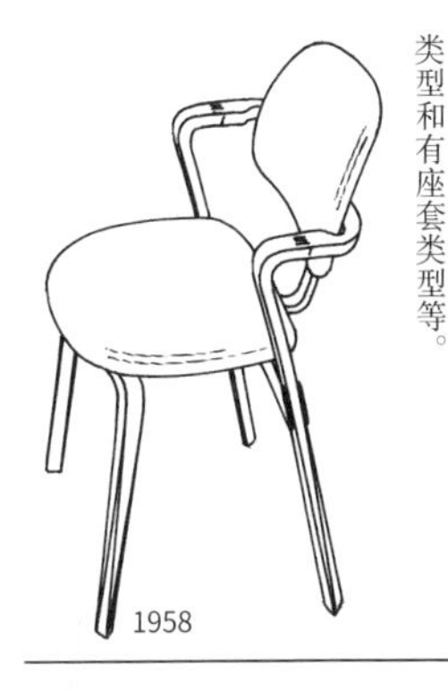

这是上一页第四行左侧椅子的变体模型。这些系列中有三脚椅和四脚椅；另外坐面和背面都只由成型胶合板材料制成的类型和有座套类型等。

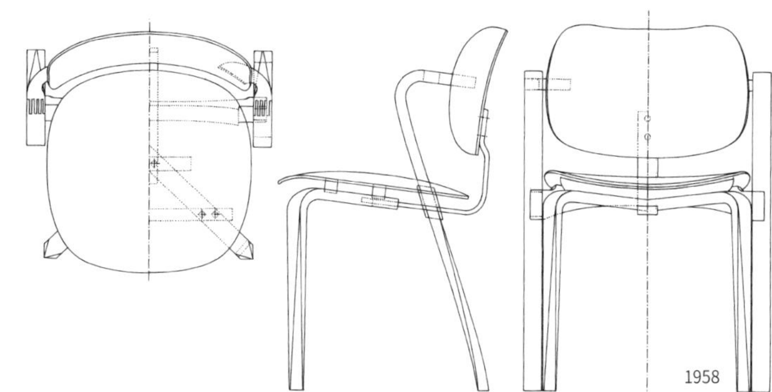

上一页第四行左侧椅子的三视图。座面下腿部接合处是成型胶合板与实木材料的巧妙组合。

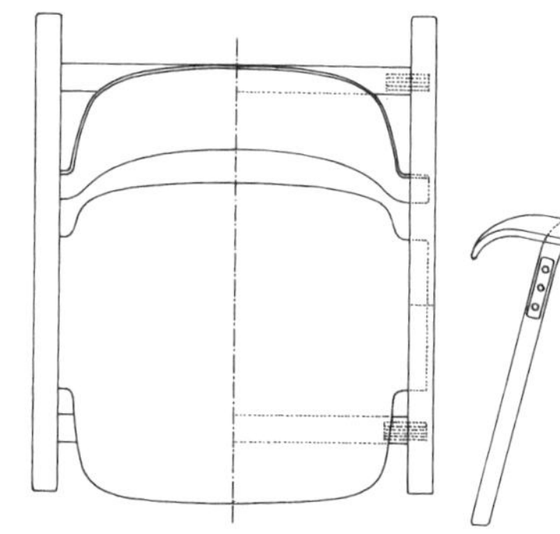

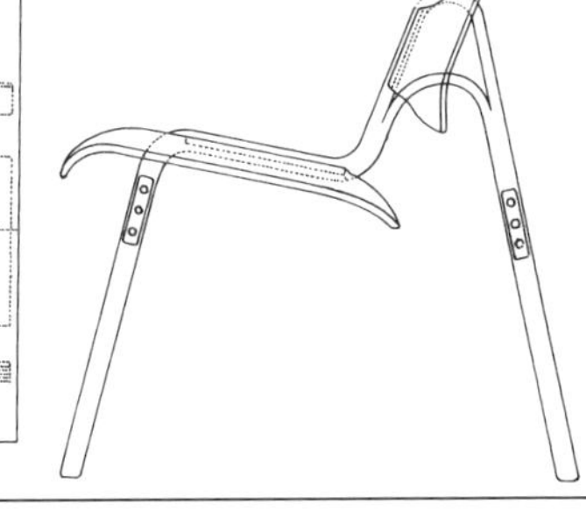

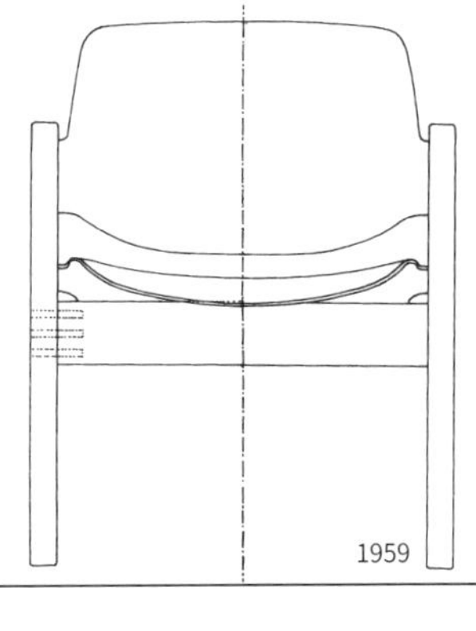

这是在第 2 小节中介绍过的代表作『威廉敏娜椅』。作为堆叠椅的名作的同时也是椅子设计史上的佳作，并在 1960 年米兰三年展上获得金奖。遗憾的是现已停止生产。这好像是因为在堆放时，椅子的承重处会被损坏。

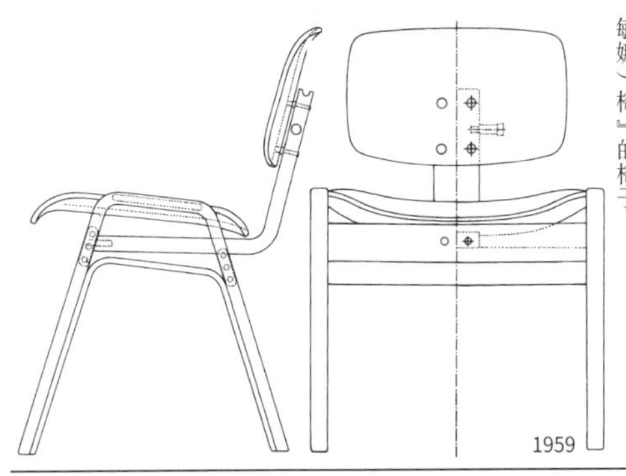

这是被称为『镐状威廉敏娜（小威廉敏娜）椅』的椅子。

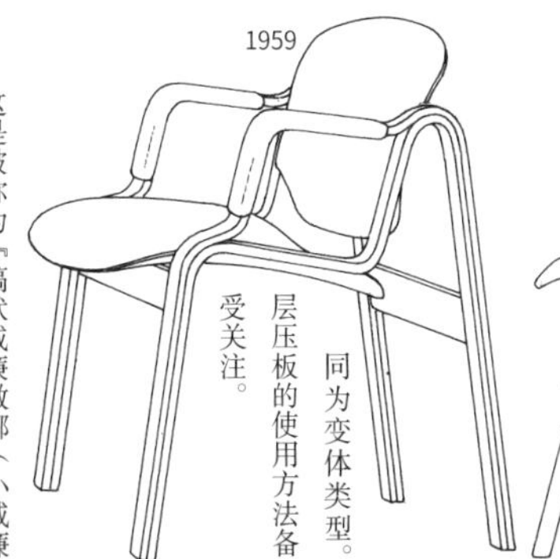

同为变体类型。层压板的使用方法备受关注。

1959

这是由『威廉敏娜椅』的三视图中的草图绘制，为带扶手的变体类型。

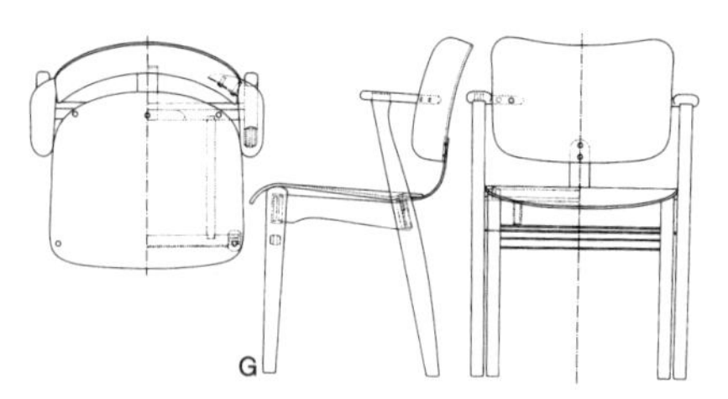

这是在第 4 小节中介绍的“多莫斯椅”，在这把椅子设计出来之后又产生了许多不同类型。
1946

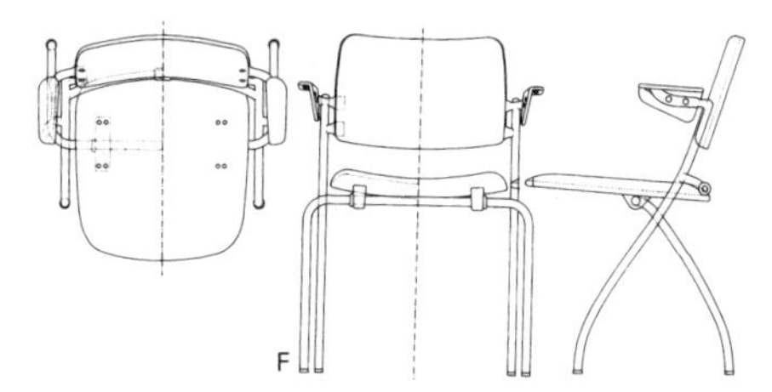

与第二行中的椅子很像。这把椅子的座面变成了竖旋（抬升式）结构。
1956

这把凳子被称为『矮凳·娜娜·3号』，是为会议场所设计的凳子，可固定在地板上，座面好像不是竖旋式结构。

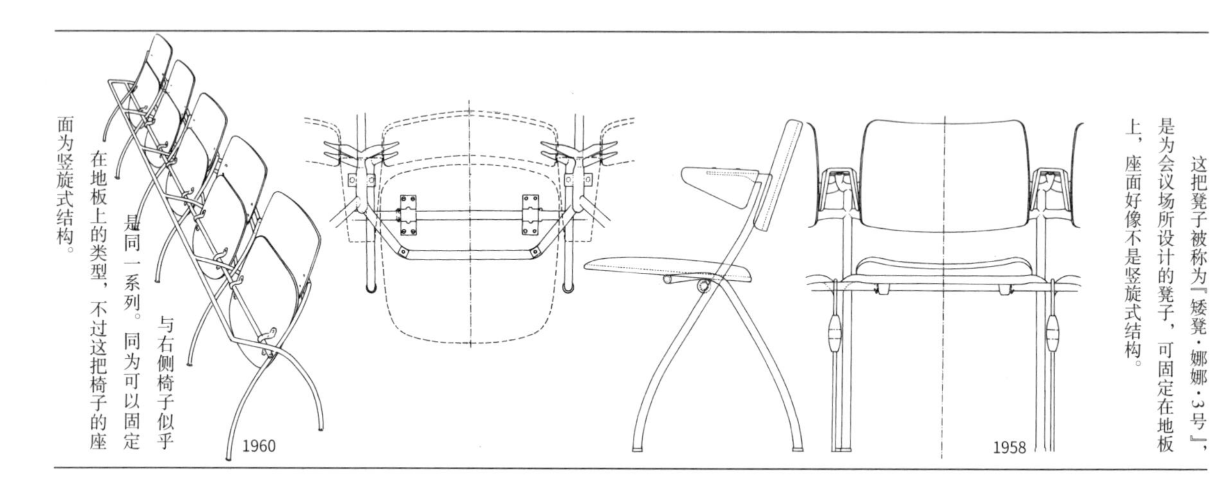

与右侧椅子似乎是同一系列。同为可以固定在地板上的类型，不过这把椅子的座面为竖旋式结构。

『冠军椅』的三视图，适用于从办公室到餐厅等，用途很广，是1948—1958年间设计的作品的变体模型。

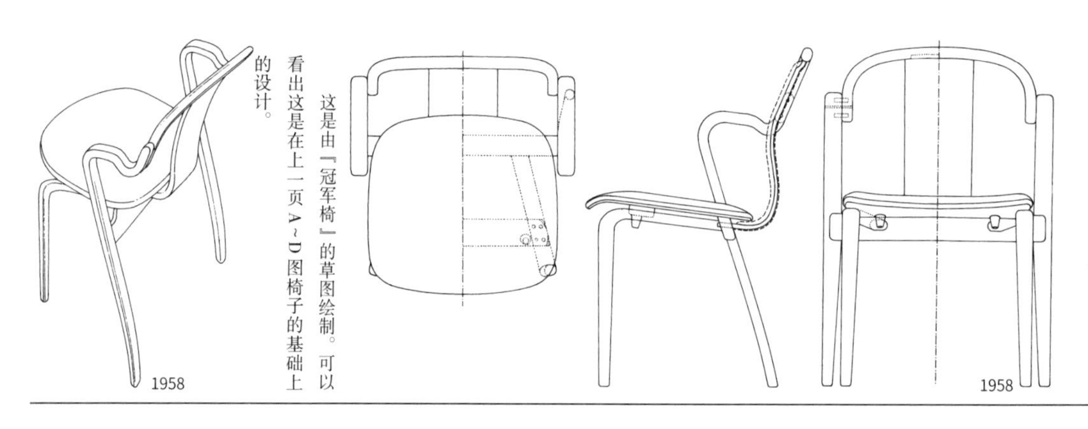

这是由『冠军椅』的草图绘制。可以看出这是在上一页A～D图椅子的基础上的设计。

这是被称为『普通人』的堆叠椅。值得注意的是，后面的横木与座面横木接合处的加固材料。

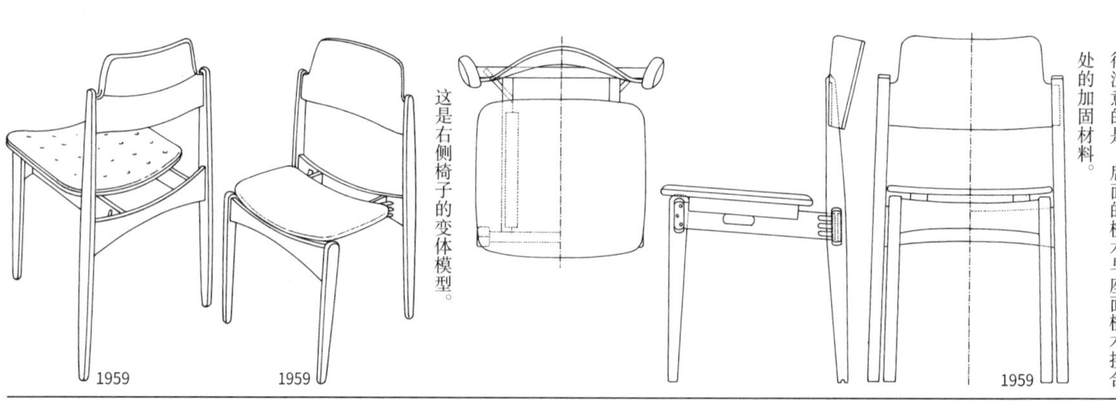

这是右侧椅子的变体模型。

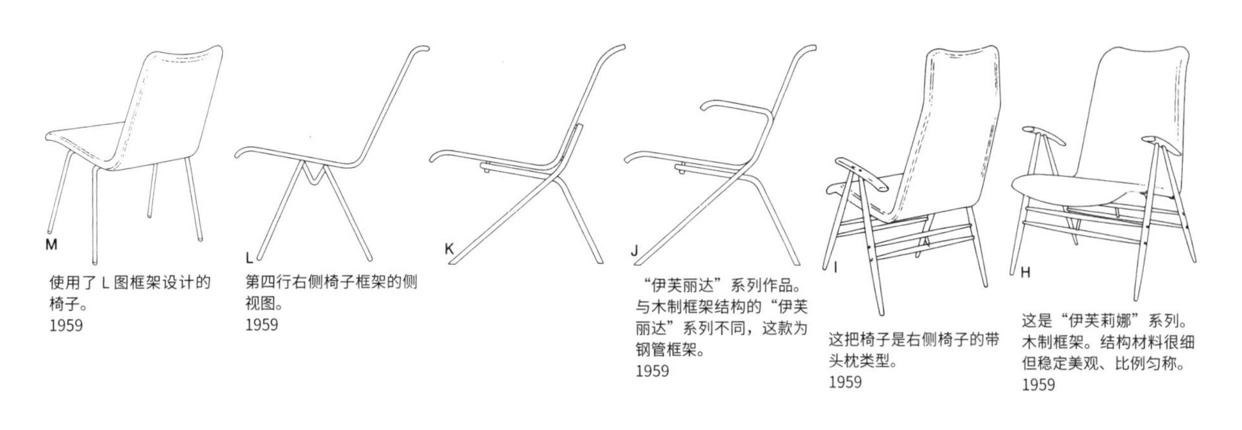

使用了L图框架设计的椅子。
1959

第四行右侧椅子框架的侧视图。
1959

“伊芙丽达”系列作品。与木制框架结构的“伊芙丽达”系列不同，这款为钢管框架。
1959

这把椅子是右侧椅子的带头枕类型。
1959

这是“伊芙莉娜”系列。木制框架。结构材料很细但稳定美观、比例匀称。
1959

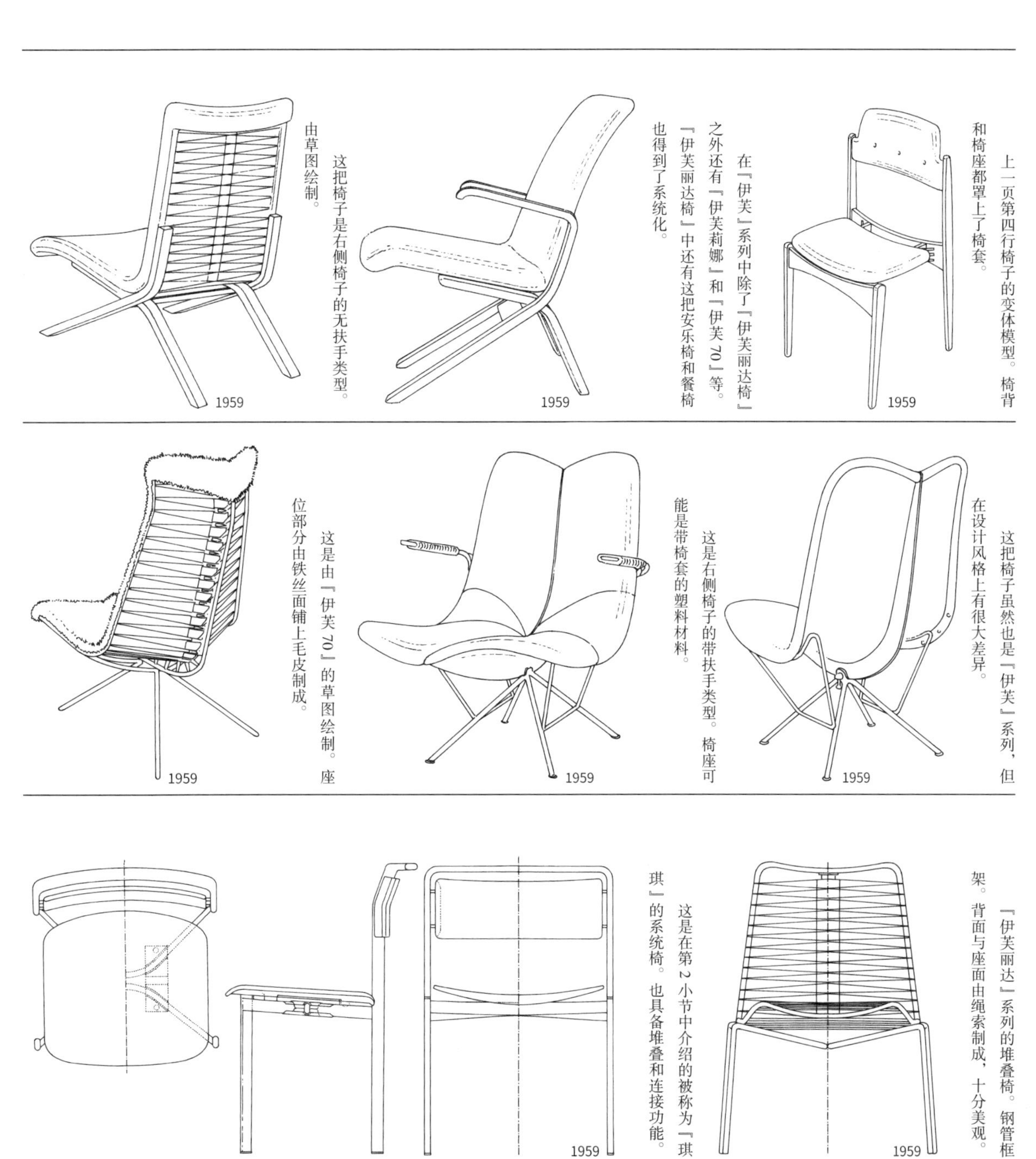

这把椅子是右侧椅子的无扶手类型。由草图绘制。
1959

在『伊芙』系列中除了『伊芙丽达椅』之外还有『伊芙莉娜』和『伊芙70』等。『伊芙丽达椅』中还有这把安乐椅和餐椅也得到了系统化。
1959

上一页第四行椅子的变体模型。椅背和椅座都罩上了椅套。
1959

这是由『伊芙70』的草图绘制。座位部分由铁丝面铺上毛皮制成。
1959

这是右侧椅子的带扶手类型。椅座可能是带椅套的塑料材料。
1959

这把椅子虽然也是『伊芙』系列，但在设计风格上有很大差异。
1959

这是在第2小节中介绍的被称为『琪琪』的系统椅。也具备堆叠和连接功能。
1959

『伊芙丽达』系列的堆叠椅。钢管框架。背面与座面由绳索制成，十分美观。
1959

1914—1999

伊玛里·塔佩瓦拉

第 11 小节
用“手”来设计

在现代社会，设计者使用计算机进行设计是理所当然的。本书中所介绍的创作者当初都与 CAD 系统无缘。生活中所有领域都在走向便利化，家居设计领域也不例外。从草图开始，一直到完成预想图，使用手和身体进行创作的时代似乎已经结束了。通过显示器在虚拟世界中不断创造出作品，但这些作品是否真能做到功能美观，结构坚固呢？

在瓦格纳的章节中我们也谈到，手和大脑完美平衡的作品在以前很常见。特别是在北欧，这一倾向很强。塔佩瓦拉也是对此要求很在意的一位设计师。他往往从草图开始手绘，再制作实体五分之一大小的比例模型，再到通过试坐用身体来感受。他是一名通过手来思考的创作家。日本设计师柳宗理也十分重视设计的过程，因此也产生了许多经久不衰的作品。所以，人们不应该更加珍视『手』这一工具吗？

这是在第 2 小节和第 10 小节都介绍过的『阿斯克』椅。最开始的模型是于 1957—1958 年前后发表的，这是后来的改进版本。椅背的设计不同。

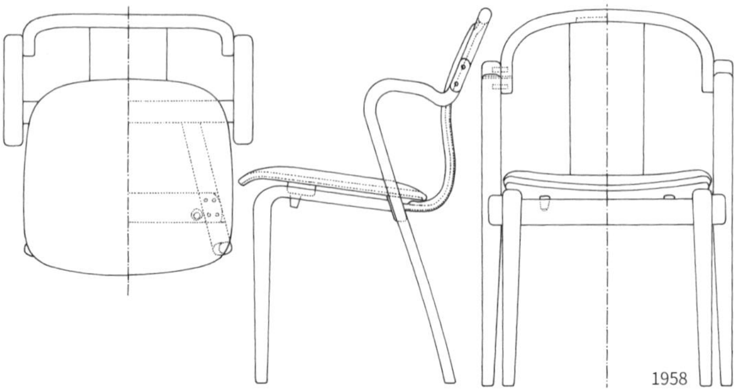

1958

这是在第 2 小节和第 10 小节都介绍过的『琪琪』系列。这是安乐椅类型。

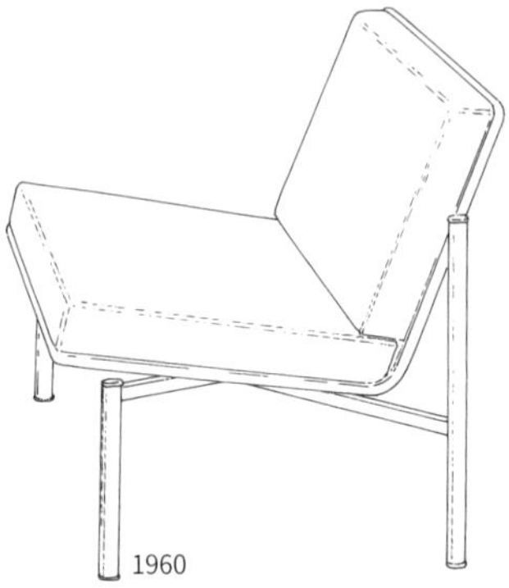

1960

这把椅子也是『琪琪』系列。跟第二行左侧的椅子是同一把，在坐垫形状方面与制作成品不同。

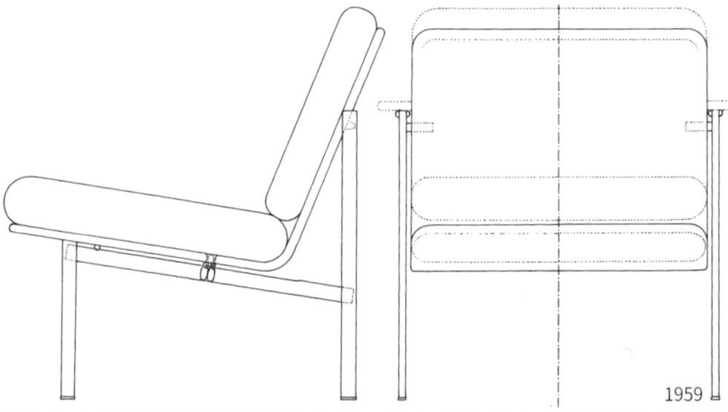

1959

由与右侧椅子画在同一纸上的草图绘制。椅座的框架设计不同。

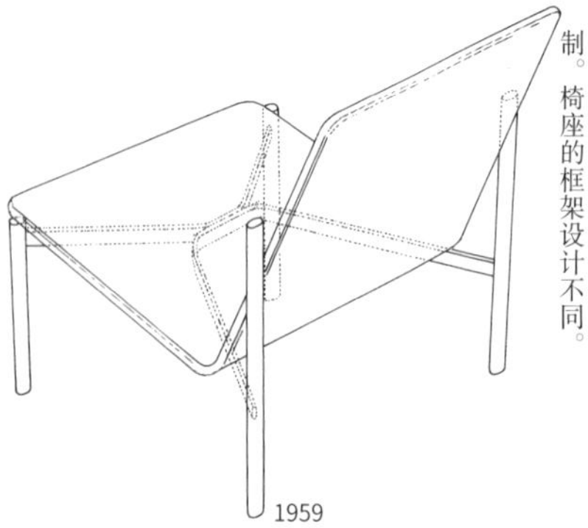

1959

『琪琪』系列的餐椅，由用于广告宣传的照片绘制。

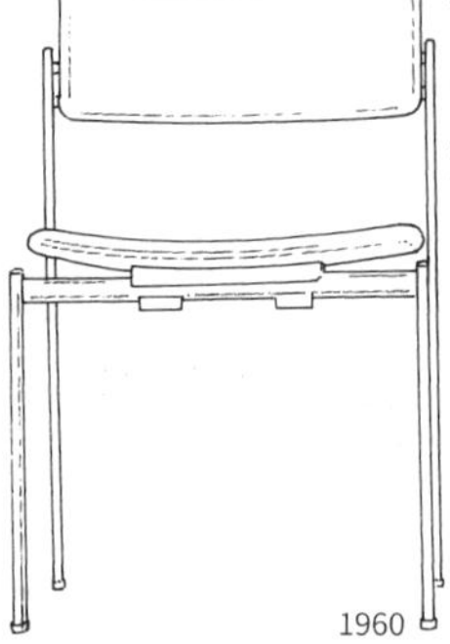

1960

这是『琪琪』系列沙发的侧视图。可能跟左侧椅子相同。

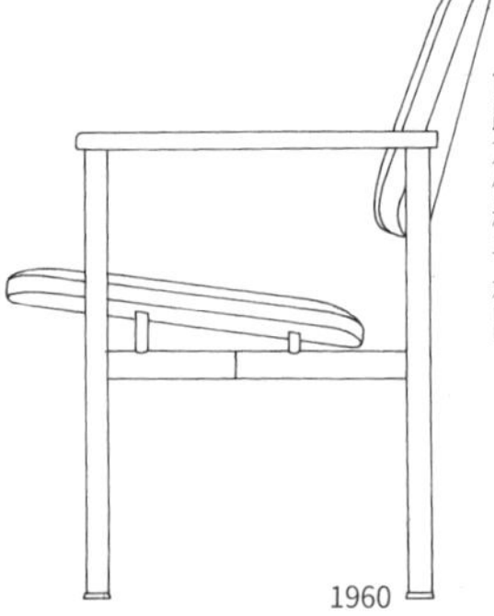

1960

这是『琪琪』系列的沙发，由草图绘制。背部设计有几处改变，C 图和 D 图哪一个是制作成品尚不详。

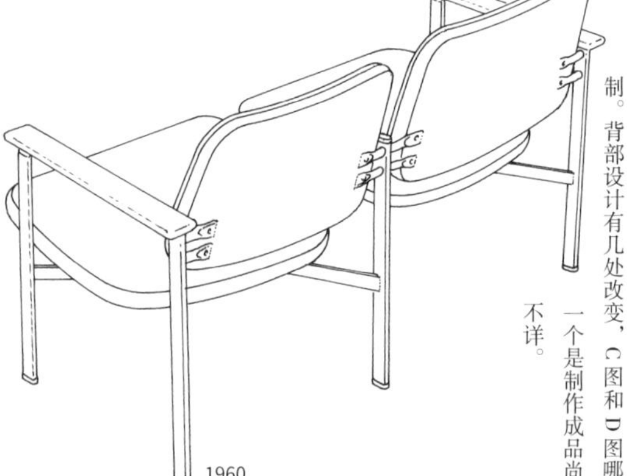

1960

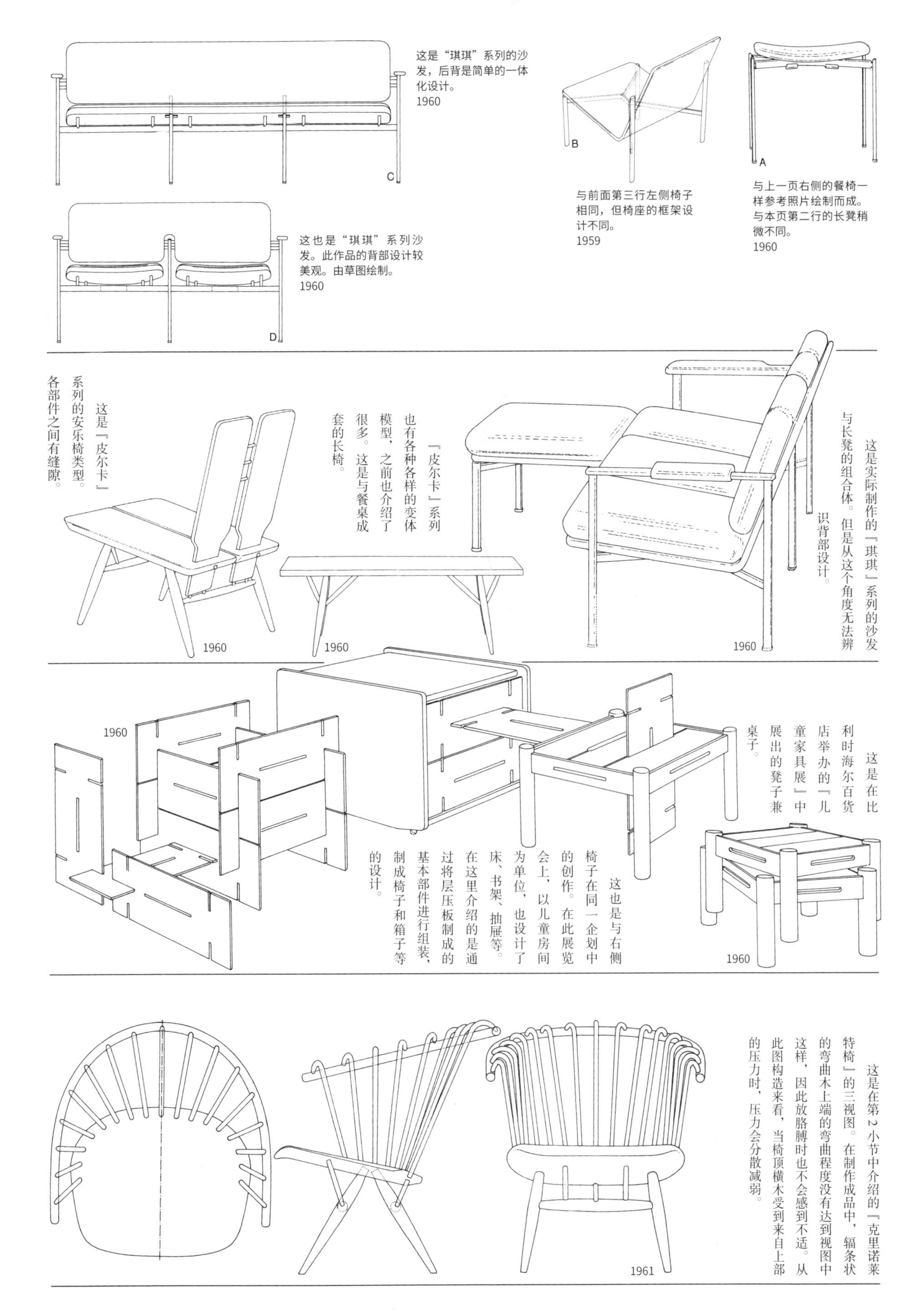

这是“琪琪”系列的沙发，后背是简单的一体化设计。
1960

这也是“琪琪”系列沙发。此作品的背部设计较美观。由草图绘制。
1960

与前面第三行左侧椅子相同，但椅座的框架设计不同。
1959

与上一页右侧的餐椅一样参考照片绘制而成。与本页第二行的长凳稍微不同。
1960

这是实际制作的『琪琪』系列的沙发与长凳的组合体。但是从这个角度无法辨识背部设计。
1960

『皮尔卡』系列也有各种各样的变体模型，之前也介绍了很多。这是与餐桌成套的长椅。
1960

这是『皮尔卡』系列的安乐椅类型。各部件之间有缝隙。
1960

这是在比利时海尔百货店举办的『儿童家具展』中展出的凳子兼桌子。
1960

这也是与右侧椅子在同一企划中的创作。在此展览会上，以儿童房间为单位，也设计了床、书架、抽屉等。在这里介绍的是通过将层压板制成的基本部件进行组装，制成椅子和箱子等的设计。
1960

这是在第2小节中介绍的『克里诺莱特椅』的三视图。在制作成品中，辐条状的弯曲木上端的弯曲程度没有达到视图中这样，因此放胳膊时也不会感到不适。从此图构造来看，当椅顶横木受到来自上部的压力时，压力会分散减弱。
1961

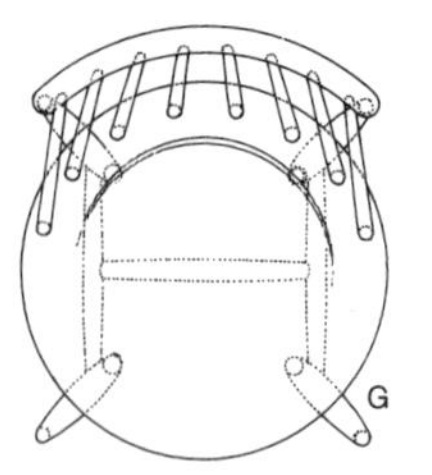

第四行左侧被称为“小天鹅”的椅子的俯视图。
1966

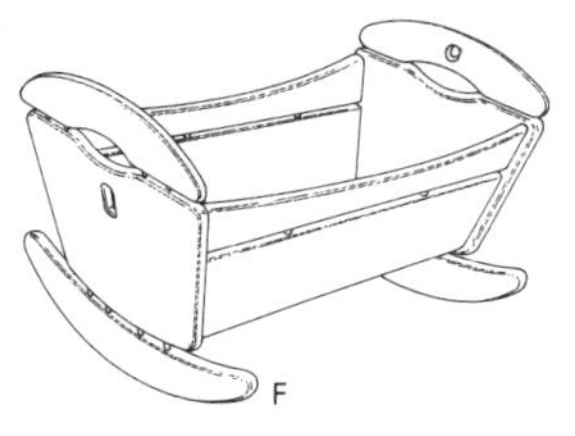

由与右侧椅子画在同一张纸上的草图绘制。
1963

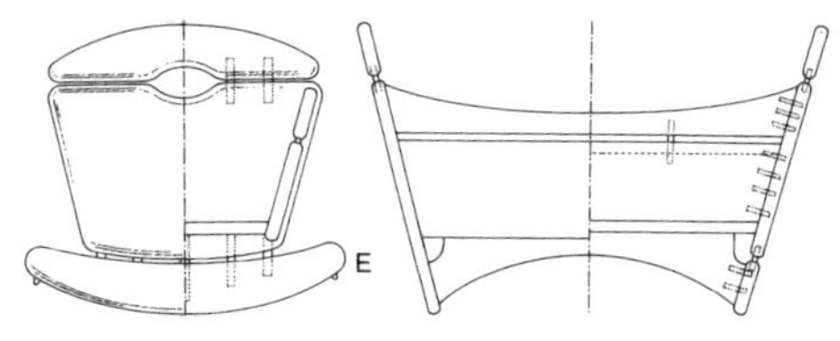

这是名为“库拉·卢拉”的摇篮。各部件缝隙之间可放入木钉。
1963

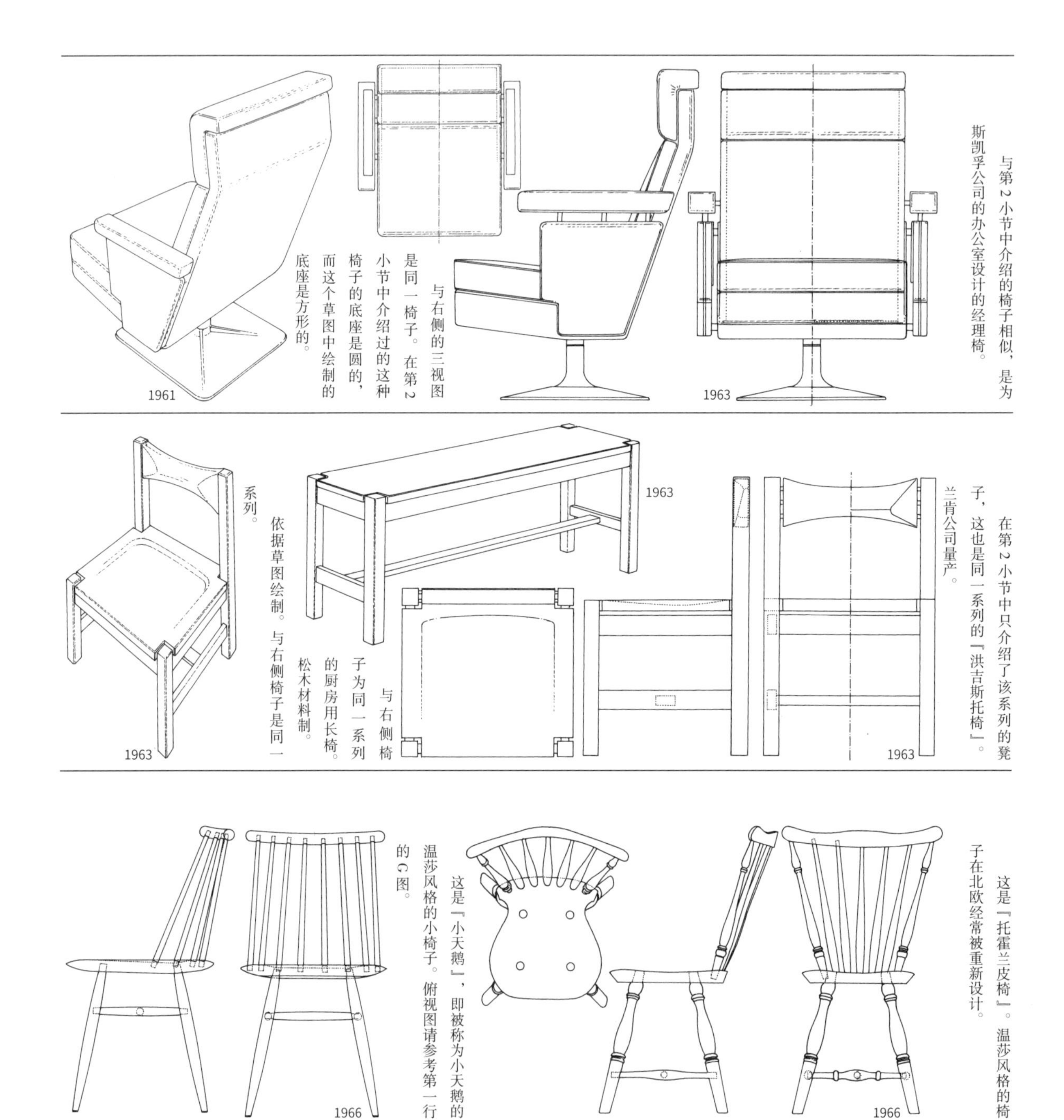

与第2小节中介绍的椅子相似，是为斯凯孚公司的办公室设计的经理椅。

与右侧的三视图是同一椅子。在第2小节中介绍过的这种椅子的底座是圆的，而这个草图中绘制的底座是方形的。

1961

1963

在第2小节中只介绍了该系列的凳子，这也是同一系列的『洪吉斯托椅』。兰肯公司量产。

与右侧椅子为同一系列的厨房用长椅。松木材料制。

依据草图绘制。与右侧椅子是同一系列。

1963

1963

1963

这是『托霍兰皮椅』。温莎风格的椅子在北欧经常被重新设计。

这是『小天鹅』，即被称为小天鹅的温莎风格的小椅子。俯视图请参考第一行的G图。

1966

1966

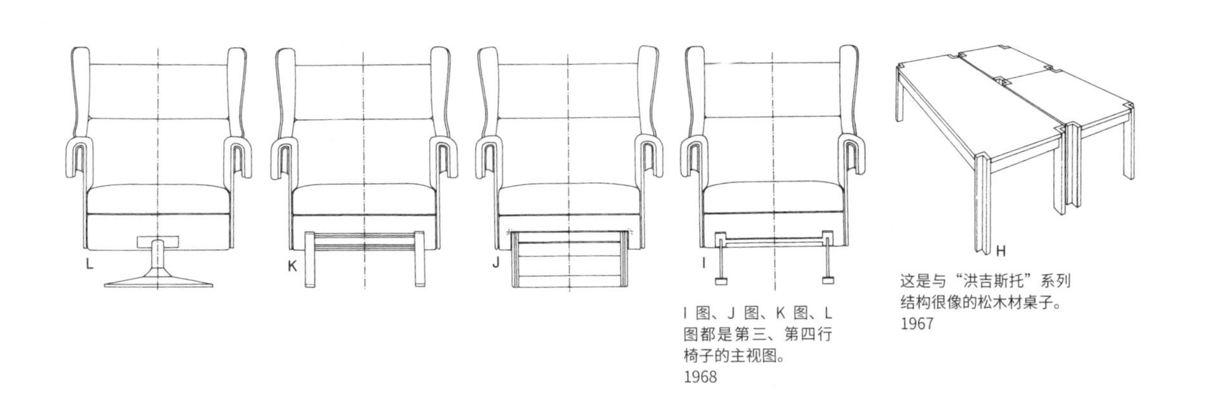

I 图、J 图、K 图、L 图都是第三、第四行椅子的主视图。
1968

这是与“洪吉斯托”系列结构很像的松木材桌子。
1967

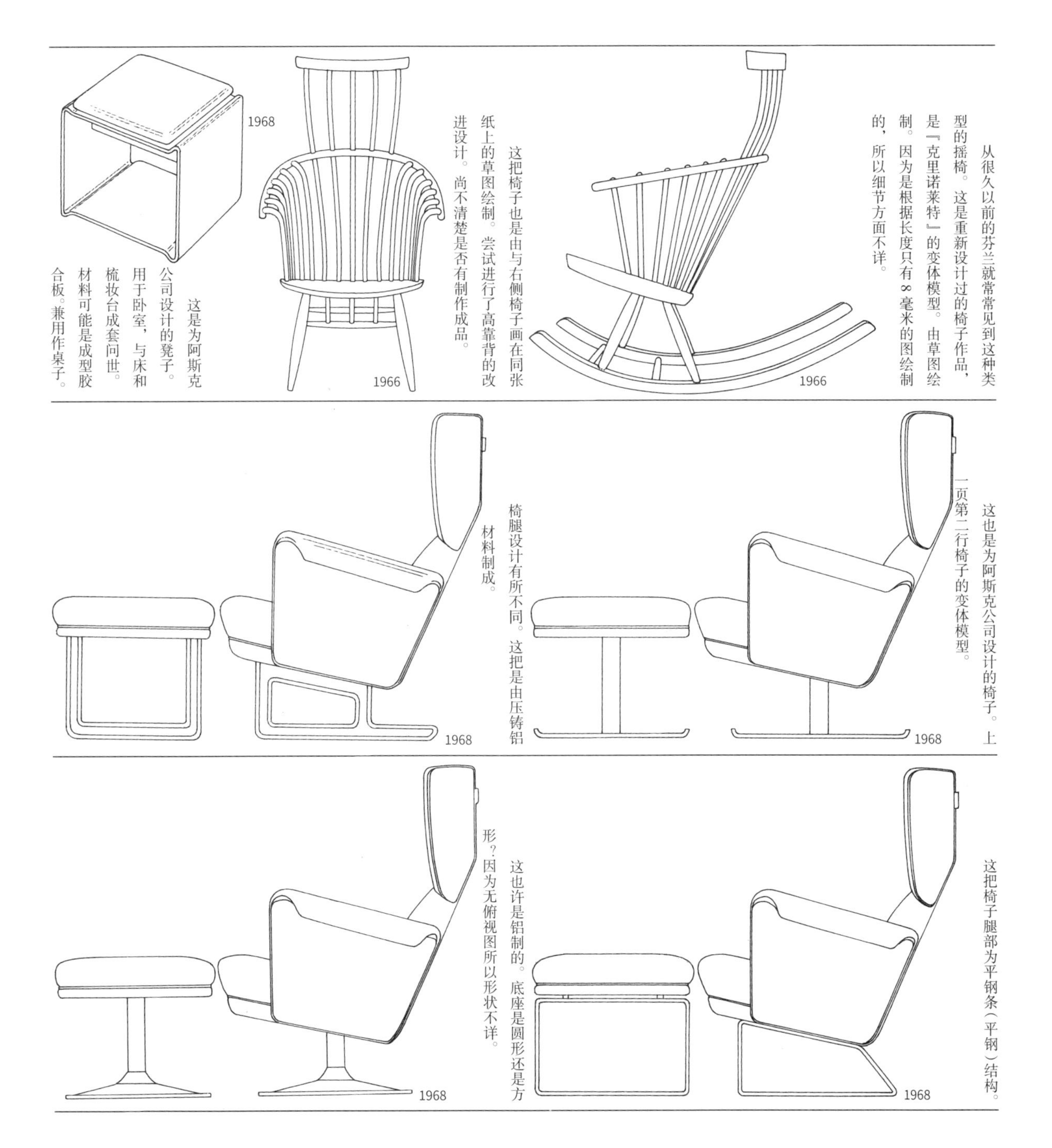

从很久以前的芬兰就常常见到这种类型的摇椅。这是重新设计过的椅子作品，是『克里诺莱特』的变体模型。由草图绘制。因为是根据长度只有8毫米的图绘制的，所以细节方面不详。
1966

这把椅子也是由与右侧椅子画在同张纸上的草图绘制。尝试进行了高靠背的改进设计。尚不清楚是否有制作成品。
1966

这是为阿斯克公司设计的凳子。用于卧室，与床和梳妆台成套问世。材料可能是成型胶合板。兼用作桌子。
1968

这也是为阿斯克公司设计的椅子。上一页第二行椅子的变体模型。
1968

椅腿设计有所不同。这把是由压铸铝材料制成。
1968

这把椅子腿部为平钢条（平钢）结构。
1968

这也许是铝制的。底座是圆形还是方形？因为无俯视图所以形状不详。
1968

1914—1999

伊玛里·塔佩瓦拉

第 12 小节
现代作品与原始作品

塔佩瓦拉的作品中有一部分是非常具有原始气息的——利用木材的弯曲部分等制成的土著作品，也被称为『农民家具』。还有一部分是以批量生产为前提的工业型作品。在这一部分中，堆叠型结构、折叠型结构、组合型结构等考虑方便性和实用性的作品很多。这两种看似相对立的设计出现在同一作家的作品中可能会让人感到矛盾。

借用芬兰手工艺和设计协会的理事——塔皮奥·佩里埃宁的话说，『芬兰有很多人既是设计师又是工业型设计者。这样的工作方式很有特点。美术手工艺品的活动成为他们研究素材与形态的场所。在工业型设计及应用型设计领域因受许多状况和条件的支配，因此在工艺方想要自由研究是很难得的。在这种条件下产生的设计和工艺，都拥有自己的特点。从素材、形态和空间方面都能感受到接近禅的思想。在芬兰，这种人与自然之间所特有的羁绊，可能正是这种创作的源头』。（摘自《北欧设计的今天　生活中的形态展示》）这在现代日本的设计中已不常见。这种理念不正是冰冷的现代社会所应学习的吗？

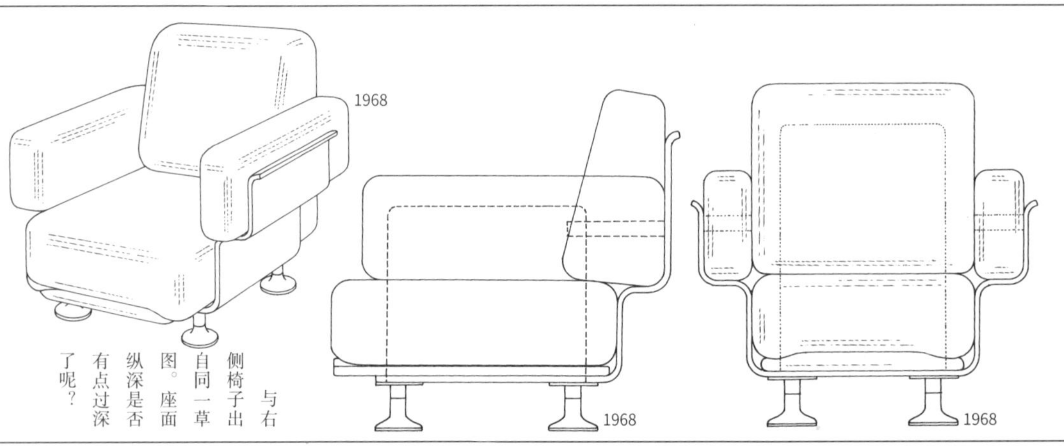

这是为卡尔斯特公司设计的安乐椅。由草图绘制，在边角处有阿斯克公司的章，可能为同一公司制作。

与右侧椅子出自同一草图。座面纵深是否有点过深了呢？

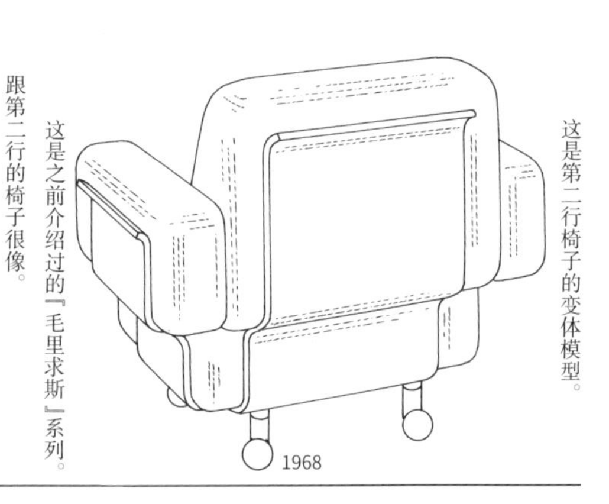

这是第二行椅子的变体模型。

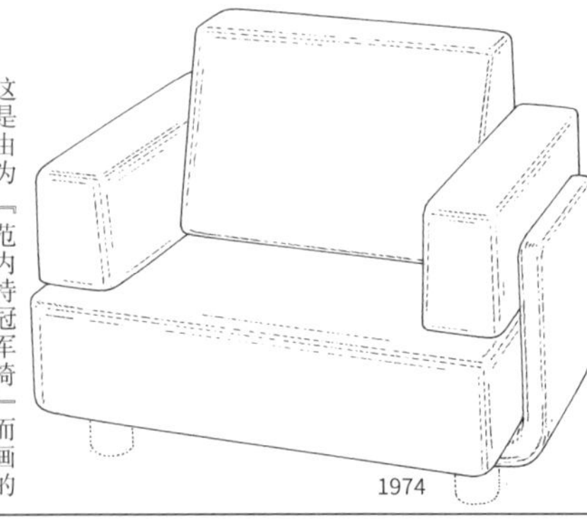

这是之前介绍过的『毛里求斯』系列。跟第二行的椅子很像。

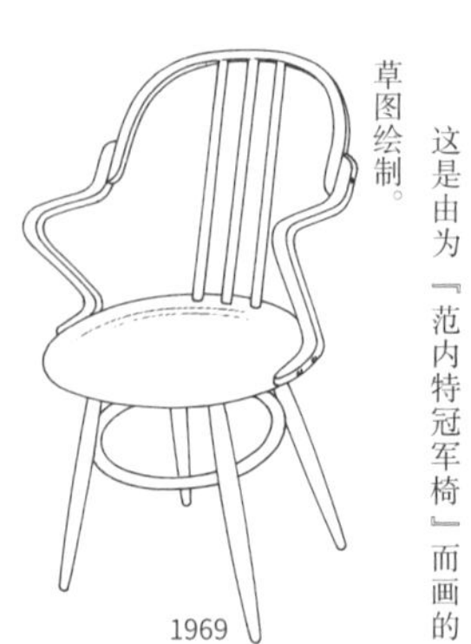

这是由为『范内特冠军椅』而画的草图绘制。

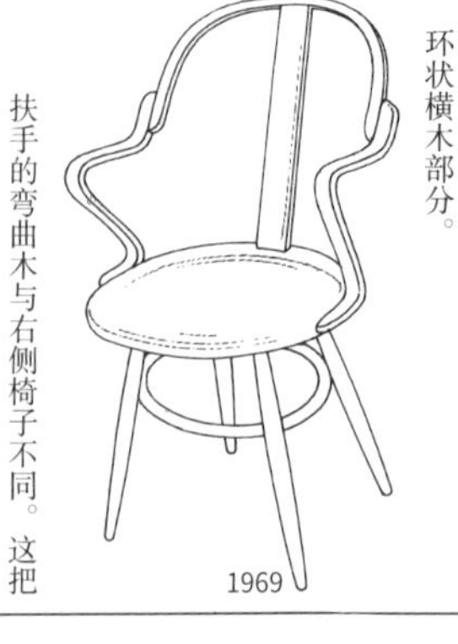

这把椅子与第三行左侧的椅子绘制在同一纸上。这四把椅子的共同点是腿部与环状横木部分。

扶手的弯曲木与右侧椅子不同。这把椅子更圆滑、美观。

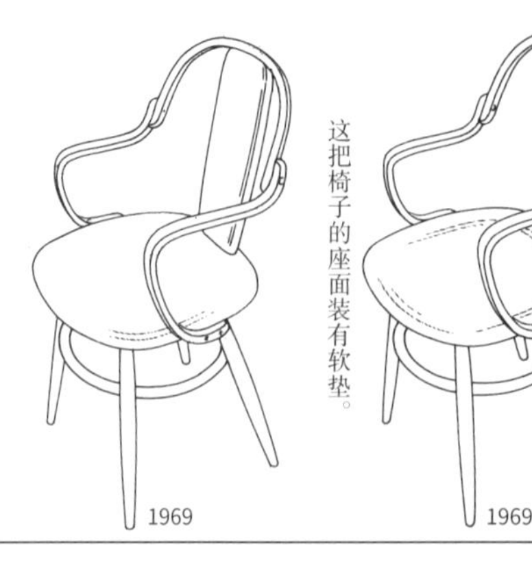

这把椅子的座面装有软垫。

这是中间两把椅子的侧视图。这是塔佩瓦拉等人将索耐特兄弟制作的『维也纳咖啡椅』又重新设计后的椅子。

1969

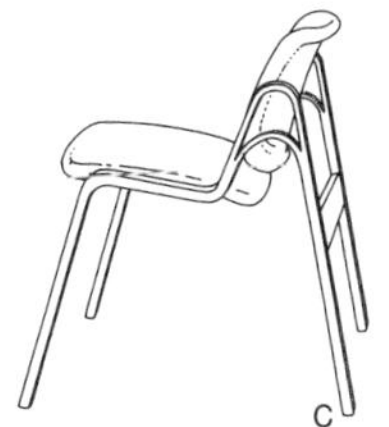

这是塔佩瓦拉的代表作“威廉敏娜椅”。现在虽然停止生产，但非常希望能够再版，重新提供给世界椅子迷们。
1959

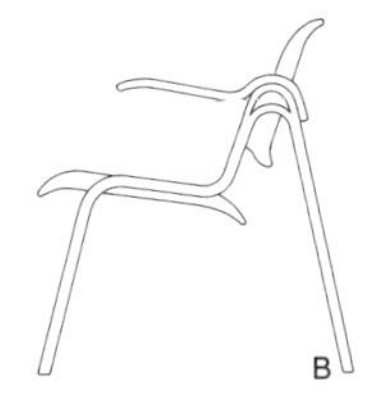

同为“威廉敏娜椅”的带扶手版本。可能只有草图而未能实际制作。
1959

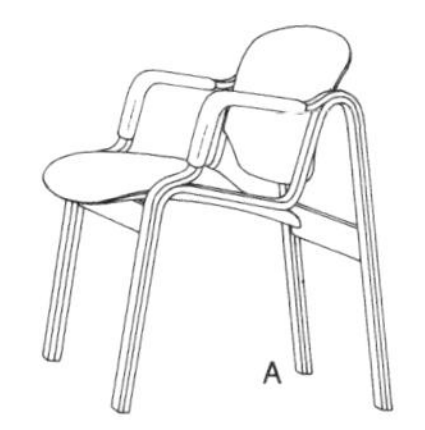

这是在第 10 小节中介绍的“威廉敏娜椅”的带扶手类型。由草图绘制。尚不清楚是否有制作成品。
1959

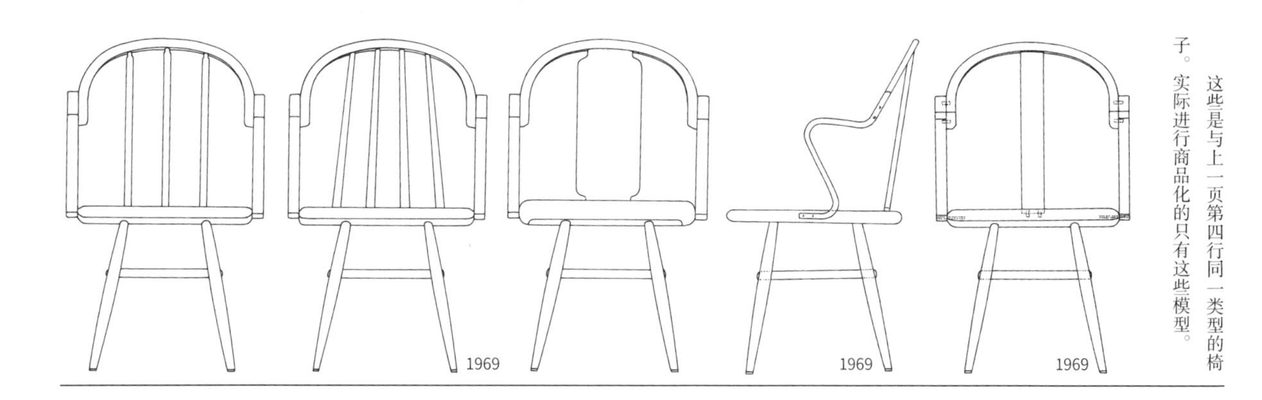

这些是与上一页第四行同一类型的椅子。实际进行商品化的只有这些模型。

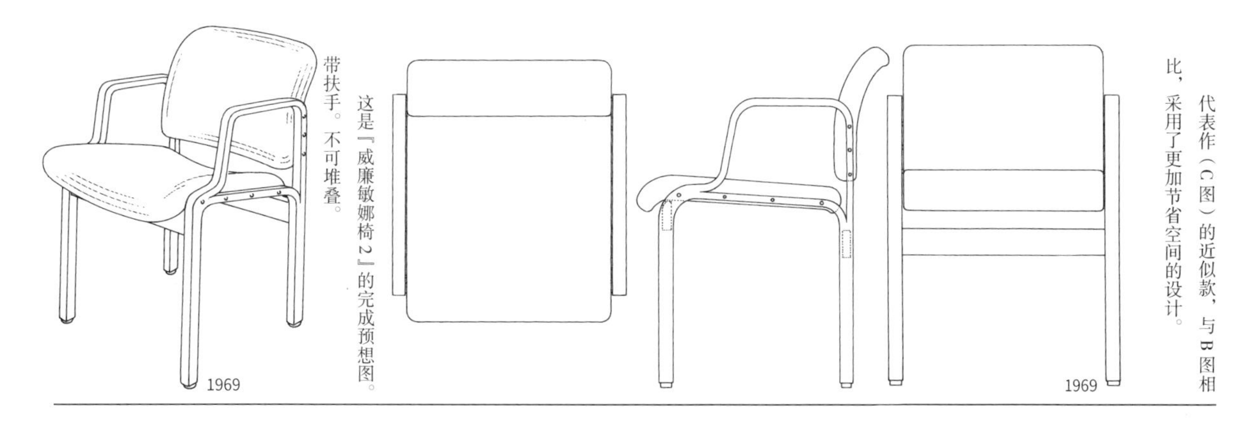

这是『威廉敏娜椅 2』的完成预想图。带扶手。不可堆叠。

代表作（C图）的近似款，与B图相比，采用了更加节省空间的设计。

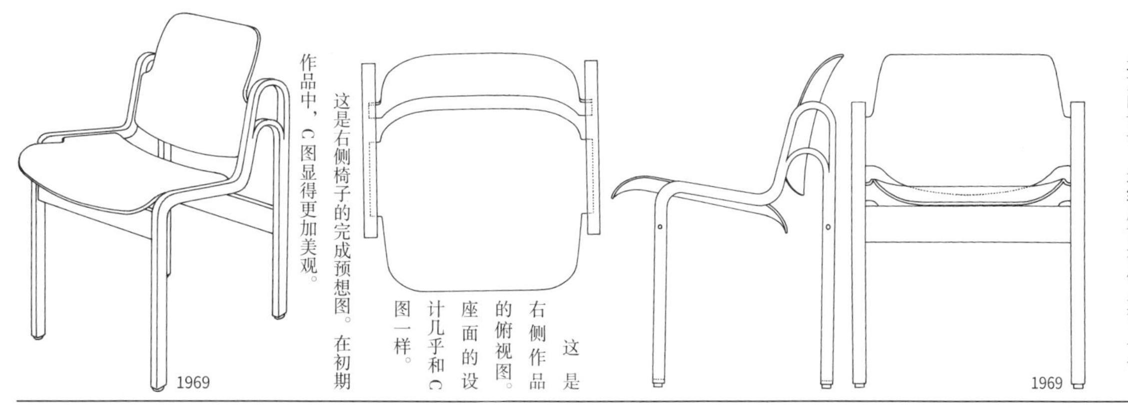

这是右侧椅子的完成预想图。在初期作品中，C图显得更加美观。

这是右侧作品的俯视图。座面的设计几乎和C图一样。

与第三行右侧作品相似，都是不太占地方的设计，最终应该采用了其中一个。

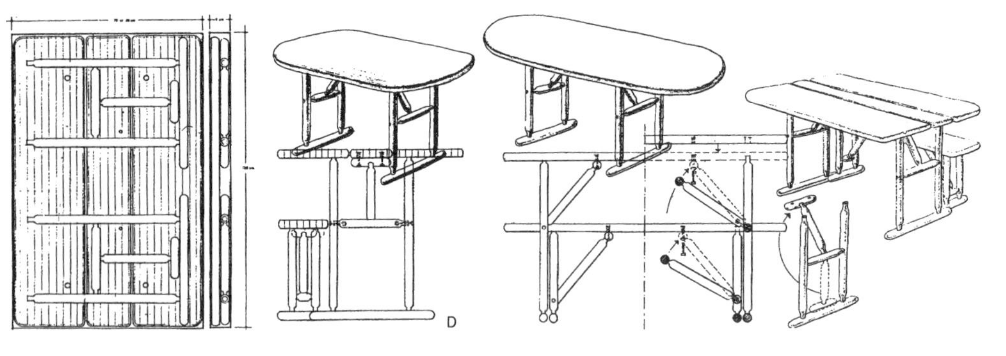

这是“粗面石”系列的桌子。腿部为折叠结构，可紧缩收纳。
1971
摘自《伊玛里·塔佩瓦拉的经典设计》(1997)

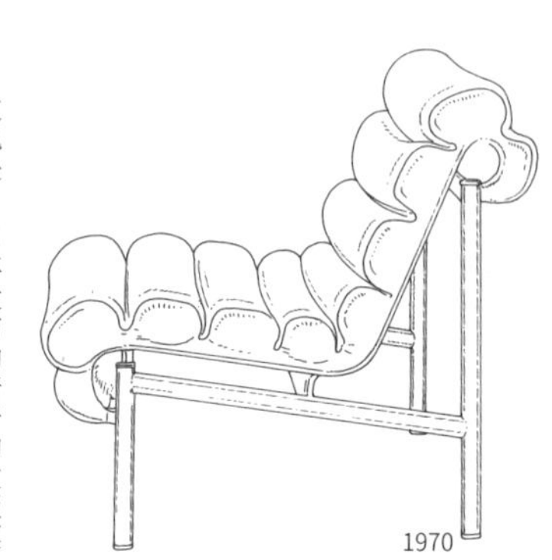

这是1960年发布的「琪琪」系列的变体模型。针对同一模型长时间不断进行改进设计也是北欧设计的共同点。

1970

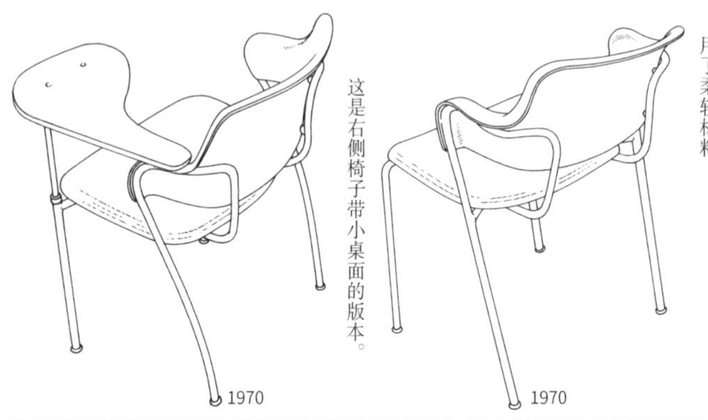

这也是1953年发布的椅子的改版模型「路奇椅」，扶手内侧面加宽，周围使用了柔软材料。

1970

这是右侧椅子带小桌面的版本。

1970

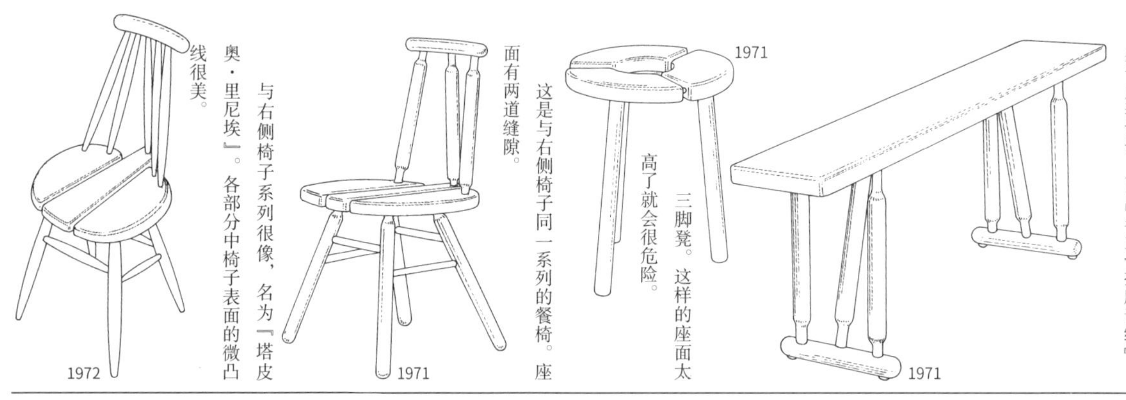

使用松木的实木系列椅子。与D图桌子成套设计。商品名为「拉库奇纳」。

1971

三脚凳。这样的座面太高了就会很危险。

1971

这是与右侧椅子同一系列的餐椅。座面有两道缝隙。

1971

与右侧椅子系列很像，名为「塔皮奥·里尼埃」。各部分中椅子表面的微凸线很美。

1972

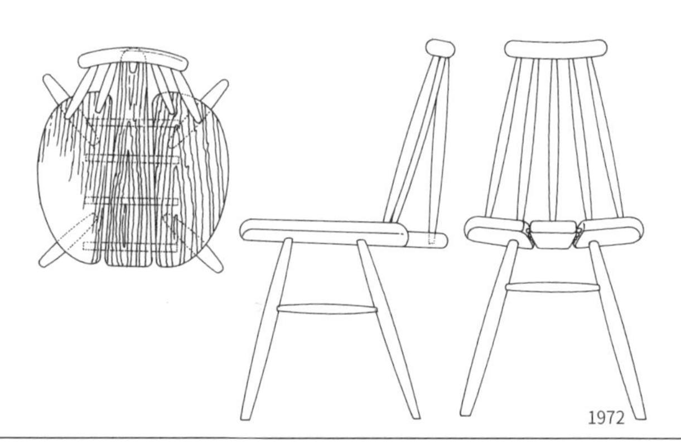

「塔皮奥·里尼埃」的三视图。背部中间的辐条插入后方，可增加强度。

1972

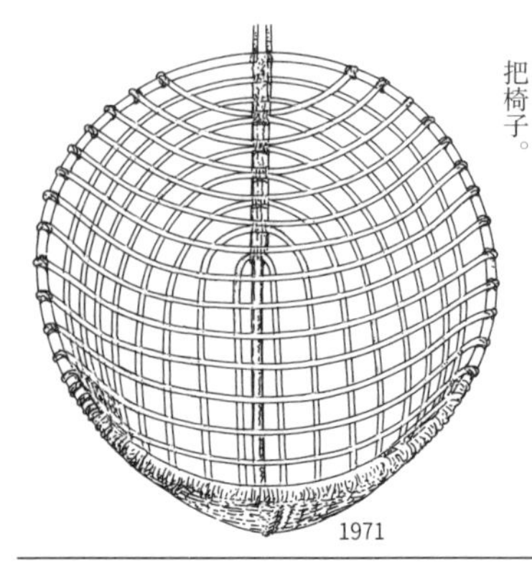

这把椅子在第603页已介绍过，同为「毛里求斯」系列。在第2小节中介绍了与它几乎相同的模型。前面的椅子角度与此不同，更加呈长椭圆形状。可能是同一把椅子。

1971

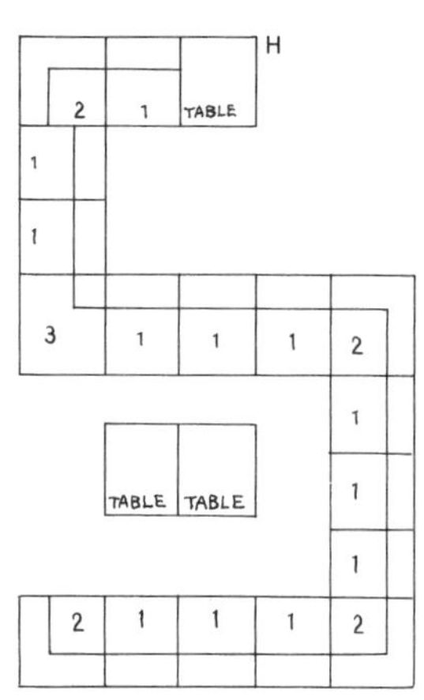

“毛里求斯”的藤条制客厅用系列的单元配置图。
1974

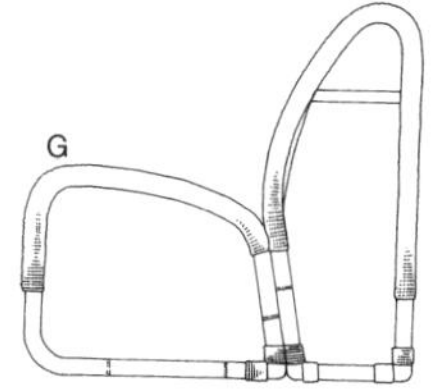

与第二行右侧椅子相同。这是藤条面的绘图。
1974

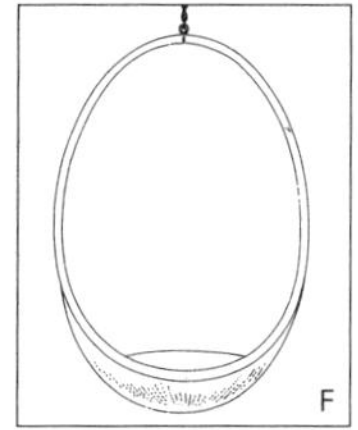

丹麦的女设计师南娜·迪策尔的“秋千椅”。
1959

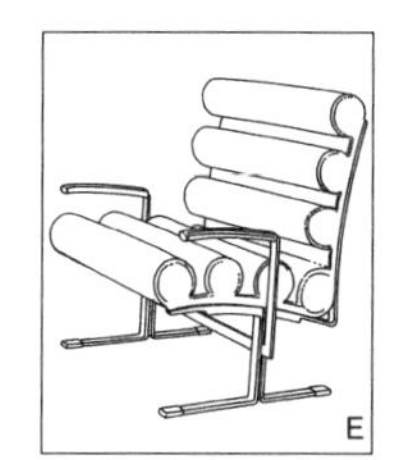

这把椅子是意大利约·科伦博的设计，与“琪琪·莫卡”有些共同点。
1962

这把椅子也是在第2小节中介绍过的『毛里求斯』系列。此图所示阶段与制作成品在细节处有差别。这一系列有儿童用、客厅用、卧室用等多种设计。

1974

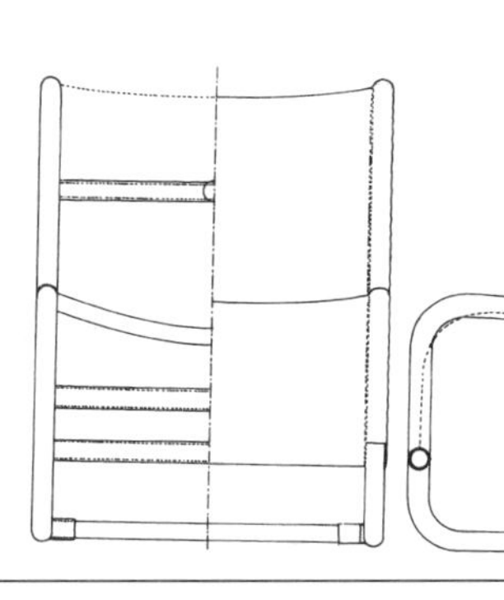

这也是与右侧椅子同一系列的椅子。柜台用。对应H图中3的位置，是藤制的一套组合。

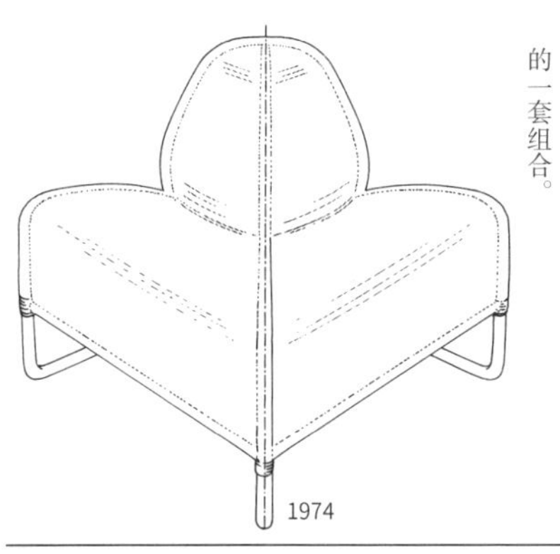

1974

这也是同一系列。是H图中2号位置的角落用椅。

1974

这是由草图绘制。与制作成品在细节方面有不同。

1974

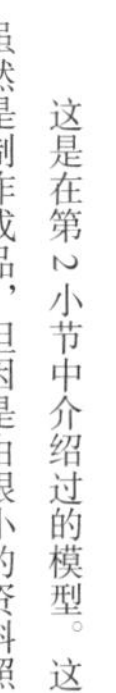

这是在第2小节中介绍过的模型。这虽然是制作成品，但因是由很小的资料照片绘制，所以细节不详。在本书收录的图片中这种情况很多，有点犹豫是否发表，但还是想尽量给读者提供更多信息。

1974

这是『毛里求斯』系列的儿童用家具之一。座面是由海草编制成的。

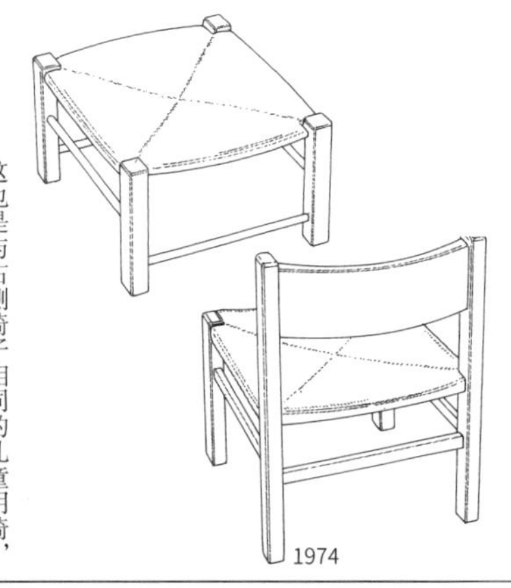

1974

这也是与右侧椅子相同的儿童用椅，这应该也可以作为架子来用吧。

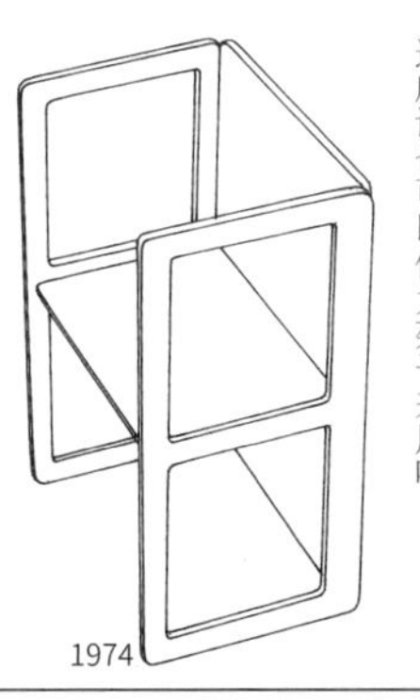

1974

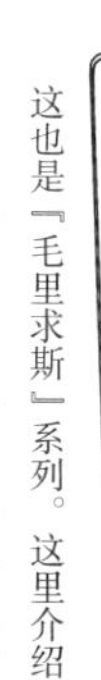

这也是『毛里求斯』系列。这里介绍的系列作品是由毛里求斯岛的沙滩上椅子的小照片而得。

1974

1914—1999

伊玛里·塔佩瓦拉

第 13 小节
素描的推荐

共计 52 页全部介绍了塔佩瓦拉的椅子设计。在这其中，有从 5 毫米大小的小照片扩大绘制的作品和从纸面一角画出的粗略的草图等，仿佛在进行椅子设计的拼图游戏。关于这方面，许多人问笔者关于椅子设计的素材问题。这其中大多数问『是以什么样的书为参考呢？』不仅是某一本书，而是参考了庞大的资料（包含大学图书与所藏家具、建筑相关书籍）才绘制成的。插图原稿的制作方法，是通过复制，把从文献中得来的资料放大或缩小，统一成一定的大小，用将其画在厚厚的复写纸上。一般是将照片放在下面进行描画，不是将实物与照片进行素描。素描的话，在比例上会有误差，可能变成另一设计。读者如果有兴趣的话可以进行描画。这样就会在不知不觉中从手上记住比例，从而更好地从不同方面理解椅子的构造。

这是被称为『塔皮奥·里尼埃』的躺椅。框架为坚钢制结构。藤制座面。从侧视图来看头枕是垂直的，有点拘束感。

这是右侧作品的完成预想图。尚不清楚是否有制作成品。

1972

1972

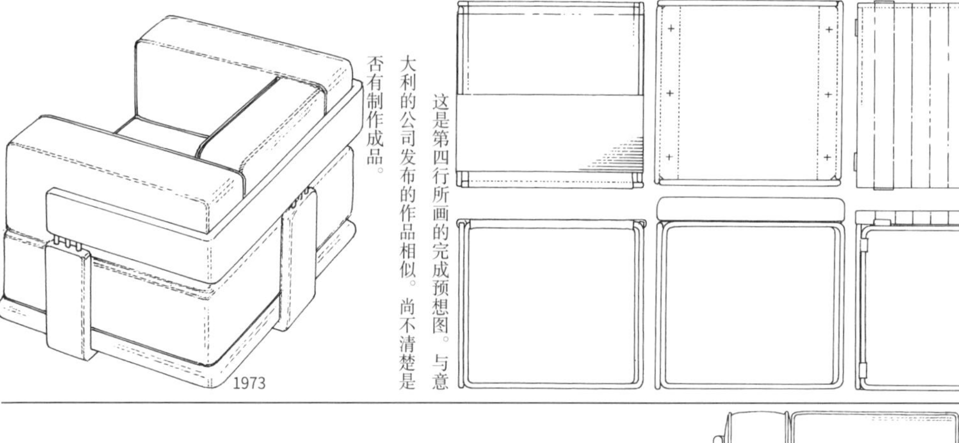

与第二行中的凳子同属一个系列，可兼用于桌、凳（中间上下）的凳子。右侧上下作品的框架有所不同。

这是第四行所画的完成预想图。与意大利的公司发布的作品相似。尚不清楚是否有制作成品。

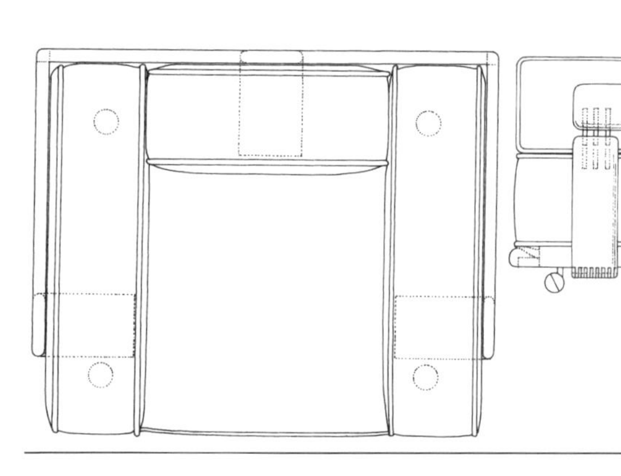

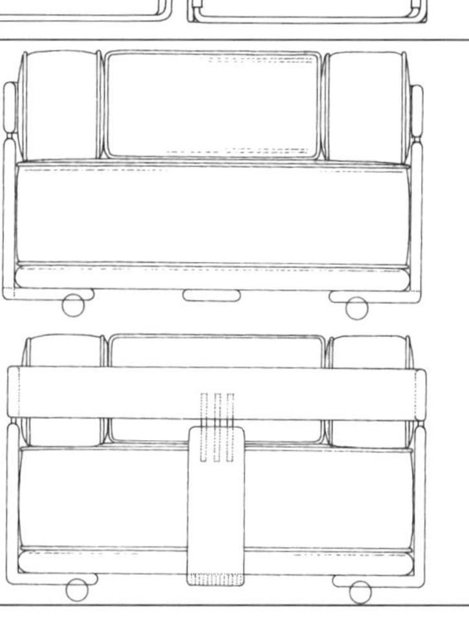

1973

将大号分离软垫置于木质框架上的这种设计与勒·柯布西耶和皮埃尔·让纳雷等人设计的『巨舒适』系列相似。

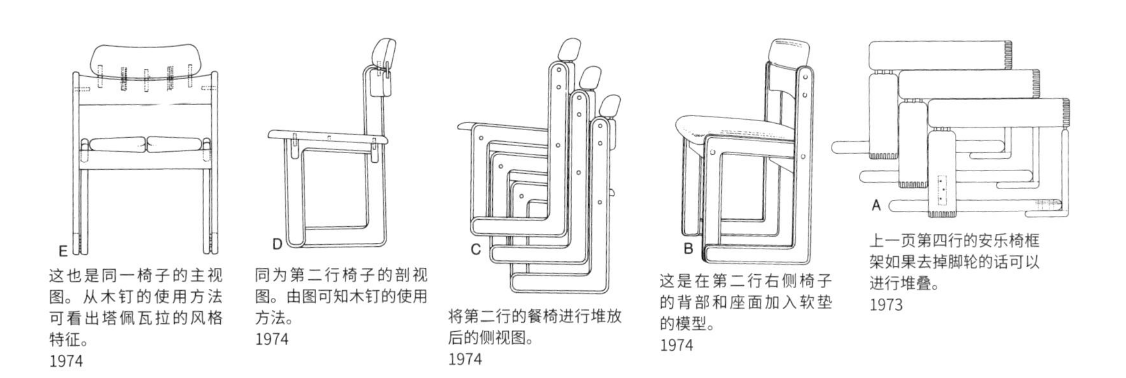

这也是同一椅子的主视图。从木钉的使用方法可看出塔佩瓦拉的风格特征。
1974

同为第二行椅子的剖视图。由图可知木钉的使用方法。
1974

将第二行的餐椅进行堆放后的侧视图。
1974

这是在第二行右侧椅子的背部和座面加入软垫的模型。
1974

上一页第四行的安乐椅框架如果去掉脚轮的话可以进行堆叠。
1973

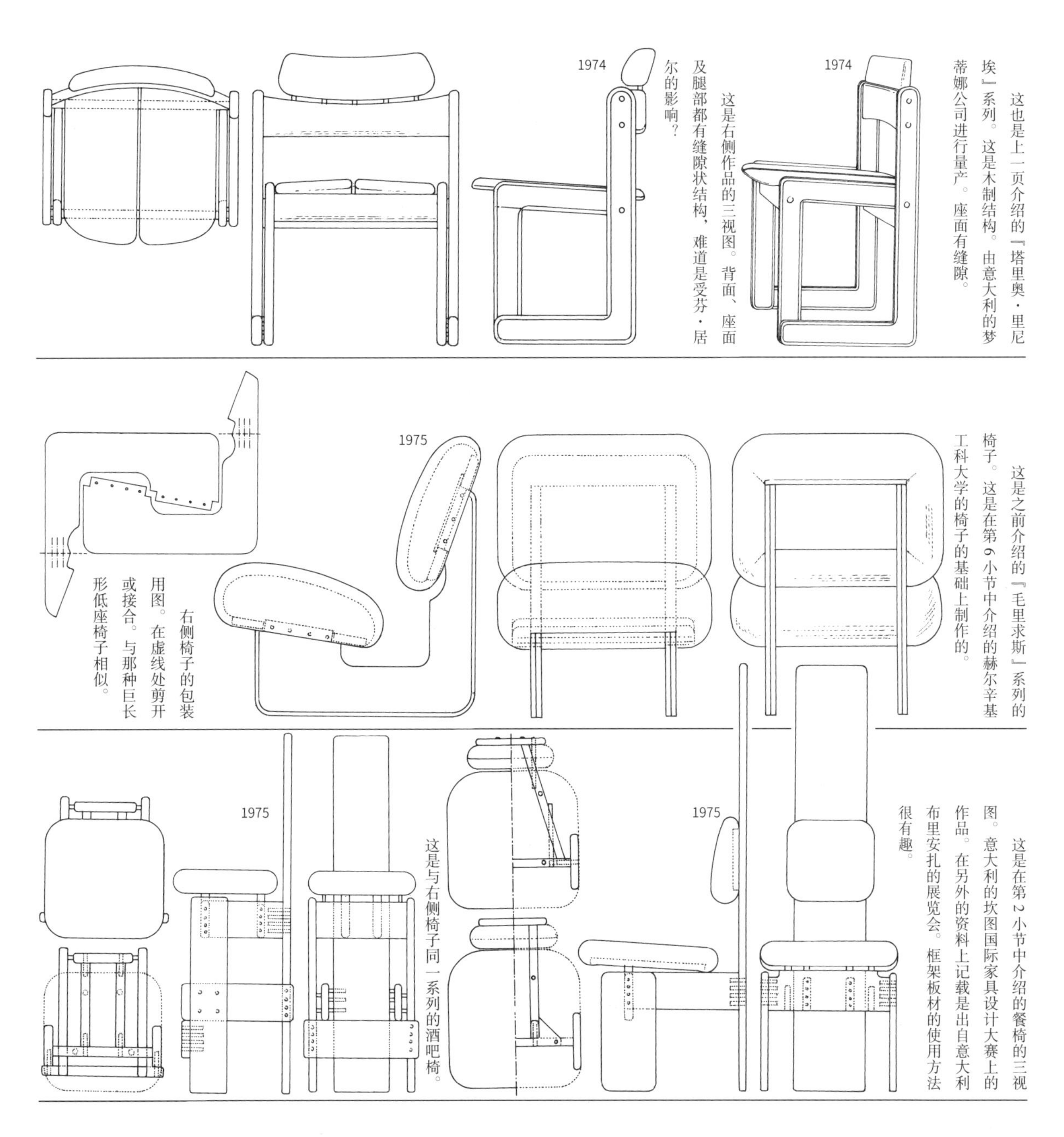

1974
这也是上一页介绍的『塔里奥・里尼埃』系列。这是木制结构。由意大利的梦蒂娜公司进行量产。座面有缝隙。

1974
这是右侧作品的三视图。背面、座面及腿部都有缝隙状结构，难道是受芬・居尔的影响？

1975
这是之前介绍的『毛里求斯』系列的椅子。这是在第6小节中介绍的赫尔辛基工科大学的椅子的基础上制作的。

右侧椅子的包装用图。在虚线处剪开或接合。与那种巨长形低座椅子相似。

1975
这是在第2小节中介绍的餐椅的三视图。意大利的坎图国际家具设计大赛上的作品。在另外的资料上记载是出自意大利布里安扎的展览会。框架板材的使用方法很有趣。

1975
这是与右侧椅子同一系列的酒吧椅。

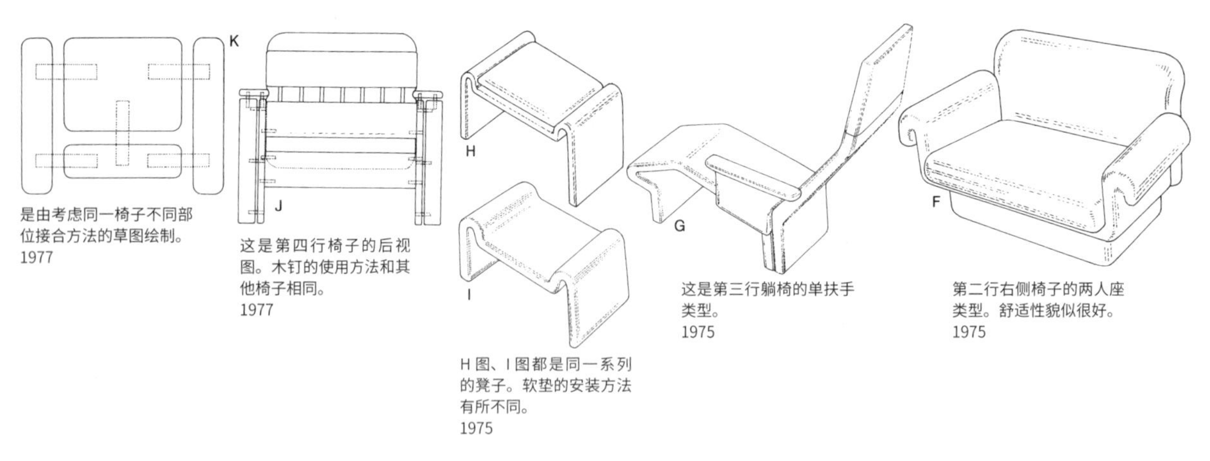

是由考虑同一椅子不同部位接合方法的草图绘制。
1977

这是第四行椅子的后视图。木钉的使用方法和其他椅子相同。
1977

H图、I图都是同一系列的凳子。软垫的安装方法有所不同。
1975

这是第三行躺椅的单扶手类型。
1975

第二行右侧椅子的两人座类型。舒适性貌似很好。
1975

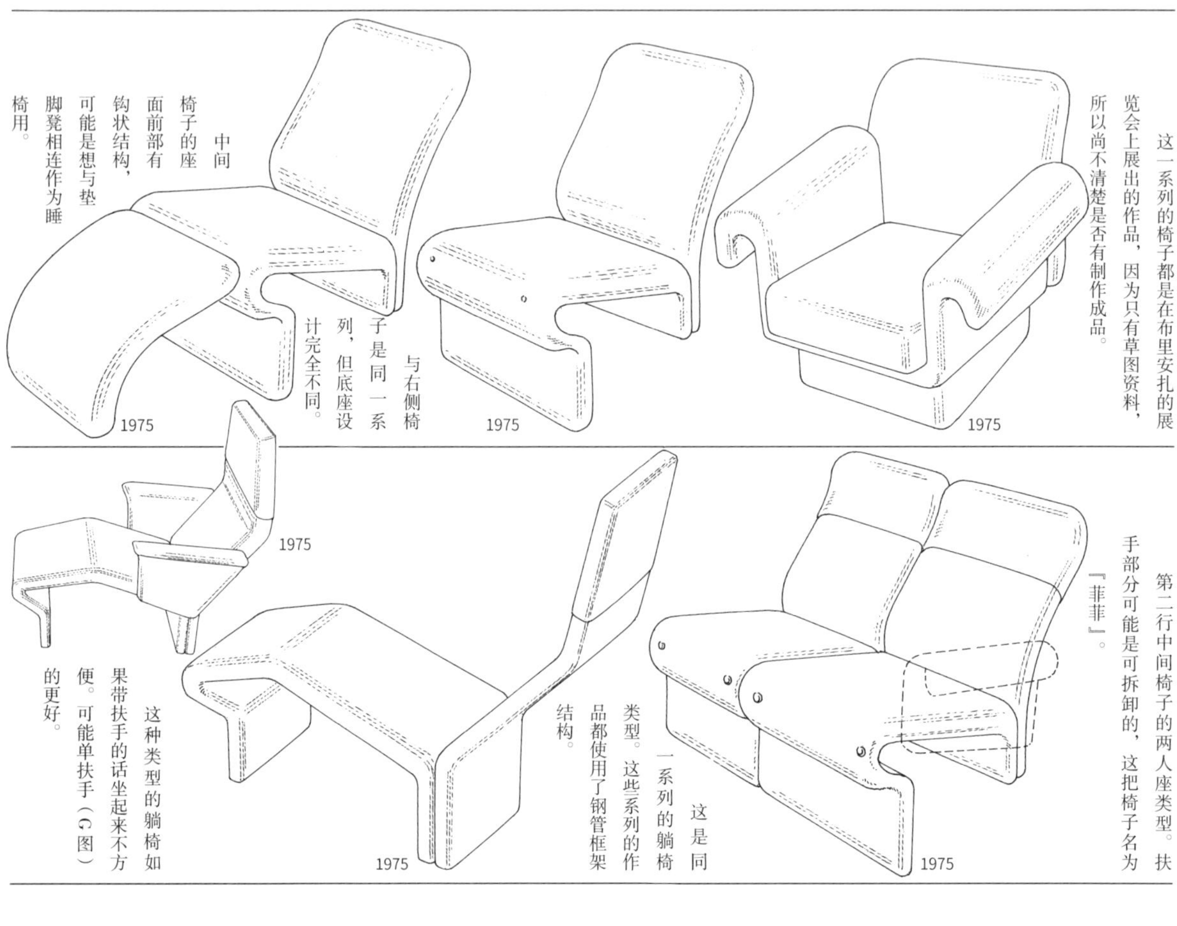

这一系列的椅子都是在布里安扎的展览会上展出的作品，因为只有草图资料，所以尚不清楚是否有制作成品。

与右侧椅子是同一系列，但底座设计完全不同。

中间椅子的座面前部有钩状结构，可能是想与垫脚凳相连作为睡椅用。

第二行中间椅子的两人座类型。扶手部分可能是可拆卸的，这把椅子名为『菲菲』。

这是同一系列的躺椅类型。这些系列的作品都使用了钢管框架结构。

这种类型的躺椅如果带扶手的话坐起来不方便。可能单扶手（G图）的更好。

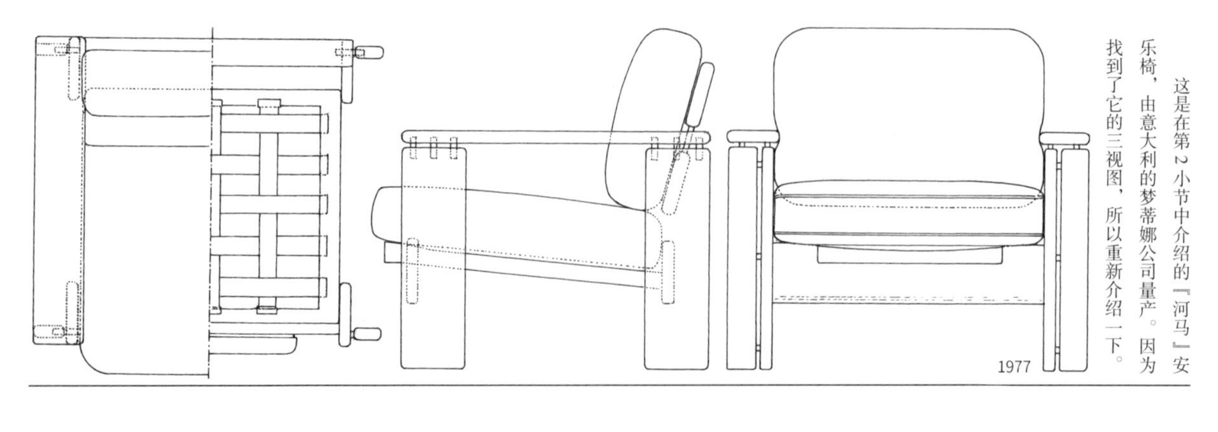

这是在第2小节中介绍的『河马』安乐椅，由意大利的梦蒂娜公司量产。因为找到了它的三视图，所以重新介绍一下。

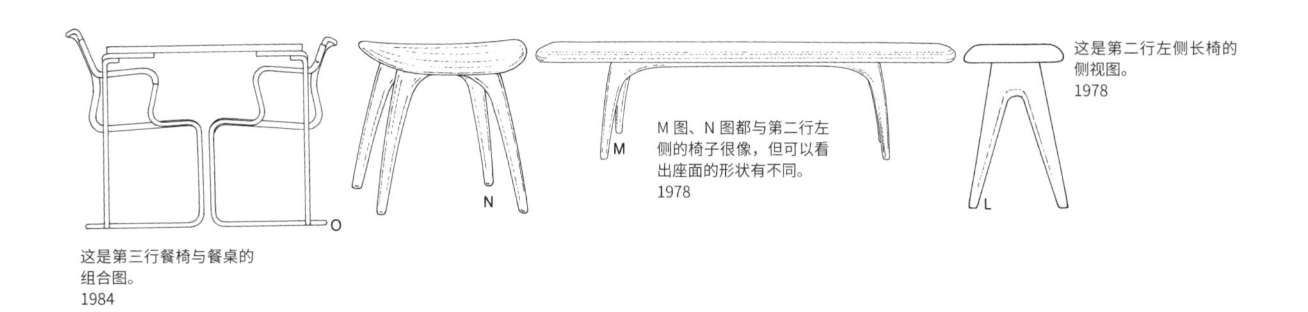

这是第三行餐椅与餐桌的组合图。
1984

M图、N图都与第二行左侧的椅子很像，但可以看出座面的形状有不同。
1978

这是第二行左侧长椅的侧视图。
1978

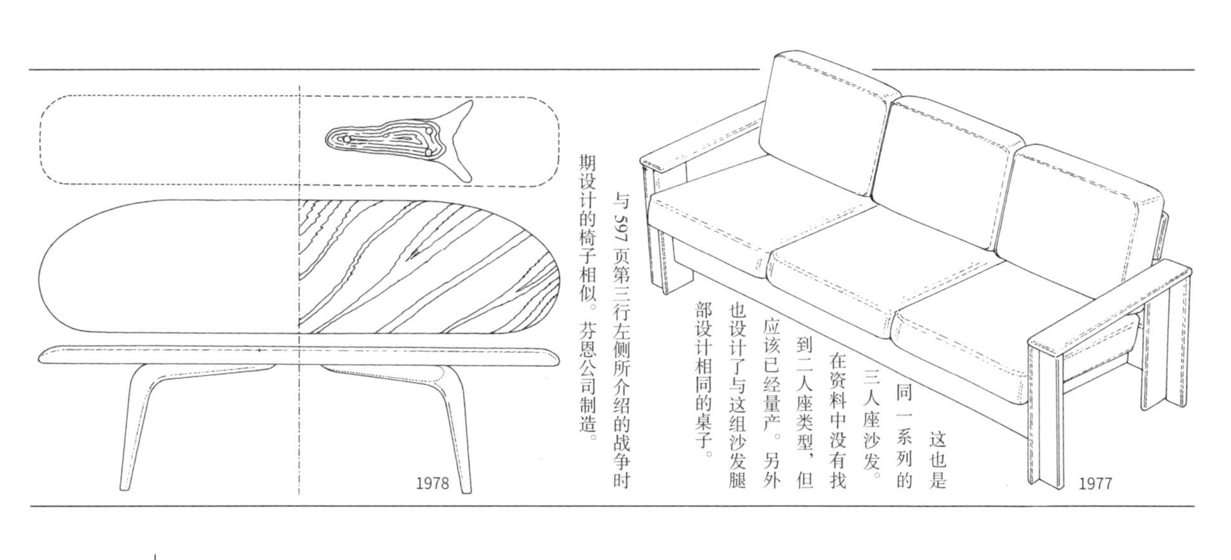

1978

与597页第三行左侧所介绍的战争时期设计的椅子相似。芬恩公司制造。

这也是同一系列的三人座沙发。在资料中没有找到二人座类型，但应该已经量产。另外也设计了与这组沙发腿部设计相同的桌子。

1977

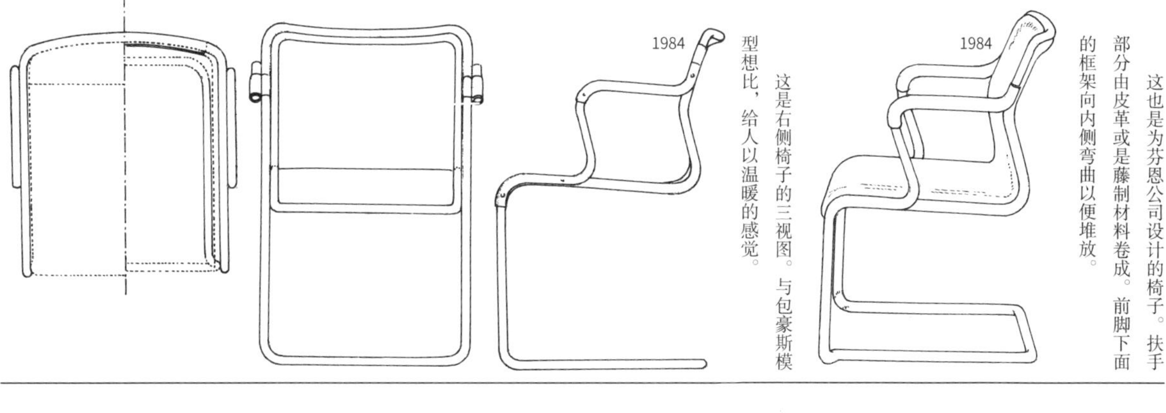

1984

这是右侧椅子的三视图。与包豪斯模型想比，给人以温暖的感觉。

1984

这也是为芬恩公司设计的椅子。扶手部分由皮革或是藤制材料卷成。前脚下面的框架向内侧弯曲以便堆放。

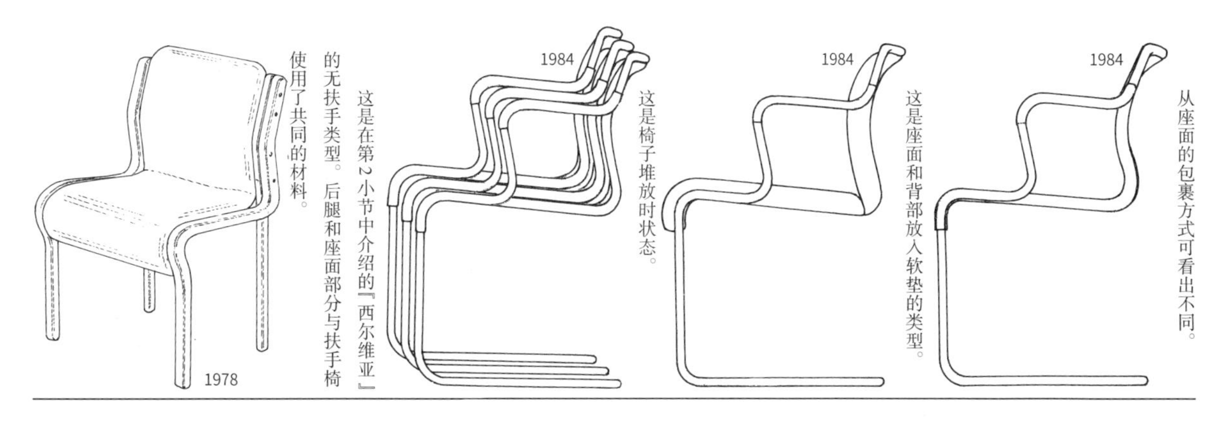

1978

这是在第2小节中介绍的『西尔维亚』的无扶手类型。后腿和座面部分与扶手椅使用了共同的材料。

1984

这是椅子堆放时状态。

1984

这是座面和背部放入软垫的类型。

1984

从座面的包裹方式可看出不同。

1918—2002

阿切勒·卡斯蒂格利奥尼

第 1 小节
领导现代意大利的产品设计师

下面是关于在日本也很有名的阿切勒·卡斯蒂格利奥尼（以下简称阿切勒）作品的介绍（省略关于其兄弟的介绍）。

阿切勒于 1918 年出生于米兰。1944 年于米兰工科大学建筑系毕业。从 1944 年开始与哥哥皮埃尔·卡科莫、利维奥三人开设了建筑事务所。分别与利维奥和皮埃尔·卡科莫一起工作到 1952 年和 1968 年。1956 年，成为意大利工业设计协会（ADI）奠基人之一。1957 年与皮埃尔·卡科莫一起在欧尔摩别墅举办了『现代住宅中的颜色与形态展示』活动；另外，1965 年在佛罗伦萨举办了『实用住宅展』，提出了关于居住空间的试验性的提案。1969 年获得教授职称。1969—1977 年期间在都灵建筑学院教授建筑学。1977—1980 年在同一大学任室内设计专业的主任教授。1984 年先后在维也纳、柏林、米兰举办了他的个人展。同年，在东京的『意大利家具展会』上提出了关于餐厅的试验性提案。1986 年，成为伦敦皇家艺术学会皇家工业设计学院荣誉教员。多次获得金罗盘奖等奖项。

这是被称为『卡米尔（男性名字）』的椅子。与左侧的床一起发布的。据相关资料介绍，是为萨利、卡尔卡迪、格维娜等公司设计的。不是只针对一家公司这点令人费解。

1946

这是与右侧椅子成套的设计。床头板及床尾板的处理与椅子座面处理有相同点。单人桌的连接方法不详，应该为可拆解结构。

1946

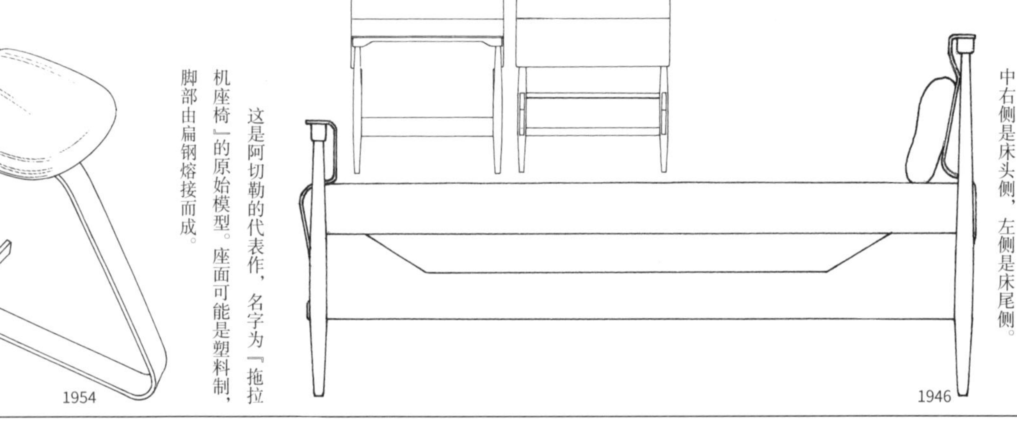

这是第二行的床的正面图。在此小图中右侧是床头侧，左侧是床尾侧。

1946

这是阿切勒的代表作，名字为『拖拉机座椅』的原始模型。座面可能是塑料制，脚部由扁钢熔接而成。

1954

这是原始模型。顾名思义，是受在农业生产中使用的拖拉机的座面的启发设计。与量产后的椅子相比，更接近于原始拖拉机座位的设计。

1957

这是座面形状的比较。左侧是意大利扎诺塔家具公司商品化了的模型。右侧的椅子是在『现代住宅中的颜色与形态展示』上展出的作品。

1957

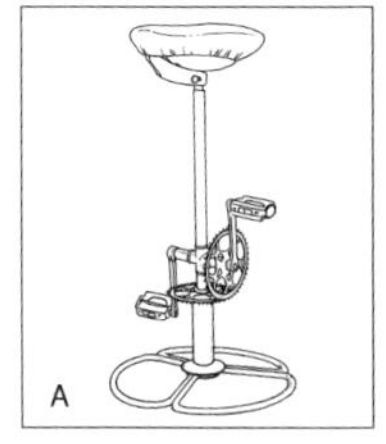

设计者与生产国不详。在1970年得到的图。带踩踏板及椅座会转的高凳。
设计年份不详

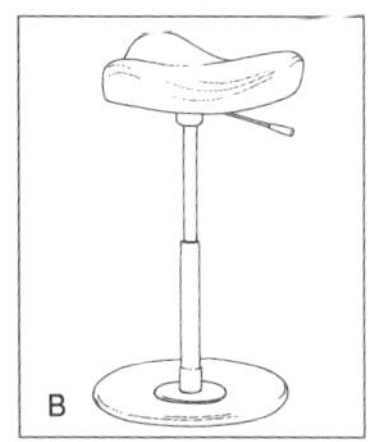

这是挪威的欧恩设计的工作椅。和阿切勒的作品一样，底座是平缓的曲面。
1987

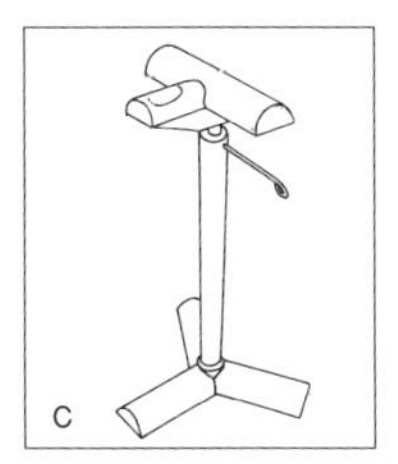

遗憾的是此作品设计者未知。这是1980年入手的工作椅。意大利制。
设计年份不详

D

这是将厕所马桶座面安在座位上的凳子，是芬兰昂蒂·诺米纳米的代表作"桑纳凳子"。
1951

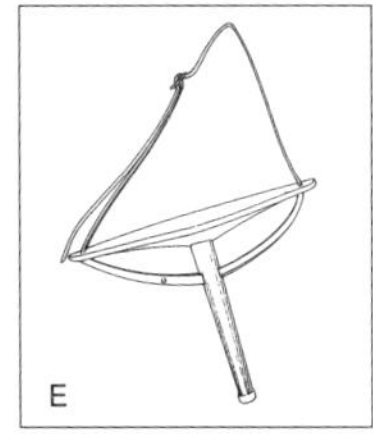

在"现代住宅中的颜色与形态展示"展览会上出品的工作椅。椅腰部用带子固定。
设计年份不详。

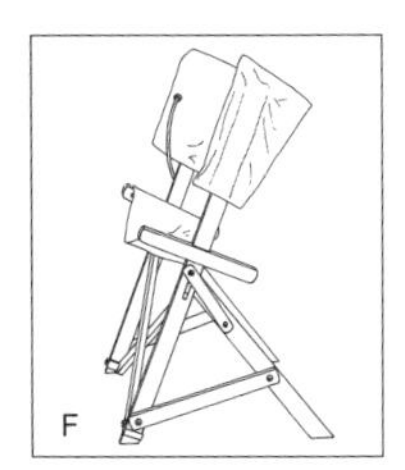

这把凳子也是与右侧凳子一同展出的。设计者与设计年份不详。将袋子作为靠背使用的折叠椅。
设计年份不详

这把凳子也是在『现代住宅中的颜色与形态展示』展览会上出品的。此展览会不仅有他们设计的作品，也展示了许多富有启发性的日常用品（E图、F图）。受自行车座启发，为了提高弯腰作业的效率而设计的凳子。因底座为半球面因此360度可调。

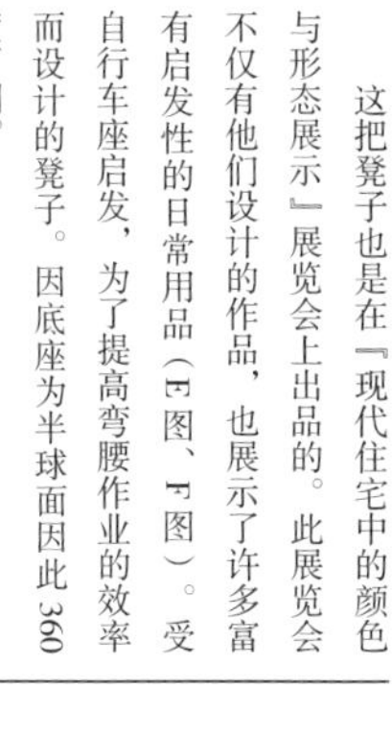

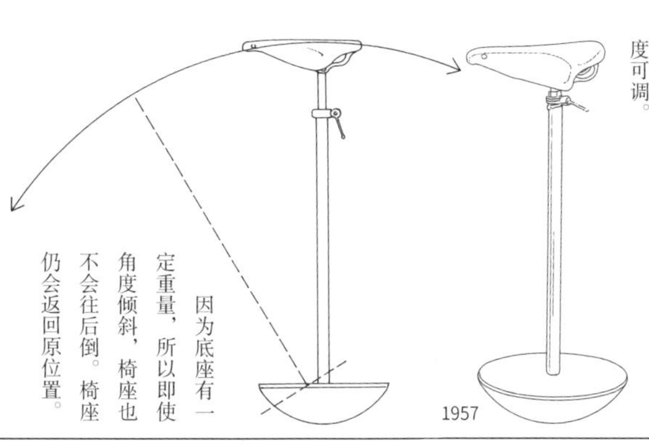

因为底座有一定重量，所以即使角度倾斜，椅座也不会往后倒。椅座仍会返回原位置。

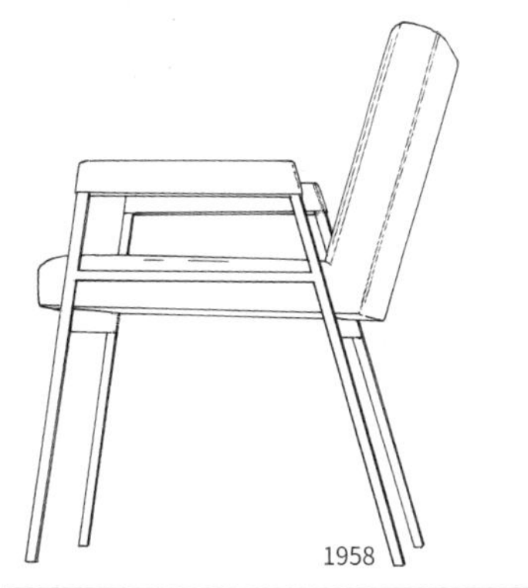

这是为格维娜公司设计的堆叠椅。

此作品也是在『现代住宅中的颜色与形态展示』展览会上展出的。名字为『航空母舰』。座面高度和扶手高度相同，但是坐上去的话座面就会向下凹陷。可能与普通的安乐椅是同样的坐法。

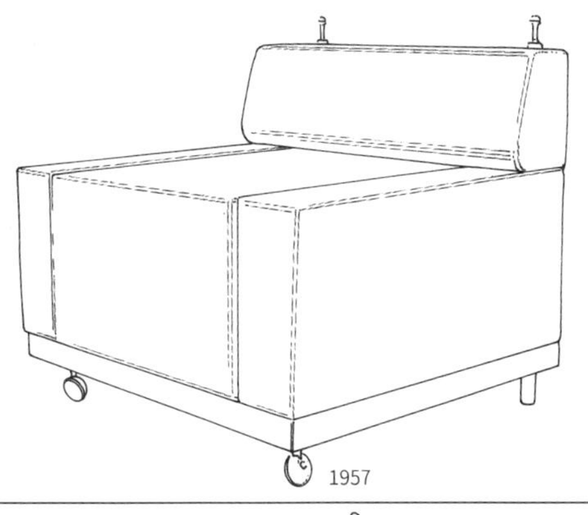

『航空母舰』的侧视图和主视图。从此图无法看出座面到底凹陷了多少。

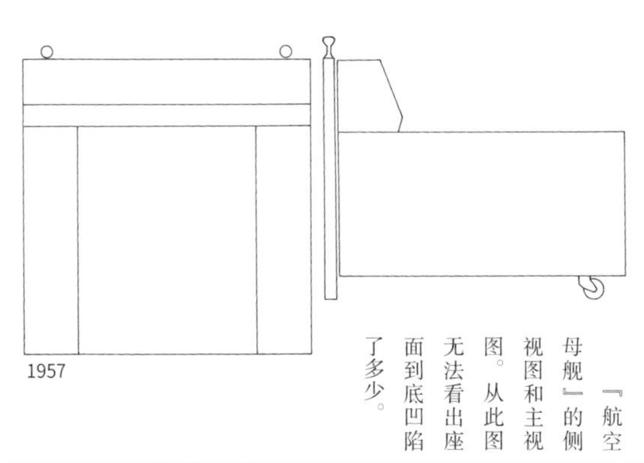

在负责米兰雷根斯堡酒店的室内设计时，他设计了许多家具以及照明用具。这个『斯普露加』也是其中之一。与柜台是成套设计出来的。

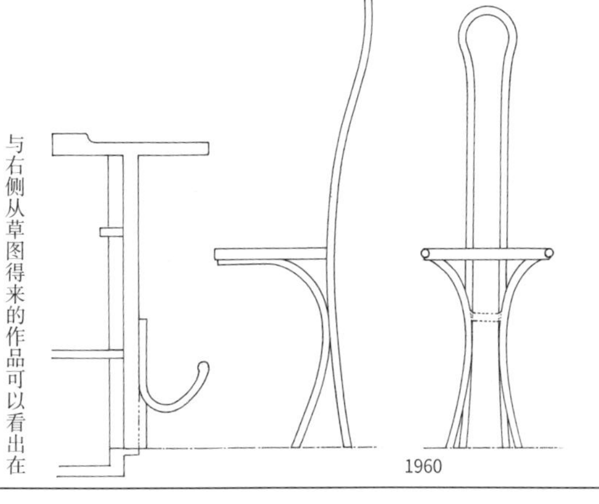

与右侧从草图得来的作品可以看出在细节处有不同。

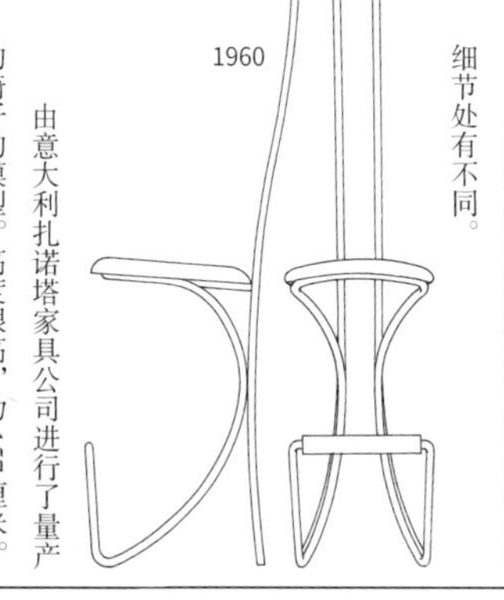

由意大利扎诺塔家具公司进行了量产的椅子的模型。高度很高，为157厘米。

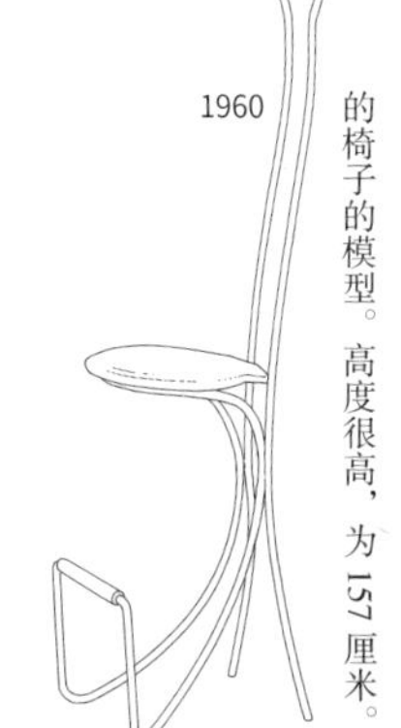

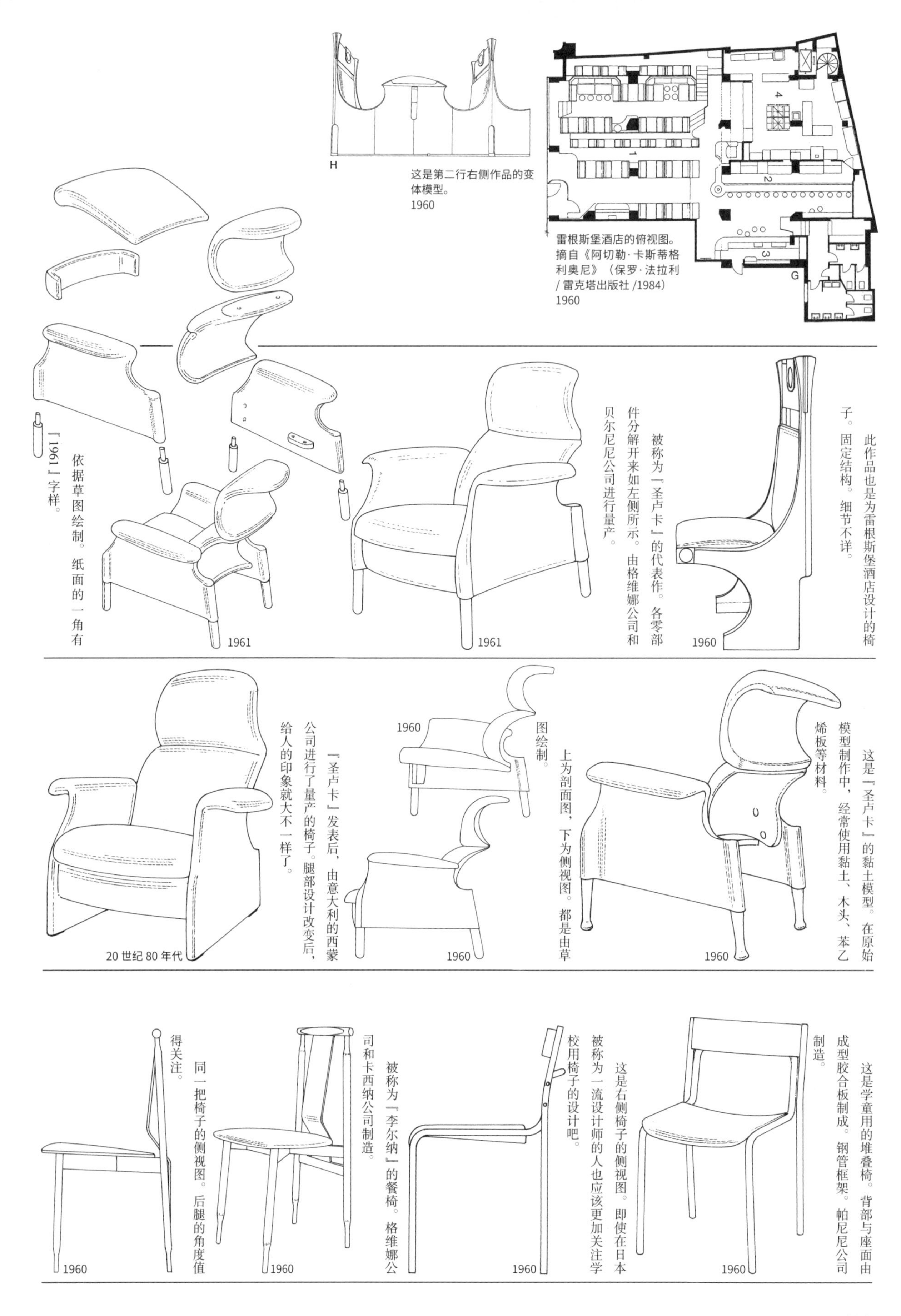

这是第二行右侧作品的变体模型。
1960

雷根斯堡酒店的俯视图。摘自《阿切勒·卡斯蒂格利奥尼》（保罗·法拉利/雷克塔出版社/1984）
1960

此作品也是为雷根斯堡酒店设计的椅子。固定结构。细节不详。
1960

被称为『圣卢卡』的代表作。各零部件分解开来如左侧所示。由格维娜公司和贝尔尼尼公司进行量产。
1961

依据草图绘制。纸面的一角有『1961』字样。
1961

这是『圣卢卡』的黏土模型。在原始模型制作中，经常使用黏土、木头、苯乙烯板等材料。
1960

上为剖面图，下为侧视图。都是由草图绘制。
1960
1960

『圣卢卡』发表后，由意大利的西蒙公司进行了量产的椅子。腿部设计改变后，给人的印象就大不一样了。
20世纪80年代

这是学童用的堆叠椅。背部与座面由成型胶合板制成。钢管框架。帕尼尼公司制造。
1960

这是右侧椅子的侧视图。即使在日本被称为一流设计师的人也应该更加关注学校用椅子的设计吧。
1960

被称为『李尔纳』的餐椅。格维娜公司和卡西纳公司制造。
1960

同一把椅子的侧视图。后腿的角度值得关注。
1960

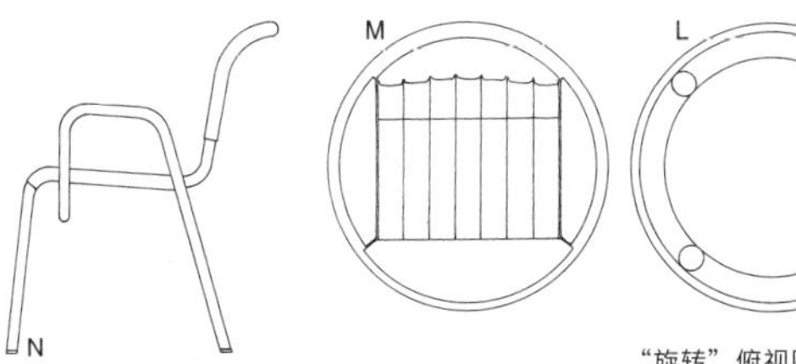

此图椅子与第四行左侧椅子成套。
1969

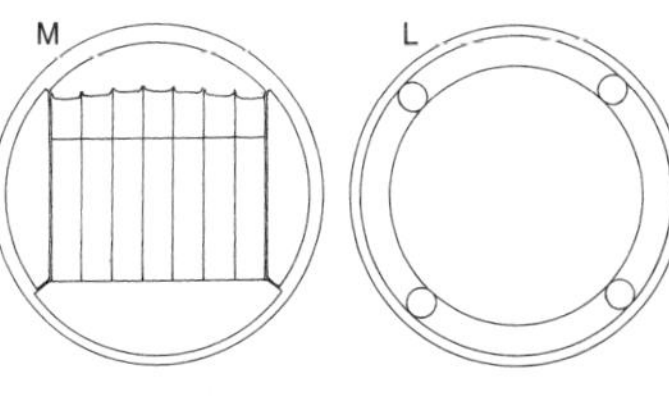

“旋转”俯视图。这是与第二行的椅子成套的图示。
1962

这是意大利的保罗·巴鲁格设计的椅子。框架为钢材。
1990 年前后

这也是索耐特公司设计的椅子。
1930 年前后

这是由索耐特公司设计的折叠椅。
1910 年前后

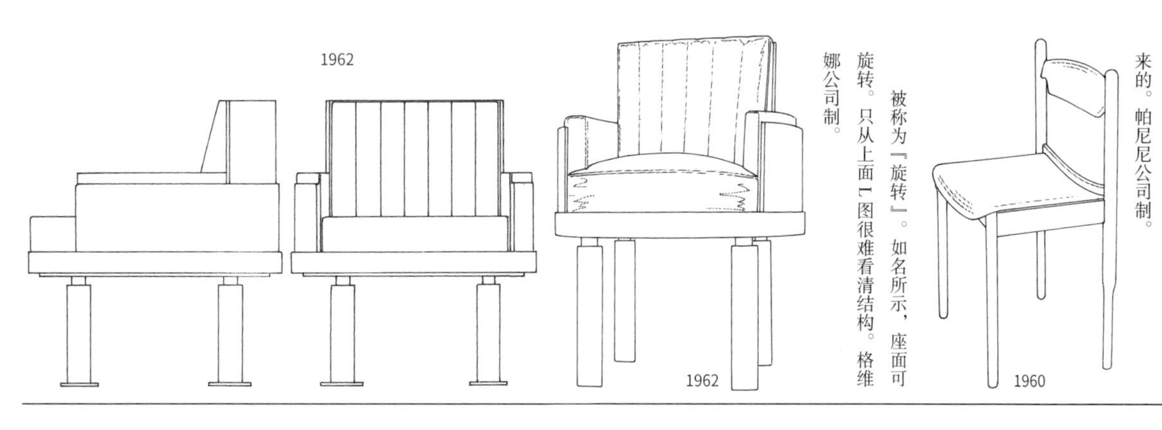

这也是和学童用的学习桌一起设计出来的。帕尼尼公司制。

被称为『旋转』。如名所示，座面可旋转。只从上面L图很难看清结构。格维娜公司制。

有人说阿切勒兄弟只进行独特的原创设计，那是不可能的。像图示中这样改进的椅子作品也有很多。

1965

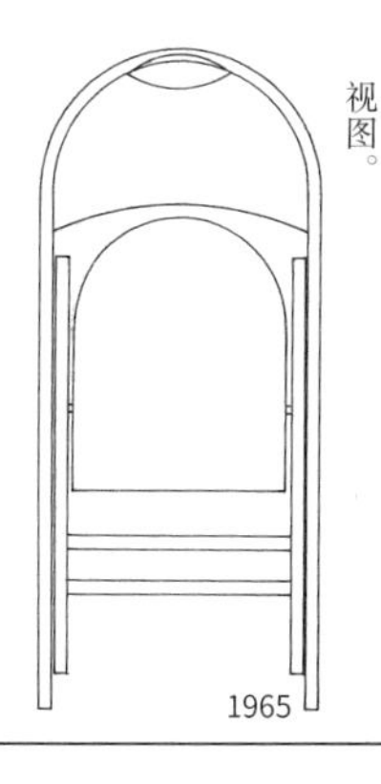

这是右侧椅子处于折叠状态时的主视图。

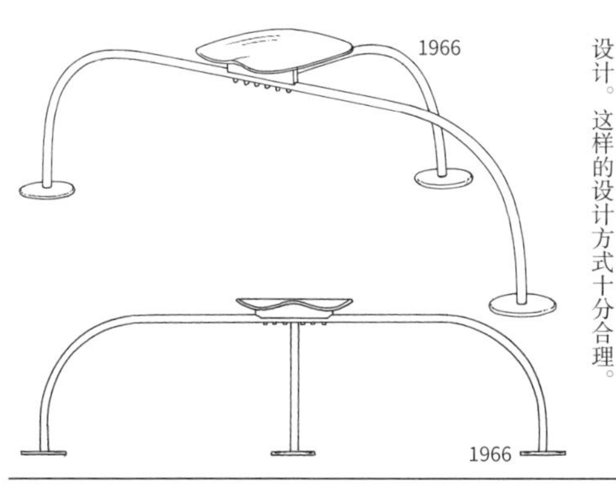

这把凳子被称为『登陆月球表面』。因为考虑要在室外使用，为了使草地最大限度的接受阳光，因而产生了这样独特的设计。这样的设计方式十分合理。

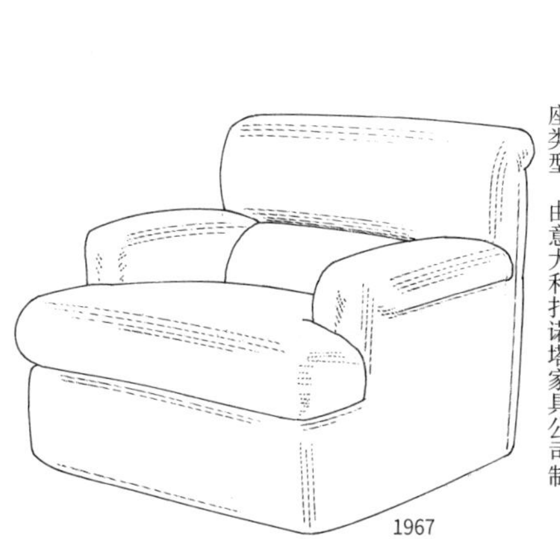

安乐椅『纳沃纳』。可能为二至三人座类型。由意大利扎诺塔家具公司制。

1969

由两根钢管合理组合而成。由意大利扎诺塔家具公司量产。

1969

右侧椅子的主视图。从图可知，该椅子为可堆叠结构。

1918—2002

阿切勒·卡斯蒂格利奥尼

第 2 小节
设计产生于观察力

阿切勒不仅在意大利，在世界的设计领域也是代表性人物。说起意大利设计，我们能想到的是与其功能相比更注重设计，拥有总是追求创新的敏锐眼光的特点。但是，他们的设计观不仅仅局限于这些表面的东西。下面通过阿切勒自己的话来让读者更进一步了解他。

『设计靠的不是独创性，而是观察力。是从已经存在的事物中学来的东西。』『所有人造的东西都是依据人类智慧而产生。仔细观察的话，就能够发现隐藏在结构中的智慧。经过很长一段时间后，变成生活中司空见惯的存在的那些事物，一定有它的合理性。如果仔细观察的话，就一定会发现吧』。这些话直截了当地描述了无名的作品之中也会蕴含着难得的启发，改进设计的重要性，以及设计者对创作抱有热忱的重要性。另外，对于学生来说，『如果没有好奇心的话就最好不要设计吧。如果对他人做的事和行动不关心的话，设计这份工作是不适合你的。』『请不要想着成为「世界的发明家」。不是这样的，也不应该这样想。以讽刺（相反的观点来审视）的眼光看自己，请从培养自我批判的能力开始做起。』等充满启发的话。（摘

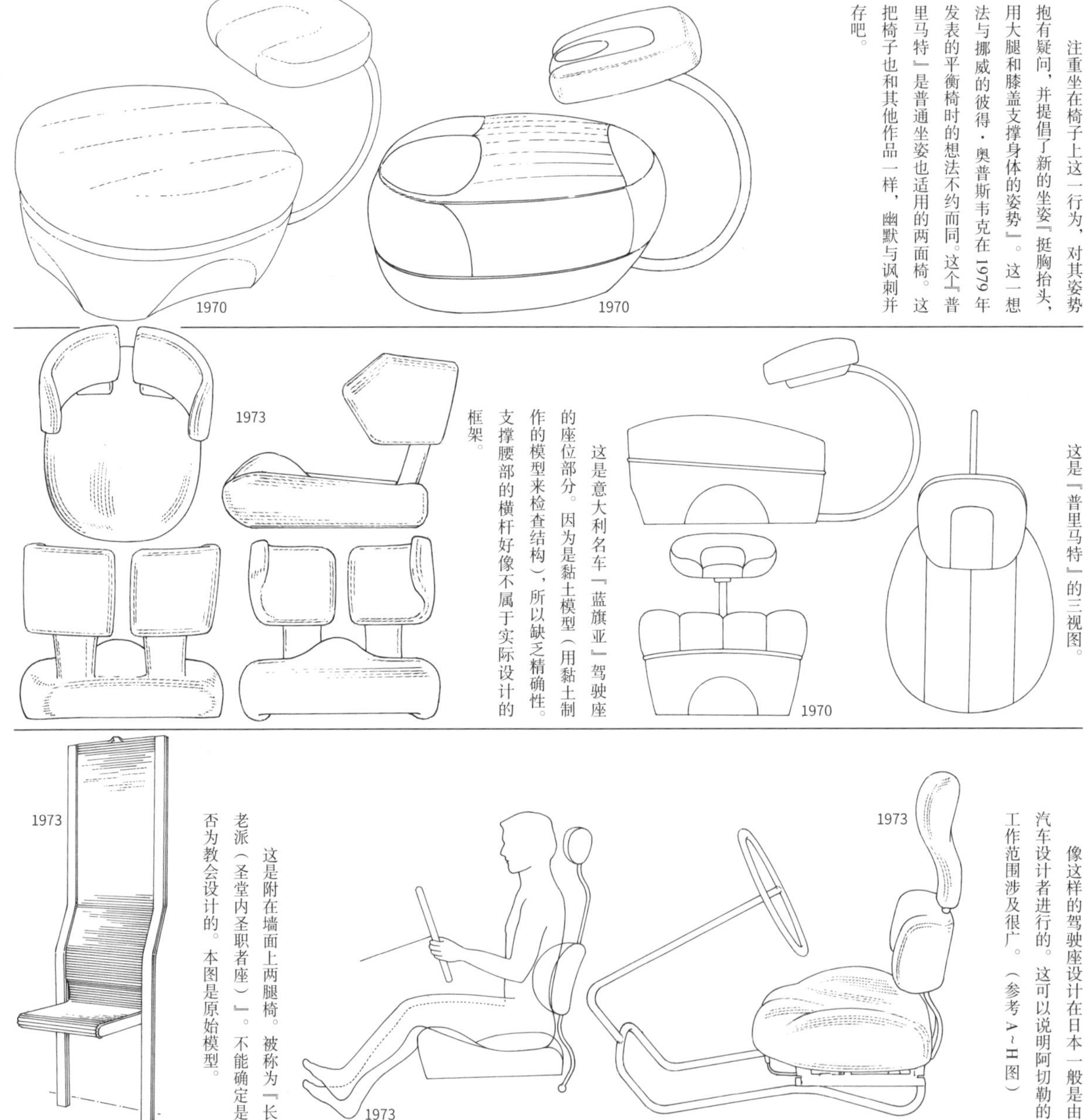

注重坐在椅子上这一行为，对其姿势抱有疑问，并提倡了新的坐姿『挺胸抬头，用大腿和膝盖支撑身体的姿势』。这一想法与挪威的彼得·奥普斯韦克在1979年发表的平衡椅时的想法不约而同。这个『普里马特』是普通坐姿也适用的两面椅。这把椅子也和其他作品一样，幽默与讽刺并存吧。

这是『普里马特』的三视图。

这是意大利名车『蓝旗亚』驾驶座的座位部分。因为是黏土模型（用黏土制作的模型来检查结构），所以缺乏精确性。支撑腰部的横杆好像不属于实际设计的框架。

像这样的驾驶座设计在日本一般是由汽车设计者进行的。这可以说明阿切勒的工作范围涉及很广。（参考A～H图）

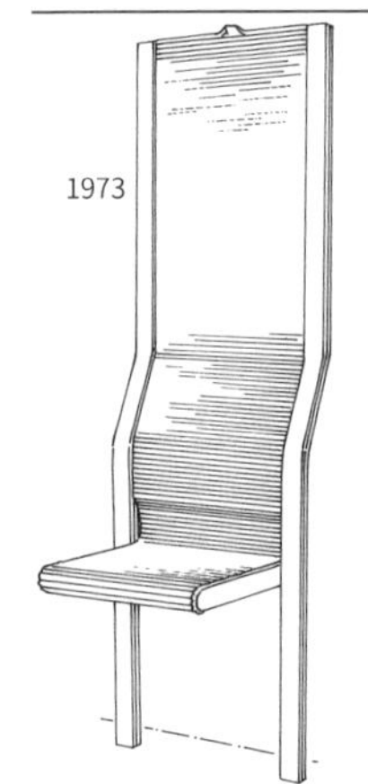

这是附在墙面上两腿椅。被称为『长老派（圣堂内圣职者座）』。不能确定是否为教会设计的。本图是原始模型。

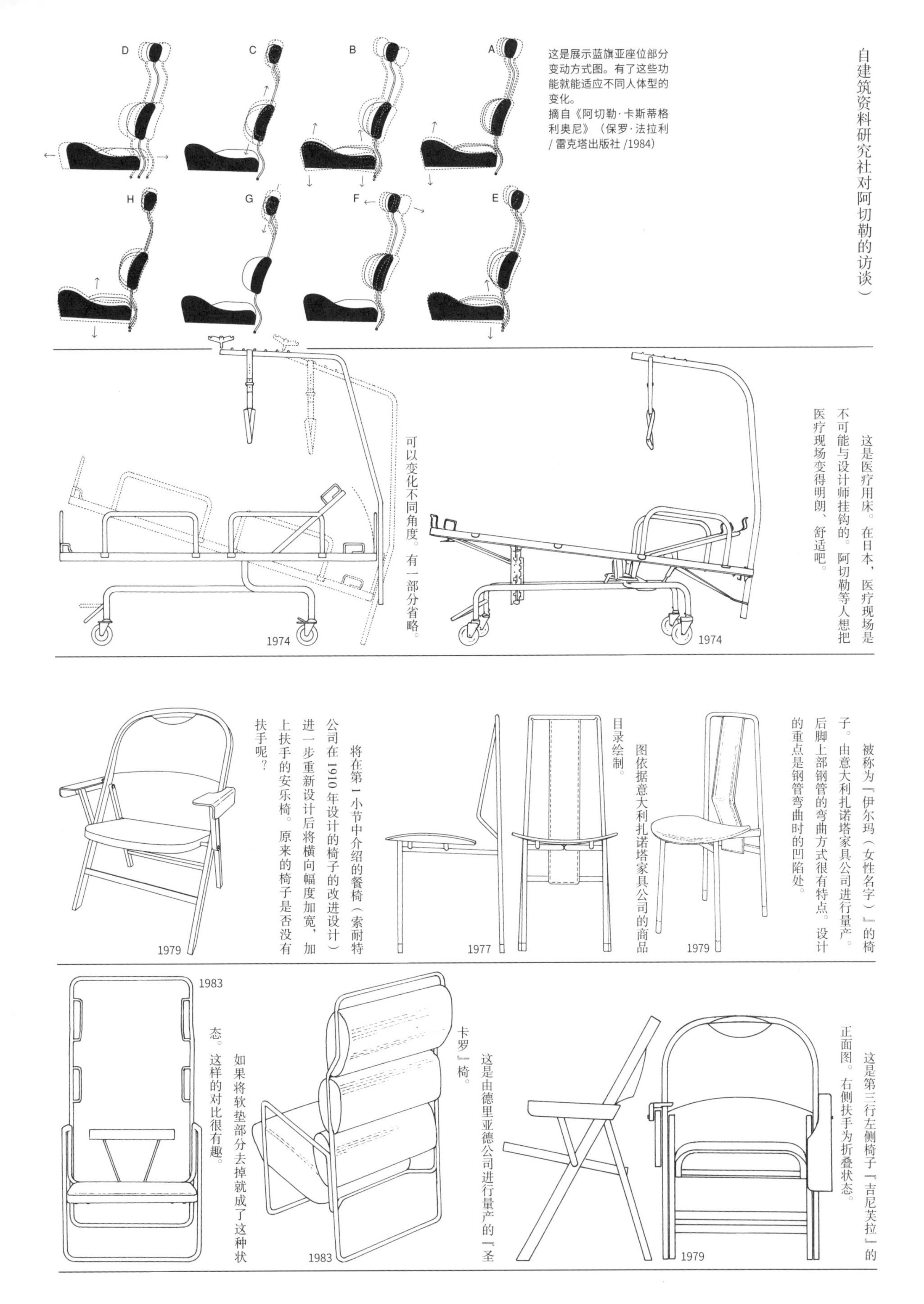

这是展示蓝旗亚座位部分变动方式图。有了这些功能就能适应不同人体型的变化。
摘自《阿切勒·卡斯蒂格利奥尼》（保罗·法拉利/雷克塔出版社/1984）

可以变化不同角度。有一部分省略。

这是医疗用床。在日本，医疗现场是不可能与设计师挂钩的。阿切勒等人想把医疗现场变得明朗、舒适吧。

将在第1小节中介绍的餐椅（索耐特公司在1910年设计的椅子的改进设计）进一步重新设计后将横向幅度加宽，加上扶手的安乐椅。原来的椅子是否没有扶手呢？

图依据意大利扎诺塔家具公司的商品目录绘制。

被称为『伊尔玛（女性名字）』的椅子。由意大利扎诺塔家具公司进行量产。后脚上部钢管的弯曲方式很有特点。设计的重点是钢管弯曲时的凹陷处。

如果将软垫部分去掉就成了这种状态。这样的对比很有趣。

这是由德里亚德公司进行量产的『圣卡罗』椅。

这是第三行左侧椅子『吉尼芙拉』的正面图。右侧扶手为折叠状态。

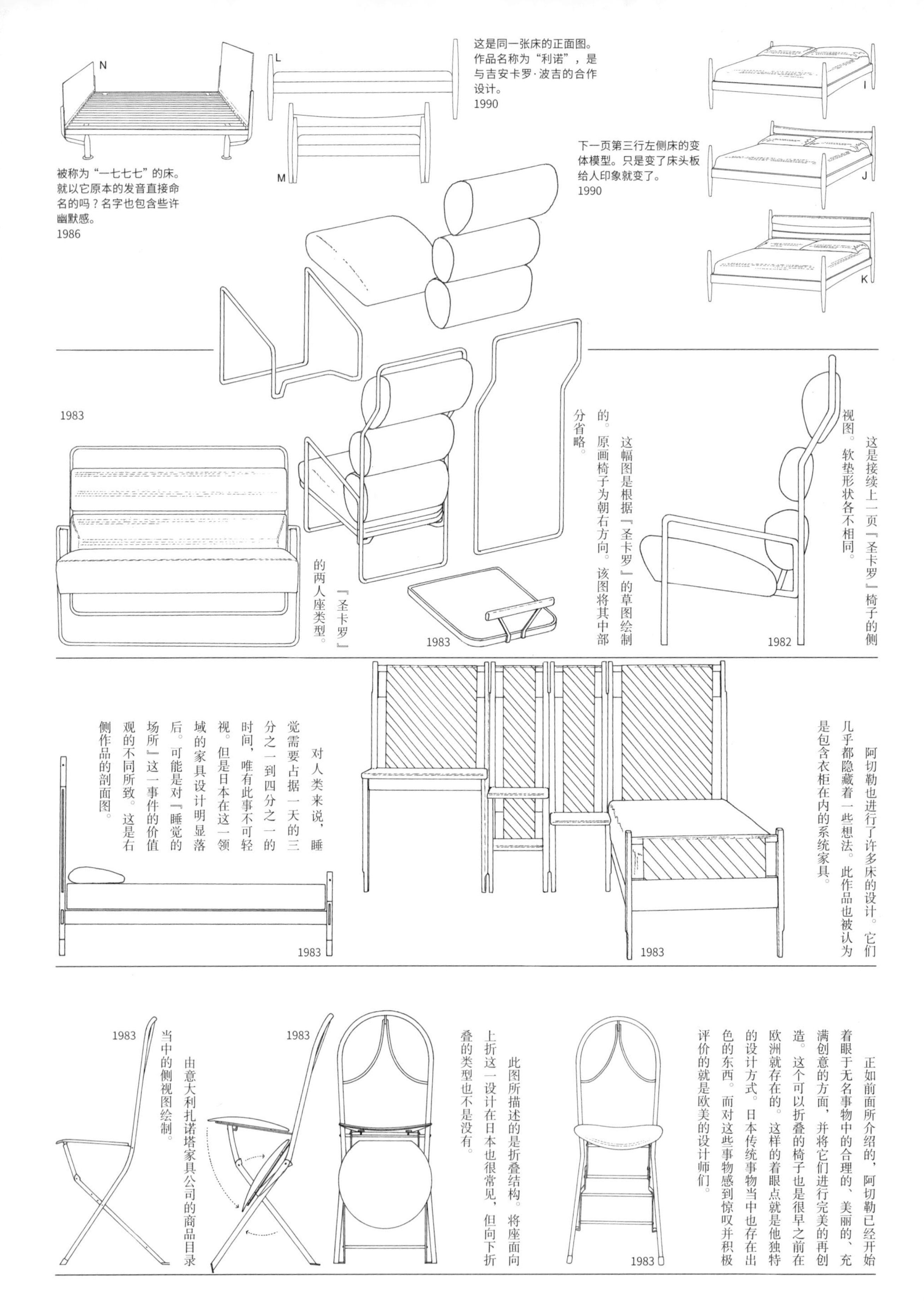
N
被称为“一七七七”的床。就以它原本的发音直接命名的吗？名字也包含些许幽默感。
1986
L
M
这是同一张床的正面图。作品名称为“利诺”，是与吉安卡罗·波吉的合作设计。
1990
下一页第三行左侧床的变体模型。只是变了床头板给人印象就变了。
1990
I
J
K
1983
『圣卡罗』的两人座类型。
这幅图是根据『圣卡罗』的草图绘制的。原画椅子为朝右方向。该图将其中部分省略。
1983
这是接续上一页『圣卡罗』椅子的侧视图。软垫形状各不相同。
1982
对人类来说，睡觉需要占据一天的三分之一到四分之一的时间，唯有此事不可轻视。但是日本在这一领域的家具设计明显落后。可能是对『睡觉的场所』这一事件的价值观的不同所致。这是右侧作品的剖面图。
1983
阿切勒也进行了许多床的设计。它们几乎都隐藏着一些想法。此作品也被认为是包含衣柜在内的系统家具。
1983
由意大利扎诺塔家具公司的商品目录当中的侧视图绘制。
1983
1983
此图所描述的是折叠结构。将座面向上折这一设计在日本也很常见，但向下折叠的类型也不是没有。
正如前面所介绍的，阿切勒已经开始着眼于无名事物中的合理的、美丽的、充满创意的方面，并将它们进行完美的再创造。这个可以折叠的椅子也是很早之前在欧洲就存在的。这样的着眼点就是他独特的设计方式。日本传统事物当中也存在出色的东西。而对这些事物感到惊叹并积极评价的就是欧美的设计师们。
1983

这是名为“固定”的凳子，由德·帕多华公司发布。1994

这也是“希利”的正面图。看它的俯视图我们可以联想到前方后圆坟。1992

这是“希利”的变体模型。可能也有其他类型存在。1992

这是第三行中的椅子“卡米拉”的正面图，由意大利扎诺塔家具公司的商品目录而得。1984

这是表现「皇室」椅座面部分的图。从高背椅到躺椅都可转换。1983

这个被称为「皇室」的椅子，是根据由索耐特公司量产的「午睡的医疗」（「午睡的医疗」是由汉斯·卢克哈特和瓦西利·卢克哈特共同设计的）重新设计后的模型。1983

此床的床头处也被系统化了。（参照I图、J图、K图）比例很美。1990

这把椅子名为「波雷特」。由因特弗莱克斯公司制。框架各部分的角度设计很出色。1992

这把椅子也被认为是经过设计改进的作品。1984

与右侧椅子为同一系列。可能是在同一类型的钢管结构上安上了不同座面。1999

这把椅子是1999年「莫罗索」公司发表的。与费鲁奇奥·拉维安尼合作设计。名为「40/80」。1999

这是卡西纳公司发表的名为「小山」的椅子，是受等高线启发设计的作品。与之相似的椅子设计也常在维奈·潘顿和喜多俊之的作品中出现。1992

1926—1998

维奈·潘顿

第1小节
独特的设计与多彩的颜色

维奈·潘顿（以下简称潘顿）于1926年出生于欧登塞附近的一个城镇。在欧登塞技术学院毕业后，1947—1951年在哥本哈根皇家艺术学院学习建筑学。毕业后，进入雅各布森的事务所工作。参与了雅各布森的代表作『蚁椅』的开发。从1955年开始，以小型巴士作为自己的工作室，开始一边游览欧洲各国，一边访问家具公司，研究了许多领域的设计。这一时期的旅行也成为后来移居瑞士的契机。

运用几何学形状的独特设计思想，随着石油系材料实用化，开始变为现实。再加上各种鲜艳色彩的使用，巩固了他作为一个国际创作者的地位。他的专业领域不仅限于家具，1957年开始尝试硬纸板房屋的设计，另外，1974年开始着手汉堡市的古纳雅尔出版社的室内设计。除此之外，也活跃在各种各样的照明工具的设计以及纺织品设计、工业设计等领域。1984年，担任奥芬巴赫设计学院教授。

潘顿的作品很多。他一生中设计创作并生产的产品种类数量都很多。但他独特的设计，特别是关于椅子的设计源头可在其他中看到。也就是说他所设计的作品大多是进行了重新设计的作品。此作品也是将里特维尔德的作品变为了组合式结构（参照A图）。也设计了与此作品成套的桌子。

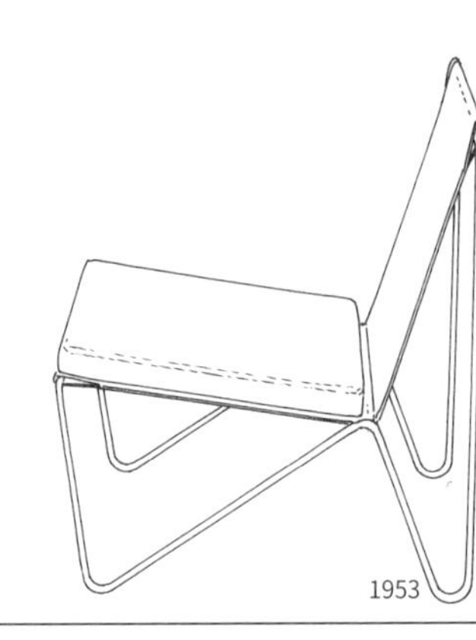

1953

与里特维尔德的椅子设计不同，扶手处设计进行了重新处理。

1953

这把椅子是由弗里茨·汉森公司进行商品化的作品。藤条制与旗、吊索制等的商品编号都是3140号。由1958年《姆贝里亚》杂志而得。将潘顿的设计与所属同一大学的保罗·克耶霍尔姆相比很有趣（下页B图），都是使用相同材料且在同一年发表的。

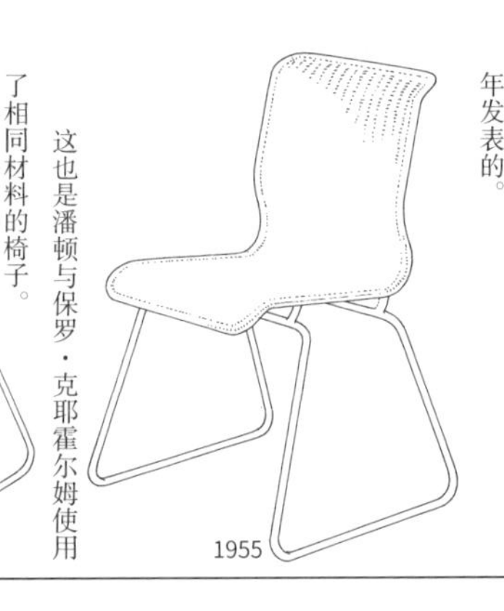

1955

这也是潘顿与保罗·克耶霍尔姆使用了相同材料的椅子。

1955

这把椅子可以说是在第二行右侧的安乐椅框架设计的基础上产生的。也就是说，将上面的安乐椅上下颠倒后的形式很像。由草图绘制。

1956

第三行左侧椅子的主视图和侧视图。是钢管制呢还是成型胶合板制呢？

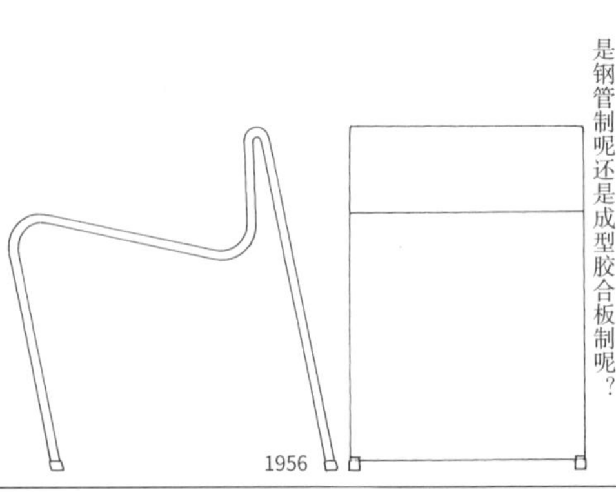

1956

被认为是右侧椅子的变体模型。这一系列设计都是画在同一纸上的。这段时期他主要设计的是成型胶合板制的椅子，所以图中椅子也被认为是成型胶合板材料所制。

1960

1960

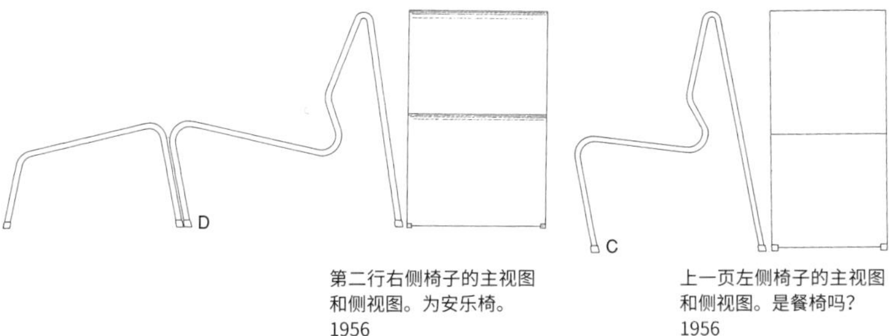

第二行右侧椅子的主视图和侧视图。为安乐椅。
1956

上一页左侧椅子的主视图和侧视图。是餐椅吗？
1956

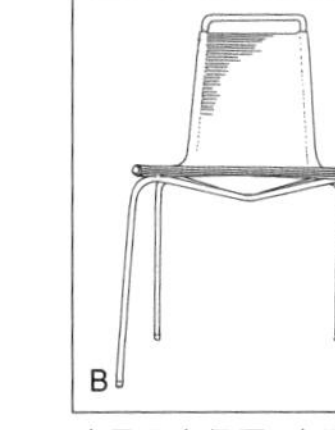

这是丹麦保罗·克耶霍尔姆设计的椅子。材料的使用方法完全相同。
1955

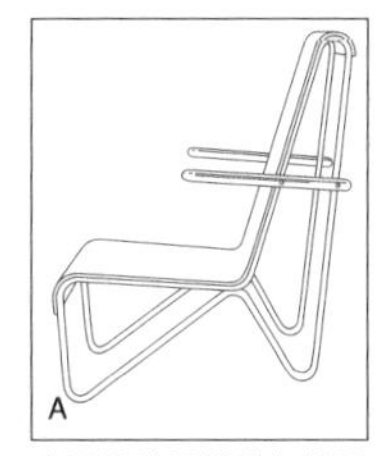

这是荷兰里特维尔德设计的椅子。上一页第二行的椅子就是受这把椅子的钢管结构启发设计而成的。
1927

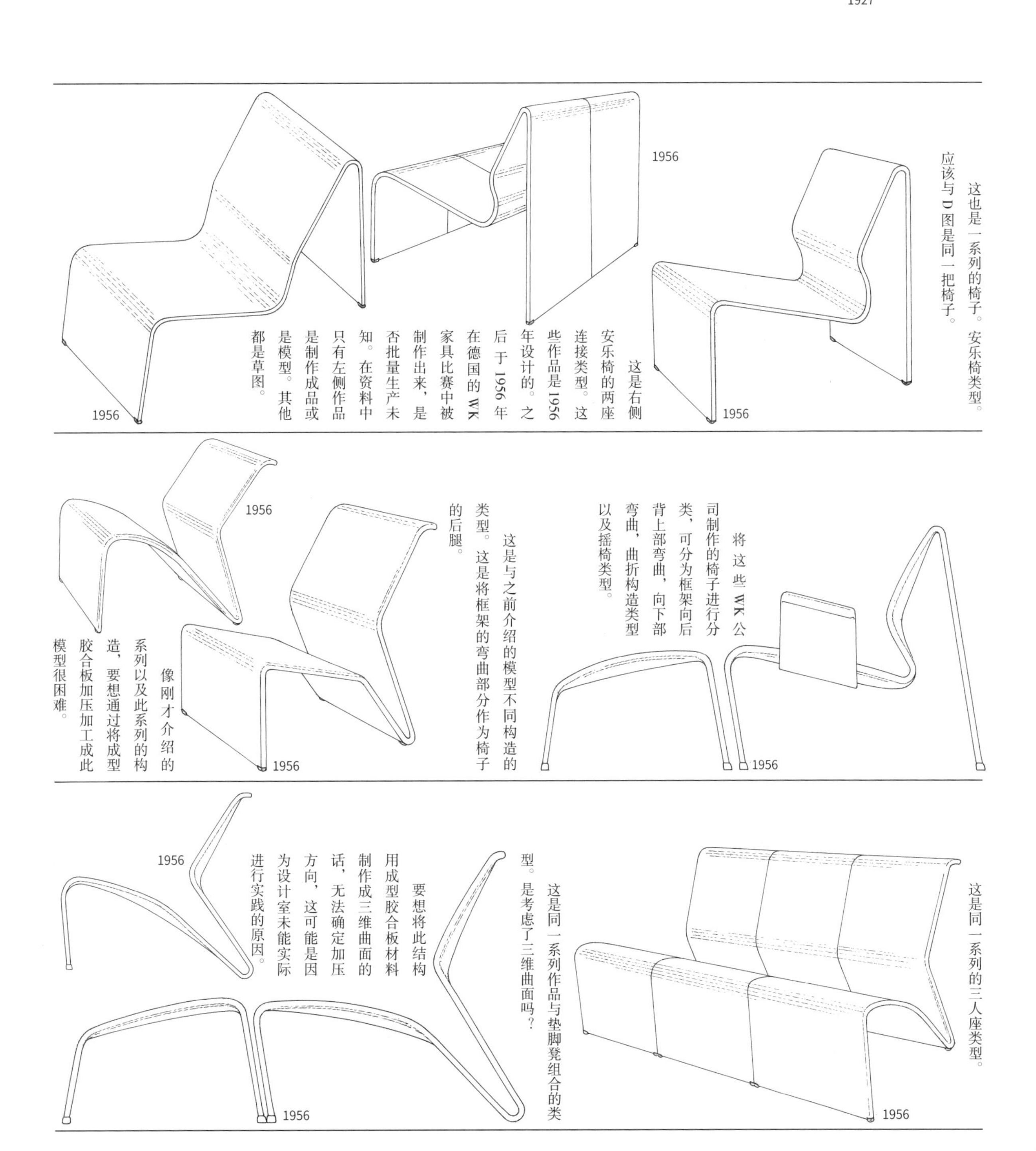

这也是一系列的椅子。安乐椅类型。应该与D图是同一把椅子。

这是右侧安乐椅的两座连接类型。这些作品是1956年设计的。之后于1956年在德国的WK家具比赛中被制作出来，是否批量生产未知。在资料中只有左侧作品是制作成品或是模型。其他都是草图。

将这些WK公司制作的椅子进行分类，可分为框架向后背上部弯曲，向下部弯曲，曲折构造类型以及摇椅类型。

这是与之前介绍的模型不同构造的类型。这是将框架的弯曲部分作为椅子的后腿。

像刚才介绍的系列以及此系列的构造，要想通过将成型胶合板加压加工成此模型很困难。

这是同一系列的三人座类型。

这是同一系列作品与垫脚凳组合的类型。是考虑了三维曲面吗？

要想将此结构用成型胶合板材料制作成三维曲面的话，无法确定加压方向，这可能是因为设计室未能实际进行实践的原因。

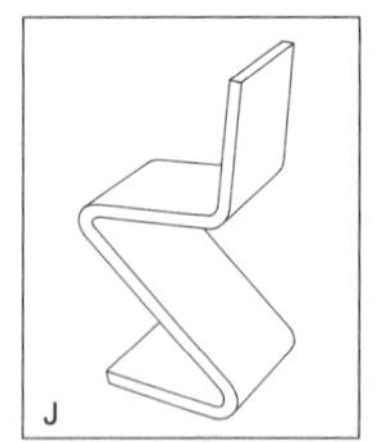

这是里特维尔德的“Z形椅”。层压合成板材料所制。
1930

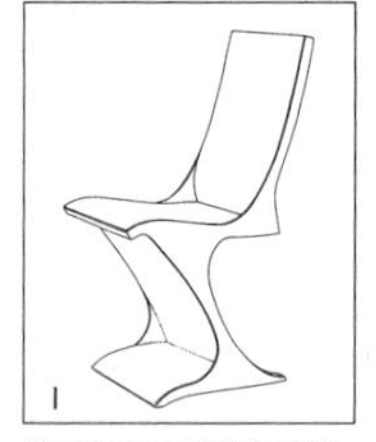

这是朗仕兄弟的悬臂椅。在这把椅子基础上产生了“Z形椅”。
1927

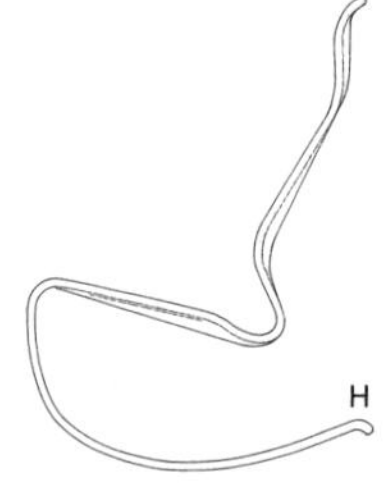

这是第三行左侧高靠背摇椅的侧视图。
1956

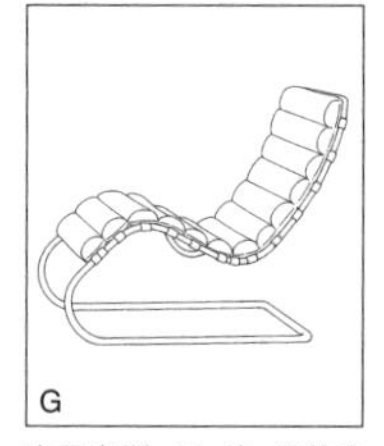

这是密斯·凡·德·罗的安乐椅。这把椅子是否给了第三行椅子一定的启示呢？
1932

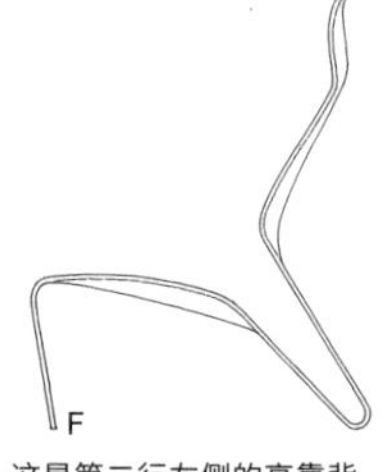

这是第二行左侧的高靠背椅的侧视图。将钢管框架上绷上帆布就可形成这样的三维曲面。
1956

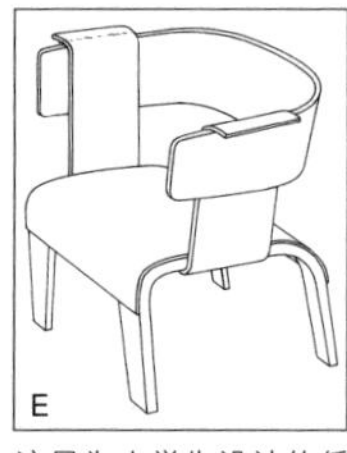

这是为小学生设计的低座椅子。里特维尔德设计了许多像这样的儿童用家具。
1950

这是同一系列的带扶手类型椅子。在潘顿的作品中可以看出里特维尔德影响很深。此作品与E图作品扶手的处理方法有很多相同点。此作品的扶手设计与上一页第三行右侧椅子相同。在这种情况下，背部带扶手的话能够做到更美观的处理吧？

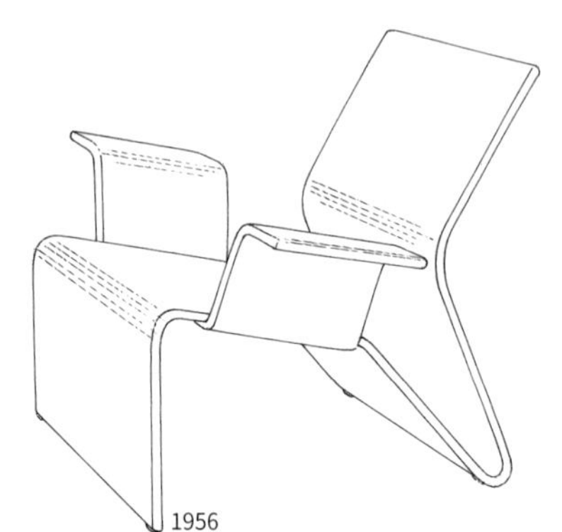
1956

这是同一高靠背类型的变体模型。背部的弯曲程度似乎可以提高舒适性。

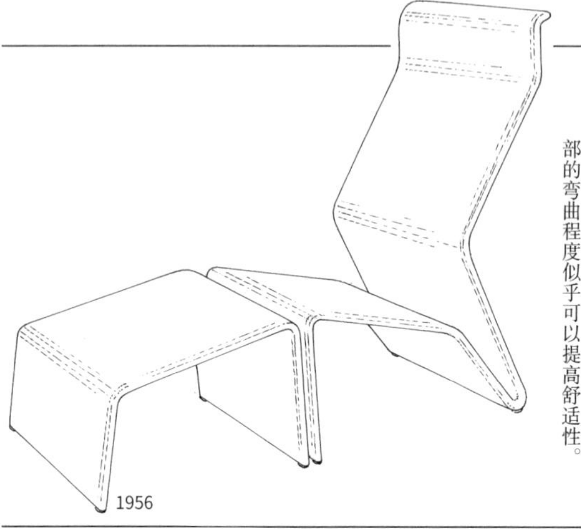
1956

估计这也应该是成型胶合板制的吧。从两边角度看的话，好像是将密斯·凡·德·罗的安乐椅变成摇椅类型的了。

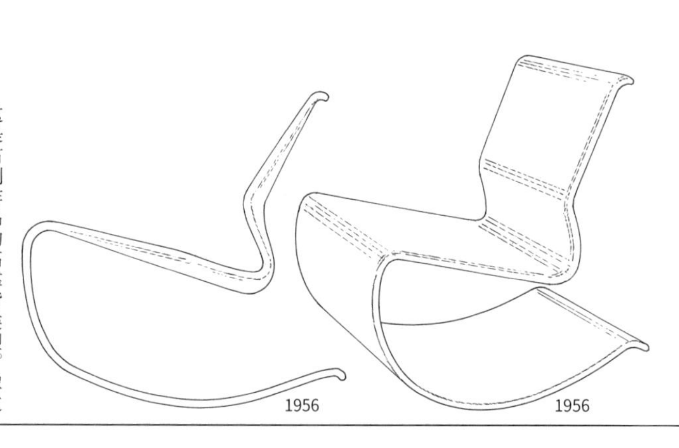
1956 1956

这是右侧作品的高靠背类型。像这种类型的摇椅，与面的结构相比，尽量将线结构与地板的凹凸状况进行对应应该更好吧。

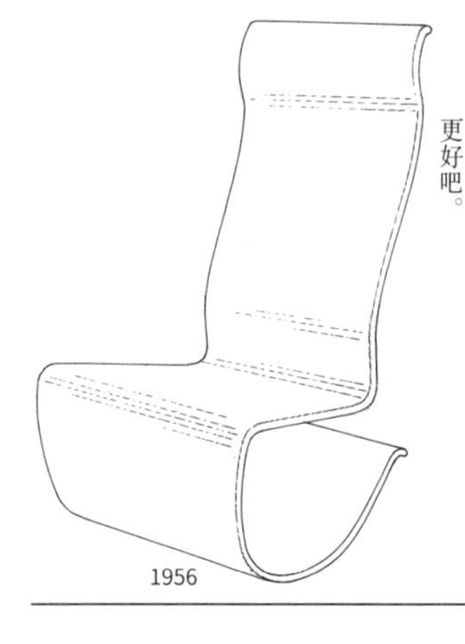
1956

这把椅子也属于同一系列，明显受到里特维尔德的『Z形椅』意识的影响。他的设计来源有很多可以在这种名作中找到。『设计改进』与『相似设计』之间的分界线很模糊，将这把椅子进一步发展，成为更有特色的椅子设计就是后来发表的『S椅』。

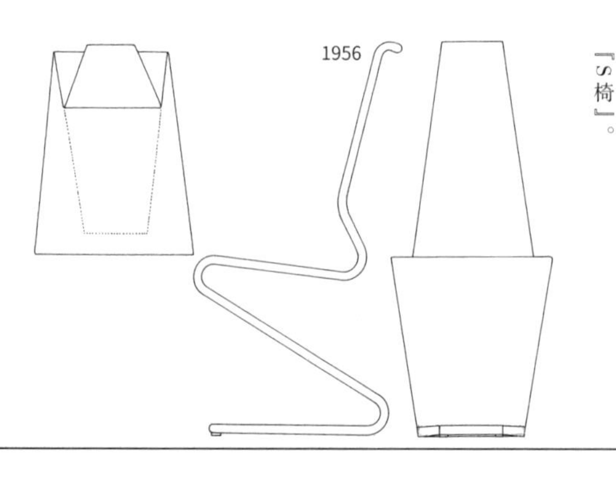
1956

从左侧椅子可以看出该设计考虑了三维曲面。左右幅度好像稍微有点窄。

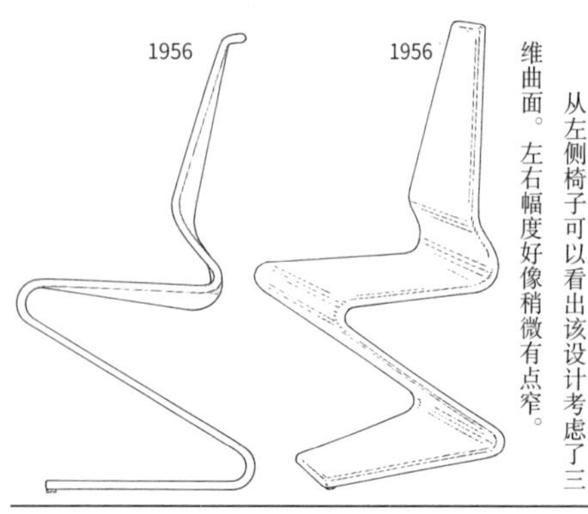
1956 1956

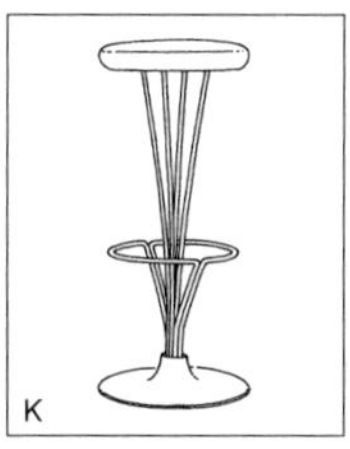

丹麦皮亚特·海恩设计的单点支撑结构的凳子。
1969

这是埃罗·沙里宁的“郁金香椅”。支架椅（中间只由一根支柱支撑的椅子）的代表作。
1955—1956

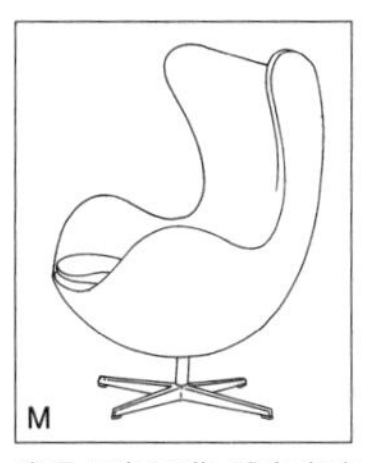

这是丹麦阿诺·雅各布森的代表作“蛋壳椅”。单点支撑的支架构造的代表作。
1958

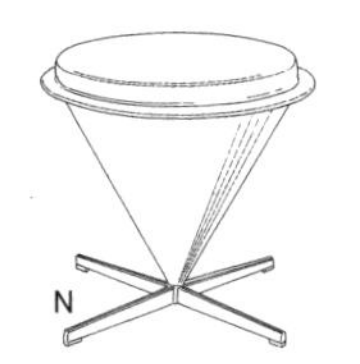

这是作为第三行圆锥形椅系列设计出的凳子。
1957

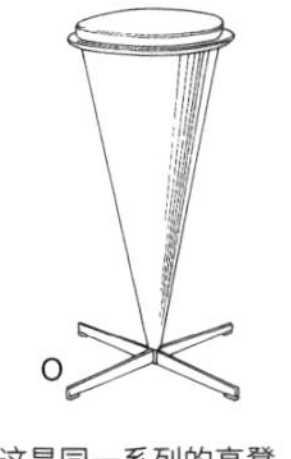

这是同一系列的高凳。
1958

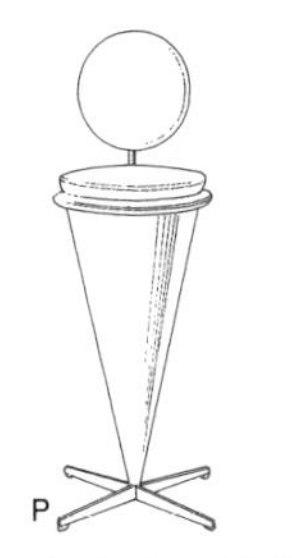

这是右侧凳子加上小靠背的类型。
1958

在潘顿的作品中常见的石油系列塑料材料为这些结构和造型提供了可能。这把椅子也是用有机玻璃（板状塑料制品的商品名）制成的。各部件可进行组合构造。

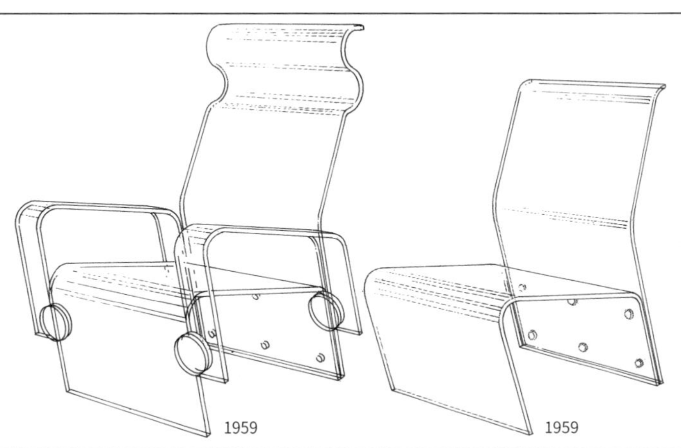

1959　1959

这是与右侧椅子成套的垫脚凳。不能作为椅子使用。如果放脚的部分变成水平的话就应该可以作为凳子使用了吧？

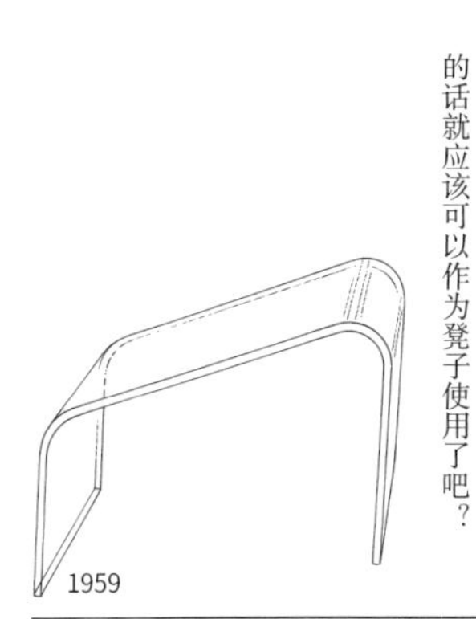

1959

潘顿的代表作之一『圆锥形椅』。作为这把椅子特征的单点支撑结构也是受了在其不久之前发表的沙里宁的『郁金香椅』和雅各布森的『蛋壳椅』的启发吧？

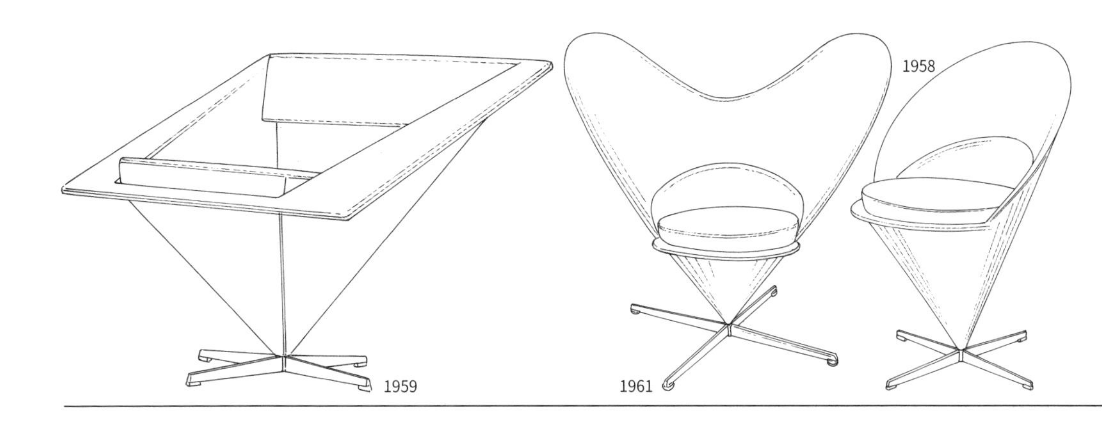

1958　1961　1959

这是将第三行椅子的底座换成圆形的椅子，并且后背上贴了同样圆形的软垫，感觉更有律动感。

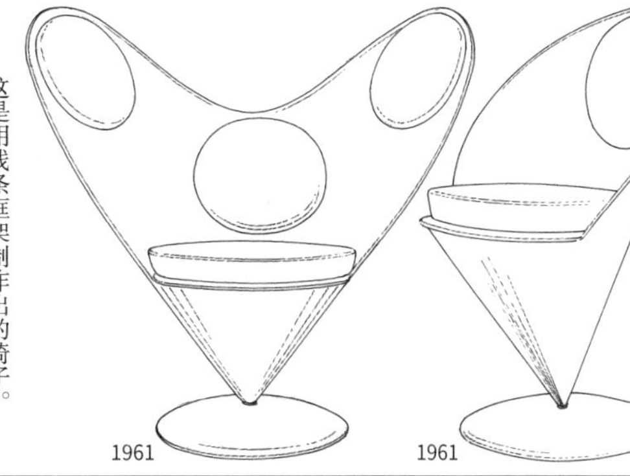

1961　1961

这是用线条框架制作出的椅子。

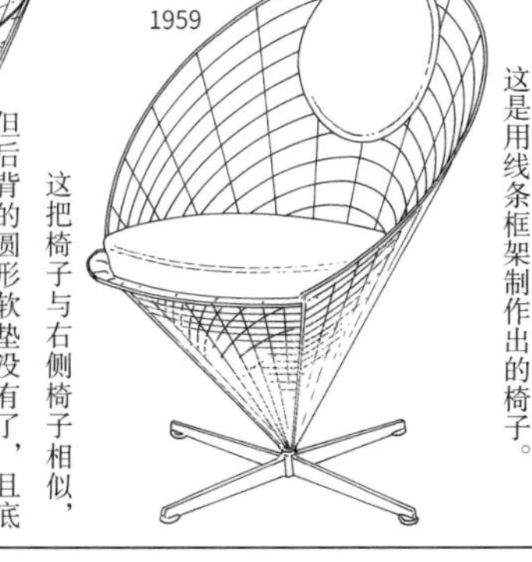

1959

这把椅子与右侧椅子相似，但后背的圆形软垫没有了，且底座接合部分也不一样。

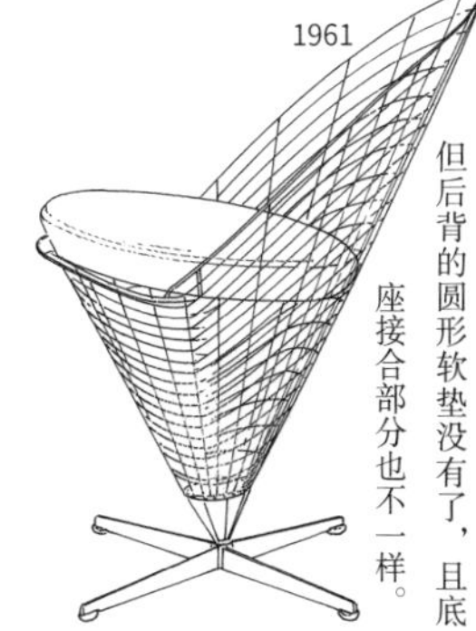

1961

1926—1998

维奈·潘顿

第 2 小节
设计改进与样式设计

潘顿除了家具之外还进行许多其他领域的设计，与此同时也在尝试使用许多不同的材料。在这一方面可能是受了荷兰的里特维尔德的影响吧。另外，不仅仅是材料，在设计方面也受了很多创作家和作品的影响。思考各自设计的源头来观察的话就更加有趣了。

这不只是单纯模仿外形，在某些方面超过前作的『设计改进』。关于设计改进有几个重点：（1）功能因素；（2）材料因素；（3）结构因素；（4）技术因素；（5）经济因素；（6）审美因素等。因素（1）~（5）综合起来产生了（6）。

与『设计改进』相似的有样式设计。意思就是不改变功能，只改变一些表面的东西。潘顿的作品中也有样式设计，他的变化点几乎没有什么差别，为此还曾经与其他创作者之间产生了冲突。

像他的作品一样从独特的思想设计而来的作品，大概大家可能会认为是由灵感而得，但是意外的是通过设计改进而来的作品也有很多。

这是由为索耐特公司画的草图绘制。比潘顿小一岁的皮埃尔·波林也发表了与之相似的椅子。

1957—1960

这把椅子与右侧椅子的草图画在同一张纸上。意大利的盖塔诺·派西在之后发表了与之相似的椅子。

1957—1960

由与右侧椅子画在同一张纸上的草图绘制。意大利的马可·扎努索也于1956年发表了这把椅子的藤制版。这一时期世界范围内的设计师都在尝试三维曲面结构。

1957—1960

这也是由草图绘制。这些草图都是看了B图之后的设计，是不是在尝试与克耶霍尔姆的作品风格不同的形式呢？

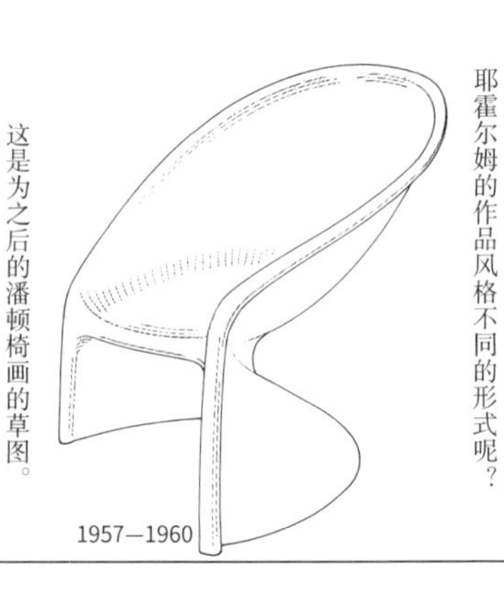

1957—1960

这是为之后的潘顿椅画的草图。

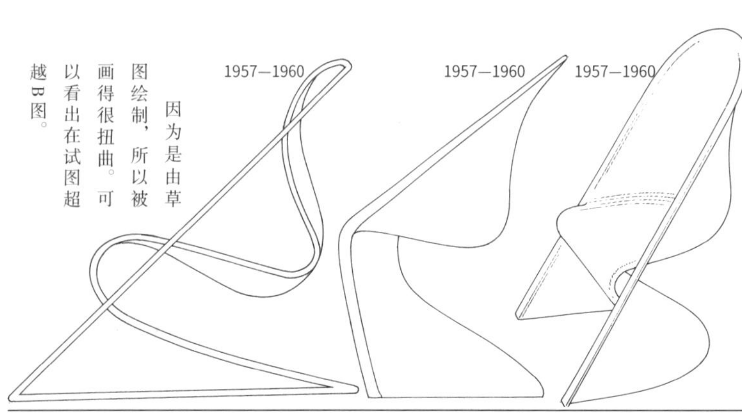

1957—1960

1957—1960

1957—1960

因为是由草图绘制，所以被画得很扭曲。可以看出在试图超越B图。

多次绘制了与此相似的草图，但各自都有不同。与制作成品相比的话感觉很有趣。

1957—1960

1957—1960

在这一阶段的椅子设计与成品模型的形态很接近了。

1957—1960

这是作为潘顿椅的带扶手类型所设计的吗？

1957—1960

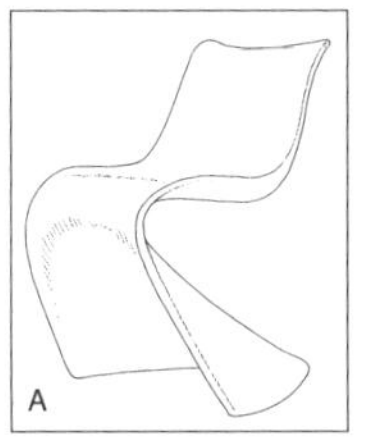

这是丹麦设计师的设计。在尝试阶段是将报纸贴在金属网上制成的。此图描绘了它的形状。
1952—1953

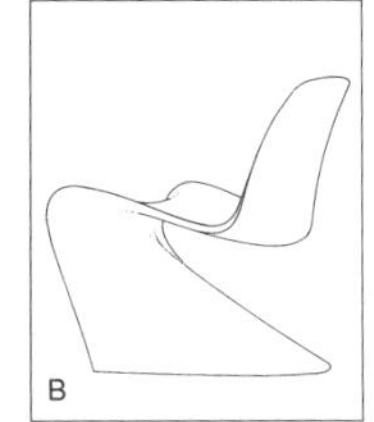

这是丹麦设计师保罗·克耶霍尔姆设计的椅子。几乎是在同一时期设计的作品。进入了试制阶段。克耶霍尔姆好像认为潘顿设计的椅子是自己的仿制品。
1953

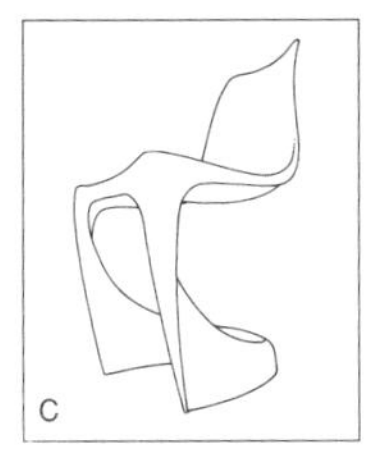

这也是丹麦的斯迪恩·奥斯特加德设计的椅子。可以明显看出是在尽量减轻材料与重量的设计。这是设计改进中很成功的例子。
1968

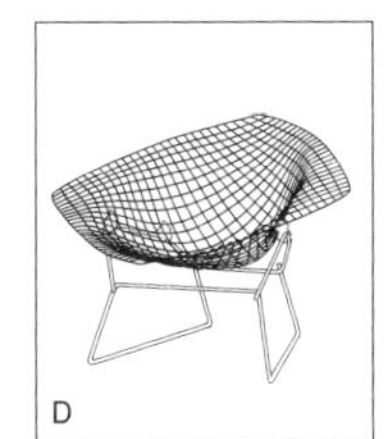

这是意大利雕刻家哈里·贝利托亚钢丝椅的代表作“钻石椅”。
1952

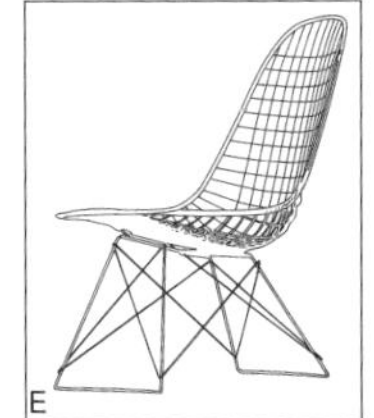

这是查尔斯·伊姆斯“钢丝椅”。这把椅子中也包含着伯托挨的想法。
1951—1953

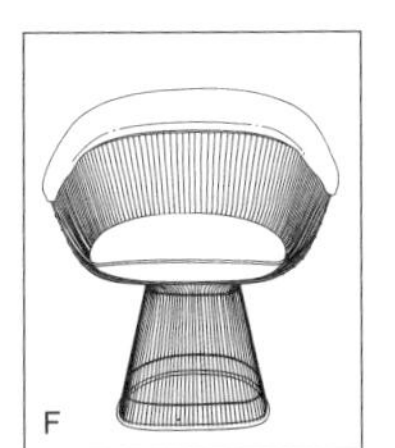

这是美国的瓦伦·帕拉纳的钢丝椅中非常美丽的一把椅子。诺尔家具公司制。
1966

1957—1960

这把椅子是由为索耐特公司所画草图绘制。

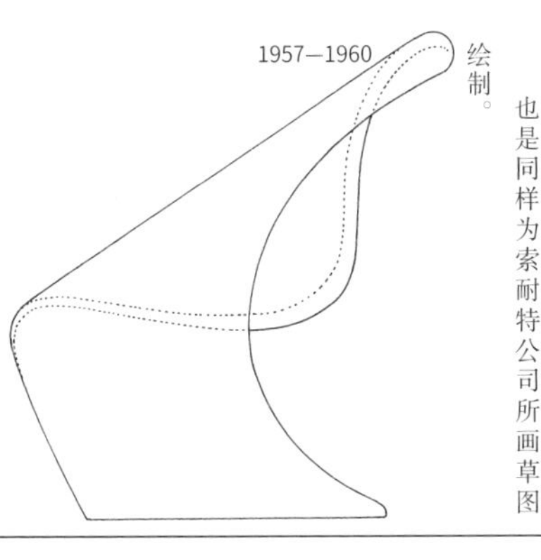

也是同样为索耐特公司所画草图绘制。

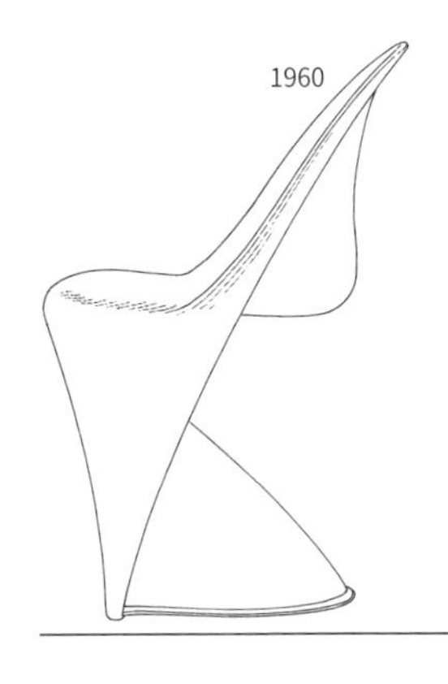

这是在之前所介绍的各种草图中，最开始得以实践的类型。由聚苯乙烯材料制成。现存的作品中后腿是凹进去的，这是由意外造成的，不是设计上的问题。潘顿试图探求与B图不同形状的设计。

『潘顿椅』最终以此设计形式发表。潘顿在皇家艺术学院的克耶霍尔姆的研究室里看到了克耶霍尔姆于1953年发表的，并进入试制阶段的作品。这件事被美国的赫曼米勒公司发表后，克耶霍尔姆非常生气。在这之后潘顿移居瑞士。

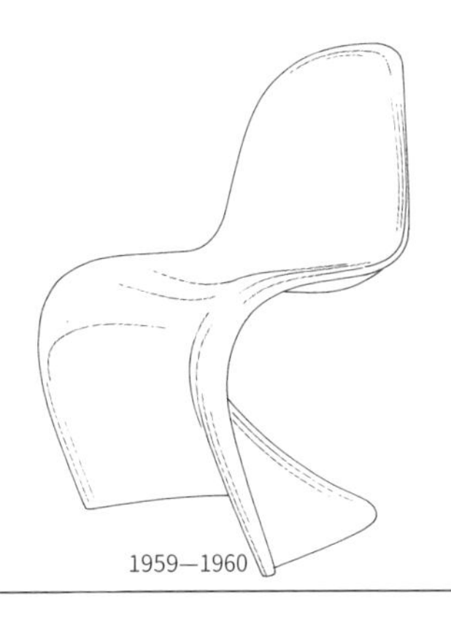

在与潘顿椅相媲美的『圆锥椅』系列之后，诞生了这幅草图。这种钢丝椅的想法是来源于哈里·贝利托亚。

20世纪50年代

20世纪50年代

这是第三行的制作成品。可以看出跟草图很不同。草图可能是没有进行商品化。

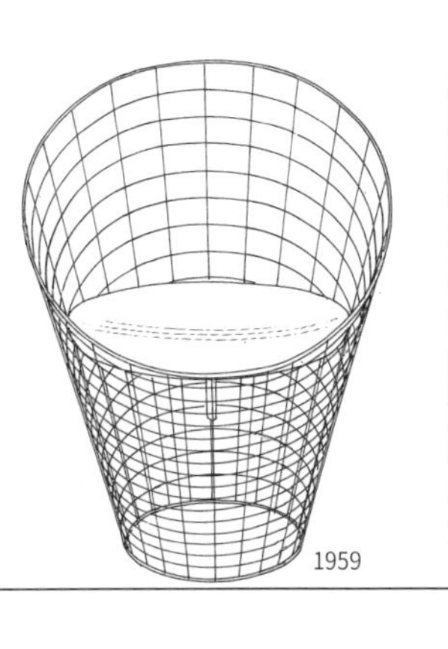

这是同一系列的凳子。这一系列的凳子是为了在室外使用而设计的。在这点上与哈里·贝利托亚的『钻石椅』系列相同。是由位于哥本哈根的加·里尼亚公司制作。有三种不同的高度。酒吧椅为了放脚，撤掉了一个圆圈框架。

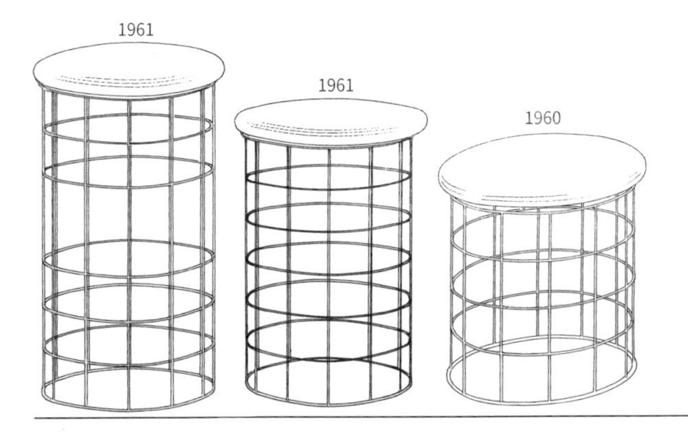

这也是皮埃尔·波林设计的椅子。拥有与潘顿相似的支架结构。
1960

1964

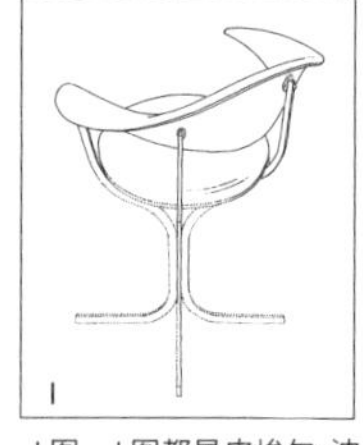

I 图、J 图都是皮埃尔·波林设计的椅子。与第三行椅子一样将钢管竖着使用。
1963

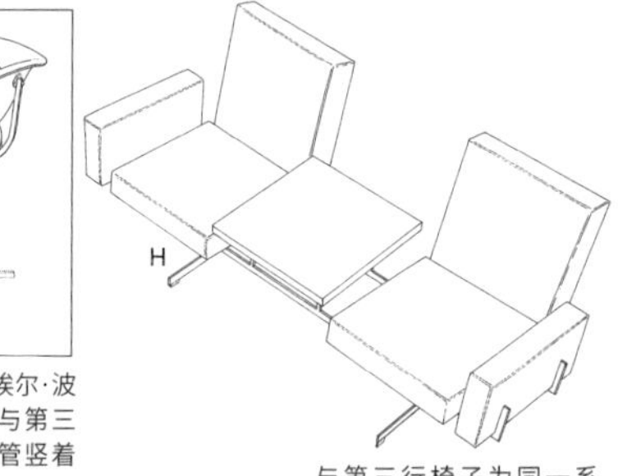

与第三行椅子为同一系列。此系列椅子的特点是腿部的形状。
1959—1960

这是与第二行椅子同名的“孔雀椅”。汉斯·瓦格纳的代表作。
1947

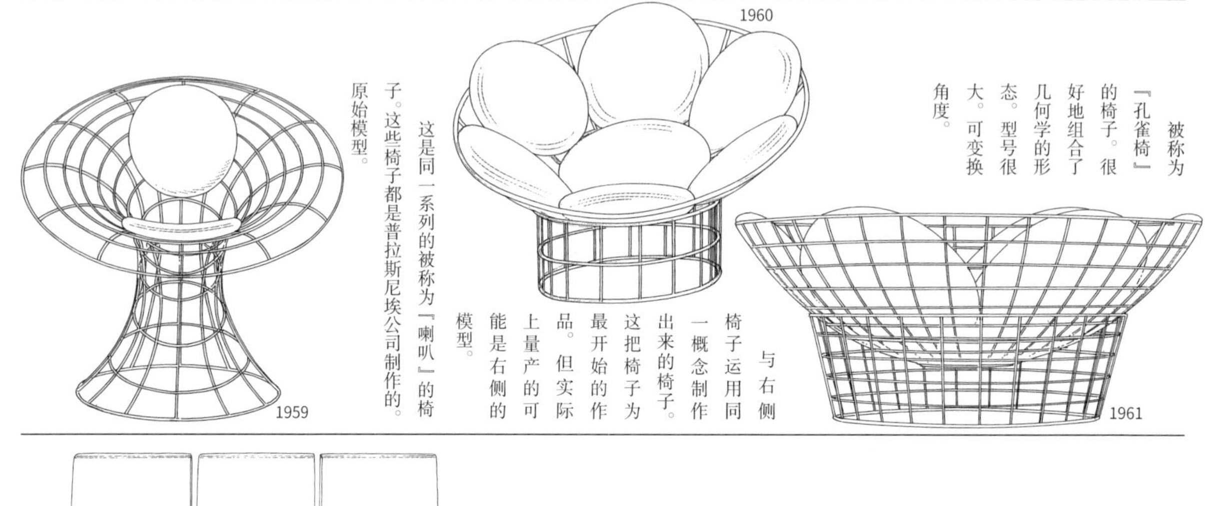

被称为『孔雀椅』的椅子。很好地组合了几何学的形态。型号很大。可变换角度。

与右侧椅子运用同一概念制作出来的椅子。这把椅子为最开始的作品。但实际上量产的可能是右侧的模型。

这是同一系列的被称为『喇叭』的椅子。这些椅子都是普拉斯尼埃公司制作的原始模型。

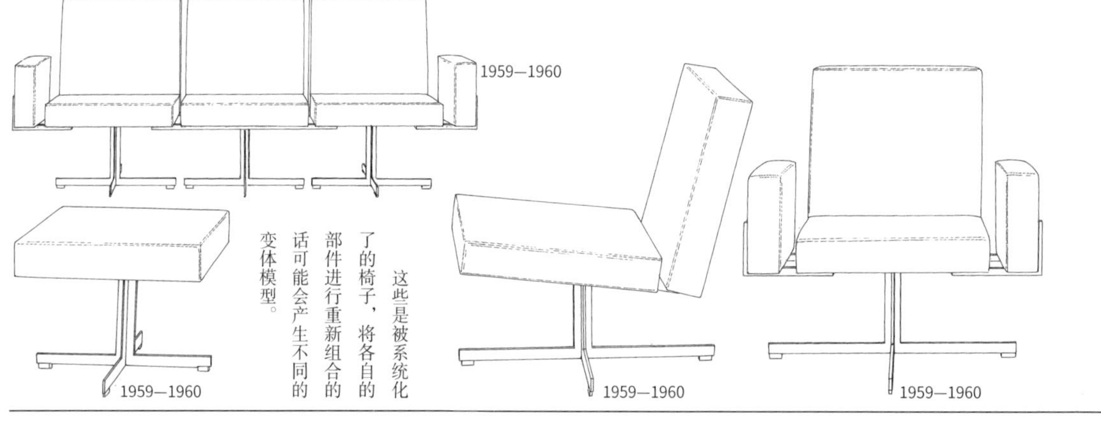

这是为挪威的汉森·考菲尔德公司设计的椅子，被称为『软垫家具系统』。

这些是被系统化了的椅子，将各自的部件进行重新组合的话可能会产生不同的变体模型。

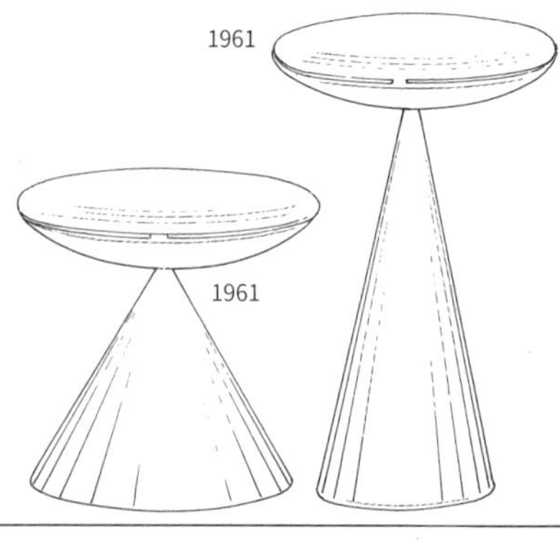

这是将之前介绍的钢丝框架制成贝壳状的模型。只通过一个点进行负重的这一概念与圆锥椅的想法相同。

这一系列作品也是在普拉斯尼埃公司时设计的，但是大多数好像没有被实际制造出来。

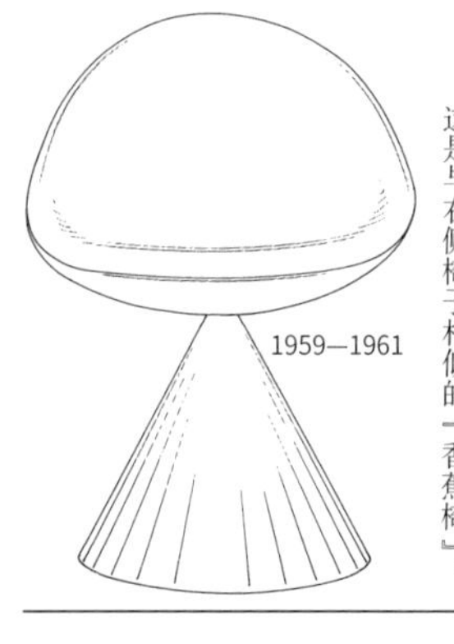

这是与右侧椅子相似的『香蕉椅』。

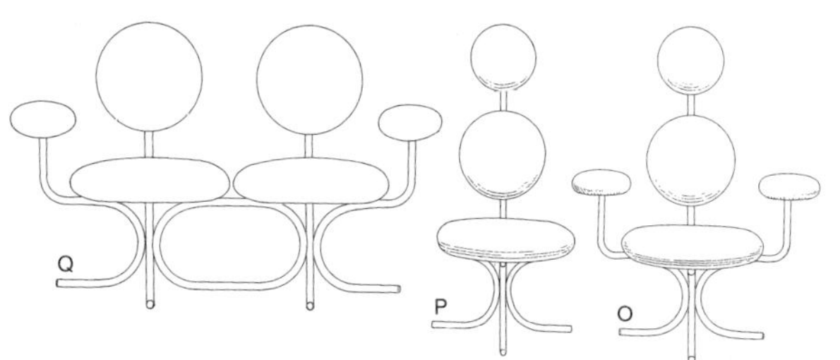

与第三行、第四行椅子为同一系列。O图、P图背部有一定角度，头枕处是垂直的软垫。Q图只有图样。
1959—1960

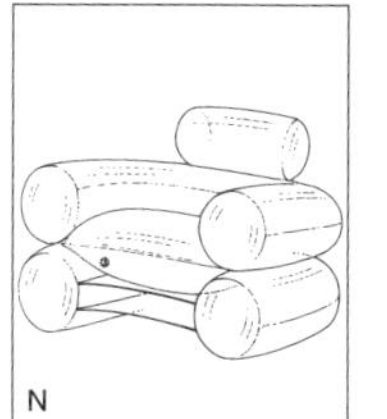

这是由乔纳森·德帕斯与多纳托·乌尔比诺、帕奥罗·罗马兹共同设计的“充气椅”。意大利扎诺塔家具公司所制。
1967

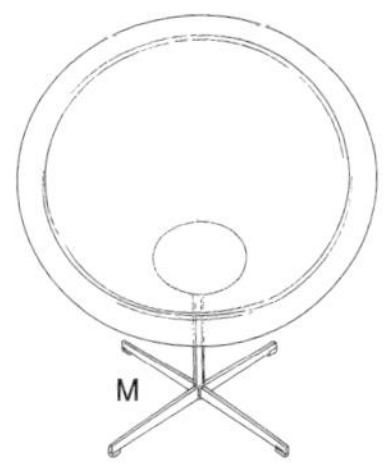

与第三行右侧作品在同一时期试制出来的模型。座面是由熏制的带有透明感的塑料制成。
1959—1961

这是埃罗·沙里宁的郁金香椅系列的凳子。底部处理很美观。
1955—1956

这是与上一页第四行椅子是同一系列。左侧的椅子是上一页椅子上下颠倒的模型。

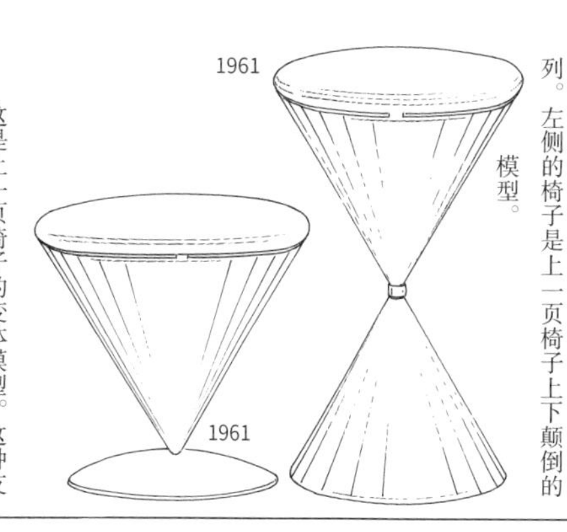

1961

1961

这是上一页椅子的变体模型。这种支架结构（中间由一根支柱支撑）被认为是受了埃罗·沙里宁的郁金香椅的启发。

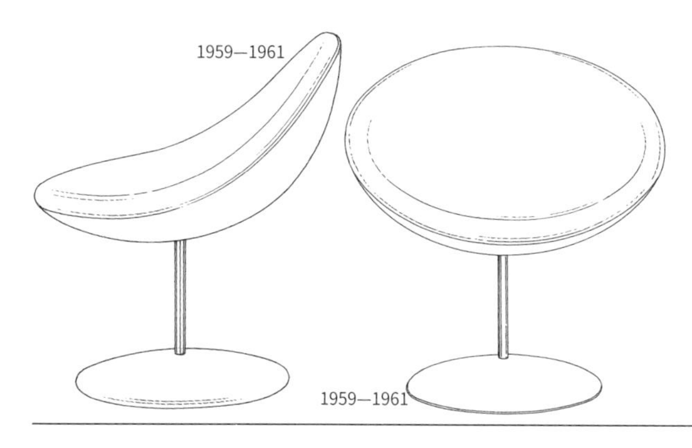

1959—1961

1959—1961

这也是同一系列。除腿部以外的座面部分是相同的。座面是弯曲的，被称为『香蕉椅』。

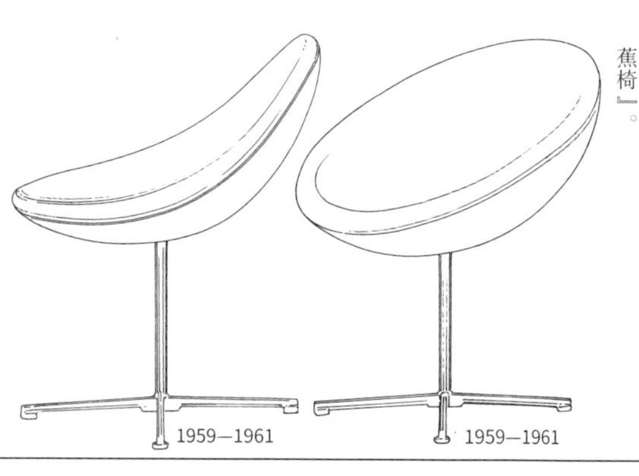

1959—1961

1959—1961

这是被称为『模数椅』的系列。此作品的主题思想为圆形。是由普拉斯尼埃公司制作的。

1960

1960

从前面的角度看不太清晰，背部的圆形软垫是倾斜的。

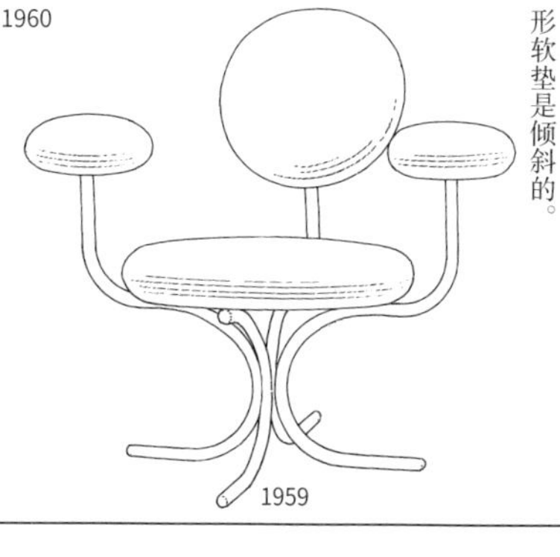

1959

这一系列的聚氯乙烯材料制的作品让人联想到气球，1960年发表。令人吃惊的是比充气椅发表要早7年。还有一种说法是于1950年设计的。

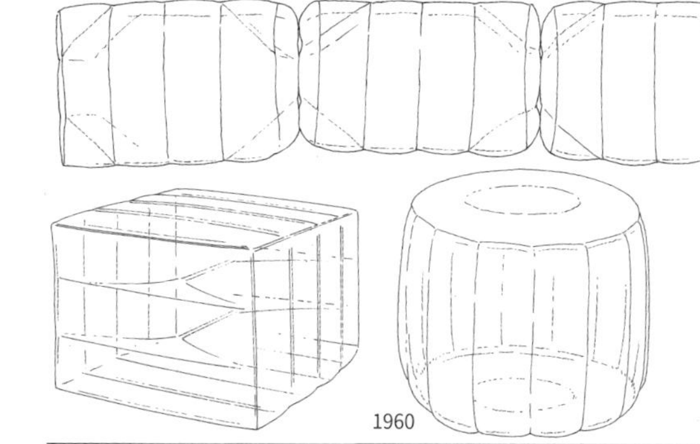

1960

1960

1926—1998

维奈·潘顿

第 3 小节
几何学的设计

本小节想对潘顿的设计方法进行探讨。

在这里介绍的大部分作品都是根据几何学设计的。很难见到丹麦设计的有机设计的特征。以直线、圆、圆柱、立方体和长方体为主题的作品很多。本来，在产品设计领域，形态是由功能决定的。引用路易斯·沙利文（1856—1924）的一句话『形态服从于功能』，也就是说，不注重功能，只重视形式的话是无法遗留于后世的吧。举一个身边的例子，在后现代主义中产生的作品因无视功能（对功能主义及现代设计提出异议），现在为止作为商品继续存在的几乎没有。在潘顿作品中，从『形』开始探索的设计很多，所以被停产或是只停留在原始模型阶段的作品也很多。

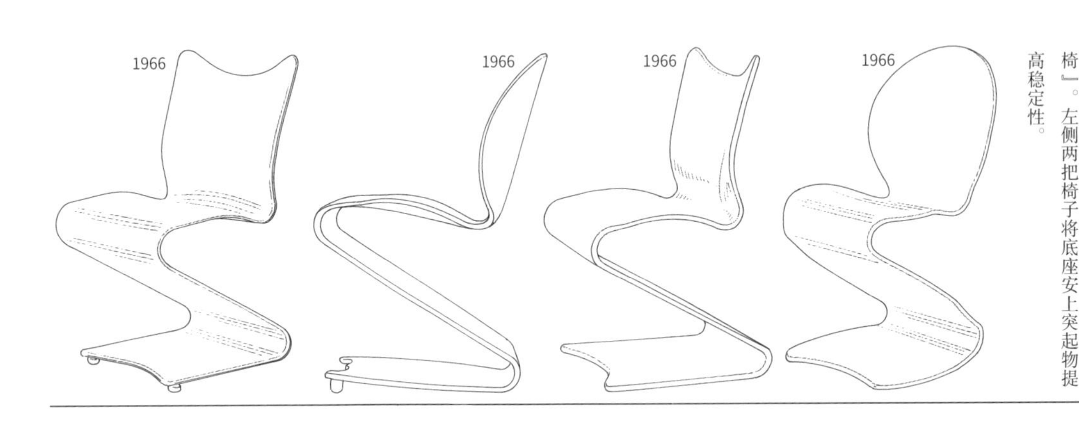

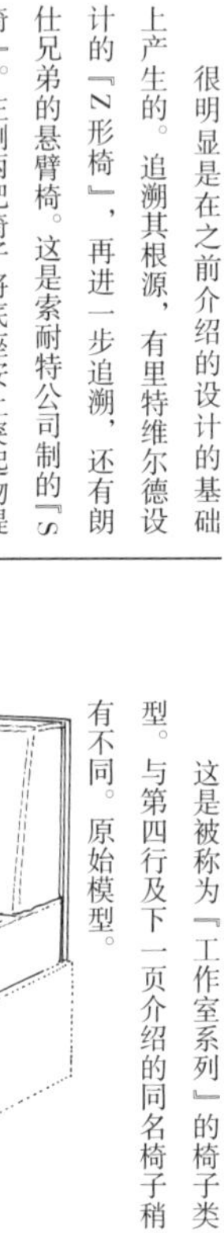

很明显是在之前介绍的设计的基础上产生的。追溯其根源，有里特维尔德设计的『Z形椅』，再进一步追溯，还有朗仕兄弟的悬臂椅。这是索耐特公司制的『S椅』。左侧两把椅子将底座安上突起物提高稳定性。

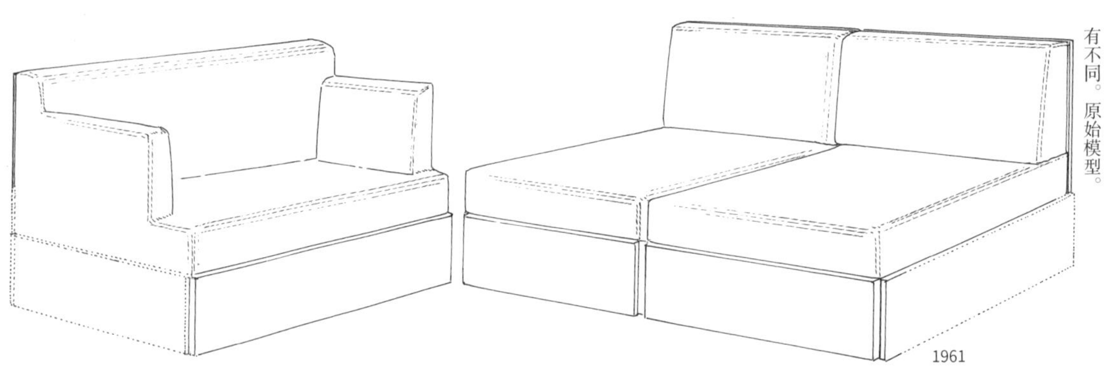

这是被称为『工作室系列』的椅子类型。与第四行及下一页介绍的同名椅子稍有不同。原始模型。

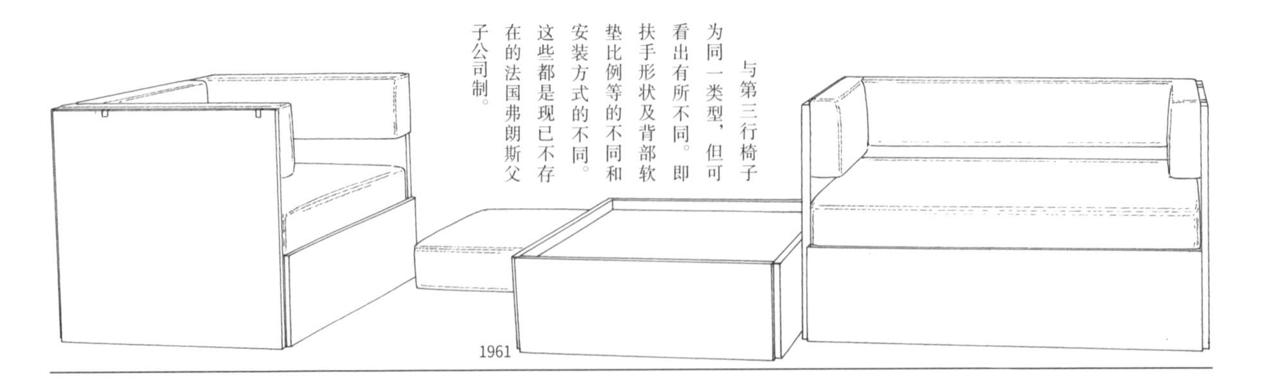

与第三行椅子为同一类型，但可看出有所不同。即扶手形状及背部软垫比例等的不同和安装方式的不同。这些都是现已不存在的法国弗朗斯父子公司制。

与第四行椅子为同一系列，是为索耐特公司设计的，于 1967 年实现商品化。
1963

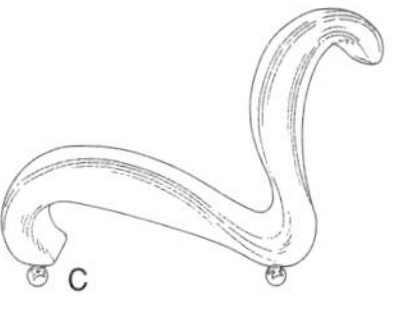

与第三行系列相同的椅子。帕尔默公司制造。这一系列椅子设计从人类工学的角度看可以称之为功能设计。
1962

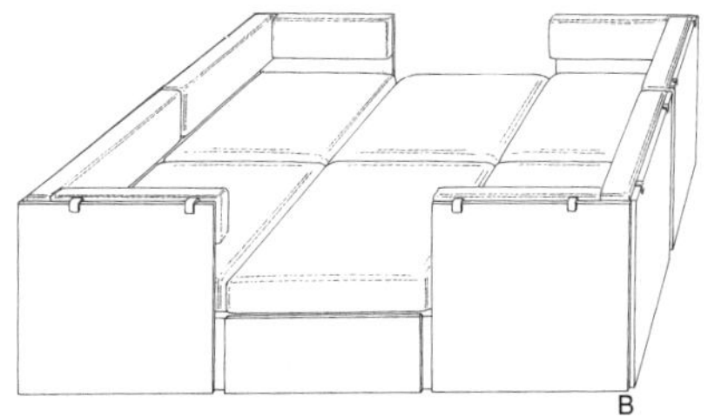

这是工作室系列的组合系例。全体高度被限制了。丹麦弗朗斯父子公司制造。
1961

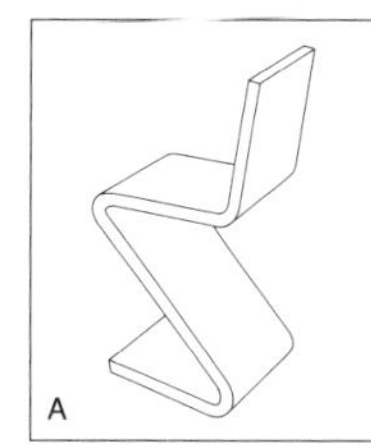

这是荷兰里特维尔德设计的成型胶合板制的“Z形椅”。
1930

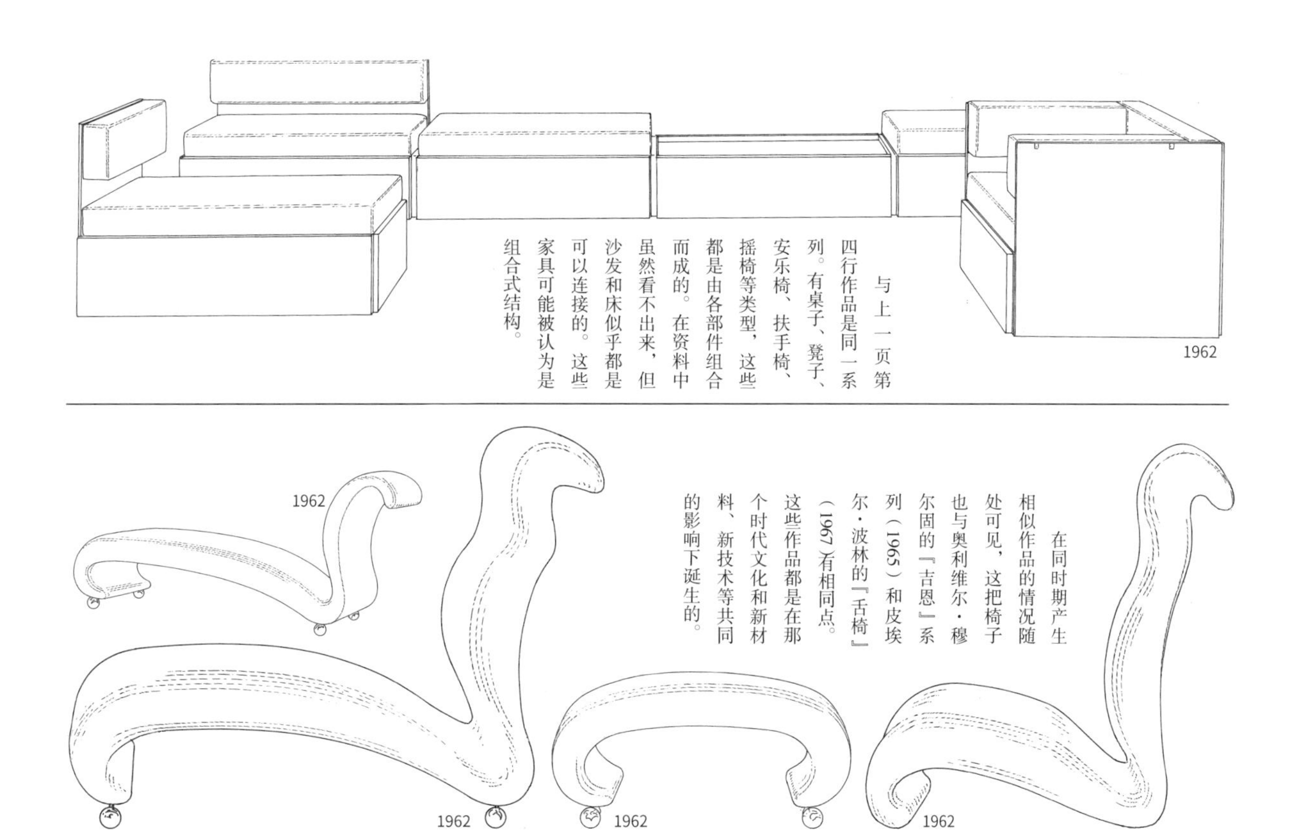

与上一页第四行作品是同一系列。有桌子、凳子、安乐椅、扶手椅、摇椅等类型，这些都是由各部件组合而成的。在资料中虽然看不出来，但沙发和床似乎都是可以连接的。这些家具可能被认为是组合式结构。

在同时期产生相似作品的情况随处可见，这把椅子也与奥利维尔·穆尔固的『吉恩』系列（1965）和皮埃尔·波林的『舌椅』（1967）有相同点。这些作品都是在那个时代文化和新材料、新技术等共同的影响下诞生的。

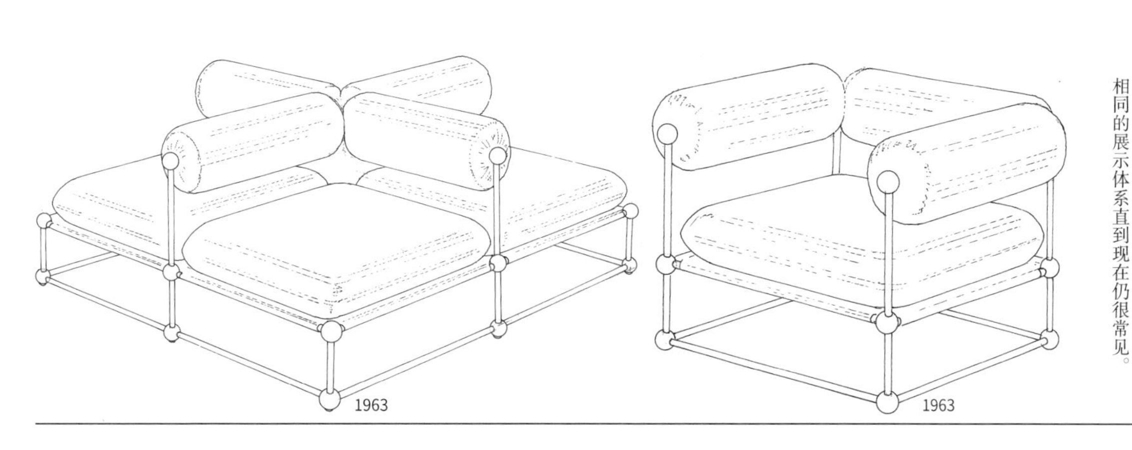

这是为索耐特公司设计的椅子。也设计出了二至三人座的模型。与此框架结构相同的展示体系直到现在仍很常见。

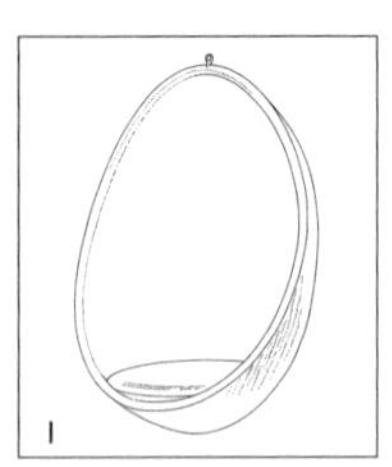

这是南娜·迪策尔的秋千椅。吊椅的名作。如果不注意的话，椅子容易向后倾斜。
1959

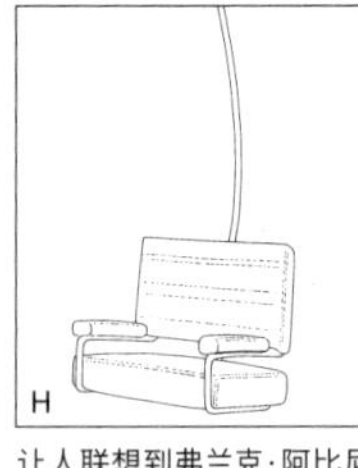

让人联想到弗兰克·阿比尼的滑雪场的索道车的椅子。从天花板向下吊着的类型。
1940

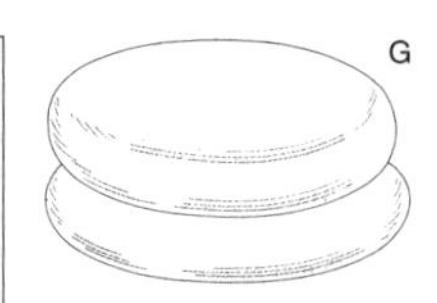

如同圆形年糕一样的椅子。从几何学形态追求概念的话，创作者本身的造型力就很难发挥了吧。这一系列作品从审美角度来看，很难称之为美观。
1963

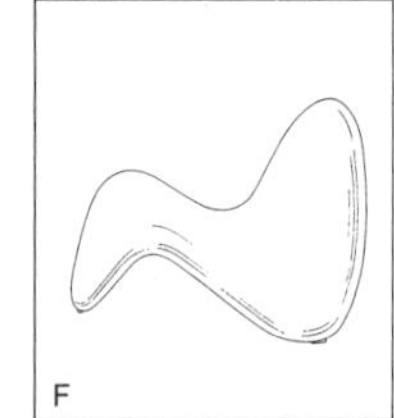

这是皮埃尔·波林的“舌椅”模型 577 号。为荷兰爱迪佛脱家具公司设计的。这些椅子设计比潘顿的设计更美观。
1967

这是奥利维尔·穆尔固的“吉恩”系列。在电影“2001 年的宇宙旅行”中的宇宙基地中使用，并因此一夜成名。
1965

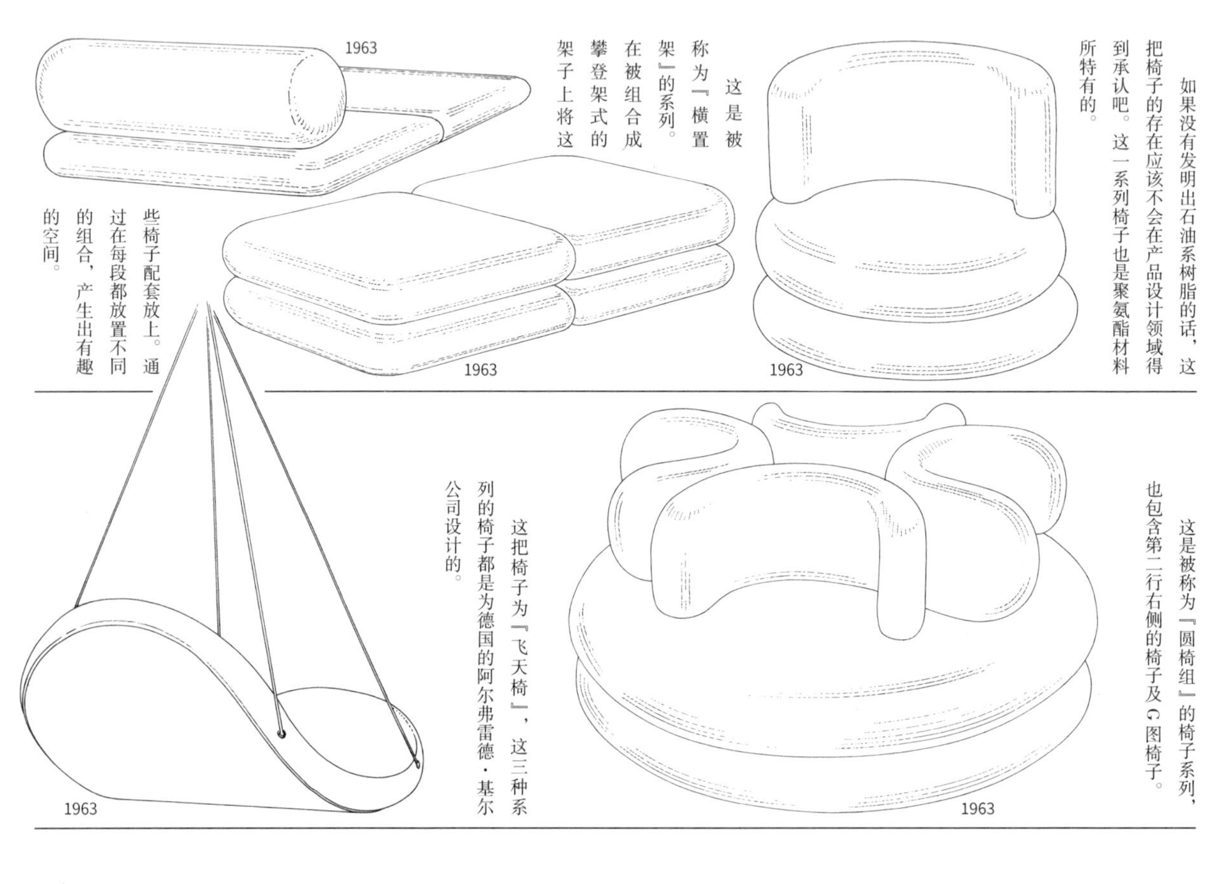

如果没有发明出石油系树脂的话，这把椅子的存在应该不会在产品设计领域得到承认吧。这一系列椅子也是聚氨酯材料所特有的。

这是被称为『横置架』的系列。在被组合成攀登架式的架子上将这些椅子配套放上。通过在每段都放置不同的组合，产生出有趣的空间。

这是被称为『圆椅组』的椅子系列，也包含第二行右侧的椅子及G图椅子。

这把椅子为『飞天椅』，这三种系列的椅子都是为德国的阿尔弗雷德·基尔公司设计的。

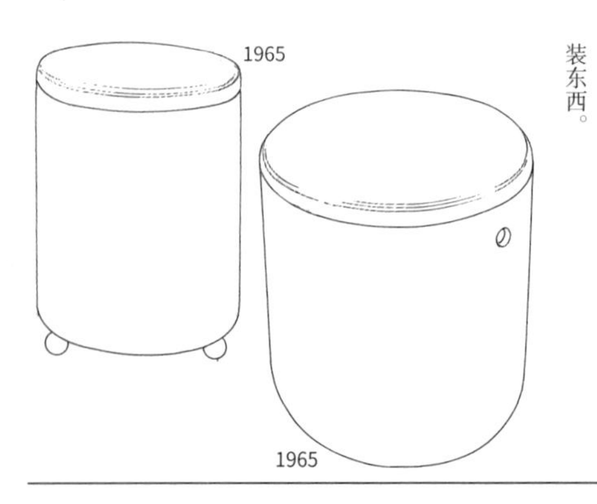

这是两种被称为『聚会套组』的凳子。是与桌子成套设计出来的。里面似乎可以装东西。

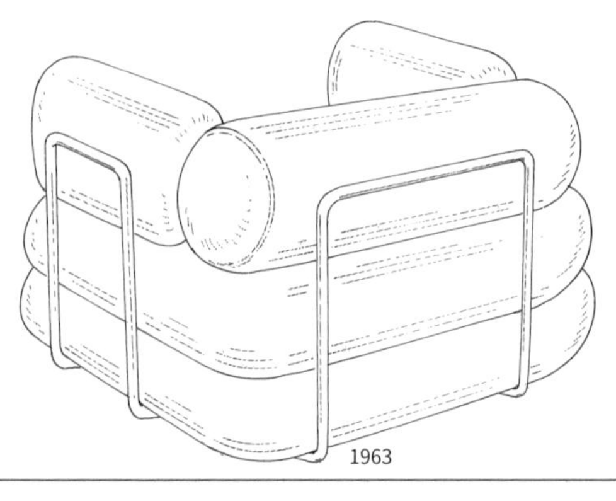

这把椅子也是与在第二行、第三行介绍的椅子在同一照片中的，但好像不符合这三个系列。如果把它当作下一页第三行右侧的椅子的变体模型似乎更合适。

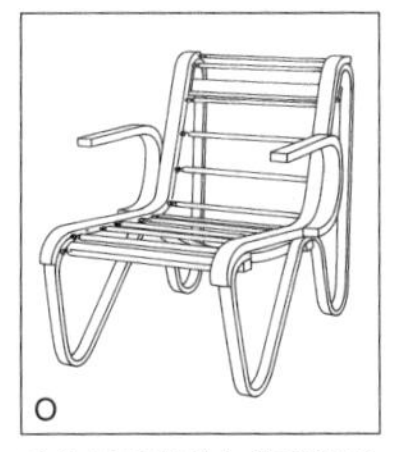

这也是里特维尔德设计的椅子。侧面框架安上了弹簧。可能给了第四行中间椅子以启发。
1946

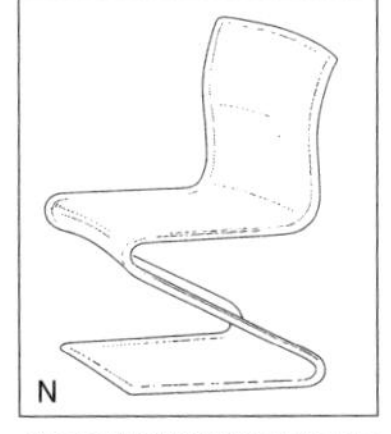

这是里特维德的钢材料“Z形椅”，是将钢管结构罩上椅套后的椅子。
1934

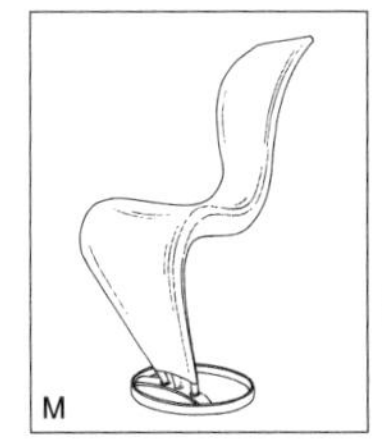

汤姆·迪克森的“S椅”。这把椅子与潘顿一样，以里特维尔德的椅子作为设计源头，并且是与潘顿的设计使用同一名字的“S椅”。
1988

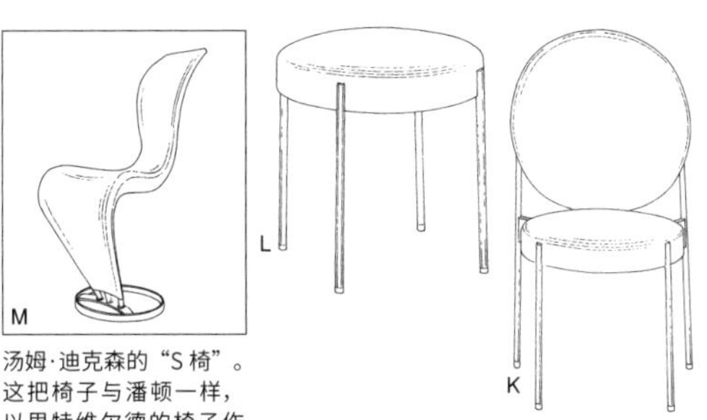

K图和L图是与第四行右侧椅子为同一系列，是为索耐特公司设计的椅子。很难说是从功能入手设计的。
1967

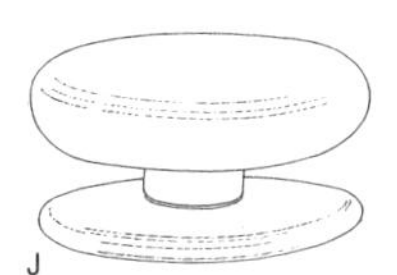

与第二行中间、左侧同一系列的椅子。感受不到丹麦家具独有的智慧。
1963

这个凳子可能也与『聚会套组』有着同样的想法。与四方的盒形桌为成套设计。

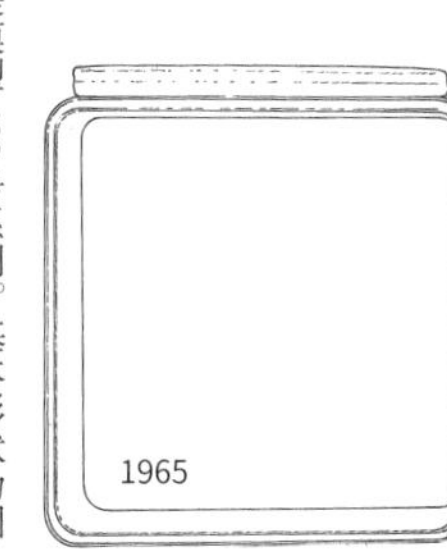

这是模型400号系列。基本形状为圆凳（J图）。可以通过与半圆形部件组合成低靠背类型和高靠背类型的组合椅。为索耐特公司而制。

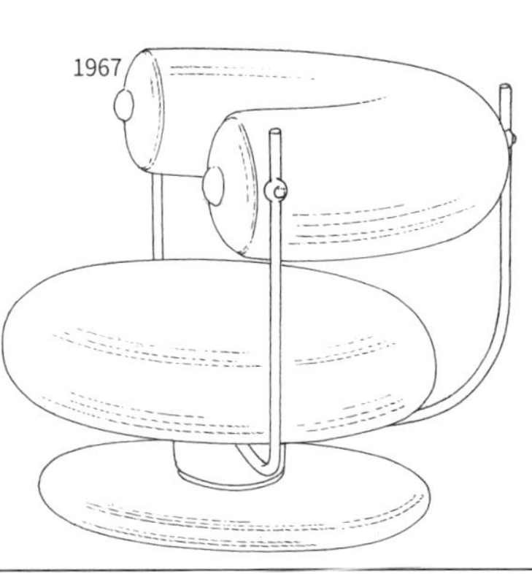

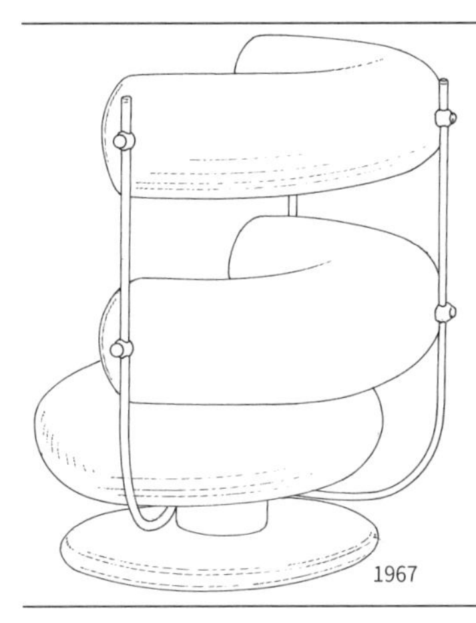

这是为挪威的一家公司设计的椅子。此公司以布鲁诺·马松的作品闻名。

1967

这是为萨赛公司设计的椅子。这也是悬臂结构，但与此相比，M图汤姆·迪克森的作品外形更美观。

1967

这把椅子名为『秋千椅』。座面形状不详，但坐卧两用。悬吊椅子的缺点就是想坐上去时椅子会向后歪，所以需要用手将其固定住。

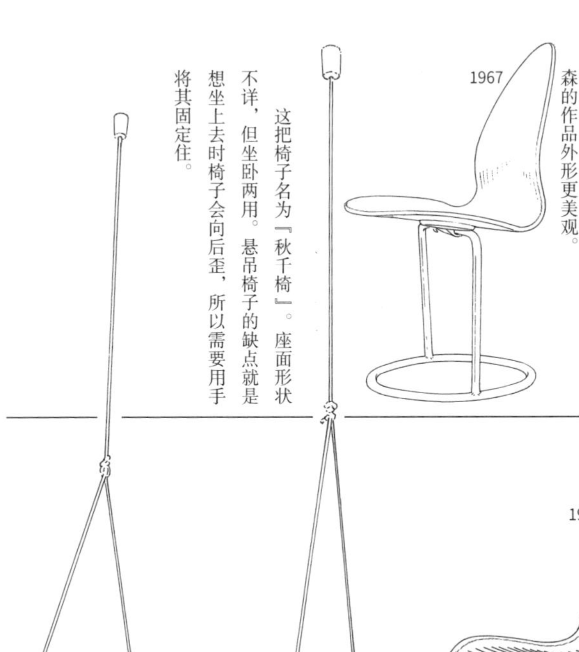

模型430号系列。为索耐特公司而制。也包含K图、L图，也有相同结构的桌子。

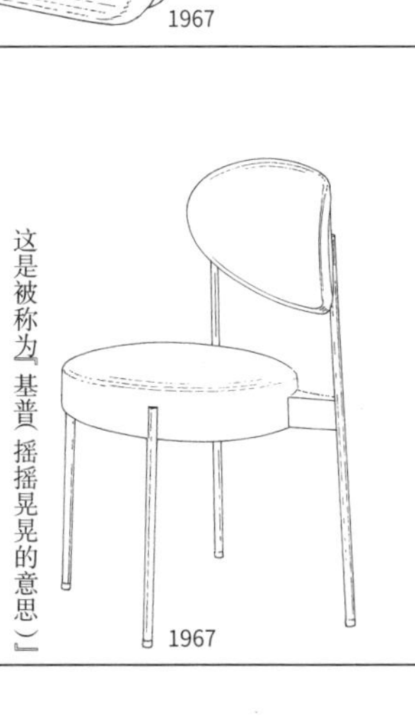

这是被称为『基蒉（摇摇晃晃的意思）』的悬臂椅。加在框架上的粗线为金属棒，细线为绳子。

1960

1926—1998

维奈·潘顿

第4小节
塑料的实用化

在这里将他可能用塑料来实践的独特的作品分几小节来进行介绍。塑料是由『可塑性很强的材料』之意而得，是人工通过化学物质合成而得的高分子材料的总称。1835年发现了氯乙烯树脂，第二年发现了聚苯乙烯，它们的历史相当久远。1920年将这些材料总称为塑料。这些塑料首次被实际应用于家具领域是在1919年德国魏玛诞生的包豪斯学校。但是，在那里进行的终归只限于实验，而作为商品进行实践是在第二次世界大战之后。这是在美国以成型胶合板材料三维曲面的基础上诞生的，由查尔斯·伊姆斯和埃利尔·沙里宁所设计的各种各样的贝壳椅所实现。这些是被称为FRP的强化聚酯材料，而具有软垫性质的塑料是在数年以后才出现。

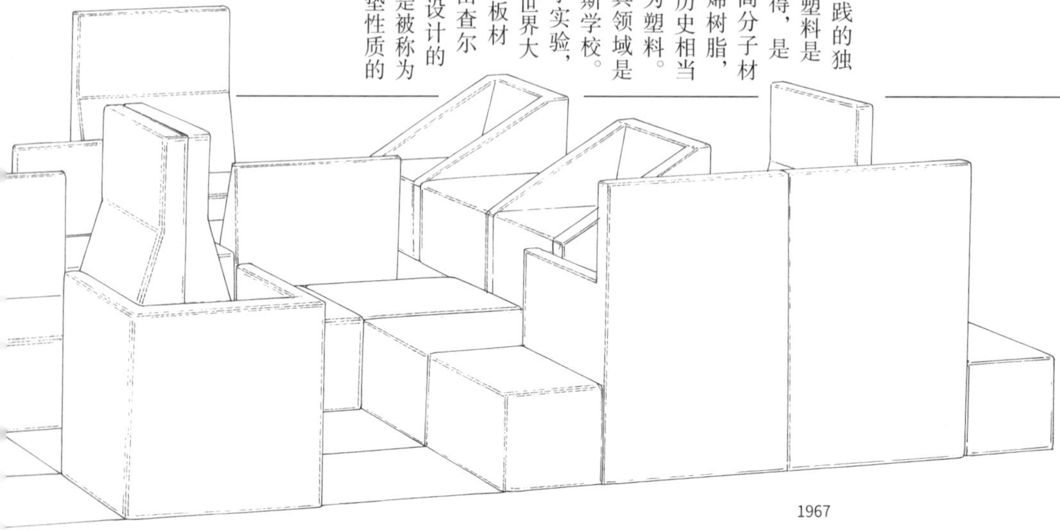

1967

这是德国的阿尔弗雷德·基尔公司提出的。用泡沫聚氨酯材料制造椅子的模型。在此介绍的模型中包含十几种椅子和凳子。可以根据房间大小进行不同组合。

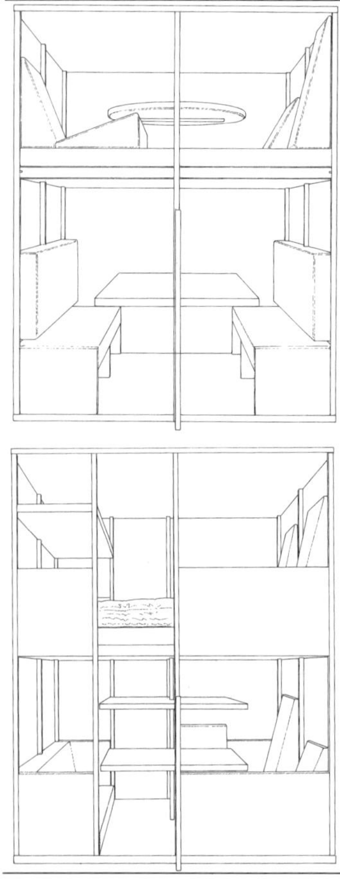

1967

『生活塔』。如同攀登架般的家具。对于这种类型家具的制作来说，玩心不可或缺。因此，能看出其中包含与儿童家具相似的设计理念。

针对不同的家庭结构和生活方式可以进行不同的组合，也设计了去往二楼的楼梯。原始模型及生产者不详。

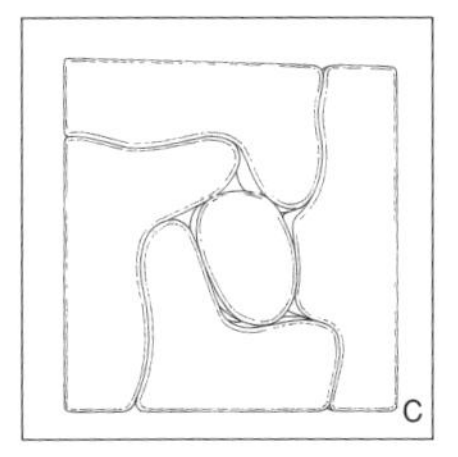

这是罗伯特·马塔的“玛丽特”。这把椅子多以上图的组合形式介绍，整体形态可能给潘顿带来了启示。
1966

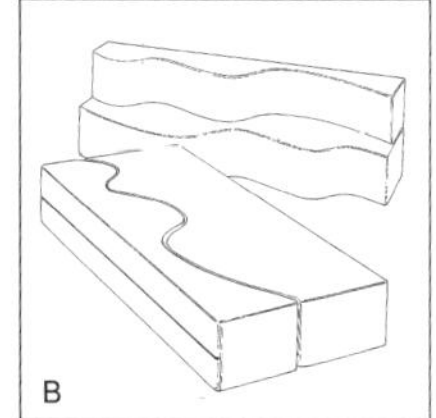

意大利设计师组合——建筑伸缩派的设计。他们也受潘顿影响，同时也影响着潘顿。这把椅子也是组合形式的，可以进行多种组合变化。
1966

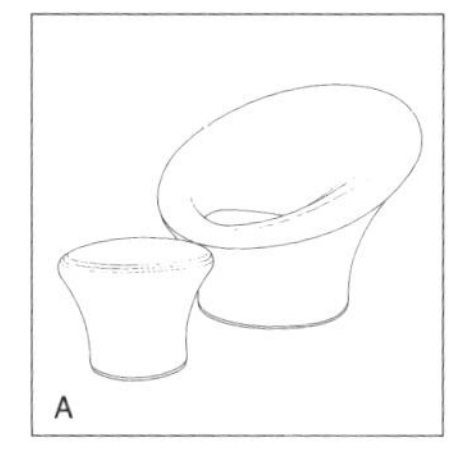

这是皮埃尔·波林设计的椅子。他也似乎与潘顿相互影响。与第三行右侧的椅子风格很像。
1959

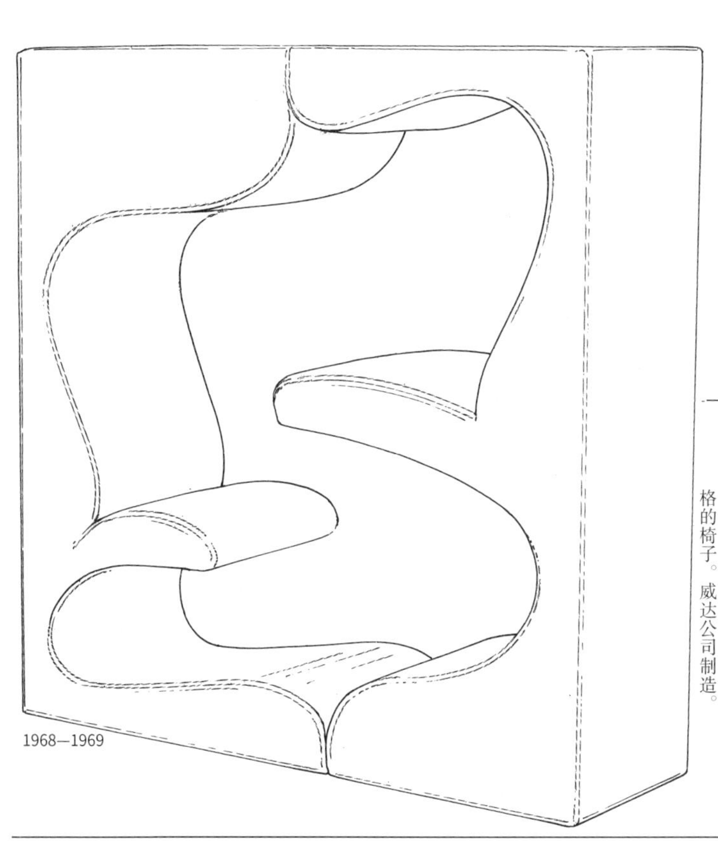

1968—1969

这是潘顿的代表作之一『面包塔』。这是未被既有概念影响的、具有他独特风格的椅子。威达公司制造。

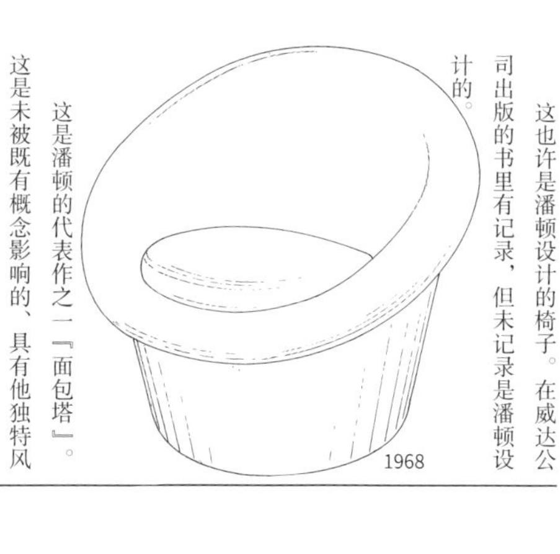

1968

这也许是潘顿设计的椅子。在威达公司出版的书里有记录，但未记录是潘顿设计的。

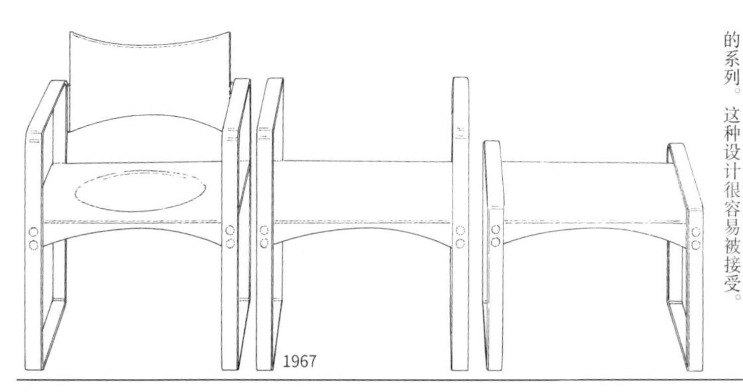

1967

这是由德国的索耐特公司进行商品化的系列。这种设计很容易被接受。

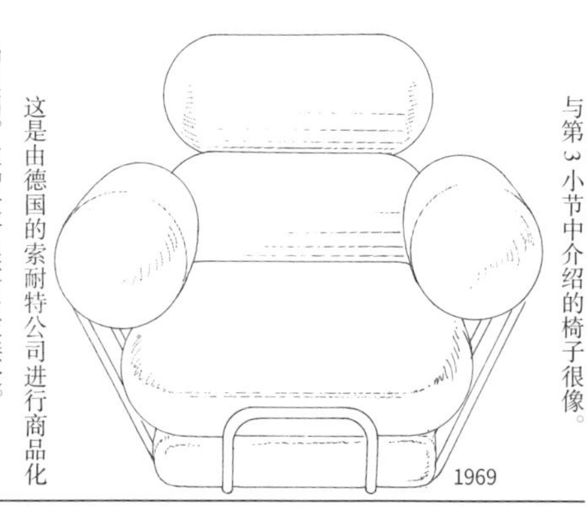

1969

与第3小节中介绍的椅子很像。

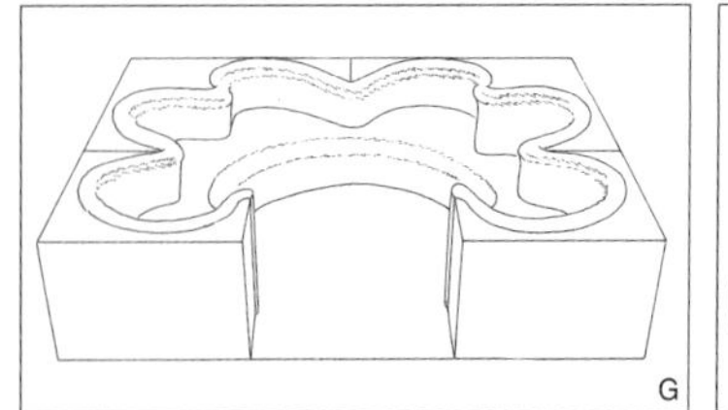

建筑伸缩派的“沙发里”沙发。可与下一页的沙发相比较。
1968

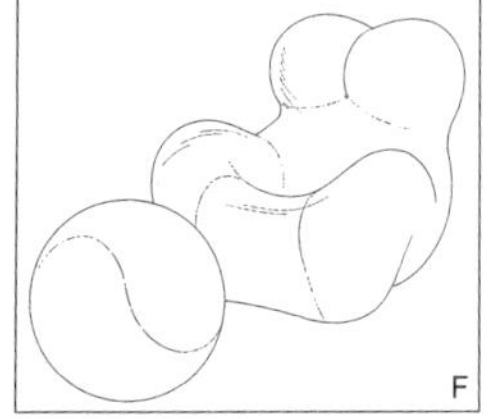

盖塔诺·派西的“UP”系列中的“夫人”。这是同时期相似作品中的优秀的设计例子。
1969

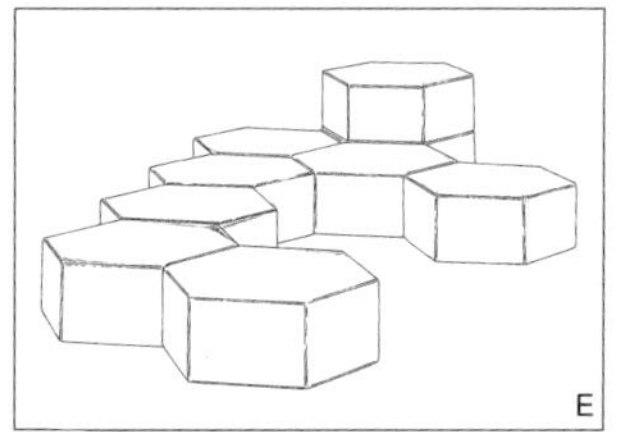

这是现居意大利的日本设计师高滨和秀设计的“装置”系列。灵活运用了六角形的连续性的设计。可与第三行左侧椅子相比较。
1968

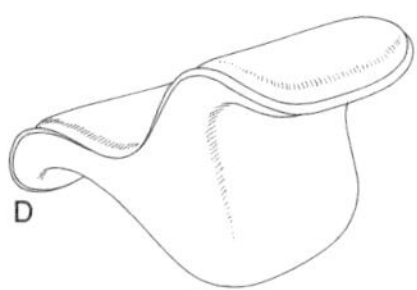

这是第三行右侧椅子颠倒过来的状态。
1969

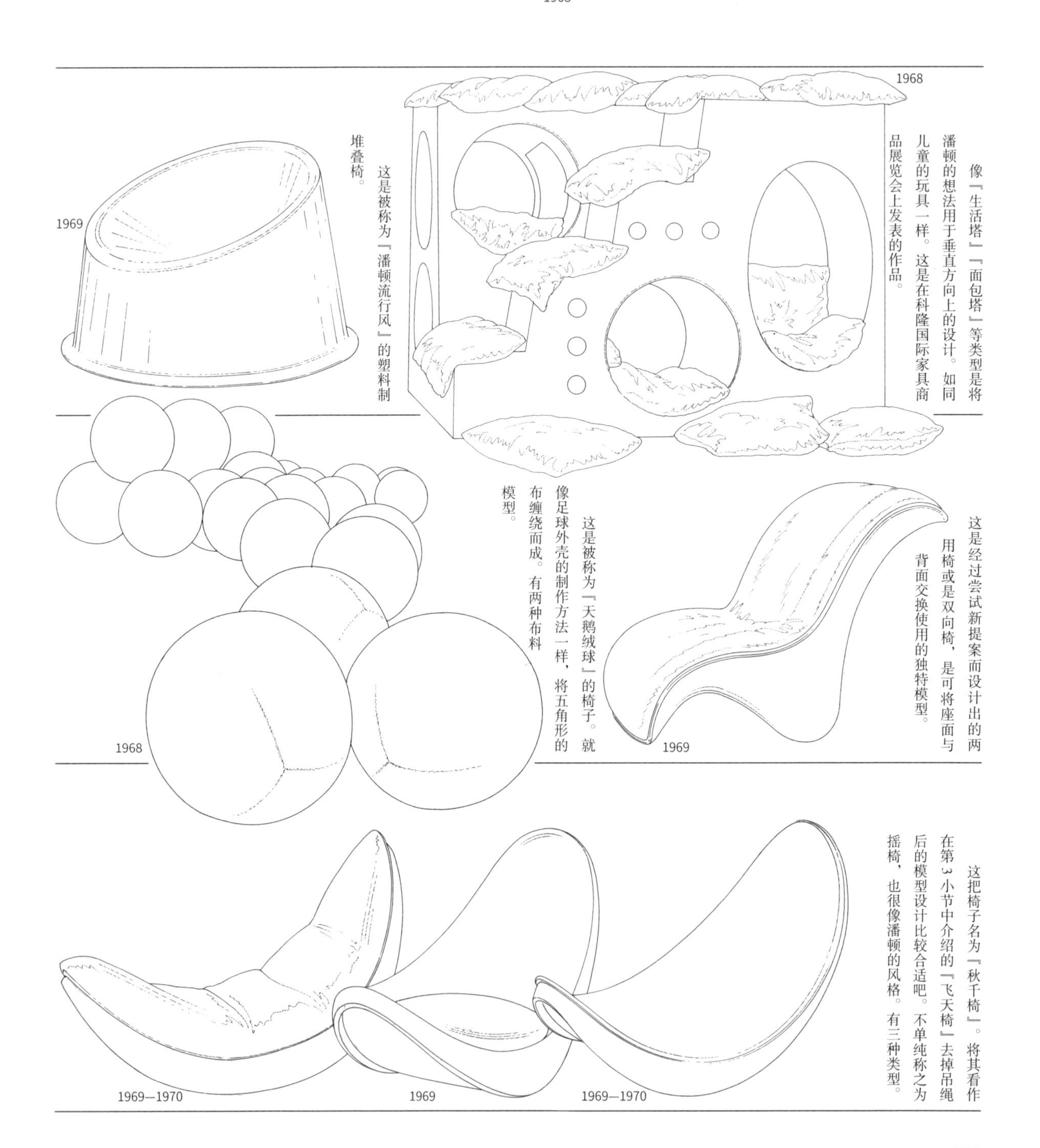

像『生活塔』『面包塔』等类型是将潘顿的想法用于垂直方向上的设计。如同儿童的玩具一样。这是在科隆国际家具商品展览会上发表的作品。
1968

这是被称为『潘顿流行风』的塑料制堆叠椅。
1969

这是被称为『天鹅绒球』的椅子。就像足球外壳的制作方法一样，将五角形的布缠绕而成。有两种布料模型。
1968

这是经过尝试新提案而设计出的两用椅或是双向椅，是可将座面与背面交换使用的独特模型。
1969

这把椅子名为『秋千椅』。将其看作在第3小节中介绍的『飞天椅』去掉吊绳后的模型设计比较合适吧。不单纯称之为摇椅，也很像潘顿的风格。有三种类型。
1969—1970　1969　1969—1970

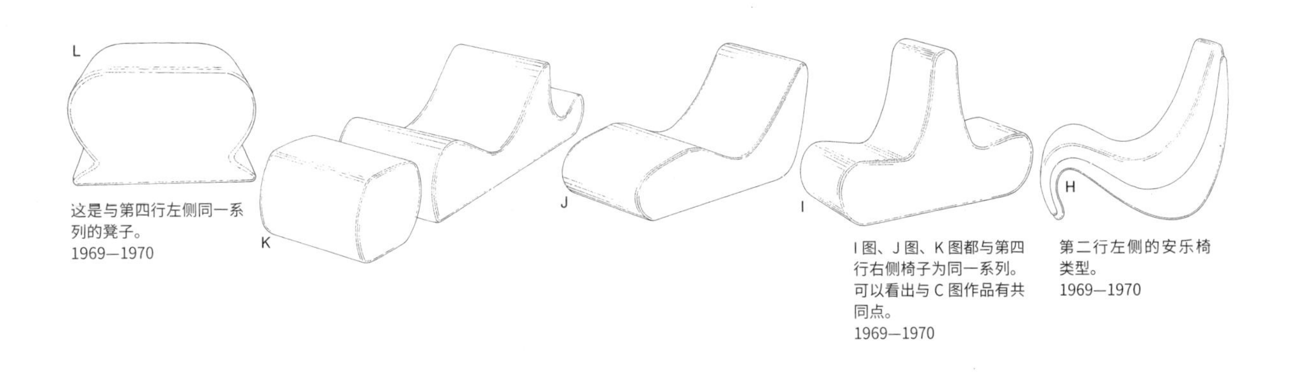

这是与第四行左侧同一系列的凳子。
1969—1970

I 图、J 图、K 图都与第四行右侧椅子为同一系列。可以看出与 C 图作品有共同点。
1969—1970

第二行左侧的安乐椅类型。
1969—1970

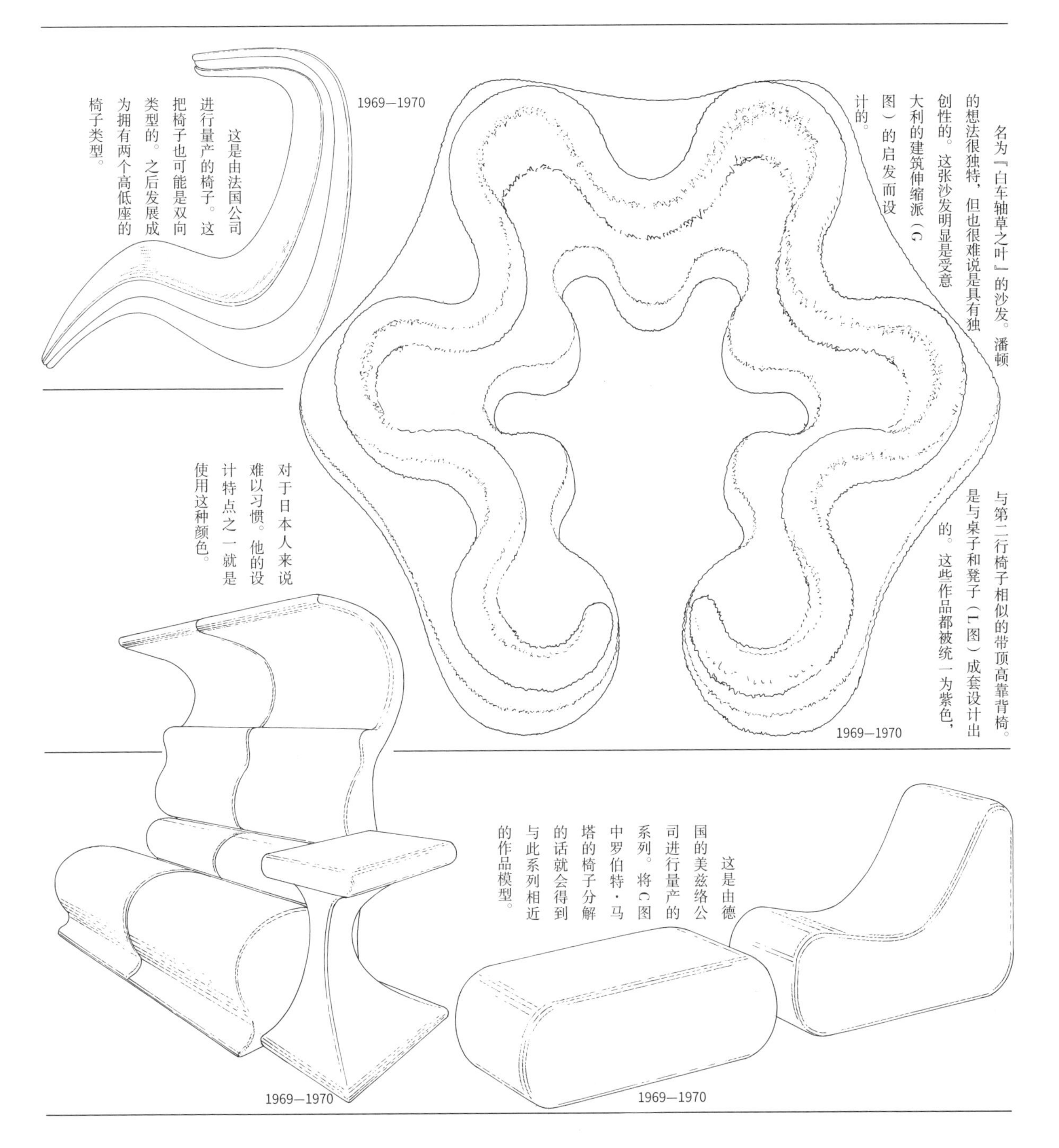

这是由法国公司进行量产的椅子。这把椅子也可能是双向类型的。之后发展成为拥有两个高低座的椅子类型。
1969—1970

名为『白车轴草之叶』的沙发。潘顿的想法很独特，但也很难说是具有独创性的。这张沙发明显是受意大利的建筑伸缩派（C图）的启发而设计的。
1969—1970

与第二行椅子相似的带顶高靠背椅。是与桌子和凳子（L图）成套设计出的。这些作品都被统一为紫色，对于日本人来说难以习惯。他的设计特点之一就是使用这种颜色。
1969—1970

这是由德国的美兹络公司进行量产的系列。将C图中罗伯特·马塔的椅子分解的话就会得到与此系列相近的作品模型。
1969—1970

1926—1998

维奈·潘顿

第 5 小节
两种类型的塑料

塑料即『可塑性很强的材料』之意。这之中有两大类型。一类是『热可塑性塑料』，另一类是『热硬化性塑料』。前者通过加热可变软、熔融，使可塑性大大增强，在此状态下冷却固化而成型。后者加热后反而通过高分子结合开始硬化。如果再进一步加热的话就会变焦进而分解。所以热硬化性塑料一定是变成高分子化合物之前的状态。也就是说，在放入模型之后加热加压，变成熔融状态再成型之后，经过化学反应后变成高分子物质硬化而得。

比较这两种材料的性质，前者耐热性较低，后者较高。膨胀与收缩性方面前者高，后者低。在机械强度方面，前者虽低但黏性大，后者虽高但较脆弱。关于耐药性，前者易溶解，后者耐溶性高。在成型后批量生产性方面，前者较高而后者较低。如上所述其二者有各种各样的特性，所以需要能够发挥各自特长的设计。因此，家居设计的相关人员，不能只关注木材与钢材，也需要掌握关于此类材料的全面知识。

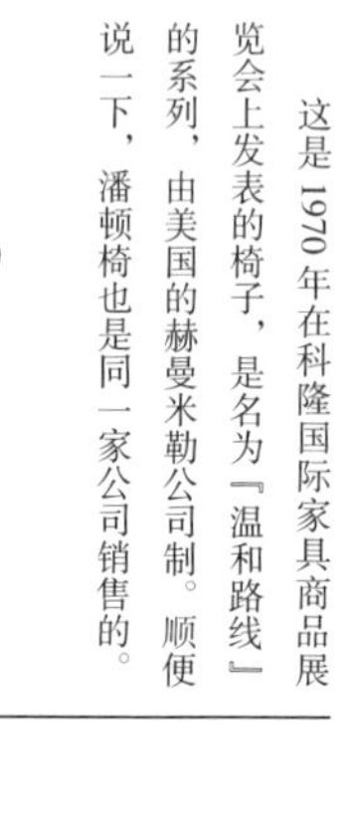

这是 1970 年在科隆国际家具商品展览会上发表的椅子，是名为『温和路线』的系列，由美国的赫曼米勒公司制。顺便说一下，潘顿椅也是同一家公司销售的。

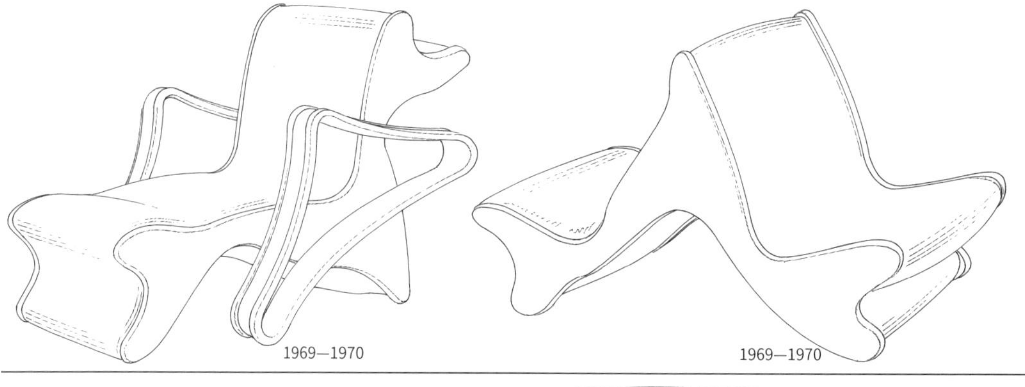

在潘顿的作品中充斥着丹麦人少有的『玩心』。左侧两件作品就是较好的例子。可变换三种状态。左侧为带扶手型，被称为骨椅子。

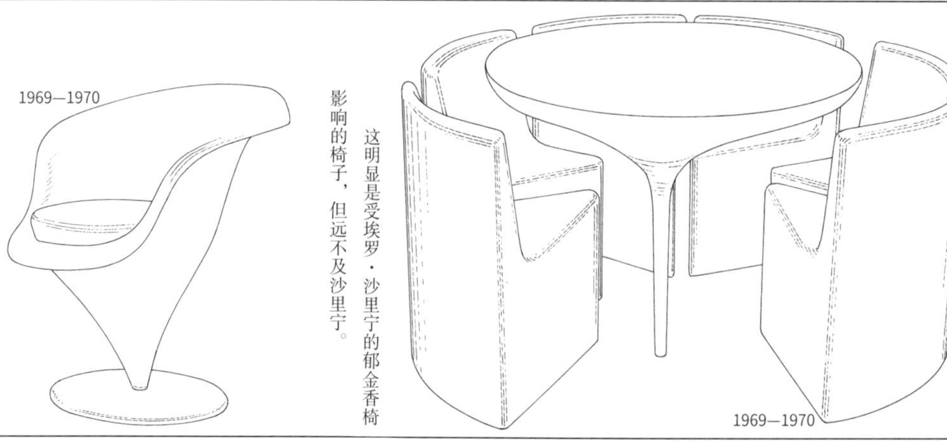

这明显是受埃罗·沙里宁的郁金香椅影响的椅子，但远不及沙里宁。

潘顿的椅子中的『玩心』不仅体现在设计上，也体现在名字上。这把椅子名为『奶酪』，顾名思义，可以让人联想到的是又圆又厚的奶酪切开之后的形状。

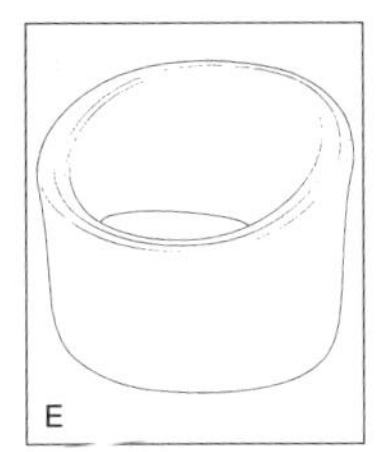

皮埃尔·波林设计的椅子。他们之间都相互影响很深吧。
1962

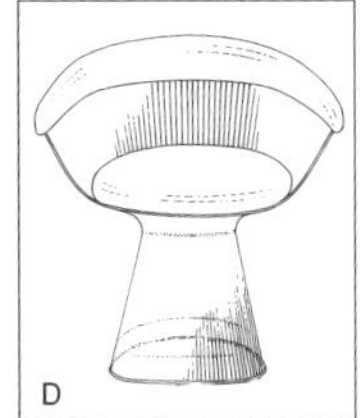

这是美国瓦伦·帕拉纳设计的椅子。由钢丝通过点熔接的方法制成的名作。诺尔家具公司制造。
1966

埃罗·沙里宁的郁金香椅。支架椅的最高杰作。
1955—1956

这把椅子为“拖鞋”系列之一，是适应地板座风格的样式。
1970

这是与“温和路线”同一系列的凳子。与此相比，沙里宁的凳子更大气且有紧致感。
1969—1970

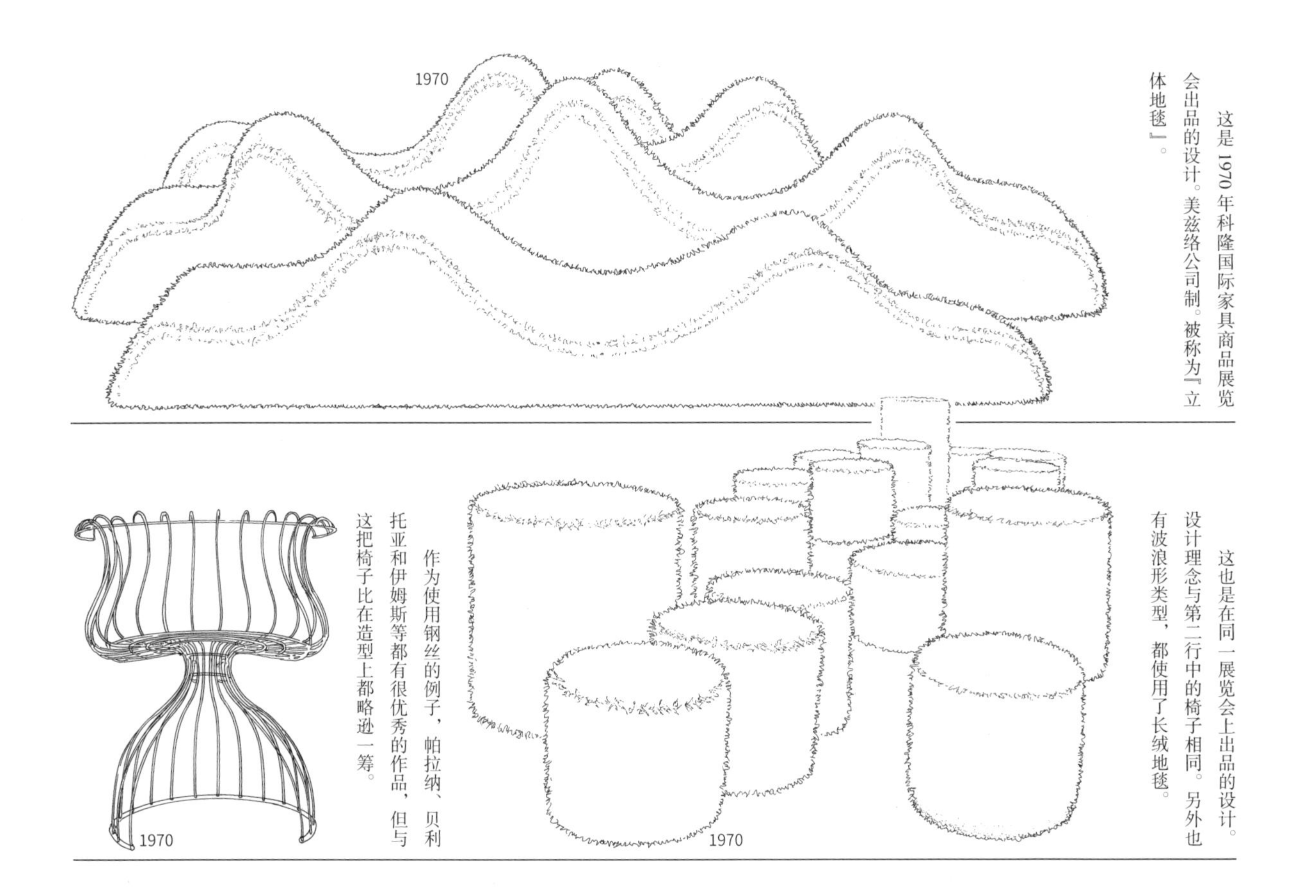

这是1970年科隆国际家具商品展览会出品的设计。美兹络公司制。被称为『立体地毯』。

这也是在同一展览会上出品的设计。设计理念与第二行中的椅子相同。另外也有波浪形类型，都使用了长绒地毯。

作为使用钢丝的例子，帕拉纳、贝利托亚和伊姆斯等都有很优秀的作品，但与这把椅子比在造型上都略逊一筹。

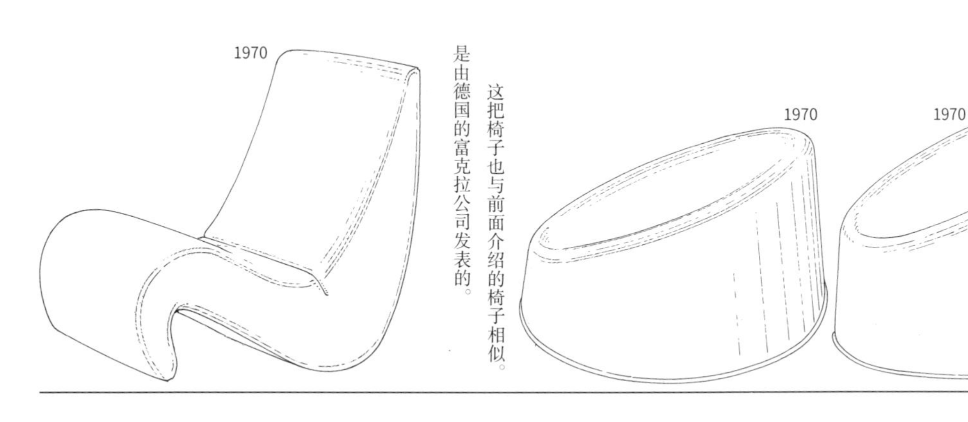

这把椅子也与前面介绍的椅子相似。是由德国的富克拉公司发表的。

与前面介绍的『潘顿流行风』很像，但这把椅子名为『拖鞋』。

F

第三行、第四行的椅子被称为“系列 100· 潘顿诺瓦”。图为各种变体模型的切面，由弗里茨·汉森公司的商品目录而得。
1971

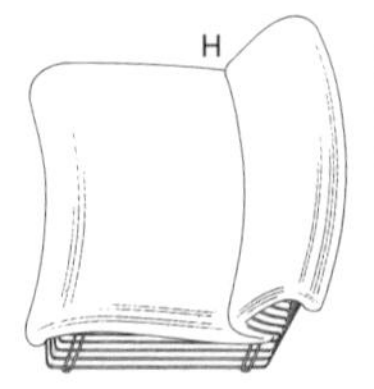

此图为餐椅。座面形状可与第四行椅子相比较。
1971

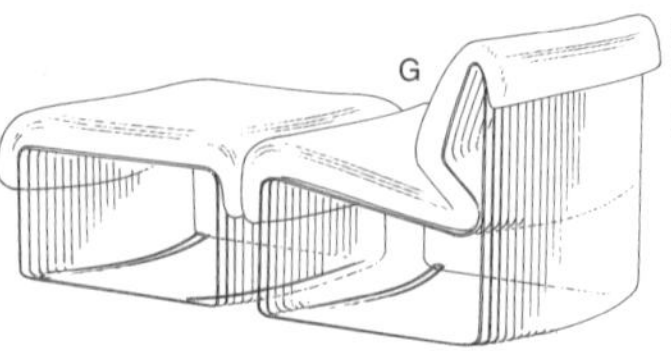

安乐椅与垫脚凳的组合。比第三行椅子的后背低。
1971

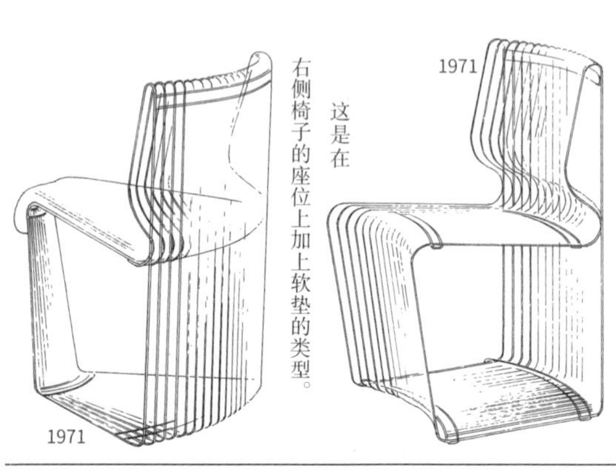

这是在右侧椅子的座位上加上软垫的类型。

在此介绍的钢丝凳系列是由丹麦的弗里茨·汉森公司发表的。销售额也很高。有许多版本，可自由组合。

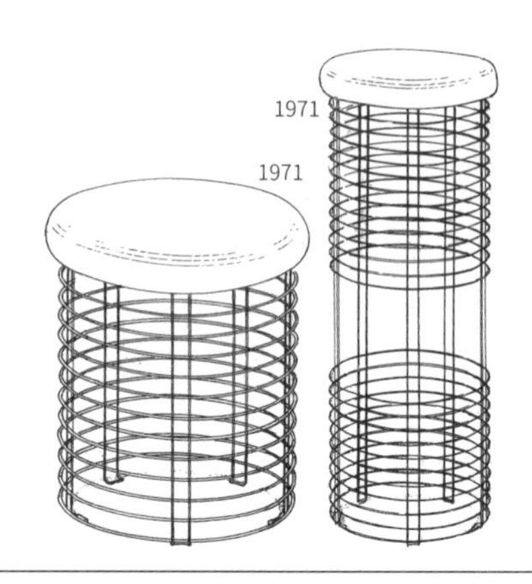

这两把凳子与接下来介绍的钢丝凳属于同一系列。与在第2小节中介绍的凳子相似，但强度大大提高了。

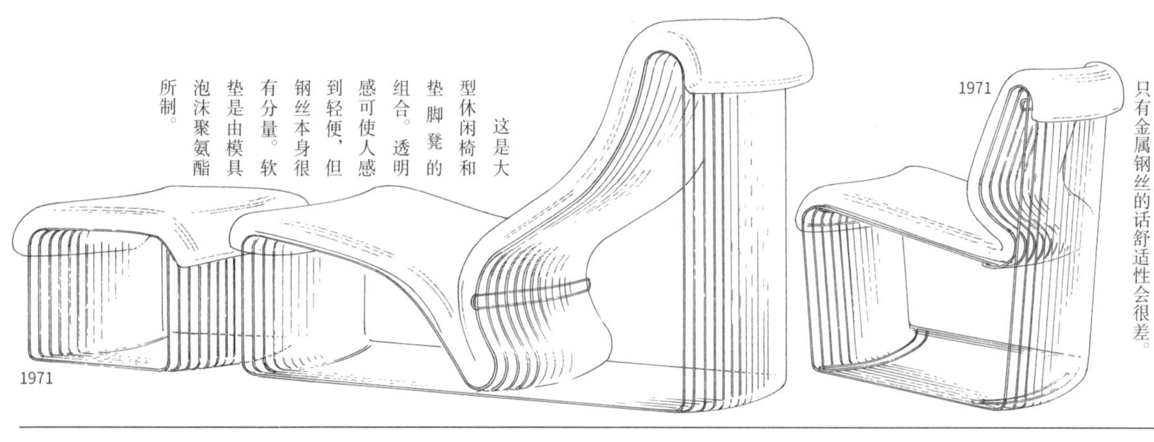

这是大型休闲椅和垫脚凳的组合。透明感可使人感到轻便，但钢丝本身很有分量。软垫是由模具泡沫聚氨酯所制。

这把椅子的座面和背面有软垫。如果只有金属钢丝的话舒适性会很差。

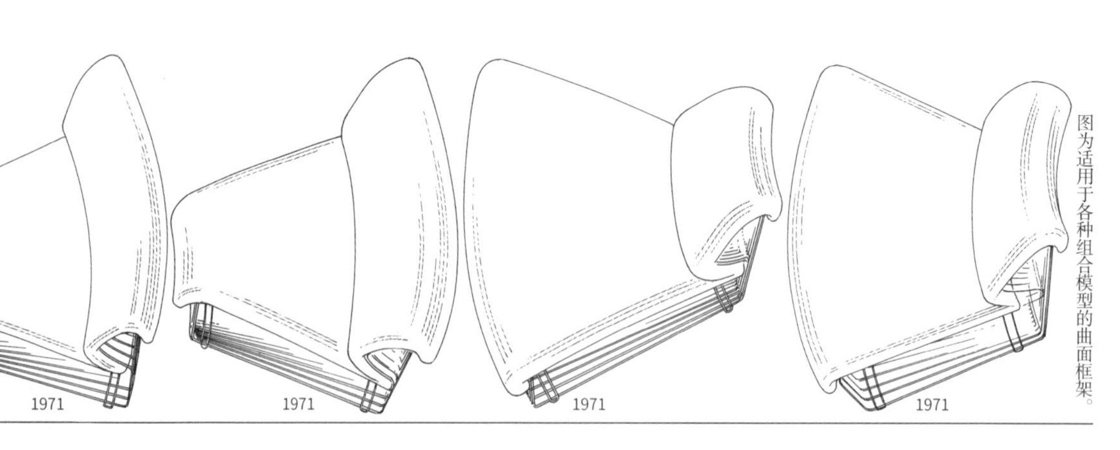

图为适用于各种组合模型的曲面框架。

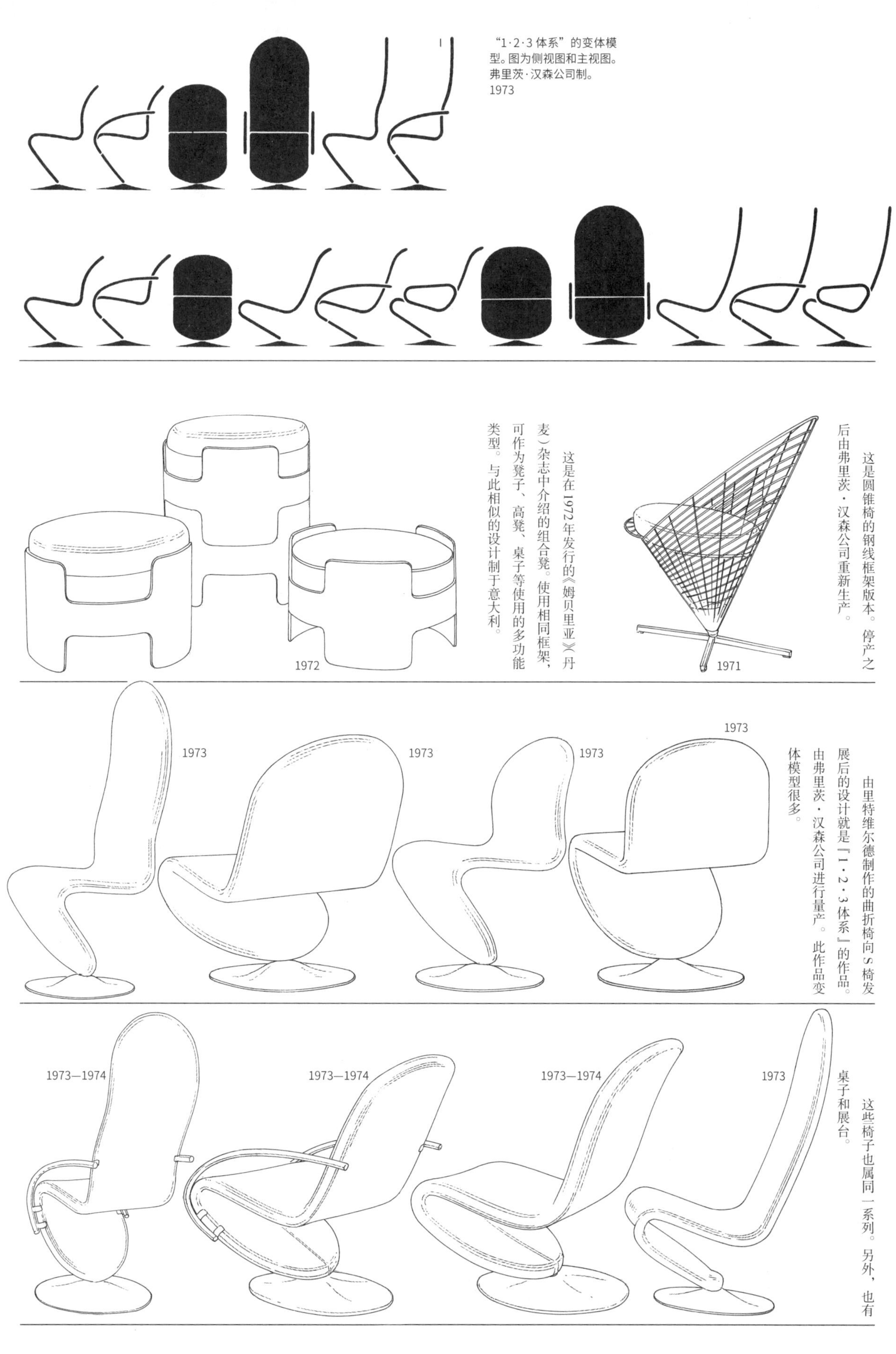

“1·2·3体系”的变体模型。图为侧视图和主视图。弗里茨·汉森公司制。1973

这是圆锥椅的钢线框架版本。停产之后由弗里茨·汉森公司重新生产。

这是在1972年发行的《姆贝里亚》（丹麦）杂志中介绍的组合凳。使用相同框架，可作为凳子、高凳、桌子等使用的多功能类型。与此相似的设计制于意大利。

由里特维尔德制作的曲折椅向S椅发展后的设计就是『1·2·3体系』的作品。由弗里茨·汉森公司进行量产。此作品变体模型很多。

这些椅子也属同一系列。另外，也有桌子和展台。

1926—1998

维奈·潘顿

第 6 小节
打破“椅子”的概念

潘顿最有名的椅子是『潘顿椅』，但这实际上很难说是他的原创作品，笔者在此不做评价。能够对他评价的应该是他对色彩的使用及能够在设计椅子时打破传统概念这些方面。也就是说，椅子是有椅腿、椅座和椅背，带扶手的东西，这是显而易见的。然而打破这种传统观念的不仅有潘顿，奥利维埃·穆尔固、皮埃尔·波林、艾洛·阿尼奥等，还有其他意大利的许多作家都曾打破传统。但是潘顿被认为有胜过他们的创意想法。这就是对垂直方向位置的思考。以已经介绍过的『生活塔』『面包塔』为代表，以及在此介绍的『座椅（下页第三行）』和『高低两座椅』『坐轮』等，他提出了以往没有的上下两座椅的概念，这一点值得是称赞的。但是，遗憾的是这些作品现在基本上不再进行生产了。

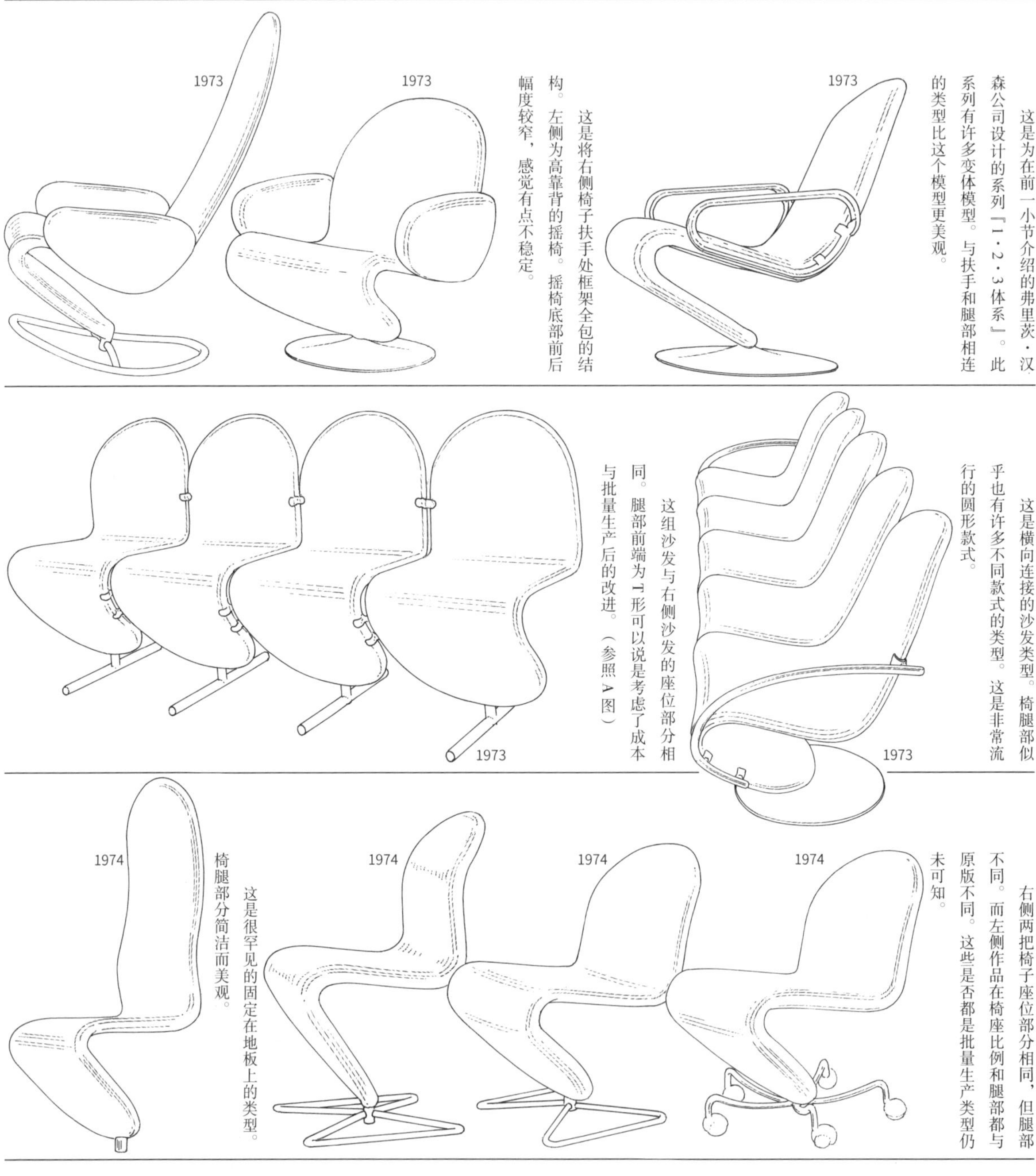

这是为在前一小节介绍的弗里茨·汉森公司设计的系列『1·2·3体系』。此系列有许多变体模型。与扶手和腿部相连的类型比这个模型更美观。

这是将右侧椅子扶手处框架全包的结构。左侧为高靠背的摇椅。摇椅底部前后幅度较窄，感觉有点不稳定。

这是横向连接的沙发类型。椅腿部似乎也有许多不同款式的类型。这是非常流行的圆形款式。

这组沙发与右侧沙发的座位部分相同。腿部前端为T形可以说是考虑了成本与批量生产后的改进。（参照A图）

右侧两把椅子座位部分相同，但腿部不同。而左侧作品在椅座比例和腿部都与原版不同。这些是否都是批量生产类型仍未可知。

这是很罕见的固定在地板上的类型。椅腿部分简洁而美观。

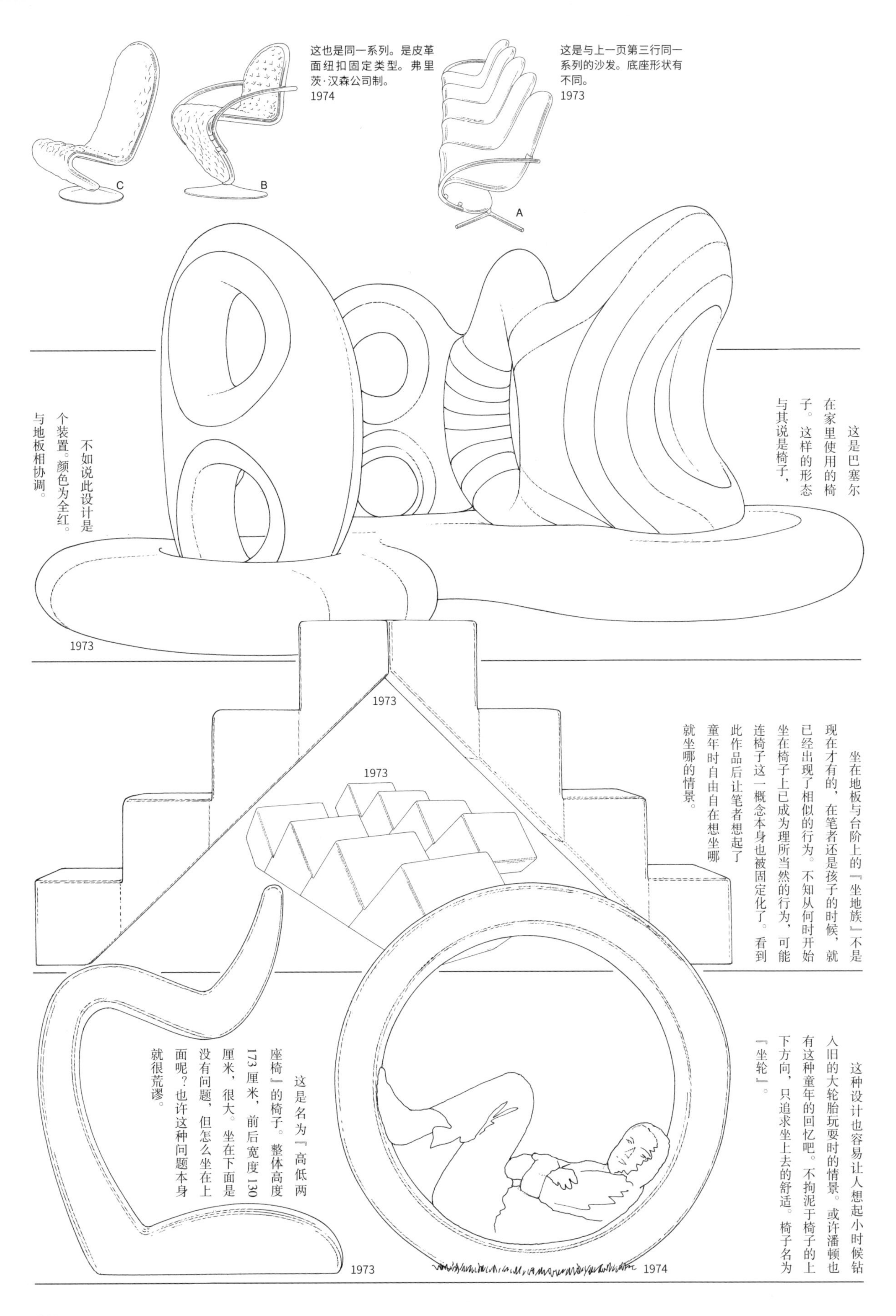
这也是同一系列。是皮革面纽扣固定类型。弗里茨·汉森公司制。
1974
这是与上一页第三行同一系列的沙发。底座形状有不同。
1973
C
B
A
这是巴塞尔在家里使用的椅子。这样的形态与其说是椅子，
不如说此设计是个装置。颜色为全红。与地板相协调。
1973
1973
1973
坐在地板与台阶上的『坐地族』不是现在才有的，在笔者还是孩子的时候，就已经出现了相似的行为。不知从何时开始坐在椅子上已成为理所当然的行为，可能连椅子这一概念本身也被固定化了。看到此作品后让笔者想起了童年时自由自在想坐哪就坐哪的情景。
这种设计也容易让人想起小时候钻入旧的大轮胎玩耍时的情景。或许潘顿也有这种童年的回忆吧。不拘泥于椅子的上下方向，只追求坐上去的舒适。椅子名为『坐轮』。
这是名为『高低两座椅』的椅子。整体高度173厘米，前后宽度130厘米，很大。坐在下面是没有问题，但怎么坐在上面呢？也许这种问题本身就很荒谬。
1973
1974

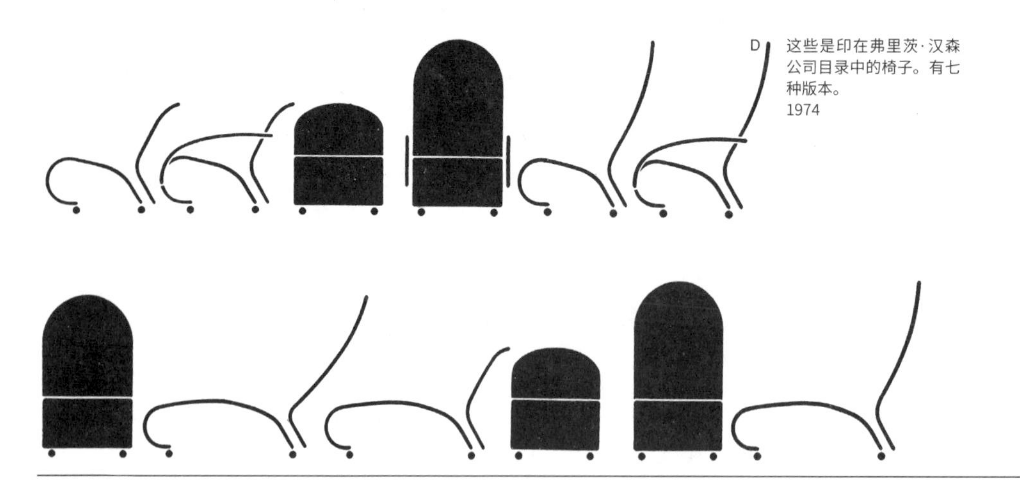

D 这些是印在弗里茨·汉森公司目录中的椅子。有七种版本。
1974

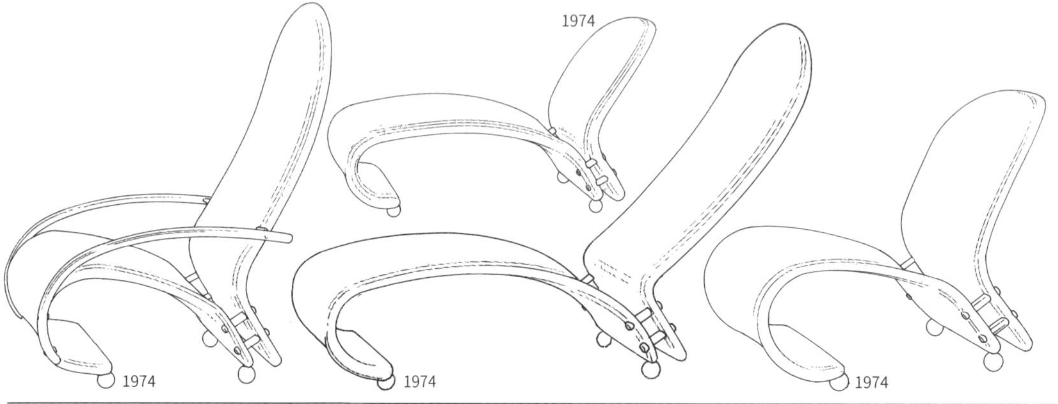

这些椅子与第675页介绍的系列在结构上完全不同，但名字一样为『1・2・3体系』。此类型也有很多变体模型存在。

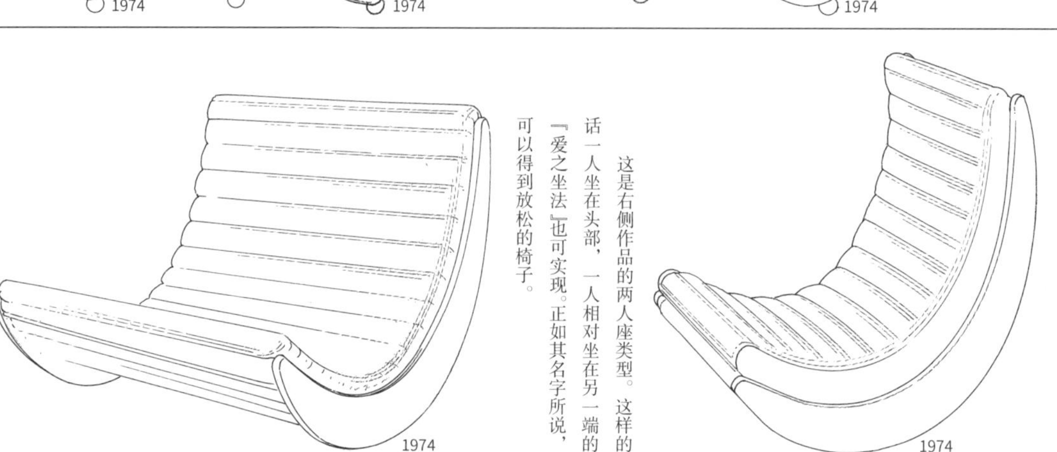

这是名为『放松2』的椅子。从框架上也可看出是摇椅。而且，倒过来坐在头部一端也可以。

这是右侧作品的两人座类型。这样的话一人坐在头部，一人相对坐在另一端的『爱之坐法』也可实现。正如其名字所说，可以得到放松的椅子。

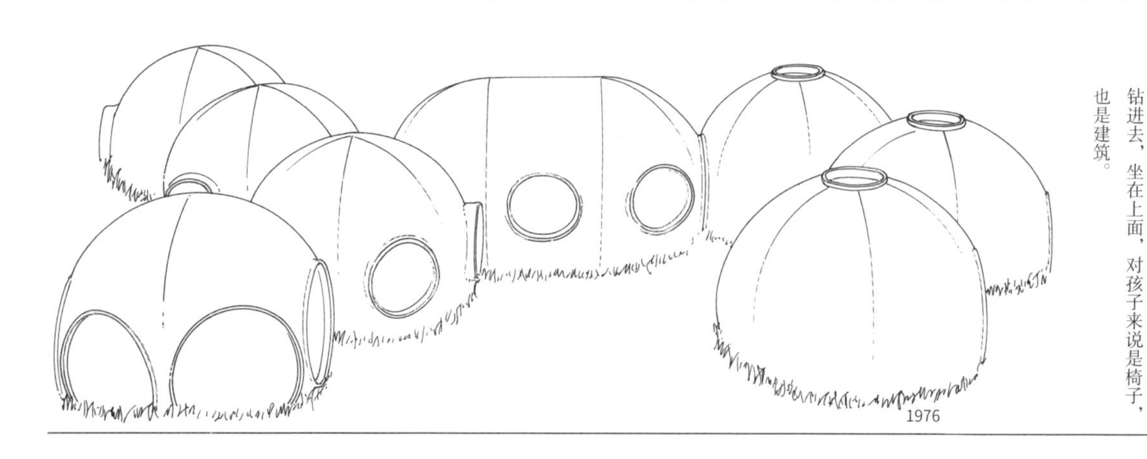

这是名为『避难小屋』的儿童玩具。此作品似乎没必要纠结『哪是椅子部分』。钻进去，坐在上面，对孩子来说是椅子，也是建筑。

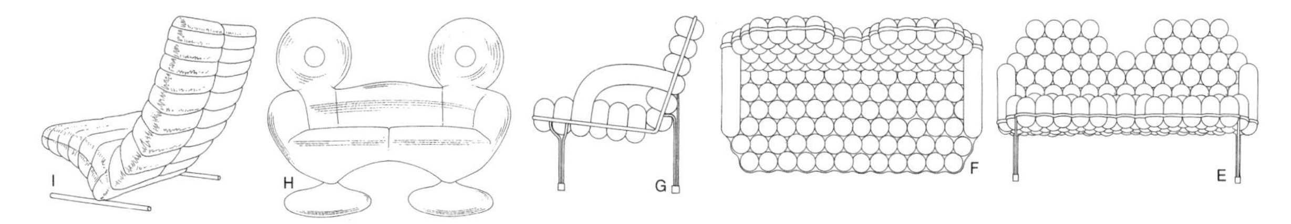

这是第四行左侧椅子的无扶手两人座版本。
1979

这是名为“埃曼塔尔·姐姐”的椅子，是将椅子作为人性化物品设计的很好的例子。
1979

这是名为“药丸椅”的三视图。这种创意在学生作品中很常见。
1978

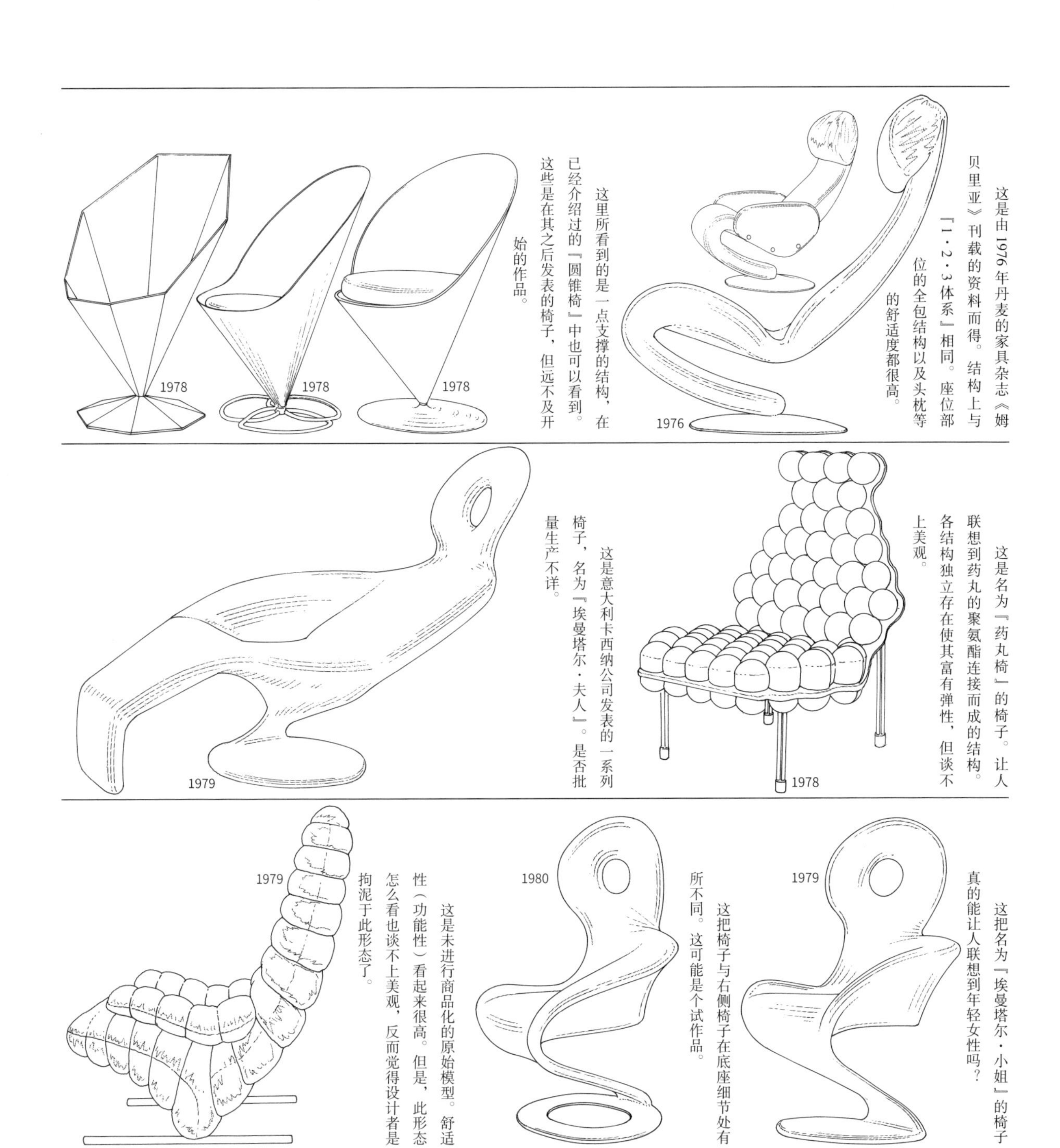

这是由1976年丹麦的家具杂志《姆贝里亚》刊载的资料而得。结构上与『1·2·3体系』相同。座位部位的全包结构以及头枕等的舒适度都很高。

这里所看到的是一点支撑的结构，在已经介绍过的『圆锥椅』中也可以看到。这些是在其之后发表的椅子，但远不及开始的作品。

这是名为『药丸椅』的椅子。让人联想到药丸的聚氨酯连接而成的结构。各结构独立存在使其富有弹性，但谈不上美观。

这是意大利卡西纳公司发表的一系列椅子，名为『埃曼塔尔·夫人』。是否批量生产不详。

这把名为『埃曼塔尔·小姐』的椅子真的能让人联想到年轻女性吗？

这把椅子与右侧椅子在底座细节处有所不同。这可能是个试作品。

这是未进行商品化的原始模型。舒适性（功能性）看起来很高。但是，此形态怎么看也谈不上美观，反而觉得设计者是拘泥于此形态了。

1926—1998

维奈·潘顿

第 7 小节
设计师们存在国民性吗？

将家具设计者与国民性相联系很有趣。例如，北欧一般制作比较暖的设计，同样是位于北欧的芬兰，因为木工技术不是很高超，作品多给人平庸朴素的印象。另外，作为工业国的瑞典则是工业设计较多。而丹麦则是能够印证其高超木工技术的手工艺设计较多。虽然各式各样，但共同特点就是使用方便，不会让人反感。

另外其他国家，像德国则是因为运用人类工学，所以功能性的作品很多，但总是会让人有种冷淡的感觉。与此相比，意大利的作品则充分体现了设计师们享受设计乐趣的心情，明快简洁的设计很多。而作为消费大国的美国，则低成本设计有很多。当然也存在例外，但依笔者的独断与偏见来说，大体就是这样。这样看来，也就能感受到潘顿的设计风格在丹麦是多么格格不入了。不禁让人想到如果他生于意大利会怎样呢？

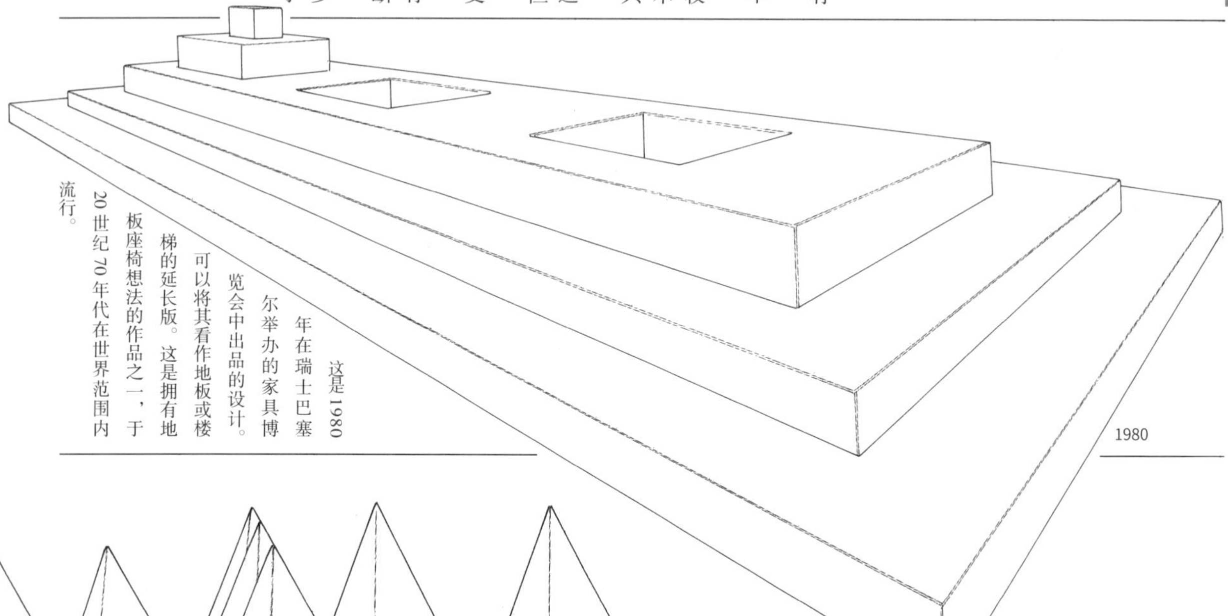

这是 1980 年在瑞士巴塞尔举办的家具博览会中出品的设计。可以将其看作地板或楼梯的延长版。这是拥有地板座椅想法的作品之一，于 20 世纪 70 年代在世界范围内流行。

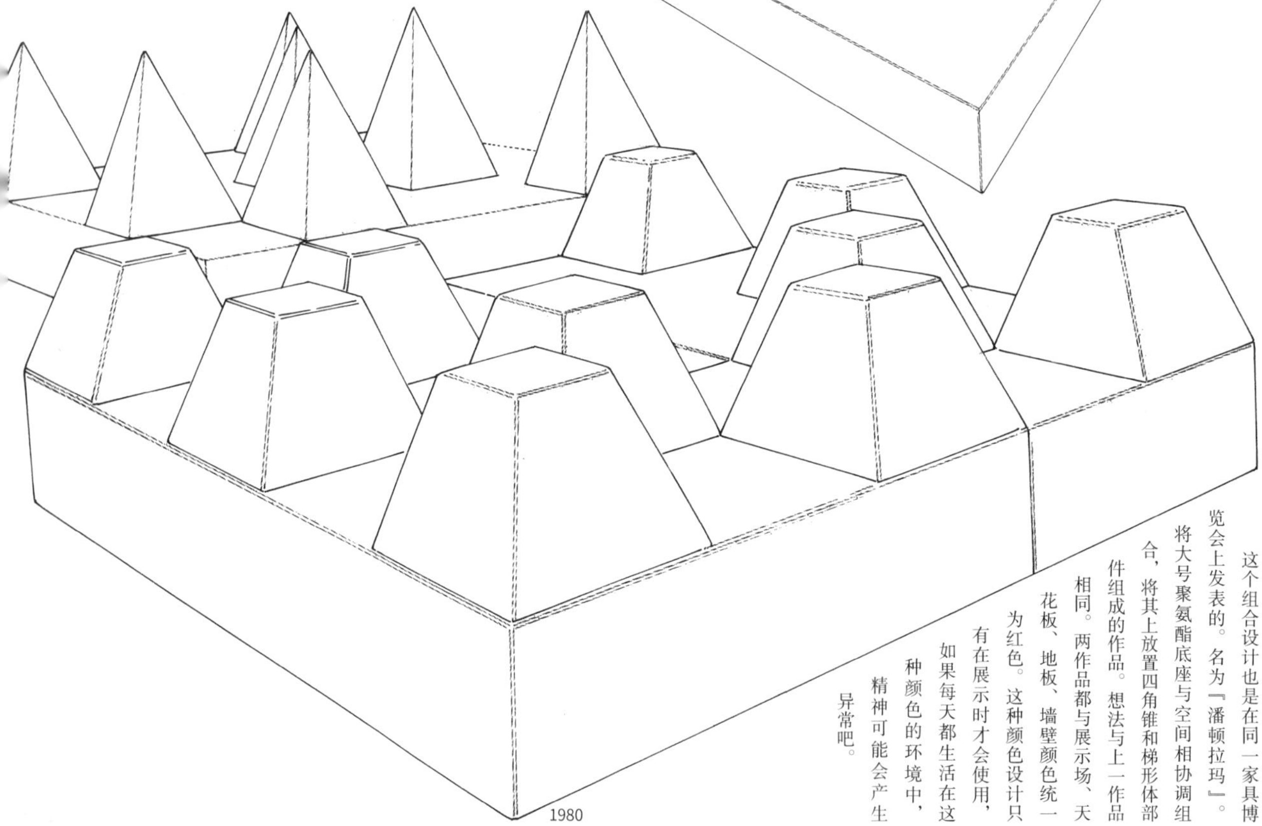

1980

这个组合设计也是在同一家具博览会上发表的。名为『潘顿拉玛』。将大号聚氨酯底座与空间相协调组合，将其上放置四角锥和梯形体部件组成的作品。想法与上一作品相同。两作品都与展示场、天花板、地板、墙壁颜色统一为红色。这种颜色设计只有在展示时才会使用，如果每天都生活在这种颜色的环境中，精神可能会产生异常吧。

1980

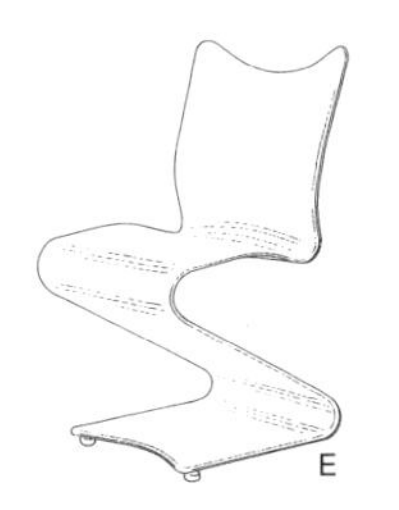

图为潘顿的“S 椅”。这样可以清楚地看出设计的过程及其之间的联系。
1966

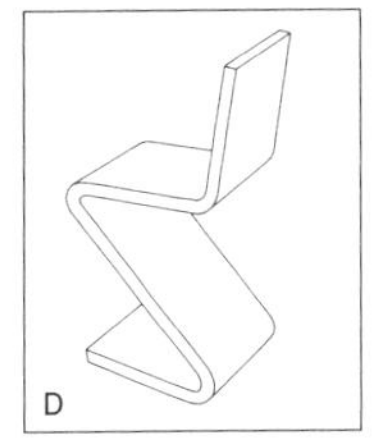

这是里特维尔德的成型胶合板材料的“Z 形椅”。由此设计产生了“S 椅”，进而产生了下面介绍的艺术椅。
1930

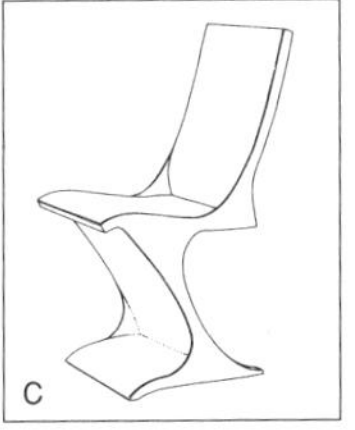

潘顿的“S 椅”的设计理念来源于里特维德的“Z 形椅”，而“Z 形椅”的设计是又来源于朗仕兄弟的悬臂椅。
1927

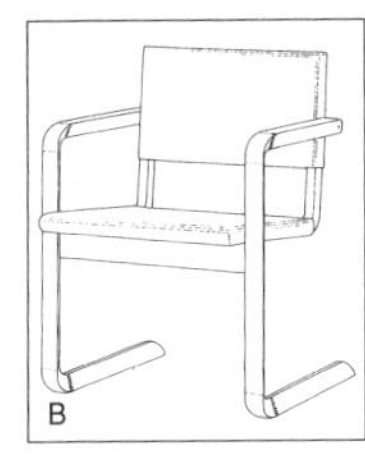

这是丹麦乔根·盖米伽德设计的悬臂结构的椅子。与潘顿设计的椅子一样，框架也是木制的。
1978

这是被称为钢管悬臂椅的首创者马特·斯坦设计的椅子。
1927

这是潘顿在自己的工作坊制作的实际大小的模型。框架为木制。座面为薄纸，圆形背部为卡纸。是否有原始模型未知。结构上有点问题。

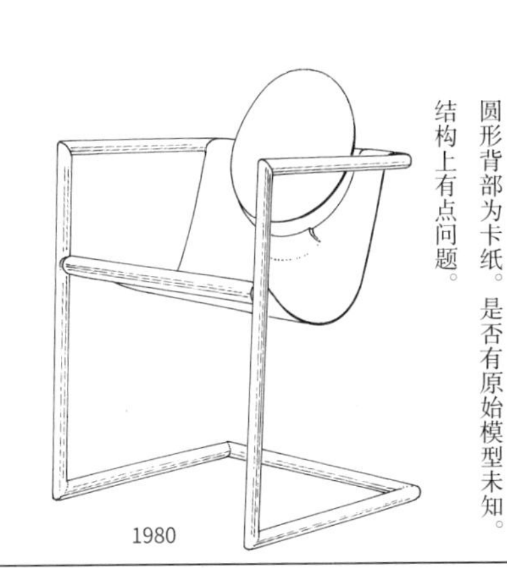

分析本书中介绍的创作者，其共同点是，若将他们的一生分为前、中、后期，大多数留于后世的作品都是在中期创作的。潘顿也是一样。这一系列的椅子应该是利用『S椅』的形式，进而切割出不同的设计来的吧。这似乎无法当作是设计改进……

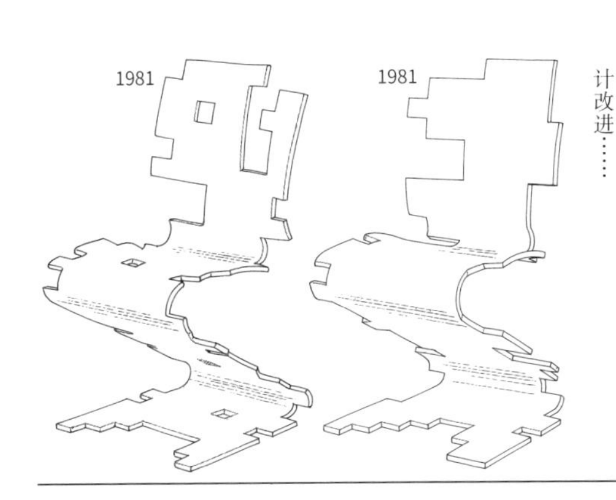

上面介绍的两把椅子加上这两把都是经过90度切割得到的椅子系列。

这是同样的斜分的椅子。

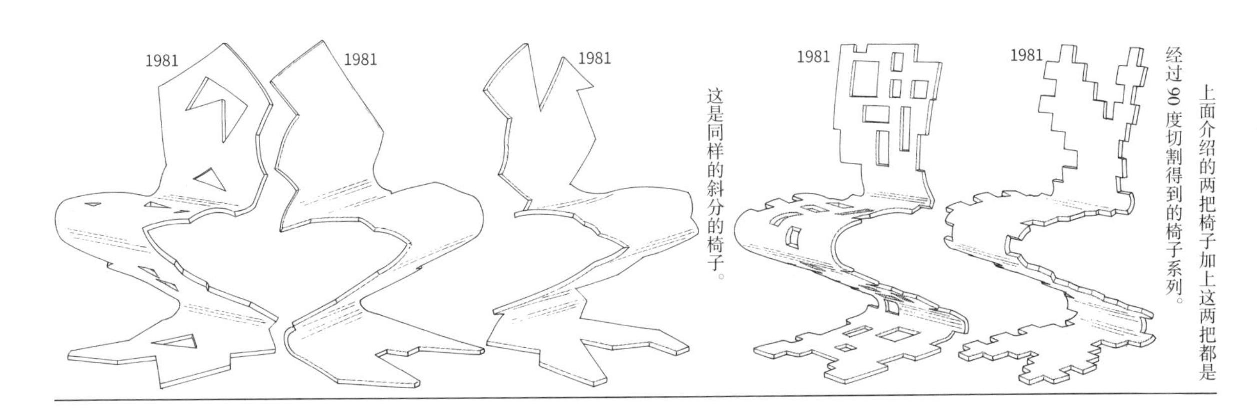

这五把椅子以及下一页的椅子都是曲线切割而成的系列。

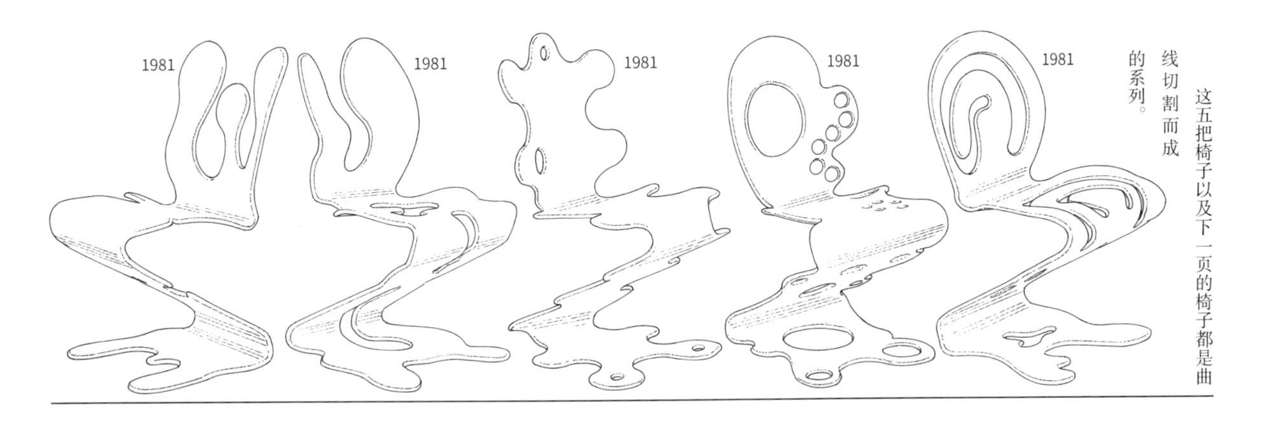

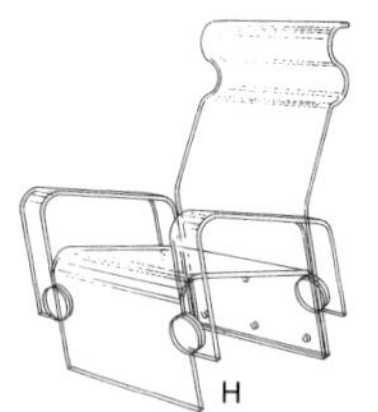

这是潘顿的有机玻璃制椅，曾经在第 1 小节中介绍过。
1959

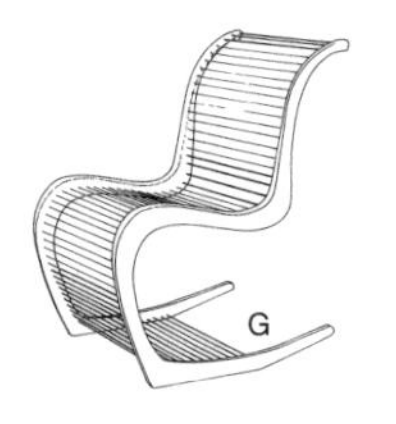

这是在第 667 页介绍的摇椅。之后发展为第四行的丙烯酸树脂材料制的椅子。
1960

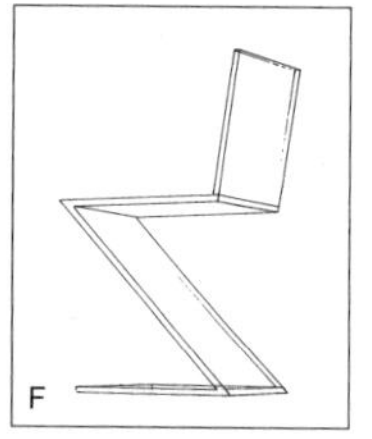

这是日本建筑家叶祥荣设计的“W、X、Y、Z 形椅”系列之一。使用强化玻璃制作的“Z 形椅”。明显参照了之前介绍的“Z 形椅”的设计理念。
1976

这是从上一页开始介绍的系列椅子。这一系列作品被称为『艺术椅』，是享受设计之乐，富有『玩心』的系列。

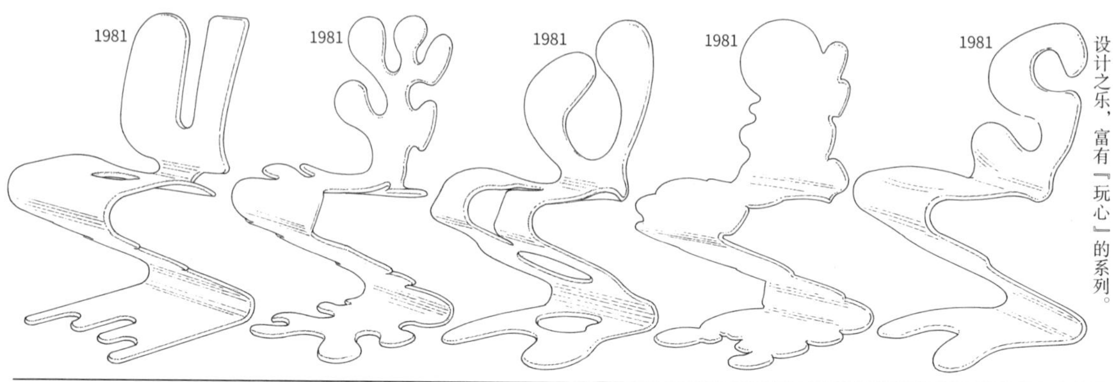

这把椅子由草图绘制。据资料介绍存在原始的模型，但可能没有进行试制。舒适性似乎很高。

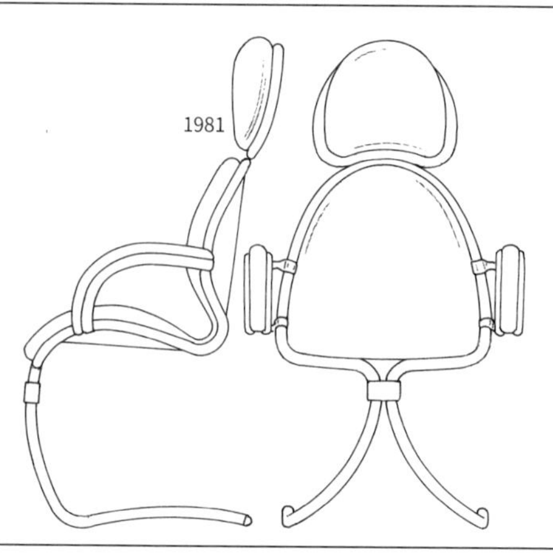

由两部分组合而成的椅子结构很多。在潘顿的『1·2·3体系中』也能看到。此作品为原始模型。材料及内部构造不详。

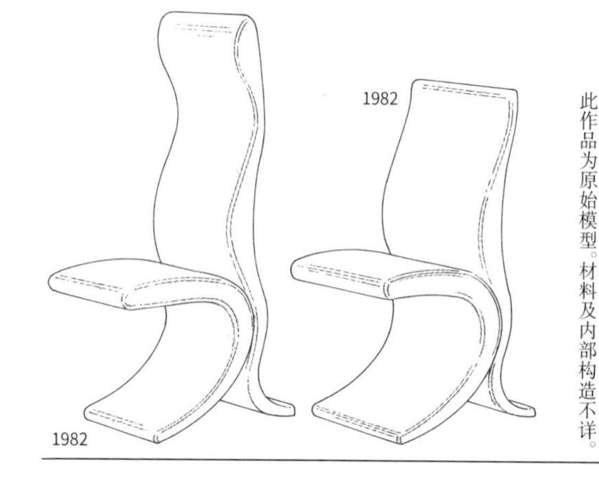

堆叠型凳子。因为使用了细钢棒，所以不会太重，可以堆叠相当多的数量。

1981

这似乎是将1950年的『有机玻璃椅』和1960年的『摇椅』混合而成的设计。由丹麦树脂技术公司制。

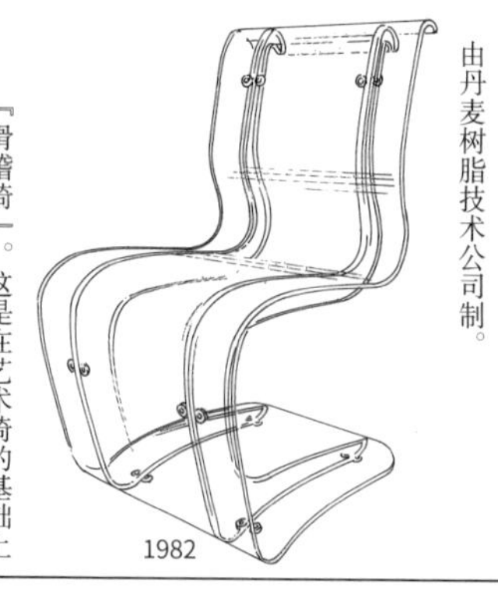

『滑稽椅』。这是在艺术椅的基础上设计的椅子。座面应该是可旋转的。将这种椅子进行商品化需要很大勇气。图为原始模型。

1983

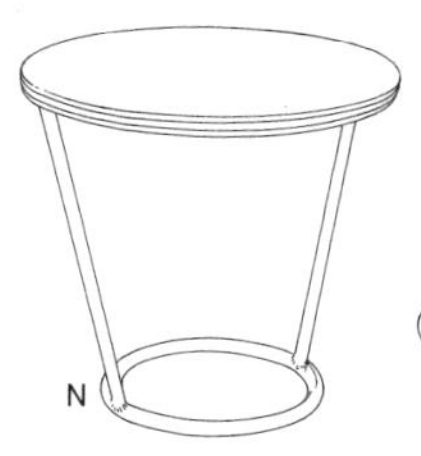

N

“回旋”系列的桌子。桌子因为是垂直承重，所以即便是这种结构也没有什么问题吧。
1985

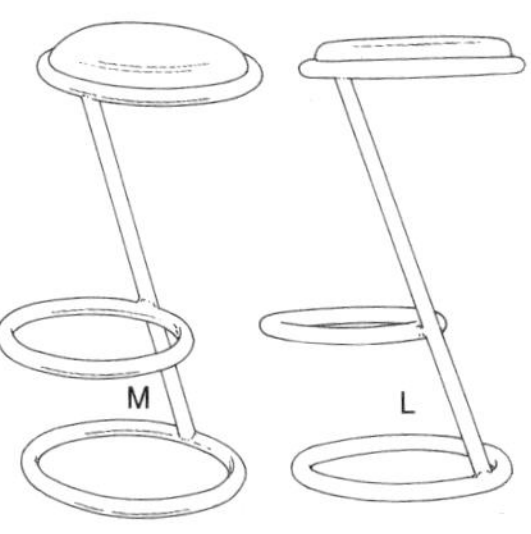

M　L

“回旋”系列的酒吧凳。看到这把椅子之后能够安心坐上去的人应该很少吧。视觉上让人感到不安的椅子大多在结构上也有问题。
1985

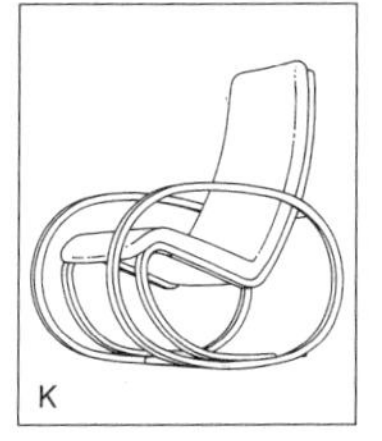

K

这是丹麦乔根·盖米伽德的椅子，拥有十分美观的环状框架。组合式结构。
1982

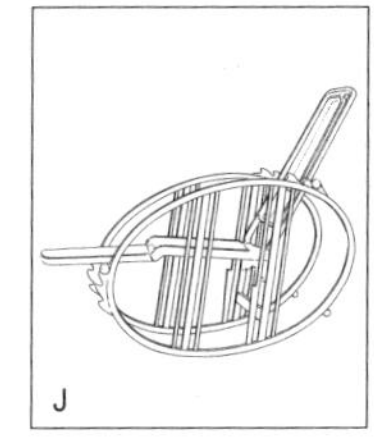

J

这是约瑟夫·霍夫曼设计的使用了环状框架的摇椅。
1905

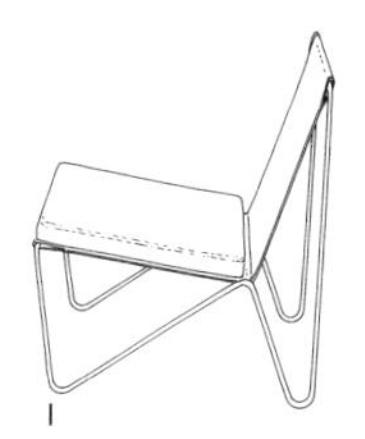

I

潘顿最初期设计的椅子。钢管框架表面为绒面革。也成套设计出了桌子。
1953

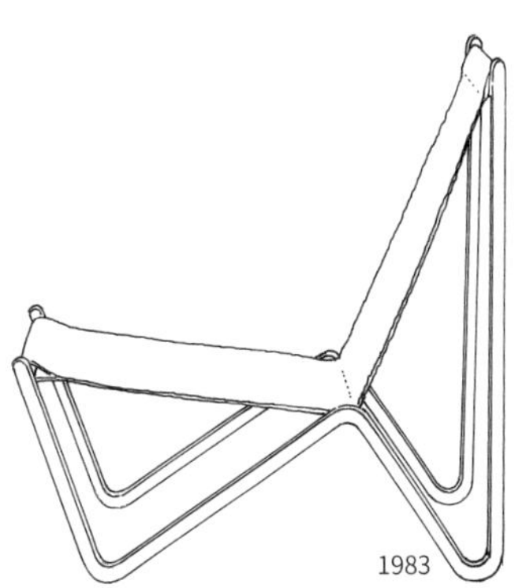

1983

这是一开始介绍的潘顿的钢制框架椅子的设计改进类型。因为是木制框架所以很轻。也同为弗里茨・汉森公司制。

制作材料的强度可以为椅子带来多种可能性，这种情况在之前介绍的椅子中都可以看到。但另一方面，可以称得上是『杂技』般的特殊结构也屡见不鲜。这里介绍的一系列椅子就是如此。环状框架因为是用点熔接的方式，所以在强度上很有问题。

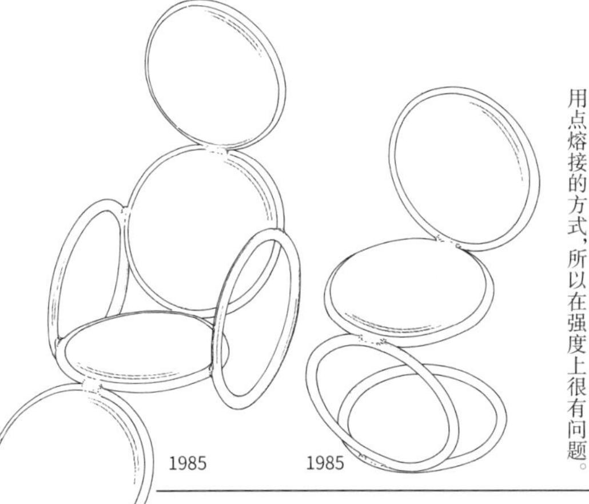

1985　1985

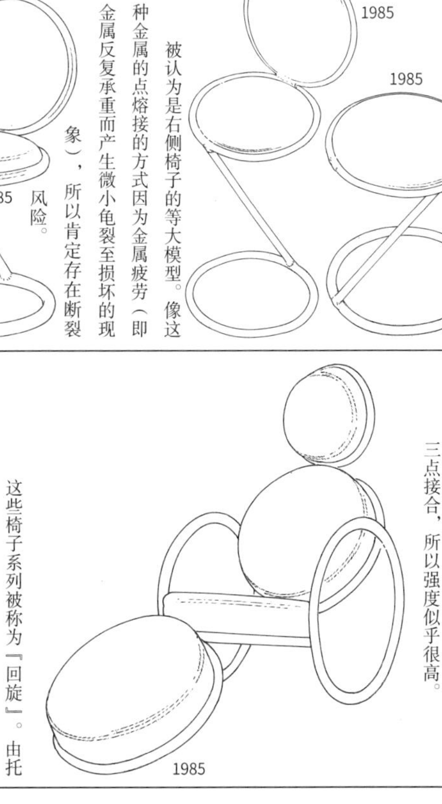

1985　1985

这也是同一系列，是钢模型吗？

1985

被认为是右侧椅子的等大模型。像这种金属的点熔接的方式因为金属疲劳（即金属反复承重而产生微小龟裂至损坏的现象），所以肯定存在断裂风险。

这一系列的钢管连接并非点熔接方式，将钢管经过弯曲加工后再进行连接会大大提高强度。

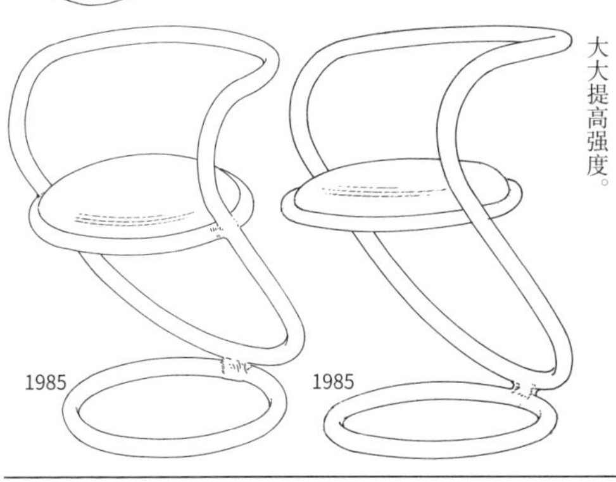

1985　1985

这把椅子的头枕与脚垫处因都是点熔接方式，所以有断裂危险。后背与座面有三点接合，所以强度似乎很高。

1985

这些椅子系列被称为『回旋』。由托勒尔公司制作。因为在结构上有问题，所以现在是否仍继续使用还是个疑问。其对悬臂结构的无比执着令人深感惊叹。

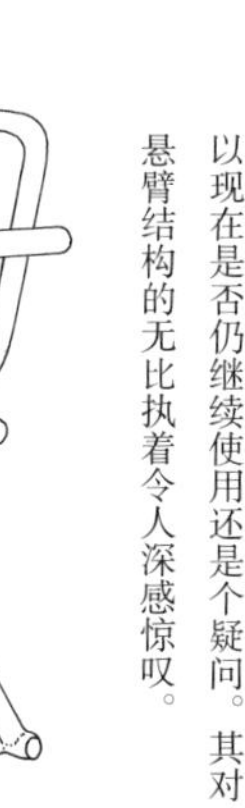

1985　1985

1926—1998

维奈·潘顿

第 8 小节
是功能？还是概念？

在介绍潘顿的作品中笔者发现，他的许多作品都不是从功能观念中产生的形态，而是基于形态之上的设计。这种设计方法变成了将功能置后，强调迎合设计。接下来将介绍的作品也很难说是功能性的。这样的作品可能作为艺术品来说是成立的，但对于生产者来说是需要很大勇气去接受的。即使是这一小节的作品中最后生产了成品的模型也只有三四个吧。

作为经典的椅子必须具备几个条件：（1）功能性；（2）美观；（3）结构坚固；（4）物有所值；（5）轻便；（6）具有划时代意义；（7）长期作为商品流通。至少作为商品流通 25 年以上。潘顿是拥有很多作品的设计师，但作为名作遗留后世的又有多少呢？等 20 年、30 年后再作判断吧。

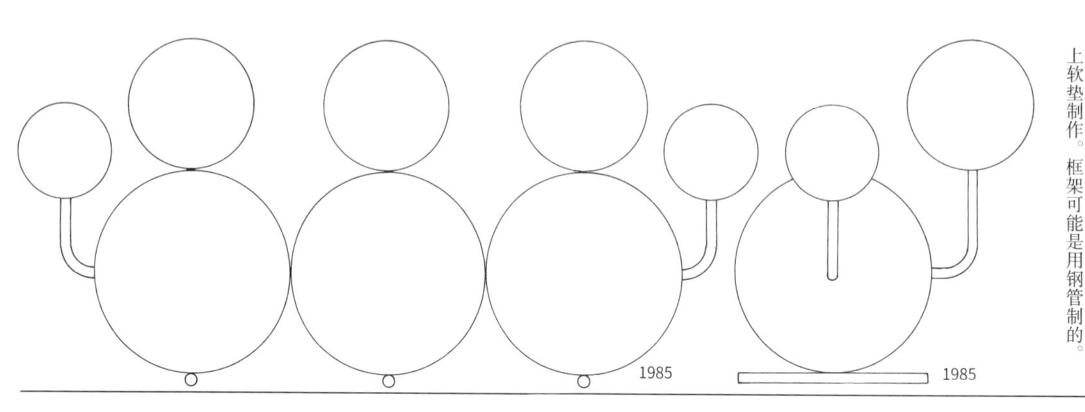

这是以圆形、三角形、四边形为主题的沙发开发的制图。从形态入手设计的典型例子。也许是考虑用泡沫聚氨酯材料加上软垫制作。框架可能是用钢管制的。

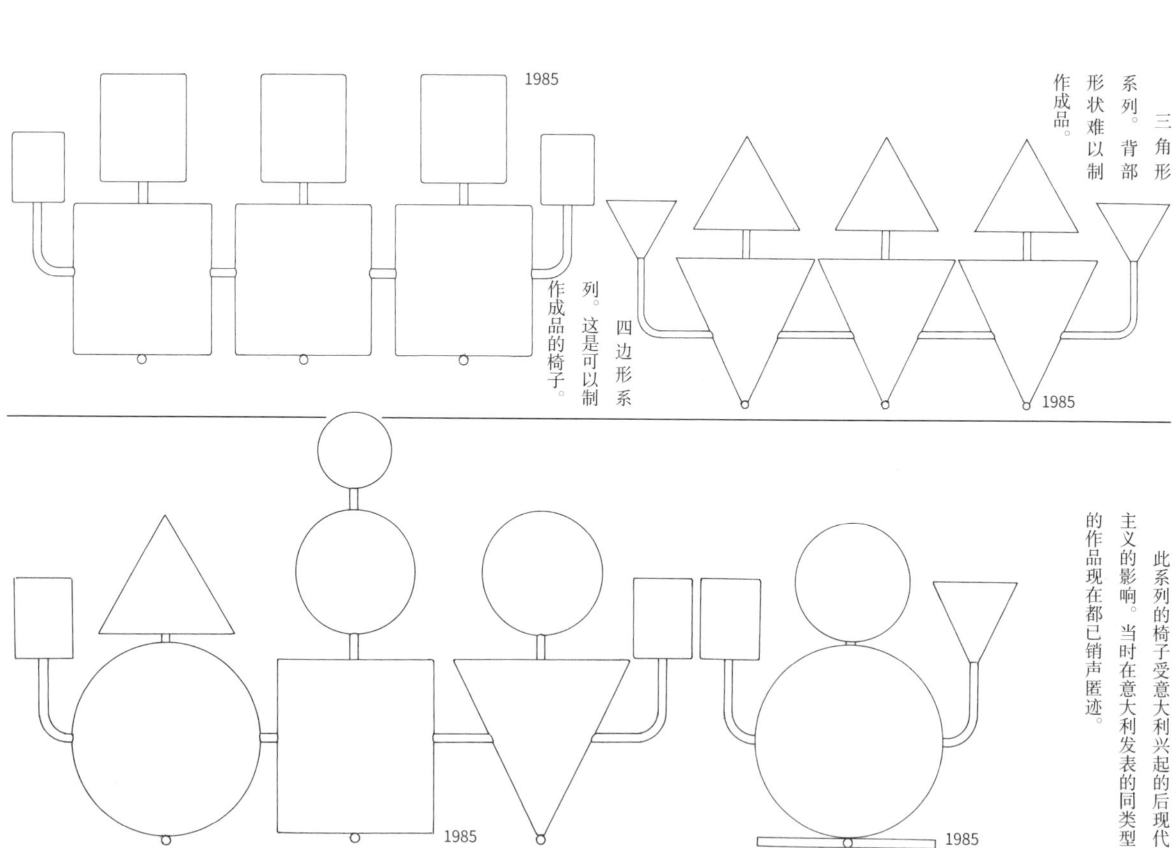

四边形系列。这是可以制作成品的椅子。

三角形系列。背部形状难以制作成品。

此系列的椅子受意大利兴起的后现代主义的影响。当时在意大利发表的同类型的作品现在都已销声匿迹。

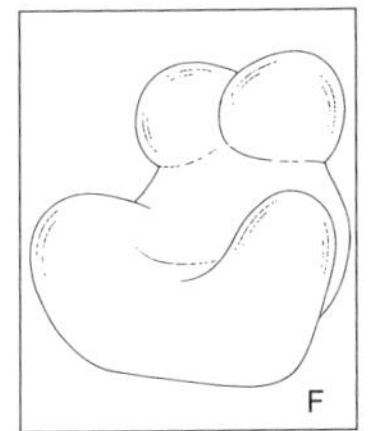

这是盖塔诺·派西的设计“夫人”，以女性丰满的胸部为依据设计的。
1970

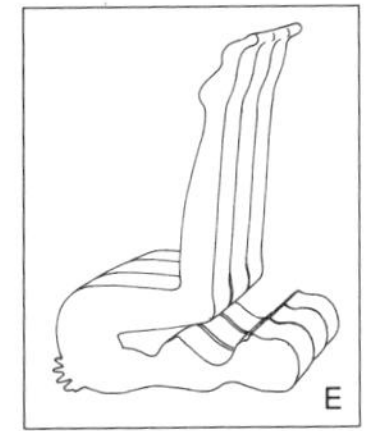

这是将艾伦·琼斯的作品进一步发展之后的模型，这是日本的竹山实所设计的波普艺术的作品。
1970

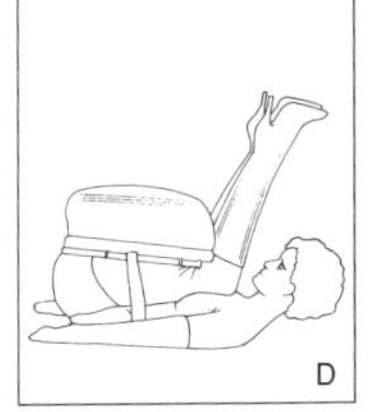

这是英国艾伦·琼斯的设计被发展后的模型。其他的将椅子拟作女性的设计也有发表。
1969

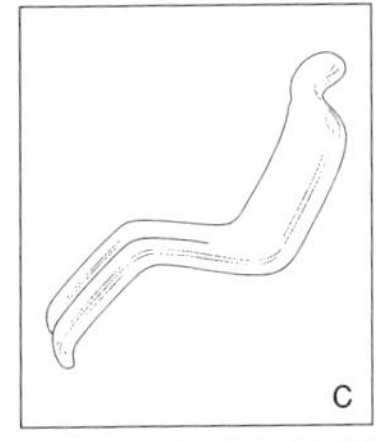

这是奥利维·莫尔古设计的被称为“布鲁姆”或是“UFO”的椅子。将人体本身形态设计为椅子的代表作。
1969

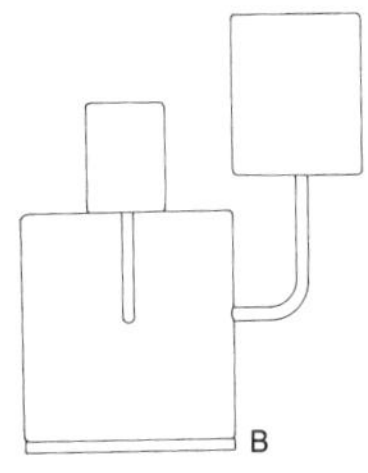

四边形系列。此这把椅子因为背和座都为直角，所以可以靠在后背上。
1968

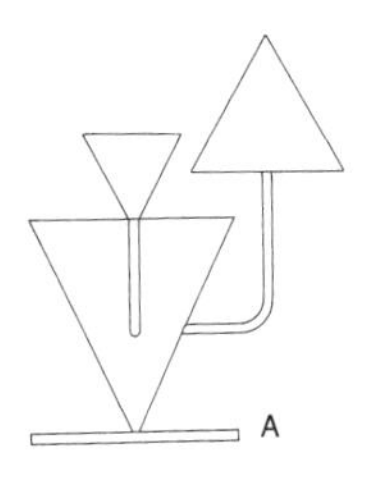

三角形系列的侧视图。由此可以看出背部结构是难以实现的。
1985

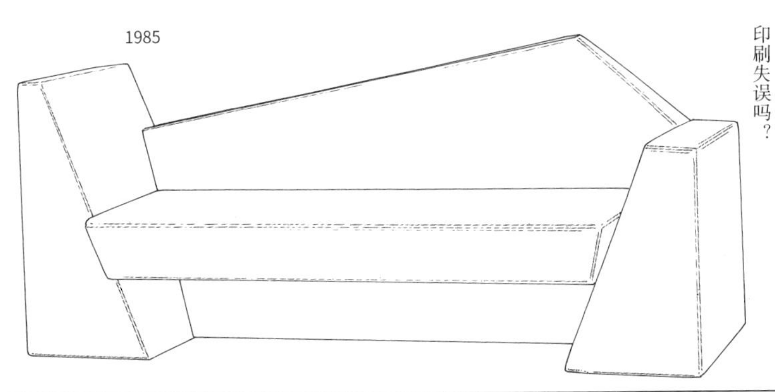

这把椅子的照片的颠倒版也存在，是印刷失误吗？

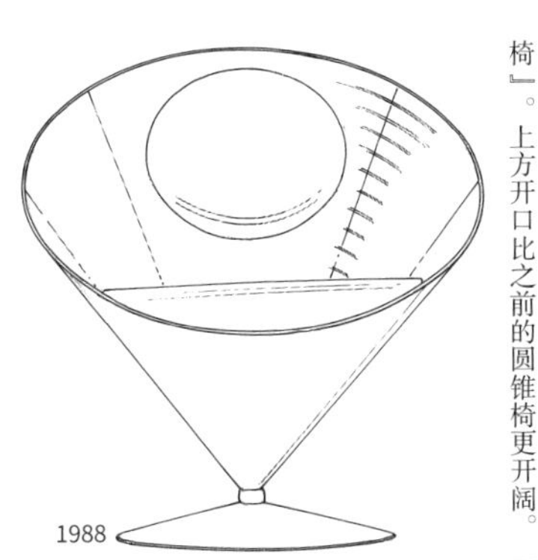

这是圆锥椅的复兴版本，名为『V形椅』。上方开口比之前的圆锥椅更开阔。

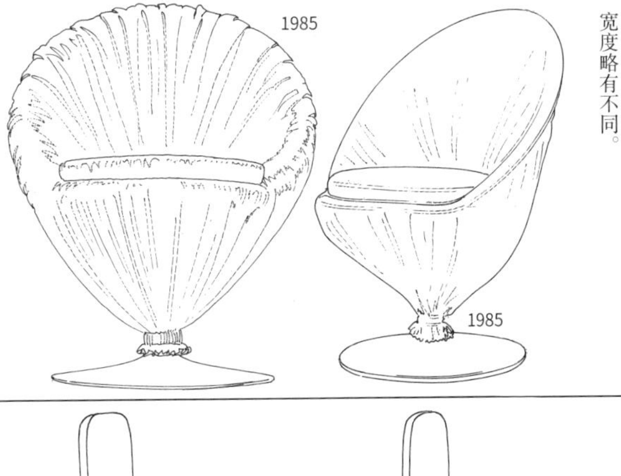

两件作品看上去很相似，但是细节和宽度略有不同。

20 世纪 80 年代

像这把椅子一样，把女性拟作椅子的设计很多。女性设计者的作品中绝对没有这种风格。

20 世纪 80 年代

与第三行椅子为同一系列。将椅子拟作女性可能是恋母情结的表现。

1992

这是在前一小节介绍的『回旋』系列椅子的基础上诞生的。前者为钢框架，这把椅子则为弯曲木框架。接触地面的部分是实木吗？同一设计也制作了儿童版本，紧贴地面的部分是塑料制。

“潘顿·摇摆”。这是将第四行右数第三个椅子的座位部分进行包围缠绕的类型。
1994

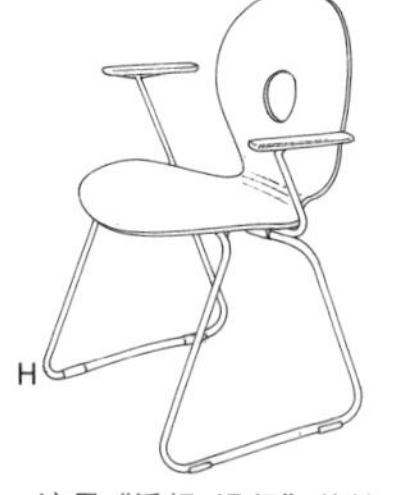

这是“潘顿·滑行”的扶手椅。好像也制作出了背部与第四行右侧椅子相同的模型。
1994

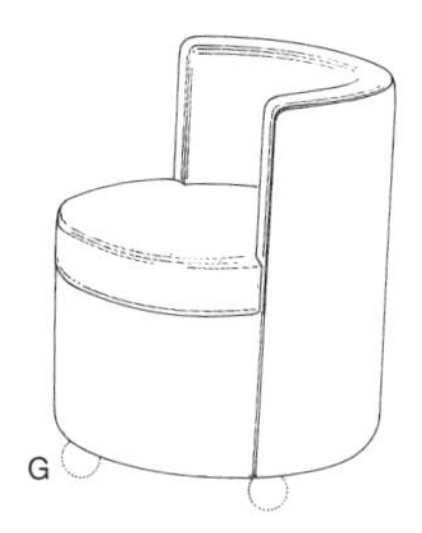

这是第二行中的“将军”椅子的带脚轮类型。
1993

这是在前一小节介绍的艺术椅的变体模型（潘顿式椅）。

1992

这是丹麦的埃里克·约根森公司制作的名为『将军』的椅子。应该有带脚轮类型（G图）及不带脚轮类型。

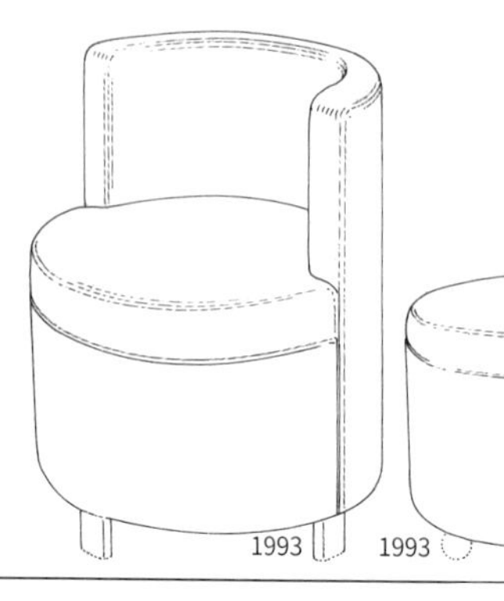

里特维尔德的『Z形椅』是由四块板制成的，此作品也用四块板组合成了稳定的结构。宜家家居公司发布。

『榻榻米凳』。因为是悬臂构造，在试制模型中座下面有夹手的危险。但在制成品中已解决了此问题。

1993—1994

上一页的模型是木制的，而这是铝框架。意大利的伊卡密公司制。

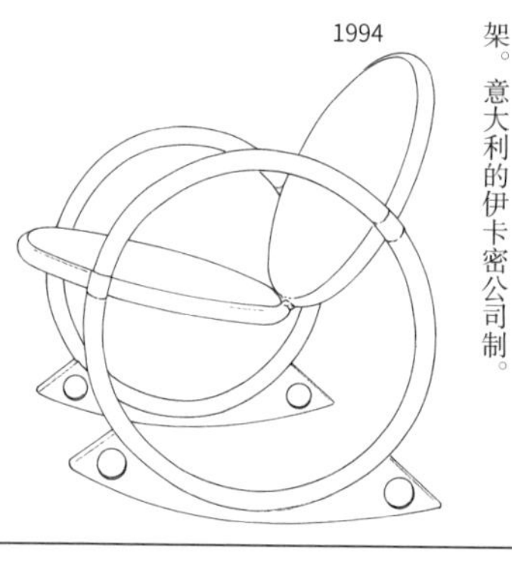

名为『螺旋椅』。此设计想法在之前出现过几次。

1994

像潘顿这样执着于悬臂结构的创作者很少吧。从使用树脂材料开始，到成型胶合板材料、钢管材料等，这样的结构涉及了许多方面。图为名为『潘顿·摇摆』的系列。

1994

1994

1994

正如名字『Z形椅』所示，从侧面看为Z形。

1994

“潘顿·堆叠”。背部和座面都是聚丙烯材料制。
1998

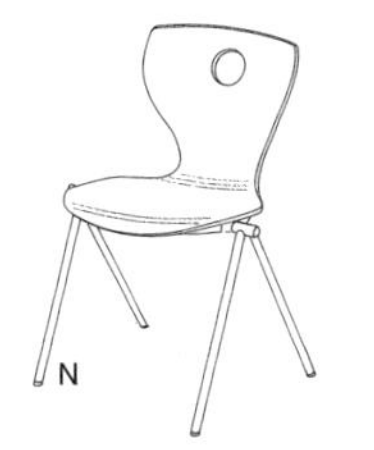

第四行右侧椅子的无扶手类型。椅腿的结构很美。
1998

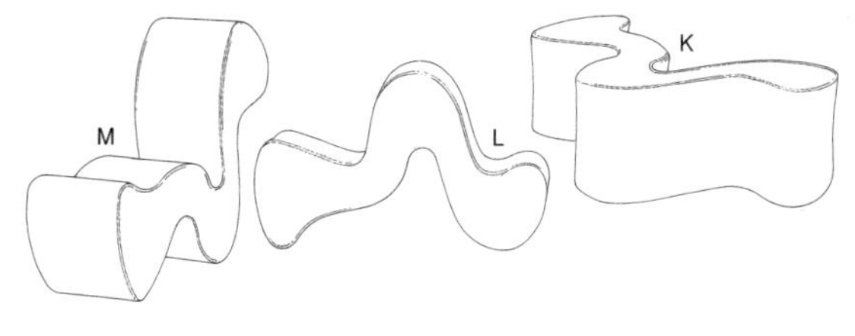

这是“虚幻”系列的各种形态的样例模型。
1998

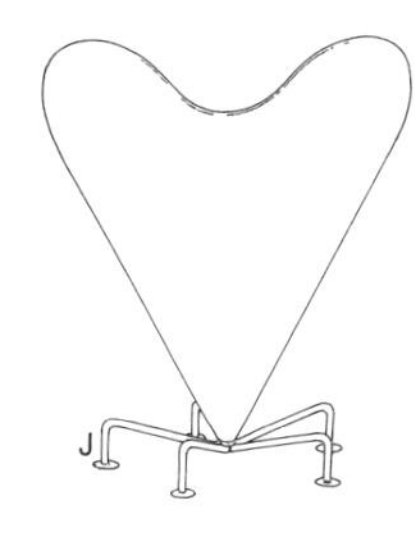

这是第二行右侧心形椅的变体模型。并不是很美观。这是从后面看的样子。
1994

这是将以前的潘顿椅重制的椅子。这种设计不应称为设计改进，而应该叫作样式设计。

1994

这两把椅子也是相同类型。由圆锥椅而得。

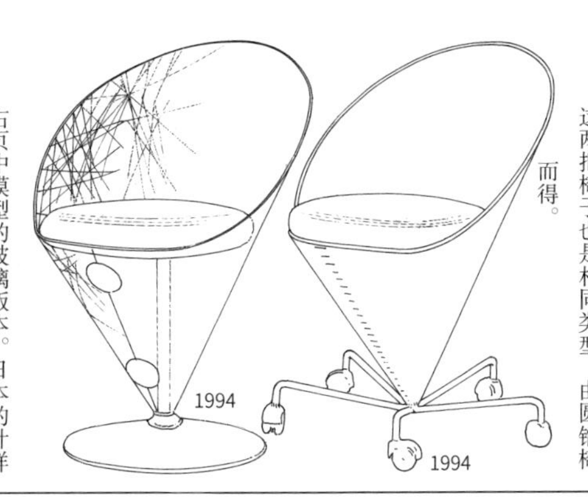

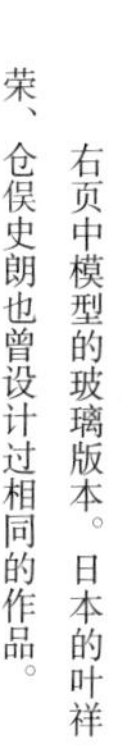

右页中模型的玻璃版本。日本的叶祥荣、仓俣史朗也曾设计过相同的作品。

这是儿童用的扶手椅。由螺栓固定的组合结构。背面板为红色、座面板为黄色、侧面板则分别涂成了蓝色和绿色。

1994

这是被称为『将军』的椅子，由丹麦的因特普洛菲尔公司所制。扶手和背面都不平。另外座面整体为弹簧支撑，所以不稳定。

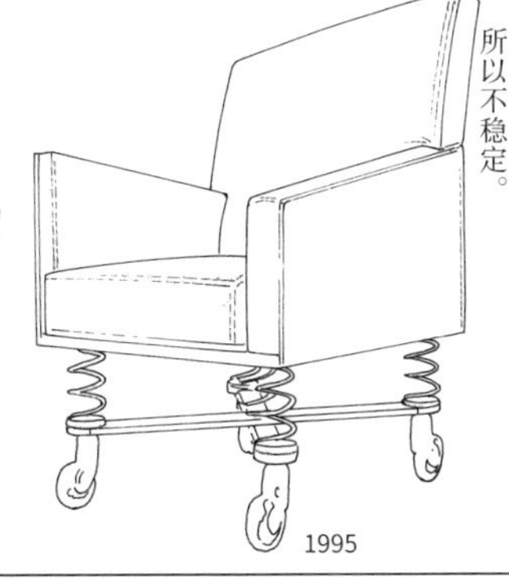

这是被称为『虚幻』的椅子。有4种（K图、L图、M图）位置结构。

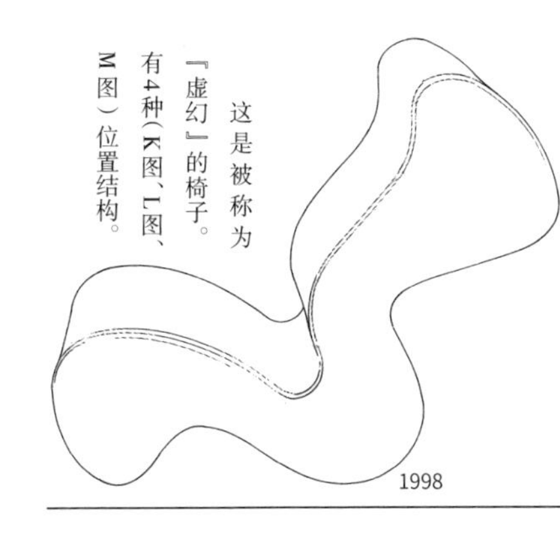

被称为『潘顿·四』的作品。与无扶手类型（N图）成套。

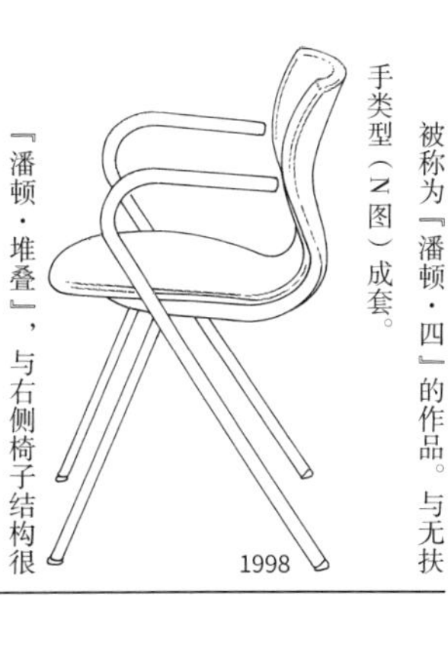

『潘顿·堆叠』，与右侧椅子结构很像。可堆叠。铝制框架。

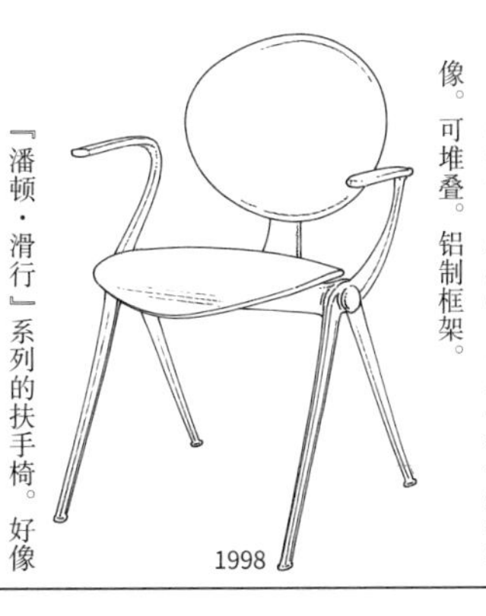

『潘顿·滑行』系列的扶手椅。好像也有无扶手类型。

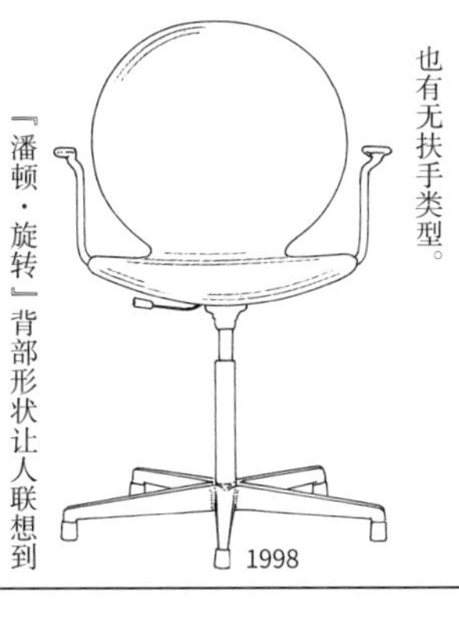

『潘顿·旋转』背部形状让人联想到米奇。如同名字所示，可以旋转。

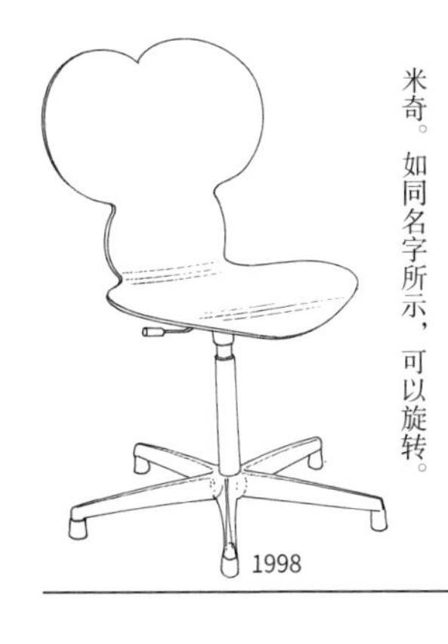

1927—

皮埃尔·波林

第 1 小节
法国总统官邸的室内设计者

皮埃尔·波林（以下简称波林）是20世纪60年代法国室内家具设计师的代表。但他的作品在日本流传很少，关于其经历也未作详细介绍。看日本的室内家具设计的杂志，总感觉多是以作品为中心的介绍。而且都是以名作为主，基本都是在各种各样的出版物中屡见不鲜的作品，资料价值很高的作品几乎没有。特别是对于创作者的介绍几乎没有。

1927年，出生于巴黎的皮埃尔·波林在卡慕多艺术学院（巴黎）学习石雕和陶艺专业。1952年（某些文献中为1954年）开始为索耐特公司进行设计创作。1958年，在荷兰马斯特里赫特市开始了『爱迪佛脱』的设计，这也决定了他之后的发展经历。特别是在1967—1968年发表的一系列以泡沫聚氨酯材料辅以软垫的作品备受全世界关注。

1968年在罗浮宫美术馆的装修中负责家具设计。第二年，获美国工业设计奖。1970年在大阪世博会中负责法国展区的家具设计，1971年开始着手法国总统官邸和爱丽舍宫的室内家具设计。1975年，设立了阿斯达合作工业设计室。之后，罗杰·塔隆、米歇尔·施赖伯也加入其中。

框架是否为胶合板制呢？可以看出受阿尔瓦·阿尔托的一系列作品的影响。除了三脚类型的，还有四脚类型的，因为资料中不清楚的地方很多，所以省略了。

1952

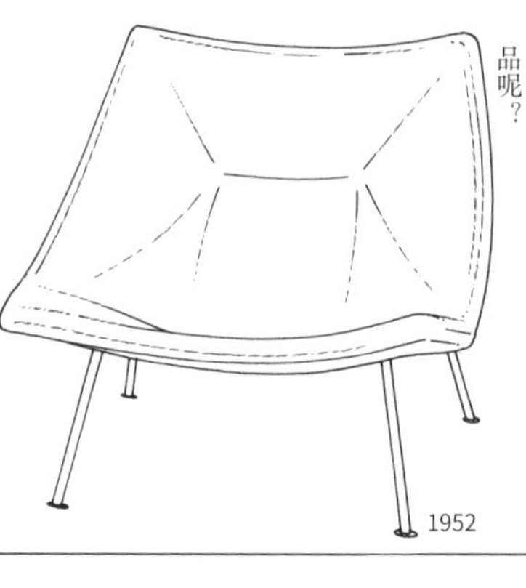

1952

在许多资料中都记载了波林从1954年开始为索耐特公司进行家具设计。而1952年发表的此作品是否为他最初的作品呢？

1953

这也是索耐特公司的椅子。与同时期的查尔斯·伊姆斯的设计很相似，但可看出边缘处有不同。

1953

1953

这两把椅子也与伊姆斯和埃罗·沙里宁在纽约现代艺术博物馆的设计大赛上应征的作品很相似。

1953

此长椅也与右侧椅子为同一系列。与伊姆斯和沙里宁同样在美国很知名的乔治·尼尔森曾设计出与此很相似的作品。尼尔森的长椅是可滑行并向左右延伸的类型。波林的设计是怎样的呢？

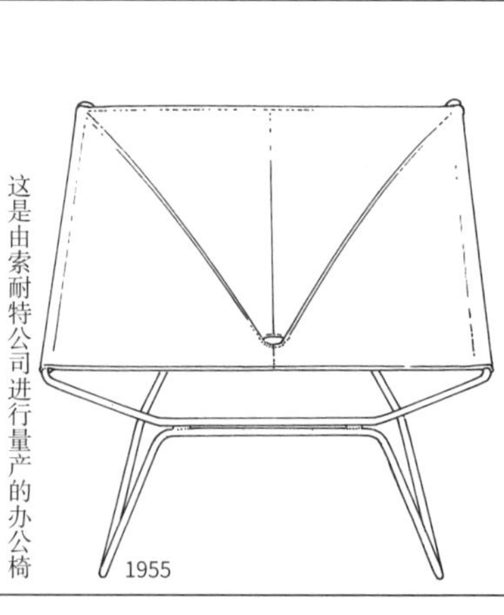

1955

从结构上来看这把椅子的框架，与美国诺尔家具公司别尔托亚的『钻石椅』很相似。

1956

这是由索耐特公司进行量产的办公椅类型。

1956

这把椅子也与同一时期，世界上各位设计师设计的椅子很相似。

1983年为爱丽舍宫总统办公室进行了家具设计。1987年获国际工业设计奖。另外，除家具外其他领域也多有涉及。

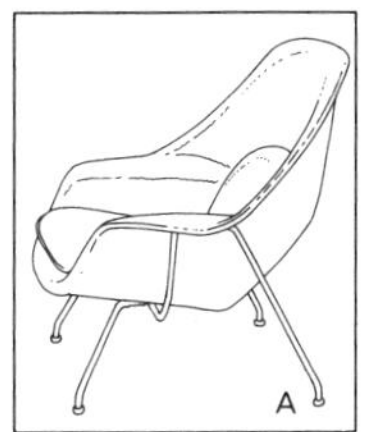

这是埃罗·沙里宁设计的椅子。它的高舒适性，让人感到有一种像是在母亲腹中一般的稳定与舒适。因此又被称为“子宫椅”。
1947—1948

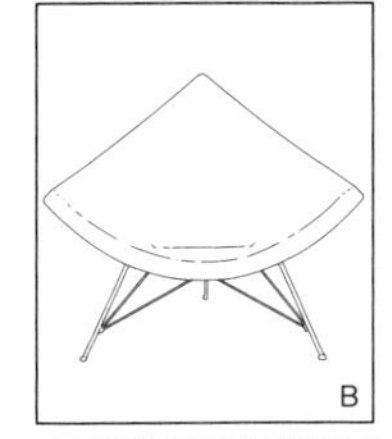

由于石油系材料制成的软垫与三维曲面的实现，这一时期的作品中流传于后世的名作很多。这是乔治·尼尔森的代表作“椰子椅”。
1955

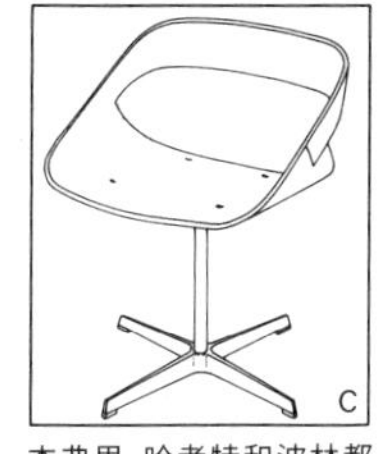

杰弗里·哈考特和波林都属于威格曼公司，两人相互影响发表了很多作品。
1961

D

这是查尔斯·伊姆斯设计的支架结构的（严格来讲这种情况不能称之为只有一条腿）代表作“拉·方达”。
1961

这是索耐特公司的作品中为提高舒适性而使用泡沫聚氨酯材料的椅子。左侧两幅作品看似相同，但上边椅子框架为钢管制，下边椅子为胶合板制（或者切面为四角形的钢材料）。

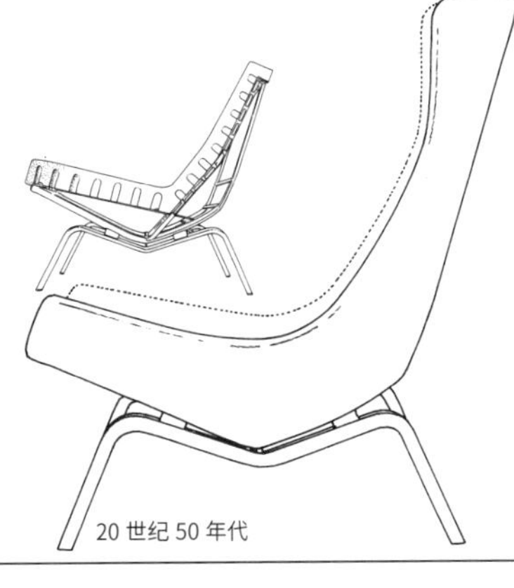

20世纪50年代

这把椅子也和由诺尔家具公司进行商品化的沙里宁的子宫椅很像。似乎受美国影响很大。

1959

这是在荷兰威格曼公司波林最初的模型『爱迪佛脱157号』。

1958

这也是威格曼公司制的『爱迪佛脱549号』。将两个二维曲面组合，产生了三维曲面。

1959

这是右侧椅子的变体模型。带头枕，舒适度提高。

1959

此作品通过两个相似部件进行组合，产生了优美的三维曲面。这是从生产设计的角度出发结合降低成本的理念而得。

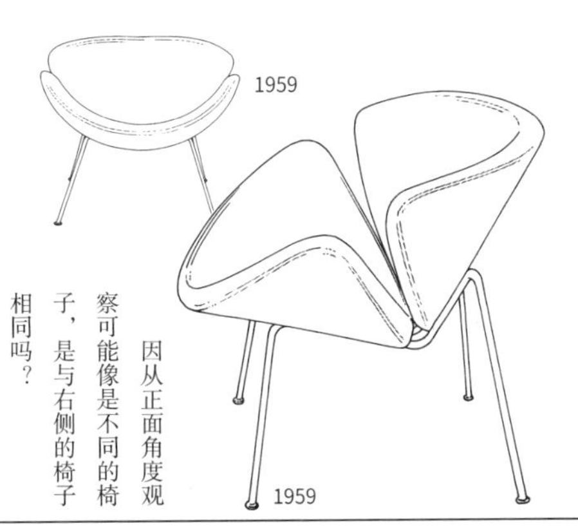

1959

1959

因从正面角度观察可能像是不同的椅子，是与右侧的椅子相同吗？

这是能让人联想到蘑菇的椅子。从这一时期开始出现许多原物体艺术性的设计作品。

1959

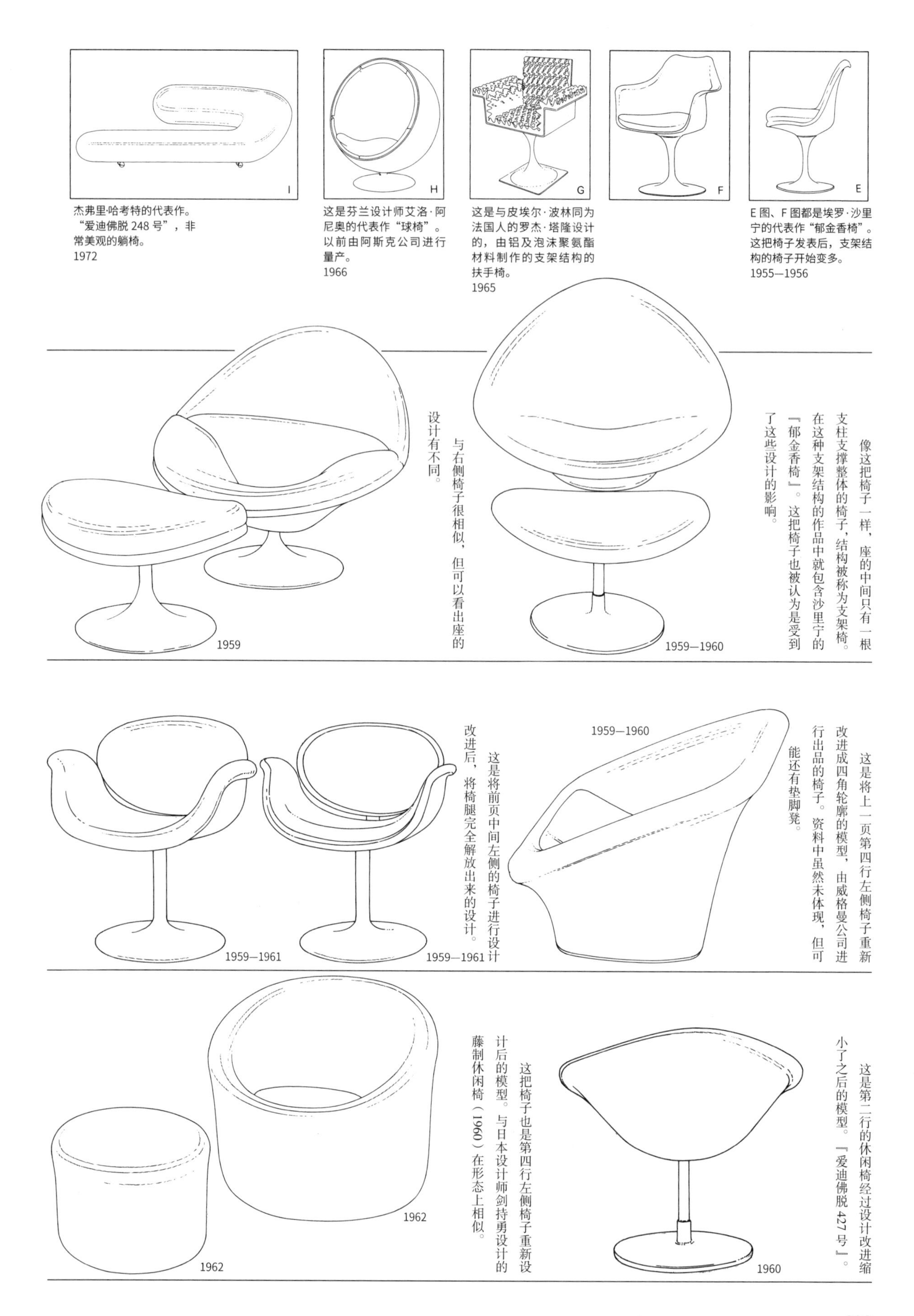

I
杰弗里·哈考特的代表作。“爱迪佛脱 248 号”，非常美观的躺椅。
1972

H
这是芬兰设计师艾洛·阿尼奥的代表作“球椅”。以前由阿斯克公司进行量产。
1966

G
这是与皮埃尔·波林同为法国人的罗杰·塔隆设计的，由铝及泡沫聚氨酯材料制作的支架结构的扶手椅。
1965

F

E
E 图、F 图都是埃罗·沙里宁的代表作“郁金香椅”。这把椅子发表后，支架结构的椅子开始变多。
1955—1956

像这把椅子一样，座的中间只有一根支柱支撑整体的椅子，结构被称为支架椅。在这种支架结构的作品中就包含沙里宁的『郁金香椅』。这把椅子也被认为是受到了这些设计的影响。

1959—1960

与右侧椅子很相似，但可以看出座的设计有不同。

1959

这是将上一页第四行左侧椅子重新改进成四角轮廓的模型，由威格曼公司进行出品的椅子。资料中虽然未体现，但可能还有垫脚凳。

1959—1960

这是将前页中间左侧的椅子进行设计改进后，将椅腿完全解放出来的设计。

1959—1961

1959—1961

这是第二行的休闲椅经过设计改进缩小了之后的模型。『爱迪佛脱 427 号』。

1960

这把椅子也是第四行左侧椅子重新设计后的模型。与日本设计师剑持勇设计的藤制休闲椅（1960）在形态上相似。

1962

1962

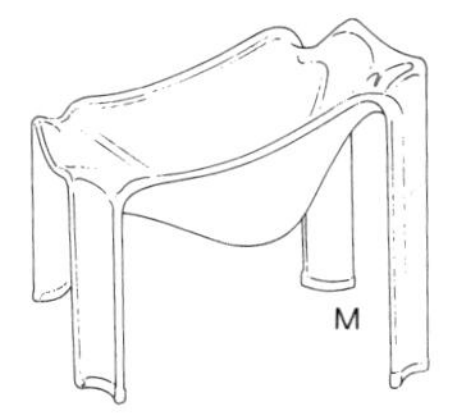

与第四行左侧椅子相同。只有塑料框架，这样的话舒适性会很差。
1967

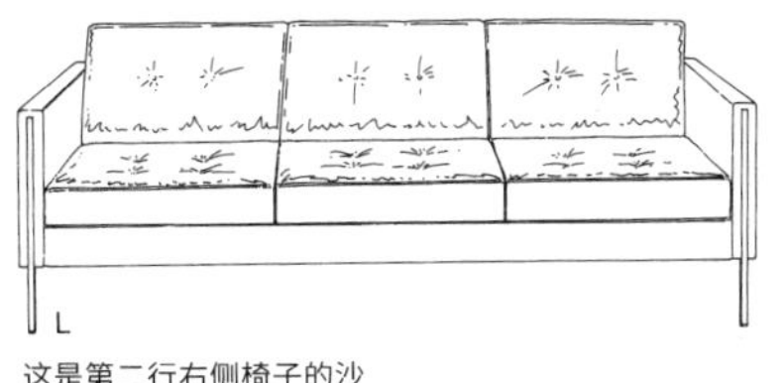

这是第二行右侧椅子的沙发类型。虽然在资料中未发现，但除此之外是否还有两人坐的类型呢？
1962

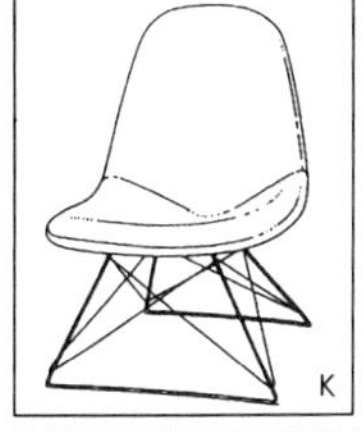

这是伊姆斯使用了钢线材料的椅子。在这把椅子之后，这种类型开始很常见。
1950—1953

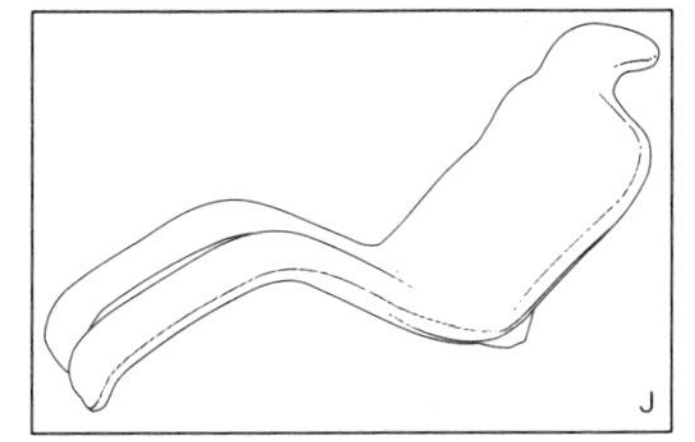

这是法国奥里维·莫尔古的代表作“布鲁姆”。作为原物体艺术风格椅子的代表作，在 1970 年大阪世博会的法国展区展出后引起很大反响。
1968

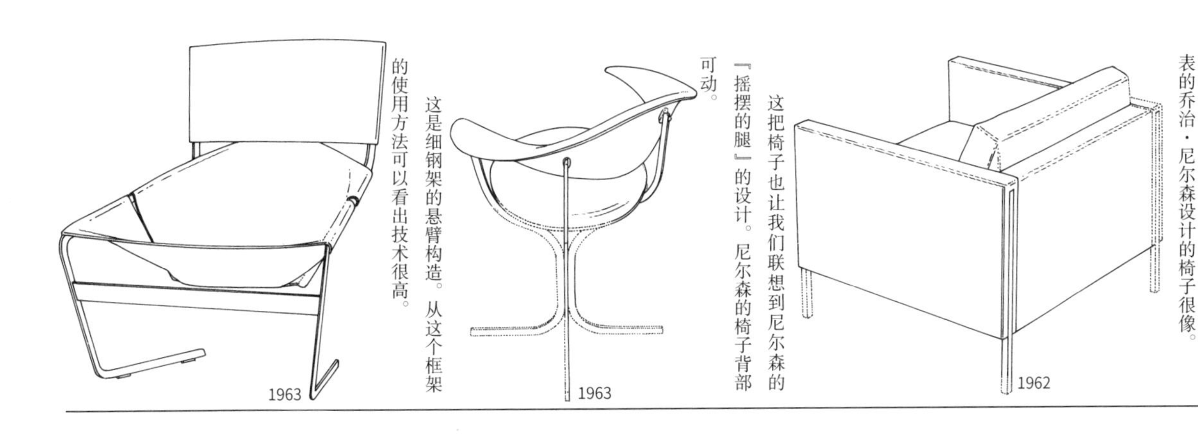

这把椅子也与由美国赫曼米勒公司发表的乔治·尼尔森设计的椅子很像。
1962

这把椅子也让我们联想到尼尔森的『摇摆的腿』的设计。尼尔森的椅子背部可动。
1963

这是细钢架的悬臂构造。从这个框架的使用方法可以看出技术很高。
1963

这让我们想到伊姆斯的『拉·方达』。如果能使人联想到其他设计师作品的话，也一般都是水平不太高的作品。
1964

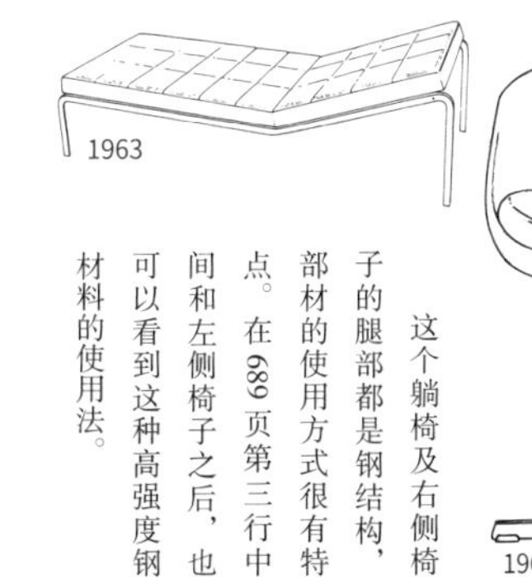

这个躺椅及右侧椅子的腿部都是钢结构，部材的使用方式很有特点。在 689 页第三行中间和左侧椅子之后，也可以看到这种高强度钢材料的使用法。
1963

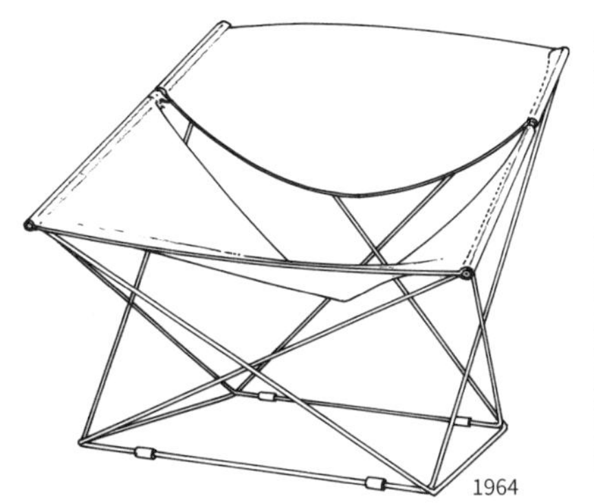

这把椅子也能看出受伊姆斯的钢线结构影响。但是，座面的制作方式很独特。
1964

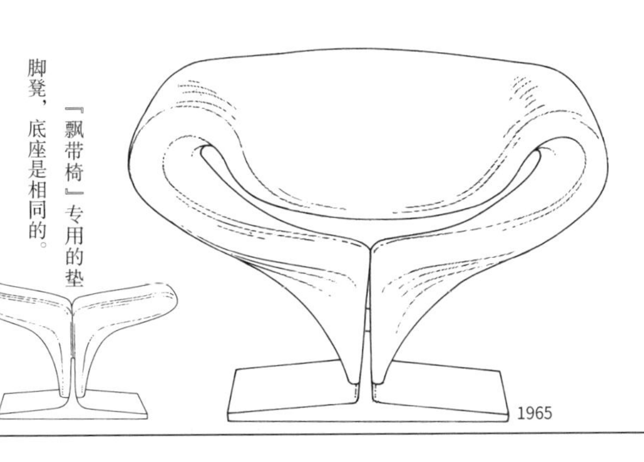

『爱迪佛脱 582 号』，波林设计的最高杰作『飘带椅』，获得了 1969 年美国工业设计奖。
1965

『飘带椅』专用的垫脚凳，底座是相同的。

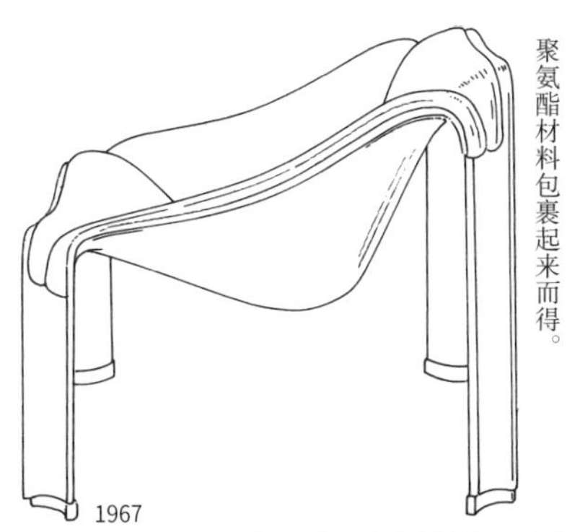

『爱迪佛脱 300 号』，将塑料框架用聚氨酯材料包裹起来而得。
1967

1927—

皮埃尔·波林

第2小节
爱迪佛脱

在第1小节中介绍了皮埃尔·波林与『爱迪佛脱』之间的联系。本小节就『爱迪佛脱』进行介绍。一直以来，提起『爱迪佛脱』笔者认为是荷兰著名的家具制造公司。写这小节时，搜集了波林的各种资料，翻阅了大量的书籍，其中大多数都是关于作品的资料介绍，而『爱迪佛脱』是以生产厂家之名介绍的。维特拉设计博物馆的图鉴上也是以厂家之名登载的。可见认为它是生产厂家的人很多吧。

『爱迪佛脱』实际上是品牌名，这个品牌的创立者是朱尔斯·威格曼（1866—1943）。他于1890年在马斯特里赫特当家具工匠，1919年，在包豪斯诞生这一年开始着手创立公司，1927年创立了Wagemans公司。在阿姆斯特丹设立展览室，在比利时的拉那肯市建立了框架及弹簧制造工厂，并于第二年注册了『爱迪佛脱』商标。1970年与日本的一家公司签署了专利生产契约，虽然日本实现了国产化，但遗憾的是，已经停产的作品很多。

此作品的低座背可能是单纯为了表现1960年世界上流行的『地板生活』思想的结果吧。此形态是由泡沫聚氨酯材料及拥有伸缩性的平针织物制成。『577号·舌头』。

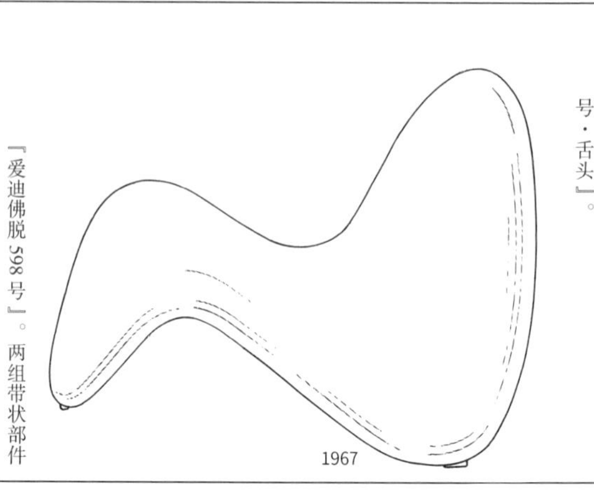

1967

『爱迪佛脱598号』。两组带状部件进行组合产生了美观的三维曲面。

1967

与在第689页介绍的椅子很相似。但座面细节处不同。

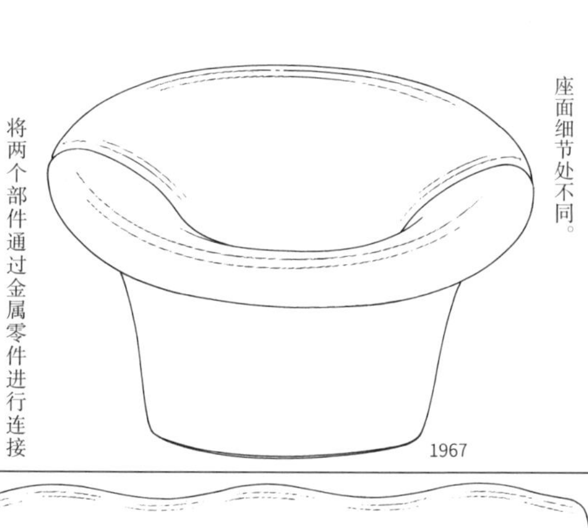

1967

将两个部件通过金属零件进行连接的方法很常见，这让人联想到柳宗理的蝴蝶椅。

1968

这也是将两组部件与腿部组件进行连接的模型。座面部分的设计与挪威设计师英格玛·赖利的『午睡椅』很相似。

1968

1968

在木制框架上罩上硬质泡沫聚氨酯类材料使其成型，在此基础上，使用泡沫橡胶及聚氨酯泡沫使其拥有软垫性质，再用尼龙平丝织物包裹。B图看似为同一设计的两人座类型，但扶手处细节设计不同。

1968

这把椅子也是将部件与底座连接。这样的结构可以说是考虑到批量生产性。从结构上看也是拥有大方美观形态的椅子。『爱迪佛脱574号』。

1968

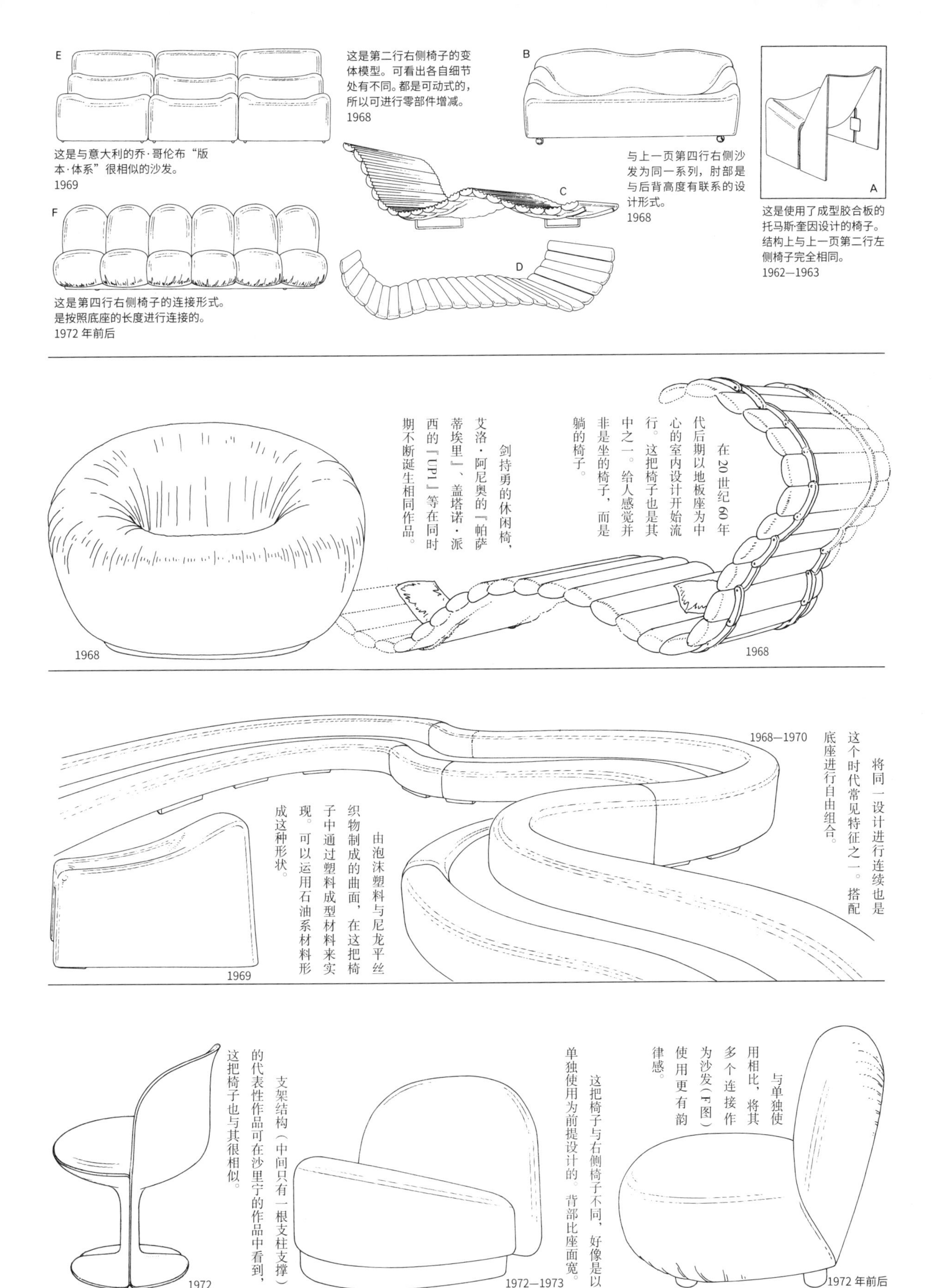
E

这是与意大利的乔·哥伦布“版本·体系”很相似的沙发。
1969

这是第二行右侧椅子的变体模型。可看出各自细节处有不同。都是可动式的，所以可进行零部件增减。
1968

B

与上一页第四行右侧沙发为同一系列，肘部是与后背高度有联系的设计形式。
1968

A

这是使用了成型胶合板的托马斯·奎因设计的椅子。结构上与上一页第二行左侧椅子完全相同。
1962—1963

C

D

F

这是第四行右侧椅子的连接形式。是按照底座的长度进行连接的。
1972 年前后

在20世纪60年代后期以地板座为中心的室内设计开始流行。这把椅子也是其中之一。给人感觉并非是坐的椅子，而是躺的椅子。
1968

剑持勇的休闲椅，艾洛·阿尼奥的『帕萨蒂埃里』、盖塔诺·派西的『UP1』等在同时期不断诞生相同作品。
1968

将同一设计进行连续也是这个时代常见特征之一。搭配底座进行自由组合。
1968—1970

由泡沫塑料与尼龙平丝织物制成的曲面，在这把椅子中通过塑料成型材料来实现。可以运用石油系材料形成这种形状。
1969

与单独使用相比，将其多个连接作为沙发（F图）使用更有韵律感。
1972 年前后

这把椅子与右侧椅子不同，好像是以单独使用为前提设计的。背部比座面宽。
1972—1973

支架结构（中间只有一根支柱支撑）的代表性作品可在沙里宁的作品中看到，这把椅子也与其很相似。
1972

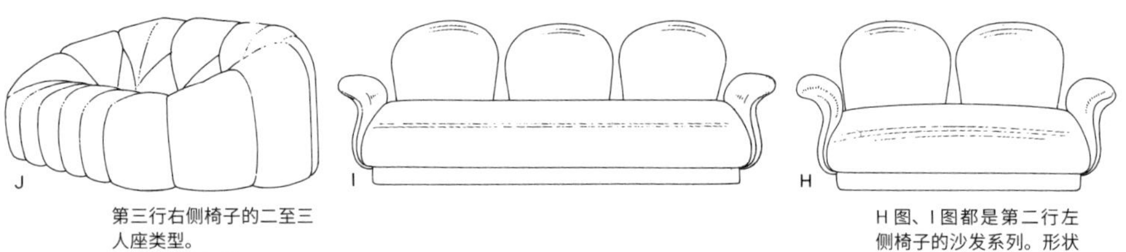

第三行右侧椅子的二至三人座类型。
20 世纪 70 年代

H 图、I 图都是第二行左侧椅子的沙发系列。形状有韵律感。
1974

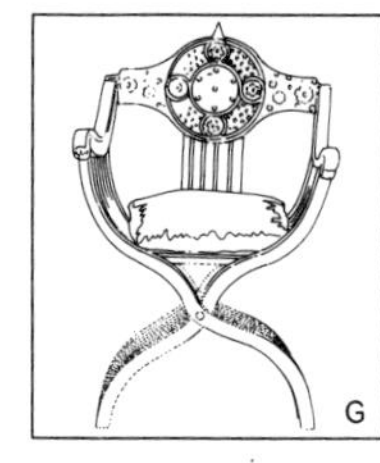

这是意大利的“萨沃纳罗拉”。将背板拆掉后即为可折叠结构。
设计年份不详

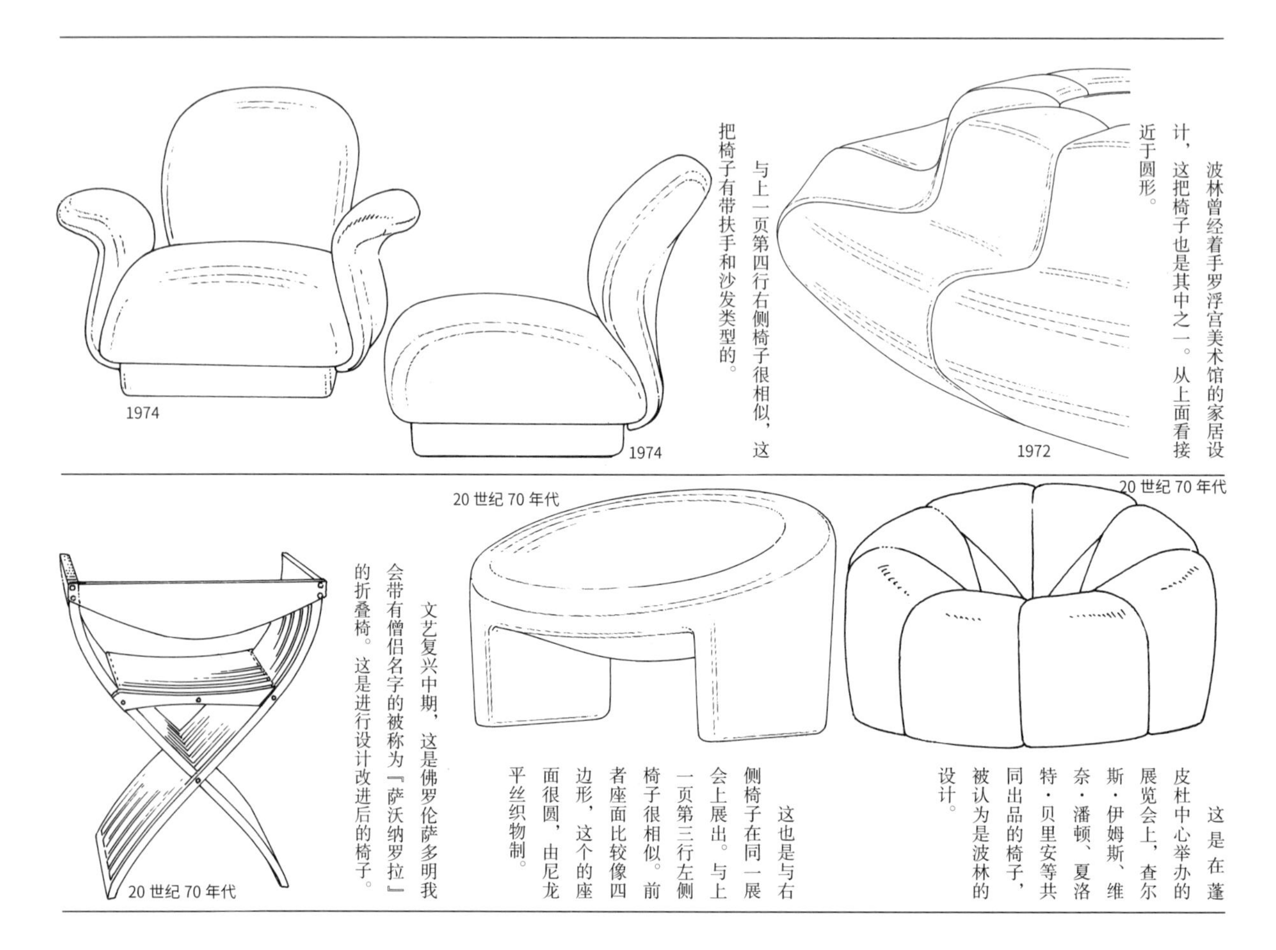

波林曾经着手罗浮宫美术馆的家居设计，这把椅子也是其中之一。从上面看接近于圆形。
1972

与上一页第四行右侧椅子很相似，这把椅子有带扶手和沙发类型的。
1974

1974

20 世纪 70 年代
这是在蓬皮杜中心举办的展览会上，查尔斯·伊姆斯、维奈·潘顿、夏洛特·贝里安等共同出品的椅子，被认为是波林的设计。

20 世纪 70 年代
这也是与右侧椅子在同一展会上展出。与上一页第三行左侧椅子很相似。前者座面比较像四边形，这个的座面很圆，由尼龙平丝织物制。

20 世纪 70 年代
文艺复兴中期，这是佛罗伦萨多明我会带有僧侣名字的被称为『萨沃纳罗拉』的折叠椅。这是进行设计改进后的椅子。

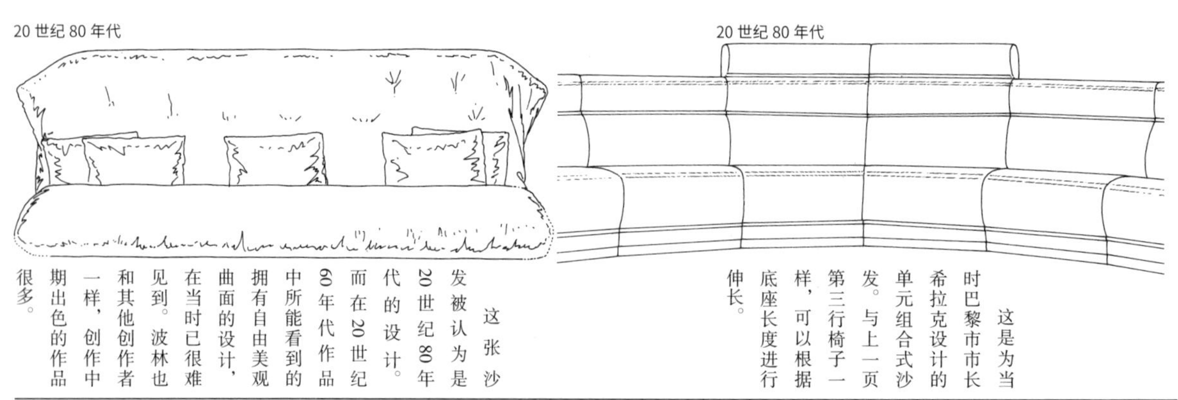

20 世纪 80 年代
这是为当时巴黎市长希拉克设计的单元组合式沙发。与上一页第三行椅子一样，可以根据底座长度进行伸长。

20 世纪 80 年代
这张沙发被认为是 20 世纪 80 年代的设计。而在 20 世纪 60 年代作品中所能看到的拥有自由美观曲面的设计，在当时已很难见到。波林也和其他创作者一样，创作中期出色的作品很多。

这也是汉斯·瓦格纳的“中国椅”。从其中可充分理解设计改进的过程。
1944 年前后

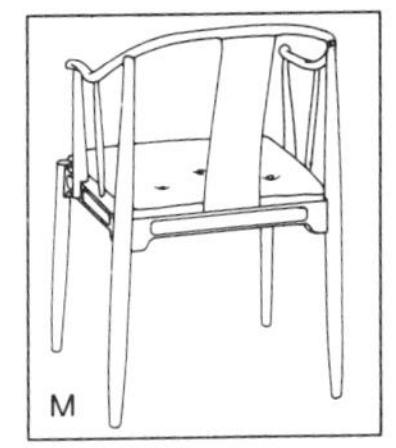

这是汉斯·瓦格纳的“中国椅”，保有了原创风格的优点。
1943

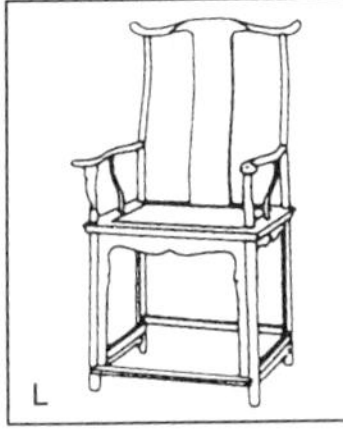

这是中国明代（1368—1644）的十分美观的椅子。此时代的中国式样椅对很多设计者产生了影响。

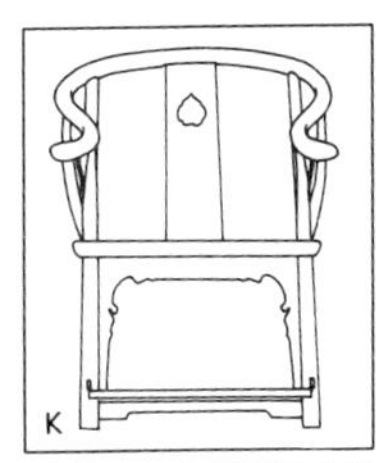

这是1600年前后的中国式样椅。在哥本哈根工艺美术馆中收藏有多脚的原创中国式样椅。

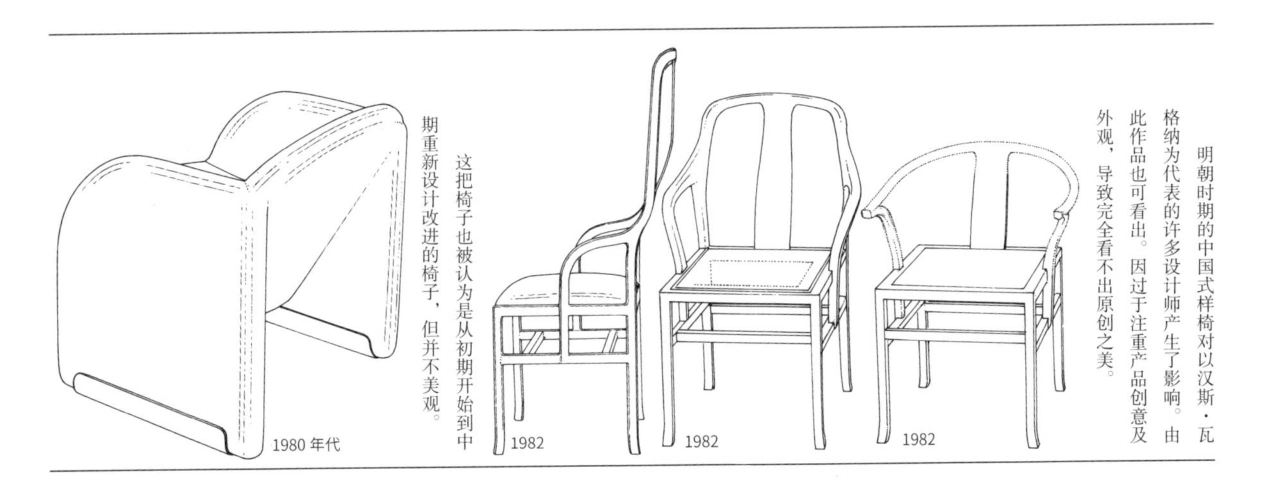

这把椅子也被认为是从初期开始到中期重新设计改进的椅子，但并不美观。

明朝时期的中国式样椅对以汉斯·瓦格纳为代表的许多设计师产生了影响。由此作品也可看出。因过于注重产品创意及外观，导致完全看不出原创之美。

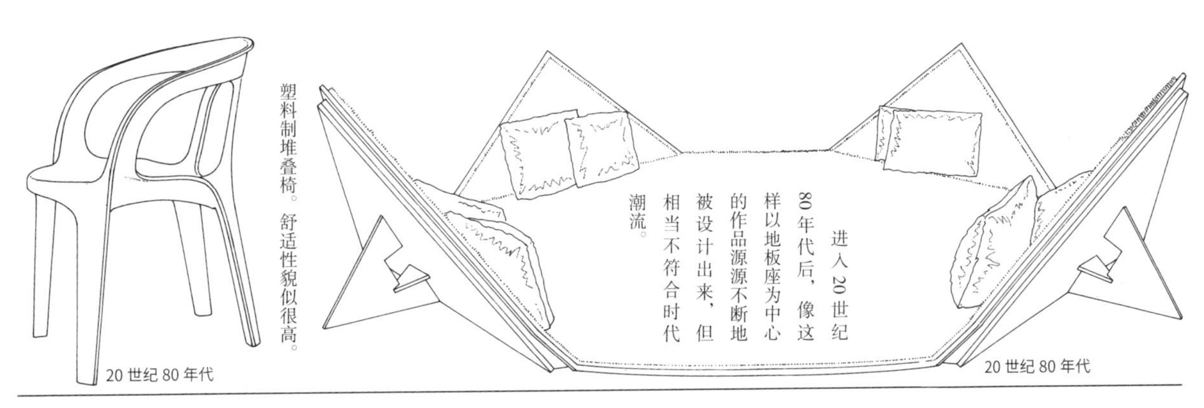

塑料制堆叠椅。舒适性貌似很高。

进入20世纪80年代后，像这样以地板座为中心的作品源源不断地被设计出来，但相当不符合时代潮流。

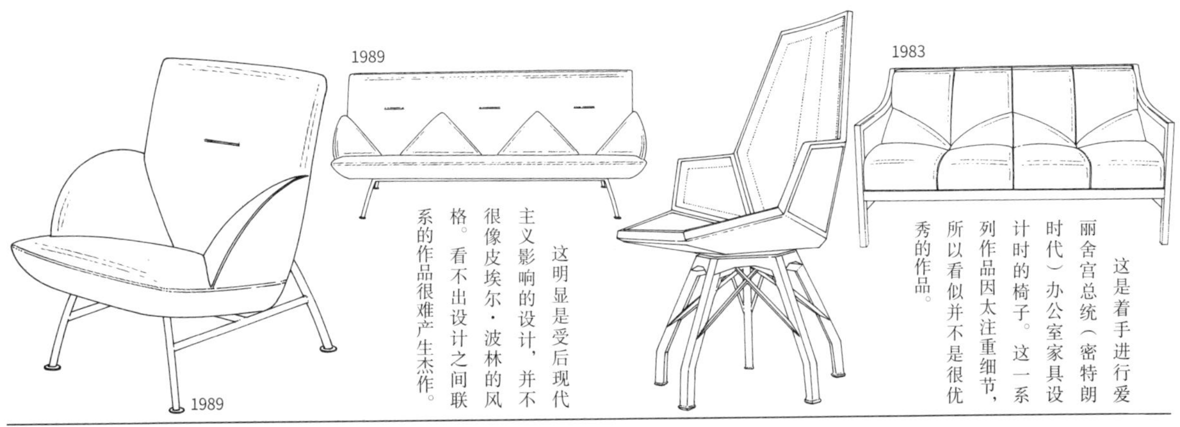

这明显是受后现代主义影响的设计，并不很像皮埃尔·波林的风格。看不出设计之间联系的作品很难产生杰作。

这是着手进行爱丽舍宫总统（密特朗时代）办公室家具设计时的椅子。这一系列作品因太注重细节，所以看似并不是很优秀的作品。

1929—1980

保罗·克耶霍尔姆

保罗·克耶霍尔姆（以下简称克耶霍尔姆）于1929年出生于哥本哈根。

克耶霍尔姆也和其他丹麦的设计师一样，经过一段时间工匠工作后，在工艺美术学校进行了设计学习。1955年被招入皇家美术学院，1976年开始担任家具设计系教授。到去世之前的25年间，在日本拜他为师的人也有很多。从学生们对克耶霍尔姆的评价来看，他好像很严格并且热衷教育。此评价也可在其作品中看出。追求作品的完美，不允许0.1毫米的误差。他的作品充满智慧与高雅，超越时代又不失其新鲜感，甚至可以被称为美术作品。包括最初的原始模型在内，在弗里茨·汉森公司设计出的作品中，实验性的作品很多。从1955年开始与科尔德·克里斯坦森公司合作制作的作品几乎都是家具史上的名作。从20世纪20年代中期开始，他的作品使用了以钢材料为中心的材料，并最大限度地使用了石头、皮革等材料，这些作品被世界上的许多美术馆收藏。并且，他的妻子汉娜作为大学教授、建筑家活跃在业界，也曾经来过日本。

这是不是克耶霍尔姆在美术工艺学校学习时创作的作品呢？从设计年份看，是他22岁左右的作品，由科尔德·克里斯坦森公司于1961年进行成品化。

1951

克耶霍尔姆发表了很多家具设计，但只在1952年的橱具厂家展览会上发表过一次。当时的作品是与朋友、建筑师约根·海共同设计的。由马德森公司制作。关于结构方面之前也介绍过，设计源头在非洲。

1952

这是由黑色钢结构框架与帆船用绳索制成的。只生产了20把，且每把卖50克朗。

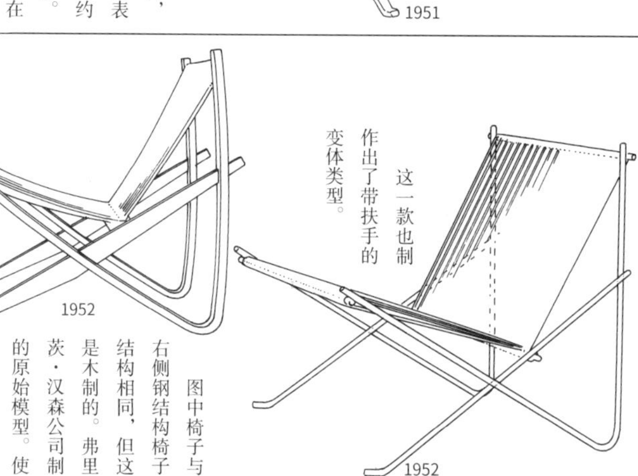

1952

这一款也制作出了带扶手的变体类型。

图中椅子与右侧钢结构椅子结构相同，但这是木制的。弗里茨·汉森公司制的原始模型。使用了有色绳索。

1952

这是由两块黑色涂装成型胶合板组合而成的椅子。美国的查尔斯·伊姆斯也发表了相似椅子。图为原始模型。

1952

由平钢腿部构成的悬臂结构的堆叠椅。这也是原始模型。

1953

这是铸造铝材料制的椅子。伊姆斯也在以塑料制作品的前期阶段进行了铝制材料的试制。

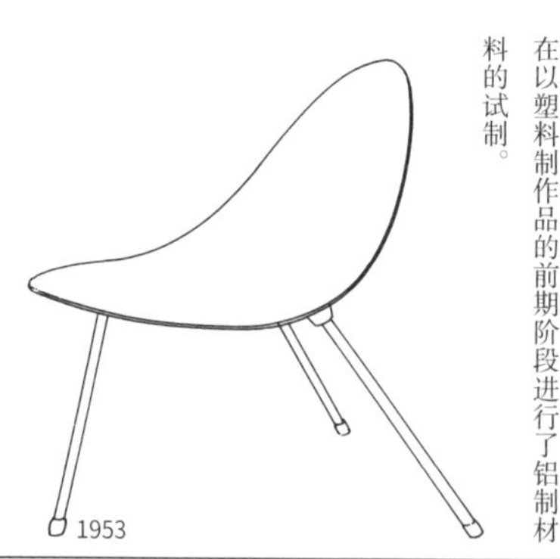

1953

这是由两个铝制曲面组合而成的椅子。在丹麦三脚椅的设计很多，克耶霍尔姆也发表了很多。

1953

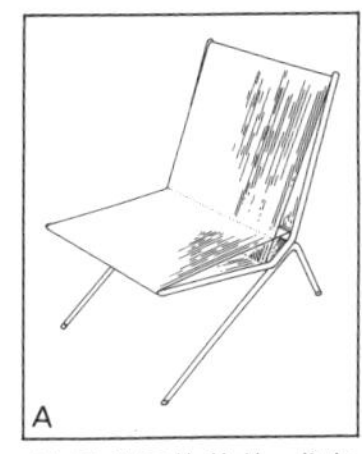
A
这是美国的艾伦·戈尔德使用了钢管和绳索的椅子。
20 世纪 50 年代

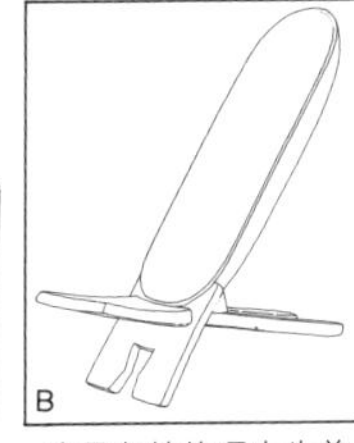
B
这是在其他项中也曾介绍过的由非洲原住民首创的椅子。这种结构的舒适性很高。

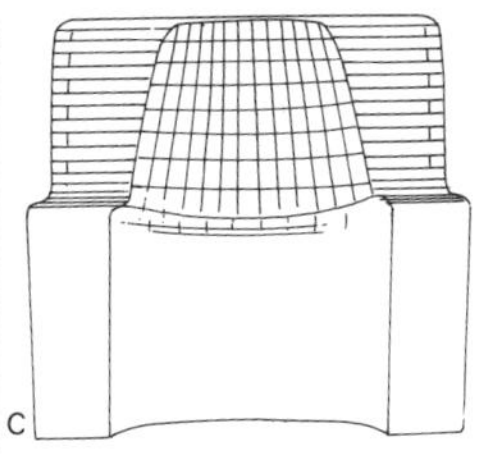
C
保罗·克耶霍尔姆所设计的由钢丝椅向塑料成型椅过渡的设计，制作了模板并考虑过进行量产的作品。
1953

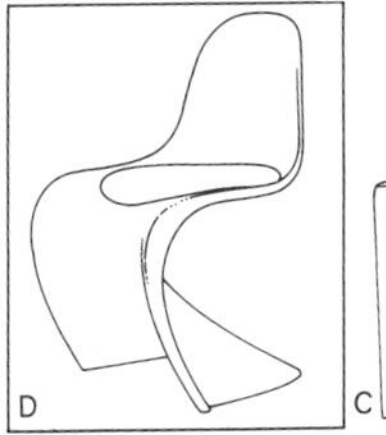
D
这是同为丹麦设计师的维奈·潘顿设计的堆叠椅。与保罗·克耶霍尔姆的设计几乎相同。后来在赫曼米勒公司进行量产。作为“潘顿椅”畅销一时。
1959—1960

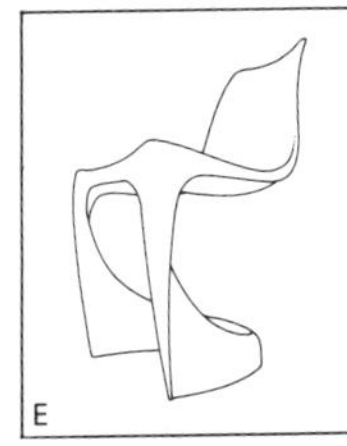
E
这是将克耶霍尔姆、潘顿的椅子进行设计改进，考虑了节约材料及减轻质量。丹麦的斯迪恩·奥斯特加德的作品。
1968

F
这是密斯·凡·德·罗的代表作“巴塞罗那椅”腿部的交叉设计对后世设计者产生了巨大影响。
1929

这是从钢丝椅到塑料制的贝壳椅的三种类型。由草图而得。中间是以此为模型用钢丝熔接而成的原始模型。左侧是将纸贴在钢丝结构上，考虑制作模具。在维奈·潘顿的作品中也曾有过这种方式（第661页），多年后潘顿将此作品进行商品化，激怒了克耶霍尔姆。

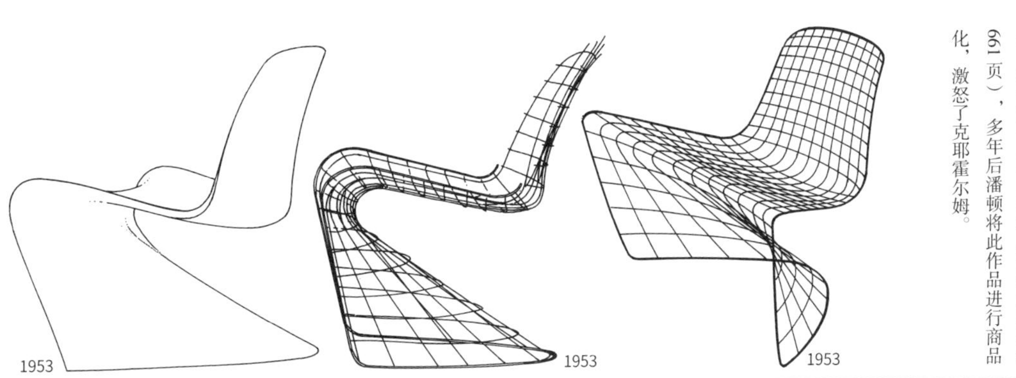
1953　1953　1953

这是为霍耶林戈国家道路公司设计的椅子。混凝土制悬臂椅。之后雅各布森设计的建筑中也使用了这把椅子。
1953

将两块成型胶合板依合人体角度进行组合而成的座面。

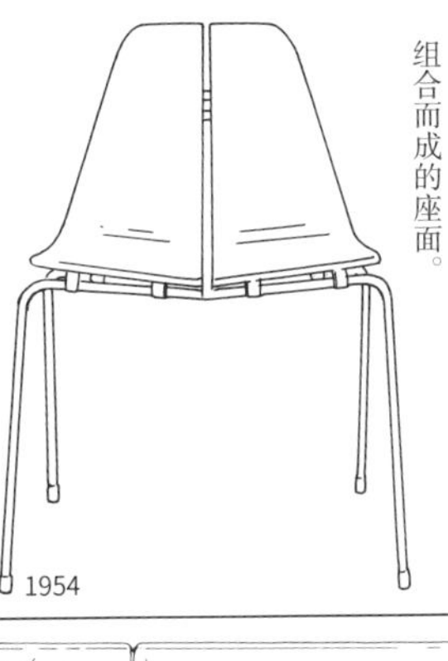
1954

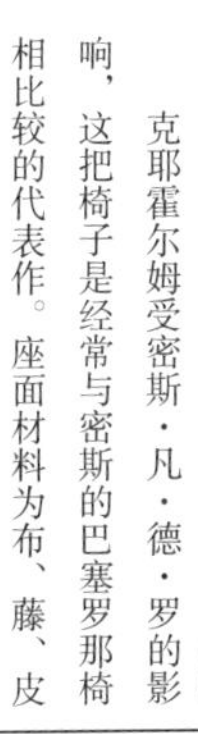
克耶霍尔姆受密斯·凡·德·罗的影响，这把椅子是经常与密斯的巴塞罗那椅相比较的代表作。座面材料为布、藤、皮革三种类型。

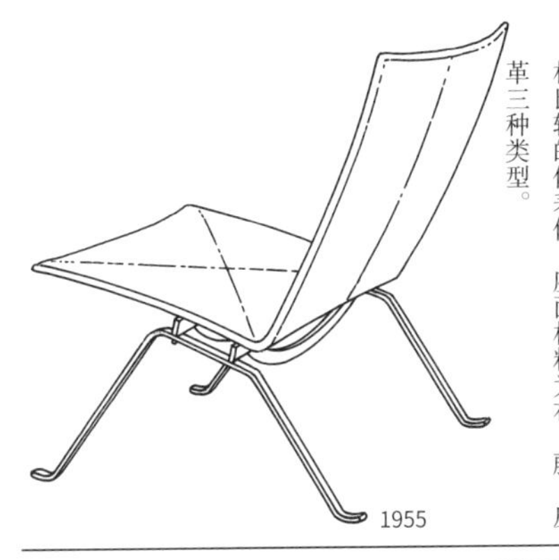
1955

这是将第三行中间椅子的成型胶合板材料制的座面部分设计改变了的模型。腿部结构几乎相同。此椅子的座面部分也有绳子和藤材料两种类型。

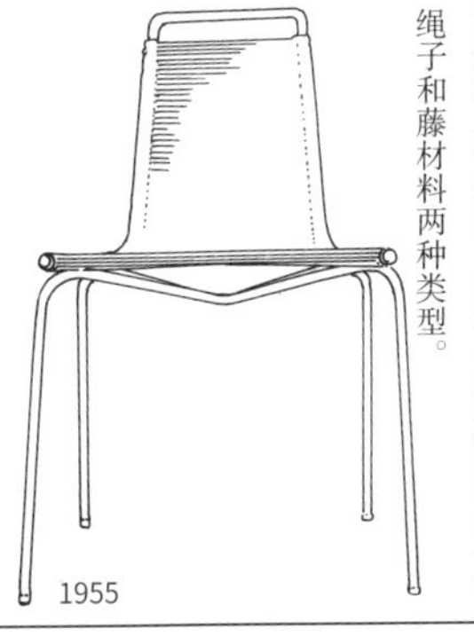
1955

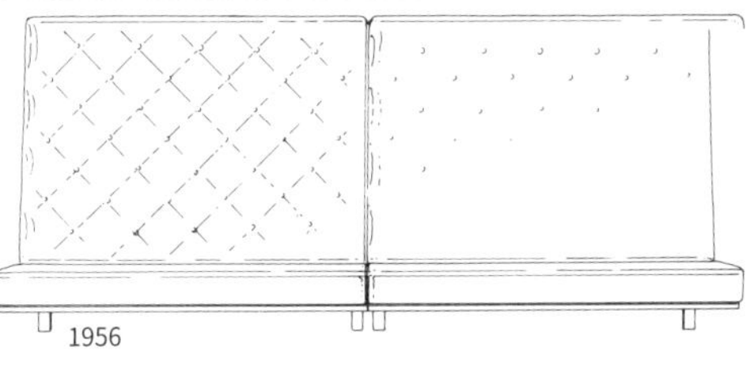
1956

这是固定在墙上使用的类型。在丹麦，将重书箱固定在墙上这一习惯很常见。但前提是墙壁的强度很高。

这把椅子是以钢框架铺以木横梁，座面为皮革材料。是三种材料完美平衡的杰出设计。
1957

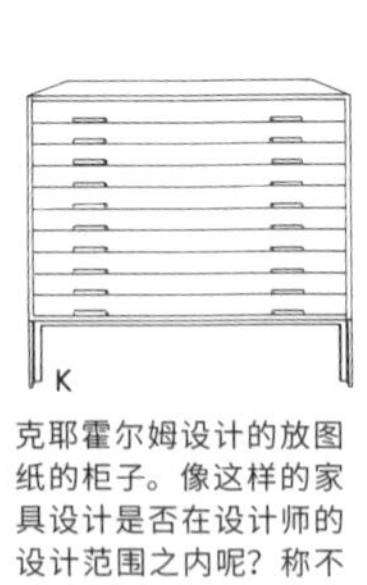

K

克耶霍尔姆设计的放图纸的柜子。像这样的家具设计是否在设计师的设计范围之内呢？称不上美观。
1963

J

这是克耶霍尔姆的吊床椅，是将座面部分用图解形式进行表示。也可当作海报。

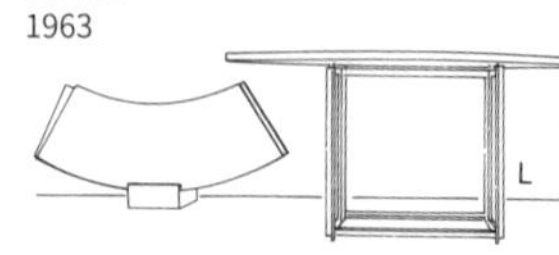
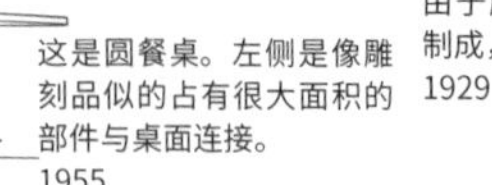

L

这是圆餐桌。左侧是像雕刻品似的占有很大面积的部件与桌面连接。
1955

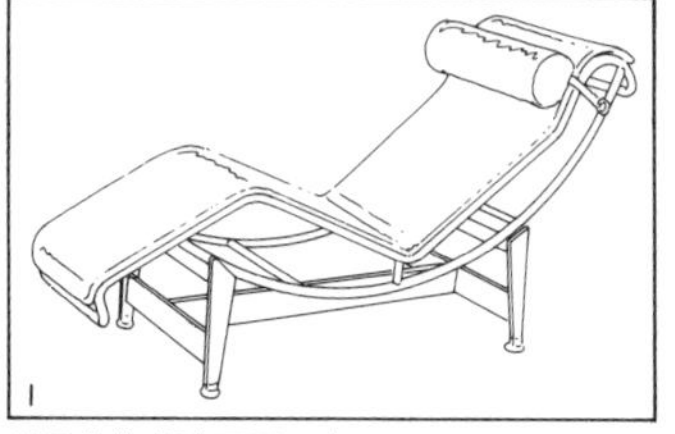

I

这是由勒·柯布西耶、皮埃尔·让纳雷、夏洛特·贝里安合作设计的牛仔椅。由于座面是用马的毛皮制成，由此而得名。
1929

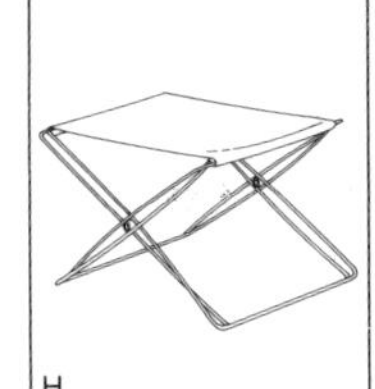

H

这是于1991年去世的丹麦皇家艺术学院家具系教授乔根·盖米伽德的折叠椅。柯林特、乔根·盖米伽德和克耶霍尔姆的这三件作品被称为三大凳子。
1970

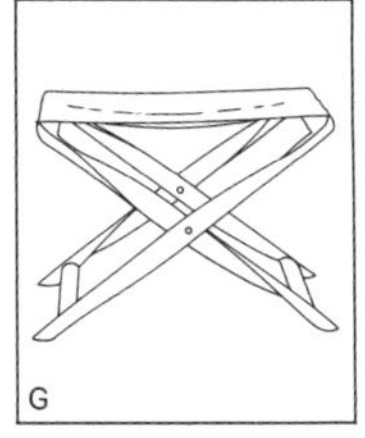

G

这是凯尔·柯林特的名作螺旋凳。在丹麦出现了许多想要超越此作品的折叠椅。
1930

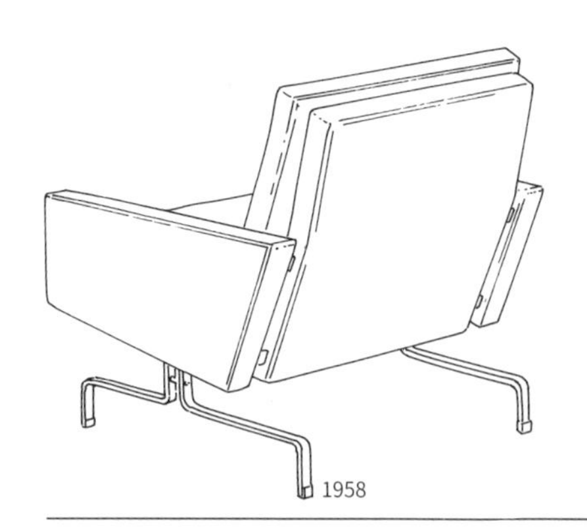

1958

这是舒适性很高的安乐椅。此系列中也有两人座、三人座类型。

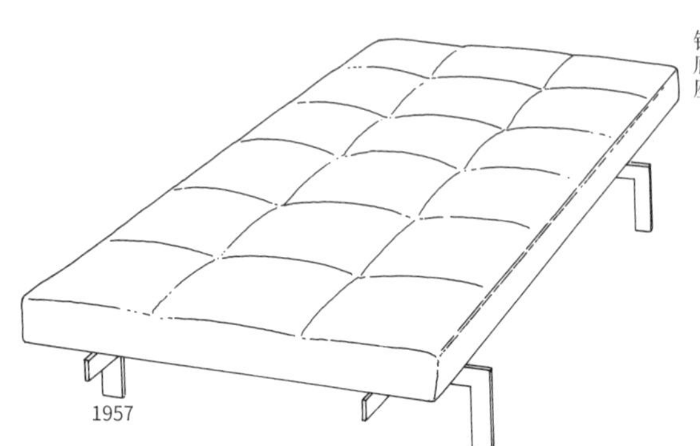

1957

此长椅明显是受密斯·凡·德·罗沙发床的影响而设计。密斯的设计中腿部为紫檀木材料。而克耶霍尔姆的椅子则为钢底座。

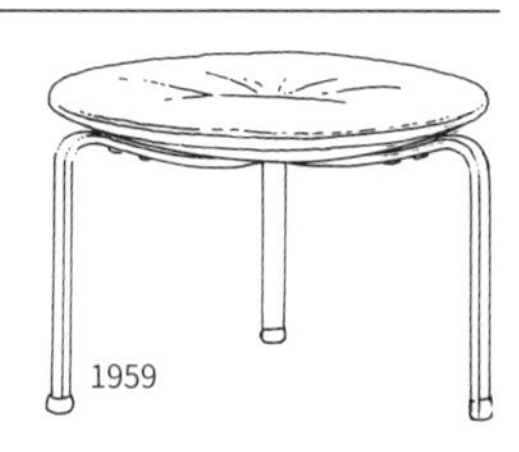

1959

提起三脚凳，芬兰的阿尔瓦·阿尔托的设计很有名。与阿尔托的设计相比，座面高度低且使用了软垫，舒适性很高。

这把椅子在丹麦的三脚椅中可谓是名作。特别是腿部设计很美。座面向前伸展加宽。

1960

1961

这是试图在超越凯尔·柯林特的折叠椅的基础上进行设计改进，并且完成度很高的作品，是丹麦三大折叠椅之一。

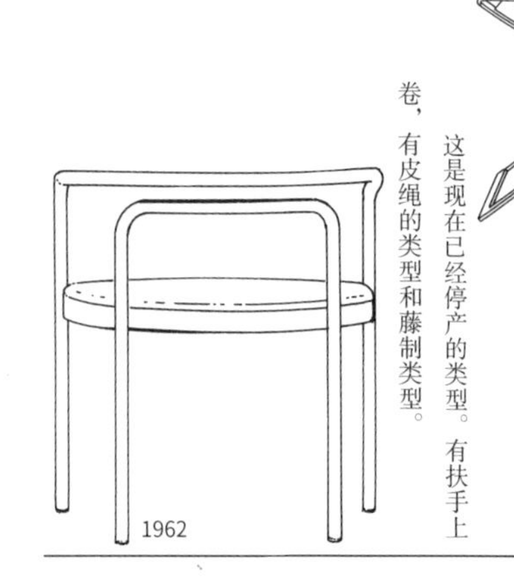

1962

这是现在已经停产的类型。有扶手上卷，有皮绳的类型和藤制类型。

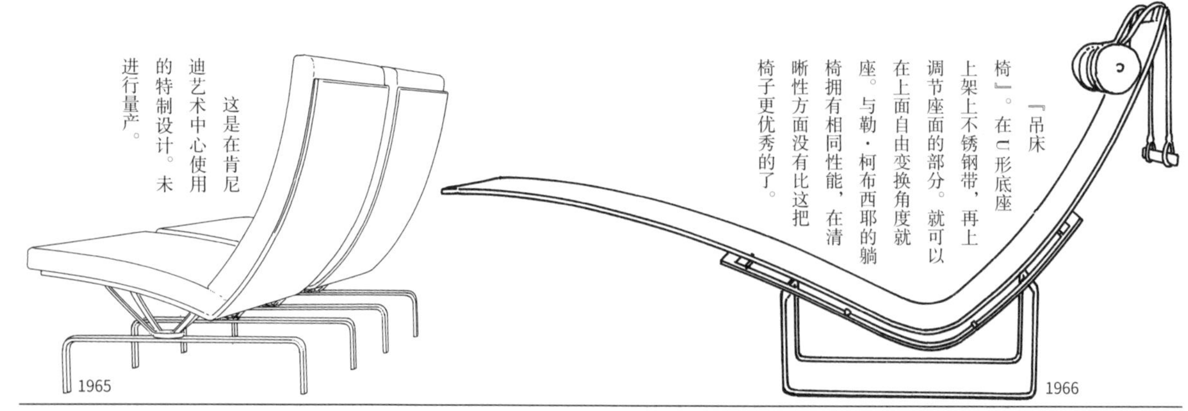

1966

『吊床椅』。在U形底座上架上不锈钢带，再上调节座面的部分。就可以在上面自由变换角度就座。与勒·柯布西耶的躺椅拥有相同性能，在清晰性方面没有比这把椅子更优秀的了。

1965

这是在肯尼迪艺术中心使用的特制设计。未进行量产。

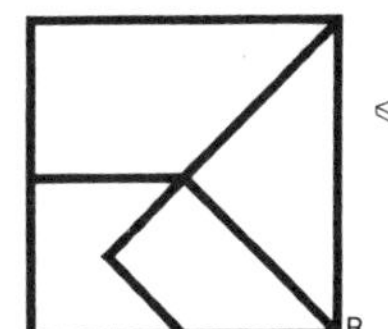

这是科尔德·克里斯坦森公司的商标。这也是克耶霍尔姆的设计。丹麦设计师一般也精通画报设计。

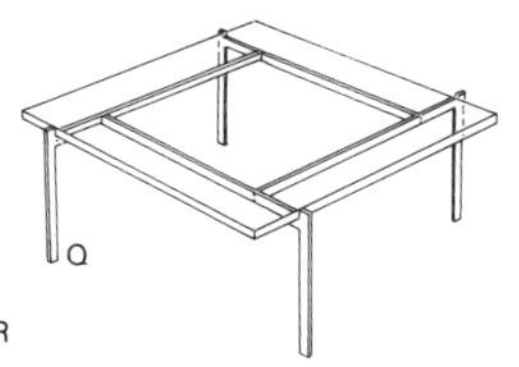

克耶霍尔姆设计的沙发用桌。腿部为钢材料。桌面有玻璃、大理石、枫木等材料。
1955

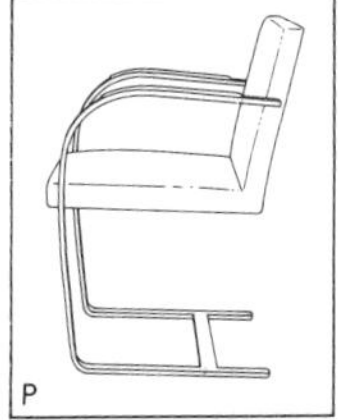

这是密斯·凡·德·罗的名作“布尔诺椅”。将座面与前脚相连，另外，在接触地面的腿部加上横条，增加其强度。
1929—1930

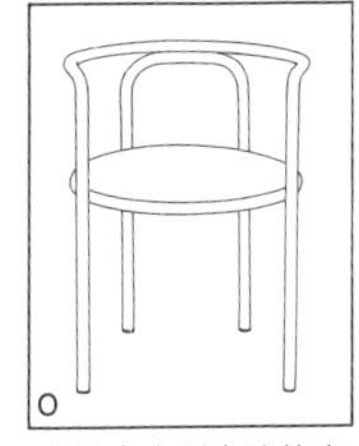

这是意大利女建筑家盖·奥伦蒂的椅子。为提高强度，横梁处和后腿处与座面相接。
1965

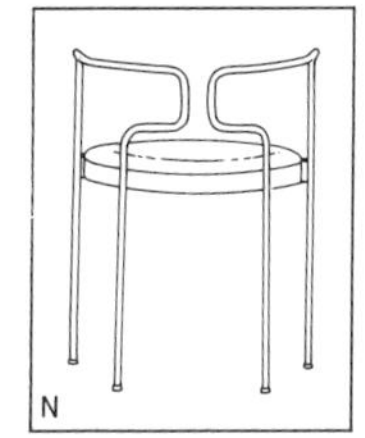

这是丹麦亨宁·拉森设计的扶手椅。很明显是对克耶霍尔姆的扶手椅进行设计改进的椅子。
1964

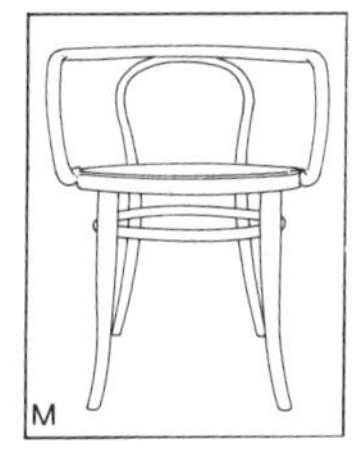

这是索耐特兄弟设计的扶手椅。对这把椅子进行设计改进的作品也有很多。
19 世纪

图中椅子与上一页第四行左侧椅子很像。这把椅子也被肯尼迪艺术中心使用。
1965

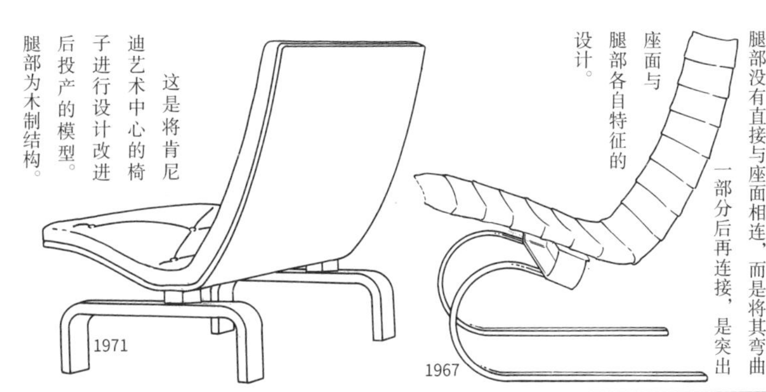

图中椅子可谓是作为悬臂椅的名作流传下来的。为了使其看起来更加美观，腿部没有直接与座面相连，而是将其弯曲一部分后再连接，是突出座面与腿部各自特征的设计。
1967

这是将肯尼迪艺术中心的椅子进行设计改进后投产的模型。腿部为木制结构。
1971

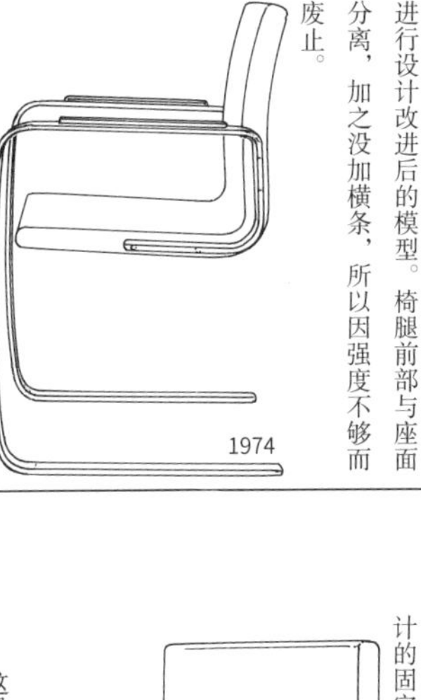

这是将密斯的名作『布鲁诺椅』重新进行设计改进后的模型。椅腿前部与座面分离，加之没加横条，所以因强度不够而废止。
1974

这是为位于哥本哈根市北部的路易斯安那美术馆的音乐会厅所设计的椅子。背部和座面由薄板制成。
1976

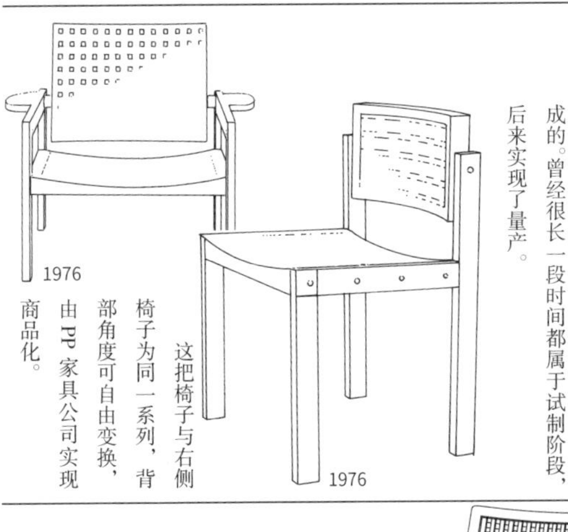

这把椅子的背部和座面也是由薄板制成的。曾经很长一段时间都属于试制阶段，后来实现了量产。
1976

这把椅子与右侧椅子为同一系列，背部角度可自由变换，由PP家具公司实现商品化。
1976

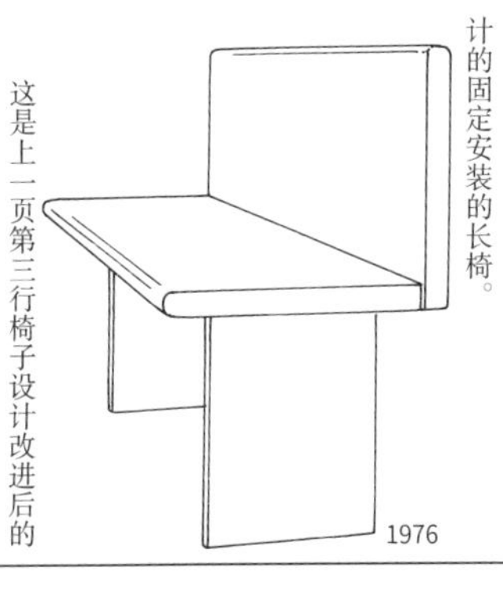

这是为路易斯安那美术馆的音乐厅设计的固定安装的长椅。
1976

这是上一页第三行椅子设计改进后的模型。座面部分几乎一样。腿部形状改变了。座面是可折叠的。
1978

这是为剧场设计的座椅。椅背和椅座都使用了棂条重合的板材。座位采用了折叠式。
1979

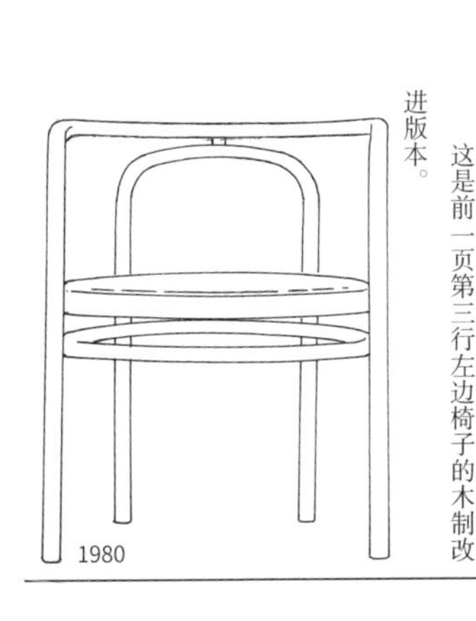

这是前一页第三行左边椅子的木制改进版本。
1980

1930—1971

约·科伦博

约·科伦博于1930年7月30日在米兰出生。他一开始在布雷拉美术学院学习前卫派绘画与雕刻，1951年与昂立可·巴耶、塞尔吉奥·德安杰洛一起成为具体艺术运动的中心成员，主要从事美术的相关活动，但从1962年开始进行设计活动。另外，还在米兰工业大学学习建筑并着手进行了一些建筑设计。从34岁开始直到去世的短短七年间，获得了40多项奖项与称号。从他独特的想法中诞生出了许多流传后世的名作，但年仅41岁就去世了。

在他初期的作品中能感受到许多具有原创性的作品。在他的作品中没有像是受谁影响的设计。对空间的想法作用于他的作品中，与他的建筑空间相同，他设计的家具及椅子中充满灵活感。要说意大利的设计，有以形态为主，功能稍显弱化的特点，但从他的草图中可以看出，在功能方面考虑的很深，并且思考怎样能够符合生产线的结构等，想法虽很独特，但与工业设计的基本紧密结合，正因为有这样的特点，才会得到如此高的评价吧。在家具设计史上备受关注的科伦博，如果现在还活着，究竟会设计出什么样的作品呢？

1962

图中作品为『卷』系列的扶手椅。在平钢上镀铬制成。背面部分呈卷状。

1962

图中作品为『卷』系列的安乐椅与垫脚凳。制成后与右侧椅子相同，整体都使用了卷状软垫，形成了更具特点的外观形态。此系列中还有无扶手类型，高靠背类型，躺椅类型。

1964

这是在米兰使用的扶手椅。框架使用了四角钢管。此时期他的设计常见到使用钢结构的作品（参照下页A图）。

1963

这是由为『赛拉』系列的扶手椅所画草图绘制。头枕设计是其重点。

1963

这是由同一系列的草图绘制。椅腿部的设计为重点。

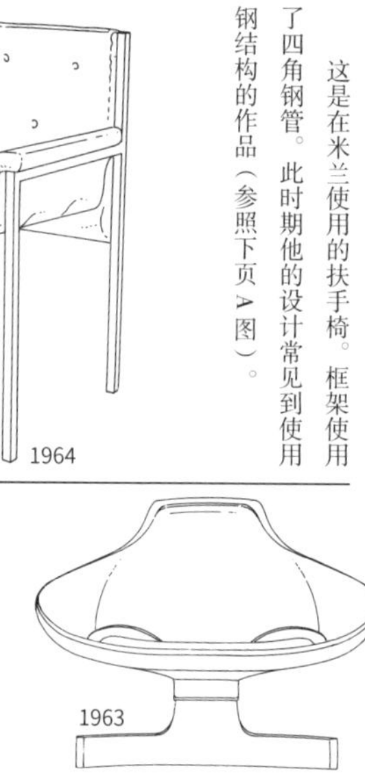

1963

同属一个系列。这是在多幅草图中与最终投产的作品最接近的草图，充分展示了胶合板的特点。

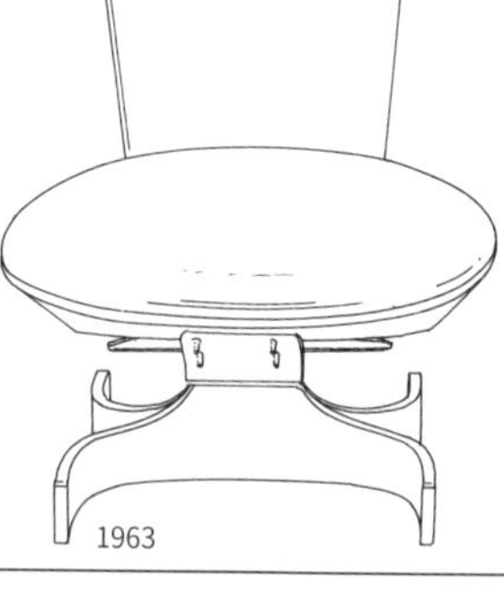

1963

这是在同一系列中被试制的椅子。从座位部的背面开始到座面的线条让人感觉有点生硬。

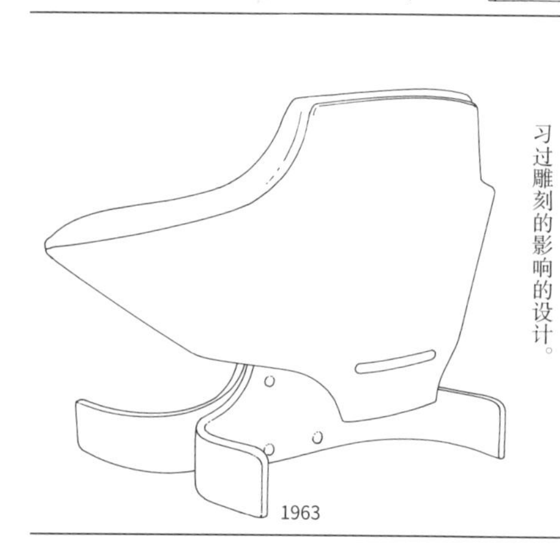

1963

『赛拉』系列的安乐椅，完美展示了胶合板的曲面，是能够看出受学生时代学习过雕刻的影响的设计。

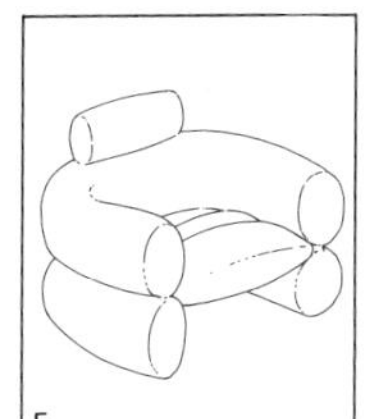

E

这是由四位设计师共同设计的“充气椅”。意大利扎诺塔家具公司制。
1967

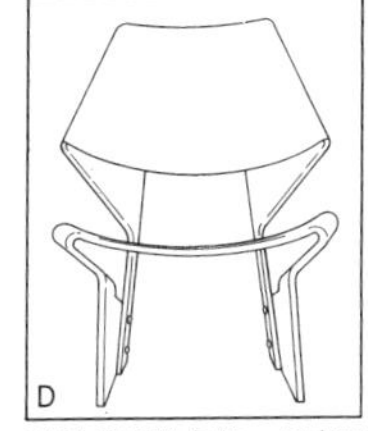

D

这是丹麦的名作。是由两个部件相组合留名历史的作品。
1963

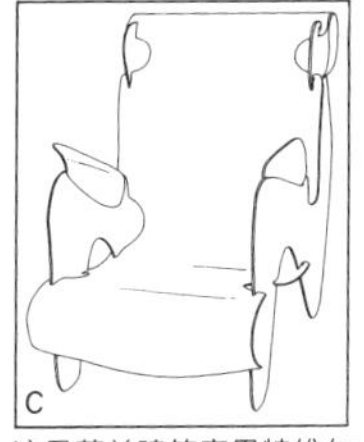

C

这是荷兰建筑家里特维尔德的胶合板椅，将各零件分开后组合而成。
1930

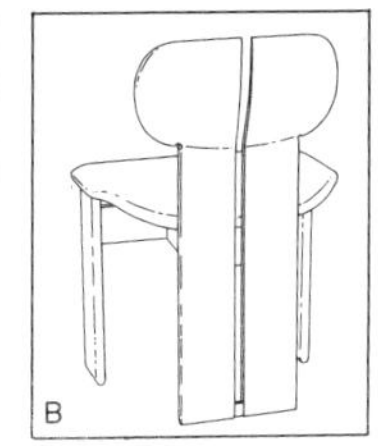

B

这是意大利斯卡帕夫妇设计的三条腿而且十分美观的椅子。
20 世纪 70 年代

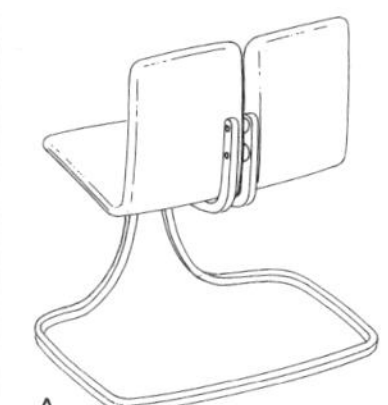

A

这是名为“女士专用”与箱形家具共同发表的椅子。特点为椅腿部钢材料的使用方法。
1964

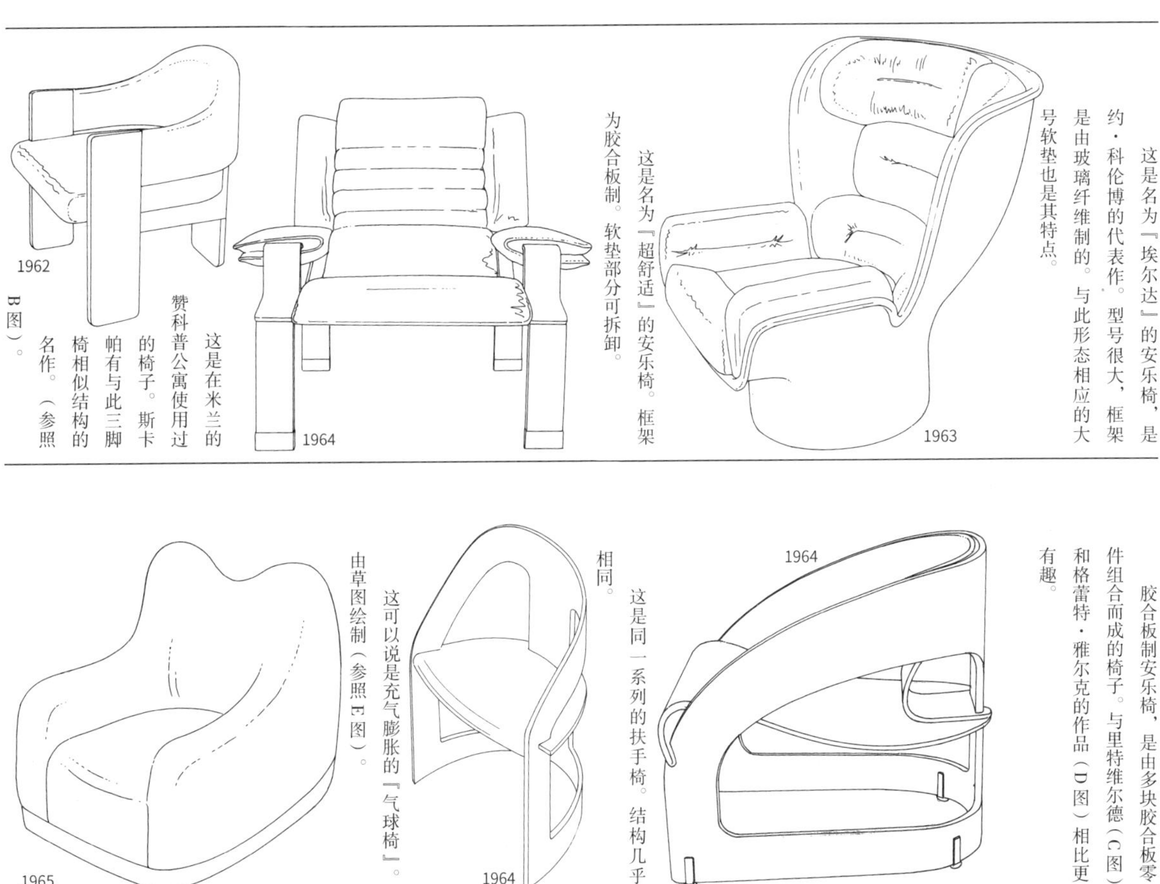

这是名为『埃尔达』的安乐椅，是约·科伦博的代表作。型号很大，框架是由玻璃纤维制的。与此形态相应的大号软垫也是其特点。
1963

这是名为『超舒适』的安乐椅。框架为胶合板制。软垫部分可拆卸。
1964

这是在米兰的费科普公寓使用过的椅子。斯卡帕有与此三脚椅相似结构的名作。（参照B图）。
1962

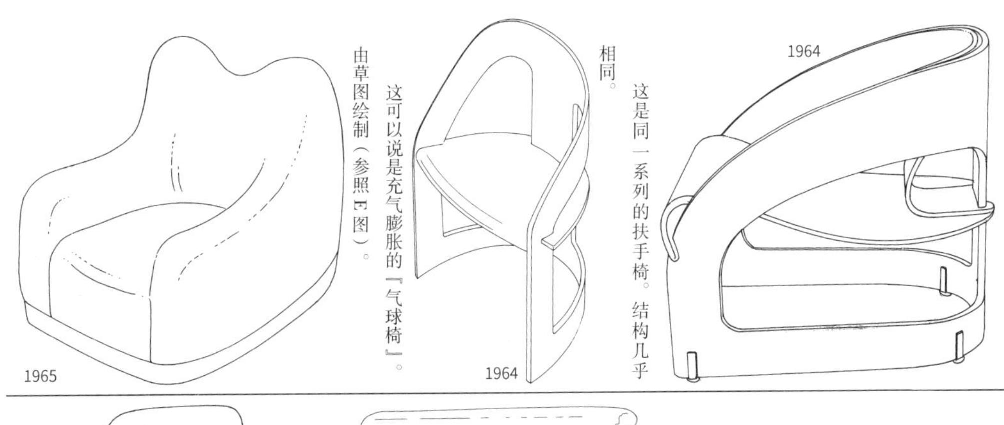

胶合板制安乐椅，是由多块胶合板零件组合而成的椅子。与里特维尔德（C图）和格蕾特·雅尔克的作品（D图）相比更有趣。
1964

这是同一系列的扶手椅。结构几乎相同。
1964

这可以说是充气膨胀的『气球椅』。由草图绘制（参照E图）。
1965

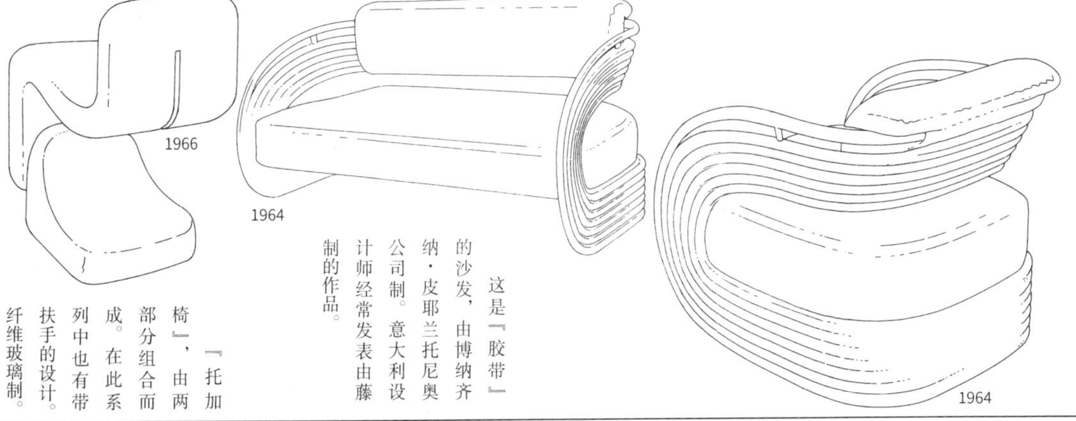

这是被称为『磁带』的安乐椅。使用马六甲产的藤制而成。背部结构为悬臂式。
1964

这是『胶带』的沙发，由博纳齐纳·皮耶兰托尼奥公司制。意大利设计师经常发表由藤制的作品。
1964

『托加椅』，由两部分组合而成。在此系列中也有带扶手的设计。纤维玻璃制。
1966

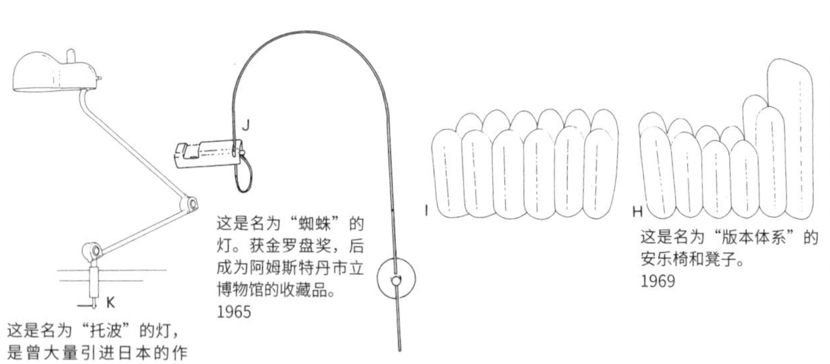

这是名为“托波”的灯，是曾大量引进日本的作品。除固定式之外，放置于桌上的类型也有。
1970

这是名为“蜘蛛”的灯。获金罗盘奖，后成为阿姆斯特丹市立博物馆的收藏品。
1965

这是名为“版本体系”的安乐椅和凳子。
1969

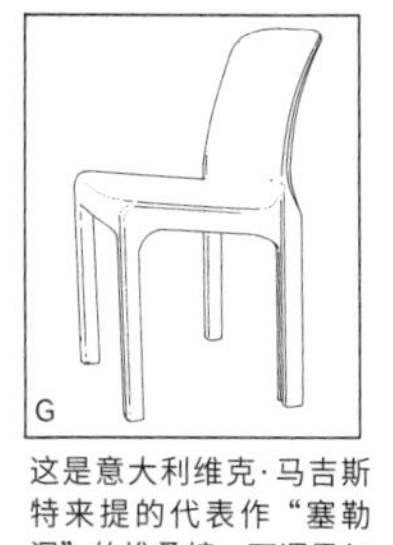

这是意大利维克·马吉斯特来提的代表作“塞勒涅”的堆叠椅。可谓是与科伦博作品比肩的意大利名作。
1969

F

这是法国罗杰·塔隆设计的扶手椅。铝质框架。内侧为泡沫聚氨酯材料制，凸起状的设计仿佛是不愿让人坐上去的感觉。
1965

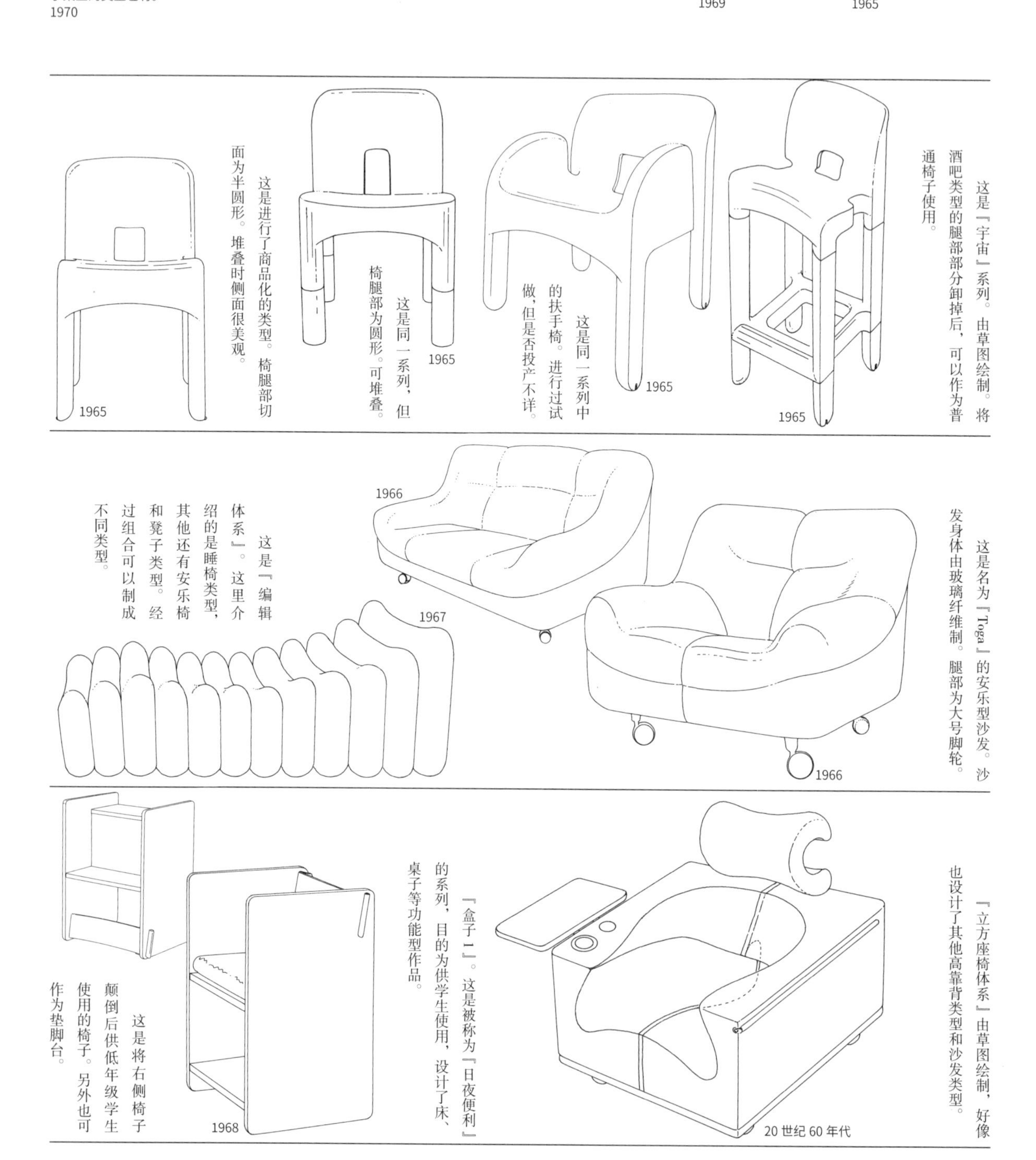

这是『宇宙』系列。由草图绘制。将酒吧类型的腿部部分卸掉后，可以作为普通椅子使用。

这是同一系列中的扶手椅。进行过试做，但是否投产不详。

这是同一系列，但椅腿部为圆形。可堆叠。

这是进行了商品化的类型。椅腿部切面为半圆形。堆叠时侧面很美观。

这是名为『Toga』的安乐型沙发。沙发身体由玻璃纤维制。腿部为大号脚轮。

这是『编辑体系』。这里介绍的是睡椅类型，其他还有安乐椅和凳子类型。经过组合可以制成不同类型。

『立方座椅体系』由草图绘制，好像也设计了其他高靠背类型和沙发类型。

『盒子1』。这是被称为『日夜便利』的系列，目的为供学生使用，设计了床、桌子等功能型作品。

这是将右侧椅子颠倒后供低年级学生使用的椅子。另外也可作为垫脚台。

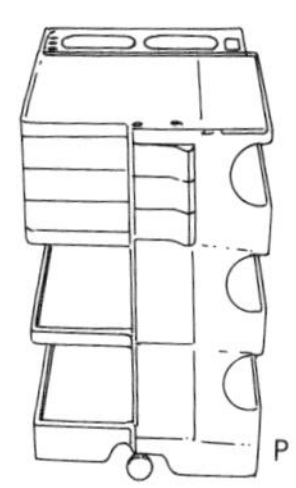

“警察”的手推车。有几个版本被制成成品，是在日本很受欢迎的作品。也经常在厨房或办公室中使用。
1970

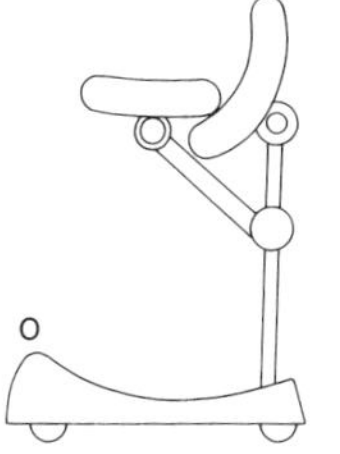

制图用办公椅，因由草图而得，尚不清楚是否有制作成品。
1969

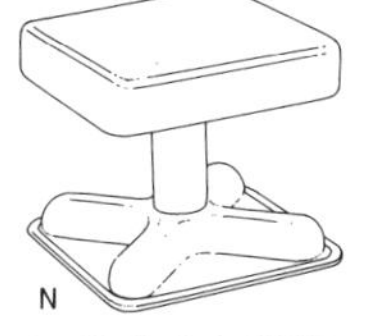

这是“比利罗”系列的凳子。意大利扎诺塔家具公司进行量产。
1970

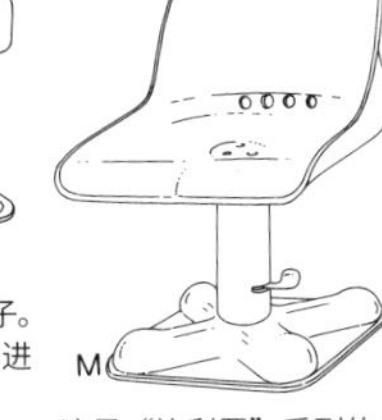

这是“比利罗”系列的办公用椅的框架。将框架上装上软垫。由于是从草图绘制，所以尚不清楚是否有制作成品。
1970

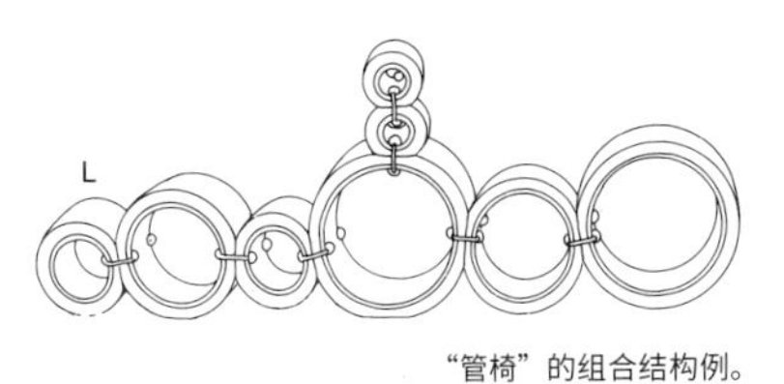

“管椅”的组合结构例。将聚氨酯材料制的管结构用金属零件与橡胶进行固定连接。
1970

R

这是“视觉”系列的闹钟。
1970

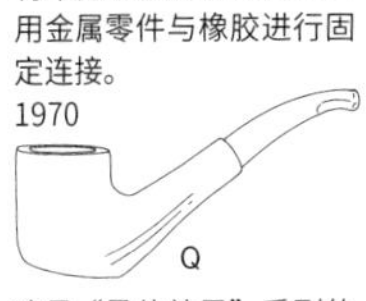

这是“最佳效果”系列的烟斗。
1969

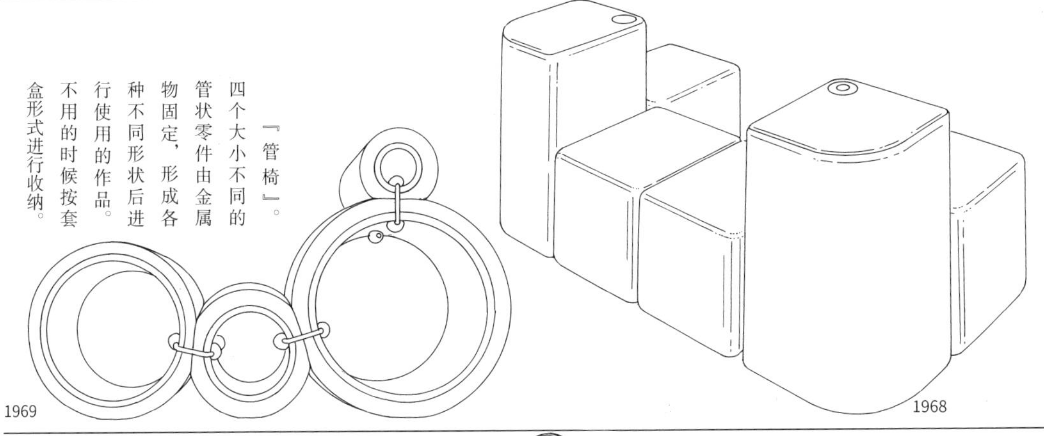

这是在展会中展出的设计。另外还有沙发组合及系统厨房等，作为一个系列展出了各种各样的家具。
1968

『管椅』。四个大小不同的管状零件由金属物固定，形成各种不同形状后进行使用的作品。不用的时候按套盒形式进行收纳。
1969

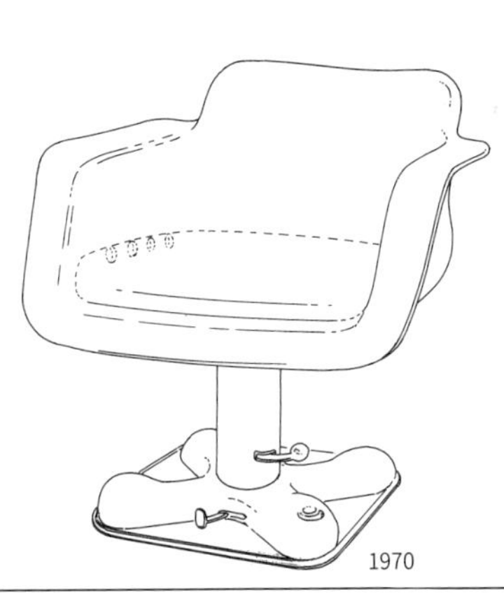

这是『比利罗』系列的扶手椅。由草图而绘制，从剖面草图看，高度可调。
1970

『比利罗』系列的酒吧椅。座面可旋转，但最终返回原位置的结构，由意大利扎诺塔家具公司进行商品化。
1970

『多元椅』。这把椅子可以通过两部分的不同组合来适应不同的坐法。为纽约现代艺术博物馆永久展示品。
1970

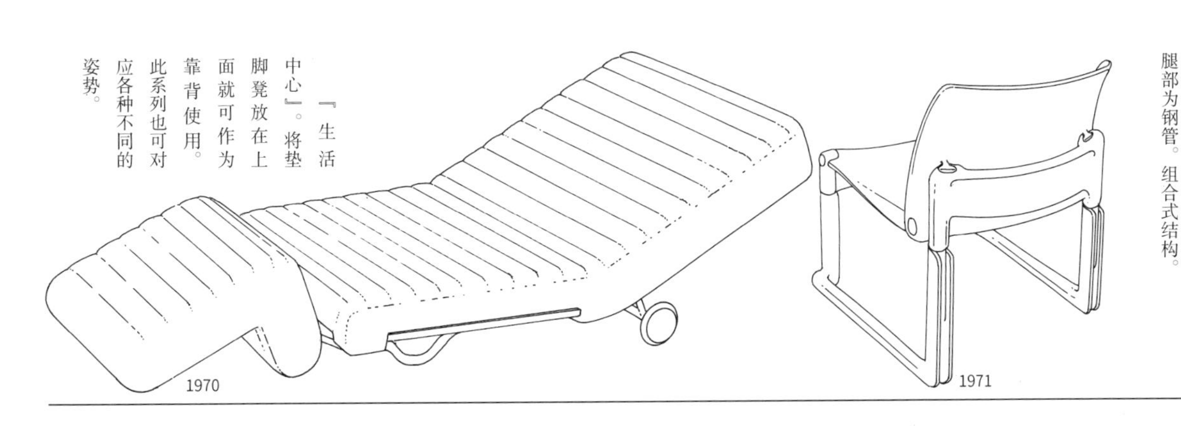

这是『厨师椅』。由树脂铸模法而制。腿部为钢管。组合式结构。
1971

『生活中心』。将垫脚凳放在上面就可作为靠背使用。此系列也可对应各种不同的姿势。
1970

1931—1990

艾斯科·帕扬米斯

第 1 小节
北欧设计师的第二代

艾斯科·帕扬米斯（以下简称帕扬米斯）在日本几乎不为人知，而在芬兰却是很有影响力的设计师。北欧地区与他几乎同一时代的创作家有挪威的阿凯·阿克塞尔森、波·林德克兰兹、博格·林道和丹麦的拉德·太格森等（都是1932年生）。这些创作者的共同之处就在于他们的作品，不是经过削刻的手工艺品，而是使用成型胶合板和钢管，以大量生产为目的的工业设计性的作品很多。他们之中，有在北欧各个国家成为巨匠的设计师。在芬兰有阿尔瓦·阿尔托、埃利尔·沙里宁，在挪威有艾瑞克·古纳尔·阿斯普伦德、卡尔·马姆斯登、布鲁诺·马松、凯尔·柯林特、阿诺·雅各布森、芬·居尔、汉斯·瓦格纳、布吉·莫根森等人。像这样尝试与第一代设计师不同风格的设计制作的，是20世纪30年代开始到40年代出生的第二代创作者们。想超过世界公认的第一代创作者们是很不易的。在此种情况下，为第二代创作者们打开生路的是新开发出来的材料与工业技术。

一般印刷品的资料很少，能知道设计年份的更是少之又少。这一连串介绍的系列都是为赫尔辛基国际机场设计的吗？

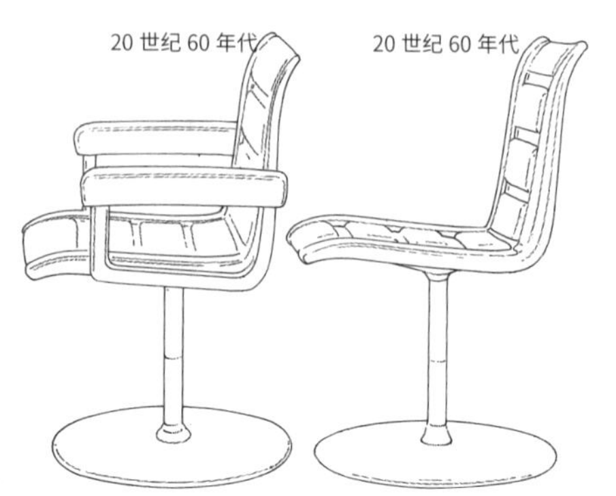

安乐椅。据资料介绍，是被放置在机场大厅里。

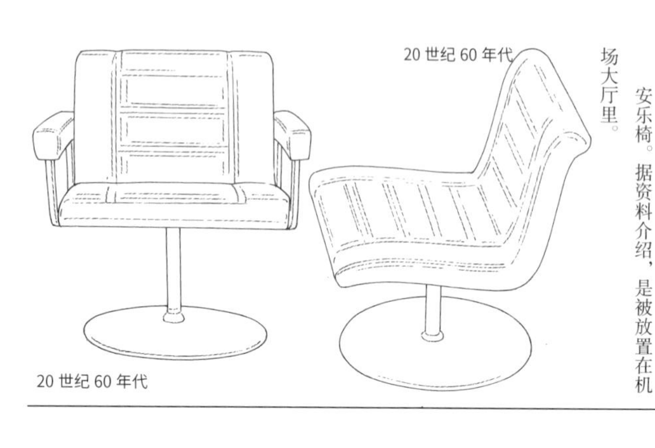

这是座背很低的三人座沙发。是否也会有两人座的版本呢？

可能为原始模型。与之结构相似的有丹麦的彼得·卡尔夫设计的椅子。

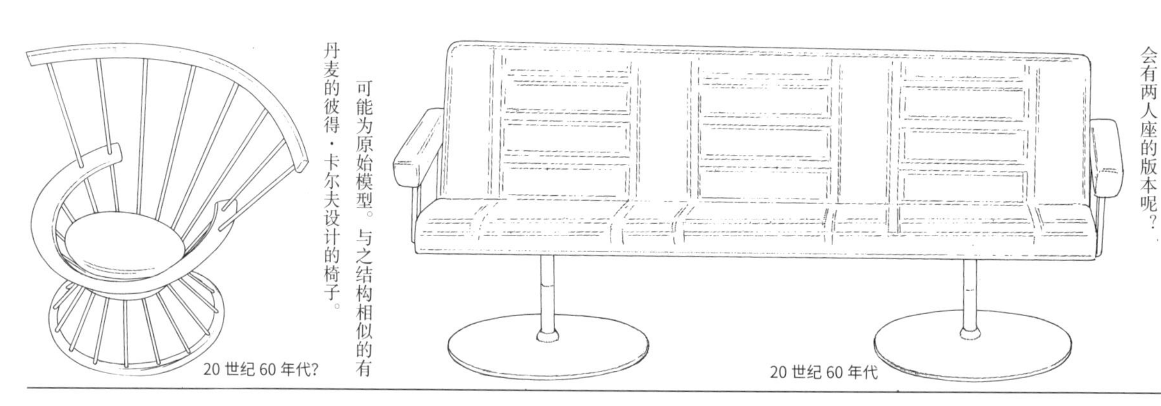

这是由麦塔里特奥斯公司发表的系列（左侧两张）的原始模型。背部和座面好像开了小洞。是为了防止背部闷热吗？

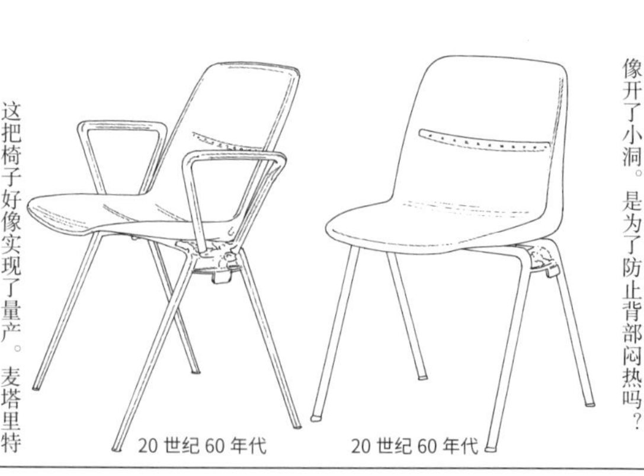

这把椅子好像实现了量产。麦塔里特奥斯公司制。

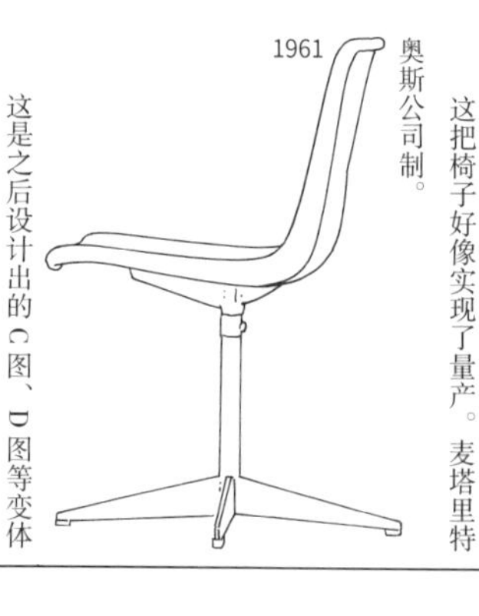

这是之后设计出的C图、D图等变体模型的基础模型。

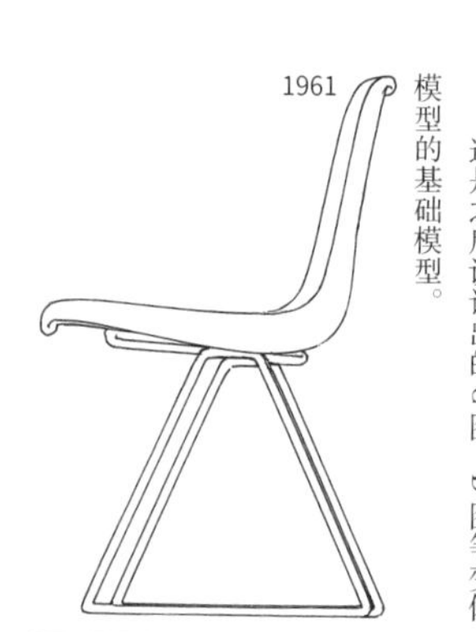

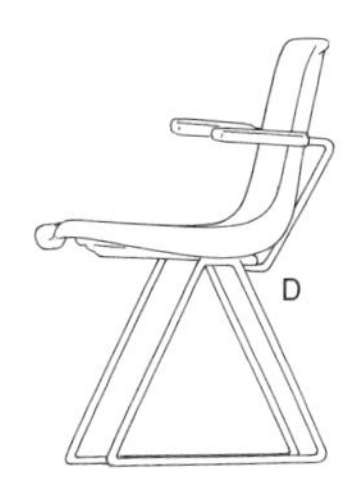

这是上一页第四行左侧的椅子的带扶手类型。麦塔里特奥斯公司制。
1961

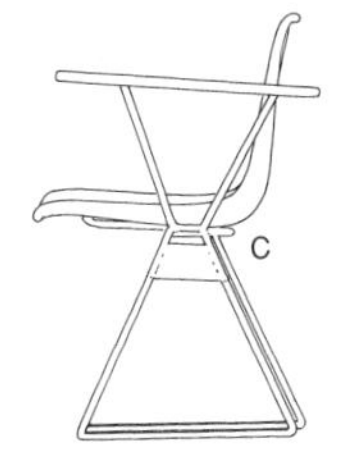

这是为会议室设计的单人椅。
1961

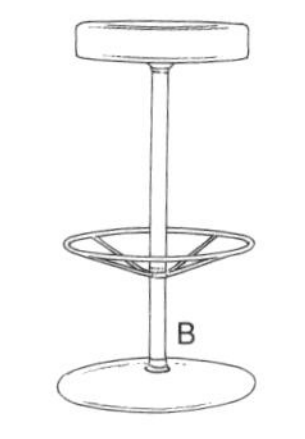

这是为赫尔辛基国际机场设计的酒吧椅。
20 世纪 60 年代

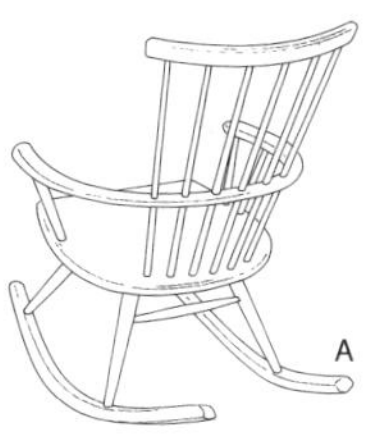

这是阿斯克公司发售的摇椅，是芬兰传统的设计。伊玛里·塔佩瓦拉也发表了相似的作品。
1960

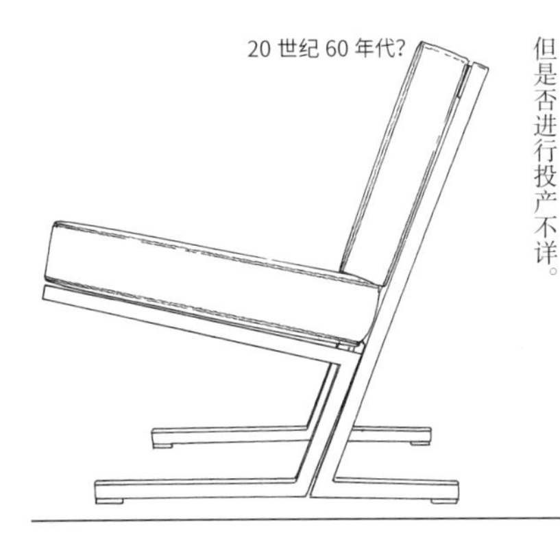

20 世纪 60 年代?

这把椅子也是使用了方形钢管的单人椅。框架的弯曲部分好像都采用了熔接的方式。将框架分成前后两部分的设计给人一种明快感。是考虑了批量生产的模型，但是否进行投产不详。

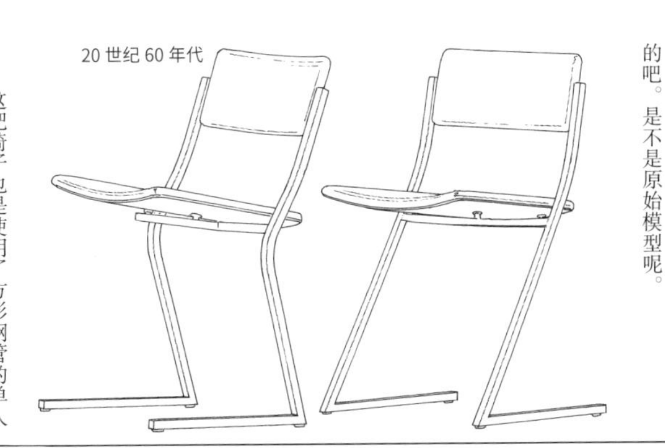

20 世纪 60 年代

这是在赫特卡公司制作的两个模型，是用方形钢管制成的。应该都是可以堆叠的吧。是不是原始模型呢。

1965

这是由特奥堂特公司进行商品化的安乐椅。组合型结构。座面是往下垂的，因此舒适性应该很高。

1962

名为『鲻鱼』。椅座可折叠，为可折叠结构。由科马克西公司制。

20 世纪 60 年代

这也是方形钢管制。从侧面看是X形折叠凳。在哥本哈根看到过这把椅子的实物。

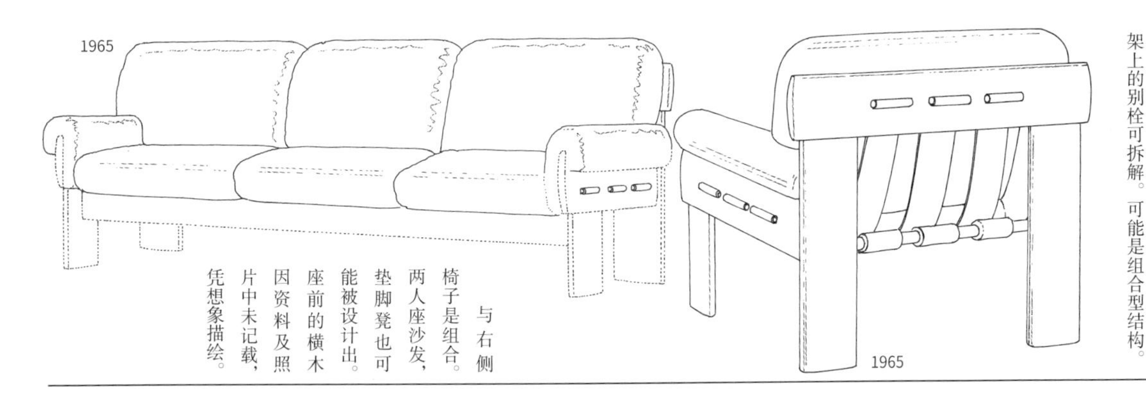

1965

1965

名为『非洲』的系列。椅座部分的带子（可能使用的是皮革材料）通过拔下框架上的别栓可拆解。可能是组合型结构。

与右侧椅子是组合。两人座沙发、垫脚凳也可能被设计出。座前的横木因资料及照片中未记载，凭想象描绘。

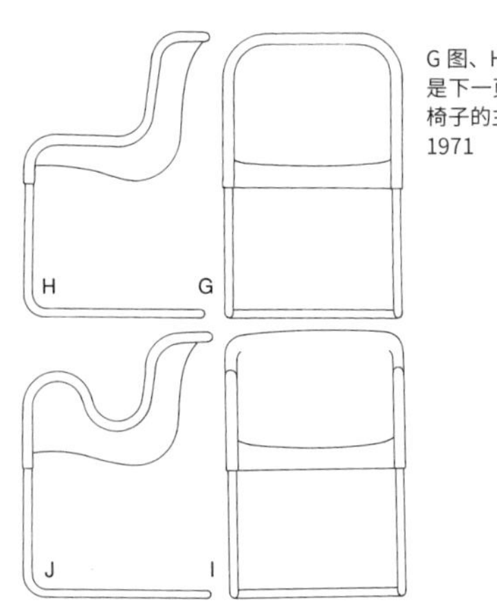

G图、H图、I图、J图都是下一页第四行右侧两把椅子的主视图和侧视图。
1971

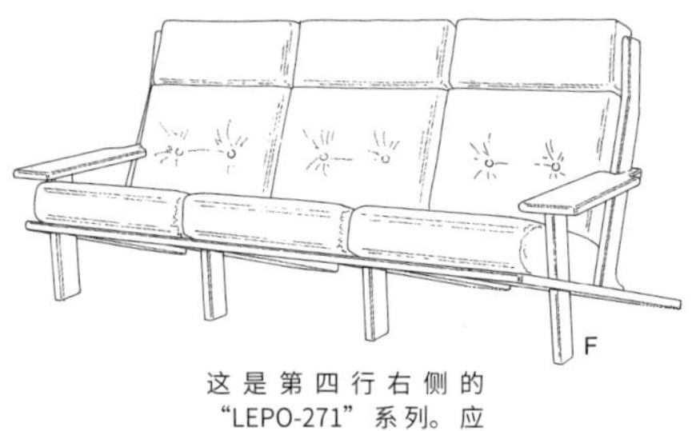

这是第四行右侧的“LEPO-271”系列。应该也有两人座类型。
20世纪60年代

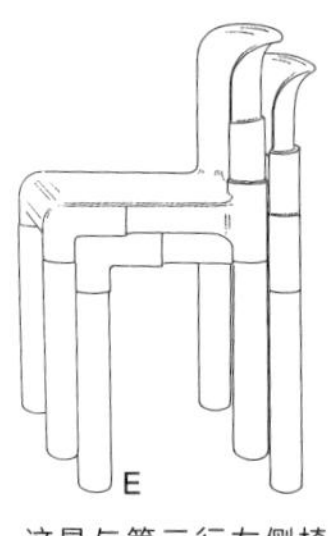

这是与第三行左侧椅子同一系列的。堆叠类型。背部形状不同。
20世纪60年代

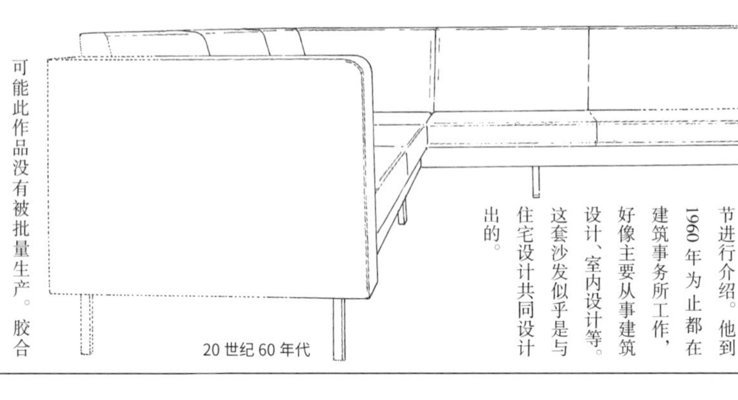

关于帕扬米斯的经历将在下一小节进行介绍。他到1960年为止都在建筑事务所工作，好像主要从事建筑设计、室内设计等。这套沙发似乎是与住宅设计共同设计出的。

20世纪60年代

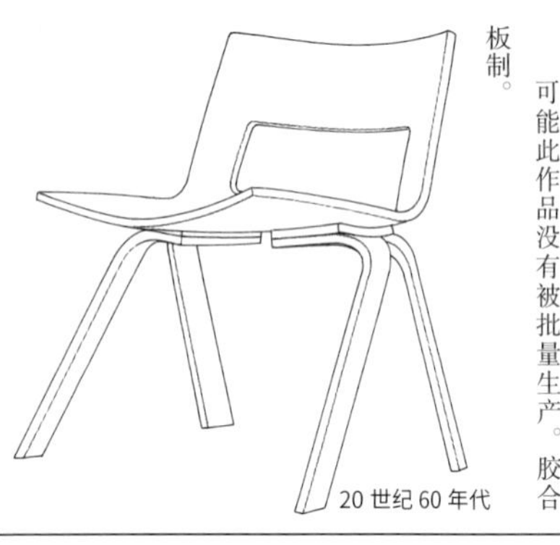

可能此作品没有被批量生产。胶合板制。

20世纪60年代

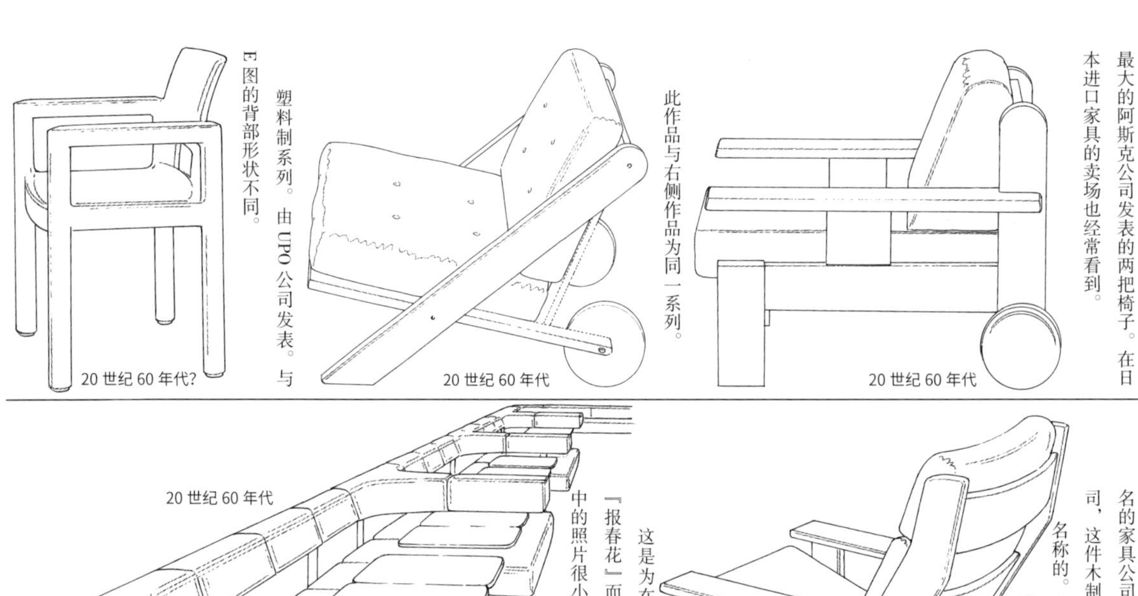

这是20世纪60年代，号称北欧规模最大的阿斯克公司发表的两把椅子。在日本进口家具的卖场也经常看到。

20世纪60年代

此作品与右侧作品为同一系列。

20世纪60年代

塑料制系列。由UPO公司发表。与E图的背部形状不同。

20世纪60年代?

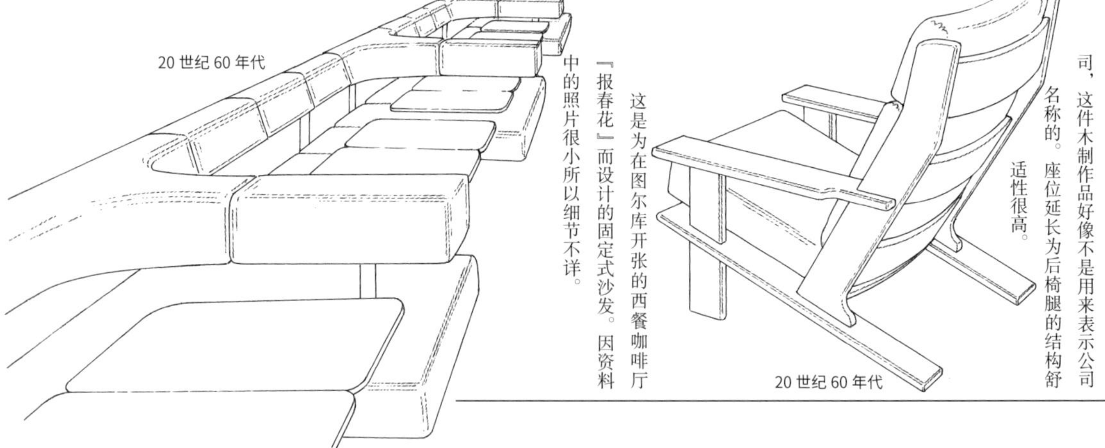

这是『LEPO-271』系列。以LEPO为名的家具公司都是专门制作金属家具的公司，这件木制作品好像不是用来表示公司名称的。座位延长为后椅腿的结构舒适性很高。

20世纪60年代

这是为在图尔库开张的西餐咖啡厅『报春花』而设计的固定式沙发。因资料中的照片很小所以细节不详。

20世纪60年代

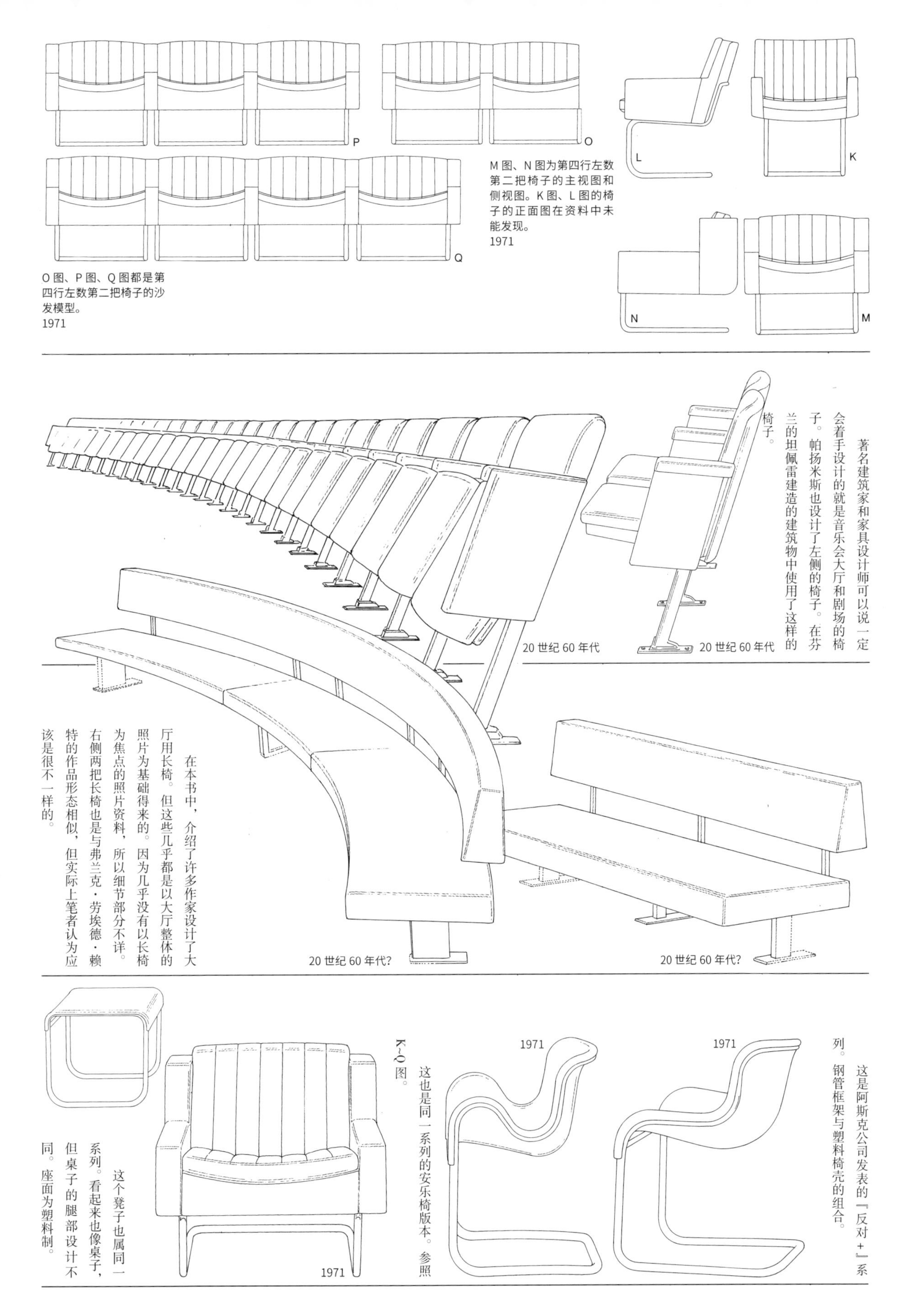

O图、P图、Q图都是第四行左数第二把椅子的沙发模型。
1971

M图、N图为第四行左数第二把椅子的主视图和侧视图。K图、L图的椅子的正面图在资料中未能发现。
1971

著名建筑家和家具设计师可以说一定会着手设计的就是音乐会大厅和剧场的椅子。帕扬米斯也设计了左侧的椅子。在芬兰的坦佩雷建造的建筑物中使用了这样的椅子。

20世纪60年代

20世纪60年代

在本书中，介绍了许多作家设计了大厅用长椅。但这些几乎都是以大厅整体的照片为基础得来的。因为几乎没有以长椅为焦点的照片资料，所以细节部分不详。右侧两把长椅也是与弗兰克·劳埃德·赖特的作品形态相似，但实际上笔者认为应该是很不一样的。

20世纪60年代?

20世纪60年代?

这是阿斯克公司发表的『反对+』系列。钢管框架与塑料椅壳的组合。

1971

1971

这也是同一系列的安乐椅版本。参照K~Q图。

1971

这个凳子也属同一系列。看起来也像桌子，但桌子的腿部设计不同。座面为塑料制。

1931—1990

艾斯科·帕扬米斯

第 2 小节
从室内设计到家具

帕扬米斯于 1931 年 8 月 20 日出生于赫尔辛基。1954 年毕业于赫尔辛基工业设计学院（现大学）的室内设计系。毕业后，在阿奈·艾威教授的建筑事务所工作之后，又在托沃·科乎宁建筑事务所工作后成立了自己的设计事务所。在 20 世纪五六十年代前期主要是以室内设计为中心，在这之后，家具设计成为他主要的工作重心。

他曾合作过的家具制造商很多，其中在北欧具有代表性的阿斯克公司中，除在此介绍的应该还有好多进行商品的作品。另外还有以塑料制家具为主的乌珀公司和以金属制家具为主的乐宝家具公司、穆拉密家具公司，麦瑞韦尔公司以及生产照明工具的普里莫公司等。遗憾的是资料已无法找到，也为曾经作为志愿者去过的盲人学校设计了藤椅。

1990 年 9 月 26 日，在希腊旅行时猝死。

这是阿斯克公司发表的『财富』系列。伊玛里·塔佩瓦拉的作品也由阿斯克公司进行商品化。

1968

堆叠椅。资料中只有这一种版本，但带扶手版本应该也有吧。设计年份不详。

设计年份不详

这是与右侧椅子不同系列的扶手椅。

20 世纪 70 年代

乐宝家具公司发表的系列。通过改变钢管的弯曲方法使其变成带扶手的模型。

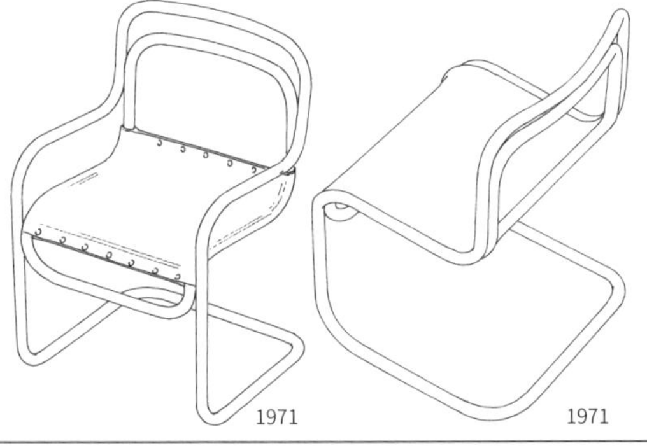

1971　1971

这也是乐宝家具公司发表的。右侧椅子座面似乎也是由帆布制成的，这把椅子的材料使用方法也一样。扶手的处理方法很有特点。

1971

与第三行椅子为同一系列。和第三行左侧椅子相比，因为这把椅子为悬臂结构，所以舒适性相对高。

1971

酒吧用凳子类型。制造商不详。设计年份不详。

设计年份不详

像这种木质的椅子主要是由阿斯克公司发表的。座面的设计方法很复杂。

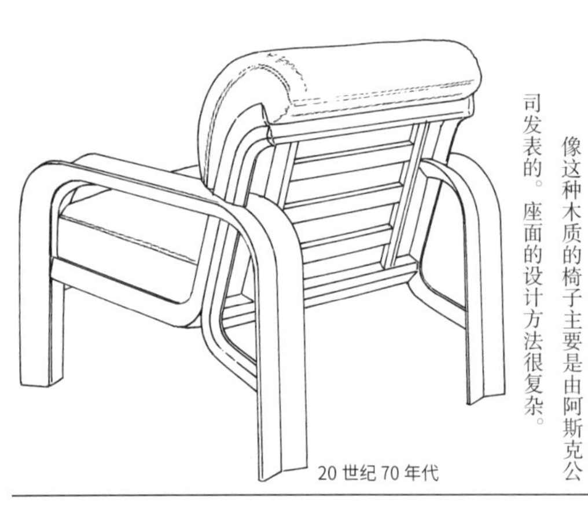

20 世纪 70 年代

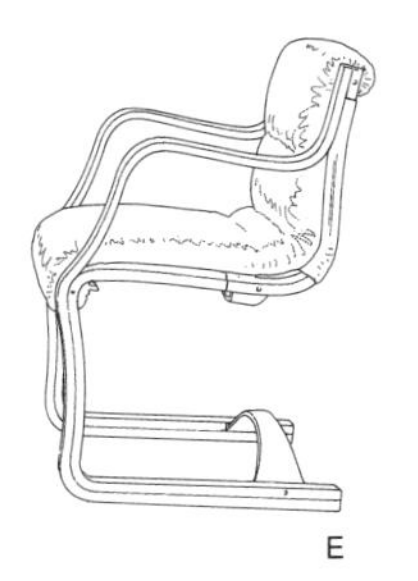

“科伊弗塔尔”系列。第四行右侧椅子的带扶手类型。
1974

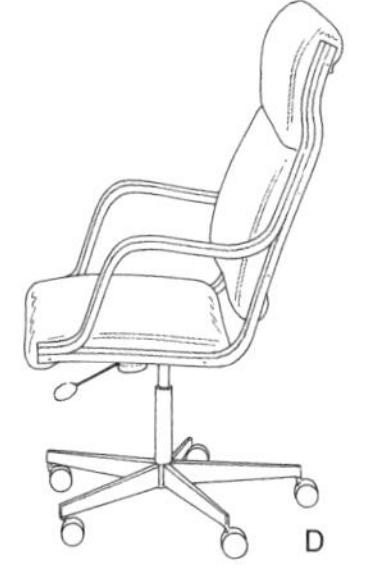

这是与第三行左侧的办公椅同一系列的椅子。可能与“科伊弗塔尔”系列不同。
20 世纪 70 年代

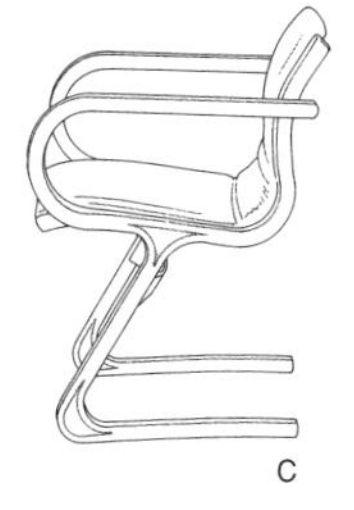

这是第二行左侧椅子的带扶手类型。有照片资料可知经常在餐厅和咖啡馆使用。
20 世纪 70 年代

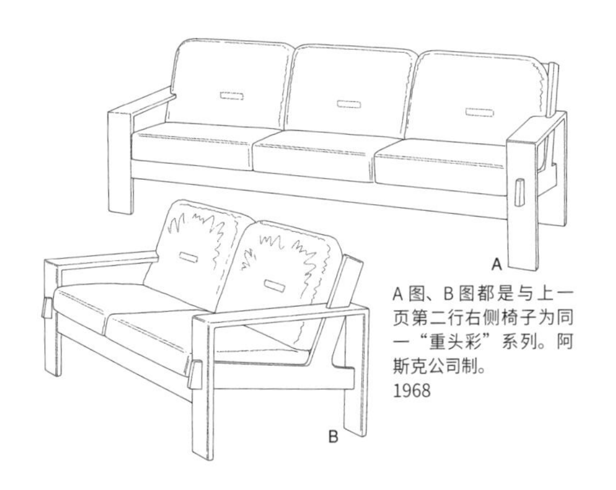

A 图、B 图都是与上一页第二行右侧椅子为同一“重头彩”系列。阿斯克公司制。
1968

帕扬米斯在20世纪70年代发表了许多椅子框架使用了成型胶合板材料的设计。其原因在于，不仅是他，在世界范围内都开始普及这种木工加工技术。这把椅子的框架是用成型胶合板制。扶手处设计与上一页第三行左侧椅子相同。

20 世纪 70 年代

框架全为成型胶合板制。好像也有带扶手类型。

20 世纪 70 年代

在椅腿的上下两处，用成型胶合板从两侧夹着实木材料的球拍结构的框架设计。带扶手类型（C图）也有。

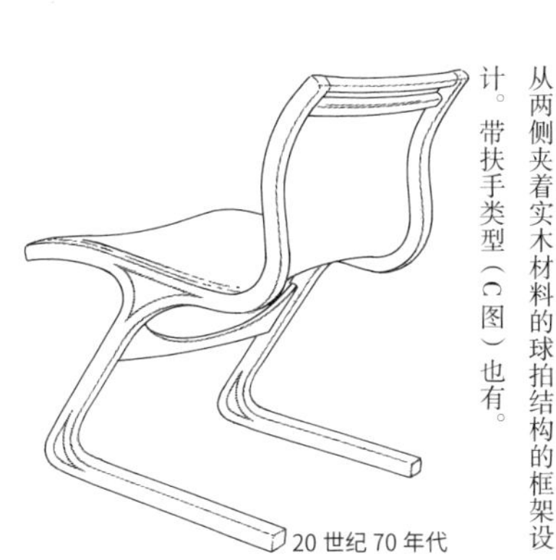

20 世纪 70 年代

这一页中介绍的椅子的框架都是成型胶合板制成。这个摇椅也是同样，从它的框架就可看出其设计也属同一系列。坐上去应该会特别舒服。

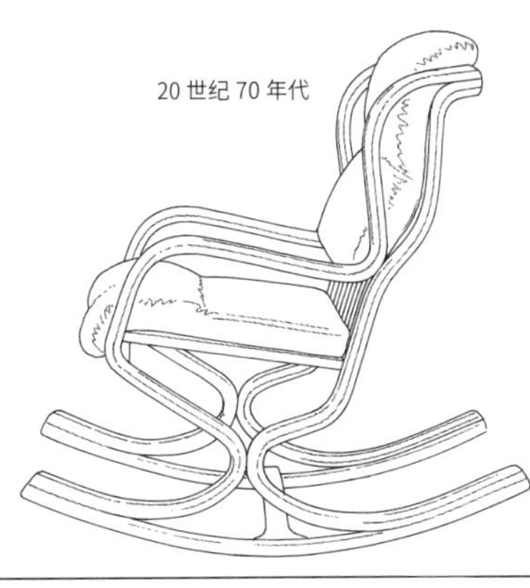

20 世纪 70 年代

图为餐椅。也有相同腿部设计的圆形桌子。

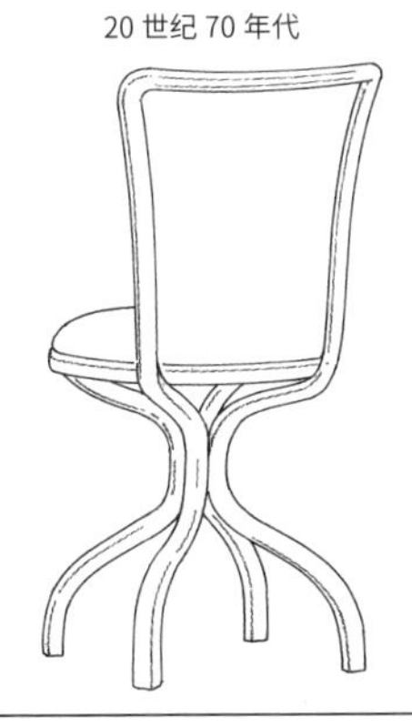
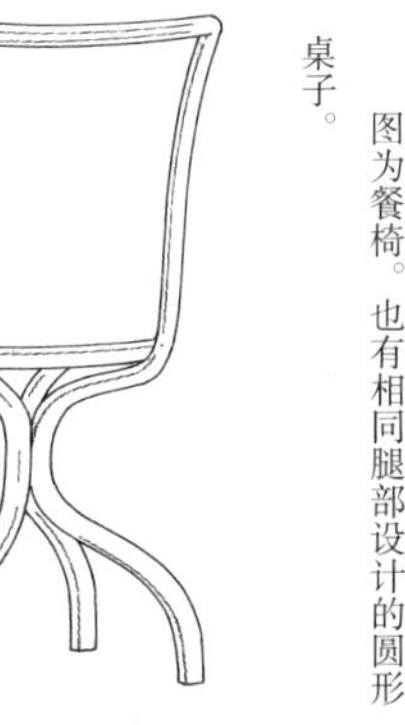

20 世纪 70 年代

这是办公椅。与D图的高靠背椅应该是同一系列。

20 世纪 70 年代

这一系列的椅子都是由ASKO发表的，且备受关注。在发表后，日本也大量进口了这些椅子，笔者也买了左侧的这把椅子。除了下一页的躺椅之外，因为都是悬臂结构，所以舒适性很高。

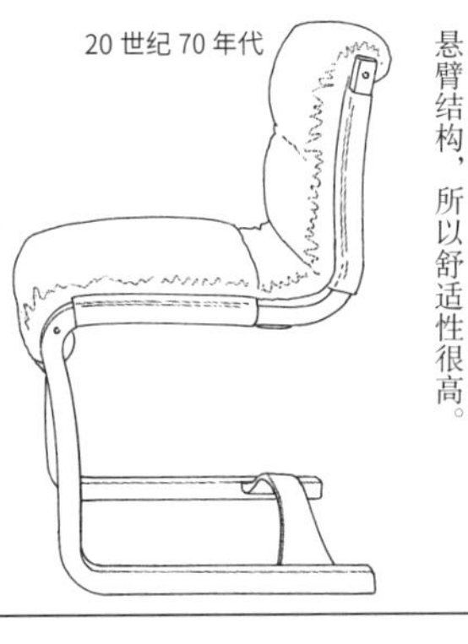

20 世纪 70 年代

与安乐椅成套组合的垫脚凳前端向上弯起这一设计思想，在布鲁诺·马松（挪威）的作品里也能看到。

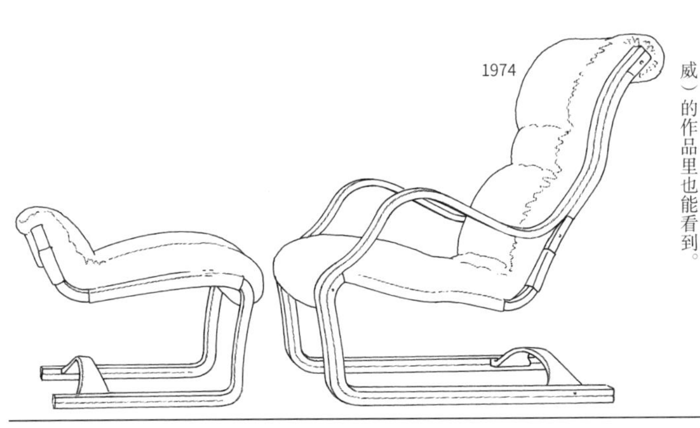

1974

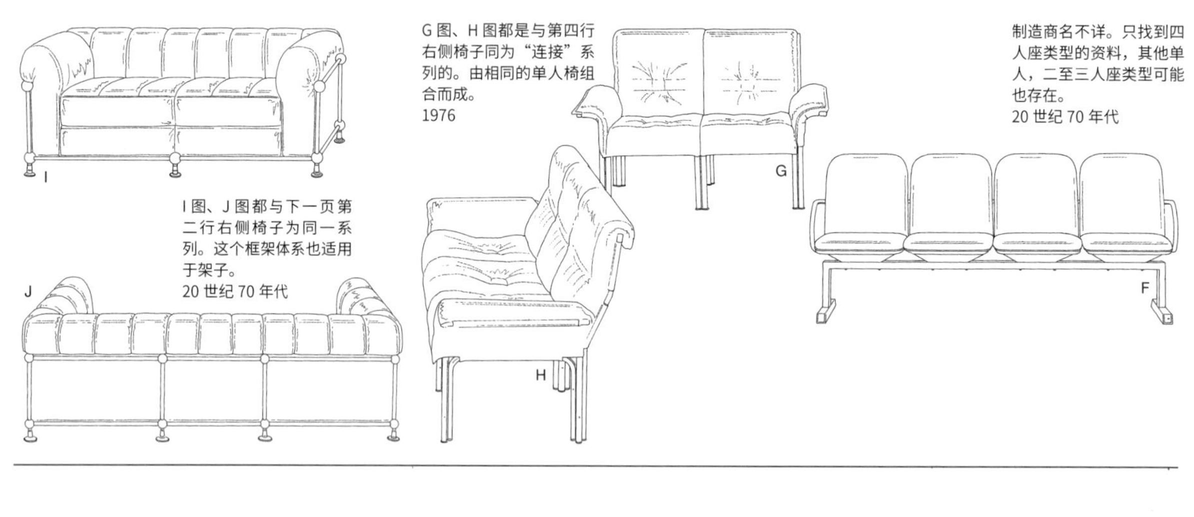

G图、H图都是与第四行右侧椅子同为“连接”系列的。由相同的单人椅组合而成。
1976

制造商名不详。只找到四人座类型的资料，其他单人，二至三人座类型可能也存在。
20世纪70年代

I图、J图都与下一页第二行右侧椅子为同一系列。这个框架体系也适用于架子。
20世纪70年代

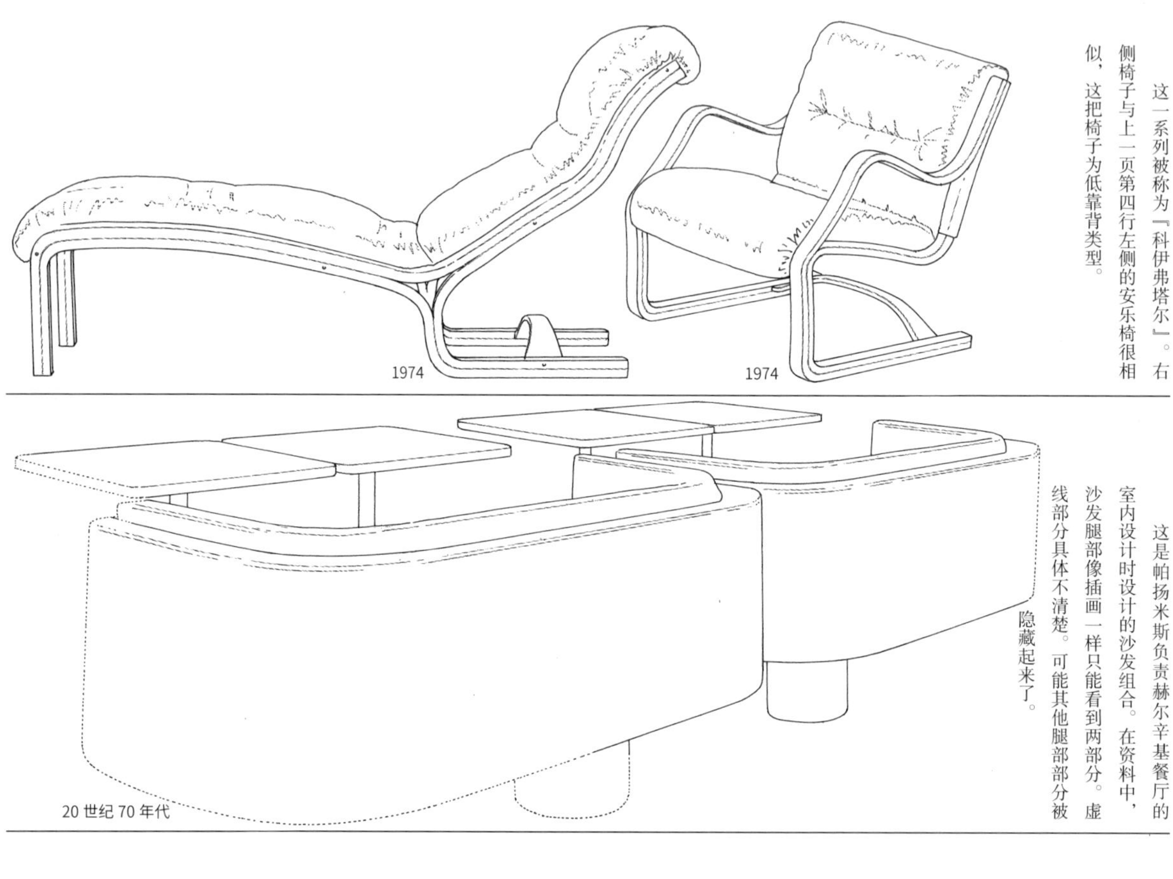

1974　　1974

这一系列被称为『科伊弗塔尔』。右侧椅子与上一页第四行左侧的安乐椅很相似，这把椅子为低靠背类型。

20世纪70年代

这是帕扬米斯负责赫尔辛基餐厅的室内设计时设计的沙发组合。在资料中，沙发腿部像插画一样只能看到两部分。虚线部分具体不清楚。可能其他腿部部分被隐藏起来了。

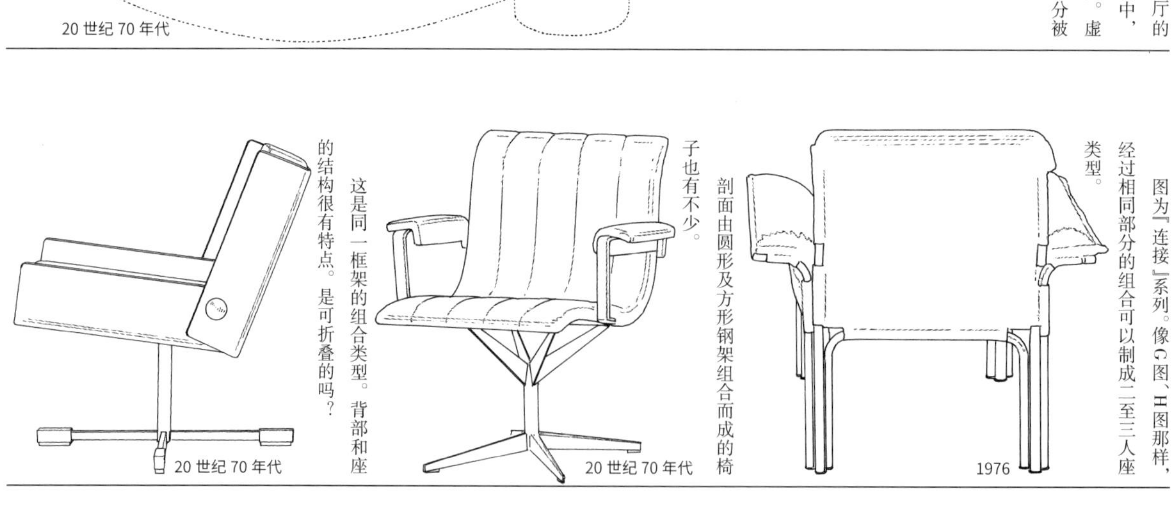

20世纪70年代

这是同一框架的组合类型。背部和座的结构很有特点。是可折叠的吗？

20世纪70年代

剖面由圆形及方形钢架组合而成的椅子也有不少。

1976

图为『连接』系列。像G图、H图那样，经过相同部分的组合可以制成二至三人座类型。

N图、O图都是与第四行左侧同一系列，为赫尔辛基国际机场的大厅设计的。
1990
O
K图、L图都是与第四行中间同一系列的沙发。
1985
L
N
这张沙发是与成型胶合板系列同一时期的。
20世纪70年代
M
K
20世纪70年代
20世纪70年代
这把椅子可能是将藤条编制于钢框架上而制的，非常美观。强调垂直与水平，这样的椅子似乎也很适合日本的居住空间。
这是被称为『绘马』的儿童用木马。制造商为卡里·维尔塔宁公司，但遗憾的是因为成本太高，只有原始模型。
这把椅子也是在与『连接』系列相同的设计理念下诞生的。
20世纪70年代
1981
这是由莱波·芬公司发表的扶手椅。
20世纪70年代
将很厚的层积板在座位部分竖放，腿部横放，并将其削刻成此形状。
这是由方形钢结构与成型胶合板的椅壳组合而成的安乐椅。座位部分仿佛悬浮在半空中。
20世纪70年代
1990
这是帕扬米斯在赫尔辛基国际机场项目中的最后设计的椅子，是在第1小节中介绍的20世纪60年代的改进版。
1985
安乐椅。K图、L图也是同一系列。
20世纪80年代
这是木制经过涂制的餐椅。与左侧的安乐椅进行的处理相同。

1938—1991

乔根·盖米伽德

乔根·盖米伽德（以下简称盖米伽德）于1838年生于丹麦。1957年同时获得了木匠资格和银牌。1957—1959年在艾弗森工作室接受了技术指导。1959—1962年在哥本哈根美术工艺学校家具系学习。在此期间分获工艺美术奖的银牌和铜牌，并且从这个时候他开始参加家具工业组合展览会。1962—1964年在皇家艺术学院的家具与空间艺术专业，作为旁听生，向格蕾特·雅尔克、斯坦·埃勒·拉斯穆森、摩根斯·库奇学习。1965—1967年作为联合国顾问在波利尼西亚的西部萨摩亚，指导家具设计与制作。1967—1968年被征加入空军。1968—1970年在阿诺·雅各布森、乔根博、伯特·彼得斯的事务所工作。在此期间，作为联合国教科文组织的顾问，对苏丹和锡兰（今斯里兰卡）的学校用家具进行了指导。1971年获丹麦家具奖。1971—1973年期间在母校教学。后于1973年拥有自己的事务所并于同年成为皇家艺术学院的教授。

这是盖米伽德在西萨摩亚期间设计的椅子。腿部是不是用胶合板弯曲而成的？是在钢条框架上绑上绳索而制的，可以看出是受保罗·克耶霍尔姆（A图）影响的设计。

1965

在丹麦皇家艺术学院，折叠椅的制作课题继凯尔·柯林特后一直延续，不如说早已成为有名的话题。这是将柯林特的名作『螺旋椅』的腿部曲面幅度进一步加大后的类型，与螺旋椅这一名称更相符。

1965—1966

这是感觉比较原始朴素的类型。这也是在西萨摩亚期间设计的作品『汤加椅』。由因沃公司制。

1967

在作为联合国教科文组织顾问的赴任地苏丹设计的椅子。这是一系列学校用家具之一。

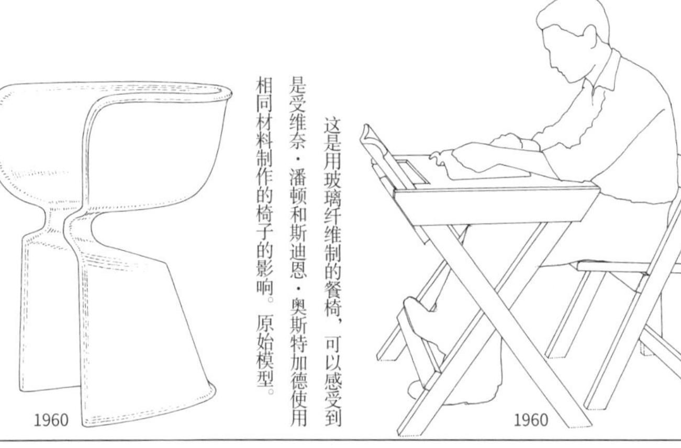

1960

这是用玻璃纤维制的餐椅，可以感受到是受维奈·潘顿和斯迪恩·奥斯特加德使用相同材料制作的椅子的影响。原始模型。

1960

这是在1971年《姆贝里亚》杂志的191号、192号上刊载的椅子。由哥本哈根技术研究所与用以隔断空间的家具一同发表。

1970

与1965—1966年发表的椅子十分相似，旋转轴的位置和整体比例等有所不同。

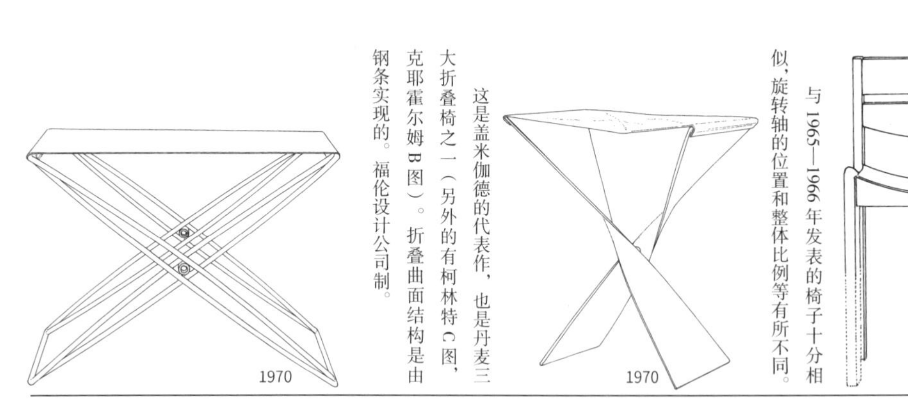

1970

这是盖米伽德的代表作，也是丹麦三大折叠椅之一（另外的有柯林特C图，克耶霍尔姆B图）。折叠曲面结构是由钢条实现的。福伦设计公司制。

1970

F

这是第三行右侧椅子的四脚椅版本。背与座加了软垫。
1978

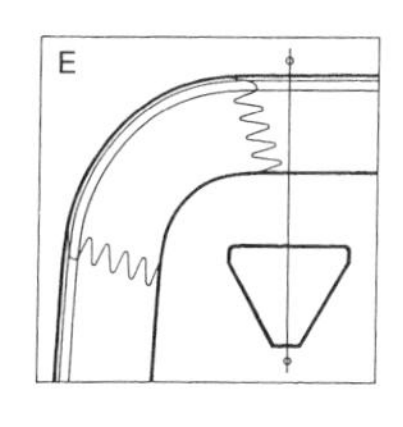

E

第四行中间椅子系列运用了掌状连接。三角形剖面很美。
1978

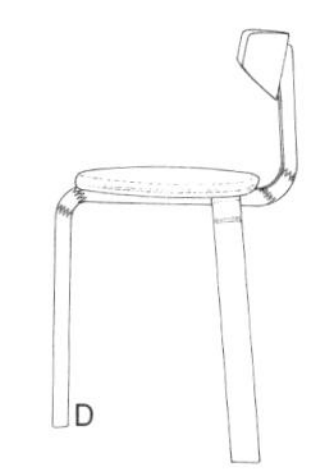

D

这是从第三行右侧椅子的侧面图。后腿部有一定角度，是为了考虑稳定性。
1972

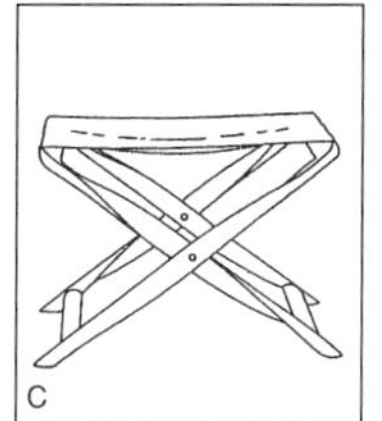

C

这是凯尔·柯林特的螺旋椅。自从 1930 年发表以来，还未有作品能超越它。
1930

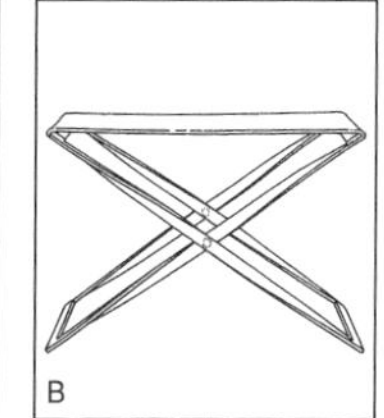

B

这也是克耶霍尔姆设计的椅子。腿部曲面是削刻而成的。腿部交叉部分加入了小滚珠轴承。
1961

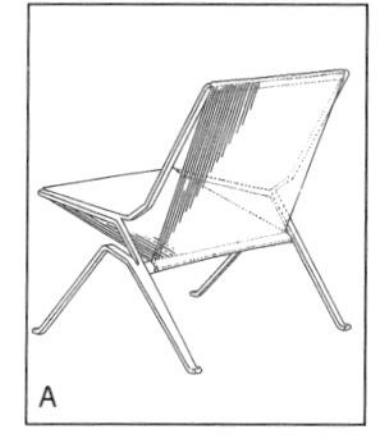

A

这是保罗·克耶霍尔姆设计的椅子。以这把椅子及第二年发表的木制框架与绳索制成的模型为启发，设计出了上一页第二行右侧的椅子。
1951

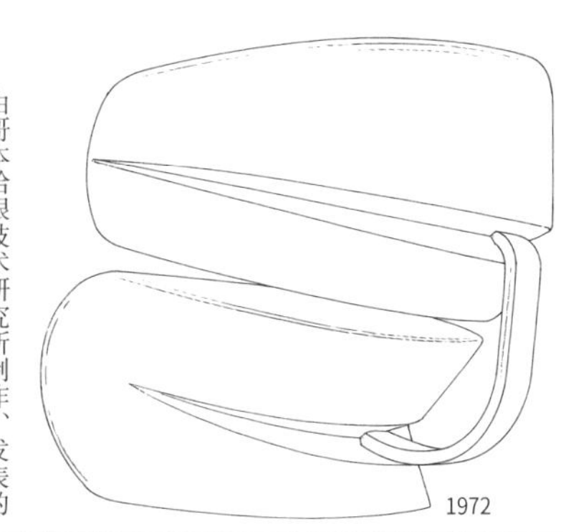

1972

这是1972年《姆贝里亚》杂志刊载的椅子，是使用了硬质泡沫聚氨酯材料的原始模型。由展览会出品。

由哥本哈根技术研究所制作、发表的掌状连接系列。弯曲部分都是用同一方法制成的。

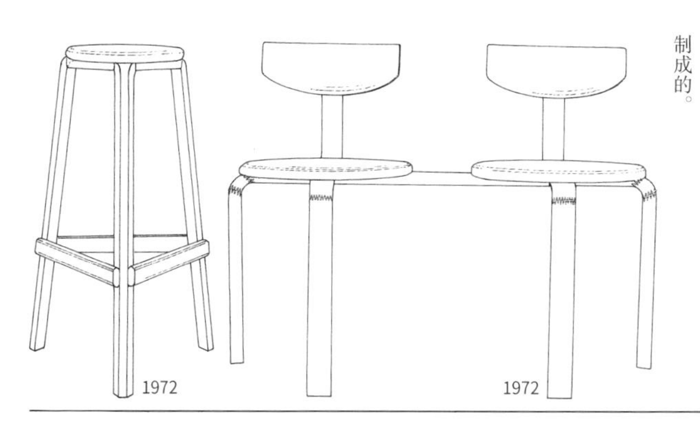

1972　1972

1972

与第二行左侧椅子为同一系列。与餐桌共同发表，但好像没有进行批量生产。

椅腿部使用了钢条。框架的应用方法与折叠椅相似。也有桌子。

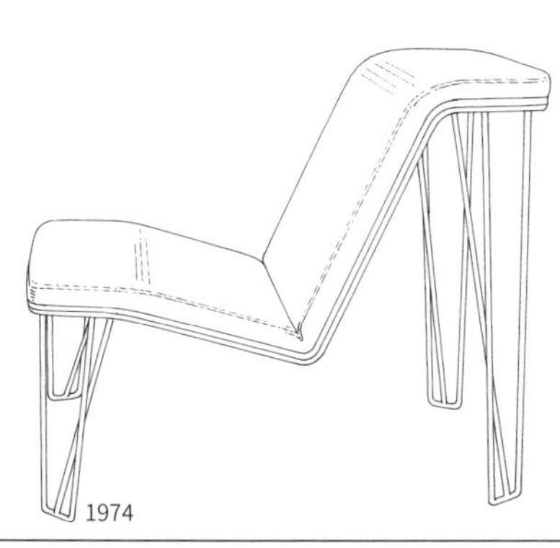

1974

这是使用了钢管的堆叠椅。座位和扶手部分都是悬臂结构。1975年在《姆贝里亚》杂志上发表。

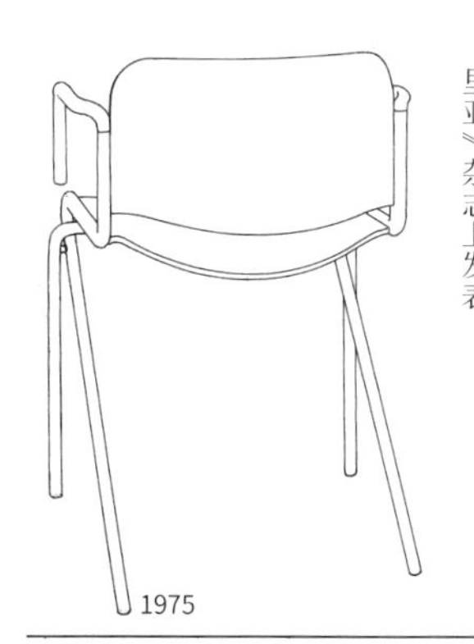

1975

1975

这把椅子也与第三行左侧椅子及同一杂志号中刊载。这个是将层积材料弯曲制成的框架。座后为悬臂结构。原始模型。

这是将第二行的掌状连接运用到批量生产中的椅子。框架的剖面为三角形（E图）。挪威的卡尔·安德森公司制。

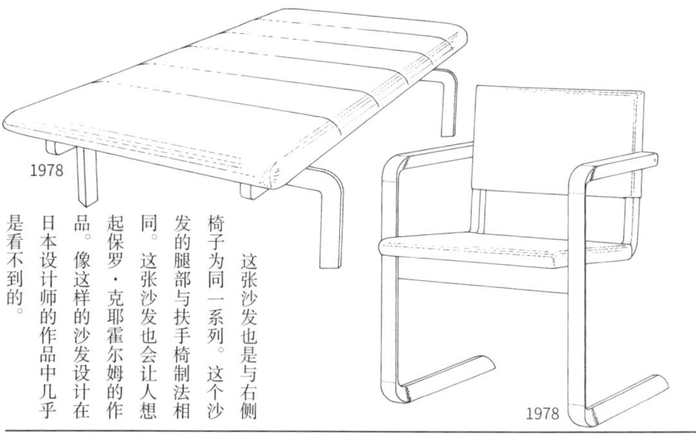

1978　1978

这张沙发也是与右侧椅子为同一系列。这个沙发的腿部与扶手椅制法相同。这张沙发也会让人想起保罗·克耶霍尔姆的作品。像这样的沙发设计在日本设计师的作品中几乎是看不到的。

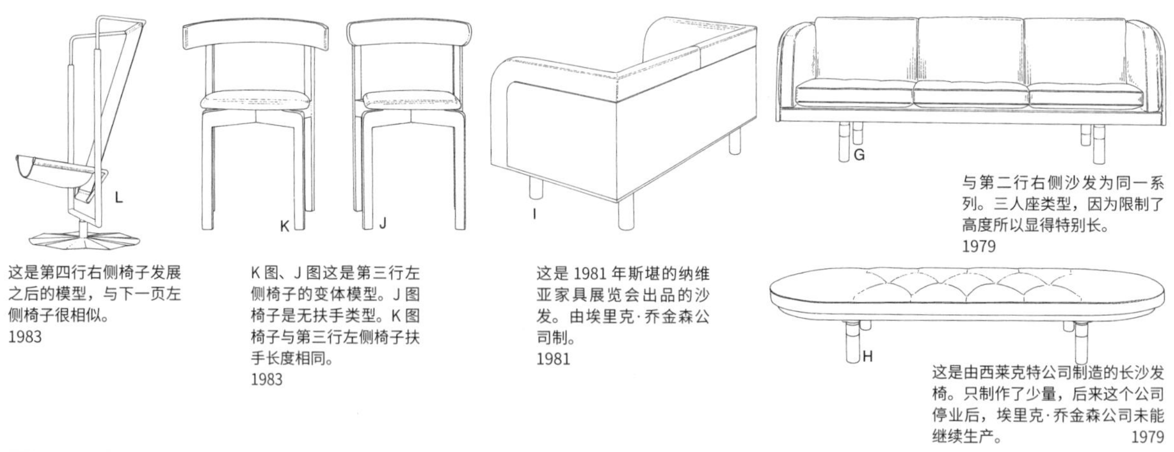

这是第四行右侧椅子发展之后的模型，与下一页左侧椅子很相似。
1983

K图、J图这是第三行左侧椅子的变体模型。J图椅子是无扶手类型。K图椅子与第三行左侧椅子扶手长度相同。
1983

这是1981年斯堪的纳维亚家具展览会出品的沙发。由埃里克·乔金森公司制。
1981

与第二行右侧沙发为同一系列。三人座类型，因为限制了高度所以显得特别长。
1979

这是由西莱克特公司制造的长沙发椅。只制作了少量，后来这个公司停业后，埃里克·乔金森公司未能继续生产。 1979

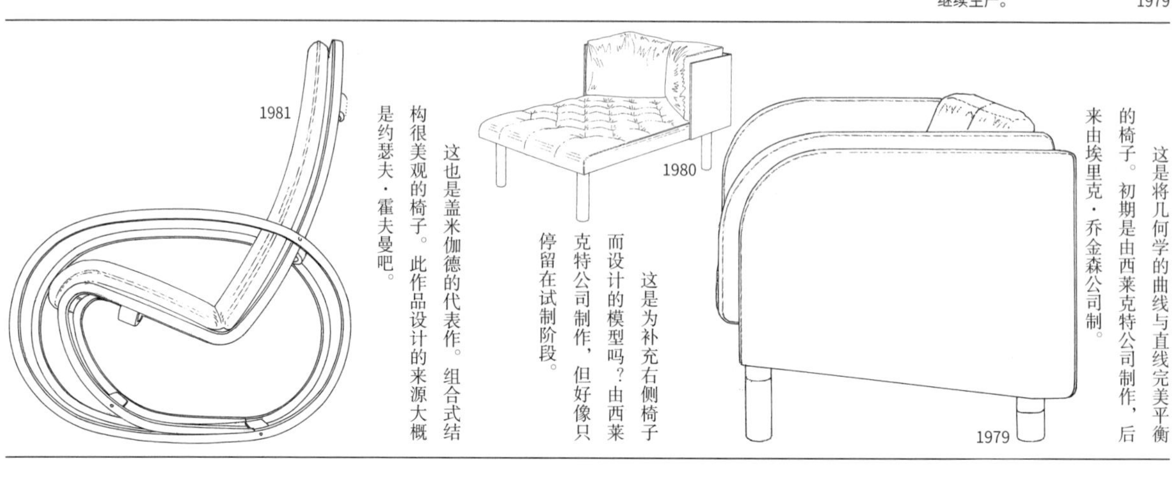

这是将几何学的曲线与直线完美平衡的椅子。初期是由西莱克特公司制作，后来由埃里克·乔金森公司制。
1979

这是为补充右侧椅子而设计的模型吗？由西莱克特公司制作，但好像只停留在试制阶段。
1980

这也是盖米伽德的代表作。组合式结构很美观的椅子。此作品设计的来源大概是约瑟夫·霍夫曼吧。
1981

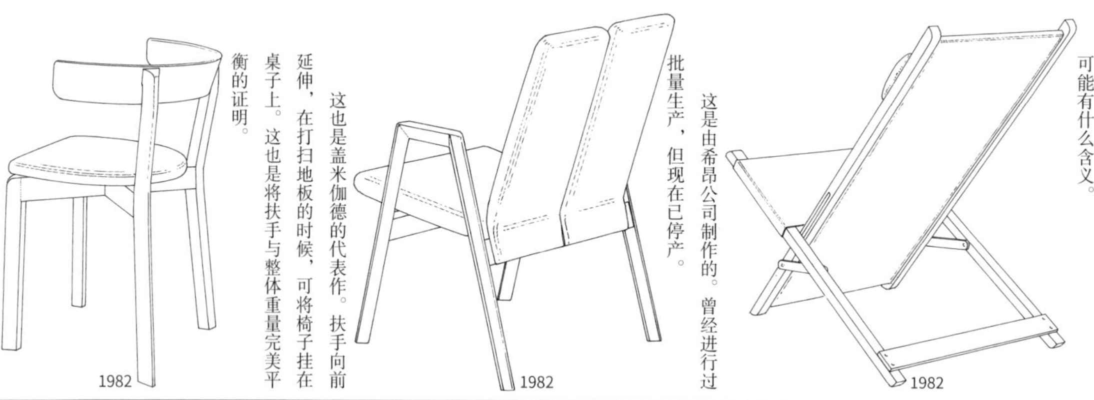

这是轻便折叠躺椅的原始模型。将背部的帆布一直延伸到椅腿部的这一设计，可能有什么含义。
1982

这是由希昂公司制作的。曾经进行过批量生产，但现在已停产。
1982

这也是盖米伽德的代表作。扶手向前延伸，在打扫地板的时候，可将椅子挂在桌子上。这也是将扶手与整体重量完美平衡的证明。
1982

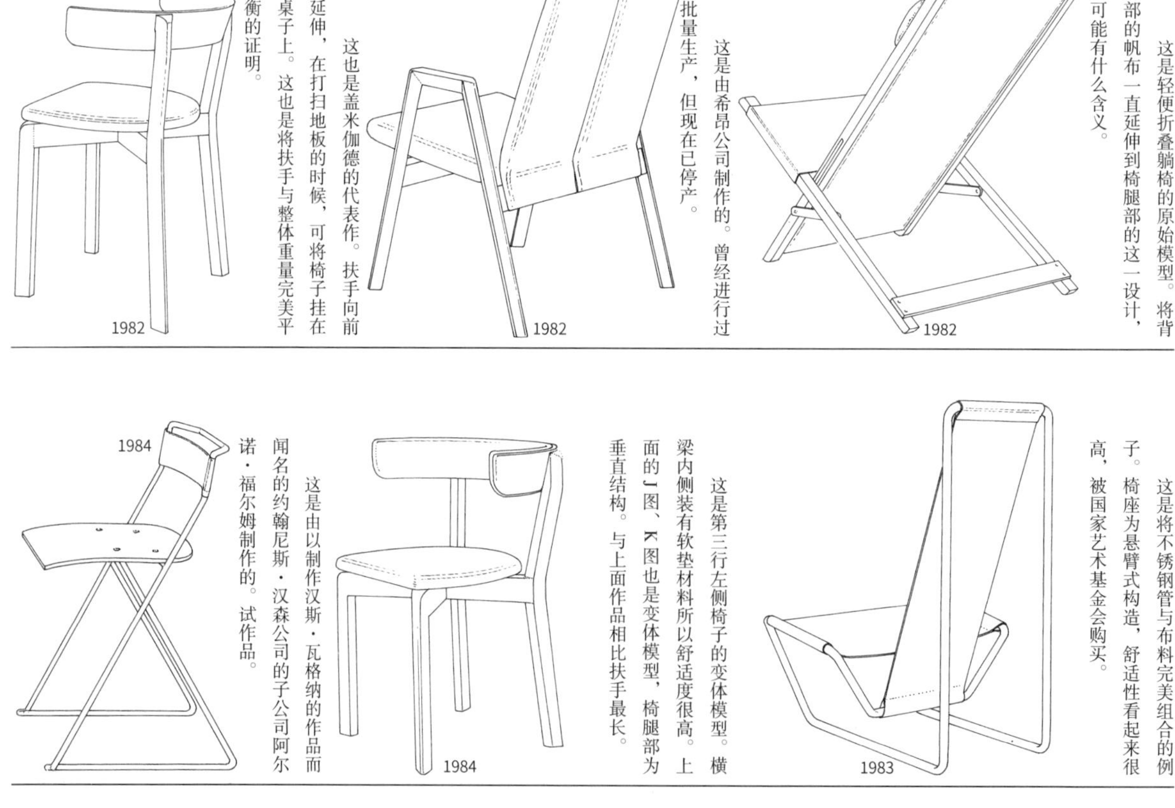

这是将不锈钢管与布料完美组合的例子。椅座为悬臂式构造，舒适性看起来很高，被国家艺术基金会购买。
1983

这是第三行左侧椅子的变体模型。横梁内侧装有软垫材料所以舒适度很高。上面的J图、K图也是变体模型，椅腿部为垂直结构。与上面作品相比扶手最长。
1984

这是由以制作汉斯·瓦格纳的作品而闻名的约翰尼斯·汉森公司的子公司阿尔诺·福尔姆制作的。试作品。
1984

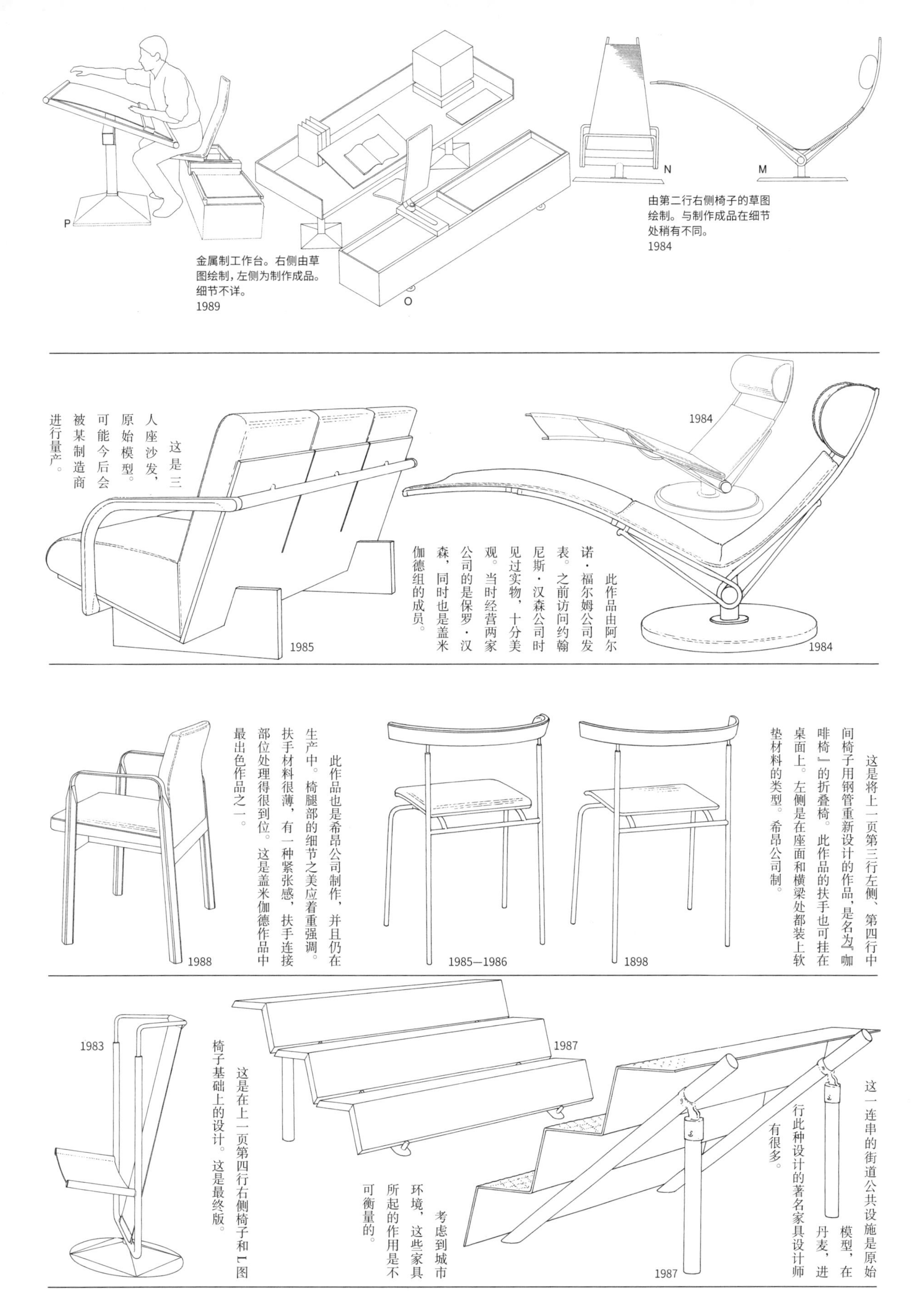

金属制工作台。右侧由草图绘制，左侧为制作成品。细节不详。
1989

由第二行右侧椅子的草图绘制。与制作成品在细节处稍有不同。
1984

这是三人座沙发，原始模型。可能今后会被某制造商进行量产。

此作品由阿尔诺·福尔姆公司发表。之前访问约翰尼斯·汉森公司时见过实物，十分美观。当时经营两家公司的是保罗·汉森，同时也是盖米伽德组的成员。

这是将上一页第三行左侧、第四行中间椅子用钢管重新设计的作品，是名为『咖啡椅』的折叠椅。此作品的扶手也可挂在桌面上。左侧是在座面和横梁处都装上软垫材料的类型。希昂公司制。

此作品也是希昂公司制作，并且仍在生产中。椅腿部的细节之美应着重强调。扶手材料很薄，有一种紧张感，扶手连接部位处理得很到位。这是盖米伽德作品中最出色作品之一。

这一连串的街道公共设施是原始模型，在丹麦，进行此种设计的著名家具设计师有很多。

考虑到城市环境，这些家具所起的作用是不可衡量的。

这是在上一页第四行右侧椅子和L图椅子基础上的设计。这是最终版。

1932—
1944—

拉德·太格森
约翰尼·索伦森

拉德·太格森于1932年出生于丹麦。31岁才进入美术工艺学校学习，在此之前就职于室内装修公司和家具销售公司。在工作时学到的关于家具流通方面的知识在后来起到了很大作用。约翰尼·索伦森于1944年出生于赫尔辛格，在造船所的木工部当学徒，并在这里制作了约翰·伍重（代表作为悉尼歌剧院的设计）作品的原始模型。从此开始对家具设计感兴趣。1963年在职业训练结束之后，进入美术工艺学校学习。与拉德一同于1966年毕业。

到了20世纪60年代末期，曾在世界上盛极一时的丹麦家具界也开始出现阴影，大家都期待新的设计师的出现。在这种情况下，正如『以工业生产为目的的家具设计，是使用工业技术对有用的家具进行批量生产，其目的终究是为了消费者』所说，取代手工艺设计而重点进行产业设计，为一直以来的丹麦家具设计界注入了新的活力。

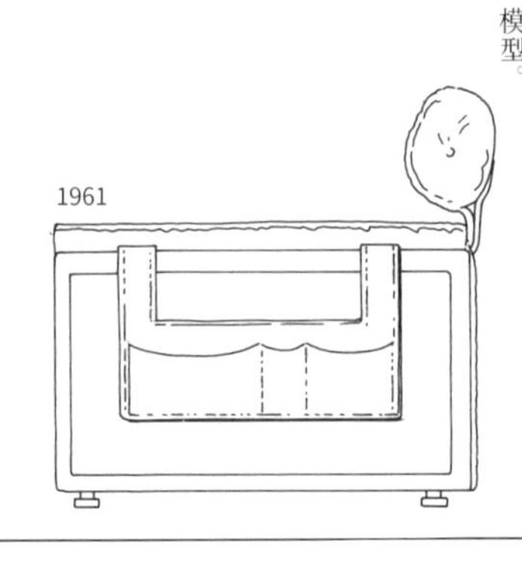

这是拉德·太格森所设计的沙发。此图是由草图绘制，实际上是未制成品的模型。

1966

这是拉德·太格森和约翰尼·索伦森刚开始合作时设计的椅子，是充分考虑了木头的弹性的椅子。有与同为丹麦设计师的格蕾特·雅尔克和安德鲁森设计的椅子相似的椅座结构。

1968

这是之后引领他们走向成功的用成型胶合板制的椅子。与斯堪的纳维亚家具展览会的丹麦家具制造者协会的标志相比很有意思。将标志上所画的作品进行立体化处理后容易倒，可这把椅子充分考虑到整体平衡关系，似乎不会倒。

通过将薄的成型胶合板的曲面竖着使用，提高了结构强度。有椅套所以舒适度很高。

1968

这是拥有135度弯曲座面的安乐椅。椅腿部也为相同曲面结构，座的弯曲度也许可以改变。与垫脚凳是成套设计。

1969

考虑使用成型胶合板材料为框架的设计。采用悬臂结构的这把椅子似乎未被实际制造。

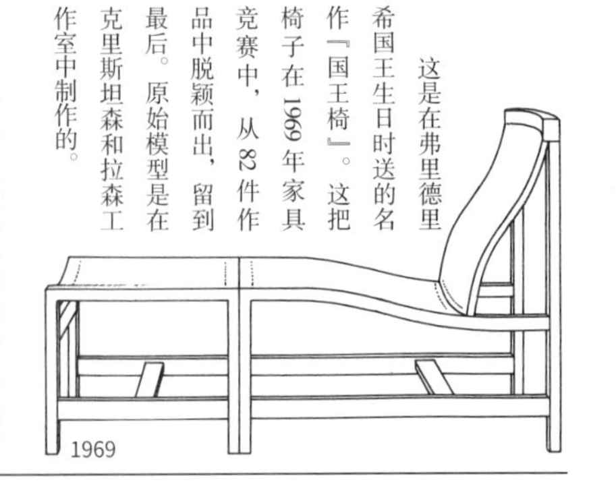

这是在弗里德里希国王生日时送的名作『国王椅』。这把椅子在1969年家具竞赛中，从82件作品中脱颖而出，留到最后。原始模型是在克里斯坦森和拉森工作室中制作的。

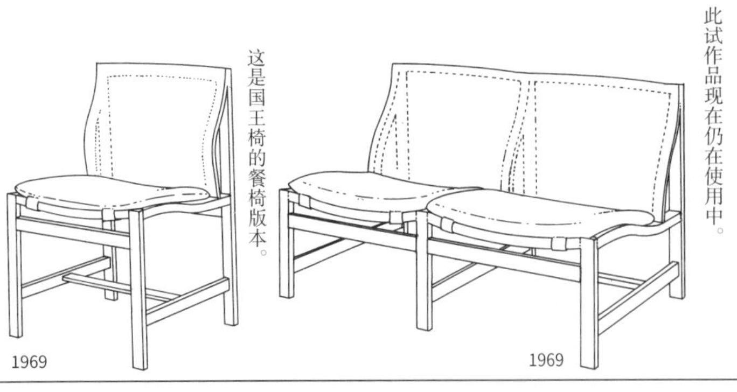

20世纪80年代，笔者拜访了制作了这把椅子试作品的设计师威廉·拉森的家。此试作品现在仍在使用中。

这是国王椅的餐椅版本。

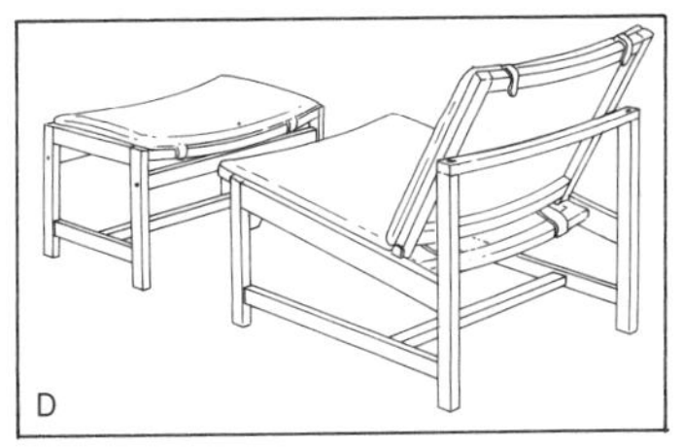

这是启发了国王椅的由阿恩·卡尔森设计的安乐椅。

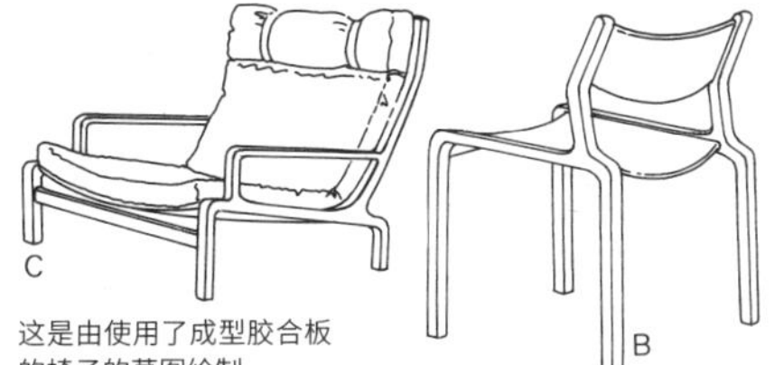

这是由使用了成型胶合板的椅子的草图绘制。

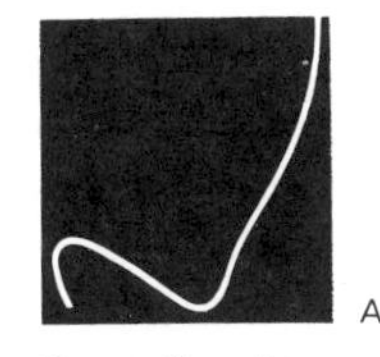

Scandinavian Furniture Fair
Danish Furniture Manufacturers' Association

这是斯堪的纳维亚家具展览会的标志。

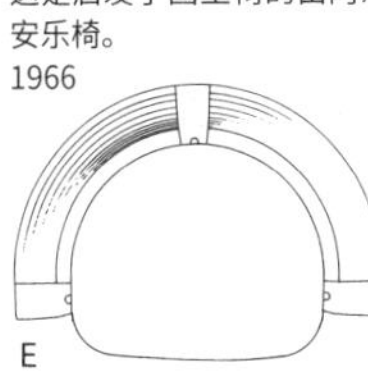

这是第四行左侧的扶手椅。可以明显看出与凳子的共同点。

1969

这是由喷漆涂制的成型胶合板的安乐椅。这一时期并非将木材料直接使用，而是重视颜色的使用。

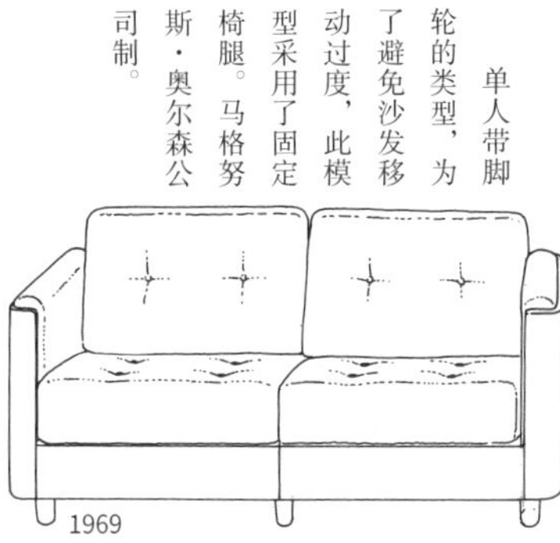

单人带脚轮的类型，为了避免沙发移动过度，此模型采用了固定椅腿。马格努斯·奥尔森公司制。

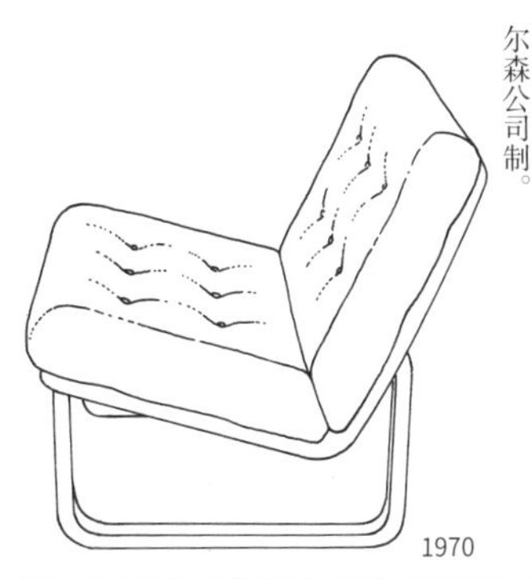

这是将成型胶合板应用于产业设计角度的作品中最初畅销模型。马格努斯·奥尔森公司制。

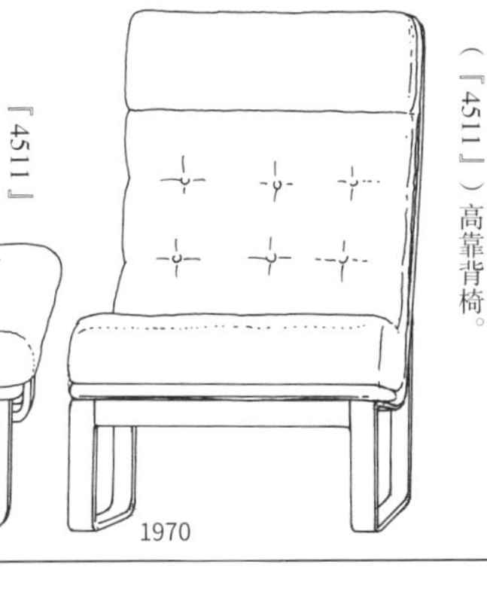

这是与第二行左侧同一系列的（「4511」）高靠背椅。

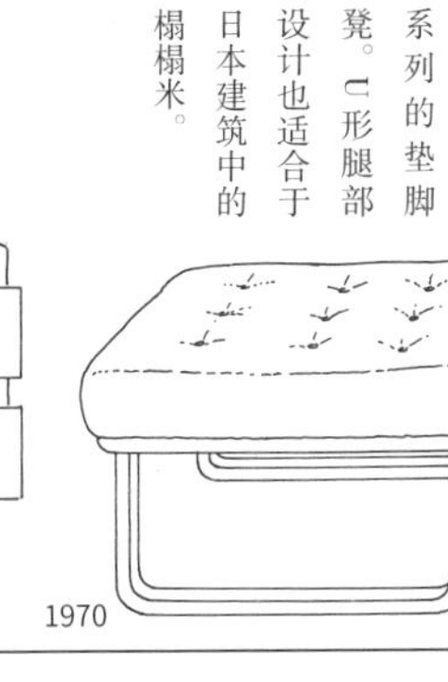

「4511」系列的垫脚凳。U形腿部设计也适合于日本建筑中的榻榻米。

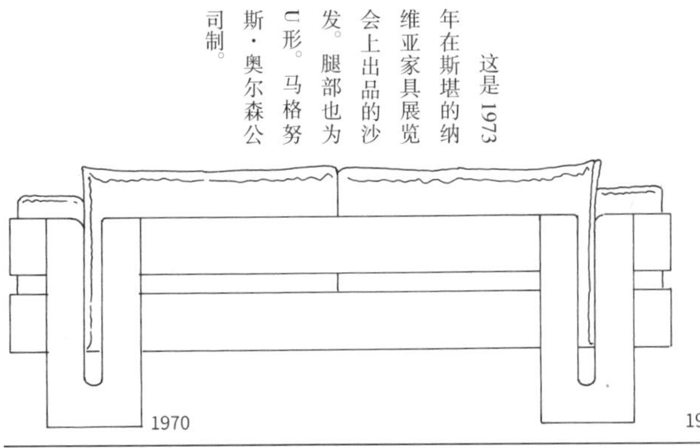

这是1973年在斯堪的纳维亚家具展览会上出品的沙发。腿部也为U形。马格努斯·奥尔森公司制。

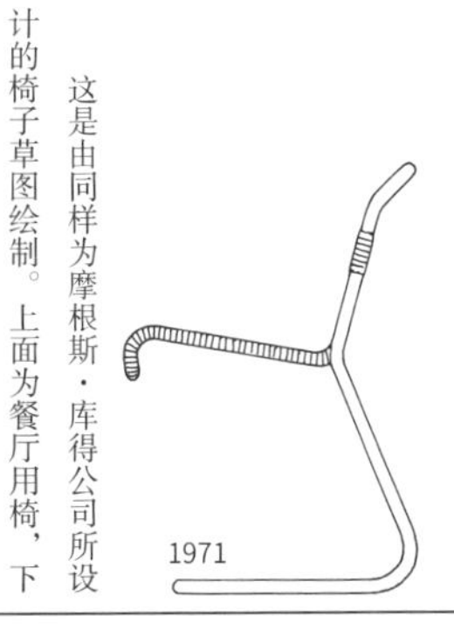

这是使用了直径25毫米钢管的悬臂椅。可堆叠。背部与座面可能是藤材料制成。摩根斯·库得公司制。

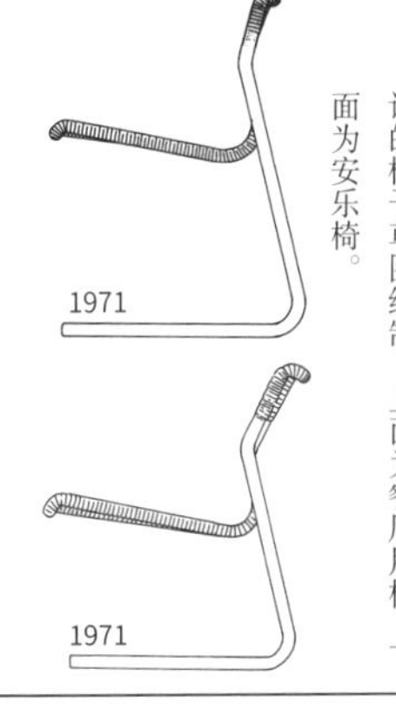

这是由同样为摩根斯·库得公司所设计的椅子草图绘制。上面为餐厅用椅，下面为安乐椅。

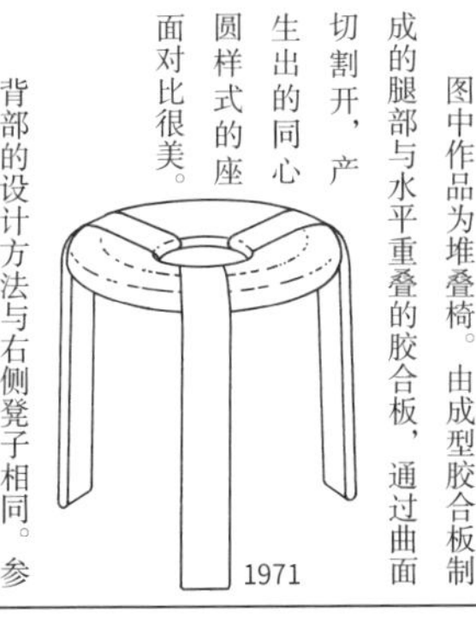

图中作品为堆叠椅。由成型胶合板制成的腿部与水平重叠的胶合板，通过曲面切割开，产生出的同心圆样式的座面对比很美。

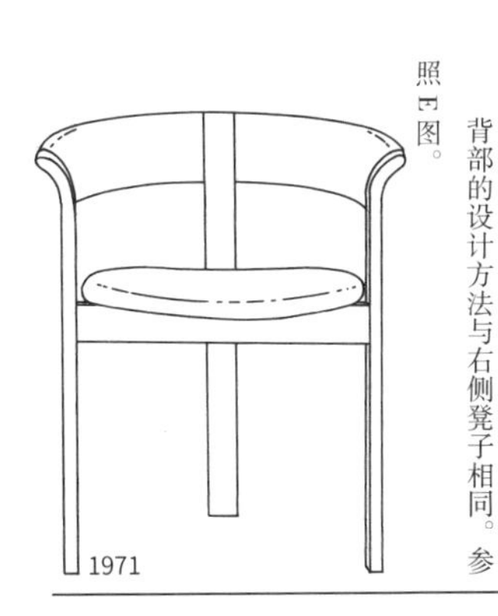

背部的设计方法与右侧凳子相同。参照E图。

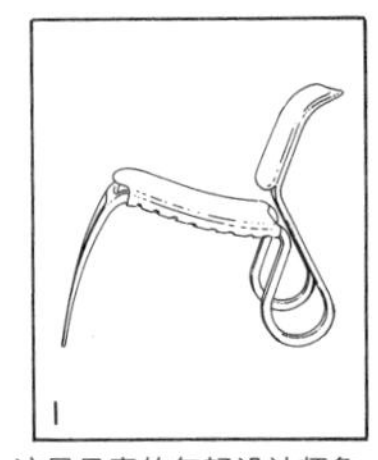

这是丹麦的年轻设计师鲁道夫的安乐椅，使用了成型胶合板的试作品。
20 世纪 80 年代

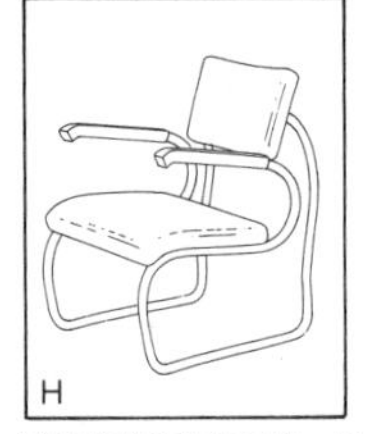

这是特拉尼的安乐椅。因为椅座与后腿是分开的，所有十分有弹性。意大利扎诺塔家具公司制。
1935—1936

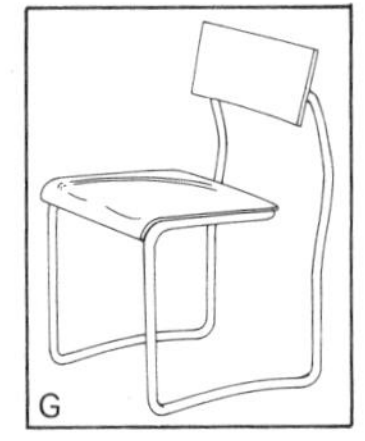

这是意大利设计师朱塞佩·特拉尼的悬臂椅。椅座和后腿是分开的。
1936

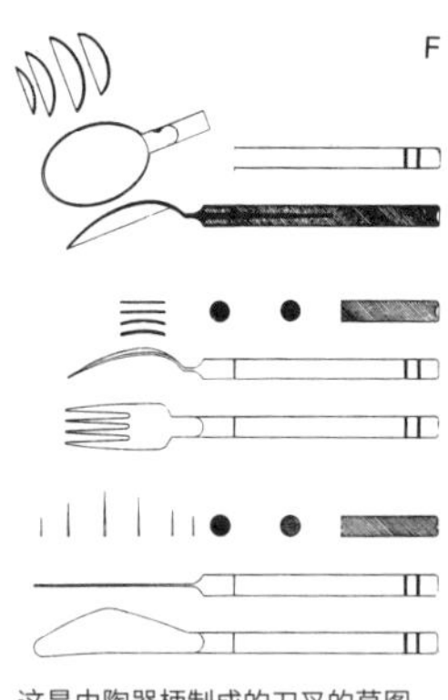

这是由陶器柄制成的刀叉的草图。
1971

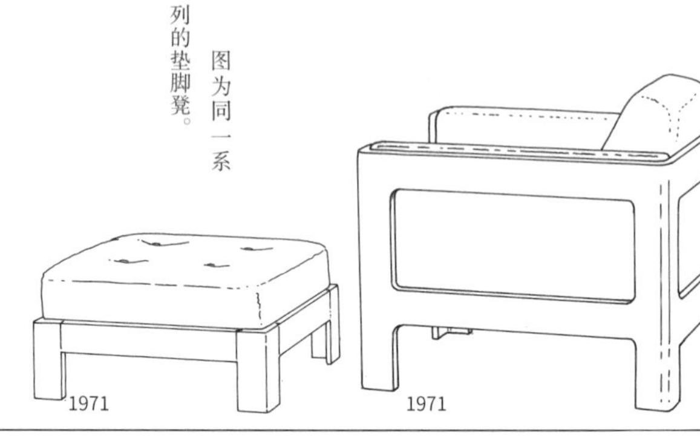

这是『4501』系列的安乐椅，是为哈维德夫医院的休息室设计的。
1971

图为同一系列的垫脚凳。
1971

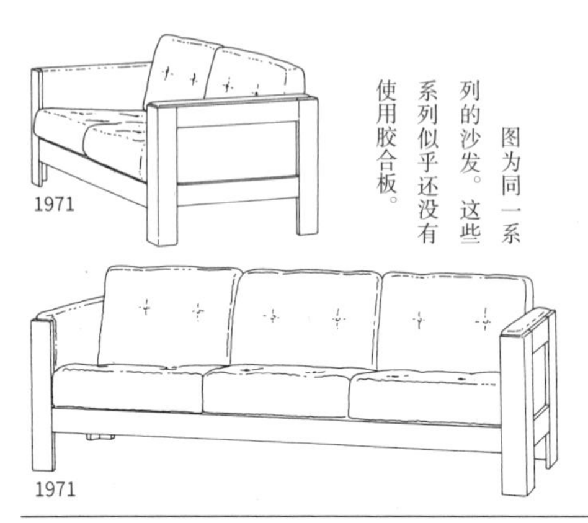

图为同一系列的沙发。这些系列似乎还没有使用胶合板。
1971

1971

『4554』系列的餐椅。用山毛榉材料制作的这一椅子结构强度很高，并且适合工厂生产，所以畅销一时。
1972

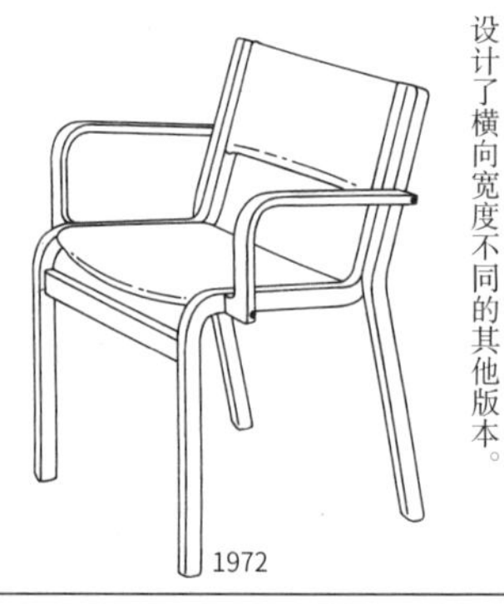

这是同一系列的扶手椅。此系列中也设计了横向宽度不同的其他版本。
1972

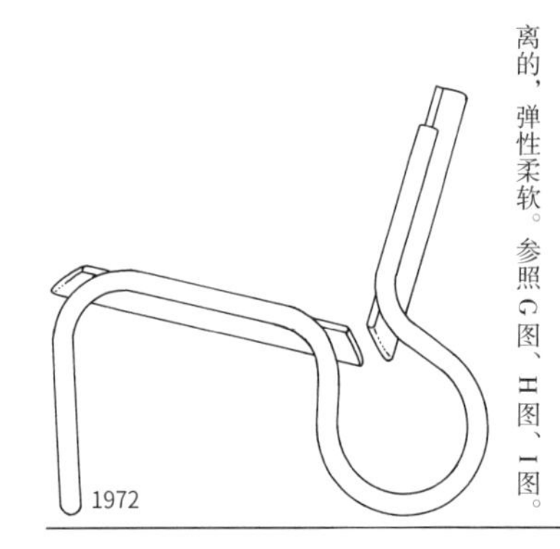

这是使用了直径 30 毫米钢管的安乐椅，是为摩根斯·库得公司设计的。背部和座面由成型胶合板制。背部和座面是分离的，弹性柔软。参照 G 图、H 图、I 图。
1972

这是由直径 25 毫米的钢管与帆布制成的悬臂结构的安乐椅。摩根斯·库得公司制。
1972

这把安乐椅的座面和背部也是分离的。从结构上看为悬臂椅。钢管制。
1972

这是由成型胶合板制成的安乐椅。此设计的各部分也适用于机械生产。
1972

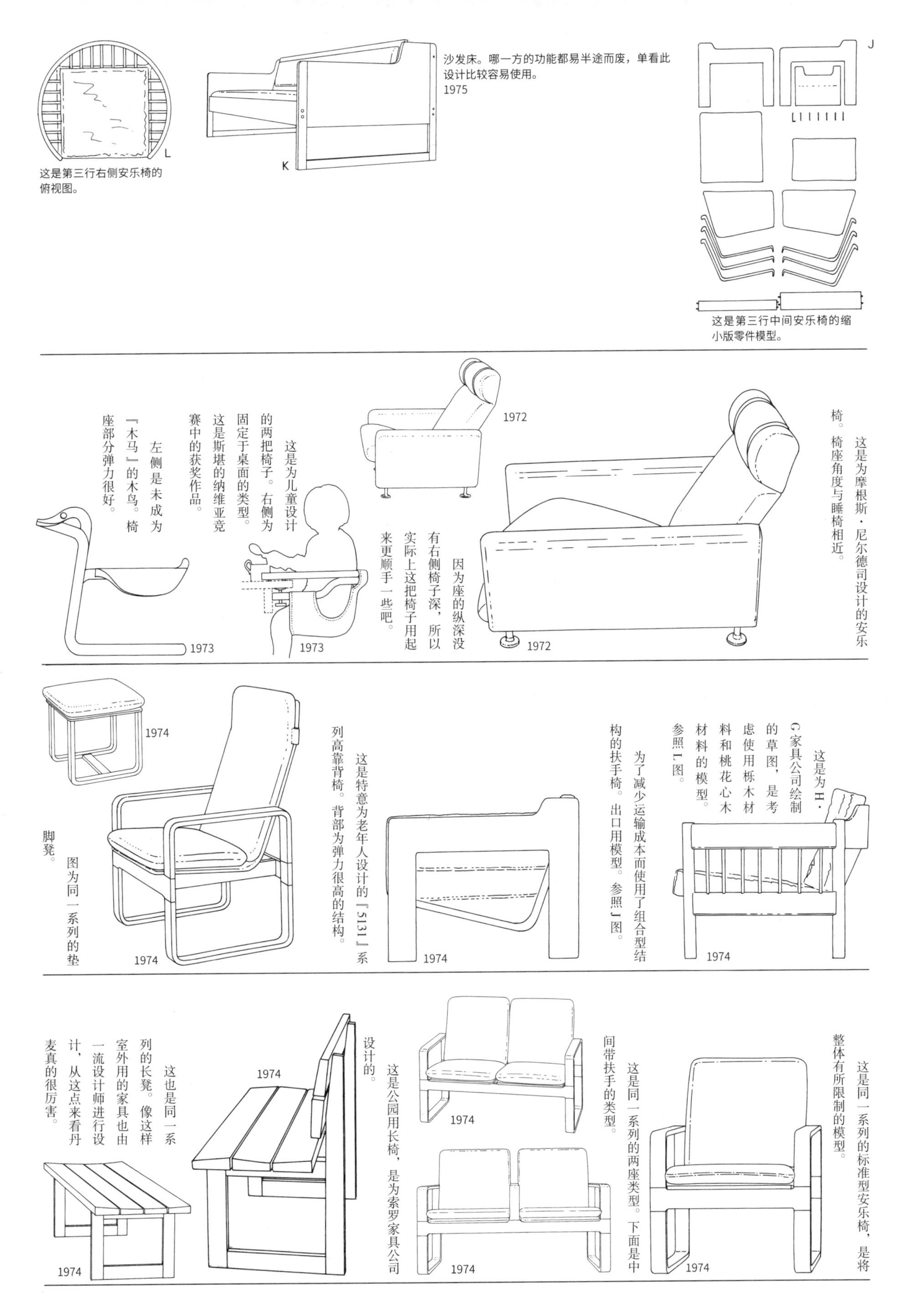

这是第三行右侧安乐椅的俯视图。

沙发床。哪一方的功能都易半途而废，单看此设计比较容易使用。

这是第三行中间安乐椅的缩小版零件模型。

这是为摩根斯・尼尔德司设计的安乐椅。椅座角度与睡椅相近。

因为座的纵深没有右侧椅子深，所以实际上这把椅子用起来更顺手一些吧。

这是为儿童设计的两把椅子。右侧为固定于桌面的类型。这是斯堪的纳维亚竞赛中的获奖作品。

左侧是未成为『木马』的木鸟。椅座部分弹力很好。

这是为H・G家具公司绘制的草图，是考虑使用栎木材料和桃花心木材料的模型。参照L图。

为了减少运输成本而使用了组合型结构的扶手椅。出口用模型。参照J图。

这是特意为老年人设计的『5131』系列高靠背椅。背部为弹力很高的结构。

图为同一系列的垫脚凳。

这是同一系列的标准型安乐椅，是将整体有所限制的模型。

这是同一系列的两座类型。下面是中间带扶手的类型。

这是公园用长椅，是为索罗家具公司设计的。

这也是同一系列的长凳。像这样室外用的家具也由一流设计师进行设计，从这点来看丹麦真的很厉害。

经典座椅是如何诞生的？

不知道从什么时候起，学会使用双手并会使用工具的人类制造出了成为坐具的椅子。在土耳其加泰土丘的遗址中就有这样一件文物——一个陶俑稳稳地坐在一个状似凳子的物件上，由此判断椅子最早出现在公元前7000年左右，这个文物也被视为有据可查的最早的椅子雏形。而现在常见的四条腿带靠背的椅子，以及折叠椅的形式，早在古埃及图坦卡蒙国王（公元前1350年左右）时期就已经出现了。

日本坐具的历史，比世界上其他国家短很多，在距今2200—2300年前的弥生时代才出现。这一时期的坐具跟我们现在在澡堂中使用的小凳子很像，也有由三块木板榫接而成的组合型构造，以及由一整块木块削出椅子形状的坐具。这些都被视为日本独特的坐具。

此后，从中国经由朝鲜半岛传入了日本可折叠的被称为折凳的坐具。我们在高松塚古坟的壁画上可以看到这类坐具。

自从椅子在地球上出现之后，坐在椅子上这一行为便具备了两种含义：其一是物理功能，即『用来坐的工具』；其二则是精神及社会功能，即『地位的象征』。2001年，在非洲发现了距今约700万年的人类头盖骨『图迈』，这是迄今为止发现的最古老的人类头盖骨。在如此漫长的人类历史中，人们可能是先学会将朽木和顽石当作坐具使用，而后才逐渐发现了椅子作为『地位象征』的含义。换而言之，只有强者才能独占舒服的坐具，而其他人只能坐在比强者视线更低的位置上。椅子被视为『权威的象征』，这一点一直延续到现代社会中。其最典型的表现之一，就是将一个组织的领袖称为『chairman』。

椅子是人类最常用的用具之一。椅子的种类有很多，在现代生活中很少有用不到椅子的地方。平时我们都是在无意识地使用。而非常讲究室内空间布置，以及对设计非常敏感的人，则将注意力集中到著名建筑师和家具设计师所创作的作品上。也许，他们如此关注的原因是想通过椅子来寻求与作家的共鸣。因为仅仅将造型独特的椅子放置于房间一角，都会使空间产生紧凑的感觉，同时，还会产生一种专属于自己的美感。一把椅子的功效，甚至可以超越雕塑作品的装饰性。这与室内照明那种需要通过电流点灯才能营造出的氛围有着本质的区别。

对于创作者而言，没有比椅子设计更困难的工作了。收纳家具只需要考虑垂直负荷，椅子则与同样作为有脚家具的办公桌和餐桌不同，不仅要符合人们各自不同的体格和体形，还必须满足不同坐姿所导致的斜面负荷强度，并且还要让坐在上面的人有舒适体验。此外，还需要做到造型美观且性价比高。正是这种需要高度统合的工作，激发了创作者的热情，最终使得椅子成为最能体现创作者个性的作品。也正是因为这些原因，使得人们对椅子抱有非同寻常的兴趣。

椅子有很多种类。如果将椅子定义为『承受、支撑身体的工具』，那么，地铁的吊环把手、走路用的拐杖、坐垫和扶手等也都可以算是椅子的同类。正因为如此，本书将能作为床和沙发使用的坐卧两用长椅也纳入椅子的范围。

一般而言，可以算作椅子的包括不带靠背的小凳、能坐两人以上的长椅（也有带靠背的）、放脚的脚凳及带软垫的凳子等。凳子加上扶手就叫扶手椅，带低靠背的就叫低背椅，带高靠背的就叫高背椅。另外，还有背部倾斜角度可以调节的活动靠背扶手椅，可前后摇动的摇椅，可将腿伸直放平的躺椅，还有与之相似的在一侧或两侧装有靠背和扶手且带有软垫的沙发。还有为放松身体而发明的安乐椅、可以将身体完全陷入其中的大型休闲椅、软垫呈块状的俱乐部椅、能够旋转的转椅和带有脚轮的转椅。

根据用途来分，又包括餐椅、办公椅、会议室椅、用餐或简单作业时用的单人靠背椅、孩子专用的儿童椅和婴幼儿座椅等。从椅背形状来看，有椅背是梳子形状的细条木背椅、扇子形状的扇形椅、背部有多根横条的梯形背椅。不仅如此，还可以按照民族和时代的基准进行分类，与此对应的就有中国式样椅和温莎椅等。如果以风格命名，又有巴洛克式样椅和洛可可式样椅。还有从美国清教徒中产生的夏克式椅，以及用人名命名的奇彭代尔椅和索耐特椅等。从构造方式来看，又可分为能够折叠的折叠椅、可组装的组合椅、可堆叠的套椅、椅面只有前后各一条腿支撑的悬臂椅，以及只有一条腿支撑椅面的高脚椅等。椅子的种类可谓是数不胜数，多种多样。

本书汇集了自1991年1月号开始，至2004年12月号为止，由工作社出版公司发行的《室内》杂志每月连载的内容。每月4页，持续刊登14年，如今终于集结成书。这一系列的连载文章，对设计师最初至最后的作品模型进行了调查，并将其依时间顺序进行了介绍，展示了设计风格的变化。主要目的就是为了告诉读者，那些经典椅子是如何产生的，之后又发生了怎样的变化。在逐个探究创作者设计风格变化的过程中，我们不难发现，即使是极负盛名的人，在其最初阶段也受到了前人经典作品的影响，日后逐渐确立了自己独特的设计风格。正是在这样的循环往复中，诞生了能够流于后世的名作，所谓的经典椅子，绝非是凭空出世，也不来自偶得。从结果上来说，我们可以看出，这些经典椅子都是在不断改进设计的基础上产生的。

立志于成为家具设计师的学生中，很多人会轻易放弃好不容易找到的『自己的造型』和『自己的风格』，然后开始下一个设计。其实这样做是不可取的。如果心中产生了能够打动自己的设计，就应该好好珍惜，努力解决可能遇到的问题，提高设计品质。唯有通过这种不断的积累，才可以形成自身创作风格的系统化，也才可能形成自己别具一格的风格。有很多设计师只会简单地抓取他人作品中优秀的设计理念，将其不断运用于自身作品当中。遗憾的是，从这些设计师的作品中看不到一点设计上的延续性和系统性。

不仅在日本，世界各地每年都会举办家具展览会，届时也会发布很多新的设计。旧作品就如同残次品一样被抛之脑后，最新设计出来的家具充斥着展览会场。从企业活动来看，这本是无可厚非的事情。但如果从资源、能源及环境保护来考虑，不禁让人心生疑惑。如果每年都有新的作品问世，30年、50年之后还会有多少作品仍然保持量产呢？我们所追求的不应该仅仅是一味地关注新作，而是应该拥有真正欣赏美的眼睛，以及能将其长期使用下去的态度吧。

本书用了大量的插图，使经典作品的诞生过程格外清晰。另外，这一过程也可以很好地体现设计的改进。这种『设计改良』的想法，是由本书中提及的凯尔·柯林特确立的。如果说『新作主义』的核心是从零开始，那么从已有的作品中发现问题并将其逐个解决的『设计改良』可以称得上是设计方面的不断积累。为实现这种改良，有几点至关重要——功能性、美观性、经济性（量产性）、耐久性（结构方面）。不管多么经典的作品，都会存在一个或几个上述提到的问题，可以说根本不存在所有方面都做到完美的作品。

与这种设计改良法比较相似的还有造型设计法。这种方法更注重外观，在汽车及家电产品的设计上很常见。可能是因为在日本设计改良法并不普及，因此有很多发布的作品都被归为仿造品。需要注意的是，在完成一个新的作品时，创作者本身是否在以他人作品为启发而进行设计时，就带有想要超越前作品的意愿，而且还应该客观地判断新作品是否取得了超越前作品的艺术成就。如果作品中哪怕有一点没有达到，也不应该轻率地将其发布。这种近似模仿的东西不应该被称作『设计改良』，而应该被称为『设计模仿』。与欧美相比，日本缺少的是能够真正在世界范围内被称为经典的椅子作品，恐怕也是因为设计改良的观点至今仍未得到多数人认可。

作为经典的椅子，一般应该具备以下几个条件：

具备符合所需用途的功能。

结构上结实耐用。

价格合适。椅子终归是生活用具，不是工艺美术品。价格是否符合对工具的定位，是否合理，这一点很重要。这也是其是否可以实现量产的条件。

具有划时代意义。20世纪兴起了许多艺术运动，在这些运动中产生了一些有代表性的作品。这些作品未必具有很强的功能性，且价格昂贵，但却具有历史意义。我认为这类作品也应该被划分在经典之中。

美观。拥有完美的比例，这是无可置疑的条件之一。

畅销产品。关于这一点，我想将作品是否在超过25年的时间里不断投入生产作为基准。这不仅仅是指厂家25年间一直持续生产，如果没有销售店的帮助，没有顾客的不断购买，也是不可能成立。

不能过重。椅子是一种需要经常被移动的家具。在不划伤地板的前提下想要来回移动，自重不可过大。

在上述条件的基础上，椅子是否易于修理、是否是使用了可回收的材料等，随着时代变化，条件也变得越来越复杂。

在现代日本社会中，每个家庭都会有椅子，这是理所当然的事情。但这些椅子大多数只是人们用来坐的工具，即『单纯的椅子』。而在撰稿过程中，我关心更多的是『在作为椅子使用的同时兼具其他价值的椅子』。通过这本书，我希望日本人对椅子的观点能够有所改变。

第二次世界大战结束后不到一年，即1946年，我出生在高知县一个偏僻的农村。因为战争刚刚结束，各家各户都没有椅子一类的家具，拥有私家车的也只是在当地开了两家医院的一个大人物而已。这位医院院长的家里可能会有椅子，而我的家里自不必说，即使在幼儿园也都是直接坐到地板上。我第一次见到椅子是在上小学后。想必当时几乎所有的日本人，有关椅子的记忆也都和我差不多。长大之后我才知道，那个用木块和板子制作出来的椅子，原来是出自美国教会样式的设计。

直到小学三年级，我才拥有了自己的第一把椅子。父母在镇上的家具店里，给我买了一套学习用的课桌椅。我清楚地记得，那把椅子的座位上装有弹簧，上面是一个对于小学生而言过大的坐垫。那把椅子我一直用到大学毕业。前面说过，椅子具有『地位的象征』，但这不适用于孩童时期的椅子。所谓地位的象征，可能会根据人的思想变化，时而出现，时而消失。

工作后，我进入百货店的宣传部。没过多久，因为被那些经典椅子的魅力所吸引，工资和奖金都用在这上面，开始沉迷于收藏椅子。但是，椅子毕竟只是一个『物品』，我自己也对单纯的收集行为产生了疑惑。正在我无所适从的时候，发生了一件事，并且以此为契机，我走上了研究椅子的道路。1980年前后，我与京都市立艺术大学的教师妹尾衣子、摄影师林义夫先生三人，成立了椅子研究室。如果没有与这二位老师相遇，也就不会有今天的我。为了提醒我们不背离『探寻何为椅子』的初衷，在百货商店工作的时期，上司安部修二先生为我们的研究室取名为『CHAIRS』。自那以后，研究室的工作就主要围绕资料收集，椅子信息数据化，收集从1850年起的创作者作品资料，制作三视图，建立由前面、侧面、后面、斜面这四个方向的照片组合而成的图像资料库等项目展开。在这期间，我们有幸助力旭川国际家具展销会（1990年）的规划展。在展会上，日本家具工业联合会会长长原宽先生介绍，我结识了工作社出版公司《室内》杂志的副主编冈田纮二先生。因此，那年夏天我有幸参与了关于椅子的面对面谈话节目《出场人物》。节目中的对话令我至今难以忘怀，特别是对于我狂热迷恋椅子的行为，主持人概括总结为『真是无药可救』。

后来，我有幸受委托进行有关椅子的连载。我之所以接受这个工作，是因为杂志社同意除了第一章要介绍迈克尔·索耐特，剩下的全部任由我自行选择。我无法忘记冈田先生的嘱托：『看看到底是工作社先破产还是织田先去世，请您一定全力以赴做好这件事情！』自那以后，连续14年，我总算是坚持到了现在。遗憾的是，无论是杂志社还是我本人，都有点儿苟延残喘的感觉。在前文中提到过，这一系列的连载内容涉及了创作者从最初到最后的设计模型，并将其按时间顺序进行介绍。但是我介绍的很可能只是设计师的大部分作品，而且也可能因为调查能力和掌握的资料有限，只介绍了设计师全部作品中的几分之一也未可知。不过，我认为总体上还是可以体现出每位设计师的发展轨迹。

在刊登连载文章时，我一个月里有25天都会全力以赴地写稿，只有在稿件送出后不到一周的时间里能稍微松口气。再加上还有其他杂志的撰稿任务，几乎每天都『黏』在椅子上。椅子本来是人用来坐下来放松的工具，而到我这，椅子却不知何时猛地『坐』在我的身上。仔细想想，可以说我的人生是由『椅子』控制的，而且是在『室内』发展的。我一直希望什么时候可以将这些连载内容集结成册。之前某出版社也有相同的想法，可惜最终因书本规格问题和版面设计的变更问题等没有谈妥。此次，恰逢新潮社的庄司一郎先生重拾议题，终于得以对这些内容进行汇总，使这本百科全书级别的著者终于得以问世。回首往昔，我想对已经去世的山本夏彦先生，以及对我给予大力支持的冈田纮二先生、佐野由佳女士、盐野哲也先生、游佐叶子女士等人表示衷心感谢。同时也要感谢新潮社的庄司一郎先生，以及负责审校的各位工作人员。是他们不辞辛苦的工作，才促成了这本书的诞生。

在我多年前开始进行研究的时候，最初选定的是丹麦的椅子。而此时此刻，我正坐在哥本哈根酒店的房间里写这篇后记。一时间百感交集。

织田宪嗣

参考文献

按发行年份顺序，记录了书名、作者、出版社、发行年。由于空间有限，省略掉了 Auction House 的目录和杂志等资料。

刊行年順に、書名、編著者、出版社、刊行年を記した。紙面の都合からオークションハウスのカタログや雑誌など割愛したものもある。

【所有椅子】

Decorative Art The Studio Year Book 1951-52 The Studio Publications 1952

Furniture for Modern Interiors Mario Dal Fabbro Reinhold 1954

The Modern Chair : 1850 to Today Gilbert Frey Arthur Niggli Ltd. 1970

Decorative Art The Studio Year Book 1974-75 The Studio Publications 1975

Chair Peter Bradford/Barbara Prete Crowell 1978

50 Designers dal 1950 al 1975 Marc Lavrillier Serie Görlich 1978

The Modern Chair Classics in Production Clement Meadmore Van Nostrand Reinhold Company 1979

Modern Design in Wood Richard Stewart John Murray 1979

Twentieth-Century Furniture Philippe Garner Van Nostrand Reinhold 1980

Contemporary Classics Furniture of the Masters Charles D. Gandy, A.S.I.D., and Susan Zimmermann-Stidham McGraw-Hill Paperbacks 1981

『木の家具』 読売新聞社 1981

Klappstühle Folding Chairs Werner Blaser Birkhäuser Verlag 1982

Neue Möbel Herausgegeben von Klaus-Jürgen Sembach Verlag Arthur Niggli AG, Teufen 1982

Furniture Designed by Architects Marian Page The Architectural Press 1983

Furniture by Architects Marc Emery Abrams 1983

Mackintosh to Mollino Fifty Years of Chair Design Derek E. Ostergard Barry Friedman Ltd. 1984

Furniture as Architecture Werner Blaser Waser Verlag Zürich 1985

『椅子のデザイン小史』 大廣保行 鹿島出版会 1986

Decorative Art 1880-1980 Dan Klein, Margaret Bishop Phaidon Christie's 1986

Furniture Twentieth Century Design Penny Sparke Bell & Hyman 1986

『家具の事典』 剣持仁・川上信二・垂見健三・藤盛啓治 朝倉書店 1986

『世界の椅子絵典』 光藤俊夫 彰国社 1987

Modern Furniture Classics Miriam Simpson The Architectural Press 1987

Modern Furniture Classics Since 1945 Charlotte and Peter Fiell Thames and Hudson 1988

『椅子の時代』 内田繁・稲越功一 光文社 1988

Design le Geste et le Compas Jocelyn de Noblet Somogy 1988

Sourcebook of Modern Furniture Jerryll Habegger Joseph H. Osman W. W. Norton & Company 1989

Design Zentrum Sitz-Klassiker von A bis Z Nordrhein Westfalen W. W. Norton & Company 1989

Schweizer Typenmöbel 1925-1935 Sigfried Giedion und die Wohnbedarf AG Friederike Mehlau-Wiebking, Arthur Rüegg, Ruggero Tropeano gta 1989

Introduction to the Decorative Arts 1890 to the Present Day Amanda O'Neill Grange Books 1990

『家具デザインの潮流 チェアデザイン・ウォッチング』 大廣保行 トーソー出版 1990

Pioneers of Modern Furniture Colin Amery Fischer Fine Art 1991

Design 1935-1965 What Modern Was Martin Eidelberg Abrams 1991

Total Design Dorothy Spencer Chronicle Books San Francisco 1991

『椅子劇場—家具未来形』 光藤俊夫 彰国社 1992

『20世紀の家具のデザイン』 ゼンバッハ／ロイトホイザー／ゲッセル ベネディクト・タッシェン出版 1992

『Hancock Shaker Village Collection Shaker Design』 セゾン美術館 1992

Encyclopaedia of 20th Century Design and Designers Guy Julier Thames and Hudson 1993

Modern Chairs Charlotte & Peter Fiell Benedikt Taschen 1993

Design Miroir du Siecle Sous la Direction de Jocelyn de Noblet Flammarion/APCI 1993

『ALIVAR 1803-1978 アリバ・コレクション』 ビンセント・マズチ 建築資料研究社 1993

『椅子の物語—名作を考える』 島崎信 日本放送出版協会 1995

The Decorative Arts Library Furniture Lydia Darbyshire Apple 1996

Sixties Design Philippe Garner Taschen 1996

100 Masterpieces from the Vitra Design Museum Collection 1996

Design Museum 20th Century Design Catherine McDermott Carlton 1997

『いす・100のかたち』 ヴィトラ・デザイン・ミュージアム 読売新聞大阪本社 1997

The sixties decade of design revolution Lesley Jackson Phaidon 1998

Design a Concise History Thomas Hauffe Laurence King 1998

Furniture Modern Classics and New Designs in Production Leslie Pina Schiffer 1998

Design in the Fifties George H. Marcus Prestel 1998

Sitting on the Edge Philippe Garner Rizzoli 1998

Design Paul Clark und Julian Freeman Prestel 2000

20th Century Furniture Fiona & Keith Baker Carlton Books 2000

『1000チェア』 シャーロット&ピーター・フィール タッシェン・ジャパン 2001

Moderne Klassiker Möbel die Geschichte Machen Schöner Wohnen

【历史】

Dekorative Kunst Eine Illustrierte Zeitschrift für Angewandte Kunst H. Bruckmann Verlagsanstalt F. Bruckmann 1904

『登呂の椅子—古代文化を求めて』 森豊 新人物往来社 1973

『椅子のフォークロア』 鍵和田務 柴田書店 1977

『現代家具の歴史』 カール・マング A. D. A. EDITA Tokyo 1979

Stuhl und Stil 1850-1950 Frank Russell Deutsche Verlags-Anstalt 1980

Design Since 1945 Philadelphia Museum of Art Thames and Hudson 1983

『西洋家具の歴史』 鍵和田務 家具産業出版社 1989

【西欧】

高迪

『Gaudí 1852-1926 ガウディー展 カタログ』 近代美術研究会 ガウディ

展委員会 1978

『現代の家具シリーズ4 ガウディの家具とデザイン』 リッカルド・ダリージ A. D. A. EDITA Tokyo 1981

Antoni Gaudí Rainer Zerbst Taschen 1985

『アントニオ・ガウディ 新装版』 栗田勇 PARCO出版 1985

『ガウディの建築』 鳥居徳敏 鹿島出版会 1987

『アントニオ・ガウディ』 イグナシ・デ・ソラーモラレス 美術出版社 1988

『ガウディの世界』 サビエル・グエル 彰国社 1988

『ガウディになれなかった男』 森枝雄司 徳間書店 1990

Essential Gaudí John Gill Parragon Book 2001

Gaudí David Ferrer SANTA & COLE 2002

索耐特

Bugholzmöbel Bent Wood Furniture G. Candilis, A. Blomstedt, T. Frangoulis, M. I. Amorin Karl Krämer Verlag 1979

Gebogenes Holz catalogue Museum Villa Stuck 1979

Thonet Bentwood and Other Furniture ...Thonet The 1904 Illustrated Catalogue Dover Publications, Inc. 1980

『トーネットの椅子—ウィーンの曲線』 INAX 1983

Alle Origini del Design Luisa Delle Piane, Anna Patrassi, Giancarla Zanutti Edizioni Lybra Immagine s. n. c. 1986

Deutsche Stahlrohr Möbel Alexander von Vegesack Bangert 1986

Das Thonet Buch Alexander von Vegesack Bangert Verlag 1987

Bent Wood and Metal Furniture : 1850–1946 Derek E. Ostergard The University of Washington Press The American Federation of Arts 1987

Thonet Stahlrohr Möbel Vitra Design Museum 1989

Against the Grain Ghenete Zelleke, Eva B. Ottillinger, Nina Stritzler The Art Institute of Chicago 1993

Thonet-Möbel Albrecht Bangert/Peter Ellenberg Wilhelm Heyne Verlag 1993

Thonet Pionier des Industriedesigns 1830–1900 Vitra Design Museum 1994

『トーネットとウィーンデザイン 1859-1930』 中村義平二・吉村實・加藤ゑみ子 光琳社出版 1996

Thonet Classic Furniture in Bent Wood and Tubular Steel Alexander von Vegesack Rizzoli 1996

Buigen Thonet Zien en Zitten Peter Thonet Drents Museum 1998

奥托・瓦格纳

Otto Wagner Möbel und Innenräume Paul Asenbaum Peter Haiko Herbert Lachmayer Reiner Zettl Residenz Verlag 1984

Viennese Design and the Wiener Werkstätte Jane Kallir Galerie St. Etienne/George Braziller, New York 1986

Furniture of About 1900 From Austria & Hungary in the Victoria & Albert Museum Simon Jervis Victoria & Albert Museum 1986

Vienne 1880–1938 L'Apocalypse Joyeuse Editions du Centre Pompidou 1986

Wiener Interieurs Entwürfe 1900/1915 Roberto Festi Haymon-Verlag 1994

Wiener Werkstætte 1903–1932 Gabriele Fahr-Becker TASCHEN 1995

奥尔布里奇、穆塞尔、霍夫曼

Josef Maria Olbrich Architecture Ian Latham Academy Edns 1980

Josef Hoffmann e la Wiener Werkstätte Daniele Barone e Antonio D'Auria Electa Editrice 1981

Wiener Werkstætte Design in Vienna 1903–1932 Werner J. Schweiger Abbeville Press New York 1984

Josef Hoffmann The Architectural Work Eduard F. Sekler Princeton University Press 1985

Josef Hoffmann Ornament zwischen Hoffnung und Verbrechen katalogue 1987

『コロマン・モーザー』 藤本幸三 INAX 1992

Josef Hoffmann Designs Peter Noever Prestel 1992

Josef Hoffmann Recreation Wittmann catalogue 1995

阿道夫・路斯

Adolf Loos Benedetto Gravagnuolo Aldo Rossi Art Data 1982

『アドルフ・ロース』 ハインリヒ・クルカ 泰流社 1984

Adolf Loos Panayotis Tournikiotis Princeton Architectural Press 1991

Adolf Loos Kurt Lustenberger Artemis 1994

Adolf Loos Eva B. Ottillinger Wohnkonzepte und Möbelentwürfe Residenz Verlag 1994

马金托什

Charles Rennie Mackintosh Country Life Robert Macleod Hamlyn 1968

Charles Rennie Mackintosh as a Designer of Chairs Filippo Alison Warehouse Publications 1973

Mackintosh Architecture Jackie Cooper Academy Editions 1977

『現代の家具シリーズ1 マッキントッシュの家具』 フィリッポ・アリソン A. D. A. EDITA Tokyo 1978

Charles Rennie Mackintosh Architect and Artist Robert Macleod Collins 1983

『マッキントッシュ インテリア・アーティスト』 ロジャー・ビルクリフ 芳賀書店 1988

『アーツ アンド クラフツ ウィリアム・モリス以後の工芸美術』 スティーヴン・アダムス 美術出版社 1989

Mackintosh's Masterwork Chronicle Books 1989

Charles R. Mackintosh J. Garcias Birkhäuser 1989

Charles Rennie Mackintosh The Architectural Papers Pamela Robertson The MIT Press 1990

Charles Rennie Mackintosh Anthony Jones Wellfleet Press 1990

新艺术运动

Art Nouveau-Jugendstil Robert Schmutzler Hatje 1962

『ジャポニスムとアール・ヌーボー ハンブルク装飾工芸美術館蔵 カタログ』 兵庫県立近代美術館 1981

『Art Nouveau アールヌーヴォー展 カタログ』 三越美術館 1981

A Guide to Art Nouveau Style William Hardy The Apple Press 1986

Art Nouveau Bing : Paris Style 1900 Gabriel P. Weisberg Abrams 1986

『クリムトとウィーン アール・ヌーヴォーの世界3』 学習研究社 1987

『ウィーン世紀末 クリムト、シーレとその時代 カタログ』 セゾン美術館 1989

『装飾の美 アール・ヌーヴォーとアール・デコ』 アラステール・ダンカン/ジョルジュ・ド・バルタ 同朋舎出版 1990

『グスタフ・クリムト』 ゴットフリート・フリードゥル ベネディクト・タッシェン 1992

『ヨーロッパ・アール・ヌーボー 世紀末の華麗なる美の全貌』 国際芸術文化振興会 1993

青春艺术与凡・德・威尔德

Werkbund Germania Austria Svizzera Lucius Burckhardt Edizioni La Biennale di Venezia 1977

Der Deutsche Werkbund-1907, 1947, 1987... Wilhelm Ernst & Sohn Verlag 1987

Jugendstil Möbel Hans Ottomeyer Prestel 1988

Möbel des Jugendstils Vera J. Behal Prestel 1988

Henry Van de Velde Klaus-Jürgen Sembach Hatje 1989
『ヴァン・ド・ヴェルド展 カタログ』 東京国立近代美術館・三重県立美術館 東京新聞 1990
In the Arts & Crafts Style Barbara Mayer Chronicle Books 1992
『ユーゲントシュティール—和合の夢』 クラウス・ユルゲン・ゼンバッハ ベネディクト・タッシェン 1992

装饰艺术与艾琳・格瑞

The Art Deco Style Theodore Menten Dover Publications, Inc. 1972
1925 Yvonne Brunhammer Les Presses de la Connaissance-Paris exclusivité Weber 1976
Klassiker des modernen Möbeldesign Dorothee Müller Keysers Sammler-Bibliothek 1980
American Art Deco Alastair Duncan Thames and Hudson 1986
『モダニティ—'30年代アメリカのスタイル』 中子真治 講談社 1986
『1925年様式/アール・デコの世界』 イヴォンヌ・ブリュナメェル 岩崎美術社 1987
『アール・デコの世界5 世紀末都市のアール・デコ ウィーン』 千足伸行 学習研究社 1990
『アイリーン グレイ 建築家 デザイナー』 ピーター・アダム リブロポート 1991
Design contra Art Déco Hans Wichmann Prestel 1993
Eileen Gray Designer and Architect Philippe Garner Taschen 1993
Art Deco Furniture Alastair Duncan Thames and Hudson 1997
Eileen Gray François Bandot Thames and Hudson 1998

鲁尔曼与让－米歇尔・弗兰克

Jean-Michel Frank Andrée Putman Léopold Diego Sanchez Editions du Regard 1980
Ruhlmann Florence Camard Editions du Regard 1983
J. M. Frank Universe of Style François Baudot Universe 1998
『ジャン・ミッシェル・フランク』 フランソワ・ボド 光琳社出版 1998

里特维尔德

『現代の家具シリーズ3 リートフェルトの家具』 ダニエーレ・バローニ A. D. A. EDITA Tokyo 1977
De Stijl : 1917-1931 Visions of Utopia Phaidon 1982
De Stijl The Formative Years The MIT Press 1982
How to Construct Rietveld Furniture Delft : Academia- Ⅲ 1986
Gerrit Rietveld : A Centenary Exhibition Craftsman and Visionary Barry Friedman Ltd., New York 1988
The Rietveld Schröder House Paul Overy Lenneke Büller Frank den Oudsten Bertus Mulder The MIT Press 1988
Gerrit Rietveld : A Centenary Exhibition Craftsman and Visionary Barry Friedman Ltd., New York 1988
Het Nieuwe Wonen in Nederland 1924-1936 Beatrice Bernini, Timo de Rijk Titus Eliëns 1990
Gerrit Th. Rietveld Marijke Küper Ida van Zijl Centraal Museum Utrecht 1992
The Complete Rietveld Furniture Peter Vöge Olo Publishers, Rotterdam 1993
『デ・ステイル 1917-1932 カタログ』 セゾン美術館 1997

包豪斯

Schrank Tisch und Bett Adolf G. Schneck Julius Hoffmann Verlag Stuttgart 1932
『欅』 山脇巖 アトリエ社 1942
Knoll Index of Contemporary Design catalogue 1954
Weimar Dessau Berlin 1919-1933 Das Bauhaus Hans M.Wingler Verlag Gebr. Rasch & Co. und M. Du Mont Schauberg 1962
Stahlmöbel Gustav Hassenpflug Verlag Stahleisen m. b. H. 1963
『バウハウス ワイマール/デッサウ/ベルリン/シカゴ』 ハンス・M・ウィングラー 造型社 1969
『バウハウス50年展 カタログ』 東京国立近代美術館 1971
Ein Museum für das Bauhaus? Bauhaus-Archiv・Museum für Gestaltung・Berlin 1979
Knoll Design Eric Larrabee, Massimo Vignelli Abrams 1981
Bauhaus 1919-1928 The Museum of Modern Art, New York 1986
Deutsche Stahlrohrmöbel 650 Modelle aus Katalogen von 1927-1958 Alexander von Vegesack Bangert Verlag 1986
Inside the Bauhaus Howard Dearstyne Rizzoli 1986
Experiment Bauhaus Bauhaus Archiv Kupfergraben 1988
Bauhaus Weimar 1919-1925 Kunstsammlungen zu Weimar 1989
Flying Furniture Perter Smithson Karl Unglaub Verlag der Buchandlung Walther König Köln 1990
Bauhaus 1919-1933 Bauhaus Archiv Magdalena Droste Taschen 1990
『バウハウス工房の新製品 バウハウス叢書7』 ヴァルター・グロピウス 中央公論美術出版 1991
『Knoll in Japan』 井筒明夫 Knoll International Japan 1991
『ミサワホーム・バウハウス・コレクション図録』 ミサワホーム総合研究所 1991
Ein Stuhl macht Geschichte Werner Möller Otakar Máčel Prestel 1992
『バウハウスとノールデザイン』 井筒明夫 鹿島出版会 1992
『bauhaus 1919-1933』 セゾン美術館 1995
Bauhaus Jeannine Fiedler Peter Feierabend Könemann 1999
Design Directory Germany Marion Godau, Bernd Polster Pavilion 2000
Bauhaus : 1919-1933 Bauhaus Archiv Magdalena Doroste Tashen 2006

密斯・凡・德・罗

Mies van der Rohe Barcelona 1929 J.P.Bonta Editorial Gustavo Gili, S. A. 1975
Mies van der Rohe Philip Johnson Secker & Warburg 1978
Ludwig Mies van der Rohe Ludwig Glaeser The Museum of Modern Art New York 1977
『現代の家具シリーズ5 ミースの家具』 ワーナー・ブレイザー A. D. A. EDITA Tokyo 1980
Mies van der Rohe David Spaeth Rizzoli 1985
Mies van der Rohe EUROPEAN WORKS Frank Russell Academy Editions 1986
Lilly Reich Designer and Architect Matilda McQuaid The Museum of Modern Art, New York 1996

布劳耶与迪克曼

Marcel Breuer Furniture and Interiors Christopher Wilk The Museum of Modern Art 1981
Erich Dieckmann Praktiker der Avantgarde Vitra Design Museum 1990
Erich Dieckmann Möbelbau Holz・Rohr・Stahl Julius Hoffmann Verlag 1990
Marcel Breuer Magdalena Droste Manfred Ludewig Bauhaus Archiv Taschen 1992

亨利＆博德・朗仕兄弟

Brüder Rasch Material Konstruktion from 1926-1930 Edition Marzona 1981
Heinz und Bodo Rasch Der Stuhl Akademischer Verlag Dr. Fritz Wedekind & Co., Stuttgart Vitra Design Museum 1992

勒·柯布西耶

『輝く都市—都市計画はかくありたい』 ル・コルビュジエ 丸善 1956

Le Corbusier The Last Works Volume 8 des Œuvres complétes publié par Willy Boesiger Tokodo Shoten 1970

Le Corbusier and the Tragic View of Architecture Charles Jencks Penguin Books 1973

『現代の家具シリーズ2 ル・コルビュジエの家具』 レナート・デ・フスコ A. D. A. EDITA Tokyo 1978

『小さな家—1923』 ル・コルビュジエ 集文社 1980

『Pioneer 20th Century——シャルロット・ペリアン展 カタログ』 リビングデザインセンター OZONE 1998

Charlotte Perriand Une Vie de Création Editions Odile Jacob 1998

Inside Le Corbusier The Machine for Living George H. Marcus The Monacelli Press 2000

Charlotte Perriand An Art of Living Mary McLeod Abrams 2003

让·布维

Jean Prouvé 〈Constructeur〉 Centre Georges Pompidou 1990

Jean Prouvé Mobel/Furniture/Meubles Stuhlmuseum Burg Beverungen Taschen 1991

Jean Prouvé Par Catherine Coley Centre Georges Pompidou 1993

Jean Prouvé Complete Works Volume 1 : 1917-1933 Peter Sulzer Birkhäuser 1995

Jean Prouvé Galeries Jousse Seguin-Enrico Navarra 1998

Jean Prouvé Complete Works Volume 2 : 1934-1944 Peter Sulzer Birkhäuser 2000

皮埃尔·波林

Pierre Paulin Un Univers de Formes Anne Chapoutot Dumay 1992

【意大利】

I'Arredamento Moderno Roberto Aloi HOEPLI 1950

Ambienti Arredati Alla 9a Triennale di Milano Editoriale Domus 1954

I Soggiorni No.11 Quaderni di Domus Editoriale Domus 1954

Mobili Tipo Roberto Aloi Editore Ulrico Hoepli Milano 1956

Forme Nuove in ITALIA Triennale di Milano Besetetti 1962

Design Italiano Mobili Enrichetta Ritter Carlo Bestetti 1968

L'Italia Liberty Arredamento e arti decorative Eleonora Bairati Rossana Bossaglia Marco Rosci Görlich Editore 1973

Borngräber Stil Novo Design in den 50er Jahren Fricke 1979

The Italian Chair Marina Di Natale Istituto nazionale per il Commercio Estero 1983

『イタリアの家具 イタリア・インテリア・デザイン展 カタログ』 1984

Plastiche e DESIGN Augusto Morello/Anna Castelli Ferrieri Arcadia Edizioni 1984

1950/1980 Giuliana Gramigna Repertorio Arnoldo Mondadori Editore 1985

Il Design Italiano Degli Anni'50 a Cura del Centrokappa R. D. E., Ricerche Design Editrice 1985

L'Italia del Design Alfonso Grassi Anty Pansera MARIETTI 1986

『レオナルド・ダ・ヴィンチの末裔たち イタリアン・デザイン』 清水文夫 マッテオ・トゥン グラフィック社 1987

L'Avventura del Design : Gavina Virgilio Vercelloni Jaca Book 1987

Paesaggio del Design Italiano 1972-1988 Giampiero Bosoni Fabrizio G. Confalonieri Prospettive 1988

Brani di storia dell'arredo(1880-1980) Edizioni Essegi Museo dell'arredo contemporaneo 1988

Mobili come aforismi Trentacinque mobili del razionalismo italiano Electa 1988

Italien Design 1945 bis heute Hans Wichmann Birkhäuser Verlag 1988

XV Premio Compasso d'Oro Comune di Milano ADI Silvia Editrice 1989

『イタリアン・デザイン』 ジェルマーノ・チェラント クレアティヴィタリア事務局 1990

『アール・デコの世界4 イタリアン・デザインの創造 ミラノ』 佐野敬彦 学習研究社 1991

Mobili Italiani 1961-1991 Le Varie Etá dei linguaggi cosmit 1992

Triennale di Milano 45, 63 Abitare Segesta Cataloghi 1995

『「時」に生きる イタリア・デザイン』 佐藤和子 三田出版会 1995

Il Design italiano 1964-1990 Andrea Branzi Electa 1996

Design Directory Italy Claudia Neumann UNIVERSE 1999

Zanotta 2001 Catalogue Zanotta 2001

Arflex Tempi Moderni arflex international 不明

弗兰克·阿比尼与吉奥·庞蒂

Franco Albini 1930-1970 Franca Helg, Ornella Selvafolta Rizzoli 1979

Gio Ponti L'Arte si Innamora Dell'Industria Ugo La Pietra Coliseum 1988

Gio Ponti The Complete Work 1923-1978 Lisa Licitra Ponti Thames and Hudson 1990

Franco Albini Architecture and Design 1934-1977 Stephen Leet Princeton Architectural Press 1990

阿切勒·卡斯蒂格利奥尼

Achille Castiglioni Paolo Ferrari Electa 1984

A la Castiglioni Ozone 1998

Castiglioni achille castiglioni tutte le opere 1938-2000 Sergio Polano Electa 2001

卡罗·莫里诺

Carlo Mollino Giovanni Brino Bangert Verlag 1985

Carlo Mollino 1905-1973 Documenti di architettura Sergio Polano Electa 1989

The Furniture of Carlo Mollino Fulvio Ferrari & Napoleone Ferrari Phaidon 2006

约·科伦博

Joe Colombo and Italian Design of the Sixties Ignazia Favata MIT Press 1988

I Colombo Joe Colombo 1930-1971 Gianni Colombo 1937-1993 Vittorio Fagone Mazzotta 1995

【北欧】

Contemporary Danish Design The Danish Society of Arts and Crafts and Industrial Design 1953

Danish Chairs Nanna & Jørgen Ditzel Høst & Søns Forlag 1954

A Treasury of Scandinavian Design Erick Zahle Golden Press New York 1961

Scandinavian Design Ulf Haard Af Segerstad Gyldendal 1961

Modern Scandinavian Furniture Studio Books London 1963

Scandinavian Design Objects of a Life Style Eileene Harrison Beer Farrar Straus Giroux The American-Scandinavian Foundation 1975

Suomalaisen Huonekalun Muoto Ja Sisältö Riitta Miestamo Askon Säätiö 1980

Svenska Stolar Möbelfakta Möbelinstitutet 1981

Den Permanente, Centre of Danish Design Den Permanent 1982

Suomalainen Muoto Form FINLAND-Form FINNLAND Marianne Aav Faj Kalin Museum of Applied Arts 1986

『「北欧デザインの今日—生活のなかの形」展 カタログ』 読売新聞社 1987

Finnish Industrial Design Tuula Poutasuo Kirjayhtyma 1987
『デーニッシュ・デザイン』 日本産業デザイン振興会 1987
Möbler under 20 Margaretha Sjöberg Möbelinst Stockholm 1987
Danmarks Designskoles Stolesamling Roald Steen Hansen 1992
Nanna Ditzel Munkeruphus 1992
Design Directory Scandinavia Bernd Polster Universe 1999

埃利尔·沙里宁
Eliel Saarinen Albert Christ-Janer The University of Chicago Press 1979
Eliel Saarinen 1873-1950 Lamia Doumato Vance Bibliographies 1980
Eliel Saarinen Projects 1896-1923 Marika Hausen, Kirmo Mikkola, Anna-Lisa Amberg, Tytti Valto The MIT Press 1990
Eliel Saarinen(1873-1950) Furniture Reproductions by Adelta catalogue

艾瑞克·古纳尔·阿斯普伦德
Gunnar Asplund Arkitekt 1885-1940 Stockholm AB Tidskriften Byggmästaren 1943
Contemporary Swedish Design Arthur Hald and Sven Erik Skawonius Nordisk Rotogravyr/Stockholm 1953
『アスプルンドの建築—北欧近代建築の黎明』 スチュアート・レーデ 鹿島出版会 1982
『現代の建築家 E. G. アスプルンド』SD 編集部 鹿島出版会 1983
The Architecture of Erik Gunnar Asplund Stuart Wrede MIT Press 1983
Erik Gunnar Asplund mobili e oggetti Filippo Alison Electa 1985

凯尔·柯林特
Kaare Klint Møbler Rigmor Andersen Kunstakademiet 1979
Kaare Klint Sofaer Borde og Stole Rud. Rasmussens Snedkerier Aps. 1985

卡尔·马姆斯登
Carl Malmsten Anna Greta Wahlberg Bokförlaget Signum 1988
Inspiration Och Förnyelse-Carl Malmsten 100ÅR AB Wiken 1988
Konstnär i industrin Gunilla Frick Nordiska Museet 1956

阿尔瓦·阿尔托
Alvar Aalto Karl Fleig Karl Krämer Verlag Stuttgart 1963
Il design di Alvar Aalto Werner Blaser Electa Editrice 1981
Alvar Aalto leonardo mosso studioforma editore 1981
Alvar Aalto 1898-1976 Aarno Ruusuvuori Museum of Finnish Architecture 1984
Artek Start · Bakgrund · Utveckling Pekka Suhonen artek 1985
Artek 1935-1985 Konstindustrimuseets Publikation NR15 1985
Alvar Aalto Furniture Museum of Finnish Architecture Finnish Society of Crafts and Design Artek The MIT Press 1985
Aalto Kirjoittanut Kirmo Mikkola GUMMERUS 1985
Aalto Interiors 1923-1970 Göran Schildt Ekenäs museum 1986
Alvar Aalto Göran Schildt Academy Editions 1994
Die Birke Bedeutung und Werkstoff in Design und Kunst Alfred Hablutzel Niggli 1996

阿诺·雅各布森
Arne Jacobsen Tobias Faber Frederick A. Praeger, inc., 1964
Arne Jacobsen Jørgen Kastholm Ander. Fred. Høst&Søn's Forlag 1968
Arne Jacobsen Arne Jacobsen-Otto Weitling Assoc. 1971
Arne Jacobsen, Opera Completa 1909/1971 Luciano Rubino Edizioni Kappa 1980
Design Classics Arne Jacobsen Santa & Cole Ediciones de Disero S. A. 1991
Arne Jacobsen Félix Solaguren-Beascoa de Corral Editorial Gustavo Gili, S. A. 1991
Arne Jacobsen Architect & Designer Dansk Design Center 1994

布鲁诺·马松
Bruno Mathsson En Klassiker bland modernister Karl-Gustaf Gester 1986
Bruno Mathsson Carl Christianson Raster Förlag 1992

芬·居尔
Finn Juhl and Danish Furniture Bent Salicath, Reprint from "Architects" Yearbook, London 1956~57
Finn Juhl and His Gentleman's House and Furniture Henrik Sten Møller G. E. C Gads Forlag 1990
Finn Juhl, Furniture, Architecture Applied Art Esbjørn Hiort The Danish Architectural Press 1990
『フィン・ユール追悼展 カタログ』 追悼展実行委員会 1990

汉斯·瓦格纳
Wegner en Dansk Møbelkunstner Johan Møller Nielsen Gyldendal 1965
Hans J. Wegner,En Stolemager Udstilling Kunstindustrimuseet Dansk design Center 1989
Hans J Wegner On Design Jens Bernsen Dansk Design Center 1994

布吉·莫根森
Børge Mogensen Møbler Lis Ahlmann Tekstiler Kunstindustri Museet 1974

伊玛里·塔佩瓦拉
Ilmari Tapiovaara Jarno Peltonen Museum of Applied Arts 1984
Design Classics Ilmari Tapiovaara Pekka Korvenmaa Santa & Cole 1997

维奈·潘顿
Verner Panton Scandicolor 1986
Verner Panton Das Gesamtwerk Vitra Design Museum 2000

保罗·克耶霍尔姆
Poul Kjærholm's Furniture Mobilia Press 1981
Poul Kjærholm Hjørring Kunstmuseum 1982

乔根·盖米伽德
Jørgen Gammelgaard Per Mollerup Kunstindustrimuseet 1995

拉德·太格森和约翰尼·索伦森
Rud Thygesen Johnny Sørensen, Industri & Design Henrik Sten Moller Rhodos 1976
9006, Rud Thygesen Johnny Sørensen Mike Rømer Nyt Nordisk Forlag Arnold Busck 1991

【美国】
『現代アメリカ工芸』 商工省工芸指導所 技術資料刊行会 1949
Chairs George Nelson Whitney Publication 1953
Chairs Interiors Library 2 George Nelson Whitney Publications, Inc. 1953
Industrial Design in America 1954 The Society of Industrial Designers Farrar, Straus & Young, Inc. 1954
Four Centuries of American Furniture Oscar P. Fitzgerald Wallace-Homestead Book Company 1982

Design in America The Cranbrook Vision 1925-1950 The Metropolitan Museum of Art Abrams 1983
『現代アメリカ・デザイン史』 A. J. プーロス 岩崎美術社 1991
The Rocker An American Design Tradition Bernice Steinbaum Rizzoli 1992
『シェーカー家具—デザインとディテール』 ジョン・キャセイ 理工学社 1996
Mission Furniture From the American Arts & Crafts Movement Paul Royka Schiffer 1997
American Wooden Chairs 1895-1908 Tina Skinner Schiffer 1997

古斯塔夫·斯蒂克利
Life-Time Furniture The Cloister Styles catalogue Turn of the Century Editions 1981
The Furniture of Gustav Stickley Joseph J. Bavaro & Thomas L. Mossman Linden Publishing Inc. 1982
The Early Work of Gustav Stickley catalogue Turn of the Century Editions 1987
The Mission Furniture of L & J. G. Stickley catalogue Turn of the Century Editions 1989
Treasures of the American Arts and Crafts Movement 1890-1920 Tod M. Volpe/Beth Cathers ABRAMS 1988
Liberty Design 1874-1914 Barbara Morris Pyramid Books 1989
American Arts & Crafts Virtue in Design Los Angeles County Museum of Art catalogue 1992
The Arts and Crafts Movement in California Kenneth R. Trapp Abbeville Press Publishers 1993
Gustav Stickley Craftsman Homes Gramercy Books 1995
Gustav Stickley David Cathers Phaidon 2003

弗兰克·劳埃德·赖特
『ライトの装飾デザイン』 デヴィッド・A・ハンクス 彰国社 1981
Frank Lloyd Wright Thomas A. Heinz Academy Editions 1982
『フランク・ロイド・ライト全集 1～12巻』 二川幸夫／ブルース・ブルックス・ファイファー A. D. A. EDITA Tokyo 1984～88
Frank Lloyd Wright Architecture and Nature Donald Hoffmann Dover 1986
Frank Lloyd Wright and the Johnson Wax Buildings Jonathan Lipman Rizzoli 1986
『フランク・ロイド・ライト—幻の建築計画』 ブルース・ブルックス・ファイファー グランドプレス 1987
Frank Lloyd Wright's Imperial Hotel Cary James Dover Publications 1988
Frank Lloyd Wright Preserving Architectural Heritage David A. Hanks E. P. Dutton 1989
『フランク・ロイド・ライトの住宅 1～8巻』 A. D. A. EDITA Tokyo 1989～91
『帝国ホテル百年の歩み』 帝国ホテル 1990
Frank Lloyd Wright Bruce Brooks Pfeiffer Peter Gossel Gabriele Leuthauser Benedikt Taschen 1991
『フランク・ロイド・ライトと広重』 京都書院インターナショナル 京都書院 1991
『フランク・ロイド・ライト ドローイング集』 ブルース・ブルックス・ファイファー 同朋舎出版 1991
『フランク・ロイド・ライト回顧展 カタログ』 フランク・ロイド・ライト回顧展実行委員会 毎日新聞 1991
Frank Lloyd Wright Furniture Thomas A. Heinz Gibbs Smith Publisher 1993
The Frank Lloyd Wright Companion William Allin Storrer University of Chicago Press 1993
Frank Lloyd Wright Treasures of Taliesin 76 Unbuilt Design Bruce Brooks Pfeiffer Southern Ilinois Univ Press 1985
『The Wrightiana ザ・ライティアーナ 1～5巻』 谷川正己 日本大学工学部建築学科谷川研究室 1994
Lost Wright Frank Lloyd Wright's Vanished Masterpieces Carla Lind Simon & Schuster Editions 1996
Frank Lloyd Wright I Maestri Cassina catalog 1996
『フランク・ロイド・ライトと日本展 カタログ』 シーボルト・カウンシル 1997
『フランク・ロイド・ライト全作品』 ウィリアム・アリン・ストーラー 丸善 2000

伊姆斯、乔治·尼尔森、赫曼米勒公司
The Herman Miller Collection 1952 Catalogue 1952
Charles Eames Furniture from the Design Collection Arthur Drexler The Museum of Modern Art, New York 1973
Connections : The Work of Charles and Ray Eames UCLA Art Council 1976
The Design of Herman Miller Ralph Caplan Watson-Guptill Publications 1976
Ray & Charles Eames Il Collettivo della Fantasia Luciano Rubino Edizioni Kappa 1981
Eames design The Work of the Office of Charles and Ray Eames Jhon Neuhart Marilyn Neuhart Ray Eams Abram 1989
Portrait d'une collection Alexander von Vegesack Centre Georges Pompidou 1993
Herman Miller, Inc. : Buildings and Beliefs Jeffrey L. Cruikshank, Clark Malcolm The American Institute of Architects Press 1994
George Nelson The Design of Modern Designers Stanley Abercrombie The MIT Press 1994
Charles and Ray Eames Designers of the Twentieth Century Pat Kirkham The MIT Press 1995
The Work of Charles and Ray Eames A Legacy of Invention Abrams 1997

【杂志】
Form Svenska Slöjdföreningens Tidskrift 1937
Form Svenska Slöjdföreningens Tidskrift 1938
Form Svenska Slöjdföreningens Tidskrift 1939
「木材工業 WOOD INDUSTRY」 デザインと技術 川上信二 日本木材加工技術協会 1975年3月号～1986年1月号
「SD スペースデザイン」 特集＝デンマークのデザイン 鹿島出版会 1981年10月号
「アールヴィヴァン」 特集アイリーン・グレイ 西武美術館 1982年5号
「美術手帖」 特集アントニオ・ガウディ 美術出版社 1984年12月号
「ユリイカ」 総特集ル・コルビュジエ 青土社 1988年12月臨時増刊
「ユリイカ」 特集バウハウス 青土社 1992年11月号
「BRUTUS」 シャルロット・ペリアンを知っていますか? マガジンハウス 1998年10月15日号
「季刊ダンマーク」 No. 13, 14 ビネバル出版 1991

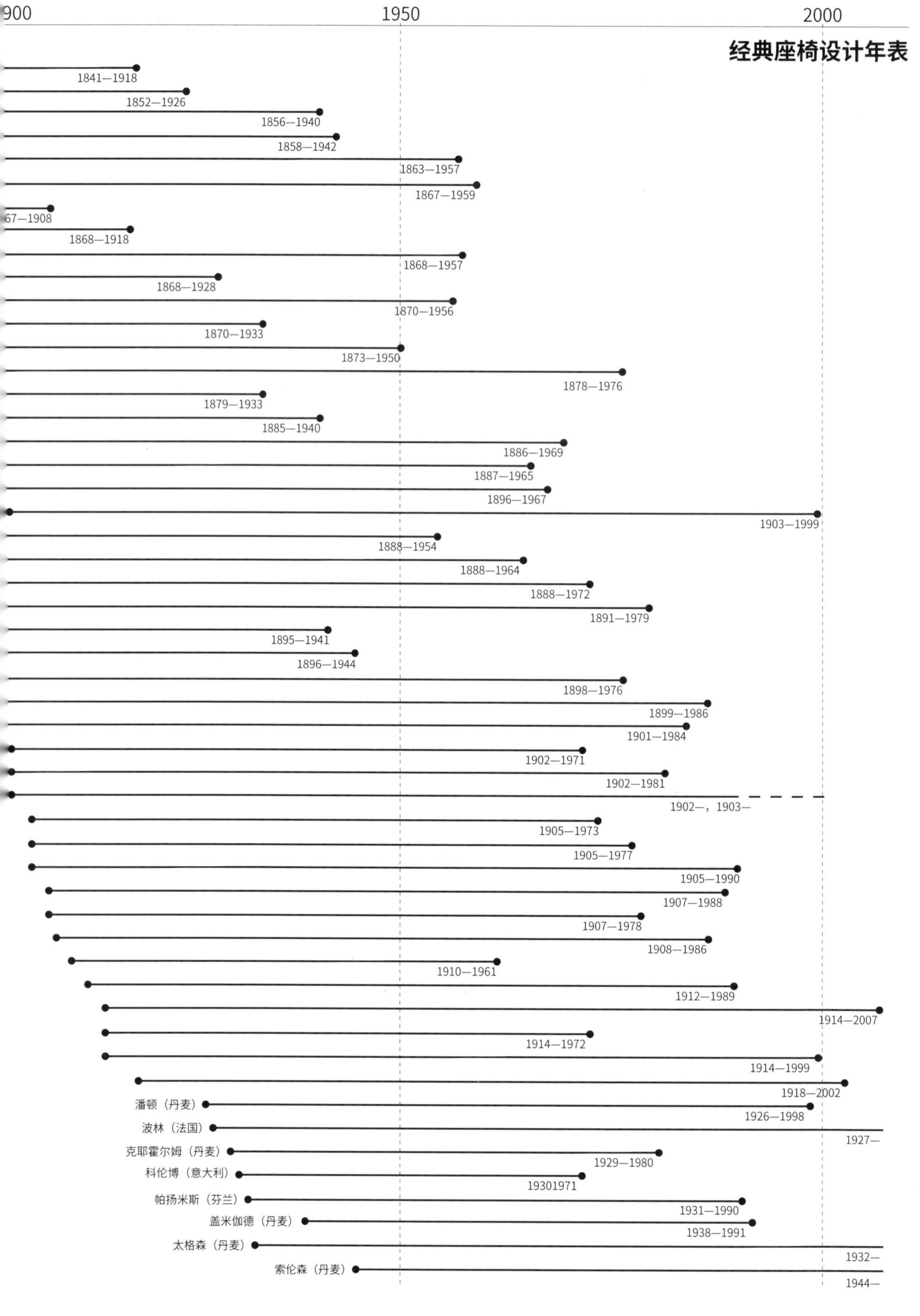

900
1950
2000
经典座椅设计年表
1841—1918
1852—1926
1856—1940
1858—1942
1863—1957
1867—1959
67—1908
1868—1918
1868—1957
1868—1928
1870—1956
1870—1933
1873—1950
1878—1976
1879—1933
1885—1940
1886—1969
1887—1965
1896—1967
1903—1999
1888—1954
1888—1964
1888—1972
1891—1979
1895—1941
1896—1944
1898—1976
1899—1986
1901—1984
1902—1971
1902—1981
1902—，1903—
1905—1973
1905—1977
1905—1990
1907—1988
1907—1978
1908—1986
1910—1961
1912—1989
1914—2007
1914—1972
1914—1999
1918—2002
潘顿（丹麦）
1926—1998
波林（法国）
1927—
克耶霍尔姆（丹麦）
1929—1980
科伦博（意大利）
19301971
帕扬米斯（芬兰）
1931—1990
盖米伽德（丹麦）
1938—1991
太格森（丹麦）
1932—
索伦森（丹麦）
1944—

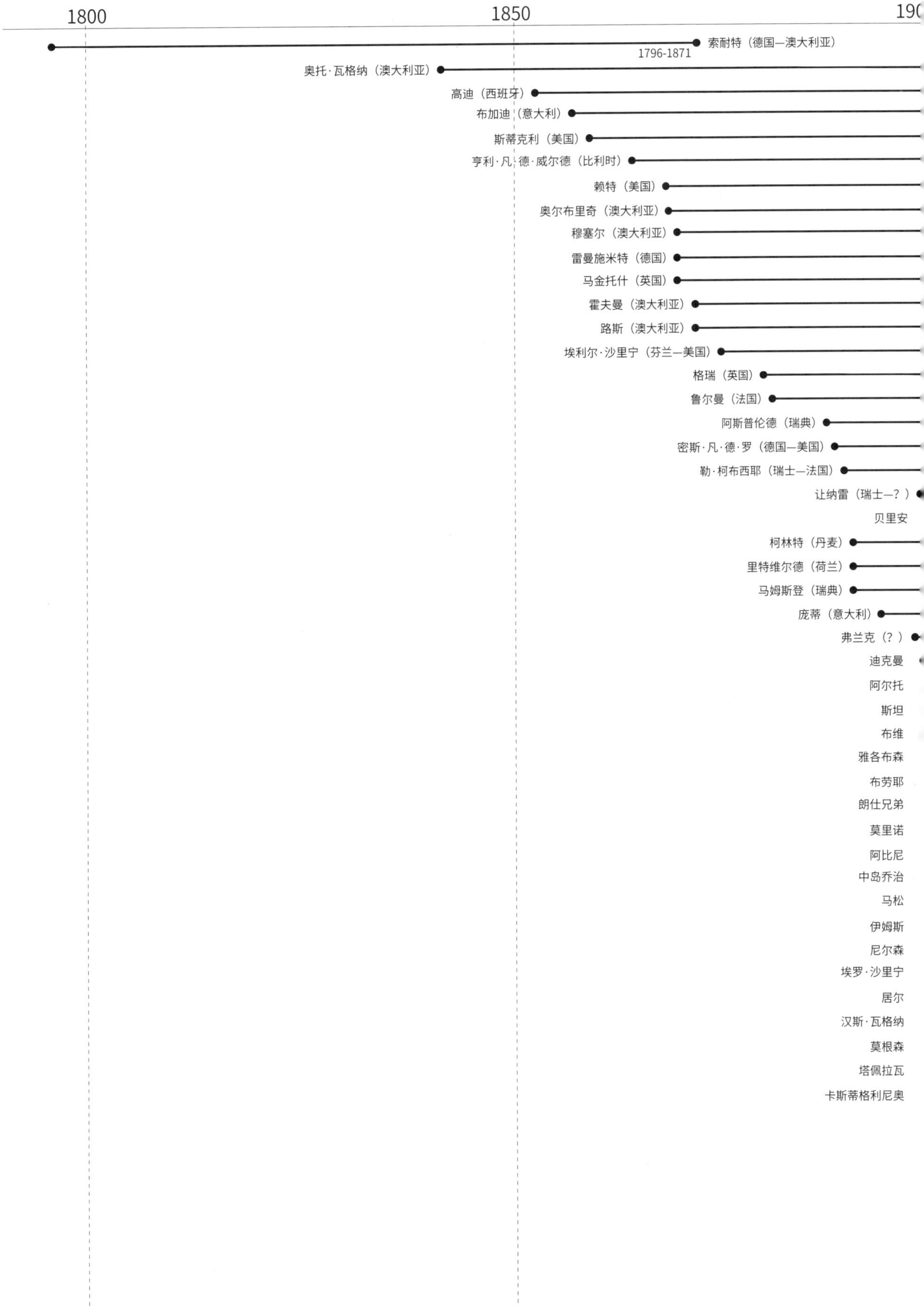

1800 1850 190

索耐特（德国—澳大利亚）
1796-1871
奥托·瓦格纳（澳大利亚）
高迪（西班牙）
布加迪（意大利）
斯蒂克利（美国）
亨利·凡·德·威尔德（比利时）
赖特（美国）
奥尔布里奇（澳大利亚）
穆塞尔（澳大利亚）
雷曼施米特（德国）
马金托什（英国）
霍夫曼（澳大利亚）
路斯（澳大利亚）
埃利尔·沙里宁（芬兰—美国）
格瑞（英国）
鲁尔曼（法国）
阿斯普伦德（瑞典）
密斯·凡·德·罗（德国—美国）
勒·柯布西耶（瑞士—法国）
让纳雷（瑞士—？）
贝里安
柯林特（丹麦）
里特维尔德（荷兰）
马姆斯登（瑞典）
庞蒂（意大利）
弗兰克（？）
迪克曼
阿尔托
斯坦
布维
雅各布森
布劳耶
朗仕兄弟
莫里诺
阿比尼
中岛乔治
马松
伊姆斯
尼尔森
埃罗·沙里宁
居尔
汉斯·瓦格纳
莫根森
塔佩拉瓦
卡斯蒂格利尼奥

图书在版编目（CIP）数据

经典座椅设计 /（日）织田宪嗣著 ；潘小多译. —
北京 ：北京美术摄影出版社，2019.12
ISBN 978-7-5592-0148-5

Ⅰ. ①经… Ⅱ. ①织… ②潘… Ⅲ. ①座椅—设计
Ⅳ. ①TS665.4

中国版本图书馆CIP数据核字（2018）第131550号

北京市版权局著作权合同登记号：01-2016-5810

责任编辑：耿苏萌
助理编辑：李 梓
责任印制：彭军芳

经典座椅设计

JINGDIAN ZUOYI SHEJI

[日] 织田宪嗣 著 潘小多 译

出 版 北京出版集团公司
北京美术摄影出版社
地 址 北京北三环中路6号
邮 编 100120
网 址 www.bph.com.cn
总发行 北京出版集团公司
发 行 京版北美（北京）文化艺术传媒有限公司
经 销 新华书店
印 刷 天津联城印刷有限公司
版印次 2019年12月第1版第1次印刷
开 本 787毫米×1092毫米 1/16
印 张 46
字 数 760千字
书 号 ISBN 978-7-5592-0148-5
定 价 298.00元
如有印装质量问题，由本社负责调换
质量监督电话 010-58572393

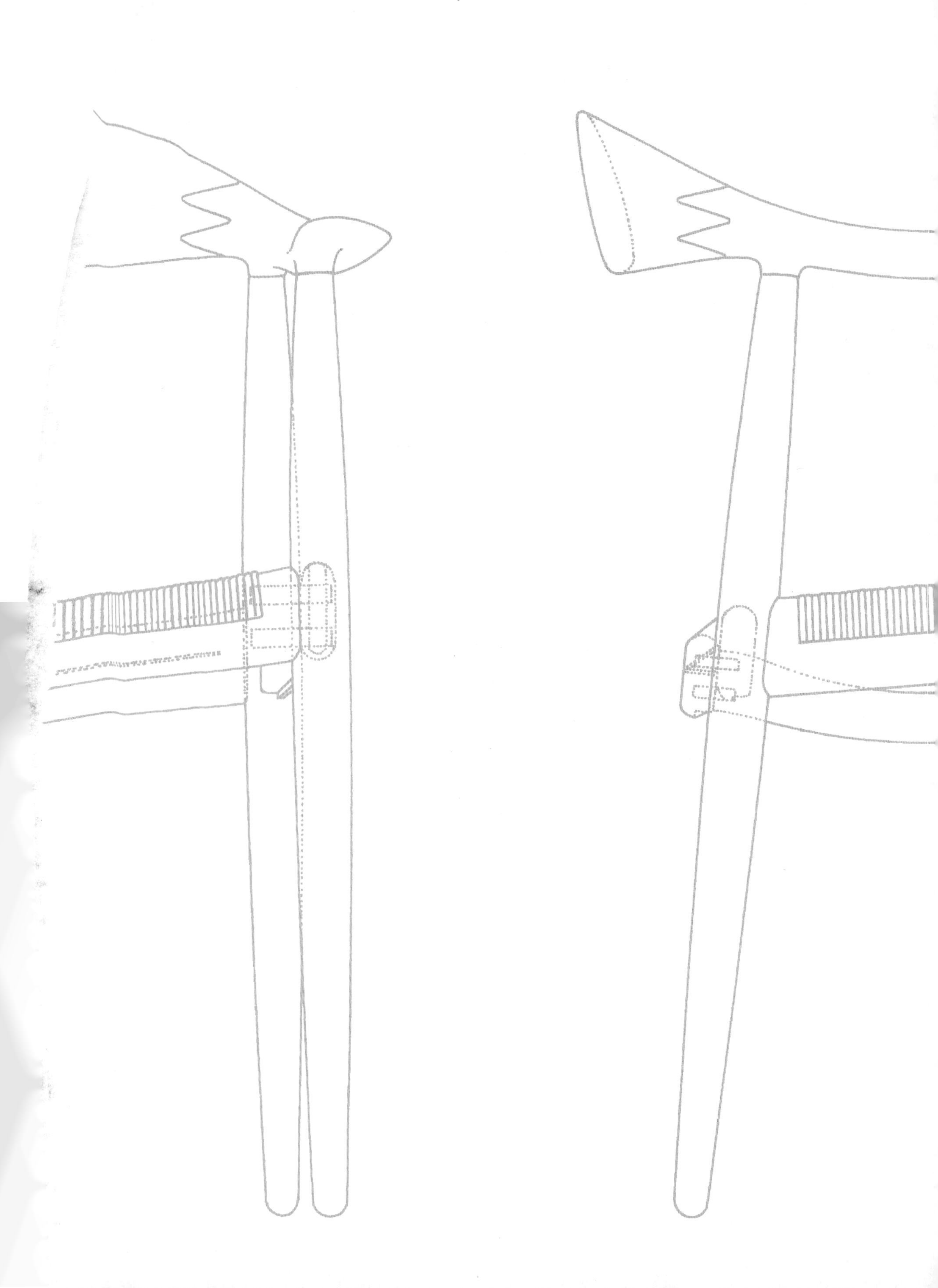